Helmut Zimmermann / Alfred Weigert

ABC-Lexikon Astronomie

8., überarbeitete Auflage

Spektrum Akademischer Verlag Heidelberg · Berlin · Oxford

Autoren:
Prof. Dr. Helmut Zimmermann, Jena
und
Prof. Dr. Alfred Weigert (†)

Die Deutsche Bibliothek – CIP-Einheitsaufnahme

Zimmermann, Helmut:
ABC-Lexikon Astronomie / Helmut Zimmermann/Alfred Weigert. – 8., überarb. Aufl.
– Heidelberg ; Berlin ; Oxford : Spektrum, Akad. Verl., 1995
ISBN 3-86025-688-2
NE: Weigert, Alfred:; HST

Lektorat: Sabine Bartels
Produktion: Walter Häberle
Einbandgestaltung: Claus Rieger, Heidelberg
Satz: Universitätsdruckerei H. Stürz, Würzburg
Druck und Verarbeitung: Franz Spiegel Buch GmbH, Ulm

Spektrum Akademischer Verlag GmbH Heidelberg · Berlin · Oxford

EIN VERLAG DER SPEKTRUM FACHVERLAGE GMBH

Vorwort zur achten Auflage

Vor 35 Jahren erschien die erste Auflage des „ABC der Astronomie“. Offenbar hat die von Alfred Weigert und mir damals gewählte Art der Darstellung in Form eines Lexikons bei den Lesern Anklang gefunden, und offenbar ist das allgemeine Interesse an astronomischen Fragen in all den Jahren nicht gesunken. Dies liegt sicherlich mit daran, daß die Astronomie eine außerordentlich lebendige Wissenschaft ist, in der ständig neue, interessante und zum Teil aufregende Erkenntnisse zu den vorhandenen hinzukommen, was nicht allein den Fachastronomen fasziniert.

Bei der Darstellung des astronomischen Wissens haben wir versucht, nicht nur eine bloße Beschreibung, sondern möglichst auch eine physikalische Erklärung für die einzelnen Erscheinungen zu geben. Das war nicht immer durchgängig möglich, denn auf viele Fragen gibt es noch keine erschöpfenden Antworten – gerade darin liegt jedoch der Anreiz und der Ansporn für weiteres Forschen.

Die enge wissenschaftliche Zusammenarbeit zwischen Alfred Weigert und mir wurde kurz nach dem Erscheinen der zweiten Auflage unseres Buches infolge der politischen Ereignisse des 13. August 1961 abrupt unterbrochen, nicht jedoch unsere Freundschaft. Ich war aber gezwungen, alle weiteren Auflagen allein zu betreuen. Mit dem Ende der DDR eröffnete sich die Chance, unser Buch wieder gemeinsam herauszugeben, doch machte der Tod von Alfred Weigert diese Pläne zunichte. Auch die vorliegende Auflage habe ich daher wieder allein vorbereitet. Der lange Zeitraum seit dem Erscheinen der letzten überarbeiteten Auflage erzwang eine völlige Neubearbeitung des Textes. Ich hoffe, es ist mir gelungen, unser von Beginn an angestrebtes Ziel zu erreichen. In diesem Sinn sei das Buch eine Erinnerung an meinen Freund

Alfred Weigert
3.11.1927 – 13.12.1992.

Das Buch wäre in seiner Neubearbeitung nicht zustandegekommen, hätte nicht eine große Zahl von Lesern, Freunden und Fachkollegen mich durch Ratschläge und kritische Bemerkungen, aber auch durch Zuspruch, wohlwollende Ratschläge und großzügige Hilfen unterstützt. Es ist mir unmöglich, alle die mir halfen, einzeln zu nennen, aber allen bin ich zu außerordentlichem Dank verpflichtet. Mein größter Dank gilt jedoch meiner Frau, die mir nicht nur beim Schreiben und dem kritischen Lesen der ersten Fassung des Manuskriptes tatkräftig geholfen hat. Sie hat durch ihr großes Verständnis während all der Zeit von der ersten bis zu dieser Auflage einen ganz wesentlichen Anteil an diesem Buch.

Jena, im Januar 1995

H. Zimmermann

Vorwort zur ersten Auflage

Das allgemeine Interesse an astronomischen Fragen hat, was wohl von allen Astronomen begrüßt wird, in jüngster Zeit stark zugenommen. Dabei wurden aber auch zwei bedauerliche Mängel offenbar: Die weithin anzutreffende Unkenntnis auch einfacher astronomischer Dinge und das Fehlen von allgemeinverständlicher Literatur, die auch modernste Forschungsergebnisse berücksichtigt. Das vorliegende Buch soll helfen, die Lücke zu füllen. Es liegt wohl heute im Interesse der meisten Leser, auf eine auftauchende Frage die Antwort möglichst schnell zu finden, ohne erst längere Kapitel eines Lehrbuches studieren zu müssen. Dem kommt, so glauben wir, die hier gewählte Form eines Lexikons besonders entgegen. Das Berücksichtigen moderner, noch im Fluß befindlicher Untersuchungen birgt stets den Nachteil in sich, daß gewisse Aussagen in Kürze überholt sind. Andererseits sind es gerade diese Probleme, die den Laien am meisten interessieren. Um dem Rechnung zu tragen, mußte das Buch in kürzester Frist fertiggestellt werden; auch hierfür hat sich der Verlag in dankenswerter Weise ständig eingesetzt. Die Kürze der zur Verfügung stehenden Zeit erhöhte nicht unbeträchtlich die Schwierigkeiten, die sich bei der Darstellung einer so großen Stoffülle für nur zwei Autoren ergeben. Hätten wir geahnt, wie groß die Schwierigkeiten sind, wir hätten uns wahrscheinlich nicht mit so jugendlichem Eifer in die Bearbeitung gestürzt. Wir danken Herrn Prof. Dr. H. Lambrecht für sein großzügiges Entgegenkommen und für die ständige freundliche Unterstützung während der Arbeit an diesem Buch.

Jena, im Juli 1960 A. Weigert H. Zimmermann

Hinweise für die Benutzung des Lexikons

Die Stichwörter sind nach dem Alphabet geordnet und durch **halbfette Grundschrift** hervorgehoben. Synonyme zum Stichwort (Wörter mit gleicher Bedeutung wie das Stichwort) sowie Begriffe, die hervorgehoben werden sollen, sind in ***halbfetter Kursivschrift*** gedruckt. Zur sachlichen Gliederung der Artikel dient Sperrdruck, zur Hervorhebung bestimmter Begriffe *kursive Schrift*. In der ABC-Folge gelten die Umlaute ä, ö, ü und die wie Umlaute gesprochenen Doppelbuchstaben, ae, oe, ue wie die einfachen Buchstaben a, o, u. Die Doppelbuchstaben ai, au, ei, eu werden wie getrennte Buchstaben behandelt, ebenso sch, st, sp usw.; ß gilt als ss. Also folgen z.B. aufeinander Phoebe, Phobos. Wörter, die man unter C vermißt, suche man je nach der Aussprache unter K oder Z und umgekehrt. Wörter, die man unter F vermißt, suche man unter Ph.
Sternnamen u.ä., die mit einem griechischen Buchstaben beginnen, suche man unter der deutschen Umschrift dieses Buchstabens, z.B. δ-Cephei-Sterne unter Delta-Cephei-Sterne.
Die Schreibweise der chemischen Elemente folgt der international vereinbarten Schreibung, also z.B. Silicium statt Silizium, Calcium statt Kalzium oder Uranium statt Uran, demzufolge auch Silicat statt Silikat usw.

Abkürzungen und Zeichen
(außer den üblichen physikalischen Einheitenzeichen)

a	= Jahr(e)	im allg.	= im allgemeinen	s.	= siehe
Abb.	= Abbildung	insbes.	= insbesondere	*Sing.*	= Singular
abg.	= abgekürzt	Jh.	= Jahrhundert	s.o.	= siehe oben
Abk.	= Abkürzung	Kurzz.	= Kurzzeichen	sog.	= sogenannt
bes.	= besonders	*m*	= Maskulinum	s.u.	= siehe unten
bzw.	= beziehungsweise	^{m}	= Größenklassen	svw.	= soviel wie
d	= Tag(e)	mag	= Größenklasse	Tab.	= Tabelle
d.h.	= das heißt	Mill.	= Million(en)	u.a.	= unter anderem
f	= Feminium	min	= Minute(n)	u.Z.	= unserer Zeitrechnung
geb.	= geboren	Mrd.	= Milliarde(n)	vgl.	= vergleiche
Gen.	= Genitiv	*n*	= Neutrum	v.u.Z.	= vor unserer Zeitrechnung
gest.	= gestorben	*Plur.*	= Plural	z.B.	= zum Beispiel
h	= Stunde(n)	Prof.	= Professor	z.T.	= zum Teil

Sind die Kurzzeichen ^{h}, ^{min} und ^{s} hochgestellt, so ist ein Zeitpunkt (oder eine Koordinate) angegeben, stehen sie in gleicher Höhe mit den vorangehenden Zahlen, so ist eine Zeitdauer gemeint. Ein hochgestelltes ^{m} in Verbindung mit einer Zahl gibt einen bestimmten Zahlenwert innerhalb einer Größenklassenskala an; eine Helligkeitsdifferenz wird durch die Zahlenangabe mit nachgestelltem mag ausgedrückt. Die übliche Bedeutung haben ° Grad, ′ Winkelminute, ″ Winkelsekunde.

Hinsichtlich der Bedeutung der astronomischen Zeichen s. das Stichwort Zeichen.

→ Der Verweispfeil wird in zwei Bedeutungen verwendet, einerseits als lexikographischer Verweis, andererseits fordert er auf, das dahinterstehende Wort nachzuschlagen, um weitere Auskünfte zu finden.
[ ] In eckigen Klammern stehen Worterklärungen zum vorangehenden Begriff.

Albedo. Der Strich unter dem e bedeutet, daß auf diesem Buchstaben die Betonung des Wortes liegt.

Sehr kleine und sehr große Zahlen werden häufig in Potenzform geschrieben, also z.B. $3000000 = 3 \cdot 10^6$; $3/1000000 = 3 \cdot 10^{-6}$. Darüber hinaus werden zur Bildung dezimaler Vielfachen und Teilen von Einheiten die folgenden Vorsätze benutzt:

Vorsilbe	Zeichen	Faktor	Vorsilbe	Zeichen	Faktor
Giga	G	10^9	Dezi	d	10^{-1}
Mega	M	10^6	Zenti	c	10^{-2}
Kilo	k	10^3	Milli	m	10^{-3}
Hekto	h	10^2	Mikro	µ	10^{-6}
			Nano	n	10^{-9}

Einige wichtige Größen

π	3,14159 …
e (Basis der natürlichen Logarithmen)	2,71828 …
1 Radiant (Bogenmaß 1)	$57{,}2958° = 206\,264{,}8''$
1° entspricht im Bogenmaß	$1{,}74533 \cdot 10^{-2}$ rad
1′ entspricht im Bogenmaß	$2{,}90888 \cdot 10^{-4}$ rad
1″ entspricht im Bogenmaß	$4{,}84814 \cdot 10^{-6}$ rad
Zahl der Quadratgrad an der Himmelskugel	41 252,96
Lichtgeschwindigkeit	$c = 2{,}998 \cdot 10^{8}\ \mathrm{m \cdot s^{-1}}$
Gravitationskonstante	$G = 6{,}674 \cdot 10^{-11}\ \mathrm{N \cdot m^2 \cdot kg^{-2}}$
Planck-Konstante	$h = 6{,}626 \cdot 10^{-34}\ \mathrm{J \cdot s}$
Boltzmann-Konstante	$k = 1{,}380 \cdot 10^{-23}\ \mathrm{J \cdot K^{-1}}$
Stefan-Boltzmann-Konstante	$\sigma = 5{,}680 \cdot 10^{-8}\ \mathrm{J \cdot m^{-2} \cdot s^{-1}\, K^{-4}}$
Elektronenmasse	$m_e = 9{,}109 \cdot 10^{-31}$ kg
Protonenmasse	$m_P = 1{,}672 \cdot 10^{-27}$ kg
Elektronenvolt	1 eV $= 1{,}620 \cdot 10^{-19}$ J
Astronomische Einheit	1 AE $= 1{,}4960 \cdot 10^{11}$ m
Parsec	1 pc $= 3{,}0856 \cdot 10^{16}$ m $= 206\,265$ AE $= 3{,}2615 \cdot$ ly
Lichtjahr	1 ly $= 9{,}4606 \cdot 10^{15}$ m
Sonnenmasse	$1{,}989 \cdot 10^{30}$ kg
Sonnenradius	$6{,}960 \cdot 10^{8}$ m
Sonnenleuchtkraft	$3{,}847 \cdot 10^{26}$ W
Erdmasse	$5{,}974 \cdot 10^{24}$ kg
Erdradius (Äquatorradius)	$6{,}378 \cdot 10^{6}$ m
Schiefe der Ekliptik (2000.0)	23° 26′ 21,45″
Sterntag	$8{,}6164 \cdot 10^{4}$ s (Sonnenzeit)
Sonnentag	$8{,}6400 \cdot 10^{4}$ s $= 8{,}6637 \cdot 10^{4}$ s (Sternzeit)
Tropisches Jahr	$3{,}1557 \cdot 10^{7}$ s
Siderisches Jahr	$3{,}1558 \cdot 10^{7}$ s

Griechisches Alphabet

Name des Buchstabens	Zeichen des Groß- und Kleinbuchstabens		Deutsche Umschrift
Alpha	A	α	a
Beta	B	β	b
Gamma	Γ	γ	g
Delta	Δ	δ	d
Epsilon	E	ε	e
Zeta	Z	ζ	z
Eta	H	η	e
Theta	Θ	ϑ	th
Jota	I	ι	i
Kappa	K	κ	k
Lambda	Λ	λ	l
My	M	μ	m

Name des Buchstabens	Zeichen des Groß- und Kleinbuchstabens		Deutsche Umschrift
Ny	N	ν	n
Xi	Ξ	ξ	x
Omikron	O	o	o
Pi	Π	π	p
Rho	P	ρ	r(h)
Sigma	Σ	σ	s
Tau	T	τ	t
Ypsilon	Y	υ	y
Phi	Φ	φ	ph
Chi	X	χ	ch
Psi	Ψ	ψ	ps
Omega	Ω	ω	o

A

a [von annus, lat., „Jahr"], Einheitenzeichen für Jahr.
Å, Einheitenzeichen für Ångström.
Abbildungsfehler, → Fernrohr.
Abend, die Zeit um den Sonnenuntergang.
Abendhauptlicht, → Zodiakallicht.
Abendstern, der Planet Venus, wenn er östlich der Sonne steht, und man ihn in der noch hellen Abenddämmerung mit bloßem Auge vor dem Sichtbarwerden der Sterne sehen kann.
Abendweite, der längs des (wahren) Horizonts vom Westpunkt aus gemessene Winkel bis zum Untergangspunkt eines Gestirns.
Aberration, *1)* eine infolge der endlichen Geschwindigkeit des Lichts und der Bewegung des Beobachters hervorgerufene scheinbare Ortsveränderung der Gestirne. Das von einem Gestirn S auf den Mittelpunkt O des Objektivs eines Fernrohrs fallende Licht braucht eine gewisse Zeit, um zum Mittelpunkt M des Okulars zu gelangen (Abb. 1). Verschiebt sich während

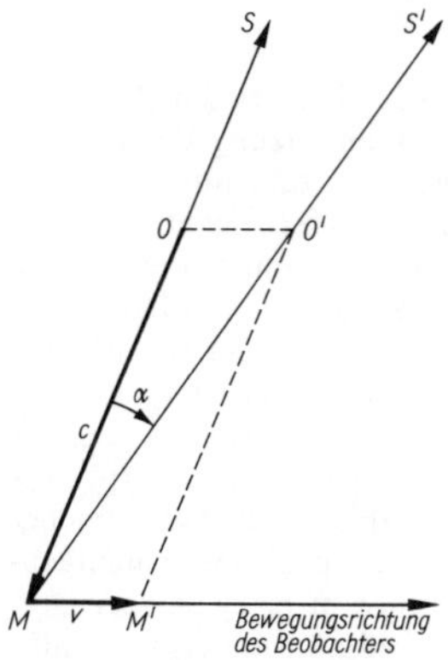

Abb. 1: Zur Aberration des Lichts. Erläuterungen im Text

dieser Zeit das Fernrohr infolge der Bewegung der Erde in einer Richtung, die nicht mit der zum Gestirn zusammenfällt, so trifft das Licht nicht mehr den Punkt M, da dieser bis zum Punkt M′ gewandert ist. Soll dennoch der Mittelpunkt M getroffen werden, das Licht also immer längs der optischen Achse des Fernrohrs laufen, so muß dieses um den Winkel α in Richtung auf die Bewegungsrichtung der Erde gedreht werden. Der Mittelpunkt des Objektivs liegt damit schon bei O′, wenn der Mittelpunkt des Okulars noch in M ist. Das Licht scheint daher nicht mehr von S, sondern aus der Richtung S′ zu kommen, die um den ***Aberrationswinkel*** α zur Bewegungsrichtung des Fernrohrs hin verschoben ist. Der Aberrationswinkel ist abhängig vom Verhältnis der Geschwindigkeit v des Fernrohrs zur Lichtgeschwindigkeit c sowie vom Winkel zwischen dem einfallenden Lichtstrahl und der Bewegungsrichtung des Fernrohrs; er ist am größten, wenn die Fernrohrbewegung senkrecht zum Lichtstrahl erfolgt. Da die auftretenden Fernrohrgeschwindigkeiten immer klein gegenüber der Lichtgeschwindigkeit sind, ist auch der Aberrationswinkel sehr klein. Ein Beobachter auf der Erde unterliegt drei unterschiedlichen Bewegungen, was zu folgenden Aberrationseffekten führt:

Die ***tägliche A.*** wird durch die Rotation der Erde verursacht, auf Grund der sich ein Beobachter längs eines Kreises um die Erdachse bewegt. Für einen Beobachter am Erdäquator erscheint dadurch ein im Meridian stehendes Gestirn um einen Winkel von 0,32″ nach Osten verschoben. Mit wachsender geographischer Breite φ des Beobachtungsortes nimmt dessen Rotationsgeschwindigkeit und entsprechend der Aberrationswinkel α ab, an den Polen ist die tägliche A. gleich Null; allgemein gilt $\alpha = 0{,}32'' \cos \varphi$.

Die ***jährliche A.*** geht auf den Umlauf der Erde um die Sonne zurück. Da die Bewegungsrichtung der Erde im Laufe eines Jahres unterschiedliche Winkel bezüglich der Richtung zu einem bestimmten Stern einnimmt, schwankt der Aberrationswinkel zwischen einem maximalen und einem minimalen Wert. Für Sterne an den Polen der Ekliptik beträgt der Aberrationswinkel 20,49552″, er ist zeitlich konstant und wird als ***Aberrationskonstante*** bezeichnet. Sterne an den Ekliptikpolen bewegen sich infolge der jährlichen A. scheinbar längs eines Kreises um ihren wahren Ort, alle anderen Sterne beschreiben im Laufe eines Jahres Ellipsen mit dem jeweiligen wahren Ort in deren Mittelpunkt. Die Länge der großen Halbachse der *Aberrationsellipsen* ist gleich der Aberrationskonstanten, während die Länge der kleinen Achse mit abnehmender ekliptikaler Breite des Sterns kleiner wird. Für Sterne in der Ekliptik entartet die Ellipse zu einer Linie, auf der der Stern im Laufe eines Jahres um eine Mittellage pendelt. Die jährliche A. wurde 1728 von J. Bradley (1692–1762) entdeckt.

Die ***säkulare A.*** wird durch die Bewegung der Sonne hervorgerufen, die diese mitsamt ihren Planeten einschließlich der Erde im Milchstraßensystem vollführt. Diese Bewegung kann für die Zeiträume, die astronomischen Beobachtungen zur Verfügung stehen, als geradlinig und gleichförmig angesehen werden. Jeder Stern erscheint dadurch in Richtung auf den Zielpunkt der Sonnenbewegung verschoben. Diese Ortsveränderungen sind zeitlich konstant, so daß sich selbst langfristig keine Veränderungen in der gegenseitigen Lage der Sterne an der Himmelskugel ergeben. Die säkulare A. spielt daher in der praktischen Astronomie keine Rolle.

Die ***Planetenaberration*** ist eine Folge der Bewegung der Erde sowie der anderen Körper des Planetensystems um die Sonne und muß bei der Bahnbestimmung für diese Himmelskörper berücksichtigt werden. Der Körper möge sich zur Zeit t im Punkt P seiner Bahn befinden, die Erde im Punkt E (Abb. 2). Da das zur Zeit t ausgesandte Licht eine gewisse Zeit, die ***Aberrationszeit*** $(t' - t)$ benötigt, um zur Erde zu gelangen, ist die Erde zur Beobachtungszeit t' bereits im Punkt E′. Wegen der jährlichen A. scheint der Him-

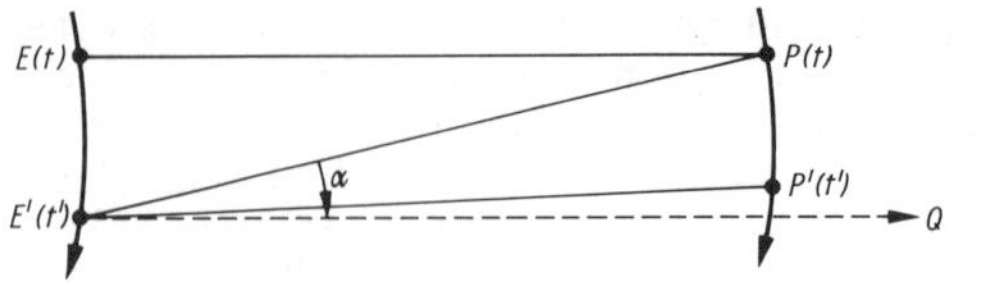

Abb. 2: Zur Planetenaberration. Die Bahnkurve der Erde und die des Planeten sind übertrieben stark gekrümmt dargestellt. Erläuterungen im Text

melskörper zu diesem Zeitpunkt nicht in Richtung P, sondern in der Richtung Q zu stehen, die um den Winkel α gegen die Richtung E′P verschoben ist. Die Richtung vom Ort der Erde E′ zum Ort P′ des Himmelskörpers im Augenblick t' ist also nicht gleich der tatsächlich beobachteten Richtung E′Q. Diese ist vielmehr parallel der Verbindungslinie Erde–Himmelskörper zur Zeit t, also gleich der bei der Bahnbestimmung gesuchten wahren Richtung, da während des kurzen Zeitraumes $(t'-t)$ die Bewegung der Erde und die des Himmelskörpers als geradlinig und gleichförmig angesehen werden können. Die Zeit t erhält man, indem man von t' die Aberrationszeit abzieht, die sich als Quotient der Entfernung Erde–Himmelskörper und der Lichtgeschwindigkeit ergibt.

*2) **Chromatische A.**, **sphärische A.***, zwei Abbildungsfehler, → Fernrohr.

Abknickpunkt, derjenige Punkt auf der Hauptreihe des Hertzsprung-Russell-Diagramms (bzw. Farben-Helligkeits-Diagramms) eines Sternhaufens, bis zu dem die Hauptreihe vom Bereich der massearmen Sterne her (dem unteren Ende der Hauptreihe) mit Bildpunkten besetzt ist. Die Lage des A.es ist vom Alter des Sternhaufens abhängig (→ Sternentwicklung).

Abplattung, die Abweichung der Gestalt eines Himmelskörpers von der Kugelform, ausgedrückt durch die Differenz Äquatordurchmesser minus Poldurchmesser dividiert durch den Äquatordurchmesser. Hinsichtlich der A. der Planeten → Planeten.

Absolutbeobachtung, → Anschlußbeobachtung.

absolute Helligkeit, ein Maß für die Strahlungsleistung eines Himmelskörpers, Maßeinheit ist die Größenklasse; → Helligkeit.

Absorption, die Schwächung der Intensität einer Strahlung beim Durchgang durch Materie, wobei Strahlungsenergie in andere Energieformen übergeht. Eine Intensitätsschwächung einer scharf gebündelten Wellen- oder Teilchenstrahlung kann auch infolge Streuung eintreten, die mit keiner Energieumwandlung, sondern nur mit einer Richtungsänderung verbunden ist. Die durch A. und Streuung zusammen verursachte Intensitätsminderung bezeichnet man als Extinktion. (Gelegentlich verwendet man statt Extinktion auch den Ausdruck *allgemeine A.*, im Unterschied zur *eigentlichen* oder *wahren A.*)

Bei der A. kann die Strahlungsenergie u.a. in Wärmeenergie der absorbierenden Materie, in Ionisationsenergie bei der Ionisation von Atomen oder in Anregungsenergie bei der Anregung von Atomen umgewandelt werden. Wird Strahlung eines breiten Wellenlängenbereiches oder im gesamten Spektrum absorbiert, so spricht man von ***kontinuierlicher A.*** Dies geschieht z.B. bei der Ionisation von Atomen, zu der alle Strahlung mit einer Energie größer als die Ionisationsenergie (bzw. Strahlung mit einer Wellenlänge kleiner als die der Ionisationsenergie entsprechenden Grenzwellenlänge) beitragen kann. Eine kontinuierliche A. tritt auch bei der Energieaufnahme freier Elektronen ein, wenn diese sich in den elektrischen Feldern von Ionen bewegen (→ Spektrum). Die Absorption fester Körper ist ebenfalls weitgehend kontinuierlich, weil in ihnen die möglichen Energiezustände der Elektronen zu breiten Bändern „verschmiert“ sind. (Die absorbierte Energie geht dabei letztlich in Wärmeenergie des Festkörpers über.) Bei einer ***Linienabsorption*** wird nur die Strahlung aus einem schmalen, diskreten Energiebereich (Wellenlängenbereich) absorbiert. Das tritt bei der Anregung von Gasatomen auf, da die Anregungsenergie immer nur diskrete, durch den Atombau bestimmte Werte haben kann. Im Spektrum treten dann ***Absorptionslinien*** auf. Die bei der Anregung absorbierte Energie kann mit genau gleicher Wellenlänge wieder ausgestrahlt werden. Die Emission erfolgt dabei in alle Richtungen gleichmäßig, so daß die Intensität des ankommenden Lichtbündels insgesamt geschwächt wird. Bei Molekülen können die einzelnen Absorptionslinien so dicht beieinander liegen, daß sie ineinander übergehen und als eine breite ***Absorptionsbande*** erscheinen.

Die Absorptionsfähigkeit einer Materieschicht hängt von deren chemischer Zusammensetzung, deren Dichte und deren Dicke ab und wird zahlenmäßig durch den ***Absorptionskoeffizienten*** κ beschrieben. In einer (homogenen) Schicht der Dicke d nimmt die Energie eines die Schicht durchsetzenden Lichtbündels um den Faktor $e^{-\kappa d}$ ab (e ist die Basis der natürlichen Logarithmen, $e \approx 2{,}718\ldots$). Das Produkt aus geometrischer Dicke und Absorptionskoeffizient bezeichnet man als optische Dicke der Schicht. Der Absorptionskoeffizient ist im allg. für Strahlung unterschiedlicher Wellenlängen unterschiedlich groß, also wellenlängenabhängig; er ist z.B. im Zentrum einer starken Absorptionslinie sehr hoch und nimmt in den Linienflügeln beiderseits der Linienmitte ab. In theoretischen Untersuchungen teilt man ihn oft auf in einen kontinuierlichen Absorptionskoeffizienten, der die kontinuierliche A. beschreibt, und in einen Linienabsorptionskoeffizienten, der für die A. in den Absorptionslinien maßgeblich ist. Die Absorptionskoeffizienten, die den Grad der Wechselwirkung zwischen Strahlung und Materie angeben, müssen aus atomphysikalischen Größen berechnet werden.

Der der Strahlungsabsorption entgegengesetzte Vorgang ist die Strahlungsemission.

Absorptionsspektrum, ein Spektrum, in dem dunkle Absorptionslinien einem kontinuierlichen Spektrum überlagert sind.

Abstand des Perihels vom aufsteigenden Knoten, → Bahnelement.

Abstandsregel, → Titius-Bodesche Reihe.

Abul Wefa, ***Abul Wafa*** [arab., ‚Vater der Ehrlichkeit‘], arab. Mathematiker, geb. um 940 in Busdschan (Persien), gest. 998 in Bagdad; förderte die Astronomie durch Anwendung der Trigonometrie auf astronomische Probleme und gab ein astronomisches Sammelwerk heraus.

Achernar [arab., ‚Ende des Flusses'], der hellste Stern (α) im Sternbild Eridanus. Er hat eine scheinbare visuelle Helligkeit von $0^m{,}5$, gehört zur Spektralklasse B3 und zur Leuchtkraftklasse V; es ist also ein heißer Hauptreihenstern. Seine Entfernung von der Sonne beträgt etwa 40 pc oder 125 Lichtjahre. Von unseren geographischen Breiten aus ist A. nicht sichtbar.

Achondrit *m*, ein Steinmeteorit; → Meteorit.

Achterschiff, das Sternbild → Puppis.

Adams, Walter Sydney, nordamerik. Astronom, geb. 20. 12. 1876 bei Antakya (Türkei), gest. 11. 5. 1956 in Pasadena (USA); arbeitete 1901–1904 am Yerkes-Observatorium, anschließend am Mount-Wilson-Observatorium, dessen Direktor er von 1923 bis 1946 war. A. wurde vor allem durch seine Arbeiten über Sternspektren bekannt. Er gab zusammen mit A. Kohlschütter (1883–1969) eine Methode zur Bestimmung der Leuchtkraft eines Sterns aus dessen Spektrum an.

adaptive Optik, eine optisch-mechanische Zusatzeinrichtung bei Spiegelteleskopen zur Kompensation der durch die Luftunruhe verursachten Störungen in den beim Teleskop ankommenden Wellenfronten; → Spiegelteleskop.

adiabatisch, ohne Enrgieaustausch mit der Umgebung verlaufend.

Adler, das Sternbild → Aquila.

Adrastea *f*, der zweitinnerste Jupitersatellit. Die A. bewegt sich in einer Kreisbahn mit einem Radius von 128 980 km rechtläufig um Jupiter. Die Bahn liegt im Jupiterring, und zwar nahe der Außenkante des hellen Bandes (→ Jupiter). Die Bahnebene fällt mit der Äquatorebene des Jupiters zusammen. Die A. hat eine gebundene Rotation; ihre Umlaufzeit von 7 h 9 min ist daher gleichzeitig auch ihre Rotationsperiode. Die A. ist ein Zwergsatellit mit einer unregelmäßigen Form, die angenähert durch ein dreiachsiges Ellipsoid mit den Achslängen 24, 20 und 16 km beschrieben werden kann. Die A. gehört zu den Gesteinssatelliten.
Hinsichtlich der Einordnung der A. in das System der Jupitersatelliten → Jupiter.
Die A. wurde 1979 mittels der Raumsonde Voyager 1 entdeckt.

AE, Einheitenzeichen für Astronomische Einheit.

AG, Abk. für Astronomische Gesellschaft.

AGK1, AGK2, AGK3, Abkürzungen für den Zonenkatalog der Astronomischen Gesellschaft und seine Wiederholungen; → Sternkatalog.

Airglow [engl., ‚Luftleuchten'], → Nachthimmelslicht.

Akkretionsscheibe [von accretio, lat., ‚Zuwachs'], eine scheibenförmige Massekonfiguration, die sich beim Zuströmen von mit Drehimpuls behafteter Materie um einen massereichen Körper ausbildet, und von der aus Materie auf den anziehenden Körper gelangt. Infolge der Drehimpulserhaltung nähert sich die Materie dem anziehenden Körper auf einer Spiralbahn, auf der bei der Annäherung die Umlaufgeschwindigkeit immer mehr anwächst, bis schließlich ein Gleichgewicht zwischen Anziehungs- und Zentrifugalkraft erreicht ist. Die Materie umläuft dann auf Kepler-Bahnen den anziehenden Körper mit nach außen abnehmender Winkelgeschwindigkeit und bildet eine mehr oder minder dicke scheibenförmige Anordnung (Abb. → kataklysmische Veränderliche). Wegen der differentiellen Rotation kommt es zu einer Reibung innerhalb der Scheibenmaterie, bei der diese aufgeheizt und die entstehende Wärmeenergie, die letztlich umgewandelte Gravitationsenergie ist, abgestrahlt wird. Bei der Reibung wird Drehimpuls von der weiter innen laufenden auf die weiter außen laufende Materie übertragen, so daß sich Materie dem Körper nähern und schließlich auf ihn fallen kann. Die Abbremsung kann langsam und allmählich, infolge von thermischen Instabilitäten in der Scheibenmaterie auch plötzlich erfolgen. Gegebenenfalls werden die Reibungseffekte durch magnetische Effekte verstärkt.
A.n existieren u.a. um sehr junge, gerade erst entstandene Sterne, um kataklysmische Veränderliche, bei Röntgen-Doppelsternen und vermutlich in Kernen aktiver Galaxien.

Aktinometrie, die Messung der Strahlung eines Gestirns. Die *Göttinger Aktinometrie* ist ein 1912 von K. Schwarzschild (1873–1916) herausgegebener Sternkatalog.

aktive Galaxie, ein extragalaktisches → Sternsystem, in dessem Kerngebiet Prozesse mit extrem hohen Energieumsätzen ablaufen.

aktive Optik, eine optisch-mechanische Zusatzeinrichtung bei Spiegelteleskopen zur Kompensation der im Teleskop infolge mechanischer, thermischer oder optischer Effekte verursachten Abbildungsfehler; → Spiegelteleskop.

Aktivitätszentrum, ***Aktivitätsgebiet***, Bereich der Sonnenatmosphäre, in dem die Erscheinungen der → Sonnenaktivität ihren Ursprung haben.

Akzeleration, ***säkulare Akzeleration***, eine der Störungen der → Mondbewegung.

Alamak [arab. al 'amak, ‚die Ziege'], der Stern γ im Sternbild Andromeda. A. ist ein Dreifachstern, dessen Hauptkomponente eine scheinbare visuelle Helligkeit von $2^m{,}4$ hat und zur Spektralklasse K0 sowie zur Leuchtkraftklasse II gehört; der Hauptstern ist also ein Roter Riese. In 9,8″ Abstand vom Hauptstern befindet sich ein visueller Doppelstern, der den Hauptstern in 61,1 Jahren umläuft, und dessen Komponenten Hauptreihensterne der Spektralklasse B8 bzw. A0 sind und eine scheinbare visuelle Helligkeit von $5^m{,}5$ und $6^m{,}3$ haben; ihr Abstand voneinander beträgt 0,6″. A. hat eine Entfernung von der Sonne von 77 pc oder 250 Lichtjahren.

al-Battani, → Battani.

Albedo [lat. albus, ‚weiß'] *f*, ein Maß für das Rückstrahlungsvermögen von zerstreut reflektierenden, also nichtspiegelnden Oberflächen. Die A. wird in verschiedener Weise definiert, wobei z.T. bestimmte Reflexionsgesetze als gültig vorausgesetzt werden. Eine derartige Beschränkung besteht nicht bei der sog. ***sphärischen A.***, die durch das Verhältnis der Lichtmenge, die von einer nichtspiegelnden Kugeloberfläche nach allen Richtungen zurückgeworfen wird, zur parallel einfallenden Lichtmenge definiert ist. Die Voraussetzung parallel einfallenden Lichts ist in der Astronomie wegen der im allg. großen Entfernungen der reflektierenden Himmelskörper von den sie beleuchtenden Lichtquellen sehr gut erfüllt. Die ***geometrische A.*** gibt das Verhältnis des von der vollbeleuchteten Scheibe eines Himmelskörpers zum Beobachter gelangenden Lichts zu dem Licht an, das von einer diffus reflektierenden weißen Scheibe gleicher Größer bei senkrechtem Lichteinfall zum Beobachter gelangen würde. Zwischen sphärischer und geometrischer A. besteht ein mathematischer Zusammenhang, der durch das sog. Phasenintegral vermittelt wird.

In der Astronomie ist vor allem die A. von Körpern des Planetensystems, wie Planeten, Satelliten und Planetoiden, von Interesse. Da diese Körper im reflektierten Sonnenlicht leuchten, ist ihre von der Erde aus gemessene Helligkeit von der Größe und der A. der Körper sowie von deren Entfernung von der Sonne und der von der Erde abhängig. Wenn diese Entfernungen und die Größe der Himmelskörper bekannt sind, kann man die A. berechnen. Himmelskörper mit einer dunklen, rauhen und schlecht reflektierenden Oberfläche, wie z.B. der Mond und der Merkur, haben eine sehr kleine A. (Tab.). Hohe Albedowerte ergeben sich andererseits, wenn die Rückstrahlung des Sonnenlichts an Wolken in einer dichten Atmosphäre erfolgt, da atmosphärische Kondensationen wie Wolken und Nebel ein großes Rückstrahlungsvermögen haben. Dies ist z.B. bei der Venus, aber auch bei der Erde der Fall. Die Erdalbedo läßt sich aus der Helligkeit des aschgrauen Mondlichtes ableiten. Aus den für die einzelnen Himmelskörper bestimmten Albedowerten kann man durch den Vergleich mit irdischen Substanzen auf die Oberflächenbeschaffenheit der Himmelskörper schließen.

Beispiele für Werte der sphärischen Albedo

Himmelskörper		irdische Substanzen	
Venus	0,76	Kreide	0,85
Erde	0,39	Wolken	0,70
Merkur	0,06	Granit	0,31
Mond	0,07	Vesuvasche	0,16
Kallisto	0,17	Ätnalava	0,04

Albireo [arab.], der Stern β im Sternbild Cygnus (Schwan). A. ist ein interessanter Doppelstern, dessen hellere Komponente eine scheinbare visuelle Helligkeit von $2^m{,}9$ und die 34″ davon entfernte lichtschwächere Komponente eine von $5^m{,}1$ hat. Die hellere Komponente ist ein rötlichgelb erscheinender K3-Stern der Leuchtkraftklasse II, also ein Riesenstern, die schwächere Komponente ein bläulich erscheinender Hauptreihenstern (Leuchtkraftklasse V) der Spektralklasse B8. A. hat eine Entfernung von der Sonne von etwa 60 pc oder 190 Lichtjahren.

Alcyone, ***Alkyone***, der hellste Stern in den → Plejaden. Die scheinbare visuelle Helligkeit beträgt $2^m{,}9$, der Spektraltyp ist B7, die Leuchtkraftklasse III; die A. ist also ein heißer Riesenstern.

Aldebaran [arab. al dabaran, ‚der (den Plejaden) Folgende‘], der hellste Stern (α) im Sternbild Taurus (Stier). Seine scheinbare visuelle Helligkeit variiert sehr langsam und unregelmäßig zwischen $0^m{,}75$ und $0^m{,}95$, im Mittel liegt sie bei $0^m{,}85$. A. ist ein Stern der Spektralklasse K5 und der Leuchtkraftklasse III, also ein Roter Riese. Verglichen mit der Sonne hat er einen etwa 45fach so großen Durchmesser und eine mehrere hundertmal so große Leuchtkraft. Seine effektive Temperatur beträgt etwa 3600 K, weswegen er rötlich erscheint. A. ist ein Doppelstern, dessen lichtschwacher Begleiter von rund 11^m sich in einem Abstand von 31″ befindet. A. hat eine Entfernung von der Sonne von etwa 19 pc oder 60 Lichtjahren.

Alderamin [arab.], der hellste Stern (α) im Sternbild Cepheus. Er hat eine scheinbare visuelle Helligkeit von $2^m{,}4$, seine Spektralklasse ist A7 und seine Leuchtkraftklasse V; A. ist also ein früher Hauptreihenstern. Seine Entfernung von der Sonne beträgt etwa 15 pc oder 48 Lichtjahre.

Alfonsinische Tafeln, → Planetentafeln.

Alfvén-Wellen [nach dem schwed. Physiker H. Alfvén, Nobelpreis für Physik 1970], elektromagnetische Wellen in einem von einem Magnetfeld durchsetzten Plasma, die sich längs der Kraftlinien des Magnetfeldes als transversale Wellen ausbreiten. Ihre Ausbreitungsgeschwindigkeit, die ***Alfvén-Geschwindigkeit***, ist proportional der Magnetfeldstärke und umgekehrt proportional der Wurzel aus der Plasmadichte; sie ist damit eine charakteristische Größe für den physikalischen Zustand des Plasmas.

Algenib [arab.], ***1)*** der Stern γ im Sternbild Pegasus. Er hat eine scheinbare visuelle Helligkeit von $2^m{,}8$, seine Spektralklasse ist B2 und seine Leuchtkraftklasse IV; A. ist also ein Unterriese. Seine Entfernung von der Sonne beträgt rund 140 pc, also rund 450 Lichtjahre.

2) der Stern α im Sternbild Perseus, der auch → Mirfak genannt wird.

Algol [arab. ra's al ghul, ‚Teufelskopf‘], der Stern β im Sternbild Perseus. A. ist ein veränderlicher Mehrfachstern, dessen Lichtwechsel durch die gegenseitige Bedeckung eines B8- und eines K2-Sterns verursacht wird. Der B8-Stern gehört zur Leuchtkraftklasse V, ist also ein Hauptreihenstern, der K2-Stern ist ein Unterriese der Leuchtkraftklasse IV. Sie haben eine Umlaufperiode von 2,867 Tagen um ihren gemeinsamen Schwerpunkt und werden außerdem noch von einem F1-Stern in 1,862 Jahren einmal umkreist. Möglicherweise gehört noch eine vierte Komponente zu diesem Mehrfachsystem. Die scheinbare visuelle Gesamthelligkeit erreicht im Maximum $2^m{,}1$, im Minimum $3^m{,}5$. Die Entfernung des A. von der Sonne beträgt etwa 28 pc oder 92 Lichtjahre. A. ist der Prototyp einer Gruppe von Bedeckungsveränderlichen, der ***Algol-Sterne***.

Algol-Sterne, Gruppe von → Bedeckungsveränderlichen.

Alioth [arab.], der Stern ε im Sternbild → Ursa Maior (Großer Bär).

Alkaid [arab.], ***Benetnasch***, der Stern η im Sternbild → Ursa Maior (Großer Bär).

Alkor [arab.], ***Reiterlein, Augenprüfer***, der Stern 80 im Sternbild → Ursa Maior (Großer Bär).

Almagest *m*, der verstümmelte Titel der arab. Übersetzung der Werke des Ptolemäus (→ Astronomie, Geschichte).

Almukantarat *m*, svw. Höhenkreis.

Alpha-Canum-Venaticorum-Sterne, ***α²-Canum-Venaticorum-Sterne***, ***Spektrumveränderliche***, veränderliche Sterne der Spektralklasse Ap mit Helligkeitsschwankungen geringer als 0,2 mag und im gleichen Takt einhergehenden Variationen der Stärke bestimmter Spektrallinien; die Perioden des Lichtwechsels liegen zwischen 0,5 und etwa 20 Tagen (in Einzelfällen auch einigen 100 Tagen). Der Lichtwechsel ist auf die Rotation der Sterne, die ein starkes Magnetfeld von etwa 0,1 bis 1 Tesla besitzen, zurückzuführen. Das Magnetfeld verursacht eine inhomogene Helligkeitsverteilung auf der Sternoberfläche, so daß bei einer Neigung der Magnetfeldachse gegen die Rotationsachse es zu Variationen der Gesamthelligkeit wie auch der Helligkeit von Spektrallinien kommt, da deren Stärke infolge des Zeeman-Effektes von der Stärke des Magnetfeldes in Blickrichtung abhängt.
Die Zahl der bekannten A.-C.-V.-S. beläuft sich auf etwa 80.

Alphard [arab. al fard, ‚der Einzige'], der hellste Stern (α) im Sternbild Hydra (Weibliche Wasserschlange). Er hat eine scheinbare visuelle Helligkeit von $2^{m}_{,}0$ und gehört zur Spektralklasse K3 sowie zur Leuchtkraftklasse II-III; A. ist also ein Riesenstern. Seine Entfernung von der Sonne beträgt etwa 45 pc oder 150 Lichtjahre.

Alpha-Teilchen, ***α-Teilchen***, ein Atomkern des Heliums mit der Massezahl 4.

Alphecca [arab.], seltener Name des Sterns → Gemma.

Alpheratz [arab.], ***Sirrah***, der Stern α im Sternbild Andromeda. Seine scheinbare visuelle Helligkeit ist $2^{m}_{,}1$, sein Spektraltyp B8 und seine Leuchtkraftklasse IV; es ist also ein heißer Unterriese. Seine Entfernung von der Sonne beträgt etwa 31 pc oder 100 Lichtjahre. A. ist ein spektroskopischer Doppelstern mit einer Periode von 96,7 Tagen.

Altair [arab.], svw. Atair.

Altar, das Sternbild → Ara.

Altazimut *m* und *n*, astronomisches → Winkelmeßinstrument.

Alter-Null-Hauptreihe, die linke, untere Begrenzung des Hauptreihenbandes im Hertzsprung-Russell-Diagramm, auf der die Bildpunkte chemisch homogene Sterne liegen; → Sternentwicklung.

Altersbestimmung, die Ermittlung der seit dem Entstehen eines Objekts verstrichenen Zeit. Zum Teil versteht man in der Astronomie unter „Alter eines kosmischen Objektes" auch nur den Zeitraum zwischen der Gegenwart und dem Zeitpunkt, zu dem der physikalische Zustand des betrachteten Objektes seinem jetzigen Zustand wesentlich ähnlich wurde.
Eine grundlegende Methode zur A. kosmischer Objekte basiert auf dem Zerfall radioaktiver Atome. Die Zeit, in der jeweils die Hälfte einer gegebenen Menge derartiger Atome in einen Endzustand übergeht, die Halbwertszeit, ist eine für die verschiedenen Isotope eines Elements charakteristische Größe. Sie kann durch Labormessungen empirisch ermittelt werden und ist von äußeren physikalischen Bedingungen völlig unabhängig. Kennt man die Menge der radioaktiven Ausgangsatome und mißt die Menge der entstandenen Atome, so läßt sich über die Halbwertszeit das Alter des Objekts, in dem sich die Atome befinden, bestimmen. Setzt man voraus, daß alle Ausgangsatome bereits bei der Entstehung des Objekts in diesem vorhanden waren, und daß alle Endatome allein durch den radioaktiven Zerfall entstanden sind und nicht schon zum Teil vorher im Objekt existierten, und ferner, daß auch noch alle Endprodukte zur Zeit der A. im Material vorhanden sind, dann läßt sich die Menge der Ausgangsatome aus den noch vorhandenen sowie der Menge der Endatome ermitteln.
A. bei Körpern des Planetensystems. Zur A. von irdischen und lunaren Gesteinen sowie von Meteoriten werden u.a. radioaktive Uranium-, Thorium-, Rubidium- und Kaliumisotope herangezogen. Uranium (U) und Thorium (Th) verwandeln sich unter Aussendung von Heliumkernen über eine bestimmte Reihe von Zwischenstufen in stabile Isotope von Blei (Pb). Von 1 g Uranium mit der Massezahl 238 (^{238}U) ist nach einer Halbwertszeit von $4{,}47 \cdot 10^9$ Jahren die Hälfte aller Atome zerfallen; es sind dann 0,5 g ^{238}U und 0,43 g Blei mit der Massezahl 206 (^{206}Pb) sowie 0,07 g Helium vorhanden. (Beim Zerfall eines ^{238}U-Kerns werden jeweils insgesamt 8 Heliumkerne frei.) Nach dem doppelten Zeitraum ist vom restlichen ^{238}U wiederum die Hälfte zerfallen usw. Aus der Menge des noch in einem Gestein vorhandenen Uranium-238, Blei-208 und Heliums kann mithin auf die Zeit seit der Entstehung des Gesteins geschlossen werden (Abb.). Das Uraniumisotop der Massezahl 235 zerfällt mit einer Halbwertszeit von $0{,}704 \cdot 10^9$ Jahren unter Aussendung von jeweils 7 Heliumkernen in Blei-207, während das Thoriumisotop ^{232}Th mit einer Halbwertszeit von $14{,}0 \cdot 10^9$ Jahren in Blei-208 übergeht, wobei jeweils 6 Heliumkerne frei werden. Das radioaktive Rubidium-87-Isotop geht unter Aussendung eines Elektrons in Strontium-87 über, die Halbwertszeit beträgt

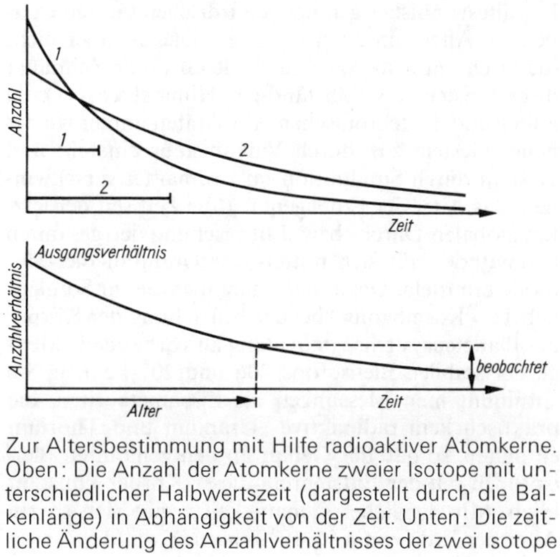

Zur Altersbestimmung mit Hilfe radioaktiver Atomkerne. Oben: Die Anzahl der Atomkerne zweier Isotope mit unterschiedlicher Halbwertszeit (dargestellt durch die Balkenlänge) in Abhängigkeit von der Zeit. Unten: Die zeitliche Änderung des Anzahlverhältnisses der zwei Isotope

$48{,}8 \cdot 10^9$ Jahre, während sich Kalium-40 unter Aussendung eines Elektrons in Calcium-40 verwandelt. Der Kalium-40-Kern hat aber auch die Möglichkeit, ein Elektron aus seiner Elektronenhülle aufzunehmen und dadurch in einen Argon-40-Kern überzugehen; etwa 90% der Kalium-40-Kerne enden als Calcium-40-Kerne und 10% als Argon-40-Kerne; die Halbwertszeit beträgt $1{,}3 \cdot 10^9$ Jahre.

Bei Meteoriten wendet man vorwiegend die Rubidium-Strontium-Methode an, da Messungen des Heliumgehalts nicht sehr zuverlässig sind. Unter der Wirkung der Kosmischen Strahlung kann es nämlich zu Umwandlungen von ansonsten stabilen Atomkernen kommen, wobei auch Helium frei wird, und es ungewiß ist, wie stark diese Prozesse zum gemessenen Heliumgehalt beigetragen haben. (Bei irdischen Gesteinen spielt dieser Gesichtspunkt keine Rolle, da die Kosmische Strahlung nur bis zu geringen Tiefen in den Boden eindringen kann.) Als Höchstalter ergibt sich bei allen Meteoriten ein Wert von $4{,}53 \cdot 10^9$ Jahren. In einem Meteoriten, der zu den kohligen Chondriten gehört, dem ursprünglichsten Material des Planetensystems, wurden kleine Einschlüsse gefunden, deren Alter $4{,}88 \cdot 10^9$ Jahre beträgt, während das Einbettungsmaterial normales Alter hat. Wahrscheinlich sind diese Partikeln interstellaren Ursprungs und waren schon bei der Bildung des Sonnennebels, aus dem sich das Planetensystem formte, vorhanden.

Bei Meteoriten kann man bestimmen, wie lange sie im Weltraum der Bestrahlung durch die (als zeitlich konstant angenommene) Kosmische Strahlung ausgesetzt waren. Energiereiche Protonen der Strahlung können bis in etwa 1 m Tiefe schwere Atomkerne in stabile und radioaktive Kerne aufspalten; aus der Menge dieser Spaltprodukte läßt sich dann das Bestrahlungsalter berechnen. Es beträgt bei Eisenmeteoriten einige 10^8 bis 10^9 Jahre, bei Steinmeteoriten hingegen nur etwa 10^6 bis $4 \cdot 10^7$ Jahre. Dies ist wesentlich geringer als das Verfestigungsalter. Offensichtlich sind die Meteorite erst durch den Zerfall eines größeren Körpers entstanden und waren daher nur verhältnismäßig kurze Zeit der Kosmischen Strahlung ausgesetzt.

Die ältesten bisher gefundenen irdischen Gesteine haben ein Alter von $3{,}8 \cdot 10^9$ Jahren. Dies ist aber nicht identisch mit dem Alter der Erde (also der Zeitdauer ihrer Existenz als selbständiger Himmelskörper), da auf Grund der tektonischen Aktivitäten immer wieder neues Gestein z.B. durch Vulkanismus entsteht und Gestein durch Subduktion im Erdmantel verschwindet. Das Alter der Erde, genauer die Zeit seit der letzten globalen Durch- bzw. Entmischung der gesamten Erdmaterie, läßt sich mittels der Uranium-Blei-Methode ermitteln. Dazu muß man aber die im Sonnennebel (→ Kosmogonie) bei der Entstehung der Körper des Planetensystems von Anfang an vorhandene Menge der stabilen Bleiisotope 206 und 207 kennen. Sie entnimmt man Messungen an Eisenmeteoriten, die praktisch kein radioaktives Uranium und Thorium enthalten, so daß der Gehalt an den genannten Bleiisotopen seit der Entstehung dieser Körper konstant blieb. Mit ziemlicher Genauigkeit ergibt sich so ein Alter der Erde von $4{,}55 \cdot 10^9$ Jahren.

Für Mondgestein erhält man je nach Fundort unterschiedliche Alterswerte, für magmatisches Gestein aus dem Mare Tranquilitatis z.B. $3{,}6 \cdot 10^9$ Jahre, für Gestein aus dem Oceanus Procellarum 2,0 bis $2{,}6 \cdot 10^9$ Jahre. Das höchste Alter, das man an Mondmaterial festgestellt hat, beträgt $4{,}4 \cdot 10^9$ Jahre. Unter „Alter" ist hier die Zeit seit der Verfestigung des Materials zu verstehen (Verfestigungsalter).

Das einheitliche maximale Alter von $4{,}6 \cdot 10^9$ Jahren bei Erde, Mond und Meteoriten führt dazu, daß man dieses auch als Alter des gesamten Sonnensystems ansieht. Dies ist gerechtfertigt, weil die Bildungszeit der einzelnen Körper aus dem Sonnennebel im Vergleich zu ihrer Gesamtexistenzzeit sehr kurz ist (→ Kosmogonie).

A. bei Sternen. Bei Sternen ist eine A. nur auf Grund theoretischer Modellrechnungen möglich. Unter „Alter eines Sterns" wird dabei im allg. die Zeit seit dem Einsetzen der ersten Kernprozesse zur Energiefreisetzung, also seit dem Beginn des Hauptreihenzustandes, verstanden, da die Zeit zwischen dem Beginn der Bildung aus interstellarer Materie und dem Erreichen des Hauptreihenzustandes sehr kurz ist verglichen z.B. mit der Verweilzeit des Sterns in diesem Zustand. Die Rechnungen ergeben, daß die Entwicklungsgeschwindigkeit (bzw. die Verweilzeit in bestimmten Entwicklungsphasen) eines Sterns von seiner Masse und (in geringerem Maße) von seiner chemischen Zusammensetzung bei der Entstehung abhängt (→ Sternentwicklung). Die Entwicklung spiegelt sich dabei u.a. in der Änderung beobachtbarer Zustandsgrößen, wie Leuchtkraft und effektive Temperatur, wider. Kennt man Masse und ursprüngliche chemische Zusammensetzung der Sternmaterie (diese entspricht bei Hauptreihensternen der beobachteten Zusammensetzung ihrer Atmosphären), so könnte man im Prinzip aus den beobachteten Zustandsgrößen das Alter eines Sterns bestimmen. Schwierigkeiten ergeben sich bei der praktischen Durchführung des Verfahrens dadurch, daß die Änderungsgeschwindigkeiten von Leuchtkraft und effektiver Temperatur in bestimmten Entwicklungsphasen eines Sterns außerordentlich gering sind, so daß dann keine zuverlässigen Altersangaben möglich sind. Dies trifft u.a. für den gesamten Hauptreihenzustand zu, der dazu noch der längste im Gesamtleben eines Sterns ist. Man kann für Hauptreihensterne daher nur das Maximalalter angeben. Es ist die Zeit, die vom Einsetzen der Kernprozesse bis zum Verbrauch des gesamten Wasserstoffs im Sternzentrum vergeht. Sie ist von der Sternmasse abhängig, eventuelle Unterschiede in der ursprünglichen chemischen Zusammensetzung spielen nahezu keine Rolle. Ein Stern von 15 Sonnenmassen (Spektralklasse etwa B1) verweilt nur etwa 10^7 Jahre auf der Hauptreihe, ein Stern von 3 Sonnenmassen (Spektralklasse A0) hingegen $2{,}2 \cdot 10^8$ Jahre und ein Stern von 1 Sonnenmasse (Spektralklasse G2) etwa 10^{10} Jahre. Kennt man die Spektralklasse eines Hauptreihensterns, so ist auch sein maximales Alter bekannt.

Bei Sternhaufen führen die Entwicklungsrechnungen zu recht genauen Altersangaben. Man kann davon ausgehen, daß alle Sterne eines Haufens nahezu gleichzeitig entstanden sind, also gleiches Alter haben, und sich allein in ihrer Masse unterscheiden; die chemische Zusammensetzung der interstellaren Wolke, aus der der Sternhaufen hervorging, dürfte weitgehend homogen gewesen sein. Beim Beginn der Kernprozesse zur Energiefreisetzung befinden sich die Bildpunkte dieser Sterne auf der Hauptreihe des Hertzsprung-Russell-Diagramms. Die Bildpunkte der massereichen Sterne, die eine größere absolute Helligkeit und eine höhere Oberflächentemperatur haben, liegen auf der Hauptreihe am linken oberen Ende im Bereich der Spektralklassen O und B, die der masseärmeren Sterne hingegen befinden sich im Gebiet der Spektralklassen K und M. Ist im Zentralgebiet eines Sterns der Wasserstoffvorrat verbraucht, wandert der Bildpunkt des Sterns von der Hauptreihe ab. Da die Schnelligkeit dieser Entwicklung im wesentlichen von der Masse des Sterns abhängt, verlassen von gleichzeitig entstandenen Sternen die massereichen, also die Sterne am oberen Ende, zuerst die Hauptreihe. Mit fortschreitender Zeit wandern auch Sterne immer späterer Spektralklassen ab. Der Zeitraum von der Entstehung eines Sterns vorgegebener Masse bis zum Beginn der Abwanderung seines Bildpunktes von der Hauptreihe läßt sich berechnen. Man kann daher an Hand des Hertzsprung-Russell-Diagramms bzw. des Farben-Helligkeits-Diagramms eines Sternhaufens dessen Alter aus dem Spektraltyp derjenigen Sterne ablesen, die gerade von der Hauptreihe abzuwandern beginnen. (Im Artikel Sternentwicklung sind für Sternhaufen unterschiedlichen Alters derartige Diagramme dargestellt.) Für Offene Sternhaufen ergibt sich mit dieser Methode ein Alter zwischen einigen 10^6 und einigen 10^9 Jahren, die ältesten Offenen Sternhaufen, z.B. NGC 188, sind fast $8 \cdot 10^9$ Jahre alt. Die Kugelsternhaufen sind deutlich älter; für sie ergeben sich Werte zwischen etwa $13 \cdot 10^9$ und $19 \cdot 10^9$ Jahren. (Diese Angaben hängen noch etwas von der Wahl bestimmter Parameter ab, z.B. der angenommenen Heliumhäufigkeit in der Sternmaterie bei der Entstehung der Sterne.)

Für Sternhaufen ergibt sich die Möglichkeit, ihre weitere Existenzzeit und damit ihr maximales Alter abzuschätzen, wenn man die Entwicklung ihrer inneren Bewegungsverhältnisse untersucht. Diese werden durch zwei Faktoren bestimmt, die beide eine Änderung der kinetischen Gesamtenergie des Haufens bewirken. Eine Erhöhung kann infolge des Vorübergangs von Wolken interstellarer Materie eintreten, bei dem den Sternen auf Grund von Gezeitenkräften Energie aus der Bewegungsenergie der Wolke übertragen wird. Eine erhöhte Bewegungsenergie, damit eine erhöhte mittlere Geschwindigkeit der Mitgliedsterne führt zu einer Vergrößerung des Haufenradius und bei vielen aufeinanderfolgenden Vorübergängen schließlich zur Auflösung des gesamten Haufens. Eine Verringerung der kinetischen Gesamtenergie eines Haufens kann andererseits dadurch hervorgerufen werden, daß einzelne Haufenmitglieder infolge von nahen Vorübergängen an anderen Sternen des Haufens eine so große kinetische Energie gewinnen, daß sie den Haufen verlassen und ihre kinetische Energie dem Haufen entführen. Die Verringerung der Gesamtenergie führt zu einer Verkleinerung des Haufenradius, wodurch die Sterndichte im Haufen und dadurch die Möglichkeit enger Vorübergänge für die verbleibenden Haufenmitglieder steigt. Insgesamt schrumpft der Haufen, bis schließlich ein stabiler Doppelstern oder Mehrfachstern übrigbleibt. Diese zweite Art der Haufenauflösung tritt nur bei den Sternhaufen auf, die bereits bei ihrer Entstehung einen verhältnismäßig kleinen Radius und viele Mitgliedsterne hatten, während die Zerstörung durch äußere Kräfte bei schon anfangs großen Haufen mit wenigen Mitgliedsternen je Volumeneinheit am wirkungsvollsten ist. Aus der jetzigen mittleren Massendichte in einem Haufen läßt sich die Zeit berechnen, nach der sich die Mitgliedsterne im allgemeinen Sternfeld zerstreut haben. Für Haufen mit einer mittleren Massendichte von 1 Sonnenmasse je Kubikparsec ergibt sich eine Lebenserwartung von rund $2 \cdot 10^8$ Jahren, die typisch für Offene Sternhaufen ist und erklärt, weshalb selten Offene Sternhaufen mit einem Alter größer als etwa 10^9 Jahren beobachtet werden. Kugelsternhaufen können wegen ihrer weitaus höheren anfänglichen mittleren Massendichte auch ein wesentlich höheres maximales Alter erreichen, das das bisherige Alter des Milchstraßensystems bei weitem übersteigt.

A. beim Milchstraßensystem. Das Alter des Milchstraßensystems ist mindestens so hoch wie das seiner ältesten Mitglieder, mindestens also so hoch wie das der ältesten Kugelsternhaufen. Es läßt sich unabhängig davon durch die Untersuchung feststellen, seit wann im Milchstraßensystem Elemente schwerer als Helium gebildet werden. Da diese nur im Innern von Sternen entstehen können, muß die Zeit bestimmt werden, seit der es Sterne im Milchstraßensystem gibt. Dazu benutzt man radioaktive Isotope mit geeignet großen Halbwertszeiten, z.B. Thorium-232 und Uranium-238. Diese Isotope können durch den schnellen Einbau von Neutronen in Atomkerne mittlerer Masse beim sog. r-Prozeß (→ Elemententstehung) gebildet werden. Die dafür benötigten starken Neutronenquellen existieren nur jeweils während einer Supernovaexplosion. Das bei einer derartigen Explosion entstehende Mischungsverhältnis der verschiedenen Atomkerne kann theoretisch berechnet werden. Dabei zeigt sich, daß z.B. Thorium-232 etwa 1,4mal häufiger als Uranium-238 gebildet wird. Da die Halbwertszeit von ^{232}Th größer als die von ^{238}U ist, nimmt das Häufigkeitsverhältnis $^{232}Th/^{238}U$ mit der Zeit zu. Untersuchungen von Meteoriten ergeben, daß bei deren Bildung vor $4{,}5 \cdot 10^9$ Jahren das Verhältnis $^{232}Th/^{238}U$ einen Wert zwischen 2,3 und 2,5 hatte. Die in den Meteoriten eingelagerten Thorium- und Uraniumkerne, wie auch die anderen bei den Untersuchungen verwendeten Atomkerne, sind sicherlich nicht alle bei einer einzigen Supernovaexplosion entstanden. Man muß vielmehr annehmen, daß sie ein Gemisch aus vielen Explosionen darstellen, wobei diese zu ganz unterschiedlichen Zeiten vor der Entstehung des Sonnensystems (und damit der untersuchten Meteoriten) stattfanden. Um den Beginn der Elemententstehung berechnen zu können, muß man daher noch eine zusätzliche Annahme über die zeitliche Verteilung der Supernovaexplosionen machen. Im allg. geht man davon aus, daß die Explosionshäufigkeit exponentiell abnahm, wobei der Abklingparameter (er gibt an, in welcher Zeit die Häufigkeit auf rund 37% der Anfangshäufigkeit abgefallen ist) als weitere unbekannte Größe, die empirisch bestimmt werden muß, auftritt. Dies ist prinzipiell möglich, da man außer dem Thorium-Uranium-Verhältnis auch noch andere Isotopenverhältnisse zur Datierung verwenden kann. Die Untersuchungen führen insgesamt auf eine Zeitspanne zwischen dem Beginn der Elemententenentstehung im Milchstraßensystem und der Bildung des Sonnensystems von $6 \cdot 10^9$ bis $10 \cdot 10^9$ Jahren, so daß sich für das Milchstraßensystems ein Alter zwischen rund $10 \cdot 10^9$ und $15 \cdot 10^9$ Jahren ergibt. (Der Abklingparameter stellt sich im übrigen als so groß heraus, daß man mit einer nahezu konstanten Supernovaentstehungsrate und damit auch mit einer konstanten Elemententenentstehungsrate rechnen kann.)

Eine weitere Möglichkeit, das Alter des Milchstraßensystems abzuschätzen, beruht auf der beobachteten Häufigkeitsverteilung von Weißen Zwergen in Abhängigkeit von ihrer Leuchtkraft. Weiße Zwerge stellen einen Endzustand der Sternentwicklung dar, bei dem die ausgestrahlte Energie wesentlich aus dem Vorrat an innerer Energie geschöpft wird. Der Stern kühlt dadurch langsam ab, und seine Leuchtkraft sinkt. Das Alter des Milchstraßensystems bestimmt damit die Leuchtkraft der ältesten Weißen Zwerge. Die Beobachtungen ergeben, daß die Zahl der Weißen Zwerge mit Leuchtkräften geringer als etwa $3 \cdot 10^{-5}$ Sonnenleuchtkräften abrupt abfällt, so daß man annimmt, mit diesen Weißen Zwergen die ältesten erfaßt zu haben. (Ältere sind offenbar nicht vorhanden.) Aus der berechneten Abkühlzeit und der Entwicklungszeit eines Sterns bis zum Erreichen des Weißen-Zwerg-Zustandes läßt sich das Alter dieser Weißen Zwerge und damit das des Milchstraßensystems abschätzen, das nach diesen Untersuchungen bei rund $10 \cdot 10^9$ Jahren liegt.

Die z.T. großen Diskrepanzen in den mit den unterschiedlichen Methoden gewonnenen Altersangaben für das Milchstraßensystem liegen z.T. an den noch unzureichenden theoretischen Kenntnissen, auf denen die Methoden basieren, z.T. an den vorhandenen Beobachtungsungenauigkeiten.

A. für das Weltall. Altersangaben für das Weltall als Ganzes beruhen auf der Expansion des Weltalls (→ Kosmologie). Nimmt man eine zeitlich konstante Expansionsgeschwindigkeit an, so ergibt sich aus der gemessenen (d.h. gegenwärtigen) Expansionsgeschwindigkeit eine Expansionsdauer, die gleich dem Kehrwert des Hubble-Parameters (→ Hubble-Effekt) ist und als „Weltalter" bezeichnet wird. Wegen der allgemeinen Massenanziehung aller kosmischen Objekte hat sich die Expansionsgeschwindigkeit im Laufe der Zeit aber verlangsamt; sie war früher größer als gegenwärtig. Mithin ist die tatsächliche Expansionsdauer, die sog. Friedmann-Zeit, kürzer als das „Weltalter". (Prinzipiell muß sie aber größer als das Alter der ältesten Objekte im Weltall sein.) Wegen der Ungenauigkeiten, mit denen die Beobachtungsgrößen behaftet sind, lassen sich gegenwärtig nur Näherungswerte sowohl für das „Weltalter" als auch für die Friedmann-Zeit angeben. Sie liegen je nach Annahme über die tatsächliche Größe des Hubble-Parameters und die Stärke der Verzögerung der Expansion in der Größenordnung von $10 \cdot 10^9$ bis $20 \cdot 10^9$ Jahren. Die Größenordnung für das Alter der Welt als Ganzes steht also mit dem Alter der ältesten kosmischen Objekte durchaus im Einklang, wenn auch die Unsicherheiten für alle diese Angaben gegenwärtig noch recht groß sind.

Amalthea *f*, ein Jupitersatellit. Die A. bewegt sich in einer elliptischen Bahn mit einer großen Halbachse von 181 300 km und einer Exzentrizität von nur 0,003 rechtläufig um den Jupiter. Die Bahnneigung gegen dessen Äquatorebene beträgt 0,40°. Die A. besitzt eine gebundene Rotation; die Bahnumlaufzeit von 11 h 57 min ist damit gleichzeitig die Rotationsperiode. Die A. hat eine sehr unregelmäßige Form, die sich angenähert durch ein dreiachsiges Ellipsoid mit den Achslängen 270, 164 und 150 km beschreiben läßt. Ihre Oberfläche ist durch Einschlagkrater gekennzeichnet, von denen der größte einen Durchmesser von etwa 90 km hat. Die Oberfläche erscheint dunkel, die Albedo liegt bei etwa 0,06 und ähnelt der der kohligen Chondrite. Die rötliche Färbung der A. ist möglicherweise dadurch verursacht, daß sich Auswurfmaterial der Io, einem Nachbarsatelliten, auf der A. abgelagert hat. Die scheinbare visuelle Helligkeit beträgt in Oppositionsstellung etwa 13^m.

Hinsichtlich der Einordnung der A. in das System der Jupitersatelliten → Jupiter.

Die A. wurde 1892 von E. Barnard (1857–1923) entdeckt.

AM-Herculis-Sterne, Untergruppe der kataklysmischen Sterne.

Amor *m*, Planetoid, der bei seiner Bewegung um die Sonne die Marsbahn kreuzt. Alle Planetoiden mit dieser Besonderheit, die aber außerhalb der Erdbahn bleiben, bilden die Gruppe der ***Amor-Planetoiden.***

Am-Stern, ***Metallinienstern***, Hauptreihenstern der Spektralklasse A (oder F), in dessem Spektrum die K-Linie des einmal ionisierten Calciums wie auch oftmals Linien von Scandium unnormal schwach, die Linien von Metallen, besonders die von Strontium und der Eisengruppe hingegen verstärkt sind. Der Grad der Verstärkung der Metallinien ist von Stern zu Stern unterschiedlich, so daß in dieser Hinsicht ein kontinuierlicher Übergang zu den spektral normalen Sternen besteht. In der überwiegenden Mehrzahl sind die Am-S.e Mitglieder relativ enger Doppelsterne. Die Rotationsgeschwindigkeit der Am-S.e ist im allg. klein, was wahrscheinlich auf eine gebundene Rotation in den Doppelsternsystemen zurückgeht. Die Abwesenheit starker Magnetfelder unterscheidet die Am-S.e von den Ap-Sternen.

Ananke *f*, ein Jupitersatellit. Die A. bewegt sich in einer stark elliptischen Bahn, deren Exzentrizität 0,169 und deren große Halbachse $21{,}2 \cdot 10^6$ km beträgt, rückläufig um den Jupiter. Die Umlaufzeit beläuft sich auf 631 Tage. Die Bahn ist mit 147° stark gegen die Bahnebene des Jupiters geneigt. Die A. ist ein Zwergsatellit, dessen Durchmesser nur etwa 30 km beträgt.

Über die Oberflächenbeschaffenheit ist nichts Sicheres bekannt. Wahrscheinlich handelt es sich bei der A. nicht um einen regulären Satelliten, sondern um einen ehemaligen Planetoiden, der vom Jupiter eingefangen wurde.
Hinsichtlich der Einordnung der A. in das System der Jupitersatelliten → Jupiter.
Die A. wurde 1951 von S. B. Nicholson (1891–1963) entdeckt.

And, Abk. für Andromeda.

Andromeda *f, Gen.* Andromedae, abg. ***And***, Sternbild des nördlichen Himmels, das im Herbst und im Winter am Abendhimmel sichtbar ist. Der hellste Stern (α) des Sternbildes heißt → Alpheratz, der Stern β Andromedae → Mirach und der Stern γ Andromedae → Alamak. Im Sternbild A. liegt der dem bloßen Auge als schwachleuchtender Nebelfleck erscheinende Andromedanebel, ein extragalaktisches Sternsystem.

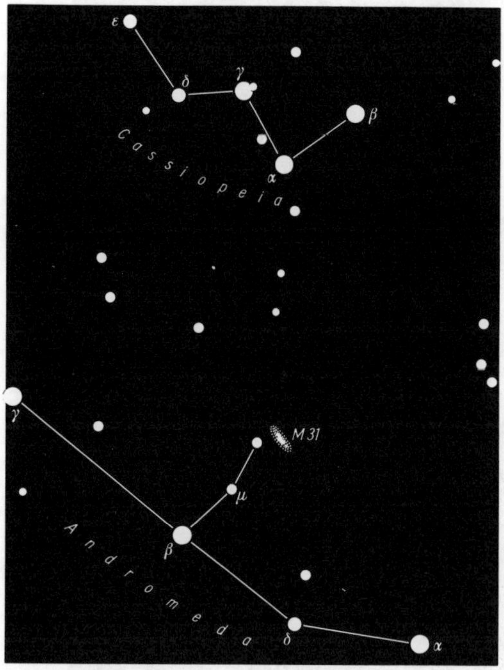

Die hellsten Sterne der Sternbilder Andromeda und Cassiopeia

Andromedanebel, ein extragalaktisches Sternsystem, das im Sternbild Andromeda nahe dem Stern ν Andromedae mit bloßem Auge als kleiner, schwachleuchtender Nebelfleck sichtbar ist. Der A. ist das am weitesten von der Sonne entfernte Himmelsobjekt, das mit bloßem Auge gesehen werden kann. Nach seiner Stellung im Nebelkatalog von C. Messier (1730–1817) trägt der A. die Bezeichnung M 31, nach der im New General Catalogue of Nebulae and Clusters of Stars [engl., ‚Neuer Generalkatalog von Nebeln und Sternhaufen'] die Bezeichnung NGC 224. Auf Photographien stellt sich der A. als typisches Spiralsystem dar, das nach der Hubbleschen Klassifikation zu den Sb-Spiralen gezählt wird (→ Sternsystem). Der Neigungswinkel der Hauptebene des A.s gegen die Sichtlinie beträgt etwa 13°, so daß der A. nur in starker perspektivischer Verzerrung beobachtet werden kann (Abb. 1).
Der A. hat ein großes, helles Zentralgebiet, um das sich mehrere Spiralarme winden. Während E. Hubble (1889–1953) schon 1924 in den äußeren Spiralpartien Einzelobjekte nachweisen konnte, gelang dies für das Zentralgebiet erstmals 1944 W. Baade (1893–1960). Zu den beobachteten Einzelobjekten gehören u.a. Delta-Cephei-Sterne, Novae, helle Riesen und Überriesen, kugelförmige Sternhaufen, Offene Sternhaufen und Sternassoziationen sowie weite Gebiete sowohl dunkler als auch leuchtender interstellarer Materie. In den Spiralarmen, die vor allem durch die Objekte der extremen Population I markiert werden, reihen sich die interstellaren Gebiete ionisierten Wasserstoffs (HII-Gebiete) und die sie zum Leuchten anregenden Sterne hoher Effektivtemperatur sowie helle Überriesen und Sternassoziationen wie Perlenketten aneinander. Die Spiralarme sind von dunkler, absorbierender staubförmiger Materie durchsetzt, die sich in einer wenige 100 pc dicken Schicht um die Hauptebene des Systems anordnet. Nur in den äußersten Randgebieten des A.s lassen sich keine interstellaren Staubwolken erkennen. Die kugelförmigen Sternhaufen und die Veränderlichen vom Typ W Virginis als Vertreter der Halopopulation sind in Richtung auf das Zentrum hin konzentriert, erfüllen ansonsten aber ein etwa kugelförmig begrenztes Volumen, das die Menge der übrigen Sterne des A.s völlig enthält; die Objekte der Halopopulation kommen daher auch in größeren Abständen von der Hauptebene des Systems vor. Die Mitglieder der Scheibenpopulation, von denen u.a. Novae und Rote Riesen als Einzelobjekte beobachtet wurden, nehmen eine Zwischenstellung in bezug auf die Konzentration gegen die Hauptebene ein.
Das Zentralgebiet des A.s enthält einen sehr kleinen sternähnlich erscheinenden Kern mit einem Winkeldurchmesser von $1{,}6'' \times 1{,}6''$, der nur auf kurzbelichteten Aufnahmen sichtbar ist. Sein wahrer Durchmesser beträgt etwa 6 pc. Dem Aussehen und der Farbe nach ähnelt der Kern einem großen, nicht in Einzelsterne aufgelösten Kugelsternhaufen von normalen Zwergsternen; seine absolute Helligkeit beläuft sich auf etwa -11^{m}.
Im A. herrscht eine differentielle Rotation. Die Rotationsgeschwindigkeit wächst innerhalb des Kerns vom Zentrum bis zu einem Abstand von etwa 5 pc gleichmäßig an und mißt dort rund 60 km/s. Weiter außen fällt sie ab und erreicht bei einem Zentrumsabstand von etwa 20 pc fast den Wert Null. Danach erfolgt bis etwa 400 pc ein abermaliger Anstieg bis zu einer Rotationsgeschwindigkeit von rund 225 km/s (Abb. 2), und weiter außen ein Abfall mit einem Minimum bei etwa 2 kpc. Die größte Rotationsgeschwindigkeit wird mit rund 270 km/s in etwa 10 kpc Abstand vom Zentrum gemessen. In 9 kpc Zentrumsabstand, der in der Größenordnung dem Abstand der Sonne vom Zentrum des Milchstraßensystems entspricht, beträgt die Umlaufperiode der Sterne im A. etwa 220 Mill. Jahre, was

Abb. 1: Der Andromedanebel mit seinen Begleitern NGC 205 (rechts oben) und M 32 (links vom Nebel, etwas unterhalb der Bildmitte). (Aufgenommen mit dem 2-m-Schmidt-Teleskop des Karl-Schwarzschild-Observatoriums Tautenburg)

ziemlich genau der Umlaufperiode der Sonne um das galaktische Zentrum gleichkommt. Zum Rand hin nimmt die Rotationsgeschwindigkeit bis etwa 20 kpc Zentrumsabstand wieder langsam ab, bleibt dann aber mit rund 220 km/s bis zur sichtbaren Grenze des A.s konstant. Aus den beobachteten Rotationsverhältnissen läßt sich die Massenverteilung und die Gesamtmasse des A.s bestimmen. Das Rotationsverhalten in Zentrumsnähe läßt auf eine hohe Massekonzentration im Kern schließen, der selbst wieder in einem etwa sphärischen Zentralkörper eingebettet ist. Die Kernmasse beträgt etwa 10^7 Sonnenmassen; die Anzahldichte der Sterne im Kern dürfte die in der Sonnenumgebung um etwa das 10^4fache übertreffen. Im Zentralkörper (bis etwa 2 kpc Zentrumsabstand) sind etwa $6 \cdot 10^9$ Sonnenmassen enthalten, während sich die Masse innerhalb von 25 kpc zu etwa $2 \cdot 10^{11}$ Sonnenmassen ergibt. Das Nichtabsinken der Rota-

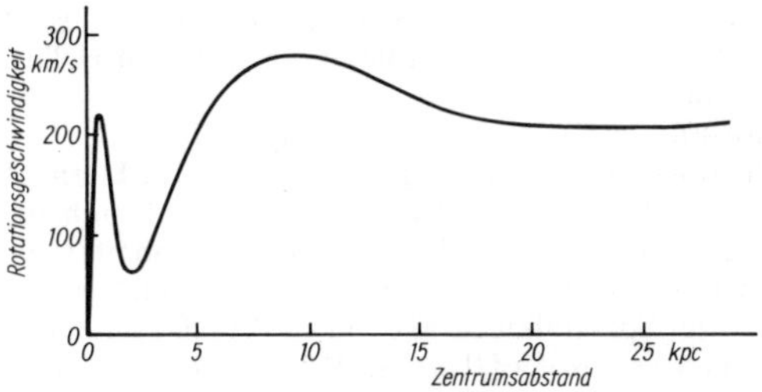

Abb. 2: Die Rotationsgeschwindigkeit (gemittelt) des Andromedanebels in Abhängigkeit von der Zentrumsentfernung. (Das Rotationsverhalten im Kerngebiet kann wegen der Kleinheit der Abb. nicht dargestellt werden.)

tionsgeschwindigkeit bis mindestens 30 kpc vom Zentrum zeigt, daß auch in den Randgebieten noch viel Masse enthalten ist, so daß man für die Gesamtmasse des A.s $4 \cdot 10^{11}$ bis $5 \cdot 10^{11}$ Sonnenmassen ansetzen kann.

Etwa 1% der Gesamtmasse des A.s entfällt auf die interstellare Materie. Innerhalb von etwa 4 kpc Zentrumsabstand ist der neutrale interstellare Wasserstoff relativ selten, er reicht aber weit über die sichtbare Grenze des A.s hinaus, wie radioastronomische Beobachtungen zeigen. Der ionisierte interstellare Wasserstoff konzentriert sich in einem ringförmigen Bereich zwischen etwa 8 und 10 kpc.

Aus dem Vergleich des A.s mit dem Milchstraßensystem hinsichtlich z.B. Masse, Radius, Leuchtkraft, Rotationsverhalten usw. geht hervor, daß beide Systeme wahrscheinlich ähnlich gebaut sind. Auch der Typ des A.s dürfte etwa dem des Milchstraßensystems gleichen, so daß ein extragalaktischer Beobachter bei entsprechender Blickrichtung im wesentlichen das gleiche Bild vom Milchstraßensystem haben dürfte, wie wir es vom A. haben.

Das Milchstraßensystem und der A. nähern sich einander mit einer Relativgeschwindigkeit von etwa 75 km/s. Die Radialgeschwindigkeit der Sonne in bezug auf den A. beträgt −275 km/s.

Der A. hat wahrscheinlich 6 Begleiter: M 32, NGC 205, NGC 147 sowie Andromeda I, Andromeda II und Andromeda III. M 32 ist ein normales elliptisches Sternsystem, während NGC 205 als anormales elliptisches System klassifiziert wird. Bei den anderen Begleitern handelt es sich um elliptische Zwerggalaxien. Der A. gehört mit seinen Begleitern zur Lokalen Gruppe.

Daten des Andromedanebels

Zentrumskoordinaten	
Rektaszension	$\alpha_{2000,0} = 0^h\,43^{min}$
Deklination	$\delta_{2000,0} = 41{,}3^0$
Winkeldurchmesser (im sichtbaren Licht)	$0{,}9° \times 4{,}2^0$
Entfernung vom Milchstraßensystem	725 kpc
Durchmesser in der Hauptebene	etwa 50 kpc
Durchmesser des Zentralkörpers	etwa 4 kpc
Durchmesser des Kerns	etwa 6 pc
scheinbare Gesamthelligkeit	$m_B = 3\overset{m}{,}9$ $m_V = 3\overset{m}{,}1$
absolute Gesamthelligkeit	$M_B = -20\overset{m}{,}3$ $M_V = -21\overset{m}{,}1$

Ångström, Einheitenzeichen Å, ältere, in der Spektroskopie noch vielfach benutzte Längeneinheit bei Wellenlängenangaben elektromagnetischer Strahlung; $1\,\text{Å} = 10^{-10}$ m = 0,1 nm.

Annihilation, svw. Paarvernichtung; → Paarentstehung.

Anomalie, in der Astronomie Name eines speziellen Winkels bei der mathematischen Beschreibung der Bahn eines Himmelskörpers um einen anderen (z.B. eines Planeten um die Sonne, eines Satelliten um seinen Planeten oder einer Komponente eines Doppelsterns um die andere). Man unterscheidet drei verschiedene A.n: Die ***wahre A.*** υ ist bei Bahnen um die Sonne der vom Mittelpunkt der Sonne aus gemessene Winkel zwischen dem Perihel P und dem Ort G des Gestirns (Abb.). Die ***exzentrische A.*** E ist der vom

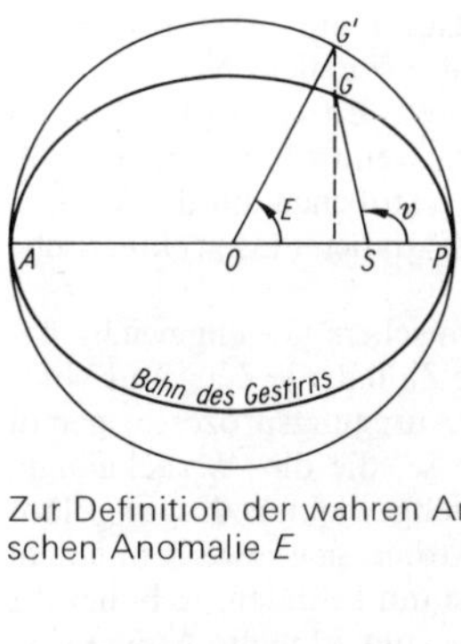

Zur Definition der wahren Anomalie υ und der exzentrischen Anomalie E

Mittelpunkt O der elliptischen Bahn des Gestirns aus gemessene Winkel zwischen Perihel und einem Punkt G′. Dieser ist der Schnittpunkt des von G aus auf die Verbindungslinie Perihel–Aphel (A) gefällten und über die Ellipse hinaus verlängerten Lotes mit einem um den Mittelpunkt der Ellipse geschlagenen Kreis, dessen Radius gleich der großen Halbachse der Ellipse ist. Die ***mittlere A.*** M ist der vom Mittelpunkt der Sonne aus gemessene Winkel zwischen Perihel und einem gedachten Körper, der sich mit konstanter Winkelgeschwindigkeit so um die Sonne bewegt, daß seine Umlaufzeit gleich der des Gestirns ist. Während sich die wahre und die exzentrische A. ungleichförmig mit der Zeit ändern, ändert sich die mittlere A. definitionsgemäß gleichmäßig. Die Verbindung zwischen der exzentrischen und der mittleren A. wird durch die transzendente *Keplersche Gleichung* $E - e \sin E = M$ vermittelt, in der e die numerische Exzentrizität der Bahn bedeutet.

Für die Bahnen von Himmelskörpern, die nicht die Sonne, sondern einen anderen Himmelskörper umlaufen, sind die Definitionen entsprechend abzuändern.

anomalistisch, auf gleiche Anomalie bezüglich.

Anregung, der Übergang eines Atoms oder Moleküls von einem Zustand niedriger Energie zu einem Zustand höherer Energie (→ Atom). Die Energiedifferenz der beiden Zustände, die ***Anregungsenergie***, kann dem Teilchen durch Stoß bei der ***Stoßanregung*** oder durch Absorption eines Lichtquants bei der ***Photoanregung*** zugeführt werden. Die Energie $h\nu$ des absorbierten Lichtquants muß dabei genau gleich der Anregungsenergie ΔE sein, so daß die Frequenz ν durch $\Delta E = h\nu$ festgelegt ist (h bezeichnet das Plancksche Wirkungsquantum). Bei der Anregung eines Atoms wird ein Elektron seiner Elektronenhülle in einen höheren Energiezustand gebracht, was auch bei Molekülen möglich ist. Bei ihnen bestehen darüber hinaus die Möglichkeiten der A. auf einen höheren Schwingungs- oder Rotationszustand.

Ein Elektron verweilt im angeregten Zustand meist nur etwa 10^{-8} s und geht dann spontan in einen energetisch niedrigeren Zustand über; dabei wird die Anregungsenergie ausgestrahlt, was zu einem ***Anregungsleuchten*** führt. Es existieren auch sog. metastabile Energieniveaus, von denen aus der Übergang zu niedrigeren Energiezuständen nach den Regeln der Quantenphysik „verboten" sind. Die Verweildauer auf metastabilen Energieniveaus ist z.T. um viele Größenordnungen höher als die auf normalen Niveaus. Der Übergang zu einem tieferen Energiezustand kann auch strahlungslos erfolgen, wenn z.B. bei einem Stoß die Anregungsenergie des gestoßenen auf das stoßende Teilchen übergeht und dabei dessen kinetische Energie erhöht wird.

In einer im thermodynamischen Gleichgewicht befindlichen Gasmasse ist die Zahl der je Zeit- und Volumeneinheit erfolgenden Anregungsprozesse genau gleich der Zahl der Prozesse, die die A. rückgängig machen. Aus dieser Gleichgewichtsbedingung läßt sich berechnen, wieviele Atome sich jeweils in einem bestimmten Anregungszustand befinden. Je höher die Temperatur eines Gases ist, um so mehr Atome sind angeregt; bei vorgegebener Temperatur nimmt die Zahl der Atome in den Zuständen unterschiedlicher Energie mit wachsender Energie ab (Boltzmannsches Verteilungsgesetz).

Anregungstemperatur, → Temperatur.

Anschlußbeobachtung, eine Beobachtung, bei der man einen Meßwert nicht unmittelbar, sondern nur relativ zu den entsprechenden Werten von Vergleichsobjekten erhält. Sind die Vergleichsobjekte Sterne, so werden diese auch als ***Anschlußsterne*** bezeichnet. A.en lassen sich dann durchführen, wenn vorher durch ***Absolutbeobachtungen***, bei denen man die Meßwerte direkt, ohne den Umweg über andere Objekte erhält, ein Grundsystem für die entsprechende Meßgröße geschaffen wurde.

A.en werden in der Astronomie sehr oft, z.B. bei Koordinaten- oder Helligkeitsbestimmungen, vorgenommen, da für viele Untersuchungen die Kenntnis der relativen Meßwerte genügt, und die Durchführung von Absolutbeobachtungen viel schwieriger als die von A.en ist.

Vgl. auch → Ort eines Gestirns, → Photometrie.

Ant, Abk. für Antlia.

Antalgol-Sterne, veraltete und nicht mehr gebräuchliche Bezeichnung für die RR-Lyrae-Sterne, die regelmäßige Helligkeitsmaxima haben im Gegensatz zu den Algol-Sternen mit ihren regelmäßigen Helligkeitsminima.

Antapex *m*, Gegenpunkt des → Apex.

Antares [griech., ‚Gegenmars'] *m*, der hellste Stern (α) im Sternbild Scorpius (Skorpion). Der A. ist ein halbregelmäßiger Veränderlicher, dessen scheinbare visuelle Helligkeit zwischen $0^{\mathrm{m}}.9$ und $1^{\mathrm{m}}.8$ schwankt. Er gehört zur Spektralklasse M1 und zur Leuchtkraftklasse I, ist also ein Roter Überriese. Verglichen mit der Sonne hat der A. einen etwa 285fachen Durchmesser, so daß die Bahn der Erde um die Sonne in ihm Platz hätte. Seine Leuchtkraft beträgt mehr als das 10000fache der Sonnenleuchtkraft; die effektive Temperatur liegt bei etwa 3500 K, weswegen der A. rötlich erscheint. Seine Entfernung von der Sonne beträgt etwa 42 pc oder 135 Lichtjahre. Der A. ist ein visueller Doppelstern; die schwächere Komponente, ein Hauptreihenstern der Spektralklasse B4 mit einer scheinbaren visuellen Helligkeit von etwa 5^{m}, hat einen Winkelabstand von nur 3″ von der Hauptkomponente.

Antenne, → Radioteleskop.

Antennentemperatur, → Temperatur.

Antizentrum, die Gegenrichtung zum Zentrum des Milchstraßensystems. Das A. befindet sich im Sternbild Auriga (Fuhrmann).

Antlia [griech.-lat.], *Gen.* Antliae, abg. ***Ant***, ***Luftpumpe***, unscheinbares Sternbild des südlichen Himmels.

Ap..., Apo... [griech.], fern von... .

Apastron *n*, ***Sternferne***, → Apsiden.

Apertur *f*, → Fernrohr.

Apertursynthese, ein Verfahren der Radioastronomie, mit Hilfe von mehreren kleinen Radioteleskopen ein Teleskop großer Empfängerfläche (Apertur) zu „synthetisieren"; → Radioteleskop.

Apex [lat., ‚Spitze'] *m*, der Zielpunkt der Pekuliarbewegung der Sonne, d.h. ihrer Relativbewegung gegenüber den Sternen ihrer näheren Umgebung. Der A. ist abhängig von der Auswahl der Sterne, die zur Bestimmung der Pekuliarbewegung herangezogen werden. Wählt man Sterne, die scheinbar heller als 12^{m} sind, so liegt der A. im Sternbild Hercules (Herkules). Der Gegenpunkt des A. ist der ***Antapex***.

Aphel *n*, ***Sonnenferne***, der Gegenpunkt des → Perihels.

Apogalaktikum *n*, → Apsiden.

Apogäum *n*, ***Erdferne***, → Apsiden.

Apollo *m*, Planetoid, der bei seiner Bewegung um die Sonne die Erdbahn kreuzt. Alle Planetoiden mit dieser Bahneigenschaft bilden die Gruppe der ***Apollo-Planetoiden***.

Aposelen *n*, ***Mondferne***, → Apsiden.

Aps, Abk. für Apus.

Apsiden, die zwei Punkte auf der elliptischen Bahn eines Himmelskörpers um einen anderen, für die die Entfernung zwischen den beiden Himmelskörpern jeweils am größten bzw. am kleinsten ist. Bei einer Bahn um die Erde spricht man von ***Apogäum (Erdferne)*** und ***Perigäum (Erdnähe)***, bei einer Bahn um den Mond von ***Aposelen (Mondferne)*** und ***Periselen (Mondnähe)***, bei einer Bahn um die Sonne von ***Aphel***

(Sonnenferne) und ***Perihel (Sonnennähe)***, bei der Bahn eines Sterns um das Zentrum des Milchstraßensystems von ***Apogalaktikum*** und ***Perigalaktikum***, bei der Bahn des Begleiters um die Hauptkomponente in einem Doppelsternsystem von ***Apastron (Sternferne)*** und ***Periastron (Sternnähe)***. Die Verbindungslinie der beiden A. ist die ***Apsidenlinie***. Bei einer elliptischen Bahn eines Himmelskörpers um einen anderen ist die halbe Länge der Apsidenlinie gleich der großen Halbachse der Bahn und gehört damit zu den Bahnelementen.

Ap-Stern, ein Hauptreihenstern der Spektralklasse A mit charakteristischen Besonderheiten im Spektrum, u.a. sind die Linien von Chromium, Mangan, Silicium und Strontium sowie die normalerweise nicht sichtbaren Linien seltener Erden, wie z.B. Europium, außergewöhnlich stark und oft veränderlich; die Ap-S.e gehören zu den Spektrumveränderlichen. Bei den Ap-S.en treten z.T. auch im visuellen Spektralbereich Helligkeitsschwankungen auf, doch liegen die Amplituden meist unter 0,1 mag. Sterne, die nach der Stärke ihrer Wasserstofflinien zu den Spektralklassen B5 bis B9 oder F0 gerechnet werden, die aber die genannten spektralen Besonderheiten zeigen, werden auch als Ap-S.e bezeichnet. Die Ap.-S.e haben relativ geringe Rotationsgeschwindigkeiten jedoch starke Magnetfelder. Wegen dieser Eigenschaft gehören sie zu den magnetischen Sternen.

Apus [griech.-lat.], *Gen.* Apodis, abg. ***Aps***, ***Paradiesvogel***, Sternbild des südlichen Himmels nahe dem südlichen Himmelspol, das von unseren Breiten aus nicht sichtbar ist.

Aql, Abk. für Aquila.

Aqr, Abk. für Aquarius.

Aquariden, → Meteorstrom.

Aquarius [lat.], *Gen.* Aquarii, abg. ***Aqr***, ***Wassermann***, Zeichen ♒, zum Tierkreis gehörendes Sternbild der Äquatorzone, das im Herbst am Abendhimmel sichtbar ist. Es wird von der Sonne bei ihrer scheinbaren jährlichen Bewegung in der zweiten Hälfte des Februars und Anfang März durchlaufen. Im Sternbild A. liegen mehrere Sternhaufen, von denen z.B. der Kugelsternhaufen M 2 mit einem Feldstecher als kleiner Nebelfleck zu sehen ist.

Äquator [lat., ‚Gleicher'] *m*, ***1) Himmelsäquator***, die Schnittlinie der unendlich groß gedachten Himmelskugel mit einer senkrecht zur Himmelsachse stehenden Ebene, der ***Äquatorebene***. Die Ebene des Himmelsäquators ist die Grundebene eines astronomischen Koordinatensystems, des Äquatorsystems; → Koordinaten.

2) Erdäquator, die Schnittlinie der Erdoberfläche mit einer senkrecht zur Erdachse stehenden und durch den Erdmittelpunkt gehenden Ebene. Der Erdäquator ist auch die Projektion des Himmelsäquators auf die Erdoberfläche mit dem Erdmittelpunkt als Projektionszentrum.

3) Galaktischer Ä., die Schnittlinie der Himmelskugel mit der Symmetrieebene des Milchstraßensystems, der Galaxis. Der galaktische Ä. ist die Grundebene eines astronomischen Koordinatensystems, des galaktischen Systems; → Koordinaten.

Äquatoreal *n*, ältere Bezeichnung für ein parallaktisch (äquatorial) montiertes Fernrohr.

Äquatorialhorizontalparallaxe, → Parallaxe.

Äquatorsystem, astronomisches Koordinatensystem; → Koordinaten.

Äquidensite *f*, eine Linie, die auf Photographien flächenhafter Objekte Punkte gleicher Schwärzung verbindet.

Aquila [lat.], *Gen.* Aquilae, abg. ***Aql***, ***Adler***, Sternbild der Äquatorzone, das im Sommer am Abendhimmel sichtbar ist. Der hellste Stern (α) des Sternbildes, → Atair, gehört zum Sommerdreieck. Durch das Sternbild zieht sich die Milchstraße.

Äquinoktium [lat., aequus ‚eben, gleich', noctu ‚nachts'] *n*, *Plur.* Äquinoktien, ***Tagundnachtgleiche***, der Zeitpunkt, zu dem die Sonne bei ihrer scheinbaren jährlichen Bewegung im Schnittpunkt von Ekliptik und Himmelsäquator steht. Zu diesem Zeitpunkt sind für alle Orte der Erde Tag und Nacht gleich lang. Das ***Frühlingsäquinoktium*** fällt etwa auf den 21. März (Frühlingsanfang), das ***Herbstäquinoktium*** etwa auf den 23. September (Herbstanfang), wobei kleine Verschiebungen um einen Tag vorkommen können, da das Kalenderjahr nicht gleich dem tropischen Jahr ist, und außerdem der Beginn der Tageszählung von der geographischen Länge des Beobachtungsortes abhängt. Die beiden Punkte der Ekliptik, in denen sich die Sonne zur Zeit der Äquinoktien befindet, heißen ***Äquinoktialpunkte***, es sind dies der Frühlingspunkt (Widderpunkt) und der Herbstpunkt (Waagepunkt). Infolge von → Präzession und Nutation verschieben sich die Äquinoktialpunkte auf der Ekliptik.

Äquipotentialfläche, ***Roche-Fläche*** [nach dem franz. Mathematiker E. Roche, 1820–1883], eine Fläche, auf der alle Punkte das gleiche Potential, in einem Schwerefeld die gleiche Schwerebeschleunigung haben. In der Umgebung einer isoliert stehenden Masse (eines Einzelsterns) sind die Ä.n Kugelflächen. Bei Doppelsternen setzt sich die auf ein relativ zu den beiden Komponenten ruhendes Masseelement wirkende Beschleunigung aus drei Anteilen zusammen: der von jeder der beiden Komponenten verursachten Schwerebeschleunigung sowie der infolge des mit den Komponenten gemeinsamen Umlaufs um die Rotationsachse des Systems verursachten Zentrifugalbeschleunigung. Die sich dadurch ergebenden Ä.n sind stark von der Entfernung von den Komponenten abhängig (Abb.).

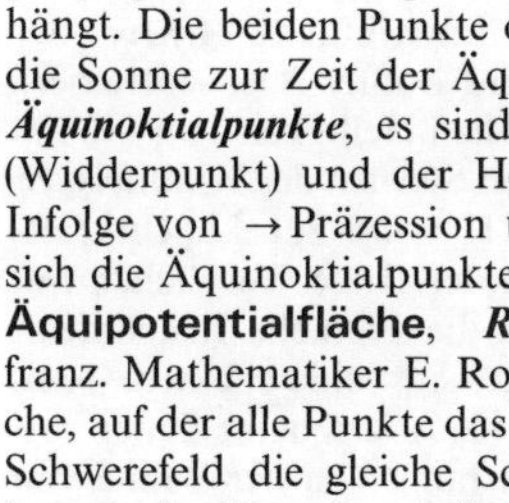

Schnitt senkrecht zur Bahnebene eines Doppelsternsystems, dessen Komponenten die Masse $\mathfrak{M}_2$ und $\mathfrak{M}_1 = 2\mathfrak{M}_2$ haben. Die Schnittlinien mit den Äquipotentialflächen sind gestrichelt, die Schnittlinie mit der kritischen Roche-Fläche ist durchgezogen gezeichnet. L_1: innerer Lagrange-Punkt

In unmittelbarer Nähe einer der beiden Komponenten überwiegt deren Schwerebeschleunigung, die Ä.n sind nahezu Kugelflächen. Mit wachsendem Abstand ergibt sich eine immer stärkere Verformung, bis die Ä.n schließlich beide Komponenten einhüllen. Die kleinste dieser Flächen, die sog. ***kritische Roche-Fläche***, enthält den inneren Lagrange Punkt L_1, in dem sich die Beschleunigungen exakt kompensieren (→ Dreikörperproblem). Die genaue Form der Flächen hängt vom Masseverhältnis der beiden Doppelsternkomponenten ab.

Äquivalentbreite, → Spektrum.

Äquivalenttemperatur, → Temperatur.

Äquivalenzrelation, → Relativitätstheorie.

AR, Abk. für Rektaszension.

Ara [lat.], *Gen.* Arae, ***Altar***, Sternbild des südlichen Himmels, das von unseren Breiten aus nicht sichtbar ist.

Arbeit, in der Physik das Produkt aus der Kraft, die an einem Körper angreift, und dem Weg, den der Körper unter der Einwirkung in Richtung der Kraft zurücklegt. Einheiten der A. sind Joule (Einheitenzeichen J), Wattsekunde W s, Newtonmeter N m. $1\,J = 1\,W\,s = 1\,N\,m = 1\,kg\,m^2\,s^{-2}$ ist die A., die geleistet wird, wenn sich der Angriffspunkt einer Kraft von 1 Newton in Richtung der Kraft um 1 m verschiebt.

Arctur [griech. arkturus, ‚Bärenhüter'], ***Arktur***, der hellste Stern (α) im Sternbild Bootes (Ochsentreiber). Mit einer scheinbaren visuellen Helligkeit von $-0\overset{m}{.}04$ gehört der A. zu den hellsten Sternen des Himmels. Er gehört zur Spektralklasse K1 und zur Leuchtkraftklasse III, er ist also ein Roter Riese. Verglichen mit der Sonne hat der A. etwa die 200fache Leuchtkraft und den 28fachen Durchmesser. Seine effektive Temperatur beträgt etwa 4370 K, A. erscheint daher rötlich-gelb. Er hat eine Entfernung von der Sonne von etwa 10 pc oder 36 Lichtjahren.

Areographie [ares, griech., ‚Mars', graphein, griech., ‚beschreiben'], die kartographische Aufnahme und Beschreibung der Marsoberfläche.

Argelander, Friedrich Wilhelm August, dtsch. Astronom, geb. 22. 3. 1799 in Memel (jetzt Klaipeda), gest. 17. 2. 1875 in Bonn; ab 1823 Observator in Turku und Helsinki (Finnland), ab 1837 Professor in Bonn und Direktor der dortigen Sternwarte. A. arbeitete anfänglich über Eigenbewegungen der Fixsterne und die Pekuliarbewegung der Sonne und gab 1843 den Sternatlas „Uranometria Nova" [lat., ‚Neue Himmelsvermessung'] heraus. 1859–1862 erschien sein Hauptwerk, die sog. Bonner Durchmusterung, ein → Sternkatalog, der bis heute ein Standardwerk geblieben ist.

Argo [griech.], ***Argo Navis***, ***Schiff Argo***, ***Schiff***, altes Sternbild des südlichen Himmels, das heute nicht mehr auf den Sternkarten verzeichnet ist. Meist rechnete man zu ihm die heutigen Sternbilder Vela (Segel), Puppis (Achterschiff), Carina (Kiel) und Pyxis (Kompaß).

Ari, Abk. für Aries.

Ariel *m*, ein Uranussatellit. Der A. bewegt sich in einer elliptischen Bahn, deren große Halbachse 191 200 km und deren Exzentrizität 0,003 beträgt, in 2 d 12,5 h rechtläufig um den Uranus. Die Bahn ist mit 0,31° nur gering gegen dessen Äquatorebene geneigt. Der A. führt eine gebundene Rotation aus, so daß seine Rotationsperiode gleich seiner Umlaufzeit ist. Der Durchmesser des A.s beläuft sich auf 1160 km, die mittlere Dichte auf etwa 1,6 g/cm³. Die scheinbare visuelle Helligkeit erreicht in Oppositionsstellung nur etwa $14\overset{m}{.}4$. Kenntnisse über die Oberflächenstruktur des A.s ergaben erst Beobachtungen mit Hilfe der Raumsonde Voyager 2. Es existieren viele, z.T. hell umrandete Einschlagkrater. Charakteristisch ist ein verzweigtes Grabensystem, das die Oberfläche netzartig überspannt (Abb.). Die größten Gräben erreichen Längen von über 500 km; sie sind sehr unregelmäßig, vielfach gebogen und teilweise mit aus der Tiefe hochgequollenem Material gefüllt. Möglicherweise handelt es sich um Dehnungsstrukturen aus der Frühgeschichte des Satelliten, als es zu einer inneren Erwärmung kam, doch ist über die Wärmequellen wie auch die innere Zusammensetzung des A.s nichts Sicheres bekannt.
Hinsichtlich der Einordnung des A.s in das System der Uranussatelliten → Uranus.
Der A. wurde 1851 von W. Lassell (1799–1880) entdeckt.

Aries [lat.], *Gen.* Arietis, abg. ***Ari***, ***Widder***, Zeichen ♈, zum Tierkreis gehörendes Sternbild des nördlichen Himmels, das im Winter am Abendhimmel sichtbar ist. Die Sonne durchläuft bei ihrer scheinbaren jährlichen Bewegung dieses Sternbild etwa von Mitte April bis Mitte Mai.

Aristarch von Samos, griech. Astronom, geb. um 320, gest. 250 v.u.Z.; lehrte, daß sich die Erde um die Sonne bewegt, wofür er allerdings keinerlei Beweise erbringen konnte, so daß diese Lehre nicht viele Anhänger fand. A. versuchte als erster, die Entfernungen der Sonne und des Mondes von der Erde mit Hilfe geometrischer Konstruktionen abzuleiten.

Arktur, svw. Arctur.

Armillarsphäre, ***Armille***, historisches astronomisches → Instrument.

aschgraues Mondlicht, eine schwache Erhellung der Nachtseite des Mondes, die durch an der Erde reflektiertes Sonnenlicht hervorgerufen wird und kurz vor oder nach Neumond beobachtbar ist; → Mondphase.

Assoziation, → Sternassoziation.

Aster... [griech.], ***Astro...***, Stern..., auf Sterne bezüglich.

A-Stern, Stern der → Spektralklasse A.

Asteroid *m*, svw. Planetoid.

Asterope *f*, Stern in den → Plejaden mit einer scheinbaren visuellen Helligkeit von $5\overset{m}{.}8$, der Spektralklasse B8 und der Leuchtkraftklasse V; die A. ist also ein heißer Hauptreihenstern.

Astrobiologie, interdisziplinäres Wissenschaftsgebiet, das sich mit den Möglichkeiten und Voraussetzungen von → Leben auf anderen Himmelskörpern (und während langer Raumflüge) beschäftigt.

Astrognosie, die Kenntnis vom Sternhimmel, wie er dem bloßen Auge erscheint.

Astrograph *m*, ein mehrlinsiges photographisches Fernrohr mit einem Öffnungsverhältnis von 1 : 8 oder größer; → Refraktor.

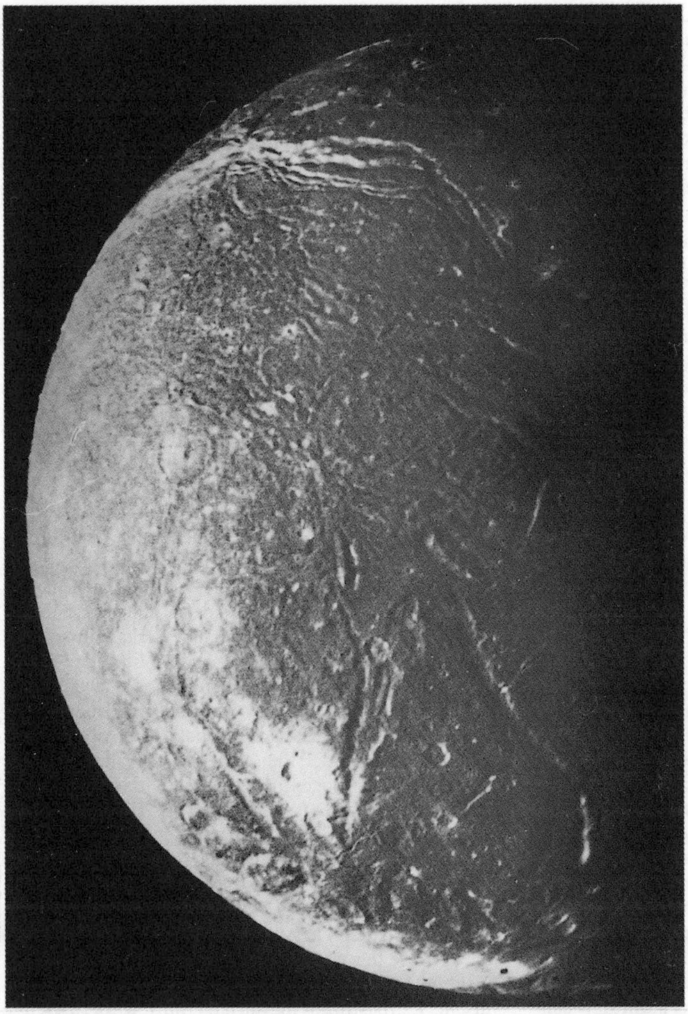

Oberflächendetail des Uranussatelliten Ariel. Das Bild ist ein Mosaik aus Photographien, die aus einer Entfernung von etwa 130 000 km mit Hilfe der Raumsonde Voyager 2 gewonnen wurden

Astrolabium *n*, historisches → Instrument; auch Kurzbezeichnung für das Prismenastrolabium, ein modernes astronomisches → Winkelmeßinstrument.

Astrologie, *Sterndeutung*, wissenschaftlich völlig unbegründete Irrlehre, nach der die Erscheinungen am Sternhimmel mit dem irdischen Geschehen in einem bestimmten, unabänderlichen, aber erkennbaren Zusammenhang stehen sollen, und die demzufolge versucht, aus der Stellung der Himmelskörper u.a. den Charakter und den Lebenslauf von Menschen abzuleiten bzw. vorauszusagen sowie – angeblich nützliche – Ratschläge für das Verhalten eines Menschen zu geben. Die A. entstammt der Sternkunde des Orients, vor allem der des alten Babylons, wo die Priester gleichzeitig Astronomen und Astrologen waren. Von ihnen sind die gängigsten Begriffe der A. zu uns gekommen, ohne das Geringste an Wahrheitsgehalt gewonnen zu haben. Auch im Mittelalter war die A. mit der Astronomie eng verknüpft, doch schon J. Kepler (1571–1630) machte astrologische Voraussagen nicht etwa, weil er von der Wahrheit der vorausgesagten Dinge überzeugt gewesen wäre, sondern um von dem dafür empfangenen Honorar zeitweise sein Leben fristen zu können. Die Astronomie der Gegenwart lehnt jede Art von A. entschieden ab, da sich die A. weder auf Erfahrungstatsachen noch auf eine durch Naturgesetze wohlbegründete Theorie stützt. Die A. ist völlig unwissenschaftlich, aber noch keineswegs ausgerottet, sondern wird auch gegenwärtig zur betrügerischen Ausnutzung leichtgläubiger und abergläubischer Menschen benutzt.

Die Aussagen über Lebenslauf und Charakter eines Menschen, über die Aussichten von Heiraten, Geschäftsabschlüssen, wichtigen Entscheidungen u.a. werden in der A. aus einem *Horoskop* (oder *Kosmogramm*) gelesen, einer schematischen Darstellung der

Stellung der Planeten, der Sonne und des Mondes an der Himmelskugel zur Zeit der Geburt des Menschen oder zu dem Zeitpunkt, für den eine Aussage gemacht werden soll. In vielen Fällen beschränkt man sich bei den Planeten auf die mit bloßem Auge sichtbaren. Dabei wird die Stellung der Himmelskörper innerhalb der *Tierkreiszeichen*, 12 gleichlanger Abschnitte der Ekliptikzone, berücksichtigt, wobei es keinerlei rationale Begründung für gerade diese Anzahl von Ekliptikabschnitten gibt. (Ein chinesisches System benutzt z.B. 28 gleichlange Abschnitte.) Jedem Abschnitt wird, vom Frühlingspunkt beginnend, ein Tierkreissternbild in der Reihenfolge Widder, Stier, Zwillinge, Krebs, Löwe, Jungfrau, Waage, Skorpion, Schütze, Steinbock, Wassermann und Fische zugeordnet. Das Tierkreiszeichen Widder umfaßt damit die ekliptikalen Längen von 0° bis 30°, das Zeichen Stier die Längen von 30° bis 60° usw. Da seit der Einführung dieser Unterteilung vor mehr als 2000 Jahren der Frühlingspunkt sich infolge der Präzession um etwa 30° längs der Ekliptik verschoben hat, befindet sich heute das Tierkreiszeichen des Stiers im Sternbild Widder, das Zeichen des Widders im Sternbild Fische usw. Der Tierkreis wird weiterhin in 12 feststehende Abschnitte, sog. *Häuser*, eingeteilt. Haus Nr. 1 bis 6 (vom Osten aus gezählt) stehen unter dem Horizont, Nr. 7 bis 12 (vom Westen aus gezählt) über dem Horizont. Infolge der scheinbaren täglichen Bewegung der Himmelskugel verschieben sich die Tierkreiszeichen relativ zum System der Häuser. Man ordnet nun jedem Haus ein Tierkreiszeichen zu, und zwar dem Haus Nr. 1 dasjenige, das gerade über dem Horizont des Beobachtungsortes erscheint (den *Aszendenten*), und den übrigen Häusern entsprechend die anderen Zeichen. Im Laufe eines Sterntages durchläuft somit jedes Tierkreiszeichen jedes Haus in der Folge abnehmender Hausnummern. Die Fragwürdigkeit des Systems zeigt sich u.a. darin, daß eine derartige Zuordnung keineswegs für alle Orte auf der Erde möglich ist: In den Gebieten nördlich bzw. südlich der Polarkreise kommen nämlich Teile der Ekliptik nie über den Horizont bzw. sinken nie unter ihn, durchlaufen also nie alle Häuser. Außerdem bleiben für diese Gebiete einzelne Planeten, in gleicher Weise wie die Sonne in jedem Jahr, während eines mehr oder minder langen Zeitabschnittes permanent über oder unter dem Horizont.

Zur Aufstellung eines Horoskops für eine Person wird die Stellung der Himmelskörper in den verschiedenen Häusern und Tierkreiszeichen beachtet, vor allem die Stellung des *Geburtsgebieters*, desjenigen Himmelskörpers, der zur Zeit der Geburt dieser Person im 1. Haus stand, und der vor allem angeblich für den Charakter und das Schicksal dieser Person bestimmend sein soll. Die Stellung der Himmelskörper zur Stunde der Geburt wird als *Nativität* bezeichnet.

Den Planeten, der Sonne und dem Mond sowie jedem Haus und jedem Tierkreiszeichen werden bestimmte Merkmale zugesprochen, wobei diese Merkmale angeblich verstärkt oder geschwächt werden können, je nachdem, ob in den einzelnen Häusern oder Tierkreiszeichen Himmelskörper stehen, die die gleichen oder entgegengesetzten Merkmale haben. Die Zuordnung der Merkmale erfolgt wieder rein schematisch, z.B. erhält jedes Tierkreiszeichen abwechselnd ein männliches bzw. ein weibliches Merkmal, das Zeichen Stier wird demzufolge völlig formal mit einem weiblichen Merkmal belegt.

Durch geschickte Kombination aller Möglichkeiten lassen sich aus der Stellung der Himmelskörper in den Häusern und Tierkreiszeichen beliebige, willkürliche und wünschenswert erscheinende Aussagen und Deutungen herleiten, vor allem, da die Aussagen der A. bewußt vieldeutig und verschwommen gehalten werden. Den angeblichen richtigen Voraussagen der A. stehen unzählige verschwiegene falsche gegenüber. Ein einfacher Beweis gegen die A. ist u.a. die Tatsache, daß sich bei einem eineiigen Zwilling das Horoskop nicht von dem eines zweieiigen unterscheidet. Man müßte daher für beide Arten von Zwillingen den gleichen Charakter und ein nahezu gleiches Schicksal erwarten. Es ist aber bekannt, daß sich zweieiige Zwillinge in Charakter und Veranlagung ganz anders verhalten als eineiige. Auch die jeweils mehr als 1000 Menschen, die eine praktisch gleiche Nativität haben, müßten entsprechend das gleiche Schicksal aufweisen, was auch keineswegs zutrifft. Nicht einzusehen ist auch, weshalb der Augenblick der Geburt eines Menschen für sein Schicksal so entscheidend sein soll, da dieser bekanntermaßen durch äußere Einflüsse beeinflußbar ist; entscheidender wäre ja wohl, wenn man auch nur eine Spur einer wissenschaftlichen Begründung geben wollte, der Augenblick der Empfängnis.

Aus der Stellung der Planeten und vor allem der des Mondes wird gelegentlich auch auf das Wetter geschlossen, was genauso unwissenschaftlich und unbegründet wie die übrige A. ist.

Astrometrie, Teilgebiet der Astronomie, das sich mit der Ortsbestimmung der als punktförmig angesehenen Gestirne an der Himmelskugel und mit den Einflüssen, die zu einer Ortsveränderung führen, sowie mit der Theorie der zur Ortsbestimmung der Gestirne benötigten Instrumente befaßt, und in dem die astronomische Zeitbestimmung durchgeführt wird sowie die Grundlagen für die geographische Ortsbestimmung gelegt werden. Alle Untersuchungen, bei denen die Gestirne als physikalische Körper angesehen werden, gehören nicht ins Gebiet der A., sondern in den Bereich der Astrophysik. Da die Bestimmung von Örtern (Positionen) an der Himmelskugel (Himmelssphäre) zu den Hauptaufgaben der A. gehört, spricht man auch von ***Positionsastronomie*** oder von ***sphärischer Astronomie***.

Zur Ortsbestimmung eines Himmelskörpers benötigt man ein astronomisches Koordinatensystem, nach Möglichkeit ein Inertialsystem. Ein derartiges Bezugssystem wird durch eine größere Anzahl möglichst gleichmäßig über den gesamten Himmel verteilter konkreter Koordinatenpunkte in Gestalt von Himmelskörpern – im allg. Sternen (Fundamentalsternen) – aufgespannt. Die Positionen der Fundamentalsterne werden üblicherweise in das Äquatorsystem, bei dem die Äquatorebene der Erde als Grundebene und der Frühlingspunkt als Nullpunkt der Rektaszensionszählung dienen, mit Hilfe absoluter, voneinander unabhängiger Deklinations- und Rektaszensionsbestimmungen eingemessen. Da Präzession und Nutation eine Verlagerung der Äquatorebene und eine Verschiebung des Frühlingspunktes längs der Ekliptik hervorrufen, ist dieses Koordinatensystem zeitlich veränderlich. Bei den einzelnen Sternen wird die Positionsbestimmung noch dadurch erschwert, daß sie infolge der Erdbewegung z.T. periodische, z.T. säkulare scheinbare Ortsveränderungen an der Himmelskugel erleiden (→ Aberration, → Parallaxe), und daß die Pekuliarbewegungen sowie der Umlauf der Sterne um das Zentrum des Milchstraßensystems zu weiteren, wahren Ortsveränderungen an der Himmelskugel, den Eigenbewegungen, führen. Eine der Hauptaufgaben der A. ist es daher, alle Ortsveränderungen der Fundamentalsterne so genau wie möglich zu bestimmen, um ein Inertialsystem aufzustellen, das von allen Einflüssen der Erdrotation und der Erdumlaufbewegung um die Sonne sowie der individuellen Bewegungen der Sterne befreit ist.

In der klassischen A. benutzt man zur Aufstellung eines Fundamentalsystems Sterne, in der ***Radioastrometrie*** hingegen punktförmig erscheinende Radioquellen, mit deren Hilfe man ein in sich geschlossenes Bezugssystem aufbaut. Bei der Auswahl der Radioquellen beschränkt man sich auf extragalaktische Sternsysteme, da deren Eigenbewegungen verschwindend klein sind, und man außerdem annehmen kann, daß sie als Gesamtheit keine Rotationsbewegung ausführen; sie definieren daher ein ideales Inertialsystem. Die mit Radiointerferometern erzielten Genauigkeiten bei der Positionsbestimmung übertreffen bei weitem die Möglichkeiten der klassischen A. mit optischen Instrumenten, doch können in der Radioastrometrie nur absolute Deklinationen, nicht aber absolute Rektaszensionen gemessen werden, da es keine Körper im Sonnensystem gibt, die im Radiofrequenzbereich punktförmig erscheinen und zur absoluten Festlegung des Frühlingspunktes geeignet sind. Man schließt daher das radioastrometrische Bezugssystem mit Hilfe von Fundamentalsternen, die gleichzeitig Radioquellen sind (was z.B. auf β Persei zutrifft), an das optische Fundamentalsystem an, so daß dieses umgekehrt auf ein extragalaktisches Inertialsystem bezogen betrachtet werden kann.

Zur Eliminierung aller der Einflüsse, die zu einer scheinbaren Positionsveränderung der Gestirne an der Himmelskugel führen, benötigt man die Kenntnis bestimmter empirisch zu ermittelnder Größen, deren Gesamtheit man traditionsgemäß als das System der ***astronomischen Konstanten*** bezeichnet. Die meisten dieser Konstanten sind auf Grund der speziellen Aufgabenstellung mit der Dimension, der Figur und dem Gravitationsfeld sowie der Bewegung der Erde verknüpft. Innerhalb des Systems sind nicht alle Größen unabhängig voneinander. Es existieren vielmehr mathematische Beziehungen zwischen einigen von ihnen, so daß man aus geeignet gewählten primären Konstanten die übrigen, sekundären Konstanten berechnen kann. Ein Teil der sekundären Konstanten ist aber auch der direkten Beobachtung zugänglich, so daß die Möglichkeit der Kontrolle und der Schaffung eines in sich konsistenten Gesamtsystems besteht. Um eine möglichst hohe Genauigkeit bei den Rechnungen zu sichern, geht man von einem speziell gewählten Maßsystem aus, für das man als Zeiteinheit den Tag (D), als Masseeinheit die Sonnenmasse $\mathfrak{M}_S$ und als Längeneinheit die astronomische Einheitslänge A wählt. Weiterhin legt man durch Definition den Wert der sog. Gaußschen Konstante k zu $k = 0{,}017\ 202\ 098\ 95$ fest. (k^2 vertritt die Gravitationskonstante und darf nicht mit der Boltzmann-Konstante verwechselt werden.) Das dritte Keplersche Gesetz, angewandt auf das die Sonne umlaufende Erde-Mond-System, lautet dann $k^2 = 4\ \pi^2\ A^3/(U^2\ \mathfrak{M}_S\ (1+\zeta))$, wobei U die siderische Umlaufzeit in Tagen und ζ das Verhältnis von Erdmasse plus Mondmasse zur Sonnenmasse bezeichnen. (Die Beobachtungen ergeben für ζ einen Wert kleiner als $3 \cdot 10^{-6}$.) Die Einheitslänge A kann damit als Radius derjenigen Kreisbahn aufgefaßt werden, längs der ein Körper mit verschwindend kleiner Masse die Sonne in $2\pi/k$ Tagen umläuft. Der Zahlenwert von k wurde so gewählt, daß die Größe von A möglichst der mittleren Entfernung der Erde von der Sonne gleicht. Benutzt man die SI-Einheiten mit den Grundeinheiten Sekunde, Kilogramm und Meter, so erhält man für das dritte Keplersche Gesetz eine Gleichung völlig analoger Struktur, nur tritt an die Stelle von k^2 die Gravitationskonstante G (→ Keplersche Gesetze). Da der Wert der Gravitationskonstante nur empirisch, und zwar mit relativ geringer Genauigkeit bestimmt werden kann, sind alle Ergebnisse, bei deren Ableitung die Gravitationskonstante benutzt wird, mit entsprechenden Fehlern behaftet. Die definitive Festlegung des Zahlenwertes von k (zusammen mit dem speziellen Maßsystem) sichert dagegen die in der A. benötigten hohen Genauigkeiten. (Auch in der Himmelsmechanik benutzt man bei den numerischen Rechnungen k^2 statt der Gravitationskonstante und verwendet die zugehörigen Maßeinheiten.)

Als primäre Konstanten wählt man u.a. die Lichtgeschwindigkeit, die Zeit, die das Licht für die Durchquerung der astronomischen Einheitslänge benötigt, den Äquatorradius der Erde, die Gravitationskonstante und das Verhältnis der Mondmasse zur Masse der Erde, weiterhin die allgemeine Präzession in Länge pro Julianisches Jahrhundert, die Nutationskonstante und die Schiefe der Ekliptik, wobei die Werte der letzten drei Größen für die Standardepoche 2000,0 genommen werden. Sekundäre Konstanten sind u.a. die astronomische Einheitslänge (gemessen in Metern), die Sonnenparallaxe, die Sonnenmasse (gemessen in Kilogramm) sowie die Aberrationskonstante. Die Zahlenwerte der einzelnen Größen wurden 1976 von der Internationalen Astronomischen Union festgelegt.

Astrometrische Messungen sind über die engeren Aufgaben der A. hinaus z.B. für die Aufstellung einer astronomischen Entfernungsskala im Weltall (→ Parallaxe) wie auch – auf Grund von Bahnvermessungen visueller Doppelsterne – für die Bestimmung von Sternmassen von entscheidender Bedeutung. Die A. legt auf diese Weise die Basis auch für viele astrophysikalische Untersuchungen.

Astronautik, svw. Raumfahrt.

Astronomie [astron, griech., ‚Stern', nomos, griech., ‚Gesetz'], ***Sternkunde***, ***Himmelskunde***, die Wissenschaft von der Materie im Weltall, ihrer Verteilung, ihrer Bewegung und ihres physikalischen Zustandes sowie ihrer Zusammensetzung und Entwicklung. Die A. beschäftigt sich mit den Körpern des Sonnensystems (Sonne, Planeten, Satelliten, Planetoiden, Kometen, Meteoroiden), mit den Sternen (Fixsternen), den Sternhaufen und den Sternsystemen, zu denen auch das Milchstraßensystem gehört, sowie mit der diffus verteilten Materie im Sonnensystem (interplanetare Materie), im Raum zwischen den Sternen (interstellare Materie) und zwischen den Sternsystemen (intergalaktische Materie). Weiterhin befaßt sich die A. mit der im Raum vorhandenen Strahlung und den großräumigen physikalischen Feldern, z.B. den Magnetfeldern und dem Gravitationsfeld. Die Erde gehört – abgesehen von ihrer räumlichen Bewegung – nicht zum eigentlichen Arbeitsgebiet der A., obwohl sie einer der Planeten des Sonnensystems ist. Das liegt einerseits daran, daß man erst verhältnismäßig spät erkannte, daß die Erde zu den Planeten zu zählen ist, und daß sich andererseits bei der Erde ganz andere Untersuchungsmethoden anwenden lassen als bei den anderen Planeten. Mit der Erde beschäftigen sich die Geowissenschaften, wie Geophysik, Geologie, Geographie und Meteorologie.

Die A. gliedert sich in verschiedene Teilgebiete, die sich in ihren Zielsetzungen, in ihren Untersuchungsmethoden und z.T. auch in den untersuchten Objekten unterscheiden. Die Aufgliederung in Teilgebiete, bei denen es viele Überschneidungen gibt, wird teilweise nach ganz unterschiedlichen Gesichtspunkten vorgenommen. Die ***Astrometrie***, auch als sphärische A. oder Positionsastronomie bezeichnet, hat vor allem die Aufgabe, die Örter und die Bewegungen der Gestirne an der Himmelskugel festzustellen sowie die dafür benötigten Koordinatensysteme und deren Änderungen zu bestimmen; sie schafft die Grundlagen für die genaue geographische Ortsbestimmung und führt die astronomische Zeitbestimmung durch. Bei allen diesen Aufgaben sieht man die Himmelskörper idealisiert als leuchtende Punkte an der Himmelskugel an und bestimmt lediglich durch Winkelmessungen die Richtungen, aus denen das Licht kommt. Die ***Himmelsmechanik*** beschäftigt sich mit den Bewegungen, die die Himmelskörper unter dem Einfluß der Massenanziehung im Raum ausführen. Das betrifft vor allem die Bewegungen der Planeten und der anderen Körper des Sonnensystems um die Sonne, aber auch die Bewegungen der zwei Komponenten in einem Doppelstern, der entsprechenden Komponenten in einem Mehrfachstern sowie der Sterne in einem Sternhaufen oder in einem Sternsystem. Auf der Grundlage der astrometrisch beobachteten Örter kann für die Körper im Sonnensystem eine genaue Bahnbestimmung durchgeführt werden, was die Voraussetzung für eine Ephemeridenrechnung ist, mit der die Örter berechnet werden, an denen die Himmelskörper zu einem bestimmten Zeitpunkt an der Himmelskugel stehen. Astrometrie und Himmelsmechanik, die bis in die zweite Hälfte des vorigen Jh. praktisch die ganze A. ausmachten, werden unter dem Begriff *klassische A.* zusammengefaßt. Gegenwärtig nimmt die ***Astrophysik*** den breitesten Raum in der astronomischen Forschung ein. Die Astrophysik untersucht die von den außerirdischen Objekten kommende Strahlung auf Helligkeit, spektrale Zusammensetzung und Polarisationsgrad; sie will Auskunft erhalten über den physikalischen Zustand und die chemische Zusammensetzung der Himmelskörper, über deren Größe, Oberflächenbeschaffenheit, inneren Aufbau, die Ursache ihres Leuchtens und dergleichen. Die Astrophysik gliedert sich je nach den angewendeten Forschungsmethoden in viele Untergebiete. Die jüngsten Zweige der Astrophysik sind die ***Radioastronomie***, die die aus dem Weltall kommende Radiofrequenzstrahlung untersucht, die ***Röntgenastronomie*** und die ***Gammaastronomie***, die mit Hilfe von außerhalb der Erdatmosphäre stationierten Beobachtungsinstrumenten die ankommende Röntgen- bzw. Gammastrahlung messen, sowie die ***Infrarotastronomie*** und die ***Neutrinoastronomie***, die die von den Gestirnen ausgesandte Strahlung im infraroten Spektralbereich bzw. die kosmische Neutrinostrahlung erforschen. Die ***Stellarstatistik*** untersucht die räumliche Verteilung und die Bewegungen der Sterne im Milchstraßensystem. Unter dem Begriff der ***Stellarastronomie*** faßt man alle die Zweige der A. zusammen, die sich stellarstatistisch oder astrophysikalisch mit den Sternen – im Gegensatz zu den Körpern des Planetensystems oder der interstellaren Materie – beschäftigen. Die ***Sonnenphysik*** wiederum hat die Sonne, den uns am nächsten stehenden und daher am besten untersuchten Stern, mit allen ihren Erscheinungen als Forschungsgegenstand. Mit der Entstehung und der Entwicklung der verschiedenen Objekte im Weltall befaßt sich die ***Kosmogonie***, während die ***Kosmologie*** die Struktur des Weltalls als Ganzes sowie die zeitliche Änderung dieser Struktur untersucht. Die praktische A. schließlich befaßt sich mit den Instrumenten und den Beobachtungsmethoden, die für die Durchführung der Beobachtungen und ihrer Auswertung benötigt werden.

Zur Lösung der verschiedenen Aufgaben sind sowohl Beobachtungen als auch theoretische Untersuchungen notwendig. Die Beobachtungsmöglichkeiten der A. sind im Vergleich mit denen der Physik oder anderer Naturwissenschaften sehr beschränkt, da man an die zu untersuchenden Objekte nicht herankommt und demzufolge auch keine Experimente durchführen kann. Eine gewisse Änderung brachte erst die Raumfahrt, mit deren Hilfe z.B. die direkte Erforschung des Mondes und der näheren Planeten mit geowissenschaftlichen Methoden sowie die direkte Untersuchung der interplanetaren Materie möglich wurde. Von allen anderen Objekten kann allein die eintreffende Strahlung beobachtet werden, die entweder von ihnen direkt ausgesandt oder an ihnen reflektiert oder durch sie anderweitig beeinflußt wird. Erschwert werden die Beobachtungen noch dadurch, daß die Strahlung im allg. sehr schwach ist und auf dem langen Weg von der Strahlungsquelle zum Beobachtungsinstrument vielfach zusätzlich geschwächt und spektral verändert wird. Hierfür sind die interstellare Materie aber auch die Erdatmosphäre verantwortlich. Letztere läßt überhaupt nur Strahlung in schmalen Wellenlängenbereichen durch. Neben der elektromagnetischen Strahlung, die man je nach Wellenlänge als Gamma-, Röntgen-, Ultraviolett-, visuelle, Infrarot- oder Radiofrequenzstrahlung bezeichnet, untersucht die A. auch Korpuskularstrahlungen, zu denen die Kosmische Strahlung, der Sonnenwind und die Neutrinostrahlung gehören.

Astronomische Beobachtungen werden im allg. in Sternwarten und astronomischen Observatorien durchgeführt, die hierfür mit entsprechenden Beobachtungs- und Auswerteinstrumenten ausgerüstet sind. Die Mittel der Raumfahrt (Raketen, Erdsatelliten und Raumsonden) ermöglichen es, die für die astronomischen Beobachtungen hinderliche Erdatmosphäre zu überwinden und Meßinstrumente über die irdische Lufthülle hinauszubringen. In diesem Falle erfolgt die Sammlung der Beobachtungsdaten weitab von den eigentlichen astronomischen Instituten. Gleiches gilt für Beobachtungen von speziell eingerichteten Flugzeugen oder Forschungsballons aus. Für die Untersuchungen der kosmischen Korpuskularstrahlungen benötigt man Beobachtungsapparaturen z.T. außerhalb der Erdatmosphäre, z.T. in Laboratorien tief unter der Erdoberfläche, die mit klassischen Sternwarten nicht mehr viel gemeinsam haben.

Bei der theoretischen Interpretation der Beobachtungsergebnisse und der Ableitung von Gesetzmäßigkeiten hinsichtlich der im Weltall ablaufenden Prozesse werden die bekannten Gesetze der Physik herangezogen, z.B. die der Mechanik, Thermodynamik, Atomphysik und Relativitätstheorie. Von Seiten der Theorie werden auch neue Beobachtungen angeregt, vor allem solche, mit denen entschieden werden kann, ob eine Theorie richtig ist, ob sie abgeändert oder ganz verworfen werden muß. Der Stand der astronomischen Erkenntnisse hängt sowohl vom Stand der technischen Möglichkeiten als auch vom Kenntnisstand in anderen Naturwissenschaften, vor allem in der Physik ab. Große Fortschritte in der A. sind immer dann zu verzeichnen, wenn in ihr neue Instrumente und Beobachtungsverfahren eingeführt oder wenn in der Physik neue Wissensgebiete entwickelt werden. Andererseits gehen von der A. auch Impulse aus, die sowohl die Beobachtungstechnik im weitesten Sinn als auch die Physik tiefgreifend befruchten.

Geschichtliches. Die A. ist die älteste Naturwissenschaft. Bei den alten Kulturvölkern, zu denen die Babylonier, Ägypter, Chinesen, Inder und Maya gehören, wurden astronomische Beobachtungen aus zwei verschiedenen Gründen betrieben. Einerseits galten die Gestirne als Gottheiten oder ihre Bewegungen als Ausdruck des Willens von Gottheiten, andererseits entsprangen die astronomischen Beobachtungen dem praktischen Bedürfnis nach einer brauchbaren Zeiteinteilung. Wenn in diesen Kulturen auch noch keine zutreffenden Begründungen für den Ablauf der Bewegungen, so wie sie beobachtet werden, gegeben werden konnten, so führten die Beobachtungen doch dazu, daß man in brauchbarer Näherung Voraussagen über die Stellung der Gestirne machen konnte. Man beschränkte sich dabei im wesentlichen auf die Bewegungen der Wandelsterne, zu denen man die Sonne, den Mond und die mit bloßem Auge sichtbaren Planeten Merkur, Venus, Mars, Jupiter und Saturn rechnete. Die religiösen Vorstellungen aber, die mit den Bewegungen der Gestirne an der Himmelskugel verbunden waren, führten dazu, daß man aus den Stellungen der Gestirne auf den Willen der Gottheiten schließen zu können glaubte, was zur Sterndeuterei, zur Astrologie führte.

Den höchsten Stand hat die A. wohl bei den Babyloniern erreicht. Die ältesten Berichte über astronomische Geschehnisse scheinen bis etwa 2000 v.u.Z. zurückzureichen, doch handelt es sich dabei im allg. um astrologische Ausdeutungen astronomischer Ereignisse. Die früheste wirklich gesicherte astronomische Beobachtung betrifft eine Mondfinsternis im Jahre 721 v.u.Z. Die eigentliche Blüte und Vollendung fand die babylonische A. aber erst in den letzten 5 bis 6 Jahrhunderten v.u.Z. Bekannt waren zu dieser Zeit z.B. die synodischen Umlaufzeiten der mit bloßem Auge sichtbaren Planeten sowie der Saroszyklus der Finsternisse. Die größte Leistung der spätbabylonischen A. stellen wohl die Mondtafeln des Kidinnu (um 380 v.u.Z.) dar, die das voraussichtliche erste Sichtbarwerden der Mondsichel nach Neumond zu berechnen gestatteten, was wegen der verwickelten Mondbewegungen recht kompliziert ist. Auf der babylonischen A. baute später die griechische auf, die auf dem Umweg über die arabische A. Grundlage der modernen A. wurde. Die babylonische A. hinterließ uns aber auch die Pseudowissenschaft der Astrologie.

Die A. des alten Ägyptens war wesentlich weniger umfassend. Es scheint, daß man weder Sonnen- noch Mondfinsternisse systematisch beobachtete und verzeichnete, noch Einblick in die Bewegungsverhältnisse des Mondes und der Planeten hatte. Das wesentliche Anliegen der ägyptischen Astronomen, die wie die babylonischen gleichzeitig Priester waren, scheint das Kalenderwesen gewesen zu sein. Dabei galt es vor allem, den Eintritt der jährlichen Nilüberschwemmungen vorauszubestimmen, die damals in die Zeit des heliakischen Aufganges des Sirius fiel und für die Wirtschaft des Landes außerordentlich bedeutungsvoll war.

Die A. des alten China läßt sich mit Sicherheit bis etwa ins 8. Jh. v.u.Z. zurückverfolgen. Zwar wird auch von Beobachtungen von Kometen und Finsternissen aus früherer Zeit berichtet (bis etwa 2300 v.u.Z.), doch ist dies historisch nicht gesichert. Die Beobachtungen der späteren Zeit (etwa ab 700 v.u.Z.) haben auch heute noch großen wissenschaftlichen Wert. Es scheint so, als ob man sich bei den Beobachtungen hauptsächlich auf besondere astronomische Ereignisse spezialisierte, wie etwa Finsternisse, Kometen, Meteore oder Sonnenflecken. Man verzichtete darauf, ein astronomisches System abzuleiten, also z.B. Bewegungsgesetze für die Wandelsterne zu finden, sondern stellte nur das astronomische Ereignis fest, dies aber mit großer Genauigkeit. Das ist wahrscheinlich auch der Grund, weshalb man erst im letzten Jahrhundert v.u.Z. in der

Lage war, den Eintritt von bestimmten Mondphasen und Finsternissen mit einiger Zuverlässigkeit vorauszuberechnen. Auch im alten China wurden die astronomischen Ereignisse astrologisch gedeutet, da nach alter chinesischer Auffassung eine strenge Bindung zwischen irdischen und himmlichen Ereignissen existiert.

Die alte indische A. hat keine besonderen eigenständigen Leistungen aufzuweisen. Das Tatsachenwissen war verhältnismäßig gering und stark mit mythologischem Beiwerk durchsetzt. Erst nach Beginn unserer Zeitrechnung setzte eine Weiterentwicklung ein, in der aber im wesentlichen nur die von den Griechen übernommenen Erkenntnisse verarbeitet wurden.

Bei den alten Kulturvölkern Mittelamerikas, vor allem bei den Maya, wurden offenbar astronomische Beobachtungen schon sehr frühzeitig durchgeführt. So wird z.B. von einer in Mittelamerika sichtbaren totalen Mondfinsternis im Jahre 3379 v.u.Z. berichtet. Viele der Inschriften auf den Gebäuden sowie die sonstigen schriftlichen Hinterlassenschaften der Maya scheinen sich auf astronomische Ereignisse vor allem in Verbindung mit dem Kalenderwesen zu beziehen, das offensichtlich zur besonderen Blüte gelangte. Da aber die archäologischen Datierungen der gefundenen Bauwerke zu einem viel geringeren Alter gelangen als die astronomischen Aufzeichnungen vermuten lassen, besteht noch eine ungeklärte Diskrepanz zwischen den verschiedenen Datierungen.

Das astronomische Wissen der Griechen des Altertums fußte im wesentlichen auf den Beobachtungen der babylonischen Astronomen. Dabei galt das Interesse weniger den Erscheinungen selbst als mehr den Ursachen der Erscheinungen. Dies ist wahrscheinlich der Grund, weshalb die ersten Planetentheorien in Griechenland aufgestellt wurden; hier versuchte man zum ersten Mal, eine theoretische Erklärung für die beobachteten Bewegungsabläufe zu geben. Dabei ging man von der Annahme aus, daß die Gestirne als beseelte göttliche Wesen nur die vollkommensten Bewegungen ausführen könnten, die man in der gleichförmigen Kreisbewegung gefunden zu haben glaubte. Diese Annahme war so überzeugend, daß sie die Vorstellungen aller Astronomen durch das gesamte Altertum und das Mittelalter beherrschte. Erst J. Kepler (1571–1630) konnte auf Grund von Beobachtungen zeigen, daß sich die Planeten in Ellipsen um die Sonne bewegen. Philolaus von Kroton (Ende des 5. Jh. v.u.Z.), ein Schüler von Pythagoras (um 580 – um 500 v.u.Z.), nahm an, daß sich die Erde, die Sonne und alle Planeten in konzentrischen Kreisen um ein Zentralfeuer bewegen. Dabei sollte die Erde diesem immer die gleiche Seite zuwenden, so daß es von den Bewohnern der abgewandten Seite der Erde nicht gesehen werden könne. Die Sonne, den Mond, die Planeten und auch die Erde dachte man sich als Kugeln, die fest an „Sphären" gebunden seien und sich mit diesen bewegen sollten. Den Gedanken des Zentralfeuers ließ Heraklid von Pontus (um 345 v.u.Z.) fallen. Er nahm an, daß sich die Sonne und die Planeten um ein gemeinsames Zentrum bewegen, wobei sich Erde und Sonne immer genau gegenüberstehen. Die scheinbare tägliche Bewegung der Sterne, die an eine „Fixsternsphäre" befestigt gedacht waren, sollte durch eine Rotation der Erde hervorgerufen sein. Den nächsten Schritt in der Entwicklung einer Planetentheorie stellen die Ansichten von Aristarch von Samos (um 320–250 v.u.Z.) dar, einem Mitglied der berühmten Akademie zu Alexandria. Aristarch nahm an, daß die Sonne in dem Zentrum stünde, um das sich die Planeten und damit auch die Erde bewegen. Er war der erste, der eine heliozentrische Planetentheorie aufstellte. Das Fehlen der parallaktischen Bewegungen der Fixsterne, die bei einer Bewegung der Erde um die Sonne vorhanden sein müssen, erklärte er damit, daß die Fixsternsphäre so groß ist, daß die Erdbahn dagegen als verschwindend klein angesehen werden kann; die scheinbare tägliche Bewegung der Fixsterne am Himmel sah er als eine Folge der Rotation der Erde an. Aristarch war mit diesen Anschauungen seiner Zeit offensichtlich so weit voraus, daß seine Argumente für eine heliozentrische Planetentheorie keine allzu große Überzeugungskraft gehabt zu haben scheinen, da sowohl Hipparch (um 190–125 v.u.Z.) als auch Ptolemäus (um 90 – um 160 u.Z.) das System des Aristarch ablehnten und eine geozentrische Planetentheorie lehrten. Danach sollte die Erde im Mittelpunkt des Systems ruhen und alle Himmelskörper sich auf Kreisbahnen um die Erde bewegen. Gegen die Rotation der Erde wurde geltend gemacht, daß alles, was nicht fest mit der Erdoberfläche verbunden sei, z.B. die Wolken, hinter der rotierenden Erde zurückbleiben, also scheinbar nach Westen wandern müsse. Während alle vorherigen Planetentheorien mehr oder minder auf philosophischen Spekulationen beruhten, bemühte sich Hipparch, der bedeutendste Astronom des Altertums, mit Hilfe einer wahrscheinlich von Apollonius von Perge (um 200 v.u.Z.) begründeten Epizykeltheorie die Bewegungen der Gestirne mathematisch zu beschreiben. Erst mit Hilfe dieser Theorie war es möglich, genauso exakte Voraussagen über die Örter der Wandelsterne an der Himmelskugel zu machen, wie es vorher die Babylonier auf Grund ihrer Beobachtungen konnten. Die Theorie des Hipparch wurde von Ptolemäus weiter ausgebaut und beherrschte bis zu N. Copernicus (1473–1543) die A.

Neben den Überlegungen zum Bau des Planetensystems weist die A. des antiken Griechenlands noch andere, wesentliche Leistungen auf. So versuchte Aristarch von Samos zum ersten Mal, die Entfernung und die Größe von Mond und Sonne durch Beobachtungen zu ermitteln. Die besondere Leistung liegt dabei darin, daß er erstmalig geometrische Gesetze, die bei der Vermessung der Erde gefunden wurden, auf Himmelskörper anwendete. Hipparch wiederholte später die Versuche. Er fand für die Entfernung Erde–Mond den verhältnismäßig guten Näherungswert von 33 2/3 Erddurchmessern (wahrer Wert: 30 1/3 Erddurchmesser); für die Entfernung und die Größe der Sonne erhielt er hingegen Werte, die etwa um den Faktor 10 zu klein sind. Eine andere Leistung der antiken griechischen A. ist die erste Erdvermessung durch Eratosthenes (276–194 v.u.Z.). Der von ihm gefundene Wert für den Erdumfang stimmt erstaunlich genau mit dem wahren Wert überein. Bedeutungsvoll war weiterhin die Aufstellung eines Sternverzeichnisses durch Hipparch, das leider im Original verlorengegangen ist. Er fand bei dem Vergleich seiner Beobachtungen mit früher vermessenen Sternörtern systematische Unterschiede, was er auf eine allmähliche Änderung des Koordinatenanfangspunktes, des Frühlingspunktes, zurückführte; er wurde so zum Entdecker der Präzession. Das gesamte astronomische Wissen seiner Zeit faßte Ptolemäus in einem Handbuch zusammen, das u.a. auch den im Original verlorengegangenen Sternkatalog des Hipparch enthält. Da dieses Buch vor allem über arabische Übersetzungen zur Kenntnis der Astronomen des Mittelalters gelangte, ist es unter dem (verstümmelten arabischen) Titel *Almagest* bekannt. Es bezeichnet den letzten Höhepunkt hellenistischen astronomischen Wissens. Als unverrückbare Grundlage beherrschte es die gesamte A. bis zum Ausgang des Mittelalters.

Die Bewahrung und die Weiterentwicklung der astronomischen Kenntnisse verlagerte sich in der Folgezeit im wesentlichen auf den arabischen Kulturkreis. Wenn die Araber auch nur verhältnismäßig wenig Eigenes, Neues zum astronomischen Erkenntnisgut beitrugen, so kommt ihnen das große Verdienst zu, das antike Erbe gepflegt und verbreitet zu haben. Die wesentlichen astronomischen Schriften des Altertums sind im allg. in arabischer Übersetzung bekanntgeworden, nur Bruchstücke sind direkt auf uns gekommen.

Die Vorstellungen der Araber vom Bau des Planetensystems gründeten sich auf die des Ptolemäus. Dabei wurden die von ihm gegebenen Grundgrößen des Planetensystems, z.B. die synodischen Umlaufzeiten der Wandelsterne, durch eigene Beobachtungen überprüft und z.T. verbessert. Die Ptolemäische Epizykeltheorie liegt auch den Planetentafeln zugrunde, die in dieser Zeit aufgestellt wurden. Die bekanntesten dieser Tafeln sind die von Ibn Junis (um 1000) und die *Alfonsinischen Tafeln*, die nach Alfons X. von Kastilien (1223–1284) benannt sind. Weitere wesentliche Leistungen arabischer Astronomen sind die Entdeckung der Änderung der Schiefe der Ekliptik und die Aufstellung verschiedener Sternverzeichnisse, zu denen vor allem der Sternkatalog des Tatarenfürsten Ulug-Beg (1394–1449) gehört, der auf eigenen Beobachtungen beruhte.

Nach dem Niedergang der arabischen A., der im 14. Jh. deutlich wurde, verlagerte sich das Schwergewicht der astronomischen Wissenschaft auf den Boden Mitteleuropas. Das wesentliche Anliegen, das die A. zu dieser Zeit wachhielt, war, den Kalender zu kontrollieren und die Daten für die beweglichen christlichen Feste, vor allem für das Osterfest, zu bestimmen. Als Grundlage zur Vorausberechnung der Daten diente die Ptolemäische Planetentheorie mit ihren überbrachten Grundgrößen. Die immer größer werdenden Abweichungen zwischen den vorausberechneten und den beobachteten Örtern der Planeten und des Mondes, die bis zu mehreren Grad betrugen, lösten eine immer stärker werdende Kritik aus, die aber nicht auf eine Änderung der Ptolemäischen Theorie, sondern auf eine Neubestimmung der Grundgrößen zielte. Man war zu der Überzeugung gelangt, daß nur aus der Beobachtung heraus die Wahrheit zu finden sei. In diesem Sinn faßte Regiomontan (1436–1476) den Plan, durch systematische Beobachtungen der Planetenbewegungen die benötigten Größen neu und besser zu bestimmen, doch konnte er diesen Plan wegen seines frühen Todes nicht ausführen. In ähnlicher Weise wirkte auch G. Purbach (1423–1461), der unter anderem zeigte, daß totale Sonnenfinsternisse zwar selten sind, aber vorkommen können. Es ist dies eine Erkenntnis, die später noch von T. Brahe (1546–1601) für falsch gehalten wurde.

Die eigentliche Wende kam aber nicht von seiten der Beobachtung, sondern von seiten der Theorie auf Grund des Neudurchdenkens der theoretischen Grundlagen der Planetentheorie. Dies getan zu haben, ist das Verdienst von N. Copernicus. Er fand, daß eine heliozentrische Planetentheorie eine wesentlich einfachere Deutung der Beobachtungsergebnisse ermöglicht als die von Ptolemäus übernommene geozentrische Theorie. So ergibt z.B. die Annahme einer Rotation der Erde eine viel einfachere Erklärung für die scheinbare tägliche Bewegung der Fixsterne als die Annahme, daß die Erde im Mittelpunkt ruht und die scheinbare Bewegung der Sterne durch eine wahre Bewegung der Fixsternsphäre verursacht sei. Für die Bewegungen der Planeten nahm Copernicus zunächst an, daß diese die Sonne mit gleichförmigen Winkelgeschwindigkeiten in exzentrischen Kreisbahnen durchlaufen. Da aber, wie Copernicus selbst feststellte, unter dieser Voraussetzung keine Übereinstimmung zwischen der Theorie und den Beobachtungen zu erreichen war, mußte die Einfachheit des Systems durch die Annahme epizyklischer Bewegungen der Planeten und des Mondes wieder erheblich eingeschränkt werden. Dies dürfte – neben philosophischen und religiösen Vorurteilen, die gegen die copernicanische Theorie bestanden – der wesentliche Grund gewesen sein, weshalb die Ansichten von Copernicus selbst von so ausgezeichneten Astronomen wie T. Brahe abgelehnt wurden. Hinzu kamen die gleichen sachlichen Bedenken gegen eine Bewegung der Erde um die Sonne, wie sie schon gegen die Theorie von Aristarch vorgebracht worden waren. Als besonders schwerwiegend wurde das Fehlen der parallaktischen Bewegungen der Fixsterne gewertet. Wenn auch die Theorie von Copernicus auf z.T. erbitterten Widerstand stieß, so stellte sie doch der rund eineinhalb Jahrtausend als gültig angesehenen Theorie von Ptolemäus eine andere Theorie als Alternativlösung gegenüber. Brahe versuchte zwar, in einer eigenen Planetentheorie, die ebenso wie die copernicanische in der Antike eine Vorläuferin hatte, die copernicanischen und die ptolemäischen Vorstellungen zu vereinen, doch trug seine Theorie zu sehr die Zeichen eines Kompromisses, als daß sie wirklich Anerkennung gefunden hätte. Brahe vertrat aber auch die Ansicht, daß nur durch verbesserte Beobachtungen eine Entscheidung zwischen rivalisierenden Theorien herbeigeführt werden könne. Er gab dann auch mit seinen ausgezeichneten Beobachtungen, die das Höchste an Genauigkeit aufwiesen,

was zu seiner Zeit zu erreichen war, Kepler, der in Prag sein Nachfolger als kaiserlicher Mathematiker war, die Möglichkeit, diese Entscheidung zu fällen.
J. Kepler entschied sich schon in jungen Jahren für das copernicanische System, das er später in seinem Erstlingswerk, dem *Mysterium Cosmographicum* [lat., ‚Weltgeheimnis'], mit Hilfe eines mathematischen Prinzips zu erklären versuchte. Eine Übereinstimmung zwischen seiner Idee und der Wirklichkeit herzustellen, gelang Kepler jedoch nicht. Als er von Brahe zur Auswertung von dessen Beobachtungen nach Prag gerufen worden war, versuchte er die Braheschen Beobachtungen des Planeten Mars zunächst durch eine Kreisbewegung um die Sonne, später durch eine Bewegung auf einem Oval darzustellen. Beides befriedigte nicht. Erst als er die Beobachtungen durch die Bewegung des Planeten auf einer Ellipse, in deren einem Brennpunkt die Sonne steht, zu beschreiben versuchte, fand er die gewünschte Übereinstimmung. Seine Entdeckung – das erste und das zweite Keplersche Gesetz – stellte er in seinem Werk *Astronomia Nova* [lat., ‚Neue Astronomie'] dar. Mit dieser Entdeckung war bewiesen, daß die heliozentrische Planetentheorie wesentlich einfacher ist und, wie aus den von Kepler auf Grund seiner Bewegungsgesetze berechneten Planetentafeln, den *Rudolfinischen Tafeln* (nach Kaiser Rudolf II., 1552–1612), hervorging, auch wesentlich genauere Ergebnisse liefert als die ptolemäische Epizykeltheorie. Das dritte von Kepler gefundene Gesetz über die von ihm langgesuchte Beziehung zwischen den Umlaufzeiten der Planeten und der Größe der von ihnen durchlaufenen Bahnen veröffentlichte er in seinem Werk *Harmonices Mundi* [lat., ‚Weltharmonien'].
Die Fixsterne dachte sich Kepler in einer verhältnismäßig dünnen Kugelschale angeordnet, die die Begrenzung des Weltalls bilden sollte. Er lehnte damit entschieden die Meinung von G. Bruno (1548–1600) ab, der neben seinen z.T. recht unklaren astronomischen Vorstellungen durchaus richtig lehrte, daß die Fixsterne andere Sonnen seien, die im gesamten Weltall verstreut sind.
In die Zeit des Streites um die richtige Planetentheorie fällt die Erfindung des Fernrohrs, das sich sehr bald zum wichtigsten Beobachtungsinstrument der Astronomen entwickelte. Mit dieser Erfindung sind eine Reihe wichtiger Entdeckungen verbunden, die zu ihrer Zeit großes Aufsehen erregten und nicht unwesentlich den neuen Ansichten innerhalb der A. zum Durchbruch verhalfen. So entdeckte G. Galilei (1564–1642) mit einem selbstkonstruierten Fernrohr u.a. die vier hellsten Jupitersatelliten, den Phasenwechsel der Venus, die Mondgebirge und die Tatsache, daß die Milchstraße durch das gemeinsame Leuchten vieler, mit dem bloßen Auge nicht als Einzelobjekte erkennbarer Sterne verursacht wird. Seine Entdeckung galten ihm als Beweis für die Richtigkeit der copernicanischen Lehre. Seltsamerweise bediente er sich in seinen Auseinandersetzungen um die Lehre nicht der schlagenden Beweise Keplers. In diese Zeit fällt auch die Entdeckung der Sonnenflecken und die des ersten veränderlichen Sterns durch D. Fabricius (1564–1617). Die erste größere brauchbare Sternkarte wurde von J. Bayer (1572–1625) herausgegeben. Auch die Kalenderreform von 1582 unter Papst Gregor XIII. (1502–1585) fand in dieser Zeit statt.
Das auf Kepler folgende Jahrhundert wird in der A. durch den Namen von I. Newton (1643–1727) beherrscht. Schon Kepler vermutete auf Grund seiner Untersuchungen über die Planetenbewegungen, daß von der Sonne eine Kraft ausgeht, die die Planeten auf ihre Bahnen zwingt. Es gelang ihm aber nicht, einen Beweis für diese Vermutung zu erbringen. Dies blieb Newton vorbehalten, der nachwies, daß die Kraft, die die Bewegungen der Planeten um die Sonne verursacht, umgekehrt proportional dem Quadrat der Entfernung der Planeten von der Sonne ist. Es lassen sich dann unter Verwendung des zweiten Keplerschen Gesetzes die Bewegungen der Planeten in Ellipsen darstellen, in deren einem Brennpunkt die Sonne steht. Weiterhin schloß Newton, daß diese Kraft mit der identisch ist, die bewirkt, daß z.B. ein Stein zur Erde fällt. Das durch solche Überlegungen gefundene Gravitationsgesetz veröffentlichte Newton in seinem Hauptwerk *Philosophiae naturalis principia mathematica* [lat., ‚Mathematische Grundlagen der Naturphilosophie']. Mit Hilfe dieses Gesetzes gelang es Newton auch, eine Theorie der Gezeiten und der Präzession aufzustellen. Das Gravitationsgesetz zeigte zum ersten Mal, daß im kosmischen Bereich die gleichen physikalischen Gesetze gelten wie auf der Erde. (Bezüglich der Geometrie hatten das bereits die Griechen des Altertums erkannt, s.o.)
Zu den weiteren Erfolgen der beobachtenden A. trugen vor allem die laufenden Verbesserungen der Fernrohre und ihrer Aufstellungen sowie die Verbesserungen der Uhren bei. Hier sind bes. O. Römer (1644–1710), der 1704 den ersten Meridiankreis baute, und Ch. Huygens (1629–1695), der die Pendeluhr erfand, zu erwähnen. Auch die ersten großen Sternwarten – nach denen von T. Brahe – wurden um diese Zeit gegründet; die Pariser Sternwarte um 1670, die in Greenwich 1675 und die Berliner Sternwarte 1700.
1672 gelang es G.D. Cassini (1625–1712), die Entfernungen der Planeten von der Sonne, damit auch die für viele Probleme wichtige Entfernung der Erde von der Sonne, auf Grund einer Messung der Marsentfernung und unter Verwendung des 3. Keplerschen Gesetzes zu bestimmen. Dies war die erste genaue Entfernungsbestimmung für Himmelskörper jenseits des Mondes. Verbesserte Verfahren zur Entfernungsbestimmung schlug 1693 und 1712 E. Halley (1656–1742) vor, der als erster die Bahnen von Kometen um die Sonne berechnete, wobei er die Periodizität des nach ihm benannten Kometen fand. Die Methode zu diesen Bahnbestimmungen war schon von Newton angegeben worden. Diese Rechnungen zeigten, daß die Kometen selbständige Himmelskörper sind und nicht etwa atmosphärische Erscheinungen, wie man im Mittelalter und z.T. lange darüber hinaus geglaubt hatte.
Der Nachweis der parallaktischen Bewegungen, die die Fixsterne infolge des Umlaufes der Erde um die Sonne zeigen müssen, gelang auch im 18. Jh. nicht, doch brachten die immer genauer werdenden Ortsbe-

stimmungen andere Erkenntnisse: 1718 entdeckte Halley die Eigenbewegung der Fixsterne und 1728 J. Bradley (1692–1762) die Aberration. Es erschienen neue, verbesserte Sternkataloge, nachdem der letzte Katalog, der ohne Hilfe des Fernrohrs entstanden ist, 1661 von J. Hevelius (1611–1687) herausgegeben worden war. Bekannt sind die Kataloge der ersten drei Direktoren der Greenwicher Sternwarte: J. Flamsteed (1646–1719), Halley und Bradley. Der 1679 von Halley herausgegebene Sternkatalog war der erste des Südhimmels.

Im Anschluß an die Entdeckung des Gravitationsgesetzes entwickelte sich die Himmelsmechanik als ein neuer Zweig der A.; sie beherrschte die theoretische A. bis in den Anfang des 19. Jh. Das Zweikörperproblem war auf Grund der Untersuchungen von Kepler und Newton weitgehend gelöst, das Drei- und das Mehrkörperproblem hingegen stellte eine Herausforderung für die größten Mathematiker und Physiker des ganzen 18. Jh. dar, dessen zweite Hälfte vor allem die Glanzzeit dieser Untersuchungen war. Hier sind die Namen von L. Euler (1707–1783), A.C. Clairaut (1713–1765), J.B. d'Alembert (1717–1783), J.L. Lagrange (1736–1813) und P.S. Laplace (1749–1827) zu nennen. Eine gewisse Krönung dieser Bemühungen stellt das Werk *Traité de mécanique céleste* [franz., ‚Abhandlung zur Himmelsmechanik'] dar, in dem Laplace einen Überblick über seine eigenen Arbeiten und die Ergebnisse aller himmelsmechanischen Untersuchungen seiner Zeit gab. Innerhalb der Bahnbestimmung, einem Teilbereich der Himmelsmechanik, wurde die Methode zur Berechnung von Kometenbahnen 1797 durch W. Olbers (1748–1840) wesentlich vereinfacht. Das Problem der Bahnbestimmung von Planetoiden aus nur drei Beobachtungen löste K.F. Gauß (1777–1855) in einer 1809 veröffentlichten Arbeit im Anschluß an die erste Entdeckung eines derartigen Himmelskörpers.

Die beobachtende A. verzeichnete in dieser Epoche zwei Erfolge, die das Interesse der breiten Öffentlichkeit verständlicherweise mehr erregte als die theoretischen Untersuchungen: 1781 fand W. Herschel (1738–1822) den Uranus, den ersten Planeten, der nicht schon im Altertum bekannt war, und am 1. 1. 1801 entdeckte G. Piazzi (1746–1826) den ersten Planetoiden, die Ceres. Sie wäre der Beobachtung wieder verlorengegangen, wenn nicht Gauß seine Methode der Bahnbestimmung entwickelt hätte, womit er die Bahn und daraus Ephemeriden der Ceres berechnen konnte. Bei der einsetzenden Suche nach weiteren Planetoiden wurden in schneller Folge entdeckt: 1802 von Olbers die Pallas, 1804 von K.L. Harding (1765–1834) die Juno und 1807 wieder von Olbers die Vesta.

Die Entdeckung des Uranus hatte Herschel berühmt gemacht und ihm die Möglichkeit eröffnet, sich seinen zeitraubenden Untersuchungen über die räumliche Verteilung der Fixsterne zu widmen. Zu diesem Problem waren in der Mitte des 18. Jh. drei Arbeiten erschienen, die rein spekulativ Ergebnisse viel späterer Forschungen vorwegnahmen: 1750 eine von Th. Wright (1711–1786), davon angeregt 1755 die *Allgemeine Naturgeschichte und Theorie des Himmels* von I. Kant (1724–1804) und 1764 die *Kosmologischen Briefe* von J.H. Lambert (1728–1777). Hatte sich noch Kepler die Sterne an einer Fixsternsphäre befestigt gedacht, so tauchten hier die modernen Vorstellungen auf, die Sterne seien räumlich in einem abgeflachten System angeordnet, das sich für den Betrachter von der Erde aus als das Band der Milchstraße zeigt. In Kants Schrift wurden darüber hinaus die Grundlagen für eine wissenschaftliche Kosmogonie des Planetensystems gelegt, die als Vorbild der modernen Theorien gelten können. Herschel versuchte durch Zählung aller Sterne, die er im Gesichtsfeld seiner selbstgebauten, für die damalige Zeit riesigen Fernrohre erkennen konnte, den Bau des Sternsystems zu bestimmen. Damit wurde er zum Begründer der Stellarstatistik. Aus seinen Untersuchungen schloß er, daß die Sterne in einem abgeflachten, linsenförmigen System angeordnet sind, für dessen Dimensionen er allerdings viel zu kleine Werte erhielt. Aus dem Aussehen der länglich-runden, nebelhaften Gebilde, die er wahrnahm – es handelte sich um extragalaktische Sternsysteme –, kam er zu der Überzeugung, daß diese Gebilde die gleiche Struktur haben wie das Milchstraßensystem. Diese, wie wir heute wissen, richtige Meinung ließ er aber später wieder fallen.

Das 19. und 20. Jh. sind dadurch gekennzeichnet, daß sich die A. immer mehr zu einer Fachwissenschaft entwickelte und sich in immer mehr Teilgebiete aufsplitterte. Einige Astronomen, zu denen F.W. Bessel (1784–1846), einer der größten Astronomen seiner Zeit, gehörte, versuchten an der Vorherrschaft der Positionsastronomie innerhalb der A. festzuhalten. Bessel glaubte, die alleinige Aufgabe der A. sei, „Regeln für die Bewegung jedes einzelnen Gestirns zu finden, aus welchen sein Ort für jede beliebige Zeit" bestimmt werden könne. Alles andere sei „zwar der Aufmerksamkeit nicht unwert", aber nicht von eigentlichem astronomischen Interesse. Im Sinne dieser eigenen Aufgabenstellung verbesserte Bessel die Grundlagen der Positionsastronomie, indem er die Konstanten für Präzession, Nutation, Aberration und Refraktion mit aller Sorgfalt neu bestimmte und die Genauigkeit der Positionsbeobachtungen auf das zu seiner Zeit Höchstmögliche steigerte. Mit dieser Genauigkeit war es möglich, zum ersten Mal Fixsternparallaxen zu bestimmen: 1838 konnte Bessel die Entfernung des Sterns 61 Cygni angeben und W. Struve (1793–1864) sowie Th. Henderson (1798–1844) die für Wega und für α Centauri. Der durch Entfernungsmessungen erfaßbare Raum war damit erstmalig über die Grenzen des Sonnensystems hinaus erweitert worden.

Die von W. Herschel begründete Doppelsternforschung wurde bes. von W. Struve und seinen Mitarbeitern auf der Sternwarte Pulkowo gepflegt und erreichte zu dieser Zeit ihren ersten Höhepunkt.

Um die Mitte des 19. Jh. erlebte die Himmelsmechanik ihren wohl größten Triumph durch die Entdeckung eines neuen Planeten, des Neptuns. Dieser wurde zunächst rechnerisch entdeckt, und zwar auf Grund seiner auf die Bahnbewegung des Uranus ausgeübten Störungen, und danach in der Nähe des berechneten Ortes am Himmel aufgefunden. Diese Rechnungen führten unabhängig voneinander U.J. Leverrier (1811–1877) und J.C. Adams (1819–1892) aus. Die optische Entdeckung gelang unter Benutzung der Angaben von Leverrier und unter Mithilfe von L. d'Arrest (1822–1875) 1846 J.G. Galle (1812–1910). Dieser Erfolg brachte den Beweis für die innere Geschlossenheit der Himmelsmechanik sowie die erreichbaren hohen Genauigkeiten.

Einen gewissen Abschluß erfuhren die theoretischen himmelsmechanischen Arbeiten durch H. Poincaré (1854–1912) und H. Bruns (1848–1919), die zeigen konnten, daß es unter denen in der A. im allg. gemachten Voraussetzungen keine geschlossene Lösung des allgemeinen Dreikörperproblems gibt. In der Positionsastronomie brachte die Einführung der Photographie eine wesentliche Steigerung der Beobachtungsgenauigkeit gegenüber den üblichen visuellen Meridiankreisbeobachtungen: 1903 konnte F. Schlesinger (1871–1943) photographisch relative Positionsbestimmungen mit einer bis dahin unerreichten Genauigkeit von etwa 0,01″ durchführen.

In der 2. Hälfte des 19. Jh. bildete sich durch die immer stärkere Einbeziehung allgemeiner physikalischer Betrachtungsweisen ein vollkommen neues Teilgebiet, die Astrophysik, heraus, die in der Folgezeit einen zunehmend breiteren Raum beanspruchte und gegenwärtig das Hauptgebiet innerhalb der A. darstellt. Die großen Erfolge der Astrophysik wurden nicht allein durch neue theoretische Ansätze, sondern auch durch die Einführung neuer Beobachtungsmethoden, vor allem der Photographie, ermöglicht, weil dadurch auch lichtschwache Objekte der Forschung zugänglich wurden, vor allem spektral untersucht werden konnten.

Da die Sonne derjenige Stern ist, der der Erde am nächsten steht, konzentrierte sich schon frühzeitig das Interesse der Astrophysik auf sie. Systematische Beobachtungen der Sonnenaktivität wurden schon in der ersten Hälfte des 19. Jh. durchgeführt: Ab 1826 beobachtete H. Schwabe (1789–1875) täglich die Sonnenflecken und konnte 1843 die Periodizität ihres Auftretens nachweisen; die genaue Länge der Periode wurde 1856 von R. Wolf (1816–1893) angegeben. R. Carrington (1826–1875) entdeckte etwa zur gleichen Zeit die differentielle Rotation der Sonne wie auch den Zusammenhang zwischen der Fleckentätigkeit und dem Auftreten von Störungen im Erdmagnetfeld.

Spektralbeobachtungen wurden verständlicherweise auch zunächst bei der Sonne durchgeführt. Schon 1814 hatte J. Fraunhofer (1787–1826) über 500 Linien im Sonnenspektrum vermessen. Ein Vergleich dieser „Fraunhoferlinien“ mit Linien in den Spektren irdischer Stoffe führte G.R. Kirchhoff (1824–1887) und R. Bunsen (1811–1899) zu der Erkenntnis, daß diese Linien von bekannten Elementen im gasförmigen Zustand herrühren. Mit dieser Entdeckung wurde die Annahme, die z.B. noch Bessel vertrat, daß die Sonne einen in den Sonnenflecken sichtbaren dunklen Kern besitzt, widerlegt, da sie physikalisch unhaltbar geworden war. Die genaue Durchforschung des Sonnenspektrums erfolgte am Ende des 19. Jh. durch H.A. Rowland (1848–1901), der etwa 23000 Linien vermaß, von denen im Laufe der Zeit immer mehr identifiziert, also bekannten Elementen zugeordnet werden konnten. Andererseits wurde im Sonnenspektrum auch ein Element entdeckt, das Helium, das man bis dahin von irdischen Untersuchungen her noch nicht kannte. Weitere Erkenntnisse brachten die Spektraluntersuchungen von Sonnenflecken, die, wie 1908 G.E. Hale (1868–1938) nachwies, z.T. sehr starke lokale Magnetfelder besitzen. Die ersten Sternspektren wurden wohl von A. Secchi (1818–1878) untersucht. Er führte 1868 die erste Klassifikation von Sternspektren ein, die 1874 von H. Vogel (1841–1907) erweitert wurde. Auf diesen Arbeiten fußend, schufen ab etwa 1885 E.C. Pickering (1846–1919) und A. Cannon (1863–1941) die sog. Harvard-Klassifikation, die eine Folge der Sternspektren, geordnet im wesentlichen nach abnehmender effektiver Temperatur der Sterne, darstellt. A. Kohlschütter (1883–1969) und W.S. Adams (1876–1956) fanden 1914, daß das Aussehen eines Sternspektrums außer von der effektiven Temperatur auch von der Leuchtkraft des Sterns, damit von seinem Radius bzw. vom Druck in seiner Atmosphäre, abhängt. Diese Erkenntnis stellte die Grundlage der 1943 durch W.W. Morgan und P.C. Keenan eingeführten und heute noch allgemein benutzten zweidimensionalen Klassifikation der Sternspektren dar.

Für nahezu alle astrophysikalischen Untersuchungen von Sternen ist die Kenntnis ihrer Strahlungsleistung, ihrer Leuchtkraft (ausgedrückt etwa durch die absolute Helligkeit), erforderlich. Dazu bedarf es neben der Bestimmung der Sternentfernung noch der Messung des empfangenen Strahlungsstromes (ausgedrückt durch die scheinbare Helligkeit). Bis zur Mitte des 19. Jh. wurde die scheinbare Helligkeit der Gestirne allein durch visuelle Schätzungen bestimmt, wobei die von Ptolemäus herrührende und für alle mit bloßem Auge sichtbaren Sterne geltende Helligkeitsskala so gut wie möglich auf die nur teleskopisch erfaßbaren Sterne erweitert wurde. Die für astrophysikalische Untersuchungen notwendige exakte Festlegung der Helligkeitsskala, die eine genaue Meßvorschrift voraussetzt, erfolgte 1854 auf Grund eines Vorschlages von N.R. Pogson (1829–1891). Im Anschluß an diese Festlegung wurden die photometrischen Meßmethoden ausgebaut und die Meßinstrumente vervollkommnet, wobei sich vor allem F. Zöllner (1834–1882) große Verdienste erwarb, der das erste visuelle Sternphotometer baute. Genaue und für astrophysikalische Untersuchungen brauchbare Sternhelligkeiten lieferten vor allem die Beobachtungen von Pickering sowie die von G. Müller (1851–1925) und P. Kempf (1856–1936). Die bei photographischen Helligkeitsbestimmungen auftretenden Schwierigkeiten untersuchte besonders K. Schwarzschild (1873–1916), der 1910 auch den ersten größeren Katalog exakter photographisch gemessener Sternhelligkeiten veröffentlichte. Eine bedeutende Steigerung der photometrischen Genauigkeit brachte 1913 die Einführung der lichtelektrischen Beobachtungsmethode in die A. durch P. Guthnick (1879–1947). Die seitdem erfolgte Entwicklung immer empfindlicherer lichtelektrischer Detektoren und deren Verbindung mit der modernen Elektronik und Rechentechnik ermöglicht es heute, extrem lichtschwache Sterne wie auch flächenhafte Objekte mit außerordentlich hohen photometrischen Genauigkeiten zu untersuchen, die mit photographischen Mitteln bei weitem nicht zu erreichen sind. Die genaue Kenntnis der Intensitätsverteilung in den Sternspektren ermöglicht die Bestimmung der Oberflächentemperaturen der Sterne. Die ersten Temperaturbestimmungen dieser Art wurden für die Sonne 1880 von S.P. Langley (1834–1906) und für Sterne von J. Wilsing (1856–1943) und J. Scheiner (1858–1913) 1913 durchgeführt. In Sternspektren höherer Auflösung gelang es W. Huggins (1824–1910) als erstem, die Linien des Wasserstoffs sowie verschiedener Metalle nachzuweisen. Damit war gezeigt, daß von den auf der Erde bekannten Elementen zumindest einige nicht nur in der Sonne, sondern auch in den Sternen vorkommen. Die Annahme der stofflichen Einheit der Himmelskörper fand dadurch eine starke Stütze und konnte als bewiesen angesehen werden.

Nach der Identifizierung bestimmter Spektrallinien in Sternspektren bestand die Möglichkeit, Doppler-Verschiebungen und damit Radialgeschwindigkeiten zu messen, was etwa 1890 zum ersten Mal von H. Vogel und J. Scheiner ausgeführt wurde. Diese neuen Kenntnisse zusammen mit denen der Eigenbewegungen und der Sternentfernungen ermöglichten das Studium der räumlichen Bewegungen der Sterne sowie des Baus und der inneren Struktur des Milchstraßensystems. Zu Beginn des 20. Jh. versuchten H.v. Seeliger (1849–1924) und J.C. Kapteyn (1851–1922) die räumliche Sternverteilung durch formale mathematische Ansätze zu erfassen. Dies brachte aber nur eine geringe Übereinstimmung mit der beobachteten scheinbaren Sternverteilung an der Himmelskugel. Erst rein numerisch-statistische Untersuchungsmethoden, zu deren Ausbau Kapteyn einen großen Beitrag leistete, führten zu befriedigenderen Ergebnissen. Etwa 1918 gelang es H. Shapley (1885–1972), die Entfernungen der Kugelsternhaufen und damit den Durchmesser des Milchstraßensystems zu bestimmen. Es erwies sich als viel größer, als man bis dahin angenommen hatte. Eine Revision der mit photometrischen Methoden ermittelten Sternentfernungen und damit aller bis dahin abgeleiteten Dimensionen des Milchstraßensystems machte sich nach der 1930 durch R.J. Trümpler (1886–1956) erfolgten Entdeckung einer allgemeinen interstellaren Extinktion notwendig, da diese die scheinbaren Sternhelligkeiten z.T. stark reduziert. Die Untersuchungen der Bewegungsverhältnisse im Milchstraßensystem wurden vor allem von J.H. Oort (1900–1992) und B. Lindblad (1895–1965) vorangetrieben, die etwa um 1926 auf Grund der beobachteten Radialgeschwindigkeiten und Eigenbewegungen die differentielle Rotation des Milchstraßensystems erkannten.

Die Möglichkeit, Radialgeschwindigkeiten bestimmen zu können, führte 1889 zur Entdeckung des ersten spektroskopischen Doppelsterns durch Pickering. Im gleichen Jahr entdeckte Vogel den ersten Bedeckungsveränderlichen, und 1895 konnte A.A. Belopolski (1854–1934) bei dem Veränderlichen δ Cephei zeigen, daß dessen Lichtwechsel durch eine Pulsation des Sterns verursacht wird.

Genaue Werte für Sternmassen standen gegen Ende des 19. Jh. zur Verfügung, nachdem man bei visuellen Doppelsternen bekannter Entfernung die Bahnen beider Komponenten zuverlässig bestimmen konnte. Direkte Messungen von Sterndurchmessern gelangen erstmals 1890 A.A. Michelson (1852–1931) mit dem 2,50-m-Spiegel auf Mount Wilson, an dem ein Phaseninterferometer als Zusatzgerät angebracht war.

Mit der Klärung des Aufbaus des Milchstraßensystems gingen Untersuchungen der Struktur des Raumes jenseits der Grenzen der Galaxis einher. Dabei spielte die Erkenntnis, daß es sich bei vielen der nebelhaft, oftmals spiralig erscheinenden Himmelsobjekte um extragalaktische Sternsysteme, nicht aber um Mitglieder des Milchstraßensystems handelt, wie man früher vielfach angenommen hatte, eine ausschlaggebende Rolle. Diese Erkenntnis basierte vor allem auf Untersuchungen von E. Hubble (1889–1953), dem es 1923 erstmalig gelang, die Entfernung extragalaktischer Sternsysteme zu bestimmen. Seine Untersuchungen zeigten, daß die Größe und die Struktur dieser Systeme vielfach der des Milchstraßensystems gleich sind. Die Untersuchungen waren durch den Bau großer Spiegelteleskope, vor allem des 2,50-m-Spiegels auf dem Mount Wilson und später des 5-m-Spiegels auf Palomar Mountain, möglich geworden. Mit ihnen konnten in nahen Sternsystemen einzelne Sterne, z.T. sogar ihre Spektren, untersucht werden. Dabei ist besonders der Name von W. Baade (1893–1960) zu erwähnen, der 1944 erkannte, daß die verschiedenen Sterntypen eines Sternsystems zu unterschiedlichen Sternpopulationen gehören, die sich im wesentlichen durch ihr Alter unterscheiden. Bei der spektralen Untersuchung extragalaktischer Sternsysteme fanden 1924 K.W. Wirtz (1876–1939) und 1929 E. Hubble eine systematische Rotverschiebung der Spektrallinien, die proportional der Entfernung der Systeme ist und als Folge der Expansion des gesamten Weltalls interpretiert wird. Dieses war damit ein der Beobachtung zugänglicher Forschungsgegenstand geworden; außerdem war mindestens im Prinzip eine Entscheidung darüber möglich, welches der bekannten theoretischen Weltmodelle dem tatsächlich realisierten am besten entsprach. Um 1922 war A. Friedmann (1888–1925) auf der Basis der Allgemeinen Relativitätstheorie von A. Einstein (1879–1955) zu Weltmodellen gelangt, die eine zeitliche Veränderung des Weltalls, speziell auch eine Expansion des Kosmos, forderten. 1948 zeigte G. Gamow (1904–1968), daß ein anfänglich auf kleinstem Raum beschränktes expandierendes Weltall im gegenwärtigen Zustand von einer Strahlung geringer Temperatur erfüllt ist. Diese kosmische Hintergrundstrahlung wurde 1965 in Form der Drei-Kelvin-Strahlung durch A. Penzias und R.W. Wilson entdeckt und stellt eine Nachricht aus der Frühphase des Kosmos dar.

Die Verfügbarkeit von Sternspektren hoher Auflösung war die Voraussetzung seitens der Beobachtung für eine Theorie der Sternatmosphären. Zum Verständnis des physikalischen Zustandes der sichtbaren Sternschichten trug u.a. die Erkenntnis von K. Schwarzschild wesentlich bei, daß zumindest in der Sonnenat-

mosphäre der Energietransport durch Strahlung erfolgt (1906), wodurch z.B. die Mitte-Rand-Verdunklung der Sonnenscheibe erklärt werden konnte. Um 1920 entwickelte M.N. Saha (1893–1956) die Theorie zur Berechnung der Ionisationsverhältnisse in Gasen, die das volle Verständnis der Sternspektren ermöglichte. Mit der Kenntnis des physikalischen Zustandes der Sternatmosphären konnte auch die quantitative Spektralanalyse in Angriff genommen werden, wozu grundlegende Arbeiten ab der dreißiger Jahre u.a. von A. Unsöld erschienen.
Die ersten Ansätze einer Theorie des inneren Aufbaus der Sterne gehen bereits auf H. v. Helmholtz (1821–1894) zurück, der annahm, daß die von der Sonne ausgestrahlte Energie durch deren Kontraktion geliefert wird, was sich später jedoch als falsch herausstellte. Die Theorie wurde weiterhin durch G.A. Ritter (1826–1908), dann vor allem durch R. Emden (1862–1940) und K. Schwarzschild vorangetrieben. In den zwanziger Jahren des 20. Jh. befruchtete A.S. Eddington (1882–1944) sie durch die Annahme, daß der Energietransport durch Strahlung nicht nur in der Sternatmosphäre, sondern im gesamten Sterninnern wirksam ist. Um 1938 gaben H.A. Bethe und C.F. v. Weizsäcker erstmals kernphysikalische Prozesse an, die für die Energiefreisetzung in den Sternen sorgen, gleichzeitig aber auch ihre Entwicklung bewirken, da sich die chemische Zusammensetzung in irreversibler Weise ändert. Einen stabilen Endzustand in der Sternentwicklung stellen die Weißen Zwerge dar. 1926 hatte R.H. Fowler gezeigt, daß ihr Zustand durch ein entartetes Elektronengas bestimmt wird, und 1931 bewies S. Chandrasekhar, daß es für Weiße Zwerge eine obere Grenzmasse gibt, die nicht überschritten werden kann. Die Existenz von Neutronensternen wurde 1934 von F. Zwicky (1898–1974) und W. Baade postuliert, ihre Struktur 1937 von L. Landau (1908–1968) sowie 1939 von J.R. Oppenheimer (1904–1967) und G.M. Volkoff theoretisch untersucht. Mit der Entdeckung von Pulsaren 1967 durch A. Hewish und S.J. Bell wurden Neutronensterne dann auch durch Beobachtungen nachgewiesen. Die Verfügbarkeit leistungsfähiger Rechenmaschinen ermöglicht es, die Entstehung, den Aufbau und die Entwicklung der Sterne immer detaillierter zu berechnen, und eine theoretische Deutung der Verteilung der Bildpunkte der Sterne im Hertzsprung-Russell-Diagramm (nach E. Hertzsprung, 1873–1967, und H.N. Russell, 1877–1957) zu geben.
Etwa zu Beginn des 20. Jh. entwickelte sich innerhalb der Astrophysik als neues Forschungsgebiet das der interstellaren Materie. Auf Grund von Sternzählungen konnte M. Wolf (1863–1932) die Existenz großer interstellarer Dunkelwolken nachweisen. 1904 zeigte J. Hartmann (1865–1936), daß es auch gasförmige interstellare Materie gibt, die sich durch zusätzlich den Sternspektren aufgeprägte Absorptionslinien bemerkbar macht. Mit der theoretischen Interpretation dieser Linien beschäftigte sich in den zwanziger Jahren vor allem A.S. Eddington, während die Theorie der leuchtenden galaktischen Nebel und der Planetarischen Nebel (um 1927) besonders von H. Zanstra (1894–1972) und I.S. Bowen (1898–1973) entwickelt wurde; Bowen gelang dabei die Identifikation der zunächst rätselhaften „Nebuliumlinien“ als von bekannten Elementen herrührende Linien, die aber nach den Regeln der Quantentheorie „verboten“ sind.
Die Erschließung neuer Spektralbereiche für die beobachtende A. führte zur Entwicklung der Radio- und der Infrarotastronomie, außerdem konnten mit Hilfe extraterrestrischer Beobachtungen der Ultraviolett- und der Röntgenbereich für die A. erschlossen werden.
Der Beginn der Radioastronomie ist in den Untersuchungen von K.G. Jansky (1905–1950) zu sehen, der 1932 im Dekameterbereich eine galaktische Radiofrequenzstrahlung registrierte. Die Sonne wurde um 1942 als Radioquelle entdeckt. Ein Hauptforschungsgegenstand der Radioastronomie, das interstellare Gas, wurde 1944 von H.C. van de Hulst erschlossen, der auf Grund theoretischer Überlegungen eine vom atomaren interstellaren Wasserstoff herrührende Linienstrahlung mit einer Wellenlänge von 21 cm voraussagte, die 1951 von E.I. Ewen und E.M. Purcell in den USA und wenig später auch von niederländischen und australischen Radioastronomen beobachtet wurde. Das im optischen Spektralbereich nicht leuchtende interstellare Gas war damit der Beobachtung zugänglich. Das erste interstellare Molekül, das im Radiofrequenzbereich nachgewiesen wurde, war 1963 das OH-Radikal. Eine quantitative Spektralanalyse des kühlen interstellaren Gases erfolgte von etwa 1968 an, dem Beginn extraterrestrischer Beobachtungen im Ultraviolettbereich. Von etwa Mitte der sechziger Jahre an standen Infrarotdetektoren bereit, die auch die Untersuchung sehr kühler und dichter interstellarer Staubwolken gestatteten.
Der Radioastronomie gelang die Entdeckung neuer, bisher unbekannter Objektgruppen, u.a. der Quasare, die 1962 von J. Mathews und A. Sandage mit optisch sternförmig erscheinenden Objekten identifiziert werden konnten, deren extragalaktische Natur ein Jahr später M. Schmidt nachwies. Eine andere derartige Objektgruppe bilden die 1967 entdeckten Pulsare.
Mit dem Beginn der Raumfahrt wurden die von der Erdoberfläche aus für astronomische Beobachtungen nicht nutzbaren Spektralbereiche zugänglich, außerdem konnten Objekte des Planetensystems aus der Nähe beobachtet und z.T. mit geowissenschaftlichen Forschungsmethoden untersucht werden. Dies führte zu Erkenntnissen, die auf anderen Wegen nicht zu erlangen sind. So entdeckte 1958 J.A. Van Allen die Strahlungsgürtel der Erdmagnetosphäre; die bisher unbekannte Rückseite des Mondes konnte 1959 zum ersten Mal photographiert werden; am 20. 7. 1969 betrat N. Armstrong als erster Mensch den Mond; 1967 wurde zum ersten Mal die Venusatmosphäre physikalisch untersucht und 1976 die erste Bodenanalyse auf dem Mars ausgeführt.
Die Erforschung der aus dem Weltall kommenden Partikelstrahlung begann mit der Untersuchung der Kosmischen Strahlung, deren außerterrestrischer Ursprung 1912 von V.F. Hess (1883–1964) nachgewiesen wurde. Die von der Sonne stammende Neutrinostrahlung wird seit etwa Mitte der sechziger Jahre registriert. 1987 gelang erstmals in Form extragalaktischer

Neutrinos, die von einer in der Großen Magellanschen Wolke explodierten Supernova herrührten, der Nachweis von Materie, die definitiv von außerhalb des Milchstraßensystems stammt.

Astronomische Einheit, Einheitenzeichen AE, astronomische Längeneinheit für Entfernungsangaben hauptsächlich innerhalb des Sonnensystems. 1 AE ist angenähert gleich der mittleren Entfernung der Erde von der Sonne; durch internationale Vereinbarung gilt 1 AE = 149,6 Mill. km. (Hinsichtlich des exakten Wertes der mittleren Entfernung Erde-Sonne → Sonnenparallaxe.)
Von der A.n E. ist die ***astronomische Einheitslänge*** zu unterscheiden, die Längeneinheit innerhalb des Systems der astronomischen Konstanten (→ Astrometrie).

Astronomische Gesellschaft, abg. AG, eine Vereinigung von Astronomen und Freunden der Astronomie zum Zwecke der Förderung dieser Wissenschaft. Die AG dient der Anregung und dem Austausch wissenschaftlicher Ideen und vertritt die gemeinsamen Anliegen der Astronomen über Ländergrenzen hinweg. Die AG wurde 1863 als internationale Gesellschaft mit dem Ziel gegründet, diejenigen wissenschaftlichen Arbeiten zu unterstützen, die die Zusammenarbeit Vieler erfordert und die Möglichkeiten einer einzelnen Sternwarte überschreiten, eine Aufgabe, die nach dem ersten Weltkrieg zunehmend die Internationale Astronomische Union übernahm. Die hauptsächlichen Aktivitäten der AG gelten gegenwärtig der Durchführung wissenschaftlicher Tagungen und der Herausgabe von Publikationen sowie der Förderung junger Astronomen.

astronomische Instrumente, → Instrumente.

astronomische Konstanten, → Astrometrie.

astronomisches Recheninstitut, → Sternwarte.

Astrophysik, Teilgebiet der Astronomie, das sich mit der Untersuchung der physikalischen Beschaffenheit der kosmischen Objekte befaßt. Die A. nimmt gegenwärtig den breitesten Raum innerhalb der Astronomie ein. Sie ist wie die gesamte Astronomie ihrer Natur nach eine beobachtende, keine experimentierende Wissenschaft, so daß sich ihre Forschungsmethodik z.T. wesentlich von der der übrigen Physik unterscheidet.
Die astrophysikalischen Beobachtungen beziehen sich vor allem auf die Untersuchung der Intensität und der spektralen Zusammensetzung der von den Himmelskörpern kommenden elektromagnetischen Strahlung. Je nach dem untersuchten Spektralbereich haben sich innerhalb der allgemeinen A. spezielle Teilgebiete herausgebildet, u.a. die Radioastronomie, die Infrarotastronomie, die Röntgenastronomie und die Gammaastronomie. Andere Teilbereiche der A. untersuchen die aus dem Weltall kommende Teilchenstrahlung, speziell die ankommenden Neutrinos (Neutrinoastronomie) und die Teilchen der Kosmischen Strahlung. Aus den Beobachtungsergebnissen leiten die theoretisch orientierten Zweige der A. unter Verwendung allgemeiner physikalischer Gesetze und Erkenntnisse ihre Aussagen ab. Die physikalischen Bedingungen, unter denen die Materie in den unterschiedlichen kosmischen Objekten existiert, sind z.T. außerordentlich verschieden von denen, die in irdischen Labors erreicht werden, so daß die in der A. verwendeten physikalischen Gesetze gegebenenfalls über den experimentell gesicherten Bereich hinaus erweitert werden müssen. Dies gilt vor allem für die Objekte, in denen außerordentlich hohe Energiekonzentrationen oder extrem hohe Geschwindigkeiten auftreten. Bei ihnen reichen die Betrachtungsweisen der klassischen Physik nicht aus; es müssen dann innerhalb der sog. relativistischen A. die Gesetzmäßigkeiten der Relativitätstheorie berücksichtigt werden. Dies ist im besonderen Maße bei den Untersuchungen innerhalb der Kosmologie der Fall.
Für die beobachtende A. ergeben sich bei der Interpretation der Meßdaten zusätzliche Schwierigkeiten dadurch, daß die elektromagnetische Strahlung auf ihrem Weg von der Strahlungsquelle zum Beobachter durch die interstellare Materie und die Erdatmosphäre in ihrer Intensität und spektralen Zusammensetzung verändert wird (→ Spektrum). Eindeutige Aussagen über die die Strahlung aussendenden Objekte lassen sich erst dann ableiten, wenn diese Einflüsse quantitativ bekannt sind.
Für diejenigen Bereiche der A., die sich mit S t e r n e n beschäftigen, sind deren globale Zustandsgrößen, wie Masse, Leuchtkraft, Radius und Effektivtemperatur sowie die Sternspektren von besonderem Interesse. Aus diesen Beobachtungsdaten kann sowohl auf die physikalischen Verhältnisse und die chemische Zusammensetzung der → Sternatmosphären, der äußeren, direkt beobachtbaren Gebiete der Sterne, als auch indirekt auf den physikalischen Zustand der inneren, unsichtbaren Teile der Sterne geschlossen werden (→ Sternaufbau). Die Entstehung und die Entwicklung eines Sterns werden in der Theorie der → Sternentstehung und der → Sternentwicklung behandelt. Im allg. befinden sich die Sterne in einem stabilen, mechanischen Gleichgewicht. Von Bedeutung sind aber auch Sterne, deren innerer Zustand relativ schnellen, mehr oder minder regelmäßigen Schwankungen unterworfen ist, was sich in Schwankungen der globalen Zustandsgrößen, vor allem der Leuchtkraft und des Radius, äußert. Zu diesen physischen → Veränderlichen gehören u. a. die Novae und Supernovae. Der am besten untersuchte Stern ist die Sonne; die Sonnenphysik nimmt daher einen breiten Raum innerhalb der A. ein.
Die Untersuchungen der i n t e r s t e l l a r e n M a t e r i e, speziell die des → interstellaren Gases und des → interstellaren Staubes, besitzen innerhalb der A. eine große Bedeutung, da zwischen dieser nichtstellaren Materie und den Sternen eine enge Wechselwirkung herrscht. Gefördert werden diese Untersuchungen dabei vor allem durch die jüngeren Zweige der beobachtenden A., wie der Radioastronomie und der Infrarotastronomie.
Im Mittelpunkt der astrophysikalischen Untersuchungen des M i l c h s t r a ß e n s y s t e m s und der e x t r a g a l a k t i s c h e n S t e r n s y s t e m e stehen ihre Entstehung und Entwicklung. Von besonderem Interesse sind dabei die Kerngebiete der Systeme, da sie

offenbar der Sitz der beobachteten, theoretisch aber noch wenig verstandenen Aktivitätserscheinungen sind, bei denen ein z.T. extrem hoher Energieumsatz erfolgt.
Die A. beschäftigt sich weiterhin mit den Körpern des Planetensystems sowie der interplanetaren Materie. Für diesen Bereich der A. haben die durch die Raumfahrt möglich gewordenen Beobachtungsmethoden eine besondere Bedeutung, da sie z.T. geowissenschaftliche Untersuchungsverfahren ermöglichen; außerdem können die Oberflächenstrukturen sowie die magnetischen Eigenschaften der Körper aus großer Nähe untersucht werden.

asymptotischer Riesenast, der Bereich im Hertzsprung-Russell-Diagramm, in dem sich die Bildpunkte der Sterne mit einem entarteten Kohlenstoff-Sauerstoff-Bereich im Sternzentrum sowie einer helium- und einer wasserstoffbrennenden Schale befinden (→ Sternentwicklung).

Aszendent *m*, → Astrologie.

Atair [arab. al ta'ir, ‚der Fliegende'] *m*, ***Altair***, der hellste Stern (α) im Sternbild Aquila (Adler). Mit einer scheinbaren visuellen Helligkeit von 0ᵐ,8 gehört der A. zu den hellsten Sternen des Himmels. Seine Spektralklasse ist A7, seine Leuchtkraftklasse V; er ist damit ein Hauptreihenstern. Verglichen mit der Sonne hat er einen nur wenig größeren Durchmesser, aber mit etwa 8000 K eine höhere Effektivtemperatur, so daß seine Leuchtkraft fast 10mal größer als die Sonnenleuchtkraft ist. Seine Entfernung von der Sonne beträgt etwa 5 pc oder 16 Lichtjahre; der A. gehört damit zu den Sternen der näheren Sonnenumgebung.
Zusammen mit den Sternen Deneb und Wega bildet A. das Sommerdreieck.

Aten *m*, Planetoid mit einer großen Bahnhalbachse, die kleiner als die große Halbachse der Erdbahn ist, dessen Aphel aber jenseits der Erdbahn liegt; alle Planetoiden mit dieser Besonderheit bilden die Gruppe der ***Aten-Planetoiden***.

Atlas *m*, Stern in den → Plejaden mit einer scheinbaren visuellen Helligkeit von 3ᵐ,6, der Spektralklasse B8 und der Leuchtkraftklasse III; der A. ist also ein heißer Riesenstern.

Atlas *m*, einer der Saturnsatelliten. Der A. ist ein unregelmäßig geformter Zwergsatellit, dessen größter Durchmesser etwa 40 km mißt. Er bewegt sich auf einer Bahn mit einer großen Halbachse von 137 640 km und einer wahrscheinlich verschwindend kleinen Exzentrizität in 14 h 27 min rechtläufig um den Saturn. Die Bahn, die fast genau in der Äquatorebene des Saturns liegt, befindet sich nahe der Außenkante des A-Rings. Über die Oberflächenbeschaffenheit des A. ist nichts Sicheres bekannt. Die relativ hohe Albedo von über 0,4 deutet auf Wassereis als vorrangiges Oberflächenmaterial hin, dem vielleicht Gesteinsteilchen meteoroidischen Ursprungs beigemengt sind.
Hinsichtlich der Einordnung des A. in das System der Saturnsatelliten → Saturn.
Der A. wurde 1980 mittels der Raumsonde Voyager 1 entdeckt.

Atmosphäre [griech., ‚Lufthülle'], im eigentlichen Sinn die einen festen Himmelskörper umgebende Gashülle, speziell die Gashülle der Erde sowie die anderer → Planeten; im übertragenen Sinn die Schicht eines Sterns, aus der das sichtbare Licht stammt (Sternatmosphäre).

Atom, das kleinste, elektrisch neutrale mit chemischen Mitteln nicht weiter zerlegbare Teilchen eines chemischen Elements. Der Durchmesser eines A.s liegt bei rund 10^{-10} m. Jedes A. besteht aus einem elektrisch positiv geladenen Atomkern, in dem nahezu die gesamte Masse eines A.s konzentriert ist, und negativ geladenen Elektronen, die in ihrer Gesamtheit die Atomhülle (Elektronenhülle) bilden. Die entgegengesetzten elektrischen Ladungen von Kern und Hülle gleichen sich im Normalzustand des A.s aus.
Atomaufbau. Ein ***Atomkern*** besteht aus Protonen und Neutronen, die zusammengefaßt als Nukleonen (Kernbausteine) bezeichnet werden; nur der Kern eines (normalen) Wasserstoffatoms wird von einem einzelnen Proton gebildet. Die Masse eines Protons beträgt $1{,}6724 \cdot 10^{-27}$ kg, die eines Neutrons ist nur wenig größer. Der Durchmesser eines Protons (und eines Neutrons) liegt bei etwa 10^{-15} m und ist nur gering kleiner als der Durchmesser eines Atomkerns mit vielen Nukleonen; alle Atomkerne sind damit sehr klein im Vergleich zum ganzen A. Jedes Proton hat eine positive elektrische Ladung, die – abgesehen vom Vorzeichen – gleich der Elementarladung des Elektrons ist; die Neutronen sind elektrisch neutral. Die Anzahl Z der Protonen gibt die *Kernladungszahl* (Ordnungszahl) des Elements und damit dessen Platznummer im Periodischen System der Elemente an. Die *Massezahl A* eines A.s ist gleich der Zahl der im Kern vorhandenen Protonen plus Neutronen. Bei gleicher Protonenzahl können im Kern unterschiedlich viele Neutronen vorhanden sein, so daß ein Element aus unterschiedlich schweren A.en ***(Isotopen)*** besteht. Man kennzeichnet die Isotope, indem man vor das chemische Zeichen des Elements die Massezahl als hochgestellten Index schreibt, z.B. ^{1}H für den normalen Wasserstoff, ^{2}H für den schweren Wasserstoff, das Deuterium, dessen Kerne aus einem Proton und einem Neutron bestehen, und ^{3}H für den überschweren Wasserstoff, das Tritium, mit jeweils einem Proton und zwei Neutronen im Kern. Man hat zwischen stabilen Isotopen, von denen es zu jedem Element nur eine bestimmte Anzahl gibt, und instabilen (radioaktiven) Isotopen zu unterscheiden, die sich nach einer bestimmten Lebensdauer in stabile Isotope des gleichen oder – gegebenenfalls über eine Zerfallsreihe – eines anderen Elements verwandeln. Atomkerne mit einer ausgezeichneten Anzahl von Neutronen (mit einer sog. magischen Neutronenzahl), z.B. 50 und 82, sind besonders stabil. Bei ihnen ist auch der Einbau weiterer Neutronen sehr viel schwieriger als bei Atomkernen, mit einer anderen Anzahl von Neutronen.
Zwischen den Atomkernen sind Reaktionen möglich, bei denen Kerne eines anderen Elements entstehen, z.B. können Kerne eines schweren Elements aus denen leichterer Elemente aufgebaut oder Kerne eines schweren Elements in die leichterer Elemente aufgespalten werden. Die für die Astrophysik wichtigsten Kernreaktionen sind Kernfusionen, die Verschmel-

zung von leichten Kernen zu schwereren, die die Hauptquelle der Energiefreisetzung im Sterninnern darstellen. Die Masse der entstehenden Kerne ist etwas geringer als die Massensumme der Ausgangskerne. Bezeichnet Δm diese Massedifferenz (den *Massedefekt*), so wird bei der Reaktion die Energie $E = \Delta m \cdot c^2$ frei. (c bedeutet die Lichtgeschwindigkeit.) Die Massedifferenz entspricht den unterschiedlichen Bindungsenergien der Nukleonen in den beteiligten Kernen.
(Über die Entstehung und die Häufigkeit der verschiedenen Atomkernarten → Elemententstehung und → Elementenhäufigkeit.)
Der Atomkern ist von einer ***Elektronenhülle*** umgeben, die im Normalzustand genau so viele Elektronen enthält, wie der Kern Protonen hat, wodurch das A. nach außen elektrisch neutral ist. Ein Elektron hat nur 1/1836 der Masse eines Protons, aber eine gleich große, allerdings negative elektrische Ladung. Die Elektronenhülle ist der Sitz der chemischen und optischen Eigenschaften der A.e.
Nach einem anschaulichen, nach heutigen Kenntnisstand jedoch ungenauen und überholten Atommodell, das aber bestimmte Gesetzmäßigkeiten richtig wiedergibt, sind die Elektronen in verschiedenen Schalen um den Kern angeordnet, den sie umkreisen, ähnlich wie die Planeten die Sonne. Ein Elektron kann dabei nur bestimmte, diskrete Bahnen durchlaufen, die für das jeweilige Element charakteristische Energiezustände darstellen. Den energieärmsten Zustand bezeichnet man als Grundzustand (oder Grundniveau), die energiereicheren als höhere oder angeregte Zustände (Niveaus).
Ein Elektron kann durch Energiezuführung von einem niedrigeren auf ein höheres Niveau gehoben („angeregt") werden, wobei die zugeführte Energie (Anregungsenergie) gleich der Differenz der beiden Energiestufen sein muß. Eine derartige Anregung kann durch Stoß mit einem anderen A. geschehen, wobei das stoßende A. einen Teil seiner kinetischen Energie an das gestoßene abgibt, oder durch Absorption von Licht, wobei die Frequenz ν des absorbierten Lichtquants durch die Energiedifferenz ΔE der beiden Niveaus festgelegt ist: $\Delta E = h\nu$. (h bedeutet das Plancksche Wirkungsquantum.) Wenn viele A.e eines Elements in dieser Weise gleichzeitig Licht der gleichen Frequenz absorbieren, entsteht im Spektrum der Lichtquelle eine *Absorptionslinie.* Beim Übergang eines Elektrons von einem höheren auf ein tieferliegendes Niveau wird die Energiedifferenz ΔE als Strahlung abgegeben oder auf ein stoßendes Teilchen als zusätzliche kinetische Energie übertragen. Beim gleichzeitigen Strahlungsübergang vieler Elektronen entsteht eine *Emissionslinie* der Frequenz $\Delta E = h\nu$. Aus den gemessenen Frequenzen der beobachteten Spektrallinien kann daher auf die Energieniveaus in einem A. geschlossen werden. (Ein Schema der Energieniveaus des Wasserstoffatoms mit einigen möglichen Übergängen ist im Artikel → Spektrum, Abb. 1, dargestellt.)
Nicht alle Strahlungsübergänge zwischen den Energieniveaus eines A.s sind „erlaubt"; es gelten vielmehr Auswahlregeln, nach denen der Übergang von einem Niveau auf bestimmte andere „verboten" sein kann. Sind die Übergänge von einem Niveau zu allen tieferliegenden verboten, so bezeichnet man dieses Niveau als metastabil. Verbotene Übergänge sind – genau betrachtet – nicht vollkommen unmöglich, ihre Wahrscheinlichkeit ist nur viel geringer als die der erlaubten Übergänge; oder anders ausgedrückt: Die Verweilzeit, die das Elektron im Mittel auf einem metastabilen Niveau verbringt, bevor es spontan auf ein tieferes Niveau übergeht, ist im Vergleich zur mittleren Verweilzeit auf einem angeregten normalen Niveau sehr groß. Die mittlere Verweilzeit auf einem derartigen Niveau liegt in der Größenordnung von 10^{-8} s, bei den metastabilen kann sie dagegen 1 s und mehr betragen. Unter normalen Verhältnissen, d.h. bei nicht zu geringen Gas- und Strahlungsdichten, wird das in einem metastabilen Zustand befindliche A. während der Verweilzeit im allg. durch einen Stoß oder eine Strahlungsabsorption auf ein höheres Niveau angeregt, von dem aus erlaubte Übergänge möglich sind, oder die Anregungsenergie des metastabilen Niveaus wird bei einem Stoß auf das stoßende Teilchen übertragen (und dessen kinetische Energie entsprechend erhöht; das Elektron geht in diesem Fall strahlungslos in den Grundzustand über). Wenn infolge sehr geringer Gas- und Strahlungsdichten die Stoß- und Absorptionswahrscheinlichkeiten entsprechend klein sind, kann das auf einem metastabilen Niveau befindliche Elektron die volle Verweilzeit ohne Störung überleben und spontan in den Grundzustand übergehen, wobei eine sog. *„verbotene Linie"* ausgestrahlt wird.
Nach der Anregung braucht ein Elektron beim nachfolgenden spontanen Übergang nicht notwendigerweise direkt in den Ausgangszustand oder den Grundzustand zurückzufallen. Der Übergang kann vielmehr in einzelnen Teilschritten über dazwischenliegende Niveaus erfolgen, so daß mehrere Linien ausgestrahlt werden, die von der bei der Strahlungsanregung absorbierten Spektrallinie verschieden sind.
Bei einer Anregung bleibt das Elektron an dem Atomkern gebunden; man nennt diese Übergänge daher *gebunden-gebundene Übergänge.*
Übersteigt die einem A. zugeführte Energie einen bestimmten Grenzwert, die Ionisationsenergie, wird das Elektron vom A. losgelöst, das A. „ionisiert". Der zurückbleibende Rest, der wegen des Fehlens einer negativen Ladung positiv geladen ist, wird ***Ion*** (Kation) genannt. Der dem A. zugeführte Energiebetrag, der über die Ionisationsenergie hinausgeht, erhält das abgetrennte Elektron als kinetische Energie. Diese kann – im Gegensatz zu den Energien, die den diskreten Elektronenbahnen in der Elektronenhülle zukommen – jeden beliebigen Wert annehmen, so daß bei der Ionisation Lichtquanten beliebiger Energie absorbiert werden können, wenn diese nur über der Ionisationsenergie liegt. Bei einer Strahlungsionisation vieler gleichartiger A.e wird das Spektrum der Lichtquelle im Bereich höherer Frequenzen (kleinerer Wellenlängen) als der der Ionisationsenergie entsprechenden Frequenz (bzw. Wellenlänge) kontinuierlich geschwächt. A.e mit mehr als einem Elektron in der Hülle können mehrfach ionisiert werden. Es können sogar alle Elektronen abgetrennt sein; das Atom ist dann

vollständig ionisiert. Die Ionisationsenergien sind von Atomart zu Atomart und von Ionisationsstufe zu Ionisationsstufe unterschiedlich.
Bei einer Rekombination wird die Ionisation rückgängig gemacht, indem ein freies Elektron von einem Ion eingefangen und die Ionisationsenergie samt der Bewegungsenergie des Elektrons ausgestrahlt wird; viele Rekombinationsprozesse führen zu einem kontinuierlichen Emissionsspektrum.
Ionisation und Rekombination sind Übergänge, bei denen das Elektron in einem Zustand frei, im anderen an das A. gebunden ist; man nennt sie daher *gebunden-freie* bzw. *frei-gebundene Übergänge*.
Bei der Anlagerung eines zusätzlichen Elektrons an ein neutrales A. entsteht ein Ion mit einer nach außen elektrisch negativen Ladung (ein Anion), das durch Strahlungsabsorption wieder in ein neutrales A. und ein freies Elektron rückverwandelt werden kann.
Ein freies Elektron kann bei der Bewegung im Feld eines Ions seine kinetische Energie ändern, ohne daß es zu einer Rekombination kommt. Bei einer Energieerhöhung wird die zugeführte Energie dem umgebenden Strahlungsfeld entnommen, d.h. vom Elektron absorbiert, bei einer Energieverminderung wird der Differenzbetrag zwischen Anfangs- und Endenergie ausgestrahlt. Derartige *frei-freie Übergänge* führen zu kontinuierlichen Absorptions- bzw. Emissionsspektren.
Atomsekunde, → Zeit.
Atomzeit, → Zeit.
Aufgang, der Augenblick des Erscheinens eines Gestirns über dem Horizont infolge seiner scheinbaren täglichen Bewegung am Himmel. Die Refraktion, die am Horizont etwa 35′ beträgt, bewirkt, daß ein Stern schon im Horizont zu stehen scheint, wenn er sich tatsächlich noch um diesen Betrag unter dem Horizont befindet. Daher ist der ***wahre A.*** vom ***scheinbaren A.*** zu unterscheiden. Entsprechendes gilt für den Untergang, das Verschwinden eines Gestirns unter den Horizont. Gelegentlich unterscheidet man bei Sternen noch besondere Auf- und Untergänge. Es sind dies der *kosmische A.* und der *kosmische Untergang*, die jeweils bei Sonnenaufgang, und der *akronychische A.* und *akronychische Untergang*, die jeweils bei Sonnenuntergang stattfinden. Diese Erscheinungen sind mit bloßem Auge nicht beobachtbar. Der *heliakische A.*, der erste sichtbare A. eines Sterns in der Morgendämmerung, und der *heliakische Untergang*, der letzte sichtbare Untergang eines Sterns in der Abenddämmerung, sowie der *scheinbare akronychische A.*, der letzte sichtbare A. eines Sterns in der Abenddämmerung, und der *scheinbare kosmische Untergang*, der erste sichtbare Untergang eines Sterns in der Morgendämmerung, sind hingegen mit bloßem Auge wahrnehmbar.
Auflösungsvermögen, ***Auflösung***, Maß für das Trennvermögen eines → Fernrohrs, eines → Radioteleskops oder eines → Spektralapparats.
Augenempfindlichkeit, das Vermögen des menschlichen Auges, elektromagnetische Strahlung (Licht) wahrzunehmen. Der lichtempfindliche Teil des menschlichen Auges ist die Netzhaut. Sie enthält eine große Zahl einzelner lichtempfindlicher Sehzellen, bei denen man Zäpfchen und Stäbchen unterscheidet. Die Zäpfchen ermöglichen das Farbsehen am Tage, während die Stäbchen nur auf Grautöne ansprechen und nachts und in der Dämmerung in Aktion treten. Die Sehzellen sind nur für elektromagnetische Strahlung mit Wellenlängen von etwa 380 bis 760 nm empfindlich. Diesen Wellenlängenbereich bezeichnet man als den visuellen Spektralbereich. Die spektrale A. ist etwas von der Helligkeit abhängig: Das Maximum der Hellempfindlichkeit liegt bei etwa 550 nm, das der Dunkelempfindlichkeit bei etwa 510 nm. Die Sehschwelle des dunkelangepaßten Auges liegt im Falle eines völlig dunklen Umfeldes bei $5 \cdot 10^{-17}$ W. Dieser Wert entspricht einem Stern der scheinbaren Helligkeit von etwa 8^m. Dabei fallen etwa 100 Lichtquanten je Sekunde ins Auge. Wegen der Hintergrundhelligkeit des Nachthimmels sind im allg. nur Sterne mit einer Helligkeit von etwa 6^m noch mit bloßem Auge sichtbar. Die A. ist von Beobachter zu Beobachter sehr verschieden. Eine Anpassung des Auges an die scheinbare Helligkeit eines Objekts erfolgt durch eine Verkleinerung oder Vergrößerung der Pupille zwischen etwa 2 bis 7 oder 8 mm. Die Grenze zwischen Sichtbarkeit und Unsichtbarkeit von Objekten ist nicht scharf: In einem Übergangsbereich von etwa 0,25 mag wird ein Objekt von ein und demselben Beobachter manchmal gesehen und manchmal nicht gesehen.
Das Auflösungsvermögen des Auges wird durch den Abstand der Sehzellen voneinander bestimmt. Sie liegen in der Netzhautgrube, der Stelle schärfsten Sehens, so dicht, daß unter bes. günstigen Umständen noch zwei Punkte getrennt wahrgenommen werden können, die unter einem Winkelabstand von 1′ erscheinen, was einem Abstand von 1 mm in einer Entfernung von etwa 3,5 m entspricht. Für bequemes Sehen muß man einen Winkelabstand von etwa 2′ ansetzen. Lichtschwache Objekte müssen noch weiter voneinander entfernt sein, bes. dann, wenn sie unterschiedliche Helligkeit haben, was bei der Beobachtung von Doppelsternen zu beachten ist.
Das Auge kann Helligkeiten absolut – etwa nach einer Gedächtnisskala – nur sehr schwer beurteilen. Beim relativen Helligkeitsvergleich zweier Punktlichtquellen, z.B. zweier Sterne, läßt sich eine Genauigkeit von etwa 0,1 mag, beim Vergleich von Flächenhelligkeiten sogar von etwa 0,01 mag erreichen, doch müssen die zu vergleichenden Lichtquellen möglichst dicht benachbart sein.
Augenprüfer, der Stern Alkor im Sternbild → Ursa Maior (Großer Bär).
Aur, Abk. für Auriga.
Auriga [lat.], *Gen.* Aurigae, abg. ***Aur***, ***Fuhrmann***, bekanntes Sternbild des nördlichen Himmels, das im Winter am Abendhimmel sichtbar ist. Der Hauptstern α Aurigae, die → Capella, gehört zu den hellsten Sternen des Himmels. Das Sternbild A. wird von der Milchstraße durchzogen. In ihm liegen mehrere Sternhaufen, z.B. die schon mit einem Feldstecher leicht auffindbaren Offenen Sternhaufen M 36, M 37 und M 38. M 36 ist etwa in der Mitte zwischen dem Stern ϑ Aurigae und dem Stern β im Sternbild Taurus (Stier) zu finden.

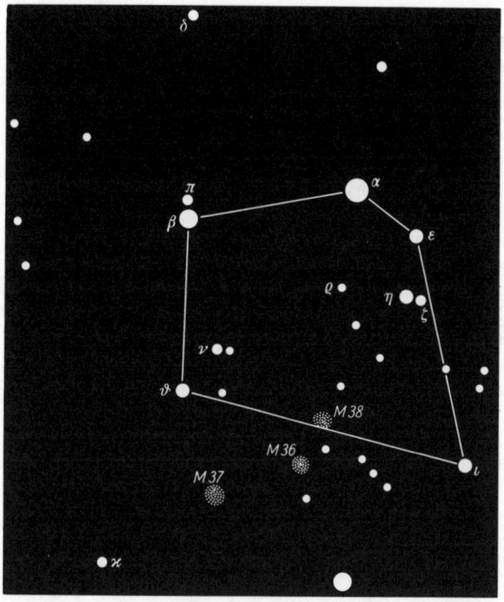

Die hellsten Sterne des Sternbildes Auriga (Fuhrmann). Der helle Stern am unteren Bildrand ist der Stern β im Sternbild Taurus (Stier)

Ausdehnung des Weltalls, → Hubble-Effekt, → Kosmologie.

Ausreißersterne, ***Runaway-Sterne*** [run away, engl., ‚weglaufen'], Sterne der Spektralklasse O oder B mit einer Pekuliargeschwindigkeit über etwa 40 km/s. Die A. gehören (im Gegensatz zu den Schnelläufern) zur extremen Population I und entstehen wahrscheinlich in OB-Assoziationen, von denen sie sich mit Geschwindigkeit bis zu etwa 100 km/s entfernen. Möglicherweise handelt es sich aber auch um ehemalige Mitglieder von Doppelsternen, deren jeweils massereichere Komponente bei einer Supernovaexplosion so viel Masse verloren hat, daß die masseärmere nicht mehr auf ihrer Bahn um den gemeinsamen Schwerpunkt gehalten werden konnte und zu einem Ausreißerstern wurde.

außergalaktisch, svw. extragalaktisch.

Australit *m*, → Tektit.

Azimut [arab.] *n* oder *m*, der vom Südpunkt aus bis zum Schnittpunkt des Vertikalkreises eines Gestirns mit dem Horizont in Richtung Westen, Norden, Osten gemessene Winkel. In der Radioastronomie wird das A. gelegentlich vom Nordpunkt aus gezählt.

Azimutalquadrant *m*, historisches astronomisches → Instrument.

Azimutrefraktion, → Refraktion.

Azimutsystem, astronomisches Koordinatensystem, → Koordinaten.

B

Baade, Walter, dtsch. Astronom, geb. 24.3.1893 in Schröttinghausen, gest. 25.6.1960 in Göttingen; arbeitete von 1919 bis 1931 an der Sternwarte in Hamburg-Bergedorf, von 1931–1958 an den Observatorien auf dem Mount Wilson und auf Palomar Mountain. Sein Hauptarbeitsgebiet war die Untersuchung der Struktur und der Zusammensetzung des Milchstraßensystems sowie der extragalaktischen Sternsysteme; im Rahmen dieser Arbeiten führte er den Begriff der Sternpopulationen ein, bestimmte die Entfernung extragalaktischer Sternsysteme und war der erste, der im Zentralgebiet des Andromedanebels Einzelsterne nachweisen konnte. Weiterhin beschäftigte er sich u.a. mit dem Studium der Pulsationsveränderlichen, der Novae und Supernovae.

Bahnbestimmung, Teilgebiet der Himmelsmechanik, das sich mit der Ermittlung der von den Himmelskörpern im Raum durchlaufenen Bahnen aus den beobachteten Örtern an der Himmelskugel beschäftigt. Körper des Sonnensystems. Die Schwierigkeit einer B. bei Körpern des Sonnensystems (Planeten, Planetoiden, Kometen) besteht darin, daß diese sich um die Sonne bewegen und ihre Örter von der Erde aus, die selbst auch die Sonne umläuft, an die Himmelskugel projiziert werden. Die beobachteten scheinbaren Bahnen sind daher nicht allein ein Abbild der wahren Bahnen um die Sonne, sondern auch durch die Bewegung der Erde um die Sonne beeinflußt (→ Bewegung der Gestirne). Hinzu kommt, daß bei einem neuentdeckten Himmelskörper im allg. nur die scheinbaren Örter (sphärische Koordinaten, also Richtungen) bestimmt werden können, nicht aber die Entfernungen von der Erde. Würde man diese zusätzlich zu den Richtungen, in denen die Himmelskörper sich befinden, kennen, so ließen sich die Bahnen leicht ermitteln, da die Bahn der Erde um die Sonne bekannt ist. (Daß man die Entfernungen nicht kennt, liegt daran, daß neuentdeckte Planetoiden oder Kometen im allg. nur jeweils von einem Ort aus beobachtet werden, zur genauen Entfernungsbestimmung aber gleichzeitige Beobachtungen von mindestens zwei, möglichst weit voneinander entfernten Orten aus benötigt werden; → Parallaxe.)

Die B. wird andererseits dadurch erleichtert, daß – mindestens in erster Näherung – die Bewegung eines Planetoiden oder Kometen um die Sonne als Zweikörperproblem aufgefaßt werden kann, dessen Gesetzmäßigkeiten bekannt sind. Danach sind die durchlaufenen Bahnen Kegelschnitte, also Kreise, Ellipsen, Parabeln oder Hyperbeln. Zur Festlegung der Form, der Größe und der Lage einer derartigen Bahn im Raum sowie des Ortes des Himmelskörpers zu einem bestimmten Zeitpunkt benötigt man im Höchstfalle, und zwar bei einer *elliptischen Bahn*, sechs Größen, die → Bahnelemente. Die Aufgabe der B. ist dann gelöst, wenn diese sechs Größen numerisch bestimmt sind.

Zu ihrer Berechnung werden im allg. auch nur sechs voneinander unabhängige Beobachtungswerte benötigt, die durch drei vollständige Positionsbeobachtungen gewonnen werden können. Diese enthalten z.B. drei Rektaszensions- und drei Deklinationswerte für den Himmelskörper (=6 benötigte Daten) sowie die drei Zeitpunkte, zu denen die Beobachtungen gemacht wurden, und die zur Festlegung des Ortes der Erde im Augenblick der jeweiligen Beobachtung benötigt werden.

Bei der B. für einen neuentdeckten Planetoiden oder Kometen geht man so vor, daß man zunächst versucht, die Entfernungen des Himmelskörpers von der Erde durch ein Näherungsverfahren zu erhalten. Dabei lassen sich zwei Bedingungen benutzen, denen die drei Raumpunkte, in denen sich der Himmelskörper zu den drei Beobachtungszeiten befand, genügen müssen: Die drei Punkte müssen in einer Ebene liegen, die auch den Mittelpunkt der Sonne enthält, denn die Bewegung eines Körpers im Sonnensystem, der nicht durch andere gestört wird, erfolgt immer in einer Ebene, die durch den Sonnenmittelpunkt geht. Zu dieser geometrischen Bedingung kommt eine dynamische hinzu, der sog. Flächensatz: Bei der Bewegung des Himmelskörpers um die Sonne muß die Verbindungslinie Sonne–Himmelskörper in gleichen Zeiten gleiche Flächen überstreichen. Bei dem Näherungsverfahren versucht man als erstes die Entfernungen Erde–Himmelskörper mit Hilfe der Beobachtungsgrößen auszurechnen, wozu eine Gleichung siebenten bzw. achten Grades zu lösen ist. Diese ersten, noch ungenauen Entfernungen erfüllen die beiden Bedingungen nicht exakt, sie dienen aber dazu, Korrekturgrößen für die Entfernungswerte zu berechnen. Mit den neuen Werten verfährt man in gleicher Weise weiter, bis im Rahmen der vorgegebenen Genauigkeit beide Bedingungen erfüllt sind. Aus den für die drei Beobachtungszeiten nun bekannten Entfernungen von der Erde lassen sich die zugehörigen Entfernungen von der Sonne und daraus die Bahnelemente eindeutig berechnen.

Soll für einen neuentdeckten Himmelskörper für die folgenden Tage der Ort an der Himmelskugel vorausberechnet werden, um ihn weiter verfolgen zu können, begnügt man sich im allg. zunächst mit der Bestimmung einer *Kreisbahn*, die schon durch vier Bahnelemente festgelegt ist, und für die man nur zwei vollständige Beobachtungen benötigt. Die Genauigkeit einer derartigen vorläufigen Bahn ist zwar nicht besonders groß, da zur B. nur ein kurzes Stück der Gesamtbahn benutzt wird, doch reicht die Genauigkeit für die Berechnung von Wiederauffindungsephemeriden aus. Erst wenn drei genügend genaue und zeitlich nicht zu eng beieinanderliegende Beobachtungen vorliegen, bestimmt man eine elliptische Bahn. Die Annahme eines Zweikörperproblems für die Bewegung von Körpern um die Sonne ist nicht streng erfüllt, da zumindest die großen Planeten Störungen verursachen. Eine definitive Bahn für einen Himmelskörper liegt dann vor, wenn der Einfluß dieser Störungen bekannt ist, wenn also nicht nur die Bahnelemente für einen gegebenen Zeitpunkt bekannt sind, sondern auch ihre zeitlichen Änderungen.

Für Kometen mit ihren meist großen Bahnexzentrizitäten berechnet man im allg. zunächst eine *Parabelbahn*, die durch fünf Bahnelemente festgelegt ist, und für die fünf Beobachtungsgrößen benötigt werden. Zur genauen B. macht sich auch bei den Kometen die Berechnung einer elliptischen Bahn notwendig.

Erdsatelliten, Raumsonden. Die B. kann bei diesen Körpern prinzipiell andere Wege gehen, da die Bahnelemente schon vor dem Start festgelegt und die Raketenmotoren entsprechend gesteuert werden, so daß nur das Erreichen der angestrebten Bahnelemente zu kontrollieren ist, bzw. die Abweichungen von den Sollwerten zu bestimmen sind. Darüber hinaus lassen sich die augenblicklichen Entfernungen der Objekte aus der Laufzeit elektromagnetischer Signale und die augenblicklichen Radialgeschwindigkeiten relativ zur Erde mit Hilfe des Doppler-Effektes sehr genau bestimmen. Andererseits unterliegen die Körper wegen ihrer Nähe zu anderen Körpern des Planetensystems vielen, auch nichtgravitativen Störungen; die Bahnelemente sind daher verhältnismäßig raschen Änderungen unterworfen.

Doppelsterne. Die B. für Doppelsterne unterscheidet sich von der für Körper des Planetensystems, da die zur Verfügung stehenden Beobachtungsgrößen wesentlich anderer Natur sind. Im Prinzip können bei visuellen Doppelsternen die scheinbaren Bahnen, die die Projektionen der wahren Bahnen der Komponenten umeinander auf die Himmelskugel darstellen, vollständig beobachtet werden, nur liegen die unvermeidlichen Beobachtungsfehler meist in der gleichen Größenordnung wie die zu bestimmenden Winkelabstände zwischen den beiden Komponenten. Zur Bestimmung der Bahn des Begleiters relativ zum Hauptstern eines Systems muß man daher sehr viele Bahnörter kennen, die einen möglichst großen Teil der Bahnkurve überdecken. Aus den gemessenen Positionen des Begleiters werden zunächst sog. Normalörter abgeleitet, zu denen jeweils mehrere Einzelpositionen zusammengefaßt werden, so daß sich die zufälligen Beobachtungsfehler teilweise herausmitteln, erst danach erfolgt die B. Bei ihr müssen sieben Bahnelemente berechnet werden: Zu den sechs Elementen einer Ellipsenbahn kommt noch die unbekannte Massensumme der beiden Komponenten hinzu, und zwar deshalb, weil die Massen der Komponenten von gleicher Größenordnung sind. Dies macht eine getrennte Berechnung von großer Bahnhalbachse und Umlaufzeit notwendig, da das dritte Keplersche Gesetz dann keine eindeutige Beziehung zwischen Umlaufzeit und großer Bahnhalbachse liefert. (Im Gegensatz zu den Bedingungen im Sonnensystem, wo die Masse des umlaufenden Körpers gegen die der Sonne immer vernachlässigbar klein ist.)

J. Kepler (1571–1630) gelang es (1609) als ersten, aus der beobachteten scheinbaren Bahn eines Planeten, des Mars, mittels einer graphischen Methode dessen wahre Bahn um die Sonne zu ermitteln.

Bahn eines Himmelskörpers, der Weg, der von einem Himmelskörper durchlaufen wird. Als ***wahre Bahn*** bezeichnet man den Weg, den der Himmelskörper im Laufe der Zeit im Raum zurücklegt, als ***schein-***

bare Bahn, den Weg, den er an der Himmelskugel beschreibt. Die scheinbare Bahn wird durch die räumliche Bewegung des Himmelskörpers sowie durch die Bewegung des Beobachters bedingt, die dieser infolge des Umlaufes der Erde um die Sonne und der Bewegung der Sonne mit dem gesamten Planetensystem ausführt, da der Himmelskörper jeweils von unterschiedlichen Orten aus an die Himmelskugel projiziert wird.
Je nachdem, ob die B. e. H. auf einen anderen Himmelskörper bezogen ist oder nicht, spricht man von einer ***relativen Bahn*** oder einer ***absoluten Bahn***. So bewegt sich z.B. die Erde relativ zur Sonne auf einer elliptischen Bahn, während die tatsächliche von der Erde durchlaufene Bahn schraubenähnlich ist, da auch die Sonne eine Bewegung im Raum ausführt. Die Bestimmung der relativen Bahnen von Körpern des Sonnensystems in bezug auf die Sonne ist Aufgabe der Bahnbestimmung.
Bahnelemente, Größen, die die Lage, die Form und die Größe der Bahn eines Himmelskörpers um einen anderen sowie den Ort des Himmelskörpers zu einem bestimmten Zeitpunkt festlegen. Sind von einem Himmelskörper die B. bekannt, so ist damit sein Ort in der Bahn zu einem bestimmten Zeitpunkt berechenbar. Als B. benutzt man für Körper, die die Sonne umlaufen: die ***Neigung der Bahn*** gegen eine geeignet gewählte Bezugsebene, meist die Ebene der Ekliptik, die ***Länge des aufsteigenden Knotens*** (Knotenlänge; den in der Ekliptik gemessenen heliozentrischen Winkel zwischen dem Frühlingspunkt und dem aufsteigenden Knoten), den ***Abstand des Perihels vom aufsteigenden Knoten*** (den in der Bahnebene gemessenen heliozentrischen Winkel zwischen dem aufsteigenden Knoten und dem Perihel), die ***große Halbachse*** der Bahn, die ***numerische Exzentrizität*** (das Verhältnis des Abstandes Bahnmittelpunkt–Brennpunkt zur großen Halbachse) und die ***Perihelzeit*** (die Zeit, zu der der Himmelskörper durch das Perihel geht). Die Neigung wird von 0° bis 180° gezählt und zwar derart, daß Himmelskörper mit einer Neigung zwischen 0° und 90° eine rechtläufige, zwischen 90° und 180° eine rückläufige Bewegung ausführen. Gelegentlich wird statt des Perihelabstandes vom aufsteigenden Knoten auch die Summe der Länge des aufsteigenden Knotens und des Abstandes des Perihels vom aufsteigenden Knoten, die Perihellänge, verwendet.
Die Neigung und die Länge des aufsteigenden Knotens bestimmen die Lage der Bahnebene im Raum relativ zur gewählten Bezugsebene. Die Orientierung der Bahn in der Bahnebene wird durch den Abstand des Perihels vom aufsteigenden Knoten festgelegt. Die übrigen geometrischen B., also große Halbachse und numerische Exzentrizität, bestimmen die Form und die Größe der Bahn (Abb. 1).
Für Himmelskörper, die nicht die Sonne, sondern z.B. einen Planeten umlaufen, ergeben sich entsprechende B. Bei ihrer Festlegung ist die Sonne durch den umlaufenen Himmelskörper und der Frühlingspunkt durch eine passende Bezugsrichtung zu ersetzen.
Bei Doppelsternen benutzt man die Tangentialebene im Systemschwerpunkt an die Himmelskugel als Bezugsebene, gegen die die Bahnneigung bestimmt wird (Abb. 2). Die Lage der Schnittlinie (Knotenlinie) von Bahn- und Bezugsebene gibt man durch den Positionswinkel an (den im Hauptstern gemessenen Winkel gegen die Nordrichtung), die Orientierung der Bahnellipse in der Bahnebene durch den vom Hauptstern aus gemessenen Winkelabstand des Periastrons von der Knotenlinie. Zusätzlich zur Durchgangszeit des Begleiters durch das Periastron wird als siebentes Bahnelement noch die Umlaufzeit des Begleiters benötigt (→ Bahnbestimmung).
Die Ermittlung der B. ist Aufgabe der Bahnbestimmung.
Bahnneigung, → Bahnelement.

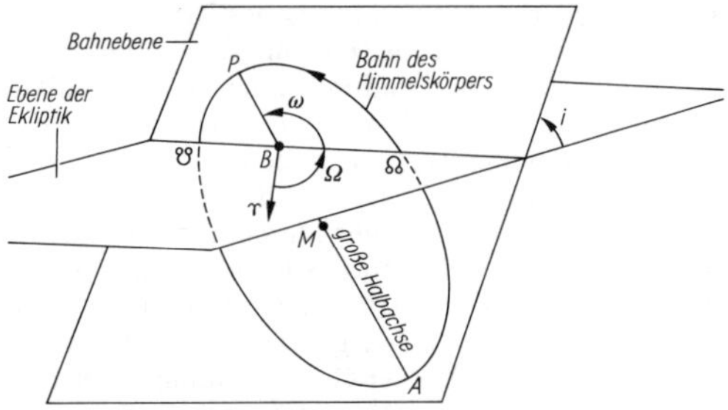

Abb. 1: Bahnelemente bei Körpern des Planetensystems. M: Bahnmittelpunkt; B: Brennpunkt (Sonne); ☊: aufsteigender Knoten; ☋: absteigender Knoten; ♈: Frühlingspunkt; P: Perihel; A: Aphel; i: Neigung der Bahn gegen die Ekliptik; ω: Abstand des Perihels vom aufsteigenden Knoten; Ω: Länge des aufsteigenden Knotens

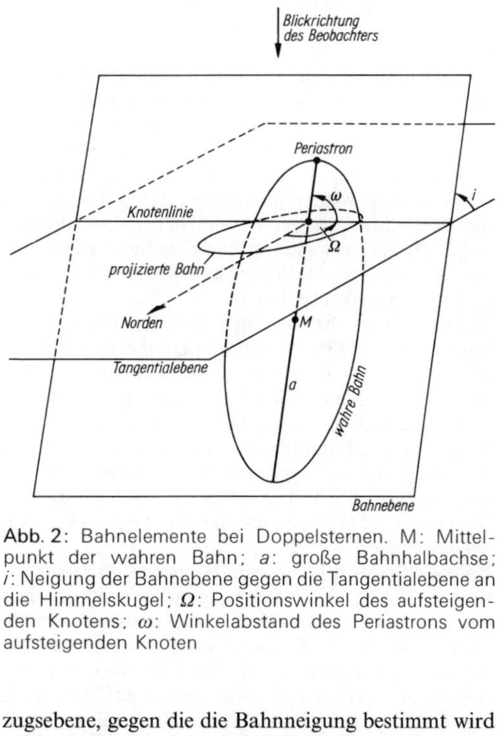

Abb. 2: Bahnelemente bei Doppelsternen. M: Mittelpunkt der wahren Bahn; a: große Bahnhalbachse; i: Neigung der Bahnebene gegen die Tangentialebene an die Himmelskugel; Ω: Positionswinkel des aufsteigenden Knotens; ω: Winkelabstand des Periastrons vom aufsteigenden Knoten

Balkenspirale, ein extragalaktisches Sternsystem, bei dem zwei Spiralarme vom Zentrum des Systems radial nach außen gehen und dadurch einen zentralen „Balken" bilden, um dann z.T. scharf abzuwinkeln und sich spiralig um das Zentrum zu winden.

Ballonastronomie, Teilgebiet der beobachtenden Astronomie, das sich mit der Durchführung astronomischer Beobachtungen mittels Höhenballons befaßt. Die Instrumente werden in Höhen von etwa 30 bis 45 km über den Erdboden gebracht, so daß sie sich über etwa 99 bis 99,9% der Gesamtluftmasse der Erdatmosphäre befinden. Die Beobachtungen werden dann – im Gegensatz zu denen vom Erdboden aus – nicht mehr durch die Szintillation behindert, außerdem ist die atmosphärische Extinktion stark reduziert, wodurch sich der für astronomische Beobachtungen zugängliche Spektralbereich um fast den gesamten Infrarotbereich und um den Ultraviolettbereich mit Wellenlängen größer als etwa 200 nm sowie den Bereich der harten Röntgen- und Gammastrahlen erweitert. Gegenüber Beobachtungen von künstlichen Erdsatelliten aus, für die die Erweiterung des verfügbaren Spektralbereichs auch gilt, bieten Ballonbeobachtungen einige Vorteile: Beim Start unterliegen die Instrumente wesentlich geringeren Kräften als bei einem Raketenstart, so daß der technische Aufwand um vieles geringer sein kann. Nach dem Einsatz sind die Instrumente im allg. wieder verwendungsfähig. Die Kosten pro Beobachtungszeiteinheit sind daher wesentlich geringer als bei Verwendung von Satelliten. Dem steht entgegen, daß ein Ballonflug nur wenige Tage, maximal etwa eine Woche dauert.

Balmer-Linien [nach dem Schweizer Physiker J.J. Balmer, 1825–1898], Spektrallinien, die von Wasserstoffatomen im ersten angeregten Energiezustand (→ Atom) absorbiert oder bei Übergängen zu diesem Zustand emittiert werden. Die B.-L. gehören zu einer Folge von Spektrallinien, der ***Balmer-Serie***, von denen die Linie mit der größten Wellenlänge, Hα, bei 656,3 nm liegt. Die B.-L. häufen sich gegen die ***Balmer-Grenze*** bei 365,0 nm, an die sich das ***Balmer-Kontinuum*** anschließt.

Balmer-Sprung [nach dem Schweizer Physiker J.J. Balmer, 1825–1898], ein Sprung im Intensitätsverlauf von Sternspektren an der Balmer-Grenze, der durch die kontinuierliche Absorption des Wasserstoffs bei Wellenlängen kleiner als die der Balmer-Grenze entsprechende Wellenlänge verursacht wird. Die Größe des B.-S.s ist von Spektralklasse zu Spektralklasse verschieden und kann zur Spektralklassifikation herangezogen werden kann (→ Spektralklasse).

Bandbreite, der Wellenlängen- bzw. Frequenzbereich, für den ein optisches oder elektronisches System empfindlich ist oder der von einem solchen System durchgelassen wird (Filterbandbreite).

Bandenspektrum, von Molekülen stammendes → Spektrum.

Bär, Sternbilder des nördlichen Himmels. ***1) Großer Bär, Große Bärin***, → Ursa Maior; ***2) Kleiner Bär, Kleine Bärin***, → Ursa Minor.

Bärenhüter, das Sternbild → Bootes.

Bärenstrom, svw. Ursa-Maior-Haufen.

Baryonen, eine Klasse von Elementarteilchen, die der starken Kernkraft (starken Wechselwirkung) unterworfen sind. Die leichtesten B. sind die Protonen und die Neutronen, aus denen alle Atomkerne bestehen.

Baryzentrum, ***Schwerezentrum***, Massemittelpunkt eines Systems von Himmelskörpern.

Battani, Mohammed ibn Djabir ***al-Battani*** [*lat.* ***Albategnius***], der bedeutendste arab. Astronom, geb. vor 858 in oder bei Harran, gest. 929 in der Nähe von Samarra; bestimmte u.a. die Präzession sowie die Elemente der scheinbaren Sonnenbahn neu und gab astronomische Tafeln heraus.

BD, Abk. für → Bonner Durchmusterung.

Becher, das Sternbild → Crater.

Bedeckung, die Verfinsterung eines Gestirns durch ein anderes, das bei seiner Bewegung in die Sichtlinie vom Beobachter zum ersten Gestirn kommt; z.B. die B. der Sonne durch den Mond (→ Finsternis) oder eines Sterns durch den Mond oder durch einen anderen Körper des Planetensystems (→ Sternbedeckung) oder die B. einer Komponente eines Doppelsterns durch die andere (→ Bedeckungsveränderliche).

Bedeckungslichtwechsel, charakteristische Helligkeitsvariation eines Doppelsterns, die durch die periodische gegenseitige Bedeckung seiner Komponenten verursacht wird; → Bedeckungsveränderliche.

Bedeckungsveränderliche, ***photometrische Doppelsterne***, Doppelsterne, bei denen eine Komponente zeitweilig die jeweilig andere ganz oder teilweise verdeckt, so daß es zu einer periodischen Änderung der scheinbaren Gesamthelligkeit des Doppelsternsystems kommt. Die Bedeckung ist durch die geometrische Anordnung von Sichtlinie und Bahnebene der Komponenten bedingt, und zwar liegt die Sichtlinie Beobachter–Gestirn nahezu in der Bahnebene. Die beiden Komponenten eines B.n lassen sich im allg. nicht optisch trennen; auf Grund des besonderen Lichtwechsels, also mittels photometrischer Methoden, kann dennoch der Doppelsterncharakter erkannt werden. Er läßt sich auch aus der periodischen Linienverschiebung im Spektrum ableiten, die sich auf Grund des Doppler-Effekts infolge der Bahnbewegung der Komponenten ergibt; die B.n gehören daher in der Regel zu den spektroskopischen Doppelsternen.

Die B.n werden traditionsgemäß zu den veränderlichen Sternen gerechnet. Im Gegensatz zu den physischen Veränderlichen, bei denen die Zustandsgrößen Leuchtkraft, effektive Temperatur und Radius zeitlichen Schwankungen unterliegen, sind diese Größen bei den B.n konstant.

Die Lichtkurven der B.n haben ein scharf ausgeprägtes Helligkeitsminimum, das bei der Bedeckung der Komponente mit der höheren Flächenhelligkeit durch die dunklere entsteht. Dazu kann ein zweites, ein Nebenminimum kommen, das bei der Bedeckung der Komponente mit der geringeren Flächenhelligkeit durch die hellere verursacht wird (Abb. 1). In beiden Minima ist die sichtbare Gesamtfläche der Sterne gleich; die relative Tiefe beider Minima hängt vom Verhältnis der beiden Flächenhelligkeiten, also vom Unterschied der Effektivtemperaturen der beiden

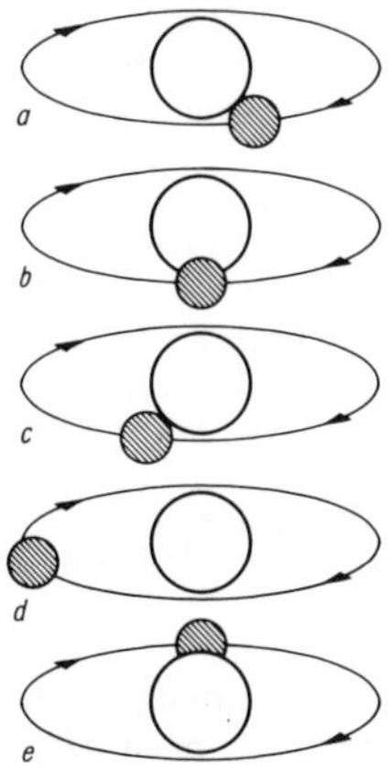

Abb. 1: Bedeckungsveränderliche. Stellung der Komponente mit der geringeren Flächenhelligkeit relativ zu der mit der höheren Flächenhelligkeit zu Beginn (a), in der Mitte (b) und am Ende (c) des Hauptminimums, außerhalb einer Bedeckung (d) sowie in der Mitte des Nebenminimums (e)

Sterne ab. Kleinere zusätzliche Variationen der Lichtkurve ergeben sich, wenn die Flächenhelligkeit auf den Sternscheiben nicht gleichmäßig ist, wenn die Sterne – wie die Sonne – z.B. eine Randverdunklung haben. Nach der Form der Lichtkurve, die wie die Periode des Lichtwechsels weitgehend konstant ist, unterscheidet man drei Untergruppen, die nach typischen Vertretern benannt sind (Abb. 2):

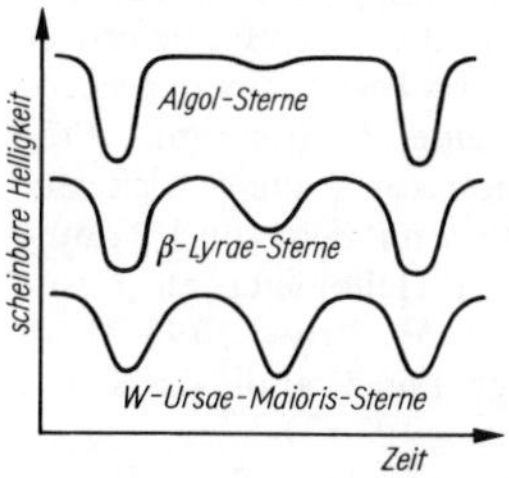

Abb. 2: Schematische Lichtkurven der verschiedenen Typen von Bedeckungsveränderlichen

Bei den ***Algol-Sternen*** (Typbezeichnung EA) ist die Helligkeit außerhalb der Bedeckung im allg. konstant, während des Hauptminimums sinkt sie um z.T. mehrere Größenklassen ab, falls es sich um Sterne mit großen Unterschieden in den Flächenhelligkeiten handelt. Je nachdem, ob die Bedeckung partiell oder total ist, ergibt sich ein spitzer oder flacher Verlauf der Lichtkurve während der Minima. Die Periode des Lichtwechsels beträgt im allg. 1 bis 5 Tage. Die beiden Komponenten sind im allg. so weit voneinander entfernt, daß sie nahezu kugelförmig sind und keinen zusätzlichen Lichtwechsel infolge einer ellipsoidischen Verformung der Komponenten aufweisen. Es besteht aber die Möglichkeit, daß eine der Komponenten eine sehr viel höhere Effektivtemperatur als die andere hat, was zu einer zusätzlichen Aufheizung der Seite der kühleren Komponente, die der heißeren zugewandt ist, führt; in der Lichtkurve macht sich dies durch einen leichten Anstieg der Helligkeit vom Haupt- zum Nebenminimum und einen entsprechenden Abfall vom Neben- zum Hauptminimum bemerkbar.

Die ***Beta-Lyrae-Sterne (β-Lyrae-Sterne)*** (Typbezeichnung EB) zeigen auch außerhalb der Bedeckung einen Lichtwechsel, der durch die ellipsoidische Form der beiden Komponenten, die relativ dicht benachbart sind, verursacht ist. Während des Umlaufs der beiden Sterne um den gemeinsamen Schwerpunkt ändert sich ihre sichtbare leuchtende Fläche und damit die scheinbare Gesamthelligkeit, so daß die Lichtkurve keinen Abschnitt konstanter Helligkeit besitzt. Die Umlaufperiode und damit die Periode des Lichtwechsels der Beta-Lyrae-Sterne ist relativ klein, aber größer als 1 Tag. Die Helligkeitsamplituden sind im allg. geringer als 2 mag. Die Beta-Lyrae-Sterne gehören z.T. zu den halbgetrennten Doppelsternen (wie β Lyrae selbst), bei denen von der einen Komponente Materie auf die andere überfließt. Dadurch können sich Gasscheiben und -hüllen um diese Komponente (oder um das gesamte System) ausbilden, die sich u.a. durch das Auftreten von Emissionslinien im Spektrum des Gesamtsystems bemerkbar machen.

W-Ursae-Maioris-Sterne (Typbezeichnung EW) haben fast die gleichen Lichtkurven wie die Beta-Lyrae-Sterne, da auch bei ihnen die beiden Komponenten ellipsoidische Form haben, doch zeichnen sich ihre Lichtkurven dadurch aus, daß Haupt- und Nebenminimum nahezu gleich tief sind. Es handelt sich um (oder beinahe um) Kontaktsysteme, bei denen beide Sterne in solch einem starken Energieaustausch stehen, daß sich die Effektivtemperaturen weitgehend angeglichen haben. Die Umlaufperioden der W-Ursae-Maioris-Sterne sind kürzer als 1 Tag, die Amplituden des Lichtwechsels liegen meist unter 0,75 mag.

Die Umlaufperioden einiger B.n lassen geringe Änderungen erkennen, die z.T. daher rühren, daß eine dritte, unsichtbare Komponente den Bahnumlauf der beiden photometrisch wirksamen Komponenten stört. Bei stark von der Kugelform abweichenden Sternen können sich Periodenänderungen auch infolge einer Drehung der Apsidenlinie (der großen Bahnachse des Systems) ergeben, was sich durch eine Verschiebung des Nebenminimums relativ zum Hauptminimum bemerkbar macht. Plötzliche, ungleichmäßige Änderungen der Periode treten in halbgetrennten und in Kontaktsystemen auf und sind wahrscheinlich durch einen ungleichmäßigen Massefluß von einer Komponente zur anderen oder aus dem System hinaus bedingt.

Bei den Komponenten der B.n kommen alle Spektralklassen vor, am häufigsten ist jedoch die Spektralklasse A. Neben Systemen, bei denen beide Komponenten den gleichen Spektraltyp und damit die gleiche Flächenhelligkeit haben, findet man solche, bei denen die Komponenten zu sehr unterschiedlichen Spektralklassen gehören, was vor allem auf die Algol-Sterne zutrifft. Die spektralen Unterschiede zwischen den Komponenten der Beta-Lyrae- und W-Ursae-Maioris-Sterne sind meist gering.

Den B.n kommt eine große astrophysikalische Bedeutung dadurch zu, daß bei ihnen die Sternmasse und der Sterndurchmesser verhältnismäßig zuverlässig bestimmt werden können. Weiterhin gibt es B., die der Theorie der Sternatmosphären wertvolle Beobachtungsgrundlagen liefern, und zwar diejenigen Systeme, die aus einem Überriesenstern später Spektralklasse und einem heißen Stern sehr früher Spektralklasse als Begleiter bestehen. Die Durchmesser beider Komponenten sind dann sehr unterschiedlich. Während die Verfinsterung des Hauptsterns durch den Begleiter kaum wahrnehmbar ist, wird das Licht bei der Bedekkung des Begleiters durch den Hauptstern nur langsam verdunkelt, es durchdringt noch eine gewisse Zeit die ausgedehnte, wenig dichte Atmosphäre des Überriesens. Während der Übergangsphase zur totalen Bedeckung werden dem linienarmen Spektrum des Begleiters von der Atmosphäre des Überriesens zusätzliche Absorptionslinien aufgeprägt, mit deren Hilfe die physikalischen Bedingungen innerhalb der Atmosphäre des Riesensterns Schicht für Schicht untersucht werden können. (Sonst besteht nur noch bei der Sonne die Möglichkeit zur schichtweisen Untersuchung einer Sternatmosphäre.)

Der B. mit der kürzesten bekannten Periode ist AM Canum Venaticorum, dessen Bedeckungslichtwechsel sich aller 18 Minuten wiederholt. Er wird von einem Lichtwechsel überlagert, der durch das Überfließen von Materie von der einen zur anderen Komponente verursacht wird; AM Canum Venaticorum ist auch ein kataklysmischer Veränderlicher. Die längste bekannte Periode mit 9883 Tagen hat ε Aurigae.

Bisher sind mehr als 4700 B. bekannt, von denen etwa zwei Drittel vom Typ der Algol-Sterne sind, während sich der Rest ziemlich gleichmäßig auf die beiden anderen Gruppen und noch nicht klassifizierbare B. verteilt. In einer Tab. unter dem Stichwort → Veränderliche sind spezielle Angaben zu einigen B.n zu finden.

Begleiter, die masseärmere Komponente oder, wenn dies nicht zu entscheiden ist, die Komponente mit der geringeren scheinbaren Helligkeit in einem durch die gegenseitige Massenanziehung zusammengehaltenen System von zwei oder mehr Himmelskörpern; z.B. ein Satellit bei einem Planeten oder die masseärmere bzw. lichtschwächere Komponente in einem Doppelsternsystem. Als ***unsichtbaren Begleiter*** bezeichnet man bei einem Doppelstern eine Komponente, deren Anwesenheit sich nur aus ihrer Massenanziehung auf die sichtbaren Komponenten erschließen läßt.

Belinda *f*, ein Zwergsatellit des Uranus. Die B. umläuft in einer Kreisbahn mit einem Radius von 75250 km den Uranus in 15,0 Stunden; die Bahnebene liegt in dessen Äquatorebene. Der Durchmesser der B. beträgt nur etwa 60 km.

Hinsichtlich der Einordnung der B. in das System der Uranussatelliten → Uranus.

Die B. wurde 1986 mittels der Raumsonde Voyager 2 entdeckt.

Bellatrix [lat., ‚Kriegerin'] *f*, der Stern γ, der westliche der beiden Schultersterne im Sternbild Orion. Seine scheinbare visuelle Helligkeit beträgt $1^{m}_{,}6$. Die B. ist ein Stern der Spektralklasse B2 und der Leuchtkraftklasse III, also ein heißer Riese, dessen Durchmesser etwa das Dreifache des Sonnendurchmessers beträgt. Die Entfernung der B. von der Sonne beläuft sich auf etwa 35 pc oder 115 Lichtjahre.

Belopolski, Aristarch Apollonowitsch, russ. Astronom, geb. 1.7.1854 in Moskau, gest. 16.5.1934 in Pulkowo; arbeitete seit 1878 an der Sternwarte Pulkowo, und zwar hauptsächlich über Sonnenphysik und Sternspektren. Er entdeckte 1894 eine periodische Linienverschiebung im Spektrum von δ Cephei und bewies damit die Pulsation des Sterns.

Benennung von Sternen, → Sternnamen.

Benetnasch [arab.], ***Alkaid***, der Stern η im Sternbild → Ursa Maior (Großer Bär).

Beschleunigung, die zeitliche Änderung einer Geschwindigkeit nach Betrag und/oder Richtung. Maßeinheit der B. ist das Meter/(Sekunde)^2, Einheitenzeichen m/s^2; 1 m/s^2 ist die B. eines Körpers, dessen Geschwindigkeit sich während 1 s gleichmäßig um 1 m/s ändert; negative Werte der B. bedeuten eine Verzögerung der Bewegung, also eine Geschwindigkeitsabnahme. Ändert sich bei konstanter Bewegungsrichtung nur der Geschwindigkeitsbetrag, so liegt eine radiale B. vor, ändert sich bei konstantem Geschwindigkeitsbetrag nur die Richtung, so handelt es sich um eine Tangentialbeschleunigung. Im allg. überlagern sich radiale und tangentiale B.en. Die zeitliche Änderung einer Winkelgeschwindigkeit bezeichnet man als ***Winkelbeschleunigung***.

Bessel, Friedrich Wilhelm, dtsch. Astronom, geb. 22.7.1784 in Minden, gest. 17.3.1846 in Königsberg (jetzt Kaliningrad); begann 1806 als Observator an der Schröterschen Privatsternwarte in Lilienthal, wurde 1810 Direktor der Sternwarte Königsberg. Neben Untersuchungen zur Geodäsie und Geophysik lieferte er vor allem Arbeiten zur genauen Festlegung der astronomischen Koordinatensysteme: Er bestimmte Präzession, Nutation, Aberration sowie die Schiefe der Ekliptik neu. 1838/39 konnte er mit dem von J. Fraunhofer (1787–1826) gelieferten Heliometer als erster (aber etwa gleichzeitig mit F.G.W. Struve, 1793–1864) eine Fixsternparallaxe messen, und zwar die des Sterns 61 Cygni.

Be-Stern, ein Stern der Spektralklasse B, in dessem Spektrum Emissionslinien auftreten. Die Emissionslinien entstehen in einer Gashülle um den Stern, dessen Ultraviolettstrahlung das Gas zum Leuchten anregt. Bestimmte Spektrallinien, z.B. die ersten Linien der Balmer-Serie oder die Linien einfach ionisierter Elemente, haben eine für Be-S.e charakteristische Struktur, die aus der Überlagerung von in verschiedenen Gebieten entstandenen Linienkomponenten herrührt: Von der Sternatmosphäre stammt eine infolge einer hohen Rotation des Sterns stark verbreiterte Absorptionslinie, der eine wesentlich schmalere Emissionslinie überlagert ist, die von der viel langsamer rotierenden Gashülle herrührt (Abb.). Das vom Beobachter aus gesehen vor der Sternscheibe befindliche Hüllengas absorbiert einen Teil des vom Stern kommenden Lichts, was sich in einer zusätzlichen, mehr oder minder starken zentralen Depression des Gesamtlinienprofils bemerkbar macht. Die Gashülle ist wahr-

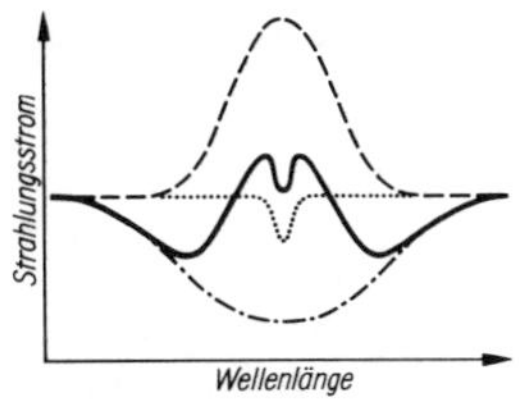

Linienprofil im Spektrum eines Be-Sterns. —·—: durch Rotation verbreiterte Absorptionslinie der Sternatmosphäre; ········: dem Sternspektrum durch das Hüllengas aufgeprägte Absorptionslinie; - - -: in der Gashülle entstandene Emissionslinie; ——: resultierendes Linienprofil

scheinlich die Folge eines durch die schnelle Sternrotation stark erhöhten Sternwindes. Die Ausdehnung des beobachtbaren Teils der Hülle dürfte in der Größenordnung von einigen wenigen bis zu etwa 10 Sternradien liegen. Viele Be-S.e zeigen zeitliche Änderungen in der Struktur der Emissionslinien sowie auch Helligkeitsschwankungen; diese Sterne werden als Be-Veränderliche oder Gamma-Cassiopeiae-Sterne bezeichnet. Zwischen den Be-S.en und den Hüllensternen besteht eine enge Verwandtschaft. Die Unterschiede sind im wesentlichen nur durch die unterschiedliche Ausdehnung und Dicke der vom Beobachter aus sichtbaren Bereiche der nicht kugelförmigen Hülle bedingt (→ Hüllenstern).

Etwa 20% aller B-Sterne gehören zu den Be-S.en.

Die Herbig-Be- und Herbig-Ae-Sterne bilden eine eigene Sterngruppe; → Herbig-Be-Sterne.

Bestrahlungsalter, → Altersbestimmung.

Bestrahlungsstärke, die je Sekunde und je Wellenlängeneinheit (bzw. je Frequenzeinheit) auf die Einheitsfläche auftreffende Energie.

Beta-Canis-Maioris-Sterne, *β-Canis-Maioris-Sterne*, → Beta-Cephei-Sterne.

Beta-Cephei-Sterne, *β-Cephei-Sterne*, auch als ***Beta-Canis-Maioris-Sterne*** bezeichnet, Riesensterne der Spektralklasse B0 bis B3 mit raschen periodischen Helligkeitsänderungen. Die Lichtwechselperioden liegen zwischen 3 und 7 Stunden, die Amplituden im visuellen Spektralbereich unterhalb 0,2 mag, meistens unterhalb 0,1 mag; im ultravioletten Spektralbereich sind die Helligkeitsschwankungen bis zu einem Faktor 3 größer. Die B.-C.-S. gehören zu den Pulsationsveränderlichen. Bei etwa 50% von ihnen werden Modulationen der Lichtkurven beobachtet, die als Interferenz zweier wenig verschiedener Schwingungsperioden gedeutet werden, wobei die Pulsationen z.T. nicht radial erfolgen. Die Ursachen, wodurch diese Schwingungszustände angeregt werden, sind bisher noch unbekannt.

Die Bildpunkte der B.-C.-S., von denen nur etwa 60 bekannt sind, bevölkern ein eng begrenztes Gebiet des Hertzsprung-Russell-Diagramms (Abb. → Veränderliche).

Eine Tab. unter dem Stichwort → Veränderliche enthält spezielle Angaben zu einem B.-C.-S.

Beta-Lyrae-Sterne, *β-Lyrae-Sterne*, eine Gruppe von → Bedeckungsveränderlichen.

Betazerfall, *β-Zerfall*, radioaktiver Zerfall in einem Atomkern, bei dem unter Aussendung eines Elektrons und eines Antineutrinos ein Neutron in ein Proton umwandelt wird. Beim ***inversen B.*** geht ein Proton in ein Neutron über, dabei werden ein Positron und ein Neutrino ausgesandt.

Beteigeuze, *Betelgeuse*, [nach arab. yad al-ganza ‚Hand der Riesin'] *f*, der östliche Schulterstern (α) im Sternbild Orion, der zweithellste Stern in diesem Sternbild. Die B. ist ein halbregelmäßiger Veränderlicher; ihre visuelle Helligkeit schwankt zwischen $0^m{,}4$ und $1^m{,}3$ mit einer Periode von 5,7 Jahren. Sie gehört zur Spektralklasse M1 und zur Leuchtkraftklasse Ia; es ist ein Roter Überriese, der im Vergleich mit der Sonne eine mehr als 10000fache Leuchtkraft und einen etwa 800fachen Durchmesser hat, so daß die Bahn der Erde um die Sonne in der B. Platz hätte. Die effektive Temperatur der B. beträgt weniger als 3000 K, weswegen dieser Stern rötlich-gelb erscheint, vor allem im Vergleich mit dem benachbarten Stern Rigel. Die B. hat möglicherweise zwei nahe Begleiter, die sich in Abständen von etwa 5 AE bzw. rund 45 AE von B. befinden. Die Entfernung der B. von der Sonne beträgt etwa 180 pc oder 600 Lichtjahre.

Betelgeuse [arab.], svw. Beteigeuze.

Bethe-Weizsäcker-Zyklus, svw. Kohlenstoff-Stickstoff-Sauerstoff-Zyklus.

Beugung, jede nicht durch Refraktion, Reflexion oder Streuung bedingte Abweichung von der geradlinigen Ausbreitung einer Teilchen- oder Wellenstrahlung.

Eine B. von Licht tritt dann ein, wenn es bei seiner freien Ausbreitung durch Blenden, Schirme oder andere Gegenstände behindert wird. Infolge der Ablenkung an diesen Hindernissen gelangt etwas Licht auch in Bereiche, die in den bei nur geradliniger Ausbreitung zu erwartenden geometrischen Schattengebieten liegen. Die B. an den Rändern von Linsen oder Spiegeln begrenzt das Auflösungsvermögen von → Fernrohren, da auch paralleles monochromatisches Licht selbst von einer fehlerfrei gedachten Optik nicht in einem Punkt vereinigt wird: Durch die B. am Objektivrand wird der bei einer rein geometrischen Abbildung zu erwartende Lichtpunkt zu einem *Beugungsscheibchen* auseinandergezogen.

Beim ***Beugungsgitter***, das aus einem System paralleler enger Spalten besteht, nutzt man die Interferenz des an den Spalten gebeugten Lichtes zur Erzeugung eines Spektrums aus.

Beugungsscheibchen, → Fernrohr.

Be-Veränderliche, svw. Gamma-Cassiopeiae-Sterne.

Bewegung der Gestirne, die Ortsveränderung der Himmelskörper in bezug auf andere Körper oder in bezug auf ein Koordinatensystem. Die ***wahren Bewegungen***, die die Gestirne im Raum vollführen, können von der Erde aus nicht unmittelbar beobachtet werden, sondern nur die ***scheinbaren Bewegungen*** an der Himmelskugel. Diese sind sowohl durch die räumlichen Bewegungen als auch durch die Bewegung des Beobachtungsortes bedingt, von dem aus die Gestirne an die Himmelskugel projiziert erscheinen. Die wah-

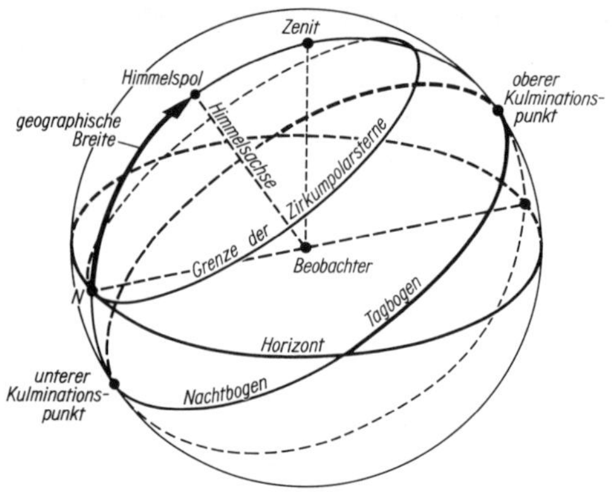

Abb. 1: Zur scheinbaren täglichen Bewegung der Gestirne

ren Bewegungen können aus der scheinbaren erst dann abgeleitet werden, wenn die Bewegung des Beobachtungsortes bekannt ist.
Eine Bewegung des Beobachtungsortes verursacht die Rotation der Erde, was zur ***scheinbaren täglichen Bewegung*** führt: Alle Sterne beschreiben, ohne dabei ihre gegenseitige Stellung zu verändern, an der Himmelskugel Kreisbögen von Osten nach Westen, von denen jeweils nur die über dem Horizont liegenden Teilbögen, die Tagbögen, sichtbar sind, nicht aber die unter dem Horizont liegenden Nachtbögen (Abb. 1). Allein die Zirkumpolarsterne eines Beobachtungsortes bleiben immer über dem Horizont dieses Ortes, sie haben keine Nachtbögen. Als Gegenstück zu den Zirkumpolarsternen gibt es Sterne, die für einen Beobachtungsort stets unterhalb des Horizonts bleiben, die keine Tagbögen haben. Welche Sterne für einen Ort zirkumpolar sind, hängt von dessen geographischer Breite ab. Der Augenblick des Erscheinens eines Gestirns über dem Horizont wird Aufgang genannt, der Augenblick des Verschwindens Untergang. Die Punkte, in denen ein Himmelskörper im Laufe seiner täglichen scheinbaren Bewegung die größte (bei den Zirkumpolarsternen auch die kleinste) Höhe über bzw. die größte (negative) Höhe unter dem Horizont erreicht, sind die Kulminationspunkte. Sie liegen auf dem Meridian des Beobachtungsortes. Im Augenblick der Kulmination ist die scheinbare Bewegung parallel zum Horizont. Bei der scheinbaren täglichen Bewegung bleiben zwei Punkte an der Himmelskugel, die beiden Himmelspole, die Durchstoßpunkte der verlängert gedachten Erdachse durch die Himmelskugel, in Ruhe.
Der Umlauf der Erde um die Sonne führt zur ***scheinbaren jährlichen Sonnenbewegung*** relativ zu den Sternen, die entlang der Ekliptik von Westen nach Osten erfolgt: Die Sonne wird im Laufe eines Jahres von jeweils unterschiedlichen Erdbahnorten aus an die Himmelskugel projiziert. Die Rotation der Erde und der jährliche Umlauf um die Sonne erfolgen im gleichen Sinne, daher ist die Zeit zwischen der Wiederkehr der Kulmination der Sonne etwas länger als die Zeit zwischen der Wiederkehr der Kulmination eines bestimmten Sterns; die Sonne bleibt etwas hinter den Sternen zurück (Abb. 2).
Der jährliche Umlauf der Erde um die Sonne ruft auch eine scheinbare Bewegung der näheren Fixsterne hervor, die ***jährliche Parallaxe***: Ein Stern wird im Laufe des Jahres von der Erde aus an verschiedene Stellen der Himmelskugel projiziert, je nachdem an welcher Stelle ihrer Bahn sich die Erde befindet. Sterne in der Ekliptik pendeln im Laufe eines Jahres längs einer geraden Linie hin und her, während Sterne am Pol der Ekliptik eine kreisförmige Bewegung vollführen; Sterne zwischen Ekliptik und Pol der Ekliptik beschreiben Ellipsen. Ausgenutzt wird diese Erscheinung bei der Entfernungsbestimmung der Sterne (→ Parallaxe).
Die Planeten umlaufen die Sonne in Ellipsenbahnen. Auf Grund der relativ geringen Entfernungen von der Erde und weil diese selbst auch die Sonne umläuft, sind die sich dadurch ergebenden ***scheinbaren Bewegungen der Planeten*** wie auch die der anderen die Sonne umlaufenden Mitglieder des Planetensystems relativ kompliziert.

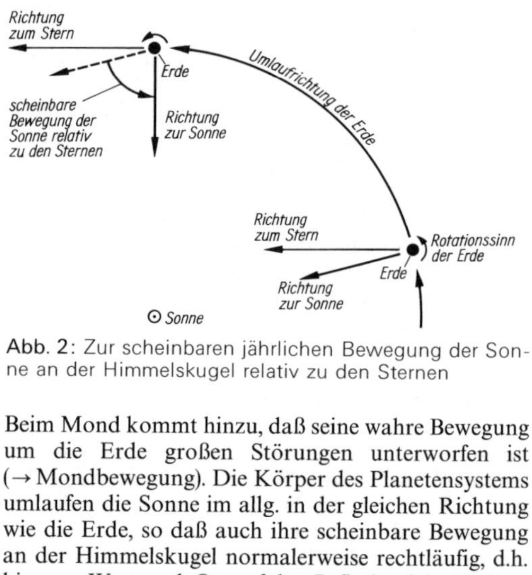

Abb. 2: Zur scheinbaren jährlichen Bewegung der Sonne an der Himmelskugel relativ zu den Sternen

Beim Mond kommt hinzu, daß seine wahre Bewegung um die Erde großen Störungen unterworfen ist (→ Mondbewegung). Die Körper des Planetensystems umlaufen die Sonne im allg. in der gleichen Richtung wie die Erde, so daß auch ihre scheinbare Bewegung an der Himmelskugel normalerweise rechtläufig, d.h. hier von West nach Ost, erfolgt. Befindet sich ein Himmelskörper jedoch in Oppositionsstellung, d.h. der Sonne gegenüber, so wird er von der mit größerer Winkelgeschwindigkeit laufenden Erde überholt, was zu einer zeitweiligen Rückläufigkeit seiner scheinbaren Bewegung führt (Abb. 3). Ändert sich dabei gleichzeitig die ekliptikale Breite des Körpers, beschreibt er von der Erde aus gesehen eine Schleife zwischen den Fixsternen. An den Umkehrpunkten zwischen Recht- und Rückläufigkeit ist der Körper stationär. Die inneren Planeten können sich nur bis zu einem bestimmten Winkelabstand (ihrer größten Elongation) von der Sonne entfernen; sie pendeln um die Sonne herum. Dabei tritt Rückläufigkeit ein, wenn sie in der Nähe der unteren Konjunktion nahe an der Erde vorbeieilen (Abb. 4). Da die Bahnebenen der die Sonne umlaufenden Körper im allg. nur geringe Neigungen gegen die Ekliptikebene haben, laufen die scheinbaren Bewegungen im allg. in der Nähe der Ekliptik ab.

Abb. 3: Scheinbare Bewegungen eines inneren Planeten

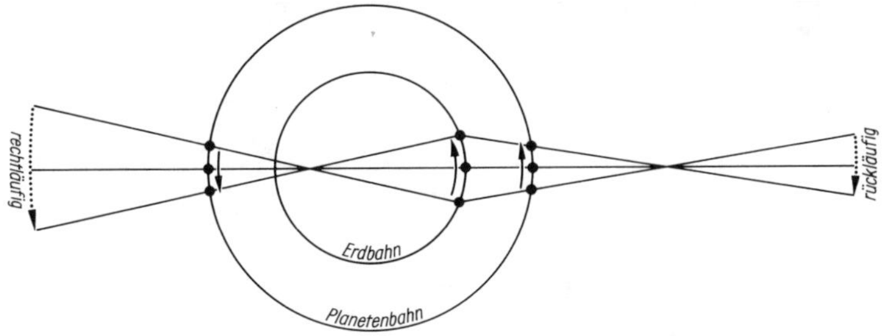

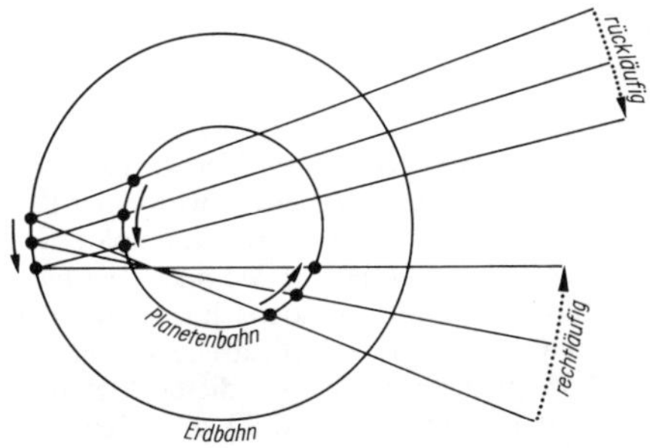

Abb. 4: Scheinbare Bewegungen eines äußeren Planeten

Die bei den räumlichen Bewegungen der Gestirne erlangten Geschwindigkeiten können nicht unmittelbar bestimmt werden, man kann nur jeweils die *Radialgeschwindigkeit*, d.h. die Bewegungskomponente in der Sichtlinie Beobachter–Objekt, und die *Eigenbewegung*, die Komponente senkrecht zur Sichtlinie, getrennt messen (Abb. 5). Diese Komponentenaufteilung ist nicht allein geometrisch, sondern vor allem durch die Meßmethoden bestimmt (→ Radialgeschwindigkeit, → Eigenbewegung). Aus Radialgeschwindigkeit und Eigenbewegung ergibt sich, wenn die Entfernung des Körpers bekannt ist, die Bewegung im Raum nach Richtung und Geschwindigkeit.

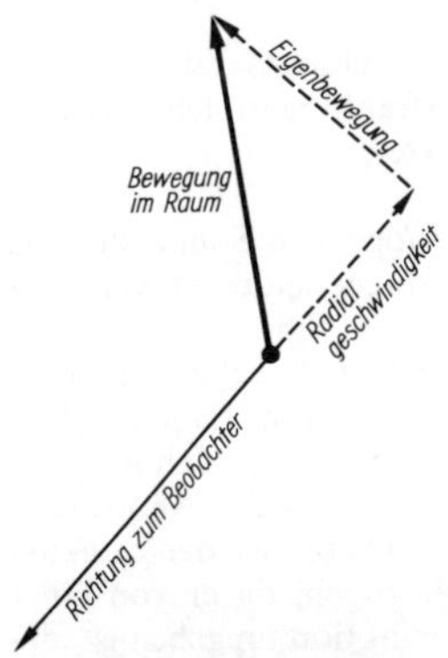

Abb. 5: Zur Komponentenzerlegung der räumlichen Bewegung eines Gestirns in Radialgeschwindigkeit und Eigenbewegung (Tangentialgeschwindigkeit)

Die Bewegung eines Sterns relativ zu einer Gruppe von Bezugssternen bezeichnet man als ***Pekuliarbewegung*** bezüglich dieser Sterne. Infolge der Pekuliarbewegung der Sonne relativ zu den Sternen ihrer Umgebung, an der mit dem gesamten Planetensystem auch die Erde teilnimmt, scheinen die Sterne, aus dem Apex kommend, an der Sonne in Richtung Antapex vorbeizuströmen (Abb. 6). Aus der Strömungsrichtung und -geschwindigkeit läßt sich die Pekuliarbewegung der Sonne und deren Zielpunkt berechnen (→ Milchstraßensystem). Die Bewegung der Sonne und der übrigen Sterne des Milchstraßensystems erfolgt in mehr oder minder langgestreckten, angenähert elliptischen Bahnen um das Zentrum des Systems.

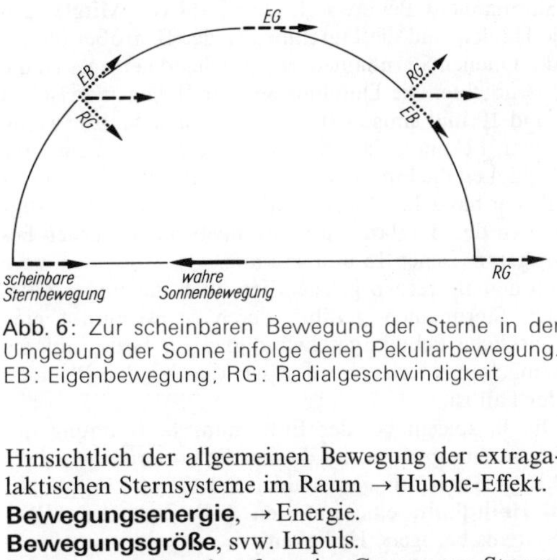

Abb. 6: Zur scheinbaren Bewegung der Sterne in der Umgebung der Sonne infolge deren Pekuliarbewegung. EB: Eigenbewegung; RG: Radialgeschwindigkeit

Hinsichtlich der allgemeinen Bewegung der extragalaktischen Sternsysteme im Raum → Hubble-Effekt.

Bewegungsenergie, → Energie.

Bewegungsgröße, svw. Impuls.

Bewegungssternhaufen, eine Gruppe von Sternen mit einer nach Größe und Richtung gleichen Bewegung im Raum, ohne daß die Gruppe auch an der Himmelskugel als Sternansammlung in Erscheinung treten müßte. Die Mitglieder eines B.s können über den ganzen Himmel verteilt erscheinen, was z.B. für den Ursa-Maior-Haufen gilt: Die Sonne und andere Sterne befinden sich mitten im Haufen, ohne ihm anzugehören. Der Zielpunkt am Himmel, den die Sterne eines B.s zustreben, wird als Vertex bezeichnet. Die Vertizes aller B. liegen in niedrigen galaktischen Breiten, da sich die Haufen nahe der Symmetrieebene des Milchstraßensystems befinden und sich nahezu in der

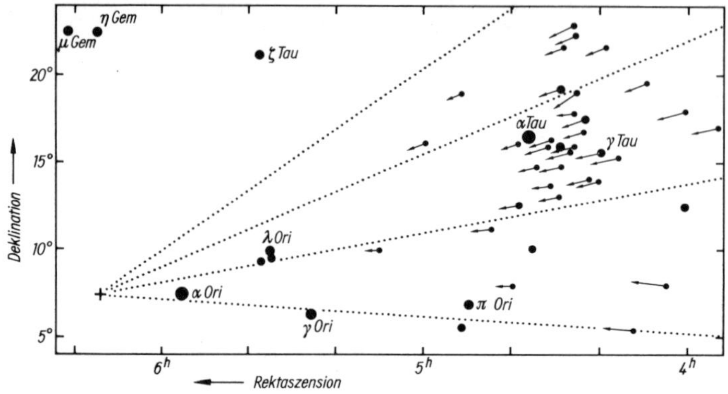

Sternkarte mit einigen Mitgliedern der Hyadengruppe sowie einigen hellen Feldsternen. Die bei den Mitgliedsternen angebrachten Pfeile markieren den Weg, den die Sterne innerhalb von 50 000 Jahren am Himmel zurücklegen werden. +: Vertex der Hyadengruppe

Milchstraßenebene bewegen. Bis jetzt sind vier B. bekannt, deren Mitgliederzahl zwischen etwa 100 (beim Ursa-Maior-Haufen) und rund 350 (bei der Hyadengruppe) schwankt. Gelegentlich wird noch die Existenz eines fünften B.s, des Scorpius-Centaurus-Haufens, mit 200 bis 300 Mitgliedsternen, angenommen, doch handelt es sich bei diesen Sternen möglicherweise um Feldsterne.

Zwischen den B. und den Offenen Sternhaufen besteht hinsichtlich ihrer kosmogonischen Stellung im Milchstraßensystem kein wesentlicher Unterschied, nur ist die Auflösung der B. weiter fortgeschritten (→ Offener Sternhaufen). Bei etwa gleicher Zahl von Mitgliedern je Haufen sind die Durchmesser der B. größer als die der Offenen Sternhaufen, entsprechend geringer ist die Sterndichte. Die Durchmesser der B. liegen zwischen rund 10 und einigen 100 pc, doch sind sie nur wenig genau bekannt, da bei Sternen geringer scheinbarer Helligkeit die Entscheidung, ob es sich um Haufenmitglieder handelt, schwer zu fällen ist. Die Geschwindigkeiten der B. relativ zu den umgebenden Sternen betragen zwischen 15 und 45 km/s.

Zu den B. werden gelegentlich auch diejenigen Offenen Sternhaufen gezählt, deren Schwerpunkt eine merkliche Pekuliargeschwindigkeit in bezug auf die Umgebungssterne aufweist, wie dies bei den Plejaden der Fall ist.

Die B. spielen bei der Entfernungsbestimmung der Sterne eine große Rolle, da sich die Entfernungen ihrer Mitglieder relativ genau ableiten lassen (→ Parallaxe).

B-Helligkeit, eine auf den B-Bereich des UBV-Systems bezogene Helligkeit.

Bianca *f*, ein Zwergsatellit des Uranus. Die B. umläuft in einer Kreisbahn mit einem Radius von 59 160 km den Uranus in 10,4 Stunden; die Bahnebene liegt in dessen Äquatorebene. Der Durchmesser der B. beträgt nur etwa 50 km.

Hinsichtlich der Einordnung der B. in das System der Uranussatelliten → Uranus.

Die B. wurde 1986 mittels der Raumsonde Voyager 2 entdeckt.

Bielascher Komet, der 1826 durch W. Biela (1782–1856) entdeckte kurzperiodische Komet mit einer Umlaufzeit um die Sonne von 6,62 Jahren. Der Komet teilte sich im Januar 1846 in zwei Teile, deren Abstand bei der nächsten Wiederkehr im Herbst 1852 auf 2,5 Mill. km angewachsen war. Seither wurde der Komet nicht wieder gesehen. Statt dessen trat später ein starker Meteorstrom auf (die *Bieliden* oder *Andromediden*), der durch einen Meteoroidenschwarm mit den gleichen Bahnelementen wie der Bielasche Komet verursacht wurde. Wahrscheinlich ist dieser Meteoroidenschwarm das Auflösungsprodukt aller Teile des ehemaligen Kometenkerns.

Biermann, Ludwig, dtsch. Astrophysiker, geb. 13.3.1907 in Hamm, gest. 12.1.1986 in München; arbeitete an den Universitäten Göttingen, Jena, Berlin, Hamburg, ab 1947 am Max-Planck-Institut für Physik in Göttingen, ab 1958 war er Direktor des Instituts für Astrophysik am Max-Planck-Institut für Physik und Astrophysik in München. B. beschäftigte sich mit Problemen des inneren Aufbaus der Sterne und der Sternatmosphären sowie der Plasmaphysik; auf Grund der Beobachtungen an Plasmaschweifen von Kometen postulierte er die Existenz des Sonnenwindes, bevor dieser durch Beobachtungen nachgewiesen werden konnte.

Bildfeldwölbung, → Fernrohr.

Bildhauer, ***Bildhauerwerkstatt***, das Sternbild → Sculptor.

Bildverstärker, elektronenoptisches Gerät, bei dem eine Verstärkung des Helligkeitskontrastes erfolgt; → Photometer.

Bildwandler, elektronenoptisches Gerät, mit dem unsichtbare (z.B. infrarote) Strahlung in sichtbare umgewandelt wird; → Photometer.

Billitonit *m*, → Tektit.

bipolare Gruppe, eine Gruppe von Sonnenflecken, deren zwei Hauptflecken Magnetfelder entgegengesetzter Polarität haben.

bipolarer Nebel, eine zweigeteilte, im allg. symmetrische Gas-Staub-Ansammlung, deren Längsausdehnung wesentlich größer als die Querausdehnung ist, und die im Licht eines im Zentrum der Anordnung befindlichen Sterns leuchtet. Dieser ist der direkten Beobachtung weitgehend entzogen, da er von einer Akkretionsscheibe hoher Extinktion umgeben ist, deren Symmetrieebene mit der Blickrichtung nahe zusammenfällt. Senkrecht zur Symmetrieebene ist die Extinktion wesentlich geringer, so daß die Sternstrah-

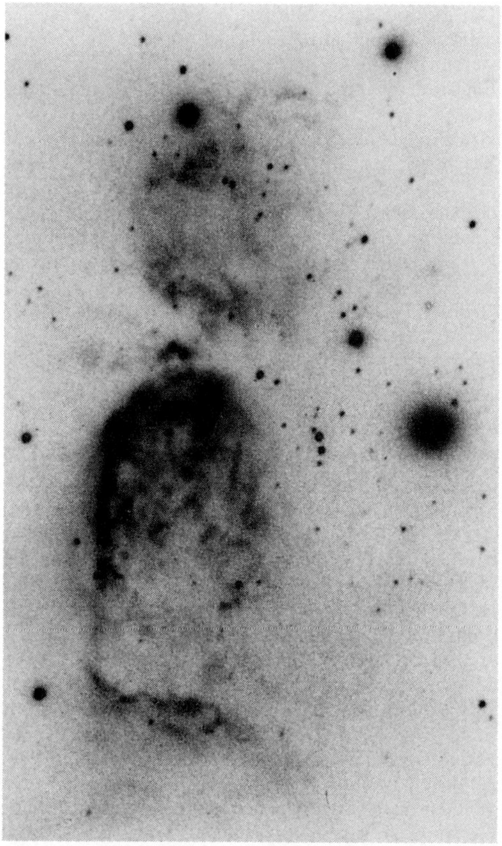

Bipolarer Nebel S 106 (Infrarotnegativaufnahme). Der zentrale Stern zwischen den beiden leuchtenden Wolken ist nur im infraroten Spektralbereich zu erkennen, im sichtbaren Spektralbereich wird das Licht durch eine scheibenförmige Ansammlung staubförmiger Materie, die sich etwa in Bildmitte quer zur Nebelachse hinzieht, verdeckt. (Aufgenommen mit dem 3,5-m-Teleskop des Max-Planck-Instituts für Astronomie (Heidelberg) auf dem Calar Alto, Spanien)

lung die Materie im Nebel zum Leuchten anregen kann; z.T. wird die Sternstrahlung auch an den im Nebel vorhandenen Staubteilchen gestreut. Im Radiofrequenzbereich treten die bipolaren Nebel im allg. durch eine von Molekülen, vor allem vom Kohlenmonoxid, stammende Linienstrahlung in Erscheinung.

Die bipolaren Nebel werden wahrscheinlich von sehr jungen, sich noch im Vor-Hauptreihenzustand befindlichen Sternen verursacht, von denen ein starker Sternwind ausgeht. Er kann sich im wesentlichen nur senkrecht zur Symmetrieebene der Akkretionsscheibe ausbreiten, die wie eine Düse wirkt, die den Sternwind in zwei, sich in entgegengesetzter Richtung bewegende Materieströme umformt. Außerdem wird auch Scheibenmaterie durch einen magneto-hydrodynamischen, in seinen Einzelheiten aber noch nicht voll geklärten Prozeß aus den innersten Bezirken der Akkretionsscheibe längs deren Symmetrieachse nach außen gelenkt und beschleunigt. Beim Auftreffen der Strommaterie auf die umgebende interstellare Materie wird sie abgebremst und ihre Bewegungsenergie in thermische Energie übergeführt und ausgestrahlt. Dichteinhomogenitäten in der interstellaren Materie, die für das strömende Gas ein besonderes Hindernis darstellen, treten dabei als kompakte Emissionsgebiete, die vielfach als Herbig-Haro-Objekte klassifiziert werden, in Erscheinung.

Die Ursachen des besonders starken Sternwindes, der von den Sternen im Zentrum der bipolaren Nebel ausgeht, und die Beschleunigungsmechanismen für die Hochgeschwindigkeitsgasströme sind noch nicht befriedigend erklärbar.

Black Hole [engl.], svw. Schwarzes Loch.

Blashko-Effekt [nach dem russ. Astronomen S.N. Blashko, 1870–1956], die bei einigen RR-Lyrae-Sternen beobachtete vielfach regelmäßige Änderung der Periode des Lichtwechsels sowie der Form der Lichtkurve.

Blaue Nachzüglersterne, Sterne, deren Bildpunkte auf der Hauptreihe des Hertzsprung-Russell-Diagramms einiger Offener Sternhaufen und Kugelsternhaufen jenseits des Abknickpunktes in Richtung zu höheren Leuchtkräften liegen; → Sternentwicklung.

Blauverschiebung, svw. Violettverschiebung.

Blazar [engl. Kunstwort], Mitglied einer gelegentlich postulierten Objektgruppe aus BL-Lacertae-Objekten und Quasaren mit schnellen Helligkeitsvariationen; → Sternsystem.

Blaze-Gitter, → Spektralapparat.

Blinkkomparator, → Komparator.

BL-Lacertae-Objekte, extragalaktische Sternsysteme mit einer hohen Kernaktivität, die sternähnlich erscheinen und starke, schnelle Helligkeitsänderungen aufweisen, und deren Spektrum aus einem stark polarisierten Kontinuum besteht, dem, wenn überhaupt, nur äußerst schwache Emissionslinien überlagert sind. Der Prototyp dieser Objekte, BL Lacertae, wurde zunächst als ein veränderlicher Stern angesehen (deshalb die Bezeichnung), bis man auf Grund der Rotverschiebung seiner Spektrallinien erkannte, daß es sich um ein extragalaktisches Objekt handelt.

BN-Objekte [nach E.E. *B*ecklin und G. *N*eugebauer], kompakte, punktförmig erscheinende Infrarotquellen hoher Strahlungsleistung mit jeweils einem extrem jungen massereichen Stern im Zentrum, dessen Strahlungsenergie in einer umgebenden dichten Staubhülle absorbiert und in Wärmestrahlung mit dem Strahlungsmaximum im infraroten Spektralbereich umgesetzt wird. Der Stern selbst ist wegen der hohen Extinktion in der Staubhülle nicht direkt wahrnehmbar. Der Prototyp der BN-O. ist das sog. Becklin-Neugebauer-Objekt im interstellaren Orion-Komplex.

Bode-Titiussche-Reihe, svw. Titius-Bodesche Reihe.

Bogenmaß, → Winkel.

Bok, Bart Jan, niederl.-nordamerik. Astronom, geb. 28.4.1906 in Hoorn (Niederl.), gest. 5.8.1983 in Tucson (USA); war 1929–1957 am Harvard-College-Observatorium, 1957–1965 Direktor des Mount-Stromlo-

Observatoriums (Australien), ab 1965 Direktor des Steward-Observatoriums, Tucson (USA). B. arbeitete über die Struktur des Milchstraßensystems, speziell auch über Dunkelwolken, beschäftigte sich mit Problemen der Sternentstehung sowie Fragen der radioastronomischen Beobachtungen des interstellaren Gases.

Bolid *m*, svw. Feuerkugel.

Bolometer *n*, in thermoelektrischen Photometern benutzter Strahlungsempfänger, der für Strahlung aus einem sehr breiten Wellenlängenbereich empfindlich ist; → Photometer.

bolometrisch, das gesamte elektromagnetische Spektrum umfassend.

bolometrische Korrektur, die Differenz zwischen visueller und bolometrischer Helligkeit.

Boltzmann-Konstante [benannt nach dem dtsch. Physiker L. Boltzmann, 1844–1906], universelle Naturkonstante, die bei der Umrechnung von absoluten Temperaturen in Energien auftritt, Formelzeichen k, $k = 1{,}380 \cdot 10^{-23}$ J K^{-1}.

Bonner Durchmusterung, Abk. BD, ein Sternkatalog. BD in Verbindung mit einer Zahlenangabe bezeichnet einen Stern, z.B. BD −16° 1591 denjenigen, der in der B. D. innerhalb der Zone von −16° bis −17° Deklination als 1591. Stern angegeben ist (es handelt sich um Sirius).

Boo, Abk. für Bootes.

Bootes [griech.], *Gen.* Bootis, abg. ***Boo***, ***Ochsentreiber***, ***Bärenhüter***, Sternbild des nördlichen Himmels, das im Frühjahr am Abendhimmel sichtbar ist. Es hat seinen Namen wegen seiner Nachbarschaft zum Großen Himmelswagen im Sternbild Ursa Maior: B. „treibt" bei der scheinbaren täglichen Drehung des Sternhimmels die Zugochsen des Himmelswagens vor sich her.

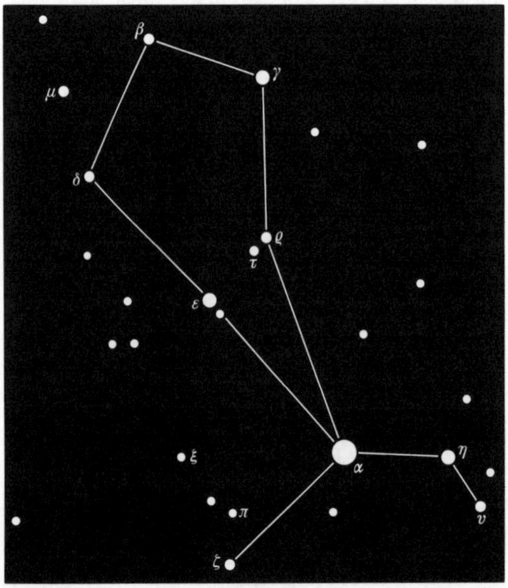

Die hellsten Sterne des Sternbildes Bootes (Ochsentreiber)

Der Hauptstern, α Bootis, → Arctur, gehört zu den hellsten Sternen am Himmel. B. ist reich an Doppelsternen; z.B. haben die Sterne ι und μ Bootis schwache Begleiter, die mit einem Feldstecher leicht aufzufinden sind.

Bradley, James, engl. Astronom, geb. März 1692 in Sherborne, gest. 13.7.1762 in Chalford; ab 1721 Prof. in Oxford, ab 1742 als Nachfolger Halleys Direktor der Sternwarte Greenwich. B. bestimmte Fixsternpositionen mit der höchsten bis dahin erzielten Genauigkeit. Er wurde berühmt durch die Entdeckung der Aberration des Lichts (1728) und der Nutation (1747).

Brahe, Tycho, dän. Astronom, geb. 14.12.1546 in Knudstrup auf Schonen, gest. 24.10.1601 in Benátky bei Prag. B. studierte Jura anfangs in Kopenhagen, ab 1562 in Leipzig, von 1566–1570 in Wittenberg, Rostock und Basel und begann schon während seiner Studienzeit mit astronomischen Beobachtungen. Im November 1572 beobachtete er einen „neuen" Stern im Sternbild Cassiopeia und wies in einer Schrift, die ihn berühmt machte, nach, daß es sich um einen Fixstern handeln müsse. Dieser „Tychonische Stern" ist eine der bisher direkt beobachteten Supernovae des Milchstraßensystems. Der dänische König Friedrich II. überließ ihm 1576 für seine Studien die Insel Hven (Ven), auf der er im gleichen Jahr mit dem Bau der ersten seiner Sternwarten, der „Uranienburg", begann, 1584 baute er daneben die „Sternenburg". Er benutzte Instrumente, vor allem große Mauerquadranten, die in Ausführung und Aufstellung als die besten vor der Erfindung des Fernrohrs gelten. Die mit ihnen durchgeführten Positionsbeobachtungen machten ihn zum größten beobachtenden Astronomen seiner Zeit. Die Genauigkeit seiner Planetenbeobachtungen ermöglichte es später J. Kepler (1571–1630), die wahren Bewegungen der Planeten abzuleiten. Nach dem Tode des Königs verließ B. 1597 Dänemark und wurde zwei Jahre später durch Kaiser Rudolf II. (1552–1612) zum kaiserlichen Mathematiker und Astronomen nach Prag berufen. Hierhin holte er J. Kepler als Gehilfen, der nach dem Tode B.s dessen Nachfolger wurde. Trotz der Verehrung für N. Copernicus (1473–1543) stand B. dessen Lehre ablehnend gegenüber, weil er sie mit den Beobachtungen nicht in Einklang bringen konnte, vor allem fand er keine parallaktischen Bewegungen der Sterne, außerdem stieß er sich an der teilweisen Beibehaltung der Epizykeln. Er entwickelte eine eigene Planetentheorie, nach der sich die Planeten zwar um die Sonne bewegen, die Sonne aber die ruhende Erde umkreist. Er lehnte die bis dahin allgemein vertretene Meinung ab, daß die Himmelskörper an kristallene Sphären geheftet seien, die sich wie ein mechanisches System bewegen.

Brauner Zwerg, ein Objekte mit einer Masse kleiner als die zur Zündung des Wasserstoffbrennens erforderliche Grenzmasse, aber wesentlich größerer Masse als die der Planeten. Im Hertzsprung-Russell-Diagramm sind die Bildpunkte B. Z.e unterhalb von etwa 10^{-4} bis 10^{-5} Sonnenleuchtkräften und bei kleineren Temperaturen als etwa 2500 K in der Verlängerung der Hauptreihe zu geringen Leuchtkräften und kleinen Effektivtemperaturen hin zu erwarten. Das Strahlungsmaximum B. Z.e würde im Infrarotbereich liegen und ihre Farbe einem dunklen Orange, d.h. Braun, entsprechen. Wegen der geringen Leuchtkräfte ist die Entdeckungswahrscheinlichkeit außerordentlich gering; bisher konnte noch kein B. Z. eindeutig nachgewiesen werden, obwohl die Existenz theoretisch sehr wahrscheinlich ist.

Bei der Entstehung eines Objekts mit einer Masse geringer als etwa 0,08 Sonnenmassen, der unteren Grenzmasse für das Einsetzen des Wasserstoffbrennens, führt die Kontraktion des ursprünglichen interstellaren Gases zu so hohen Dichten, daß das Elektronengas entartet und die Temperaturerhöhung gestoppt wird, bevor die Zündtemperatur des Wasserstoffbrennens erreicht ist (→Sternentstehung). Bei der ausgestrahlten Energie der B. Z.e handelt es sich (bis auf die bei der Umwandlung von Deuterium freiwerdende Energie) um umgesetzte Gravitationsenergie.

Statt B. Z. wird gelegentlich auch der Ausdruck ***Schwarzer Zwerg*** benutzt.

Breccie, svw. Brekzie.

Brechung, ***Refraktion***, die Richtungsänderung des Lichts (oder allgemein einer elektromagnetischen Strahlung), die es beim Übertritt von einem Medium in ein anderes (z.B. von Luft in Glas) erfährt. Die B. ist eine Folge der unterschiedlichen Geschwindigkeit des Lichts in den Stoffen. Die Lichtgeschwindigkeit c_S in Materie ist kleiner als die Lichtgeschwindigkeit c im Vakuum und von Stoff zu Stoff verschieden. Das Verhältnis $n = c/c_s$ wird ***Brechzahl*** genannt und ist für einen bestimmten Stoff eine charakteristische Konstante. Die Größe der Richtungsänderung wird durch das ***Brechungsgesetz*** gegeben: Die Sinus der Winkel α und β, die ein Lichtstrahl vor und nach der B. mit dem Einfallslot (dem im Auftreffpunkt errichteten Lot auf der Grenzfläche der zwei Medien) einschließt, verhalten sich wie die Lichtgeschwindigkeiten c_1 und c_2 in den beiden Stoffen: $\sin\alpha/\sin\beta = c_1/c_2$. Licht unterschiedlicher Wellenlänge hat in unterschiedlichen optischen Medien unterschiedliche Geschwindigkeiten und wird daher beim Übertritt von einem Medium ins andere verschieden stark gebrochen, was als Dispersion bezeichnet wird. Diese Erscheinung ermöglicht die Trennung von Licht unterschiedlicher Wellenlänge zur Erzeugung eines Spektrums, z.B. durch ein Prisma. Die B. wird u.a. zur Lichtsammlung und Erzeugung einer Abbildung bei Sammellinsen ausgenutzt. Mit Linsen versehene Fernrohre werden daher Refraktoren genannt. Wegen der unterschiedlich starken B. von Licht unterschiedlicher Wellenlänge ist die Brennweite von Linsen wellenlängenabhängig, worauf die chromatische Aberration, ein Abbildungsfehler von Sammellinsen, zurückzuführen ist (→Fernrohr).

Breite, in der Astronomie eine Koordinate im ekliptikalen und im galaktischen Koordinatensystem. Die ***ekliptikale B.*** ist der senkrechte Winkelabstand eines Gestirns von der Ekliptik, die ***galaktische B.*** der senkrechte Winkelabstand vom galaktischen Äquator (Abb. →Koordinaten). Die ***geographische B.*** ist gleich dem Winkel zwischen der Richtung der Schwerkraft am Beobachtungsort und der Äquatorebene der Erde; →geographische Ortsbestimmung.

Die B. wird in der Astronomie jeweils von 0° bis 90° gezählt, und zwar positiv in Richtung auf den jeweiligen Nordpol, negativ in Richtung auf den jeweiligen Südpol.

Breiteneffekt, svw. Poleffekt.

Breitenkreis, ***Parallelkreis***, in der Astronomie jeder Kreis an der Himmelskugel parallel zur Ekliptik oder zum galaktischen Äquator; in der Erdvermessung jeder Kreis parallel zum Erdäquator.

Brekzie, *Breccie*, aus ehemaligen Gesteinstrümmer bestehendes Gestein, dessen Bestandteile durch ein natürliches Bindemittel verkittet sind.

Brennebene, →Fernrohr.

Brennpunkt, ***1) Fokus***, →Fernrohr; ***2)*** ein ausgezeichneter Punkt bei →Kegelschnitten.

Brennweite, →Fernrohr.

B-Stern, Stern der →Spektralklasse B.

Burst [engl., ‚Ausbruch'], kurzzeitige, plötzliche Intensitätserhöhung der Strahlung eines Himmelskörpers, z.B. der Radiofrequenzstrahlung der Sonne (Radioburst) oder der Röntgenstrahlung einer Röntgenquelle (Röntgenburst).

BY-Draconis-Sterne, Hauptreihensterne der Spektralklasse K oder M mit periodischen Helligkeitsschwankungen veränderlicher Amplitude. Die Perioden der BY-D.-S. betragen im allg. einige Stunden bis einige Tage, in Extremfällen liegen sie über 100 Tagen, die Amplituden betragen bis zu 0,3 mag. Bei vielen BY-D.-S.n treten in unregelmäßigen Abständen Helligkeitsausbrüche auf, so daß eine gewisse Verwandtschaft zu den UV-Ceti-Sternen existiert. Charakteristisches Merkmal der BY-D.-S. ist das Auftreten von Emissionslinien im Spektrum.

Als Ursache der regelmäßigen Helligkeitsschwankungen wird eine Rotation und eine ungleichförmige Helligkeitsverteilung auf der Oberfläche der Sterne angesehen. Die beobachteten Variationen der Lichtkurven lassen sich als Folge von Veränderungen der Größe und der Lage dunkler oder heller Sternflecken (etwa in Analogie zu Erscheinungen der Sonnenaktivität) erklären.

Einige der BY-D.-S. gehören zu den spektroskopischen Doppelsternen, doch besteht in der Regel kein Zusammenhang zwischen der Bahnumlaufperiode und der Periode des Lichtwechsels.

Bisher sind etwa 10 BY-D.-S. bekannt.

C

Cae, Abk. für Caelum.

Caelum [lat.], *Gen.* Caeli, abg. ***Cae***, ***Grabstichel***, unscheinbares Sternbild des südlichen Himmels.

Calciumparallaxe, →Parallaxe.

Caldera [span., ‚Kessel'] *f*, vulkanischer Einbruchkessel.

Calypso *f*, ein Saturnsatellit. Die C. bewegt sich in einer Kreisbahn mit einem Radius von 294660 km in 45,3 Stunden um den Saturn; die Bahnebene ist etwa 1° gegen dessen Äquatorebene geneigt. Die C. befindet sich im Librationspunkt L_5 von Saturn und Tethys, läuft dieser also in gleicher Bahn hinterher. Die C. ist ein Zwergsatellit mit unregelmäßiger Gestalt, dessen kleinster Durchmesser etwa 16 km und dessen größter etwa 30 km mißt.
Hinsichtlich der Einordnung der C. in das System der Saturnsatelliten → Saturn.
Die C. wurde 1980 mittels der Raumsonde Voyager 1 entdeckt.
Cam, Abk. für Camelopardalis.
Camelopardalis, *Gen.* Camelopardalis, abg. ***Cam***, ***Giraffe***, ausgedehntes Sternbild des nördlichen Himmels, das nahe dem nördlichen Himmelspol liegt und in unseren Breiten stets über dem Horizont bleibt. Man findet auch die Bezeichnung ***Camelopardus***, *Gen.* Camelopardi.
Cancer [lat.], *Gen.* Cancri, abg. ***Cnc***, ***Krebs***, Zeichen ♋, zum Tierkreis gehörendes Sternbild des nördlichen Himmels, das im Winter am Abendhimmel sichtbar ist. Die Sonne durchläuft bei ihrer scheinbaren jährlichen Bewegung dieses Sternbild Ende Juli und Anfang August. Im C. liegt der mit bloßem Auge sichtbare Offene Sternhaufen Praesepe (Krippe), etwa 8° südwestlich davon befindet sich der Offene Sternhaufen M 67.
Canes Venatici [lat.], *Gen.* Canum Venaticorum, abg. ***CVn***, ***Jagdhunde***, Sternbild des nördlichen Himmels, dessen nördlicher Teil für unsere Breiten immer über dem Horizont bleibt. In ihm liegen viele extragalaktische Sternsysteme, von denen das schöne Spiralsystem M 51 als schwacher, ausgedehnter Nebelfleck mit einem lichtstarken Feldstecher wahrgenommen werden kann. Leicht zu beobachten ist der Kugelsternhaufen M 3 an der Grenze zu den Sternbildern Bootes und Coma Berenices (Haar der Berenike).

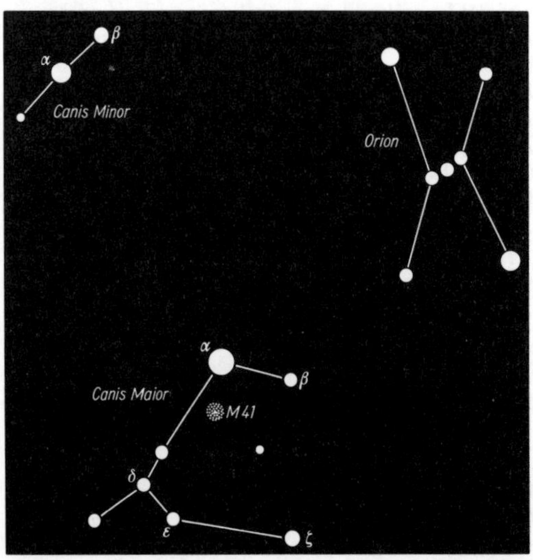

Lage der hellsten Sterne der Sternbider Canis Maior (Großer Hund) und Canis Minor (Kleiner Hund) zueinander und zu denen des Sternbildes Orion

Canis Maior [lat.], *Gen.* Canis Maioris, abg. ***CMa***, ***Großer Hund***, südlich des Himmelsäquators liegendes Sternbild, dessen nördlicher Teil von der Milchstraße durchzogen wird und das im Winter am Abendhimmel sichtbar ist. Der Hauptstern (α) des Sternbildes, der → Sirius, ist der hellste Stern des Himmels. Etwa 4° südlich des Sirius findet man den Offenen Sternhaufen M 41.
Canis Minor [lat.], *Gen.* Canis Minoris, abg. ***CMi***, ***Kleiner Hund***, Sternbild der Äquatorzone, das im Winter am Abendhimmel sichtbar ist. Der Hauptstern (α) des Sternbildes, der → Procyon, gehört zu den hellsten Sternen des Himmels.
Canopus [griech.], ***Kanopus*** *m*, der hellste Stern (α) im Sternbild Carina (Kiel des Schiffes), der mit einer scheinbaren visuellen Helligkeit von $-0{,}^{m}7$ der zweithellste Stern des Himmels (nach Sirius) ist. Der C. ist ein Stern der Spektralklasse F0 und der Leuchtkraftklasse II, also ein heller Riese, dessen Durchmesser etwa das 82fache des Sonnendurchmessers erreicht. Seine Entfernung von der Sonne beträgt etwa 40 pc oder 130 Lichtjahre. Der C. ist von unseren Breiten aus nicht sichtbar.
Cap, Abk. für Capricornus.
Capella [lat., ‚Ziege‘], ***Kapella*** *f*, der hellste Stern (α) im Sternbild Auriga (Fuhrmann). Mit einer scheinbaren visuellen Helligkeit von $0{,}^{m}08$ gehört die C. zu den hellsten Sternen am Himmel. Sie ist ein spektroskopischer Doppelstern, dessen Komponenten zur Spektralklasse G8 bzw. G1 und zur Leuchtkraftklasse III gehören, und die mit Hilfe interferometrischer Methoden auch getrennt sichtbar gemacht werden können. Die beiden Riesensterne umlaufen den gemeinsamen Schwerpunkt in 104 Tagen nahezu auf Kreisbahnen. Die Entfernung der C. von der Sonne beträgt 13,3 pc oder 43,4 Lichtjahre.
Capricornus [lat.], *Gen.* Capricorni, abg. ***Cap***, ***Steinbock***, Zeichen ♑, zum Tierkreis gehörendes Sternbild des südlichen Himmels, das im Herbst am Abendhimmel sichtbar ist. Die Sonne durchläuft dieses Sternbild bei ihrer scheinbaren jährlichen Bewegung von etwa Mitte Januar bis Mitte Februar.
Car, Abk. für Carina.
Carina [lat.], *Gen.* Carinae, abg. ***Car***, ***Kiel des Schiffes***, Sternbild des südlichen Himmels, das zum Teil von der Milchstraße durchzogen wird; es ist von unseren Breiten aus nicht sichtbar. Der Hauptstern (α), der → Canopus, ist der zweithellste Stern am Himmel.
Carme *f*, ein Jupitersatellit. Die C. bewegt sich in einer elliptischen Bahn mit einer großen Halbachse von $22{,}6 \cdot 10^6$ km und einer Exzentrizität von 0,21 in 692 Tagen rückläufig um den Jupiter. Die Bahn ist mit 163° stark gegen dessen Bahnebene um die Sonne geneigt. Die C. ist ein Zwergsatellit, dessen Durchmesser nur rund 40 km beträgt. Wahrscheinlich ist die C. kein regulärer Satellit, sondern ein ehemaliger Planetoid, der vom Jupiter eingefangen wurde.
Hinsichtlich der Einordnung der C. in das System der Jupitersatelliten → Jupiter.

Die C. wurde 1938 von S.B. Nicholson (1891–1963) entdeckt.

Cas, Abk. für Cassiopeia.

Cassegrain-Fokus, Cassegrain-Spiegel, Cassegrain-System, → Spiegelteleskop.

Cassini, Giovanni Domenico, franz. Astronom, geb. 8.6.1625 in Parinaldo bei Nizza, gest. 14.9.1712 in Paris; 1650 Prof. in Bologna; ab 1669 Direktor der Sternwarte Paris, deren Direktoren nach ihm sein Sohn Jaques C. (1677–1756), sein Enkel César François C. (1714–1784) und sein Urenkel Jaques Dominique C. (1748–1845) wurden. Giovanni C. entdeckte u.a. die Rotation des Jupiters, die nach ihm benannte Teilung im Saturnringsystem und vier Saturnsatelliten.

Cassinische-Teilung [nach G.D. Cassini, 1625–1712], eine Lücke zwischen dem A- und dem B-Ring des → Saturns.

Cassiopeia [Gestalt der griech. Mythologie] *f, Gen.* Cassiopeiae, abg. ***Cas***, ***Kassiopeia***, leicht aufzufindendes Sternbild des nördlichen Himmels, durch das sich die Milchstraße zieht, und das von unseren Breiten aus gesehen stets über dem Horizont bleibt. Seine fünf hellsten Sterne bilden ein W, weshalb die C. auch das ***Himmels-W*** genannt wird. Der hellste Stern (α) heißt → Schedir. In der C. liegen viele Sternhaufen, z.B. der Offene Sternhaufen M 103, der schon mit einem Feldstecher nahe beim Stern δ in Richtung auf den Stern ε gesehen werden kann.

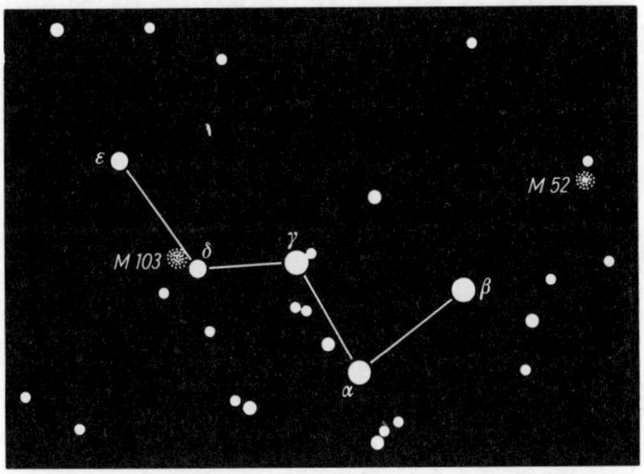

Die hellsten Sterne des Sternbildes Cassiopeia

Castor [in der griech. Mythologie der Zwillingsbruder des Pollux] *m*, der zweithellste Stern (α) im Sternbild Gemini (Zwillinge) mit einer scheinbaren visuellen Helligkeit von $1^{\mathrm{m}}{,}5$. Der C. ist ein Mehrfachstern, der bei Feldstecherbeobachtungen als visueller Doppelstern mit einem Komponentenabstand von etwa 3″ erscheint. Diese Komponenten, deren scheinbare visuelle Helligkeiten $2^{\mathrm{m}}{,}0$ bzw. $2^{\mathrm{m}}{,}8$ betragen, sind jeweils spektroskopische Doppelsterne, die in 467 Jahren den gemeinsamen Schwerpunkt umlaufen, während die Umlaufzeiten der spektroskopischen Paare sich auf 9,21 bzw. 2,93 Tage belaufen. Hinzu kommt in einem Abstand von etwa 70″ ein weiterer spektroskopischer Doppelstern mit einer Umlaufzeit von 0,81 Tagen, der den Schwerpunkt des Gesamtsystems in 1150 Jahren umläuft. Der C. hat eine Entfernung von der Sonne von etwa 13,7 pc oder 45 Lichtjahren.

Catalogue of Bright Stars [engl., ‚Katalog heller Sterne'], ein vom Observatorium der Yale-Universität (USA) herausgegebener Sternkatalog.

Catena [lat., ‚Kette'] *f, Plur.* Catenae, Bezeichnung für eine Kraterkette als eine Struktureinheit auf Körpern des Planetensystems.

Cavus [lat., ‚Höhlung, Loch'] *m, Plur.* Cavi, Bezeichnung für eine steilwandig begrenzte Depression als eine Struktureinheit auf Körpern des Planetensystems.

CCD, Abk. für charge-coupled device; → Photometer.

cD-Galaxie, eine elliptische Riesengalaxie, die die zentrale, dominierende Stellung in einem reichen Galaxienhaufen einnimmt; → Sternsystem.

Celaeno *f*, Stern in den → Plejaden. Die scheinbare visuelle Helligkeit beträgt $5^{\mathrm{m}}{,}5$, der Spektraltyp ist B7, die Leuchtkraftklasse IV; die C. ist also ein heißer Unterriese.

Cen, Abk. für Centaurus.

Centaurus [Gestalt der griech. Mythologie] *m, Gen.* Centauri, abg. ***Cen***, ***Zentaur***, ***Kentaur***, Sternbild des südlichen Himmels, von dem von unseren Breiten aus gesehen nur die nördlichsten Teile etwas über den Horizont erscheinen. Im südlichen Teil des Sternbildes, durch das sich die Milchstraße zieht, liegt der uns nächste Fixstern, → Proxima Centauri, dicht bei dem sehr hellen Stern α Centauri.

Cep, Abk. für Cepheus.

Cepheiden, ***1)*** zusammenfassende Bezeichnung der Veränderlichen vom Typ Delta Cephei und vom Typ W Virginis; ***2)*** ein Meteorstrom.

Cepheiden-Streifen, → Delta-Cephei-Sterne.

Cepheus [Gestalt der griech. Mythologie] *m, Gen.* Cephei, abg. ***Cep***, ***Kepheus***, Sternbild des nördlichen Himmels, das mit seinen südlichen Teilen in die Milchstraße hineinreicht, und das von unseren Breiten aus gesehen stets über dem Horizont bleibt. Der hellste Stern (α) des Sternbildes heißt → Alderamin. Der Stern δ Cephei ist veränderlich und der Prototyp einer Gruppe von Veränderlichen, der Delta-Cephei-Sterne; er ist gleichzeitig ein Doppelstern, dessen schwacher Begleiter in einem Abstand von etwa 41″ schon mit einem Feldstecher mittlerer Lichtstärke zu sehen ist. Der ebenfalls veränderliche Stern μ Cephei wird wegen seiner roten Farbe auch → Granatstern genannt.

Ceres [griech. Göttin des Ackerbaus] *f*, Planetoid, der auf einer elliptischen Bahn mit einer großen Halbachse von 2,768 AE und einer Exzentrizität von 0,076 in 4,603 Jahren die Sonne umläuft. Die Bahnebene ist um 10,6° gegen die Ekliptikebene geneigt. Der Durchmesser der C. beträgt 980 km, die Masse $1{,}0 \cdot 10^{21}$ kg und die mittlere Dichte etwa 2,7 g/cm³; die C. dürfte damit im wesentlichen ein erdartiger Himmelskörper sein (→ Planet). Die Rotationsperiode der C. beläuft sich auf 9,078 Stunden.

Die C. wurde als erster Planetoid am 1.1.1801 durch G. Piazzi (1746–1826) entdeckt.

Cet, Abk. für Cetus.

Cetus [lat.], *Gen.* Ceti, abg. ***Cet***, ***Walfisch***, weit ausgedehntes Sternbild der Äquatorzone, das im Herbst und Winter am Abendhimmel sichtbar ist. Der Stern o

Ceti ist auch unter dem Namen → Mira Ceti bekannt; er ist veränderlich und der Prototyp einer Gruppe von Veränderlichen, der Mira-Sterne.

Cha, Abk. für Chamaeleon.

Chamaeleon [lat.] *Gen.* Chamaeleon(t)is, abg. ***Cha***, ***Chamäleon***, kleines Sternbild des südlichen Himmels, das von unseren Breiten aus nicht sichtbar ist.

Chandlersche Periode [nach dem nordamerk. Astronomen S.C. Chandler, 1846–1913], eine charakteristische Periode in den Schwankungen der Polhöhe.

Chandrasekharsche Grenzmasse [nach dem indischen Astrophysiker S. Chandrasekhar], die obere Grenzmasse, die ein Weißer Zwerg haben kann.

Chaos *n*, in der Planetologie Bezeichnung für ein zerbrochenes Terrain als eine Struktureinheit auf Körpern des Planetensystems.

charge-coupled device [engl., svw. ‚ladungbindende Vorrichtung'], Abk. CCD, spezieller lichtelektrischer Flächenphotodetektor; → Photometer.

Charon [in der griech. Mythologie Fährmann der Toten] *m*, der Satellit des Planeten Pluto. Der C. umläuft den Pluto in einer Kreisbahn mit einem Radius von 19460 km in 6 d 9 h 17 min; die Bahn ist gegen die Bahnebene des Pluto um die Sonne um 95,0° geneigt und steht daher fast senkrecht auf ihr. Der C. hat eine gebundene Rotation, seine Rotationsperiode ist gleich der Umlaufzeit. Wegen der von der Erde aus gesehen geringen Winkelentfernung des C.s vom Pluto, die maximal 0,9″ beträgt, sind die beiden Himmelskörper bei Beobachtungen von der Erdoberfläche aus nicht zu trennen. Eine Bestimmung des Charondurchmessers ist auf Grund von gegenseitigen Bedeckungen der beiden Himmelskörper möglich; er beträgt 1172 km. Die Masse des C.s beläuft sich auf etwa 16% der Plutomasse, also auf rund $1{,}9 \cdot 10^{21}$ kg, und seine Dichte auf rund 1,8 g/cm^3.

Über die Oberflächenbeschaffenheit des C.s ist nicht viel Sicheres bekannt. Die Oberfläche ist wahrscheinlich großenteils mit Wassereis bedeckt, wie aus dem Spektrum geschlossen werden kann, was auch der mittleren geometrischen Albedo des C.s von 0,4 entspricht. Der C. gehört aller Wahrscheinlichkeit nach zu den eisartigen Himmelskörpern und hat vermutlich einen Gesteinskern.

Der C. wurde 1978 von J.C. Christy entdeckt.

Chasma [lat., ‚Riß, Kluft'] *n*, *Plur.* Chasmata, Bezeichnung für ein tief eingeschnittenes Tal als ein Strukturelement auf Körpern des Planetensystems.

Chemischer Ofen, das Sternbild → Fornax.

Chiron [Gestalt der griech. Mythologie] *m*, als Planetoid erscheinender Himmelskörper, der auf einer elliptischen Bahn mit einer großen Bahnhalbachse von 13,695 AE und einer Bahnexzentrizität von 0,379 in 50,682 Jahren die Sonne umläuft. Infolge der Störungen durch den Jupiter und den Saturn ist die Bahn des C. sehr instabil. Wahrscheinlich handelt es sich bei dem C. um keinen normalen Planetoiden, sondern um einen ausgegasten, nicht mehr aktiven Kometenkern.

Chondrit *m*, ein Steinmeteorit, in dessen Grundmasse kleine Kügelchen (Chondren) eingebettet sind; → Meteorit.

Chromosphäre, die Schicht der Sonnenatmosphäre zwischen der Photosphäre und der Sonnenkorona; bei Sternen die unmittelbar über der jeweiligen Photosphäre befindliche Schicht.

Chronologie, die Wissenschaft von der Zeit. Die astronomische C. beschäftigt sich mit der Festlegung einer Zeitskala auf Grund astronomischer Beobachtungen, wozu u.a. die Datierung überlieferter geschichtlicher und frühgeschichtlicher Ereignisse, z.B. des Ortes und der Zeit von Finsternissen oder bestimmter Planetenkonstellationen, gehört.

Chronometer, → Uhr.

Cir, Abk. für Circinus.

Circinus [lat.], *Gen.* Circini, abg. ***Cir***, ***Zirkel***, kleines Sternbild des südlichen Himmels, das von unseren Breiten aus nicht sichtbar ist.

CMa, Abk. für Canis Maior.

CMi, Abk. für Canis Minor.

Cnc, Abk. für Cancer.

CNO-Zyklus, svw. Kohlenstoff-Stickstoff-Sauerstoff-Zyklus.

Coelostat *m*, ***Zölostat***, Instrument zur → Sonnenbeobachtung.

Col, Abk. für Columba.

Columba [lat.], *Gen.* Columbae, abg. ***Col***, ***Taube***, Sternbild des südlichen Himmels.

Com, Abk. für Coma Berenices.

Coma Berenices [lat.], *Gen.* Comae Berenices, abg. ***Com***, ***Haar (Haupthaar) der Berenike***, Sternbild des nördlichen Himmels, das im Frühjahr am Abendhimmel sichtbar ist. In diesem Sternbild befindet sich eine große Zahl extragalaktischer Sternsysteme sowie der galaktische Nordpol.

Compton-Effekt [nach dem nordamerikan. Physiker A.H. Compton, 1892–1962], die Streuung energiereicher Photonen an Elektronen, bei der die Photonen einen Teil ihrer Energie an die Elektronen abgeben, so daß sich deren kinetische Energie erhöht. Beim ***inversen C.-E.*** wird kinetische Energie von hochenergetischen Elektronen auf die Photonen übertragen und so langwellige Strahlung in kürzerwellige und damit energiereichere umgewandelt.

Copernicus, ***Kopernikus***, Nicolaus, polnisch ***Koppernigk***, Nikolaj, Domherr, Arzt, Astronom und Jurist, geb. 19.2.1473 in Thorn (Torun), gest. 24.5.1543 in Frauenburg (Frombork). C. wuchs als Sohn einer Kaufmanns- und Patrizierfamilie auf. Er verlor als Zehnjähriger seinen Vater, woraufhin sein Onkel, Bischof von Ermland, seine Erziehung übernahm. Ab 1491 studierte er in Krakau, ab 1496 in Bologna vor allem Kirchenrecht, beschäftigte sich aber auch mit Astronomie. 1500 wurde er von Papst Alexander VI. zu astronomischen Vorlesungen nach Rom berufen und studierte dann bis 1503 in Padua hauptsächlich Medizin. Nach der Rückkehr in seine Heimat hielt er sich zeitweilig in Krakau auf, war Leibarzt seines Onkels und wurde nach dessen Tod 1512 Domherr in Frauenburg; zwischendurch bekleidete er mehrere kirchliche Verwaltungsämter.

C. war einer der bedeutensten Astronomen, von dem ein großer Einfluß auf die Denkweise und Methodologie der neuzeitlichen Naturwissenschaften ausging. Er lehrte, daß die Sonne der ruhende, zentrale Körper der

(damals bekannten) Welt sei, um die sich die anderen Körper bewegen. Mit dieser heliozentrischen Planetentheorie stand er im krassen Widerspruch zu der im ganzen Mittelalter als unantastbar geltenden geozentrischen Lehre des Ptolemäus. Wahrscheinlich kam C. schon etwa 1507 zu seinen Ansichten; um 1510 sandte er eine kleine, nur handschriftlich verbreitete Schrift an namhafte Astronomen seiner Zeit, in der er seine Auffassungen vertrat. Seine Theorie basierte auf alten Beobachtungen, da er eigene Beobachtungen nur mit kümmerlichen selbstgebauten Instrumenten durchführen konnte. Das Manuskript zu seinem Buch *De revolutionibus orbium coelestium libri VI* [lat., ‚Sechs Bücher über die Bahnbewegung der Himmelskörper'] war einige Jahre nach 1530 fertig, erst 1540 gestattete er den Druck eines Auszuges, schließlich den Druck des ganzen Buches; das erste Exemplar traf in seinem Todesjahr in Frauenburg ein.
Das Hauptargument seiner Theorie war, daß sich die beobachteten scheinbaren Bewegungen der Gestirne an der Himmelskugel am einfachsten durch die Bewegung der Planeten – samt der Erde – um die Sonne sowie eine Rotation der Erde erklären lassen. Da er von der Voraussetzung ausging, daß die Himmelskörper prinzipiell nur gleichmäßige räumliche Bewegungen ausführen, mußte er, um keine Unstimmigkeiten mit den Beobachtungen zu erhalten, komplizierte Epizykelbewegungen (wie in der Ptolemäischen Theorie) einführen. Mit seiner Theorie konnte er die Beobachtungen nicht genauer wiedergeben als die älteren Theorien, so daß seine Lehre noch im folgenden Jahrhundert nicht nur von der Kirche aus weltanschaulichen Gründen bekämpft, sondern von Astronomen aus wissenschaftlichen Gründen vielfach abgelehnt wurde.

Cordelia *f*, der innerste Satellit des Uranus. Die C. umläuft in einer Kreisbahn mit einem Radius von 49 750 km den Uranus in 8,1 Stunden; die Bahnebene liegt in dessen Äquatorebene. Der Durchmesser der C. beträgt nur etwa 50 km.
Hinsichtlich der Einordnung der C. in das System der Uranussatelliten → Uranus.
Die C. wurde 1986 mittels der Raumsonde Voyager 2 entdeckt.

Corona [lat., ‚Kranz, Krone'] *f, Plur.* Coronae, Bezeichnung für eine Struktureinheit auf Körpern des Planetensystems, die aus einem großen ovalen Fleck mit auffälligen konzentrischen Strukturen besteht.

Corona Australis [lat.], *Gen.* Coronae Australis, abg. *CrA*, ***Südliche Krone***, kleines Sternbild des südlichen Himmels.

Corona Borealis [lat.], *Gen.* Coronae Borealis, abg. *CrB*, ***Nördliche Krone***, Sternbild des nördlichen Himmels, das im Sommer am Abendhimmel sichtbar ist. Der hellste Stern (α) des Sternbildes heißt → Gemma.

Corvus [lat.], *Gen.* Corvi, abg. ***Crv***, ***Rabe***, kleines Sternbild südlich des Himmelsäquators, das im Frühjahr am Abendhimmel sichtbar ist, sich aber in unseren Breiten nicht weit über den Horizont erhebt.

Coudé-System, Coudé-Fokus, → Spiegelteleskop.

CP-Sterne [von engl. *c*hemical *p*eculiarities, ‚chemische Besonderheiten'], Sterne mit Besonderheiten in der chemischen Zusammensetzung ihrer Atmosphären; → Elementenhäufigkeit.

CrA, Abk. für Corona Australis.

Crabnebel, svw. Krebsnebel.

Crater [lat.], *Gen.* Crateris, abg. ***Crt***, ***Becher***, unauffälliges Sternbild südlich des Himmelsäquators.

CrB, Abk. für Corona Borealis.

Cressida *f*, ein Zwergsatellit des Uranus. Die C. umläuft in einer Kreisbahn mit einem Radius von 61 770 km den Uranus in 11,1 Stunden; die Bahnebene liegt in dessen Äquatorebene. Der Durchmesser der C. beträgt nur etwa 60 km.

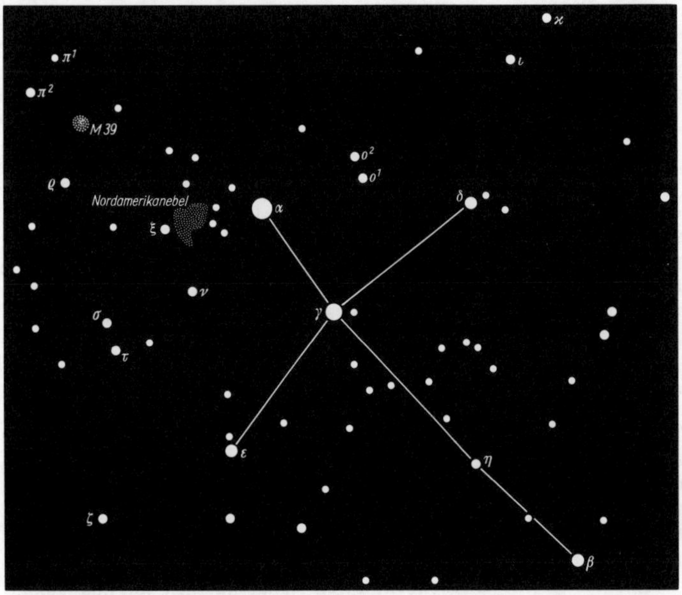

Die hellsten Sterne des Sternbildes Cygnus (Schwan)

Hinsichtlich der Einordnung der C. in das System der Uranussatelliten → Uranus.
Die C. wurde 1986 mittels der Raumsonde Voyager 2 entdeckt.
Crt, Abk. für Crater.
Cru, Abk. für Crux.
Crux [lat.], *Gen.* Crucis, abg. ***Cru***, ***Kreuz***, ***Kreuz des Südens***, kleines Sternbild des südlichen Himmels, das von unseren Breiten aus nicht sichtbar ist. Seine vier hellsten Sterne lassen sich zu einem Kreuz verbinden. Durch das Sternbild zieht sich die Milchstraße.
Crv, Abk. für Corvus.
C-Stern, Stern der → Spektralklasse C.
CVn, Abk. für Canes Venatici.
Cyg, Abk. für Cygnus.
Cygnus [lat.], *Gen.* Cygni, abg. ***Cyg***, ***Schwan***, bekanntes Sternbild des nördlichen Himmels, das im Sommer und Herbst am Abendhimmel sichtbar ist. Die hellsten Sterne lassen sich zu einem langgestreckten Kreuz verbinden, weswegen der C. auch manchmal ***Kreuz des Nordens*** genannt wird (Abb. Seite 47). Der hellste Stern, α Cygni, heißt → Deneb. Von den zahlreichen Doppelsternen des C. ist der Stern *β*, → Albireo, am bekanntesten. Durch das Sternbild zieht sich die Milchstraße, die sich hier gabelt und helle Sternwolken zeigt. Im C. liegen viele Sternhaufen, z.B. der helle Offene Sternhaufen M 39, ferner Dunkelwolken und viele helle Wolken interstellarer Materie, z.B. der → Nordamerikanebel, den man unter besonders günstigen Beobachtungsbedingungen mit einem sehr lichtstarken Feldstecher sehen kann, während der ***Große Cygnus-Bogen***, der gasförmige Überrest einer Supernova, für visuelle Beobachtungen zu lichtschwach ist. Im C. befindet sich eine Reihe von Radioquellen, darunter ***Cygnus A***, etwa 4° westlich des Sterns *γ* Cygni, eine der stärksten Radioquellen des ganzen Himmels.

D

d [von dies, lat., ‚Tag'], Einheitenzeichen für Tag.
Dämmerung, der Übergang zwischen Tag und Nacht, der durch eine mehr oder minder schnelle Ab- oder Zunahme der Himmelshelligkeit gekennzeichnet ist. Die D. entsteht dadurch, daß die hohen, noch oder schon vom Sonnenlicht getroffenen Schichten der Erdatmosphäre einen Teil des Sonnenlichtes diffus in den Bereich streuen, der nicht mehr oder noch nicht direkt von der Sonnenstrahlung getroffen wird. Als ***bürgerliche D.*** bezeichnet man den Zeitraum, in dem die Sonne vor ihrem Aufgang oder nach ihrem Untergang nicht mehr als etwa 6° unter dem Horizont steht, als ***nautische D.*** den Zeitraum, in dem sie nicht mehr als etwa 12°, und als ***astronomische D.***, den Zeitraum, in dem sie nicht mehr als 16° bis 18° unter dem Horizont steht.

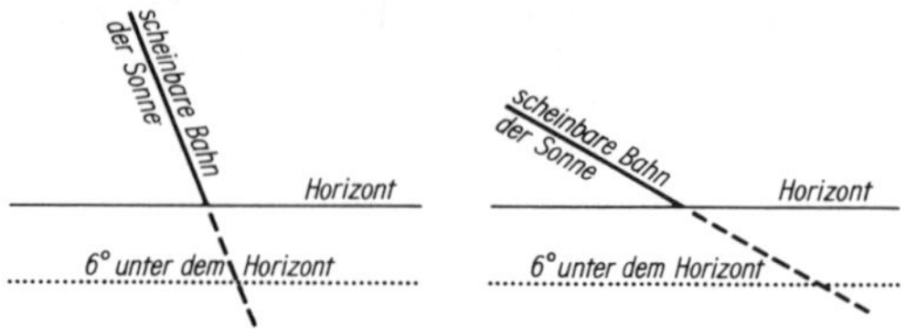

Abb. 1: Zur Abhängigkeit der Dämmerungsdauer von der Neigung der scheinbaren Sonnenbahn gegen den Horizont

Die Länge der D. ist davon abhängig, wie schnell die Sonne unter den Horizont sinkt, was von der Neigung der scheinbaren Sonnenbahn gegen den Horizont abhängt (Abb. 1). In der tropischen Zone der Erde ist die D. kurz, weil hier die Sonnenbahn nahezu senkrecht zum Horizont verläuft, im Gegensatz zu den mittleren geographischen Breiten, wo die Neigung viel geringer ist. Die Dämmerungsdauer ist weiterhin abhängig von der jeweiligen Deklination der Sonne: Zur Zeit der Sommersonnenwende hat die Sonne ihre größte Deklination, sie steht dann selbst um Mitternacht in unseren Breiten nur so wenig unter dem Nordhorizont, daß die ganze Nacht über astronomische D. herrscht (Abb. 2).
Datumsgrenze, eine international festgelegte Linie auf der Erde, bei deren Überschreitung sich das Kalenderdatum um einen Tag ändert; seit 1845 der 180. Längengrad mit kleinen Abweichungen aus politischen oder wirtschaftlichen Gründen. Beim Überschreiten der D. von West nach Ost wird derselbe Tag noch einmal gezählt, beim Überschreiten von Ost nach West wird ein Tag übersprungen. Die Notwendigkeit des Datumwechsels ergibt sich daraus, daß bei einer Reise um die Erde parallel zum Äquator z.B. in Richtung von West nach Ost jeweils der Tag etwas kürzer als 24 Stunden ist, da an jedem um 15° relativ zum Ausgangspunkt weiter östlich gelegenen Ort die obere Kulmination der Sonne (Mittag) um eine Stunde früher eintritt. Beim Wiedererreichen des Ausgangsortes nach einer Erdumrundung hätte man 24 Stunden, also genau einen Tag verloren, wenn man nicht an der D. einen Tag doppelt gezählt hätte.
Deferent *m*, → Epizykeltheorie.
Deimos [griech., ‚Schrecken'] *m*, der äußere der beiden Marssatelliten. Der D. bewegt sich in einer fast kreisförmigen Bahn, deren Exzentrizität nur 0,001 und deren große Halbachse 23459 km beträgt, rechtläufig in 30 h 18,7 min um den Mars, die Neigung der Bahn gegen dessen Äquator beläuft sich auf 1,82°. Wegen der gebundenen Rotation des D. ist die Umlaufzeit gleichzeitig auch seine Rotationsperiode. Der D. hat eine unregelmäßige Gestalt, die angenähert durch ein dreiachsiges Ellipsoid mit Achslängen von 15, 12 und 10 km beschrieben werden kann. Die Masse beträgt $2 \cdot 10^{15}$ kg, die mittlere Dichte 1,9 g/cm³. Wegen seiner Kleinheit und seiner extrem geringen Albedo von etwa 0,02 beträgt die scheinbare visuelle Helligkeit des D. nur etwa $12\overset{m}{,}7$.
Von der Erde aus sind keine Oberflächeneinzelheiten zu erkennen; durch Nahaufnahmen von marsumlau-

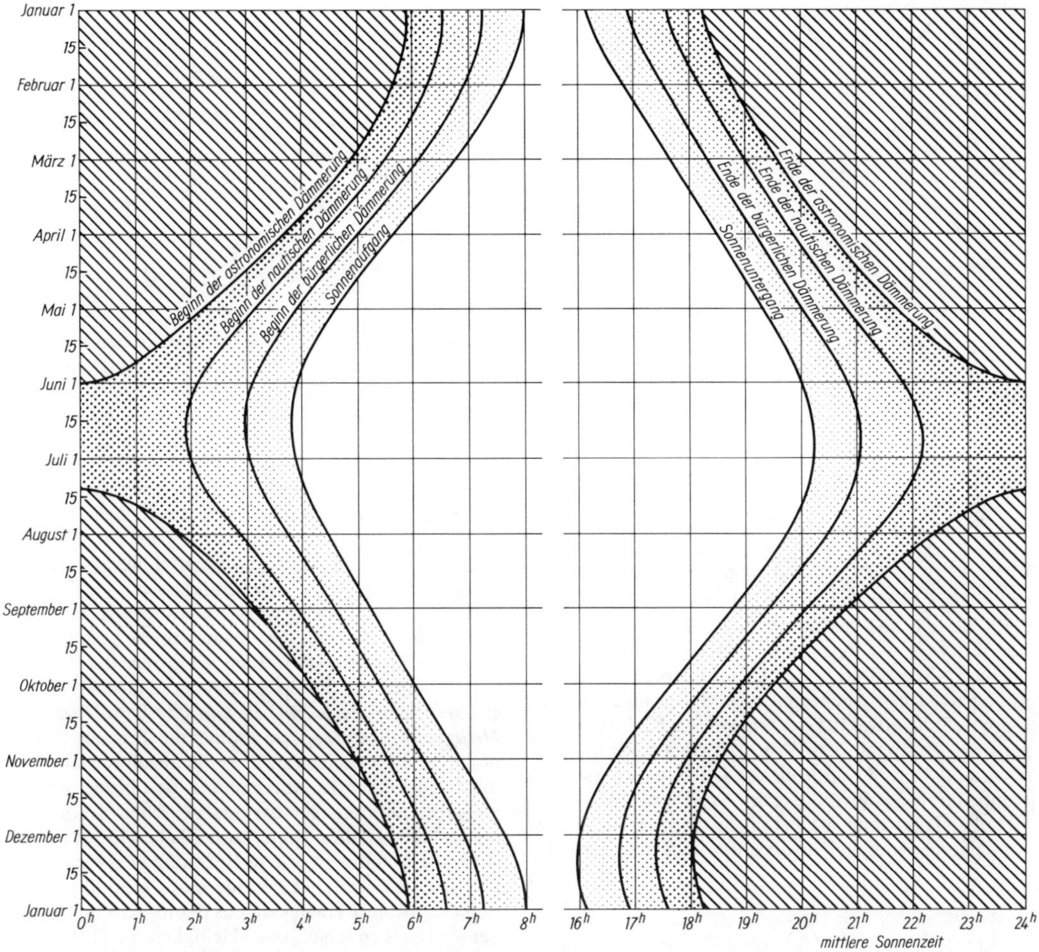

Abb. 2: Beginn und Ende der astronomischen, der nautischen und der bürgerlichen Dämmerung sowie die Sonnenauf- und -untergangszeiten für einen Ort der geographischen Breite 50° in Abhängigkeit von der Jahreszeit

fenden Raumsonden aus kennt man aber die Beschaffenheit der Deimosoberfläche sehr genau. Sie ist von zahlreichen Einschlagkratern übersät, von denen viele kleinere derart mit Staub überdeckt sind, daß sie nur noch schemenhaft zu erkennen sind. Die Oberfläche ist mit einer Regolithdecke überzogen. Spektralphotometrische Untersuchungen des Oberflächenmaterials zeigen Ähnlichkeiten mit den kohligen Chondriten. Der D. dürfte im wesentlichen ein Gesteinssatellit sein. Der D. wurde 1877 von A. Hall (1829–1907) entdeckt.

Deklination, der senkrechte Winkelabstand eines Gestirns vom Himmelsäquator. Die D. wird längs des Stundenkreises des Gestirns in Grad gemessen, in Richtung auf den Nordpol des Himmels positiv, in Richtung auf den Südpol negativ (Abb. → Koordinaten).

Deklinationsachse, → Fernrohr.

Del, Abk. für Delphinus.

Delphinus, *Gen.* Delphini, abg. ***Del***, ***Delphin***, wenig auffälliges Sternbild der Äquatorzone, das im Sommer am Abendhimmel sichtbar ist.

Delta-Cephei-Sterne, ***δ-Cephei-Sterne***, ***Cepheiden***, Pulsationsveränderliche der Spektralklassen F0 bis G0 (im Helligkeitsmaximum) mit Perioden des Lichtwechsels zwischen 1 Tag und 50 bis 70 Tagen, meist zwischen 3 und 10 Tagen. In der Regel sind die Perioden konstant, doch kommen gelegentlich kleine plötzliche Änderungen vor. Die Größe der Helligkeitsschwankungen ist sowohl von der Periode als auch von dem Spektralbereich, in dem die Beobachtungen gemacht werden, abhängig: Bei Sternen mit Perioden von 2 bis 3 Tagen betragen die Amplituden im visuellen Bereich etwa 0,5 mag, im B-Bereich des UBV-Systems hingegen rund 1,0 mag, bei Sternen mit Perioden zwischen 40 und 50 Tagen liegen die entsprechenden Werte bei etwa 1,2 bzw. 1,7 mag; im Ultraviolettbereich sind die Amplituden noch größer. In der Typeinteilung der Veränderlichen tragen die D.-C.-S. die Bezeichnung C*δ*.

Die Form der Lichtkurve hängt in systematischer Weise von der Periode des Lichtwechsels ab (Abb. 1): Bei den Sternen mit den kürzesten Perioden sind die

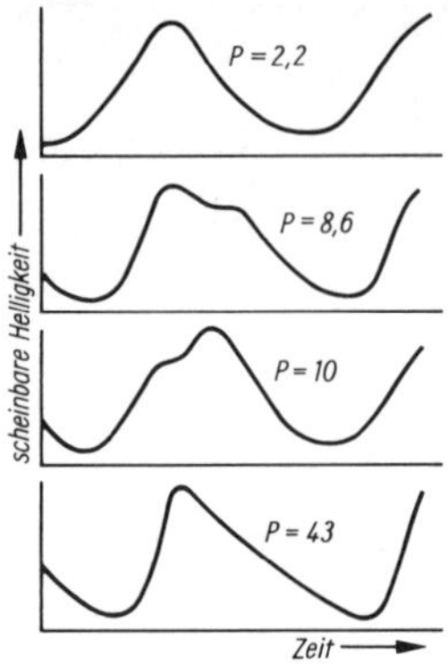

Abb. 1: Lichtkurven von Delta-Cephei-Sternen unterschiedlicher Periodenlänge P (in Tagen)

Lichtkurven glatt. Die D.-C.-S. mit Perioden zwischen etwa 7 und 9 Tagen haben vielfach eine Welle im absteigenden Ast, also zwischen Helligkeitsmaximum und -minimum, Sterne mit Perioden zwischen 10 und 15 Tagen hingegen im ansteigenden Ast. Für Perioden größer als 17 Tage sind die Lichtkurven im allg. wieder glatt. Bei ein und demselben Stern ist die Form der Lichtkurve in der Regel unveränderlich.

Die D.-C.-S. gehören zu den Pulsationsveränderlichen mit periodischen Änderungen des Sternradius, die im Durchschnitt etwa 10% des mittleren Radius betragen; bei δ Cephei, dem Prototyp dieser Veränderlichen, sind dies etwa 2,7 Mill. km. Die Expansions- und Kontraktionsgeschwindigkeiten reichen bis etwa 30 km/s. Trägt man die bei einem Stern gemessenen Radialgeschwindigkeiten über der Zeit auf (Abb. 2),

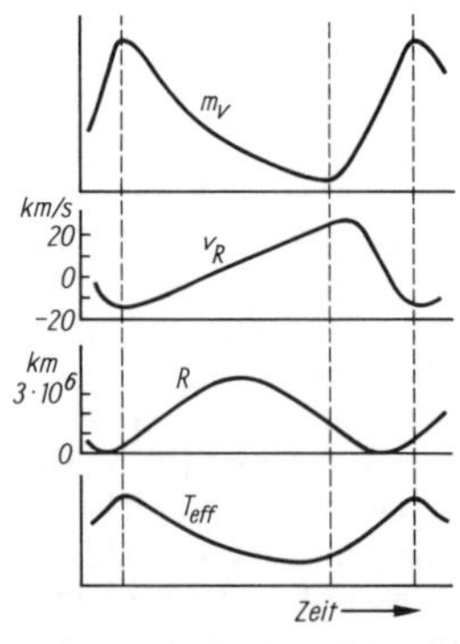

Abb. 2: Schematisierter zeitlicher Verlauf der scheinbaren Helligkeit m_v, der Radialgeschwindigkeit v_R, des Radius R und der Effektivtemperatur T_{eff} eines Delta-Cephei-Sterns

so erhält man fast ein Spiegelbild seiner Lichtkurve: Im Helligkeitsmaximum hat die Radialgeschwindigkeit ihren größten negativen Wert, die Sternoberfläche bewegt sich dann mit größter Geschwindigkeit auf den Beobachter zu, im Helligkeitsminimum ist es umgekehrt. Im Helligkeitsmaximum und -minimum hat der Stern nahezu gleiche Größe; den größten Radius er-

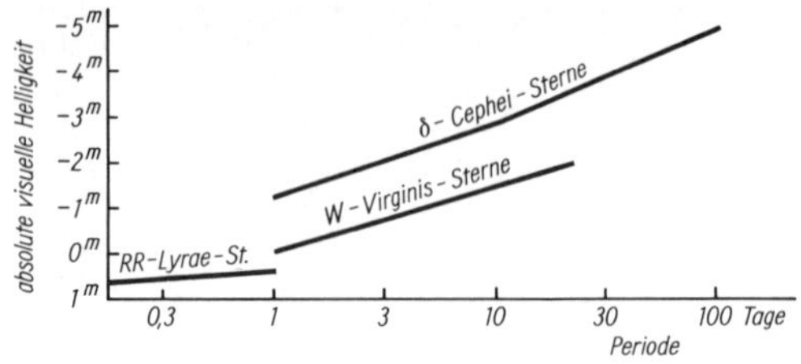

Abb. 3: Perioden-Helligkeits-Beziehung für Delta-Cephei- und W-Virginis-Sterne sowie die mittleren absoluten Helligkeiten der RR-Lyrae-Sterne

reicht er während des Helligkeitsabfalls, den kleinsten während des Helligkeitsanstiegs. Die Helligkeits-, damit die Leuchtkraftunterschiede zwischen Maximum und Minimum sind wesentlich durch eine unterschiedliche Effektivtemperatur verursacht: Im Helligkeitsmaximum ist die Temperatur um etwa 1000 K höher als im Helligkeitsminimum. Mit der Effektivtemperatur ändert sich die Spektralklasse: Im Helligkeitsmaximum liegt sie im Bereich von etwa F0 bis G0, im Minimum zwischen F5 und K5; im Mittel beträgt die Änderung etwa 0,5 bis 1,5 Spektralklassen.

Zwischen der Periode des Lichtwechsels und der Spektralklasse im Helligkeitsmaximum besteht eine ***Perioden-Spektrum-Beziehung***: Je größer die Periode, um so später ist die Spektralklasse. Darüber hinaus existiert eine ***Perioden-Leuchtkraft-*** bzw. ***Perioden-Helligkeits-Beziehung***: Je größer die Periode, um so höher ist die Leuchtkraft bzw. die absolute Helligkeit (Abb. 3). Dieser Zusammenhang ist für die Entfernungsbestimmung der extragalaktischen Sternsysteme und die Schaffung einer einheitlichen Entfernungsskala im Weltall von großer Bedeutung (→ Parallaxe): Aus der beobachteten Periode eines D.-C.-S.s ergibt sich die absolute Helligkeit, aus der in Verbindung mit der gemessenen scheinbaren Helligkeit die Entfernung des betreffenden Sterns und damit des Sternsystems, in dem er sich befindet, ermittelt werden kann. (Die Beziehung muß zuvor an galaktischen D.-C.-S.n bekannter Entfernung geeicht werden.) Die Perioden-Helligkeits-Beziehung wurde 1912 von H.S. Leavitt (1868–1921) an den D.-C.-S.n der Kleinen Magellanschen Wolke entdeckt.

Die D.-C.-S. sind Überriesen der Leuchtkraftklasse I, in deren Zentralgebiet das Heliumbrennen stattfindet. Im Hertzsprung-Russell-Diagramm liegen die Bildpunkte der D.-C.-S. in einem wohldefinierten relativ schmalen, streifenförmigen Gebiet (Abb. → Veränderliche), dem sog. *Instabilitätsstreifen (Cepheiden-Streifen)*. Alle Sterne, die sich dort befinden, sind schwingungsinstabil (→ Sternaufbau), was durch die in den Sternaußengebieten herrschenden Druck- und Temperaturverhältnisse verursacht ist. Sie führen zu einem anomalen Verhalten der Sternmaterie bezüglich der sie durchsetzenden Strahlung: Tritt eine kleine Störung des physikalischen Zustandes in diesen Regionen auf, die zu einer geringen Kontraktion oder Expansion des Sterns führt, so ändert sich die Absorptionsfähigkeit der Materie derart, daß die Bewegung nicht wie bei Sternen außerhalb des Instabilitätsstreifens rück-

gängig gemacht wird, sondern im Gegenteil, die Bewegungen werden verstärkt, bis schließlich der ganze Stern periodische Schwingungen ausführt. Bei schwingungsinstabilen Sternen steigt bei einer Kontraktion die Absorptionsfähigkeit so an, daß mehr Strahlung als normal absorbiert wird, was eine verstärkte Temperatur- und Drucksteigerung und damit eine verstärkte Expansion verursacht. Diese ist so groß, daß der Stern über die Gleichgewichtslage hinaus schwingt. Im expandierten Zustand ist die Absorptionsfähigkeit relativ gering, so daß weniger Strahlung als normal absorbiert wird, wodurch nun Temperatur und Druck stark sinken. Unter dem Einfluß der Schwerkraft kontrahiert der Stern so stark, daß er wieder über die Gleichgewichtslage hinausschwingt. Infolge von Reibungseffekten wird die Schwingung zwar gedämpft, es wird aber soviel Strahlungsenergie in (mechanische) Schwingungsenergie verwandelt, daß die Schwingungsamplitude wächst. Dies geht solange, bis sich ein Gleichgewicht zwischen Dämpfung und Energiezufuhr einstellt. Da die Sternpulsationen durch das besondere Verhalten der Absorptionsfähigkeit (die meist mit κ bezeichnet wird) der Sternmaterie verursacht werden, bezeichnet man den schwingungsauslösenden Effekt allgemein als ***Kappa-Mechanismus***.
Die D.-C.-S. sind Mitglieder der Population I, damit sehr junge Sterne. Ihre Masse liegt im Bereich von etwa 5 bis 15 Sonnenmassen. Bisher sind rund 400 Veränderliche sicher als D.-C.-S. klassifiziert.
Neben den D.-C.-S.n existiert eine andere Gruppe von Pulsationsveränderlichen mit sehr ähnlichen photometrischen Eigenschaften, die W-Virginis-Sterne, die jedoch Mitglieder der Halopopulation sind. Beide Gruppen zusammen bezeichnet man als ***Cepheiden***, wobei man von den D.-C.-S.n dann als den ***klassischen Cepheiden*** spricht.
In einer Tab. unter dem Stichwort → Veränderliche sind spezielle Angaben zu einigen D.-C.-S.n zu finden.

Dẹlta-Scụti-Sterne, ***δ-Scuti-Sterne***, Pulsationsveränderliche der Spektralklassen A2 bis F0 mit Perioden zwischen etwa 30 Minuten und 6 Stunden. Die Helligkeitsamplituden betragen einige 0,01 bis einige 0,1 mag, bei den meisten D.-S.-S.n aber weniger als 0,05 mag. Im Hertzsprung-Russell-Diagramm liegen die Bildpunkte der D.-S.-S. im Bereich der Hauptreihe oder wenig darüber, und zwar in Verlängerung des Instabilitätsstreifens der Delta-Cephei- und der RR-Lyrae-Sterne (Abb. → Veränderliche). Unter den Pulsationsveränderlichen mit Perioden von 5 bis 6 Stunden findet man sowohl D.-S.-S. als auch RR-Lyrae-Sterne, im Gegensatz zu diesen wird bei den D.-S.-S.n das Temperaturmaximum kurz vor dem Helligkeitsmaximum erreicht.
Die Ursache der Pulsationen der D.-C.-S. ist sehr wahrscheinlich auf den Kappa-Mechanismus zurückzuführen (→ Delta-Cephei-Sterne), doch können offenbar sowohl radiale als auch nichtradiale Pulsationen angeregt werden, die dann unterschiedliche Perioden haben und sich gegenseitig überlagern.
Die meisten D.-S.-S. gehören zur Population I, einige wenige auch zur Population II. Bei letzteren liegen die Bildpunkte im Hertzsprung-Russell-Diagramm

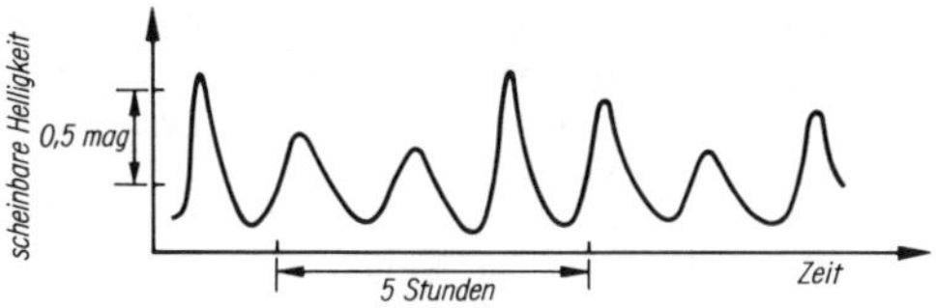

Lichtkurve des Delta-Scuti-Sterns SX Phoenicis am 29. und 30. August 1952

unterhalb der Hauptreihe im Bereich der Unterzwerge.
Im Milchstraßensystem scheinen die D.-S.-S. häufig vertreten zu sein. Ihre Entdeckungswahrscheinlichkeit ist aber wegen der kleinen Helligkeitsamplituden und der damit geringen Auffälligkeit gering. Die Gesamtzahl der bekannten D.-S.-S. liegt bei etwas über 200.
Eine Tab. unter dem Stichwort → Veränderliche enthält spezielle Angaben zu einem D.-S.-S.

Dẹneb [arab. dhanab ‚Schwanz'], der hellste Stern (α) im Sternbild Cygnus (Schwan) mit einer scheinbaren visuellen Helligkeit von $1^{m}{,}2$. D. ist ein Stern der Spektralklasse A2 und der Leuchtkraftklasse Ia, also ein heißer Überriese, dessen Leuchtkraft etwa 100000mal größer als die der Sonne ist. Seine Entfernung von der Sonne beträgt etwa 500 pc oder 1600 Lichtjahre. Zusammen mit den Sternen Wega und Atair bildet D. das → Sommerdreieck.

Denebola [arab. dhanab al asad ‚Schwanz des Löwen'], der Stern *β* im Sternbild Leo (Löwe). Seine scheinbare visuelle Helligkeit beträgt $2^{m}{,}1$. D. ist ein Stern der Spektralklasse A3 und der Leuchtkraftklasse V, also ein Hauptreihenstern. Seine Entfernung von der Sonne beträgt etwa 12 pc oder 40 Lichtjahre. D. hat in einem Abstand von 176″ einen lichtschwachen Begleiter mit einer scheinbaren visuellen Helligkeit von $7^{m}{,}6$.

Desdemona *f*, ein Zwergsatellit des Uranus. Die D. umläuft in einer Kreisbahn mit einem Radius von 62650 km den Uranus in 11,4 Stunden; die Bahnebene liegt in dessen Äquatorebene. Der Durchmesser der D. beträgt nur etwa 60 km.
Hinsichtlich der Einordnung der D. in das System der Uranussatelliten → Uranus.
Die D. wurde 1986 mittels der Raumsonde Voyager 2 entdeckt.

Despina *f*, ein Neptunsatellit. Die D. umläuft nahezu in einer Kreisbahn mit einem Radius von 52530 km in 8,1 Stunden rechtläufig den Neptun; die Bahnebene ist nur 0,06° gegen dessen Äquatorebene geneigt. Die D. hat einen Durchmesser von rund 180 km.
Hinsichtlich der Einordnung der D. in das System der Neptunsatelliten → Neptun.
Die D. wurde 1989 mit Hilfe der Raumsonde Voyager 2 entdeckt.

Deutẹrium *n*, schwerer Wasserstoff; das Wasserstoffisotop mit der Massezahl 2, Kurzz. ^{2}H oder ^{2}D. Der Atomkern des D.s, das ***Deuteron***, besteht aus einem Proton und einem Neutron.

Deuteron *n*, der Atomkern des Deuteriums.

Deutsche Montierung, eine Aufstellungsart für ein astronomisches → Fernrohr.

D-Galaxie, ein extragalaktisches Sternsystem mit einem hellen Zentralkörper und einer großräumigen Rotationssymmetrie, aber ohne ausgeprägter Spiralstruktur und Elliptizität.

Dichte, die Masse je Volumeneinheit. Die Einheit der D. ist das Kilogramm je Kubikmeter, 1 $kg/m^3 = 10^{-3}\ g/cm^3$. Die mittlere D. eines nicht homogenen Körpers ergibt sich aus dem Verhältnis seiner Masse zu seinem gesamten Volumen. Man spricht häufig auch von D., wenn man die Zahl von Teilchen je Volumeneinheit ***(Teilchendichte)*** oder die Zahl der Sterne je Raumeinheit ***(Sterndichte)*** meint. Unter der ***Energiedichte*** versteht man die je Volumeneinheit vorhandene Energiemenge.

Dichtewellentheorie, Theorie zur Erklärung der Spiralstruktur im Milchstraßensystem und in anderen spiralförmigen Sternsystemen; → Milchstraßensystem.

Dichotomie, die beobachtete Halbphase bei einem einen Phasenwechsel zeigenden Gestirn. Bei der Venus tritt die D. nicht genau dann ein, wenn sie nach den geometrischen Verhältnissen zu erwarten wäre, wenn also Sonne, Venus und Erde einen rechten Winkel bilden, sondern früher, wenn Venus als Abendstern abnimmt, und später, wenn sie als Morgenstern zunimmt. Die Ursache liegt darin, daß in der Nähe der Lichtgrenze, des Terminators, die Sonnenstrahlen unter einem sehr flachen Winkel auf die Venusoberfläche fallen. Dadurch erscheinen diese Gebiete so wenig hell, daß sie vom Auge nicht wahrgenommen werden.

diffuse Banden, → interstellare diffuse Banden.

diffuser Nebel, eine unregelmäßig geformte Ansammlung leuchtender interstellarer Materie.

Dione *f*, ein Saturnsatellit. Die D. bewegt sich auf einer elliptischen Bahn, deren große Halbachse 377400 km und deren Exzentrizität 0,002 beträgt, in 2 d 17,7 h rechtläufig um den Saturn. Die Bahn ist nur gering gegen dessen Äquatorebene geneigt. Die D. hat eine gebundene Rotation, so daß ihre Rotationsperiode gleich der Umlaufzeit ist. Mit einem Durchmesser von 1120 km und einer Masse von $1{,}05 \cdot 10^{21}$ kg gehört die D. zu den Satelliten mittlerer Größe; ihre Dichte beläuft sich auf 1,43 g/cm^3. Die D. ist wahrscheinlich ein eisartiger planetarer Himmelskörper (→ Planet). Die scheinbare visuelle Helligkeit der D. erreicht in Oppositionsstellung $10^m{,}7$.

Die Oberflächenstruktur kennt man erst seit Beobachtungen von den Raumsonden Voyager 1 und 2 aus genauer. Danach ist die in die Bewegungsrichtung weisende Hemisphäre der D. heller ist als die Gegenseite, wobei die Gesamtalbedo mit etwa 0,5 bereits recht hoch ist. Die Rückseite hat streifenförmige Regionen mit einem hellen, welligen Terrain, die einem dunkleren Untergrund überlagert sind (Abb.). Einige dieser Streifen sind mit topographischen Strukturen wie Senken und Höhenrücken verbunden. Vermutlich sind die streifigen Regionen die Folge von tektonischen Prozessen, bei denen es sich um Eisablagerungen längs Brüchen im Eismantel der D. handeln könnte.

An die D. ist dynamisch ein anderer Satellit, die Helene, gebunden, die sich in dem Librationspunkt L_4 von Saturn und D. befindet.

Saturnsatellit Dione. (Aufgenommen mit Hilfe der Raumsonde Voyager 1)

Hinsichtlich der Einordnung der D. in das System der Saturnsatelliten → Saturn.

Die D. wurde 1684 von G.D. Cassini (1625–1712) entdeckt.

Dispersion, ***1)*** die Erscheinung, daß elektromagnetische und Materiewellen (z.B. Licht oder Neutronenstrahlen) unterschiedlicher Wellenlänge verschieden stark gebrochen werden; → Brechung.

2) ein Maß für die Trennung von Licht unterschiedlicher Wellenlänge durch einen Spektralapparat.

Dissoziation, die Aufspaltung eines Moleküls in zwei einfachere Moleküle, Atome, Atomgruppen oder Ionen. Die dafür benötigte Energie bezeichnet man als ***Dissoziationsenergie***.

Doppelgalaxie, zwei extragalaktische Sternsysteme, die auf Grund ihrer gegenseitigen Massenanziehung eine physische Einheit bilden.

Doppelstern, allgemein: zwei Sterne, die an der Himmelskugel dicht benachbart sind ***(optischer D.)***; speziell: zwei Sterne, die auf Grund ihrer gegenseitigen Massenanziehung eine physische Einheit bilden ***(physischer D.)***. Optische D.e sind ohne wesentliches Interesse für die Astronomie, da sie von der Erde aus gesehen rein zufällig dicht benachbart erscheinen können, während sie tatsächlich sehr unterschiedliche Entfernungen von der Erde haben und somit räumlich weit voneinander getrennt sind. Die Komponenten eines physischen D.s haben einen geringen räumlichen Ab-

stand voneinander, sie bewegen sich nach den Keplerschen Gesetzen um den gemeinsamen Schwerpunkt. Die physischen D.e haben eine große Bedeutung in der Astrophysik, weil nur bei ihnen – im Gegensatz zu den Einzelsternen – zuverlässige Massebestimmungen auf direktem Wege möglich sind. Die bei ihnen abgeleiteten Zusammenhänge zwischen der Masse und den anderen Zustandsgrößen können als repräsentativ für alle Sterne gelten.
Die massereichere Komponente eines physischen D.s oder, wenn dies nicht feststellbar ist, die hellere Komponente wird als ***Hauptstern*** bezeichnet, die masseärmere bzw. die lichtschwächere Komponente, als ***Begleiter***.
Von den mit bloßem Auge sichtbaren Sternen sind nur etwa 40% Einzelsterne. Von den bekannten Sternen innerhalb einer Kugel mit 5 pc Radius um die Sonne sind rund 60% aller Sterne Mitglieder von Doppel- oder Mehrfachsternen. Insgesamt dürfte sich etwa jeder zweite Stern des Milchstraßensystems in einem physischen System (Doppel- oder Mehrfachstern) befinden. Diese Systeme sind also nahezu gleich häufig wie die Einzelsterne.
Benennung. Soweit die D.e nicht schon eine Buchstaben- oder Ziffernbezeichnung innerhalb eines Sternbildes tragen, werden sie mit dem Namen des Entdeckers und der Nummer bezeichnet, die sie in der vom Entdecker geführten Entdeckungsliste tragen. Für die Namen benutzt man im allg. Abkürzungen; so bedeutet etwa *H* Wilhelm Herschel, *h* John Herschel, Σ Wilhelm Struve, *A* Aitken, *R* Rabe usw.
Klassifikation. Die physischen D.e werden traditionsgemäß nach den Beobachtungsmöglichkeiten in visuelle, spektroskopische, photometrische, astrometrische und Röntgen-Doppelsterne eingeteilt, doch ist diese Einteilung nicht scharf. So sind z.B. die photometrischen D.e im allg. auch spektroskopische D.e. Ein anderes Klassifikationsprinzip benutzt als Kriterium den relativen Abstand der Komponenten. In den ***getrennten Systemen*** (Abb. 1) haben die Komponenten einen so großen Abstand, daß deren physikalischer Zustand völlig unbeeinflußt von der jeweiligen anderen Komponente ist. In den ***halbgetrennten Systemen*** ist der Abstand so klein, daß Masse von einer Komponente zur anderen fließt, wodurch sowohl der physikalische Aufbau als auch die Entwicklung der Komponenten durch die Anwesenheit des anderen Sterns beeinflußt wird und anders verläuft, als wenn beide Sterne Einzelsterne wären. In ***Kontaktsystemen*** stehen beide Komponenten so nahe und in einem so starken Masseaustausch, daß sie praktisch eine gemeinsame äußere Hülle haben. Diese Einteilung beschreibt den gegenwärtigen Zustand, der sich jedoch im Laufe der Zeit ändern kann: Ein bei der Entstehung enger D. kann sich in Abhängigkeit von der Anfangsmasse seiner Komponenten und ihres ursprünglichen Abstandes im Laufe der Entwicklung ein- oder auch zweimal von einem getrennten zu einem halbgetrennten System entwickeln oder ein Kontaktsystem werden (→ Sternentwicklung). Eine besondere Gruppe der halbgetrennten Systeme bilden die kataklysmischen Veränderlichen, deren Lichtwechsel eine Folge des Überfließens von Masse von einer Doppelsternkomponente zur anderen ist.

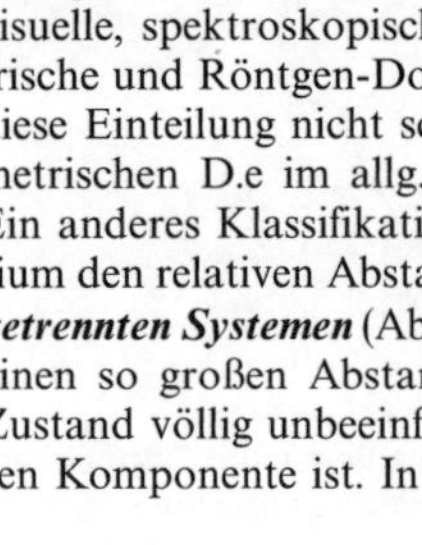

Abb. 1: Schematische Darstellung eines getrennten (a) und eines halbgetrennten Doppelsternsystems (b) sowie eines Kontaktsystems (c). Die masseerfüllten Volumina sind schraffiert gezeichnet. Die die beiden Komponenten einhüllende Linie stellt einen Schnitt durch die kritische Roche-Fläche dar

Ein ***visueller D.*** liegt dann vor, wenn die Komponenten optisch getrennt werden können. Die Entscheidung, ob zwei am Himmel benachbarte Sterne tatsächlich einen visuellen (physischen) und keinen optischen D. bilden, ist z.T. erst nach Jahren zu fällen: Zum Beispiel kann eine unterschiedliche Eigenbewegung zufällig benachbarter Sterne zu einer gegenseitigen Verschiebung führen, die den Eindruck eines physischen Systems hervorruft. Erst die Möglichkeit, die Verschiebung durch eine elliptische Bahn darzustellen, gibt den Beweis, daß es sich tatsächlich um ein physisches System handelt.
Die Wahrscheinlichkeit, daß zwei beliebige, am Himmel benachbarte Sterne ein physisches System bilden, ist um so geringer, je größer ihr räumlicher Abstand voneinander ist. Dieser Abstand wird unter einem immer kleineren Winkel gesehen, je größer die Entfernung der beiden Sterne von der Sonne ist; gleichzeitig nimmt mit größerwerdender Entfernung die scheinbare Helligkeit der Sterne ab. Gibt man sich einen festen Winkelabstand vor, so ist die Wahrscheinlichkeit, daß es sich bei einem Sternpaar mit diesem Winkelabstand um einen physischen D. handelt, um so kleiner, je geringer dessen scheinbare Helligkeit m ist. Nach R.G. Aitken (1864–1951) kann man für statistische Untersuchungen diejenigen Sternpaare als physisch ansehen, bei denen der Logarithmus des Winkelabstandes (gemessen in Bogensekunden) kleiner als $2{,}8 - 0{,}2\,m$ ist. Danach werden z.B. alle D.e mit einer scheinbaren Helligkeit $m = 10^{\mathrm{m}}$, deren Winkelabstand kleiner als $6''$ ist ($\lg 6 = 0{,}776$), als physisch angesehen, alle D.e mit größerem Komponentenabstand als optisch.
Die Komponenten der physischen D.e haben im allg. etwa gleiche Masse, sie bewegen sich daher nach den Keplerschen Gesetzen in ähnlichen, angenähert gleich großen Ellipsen um den gemeinsamen Schwerpunkt (Abb. 2). Diese (wahren) Bewegungen der beiden Komponenten können nicht direkt, sondern nur als Projektion auf eine Ebene senkrecht zur Sichtlinie (und zwar auf die Tangentialebene an die Himmelskugel im Systemschwerpunkt) beobachtet werden. Tat-

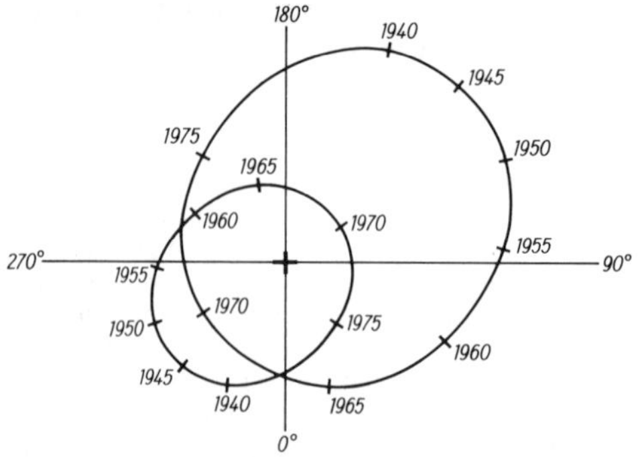

Abb. 2: Bahnen der beiden Komponenten des visuellen Doppelsterns Krüger 60 um den gemeinsamen Schwerpunkt (+), wie sie in einem umkehrenden Fernrohr erscheinen würden; Norden (Positionswinkel 0°) unten, Osten (Positionswinkel 90°) rechts

sächlich gemessen wird im allg. nur die projizierte (scheinbare) Bewegung des Begleiters relativ zum Hauptstern, indem man dessen Ort als fest betrachtet. Die projizierten Bahnen beider Komponenten stehen nur dann zur Verfügung, wenn mindestens für eine Komponente, in der Regel für den Hauptstern, deren zeitliche Positionsänderung relativ zu den Sternen der Umgebung bestimmt wird. Für die andere Komponente genügt dann die relative Bahn in bezug auf den Hauptstern. Die räumliche Bewegung des Begleiters relativ zum Hauptstern erfolgt in einer Ellipse, in deren einem Brennpunkt der Hauptstern steht. Diese Ellipse ist ähnlich den Ellipsen, die beide Komponenten bei ihren Bewegungen bezüglich des Systemschwerpunktes durchlaufen, nur die Größen sind verschieden. Die scheinbare (projizierte) Bahn des Begleiters bezüglich des Hauptsterns ist ebenfalls eine Ellipse, die jedoch weder der wahren Bahn ähnlich zu sein braucht, noch braucht der Hauptstern in einem ihrer Brennpunkte zu stehen; er kann sich vielmehr innerhalb der projizierten Ellipse in jedem beliebigen Punkt befinden (Abb. 3).

Die Bahnbestimmung hat das Ziel, aus der beobachteten projizierten Bahn des Begleiters dessen wahre relative Bahn um den Hauptstern zu ermitteln. Dazu müssen die sieben Bahnelemente dieser wahren Bahn bestimmt werden (→ Bahnbestimmung). Ist diese Bahn bekannt, läßt sich mit Hilfe des dritten Keplerschen Gesetzes die Massensumme der beiden Komponenten ableiten. Wenn zusätzlich noch für beide Sterne die wahren Bahnen relativ zum gemeinsamen Schwerpunkt und damit auch das Verhältnis ihrer großen Halbachsen bekannt sind, läßt sich das Massenverhältnis ermitteln. Aus Massensumme und Massenverhältnis ergibt sich schließlich die Masse jeder Komponente. Die Bahnbestimmung ist nicht immer völlig eindeutig. Beim System 104 Tauri z.B. können die Beobachtungen durch zwei Bahnen dargestellt werden: eine langgestreckte Ellipse mit der Exzentrizität 0,90, wobei die Bahnebene eine Neigung von 73° gegen die Tangentialebene hat und die Umlaufzeit 1,19 Jahre beträgt, oder eine kreisförmige Bahn, die fast in der Tangentialebene liegt, die aber in der doppelten Zeit durchlaufen wird.

Von den insgesamt etwa 80 000 katalogisierten visuellen D.en kennt man von weniger als 1000 die exakten Bahnen. Von dem Rest sind sicher noch ein Teil optische D.e.

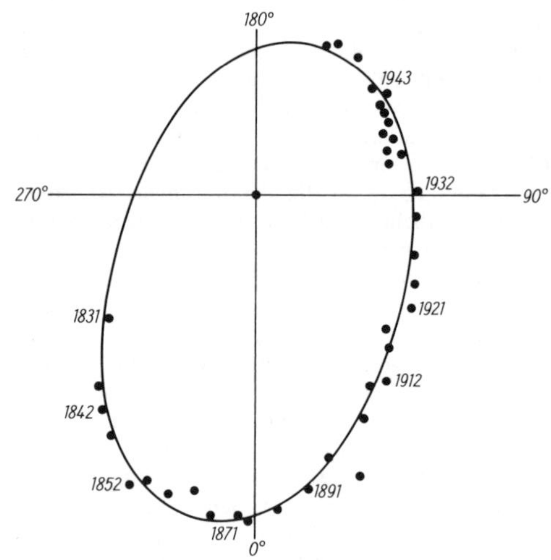

Abb. 3: Scheinbare Bahn des Begleiters im Doppelstern 36 Andromedae relativ zum Hauptstern (im Ursprung des angegebenen Koordinatensystems), wie sie in einem umkehrenden Fernrohr erscheinen würde; Norden (Positionswinkel 0°) unten, Osten (Positionswinkel 90°) rechts. Eingetragen sind Normalörter

Visuelle Doppelsterne

Name	Umlaufzeit	Große Bahnhalbachse		scheinbare Helligkeit		Masse (in Sonnenmassen)	
	(in Jahren)	(in ″)	(in AE)	A	B	A	B
ADS 12096	2,68	0,129	2,3	$6\overset{m}{,}8$	$7\overset{m}{,}4$	0,86	0,82
δ Equulei	5,60	0,265	4,2	$5\overset{m}{,}3$	$5\overset{m}{,}4$	1,06	1,04
9 Puppis	23,18	0,58	8,7	$5\overset{m}{,}8$	$6\overset{m}{,}4$	1,00	0,88
Krüger 60	44,6	2,41	9,5	$9\overset{m}{,}8$	$11\overset{m}{,}5$	0,27	0,16
Sirius	49,9	7,62	20,5	$-1\overset{m}{,}4$	$8\overset{m}{,}6$	2,28	0,98
61 Cygni	691,61	24,44	80	$5\overset{m}{,}2$	$6\overset{m}{,}0$	0,70	0,51
φ Andromedae	3554	1,84	150	$4\overset{m}{,}5$	$6\overset{m}{,}1$	16,67	7,00
σ^2 Ursae Maioris	10850	25,50	480	$4\overset{m}{,}9$	$8\overset{m}{,}1$	1,34	0,38

In der Tab. sind für eine Reihe von D.en einige Daten zusammengestellt. ADS 12096 ist das visuelle System mit der kürzesten und σ^2 Ursae Maioris das mit der längsten bekannten Umlaufzeit. Es existieren sicher Systeme mit noch längeren oder kürzeren Umlaufzeiten, doch läßt sich ihre Existenz schwer nachweisen: Eine Bahnbestimmung von Systemen mit sehr großen Umlaufperioden erfordert einen entsprechend langen Beobachtungszeitraum, Systeme mit extrem kurzen Umlaufzeiten können wegen des dann auch geringen Abstandes der Komponenten meist nicht mehr optisch getrennt werden.

D.e mit sehr großen Komponentenabständen sind nicht für alle Zeiten stabil. Die gegenseitige Massenanziehung der Komponenten ist relativ gering, so daß bei nahen Vorübergängen von Sternen oder interstellaren Wolken infolge deren gravitativer Wechselwirkung die Doppelsternbahnen stark gestört, das System letztlich zerstört werden kann. Abschätzungen ergeben, daß die mittlere Lebenszeit von Doppelsternsystemen mit einer großen Halbachse von 25000 AE etwa 5 Mrd. Jahre beträgt; bei größeren Abständen ist die Lebenszeit kürzer, bei geringeren entsprechend länger.

Unter den visuellen D.en kommen alle Spektralklassen vor, häufig sind frühe und mittlere Klassen, etwa A bis G. Die Komponenten können beide sowohl Hauptreihen- als auch Riesensterne sein, es gibt auch D.e mit einem Hauptreihen- und einem Riesenstern. Vergleicht man Einzelsterne und D.e gleichen Spektraltyps in Hinblick etwa auf ihre Leuchtkraft oder auf ihre räumliche Verteilung und Bewegungsverhältnisse im Milchstraßensystem, so ergeben sich keine Unterschiede.

Visuelle D.e eignen sich gut zur Bestimmung des Auflösungsvermögens von Fernrohren. Man wählt dazu eine Reihe von D.en mit möglichst gleich hellen Komponenten aber unterschiedlichen Winkelabständen aus. Beobachtet man dann die D.e in der Reihenfolge abnehmenden Winkelabstandes, so kann man feststellen, bei welchem die beiden Komponenten nicht mehr getrennt gesehen werden können. Die Tab. gibt eine Reihe von für dieses Verfahren geeigneten D.en (oder zwei Komponenten in Mehrfachsystemen, die für kleinere Fernrohre als visuelle D.e erscheinen).

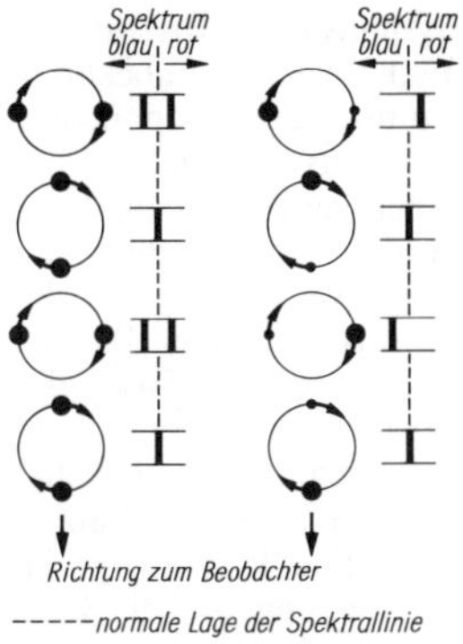

Abb. 4: Linienverschiebungen im Spektrum von spektroskopischen Doppelsternen infolge der sich periodisch ändernden Radialgeschwindigkeiten der Komponenten. Links: Zweispektrensystem; rechts: Einspektrumsystem

Bei den ***spektroskopischen D.en*** sind die Komponenten so eng benachbart, daß diese optisch nicht mehr getrennt werden können, ihre Bahnbewegung um den gemeinsamen Schwerpunkt kann man allein aus der periodischen Doppler-Verschiebung der Linien in ihren Spektren erschließen. Sind die Komponenten eines solchen Systems etwa gleich hell, dann können beide Spektren untersucht werden; die Spektrallinien verdoppeln sich periodisch, es liegt ein sog. Zweispektrensystem vor (Abb. 4). Ist die Helligkeitsdifferenz größer als etwa 1 mag, kann im allg. nur das Spektrum der helleren Komponente vermessen werden, in dem ein periodisches Hinundherpendeln der Linien beobachtet wird (Einspektrumsystem). Die Linienverschiebungen sind eine Folge der periodischen Änderungen der Radialgeschwindigkeiten der Komponenten bezüglich der Sonne. Der zeitliche Verlauf und die Größe der Radialgeschwindigkeiten während eines Umlaufes werden durch die Lage der Bahnellipse gegen die Sichtlinie sowie durch die Bahnexzentrizität bestimmt. Es besteht daher die Möglichkeit, aus den Meßdaten die zur Bahnbestimmung notwendigen Größen herzuleiten. Da nur die Radialbewegungen, nicht die tatsächlichen räumlichen Bewegungen der Sterne beobachtet werden können, sind die Neigung

Doppelsterne zur Bestimmung des Auflösungsvermögens von Fernrohren

	Koordinaten (2000)				scheinbare Helligkeit		Komponenten-Abstand
	α		δ				
	h	min	°	′	A	B	(in ″)
ζ Piscium	1	13,7	7	34	$5^{m}{,}6$	$6^{m}{,}6$	23,81
20 Geminorum	6	32,3	17	47	$7^{m}{,}2$	$7^{m}{,}8$	19,85
20 Lyncis	7	22,2	50	9	$7^{m}{,}3$	$7^{m}{,}5$	14,95
1 Camelopardalis	4	32,0	53	55	$5^{m}{,}9$	$6^{m}{,}9$	10,35
γ Arietis	1	53,5	19	17	$4^{m}{,}8$	$4^{m}{,}9$	7,91
118 Tauri	5	29,3	25	9	$5^{m}{,}9$	$6^{m}{,}7$	4,83
α Piscium	2	2,0	2	46	$4^{m}{,}3$	$5^{m}{,}3$	2,07
ε Arietis	2	59,2	21	20	$5^{m}{,}2$	$5^{m}{,}5$	1,41

α: Rektaszension; δ: Deklination

der Ebene des Doppelsternsystems gegen die Tangentialebene und damit die Bahnhalbachsen unbekannt, weshalb eine Massebestimmung der Komponenten unmöglich ist. In Zweispektrensystemen ist das Masseverhältnis auch bei unbekannter Neigung berechenbar, da aus dem Verlauf der Radialgeschwindigkeiten beider Komponenten in Verbindung mit der Umlaufzeit das Größenverhältnis der beiden Bahnen bestimmt werden kann; aus ihm folgt dann das Masseverhältnis. Die Massensumme der Komponenten ist unbestimmt, da sie mit einem Faktor behaftet ist, der von der Bahnneigung abhängt. Nimmt man an, daß die Bahnebenen der D.e keine Vorzugslage im Raum haben, daß also alle Neigungswinkel gleich wahrscheinlich sind, kann man einen statistischen Mittelwert für diesen Faktor ansetzen, mit dem sich dann für einzelne Sterngruppen (z.B. Sterne gleicher Spektralklasse) statistische Mittelwerte für die Sternmasse berechnen lassen. Ist ein spektroskopischer D. gleichzeitig ein Bedeckungsveränderlicher, fallen Bahnebene und Sichtlinie zusammen und die Neigung ist bekannt, so daß die Einzelmassen bestimmbar sind. Man kennt etwa 5000 Sterne konstanter Helligkeit, deren Radialgeschwindigkeiten veränderlich sind, aber nur von etwa 1500 sind die Änderungen so gut untersucht worden, daß eine Bahnbestimmung möglich ist. Die Gesamtzahl der D.e, die im Prinzip als spektroskopische D.e in Erscheinung treten könnten, ist damit aber bei weitem nicht erfaßt.

Die Umlaufzeiten spektroskopischer D.e sind meist kleiner als 5 Jahre, am häufigsten liegen sie zwischen 2 und 50 Tagen. Die kürzeste bis jetzt beobachtete Umlaufzeit hat der Stern WZ Sagittae mit 80 Minuten, der gleichzeitig ein Bedeckungsveränderlicher und dessen eine Komponente eine wiederkehrende Nova ist. Einige spektroskopische D.e haben Umlaufzeiten von mehr als 20 Jahren, die von 70 Ophiuchi beträgt z.B. 88 Jahre. Die größten gemessenen Radialgeschwindigkeiten liegen bei 1400 km/s. Kleinere Radialgeschwindigkeiten als 2 km/s können kaum nachgewiesen werden; sie treten in Systemen extrem großer Umlaufzeit oder geringer Bahnneigung auf.

Bei den spektroskopischen D.en sind alle Spektralklassen vertreten. Im allg. sind die D.e, deren Komponenten eng beieinander stehen, die also im Mittel kurze Umlaufzeiten haben, vorwiegend O-, B-, A- oder F-Sterne. Riesensterne der Spektralklassen G bis M kommen mehr in Systemen mit längeren Umlaufzeiten vor. Wesentliche Unterschiede zwischen Einzelsternen und spektroskopischen D.en zeigen sich ebensowenig wie bei den visuellen D.en.

Die spektroskopischen D.e hatten für das Auffinden der interstellaren Absorptionslinien eine große Bedeutung: Außer Linien, die eine periodische Verschiebung zeigten, fand man Linien, deren Lage im Spektrum fest blieb. Diese konnten ihren Ursprung nicht in den Atmosphären der beiden, den gemeinsamen Schwerpunkt umlaufenden Sterne haben, sondern mußten dem Spektrum auf dem Weg zum Beobachter nachträglich aufgeprägt, also interstellaren Ursprungs sein. Später wurden auch bei anderen D.en und bei Einzelsternen interstellare Absorptionslinien gefunden.

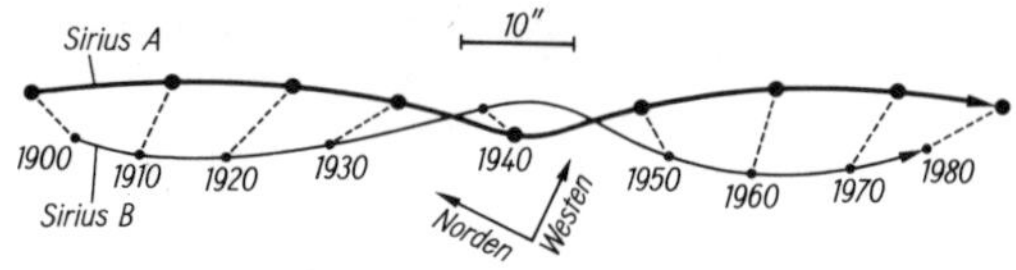

Abb. 5: Scheinbare Bewegung des Sirius (A) und seines Begleiters (Sirius B) am Himmel zwischen 1900 und 1980

Photometrische D.e sind Bedeckungsveränderliche. Bei ihnen fällt die Sichtlinie Beobachter–Gestirn nahezu in die Bahnebene des Doppelsternsystems, so daß zeitweilig eine Komponente die andere verdeckt. Der Doppelsterncharakter läßt sich dann aus dem durch die Bedeckung bewirkten besonderen Lichtwechsel, also mit photometrischen Methoden erkennen (→ Bedeckungsveränderliche).

Astrometrische D.e (Sterne mit unsichtbaren Begleitern) sind physische D.e, die aus einem sichtbaren Stern und einem unsichtbaren Begleiter bestehen. Beim Umlauf um den gemeinsamen Schwerpunkt vollführt der sichtbare Stern kleine periodische Ortsveränderungen an der Himmelskugel, die z.B. im Rahmen von Eigenbewegungs- oder Parallaxenbestimmungen entdeckt werden, wenn die Position des Sterns relativ zu benachbarten Sternen über längere Zeit hin vermessen wird. Die Positionsänderungen sind im allg. sehr klein und daher nur schwer erkennbar. Das bekannteste Beispiel für das Auffinden eines unsichtbaren Begleiters mittels astrometrischer Methoden ist Sirius B, der Begleiter von Sirius. Auf seine Existenz konnte aus periodischen Positionsänderungen des Sirius geschlossen werden (Abb. 5). Der Begleiter blieb zunächst unsichtbar, bis er später als ein im Vergleich zum Hauptstern um etwa 10 mag schwächerer Stern auch direkt beobachtet werden konnte.

Aus der Größe der Positionsänderung und der Änderung der Radialgeschwindigkeit des sichtbaren Sterns sowie der Periode der Änderungen kann auf die Masse des Begleiters geschlossen werden, wenn die Entfernung des Sterns bekannt ist. Dabei ergeben sich Werte, die z.T. erheblich unterhalb der Sonnenmasse liegen und der Jupitermasse nahe kommen. Einem unsichtbaren Begleiter des „Pfeilsterns" z.B. werden teilweise Massen von 1 bis 2 Jupitermassen zugeschrieben, was jedoch vielfach bestritten wird; der Begleiter von γ Cygni hat möglicherweise eine Masse von nur 1,6 Jupitermassen. Derart massearme Objekte werden vor allem als Begleiter von Doppelsternkomponenten gefunden, die selbst schon eine geringe Masse haben. (Die Gesamtsysteme stellen dann keine D.e, sondern Dreifachsterne dar.)

Röntgen-Doppelsterne sind halbgetrennte Systeme, bei denen eine Komponente ein normaler Hauptreihen- oder Riesenstern, die andere ein kompaktes Objekt ist, im allg. ein Neutronenstern, möglicherweise auch ein Schwarzes Loch. Von dem normalen Stern fließt Materie auf die kompakte Komponente über, in derem Gravitationsfeld die Materie stark beschleunigt wird. Infolge des Bahnumlaufs besitzt die fallende Materie einen Drehimpuls, der beim Fall erhalten bleibt, so daß sich um das kompakte Objekt eine schnell rotierende scheibenförmige Materiekonfiguration (eine Akkretionsscheibe) ausbildet. Auf Grund von Reibungseffekten innerhalb des Scheibengases kann Materie zum kompakten Objekt gelangen, andererseits prallt die vom Hauptstern überströmende Materie auf die Akkretionsscheibe auf. Sowohl bei der Reibung als auch bei dem Aufprall neuer Materie auf die Scheibe wird kinetische Energie in thermische Energie überführt und abgestrahlt. Die sich in den heißesten Regionen einstellenden Temperaturen liegen bei 10^7 bis 10^8 K, das Strahlungsmaximum daher im Röntgenbereich. Die Röntgen-Doppelsterne werden auf Grund dieser Ausstrahlung entdeckt. Die Strahlungsleistungen im Röntgenbereich sind vergleichbar den Strahlungsleistungen, die von diesen D.en im optischen Spektralbereich empfangen werden, z.T. sind sie sogar größer, und belaufen sich auf etwa 10^{26} bis 10^{32} W (1 bis 10^6 Sonnenleuchtkräfte). Unter den Röntgen-Doppelsternen gibt es auch Bedeckungsveränderliche; sie stellen den unmittelbaren Beweis für den Doppelsterncharakter der Objekte dar.

Bei einigen Röntgen-Doppelsternen variiert die empfangene Röntgenstrahlung periodisch, sie ist „gepulst". Dies liegt wahrscheinlich daran, daß der Neutronenstern rotiert und ein starkes Magnetfeld hat, dessen Achse gegen die Rotationsachse geneigt ist. Die auf den Stern gelangende Materie wird dann vorzugsweise zu den Magnetfeldpolen des Sterns gelenkt, wodurch es dort zu einer scharf begrenzten lokalen Aufheizung der Sternoberfläche und einer entsprechenden Abstrahlung kommt (Abb. 6). Infolge der Rotation wird für einen entfernten Beobachter einer (oder beide) dieser heißen Flecken periodisch sichtbar. Die beobachteten Pulsperioden liegen zwischen etwa 0,5 und etwa 850 s. Bei einigen D.en mit gepulster Röntgenstrahlung beobachtet man eine langsame Abnahme der Pulsperioden, also eine Beschleunigung der Rotation. Möglicherweise ist dies dadurch bedingt, daß der mittlere spezifische Drehimpuls der Sternmaterie geringer ist als der, den die auf den Stern gelangende Materie trägt.

Röntgen-Doppelsterne, bei denen der Neutronensternbegleiter ein relativ massearmer Stern ist, treten als Röntgenblitzer auf. Von ihnen empfängt man im Abstand von im allg. Stunden bis Tagen kurze Röntgenstrahlungsblitze mit Anstiegszeiten kürzer als 1 s und Abklingzeiten zwischen 3 bis 100 s, die einer ständigen, vielfach etwas veränderlichen Röntgenstrahlung überlagert sind. Die während eines derartigen Blitzes ausgesandte Energie ist zwar sehr hoch, beläuft sich aber nur auf etwa 1% der gesamten Röntgenstrahlungsleistung eines Systems. Nach den gegenwärtigen Vorstellungen besitzen die Neutronensterne in derartigen Systemen nur ein geringes Magnetfeld. Die auf den Neutronenstern gelangende Materie wird daher nicht nur zu den magnetischen Polen gelenkt, sondern mehr oder minder gleichmäßig über die Sternoberfläche verteilt, so daß es zu keinen periodischen Pulsen, sondern zu einer mehr oder minder gleichmäßigen Röntgenstrahlung kommt. Erreicht die angesammelte Materie eine kritische Dichte, kann es in ihr zu explosionsartig verlaufenden Kernreaktionen kommen; die dabei freigesetzte Energie gibt zu den Röntgenblitzen Anlaß.

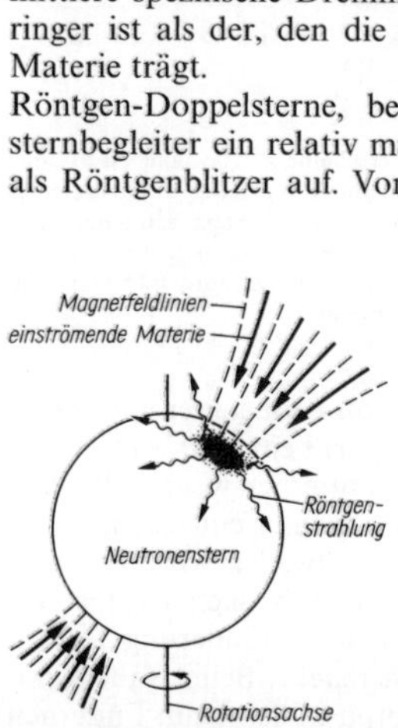

Abb. 6: Schematische Darstellung zur Entstehung eines heißen Flecks an einem der magnetischen Pole eines Neutronensterns

Bei den Röntgen-D.en kann eine Massebestimmung in der gleichen Weise erfolgen wie bei den Einspektrumsystemen der spektroskopischen D.e. Sie ist astrophysikalisch von besonderer Bedeutung, da man mit ihr die Masse von Neutronensternen ermitteln kann. Eine Massebestimmung könnte auch den definitiven Nachweis eines Schwarzen Lochs liefern, wenn sich nämlich für die Masse der kompakten Komponente ein Wert ergeben würde, der weit über der theoretischen oberen Grenzmasse von Neutronensternen liegt.

Entstehung. Die Sternentstehung ist aller Wahrscheinlichkeit nach ein kollektiver Prozeß, bei dem vorzugsweise ganze Gruppen von Sternen mehr oder minder gleichzeitig entstehen. Dabei ist die Wahrscheinlichkeit groß, daß nahe benachbart entstehende Sterne von Anfang an ein physisches System bilden. Eine andere Möglichkeit der Doppelsternbildung besteht darin, daß sich Sterne bei nahen Vorübergängen gegenseitig einfangen. Damit dieser Prozeß einigermaßen effektiv ist, muß die Anzahl der Sterne je Volumeneinheit genügend groß sein, was z.B. im allgemeinen Sternfeld in der Umgebung der Sonne nicht der Fall ist. (Würde nur dieser Prozeß wirken, wären nur etwa 0,001% der Sterne in der Sonnenumgebung D.e.) In Kugelsternhaufen könnte dieser Prozeß hingegen wegen der dort wesentlich höheren Sterndichte eine Rolle spielen. Eine weitere denkbare, wenn auch recht unwahrscheinliche Entstehungsmöglichkeit von D.en ist die Spaltung eines sehr schnell rotierenden Einzelsterns in zwei oder mehrere Komponenten. Da der Drehimpuls des Ausgangssterns gleich dem Gesamtdrehimpuls des entstehenden Systems, also im wesentlich gleich dem Bahndrehimpuls der Komponenten sein muß, müßte der Ausgangsstern eine unwahrscheinlich hohe Rotationsgeschwindigkeit haben, falls aus ihm ein D. mit einem großen Komponentenabstand hervorgehen sollte. Es besteht schließlich die Möglichkeit, daß Doppel- oder Mehrfachsterne die Reste eines aufgelösten Sternhaufens sind. Wahrscheinlich reicht dieser Prozeß allein nicht aus, die große Anzahl der beobachteten D.e zu erklären, da

Einige helle Doppelsterne

Stern	Koordinaten (2000) α h	min	δ °	′	Scheinbare visuelle Helligkeit		Spektralklasse		D ″	Bemerkungen
γ Arietis	1	53,5	19	17	$4^{\mathrm m}{,}8$	$4^{\mathrm m}{,}9$	A0p	A0p	7,9	
λ Arietis	1	57,9	23	36	$4^{\mathrm m}{,}9$	$7^{\mathrm m}{,}4$	A5	G0	37,1	
γ Andromedae A–BC	2	3,9	42	20	$2^{\mathrm m}{,}4$	$5^{\mathrm m}{,}1$	K0	B9	9,8	BC: VisD 0,6″, U = 61,1 a
β Orionis A–BC	5	14,5	−8	12	$0^{\mathrm m}{,}1$	$6^{\mathrm m}{,}8$	B8		9,9	A: SpD, U = 21,9 d; B: SpD, U = 9,86 d; BC: VisD 0,2″
λ Orionis	5	35,1	9	56	$3^{\mathrm m}{,}6$	$5^{\mathrm m}{,}5$	O5e	O5e	4,4	
ε Monocerotis A–B	6	23,8	4	36	$4^{\mathrm m}{,}5$	$6^{\mathrm m}{,}7$	A5	A5	12,2	A: SpD, U = 331 d
β Monocerotis A–B	6	28,8	−7	2	$4^{\mathrm m}{,}7$	$5^{\mathrm m}{,}2$	B2e	B2e	7,3	
A–C					$4^{\mathrm m}{,}7$	$6^{\mathrm m}{,}1$	B2e		10,0	
B–C					$5^{\mathrm m}{,}2$	$6^{\mathrm m}{,}1$	B2e		2,8	
α Geminorum A–B	7	34,6	31	53	$2^{\mathrm m}{,}0$	$2^{\mathrm m}{,}8$	A1	A0	2,4	U = 467 a; A: SpD, U = 9,21 d; B: SpD, U = 2,93 d
A–C					$1^{\mathrm m}{,}6$	$9^{\mathrm m}{,}1$	A1	M1e	73,8	U = 1150 a; C: SpD und PhD, U = 0,81 d
ι Cancri	8	46,7	28	46	$4^{\mathrm m}{,}2$	$6^{\mathrm m}{,}8$	G5	A5	30,4	
γ Leonis	10	20,0	19	51	$2^{\mathrm m}{,}6$	$3^{\mathrm m}{,}8$	K0	K0	4,4	U = 618,56 a
54 Leonis	10	55,6	24	45	$4^{\mathrm m}{,}5$	$6^{\mathrm m}{,}4$	A0	A0	6,6	
α Canum Venaticorum A–B	12	56,0	38	19	$2^{\mathrm m}{,}9$	$5^{\mathrm m}{,}5$	A0p	A0p	19,8	A: SpD, U = 5,5 d
ζ Ursae Maioris A–B	13	23,9	54	56	$2^{\mathrm m}{,}3$	$4^{\mathrm m}{,}0$	A1	A2	14,4	A: SpD, U = 20,53 d; B: SpD, U = 175,55 d
δ Serpentis	15	34,8	10	32	$4^{\mathrm m}{,}2$	$5^{\mathrm m}{,}3$	F0	F0	3,9	
ζ Coronae Borealis A–B	15	39,4	36	39	$5^{\mathrm m}{,}1$	$6^{\mathrm m}{,}1$	B8	B8	6,3	A: SpD, U = 12,58 d
ξ Scorpii A–B	16	4,4	−11	23	$4^{\mathrm m}{,}8$	$5^{\mathrm m}{,}1$	F8		1,1	U = 45,69 a
AB–C					$4^{\mathrm m}{,}2$	$7^{\mathrm m}{,}5$			7,6	
β Scorpii A–B	16	5,4	−19	48	$2^{\mathrm m}{,}6$	$5^{\mathrm m}{,}1$	B1	B1	13,7	A: SpD, U = 6,828 d
ϱ Herculis	17	23,7	37	8	$4^{\mathrm m}{,}5$	$5^{\mathrm m}{,}5$	A0	A0	4,0	
95 Herculis	18	1,5	21	36	$5^{\mathrm m}{,}1$	$5^{\mathrm m}{,}2$	A3	G5	6,3	
70 Ophiuchi	18	5,5	2	30	$4^{\mathrm m}{,}3$	$6^{\mathrm m}{,}1$	K0	G	2,3	U = 87,89 a
ε^1 ε^2 Lyrae AB–CD	18	44,3	39	40	$4^{\mathrm m}{,}8$	$4^{\mathrm m}{,}4$	A3	A5	209,3	
ε^1 A–B					$5^{\mathrm m}{,}1$	$6^{\mathrm m}{,}2$	A3	A3	2,7	U = 1165,6 a
ε^2 C–D	18	44,3	39	36	$5^{\mathrm m}{,}1$	$5^{\mathrm m}{,}3$	A5	A5	2,3	U = 585,0 a
β Lyrae A–B	18	50,1	33	22	$3^{\mathrm m}{,}4$	$6^{\mathrm m}{,}7$	B8	F0	45,8	A: SpD und PhD, U = 12,91 d
ϑ Serpentis	18	56,2	4	12	$4^{\mathrm m}{,}5$	$4^{\mathrm m}{,}9$	A5	A5	22,3	
β Cygni	19	30,7	27	58	$3^{\mathrm m}{,}1$	$5^{\mathrm m}{,}1$	K0	B9	34,4	

In der ersten Spalte ist bei Mehrfachsternen das Komponentenpaar angegeben, das als visueller Doppelstern erscheint, z.B. bedeutet A–BC, daß es sich um einen visuellen Dreifachstern handelt, dessen Komponenten B und C in kleineren Fernrohren nicht getrennt gesehen werden können. Sie werden bei der Angabe der scheinbaren visuellen Helligkeit und des Winkelabstandes D zur Komponente A als ein Stern betrachtet. Sind bei einem Mehrfachstern auch in kleineren Fernrohren mehrere Komponenten getrennt zu sehen, sind diese einzeln aufgeführt. Ist eine Komponente ein spektroskopischer Doppelstern (SpD), ist dieses Paar als ein Stern behandelt und bezeichnet. α: Rektaszension; δ: Deklination; U: Umlaufzeit; VisD: visueller Doppelstern mit hinzugefügtem Winkelabstand; PhD: photometrischer Doppelstern.

nur solche Sternhaufen sich relativ schnell auflösen, die bei ihrer Entstehung schon ziemlich einschneidenden Bedingungen genügen (→ Offene Sternhaufen).
Die Existenz physischer D.e wurde zuerst um 1800 von W. Herschel (1738–1822) erkannt, der erste spektroskopische D. wurde 1889 von E. Pickering (1846–1919) entdeckt. Im gleichen Jahr bewies H. Vogel (1841–1907) die Doppelsternnatur von Bedeckungsveränderlichen.

Doppler-Effekt [nach dem österreich. Physiker Ch. Doppler, 1803–1853], die Änderung der Frequenz bzw. Wellenlänge einer empfangenen Wellenstrahlung bei einer Relativbewegung von Beobachter und Strahlungsquelle. Diese Änderung tritt ein, weil beim Annähern der Quelle mehr, beim Entfernen weniger Wellenzüge je Zeiteinheit beim Beobachter eintreffen.
Bei der Ausbreitung von Schallwellen wirkt der ***akustische D.-E.***, der sich z.B. beim schnellen Vorüberfahren eines hupenden Autos in der Veränderung der Höhe des Huptons bemerkbar macht: Beim Näherkommen des Autos ist der Hupton höher, beim Entfernen tiefer als es der abgegebenen Schallfrequenz entspricht.
In der Astronomie spielt der ***optische D.-E.*** eine Rolle,

der bei einer Relativbewegung von Lichtquelle und Beobachter in Erscheinung tritt. Nähert sich die Lichtquelle, so beobachtet man höhere Frequenzen als von der Quelle ausgestrahlt werden, was einer Verschiebung von Spektrallinien nach der violetten Seite des Spektrums hin ***(Violettverschiebung)*** gleichkommt; entfernt sich die Lichtquelle, so empfängt man niedrigere Frequenzen als ausgestrahlt werden, was eine ***Rotverschiebung*** bedeutet. Erfolgt die Relativbewegung mit einer Geschwindigkeit v, die sehr viel kleiner als die Lichtgeschwindigkeit c ist, dann gilt für die beobachtete Frequenzänderung $\Delta\nu/\nu_0 = (\nu_0 - \nu)/\nu_0 = \pm v/c$, wobei ν_0 die von der Lichtquelle tatsächlich ausgestrahlte und ν die beobachtete Frequenz bedeuten, und man bei einer Annäherung der Lichtquelle für die Geschwindigkeit das negative, bei einer Entfernung das positive Zeichen wählt. Der Frequenzänderung entspricht eine Wellenlängenänderung $\Delta\lambda/\lambda_0 = (\lambda - \lambda_0)/\lambda_0 = \pm v/c$, wobei λ_0 die ausgestrahlte, λ die empfangene Wellenlänge bedeuten, und die obige Vorzeichenregel gilt. Relativ zur Lichtquelle sich bewegende Gasmassen verhalten sich bei einer Lichtabsorption wie ein Beobachter: Sie absorbieren je nach der Relativbewegung kürzerwelliges oder längerwelliges Licht, als wenn sie relativ zur Quelle ruhen würden. Falls die Relativgeschwindigkeit der Lichtgeschwindigkeit nahekommt, gelten die obigen Formeln nicht mehr, man muß vielmehr nach der Speziellen Relativitätstheorie die allgemeinere Formel $\Delta\nu/\nu_0 = \Delta\lambda/\lambda_0 = \sqrt{1+v/c}/\sqrt{1-v/c} - 1)$ benutzen (relativistischer D.-E.); sie geht für kleine Geschwindigkeiten in die obigen Formeln über. (Die Vorzeichenregel gilt in gleicher Weise wie oben.)

Der D.-E. kann zur Messung der Radialgeschwindigkeit eines strahlungsaussendenden oder -absorbierenden Körpers ausgenutzt werden, wenn man die Wellenlänge der in einem Spektrum beobachteten Linie mit der Wellenlänge vergleicht, die man im Labor messen würde. Bei einem flächenhaft erscheinenden rotierenden Himmelskörper läßt sich die Rotation aus der Größe der Linienverschiebung in dem von unterschiedlichen Randteilen ausgehenden Licht bestimmen. Bei punktförmig erscheinenden Himmelskörpern macht sich die Rotation in einer Verbreiterung der Spektrallinien (*Rotationsverbreiterung*) bemerkbar: Das Licht, das von der auf den Beobachter zukommenden Hemisphäre des Körpers stammt, hat eine Violettverschiebung und das von der sich entfernenden Hemisphäre eine Rotverschiebung. Je größer die Rotationsgeschwindigkeit (genauer: die in der Sichtlinie liegende radiale Komponente der Geschwindigkeit) ist, um so stärker ist die Linienverbreiterung. Periodische Linienverschiebungen im Spektrum eines Sterns sind entweder durch eine Pulsation, also eine periodisch wechselnde Expansion und Kontraktion des Sterns, oder durch seinen Umlauf um den mit einem anderen Stern gemeinsamen Schwerpunkt in einem Doppelsternsystem verursacht.

Eine *thermische Doppler-Verbreiterung* der Spektrallinien ergibt sich auf Grund der ungeordneten thermischen Bewegung der Atome in einem Gas: Ein Teil der Strahlung aussendenden (oder absorbierenden) Atome nähert sich dem Beobachter, ein Teil entfernt sich, und zwar mit unterschiedlichen Radialgeschwindigkeiten, während ein Teil bezüglich des Beobachters keine Radialgeschwindigkeit hat. Die Überlagerung aller einzelnen aus den Radialbewegungen resultierenden Linienverschiebungen bewirkt eine Verbreiterung der Spektrallinien, die mit der Temperatur des Gases wächst, da die mittlere Geschwindigkeit der Atome mit der Temperatur zunimmt. Aus der thermischen Doppler-Verbreiterung läßt sich daher auf die Temperatur eines Gases schließen. Die Turbulenz in einem strahlenden oder absorbierenden Gas bewirkt ebenfalls eine Linienverbreiterung (*Turbulenzverbreiterung*): Statt einzelner Atome tragen ganze Gasballen (Turbulenzelemente) mit unterschiedlichen Radialgeschwindigkeiten zur Linienverbreiterung bei.

Dor, Abk. für Dorado.

Dorado [span.], *Gen.* Doradus, abg. ***Dor***, ***Goldfisch***, ***Schwertfisch***, kleines Sternbild am südlichen Himmel, das von unseren Breiten aus nicht sichtbar ist. In ihm liegen der Südpol der Ekliptik und Teile der Großen Magellanschen Wolke.

Dorsum [lat., ‚Rücken'] *n*, *Plur.* Dorsa, Bezeichnung für eine höhenrückenähnliche Oberflächenstruktur auf Körpern des Planetensystems.

Dra, Abk. für Draco.

Drache, das Sternbild → Draco.

Drachenpunkte, die Knoten der Mondbahn; → Finsternis.

Draco [lat.], *Gen.* Draconis, abg. ***Dra***, ***Drache***, weit ausgedehntes Sternbild des nördlichen Himmels, das in unseren Breiten stets über dem Horizont bleibt. Es umschließt fast vollständig das Sternbild Ursa Minor (Kleiner Bär). Im Sternbild D. liegt der Nordpol der Ekliptik.

Draconiden, ***Giacobiniden***, ein periodischer, am 9. Oktober auftretender Meteorstrom, dessen Radiant im Sternbild Draco liegt. Der die D. erzeugende Meteoroidenschwarm entstand aus dem Komet 1933 III (Giacobini-Zinner).

drakonitisch, sich auf die Knotenpunkte der Mondbahn, die Drachenpunkte, beziehend.

drakonitischer Monat, → Monat.

Draper, Henry, nordamerik. Naturforscher, geb. 7.3.1837 in Prince Edward County (Virginia, USA), gest. 20.11.1882 in New York. D. beschäftigte sich auf seiner Privatsternwarte mit der Beobachtung und Photographie von Himmelskörpern und ihren Spektren. Seine Witwe stiftete dem Harvard-Observatorium eine große Geldsumme, mit der die Herausgabe eines Sternkatalogs, des Henry-Draper-Katalogs, finanziert wurde.

Drehimpuls, → Impuls.

Drehmoment, das Produkt aus der an einem Körper angreifenden und senkrecht auf der Verbindungslinie Angriffspunkt–Drehachse stehenden Kraftkomponente sowie dem Abstand des Angriffspunktes von der Drehachse; das D. ist eine gerichtete Größe, deren Richtung mit der der Drehachse übereinstimmt. Durch D.e wird der Drehimpuls geändert.

Drei-α-Prozeß, Kernprozeß, bei dem aus drei Heliumkernen (α-Teilchen) ein Kohlenstoffkern entsteht.

Dreieck, das Sternbild → Triangulum.

Dreifarbenphotometrie, eine Mehrfarbenphotometrie, bei der die Helligkeit von Himmelskörpern in drei unterschiedlichen Spektralbereichen gemessen wird; → Photometrie, → Farbsystem.

Drei-Kelvin-Strahlung, ***kosmische Hintergrundstrahlung***, eine das gesamte Weltall gleichmäßig erfüllende elektromagnetische Strahlung, deren Intensität und spektrale Zusammensetzung der Strahlung eines Schwarzen Körpers der Temperatur von 2,726 K (also rund 3 K) entspricht. Jeder Kubikzentimeter im freien Raum enthält etwa 375 Photonen der D.-K.-S., deren Energiemaximum bei einer Wellenlänge von 1,1 mm liegt. Im Rahmen kosmologischer Weltmodelle wird die D.-K.-S. als Reststrahlung aus einem frühen Entwicklungszustand des Weltalls gedeutet, die direkt Kunde von diesem Frühzustand bringt (→ Kosmologie).

Die D.-K.-S. ist nahezu isotrop, der Unterschied zwischen dem aus einer beliebigen Richtung kommenden Strahlungsstrom und dem mittleren Strahlungsstrom ist kleiner als 0,15%. Hochgenaue Messungen lassen eine Dipol-Anisotropie erkennen: In Richtung zum Sternbild Leo ist der empfangene Strahlungsstrom um etwa 0,12% größer, in der Gegenrichtung um etwa 0,12% niedriger als das Mittel über den gesamten Himmel, was darauf zurückzuführen ist, daß sich die Erde relativ zur Gesamtheit der Photonen der D.-K.-S. bewegt. Die Strahlung in der Bewegungsrichtung ist auf Grund des Doppler-Effekts zu kürzeren Wellenlängen verschoben und damit etwas energiereicher als die, die aus der Gegenrichtung kommt. Die Relativbewegung gegenüber dem Photonenmeer der D.-K.-S. liegt bei etwa 300 km/s. Zusätzlich zur Dipol-Anisotropie wurden in Bereichen mit einer Winkelausdehnung kleiner als etwa 20° geringfügige Abweichungen von einer idealen Isotropie gefunden. Diese Bereiche haben jeweils eine einheitliche Temperatur, die gegenüber dem großräumigen Mittelwert bis zu etwa $6 \cdot 10^{-6}$ K abweicht; diese Differenzen sind nicht auf zufällige statistische Fluktuationen zurückzuführen. Als Ursache werden Quantenfluktuationen während der ersten etwa 10^{-35} s des Weltalls angesehen (→ Kosmologie).

Die Existenz einer kosmischen Hintergrundstrahlung wurde 1949 von G. Gamow (1904–1968) auf Grund theoretischer Überlegungen vorausgesagt und 1965 von A. Penzias und R. Wilson entdeckt (Nobelpreis für Physik 1978).

Dreikörperproblem, die Aufgabe, die Bewegungen dreier Körper zu bestimmen, die unter dem alleinigen Einfluß ihrer gegenseitigen Massenanziehung stehen. Vorausgesetzt wird dabei, daß die Körper gravitativ so aufeinander wirken, als wenn sie „Punktmassen“ wären, also ihre gesamte Masse im Mittelpunkt konzentriert wäre. Diese Annahme ist gerechtfertigt, wenn der Abstand der Körper voneinander wesentlich größer als ihr Durchmesser ist. Das D. stellt eines der Hauptprobleme der Himmelsmechanik dar.

Zwischen den drei Körpern wirken infolge der Massenanziehung Kräfte, unter deren Einfluß sich die Körper um den gemeinsamen Schwerpunkt bewegen. Nimmt man an, daß man für einen bestimmten Zeitpunkt den Ort der drei Körper kennt, so lassen sich auf Grund des Newtonschen Gravitationsgesetzes die auf jeden der Körper von den beiden anderen ausgeübten Kräfte berechnen, und damit die sich ergebenden Geschwindigkeitsänderungen (Beschleunigungen) nach Größe und Richtung bestimmen. Mathematisch ist die Berechnung der Beschleunigungen mit der Lösung eines Systems von neun Gleichungen (drei Vektordifferentialgleichungen 2. Ordnung) verbunden. Während beim Zweikörperproblem die entsprechenden Gleichungen geschlossen gelöst und damit die Bahnen der zwei Körper angegeben werden können, ist dies im D. nicht der Fall. Es läßt sich sogar beweisen, daß eine Lösung des D.s in geschlossener algebraischer Form nicht möglich ist, wenn man – wie es in der Himmelsmechanik allgemein üblich ist – als unabhängige veränderliche Größen in den Gleichungen rechtwinklige Koordinaten oder die Bahnelemente wählt. Ob bei der Wahl anderer Variabler eine geschlossene Lösung existiert, ist nicht bekannt.

Für die Bewegung der drei Körper lassen sich nur allgemeine Gesetze angeben; diese gelten grundsätzlich für alle abgeschlossenen gravitativen Systeme (mit einer beliebigen Anzahl von Körpern). Es sind dies der *Schwerpunktsatz*: Der gemeinsame Schwerpunkt der Körper verharrt im Zustand der Ruhe oder bewegt sich geradlinig mit konstanter Geschwindigkeit; der *Flächensatz*: Die Summe der Produkte aus den Massen und den Flächengeschwindigkeiten (den in der Zeiteinheit von den Radiusvektoren überstrichenen Flächen) ist konstant (in anderer Fassung besagt dieser Satz, daß der Gesamtdrehimpuls bei der Bewegung der Körper konstant bleibt); und der *Energiesatz*: Die Summe der kinetischen und der potentiellen Energie der Körper ist konstant.

Selbst dann, wenn man spezielle, einengende Annahmen macht, ergeben sich für das D. keine geschlossenen Lösungen. Dies gilt z.B. für das sog. ***eingeschränkte D. (Problème restreint)***, bei dem man annimmt, daß sich zwei der Körper nach den Gesetzen des Zweikörperproblems auf Kreisbahnen um den gemeinsamen Schwerpunkt bewegen, während der dritte Körper eine gegenüber den Massen der beiden anderen Körper verschwindend kleine Masse hat, wodurch diese in ihren Bewegungen nicht beeinflußt werden, und sich der dritte Körper außerdem noch in der gleichen Ebene wie die beiden Hauptkörper bewegt.

Nimmt man zusätzlich noch an, daß der dritte Körper die gleiche Umlaufzeit um den Systemschwerpunkt wie die beiden Hauptkörper hat, so ergeben sich dann strenge Lösungen, wenn er sich in einem der fünf ***Librationspunkte (Gleichgewichts-, Lagrange-Punkte)*** L_1, L_2 ... L_5 der beiden anderen Körper befindet (Abb.). In diesen Punkten herrscht ein Gleichgewicht zwischen der auf den dritten Körper wirkenden Massenanziehung und der Zentrifugalkraft infolge seines Umlaufs um den Systemschwerpunkt. Die Punkte L_1, L_2 und L_3 liegen auf der Verbindungsgeraden der beiden Hauptkörper, wobei die Punktabstände durch das Verhältnis der Massen der beiden Hauptkörper bestimmt sind. Die beiden übrigen Librationspunkte

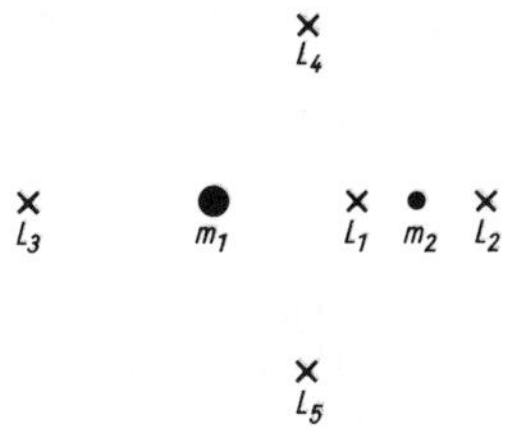

Lage der Librationspunkte L_1, L_2, ... L_5 relativ zu den Massen m_1 und m_2

bilden mit den beiden Hauptkörpern gleichseitige Dreiecke. Bei den Bewegungen der drei Körper um den gemeinsamen Schwerpunkt können sich zwar die Entfernungen untereinander ändern, da sich die drei Körper auf ähnlichen Kegelschnitten bewegen, das Verhältnis der Entfernungen bleibt aber immer konstant. Diese Konstanz sichert die strenge algebraische Lösung der Bewegungsgleichungen des dritten Körpers. Die von ihm beschriebene Bahn bezeichnet man als ***Librationsbahn***. Befindet sich der dritte Körper nicht genau in einem der Librationspunkte, sondern nur in seiner Nähe, so ist es möglich, daß er dauernd periodische Bewegungen um diesen Punkt ausführt. Für die Punkte L_1, L_2 und L_3 sind die Bedingungen, die die drei Körper dazu zu erfüllen haben, sehr einschneidend. Für die Bewegung um die Punkte L_4 und L_5 genügt es, daß die Masse des dritten Körpers klein gegenüber den beiden Hauptmassen ist, von denen die eine wiederum mindestens 25mal kleiner als die andere sein muß. Treten jedoch zu den zwei Körpern noch weitere hinzu, die die Bewegung des dritten Körpers stören (was dann im Prinzip über das D. hinausgeht, aber z.B. im Sonnensystem immer der Fall ist), sind nur die Bahnen um L_4 und L_5 stabil (Abb. → Trojaner), die Bahnen um L_1, L_2 und L_3 jedoch instabil: Der dritte Körper entfernt sich mit der Zeit immer mehr von diesen Punkten. Die Annahme, daß sich ein Körper in einem Librationspunkt zweier anderer Körper oder in dessen Nähe befindet, erscheint zunächst sehr unwahrscheinlich. Es zeigt sich jedoch, daß dieser Spezialfall des D.s im Planetensystem durchaus realisiert ist. Zum Beispiel hält sich in der Nähe der Librationspunkte L_4 und L_5 von Sonne und Jupiter jeweils eine ganze Gruppe von Planetoiden, die sog. Trojaner, auf; im Punkt L_4 von Saturn und Dione bzw. L_4 und L_5 von Saturn und Tethys findet sich jeweils ein weiterer kleiner Saturnsatellit.

Verzichtet man von vornherein auf eine geschlossene mathematische Darstellung der Bahnen der drei Körper, damit darauf, daß man Ort und Geschwindigkeit der Körper für jeden beliebigen Zeitpunkt ohne Kenntnis des vorangegangenen Bewegungsablaufs berechnen kann, so läßt sich durch eine numerische Integration der Bewegungsgleichungen das D. lösen: Für einen gegebenen Zeitpunkt gibt man sich den Ort und die Geschwindigkeit nach Größe und Richtung der drei Körper vor. Dann läßt sich die auf jeden Körper wirkende Beschleunigung nach Größe und Richtung und damit der Ort jedes Körpers und seine Geschwindigkeit zu einem um einen kleinen Zeitabschnitt späteren Zeitpunkt berechnen. Für diesen Zeitpunkt wiederholt man die Rechnungen, usw. Bei derartigen Untersuchungen stellte sich in besonderen Fällen heraus, daß der dritte Körper relativ zu den beiden anderen nach einer gewissen Zeit wieder zu seinem Ausgangspunkt unter gleichen Bedingungen zurückkehren kann, daß also die Bewegung periodisch ist, so daß der Bewegungsablauf für alle Zeiten angebbar ist. Es existieren ganze Familien solcher z.T. recht komplizierten geschlossenen Bahnen. Im allg. zeigt es sich aber, daß man langsfristig nichts über den Bahnverlauf sagen kann, da selbst sehr geringe Abweichungen von den Ausgangswerten zu sehr großen, unvorhersagbaren Abweichungen der Bahnen führen können.

Wie groß die Komplikationen im D. sein können, zeigen die Untersuchungen der → Mondbewegung, die nicht allein durch die Massenanziehung der Erde bedingt ist, sondern auch wesentlich von der der Sonne abhängt.

Druck, die senkrecht auf die Flächeneinheit wirkende Kraft; Maßeinheit ist das Pascal, Einheitenzeichen Pa, definiert als der Druck, den eine gleichmäßig verteilte Kraft von 1 Newton auf die Fläche von 1 Quadratmeter ausübt: $1\ \mathrm{Pa} = 1\ \mathrm{N/m^2}$. Andere gebräuchliche Einheiten sind (bzw. waren) das Bar, $1\ \mathrm{bar} = 10^5\ \mathrm{Pa}$, und die (technische) Atmosphäre, Einheitenzeichen at, $1\ \mathrm{at} = 98\,066{,}5\ \mathrm{Pa}$.

Druckverbreiterung, eine Verbreiterung der von einem Gas emittierten oder absorbierten Spektrallinien, die von dem im Gas herrschenden Druck abhängt; → Spektrum.

D-Schicht, eine Schicht innerhalb der Ionosphäre der Erde; → Erdatmosphäre.

Dubhe [arab. zahr ad-dubh, ‚Rücken des Bären'], der Stern α im Sternbild → Ursa Maior (Großer Bär).

Dunkelwolke, ***Dunkelnebel***, eine räumlich begrenzte Ansammlung von interstellarem Staub, die das Licht der von der Erde aus gesehen hinter ihr stehenden Sterne so stark schwächt, daß im Vergleich zur unbeeinflußten Umgebung an der Himmelskugel ein sternleeres oder sternarmes, also relativ dunkles Gebiet vorgetäuscht wird.

dunkle Materie, ***nichtleuchtende Materie***, Materie, die sich prinzipiell nur gravitativ, nicht aber leuchtend oder strahlungabsorbierend (wie der interstellare Staub) bemerkbar macht. Derartige Materie leistet anscheinend einen großen Beitrag zur Gesamtmasse im Weltall (→ Kosmologie) sowie zur Masse einzelner Sternsysteme, speziell auch zur Masse des Milchstraßensystems, ohne daß man weiß, woraus sie im einzelnen besteht.

Durchgang, *1)* der Vorübergang der Planeten Merkur und Venus vor der Sonnenscheibe, bei dem die Planeten vor dieser als dunkle Scheibchen sichtbar sind. Solche Durchgänge können nur eintreten, wenn der jeweilige Planet bei der unteren Konjunktion eine genügend kleine ekliptikale Breite hat, da er sonst oberhalb oder unterhalb der Sonnenscheibe vorbeiwandert. ***Merkurdurchgänge*** finden durchschnittlich alle acht Jahre statt (→ Merkur), ***Venusdurchgänge*** durchschnittlich alle 120 Jahre jeweils paarweise im Abstand von 8 Jahren (→ Venus).

2) das Überschreiten des Meridians ***(Meridiandurchgang)*** während der scheinbaren täglichen Bewegung eines Gestirns.

Durchgangsinstrument, → Winkelmeßinstrument.

Durchlässigkeit der Atmosphäre, → Erdatmosphäre.

Durchmesser eines Himmelskörpers, die Länge desjenigen Teils einer durch den Mittelpunkt des Himmelskörpers gehenden Geraden, der sich ganz im Himmelskörper befindet. Man unterscheidet zwischen dem wahren D. e. H., der im linearen Maß, z.B. in Kilometern, gemessen wird, und dem scheinbaren D. (Winkeldurchmesser), d.h. dem Winkel, unter dem der wahre D. von der Erde aus erscheint und der im Winkelmaß gemessen wird. Aus dem beobachteten scheinbaren D. δ läßt sich der wahre D. (linearer D.) D berechnen, wenn der Abstand r des Himmelskörpers vom Beobachter bekannt ist. Wegen der Kleinheit von δ und unter der Annahme der Rotationssymmetrie des Himmelskörpers gilt $\delta = D/r$.

Durchmesser der Sterne, → Sterndurchmesser.

Durchmesser-Dichte-Diagramm, graphische Darstellung mit dem Durchmesser und der mittleren Dichte als Koordinatenachsen zur Charakterisierung der globalen chemischen Zusammensetzung eines Körpers des Planetensystems; → Planet.

Durchmusterung, → Sternkatalog.

E

Ebbe und Flut, → Gezeiten.

Ebnungslinse, → Spiegelteleskop.

Échelle-Spektrograph *m*, → Spektrograph.

Eddington, Sir Arthur Stanley, engl. Astronom, geb. 28.12.1882 in Kendal, gest. 22.11.1944 in Cambridge; ab 1914 Direktor der Sternwarte zu Cambridge. E. befruchtete durch grundlegende Arbeiten viele Gebiete der theoretischen Astrophysik, vor allem die Theorie des inneren Aufbaus der Sterne, entdeckte die Masse-Leuchtkraft-Beziehung der Hauptreihensterne, beschäftigte sich mit der Theorie der Weißen Zwerge sowie mit Problemen der interstellaren Materie und arbeitete auf dem Gebiet der Relativitätstheorie. Durch seine populärwissenschaftlichen Darstellungen astronomischer Themen wurde er auch außerhalb der Fachastronomie bekannt.

Eddington-Leuchtkraft [nach dem engl. Astronomen Sir A.S. Eddington, 1882–1944], diejenige Leuchtkraft eines strahlenden Körpers, bei der die von der Strahlung auf ein Teilchen ausgeübte und vom Körper weg gerichtete Strahlungsdruckkraft gleich der vom Körper auf das Teilchen ausgeübten und auf ihn zu gerichteten Gravitationskraft ist. Beim Überschreiten der E.-L. wird infolge des dann verstärkten Strahlungsdruckes Materie vom strahlenden Körper weggetrieben.

Effektivtemperatur, svw. effektive Temperatur; → Temperatur.

E-Galaxie, ein elliptisches extragalaktisches Sternsystem.

Eichfelder, ***Selected Areas*** [engl., ‚ausgewählte Gebiete'], 206 regelmäßig und symmetrisch zum galaktischen Äquator verteilte sowie 46 in besonderen Gebieten der Milchstraße gelegene, 75′ mal 75′ große Felder am Himmel. In ihnen werden (nach einem Vorschlag von J.C. Kapteyn, 1851–1922) für stellarstatistische Untersuchungen alle erreichbaren Sterne gezählt und möglichst vollständig nach ihren physikalischen und kinematischen Eigenschaften untersucht. Die E. werden als repräsentative Stichproben für den gesamten Himmel angesehen, die in ihnen ermittelten Ergebnisse bilden eine der empirischen Grundlagen der Stellarstatistik.

Eidechse, das Sternbild → Lacerta.

Eigenbewegung, die scheinbare Bewegung eines Sterns an der Himmelskugel relativ zur Menge seiner Umgebungssterne, soweit diese Bewegung durch die räumliche Bewegung des Sterns und die räumliche Bewegung der Sonne hervorgerufen wird.

Die räumliche Bewegung der Sonne mit dem gesamten Planetensystem einschließlich der Erde hat eine scheinbare Verschiebung eines Sterns an der Himmelskugel, die ***scheinbare E.***, zur Folge, da er zu unterschiedlichen Zeitpunkten von unterschiedlichen Raumpunkten aus an die Himmelskugel projiziert wird; die Größe der scheinbaren E. ist von der Entfernung des Sterns abhängig. Die ***wahre E.*** ist durch die räumliche Bewegung des Sterns (seine Pekuliarbewegung) verursacht. Um die wahre E. zu erhalten, müssen die gemessenen Eigenbewegungswerte von den Einflüssen der Sonnenbewegung befreit werden.

Die E. wird in Bogensekunden je Jahr oder Jahrhundert gemessen, wobei man sie im allg. in zwei Komponenten aufspaltet, z.B. die E. in Richtung der Rektaszensionszählung und in Richtung der Deklinationszählung oder die E.en in Richtung der galaktischen Länge und der galaktischen Breite. Gelegentlich faßt man jeweils die beiden Komponenten zu einer resultierenden E. zusammen, muß dann aber noch die Richtung der E. am Himmel, etwa bezogen auf die Nordrichtung, angeben. Die Umrechnung der E. in eine lineare Geschwindigkeit (etwa in Kilometer je Sekunde) ist nur bei bekannter Entfernung des Sterns möglich. Dabei erhält man diejenige Komponente der Raumgeschwindigkeit des Sterns, die senkrecht auf der Sichtlinie steht (Tangentialgeschwindigkeit). Daraus und der Radialgeschwindigkeit, der anderen Komponente, läßt sich die räumliche Geschwindigkeit des Sterns berechnen.

Zur Bestimmung der E. eines Sterns benötigt man mindestens zwei zu verschiedenen Zeitpunkten (Epochen) gewonnene genaue Positionsbestimmungen. Da die meisten E.en wesentlich kleiner als 0,01″ je Jahr sind, müssen die Epochen möglichst weit, am günstigsten einige Jahrzehnte, auseinanderliegen und die Genauigkeit der einzelnen Positionsmessung möglichst

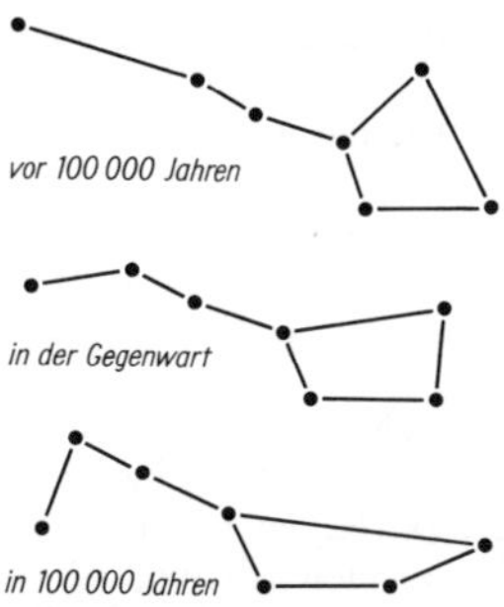

Formänderung des Großen Wagens infolge der unterschiedlichen Eigenbewegungen der ihn bildenden Sterne

hoch sein. Dabei wird im allg. die Sternposition relativ zu den übrigen Sternen (Referenzsternen) auf einer Photoplatte festgelegt, und danach die Örter der Referenzsterne in ein durch Fundamentalsterne definiertes Koordinatensystem eingepaßt. Der mittlere Fehler des größten Teils der gegenwärtig angegebenen jährlichen E.en beträgt etwa $\pm 0{,}01''$. Die genauesten zur Zeit bekannten E.en sind in dem Fundamentalkatalog FK 5 enthalten. Aus erdgebundenen Positionsbestimmungen kennt man für mehr als 1000 Sterne die E.en mit einer Genauigkeit von etwa $\pm 0{,}0007''$ je Jahr und für einige 100000 Sterne mit einer Genauigkeit von etwa $\pm 0{,}004''$ je Jahr. Mit Hilfe des astrometrischen Erdsatelliten HIPPARCOS sollen für etwa 100000 über den gesamten Himmel verteilte Sterne E.en mit einer Genauigkeit von $\pm 0{,}002''$ je Jahr abgeleitet werden.

Der Stern mit der größten bekannten E. ist der Pfeilstern im Sternbild Ophiuchus, der seine Position am Himmel jährlich um $10{,}34''$ ändert.

Eigenfarbe, der Farbenindex, den ein Stern bei nichtvorhandener interstellarer Extinktion hätte; → Farbenindex.

Eigenleuchten der Erdatmosphäre, → Nachthimmelslicht, → Polarlicht.

Einhorn, das Sternbild → Monoceros.

Einschlagbecken, eine sehr große, etwa kreisförmig begrenzte Oberflächenstruktur auf Körpern des Planetensystems, die durch den Einschlag eines sehr massereichen Himmelskörpers hervorgerufen wurde.

Einschlagkrater, eine etwa kreisförmig begrenzte Oberflächenstruktur auf Körpern des Planetensystems, die durch den Einschlag eines mehr oder minder großen Himmelskörpers hervorgerufen wurde.

Einspektrumsystem, ein spektroskopischer Doppelstern, in dessem Spektrum die Linien nur einer Komponente beobachtet werden; → Doppelstern.

Einstein-Ring [nach dem dtsch. Physiker A. Einstein, 1879–1955], eine optische Erscheinung, bei der ein weit entferntes Objekt durch die gravitative Wirkung einer zwischen dem Objekt und dem Beobachter liegenden großen Masse als Ring abgebildet wird; → Gravitationslinse.

Einsteinturm [nach dem dtsch. Physiker A. Einstein, 1879–1955], Name des Sonnenturms des Astrophysikalischen Instituts in Potsdam; Abb. → Sonnenbeobachtung.

Einundzwanzig-cm-Linie, ***21-cm-Linie***, von neutralen Wasserstoffatomen des interstellaren Gases emittierte oder absorbierte Spektrallinie mit einer Wellenlänge von 21,11 cm. Die Linie entsteht in einem Wasserstoffatom im Grundzustand bei der sprunghaften Änderung des Elektronenspins relativ zum Protonenspin. Die beiden Spins können gleich- (parallel) oder entgegengesetztgerichtet (antiparallel) sein. Die 21-cm-Linie tritt als Emissionslinie auf, wenn beim spontanen Übergang vom parallelen zum antiparallelen Zustand Energie frei wird, man beobachtet sie als Absorptionslinie, wenn durch Energiezuführung der Übergang vom antiparallelen zum parallelen Zustand erfolgt. Dies geschieht dann, wenn sich die interstellaren Wasserstoffatome zwischen einer Radioquelle mit kontinuierlichem Spektrum und dem Beobachter befinden und die Temperatur des Wasserstoffgases niedriger als die Temperatur der Radioquelle ist. Der Übergang vom parallelen zum antiparallelen Spinzustand gehört zu den nach den Regeln der Quantenphysik „verbotenen“ Übergängen (→ Atom). Die Wahrscheinlichkeit seines spontanen Eintritts ist außerordentlich gering; die mittlere Aufenthaltsdauer eines Wasserstoffatoms im höherenergetischen Zustand beträgt etwa 11 Mill. Jahre.

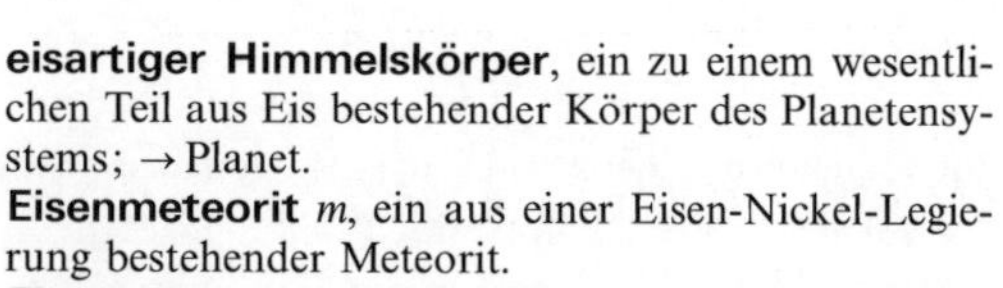

Schematische Darstellung der möglichen Einstellungen des Elektronenspins relativ zum Protonenspin in einem Wasserstoffatom

eisartiger Himmelskörper, ein zu einem wesentlichen Teil aus Eis bestehender Körper des Planetensystems; → Planet.

Eisenmeteorit *m*, ein aus einer Eisen-Nickel-Legierung bestehender Meteorit.

Eisenspitze, das relative Maximum bei Eisen in der Häufigkeitsverteilung der Elemente; → Elementenhäufigkeit.

Ekliptik [ekleipsis, griech., ‚das Ausbleiben, das Verschwinden‘], derjenige größte Kreis an der Himmelskugel, in dem die Ebene der Erdbahn um die Sonne die Himmelskugel schneidet. Die Erdbahnebene (***Ekliptikebene***) ist durch die Verbindungslinie des Sonnenmittelpunkts mit dem Schwerpunkt des Systems Erde–Mond und die Bewegungsrichtung dieses Schwerpunkts um die Sonne definiert. Dieser Punkt ist nicht mit dem Erdmittelpunkt identisch, sondern liegt etwa 4700 km vom Erdmittelpunkt entfernt auf der Verbindungslinie Erdmittelpunkt–Mondmittelpunkt. Da die Mondbahnebene gegen die Ekliptikebene geneigt ist, pendelt der Mond – und damit auch spiegelbildlich der Erdmittelpunkt – infolge des Mondumlaufs periodisch um die Ekliptikebene. Je nachdem, ob sich der

Erdmittelpunkt südlich oder nördlich der Ekliptikebene befindet, steht entsprechend der Sonnenmittelpunkt, der vom Erdmittelpunkt aus auf die Himmelskugel projiziert gedacht wird, etwas nördlich oder südlich der E., hat also eine geringe positive oder negative ekliptikale Breite, die jedoch nie mehr als 0,8″ beträgt. Man kann daher die E. im allg. mit der scheinbaren jährlichen Bahn der Sonne an der Himmelskugel gleichsetzen.

Die E. schneidet den Himmelsäquator unter einem Winkel von etwa 23° 26′, der als ***Schiefe der E.*** bezeichnet wird. Er ist infolge von Präzession und Nutation, die eine Verlagerung sowohl der Erdbahnebene als auch der Erdäquatorebene verursachen, in geringem Maße veränderlich (→ Präzession).

Die ***Pole der E.*** sind die zwei Punkte an der Himmelskugel, die von allen Punkten der E. einen Winkelabstand von 90° haben. Der Nordpol der E. befindet sich in derjenigen durch den Himmelsäquator begrenzten Himmelshalbkugel, in der sich auch der Himmelsnordpol befindet; er liegt im Sternbild Draco (Drache).

Ein Gürtel von der Breite einiger Grad beiderseits der E. wird von altersher als Tierkreis bezeichnet.

(Der Name E. ist auf das „Verschwinden" von Sonne oder Mond bei Sonnen- bzw. Mondfinsternissen zurückzuführen, die nur dann eintreten können, wenn sich der Mond in unmittelbarer Nähe der E. befindet.)

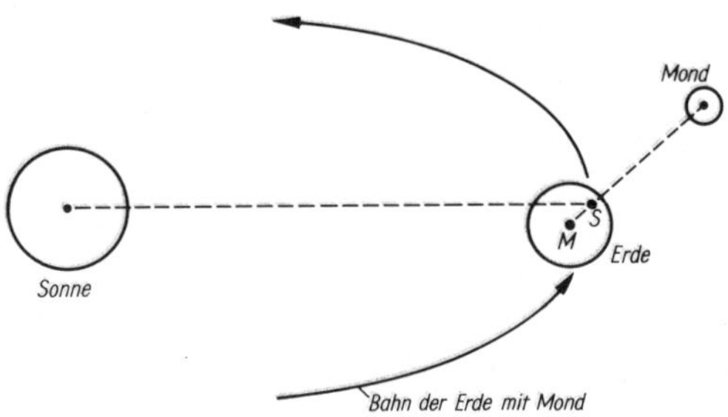

Zur Definition der Ebene der Ekliptik. M: Erdmittelpunkt; S: Schwerpunkt des Erde-Mond-Systems

Ekliptikalkarte, eine Sternkarte, die nur die Himmelszone in der Nähe der Ekliptik darstellt.

Ekliptikalstrom, ein Meteorstrom, dessen ihn erzeugender Meteoroidenschwarm eine Bahn durchläuft, die nur wenig gegen die Ekliptik geneigt ist.

Ekliptiksystem, astronomisches Koordinatensystem; → Koordinaten.

Elara *f*, ein Jupitersatellit. Die E. bewegt sich in einer stark elliptischen Bahn mit einer Exzentrizität von 0,207 und einer großen Halbachse von $11{,}74 \cdot 10^6$ km in 259,7 Tagen rechtläufig um den Jupiter. Die Bahn ist 27,8° gegen die Jupiterbahn geneigt. Der Durchmesser der E. beträgt etwa 80 km. Über die Oberflächenbeschaffenheit der E. ist nichts Sicheres bekannt. Spektralbeobachtungen lassen Ähnlichkeiten des Oberflächenmaterials mit dem kohliger Chondrite vermuten.

Hinsichtlich der Einordnung der E. in das System der Jupitersatelliten → Jupiter.

Die E. wurde 1905 von C.D. Perrine (1867–1951) entdeckt.

Electra *f*, ***Elektra***, Stern in den → Plejaden mit einer scheinbaren visuellen Helligkeit von $3^m_,7$, der Spektralklasse B6 und der Leuchtkraftklasse III; die E. ist also ein heißer Riesenstern.

Elektron *n*, ein Elementarteilchen mit einer Masse von $9{,}1091 \cdot 10^{-31}$ kg (d.i. 1/1836 der Masse eines Protons) und einer negativen elektrischen Ladung von $1{,}602 \cdot 10^{-19}$ Coulomb, der Elementarladung. E.en kommen als Bestandteile der Atom in deren Hüllen (Elektronenhüllen) vor, wo sie bei Energieänderungen Anlaß zur Emission oder Absorption von Spektrallinien geben (→ Atom). Sie treten als freie Teilchen auf, wenn sie durch Ionisation von den Atomen abgelöst wurden. Das Antiteilchen des E.s ist das Positron, das sich vom E. nur durch eine entgegengesetzte Ladung unterscheidet.

Elektronenhülle, die Gesamtheit der einen Atomkern umgebenden Elektronen; → Atom.

Elektronentemperatur, → Temperatur.

Elektronenvolt, Energieeinheit der Atomphysik, Einheitenzeichen eV; $1\ \text{eV} = 1{,}602 \cdot 10^{-19}$ J; es ist die Energie, die ein Elektron beim Beschleunigen durch eine Spannung von 1 Volt gewinnt.

Elemententstehung, die Bildung der im Weltall vorhandenen Elemente (genauer: der ihnen entsprechenden Atomkerne) auf Grund von Atomkernreaktionen. Damit diese stattfinden können, müssen Dichte und Temperatur der Ausgangsmaterie innerhalb bestimmter, genügend hoher Wertebereiche liegen. Diese notwendigen Bedingungen herrschten global nur während eines sehr kurzen Zeitintervalls in der Frühphase des Kosmos und später lokal im Innern der Sterne, was zu einer unterschiedlichen Entstehungsgeschichte der einzelnen Elemente führte.

E. während der Frühphase des Weltalls. Die Frühphase des Weltalls ist durch eine außerordentlich rasche Expansion charakterisiert, in deren Folge Temperatur und Energiedichte von zunächst extrem hohen Werten sehr schnell absanken (→ Kosmologie). Rund 10^{-3} s nach der kosmischen Singularität endete ein Gleichgewichtszustand zwischen der Bildung und der Zerstörung von massereichen Elementarteilchen (Hadronen), zu denen u.a. die Protonen und Neutronen samt ihren Antiteilchen gehören. Derartige Teilchen konnten im Laufe der weiteren Entwicklung nicht mehr entstehen, aber infolge der Paarvernichtung mit ihren Antiteilchen zerstört werden. Das Gleichgewicht zwischen Materie und Antimaterie war offenbar nicht vollkommen, da ein Rest Materie (Protonen und Neutronen) übrigblieb. (Aus ihr sind alle existierenden Himmelskörper aufgebaut.) Alle massereicheren Atomkerne, die bei Reaktionen zwischen Protonen und Neutronen gebildet wurden, wurden bei den vorhandenen Energien gleich wieder zerstört, so daß etwa 2 bis 3 Minuten nach der kosmischen Singularität im gesamten Weltall nur Protonen, also Atomkerne des Elements Wasserstoff, sowie eine geringere Anzahl Neutronen existierten.

Zu diesem Zeitpunkt hatten Temperatur und Dichte im Weltall solche Werte erreicht, daß ab dann die bei Reaktionen zwischen jeweils einem Proton und einem Neutron gebildeten Deuteronen (Atomkerne des schweren Wasserstoffs) nicht sofort wieder zerstört wurden; sie standen für weiterführende Kernreaktionen zur Verfügung. Dabei entstanden u.a. Kerne des überschweren Wasserstoffs, des Tritiums, die jeweils aus einem Proton und zwei Neutronen bestehen, sowie die beiden Heliumisotope Helium-3 und Helium-4, deren Atomkerne jeweils zwei Protonen und ein bzw. zwei Neutronen besitzen, außerdem geringe Mengen von Lithium-7-Kernen mit jeweils 3 Protonen und 4 Neutronen. Die Beschränkung auf diese Gruppe von Atomkernen ist durch das weitere rasche Absinken der Temperatur und damit der mittleren kinetischen Energie der Teilchen bedingt, wodurch immer weniger Atomkerne in der Lage waren, die gegenseitigen elektrostatischen Abstoßungskräfte zu überwinden. Die gleichzeitige Abnahme der Dichte hatte darüberhinaus ein Absinken der Stoßwahrscheinlichkeit, also der Wahrscheinlichkeit, daß sich zwei Atomkerne überhaupt treffen, zur Folge. Der Einbau von Neutronen, die als elektrisch neutrale Teilchen nicht den elektrischen Abstoßungskräften unterliegen, in vorhandene Atomkerne war nicht möglich, da die Neutronen mit der Bildung der Deuteronen alle verbraucht waren. Atomkerne der schwereren Elemente konnten außerdem deshalb nicht entstehen, weil Kerne mit der Massezahl 5 und 8 nicht stabil sind, sondern praktisch sofort nach ihrer Bildung wieder zerfallen und somit nicht als Zwischenstufen für die schrittweise Anlagerung von Protonen, Deuteronen oder Heliumkernen zur Verfügung standen; die Aufbauprozesse mußten daher bei den herrschenden Bedingungen bei diesen Kernen abbrechen. Rund 15 Minuten nach der kosmischen Singularität waren schließlich keine Kernreaktionen mehr möglich. Die Materie setzte sich zu diesem Zeitpunkt aus etwa 76% (Massenprozent) Wasserstoff, von dem ein geringer Teil Deuterium war, und 24% Helium zusammen, von dem das Isotop Helium-4 den Hauptanteil stellte; Lithium-7-Kerne waren nur in verschwindend kleinen Mengen vorhanden.

Während der gesamten weiteren Entwicklung des Weltalls kam zum entstandenen Deuterium praktisch kein neues hinzu, da es – wie auch Lithium – in Sternen nur zerstört, nicht dauerhaft neu gebildet wird. Helium entsteht im Innern von Sternen beim sog. Wasserstoffbrennen und verbleibt im wesentlichen dort oder wird bei weiterführenden Kernprozessen verbraucht. Insgesamt dürfte sich der Anteil des Heliums an der Gesamtmasse im Weltall seit dem Ende der Kernprozesse während der Frühphase des Weltalls maximal um etwa 2 bis 4% geändert haben: Fast alles gegenwärtig existierende Helium, wie auch das gesamte existierende Deuterium stammt aus der Frühphase des Weltalls; diese Atomkerne haben mithin einen „kosmologischen“ Ursprung. (Diesen Umstand macht sich die Kosmologie zunutze: Die beobachteten relativen Häufigkeiten von Deuterium, Helium-3 und Helium-4 dienen zur Überprüfung theoretisch abgeleiteter Weltmodelle.)

Entstehung von Lithium, Beryllium, Bor. Lithium, Beryllium und Bor sind sehr seltene Elemente, was wesentlich an der Instabilität der Atomkerne mit der Massezahl 5 und 8 liegt, so daß die Bildung im Sterninnern sehr unwahrscheinlich ist. Die vorhandenen Kerne werden darüber hinaus schon bei relativ niedrigen Temperaturen von wenigen Mill. K zerstört, wobei Helium entsteht. Mit Ausnahme des kosmologischen Anteils von Lithium-7 sind die existierenden Lithium-, Beryllium- und Borkerne aller Wahrscheinlichkeit nach das Ergebnis von Kernspaltungsprozessen im interstellaren Raum, bei denen massereiche Atomkerne des interstellaren Gases, vor allem Kohlenstoff-, Stickstoff- und Sauerstoffkerne, durch hochenergetische Teilchen der primären Kosmischen Strahlung in masseärmere Kerne, im wesentlichen der der Elemente Lithium, Beryllium und Bor, zerlegt werden. Als neue Bestandteile des interstellaren Gases unterliegen sie allen den Prozessen, die für dieses maßgeblich sind, und werden z.B. mit den anderen Gasbestandteilen bei der Entstehung von Sternen oder Planeten in stellare oder planetare Materie überführt.

E. durch Heliumreaktionen. Die Atomkerne mit den Massezahlen 12, 16 und 20, also Kohlenstoff-12, Sauerstoff-16 und Neon-20, entstehen bei Heliumreaktionen aus Helium-4-Kernen. Die Bildung eines Kohlenstoff-12-Kerns erfordert praktisch das gleichzeitige Zusammentreffen von drei Helium-4-Kernen, da ein Kern der Massezahl 8 (aus zwei Heliumkernen) nur während etwa 10^{-16} s stabil ist; nur wenn er während dieser Zeit mit einem dritten Heliumkern reagieren kann, kommt es zur Bildung eines Kohlenstoff-12-Kerns. An diesen kann dann ein weiterer Heliumkern angelagert werden, so daß man Sauerstoff-16 erhält. Einige wenige dieser Kerne reagieren abermals mit einem Heliumkern, wobei Neon-20 entsteht. Je nach den unterschiedlichen physikalischen Bedingungen ergeben sich unterschiedliche relative Häufigkeiten für die verschiedenen Elemente. Beim Ablauf der Prozesse in einem Stern unter hydrostatischen Gleichgewichtsbedingungen ergibt sich eine andere Elementenverteilung, als wenn die Prozesse z.B. in entarteter Materie explosionsartig (in Form eines „Flashs“) ablaufen, da dann die Temperatur innerhalb kurzer Zeit so stark ansteigt, daß auch Kernreaktionen mit einem höheren Temperaturbedarf stattfinden können; es werden dann mehr massereiche Atomkerne gebildet. Bei höheren Temperaturen sind gleichzeitig mit den Heliumreaktionen auch andere Kernreaktionen möglich, die die Elementenverteilung beeinflussen. Explosionsartig verlaufende Heliumreaktionen treten auch bei Supernovaexplosionen auf.

E. durch Kohlenstoff-, Sauerstoff- und Siliciumreaktionen. Bei Temperaturen von etwa $5 \cdot 10^8$ K können die bei den Heliumreaktionen gebildeten Atomkerne miteinander verschmelzen, wobei z.B. aus zwei Kohlenstoff-12-Kernen ein Magnesium-24-Kern oder aus zwei Sauerstoff-16-Kernen ein Schwefel-32-Kern entsteht. Diese Kerne erleiden z.T. Zerfallsprozesse, bei denen u.a. Protonen, Neutronen und Heliumkerne frei werden, die dann für andere Kernreaktionen zur Verfügung stehen. Dabei werden auch Kerne gebildet, deren Massezahl kein ganzzahliges Vielfaches der Massezahl der Ausgangskerne ist. Erreicht die Temperatur $2 \cdot 10^9$ bis $4 \cdot 10^9$ K, läuft eine Vielzahl von auf- und abbauenden Kernprozessen gleichzeitig ab, z.B. der Einbau und das Abspalten von Protonen oder von Heliumkernen, so daß alle Atomkerne bis hin zur Massezahl 56 entstehen können. Ein Aufbau noch schwererer Kerne ist auf diese Weise nicht möglich, da die Eisen-56-Kerne diejenigen Atomkerne sind, die die höchste Bindungsenergie je Kernbaustein haben (→ Energiefreisetzung in Sternen, Abb. 1).

Atomkerne mit einer Massezahl > 56. Massereichere Atomkerne als Eisen-56 entstehen durch den Einbau von zusätzlichen Neutronen in die vorhandenen Kerne. Wegen ihrer elektrischen Neutralität unterliegen die Neutronen nicht den elektrostatischen Abstoßungskräften wie die (positiv geladenen) Atomkerne; der Neutroneneinbau erfordert daher keine allzu hohen Temperaturen. Beim Neutroneneinfang erhöht sich die Massezahl der Atomkerne, ohne daß ihre Ladungszahl zunimmt, es werden also immer schwerere Isotope des gleichen Elements aufgebaut. Kerne mit hohem Neutronenüberschuß sind nicht stabil, sie erleiden einen β-Zerfall, bei dem sich ein Neutron des Kerns in ein Proton umwandelt, wodurch die Kernladungszahl wächst, und ein Elektron sowie ein Antineutrino ausgestoßen werden. Durch fortlaufenden β-Zerfall erhöht sich bei gleichbleibender Massezahl die Kernladungszahl so weit, bis die Neutronen- und die Protonenzahl im Atomkern in einem solchen Verhältnis zueinander stehen, bei dem der Kern stabil ist: Es ist ein stabiles Isotop eines neuen, massereichen Elements entstanden.

Welche Elemente bei diesem Prozeß bevorzugt gebildet werden, hängt von der Schnelligkeit des Neutroneneinfangs relativ zur Geschwindigkeit des β-Zerfalls ab. Im Sterninnern stehen normalerweise nur wenige freie Neutronen zur Verfügung, daher ist die Zeit zwischen zwei Neutroneneinfängen groß: Ein neutronenreicher Kern kann durch β-Zerfall bis zum nächsten Einfang unbehindert in einen stabilen Kern übergehen. Dieser ***langsame Prozeß*** (***s-Prozeß***; von engl. slow, ‚langsam') läuft vor allem in massereichen Sternen ab, wenn in ihnen das Heliumbrennen in einer

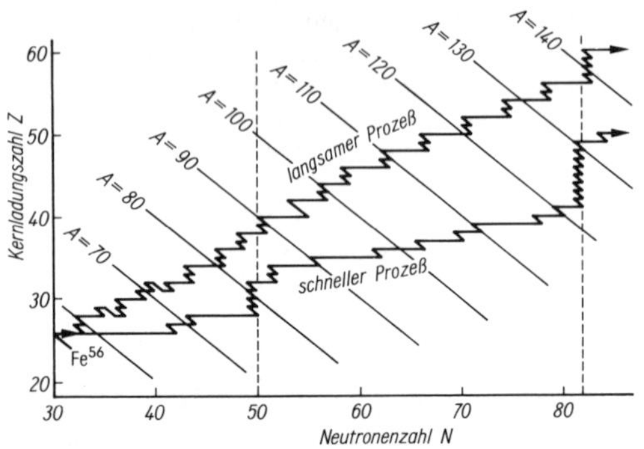

Abb. 1: Entwicklungswege im Z-N-Diagramm infolge von Neutroneneinfang und β-Zerfall. Z: Protonenzahl; N: Neutronenzahl; A ($=Z+N$): Massezahl. Die magischen Neutronenzahlen $N=50$ und $N=82$ sind besonders gekennzeichnet. Neutroneneinfang: Bewegung parallel zur N-Achse; β-Zerfall: Bewegung längs von Geraden konstanter Massezahlen

Schale um das „ausgebrannte" Zentralgebiet stattfindet. Neben den eigentlichen Heliumreaktionen geschehen gleichzeitig weitere Kernprozesse, bei denen z.B. Neon-22-Kerne entstehen, die dann durch Aufnahme von jeweils einem Helium-4-Kern unter Abgabe eines Neutrons in einen Magnesium-25-Kern übergehen können. Die Freisetzungsrate von Neutronen ist bei derartigen Prozessen gerade so hoch, daß der langsame Einfangprozeß abläuft. Durch ihn können im Verlauf von etwa 10^5 Jahren alle Elemente bis Bismut-209 mit dem massereichsten stabilen Atomkern überhaupt aufgebaut werden. Der Aufbau noch massereicherer Atomkerne hat sofort deren Zerfall zu Blei zur Folge.

Die schrittweise Umwandlung eines leichten Atomkerns in einem schweren läßt sich in einem Z-N-Diagramm verfolgen (Abb. 1 und 2), in dem man für jeden Zwischenkern die Protonenzahl Z über der Neutronenzahl N aufträgt. Der sich ergebende „Entwicklungsweg" liegt für den langsamen Prozeß in demjenigen Gebiet des Z-N-Diagramms, in dem sich die stabilen Atomkerne befinden. Der Aufbau geht längs des Entwicklungsweges nicht überall gleich schnell vor

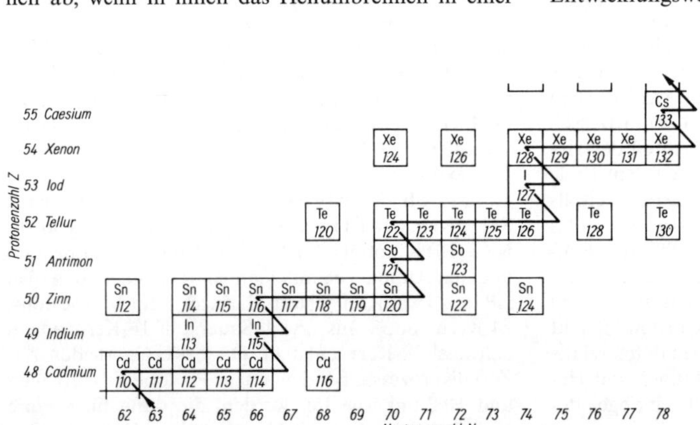

Abb. 2: Ausschnitt aus einem Z-N-Diagramm. Für die stabilen Isotope der Elemente ist die Massezahl $A=Z+N$ angegeben. Der Linienzug stellt den Entwicklungsweg für den langsamen Neutroneneinfang mit β-Zerfall dar. Neutroneneinfang: Bewegung parallel zur N-Achse; β-Zerfall: Bewegung schräg nach links oben

sich. Gewisse Kerne können nur verhältnismäßig schwer weitere Neutronen anlagern, was vor allem bei Kernen mit den „magischen" Neutronenzahlen 50, 82 und 126 der Fall ist. Zwischen zwei Neutroneneinfängen liegen dann relativ große Zeiträume; die Wachstumsgeschwindigkeit dieser Kerne ist entsprechend gering. (Den Kernen stellt sich beim Durchlaufen des Entwicklungsweges an den Stellen der magischen Neutronenzahlen gewissermaßen ein engmaschiges Sieb entgegen, an dem sie sich stauen.) Beim langsamen Prozeß entstehen dadurch relativ viele Kerne mit den Massezahlen um 90, 139 und 208. Atomkerne mit einer großen Einfangwahrscheinlichkeit sind dagegen selten, sie wandeln sich schnell in den nächsten Kern um. Kennt man aus kernphysikalischen Untersuchungen die Einfangwahrscheinlichkeiten der einzelnen Atomkerne für Neutronen, läßt sich die Elementenverteilung, die sich beim s-Prozeß einstellt, berechnen.

Stehen sehr viele Neutronen zur Verfügung, ist die Zeit zwischen zwei aufeinanderfolgenden Neutroneneinfängen so kurz, daß der Kern zwischendurch nicht durch β-Zerfall in einen stabilen Zustand übergehen kann. Dieser ***schnelle Prozeß*** (***r-Prozeß***; von engl. rapid, ‚schnell') führt zu einem Entwicklungsweg im Z-N-Diagramm außerhalb des Gebietes der stabilen Atomkerne; er verläuft in einem Bereich, in dem sich die Kerne mit hohem Neutronenüberschuß befinden. Der schnelle Neutroneneinfangprozeß findet wahrscheinlich hauptsächlich bei Supernovaexplosionen des Typs II statt. Dabei können in wenigen Sekunden schwere Kerne bis zum instabilen Californium-254 entstehen. Nach dem Versiegen der Neutronenquelle verwandeln sich durch β-Zerfall die instabilen Kerne bei gleichbleibender Massezahl in stabile. Beim r-Prozeß ergeben sich etwas andere Elemente als beim s-Prozeß: Die Kerne mit magischen Neutronenzahlen sind besonders zahlreich, sie haben aber weniger Protonen und daher eine geringere Massezahl als die Kerne, die durch den s-Prozeß entstanden sind (Abb. 1); vor allem werden Atomkerne mit einer Massezahl um 84, 132 und 192 gebildet, deren relative Häufigkeit noch etwas von der Zusammensetzung der Ausgangsmaterie abhängt. Am Ende der durch den r-Prozeß entstehenden Atomkernreihe liegen radioaktive Kerne wie z.B. Thorium-232, Uranium-235 und Uranium-238 sowie Plutonium-244.

Atomkerne, die im Z-N-Diagramm rechts unterhalb des Entwicklungsweges für den s-Prozeß liegen, z.B. Cadmium-116, Zinn-122 und -124 oder Antimon-123 (Abb. 2), sind reine r-Kerne, sie können nur im r-Prozeß entstanden sein. Für die meisten stabilen schweren Atomkerne, z.B. die Zinnisotope 118, 119 und 120, sind beide Entstehungsprozesse möglich: Sie liegen auf dem s-Entwicklungsweg, können aber auch durch β-Zerfall aus r-Kernen entstehen. Wieder andere Kerne sind reine s-Kerne, z.B. Zinn-116 oder Tellur-122, -123 und -124, die nicht durch β-Zerfall aus r-Kernen gebildet werden können, da dieser vorher bei anderen stabilen Kernen endet (in dem Beispiel sind das Cadmium-116, Zinn-122, Antimon-123 und Zinn-124).

E. durch Protonenreaktionen. Einige stabile massereiche Atomkerne, die links oberhalb des s-Entwicklungsweges liegen, z.B. Tellur-120, Xenon-124 und -126, haben relativ viele Protonen. Diese Kerne entstehen wahrscheinlich infolge des Einbaus von Protonen in Kerne, die im r- oder s-Prozeß gebildet wurden. Die Protonen können aus Kernreaktionen stammen, die z.B. im Zusammenhang mit Kohlenstoff-, Sauerstoff- und Siliciumreaktionen auftreten. Der Protoneneinfang ***(p-Prozeß)*** wird nur in späten Phasen der Sternentwicklung wirksam, die durch ihn entstehenden Elemente sind relativ selten.

Elementenhäufigkeit, die relative Menge der unterschiedlichen chemischen Elemente in einer Materieansammlung; ein Element dient als Bezugselement (meist Wasserstoff, bei Untersuchungen von Erdgesteinen oder Meteoriten vielfach auch Silicium), dessen Häufigkeit man gleich einem willkürlichen runden Wert annimmt, während die Häufigkeiten der anderen Elemente dazu ins Verhältnis gesetzt werden. Die E. charakterisiert die chemische Zusammensetzung eines Körpers, allerdings mit der Einschränkung, daß bei der Angabe der E. außer acht bleibt, ob ein Element atomar oder in chemischer Verbindung, also in Molekülen an andere Elemente gebunden, vorkommt.

Bestimmungsmethoden. Material von astronomisch interessierenden Körpern (mit Ausnahme einiger weniger des Planetensystems) kann nicht im Labor oder labormäßig an Ort und Stelle untersucht werden. Die Bestimmung der E. geschieht daher im allg. über eine Spektralanalyse des von den Himmelskörpern emittierten oder absorbierten Lichts. Die Schwierigkeit dabei ist, daß man erst dann die E. quantitativ ermitteln kann, wenn man die physikalischen Bedingungen der Materie kennt, von der das untersuchte Licht stammt oder absorbiert wird. Diese Kenntnis erhält man ebenfalls über das Spektrum, und zwar zuverlässig nur dann, wenn man die chemische Zusammensetzung dieser Materie bereits weiß. (Welche Komplikationen sich daraus für eine quantitative Spektralanalyse ergeben: → Sternatmosphäre.) Die gewonnenen Resultate bezüglich der E. der Himmelskörper sind daher noch mit z.T. erheblichen Unsicherheiten behaftet.

Die aus Beobachtungen gewonnenen Angaben zur E. beziehen sich bei den Sternen grundsätzlich nur auf die lichtaussendenden Schichten, also auf die Sternatmosphären. Die E. im Sterninnern kann sich davon als Folge der Sternentwicklung wesentlich unterscheiden, da die Energiefreisetzung in den Sternen im allg. mit der Umwandlung leichter Elemente in schwerere verbunden ist, diese aber – abgesehen gegebenenfalls von den späten Phasen der Sternentwicklung – nicht in die Sternatmosphären gelangen. Die Zusammensetzung der Sternatmosphären spiegelt damit im wesentlichen die Zusammensetzung wider, die die Sterne bei ihrer Entstehung aus interstellarer Materie hatten.

Im Sonnenspektrum konnten bisher mit Sicherheit Linien von 63 Elementen identifiziert werden, wobei sich aber noch nicht von allen die genauen Häufigkeitswerte ableiten ließen. Einige Elemente machen sich nur in den Linien der 18 Molekülarten bemerkbar, die im Sonnenspektrum nachgewiesen wurden. Wenn bei der

Sonne (ebenso wie bei den anderen Sternen) nicht von allen Elementen Linien beobachtet werden, so kann dies durch die Seltenheit dieser Elemente, aber auch durch die physikalischen Bedingungen in der Sonnenatmosphäre verursacht sein, da diese Bedingungen das Spektrum wesentlich beeinflussen (→ Sternatmosphäre).
Die Sonne ist der einzige Stern, von dem man Material auch direkt untersuchen kann, und zwar in Form der Sonnenwindteilchen, die dauernd von ihr abströmen. Mit Hilfe von Raumsonden läßt sich die Häufigkeit der verschiedenen Elemente ermitteln. In gleicher Weise kann dies für die Zusammensetzung der Kosmischen Strahlung geschehen, nur ist der Ursprungsort, von der sie stammt, nicht bekannt.
Die E. für die Erde als Ganzes ist nicht genau bestimmbar, weil man nur bis zu einer verhältnismäßig geringen Tiefe Materialproben entnehmen kann. Genaueres ist nur über die Erdkruste bekannt, die an einzelnen Stellen durch Bohrungen bis in etwa 13 km Tiefe erschlossen ist. Da die Erdgesteine im Labor chemisch analysiert werden können, besteht die Möglichkeit, auch die Häufigkeit der schweren, relativ seltenen Elemente exakt festzustellen. Über die E. im Erdmantel und im Erdkern weiß man wesentlich weniger; es lassen sich nur auf Grund von Modellrechnungen bezüglich des Erdaufbaus sehr summarische Angaben machen.
Meteorite, die aus dem interplanetaren Raum auf die Erde gelangten, sowie Mondgestein, das auf die Erde gebracht wurde, läßt sich in gleicher Weise wie Erdgestein analysieren, entsprechend genau sind die Ergebnisse. Direkte Untersuchungen von Oberflächengesteinen – wenn auch in sehr eingeschränktem Maße – erfolgten auf der Venus und auf dem Mars mittels weich auf diesen Planeten gelandeten Raumsonden.
Mittlere kosmische E. Von allen Himmelskörpern außerhalb des Planetensystems ist die Zusammensetzung der Sonnenatmosphäre am besten bekannt. Man vergleicht daher die bei den anderen Objekten gefundene E. immer mit der der Sonne. Bei der großen Mehrzahl der Sterne sowie der interstellaren Materie – und somit bei der Hauptmasse der beobachtbaren kosmischen Materie – ergibt sich keine starke Abweichung der jeweiligen E. von der solaren. Diese Einheitlichkeit gibt Anlaß, die bei der Sonne gefundene E. als mittlere kosmische E. anzusehen. Für diejenigen Elemente, deren relative Häufigkeit man im Sonnenspektrum nicht mit der gewünschten Genauigkeit feststellen kann, benutzt man Ergebnisse, die bei der Analyse der kohligen Chondrite, einer speziellen Gruppe von Meteoriten, gewonnen wurden. Es sind diejenigen Körper des Planetensystems, die ihre ursprüngliche Struktur weitestgehend beibehalten haben, da sie nach ihrer Entstehung keine tiefgreifenden Veränderungen wie Aufschmelzungen mit chemischen Fraktionierungsprozessen erlitten haben. Die in ihnen gefundene E. dürfte daher weitgehend der entsprechen, die gegenwärtig in der Sonnenatmosphäre herrscht und im solaren Urnebel geherrscht hat, aus dem die Sonne und alle Körper des Planetensystems hervorgegangen sind.

Mittlere kosmische Elementenhäufigkeit
(Atomzahlen bezogen auf eine Siliciumhäufigkeit von 10^6)

Z	Element	Symbol	A	Häufigkeit
1	Wasserstoff	H	1	$2{,}5 \cdot 10^{10}$
2	Helium	He	4	$2{,}0 \cdot 10^{9}$
3	Lithium	Li	7	$6{,}0 \cdot 10^{1}$
4	Beryllium	Be	9	0,79
5	Bor	B	11	$2{,}4 \cdot 10^{1}$
6	Kohlenstoff	C	12	$1{,}4 \cdot 10^{7}$
7	Stickstoff	N	14	$2{,}8 \cdot 10^{6}$
8	Sauerstoff	O	16	$2{,}2 \cdot 10^{7}$
9	Fluor	F	19	$7{,}2 \cdot 10^{2}$
10	Neon	Ne	20	$1{,}4 \cdot 10^{6}$
11	Natrium	Na	23	$5{,}7 \cdot 10^{4}$
12	Magnesium	Mg	24	$1{,}0 \cdot 10^{6}$
13	Aluminium	Al	27	$8{,}0 \cdot 10^{4}$
14	Silicium	Si	28	$1{,}0 \cdot 10^{6}$
15	Phosphor	P	31	$8{,}6 \cdot 10^{3}$
16	Schwefel	S	32	$4{,}8 \cdot 10^{5}$
17	Chlor	Cl	35	$5{,}0 \cdot 10^{3}$
18	Argon	Ar	36	$2{,}2 \cdot 10^{5}$
19	Kalium	K	39	$3{,}5 \cdot 10^{3}$
20	Calcium	Ca	40	$6{,}3 \cdot 10^{4}$
21	Scandium	Sc	45	$3{,}5 \cdot 10^{1}$
22	Titanium	Ti	48	$2{,}4 \cdot 10^{3}$
23	Vanadium	V	51	$2{,}9 \cdot 10^{2}$
24	Chromium	Cr	52	$1{,}4 \cdot 10^{4}$
25	Mangan	Ma	55	$8{,}7 \cdot 10^{3}$
26	Eisen	Fe	56	$1{,}1 \cdot 10^{6}$
27	Cobalt	Co	59	$2{,}2 \cdot 10^{3}$
28	Nickel	Ni	58	$4{,}8 \cdot 10^{4}$
29	Kupfer	Cu	63	$4{,}5 \cdot 10^{2}$
30	Zink	Zn	64	$1{,}4 \cdot 10^{3}$
35	Brom	Br	79	8,0
36	Krypton	Kr	84	$2{,}5 \cdot 10^{1}$
37	Rubidium	Rb	85	6,4
38	Strontium	Sr	88	$2{,}6 \cdot 10^{1}$
39	Yttrium	Y	89	5,4
40	Zirconium	Zr	90	$1{,}1 \cdot 10^{1}$
50	Zinn	Sn	120	2,4
51	Antimon	Sb	121	0,27
52	Tellur	Te	130	4,8
53	Iod	J	127	1,2
54	Xenon	Xe	132	6,1
55	Caesium	Cs	133	0,37
56	Barium	Ba	138	4,2
76	Osmium	Os	192	0,72
77	Iridium	Ir	193	0,65
78	Platin	Pt	195	1,4
79	Gold	Au	197	0,19
80	Quecksilber	Hg	202	0,40
81	Thallium	Tl	205	0,17
82	Blei	Pb	208	3,1
83	Bismut	Bi	209	0,14
90	Thorium	Th	232	0,032
92	Uranium	U	238	0,0091

Z = Kernladungszahl; A = Massezahl des häufigsten Isotops

Die Häufigkeitsverteilung der gesteinsbildenden, schwerflüchtigen Elemente, die bei höheren Temperaturen aus einem Gas auskondensieren, ist in den kohligen Chondriten gleich der in der Sonnenatmosphäre, ihre relative Häufigkeit hat sich offenbar bei der Bildung dieser Meteorite nicht verändert. Die leichten Elemente Lithium, Beryllium und wahrscheinlich auch Bor bilden eine Ausnahme; sie sind in den Meteoriten häufiger als gegenwärtig in der Sonne. Dies dürfte auf die allmähliche Zerstörung dieser Elemente in der Sonne zurückzuführen sein. Edelgase fehlen in den kohligen Chondriten fast vollständig, da sie unter den thermischen Bedingungen während der Bildung dieser Meteoriten im solaren Urnebel nicht kondensieren konnten. Andere Elemente, wie Kohlenstoff, Sauerstoff und Stickstoff, sind in den kohligen Chondriten seltener als in der Sonnenatmosphäre. Sie entzogen sich teilweise einer Kondensation, indem sie gasförmige Verbindungen mit Wasserstoff, z.B. Kohlenmonoxid, Wasser, Ammoniak und Methan, eingingen, die niedrige Kondensationstemperaturen haben.

Die chemische Zusammensetzung anderer Körper des Planetensystems hat mit der E. des solaren Urnebels wesentlich weniger Gemeinsamkeiten, da diese Körper im Laufe ihrer Existenz mehr oder minder wirkungsvollen Fraktionierungsprozessen unterlagen, bei denen die relative Häufigkeit einzelner Elemente z.T. stark und in heute noch nicht völlig durchschaubarer Weise lokal geändert wurde. So sind z.B. Eisen und Nickel in der Erdkruste viel seltener als in der Sonnenatmosphäre oder in den kohligen Chondriten: Beide Elemente konzentrierten sich infolge ihrer hohen spezifischen Dichte im Erdkern, als die Erde in einem frühen Entwicklungszustand mindestens teilweise aufgeschmolzen war.

Die mittlere kosmische E. entspricht der Häufigkeitsverteilung der Elemente im solaren Urnebel, damit der in der interstellaren Materie etwa 8,5 kpc vom Zentrum des Milchstraßensystems vor etwa 4,6 Mrd. Jahren. In der Tab. sind für eine Reihe von Elementen diese Häufigkeiten bezogen auf Silicium angegeben. wobei dessen Häufigkeit willkürlich gleich 10^6 gesetzt wurde. (Die Häufigkeiten der Isotope eines Elements sind jeweils zu einem Wert zusammengefaßt.) Die Abb. 1 stellt diese Häufigkeitsverteilung in graphischer Form dar, wobei die verschiedenen Elemente durch ihre Kernladungszahl Z charakterisiert sind. Charakteristische Merkmale sind: die sehr große Häufigkeit von Wasserstoff und Helium; die anfangs schnelle, später immer langsamer werdende Abnahme der Häufigkeiten zu den schweren Elementen hin; eine Unterbrechung dieses Verlaufs bei den leichten Elementen Lithium, Beryllium und Bor; das Hervortreten bestimmter Elementengruppen mit relativ großen Häufigkeiten vor allem um Eisen mit $Z=26$ in der sog. Eisenspitze, von Krypton bis Strontium ($Z=36$ bis 38), von Tellur bis Barium ($Z=52$ bis 56), von Osmium bis Platin ($Z=76$ bis 78) und von Blei ($Z=82$); die meist größere Häufigkeit der Elemente mit gerader Kernladungszahl gegenüber denen mit ungerader (Harkinssche Regel; nach W. D. Harkins, 1873–1951). Das letzte Charakteristikum geht auf Eigenschaften der Atomkerne zurück. Die große relative Häufigkeit der Elemente um die Eisenspitze ist auf die hohe Bindungsenergie dieser Atomkerne zurückzuführen, wodurch jede Kernreaktionskette, bei der schwere Atomkerne aus leichten aufgebaut werden und Energie frei wird, bei diesen Elementen ihr Ende findet. Die Häufigkeitsspitzen bei den anderen schweren Elementen (bis auf die bei Blei) sind durch die Besonderheiten der Atomkerne mit einer „magischen“ Anzahl von Neu-

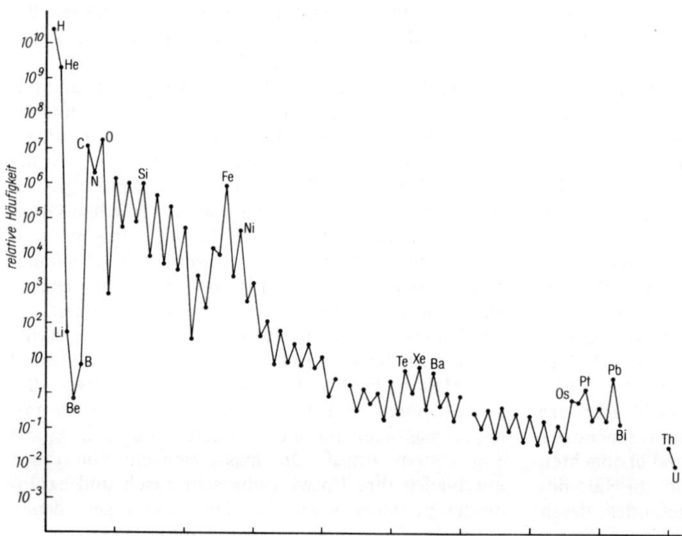

Abb. 1: Mittlere kosmische Elementenhäufigkeit bezogen auf eine Siliciumhäufigkeit von 10^6 Atomen

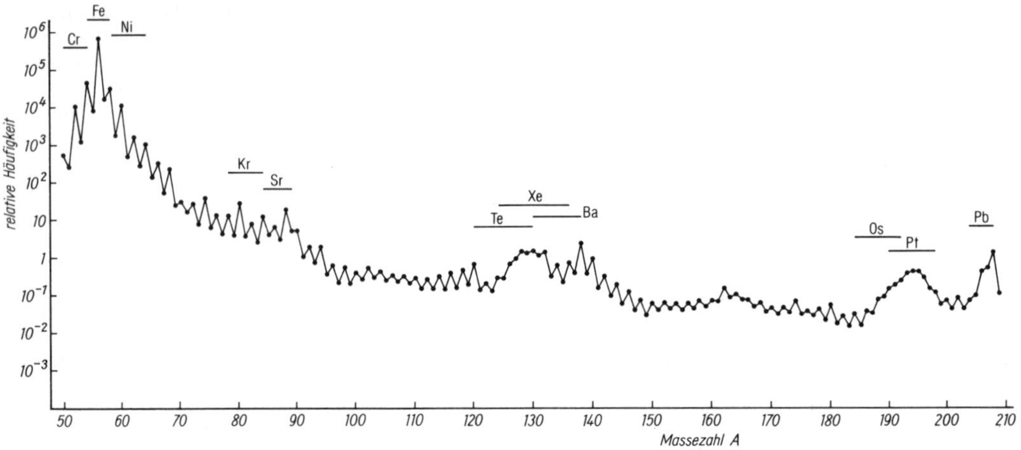

Abb. 2: Mittlere kosmische Häufigkeit der schweren Atomkerne bezogen auf eine Siliciumhäufigkeit von 10^6 Atomen. Für einige Elemente ist der Isotopenbereich markiert

tronen zurückzuführen, wodurch die Bildung dieser Elemente begünstigt wird. Blei verdankt seine relative Häufigkeit dem Umstand, daß es ein Zerfallsprodukt massereicherer, instabiler Atomkerne ist. Die geringe Häufigkeit von Lithium, Beryllium und Bor ist auf die geringe Stabilität von Atomkernen mit der Massezahl 5 und 8 zurückzuführen, die mindestens teilweise zur Bildung dieser Elemente benötigt werden (→ Elemententenentstehung).

Die Abb. 2 zeigt die mittlere kosmische Häufigkeit der Atomkerne mit einer Massezahl größer als 50. Für einige Elemente ist deren Isotopenbereich markiert. Der Zick-Zack-Verlauf der Kurve entspricht der Harkinsschen Regel; die relativen Häufigkeitsspitzen entsprechen denen in Abb. 1.

Die E. bei Sternen. Vergleicht man die mittlere kosmische E. mit der E., die man bei der Mehrzahl der Sterne beobachtet, so lassen sich einige allgemeine Merkmale erkennen: Das Verhältnis der Zahl der Wasserstoffatome zu der der Heliumatome ist im allg. gleich und hat den Wert von etwa 10:1; die Elemente schwerer als Helium sind entsprechend der mittleren kosmischen E. weitaus seltener. Betrachtet man die schweren Elemente ab Kohlenstoff, so findet man im Rahmen der Beobachtungsgenauigkeit für die Häufigkeitsverhältnisse dieser Elemente untereinander bei allen Sternen etwa gleiche Werte. Faßt man die Häufigkeit der Elemente ab Kohlenstoff zu einem einzigen Wert zusammen und vergleicht ihn mit der Wasserstoffhäufigkeit, so zeigen sich z.T. starke Variationen von Stern zu Stern. (In der Astronomie nennt man üblicherweise diese Elemente zusammenfassend „Metalle“ und bezeichnet die Gesamthäufigkeit dieser Elemente bezogen auf Wasserstoff als *Metallhäufigkeit.*) Die Metallhäufigkeit kann das Zwei- bis Dreifache des Wertes erreichen, den man bei der Sonne beobachtet, sie kann aber auch nur 1/500 davon sein; im Halo des Milchstraßensystems wurden Sterne gefunden, deren Metallhäufigkeiten sogar unter 1/10000 des Sonnenwertes liegt.

Wegen der weitgehend gleichen Häufigkeitsverhältnisse der „Metalle“ untereinander kann man bei Sternen geringer scheinbarer Helligkeit bei der Metallhäufigkeitsbestimmung auf eine exakte Spektralanalyse teilweise verzichten und sich mit der Häufigkeitsbestimmung einiger weniger, gut beobachtbarer Elemente zufriedengeben, da aus deren relativer Häufigkeit bezüglich Wasserstoff sich die der anderen Elemente ergibt. Genügt gar eine grobe Bestimmung des Metallgehalts, so benötigt man keine eigentliche Spektralanalyse. Man beschränkt sich auf eine Schmalbandphotometrie, da bei Sternen die Strahlung im ultravioletten Spektralbereich durch viele und starke Metallinien normalerweise stark reduziert ist. Sterne mit geringem Metallgehalt haben daher in diesem Bereich einen Strahlungsüberschuß (einen Ultraviolettexzeß). Er dient als Maß für die Metallhäufigkeit, nachdem man den Ultraviolettstrahlungsstrom bei Sternen, deren Metallgehalt auf Grund einer genauen Spektralanalyse bekannt ist, geeicht hat.

Die bei den Sternen des Milchstraßensystems und anderer Sternsysteme beobachtete weitgehend einheitliche relative Häufigkeit der schweren Elemente untereinander ist nicht von vornherein zu erwarten, da die verschiedenen Atomkerngruppen (Elemente) bei unterschiedlichen Prozessen an unterschiedlichen Orten und zu unterschiedlichen Zeiten entstanden sind (→ Elemententenentstehung), doch werden die abgelaufenen und noch ablaufenden Kernprozesse zur Elementensynthese durch eine bemerkenswerte Einheitlichkeit beherrscht. Bei der Entstehung der Sternsysteme setzte sich die vorhandene Materie aus Wasserstoff und Helium im Mischungsverhältnis von etwa 10:1 sowie Spuren von Lithium zusammen (→ Kosmologie), was auch für die allerersten Sterne in einem Sternsystem zutraf. Die massereichsten von ihnen durchliefen ihre Entwicklung sehr rasch und explodierten als Supernovae. Mit den dabei abgestoßenen Gasmassen gelangten schwere Atomkerne in das verbliebene Restgas, mit dem sie sich vermischten. Die aus diesem Gas gebildeten Sterne der zweiten Generation enthielten daher bereits bei ihrer Entstehung einige schwere Elemente. Die massereichen Sterne dieser Generation explodierten ebenfalls als Supernovae und reicherten die verbliebene interstellare Materie weiter mit schweren Elementen an, was sich für die Sterne aller späteren Generationen wiederholte: Die Metallhäufigkeit jeder nachfolgenden Sterngeneration war höher als die der vorangehenden. Dieser Prozeß dauert auch gegenwärtig noch in den Sternsystemen an. Insgesamt nimmt die relative Häufigkeit der schweren Elemente im Weltall, speziell auch im Milchstraßensystem, ständig zu, dennoch ist der Wasserstoff auch gegenwärtig noch das weitaus häufigste Element, da nur maximal 4 bis 5% des ursprünglich vorhandenen bei der Synthese schwerer Elemente bisher verbraucht wurden; ebenso geringfügig hat sich die relative Häufigkeit des Heliums verändert. Im Mittel kommt gegenwärtig auf rund 300 Wasserstoffatome ein „Metallatom".

Bei den Mitgliedern der extremen Population I, den jüngsten Objekten in einem Sternsystem, ist die Metallhäufigkeit etwa gleich der solaren oder gering höher. Die Mitglieder der Halopopulation haben auf Grund ihres hohen Alters eine deutlich geringere Metallhäufigkeit, die unter 1/1000 des Sonnenwertes liegen kann. Es wurde noch kein Stern gefunden, dessen Atmosphäre absolut keine schweren Elemente enthält, der also der allerersten Sterngeneration zugeordnet werden kann. Dies könnte daran liegen, daß die allerersten Sterne in einem Sternsystem alle massereich waren und ihre Entwicklung bereits als Weiße Zwerge oder Neutronensterne abgeschlossen haben. Derartige Sterne haben eine so geringe Leuchtkraft und demzufolge eine so geringe Entdeckungswahrscheinlichkeit, daß sie nur in unmittelbarer Sonnenumgebung beobachtbar sind. Eventuell vorhandene masseärmere Sterne der ersten Generation, die in ihrer Entwicklung noch nicht den Endzustand erreicht haben, besitzen von vornherein eine geringe Leuchtkraft und damit eine geringe Entdeckungswahrscheinlichkeit.

Im Milchstraßensystem beobachtet man eine Abnahme der Metallhäufigkeit der Sterne vom Systemzentrum nach außen. In den äußeren Milchstraßenregionen ist sie im Mittel nur halb so groß wie im Zentrum. Dies ist durch eine unterschiedliche Änderungsgeschwindigkeit der Metallhäufigkeit bedingt, die von der Sternentstehungsrate, speziell der der massereichen Sterne, abhängt. Wo diese über lange Zeiten groß war – z.B. im Zentralgebiet des Milchstraßensystems – änderte sich die Metallhäufigkeit rasch, in den Randgebieten, in denen sich nur verhältnismäßig wenig Sterne bilden konnten, waren die Änderungen entsprechend geringer.

Einen ähnlichen Gradienten der Metallhäufigkeit wie im Milchstraßensystem beobachtet man auch in extragalaktischen Sternsystemen. Dabei stützt man sich im allg. auf Untersuchungen von HII-Gebieten. Sie sind so leuchtstark, daß sie auch noch in entfernten Galaxien beobachtet werden können. Außerdem senden sie ein Emissionslinienspektrum aus, in dem die zur Analyse benötigten Spektrallinien hell hervortreten. (In Sternspektren stehen nur dunkle Absorptionslinien zur Verfügung.)

Anomale E.en. Bei einer geringen Minderheit von Sternen ergeben sich bei einer exakten Spektralanalyse anomale E.en, wenn man die Sonnenwerte zum Vergleich heranzieht. Diese Abweichungen können zwei Gründe haben: Eine tatsächliche chemische Anomalie in der Atmosphärenzusammensetzung oder eine starke Abweichung der physikalischen Bedingungen in den Atmosphären dieser Sterne von den normalen Bedingungen, z.B. infolge starker Magnetfelder oder hoher Rotationsgeschwindigkeiten. Dadurch können die Linienstärken einzelner Elemente unterschiedlich stark beeinflußt sein, was bei der Analyse dann fälschlicherweise als chemische Anomalie gedeutet wird. Die Entscheidung, durch welchen der beiden Möglichkeiten eine beobachtete anomale E. verursacht ist, läßt sich im allg. nur sehr schwer, wenn überhaupt, fällen.

Wolf-Rayet-Sterne, die in Kohlenstoff- und Stickstofftypen eingeteilt werden, zeigen von der Norm abweichende Häufigkeiten der Elemente Kohlenstoff, Stickstoff und Sauerstoff. Bei den Stickstofftypen ist Stickstoff um rund einen Faktor 10 häufiger als in der Sonnenatmosphäre, während der Kohlenstoff unterhäufig ist. Bei den Kohlenstofftypen ist Kohlenstoff überhäufig, während Stickstoff gleich stark wie bei der Sonne vertreten ist. Bei beiden Gruppen ist Helium, nicht Wasserstoff, das häufigste Element in der Atmosphäre. Die Ursache dieser Anomalien ist in der Entwicklung der Wolf-Rayet-Sterne zu suchen: Es sind massereiche Sterne in einem fortgeschrittenen Entwicklungszustand, der mit einem großen Masseverlust einhergeht, so daß ehemals zum Sterninneren gehörende Regionen nun sichtbar sind. Diese sind mit Helium, dem Endprodukt des Wasserstoffbrennens, angereichert, während Wasserstoff fehlt. Das Wasserstoffbrennen geschah im Rahmen des Kohlenstoff-Stickstoff-Sauerstoff-Zyklus, bei dem das ursprüngliche Kohlenstoff-Stickstoff-Verhältnis zugunsten von Stickstoff verschoben wird. Bei den Wolf-Rayet-Sternen vom Stickstofftyp liegen jetzt Sternschichten an der Oberfläche, in denen dieses veränderte Häufigkeitsverhältnis der beiden Elemente zu beobachten ist. Bei den Sternen des Kohlenstofftyps hat vor dem Masseverlust wahrscheinlich schon das Heliumbrennen eingesetzt, bei dem Kohlenstoff synthetisiert wird; die jetzt sichtbaren Sternschichten sind mit diesem Element angereichert.

Bei den Helium-Sternen, die vorzugsweise vom Spektraltyp O und B sind, ist das Wasserstoff-Helium-Verhältnis (in Atomzahlen) vom normalen Wert zugunsten von Helium verschoben und kann Werte zwischen 1:1 bis 1:1000 erreichen. Die Wolf-Rayet-Sterne und die Weißen Zwerge vom Typ DB gehören zu dieser Sterngruppe. Sie haben ihre äußeren Schichten abgeblasen, so daß Schichten sichtbar wurden, die Helium enthalten, das beim Wasserstoffbrennen entstanden ist.

Die Lithiumhäufigkeit variiert z.T. stark von Stern zu Stern. Bei der Sonne beträgt das Verhältnis Wasserstoff:Lithium (in Atomzahlen) rund 10^{11}:1, in anderen Sternen kann Lithium um einen Faktor 100 häufiger sein, was vor allem für junge Sterne zutrifft. Wahrscheinlich nimmt der Lithiumgehalt in einer Sternatmosphäre mit der Zeit ab und zwar dann, wenn der Stern eine tiefgreifende äußere Konvektionszone hat, die bis in Sternschichten mit Temperaturen von etwa $3 \cdot 10^6$ K reicht; bei diesen Temperaturen werden Lithiumkerne in Heliumkerne verwandelt. Junge Sterne, bei denen der durch Konvektion verursachte Masseaustausch zwischen den äußeren kühlen und den weiter innen liegenden heißen Regionen noch nicht lange wirken konnte, haben noch einen relative hohen Lithiumanteil, im Gegensatz zu alten Sternen mit sehr dicken äußeren Konvektionszonen. Die Sonne gehört zu diesen älteren Sternen.

Hauptreihensterne vor allem der Spektralklassen A und F haben relativ oft Besonderheiten in der E., sie werden dann als CP-Sterne bezeichnet [von ‚*c*hemical *p*eculiarities', engl., ‚chemische Besonderheiten']. Bei einigen Sternen treten die Elemente Silicium, Chromium, Europium und Strontium verstärkt in Erscheinung, bei anderen sind es Quecksilber, Mangan und Silicium. Es kommen aber auch Unterhäufigkeiten vor, z.B. von Bor, Phosphor, Gallium, Yttrium oder Xenon. Die CP-Sterne besitzen im allg. starke Magnetfelder. Unter der gemeinsamen Wirkung von Strahlungsdruck und Magnetfelddruck können bestimmte Ionen aus tieferen Schichten in die Sternatmosphäre gebracht werden und dadurch dort eine Überhäufigkeit verursachen. Die Anreicherung kann sich auf bestimmte Photosphärengebiete beschränken, z.B. auf die magnetischen Pole. Bei einer Sternrotation werden abwechselnd diese und chemisch normale Bereiche sichtbar; im Sternspektrum beobachtet man dann eine periodische Variation der Stärke einzelner Spektrallinien. Möglicherweise sorgt allein der Strahlungsdruck für eine gewisse Entmischung in den Photosphären: Unterschiedliche Atome und Ionen besitzen unterschiedliche Absorptionseigenschaften und unterliegen demzufolge einem unterschiedlich starken Strahlungsdruck. Eine derartige chemische Sortierung ist – wenn überhaupt – nur bei geringer Konvektion möglich.

Bei anderen Sternen ist wahrscheinlich eine großräumige Konvektion für das Auftreten bestimmter Elemente in den Sternatmosphären, die normalerweise nicht auftreten, verantwortlich. In den Spektren einiger Sterne finden sich z.B. Linien vom Technetium, dessen längstlebiges Isotop eine Halbwertszeit von etwa 200000 Jahren hat; einige Sternatmosphären enthalten Promethium, von dem kein Isotop mit einer Halbwertszeit größer als 18 Jahre existiert. Diese Elemente müssen aus tiefliegenden Sternschichten, in denen sie synthetisiert werden, durch Konvektion schnell nach außen transportiert werden, doch sind die Einzelheiten eines solchen Vorgangs noch nicht geklärt.

Eine anomale E. haben auch die Sterne der Spektralklassen R, N und S, die durch das Auftreten von Cyan-, Titaniumoxid- und Zirconiumoxidbanden charakterisiert sind. Es handelt sich um Sterne, bei denen früher im Sterninnern liegende Schichten jetzt beobachtbar sind. Ist in ihnen Kohlenstoff häufiger als Sauerstoff (R- und N-Sterne), so wird dieser z.T. zur Bildung von Kohlenmonoxid verbraucht, doch treten auch weitere Kohlenstoffverbindungen wie Cyan auf. Dominiert der Sauerstoff (normale M-Sterne), so fixiert er den verfügbaren Kohlenstoff im Kohlenmonoxid, während der noch nicht verbrauchte Sauerstoff sich z.B. im Titaniumoxid findet. Ein unterschiedliches Kohlenstoff-Sauerstoff-Verhältnis bewirkt auch, ob Titanium- oder Zirconiumoxid beobachtet wird: Das weniger häufige Zirconium hat eine höhere Affinität für Sauerstoff als Titanium. Ist viel Sauerstoff vorhanden, erscheint im Spektrum das Oxid des häufigeren Titaniums (M-Sterne), bei geringem Sauerstoffangebot bewirkt die höhere Affinität von Zirconium ein Hervortreten dessen Oxids (S-Sterne).

Interstellares Gas. Die chemische Zusammensetzung des interstellaren Gases entspricht im allg. der mittleren kosmischen E., in einzelnen interstellaren Gaswolken sind jedoch bestimmte Elemente, z.B. Eisen, Titanium, Magnesium, Kohlenstoff, mehr oder minder stark unterhäufig. Dies ist auf die bevorzugte Anlagerung dieser Elemente an interstellare Staubteilchen zurückzuführen, wodurch sie dem interstellaren Gas entzogen sind. Bei Planetarischen Nebeln und gasförmigen Supernovaüberresten beobachtet man oftmals eine Überhäufigkeit von Elementen, die bei Kernprozessen in den Sternen gebildet wurden und von diesen Sternen in Form eines Sternwindes (Planetarische Nebel) oder explosiv (Supernovaüberreste) abgestoßen wurden.

Isotopenhäufigkeiten. Zusätzlich zur relativen Häufigkeit eines bestimmten Elements interessiert die relative Häufigkeit seiner Isotope, aus der sich u.a. Rückschlüsse auf die Entstehungsgeschichte der Elemente ziehen lassen. Die genauesten Angaben erhält man bei Laboruntersuchungen von Erd- und Mondgesteinen und von Meteoriten sowie bei der Untersuchung des Sonnenwindes. Spektralanalytisch lassen sich Isotopenhäufigkeiten vor allem im Radiofrequenzbereich untersuchen, und zwar bei interstellaren Molekülen, da in diesem Spektralbereich die Spektrallinien isotoper Verbindungen genügend weit voneinander getrennt liegen. Für das Verhältnis von schwerem Wasserstoff (Deuterium) zum normalen Wasserstoff ergibt sich im Mittel ein Wert von etwa 1:50000 und für das Verhältnis von Helium mit der Massezahl 3 zum Helium mit der Massezahl 4 im Mittel etwa 1:10000 (jeweils in Atomzahlen); diese Werte sind aber noch recht unsicher.

Grundsätzlich findet man im Weltall nur die Elemente, die auch von der Erde her bekannt sind. In der Vergangenheit glaubte man gelegentlich ein auf der Erde nicht vorkommendes Element entdeckt zu haben. Beim Helium, das zuerst im Spektrum der Sonne [griech. ‚helios'] gefunden wurde, konnte später sein Vorkommen auch auf der Erde nachgewiesen werden. Die sog. Nebellinien des leuchtenden interstellaren Gases schrieb man zunächst einem unbekannten Element „Nebulium" zu, bis man feststellte, daß sie von Stickstoff- und Sauerstoffatomen bei extrem geringen Dichten ausgesandt werden. In den im Spektrum der Sonnenkorona beobachteten Linien glaubte man zu-

Mittlere Häufigkeit einiger Elemente in verschiedenen Objektgruppen
(bezogen auf 10^{12} Wasserstoffatome)

Z	Element	Symbol	Meteorite (kohlige Chondrite)	Sonne	heiße Sterne (τ Scorpii)	instellares Gas (Orionnebel)
1	Wasserstoff	H		$1\cdot10^{12}$	$1\cdot10^{12}$	$1\cdot10^{12}$
2	Helium	He		$1\cdot10^{11}$	$1\cdot10^{11}$	$1\cdot10^{11}$
3	Lithium	Li	$2{,}2\cdot10^{3}$	$1\cdot10^{1}$		
4	Beryllium	Be	$2{,}9\cdot10^{1}$	$1{,}4\cdot10^{1}$		
5	Bor	B	$8{,}3\cdot10^{2}$	$2\cdot10^{2}$		
6	Kohlenstoff	C	$3{,}1\cdot10^{7}$	$4{,}7\cdot10^{8}$	$1\cdot10^{8}$	$5\cdot10^{7}$
7	Stickstoff	N		$9{,}8\cdot10^{7}$	$2\cdot10^{8}$	$4\cdot10^{7}$
8	Sauerstoff	O	$2{,}9\cdot10^{8}$	$8{,}3\cdot10^{8}$	$5\cdot10^{8}$	$5\cdot10^{8}$
9	Fluor	F	$2{,}8\cdot10^{4}$	$4\cdot10^{4}$		
10	Neon	Ne		$6\cdot10^{7}$	$4\cdot10^{8}$	$6\cdot10^{7}$
11	Natrium	Na	$2{,}3\cdot10^{6}$	$2{,}2\cdot10^{6}$		
12	Magnesium	Mg	$4{,}0\cdot10^{7}$	$4{,}0\cdot10^{7}$	$3\cdot10^{7}$	
13	Aluminium	Al	$3{,}2\cdot10^{6}$	$3{,}2\cdot10^{6}$	$2\cdot10^{6}$	
14	Silicium	Si	$4{,}0\cdot10^{7}$	$3{,}7\cdot10^{7}$	$4\cdot10^{7}$	
15	Phosphor	P	$3{,}4\cdot10^{5}$	$2{,}5\cdot10^{5}$		
16	Schwefel	S	$1{,}9\cdot10^{7}$	$1{,}8\cdot10^{7}$	$2\cdot10^{7}$	$3\cdot10^{7}$
17	Chlor	Cl	$2{,}0\cdot10^{5}$	$1{,}8\cdot10^{5}$		$6\cdot10^{5}$
18	Argon	A		$6\cdot10^{6}$		
19	Kalium	K	$1{,}4\cdot10^{5}$	$1{,}3\cdot10^{5}$		
20	Calcium	Ca	$2{,}3\cdot10^{6}$	$2{,}3\cdot10^{6}$		

Z = Kernladungszahl

nächst ein neues Element „Koronium" entdeckt zu haben, jedoch stammen die Linien von hochionisierten Metallatomen.

Ellipse, ein Kegelschnitt, bei dem für alle Punkte die Summe der Abstände von zwei festen Punkten, den beiden Brennpunkten, konstant ist und den Wert $2a$ hat. Der größte Durchmesser der E., auf dem die beiden Brennpunkte liegen, ist die große Achse mit einer Länge von $2a$; der kleinste Durchmesser, der senkrecht auf der großen Achse steht, heißt kleine Achse. Der Schnittpunkt der beiden Achsen ist der Mittelpunkt der E. Jeder Brennpunkt hat vom Mittelpunkt einen Abstand e, die lineare Exzentrizität. Diese, dividiert durch die Länge a, der halben großen Achse, ergibt die numerische Exzentrizität $\varepsilon = e/a$.

ellipsoidische Veränderliche, enge, optisch nicht auflösbare Doppelsterne, deren Komponenten infolge der gegenseitigen Gezeitenwirkung ellipsoidisch verformt sind, wodurch sich bei ihrem Umlauf um den gemeinsamen Schwerpunkt die Größe der sichtbaren leuchtenden Fläche und damit die scheinbare Gesamthelligkeit des Systems ändert (Abb.). Der Lichtwechsel ist gering, kleiner als 0,2 mag, aber streng periodisch. Da der Lichtwechsel der e.n V.n durch die Lage der Sichtlinie bezüglich der Bahnebene und die geometrische Gestalt der Komponenten, nicht aber durch eine Änderung ihrer globalen Zustandsgrößen, wie Leuchtkraft oder Effektivtemperatur, bedingt ist, gehören die e.n V.n nicht zu den physischen Veränderlichen.

Die Zahl der bekannten e.n V.n ist kleiner als 20.

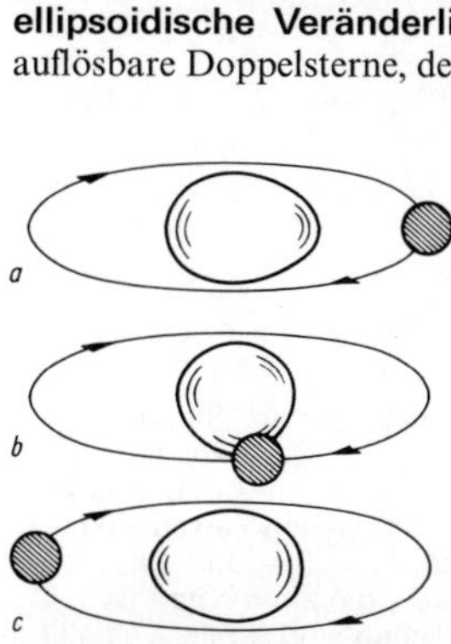

Schematische Darstellung der projizierten sichtbaren Sternoberfläche einer ellipsoidisch verformten Komponente in einem Doppelsternsystem. Helligkeitsmaxima treten in den Stellungen (a) und (c) ein

elliptisches System, ***elliptischer Nebel***, ein extragalaktisches Sternsystem mit einer ellipsoidischen Helligkeitsverteilung.

Elongation, die Differenz zwischen der ekliptikalen Länge eines Gestirns und der der Sonne, also der längs der Ekliptik gemessene Winkel zwischen dem Sonnenmittelpunkt und dem durch das Gestirn gehenden ekliptikalen Längenkreis. Für ein in der Ekliptik stehendes Gestirn ist die E. der Winkel, den die vom Beobachter zur Sonne und zum Gestirn gezogenen Verbindungslinien einschließen. Die E. der äußeren Planeten kann jeden Wert zwischen 0° und 180° annehmen, die der inneren Planeten ist durch einen größten Wert begrenzt, der bei Merkur etwa 27°, bei Venus etwa 47° beträgt. Bestimmte Elongationswerte führen besondere Bezeichnungen, → Konstellation.

Emission, die Aussendung einer Wellen- oder Teilchenstrahlung. Die E. einer elektromagnetischen Strahlung kann in einem breiten Wellenlängenbereich oder im gesamten Spektrum erfolgen; man spricht dann von einer ***kontinuierlichen E.*** Dies geschieht z.B. bei der Rekombination von Elektronen mit Ionen, bei der neben der Ionisationsenergie die kinetische Energie der Elektronen in Strahlung umgesetzt wird. Eine kontinuierliche E. tritt auch bei einer Energieabgabe freier Elektronen ein, wenn diese sich in den elektrischen Feldern von Ionen oder in einem Magnetfeld bewegen (→ Spektrum). Die E. durch feste Körper ist ebenfalls weitgehend kontinuierlich. Bei einer ***Linienemission*** wird nur Strahlung in jeweils sehr schmalen, diskreten Energiebereichen (Wellenlängenbereichen) ausgesandt. Das tritt beim Übergang in Atomen gebundener Elektronen von einem höheren zu einem niedrigeren Energieniveau ein (→ Atom), oder beim Übergang eines Moleküls von einem höheren Schwingungs- oder einem höheren Rotationszustand zu einem tieferliegenden Zustand. Zwischen E. und Absorption elektromagnetischer Strahlung besteht ein enger Zusammenhang, der unabhängig von der Art der Materie ist: Die Materie kann grundsätzlich nur in den Wellenlängen emittieren, in denen sie auch absorbiert.

Der der Strahlungsemission entgegengesetzte Vorgang ist die Strahlungsabsorption.

Emissionsgebiet, ein Gebiet, in dem das interstellare Gas schwach leuchtet.

Emissionsnebel, ein Gebiet, in dem das interstellare Gas hell leuchtet.

Emissionsspektrum, ein aus Emissionslinien und/oder einem Emissionskontinuum bestehendes Spektrum.

Enc̱eladus *m*, ein Saturnsatellit. Der E. bewegt sich nahezu auf einer Kreisbahn, deren große Halbachse 238020 km und deren Exzentrizität nur 0,004 beträgt, in 1 d 8,9 h rechtläufig um den Saturn. Die Bahn liegt mit einer Neigung von nur 0,02° fast genau in der Äquatorebene des Saturns. Die Rotation des E. ist gebunden; Rotationsperiode und Umlaufzeit sind mithin gleich. Mit einem Durchmesser von 502 km und einer Masse von $7{,}40 \cdot 10^{19}$ kg gehört der E. zu den Satelliten mittlerer Größe; die mittlere Dichte beträgt 1,13 g/cm³. In Oppositionsstellung erreicht der E. eine scheinbare visuelle Helligkeit von $11\overset{m}{,}6$.

Genauere Kenntnisse über die Oberflächenbeschaffenheit des E. ergaben erst Beobachtungen von den Raumsonden Voyager 1 und 2 aus. Einige Regionen des E. weisen eine hohe Kraterdichte auf, andere sind fast frei davon (Abb.). Spalten, Ebenen und welliges Terrain lassen auf eine Krustenaktivität schließen, die dazu führte, daß Teile der alten, dicht mit Kratern besetzten Kruste durch eine neue Kruste ersetzt wurde. Die geringe mittlere Dichte des E. zeigt, daß er zu

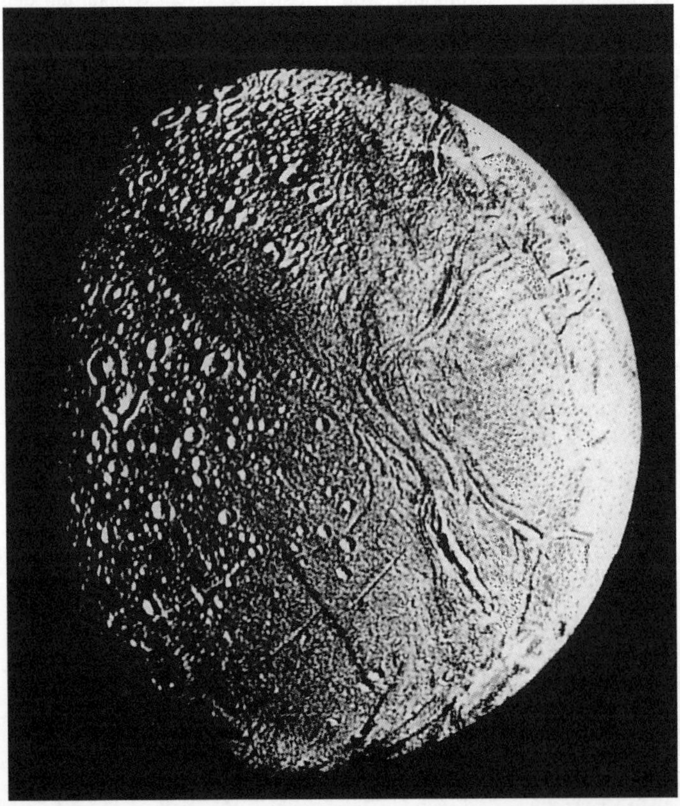

Oberflächendetail des Saturnsatelliten Enceladus. Die Gebiete nahe dem Terminator (links und oben) sind mit zahlreichen Einschlagkratern bedeckt, während in den weiten Ebenen, die am rechten Bildrand zu sehen sind, Krater völlig fehlen.
(Das Bild ist ein Mosaik aus mit Hilfe der Raumsonde Voyager 2 gewonnenen Photographien)

den eisartigen planetaren Himmelskörpern gehört (→ Planet). Das Oberflächenmaterial dürfte im wesentlichen auch aus Eis bestehen, dem vielleicht Gesteinsteilchen meteoroidischen Ursprungs beigemengt sind. Auf Eis weist auch die außerordentlich hohe Albedo von etwa 0,9 hin, die von keinem anderen Körper des Planetensystems erreicht wird, und die z.B. größer als die von frisch gefallenem Schnee ist. Die kraterfreien Gebiete sind wahrscheinlich blanke Eisflächen, die möglicherweise bei Aufschmelzungen und Überflutungen entstanden sind. Die dafür notwendige Wärmeenergie entsteht wahrscheinlich infolge permanenter Gezeitendeformationen, denen der E. unter den wechselnden gravitativen Einflüssen des Saturns sowie der beiden Nachbarsatelliten Tethys und Dione ausgesetzt ist.
Hinsichtlich der Einordnung des E. in das System der Saturnsatelliten → Saturn.
Der E. wurde 1789 von W. Herschel (1738–1822) entdeckt.

Encke, Johann Franz, dtsch. Astronom. geb. 23.9.1791 in Hamburg, gest. 26.8.1865 in Spandau; ab 1816 Mitarbeiter an der Sternwarte Seeberg bei Gotha, deren Direktor er 1822 wurde, ab 1825 Direktor der Sternwarte Berlin. E. bestimmte die Sonnenparallaxe aus Venusvorübergängen und berechnete die Bahnen von Planetoiden und Kometen; einer dieser Kometen wurde nach ihm benannt.

Enckescher Komet [nach dem dtsch. Astronomen J.F. Encke, 1791–1865], der am 26. November 1818 von J.L. Pons (1761–1831) entdeckte kurzperiodische Komet mit einer Umlaufzeit von 3,315 Jahren, dessen Bahn von J.F. Encke berechnet wurde. Der nur im Fernrohr sichtbare Komet verkürzt seine Umlaufzeit ständig, aber unregelmäßig, was auf die Wirkung nichtgravitativer Kräfte zurückzuführen ist, die entgegen seiner Bewegungsrichtung gerichtet sind. Er ist der Komet, dessen Annäherung an die Sonne am häufigsten (mindestens 54mal) beobachtet wurde.

Enckesche Teilung [nach dem dtsch. Astronomen J.F. Encke, 1791–1865], Lücke im A-Ring des Saturns; → Saturn.

Energie, das Arbeitsvermögen eines physikalischen Systems. Als Maßeinheit der E. dienen die verschiedenen Maßeinheiten der Arbeit, z.B. das Joule oder die Wattsekunde (→ Arbeit); die Ionisations- und Anregungsenergie gibt man meist in Elektronenvolt an.
Die E. ist eine grundlegende physikalische Größe, die in verschiedenen Formen auftritt, von denen in der Astronomie vor allem folgende eine Rolle spielen:
Die ***kinetische E.***, ***Bewegungsenergie***, E_{kin}, ist die Arbeit, die ein bewegter Körper bei seiner Abbremsung leisten kann. Sie wächst mit der Masse m des Körpers und dem Quadrat seiner Geschwindigkeit v, es gilt: $E_{kin} = m \cdot v^2/2$.
Die ***potentielle E.*** ist die E. der Lage. Verändert man die Lage eines Körpers in einem äußeren Kraftfeld (z.B. Gravitationsfeld, elektrisches Feld), so muß eine Arbeit geleistet werden (oder man gewinnt Arbeit), die dem Körper in seiner geänderten Lage als potentielle E. innewohnt (oder ihm verlorengegangen ist).
Die ***Wärmeenergie*** ist die kinetische Energie der ungeordneten Bewegungen, die die Atome oder Moleküle eines jeden Körpers ausführen. Sie ist um so größer, je höher die Temperatur des Körpers ist.
Als ***Anregungsenergie*** bezeichnet man diejenige E., die einem quantenmechanischen System, z.B. einem Elektron in einem Atom, zugeführt werden muß, um es von einem niedrigen Energiezustand (etwa dem Grundzustand) in einen höherenergetischen Zustand zu bringen. Bei der Rückkehr des Systems in den Ausgangszustand kann die Anregungsenergie z.B. in Form eines Lichtquants ausgestrahlt werden (→ Anregung).
Die ***Ionisationsenergie*** ist die E., die einem Atom zugeführt werden muß, um ein Elektron von ihm abzutrennen. Bei der Rekombination eines Elektrons mit einem Ion steht diese E. zur Ausstrahlung zur Verfügung (→ Ionisation).
Bei der ***Strahlungsenergie*** sind Lichtquanten (Photonen) die Energieträger. Für die E. E eines Quants gilt $E = h\nu = h\, c/\lambda$, wobei ν seine Frequenz, λ seine Wellenlänge, c die Lichtgeschwindigkeit und h die Planck-Konstante (das Wirkungsquantum) bedeuten. Kurzwellige Strahlung (λ klein) hat energiereichere Quanten als langwellige (λ groß).
Als ***Ruhmasseenergie*** bezeichnet man die E. E_0, die nach der Speziellen Relativitätstheorie jeder ruhenden Masse m äquivalent ist: $E_0 = m\, c^2$ (c bedeutet die Lichtgeschwindigkeit).
Die verschiedenen Energiearten können ineinander übergehen: Wenn ein bewegter Körper (z.B. ein Meteoroid) in Luft abgebremst wird, kann seine kinetische E. in Wärme-, Ionisations- und Anregungsenergie der Luftmoleküle umgewandelt und danach in Form von Strahlungsenergie ausgestrahlt werden. Bei der Kontraktion eines Sterns wird potentielle E. in Wärmeenergie der Sternmaterie und diese z.T. in Strahlungsenergie umgesetzt. Bei der Energiefreisetzung im Sterninnern geht Ruhmasseenergie von Atomkernen in Strahlungs- und kinetische E., bei der Paarbildung umgekehrt Strahlungsenergie in Ruhmasseenergie des entstehenden Teilchens und Antiteilchens sowie in kinetische E. dieser Teilchen über.

Energiefreisetzung in Sternen, die Umwandlung der in der Sternmaterie gespeicherten Energie in eine solche Energieform, die zur Deckung der ausgesandten Strahlungsenergie geeignet ist. Der Energievorrat, den jeder Stern besitzt, setzt sich aus der nuklearen Energie, die bei Kernprozessen frei wird, aus der Wärmeenergie der Sternmaterie sowie aus der potentiellen Energie (Gravitationsenergie), die bei einer Kontraktion des Sterns verfügbar wird, zusammen.
Der Wärmevorrat der Sternmaterie, der aus der gesamten im Stern in Form von kinetischer Energie der Gaspartikeln sowie von Strahlungs-, Anregungs- und Ionisationsenergie existiert, ist viel zu gering, als daß er allein während der gesamten Existenzzeit eines Sterns den durch Ausstrahlung verursachten Energieverlust decken könnte. Bei der Sonne wäre der Wärmevorrat – konstante Strahlungsleistung vorausgesetzt – z.B. schon nach einigen Millionen Jahren erschöpft; tatsächlich strahlt die Sonne aber seit 4,6 Mrd. Jahren mit einer Leuchtkraft, die nicht entscheidend anders als heute ist. Bei der großen Menge

der übrigen Sterne stammt die ausgestrahlte Energie ebenfalls im wesentlichen aus den anderen Energiereservoiren, nur die Weißen Zwerge entnehmen in ihrer Endphase die abgestrahlte Energie aus dem Wärmevorrat des in ihnen vorhandenen Atomkerngases (→ Sternaufbau).

Kernprozesse. Bei den thermonuklearen Prozessen handelt es sich um Reaktionen zwischen Atomkernen, bei denen aus leichten Kernen schwerere entstehen (Fusionsreaktionen). Die Masse eines neu entstandenen Kerns ist etwas geringer als die Summe der Einzelmassen der Ausgangskerne. Dieser Massendifferenz Δm (Massedefekt) entspricht nach der Einsteinschen Äquivalenzrelation von Masse und Energie eine Energie $\Delta m \cdot c^2$ (c bedeutet die Lichtgeschwindigkeit), die dem Stern zur Ausstrahlung zur Verfügung steht. Der schwerste Atomkern, der in dieser Weise unter Energiegewinn aus leichten Kernen aufgebaut werden kann, ist der Eisenkern mit der Massezahl 56; bei der Bildung noch schwererer Kerne wird Energie verbraucht. Der Massedefekt spiegelt die unterschiedliche Energie wider, mit der die Nukleonen (die einen Atomkern bildenden Protonen und Neutronen) im Kern aneinander gebunden sind. Vom Wasserstoffkern, dem Proton, zu schwereren Kernen hin nimmt die Bindungsenergie je Nukleon zunächst stark, dann immer weniger stark zu und erreicht beim Eisen-56-Kern ein Maximum, um danach wieder abzunehmen (Abb. 1). Energie wird dann frei, wenn bei den Reaktionen Kerne gebildet werden, die näher beim Bindungsenergiemaximum liegen, entweder durch Verschmelzung leichter Kerne oder durch Spaltung von Kernen schwerer als Eisen. Denkt man sich einen Eisen-56-Kern schrittweise aus Wasserstoffkernen aufgebaut, so beträgt das Verhältnis des Massedefekts zur Masse der insgesamt benötigten 56 Protonen 0,0089. Durch Kernverschmelzungen können also maximal 0,89% der eingesetzten Masse in Energie umgewandelt werden. Der erste Schritt dieses Aufbauprozesses, die Bildung eines Helium-4-Kerns aus 4 Protonen, ist der energetisch günstigste: Der Massedefekt des Heliumkerns beträgt im Verhältnis zur Masse der vier Protonen 0,0071, also rund 80% des für den Eisen-56-Kerns. Die für einen Stern ergiebigste Kernenergiequelle ist demnach die Umwandlung von Wasserstoff in Helium, die während der längsten Zeit seiner Existenz den Energiebedarf deckt (→ Sternentwicklung).

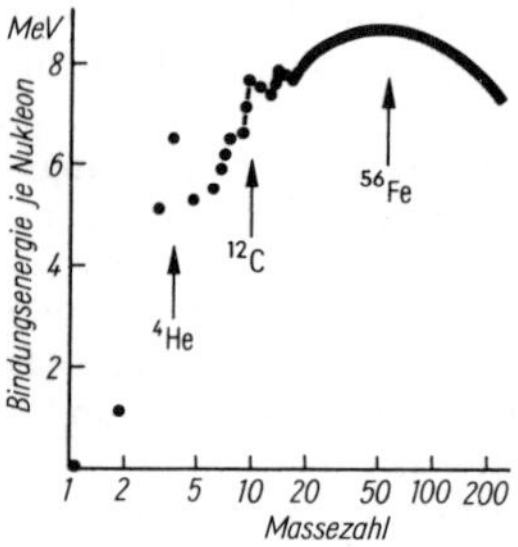

Abb. 1: Bindungsenergie je Nukleon in Abhängigkeit von der Massezahl der Atomkerne (ab Massezahl 17 schematisiert). Einige Atomkerne mit relativ hoher Bindungsenergie sind besonders markiert

Damit Kernverschmelzungen eintreten, müssen die Atomkerne einander so nahe kommen, daß sie in den Wirkungsbereich der Kernkräfte gelangen. Dem steht wegen der positiven Ladung der Kerne eine elektrostatische Abstoßung entgegen; je höher die Kernladung ist, um so größer sind die Abstoßungskräfte (Coulomb-Kräfte). Zur Überwindung der Coulomb-Kraft zweier Protonen ist eine Energie von etwa 10^6 eV (etwa $1{,}6 \cdot 10^{-13}$ J) nötig. Bei einer Temperatur von 10 Mill. K beträgt die mittlere kinetische Energie der Gaspartikeln aber nur etwa 10^3 eV, ist also um rund einen Faktor 1000 kleiner. Daß dennoch Kernreaktionen möglich sind, liegt einerseits daran, daß Teilchen mit einer höheren als der mittleren Energie vorhanden sind; ihre Zahl nimmt jedoch mit wachsender Energie rasch ab. Diese hochenergetischen Teilchen würden dennoch nicht für genügend viele Kernreaktionen ausreichen, wenn andererseits nicht zusätzlich ein quantenmechanischer Effekt, der sog. Tunneleffekt, wirksam wäre. Er sorgt dafür, daß auch Kerne mit einer geringeren kinetischen Energie, als für die Überwindung der Coulomb-Kräfte notwendig ist, miteinander reagieren können. (Anschaulich gesprochen kann der stoßende Kern den durch die Abstoßungskräfte errichteten Energiewall mit einer gewissen Wahrscheinlichkeit „durchtunneln" und mit dem gestoßenen Kern reagieren.) Die Wahrscheinlichkeit für die Verschmelzung zweier sich genügend nahekommender Atomkerne ist dennoch außerordentlich gering. Dies ist aber gerade die Gewähr dafür, daß in einem Stern die zur Verfügung stehende Kernenergie während eines langen Zeitraumes und nicht in einer kurzen Explosion freigesetzt wird. Bei einer bestimmten Temperatur der Sternmaterie können immer nur ganz bestimmte Kernreaktionen ablaufen, die bis zu einer bestimmten Kernart führen; zur Bildung noch schwererer Kerne mit höheren Kernladungen reicht diese Temperatur nicht aus.

Ist ein Teilchen in einen Atomkern eingedrungen, so liegt ein Zwischenkern hoher Anregungsenergie vor. Diese setzt sich aus der Differenz der Bindungsenergien und dem Betrag der kinetischen Energie des eingedrungenen Teilchens zusammen, der nach der Überwindung der Abstoßungskräfte noch vorhanden ist. Die Anregungsenergie kann abgegeben werden, indem das eingedrungene Teilchen wieder ausgestoßen wird, so daß letztlich keine Kernumwandlung stattfindet, es kann auch ein Gammaquant (also Strahlung) oder ein anderer Kernbaustein abgegeben werden, der auch massereicher als das eingedrungene Teilchen sein kann, so daß dann ein masseärmerer als der Ausgangskern zurückbleibt. Es kann auch ein Betazerfall stattfinden, bei dem im Kern ein Neutron in ein Proton (oder ein Proton in ein Neutron) übergeht, wobei ein Elektron (bzw. ein Positron) und ein Antineutrino (bzw. ein Neutrino) ausgesandt werden; bei gleichbleibender Masse ändert sich in diesem Falle nur die Ladung des Atomkerns.

Bei den im Sterninnern vorhandenen Bedingungen spielen die folgenden Kernprozesse eine wesentliche Rolle.

Proton-Proton-Reaktion, H-H-Reaktion. Bei der Proton-Proton-Reaktion existieren drei verschiedene Möglichkeiten, aus Wasserstoffkernen Heliumkerne zu bilden. Der wirksamste Prozeß (PPI) besteht aus drei Schritten, die durch die folgenden drei Formeln beschrieben werden können:

$^{1}H + {}^{1}H \rightarrow {}^{2}D + e^{+} + \nu$

$^{2}D + {}^{1}H \rightarrow {}^{3}He + \gamma$

$^{3}He + {}^{3}He \rightarrow {}^{4}He + {}^{1}H + {}^{1}H.$

Die Buchstaben bedeuten jeweils ein Teilchen: ^{1}H einen Wasserstoffkern (Proton), ^{2}H oder ^{2}D einen schweren Wasserstoffkern (Deuteron), ^{3}He bzw. ^{4}He einen Heliumkern der Massezahl 3 bzw. 4, e^{+} ein Positron und ν ein Neutrino. γ steht für ein bei einem Prozeß unmittelbar freiwerdendes Gammaquant.

In einzelnen geht die Proton-Proton-Reaktion so vor sich, daß zwei Protonen miteinander reagieren und ein Deuteron unter Aussendung eines Positrons und eines Neutrinos bilden. Dieser Prozeß findet mit einer sehr geringen Wahrscheinlichkeit statt, da eines der beiden Protonen während des Stoßvorganges einen spontanen Betazerfall erleiden muß, was äußerst selten geschieht. (Das Deuteron kann auch dadurch entstehen, daß zwei Protonen gleichzeitig mit einem freien Elektron zusammenstoßen und ein Neutrino ausstoßen. Ein derartiger Dreierstoß ist aber noch seltener.) Das Positron reagiert unmittelbar nach seiner Entstehung mit einem Elektron, wobei beide infolge Paarvernichtung verschwinden und die freiwerdende Energie im Stern verbleibt. Das Neutrino hingegen verläßt ungehindert den Stern, da die Wahrscheinlichkeit eines Zusammenstoßes mit einem anderen Teilchen innerhalb des Sterns verschwindend gering ist. Beim Stoß des Deuterons mit einem Proton im nächsten Schritt entsteht ein Helium-3-Kern, wobei Strahlungsenergie frei wird. Dieser Heliumkern kann unter den im Stern herrschenden Bedingungen unterschiedlich reagieren. Der weitaus häufigste Prozeß ist in der letzten Formel dargestellt: Zwei Helium-3-Kerne verschmelzen, wobei ein Helium-4-Kern und zwei Protonen entstehen. Zur Bildung eines Helium-4-Kerns sind insgesamt 4 Protonen verbraucht worden: 6 dienen als Bausteine für die beiden Helium-3-Kerne, während zwei im letzten Schritt freigesetzt werden und für andere Prozesse zur Verfügung stehen (Abb. 2).

Die beiden anderen Möglichkeiten, einen Helium-4-Kern zu bilden, sind in den folgenden zwei Formelgruppen (PPII bzw. PPIII) beschrieben:

$^{3}He + {}^{4}He \rightarrow {}^{7}Be + \gamma$	$^{7}Be + {}^{1}H \rightarrow {}^{8}B + \gamma$
$^{7}Be + e^{-} \rightarrow {}^{7}Li + \nu$	$^{8}B \rightarrow {}^{8}Be + e^{+} + \nu$
$^{7}Li + {}^{1}H \rightarrow 2\,{}^{4}He$	$^{8}Be \rightarrow 2\,{}^{4}He.$

Beim Prozeß PPII entsteht aus einem Helium-3-Kern und einem Helium-4-Kern unter Aussendung von Strahlung ein Beryllium-7-Kern. Durch Elektroneneinfang geht dieser unter Aussendung eines Neutrinos in einen Lithium-7-Kern über, der mit einem Proton reagiert, was zur Entstehung zweier Helium-4-Kerne führt. Die dritte Möglichkeit (PPIII) schließt an den ersten Schritt der PPII-Kette an: Der Beryllium-7-Kern reagiert mit einem Proton, wodurch ein Bor-8-Kern entsteht und Strahlungsenergie frei wird. Der Bor-8-Kern ist instabil und geht unter Aussendung eines Positrons und eines Neutrinos in einen Beryllium-8-Kern über, der in zwei Helium-4-Kerne zerfällt.

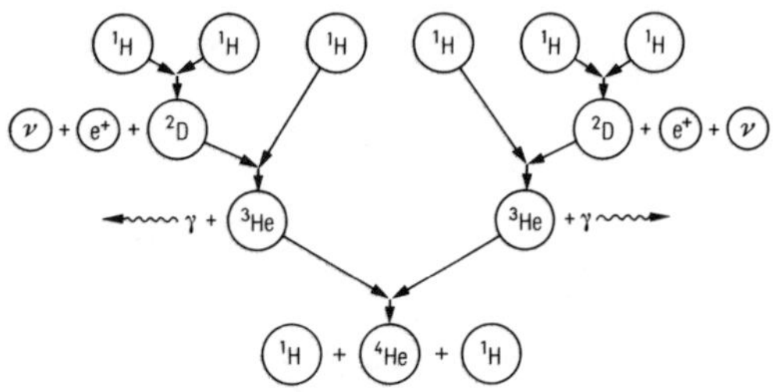

Abb. 2: Hauptkette der Proton-Proton-Reaktion

Die Häufigkeit, mit der die Proton-Proton-Reaktionen im Stern stattfinden, hängt von der Dichte und der Temperatur der Sternmaterie ab; die Häufigkeit wächst mit dem Quadrat der Dichte und etwa der 4. bis 6. Potenz der Temperatur. Zur Deckung der Energieausstrahlung eines Sterns durch die Proton-Proton-Reaktion muß im Sternzentrum eine Temperatur von mindestens einigen 10^{6} K herrschen.

Die bei der Bildung eines Heliumkerns freiwerdende Energie beträgt insgesamt $4{,}25 \cdot 10^{-12}$ J, entsprechend 26,5 MeV. Die dem Stern tatsächlich verbleibende Energie ist etwas geringer, da die zwei Neutrinos, die je gebildeten Heliumkern entstehen, Energie abführen. Bei der Kette PPI stehen dem Stern letztlich 26,20 MeV, bei PPII 25,67 MeV und bei PPIII 19,20 MeV zur Verfügung.

Kohlenstoff-Stickstoff-Sauerstoff-Zyklus, CNO-Zyklus. Ein anderer Weg, Helium aus Wasserstoff aufzubauen, besteht in den folgenden Reaktionen:

$^{12}C + {}^{1}H \rightarrow {}^{13}N + \gamma$

$^{13}N \rightarrow {}^{13}C + e^{+} + \nu$

$^{13}C + {}^{1}H \rightarrow {}^{14}N + \gamma$

$^{14}N + {}^{1}H \rightarrow {}^{15}O + \gamma$

$^{15}O \rightarrow {}^{15}N + e^{+} + \nu$

$^{15}N + {}^{1}H \rightarrow {}^{12}C + {}^{4}He.$

Ein Kohlenstoff-12-Kern stößt mit einem Proton zusammen, wobei ein Stickstoff-13-Kern entsteht und Energie ausgestrahlt wird. Dieser Kern ist instabil und zerfällt unter Freisetzung eines Positrons und eines Neutrinos in einen Kohlenstoff-13-Kern. Beim Stoß dieses Kerns mit einem anderen Proton entsteht unter Energieausstrahlung ein Stickstoff-14-Kern, der mit einem dritten Proton zusammenstößt, wobei ein Sauerstoff-15-Kern entsteht und wiederum Energie ausgestrahlt wird. Dieser Sauerstoffkern ist instabil und zerfällt in einen Stickstoff-15-Kern, ein Positron und ein Neutrino. Beim Stoß dieses Kerns mit einem vierten Proton wird ein Helium-4-Kern und ein Kohlenstoff-12-Kern gebildet, womit aus vier Protonen ein Helium-4-Kern entstanden ist, während der für die erste Reaktion in diesem Zyklus benötigte Kohlenstoff-12-Kern wieder für andere Prozesse zur Verfügung steht (Abb. 3); andere stoffliche Änderungen sind nicht geschehen. (Herrschte in der Sternmaterie ein mittleres

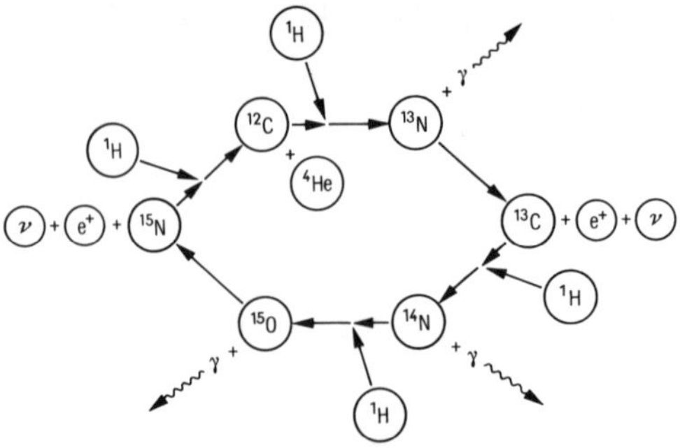

Abb. 3: Hauptfolge des Kohlenstoff-Stickstoff-Sauerstoff-Zyklus

kosmisches Häufigkeitsverhältnis von Kohlenstoff und Stickstoff, erfolgt mit dem Einsetzen des Zyklus eine Verschiebung der relativen Häufigkeit von Kohlenstoff zugunsten von Stickstoff, bei der die Summe der Stickstoff- und Kohlenstoffkerne aber konstant bleibt; nach dem Erreichen eines Gleichgewichtszustandes bleibt dann auch das Häufigkeitsverhältnis unverändert.) Den Kohlenstoff-, Stickstoff- und Sauerstoffkernen kommt insgesamt eine Art Katalysatorfunktion zu. Bei der Bildung eines Heliumkerns verbleibt dem Stern eine Energie von 24,97 MeV, da die zwei entstehenden Neutrinos insgesamt 1,53 MeV abführen.

Neben dem beschriebenen Hauptzyklus kann ein sekundärer CNO-Zyklus ablaufen:

$^{15}N + {}^{1}H \rightarrow {}^{16}O + \gamma$
$^{16}O + {}^{1}H \rightarrow {}^{17}F + \gamma$
$^{17}F \quad \rightarrow {}^{17}O + e^{+} + \nu$
$^{17}O + {}^{1}H \rightarrow {}^{14}N + {}^{4}He.$

Beim Stoß eines Stickstoff-15-Kerns mit einem Proton (wie im letzten Schritt des Hauptzyklus) kann unter Strahlungsaussendung auch ein Sauerstoff-16-Kern entstehen, der durch Stoß mit einem Proton ein einen Fluor-17-Kern übergeht, wobei erneut Strahlung frei wird. Der Fluorkern ist instabil und zerfällt in ein Positron, ein Neutrino und einen Sauerstoff-17-Kern, der mit einen Proton reagiert, wodurch ein Stickstoff-14-Kern und ein Heliumkern entsteht. Der Stickstoff-14-Kern steht dem Gesamtzyklus zur Verfügung.

Der Kohlenstoff-Stickstoff-Sauerstoff-Zyklus benötigt zum Ablauf Temperaturen von mindestens 10 bis $12 \cdot 10^6$ K. Sie sind höher als bei der Proton-Proton-Reaktion, da Atomkerne höherer Ladungen beteiligt sind; der CNO-Zyklus ist aber erst bei mehr als $16 \cdot 10^6$ K ergiebiger als die Proton-Proton-Reaktion. Die Temperaturabhängigkeit des CNO-Zyklus ist wesentlich stärker als die der Proton-Proton-Reaktion: Die Reaktionshäufigkeit steigt mit etwa der 12. bis 18. Potenz der Temperatur (Abb. 4). Die Gebiete, in denen der CNO-Zyklus für die Energiefreisetzung sorgt, sind daher stärker um das Sternzentrum konzentriert, als bei der Proton-Proton-Reaktion.

Der CNO-Zyklus wird nach den beiden Physikern H. Bethe und C.F. von Weizsäcker, die ihn als erste als einen möglichen Energiefreisetzungsprozeß in Sternen vermuteten, auch als *Bethe-Weizsäcker-Zyklus* bezeichnet. (H. Bethe erhielt u.a. für diese Entdeckung 1967 den Nobelpreis für Physik.)

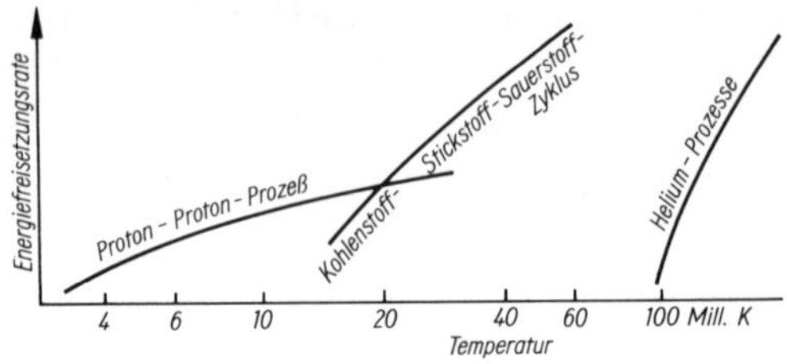

Abb. 4: Temperaturabhängigkeit der Energiefreisetzungsrate bei Wasserstoff- und Heliumreaktionen

Heliumreaktionen. Unter den in Sternen herrschenden Bedingungen können folgende Heliumkernreaktionen zur Energiefreisetzung führen:

$^{4}He + {}^{4}He \rightleftarrows {}^{8}Be$
$^{8}Be + {}^{4}He \rightarrow {}^{12}C + \gamma$
$^{12}C + {}^{4}He \rightarrow {}^{16}O + \gamma$
$^{16}O + {}^{4}He \rightarrow {}^{20}Ne + \gamma.$

Der Stoß zweier Helium-4-Kerne führt zu einem Beryllium-8-Kern, der instabil ist und nach rund 10^{-16} s wieder zerfällt. Nur wenn er während dieser Zeit mit einem dritten Helium-4-Kern reagiert, kommt es zum Aufbau eines stabilen Kohlenstoff-12-Kerns, wobei ein Gammaquant ausgesandt wird. (Wegen der Beteiligung dreier Heliumkerne, die auch als α-Teilchen bezeichnet werden, wird der Prozeß auch als *Drei-α-Prozeß* oder *Tripel-α-Prozeß* bezeichnet.) Die Wahrscheinlichkeit eines derartigen Dreierstoßes ist gering, sie wächst aber mit dem Quadrat der Dichte. Ein Teil der Kohlenstoff-12-Kerne fängt jeweils einen weiteren Helium-4-Kern ein, was unter Strahlungsabgabe zu Sauerstoff-16-Kernen führt (Abb. 5). Einige wenige

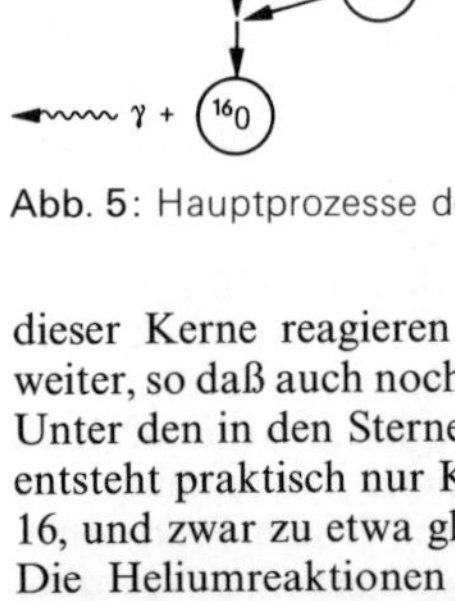

Abb. 5: Hauptprozesse der Heliumreaktionen

dieser Kerne reagieren nach dem gleichen Schema weiter, so daß auch noch etwas Neon-20 gebildet wird. Unter den in den Sternen herrschenden Bedingungen entsteht praktisch nur Kohlenstoff-12 und Sauerstoff-16, und zwar zu etwa gleichen Teilen.

Die Heliumreaktionen benötigen zu ihrem Ablauf Temperaturen von etwa 10^8 K. Diese sind so viel höher als die, bei denen die Wasserstoffreaktionen stattfinden, daß Wasserstoff- und Heliumreaktionen nicht gleichzeitig im gleichen Gebiet eines Sterns ablaufen.

Bei der Bildung eines Kohlenstoff-12-Kerns aus drei Heliumkernen wird eine Energie von 7,28 MeV frei, bei der Bildung eines Sauerstoff-16-Kerns aus Kohlenstoff und Helium 7,16 MeV. Die Häufigkeit, mit der die Heliumprozesse im Sterninnern ablaufen, ist außerordentlich stark von der herrschenden Temperatur abhängig; sie steigt – je nach dem Temperaturbereich – mit der 20. bis 30. Potenz der Temperatur.

Auf die Möglichkeit, schwere Atomkerne aus Heliumkernen aufzubauen, hat als erster E.E. Salpeter hingewiesen. Aus diesem Grund wird der gesamte Prozeß gelegentlich auch als *Salpeter-Prozeß* bezeichnet.

Kohlenstoffreaktionen, Sauerstoffreaktionen, Siliciumreaktionen. Bei Temperaturen ab etwa $5 \cdot 10^8$ bis $1 \cdot 10^9$ K besteht die Möglichkeit für Kohlenstoffreaktionen:

$$
\begin{aligned}
{}^{12}C + {}^{12}C &\rightarrow {}^{24}Mg + \gamma \\
&\rightarrow {}^{23}Mg + n \\
&\rightarrow {}^{23}Na + {}^{1}H \\
&\rightarrow {}^{20}Ne + {}^{4}He \\
&\rightarrow {}^{16}O + 2\,{}^{4}He.
\end{aligned}
$$

Beim Stoß zweier Kohlenstoff-12-Kerne entsteht ein angeregter Magnesium-24-Kern, der seine Anregungsenergie in Form von Strahlung abgeben kann. Er hat aber auch eine Reihe von Zerfallsmöglichkeiten, er kann in einen Magnesium-23-Kern und ein Neutron (n), in einen Natrium-23-Kern und ein Proton, in einen Neon-20- und einen Helium-4-Kern oder in einen Sauerstoff-16-Kern und zwei Helium-4-Kerne übergehen. Die bei solchen Zerfällen entstehenden Wasserstoff- und Heliumkerne sowie Neutronen werden praktisch sofort wieder verbraucht, indem sie bei Aufbaureaktionen in andere Atomkerne eingebaut werden. Welcher Zerfallsprozeß vorherrscht, hängt von der Temperatur ab. Bei Temperaturen unterhalb etwa $3 \cdot 10^9$ K entsteht zu etwa gleichen Teilen Natrium-23 und Neon-20. Bei einer Kohlenstoff-Kohlenstoff-Reaktion werden rund 13 MeV freigesetzt.

Bei Temperaturen, die über etwa $1 \cdot 10^9$ K liegen, sind Sauerstoffprozesse möglich mit den folgenden Hauptreaktionen:

$$
\begin{aligned}
{}^{16}O + {}^{16}O &\rightarrow {}^{32}S + \gamma \\
&\rightarrow {}^{31}S + n \\
&\rightarrow {}^{31}P + {}^{1}H \\
&\rightarrow {}^{28}Si + {}^{4}He \\
&\rightarrow {}^{24}Mg + 2\,{}^{4}He.
\end{aligned}
$$

Aus zwei Sauerstoff-16-Kernen entsteht ein angeregter Schwefel-32-Kern, der seine Anregungsenergie abstrahlen kann, aber auch in einen Schwefel-31-Kern und ein Neutron, in einen Phosphor-31-Kern und ein Proton, in einen Silicium-28-Kern und einen Heliumkern oder in einen Magnesium-24-Kern und zwei Helium-4-Kerne übergehen kann. Das Hauptergebnis der verschiedenen Möglichkeiten ist Phosphor-31 gefolgt von Silicium-28. Die Energiefreisetzung bei einer Sauerstoff-Sauerstoff-Reaktion beträgt rund 16 MeV.

Ab einer Temperatur von etwa $2 \cdot 10^9$ K kann Silicium reagieren, wobei wiederum eine Vielzahl von Prozessen möglich ist, von denen die wichtigste

$${}^{28}Si + {}^{28}Si \rightarrow {}^{56}Fe$$

ist, bei der Eisen-56, der Atomkern mit der höchsten Bindungsenergie entsteht.

Im Temperaturbereich von etwa $3 \cdot 10^9$ K stellt sich nahezu ein Gleichgewicht von gegenläufigen Prozessen ein: Einerseits werden durch Strahlungsabsorption Atomkerne zerlegt, andererseits die Spaltprodukte, vor allem Protonen, Neutronen sowie Helium-4-Kerne, von anderen Kernen wieder eingefangen. Bei der sich insgesamt für die unterschiedlichen Atomkernarten ergebende Häufigkeitsverteilung sind die Kerne mit den höchsten Bindungsenergien bevorzugt, also die mit Massezahlen nahe 56. Wegen des Gleichgewichts von Energie verbrauchenden und Energie liefernden Prozessen ist der Nettoenergiegewinn praktisch Null.

Bei Temperaturen über etwa $5 \cdot 10^9$ K finden nur noch Kernzerlegungen infolge von Strahlungsabsorption statt, bei denen Energie verbraucht, nicht aber freigesetzt wird.

Freisetzung von potentieller Energie. Bei der Kontraktion eines Sterns als Ganzes oder von Teilen von ihm wird potentielle Energie frei. Falls bei der Kontraktion eine Folge mechanischer Gleichgewichtszustände durchlaufen wird und die Sternmaterie aus einem idealen, voll ionisierten Gas besteht, wird von der freigesetzten Gravitationsenergie eine Hälfte ausgestrahlt, während die andere im Stern als zusätzliche Wärmeenergie verbleibt. Sie dient zur Aufrechterhaltung des mechanischen Gleichgewichts, da bei der Kontraktion die Materie stärker zum Sternmittelpunkt konzentriert und damit die Gravitation erhöht wird, was durch eine Erhöhung der inneren Energie (Wärmeenergie) zu kompensieren ist. Die Freisetzung von potentieller Energie ist (unter den genannten Bedingungen) immer mit einer Temperaturerhöhung verbunden.

Englische Montierung, Aufstellungsart astronomischer Fernrohre; → Fernrohr.

Entartung, ***Gasentartung***, → Zustandsgleichung.

Entfernungsbestimmung bei Himmelskörpern, → Parallaxe.

Entfernungsmodul m, die Differenz zwischen der scheinbaren Helligkeit m und der absoluten Helligkeit M eines Gestirns. Der E. ist ein Maß für die Entfernung r eines Gestirns, falls zwischen dem Beobachter und dem Gestirn kein lichtschwächendes Medium (z.B. interstellarer Staub) vorhanden ist. Wird r in Parsec gemessen, so gilt $m - M = 5 \lg r - 5$ (→ Helligkeit, → Parallaxe).

Entfernungsskala, → Parallaxe.

Entstehung der Himmelskörper, → Kosmogonie.

Entweichgeschwindigkeit, ***Fluchtgeschwindigkeit***, ***parabolische Geschwindigkeit***, die Geschwindigkeit, die ein Körper mindestens benötigt, um aus dem Anziehungsbereich eines anderen Körpers zu gelangen. Die E. v_P hängt von der Masse $\mathfrak{M}$ dieses zweiten Körpers und dem Abstand r von dessen Massenmittelpunkt ab; es gilt $v_P = \sqrt{2\,G\,\mathfrak{M}/r}$, wobei G die Gravitationskonstante bedeutet. Bewegt sich ein Körper mit der E. von einem anderen weg, so beschreibt er in dessen Gravitationsfeld eine Parabelbahn.

Hinsichtlich der E.en, die sich an den Oberflächen der Planeten ergeben, → Planet.

Entwicklungsweg, der Weg im Hertzsprung-Russell-Diagramm, der von dem Bildpunkt eines Sterns infolge von dessen Entwicklung zurückgelegt wird; → Sternentwicklung.

Ephemeride *f*, ein vorausberechneter scheinbarer Ort eines Himmelskörpers an der Himmelskugel. E.n werden im allg. in astronomischen Jahrbüchern veröffentlicht und ermöglichen es, ein Gestirn am Himmel (oder auf einer photographischen Platte) aufzufinden, oder dienen dazu, beobachtete mit berechneten Örtern zu vergleichen.

Ephemeridenrechnung, Teilgebiet der Himmelsmechanik mit der Aufgabe, die scheinbaren Örter von Himmelskörpern an der Himmelskugel (deren Ephemeriden) für vorgegebene Zeitpunkte aus gegebenen Größen zu berechnen. Bei der E. für Himmelskörper des Planetensystems geht man von den Bahnelementen aus und bestimmt zunächst für die gewünschten Zeitpunkte die mittlere und die exzentrische Anomalie, woraus sich die wahre Anomalie des Himmelskörpers berechnen läßt, mit deren Hilfe sich die jeweiligen heliozentrischen und daraus die geozentrischen Koordinaten ergeben. Bei der Berechnung der E.n eines Sterns muß der scheinbare Ort für die gewünschten Zeitpunkte aus dem für eine bestimmte Normalepoche gegebenen mittleren Ort bestimmt werden (→ Ort eines Gestirns).

Ephemeridensekunde, → Zeit.

Ephemeridenzeit, → Zeit.

Epimetheus *m*, ein Saturnsatellit. Der E. bewegt sich auf einer elliptischen Bahn mit einer Exzentrizität von nur 0,009 und einer großen Halbachse von 151 420 km in 16 h 39 min rechtläufig um den Saturn. Die Bahn ist um 0,3° gegen die Äquatorebene des Saturns geneigt. Der E. hat eine gebundene Rotation; seine Rotationsperiode ist daher gleich der Umlaufzeit. Der E. ist ein unregelmäßig geformter Himmelskörper, der sich angenähert durch ein dreiachsiges Ellipsoid mit den Achslängen 140, 114 und 100 km beschreiben läßt. Die Oberfläche zeigt zahlreiche Einschlagkrater. Die relativ hohe Albedo von über 0,4 sowie die Färbung deuten darauf hin, daß das Oberflächenmaterial des E. aus Wassereis besteht, dem vielleicht Gesteinsteilchen meteoroidischen Ursprungs beigemengt sind.

Der Abstand des E. vom Saturnmittelpunkt unterscheidet sich von dem des Janus um weniger als einen Monddurchmesser, was zu einer starken dynamischen Wechselwirkung beider Satelliten führt: Alle vier Jahre überholt derjenige der beiden Satelliten, der zur Zeit weiter innen läuft, den weiter außen befindlichen. Dabei wird dieser abgebremst und nähert sich dem Saturn, während der innere beschleunigt wird und sich vom Saturn entfernt; beide Satelliten vertauschen dabei ihre Positionen bezüglich des Saturns.

Der E. wurde 1980 mittels der Raumsonde Voyager 1 entdeckt.

Epizykeltheorie, der Versuch, die beobachteten ungleichförmigen scheinbaren Bewegungen der im Altertum bekannten Wandelsterne (Sonne, Mond und Planeten) durch gleichförmige räumliche Bewegungen dieser Gestirne zu erklären. Zur Darstellung der scheinbaren Planetenbewegungen, die durch einen Wechsel zwischen Recht- und Rückläufigkeit gekennzeichnet sind (→ Bewegung der Gestirne), wählt man einen Kreis, den ***Deferenten***, auf dem sich mit konstanter Winkelgeschwindigkeit um einen Bezugspunkt ein gedachter Punkt (mittlerer Planet) M bewegt, der von dem wahren Planeten P auf einem weiteren Kreis, dem ***Epizykel***, gleichmäßig umlaufen wird (Abb. 1). Die da-

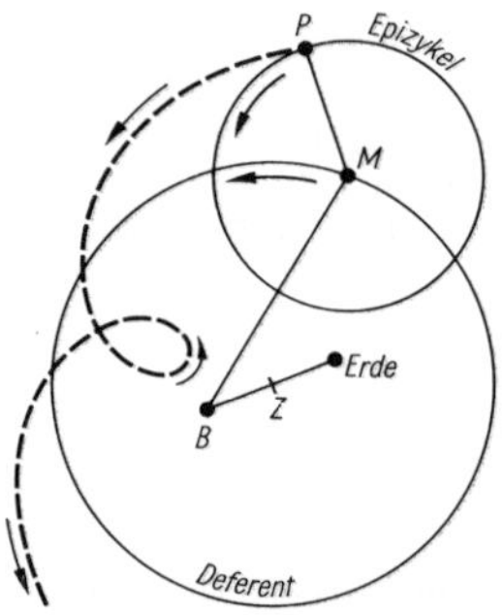

Abb. 1: Zur Epizykeltheorie. Erläuterungen im Text

bei entstehende schleifenförmige Kurve (gestrichelt gezeichnet) stellt eine Epizykloide dar. Die Erde als Bezugspunkt befindet sich z.T. exzentrisch innerhalb der Deferenten, z.T. wird auch angenommen, daß der mittlere Planet sich mit konstanter Winkelgeschwindigkeit relativ zu einem exzentrisch liegenden Punkt B bewegt. Nur so lassen sich z.B. die beobachteten ungleichen Längen der Jahreszeiten bei gleichmäßiger Sonnenbewegung darstellen. Um eine Übereinstimmung mit den Beobachtungen zu erreichen, muß für einen äußeren Planeten die Umlaufzeit von M auf dem Deferenten gleich der siderischen Umlaufzeit der Planeten und die Umlaufzeit von P auf dem Epizykel, bezogen auf die Verbindungslinie der beiden Kreismittelpunkte M und Z, gleich der synodischen Umlaufzeit sein. Für die inneren Planeten hingegen ist die Umlaufzeit von M gleich der siderischen Umlaufzeit der Erde und die Umlaufzeit von P gleich der synodischen Umlaufzeit der Planeten zu wählen. Setzt man den Radius des Deferenten gleich 1, so entspricht der Radius des Epizykels dem Sinus des Winkels, bis zu dem sich, gesehen vom Zentrum des Deferenten, der wahre Planet vom mittleren entfernen kann (Abb. 2). Dieser Winkel ergibt sich aus den Beobachtungen angenähert als arithmetisches Mittel der von der Erde aus beobachteten größten Winkelabstände des wahren Planeten vom mittleren Planetenort. Die Neigung der Planetenbahn gegen die Ekliptik kann durch die Neigung der Epizykelebene gegen die des Deferenten berücksichtigt werden.

Für die Venus, den Mars, den Jupiter und den Saturn lassen sich auf diese Weise die beobachteten scheinbaren Bewegungen relativ gut darstellen. Für Merkur ergeben sich hingegen größere Abweichungen, da der Merkur eine relativ große Bahnexzentrizität hat. Die Bewegungen des Mondes sind mit einem einfachen Epizykel auch nur schwer darstellbar, so daß man zu

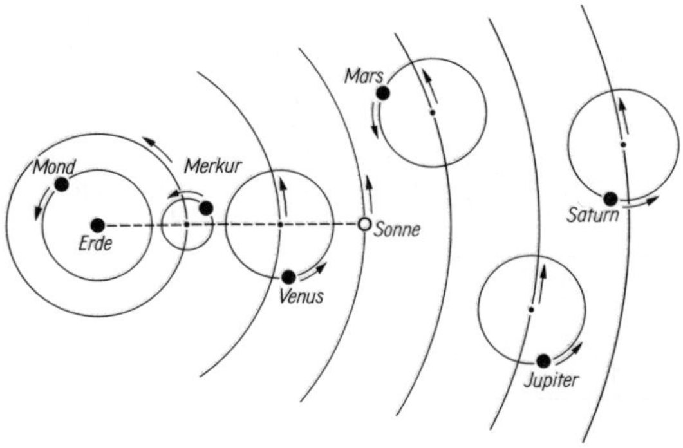

Abb. 2: Schema zur Darstellung der Planetenbewegungen mit Hilfe der Epizykeltheorie im Ptolomäischen Planetensystem. Die Pfeile geben die Bewegungsrichtung der Deferentenmittelpunkte (kleine Punkte) und der Himmelskörper (große Punkte bzw. Kreis). Beim Merkur und bei der Venus sind die Bewegungen der Deferenten an die Bewegung der Sonne gekoppelt

Epi-Epizykeln griff: Der Mittelpunkt der kreisförmig gedachten Bahn des wahren Mondes bewegt sich nicht gleichförmig auf einem Deferenten, sondern auf einem Epizykel.
Die E. wurde u.a. in den Planetentheorien von Ptolemäus (um 90 bis 160) und N. Copernicus (1473–1543) benutzt. Die physikalischen Ursachen der Bewegungen blieben dabei – weil sie noch unbekannt waren – unberücksichtigt.

Epoche, Zeitpunkt, auf den bestimmte astronomische Größen bezogen sind, z.B. die Bahnelemente eines Himmelskörpers, die Koordinaten eines Gestirns oder die Phase im Lichtwechsel eines veränderlichen Sterns.

Equ, Abk. für Equuleus.

Equuleus [lat.], *Gen.* Equulei, abg. ***Equ***, ***Füllen***, ***Kleines Pferd***, kleines Sternbild der Äquatorzone, das im Herbst am Abendhimmel sichtbar ist.

erdartiger Himmelskörper, ein Körper des Planetensystems, der im wesentlichen aus Gesteinsmaterial besteht; → Planet.

Erdatmosphäre, die Gashülle der Erde. Die E. wird durch die Schwerkraft der Erde zusammengehalten und nimmt in ihren unteren Teilen (innere Atmosphäre) an der Erdrotation teil; ab einigen 100 km Höhe bleiben die Luftschichten allmählich gegenüber der Rotation der unteren Regionen zurück. Die Gesamtmasse der E. beträgt mit $5{,}3 \cdot 10^{18}$ kg weniger als ein Millionstel der Erdmasse.
Für die Lebensvorgänge auf unserem Planeten ist die E. von größter Bedeutung: Abgesehen von ihrer Beteiligung am Stoffwechsel der Organismen stellt sie einen Schutz z.B. gegen die kurzwellige Sonnenstrahlung, die solare Teilchenstrahlung sowie gegen interplanetare Staubpartikeln dar. Fast alle von der Erdoberfläche aus erfolgenden astronomischen Beobachtungen werden durch die E. beeinflußt, da die von den außerirdischen Objekten zu uns kommende elektromagnetische Strahlung in ihrer Richtung, Intensität und spektralen Zusammensetzung infolge Refraktion, Streuung und Absorption verändert wird, außerdem leistet das Eigenleuchten der hohen E. einen wesentlichen Beitrag zum Nachthimmelslicht. Es erscheint daher gerechtfertigt, näher auf den Aufbau der E. einzugehen, obwohl dieses Gebiet in den Forschungsbereich der Geophysik und der Meteorologie, nicht in das der Astronomie gehört.

G l i e d e r u n g d e r E. Die Dichte der E. nimmt mit wachsender Höhe stark ab: Etwa 90% der Gesamtmasse der E. befinden sich in dem Bereich bis zu 20 km Höhe über dem Erdboden, etwa 99,9% bis 50 km Höhe. Bei 0 °C und unter Normaldruck, d.h. bei einem Luftdruck von 1013 hPa, beträgt die Luftdichte am Erdboden 1,29 kg/m^3, in 1 cm^3 Luft befinden sich dann $2{,}69 \cdot 10^{19}$ Moleküle.
Die E. wird in verschiedene Schichten untergliedert, und zwar auf Grund der in ihnen auftretenden unterschiedlichen Erscheinungen. Am weitesten verbreitet ist die Einteilung auf Grund des Temperaturverlaufes in Troposphäre, Stratosphäre, Mesosphäre, Thermosphäre und Exosphäre; Abb. 1. Die ***Troposphäre***, in der sich die Wettervorgänge abspielen, erstreckt sich von der Erdoberfläche bis in etwa 12 km Höhe; in den Tropen liegt ihre Obergrenze bei etwa 18 km, an den Polen unterhalb von etwa 10 km. Die Temperatur sinkt in der Troposphäre mit zunehmender Höhe um etwa 6,5 Grad je Kilometer und erreicht an ihrer Obergrenze zwischen −50 und −65 °C. Die Troposphäre unterteilt man noch in die Bodenschicht (bis etwa 2 m Höhe), die Grundschicht (bis etwa 2 km Höhe) und die bei etwa 10 km beginnende Übergangsschicht, die Tropopause. Diese ist gleichzeitig die Obergrenze der Wasserdampfsphäre in der E., da bei den in der oberen Troposphäre herrschenden niedrigen Temperaturen praktisch der gesamte Wasserdampf auskondensiert, so daß nur noch sehr geringe Mengen in den höheren Schichten vorhanden sind. (Dieser Tatsache verdankt die Erde, daß sich ihr Wasservorrat über Milliarden Jahre nicht wesentlich verringert hat.) Die sich anschließende ***Stratosphäre*** erstreckt sich bis zu etwa 50 km Höhe. In ihr ist die Temperatur bis in eine Höhe von etwa 25 km konstant und steigt dann bis auf etwa 0 °C an. Die Temperaturzunahme rührt hauptsächlich von dem dort befindlichen Ozon (O_3) her, das sich unter der Einwirkung der solaren Ultraviolettstrahlung aus molekularem Sauerstoff (O_2) bildet, und das die Sonnenstrahlung mit Wellenlängen kleiner als etwa 300 nm absorbiert; die Strahlungsenergie wird dabei in Wärmeenergie übergeführt. Bei etwa 50 bis 55 km Höhe, in der Stratopause, erreicht die Temperatur ein relatives Maximum. In der darüberliegenden ***Mesosphäre*** fällt die Temperatur erneut ab, und zwar auf ein Jahresmittel von etwa −70 °C, wobei im Winterhalbjahr etwa −40 °C, im Sommerhalbjahr etwa −100 °C

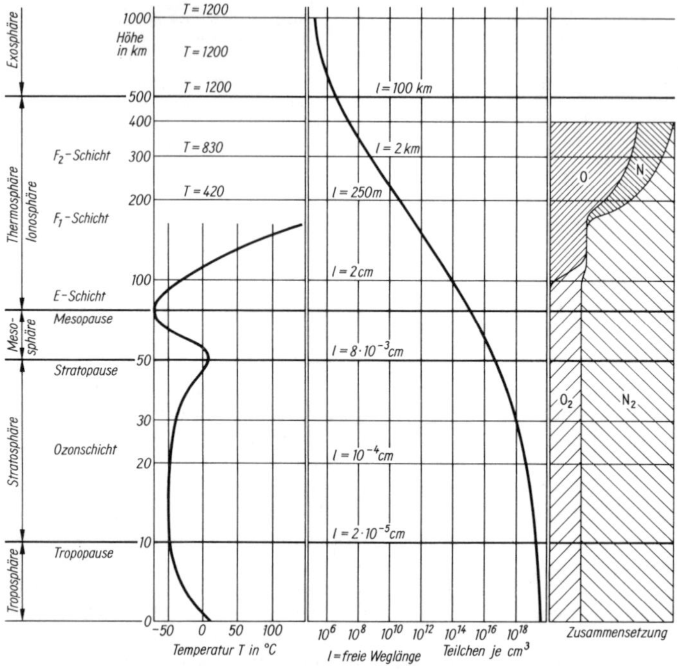

Abb. 1: Schichteinteilung der Erdatmosphäre. Temperatur- und Dichteverlauf sowie hauptsächliche Zusammensetzung in Abhängigkeit von der Höhe über der Erdoberfläche. Ab der Ionosphäre sind Dichte und Temperatur größeren Schwankungen unterworfen

erreicht werden. Dieser Temperaturabfall ist auf den sinkenden Ozongehalt in diesen Schichten zurückzuführen. Das Temperaturminimum liegt in der Mesopause, in einer Höhe von 80 bis 85 km. An sie schließt sich nach außen die ***Thermosphäre*** an, die sich bis zu rund 500 km Höhe erstreckt, und in der – verursacht durch die solare Ultraviolettstrahlung – ein großer Teil der vorhandenen Atome sowie Moleküle ionisiert und damit das Gas aufgeheizt wird. Die zeitlichen Temperaturvariationen sind unterhalb von etwa 100 km verhältnismäßig gering, in den höheren Schichten hingegen stark. Das liegt an dem starken Intensitätswechsel der sehr kurzwelligen solaren Ultraviolettstrahlung zwischen Tag und Nacht, von Tag zu Tag und mit dem Wechsel der Sonnenaktivität, was zu stark variierenden Aufheizungen führt. In 200 km Höhe kann die Temperatur zwischen etwa 350 °C (nachts und geringe Sonnenaktivität) und 1250 °C (tags und hohe Sonnenaktivität) schwanken. Ab etwa 300 km bis 400 km Höhe ist die Temperatur angenähert höhenunabhängig, unterliegt aber ebenfalls großen Variationen. Die in der Abb. angegebenen Temperaturwerte stellen daher für die obere E. nur grobe Mittelwerte dar.

Untergliedert man die E. unter dem Gesichtspunkt, ob die Atmosphärenbestandteile hauptsächlich neutral oder ionisiert sind, so bezeichnet man die Schichten bis zur Mesopause als ***Neutrosphäre***, die Thermosphäre hingegen als ***Ionosphäre***. Die Anzahldichte der freien Elektronen erreicht in der Ionosphäre mehrere relative Maxima, was zur Unterscheidung verschiedener Ionosphärenschichten führt: Die D-Schicht, die in etwa 80 km Höhe liegt, ist nur tagsüber vorhanden. In der E-Schicht (früher Heaviside-Kenelly-Schicht), die tagsüber in etwa 100 bis 120 km Höhe anzutreffen ist, rührt die erhöhte Elektronendichte von der Ionisation molekularen Sauerstoffs und Stickstoffmonoxids her, in der F_1- und der F_2-Schicht (früher Appleton-Schicht) mit Höhen zwischen rund 200 und 300 km bzw. rund 300 bis 400 km von der Ionisation atomaren Sauerstoffs. Die Höhe einer solchen Ionisationsschicht ist einerseits durch die Eindringtiefe der ionisierenden Strahlung, andererseits durch die Häufigkeitsabnahme der ionisationsfähigen Teilchen mit der Höhe bestimmt. Schichthöhe und Elektronendichte schwanken mit dem Sonnenstand und der Sonnenaktivität. Kurzzeitige Störstrahlungen der Sonne können, da sie meist sehr energiereich sind, kräftige Ionosphärenstörungen hervorrufen, wodurch die Ionosphäre ein Indikator für besondere Vorgänge auf der Sonne ist (→solar-terrestrische Erscheinungen). Die Ionosphäre spielt für den Funkverkehr auf der Erde sowie für die Beobachtungen der aus dem Weltall kommenden langwelligen elektromagnetischen Strahlung (Wellenlängen größer als etwa 20 m) eine große Rolle, da die durch die Ionisation elektrisch leitfähig gewordenen Schichten elektromagnetische Strahlung reflektieren; je höher die Elektronendichte ist, um so kürzerwellige Strahlung wird reflektiert. Es besteht daher die Möglichkeit, die Ionosphärenschichten mit Hilfe der Radartechnik zu untersuchen, indem man Strahlung unterschiedlicher Wellenlänge aussendet und die reflektierte Strahlung beobachtet.

Der Bereich der E. über 500 km Höhe wird ***Exosphäre*** (äußere Atmosphäre) genannt. Sie geht allmählich in den freien Weltraum über, was bedeutet, daß in ihr die Dichte immer weiter abnimmt, bis sie die des allgemeinen interplanetaren Gases erreicht. Die E. hat damit

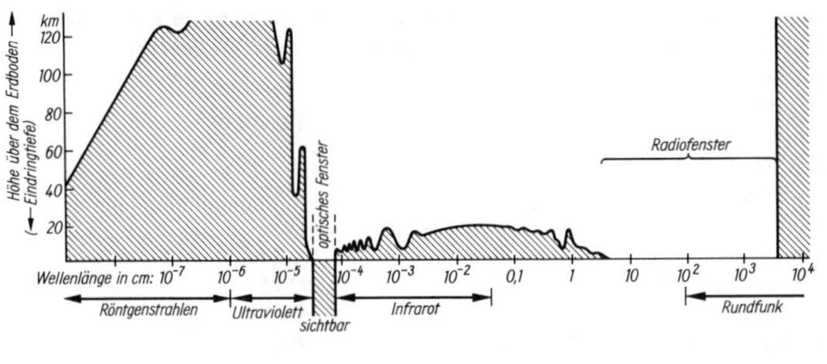

Abb. 1: Spektrale Durchlässigkeit der Erdatmosphäre. Angegeben ist die Höhe über der Erdoberfläche, bei der die Intensität der einfallenden Strahlung auf etwa 37% der ursprünglichen Intensität abgenommen hat.

keine scharfe Grenze gegen den Weltraum. Aus den höchsten Atmosphärenschichten können einzelne neutrale Teilchen in den interplanetaren Raum gelangen, da hier die Schwerkraft der Erde klein ist und in 1000 km Höhe nur 75% des Wertes an der Erdoberfläche beträgt, vor allem aber, weil die freie Weglänge der Gaspartikeln, die sie im Mittel zwischen zwei Zusammenstößen mit anderen Teilchen zurücklegen können, Werte von vielen Kilometern erreicht. Die Neutralteilchen beschreiben daher zwischen zwei Stößen lange freie Flugbahnen im Gravitationsfeld der Erde (ähnlich wie ein Erdsatellit) und können bei genügend hohen Geschwindigkeiten die E. verlassen. Die elektrisch geladenen Teilchen sind bei ihren Bewegungen nicht frei, sondern an das Erdmagnetfeld gefesselt (→ Erdmagnetosphäre).

Chemische Zusammensetzung. Die Zusammensetzung der E. ist in den unteren Schichten, in denen eine starke Durchmischung infolge von Konvektion herrscht, sehr gleichmäßig. Den Hauptanteil liefert der molekulare Stickstoff, gefolgt vom molekularen Sauerstoff; den Rest stellen vor allem Edelgase, z.B. Argon und Neon, sowie Kohlendioxid (Tab.).

Chemische Zusammensetzung der unteren Erdatmosphäre bei trockener Luft

Bestandteil	Volumenprozent
Stickstoff (N_2)	78,08
Sauerstoff (O_2)	20,95
Argon (Ar)	0,93
Kohlendioxid (CO_2)	0,03
Neon (Ne)	0,0018
Helium (He)	0,00052
Krypton (Kr)	0,00015
Methan (CH_4)	0,00014

Wasserdampf ist in der unteren Troposphäre im Mittel mit 1% (Masseanteil) vertreten, doch sind große zeitliche und örtliche Unterschiede vorhanden. Der Wasserdampfanteil nimmt nach oben hin stark ab; die Stratosphäre ist schon fast vollständig trocken. Der Gehalt an Kohlendioxid ist ebenfalls großen Schwankungen unterworfen, da es von Pflanzen bei der Photosynthese verbraucht und bei allen Atmungs- und Kohlenstoffverbrennungsvorgängen erzeugt wird. Calcium, Natrium, Aluminium und andere Elemente treten als Spurengase auf. Oberhalb rund 100 km Höhe ist der Sauerstoff im wesentlichen atomar, für Stickstoff ist dies oberhalb etwa 150 bis 200 km der Fall. In der unteren Stratosphäre, in ungefähr 30 bis 40 km Höhe, befindet sich die größte relative Konzentration von Ozon; man bezeichnet diese Schicht deshalb auch als ***Ozonosphäre***; die größte absolute Ozonkonzentration wird hingegen in etwa 22 km Höhe erreicht. In den unteren Schichten der E. finden sich zeitlich und örtlich variierend mehr oder minder große Mengen fester und flüssiger Bestandteile (Staubteilchen natürlichen und anthropogenen Ursprungs, Wassertröpfchen), die man zusammenfassend als Aerosol bezeichnet.

Die jetzige chemische Zusammensetzung der E. entspricht nicht der der Uratmosphäre, also derjenigen bei der Entstehung der Erde; sie ist vielmehr das Ergebnis einer Reihe unterschiedlicher Prozesse, die seitdem abgelaufen sind (→ Kosmogonie).

Spektrale Durchlässigkeit der E. Die spektrale Durchlässigkeit der E. hängt stark von der Wellenlänge der Strahlung ab (Abb. 2): Strahlung mit einer Wellenlänge kleiner als etwa 300 nm wird in der E. durch molekularen Sauerstoff und durch Ozon praktisch vollständig absorbiert, bei Wellenlängen kürzer als etwa 100 nm spielt auch die Absorption durch atomaren Sauerstoff und molekularen Stickstoff eine Rolle. Im Wellenlängenbereich von etwa 300 nm bis etwa 1 µm ist die E. strahlungsdurchlässig; dieser Spektralbereich, der das nahe Ultraviolett, das sichtbare Licht und das nahe Infrarot umfaßt, wird als *optisches Fenster* der E. bezeichnet. Strahlung mit größeren Wellenlängen wird vor allem von Wasser- und Kohlendioxidmolekülen stark absorbiert, so daß die E. ab etwa 2,4 µm – abgesehen von einigen schmalen Spektralbereichen z.B. zwischen etwa 8 und 13 µm sowie zwischen 16,5 und 30 µm – bis etwa 300 µm strahlungsundurchlässig ist. Auch im Grenzbereich zum Submillimetergebiet ist keine volle Durchsicht möglich; hier liegen Durchlässigkeitsbereiche um 350, 450, 600 und 800 µm. Volle Durchlässigkeit besteht erst wieder im Wellenlängenbereich von einigen Millimetern bis etwa 20 m, der als *Radiofenster* der E. bezeichnet wird. Strahlung mit noch größeren Wellenlängen wird an der Ionosphäre reflektiert und kann daher nicht die E. durchdringen.

Die von außen einfallende Strahlung wird auch in den Spektralbereichen, in denen sie bis zur Erdoberfläche gelangt, auf dem Weg durch die E. merklich geschwächt. Diese atmosphärische Extinktion wird überwiegend durch Streuung an Luftmolekülen und an kleinen kolloidalen Dunstpartikeln verursacht. Diese Teilchen mit einem Durchmesser von etwa 0,1 bis 0,5 μm sind in den unteren Atmosphärenschichten angereichert und ergeben eine nach oben relativ scharf begrenzte Dunstschicht, deren Höhe je nach Wetterlage und Temperatur zwischen einigen 100 m und einigen Kilometern schwankt; hohen Berge ragen oft über diese Dunstgrenze hinaus. Die Dunstextinktion ist wellenlängenabhängig und nimmt mit wachsender Wellenlänge λ wie $\lambda^{-\alpha}$ ab, wobei der Exponent α durch die Größe der Dunstteilchen bestimmt wird und einen Wert um 1,3 hat. Große Teilchen wie Staub-, Ruß- oder große Wasserpartikeln bewirken eine wellenlängenunabhängige Extinktion. Wegen des zeitlich und örtlich stark variierenden Dunstgehalts der E. ist die Dunstextinktion stark veränderlich. Die durch Streuung an den Luftmolekülen verursachte Extinktion ist zeitlich konstant und immer vorhanden; ihre Wellenlängenabhängigkeit ist mit λ^{-4} sehr stark: Kurzwelliges (blaues) Licht wird sehr viel stärker als langwelliges (rotes) gestreut. Aus diesem Grund erscheint der wolkenlose Taghimmel blau, da man im wesentlichen nur gestreutes kurzwelliges Sonnenlicht empfängt. Je dunstiger die E. ist, um so weißlicher erscheint der Himmel, da die gestreute Strahlung einen durch die Dunstextinktion verursachten immer größeren Anteil langwelligen Lichtes enthält. Zu den Streuprozessen kommt noch eine Absorption in bestimmten schmalen Wellenlängenbereichen hinzu, die durch Luftmoleküle verursacht wird.

Der Betrag der Extinktion hängt außer von der Wellenlänge noch von der Länge des Weges ab, den das Licht in der Atmosphäre zurücklegt. Ein Stern erscheint daher um so schwächer, je näher er sich am Horizont befindet, je größer also seine Zenitdistanz ist. Die Tab. gibt für den visuellen Spektralbereich den Extinktionsbetrag (in Größenklassen) für eine Reihe von Zenitdistanzen im Vergleich zur Zenitextinktion. Die Zenittextinktion selbst beträgt im visuellen Spektralbereich grob 0,25 mag, doch kann dieser Wert wegen der stark variierenden Dunstextinktion sehr schwanken. Die Extinktion kann auch vom Azimut (der Himmelsrichtung) abhängig sein, wenn eine lokal ungleichmäßige Durchmischung der Atmosphäre herrscht.

Extinktionsunterschied Δm im visuellen Spektralbereich zwischen Beobachtungen im Zenit und bei einer Zenitdistanz z

z	Δm (in mag)	z	Δm (in mag)
0°	0,00	50°	0,12
10°	0,00	55°	0,17
20°	0,01	60°	0,23
25°	0,02	65°	0,32
30°	0,03	70°	0,45
35°	0,04	75°	0,65
40°	0,06	80°	0,99
45°	0,09	85°	1,77

Zenitextinkition Δm durch Streuung an Luftmolekülen in Abhängigkeit von der Wellenlänge λ

λ (in nm)	Δm (in mag)
300	1,24
350	0,64
400	0,37
450	0,23
500	0,15
550	0,10
600	0,07
700	0,04
800	0,02

Die in den verschiedenen Wellenlängenbereichen unterschiedliche Extinktion ist für den Wärmehaushalt der unteren Atmosphäre verantwortlich: Die Sonnenstrahlung im sichtbaren Spektralbereich kann die Erdoberfläche erreichen und sie erwärmen. Die Wärmestrahlung des Erdbodens, deren Maximum im Infrarotbereich liegt, wird hingegen durch den atmosphärischen Wasserdampf absorbiert und so am Entweichen in den Weltraum gehindert, was zur Erwärmung der unteren Luftschichten führt. Diese „Glashauswirkung" ist bei Bewölkung und feuchter Luft stärker als bei wolkenlosem Himmel und trockener Luft.

Erde, der der Sonne drittnächste Planet, Zeichen ♁. Der Erdkörper ist von der Erdatmosphäre umgeben. Ihr Vorhandensein und die Tatsache, daß sich die E. in einer solchen Entfernung von der Sonne befindet, daß sie genügend Wärme empfängt, ermöglicht die Existenz von Leben auf der E. Sie ist der einzige bekannte Himmelskörper, der Leben trägt (Abb. 1).

Bewegungen. Die E. umläuft die Sonne auf einer elliptischen Bahn, auf der sie infolge der Massenanziehung der Sonne gehalten wird. Die Bewegung erfolgt vom Nordpol der Erdbahnebene aus betrachtet entgegen dem Uhrzeigersinn. Die Umlaufzeit ist abhängig von der Wahl des Bezugspunktes, gegenüber dem ein voller Umlauf gezählt wird (→ Jahr), sie beträgt etwa 365 Tage. Die Erdbahn ist eine Ellipse mit einer numerischen Exzentrizität von 0,0162, sie weicht also nicht viel von einer Kreisbahn ab. Die Sonne befindet sich in einem der Brennpunkte der Bahnellipse. Der mittlere Abstand der E. vom Sonnenmittelpunkt beträgt 149597870 ± 5 km, also rund 149,6 Mill. km. Anfang Januar durchläuft die E. das Perihel und hat dann mit 147,1 Mill. km den geringsten Sonnenabstand; Anfang Juli befindet sich die E. im sonnenfernsten Punkt ihrer Bahn, im Aphel, der Abstand beträgt dann 152,1 Mill. km. Die Bahngeschwindigkeit ist nach dem zweiten Keplerschen Gesetz im Perihel am größten, im Aphel am geringsten; im Mittel beträgt sie 29,8 km/s. Der Großkreis, in dem die Bahnebene des gemeinsamen Schwerpunktes von Erde plus Mond die Himmelskugel schneidet, wird Ekliptik und die Bahnebene des Schwerpunktes entsprechend Ekliptikebene genannt. Wegen der Bewegung der E. um den gemeinsamen Schwerpunkt mit dem Mond und der Neigung der Mondbahn gegen die Ekliptikebene befindet sich

Abb. 1: Aufnahme des südlichen Teils der Erde von einem Satelliten aus

der Erdmittelpunkt zeitweise nördlich, zeitweise südlich der Ekliptikebene. Die Abweichungen betragen maximal etwa 400 km, so daß die Ekliptikebene mit der Erdbahnebene im allg. gleichgesetzt werden kann. Die E. rotiert um eine Achse, die gegen die Ekliptikebene um 23° 26′, der sog. Schiefe der Ekliptik, geneigt ist. An der Rotation des Erdkörpers beteiligen sich auch die inneren Teile der Erdatmosphäre. Die Rotation erfolgt von Westen nach Osten im gleichen Drehsinn wie die Bahnbewegung der E. um die Sonne. Gemessen an der Wiederkehr der Kulmination eines Fixsterns dreht sich die E. in 23 h 56 min 4 s (Sonnenzeit), gemessen an der Wiederkehr der Kulmination der mittleren Sonne in 24 h (Sonnenzeit) einmal um sich selbst. Die Rotation der E. ist jedoch nicht völlig gleichförmig (→ Zeit).

Mit der Lage der Rotationsachse im Erdkörper wird das System der geographischen Koordinaten (geographische → Breite und → Länge) bestimmt, durch die der Ort eines Punktes auf der Erdoberfläche festgelegt wird. Die Rotationsachse durchstößt die Erdoberfläche an den geographischen *Polen* (geographische Breite ±90°). Die zur Rotationsachse senkrechte und durch den Erdmittelpunkt gehende Ebene, die Äquatorebene, schneidet die Erdoberfläche im *Erdäquator* (geographische Breite 0°) und die Himmelskugel im Himmelsäquator. Die Äquatorebene ist gegen die Ekliptikebene geneigt, der Neigungswinkel ist gleich der Schiefe der Ekliptik. Die beiden Ebenen sind Grundebenen von astronomischen Koordinatensystemen. Sowohl die rotierende als auch die die Sonne umlaufende E. können als nahezu symmetrische Kreisel ansehen werden, auf die infolge der Massenanziehung der Sonne, des Mondes und der großen Planeten Kräfte wirken, die zu einer Verlagerung der Rotationsachse im Raum, damit zu einer Verlagerung der Äquatorebene, und zu einer Verlagerung der Ekliptikebene führen (→ Präzession); außerdem verändert sich die Lage der Rotationsachse im Erdkörper (→ Polhöhe).

Die Rotation der E. bewirkt die scheinbare tägliche Bewegung der Himmelskörper an der Himmelskugel, speziell die der Sonne, und damit den Wechsel von Tag und Nacht. Aus der Bahnbewegung der E. resultiert die scheinbare jährliche Bewegung der Sonne längs der Ekliptik. Diese Bewegung, die auf Grund der variierenden Erdgeschwindigkeit unterschiedlich schnell erfolgt, sowie die Neigung der Ekliptik gegen den Himmelsäquator sind die Ursachen des Wechsels der

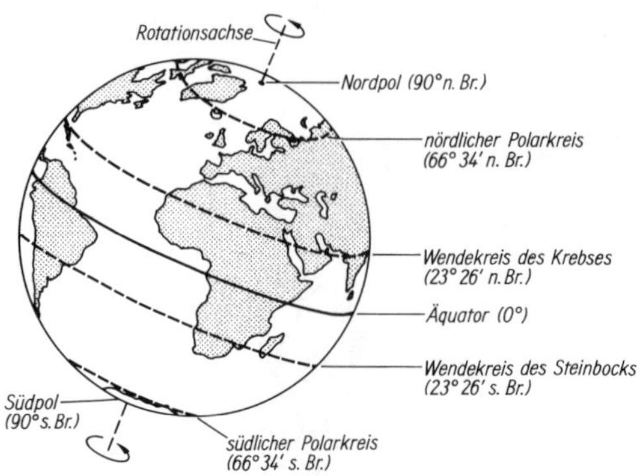

Abb. 2: Besondere Breitenkreise der Erde

Jahreszeiten, ihrer ungleichen Länge (→ Jahreszeiten) und der unterschiedlichen Dauer von Tag und Nacht. Zum astronomischen Frühlingsbeginn, der etwa auf den 21. März fällt, überschreitet die Sonne bei ihrer scheinbaren jährlichen Bewegung den Himmelsäquator von Süd nach Nord. An diesem Tag herrscht auf der ganzen E. Tagundnachtgleiche. In den nachfolgenden drei Monaten werden mit zunehmender Deklination der Sonne auf der nördlichen Halbkugel die Tage länger, die Nächte kürzer; etwa am 21. Juni geht die Sonne mittags durch das Zenit der Orte, die eine nördliche geographische Breite von 23° 26′ haben, d.h. auf dem *Wendekreis des Krebses* liegen (Abb. 2). Die Bewohner der nördlichen Halbkugel haben dann den längsten Tag und die kürzeste Nacht, und für Orte mit einer nördlichen Breite größer als 66° 34′ geht die Sonne überhaupt nicht unter. Der diese Grenze bildende Breitenkreis heißt *nördlicher Polarkreis.* Auf der südlichen Halbkugel werden während dieses Vierteljahres die Tage immer kürzer, die Nächte länger, die Polarnacht umfaßt ein immer größeres Gebiet um den Südpol, um den 21. Juni das ganze südliche Polargebiet vom Südpol bis zum *südlichen Polarkreis* bei 66° 34′ südlicher Breite. Vom 21. Juni ab, der Sommersonnenwende, bis etwa zum 23. September nähert sich die Sonne auf ihrer scheinbaren jährlichen Bahn wieder dem Äquator. Am 23. September, beim Überschreiten des Himmelsäquators, herrscht wieder überall Tagundnachtgleiche. Hierauf nimmt die Sonne südliche Deklination an und geht etwa am 21. Dezember mittags durch das Zenit der Orte, die eine südliche geographische Breite von 23° 26′ haben, also auf dem *Wendekreis des Steinbocks* liegen. Auf der nördlichen Halbkugel herrscht in einem immer größeren Gebiet um den Nordpol, das sich schließlich bis zum nördlichen Polarkreis ausdehnt, Polarnacht, auf der südlichen Halbkugel entsprechend in einem wachsenden Gebiet um den Südpol beständiger Tag. Vom 21. Dezember an, der Wintersonnenwende, nähert sich die Sonne wieder dem Äquator bis zum 21. März, dem Tag der Frühlingstagundnachtgleiche. Am Äquator sind während des ganzen Jahres Tag und Nacht gleich lang. (Die Datumsangaben können sich für einen bestimmten Ort um einen Tag unterscheiden, da für Orte unterschiedlicher geographischer Länge die Tageszählung zu unterschiedlichen Zeitpunkten – gemessen etwa innerhalb der Weltzeit – beginnt, die angegebenen Ereignisse aber jeweils zu ganz bestimmten Weltzeitaugenblicken eintreten; außerdem ergeben sich geringe Verschiebungen, weil die Länge des tropischen Jahres kein ganzzahliges Vielfaches eines Sonnentages ist.) Die zwischen den Wendekreisen des Krebses und des Steinbocks liegende Erdzone heißt *tropische Zone*, die beiden zwischen den Wendekreisen und den Polarkreisen liegenden Regionen *gemäßigte Zonen* und die zwischen Pol und Polarkreis liegenden Gebiete *Polarzonen.*

Die Bewegung, die die E. in einem ruhend gedachten Koordinatensystem (Inertialsystem) ausführt, ist recht kompliziert, da sich die Bewegung aus der der E. um die Sonne und der Bewegung der Sonne um das Zentrum des Milchstraßensystems, an der die E. samt dem übrigen Planetensystem teilnimmt, zusammensetzt.

Erdkörper. Die E. weicht beträchtlich von der Kugelgestalt ab, selbst wenn man von den örtlichen Höhenunterschieden absieht. Sie ist an der Polen, die bei der Rotation in Ruhe bleiben, abgeplattet, am Äquator dagegen wulstartig aufgebaucht, da hier bei der Rotation die größten Fliehkräfte angreifen. Als Grundlage und Bezugssystem für großräumige Vermessungen auf der Erdoberfläche dienen daher abgeplattete Körper als Idealisierung der wahren Erdfigur. Diese ist durch das sog. ***Geoid*** gegeben, das durch eine etwa in Höhe des Meeresspiegels liegende Niveauflä-

Daten der Erde

	Äquatorradius (a) (in km)	Polradius (b) (in km)	Abplattung (a–b)/a
Internationales geodätisches Referenzsystem	6378,137	6356,752	1:298,257
IAU-System der astronomischen Konstanten	6378,140	6356,755	1:298,257

mittlerer Radius	6371,0 km
Oberfläche	$510{,}06 \cdot 10^6$ km²
Volumen	$1{,}083 \cdot 10^{12}$ km³
Masse	$5{,}974 \cdot 10^{24}$ kg
mittlere Dichte	5,515 g/cm³
Schwerebeschleunigung am Äquator	9,7803 m/s²
Rotationsgeschwindigkeit am Äquator	465,12 m/s

che der Schwerkraft definiert wird; die Richtung der Schwerkraft ist überall senkrecht zum Geoid. Das Geoid läßt sich in guter Näherung durch ein Rotationsellipsoid ersetzen, das für Vermessungen als Bezugsfläche dient. Die Tab. enthält die charakteristischen Werte der Bezugsellipsoide, die dem internationalen geodätischen Referenzsystem bzw. dem System der astronomischen Konstanten (→ Astrometrie) zugrunde liegen. Die tatsächlichen Werte für den Äquator- und den Polradius, 6378,163 km bzw. 6356,777 km, die mit Hilfe von Erdsatelliten sehr genau bestimmt werden können, weichen von denen der Bezugskörper etwas ab. Außerdem zeigt sich, daß die E. leicht „birnenförmig" ist: Der Erdsüdpol ist um etwa 25 m der Äquatorebene näher als es einem Ellipsoid entspricht, der Nordpol ist hingegen fast 20 m weiter von der Äquatorebene entfernt (Abb. 3). Auch an anderen Stellen der Erdoberfläche gibt es Abweichungen vom Ellipsoid: Eine großräumige Depression erstreckt sich vom Südpol aus bei etwa 90° und 270° geographischer Länge bis in nördliche geographische Breiten, während eine Überhöhung vom Nordpol aus bei etwa 0° und 180° Länge bis rund 40° südlicher Breite reicht. Die Abweichungen vom bestmöglich angepaßten Rotationsellipsoid sind aber nirgendwo größer als 100 m. Die lokalen Abweichungen des Geoids von einem Bezugsellipsoid geben sich durch Lotabweichungen zu erkennen, die u.a. von der geodätischen Astronomie untersucht werden. Kleine periodische Verformungen des Erdkörpers werden durch die Gezeiten verursacht.

Die Masse der E. kann aus der Bewegung des Mondes und der von Erdsatelliten mit Hilfe des 3. Keplerschen Gesetzes bestimmt oder aus Schwerkraftmessungen abgeleitet werden. Bei Schwerkraftmessungen erhält man einen Wert für das Produkt aus der Erdmasse und der Gravitationskonstante, deren Größe aus experimentellen Beobachtungen im Labor bekannt ist. Aus der Masse, die $5{,}974 \cdot 10^{24}$ kg beträgt, und dem Volumen ergibt sich die mittlere Dichte der gesamten E. zu 5,515 g/cm³. Sie ist doppelt so groß wie die mittlere Dichte der obersten Schichten des Erdkörpers.

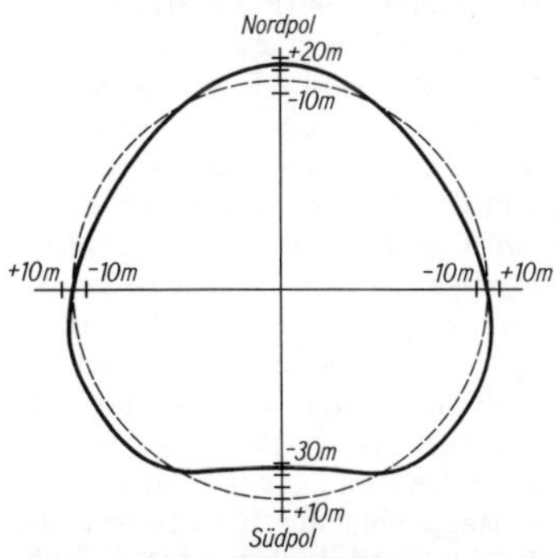

Abb. 3: Schematisierte, extrem überhöht gezeichnete Abweichung des Geoids (durchgezogene Linie) von einem Rotationsellipsoid (gestrichelt). Es sind die für jeden Breitenkreis über alle Längen gemittelten Abweichungen dargestellt

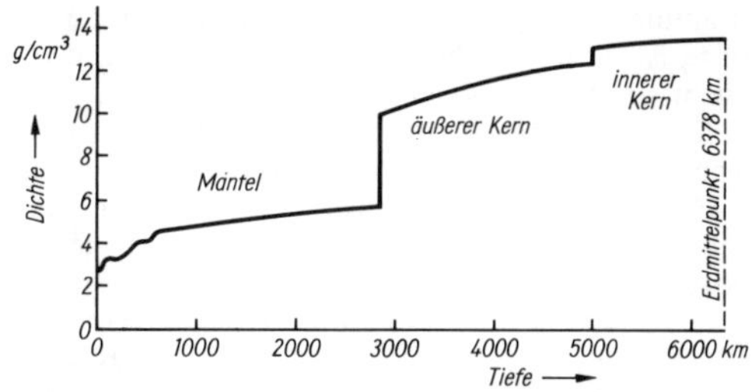

Abb. 4: Dichteverlauf im Erdinnern

Innerer Aufbau der E. Der physikalische Zustand und die chemische Zusammensetzung des Erdinnern können nicht direkt untersucht werden. Selbst mit den tiefsten Bohrungen, die bis zu einer Tiefe von etwa 13 km reichen, erfaßt man nur eine sehr dünne Oberflächenschicht, deren Dicke etwa 1/500 des Erdradius beträgt. Man ist daher auf die Ableitung theoretischer Modelle für das Erdinnere angewiesen. Bei der Modellierung stützt man sich ganz wesentlich auf seismische Untersuchungen, da diese die wichtigsten Aufschlüsse über den Bau des Erdinnern liefern, u.a. den direkten Nachweis für eine Schalenstruktur. Es zeigt sich nämlich, daß sich die Ausbreitungsgeschwindigkeit der verschiedenen Arten von Erdbebenwellen in bestimmten Tiefen sprunghaft ändert, was durch Dichtesprünge und Diskontinuitäten im Stoffverhalten bedingt ist (Abb. 4).

Das Erdinnere unterteilt man grob in Erdkruste, Erdmantel und Erdkern, wobei diese Hauptschalen z.T. aus mehreren Unterschalen bestehen (Tab.). Über die

Schalenaufbau der Erde

Schalenbezeichnung	Tiefenbereich (in km)	Dichte (in g/cm³)
A_1 obere Kruste	0...15	2,84
A_2 untere Kruste	15...33	3,32
B oberer Mantel	33...413	3,64
C oberer Mantel	413...994	4,55
D unterer Mantel	994...2900	5,56
E äußerer Kern	2900...4900	12,17
F Übergangsschicht	4900...5120	12,25
G innerer Kern	5120...6371	12,51

Erdkruste weiß man verständlicherweise am besten Bescheid. Sie wird nach unten durch die sog. Mohorovičić-Diskontinuität begrenzt, die unter den Kontinenten in einer Tiefe von im Mittel 35 km liegt, unter den Faltengebirgen jedoch bis zu 65 km hinabreichen kann, und die unter den Ozeanen in etwa 8 bis 15 km Tiefe verläuft. In der Kruste spielen sich die von der Geologie untersuchten Vorgänge ab, wie z.B. die Gebirgsbildungen. Die obere Kruste besteht mit Ausnahme der durch Verwitterung, Materialtransport und Ablagerungen im Laufe der Erdgeschichte entstandenen Sedimentschichten größtenteils aus kieselsäurereichen magmatischen Gesteinen, z.B. Graniten. In der unteren Kruste dominieren die kieselsäureärmeren (basischen) Gesteine, z.B. Basalte. Die chemische

Zusammensetzung der obersten Schichten der Erdkruste ist zwar eingehend untersucht worden, doch besteht die Schwierigkeit bei der Bestimmung einer mittleren Zusammensetzung darin, daß die chemischen Elemente nicht gleichmäßig verteilt, sondern an verschiedenen Stellen verschieden stark an- oder abgereichert sind. Dies ist u.a. die Folge eines Differenzierungsprozesses in der Frühphase der Erdgeschichte, bei dem z.B. die an radioaktiven Elementen reichen und leichten Minerale mehr in die Nähe der Erdoberfläche transportiert wurden, während die schwereren Bestandteile in Richtung Erdzentrum absanken.

Der obere ***Erdmantel*** wird durch ultrabasische Gesteine gebildet, in denen der Kieselsäuregehalt noch geringer ist als in der unteren Kruste. Im unteren Mantel sind die Silicate in Hochdruckmodifikationen umgewandelt. Die sog. Gutenberg-Wiechert-Diskontinuität grenzt den Mantel in einer Tiefe von etwa 2900 km vom Erdkern ab. Der Mantel ist fest, aber z.T. plastisch deformierbar.

Eine aus der Kruste und dem obersten, festen Teil des äußeren Mantels bestehende Schicht bildet die Lithosphäre. In ozeanischen Gebieten ist sie etwa 100 km, in kontinentalen etwa 150 bis 200 km mächtig. Die Lithosphäre ist keine geschlossene Kugelschale; sie ist in zahlreiche größere und kleinere Platten zerbrochen, die sich horizontal über der Asthenosphäre bewegen, einer Schicht, die plastischer als die darüberliegende Lithosphäre und der darunterliegende Mantel ist. In den vulkanisch aktiven Gebieten der mittelozeanischen Rücken steigt basaltisches Magma aus der Asthenosphäre auf und schiebt die ozeanischen Platten nach beiden Seiten mit einer Geschwindigkeit von wenigen Zentimetern pro Jahr weg. In den Tiefseerinnen und an bestimmten Kontinenträndern tauchen andererseits ozeanische Platten in den Erdmantel ein und lösen sich auf. Einige Platten enthalten Blöcke aus dicker, relativ leichter kontinentaler Kruste, die nicht in den Mantel absinken können. Stößt eine derartige kontinentale Platte mit einer anderen zusammen, wird der Plattenrand zu einem Gebirgsgürtel deformiert; die Plattenränder sind die vulkanisch aktivsten Gebiete der E. Das System der Plattentektonik wird durch Konvektionsströme in der Asthenosphäre und im Mantel angetrieben, doch ist die geometrische Anordnung und die Struktur der Ströme noch ungeklärt.

Der äußere ***Erdkern*** ist in einem zähflüssigen Zustand, was sich daraus ergibt, daß sich in ihm keine quer zur Fortpflanzungsrichtung schwingenden seismischen Wellen (Scherungswellen) ausbreiten. Er besteht wahrscheinlich aus einer Legierung von vorwiegend Eisen, Silicium, Schwefel und Sauerstoff, der innere Kern wahrscheinlich aus einer festen Eisen-Nickel-Legierung. Dies ist damit zu erklären, daß Eisen kosmisch fast ebenso häufig wie Silicium ist (→ Elementenhäufigkeit) und daß während der Bildung der E. und während der Frühphase ihrer Existenz, in der die E. mindestens teilweise aufgeschmolzen war, sich eine Differenzierung der Elemente nach der Dichte vollzogen haben dürfte. Die Dichte im Erdkern muß erheblich größer als die mittlere Dichte der E. sein, da die Dichte des Krustengesteins weit unter der mittleren liegt.

Die Temperaturschichtung im Erdinnern ist kaum bekannt, da man sehr wenig über die möglichen Wärmequellen und das Wärmeleitvermögen der dort vorkommenden Stoffe weiß. Verschiedene Modellrechnungen ergeben z.T. sehr unterschiedliche Temperaturwerte für den Erdmittelpunkt, die zwischen 6000 und 7000 K liegen. Bei der im Erdinnern vorhandenen Wärmeenergie dürfte es sich um Restenergie handeln, die aus der Zeit der Erdentstehung stammt, sowie um Energie, die als potentielle Energie z.B. bei der Differenzierung der Elemente frei wurde; z.T. handelt es sich auch um beim Zerfall radioaktiver Elemente im Erdmantel freigesetzte Wärmeenergie. Die Energie wird durch Leitung und durch Konvektion zur Oberfläche transportiert. Der vom Erdinnern nach außen fließende Wärmestrom ist etwa 10000mal kleiner als der von der Sonne auf die E. treffende Wärmestrom. Dieser allein bestimmt im Zusammenspiel mit der Erdatmosphäre den Wärmehaushalt an der Erdoberfläche, damit auch die Bedingungen für das Leben auf der E.

Erdmagnetismus. Die E. hat ein Magnetfeld, das angenähert als Dipolfeld beschrieben werden kann, und dessen Feldstärke an der Erdoberfläche etwa $5 \cdot 10^{-5}$ Tesla beträgt. Es macht sich u.a. dadurch bemerkbar, daß eine frei bewegliche Magnetnadel eine bestimmte Richtung einnimmt. Die Magnetfeldachse fällt nicht mit der Rotationsachse der E. zusammen, so daß eine Magnetnadel nicht genau zum geographischen, sondern zum magnetischen Nordpol weist; die Abweichung heißt Mißweisung (Deklination). Eine Magnetnadel hat außerdem eine bestimmte Neigung (Inklination) gegen die Waagerechte. An den Magnetpolen der E. beträgt die Inklination 90°; die magnetischen Feldlinien stehen hier senkrecht auf der Erdoberfläche. Der größte Teil des irdischen Magnetfeldes, das Hauptfeld, hat seinen Sitz im Erdinnern. Es ist sehr langsam veränderlich, wobei es auch zu Umpolungen kommt. Das Erdmagnetfeld entsteht wahrscheinlich auf Grund eines Dynamomechanismus, bei dem mechanische Energie in magnetische umgewandelt wird: Innerhalb des zähflüssigen äußeren Kerns herrscht eine differentielle Rotation, wodurch in der elektrisch leitenden Materie elektrische Ströme und dementsprechende Magnetfelder erzeugt werden. Die Strömungsgeschwindigkeiten sind sehr gering, sie liegen bei etwa 1 Meter je Stunde. Dem erdmagnetischen Hauptfeld ist ein schwaches Feld überlagert, das durch elektrische Ströme in der Ionosphäre der Erdatmosphäre verursacht wird, und das, wie die Ionosphäre selbst, starken kurzzeitigen Schwankungen ausgesetzt ist. Diese erdmagnetischen Störungen werden durch die Wechselwirkung der von der Sonne kommenden elektrisch geladenen Teilchen des Sonnenwindes mit der Ionosphäre hervorgerufen (→ solar-terrestrische Erscheinungen). Durch den Einfang von Sonnenwindteilchen durch das Magnetfeld der E. entstehen die Strahlungsgürtel, die einen Teil der Erdmagnetosphäre darstellen; beim Eindringen in die Erdatmosphäre sind die Sonnenwindteilchen u.a. Ursache der Polarlichter.

Hinsichtlich der Entstehung der E. → Kosmogonie.

Erdferne, svw. Apogäum; → Apsiden.

Erdmagnetosphäre, der Umgebungsbereich der Erde, der mit einem heißen, aber verdünnten Plasma ausgefüllt ist und in dem das Erdmagnetfeld maßgeblich die Bewegungen geladener Teilchen bestimmt. Das Magnetfeld der Erde ist angenähert ein Dipolfeld (vergleichbar dem eines Stabmagneten), bei dem die Feldlinien am magnetischen Nordpol aus- und am magnetischen Südpol (dem geomagnetischen Nordpol) eintreten. Infolge der Wechselwirkung mit den elektrisch geladenen und Magnetfelder transportierenden Teilchen des Sonnenwindes, die von der Sonne weg den interplanetaren Raum durchströmen, tritt eine Deformation des Dipolfeldes ein, das auf einen geschlossenen Raum, die E., zusammengedrängt wird (Abb.) Der Sonnenwind wird durch das Erdmagnetfeld in seiner Ausbreitung behindert. Beim mit Überschallgeschwindigkeit erfolgenden Aufprall auf dieses Hindernis bildet sich auf der der Sonne zugewandten Seite der Erde eine Stoßfront aus, in der die Teilchen von Über- auf Unterschallgeschwindigkeit abgebremst und dabei aufgeheizt werden. Das Erdmagnetfeld wird dabei so weit zusammengepreßt, bis der innere Druck des Magnetfeldes gleich dem kinetischen Druck des Sonnenwindes ist. Die Fläche, auf der dieses Druckgleichgewicht herrscht, bezeichnet man als Magnetopause. Da die Geschwindigkeit und die Anzahldichte der Sonnenwindpartikeln zeitlich variieren, sind die Abstände der Stoßfront (Bugstoßfront) und der Magnetopause von der Erde variabel; auf der Tagseite liegt die Bugstoßfront etwa 14 bis 16 Erdradien, die Magnetopause etwa 10 bis 12 Erdradien über der Erdoberfläche. Im Raum zwischen der Stoßfront und der Magnetopause existiert ein Bereich, in dem die vom Sonnenwind mitgeschleppten Magnetfelder eine turbulente Struktur haben.

Auf der sonnenabgewandten Seite werden die Feldlinien des Erdmagnetfeldes längs der Magnetopause vom Sonnenwind so verzerrt, daß sich ein zylinderförmiger Schweif ausbildet, der sich in der Größenordnung von etwa 1000 Erdradien weit in den interplanetaren Raum erstreckt. In der Symmetrieebene des Magnetfeldschweifes verlaufen entgegengerichtete Feldlinien in enger Nachbarschaft parallel zueinander, wodurch sich zwischen ihnen eine Neutralschicht ausbildet, in der ein starker elektrischer Strom fließt. Es kann dort zu einer Neuverknüpfung der Feldlinien kommen, durch die das Magnetfeld in eine energetisch günstigere Konfiguration gelangt. Dabei wird magnetische Energie frei, die in thermische Energie übergeht sowie zur Teilchenbeschleunigung dient. Das Eindringen dieser energiereichen Teilchen in die Ionosphäre der Erde kann sich u.a. in einer Verstärkung der Polarlichtaktivität bemerkbar machen.

Nach innen ist die E. durch die Ionosphäre begrenzt. Innerhalb der E. existieren gürtelförmige Zonen, die Strahlungsgürtel, in denen die Anzahldichte hochenergetischer Teilchen erhöht ist (→ Strahlungsgürtel).

Erdnähe, svw. Perigäum; → Apsiden.

Erdsatellit, ein die Erde längere Zeit antriebslos umlaufender Körper. Der einzige ***natürliche E.*** ist der Mond. ***Künstliche E.en*** (E.en im engeren Sinn) sind von Menschen geschaffene Körper, die sich ohne dauernden Antrieb unter der Wirkung der Erdanziehung eine mehr oder minder lange Zeit um die Erde bewegen.

Die Untersuchung und die Verwirklichung der technischen Möglichkeiten, künstliche E.en zu schaffen, einschließlich der mit der Steuerung, der Nachrichtenübermittlung, der Energieversorgung usw. zusammenhängenden Probleme fallen in das Arbeitsgebiet technischer Disziplinen, sie sind daher nicht von unmittelbarem astronomischem Interesse. E.en haben dennoch eine große Bedeutung für die Astronomie, da sie Körper darstellen, die sich während der längsten Zeit ihrer Existenz nach den Gesetzen der Himmelsmechanik bewegen, und da sie als Träger astronomischer Beobachtungsinstrumente genutzt werden können. Bei derartigen extraterrestrischen Beobachtungen fallen die durch die Erdatmosphäre verursachten Beschränkungen vor allem hinsichtlich des nutzbaren Spektralbereichs weg. E.en ermöglichen außerdem eine völlig

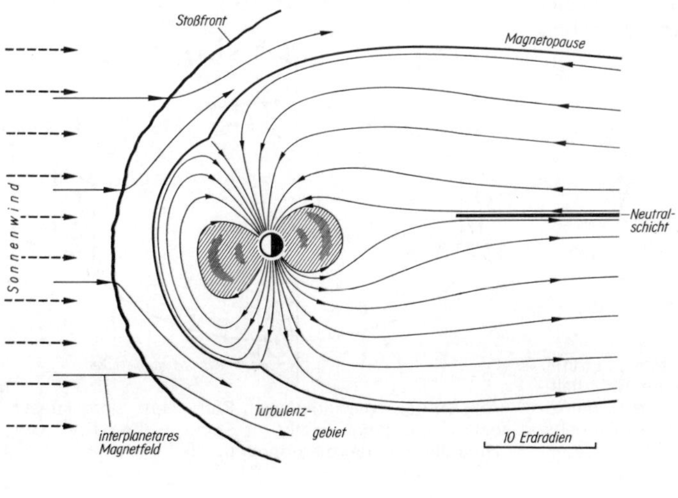

Schnitt durch die schematisiert dargestellte Erdmagnetosphäre in der Mittag-Mitternacht-Meridianebene. Die schraffierten Gebiete stellen die Strahlungsgürtel dar

neue astronomische Beobachtungsmethode, und zwar die direkte Untersuchung des erdnahen interplanetaren Raumes.

Bahnen, Bahnbewegungen. Die einzige Möglichkeit, E.en in ihre Bahn zu bringen, besteht in der Verwendung von Raketen. Während die Triebwerke in Tätigkeit sind, ist die Rakete lenkbar. Die Form der durchlaufenen Bahn, die Antriebs- oder aktive Bahn, ist dann mehr oder minder frei wählbar. Nach dem Brennschluß der Raketenmotoren erfolgt der Weiterflug antriebslos auf einer Freiflugbahn, dem passiven Bahnteil. Die Bewegungen unterliegen von diesem Zeitpunkt an im wesentlichen den Gesetzen des Zweikörperproblems; die durchlaufenen Bahnen sind in sehr guter Näherung Kegelschnitte. Die Größe und die Form des durchlaufenen Kegelschnitts hängen von der Bewegungsrichtung und der Geschwindigkeit des E.en zum Zeitpunkt des Brennschlusses ab. Bei einer Bewegung senkrecht zur Lotrichtung wird eine Geschwindigkeit von 7,912 km/s (erste kosmische Geschwindigkeitsstufe) zum Durchlaufen einer Kreisbahn unmittelbar über der Erdoberfläche benötigt. Wegen der hohen Dichte der Erdatmosphäre würde ein E. auf einer derartigen Bahn so stark abgebremst, daß er vor Vollendung des ersten Umlaufes zur Erde stürzen würde; der betrachtete Fall hat daher nur theoretische Bedeutung. Bei einer Kreisbahn in einer Höhe von 200 km über der Erdoberfläche braucht die Endgeschwindigkeit nur 7,791 km/s zu betragen, soll die Kreisbahn in 2000 km Höhe liegen, wird eine Endgeschwindigkeit von 6,903 km/s benötigt. Allgemein ergibt sich für die Kreisbahngeschwindigkeit $v_0 = \sqrt{G\mathfrak{M}/(h+R)}$, wenn G die Gravitationskonstante, $\mathfrak{M}$ die Masse der Erde, h die Höhe über der Erdoberfläche und R den Radius der Erde bedeuten. Die Abnahme der Kreisbahngeschwindigkeit mit wachsender Höhe ist dadurch bedingt, daß mit zunehmender Höhe die Schwerebeschleunigung abnimmt und damit eine geringere Umlaufgeschwindigkeit erforderlich ist, um die Schwerebeschleunigung durch die Zentrifugalbeschleunigung zu kompensieren, was beim Durchlaufen einer Kreisbahn exakt der Fall ist. Im allg. werden keine Kreisbahnen, sondern elliptische Bahnen durchlaufen. Bei vorgegebener Höhe im Augenblick des Brennschlusses und bei einer Bewegungsrichtung senkrecht zur Lotrichtung bestimmt die erreichte Geschwindigkeit die Größe der großen Halbachse der Bahnellipse und deren numerische Exzentrizität: Mit zunehmender Geschwindigkeit wachsen beide Größen; die Bahn wird immer gestreckter, da der Erdmittelpunkt immer in einem der Brennpunkte der Ellipse liegt und die Entfernung des erdnächsten Punktes der Bahn (das Perigäum), durch die Höhe des Brennschlusses festgelegt ist (Abb. 1). Nimmt man wieder den theoretischen Fall mit dem Perigäum unmittelbar über der Erdoberfläche, so muß die Endgeschwindigkeit etwa 11 km/s betragen, wenn der erdfernste Punkt der Bahn (das Apogäum) in der halben Mondentfernung, und etwa 11,1 km/s, wenn er in Mondentfernung liegen soll (Abb. 2). Steigert man die Endgeschwindigkeit auf 11,19 km/s (die sog. zweite kosmische Geschwindigkeitsstufe), so wird keine Ellipse

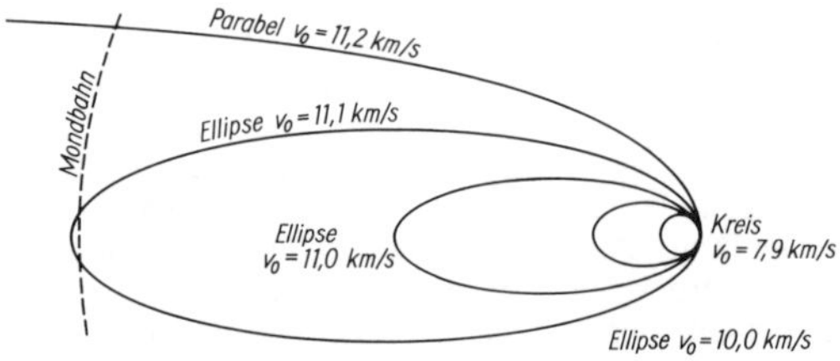

Abb. 2: Bahnformen künstlicher Erdsatelliten in Abhängigkeit von der Geschwindigkeit v_0 bei Brennschluß der Antriebsrakete

mehr um die Erde, sondern eine um die Sonne durchlaufen. Der Körper verläßt dann für immer die Erde, ohne zu einem E.en geworden zu sein. Bei vorgegebener Apogäumsentfernung ist die benötigte Geschwindigkeit im Perigäum um so geringer, je höher das Perigäum liegt.

Die (den Erdmittelpunkt enthaltende) Bahnebene liegt in erster Näherung im Raum, also relativ zu den Fixsternen, fest. Sie unterliegt nicht der täglichen Rotation der Erde, vielmehr dreht sich die Erde unter der festliegenden Bahn. Außerdem ändert sich beim Um-

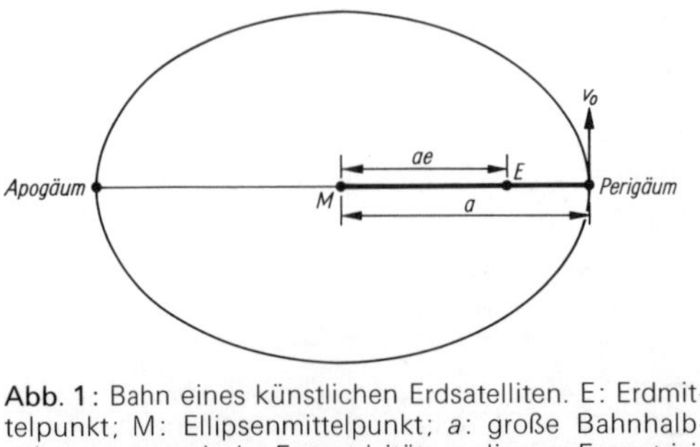

Abb. 1: Bahn eines künstlichen Erdsatelliten. E: Erdmittelpunkt; M: Ellipsenmittelpunkt; a: große Bahnhalbachse; e: numerische Exzentrizität; ae: lineare Exzentrizität; v_0: Geschwindigkeit bei Brennschluß der Antriebsrakete

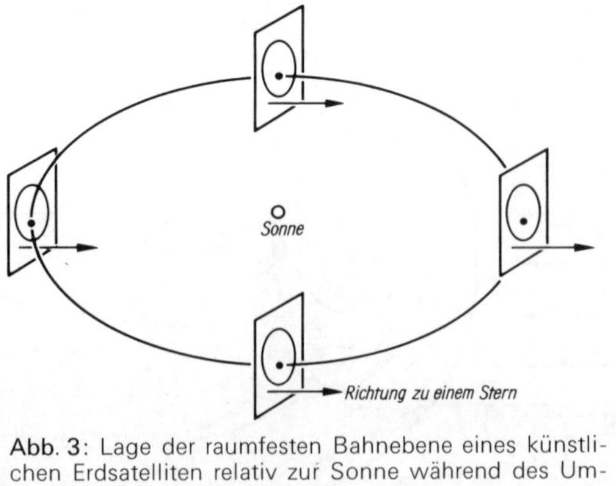

Abb. 3: Lage der raumfesten Bahnebene eines künstlichen Erdsatelliten relativ zur Sonne während des Umlaufs der Erde um die Sonne

lauf der Erde um die Sonne die Lage der Bahnebene relativ zur Sonne (Abb. 3).
Für die Bahnbewegung gelten in erster Näherung die Keplerschen Gesetze: Auf Grund des zweiten Gesetzes ist im Perigäum die Geschwindigkeit größer als im Apogäum; auf Grund des dritten Gesetzes hängt die Umlaufzeit von der Größe der großen Halbachse der Bahnellipse, bei Kreisbahnen von deren Radius, ab: Mit wachsender Halbachse (wachsendem Radius) nimmt die Umlaufzeit zu. Die kürzeste Umlaufzeit von 1 h 24 min 5 s ergibt sich für einen E.en, der auf einer Kreisbahn unmittelbar über der Oberfläche die Erde umlaufen würde.
Die tatsächlich durchlaufenen Bahnen entsprechen nicht exakt den Gesetzen des Zweikörperproblems, da dessen Bedingungen nicht streng erfüllt sind: Außer den gravitativen Kräften spielen im allg. auch nichtgravitative Kräfte, z.B. zusätzliche Reibungskräfte, eine Rolle, außerdem bewegt sich ein E. nicht in einem streng kugelsymmetrischen Gravitationsfeld. Nichtgravitative Kräfte treten z.B. auf, wenn das Perigäum der Bahn so niedrig liegt, daß der E. bei seinem Umlauf in dichte Atmosphärenschichten eintaucht und infolge des Luftwiderstandes abgebremst wird. Seine Umlaufenergie nimmt dadurch etwas ab, wodurch die große Halbachse und die numerische Exzentrizität etwas kleiner werden und die Bahn kreisähnlicher wird. Insgesamt nähert sich der E. etwas der Erdoberfläche, so daß er beim nächsten Umlauf noch tiefer in die Erdatmosphäre eintaucht und sich deren Einwirkung verstärkt. Streng genommen durchlaufen die E.en Spiralbahnen mit außerordentlich dicht benachbarten Windungen. Nach dem dritten Keplerschen Gesetz wird die Umlaufzeit mit kleinerwerdender Halbachse geringer und die Umlaufgeschwindigkeit nimmt zu, was zu dem paradox erscheinende Ergebnis führt, daß die Abbremsung eine Geschwindigkeitszunahme und eine Verkürzung der Umlaufzeit bewirkt. Das Eintauchen in immer tiefere und dichtere Atmosphärenschichten endet damit, daß der E. durch thermische Einwirkungen und die auftretenden Luftkräfte zerstört wird.
Bei E.en mit kleiner Masse aber großer Oberfläche, z.B. bei Ballonsatelliten, wirkt der Druck, den u.a. die Sonnenstrahlung ausübt, als eine nicht zu vernachlässigende nichtgravitative Kraft. Dieser Druck ist unabhängig von der Höhe über der Erdoberfläche und kann zu merklichen Bahnänderungen führen.
Das auf einen E.en wirkende Gravitationsfeld entspricht nicht dem, das im Zweikörperproblem vorausgesetzt wird, da die Erde keine exakte Kugelgestalt und keine kugelsymmetrische Masseverteilung besitzt. Die auf einen E.en in einer bestimmten Entfernung vom Erdmittelpunkt ausgeübte Schwerebeschleunigung ist davon abhängig, an welcher Stelle sich der E. befindet; z.B. ist über dem Äquator die Schwerebeschleunigung größer als im gleichen Mittelpunktsabstand über den Polen. Die Erdabplattung verursacht ferner, daß die Bahn eines E.en eine Präzessionsbewegung ausführt, falls die Bahnebene nicht genau mit der Äquatorebene zusammenfällt oder senkrecht auf ihr steht. Auf einen über der nördlichen oder der südlichen Erdhalbkugel befindlichen E.en verursacht die von dem Äquatorwulst der Erde ausgeübte Anziehungskraft ein Drehmoment, das die Bahnebene in die Äquatorebene zu drehen versucht. Der umlaufende Satellit, der als ein Kreisel aufgefaßt werden kann, reagiert darauf nach den Gesetzen der Kreiseltheorie: Er gibt dem wirkenden Drehmoment nicht nach, sondern weicht ihm aus; die Bahn führt eine Präzessionsbewegung aus, die in einer Drehung der Bahnebene um die Symmetrieachse der Erde besteht (→ Präzession). Weiterhin verlagert sich die Verbindungslinie von Perigäum und Apogäum in der Bahnebene, was im Laufe der Zeit zu einer Änderung der geographischen Breite des Perigäums und des Apogäums führt. Die Einflüsse der nichtkugelsymmetrischen Bestandteile des Gravitationsfeldes nehmen mit zunehmendem Perigäumsabstand vom Erdmittelpunkt ab.
Das auf einen E.en wirkende Gravitationsfeld besteht nicht allein aus dem der Erde, ihm sind das Schwerefeld des Mondes und das der Sonne als zusätzliche Felder überlagert. Im Sinne der Himmelsmechanik liegt also ein gestörtes Zweikörperproblem, strenggenommen ein Vielkörperproblem vor. Bei der Bahnbestimmung für einen bestimmten E.en stellen die gravitativen Störkräfte keine grundsätzlichen Schwierigkeiten dar, da man die Lage der störenden Körper im Raum für jeden Zeitpunkt sehr genau kennt. Anders verhält es sich mit den Reibungskräften durch die Erdatmosphäre. Um sie berechnen zu können, muß man den Dichteverlauf in der Hochatmosphäre kennen, was nicht immer ausreichend der Fall ist, weil der Verlauf z.T. zeitlich variabel ist. Hinzu kommt, daß der Strömungswiderstand eines E.en, der auf Grund der im allg. unregelmäßigen Form eines Satelliten schwierig zu ermitteln ist, die Wirkung der Erdatmosphäre stark beeinflußt. Insgesamt sind die Bahnen weder exakte Ellipsen- noch regelmäßige Spiralbahnen, sondern haben eine wesentlich kompliziertere Gestalt; sie lassen sich aber durch Ellipsen mit zeitlich veränderlichen Bahnelementen annähern.
Eine gezielte Änderung der Bahnform läßt sich mit Steuertriebwerken erreichen. Die Freiflugbahn wird dann durch ein Stück aktive Bahn unterbrochen.
Man unterscheidet nahe Satelliten, deren Bahn ganz oder teilweise in der oberen Erdatmosphäre verläuft, und Fernsatelliten außerhalb der Atmosphäre. Die Bahnen der nahen Satelliten haben meist eine geringe Exzentrizität, die Bahnen der Fernsatelliten meist eine große. Bei Fernsatelliten treten die durch die Erdatmosphäre verursachten Bahnstörungen kaum in Erscheinung, diese Satelliten können daher sehr lange Zeit die Erde umlaufen, hingegen können die Störungen des Mondes und der Sonne beträchtlich sein (Abb. 4).
Besonders interessante Fernsatelliten sind die sog. stationären E.en, die in etwa 35800 km Höhe über der Erdoberfläche Kreisbahnen beschreiben und eine Umlaufzeit von 23 h 56 min 4 s, einen Sterntag, haben. Ihre Umlaufzeit ist dann gleich der Rotationsdauer der Erde bezüglich der Fixsterne: Fällt die Bahnebene eines solchen E.en mit der Äquatorebene der Erde zusammen, so befindet sich der Satellit immer über dem

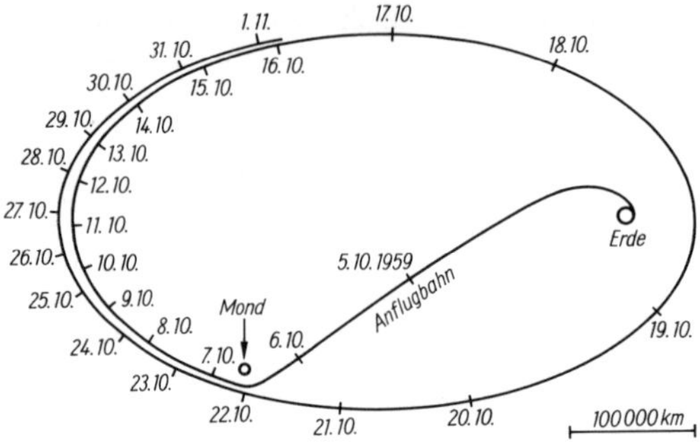

Abb. 4: Auf die Mondbahnebene projizierte Anflugbahn der sowjetischen Raumsonde Lunik 3 zum Mond und die elliptische Bahn während des ersten Umlaufs um die Erde. Die Striche markieren die Orte der Raumsonde jeweils um 0^h Weltzeit zu den angegebenen Daten. Der Mondort ist für den Augenblick der größten Annäherung eingetragen.

gleichen Ort des Äquators, ist die Bahnebene gegen die Äquatorebene geneigt, so beschreibt der Satellit an der Himmelskugel eine scheinbare Bahn in der Form der Ziffer 8, deren Lage relativ zu den Fixsternen unverändert bleibt.

B e o b a c h t u n g s m e t h o d e n. Die Sichtbarkeit eines E.en hängt von seiner Größe, seinem Reflexionsvermögen, seiner Entfernung vom Beobachter und dem Helligkeitskontrast zum allgemeinen Himmelslicht ab. Dieser Kontrast ist am Tage zu gering, als daß E.en mit optischen Hilfsmitteln beobachtet werden könnten, und nachts befinden sich die Satelliten meist im Schatten der Erde und werden nicht von der Sonne bestrahlt. Optische Beobachtungen sind daher im wesentlichen auf die Dämmerung beschränkt, wenn sich der Beobachtungsort schon auf der Nachtseite der Erde befindet, der E. aber noch von der Sonne beschienen wird (Abb. 5). Oftmals zeigen E.en starke Helligkeitsschwankungen, die durch eine Rotation oder eine Taumelbewegung verursacht sind, wodurch sich die Größe der vom Beobachter aus sichtbaren reflektierenden Fläche des Satelliten mehr oder minder periodisch ändert. Die Beobachtungsmöglichkeiten hängen weiterhin von der Bahnlage zur Äquatorebene ab. Ein genau über dem Äquator umlaufender E. ist nur in den Tropenzonen sichtbar. Die Breite des Sichtbarkeitsstreifens ist um so größer, je größer die Bahnhöhe über der Erdoberfläche und je stärker die Bahnebene

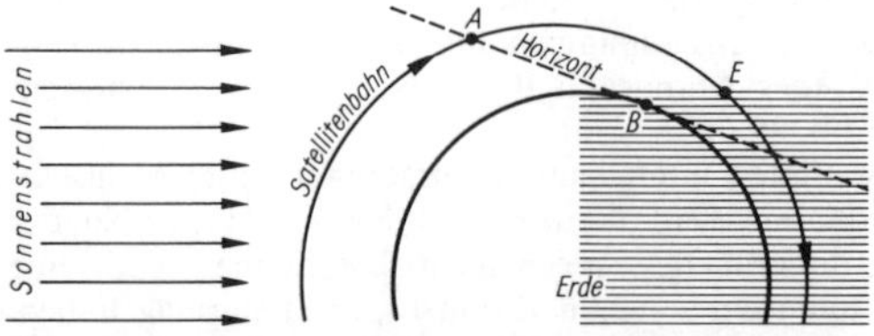

Abb. 5: Zur optischen Beobachtung künstlicher Erdsatelliten. B: Beobachtungsort; A: Anfangspunkt, E: Endpunkt des vom Beobachtungsort aus sichtbaren, im Sonnenlicht verlaufenden Bahnstücks

gegen die Äquatorebene geneigt ist, da ein E. dann in um so höhere geographische Breiten kommt. Führt die Bahn genau über die Pole der Erde, so kann für jeden Punkt der Erde der E. im Zenit erscheinen.

Für Beobachtungen, die auf einer Auswertung der von einem E. empfangenen Funksignale beruhen, bestehen keine tageszeitlichen Beschränkungen. Diese Beobachtungen basieren auf der Messung des Doppler-Effekts, der sich auf Grund der Radialgeschwindigkeitsänderungen bezüglich des Beobachtunsortes während des Vorüberfluges eines E.en einstellt. Rückschlüsse sowohl auf die Bewegungsrichtung als auch die Geschwindigkeit eines Satelliten lassen Interferometeranordnungen mit mehreren Empfängerantennen zu. Die vom Satelliten ausgesandten Signale haben unterschiedliche Laufzeiten zu den verschiedenen Antennen, so daß zu einem bestimmten Zeitpunkt an den einzelnen Antennen jeweils unterschiedliche Phasen (also „Wellenberge" oder „Wellentäler") der elektromagnetischen Wellenzüge empfangen werden. Bei der Überlagerung der empfangenen Signale ergibt sich ein bestimmtes Interferenzmuster, das sich beim Vorüberflug des E.en entsprechend dessen augenblicklicher Bewegungsrichtung und -geschwindigkeit sowie Entfernung ändert.

E.en lassen sich als passiven Reflektoren benutzen. Ihre augenblickliche Entfernung ergibt sich durch die Messung der Laufzeit von kurzen Radio- oder Lasersignalen, die vom Beobachtungsort ausgeschickt, am Satelliten reflektiert und danach wieder empfangen werden. Insgesamt läßt sich mit modernen Bahnvermessungsmethoden der Ort von (dafür eingerichteten) E.en in ihren Bahnen bis auf wenige Zentimeter genau bestimmen.

Eri, Abk. für Eridanus

Eridanus [lat.], *Gen.* Eridani, abg. ***Eri***, ***Fluß Eridanus***, sehr ausgedehntes Sternbild, das sich vom Himmelsäquator aus weit in den südlichen Himmel erstreckt. Seine nördlichen Teile sind im Winter am Abendhimmel sichtbar; die südlichen Teile, in denen α Eridani, der helle Stern → Achernar, liegt, sind von unseren nördlichen Breiten aus nicht sichtbar.

Erster Vertikal, ältere Bezeichnung für den gegen den Meridiankreis um 90° gedrehten Vertikalkreis.

Eruptionsveränderliche, veränderliche Sterne, deren Lichtwechsel im allg. durch einen explosionsartig verlaufenden Materieauswurf verursacht wird; → Veränderliche.

E-Schicht, spezielle Schicht innerhalb der Ionosphäre der Erde; → Erdatmosphäre.

ESO, Abk. für European Southern Observatory [engl., ‚Europäische Südsternwarte'].

Euler, Leonhard, schweiz. Mathematiker, geb. 15.4.1707 in Basel, gest. 18.9.1783 in St. Petersburg; ging 1722 nach St. Petersburg, 1741 nach Berlin, 1766 wiederum nach St. Petersburg. Neben seinen vielseitigen mathematischen Untersuchungen beschäftigte er sich auch mit astronomischen Problemen, z.B. den Störungen der Planetenbahnen.

Europa *f*, der zweitinnere und kleinste der vier großen (Galileischen) Jupitersatelliten. Die E. bewegt sich auf einer elliptischen Bahn mit einer großen Halbachse von 670900 km und einer numerischen Exzentrizität von 0,010 in 3 d 13 h 13,7 min rechtläufig um den Jupiter. Die Neigung der Bahnebene gegen den Jupiteräquator beläuft sich auf 0,47°. Die Rotationsperiode der E. ist auf Grund ihrer gebundenen Rotation gleich der Umlaufzeit. Mit einem Durchmesser von 3138 km und einer Masse von $4{,}87 \cdot 10^{22}$ kg ist die E. hinsichtlich Größe und Masse etwas kleiner als der Mond; auch ihre mittlere Dichte liegt mit 3,04 g/cm³ etwas unter dessen mittlerer Dichte. Mit einer scheinbaren visuellen Helligkeit von $5^m\!\!.3$ in Oppositionsstellung müßte die E. theoretisch mit bloßem Auge sichtbar sein. Wegen ihrer großen Nähe zum Jupiter wird sie aber derart von ihm überstrahlt, daß sie nur mit einem Fernrohr beobachtbar ist.

Von der Erde aus sind keine Oberflächeneinzelheiten auf der E. zu erkennen; genauere Kenntnisse ergaben erst Beobachtungen von den Raumsonden Voyager 1 und 2 aus. Die Oberfläche hat eine sehr hohe Albedo von 0,64 und zeichnet sich durch die Armut an topographischen Formationen wie Tälern, Kratern oder Gebirgsketten aus. Auffälligste Erscheinungen sind dunkle Streifen, die die E. wie mit einem dichten Netz überziehen und deren Breite zwischen einigen wenigen Kilometern und etwa 70 km variiert und deren Länge einige 100 bis einige 1000 km erreicht; sie sind nicht mehr als einige 100 m tief in das umgebende Terrain eingeschnitten oder überragen es um diesen Betrag. Daneben existieren auch schmale, helle Streifen, die wie die dunklen sehr flache Strukturen sind (Abb.) Wahrscheinlich handelt es sich um jetzt gefrorene ehemalige Wasser- und Schlammassen, die durch Sprünge und Risse in einer vielleicht etwa 100 km dicken Eiskruste nach oben gedrungen waren. Bisher wurden nur drei Einschlagkrater mit Durchmessern von jeweils rund 20 km gefunden. Diese geringe Zahl ist wahrscheinlich dadurch verursacht, daß die Eiskruste früher mindestens einmal aufgeschmolzen war, wodurch alle vorher vorhandenen Krater ausgelöscht wurden. Eine Aufschmelzung ist wahrscheinlich, weil die E. infolge der Gezeiteneinwirkung der benachbarten Satelliten Ganymed und Io sowie der des Jupiters dauernd zusammengepreßt und entspannt wird und dadurch eine permanente Energiezufuhr erfährt.

Oberflächendetail des Jupitersatelliten Europa. (Aufgenommen mit Hilfe der Raumsonde Voyager 2)

Die E. gehört zu den erdartigen planetaren Himmelskörpern, wie die Lage im Durchmesser-Dichte-Diagramm (→ Planet) nahelegt. Die relativ geringe mittlere Dichte läßt jedoch vermuten, daß etwa 20% der Gesamtmasse aus Wasser oder Eis bestehen.

Hinsichtlich der Einordnung der E. in das System der Jupitersatelliten → Jupiter.

Die E. wurde 1610 unabhängig voneinander durch G. Galilei (1564–1642) und S. Marius (1570–1624) entdeckt.

Europäische Südsternwarte, ***European Southern Observatory*** [engl.], Abk. ESO, europäische Organisation für die astronomische Forschung in der südlichen Hemisphäre; eine Gemeinschaft der Länder Belgien, Dänemark, Deutschland, Frankreich, Italien, die Niederlande, Portugal, Schweden und der Schweiz zur Förderung der astronomischen Forschung.

eV, Einheitenzeichen für Elektronenvolt.

Evektion, eine der Störungen der Mondbewegung; → Mondbewegung.

Exnova, svw. Postnova.

Exosphäre, die äußerste Schicht der Erdatmosphäre, in der diese in den freien Weltraum übergeht; → Erdatmosphäre.

Expansion des Weltalls, → Hubble-Effekt, → Kosmologie.

Extinktion, die Abschwächung der Intensität elektromagnetischer Strahlung beim Durchgang durch Materie infolge von Absorption und Streuung; speziell die Lichtschwächung innerhalb der Erdatmosphäre.

extragalaktisch, ***außergalaktisch***, nicht zum Milchstraßensystem, der Galaxis, gehörend.

extragalaktischer Nebel, ein extragalaktisches Sternsystem.

extraterrestrisch, außerirdisch, außerhalb der Erde, nicht zur Erde gehörend.

Exzentrizität, ***lineare E.***, bei Ellipsen und Hyperbeln die Entfernung Brennpunkt–Mittelpunkt; ***numerische E.***: die lineare E. geteilt durch die halbe große Achse des Kegelschnittes, sie hat für Ellipsen einen Wert kleiner als 1, für Hyperbeln einen Wert größer als 1. (Für einen Kreis ist die numerische E. gleich 0, für eine Parabel gleich 1.)

F

Fabry-Perot-Interferometer *n*, → Spektralapparat.

Fackel, svw. Sonnenfackel.

Fadenmikrometer *n*, → Winkelmeßinstrument.

Faraday-Effekt [nach dem brit. Physiker M. Faraday, 1791–1867], die Drehung der Polarisationsebene einer linear polarisierten elektromagnetischen Strahlung, die sich in magnetisierten Stoffen in Richtung des Magnetfeldes ausbreitet.
Der F.-E. wird in der Astronomie bei der Untersuchung interstellarer Magnetfelder ausgenutzt. Eine von einer weit entfernten Quelle ausgesandte linear polarisierte Radiofrequenzstrahlung erfährt eine Drehung der Polarisationsebene beim Durchgang durch die interstellare Materie, wobei der Drehwinkel von der Stärke des in der Ausbreitungsrichtung der Strahlung liegenden Magnetfeldes sowie von der Gesamtheit der freien Elektronen zwischen der Strahlungsquelle und dem Beobachter abhängt, er wächst mit dem Quadrat der Wellenlänge der Strahlung. Bei bekannter Entfernung der Quelle und bekannter mittlerer Elektronendichte läßt sich durch Messungen des Drehwinkels bei unterschiedlichen Wellenlängen die Stärke des Magnetfeldes bestimmen. Wegen der Schwäche der interstellaren Magnetfelder und der geringen Elektronendichte im interstellaren Raum ergibt sich nur für sehr langwellige Strahlung, also im Radiofrequenzbereich, ein meßbarer Effekt.

Farben-Helligkeits-Diagramm, ein Diagramm mit dem Farbenindex als waagrechte Achse (Abszisse) und der scheinbaren Helligkeit als senkrechte Achse (Ordinate); ein F.-H.-D. ist einem Hertzsprung-Russell-Diagramm gleichwertig. (Abb. → Kugelsternhaufen, → Offener Sternhaufen.)

Farbenindex, die Differenz zwischen zwei in verschiedenen Spektralbereichen (Farbbereichen) gemessenen scheinbaren Helligkeiten eines Sterns (oder eines anderen Himmelskörpers), wobei von der im kürzerwelligen Bereich gemessenen Helligkeit die im längerwelligen Bereich gemessene abgezogen wird. Der F. ist abhängig von der spektralen Energieverteilung des Sternlichtes und daher ein Maß für die Sternfarbe; zwischen ihm und der Spektralklasse besteht eine enge, empirisch festzulegende Beziehung. Der der Spektralklasse eines Sterns entsprechende F. wird seine *Eigenfarbe* genannt. Der F. hängt in geringem Maße auch von der Leuchtkraftklasse der Sterne ab (Tab.).
Zur Bestimmung von Farbenindizes wird eine Mehrfarbenphotometrie durchgeführt. Das dabei vielfach verwendete Farbsystem ist das UBV-System, in dem eine Ultraviolettheiligkeit, eine Blauhelligkeit und eine Helligkeit im visuellen Spektralbereich gemessen werden. Bezeichnet man, wie allgemein üblich, die scheinbaren Helligkeiten $m_U = U$, $m_B = B$ und $m_V = V$, so ergeben sich daraus die Farbenindizes $U - B$ und $B - V$.
Beim Durchgang des Sternlichts durch interstellare Materie tritt eine von der Wellenlänge des Lichts abhängige Extinktion ein: Kurzwelliges (blaues) Licht wird stärker extingiert als langwelliges (rotes) Licht. Dies führt zu einer Veränderung (einer Verfärbung) der empfangenen spektralen Helligkeitsverteilung gegenüber der Helligkeitsverteilung, die das Sternlicht ursprünglich hatte. Der gemessene F. unterscheidet sich dann von der Eigenfarbe des Sterns. Die Differenz zwischen dem gemessenen F. und der Eigenfarbe wird als ***Farbexzeß*** bezeichnet.

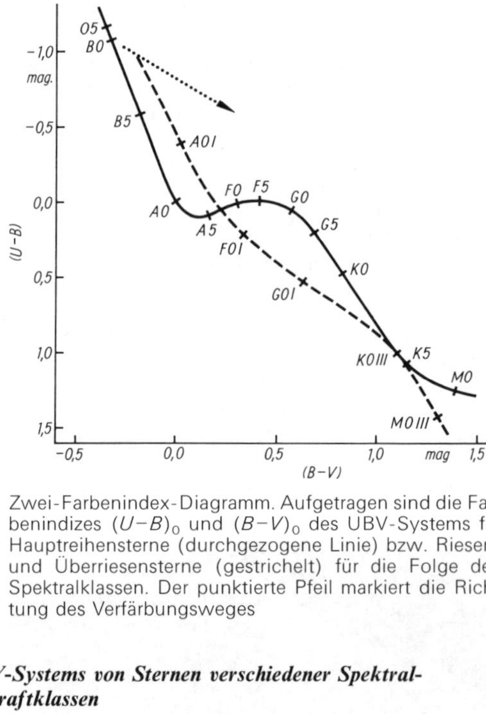

Zwei-Farbenindex-Diagramm. Aufgetragen sind die Farbenindizes $(U-B)_0$ und $(B-V)_0$ des UBV-Systems für Hauptreihensterne (durchgezogene Linie) bzw. Riesen- und Überriesensterne (gestrichelt) für die Folge den Spektralklassen. Der punktierte Pfeil markiert die Richtung des Verfärbungsweges

Farbenindizes (Eigenfarben) innerhalb des UBV-Systems von Sternen verschiedener Spektral- und Leuchtkraftklassen

Spektralklasse	$(B-V)_0$ (in mag) V	III	I	$(U-B)_0$ (in mag) V	III	I
O5	−0,34	−0,34	−0,34	−1,17	−1,17	−1,17
B0	−0,30	−0,29	−0,22	−1,08	−1,09	−1,07
A0	−0,02	−0,02	−0,03	−0,02	(−0,03)	−0,32
F0	0,29	0,27	0,17	0,02	0,10	0,20
G0	0,58	0,66	0,67	0,05	(0,27)	0,49
K0	0,81	0,99	(1,35)	0,48	0,85	(1,15)
M0	1,40	1,54		1,23	1,84	1,75
M5	1,58	(1,75)		1,24		

V: Hauptreihensterne; III: Riesensterne; I: Überriesensterne. Mit Klammern sind unsichere Werte gekennzeichnet.

Im UBV-System bildet man vielfach den Farbexzeß $E(B-V)=(B-V)_{Beob}-(B-V)_0$, wobei $(B-V)_0$ der Eigenfarbe entspricht. Wegen der stärkeren Schwächung des kurzwellige Sternlichts hat der Farbexzeß einen positiven Wert. Je größer die Menge der durchsetzten interstellaren Materie ist, um so größer ist der Farbexzeß. In einem Zwei-Farbenindex-Diagramm, in dem zwei Farbenindizes gegeneinander aufgetragen werden (Abb.), liegen die Bildpunkte der Sterne bei einer interstellaren Verfärbung mehr oder minder weit von den Bildpunkten entfernt, die der Eigenfarbe entsprechen. Der Weg, der bei zunehmender Verfärbung durchlaufen wird, wird als *Verfärbungsweg* bezeichnet.

Farbexzeß, ***Farbenexzeß***, → Farbenindex.

Farbfilter, optisches Element zur Aussonderung eines Teils einer elektromagnetischen Strahlung. Die einfachsten F. sind Farbgläser, deren Filterwirkung auf einer wellenlängenabhängigen Absorption beruht. Bei Interferenzfiltern wird die Filterwirkung durch einen Interferenzeffekt verursacht. Interferenzfilter zeichnen sich durch einen sehr schmalen Durchlaßbereich aus.

Farbsystem, mehrere zum Zwecke der spektralen Untersuchung eines Sterns (oder eines anderen Himmelskörpers) ausgesuchte und zu einer Einheit zusammengefaßte Wellenlängenbereiche (Farbbereiche). Die Farbbereiche werden durch bestimmte Filter-Strahlungsempfänger-Kombinationen (→ Photometrie) festgelegt und sind so ausgewählt, daß durch Helligkeitsmessungen in den Bereichen eine möglichst große Information über die spektrale Energieverteilung der Strahlungsquelle gewonnen wird. Ein Farbbereich wird durch seine ***isophote Wellenlänge***, der Wellenlänge, bei der die Empfindlichkeitsfunktion der Filter-Empfänger-Kombination ihren Schwerpunkt hat, und durch die ***Halbwertsbreite***, die Weite des Durchlaßintervalls, in der die Empfindlichkeitsfunktion über der halben Maximalempfindlichkeit liegt, charakterisiert.

Eines der am weitesten verbreiteten F.e ist das *UBV-System*, das aus den drei Farbbereichen *U* (ultraviolett), *B* (blau) und *V* (visuell) besteht (Abb.). Die isophoten Wellenlängen und Halbwertsbreiten (in Klammern) sind *U*: 368 nm (70 nm), *B*: 445 nm (100 nm), *V*: 546 nm (90 nm). Zur besseren Erfassung des infraroten Spektralbereichs erfuhr das UBV-System mehrere Erweiterungen zu einem Mehrfarbensystem, u.a. durch die Verwendung der Farbbereiche *R*: 0,7 µm, *I*: 0,9 µm, *J*: 1,25 µm, *H*: 1,65 µm, *K*: 2,2 µm, *L*: 3,5 µm, *M*: 5,0 µm, *N*: 10,8 µm und *Q*: 19,3 µm.

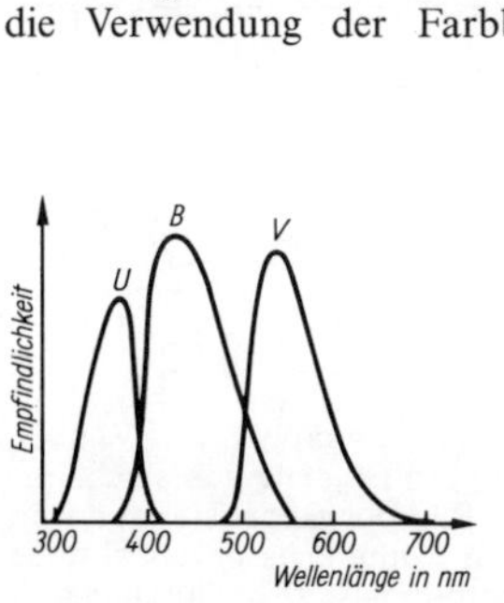

Relative Empfindlichkeitsfunktionen der Farbbereiche des UBV-Systems

Farbtemperatur, → Temperatur.

Feldgalaxie, ein extragalaktisches Sternsystem, das keinem Galaxienhaufen angehört.

Feldstärke, die in einem Kraftfeld auf einen geeigneten Probekörper ausgeübte Kraft. In einem elektrischen Feld trägt dieser Probekörper die Einheitsladung, in einem magnetischen Feld die Einheitspolstärke, in einem Gravitationsfeld die Einheitsmasse.

Feldstern, ein Stern, der keinem Sternhaufen angehört.

Fenster, in der Astronomie Bezeichnung für einen Spektralbereich, für den die Erdatmosphäre durchlässig ist. Das ***optische F.*** umfaßt den Wellenlängenbereich von etwa 300 bis etwa 1000 nm und enthält den Bereich des sichtbaren Lichts, das ***Radiofenster*** überdeckt den Wellenlängenbereich von etwa 1 mm bis 20 m.

Fernrohr, das Sternbild → Telescopium.

Fernrohr, ***Teleskop***, ein optisches Gerät zur vergrößerten Abbildung eines fernen Gegenstandes. F.e in den verschiedensten Ausführungen gehören zu den wichtigsten Beobachtungsinstrumenten der Astronomie.

F e r n r o h r t y p e n. Der wichtigste Teil eines F.s ist das Objektiv, das Licht sammelt und die Abbildung bewirkt. Fernrohrobjektive bestehen aus Sammellinsen, aus Hohlspiegeln oder einer Kombination von Linsen und Spiegeln. F.e mit Linsenoptik nennt man Linsenfernrohre oder Refraktoren, F.e mit Spiegeloptik Spiegelteleskope oder Reflektoren. Bei den Refraktoren unterscheidet man den Typ des astronomischen und den des holländischen F.s. Beim ***astronomischen*** oder ***Keplerschen F.*** wird mit einer Sammellinse als Objektiv ein umgekehrtes Bild des zu beobachtenden Gegenstandes erzeugt (Abb. 1a). Es wird bei visuellen F.en durch eine weitere kleine Sammellinse, das Okular, aus geringer Entfernung wie durch eine Lupe betrachtet. Bei photographischen Refraktoren wird das Okular weggelassen und statt dessen in die Ebene, in der das Bild entsteht, eine Photoplatte gebracht. Ein

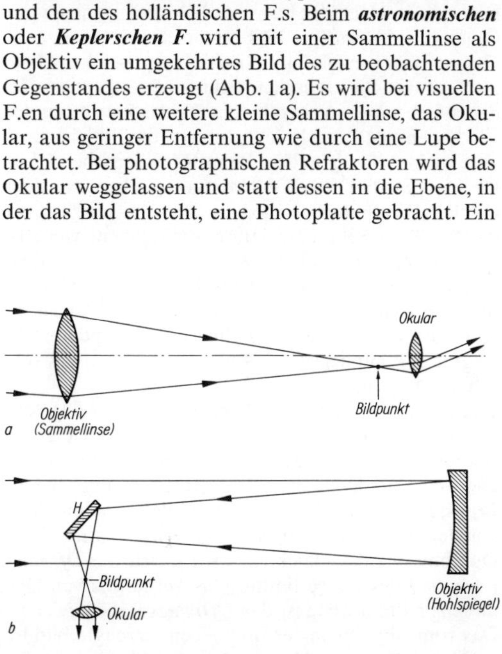

Abb. 1: Schematischer Strahlengang bei einem Refraktor (a) und einem Spiegelteleskop (b). H: Hilfsspiegel, der das Strahlenbündel aus dem Fernrohr lenkt

umgekehrtes Bild stört bei astronomischen Beobachtungen nicht. Für Beobachtungen irdischer Gegenstände kann das Bild durch Einschaltung von weiteren Linsen oder Glasprismen aufgerichtet werden; es entsteht so ein F. vom Typ eines ***terrestrischen F.s.*** Kleinere Feldstecher und Operngläser sind nach dem Prinzip des ***holländischen*** oder ***Galileischen F.s*** aufgebaut, bei dem eine Zerstreuungslinse als Okular dient, die so zwischen das Objektiv und dessen Brennpunkt gebracht wird, daß die Lichtstrahlen parallel gerichtet werden, bevor sie sich zu einem reellen Bild vereinigt haben. Dieser Fernrohrtyp findet in der Astronomie keine Anwendung.

Ein Spiegelteleskop ist nach dem gleichen Prinzip wie das astronomische F. aufgebaut, nur das bei ihm statt einer Sammellinse ein Hohlspiegel als Objektiv dient (Abb. 1b). Hinsichtlich weiterer Besonderheiten → Refraktor, → Spiegelteleskop.

Das Objektiv eines F.s ist zusammen mit dem Okular oder einem Strahlungsempfänger (z.B. Photoplatte, lichtelektrischer Detektor, Bolometer) in einem möglichst biegungsfreien Rohr, dem ***Tubus***, untergebracht. Bei größeren F.en wird statt dessen häufig ein Gitterwerk aus Stahlstreben (Gittertubus) verwendet. Bei Linsenfernrohren wird das Rohr durch Anbringen einer *Taukappe* über das Objektiv hinaus verlängert, um ein Beschlagen des Objektivs zu verhindern.

Okulare. Die bei visuellen Beobachtungen benötigten Okulare bestehen im einfachsten Fall aus einer einzigen Sammellinse. Meist enthalten sie aber neben der dem Auge zunächst liegenden Augenlinse eine zweite Linse, die Feld- oder Kollektivlinse, die zur Vergrößerung des durch das Okular wahrnehmbaren Gesichtsfeldes dient. Nach der Lage der Feldlinse zu dem vom Objektiv entworfenen Bild unterscheidet man zwei Grundtypen von Okularen: Beim Huygensschen Okular liegt das Bild zwischen Feld- und Augenlinse. In der Bildebene kann ein mit dem Okular fest verbundenes Fadenkreuz angebracht werden; die Bildebene ist aber nicht frei zugänglich. Beim Ramsdenschen Okular liegt das Bild (vom Objektiv aus gesehen) vor dem Okular. Die Bildebene ist dann leicht zugänglich, so daß in ihr angebrachte Hilfseinrichtungen, wie z.B. Mikrometer, beim Okularwechsel am F. verbleiben können. Beim viel verwendeten Kellnerschen Okular, das vom Ramsdenschen Typ ist, besteht die Augenlinse aus zwei verkitteten Einzellinsen. Für Sonderzwekke gibt es kompliziertere Okulare aus vielen, z.T. verkitteten Linsen.

Leistungen der F.e. Die Ebene, in der das vom Objektiv erzeugte Bild eines weit entfernten Gegenstandes liegt, wird ***Brennebene (Fokalebene)*** genannt. Die Achse des Objektivs schneidet die Brennebene im ***Brennpunkt (Fokus)***. Der Abstand des Brennpunktes von der Objektivmitte heißt ***Brennweite.*** Der nutzbare Durchmesser des Objektivs wird durch die ***Öffnung (Apertur)*** des F.s bestimmt. Das Verhältnis von Öffnung zur Brennweite ist das ***Öffnungsverhältnis.***

Das vom Objektiv in der Brennebene erzeugte Bild ist um so größer, je größer der Winkeldurchmesser w des abgebildeten Gegenstandes und je größer die Brennweite f des Objektivs ist (Abb. 2). Für den linearen

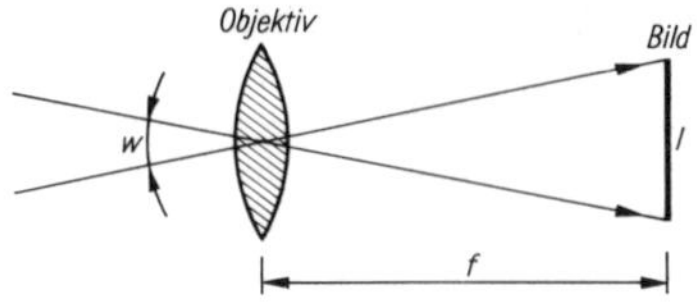

Abb. 2: Zur Größe l des Bildes, das ein Objektiv der Brennweite f von einem Gegenstand des Winkeldurchmessers w erzeugt

Bilddurchmesser l gilt $l = 0{,}0175\, w f$, wenn der Winkeldurchmesser in Grad gemessen wird und – was fast immer der Fall ist – einen kleinen Wert hat. Von einem Objektiv mit 100 cm Brennweite wird demnach ein Gegenstand von 1° Winkeldurchmesser in einer Größe von 1,75 cm abgebildet, die Sonne, deren mittlerer scheinbarer Durchmesser $32' = 0{,}533°$ beträgt, also in einer Größe von 0,93 cm. (Als Faustregel: Bei 1 m Brennweite ergibt sich ein Sonnenbild von etwa 1 cm Durchmesser.)

Das Vermögen eines F.s zur Vergrößerung des Sehwinkels, unter dem ein Gegenstand erscheint, wird vor allem bei visuellen Beobachtungen ausgenutzt. Die ***Vergrößerung*** gibt an, um wievielmal der Winkel w_2, unter dem ein Gegenstand mit F. gesehen wird, größer als der Winkel w_1 ist, unter dem der gleiche Gegenstand ohne F. erscheint (Abb. 3). Eine solche Vergrößerung ist möglich, obwohl das vom Objektiv entworfene Bild viel kleiner als der Gegenstand selbst ist, da das Bild durch ein kurzbrennweitiges Okular aus großer Nähe betrachtet wird. Die Vergrößerung ist um so höher, je größer die Objektivbrennweite ist, weil mit ihr die Bildgröße wächst, und je kleiner die Okularbrennweite ist, weil man dann mit dem Auge näher an das Bild herangehen kann: Die Vergrößerung ist gleich der Objektivbrennweite dividiert durch die Okularbrennweite. Sie ist auch gleich dem (nutzbaren) Objektivdurchmesser dividiert durch den Okulardurchmesser, oder anders ausgedrückt, gleich dem Durchmesser des in das Objektiv einfallenden Lichtbündels dividiert durch den Durchmesser des aus dem

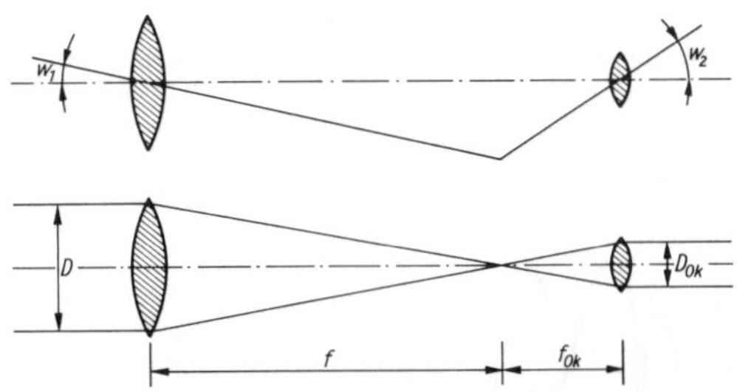

Abb. 3: Zur Vergrößerung eines Fernrohrs. w_1: Winkel, unter dem ein Gegenstand vom Objektiv aus erscheint; w_2: Winkel, unter dem das Bild des Gegenstandes vom Beobachter gesehen wird; D: Durchmesser des auf das Objektiv auftreffenden Lichtbündels; D_{ok}: Durchmesser des das Okular verlassenden Lichtbündels; f: Brennweite des Objektivs; f_{ok}: Brennweite des Okulars

Okular austretenden Lichtbündels (Abb. 3). Eine Vergrößerung, bei der das austretende Lichtbündel gerade so groß ist wie die Pupille des ans Dunkle angepaßten Auges, etwa 8 mm, nennt man *Normalvergrößerung*. Als *förderliche* oder *nützliche Vergrößerung* bezeichnet man diejenige, die zahlenmäßig gleich dem Objektivdurchmesser in Millimetern ist, da dann das Auflösungsvermögen des F.s dem des Auges entspricht. Bei einem F. ist die Objektivbrennweite im allg. fest; man ändert die Vergrößerung durch Auswechseln des Okulars. Welche Vergrößerung im einzelnen am vorteilhaftesten ist, hängt davon ab, für welchen Zweck das F. eingesetzt werden soll.

Alle Objektive haben mehr oder minder große ***Abbildungsfehler***. Ein Abbildungsfehler einer Sammellinse ist die ***chromatische Aberration*** (*Farbabweichung*), die dadurch verursacht wird, daß eine Linse Licht unterschiedlicher Wellenlängen unterschiedlich stark bricht; damit ergibt sich für langwelliges (rotes) Licht eine größere Brennweite als für kurzwelliges (blaues) Licht. Von einem farbigen Gegenstand entsteht kein scharfes Bild, bei visueller Betrachtung zeigt sich ein farbiger Rand. Die chromatische Aberration kann man für einen bestimmten Wellenlängenbereich dadurch ausgleichen, daß man das Objektiv aus zwei (oder mehr) Linsen verschiedener Glassorten zusammensetzt; ein derartiges Linsensystem nennt man Achromat. Ein Hohlspiegel hat – was einen großen Vorzug darstellt – keine chromatische Aberration, weil die Reflexion des Lichtes wellenlängenunabhängig ist. Die ***sphärische Aberration*** besteht darin, daß unterschiedliche Zonen eines Objektivs unterschiedliche Brennweiten haben, und die ***Bildfeldwölbung***, daß das Bild nicht genau in einer Ebene entsteht, sondern in einer gekrümmten Fläche. Ein ***Astigmatismus*** wird verursacht, wenn Strahlenbündel unter größeren Neigungen gegen die optische Achse eine Linse treffen und dadurch statt eines Bildpunktes zwei zueinander senkrechte Striche in verschiedenen Abständen von der Linse erzeugen. Eine ***Koma*** ergibt sich, wenn ein Strahlenbündel mit einem größeren Öffnungswinkel schief gegen die optische Achse einfällt, wodurch ein Punkt nicht kreisförmig, sondern verzerrt dargestellt wird. Bei einer ***Verzeichnung*** ist der Abbildungsmaßstab nicht für die gesamte Brennebene gleich. Die verschiedenen Abbildungsfehler können, wenn nicht vollständig beseitigt, so doch stark reduziert werden. Sie wachsen im allg. mit größerwerdenden Abstand von der optischen Achse des Objektivs stark an; ein F. ist daher nur in einem begrenzten Winkelbereich um diese Achse brauchbar. Das nutzbare Gesichtsfeld ist bei Refraktoren im allg. größer als bei Spiegelteleskopen.

Selbst von Abbildungsfehlern freie Objektive ergeben kein vollständig scharfes Bild, da sie ein begrenztes ***Auflösungsvermögen*** haben, das die Trennung beliebig enger Bildpunkte unmöglich macht. Eine punktförmige Lichtquelle (z.B. ein Stern) wird vom Objektiv nicht als Punkt, sondern als ein ***Beugungsscheibchen*** abgebildet, das von hellen und dunklen Ringen umgeben ist. Diese Erscheinung beruht auf der Beugung des Lichts am Objektivrand, hat also nichts mit der wirklichen Figur des Sterns zu tun. Vom Objektiv aus gesehen erscheint das Beugungsscheibchen unter einem Winkeldurchmesser α, der mit wachsender Wellenlänge λ des Lichtes zu- und mit wachsender Öffnung D des Objektivs abnimmt. Mißt man α in Bogensekunden, D in Millimetern und λ in Nanometern, so ergibt sich $\alpha = 0{,}505\ \lambda/D$; für sichtbares Licht mit einer mittleren Wellenlänge von 555 nm ist demnach $\alpha = 280/D$. Der lineare Durchmesser l des Beugungsscheibchens ist noch von der Objektivbrennweite f abhängig, es gilt $l = 0{,}000\,00244\ \lambda \cdot f/D$ (l in Millimetern); für sichtbares Licht mithin $l = 0{,}00135\ f/D$; die lineare Größe des Beugungsscheibchens wächst also umgekehrt proportional zum Öffnungsverhältnis. Zwei benachbarte punktförmige Lichtquellen (z.B. die Komponenten eines Doppelsterns) kann man getrennt wahrnehmen, wenn sich ihre Beugungsscheibchen nicht zu sehr überdecken. Dazu muß ihr Winkelabstand mindestens $\alpha_0 = 0{,}206\ \lambda/D$, für sichtbares Licht also $\alpha_0 = 115/D$, betragen (α_0 in Bogensekunden, D in Millimetern). Dieser Winkelabstand, der außer von der Wellenlänge nur von der Objektivöffnung abhängig ist, stellt das Auflösungsvermögen des F.s dar; es ist um so besser, je größer die Öffnung des F.s ist. Sollen sich die beiden Beugungsscheibchen nicht überlappen, was bei visuellen Beobachtungen z.T. wünschenswert ist, muß der Winkelabstand etwa $2' = 120''$ betragen; man erreicht dies mit der förderlichen Vergrößerung. Eine stärkere Vergrößerung ist „leer" oder „tot", da sie nicht zum Erkennen weiterer Einzelheiten führt, sondern nur das Beugungsscheibchen größer erscheinen läßt. Das kann für Meßzwecke z.T. günstig sein, so daß man manchmal bis zum Doppelten der förderlichen Vergrößerung geht.

Das theoretische Auflösungsvermögen wird bei Beobachtungen mit größeren F.en meist nicht erreicht, da die Luftunruhe das Beugungsscheibchen zu einem größeren Lichtfleck, zum *Szintillationsscheibchen*, verschmiert. Das Bild einer punktförmigen Lichtquelle (eines Sterns) kann dadurch einen Durchmesser von etwa $1''$ und mehr erreichen. Unter Verwendung einer aktiven und adaptiven Optik (→ Spiegelteleskop) gelingt es, die Störungen der Luftunruhe so stark zu reduzieren, daß das theoretische Auflösungsvermögen nahezu erreicht wird.

Die Prüfung des Auflösungsvermögens von Fernrohrobjektiven kann so geschehen, daß man Doppelsterne mit bekannten, aber unterschiedlichen Winkelabständen bei günstigen Luftverhältnissen, also bei klarer Durchsicht und geringer Luftunruhe, beobachtet und prüft, bis zu welchem Winkelabstand die Komponenten noch getrennt wahrgenommen werden können. Unter dem Stichwort → Doppelstern findet sich eine Tab. mit für eine derartige Prüfung geeigneten Sternpaaren.

Bei der Beurteilung der ***Lichtstärke*** eines F.s ist zu unterscheiden, ob visuell oder photographisch und ob Punktlichtquellen (Sterne) oder flächenhafte Objekte (Mond, Planeten oder Nebel) beobachtet werden sollen. (Bildfehlereinflüsse und Lichtverlusten im F. bleiben unberücksichtigt.) Da fast alle astronomischen Objekte eine geringe scheinbare Helligkeit haben, sollte ein astronomisches F. auf dem Strahlungsempfänger eine möglichst große Bestrahlungsstärke hervorrufen; pro Flächeneinheit steht dann eine große Strahlungsenergie je Zeiteinheit zur Verfügung. Die verfügbare Energiemenge wächst mit dem durch das Objektiv gesammelten Strahlungsstrom, also mit dem Quadrat des Objektivdurchmessers. Die Fläche, auf den die Energie verteilt wird, nimmt bei einem flächenhaften Objekt mit dem Quadrat der Brennweite zu: Die Bestrahlungsstärke ist daher proportional $(D/f)^2$, dem Quadrat des Öffnungsverhältnisses. Ist dies vorgegeben, erhält man mit großen Objektiven keine helleren Bilder von flächenhaften Objekten als mit kleinen Objektiven, allein die Bildgröße ist unterschiedlich. Eine Erhöhung der Beleuchtungsstärke läßt sich mit zusätzlich in den Strahlengang gebrachten optischen Hilfsmitteln, sog. Fokalreduktoren, erreichen, die für eine Verkürzung der effektiven Brennweite des Objektivs sorgen. Bei Punktlichtquellen wird die gesammelte Energie auf die Fläche des Beugungsscheibchens verteilt, dessen Größe vom Öffnungsverhältnis abhängt. Ist dieses vorgegeben, wächst die Bestrahlungsstärke mit der verfügbaren Energie, also dem Quadrat der Objektivöffnung: Zum Photographieren sehr schwacher Sterne müssen F.e mit möglichst großer Öffnung benutzt werden.

Beim visuellen Beobachten gelangt die vom Objektiv gesammelte Energie nur dann vollständig ins Auge, wenn die Vergrößerung mindestens gleich der Normalvergrößerung ist. Mit ihr erzielt man bei der Fernrohrbeobachtung flächenhafter Objekte die größtmögliche Bestrahlungsstärke auf der Netzhaut; die Bestrahlungsstärke ist genau so groß (abgesehen von Lichtverlusten im F.) wie bei der Beobachtung mit bloßem Auge: Flächenhafte Objekte können mit einem F. nicht heller, sondern nur größer als mit bloßem Auge wahrgenommen werden. (Daß man mit lichtstarken F.en geringe Flächenhelligkeiten tatsächlich oft besser als mit bloßem Auge erkennt, liegt an physiologischen Effekten.) Bei einer stärkeren als der Normalvergrößerung gelangt ebenfalls alle Energie ins Auge, sie wird aber auf eine größere Fläche der Netzhaut verteilt, so daß man ein weniger helles Bild wahrnimmt. Bei einer derartigen übernormalen Vergrößerung erscheint auch die allgemeine Himmelshelligkeit verringert. (Bei der Verwendung einer geringeren als der Normalvergrößerung bleibt die Bestrahlungsstärke der Netzhaut konstant, da der durch das Kleinerwerden der Bildfläche erzielte Gewinn dadurch kompensiert wird, daß nicht alle Energie in die Pupille eintreten kann.)

Bei der visuellen Beobachtung von Punktlichtquellen (Sternen) steigt mit wachsender Vergrößerung bis hin zur Normalvergrößerung die Bestrahlungsstärke, da immer mehr Energie in die Pupille gelangt. Bei weiter steigender Vergrößerung bleibt die Bestrahlungsstärke des Netzhautelements, auf das das Beugungsscheibchen abgebildet wird, gleich; da aber gleichzeitig der flächenhafte Himmelshintergrund immer dunkler erscheint, sieht man bei übernormaler Vergrößerung die Sterne heller. Infolge dieser Kontrastwirkung kann man mit einem F. Sterne z.B. auch bei Tage sehen. Steigert man die Vergrößerung über etwa das 5fache der Normalvergrößerung, so wird kein weiterer Helligkeitsgewinn erzielt, da dann das Beugungsscheibchen so weit vergrößert wird, daß es nicht mehr nur auf ein Netzhautelement fällt, sondern mehrere Netzhautelemente überdeckt, so daß die Bestrahlungsstärke sinkt.

In der Tab. sind für verschiedene Objektivöffnungen die Grenzhelligkeiten angegeben, bis zu der man Sterne gerade noch sehen oder mit 10 Minuten Belichtungszeit photographieren kann. Bei photographischen Beobachtungen verschiebt sich die Grenzgröße um jeweils 1 Größenklasse zu schwächeren Sternen, wenn die Belichtungszeit etwa verdreifacht, um 2 Größenklassen, wenn sie etwa verzehnfacht wird. Die angegebenen Werte sind nur grobe Richtwerte, da die tatsächlich erreichte Grenzgröße sehr stark u.a. von der Optikgüte, vom Beobachter, von den Lichtverhältnissen und bei photographischen Beobachtungen vom Aufnahmematerial abhängt.

Leistungen von Fernrohren

Objektivöffnung	Grenzgröße für Sterne	
	visuelle Beobachtung	photographisch bei 10 min Belichtung
(bloßes Auge)	6^{m}	
5 cm	$10\overset{\mathrm{m}}{,}3$	11^{m}
10 cm	$11\overset{\mathrm{m}}{,}7$	$12\overset{\mathrm{m}}{,}5$
20 cm	13^{m}	14^{m}
50 cm	$14\overset{\mathrm{m}}{,}5$	16^{m}
100 cm		$17\overset{\mathrm{m}}{,}5$
500 cm		21^{m}

Die Grenzhelligkeit von etwa 23^{m} stellt eine gewisse Schranke für die erdgebundene photographische Astronomie dar, da die Beleuchtungsstärke des Szintillationsscheibchens dann etwa gleich der der Umgebung ist, die von dem immer vorhandenen Himmelshintergrundlicht herrührt; Himmelshintergrund und abgebildetes Sternscheibchen erscheinen dann bei durchschnittlichen Beobachtungsbedingungen etwa gleich hell. Bei der Verwendung einer aktiven und adaptiven Optik gelingt es, den Einfluß der Luftunruhe nahezu zu kompensieren und so das Sternlicht auf die Fläche des Beugungsscheibchens zu konzentrieren, was zu einer erheblichen Kontrastverstärkung gegenüber der Umgebungshelligkeit führt. Der zusätzliche Einsatz lichtelektrischer Flächendetektoren (z.B. CCDs) bringt einen weiteren Gewinn, da von dem in jedem Bildelement gemessenen Strahlungsstrom, der sich aus dem vom Stern und dem vom Hintergrund stammenden Anteil zusammensetzt, der gemittelte Hintergrundanteil subtrahiert werden kann, so daß der Sternlichtanteil für sich getrennt gemessen werden kann, selbst wenn er kleiner als der des Hintergrundlichts ist. Mit dem kombinierten Einsatz moderner Beobachtungsmethoden läßt sich die mit erdgebundenen F.en erreichbare Grenzgröße von Sternen bis zu einer scheinbaren Helligkeit von etwa 27^{m} bis 28^{m} hinausschieben.

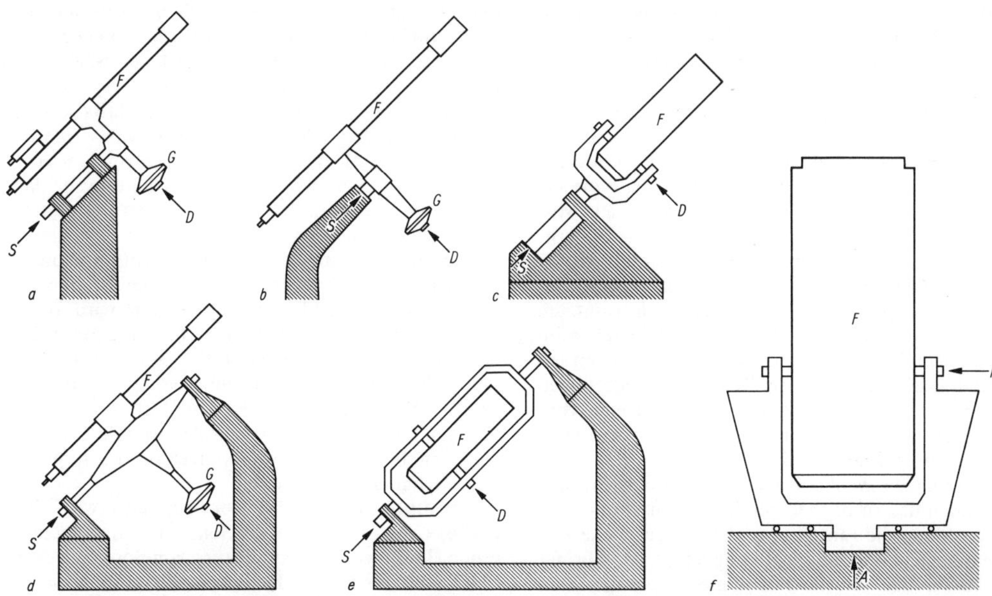

Abb. 4: Montierungsarten eines Fernrohrs. Parallaktische Montierungen: Deutsche Montierung (a), Kniemontierung (b), Gabelmontierung (c), Englische Achsmontierung (d), Englische Rahmenmontierung (e). S: Stundenachse; D: Deklinationsachse; F: Fernrohr; G: Gegengewicht. Azimutale Montierung (f). A: Azimutachse; H: Höhenachse

Fernrohraufstellung. Erfolgreiche astronomische Beobachtungen erfordern eine zweckmäßige und erschütterungsfreie Aufstellung ***(Montierung)*** der F.e. Dies gilt sowohl für große als auch für kleine Instrumente; selbst einfache Feldstecher sollten eine Halterung haben, um ihre Leistungen voll auszunutzen.

Um ein F. auf alle Punkte des Himmels richten zu können, muß es um zwei zueinander senkrechte Achsen drehbar sein. Bei einer *äquatorialen (parallaktischen) Montierung* liegt eine Drehachse parallel zur Erdachse, weist also zum Himmelspol. Bei der Drehung um diese *Stundenachse* lassen sich Objekte mit unterschiedlichem Stundenwinkel einstellen, außerdem braucht das F. nur um sie gedreht zu werden, um einen einmal eingestellten Himmelskörper trotz seiner scheinbaren täglichen Bewegung am Himmel im Gesichtsfeld zu behalten. Senkrecht zur Stundenachse liegt die *Deklinationsachse.* Durch Drehung um sie können Objekte unterschiedlicher Deklination beobachtet werden. Parallaktische Montierungen existieren in verschiedenen Ausführungen (Abb. 4). Für kleine Instrumente wird meist die von J. Fraunhofer (1787–1826) entwickelte sog. *Deutsche Montierung* benutzt, für mittelgroße Instrumente ist eine *Kniemontierung* mit einer geknickten Säule, auf der die beiden Achsen befestigt sind, vorteilhaft. Große Instrumente erhalten meist eine *Gabelmontierung* oder eine sog. *Englische Montierung,* doch sind auch noch andere Aufstellungsarten in Gebrauch.

Bei der *azimutalen (horizontalen) Montierung* steht eine Drehachse senkrecht, die andere liegt waagrecht. Gegenüber der parallaktischen Montierung stellt die azimutale die technisch einfachere Lösung dar, da die Richtung der Schwerkraft und die Richtung der Drehachsen immer senkrecht bzw. parallel zueinander stehen, so daß die auftretenden Kräfte bei allen Bewegungen konstant bleiben. Bei einer parallaktischen Montierung variieren bei der Fernrohrbewegung die Kräfte sehr stark, da die Stundenachse schräg zur Richtung der Schwerkraft steht und die Deklinationsachse jede beliebige Richtung zu ihr einnehmen kann. Die Achslagerung ist bei einer azimutalen Montierung daher einfacher und die Stabilität von Tubus und Spiegel besser zu gewährleisten. Diesen Vorteilen steht der Nachteil gegenüber, daß während der Beobachtung das Instrument immer um beide Achsen bewegt werden muß; außerdem ergibt sich eine Gesichtsfelddrehung um die optische Achse. Durch den Einsatz rechnergestützter Steuersysteme lassen sich diese Schwierigkeiten weitgehend überwinden. Nachteilig und nicht behebbar ist bei einer azimutalen Montierung, daß in einem Bereich um das Zenit keine Beobachtungen möglich sind, da sich dort das Azimut eines Himmelsobjekts infolge der scheinbaren täglichen Bewegung zu schnell ändert. Bis vor kurzem wurden von den F.en zu Forschungszwecken nur die Winkelmeßinstrumente azimutal montiert, in jüngerer Zeit hat sich aber auch für Großteleskope die azimutale Montierung durchgesetzt. Der Bau von großen Montierungen mit höchster Präzision ist in der Regel kostspieliger als die Anfertigung der Optik.

Die ***Nachführung*** des F.s sorgt dafür, daß ein einmal eingestelltes Gestirn dauernd im Gesichtsfeld bleibt. Dazu muß das F. in einem Tag (Sterntag) gerade einmal um die Stundenachse bzw. um eine gedachte Achse parallel zur Erdachse gedreht werden. Bei großen

Teleskopen erfolgt die Nachführung im allg. vollautomatisch. Dabei sorgen optisch-elektronische Einrichtungen in Verbindung mit einer geeigneten Rückkopplung zu den Antriebsmotoren, daß ein zu Beginn der Beobachtung fest eingestellter Stern in seiner vorgegebenen Sollposition bleibt. Eine automatische Nachführung ist vor allem bei azimutal montierten F.en notwendig. Bei kleineren parallaktisch montierten und nicht automatisch nachgeführten F.en wird der Lauf der Nachführmotoren mit einer nach Sternzeit gehenden Uhr gesteuert und gegebenenfalls visuell mit einem *Leitrohr* kontrolliert. Dies ist ein visueller Refraktor, der parallel zu dem als Kamera benutzten Hauptrohr angebracht ist. Unregelmäßigkeiten beim Antrieb oder das Auswandern eines Leitsterns von seiner Sollposition infolge von Refraktionsänderungen können während der Beobachtung durch eine vom Beobachter ausgelöste Feinbewegung der Antriebsmotoren kompensiert werden.

Leitrohre haben im allg. ein kleines Gesichtsfeld, was das Finden des zu beobachtenden Gestirns dann erschwert, wenn die Einstellung über vorgegebene Koordinaten nicht oder nur grob möglich ist. Man bringt deshalb für das visuelle Positionieren parallel zum Leitrohr zusätzlich einen *Sucher* an, ein F. mit großem Gesichtsfeld. Zur Fernrohrpositionierung nach den Koordinaten sind Kreisscheiben mit den Drehachsen fest verbunden, die entsprechend den Himmelskoordinaten eine Winkeleinteilung tragen und an denen die Drehung gegenüber der Nullstellung abgelesen werden kann. Bei großen F.en erfolgt die Positionierung im allg. rechnergestützt über die Teleskopnachführung.

Eine möglichst genaue *Justierung* der Stundenachse auf den Himmelspol ist bei parallaktisch montierten F.en in Hinblick auf eine gute Nachführung unerläßlich und vor allem bei kleineren Instrumenten relativ einfach. Bei nicht zu hohen Genauigkeitsanforderungen führt die *Scheinersche Methode* schnell zum Ziel: Man richtet zunächst die Stundenachse ungefähr auf den Himmelspol und folgt der scheinbaren täglichen Bewegung eines nahe am Meridian stehenden Sterns allein durch die Drehung des F.s um die Stundenachse. Ein seitliches Vorbeiweisen der Stundenachse am Himmelspol macht sich durch ein Auswandern des Sterns von der Gesichtsfeldmitte nach unten oder oben bemerkbar und kann durch die Verschiebung der Stundenachse in Ost- oder Westrichtung korrigiert werden. Danach verfolgt man in gleicher Weise einen im Osten oder Westen stehenden Stern, dessen Auswandern nach oben oder unten anzeigt, daß die Stundenachse zu steil oder zu flach liegt, was wiederum korrigiert wird. Der Vorgang wird mehrmals wiederholt, bis sich auch bei längerer Beobachtung bei keinem Stern eine merkliche Positionsänderung von der Gesichtsfeldmitte ergibt.

Die Montierung eines F.s steht auf einem Fundament, das tief in den Untergrund eingelassen ist und frei durch das umgebende Gebäude geführt wird, damit keine Erschütterungen auf das F. übertragen werden. Größere F.e sind in drehbaren Kuppeln oder drehbaren Gebäuden mit verschließbarem Spalt untergebracht. Diese schützen die F.e vor Witterungseinflüssen und sorgen durch Wärmeisolation dafür, daß die täglichen Temperaturschwankungen des F.s so gering wie möglich gehalten werden.

Feuerkugel, ***Bolid***, ein Meteor heller als etwa -4^{m}.

F-Fleck, der östliche, bei der Sonnenrotation nachfolgende Hauptfleck in einer Gruppe von Sonnenflecken.

FHD, Abk. für Farben-Helligkeits-Diagramm.

Fibrille, streifenartige dunkle Erscheinung zwischen einzelnen Sonnenfackeln.

Filament, ***1)*** eine fadenähnlich erscheinende Verdichtung in leuchtenden Nebeln des interstellaren Gases; ***2)*** eine Protuberanz, wenn sie auf Chromosphärenbildern als dunkler Faden sichtbar ist.

Filtergramm, ein Spektroheliogramm, das mit einer Kombination von Farbfiltern gewonnen wurde; → Sonnenbeobachtung.

Finsternis, die teilweise (partielle) oder vollständige (totale) Verfinsterung eines Gestirns dadurch, daß es entweder in den Schatten eines anderen tritt (z.B. Mondfinsternis, Verfinsterung der Jupitersatelliten) oder daß sich ein anderer Körper zwischen Beobachter und Gestirn schiebt und so die Sicht zum Gestirn verdeckt (z.B. Sonnenfinsternis, Sternbedeckung).

S o n n e n f i n s t e r n i s. Bei einer Sonnenfinsternis, der eindrucksvollsten aller Verfinsterungen, bewegt sich vom Beobachter aus gesehen die Mondscheibe vor der Sonne vorbei und verdeckt sie für eine kurze Zeit. Damit dies eintritt, müssen beide Gestirne die

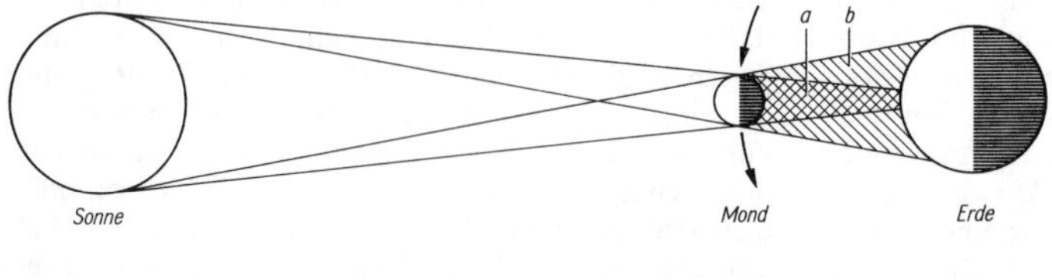

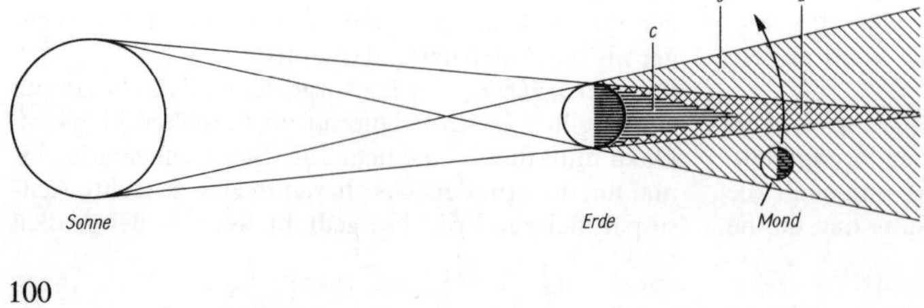

Abb. 1: Sonnenfinsternis (oben) und Mondfinsternis (unten) in schematischer Darstellung; die Zeichenebene entspricht der Ebene der Ekliptik. a: geometrischer Kernschatten; b: Gebiet des Halbschattens; c: Gebiet des lichtlosen Erdkernschattens

gleiche ekliptikale Länge haben (es muß also Neumond sein), und der Mond muß eine möglichst geringe ekliptikale Breite haben (er muß in oder nahe einem Knoten seiner Bahn stehen). Da beide Bedingungen im allg. nicht gleichzeitig erfüllt sind – meist steht der Mond bei Neumond ober- oder unterhalb der Sonnenscheibe – sind Sonnenfinsternisse seltene Erscheinungen.

Der ***Kernschatten*** des Mondes ist der kegelförmige Bereich, in den von keiner Stelle der Sonnenscheibe her Licht eindringen kann (Abb. 1, oben), von dem aus daher kein Teil der Sonne zu sehen ist. Der Kernschatten ist vom Bereich des ***Halbschattens*** umgeben, von dem aus Teile der Sonnenscheibe sichtbar und Teile unsichtbar sind, die Sonne also partiell verfinstert ist. Die Sonne ist etwa 400mal größer und im Mittel rund 390mal weiter von der Erde entfernt als der Mond, daher erscheinen beide Himmelskörper von der Erde aus gesehen ungefähr gleich groß. Die Spitze des Kernschattenkegels reicht gerade etwa bis zur Erde. Das Gebiet auf der Erde, in dem die Sonne total verfinstert erscheint, die ***Totalitätszone***, ist aus diesem Grund immer sehr klein, höchstens etwa 300 km breit. Wegen der Mondbewegung und der Erdrotation läuft der Kernschattenkegel mit einer Geschwindigkeit von im Mittel 35 km/min über die Erde, so daß die Totalität in der Mitte der Totalitätszone im günstigsten Fall 7,6 min dauert. An die Totalitätszone schließt sich beiderseits das mehrere 1000 km breite Gebiet an, das vom Halbschatten getroffen wird. In ihm sieht man um so weniger von der Sonnenscheibe durch den Mond verdeckt, je weiter man von der Totalitätszone entfernt ist. Reicht der Kegel gerade bis zur Erde, so ist die Totalitätszone auf eine Linie und die Totalitätsdauer auf einen Moment reduziert. Mond- und Sonnenscheibe haben in diesem Fall genau den gleichen scheinbaren Durchmesser. Die Mondscheibe ist nicht ideal rund, so daß wegen der Unebenheiten des Mondrandes an einigen Stellen noch kleine Bereiche der Sonnenscheibe zu sehen sind, die die dunkle Mondscheibe wie hell glänzende Perlen zu umgeben scheinen; dieses Lichterspiel wird als *Perlschnurphänomen* bezeichnet. Geht der Kernschattenkegel nicht zu weit an der Erde seitlich vorbei, können Teile von ihr noch im Halbschatten liegen; die F. ist dann nirgendwo auf der Erde total, sondern nur partiell sichtbar. Ist die Mondentfernung sehr groß, reicht der Kernschattenkegel nicht bis zur Erde und die Mondscheibe erscheint kleiner als die Sonnenscheibe; es ergibt sich eine ringförmige F. Die Verhältnisse unterscheiden sich von F. zu F., da die Entfernung und die Stellung des Mondes zur Erde jeweils unterschiedlich sind. Eine Sonnenfinsternis kann anfangs ringförmig, später total (bzw. umgekehrt) sein; man nennt sie dann ringförmig-total. In der Abb. 2 ist der Verlauf der Totalitätszonen einiger Sonnenfinsternisse zwischen 1980 und 2000 dargestellt.

Ein auf einem Berg stehender oder in einem Flugzeug befindlicher Beobachter kann bei einer Sonnenfinsternis den Mondschatten mit großer Geschwindigkeit über die Erdoberfläche streichen sehen. In der Totalitätszone tritt während einer Sonnenfinsternis ein merklicher Temperaturabfall ein. Kurz vor der Totalität machen sich die sog. *fliegenden Schatten* bemerkbar, rasch dahinhuschende Licht- und Schatteneffekte. Sie werden durch Turbulenzelemente in der Erdatmosphäre verursacht, in denen der Brechungsindex vom Mittel abweicht. Unterschiedliche Teile des nur noch

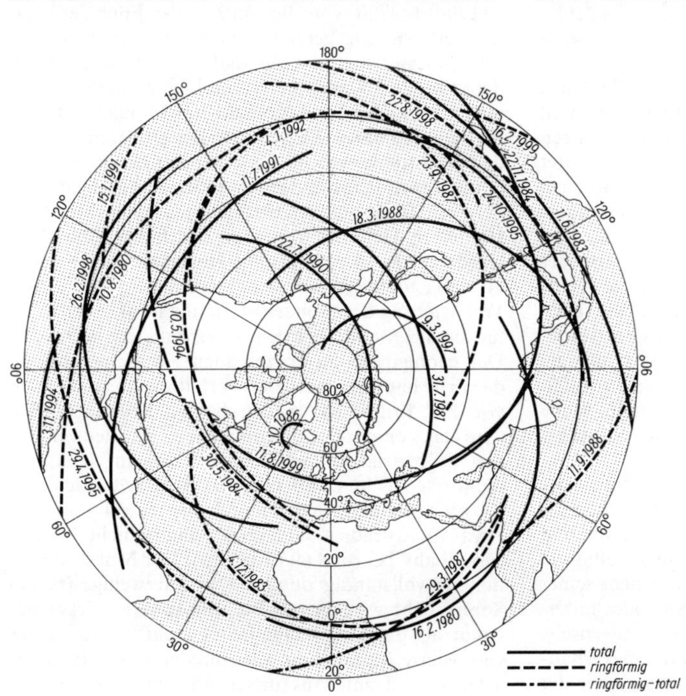

Abb. 2: Verlauf der Totalitätszonen einiger Sonnenfinsternisse zwischen 1980 und 2000

Sonnenfinsternisse von 1991 bis 2000

Datum			Weltzeit h	min			Verlauf der Totalitätszone
1991	Jan.	5	23	51	r	–	* Indischer Ozean, Australien, Südpazifik
1991	Juli	11	19	6	t	–	* Pazifik, Mittelamerika, Kolumbien, Brasilien
1992	Jan.	4	23	10	r	–	* Pazifik
1992	Juni	30	12	19	t	–	Südatlantik
1992	Dez.	24	0	43	p	–	
1993	Mai	21	14	8	p	+	
1993	Nov.	13	21	34	p	–	
1994	Mai	10	17	7	r	+	* Pazifik, USA, Atlantik, Marokko
1994	Nov.	3	13	36	t	–	* Pazifik, Chile, Brasilien, Südatlantik, Indischer Ozean
1995	April	29	17	36	r	–	* Pazifik, Ecuador, Brasilien, Atlantik
1995	Okt.	24	4	37	t	–	* Iran, Indien, Hinterindien, Indonesien, Pazifik
1996	April	17	22	49	p	–	
1996	Okt.	12	14	15	p	+	
1997	März	9	1	16	t	–	* Mongolei, Sibirien, nördl. Polarmeer
1997	Sep.	1	23	52	p	–	
1998	Feb.	26	17	27	t	–	Pazifik, Kolumbien, Venezuela, Atlantik
1998	Aug.	22	2	3	r	–	* Indischer Ozean, Indonesien, Pazifik
1999	Feb.	16	6	40	r	–	* Indischer Ozean, Australien, Südpazifik
1999	Aug.	11	11	8	t	+	* Atlantik, Frankreich, Deutschland, Österreich, Südosteuropa, Schwarzes Meer, Kaspisee, Indien, Hinterindien, Pazifik
2000	Feb.	5	13	4	p	–	
2000	Juli	1	19	21	p	–	
2000	Juli	31	2	25	p	–	
2000	Dez.	25	17	22	p	–	

Datum und Zeitangabe gelten für die Konjunktion von Sonne und Mond; t: total; r: ringförmig; p: partiell; +: sichtbar als partielle Verfinsterung in ganz oder Teilen von Mitteleuropa; –: hier nicht sichtbar; *: der Verlauf der Totalitätszone ist auch aus Abb. 2 zu ersehen.

sehr schmalen Strahlenbündels der Sonnenstrahlung werden durch sie in unregelmäßiger Weise abgelenkt, was zu einem schnell veränderlichen Helligkeitsmuster führt.

Eine totale Sonnenfinsternis bietet außerordentliche Beobachtungsmöglichkeiten für die Astronomie, weil nur dann z.B. die schwächeren Lichterscheinungen der Sonnenchromosphäre und der Korona beobachtet werden können, die normalerweise durch das intensive Streulicht der nicht abgedeckten Sonnenphotosphäre überstrahlt werden. Bei totalen Sonnenfinsternissen ergibt sich auch die Möglichkeit, die von der Allgemeinen Relativitätstheorie vorausgesagte Lichtablenkung im Schwerefeld der Sonne zu überprüfen. Es werden daher immer wieder Sonnenfinsternisexpeditionen ausgerüstet und in die Totalitätszone gesandt, wobei die Beobachtungsstandorte sehr sorgfältig nach klimatischen Gesichtspunkten (z.B. große Wahrscheinlichkeit für wolkenlosen Himmel) ausgesucht werden.

Mondfinsternis. Zu einer Verfinsterung des Mondes kommt es, wenn dieser vom Erdschatten getroffen wird (Abb. 1, unten). Dazu müssen Sonne und Mond in Opposition stehen (es muß also Vollmond sein) und der Mond muß in oder nahe einem seiner Bahnknoten stehen, damit er nicht ober- oder unterhalb des Erdschattens vorbeigeht. Der geometrische Kernschattenkegel der Erde ist bei mittleren Verhältnissen in Mondentfernung etwa 3mal so breit wie der Mond, so daß sich dieser, wenn er genau durch die Kegelmitte läuft, vom Beginn bis zum Ende der totalen Verfinsterung gerade zweimal um seinen eigenen Durchmesser fortbewegen muß. Die Totalität kann daher bis zu 100 min dauern und die gesamte F. vom ersten bis zum letzten Kontakt des Mondes mit dem Erdschatten bis zu 3,5 Stunden. Bei größeren Abständen des Mondes von einem seiner Bahnknoten taucht er nicht mehr ganz in den Kernschattenkegel ein, sondern streift ihn nur; es tritt eine partiellen Mondfinsternis ein. Geht der Mond nur durch den Halbschatten der Erde, so nimmt seine Helligkeit derart wenig ab, daß man überhaupt nicht von einer F. spricht. Jede Verfinsterung des Mondes ist für alle Punkte der Erde, für die der Mond über dem Horizont steht, sichtbar.

Der geometrisch zu erwartenden Kernschattenkegel der Erde hat unter mittleren Verhältnissen eine Länge von 217 Erdradien. In der dichten Erdatmosphäre wird das von der Sonne kommende Licht teilweise in den geometrischen Schattenkegel hineingelenkt, so daß dieser nicht scharf begrenzt ist. Der tatsächliche Kernschattenkegel hat dadurch nur eine Länge von etwa 40 Erdradien und reicht damit nicht bis zur Mondbahn bei rund 60 Erdradien: Der Mond ist mithin nie vollständig dunkel. Das kurzwellige (blaue) Sonnenlicht wird in der Erdatmosphäre stärker gestreut als das langwellige (rote) Licht, wodurch der verfinsterte Mond mehr oder minder stark braun-rot gefärbt erscheint. Aus dieser Färbung können z.T.

Mondfinsternisse von 1991 bis 2000

Datum			Weltzeit h	min	Dauer gesamt	Totalphase (Minuten)	Bemerkungen		
1991	Dez.	21	10	33	64		p	9	–
1992	Juni	15	4	58	181		p	68	+
1992	Dez.	9	23	45	209	75	t		+
1993	Juni	4	13	2	218	98	t		–
1993	Nov.	29	6	27	211	48	t		(+)
1994	Mai	25	3	31	105		p	24	+
1995	April	15	12	19	72		p	11	–
1996	April	4	0	11	216	86	t		+
1996	Sep.	27	2	56	203	70	t		+
1997	März	24	4	40	203		p	92	(+)
1997	Sep.	16	18	48	198	63	t		+
1999	Juli	28	11	34	143		p	40	–
2000	Jan.	21	4	45	202	76	t		+
2000	Juli	16	13	57	236	106	t		–

Datum und Zeitangabe gelten für die Finsternismitte; t: total; p: partiell mit Prozentangabe des Teils des Monddurchmessers, der in den Kernschatten der Erde eintaucht; +: Finsternismitte in ganz oder in Teilen von Mitteleuropa sichtbar; (+): nur Anfang oder Ende sichtbar; –: hier unsichtbar.

Rückschlüsse auf die jeweiligen physikalischen Verhältnisse in den hohen Atmosphärenschichten zur Zeit der Mondfinsternis gezogen werden. Dies ist das einzige Interesse, das die Wissenschaft heute noch einer Mondfinsternis entgegenbringt.

Häufigkeiten. Für einen bestimmten Beobachtungsort sind Mondfinsternisse zahlreicher als Sonnenfinsternisse, da Sonnenfinsternisse immer nur in einem kleinen Gebiet beobachtet werden können. Im Mittel tritt für einen bestimmten Ort auf der Erdoberfläche eine totale Sonnenfinsternis nur aller 360 Jahre einmal auf. Für die ganze Erde gesehen sind aber Sonnenfinsternisse etwa 1,5mal häufiger als Mondfinsternisse: Damit es gerade noch zu einer Berührung des Mondes mit dem Erdschattenkegel kommt, darf die ekliptikale Breite des Mondes nicht mehr als etwa 1° betragen, hingegen darf der Mond noch eine ekliptikale Breite von 1,5° haben, damit eine Sonnenfinsternis möglich ist (Abb. 3). In einem Jahr finden maximal 7 F.se, davon entweder zwei Mond- und 5 Sonnenfinsternisse oder 3 Mond- und 4 Sonnenfinsternisse, minimal 2 F.se (stets Sonnenfinsternisse) statt. Auf unser Jahrhundert fallen 228 Sonnen- und 148 Mondfinsternisse.

Für das Zustandekommen einer F. ist das nahe Zusammenfallen der Neu- bzw. Vollmondphase mit einem Knotendurchgang des Mondes erforderlich. Die gleiche Mondphase kehrt nach einem synodischen Monat wieder, der Durchgang des Mondes durch den gleichen Knoten dagegen nach einem drakonitischen Monat. Da 223 synodische Monate ($223 \times 29{,}5306$ d $= 6585{,}3216$ d) etwa dieselbe Zeit wie 242 drakonitische Monate ($242 \times 27{,}2122$ d $= 6585{,}3572$ d) umfassen, wiederholen sich die F.se nach diesem Zeitraum unter fast gleichen Bedingungen. Diesen Zeitraum von 18 a 11 d (bei 4 Schaltjahren im Zyklus) bzw. 18 a 10 d (bei 5 Schaltjahren) nennt man *Saroszyklus.*

Geschichtliches. F.se wurden früher meist mit großer Furcht, stets aber mit viel Interesse beobachtet. Es ist daher nicht verwunderlich, daß diese Naturschauspiele schon frühzeitig registriert wurden. Hieraus ergibt sich die Möglichkeit, die Chronologie alter Kulturen festzulegen, da man die Zeit des Eintritts einer F. an einem bestimmten Ort genau berechnen kann. In alten Mythologien findet sich die Vorstellung, daß bei einer Verfinsterung das Gestirn von einem Fabelwesen, z.B. einem Drachen, verschlungen wird; auf Grund dieser Vorstellungen werden die Mondknoten von alters her Drachenpunkte genannt. Der Saroszyklus war bereits den Chaldäern bekannt und diente, von diesen übernommen, in der gesamten Antike zur Vorhersage von F.sen. Die richtige Erklärung für Sonnen- und Mondfinsternisse wurde schon sehr früh gefunden, als man merkte, daß sie immer in die Zeiten von Neu- und Vollmond fallen.

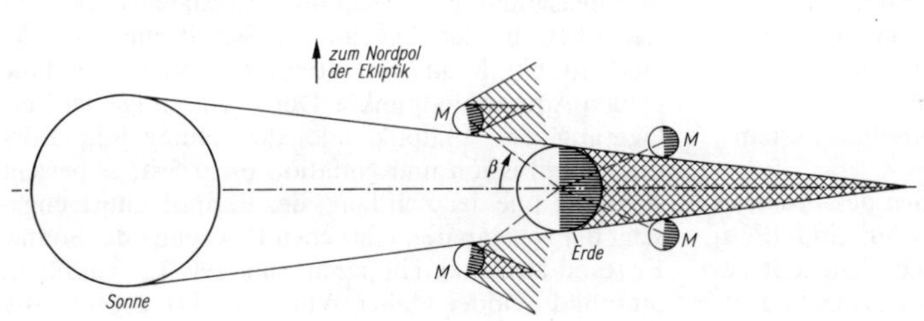

Abb. 3: Zur Häufigkeit von Finsternissen. Die Zeichenebene entspricht einer Ebene senkrecht zur Ebene der Ekliptik durch den Sonnen- und den Erdmittelpunkt. M: Mond; β: größte ekliptikale Breite des Mondes, bei der gerade noch eine Verfinsterung eintritt

Fisch, *1) Fliegender Fisch*, das Sternbild → Volans; *2) Südlicher Fisch*, das Sternbild → Piscis Austrinus; *3) Fische*, das Sternbild → Pisces.

Fixstern, svw. Stern.

FK5, Abk. für den 5. Fundamentalkatalog; → Fundamentalstern.

F-Komponente, der Strahlungsanteil der Sonnenkorona (als Lichterscheinung), dessen Spektrum aus einem Kontinuum mit überlagerten Fraunhofer-Linien besteht; → Sonne.

Flächenhelligkeit, die Helligkeit pro Flächeneinheit einer ausgedehnten Lichtquelle, meist in Größenklassen pro Quadratbogensekunde angegeben; → Helligkeit.

Flächenphotometer, → Photometer.

Flächensatz, Satz von der Erhaltung des Drehimpulses für einen Körper, der sich unter dem alleinigen Einfluß einer Zentralkraft bewegt; in der Astronomie das zweite → Keplersche Gesetz, das aus dem allgemeinen F. hervorgeht.

Flackersterne, svw. UV-Ceti-Sterne.

Flare [engl., ‚plötzliches Aufleuchten'], eine plötzliche Erhöhung des Strahlungsstroms eines Sterns; bei der Sonne svw. Sonneneruption.

Flare-Sterne, svw. UV-Ceti-Sterne.

Flash [engl., ‚Blitz'], ein thermisch instabiler Kernprozeß, der in Gebieten des Sterninnern abläuft, in denen das Elektronengas entartet ist; → Sternaufbau, → Sternentwicklung.

Flash-Spektrum [flash, engl., ‚Blitz'], das bei totalen Sonnenfinsternissen von der kurz sichtbaren Chromosphäre gewonnene Spektrum; → Sonne.

Fleck, Fleckengruppe, Fleckenrelativzahl, Fleckenzone, Fleckenzyklus, → Sonnenfleck.

Fleckenprotuberanz, → Protuberanz.

Flexus [lat., ‚Biegung'] *m, Plur.* Flexus, Bezeichnung für einen bogenförmigen Höhenrücken auf Körpern des Planetensystems.

Fliege, das Sternbild → Musca.

Fliegender Fisch, das Sternbild → Volans.

fliegende Schatten, → Finsternis.

Florring, andere Bezeichnung für den C-Ring des Saturns.

Fluchtbewegung der Galaxien, → Hubble-Effekt.

Fluchtgeschwindigkeit, svw. Entweichgeschwindigkeit.

Fluchtpunkt, svw. Vertex oder Apex.

Fluß Eridanus, das Sternbild → Eridanus.

Flut, → Gezeiten.

Fokalebene, die Brennebene eines optischen Systems; → Fernrohr.

Fokalreduktor, ein optisches System zur Verkürzung der Brennweite eines Fernrohrs und damit zur Erhöhung der Beleuchtungsstärke in der Brennebene des Fernrohrs, was die bessere Beobachtbarkeit flächenhafter Objekte bewirkt (→ Fernrohr).

Fokus *m*, der Brennpunkt eines optischen Systems; → Fernrohr.

Fomalhaut [arab. fum al hut, ‚Rachen des Fisches'], der hellste Stern (α) im Sternbild Piscis Austrinus (Südlicher Fisch). Seine scheinbare visuelle Helligkeit beträgt $1\overset{m}{.}2$, seine Spektralklasse ist A3, seine Leuchtkraftklasse V; es handelt sich also um einen Hauptreihenstern. Seine Entfernung von der Sonne beträgt etwa 7 pc oder 22 Lichtjahre.

For, Abk. für Fornax.

Fornax [lat.], *Gen.* Fornacis, abg. ***For***, ***Chemischer Ofen***, ***Ofen***, Sternbild des südlichen Himmels, das sich in unseren Breiten am winterlichen Abendhimmel nur wenig über den Horizont erhebt.

Fossa [lat., ‚Graben'] *f, Plur.* Fossae, Bezeichnung für ein grabenbruchartiges Tal auf Körpern des Planetensystems.

Fraunhofer, Joseph von (seit 1824), dtsch. Physiker und Astronom, geb. 6.3.1787 in Straubing, gest. 7.6.1826 in München; ab 1823 Prof. in München. F. bearbeitete vor allem Probleme der Optik, bestimmte u.a. die Wellenlängen von Spektrallinien mit Hilfe von Beugungsgittern und leistete Vorarbeiten zur Spektralanalyse; astronomisch wichtig sind vor allem seine Verbesserungen im Fernrohrbau und seine Untersuchungen des Sonnenspektrums.

Fraunhofer-Linien [nach dem dtsch. Physiker und Astronomen J. Fraunhofer, 1787–1826], die Absorptionslinien im sichtbaren Teil des Sonnenspektrums und der Sternspektren.

Frei-Fall-Zeit, charakteristische Zeit, in der ein Körper bei vernachlässigbar kleinem Innendruck unter der Wirkung der eigenen Schwerkraft zusammenstürzt. Für einen Körper mit überall gleicher Dichte ρ ergibt sich die F.-F.-Z. zu $1/\sqrt{2G\rho}$ (G bedeutet die Gravitationskonstante). Die F.-F.-Z. ist unabhängig von der Ausdehnung des Körpers und um so kürzer, je größer seine mittlere Dichte ist.

Frei-Fall-Zeitskala, → Sternentstehung.

frei-freier Übergang, die Änderung der kinetischen Energie eines freien Elektrons bei der Bewegung im elektrischen Feld eines Ions; → Spektrum.

frei-gebundener Übergang, die Rekombination eines freien Elektrons mit einem Ion; → Atom, → Spektrum.

Frequenz, die Zahl der Schwingungen je Sekunde bei einem Schwingungsvorgang; Einheit ist das Hertz, Einheitenzeichen Hz; $1\ \mathrm{Hz} = 1\ \mathrm{s}^{-1} = 1$ Schwingung/Sekunde.

Friedmann-Zeit, → Kosmologie.

frühe Spektralklassen, die Spektralklassen O, B und A.

Frühling, → Jahreszeit.

Frühlingsäquinoktium, → Äquinoktium.

Frühlingspunkt, ***Widderpunkt***, Zeichen ♈, derjenige Schnittpunkt der Ekliptik mit dem Himmelsäquator, in dem die Sonne zum Frühlingsäquinoktium (um den 21. März) steht und auf ihrer scheinbaren Bahn den Himmelsäquator in Richtung von Süden nach Norden überschreitet. Der andere Schnittpunkt ist der Herbstpunkt. F. und Herbstpunkt zusammen sind die beiden Äquinoktialpunkte. Der F. ist infolge der Verlagerung der Ekliptik und des Himmelsäquators durch Präzession und Nutation nicht fest; er bewegt sich im Laufe der Zeit längs der Ekliptik entgegengesetzt der scheinbaren jährlichen Bewegung der Sonne. Er stand zu Zeiten Hipparchs (um 190–125 v.u.Z.) im Sternbild Widder (daher Widderpunkt), gegenwärtig befindet er sich im Sternbild Pisces (Fische) am Rande zum Sternbild Aquarius (Wassermann).

F-Schicht, spezielle Schicht innerhalb der Ionosphäre der Erde; → Erdatmosphäre.

F-Stern, Stern der → Spektralklasse F.

Fuchs, ***Füchschen***, das Sternbild → Vulpecula.

Fuhrmann, das Sternbild → Auriga.

Füllen, das Sternbild → Equuleus.

Fundamentalkatalog, ein Sternkatalog, in dem Fundamentalsterne verzeichnet sind.

Fundamentalstern, ein Stern, dessen Koordinaten und deren zeitliche Änderungen mit höchstmöglicher Genauigkeit bekannt sind, und der zusammen mit anderen Sternen zur Festlegung der astronomischen Koordinatensysteme an der Himmelskugel dient. Die F.e stellen die Anschlußsterne bei der Bestimmung der Örter anderer Himmelskörper dar; die Koordinaten eines F.s müssen absolut, also unabhängig von denen anderer Sterne bestimmt werden.

Absolute Deklinationsbestimmung. Die Deklination δ eines Zirkumpolarsterns ergibt sich aus den bei der oberen und unteren Kulmination gemessenen Zenitdistanzen z_1 und z_2 zu $\delta = 90° - (z_2 - z_1)/2$. (Falls der Stern bei der oberen Kulmination südlich des Zenits steht, ist z_1 mit dem negativen Vorzeichen zu versehen.) Bei diesen Beobachtungen erhält man gleichzeitig auch die geographische Breite φ des Beobachtungsortes, $\varphi = 90° - (z_2 + z_1)/2$, die damit gleichfalls unabhängig von anderen Messungen bestimmt werden kann. Für Sterne, die keine Zirkumpolarsterne sind, läßt sich die Deklination aus der bei der oberen Kulmination gemessenen Zenitdistanz und der geographischen Breite des Beobachtungsortes berechnen: $\delta = \varphi + z_1$. Auch derartig ermittelte Deklinationen gelten als absolut bestimmt. Die Zenitdistanzmessungen erfordern eine genaue Bestimmung des Zenits des Beobachtungsortes. Seine Lage (bzw. die des Nadirs) erhält man z.B. dadurch, daß man das in dem zu den Messungen benutzten Winkelmeßinstrument befindliche Fadenkreuz mit seinem in einem Quecksilberhorizont gespiegelten Bild zur Deckung bringt.

Die Meßwerte können nicht unmittelbar zur Bestimmung der Deklination bzw. der geographischen Breite benutzt werden, da der zum Zeitpunkt der Messung vom Stern eingenommene Ort durch Refraktion, Aberration und parallaktische Effekte beeinflußt wird. Diese Effekte müssen jeweils korrigiert werden. Erst viele unabhängige Beobachtungen ergeben die Koordinatenwerte mit der gewünschten höchsten Genauigkeit.

Absolute Rektaszensionsbestimmung. Da die Rektaszension eines Sterns gleich dem Winkel zwischen dem Frühlingspunkt und dem Schnittpunkt des Himmelsäquators mit dem Stundenkreis des Sterns ist, muß zur absoluten Rektaszensionsbestimmung die Lage des Frühlingspunkts bekannt sein. Sie ist nur mit Hilfe von Sonnenbeobachtung festlegbar, da der Frühlingspunkt durch den Ort der Sonne zur Zeit des Frühlingsäquinoktiums definiert ist. Man ist jedoch nicht auf Beobachtungen zu genau diesem Augenblick angewiesen, da man aus der zu einem anderen Zeitpunkt absolut bestimmten Deklination der Sonne mit Hilfe einer einfachen trigonometrischen Beziehung die Rektaszension der Sonne errechnen und damit die Lage des Frühlingspunktes bestimmen kann. Die Rektaszension eines Sterns ergibt sich dann aus der in Sternzeit gemessenen Differenz zwischen dem Meridiandurchgang der Sonne und dem des Sterns sowie der Rektaszension der Sonne. Um die zu messende Zeitdifferenz und damit die Meßunsicherheit klein zu halten, sind Tagbeobachtungen von Sternen notwendig, was die absoluten Rektaszensionsbestimmungen auf helle Sterne beschränkt.

Die absolut bestimmten Koordinaten beziehen sich auf die Lage des Zenits und des Frühlingspunktes zum jeweiligen Beobachtungszeitpunkt, also auf das jeweilige momentane Koordinatensystem. Um Einheitlichkeit zu erreichen, werden die Koordinaten der F.e auf eine bestimmte einheitliche Epoche (Normalepoche) bezogen (→ Ort eines Gestirns).

Bei den Koordinatenmessungen können neben zufälligen individuellen Beobachtungsfehlern auch systematische Fehler auftreten. Um sie zu vermeiden, werden die Koordinatenbestimmungen für jeden einzelnen F. durch verschiedene Beobachter und mit Hilfe verschiedener Instrumente durchgeführt. Auf Grund jahrzehntelanger Beobachtungen lassen sich die Eigenbewegungen der F. bestimmen, die u.a. zur Berechnung der Sternpositionen zu anderen Zeitpunkten als der Normalepoche benötigt werden. Nicht erkannte oder falsch bestimmte Eigenbewegungen haben eine allmähliche Verzerrung des durch die F.e festgelegten Koordinatensystems zur Folge.

Als F.e wählt man möglichst gleichmäßig über den gesamten Himmel verteilte Sterne aus. In ihrer Gesamtheit bilden sie ein ***Fundamentalsystem*** (Referenzsystem), die Grundlage zur Positionsbestimmung für alle anderen Himmelskörper. Das gegenwärtig in der Astrometrie benutzte Fundamentalsystem wird von den 1535 Sterne des 5. Fundamentalkatalogs (FK5) repräsentiert. Hinzu kommen noch 3117 weitere Sterne, deren Positionen jedoch nicht die hohe Genauigkeit aufweisen, die bei den 1535 Primärsternen gewährleistet ist. Im Mittel stehen damit am Himmel 3 F.e je 25 Quadratgrad zur Verfügung.

Fusion, svw. Kernfusion.

Fußpunkt, svw. Nadir.

G

Gabelmontierung, Aufstellungsart für ein astronomisches Fernrohr; → Fernrohr.

galaktisch, zum Milchstraßensystem, der Galaxis gehörend.

galaktischer Zirrus, filamentartig erscheinende dünne interstellare Wolken in hohen galaktischen Breiten, die eine schwache Infrarotstrahlung aussenden; → interstellarer Staub.

galaktisches Rauschen, alte Bezeichnung für die allgemeine galaktische Radiofrequenzhintergrundstrahlung.

Galatea *f*, ein Neptunsatellit. Die G. umläuft nahezu in einer Kreisbahn mit einem Radius von 61950 km in 10,3 Stunden rechtläufig den Neptun; die Bahnebene ist nur 0,05° gegen dessen Äquatorebene geneigt. Die G. hat einen Durchmesser von rund 160 km.
Hinsichtlich der Einordnung der G. in das System der Neptunsatelliten → Neptun.
Die G. wurde 1989 mit Hilfe der Raumsonde Voyager 2 entdeckt.

Galaxie *f*, *Plur*. Galaxien, ein extragalaktisches Sternsystem.

Galaxien-Ära, Entwicklungsabschnitt des Weltalls; → Kosmologie.

Galaxienhaufen, ***Nebelhaufen***, eine Ansammlung von einigen wenigen bis einigen tausend extragalaktischen Sternsystemen (Galaxien).

Galaxienkern, zentrale Struktureinheit eines Sternsystems (einer Galaxie).

Galaxis [von gala, griech., ‚Milch'] *f*, svw. Milchstraßensystem.

Galilei, Galileo, ital. Naturforscher, geb. 15.2.1564 in Pisa, gest. 8.1.1642 in Arcetri; 1589 Prof. der Mathematik an der Universität Pisa, 1592 in Padua, 1610 Hofmathematiker in Florenz, ab 1633 verbannt in Arcetri. G. gilt als Wegbereiter der neuzeitlichen Naturwissenschaft. Er fand das Schwingungsgesetz des Pendels, erfand 1586 die hydrostatische Waage, untersuchte die Gesetze des freien Falls. 1609 baute er ein Fernrohr und wandte dieses als erster zu Himmelsbeobachtungen an, wobei er die Mondgebirge, die vier hellsten Jupitersatelliten (Galileische Monde) und den Phasenwechsel der Venus fand, der ihm als Beweis für die Richtigkeit der copernicanischen Lehre galt. Er sah als erster die Saturnringe, ohne aber eine richtige Deutung für sie zu finden, und entdeckte etwa gleichzeitig mit anderen die Sonnenflecken. Er setzte sich in Rede und Schrift für die copernicanische Lehre ein, was zu zwei Prozessen (1616 und 1633) und zweimaliger Verurteilung durch die Inquisition führte. G. mußte nach dem zweiten Urteil der neuen Lehre abschwören und wurde nach Siena verbannt, durfte später aber in sein Landhaus in Arcetri ziehen.

Galileische Satelliten, ***Galileische Monde***, die vier 1610 von G. Galilei (1564–1642) – und unabhängig von ihm von S. Marius (1570–1624) – entdeckten Jupitersatelliten Io, Europa, Ganymed und Kallisto. Wegen ihrer leichten Beobachtbarkeit und ihrer relativ raschen Bahnbewegungen stellen die G. S. als Gesamtheit ein sehr lohnendes Beobachtungsobjekt dar.

Galle, Johann Gottfried, dtsch. Astronom, geb. 9.6.1812 in Pabsthaus bei Gräfenhainichen, gest. 19.7.1910 in Potsdam; bis 1835 Lehrer, danach Assistent an der Sternwarte Berlin, 1851–1897 Direktor der Sternwarte Breslau. G. entdeckte 1846 unter Mithilfe von L. d'Arrest (1822–1875) auf Grund der von U.J. Leverrier (1811–1877) durchgeführten Bahnberechnungen den Planeten Neptun; er erkannte die Möglichkeit, die Sonnenparallaxe aus der Bewegung der Planetoiden zu bestimmen.

Gammaastronomie, Teilgebiet der Astronomie, das sich mit der Untersuchung der aus dem Weltall kommenden elektromagnetischen Strahlung mit Wellenlängen kleiner als etwa 0,01 nm (Gammastrahlung) befaßt. Zum längerwelligen Bereich des Spektrums schließt sich an die G. die Röntgenastronomie an, zu der die G. gelegentlich gerechnet wird.
Die Photonenenergie der Gammastrahlung liegt im Energiebereich über 100 keV; Gammastrahlung entsteht daher nur bei Prozessen, in denen sehr hohe Energien umgesetzt werden. Kontinuierliche Gammastrahlung wird bei der plötzlichen Abbremsung schneller Elektronen (als elektrische Bremsstrahlung) sowie bei der Bewegung relativistischer Elektronen in Magnetfeldern (als Synchrotronstrahlung) ausgesandt, außerdem entsteht Gammastrahlung infolge des inversen Compton-Effekts, bei dem von hochenergetischen Elektronen Energie auf Photonen mit ursprünglich niedriger Energie übertragen wird. Alle diese Prozesse sind nichtthermisch. Der Anteil der thermischen Strahlung im Gammabereich ist sehr gering, da hierfür Temperaturen von vielen 10^8 K erforderlich sind. Im Gammabereich ausgesandte Emissionslinien stammen u.a. von angeregten Atomkernen. Eine Linie bei 511 keV entsteht bei der Paarvernichtung von Elektronen und Positronen, eine bei etwa 68 MeV rührt vom Zerfall von π^0-Mesonen her, die bei der Wechselwirkung hochenergetischer Teilchen der Kosmischen Strahlung mit der interstellaren Materie entstehen. Im Gammabereich liegt weiterhin eine Emissionslinie bei 1,8 MeV, die beim radioaktiven Zerfall von Atomkernen von Aluminium mit der Massezahl 26 ausgesandt wird, sowie eine Reihe von Linien, die beim radioaktiven Zerfall von Nickelatomkernen zu Eisenkernen entstehen, und die bei der Supernova 1987A beobachtet wurden.
G a m m a s t r a h l e n d e t e k t o r e n. Die Nachweisgeräte für Gammastrahlung geringer Energie gleichen im wesentlichen denen für Röntgenstrahlung (→ Röntgenteleskop). Als Detektoren für hochenergetische Gammaquanten werden vor allem Kristall- und Plastikszintillationszähler, Tscherenkow-Zähler und Funkenkammern verwendet. In ihnen wird die bei der Wechselwirkung der Gammaquanten mit dem Detektormaterial ausgesandte Strahlung registriert. Die Wechselwirkung kann in einer Absorption der Gammaquanten oder in der Abbremsung von mit Überlichtgeschwindigkeit sich im Detektormaterial bewegender, durch Gammaquanten erzeugter Teilchen bestehen. Es können auch von Gammaquanten erzeugte Elektron-Positron-Paare mit dem Detektormaterial wechselwirken und dabei Strahlung emittieren. Der Nachweis kosmischer Gammastrahlung wird dadurch behindert, daß die um Größenordnungen zahlreicheren Teilchen der Kosmischen Strahlung im Detektormaterial weitgehend die gleichen Signale auslösen. Durch den Einbau spezieller Zusatzdetektoren, die auf die seitlich in den Detektor eindringenden Teilchen der Kosmischen Strahlung ansprechen, läßt sich diese Fehlerquelle zum großen Teil eliminieren.

Die Beobachtungen erfolgen von Höhenballons oder Raumsonden aus, um die Absorption in der Erdatmosphäre und die von der Sekundärstrahlung der Kosmischen Strahlung herrührenden Störungen zu reduzieren. Der Nachweis sehr hochenergetischer Gammastrahlung ist auch von der Erdoberfläche aus möglich. Dabei entspricht die Erdatmosphäre dem Detektormaterial, in dem die beim Eindringen der Gammaquanten in die Atmosphäre gebildeten hochenergetischen Teilchen eine Tscherenkow-Strahlung aussenden. Durch ein einzelnes Gammaquant wird jeweils ein ganzer, scharf gebündelter Schauer von Lichtblitzen (Sekundärstrahlung) hervorgerufen, der mittels optischer Teleskope registriert wird. Verteilt man viele Teleskope im Abstand von etwa 50 bis 100 m über ein größeres Gebiet, lassen sich auf Grund der unterschiedlichen Ankunftszeiten der Sekundärstrahlung bei den einzelnen Teleskopen Angaben über die Einfallsrichtung des den Schauer auslösenden Gammaquants machen.

Gammastrahlenquellen. Die Quellen für niederenergetische Gammastrahlung sind im wesentlichen mit den Röntgenquellen identisch, von denen eine starke und energiereiche nichtthermische Röntgenstrahlung ausgeht. Zu diesen Quellen gehört die aktive Sonne während einer Sonneneruption; außer einem Gammakontinuum beobachtet man dann die Elektron-Positron-Paarvernichtungslinie und eine Linie bei 2,23 MeV, die bei der Bildung von Deuterium aus Protonen und Neutronen entsteht, sowie mehrere starke Emissionslinien, die auf angeregte Atomkerne zurückgehen.

Zu den stellaren Gammaquellen gehören vier Pulsare, darunter der Krebsnebel-Pulsar und der Vela-Pulsar, deren Gammastrahlung gepulste Synchrotronstrahlung ist. Einer dieser Pulsare strahlt nur im Gammabereich, aber nicht in weniger energiereichen Spektralbereichen; bei ihm werden etwa 25% der Gesamtenergie in den Pulsen abgestrahlt. Einige Röntgen-Doppelsterne sind gleichzeitig Gammaquellen, z.B. Hercules X-1 und Cygnus X-1. Nahe am galaktischen Zentrum liegt eine Quelle, von der man die Elektron-Positron-Paarvernichtungslinie empfängt; ungeklärt ist, wo und bei welchem Prozeß die für das Auftreten der Linie notwendigen Positronen entstehen. In etwa gleicher Richtung liegt eine Quelle, von der die Emissionslinie von Aluminium-26-Atomkernen empfangen wird. Möglicherweise befindet sich diese Quelle im galaktischen Zentrum; die Aluminiumkerne könnten bei einer Supernovaexplosion gebildet worden sein.

Als extragalaktische Gammastrahlenquellen konnten einige aktive Galaxienkerne identifiziert werden. Die stärksten von ihnen befinden sich in der Seyfert-Galaxie NGC 4151, der elliptischen Riesengalaxie Markarian 421 und dem Quasar 3C 279.

Die Quellen von Gammastrahlung mit Energien höher als etwa 100 MeV sind nur schwer identifizierbar, da das Winkelauflösungsvermögen der angewendeten Nachweisverfahren klein und der Photonenstrom außerordentlich gering ist.

Noch völlig ungeklärt ist die Erscheinung der Gammastrahlungsblitze, die bisher keiner bekannten Art von Strahlungsquellen zugeordnet werden konnten.

Gammahintergrundstrahlung. Zusätzlich zu den isolierten Gammaquellen beobachtet man eine diffuse Hintergrundstrahlung, die im wesentlichen in einem nur wenige Grad breiten Band längs des galaktischen Äquators konzentriert ist. In diesem Band heben sich außer dem galaktischen Zentrum einzelne lokale Intensitätsmaxima, die mit Spiralarmstrukturen des Milchstraßensystems korreliert scheinen, heraus. Die Hintergrundstrahlung im Energiebereich jenseits etwa 100 MeV wird wahrscheinlich hauptsächlich durch den Zerfall von π^0-Mesonen erzeugt, die beim Stoß von Teilchen der Kosmischen Strahlen mit interstellarer Materie entstehen. Zur Hintergrundstrahlung mit einer Energie unterhalb 100 MeV leistet vermutlich auch die Elektronenkomponente der Kosmischen Strahlung bei ihrer Wechselwirkung mit der interstellaren Materie, bei der elektrische Bremsstrahlung ausgesandt wird, einen Beitrag. In der beobachteten Anisotropie der Hintergrundstrahlung spiegelt sich aller Wahrscheinlichkeit nach die großräumige Verteilung der interstellaren Materie im Milchstraßensystem wider. Die schwache Gammahintergrundstrahlung, die in hohen galaktischen Breiten beobachtet wird, ist vermutlich extragalaktischen Ursprungs.

Gamma-Cassiopeiae-Sterne, ***γ-Cassiopeiae-Sterne***, ***Be-Veränderliche***, unregelmäßige Veränderliche der Spektralklasse B (z.T. auch der Klassen O und A) mit Emissionslinien im Spektrum. Die Helligkeitsänderungen sind gering, der Lichtwechsel verläuft teilweise wellenförmig, aber sehr unregelmäßig. Die Ursache der Veränderlichkeit der G.-C.-S. ist noch nicht recht verstanden, möglicherweise steht sie mit der im allg. raschen Rotation dieser Sterne in Verbindung, die zu einem Materieabfluß von den Sternen und zur Ausbildung einer in ihrer Struktur offenbar veränderlichen Gashülle um die Sterne führt.

Bisher sind etwa 30 G.-C.-S. bekannt. In einer Tab. unter dem Stichwort → Veränderliche sind spezielle Angaben zu zwei helleren G.-C.-S.n zu finden.

Gammastrahlung, ***γ-Strahlung***, hochenergetische elektromagnetische Strahlung mit Wellenlängen kleiner als etwa 0,01 nm; die einzelnen Gammaquanten haben entsprechend eine Energie größer als 100 keV.

Gammastrahlungsblitz, ***Gammaburst***, ein plötzlicher, an einer nicht vorausagbaren Stelle am Himmel auftretender Gammastrahlungsausbruch mit einer Dauer von etwa 0,01 bis höchstens 1000 s. Die Stellen, an denen G.e beobachtet wurden, sind völlig isotrop über den Himmel verteilt, sie können bisher keiner bekannten Objektgruppe zugeordnet werden, da nur an einzelnen wenigen Stellen des Himmels wiederholt G.e beobachtet wurde. Gelegentlich werden als Quellen isoliert stehende Neutronensterne vermutet, ohne daß man aber die Ausbruchsursache oder den Strahlungsmechanismus genauer angeben kann; man sollte dann in Richtung auf das galaktische Zentrum eine relative Anhäufung erwarten, was aber nicht der Fall ist. Anscheinend sind die Quellen extragalaktischen Ursprungs: Schwache und damit vermutlich weiter entfernte Ausbrüche dauern im Mittel länger als starke, außerdem liegt das Energiemaximum der schwachen Ausbrüche im allg. bei niedrigeren Energien. Beide Beobachtungserscheinungen könnten auf kosmologische Effekte zurückgehen.

Gamow, George, russ.-nordamerikan. Astrophysiker, geb. 4.3.1904 in Odessa, gest. 19.8.1960 in Boulder (USA); arbeitete von 1928 bis 1934 in Göttingen, ging dann in die USA, ab 1956 in Boulder. G. arbeitete über quantentheoretische Probleme bei Atomkernen und fand dabei den Tunneleffekt; er beschäftigte sich mit der Elemententstehung sowie mit kosmologischen Problemen und sagte die Existenz einer kosmischen Hintergrundstrahlung voraus, die 1965 in Form der Drei-Kelvin-Strahlung gefunden wurde.

Ganymed *m*, der größte der vier großen (Galileischen) Jupitersatelliten. Der G. bewegt sich in einer elliptischen Bahn mit einer großen Halbachse von 1070000 km und einer Exzentrizität von nur 0,001 in 7 d 3 h 42,5 min rechtläufig um den Jupiter. Die Bahn ist um 0,20° gegen den Jupiteräquator geneigt. Als größter Satellit im Sonnensystem übertrifft der G. mit einem Durchmesser von 5262 km den Planeten Merkur, während seine Masse mit $1{,}49 \cdot 10^{23}$ kg unter der Merkurmasse bleibt. Die mittlere Dichte des G.s beträgt 1,93 g/cm^3. Der G. hat eine gebundene Rotation; seine Rotationsperiode ist mithin gleich der Umlaufzeit. Bei einer scheinbaren visuellen Helligkeit von $4{,}^{m}6$ in Oppositionsstellung müßte der G. theoretisch mit bloßem Auge sichtbar sein; durch die große Nähe des Jupiters wird er aber so überstrahlt, daß er nur mit Fernrohr beobachtbar ist.

Die Oberflächenbeschaffenheit des G.s kennt man erst seit den Beobachtungen von den Raumsonden Voyager 1 und 2 aus genauer. Es lassen sich zwei unterschiedliche großräumige Terrainformen unterscheiden: Neben dunklen, mit zahlreichen Einschlagkratern bedeckten Flächen gibt es helle Gebiete, die von einem komplizierten System von Gräben, Verwerfungen und Rillen durchzogen sind. Bei den dunklen Gebieten handelt es sich, wie die große Kraterzahl je Flächeneinheit erkennen läßt, um relativ alte Regionen, während die helleren Gebiete mit deutlich weniger Kratern jünger sind. Als Oberflächenmaterial wurde u.a. Wassereis nachgewiesen; seine Existenz erklärt die hohe mittlere Albedo von etwa 0,43. Die hellen Gebiete mit ihren linearen Strukturen wurden möglicherweise durch Krustenaktivitäten wie Eisaufschmelzungen, zäh-viskosen Fließvorgängen und vielleicht auch durch eine Art Plattentektonik verursacht, wobei die ehemals vorhandenen Einschlagkrater mindestens teilweise ausgelöscht wurden.

Der G. gehört wahrscheinlich zu den im wesentlichen eisartigen Himmelskörpern (→ Planet), worauf seine geringe mittlere Dichte hinweist. Möglicherweise besitzt er einen Gesteinskern mit einem Durchmesser von etwa 4000 km, der von einem Wasser- und Eismantel umgeben ist.

Hinsichtlich der Einordnung des G.s in das System der Jupitersatelliten → Jupiter.

Der G. wurde 1610 unabhängig voneinander durch G. Galilei (1564–1642) und S. Marius (1570–1624) entdeckt.

Gasdruck, der durch die ungeordnete thermische Bewegung der Atome oder Moleküle verursachte Druck in einem Gas. Seine Abhängigkeit von Dichte und Temperatur wird durch eine → Zustandsgleichung beschrieben.

Gasentartung, → Zustandsgleichung.

Gasnebel, eine Ansammlung leuchtenden interstellaren Gases.

Gauß, Karl Friedrich, dtsch. Mathematiker, Physiker und Astronom, geb. 30.4.1777 in Braunschweig, gest. 23.2.1855 in Göttingen; lebte nach seinem Studium in Braunschweig, ab 1807 als Prof. und Direktor der Sternwarte in Göttingen. G. gilt als einer der größten Mathematiker aller Zeiten, er lieferte aber auch wichtige Arbeiten zur Physik und Geodäsie. In der Astronomie führte er die Methode der kleinsten Quadrate zur Ausgleichung von Beobachtungsfehlern ein und entwickelte vor allem ein Verfahren zur Bahnbestimmung aus drei vollständigen Positionsbestimmungen, das er auf den Planetoiden Ceres zum ersten Mal anwandte, worauf dieser wiedergefunden werden konnte.

Gauß [nach dem dtsch. Mathematiker, Physiker und Astronomen K.F. Gauß, 1777–1855], Einheit der magnetischen Flußdichte; Einheitenzeichen G; $1\ \mathrm{G} = 10^{-4}$ Tesla.

Gaußsche Konstante [nach dem dtsch. Mathematiker, Physiker und Astronomen K.F. Gauß, 1777–1855], eine innerhalb des Systems der astronomischen Konstanten festgelegte Größe, deren Quadrat in der Himmelsmechanik die Gravitationskonstante vertritt; → Astrometrie.

gebundene Rotation, → Rotation.

gebunden-freier Übergang, die bei der Ionisation eines Atoms erfolgende Ablösung eines Elektrons von einem Atom; → Atombau, → Spektrum.

gebunden-gebundener Übergang, die Änderung des Anregungszustandes eines an einen Atomkern gebundenen Elektrons; → Spektrum.

Gegengewicht, ein Gewicht zum Ausbalancieren eines Fernrohrs.

Gegenschein, ***1)*** schwache Erhellung des Zodiakallichts im Gegenpunkt der Sonne; ***2)*** svw. Opposition.

Gem, Abk. für Gemini.

Gemeinjahr, ein Jahr mit einer normalen Anzahl von Tagen bzw. Monaten, im Gegensatz zu einem Schaltjahr; → Kalender.

Gemini [lat.], *Gen.* Geminorum, abg. ***Gem***, ***Zwillinge***, Zeichen ♊, zum Tierkreis gehörendes Sternbild des nördlichen Himmels, das in unseren Breiten im Winter am Abendhimmel sichtbar ist. Die Sonne durchläuft dieses Sternbild bei ihrer scheinbaren jährlichen Bewegung von der zweiten Hälfte des Juni bis in die zweite Julihälfte. Die G. lassen sich leicht am Himmel auffinden, da die beiden nahezu gleichhellen Sterne α Geminorum (→ Castor) und β Geminorum (→ Pollux) nur etwa 4,5° voneinander entfernt sind. Castor ist ein schöner Doppelstern, dessen Komponenten aber nur bei beträchtlicher Vergrößerung getrennt gesehen werden können, während die Sterne ν und ζ Geminorum schon mit einem einfachen Feldstecher als Doppelsterne zu erkennen sind. Im Sternbild G. liegen einige Sternhaufen, darunter der bereits mit bloßem Auge sichtbare Offene Sternhaufen M 35.

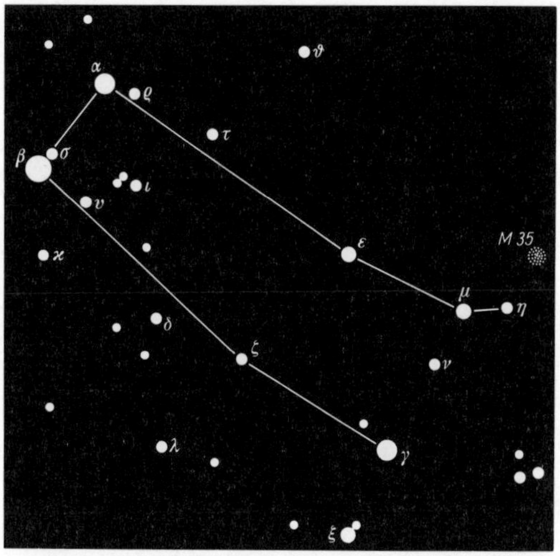

Die hellsten Sterne des Sternbildes Gemini (Zwillinge)

Geminiden, ein im Dezember auftretender Meteorstrom.

Gemma [lat., ‚Juwel'], ***Alphecca***, der hellste Stern (α) im Sternbild Corona Borealis (Nördliche Krone). Seine scheinbare visuelle Helligkeit beträgt $2^{m},2$, seine Spektralklasse ist A0 und seine Leuchtkraftklasse V; es handelt sich also um einen Hauptreihenstern. G. ist ein Bedeckungsveränderlicher mit einer Periode von 17,36 Tagen. Die Entfernung von der Sonne beträgt etwa 22 pc oder 72 Lichtjahre.

geodätische Astronomie, Teilgebiet der Astronomie, das sich mit der Festlegung eines geographischen Koordinatensystems sowie mit der Bestimmung der Figur der Erde befaßt.

Das natürliche System geographischer Koordinaten wird durch die Rotationsachse der Erde definiert, deren Lage im Erdkörper allein auf Grund astronomischer Beobachtungen, und zwar über die Bestimmung der Polhöhe, ermittelt werden kann. Aufgabe der g.n A. ist es, für ein Netz ausgewählter Punkte (Referenzpunkte) auf der Erdoberfläche deren Koordinaten zu ermitteln (→ geographische Ortsbestimmung). Die Gesamtheit der Referenzpunkte definiert das System der geographischen Koordinaten, auf das sich alle weiteren Koordinatenbestimmungen seitens der Geodäsie beziehen. Das Netz der Referenzpunkte ist auf ein Rotationsellipsoid bezogen, das dem Erdkörper möglichst gut angepaßt ist. Die Differenz zwischen dem Bezugsellipsoid und dem Geoid, der Fläche gleicher Schwerebeschleunigung in Höhe des Meeresspiegels, läßt sich durch die Bestimmung der an einem Ort tatsächlich gegebenen Lotrichtung und der auf das Ellipsoid bezogenen Lotrichtung berechnen. Diese Messungen gehören ebenfalls zu den Aufgaben der g.n A., wie auch die Überwachung der Verlagerung der Rotationsachse im Erdkörper (→ Polhöhe).

geographische Ortsbestimmung, die Bestimmung der geographischen Koordinaten (geographische Länge und geographische Breite) eines Ortes auf der Erdoberfläche. Eine derartige Bestimmung basiert letztlich auf astronomischen Messungen, da nur durch sie die geographischen Pole als Durchstoßpunkte der Rotationsachse der Erde durch die Erdoberfläche festgelegt werden können, die die wesentlichen Fixpunkte eines natürlichen Systems der geographischen Koordinaten darstellen. Sind die Koordinaten für eine Reihe von Punkten auf der Erde ermittelt, lassen sich andere Orte in dieses System einbeziehen; es brauchen dann nur noch Koordinatendifferenzen gegenüber den Orten mit bekannten Koordinaten gemessen zu werden. Die Durchführung dieser relativen Anschlüsse ist Aufgabe der Geodäsie.

G e o g r a p h i s c h e B r e i t e. Im Gegensatz zur geozentrischen Breite, die gleich dem Winkel zwischen der Verbindungslinie Beobachtungsort–Erdmittelpunkt und der Äquatorebene ist (Abb. 1), ist die geographische Breite φ gleich dem Winkel zwischen der Richtung der Schwerkraft am Beobachtungsort und der Äquatorebene, damit auch gleich der Höhe des Himmelspols über dem Horizont. Diese Polhöhe ergibt sich als arithmetisches Mittel der Höhe eines Zirkumpolarsterns zur Zeit seiner oberen und seiner unteren Kulmination (Abb. 2); die Koordinaten des Zirkumpolarsterns brauchen dabei nicht notwendig bekannt zu sein. Genähert erhält man die geographische Breite eines Beobachtungsortes aus der gemessenen Höhe des Polarsterns, dessen Abstand vom Himmelspol weniger als 1° beträgt, so daß er bei der scheinbaren tägli-

Abb. 1: Geographische Breite φ und geozentrische Breite φ'. B: Beobachtungsort; M: Erdmittelpunkt

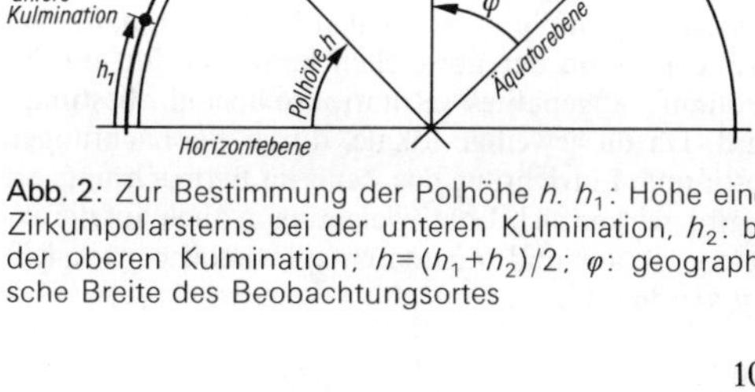

Abb. 2: Zur Bestimmung der Polhöhe h. h_1: Höhe eines Zirkumpolarsterns bei der unteren Kulmination, h_2: bei der oberen Kulmination; $h=(h_1+h_2)/2$; φ: geographische Breite des Beobachtungsortes

chen Bewegung nur einen kleinen Kreis um den Himmelspol beschreibt. Für eine exaktere Breitenbestimmung mißt man die Höhe und das Azimut des Polarsterns und korrigiert diese Beobachtungsdaten mit Hilfe von Korrektionsgrößen, die von der Höhe und dem Stundenwinkel des Polarsterns zur Zeit der Beobachtung abhängen und in astronomischen und nautischen Jahrbüchern verzeichnet sind.

Die geographische Breite ist weiterhin gleich der Deklination des Zenits des Beobachtungsortes, die durch die Messung des Zenitabstandes eines Sterns bekannter Deklination im Augenblick seiner Kulmination bestimmbar ist. Im Fall der oberen Kulmination ist die Zenitdeklination gleich der Summe aus Sterndeklination plus der Zenitdistanz des Sterns, im Fall der unteren Kulmination gleich dem Komplement dieser Summe zu 180°. Außerhalb der Kulmination ergibt sich die Zenitdeklination aus der Zenitdistanz des Sterns und dessen Deklination über das sog. nautische Dreieck, also mit Hilfe trigonometrischer Beziehungen, wobei dann aber noch die Sternzeit im Augenblick der Beobachtung bekannt sein muß.

Die höchsten Genauigkeiten bei der Breitenbestimmung werden mit Zenitteleskopen erreicht, da sie sehr exakte Zenitdistanzmessungen zulassen, und der bei Positionsbeobachtungen störende Einfluß der Refraktion bei Beobachtungen nahe am Zenit vernachlässigbar ist. Zu den Messungen werden Sterne genau bekannter Koordinaten, meist Fundamentalsterne benutzt.

Geographische Länge. Die geographische Länge eines Beobachtungsortes ist gleich dem Winkelabstand zwischen dem Ortsmeridian und einem Bezugsmeridian. Da alle Punkte auf gleichem Meridian gleiche Ortszeit haben, können Längenunterschiede durch Ortszeitunterschiede bestimmt werden: Einer Längendifferenz von 15° entspricht ein Zeitunterschied von 1 h. Die Bestimmung des Zeitunterschiedes zweier nach Ortszeit gehender Uhren erfolgt durch den Vergleich der Ankunftszeiten eines Funksignals (z.B. im Rahmen des Zeitzeichendienstes). Bei geringeren Genauigkeitsansprüchen kann der Zeitvergleich mit einem Uhrentransport erfolgen: Eine genau gehende Uhr wird zunächst nach Ortszeit eines Bezugsortes, z.B. mit Hilfe des Zeitpunktes des Meridiandurchgangs der Sonne, gestellt, danach wird mit der gleichen Uhr an einem anderen Ort ebenfalls die Zeit des Meridiandurchgangs der Sonne bestimmt.

Die Lage der geographischen Pole ist nicht absolut fest, sondern unterliegt kleinen Schwankungen, da sich die Rotationsachse der Erde im Erdkörper geringfügig verlagert (→ Polhöhe). Damit sind auch die geographischen Koordinaten eines Beobachtungsortes geringfügig variabel. Weiterhin zeigt sich, daß die Lotrichtung infolge von lokalen Dichteanomalien im Erdkörper von der abweichen kann, die für ein der Erdfigur angepaßtes Rotationsellipsoid bestimmt wird. Da die jeweilige lokale, durch Beobachtungen bestimmte Lotrichtung das Zenit im Beobachtungsort angibt, wirken sich Lotabweichungen auch auf die exakte g. O. aus und müssen entsprechend berücksichtigt werden.

Die geographische Breite eines Ortes läßt sich auf Grund astronomischer Messungen auf etwa 0,03″ genau angeben, was etwa 90 cm entspricht, die geographische Länge auf etwa 0,003 s, was am Äquator etwa 1,4 m und in unseren Breiten (rund 50°) etwa 0,9 m gleichkommt. Die Genauigkeit relativer Ortsbestimmungen, z.B. die Genauigkeit von Abstandsmessungen zweier auch sehr weit entfernter Beobachtungsorte, ist auf wenige Zentimeter genau möglich.

Geoid, → Erde.

geomagnetischer Schweif, svw. Magnetschweif der Erde; → Erdmagnetosphäre.

geozentrisch, auf den Mittelpunkt der Erde oder auf die Erde als Mittelpunkt bezogen.

geozentrisches System, ***geozentrisches Weltbild***, → Weltbild.

gerade Aufsteigung, svw. Rektaszension.

Geschwindigkeit, der je Zeiteinheit von einem sich gleichförmig bewegenden Körper zurückgelegte Weg; Maßeinheit Meter/Sekunde.

Gesichtsfeld, → Fernrohr.

Gesichtskreis, svw. Horizont.

Gesichtslinie, ***Sichtlinie***, ***Visionsradius***, die Verbindungslinie vom Beobachter zum beobachteten Gestirn.

Gestirn, allgemeine Bezeichnung für einen am Nachthimmel sichtbaren Himmelskörper.

getrenntes System, ein Doppelsternsystem, in dem keine Komponente ihre kritische Roche-Fläche voll ausfüllt; → Doppelstern.

Geviertschein, → Konstellation.

Gezeiten, die bei eng benachbarten Himmelskörpern auftretenden, durch das Zusammenspiel von zentrifugalen Kräften infolge des Umlaufs um den gemeinsamen Schwerpunkt und von gravitativen Kräften bewirkten Erscheinungen; speziell das auf der Erde durch die Sonne und den Mond verursachte Phänomen von Ebbe und Flut.

Ebbe und Flut werden durch das Zusammenwirken der Massenanziehung des Mondes und der Sonne auf die Erde sowie der durch den Umlauf der Erde um den mit dem Mond gemeinsamen Schwerpunkt hervorgerufenen Zentrifugalkraft verursacht. Sieht man von der Rotation der Erde zunächst ab, so erfolgt ihre Bewegung um den (innerhalb der Erde liegenden)

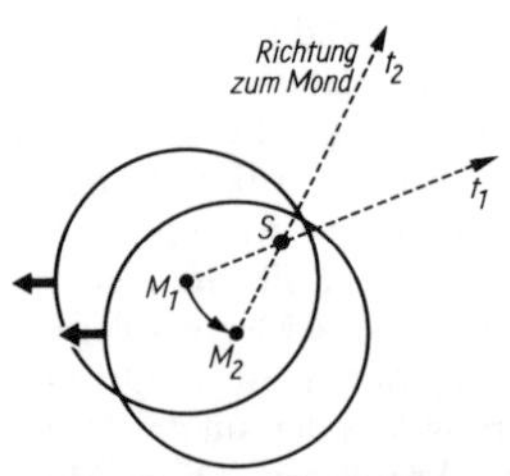

Abb. 1: Gezeiten. Lage der Erde, wenn sie nicht rotieren würde, beim Umlauf um den Schwerpunkt S des Erde-Mond-Systems zu zwei unterschiedlichen Zeiten t_1 und t_2. M_1, M_2: Erdmittelpunkt zu den zwei Zeitpunkten. Der dicke Pfeil stellt eine feste Markierung auf der Erdoberfläche dar

Schwerpunkt so, daß jede bezüglich des Erdkörpers feste Richtung auch im Raum fest ist (Abb. 1), denn die Erde vollführt unter dieser Voraussetzung gegenüber einem raumfesten Koordinatensystem eine Kreisbewegung, bei der alle Punkte der Erde innerhalb eines Monats einen Kreis mit ein und demselben Radius durchlaufen. Die dadurch verursachte Zentrifugalkraft ist für sämtliche Punkte der Erde gleich. Im Gegensatz dazu ist die Anziehungskraft des Mondes an der ihm zugewandten Erdseite größer als an der ihm abgewandten. Im Erdmittelpunkt heben sich Anziehungs- und Zentrifugalkraft gerade auf, während auf der dem Mond zugewandten Erdseite dessen Anziehungskraft überwiegt, auf der ihm abgewandten die Zentrifugalkraft. Die daraus resultierenden *Gezeitenkräfte* haben eine Verschiebung der freibeweglichen Wassermassen zu zwei Flutbergen an gegenüberliegenden Erdseiten zur Folge (Abb. 2). Infolge der Erdrotation dreht sich die Erde relativ zur Verbindungslinie Erde–Mond und damit relativ zu den Flutbergen; sie dreht sich unter diesen weg. Für einen mitrotierenden Beobachter scheinen die Flutberge dagegen mit der Periode des scheinbaren Mondumlaufs (etwa 1 Tag 51 Minuten) die Erde zu umlaufen. In der Regel tritt daher an einem Tag ein zweimaliger Wechsel von Wasserhöchststand (Flut) und Wassertiefststand (Ebbe) ein. Der höchste Wasserstand (Hochwasser) erfolgt meist kurz vor oder nach der oberen und der unteren Kulmination des Mondes.

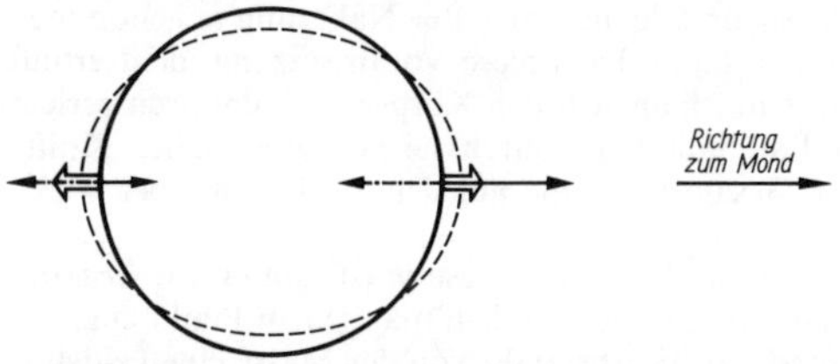

Abb. 2: Schematische Darstellung zur Entstehung der zwei Flutberge auf der Erde. ⟶: Anziehungskraft des Mondes, unterschiedlich stark auf der ihm zugewandten und der ihm abgewandten Erdseite; –·–·→: Zentrifugalkraft infolge des Umlaufs der Erde um den Schwerpunkt des Erde-Mond-Systems; ⇒: resultierende Gezeitenkräfte

Die Sonne bewirkt einen gleichen, nur um etwas mehr als die Hälfte schwächeren Effekt als der Mond. Beide Effekte überlagern sich und verstärken sich bei Vollmond und Neumond, wenn Mond und Sonne in Opposition bzw. Konjunktion zueinander stehen, zu hohem Hochwasser (Springflut) und niedrigem Niedrigwasser. Daß Springfluten auch bei Vollmond auftreten, wo Sonne und Mond von der Erde aus gesehen in entgegengesetzten Richtungen stehen, liegt daran, daß von jedem der Körper zwei gegenüberliegende Flutberge hervorgerufen werden. Die Wirkungen von Sonne und Mond kompensieren sich teilweise zur Zeit des ersten und letzten Mondviertels, wenn die Richtungen der vom Mond und von der Sonne verursachten Flutberge um 90° versetzt sind; es tritt ein niedriges Hochwasser (Nippflut) ein. Die periodischen Änderungen der Stellung von Mond und Sonne zueinander bewirken einen entsprechenden periodischen Wechsel der Fluthöhe. Diese kann außerdem durch Wind, Wassertiefe u.a. beeinflußt werden, so daß die G. eine sehr verwickelte und örtlich sehr unterschiedliche Erscheinung sind.

Die Bewegungen der Wassermassen bewirken eine Reibung im Wasser und zwischen Wasser und den Landmassen, die der Erdrotation, auf die der Umlauf der Flutberge zurückgeht, Energie und Drehimpuls entzieht. Die Rotationsperiode, die Tageslänge, nimmt infolge der *Gezeitenreibung* um etwa 0,0021 s je Jahrhundert zu. Der der Erde entzogene Drehimpuls kommt der Bewegung des Mondes zugute, der etwas beschleunigt wird und sich demzufolge langsam von der Erde entfernt (→ Mondbewegung).

In der Erdatmosphäre ebenso wie im Erdkörper treten gleichfalls Gezeitenerscheinungen auf, wenn auch in sehr geringem Maße. Die durch die Atmosphärengezeiten verursachten geringen Luftdruckschwankungen werden durch die von der Sonneneinstrahlung bewirkten täglichen Änderungen des Luftdrucks so stark überlagert, daß es äußerst schwierig ist, die atmosphärischen G. zu erfassen. Die Gezeitendeformationen des Erdkörpers – im Mittel etwa 25 cm Hebung und Senkung der Oberfläche gegenüber der Mittellage – können mit erdgebundenen Beobachtungen kaum wahrgenommen werden, weil die gesamte Umgebung eines Beobachtungsortes an dieser langsamen Bewegung teilnimmt, mit Hilfe von speziell dafür ausgerüsteten Erdsatelliten lassen sich die Gezeitendeformationen des Erdkörpers aber sehr genau vermessen.

Auf dem Mond verursacht die Erde infolge ihrer Gezeitenwirkung eine Deformation (zwei Flutberge) in den Oberflächenschichten, die den Mond umlaufen würde, wenn er keine gebundene Rotation hätte, wenn also seine Rotationsperiode nicht gleich seiner Umlaufperiode um die Erde wäre. Es ist anzunehmen, daß der Mond bei seiner Entstehung keine gebundene Rotation hatte und daß demzufolge Flutberge den Mond umliefen. Die auftretenden Gezeitenreibungen sorgten für eine allmähliche Anpassung seiner Rotationsperiode an die Umlaufperiode; seitdem verharren die Flutberge an den gleichen Stellen auf der Mondoberfläche: auf der der Erde zugewandten und der abgewandten Seite.

Die durch Gezeitenkräfte geleistete Arbeit kann erheblich sein, wie der Vulkanismus auf dem Jupitersatelliten Io zeigt: Die Nachbarsatelliten Europa und Ganymed übertragen dabei so viel Energie, daß infolge der dauernden Pressung und Entspannung der Gesteinsmantel der Io teilweise aufgeschmolzen ist.

Bei engen Doppelsternen bewirken Gezeitendeformationen eine elliptische Verformung der Doppelsternkomponenten, was einen charakteristischen Lichtwechsel zur Folge hat; die Gezeitenreibung verursacht ferner, daß die Komponenten gebunden rotieren.

Giacobiniden, svw. Draconiden.

Gigant, svw. Riesenstern.

Giraffe, das Sternbild → Camelopardalis.

Gitterspektrograph, → Spektralapparat.

Glasmeteorit, svw. Tektit.

Gleichgewichtspunkte, svw. Librationspunkte.
Gleichschein, → Konstellation.
Globule [globulus, lat., ‚Kügelchen'] *f*, eine angenähert kugelförmige Ansammlung interstellarer Materie, die das Licht der von der Erde aus gesehen dahinterliegenden Sterne oder Emissionsnebel stark schwächt und dadurch als eine kleine rundliche Dunkelwolke erscheint. Als G.n werden zwei kosmogonisch unterschiedliche Objektgruppen bezeichnet:
Zur ersten Gruppe gehören kleine Dunkelwolken mit scheinbaren Durchmessern im Bereich von Bogensekunden, die auf helle Emissionsnebel projiziert erscheinen und offenbar mit ihnen in Verbindung stehen. Wahrscheinlich entstehen diese G.n unter der Wirkung von Materieströmungen, die von extrem jungen Sternen ausgehen. Dabei werden kleine Bereiche interstellarer Materie so stark komprimiert, daß diese auf Grund ihrer dann hohen Extinktion sichtbar in Erscheinung treten.
Die zweite Gruppe von G.n bilden große, meist rundlich erscheinende Dunkelwolken mit Winkelausdehnungen im Bereich von Bogenminuten und linearen Durchmessern von einigen 0,1 pc bis zu wenigen Parsec, die sich auf das dahinterliegende Sternfeld projizieren. Die Extinktion ist so hoch, daß im visuellen Spektralbereich im allg. keine Hintergrundsterne sichtbar sind. Die in einer derartigen G. enthaltene Masse liegt in der Größenordnung von einigen 10 bis einigen 100 Sonnenmassen. Möglicherweise handelt es sich um Wolken interstellarer Materie, in denen die Entstehung von Sternen stattfindet, denn bei einigen dieser G.n gibt es Beobachtungshinweise, daß in ihnen Protosterne oder gerade entstandene Sterne eingebettet sind.
Gnomon *m*, historisches astronomisches → Instrument.
Goldfisch, das Sternbild → Dorado.
Göttinger Aktinometrie, ein von K. Schwarzschild (1873–1916) aufgestellter Sternkatalog, der die photographisch bestimmten Helligkeiten von 167 Sternen enthält.
Gouldscher Gürtel [nach dem nordamerikan. Astronomen B.A. Gould, 1824–1896], ein schmaler, bandartiger Bereich längs eines Großkreises an der Himmelskugel, in dem die scheinbar hellen (und daher nahen) O- und B-Sterne sowie andere nahe junge Objekte (z.B. T-Tauri-Sterne, junge Sternhaufen) konzentriert sind. Der Gouldsche G. ist gegen den galaktischen Äquator, der normalerweise die Linie stärkster Sternkonzentration darstellt, geneigt. Für O- und B-Sterne mit einer scheinbaren Helligkeit von etwa 8^m beträgt die Neigung rund 10°, für O- und B-Sterne der scheinbaren Helligkeit von etwa 4^m, die weniger weit von der Sonne entfernt sind, hingegen nahezu 20°. Die Erscheinung des Gouldschen Gürtels ist wahrscheinlich auf eine zufällige lokale Besonderheit in der räumlichen Verteilung der nahen jungen Objekte zurückzuführen.
Grabstichel, das Sternbild → Caelum.
Gradation, → Photographie.
Gradationstemperatur, → Temperatur.
Gradmaß, → Winkel.
Gradstock, historisches astronomisches → Instrument.
Granatstern, der halbregelmäßig veränderliche Stern μ Cephei. Seine scheinbare visuelle Helligkeit variiert zwischen $3\overset{m}{.}6$ und $5\overset{m}{.}1$. Sein Spektraltyp ist M2e, seine Leuchtkraftklasse I; es handelt sich also um einen Roten Überriesen, auf dessen rötliches Aussehen der Name hinweist.
Granulation, die im optischen Spektralbereich körnig erscheinende Struktur der Sonnenscheibe; → Sonne.
Granulum [lat., ‚Körnchen'] *n, Plur.* Granula, ein Strukturelement der Sonnengranulation; → Sonne.
Gravitation, ***Massenanziehung***, eine allgemeine Eigenschaft jeglicher Materie. Zwei Massen m_1 und m_2 ziehen sich nach dem ***Newtonschen Gravitationsgesetz*** mit einer Kraft F an, die proportional den beiden Massen und umgekehrt proportional dem Quadrat ihrer Entfernung r ist: $F = G\, m_1\, m_2/r^2$; die Richtung der Kraft liegt in der Verbindungslinie der beiden Massen. G ist die universell gültige ***Gravitationskonstante***: $G = 6{,}674 \cdot 10^{-11}\,\mathrm{N\,m^2\,kg^{-2}} = 6{,}674 \cdot 10^{-11}\,\mathrm{m^3\,kg^{-1}\,s^{-2}}$; sie muß experimentell ermittelt werden.
Die angegebene Formel gilt für unendlich wenig ausgedehnte Massen, sog. Punktmassen, und für ausgedehnte Körper mit einem kugelsymmetrischen Aufbau, wobei r dann den Abstand der beiden Massenmittelpunkte bedeutet. Bei nicht kugelsymmetrisch aufgebauten Körpern muß ihr Abstand im Vergleich zu ihrer Ausdehnung sehr groß sein, was für Himmelskörper im allg. in sehr guter Näherung angenommen werden kann. Falls diese Voraussetzung nicht erfüllt ist, denkt man sich den Körper in Teilmassen zerlegt und summiert die durch sie hervorgerufenen Kräfte zur Gesamtkraft, die auf den zweiten Körper wirkt, auf.
Jede (punktförmige) Masse m ist von einem ***Gravitationsfeld*** umgeben, in dem man jedem Punkt entsprechend seinem Abstand r von der Masse eine Feldstärke $G = m/r^2$ zuordnen kann. Das ***Gravitationspotential*** U an dieser Stelle ist gleich der Arbeit, die von der Anziehungskraft an der Einheitsmasse geleistet werden muß, um sie aus unendlich großer Entfernung bis zur betrachteten Stelle zu ziehen; es gilt $U = -G\, m/r$. Das negative Vorzeichen zeigt an, daß bei der Annäherung Energie frei wird.
Die irdische ***Schwerkraft*** ist die Gravitationskraft, die die Erde (Masse $\mathfrak{M}$, Radius R) auf eine Masse m in der Höhe h über der Erdoberfläche ausübt: $F = G\, \mathfrak{M}\, m/(R+h)^2$. Auf Grund des Trägheitsgesetzes gilt allgemein $F = m\, b$, wenn b die Beschleunigung bedeutet, die ein Körper unter der Kraftwirkung erfährt, so daß sich für die ***Schwerebeschleunigung*** g_0 an der Erdoberfläche ($h=0$) $g_0 = G\, \mathfrak{M}/R^2$ ergibt.
In der Allgemeinen Relativitätstheorie wird ein verallgemeinertes Gravitationsgesetz verwendet, das das Newtonsche als eine Näherung enthält, die für schwache Gravitationsfelder und im Vergleich zur Lichtgeschwindigkeit kleine Relativgeschwindigkeiten der Massen gilt.
Gravitationsinstabilität, ein Zustand, bei dem die Eigengravitation eines Körpers größer ist als die in

seinem Innern herrschenden nach außen gerichteten Kräfte (z.B. Gasdruck, Magnetfelddruck, Zentrifugalkraft); → Kosmogonie.

Gravitationskollaps, der praktisch im freien Fall unter der Wirkung der Eigengravitation erfolgender Zusammensturz einer großen Masse, z.B. einer interstellaren Wolke oder eines Sterns.

Gravitationslinse, eine durch das Gravitationsfeld eines massereichen Körpers hervorgerufene Erscheinung, bei der Licht einer weit entfernten Quelle derart abgelenkt wird, daß ein Beobachter zwei oder mehr getrennte Bilder der einen Quelle wahrnimmt.

Wegen der von der Allgemeinen Relativitätstheorie begründeten Äquivalenz von Masse und Energie unterliegt das Licht der Gravitation. Im Schwerefeld einer Masse erfolgt daher eine Ablenkung des Lichts von der geradlinigen Ausbreitung, wobei der Ablenkwinkel proportional der wirkenden Masse und umgekehrt proportional dem geringsten Abstand von Massemittelpunkt und Lichtstrahl ist. Im Gegensatz zu optischen Linsen haben G.n keine fokussierende Wirkung. Man erhält vielmehr bei geeigneter geometrischer Anordnung von Lichtquelle, ablenkender Masse und Beobachter zwei oder mehr getrennte Bilder der einen Lichtquelle, von denen mindestens ein Bild eine größere scheinbare Helligkeit hat als die Lichtquelle bei Abwesenheit der G. Der im Einzelfall tatsächlich beobachtete Effekt hängt davon ab, ob die Lichtquelle flächenhaft oder punktförmig sowie ob die ablenkende Masse räumlich ausgedehnt oder nahezu punktförmig ist. Bei einer exakt linearen Anordnung von Beobachter, abbildender Masse und abgebildetem Objekt kann dieses in Form eines Ringes, eines sog. ***Einstein-Ringes***, abgebildet werden. Bei einer Reihe anderer Anordnungen ergeben sich einzelne oder paarweise auftretende Kreisbogenstücke.

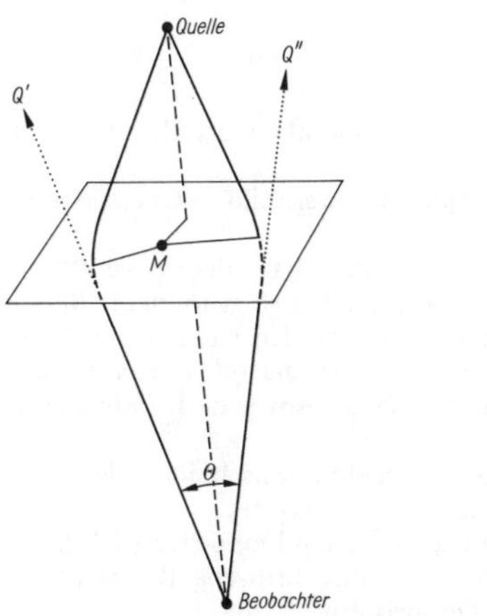

Gravitationslinse. M: ablenkende Masse; ---: geometrische Verbindungslinie Beobachter-Lichtquelle; ——: Weg zweier, durch die Masse M abgelenkter Lichtstrahlen; ····: Richtungen zu den scheinbaren Örtern Q' und Q'' der Quelle; θ: Winkelabstand der scheinbaren Örter. Die dargestellte Ebene durch die ablenkende Masse steht senkrecht auf der Verbindungslinie Beobachter-Lichtquelle

Eine Reihe von Doppel- und Mehrfachquasaren, die praktisch identische Spektren und Rotverschiebungen haben und die am Himmel nur wenige Bogensekunden voneinander entfernt sind, führt man auf den Gravitationslinseneffekt zurück. In einigen Fällen kann die abbildende Masse, jeweils ein Sternsystem, auch optisch identifiziert werden. Bei einigen beobachteten Einstein-Ringen gelang ebenfalls der optische Nachweis der abbildenden Galaxie.

Gravitationswellen, von der Allgemeinen Relativitätstheorie vorausgesagte Wellenstrahlung, die durch beschleunigte Massen ausgesandt wird und sich mit Lichtgeschwindigkeit ausbreitet. G. sind in der Lage, Massen in charakteristischer Weise senkrecht zur Ausbreitungsrichtung zu beschleunigen, wodurch im Prinzip der Nachweis von G. möglich ist. Die Gravitationswellenstrahlung ist eine Quadrupolstrahlung, die bei der Wechselwirkung mit materiellen Körpern (oder frei beweglichen Massen) bewirkt, daß entsprechend der Frequenz der Strahlung die Körper in einer Richtung senkrecht zur Ausbreitungsrichtung gestreckt, in der um 90° versetzten Richtung gestaucht werden (frei bewegliche Massen entfernen sich voneinander, in der um 90° versetzten Richtung bewegen sie sich aufeinander zu), wobei sich nach einer halben Periode Streckung und Stauchung umkehren (Abb.).

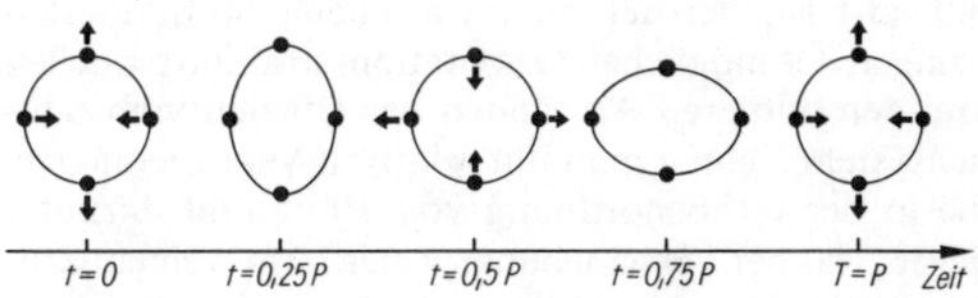

Verformung einer kreisförmigen Anordnung von Massen infolge einer Gravitationswelle. Gezeichnet ist die Lage und die Bewegungsrichtung von vier Einzelmassen zu unterschiedlichen Zeitpunkten während einer Periode (P). Die Pfeile geben die jeweilige Bewegungsrichtung der Punkte an

Je größer die beschleunigte Masse und deren Beschleunigungsbetrag ist, um so größer ist die durch die G. ausgesandte Energie. Die empfangene Energie nimmt mit dem Quadrat der Entfernung von der Strahlungsquelle ab.

Jede Kreisbewegung ist eine beschleunigte Bewegung, bei der demzufolge G. ausgesandt werden. Beim Umlauf des Jupiters um die Sonne werden z.B. G. emittiert, deren Frequenz entsprechend der Umlaufzeit (nahezu 12 Jahre) etwa $2{,}7 \cdot 10^{-9}$ Hz und deren Wellenlänge nahezu 12 Lichtjahre beträgt. (Das Produkt aus Wellenlänge und Frequenz ist gleich der Lichtgeschwindigkeit.) Die Leistung der vom Jupiter abgestrahlten G. beträgt etwa 1 kW, ist also extrem gering. Wesentlich höhere Strahlungsleistungen ergeben sich bei sehr engen Doppelsternen mit kompakten Komponenten (z.B. Neutronensternen). Wegen des dauernden Energieverlustes durch die Abstrahlung von G. wird die Umlaufenergie und damit der Komponentenabstand immer geringer, die Frequenz und die Strahlungsleistung steigen hingegen. Beim Doppelstern-

Pulsar PSR 1913+16, der aus zwei Neutronensternen von jeweils etwa 1,4 Sonnenmassen besteht, und deren Umlaufzeit 7,75 Stunden beträgt, kann die Periodenverringerung nachgewiesen werden, weil einer der Neutronensterne ein Pulsar ist. Aus den Ankunftszeiten der von ihm ausgesandten Strahlungspulse läßt sich über den Doppler-Effekt die Änderung der Umlaufzeit bestimmen. Die berechnete Umlaufzeitverkürzung stimmt mit der beobachteten von etwa 76 Mikrosekunden pro Jahr gut überein; die Abnahme der mittleren Entfernung der beiden Komponenten voneinander beträgt etwa 3,5 m je Jahr. Die Annäherung der beiden Komponenten eines Doppelsterns geht soweit, bis beide miteinander verschmelzen.
Bei einem Sternkollaps oder einer Supernovaexplosion erfahren jeweils große Massen eine plötzliche starke radiale Beschleunigung; die dabei ausgesandten G. sind von der Art eines kurzen Strahlungspulses.
Als Gravitationswellendetektoren können große Körper (z.B. Metallzylinder) oder Anordnungen frei beweglicher Massen dienen, bei denen die durch G. verursachten Verformungen bzw. Abstandsänderungen innerhalb der Anordnung gemessen werden. Der Betrag der gegenseitigen Verschiebungen zweier Punkte im Vergleich zu ihrem Abstand in der Ruhelage ist um so größer, je größer die Energie der G. am Beobachtungsort ist. Bei den zu erwartenden Strahlungsleistungen der möglichen Gravitationsstrahlungsquellen und den mittleren Abständen der Quellen vom Sonnensystem rechnet man mit relativen Verschiebungen, die in der Größenordnung von 10^{-20} und darunter liegen, was der Verschiebung zweier 10 m weit entfernter Punkte um etwa einen Atomdurchmesser entspricht. Um meßbare Effekte zu erreichen, müssen die Dimensionen der Detektoren entsprechend groß sein. Mit den bisher benutzten Detektoren (große Aluminiumzylinder) konnten noch keine G. nachgewiesen werden. Diese Detektoren erlauben auch nur den Nachweis kurzer Gravitationswellenpulse, wie sie etwa von Supernovaexplosionen erwartet werden. Im Bau sind Detektoren, bei denen die durch G. verursachten relativen Abstandsänderungen weit voneinander entfernt aufgehängter frei beweglicher Massen mit Laserentfernungsmeßverfahren bestimmt werden sollen.

Gregori-System, → Spiegelteleskop.

Grenzgröße, die scheinbare Helligkeit eines Gestirns, das bei einer Beobachtung gerade noch nachweisbar ist. Über G.n bei visuellen und photographischen Beobachtungen in Abhängigkeit vom Objektivdurchmesser des benutzten Teleskops → Fernrohr.

Größe, svw. Größenklasse; → Helligkeit.

große Halbachse, die halbe große Achse einer Ellipse; bei elliptischen Bahnen von Himmelskörpern der halbe Abstand der Apsiden der Bahn.

Größenklasse, die Maßeinheit für die → Helligkeit eines Gestirns.

Großer Bär, ***große Bärin***, das Sternbild → Ursa Maior.

Großer Cygnus-Bogen, ein gasförmiger Supernovaüberrest im Sternbild Cygnus (Schwan).

Großer Hund, das Sternbild → Canis Maior.

Großer Wagen, → Ursa Maior.

Große Ungleichung, eine der Störungen der → Mondbewegung.

Grotrian, Walter, dtsch. Astrophysiker, geb. 21.4.1890 in Aachen, gest. 3.3.1954 in Potsdam; ab 1922 Mitarbeiter, ab 1950 Direktor des Astrophysikalischen Observatoriums in Potsdam. G. befaßte sich mit spektroskopischen Problemen und der Sonnenphysik, dabei speziell dem Zustandekommen des Koronaspektrums, und mit Novae.

Gru, Abk. für Grus.

Grundzustand, ***Grundniveau***, der niedrigste Energiezustand eines atomaren Systems oder eines Atomkerns (z.B. der niedrigste Energiezustand eines Elektrons in einem Atom).

Grus [lat.], *Gen.* Gruis, abg. ***Gru***, ***Kranich***, Sternbild des südlichen Himmels.

G-Stern, Stern der → Spektralklasse G.

Gürtelsterne, die drei Sterne δ, ε und ζ im Sternbild Orion.

Guthnick, Paul, dtsch. Astronom, geb. 12.1.1879 in Hitdorf (Rhein), gest. 6.9.1947 in Berlin; 1921–1946 Direktor der Sternwarte Berlin-Babelsberg. G. arbeitete über veränderliche Sterne, führte dazu in Deutschland die photographische Himmelsüberwachung ein, begründete durch den Bau eines der ersten lichtelektrischen Photometer mit die moderne Photometrie.

H

h [von hora, lat., ‚Stunde'], Einheitenzeichen für Stunde.

Haar der Berenike, das Sternbild → Coma Berenices.

Hadronen, Elementarteilchen, die der starken Wechselwirkung unterliegen. Zu den H. gehören die Baryonen, bei denen man zwischen den Nukleonen (Protonen und Neutronen) und den massereicheren instabilen Hyperonen unterscheidet, sowie die instabilen Mesonen.

Hadronen-Ära, Entwicklungsabschnitt in der Frühphase des Weltalls; → Kosmologie.

halbgetrenntes System, ein Doppelsternsystem, in dem eine Komponente ihre kritische Roche-Fläche voll ausfüllt; → Doppelstern.

Halbleiterphotodetektor, → Photometer.

Halbmond, Beleuchtungsform des Mondes, wenn dieser nahezu in Quadratur zur Sonne steht; → Mondphase.

halbregelmäßige Veränderliche, ***halbperiodische Veränderliche***, Riesen- und Überriesensterne mittlerer oder später Spektralklassen mit einer nur in jeweils

kürzeren Zeitintervallen periodisch veränderlichen Helligkeit; die dann beobachteten Perioden liegen zwischen etwa 30 und mehr als 1000 Tagen, die Amplitude des Lichtwechsels ist im allg. geringer als 2 mag. Nach dem Grad der Periodizität, der Art des Lichtwechsels und der Spektralklasse des Sterns unterscheidet man bei den h.n V.n (Typbezeichnung SR; von semi-regulär) vier Gruppen:
Die SRa-Sterne sind Riesensterne der Spektralklassen M, C oder S. Die Lichtkurven sind sehr veränderlich, doch werden die Perioden innerhalb gewisser Grenzen eingehalten. Die SRa-Sterne unterscheiden sich von den Mira-Sternen vielfach nur durch ihre geringeren Helligkeitsschwankungen, die kleiner als 2,5 mag sind. Es treten weniger häufig Emissionslinien im Spektrum auf als bei den Mira-Sternen.
Die SRb-Sterne sind Riesensterne der Spektralklassen K, M, C oder S mit Lichtkurven ähnlich wie bei der Gruppe SRa, doch lösen sich verhältnismäßig regelmäßige Abschnitte mit Zeiten völliger Unregelmäßigkeit und Abschnitte mit wechselnden Perioden ab.
Die Gruppe der SRc-Sterne wird von Überriesen der Spektralklassen G8 bis M6 gebildet. Ihr fast regelloser Lichtwechsel ist durch Folgen sehr langer Wellen ähnlicher Länge und kleiner Amplitude bestimmt; zuweilen treten auch Stillstände oder Überlagerungen mit kürzeren Wellen auf.
Die SRd-Sterne sind Riesen und Überriesen der Spektralklassen F bis K, deren Lichtkurven im allg. in glatten Wellen verlaufen und für längere Zeiten einen fast periodischen Lichtwechsel vortäuschen. Es treten jedoch auch Störungen von kurzer Dauer auf, die danach wieder von einem regelmäßigeren Helligkeitswechsel mit z.T. geänderter Periode gefolgt werden.
Die Ursache des Lichtwechsels der h.n V.n sind unregelmäßige Sternpulsationen, bei denen sich sowohl der Radius als auch die effektive Temperatur ändern. Bei den h.n V.n findet man sowohl Vertreter der Halopopulation und der Zwischenpopulation II als auch der Scheibenpopulation.
Zwischen den h.n V.n und den Mira-Sternen wie auch den langsam unregelmäßigen Veränderlichen bestehen fließende Übergänge, die z.T. eine eindeutige Klassifizierung ausschließen. Insgesamt kennt man etwa 3000 h. V., aber nur bei etwa der Hälfte der Sterne war bisher eine Zuordnung zu einer der vier Untergruppen möglich. In einer Tab. unter dem Stichwort → Veränderliche sind spezielle Angaben zu einigen helleren h.n V.n zu finden.

Halbschatten, der Bereich hinter einem beleuchteten undurchsichtigen Körper, von dem aus die Lichtquelle durch den Körper teilweise abgeschattet erscheint; → Finsternis.

Halbwertsbreite, der Bereich um das Maximum einer kontinuierlich verteilten Größe, in dem der Wert dieser Größe über dem halben Maximalwert liegt.

Hale, George Ellery, nordamerikan. Astronom, geb. 29.6.1868 in Chicago, gest. 21.2.1938 in Pasadena; ab 1897 Direktor des Yerkes-Observatoriums, 1904–1923 Direktor des von ihm gegründeten Mount-Wilson-Observatoriums. H. arbeitete vor allem auf dem Gebiet der Sonnenphysik und der Sonnenaktivität, fand den Zeeman-Effekt bei Sonnenflecken und den Zusammenhang zwischen der Sonnenaktivität und den erdmagnetischen Störungen, erfand den Spektroheliographen sowie das Spektrohelioskop.

Hale-Teleskop [nach dem nordamerikan. Astronomen G.E. Hale, 1868–1938], das 5-m-Spiegelteleskop auf Palomar Mountain.

Halley, Edmond, engl. Astronom, geb. 8.11.1656 in Haggerston bei London, gest. 25.1.1742 in Greenwich; ab 1720 königlicher Astronom und Direktor der Sternwarte Greenwich. H. berechnete als erster die Bahnen von insgesamt 24 Kometen, darunter die des nach ihm benannten Kometen, dessen Periodizität er nachwies, arbeitete über die Mondtheorie, fand die Eigenbewegung der Fixsterne und schlug die Bestimmung der Sonnenparallaxe aus Venusvorübergängen vor.

Halleyscher Komet [nach dem engl. Astronomen E. Halley, 1656–1742], einer der großartigsten mit bloßem Auge sichtbaren kurzperiodischen Kometen mit einer Umlaufzeit von etwa 76 Jahren, die auf Grund von Planetenstörungen in den letzten 2000 Jahren zwischen etwa 74 und 79 Jahren variierte. Insgesamt sind Beobachtungen von 29 Periheldurchgängen des Kometen bekannt, von denen die erste gesicherte Beobachtung aus dem Jahr 240 v.u.Z. stammt. Bei der vorletzten Wiederkehr im Jahr 1910 betrug die Schweiflänge in Sonnennähe ungefähr 25 Mill. km. Bei seiner Wiederkehr im Jahre 1986 wurde er als erster Komet von vier Raumsonden aus der Nähe untersucht. Der Kometenkern ergab sich als ein sehr dunkler unregelmäßig geformter Körper mit einem maximalen Durchmesser von etwa 16 km und einem minimalen Durchmesser von etwa 7,5 km. Der Kern besteht im wesentlich aus Wassereis gemischt mit feinen Staubpartikeln; seine mittlere Dichte liegt zwischen etwa 0,1 und 0,5 g/cm^3. Der Kern rotiert um die Körperlängsachse mit einer Periode von 7,1 Tagen, außerdem hat er eine Präzession um eine raumfeste Achse mit einer Periode von 3,7 Tagen.

Halo [griech., ‚Hof'] *m*, ***1)*** weiße oder farbige Lichterscheinung um die Sonne oder den Mond, die durch die Brechung und die Spiegelung des Sonnen- bzw. des Mondlichts an feinen Eiskristallen in der Erdatmosphäre entsteht. Am häufigsten sind die Brechungshalos, die die Sonne oder den Mond ringförmig umgeben und einen Halbmesser von 22° (kleiner H.) oder 46° (großer H.) haben.
2) eine etwa sphärische Anordnung aus Kugelsternhaufen und RR-Lyrae-Sternen um ein spiralförmiges Sternsystem, speziell auch um das Milchstraßensystem. Die Gesamtheit der Mitglieder einer solchen Anordnung bildet die Halopopulation.

Halopopulation, → Population.

Haltestern, svw. Leitstern.

Hantelnebel, der Planetarische Nebel M 27 im Sternbild Vulpecula; der Winkeldurchmesser beträgt fast 6′, die Entfernung von der Sonne etwa 250 pc.

Harkinssche Regel, → Elementenhäufigkeit.

Harvard-Klassifikation, Ordnungsschema für Sternspektren, das am Harvard-Observatorium (USA) ausgearbeitet wurde; → Spektralklasse.

Hase, das Sternbild → Lepus.
Haufenstern, Mitgliedstern eines Sternhaufens.
Haufenveränderliche, svw. RR-Lyrae-Sterne.
Hauptfolge, die Reihe der Spektralklassen O, B, A, F, G, K, M.
Haupthaar der Berenike, das Sternbild → Coma Berenices.
Hauptkeule, → Radioteleskop.
Hauptreihe, schmales Gebiet im Hertzsprung-Russell-Diagramm, in dem die Bildpunkte der Sterne liegen, in deren Zentralregion das Wasserstoffbrennen stattfindet.
Hauptstern, ***Hauptkomponente***, die massereichere Komponente oder, wenn dies nicht zu entscheiden ist, die hellere Komponente in einem Doppel- oder Mehrfachstern.
Haus, Begriff der → Astrologie.
Hayashi-Linie [nach dem japan. Astronomen C. Hayashi], Grenzlinie im Hertzsprung-Russell-Diagramm, auf der die Bildpunkte der vollständig konvektiven Sterne liegen und die das Gebiet der Sterne im hydrostatischen Gleichgewicht von dem Gebiet trennt, in dem sich die instabilen Protosterne befinden; → Sternaufbau, → Sternentwicklung.
HD, Abk. für Henry-Draper-Katalog, einen Sternkatalog. HD in Verbindung mit einer Zahlenangabe bezeichnet einen Stern, z.B. HD 48915 denjenigen, der im Henry-Draper-Katalog als 48915. Stern angeführt ist, es handelt sich um Sirius; der Polarstern trägt die Bezeichnung HD 8890.
Heckmann, Otto, dtsch. Astronom, geb. 23.6.1901 in Opladen, gest. 13.5.1983 in Regensburg; ab 1942 Direktor der Sternwarte in Hamburg-Bergedorf, von 1962 bis 1969 Generaldirektor der Europäischen Süd-Sternwarte. H. arbeitete auf dem Gebiet der Astrometrie, der photographischen Photometrie sowie der Stellarstatistik und der Kosmologie. Von 1967 bis 1970 war er Präsident der Internationalen Astronomischen Union.
Hecuba *f*, Planetoid mit einem mittleren Sonnenabstand von etwa 3,2 AE. In dieser Sonnenentfernung befindet sich innerhalb des Planetoidengürtels eine Lücke in der Häufigkeitsverteilung der Planetoiden, die als ***Hecuba-Lücke*** bezeichnet wird; → Planetoid.
Hektor *m*, Planetoid aus der Gruppe der Trojaner.
Helene *f*, ein Saturnsatellit. Die H. bewegt sich auf einer elliptischen Bahn, deren große Halbachse 377400 km und deren Exzentrizität 0,005 beträgt, in 2 d 17,7 h rechtläufig um den Saturn. Die Bahn liegt nahezu in der Äquatorebene des Saturns, die Neigung beträgt nur 0,2°. Die H. ist ein Zwergsatellit unregelmäßiger Gestalt; der größte Durchmesser beträgt etwa 36 km.
Die H. befindet sich im Librationspunkt L_4 von Saturn und Dione, sie ist daher dynamisch an die Dione gebunden.
Hinsichtlich der Einordnung der H. in das System der Saturnsatelliten → Saturn.
Die H. wurde 1980 mit Hilfe der Raumsonde Voyager 2 entdeckt.
heliakisch, auf die Sonne bezüglich.
heliakischer Aufgang, → Aufgang.
Helio... [helios, griech., ‚Sonne'], Sonnen..., zur Sonne gehörig.
heliographische Breite, heliographische Länge, Koordinaten auf der Sonnenkugel zur Festlegung eines Ortes auf der Sonnenoberfläche; → Sonne.
Heliometer *n*, → Winkelmeßinstrument.
Helioseismologie, Teilgebiet der Sonnenphysik, das das Schwingungsverhalten der Sonne untersucht; → Sonne.
Helioskop *n*, Instrument zur → Sonnenbeobachtung.
Heliosphäre, der interplanetare Bereich um die Sonne, in dem der Sonnenwind mit seinen Magnetfeldern physikalisch bestimmend ist. Die H. wird durch die ***Heliopause*** gegenüber den umgebenden interstellaren Raum abgegrenzt. Diese Grenzfläche ist wahrscheinlich eine Stoßfront, die sich bei der Wechselwirkung des Sonnenwindes mit dem interstellaren Gas und dem galaktischen Magnetfeld herausbildet. In der Bewegungsrichtung der Sonne bezüglich des interstellaren Gases liegt die Heliopause in einer Sonnenentfernung von möglicherweise etwa 100 AE.
Heliostat *m*, Instrument zur → Sonnenbeobachtung.
Heliotrop *n*, historisches astronomisches → Instrument.
heliozentrisch, auf den Mittelpunkt der Sonne oder auf die Sonne als Mittelpunkt bezogen.
heliozentrisches System, ***heliozentrisches Weltbild***, → Weltbild.
Heliumbrennen, svw. Heliumreaktionen.
Heliumreaktionen, ***Heliumbrennen***, Kernprozesse in Sternen, bei denen Helium in schwerere Elemente umgewandelt wird; → Energiefreisetzung in Sternen.
Heliumstern, Stern mit unnormal hohem Heliumgehalt in seiner Atmosphäre; → Elementenhäufigkeit.
Helligkeit, in der Astronomie ein Maß für den von einem Himmelskörper empfangenen Strahlungsstrom. Die Maßeinheit ist die ***Größenklasse*** (*Größe, seltener Sterngröße*) mit dem Einheitenzeichen m [von lat. magnitudo, ‚Größe']. Dabei wird das Zeichen m hochgestellt hinter die Zahlenangabe, bei Dezimalzahlen über das Komma, geschrieben, wenn eine Helligkeitsangabe innerhalb einer Helligkeitsskala gemacht wird; bei der Angabe von Helligkeitsdifferenzen wird (in diesem Buch) die Abk. mag verwendet.
S c h e i n b a r e H. Die scheinbare H. ist ein Maß für die am Beobachtungsort je Sekunde und je Flächeneinheit von einem Gestirn empfangene Energie (den ankommenden Strahlungsstrom). Sie ist um so größer, je größer die vom Gestirn je Sekunde ausgestrahlte Energie (seine Strahlungsleistung, Leuchtkraft) und je geringer das Gestirn von der Erde entfernt ist. Die scheinbare H. eines Gestirns wird verringert, falls die Strahlung durch interstellare Materie oder die Erdatmosphäre zusätzlich reduziert wird.
Die scheinbaren H.en m_1 und m_2 zweier Himmelskörper sind mit den gemessenen Strahlungsströmen S_1 und S_2 durch die Beziehung $m_1 - m_2 = -2{,}5 \lg(S_1/S_2)$ verknüpft: Jeweils gleichen Helligkeitsdifferenzen $(m_1 - m_2)$ entsprechen gleiche Strahlungsstromverhältnisse (S_1/S_2). Die Beziehung, die als *Pogsonsche Helligkeitsskala* bezeichnet wird, ist der visuellen Photometrie angepaßt, in der die Sternhelligkeiten mit dem Au-

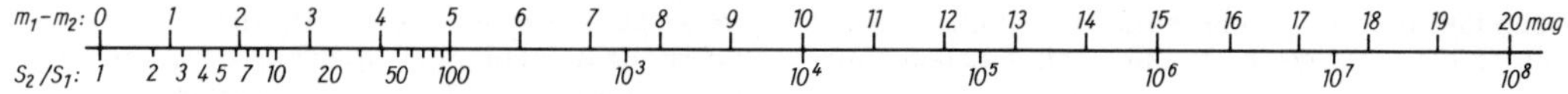

Abb. 1: Helligkeitsdifferenz und Strahlungsstromverhältnis

ge als Empfangsorgan bewertet werden. Sie beruht auf der Eigenschaft des Auges (psychophysisches Grundgesetz von Weber und Fechner), wonach die wahrgenommenen Empfindungen (Helligkeiten) dem Logarithmus der die Empfindungen hervorrufenden Reize (Strahlungsströme) entsprechen. Der Proportionalitätsfaktor −2,5 mag wurde von dem engl. Astronomen N.R. Pogson (1829–1891) so gewählt, daß einerseits ältere Helligkeitsangaben gut in die Größenklassenskala passen, und daß man andererseits einen glatten Wert für die Rechnungen hat. Löst man die Gleichung nach dem Strahlungsstromverhältnis auf, so ergibt sich $S_1/S_2 = 10^{0,4(m_2-m_1)}$: Einer Helligkeitsdifferenz $(m_2 - m_1) = 1$ mag entspricht ein Verhältnis der Strahlungsströme von $10^{0,4} = 2{,}512$, einer Differenz von 2,5 mag ein Strahlungsstromverhältnis von 10:1, einer Differenz von 5 mag ein Verhältnis 100:1 (Abb. 1).

Zur Bestimmung der H. eines Gestirns bedarf es der Festlegung des Nullpunktes innerhalb der Größenklassenskala. Er wurde so bestimmt, daß dem Polarstern die scheinbare H. von $2\overset{m}{,}12$ Größenklassen zugeordnet wurde. Es zeigte sich jedoch, daß der Polarstern leicht veränderlich ist, so daß man gegenwärtig eine ganze Gruppe von Sternen zur Nullpunktsfestlegung der Größenklassenskala benutzt. Ein solches primäres Helligkeitsstandardsystem wird von Sternen in der Umgebung des Himmelsnordpols (Nordpolarsequenz) oder von anderen Standardsequenzen (z.B. in vielen Sternhaufen) definiert. Standardsequenzen erstrecken sich über jeweils ein weites Helligkeitsintervall, die H.en der Standardsterne sind mindestens mit einer Genauigkeit von 0,01 mag bekannt.

Nach der Größenklassendefinition entsprechen kleinen Zahlenwerten große H.en und umgekehrt, was – wie die gesamte Einteilung der scheinbaren Sternhelligkeiten in Größenklassen – auf das Altertum zurückgeht: Man bezeichnete die hellsten Sterne als „Sterne 1. Größe“, die schwächsten, mit bloßem Auge gerade noch erkennbaren Sterne als „Sterne 6. Größe“. Der sehr helle Stern Wega ist etwa von der scheinbaren H. 0^m; noch hellere Objekte erhalten negative Zahlenwerte für die Größenklasse, z.B. hat Sirius eine scheinbare H. von etwa $-1\overset{m}{,}5$. Die größte scheinbare (visuelle) H. hat die Sonne mit $-26\overset{m}{,}70$. Die heute mit den modernsten Beobachtungstechniken noch erfaßbaren Objekte haben scheinbare H.en von etwa 27^m bis 28^m. Zwischen der scheinbaren H. der Sonne und der der schwächsten noch nachweisbaren Sterne besteht demnach ein Unterschied von rund 50 Größenklassen, was einem Strahlungsstromverhältnis von etwa 10^{20}:1 entspricht.

In der Lichttechnik ist dem auf einen Empfänger fallenden Strahlungsstrom die Beleuchtungsstärke, die in Lux gemessen wird, äquivalent. Bei ihrer Bestimmung geht man von der Definition der Lichtstärke mit der Maßeinheit Candela (Einheitenzeichen cd) aus, die dadurch festgelegt ist, daß ein Schwarzer Strahler mit einer Oberfläche von 1 cm^2 bei einer Temperatur von 2042 K (erstarrendes Platin) 60 cd in den Raum strahlt. Eine Lichtquelle mit einer allseitigen Lichtstärke von 1 cd gibt einen Lichtstrom von $4\pi = 12{,}56$ Lumen in den Raum ab. Es gilt 1 Lux = 1 Lumen/m^2. Bei einer Wellenlänge von etwa 550 nm, dem Maximum der spektralen Empfindlichkeit des Auges, entspricht 1 Lumen einer Leistung von 0,00131 Watt. Es entspricht:

ein Strahler der Lichtstärke 1 cd im Abstand von	einem Stern der scheinbaren Helligkeit
1 m	$-14\overset{m}{,}1$
1 km	$0\overset{m}{,}9$
1000 km	$15\overset{m}{,}9$
100000 km	$25\overset{m}{,}9$

Die Größenklassenskala ist losgelöst von den üblichen physikalischen Einheiten, da sie auf Strahlungsstromverhältnissen und einem willkürlich gewählten Nullpunkt beruht. Durch die direkte Messung (z.B. in Watt/Quadratmeter) des Strahlungsstroms mindestens eines Sterns kann die Größenklassenskala in die üblichen physikalischen Einheiten umgerechnet werden. Um die Komplikationen zu umgehen, die sich durch den Einfluß der Erdatmosphäre ergeben, beziehen sich die Angaben auf den oberhalb der Erdatmosphäre ankommenden Strahlungsstrom. Bei bekanntem, direkt gemessenem Strahlungsstrom ist die Umrechnung in einen Photonenstrom möglich: Von einem Stern der scheinbaren (photographischen) H. 0^m fallen im Spektralbereich von 400 bis 500 nm etwa $4 \cdot 10^9$ Lichtquanten je Sekunde auf eine 1 m^2 große Empfangsfläche, von einem Stern der scheinbaren H. 28^m nur etwa 0,025 Quanten.

Die H. eines Gestirns kann in verschiedener Weise bestimmt werden, z.B. visuell mit dem Auge als Empfangsorgan, photographisch mit einer Photoplatte oder lichtelektrisch mit einem der unterschiedlichen lichtelektrischen Empfänger. Dabei wird je nach der spektralen Empfindlichkeit der Meßapparatur (bestehend aus dem Strahlungsempfänger, den eventuell vorhandenen Farbfiltern sowie der Teleskopoptik) der Strahlungsstrom in unterschiedlichen Spektralbereichen mit unterschiedlicher Stärke gemessen. Die Messungen können dadurch bei ein und demselben Gestirn je nach der benutzten Meßapparatur zu unterschiedlichen Ergebnissen (Helligkeiten) führen. Zur Kenntlichmachung des bei den Messungen wirksamen Spektralbereichs werden die scheinbaren H. mit Zusätzen versehen, z.B. schreibt man bei ***visuellen H.en*** vis oder v als Index, bei ***photographischen H.en*** ph oder pg. Um astrophysikalisch möglichst aussagekräftige Helligkeitsangaben zu erhalten, wählt man durch die Verwendung geeigneter Filter-Empfänger-Kombinationen bestimmte Wellenlängenbereiche aus und faßt mehrere solche Farbbereiche zu einem → Farbsystem zusammen. Für jeden Farbbereich muß der

Nullpunkt der Größenklassenskala gesondert festgelegt werden. Das geschieht durch die Übereinkunft, daß für einen Hauptreihenstern des Spektraltyps A0 die scheinbaren H.en in allen Farbbereichen den gleichen Zahlenwert haben sollen. Für einen A0V-Stern soll also gelten $m_{vis} = m_{ph} = \ldots$ Eine Sonderstellung nimmt die ***bolometrische H.*** m_{bol} ein, die ein Maß für die Gesamtstrahlung, nicht nur für die Strahlung in einem mehr oder minder engen Spektralbereich ist. Der Nullpunkt ist so festgelegt, daß für einen Stern vom Spektraltyp der Sonne (G2V) der Zahlenwert der bolometrischen H. gleich dem der visuellen H. ist. Die G2V-Sterne haben ihr Strahlungsmaximum im visuellen Spektralbereich; bei fast allen anderen Sterntypen liegt die maximale Strahlungsintensität bei größeren oder kleineren Wellenlängen. Eine im visuellen Spektralbereich messende Apparatur erfaßt daher bei einem anderen als einem G2V-Stern einen kleineren Bruchteil der Gesamtstrahlung. Wegen der Zählweise der Größenklassen ist deshalb die Differenz $m_{vis} - m_{bol}$, die sog. *bolometrische Korrektur*, für fast alle Sterntypen positiv (Tab.). Bolometrische H.en sind

Bolometrische Korrektur Δm

Spektral- und Leuchtkraftklasse	Δm (in mag)
B0 V	2,69
A0 V	0,10
F0 V	−0,07
G0 V	−0,01
K0 V	0,12
M0 V	1,10
K0 III	0,30
M0 III	1,17
A0 I	0,38
F0 I	−0,14
G0 I	−0,04
K0 I	0,22
M0 I	1,17

schwer zu bestimmen, weil die Erdatmosphäre für Strahlung unterschiedlicher Wellenlänge unterschiedlich stark durchlässig ist, und die verwendeten Strahlungsdetektoren nicht in allen Durchlaßbereichen gleich empfindlich sind. Zur Ermittlung bolometrischer H. werden daher außer Beobachtungen in vielen Farbbereichen auch zusätzliche theoretische Untersuchungen herangezogen.

Die Sonne hat die scheinbare bolometrische H. $m_{bol} = -26^{m}{,}83$, was einem Strahlungsstrom von 1,368 kW/m^2 oberhalb der Erdatmosphäre entspricht; dieser Wert wird als Solarkonstante bezeichnet. Der Strahlungsstrom eines Sterns mit $m_{bol} = 0^{m}$ beträgt $2{,}54 \cdot 10^{-5}$ W/m^2.

Die Differenz zweier in verschiedenen Farbbereichen ermittelten H.en, z.B. $m_{ph} - m_{vis}$, bezeichnet man als → Farbenindex. Die Farbenindizes stellen ein Maß für die spektrale Energieverteilung (die Farbe) einer Strahlungsquelle dar.

Absolute H. Die absolute H. eines Himmelskörpers ist gleich der scheinbaren H., die man in 10 pc Entfernung vom Himmelskörper messen würde; Maßeinheit sind Größenklassen. Die absolute H. ist ein Maß für die Strahlungsleistung und unabhängig von der Entfernung von der Erde: Ein scheinbar sehr wenig heller Himmelskörper kann, wenn seine Entfernung von der Erde groß ist, absolut sehr hell sein. Sind die scheinbare H. und die Entfernung bekannt, kann die absolute H. berechnet werden, da der von einer Lichtquelle eintreffende Strahlungsstrom umgekehrt proportional dem Quadrat der Entfernung der Quelle ist. Bezeichnet S den am Ort der Erde gemessenen Strahlungsstrom, S_{10} denjenigen, der in einer Ernfernung von 10 pc gemessen werden würde, und r die Entfernung des Himmelskörpers, so gilt $S/S_{10} = 10^2/r^2$. Für die Differenz von scheinbarer H. m und absoluter H. M ergibt sich demnach $m - M = -2{,}5 \lg (S/S_{10}) = 5 \lg r - 5$. Die Größe $m - M$ ist, wenn keine interstellare Extinktion vorhanden ist, nur von der Entfernung abhängig und wird *Entfernungsmodul* genannt (Abb. 2). Falls die scheinbare H. eines Sterns durch interstellare Extinktion um einen Betrag A mag verringert ist, gilt $m - M = 5 \lg r - 5 + A$.

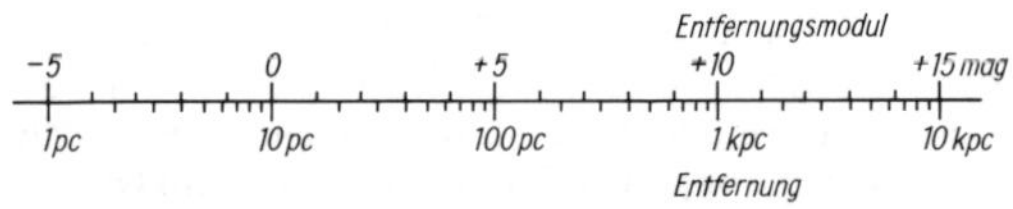

Abb. 2: Entfernungsmodul und Entfernung gemessen in Parsec

Bei den absoluten H.en unterscheidet man in gleicher Weise wie bei den scheinbaren H.en visuelle (M_v), photographische (M_{ph}), bolometrische H.en (M_{bol}) usw.

Der Entfernungsmodul der Sonne beträgt −31,57 mag, ihre absolute bolometrische H. ist daher $+4^{m}{,}74$.

Zwischen der bolometrischen H. eines Sterns und seiner Leuchtkraft (Strahlungsleistung) L besteht die Beziehung $M_{bol} = 4{,}74 - 2{,}5 \lg L$, wobei L in Einheiten der Sonnenleuchtkraft ($3{,}847 \cdot 10^{26}$ W) zu messen ist. Ein Stern der absoluten bolometrischen H. $M_{bol} = 0^{m}$ hat eine Leuchtkraft von $3{,}03 \cdot 10^{25}$ W.

Bei Himmelskörpern des Planetensystems (Planeten, Satelliten), die im reflektierten Sonnenlicht strahlen, ist die absolute H. anders festgelegt. Die scheinbare H. dieser Körper hängt sowohl von deren Entfernung von der Sonne als auch der von der Erde ab, weiterhin von der Größe der reflektierenden Oberfläche und deren Reflexionsfähigkeit (der Albedo), außerdem spielt die gegenseitige Stellung von Sonne, Himmelskörper und Erde eine Rolle, da dadurch der von der Erde aus sichtbare Bruchteil der beleuchteten Oberfläche (die Beleuchtungsphase) des Himmelskörpers bestimmt wird. Als absolute H. eines Körpers des Planetensystems definiert man daher diejenige scheinbare H., die der Körper bei einem Phasenwinkel von 0°, also in Oppositionsstellung, in einer Entfernung von 1 AE von der Sonne und 1 AE vom Beobachter hätte.

Flächenhelligkeit. Die scheinbare Flächenhelligkeit ist ein Maß für den von einer Einheitsfläche eines ausgedehnten, nicht punktförmig erscheinenden Objekts (z.B. einem interstellaren Nebel oder einem extragalaktischen Sternsystem) empfangenen Strahlungsstrom. Denkt man sich das Licht eines Sterns von n-ter Größe auf eine Fläche von 1 Quadratbogensekunde an der Himmelskugel ausgebreitet, so entspricht dies einer Flächenhelligkeit n-ter Größe. Vielfach wird die Zahl der Sterne einer bestimmten scheinbaren H. angegeben, die der Flächenhelligkeit je Quadratbogensekunde entspricht. Die Flächenhelligkeit ist unabhängig von der Entfernung: Bei z.B. einer Abstandsvergrößerung nimmt der empfangene Strahlungsstrom mit dem Quadrat der Entfernung ab, er wird aber von einer um den gleichen Faktor scheinbar verkleinerten Fläche abgestrahlt, so daß sich beide Effekte kompensieren.

Helligkeitstemperatur, → Temperatur.

Henry-Draper-Katalog, → Sternkatalog.

Her, Abk. für Hercules.

Herbig-Be-Sterne, Herbig-Ae-Sterne [nach dem nordamerikan. Astronomen G. Herbig], Sterne der Spektraltypen B und A, in deren Spektren starke Emissionslinien auftreten und die mit Dunkelwolken oder Reflexionsnebeln assoziiert sind, von denen man annimmt, daß es sich um die Restmaterie der interstellaren Wolken handelt, aus denen diese Sterne hervorgegangen sind. Bei den H.-B.-S.n handelt es sich um extrem junge Sterne mittlerer Masse, die noch nicht die Hauptreihe erreicht haben und von denen ein starker Sternwind ausgeht, der z.T. auch optisch als molekularer Strahlungsstrom nachweisbar ist. Von ihm rühren die beobachteten Emissionslinien her.
Bisher sind knapp 300 H.-B.-S. bekannt.

Herbig-Haro-Objekte [nach dem nordamerikan. bzw. mexikan. Astronomen G. Herbig und G. Haro, 1913–1988], kleine kompakte interstellare Materieverdichtungen, die als Emissionsnebelchen erscheinen und deren Leuchten auf der Wechselwirkung zwischen einem von einem sehr jungen Stern ausgehenden, im allg. scharf gebündelten Gasstrahl und der umgebenden interstellaren Materie herrührt, auf die der Strahl mit hoher Geschwindigkeit aufprallt. Dabei wird in einer Stoßfront Bewegungsenergie des Materiestrahls in thermische Energie überführt und ausgestrahlt. H.-H.-O. werden vielfach an gegenüberliegenden Seiten junger Sterne gefunden, unter anderem bei solchen, die zu bipolaren Nebeln Anlaß geben. Bei einigen H.-H.-O.n konnten auf Grund von Eigenbewegungs- und Radialgeschwindigkeitsmessungen die räumliche Bewegung der leuchtenden Materieverdichtungen ermittelt werden, die immer von dem Stern weggerichtet sind, von dem der Strahl ausgeht; die Raumgeschwindigkeiten liegen in der Größenordnung von 100 km/s. Die Entfernungen der H.-H.-O. vom zugehörigen Stern betragen etwa 0.1 bis zu 1 pc; ihre linearen Ausdehnungen liegen in der Größenordnung von einigen 1000 AE.
Bisher wurden etwas mehr als 150 H.-H.-O. gefunden.

Herbst, → Jahreszeit.

Herbstäquinoktium, → Äquinoktium.

Herbstpunkt, ***Waagepunkt***, derjenige Schnittpunkt der Ekliptik mit dem Himmelsäquator, in dem die Sonne zum Herbstäquinoktium (um den 23. September) steht und auf ihrer scheinbaren Bahn den Himmelsäquator in Richtung von Norden nach Süden überschreitet. Der andere Schnittpunkt ist der Frühlingspunkt. H. und Frühlingspunkt zusammen sind die beiden Äquinoktialpunkte. Der H. ist infolge der Verlagerung der Ekliptik und des Himmelsäquators durch Präzession und Nutation nicht fest; er bewegt sich im Laufe der Zeit längs der Ekliptik entgegengesetzt der scheinbaren jährlichen Bewegung der Sonne. Er stand zu Zeiten des Hipparchs (um 190–125 v.u.Z.)

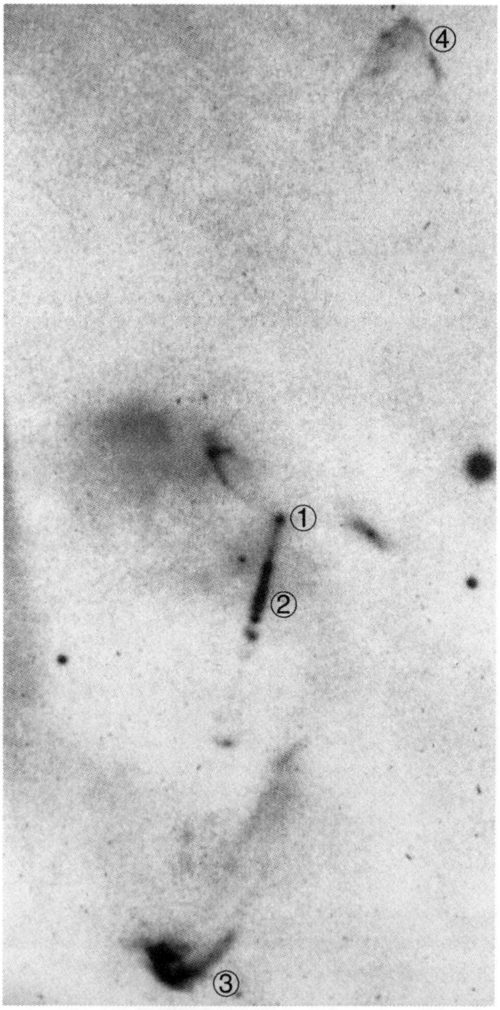

Herbig-Haro-Objekt 34 (Negativaufnahme). Etwa im Zentrum der Abb. befindet sich die Quelle (1) des Materiestrahls (2), der das Herbig-Haro-Objekt (3) verursacht. Das Gegenstück (4) wird wahrscheinlich durch einen entsprechenden Strahl hervorgerufen, der bisher aber nicht entdeckt werden konnte. (Aufgenommen mit dem 3,5-m-Teleskop des Max-Planck-Instituts für Astronomie (Heidelberg) auf dem Calar Alto, Spanien)

im Sternbild Waage (daher Waagepunkt), gegenwärtig befindet er sich im Sternbild Virgo (Jungfrau).

Hercules [lat.], *Gen.* Herculis, abg. ***Her***, ***Herkules***, Sternbild des nördlichen Himmels, das in unseren Breiten im Sommer am Abendhimmel sichtbar ist. Der Stern α Herculis heißt → Ras Algethi. Im Sternbild H. liegen mehrere Sternhaufen. Leicht aufzufinden ist der Kugelsternhaufen M 13 als ein schwacher verwaschener Nebelfleck auf der Verbindungslinie der Sterne η und ζ Herculis; schwächer ist der Kugelsternhaufen M 92 zwischen η und ι Herculis.

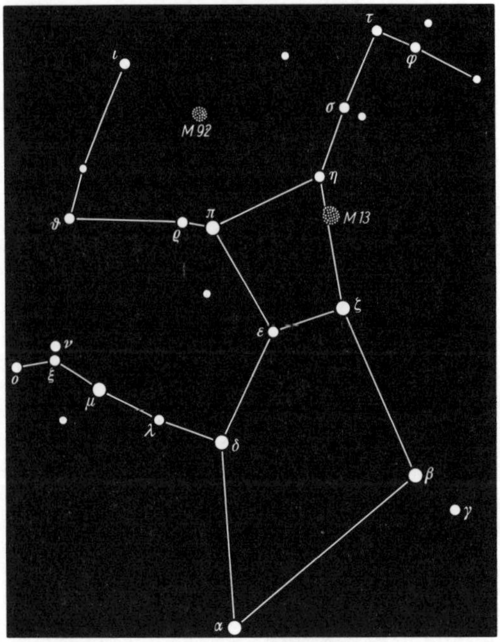

Die hellsten Sterne des Sternbildes Hercules

Hermes *m*, einer der Planetoiden, der von den bisher bekannten Planetoiden der Erde am nächsten kam, und zwar (1937) bis auf etwa 680000 km (etwa doppelte Mondentfernung). Während der Annäherung konnte der H. nur über einen Zeitraum von vier Tagen beobachtet werden, so daß seine Bahnelemente nicht genau bekannt sind.

Herschel, ***1)*** Sir (seit 1816) Friedrich Wilhelm (William), Astronom, geb. 15.11.1738 in Hannover, gest. 25.8.1822 in Slough bei Windsor (England). H. ging 1757 als Musiker nach England, wo er neben seiner Organistentätigkeit ab etwa 1766 Spiegel (Metallspiegel) für Fernrohre schliff, insgesamt über 400, von denen der größte einen Durchmesser von 1,22 m und eine Brennweite von 11,9 m hatte. H. entdeckte am 13.3.1781 den Planeten Uranus, was ihn schlagartig berühmt machte. Die Unterstützung des engl. Königs erlaubte ihm, sich in der Folge ganz der Astronomie zu widmen. Seine astronomischen Untersuchungen führten u.a. zur Entdeckung der Pekuliarbewegung der Sonne, zur Entdeckung vieler Doppelsterne, Sternhaufen und Nebel, der Uranussatelliten Titan und Oberon sowie der Saturnsatelliten Mimas und Enceladus. Auf Grund seiner Sternzählungen machte er sich als erster begründete Vorstellungen vom Bau des Milchstraßensystems.

2) Sir John Frederick William, Astronom, Sohn von 1), geb. 7.3.1792 in Slough bei Windsor, gest. 11.5.1871 in Collingwood (Kent); anfänglich Jurist, führte später zusammen mit seinem Vater astronomische Beobachtungen durch und übernahm nach dessen Tod die Sternwarte. Er beobachtete erstmalig auch den Südhimmel systematisch, gab Doppelsternkataloge, und vor allem einen Katalog von 5079 Nebeln und Sternhaufen heraus.

3) Lucretia Karoline, Schwester von 1), geb. 16.3.1750 in Hannover, gest. 9.1.1848 das.; ging 1772 zu ihrem Bruder nach England, dem sie bei seinen Beobachtungen half; dabei entdeckte sie einige leuchtende interstellare Gasnebel und 8 Kometen.

Herschel-System, → Spiegelteleskop.

Hertz, Einheitenzeichen Hz, Maßeinheit der Frequenz.

Hertzsprung, Ejnar, dän. Astronom, geb. 8.10.1873 in Frederiksberg, gest. 21.10.1967 in Roskilde; ursprünglich Chemieingenieur, ab 1902 an der Sternwarte in Kopenhagen, von 1909–1919 am Astrophysikalischen Observatorium in Potsdam, anschließend bis 1945 an der Sternwarte in Leiden, deren Direktor er von 1935 an war. H. arbeitete über Offene Sternhaufen, Veränderliche und Doppelsterne, wurde vor allem durch die Entdeckung der Existenz von Riesen- und Zwergsternen und durch seine spektralphotometrischen Untersuchungen bekannt. Nach ihm und H. N. Russell (1877–1957) ist das Hertzsprung-Russell-Diagramm benannt.

Hertzsprung-Lücke [nach dem dän. Astronomen E. Hertzsprung, 1873–1967], Gebiet im Hertzsprung-Russell-Diagramm zwischen der Hauptreihe und dem Riesenast, in dem auffallend wenig Bildpunkte von Sternen liegen.

Hertzsprung-Russell-Diagramm [nach dem dän. Astronomen E. Hertzsprung, 1873–1967, und dem nordamerikan. H.N. Russell, 1877–1957], Abk. ***HRD***, Diagramm mit der absoluten Helligkeit der Sterne als senkrechte Achse (Ordinate) und dem Spektraltyp als waagrechte Achse (Abszisse). Traditionell werden die Koordinaten so angeordnet, daß die Bildpunkte der absolut hellsten Sterne oben und der frühen Spektralklassen links liegen.

Das HRD ist nicht gleichmäßig mit Bildpunkten (vereinfacht gesprochen: mit Sternen) besetzt, sie häufen sich in einigen Gebieten (in „Ästen"), andere Gebiete werden dagegen mehr oder minder stark gemieden. Die Mehrzahl der Sterne liegt auf einem relativ scharf begrenzten Ast, der ***Hauptreihe*** (Zwergenast), die sich von den O-Sternen mit einer absoluten Helligkeit von etwa -6^m bis zu den M-Sternen mit absoluten Helligkeiten von rund 9^m bis 16^m hinzieht (Abb. 1). Die auf der Hauptreihe liegenden Sterne (Hauptreihen-, Zwergsterne) bilden die Leuchtkraftklasse V; auch die Sonne ist ein Hauptreihenstern. Ein zweiter, nicht so scharf begrenzter Ast wird hauptsächlich von Sternen

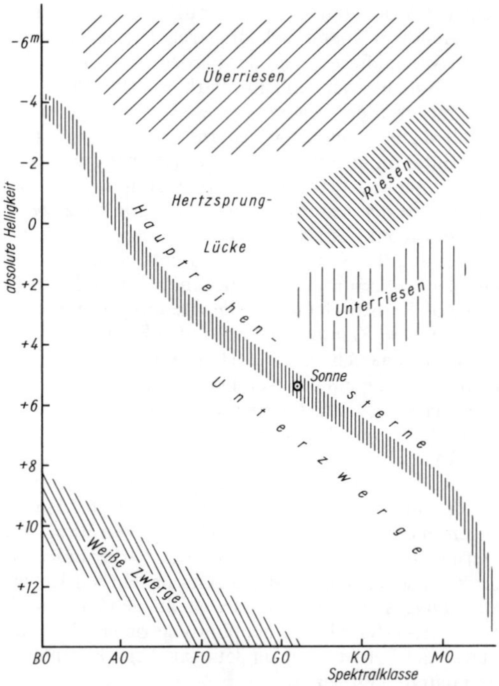

Abb. 1: Schematisches Hertzsprung-Russell-Diagramm

der Spektralklassen G0 bis M mit einer absoluten Helligkeit von ungefähr 0^m gebildet. Im Vergleich zu den Hauptreihensternen gleicher Spektralklasse (damit etwa gleicher effektiver Temperatur und folglich gleicher Flächenhelligkeit; → Leuchtkraft) haben die Sterne des zweiten Astes eine größere absolute Helligkeit und damit eine größere leuchtende Oberfläche. Ihr Durchmesser ist daher größer als der der Hauptreihensterne, so daß man sie als (normale) Riesensterne (Leuchtkraftklasse III), den Ast als ***Riesenast*** bezeichnet. Zwischen dem Riesenast und der Hauptreihe liegt das Gebiet der Unterriesen (Leuchtkraftklasse IV), d.s. Sterne, deren Durchmesser zwischen denen der Riesen und denen der Hauptreihensterne liegt. Dieses Gebiet ist von verhältnismäßig wenig Sternen besetzt. Riesenast und Hauptreihe gehen nicht unmittelbar ineinander über: Im Gebiet der Spektralklassen A5 bis G0 existiert in der Verlängerung des Riesenastes eine auffällige Leere, die ***Hertzsprung-Lücke***. Oberhalb des Riesenastes erstreckt sich das Gebiet der Überriesen (Leuchtkraftklasse I) und der hellen Riesen (Leuchtkraftklasse II), das zwar dünn, aber verhältnismäßig gleichmäßig mit Sternen besetzt ist. Etwa 1 bis 3 mag unterhalb der Hauptreihe liegen bei den mittleren und späten Spektralklassen die Unterzwerge. Ein isoliertes Gebiet etwa 8 bis 12 mag unterhalb der Hauptreihe im Bereich der Spektralklassen B bis G wird von Sternen mit sehr geringem Durchmesser, den Weißen Zwergen, eingenommen.

Zwischen dem HRD, das nur Sterne aus einem bestimmten Raumgebiet in der Umgebung der Sonne

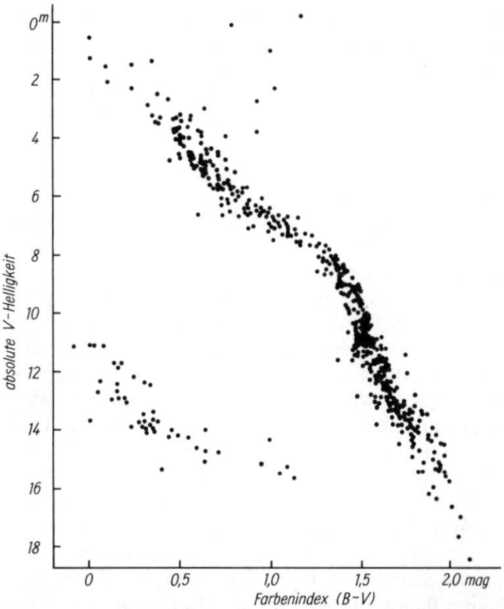

Abb. 2: Farben-Helligkeits-Diagramm von 539 Sternen mit einem geringeren Abstand von der Sonne als 22 pc und einem geringeren Fehler in den absoluten Helligkeiten als $\pm 0{,}30$ mag

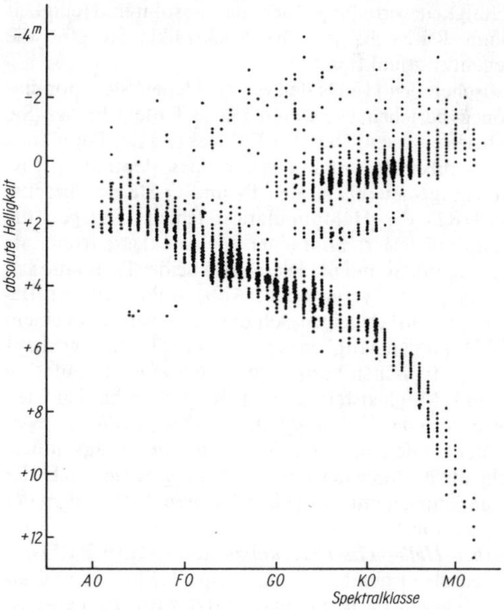

Abb. 3: Hertzsprung-Russell-Diagramm der scheinbar hellsten Sterne. (Nach P. Parenago)

enthält, z.B. einer Kugel mit einem Radius von etwa 22 pc (Abb. 2), und einem HRD für alle Sterne bekannter absoluter Helligkeit bis zu einer bestimmten (scheinbaren) Grenzhelligkeit (Abb. 3) besteht ein auffälliger Unterschied: In beiden Diagrammen ist die

Hauptreihe am stärksten besetzt. Bei den sonnennahen Sternen liegen auf dem Riesenast nur sehr wenige Sterne, während im HRD für alle Sterne bis zu einer bestimmten Grenzhelligkeit der Riesenast stark bevölkert ist. Das liegt an der hohen absoluten Helligkeit der Riesensterne, die noch in sehr großen Entfernungen aufgefunden werden können; Hauptreihensterne gleicher scheinbarer Helligkeit stammen indes wegen ihrer geringeren absoluten Helligkeiten aus einem viel kleineren Raumbereich.

Zur Bestimmung der wahren relativen Häufigkeitsverteilung der Sterne auf die verschiedenen Sterntypen wird eine möglichst vollständige Erfassung eines bestimmten Raumgebiets um die Sonne angestrebt, dessen Grenzentfernung nicht zu groß sein darf, um auch die absolut schwachen Sterne noch zu erfassen, aber auch nicht zu klein, da das untersuchte Volumen sonst keine der selteneren Sterntypen enthält. Wie stellarstatistische Abschätzungen zeigen, dürften von den Sternen absolut heller als 8^m innerhalb von 20 pc Sonnenentfernung nahezu alle bekannt, von den weniger hellen aber insgesamt etwa 66% noch unbekannt sein. Von den Sternen bis 20 pc Entfernung sind 90 bis 95% Hauptreihensterne, weniger als 1% Riesen und Überriesen, nahezu der gesamte Rest sind Weiße Zwerge, die aber wegen ihrer geringen absoluten Helligkeiten selbst in unmittelbarer Sonnennähe nur schwer auffindbar sind. Von allen Sternen sind die M-Sterne am häufigsten; sie dürften rund 80% ausmachen. Die Häufigkeitsverteilung nach der absoluten Helligkeit (ohne Rücksicht auf die Spektralklasse) gibt die Leuchtkraftfunktion.

Zwischen den HRDs der verschiedenen Sternpopulationen bestehen charakteristische Unterschiede. (Sie haben im wesentlichen zur Entdeckung der Populationen geführt.) Im HRD der extremen Population I ist die Hauptreihe bis zu den B- und O-Sternen besetzt, im HRD der Halopopulation fehlen hingegen die Hauptreihensterne mit einer Spektralklasse früher als F0, außerdem sind die Riesenäste beider Populationen gegeneinander verschoben (Abb. → Population). Besonders deutlich zeigen sich die Unterschiede in einem HRD mit den Mitgliedsternen von Offenen Sternhaufen, den typischen Vertretern der extremen Population I, und Mitgliedsternen von Kugelsternhaufen, den Vertretern der Halopopulation (Abb. → Offene Sternhaufen). Diese Unterschiede sind durch das unterschiedliche Alter der Objekte bedingt. Das HRD der Sonnenumgebung entspricht im wesentlichen dem der Population I.

Farben-Helligkeits-Diagramme sind relative HRDs, in denen als Ordinate die scheinbare Helligkeit und als Abszisse ein Farbenindex benutzt wird. Farben-Helligkeits-Diagramme werden für Sterngruppen aufgestellt, deren Mitgliedsterne nahezu die gleiche Entfernung von der Sonne haben, deren scheinbare Helligkeiten sich von den absoluten damit nur um einen konstanten Betrag, den Entfernungsmodul, unterscheiden, und deren Mitgliedsterne eine so geringe scheinbare Helligkeit haben, daß Spektren genügend hoher Dispersion zur Spektralklassenbestimmung nur schwer gewonnen werden können. Geeignete, in eindeutiger Weise mit den Spektralklassen korrelierte Farbenindizes lassen sich hingegen leichter bestimmen. (Am häufigsten wird der Farbenindex $(B - V)$ des UBV-Systems verwendet.) Farben-Helligkeits-Diagramme werden bevorzugt bei Sternhaufen angewandt, da für deren Mitgliedsterne die Bedingung gleicher Entfernung von der Sonne jeweils (nahezu) erfüllt ist. In einem Farben-Helligkeits-Diagramm ist die relative Lage der verschiedenen Äste richtig dargestellt. Zur absoluten Festlegung der Äste muß entweder die Entfernung des Sternhaufens von der Sonne und damit der Entfernungsmodul bekannt sein, oder man muß das Farben-Helligkeits-Diagramm gegenüber einem HRD in Richtung der absoluten Helligkeiten solange verschieben, bis die Hauptreihe mit der des HRDs zusammenfällt. Der Betrag der Verschiebung ist gleich dem Entfernungsmodul, aus dem sich dann die (unbekannte) Entfernung des Sternhaufens ableiten läßt. Schwierigkeiten ergeben sich bei den Sternhaufen, die – von der Sonne aus gesehen – hinter größeren Mengen staubförmiger interstellarer Materie liegen, da der interstellare Staub eine Verrötung des Sternlichts verursacht, wodurch der Farbenindex zu groß gemessen wird und die Äste im Farben-Helligkeits-Diagramm verzerrt dargestellt werden. Durch eine Drei- oder Mehrfarbenphotometrie läßt sich die Stärke der Verrötung in eindeutiger Weise bestimmen und damit eliminieren.

Im HRD werden zwei wesentliche Charakteristika der Sternstrahlung in Beziehung zueinander gesetzt: die Gesamtstrahlungsleistung (die Leuchtkraft), angegeben als absolute Helligkeit, und die Strahlungsleistung je Flächeneinheit der Sternoberfläche, für die die Effektivtemperatur das entsprechende Maß ist (→ Leuchtkraft). Zwischen der Effektivtemperatur und der Spektralklasse eines Sterns besteht eine enge Korrelation (→ Spektralklasse), so daß beide als Abszisse gleichwertig sind. In allen für astrophysikalische Zwecke genutzten HRDs dienen Leuchtkraft und Effektivtemperatur als Koordinaten. Um dabei keine allzu großen Verzerrungen der Hauptstrukturen gegenüber dem ursprünglichen Diagramm zu erhalten, werden üblicherweise die Logarithmen der Leuchtkraft und der Effektivtemperatur aufgetragen, und zwar der Logarithmus der Effektivtemperatur nach links wachsend. Zwischen der Leuchtkraft, der Effektivtemperatur und dem Sternradius besteht eine einfache mathematische Beziehung (→ Leuchtkraft), die sich im HRD dadurch widerspiegelt, daß die Sternradien von links unten (von den Weißen Zwergen) nach rechts oben (zu den M-Überriesen) stetig wachsen. Für die Hauptreihensterne besteht eine Masse-Leuchtkraft-Beziehung, derzufolge die Sternmasse längs der Hauptreihe von den O-Sternen bis hin zu den M-Sternen sinkt. Da im HRD die beiden globalen Zustandsgrößen Leuchtkraft und Effektivtemperatur der Sterne miteinander verbunden werden, wird es auch als *Zustandsdiagramm* bezeichnet.

Die relative Konzentration der Sterne in einzelne Äste des HRDs ist mit Hilfe der Theorie der Sternentwicklung erklärbar: Sterne im gleichen Entwicklungszustand (z.B. zentrales Wasserstoffbrennen oder zentrales Heliumbrennen) liegen an ganz bestimmten Stellen des HRDs. Im Laufe der Zeit ändert sich der innere Zustand eines Sterns und damit ändern sich die beiden Zustandsgrößen Effektivtemperatur und Leuchtkraft, so daß jeder Stern im HRD einen „Entwicklungsweg" beschreibt, der mit sehr unterschiedlicher Geschwindigkeit auf den einzelnen Wegabschnitten durchlaufen wird (Abb. → Sternentwicklung). An Stellen des HRDs, wo sich Sterne mit geringer Entwicklungsgeschwindigkeit befinden, stauen sie sich (z.B. im Bereich der Hauptreihe), an Stellen, wo sich Effektivtemperatur oder Leuchtkraft oder beide Größen rasch ändern, ist die Wahrscheinlichkeit gering, einen Stern in diesem Zustand zu finden (z.B. im Gebiet der Hertzsprung-Lücke). Längs der Hauptreihe nimmt die Besetzungsdichte systematisch von den O-Sternen bis zu den M-Sternen hin zu, was durch die geringere Entwicklungsgeschwindigkeit von Hauptreihensternen kleiner Masse und die unterschiedliche Entstehungswahrscheinlichkeit von Sternen unterschiedlicher Masse bedingt ist. Jenseits einer Grenzlinie, der sog. *Hayashi-Linie*, die nahezu senkrecht bei Effektivtemperaturen von etwa 5000 bis 3000 K verläuft, ist das HRD nicht mit Sterne besetzt, weil sich dort die Protosterne befinden, die eine sehr hohe Entwicklungsgeschwindigkeit haben; sie sind außerdem noch vielfach in den interstellaren Wolken verborgen, in denen sie entstanden sind, so daß sie sich der Beobachtung weitgehend entziehen. Die genaue Lage der Hayashi-Linie ist etwas von der Masse der Sterne abhängig.

Die verschiedenen Typen der veränderlichen Sterne ordnen sich im HRD an ganz bestimmten Stellen an (Abb. → Veränderliche).

Hestia *f*, Planetoid mit einem mittleren Sonnenabstand von etwa 2,5 AE. In dieser Sonnenentfernung befindet sich innerhalb des Planetoidengürtels eine Lücke in der Häufigkeitsverteilung der Planetoiden, die als ***Hestia-Lücke*** bezeichnet wird; → Planetoid.

Hevelius, eigentlich ***Hewelcke***, Johannes, Astronom, geb. 28.1.1611 in Danzig, gest. 28.1.1687 daselbst. H. beobachtete vor allem den Mond, Kometen, Planeten und Sonnenflecken und benutzte dazu bereits Fernrohre, zu den Positionsbestimmungen aber noch Quadranten. Er begründete die Selenographie durch die Herausgabe der ersten Mondkarten und gab einer Reihe von Sternbildern die noch heute üblichen Namen (z.B. Lynx, Lacerta, Scutum und Vulpecula).

H-H-Reaktionen, Kernprozesse in Sternen, bei denen Wasserstoff (H) in Helium verwandelt wird; → Energiefreisetzung in Sternen.

Hidalgo *m*, Planetoid, dessen Bahn eine große Halbachse von 5,86 AE und die ungewöhnlich große Bahnexzentrizität von 0,657 hat.

Hilda *f*, Planetoid in einer mittleren Sonnenentfernung von etwa 4 AE. Eine Gruppe von Planetoiden mit Bahnhalbachsen, die der Halbachse der H. gleichen, wird ***Hilda-Gruppe*** genannt; → Planetoid.

Himalia *f*, ein Jupitersatellit. Die H. bewegt sich in einer Ellipsenbahn mit einer großen Halbachse von 11,48 Mill. km und einer Exzentrizität von 0,158 in 250,6 Tagen rechtläufig um den Jupiter. Die Bahn ist mit 27,6° stark gegen dessen Bahnebene geneigt. Der Durchmesser der H. beträgt etwa 180 km. Über die Oberflächenbeschaffenheit der H. ist nichts Sicheres bekannt; Spektralbeobachtungen lassen Ähnlichkeiten mit den kohligen Chondriten, einer besondere Art von Meteoriten, vermuten.

Hinsichtlich der Einordnung der H. in das System der Jupitersatelliten → Jupiter.

Die H. wurde 1904 von C. D. Perrine (1867–1951) entdeckt.

Himmel, das gewölbeähnliche Gebilde, das sich um einen auf der Erde im Freien befindlichen Beobachter scheinbar erhebt, und in dessem Mittelpunkt er zu stehen scheint. Der Abstand des ***Himmelsgewölbes*** wird in Richtung zum Zenit geringer empfunden als in Richtung zum Horizont, es erscheint daher nicht als Halbkugel, sondern eher als ein halbes Rotationsellipsoid mit der kleinen Achse in Richtung zum Zenit. Im Gegensatz zum Himmelsgewölbe als ein optisches Phänomen ist die Himmelskugel eine ideale Kugel, die zur Festlegung der astronomischen Koordinaten dient.

Die Helligkeit des Taghimmels wird durch die Streuung des Sonnenlichts an den Molekülen und Dunstteilchen der Erdatmosphäre hervorgerufen, das dadurch aus allen Richtungen ins Auge des Beobachters gelangt. Die Streuung an den Luftmolekülen ist sehr stark wellenlängenabhängig, wobei kurzwelliges (blaues) Licht stärker beeinflußt wird als langwelliges (rotes) Licht. Dadurch enthält das Streulicht wesentlich mehr kurzwellige Strahlungsanteile als das ungestreute Sonnenlicht und erscheint blau. Die Streuung an Dunstteilchen ist wesentlich weniger wellenlängenabhängig; bei einer sehr dunstigen Atmosphäre erscheint daher das Himmelslicht weniger blau, mehr milchig weiß. Die scheinbare Entfernung des Himmelsgewölbes ist durch die Entfernung bestimmt, in der das Licht im Mittel zum letzten Mal gestreut wurde, bevor es ins Auge gelangt. In Richtung zum Horizont, in der die Streuung an Dunstteilchen von größerer Bedeutung ist als in Richtung zum Zenit, ist die Entfernung des letzten Streuvorganges im Mittel größer als in Zenitrichtung, so daß das Himmelsgewölbe in Horizontrichtung weiter entfernt zu sein scheint als in Zenitrichtung.

Der H. ist nachts nicht absolut dunkel; er wird durch das → Nachthimmelslicht aufgehellt.

Himmelsachse, die verlängert gedachte Erdachse, um die die tägliche Bewegung aller Himmelskörper zu erfolgen scheint.

Himmelsatlas, eine Zusammenfassung (meist in Buchform) einzelner Sternkarten.

Himmelsgewölbe, → Himmel.

Himmelsglobus, Darstellung des Sternhimmels auf einer Kugel. Himmelsgloben zeigen eine unverzerrte, aber spiegelbildliche gegenseitige Lage der Sterne, da der Beobachter in der Natur auf die „Innenseite" der Himmelskugel, bei einem H. aber auf dessen Außenseite blickt.

Himmelsjäger, das Sternbild → Orion.

Himmelskarte, svw. Sternkarte.

Himmelskörper, Bezeichnung für alle außerirdischen Körper (z.B. Planeten, Satelliten, Kometen, Meteoroiden, Sterne, Sternsysteme), z.T. auch für alle kosmischen Objekte unter Einschluß der Erde.

Himmelskugel, ***Himmelssphäre***, ***Sphäre***, eine gedachte Kugel, an die vom Beobachtungsort aus die Gestirne projiziert gedacht werden. Der Radius der H. kann beliebig groß, auch unendlich groß angenommen werden. Die verlängerte Erdachse, die ***Himmelsachse***, durchstößt die H. in den ***Himmelspolen***, von denen der Nordpol des Himmels in der Verlängerung Erdmittelpunkt–Erdnordpol liegt; in der Gegenrichtung befindet sich der Himmelssüdpol. Die Schnittlinie der unendlich groß gedachten H. mit einer auf der Himmelsachse senkrechtstehenden Ebene wird als ***Himmelsäquator*** bezeichnet.

Himmelskunde, svw. Astronomie.

Himmelslicht, das diffus, keinem einzelnen Himmelskörper zuzuordnende Licht, das von allen Teilen des Himmels kommt. Die Helligkeit des Taghimmels wird durch die Streuung des Sonnenlichts in der Erdatmosphäre hervorgerufen (→ Himmel); über die Helligkeit des Nachthimmels → Nachthimmelslicht.

Himmelsmechanik, Teilgebiet der Astronomie, das die Bewegungen untersucht, die die Himmelskörper unter dem Einfluß ihrer gegenseitigen Massenanziehung ausführen.

Zwischen zwei und mehr Körpern vorgegebener Masse wirken infolge der Massenanziehung Kräfte, unter deren Einfluß sich die Körper um den gemeinsamen Schwerpunkt bewegen. Nimmt man an, daß man für einen bestimmten Zeitpunkt den Ort aller beteiligten Körper kennt, so lassen sich auf Grund des Newtonschen Gravitationsgesetzes die auf jeden der Körper von den anderen Körpern ausgeübten Kräfte berechnen und daraus die sich für jeden Körper zu diesem Zeitpunkt ergebende Geschwindigkeitsänderung (Beschleunigung) nach Größe und Richtung. Die Beschleunigungen werden mathematisch durch ein System von Gleichungen (nichtlineare Vektordifferentialgleichungen 2. Ordnung) beschrieben, deren Anzahl von der Zahl der betrachteten Himmelskörper abhängt. Werden die Bewegungen nur zweier Körper betrachtet (Zweikörperproblem), so läßt sich das Gleichungssystem in einer mathematisch geschlossenen Form lösen; die sich ergebenden Bewegungsgesetze, zu denen auch die Keplerschen Gesetze gehören, sind sehr einfach. Das Dreikörperproblem ist unvergleichlich komplizierter. Bei ihm lassen sich keine mathematisch geschlossenen Lösungen angeben; nur unter sehr einschneidenden Bedingungen gelingt es, für einige wenige Spezialfälle die Bewegungsgesetze anzugeben (→ Dreikörperproblem). Im Falle von mehr als drei Körpern ist auch das nicht möglich. Verzichtet man von vornherein auf geschlossene Lösungen, kann man den Bewegungsablauf numerisch berechnen, wenn man für jeden Körper zu einem bestimmten Zeitpunkt sowohl den Ort als auch die Geschwindigkeit nach Größe und Richtung kennt oder als bekannt voraussetzt. Aus den für diesen Zeitpunkt ermittelten Beschleunigungen ergeben sich die Orte und Geschwindigkeiten aller Körper für einen etwas späteren Zeitpunkt, für den nun wieder die Beschleunigungen bestimmt werden, usw. Nachteilig ist, daß man keine grundsätzlichen Aussagen über das Bewegungsverhalten gewinnt (wie bei geschlossenen Lösungen), sondern nur für den durch die Rechnungen überdeckten Zeitabschnitt. Mit steigender Zahl der gleichzeitig betrachteten Körper wächst zwar der Rechenaufwand beträchtlich, mit speziellen Großrechnern lassen sich aber auch für eine größere Zahl von Himmelskörpern die Bewegungensabläufe für längere Zeitabschnitte bestimmen.

Im Falle zweier Körper kann man die Bahn des einen Körpers um den anderen angeben, wenn die Bahnelemente bekannt sind. Die Bewegung eines Planeten, eines Planetoiden oder eines Kometen um die Sonne kann mindestens in erster Näherung jeweils als ein Zweikörperproblem angesehen werden. Die Aufgabe der → Bahnbestimmung ist es, für neu entdeckte Körper des Planetensystems die Bahnelemente aus den Beobachtungen herzuleiten. Sind die Bahnelemente bekannt, so kann im Rahmen der → Ephemeridenrechnung der Ort des Himmelskörpers an der Himmelskugel für beliebige Zeitpunkte vorausberechnet werden. Von einem Zweikörperproblem kann man auch bei den Bewegungen der beiden Komponenten in einem Doppelsternsystem ausgehen. In diesem Fall liefert die Bahnbestimmung auch mindestens die Summe der Massen der beiden Komponenten, im günstigen Fällen die Masse jeder einzelnen Komponente.

Das Zweikörperproblem ist in der Natur nie vollkommen realisiert, da immer zusätzliche Körper vorhanden sind, die gravitativ auf die beiden zunächst betrachteten einwirken. Vielfach sind diese Einwirkungen relativ gering, weil die störenden Körper entweder eine kleine Masse oder eine große Entfernung von den betrachteten zwei Körpern haben, so daß sie deren Bewegungsablauf nur geringfügig beeinflussen. Die Störungstheorie untersucht derartige Veränderungen der Zweikörperbewegung mit Hilfe numerischer Methoden oder mit Hilfe allgemeiner mathematischer Ausdrücke, z.B. Reihenentwicklungen, in denen die Zeit als unabhängiger Parameter auftritt (→ Störungsrechnung). Die Störungstheorie ist dann in der Lage, Aussagen über die Stabilitätseigenschaften von dynamischen Systemen während kurzer Zeitabschnitte zu machen. Mit Hilfe von Störungsrechnungen kann auch auf bisher noch nicht entdeckte Himmelskörper geschlossen werden, deren Existenz aus den beobachteten Abweichungen vom erwarteten Bewegungsablauf der bekannten Körper gefolgert wird. Auf diese Weise wurde z.B. der Planet Neptun zunächst theoretisch gefunden, bevor er optisch entdeckt werden konnte.

Eines der wesentlichen Ziele der H. sind Aussagen über die dynamische Stabilität eines Systems sich gegenseitig anziehender Körper. Ein System von zwei Körpern ist langfristig stabil, was z.B. aus den Keplerschen Gesetzen folgt. Für drei und mehr Körper sind derartige Aussagen grundsätzlich nicht möglich, da ein derartiges System ein im mathematischen Sinn chaotisches Bewegungsverhalten zeigt: Auf Grund der Anfangswerte (Ort und Geschwindigkeit zum Anfangszeitpunkt) ist die Lage und die Geschwindigkeit jedes Körpers zu einem späteren Zeitpunkt bestimmt.

Kleinste Abweichungen in den Anfangswerten führen nach einer mehr oder minder langen Zeit zu großen Unterschieden der jeweils durchlaufenen Bahnen, wobei die Größe der Unterschiede im Mittel exponentiell mit der Zeit zunimmt. Da man die Anfangswerte immer nur mit einer endlichen Genauigkeit kennt, sind Abweichungen von den bei den Rechnungen benutzten konkreten Zahlenwerte zwangsläufig vorhanden, so daß sich auch zwangsläufig Abweichungen von den vorausgesagten Bahnen ergeben. Damit ist z.B. auch das Bewegungsverhalten der Planeten über einen Zeitraum von mehr als einigen Mill. Jahren nicht vorhersagbar; in den kommenden 100 Mill. Jahren scheint aber kein Planet das Sonnensystem zu verlassen oder mit einem anderen zusammenzustoßen. Die Bewegungsabläufe der weiter außen befindlichen Planeten (bis auf Pluto) scheinen dabei weniger stark chaotisch zu sein als die der weiter innen befindlichen, z.B. Venus, Erde und Mars.

Die klassische H. wird dann verlassen, wenn die Bewegungsabläufe nicht nur von gravitativen Kräften, sondern auch von weiteren Kräften (z.B. Reibung, Strahlungsdruck) beeinflußt werden, was bei Erdsatelliten und Raumsonden vielfach der Fall ist (→ Erdsatellit).

Himmelspol, Durchstoßpunkt der verlängert gedachten Erdachse durch die Himmelskugel; → Himmelskugel.

Himmelsrichtungen, ***Himmelsgegenden***, die Richtungen nach den Schnittpunkten des Himmelsmeridians und des Himmelsäquators mit dem Horizont; diese Haupthimmelsrichtungen sind ***Norden*** (N), ***Osten*** (O), ***Süden*** (S) und ***Westen*** (W): Norden ist die Richtung nach demjenigen der beiden Schnittpunkte des Himmelsmeridians mit dem Horizont, der näher beim Himmelsnordpol liegt, Süden ist die Gegenrichtung. Osten ist die Richtung nach dem Schnittpunkt des Horizonts mit dem Himmelsäquator, in dem die Sonne zur Zeit der Tagundnachtgleichen aufgeht, Westen ist die Gegenrichtung. Zwischenhimmelsrichtungen charakterisiert man durch Zusammensetzungen wie z.B. Südwest (SW) oder Nordnordost (NNO). An der Himmelskugel bezeichnet man einen Punkt als um so nördlicher, je näher er dem nördlichen Himmelspol liegt.

Über Methoden zum schnellen Auffinden der H. → Orientierung nach Gestirnen.

Himmelssphäre, svw. Himmelskugel.

Himmelsüberwachung, die über längere Zeitabschnitte erfolgende systematische Beobachtung des Himmels oder Teile von ihm zum Zweck, veränderliche Sterne oder andere nach Ort und Helligkeit veränderliche Himmelskörper (z.B. Planetoiden, Kometen, Meteore, Quasare) aufzuspüren und deren Lichtwechsel und Ortsveränderungen zu verfolgen. Die H. erfolgt mit Fernrohren, mit denen jeweils größere Gebiete des Himmels (vielfach in unterschiedlichen Spektralbereichen gleichzeitig) photographiert werden, oder, speziell bei Meteorbeobachtungen, mit Kameras, mit denen bei einer Aufnahme der gesamte Himmel erfaßt wird.

Himmelswagen, → Ursa Maior.

Hintergrundstrahlung, diffuse, über größere Bereiche des Himmels verteilte und keinen diskreten Quellen zuzuordnende elektromagnetische oder Teilchenstrahlung.

Hinterteil des Schiffes, das Sternbild → Puppis.

Hipparch, griech. Astronom, geb. um 190 v.u.Z. in Nikäa in Bythinien (Kleinasien), gest. um 125 v.u.Z. H. gilt als der größte Astronom des Altertums. Er begründete die wissenschaftliche Astronomie, indem er sich allein auf Beobachtungen stützte. Er fand die unterschiedliche Länge der Jahreszeiten, die er auf eine exzentrische Bewegung der Sonne um die Erde zurückführte, und entdeckte die sog. Mittelpunktsgleichung, eine Ungleichmäßigkeit der Mondbewegung. H. berechnete die Größe des Mondes und seine Entfernung von der Erde mit großer Genauigkeit, die von ihm bestimmten entsprechenden Werte für die Sonne waren hingegen mit größeren Fehlern behaftet. Er stellte einen Sternkatalog auf, der später von Ptolemäus im Almagest aufgenommen wurde. Beim Vergleich der von ihm bestimmten Sternörtern mit älteren Angaben entdeckte er die Präzession. H. baute die Epizykeltheorie aus und führte die Trigonometrie in die Astronomie ein.

Hirayama-Familien [nach dem japan. Astronomen K. Hirayama, 1876–1945], Gruppen von Planetoiden mit jeweils fast gleichen Bahnelementen und wahrscheinlich jeweils einem gemeinsamen Mutterkörper, aus dem die Planetoiden einer Familie durch Zerfall hervorgegangen sind.

Hochgeschwindigkeitswolken, Ansammlungen interstellaren neutralen Wasserstoffs mit so hohen Radialgeschwindigkeiten bezüglich der Sonne, daß diese nicht durch die differentielle galaktische Rotation verursacht sein können. Die H. bilden sich wahrscheinlich im Zusammenhang mit der nahezu gleichzeitigen Explosion vieler Supernovae, möglicherweise handelt es sich auch um ins Milchstraßensystem einfallende Materie (→ Milchstraßensystem).

Hof, weißliche, kreisförmige Lichterscheinung um Sonne, Mond und auch helle Sterne, die durch die Beugung des von ihnen kommenden Lichtes an festen oder flüssigen Dunstteilchen der Erdatmosphäre entsteht. Bei ausgeprägten Erscheinungen zeigen sich auch farbige Ringe. (Im Unterschied zu einem H. entsteht ein Halo durch die Brechung oder Spiegelung des Lichtes an Eiskristallen; → Halo.)

Hoffmeister, Cuno, dtsch. Astronom, geb. 2.2.1892 in Sonneberg (Thüringen), gest. 2.1.1968 daselbst; ursprünglich Kaufmann, 1915–1918 Assistent an der Sternwarte Bamberg, gründete 1925 die zunächst private Sternwarte Sonneberg und baute sie zu einem Zentrum für Veränderlichenforschung aus. H. ist der bisher erfolgreichste Entdecker von Veränderlichen. Er arbeitete darüber hinaus auf dem Gebiet der Meteore, Kometen und des Zodiakallichtes und schloß als einer der ersten auf die Existenz einer von der Sonne ausgehenden Korpuskularstrahlung.

Höhe, der senkrechte Winkelabstand eines Gestirns vom Horizont. Die H. wird auf dem Vertikalkreis des Gestirns in Grad gemessen, und zwar in Richtung auf das Zenit positiv, in Richtung auf den Nadir negativ (Abb. → Koordinaten).

Höhenkreis, ***Almukantarat***, jeder dem Horizont parallele Kreis an der Himmelskugel.
Höhenstrahlung, svw. Kosmische Strahlung.
Hohlraumstrahlung, svw. Schwarze Strahlung; → Strahlungsgesetze.
Holmberg-Radius [nach dem schwed. Astronomen E. Holmberg], derjenige größte Abstand vom Zentrum eines extragalaktischen Sternsystems, bei dem die photographische Flächenhelligkeit auf $26^{m}_{.}0$ je Quadratbogensekunde abgesunken ist.
Hor, Abk. für Horologium.
Horizont, ***Gesichtskreis***, die Schnittlinie der Himmelskugel mit einer Ebene (der Horizontebene), die senkrecht zur Lotrichtung am Beobachtungsort steht; beim ***wahren H.*** geht die Ebene durch den Erdmittelpunkt, beim ***scheinbaren H.*** durch den Beobachtungsort selbst. Bei der Höhenbestimmung von Körpern des Sonnensystems wird in der Regel vom scheinbaren H. ausgegangen, so daß sich topozentrische Koordinaten ergeben. Bei deren Umwandlung in geozentrische Koordinaten muß die Differenz zwischen dem auf den scheinbaren und dem auf den wahren H. bezogenen Höhenwert berücksichtigt werden; sie nimmt mit zunehmender Entfernung des Gestirns ab. Bei Beobachtungen von Sternen spielt wegen deren großen Entfernungen der Unterschied zwischen dem wahren und dem scheinbaren H. keine Rolle.
Der ***natürliche H.*** ist die Grenzlinie zwischen Himmel und Erde, deren Verlauf von den örtlichen Bedingungen abhängt.
Als ***künstlichen H.*** bezeichnet man in der Astronomie eine genau horizontal liegende spiegelnde Fläche, die entweder durch eine Glasscheibe oder die Oberfläche von Quecksilber in einer weiten Schale realisiert wird (Quecksilberhorizont). Künstliche H.e dienen zur Festlegung der Lotrichtung, indem das Fadenkreuz eines Fernrohrs mit seinem gespiegelten Bild zur Dekkung gebracht wird; die Lotlinie ist dann durch die optische Achse des Fernrohrs markiert.
Horizontalast, Gebiet im Hertzsprung-Russell-Diagramm, in dem die Bildpunkte der Sterne liegen, in deren Zentralregionen das Heliumbrennen stattfindet.
Horizontalparallaxe, → Parallaxe.
Horizontrefraktion, → Refraktion.
Horizontsystem, astronomisches Koordinatensystem; → Koordinaten.
Hornantenne, → Radioteleskop.
Hörnerspitzen, die Spitzen der leuchtenden Sichel der Venus kurz vor oder nach der unteren Konjunktion; → Venus.
Horologium [griech.-lat.], *Gen.* Horologii, abg. ***Hor***, ***Pendeluhr***, Sternbild des südlichen Himmels, das von unseren Breiten aus nicht sichtbar ist.
Horoskop, ***Kosmogramm***, → Astrologie.
HRD, Abk. für Hertzsprung-Russell-Diagramm.
Hubble, Edwin Powell, nordamerikan. Astronom, geb. 20.11.1889 in Marshfield (Mo.), gest. 28.9.1953 in San Marino (Calif.); ab 1919 am Mount-Wilson-Observatorium. H. entdeckte den Zusammenhang zwischen der Ausdehnung leuchtender galaktischer Nebel und der Helligkeit der sie zum Leuchten anregenden Sterne. 1926 gelang ihm durch die optische Auflösung der Randgebiete des Andromedanebels in Einzelsterne der Nachweis, daß Spiralnebel und elliptische Nebel selbständige Sternsysteme außerhalb des Milchstraßensystems sind. Bei Himmelsdurchmusterungen nach extragalaktischen Sternsystemen fand er die sog. nebelfreie Zone und bei Entfernungsbestimmungen von extragalaktischen Sternsystemen den Zusammenhang zwischen der Rotverschiebung der Linien in den Spektren der Sternsysteme und deren Entfernung.
Hubble-Effekt [nach dem nordamerikan. Astronomen E.P. Hubble, 1889–1953], die auf Grund der allgemeinen Expansion des Weltalls bestehende Beziehung zwischen der Entfernung der extragalaktischen Sternsysteme vom Milchstraßensystem und der in den Spektren der Systeme gemessenen systematischen Linienverschiebung nach größeren Wellenlängen hin (Rotverschiebung). Bezeichnet λ die beobachtete Wellenlänge und λ_0 die Wellenlänge der unverschobenen Spektrallinie, so ergibt sich die Rotverschiebung zu $z=(\lambda-\lambda_0)/\lambda_0$. Bei einer Linienverschiebung, die auf Grund des Doppler-Effekts verursacht ist, läßt sich auf die Radialgeschwindigkeit v der Strahlungsquelle schließen, da dann $z=(\sqrt{1+v/c}/\sqrt{1-v/c})-1$ gilt, wenn c die Lichtgeschwindigkeit bedeutet. Bei sehr kleinen Radialgeschwindigkeiten im Vergleich zur Lichtgeschwindigkeit vereinfacht sich die Formel zu $z=v/c$. Der H.-E. läßt sich durch $v=H_0 r$ ausdrücken, wenn r die Entfernung eines Sternsystems und v die über die Formeln des Doppler-Effekts aus der gemessenen Rotverschiebung berechnete Radialgeschwindigkeit (bezogen auf den Masseschwerpunkt der Lokalen Gruppe) bedeuten (Abb.); den Proportionalitätsfaktor H_0 bezeichnet man als ***Hubble-Parameter*** (Hubble-Konstante). Traditionsgemäß mißt man v in km s^{-1} und r in Mpc, so daß H_0 in km s^{-1} Mpc^{-1} angegeben wird.
Die Bestimmung des Hubble-Parameters ist sehr schwierig, was vor allem an der mit wachsender Entfernung der extragalaktischen Sternsysteme zunehmenden Unsicherheit in der Entfernungsbestimmung liegt. Zur Bestimmung von H_0 muß man zu möglichst großen Entfernungen vordringen, damit die systematische, auf Grund der Expansion des Raumes verursachte Rotverschiebung groß gegen die Linienver-

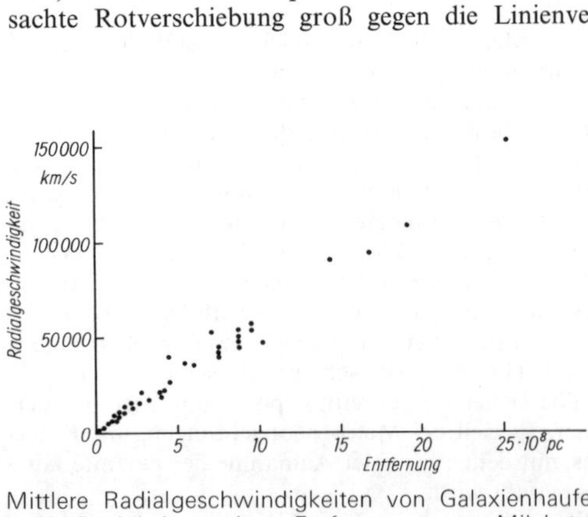

Mittlere Radialgeschwindigkeiten von Galaxienhaufen in Abhängigkeit von deren Entfernungen vom Milchstraßensystem

schiebungen ist, die durch die Pekuliargeschwindigkeiten der Sternsysteme (bezogen auf einen lokalen, an der Expansion teilnehmenden Bezugspunkt) verursacht werden und die bei kleinen Rotverschiebungen den systematischen Effekt z.T. überdecken können. Die Unsicherheiten in der kosmischen Entfernungsskala (→ Parallaxe) übertragen sich auf die Genauigkeit, mit der der Hubble-Parameter bestimmt werden kann. Die für H_0 ermittelten Werte streuen innerhalb des großen Intervalls von etwa 50 bis 100 km s^{-1} Mpc^{-1}. In diesem Buch wird durchweg mit $H_0 = 55$ km s^{-1} Mpc^{-1} gerechnet. Neueste Bestimmungen legen einen Wert $H_0 = 75$ km s^{-1} Mpc^{-1} nahe.

Die größte bisher bei einem regulären Sternsystem (der Radiogalaxie 4C41.17) gemessene Rotverschiebung beträgt $z = 3{,}8$ und die größte bei einem Quasar (PC 1247+3406) gemessene $z = 4{,}897$.

Die mit wachsender Entfernung der Galaxien zunehmende Radialgeschwindigkeit bedeutet nicht, daß sich die Sternsysteme in einen irgendwie starr vorgegebenen dreidimensionalen Raum hineinbewegen; vielmehr expandiert der dreidimensionale Raum als Ganzes, der durch die Sternsysteme erst markiert und festgelegt, gleichsam „aufgespannt“ wird (→ Kosmologie).

Die Hubble-Beziehung läßt sich bei kleinen Rotverschiebungen zur Entfernungsbestimmung nutzen, wenn der Wert des Hubble-Parameters bekannt ist. Bei großen Rotverschiebungen (größer als etwa $z = 1$) ist das nicht möglich, da die Entfernungen dann in komplizierter Weise von z und dem zugrundegelegten Weltmodell abhängen.

Aus theoretischen Gründen ist zu erwarten, daß die Expansionsgeschwindigkeit des Weltalls – und damit der Hubble-Parameter – mit der Zeit abnimmt, da die zwischen den Galaxien wirkende Massenanziehung zu einer ständigen Verzögerung der Expansion führt. Je größer die Entfernung eines Sternsystems ist, um so früher mußte das uns jetzt erreichende Licht das System verlassen; dem Licht ist die Rotverschiebung aufgeprägt, die zur Zeit seiner Emission herrschte. Die bestehenden Unsicherheiten, mit dem der Hubble-Parameter bekannt ist, lassen gegenwärtig keinen sicheren Schluß auf dessen zeitliche Änderung und damit auf die Stärke der Expansionsverzögerung im Weltall zu.

Für die Kosmologie ist die Kenntnis der großräumigen Masseverteilung im Weltall wichtig. Abweichungen von der Homogenität äußern sich infolge der durch sie verursachten Pekuliarbewegungen in einer in unterschiedlichen Richtungen unterschiedlichen Expansionsgeschwindigkeit. Lokal sind die Sternsysteme nicht gleichmäßig verteilt, sie ordnen sich in Galaxienhaufen und Supergalaxienhaufen an und bewirken damit lokale Störungen in der allgemeinen Expansion, dem allgemeinen ***Hubble-Fluß***. Eine derartige Störung existiert allem Anschein nach in der großräumige Umgebung des Milchstraßensystems, im Bereich des Lokalen Superhaufens mit dem Virgo-Haufen als bestimmende Struktureinheit (→ Sternsystem). In diesem Raumgebiet einschließlich des Hydra-Centaurus-Superhaufens belaufen sich die Abweichungen vom globalen Hubble-Fluß auf etwa 600 km s^{-1}. Wahrscheinlich werden sie durch eine riesige Masseansammlung jenseits des Hydra-Centaurus-Superhaufens verursacht, deren genaue Lage, Ausdehnung und Gesamtmasse unbekannt sind. Für Fluchtgeschwindigkeiten größer als etwa 10000 km s^{-1} lassen sich keine signifikanten Abweichungen vom allgemeinen Hubble-Fluß feststellen.

Hubble-Fluß, → Hubble-Effekt.

Hubble-Sandage-Veränderliche, svw. S-Doradus-Sterne.

Hubble-Sequenz, Klassifikationsschema der extragalaktischen → Sternsysteme.

Hubble-Zeit, → Kosmologie.

Hüllenstern, ein Stern hoher Effektivtemperatur (Spektralklasse O oder B) mit einer ausgedehnten Gashülle, die sich im beobachteten Spektrum, das vom Stern und der Gashülle herrührt, durch das Auftreten von Emissionslinien bemerkbar macht. Die Linien entstehen durch die Ultraviolettstrahlung des von der Hülle umgebenen Sterns, durch die das Hüllengas zum Leuchten angeregt wird. Die Emissionslinien sind vielfach durch scharfe Absorptionslinien überlagert, die durch das im Vergleich zum leuchtanregenden Stern relativ kühle Hüllengas dem Sternspektrum zusätzlich aufgeprägt werden. Die H.e sind sehr eng mit den Be-Sternen verwandt, nur tritt bei den H.en wegen einer etwas anderen geometrischen Anordnung von Beobachter, Stern und umgebender, nicht kugelsymmetrischer Gashülle die zusätzliche Absorption von Sternlicht stärker in Erscheinung als bei den Be-Sternen (Abb.).

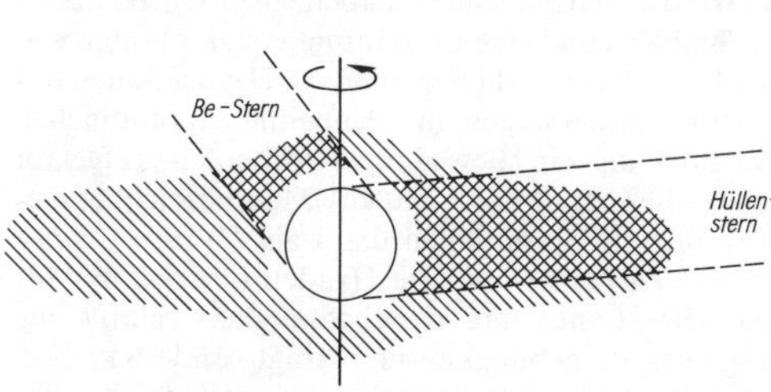

Zur Veranschaulichung der unterschiedlichen Sichtbedingungen, die einen von einer scheibenförmigen Gashülle umgebenden B-Stern als Be-Stern oder als Hüllenstern erscheinen lassen. Einfach schraffiert: die die Emissionslinien verursachenden Gebiete; doppelt schraffiert: Gebiete, die die Absorptionslinien verursachen

Die Gashüllen sind keine langlebigen Erscheinungen, was sich in der vielfach veränderlichen Stärke sowohl der Emissionslinien als auch der durch die Hülle verursachten Absorptionslinien äußert. Die Linien können innerhalb weniger Wochen oder Monaten verschwinden und wieder auftauchen. Die Ursachen für die Ausbildung der Gashüllen sind noch weitgehend unbekannt. Möglicherweise entstehen sie infolge einer schnellen Sternrotation, bei der im Bereich des Sternäquators Materie abgelöst wird, die einen langsam rotierenden Ring oder eine Scheibe bildet; möglicherweise erfolgt die Materieabgabe auch auf Grund eines

starken Sternwindes im Zusammenwirken mit einer raschen Sternrotation. Die Hüllen haben Massen von typischerweise 10^{-10} bis 10^{-11} Sonnenmassen; die Dichte in den Hüllen liegt in der Größenordnung von 10^{10} Wasserstoffatomen je cm^3.
In der vom Stern abströmenden und sich dabei abkühlenden Gashülle können schwerflüchtige Substanzen auskondensieren und feste Teilchen bilden. Diese Staubpartikeln absorbieren Sternstrahlung und geben die aufgenommene Energie im infraroten Spektralbereich als Wärmestrahlung wieder ab. H.e treten dann als Infrarotquellen in Erscheinung.

Hund, Sternbilder der Äquatorzone. *1) **Großer H.***, → Canis Maior; *2) **Kleiner H.***, → Canis Minor.

Hundsstern, svw. Sirius.

Hundssternperiode, svw. Sothisperiode; → Kalender.

Huygens, Christian, niederl. Physiker, geb. 14.4.1629 in Den Haag, gest. 8.6.1695 daselbst; lebte 1666–1681 in Paris, dann in Den Haag. H. begründete u.a. die Wellentheorie des Lichtes, fand die Gesetze des elastischen Stoßes, erfand die Pendeluhr und beschäftigte sich mit der Konstruktion von Fernrohrokularen. Bei seinen Himmelsbeobachtungen entdeckte er den Saturnsatelliten Titan, eine Reihe von Doppelsternen sowie die Rotation und die Abplattung des Mars. Er erkannte als erster die wahre Natur der Saturnringe.

Huygens-Lücke, Lücke zwischen dem B- und dem A-Ring des → Saturns.

Hya, Abk. für Hydra.

Hyaden [*Plur.*], ***Regengestirn***, ein mit bloßem Auge sichtbarer Offener Sternhaufen in der Nähe des Sterns α Tauri (Aldebaran). Die H. haben einen Durchmesser von rund 4 pc und eine Entfernung von der Sonne von etwa 48 pc. Gelegentlich werden die H. zusammen mit weiteren Sternen wegen ihrer einheitlichen räumlichen Bewegung als ein Bewegungssternhaufen aufgefaßt (Abb. → Bewegungssternhaufen). Man bezeichnet diesen (größeren) Sternhaufen dann als ***Hyaden-Gruppe*** oder als ***Taurus-Strom***. Die Hyaden-Gruppe umfaßt etwa 350 Sterne; ihre Geschwindigkeit relativ zur Menge der Umgebungssterne beträgt rund 46 km/s.

Hydra [lat.], *Gen.* Hydrae, abg. ***Hya, Weibliche*** oder ***Nördliche Wasserschlange***, weit ausgedehntes Sternbild der Äquatorzone, dessen nördlichsten Teile von unseren Breiten aus im Winter und Frühjahr am Abendhimmel sichtbar sind. Es erstreckt sich über einen Bereich von fast sieben Rektaszensionsstunden, also mehr als 90°. Der hellste Stern (α) des Sternbildes heißt → Alphard.

Hydrus [lat.], *Gen.* Hydri, abg. ***Hyi, Männliche*** oder ***Kleine Wasserschlange***, Sternbild in der Nähe des südlichen Himmelspols, das von unseren Breiten aus nicht sichtbar ist.

Hyi, Abk. für Hydrus.

Hyperbel, → Kegelschnitt.

Hyperion *m*, ein Saturnsatellit. Der H. bewegt sich auf einer elliptischen Bahn, deren große Halbachse 1,481 Mill. km und deren Exzentrizität 0,104 beträgt, in 21 d 6,6 h rechtläufig um den Saturn. Die Bahn ist nur 0,43° gegen dessen Äquatorebene geneigt. Der H. hat keine geregelte Rotation, sondern führt eine Taumelbewegung ohne jegliche Periodizität aus, worauf u.a. seine unregelmäßigen Helligkeitsschwankungen hinweisen. Der H. hat eine sehr unregelmäßige Form, die sich angenähert durch ein dreiachsiges Ellipsoid mit Achslängen von 350, 240 und 200 km darstellen läßt. Seine kantige Form sowie seine Taumelbewegung lassen vermuten, daß er ein Bruchstück eines ehemals größeren Himmelskörpers ist.
Die Oberfläche des H.s ist mit Einschlagkratern zernarbt, deren größter einen Durchmesser von 120 km hat. Außerdem weist die Oberfläche Furchen auf, die sich bis zu 300 km Länge erstrecken. Das Oberflächenmaterial besteht wahrscheinlich aus Eis, das mit Gesteinsbestandteilen meteoroidischen Ursprungs durchsetzt ist; die Albedo beträgt etwa 0,3.
Hinsichtlich der Einordnung des H.s in das System der Saturnsatelliten → Saturn.
Der H. wurde 1848 von W. Bond (1789–1859) entdeckt.

Hz, Einheitenzeichen für Hertz, die Maßeinheit der Frequenz.

HI-Gebiet, ein Bereich im interstellaren Raum, in dem der dort befindliche interstellare Wasserstoff im wesentlichen neutral und atomar ist.

HII-Gebiet, ein Bereich im interstellaren Raum, in dem der dort befindliche interstellare Wasserstoff vollkommen ionisiert ist.

HII-Galaxie, eine Zwerggalaxie, deren Spektrum wesentlich durch die in ihr existierenden HII-Gebiete bestimmt wird.

I

IAU, Abk. für Internationale Astronomische Union.

Icarus *m*, Planetoid, dessen Bahn eine große Halbachse von 1,078 AE und die größte bisher bei Planetoiden beobachtete Exzentrizität von 0,827 besitzt.

Impakt, svw. Einschlag.

Impuls, ***Bewegungsgröße***, das Produkt aus Masse m und Geschwindigkeit v eines Körpers; $I = mv$. Der ***Drehimpuls*** J ist gleich dem Produkt aus Trägheitsmoment $m\,r^2$ und der Winkelgeschwindigkeit ω eines rotierenden Körpers, wenn r den Abstand der Masse m von der Drehachse bedeutet; $J = mr^2\omega$. Für den I. und den Drehimpuls gelten Erhaltungssätze: Der I. ist konstant, solange an dem Körper keine Kräfte angreifen; der Drehimpuls ist konstant, solange auf den Körper kein Drehmoment wirkt. Auf Grund des Drehimpulserhaltungssatzes ändert sich die Winkelgeschwindigkeit eines Körpers, wenn sich der Abstand der Masse von der Drehachse ändert.

Ind, Abk. für Indus.

Inder, das Sternbild → Indus.

Index Catalogue, → Sternkatalog.

Indus [lat.], *Gen.* Indi, abg. ***Ind, Inder***, unscheinbares Sternbild des südlichen Himmels, das von unseren Breiten aus nicht sichtbar ist.

Inertialsystem [lat. inertia, ‚Trägheit'], ein Koordinatensystem, in dem das Galileische Trägheitsgesetz gilt, nach dem jeder Körper, der keinen äußeren Kräften unterworfen ist, in bezug auf das I. im Zustand der Ruhe verharrt oder eine geradlinige gleichförmige Bewegung beibehält. Jedes Koordinatensystem, das sich gegen ein I. geradlinig gleichförmig bewegt, ist ebenfalls ein I.; hingegen sind Koordinatensysteme, die bezüglich eines I.s rotieren, keine I.e. Das durch die Fundamentalsterne festgelegte astronomische Koordinatensystem stellt nur näherungsweise ein I. dar, da die Sterne an der Rotation des Milchstraßensystems teilnehmen, so daß auch das von ihnen definierte Koordinatensystem rotiert. Die Gesamtheit der extragalaktischen Sternsysteme kann dagegen als im Raum ruhend ansehen werden, so daß diese ein I. im strengen Sinne aufspannen. Die Festlegung eines durch sie definiertes Koordinatensystem stößt auf Schwierigkeiten, da die Sternsysteme nicht wie die Sterne punktförmig, sondern flächenhaft erscheinen, wodurch eine mit höchster Genauigkeit notwendige Positionsbestimmung erschwert wird.

Infrarotastronomie, Teilgebiet der Astronomie, das sich mit der Erforschung der von den Himmelsobjekten ausgesandten Strahlung im infraroten Spektralbereich (von etwa 800 nm bis einige 100 μm) befaßt. Zu kürzeren Wellenlängen hin schließt sich an die I. die klassische optische Astronomie, zu längeren Wellenlängen hin die Submillimeterastronomie und die Radioastronomie an.

Die beobachtende I. ist von der Erdoberfläche aus im nahen Infraroten bis etwa 1,2 μm, im mittleren Infraroten nur in den Wellenlängenbereichen von etwa 8 bis 13 μm und 16,5 bis 30 μm möglich, bei noch größeren Wellenlängen bis etwa 700 μm ist die Erdatmosphäre vor allem wegen der in ihr vorhandenen Wassermolekülen fast vollständig undurchsichtig; es existieren nur einige wenige sehr schmale spektrale Durchlässigkeitsbereiche, z.B. bei 34, 350 und 450 μm. Die Behinderungen der erdgebundenen I. lassen sich z.T. dadurch umgehen, daß man die Beobachtungen von möglichst hochgelegene Sternwarten mit einem sehr trockenen Klima aus durchführt, oder daß man die Beobachtungsinstrumente mit Höhenballons oder hochfliegenden Flugzeugen oder Satelliten über die dichtesten Bereiche der Erdatmosphäre oder ganz aus ihr hinaus bringt. In der I. macht sich die Verwendung spezieller → Infrarotteleskope mit entsprechenden Strahlungsdetektoren notwendig.

Bei den von der I. untersuchten Strahlungsquellen (→ Infrarotquelle) handelt es sich meist um sehr kühle Objekte, deren Strahlungsmaximum im infraroten Spektralbereich liegt.

Infrarotbereich, das Gebiet im elektromagnetischen Spektrum, das sich an den langwelligen (roten) Teil des sichtbaren Spektrums nach größeren Wellenlängen hin anschließt und den Wellenlängenbereich zwischen etwa 800 nm und einigen 100 μm umfaßt. Den kürzerwelligen I. bis etwa 5 μm bezeichnet man als ***nahes Infrarot***, den daran anschließenden bis etwa 30 μm als ***mittleres Infrarot*** und den noch längerwelligen Bereich als ***fernes Infrarot***; dieser Bereich geht in den Submillimeterbereich über. Die Grenze ist nicht scharf, sie wird zwischen etwa 300 und 600 μm angesetzt. Infrarote Strahlung ist nicht sichtbar.

Infrarotexzeß, der Strahlungsüberschuß eines leuchtenden Körpers im infraroten Spektralbereich gegenüber einer als normal angesehenen Vergleichslichtquelle.

Infrarotquelle, eine Strahlungsquelle mit einer hohen Energieemission im infraroten Spektralbereich, also bei Wellenlängen zwischen etwa 800 nm und etwa 300 μm. Die als I.n auftretenden Objekte sind im allg. sehr kühl: Liegt das Maximum der Energieausstrahlung einer I. bei 1 μm bzw. 100 μm, ergibt sich eine Temperatur von etwa 3000 K bzw. 30 K (→ Strahlungsgesetze).

I n f r a r o t - F l ä c h e n q u e l l e n. Eine ausgedehnte Flächenquelle, deren Infrarotstrahlung von interplanetaren Teilchen stammt, liegt im Bereich des Zodiakallichtbandes. Die Zodiakallichtteilchen absorbieren kürzerwellige Sonnenstrahlung und reemittieren die aufgenommene Energie als Wärmestrahlung bei längeren Wellenlängen (sie „thermalisieren" das absorbierte Sonnenlicht). Zusätzlich beobachtet man eine flächenhaft verteilte thermische Infrarotstrahlung in einigen schmalen, den Himmel z.T. bandförmig umspannenden Bereichen. Das hellste Band befindet sich nahe der Ekliptik, andere Bänder bis zu 20° beiderseits von ihr. Möglicherweise stammt diese Infrarotstrahlung von kleinen Teilchen im Planetoidengürtel, die beim Zusammenstoß von Planetoiden entstehen, und zwar hauptsächlich von Mitgliedern bestimmter Planetoidenfamilien, für die die Stoßwahrscheinlichkeit sehr groß ist. Die Trümmerpartikeln sind dann im Bahnbereich einer Planetoidenfamilie verteilt, so daß ihre Infrarotstrahlung aus einem langgestreckten Band kommt. Einige dieser bandartigen I.n werden möglicherweise durch die staubförmigen Zerfallsprodukte einzelner Kometen verursacht.

Von den galaktischen Infrarot-Flächenquellen läßt sich ein Teil dichten interstellaren Staubkomplexen zuordnen, die im sichtbaren Spektralbereich als Dunkelnebel, im Radiofrequenzbereich durch die Linienemission des in ihnen enthaltenen Gases in Erscheinung treten. In hohen galaktischen Breiten beobachtet man sehr stark gegliederte ausgedehnte Flächenquellen, die einem allgemeinen diffusen Hintergrund überlagert sind. Wegen ihrer im fernen Infraroten oft filamentartigen Struktur werden sie als *galaktischer Zirrus* bezeichnet. Die ausgestrahlte Energie ist wahrscheinlich die aus dem interstellaren Strahlungsfeld von interstellaren Staubteilchen, die sich weitab von der galaktischen Ebene befinden, absorbierte und bei größeren Wellenlängen reemittierte Energie. Die Temperatur der Teilchen liegt zwischen etwa 15 und 35 K. Ein Teil der Partikeln hat auch eine deutlich höhere Temperatur; wahrscheinlich sind dies sehr kleine Staubteilchen, die durch die Absorption von jeweils einem einzelnen Ultraviolettquant kurzzeitig auf Temperaturen bis etwa 1000 K aufgeheizt werden.

Infrarot-Punktquellen. Die meisten Infrarot-Punktquellen können mit kühlen Hauptreihensternen identifiziert werden, doch treten auch Riesensterne in Erscheinung, besonders dann, wenn sie einen erheblichen Masseverlust erleiden und mehr oder minder dichte zirkumstellare Staubhüllen um sich bilden. Zu dieser Gruppe gehören u.a. Mira-Sterne, RV-Tauri-Sterne, Novae und P-Cygni-Sterne. Extreme Vertreter sind die OH/IR-Sterne, bei denen die zirkumstellaren Staubhüllen so dicht sind, daß sie von sichtbarer Strahlung nicht durchdrungen werden können; diese Objekte sind nur im Infraroten beobachtbar. Wahrscheinlich handelt es sich um Riesensterne, die im Begriff sind, einen Planetarischen Nebel auszubilden. Eine andere Gruppe punktförmig erscheinender I.n, deren Strahlungsmaximum im fernen Infrarot liegt, wird von Sternentstehungsgebieten, sehr dichten und kalten interstellaren Staubansammlungen gebildet. Ob es sich bei diesen Punktquellen um jeweils einen oder um jeweils eine Gruppe noch kollabierender Protosterne, um Sterne im Vor-Hauptreihenzustand oder um bereits fertig ausgebildete Sterne handelt, ist aus den Infrarotbeobachtungen allein nicht zu entscheiden; in allen Fällen sind die protostellaren oder stellaren Objekte noch dicht mit Restmaterie der interstellaren Wolke umgeben, aus der sie hervorgegangen sind. Die beobachtete Infrarotstrahlung ist die durch die Staubpartikeln der Restwolke thermalisierte kurzwellige Strahlung des eingebetteten Objekts.
Extragalaktische punktförmig erscheinende I.n sind unregelmäßige und spiralförmige extragalaktische Sternsysteme sowie sog. Infrarot-Galaxien, die im fernen Infrarot z.T. erheblich mehr Energie ausstrahlen als im sichtbaren Spektralbereich. Wahrscheinlich handelt es sich bei diesen Objekten um Sternsysteme, die gerade eine Phase extrem erhöhter Sternbildung durchlaufen. Die Strahlung im optischen Spektralbereich wird durch den die neugebildeten Sterne umgebenden Staub weitgehend absorbiert und bei längeren Wellenlängen wieder ausgestrahlt.
Im Planetensystem konnten alle Planeten, die größten Satelliten (u.a. der Mond) und einige Kometen als I.n nachgewiesen werden.
Die bisher umfangreichste Durchmusterung des Himmels nach I.n erfolgte mit dem Satelliten IRAS [engl. Abk. für ‚astronomischer Infrarot-Satellit'] bei den Wellenlängen 12, 25, 60 und 100 µm, durch den neben sehr ausgedehnten Flächenquellen rund 250000 Infrarot-Punktquellen registriert wurden.

Infrarotteleskop, ein Instrument zum Empfangen und Messen der aus dem Weltall kommenden Infrarotstrahlung. In ihrer prinzipiellen Funktion unterscheiden sich I.e nicht von optischen Spiegelteleskopen. Es machen sich jedoch konstruktive Besonderheiten notwendig, da vom Teleskop selbst, von seiner Umgebung sowie von der Erdatmosphäre eine intensive infrarote Wärmestörstrahlung ausgeht. Zur Reduzierung des von den Teleskopteilen ausgesandten Fremdlichts werden alle in den Strahlengang hineinragenden oder ihn begrenzenden Teile, wie Filter, Blenden oder Halterungen für Sekundärspiegel, aber auch diese selbst, möglichst klein gehalten und wenn nötig gekühlt. Außerdem erhalten die Spiegel statt eines Aluminiumbelages einen Silber- oder Goldbelag, weil diese Metalle eine geringere Strahlungseffektivität im Infrarotbereich besitzen. Grundsätzlich baut man I.e als Cassegrain-Systeme (→ Spiegelteleskop). Man hat dann außer dem Hauptspiegel nur noch einen weiteren Spiegel im Strahlengang und einen günstigen Zugang zum Fokus. Die vom Detektor aufgenommene Strahlung ist die Summe aus der Strahlung des untersuchten Objekts und der im allg. um viele Größenordnungen stärkeren störenden Hintergrundstrahlung. Um die Strahlung des Objekts dennoch messen zu können, läßt sich der Cassegrain-Gegenspiegel um einen kleinen Betrag kippen, so daß man in dieser Stellung nur Hintergrundstrahlung erhält. Durch die Subtraktion der so gemessenen Strahlung von der, die man im Feld mit dem untersuchten Objekt mißt, läßt sich die vom Objekt herrührende Strahlung bestimmen. Die Spiegelkippung erfolgt während der Beobachtung in rascher Folge, so daß sich kurzfristige Änderungen z.B. der Hintergrundstrahlung der Erdatmosphäre nicht störend auswirken.
Als Strahlungsempfänger benutzt man im nahen Infrarotbereich speziell sensibilisierte Photoplatten, Photomultiplier, Silicium- oder Germanium-Photodioden. Im mittleren und fernen Infrarotbereich finden Halbleiter Verwendung, bei denen der innere lichtelektrische Effekt ausgenutzt wird, oder Bolometer, bei denen die auffallende Strahlung eine Temperaturerhöhung und damit eine Änderung des elektrischen Widerstandes bewirkt. Um meßbare Effekte zu erhalten, ist es notwendig, die Empfänger mit flüssiger Luft (Photomultiplier, Silicium-Photodioden), mit flüssigem Stickstoff (Halbleiterdetektoren) oder mit flüssigem Helium (Detektoren für den fernen Infrarotbereich und Bolometer) zu kühlen.
Infrarotbeobachtungen sind von der Erdoberfläche aus nur in wenigen schmalen Wellenlängenbereichen möglich, in denen die Erdatmosphäre genügend durchlässig ist. Dabei spielt Wasserdampf als strahlungsabsorbierendes Medium die Hauptrolle. Man stellt daher I.e in möglichst großer Höhe über dem Meeresspiegel auf, so daß die in geringerer Höhe befindliche Hauptmasse des atmosphärischen Wasserdampfes unwirksam bleibt, oder bringt die Teleskope mit Flugzeugen oder Ballons in die gewünschten Höhen. Der Einfluß der Erdatmosphäre fällt weg, wenn man Erdsatelliten als Träger von I.en benutzt.

Instabilitätskriterium, durch eine mathematische Formel ausgedrückte Beziehung zwischen bestimmten physikalischen Größen zur Entscheidung, wann eine Materiekonfiguration infolge ihrer eigenen Massenanziehung kollabiert; → Kosmogonie.

Instabilitätsstreifen, schmales streifenförmiges Gebiet im Hertzsprung-Russell-Diagramm, in dem die Bildpunkte pulsationsinstabiler Sterne liegen; → Delta-Cephei-Sterne, → Sternentwicklung.

Instrument, in der Astronomie ein Gerät zur direkten Beobachtung der Himmelskörper oder der aus dem Weltall kommenden diffusen Strahlung sowie zur Auswertung der gewonnenen Beobachtungsdaten (z.B. die auf Photoplatten vorhanden sind).

Die direkten Beobachtungsinstrumente dienen zum Empfangen, Messen und zur unmittelbaren Untersuchung der von den außerirdischen Quellen zu uns kommenden Strahlung. In erster Linie handelt es sich um I.e zum Nachweis elektromagnetischer Strahlung, doch werden auch Geräte zur Untersuchung der aus dem Weltall kommenden Teilchenstrahlung genutzt (→ Kosmische Strahlung, → Neutrinoastronomie).

Die astronomischen I.e zur Beobachtung elektromagnetischer Strahlung bestehen prinzipiell aus drei unterschiedlichen Elementen: einer Vorrichtung zum Auffangen und Sammeln der Strahlung, einem Strahlungsempfänger und einem Analysator. Ein astronomisches Fernrohr hat den Zweck, Strahlung aufzufangen, zu sammeln und flächenhafte Objekte abzubilden. Bei den Refraktoren geschieht das mittels Linsensystemen, im allg. verwendet man aber Spiegelsysteme, da sich mit ihnen sehr große strahlungssammelnde Flächen realisieren lassen; im Radiofrequenzbereich und im Röntgenbereich sind Linsensysteme ungeeignet. Als Strahlungsempfänger dienen das menschliche Auge, im optischen und infraroten Spektralbereich Photoplatten, lichtelektrische Detektoren, infrarotempfindliche Halbleiter sowie Bolometer. Im Radiobereich benutzt man als Strahlungsempfänger Antennen im allg. in der Form eines Dipols oder eines Horns, die mit einem Verstärker verbunden sind. Im Bereich der Röntgenstrahlung kommen gasgefüllte Proportionalzähler, Szintillationszähler oder auch Halbleiterdetektoren zur Anwendung. Die Analysatoren haben die Aufgabe, aus der Gesamtmenge der ein Instrument treffenden elektromagnetischen Strahlung die auszuwählen und dem Strahlungsempfänger zuzuführen, die untersucht werden soll. Derartige Analysatoren stellen z.B. Farbfilter, Spektralapparate oder Polarisatoren dar, da sie nur Strahlung bestimmter Spektralbereiche oder Polarisationsrichtung zum Empfänger gelangen lassen. Richtungsanalysatoren sind die Teleskope selbst, die nur Strahlung aus einer ganz bestimmten Richtung im Brennpunkt vereinigen; spezielle Analysatoren dieser Art stellen die Winkelmeßinstrumente und die Interferometer dar.

Für Sonnenbeobachtungen sind Instrumententypen im Gebrauch, die sich z.T. von den anderer Beobachtungsinstrumente unterscheiden, da die von der Sonne zur Verfügung stehende Strahlung sehr intensiv ist.

Soweit die Meßwerte nicht unmittelbar bei den Beobachtungen in Erfahrung gebracht werden können, sind zusätzliche I.e zur Auswertung der auf bestimmte Medien zwischengespeicherten Meßdaten erforderlich. Das ist vor allem bei photographischen Beobachtungen der Fall, bei denen die Information über die während der Belichtungszeit eingetroffene Strahlungsmenge in Form von geschwärzten Silberkörnern in der Photoschicht enthalten ist. Zur Auswertung von Photoplatten werden besondere Arten von Photometern, Komparatoren und Koordinatenmeßgeräte verwendet.

Die beobachtende Astronomie ist vom Stand der Instrumenten- und Empfängertechnik abhängig. Die Einführung wesentlich neuer technischer Verfahren im astronomischen Instrumentenbau und neuer Möglichkeiten, astronomische I.e zu installieren, sowie die Bereitstellung neuer Detektoren führten meist zu einem beträchtlichen Fortschritt in der Astronomie. Umgekehrt wird die Konstruktion neuartiger I.e vielfach dadurch angeregt, daß die theoretischen Kenntnisse in einzelnen Zweigen der Astronomie stark angewachsen sind, und neue Beobachtungen mit neuartigen I.en zur Bestätigung oder Widerlegung der theoretischen Vorstellungen benötigt werden.

Geschichtliches. Alle astronomischen I.e vor der Erfindung des Fernrohrs waren Winkelmeßinstrumente. Sie dienten zur besseren Vermessung der Gestirnsörter, als dies mit dem freien Auge möglich ist, und zur Zeitbestimmung. Zu den ältesten I.n gehört der schon den Babyloniern bekannte und auch bei anderen Völkern benutzte ***Gnomon***. Es ist dies ein senkrecht aufgestellter Stab, dessen Schattenwurf wie bei einer einfachen Sonnenuhr verfolgt wurde. Die Schattenrichtung zeigte die Richtung zur Sonne, die Schattenlänge die Sonnenhöhe an. Bei anderen Sonnenuhren wurde der Schattenwerfer als Kugel ausgebildet und teilweise in konkav gewölbten Flächen untergebracht; solche Geräte waren bei den Griechen als ***Skaphe*** und ***Heliotrop*** bekannt. Zum Beobachten des Sonnenstandes an bestimmten, für das Kalenderwesen wichtigen Zeitpunkten (z.B. den Sonnenwenden) wurden in verschiedenen Ländern große steinerne Visieranlagen gebaut, von denen die in Stonehenge in England die bekannteste ist. Eine handlichere Visiereinrichtung war das im Altertum viel verwendete ***Triquetrum (parallaktisches Lineal)***, bei dem das Gestirn über einen Stab anvisiert wurde, der drehbar an einem vertikalen Stab angebracht war. Die Gestirnshöhe konnte an einem dritten Stab, der die beiden anderen zu einem Dreieck verband, abgelesen werden.

Vielseitiger war die ebenfalls im Altertum bekannte ***Armillarsphäre*** oder ***Armille***, mit der z.B. schon Hipparch (um 190–125 v.u.Z.) und Ptolemäus (um 91–um 160 u.Z.) beobachteten. Sie bestand aus mehreren mit Gradeinteilungen versehenen Kreisen, die z.T. drehbar ineinandergeschachtelt waren und nach den Grundkreisen der Himmelskugel, vor allem nach der Ekliptik, dem Horizont und dem Meridian ausgerichtet wurden. Mit einer beweglichen Visiereinrichtung wurde dann – wie über Kimme und Korn – ein Gestirn anvisiert und seine Koordinaten an den geteilten Kreisen abgelesen. Dieses Instrument wurde von den Arabern zum ***Astrolabium*** weiterentwickelt, mit dem nicht nur Gestirnsörter gemessen, sondern auch Aufgaben der sphärischen Astronomie gelöst werden konnten. Ein dagegen recht einfaches Visiergerät war der ***Kreuzstab (Jakobsstab, Gradstock)***, der aus mehreren kreuzförmig angeordneten Stäben bestand. Der Gebrauch von ***Quadranten***, die bis zur Erfindung des Fernrohres die wichtigsten astronomischen I.e blieben, geht bis ins Altertum zurück. Sie bestanden aus einem in einer senkrechten Ebene drehbaren Stab mit Visiereinrichtung, dessen Neigung gegen die Senkrechte an einem mit einer Teilung versehenen Viertelkreis abgelesen werden konnte. Große Quadranten wurden an Mauern, die auf den Meridian ausgerichtet waren, befestigt; diese ***Mauerquadranten*** dienten als

Vorläufer der heutigen Meridiankreise zur Beobachtung von Meridiandurchgängen. Die ***Azimutalquadranten*** waren um eine senkrechte Achse drehbar aufgestellt, so daß auch Azimutwinkel gemessen werden konnten.

Im Prinzip gehen alle im Mittelalter benutzten astronomischen I.e auf Konstruktionen zurück, die bereits im Altertum bekannt waren. Eine entscheidende Änderung kam mit dem Einsatz des Fernrohrs zu astronomischen Zwecken durch G. Galilei (1564–1642) im Jahr 1609, was zu einer Revolutionierung der gesamten Beobachtungstechnik und zu neuartigen Erkenntnissen führte. Während für die Beobachtungen des Mondes und der Planeten Fernrohre schon lange benutzt wurden, setzte sich bei Winkelmeßinstrumenten das Fernrohr erst in der zweiten Hälfte des 17. Jh. durch; O. Römer (1644–1710) kann als eigentlicher Erfinder des Meridiankreises und des Passageinstruments gelten. Das erste brauchbare Spiegelteleskop für astronomische Beobachtungen konstruierte 1671 I. Newton (1643–1727), der dazu geschliffene Metallspiegel benutzte, wie auch noch etwa 100 Jahre später W. Herschel (1738–1822) in seinen berühmten Spiegelteleskopen, die einen Durchmesser bis zu 1,22 m hatten. Die optische Qualität von Metallspiegeln ist relativ gering, da schon geringe Temperaturänderungen große Formänderungen verursachen, weshalb man in der Mitte des 19. Jh. begann, die Metallspiegel durch versilberte Glasspiegel zu ersetzen. Etwa zur gleichen Zeit ging man zur Nutzung achromatischer Linsensysteme als Fernrohrobjektive über, deren optische Qualität weit besser als die der Metallspiegel war, so daß in der Folgezeit Refraktoren die Hauptbeobachtungsinstrumente wurden. Bei dieser Entwicklung spielte bes. J. Fraunhofer (1787–1826) eine hervorragende Rolle. Durch die Anwendung der Photographie in der zweiten Hälfte des 19. Jh. eröffneten sich der astronomischen Beobachtungstechnik bis dahin unbekannte Möglichkeiten; die Fernrohre wurden jetzt als Kameras benutzt.

Intensitätsinterferometer, → Interferometer.

Interferometer *n*, in der Astronomie Gerät zum Messen kleinster Winkel unter Ausnutzung von Interferenzerscheinungen. Unter Interferenz versteht man die Überlagerung von Wellenzügen in einem Raumpunkt, bei der sich beim Zusammentreffen zweier gleicher Phasen der Welle, z.B. zweier „Wellenberge", eine Verstärkung und beim Zusammentreffen entgegengesetzter Phasen, z.B. eines „Wellenbergs" mit einem „Wellental", eine Auslöschung ergibt.

Beim ***Michelson-Interferometer*** (nach A. Michelson, 1852–1931) läßt man (nahezu) monochromatisches Licht über zwei vor der Fernrohreintrittsöffnung angebrachte Spiegel, deren Abstand verändert werden kann, in das Fernrohr eintreten (Abb. links). Das von einem Stern kommende Licht wird dadurch in zwei getrennte Wellenzüge aufgespaltet, die in der Brennebene des Fernrohrs zur Interferenz gebracht werden. Dabei ergibt sich ein Beugungsmuster, in dem abwechselnd helle und dunkle Streifen sichtbar sind. Der Streifenabstand hängt von der Wellenlänge des Lichts und vom Abstand der beiden Spiegel ab, da die Differenz der Wegstrecken, die die beiden Teilstrahlen bis zu einer bestimmten Stelle in der Brennebene zurücklegen müssen, durch den Spiegelabstand bestimmt wird. Genau in der optischen Achse des Fernrohrs sind beide Wegstrecken gleich, so daß „Wellenberge" mit „Wellenbergen" zusammenfallen: Die Lichtintensität hat hier ein Maximum. Mit wachsendem Abstand von der optischen Achse wächst die Wegstreckendifferenz, so daß sich die beiden Wellenzüge immer mehr gegeneinander verschieben. Ist der Wegunterschied gleich der halben Wellenlänge des Lichts, so überlagern sich „Wellenberge" und „Wellentäler": Die Intensität ist gleich Null. Mit weiter wachsendem Abstand von der optischen Achse steigt die Intensität wieder an und erreicht bei einer Wegstreckendifferenz von genau einer Wellenlänge wieder ein Maximum, usw. Das von einem zweiten, dem ersten dicht benachbarten Stern kommende Licht ergibt ein gleiches Streifenmuster, das aber gegen das erste um so mehr verschoben ist, je größer der Winkelabstand der beiden Sterne ist. Bei der Veränderung des Spiegelabstands verändert sich der Abstand der hellen und dunklen Streifen in beiden Beugungsmustern, ihr jeweiliger Mittelpunkt bleibt jedoch fest. Die Spiegelabstandsänderung geschieht solange, bis die hellen Streifen des einen Beugungsmusters mit den dunklen Streifen des anderen gerade zusammenfallen und sich ein zusammenhängendes Lichtband ohne Streifen ergibt. Aus dem dann erreichten Spiegelabstand und der Wellenlänge des Lichts läßt sich der Winkelabstand der beiden Sterne berechnen. Nach dem gleichen Prinzip können Winkeldurchmesser von Sternen bestimmt werden, da man die beiden Hälften eines Sternscheibchens als die zwei Komponenten eines engen Doppelsterns ansehen kann. Derartige Durchmesserbestimmungen sind nur bei nahen Riesensternen möglich, deren Winkeldurchmesser (von der Erde aus gesehen) größer als das Auflösungsvermögen des I.s (des gering-

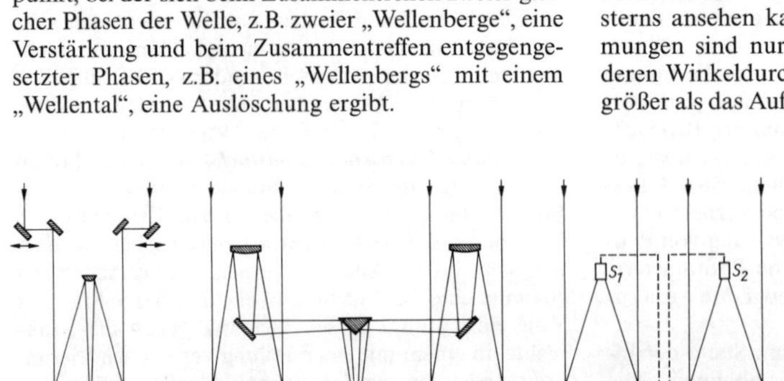

Phaseninterferometer mit zwei kleinen Spiegeln vor der Teleskopöffnung (a) bzw. mit zwei getrennten Teleskopen (b). Korrelationsinterferometer (c): S_1, S_2: Sekundärelektronenvervielfacher; K: Korrelator

sten noch meßbaren Winkels) ist. Dieses hängt von dem realisierbaren maximalen Abstand der beiden Spiegel ab. Wegen der auftretenden Stabilitätsprobleme kann dieser Abstand nicht wesentlich größer als die freie Öffnung des Fernrohrs sein. Ein I. nach dem Prinzip des Michelson-Interferometers wird auch als ***Phaseninterferometer*** bezeichnet.
Eine entscheidende Erhöhung des Auflösungsvermögens erreicht man mit Zwei-Apertur-Interferometern, bei denen die beiden Hilfsspiegel durch zwei getrennte Teleskope ersetzt sind, die in einem weiten Abstand (bis zu 100 m und mehr) gegeneinander verschiebbar aufgestellt werden (Abb. Mitte). Mit Hilfe optischer Zusatzeinrichtungen werden die von den beiden Fernrohren kommenden Wellenzüge in einer gemeinsamen Brennebene phasengerecht zusammengeführt. Die Verbindungslinie der beiden Teleskope nimmt infolge der Erdrotation einen sich dauernd ändernden Winkel gegenüber der Richtung zum Stern ein, was zu einer ständigen Phasenverschiebung der bei den beiden Teleskopen ankommenden Wellenzüge führt. Diese Phasenverschiebung wird mit einer Lichtlaufverzögerungseinrichtung, die in einem der beiden Strahlengänge eingebaut ist, laufend kompensiert. Das Meßprinzip eines Zwei-Apertur-Interferometers ist gleich dem eines Michelson-Interferometers. Statt eines einzigen verschiebbaren Teleskops kann man auch mehrere in bestimmten Abständen fest installierte Teleskope zu einem I. vereinigen. Das wird in Culgoora (Australien) realisiert, wo ein I. gebaut wird, das aus 11 Teleskopen bestehen soll, die nach Art von Siderostaten arbeiten, und die längs einer Strecke von 640 m verteilt sind. Mit diesem Instrument hofft man noch Winkel bis herab zu etwa 0,0005″ messen zu können.
Die Prüfung des in der Brennebene eines Phaseninterferometers auftretenden Streifenmusters erfolgt mittels lichtelektrischer Detektoren, und zwar mehrmals in der Sekunde. Durch die kurze Meßzeit einer Einzelmessung ist gewährleistet, daß sich die durch die Luftunruhe hervorgerufenen Interferenzänderungen nicht störend bemerkbar machen.
Die in der Radioastronomie benutzten Interferometeranordnungen mit kleinen und mittleren Basislängen sind durchweg Phaseninterferometer (→ Radioteleskop).
Bei einem ***Intensitäts-*** oder ***Korrelationsinterferometer*** beruht das Meßprinzip darauf, daß die von einem Körper emittierte Strahlung eine Überlagerung vieler Einzelwellenzüge mit zufällig verteilten Amplituden und Phasen ist. Die Intensität des bei einem Teleskop eintreffenden Strahlungsstroms unterliegt daher kleinen zeitlichen Schwankungen. Bei der Beobachtung ein und derselben Strahlungsquelle mit zwei verschiedenen Teleskopen ist die Übereinstimmung der Schwankungen um so besser, je geringer der Abstand der beiden Teleskope und je geringer der Winkeldurchmesser der Strahlungsquelle ist. Auf Grund der Wellentheorie des Lichts läßt sich ausrechnen, wie schnell der Grad der Übereinstimmung (die Korrelation) mit wachsendem Teleskopabstand in Abhängigkeit vom Winkeldurchmesser der Quelle abnimmt. Bei der Bestimmung des Winkeldurchmessers einer Strahlungsquelle geht man so vor, daß man die bei den beiden Teleskopen ankommenden Strahlungsströme eines schmalen Spektralbereichs mittels lichtelektrischer Detektoren hoher Zeitauflösung in elektrische Ströme umsetzt und diese miteinander korreliert. Vergrößert man die Entfernung der beiden Teleskope (Abb. rechts), so ergibt sich eine Korrelationsänderung, die mit den für unterschiedliche Winkeldurchmesser theoretisch berechneten Änderungen verglichen wird. Intensitätsinterferometer haben den Vorteil, daß die optische Güte der benutzten Instrumente nicht sehr hoch zu sein braucht, da nur ihre lichtsammelnde Kraft, nicht ihre Abbildungsgüte ausgenutzt wird. Stabilitätsprobleme in der optischen Anordnung, die bei Phaseninterferometern wesentlich sind, spielen auch keine Rolle, dafür werden an die benutzten lichtelektrischen Detektoren sowie die elektronischen Hilfsgeräte außerordentlich hohe Anforderungen gestellt. Da man in schmalen Spektralbereichen (demzufolge bei geringen Strahlungsströmen) beobachten muß, benötigt man bei der Durchmesserbestimmung selbst von hellen Sternen sehr lange Beobachtungszeiten.
Die Radiointerferometer sehr großer Basislänge arbeiten nach dem Prinzip der Intensitätsinterferometer.
Bei der Methode der Speckle-Interferometrie wird das bei der Abbildung einer Punktlichtquelle in der Brennebene eines Teleskops sich ergebende Beugungsscheibchen untersucht; → Speckle-Interferometrie.

intergalaktisch, zwischen den Sternsystemen, den Galaxien, befindlich.

intergalaktische Materie, die im Raum zwischen den Sternsystemen, den Galaxien, diffus verteilte oder in einzelnen Wolken existierende Materie.
Intergalaktische Materie in Form von Wolken neutralen Wasserstoffs macht sich z.T. dadurch bemerkbar, daß den Spektren weit entfernter Quasare zusätzliche Lyman-α-Linien in Absorption aufgeprägt werden. Diese Linien haben unterschiedliche Rotverschiebungen, da sich die sie verursachenden Wolken in unterschiedlichen Entfernungen vom Milchstraßensystem befinden (→ Hubble-Effekt); die Rotverschiebungen sind aber immer kleiner als die Rotverschiebung, die die im jeweiligen Quasar entstehende Lyman-α-Emissionslinie hat: Die Wolken sind weniger weit entfernt als der entsprechende Quasar. Der Durchmesser einer derartigen intergalaktischen Wolke liegt in der Größenordnung von einigen 10 kpc und die Masse bei einigen 10^7 Sonnenmassen, doch sind diese Werte sehr unsicher. Die Gesamtmenge der in den Wolken enthaltenen Materie ist sicherlich wesentlich kleiner als die Masse aller sichtbar in Erscheinung tretenden Sternsysteme und trägt damit nur wenig zur Gesamtmasse im Weltall bei.
Nimmt man an, daß diese intergalaktischen Wolken noch aus der Frühphase des Weltalls stammen, hätten sie sich auf Grund ihrer geringen Masse und der demzufolge geringen Eigengravitation im Laufe der Zeit im Raum zerstreuen müssen, wenn nicht eine weitere Komponente i.r M. in Form einer allgemeinen diffusen Materie zwischen den Wolken existieren würde, die auf die Wolken einen entsprechenden äußeren Druck

ausübt und sie am Auseinanderdiffundieren hindert. Bei diesem (hypothetischen) intergalaktischen Zwischenwolkengas kann es sich nur um ionisierten Wasserstoff handeln, da es sich nicht durch entsprechende Lyman-α-Absorptionslinien bemerkbar macht. Von Seiten der Beobachtungen weiß man über diese i. M. nichts.

In der Nähe einiger kleiner Galaxienhaufen existieren Wolken neutralen Wasserstoffs, die sich auf Grund der von ihnen emittierten 21-cm-Strahlung nachweisen lassen. Die linearen Ausdehnungen dieser Wolken betragen bis zu etwa 100 kpc, die mittlere Gasdichte liegt bei etwa 0,01 Wasserstoffatome je cm^3 und die Wolkenmasse bei einigen 10^9 bis einigen 10^{10} Sonnenmassen. Wie die Radialgeschwindigkeiten der Wolken zeigen, sind diese mit großer Wahrscheinlichkeit Mitglieder des entsprechenden Galaxienhaufens. Wahrscheinlich handelt es sich bei der Materie dieser Wolken um ehemalige interstellare Materie von Haufenmitgliedern, die beim Stoß zweier Galaxien aus diesen entfernt wurde und im gemeinsamen Schwerpunkt der stoßenden Systeme als neue – jetzt intergalaktische – selbständige dynamische Einheit verblieb, während die Sterne der Galaxien in ihren großräumigen Bewegungen im wesentlichen unbeeinflußt blieben und auch nach dem Stoß weiterhin als zwei getrennte Sternsysteme existieren. Die Existenzzeit der auf diese Weise neuentstandenen intergalaktischen Gaswolken ist wahrscheinlich relativ kurz, da die Eigengravitation der Wolken zu gering ist, um eine Zerstreuung im Raum zu verhindern. Der sog. Magellan-Strom ist möglicherweise eine derartige intergalaktische Gaswolke, und zwar zwischen dem Milchstraßensystem und den beiden Magellanschen Wolken. Ihre Existenz beruht wahrscheinlich nicht auf einem direkten Galaxienstoß zwischen Mitgliedern der Lokalen Gruppe, sondern auf der Gezeitenwirkung zwischen dem Milchstraßensystem und den Magellanschen Wolken. Die in der Nähe des Spiralsystems M 81 existierende intergalaktische Wolke molekularen Wasserstoffs mit einer Masse von etwa 1 bis 10 Mill. Sonnenmassen ist wahrscheinlich auch die Folge einer nahen Begegnung von M 81 mit einem benachbarten Sternsystem, bei der das Gas aus M 81 infolge von Gezeitenwirkungen herausgelöst wurde.

Heißes intergalaktisches Gas, das sich durch Strahlung im Röntgenbereich bemerkbar macht, existiert innerhalb großer Galaxienhaufen. Die Dichte dieses Gases liegt in der Größenordnung von etwa 10^{-3} Atomen je cm^3, die Temperatur bei etwa 10^7 bis 10^8 K. Die Aufheizung wird mit großer Wahrscheinlichkeit durch die Haufengalaxien bewirkt, die sich im Gravitationsfeld des Haufens mit Geschwindigkeiten bis zu 1000 km/s bewegen und dabei ständig einen Teil ihrer Bewegungsenergie als thermische Energie auf das Gas übertragen. Die Beobachtungen von Röntgenemissionslinien, z.B. vom hochionisierten Eisen, zeigen, daß es sich um mit schweren Elementen angereichertes Gas handelt, das nicht aus der Frühphase des Weltalls stammt. Wahrscheinlich wurde es bei Stößen der Haufengalaxien aus diesen „herausgefegt" und existiert nun als intracumulares Gas im Raum des Galaxienhaufens. Stark konzentrierte Galaxienhaufen scheinen mehr heißes intergalaktisches Gas zu enthalten als lose gebundene Haufen, was auf die höhere Stoßwahrscheinlichkeit in dichten Haufen zurückzuführen ist. Es wurde jedoch auch in der nur aus drei Sternsystemen bestehenden Galaxiengruppe um NGC 2300 heißes intergalaktisches Gas mit einer Temperatur von etwa 10^7 K und einer Masse von etwa 500 Mrd. Sonnenmassen entdeckt; der Heizmechanismus dieses Gases ist noch unklar.

Ein Teil der i.n M. läßt sich nicht direkt durch Beobachtungen nachweisen, man kann aber indirekt auf seine Existenz schließen: In der Umgebung der sog. Kopf-Schwanz-Radiogalaxien muß ein widerstehendes intergalaktisches Medium vorhanden sein, gegenüber das sich die Galaxien bewegen und das für die eigentümliche Struktur dieser Galaxien verantwortlich ist (→ Sternsystem).

Das Vorhandensein von staubförmiger i.r M. wird gelegentlich vermutet, und zwar aus Untersuchungen über die Zahl der Hintergrundgalaxien in der Umgebung großer Galaxienhaufen. Ihre Zahl je Flächeneinheit scheint bei einigen Haufen mit geringerwerdender Entfernung vom Haufenzentrum abzunehmen, was durch intracumulare Staubteilchen verursacht sein könnte, die das Licht der Hintergrundgalaxien schwächen. Da nur wenige Galaxienhaufen untersucht wurden, steht eine endgültige Bestätigung des Effekts noch aus.

Interlunium, svw. Neumond.

Internationale Astronomische Union, Abk. ***IAU***, internationale Vereinigung der Astronomen mit dem Ziel, durch internationale Zusammenarbeit die Astronomie zu fördern. Gegenwärtig (1994) umfaßt die IAU etwa 7800 Astronomen aus 69 Ländern. Die IAU hält alle drei Jahre eine Generalversammlung ab (1985 Neu Delhi, Indien; 1988 Baltimore, USA; 1991 Buenos Aires, Argentinien; 1994 Den Haag, Niederlande; 1997 Kyoto, Japan). Die wissenschaftliche Arbeit wird in 39 Kommissionen geleistet, die für verschiedene Sachgebiete zuständig sind. Die IAU übernimmt die Schirmherrschaft über zahlreiche internationale astronomische Tagungen.

Internationaler Polschwankungsdienst, internationale Vereinigung von Beobachtungsstationen zur Untersuchung der Schwankungen der Polhöhe.

interplanetar, im Raum zwischen den Planeten, im Sonnensystem befindlich.

interplanetare Materie, die im Raum zwischen der Sonne und den Planeten befindliche feste und gasförmige Materie. Zur festen i.n M. werden neben den interplanetaren Staubteilchen auch die Meteoroiden und Mikrometeoroiden, im weiteren Sinne gelegentlich auch die Kometen und Planetoiden gerechnet.

Interplanetarer Staub. Der interplanetare Staub umgibt die Sonne in Form einer großen abgeflachten Wolke, deren Symmetrieebene in Sonnennähe (bis etwa zur Erdbahn) rund 3° gegen die Ekliptikebene geneigt ist und außerhalb der Erdbahn nahe mit der Hauptebene des Planetensystems, die im wesentlichen durch die Bahnebenen der großen Planeten bestimmt wird, zusammenfällt. Die Radien der Staub-

teilchen liegen zwischen etwa 0,1 und 100 μm. Mit wachsendem Radius nimmt ihre Häufigkeit stark ab und geht für größere Partikeln in die Häufigkeitsverteilung der Meteoroiden und schließlich die der Planetoiden über. Die Anzahldichte der Staubteilchen ist in Sonnennähe wesentlich größer als in Sonnenferne. Bei den Meteoroiden kommen lokale Anhäufungen vor, und zwar längs der Kometenbahnen (→ Komet). Die Planetoiden befinden sich vornehmlich im Planetoidengürtel im Bereich zwischen der Mars- und der Jupiterbahn.
An den interplanetaren Staubteilchen wird das Sonnenlicht gestreut, was zum Phänomen des → Zodiakallichts und zur Erscheinung der F-Komponente der Sonnenkorona (→ Sonne) Anlaß gibt. Die interplanetaren Staubpartikeln lassen sich außerdem bei Infrarotbeobachtungen nachweisen, da die Teilchen im ultravioletten und sichtbaren Spektralbereich Sonnenstrahlung absorbieren und die aufgenommene Energie als Wärmestrahlung im Infrarotbereich wieder emittieren (→ Infrarotquelle). Größere Teilchen, die Meteoroiden, machen sich nur dann bemerkbar, wenn sie in die Erdatmosphäre eindringen und Meteorerscheinungen verursachen (→ Meteor). Die chemische Zusammensetzung der interplanetaren Staubteilchen ist bekannt, seit mittels hochfliegender Flugzeuge und mittels Raketen einzelne Partikeln aufgesammelt werden können. Es handelt sich vorwiegend um Silicatverbindungen, wie sie z.B. in dem Mineral Olivin existieren, sowie um Nickel- und Eisenverbindungen. Es fanden sich auch Teilchen, die in ihrer Zusammensetzung ähnlich den kohligen Chondriten (→ Meteorit) sind. Die Teilchen sind z.T. sphärisch, z.T. haben sie eine lose, flockige Struktur.
Die Bewegungsverhältnisse der interplanetaren Partikeln sind vom Teilchendurchmesser abhängig: Sehr große Körper – Planetoiden, Kometen und große Meteoroiden – bewegen sich nach den Gesetzen der Himmelsmechanik um die Sonne, wobei die Störungen durch die großen Planeten zu erheblichen Bahnänderungen führen können. Extrem kleine Teilchen mit einem Durchmesser kleiner als etwa 1 μm werden aus der unmittelbaren Sonnenumgebung weggetrieben, da für sie der von der Sonne weggerichtete Strahlungsdruck größer ist als die Massenanziehung der Sonne. Elektrisch geladene Teilchen werden darüber hinaus durch die im Sonnenwind mitgeführten Magnetfelder mitgerissen. Die größeren Partikeln der Zodiakallichtmaterie und die Mikrometeoroiden bis zu etwa 1 cm Durchmesser nähern sich infolge des → Poynting-Robertson-Effekts hingegen auf Spiralbahnen der Sonne, bis sie schließlich in deren Nähe verdampfen. Die Lebenszeit dieser Teilchen liegt in der Größenordnung von 10^4 bis 10^6 Jahren.
Die Planeten fangen bei ihrer Bewegung um die Sonne beträchtliche Mengen interplanetaren Materials ein. Schätzungsweise fallen je Tag rund 1 Tonne größere Meteoriten und etwa 100 bis 1000 Tonnen Mikrometeoriten auf die Erde. Die tägliche Einfallsrate von sehr kleinen Teilchen, die z.B. in den Ablagerungen des Tiefseeschlamms gefunden werden und (vermutlich) außerirdischen Ursprungs sind, dürfte noch um einen Faktor 10 bis 100 größer sein. Dem Verlust an Staubteilchen steht eine ständige Nachlieferung gegenüber, zu der vor allem der Materieausstoß der Kometen, speziell der langperiodischen mit einer hohen Kernaktivität, sowie die Zertrümmerung von Meteoroiden und Planetoiden bei gegenseitigen Zusammenstößen beiträgt. Vermutlich werden laufend so viele staubförmige und größere Teilchen in den interplanetaren Raum abgegeben, wie aus ihm verschwinden.
Mittels Raumsonden wurden im äußeren Sonnensystem (Sonnenentfernungen größer als 5 AE) Staubteilchen gefunden, die aus dem interstellaren Raum kommend bis in diese Regionen vorgedrungen sind. Die Masse eines einzelnen dieser Teilchen ist rund 30mal größer als die mittlere Masse eines interstellaren Staubteilchens, da kleinere interstellare Partikeln durch den solaren Strahlungsdruck und die interplanetaren Magnetfelder am Eindringen in die inneren Bereiche des Sonnensystems gehindert werden.
Interplanetares Gas. Das interplanetare Gas ist zum größten Teil mit den Teilchen des Sonnenwinds identisch, die mit einer mittleren Geschwindigkeit von etwa 400 km/s von der Sonne wegströmen, die aber auch Geschwindigkeiten bis zu 900 km/s erreichen können. In Erdbahnnähe beträgt die Gasdichte im Durchschnitt etwa 5 bis 10, maximal etwa 100 Teilchen je cm^3 (→ Sonnenwind). Die freien Elektronen des Gases streuen das Sonnenlicht, was in Sonnennähe zur Erscheinung der K-Komponente der Sonnenkorona Anlaß gibt (→ Sonne).
Ein kleiner Anteil des interplanetaren Gases wird von Gasatomen und -molekülen gebildet, die aus den Planetenatmosphären entweichen und aus den Kometenkernen ausgetrieben werden. Aus dem interstellaren Raum dringt eine geringe Menge elektrisch neutraler Gasatome, vor allem Heliumatome, in den interplanetaren Raum ein. Die wesentlich häufigeren interstellaren neutralen Wasserstoffatome werden an der Grenze der Heliosphäre auf Grund ihrer geringeren Masse, damit ihres geringeren Impulses so stark abgebremst, daß sie im allg. nicht weit in den interplanetaren Raum gelangen können. Sie werden außerdem durch die solare Ultraviolettstrahlung rasch ionisiert und unterliegen danach als elektrisch geladene Teilchen den Einflüssen des Sonnenwindes, wodurch ihr Bewegungsverhalten dann dem übrigen interplanetaren Gas gleicht und ihr interstellarer Ursprung nicht mehr erkennbar ist.
Interplanetares Magnetfeld. Der von der Sonne abfließende Sonnenwind führt Magnetfelder mit, die das großräumige interplanetare Magnetfeld formen. Seine Stärke beträgt in Erdbahnnähe zwischen etwa 10^{-8} und 10^{-9} Tesla. Die Felder liegen im wesentlichen in der Ebene des Sonnenäquators. Die Feldlinien, die mit einem Ende in der rotierenden Sonne verankert sind, haben etwa die Form archimedischer Spiralen. Wegen der Neigung des Sonnenäquators gegen die Ekliptikebene und wegen der Verteilung der Magnetfelder auf der Sonnenoberfläche hat das interplanetare Magnetfeld in der Ebene der Ekliptik eine Sektorstruktur mit abwechselnder Feldrichtung (→ Sonnenwind).

interplanetarer Staub, die Menge der kleinen festen Teilchen der → interplanetaren Materie.

interplanetares Gas, der gasförmige Anteil der → interplanetaren Materie.

interplanetare Szintillation, → Radioszintillation.

interstellar, zwischen den Sternen befindlich.

interstellare Absorption, die Schwächung elektromagnetischer Strahlung beim Durchgang durch interstellare Materie. Der interstellare Staub ruft eine ***kontinuierliche i. A.*** hervor, die im Vergleich zu der durch die Staubpartikeln verursachten Streuung im allg. gering ist; Absorption und Streuung zusammen bewirken die interstellare Extinktion. Das interstellare Gas ist für eine ***interstellare Linienabsorption*** verantwortlich, bei der Strahlung aus jeweils sehr schmalen Wellenlängenbereichen durch Atome oder Moleküle aufgenommen wird.

interstellare diffuse Banden, breite, diffuse Absorptionslinien und -banden, die vom interstellaren Medium den Sternspektren aufgeprägt werden. Gegenwärtig sind rund 50 i. d. B. bekannt, die sich auf den Spektralbereich zwischen etwa 350 und 870 nm konzentrieren; die bekannteste Bande liegt bei 443 nm. Bisher gelang es noch nicht, den (oder die) die Banden verursachenden Absorber zu identifizieren, obwohl er sehr wirkungsvoll ist: In den Banden wird 5- bis 6mal mehr Energie absorbiert als in allen vom interstellaren Gas verursachten interstellaren Absorptionslinien des sichtbaren Spektralbereichs zusammen. Da die Stärke einiger Banden relativ gut mit der Größe des Farbexzesses $E(B-V)$ korreliert, nimmt man im allg. an, daß die Banden durch den interstellaren Staub verursacht werden, ohne daß man etwas Genaues über den eigentlichen Absorptionsprozeß weiß. Möglicherweise sind für die diffusen Banden (oder einen Teil von ihnen) aber auch vielatomige interstellare Moleküle verantwortlich.

interstellare Extinktion, die durch den interstellaren Staub verursachte Schwächung des Sternlichts; → interstellarer Staub.

interstellare Materie, die Gesamtheit der im Raum zwischen den Sternen eines Sternsystems existierenden Stoffe und Felder; im engeren Sinn nur die stofflichen Bestandteile, also das interstellare Gas und der interstellare Staub. Das interstellare Gas besteht aus einzelnen Atomen, Molekülen, Ionen und freien Elektronen. Mit dem Begriff interstellarer Staub sind alle feste Teilchen der i.n M. gemeint. Normalerweise kommen Gas und Staub gemeinsam vor. Zu den Feldern im interstellaren Raum gehören das interstellare Strahlungsfeld und die interstellaren Magnetfelder.

B e o b a c h t u n g s m ö g l i c h k e i t e n. Die gasförmige und die staubförmige i. M. kann im sichtbaren Spektralbereich leuchtend und nichtleuchtend in Erscheinung treten. Die leuchtende Materie ist in Form heller Wolken beobachtbar, die wegen ihrer Zugehörigkeit zum Milchstraßensystem (der Galaxis) auch galaktische Nebel genannt werden. Die meisten galaktischen Nebel haben eine unregelmäßige Gestalt und Helligkeitsverteilung; sie bilden die Gruppe der diffusen Nebel, bei denen man zwischen Emissionsnebeln und schwachleuchtenden Emissionsgebieten unterscheidet. Es sind Wolken interstellaren Gases, die durch nahe Sterne hoher Effektivtemperatur zum Leuchten angeregt werden; das Spektrum ist ein Emissionslinienspektrum, das einem schwachen Kontinuum überlagert ist. Sterne geringer Effektivtemperatur können benachbarte Staubwolken als Reflexionsnebel erscheinen lassen, deren Licht von Staubteilchen gestreutes („reflektiertes") Sternlicht ist. Relativ regelmäßig gebaut sind die Planetarischen Nebel und die gasförmigen Überreste von Supernovae, bei denen es sich um vormals stellare Materie handelt, die erst vor kurzem von Sternen abgestoßen wurde und sich nun im interstellaren Raum zerstreut. Dieses Gas wird von dem Stern, von dem die Materie stammt, zum Leuchten angeregt; bei gasförmigen Supernovaüberresten trägt zum Leuchten auch Synchrotronstrahlung bei, die von hochenergetischen Elektronen ausgesandt wird.

Nichtleuchtende i. M. macht sich im optischen Spektralbereich durch eine Veränderung des Lichtes bemerkbar, das von einer (vom Beobachter aus gesehen) hinter der i.n M. liegenden Strahlungsquelle stammt. Der Staub verursacht eine kontinuierliche interstellare Extinktion, die so stark sein kann, daß sternarme oder sternleere Gebiete vorgetäuscht werden (Abb. 1 und 2). Große und dichte Ansammlungen staubförmiger i.r M. werden Dunkelwolken oder Dunkelnebel genannt, sehr kleine Ansammlungen werden als Globulen bezeichnet. Die Extinktion ist wellenlängenabhängig, und zwar wird kurzwelliges (blaues) Licht stärker geschwächt als langwelliges (rotes) Licht. Dadurch wird das Sternlicht beim Durchgang durch eine Dunkelwolke in seiner spektralen Zusammensetzung verändert, es erfährt eine Verrötung. Die Lichtschwächung durch nichtkugelförmige Staubteilchen, die durch interstellare Magnetfelder mindestens teilweise ausgerichtet sind, bewirkt eine unterschiedliche Extinktion in unterschiedlichen Richtung senkrecht zur Ausbreitungsrichtung des Lichts, also eine Polarisation. Nichtleuchtendes interstellares Gas gibt sich durch zusätzlich dem Spektrum des Sternlichts aufgeprägte Absorptionslinien zu erkennen.

Sowohl das im optischen Spektralbereich leuchtende als auch das nichtleuchtende interstellare Gas sendet im Radiofrequenzbereich Strahlung aus, die hauptsächlich eine Linienstrahlung ist und bei den Emissionsnebeln auch einem Kontinuum überlagert sein kann. Der im visuellen Spektralbereich nichtleuchtende interstellare Staub kann im Infrarotbereich strahlend in Erscheinung treten: Die von den Staubteilchen im ultravioletten und sichtbaren Spektralbereich absorbierte Energie wird im Infrarotbereich als thermische Strahlung reemittiert.

Z u s a m m e n s e t z u n g, D i c h t e, T e m p e r a t u r, M a s s e. Soweit die chemische Zusammensetzung des interstellaren Gases bekannt ist, zeigt sie große Ähnlichkeit mit der der Sterne der Population I (→ Elementenhäufigkeit). In einzelnen kühlen Gaswolken ist die Häufigkeit bestimmter Elemente gegenüber der mittleren Häufigkeit drastisch reduziert; aller Wahrscheinlichkeit nach haben sich dort Atome dieser Elemente an interstellare Staubteilchen angelagert, so

Abb. 1: Leuchtende und nichtleuchtende interstellare Materie im Sternbild Monoceros (Einhorn). Der hellste Stern im Bild, etwas links von der Bildmitte, ist S Monocerotis. Darunter befindet sich der Offene Sternhaufen NGC 2264, dessen O- und B-Sterne das umgebende interstellare Gas zum Leuchten anregen. Im linken unteren Bildquadrant liegt der Konusnebel, eine kegelförmig erscheinende Dunkelwolke mit helleuchtenden Rändern, im gegenüberliegenden Bildquadrant ist eine durch eine Dunkelwolke verursachte scheinbare Sternleere zu sehen. (Aufgenommen mit dem 2-m-Schmidt-Teleskop des Karl-Schwarzschild-Observatoriums Tautenburg)

Abb. 2: Pferdekopfnebel (NGC 2023) im Sternbild Orion. (Aufgenommen mit dem 2-m-Schmidt-Teleskop des Karl-Schwarzschild-Observatoriums Tautenburg)

daß sie nun im Gas fehlen. Die genaue chemische Zusammensetzung der interstellaren Staubpartikeln ist noch weitgehend unbekannt. Silicate spielen aller Wahrscheinlichkeit nach eine Hauptrolle, doch dürften u.a. auch Siliciumcarbit, Graphit und Metalloxide, sowie Wassereis, festes Kohlenmonoxid und Kohlendioxid als Bestandteile auftreten.

Die mittlere Dichte des interstellaren Gases beträgt in

der weiteren Sonnenumgebung rund 10^{-24} g/cm^3: Im großräumigen Mittel befinden sich 1 bis 2 Wasserstoffatome in einem Kubikzentimeter. Die Dichten in denjenigen Wolken, in denen der Wasserstoff in neutraler atomarer Form existiert, ergeben sich zu etwa 0,1 bis 100 Wasserstoffatome je cm^3. In den dichten Regionen der Molekülwolken werden Anzahldichten von rund 10^6 Molekülen je cm^3 und mehr erreicht. Die Masse des interstellaren Staubes je Volumeneinheit ist rund 100mal geringer als die des interstellaren Gases.

Die kinetischen Temperaturen des interstellaren Gases sind außerordentlich unterschiedlich: In den Wolken, in denen der Wasserstoff weitgehend molekular ist, herrschen Temperaturen zwischen etwa 10 und 20 K, in denen er atomar ist, typischerweise 80 bis 100 K, und in dem („warmen") atomaren Gas, das sich im Bereich zwischen den interstellaren Wolken befindet, liegen die Temperaturen in der Größenordnung von 1000 K. Im Zwischenwolkenbereich existiert auch ionisiertes („heißes") interstellares Gas, dessen kinetische Temperatur bei 10^5 bis 10^6 K liegt. In den Emissionsgebieten herrschen kinetische Temperaturen von typischerweise 8000 bis 10000 K.

Der Beitrag der i.n M. zur Gesamtmasse des Milchstraßensystems beläuft sich auf etwa 3 bis 5%, sie umfaßt also einige 10^9 Sonnenmassen. Im Bereich der Spiralarme des Milchstraßensystems beträgt der Masseanteil der i.n M. etwa 10%.

Verteilung. Die Hauptmenge der i.n M. ist im Milchstraßensystem in wolkenartigen Verdichtungen konzentriert, deren Größe in einem weiten Bereich variiert: Neben kleinen Wölkchen mit einer Ausdehnung von weniger als 1 pc gibt es große Wolkenkomplexe, die mehr als 100 pc messen. Entsprechend unterschiedlich ist die in den Wolken enthaltene Masse, die z.T. nur wenige Sonnenmassen erreicht, bei den Riesenmolekülwolken aber auch 10^5 bis 10^6 Sonnenmassen betragen kann. Die Riesenmolekülwolken stellen die massereichsten Objekte im gesamten Milchstraßensystem dar. Sie sind in ein dünnes Zwischenwolkenmedium eingebettet, das sowohl atomar („warm") als auch ionisiert („heiß") sein kann. Wahrscheinlich erfüllt die „heiße" Komponente einen weitaus größeren Raumbereich als die „warme", und die wiederum einen größeren als die kalten Wolken sowie die Emissionsnebel. Zur Gesamtmassenbilanz der i.n M. leistet das kalte Gas den Hauptbeitrag.

Die i. M. ist im Milchstraßensystem im allg. stark gegen die galaktische Ebene konzentriert. Der Grad der Konzentration ist für die verschiedenen Komponenten des interstellaren Gases unterschiedlich. Er läßt sich durch die Dicke einer zur galaktischen Ebene symmetrischen Scheibe beschreiben, in der die Hälfte der Gesamtmasse der jeweiligen Komponente enthalten ist. In der Sonnenumgebung beträgt diese Scheibendicke für das in Molekülwolken befindliche Gas etwa 130 pc, für den neutralen atomaren Wasserstoff rund 200 pc, für das „heiße" Gas liegt sie in der Größenordnung von 8000 pc. Die meisten Molekülwolken befinden sich – abgesehen von einer Konzentration im Zentralgebiet des Milchstraßensystems – vorwiegend in einem Entfernungsbereich von etwa 3 bis 10 kpc vom galaktischen Zentrum. Neutraler atomarer Wasserstoff kommt auch noch in sehr viel größeren Entfernungen vor. Beide Formen des kalten interstellaren Gases sind bevorzugt in den Spiralarmen des Milchstraßensystems anzutreffen.

In der unmittelbaren Sonnenumgebung befindet sich ein lokales Gebiet heißen Gases mit einer mittleren Anzahldichte der Gaspartikeln von nur rund $5 \cdot 10^{-3}$ je cm^3. In dieser sehr unregelmäßig begrenzten „heißen Blase" mit einem Durchmesser von (grob) 100 pc sind kleinere Bereiche „warmen", dichteren Gases eingebettet; ihre Ausdehnung liegt in der Größenordnung von wenigen Parsec, die Gasdichte in ihnen bei rund 0,1 Wasserstoffatome je cm^3. In einem dieser Bereiche befindet sich die Sonne.

Bewegungsverhältnisse. Die i. M. des Milchstraßensystems nimmt an der allgemeinen Rotation um das galaktische Zentrum teil. Dieser systematischen Bewegung sind zufällig verteilte Pekuliarbewegungen der einzelnen Wolken überlagert. Die mittleren Pekuliargeschwindigkeiten liegen in der Größenordnung von 10 km/s, doch kommen auch bis zu 10mal größere Werte vor. In den großen Wolken und Wolkenkomplexen existiert dazu noch eine mehr oder minder starke Turbulenz.

Die Relativgeschwindigkeiten der Wolken zueinander sind im allg. größer als die in den Wolken herrschende Schallgeschwindigkeit. Bei einem Zusammenstoß zweier Wolken bildet sich daher eine Stoßfront aus, in der die kinetische Energie der Wolkenbewegung in Anregungs-, Ionisations- und thermische Energie überführt wird; durch Abstrahlung geht diese Energie der i.n M. verloren. Andererseits wird großräumig ständig neue kinetische Energie in die i. M. hineingepumpt: Durch einen neuentstandenen Stern hoher Effektivtemperatur wird umgebendes kühles interstellares Gas ionisiert und dabei stark aufgeheizt, so daß es expandiert und Bewegungsenergie gewinnt. Außerdem gelangt gasförmige Materie mit einer hohen kinetischen Energie in den interstellaren Raum, wenn Sterne Teile ihrer Masse abstoßen. Das kann stetig in Form eines Sternwindes oder explosionsartig z.B. beim Ausbruch einer Supernova erfolgen. Insgesamt besteht für die i.M. wahrscheinlich ein Gleichgewicht zwischen der Zu- und der Abführung von Bewegungsenergie.

Wechselbeziehungen mit Sternen. Ein Teil der von den Sternen emittierten Energie wird von der i.n M. absorbiert und dabei in thermische Energie übergeführt. Kühlprozesse in der i.n M. sorgen für eine Abführung der aufgenommenen Energie. Lokal stellt sich für das interstellare Gas und die Staubteilchen eine bestimmte Gleichgewichtstemperatur ein, die u.a. von der Entfernung der umgebenden Sterne und ihrer Effektivtemperatur abhängt. Von einem Stern hoher Effektivtemperatur wird das umgebende interstellare Gas ionisiert; lokal besteht dann auch ein Gleichgewicht zwischen Ionisation und Rekombination. Diese Gleichgewichte bedeuten nicht, daß sich die i. M. im Sinne der theoretischen Physik in einem thermodynamischen Gleichgewicht befindet; die i. M. ist im Gegenteil extrem weit davon entfernt. Ursache dafür ist,

daß das lokal herrschende Strahlungsfeld, das sich aus den Beiträgen vieler unterschiedlich weit entfernter Sterne zusammensetzt und stark von dem abweicht, das in einem Hohlraum mit einer bestimmten Temperatur anzutreffen ist.
Zwischen den Sternen und der i.n M. besteht ein Masseaustausch: Stellare Materie wird in i. M. überführt, wenn Sterne Masse in den interstellaren Raum abgeben. Umgekehrt wird bei der Sternentstehung i. M. in stellare verwandelt. Die Sternentstehung findet auch noch gegenwärtig, und zwar in erster Linie in den kühlen, dichten Molekülwolken statt. Insgesamt herrscht im Milchstraßensystem bezüglich der Zu- und der Abführung i.r M. kein Gleichgewicht: Die Menge der in Sterne umgewandelten i.n M. ist größer als die rückgeführte Menge; der i.n M. dürften im Milchstraßensystem jährlich insgesamt Masse in der Größenordnung von 3 Sonnenmassen verlorengehen.
Der Masseaustausch zwischen den Sternen und der i.n M. bewirkt die chemische Entwicklung des Milchstraßensystems als Ganzes: In seinem Frühzustand bestand die Materie nahezu nur aus Wasserstoff und Helium (→ Kosmogonie). Mit der Entstehung von Sternen begann die Synthese von Elementen schwerer als Helium. Bei der Masseabgabe der Sterne, vor allem bei der Explosion massereicher Sterne als Supernovae, gelangten große Mengen synthetisierter Elemente in den interstellaren Raum. Sie vermischten sich dort mit der noch vorhandenen i.n M., so daß diese allmählich immer stärker mit schweren Elementen angereichert wurde. Bei der Sternbildung übertrug sich dies auf die jeweils neuen Sterne: Von Generation zu Generation enthielten sie bereits bei ihrer Bildung einen immer größeren Anteil an schweren Elementen. Auf Grund dieses Prozesses entfällt gegenwärtig etwa 3 bis 4% der Masse der i.n M. auf Elemente schwerer als Helium.
Andere Sternsysteme enthalten ebenfalls i. M., deren physikalischer Zustand weitgehend dem der galaktischen i.n M. gleicht. In den Spiralsystemen ist der Anteil der i.n M. an der Gesamtmasse vergleichbar dem im Milchstraßensystem. In elliptischen Sternsystemen sind im allg. kaum merkliche Mengen an i.r M. vorhanden, während irreguläre Sternsysteme wesentlich reicher an i.r M. als die Spiralsysteme sind.
Weitere Einzelheiten s. die Artikel → interstellares Gas, → interstellarer Staub, → interstellares Strahlungsfeld, → Kosmische Strahlung, → Milchstraßensystem, → Sternsystem.

interstellare Moleküle, → interstellares Gas.

interstellare Polarisation, → interstellarer Staub.

interstellarer Staub, die Gesamtheit der Festkörperteilchen (Staubteilchen), die sich im Raum zwischen den Sternen befinden. Die Anzahldichte der interstellaren Staubteilchen ist extrem gering: In einem Würfel von 100 m Kantenlänge befinden sich im Durchschnitt nur einige wenige Staubkörner; ihre Radien liegen zwischen etwa 0,01 und 1 µm. Der interstellare S. macht sich dennoch bei Beobachtungen bemerkbar, weil enorm große Räume von ihm erfüllt sind.
Interstellare Extinktion. Licht, das ein mit interstellarem S. angefülltes Gebiet durchquert, wird geschwächt: Es erleidet eine interstellare Extinktion, deren Betrag wesentlich von der Zahl der Teilchen längs des Weges von der Strahlungsquelle (z.B. einem Stern) bis zum Beobachter abhängt. Dabei ist es gleichgültig, ob die Staubteilchen sehr gleichmäßig verteilt oder in einem kleinen Raumgebiet, einer interstellaren Wolke, konzentriert sind. Wegen der Lichtschwächung ist die scheinbare Helligkeit m eines Sterns, die man ohne Extinktion beobachten würde, um den Betrag Δm verändert: Die tatsächlich beobachtete scheinbare Helligkeit ergibt sich zu $m' = m + \Delta m$. Der Extinktionsbetrag Δm läßt sich ermitteln, wenn man die Entfernung des Sterns auf Grund trigonometrischer Bestimmungsmethoden sowie seine absolute Helligkeit M kennt, da man dann den wahren Entfernungsmodul $m - M$ des Sterns mit dem durch Extinktion verfälschten gemessenen Entfernungsmodul $m' - M = m + \Delta m - M$ vergleichen kann. Ein durch Extinktion beeinflußter Stern hat einen größeren Entfernungsmodul, er scheint weiter entfernt zu sein, als er in Wirklichkeit ist.
Große und relativ dichte Staubansammlungen (Dunkelwolken) machen sich z.T. dadurch bemerkbar, daß sie das Licht der vom Beobachter aus gesehen dahinterliegenden Sterne so stark schwächen, daß sternleere oder sternarme Gebiete vorgetäuscht werden. Das ist u.a. in der auffälligen Zweiteilung der Milchstraße in den Sternbildern Cygnus, Serpens, Ophiuchus, Sagittarius und Scorpius der Fall. Die Teilung wird durch Dunkelwolken verursacht, die sich an der Himmelskugel längs des galaktischen Äquators konzentrieren und verhindern, daß das Licht der gerade in diesen Richtungen zahlreichen weiterentfernten Sterne uns erreicht. Die Seltenheit oder das Fehlen von extragalaktischen Sternsystemen in einem unregelmäßig begrenzten Band längs des galaktischen Äquators, in der sog. nebelfreien Zone, ist ebenfalls auf die Extinktionswirkung interstellarer Staubwolken zurückzuführen: Sie verhindern in diesen Richtungen die Sicht aus dem Milchstraßensystem hinaus.
Die räumliche Verteilung und die Ausdehnung von Dunkelwolken kann auf Grund von Sternzählungen ermittelt werden: In einem zu untersuchenden Sternfeld und in einem benachbarten gleichgroßen Vergleichsfeld ohne interstellare Extinktion werden Sterne mit gleicher absoluter Helligkeit gezählt, deren scheinbare Helligkeit in Helligkeitsintervalle der Breite δm (z.B. $\delta m = 1$ mag) und unterschiedlichen Mittelwerten m fällt. Im Vergleichsfeld nimmt die Anzahl $N(m)$ der Sterne je Flächeneinheit an der Himmelskugel bei homogener räumlicher Sternverteilung mit abnehmender scheinbarer Helligkeit m stetig zu, da bei der Zählung immer größere Volumina erfaßt werden (→ Stellarstatistik). Liegt im untersuchten Feld im Entfernungsintervall von r_1 bis r_2 eine Dunkelwolke mit dem Extinktionsbetrag Δm, so sind die scheinbaren Helligkeiten aller hinter dieser Wolke liegenden Sterne um Δm zu größeren m-Werten verschoben. Trägt man den Logarithmus der Sternzahlen $N(m)$ in einem Diagramm über m auf (Abb. 1), so steigen bis r_1 (entsprechend einer scheinbaren Helligkeit m_1) die

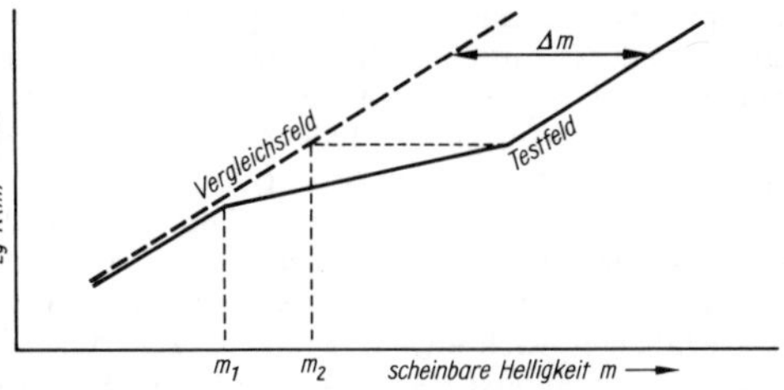

Abb. 1: Wolf-Diagramm. Die Abhängigkeit der Sternzahlen *N(m)* von der scheinbaren Helligkeit *m*. Erläuterungen im Text

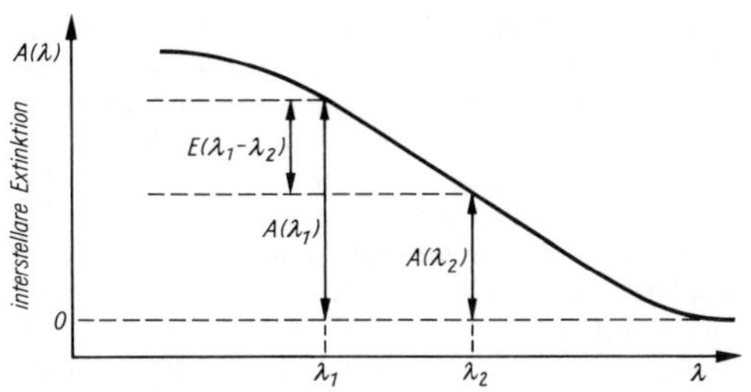

Abb. 2: Zusammenhang zwischen dem Farbexzeß $E(\lambda_1 - \lambda_2)$ und der interstellaren Extinktion $A(\lambda)$ bei den Wellenlängen λ_1 und λ_2

Sternzahlen vom untersuchten und vom Vergleichsfeld in gleicher Weise (und zwar linear) an, danach wachsen sie im untersuchten Feld langsamer als im Vergleichsfeld. Ab der Entfernung r_2 (entsprechend der scheinbaren Helligkeit $m_2 + \Delta m$) laufen die Kurven wieder parallel, aber um Δm verschoben. Aus derartigen *Wolf-Diagrammen* (nach M. Wolf, 1862–1932) kann mithin die Entfernung einer Dunkelwolke und ihr Extinktionsbetrag abgelesen werden. Die Auswertung realer Diagramme ist z.T. mit erheblichen Schwierigkeiten verbunden, weil die Sternzahlen und die absoluten Helligkeiten der Sterne eine natürliche Streuung aufweisen, und weil die Annahme gleicher Sterndichte in beiden Sternfeldern sowie eines unverdunkelten Vergleichsfeldes nicht vollkommen realisiert sind. Mit Hilfe von Wolf-Diagrammen lassen sich im allg. nur große Dunkelwolken mit einem Extinktionsbetrag größer als etwa 0,3 bis 0,4 mag sicher erkennen. In der weiteren Sonnenumgebung konnten Dunkelwolken mit Ausdehnungen in der Größenordnung von 100 bis einige 100 pc und einer Extinktion von einigen Größenklassen nachgewiesen werden.

Neben großen Dunkelwolken gibt es kleinere interstellare Staubwolken, deren Durchmesser bis zur Größenordnung von 0,1 bis 1 pc herabreichen und deren Extinktionsbeträge sich auf viele Größenklassen belaufen können. Die kleinsten, dichtesten Dunkelwolken, die sog. Globulen, geben sich vor allem dann zu erkennen, wenn sie auf leuchtende diffuse Gasnebel oder dichte Sternfelder projiziert erscheinen.

Der interstellare S. existiert außer in Dunkelwolken mehr oder minder homogen im interstellaren Raum verteilt; er verursacht dadurch eine allgemeine interstellare Extinktion. Ihre Größe läßt sich durch den Vergleich von geometrisch und photometrisch bestimmten Entfernungen von möglichst gleichmäßig im Raum verteilten Objekten (z.B. Offenen Sternhaufen) ermitteln. In der Nähe der galaktischen Ebene beträgt die allgemeine interstellare Extinktion im visuellen Spektralbereich zwischen 0,7 und 1,6 mag je 1000 pc Wegstrecke.

I n t e r s t e l l a r e V e r f ä r b u n g. Die Extinktion des interstellaren S.es ist wellenlängenabhängig: Kurzwelliges (blaues) Licht wird stärker geschwächt als langwelliges (rotes) Licht. Nach dem Durchgang des Sternlichts durch eine Staubansammlung ist die spektrale Intensitätsverteilung zugunsten des roten Anteils verändert, der Stern ist „verrötet". Zur Bestimmung der interstellaren Extinktion $A(\lambda)$ bei der Wellenlänge λ vergleicht man die in einem schmalen Spektralbereich mit der Wellenlänge λ als Zentrum gemessene scheinbare Helligkeit eines verfärbten Sterns mit der entsprechenden Helligkeit eines unverfärbten Sterns gleicher Spektralklasse. (Diese läßt sich aus dem Linienspektrum des Sterns auch bei vorhandener Verfärbung eindeutig erkennen.) Wählt man zwei Spektralbereiche, die durch die Wellenlängen λ_1 und λ_2 charakterisiert sind, so ist der Extinktionsunterschied $A(\lambda_1) - A(\lambda_2)$ gleich dem Farbexzeß $E(\lambda_1 - \lambda_2)$, Abb. 2. Als interstellare Verfärbungskurve bezeichnet man den Verlauf des Farbexzesses in Abhängigkeit von der Wellenlänge; dazu hält man λ_2 fest, während man λ_1 variiert. Die gemessenen Farbexzesse sind entfernungsabhängig; sie steigen mit der vom Licht durchquerten Menge an interstellarem S. Durch eine Normierung rechnet man alle gemessenen Farbexzesse auf gleiche Teilchenzahlen um. In der Praxis wählt man im allg. den V-Bereich des UBV-Systems als Bezugsbereich und normiert so, daß der Farbexzeß $E(B - V) = 1$ mag wird. Den Nullpunkt der Verfärbungskurve erhält man durch eine Extrapolation auf unendlich große Wellenlängen, für die die interstellare Extinktion verschwindet. Im Wellenlängenbereich von etwa 350 nm bis 1 µm ist die Verfärbung angenähert umgekehrt proportional der Wellenlänge; man trägt daher üblicherweise $A(\lambda)$ über dem Kehrwert der Wel-

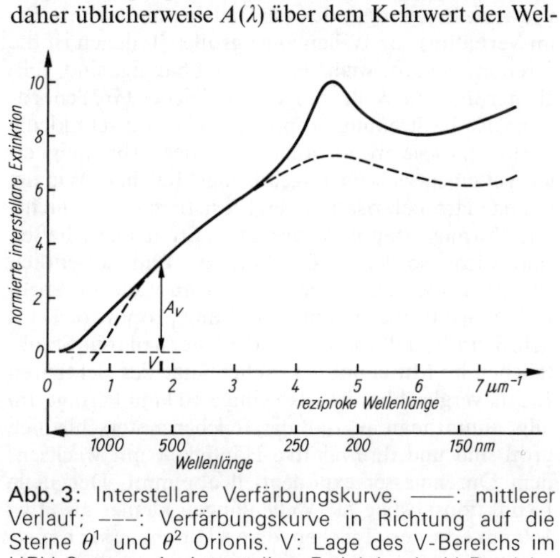

Abb. 3: Interstellare Verfärbungskurve. ——: mittlerer Verlauf; ---: Verfärbungskurve in Richtung auf die Sterne θ^1 und θ^2 Orionis. V: Lage des V-Bereichs im UBV-System; A_V: interstellare Extinktion im V-Bereich

lenlänge auf, Abb. 3. Die Verfärbungskurve kennt man für den Wellenlängenbereich von etwa 100 nm bis ins ferne Infrarot. Sie zeigt einen mit abnehmender Wellenlänge stetigen Anstieg, der im Ultraviolettbereich durch ein relatives Extinktionsmaximum bei etwa 220 nm beendet wird; nach einem Minimum bei etwa 160 nm folgt ein weiterer steiler Anstieg. Im Ultraviolett- und im Infrarotbereich ergeben sich für einzelne Sichtlinien z.T. größere Abweichungen vom mittleren Verlauf der Verfärbungskurve. Im Infrarotbereich treten z.T. zusätzliche Absorptionslinien und breite, nahezu strukturlose Absorptionsbanden (z.B. bei 3,1 µm, 4,7 µm, 9,7 µm, 15,2 µm und 18 µm) auf, die den ansonsten monotonen Verlauf der Verfärbungskurve unterbrechen. Die Beobachtungen zeigen, daß das Verhältnis der interstellaren Extinktion $A(V)$, die man im V-Bereich des UBV-Systems mißt, zum Farbexzeß $E(B-V)$, also $R=A(V)/E(B-V)$, weithin konstant ist und etwa 3,2 beträgt; in einigen interstellaren Dunkelwolkenkomplexen werden auch größere Werte beobachtet, die bis zu etwa $R=6$ reichen. Bei bekanntem R-Wert kann aus der leicht meßbaren Verfärbung $E(B-V)$ der schwer meßbare Extinktionsbetrag $A(V)$ berechnen werden, mit dem der durch interstellare Extinktion verfälschte Entfernungsmodul korrigiert werden kann (für den V-Bereich gilt dann $\Delta m=A(V)$).

Die interstellare Extinktion beruht teils auf Absorption teils auf Streuung. Bei der Absorption geht die von den Staubteilchen aufgenommene Strahlungsenergie in innere Energie, also Wärmeenergie des Teilchens über. Die Wiederausstrahlung dieser Energie erfolgt entsprechend der sich im Teilchen einstellenden Gleichgewichtstemperatur als thermische Strahlung im Infrarotbereich, also bei anderen Wellenlängen als die Absorption. Für die Gesamtextinktion ist im allg. die Streuung wesentlicher, bei der eine Richtungsänderung, keine Wellenlängenänderung der Strahlung stattfindet. Die Streueigenschaften eines Teilchens hängen u.a. vom Verhältnis der Wellenlänge der ankommenden Strahlung zum Teilchendurchmesser sowie vom Brechungsindex der Teilchenmaterie ab. Bei im Verhältnis zur Wellenlänge großen Teilchen ist die Streuung nahezu wellenlängenunabhängig, sind Teilchengröße und Wellenlänge von gleicher Größenordnung, ist die Streuung proportional $1/\lambda$, für sehr kleine Partikeln ist sie proportional $1/\lambda^4$. Diese Abhängigkeiten gelten speziell für kugelförmige Teilchen. Wie die interstellare Polarisation zeigt, existieren auch nichtkugelförmige Staubteilchen; deren Streueigenschaften sind nicht so leicht überblickbar und wesentlich schwieriger zu berechnen. Aus der im visuellen Spektralbereich beobachteten Verfärbung proportional $1/\lambda$ geht hervor, daß die Größe der interstellaren Staubteilchen im Mittel mit der Wellenlänge des sichtbaren Lichts vergleichbar ist, also einige 100 nm beträgt. Im allg. nimmt man an, daß die Teilchen unterschiedlich groß sind und ihre relative Häufigkeit mit wachsendem Durchmesser exponentiell abnimmt. Der steile Extinktionsanstieg für Wellenlängen kleiner als etwa 160 nm erfordert Teilchen, deren Durchmesser um etwa 30 nm oder niedriger liegt.

Der relative Beitrag der Streuung zur Extinktion hängt von der chemischen Zusammensetzung der Teilchen ab: Bei rein dielektrischen Teilchen tritt nur Streuung auf; besitzen die Teilchen metallische Bestandteile, erfolgt auch eine Absorption.

Interstellare Polarisation. Die von einem Stern kommende und eine interstellare Staubansammlung durchsetzende Strahlung erleidet z.T. eine in unterschiedlichen Richtungen senkrecht zur Ausbreitungsrichtung unterschiedlich starke Extinktion, was einer linearen Polarisation der empfangenen Strahlung entspricht. Bestimmt man die Strahlungsintensität in Richtung maximaler und minimaler Extinktion, so gibt die Differenz der in Größenklassen ausgedrückten Intensitäten den Polarisationsgrad der ankommenden Strahlung. Im Mittel wächst der Polarisationsgrad mit dem Farbexzeß $E(B-V)$. Eine Polarisation ist immer mit einer Extinktion verbunden, während eine Extinktion nicht notwendig auch eine Polarisation nachsichzieht: Die Extinktionsbeiträge mehrerer Staubwolken addieren sich nämlich, während die Polarisationswirkung einer Wolke durch eine andere Wolke aufgehoben werden kann.

Damit es zu einer Polarisation kommt, müssen die interstellaren Staubteilchen länglich geformt und ihre großen Achsen vorzugsweise in eine bestimmte Richtung weisen. Bei einer bestimmten Wellenlänge ist dann für das parallel zur großen Achse der Teilchen schwingende Licht das Verhältnis von Teilchendurchmesser zu Wellenlänge größer als für das senkrecht zu dieser Achse schwingende, was zu der unterschiedlichen Extinktion führt.

Die Ausrichtung der Staubteilchen geht auf die Wirkung interstellarer Magnetfelder zurück: Bei Zusammenstößen mit den umgebenden Gasatomen und bei der Ablösung von Molekülen oder Elektronen von der Teilchenoberfläche werden die Teilchen in Rotation versetzt, wobei die Rotationsachse infolge innerer Effekte schnell in die Hauptträgheitsachse übergeht. Ist diese gegen die Richtung der magnetischen Feldlinien geneigt, und haben die Staubteilchen paramagnetische Eigenschaften, wirkt auf sie ein Drehmoment, das die Hauptträgheitsachse allmählich in die Richtung der Feldlinien bringt, so daß die Teilchen langsam ausgerichtet werden. Durch Zusammenstöße mit Gasatomen wird die Ausrichtung immer wieder gestört, so daß sie nie vollständig ist. Aus dem Polarisationsgrad kann auf die Stärke des wirkenden interstellaren Magnetfeldes, aus der Polarisationsrichtung auf seine Richtung geschlossen werden.

Zusätzlich zur linearen Polarisation kann ein zirkularer Anteil auftreten, was bei einer nicht einheitlichen Orientierung der Staubteilchen in der Beobachtungsrichtung der Fall ist. Der Betrag der zirkularen Polarisation ist verglichen mit der linearen sehr klein.

Reflexionsnebel. Gestreutes Licht läßt sich u.a. dann beobachten, wenn größere Staubmassen durch einen nahen Stern beleuchtet werden; die gestreute Strahlung läßt die Staubwolken hell erscheinen. Derartige Wolken werden als Reflexionsnebel bezeichnet, da man zunächst annahm, daß die Leuchterscheinung durch eine Reflexion des Sternlichts verursacht sei,

Abb. 4: Reflexionsnebel um die hellsten Plejadensterne. Die besondere Bildform der hellen Sterne geht auf Beugungseffekte im Teleskop zurück. (Aufgenommen mit dem 2-m-Schmidt-Teleskop des Karl-Schwarzschild-Observatoriums Tautenburg)

was physikalisch nicht ganz korrekt ist. Das Spektrum eines Reflexionsnebels weist wenig Unterschiede gegenüber dem Spektrum des beleuchtenden Sterns auf, da aber kurzwelliges Licht stärker gestreut wird als langwelliges, erreicht den Beobachter vom Nebel im Vergleich zum beleuchtenden Stern mehr kurz- als langwelliges Licht: Das gestreute Licht ist „verbläut". Das Streulicht ist z.T. stark polarisiert, was im allg. durch den Streueffekt selbst (nicht durch ausgerichteten Teilchen) bedingt ist. Polarisationsgrad und Verfärbung ändern sich im allg. mit dem Abstand vom beleuchtenden Stern.

Die typischen Ausdehnungen eines Reflexionsnebels sind von der Größenordnung 1 pc. Die beleuchtenden Sterne haben eine so geringe Effektivtemperatur, daß das umgebende interstellare Gas nicht ionisiert wird; die Spektralklasse der beleuchtenden Sterne ist später als B0. (In einem zum Leuchten angeregten Gasnebel wird das schwache Staubstreulicht völlig überstrahlt.)

Beispiele für Reflexionsnebel sind die die helleren Plejadensterne umgebenden schwach leuchtenden Nebelstreifen (Abb. 4) und der Kokon-Nebel im Sternbild Cygnus (Abb. 5).

Chemische Zusammensetzung der Staubteilchen. Die Verfärbungskurve enthält in Hinblick auf die chemische Staubzusammensetzung nur wenig eindeutig auswertbare Informationen. Gewisse Hinweise auf die Zusammensetzung erhält man aus einzelnen diskreten Spektralmerkmalen wie dem relativen Extinktionsmaximum bei 220 nm und den verschiedenen Absorptionsbanden im infraroten Spektralbereich. Bei den Untersuchungen zur chemischen Zusammensetzung der Staubteilchen geht man im allg. indirekt vor: Auf Grund theoretischer Überlegungen nimmt man eine bestimmte chemische Zusammensetzung und eine bestimmte Durchmesserverteilung der Teilchen an und variiert diese Größen in gewissen Grenzen so lange, bis eine befriedigende Übereinstimmung der aus den Staubmodellen folgenden theoretischen Verfärbungskurven mit der beobachteten Kurve erreicht ist. Einschränkungen für die mögliche Zusammensetzung ergeben sich u.a. aus der mittleren kosmischen Häufigkeit der Elemente, ihrem chemischen Verhalten sowie ihren Kondensationseigenschaften. Weitere Hinweise auf die Staubzusammensetzung kann man aus der Unterhäufigkeit bestimmter Elemente in bestimmten interstellaren Gaswolken (→ interstellares Gas) gewinnen, wenn man annimmt, daß die dort fehlenden Gasatome sich an Staubteilchen angelagert haben. Für die Größenverteilung der Staubteilchen nimmt man im allg. an, daß die Teilchenzahl proportional $a^{-3,5}$ ist, wenn man mit a den

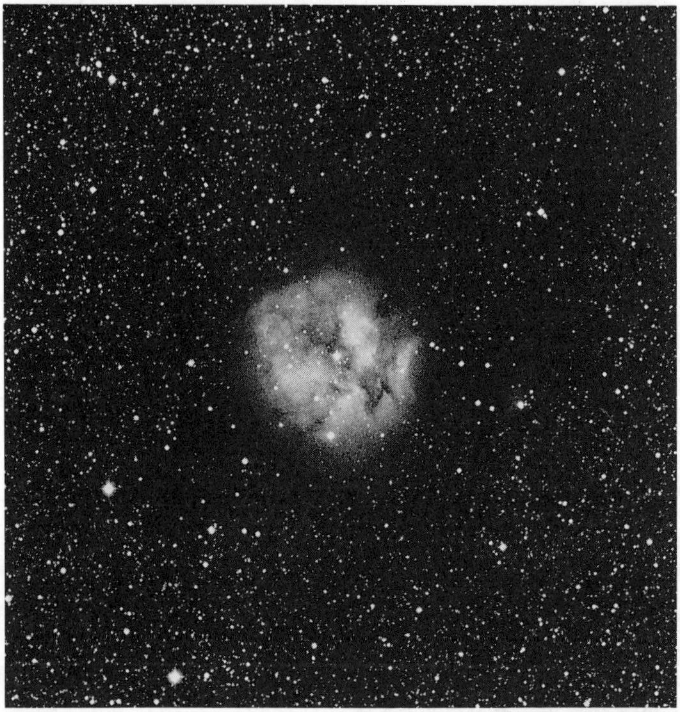

Abb. 5: Der Kokonnebel, ein Gas-Staub-Komplex im Sternbild Cygnus (Schwan). Das vom Nebel kommende Licht ist zum Teil an interstellaren Staubteilchen gestreutes Sternlicht, zum Teil stammt es vom Gas, das durch den heißesten Stern des im Nebel befindlichen Sternhaufens IC 5146 zum Leuchten angeregt wird. Die Entfernung des Nebels von der Sonne beträgt etwa 1000 pc. (Aufgenommen mit dem 2-m-Schmidt-Teleskop des Karl-Schwarzschild-Observatoriums Tautenburg)

Teilchenradius bezeichnet; *a* soll dabei im Bereich zwischen 5 und 250 nm liegen. Vielfach fügt man noch einen Anteil sehr kleiner Partikeln mit einem Radius von etwa 1 nm hinzu. In Molekülwolken, in denen es zu einer starken Gasanlagerung an die Teilchen kommt, dürfte die Radiusverteilung zu größeren Teilchen verschoben sein, wobei sicher große Unterschiede von Wolke zu Wolke existieren, da der Anlagerungseffekt von den lokal herrschenden physikalischen Bedingungen sowie von der Zeit abhängt, während der er bereits wirkt.

Im allg. geht man davon aus, daß ein großer Teil der Teilchen aus Silicaten besteht, die die Absorptionsbanden bei 9,7 und 18 μm verursachen; die genaue mineralogische Beschaffenheit läßt sich wegen der Unstrukturiertheit der beobachteten Banden nicht angeben. Die seltener beobachtete Bande bei 3,1 μm rührt wahrscheinlich von Wassereis her, während die Bande bei 4,7 μm möglicherweise von festem Kohlenmonoxid, die bei 15,3 μm von festem Kohlendioxid und die bei 2,95 μm von festem Ammoniak verursacht werden, wobei diese „gefrorenen Gase" als Eismäntel die Staubteilchen umhüllen. Eine Bande bei 11,4 μm könnte von Siliciumkarbidteilchen stammen. Das Material, das das relative Extinktionsmaximum bei 220 nm hervorruft, läßt sich nicht eindeutig identifizieren. Es könnte sich um sehr kleine Graphitteilchen mit einem Durchmesser um 40 nm handeln, aber auch um Teilchen aus amorphem Kohlenstoff oder aus bestimmten Metalloxiden, z.B. Magnesiumoxid oder Eisenoxid. Zur Erklärung einiger in Infrarotquellen beobachteten Emissionsbanden im Bereich von 3 bis 15 μm nimmt man die Existenz von Teilchen an, die aus wenigen Atomen (Größenordnung etwa 50) bestehen. Chemisch könnte es sich um polyzyklische aromatische Kohlenwasserstoffe handeln. Diese Teilchensorte stellt vielleicht den Übergang zu den vielatomigen interstellaren Molekülen des interstellaren Gases dar (→ interstellares Gas). Insgesamt dürfte es sich beim interstellaren S. um ein Teilchengemisch aus mindestens drei bis vier chemisch unterschiedlichen Teilchensorten handeln.

Gibt man sich die chemische Zusammensetzung und die Größenverteilung der Staubteilchen vor, läßt sich der Extinktionsbeitrag einer bestimmten Teilchenmenge und deren Masse ausrechnen. Aus der beobachteten Extinktion in Richtung eines Sterns bekannter Entfernung kann dann die Gesamtteilchenzahl in der Sichtlinie, die mittlere Anzahldichte (Teilchen je Volumeneinheit) sowie die mittlere Massendichte (Masse je Volumeneinheit) des interstellaren S.s bestimmt werden. Beim Vergleich mit der mittleren Massendichte des interstellaren Gases zeigt sich, daß das Masseverhältnis von interstellarem Gas zu interstellarem S. rund 100:1 beträgt, doch können einzelne Gebiete beträchtlich davon abweichen. Auf rund 10^{10} bis 10^{12} interstellare Wasserstoffatome kommt etwa ein interstellares Staubteilchen.

Thermische Staubstrahlung. Die von einem Staubteilchen absorbierte Energie wird als Wärmestrahlung reemittiert. In einem Teilchen stellt sich eine Gleichgewichtstemperatur ein, die vom herrschenden Strahlungsfeld, vom Absorptionsvermögen des Teilchens im sichtbaren und ultravioletten Spektralbereich (wo das Maximum der Sternstrahlung liegt) sowie vom Emissionsvermögen im Infrarotbereich (in dem die Ausstrahlung erfolgt) abhängt. Das Verhältnis des Ultraviolettabsorptions- zum Infrarotemissionsvermögen ist sowohl von der chemischen Beschaffenheit als auch von der Teilchengröße abhängig, so daß sich selbst bei Teilchen gleicher Zusammensetzung aber unterschiedlicher Größe bei sonst gleichen Bedingungen etwas unterschiedliche Temperaturen einstellen können. Die im interstellaren Raum herrschenden Staubtemperaturen erhält man bei dem Vergleich des beobachteten Spektrums mit theoretischen Spektren unterschiedlicher Temperatur. Normale Staubteilchen, die weit entfernt von einem heißen Stern nur dem interstellaren Strahlungsfeld ausgesetzt sind, haben eine Temperatur zwischen etwa 15 und 20 K. Extrem kleine Teilchen, die aus wenigen (Größenordnung einige 100) Atomen bestehen, können weitaus höhere Temperaturen erreichen. Ihre innere Energie, die sich aus den Beiträgen aller das Teilchen bildenden Atome zusammensetzt, ist dem Betrag nach sehr gering und vergleichbar mit der Energie eines Ultraviolettquants des interstellaren Strahlungsfeldes. Bei der Absorption eines derartigen Quants wird die innere Energie, damit die Teilchentemperatur erheblich geändert und kann 1000 K erreichen. Durch die Abstrahlung der aufgenommenen Energie nimmt die Temperatur rasch wieder ab, im Mittel haben derartiger Teilchen aber eine relativ hohe Temperatur. In der Nähe heißer und junger Sterne, z.B. in ausgedehnten HII-Gebieten und in einzelnen dichten Zentralregionen von Molekülwolken, haben auch die größeren Teilchen Temperaturen zwischen etwa 30 und 50 K. Eine mehr oder minder diffuse, vom interstellaren S. herrührende Strahlung, deren Strahlungsmaximum im fernen Infrarotbereich liegt, empfängt man von fast dem gesamten Himmel, wobei die Strahlungsintensität im allg. mit wachsendem Abstand vom galaktischen Äquator abnimmt. Ein Teil der Emission konzentriert sich auf filamentartige Staubansammlungen, die wegen ihrer Ähnlichkeit mit irdischen Zirruswolken als galaktischer Zirrus bezeichnet werden. Diese Zirren stehen im allg. mit Ansammlungen interstellaren atomaren Wasserstoffs in Verbindung, z.T. aber auch mit diffusen Molekülwolken. Die Extinktionswirkung der Zirruswolken ist im Mittel sehr gering, die Teilchendichte liegt in der Größenordnung von etwa 50 Gaspartikeln je cm^3.

Die vom interstellaren S. ausgesandte Strahlung ist kontinuierlich. Im Spektrum einiger als Infrarotquellen in Erscheinung tretender Wolken beobachtet man auch einzelne Emissionsbanden, deren Wellenlängen z.T. denen der in Gebieten hoher Extinktion beobachteten Absorptionsbanden entsprechen: Die Zusammensetzung der emittierenden und der absorbierenden Teilchen ist weitgehend gleich.

T e i l c h e n e n t s t e h u n g. Die Entstehung von Festkörperpartikeln als Kondensationsprodukte aus dem allgemeinen interstellaren Gas ist wegen der geringen Gasdichte außerordentlich unwahrscheinlich: Erst nach einigen 10^8 Jahren dürften die Kondensationsprodukte Durchmesser von der Größenordnung der Lichtwellenlänge erreicht haben, was wesentlich länger als die mittlere Lebensdauer einer interstellaren Gaswolke ist. Im allg. nimmt man daher an, daß sich Staubteilchen bei der Kondensation bestimmter Gasbestandteile in den äußeren Atmosphärenschichten sehr kühler Riesensterne bilden und von da mit einem abströmenden Sternwind in den interstellaren Raum gelangen. Es dürften vor allem Teilchen aus schwer schmelzbaren Substanzen mit hohen Kondensationstemperaturen entstehen. Die unterschiedlichen physikalischen und chemischen Bedingungen in den Sternatmosphären führen zu unterschiedlichen Staubzusammensetzungen: In den Atmosphären, in denen Sauerstoff häufiger als Kohlenstoff ist, dürften sich vor allem Silicate bilden, in Atmosphären mit einem Kohlenstoffüberschuß dürften Siliciumkarbid- und Graphitteilchen überwiegen. Eine Kondensation kann auch in den von Supernovae und Novae abgestoßenen Gashüllen stattfinden. Möglicherweise entstehen Staubteilchen auch in den Hüllen von Protosternen in Analogie zur Entstehung fester Teilchen im Sonnennebel bei der Bildung des Sonnensystems. Bei diesen Teilchen würde man eine gewisse Verwandtschaft mit den Meteoriten, also im wesentlichen ein silicatisches Material, erwarten.

Die in den interstellaren Raum gelangten Staubteilchen können dort weiter wachsen, indem sich Gasatome und Moleküle an ihren Oberflächen anlagern; die Staubteilchen wirken dabei wie Kondensationskeime. Die Zusammensetzung der sich um die ursprünglichen Teilchen bildenden Mäntel ist durch die relative Häufigkeit der zur Verfügung stehenden Elemente sowie deren Kondensationseigenschaften bestimmt. Die Mäntel dürften u.a. aus Sauerstoff, Kohlenstoff und Stickstoff bestehen, die mit Wasserstoff gesättigte Verbindungen eingehen, wobei Wasser, Methan und Ammoniak entsteht. Wegen der niedrigen Temperaturen im interstellaren Raum existieren die Wasserstoffverbindungen in fester Form; im Spektrum geben diese Eismäntel u.a. zu den beobachteten Banden von Wassereis und Ammoniak Anlaß. Durch die Anlagerung auch anderer Moleküle sind die Eismäntel mit weiteren Bestandteilen durchsetzt. Über die beim Wachstum der Eismäntel ablaufenden Prozesse weiß man sehr wenig, doch dürfte die Wachstumsgeschwindigkeit sehr von der Dichte des interstellaren Gases abhängen: Je größer diese ist, um so schneller nimmt die Manteldicke zu. Ein Vergrößerung der Teilchenradien ergibt sich weiterhin, wenn sich Teilchen beim Zusammentreffen nicht zerstören, sondern aneinander haften bleiben, und koagulieren. Die dann entstehenden Gebilde haben eine weniger kompakte, mehr flockige Struktur. Eine teilweise Zerstörung, vor allem der Eismäntel, kann u.a. dann eintreten, wenn die Staubteilchen einer hochenergetischen Sternstrahlung – etwa in der Umgebung von Sternen hoher Effektivtemperatur – ausgesetzt sind.

R ä u m l i c h e S t a u b v e r t e i l u n g. Der interstellare S. ist wie die gesamte interstellare Materie im Milchstraßensystem stark gegen die galaktische Ebene konzentriert. Die galaktischen Zirren zeigen aber, daß auch in größeren Abständen von der galaktischen

Ebene noch interstellarer S. vorkommt. Interstellares Gas und i. S. sind sowohl räumlich als auch dynamisch, energetisch und kosmogonisch stark gekoppelt, → interstellare Materie, → interstellares Gas.

Der die allgemeine interstellare Extinktion außerhalb der Dunkelwolken verursachende interstellare S. verursacht ein allgemeines galaktisches Streulicht. Es kommt aus dem gesamten scheibenförmigen Bereich um die galaktische Ebene, in der sich der interstellare Staub und die das zu streuende Licht liefernden Sterne konzentrieren. Das gestreute Licht ist sowohl im sichtbaren als auch im ultravioletten Spektralbereich nachweisbar. Sein Anteil an der Flächenhelligkeit der Milchstraße beträgt je nach der Wellenlänge 20 bis 50%.

Wie im Milchstraßensystem findet sich i. S. auch in extragalaktischen Sternsystemen, speziell in Spiralsystemen; → Sternsystem.

interstellares Gas, die Gesamtheit der im Raum zwischen den Sternen befindlichen Atome, Moleküle, Ionen und freien Elektronen. Die Dichte des interstellaren G.es ist extrem gering; im Mittel befindet sich nur etwa 1 Gaspartikel in einem Kubikzentimeter. Wenn das interstellare G. dennoch beobachtbar ist, liegt das an den enorm großen Räumen, die von ihm erfüllt werden.

Das interstellare G. tritt in unterschiedlichen Temperatur- und Dichtezuständen in Erscheinung. Das sog. HI-Gas, in dem der Wasserstoff (das häufigste Element im interstellaren Raum) fast ausschließlich in neutraler atomarer Form existiert, kommt als relativ kaltes (typischerweise 80 bis 100 K) und dichtes Gas in einzelnen lokal begrenzten Gebieten (HI-Gebiete, HI-Wolken) vor, es hüllt aber auch als relativ „warmes" (rund 1000 K) und dünnes Zwischenwolkengas die HI-Wolken ein. In den Molekülwolken, in denen der Wasserstoff in molekularer Form auftritt, herrschen die höchsten Dichten und die niedrigsten Temperaturen (10 bis 20 K) im interstellaren Raum. In den HII-Gebieten ist der Wasserstoff vollständig ionisiert, die Gastemperaturen erreichen dort Werte von typischerweise 10^4 K. In der „heißen" Komponente des interstellaren G.es belaufen sich die Temperaturen auf einige 10^5 bis 10^6 K; auch in ihr ist der Wasserstoff vollständig ionisiert. Die Teilchen der Kosmischen Strahlung erfüllen als relativistisches interstellares Gas den gesamten interstellaren Raum. (Die Bezeichnungen HI und HII gehen auf die in der Spektroskopie übliche Bezeichnung der Ionisationsstufen eines Elements, hier Wasserstoff (H), zurück; HI: neutraler Wasserstoff, HII: ionisierter Wasserstoff.)

In den HI-Wolken, dem Zwischenwolkengas und in den Molekülwolken sind rund 95% der Gesamtmasse des interstellaren G.es enthalten. Die HII-Gebiete und die heiße Gaskomponente stellen den Rest, doch ist der Beitrag der heißen Gaskomponente sehr schwer abschätzbar. Der Beitrag der relativistischen Komponente zur Gesamtmasse des interstellaren G.es ist vernachlässigbar klein.

HI-Gas

Beobachtungen. Das HI-Gas tritt im visuellen Spektralbereich nicht leuchtend in Erscheinung. Man nimmt es nur dadurch wahr, daß es den Spektren der (vom Beobachter aus gesehen) hinter HI-Wolken befindlichen Sternen zusätzliche Absorptionslinien aufprägt, indem die interstellaren Gasatome aus dem von den Sternen kommenden Licht Strahlung in einzelnen Spektrallinien absorbieren. Die interstellare Linienabsorption wurde 1904 von J. Hartmann (1865–1936) im Spektrum des Doppelsterns δ Orionis entdeckt: Während die stellaren Linien der beobachtbaren Komponente von δ Orionis infolge der varriierenden Radialgeschwindigkeit bezüglich der Sonne periodische, durch den Doppler-Effekt verursachte Verschiebungen aufweisen, nehmen anderen Linien (z.B. vom einmal ionisierten Calcium) nicht an der Verschiebung teil. Diese *ruhenden Calciumlinien* können keine stellaren Linien sein, sondern nur in einem zwischen Stern und Beobachter befindlichen Gas entstehen.

Im sichtbaren Spektralbereich beobachtet man interstellare Absorptionslinien vom neutralen Natrium, Kalium, Eisen und Lithium, vom neutralen und einmal ionisierten Calcium und vom einmal ionisierten Titanium sowie von den Radikalen Cyan (CN) und (neutralen und ionisierten) Methylidin (CH) sowie vom Kohlenstoffmolekül (C_2). Im ultravioletten Bereich ist die Zahl der vom HI-Gas herrührenden interstellaren Absorptionslinien sehr viel größer: Außer vom Wasserstoff, von dem man die ersten Glieder der Lyman-Serie beobachtet, findet man Linien u.a. vom Kohlenstoff, Stickstoff, Sauerstoff, Silicium, Magnesium, Schwefel, Argon, Mangan, Nickel, Eisen, Chlor und Phosphor. Die meisten dieser Linie stammen von neutralen Atomen; Linien ionisierter Atome treten nur dann auf, wenn deren Ionisationsenergie niedriger als die des Wasserstoffs ist, da nur diese Atome in den HI-Gebieten ionisiert werden; alle Strahlung mit einer Energie höher als die Ionisationsenergie des Wasserstoffs fehlt.

Im Vergleich mit den stellaren sind die interstellaren Absorptionslinien außerordentlich schmal (Abb. 1).

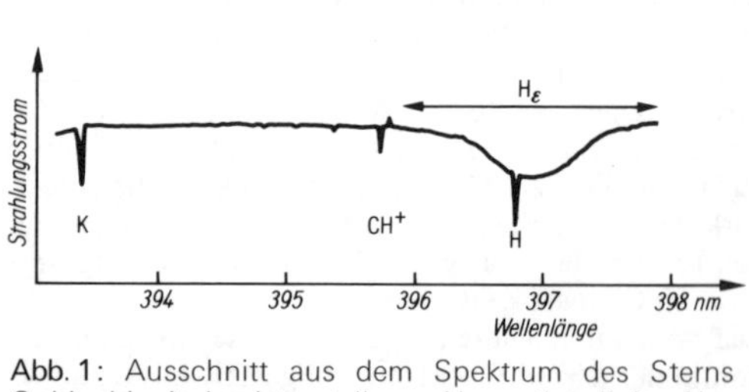

Abb. 1: Ausschnitt aus dem Spektrum des Sterns ζ Ophiuchi mit den interstellaren Absorptionslinien H und K des einmal ionisierten Calciums und einer Linie des CH^+-Moleküls. Die breite Absorptionslinie ist die stellare $H\varepsilon$-Linie des Wasserstoffs

Die Linienstärke nimmt im Mittel mit der Entfernung der Sterne zu, da in der Regel die Zahl der absorbierenden Atome zwischen einem Stern und dem Beobachter mit der Entfernung wächst. Interstellare Absorptionslinien lassen sich nur in den Spektren von Sternen der Spektralklasse B1 und früher nachweisen,

da diese Spektren wenig eigene Absorptionslinien besitzen. (Die interstellaren diffusen Absorptionsbanden werden im allg. dem interstellaren Staub zugeschrieben; → interstellare diffuse Banden.)
Im Radiofrequenzbereich tritt das HI-Gas mit einer Emissionslinie, der 21-cm-Linie des Wasserstoffs, in Erscheinung. Liegt vom Beobachter aus gesehen hinter dem HI-Gebiet eine Radioquelle mit kontinuierlichem Spektrum, kann die Linie auch in Absorption beobachtet werden. Die Wahrscheinlichkeit für den spontanen Übergang eines Wasserstoffatoms von dem zur 21-cm-Linie gehörenden höherliegenden Energieniveau zum Grundzustand ist außerordentlich gering: Ein Wasserstoffatom verweilt im Mittel etwa 11 Mill. Jahre im höheren (angeregten) Zustand. Bei hohen Gasdichten (z.B. unter irdischen Verhältnissen) erleidet jedes Atom während dieser Zeit sehr viele Stöße, bei denen der höherenergetische Zustand strahlungslos entvölkert wird, indem die Stoßpartner die Anregungsenergie als zusätzliche kinetische Energie erhalten. Im interstellaren Raum sind Stöße wegen der extrem geringen Gasdichte so selten, daß ein Teil der angeregten Wasserstoffatome die Möglichkeit hat, die Anregungsenergie in Form von Strahlung abzugeben.
Temperatur, Dichte. Die Temperatur des Gases in einem HI-Gebiet läßt sich aus dem Profil der 21-cm-Linie ermitteln. Dieses wird durch den thermischen Doppler-Effekt bestimmt: Je höher die kinetische Temperatur des Gases ist, um so größer ist die Linienverbreiterung (→ Spektrum), für die die Halbwertsbreite ein Maß ist. (Die natürliche Linienbreite der 21-cm-Linie ist entsprechend der hohen Lebensdauer des angeregten Zustandes außerordentlich gering; die Stoßverbreiterung spielt wegen der geringen Gasdichte keine Rolle.) Bei der Anwendung des Verfahrens ergeben sich Schwierigkeiten, da in der Sichtlinie im allg. mehrere HI-Wolken liegen, die unterschiedliche Radialgeschwindigkeiten bezüglich der Sonne und unterschiedliche Temperaturen haben. Das beobachtete Profil der 21-cm-Linie ist daher im allg. eine Überlagerung mehrerer Einzelprofile mit unterschiedlichen Lagen der Linienmaxima und unterschiedlichen Verbreiterungen (Abb. 2). Durch eine Zerlegung des beobachteten Profils in Einzelprofile lassen sich Aussagen über einzelne Wolken gewinnen. Das Verfahren ist auch anwendbar, wenn man die 21-cm-Linie in Absorption beobachtet. Aus beobachtungstechnischen Gründen findet man in diesem Fall vorwiegend Linien mit geringen Halbwertsbreiten, die also von kühlen Wolken stammen.

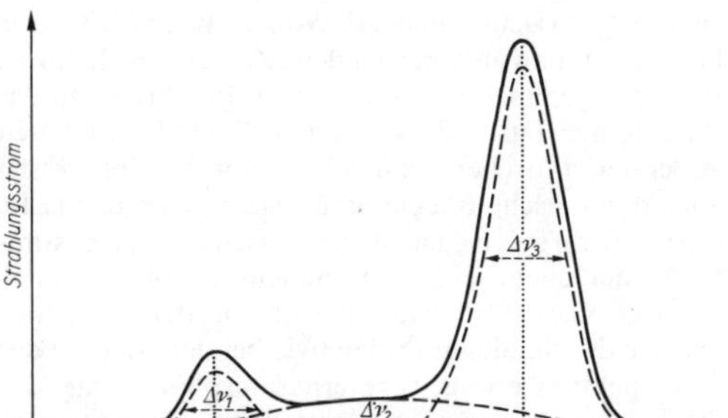

Abb. 2: Zerlegung eines gemessenen Linienprofils der 21-cm-Linie (durchgezogene Linie) in einzelne Gauß-Profile (gestrichelt). ν_1, ν_2, ν_3: Frequenzen des jeweiligen Linienmaximums der Einzelkomponenten; $\Delta\nu_1$, $\Delta\nu_2$, $\Delta\nu_3$: zugehörige Halbwertsbreiten

Die Temperatur des neutralen atomaren Wasserstoffgases variiert stark von HI-Gebiet zu HI-Gebiet. In den kühlen HI-Wolken werden kinetische Temperaturen zwischen etwa 50 und 200 K (mit einem Mittelwert bei etwa 80 bis 100 K) beobachtet; im dünnen, diffus verteilten „warmen" HI-Gas liegt die Temperatur in der Größenordnung von 1000 K. Die für den Wasserstoff ermittelten kinetischen Temperaturen gelten auch für die übrigen Gasbestandteile, da sich infolge elastischer Stöße zwischen den Gaspartikeln eine Gleichverteilung der kinetischen Energie ergibt.
Die Anzahldichte der Wasserstoffatome in einem HI-Gebiet läßt sich aus der beobachteten Gesamtintensität der von diesem Gebiet herrührenden 21-cm-Linie bestimmen, falls die optische Dicke der Wolke klein ist. Die Wahrscheinlichkeit dafür, daß die Strahlung innerhalb der Wolke selbst wieder absorbiert wird, ist dann so gering, daß nahezu die gesamte innerhalb der Wolke in Richtung auf den Beobachter emittierte Strahlung auch empfangen wird. Der gemessene Strahlungsstrom ist damit proportional der Gesamtzahl der Wasserstoffatome längs der Sichtlinie. Kennt man die Länge der Sichtlinie in der Wolke, läßt sich aus dem beobachteten Strahlungsstrom die Anzahldichte der Wasserstoffatome je Volumeneinheit berechnen. Die Dichten liegen im Bereich von etwa 0,1 bis 100 Wasserstoffatomen je cm^3, wobei im allg. die höheren Dichten mit niedrigen kinetischen Temperaturen verbunden sind.
Das interstellare Gas ist in den HI-Gebieten weit vom thermodynamischen Gleichgewicht entfernt, da das umgebende Strahlungsfeld nicht dem einer Hohlraumstrahlung entspricht (→ interstellares Strahlungsfeld). Außerdem ist die Dichte des interstellaren G.es so gering, daß ein einzelnes Atom sehr selten von einem anderen gestoßen wird. Bei einer Anzahldichte von 1 Wasserstoffatom je cm^3 und einer kinetischen Temperatur von 100 K erleidet z.B. ein Atom im Mittel nur etwa aller 3000 Jahre einen Stoß. Die Verweilzeit in einem (normalen) angeregten Zustand liegt dagegen in der Größenordnung von 10^{-8} s; danach geht das Atom spontan durch Strahlungsemission in einen niedrigeren Energiezustand über. Die interstellaren Atome sind mithin im allg. nur extrem kurze Zeit angeregt; sie befinden sich fast immer im Grundzustand. Die beobachteten interstellaren Absorptionslinien gehen infolgedessen auch grundsätzlich vom Grundzustand aus. Das Verhältnis der Atome im angeregten Zustand zu denen im Grundzustand ist wesentlich geringer, als man formal auf Grund der gemessenen kinetischen Temperatur erwarten würde. Für die 21-cm-Linie des Wasserstoffs trifft dies nicht zu, da die Verweilzeit im entsprechenden angeregten Zustand verglichen mit der Zeit zwischen zwei Stößen sehr groß

ist. Stoßbedingte Prozesse vom und zum angeregten Zustand sind damit in der Überzahl gegenüber Strahlungsübergängen, so daß das Verhältnis der Wasserstoffatome im Grundzustand zu denen in dem zur 21-cm-Linie gehörenden angeregten Zustand etwa gleich der im thermodynamischen Gleichgewicht bei einer Temperatur entsprechend der kinetischen Temperatur des HI-Gases ist.

Die im HI-Gas herrschende kinetische Temperatur stellt sich auf Grund von energiezuführenden (Heizprozessen) und energieabführenden Prozessen (Kühlprozessen) ein. Eine Zufuhr kinetischer Energie an das Gas erfolgt bei der Ionisation von Atomen durch das umgebende Strahlungsfeld, da ein bei der Ionisation freiwerdendes Elektron im allg. eine wesentlich höhere kinetische Energie als die der Gastemperatur entsprechende Energie hat. (Seine kinetische Energie entspricht der Differenz der Energie des absorbierten Photons und der Ionisationsenergie des absorbierenden Atoms.) Die Überschußenergie des Elektrons wird durch elastische Stöße gleichmäßig auf alle Gaspartikeln verteilt, bevor eine Rekombination des Elektrons mit einem der im HI-Gas seltenen Ionen erfolgt. Bei der Rekombination wird die kinetische Energie des Elektrons ausgestrahlt, geht also dem HI-Gas verloren. Da bevorzugt langsame Elektronen rekombinieren, ist der jeweilige Energieverlust gering: In der Gesamtbilanz überwiegt die Energiezuführung. Für den Ionisationsheizprozeß kommen vor allem Kohlenstoff-, Natrium-, Calcium- und Eisenatome in Frage; sie sind relativ zahlreich und haben eine niedrigere Ionisationsenergie als der Wasserstoff, so daß das umgebende Strahlungsfeld genügend zur Ionisation geeignete Photonen enthält. Die genannten Elemente sind in den HI-Gebieten (im Gegensatz zum Wasserstoff) im allg. einmal ionisiert.

Ein anderer, möglicherweise sehr wirkungsvoller Heizprozeß geht auf die Ablösung von Elektronen aus der Oberfläche interstellarer Staubteilchen durch genügend energiereiche Photonen des umgebenden Strahlungsfeldes zurück. Die kinetische Energie der abgelösten Elektronen ist größer als die mittlere kinetische Energie der Gaspartikeln, so daß die kinetische Temperatur des Gases erhöht wird. Der Beitrag dieses Prozesses zum Gesamtheizprozeß läßt sich gegenwärtig schwer abschätzen, da die chemische Zusammensetzung der Staubteilchen und damit der Wirkungsgrad dieses Effektes (äußerer lichtelektrischer Effekt) nicht genau bekannt ist.

Einen geringen Beitrag zur Heizung des HI-Gases leisten der niederenergetische Anteil der Kosmischen Strahlung und die diffuse Röntgenstrahlung. Sie vermögen einige der Gasatome zu ionisieren und den freigesetzten Elektronen eine hohe kinetische Energie mitzugeben. Von dieser Ionisation ist auch der Wasserstoff betroffen, der in den HI-Gebieten daher nicht vollkommen neutral ist. Sein Ionisationsgrad (das Verhältnis von ionisierten zu neutralen Atomen) ist gering, in kühlen HI-Gebieten liegt er unter 1%, im „warmen" HI-Gas bei wenigen Prozent.

Bei den Kühlprozessen wird kinetische Energie der Gaspartikeln in Strahlungsenergie umgewandelt, die das HI-Gebiet verlassen kann. Dies ist u.a. über die Stoßanregung von Atomen und Ionen der Fall. Wegen der geringen Gastemperatur werden die gestoßenen Gaspartikeln nur auf niedrige Energieniveaus angeregt. Die beim nachfolgenden Übergang in den Grundzustand emittierte Strahlung liegt daher im infraroten Spektralbereich und kann entweichen, da das HI-Gas in diesem Bereich weitgehend strahlungsdurchlässig ist. Gleichfalls kühlend wirken die interstellaren Staubteilchen: Beim Stoß mit Gaspartikeln wird ein Teil deren kinetischer Energie auf die Staubteilchen übertragen, die danach die aufgenommene Energie im infraroten Spektralbereich als Wärmestrahlung emittieren.

Die sich im HI-Gas infolge der Heiz- und Kühlprozesse einstellende Gleichgewichtstemperatur hängt im wesentlichen von der Gasdichte ab: Ist diese groß, sind die Stoß-, also die Kühlprozesse zahlreich; die Gastemperatur ist entsprechend niedrig. Ist die Dichte klein, überwiegt der Einfluß der Heizung, da diese vom Strahlungsfeld gesteuert wird und weitgehend unabhängig von der Gasdichte ist. Für Dichten über etwa 1 Wasserstoffatom je cm^3 ergeben sich kinetische Temperaturen unter etwa 100 K, bei Dichten unterhalb 0,1 Wasserstoffatomen je cm^3 liegt die kinetische Temperatur über 1000 K. In dem dazwischenliegenden Bereich von Dichte und Temperatur findet sich kaum interstellares HI-Gas, da sich keine stabilen Verhältnisse einstellen, wenn man von einem angenähert konstanten Gasdruck im interstellaren Raum ausgeht: Eine kleine Dichteänderung (Zu- oder Abnahme) zieht eine relative Verstärkung der Kühl- bzw. Heizprozesse derart nach sich, daß sich der Druck im HI-Gas erniedrigt bzw. erhöht und dadurch das Gas unter der Wirkung des Außendrucks weiter kontrahiert bzw. gegen den Außendruck expandiert: Die eingetretene Dichteänderung wird in gleicher Richtung verstärkt, bis – bei hinreichender Zeit – ein Gleichgewichtszustand mit hoher Dichte und niedriger Temperatur bzw. mit niedriger Dichte und hoher Temperatur erreicht ist. Diese beiden Zustände sind unter der gemachten Voraussetzung langfristig stabil. Die Tieftemperaturphase entspricht den HI-Wolken, die von einem „warmen" dünnen Gas umgeben sind. Dieses „warme", zwischen den HI-Wolken befindliche Gas bezeichnet man entsprechend als Zwischenwolkengas. Bei einer genaueren großräumigen Beschreibung des thermischen Zustandes des interstellaren G.es müssen außer den statischen lokalen Heiz- und Kühlprozessen auch dynamische Effekte berücksichtigt werden (s.u.).

Chemische Zusammensetzung. Zur Bestimmung der chemischen Zusammensetzung des interstellaren G.es führt man eine quantitative Spektralanalyse durch, die im Prinzip wie bei der Analyse der Sternspektren erfolgt (→ Sternatmosphäre): Aus der Stärke einer bestimmten interstellaren Absorptionslinie kann auf die Zahl der diese Linie verursachenden Atome bzw. Ionen geschlossen werden, da das Absorptionsvermögen der unterschiedlichen Atome und Ionen bekannt und die optische Dicke des Gases gering ist, so daß jedes Partikel in gleicher Weise zur Absorption beiträgt wie ein anderes Partikel der glei-

chen Art. Die Häufigkeit eines bestimmten Elements erhält man, wenn man die Häufigkeit der Atome des Elements in den verschiedenen Anregungs- und Ionisationsstufen addiert. Da sich im HI-Gas praktisch alle Atome und Ionen im Grundzustand befinden und bei den einzelnen Elementen häufig nur eine einzige Ionisationsstufe merklich vertreten ist, ist die quantitative Spektralanalyse relativ einfach. Die Wasserstoffhäufigkeit ergibt sich aus der Stärke der 21-cm-Linie und aus dem Verhältnis der Wasserstoffatome im Grundzustand zu denen im angeregten Zustand, das bei den herrschenden Bedingungen nahezu 1:3 ist.
Die relative Häufigkeit der Elemente bezogen auf Wasserstoff entspricht im HI-Gas im wesentlichen der allgemeinen kosmischen Elementenhäufigkeit. Ausnahmen existieren in einigen Bereichen, die viel interstellaren Staub enthalten. In ihnen ist die relative Häufigkeit einzelner Elemente z.T. drastisch reduziert. Bei Aluminium und Calcium z.B. findet man relative Häufigkeiten, die z.T. weniger als 1/1000 des Normalwertes betragen (Abb. 3): Gasatome haben sich offenbar an

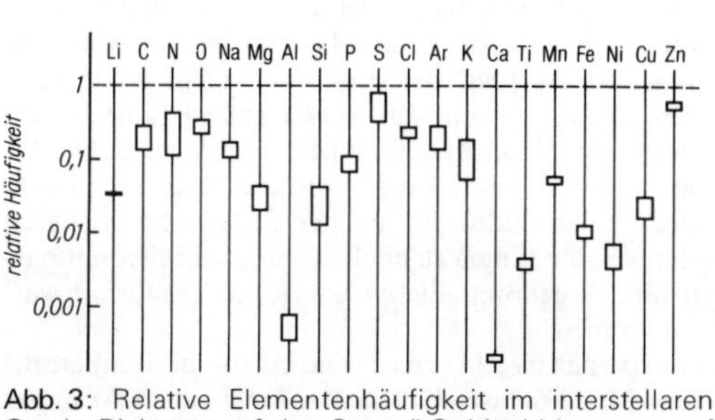

Abb. 3: Relative Elementenhäufigkeit im interstellaren Gas in Richtung auf den Stern ζ Ophiuchi bezogen auf die jeweilige Häufigkeit in der Sonnenatmosphäre. Die vertikale Ausdehnung der Rechtecke ist ein Maß für die Unsicherheit der Meßwerte. (Nach L. Spitzer und E.B. Jenkins)

interstellare Staubteilchen angelagert und fehlen nun im Gas. (Die Anlagerungswahrscheinlichkeit ist von Element zu Element unterschiedlich.) Der Prozeß ist um so wirkungsvoller, je höher die Anzahldichte und damit die Stoßwahrscheinlichkeit der Partikeln mit den Staubteilchen ist und je länger der Kondensationsvorgang dauert.

Wolkeneigenschaften, räumliche Verteilung. Die interstellaren Absorptionslinien sind vielfach in mehrere Komponenten aufgespalten, da in der Sichtlinie mehrere HI-Wolken mit unterschiedlichen Radialgeschwindigkeiten liegen. Aus der Zahl der interstellaren Linienkomponenten in den Sternspektren und den Sternentfernungen läßt sich die durchschnittliche Anzahl der Wolken je Entfernungseinheit bestimmen. Nahe der galaktischen Ebene durchstößt ein Sehstrahl auf einer Strecke von 1000 pc etwa 5 bis 10 HI-Wolken. Ihre Ausdehnung liegt im Mittel bei einigen wenigen Parsec. Im Prinzip ähnliche Ergebnisse liefern die Beobachtungen der 21-cm-Absorptionslinien. Die Interpretation der 21-cm-Emissionslinien ist wegen der zusätzlichen Überlagerungen, die durch das Zwischenwolkengas verursacht werden, schwieriger.

Die in einer Wolke vereinigte Masse hängt von der Gasdichte und der Wolkenausdehnung ab. Abschätzungen ergeben Wolkenmassen in der Größenordnung von einigen wenigen bis wahrscheinlich kaum mehr als 50 Sonnenmassen. Himmelsdurchmusterungen nach 21-cm-Emissionsgebieten lassen auch sehr kleine HI-Gasansammlungen erkennen, deren Ausdehnung und Masse wegen der im allg. unbekannten Entfernungen aber nur schwer angebbar sind.
Die HI-Wolken nehmen an der allgemeinen galaktischen Rotation teil. Man kann daher aus der gemessenen Radialgeschwindigkeit einer Wolke näherungsweise auf deren Entfernung schließen (→ Parallaxe). Zusätzlich zur systematischen Umlaufbewegung um das galaktische Zentrum besitzen die Wolken noch eine Pekuliarbewegung. (Sie wird bezüglich eines sich in der Entfernung der Wolke mit Kreisbahngeschwindigkeit um das galaktische Zentrum bewegenden Punktes gerechnet.) Die Pekuliargeschwindigkeiten liegen in der Größenordnung von 5 bis 10 km/s.
Die großräumige Verteilung des HI-Gases im Milchstraßensystem ergibt sich aus Beobachtungen der 21-cm-Linie, da diese nicht durch die vom interstellaren Staub verursachte Extinktion behindert werden. Danach findet sich das HI-Gas vor allem in der Nähe der galaktischen Ebene in einer Schicht mit einer Dicke von etwa 200 pc. In der Verteilung des HI-Gases zeich-

Nachgewiesene interstellare Moleküle

H_2	OH	CH	CH^+	CN
CO	CS	C_2	SiO	SiS
SO	SO^+	NO	NS	PN
HCl	NaCl	AlCl	KCl	AlF
SiC	CP	NH		
H_2O	H_2S	HCN	HNC	HCO^+
HOC^+ (?)	H_3^+	HN_2^+	HCO	C_2H
HNO	SO_2	c-SiC_2	HCS^+	C_2S
OCS	C_2O	C_3	N_2O	CH_2
NH_3	H_2CO	H_2CS	HNCO	HNCS
C_3H	c-C_3H	C_3N	C_3O	C_3S
$HOCO^+$	$HCNH^+$	C_2H_2	H_3O^+	HC_2N
CH_2NH	NH_2CN	HCOOH	HC_3N	C_4H
CH_4	SiH_4	CH_2CO	CH_2CN	c-C_3H_2
C_4Si	C_5			
CH_3OH	CH_3SH	C_2H_4	NH_2CHO	C_5H
CH_3CN	CH_3NC	HCC_2HO	H_2C_4	HC_3NH^+
CH_3NH_2	CH_3C_2H	CH_3CHO	CH_2CHCN	
C_6H	HC_5N			
CH_3OCOH	CH_3C_3N			
HC_7N	CH_3OCH_3	CH_3CH_2OH		CH_3CH_2CN
CH_3C_4H				
CH_3C_5N(?)	CH_3COCH_3			
HC_9N			$HC_{11}N$	

Moleküle mit einer Ringstruktur sind durch c- gekennzeichnet, noch nicht gesicherte Identifikationen mit (?)

net sich eine großräumige Spiralstruktur ab, speziell in den galaktischen Bereichen, die relativ viel HI-Gas besitzen. Einzelne HI-Gasansammlungen werden auch in größeren Abständen von der galaktischen Ebene gefunden (weiteres → Milchstraßensystem).

Molekülwolken

Beobachtungen. Bisher sind mehr als 80 verschiedene interstellare Moleküle bekannt (Tab. Seite 149), deren überwiegende Mehrheit auf Grund der von ihnen im Radiofrequenzbereich ausgestrahlten Emissionslinien gefunden wurde. Im sichtbaren Spektralbereich beobachtet man nur Absorptionslinien vom Cyan, Methylidin und, sehr schwach, vom molekularen Kohlenstoff, im Ultraviolettbereich vom molekularen Wasserstoff und vom Kohlenmonoxid. Im Infrarotbereich liegen Linien des molekularen Wasserstoffs und des Kohlenmonoxids sowie vom molekularen Kohlenstoff und vom Chlorwasserstoff (HCl).

Moleküle haben gegenüber Atomen mehr Freiheitsgrade und damit mehr Möglichkeiten der Energieänderung. Außer der Möglichkeit des Übergangs eines Elektrons von einem Energieniveau auf ein anderes haben z.B. zweiatomige Moleküle noch zwei weitere Freiheitsgrade: Sie können um eine Achse senkrecht zur Verbindungslinie der beiden Atome rotieren und beide Atome können gegeneinander schwingen. Wie die Elektronenübergänge erfolgen die Rotations- und die Schwingungsübergänge zwischen für die einzelnen Moleküle genau festgelegten Energieniveaus. Beim Übergang zwischen Rotations- oder Schwingungszuständen kann die Energiedifferenz der beteiligten Niveaus als Linienstrahlung emittiert werden, bei der Absorption der entsprechenden Energie wird das Molekül auf den höheren Energiezustand angeregt. Die bei Schwingungsübergängen entstehenden Linien liegen im allg. im infraroten Spektralbereich, die durch Rotationsübergänge verursachten finden sich im fernen Infrarot-, im Submillimeter-, hauptsächlich aber im Radiofrequenzbereich bis hin zum Zentimeter- und Dezimeterbereich. Die verschiedenen Übergangsmöglichkeiten können einzeln (z.B. reine Rotationsübergänge) oder auch gleichzeitig (z.B. Schwingungs-Rotations-Übergänge) erfolgen; die meisten interstellaren Moleküllinien stammen von Rotationsübergängen. In manchen Molekülen sind noch einzelne Energieniveaus in Unterniveaus aufgespalten, z.B. beim Hydroxyl (OH) infolge der Wechselwirkung von Molekülrotation und Gesamtelektronenspin sowie von Elektronenspin und Kernspin. Eine andere Möglichkeit der Linienaufspaltung ist die beim Ammoniak (NH_3) auftretende sog. Inversionsverdopplung: Das Stickstoffatom kann in bezug auf die durch die drei Wasserstoffatome aufgespannte Dreiecksfläche zwei Stellungen einnehmen („darüber" oder „darunter"), denen etwas unterschiedliche Energien entsprechen, so daß beim spontanen Übergang von der höherenergetischen Lage in die tieferenergetische eine Emissionslinie entsteht.

Symmetrisch gebaute Moleküle, z.B. molekularer Wasserstoff (H_2), molekularer Kohlenstoff (C_2), Kohlendioxid (CO_2) oder Methan (CH_4), besitzen kein permanentes Dipolmoment und daher kein (einfaches) Rotationslinienspektrum, sie sind daher im Radiofrequenzbereich nicht nachweisbar. (Die im infraroten Spektralbereich liegenden schwachen Linien des molekularen Wasserstoffs rühren von nach den Regeln der Quantenphysik „verbotenen" Rotations-Schwingungs-Übergängen her.)

In interstellaren Molekülen sind einzelne Atome z.T. durch ihre selteneren Isotope ersetzt, z.B. ein Wasserstoffatom durch ein Deuterium oder ein Kohlenstoffatom der Massezahl 12 durch eins mit der Massezahl 13. Derartige isotope Verbindungen lassen sich im Radiofrequenzbereich gut untersuchen, da die sich entsprechenden Linien relativ weit voneinander getrennt liegen. In der Tab. sind isotope Moleküle nicht getrennt aufgeführt.

Interstellare Moleküle werden durch den Vergleich der beobachteten Spektren mit im Labor vermessenen Spektren identifiziert; z.T. müssen die Verbindungen dazu erst synthetisiert werden, was bei Radikalen große Schwierigkeiten bereitet. Die Identifizierung kann auch auf Grund theoretisch berechneter Spektren erfolgen, doch sind diese Rechnungen bei Vielteilchenmolekülen außerordentlich kompliziert. In einzelnen Fällen ist die Identifizierung noch nicht völlig gesichert, da sie z.T. nur auf einer einzigen Linie beruht oder weil verläßliche Laborspektren fehlen, andere Linien sind unidentifizierbar, weil die zugehörigen chemischen Verbindungen auf der Erde nicht existieren oder weil die Linien zu hoch angeregten Schwingungszuständen gehören, die im Labor nicht realisiert werden können.

Temperatur, Dichte. Die kinetische Temperatur eines Molekülgases läßt sich wie bei einem Atomgas aus der Breite der beobachteten Spektrallinien herleiten. Meist benutzt man dazu die Linien des Ammoniak. Die beobachteten kinetischen Temperaturen liegen typischerweise im Bereich von 10 bis 20 K. Eine Temperaturbestimmung kann auch auf Grund der beobachteten Verteilung auf die verschiedenen Anregungsniveaus eines Moleküls erfolgen, da im Falle thermodynamischen Gleichgewichts diese Verteilung allein von der Temperatur abhängt. Im allg. stimmen die ermittelten Anregungstemperaturen mit den kinetischen Temperaturen gut überein, was darauf schließen läßt, daß die Molekülanregung im wesentlichen durch Stöße erfolgt. In einigen interstellaren Gebieten ist die Anregungstemperatur einzelner Moleküle extrem hoch oder (formal) negativ und entspricht keineswegs der kinetischen Temperatur: In diesen Gebieten sorgt ein Masermechanismus für die Überanregung dieser Moleküle (s.u.).

Die in den Molekülwolken herrschenden Temperaturen sind das Ergebnis der dort wirksamen Heiz- und Kühlprozesse. Für eine Energiezufuhr sorgt die niederenergetische Kosmische Strahlung ebenso Sterne, die sich eventuell in den Wolken befinden. Die Sternstrahlung wird von Staubteilchen absorbiert, die die aufgenommene Energie bei Stößen mit Gaspartikeln z.T. an diese weitergeben und so das Gas aufheizen; der größte Teil der von den Staubteilchen aufgenommenen Energie wird jedoch als Wärmestrahlung im Infrarotbereich reemittiert und kann die Wolke verlassen. Ein Teil dieser Infrarotstrahlung kann von bestimmten Molekülen, z.B. von Wassermolekülen, absorbiert werden, wobei Rotationsniveaus angeregt werden. Bei Stößen mit anderen Gaspartikeln wird danach die Anregungsenergie an die Stoßpartner als kinetische Energie abgegeben, was ebenfalls eine Aufheizung bedeutet. Unter den Kühlprozessen ist u.a. die Stoßanregung von Rotationsniveaus der Kohlenmonoxidmoleküle wesentlich, da deren Anregungsenergie leicht abgestrahlt werden kann.

Die Gasdichte in den Molekülwolken läßt sich nur indirekt ermitteln, da die Hauptmenge der Gaspartikeln, die Wasserstoffmoleküle, keine Radiofrequenzlinien emittieren. Ihre Ultraviolettlinien sind wegen der hohen Staubdichten in Molekülwolken nicht beobachtbar, und die im Infrarotbereich liegenden Wasserstoffmoleküllinien benötigen für ihre Anregung zu hohe Energien, die in normalen Molekülwolken nicht zur Verfügung stehen. Man bestimmt daher aus den Linienstärken anderer Moleküle, vor allem Kohlenmonoxid, Schwefelkohlenstoff oder Blausäure, die durch den Stoß mit Wasserstoffmolekülen angeregt werden, zunächst deren Anzahldichte und nimmt ein konstantes Verhältnis der Anzahldichte dieser Moleküle zu der des Wasserstoffs an.

Die in den Molekülwolken beobachteten Dichten betragen im allg. etwa 10^2 bis 10^6 Wasserstoffmoleküle je cm^3. Innerhalb einer Wolke kann die Dichte stark variieren; lokal kann sie selbst 10^8 Moleküle je cm^3 erreichen. Diese sehr dichten Gebiete einer Molekülwolke bezeichnet man gelegentlich als die „Kerne" der Wolke.

Die hohen Gasdichten sind mit einer entsprechend hohen Staubdichte verbunden, da das Masseverhältnis von interstellarem G. zu interstellarem Staub weitgehend konstant ist. Die hohe Staubdichte in den Molekülwolken bewirkt eine starke interstellare Extinktion, die das Eindringen energiereicher Strahlung in die Wolken weitgehend verhindert.

Neben den massereichen Molekülwolken hoher Gasdichte beobachtet man auch einzelne diffuse Molekülwolken geringer Dichte, die vielfach mit sog. galaktischen Zirruswolken korreliert sind (→ interstellarer Staub).

Molekülhäufigkeit, Molekülbildung. Die relative Häufigkeit der verschiedenen Moleküle läßt sich aus der Stärke der von ihnen herrührenden Spektrallinien bestimmen. Dabei zeigt sich, daß abgesehen von der Molekülwolke im Orionnebelkomplex und dem Komplex in der Nähe des galaktischen Zentrums in kaum einer Wolke die gesamte Vielzahl der beobachteten Moleküle nachweisbar ist. Kohlenmonoxid ist immer das häufigste beobachtbare Molekül: Seine zwei Bestandteile (Kohlenstoff und Sauerstoff) sind kosmisch häufige Elemente, außerdem hat es von allen interstellaren zweiatomigen Molekülen die höchste Bindungsenergie, ist also gegenüber Zerstörungsprozessen sehr stabil. Als Beispiel für die unterschiedlichen Häufigkeiten sind in der Tab. für die Orion-Molekülwolke die auf Kohlenmonoxid bezogenen relativen Häufigkeiten anderer Moleküle angegeben.

Die chemischen und physikalischen Prozesse, die zur Bildung und Zerstörung von Molekülen im interstellaren Raum führen, laufen unter extremen Bedingungen ab: Die kinetischen Temperaturen liegen meist nur wenige Grad über dem absoluten Nullpunkt, die Gasdichten sind extrem gering, außerdem herrscht kein thermodynamisches Gleichgewicht. Man kann aus diesem Grund die Bildungsprozesse im Labor kaum experimentell nachvollziehen, sondern muß sich weitgehend auf theoretische Untersuchungen beschränken. Man faßt dabei die Molekülbildung als einen langsam ablaufenden Prozeß auf, bei dem ein anfängliches Atomgas in ein Gas mit immer komplizierter gebauten Molekülen übergeht. Dieser Prozeß läßt sich gegenwärtig noch nicht geschlossen durchrechnen, da man weder die genauen Anfangsbedingungen noch die für die enorme Vielzahl von möglichen Reaktionen maßgebenden chemischen Konstanten kennt; man kann nur einige Prozesse in ihrer prinzipiellen Bedeutung angeben und untersuchen.

Die einfachste Art der Molekülbildung besteht darin, daß sich zwei Atome oder Radikale beim Zusammenstoß zu einem Molekül vereinigen und die freiwerdende Bindungsenergie abstrahlen. Die Effektivität einer derartigen Reaktion wird u.a. durch die Wahrscheinlichkeit des beteiligten Strahlungsübergangs bestimmt. Ein Wasserstoffmolekül kann auf diese Weise z.B. nicht aus zwei Wasserstoffatomen entstehen, da die Abstrahlungswahrscheinlichkeit der Bindungsenergie außerordentlich klein ist; das Molekül zerfällt normalerweise wieder. Befindet sich ein Wasserstoffatom jedoch auf der Oberfläche eines Staubteilchens und verbindet sich dort mit einem zweiten, so kann die Bindungsenergie strahlungslos auf das Staubteilchen übergehen; das Molekül bleibt erhalten. Die Energie kann aber auch genutzt werden, um das neugebildete Wasserstoffmolekül vom Staubteilchen abzulösen. Gegenwärtig ist nicht klar, inwieweit derartige Ober-

Relative Häufigkeit einiger ausgewählter Moleküle in der Orion-Molekülwolke
(die relative Häufigkeit von CO ist willkürlich gleich 1 gesetzt)

Molekül	relative Häufigkeit
CO	1
CH_3OH	$5\cdot10^{-3}$
NH_3	$3\cdot10^{-3}$
CN	$3\cdot10^{-4}$
HCN	$3\cdot10^{-4}$
C_2H	$3\cdot10^{-4}$
CH_3OCH_3	$3\cdot10^{-4}$
CH_3COOH	$1\cdot10^{-4}$
SO	$6\cdot10^{-5}$
CS	$5\cdot10^{-5}$
SO_2	$5\cdot10^{-5}$
HCO^+	$4\cdot10^{-5}$
H_2CS	$3\cdot10^{-5}$
HNC	$1\cdot10^{-5}$
OCS	$1\cdot10^{-5}$
CH_2CO	$1\cdot10^{-5}$
CH_3CN	$1\cdot10^{-5}$
C_4H	$4\cdot10^{-6}$
HC_5N	$7\cdot10^{-7}$

flächenreaktionen für die Entstehung auch anderer Moleküle von Bedeutung sind.
Die wichtigsten Reaktionen in der Gasphase sind Austauschreaktionen in der Form $A + BC \rightarrow AB + C$. Dabei können A und BC auch Atome oder Radikale sein, die neutral oder ionisiert sind. Unter den interstellaren Bedingungen sind im allg. nur exotherme Reaktionen möglich, die keine Aktivierungsenergie benötigen. Bei neutralen Reaktionspartnern sind derartige Reaktionen selten, nicht aber, wenn einer der Partner ionisiert ist. In nicht zu dichten Wolken reicht das umgebende Strahlungsfeld aus, um z.B. Kohlenstoffatome zu ionisieren, die dann bei Stößen ihre Ladung auf andere Atome oder Moleküle übertragen können, die nun ihrerseits eine erhöhte Reaktionschance haben, während das Kohlenstoffatom neutral zurückbleibt und abermals ionisiert werden kann. In dichten Molekülwolken, in denen der Staub das Strahlungsfeld nahezu vollkommen abschirmt, sorgt die niederenergetische Kosmische Strahlung für eine geringe Ionisation von Wasserstoffatomen oder -molekülen, die durch Ladungsaustausch ihre Ladung weiterreichen oder selbst als ionisierte Partner reagieren können.
Eine Zerstörung von Molekülen erfolgt infolge von Strahlungsdissoziation in Raumgebieten, in denen das interstellare Strahlungsfeld nicht genügend stark durch Staubteilchen abgeschirmt ist. In diesen Gebieten existieren vor allem leicht bildbare und relativ stabile Moleküle wie z.B. Kohlenmonoxid. Die Wasserstoffmoleküle schützen sich in dichten Molekülwolken selbst vor der Zerstörung: Die zur Dissoziation geeignete Strahlung wird bereits am Rande einer Molekülwolke bei der Zerstörung der dort befindlichen Wasserstoffmoleküle so stark reduziert, daß sie tiefer im Wolkeninnern fehlt. Insgesamt entscheidet die Staubdichte wesentlich mit darüber, ob in einer Wolke nur einfach gebaute, relativ stabile Moleküle existieren oder auch komplizierte, vielatomige Moleküle, die relativ leicht dissoziiert werden können. Im tiefen Wolkeninnern ist eine Zerstörung ionisierter Moleküle bei der Rekombination mit freien Elektronen möglich, wenn die freiwerdende Ionisationsenergie größer als die Dissoziationsenergie ist. Eine allgemeine Reduzierung der Moleküldichte ergibt sich, wenn sich Moleküle an Staubteilchen anlagern.
Die interstellaren Moleküle setzen sich aus den kosmisch sehr häufigen Elementen: Wasserstoff, Kohlenstoff, Sauerstoff, Stickstoff und Silicium zusammen, doch sind auch die selteneren Elemente Schwefel, Phosphor und Chlor in einigen Molekülen vertreten. Helium und Neon, die zwar häufig sind, gehen aber als Edelgase keine Verbindungen ein. Unter den mehratomigen Molekülen dominieren die kohlenstoffhaltigen, die sog. organischen Verbindungen. Dies beruht auf der Fähigkeit des Kohlenstoffs, selbst unter ungünstigen Bedingungen in vielfältiger Form reagieren zu können. Bei den Verbindungen mit mehreren Kohlenstoffatomen herrscht die Anordnung in Kettenform vor; Cyanpentaacetylen ($HC_{11}N$) besitzt unter den bisher bekannten interstellaren Molekülen die längste derartige Kette. In dem Radikal C_3H_2 wurde eine rein ringförmige Verbindung gefunden, während im Radikal C_3H die Kohlenstoffatome sowohl linear als auch ringförmig angeordnet sein können. Die Kohlenstoffatome in SiC_3 bilden ebenfalls einen Ring.
Wahrscheinlich existieren auch interstellare Moleküle, die aus mehreren Ringen mit jeweils sechs Kohlenstoffatomen bestehen, wobei deren freie Bindungen durch Wasserstoffatome abgesättigt sind. Einer der einfachsten dieser polyzyklischen aromatischen Kohlenwasserstoffe (abg. PAH, vom engl. polycyclic aromatic hydrocarbons) besteht aus 10 Kohlenstoff- und 8 Wasserstoffatomen. Ungeklärt ist, ob nur die einfachsten oder auch sehr komplexe PAHs im interstellaren Raum vorkommen, da man bisher nur eine bei 3,4 μm beobachtete Emissionsbande mit PAHs in Verbindung bringt, die bei allen derartigen Verbindungen auftritt.
Die Entdeckung bestimmter interstellarer Moleküle hat für Überlegungen hinsichtlich der Entstehung von Leben im Kosmos große Bedeutung: Aus den beiden beobachteten Molekülen Methylamin (CH_3NH_2) und Ameisensäure (HCOOH) könnte das bisher nicht beobachtete Glyzin (NH_2CH_2COOH), die einfachste Aminosäure, entstehen. Aminosäuren spielen für die Existenz lebender Materie eine entscheidende Rolle, ebenso Moleküle mit Phosphor als einem Bestandteil. Denkbar ist, daß derartige Moleküle an interstellaren Staubteilchen angelagert die thermischen Prozesse bei der Entstehung von Planeten unzerstört überstehen und dann später für die Entwicklung von Leben auf Planeten, z.B. auf der Erde, verfügbar sind.
W o l k e n g r ö ß e, r ä u m l i c h e V e r t e i l u n g. Die linearen Ausdehnungen der Molekülwolken variieren in dem weiten Bereich von einigen 0,1 bis zu etwa 100 pc. Die Riesenmolekülwolken enthalten Massen von etwa 10^5 bis zu einigen 10^6 Sonnenmassen und zählen damit zu den massereichsten Objekten des Milchstraßensystems. Insgesamt vereinigen die Molekülwolken etwa die Hälfte der gesamten interstellaren Materie im Milchstraßensystem. Wegen ihrer hohen Gasdichte nehmen sie aber nur einen kleinen Teil des vom interstellaren G. nahe der galaktischen Ebene erfüllten Volumens ein.
Die meisten Molekülwolken befinden sich im Milchstraßensystem in einem Ringbereich mit galaktozentrischen Entfernungen zwischen etwa 3 bis 8 kpc; bei etwa 5 kpc liegt – abgesehen von der galaktischen Zentralregion – ihre höchste Konzentration. Außerhalb dieses Bereiches ist molekulares i. G. nur in sehr geringen Mengen anzutreffen. Gegen die galaktische Ebene ist es insgesamt etwas stärker konzentriert als das HI-Gas. Die Riesenmolekülwolken scheinen sich vorrangig in den Spiralarmen aufzuhalten.
Die Molekülwolken sind aller Wahrscheinlichkeit nach die Orte, an denen die Sternentstehung stattfindet. Dort neugebildete Sterne heizen durch ihre Strahlung den Staub in der umgebenden, bei der Sternentstehung nicht verbrauchten Restwolke auf, der dann auf Grund seiner Infrarotstrahlung beobachtbar wird. Die in einigen Molekülwolken entdeckten punktförmigen Infrarotquellen hoher Strahlungsleistung zeigen wahrscheinlich Orte der Sternentstehung an.

M a s e r q u e l l e n. Drastische Abweichungen zwischen den beobachteten Anregungs- und den beobachteten kinetischen Temperaturen findet man vor allem beim Hydroxylradikal (OH), beim Wasser- (H_2O) und beim Siliciummonoxidmolekül (SiO), doch treten u.a. auch bei Blausäure (HCN), beim Methylalkohol (CH_3OH) und Kohlenstoffmonosulfid (CS) Abweichungen auf. Gedeutet wird die Erscheinung als ein Masereffekt: Durch einen noch nicht genau geklärten Prozeß – möglicherweise infolge einer Absorption von Infrarotstrahlung oder infolge eines Stoßes – wird zunächst ein höherliegendes Energieniveau der Moleküle angeregt. Danach folgt der Übergang zu einem metastabilen niedrigeren Niveau, auf dem die Moleküle längere Zeit verweilen können und das nun relativ zu den tieferliegenden Niveaus stark überbesetzt ist. Die Entvölkerung durch Strahlungsübergänge kann spontan erfolgen, kann aber auch durch ein Photon aus dem umgebenden Strahlungsfeld ausgelöst werden, das die entsprechende Wellenlänge hat. Die Intensitäten der Maserlinien sind zeitlich z.T. stark variabel. OH- und H_2O-Maserquellen treten z.T. gemeinsam auf. Die H_2O-Maserquellen sind im allg. kleiner als die vom OH und zeigen wesentlich größere Intensitätsschwankungen als diese. Maserquellen gibt es vor allem in Molekülwolken nahe den Entstehungsorten massereicher Sterne und in der Nähe kompakter HII-Gebiete. Vielfach bilden sie Gruppen von Einzelquellen. Die Lineardimensionen der Einzelquellen liegen bei etwa 1 bis 10 AE und sind damit vergleichbar der Größe des inneren Planetensystems. Die Strahlungsleistungen der Quellen liegen im Bereich von etwa 10^{20} bis 10^{26} W; die Ausstrahlung in einigen wenigen Maserlinien kann also der der Sonne im gesamten Spektrum entsprechen.

H I I - G a s

B e o b a c h t u n g e n. Das HII-Gas tritt im sichtbaren Spektralbereich in Form leuchtender Gasnebel (HII-Gebiete) in Erscheinung, die man auch als *Emissionsnebel* oder (falls schwach leuchtend) als *Emissionsgebiete* bezeichnet. Häufig erscheinen sie diffus oder wolkenartig, z.T. sind sie chaotisch geformt und mit dunk-

Abb. 4: Rosettennebel (NGC 2237/2239) im Sternbild Monoceros (Einhorn). Das Gas wird durch Sterne hoher Effektivtemperatur, die Mitglieder des im Innern des Nebels befindlichen Offenen Sternhaufens NGC 2244 sind, zum Leuchten angeregt; der Sternwind der Haufensterne hat das Nebelzentrum von Gas freigefegt. Auf den Emissionsnebel projizieren sich einzelne Fetzen dunkler interstellarer Materie sowie einzelne Globulen. Die Nebelentfernung von der Sonne beträgt etwa 1400 pc, der Durchmesser rund 16 pc, die Nebelmasse liegt in der Größenordnung von etwa 1100 Sonnenmassen. (Aufgenommen mit dem 2-m-Schmidt-Teleskop des Karl-Schwarzschild-Observatoriums Tautenburg)

Einige hellere Emissionsnebel

Katalognummer NGC	M	Koordinaten (2000) α h	min	δ °	′	D ′	Bemerkungen
1976	42	5	35,4	−5	23	60	Orionnebel
2024		5	41,9	−1	50	30	Orion
2237/39		6	32,1	4	52	80	Monoceros, Rosettennebel
2264		6	41,1	9	53	40	Monoceros, Konusnebel
6514	20	18	2,3	−23	2	20	Sagittarius, Trifidnebel
6523	8	18	3,9	−24	20	60	Sagittarius, Lagunennebel
6611	16	18	18,8	−13	53	30	Serpens, Adlernebel
6618	17	18	20,8	−16	10	40	Sagittarius, Omeganebel
7000		20	58,8	44	19	120	Cygnus, Nordamerikanebel
7635		23	20,7	61	11	20	Cassiopeia

α: Rektaszension; δ: Deklination; D: genäherter scheinbarer Durchmesser. Unter Bemerkungen ist das Sternbild angegeben, in dem sich der Nebel befindet, und der Name.

ler Materie durchsetzt oder wie feine Schleier verteilt (Abb. 4, Seite 153). Der Orionnebel und der Nordamerikanebel sind die bekanntesten Beispiele derartiger Emissionsnebel. In der Tab. sind einige weitere helle Emissionsnebel aufgeführt. Sonderformen von HII-Gebieten stellen die Planetarischen Nebel sowie die Hüllen um einige Wolf-Rayet-Sterne und um Novae dar, bei denen es sich um Materie handelt, die von Sternen in den interstellaren Raum abgestoßen wurde oder wird. Die normalen HII-Gebiete gehen aus HI-Gebieten hervor, deren Gas durch einen unmittelbar benachbarten Stern hoher Effektivtemperatur zum Leuchten angeregt wird.

Das von HII-Gebieten stammende Spektrum ist ein Emissionslinienspektrum mit einem mehr oder minder schwachen Kontinuum, das im sichtbaren Spektralbereich von der Rekombination freier Elektronen mit Wasserstoff- und (in geringem Maß) mit Heliumionen herrührt. Hinzu kommt ein von frei-freien Übergängen der Elektronen stammender Kontinuumsanteil, dessen Intensität mit wachsender Wellenlänge stark zunimmt und im Radiofrequenzbereich dominiert. Ein Teil des bei hellen Emissionsnebeln beobachteten Kontinuums ist an Staubteilchen gestreutes Sternlicht. Dieser Kontinuumsanteil steigt zum Ultravioletten hin an, da die Streuung um so wirkungsvoller ist, je kürzerwellig die Strahlung ist. Im Infrarotbereich beobachtet man gelegentlich noch einen Kontinuumsanteil, der auf die thermische Ausstrahlung der im Gas eingebetteten Staubteilchen zurückgeht.

Die Emissionslinien haben unterschiedliche Entstehungsmechanismen. Es sind z.T. sog. Rekombinationslinien, die im Anschluß an eine Rekombination eines freien Elektrons mit einem Ion ausgestrahlt werden. Die Rekombination erfolgt im allg. auf ein hochliegendes Energieniveau, von dem das Elektron kaskadenartig zu tieferliegenden Niveaus übergeht, bis der Grundzustand erreicht ist. Bei jedem Übergang wird eine charakteristische Spektrallinie ausgestrahlt, z.B. eine Linie der Balmer-Serie beim Übergang von einem höheren Energieniveau des Wasserstoffatoms auf das erste angeregte Niveau (→ Spektrum). Die im sichtbaren Spektralbereich liegenden Balmer-Linien sind wegen der großen Häufigkeit des Wasserstoffs und seiner vollständigen Ionisation, damit seiner großen Rekombinationswahrscheinlichkeit, sehr stark; die Balmer-Linien sind es vor allem, die die Emissionsnebel sichtbar werden lassen. Die Rekombination kann auf extrem hohe Niveaus erfolgen. Die Energiedifferenzen zwischen benachbarten Niveaus sind dann so gering, daß die ausgestrahlten Linien im Radiofrequenzbereich liegen; z.B. wird beim Übergang des Wasserstoffatoms vom 110. auf das 109. Niveau eine Linie bei 6,0 cm und beim Übergang vom 159. auf das 158. Niveau eine Linie bei 17,9 cm ausgestrahlt. Außer Wasserstoffrekombinationslinien beobachtet man im Radiofrequenzbereich auch Rekombinationslinien vom Helium, Kohlenstoff und Schwefel.

Einige starke Emissionslinien rühren von nach den Regeln der Quantenphysik „verbotenen" Übergängen her (→ Atom). Sie gehen von tiefliegenden metastabilen Niveaus aus, für die die mittlere Verweilzeit z.T. Sekunden bis Tage beträgt. Im HII-Gas ist die Dichte so niedrig und die Wahrscheinlichkeit, während der Verweilzeit durch ein anderes Gaspartikel gestoßen zu werden, im allg. so gering, daß ein spontaner Übergang zum Grundzustand, und damit die Emission der verbotenen Linien, kaum behindert wird. Die stärksten dieser für Emissionsnebel charakteristischen Linien (der *Nebellinien*) stammen vom einmal und zweimal ionisierten Sauerstoff sowie vom einmal ionisierten Stickstoff. Die Anregung auf die metastabilen Niveaus erfolgt durch Stöße der Gaspartikeln mit freien Elektronen, die dabei einen Teil ihrer kinetischen Energie abgeben. (Da man diese Linien zunächst nicht identifizieren konnte, schrieb man sie einem auf der Erde noch nicht entdeckten Element, dem „Nebulium" zu. 1927 gab I.S. Bowen, 1898–1973, die Erklärung für ihr Entstehen.)

Ein Teil der Emissionslinien verdankt sein Auftreten der zufälligen Übereinstimmung der Wellenlänge einer von einem Element emittierten Spektrallinie mit der Wellenlänge einer Linie, die von einem anderen Element vom Grundzustand aus absorbiert werden kann. Vom einmal ionisierten Helium wird z.B. eine Linie emittiert, die vom zweimal ionisierten Sauerstoff im Grundzustand aus absorbiert wird. Beim kaskadenartigen Übergang des so angeregten Sauerstoffions in den Grundzustand entsteht u.a. eine Linie, die ihrerseits vom einmal ionisierten Stickstoff absorbiert wird: Bestimmte Sauerstoff- und Stickstofflinien sind daher nur dann zu beobachten, wenn genügend viele Heliumatome zweimal ionisiert sind.

Temperatur, Dichte. Die mittlere kinetische Energie der freien Elektronen und damit die Elektronentemperatur ergibt sich aus der im Radiofrequenzbereich gemessenen frei-freien-Kontinuumstrahlung, da deren spektrale Energieverteilung von der mittleren Relativgeschwindigkeit der Elektronen bezüglich der Ionen abhängt. Die kinetische Temperatur des HII-Gases kann weiterhin aus dem Intensitätsverhältnis von Emissionslinien berechnet werden, die vom gleichen Element stammen und deren unterschiedliche Ausgangsniveaus durch Stöße angeregt werden: Höherliegende Niveaus sind um so stärker besetzt, je höher die mittlere kinetische Energie der stoßenden Teilchen ist. Infolge der elastischen Stöße zwischen den einzelnen Gaskomponenten (Atome, Ionen, freie Elektronen) herrscht eine Energiegleichverteilung: Die auf unterschiedliche Weise und bei unterschiedlichen Elementen ermittelten Temperaturen stimmen daher (im Rahmen der Beobachtungsgenauigkeit) überein.

Die gemessenen Gastemperaturen liegen zwischen etwa 7000 und 12000 K. Sie sind das Ergebnis eines Gleichgewichts von Heiz- und Kühlprozessen. Die Heizung erfolgt bei der Photoionisation vor allem des Wasserstoffs durch einen nahen Stern hoher Effektivtemperatur. Dies ist sehr effektiv, da Wasserstoff das häufigste Element ist und die ionisierenden Photonen sehr energiereich sind, so daß die Elektronen bei ihrer Freisetzung eine hohe kinetische Energie besitzen, die sie dann auch auf die anderen Gaskomponenten übertragen. Der wesentliche Kühlprozeß ist die Stoßanregung der „verbotenen“ Linien, bei der kinetische Energie in Strahlungsenergie übergeht, die das HII-Gebiet verläßt. Die Reduzierung der mittleren kinetischen Energie der freien Elektronen bei frei-freien Übergängen spielt nur eine geringe Rolle.

Die Anzahldichte der freien Elektronen (die Elektronendichte) läßt sich aus der Radiokontinuumstrahlung bestimmen, und zwar bei relativ kleinen Wellenlängen, bei denen das HII-Gas optisch dünn ist. Die gemessene Strahlungsintensität hängt dann von der in der Sichtlinie befindlichen Anzahl der am Strahlungsprozeß beteiligten Partner (Elektronen und Protonen) sowie von der Elektronentemperatur ab. Kennt man diese und die Ausdehnung des HII-Gebiets, läßt sich die Elektronendichte berechnen, die wegen der großen Häufigkeit des Wasserstoffs und dessen nahezu vollständiger Ionisation praktisch gleich der Wasserstoffionendichte ist. Die Elektronendichte variiert in weiten Grenzen: In diffusen Emissionsgebieten liegt sie bei wenigen 10^{-2} Elektronen je cm^3; in den kompakten HII-Regionen werden Dichten von 10^4 bis 10^5 Elektronen je cm^3 erreicht.

Die relative Elementenhäufigkeit im HII-Gas läßt sich durch eine quantitative Spektralanalyse ermitteln. Die Elemente, deren relative Häufigkeit in bezug auf Wasserstoff bestimmt werden können, zeigen im Rahmen der Beobachtungsgenauigkeiten keine wesentlichen Unterschiede zur allgemeinen kosmischen Elementenhäufigkeit.

Größe der HII-Gebiete. Die Ionisation des Wasserstoffs erfolgt durch einen benachbarten Stern hoher Effektivtemperatur. Seine Strahlung muß zum beträchtlichen Teil bei Wellenlängen kleiner als 91,2 nm liegen, da nur für sie die Photonenenergie größer als die Ionisationsenergie des Wasserstoffs von 13,6 eV ist. Bei 91,2 nm liegt die Grenzwellenlänge der Lyman-Serie des Wasserstoffs; man bezeichnet daher alle Quanten mit kürzeren Wellenlängen als 91,2 nm als Lyman-Kontinuumsquanten. Sie werden in nennenswerter Zahl nur von Sternen mit einer Effektivtemperatur größer als etwa 25000 K emittiert, also von Sternen der Spektralklasse B1 und früher.

Die Größe eines HII-Gebietes ist sowohl von der Effektivtemperatur des leuchtanregenden Sterns als auch von der Gasdichte im HII-Gebiet abhängig, in dem sich ein Gleichgewicht zwischen der Gesamtzahl der je Zeiteinheit stattfindenden Ionisationen und der die Ionisation rückgängigmachenden Rekombinationen einstellt. Die Ionisationshäufigkeit ist durch die vom Stern je Sekunde ausgesandten Lyman-Kontinuumsquanten bestimmt, die Zahl der Rekombinationen je Sekunde u.a. durch die Gasdichte: Je höher diese ist, um so größer ist die Wahrscheinlichkeit, daß ein Elektron von einem Ion eingefangen wird. Das von einem Stern ionisierte Gebiet ist daher insgesamt um so größer, je höher die Sterntemperatur und je geringer die Gasdichte ist. Am Rand eines HII-Gebiets sind die vom Stern kommenden Lyman-Kontinuumsquanten aufgebraucht; hier erfolgt der Übergang von nahezu vollständiger Ionisation des Wasserstoffs zu seiner nahezu vollständigen Neutralität (HI-Zustand). Die Ausdehnung des Übergangsgebietes ist im Vergleich zur Ausdehnung des HII-Gebietes sehr klein, der Rand also relativ scharf. Bei einem Gleichgewicht von Ionisation und Rekombination läßt sich die Ausdehnung des HII-Gebietes, der sog. Strömgren-Radius (nach B. Strömgren, 1908–1987) in Abhängigkeit von der Effektivtemperatur des leuchtanregenden Sterns und der Wasserstoffdichte berechnen. Er beträgt bei einer homogenen Dichte von 1 Wasserstoffatom je cm^3 um einen Hauptreihenstern der Spektralklasse O5 110 pc, um einen B0-Stern 25 pc und um einen B1-Stern 5 pc. Die Größe reduziert sich auf 1/1000, wenn bei sonst gleichen Bedingungen die Dichte auf das 100fache steigt. Die Strömgren-Radien betragen dann z.T. nur noch Bruchteile eines Parsec. Derartig kleine und dichte HII-Gebiete bezeichnet man als kompakte HII-Gebiete. Ihnen stehen dünne, weit ausgedehnte HII-Regionen gegenüber, die mehr als 100 pc messen können. Die HII-Gebiete sind im allg. nicht kugelförmig begrenzt (wie der Ausdruck Strömgren-Radius vermuten läßt), da die interstellare Gasdichte örtlich variiert. Sind in dem HII-Gas viele Staubteilchen eingebettet, reduziert sich der Strömgren-Radius, da der Staub einen Teil der Lyman-Kontinuumsquanten absorbiert, der dann nicht mehr für die Ionisation des Wasserstoffs zur Verfügung steht.

Die Ausdehnung der Gebiete, in der andere Elemente als Wasserstoff ionisiert sind, hängt von deren Ionisationsenergie ab. Ist sie größer als 13,6 eV, ist der Strömgren-Radius für dieses Element kleiner als der für Wasserstoff, da die Zahl der vom Stern emittierten, für die Ionisation des fraglichen Elements geeigneten Photonen kleiner als die Zahl der Lyman-Kontinuumsquanten ist (→ Strahlungsgesetze), und diese Photonen sowohl von dem Element als auch vom Wasserstoff absorbiert werden; sie sind mithin schon nahe am Stern verbraucht. Ist die Ionisationsenergie eines Elements kleiner als 13,6 eV, stehen auch noch außerhalb des HII-Gebietes ionisationsfähige Photonen für das Element zur Verfügung. Die Zahl dieser Photonen nimmt mit wachsender Entfernung vom Stern nur langsam ab, da die kosmische Häufigkeit dieser Elemente gering und die Rekombinationswahrscheinlichkeit ihrer Ionen wegen der geringen Zahl verfügbarer freier Elektronen sehr klein ist. Die Strömgren-Radien dieser Elemente sind demzufolge gegenüber dem Wasserstoff-Strömgren-Radius sehr groß. Die meisten Elemente mit einer niedrigeren Ionisationsenergie als Wasserstoff, z.B. Kohlenstoff, sind nahezu im gesamten HI-Gas einmal ionisiert.

Bei der Entstehung eines massereichen und daher mit einer hohen Effektivtemperatur behafteten Sterns bildet sich sehr rasch ein HII-Gebiet um ihn aus. In diesem Gebiet steigt sowohl die Temperatur als auch die Dichte schnell an, da sich infolge der Ionisation die Zahl der Gaspartikeln nahezu verdoppelt: Bei der Ionisation eines Wasserstoffatoms kommt ein neues freies Teilchen, ein Elektron, hinzu. Der dadurch plötzlich steigende Druck läßt das HII-Gebiet mit großer Geschwindigkeit expandieren, wodurch die umgebende HI-Wolkenmaterie zusammengepreßt und weggedrückt wird. Im Laufe der Zeit stellt sich zwischen dem HI- und dem HII-Gas nahezu ein Druckgleichgewicht ein, bei dem im HII-Gas wegen der höheren Temperatur eine entsprechend geringere Dichte als im umgebenden HI-Gas herrscht. Eine derartige Schichtung ist gegen Störungen instabil: Geringfügige Inhomogenitäten im Bereich der Grenzfläche führen zu starken Deformationen der Fläche. Für das HII-Gebiet bedeutet dies, daß kaltes HI-Gas tief in die HII-Region hineinragen kann und unter Umständen ganz von dieser umschlossen wird. Die bei einigen Emissionsnebeln beobachteten langgestreckten dunklen Gebiete mit leuchtender Umrandung (sog. „Elefantenrüssel") sowie die sich auf die Emissionsnebel projizierenden dunklen Globulen sind wahrscheinlich auf diesen Instabilitätseffekt zurückzuführen.

Heiße Gaskomponente

Die heiße interstellare Gaskomponente prägt den Sternspektren im Ultraviolettbereich zusätzliche Absorptionslinien auf, die von hochionisierten Elementen, u.a. vom fünfmal ionisierten Sauerstoff, vom viermal ionisierten Stickstoff sowie vom zwei- und dreimal ionisierten Silicium stammen. Die Linienbreiten lassen auf kinetische Temperaturen von einigen 10^5 bis zu etwa 10^6 K schließen; die Teilchendichte liegt in der Größenordnung von nur einigen 10^{-3} Teilchen je cm^3. (Die Temperaturen entsprechen etwa denen in der Sonnenkorona, weswegen das heiße interstellare G. gelegentlich auch als „koronales interstellares G." bezeichnet wird.) Weder die hohen Temperaturen noch die hohen Ionisationsstufen können durch Strahlungsprozesse verursacht sein, da das interstellare Strahlungsfeld auch in der Umgebung von Sternen extrem hoher Effektivtemperatur nicht die dafür erforderlichen hochenergetischen Photonen enthält. Als Heizprozesse kommen nur dynamische Prozesse in Frage:

Bei der Explosion einer Supernova prallen die abgestoßenen Gasmassen mit Geschwindigkeiten, die in der Größenordnung von 10000 km/s liegen, auf die umgebende interstellare Materie. Dabei bildet sich eine Stoßfront aus, in der die Abbremsung der ausgeschleuderten Gasmassen und die Umsetzung ihrer kinetischen Energie in Wärmeenergie erfolgt. Die sich ergebenden Temperaturen liegen bei 10^6 bis 10^7 K und reichen aus, über Stoßprozesse das Gas hochgradig zu ionisieren. Das von der sich ausdehnenden Stoßfront umhüllte heiße und dünne Gas bildet eine „heiße Blase" im allgemeinen interstellaren G. Die Abkühlung des Gases geht relativ langsam vor sich; die Lebensdauer eines bei einer Supernovaexplosion gebildeten heißen Gebietes liegt in der Größenordnung von etwa 10^7 Jahren. Da im Milchstraßensystem (ganz grob) alle 30 Jahre eine Supernova explodiert, ist ständig ein größerer Teil des interstellaren Raumes von der heißen Gaskomponente erfüllt, wobei die „heißen Blasen" einzelner Supernovae ineinander übergehen können. Da die Dichte des interstellaren G.es mit wachsendem Abstand von der galaktischen Ebene abnimmt, sinkt in dieser Richtung die bremsende Wirkung des allgemeinen interstellaren G.es, so daß die bei einer Supernovaexplosion ausgeschleuderten Gasmassen bis in Abstände von einigen 1000 pc von der galaktischen Ebene gelangen können.

Nahe der galaktischen Ebene kann ein bestimmtes Masseelement des interstellaren G.es im Laufe der Zeit allen möglichen Komponenten angehören (molekularem Gas, HI-Gas, Zwischenwolkengas, HII-Gas, heißem Gas) und dabei unterschiedliche Temperatur und Dichte haben. Der Wechsel erfolgt relativ rasch, da die Sterne hoher Effektivtemperatur, die für eine wesentliche Energiezufuhr sorgen, nur eine sehr kurze Lebensdauer haben und die nachfolgenden Kühlprozesse im allg. sehr effektiv sind.

Relativistisches interstellares Gas

Das relativistische interstellare Gas ist identisch mit der Primärkomponente der Kosmischen Strahlung, die den interstellaren Raum relativ homogen erfüllt. Es besteht hauptsächlich aus Atomkernen mit Energien zwischen etwa 10^7 und 10^{20} eV. Da sich derartig hochenergetische Teilchen in gänzlich anderer Weise als das übrige interstellare G. bemerkbar machen, wird die relativistische Komponente des interstellaren G.es im allg. von den anderen Komponenten getrennt betrachtet (→ Kosmische Strahlung).

interstellares Magnetfeld, das an einem Ort des interstellaren Raumes existierende Magnetfeld. Interstellare M.er können auf Grund der durch den

Zeeman-Effekt bewirkten Aufspaltung von Spektrallinien gemessen werden. Obwohl die Aufspaltung im allg. sehr viel kleiner als die Breite der Linien ist, kann sie dennoch bestimmt werden, da bei einer Sicht in Richtung der Feldlinien die beiden dann auftretenden Komponenten einer Linie entgegengesetzt zirkular polarisiert sind. Zu Magnetfeldmessungen benutzt man vor allem die 21-cm-Linie des interstellaren Wasserstoffs, da bei ihr der Aufspaltungsbetrag relativ groß ist, was auch für das interstellare Hydroxylradikal (OH) gilt. Beim Wassermolekül (H_2O) können Zeeman-Aufspaltungen dann gemessen werden, wenn die Feldstärken groß sind.
Eine andere Untersuchungsmethode interstellarer M.er besteht in der Bestimmung der durch den Faraday-Effekt verursachten Drehung der Polarisationsebene linear polarisierter elektromagnetischer Wellen. Eine positive Faraday-Rotation (gegen den Uhrzeigersinn) tritt auf, wenn das Magnetfeld auf den Beobachter gerichtet ist, eine negative, falls das Feld vom Beobachter weg zeigt. Die Größe des Effekts hängt von der Feldstärke, der Anzahl der freien Elektronen in der Sichtlinie und dem Quadrat der Wellenlänge der beobachteten Strahlung ab. Wegen dieser Wellenlängenabhängigkeit führt man Faraday-Effekt-Messungen nur im Radiofrequenzbereich, also bei sehr großen Wellenlängen, durch. Polarisierte Radiostrahlung wird von galaktischen und extragalaktischen Synchrotronstrahlungsquellen ausgesandt. Damit eine derartige Strahlung entsteht, muß in der Quelle selbst ein Magnetfeld vorhanden sein. Dadurch ist es schwierig, den interstellaren Anteil des Dreheffektes von dem zu trennen, der schon in der Quelle entsteht. Um aus der Faraday-Drehung auf die interstellare Magnetfeldstärke schließen zu können, muß die Zahl der freien Elektronen in der Sichtlinie getrennt bestimmt werden. Dies kann mit Hilfe der bei der Strahlungsausbreitung in einem Plasma erfolgenden Wellendispersion geschehen: Die Ausbreitungsgeschwindigkeit ist von der Wellenlänge und der Elektronenanzahl abhängig. Beobachtet man Quellen mit sehr kurzen Strahlungspulsen, z.B. Pulsare, kann aus den Differenzen der bei unterschiedlichen Wellenlängen gemessenen Ankunftszeiten gleicher Strahlungspulse die Elektronenzahl in der Sichtlinie ermittelt werden.
Interstellare M.er sind die Ursache für eine Ausrichtung länglicher interstellarer Staubteilchen, die ihrerseits zur Polarisation des Lichts der – vom Beobachter aus gesehen – hinter einer Staubwolke befindlichen Sternen führt (→ interstellarer Staub). Aus derartigen Polarisationsmessungen können nur begrenzte Aussagen über die Magnetfeldstärke gewonnen werden, da die Staubteilchenausrichtung (und damit die Stärke der Polarisation) außer von der Feldstärke noch von der Größenverteilung, der geometrischen Form und der chemischen Zusammensetzung der Teilchen abhängt; die Kenntnis dieser Größen ist sehr unsicher. Polarisationsmessungen lassen aber Schlüsse über die großräumige Richtung der interstellaren M.er in der Sonnenumgebung zu.
Die gemessenen interstellaren Magnetfeldstärken liegen im Bereich von etwa $0{,}5 \cdot 10^{-10}$ bis $50 \cdot 10^{-10}$ Tesla; für das großräumige mittlere Feld ergibt sich eine Stärke von etwa $2 \cdot 10^{-10}$ bis $4 \cdot 10^{-10}$ Tesla. Die größeren gemessenen Werte beziehen sich im allg. auf einzelne interstellare Wolken. Die allgemeine Feldrichtung liegt bevorzugt parallel der galaktischen Ebene und folgt wahrscheinlich den Spiralarmen, doch kommen auch beträchtliche lokale Abweichungen und Inhomogenitäten vor. In einigen Gebieten leuchtender oder dunkler interstellarer Materie sind die Felder parallel zu den sichtbaren Strukturen orientiert. Im Zentralbereich des Milchstraßensystems, in dem lokale Felder bis zu einer Stärke von etwa 10^{-7} Tesla auftreten, scheinen die Feldlinien senkrecht zur galaktischen Ebene zu verlaufen. Unbekannt ist, ob das galaktische Magnetfeld eine in sich geschlossene Struktur hat, oder ob die Feldlinien, die längs der Spiralarme laufen, sich in den intergalaktischen Raum erstrecken.
Die Entstehung der interstellaren M.er ist noch nicht eindeutig geklärt. Es könnte sich um ein schon bei der Bildung des Milchstraßensystems vorhandenes, ursprüngliches Magnetfeld handeln, das später durch einen Dynamoeffekt verstärkt und z.T. in seiner Struktur verändert wurde. (Als „Dynamo“ bezeichnet man in diesem Zusammenhang einen physikalischen Mechanismus, der mechanische Energie über eine elektromagnetische Induktion in magnetische Energie umzuwandeln gestattet.) Abweichungen von einem global achsialsymmetrischen Feld, das bei alleiniger Wirkung eines Dynamomechanismus zu erwarten ist, könnten durch lokale Störungen, möglicherweise auch infolge von Störungen durch nahe Sternsysteme, z.B. den Magellanschen Wolken, hervorgerufen sein.
Durch turbulente Bewegungen des interstellaren Gases werden lokale Magnetfelder deformiert, da sie bei den Bewegungen mitgeschleppt werden und sich so verhalten, als wären sie im interstellaren Gas „eingefroren“. Im allg. ist der magnetische Druck wesentlich kleiner als der kinetische Druck, der durch die turbulente Bewegung des interstellaren Gases verursacht wird. Die Deformation lokaler Magnetfelder kann jedoch zu einer Erhöhung der Feldstärke führen, wodurch unter Umständen der magnetische Druck mit dem Turbulenzdruck vergleichbar wird: Das Bewegungsverhalten der interstellaren Materie wird dann mit durch das lokale interstellare M. bestimmt.
interstellares Strahlungsfeld, die Gesamtheit der an einem Ort des interstellaren Raumes vorhandenen elektromagnetischen Strahlung. Die Energiedichte des interstellaren S.es ist durch die Anzahl der im Mittel je Volumeneinheit vorhandenen Photonen und deren Energieverteilung bestimmt. Beide Größen werden durch die Entfernung und die Effektivtemperatur der umgebenden Sterne festgelegt: Der Beitrag eines Sterns zur Gesamtzahl der Photonen am betrachteten Ort steigt mit wachsender Effektivtemperatur, wobei der Anteil der höherenergetischen Photonen zunimmt, und sinkt mit dem Quadrat seiner Entfernung. Die Energieverteilung der Photonen ist entfernungsunabhängig, wenn man von der interstellaren Extinktion absehen kann. Der im interstellaren Raum vorhandene Staub bewirkt z.T. eine Umverteilung der Strahlungsenergie, da die im ultravioletten und sichtbaren

Spektralbereich absorbierte Energie im infraroten Bereich als Wärmestrahlung reemittiert wird.
Die Energieverteilung der Photonen des allgemeinen interstellaren S.es ist im kurzwelligen Spektralbereich (etwa 100 bis 500 nm) im wesentlichen durch die Sterne hoher Effektivtemperatur (O- und B-Sterne) festgelegt, im längerwelligen Bereich bis hin zum nahen Infrarotbereich ist dafür die Menge der F- und G-Sterne sowie der Roten Riesensterne maßgebend, während im fernen Infrarotbereich (jenseits etwa 20 µm) die thermische Emission des interstellaren Staubes bestimmend ist. Die Gesamtenergiedichte des allgemeinen interstellaren S.es ist außerordentlich gering; sie gleicht der Energiedichte einer Hohlraumstrahlung von nur rund 3 K: Das allgemeine interstellare S. setzt sich also aus einer stark „verdünnten" Strahlung uneinheitlicher Temperatur zusammen.

intracumular, innerhalb eines (Stern- oder Galaxien-)Haufens befindlich.

Io *f*, der innerste der vier großen (Galileischen) Jupitersatelliten. Die Io bewegt sich auf einer elliptischen Bahn, deren große Halbachse 421 600 km und deren Exzentrizität 0,004 beträgt und die gegen den Jupiteräquator um 0,04° geneigt ist, in 1 d 18 h 27,5 min rechtläufig um den Jupiter. Die Rotationsperiode der Io ist wegen der gebundenen Rotation gleich der Umlaufzeit. Die Gestalt der Io gleicht einem dreiachsigen Ellipsoid, dessen große Achse auf das Jupiterzentrum weist und um etwa 18 km größer als der mittlere Durchmesser von 3642 km ist. Mit einer Masse von $8{,}94 \cdot 10^{22}$ kg und einer mittleren Dichte von 3,53 g/cm^3 übertrifft die Io in allen diesen Daten den Mond. Mit einer scheinbaren visuellen Helligkeit von $5\overset{m}{.}0$ in Oppositionsstellung müßte die Io mit bloßem Auge sichtbar sein. Sie wird aber durch den Jupiter so überstrahlt, daß sie nur mit Fernrohr beobachtbar ist.
Über die Oberflächenstruktur der Io ergaben erst Beobachtungen von den Raumsonden Voyager 1 und 2 aus genauere Kenntnisse. Die Oberfläche ist durch einen heftigen Vulkanismus geprägt (Abb.). Die Io ist der vulkanisch aktivste Himmelskörper des Planetensystems. Das Auswurfmaterial wird teilweise bis zu 200 und 300 km hoch geschleudert und bildet große Niederschlagsringe mit bis zu 1000 km Durchmesser, so daß alle früher einmal entstandenen Einschlagkrater auf diese Weise ausgelöscht werden. Neben 8 aktiven Vulkanen beobachtete man zahlreiche weite, meist kesselartige Einbrüche auf relativ flachen Schildstrukturen, von denen radiale Materieströme ausgegangen sind. Offenbar handelt es sich um (derzeit) erloschene Vulkane mit ihren Calderen. Das Auswurfmaterial besteht aus gasförmigem Schwefeldioxid und geschmolzenen, schwefelhaltigen Stoffen. Die gelben, roten und braunen Farbtöne der Iooberfläche gehen wahrscheinlich auf Schwefel zurück, der bei unterschiedlichen Temperaturen in farblich unterschiedlichen Modifikationen auftritt. Die Vulkanausbrüche sind z.T. so heftig, daß gasförmiges, möglicherweise auch festes Auswurfmaterial die Io verlassen kann; in einem partiellen Torus längs ihrer Bahn wurde neben ionisiertem Schwefel und Sauerstoff auch ionisiertes und neutrales Natrium nachgewiesen. Der Vulkanismus ist durch eine permanente Energiezuführung über Gezeitenkräfte durch die beiden benachbarten Satelliten Europa und Ganymed sowie den Jupiter verursacht: Das Ioinnere wird periodisch gepreßt und entspannt und dabei die Temperatur über Reibungseffekte so erhöht, daß es zum Schmelzen eines großen Teils des Materials im Innern kommt. Die Tiefe der Schmelzzone ist noch unbekannt. Der globale Wärmefluß der Io ist von der gleichen Größenordnung wie der Gesamtwärmefluß der Erde; die gemittelte Oberflächentemperatur liegt bei etwa 100 K.
Der Lage im Durchmesser-Dichte-Diagramm nach gehört die Io zu den erdartigen planetaren Himmelskörpern (→ Planet). Vermutlich hat sie einen eisenreichen Kern von weniger als 500 km Radius, der von silicatischen Substanzen ummantelt ist; sie machen die Hauptmasse der Io aus. Die Kruste des Iokörpers, aus der wahrscheinlich die leichtflüchtigen Materialien wie Wasser, Stickstoff und Kohlendioxid zum großen Teil entschwunden sind, ist durch den Vulkanismus geprägt.
Hinsichtlich der Einordnung der Io in das System der Jupitersatelliten → Jupiter.
Die Io wurde 1610 durch G. Galilei (1564–1642) sowie unabhängig von ihm durch S. Marius (1570–1624) entdeckt.

Der Jupitersatellit Io, aufgenommen aus einer Entfernung von etwa 800 000 km mit Hilfe der Raumsonde Voyager 1. Die großen Ringformationen werden durch vulkanisches Auswurfmaterial geformt

Ionisation, der Übergang von elektrisch neutralen Atomen oder Molekülen in elektrisch geladene Teilchen (die ***Ionen***) infolge einer Abtrennung oder einer Anlagerung von Elektronen. In der Astronomie spielt vor allem die Erzeugung positiv geladener Ionen eine Rolle, bei der (mindestens) ein Elektron aus der Elektronenhülle eines Atoms entfernt wird und ein positiv geladener Atomrumpf übrigbleibt (→Atom). Eine I. tritt nur ein, wenn die zugeführte Energie einen Mindestwert, die ***Ionisationsenergie***, erreicht. Bei der ***Photoionisation*** geschieht die Energiezufuhr bei der Absorption eines Lichtquants. Jeder Ionisationsenergie entspricht dabei eine bestimmte Stelle im Spektrum: Nur Strahlung mit einer kleineren Wellenlänge als diese Grenzwellenlänge kann die I. eines bestimmten Elements verursachen. Die Grenzwellenlänge beträgt z.B. für Wasserstoff 91,2 nm (entsprechend einer Ionisationsenergie von 13,6 eV $=2{,}18\cdot10^{-18}$ J) und für neutrales Helium 50,2 nm (Ionisationsenergie 24,6 eV). Wird mehr Energie zugeführt, erhält das abgelöste Elektron den Mehrbetrag als Bewegungsenergie. Bei der ***Stoßionisation*** erfolgt die Energiezuführung durch den Stoß des zu ionisierenden Atoms mit einem anderen Atom oder einem freien Elektron.

Die I. wird durch eine Rekombination rückgängig gemacht, bei der ein freies Elektron von einem Ion eingefangen und gleichzeitig ein Lichtquant ausgestrahlt wird, dessen Energie der Ionisationsenergie plus der Bewegungsenergie des Elektrons vor dem Einfang entspricht. Bevorzugt rekombinieren Elektronen mit geringen Bewegungsenergien.

Der ***Ionisationsgrad*** gibt das Verhältnis der ionisierten Atome eines Elements zur Gesamtzahl der vorhandenen Atome des Elements an; er kann mit Hilfe der *Saha-Gleichung* (nach M.N. Saha; 1893–1956) berechnet werden. Der Ionisationsgrad steigt mit der Temperatur und sinkt mit der Anzahl der freien Elektronen je Volumeneinheit, weil dann um so mehr Elektronen zur Rekombination zur Verfügung stehen.

Von den negativ geladene Ionen, bei denen ein zusätzliches Elektron an ein neutrales Atom (oder Molekül) angelagert ist, spielt das negative Wasserstoffion eine Rolle. In den Atmosphären von Sternen geringer Effektivtemperatur trägt es wesentlich zur kontinuierlichen Absorption der Sternmaterie bei.

In der Spektroskopie wird zur Bezeichnung der Spektren positiv geladener Ionen im allg. hinter das chemische Symbol eine römische Zahl gesetzt, wobei I das Spektrum neutraler Atome, II das einmal ionisierter, III das zweimal ionisierter Atome usw. bedeutet, z.B. HI, HII, NaIII, CaIV.

Ionisationstemperatur, →Temperatur.

Ionosphäre, die Schicht der Erdatmosphäre, in der die Gasbestandteile im wesentlichen ionisiert sind; →Erdatmosphäre.

Irisblendenphotometer, Meßapparatur zur Bestimmung von Sternhelligkeiten auf Photoplatten; →Photometer.

irreguläres Sternsystem, ***irregulärer Nebel***, ein extragalaktisches Sternsystem ohne erkennbare innere Strukturen.

Irr-Galaxie, irreguläres extragalaktisches Sternsystem.

Isophote *f*, eine Linie, die Orte gleicher Flächenhelligkeit auf der Abbildung einer flächenhaften Strahlungsquelle verbindet.

isophote Wellenlänge, →Farbsystem.

isotherm, svw. bei gleicher Temperatur.

Isotope *n* [*Plur.*], Atome eines chemischen Elements mit unterschiedlich vielen Neutronen im Atomkern und folglich unterschiedlicher Masse. Ein Element kann sowohl stabile I. als auch instabile, d.h. radioaktive, I. haben. Da bei den I.n eines Elements die Zahl der Elektronen in der Elektronenhülle wegen der gleichen Kernladung gleich ist, haben die I. eines Elements (nahezu) gleiches chemisches Verhalten.

Isotopenhäufigkeit, die relative Häufigkeit unterschiedlich schwerer Atomkerne des gleichen Elements in einem bestimmten Material; →Elementenhäufigkeit.

J

J, Einheitenzeichen für Joule, die Maßeinheit der Arbeit und der Energie.

Jagdhunde, das Sternbild →Canes Venatici.

Jahr, ***1)*** die Zeitdauer eines Umlaufs der Erde um die Sonne. Je nach der Wahl des Bezugspunktes oder der Bezugslinie, gegenüber denen ein voller Umlauf gezählt wird, ergeben sich unterschiedliche Jahreslängen.

Das ***tropische J.*** ist gleich der Zeit zwischen zwei aufeinanderfolgenden Durchgängen der Sonne durch den mittleren Frühlingspunkt bei ihrer scheinbaren jährlichen Bewegung längs der Ekliptik; es hat 365 d 5 h 48 min 46 s (365,2422 d). Der Beginn des tropischen J.es ist in der Astronomie der Augenblick, zu dem der Mittelpunkt der mittleren Sonne die Rektaszension $18^{h}\ 40^{min}=280°$ hat. (Dieser Zeitpunkt ist bei Epochenangaben durch die Dezimalangabe ,00 hinter der Jahreszahl gemeint.) Er fällt mit dem bürgerlichen Jahresbeginn nahe zusammen, ist aber unabhängig vom Beobachtungsort. Das ***siderische J.*** ist die Zeit zwischen zwei aufeinanderfolgenden gleichen Stellungen der Sonne in ihrer scheinbaren Bahn an der Himmelskugel in bezug auf einen Fixstern; es hat 365 d 6 h 9 min 9 s (365,2564 d) und ist länger als das tropische Jahr, weil sich infolge der Präzession der Frühlingspunkt entgegen der Sonnenbewegung längs der Ekliptik verschiebt. Das ***anomalistische J.*** ist gleich der Zeit zwischen zwei Durchgängen der Erde durch ihr Perihel, den sonnennächsten Punkt auf ihrer Bahn um die Sonne; es hat 365 d 6 h 13 min 53 s (365,2596 d). Da sich das Perihel infolge der durch die anderen Planeten auf die Bewegung der Erde ausgeübten Störungen in Richtung der jährlichen Erdbewegung bewegt, ist das anomalistische J. länger als das siderische (Abb.)

2) im Kalenderwesen ein Zeitabschnitt, der angenähert die Länge eines Umlaufes der Erde um die Sonne hat. Bis 1582 galt in den Ländern mit einer christli-

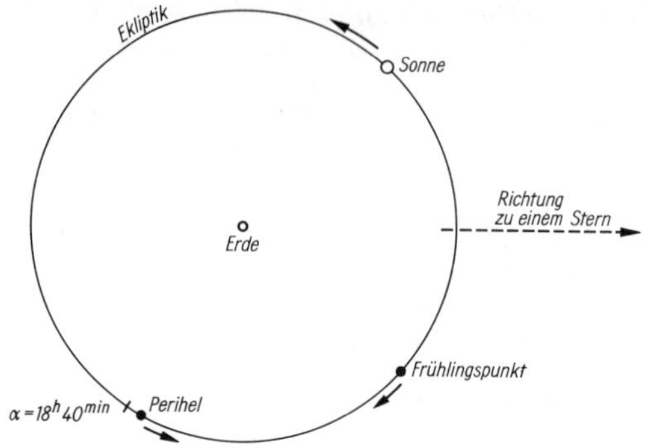

Zur Definition des Jahres. Gezeichnet ist die scheinbare jährliche Bahn der Sonne längs der Ekliptik. Die Pfeile geben die jeweilige Bewegungsrichtung von Sonne, Frühlingspunkt und Perihel relativ zur Richtung zu einem Stern bzw. der Richtung zum Punkt mit der Rektaszension $18^h 40^{min}$

chen Zeitrechnung das ***Julianische J.*** mit einer Länge von 365,25 d als mittleres J. der bürgerlichen Zeitrechnung; seit 1582 benutzt man statt dessen das ***Gregorianische J.*** mit einer Länge von 365,2425 d.
Hinsichtlich Sonnenjahr, Mondjahr, Lunisolarjahr → Kalender.

Jahrbuch, in der Astronomie eine Zusammenstellung der wichtigsten Angaben über die Örter der Sonne, des Mondes, der Planeten und einzelner Fixsterne sowie über Finsternisse und Sternbedeckungen für die Zeit eines Kalenderjahres. Die Örter des Mondes werden in den Jahrbüchern im allg. für jede Stunde, die der Sonne und der Planeten für jeden Tag und die der Fixsterne für Abstände von 10 Tagen angegeben. In den Jahrbüchern finden sich im allg. auch noch umfangreiche Tabellen zur Orts- und Zeitbestimmung und zum Kalenderwesen.
Zu den international am meisten verwendeten Jahrbüchern zählt ***The Astronomical Almanac for the Year ...*** (Washington: U.S. Government Printing Office, London: HMSO) [engl., ‚Astronomisches Jahrbuch für das Jahr ...‘]. Die Örter der 1535 Primärsterne des Fundamentalkatalogs FK5 sind in den ***Apparent Places of Fundamental Stars ...*** [engl., ‚Scheinbare Örter der Fundamentalsterne ...‘] angegeben.
Der Liebhaberastronom findet eine jahrbuchähnliche Zusammenstellung von Sonnen-, Planeten- und Mondephemeriden sowie von mittleren Örtern einer Reihe von Sternen und weiteren interessanten Beobachtungsobjekten z.B. in ***Ahnerts Kalender für Sternfreunde ...*** (Verlag Johann Ambrosius Barth; Leipzig, Berlin, Heidelberg).

Jahreszeit, in der Astronomie der Zeitraum zwischen einem Äquinoktium (Tagundnachtgleiche) und einem Solstitium (Sonnenwende) bzw. einem Solstitium und einem Äquinoktium. Gegenwärtig dauert der astronomische ***Frühling*** (vom Frühlingsäquinoktium bis Sommersolstitium; 21. 3. bis 21. 6.) 92 d 19 h, der astronomische ***Sommer*** (Sommersolstitium bis Herbstäquinoktium; 21. 6. bis 23. 9.) 93 d 15 h, der astronomische ***Herbst*** (Herbstäquinoktium bis Wintersolstitium; 23.9. bis 21.12.) 89 d 20 h und der astronomische ***Winter*** (Wintersolstitium bis Frühlingsäquinoktium; 21.12. bis 21.3.) 89 d 0 h. Die unterschiedliche Dauer der J.en ist durch die ungleichförmige Geschwindigkeit der Erde bei ihrem Umlauf um die Sonne bedingt und dadurch, daß die Apsidenlinie, die Verbindungslinie des sonnennächsten und des sonnenfernsten Punktes, weder mit der Verbindungslinie der Solstitialpunkte noch mit der der Äquinoktialpunkte zusammenfällt (Abb. 1). (Die angegebenen Daten können sich um einen Tag verschieben, da das Kalenderjahr nicht gleich dem tropischen Jahr ist, und der Beginn der Tageszählung von der geographischen Länge des Beobachtungsortes abhängt.) Die Dauer der ein-

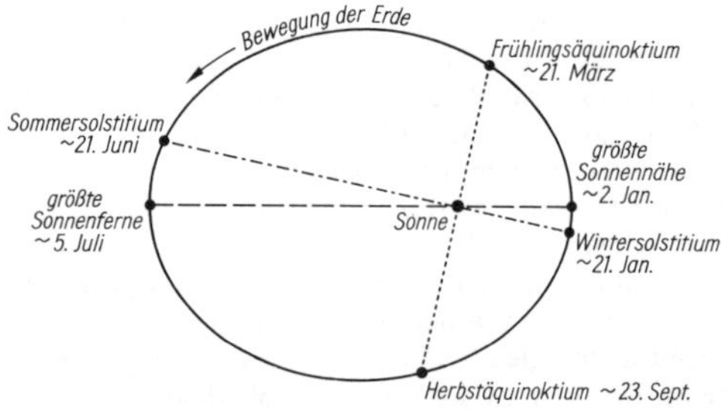

Abb. 1: Bahn der Erde um die Sonne. ---: Große Bahnachse; –·–·–: Verbindungslinie der Solstitialpunkte; ·····: Verbindungslinie der Äquinoktialpunkte. Die Daten geben angenähert den Zeitpunkt, zu dem die Erde in den markierten Punkten steht. Die Bahn ist extrem verzerrt dargestellt, das tatsächliche Verhältnis von größter Sonnennähe zu größter Sonnenferne beträgt 1 : 1,03

zelnen J.en ändert sich langsam: Infolge der Präzession verschieben sich die Äquinoktial- und die Solstitialpunkte (die den Beginn der J.en definieren) längs der Ekliptik, außerdem bewegt sich der sonnennächste Punkt (der für die Erdumlaufgeschwindigkeit maßgebend ist) infolge der durch die anderen Planeten auf die Bewegung der Erde ausgeübten Störungen längs der Erdbahn, was zu einer Änderung der mittleren Erdgeschwindigkeit während der einzelnen J.en führt.
Die meteorologischen J.en, die durch klimatische Unterschiede gekennzeichnet sind, werden durch die Neigung der Äquatorebene der Erde (deren Lage im Raum während des Erdumlaufs um die Sonne fest bleibt) gegen die Erdbahnebene bedingt (Abb. 2); der

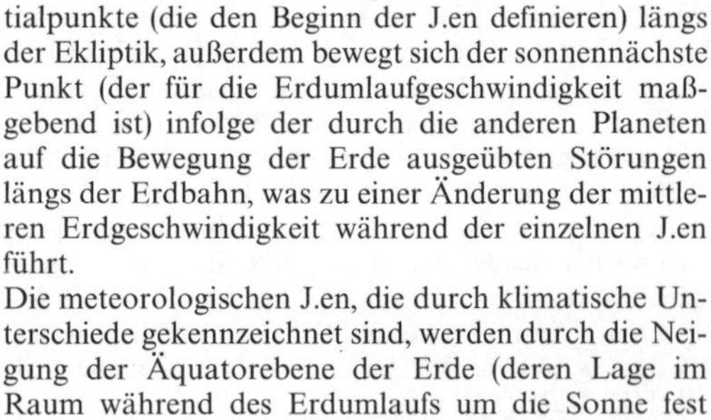

Abb. 2: Stellung der Rotationsachse der Erde bezüglich der Sonne jeweils zu Beginn der astronomischen Jahreszeiten

Neigungswinkel beträgt etwa 23,5°. Während des astronomischen Frühlings und Sommers ist die Nordhalbkugel der Erde der Sonne zugewandt, während des Herbstes und Winters die Südhalbkugel. Neben der Bestrahlungsstärke – im Frühjahr und Sommer fällt die Sonnenstrahlung auf der Nordhalbkugel steiler ein als auf der Südhalbkugel – bedingt auch die unterschiedliche Dauer der täglichen Sonneneinstrahlung klimatische Unterschiede während der einzelnen J.en.

jährliche Gleichung, *jährliche Ungleichheit*, eine der Ungleichmäßigkeiten der → Mondbewegung.

Jakobsstab, *1)* die drei Gürtelsterne im Sternbild → Orion; *2)* historisches astronomisches → Instrument.

Jansky, Einheitenzeichen Jy, eine in der Radioastronomie benutzte Maßeinheit für den pro Frequenzeinheit empfangenen Strahlungsstrom; 1 Jy $= 10^{-26}$ W m^{-2} Hz^{-1}.

Janus *m*, ein Saturnsatellit. Der J. bewegt sich auf einer elliptischen Bahn, die eine große Halbachse von 151470 km und eine Exzentrizität von 0,007 hat, in 16 h 41 min rechtläufig um den Saturn. Die Bahn ist nur 0,1° gegen dessen Äquatorebene geneigt. Wegen der gebundenen Rotation des J. ist seine Rotationsperiode gleich seiner Umlaufzeit. Der J. ist ein unregelmäßig geformter Himmelskörper, der sich angenähert durch ein dreiachsiges Ellipsoid mit den Achslängen 220, 190 und 160 km beschreiben läßt.
Die Oberfläche des J. zeigt zahlreiche Einschlagkrater. Die relativ hohe Albedo von über 0,4 sowie die Färbung deuten darauf hin, daß das Oberflächenmaterial Wassereis ist, dem vielleicht Gesteinsteilchen meteoroidischen Ursprungs beigemengt sind.
Der J. und der Epimetheus bilden ein eng benachbartes Satellitenpaar mit einer starken dynamischen Wechselwirkung, → Epimetheus.
Hinsichtlich der Einordnung des J. in das System der Saturnsatelliten → Saturn.
Der J. wurde 1980 mittels der Raumsonde Voyager 1 entdeckt.

Japetus *m*, ein Saturnsatellit. Der J. bewegt sich auf einer elliptischen Bahn, deren große Halbachse $3{,}561 \cdot 10^6$ km und deren Exzentrizität 0,028 beträgt, in 79 d 7,9 h rechtläufig um den Saturn. Die Bahn ist erheblich, und zwar um 7,5°, gegen dessen Äquatorebene geneigt. Die Rotationsperiode des J. ist wegen dessen gebundener Rotation gleich der Umlaufzeit. Der J. hat einen Durchmesser von 1436 km und eine Masse von $1{,}88 \cdot 10^{21}$ kg; die mittlere Dichte beträgt 1,2 g/cm^3. Die scheinbare visuelle Helligkeit in Oppositionsstellung variiert zwischen $10^m_{,}5$ und $11^m_{,}9$, was durch den krassen Albedounterschied zwischen der in der Bewegungsrichtung liegenden (vorderen) Hemisphäre und deren Gegenseite bedingt ist: Im Zentrum der Vorderseite liegt die Albedo unter 0,05 (entsprechend etwa Kohlenstaub), die Rückseite hat eine Albedo von etwa 0,5 (entsprechend etwa Wassereis). Der J. nimmt in dieser Hinsicht eine Sonderstellung unter allen Satelliten ein.
Beobachtungen von der Raumsonde Voyager 2 aus zeigten, daß die Rückseite des J. mit Einschlagkratern übersät ist. Über die Oberflächenstruktur der Vorderseite ist wegen deren geringer Helligkeit wenig bekannt, doch gibt es Hinweise, daß das dunkle Material einen Überzug auf einem einstmals hellen Untergrund darstellt. Die strenge Bindung des Albedounterschieds an die im Sinne der Bewegung Vorder- und Rückseite läßt auf äußere Einflüsse schließen, die diese Unterschiede verursacht haben. Möglicherweise hat der J. ungewöhnlich viel dunkles, meteoroidisches Material aufgesammelt, oder die Eiskruste enthält ungewöhnlich viel Methaneis, von dem ein Teil durch äußere Einwirkungen in dunkles, organisches Material umgewandelt wurde.
Die geringe mittlere Dichte zeigt, daß der J. ein eisartiger planetarer Himmelskörper ist.
Hinsichtlich der Einordnung des J. in das System der Saturnsatelliten → Saturn.
Der J. wurde 1671 von G.D. Cassini (1625–1712) entdeckt.

Jeans, Sir James Hopwood, engl. Mathematiker, Physiker und Astronom, geb. 11.9.1877 in Southport, gest. 16.9.1946 in Dorking; 1905 Prof. in Princeton, ab 1910 in Cambridge (USA). J. arbeitete auf astrophysikalischem Gebiet über die Dynamik der Sternsysteme, die Theorie des inneren Aufbaus der Sterne und über kosmogonische Probleme. Die Entstehung eines Doppelsterns führte er auf die Teilung eines schnell rotierenden Einzelsterns, die Entstehung des Planetensystems auf die Wirkung von Gezeitenkräften beim nahen Vorübergang eines Sterns an der Sonne zurück.

Jeanssches Kriterium [nach dem engl. Mathematiker, Physiker und Astronomen Sir J.H. Jeans, 1877–1946], durch eine Formel ausgedrückte Beziehung zur Entscheidung, wann eine Materiekonfiguration infolge ihrer Masseanziehung kollabiert; → Kosmogonie.

Jet [engl., ‚Strahl'] *m*, in der Astronomie svw. Materiestrahl.

Joule, Einheitenzeichen J, Maßeinheit der Arbeit und der Energie.

jovigraphisch [von Jovis, altlat., ‚Jupiter'], jupiterkundlich, die Jupiterbeschreibung betreffend.

Julianisches Datum, Datumsangabe, bei der vom 1. Januar 4713 v.u.Z. an jeder einzelne Tag mit dem Tagesanfang um 12^h WZ fortlaufend gezählt wird; → Kalender.

Juliet *f*, ein Zwergsatellit des Uranus. Die J. umläuft nahezu in einer Kreisbahn, deren Radius 64630 km beträgt, in 11,9 h rechtläufig den Uranus; die Bahn liegt in dessen Äquatorebene. Der Durchmesser der J. beträgt nur etwa 80 km.
Hinsichtlich der Einordnung der J. in das System der Uranussatelliten → Uranus.
Die J. wurde 1986 mittels der Raumsonde Voyager 2 entdeckt.

Jungfrau, das Sternbild → Virgo.

Jupiter, der größte Planet des Sonnensystems, Zeichen ♃.
Der J. bewegt sich mit einer mittleren Geschwindigkeit von 13,07 km/s und einer Umlaufzeit von 11,86 Jahren (siderische Umlaufzeit) um die Sonne. Er durchläuft eine Ellipsenbahn, deren große Halbachse 778,4 Mill. km und deren Exzentrizität 0,0484 beträgt;

die Bahnebene ist 1° 18′ gegen die Erdbahnebene geneigt. Die Entfernung des J.s von der Sonne schwankt zwischen 4,95 AE im Perihel und 5,45 AE im Aphel und beläuft sich im Mittel auf 5,203 AE. Je nach der Stellung von J. und Erde in ihren Bahnen ändert sich sein Abstand von der Erde zwischen 588 und 967 Mill. km, sein scheinbarer Durchmesser dabei zwischen 50″ und 30″. Die günstigsten Beobachtungsbedingungen ergeben sich, wenn der J. in Opposition zur Sonne steht. Er kann dann eine scheinbare Helligkeit von $-2^{m},5$ erreichen. Die Zeit zwischen zwei aufeinanderfolgenden Oppositionen (synodische Umlaufzeit) beträgt im Mittel 398,9 Tage (rund 13 Monate). Der J. ist mit einer mittleren scheinbaren Helligkeit von etwa -2^{m} heller als Sirius, der hellste Fixstern.

Der Äquatordurchmesser des J.s mißt 142984 km, d.s. 11,21 Erddurchmesser, der Poldurchmesser ist fast 9000 km kleiner. Diese starke Abplattung von 0,063 ist auch mit kleineren Fernrohren leicht zu erkennen; nur ein Planet, der Saturn, ist noch stärker abgeplattet. Die Abplattung ist eine Folge der schnellen Rotation des J.s, die mehr als doppelt so groß wie die der Erde ist. Er besitzt eine differentielle Rotation: In Äquatornähe (jovigraphische Breite kleiner als 10°) beträgt die Rotationsperiode 9 h 50 min 30,003 s (System I), in höheren Breiten 9 h 55 min 40,632 s (System II). Die Rotationsachse steht fast senkrecht auf der Bahnebene, die Neigung des Jupiteräquators gegen die Jupiterbahn beläuft sich auf nur 3° 4′. Die Masse des J.s ist mit fast 318 Erdmassen mehr als doppelt so groß wie die aller anderen Planeten zusammen; seine mittlere Dichte entspricht mit 1,33 g/cm³ (rund 1/4 der Erddichte) etwa der Dichte verflüssigter Gase im Labor.

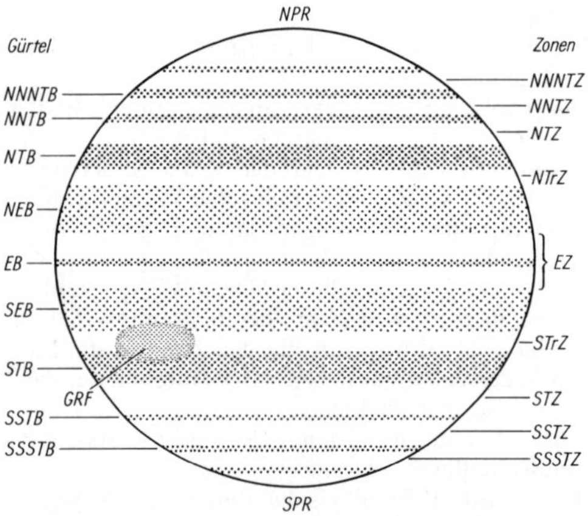

Abb. 1: Lage und Bezeichnung der Gürtel und Zonen der Jupiteratmosphäre. EB: äquatorialer Gürtel in der äquatorialen Zone (EZ); NEB (SEB): nördliches (südliches) Äquatorband; NTrZ (STrZ): nördliche (südliche) tropische Zone; NTB (STB) nördlicher (südlicher) gemäßigter Gürtel; NTZ (STZ) nördliche (südliche) gemäßigte Zone. Alle weiteren Gürtel und Zonen werden durch ein davorgesetztes weiteres N bzw. S gekennzeichnet. NPR (SPR): nördliche (südliche) Polarregion; GRF: Großer Roter Fleck

Alle auf der Jupiterscheibe erkennbaren Einzelheiten sind Wolkenstrukturen, worauf auch die hohe mittlere Albedo von 0,70 zurückzuführen ist. Die auffälligsten Erscheinungen sind abwechselnde dunkle und helle Streifen parallel zum Äquator, die zarte Rot-, Orange-, Braun-, Gelb- bzw. Blautöne haben. Obwohl sie ihre Formen, Farben und Begrenzungen innerhalb von Stunden und Tagen wechseln können, bleibt die Grundstruktur erhalten. Allgemein werden die dunklen, rötlichen Streifen als *Gürtel* (oder Bänder), die hellen als *Zonen* bezeichnet, bei denen sich die in Abb. 1 dargestellte Benennung eingebürgert hat. Daneben lassen sich noch weitere, z.T. außerordentlich langlebige Wolkenstrukturen erkennen. Zu ihnen gehört der *Große Rote Fleck*, der seit 1665 beobachtet wird.

Die starke Strukturierung der Wolkenschichten läßt auf ein kompliziertes Wind- und Strömungssystem in der Jupiteratmosphäre schließen, das eine Folge der schnellen Rotation und eines von innen nach außen fließenden Energiestroms sein dürfte; Konvektionszellen werden dadurch offenbar zu bandartigen Strukturen verformt. Der J. besitzt innere Wärmequellen: Er gibt etwa 1,9mal soviel Energie ab, wie er von außen durch die Sonnenstrahlung empfängt. Innerhalb der Jupiteratmosphäre besteht eine Temperaturschichtung (Abb. 2) ohne große tageszeitliche Unterschiede. Zwischen der Temperatur und der Wolkenfärbung existiert ein enger Zusammenhang: Bläulich erscheinende Wolken haben eine höhere Temperatur als bräunlich erscheinende, rötliche Wolken sind am kühlsten. Da keine feste (oder flüssige) Planetenoberfläche bekannt ist, bezieht man alle Höhenangaben auf ein willkürlich gewähltes Bezugsniveau, z.B. das des Temperaturminimums in der Tropopause. Über der Tropopause steigt die Temperatur wieder an, was möglicherweise auf eine Absorption von Sonnenlicht durch fein verteilte feste atmosphärische Teilchen, die vielleicht bei der Photolyse von Methan entstehen, zurückzuführen ist.

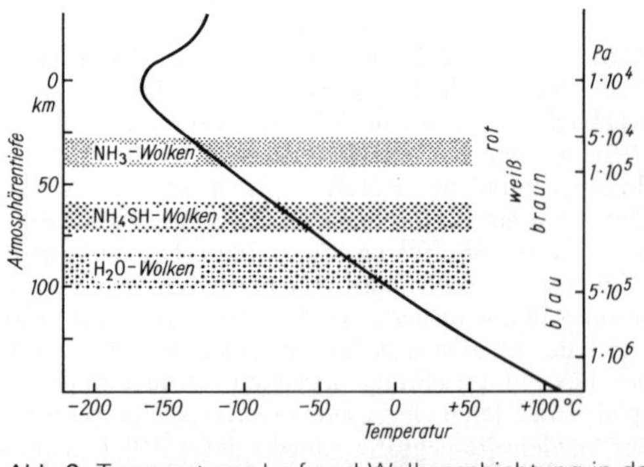

Abb. 2: Temperaturverlauf und Wolkenschichtung in der Jupiteratmosphäre. Die Atmosphärentiefe ist willkürlich auf die Tropopause (Temperaturminimum) bezogen, die rechte Skala gibt den Atmosphärendruck. NH_3: Ammoniak; NH_4SH: Ammoniumhydrogensulfid; H_2O: Wasser. Die Farbangaben beziehen sich auf die charakteristische Wolkenfärbung

In der Jupiteratmosphäre existiert ein Muster aus äquatorparallelen abwechselnden Ost- und Westwinden. Das Maximum von etwa 150 m/s wird von äquatorialen Westwinden (also ostwärts gerichtet und damit der Rotation vorauseilend) erreicht. Mit zunehmender jovigraphischer Breite sinkt die mittlere Windgeschwindigkeit. Die größten Relativgeschwindigkeiten treten an den Grenzen zwischen Gürteln und Zonen auf, an denen sich vielfach Wirbel bilden, die meist nur kurze Zeit existieren. Andererseits gibt es auch sehr langlebige Wirbel, wie den Großen Roten Fleck, der den Charakter eines Hochdruckgebiets mit einer entsprechenden Strömung hat (gegen den Uhrzeigersinn, da in südlichen Breiten gelegen); ein Gasteilchen benötigt etwa 6 Tage für einen Umlauf um das Wirbelzentrum. Der Große Rote Fleck befindet sich in der südlichen tropischen Zone und ist ein ovales Gebilde von etwa $40000 \times 14000\ km^2$ Ausdehnung. Er behielt seit seiner Entdeckung seine Form ungefähr bei, veränderte aber seine Lage relativ zu seiner Umgebung in z.T. unregelmäßiger Weise; der Große Rote Fleck änderte auch immer wieder seine Farbe. Die in dem Fleck beobachteten Wolken sind die höchsten der gesamten Jupiteratmosphäre. Die außerordentliche Langlebigkeit des Wirbels ist bisher noch nicht verstanden. Andere Hochdruckwirbel treten in Form der sog. Weißen Ovale in Erscheinung, die vorwiegend in der Südhemisphäre anzutreffen sind und eine Lebensdauer von einigen Jahrzehnten haben können. Die sog. Braunen Ovale sind meist Erscheinungen der Nordhalbkugel; bei ihnen handelt es sich wahrscheinlich um Tiefdruckwirbel mit einer Lebensdauer von ein bis zwei Jahren. Die Wolkenobergrenzen liegen in den Zonen im allg. um einige Kilometer höher (die Temperaturen sind um einige Grad niedriger) als in den Gürteln, was vielfach so gedeutet wird, daß in den Zonen eine aufwärtsgerichtete Strömung existiert, in den Gürteln eine abwärtsgerichtete. Insgesamt bereitet die Erklärung der atmosphärischen Strömungen und die durch sie induzierten physikalischen und chemischen Prozesse (wie Wolkenfärbungen) noch Schwierigkeiten.

In den sichtbaren (oberen) Atmosphärenschichten beläuft sich der Masseanteil des Wasserstoffs auf etwa 90% und der des Heliums auf fast 10%, während Methan, Ammoniak, Wasserdampf, Schwefelwasserstoff, Phosphin, Ethan, Acetylen und andere Stoffe nur in sehr geringen Mengen vorkommen. Aus Spektralbeobachtungen und theoretischen Untersuchungen kann auf die Wolkenzusammensetzung geschlossen werden. Im allg. nimmt man an, daß die oberste (rötliche und weiße) Wolkenschicht hauptsächlich aus Ammoniakkristallen, die mittlere (bräunliche) im wesentlichen aus Ammoniumhydrosulfidkristallen und die unterste (blaue) hauptsächlich aus Wassereiskristallen und -tröpfchen besteht. Die Substanzen, die die Färbungen im einzelnen bewirken, sind aber unbekannt; möglicherweise spielt Schwefel (und Verbindungen von ihm) eine Hauptrolle.

Der J. besitzt ein starkes Magnetfeld, das an der Wolkenobergrenze eine Feldstärke von etwa $1{,}2 \cdot 10^{-3}$ Tesla und eine der dem Erdmagnetfeld entgegengesetzte Polung hat. In erster Näherung kann das Feld in der Nähe des Planeten als Dipolfeld (entsprechend dem eines Stabmagneten) beschrieben werden; bei einer genauen Betrachtung müssen zusätzliche Quadrupol- und Oktupolanteile berücksichtigt werden. Die Dipolachse ist etwa 10° gegen die Rotationsachse geneigt und das Feldzentrum etwa 0,1 Jupiterradien gegen das Planetenzentrum verschoben. Die Grenze der Jupitermagnetosphäre hat auf der der Sonne zugewandten Seite einen Abstand von 50 bis 100 R_J (Jupiterradien) vom Planeten, auf der abgewandten Seite ist ein Magnetfeldschweif selbst noch jenseits der Saturnbahn nachzuweisen. Das Innere der Jupitermagnetosphäre, das aus einem Gemisch elektrisch geladener Teilchen (einem Plasma) besteht, läßt sich in drei Regionen unterteilen: Das innere Gebiet (bis etwa 20 R_J) ist ringförmig und aus mehreren Strahlungsgürteln aufgebaut, die durch unterschiedliche Anzahldichten von Protonen und Elektronen gekennzeichnet sind. Der Jupiterring und die vier Galileischen Satelliten (Io, Europa, Ganymed und Kallisto) stellen Quellen dar, aus denen die Strahlungsgürtel gespeist werden; sie, wie auch die größeren Ringpartikeln, fangen andererseits Teilchen aus den Strahlungsgürteln ein. Die Hauptteilchenquelle ist die Io, längs deren Bahn ein rund 2 R_J breiter Torus aus hauptsächlich Schwefel- und Sauerstoffionen existiert, die durch die vulkanischen Aktivitäten der Io dorthin gelangen. Im mittleren Magnetosphärengebiet (etwa 20 bis 50 R_J) ist durch die Einwirkung des Jupitermagnetfeldes das Plasma zu einer dünnen Scheibe auseinandergezogen: Das Jupiterinnere rotiert mit einer Periode von 9 h 55 min 29,7 s (System III) und schleppt dabei das in ihm fest verankerte Magnetfeld mit. Dieses wiederum zwingt das Plasma in der Magnetosphäre zur Mitrotation. Durch die hohe Zentrifugalkraft in großen Jupiterentfernungen wird das Plasma zu einer Scheibe deformiert, gleichzeitig werden die Magnetfeldlinien nach außen transportiert, so daß sie schließlich parallel zur Scheibe verlaufen. In sehr großen Zentrumsentfernungen wird die Koppelung zwischen Magnetfeld und Plasma immer lockerer, so daß das äußere Gebiet der Magnetosphäre im wesentlichen durch die Wechselwirkung des Jupitermagnetfeldes mit dem Sonnenwind bestimmt wird; die genaue räumliche Anordnung der Feldlinien dort ist unbekannt.

Aus den Strahlungsgürteln kommt eine Synchrotronstrahlung, die im Dezimeterwellenbereich am intensivsten ist. Sie ist durch Strahlungsausbrüche im Meterwellenbereich überlagert, die bis zu zwei Stunden dauern können und aus einzelnen Strahlungsstößen mit einer Dauer von Sekundenbruchteilen bestehen. Die Strahlungsstöße werden wahrscheinlich durch plötzliche Störungen in der Jupitermagnetosphäre ausgelöst, doch sind deren Ursachen unbekannt. Mindestens ein Teil der Störungen geht auf die Einwirkungen der Io auf das Magnetosphärenplasma zurück.

Über den inneren Aufbau des J.s weiß man nichts Sicheres, doch existieren einige Modellvorstellungen, die auf bestimmten Beobachtungstatsachen basieren: Die geringe mittlere Dichte des J.s sowie kosmogonische Überlegungen führen auf Wasserstoff als Hauptbestandteil der Jupitermaterie; die Größe der Abplattung läßt auf eine hohe zentrale Massenkonzentration schließen, da bei gleicher Rotationsgeschwindigkeit und einer homogeneren Dichteverteilung die Abplattung merklich größer sein müßte; der Wärmestrom aus dem Innern setzt dort eine hohe Temperatur voraus; das starke Magnetfeld läßt auf einen wirkungsvollen Dynamomechanismus im Innern schließen, der wiederum einen flüssigen, elektrisch gut leitfähigen Materiezustand erfordert. Insgesamt nimmt man einen Schalenaufbau für das Jupiterinnere an (Abb. 3): Um einen Gesteinskern von rund 15 bis 20 Erdmas-

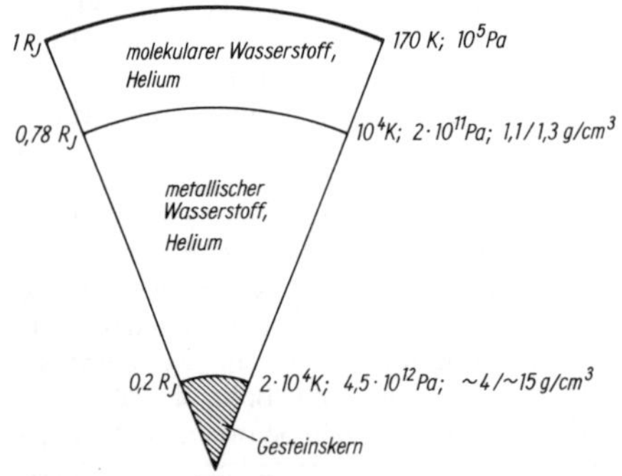

Abb. 3: Mögliches Modell für das Jupiterinnere. Die Zentrumsentfernungen sind in Einheiten des Jupiterradius R_J angegeben. Rechts: Temperatur und Druck sowie die jeweils oberhalb und unterhalb der angegebenen Grenzflächen herrschende Dichte. (Nach D.J. Stevenson)

sen befindet sich eine Hülle aus Wasserstoff und Helium mit einem Häufigkeitsverhältnis, das dem der mittleren kosmischen Elementenhäufigkeit entspricht. In einer äußeren Schale ist der Wasserstoff molekular und flüssig, in einer inneren Schale (ab dem Druckniveau von etwa $2\cdot10^{11}$ Pa) geht er in eine Phase über, die man als metallisch bezeichnet: Der Wasserstoff ist flüssig und ionisiert, wobei die freien Elektronen für eine hohe elektrische Leitfähigkeit sorgen. Die Zentraltemperatur des J.s ist nicht genau bekannt; sie dürfte etwas über 20000 K liegen. Die nach außen fließende Wärmeenergie stammt wahrscheinlich aus dem Energievorrat, der noch aus der Entstehungsphase des J.s stammt; es ist die bei der Kontraktion der zum J. gewordenen Teile des Sonnennebels freigesetzte und in Wärmeenergie übergeführte potentielle Energie.

Jupitersatelliten. Der J. ist von einem ausgedehnten Satellitensystem umgeben (→Satellit, Tab.). Die bisher bekannten 16 Satelliten lassen sich auf Grund ihrer Massen und planetozentrischen Abstände in 4 Gruppen einteilen (Abb. 4): Die innere Gruppe besteht aus den Zwergsatelliten Metis, Adrastea, Amalthea und Thebe mit Durchmessern kleiner als 300 km. Sie bewegen sich nahezu auf Kreisbahnen in der Äquatorebene des J.s. Es sind unregelmäßig geformte Körper, die ihren spektralen Eigenschaften nach den kohligen Chondriten ähnlich sind. Möglicherweise ist ihre Oberfläche teilweise von Material überzogen, das von der vulkanisch aktiven Io herrührt. Die zweite Gruppe wird von der Io, der Europa, dem Ganymed und der Kallisto gebildet, die sich ebenfalls nahezu auf Kreisbahnen in der Äquatorebene des J.s bewegen. Zwischen den ersten drei von ihnen besteht eine Resonanzbeziehung: Die Umlaufzeiten verhalten sich wie 1:2:4, wodurch sich die gegenseitige Anordnung der Satelliten alle 436,7 Tage wiederholt. In ihrer Größe und Masse sind sie dem Mond und dem Merkur vergleichbar. Charakteristisch für diese Großsatelliten ist, daß mit zunehmendem planetozentrischen Abstand die mittlere Dichte systematisch von 3,55 g/cm^3 bei der Io auf 1,81 g/cm^3 bei der Kallisto abnimmt. Ihrer Struktur nach gehören die beiden inneren Großsatelliten zu den erdartigen, die beiden äußeren zu den eisartigen planetaren Himmelskörpern (→Planet). In einem Abstandsbereich von 155 bis 165 R_J befindet sich eine weitere Gruppe von Zwergsatelliten: die Leda, die Himalia, die Lysithea und die Elara. Sie durchlaufen Bahnen, die erheblich gegen die Äquator- und die Bahnebene des J.s geneigt sind und Exzentrizitäten zwischen 0,11 und 0,21 besitzen. Bei der vierten Satellitengruppe handelt es sich gleichfalls um Zwergsatelliten (Ananke, Carme, Pasiphae, Sinope), die im Gegensatz zu den übrigen

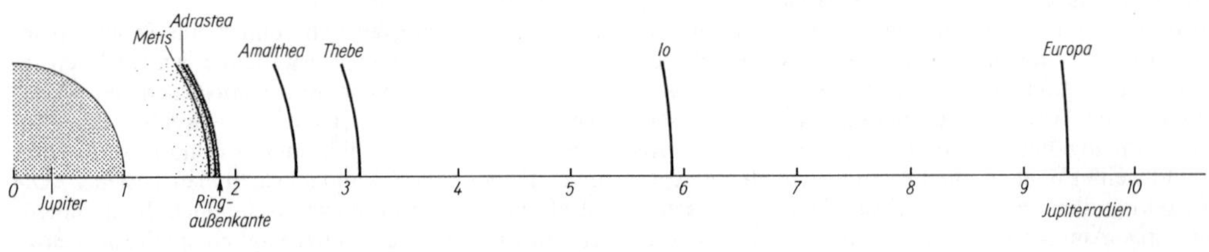

Abb. 4: Abstände der Jupitersatelliten und des Jupiterrings (punktiert) vom Planetenzentrum

Jupitersatelliten eine rückläufige Bewegung haben. (Sie tragen zur Kennzeichnung Namen, die auf „e" enden.) Ihre Bahnen sind noch exzentrischer und stärker gegen die Jupiterbahnebene geneigt, als dies bei den Satelliten der dritten Gruppe der Fall ist. Mindestens für die Satelliten der vierten Gruppe wird angenommen, daß es sich um ehemalige Planetoiden handelt, die vom J. eingefangen wurden.
Eine Beschreibung der einzelnen Satelliten ist unter dem jeweiligen Stichwort zu finden, eine Zusammenfassung der Bahndaten in einer Tab. unter dem Stichwort → Satellit.
Jupiterring. Der J. besitzt einen dünnen, diffusen Ring mit geringer Feinstruktur, dessen Dicke senkrecht zur Ringebene geringer als 30 km ist. Ein Hauptband erstreckt sich in der Äquatorebene zwischen etwa 1,72 und 1,81 R_J (122000 und 129200 km). Die Adrastea befindet sich nahe der relativ scharfen Außengrenze des Hauptrings, die Metis nahe seinem hellsten und wahrscheinlich dichtesten Teil. Nach innen hin ist der Ring nicht scharf begrenzt; wahrscheinlich setzt er sich bis zur Planetenatmosphäre fort. Vom Hauptband erstreckt sich nach außen hin dünn verteiltes Ringmaterial bis möglicherweise zur Amaltheabahn (2,6 R_J). Der gesamte Ring ist in einen linsenförmigen Halo eingebettet, der von der Innenseite des hellen Bandes bis zur Jupiteratmosphäre reicht und dort eine Dicke von etwa 20000 km hat. Das Ringmaterial besteht wahrscheinlich hauptsächlich aus kleinen Gesteinsstaubteilchen mit einem Durchmesser von einigen Mikrometern, doch sind vermutlich auch größere Brocken bis hin zu einigen Zentimetern und mehr vorhanden; es ist durch den Einschlag von Mikrometeoroiden und Teilchen der Strahlungsgürtel einer dauernden Erosion ausgesetzt. Die kleinsten Partikelchen dürften innerhalb von 1000 bis 10000 Jahren in die Jupiteratmosphäre driften. Die Erosion der größeren Brocken und der Ringsatelliten Metis und Adrastea durch Mikrometeoroide und durch gegenseitige Zusammenstöße sorgt wahrscheinlich für eine ständige Nachlieferung von Ringmaterial, möglicherweise kommt auch Material von der Io hinzu. Die Haloteilchen kommen wahrscheinlich auf Grund von elektromagnetischen Kräften in die großen Abstände von der Ringebene.
Der Jupiterring wurde erst 1979 mit Hilfe der Raumsonde Voyager 1 entdeckt; inzwischen konnte er auch von der Erde aus mittels Infrarotbeobachtungen nachgewiesen werden.

jupiterartiger Himmelskörper, ein Körper des Planetensystems, dessen Aufbau eine enge Verwandtschaft zum Aufbau des Jupiters zeigt; → Planet.

Jupiter-Familie, eine Gruppe von Kometen, deren Aphele in der Nähe der Jupiterbahn liegen; → Komet.

Jy, Einheitenzeichen für Jansky, eine in der Radioastronomie benutzte Einheit für den pro Frequenzeinheit empfangenen Strahlungsstrom.

K

Kalender [lat. calendae, ‚erster Tag eines Monats'], die Einteilung der Zeit in größere Abschnitte.
Es existieren verschiedene Möglichkeiten einer Zeiteinteilung, doch nutzen alle K. bestimmte natürliche Zeitabschnitte als Grundlage. Der kleinste natürliche Zeitabschnitt ist der Tag, der nächst größere augenfällige Zeitabschnitt der synodische Monat, die Zeit zwischen zwei aufeinanderfolgenden gleichen Mondphasen, der bis auf wenige Ausnahmen allen älteren K.n zugrunde gelegt wurde. Da der synodische Monat (29,5306 Tage) keine ganze Zahl von Tagen umfaßt, läßt man Kalendermonate unterschiedlicher Länge aufeinanderfolgen, wobei die nächstliegende Einteilung die in Monate mit abwechselnd 29 und 30 Tagen ist. 12 solcher Kalendermonate, je 6 zu 29 und zu 30 Tagen, ergeben einen Zeitraum von 354 Tagen, 12 synodische Monate aber ein ***Mondjahr*** zu 354,367 Tagen. Da auch ein Mondjahr keine ganze Anzahl von Tagen enthält, müssen, um eine Übereinstimmung von K. und Mondlauf zu haben, Kalenderjahre mit einem zusätzlichen Schalttag eingeführt werden. Das Mondjahr ist unabhängig vom Sonnenlauf; es ist um etwa 11 Tage kürzer als das tropische Jahr, der Zeitraum zwischen zwei aufeinanderfolgenden Durchgängen der Sonne durch den Frühlingspunkt. Der Jahresbeginn des Mondjahres bewegt sich daher durch alle Jahreszeiten.
Der nächstgrößere augenfällige Zeitabschnitt ist die Zeit zwischen der Wiederkehr der Jahreszeiten, das tropische Jahr mit 365,2422 Tagen. Da es ebenfalls keine ganze Zahl von Tagen hat, werden Schalttage eingefügt, wenn der Jahresbeginn bezogen auf die Jahreszeiten fest bleiben soll, man also ein ***festes Sonnenjahr*** erhalten will. Auf eine Reihe von Kalenderjahren normaler Länge, Gemeinjahre zu 365 Tagen, folgt im regelmäßigen Zyklus eines mit einem Tag mehr, ein Schaltjahr. Bei einer unveränderlichen Länge des Kalenderjahres von 365 Tagen bewegt sich der Jahresbeginn durch alle Jahreszeiten; es ergibt sich ein ***bewegliches Sonnenjahr***.
Im ***Lunisolarjahr*** oder ***gebundenen Mondjahr*** wird sowohl der Wechsel der Mondphasen als auch der Ablauf der Jahreszeiten berücksichtigt. In ihm wird zum Ausgleich der fehlenden Tage des Mondjahres gegenüber dem tropischen Jahr in periodischer Folge ein zusätzlicher 13. Monat, ein Schaltmonat, eingefügt, so daß die Kalendermonate dem Mondlauf angepaßt sind, das Kalenderjahr den Jahreszeiten; der Jahresbeginn bleibt bis auf kleine Schwankungen fest. Man erreicht dies z.B. durch einen 19jährigen Schaltzyklus, in dem 12 Gemeinjahre mit je 12 Monaten und 7 Schaltjahre mit je 13 Monaten zusammengefaßt werden. 19 tropische Jahre ergeben fast genau 235 synodische Monate; die Differenz beträgt nur 0,0866 Tage.
Grundlage unseres (christlichen), des Gregorianischen K.s, ist ein reines festes Sonnenjahr, wie auch bei sei-

nem Vorläufer, dem Julianischen K. Der diesem vorausgehende alte römische K. beruhte auf einem Lunisolarjahr, dessen Schaltzyklus aber sehr willkürlich gehandhabt wurde, so daß der gesamte K. in Unordnung geriet. Daher beschloß der römische Feldherr und Staatsmann Julius Cäsar (100–44 v.u.Z.) eine Kalenderreform, die, unter Mitwirkung des alexandrinischen Gelehrten Sosigenes durchgeführt, den Jahresbeginn wieder nahezu mit dem kürzesten Tag im Jahr zusammenfallen ließ. Im Jahre 46 v.u.Z. wurden dazu 67 zusätzliche Schalttage eingefügt, wodurch einmalig ein Jahr von 445 Tagen entstand. Von da ab wurden die Monate unabhängig vom Mondlauf zu 30 bzw. 31 Tagen festgelegt, der Februar als Schaltmonat hatte 29 bzw. 30 Tage. Nach drei Gemeinjahren zu 365 Tagen sollte ein Schaltjahr zu 366 Tagen folgen. Nach Cäsars Tod fügte man aber fälschlicherweise schon nach je zwei Gemeinjahren ein Schaltjahr ein. Unter Kaiser Augustus (63–14 v.u.Z.) wurden daraufhin zum Ausgleich 3 turnusmäßige Schaltjahre als Gemeinjahre belassen. Der 5. und 6. Monat des alten römischen K.s wurde zu Ehren Julius Cäsars und Augustus in Julius (= Juli) und Augustus (= August) umbenannt. Der August bekam einen Tag mehr, der dem Februar genommen wurde. Die Namen und Längen der Monate dieses ***Julianischen K.s*** gelten noch in unserem K. Jahresbeginn war zunächst am 1. März, worauf noch die Monatsnamen September („der 7.") bis Dezember („der 10.") hinweisen, ab 153 v.u.Z. war es der 1. Januar. Das Julianische Jahr hatte eine mittlere Länge von 365,25 Tagen. Gezählt wurde ab „urbe condita", d.h. nach Gründung der Stadt (Rom), die für das Jahr 753 v.u.Z. angenommen wurde.

Das Julianische Jahr war gegenüber dem tropischen Jahr etwas zu lang, daher verschob sich der Jahresbeginn allmählich gegenüber den Jahreszeiten. Bis zum 16. Jh. war dieser Fehler auf 10 Tage angewachsen. Papst Gregor XIII. (1502–1585) ordnete deshalb eine Kalenderreform an, wobei zunächst auf den 4. Oktober 1582 unmittelbar der 15. Oktober 1582 folgte. Für den neuen, den ***Gregorianischen K.***, wurde festgelegt, daß der astronomische Frühlingsbeginn jeweils auf den 21. März fallen solle. Die alte Schaltregel, wonach alle 4 Jahre (Jahreszahl durch 4 teilbar) ein Schaltjahr mit 29 Februartagen eintritt, wurde durch den Zusatz ergänzt, daß nur die Jahre mit einer vollen Jahrhundertzahl, bei der die Division der Jahreszahl mit 400 aufgeht, als Schaltjahre zu zählen sind (dadurch sind z.B. 1900 oder 2100 Gemeinjahre). Die mittlere Länge des gregorianischen Jahres beträgt 365,2425 Tage. Erst seit etwa 607 u.Z. werden die Jahre „vor Christi" bzw. „nach Christi (Geburt)" gezählt, heute vielfach auch „vor unserer Zeitrechnung" bzw. „unserer Zeitrechnung" (abg. v.u.Z. bzw. u.Z.). Unabhängig von der Monats- und Jahreseinteilung läuft eine 7tägige Woche.

Hinsichtlich der Lage der beweglichen Feiertage, speziell des Osterfestes → Osterdatum.

Der ***jüdische K.*** basiert auf dem Lunisolarjahr. Seit 338 u.Z. wird der Monatsbeginn nicht mehr durch das beobachtete erste Sichtbarwerden der Mondsichel nach Neumond festgelegt, sondern auf Grund von Rechnungen bestimmt. Im 19jährigen Schaltzyklus sind die Jahre 3, 6, 8, 11, 14, 17 und 19 Schaltjahre. Man unterscheidet mangelhafte Gemeinjahre mit 353 Tagen, regelmäßige mit 354 Tagen und überzählige mit 355 Tagen sowie entsprechende Schaltjahre mit 383, 384 und 385 Tagen, deren Verschiedenheit durch die eigentümliche Neujahrsberechnung bedingt ist. Tagesbeginn ist jeweils 6 Uhr abends. Gezählt werden die Jahre „nach Erschaffung der Welt", die für den 7. Oktober 3761 v.u.Z. angenommen wird. Am 24.9.1995 begann das 5756. Jahr nach jüdischer Zählung.

Der ***islamische K.*** beruht auf einem reinen Mondjahr mit einem 30jährigen Schaltzyklus. Unabhängig von den Monaten läuft eine 7tägige Woche, deren Tage mit Sonnenuntergang beginnen. Die Jahre werden „nach der Hedschra", der Flucht Mohammeds aus Mekka, gezählt, die am 16. Juli 622 u.Z. erfolgte. Am 30.5.1995 (mit Sonnenuntergang) begann das Jahr 1416 nach der Hedschra.

Der ***ägyptische K.*** hatte ein bewegliches Sonnenjahr mit je 12 Monaten zu je 30 Tagen und 5 Zusatztagen als Grundlage. Im Verlauf von 1460 julianischen Jahren (einer *Sothisperiode* oder *Hundssternperiode*; nach Sothis = Sirius, der Hundsstern) bewegte sich der Jahresbeginn einmal durch alle Jahreszeiten, so daß nach dieser Zeit der heliakische Aufgang des Sirius wieder mit dem ägyptischen Neujahr zusammenfiel. Von 238 v.u.Z. an wurde alle 4 Jahre ein zusätzlicher Schalttag eingefügt, so daß danach der Jahresablauf fest mit den Jahreszeiten verbunden blieb. Diese Schaltregel wurde von Cäsar seinem K. zugrunde gelegt.

Der ***griechische K.*** des Altertums beruhte auf dem Lunisolarjahr. Seit 432 v.u.Z. wurde zur Schaltung der *Metonische Zyklus* eingeführt, wobei die Jahre 3, 5, 8, 11, 13, 16 und 19 Schaltjahre waren, seit 330 v.u.Z. war auch ein 76jähriger Zyklus in Gebrauch. Unabhängig davon lief eine 10tägige Woche. Tagesbeginn war Sonnenuntergang. Gezählt wurde nach Olympiaden, die 4 Jahre umfaßten und mit dem 8. Juli 776 v.u.Z. begannen.

Der einfachste K. ist das ununterbrochene Zählen jedes einzelnen Tages, wie es von J. Scaliger 1582 vorgeschlagen wurde. In der Astronomie wird dieses ***Julianische Datum*** (Abk. J.D.) benutzt, da damit leicht Zeitdifferenzen, die mehrere Jahre umfassen, gebildet werden können. Tagesbeginn ist 12^h Weltzeit. Gezählt wird ab 1. Januar 4713 v.u.Z. Der 1.1.1995 13^h MEZ (= 12^h WZ) hat das J.D. 2449719,00 (Tab.).

Gelegentlich, vor allem in der Astronautik, benutzt man ein ***modifiziertes Julianisches Datum*** (Abk. M.J.D.), bei dem der Tagesbeginn jeweils 0^h Weltzeit ist und als Nullpunkt der 17. 11. 1858 0^h Weltzeit = 2400000,5 J.D. = 0,00 M.J.D. gewählt wird.

Kalenderreform. Da das Jahr keine ganze Anzahl von siebentägigen Wochen hat, fällt das gleiche Datum jedes Jahr auf einen anderen Wochentag. Weiterhin sind durch die unterschiedlichen Monatslängen die Vierteljahre ungleich lang. Zur Vermeidung dieser Mängel sieht eine Kalenderreform die Einführung eines Jahres von 364 Tagen (= 52 Wochen) mit vier Quartale von jeweils 91 Tage vor, wobei der erste Mo-

Julianisches Datum

Jahr	Januar	März	Mai	Juli	September	November
1990	2447893	7952	8013	8074	8136	8197
1991	8258	8317	8378	8439	8501	8562
1992	8623	8683	8744	8805	8867	8928
1993	8989	9048	9109	9170	9232	9293
1994	9354	9413	9474	9535	9597	9658
1995	2449719	9778	9839	9900	9962	2450023
1996	0084	0144	0205	0266	0328	0389
1997	0450	0509	0570	0631	0693	0754
1998	0815	0874	0935	0996	1058	1119
1999	1180	1239	1300	1361	1423	1484
2000	2451545	1605	1666	1727	1789	1850
2001	1911	1970	2031	2092	2154	2215
2002	2276	2335	2396	2457	2519	2580
2003	2641	2700	2761	2822	2884	2945
2004	3006	3066	3127	3188	3250	3311
2005	2453372	3431	3492	3553	3615	3676
2006	3737	3796	3857	3918	3980	4041
2007	4101	4161	4222	4283	4345	4406
2008	4467	4527	4588	4649	4711	4772
2009	4833	4892	4953	5014	5076	5137
2010	2455198	5257	5318	5379	5441	5502

Es ist jeweils die am 1. des entsprechenden Monats um 12^{h} Weltzeit seit Beginn der Julianischen Zählung verflossene Zahl von Tagen angegeben.

nat jedes Quartals 31, die beiden anderen 30 Tage haben sollen. Jedes Quartal soll mit einem Sonntag beginnen. Der 365. Tag und in einem Schaltjahr der 366. erhalten keine Wochentagsbezeichnung. Der 365. Tag wird nach dem 30. Dezember, der Schalttag nach dem 30 Juni eingefügt, beide Tage sollen Feiertage sein. Zur Zeit besteht kaum Aussicht, eine solche Reform weltweit durchzusetzen.

Kallisto *f*, der äußerste der vier großen (Galileischen) Jupitersatelliten. Die K. bewegt sich auf einer elliptischen Bahn, deren große Halbachse 1 883 000 km und deren Exzentrizität 0,007 beträgt, in 16 d 16 h 32,2 min rechtläufig um den Jupiter. Die Neigung der Bahn gegen die Äquatorebene des Jupiters beläuft sich auf 0,28°. Die Rotationsperiode der K. ist wegen der gebundenen Rotation gleich der Umlaufzeit. Mit einem Durchmesser von 4800 km erreicht die K. fast Merkurgröße, während ihre Masse mit $1{,}06 \cdot 10^{23}$ kg wesentlich kleiner als die des Merkurs ist; entsprechend gilt dies für die mittlere Dichte, die nur 1,81 g/cm^3 beträgt. Bei einer scheinbaren visuellen Helligkeit in Oppositionsstellung von $5\overset{\mathrm{m}}{,}6$ müßte die K. theoretisch gerade noch mit bloßem Auge sichtbar sein, doch wird sie von Jupiter so überstrahlt, daß sie nur mit dem Fernrohr beobachtbar ist.

Genauere Kenntnisse über die Oberflächenbeschaffenheit der K. brachten erst Beobachtungen mittels der Raumsonden Voyager 1 und 2. Danach ist die gesamte Oberfläche dicht mit Einschlagkratern bedeckt, von denen viele einen Durchmesser von mehr als 100 km haben und durch Überlappungen mit später entstandenen Kratern nur noch unvollständig erhalten sind. Die jüngeren Einschlagkrater zeigen durch ihre weißlichen, radial verstreuten Auswurfmassen, daß unter der relativ dunklen Oberfläche mit einer Albedo von etwa 0,17 helle Eismassen lagern. Auffällig sind die zwei riesigen Vielfachringstrukturen Walhalla und Asgard, die dem Mare Orientale des Mondes ähneln,

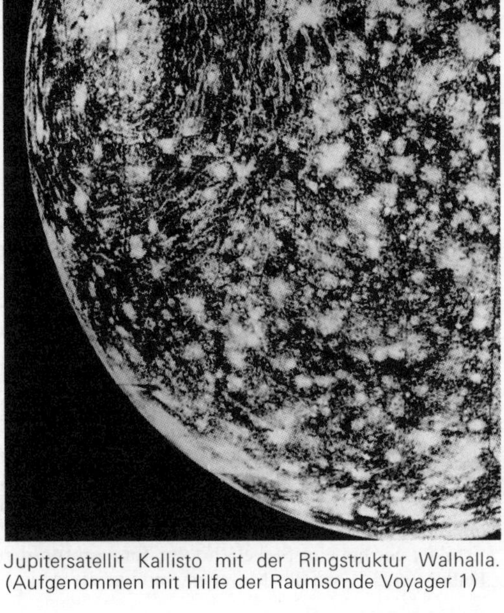

Jupitersatellit Kallisto mit der Ringstruktur Walhalla. (Aufgenommen mit Hilfe der Raumsonde Voyager 1)

aber ein viel flacheres Relief besitzen. Wahrscheinlich sind sie beim Einschlag von Körpern mit Durchmessern von rund 20 bis 30 km entstanden; danach erfolgte durch Kriechvorgänge in dem Eismantel der K. eine Einebnung.
Die geringe mittlere Dichte zeigt, daß die K. zu den eisartigen planetaren Himmelskörpern (→ Planet) gehört. Wahrscheinlich besitzt sie einen Gesteinskern mit einem Durchmesser von etwa 2500 bis 3000 km, der von einem Wasser- und Eismantel umgeben ist. Die oberste dünne Schicht des Mantels ist wahrscheinlich mit Gesteinsmaterial angereichert, das von Meteoroideneinschlägen herstammt.
Hinsichtlich der Einordnung der K. in das System der Jupitersatelliten → Jupiter.
Die K. wurde 1610 unabhängig voneinander durch G. Galilei (1564–1642) und S. Marius (1570–1624) entdeckt.

Kanopus, svw. Canopus.

Kant, Immanuel, dtsch. Philosoph, geb. 22.4.1724 in Königsberg, gest. 12.2.1804 daselbst. Astronomisch bedeutsam ist das Frühwerk von K. „Allgemeine Naturgeschichte und Theorie des Himmels" (1755). Hierin begründet er die Theorie, daß die Sterne in räumlich getrennten, einander ähnlichen Sternsystemen angeordnet sind, und nimmt damit spätere Erkenntnisse vorweg. Im selben Werk findet sich auch eine Theorie der Entstehung des Sonnensystems, die als Beginn der wissenschaftlichen Kosmogonie angesehen werden kann.

Kapella, svw. Capella.

Kappa-Mechanismus, physikalischer Effekt, der auf einer bestimmten Dichte- und Temperaturabhängigkeit des Absorptionskoeffizienten (meist mit dem Buchstaben κ bezeichnet) der Sternmaterie beruht und zur Pulsation von Sternen führt; → Delta-Cephei-Sterne.

Kapteyn, Jacobus Cornelius, niederl. Astronom, geb. 19.1.1851 in Barneveld, gest. 18.6.1922 in Amsterdam; in Leiden und Groningen tätig. K. arbeitete über Photometrie, die Eigenbewegungen der Sterne, über Stellarstatistik und den Aufbau des Milchstraßensystems. Bei seinen stellarstatistischen Untersuchungen ging er von der analytischen zur numerischen Methode über. Er gab einen großen Helligkeitskatalog der Sterne des südlichen Himmels heraus.

Kassiopeia, das Sternbild → Cassiopeia.

Kastor, svw. Castor.

kataklysmische Veränderliche [griech. kataklysmos, ‚Überschwemmung, Überflutung'], veränderliche Sterne, deren Lichtwechsel ursächlich mit dem Überfließen von Materie von einer Komponente (einem massearmen Hauptreihenstern) in einem halbgetrennten engen Doppelsternsystem auf die andere Komponente (einen Weißen Zwerg) zusammenhängt. Beim Überströmen wird die Materie in dem starken Gravitationsfeld des Weißen Zwergs hoch beschleunigt. Infolge des Bahnumlaufs besitzt sie einen Drehimpuls, der beim Fall erhalten bleibt, so daß sich eine schnell rotierende Akkretionsscheibe um den Weißen Zwerg ausbildet. Sie hat eine Stelle erhöhter Temperatur (den „heißen Fleck"), wo der Materiestrom auf die Akkretionsscheibe trifft (Abb.). In ihm wird die beim Fall gewonnene kinetische Energie in thermische Energie überführt und abgestrahlt. Aus der Akkretionsscheibe gelangt Materie auf den Weißen Zwerg.

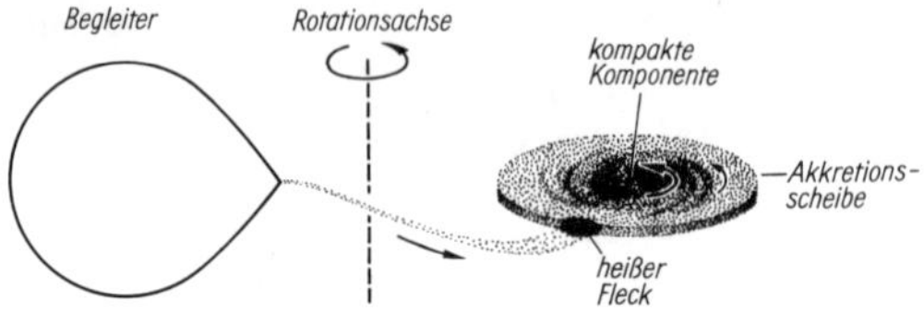

Schematisiertes Bild eines kataklysmischen Veränderlichen

In einem derartigen Doppelsternsystem können Instabilitäten sowohl auf der Oberfläche des Weißen Zwergs als auch in der Akkretionsscheibe auftreten und zu plötzlichen Helligkeitsänderungen des Gesamtsystems führen. Je nach der Art der Instabilität unterscheidet man verschiedene Unterarten der k.n V.n. Bei einer → Nova kommt es zu explosionsartig verlaufenden Kernreaktionen in der auf der Oberfläche des Weißen Zwerges abgelagerten Materie. Die Helligkeitsausbrüche einer → Zwergnova oder eines → Nova-ähnlichen Veränderlichen sind durch Instabilitäten in der Akkretionsscheibe verursacht.
Wegen der plötzlichen Helligkeitsänderungen gehören die k.n V.n zu den Eruptionsveränderlichen; → Veränderliche.

Keeler-Lücke, Lücke im A-Ring des → Saturns.

Kegelschnitt, eine ebene Kurve, die durch den Schnitt eines geraden Kreiskegels mit einer Ebene entsteht. Je nach der Neigung der Schnittebene gegen die Kegelachse erhält man einen Kreis, eine Ellipse, eine Parabel oder eine Hyperbel (Abb.). Geht die Schnittebene durch die Spitze des (Doppel-)Kegels, so „entartet" der K. zu zwei Geraden oder einem Punkt.
Ein K. kann definiert werden als geometrischer Ort aller Punkte, für die das Verhältnis des Abstands von einem festen Punkt, dem ***Brennpunkt***, und einer festen Geraden, der ***Leitlinie***, einen konstanten Wert ε hat, der ***numerische Exzentrizität*** des K.s heißt. Dabei entspricht $\varepsilon = 0$ einem Kreis, $0 < \varepsilon < 1$ einer Ellipse, $\varepsilon = 1$ einer Parabel und $\varepsilon > 1$ einer Hyperbel.

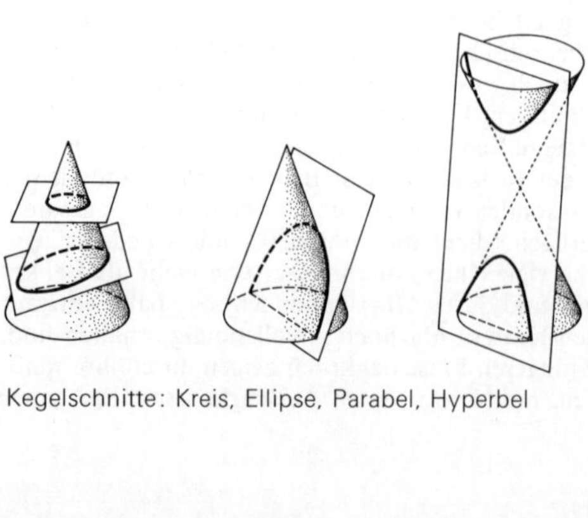
Kegelschnitte: Kreis, Ellipse, Parabel, Hyperbel

Kelvin-Helmholtz-Zeitskala, → Sternentwicklung.
Kentaur, das Sternbild → Centaurus.
Kepheus, das Sternbild → Cepheus.
Kepler, Johannes, Astronom, geb. 27.12.1571 in Weil der Stadt (Württ.), gest. 15.11.1630 in Regensburg. K. wuchs unter unerfreulichen äußeren Verhältnissen heran; seine Begabung war aber so offensichtlich, daß er als Zwölfjähriger von seinen Gönnern auf eine Klosterschule geschickt wurde. Als Siebzehnjähriger ging er an das protestantisch-theologische Stift in Tübingen, um Theologe zu werden; dort erwarb er 1591 die Magisterwürde. Er widmete sich in Tübingen auch mathematischen und astronomischen Studien, wobei vor allem M. Maestlin (1550–1631) sein Lehrer war. Dieser führte ihn in die copernicanische Lehre ein. 1594 ging K. als Lehrer für Mathematik nach Graz, wo er im folgenden Jahr sein erstes Werk *Mysterium Cosmographicum* [lat., ‚Weltgeheimnis'] schrieb. In ihm versuchte er, die im copernicanischen System gegebenen Kreisbahnen der Planeten mit den fünf regelmäßigen (platonischen) Körpern der Geometrie in Verbindung zu bringen und so die Naturgegebenheit der neuen Lehre darzutun. Zum Beispiel sollte sich die Marsbahn ergeben, wenn man die (kreisförmig gedachte) Erdbahn mit einem Dodekaeder umschreibt und den diesen umschließenden Kreis sucht. K. merkte bald, daß diese Spekulationen nicht mit den Beobachtungen in Einklang zu bringen sind. Das Buch brachte ihm aber viel Anerkennung, auch die von G. Galilei (1564–1642) und vor allem die von T. Brahe (1546–1601), der ihn allerdings mahnte, sich an die Beobachtungen zu halten. Wegen einer Protestantenverfolgung mußte K. Graz verlassen und nahm das Angebot Brahes an, bei ihm zu arbeiten. 1600 ging er nach Prag, wo er nach Brahes Tod 1601 dessen Nachfolger als kaiserlicher Mathematiker wurde. So kam er in den Besitz der Braheschen Beobachtungen. Zunächst versuchte er, die Beobachtungen mit Copernicus' Vorstellungen von exzentrischen, kreisförmigen Planetenbahnen in Einklang zu bringen, was aber nicht gelang. Nach jahrelangen Rechnungen fand er schließlich, daß sich Übereinstimmung mit den Beobachtungen ergibt, wenn man annimmt, daß sich die Planeten auf Ellipsenbahnen um die Sonne bewegen und daß die Verbindungslinie Sonne–Planet in gleichen Zeiten gleiche Flächen überstreicht. Diese beiden noch heute nach ihm benannten Gesetze veröffentlichte er 1609 in der *Astronomia nova* [lat., ‚Neue Astronomie']. Damit befreite er die copernicanische Planetentheorie von ihren noch vorhandenen Mängeln und verhalf dem heliozentrischen System zur Anerkennung.
K. beschäftigte sich auch mit Fragen der Optik, so 1604 in seinem Buch *Ad Vitellionem paralipomena* [lat., ‚Kleine Schriften für Vitellio'], vor allem aber in seinem 1611 erschienenen Buch *Dioptrice* [lat., ‚Dioptrik']. Hierin begründete er die Theorie des Fernrohrs, dessen Erfindung ihm bekannt geworden war. Auf K. geht das Konstruktionsprinzip des sog. astronomischen (Keplerschen) Fernrohrs zurück. 1604 beobachtete er im Sternbild Ophiuchus eine der wenigen Supernovae des Milchstraßensystems, von deren Aufleuchten wir direkte Kenntnis haben.
K.s materielle Lebensverhältnisse verschlechterten sich, während sein Ruhm stieg. Da das ihm zugesicherte Gehalt nur zu einem kleinen Teil ausgezahlt wurde, mußte er seinen Lebensunterhalt durch Anfertigen von Kalendern und Horoskopen bestreiten, obwohl er, wie er immer wieder betonte, von deren Unsinnigkeit überzeugt war. Nach dem Tod seines Beschützers Kaiser Rudolf II. (1552–1612) nahm er 1612 eine Stelle am Gymnasium von Linz an. Hier arbeitete er weiter an seinen Planetentafeln, die 1627 als *Rudolfinische Tafeln* erschienen. Zu den Berechnungen verwandte er die Braheschen Beobachtungen und die von ihm selbst gefundenen Gesetzmäßigkeiten der Planetenbewegungen; dadurch erreichte er eine so hohe Genauigkeit, daß die Tafeln bis in die Mitte des 18. Jh. den Planetenbeobachtungen zugrunde gelegt wurden. Gleichzeitig griff er wieder die Gedankengänge seines ersten Werkes auf und versuchte, den Bau des Sonnensystems auf einfache Zahlenverhältnisse zurückzuführen. Als Ergebnis erschien 1619 sein Buch *Harmonices mundi* [lat., ‚Weltharmonien'], in dem er das dritte seiner Gesetze veröffentlichte. Nach wie vor blieb sein Leben von schweren materiellen und familiären Sorgen belastet; so hatte er unter dem Krieg zu leiden, seine Kinder starben, und seine Mutter wurde in einem Hexenprozeß angeklagt. Wegen seiner Gehaltsrückstände reiste K. 1630 zum Reichstag nach Regensburg, wo er, ohne etwas erreicht zu haben, an den Folgen der Reise starb.
Kepler-Bahn [nach J. Kepler, 1571–1630], die nach den Keplerschen Gesetzen durchlaufene Bahn eines Himmelskörpers um einen anderen; → Zweikörperproblem.
Kepler-Problem, svw. Zweikörperproblem.
Keplersche Gesetze, von J. Kepler (1571–1630) gefundene Gesetze, die die Bewegungen der Planeten im Sonnensystem beschreiben.
Das ***1. Keplersche Gesetz*** macht eine Aussage über die Bahnform: Die Planeten bewegen sich in Ellipsen, in deren einem Brennpunkt sich die Sonne befindet. Das ***2. Keplersche Gesetz*** beschreibt die Bahnbewegung: Die Verbindungslinie Sonne–Planet überstreicht in gleichen Zeiträumen gleiche Flächen (Flächensatz). Ein Planet bewegt sich daher in Sonnennähe rascher als in Sonnenferne. Das ***3. Keplersche Gesetz*** stellt eine

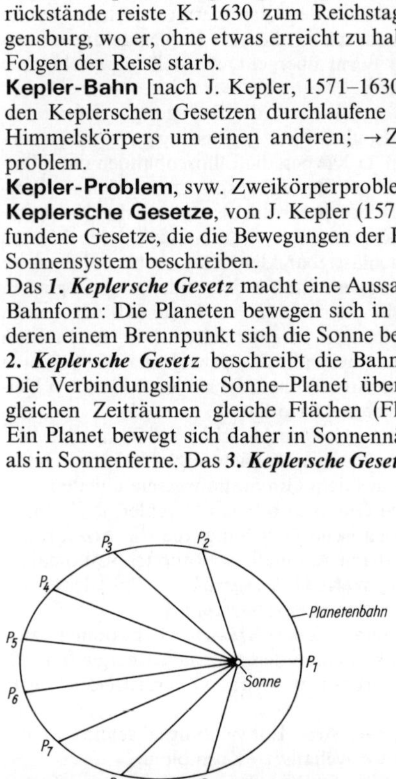

Zum Flächensatz. Die durch zwei benachbarte Punkte begrenzten Ellipsenabschnitte werden jeweils in gleichen Zeiten durchlaufen, die von den zugehörigen Strahlen zur Sonne begrenzten Flächen sind gleich groß

Verbindung zwischen den Umlaufzeiten der Planeten und der Bahngröße her: Die dritten Potenzen der großen Bahnhalbachsen (a_1, a_2) zweier Planeten verhalten sich wie die Quadrate der Umlaufzeiten (U_1, U_2) der Planeten, $a_1^3 : a_2^3 = U_1^2 : U_2^2$.
Das 3. Keplersche Gesetz gilt in der angegebenen Form nicht streng, weil es als anziehende Masse allein die der Sonne, nicht aber die Massen der Planeten berücksichtigt. Aus dem Gravitationsgesetz ergibt sich für die Bewegung zweier Massen $\mathfrak{M}_1$ und $\mathfrak{M}_2$ umeinander, wenn die große Halbachse a in Metern, die Umlaufzeit U in Sekunden und die Massen in Kilogramm angegeben werden, $a^3 = U^2(\mathfrak{M}_1 + \mathfrak{M}_2)\,G/(4\pi^2)$; G bedeutet die Gravitationskonstante. Mißt man a in astronomischen Einheiten, U in Jahren und die Massen in Sonnenmassen, so ergibt sich die einfachere Formel $a^3 = U^2(\mathfrak{M}_1 + \mathfrak{M}_2)$. Sie gilt z.B. für die Bewegung der beiden Komponenten in einem Doppelsternsystem. Bei der Bewegung der Planeten um die Sonne kann man die Masse $\mathfrak{M}_1$ mit der Sonnenmasse $\mathfrak{M}_\odot$ identifizieren. Betrachtet man zwei Planeten mit den Massen $\mathfrak{M}_{P1}$ und $\mathfrak{M}_{P2}$, so ergibt sich die exakte Form des 3. Keplerschen Gesetzes zu $a_1^3 : a_2^3 = U_1^2(\mathfrak{M}_\odot + \mathfrak{M}_{P1}) : U_2^2(\mathfrak{M}_\odot + \mathfrak{M}_{P2})$. Da die Planetenmassen klein gegenüber der Sonnenmasse sind (z.B. gilt Jupitermasse : Sonnenmasse = 1 : 1047), kann man die Planetenmassen in den Klammern vernachlässigen, so daß der Ausdruck in die von Kepler gefundene ursprüngliche Form übergeht; sie stellt eine sehr gute Näherung dar.
Die K.n G. beschreiben die Bewegungen zweier nur unter dem Einfluß ihrer gegenseitigen Massenanziehung stehender Körper, die Ellipsenbahnen durchlaufen; allgemeinere Bewegungsgesetze werden im Rahmen des Zweikörperproblems untersucht. Treten zu den zwei Körpern noch weitere hinzu, deren Massen nicht vernachlässigbar klein sind, so beeinflussen sie die Bewegungsverhältnisse der beiden ursprünglichen Körper mehr oder minder stark, so daß die K.n G. nicht mehr in aller Strenge gelten. Dies ist auch im Sonnensystem der Fall: Die Bewegung eines Planeten ist durch die Anwesenheit der anderen Planeten kleinen Störungen unterworfen.
Kepler fand die Gesetze empirisch auf Grund der Auswertung von Planetenbeobachtungen; theoretisch lassen sie sich aus dem Gravitationsgesetz ableiten.

Keplersche Gleichung [nach J. Kepler, 1571–1630], eine mathematische Gleichung, die die exzentrische mit der mittleren Anomalie verknüpft; → Anomalie.

Kernladungszahl, ***Ordnungszahl***, die Zahl der Protonen in einem Atomkern; → Atom.

Kernprozesse, ***Kernreaktionen***, Reaktionen zwischen Atomkernen, in deren Verlauf Energie frei, z.T. aber auch verbraucht wird; → Energiefreisetzung in Sternen.

Kernreaktions-Ära, Entwicklungsabschnitt in der Frühphase des Weltalls; → Kosmologie.

Kernschatten, der Bereich hinter einem beleuchteten undurchsichtigen Körper, von dem aus die beleuchtende Lichtquelle völlig abgeschattet erscheint.

Kettengebirge, Oberflächenerscheinung auf dem Mond.

Kiel des Schiffes, das Sternbild → Carina.

Kienle, Hans, dtsch. Astrophysiker, geb. 22.10.1895 in Kulmbach, gest. 15.2.1975 in Heidelberg; von 1924–1939 Direktor der Sternwarte in Göttingen, 1939–1950 des Astrophysikalischen Observatoriums in Potsdam, 1951–1962 der Landessternwarte in Heidelberg. K. arbeitete hauptsächlich auf dem Gebiet der photographischen sowie der Spektralphotometrie und beschäftigte sich mit dem Problem der Temperaturbestimmung bei Sternen.

Kiepenheuer, Karl-Otto, dtsch. Astrophysiker, geb. 10.11.1910 in Weimar, gest. 23.5.1975 in Ensenada (Mexiko); zunächst in Göttingen, ab 1942 Direktor des Fraunhofer-Instituts in Freiburg (Breisgau). K. arbeitete hauptsächlich auf dem Gebiet der Sonnenphysik, insbesondere über solare Magnetfelder und die solaren Aktivitätserscheinungen.

Kiloparsec, Einheitenzeichen kpc, 1 kpc = 1000 pc; → Parsec.

kinetische Energie, → Energie.

Kirkwood-Lücken [nach den nordamerikan. Astronomen D. Kirkwood, 1814–1895], Lücken in der Häufigkeitsverteilung von Planetoiden bezüglich ihres Abstandes von der Sonne; → Planetoid.

K-Komponente, der Strahlungsanteil der Sonnenkorona (als Lichterscheinung), der ein kontinuierliches Spektrum besitzt; → Sonne.

Kleiner Bär, ***Kleine Bärin***, das Sternbild → Ursa Minor.

Kleiner Hund, das Sternbild → Canis Minor.

Kleiner Löwe, das Sternbild → Leo Minor.

Kleiner Planet, svw. Planetoid.

Kleiner Wagen, → Ursa Minor.

Kleines Pferd, das Sternbild → Equuleus.

Kniemontierung, ***Kniesäulenmontierung***, Aufstellungsart für ein Fernrohr; → Fernrohr.

Knoten, die Schnittpunkte der Bahn eines Himmelskörpers mit einer geeignet gewählten Bezugsebene; im Sonnensystem meist mit der Ebene der Ekliptik. Derjenige K., in dem ein Himmelskörper des Planetensystems auf seiner Bahn die Ebene der Ekliptik in nördlicher Richtung durchstößt, wird ***aufsteigender K.*** (☊) genannt, der Gegenpunkt ***absteigender K.*** (☋). Bei Doppelsternen dient als Grundebene die Tangentialebene an die Himmelskugel im Schwerpunkt des Doppelsternsystems; der aufsteigende K. ist dann derjenige Schnittpunkt der Bahn mit der Tangentialebene, in dem sich der betreffende Stern der Sonne nähert. Die Verbindungslinie der beiden K. einer Bahn ist die ***Knotenlinie***. Als ***Knotenlänge*** bezeichnet man bei Körpern des Planetensystems den Winkelabstand des aufsteigenden K.s vom Frühlingspunkt, bei Doppelsternen den Winkelabstand von der Nordrichtung.
Infolge der gegenseitigen Störungen der Körper des Sonnensystems liegen die K. der Planeten- und Satellitenbahnen nicht fest: Die Knotenlinien vollführen eine langsame Drehung. Bei den Planeten beträgt die jährliche Drehung, die entgegengesetzt dem Planetenumlauf um die Sonne erfolgt, weniger als 1′, beim Mond hingegen etwa 19° 20′, → Mondbewegung.
Die K. der Mondbahn heißen auch Drachenpunkte; → Finsternis.

Kochab, der Stern β im Sternbild Ursa Minor; → Ursa Maior.

Kohlensack, Gebiet der südlichen Milchstraße, in dem durch eine Dunkelwolke die Helligkeit der Hintergrundsterne so reduziert ist, daß eine auffällige Sternleere vorgetäuscht wird.

Kohlenstoffbrennen, svw. Kohlenstoffreaktionen.

Kohlenstoffreaktionen, ***Kohlenstoffbrennen***, Kernprozesse in Sternen, bei denen Kohlenstoff in schwerere Elemente umgewandelt wird; → Energiefreisetzung in Sternen.

Kohlenstoffstern, ein Stern der Spektralklassen R oder N (bzw. der Klasse C), in dessem Spektrum breite Banden von Kohlenstoffverbindungen auftreten, u.a. vom molekularen Kohlenstoff (C_2), vom Cyan (CN) sowie vom Methylidin (CH), und in dessen Atmosphäre das Häufigkeitsverhältnis von Kohlenstoff zu Sauerstoff größer als eins ist. K.e sind Riesensterne, in deren Innern bei Kernprozessen Helium in Kohlenstoff und Sauerstoff umgewandelt wird, und die einen Teil ihrer äußeren Schichten verloren haben, so daß die jetzt sichtbare Sternatmosphäre von Materie gebildet wird, die mit Umwandlungsprozessen aus diesen Kernreaktionen angereichert ist.
Im Hertzsprung-Russell-Diagramm liegen die Bildpunkte der K.e auf dem asymptotischen Riesenast.

Kohlenstoff-Stickstoff-Sauerstoff-Zyklus, ***CNO-Zyklus***, ***Bethe-Weizsäcker-Zyklus***, Folge von Kernprozessen zur → Energiefreisetzung in Sternen.

Kokonstern, ein Stern mit einer sehr dichten zirkumstellaren Staubhülle, in der praktisch die gesamte Sternstrahlung des sichtbaren und ultravioletten Spektralbereichs absorbiert und im Infrarotbereich wieder emittiert wird. Der eingehüllte Stern ist daher optisch nicht beobachtbar, während die Staubhülle als Infrarotquelle in Erscheinung tritt. Bei den K.en handelt es sich sehr wahrscheinlich um extrem junge Sterne, die noch von der bei der Sternbildung nicht verbrauchten Restmaterie der interstellaren Wolke umgeben sind, aus der sie sich gebildet haben.

Kollaps, eine extrem schnell verlaufende Kontraktion eines Himmelskörpers, die nicht über eine Folge von Gleichgewichtszuständen führt. Kollapserscheinungen treten in den ersten Phasen der Sternentstehung sowie in späten Entwicklungsphasen massereicher Sterne in Verbindung mit Supernovaexplosionen auf.

Kollimator *m*, Teil eines → Spektralapparates.

Kolorimetrie, die Bestimmung der → Sternfarbe.

Koluren [griech., ‚mit verstümmelten Schwanz'], *Sing.* Kolur *m*, die beiden ekliptikalen Längenkreise, die durch die Pole der Ekliptik und durch die Solstitialpunkte ***(Solstitialkolur)*** bzw. die Äquinoktialpunkte ***(Äquinoktialkolur)*** gehen. (Der Name rührt wahrscheinlich daher, daß der Solstitialkolur vom Sternbild des Kleinen Bären, der Äquinotialkolur von dem des Großen Bären den Schwanz abschneidet.) Gelegentlich werden auch alle auf der Ekliptik senkrechtstehenden Großkreise als K. bezeichnet.

Koma *f*, Teil eines → Kometen.

Komet [griech., ‚Haarstern'], ***Schweifstern***, kleiner Himmelskörper des Planetensystems, der in Sonnennähe größere Mengen leichtflüchtiger Gase und von ihnen mitgerissene feste Teilchen freisetzt, wodurch er im allg. neblig-verwaschen, zuweilen mit einem leuchtenden Schweif versehen in Erscheinung tritt. Die meisten K.en sind nur mit einem Fernrohr, ganz wenige mit dem bloßen Auge sichtbar, von denen die helleren dann zu den eindrucksvollsten Naturerscheinungen gehören (Abb. 1).

B e n e n n u n g. Nach der Entdeckung erhält ein K. als vorläufige Bezeichnung die Jahreszahl der Entdekkung und einen kleinen lateinischen Buchstaben als laufenden Index, der die Reihenfolge der Entdeckungen in dem betreffenden Jahr angibt (z.B. 1990 a, 1990 b, ...). Die endgültige Benennung erfolgt nach der definitiven Bahnbestimmung und gibt das Jahr und (mit römischer Ziffer) die Reihenfolge der Periheldurchgänge dieses Jahres an. Da die Reihenfolge der Entdeckungen im allg. nicht mit der der Periheldurchgänge übereinstimmt, ist z.B. der K. 1990 a nicht notwendig mit dem K. 1990 I identisch. Jeder K. erhält weiterhin als Namen den oder die seiner Entdecker, früher z.T. auch den Namen desjenigen, der die Bahn berechnet hat (z.B. K. Encke oder Halleyscher K.). Diese Namensgebung ist besonders bei periodisch wiederkehrenden K.en zweckmäßig, da diese bei jeder Wiederkehr eine neue Bezeichnung erhalten. Ein periodischer K. bekommt als besonderes Kennzeichen noch ein P vor dem Namen. Der Halleysche K. trägt dadurch z.B. die Bezeichnungen P/Halley = 1909 c = 1910 II = 1982 i = 1986 III. Bei einigen K.en haben sich auch Sonderbenennungen erhalten, z.B. K. 1882 II = Großer Septemberkomet; dieser K. war bei seiner Entdeckung so hell, daß er von jedermann gesehen werden konnte und keinen eigentlichen Entdecker hat. Werden von einem Beobachter mehr als ein K. entdeckt, so werden die Ziffern 1, 2, ... dem Namen zur Unterscheidung beigefügt.

H ä u f i g k e i t. Jährlich werden etwa 20 bis 25 K.en aufgefunden, die meistens eine geringe scheinbare Helligkeit haben und nur mit lichtstarken Fernrohren erfaßt werden können. Mit bloßem Auge wahrnehmbare K.en sind selten; im Durchschnitt kann man in einem Jahrzehnt mit ein bis zwei solch besonders hellen K.en rechnen. Von den in einem Jahr entdeckten K.en kommt rund 60% unerwartet, bei den anderen handelt es sich um wiederkehrende K.en mit relativ kurzen und bekannten Umlaufzeiten.

H e l l i g k e i t. Bei der Entdeckung erscheint ein K. meist als ein schwaches, verschwommenes Nebelfleckchen, das sich relativ rasch vor dem Sternhintergrund bewegt. Die scheinbare Helligkeit nimmt im allg. schnell zu, sie ändert sich sowohl mit dem Abstand Δ des K.en von der Erde als auch mit dem Abstand r von der Sonne. Der von einem K.en empfangene Strahlungsstrom ist wegen des quadratischen Strahlungsausbreitungsgesetzes proportional Δ^{-2} (je größer der Abstand von der Erde umso geringer die empfangene Strahlung), die Abhängigkeit vom Sonnenabstand ist weniger eindeutig angebbar. Sie läßt sich durch die Formel r^{-n} beschreiben, wobei der Wert des Exponenten n nur bei sehr großen Sonnenentfernungen ($r >$ 4 AE) nahezu 2 beträgt, bei geringeren Entfernungen ist er erheblich größer als 2 und liegt bei den meisten K.en

Abb. 1: Komet P/Halley aufgenommen am 9.1.1986; Kometenentfernung etwa 200 Mill. km. Der Schweif erstreckte sich zu dieser Zeit über etwa 15 Mill. km, von denen in der Abb. nur die inneren 6 Mill. km zu sehen sind. Die kurzen Sternspuren spiegeln die Bewegung des Kometen relativ zu den Sternen während der Belichtung wider. (Aufgenommen mit dem 120-cm-Schmidt-Teleskop des Max-Planck-Instituts für Astronomie (Heidelberg) auf dem Calar Alto, Spanien)

zwischen 3 und 5: Die scheinbare Helligkeit wächst mit sinkendem Sonnenabstand nicht allein deswegen, weil der Kometenkörper mehr Licht empfängt und damit mehr zum Beobachter reflektieren kann (dies entspräche r^{-2}), es kommt noch ein Eigenleuchten der Kometenmaterie hinzu. (Bei einigen wenigen K.en werden auch Werte von n kleiner als 2, z.T. sogar negative Werte beobachtet; bei diesen K.en sinkt also die Helligkeit mit der Annäherung an die Sonne.) Der Wert von n ist von K. zu K. verschieden, er kann bei einzelnen K.en auch zeitlich variieren (Abb. 2). Gelegentlich werden plötzliche Helligkeitsanstiege beobachtet: Der K. P/Schwassmann-Wachmann 1 (1925 II), der längs seiner gesamten Bahn (mittlerer Sonnenabstand 6,09 AE) beobachtet werden kann, zeigt z.B. etwa zwei- bis dreimal pro Jahr Helligkeitsausbrüche mit Amplituden bis etwa 5 mag.

Die genaue Helligkeitsbestimmung bereitet Schwierigkeiten, da ein nebelhafter, nicht scharf begrenzter Lichtfleck (der K.) mit punktförmig erscheinenden, die Helligkeitsskala definierenden Sternen verglichen werden muß. Um die von verschiedenen K.en empfangenen Strahlungsströme vergleichen zu können, rechnet man die beobachteten scheinbaren auf absolute Helligkeiten um, indem man sie auf $\Delta = r = 1$ AE bezieht. Beschränkt man sich allein auf $\Delta = 1$ AE, so spricht man von „auf $\Delta = 1$ AE reduzierten" Helligkeiten.

K o m e t e n a u f b a u. Bei einem K.en unterscheidet man den Kern, die Koma und den Schweif. Der Kern ist der eigentliche, permanent vorhandene Hauptkörper; Koma und Schweif sind nur zeitlich begrenzt existierende Erscheinungen. Kern und Koma zusammen bezeichnet man auch als den Kopf des K.en (Abb. 3).

K e r n. Der Kometenkern ist der am wenigsten auffällige Teil eines K.en. Er leuchtet im reflektierten Son-

Abb. 2: Auf die Erdentfernung 1 AE reduzierte Helligkeit des Kometen P/Halley in Abhängigkeit von der Zeit (obere Skala) bzw. der heliozentrischen Entfernung (untere Skala). Infolge der gewählten logarithmischen Entfernungsskala ergeben sich bei Helligkeitsvariationen proportional r^{-n} mit konstantem Exponenten Geraden; gestrichelte Gerade: $n=4{,}5$. (Nach R. Reinhard)

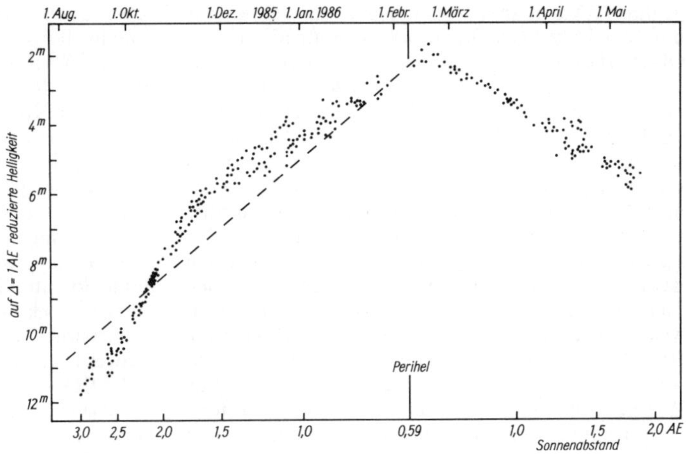

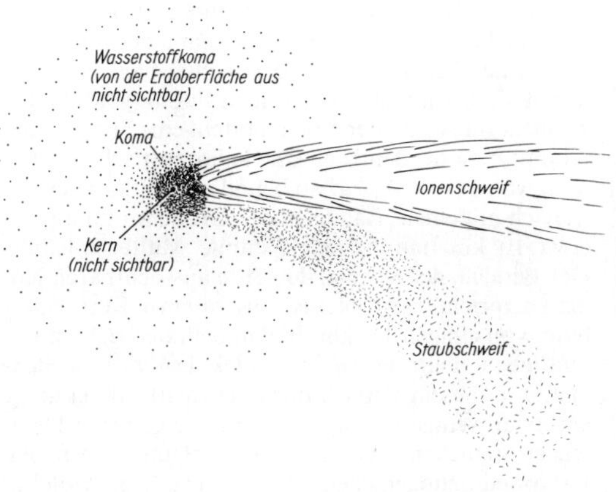

Abb. 3: Schema des Aufbaus eines Kometen. Die einzelnen Struktureinheiten sind nicht maßstabsgerecht

nenlicht; das Spektrum ist rein kontinuierlich. Nach allgemeiner Auffassung besteht ein Kometenkern aus einem locker zusammengebackenen Konglomerat von verschiedenen Eissorten und festen, staubförmigen Bestandteilen. Bei den Eisarten dürfte es sich hauptsächlich um Wasserstoffverbindungen der drei kosmisch häufigsten schweren Elemente (Sauerstoff, Stickstoff und Kohlenstoff) handeln, also um Wassereis, gefrorenes Ammoniak und gefrorenes Methan. Da diese Stoffe unter irdischen Bedingungen z.T. gasförmig sind, spricht man auch von gefrorenen Gasen. Hinzu kommen geringe Mengen anderer Verbindungen wie Kohlenmonoxid, Kohlendioxid, Cyanwasserstoff, Methylcyanid, Ethylen und möglicherweise polymerisiertes Formaldehyd. Wassereis dürfte mit möglicherweise bis zu etwa 80% die Hauptmasse stellen. Das Wassereis hat vermutlich ein Kristallgefüge mit relativ großen Aussparungen, in denen sich andere Substanzen ansammeln können. Ihre Bindung an die Gerüstkristalle ist wahrscheinlich nur sehr schwach, so daß die angelagerten Substanzen bei der Sublimation des Eises (dem direkten Übergang vom festen in den gasförmigen Zustand) leicht mitgerissen werden. Insgesamt genügen geringe Energien, um die Kernsubstanzen zu verdampfen. Eine derartige Zusammensetzung bedeutet, daß Kometenkerne während ihrer Entstehung und danach nicht besonders hoch aufgeheizt wurden. Sie scheinen damit unveränderte Überreste der Materie zu sein, die bei der Entstehung des Sonnensystems in dessen äußeren Regionen kondensierte.

Bei den festen Bestandteilen handelt es sich hauptsächlich um Partikeln in der Größenordnung von etwa 0,1 bis 5 µm, doch kommen auch Teilchen bis vielleicht 100 µm oder sogar Gesteinsbrocken bis zu einem Durchmesser von einigen Metern vor. Ein Teil der Staubteilchen ist ähnlich wie die kohligen Chondrite (→ Meteorit) aus silicatbildenden Elementen wie Magnesium, Silicium und Aluminium sowie Sauerstoff zusammengesetzt; man spricht daher von meteoritischem Material. Wie die Untersuchungen am Halleyschen K.en ergaben, scheinen (mindestens in diesem K.en) Partikeln vorhanden zu sein, die aus Verbindungen der Elemente Kohlenstoff (C), Wasserstoff (H), Sauerstoff (O) und Stickstoff (N) bestehen und für die sich die Bezeichnung CHON-Teilchen eingebürgert hat. Mischteilchen aus sowohl meteoritischem Material als auch organischen Verbindungen (Kohlenstoffverbindungen) dürften die Hauptmasse der Staubpartikeln stellen. Der Masseanteil der festen Bestandteile in einem Kometenkern variiert wahrscheinlich in weiten Grenzen; im allg. nimmt man an, daß er die Hälfte oder weniger der Gesamtkernmasse ausmacht. Das Kernmaterial hat insgesamt eine geringe mechanische Festigkeit, wie das Zerbrechen von Kometenkernen zeigt.

Bei der Annäherung eines K.en an die Sonne steigt die Temperatur an der Oberfläche des Kerns. Dadurch sublimieren die leichtflüchtigen Substanzen und reißen beim Abströmen die Staubteilchen mit. Die Abströmgeschwindigkeiten betragen einige 100 bis etwa 1000 m/s. Die größten Staubteilchen verbleiben infolge ihrer Trägheit an der Kernoberfläche oder werden nur bei sehr heftigen Gasausbrüchen mitgerissen. Die Oberfläche dürfte dadurch eine dunkle, poröse Kruste mit einer Dicke von vielleicht wenigen Zentimetern oder auch einigen Metern tragen. Wahrscheinlich ist die Krustendicke auf der Oberfläche von Ort zu Ort und zeitlich variabel, da die Sublimation in erster Linie auf der der Sonne zugewandten Seite und da noch in einzelnen, begrenzten Aktivitätsgebieten auftritt. Beim K.en P/Halley konnten bei Nahaufnahmen des Kerns derartige Aktivitätsgebiete direkt beobachtet werden. Der Anteil der aktiven Regionen an der Gesamtoberfläche eines K.en dürfte im allg. bei 1% oder weniger liegen; beim K.en P/Halley betrug er etwa 10%. Die poröse Kruste erlaubt das Abströmen der sublimierten Gase und bietet gleichzeitig eine gute Wärmeisolation, so daß der Eisvorrat eines Kometenkerns nicht schon nach einigen wenigen Sonnenannäherungen aufgebraucht ist.

Der Kerndurchmesser kann wegen der in Sonnennähe vorhandenen Koma und wegen seiner in großer Sonnenentfernung nur geringen Winkelausdehnung nicht direkt gemessen werden. Man kann ihn im allg. nur aus der in großen Sonnenentfernungen beobachteten scheinbaren Helligkeit ableiten, doch muß man dazu die Albedo des Kerns kennen. Sie läßt sich nur grob abschätzen, so daß entsprechend die Kerndurchmesser nur sehr unsicher bekannt sind. Beim Halleyschen K.en ergab sich eine Albedo von etwa 0,02 bis 0,04. (Kometenkerne gehören damit zu den dunkelsten Körpern des Planetensystems.) Die photometrisch abgeleiteten Kerndurchmesser liegen im Bereich zwischen 0,6 und 8 km, mit einem mittleren Wert von etwa 2 bis 4 km, doch wurden auch Kerndurchmesser bis zu etwa 100 km gefunden. Durchmesserbestimmungen mit Hilfe der Radar-Echo-Methode liefern Werte in der gleichen Größenordnung. Die Kometenkerne sind wahrscheinlich sehr unregelmäßig geformte Körper wie der Kern des Halleyschen K.en vermuten läßt, dessen Längsausdehnungen etwa 16 km und dessen Querdimensionen rund 8 km betragen.

Die Masse eines K.en ist nahezu vollkommen im Kometenkern vereinigt. Sie ist sehr gering; bisher wurde z.B. noch nie beobachtet, daß von einem K.en auf einen anderen Himmelskörper merkliche Störungen ausgeübt wurden, z.B. auch nicht vom K.en P/Brooks 2 (1889 V), als er das innere System der Jupitersatelliten durchquerte. Die Masse des Halleyschen K.en konnte auf Grund nichtgravitativer Bahnänderungen (s.u.) zu rund 10^{14} kg abgeschätzt werden, woraus sich eine mittlere Kerndichte von einigen 0,1 g/cm^3 (also weniger als die Dichte von Wassereis) ergibt. Nimmt man eine derart geringe mittlere Dichte für alle Kometenkerne an, läßt sich die Größenordnung der Masse eines K.en zu etwa 10^{11} bis 10^{14} kg (10^{-13} bis 10^{-10} Erdmassen) abschätzen.

Bei einigen K.en kann aus ungleichmäßigen Komastrukturen auf eine Rotation der Kerns geschlossen werden. Die Rotationsperioden liegen im Bereich von Stunden bis Tagen. Zwischen dem Rotationssinn und dem Bahnumlaufsinn besteht anscheinend kein Zusammenhang.

Koma. Die durch die Einwirkung der Sonnenstrahlung bei heliozentrischen Entfernungen kleiner als etwa 4 bis 5 AE sublimierten Gase strömen in den interplanetaren Raum und bilden eine sich ständig erneuernde, als Koma erscheinende Gasatmosphäre des Kerns. Durch die kurzwellige Sonnenstrahlung werden die freigesetzten vielatomigen Moleküle (die Muttermoleküle) in einfachere Verbindungen (Tochtermoleküle) oder auch in einzelne Atome zerlegt und zum Leuchten angeregt. Das Komaspektrum ist ein intensives Emissionslinienspektrum der Zerlegungsprodukte. Im ultravioletten, optischen und radioastronomischen Spektralbereich konnten Verbindungen von Wasserstoff, Kohlenstoff, Stickstoff, Sauerstoff und Schwefel (z.B. C_2, C_3, CN, CH, CH_2, CH_4, NH, NH_2, NH_3, CO, CO_2, H_2O, HCN, CH_3CN, H_3O und CS) hauptsächlich in neutraler, teils auch in ionisierter Form nachgewiesen werden. Atomar treten u.a. Wasserstoff, Natrium, Calcium, Kalium, Nickel, Chrom, Eisen, Kohlenstoff, Sauerstoff und Schwefel in Erscheinung. Die Atome der schwereren Elemente werden nur beobachtet, wenn der K. nahe der Sonne ist. Wahrscheinlich stammen sie von Staubteilchen, von denen sie bei hoher Sonneneinstrahlung verdampfen können. Innerhalb der Koma besteht eine Schichtung: Nimmt man für den K.en eine heliozentrische Entfernung von etwa 1 AE an, so befinden sich im innersten Bereich mit einem Radius in der Größenordnung von etwa 10^4 km hauptsächlich stabile Muttermoleküle. Der Bereich, der der von der Erde aus sichtbaren Koma entspricht, erstreckt sich bis zu einer Kernentfernung von einigen 10^5 km; in ihm befinden sich im wesentlichen neutrale Tochtermoleküle. Die Teilchendichte in diesem Bereich dürfte etwa 10^4 Moleküle je cm^3 oder weniger betragen. (Nur diese geringen Dichten ermöglichen das Auftreten von unter normalen Laborbedingungen chemisch sehr instabilen Molekülen und Radikalen wie z.B. CN und NH_2.) Ein Teil des Komagases wird durch die Sonnenstrahlung, durch den Stoß mit Teilchen des Sonnenwindes sowie durch den Ladungsaustausch mit Sonnenwindteilchen ionisiert. Die ionisierten Bestandteile unterliegen der Wechselwirkung mit dem Sonnenwind, der sie aus der Koma austreibt (s.u.). Der äußerste Komabereich wird von den verbleibenden neutralen Atomen, vor allem Wasserstoffatomen (den Dissoziationsprodukten von Wassermolekülen), gebildet. Die Wasserstoffkoma kann auf Grund der von ihr reemittierten solaren Lyman-α-Strahlung bei extraterrestrischen Beobachtungen nachgewiesen werden; von der Erde aus ist sie wegen der Undurchlässigkeit der Erdatmosphäre im ultravioletten Spektralbereich nicht sichtbar. Die Wasserstoffkoma erreicht z.T. einen Radius von mehr als 10^7 km; sie ist dann um vieles größer als die Sonne. Die Wasserstoffkoma hat als Folge des Strahlungsdruckes, der bei der Absorption der solaren Lyman-α-Strahlung auf die Wasserstoffatome wirkt, vielfach eine merklich abgeplattete Struktur.

Die Komae heller K.en lassen z.T. eine Fülle von Strukturen, wie konzentrische Schalen, Fächer oder einzelne radiale oder spiralige Strahlen, erkennen. Diese Erscheinungen stehen mit einzelnen, isolierten

Aktivitätsgebieten auf dem Kometenkern und dessen Rotation im Zusammenhang.

Das Komagas des Halleyschen K.en bestand zu etwa 80% aus Wassermolekülen, zu jeweils rund 4% aus Kohlendioxid, Formaldehyd und Ameisensäure, zu etwa 2,5% Stickstoff und zu etwa 1,5% Kohlenmonoxid. Andere Bestandteile, wie Ammoniak, Acetylen und Blausäure, spielten eine geringere Rolle. Möglicherweise ist ein Teil der beobachteten komplizierteren Moleküle, wie Formaldehyd und Methan, auf den Zerfall der CHON-Teilchen zurückzuführen. Das Gas : Staub-Verhältnis (Masseverhältnis) variierte zwischen etwa 10:1 und 4:1.

Die Größe der Koma ist zeitlich veränderlich: Bei der Annäherung des K.en an die Sonne nimmt sie im allg. zunächst zu, erreicht noch vor dem Periheldurchgang ein Maximum und nimmt dann wieder ab. Dies ist auf zwei gegenläufige Prozesse zurückzuführen: Mit sinkendem Sonnenabstand steigt die Abströmgeschwindigkeit der Gase vom Kometenkern und damit die Ausdehnung der Koma. Die Lebenszeit der neutralen Atome und Moleküle nimmt andererseits mit sinkendem Sonnenabstand ab, weil die Menge der ionisierenden Sonnenstrahlung quadratisch ansteigt und ionisierte Teilchen aus der Koma ausgetrieben werden. Insgesamt bestimmt der im Augenblick wirksamere der beiden Effekte die Komagröße, wobei es große Unterschiede zwischen den K.en gibt.

Zusätzlich zur Gaskoma läßt sich bei einigen K.en auch die von den mitgerissenen Teilchen geformte Staubkoma auf Grund ihres Reflexionsleuchtens nachweisen.

Der Masseverlust eines K.en läßt sich nur schwer angeben. Er ist wahrscheinlich mit davon abhängig, wie oft ein K. schon nahe an der Sonne vorbeigegangen ist. Bei „alten" K.en (viele Umläufe mit kleinen Periheldistanzen) dürfte die Masseverlustrate in Perihelnähe typischerweise etwa 0,1 t/s, bei „neuen" K.en (zum ersten Mal beobachtet und große Umlaufzeiten) einige 10 t/s betragen. Beim Halleyschen K.en wurden bei einer Sonnenentfernung von 0,9 AE Masseverlustraten von etwa 15 bis 25 t/s gemessen; nach dem Periheldurchgang war sie bei vergleichbaren Sonnenentfernungen um etwa einen Faktor 2 größer.

Schweif. Ein Schweif bildet sich bei denjenigen K.en aus, die der Sonne auf weniger als etwa 1,5 bis 2 AE nahekommen, also bei einer Minderheit der K.en. Die Schweifmaterie ist aus der Koma ausgetriebenes Material, das durch ein Eigenleuchten oder eine Reflexion von Sonnenlicht in Erscheinung tritt. Die auf das Schweifmaterial wirkenden Kräfte sind von der Sonne weg gerichtet, daher weisen auch die Kometenschweife (vom Kern aus gesehen) von der Sonne weg.

Bei den Schweifen unterscheidet man nach Form und Zusammensetzung zwei Typen. Die *Ionen-* oder *Gasschweife* (Typ I) sind lang und schmal und lassen eine Vielzahl deutlich ausgeprägter, rasch veränderlicher Strukturen erkennen. Die Schweifmaterie besteht ausschließlich aus ionisierten Atomen und Molekülen, bildet also zusammen mit den freien Elektronen ein Plasma, das mit den geladenen Teilchen des Sonnenwindes und den in ihm eingebetteten Magnetfeldern sehr stark wechselwirkt. Das Schweifplasma wird von dem mit hoher Geschwindigkeit strömenden Sonnenwind mitgerissen und auf Geschwindigkeiten von mehr als 100 km/s beschleunigt; es bleibt daher nur wenig hinter der Verbindungslinie Sonne–Kometenkern zurück. Da sich der Sonnenwind relativ zum Komamaterial mit Überschallgeschwindigkeit bewegt, kommt es zur Ausbildung einer Stoßfront vor dem Kometenkopf, in der der Sonnenwind durch das vom K.en abströmende Plasma schroff abgebremst wird. Außerdem werden die vom Sonnenwind mitgeschleppten Magnetfelder in der Stoßfront zusammengestaucht, während sie seitlich vom K.en ungehindert in Strömungsrichtung weiterwandern können. Im Sonnenwind bildet sich dadurch eine Art Tunnel aus, in dem sich ionisiertes, aber magnetfeldfreies kometarisches Gas befindet; zusammengepreßte Magnetfeldlinien bilden die Tunnelwände, die von den elektrisch geladenen Teilchen nicht überquert werden können. Da der Sonnenwind starke örtliche und zeitliche Fluk-

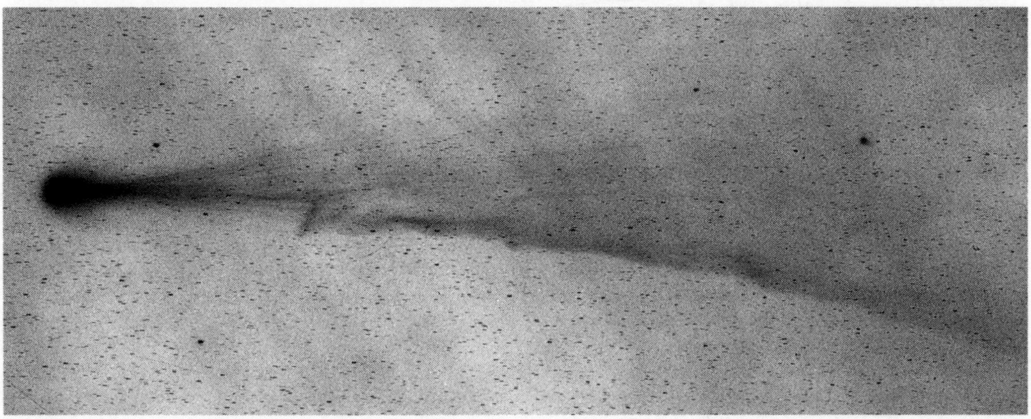

Abb. 4: Negativaufnahme des Kometen P/Halley vom 10.1.1986 mit zu dieser Zeit einem geknickten und seitlich versetzten Schweifstrahl. (Aufgenommen mit dem 120-cm-Schmidt-Teleskop des Max-Planck-Instituts für Astronomie (Heidelberg) auf dem Calar Alto, Spanien)

tuationen aufweist, kommt es zu Verwirbelungen und Knicken sowie anderen Unregelmäßigkeiten in der Magnetfeldkonfiguration, die sich auf den sichtbaren Schweif übertragen, Abb. 4, Seite 175. (Bildlich gesprochen flattert der Schweif wie eine Fahne im Sonnenwind.) Gelegentlich kommt es zum Abreißen des Plasmaschweifs und der Bildung eines neuen Schweifs. Dies ist möglicherweise auf eine Polungsumkehr im interplanetaren Magnetfeld, auf das der K. trifft, zurückzuführen: Entgegengesetzt gerichtete Magnetfeldlinien kommen dann in so enge Nachbarschaft, daß eine Neuverknüpfung der Feldlinien und damit eine wesentliche Änderung der alten Feldstruktur möglich ist. Auch im Schweif kommen sich entgegengerichtete Feldlinien sehr nahe, so daß auch hier Neuverknüpfungen erfolgen können. Viele der sich in den Ionenschweifen abspielenden magnetohydrodynamischen Prozesse sind bisher noch nicht voll verstanden.

Im Spektrum der Ionenschweife wurden u.a. Linien vom ionisierten Kohlenstoff, Kohlenmonoxid, Kohlendioxid, Methylidin, Cyan, Wasser, Stickstoff, Calcium, Schwefel, Schwefelwasserstoff sowie Hydroxyl beobachtet. Die Länge der sichtbaren Ionenschweife hängt davon ab, wie weit sich die leuchtenden Moleküle bis zu ihrer Zersetzung bewegen können und wie dicht die Schweifmaterie ist. Bei manchen Molekülen ist die Lebensdauer so gering, daß sie gar nicht aus der Koma in den Schweif gelangen; das Schweifspektrum enthält daher weniger Moleküllinien als das Komaspektrum. Wegen der unterschiedlichen Moleküllebensdauer tritt im Schweif eine Entmischung der Moleküle ein.

Die Ionenschweife können zur Zeit ihrer größten Entwicklung Längen von 1 bis 10 Mill. km erreichen; beim Großen Märzkomet (1843 I) war der Schweif sogar 250 Mill. km lang (entsprechend etwa der Entfernung des Mars von der Sonne). Die Schweifbreite kann 1 Mill. km erreichen. Die Dichte der Materie im Schweif ist wesentlich geringer als in der Koma und verringert sich mit wachsendem Kernabstand.

Die *Staubschweife* (Typ II) werden von den aus der Koma ausgetriebenen Staubteilchen gebildet. Diese absorbieren Sonnenlicht, so daß sie einem von der Sonne weggerichteten Strahlungsdruck unterliegen, der zu einer Beschleunigung der Teilchen führt. Die zu beschleunigende Masse eines Teilchens wächst mit der 3. Potenz seines Radius, der bei der Strahlungsabsorption wirksame Querschnitt jedoch nur mit der 2. Potenz. Kleine, massearme Teilchen werden daher stärker beschleunigt als große, massereiche Partikeln; die größten Teilchen werden kaum vom Strahlungsdruck beeinflußt, sie verbleiben nahe beim Kometenkern. Die erreichten Partikelgeschwindigkeiten sind wesentlich geringer als die der Atome und Moleküle in den Ionenschweifen. Die Staubschweife sind deshalb zwar auch von der Sonne weggerichtet, aber stärker gekrümmt als die Ionenschweife. Die Staubschweife sind infolge der Sortierung der Staubteilchen nach unterschiedlichen Geschwindigkeiten breiter aufgefächert und meist kürzer als die Ionenschweife und weisen weniger innere Strukturen auf. Das beobachtete Licht ist an den Staubteilchen reflektiertes Sonnenlicht; das Spektrum entspricht im sichtbaren Spektralbereich dem kontinuierlichen Spektrum der Sonne. Im infraroten Spektralbereich empfängt man die von den Staubteilchen im ultravioletten und sichtbaren Spektralbereich absorbierte und in Wärmestrahlung umgesetzte Sonnenstrahlung. Staubschweife sind seltener als Ionenschweife; beide Schweiftypen können gemeinsam, aber auch einzeln auftreten.

Bei speziellen Sichtverhältnissen ist ein Gegenschweif zu beobachten, der durch die Reflexion von Sonnenlicht an vielen, in der Kometenbahnebene verteilten Staubteilchen entsteht. Beim Kreuzen der Bahnebene durch die Erde summieren sich viele Einzelreflexionen zu einem deutlich sichtbaren Leuchten, das sich beiderseits des Kometenkopfes, somit auch in Richtung zur Sonne, erstrecken kann.

B a h n e n. Die K.en bewegen sich nach den Gesetzen der Himmelsmechanik auf Kegelschnittbahnen um

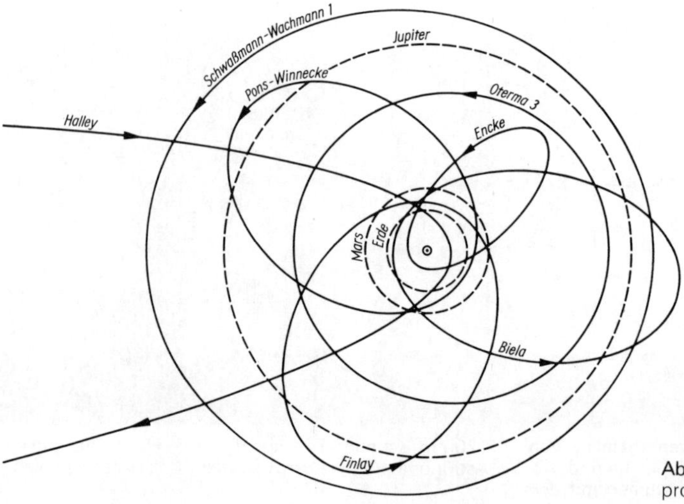

Abb. 5: Einige auf die Ebene der Ekliptik projizierte Kometenbahnen

die Sonne, wobei – im Gegensatz zu den Planeten und Planetoiden – langgestreckte Bahnen, deren Exzentrizität sich meist wenig von 1 unterscheidet, überwiegen. Im Einzelfall kann die Bahnform aber nicht als Kennzeichen zur Unterscheidung von K.en und Planetoiden herangezogen werden: Es gibt sowohl Planetoiden mit Exzentrizitäten über 0,5 als auch K.en mit Exzentrizitäten kleiner als 0,2; der K. P/Schwassmann-Wachmann 1 (1925 II) hat z.B. eine Bahnexzentrizität von 0,105 (Abb. 5).
Nach der Bahnform unterscheidet man periodische K.en, die sich auf Ellipsenbahnen bewegen, und unperiodische K.en auf Parabel- oder Hyperbelbahnen. Von den bis 1979 bestimmten 658 Kometenbahnen waren 42% elliptisch (Exzentrizität $\varepsilon < 1$), 43% parabolisch ($\varepsilon = 1$) und 15% hyperbolisch ($\varepsilon > 1$); insgesamt 84% hatten eine Exzentrizität größer als 0,96. Bei sehr langgestreckten Bahnen ist eine Entscheidung, ob es sich um eine Ellipse oder eine Parabel handelt, oft sehr schwierig, da die jeweilige Bahn nur während eines kurzen Stücks durch Beobachtungen belegt ist. Bei den meisten hyperbolischen Bahnen konnte durch eine rechnerische Rückverfolgung festgestellt werden, daß sie durch die Gravitationswirkung der Planeten aus ursprünglichen Ellipsenbahnen hervorgegangen sind. Es reicht schon eine relativ schwache zusätzliche Beschleunigung, um die Bahnexzentrizität von einem Wert geringer als 1 auf einen Wert größer als 1 zu heben. Langgestreckte Bahnen können andererseits durch Störungen auch in kreisähnlichere übergehen. Diejenigen K.en, deren Bahnen durch Störungen in Hyperbelbahnen umgewandelt werden, verlassen das Sonnensystem für immer. Infolge der Bahnstörungen ergeben sich auch Änderungen der Umlaufzeiten; beim K. P/Brooks 2 (1889 V) verkürzte sich z.B. die Umlaufzeit 1886 nach einem Vorübergang am Jupiter von 29,2 auf 6,88 Jahre.
Die beobachteten periodischen K.en unterteilt man in kurzperiodische mit Umlaufzeiten kleiner als 200 Jahre ($\varepsilon < 0{,}97$) und langperiodische mit Umlaufzeiten größer als 200 Jahre und entsprechend größeren Exzentrizitäten. Die kurzperiodischen K.en, die etwa 40% aller beobachteten periodischen K.en stellen, bewegen sich mindestens während der Hälfte ihres Umlaufs innerhalb des Bereichs der Planetenbahnen. Die Planetenstörungen haben dabei enge Beziehungen zwischen den Kometen- und den Planetenbahnen bewirkt. Die Bahnebenen der kurzperiodischen K.en sind gegen die Hauptebene der Planeten (die wenig von der Ekliptikebene abweicht) konzentriert, und zwar um so stärker, je kleiner die Umlaufzeiten sind: Die mittlere Neigung der Bahnebenen aller kurzperiodischen K.en gegen die Ekliptikebene beträgt 18°, die der K.en mit Umlaufzeiten kürzer als 10 Jahre aber nur 12°. Die Bewegungen erfolgen zu 93% im gleichen Umlaufsinn wie die der Planeten. Zu den wenigen rückläufigen K.en gehört der Halleysche K. Die Aphele vieler kurzperiodischer K.en liegen in der Nähe von Planetenbahnen (Abb. 6). Alle K.en, deren Bahnen derart bis zu einer bestimmten Planetenbahn reichen, bezeichnet man als eine *Kometenfamilie*, von denen die *Jupiterfamilie* die zahlreichste und die am deutlichsten

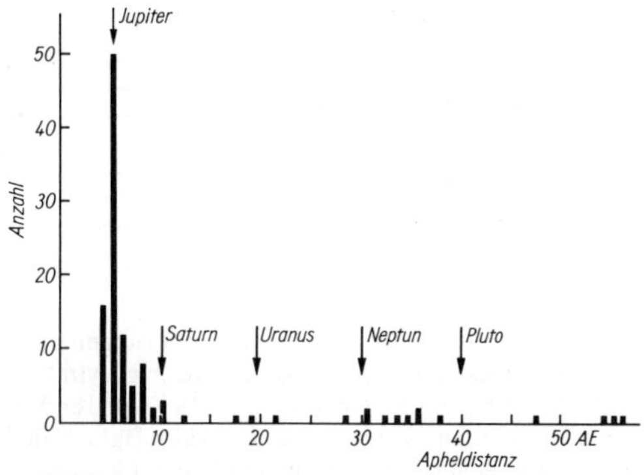

Abb. 6: Häufigkeitsverteilung der Apheldistanzen kurzperiodischer Kometen

ausgeprägte Familie ist. Einige K.en haben sehr ähnliche Apheldistanzen, die jenseits der Plutobahn liegen. Man schloß daraus auf einen noch unbekannten Planeten (Transpluto), der aber nicht aufgefunden wurde. Die langperiodischen K.en bewegen sich die längste Zeit weit außerhalb des Bereichs der Planetenbahnen; man fand parabelnahe Ellipsenbahnen, die bis zu einer heliozentrischen Entfernung von etwa 40000 AE (0,6 Lichtjahre) reichen. Die Bahnen der langperiodischen K.en sind regellos im Raum orientiert. Bei den Mitgliedern einiger sog. *Kometengruppen* stimmen die Bahnelemente fast genau überein; wahrscheinlich haben sich diese K.en aus jeweils einem Mutterkometen durch Teilung des Kerns gebildet. Bisher wurden 18 Fälle von Kernspaltungen direkt beobachtet; langperiodische K.en scheinen dafür anfälliger zu sein als kurzperiodische. Die Ursache für eine Spaltung des Kerns sind wahrscheinlich vor allem innere Kräfte; die Teilung des K.en Shoemaker-Levy 9 (1993 e), bei dem 21 Teilstücke des Kerns nachgewiesen werden konnten, geht hingegen vermutlich auf Gezeitenkräfte des Jupiters zurück, dem dieser K. bis auf nur 0,007 AE nahekam und auf den im Juli 1994 die Trümmer stürzten.
Von der riesigen Anzahl der im Sonnensystem existierenden K.en können nur diejenigen entdeckt werden, deren Periheldistanzen nicht zu groß, im allg. kleiner als etwa 5 AE sind, weil im wesentlichen nur sie eine sichtbare Koma ausbilden. Es wurden aber auch K.en in einer wesentlich größeren Perihelentfernung beobachtet. Den Rekord in dieser Hinsicht hält der K. Schuster (1975 II) mit einer Perihelentfernung von 6,880 AE. Es gibt K.en, die der Sonne so nahe kommen, daß sie tief in die Sonnenkorona eintauchen, was z.B. beim Großen Südkomet (1887 I) der Fall war, dessen Perihelentfernung 0,00483 AE (725000 km vom Sonnenmittelpunkt) betrug.
Wiederholte Periheldurchgänge wurden bisher nur bei kurzperiodischen K.en beobachtet. Am häufigsten, mindestens 54mal, wurde die Wiederkehr des Enckeschen K.en registriert, der eine Umlaufzeit von 3,3 Jahren hat. Es folgt mit 29 beobachteten Periheldurchgängen der Halleysche K., dessen Umlaufperiode gegenwärtig etwa 76 Jahre beträgt.

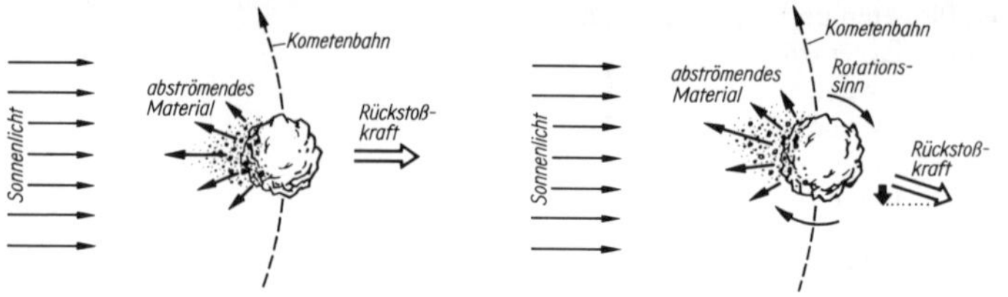

Abb. 7: Richtung der Rückstoßkraft bei einem nicht rotierenden (links) und einem rotierenden Kometenkern (rechts). Dicker Pfeil: tangential zur Bahn liegende Komponente der Rückstoßkraft

Die Kometenbahnen unterliegen Veränderungen, von denen die stärksten und auffälligsten durch gravitative Kräfte der Planeten bewirkt werden. Bei rotierenden K.en können auch nichtgravitative Kräfte Bahnänderungen verursachen: Infolge der endlichen Geschwindigkeit des Wärmetransports in der Kernmaterie erfolgt das Maximum des Materieabflusses vom Kern mit einer gewissen Verzögerung, so daß der von der abströmenden Materie ausgeübte Rückstoß eine Kraftkomponente in Bewegungsrichtung oder entgegengesetzt zu ihr hat (Abb. 7). Erfolgt die Rotation des Kerns im gleichen Sinn wie die Bahnbewegung, wird die Bahngeschwindigkeit, damit die Zentrifugalkraft und die große Bahnhalbachse vergrößert, die Umlaufzeit verlängert sich. Bei einer entgegengesetzten Rotation verkürzt sich die Umlaufzeit. Schon ein relativ geringer Masseverlust kann eine merkliche Änderung der Umlaufperiode bewirken. Beim K. P/Encke (1786 I) z.B. erfolgen auf Grund dieses Effekts die Periheldurchgänge z.Z. regelmäßig um etwa 2,5 Stunden früher, als man auf Grund rein gravitativer Wechselwirkungen erwarten würde; beim Halleyschen K.en verlängert sich die Umlaufperiode je Umlauf durch nichtgravitative Effekte gegenwärtig um 4,1 Tage.

Gelegentlich werden K.en von Planeten eingefangen, wie z.B. der K. Shoemaker-Levy 9 durch den Jupiter, und z.T. auch wieder freigegeben, wie der K. P/Gehrels 3, der mehrmals in eine Bahn um den Jupiter gelangte, das letzte Mal 1970.

Auflösung. Die K.en, die in der Nähe der Sonne einen merklichen Masseverlust erleiden, haben nur eine endliche Existenzzeit, die von der ursprünglichen Kometenmasse, dem mittleren Masseverlust bei einem Periheldurchgang und der Umlaufzeit abhängt. Ein K., der in den inneren Bereich des Sonnensystems vordringt, verliert bei einem Umlauf schätzungsweise 0,1 bis 1% seiner Masse; die Lebenserwartungen der kurzperiodischen K.en liegen daher nur in der Größenordnung von 5000 bis 100000 Jahren; danach ist der Gasvorrat erschöpft. Langperiodische K.en haben entsprechend der größeren Umlaufzeit eine höhere Lebenserwartung. Mit sinkendem Gasvorrat sinkt die mittlere Helligkeit eines K.en; bei einigen kurzperiodischen K.en glaubt man, eine solche systematische Helligkeitsabnahme beobachtet zu haben. Nach der Erschöpfung des Gasvorrates bleibt wahrscheinlich ein mehr oder minder poröses Gebilde zurück, das allein im reflektierten Sonnenlicht strahlt und in keiner Weise von einem Planetoiden zu unterscheiden ist. Man vermutet, daß es sich z.B. bei dem Planetoiden (3200) Phaeton um einen derartigen ausgegasten ehemaligen Kometenkern handelt: Seine Bahnelemente sind fast identisch mit denen des Geminiden-Meteorstroms, und Meteorströme stehen immer mit K.en, nicht aber mit normalen Planetoiden in Verbindung. Der Planetoid (2060) Chiron wurde 1978 als Planetoid entdeckt, besaß aber 1989 z.T. auch noch später eine Koma.

Die Auflösung eines K.en kann durch das Zerbrechen des Kometenkerns wesentlich gefördert werden. Der K. P/Biela (1772) war z.B. bei seiner Wiederkehr 1846 in zwei Teile zerfallen, die sich rasch voneinander entfernten und beim nächsten Periheldurchgang 1852 bereits mehrere Mill. km Abstand hatten. Später wurde dieser K. überhaupt nicht mehr gefunden, statt dessen trat ein neuer Meteorstrom, die Andromediden (Bieliden), auf, dessen Bahnelemente mit denen des alten K.en übereinstimmten: Die Trümmer des Kometenkerns haben sich offenbar längs der Bahn verteilt und laufen nun als ein Meteoroidenschwarm um die Sonne. Die Trümmerwolken anderer K.en machen sich durch ihre Infrarotstrahlung bemerkbar: Die Trümmerteilchen geben die von ihnen im ultravioletten und sichtbaren Spektralbereich absorbierte Sonnenenergie als thermische Strahlung im Infrarotbereich wieder ab.

Eine vollständige, sofortige Zerstörung tritt ein, wenn ein K. mit einem Planeten zusammenstößt oder tief in die Sonnenatmosphäre eintaucht und dort verdampft.

Herkunft der Kometen. Die K.en sind Mitglieder des Sonnensystems; wären sie Objekte aus dem interstellaren Raum, müßte der Anteil hyperbolischer Bahnen großer Exzentrizität wesentlich höher als beobachtet sein. Die meisten langperiodischen K.en haben Apheldistanzen von einigen 10000 AE, Umlaufzeiten von einigen Mill. Jahren und Bahnexzentrizitäten sehr nahe bei 1. Sicher gibt es auch K.en mit Bahnen geringerer Exzentrizität aber gleich großer Apheldistanz. Diese K.en bleiben ständig in so großen Sonnenentfernungen, daß sie nicht beobachtet werden können. Geht man davon aus, daß bei den Kometenbahnen alle Exzentrizitäten mit gleicher Wahrscheinlichkeit vertreten sind, kann man aus dem Vergleich der statistisch zu erwartenden und der tatsächlich beobachteten Anzahl langperiodischer K.en auf die Gesamtzahl der überhaupt existierenden K.en schließen; sie beläuft sich auf 10^{11} bis 10^{12} K.en. Die Sonne ist danach von einer riesigen Kometenwolke (*Oortsche Kometenwolke*) umgeben, deren äußerer Rand bei etwa 150000 AE (etwa 0,7 pc) liegt. Diese Entfernung ist vergleichbar mit den Entfernungen der nächsten Sterne. Bei einem zufälligen nahen Vorübergang eines Sterns oder einer Riesenmolekülwolke, aber auch durch den Rest des Milchstraßensystems kann es zu

Gezeitenwirkungen kommen, bei denen die Bewegungsenergie einiger K.en erhöht, bei anderen erniedrigt wird. Bei einer Energieerhöhung kann ein K. eine hyperbolische Bahn erreichen, auf der er für immer das Sonnensystem verläßt. Bei einer Energieverringerung taucht der K. in die inneren Bereiche des Sonnensystems ein und kann so gegebenenfalls beobachtet werden. Sind K.en erst einmal in die inneren Regionen gelangt, haben die Planeten auf Grund ihrer Störeinflüsse die Möglichkeit, aus langperiodischen K.en kurzperiodische zu machen, die dann – mindestens zunächst – nicht mehr in die äußere Kometenwolke kommen. Der Prozeß ist jedoch wenig effektiv, er verändert auch die Neigungen der Kometenbahnen nicht sehr stark. Bei den kurzperiodischen K.en beobachtet man wesentlich mehr Bahnen mit einer geringen Neigung gegen die Ekliptik als auf Grund des Störeffekts zu erwarten ist. Man nimmt daher an, daß es außerhalb des Gebiets der Planetenbahnen einen gürtelförmigen Bereich (*Kuiper-Gürtel*) mit der Hauptebene des Planetensystems als Symmetrieebene gibt, in dem sich in einem Bereich von etwa 50 bis 500 AE möglicherweise 10^8 bis 10^{10} K.en aufhalten. Sie dürften das Reservoir darstellen, aus dem der Hauptteil der kurzperiodischen K.en stammt. Bisher wurden zwei K.en mit großen Halbachsen in der Größenordnung von 40 AE entdeckt; diese K.en kommen wahrscheinlich unmittelbar aus dem Kuiper-Gürtel.

Die K.en sind wahrscheinlich nicht im Bereich der jetzigen äußeren Kometenwolke entstanden, da bei der Bildung der Körper des Sonnensystems aus dem Sonnennebel (→ Kosmogonie) die Gasdichte dort so gering war, daß sich keine größeren Körper bilden konnten. Wahrscheinlich stammen die K.en aus den Bezirken des Sonnennebels, in denen für die Entstehung größerer eisartiger Himmelskörper die Temperaturen niedrig genug und die Gasdichten hoch genug waren, was im Bereich der jetzigen Saturn- und Uranusbahn der Fall gewesen sein dürfte. Dort sind auch noch gegenwärtig größere eisartige Körper (z.B. Satelliten von Saturn und Uranus) anzutreffen. Während der Bildungsphase des Sonnensystems existierte in diesem Gebiet vermutlich eine Vielzahl eisartiger Planetesimalen, die so häufig waren, daß aus ihnen sehr große Körper (Planeten und Satelliten) entstehen konnten. Bei der Bildung der großen Körper wurden nicht alle kleinen verbraucht, es blieben noch viele lose zusammengebackene Kleinkörper zurück, die durch die Wechselwirkung mit den Planeten in neue Bahnen mit z.T. hohen Bewegungsenergien umgelenkt wurden, so daß sie die Außenregionen des Sonnensystems erreichten, es z.T. sogar verlassen konnten. In den Außenbereichen sorgten dann die Gezeitenkräfte vorüberziehender Sterne und Wolken interstellarer Materie für eine weitere Bahnänderung, in deren Folge die Exzentrizitäten allmählich statistisch gleichverteilt wurden: Aus langgestreckten Ellipsenbahnen wurden Bahnen immer geringerer Exzentrizität, so daß die meisten K.en nun nicht mehr in der Lage waren, in das innere Sonnensystem zu gelangen. Möglicherweise war die Bildung eisartiger Himmelskörper im Sonnennebel aber auch bis zu einer heliozentrischen Entfernung von wenigen 100 AE im Gebiet des Kuiper-Gürtels weit außerhalb des Bereichs der großen Planeten möglich. Auf die dort gebildeten Körper wirkte dann kein allgemeiner Zerstreuungseffekt, sie verblieben im wesentlichen in dem Gebiet, in dem sie entstanden sind. Trotz der enorm großen Zahl der K.en ist ihre Gesamtmasse gering. Mit der obigen Masseabschätzung für einen K.en ergibt sich die Gesamtmasse nur zu etwa 1 bis 100 Erdmassen.

G e s c h i c h t l i c h e s. Das völlig unerwartete Auftauchen der hellen K.en und ihre vom gewohnten Bild der übrigen Himmelskörper gänzlich abweichende Erscheinung erklärt das große allgemeine Interesse an ihnen. Kometenbeobachtungen sind daher schon frühzeitig registriert und in großer Zahl überliefert worden, was für statistische Untersuchungen wichtig

Bahnelemente einiger Kometen

	P	*a*	*e*	*q*	*Q*	*i*
P/Encke (1786 I)	4,08	2,210	0,850	0,331	4,09	11,9
P/Tempel 2 (1873 II)	4,72	3,107	0,522	1,484	4,73	11,9
P/Pons-Winnecke (1819 III)	6,36	3,432	0,635	1,254	5,61	22,3
P/Biela (1772)	6,62	3,473	0,756	0,861	6,19	12,6
P/Brooks 2 (1889 V)	6,88	3,619	0,491	1,843	5,39	5,4
P/Faye (1843 III)	7,39	3,795	0,576	1,610	5,98	9,1
P/Whipple (1933 IV)	7,44	3,809	0,352	2,469	5,15	10,2
P/Oterma 3 (1942 VII)	7,88	3,959	0,144	3,388	4,53	4,0
P/Schwassmann-Wachmann 1 (1925 II)	15,03	6,089	0,105	5,448	6,73	9,7
P/Olbers (1815)	69,57	16,91	0,930	1,178	32,65	44,6
P/Halley (1986 III)	76,08	17,95	0,967	0,587	35,32	162,2
P/Herschel-Rigolett (1788 II)	154,90	28,84	0,974	0,748	56,94	64,2
Großer Märzkomet (1843 I)	517	64	0,99991	0,00552	128	144,3
West (1977 IX)			1,0050	5,608		116,9
Schuster (1975 II)			1,0021	6,880		112,0
Großer Südkomet (1887 I)			1,0	0,00483		144,3

P = Umlaufzeit in Jahren; *a* = große Bahnhalbachse in AE; *e* = Bahnexzentrizität; *q* = Periheldistanz in AE; *Q* = Apheldistanz in AE; *i* = Bahnneigung gegen die Ebene der Ekliptik in Grad ($i > 90°$: die Bewegung ist rückläufig)

ist. Astrologische Spekulationen sahen im Auftauchen eines K.en die Ankündigung von meist unheilvollen Ereignissen, wie Krieg oder Seuchen. Daß die K.en keine Leuchterscheinung der Erdatmosphäre, sondern selbständige Himmelsobjekte sind, zeigte wohl als erster T. Brahe (1546–1601) an dem K.en von 1577, dennoch hielt G. Galilei (1564–1642) an der alten Anschauung fest. Bis ins 19. Jh. beschäftigte sich die Forschung allein mit Bahnbestimmungen, deren Methode von E. Halley (1656–1742) und W. Olbers (1758–1840) auf der Grundlage der Newtonschen Gravitationstheorie entwickelt wurde. Später kamen physikalische Fragestellungen hinzu, vor allem als man den Halleyschen K.en im Jahre 1910 auch spektroskopisch untersuchen konnte. Die erste Untersuchung eines Kometenkerns aus der Nähe erfolgte im März 1986 beim Vorbeiflug von 4 Raumsonden am K. P/Halley.

Kometensucher, lichtstarkes visuelles Fernrohr mit großem Gesichtsfeld.

kommensurabel, mit gleichem Maß meßbar. Als k. werden gleichartige Größen bezeichnet, wenn ihr Verhältnis zueinander durch (kleine) ganze Zahlen ausdrückbar ist. Derartige ***Kommensurabilitäten*** existieren u.a. zwischen der Umlaufzeit des Jupiters und der einiger Planetoiden um die Sonne; befinden sich an derartigen Kommensurabilitätsstellen ein Minimum in der Häufigkeitsverteilung der Planetoiden bezüglich des Sonnenabstandes, bezeichnet man diese Stellen als ***Kommensurabilitätslücken***.

Kompaktgalaxie, ein extragalaktisches Sternsystem, das photographisch als kleines, oft scharf begrenztes Scheibchen hoher Flächenhelligkeit erscheint. Die K.n bilden keine eigene physikalische Gruppe von Sternsystemen, da die Zuordnung eines Sternsystems zu den K.n wesentlich vom benutzten Teleskop und vom Strahlungsdetektor abhängt.

Komparator [compare, lat., ‚vergleichen'] *m*, in der Astronomie ein Instrument zum Vergleich zweier zeitlich nacheinander oder in unterschiedlichen Wellenlängenbereichen (Farbbereichen) gemachten photographischen Aufnahmen des gleichen Sternfeldes. K.en ermöglichen einen schnellen Überblick z.B. darüber, ob Himmelsobjekte in der Zeit zwischen den Aufnahmen ihre Lage oder ihre Helligkeit verändert oder ob sie große Helligkeitsunterschiede in unterschiedlichen Farbbereichen haben. Beim *Blinkkomparator* werden die beiden Aufnahmen mit Hilfe besonderer optischer Anordnungen abwechselnd in schneller Folge durch ein Okular betrachtet. Auf beiden Aufnahmen gleich abgebildete Objekte erscheinen dem Auge als ruhend, während Objekte mit etwas veränderter Lage hin und her zu springen scheinen; Sterne mit unterschiedlicher Helligkeit, demzufolge unterschiedlich großen Sternscheibchen auf den Aufnahmen, scheinen zu pulsieren. Im *Stereokomparator* scheinen Objekte, die auf beiden Aufnahmen unterschiedlich abgebildet sind, wie bei einer Stereoaufnahme räumlich aus der Bildebene hervorzutreten.

Kompaß, das Sternbild → Pyxis.

Konjunktion, → Konstellation.

Konstellation, die von der Erde aus gesehene Stellung des Mondes oder eines Planeten relativ zur Sonne.

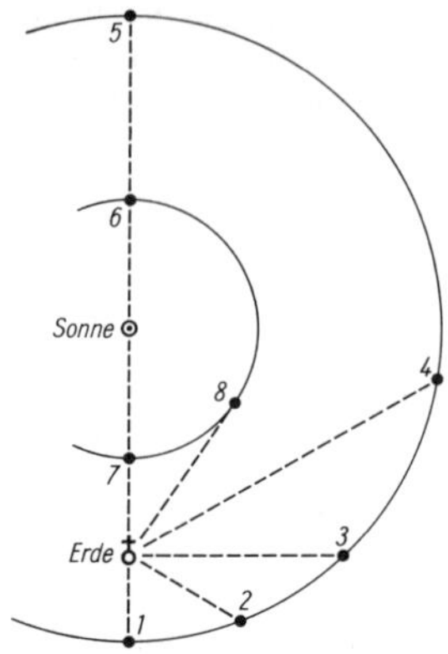

Konstellationen. 1: Opposition; 2: Trigonalschein; 3: Quadratur; 4: Sextilschein; 5: Konjunktion (äußerer Planet; 6: obere Konjunktion (innerer Planet); 7: untere Konjunktion; 8: größte Elongation eines inneren Planeten

Je nach der Differenz zwischen der ekliptikalen Länge eines Gestirns und der der Sonne (der Elongation des Gestirns) unterscheidet man folgende K.en (Abb.): ***Opposition (Gegenschein)***, Elongation = 180°; ***Trigonalschein***, Elongation = 120°; ***Quadratur (Geviertschein)***, Elongation = 90°; ***Sextilschein***, Elongation = 60°; ***Konjunktion (Gleichschein)***, Elongation = 0°. Die inneren Planeten können nicht in Opposition zur Sonne kommen, sie erreichen nur eine größte westliche und östliche Elongation. Dagegen wird bei ihnen zwischen ***oberer Konjunktion*** (Planet weiter entfernt als die Sonne) und ***unterer Konjunktion*** (Planet zwischen Sonne und Erde) unterschieden. Die K.en spielten in der Astrologie eine große Rolle, von daher sind besondere Symbole für die verschiedenen K.en in Gebrauch; → Zeichen.

Kontaktsystem, ein Doppelsternsystem, in dem beide Komponenten ihre kritische Roche-Fläche voll ausfüllen; → Doppelstern.

Kontinuum *n*, in der Spektroskopie Kurzbezeichnung für kontinuierliches → Spektrum.

Kontraktionszeitskala, → Sternentwicklung.

Konvektion, strömende Bewegung in Flüssigkeiten oder Gasen, die durch Temperatur- und damit verbundene Dichte- und Druckunterschiede verursacht wird. Eine K. wird z.B. unter Anwesenheit der Schwerkraft durch ein entsprechendes Temperaturgefälle hervorgerufen: Einzelne Gas- oder Flüssigkeitspakete (Konvektionselemente), die wärmer als die Umgebung sind, steigen auf, kältere Konvektionselemente sinken ab. Während des Durchlaufens einer charakteristischen Wegstrecke, des Mischungsweges, wird die Überschußenergie der wärmeren Elemente durch Vermischung an die Umgebung abgegeben bzw. von den kälteren Elementen aus der Umgebung aufgenommen. Neben einem Energietransport bewirkt die K. eine starke Durchmischung des Gases oder der Flüssigkeit.

Konvektionszone, Region im Innern eines Sterns, in der der Energietransport durch Konvektion erfolgt; → Sternaufbau.

Koordinaten, durch Zahlen gegebene Bestimmungsstücke zur Festlegung der Lage von Punkten im Raum, auf Flächen oder auf Linien. Die Meßvorschrift, nach der die K. bestimmt werden, legt das jeweilige ***Koordinatensystem*** fest.

Zur Bestimmung von Gestirnsörtern an der Himmelskugel denkt man sich die Gestirne vom Beobachtungsort aus an die Himmelskugel, einer mathematischen Hilfsgröße mit einem beliebig großen Radius, projiziert. Die Erde kann im Vergleich mit der Himmelskugel als verschwindend klein, also punktförmig angesehen werden, so daß die Definitionen für Punkte und Kreise an der Himmelskugel für alle irdischen Beobachter gelten, als stünden sie im Erdmittelpunkt. Bei unendlich groß angenommenem Radius der Himmelskugel schneiden parallele Ebenen diese im gleichen Großkreis, parallele Geraden im gleichen Punkt. Der Ort eines Gestirns an der Himmelskugel wird durch ***sphärische K.***, zwei voneinander unabhängige Winkelangaben, bestimmt. Ein rechtwinkliges sphärisches Koordinatensystem ist durch die Angabe einer Grundebene, die die Himmelskugel in einem größten Kreis (Grundkreis) schneidet, sowie die Angabe eines Anfangs- oder Leitpunktes auf diesem Kreis festgelegt. Die eine Koordinate wird rechtwinklig zum Grundkreis gemessen, die Zählung der anderen Koordinate erfolgt von einem Leitpunkt aus. Im einzelnen benutzt man in der Astronomie die folgenden sphärischen Koordinatensysteme:

Horizontsystem (Azimutsystem). Als Grundebene dient eine Ebene senkrecht zur Richtung der Schwerkraft im Beobachtungspunkt, die die Himmelskugel im Horizont schneidet (Abb. 1). Als *Vertikalkreise* bezeichnet man alle größten Kreise senkrecht zum Horizont; sie gehen durch das Zenit des Beobachtungsortes. Der Leitpunkt des Systems ist der Südpunkt, von dem aus das *Azimut a* bis zum Schnittpunkt des Horizonts mit dem Vertikalkreis durch den Gestirnsort in Richtung Westen, Norden nach Osten in Grad gemessen wird. In der Radioastronomie wird z.T. auch eine Azimutzählung mit dem Nordpunkt als Leitpunkt benutzt. Die andere Koordinate, die *Höhe h*, wird auf dem Vertikalkreis des Gestirns vom Horizont aus in Grad gemessen, wobei die Höhe in Richtung zum Zenit positiv, in Richtung zum Nadir negativ gezählt wird. Statt der Höhe wird auch die *Zenitdistanz* $z = 90° - h$ verwendet. Alle Kreise parallel zum Horizont werden als Höhenkreise bezeichnet.

Bei der täglichen Bewegung beschreiben die Gestirne an der Himmelskugel Kreise, die die Schar der Höhen- und Vertikalkreise im allg. schräg durchsetzen, wodurch sich Höhe und Azimut eines Gestirns ständig ändern. Die zu einem bestimmten Zeitpunkt gemessenen K. gelten außerdem nur für den betreffenden Beobachtungsort, da die Richtung der Schwerkraft und damit die Lage des Horizonts für jeden Ort anders ist. Zur eindeutigen Positionsbestimmung eines Gestirns ist daher außer der Höhen- und Azimutangabe noch die Angabe der Beobachtungszeit und des Beobachtungsortes notwendig.

Äquatorsystem (Abb. 2). Die Grundebene ist die Ebene des Erdäquators, die die Himmelskugel im Himmelsäquator schneidet. Als *Stundenkreise* bezeichnet man alle größten Kreise senkrecht zum Himmelsäquator; sie gehen durch den Nordpol und den Südpol des Himmels. Im ***Stundenwinkelsystem***, dem ***festen Äquatorsystem***, wählt man den Schnittpunkt des Himmelsäquators mit dem Himmelsmeridian als Leitpunkt. Der im Beobachtungsort gemessene Winkel zwischen diesem Punkt und dem Schnittpunkt des Himmelsäquators mit dem Stundenkreis durch den Gestirnsort wird als *Stundenwinkel* τ bezeichnet und als eine Koordinate verwendet; die Zählung erfolgt in Stunden, Minuten und Sekunden von 0^h bis 24^h in Richtung der

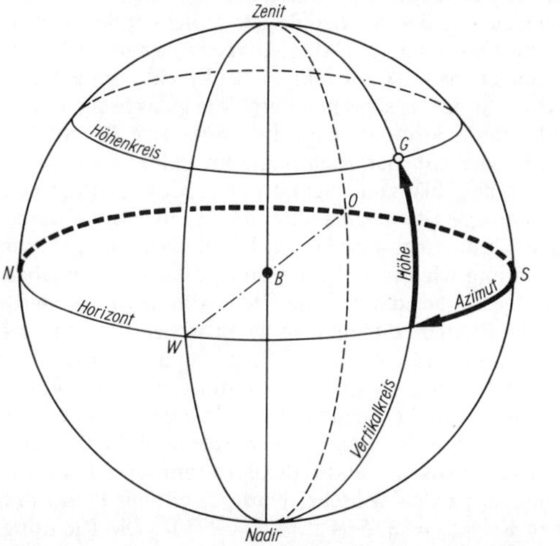

Abb. 1: Horizontsystem. N: Nordpunkt; O: Ostpunkt; S: Südpunkt; W: Westpunkt; B: Beobachtungsort; G: Gestirn.

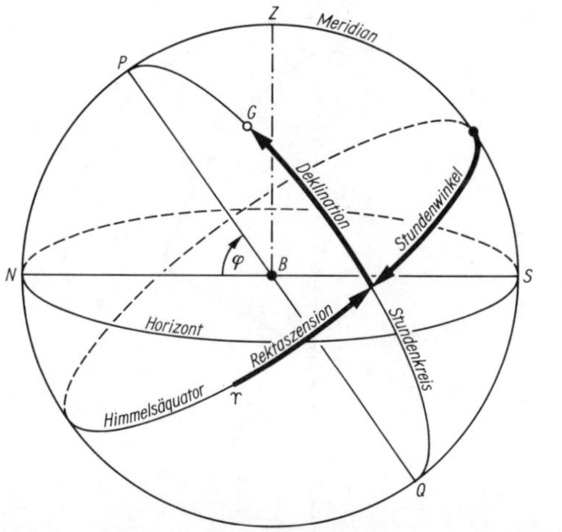

Abb. 2: Äquatorsystem. N: Nordpunkt; S: Südpunkt; B: Beobachtungsort; G: Gestirn; Z: Zenit; P: nördlicher Himmelspol; Q: südlicher Himmelspol; ϒ: Frühlingspunkt; φ: geographische Breite des Beobachtungsortes

täglichen Bewegung der Sterne. Die andere Koordinate, die *Deklination* δ, wird vom Himmelsäquator aus auf dem Stundenkreis des Gestirns gemessen, und zwar von 0° bis 90° in Richtung auf den Nordpol des Himmels positiv, in Richtung auf den Südpol negativ. Statt der Deklination benutzt man auch die *Poldistanz* $d = 90° - \delta$. Die Deklination eines Sterns bleibt während seiner täglichen Bewegung fest, da sich die Sterne auf Kreisen parallel zum Himmelsäquator bewegen. Der Stundenwinkel ändert sich hingegen stetig; er gibt die Zeit (Sternzeit) an, die im Augenblick der Beobachtung seit dem letzten Meridiandurchgang des Gestirns verstrichen ist. Da die Lage des Meridians an der Himmelskugel von der geographischen Länge des Beobachtungsortes abhängt, ist das Stundenwinkelsystem auch vom Beobachtungsort abhängig. Zur eindeutigen Positionsbestimmung eines Gestirns ist daher neben der Angabe von Stundenwinkel und Deklination auch die Angabe des Beobachtungsortes und der Beobachtungszeit erforderlich.

Im ***Rektaszensionssystem***, dem ***beweglichen Äquatorsystem***, wird der Frühlingspunkt als Leitpunkt gewählt, der an der täglichen Bewegung der Gestirne teilnimmt. Der Winkel zwischen ihm und dem Schnittpunkt des Himmelsäquators mit dem Stundenkreis des Gestirns wird als *Rektaszension* α bezeichnet und entgegengesetzt der täglichen Bewegung der Gestirne gemessen; die Zahlenangabe erfolgt in Stunden, Minuten und Sekunden. Die andere Koordinate ist die Deklination. Da der Stundenwinkel des Frühlingspunktes gleich der Sternzeit im Augenblick der Beobachtung ist, ergibt sich der Stundenwinkel eines Gestirns als Differenz der Sternzeit minus der Rektaszension des Gestirns. Im Rektaszensionssystem sind beide K. unabhängig von der täglichen Bewegung und vom Beobachtungsort; es dient daher als Grundlage für die

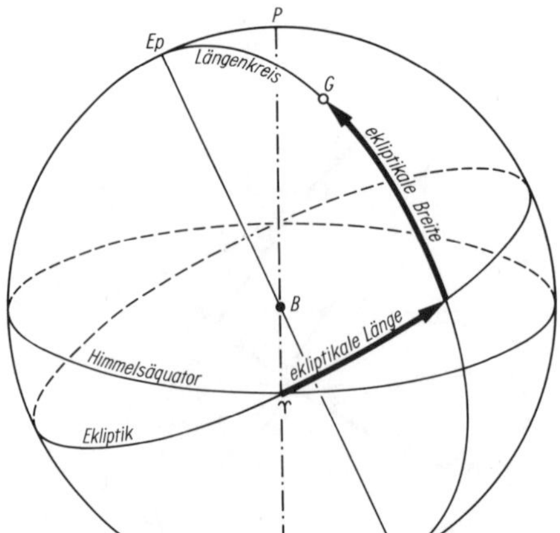

Abb. 3: Ekliptiksystem. B: Beobachtungsort; G: Gestirn; P: nördlicher Himmelspol; Q: südlicher Himmelspol; E_P: nördlicher bzw. südlicher Pol der Ekliptik; ♈: Frühlingspunkt

Ortsangaben von Sternen in Sternkatalogen und -karten.

Zur Positionsbestimmung von Körpern des Sonnensystems verwendet man das ***Ekliptiksystem*** (Abb. 3). In ihm wählt man die Ekliptikebene als Grundebene, die die Himmelskugel in der Ekliptik schneidet. Alle größten Kreise, die senkrecht auf ihr stehen, bezeichnet man als *ekliptikale Längenkreise*; sie gehen durch die Pole der Ekliptik. Als Leitpunkt für die *ekliptikale Länge* λ dient der Frühlingspunkt, sie wird von ihm aus in Richtung der scheinbaren jährlichen Sonnenbewegung bis zum Schnittpunkt der Ekliptik mit dem Längenkreis durch den Gestirnsort in Grad gemessen. Die andere Koordinate, die *ekliptikale Breite* β, mißt man von der Ekliptik aus entlang des Längenkreises in Grad, in Richtung auf den ekliptikalen Nordpol positiv, in Richtung auf den Südpol negativ.

Die Äquatorebene und die Ekliptikebene unterliegen infolge von Präzession und Nutation säkularen und periodischen Verlagerungen, was eine Verschiebung auch des Frühlingspunktes zur Folge hat. Damit ändern sich Rektaszension und Deklination für ein und denselben Punkt an der Himmelskugel mit der Zeit. Für eine exakte Koordinatenangabe ist deshalb eine Angabe nötig, aus der die Lage der Grundebene und des Leitpunktes ersichtlich ist, auf die die K. bezogen sind. In Sternkatalogen und auf Sternkarten wählt man für die Koordinatenangaben gegenwärtig im allg. die mittlere Lage der Äquatorebene und des Frühlingspunktes zum astronomischen Beginn des Jahres 2000, dessen Angabe man als Index den K. hinzufügt, z.B. bei der Rektaszension: α_{2000}.

Galaktisches System. Für Untersuchungen der räumlichen Verteilung der Sterne im Milchstraßensystem, der Galaxis, benutzt man zweckmäßigerweise ein Koordinatensystem, für das die Symmetrieebene der scheinbaren Verteilung der Sterne am Himmel als Grundebene dient. Sie schneidet an der Himmelskugel einen größten Kreis, den *galaktischen Äquator* aus, der nahezu mit der Mittellinie der Milchstraßenerscheinung zusammenfällt. Als *galaktische Längenkreise* bezeichnet man alle Großkreise senkrecht zum galaktischen Äquator; sie gehen durch die galaktischen Pole. Als eine Koordinate wird die *galaktische Länge* l benutzt, die von der Richtung zum galaktischen Zentrum aus bis zum Schnittpunkt des galaktischen Äquators mit dem galaktischen Längenkreis durch den Gestirnsort gezählt wird, und zwar in gleicher Richtung wie die Rektaszension; die Zahlenangaben erfolgen in Grad. Die andere Koordinate ist die *galaktische Breite* b, die auf dem galaktischen Längenkreis in Grad gemessen wird, in Richtung auf den galaktischen Nordpol positiv, in Richtung auf den Südpol negativ. Die Festlegung des galaktischen Äquators und damit die der galaktischen Pole erfolgt auf Grund stellarstatistischer und radioastronomischer Untersuchungen; als galaktischer Nordpol gilt der Punkt mit den K. $\alpha_{2000} = 12^h\ 51{,}4^{min}$, $\delta_{2000} = 27°\ 8'$. Die Richtung des galaktischen Zentrums ist definiert durch die Richtung der Radioquelle Sagittarius A* (→ Milchstraßensystem), sie hat die K. $\alpha_{2000} = 17^h\ 45{,}6^{min}$, $\delta_{2000} = -28°\ 56'$.

Da der Ort eines Gestirns an der Himmelskugel sich auf verschiedene Weise durch die Angabe von jeweils zwei zusammengehörigen sphärischen K. beschreiben läßt, können die K. eines Punktes an der Himmelskugel von einem Koordinatensystem in ein anderes umgerechnet werden. Die wichtigsten, hier angegebenen Formeln ermöglichen bei bekannter geographischer Breite φ des Beobachtungsortes die Umrechnung der Höhe h und des Azimuts a (Leitpunkt Südpunkt) in die Deklination δ und den Stundenwinkel τ und umgekehrt:

$$\sin a \quad \cos h = \cos\delta \sin\tau$$
$$\sin h = \sin\delta \sin\varphi + \cos\delta \cos\tau \cos\varphi$$
$$-\cos a \quad \cos h = \sin\delta \cos\varphi - \cos\delta \cos\tau \sin\varphi.$$

Wählt man als Leitpunkt für die Azimutzählung den Nordpunkt, so ist das Minuszeichen auf der linken Seite der dritten Formel durch ein Pluszeichen zu ersetzen und die erste Formel auf der linken Seite mit einem Minuszeichen zu versehen.
Hinsichtlich der Bestimmungsmethoden der K. eines Gestirns → Ort eines Gestirns, → Fundamentalstern.

Koordinatenmeßgerät, ein Gerät zum Messen von relativen Gestirnskoordinaten auf photographischen Himmelsaufnahmen. Das Arbeitsprinzip eines K.s ist gleich dem eines Meßmikroskops: Über der Photoplatte wird ein Mikroskop in zwei zueinander senkrechten Koordinatenrichtungen so lange verschoben, bis sich das im Mikroskop angebrachte Fadenkreuz in der Bildmitte des zu vermessenden Gestirns befindet; der Ort des Mikroskops wird auf Maßstäben in den beiden Koordinatenrichtungen abgelesen. In gleicher Weise wird die Lage der Bilder von Sternen (Anhaltssterne) mit bekannten Koordinaten auf der gleichen Photoplatte bestimmt. Aus dem Vergleich der gemessenen Ortsdifferenzen der Anhaltssterne auf der Photoplatte mit den Differenzen ihrer Himmelskoordinaten lassen sich die linearen Abstände auf der Photoplatte in Winkelabstände an der Himmelskugel umrechnen, speziell auch die linearen Abstände des zu vermessenden Gestirns von den Anhaltssternen. Aus diesen Abständen ergeben sich dann die Himmelskoordinaten des Gestirns (→ Ort eines Gestirns).

Korona [lat., ‚Kranz, Krone'] *f*, svw. Sonnenkorona; die äußerste Schicht der Sonnenatmosphäre, im übertragenen Sinn auch die äußerste Atmosphärenschicht anderer Sterne.

koronale Kondensation, überhitztes, verdichtetes Gebiet in der Sonnenkorona.

koronales interstellares Gas, gelegentliche Bezeichnung für die heiße Komponente des interstellaren Gases.

Koronalinie, Emissionslinie im Spektrum der Sonnenkorona.

Koronaloch, Gebiet in der Sonnenkorona mit einer vergleichsweise geringen Strahlungsemission im Röntgenbereich.

Koronastrahl, Strukturelement der Sonnenkorona.

Koronograph *m*, Instrument zur → Sonnenbeobachtung.

Korrektionsplatte, optisches Bauelement eines Schmidt-Spiegels; → Spiegelteleskop.

Korrelationsinterferometer, → Interferometer.

kosmisch, zur Welt als Ganzes gehörend, die Welt als Ganzes betreffend; auch im Gegensatz zu irdisch.

kosmische Geschwindigkeitsstufe, die Mindestgeschwindigkeit, die ein Körper zum Durchlaufen einer bestimmten Freiflugbahn um einen anderen Körper benötigt.
Als ***erste k. G.*** bezeichnet man die Geschwindigkeit von 7,912 km/s, die zum Durchlaufen einer Kreisbahn um die Erde benötigt wird, wenn der Bahnradius gleich dem Erdradius ist. Es ist dies die kleinste denkbare Bahn eines Erdsatelliten, die aber in der Realität nicht durchlaufen werden kann, da der Reibungswiderstand der Erdatmosphäre dies unmöglich macht (→ Erdsatellit).
Die ***zweite k. G. (parabolische*** oder ***Entweichgeschwindigkeit)*** beträgt 11,9 km/s. Sie ist notwendig, wenn ein von der Erdoberfläche startender Körper aus dem Anziehungsbereich der Erde entweichen soll; er durchläuft dann eine Parabelbahn mit dem Erdmittelpunkt im Brennpunkt.
Die ***dritte k. G.*** beläuft sich auf 16,7 km/s und ist zum Verlassen des Sonnensystems notwendig. Dabei ist berücksichtigt, daß der Körper in Richtung der Bahnbewegung der Erde um die Sonne abgeschossen wird; er benötigt dann die dritte k. G. als Zusatzgeschwindigkeit zur Erdgeschwindigkeit.
Zum Verlassen des Milchstraßensystems unter Ausnutzung der Umlaufgeschwindigkeit der Sonne um das Zentrum des Systems ist die ***vierte k. G.*** von rund 130 km/s erforderlich.
Entsprechende k. G.n lassen sich auch für andere Himmelskörper berechnen: Zum Durchlaufen einer Kreisbahn mit dem Radius r um einen Himmelskörper der Masse $\mathfrak{M}$ ist eine Geschwindigkeit $v_0 = \sqrt{G\mathfrak{M}/r}$ nötig, wenn G die Gravitationskonstante bezeichnet. Die parabolische Geschwindigkeit ergibt sich zu $v_p = v_0 \sqrt{2}$. Für den Mars z.B. ergeben sich daraus die ersten zwei k.n G.n zu 3,6 und 5,05 km/s, für den Mond zu 1,68 und 2,37 km/s.

kosmische Hintergrundstrahlung, svw. Drei-Kelvin-Strahlung.

kosmischer Skalenfaktor, → Kosmologie.

kosmische Singularität, der Zeitpunkt, zu dem bei der Rückrechnung der Expansion des Weltalls die Energiedichte im Weltall alle Grenzen übersteigt; → Kosmologie.

Kosmische Strahlung, ***Ultrastrahlung***, ***Höhenstrahlung***, hochenergetische Korpuskularstrahlung mit einer Teilchenenergie zwischen etwa 10^6 und 10^{20} eV.
Beobachtungsmöglichkeiten. Zum Nachweis der K.n S. benutzt man im Prinzip die gleichen Detektoren wie in der Hochenergiephysik, z.B. Nebel- oder Blasenkammern oder Kernspuremulsionen. In ihnen hinterlassen die Teilchen der K.n S. und ihre Sekundärprodukte infolge der Wechselwirkung mit anderen Teilchen sichtbare Spuren, die gekrümmt sind wenn sich die Teilchen unter der Einwirkung äußerer Magnetfelder bewegen. Aus den Bahnspuren lassen sich die Masse bzw. die Energie sowie die Ladung der Teilchen ermitteln. Andere Nachweisgeräte sind Proportionalzählrohre, in denen ein einfallendes Teilchen

durch Ionisationsprozesse entweder direkt oder indirekt über Sekundärprozesse eine von der Teilchenenergie abhängige Zahl elektrisch geladener Partikeln erzeugt. Diese erzeugen ihrerseits durch Stoßionisation von Atomen des Detektorfüllgases geladene Teilchen, so daß insgesamt deren Anzahl vervielfacht wird. Alle diese Teilchen werden nach ihrer Ladung getrennt gesammelt und ergeben zusammen in einem elektrischen Stromkreis einen Spannungsstoß, dessen Stärke von der Energie des ins Zählrohr eingefallenen Teilchens abhängt. Durch eine geeignete räumliche Anordnung vieler Zählrohre läßt sich eine Meßanordnung aufbauen, mit der man auch die Einfallsrichtung der Teilchen registrieren kann. Als Nachweisgeräte dienen weiterhin Halbleiterdetektoren, bei denen die durch Stoßionisation im Detektormaterial freigesetzten Elektronen zur Messung gelangen, sowie Szintillationszähler, bei denen durch die Wechselwirkung zwischen den Teilchen der K.n S. und den Atomen eines Kristalls freie Elektronen entstehen, die ihrerseits Photonen produzieren, die z.B. mit Photomultipliern nachgewiesen werden können.

Die Meßgeräte werden mit Raketen oder Raumsonden möglichst weit aus der Erdatmosphäre hinaus gebracht, um Störeffekte zu vermeiden. Diese entstehen beim Eindringen von Teilchen der K.n S. ***(Primärstrahlung)*** in die Erdatmosphäre infolge der Wechselwirkung mit den Atomkernen der Luftmoleküle. Ein einziges hochenergetisches Teilchen erzeugt eine ganze Kaskade von Sekundärteilchen (Pionen, Kaonen, Hyperonen, Müonen, Elektronen und auch Protonen). Die Sekundärteilchen können zerfallen oder weitere Kernwechselwirkungen eingehen, so daß am Ende ein ganzer „Schauer" von Sekundärteilchen, eine ***Sekundärstrahlung***, ausgelöst wird. Die Zahl der Sekundärteilchen in einem Schauer nimmt mit der Eindringtiefe in die Erdatmosphäre zu, erreicht ein Maximum und sinkt danach wieder ab, da die ursprüngliche Energie des Primärteilchens auf immer mehr Sekundärprodukte verteilt wird und in andere Energieformen übergeht. Mit zunehmender Primärenergie nimmt die Höhe des Maximums über der Erdoberfläche ab, während die maximale Teilchenzahl, die bis zu 10^{11} Sekundärteilchen je Primärteilchen erreichen kann, steigt.

Die Sekundärstrahlung ist von der Erdoberfläche aus oder bei Ballonaufstiegen nachweisbar. Die Teilchen eines Schauers bewegen sich alle in nahezu gleicher Richtung und gleich schnell; die vertikale Dicke eines Schauers beträgt nur wenige Meter. Die von einem Schauer getroffene Fläche kann hingegen bis zu einigen Quadratkilometern groß sein. Mißt man mit Hilfe eines Detektorfeldes die Flächenausdehnung des Schauers und die Ankunftszeiten an den einzelnen Feldpunkten, läßt sich auf die Energie des auslösenden Primärteilchens und angenähert auch auf dessen Einfallsrichtung schließen.

Energieverteilung. Für Energien höher als etwa 10^9 eV läßt sich die Energieverteilung der Primärstrahlung durch einen Potenzansatz darstellen: Die Zahl der Teilchen der Energie E, die je Sekunde durch die Einheitsfläche fließen, ist proportional $E^{-\alpha}$, wobei der Exponent α in guter Näherung gleich 2,6 gesetzt werden kann. Mit steigender Energie fällt die Teilchenhäufigkeit stark ab, so daß Teilchen höchster Energie extrem selten sind. Insgesamt wurden bisher nicht wesentlich mehr als etwa 10 Teilchen mit einer Energie größer als 10^{20} eV registriert. Der Teilchenfluß der K.n S. mit Energien höher als 10^{19} eV liegt in der Größenordnung von 2 Teilchen je km^2 und je Jahr.

Die Zahl der beobachteten Teilchen mit Energien unter etwa 10^9 eV ist geringer als man bei der Extrapolation der Häufigkeitsverteilung der hochenergetischen Teilchen auf die niederenergetischen erwarten würde. Wahrscheinlich ist dies eine Auswirkung der vom Sonnenwind mitgeschleppten Magnetfelder, die die niederenergetischen Teilchen vom inneren Bereich des Sonnensystems z.T. abschirmen.

Aus dem Teilchenfluß und der Energieverteilung läßt sich die Energiedichte der K.n S. im interstellaren Raum berechnen. Sie ergibt sich zu rund 10^{-19} J/cm^3 und ist damit von der gleichen Größenordnung wie die Energiedichte des allgemeinen interstellaren Strahlungsfeldes.

Zusammensetzung. Die Primärstrahlung besteht aus vollständig ionisierten Atomen (Atomkernen) sowie freien Elektronen und Positronen. Unter den Atomkernen sind die Wasserstoffkerne (Protonen) ihrer Zahl nach mit etwa 87% und die Heliumkerne mit etwa 12% vertreten, die Atomkerne der schwereren Elemente stellen nur etwa 1%. Verglichen mit der mittleren kosmischen Elementenhäufigkeit sind in der K.n S. die schweren Elemente ein wenig häufiger. Bei Lithium, Beryllium und Bor beträgt die Überhäufigkeit sogar etwa das 10^5- bis 10^6fache der mittleren kosmischen Häufigkeit dieser Elemente. Dies ist eine Folge der Zusammenstöße der Teilchen der K.n S. mit Atomkernen der interstellaren Materie. Dabei werden massereiche Atomkerne, vor allem die kosmisch relativ häufigen Kohlenstoff-, Stickstoff- und Sauerstoffkerne zertrümmert, aus denen bevorzugt Kerne von Lithium, Beryllium und Bor entstehen.

Die relativen Häufigkeiten der Elemente schwerer als Eisen und Nickel sind nicht genau bekannt, doch scheinen z.B. Atomkerne des Bismuts in der K.n S. zu existieren; für das Auftreten noch massereicherer Atomkerne fehlt bisher die Bestätigung.

Die in der Primärstrahlung vorhandenen Elektronen und Positronen tragen zur Partikelzahl nur etwa 2 bzw. 0,3% bei. Diese Teilchen machen sich u.a. durch eine Synchrotronstrahlung bemerkbar, die sie bei der Wechselwirkung mit großräumigen interstellaren Magnetfeldern ausstrahlen. Eventuell sind die Elektronen der primären K.n S. auch bei der Entstehung der galaktischen Röntgenhintergrundstrahlung beteiligt, indem sie beim inversen Compton-Effekt einen Teil ihrer Energie auf die niederenergetischen Photonen der Drei-Kelvin-Strahlung übertragen, die dadurch zu hochenergetischen Photonen des Röntgenbereichs werden.

Die mittlere Existenzzeit der Teilchen der K.n S. läßt sich aus der beobachteten relativen Häufigkeit der Lithium-, Beryllium- und Borkerne abschätzen, wenn man annimmt, daß zum Zeitpunkt der Entstehung der

K.n S. die Häufigkeit dieser Elemente in der K.n S. gleich der mittleren kosmischen Häufigkeit ist. Zur Erzeugung der beobachteten Lithium-, Beryllium- und Borhäufigkeit müssen die ursprünglichen Teilchen der K.n S. zwischen ihrem Entstehen und dem Eintreffen auf der Erde im Mittel eine Materiesäule im interstellaren Raum von 1 cm^2 Querschnitt durchqueren, die etwa 2 bis 7 g interstellare Materie enthält. Da diese mit nahezu Lichtgeschwindigkeit durchlaufen wird und die Dichte der interstellaren Materie rund $1{,}6 \cdot 10^{-24}$ g/cm^3 (1 Wasserstoffatom/cm^3) beträgt, läßt sich die Größenordnung der mittleren Existenzzeit der Teilchen zu rund $3 \cdot 10^6$ Jahre abschätzen.

Quellen der K.n S. Ein geringer Teil der primären K.n S. stammt von der Sonne und ist relativ energiearm, die Teilchenenergie ist kleiner als rund 10^9 eV. Bei sehr starken Sonneneruptionen kann der solare Anteil merklich erhöht sein. Diejenigen (sehr wenigen) Teilchen der K.n S., die bei der Wechselwirkung des Sonnenwinds mit der umgebenden interstellaren Materie entstehen und danach in die Heliosphäre (zurück) gelangen, bezeichnet man als „anomale" Teilchen der K.n S.

Die Hauptkomponente der K.n S. fällt von außen ins Sonnensystem ein. Sie stellt damit direkt untersuchbare stoffliche Materie dar, deren Urspungsort außerhalb des Sonnensystems liegt. Die nichtsolare K. S. hat eine isotrope Richtungsverteilung, keine Richtung ist bevorzugt. In Erdnähe werden die geladenen Teilchen jedoch durch das Erdmagnetfeld beeinflußt, was die Isotropie stört. Auf die Teilchen wirkt nämlich eine Kraft (Lorentz-Kraft), die die Teilchen auf Kreisbahnen bzw. Schraubenlinien um die Magnetfeldlinien zwingt. Die Bindung an das Erdmagnetfeld ist für niederenergetische Teilchen stärker als für hochenergetische, so daß niederenergetische Partikeln stärker zu den geomagnetischen Polen gelenkt und dort beobachtet werden als hochenergetische. Dieses Phänomen wird als *Pol-* oder *Breiteneffekt* bezeichnet. Das Erdmagnetfeld ist auch die Ursache für die Strahlungsgürtel, die ein Häufungsgebiet von niederenergetischen Teilchen der K.n S. darstellen.

Die Quellen der nichtsolaren Komponente der K.n S. sind noch nicht sicher identifiziert, was u.a. an der isotropen Richtungsverteilung liegt: Teilchen mit einer Energie kleiner als etwa 10^{17} eV werden durch interstellare Magnetfelder an der geradlinigen Ausbreitung gehindert, sie durchlaufen sehr verschlungene Wege, so daß aus der Ankunftsrichtung nicht auf den Ursprungsort geschlossen werden kann. Die interstellaren Magnetfelder, an die die Teilchen gekoppelt sind, verhindern im allg. auch deren Entweichen aus dem Milchstraßensystem. Für Partikeln mit einer Energie über etwa 10^{17} eV sind die Felder für eine wirkungsvolle Koppelung jedoch zu schwach; diese Partikeln bewegen sich nahezu geradlinig durch das Milchstraßensystem. Da auch diese Teilchen eine isotrope Richtungsverteilung besitzen, nimmt man für sie keine bestimmten galaktischen Quellen, sondern einen extragalaktischen Ursprung an, etwa in den aktiven Kernen extragalaktischer Sternsysteme. Diese höchstenergetischen Teilchen stellen direkt untersuchbare extragalaktische Materie dar. Die weitaus meisten Teilchen der K.n S. entstehen sicher im Milchstraßensystem, da bei einem generellen extragalaktischen Ursprung sich eine unverhältnismäßig hohe Energiedichte im intergalaktischen Raum ergeben würde, die mit anderen Beobachtungsbefunden nicht im Einklang steht.

Möglicherweise stammt ein Teil der nichtsolaren K.n S. von Sternen, z.B. von Flackersternen, auf denen gleiche oder ähnliche Prozesse wie bei den Sonneneruptionen ablaufen. Die Hauptquellen der K.n S. dürften Supernovae sowie Pulsare sein, von denen man auf Grund der von ihnen ausgehenden Synchrotronstrahlung weiß, daß in ihnen hochenergetische Teilchen entstehen. Möglicherweise werden die Teilchen infolge einer Nachbeschleunigung bei der Wechselwirkung mit inhomogenen Magnetfeldern erst auf die bei der K.n S. beobachteten hohen Energien gebracht; geladene Teilchen können dabei erhebliche Energiemengen aus den Magnetfeldern beziehen. Die Nachbeschleunigung könnte noch am Entstehungsort der Teilchen oder in seiner unmittelbaren Umgebung erfolgen, effektiver dürften inhomogene interstellare Magnetfelder sein. Ob dieser Effekt aber ausreicht, die beobachteten Energien der K.n S. und deren Verteilung zu erklären, ist gegenwärtig noch unbekannt.

Die Sekundärkomponente der K.n S. wurde 1912 durch V.F. Hess (1883–1964) und W. Kolhörster (1887–1946) bei Ballonaufstiegen entdeckt; V.F. Hess erhielt dafür 1936 den Nobelpreis für Physik.

Kosmobiologie, svw. Astrobiologie.

Kosmogonie, die Lehre von der Entstehung der kosmischen Objekte: des Sonnensystems und seiner Mitglieder, der Sterne und Sterngruppierungen sowie der Sternsysteme einschließlich des Milchstraßensystems; z.T. wird auch die Entwicklung dieser Objekte zum Aufgabenbereich der K. gerechnet. Die Entwicklung der Welt als Ganzes wird im Rahmen der Kosmologie behandelt.

Jede kosmogonische Theorie versucht, den heute beobachteten Zustand der einzelnen Objekte als aus einem Zustand hervorgegangen zu erklären, in dem die Materie eine möglichst einfache und daher plausibel erscheinende Beschaffenheit hatte, was für einen strukturlosen Gasnebel zutrifft. Weiter geht man davon aus, daß die Objekte nach bekannten physikalischen Gesetzen und Prinzipien entstanden sind und sich entwickelt haben. Diese Annahme bedeutet, daß man die Gültigkeit der auf der Erde gefundenen physikalischen Gesetze als an allen Stellen im Weltall und zu allen Zeiten geltend voraussetzt.

Eine kosmogonische Theorie wird um so schwieriger, je mehr unterschiedliche Einzelerscheinungen als aus einem einzigen, gemeinsamen Anfangszustand entstanden erklärt werden sollen. So ist z.B. die K. des Sonnensystems wesentlich schwieriger als die K. eines einzelnen Sterns oder eines Sternhaufens. Man bemüht sich daher, einfache Grundgesetzmäßigkeiten zu finden, in die die Gesetzmäßigkeiten spezieller Erscheinungen, z.B. das Entstehen spezieller Gruppen von Himmelskörpern, zwanglos eingepaßt werden können. Gelegentlich beschränkt man sich aber auch darauf, Theorien nur für das Entstehen spezieller Ob-

jekte oder Objektgruppen, wie Sterne, Sternhaufen oder das Sonnensystem, aufzustellen.
Die kosmogonischen Theorien sind gegenwärtig z.T. noch recht unsicher, sie besitzen oftmals eher den Charakter von Hypothesen. Das liegt daran, daß kosmogonische Fragen mit zu den schwierigsten Fragen der Astronomie gehören. Sie können nur dann beantwortet werden, wenn man die einzelnen ablaufenden Prozesse genau kennt und mathematisch beschreiben kann, und wenn man weiß, wie die physikalischen Bedingungen in der Materie waren, aus der die Himmelskörper entstanden sind. Die Kenntnis dieser Ausgangsbedingungen ist schwierig, wenn überhaupt, zu erlangen. Das gilt vor allem für solche Objekte, die – wie die Sternsysteme – bei einem mehr oder minder einmaligen und vor langer Zeit abgeschlossenen Prozeß entstanden sind, oder wenn man – wie beim Sonnensystem – überhaupt nur ein einziges Objekt seiner Art kennt. Man kann dann zwar dessen jetzigen Zustand untersuchen, der Vergleich mit möglichen anderen Zuständen ist aber ausgeschlossen. Selbst bei Sternen sind die benötigten detaillierten Ausgangsbedingungen nur schwierig zu erlangen, obwohl auch gegenwärtig noch Sterne entstehen, da sich ihre Bildung für irdische Begriffe extrem langsam und dazu in Gebieten vollzieht, die der direkten Beobachtung im allg. entzogen sind.
Alle kosmogonischen Theorien gehen davon aus, daß sich die Himmelskörper aus diffus verteilter Materie durch Kontraktion bilden. Zu einer Kontraktion kommt es, wenn die Materie (oder ein Teil davon) gravitationsinstabil ist: Die von der in einem bestimmten Gebiet befindlichen Materie ausgehende und zum Gebietszentrum hin gerichtete Gravitationskraft ist dann größer als die in der Materie herrschende und nach außen gerichtete Druckkraft. Der herrschende Druck setzt sich aus Teildrücken zusammen, von denen der Gasdruck, der durch die thermische Bewegung der Gaspartikeln verursacht wird, immer vorhanden ist und den Hauptbeitrag leistet. Es kann ein Turbulenzdruck hinzukommen, der durch die großräumige Bewegung einzelner Materieballen entsteht. Stabilisierend wirken weiterhin Zentrifugalkräfte, wenn die Gebiete rotieren, und magnetische Druckkräfte, falls genügend starke Magnetfelder vorhanden sind. Im Einzelfall läßt sich schwer abschätzen, wann diese Kräfte in ihrer Summe kleiner als die Gravitationskraft sind, da man über die Rotation und eventuell vorhandene Magnetfelder kaum sichere Angaben machen kann. Man beschränkt sich daher bei Stabilitätsuntersuchungen meist auf den einfachsten Fall: Man nimmt eine einigermaßen kugelförmige, nicht rotierende Materiewolke ohne innere Turbulenz und ohne Magnetfelder an, in der die Dichte ρ und die Temperatur T angenähert konstant sind. Dann ist der herrschende Gasdruck weitgehend unabhängig von der Größe der Wolke, während die Gravitationskraft mit dem Radius bzw. der in der Wolke enthaltenen Masse zunimmt. Unter diesen Bedingungen läßt sich ein Instabilitätskriterium (*Jeanssches Kriterium*) formulieren: Eine Materiewolke kontrahiert unter dem Einfluß ihrer eigenen Schwere, wenn ihr Radius größer als ein

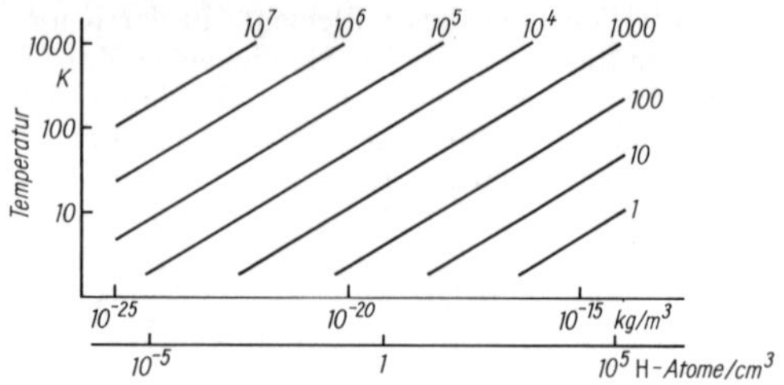

Abb. 1: Zum Jeansschen Kriterium. Kritische Masse in Einheiten der Sonnenmasse in Abhängigkeit von Dichte und Temperatur

bestimmter Grenzradius bzw. ihre Masse größer als eine bestimmte Grenzmasse ist; der Grenzradius ist proportional $\sqrt{(T/\rho)}$, die Grenzmasse proportional $\sqrt{(T^3/\rho)}$: Kühle und dichte Wolken kontrahieren leichter als warme und weniger dichte. In der Abb. 1 ist die Abhängigkeit der Grenzmasse von Temperatur und Dichte angegeben. Äußere Kräfte können die Instabilität fördern; z.B können benachbarte Wolken oder Wolkenteile expandieren und dabei auf das fragliche Gebiet einen zusätzlichen Druck ausüben, oder Stoßfronten können von außen kommend die Wolke komprimieren. Das Jeanssche Kriterium gibt deshalb nur einen groben Richtwert für den Eintritt einer Gravitationsinstabilität.
Der Verlauf der Wolkenkontraktion hängt von den gegebenen Anfangsbedingungen ab und müßte für jede einzelne Wolke gesondert untersucht werden. Der grundsätzliche Prozeß ist jedoch immer gleich: Bei der Kontraktion wird potentielle (Gravitations-)Energie frei, die der Wolkenmaterie als Wärmeenergie (kinetische Energie der Gaspartikeln) zugeführt wird, so daß die Temperatur und mit ihr der Gasdruck steigt. Falls die Wärmeenergie nicht schnell genug nach außen abgeführt werden kann, wird die Kontraktion gebremst und kommt zum Erliegen. Der Energieabtransport, die Kühlung der kontrahierenden Wolke, geschieht über Strahlungsprozesse: Beim Stoß mit einem Gaspartikel kann ein Atom oder ein Molekül auf einen höheren Energiezustand gebracht und in einem Staubteilchen können Gitterschwingungen angeregt werden. Das gestoßene Teilchen hat danach die Möglichkeit, die erhaltene Energie in Form von Strahlung wieder abzugeben, die, falls die Wolke genügend durchsichtig ist, diese verlassen kann. Entscheidend für die Wirksamkeit der Kühlprozesse ist eine große Durchsichtigkeit (eine geringe optische Dicke) der Wolke für die ausgesandte Strahlung. Die optische Dicke wird von der Stärke der Wechselwirkung zwischen Strahlung und Wolkenmaterie bestimmt und hängt von der Gasdichte, der Wolkenausdehnung, der chemischen Zusammensetzung des Gases, seinem physikalischen Zustand, von der Häufigkeit interstellarer Staubteilchen und ihrer Beschaffenheit sowie von der Wellenlänge der emittierten Strahlung ab. Wegen der geringen Temperatur gravitationsinstabiler Wolken ist die beim Stoß übertragene Energie gering, die von den gestoßenen Teilchen emittierte Strahlung sehr

langwellig. Für diese Strahlung ist die optische Dicke interstellarer Wolken sehr klein, der Kühlprozeß bei Kontraktionsbeginn daher sehr effektiv. Mit fortschreitender Kontraktion nimmt mit zunehmender Gasdichte die optische Dicke zu, so daß ab einem bestimmten Zeitpunkt die Kühlprozesse zu ineffektiv werden, um die bei der Kontraktion freigesetzte potentielle Energie schnell genug aus der Wolke abzuführen. Von da an steigt mit der Temperatur der Gasdruck, die Kontraktion wird gebremst, und es stellt sich ein Zustand ein, in dem angenähert ein Kräftegleichgewicht (mechanisches Gleichgewicht) zwischen Gasdruck und Gravitation herrscht. Wenn die Ausgangswolke eine Rotation besitzt, kann die Kontraktion schon früher zum Stehen kommen, da bei der Kontraktion der Drehimpuls erhalten bleibt, und mit sinkendem Wolkenradius die Rotationsgeschwindigkeit und mit ihr die Zentrifugalkraft ansteigt. Ist ein Gleichgewicht zwischen Gravitations- und Zentrifugalkraft erreicht, ist die Kontraktion nicht mehr möglich, es sei denn, es findet ein Abtransport von Drehimpuls aus den rotierenden Wolkenteilen statt.

In einer großen instabilen Wolke tritt im allg. während der Kontraktion ein Zerfall in kleinere Teilwolken, eine sog. Fragmentation, ein: Die in der Ausgangswolke vorhandenen Dichtevariationen verstärken sich bei der Kontraktion, weil kleinere Gebiete besser Energie abstrahlen können als größere. Außerdem wird die Rotation der Gesamtwolke bei der Fragmentation in eine Bewegung der einzelnen Wolkenteile um den gemeinsamen Schwerpunkt umgewandelt, so daß die Zentrifugalkraft in den Teilwolken reduziert ist. Wie stark die Fragmentation ist, wie groß damit die masseärmsten Körper sind, die jeweils entstehen können, hängt entscheidend von den Ausgangsbedingungen in der Wolke ab.

K. der Sternsysteme. Sternsysteme treten vielfach in Gruppierungen auf: Neben Doppel- und Mehrfachsystemen existieren Galaxienhaufen, die sich zu Galaxiensuperhaufen anordnen (→ Sternsystem). Die Frage, ob sich die größeren Strukturen durch Zusammenballung aus kleineren Strukturelementen (den einzelnen Galaxien) herausgebildet haben, oder ob die kleineren aus dem Zerfall der größeren Struktureinheiten hervorgingen, wird im allg. im Rahmen der Kosmologie untersucht; bisher sind keine eindeutigen Aussagen möglich. In der K. der Sternsysteme stehen die Untersuchungen zur Bildung eines Einzelsystems im Vordergrund.

Das Ausgangsmaterial, aus dem die Sternsysteme hervorgegangen sind, war die das gesamte Weltall zu Beginn der Galaxien-Ära erfüllende „Urmaterie", deren physikalischer Zustand (Dichte und Temperatur) durch die Expansion des Weltalls bestimmt wurde und deren chemische Zusammensetzung durch die während der Kernreaktions-Ära abgelaufenen Kernprozesse vorgegeben war. Wasserstoff war bei weitem das häufigste Element, danach folgte Helium, schwerere Elemente fehlten praktisch vollständig (→ Elemententenentstehung). Diese Urmaterie war lokalen Gravitationsfeldschwankungen unterworfen. Ob diese Schwankungen durch großräumige Variationen der Gasdichte bedingt waren, oder ob sie auf Dichteschwankungen von das Weltall erfüllenden, mit Masse behafteten, aber mit den Gaspartikeln nur schwach wechselwirkenden Teilchen (z.B. Neutrinos) beruhten, ist noch nicht geklärt; es ist ein offenes Problem der Kosmologie. Hatte sich unter der Wirkung lokaler Gravitationsfelder erst einmal ein größerer Teil von der restlichen Urmaterie abgesondert, konnte dieser auf Grund der Eigengravitation weiter kontrahieren. Die Größe dieser Gasmasse und die Kontraktionsgeschwindigkeit wurden von der Effektivität der Kühlprozesse bestimmt. Die in kühler Materie einsetzende Kontraktion dürfte in eine, im wesentlichen bei etwa 10^4 K isotherm erfolgende Kontraktion übergegangen sein, da die schweren Elemente in der Urmaterie zur Kühlung fehlten und der Wasserstoff bei niedrigeren Temperaturen weitgehend neutral und demzufolge ein schlechtes Kühlsubstrat ist. Ab einer Temperatur von etwa 10^4 K geht er in den ionisierten Zustand über, in dem seine Kühleffektivität groß ist; Wasserstoff wirkte daher wie ein Temperaturstabilisator, der die Gastemperatur im Bereich von etwa 10^4 K hielt.

Die genauen Ausgangsbedingungen in der zu einem Sternsystem kontrahierenden Materieansammlung von einigen 10^{10} bis 10^{11} Sonnenmassen sind unbekannt. Es dürften aber kleinräumige Dichteschwankungen existiert haben, die sich im Laufe der Zeit immer mehr verstärkten. Auf Grund der sich bei der Kontraktion einstellenden hohen Temperatur und der noch geringen Gasdichte war die kritische Masse vergleichsweise hoch; nur Gebilde mit einer Masse in der Größenordnung der Masse von Kugelsternhaufen waren gravitationsinstabil und konnten sich vom Rest der Wolke abkoppeln. Nach genügender Dichteerhöhung in diesen Gebilden konnten diese in massearmere Gebilde zerfallen, die sich dann schließlich zu Sternen entwickelten.

Die Masse der Einzelsterne der ersten Generation dürfte wegen der geringen Kühleffektivität des Gases relativ hoch gewesen sein; sie durchliefen ihre Entwicklung sehr schnell und endeten wahrscheinlich überwiegend in Supernovaexplosionen (→ Sternentwicklung). Dabei gelangten die während der Entwicklung des Sterns und bei der Explosion gebildeten schweren Elemente in die noch nicht zur Sternbildung verbrauchte Restmaterie, was eine Erhöhung der Kühleffektivität bedeutete, so daß später auch Sterne geringerer Masse entstehen konnten.

Die Gasmasse, aus der sich ein Sternsystem bildete, besaß einen mehr oder minder großen Drehimpuls. Da dieser bei der Kontraktion erhalten blieb, wuchs im Laufe der Zeit die Rotationsgeschwindigkeit und damit die Zentrifugalkraft. Diese wirkt senkrecht zur Rotationsachse, so daß die Kontraktion in dieser Richtung behindert wird, während sie parallel zur Rotationsachse ungehindert weitergehen kann: Eine bei Kontraktionsbeginn etwa kugelförmige rotierende Gasmasse plattet sich immer mehr ab. An diesem Prozeß nimmt wegen der starken inneren Reibung nur das bei der Sternentstehung nicht verbrauchte Restgas teil; die schon gebildeten Sternhaufen und Einzelsterne sind vom verbleibenden Gas dynamisch abgekoppelt und unterliegen nicht mehr der weiteren Kontraktion. Da sie in relativ großer Entfernung von der Symmetrieebene des Systems gebildet wurden, haben sie eine große Bewegungskomponente senkrecht zu dieser Ebene und können das Schwerezentrum des Systems auch in retrograder Richtung umlaufen. Dies trifft z.B. auf die Mitglieder der Halopopulation eines Spiralsystems (auch des Milchstraßensystems) zu. Die Größe des ursprünglichen Drehimpulses je Masseeinheit bestimmte mit großer Wahrscheinlichkeit den Typ des entstehenden Sternsystems: Je größer der Drehimpuls war, um so schneller ging die Kugelsymmetrie verloren; es bildete sich dann eine ausgedehnte, wenig dichte Gasscheibe aus, in der der Sternbildungsprozeß relativ langsam verlief. In den zentrumsnahen Gebieten stand infolge der Kontraktion senkrecht zur Rotationsachse insgesamt viel Materie für die Sternentstehung zur Verfügung, so daß sich dort eine relativ hohe Sternkonzentration ergab: Die Spiralsysteme haben offenbar diesen Entstehungsweg durchlaufen; ihre zentralen Ausbauchungen enthalten daher auch vorwiegend alte Sterne. Die elliptischen Sternsysteme sind wahrscheinlich aus einer Ausgangswolke mit einem geringen Drehimpuls hervorgegangen, die vorrangig in radialer Richtung kontrahierte. Dadurch waren die Dichte in der jeweils verbleibenden Restmaterie und damit die Sternentstehungsrate ständig hoch, so daß das Restgas relativ schnell verbraucht und die Sternentstehung schnell beendet war.

K. der Sterne, → Sternentstehung.

K. des Sonnensystems. Die K. des Sonnensystems stößt auf große Schwierigkeiten, weil in ihm eine Vielzahl sehr unterschiedlicher Himmelskörper vorhanden ist: ein Stern (die Sonne), kalte massereiche und größtenteils gasförmige Körper (die jupiterartigen Planeten), große Festkörper (die erdartigen Planeten und die Planetoiden) sowie eisartige Körper (die Kometenkerne und einige Satelliten); einige Planeten mit ihren Satelliten bilden zudem kleine Untersysteme. Man versucht, die Entstehung aller dieser Körper in einer möglichst umfassenden, geschlossenen Theorie darzustellen, doch ist dies noch keineswegs befriedigend möglich.

Die heutigen Vorstellungen über die Entstehung des Sonnensystems gehen im allg. davon aus, daß in Verbindung mit der Entstehung von Sternen die Ausbildung von Planetensystemen keine ungewöhnliche Erscheinung ist. Dies wird sowohl durch theoretische Argumente als auch durch Beobachtungen nahegelegt: Rechnungen zur Sternentstehung zeigen, daß von einer gravitativ instabilen Wolke im allg. nicht die gesamte Masse bei der Sternbildung verbraucht wird; es bleibt noch genügend Restmaterie übrig, die im Prinzip für die Bildung eines weiteren Sterns oder eines Planetensystems ausreicht. Um extrem junge Sterne, wie den T-Tauri-Sternen, beobachtet man zirkumstellare Staubhüllen, die als derartiges Restmaterial gedeutet werden. Auch bei einigen nahen Hauptreihensternen werden Staubhüllen und scheibenförmige Staubansammlungen beobachtet, deren Ausdehnungen einige 100 bis 1000 AE betragen; die in ihnen enthaltenen Massen dürften in der Größenordnung der Masse des Planetensystems liegen und das Material (dem Spektrum nach) ähnlich dem der Kometenmaterie sein. Weiterhin nimmt bei den masseärmeren Hauptreihensternen der auf die Masseeinheit bezogene Drehimpuls stärker ab als bei den massereicheren, weil wahrscheinlich die masseärmeren Sterne einen großen Teil ihres Drehimpulses an ihre Umgebung, und zwar an die sie umgebende zirkumstellare Materie abgegeben haben, aus der möglicherweise Planetesimale oder sogar Planeten entstanden sind. Auch im Sonnensystem ist der Hauptteil des Gesamtdrehimpulses in der Umlaufbewegung der Planeten um die Sonne gespeichert; rechnet man den Bahndrehimpuls der Planeten dem Drehimpuls der Sonne hinzu, so entspricht dieser etwa dem, den man bei der Extrapolation der Verhältnisse bei massereichen Sternen für die Sonne erwarten würde.

Gegen eine große Häufigkeit von Planetensystemen spricht andererseits die Beobachtungstatsache, daß die relative Häufigkeit der Doppelsternsysteme mit steigendem Masseunterschied der Komponenten abnimmt. Betrachtet man Jupiter als masseärmere Doppelsternkomponente der Sonne und bestimmt aus dem Masseverhältnis die Häufigkeit, mit der eine derartige Kombination zu erwarten ist, ergibt sich ein sehr kleiner Wert: Planetensysteme wären danach äußerst selten – oder es gibt wesentliche Unterschiede bei der Bildung von Doppelsternen und der von Planetensystemen.

Insgesamt neigt man gegenwärtig mehr zu der Auffassung, daß die Entstehung eines Planetensystems kein einmaliger, nur auf die Sonne oder einige wenige andere Sterne beschränkter Vorgang war, sondern häufig auftrat.

Von einer K. des Sonnensystems sind speziell folgende Beobachtungstatsachen zu deuten: a) Die Planeten beschreiben nahezu kreisförmige Bahnen um die Sonne, die angenähert alle in der gleichen Ebene liegen. Der Umlauf der Planeten um die Sonne, die Rotation der Sonne und die der Planeten sowie der Umlauf der Satelliten erfolgt mit wenigen Ausnahmen rechtläufig. b) Die Masse des gesamten Systems ist zum größten Teil in der Sonne vereinigt; auf die Planeten und die anderen Körper entfällt nur etwa 1/750 der Gesamtmasse. c) Die Sonne hat nur etwa 1/200 des gesamten Drehimpulses des Systems; der Hauptteil ist in der Umlaufbewegung der Planeten um die Sonne enthalten. d) Die erdartigen Planeten Merkur, Venus, Erde und Mars, die der Sonne am nächsten stehen, sind feste Körper mit einer kleineren Massen, aber einer größeren Dichte als die weiter außen befindlichen, im wesentlichen gasförmigen jupiterartigen Planeten. Pluto nimmt insgesamt eine Sonderstellung ein. e) Im frühen Zustand des Sonnensystems gab es eine große Anzahl kleiner Körper, deren Durchmesser von etwa 1 km bis mindestens hinab zu etwa 100 m reichte, was aus den durch Einschlagkrater gekennzeichneten Oberflächenstrukturen des Mondes, des Merkurs und des Mars sowie zahlreicher Satelliten geschlossen werden kann. f) Viele, wenn nicht alle, der Kleinkörper haben sich aus festen, mehr oder minder großen Staubteilchen gebildet, wie die Struktur derjenigen

Meteorite zeigt, die sich im Laufe ihrer Existenz nahezu nicht verändert haben.
Allgemein kann angenommen werden, daß sich das Planetensystem mit der Sonne als Zentralkörper aus einer gravitativ instabilen interstellaren Wolke bildete, die einen bestimmten Drehimpuls und ein geringes Magnetfeld besaß. Die chemische Zusammensetzung der Wolkenmaterie dürfte annähernd gleich der gegenwärtigen mittleren kosmischen Häufigkeit der Elemente (→ Elementenhäufigkeit) gewesen sein, die etwa der entspricht, die man in der Sonnenatmosphäre beobachtet. Das Magnetfeld war unter den herrschenden Bedingungen in der Materie „eingefroren“; es wurde von ihr bei allen Bewegungen mitgeschleppt und so bei der Kontraktion verstärkt. Der Drehimpuls blieb bei der Kontraktion erhalten, so daß die Rotationsgeschwindigkeit der Wolke allmählich zunahm, und diese sich unabhängig von ihrer ursprünglichen Gestalt zu einer flachen, rotationssymmetrischen Konfiguration umformte. Die Masse dieses als Sonnennebel bezeichneten Gebildes ist unbekannt, sie bestimmte aber ganz wesentlich den weiteren Verlauf der Entwicklung.
Einige Überlegungen zur K. des Sonnensystems gehen von einem abgeflachten, differentiell rotierenden Sonnennebel mit etwa doppelter Sonnenmasse aus, in dem ein zusätzlicher turbulenter Bewegungszustand herrschte. Dieser führte zu größeren Dichteinhomogenitäten, so daß während der allgemeinen Kontraktion eine Fragmentation in einzelne Teilmassen, die gasförmigen Protoplaneten, stattfand, die jeweils etwa 0,1 Sonnenmassen enthielten. Aus dem Gas kondensierten schwerflüchtige Elemente und Verbindungen zu festen Teilchen aus, die zum Zentrum der einzelnen Protoplaneten sanken und dort einen festen Planetenkern bildeten. Gleichzeitig sammelte sich die nicht in den Protoplaneten gebundene Materie im Sonnennebelzentrum und formte dort schließlich die Sonne. Mit dem Erreichen des Vor-Hauptreihenzustandes erlangte der von der Sonne weggerichtete Sonnenwind eine derartige Intensität, daß die in den äußeren Schichten der Protoplaneten gravitativ nur schwach gebundenen Gasmassen weggeblasen wurden. Der Masseverlust war von der Sonnenentfernung abhängig: Die inneren Protoplaneten verloren etwa 99,9% ihrer ursprünglichen Masse; es blieben nur die festen Planetenkerne übrig. Bei den äußeren Protoplaneten belief sich der Masseverlust auch noch auf etwa 99%, doch konnten größere Gasmassen gehalten werden. Dieser Vorgang mußte innerhalb weniger 10^5 Jahre erfolgen, da es sonst zu dynamischen Instabilitäten beim Umlauf der relativ dicht benachbarten massereichen Protoplaneten um die Protosonne gekommen wäre. Die Details der bei einer solchen Entwicklung ablaufenden Prozesse lassen sich schwer quantitativ abschätzen. Eine wesentliche Schwierigkeit besteht darin, daß man die Entstehung der großen Menge der Kleinkörper (Planetoiden und Kometen) aus einem Gasnebel heraus, der von einem starken Sonnenwind beeinflußt ist, nur schwer verstehen kann.
Andere Überlegungen nehmen einen relativ massearmen Sonnennebel an, der nur wenige Prozent mehr Masse als die jetzige Sonne enthielt. (Da die Protoplaneten dann nur eine relativ geringe Masse haben konnten, spielten dynamische Wechselwirkungen zwischen ihnen keine wesentliche Rolle.) Auch bei diesen Überlegungen wird angenommen, daß sich die Nebelmaterie auf Kepler-Bahnen um das Zentrum bewegte. Die differentielle Rotation verursachte eine innere Reibung im Nebelgas, wodurch die weiter außen befindliche, langsamer umlaufende Materie beschleunigt, die weiter innen liegende hingegen abgebremst wurde: Es wurde so Drehimpuls von innen nach außen transportiert. Wegen der Erhöhung der Rotationsgeschwindigkeit in den Außenbereichen, damit der Erhöhung der Zentrifugalkraft dort, formte sich der Sonnennebel zu einer Scheibe mit wachsender Ausdehnung um, in der die außen befindliche Materie nach genügend langer Zeit den Hauptanteil des Gesamtdrehimpulses trug, während der Hauptteil der Masse, der sich in der Protosonne vereinigte, nur relativ wenig Drehimpuls behielt. Möglicherweise spielten beim Drehimpulstransport auch magnetohydrodynamische Prozesse eine Rolle, doch ist ihr Beitrag schwer abschätzbar, da er wesentlich von der Stärke des im ursprünglichen Sonnennebel vorhandenen (unbekannten) Magnetfeldes abhängt. Bei der Konzentration der Materie wurde potentielle Energie frei, die von den einzelnen Regionen unterschiedlich schnell abgeführt werden konnte und so zu einer lokal unterschiedlichen Aufheizung des Nebelgases führte: Die inneren Bereiche erlangten eine höhere Temperatur als die äußeren.
Bei der Bewegung des Gases wurden die im Sonnennebel von Anfang an enthaltenen interstellaren Staubteilchen mitgeführt. Sie wirkten als Kondensationskeime, an die sich die im Gas befindlichen kondensierbaren Elemente und Verbindungen anlagerten. In den inneren, höhertemperierten Bereichen des Sonnennebels waren das im wesentlichen Stoffe mit einer hohen Kondensationstemperatur (diese Stoffe kann man grob als „Gesteine“ bezeichnen), in den weiter außen gelegenen, kühleren Bereichen konnten auch leichtflüchtige Substanzen geringer Dichte kondensieren (z.B. Wasserstoffverbindungen der Elemente Sauerstoff, Stickstoff und Kohlenstoff: Wasserdampf, Ammoniak und Methan) und sich als Eis niederschlagen. Ein zusätzliches Wachstum der Teilchen ergab sich beim unelastischen Zusammenstoß mit anderen Teilchen, bei denen es zu einer Koagulation kam. Je größer die Teilchen wurden, um so schlechter konnten sie vom Gas mitgeschleppt werden; sie sanken in Richtung auf die Symmetrieebene des Sonnennebels und bildeten dort eine relativ dünne scheibenartige Partikelansammlung. Brocken mit einem Durchmesser in der Größenordnung von 1 m erreichten diese Größe in etwa 10^5 bis 10^6 Jahren, während schon nach weiteren rund 10^3 Jahren einige Körper Durchmesser von 100 bis 1000 km erlangten. Zum Teil führten die Stöße auch zur Zertrümmerung eines der beiden Stoßpartner (oder beider), wobei der jeweils größere die höhere Überlebenschance hatte. Die großen Körper, die man als Planetesimale bezeichnet, bewegten sich auf wahrscheinlich kreisnahen Kepler-Bahnen. Dadurch sank

die Stoßwahrscheinlichkeit mit anderen, vergleichbar großen Körpern und mit ihr die Wachstumsgeschwindigkeit. Andererseits sorgten die massereichsten Körper auf Grund ihrer hohen Gravitationswirkung für eine Bahnänderung der kleineren Brocken, die dadurch in den Einflußbereich der großen Körper kamen und von diesen eingefangen wurden.

Die weitere Entwicklung im Sonnennebel wurde wesentlich durch die vorhandene Gasmenge bestimmt. Nimmt man einen sehr wirksamen Drehimpulstransport und damit eine geringe Restgasdichte in den inneren Bereichen an, so bildeten sich die sonnennahen, erdartigen Planeten fast nur aus festen Planetesimalen, was sich wahrscheinlich innerhalb von etwa 10^7 bis 10^8 Jahren vollzog. Im Bereich der Riesenplaneten (Jupiter, Saturn Uranus und Neptun) war u.a. wegen der relativ großen kosmischen Häufigkeit der eisbildenden Elemente die für die Planetenbildung zur Verfügung stehende Materie wesentlich größer als in den inneren (Abb. 2), so daß feste Protoplaneten mit Massen in der Größenordnung von etwa 10 Erdmassen entstehen konnten, die in der Lage waren, auch größere Gasmengen gravitativ an sich zu binden. Das Wachsen der Riesenplaneten bis zu ihrer endgültigen Größe benötigte sicher wesentlich mehr Zeit als das der erdartigen Planeten, was gewisse Schwierigkeiten für die Theorie birgt: Bei einem Vor-Hauptreihenstern mit etwa der Masse der Sonne setzt bereits etwa 10^7 Jahre vor dem Erreichen des Hauptreihenzustandes ein starker Sonnenwind ein. Er könnte alles Gas aus dem System entfernt haben, bevor die Planeten ihre jetzige Größe erreichten.

Möglicherweise waren während der Zeit, als bereits Planetesimale mit Durchmessern von einigen 100 bis 1000 km existierten, auch noch größere Gasmengen im Sonnennebel vorhanden und umspülten die Körper. Dadurch konnten sich die vom Gas mitgeführten Partikeln leichter auf den Planetesimalen ablagern, als dies bei einem rein gravitativen Einfang möglich ist. Unter diesen Bedingungen konnten wahrscheinlich die erdartigen Planeten schon innerhalb von etwa 10^6 Jahren, die Riesenplaneten schon bevor der starke Sonnenwind einsetzte, ihre endgültige Größe erreichen. In den äußeren Bereichen des Sonnennebels bildeten sich auch fast rein eisartige Körper, die die weitere Entwicklung im Sonnennebel überlebten und gegenwärtig noch, z.B. als Satelliten von Saturn und Uranus oder als Kometenkerne, existieren. Die Gesamtzahl der noch vorhandenen Kometen wird auf viele Milliarden geschätzt, was einen Eindruck von der Häufigkeit der Planetesimale zur Zeit der Entstehung der Planeten vermittelt.

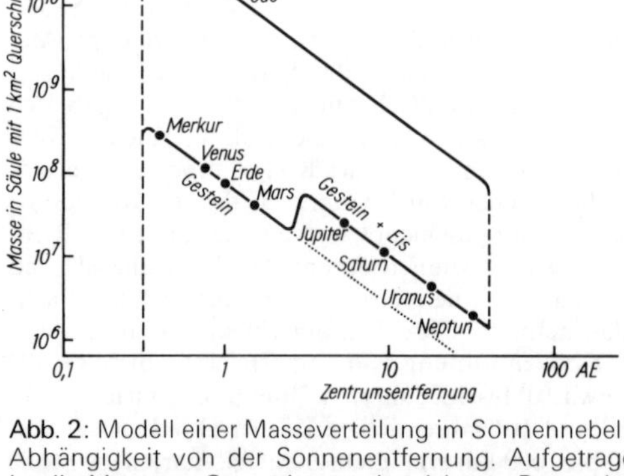

Abb. 2: Modell einer Masseverteilung im Sonnennebel in Abhängigkeit von der Sonnenentfernung. Aufgetragen ist die Masse an Gas, schwer schmelzbaren Bestandteilen („Gestein") sowie diese plus leicht schmelzbaren Stoffen („Gestein+Eis") in einer gedachten Säule mit einem Querschnitt von 1 km^2 senkrecht zur Symmetrieebene. Die Punkte markieren die jetzige Lage der Planeten

Das von den festen Protoplaneten gebundene Gas umgab diese als eine Atmosphäre. Die Mächtigkeit der Uratmosphären hing von der Masse der Protoplaneten und von der Temperatur des Sonnennebelgases ab: Die sonnennahen Planeten hatten nur eine relativ massearme Gashülle (die der Erde war von der Größenordnung von 0,1 Erdmassen), bei den sonnenfernen übertraf die Masse des gebundenen Gases z.T. weit die Masse der festen Protoplaneten, so daß die mittlere Dichte der äußeren Planeten weitaus geringer ist als die der inneren Planeten. Die Unterschiede zwischen Jupiter und Saturn einerseits und Uranus und Neptun andererseits sind möglicherweise dadurch bedingt, daß die weiter von der Sonne entfernten Planeten sich etwas später bildeten als die weiter innen gelegenen, und zwar als schon ein Teil des Sonnennebelgases vom Sonnenwind aus dem System ausgetrieben war. Die Uratmosphären der Planeten bestanden im wesentlichen aus Wasserstoff und Helium, den Hauptbestandteilen des Sonnennebels.

Die Endmassen der Planeten sind schwer aus allgemeinen Prinzipien heraus zu bestimmen, sie hängen in komplizierter Weise u.a. von der Ausgangsdichte und -temperatur im Sonnennebel, von der Wachstumsgeschwindigkeit der Protoplaneten und der Protosonne, von der jeweils verfügbaren Restgasmenge sowie von anderen, schwer überblickbaren Faktoren ab.

Die Annahme, daß sich im Sonnensystem größere Körper durch die Zusammenballung fester Partikeln gebildet haben, findet eine entscheidende Stütze in den bei den kohligen Chondriten gewonnen Untersuchungsergebnissen. Diese Meteorite enthalten außer den charakteristischen Chondrulen noch einige Einschlüsse, sog. „Fremdlinge", die eine deutlich andere Häufigkeit bestimmter Isotope (z.B. von Sauerstoff und Neon) haben als die die „Fremdlinge" einhüllende Materie und die Chondrulen. Die Chondrulen, deren Isotopenverteilung im wesentlichen der mittleren im übrigen Sonnensystem entspricht, sowie das Material, in das sie eingebettet sind, haben ihren Ursprung offenbar im Sonnennebel, was bei den „Fremdlingen" nicht der Fall sein kann; sie müssen in einem anders zusammengesetzten Gas gebildet worden sein. Sehr wahrscheinlich sind sie interstellaren Ursprungs und haben offenbar unbeschadet den gesamten Entstehungs- und Entwicklungsprozeß des Sonnennebels überstanden; ihre Umgebungstemperatur muß immer unter der Verdampfungstemperatur der Partikelbestandteile gelegen haben, also relativ niedrig gewesen sein.

Die Existenz von Körpern mit sehr unregelmäßigen Formen legt ebenfalls den Schluß auf eine Bildung aus festen Körpern nahe; es ist schwer vorstellbar, wie solche Körper als Kondensationsprodukte aus einer Gasmasse hätten hervorgehen können. Ebenso spricht das Nichtzusammenfallen der Bahnebenen der Planeten sowie das Nichtsenkrechtstehen ihrer Rotationsachsen auf den Bahnebenen für eine Planetenentstehung, die wesentlich durch die Zusammenballung größerer fester Körper geprägt ist: Das Auftreffen von Planetesimalen auf die Protoplaneten war ein stochastischer Vorgang, bei dem immer auch ein Impuls auf die Protoplaneten übertragen wurde, was jeweils zu kleinen, in ihrer Gesamtheit aber merklichen Änderungen der Lage der Bahnebenen, der Rotationsachsen sowie der Rotationsgeschwindigkeiten führte. Unverständlich bleibt hingegen, weshalb die Rotationsachse der Sonne um etwa 6° gegen die mittlere Bahnebene der Planeten geneigt ist: Bei einer ungestörten Bildung der Sonne durch Kontraktion aus dem rotierenden Sonnennebel würde man dies nicht erwarten.

Bei der Erde und den anderen erdartigen Planeten findet man keine direkten Hinweise mehr auf ihre Bildung aus Planetesimalen. Mit zunehmender Masse der Protoplaneten stieg die beim Aufsturz von eingefangenen Körpern in Wärme umgesetzte kinetische Energie, was zu einer Temperaturerhöhung der festen Protoplaneten führte. Dadurch konnte die zunächst lose zusammengefügte Materie zu einem festen Planetenkörper zusammenschmelzen. In der Schmelze vollzogen sich chemische Differenzierungsprozesse sowie Sedimentationsprozesse, in deren Verlauf sich die schweren Bestandteile im Zentrum der Protoplaneten konzentrierten, während die leichteren, im wesentlichen silicatischen Substanzen sich in den Außenbereichen ansammelten.

In der weiteren Entwicklung durchliefen die einzelnen Planeten z.T. unterschiedliche Wege, was sich u.a. an der unterschiedlichen chemischen Zusammensetzung der Planetenatmosphären widerspiegelt. Die jetzige Atmosphärenzusammensetzung der Riesenplaneten unterscheidet sich kaum von der des Sonnennebels, in der jetzigen Erdatmosphäre sind hingegen dessen häufigsten Bestandteile (Wasserstoff und Helium) nur in sehr geringen Mengen vorhanden. Die Erduratmosphäre ging innerhalb der ersten rund $5 \cdot 10^8$ Jahren nach der Erdentstehung unter der Wirkung des Sonnenwindes und der Sonnenstrahlung verloren. Die heutige Erdatmosphäre ist durch die Entgasung heißer magmatischer Schmelzen im Erdinnern und durch vulkanische Gasausbrüche entstanden. Bestandteile dieser Entgasungsatmosphäre waren vor allem Wasserdampf und Kohlendioxid sowie u.a. in geringen Mengen Stickstoff. Die Abkühlung der Gase führte zur Kondensation des Wasserdampfes. In den sich bildenden Gewässern löste sich Kohlendioxid und verband sich u.a. zu wasserunlöslichen Kalium- und Magnsiumkarbonaten, die sich heute in den Sedimentgesteinen finden. Die Uratmosphäre enthielt nur sehr wenig Sauerstoff. Zwar wurde er bei der Photodissoziation von Wasserdampf gebildet, doch stieg seine relative Häufigkeit nicht über etwa 0,1% des ursprünglichen Anteils, da bei einer größeren Häufigkeit die solare Ultraviolettstrahlung so stark absorbiert wurde, daß danach keine weitere Dissoziation mehr möglich war. Erst mit der Entstehung von Lebensprozessen folgte eine entscheidende Änderung der Atmosphärenzusammensetzung: Bei der Photosynthese wurde von den Pflanzen Kohlendioxid verbraucht und Sauerstoff freigesetzt, was eine weitere Abreicherung des Kohlendioxids und eine Anreicherung des Sauerstoffs bedeutete. Der an diesen Prozessen unbeteiligte Stickstoff veränderte sich zwar nicht in seiner absoluten Häufigkeit, er wurde aber zum relativ häufigsten Element in der Erdatmosphäre. Ein Teil des gegenwärtig auf der Erde vorhandenen Wassers ist wahrscheinlich beim Einsturz eisartiger Planetesimale oder auch Kometenkerne auf die Erde gelangt.

Die Satellitensysteme vom Jupiter, Saturn, Uranus und Neptun stellen in ihrem Aufbau ähnliche Systeme wie das gesamte Planetensystem dar. Bei ihrer Entstehung liefen aller Wahrscheinlichkeit nach analoge Vorgänge ab wie bei der Bildung des Gesamtsystems, was mindestens für die regulären Satelliten zutrifft, deren Umlaufsinn gleich dem Rotationssinn des Gesamtsystems ist. Diese Satelliten sind offenbar aus einer scheibenförmigen Gas- und Staubansammlung hervorgegangen, in der ein Dichte- und Temperaturabfall nach außen zu herrschte. Dies spiegelt sich bei den vier größten Jupitersatelliten in deren mittlerer Dichte wider, die mit wachsendem Planetenabstand sinkt; für andere Satellitensysteme ist keine derartige Gesetzmäßigkeit bekannt. Die irregulären Satelliten, die in größeren Entfernungen und in z.T. stark gegen die Äquatorebene der Planeten geneigten Bahnen, oftmals auch entgegen deren Rotationssinn, die Planeten umlaufen, sind wahrscheinlich ehemalige Planetesimale oder aus diesen hervorgegangene Himmelskörper, die von den Planeten eingefangen wurden. Beim Einfangprozeß mußte, um eine stabile Bahn um den Planeten zu erreichen, ein Teil der kinetischen Energie des einzufangenden Körpers abgeführt werden, was möglicherweise über die Reibung zwischen dem Körper und der Nebelmaterie um den einfangenden Planeten geschah. Die Ringsysteme, die eine Anhäufung extrem kleiner Satelliten darstellen, sind möglicherweise die Reste eines (oder auch mehrerer) größeren Satelliten, der auf Grund von Gezeitenwirkungen oder beim Zusammenstoß mit anderen Körpern zerstört wurde.

Eine gewisse Problematik stellt die Entstehung des Mondes dar. Er nimmt hinsichtlich seiner relativ großen Masse verglichen mit der der Erde und wegen seines großen Bahndrehimpulses eine Sonderstellung unter den Satelliten ein (abgesehen vom System Pluto-Charon); außerdem unterscheiden sich seine Zusammensetzung und seine mittlere Dichte von der der Erde so weit, daß eine einfache Bildung in Erdnähe gleichzeitig mit der Bildung der Erde – als eine Art Doppelplanet – wenig wahrscheinlich ist, da man dann für beide Körper sowohl nahezu gleiche mittlere Dichte als auch gleiche Zusammensetzung erwarten würde. Das Einfangen des Mondes als ein fertiger, an anderer Stelle im Sonnensystem entstandener Körper durch die Erde birgt dynamische Probleme: Die auf Grund der großen Masse des Mondes hohe kinetische Energie hätte sehr schnell abgeführt werden müssen, was aber aus physikalischen Gründen kaum möglich ist. Vielleicht ist der Mond aus einem eingefangenen, zunächst noch im Vergleich zum gegenwärtigen Mond relativ kleinen Körper hervorgegangen, auf den später weitere von der Erde eingefangene Planetesimale stürzten, so daß er eine gegenüber der Erde unterschiedliche Dichte und chemische Zusammensetzung erhielt; dieser Prozeß würde auch die Neigung der Mondbahnebene gegen die Äquatorebene der Erde verständlich machen. Wahrscheinlich aber ist der Mond das Ergebnis eines fast streifenden Zusammenstoßes eines sehr großen Körpers mit der Protoerde: Beim Aufprall wurden Teile ihres aus weniger dichtem Material bestehenden Mantels und Teile des aufschlagenden Körpers in Bahnen um die Erde geschleudert, die dort eine prälunare Materiescheibe bildeten, aus der dann später der Mond hervorging. (Die Abspaltung des Mondes als eines Teils einer sehr schnell rotierenden Urerde infolge starker Zentrifugalkräfte ist sehr unwahrscheinlich, da dann Mondbahnebene und Erdäquatorebene identisch sein müßten. Außerdem ist der Gesamtdrehimpuls des Erde-Mond-Systems, der bei dem Abspaltungsprozeß konstant bleibt und aus den gegenwärtigen Bahnverhältnissen des Mondes berechnet werden kann, viel zu klein, als daß ein solches Abschleudern von Materie von der Urerde möglich gewesen wäre.)

Die Entstehung des Pluto mit seinem Satelliten Charon ist ebenfalls weitgehend unklar. Sie bilden ein sehr enges Paar mit einem relativ geringen Masseunterschied zwischen Planet und Satellit, außerdem ist die Bahnebene des Paares stark gegen die Hauptebene im Planetensystem geneigt; beide Himmelskörper sind im wesentlichen eisartig. Wahrscheinlich ist das Paar in seiner jetzigen Entfernung von der Sonne entstanden und durchlief anfangs eine gegen die Hauptebene des Planetensystems gering geneigte kreisähnliche Bahn. In seine gegenwärtige Bahn geriet es erst auf Grund von Störungen durch die benachbarten Planeten, durch die es auch zu der 3:2-Umlaufresonanz mit dem Planeten Neptun kam. Die Störungen bewirken auch jetzt noch, daß die Pluto-Charon-Bahn nicht für längere Zeit im voraus angebbar ist (im mathematischen Sinn ist sie chaotisch), sie bleibt aber stabil. Der Charon hat sich möglicherweise in ähnlicher Weise wie der Mond nach einem fast streifenden Zusammenstoß eines größeren Körpers mit dem Protopluto gebildet.

Planetoiden bildeten sich wahrscheinlich im Sonnennebel nahe der Grenzstelle zwischen reinen Gesteins- und Gestein-Eis-Mischplanetesimalen. Dort hatte die Menge des für die Bildung fester Körper verfügbaren Materials ein Minimum (s. Abb. 2), dementsprechend auch die Wachstumsgeschwindigkeit der einzelnen Körper. Durch den Einfluß des Jupiters unterlagen die Bahnen großen Störungen, so daß es zu zahlreichen, mit hohen Relativgeschwindigkeiten erfolgenden Zusammenstößen kam. Ein Teil der Körper wurde dabei zerstört, die entstandenen Trümmer bilden nun Kleinkörper des Planetensystems.

G e s c h i c h t l i c h e s. Die erste auf wissenschaftlicher Grundlage beruhende K. des Sonnensystems entwickelte der Philosoph I. Kant (1724–1804), die er in seinem naturphilosophischen Frühwerk 1755 darstellte. Danach haben sich die Sonne und die Planeten aus einer rotierenden Wolke kleiner fester Teilchen durch Verdichtung gebildet. Beim Zusammenstoß der Teilchen ging ein Teil ihrer kinetischen Energie verloren, die dadurch abgebremsten Teilchen sanken zum Gravitationszentrum der Wolke und bildeten dort die Sonne. Innerhalb der Restwolke entstanden aus Verdichtungen die Planeten.

Nach der Theorie von P.-S. Laplace (1749–1827) sind die Planeten zeitlich nacheinander aus einer anfangs langsam rotierenden, sich unter der eigenen Gravitationswirkung kontrahierenden Gasmasse entstanden. Infolge der Kontraktion wurde die Rotation immer schneller, die Gasmasse plattete sich zu einer Nebelscheibe, gleichsam der Ursonne, ab, an deren Rand sich Massen ablösten, die als ein Gasring die weiter schrumpfende Ursonne umgaben. Aus lokalen Verdichtungen im Gasring bildeten sich schließlich die Planeten.

Nach J. Jeans (1877–1946) soll das Planetensystem bei einem nahen, fast streifenden Vorübergang eines Sterns an der bereits existierenden Sonne gebildet worden sein. Aus der Sonne und dem Stern soll sich infolge von Gezeitenwirkungen ein „Materieschweif" herausgelöst haben, der zu einer „Materiebrücke" zwischen den beiden Himmelskörpern wurde. Diese zerfiel in einzelne Verdichtungen, aus denen sich die Planeten und ihre Satelliten bildeten.

Kosmogramm, svw. Horoskop.

Kosmologie, die Lehre vom Kosmos, speziell seiner allgemeinen Struktur sowie der zeitlichen Änderung dieser Struktur.

Vom Weltganzen ist der astronomischen Beobachtung prinzipiell nur ein räumlicher Teilbereich zugänglich, von dem man nicht weiß, welchen Bruchteil er ausmacht. Zeitliche Strukturänderungen sind, wenn überhaupt, nur in diesem Teilbereich und für eine endliche Zeitspanne in die Vergangenheit zurück durch Beobachtungen zu erschließen. Eine grundsätzliche Annahme der K. ist, daß dieser beobachtete Teilbereich typisch für das gesamte Weltall ist. Nur auf Grund dieser Annahme können auf Beobachtungen basierende und das Gesamtweltall betreffende Aussagen gemacht werden.

Neben den astronomischen Beobachtungen bilden die bekannten physikalischen Gesetze, deren Gültigkeit für das gesamte Weltall und für alle Zeiten vorausgesetzt wird, die wissenschaftliche Grundlage der K. Es lassen sich damit allein solche Materiezustände und -strukturen wissenschaftlich beschreiben, für die die physikalischen Gesetze bekannt sind. Die in der Frühphase des Weltalls herrschenden Zustände der Materie sind so extrem, daß sie in irdischen Labors auch nicht annähernd realisiert werden können. Zur Beschreibung dieser Zustände ist daher eine Extrapolation bekannter physikalischer Gesetze erforderlich, über deren Berechtigung man nicht durch Laborversuche entscheiden kann; man kann nur durch den Vergleich zwischen den auf Grund dieser Extrapolationen gemachten Voraussagen hinsichtlich von Beobachtungen, die das Weltall als Ganzes betreffen, und den tatsächlichen Beobachtungen nachträglich feststellen, ob die Extrapolationen mit der Wirklichkeit im Einklang oder zu verwerfen sind.

Beobachtungsgrundlagen der K. Die Beobachtungen, auf denen sich die K. stützt, betreffen vor allem die mittlere räumliche Materiedichte im Weltall, die allgemeinen Bewegungsverhältnisse der für die Struktur des Weltalls wesentlichen stofflichen Objekte, die Energiedichte der das Weltall erfüllenden Strahlung und deren Spektrum sowie die relative Häufigkeit bestimmter Elemente im Weltall. Bei der Bestimmung der mittleren räumlichen Dichte und der Bewegungsverhältnisse der sichtbaren Materie kann man sich auf die Beobachtung der größten existierenden stofflichen Gebilde, der Sternsysteme, beschränken; ihre Zusammensetzung aus kleineren Objekten (z.B. Sterne, Sternhaufen, Wolken interstellarer Materie) spielt – kosmologisch gesehen – keine Rolle.

Die großräumigen Bewegungsverhältnisse lassen sich aus Radialgeschwindigkeitsmessungen an Galaxien ableiten; Eigenbewegungen von Sternsystemen sind wegen deren großen Entfernungen nicht nachweisbar. Die Beobachtungen zeigen, daß diese Radialgeschwindigkeiten um so größer sind, je größer deren Entfernung vom Milchstraßensystem ist (→ Hubble-Effekt): Die Sternsysteme unterliegen einer allgemeinen „Fluchtbewegung", deren Größe unabhängig von der Beobachtungsrichtung, also isotrop ist, und bei der die „Fluchtgeschwindigkeit" v mit der Entfernung r wächst: $v = H_0\, r$; der Proportionalitätsfaktor H_0 ist der sog. Hubble-Parameter. Der systematischen Bewegung sind individuelle Bewegungen (Pekuliarbewegungen) der Galaxien überlagert, doch sind diese im Vergleich zu den gemessenen Fluchtgeschwindigkeiten weit entfernter Galaxien klein. Man kann sich daher eine Galaxie bezüglich der sie umgebenden Menge der Nachbargalaxien als ruhend denken. Diese Galaxien definieren ein lokales Koordinatensystem, und alle lokalen Koordinatensysteme zusammen spannen den Weltraum auf. Die beobachtete Fluchtbewegung bedeutet damit, daß sich die lokalen Koordinatensysteme voneinander entfernen: Ein einzelnes Sternsystem bewegt sich nicht in einen irgendwie vorgegebenen dreidimensionalen Raum hinein, vielmehr dehnt sich dieser mitsamt den eingelagerten Galaxien aus: Der Raum als Ganzes expandiert. Die beobachtete Fluchtbewegung der Sternsysteme vom Milchstraßensystem weg besagt nicht, daß sich dieses im Zentrum der Expansion befindet und damit eine ausgezeichnete Stellung im Weltall einnimmt: In einem gleichmäßig expandierenden Raum hat jeder Beobachter den Eindruck, er stünde im Mittelpunkt der Expansion; die vom Milchstraßensystem aus beobachtete Beziehung zwischen der Größe der Fluchtgeschwindigkeit und der Entfernung eines Sternsystems vom Beobachtungsort gilt für jeden beliebigen Beobachter im Weltall (Abb. 1).

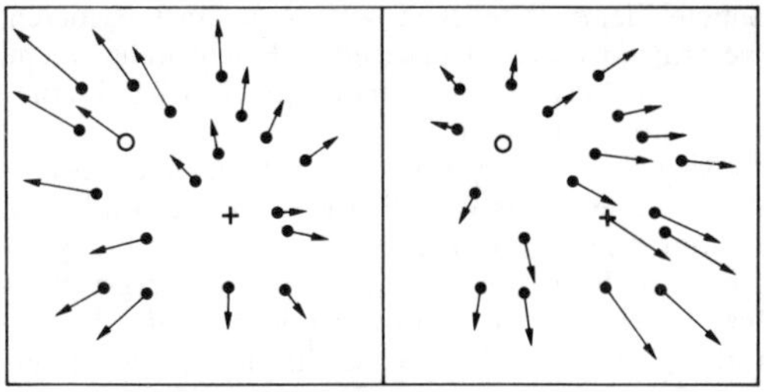

Abb. 1: Zur Expansion des Raumes. Links: Radialgeschwindigkeiten extragalaktischer Sternsysteme bezogen auf das Milchstraßensystem (+); rechts: bezogen auf ein anderes Sternsystem (○) bei unveränderter räumlicher Verteilung der Systeme

Der Zahlenwert des Hubble-Parameters ist noch nicht sicher bekannt; er dürfte zwischen 50 und 100 km s^{-1} Mpc^{-1} liegen; in diesem Buch wird im allg. mit $H_0 = 55$ km s^{-1} Mpc^{-1} gerechnet. Mit dem Hubble-Parameter stehen andere Größen in Verbindung. Um die Auswirkung der Unsicherheit in der Kenntnis von H_0 auf diese Größen zu überblicken, geht man von dem runden Wert $H_0 = 100$ km s^{-1} Mpc^{-1} aus und setzt das Verhältnis des angenommenen Wertes von H_0 zu dem runden Wert gleich h; $H_0 = 55$ km s^{-1} Mpc^{-1} entspricht $h = 0{,}55$.

Die im Weltall herrschende mittlere Dichte der (sichtbaren) Materie erhält man, indem man in einem bestimmten, genügend großen Volumen die Zahl der vorhandenen Sternsysteme sowie deren Masse bestimmt und dann die Gesamtmasse durch das Gesamtvolumen dividiert. Die Galaxien neigen zur Bildung lokaler Gruppierungen wie Doppel- und Mehrfachgalaxien sowie Galaxienhaufen, wobei sich Galaxienhaufen wieder zu Galaxiensuperhaufen zusammenfinden (→ Sternsystem). Zwischen diesen Großstrukturen befinden sich Galaxienleeren, deren Ausdehnung in der Größenordnung von 10 bis 100 Mpc liegt. Betrachtet man wesentlich größere Volumina mit Längsausdehnungen größer als etwa 1000 Mpc, scheint im überblickbaren Teil des Weltalls eine relativ homogene Verteilung der Galaxien zu herrschen. Auf Grund dieser Beobachtungen geht die K. von der Annahme aus, daß die großräumige Verteilung der in Form von Galaxien in Erscheinung tretenden Materie im gesamten Weltall homogen ist. Für die mittlere Dichte dieser Materie ergeben sich Werte zwischen $(4 \cdot 10^{-31}$ bis $2 \cdot 10^{-30})\, h^2$ g/cm^3, was etwa $(3 \cdot 10^{-7}$ bis $1 \cdot 10^{-6})\, h^2$ Wasserstoffatome je cm^3 entspricht. (Mit $h = 0{,}55$ beträgt die mittlere Massendichte etwa $1 \cdot 10^{-31}$ bis $5 \cdot 10^{-31}$ g/cm^3.) Diese Angaben sind sehr unsicher und untere Grenzwerte, da in großen Entfernungen nur die absolut hellsten Sternsysteme beobachtet werden können; eine nicht unerhebliche Materiemenge könnte sich in Form von Zwerggalaxien oder intergalaktischer Materie der Beobachtung entziehen. Darüber hinaus könnten im Weltall massebehaftete Elementarteilchen (z.B. Neutrinos) existieren, die prinzipiell nicht leuchtend in Erscheinung treten, so daß ihr Massebeitrag mit den angegebenen Methoden nicht nachweisbar ist.

Außer mit der in Form stofflicher Objekte existierenden Materie ist das Weltall von Strahlung erfüllt, von der nur die sog. kosmische Hintergrundstrahlung für die K. von Bedeutung ist. Ihre spektrale Energieverteilung gleicht der eines Schwarzen Körpers der Temperatur 2,726 K (→ Drei-Kelvin-Strahlung). Ihre Energiedichte, die proportional T^4 ist, wenn T die Temperatur des Schwarzen Körpers angibt (→ Strahlungsgesetze), läßt sich wegen der Äquivalenz von Masse und Energie (→ Relativitätstheorie) in eine Massendichte umrechnen; sie entspricht $5 \cdot 10^{-34}$ g/cm^3 und ist gegenüber der mittleren Dichte der beobachteten stofflichen Materie im gegenwärtigen Weltall vernachlässigbar klein. Aus der Energiedichte der kosmischen Hintergrundstrahlung und der mittleren Energie eines Photons läßt sich die mittlere Anzahl der Photonen der Hintergrundstrahlung je Volumeneinheit bestimmen; für eine Schwarze Strahlung der Temperatur 2,726 K ergeben sich rund 375 Photonen je cm^3: Ihre Anzahl ist etwa 10^8- bis 10^9mal größer als die mittlere Anzahl der Protonen im Weltall.

W e l t p o s t u l a t. In Anbetracht der großräumig homogenen Masseverteilung, der in allen Richtungen hin gleichen Fluchtbewegung und der aus allen Richtungen in gleicher Weise einfallenden kosmischen Hintergrundstrahlung geht die K. von der als *Weltpostulat* oder *kosmologisches Prinzip* bezeichneten Annahme aus, daß das Weltall großräumig homogen und isotrop ist: Jeder relativ zu seiner Umgebung ruhende Beobachter hat dann vom Weltall in allen seinen großräumigen Eigenschaften den gleichen Anblick wie ein Beobachter, der sich im Milchstraßensystem befindet.

R a u m s t r u k t u r. Zwischen den kosmischen Objekten besteht eine Vielzahl von Wechselbeziehungen, von denen für die großräumige Struktur des Weltalls nur die gravitativen Beziehungen eine Rolle spielen. Zu ihrer Untersuchung und theoretischen Beschreibung benötigt man eine Gravitationstheorie. Die am besten gesicherte derartige Theorie ist die Allgemeine Relativitätstheorie, die daher allen kosmologischen Überlegungen zugrundegelegt wird. Nach ihr besteht zwischen der Masseverteilung im Raum und dessen geometrischer Struktur, seiner Metrik, ein untrennbarer Zusammenhang, der durch die sog. Einsteinschen Feldgleichungen beschrieben wird: Die Anwesenheit von Materie bewirkt eine Änderung der Metrik, eine Krümmung des Raumes, also eine Abweichung von der gewohnten, d.h. euklidischen, Raumstruktur. Bei dieser bewegt sich z.B. das Licht immer längs exakter Geraden. In einem gekrümmten Raum ist das nicht der Fall, Licht bewegt sich dann längs sog. geodätischer Linien. Je homogener die großräumige Materieverteilung ist, um so homogener ist auch die Raumstruktur. Das Weltpostulat ist daher mit der Annahme einer für das gesamte Weltall gleichen Raumkrümmung gleichbedeutend.

Prinzipiell können dreidimensionale Räume sowohl positiv gekrümmt (sphärisch) als auch negativ gekrümmt (hyperbolisch) oder flach, also nicht gekrümmt (euklidisch) sein. Gekrümmte dreidimensionale Räume sind kaum vorstellbar. Man kann sich aber an Hand von analogen zweidimensionalen Räumen eine gewisse Vorstellung verschaffen. Diese zweidimensionalen Räume sind in den gewöhnlichen dreidimensionalen Raum eingebettet (Abb. 2). Ein zweidimensionales Analogon eines sphärischen Raumes konstanter Krümmung ist eine Kugelfläche. Ihre Größe ist meßbar, damit endlich, außerdem handelt es sich um einen geschlossenen Raum: Bei einer dauernd „geradlinig“, d.h. längs eines Großkreises, erfolgenden gleichförmigen Wanderung kommt man nach endlicher Zeit wieder zum Ausgangspunkt zurück, ohne die Fläche verlassen zu müssen. Wie bei einer Kugeloberfläche der Krümmungsradius auf Grund von Messungen auf der Fläche angebbar ist, kann auch für einen sphärischen dreidimensionalen Raum der Krümmungsradius auf Grund von Messungen ermittelt werden. Die zeitliche Änderung des Krümmungsradius bedeutet eine Expansion oder Kontraktion des Raumes; sie läßt sich im Prinzip ebenfalls durch entsprechende Beobachtungen feststellen: Ein auf einer Kugeloberfläche befindlicher Beobachter kann die Expansion seines Raumes dadurch erkennen, daß sich alle Punkte radial von ihm wegbewegen, wobei die „Fluchtgeschwindigkeit“ proportional der auf der Kugeloberfläche gemessenen Entfernung der Punkte ist. In gleicher Weise kann dies auch ein Beobachter in einem sphärischen dreidimensionalen Raum. In einem

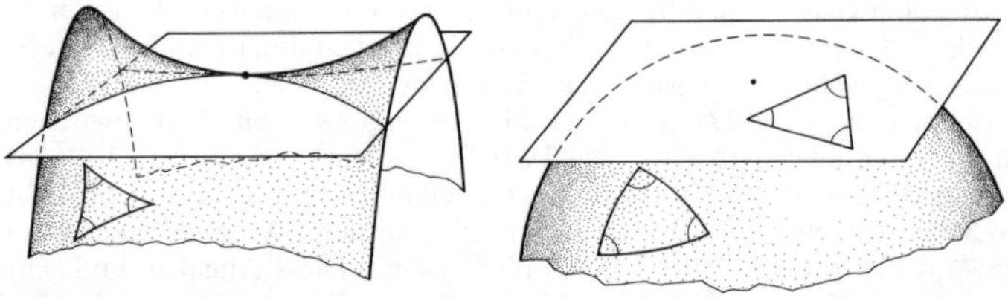

Abb. 2: Unterschiedlich gekrümmte zweidimensionale Räume. Links: hyperbolisch gekrümmter Raum (Sattelfläche) mit einem euklidischen Raum (Ebene) als Tangentialfläche in einem Punkt der Sattelfläche. Rechts: sphärisch gekrümmter Raum (Kugelfläche) mit einer Ebene als Tangentialfläche. Die unterschiedliche geometrische Raumstruktur läßt sich bei zweidimensionalen Räumen u. a. aus der Winkelsumme im Dreieck erkennen, die in hyperbolisch gekrümmten Räumen kleiner als 180°, im ebenen Raum gleich 180° und in sphärisch gekrümmten Räumen größer als 180° ist

sphärischen Raum nimmt mit wachsender Entfernung vom Beobachtungsort die Größe des überblickten Raumbereichs (auf der Kugeloberfläche: die Größe der überblickten Kugelkalotte) langsamer zu als in einem euklidischen Raum (für den zweidimensionalen Fall: langsamer als die Kreisfläche). In hyperbolischen Räumen wachsen die entsprechenden Größen schneller als im euklidischen Raum. Euklidische und hyperbolische Räume sind nicht geschlossen, sondern offen: Bei einer Wanderung ständig „geradeaus" kommt man nie zum Ausgangsort zurück. Die Volumina dieser Räume sind entsprechend unendlich groß.

Betrachtet man in einem gekrümmten Raum die unmittelbare Umgebung eines beliebigen Punktes, so läßt sich dieser Raumbereich lokal immer durch einen flachen, nicht gekrümmten Raum annähern (im zweidimensionalen Fall: die Kugelfläche durch eine Tangentialebene) (Abb. 2). Eine Folge davon ist, daß man mit rein lokalen Messungen die Krümmung des Weltraumes nicht feststellen kann.

Weltmodelle. Bei einer isotropen Expansion des Raumes sind die Abstände zwischen jeweils zwei Punkten von der Zeit abhängig. Sie variieren alle in der gleichen Weise, und zwar verändern sie sich proportional einer für das gesamte Weltall einheitlichen Funktion $R(t)$, die als *kosmischer Skalenfaktor* bezeichnet wird. Die Zeit t ist dabei für jeden gegenüber seinem lokalen Koordinatensystem ruhenden Beobachter gleich; es ist eine universelle kosmische Zeit. Die Funktion $R(t)$ kann als zeitlich variabler, aber überall gleicher Krümmungsradius des Weltalls interpretiert werden.

Zwischen den im Weltall verteilten Massen wirken gravitative Kräfte, die eine Abnahme der Expansionsgeschwindigkeit des Raumes bewirken. Die Stärke der Abnahme wird durch die mittlere Massendichte im Weltall bedingt; je höher diese ist, um so größer ist die Verzögerung. Die zeitliche Änderung des kosmischen Skalenfaktors (die der Expansionsgeschwindigkeit proportional ist) ist daher nicht konstant. Sein zeitlicher Verlauf kann aus den Einsteinschen Feldgleichungen, die sich auf Grund des Weltpostulats stark vereinfachen, berechnet werden, wenn für einen bestimmten Zeitpunkt die Expansionsgeschwindigkeit (der Hubble-Parameter) und die Massendichte bekannt sind. Beide Größen können im Prinzip sehr unterschiedliche Werte haben, was sich in sehr unterschiedlichen Expansionsverläufen und damit sehr unterschiedlichen, theoretisch möglichen Weltmodellen widerspiegelt. Das tatsächlich realisierte Modell muß daraus auf Grund von Beobachtungen ermittelt werden, wozu im Prinzip die Kenntnis der gegenwärtigen Expansionsgeschwindigkeit (des gegenwärtigen Hubble-Parameters) und der gegenwärtigen Massendichte im Weltall ausreicht. Da diese beiden Größen bisher nicht sehr genau bekannt sind, lassen sie auch noch keine exakten Aussagen über das tatsächlich realisierte Weltmodell zu.

Der skizzierte Weg zur Berechnung von Weltmodellen wurde zuerst von dem russ. Mathematiker A. Friedmann (1888–1925) beschritten. Man bezeichnet diese Weltmodelle daher als *Friedmann-Modelle.* Sie lassen kein statisches, in seiner Größe unveränderliches Weltall zu; ein derartiges Weltall würde mit den bekannten physikalischen Gesetzen im Widerspruch stehen und besäße – im Gegensatz zu allen Körpern in ihm – keinerlei Entwicklung, es wäre „geschichtslos". Die theoretisch möglichen Friedmann-Modelle lassen sich in zwei Gruppen einteilen. Die erste Gruppe umfaßt Modelle, bei denen die Massendichte so gering ist, daß eine zeitlich unbegrenzte Expansion stattfindet; die Expansionsgeschwindigkeit nimmt zwar laufend ab, hat aber selbst nach unendlich langer Zeit noch immer einen endlichen Wert. Bei der zweiten Gruppe von Weltmodellen ist die Massendichte so hoch, die Abbremsung daher so stark, daß die Expansion nach einer endlichen Zeit zum Stillstand kommt und in eine Kontraktion umschlägt; in ihnen wachsen die Abstände im Weltall nur anfangs, erreichen nach einer endlichen Zeit einen Maximalwert und werden danach wieder kleiner. Den Grenzfall zwischen beiden Gruppen bildet ein Weltmodell, bei dem die Massendichte gerade einen solchen Wert hat, den sog. kritischen Wert, bei dem sich mit fortschreitender Zeit die Expansionsgeschwindigkeit immer mehr dem Wert null nähert, den sie aber erst nach unendlich langer Zeit erreicht. Die beiden Gruppen von Weltmodellen lassen sich durch das Verhältnis der tatsächlich herrschenden Massendichte zur kritischen Dichte charakterisieren: Bei der ersten Gruppe ist dieses Verhältnis, das im allg. mit Ω bezeichnet wird, kleiner als 1, bei der zweiten Gruppe ist es größer als 1, für den Grenzfall gilt $\Omega = 1$. In der Abb. 3 sind für die beiden Modellgruppen sowie für den Grenzfall die zeitlichen Änderungen des Skalenfaktors schematisch dargestellt.

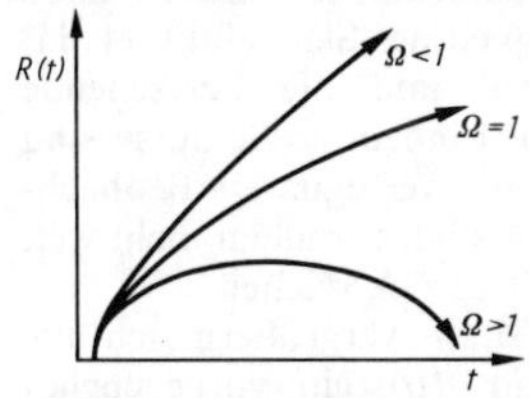

Abb. 3: Zeitliche Änderung des kosmischen Skalenfaktors $R(t)$ in Abhängigkeit vom Parameter Ω

Die zwei Gruppen von Weltmodellen unterscheiden sich in der Raumstruktur: Bei den Modellen der ersten Gruppe ist der Raum hyperbolisch und offen; die Raumkrümmung ist negativ. Die Modelle der zweiten Gruppe haben einen sphärischen, geschlossenen Raum; die Raumkrümmung ist positiv. Das Grenzmodell ist eben, also euklidisch, mit der Raumkrümmung null.

Die Größe der kritischen Dichte läßt sich im Falle eines euklidischen Weltalls mit Hilfe des Hubble-Parameters berechnen. Damit läßt sich auch die Größe des Verhältnisses von beobachteter Massendichte zur kritischen Dichte aus Beobachtungsgrößen ableiten. Dieses Verhältnis ist nicht von der Skalierungsgröße h (damit vom tatsächlichen Zahlenwert des Hubble-Parameters) abhängig, da sie in beide Dichten in gleicher Weise eingeht. Aus den Beobachtungen ergeben sich für den Parameter Ω Werte zwischen etwa 0,1 und 0,2. Nimmt man diese Größenordnung von Ω als gesichert an (was der Annahme gleichkommt, daß neben der sichtbar in Erscheinung tretenden Materie keine weitere, gravitativ wirksame existiert), so bedeutet dies, daß das Weltall sphärisch offen ist und unbegrenzt expandiert. Sollte unsichtbare, aber gravitativ wirksame Materie einen merklichen Beitrag zur Gesamtdichte leisten – was Beobachtungen in Sternsystemen und Galaxienhaufen nahelegen –, so wäre der tatsächliche Wert des Dichteverhältnisses entsprechend größer. Gegenwärtig läßt sich nicht sagen, ob das Verhältnis infolge der möglichen Anwesenheit unsichtbarer Materie dem Wert eins nahekommt oder ihn möglicherweise sogar überschreitet.

Bei der Messung der Radialgeschwindigkeit eines Sternsystems vergleicht man die Wellenlänge λ, bei der eine bestimmte Linie im beobachteten Spektrum erscheint, mit der Laborwellenlänge λ_0, die die Linie bei der Emission hatte. Die Fluchtbewegung der Sternsysteme bewirkt eine Rotverschiebung $z=(\lambda-\lambda_0)/\lambda_0$ der Spektrallinien. Die Emission des in der Gegenwart, zur Zeit t_0, beobachteten Lichts erfolgte zur Zeit t_E. Hat der Skalenfaktor zu diesen Zeitpunkten die Werte $R(t_0)$ bzw. $R(t_E)$, so besteht zwischen ihnen und der Rotverschiebung der Zusammenhang $R(t_0)/R(t_E) = z+1$. Mißt man also die Rotverschiebung im Spektrum eines weit entfernten Sternsystems, so mißt man gleichzeitig das Verhältnis der jetzigen Größe des Weltalls zur Weltallgröße zu dem Zeitpunkt, als das Licht das Sternsystem verließ: Ein Blick in den Raum hinaus ist gleichbedeutend mit einem Blick in die Vergangenheit zurück. Aus Rotverschiebungsmessungen an weit entfernten Sternsystemen ließe sich im Prinzip die Änderungsgeschwindigkeit des Skalenfaktors, damit der Expansionsverlauf und die herrschende Raumstruktur, bestimmen. Eindeutige Schlüsse sind jedoch nicht möglich, da die verfügbaren Beobachtungsergebnisse zu unsicher sind, vor allem nicht weit genug in die Vergangenheit zurück reichen.

Bei der Expansion des Weltalls vergrößern sich alle Entfernungen entsprechend $R(t)$, ein vorgegebenes Volumen proportional $R^3(t)$; entsprechend sinkt die Stoffdichte proportional $1/R^3(t)$. Die Anzahldichte der Photonen nimmt in gleicher Weise ab. Infolge der Rotverschiebung verringert sich aber zusätzlich noch die Energie jedes einzelnen Photons, und zwar proportional $1/R(t)$, so daß die Energiedichte der Strahlung bzw. die ihr äquivalente Massendichte insgesamt proportional $1/R^4(t)$, also stärker als die Stoffdichte sinkt. Der Charakter der Hintergrundstrahlung als einer Schwarzen Strahlung ändert sich nicht, so daß man ihr immer eine Temperatur $T(t)$ zuordnen kann. Sie nimmt proportional $1/R(t)$ ab; allgemein gilt $T(t)/T(t_0) = z+1$, wenn $T(t_0)$ die gegenwärtige Temperatur der Hintergrundstrahlung bezeichnet.

W e l t a l t e r. In einem expandierenden Weltall wachsen alle Entfernungen mit der Zeit. Verfolgt man die Zeit rückwärts, betrachtet man also immer frühere Zustände des Weltalls, so schrumpfen alle Entfernungen. Man erreicht schließlich einen Zeitpunkt, zu dem alle Entfernungen beliebig klein, die Stoffdichte wie auch die Energiedichte und damit die Temperatur im Weltall beliebig groß waren. Dies gilt auch für die Expansionsgeschwindigkeit, die im Grenzfall jeden beliebig vorgegebenen Wert übersteigt, auch den Zahlenwert, der der Lichtgeschwindigkeit entspricht. Dies steht nicht im Widerspruch zu den Aussagen der Speziellen Relativitätstheorie, wonach die Lichtgeschwindigkeit eine obere Grenzgeschwindigkeit ist, da dies nur für Bewegungen und Energieübertragungen relativ zum lokalen Koordinatensystem, nicht aber für die Expansion des Raumes selbst gilt. (Daß die Lichtgeschwindigkeit klein gegenüber der Expansionsgeschwindigkeit des Raumes ist, spiegelt sich u.a. darin wider, daß wir immer nur einen Teilbereich des Weltalls überblicken können.) Der Grenzfall verschwindend kleiner Entfernungen im Weltall ist insgesamt mit einem physikalisch singulären Zustand verknüpft, der physikalisch nicht beschreibbar ist, da sich alle physikalischen Gesetze immer nur auf endliche Meßgrößen beziehen. Die *kosmische Singularität* bezeichnet man anschaulich als *„Urknall“* [engl. ‚big bang‘], da die Expansion explosionsartig mit extrem hoher Geschwindigkeit erfolgte.

Die Zeit, die man von der Gegenwart aus zurückgehen muß, bis man zur kosmischen Singularität gelangt, bezeichnet man als Weltalter. Nimmt man den hypothetischen Fall einer Expansion mit konstanter Geschwindigkeit an, und zwar mit der gegenwärtig beobachteten, dann ergibt sich das Weltalter als Kehrwert des Hubble-Parameters; mit $H_0 = 55$ km s^{-1} Mpc^{-1} erhält man rund $18 \cdot 10^9$ Jahre. Man bezeichnet dieses Zeitintervall als *Hubble-Zeit*. Da die Expansionsgeschwindigkeit von zunächst beliebig großen Werten auf die heute beobachtete Geschwindigkeit abnahm, liegt die kosmische Singularität eine kürzere Zeitspan-

Abb. 4: Beziehung zwischen der Rotverschiebung z und dem Verhältnis des kosmischen Skalenfaktors R zum gegenwärtigen Wert R_0 bei unterschiedlichen Werten des Parameters Ω. Der Verlauf der unverzögerten Expansion ist gestrichelt gezeichnet, der Schnittpunkt mit der Zeitachse gibt die Hubble-Zeit. Die horizontale, punktierte Linie markiert eine für Quasare typische Rotverschiebung

ne als die Hubble-Zeit zurück (Abb. 4). Für die unterschiedlichen Friedmann-Weltmodelle ergeben sich wegen des unterschiedlichen Expansionsverlaufs unterschiedliche Werte für dieses Zeitintervall, die *Friedmann-Zeit*. Für ein euklidisches Weltmodell beträgt die Friedmann-Zeit genau 2/3 der Hubble-Zeit, für ein sphärisches Weltmodell ist sie kleiner, für ein hyperbolisches liegt sie zwischen diesem Wert und der Hubble-Zeit; mit $H_0 = 55$ km s^{-1} Mpc^{-1} und $\Omega = 0{,}2$ ergibt sich die Friedmann-Zeit zu etwa $15 \cdot 10^9$ Jahren. Das Alter der Kugelsternhaufen, den ältesten Objekten im Milchstraßensystem, liegt in der gleichen Größenordnung (→ Altersbestimmung). Da das Weltalter nicht kleiner sein kann als das Alter der Objekte in der Welt, ergeben sich auf Grund von Altersuntersuchungen einzelner kosmischer Objekte gewisse Einschränkungen für die Parameter des tatsächlich realisierten Weltmodells, doch sind die Altersabschätzungen noch zu ungenau, als daß man aus ihnen eindeutige Schlüsse hinsichtlich des realisierten Weltmodells ableiten könnte.

Entwicklungsphasen des Weltalls. Die gegenwärtige Massendichte der Materie, die in Form von Sternsystemen existiert, ist rund 1000mal größer als die der Strahlungsenergie äquivalente Massendichte; man sagt deshalb: Gegenwärtig liegt ein *Materiekosmos* vor. Da die Energiedichte der Strahlung bei einer Änderung des Skalenfaktors stärker variiert als die Materiedichte, wächst die Strahlungsenergiedichte schneller als die Materiedichte, wenn man den Dichteverlauf in der Zeit zurückverfolgt (Abb. 5). Zum Zeitpunkt t_S waren beide gleich groß, noch früher überwog die Strahlungsdichte. Der Zeitpunkt t_S markiert in der Entwicklung des Weltalls den Übergang vom *Strahlungskosmos*, in dem die Strahlung den Hauptbeitrag zur Gesamtdichte leistete, zum Materiekosmos. Der

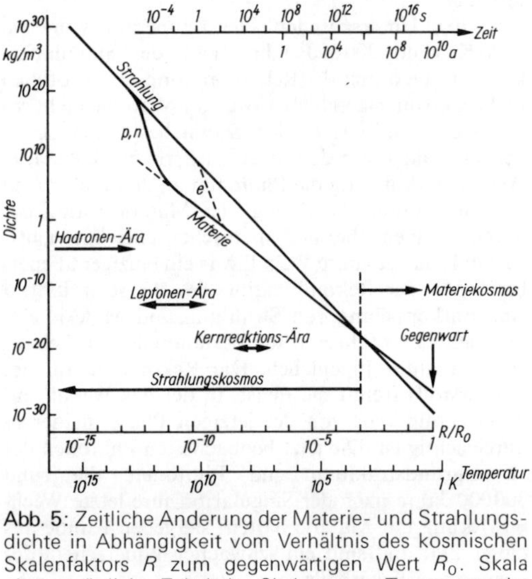

Abb. 5: Zeitliche Änderung der Materie- und Strahlungsdichte in Abhängigkeit vom Verhältnis des kosmischen Skalenfaktors R zum gegenwärtigen Wert R_0. Skala oben: mögliche Zeitskala; Skala unten: Temperatur der Strahlung

Skalenfaktor war zum Zeitpunkt t_S um genau den Faktor, um den die gegenwärtige Materiedichte die äquivalente Strahlungsenergiedichte übertrifft, kleiner als gegenwärtig, die Temperatur der Hintergrundstrahlung um diesen Faktor größer; sie betrug etwa 3000 K, was einer Rotverschiebung $z \approx 1000$ entspricht.

Geht man weiter in die Vergangenheit zurück, kommt man zu Zuständen des Kosmos, die durch viel höhere Temperaturen und Energiedichten gekennzeichnet sind. Die Energien reichten u.a. zur Paarentstehung von Elementarteilchen und ihren Antiteilchen aus. Die Art der entstehenden Teilchen hängt von deren Ruhmasseenergie ab; diese konnte nicht größer sein als die bei der Bildung herrschende mittlere Photonenenergie. Parallel zur Paarentstehung erfolgte die Paarvernichtung, bei der beim Zusammenstoß eines Teilchens mit seinem Antiteilchen beide verschwinden und Strahlungsenergie frei wird. Die Geschwindigkeiten, mit denen diese (und andere) Wechselwirkungsprozesse abliefen, waren so hoch, daß sich immer ein thermodynamisches Gleichgewicht einstellte, das nur von der jeweilig herrschenden Temperatur bestimmt wurde. Dieser Umstand ermöglicht es, sinnvolle Aussagen über den physikalischen Zustand des Weltalls zu machen, auch wenn man über die Zustände unmittelbar nach der Singularität nichts Sicheres weiß.

Die gegenwärtige Physik vermag auf Grund experimenteller und theoretischer Untersuchungen physikalische Zustände bis zu Energien von etwa 10^9 eV, entsprechend einer Temperatur von etwa 10^{13} K, zu beschreiben. Im Weltall herrschte eine solche Temperatur etwa 10^{-6} s nach der kosmischen Singularität. Von diesem Zeitpunkt an ist damit die Entwicklung des Kosmos, seine „Geschichte", physikalisch exakt und gesichert beschreibbar. Bei 10^{13} K reicht die zur Verfügung stehende Energie zur Paarbildung von Protonen und Antiprotonen sowie Neutronen und Antineutronen aus, also von Elementarteilchen, die zur Gruppe der Hadronen gehören. Mit dem Sinken der Temperatur unter 10^{12} K konnten diese Teilchen nicht mehr gebildet werden, die sog. *Hadronen-Ära* des Weltalls war zu Ende. Die Paarvernichtung ging jedoch weiter, da auf Grund der herrschenden Dichte und Temperatur die Wahrscheinlichkeit für ein Zusammentreffen dieser Teilchen mit ihren Antiteilchen sehr hoch war. Bei einem exakten Gleichgewicht, also einer genau gleichen Anzahl von Teilchen und Antiteilchen, wäre am Ende der Paarvernichtung kein einziges Hadron – weder aus Materie noch aus Antimaterie – übriggeblieben. Offenbar bestand kein derartig exaktes Gleichgewicht, da ja aus Protonen und Neutronen bestehende Atomkerne existieren. Der relative Überschuß der Materieteilchen gegenüber den Antiteilchen am Ende der Hadronen-Ära läßt sich aus der gegenwärtigen mittleren Anzahldichte von Protonen und von Photonen der Hintergrundstrahlung abschätzen: Die Protonen stellen den bei der Paarvernichtung nicht verbrauchten Materieteilchenüberschuß dar, die Photonen die bei der Paarvernichtung entstandenen Strahlungseinheiten. Der relative Überschuß ergibt sich somit in der Größenordnung von 10^{-9}; auf

1000000001 Materieteilchen kamen 1000000000 Antiteilchen.
Für die zu den Leptonen gehörenden Elektronen und Müonen einschließlich ihrer Antiteilchen ist die Paarbildung bis herab zu Temperaturen von etwa $6 \cdot 10^9$ K möglich, was bis etwa 10 s nach der Singularität der Fall war. Mit dem Sinken der Temperatur unter $6 \cdot 10^9$ K fand die *Leptonen-Ära* ihr Ende: Neben geringen Resten materieller Teilchen waren vor allem Lichtquanten vorhanden; sie dominierten das Weltall.
Während der Leptonen-Ära waren Wechselwirkungen zwischen den Protonen, den Neutronen und den zu dieser Zeit ihrer Zahl nach vorherrschenden Elektronen sowie Positronen möglich: Ein Proton und ein Elektron konnten sich zu einem Neutron und einem Neutrino, ein Neutron und ein Positron zu einem Proton und einem Antineutrino vereinigen. Da die Wechselwirkung von Neutrinos und Antineutrinos mit anderen Teilchen extrem gering ist, konnten sie weite Wegstrecken zurücklegen, ohne mit anderen Teilchen in irgendeiner Weise zu reagieren. Bereits etwa 1 s nach der Singularität war die mittlere freie Weglänge der Neutrinos und Antineutrinos so groß, daß sie als freie Teilchen das Weltall völlig ungehindert durchfluten konnten: Sie sind, wie man sagt, seit dieser Zeit vom Rest der Welt abgekoppelt und führen ein Eigenleben, ganz gleich, was der Rest der Materie vollführt. Sie tragen in ihrer Gesamtheit auch heute noch die Informationen über den Zustand des Weltalls zur Zeit ihrer Abkopplung. Zu dieser Information kann man jedoch nicht gelangen, da ihre mittlere kinetische Energie einer Temperatur von gegenwärtig nur etwa 1,9 K entspricht. Es ist völlig unklar, mit welchen Beobachtungsmitteln solch energiearme Neutrinos entdeckt werden können.
Mit dem Verschwinden der Positronen am Ende der Leptonen-Ära bestand praktisch keine Möglichkeit der Neutronenbildung mehr. Die vorhandenen Neutronen begannen vielmehr in Protonen, Elektronen und Neutrinos zu zerfallen, da die mittlere Lebenszeit freier Neutronen nur etwa 10 min beträgt. Etwa 10 s nach der Singularität war die Energie unter die Bindungsenergie von Nukleonen in Atomkernen gesunken, so daß die bei Reaktionen von Protonen mit Neutronen entstandenen schweren Wasserstoffkerne nicht wieder zerstört wurden, sondern Kernprozesse durchliefen, bei denen weitere, schwerere Atomkerne gebildet wurden. Rund 1000 s nach der Singularität waren wegen zu geringer Temperaturen und Dichten keine Kernreaktionen mehr möglich, die *Kernreaktions-Ära* war abgeschlossen. Zu dieser Zeit bestand die Materie zu etwa 76% der Masse aus Protonen, zu denen geringe Mengen Deuterium- und Tritiumkerne hinzukamen. Die restlichen rund 24% entfielen auf Helium, bei dem das normale Helium der Massezahl 4 überwog; Helium-3-Kerne gab es weit weniger. Außerdem war eine sehr kleine Menge Lithium-7-Kerne vorhanden (→ Elementenentstehung). In der Abb. 6 ist die Änderung der chemischen Zusammensetzung der kosmischen Materie während der Kernreaktions-Ära dargestellt.

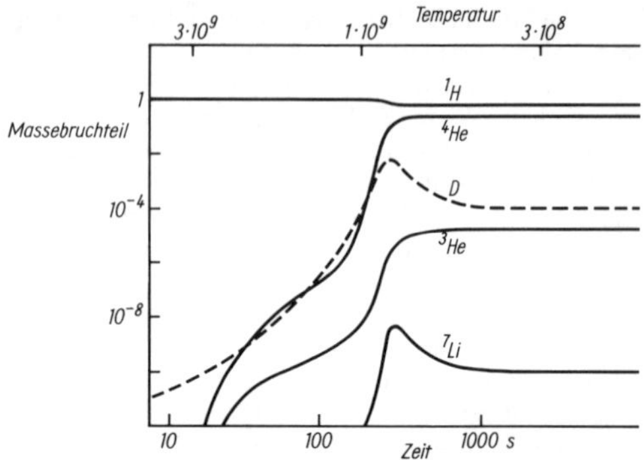

Abb. 6: Zeitliche Änderung des relativen Masseanteils von Wasserstoffkernen (^{1}H), Deuteriumkernen (D), Heliumkernen (^{3}He und ^{4}He) sowie Lithiumkernen (^{7}Li) während der Kernreaktions-Ära

Die Endhäufigkeit der verschiedenen Kernsorten läßt sich aus der Materiedichte zu Beginn der Kernreaktions-Ära sowie der Änderung des physikalischen Zustandes während ihr berechnen. Unterschiedliche Ausgangsbedingungen haben unterschiedliche Elementen- und Isotopenhäufigkeiten am Ende der Ära zur Folge. Die einmal erreichten Häufigkeitsverhältnisse haben sich in der weiteren Entwicklung des Weltalls nicht mehr wesentlich geändert (→ Elementenhäufigkeit), so daß sich im Prinzip die Möglichkeit eröffnet, aus den jetzt beobachteten relativen Häufigkeiten bestimmter Isotope auf die zu Beginn der Kernreaktions-Ära herrschende Materiedichte zu schließen. Aus ihr kann wiederum die jetzige Materiedichte berechnet werden, die dann einen Schluß auf die Struktur des Weltalls zuläßt. Die Ergebnisse derartiger Untersuchungen sprechen für ein offenes Weltall mit $\Omega = 0{,}03$ bis 0,05, doch sind auch diese Aussagen sehr unsicher.
Nach dem Unterschreiten einer Temperatur von etwa 3000 K rund 300000 Jahre nach der Singularität konnten die durch die Rekombination von Protonen und Elektronen gebildeten Wasserstoffatome nicht sofort wieder ionisiert werden. Davor bestand zwischen den Photonen und den freien Elektronen eine starke Wechselwirkung, da die Photonen an den Elektronen gestreut wurden: Strahlung und Materie waren dadurch in einem thermodynamischen Gleichgewichtszustand; das gesamte Weltall war ein einziger „Feuerball". Mit der Rekombination des Wasserstoffs trat eine Entkoppelung von Strahlung und Materie ein; seit dieser Zeit führen beide Bestandteile des Weltalls ein getrenntes Eigenleben. Die Rekombination des Wasserstoffs trennt die Phase, in der das Weltall undurchsichtig war, von der jetzigen Phase, in der es durchsichtig ist. Die jetzt beobachteten Photonen der Hintergrundstrahlung sind Photonen, die rund 300000 Jahre nach der Singularität ihre letzte Wechselwirkung mit Materie hatten; sie geben Kunde aus dieser Zeit und sind ein schwacher Widerschein des kosmischen Feuerballs.
Mit der Entkoppelung von Strahlung und Materie

wirkte auf diese nur noch der Gasdruck, da der bei der Streuung der Photonen auf die Elektronen ausgeübte Strahlungsdruck wegfiel. Der Gesamtdruck sank um viele Zehnerpotenzen, was zur Folge hatte, daß sich unter dem Einfluß der Gravitation aus geringen Dichteinhomogenitäten große Dichtefluktuationen herausbilden konnten. Mit der gravitativen Absonderung bestimmter Teilmassen vom Rest der kosmischen Materie begann die *Galaxien-Ära*, die auch heute noch andauert. Die Entwicklung der Einzelstrukturen wird dabei durch das jeweilige lokale Gravitationsfeld bestimmt. Ob die Aufteilung der kosmischen Materie in gravitativ selbständige Teilmassen zunächst auf sehr massereiche Einheiten, entsprechend etwa den jetzigen Galaxiensuperhaufen führte, die dann in kleinere Einheiten zerfielen, oder ob zunächst nur relativ massearme Einheiten, entsprechend etwa den Sternsystemen entstanden, aus denen sich dann größere Einheiten formten, ist ungeklärt. Die Existenz von Galaxiensuperhaufen, die im wesentlichen langgestreckte großräumige Gebilde sind (→ Sternsystem), spricht mehr für den ersten Fall: Haben die ersten gravitativ selbständigen Teilmassen keine vollständige Kugelsymmetrie, so bewirkt die Eigengravitation eine Kontraktion bevorzugt senkrecht zur größten Ausdehnung des Gebildes; die Abplattung wird verstärkt, und es entstehen vor allem filamentartige Strukturen. Gebiete mit einer geringen mittleren Dichte kollabieren nicht, sie vergrößern sich vielmehr, so daß sich galaxienleere Gebiete zwischen den Filamenten bilden.

Möglicherweise war bereits vor der Entkoppelung von Strahlung und Materie das großräumige Gravitationsfeld nicht vollkommen homogen. Nach der Entkoppelung der Neutrinos von der übrigen kosmischen Materie konnten sich gegebenenfalls lokale Gravitationspotentialsenken herausbilden, falls die Neutrinos, deren Anzahldichte in der gleichen Größenordnung liegt wie die der Photonen, eine geringe, aber nicht verschwindend kleine Ruhmasse besitzen. Auf Grund ihrer gegenseitigen Masseanziehung sind möglicherweise aus kleinen Anzahldichteinhomogenitäten größere Fluktuationen in der räumlichen Neutrinoverteilung, und damit im kosmischen Gravitationsfeld, entstanden. Die übrige Materie konnte diesen Fluktuationen solange nicht folgen, solange der Strahlungsdruck den Gravitationsdruck dominierte. Erst nach der Entkoppelung von Strahlung und Materie war diese frei und konnte nun in die vorgebildeten Potentialsenken des Gravitationsfeldes stürzen. Möglicherweise markieren die jetzigen sichtbaren großräumigen Struktureinheiten die Raumbereiche des Weltalls, die vor der Strahlungsentkoppelung bereits durch eine hohe Dichte massebehafteter, aber nicht zu den Baryonen (z.B. den Protonen und Neutronen) gehörender Elementarteilchen ausgezeichnet waren.

P r o b l e m e d e r F r i e d m a n n - M o d e l l e. Die Friedmann-Modelle vermögen einige grundlegende Beobachtungstatsachen, z.B. die allgemeine Expansion des Raumes, die Existenz der kosmischen Hintergrundstrahlung und die relative Häufigkeit bestimmter Elemente und Isotope, befriedigend und in sich geschlossen zu erklären. Bei der Erklärung anderer Beobachtungstatsachen treten jedoch prinzipielle Schwierigkeiten auf. Unverständlich bleibt z.B. die hochgradige Isotropie der Hintergrundstrahlung. Um sie hervorzubringen, wäre zwischen den verschiedenen Bereichen des expandierenden Weltalls in der Vergangenheit ein physikalisch-kausaler Kontakt zur Erzeugung gleicher physikalischer Zustände notwendig gewesen. Diese physikalische Beeinflussung erfordert eine von den Abständen der betrachteten Bereiche abhängige Zeitdauer, da sich physikalische Signale oder Wirkungen höchstens mit Lichtgeschwindigkeit ausbreiten können. Denkt man sich einen Beobachter an einem beliebigen Ort im Weltall, so gibt es einen Bereich um ihn, in dem alle diejenigen Punkte liegen, mit denen er während eines bestimmten Zeitintervalls Kontakt haben konnte (Abb. 7); die Grenze des Bereichs bildet den Wahrnehmungshorizont des Beobachters. Mit Punkten jenseits des Horizontes war während des angenommenen Zeitintervalls prinzipiell keinerlei Wechselwirkung möglich. Mit fortschreitender

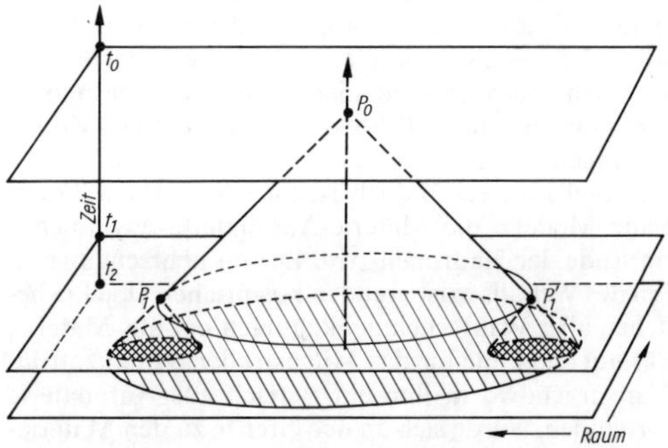

Abb. 7: Zeitliche Änderung des Wahrnehmungshorizonts. Der größtmögliche Raumbereich (einfach schraffiert), aus dem ein zum Zeitpunkt t_0 im Punkt P_0 befindlicher Beobachter während des Zeitraumes $(t_0 - t_2)$ jemals Signale empfangen konnte sowie die Raumbereiche (doppelt schraffiert), von denen zwei an gegenüberliegenden Stellen P_1 und P_1' des Wahrnehmungshorizonts befindliche Beobachter während des Zeitraumes $(t_1 - t_2)$ jemals Signale empfangen konnten. In der Darstellung bewegt sich ein in im Raum ruhender Beobachter längs einer Geraden (–·–·–) parallel zur Zeitachse, Lichtsignale laufen entlang von Geraden, die um 45° gegen die Zeitachse geneigt sind

Zeit entfernt sich zwar der Wahrnehmungshorizont mit Lichtgeschwindigkeit vom Beobachter, in einem Weltall endlichen Alters ist der Horizont aber immer nur endlich weit entfernt. Es gibt daher Weltbereiche, die in der Zeit zwischen der kosmischen Singularität und der Strahlungsentkopplung nie miteinander wechselwirken konnten. Dies trifft bei Friedmann-Modellen z.B. auf Gebiete zu, von denen wir Photonen der kosmischen Hintergrundstrahlung empfangen, und die an der Himmelskugel mehr als 2° bis 3° voneinander entfernt sind. Die Hintergrundstrahlung, die aus Regionen mit einem größeren Winkelabstand kommt, sollte sich daher in der Temperatur unterscheiden. Die hochgradige Homogenität der Hintergrundstrahlung wirft damit das grundsätzliche Pro-

blem auf, wie Raumbereiche, ohne daß sie jemals Kontakt miteinander gehabt hatten, nahezu identische physikalische Zustände erlangen konnten.
Im Rahmen der Friedmann-Modelle ist auch die geringe Abweichung der gegenwärtigen Massendichte im Weltall von der kritischen Dichte schwer verständlich. Nach allen Untersuchungen liegt ihr Verhältnis im Bereich zwischen etwa 0,1 und 10, also nahe eins, obwohl Abweichungen um viele Größenordnungen durchaus denkbar wären. In der Vergangenheit konnten die Abweichungen vom Wert eins immer nur kleiner als gegenwärtig gewesen sein, etwa 10^{-40} s nach der kosmischen Singularität hätte die tatsächliche Massendichte bis auf etwa 50 Dezimalstellen genau gleich der kritischen Dichte gewesen sein müssen. Es ist dies eine so hohe Präzision, wie sie sonst nirgendwo in physikalischen Systemen auftritt. Die praktische Gleichheit von tatsächlicher und kritischer Massendichte bedeutet, daß aus der unendlichen Schar möglicher Friedmann-Modelle genau das ausgezeichnete Modell mit verschwindender Raumkrümmung realisiert ist. Zwar erscheint dies nicht als völlig unmöglich, doch nach allen Erfahrungen der Physik als höchst unwahrscheinlich, falls nicht besondere Bedingungen oder Prozesse genau dieses Modell erzwingen.
Gleichfalls unverständlich ist im Rahmen der Friedmann-Modelle die Materie-Antimaterie-Asymmetrie am Ende der Hadronen-Ära. Die im überschaubaren Teil des Weltalls existierenden kosmischen Objekte bestehen aller Wahrscheinlichkeit nach nur aus Materie, was auf alle Fälle für das Milchstraßensystem zutrifft. Wäre irgendwo in ihm ein Bereich aus Antimaterie vorhanden, würde sich an der Grenze zu den Materiebereichen wegen der in der Galaxis herrschenden Turbulenz eine dauernde Paarvernichtung abspielen. Die dabei freiwerdende Gammastrahlung wäre beobachtbar. Ähnlich läßt sich für die Lokale Gruppe und für weiter entfernte Gebiete im Weltall argumentieren. Wenn es sich auch nicht schlüssig beweisen läßt, daß nirgendwo im Weltall reine Antimateriebereiche existieren, so spricht doch sehr viel dafür, daß im gegenwärtigen Kosmos praktisch nur Materie, kaum Antimaterie vorhanden ist, was im Gegensatz zu der für das Weltall geforderten völligen Homogenität steht.
Inflatorische Weltmodelle. Lösungsmöglichkeiten für die genannten und andere Probleme zeichnen sich möglicherweise im Rahmen von „Großen Vereinheitlichenden Theorien" der Elementarteilchenphysik ab. Sie versuchen, drei der vier Basiskräfte im Weltall: die elektromagnetische Kraft (die u.a. für die Existenz der Elektronenhülle um die Atomkerne verantwortlich ist), die schwache Kraft (die den radioaktiven Zerfall der Atomkerne steuert) und die starke Kraft (die den Zusammenhalt der Atomkerne bewirkt) als verschiedene Manifestationen einer einzigen Kraft darzustellen. Die vierte Basiskraft, die Gravitationskraft, bleibt in diesen Theorien unberücksichtigt. Bei Energien größer als etwa 10^{24} eV, entsprechend einer Temperatur von etwa 10^{28} K, sind nach diesen Vorstellungen die starke, die schwache und die elektromagnetische Kraft ununterscheidbar. Bei geringeren Energien ist diese Symmetrie gebrochen, nur noch die schwache und die elektromagnetische Kraft sind zur elektroschwachen Kraft verschmolzen. Bei Energien geringer als 10^{11} eV ist schließlich auch diese Symmetrie aufgehoben: Starke, schwache und elektromagnetische Wechselwirkungen gehorchen jeweils ihren eigenen Gesetzen.
Die Übertragung der einheitlichen Kraft erfolgt nach diesen Theorien durch eine Teilchenart, die man X-Bosonen nennt; sie spielen die gleiche Rolle wie die Photonen bei den elektromagnetischen Wechselwirkungen. Im Unterschied zu den ruhmasselosen Photonen haben die X-Bosonen eine Ruhmasse, die einem Energieäquivalent von etwa 10^{24} eV gleichkommt. Bei Energien unter diesem Wert können sie nicht gebildet werden, so daß dann auch die einheitliche Kraft nicht wirksam werden kann und die große Symmetrie der Kräfte nicht mehr gegeben ist. Sinkt die Energiedichte von anfangs höheren Werten unter 10^{24} eV ab, zerfallen die X-Bosonen in masseärmere Elementarteilchen (Quarks, Gluonen, Leptonen), unter denen, wie die „Großen Vereinheitlichenden Theorien" voraussagen, die Materieteilchen gegenüber den Antimaterieteilchen gering bevorzugt sind. Der relative Überschuß der Materie liegt bei geeigneter Wahl bestimmter freier Parameter der Theorien gerade in der durch die Beobachtungen vorgegebenen Größenordnung. Die heutige Existenz materieller Objekte im Weltall ist nach diesen Vorstellungen eine zwingende Folge einer Eigenschaft der X-Bosonen und mußte beim Bruch der Symmetrie der Kräfte sichtbar in Erscheinung treten.
Durch keine Theorie – auch in Ansätzen nicht – lassen sich bisher die Prozesse beschreiben, die im Weltall in der Zeit zwischen der kosmischen Singularität und etwa 10^{-43} s danach, während der sog. *Planck-Zeit*, abliefen. Während ihr spielten wahrscheinlich Quanteneigenschaften der Gravitation eine entscheidende Rolle, die mit den bisherigen, von der Allgemeinen Relativitätstheorie entwickelten Vorstellungen nicht erfaßt werden können; Raum und Zeit verhielten sich gänzlich anders als wir es gewohnt sind. Nach der Planck-Zeit, als die Temperatur unter etwa 10^{32} K gesunken war, wurden diese Effekte bedeutungslos, doch reichte die Energie zur Bildung von X-Bosonen aus, so daß eine Symmetrie zwischen starker, schwacher und elektromagnetischer Kraft herrschte. Etwa 10^{-34} s nach der Singularität ging mit dem Unterschreiten der Temperatur von etwa 10^{28} K und damit dem Aussterben der X-Bosonen diese Symmetrie verloren.
Der Symmetriebruch kann als eine Art Phasenübergang beschrieben werden, bei dem eine hochgradig symmetrische Phase in eine weniger symmetrische übergeht. Der Übergang vollzog sich im Vergleich zur Temperaturerniedrigung infolge der allgemeinen Expansion des Weltalls stark verzögert; die symmetrische Phase wurde dadurch stark unterkühlt und enthielt eine riesige Menge an latenter Wärmeenergie. Beim schließlich erfolgenden Phasenumschlag wurde diese plötzlich frei und sorgte für eine starke Temperaturerhöhung, was mit einer gleichzeitigen außerordentlichen, weil exponentiell anwachsenden Expan-

sion des Weltalls verbunden war. Den Zeitabschnitt der beschleunigten Expansion bezeichnet man als die *inflatorische Epoche* des Weltalls. Sie dauerte nur etwa 10^{-32} s, in ihr vergrößerten sich aber alle Abstände um etwa den Faktor 10^{50}. Eine derartige Expansion hatte eine entsprechende Vergrößerung des Krümmungsradius des Raumes zur Folge. Die Raumkrümmung war nach der Inflation so klein, daß sie heute vernachlässigbar ist; der Raum ist seitdem praktisch flach, also euklidisch, und zwar unabhängig von seiner früheren Struktur. Dies bedeutet, daß das Verhältnis von Materiedichte zur kritischen Dichte notwendigerweise gleich eins ist, so wie es gegenwärtig angenähert beobachtet wird. Raumbereiche, die vor der Inflation dicht benachbart waren und damit praktisch gleiche mittlere physikalische Eigenschaften besaßen, rückten während der Inflation sehr weit auseinander; ihr Abstand wurde dabei wesentlich größer als der Durchmesser des von uns gegenwärtig überblickbaren Teilbereiches des Weltalls. Notwendigerweise muß uns dieses daher sehr homogen erscheinen, so wie es die Beobachtungen zeigen. Vor der Inflationsphase existierten in der Energiedichte wie in jedem physikalischen Feld aber auch zufällige Quantenfluktuationen. Während der Inflationsphase haben sich diese mit einer von dem Mittelwert abweichenden Energiedichte behafteten mikroskopischen Bereiche sprunghaft vergrößert und gegenwärtig Ausdehnungen an der Himmelskugel in der Größenordnung bis zu etwa 20° erreicht. In ihnen muß die Temperatur und damit die Intensität der kosmischen Hintergrundstrahlung einheitlich sein, sie sollte sich aber von der Temperatur in anderen Gebieten dieser Größenordnung um geringe Beträge unterscheiden, da zwischen diesen Gebieten vor der Inflation kein kausaler Zusammenhang bestand. In der Intensitätsverteilung der Hintergrundstrahlung wurden derartige, statistisch an der Himmelskugel verteilte Bereiche entdeckt, in denen sich die Temperatur von der in anderen Bereichen um einige 10^{-6} K unterscheidet. Diese Bereiche geben damit möglicherweise Kunde von Quantenfluktuationen, die nur etwa 10^{-34} s nach der Singularität auftraten. Die Quantenfluktuationen bewirkten auch Variationen in der lokalen Metrik mikroskopisch kleiner Bereiche. Während der Inflationsphase erweiterten sich diese auf makroskopische Bereiche und stellen möglicherweise die Variationen im Gravitationsfeld dar, die sich später verstärkten und zur Entstehung von Dichtevariationen und schließlich zur Entstehung der sichtbaren großräumigen Galaxienstrukturen im Weltall führten.

Nach dem Ende der inflatorischen Epoche gehorchten die Hadronen, die der starken Kernkraft unterliegen, anderen Gesetzen als die Leptonen, die der noch einheitlichen elektroschwachen Kraft unterlagen. Rund 10^{-10} s nach der Singularität erfolgte eine abermalige Symmetriebrechung, als die Energie im Weltraum nicht mehr zur Bildung der Mittlerteilchen der elektroschwachen Kraft, der sog. W- und Z-Bosonen, ausreichte, doch vollzog sich im Gegensatz zum ersten Phasenübergang der zweite fließend. Seit diesem Zeitpunkt unterliegen alle Basiskräfte den bekannten unterschiedlichen Gesetzen. Die weitere Entwicklung des Weltalls mündete danach in den Verlauf ein, wie ihn die Friedmann-Modelle angeben.

Die von den „Großen Vereinheitlichenden Theorien" beschriebenen kosmologischen Prozesse sind bisher noch keineswegs als gesichert anzusehen. Überprüft werden könnten sie u.a., wenn es gelänge, das Verhältnis von tatsächlicher Massendichte zur kritischen Dichte sehr zuverlässig aus den Beobachtungen heraus abzuleiten. Es müßte sich bei der Gültigkeit der Voraussagen exakt zu eins ergeben. Sollte im Weltall eine erhebliche Menge gravitierender Masse nicht in Form von Protonen und Neutronen (Baryonen), aus denen letztlich alle Sterne und Sternsysteme aufgebaut sind, existieren, sondern etwa an exotische, sonst nicht in Erscheinung tretende Elementarteilchen gebunden sein, so wäre dieser Nachweis prinzipiell nicht zu erbringen. Eine andere Prüfung der von den „Großen Vereinheitlichenden Theorien" vorausgesagten astronomischen Effekte ist gegenwärtig nicht möglich. Experimentelle Überprüfungen im Rahmen der Physik sind – bis auf die Voraussage einer endlichen Lebensdauer der Protonen – ebenfalls nicht möglich, da die für derartige Experimente benötigten Energien nicht aufgebracht werden können.

Mit den Vorstellungen einer inflatorischen Epoche in der frühesten Entwicklungsphase des Weltalls treten auch Probleme auf, die bisher von der Theorie nicht befriedigend geklärt werden können. Das von ihr beschriebene Weltall stimmt z.B. nach der inflatorischen Epoche nur bei einer außerordentlich sorgfältigen Wahl der freien Parameter mit dem tatsächlich beobachteten Weltall überein. Eine innere Notwendigkeit gerade für diese Parameterwahl konnte bisher nicht gefunden werden.

Eine Konsequenz einer inflatorischen Entwicklungsepoche des Weltalls ist, daß sich der beobachtbare Weltteil auf einen winzigen Ausschnitt eines unvergleichlich größeren Universums beschränkt; über andere Teilbereiche lassen sich Aussagen nur in einem statistischen Sinne, also in Form von Wahrscheinlichkeitsaussagen, machen. Die von Beobachtungen ausgehende K. wird damit reduziert auf eine Beschreibung der Struktur und der Strukturänderung allein des der Beobachtung zugänglichen Teils des Weltalls; über das Weltall als Ganzes wäre – im Gegensatz zu den bisherigen Vorstellungen – prinzipiell keine empirisch überprüfbare Aussage mehr machbar.

Geschichtliches. Im Altertum und im Mittelalter beschränkten sich kosmologische Überlegungen auf philosophische Spekulationen, ohne daß naturwissenschaftliche Beweise für oder gegen die Richtigkeit bestimmter Vorstellungen geführt werden konnten. Die ältesten Vorstellungen eines unendlich ausgedehnten und bis ins Unendliche mit Sternen erfüllten Weltalls gehen wohl auf den griech. Philosophen Demokrit (460–371 v.u.Z.) zurück. E. Halley (1656–1742) glaubte eine naturwissenschaftliche Begründung für ein derartiges Weltall gefunden zu haben: Nur dieses könne im Gleichgewicht sein. I. Newton (1643–1727) zeigte jedoch, daß bei universeller Gültigkeit des Gravitationsgesetzes in einem solchen Weltall die auf einen beliebigen Körper wirkende Gravitationskraft völlig unbestimmt ist. I. Kant (1724–1804) und J. Lambert (1728–1777) sahen in diesem „Gravitationsparadoxon" das Hauptproblem der K. Eine Lösung glaubten H. v. Seeliger (1849–1924) und C. Neumann (1832–1925) dadurch zu erreichen, daß sie dem (unendlich ausgedehnten euklidischen) Raum die Eigenschaft zuschrieben, den Gravitationsfluß zu absorbieren, was auf eine Abänderung des Newtonschen Gravitationsgesetzes hinauslief. W. Olbers (1748–1840) wies darauf hin, daß bei unendlicher Ausdehnung des Weltalls und bei gleichmäßiger Sterndichte in ihm der Himmel sonnenhell sein müsse, da in jeder beliebigen Richtung der Sehstrahl immer auf einen Stern treffen würde (→ Olberssches Paradoxon). K. F. Gauß (1777–1855) und B. Riemann (1826–1866) sprachen die Vermutung aus, daß die großräumige geometrische Struktur des Weltalls möglicherweise nichteuklidisch sein könne. A. Einstein (1879–1955) ging anfänglich von einem räumlich endlichen, unbegrenzten und gleichmäßig mit Materie erfüllten statischen Weltall aus. In seine die Raumstruktur beschreibenden Gleichungen nahm er deshalb einen Term auf, der einer Abstoßungskraft entsprach. Später verwarf er diesen Gedanken wieder, da die Beobachtungen zeigten, daß das Weltall expandiert, also nicht statisch ist, was 1924 A. Friedmann (1888–1925) bereits theoretisch gefolgert hatte.

kosmologisches Prinzip, → Kosmologie.

Kosmonautik, svw. Raumfahrt.

Kosmos [griech., ‚Ordnung, Weltordnung'], svw. Weltall.

kpc, Einheitenzeichen für Kiloparsec.

Kraft, Ursache für die Änderung des Bewegungszustandes (damit einer Beschleunigung) eines frei beweglichen Körpers bzw. für die Deformation eines nicht frei beweglichen Körpers. Hat ein frei beweglicher Körper die (unveränderliche) Masse m, gilt für die bei der Einwirkung der Kraft K verursachten Beschleunigung $b = K/m$. Für Geschwindigkeiten, die mit der Lichtgeschwindigkeit vergleichbar sind, ist diese Gleichung nicht mehr richtig, da dann nach der Speziellen → Relativitätstheorie die Masse nicht mehr als konstant angesehen werden kann. Die Einheit der K. ist das Newton, Einheitenzeichen N; 1 Newton ist die K., die der Masse 1 kg die Beschleunigung 1 m/s^2 erteilt.

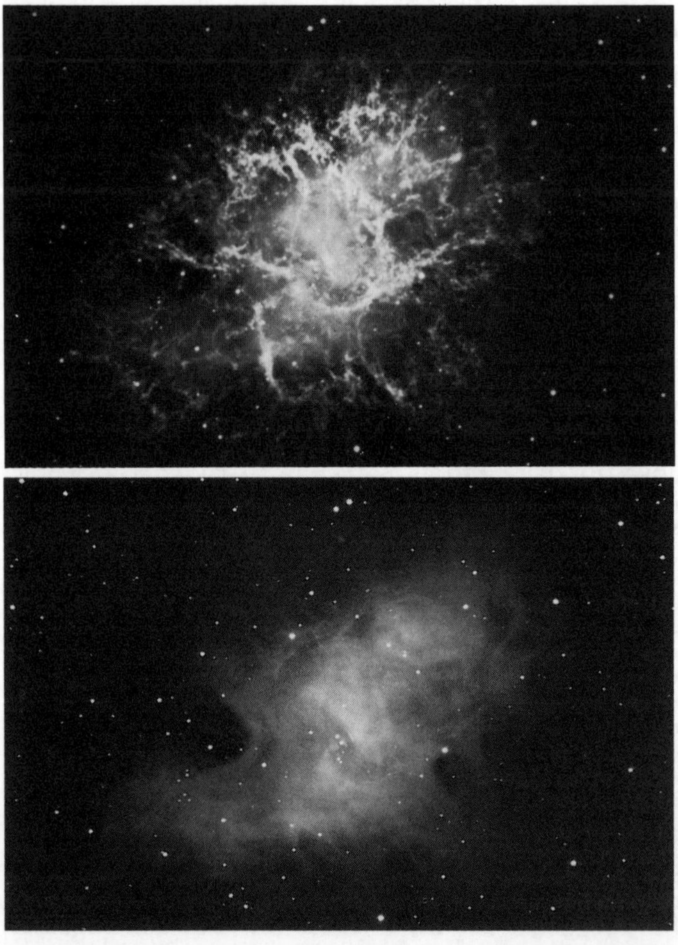

Der Krebsnebel (M1).
Oben: Aufnahme im Wellenlängenbereich von etwa 640 bis 670 nm, in dem intensive Emissionslinien liegen. Unten: Aufnahme im Wellenlängenbereich von etwa 540 bis 640 nm, in dem nur Kontinuumstrahlung empfangen wird. (Aufnahmen: Mount Wilson and Palomar Observatories, Pasadena, USA)

Kranich, das Sternbild → Grus.

Krater, ***Kratergrube***, Oberflächenstruktur auf Körpern des Planetensystems.

Krebs, das Sternbild → Cancer.

Krebsnebel, ***Crabnebel, M 1***, ein Nebelfleck mit einem Winkeldurchmesser von etwa 6′ und einer scheinbaren visuellen Helligkeit von etwa 8^m im Sternbild Taurus (Stier). Der K. ist der gasförmige Überrest einer Supernova, die im Jahre 1054 aufleuchtete. Er befindet sich in ungefähr 1500 pc Entfernung von der Sonne. Sein linearer Durchmesser beträgt etwa 2,5 pc und seine Masse 1 bis 2 Sonnenmassen.

Etwa 80% der vom K. im sichtbaren Spektralbereich ausgesandten Strahlung entstammt einem verwaschen erscheinenden, amorphen Nebel; ihm sind helle Filamente überlagert, die den restlichen Teil der sichtbaren Strahlung liefern (Abb.). Die Filamente haben ein Emissionslinienspektrum, in dem Wasserstoff-, Helium- und Neonlinien sowie „verbotene" Linien (→ Spektrum) des Stickstoffs und Sauerstoffs dominieren. Die Spektrallinien zeigen eine Doppler-Verschiebung, die auf eine Expansionsgeschwindigkeit von fast 1500 km/s schließen läßt. Aus ihr und der jährlichen Vergrößerung des Winkeldurchmessers von etwa 0,15″ ergibt sich die angegebene Entfernung des K.s.

Die Strahlung des amorphen Nebels hat ein rein kontinuierliches Spektrum und ist stark linear polarisiert. Es handelt sich um Synchrotronstrahlung, die von hochenergetischen Elektronen ausgesandt wird, die sich in einem Magnetfeld bewegen. Die Magnetfeldstärke im K. beträgt etwa $5 \cdot 10^{-10}$ Tesla (das Magnetfeld der Erde ist mehr als 100000mal stärker), der Feldlinienverlauf folgt nahezu den beobachteten optischen Filamenten. Die Synchrotronstrahlung kann auch im Radiofrequenz- und im Röntgenbereich nachgewiesen werden. (Als Radioquelle trägt der K. die Bezeichnung ***Taurus A***, als Röntgenquelle die Bezeichnung ***Taurus X-1***.)

Im Zentrum des K.s befindet sich ein Pulsar, der der stellare Überrest der Supernova ist, und der eine Pulsationsperiode von 0,033200 s hat. Von ihm stammen die die Synchrotronstrahlung aussendenden Elektronen. Für das theoretische Verständnis der bei einer Supernovaexplosion ablaufenden Prozesse hat das Auffinden des Krebsnebelpulsars eine außerordentliche Bedeutung, da damit ein Neutronenstern als stellarer Supernovaüberrest nachgewiesen wurde, und man mit dem Alter des K.s das genaue Alter eines Pulsars kennt. Der K. bekam seinen Namen, weil er von früheren Beobachtern etwa krebsförmig gezeichnet wurde.

Kreisbahngeschwindigkeit, die zum Durchlaufen einer Kreisbahn um einen Himmelskörper notwendige Geschwindigkeit. Die K. v hängt von der Masse $\mathfrak{M}$ des Himmelskörpers und dem Radius r der Bahn ab: $v = \sqrt{G\mathfrak{M}/r}$; G bedeutet die Gravitationskonstante.

Kreppring, andere Bezeichnung für den C-Ring des → Saturns.

Kreuz, ***K. des Südens***, das Sternbild → Crux.

Kreuz des Nordens, gelegentliche Bezeichnung des Sternbildes → Cygnus auf Grund der Anordnung der hellsten Sterne in ihm.

Kreuzstab, historisches astronomisches → Instrument.

Krippe, svw. Praesepe.

Krone, ***1) Nördliche K.***, das Sternbild → Corona Borealis; ***2) Südliche K.***, das Sternbild → Corona Australis.

K-Stern, Stern der → Spektralklasse K.

Kugelsternhaufen, ***Kugelhaufen***, eine weitgehend kugelsymmetrische Ansammlung von einigen 10^4 bis einigen 10^7 Sternen mit einer hohen zentralen Konzentration. Einige K. sind gering ellipsoidisch. Die Sternkonzentration gegen das Zentrum ist im allg. so stark, daß sich die Zentralregion optisch nicht in Einzelsterne auflösen läßt (Abb. 1).

Die Benennung der K. erfolgt in der gleichen Weise wie die der → Offenen Sternhaufen.

Die K. werden hinsichtlich ihrer Konzentration gegen das Haufenzentrum in unterschiedliche Klassen eingeteilt: Die Klasse I weist die höchste, die Klasse XII die geringste Konzentration auf. Die Mehrzahl der K. entfällt auf die mittleren Klassen IV bis IX. Ein anderes Klassifikationskriterium ist der integrale Metallgehalt eines Haufens, der sich aus der Intensität des Gesamtlichts in bestimmten Spektralbereichen ableiten läßt.

Entfernungsbestimmung, Helligkeit, Durchmesser, Masse. Die Entfernungen der K. lassen sich am zuverlässigsten mit Veränderlichen vom Typ RR Lyrae ermitteln, die z.T. in großer Zahl in den K. gefunden werden: Aus der bekannten absoluten Helligkeit der RR-Lyrae-Sterne und ihrer gemessenen scheinbaren Helligkeit ergibt sich die Entfernung der Sterne und damit der Haufen, in denen sie sich befinden (→ Parallaxe). Die Entfernungen derjenigen K., in denen keine RR-Lyrae-Sterne beobachtet werden, können dann abgeschätzt werden, wenn man die scheinbare Gesamthelligkeit oder den Winkeldurchmesser der Haufen oder die Helligkeit der 25 hellsten Sterne eines Haufens mißt und die Annahme macht, daß im Mittel für alle K. die absoluten Gesamthelligkeiten bzw. die linearen Durchmesser bzw. die absoluten Helligkeiten der hellsten Sterne gleich sind. Die Zahlenwerte dieser Größen müssen an K. ermittelt werden, deren Entfernungen mit Hilfe von RR-Lyrae-Sternen bestimmt wurden.

Die Ermittlung der scheinbaren Gesamthelligkeit eines K.s bereitet Schwierigkeiten, da es sich bei den Haufen um flächenhaft erscheinende Objekte mit einem Helligkeitsabfall zum Rande hin handelt. Je nach dem Schwellenwert der benutzten Aufnahmeapparatur werden unterschiedliche Helligkeiten gemessen, so daß erhebliche systematische Fehler entstehen können. Als mittlere absolute Gesamthelligkeit M_V (im V-Bereich des UBV-Systems) ergibt sich $-7\overset{m}{.}3$ mit einer verhältnismäßig geringen Streuung. Einige K. haben eine größere Abweichung vom Mittelwert: Der absolut hellste bekannte K. ist ω Centauri mit $M_V = -10\overset{m}{.}3$, der absolut schwächste Palomar 13 mit $M_V = -2\overset{m}{.}6$.

Den linearen Durchmesser eines K.s erhält man aus seinem scheinbaren Durchmesser (Winkeldurchmesser) und der Entfernung des Haufens von der Sonne.

Abb. 1: Kugelsternhaufen ω Centauri. (Aufgenommen mit dem 152-cm-Schmidt-Teleskop des Boyden-Observatoriums, Bloemfontein, Südafrika)

Wegen der nicht scharf begrenzten Randpartien der K. treten bei der Durchmesserbestimmung die gleichen Schwierigkeiten wie bei der Helligkeitsbestimmung auf, so daß die Durchmesser mit erheblichen Ungenauigkeiten behaftet sind. Die linearen Durchmesser liegen im allg. zwischen etwa 5 und 110 pc.

Die Gesamtmasse eines K.s läßt sich abschätzen, wenn man annimmt, daß sich die Sterne eines Haufens unter dem alleinigen Einfluß ihrer gegenseitigen Massenanziehung bewegen. Durch die Masse aller Mitgliedsterne ist deren Geschwindigkeitsverteilung und damit die Verteilung ihrer Radialgeschwindigkeiten bezüglich der Sonne in Abhängigkeit von der Entfernung vom Haufenzentrum festgelegt. Derartige Radialgeschwindigkeitsbeobachtungen führen auf Haufenmasse zwischen etwa $2 \cdot 10^5$ und $1 \cdot 10^6$ Sonnenmassen; die Masse des K.s ω Centauri liegt bei rund $5 \cdot 10^6$ Sonnenmassen. Aus der Gesamtmasse und der Gesamtleuchtkraft läßt sich das Masse-Leuchtkraft-Verhältnis eines K.s ermitteln, das sich zu etwa 1 bis 1,6 ergibt, wenn man Masse und Leuchtkraft jeweils in Sonneneinheiten mißt. Nimmt man einen Wert in diesem Bereich als Mittelwert für alle K. an, läßt sich die Masse auch derjenigen Haufen abschätzen, für die man zwar die Gesamtleuchtkraft, nicht aber die Verteilung der Radialgeschwindigkeiten der Mitgliedsterne kennt. Diese Methode liefert Gesamtmassen zwischen einigen 10^4 und einigen 10^6 Sonnenmassen.

Die Anzahl der Sterne je Volumeneinheit (Sterndichte) kann man bei Haufen, deren Durchmesser bekannt ist, mit Hilfe von Sternzählungen bestimmen. Mittels erdgebundener Teleskope lassen sich im allg. nur die äußeren Partien eines K.s optisch in Einzelsterne auflösen, wobei auch nur die helleren Sterne wirklich erfaßt werden; man erhält infolgedessen stets Minimalwerte für die Sterndichte. Sie beträgt in den Außenbezirken eines K.s rund das 10fache der Sterndichte in der näheren Sonnenumgebung, im Zentrum der sternreicheren K. ist sie wahrscheinlich noch einmal um einen Faktor 100 bis 1000 größer.

Farben-Helligkeits-Diagramm. Im Farben-Helligkeits-Diagramm eines K.s ist die Hauptreihe nur etwa vom Farbenindex $(B-V)_0 \approx 0{,}4$ an (entsprechend etwa den F-Sternen) in Richtung wachsenden Farbenindex (späterer Spektralklassen) besetzt. Im Bereich der F-Sterne knickt die Hauptreihe ab und geht ohne merkliche Lücke in den steil aufsteigenden Riesenast über (Abb. 2). Im Bereich der G-Riesen

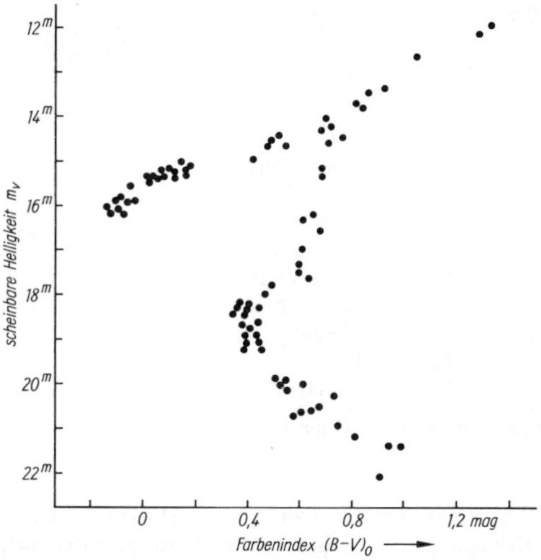

Abb. 2: Farben-Helligkeits-Diagramm des Kugelsternhaufens M 92. In der Lücke des Horizontalastes bei $m_v \approx 15^m$ befinden sich die Bildpunkte der hier nicht eingezeichneten RR-Lyrae-Sterne des Haufens

($(B-V)_0 \approx 0{,}7$) zweigt ein Horizontalast vom Riesenast ab und erstreckt sich mehr oder minder weit in Richtung auf die Hauptreihe; auf ihm liegen die Bildpunkte der RR-Lyrae-Sterne. Die Farben-Helligkeits-Diagramme einiger K. lassen auch den asymptotischen Riesenast erkennen, der vom Horizontalast abzweigend parallel zum oberen Teil des normalen Riesenastes, aber um etwa 1 mag nach oben verschoben, verläuft. Die Struktur der Farben-Helligkeits-Diagramme der K. unterscheidet sich wesentlich von der der → Offenen Sternhaufen und ist für die extreme Population II charakteristisch. Die Diagrammstruktur läßt sich mit Hilfe der Theorie der Sternentwicklung verstehen. Noch keine allgemein akzeptierte Erklärung gibt es für diejenigen Hauptreihensterne („Blaue Nachzüglersterne"), deren Bildpunkte links vom Abknickpunkt liegen (→ Sternentwicklung).
Von einer Reihe von K. empfängt man Röntgenstrahlung, die offenbar von einzelnen isolierten Quellen in den Haufen stammt. Unter diesen Röntgenquellen befinden sich auch sog. Röntgenblitzer, eine besondere Art von → Doppelsternen.
In K. beobachtet man kein interstellares Gas, obwohl die in den Haufen vorhandenen Riesensterne (wie andere Riesensterne) sicher einen beträchtlichen Masseverlust erleiden. Möglicherweise wird das von den Sternen abgestoßene Gas durch heftige Sternwinde ganz aus dem Haufen geblasen, oder dann aus den Haufen entfernt, wenn diese bei ihren Bewegungen um das galaktische Zentrum (s.u.) die Milchstraßenebene durchqueren: Bei der Wechselwirkung des dort befindlichen interstellaren Gases mit dem Haufengas wird dieses abgebremst, während die Haufensterne völlig unbeeinflußt ihre Bewegung fortsetzen; nach dem Durchqueren der galaktischen Ebene ist ein K. frei von Gas. In einigen K. beobachtet man geringe Mengen interstellaren Staubes, der sich durch kleine Dunkelwolken in den Haufen bemerkbar macht.
Alter. Aus dem Vergleich der beobachteten Farben-Helligkeits-Diagramme mit theoretisch berechneten läßt sich auf das Alter der einzelnen K. schließen (→ Altersbestimmung), das sich zwischen etwa $13 \cdot 10^9$ und $19 \cdot 10^9$ Jahren ergibt; die K. stellen damit die ältesten Objekte im Milchstraßensystem dar.
Die K. befinden sich in einem stabilen kinematischen Gleichgewicht, wenn man Zeitintervalle von einigen 10^6 Jahren betrachtet, die mit derjenigen Zeit vergleichbar sind, die ein Stern zum Durchqueren des Haufens benötigt. Betrachtet man jedoch Zeitskalen, in denen die Sterne einen signifikanten Betrag ihrer kinetischen Energie mit anderen Mitgliedsternen austauschen, sind die Haufen partiell instabil; für die mittleren Haufenregionen liegen diese Wechselwirkungszeiten bei rund 10^8 bis 10^{10} Jahren, für die dichten Zentralregionen weit darunter. Beim nahen Vorübergang der Sterne aneinander wird kinetische Energie ausgetauscht, wodurch einzelne Sterne stark beschleunigt und aus dem Haufenzentrum entfernt werden können, während die anderen zum Zentrum sinken. Bei hohen zentralen Sterndichten kann dadurch eine lokale Instabilität eintreten, die zu einer anwachsenden zentralen Konzentration der Sterne führt, was von außen als ein Schrumpfen der zentralen, sternreichen Regionen erscheint. Die Instabilität wird möglicherweise dadurch beendet, daß die Sterndichten so hoch werden, daß sich direkte Sternzusammenstößen ereignen, in deren Folge im Haufenzentrum ein Schwarzes Loch entsteht. In dieses würden weitere Sterne einstürzen, deren kinetische Energie auf die verbleibenden Sterne übertragen wird, die dadurch etwas vom Zentrum wegrücken. Die bei einigen K. beobachtete sehr hohe Sternkonzentration im Zentrum ist möglicherweise eine Folge der zentralen kinematischen Instabilität.
Räumliche Verteilung. Im Milchstraßensystem kennt man etwa 140 K. Sie bilden ein nahezu sphärisches System, das das eigentliche Milchstraßensystem in Art eines Halos umschließt. Der Durchmesser dieses Halos beträgt mehr als 50000, möglicherweise 100000 pc. Die Bewegung der K. erfolgt im allg. in sehr langgestreckten Ellipsenbahnen um das galaktische Zentrum, wobei die Bahnebenen keine Vorzugslage im Raum einnehmen; sie sind offenbar statistisch gleichmäßig verteilt. Die K. nehmen als Gesamtheit nicht an der allgemeinen Rotationsbewegung des Milchstraßensystems teil (→ Milchstraßensystem).
Die K. haben sich in einer sehr frühen Entwicklungsphase des Milchstraßensystems innerhalb einer relativ kurzen Zeit gebildet, wie die verhältnismäßig geringen Altersunterschiede zeigen. Während dieses Zeitintervalls hat sich jedoch die chemische Zusammensetzung der Materie, aus der die K. hervorgegangen sind, sehr rasch geändert: Einige K. haben eine Metallhäufigkeit, die etwa 0,5% des Sonnenwertes oder weniger beträgt, andere besitzen rund 15% des Metallgehalts der Sonne. Die Haufen mit einer relativ geringen Metallhäufigkeit haben im Mittel einen wesentlich größeren Abstand vom Zentrum des Milchstraßensystems als die metallreicheren Haufen.

Einige hellere Kugelsternhaufen

Katalognummer		Koordinaten	(2000)			m_{ges}	D	Sternbild
NGC	M	α		δ				
		h	min	°	′		′	
5024	53	13	12,9	18	10	8^m	5	Coma Berenices
5272	3	13	42,3	28	22	6^m	16	Canes Venatici
5904	5	15	18,6	2	6	6^m	17	Serpens
6205	13	16	41,7	36	27	6^m	17	Hercules
6218	12	16	47,2	−1	58	7^m	14	Ophiuchus
6254	10	16	57,1	−4	6	7^m	15	Ophiuchus
6341	92	17	17,2	43	8	7^m	11	Hercules
7078	15	21	30,0	12	11	6^m	12	Pegasus
7089	2	21	33,5	−0	50	6^m	13	Aquarius

α: Rektaszension; δ: Deklination; m_{ges}: genäherte visuelle Gesamthelligkeit; D: genäherter scheinbarer Durchmesser.

Die Zahl der K. in den extragalaktischen Sternsystemen hängt vom Typ der Systeme ab: In den elliptischen Sternsystemen sind K. im Mittel häufiger als in Spiralsystemen. In der elliptischen Riesengalaxie M 87 z.B. schätzt man die Gesamtzahl der K. auf rund 20000, im Andromedanebel kennt man etwa 250 K. Innerhalb der rund 1000 beobachteten K. in den Magellanschen Wolken lassen sich auf Grund der Lage der Bildpunkte der hellsten Hauptreihensterne im Farben-Helligkeits-Diagramm zwei Arten von K. unterscheiden: Bei den „roten" K. liegen die Bildpunkte der Mitgliedsterne im Bereich hoher Farbenindizes; diese K. gleichen den K. des Milchstraßensystems. Bei den „blauen" K. haben die hellsten Hauptreihensterne relativ niedrige Farbenindizes und sind damit massereicher als die hellsten Hauptreihensterne in den normalen K. Nach der Theorie der Sternentwicklung sind die „blauen" K. jünger als die „roten". Eine gesicherte Erklärung für das Auftreten der zwei Arten von K. fehlt gegenwärtig noch.
Innerhalb der Lokalen Gruppe werden auch intergalaktische K. beobachtet, die anscheinend keinem bestimmten extragalaktischen Sternsystem angehören.

Kuiper, Gerard Peter, niederl.-nordamerikan. Astronom, geb. 7.2.1905 in Harencarspel (Niederlande), gest. 24.12.1973 in Mexiko City; ab 1960 Direktor des Mond- und Planetenlaboratoriums in Arizona (USA). K. arbeitete über Doppelsterne, den Aufbau der Sonne, vor allem aber über die Körper des Planetensystems sowie dessen Entwicklung.

Kuiper-Gürtel [nach dem niederl.-nordamerikan. Astronomen G. Kuiper, 1905–1973], eine Ansammlung von vielleicht 10^8 bis 10^{10} Kometen in einem gürtelförmigen Gebiet um die Sonne außerhalb der Planetenbahnen, dessen Symmetrieebene mit der Hauptebene des Planetensystems zusammenfällt, und das sich möglicherweise zwischen 50 und 500 AE von der Sonne erstreckt; → Komet.

Kulmination [culmen, lat., ‚Gipfel'], der Zeitpunkt, in dem ein Gestirn bei seiner scheinbaren täglichen Bewegung am Himmel seine größte Höhe über oder unter dem Horizont hat; es befindet sich dann im oberen oder unteren ***Kulminationspunkt***. Bei den Zirkumpolarsternen liegt sowohl der obere als auch der untere Kulminationspunkt über dem Horizont (Abb. → Bewegung der Gestirne). Die Sterne befinden sich zur Zeit der K. im Meridian des Beobachtungsortes; bei der Sonne und dem Mond, die eine z.T. relativ schnelle Deklinationsänderung haben, kann die K. auch etwas außerhalb des Meridians stattfinden.

künstlicher Erdsatellit, → Erdsatellit.

Kuppel, → Sternwarte.

L

Labyrintus [lat.] *m*, Bezeichnung für ein System einander schneidender Täler als eine Struktureinheit auf Körpern des Planetensystems.

Lac, Abk. für Lacerta.

Lacerta [lat.], *Gen.* Lacertae, abg. ***Lac, Eidechse***, kleines Sternbild des nördlichen Himmels, von dem der größte Teil von unseren Breiten aus gesehen nie unter den Horizont sinkt.

Lacus [lat., ‚See'] *m, Plur.* Lacus, Bezeichnung für eine kleine mareähnliche Oberflächenstruktur auf dem Mond.

Lagrange-Punkte, svw. Librationspunkte.

Länge, in der Astronomie Koordinate im ekliptikalen und im galaktischen Koordinatensystem; → Koordinaten.
Die ***geographische L.*** eines Beobachtungsortes ist der Winkelabstand des Ortsmeridians vom Nullmeridian, dem Ortsmeridian von Greenwich; sie wird in Grad gemessen, entweder von 0° bis 360° in Richtung Osten oder jeweils von 0° bis 180° in Richtung Osten und Westen.

Länge des aufsteigenden Knotens, → Bahnelement.

Länge des Perihels, → Bahnelement.

Längenkreis, in der Astronomie jeder Großkreis an

der Himmelskugel, der die Ekliptik oder den galaktischen Äquator senkrecht schneidet.
In der Geographie jeder auf dem Erdäquator senkrecht stehender und durch den Nord- und den Südpol gehender Kreis.

langsam unregelmäßige Veränderliche, Sterne mit langsam verlaufenden Helligkeitsschwankungen, deren Amplituden bis zu 2 mag betragen können, und die im allg. in Form von flachen Wellen auftreten, deren Gestalt und Länge aber sehr wechselt, so daß auch innerhalb kurzer Zeitintervalle keine Periodizität des Lichtwechsels zu erkennen ist. Die l. u.n V.n (Typbezeichnung L) bilden eine sehr inhomogene Sterngruppe, die in zwei Untergruppen mit jeweils für sich physikalisch ähnlichen Sterne aufgeteilt wird. Der Gruppe Lb gehören überwiegend Riesensterne mittlerer und später Spektralklassen (F bis M sowie C und S) an, der Gruppe Lc Überriesensterne später Spektralklassen. (Die Buchstaben b und c stammen von einer früheren Klassifikation, deren Untergruppe a weitgehend in der jetzigen Gruppe b aufgegangen ist.)
Die Abgrenzung der l. u.n V.n von den halbregelmäßigen Veränderlichen und den RV-Tauri-Sternen ist fließend; ein Teil der Gruppenmitglieder ist wahrscheinlich nur auf Grund ungenügender Kenntnisse über den tatsächlichen Veränderlichentyp den l. u.n V.n zugeordnet worden.
Etwa 2400 der bekannten Veränderlichen gehören zu den l. u.n V.n, von denen etwa die Hälfte der Untergruppe Lb und etwa 50 der Gruppe Lc angehören, der Rest läßt sich noch nicht eindeutig einer der beiden Gruppen zuweisen.

Laplace, Pierre Simon, Marquis de, franz. Mathematiker und Astronom, geb. 28.3.1749 in Beaumont-en-Auge, gest. 5.3.1827 in Paris; zuerst Mathematiklehrer in seiner Heimatstadt, ab 1767 Prof. in Paris, ab 1773 Mitglied der Akademie, 1799 Innenminister, unter Napoleon Senatsmitglied. L. lieferte grundlegende himmelsmechanische Arbeiten, insbesondere über die Störungen der Planeten und die Stabilität der Saturnringe sowie Arbeiten über die Stabilität und die Entstehung des Sonnensystems.

Larissa *f*, ein Neptunsatellit. Die L. umläuft nahezu in einer Kreisbahn mit einem Radius von 73 540 km in 13,4 Stunden rechtläufig den Neptun; die Bahnebene ist nur 0,20° gegen dessen Äquatorebene geneigt. Die L. ist nicht kugelförmig: Der größte bzw. kleinste Durchmesser beläuft sich auf etwa 210 bzw. 180 km. Die Oberfläche ist durch Einschlagkrater gekennzeichnet. Die Albedo ist mit etwa 0,06 sehr gering, was wahrscheinlich auf Veränderungen im Methaneis, mit dem die L. überzogen ist, zurückgeht, die durch hochenergetische Teilchen aus der Neptunmagnetosphäre verursacht wurden.
Hinsichtlich der Einordnung der L. in das System der Neptunsatelliten → Neptun.
Die L. wurde 1989 mit Hilfe der Raumsonde Voyager 2 entdeckt.

Laserlicht-Echo-Methode, → Radio-Echo-Methode.

Leben auf anderen Himmelskörpern, die Gesamtheit der an Organismen gebundenen Erscheinungen und Prozesse, die auf einem außerirdischen Himmelskörper ablaufen. Außerirdisches Leben kann im Prinzip dadurch nachgewiesen werden, daß man bei Raumflugunternehmungen auf Körpern des Planetensystems lebende Organismen, mindestens fossile Spuren von Organismen findet, oder daß man aus dem Weltall kommende elektromagnetische Strahlung entdeckt, aus deren Modulation eindeutig hervorgeht, daß es sich nicht um eine natürlich entstandene, sondern um eine von hochentwickelten Lebewesen hervorgebrachte Strahlung handelt. Beide Nachweismöglichkeiten haben bisher zu keinem Ergebnis geführt. Über die Erfolgswahrscheinlichkeit einer derartigen Suche gehen die Meinungen sehr auseinander.
Alle irdischen Organismen enthalten als lebensnotwendige Substanzen hochmolekulare organische Verbindungen, u.a. Nukleinsäuren und Proteine. Diese sind im allg. nur in einem Temperaturintervall von etwa −25 °C bis +60 °C beständig. Gewisse Mikrobenarten können auch außerhalb dieses Temperaturbereichs existieren, für höher organisierte Lebewesen trifft dies aller Wahrscheinlichkeit nach nicht zu. Die Lebewesen benötigen zum Überleben außerdem Wasser und eine Atmosphäre, die nicht zu große Mengen lebensschädigende Gase enthält. Das Vorhandensein von Wasser und einer geeigneten Atmosphäre wird als Kriterium dafür benutzt, ob auf den (bekannten) Himmelskörpern Lebensvorgänge auf der Basis von organischen Verbindungen existieren können oder früher konnten. Ob es möglicherweise auch völlig andere, z.B. nicht an organische Verbindungen gebundene Lebensformen gibt, ist nicht bekannt.
Wie Laborexperimente zeigen, ist die Bildung biologisch wichtiger Moleküle, z.B. von Aminosäuren, aus einem Gasgemisch entsprechend der (vermuteten) Zusammensetzung der frühen Erdatmosphäre unter Energiezuführung (Ultraviolettstrahlung entsprechend der Sonneneinstrahlung oder elektrischen Entladungen wie bei Blitzen) möglich. Da wegen des damals fehlenden atmosphärischen Sauerstoffs die energiereiche Sonnenstrahlung bis zur Erdoberfläche gelangen konnte, wurden diese komplizierten Verbindungen zum größten Teil wieder zerstört. Nur in Gewässern mit einigen Metern Tiefe, bis zu der die Strahlung nicht dringen konnte, oder in Poren von Mineralien hatten sie eine genügend hohe Überlebenswahrscheinlichkeit. Ob sie sich jedoch in der für eine Lebensentstehung genügend hohen Konzentration ansammeln konnten, ist ungewiß. Denkbar ist auch, daß organische, präbiologische Moleküle von außen auf die Erde gelangten. Unter der großen Anzahl unterschiedlicher Moleküle in den interstellaren Molekülwolken befinden sich auch solche, aus denen Aminosäuren entstehen können (→ interstellares Gas). Derartige Verbindungen finden sich auch in den kohligen Chondriten, die sich im Sonnennebel bildeten und, wie die sog. „Fremdlinge“ zeigen (→ Kosmogonie), sogar noch Bestandteile enthalten, die interstellaren Ursprungs sind. Infolge der in der Frühphase des Planetensystems sehr zahlreichen Meteoritenfälle konnten die zum Aufbau von Leben wichtigen Ausgangssubstanzen auf die Erde gelangen und, wenn die Meteorite

in Gewässer fielen, sich möglicherweise dort anreichern.
Noch vollkommen ungeklärt ist, wie sich der Übergang von abiologisch gebildeten Molekülansammlungen zu lebensfähigen Strukturen, etwa Zellen, die Replikation, Vermehrung und Entwicklung zeigen, tatsächlich vollzog. Wahrscheinlich spielte die Selbstorganisation genügend komplexer Moleküle in Reaktionssystemen, die sich genügend weit von einem thermodynamischen Gleichgewichtszustand befinden, die ausschlaggebende Rolle. Welche anderen Bedingungen noch erfüllt sein mußten, ist gegenwärtig ein offenes Problem. Allgemein wird angenommen, daß die Selbstorganisation ein auf Grund allgemeiner physikalischer Gesetzmäßigkeiten notwendiger Prozeß ist, so daß man im Weltall Leben auf sehr vielen Himmelskörpern erwartet. Gelegentlich wird der Übergang vom unbelebten zum belebten Zustand aber auch als ein rein zufälliger, im Grunde extrem unwahrscheinlicher Prozeß angesehen; dann wäre auf kaum einem anderen Himmelskörper mit Leben zu rechnen.
Der Übergang von abiologischen zu biologischen Strukturen muß sich auf der Erde schon vor mindestens 3,5 Mrd. Jahren vollzogen haben. In derart alten Sedimentgesteinen finden sich gesicherte Spuren von Mikrofossilien, die den heutigen Blaualgen sehr ähnlich sind. Auch die ersten, sehr primitiven Lebewesen müssen unter einer schützenden Wasserdecke entstanden sein, wo noch Sonnenlicht zur Verfügung stand, der ultraviolette Strahlungsanteil aber stark reduziert war. Mit dem Aufkommen der Photosynthese, bei der Energie der Sonnenstrahlung zur Umwandlung von Kohlendioxid in Zucker und Stärke verwendet wird, bahnte sich eine entscheidende Veränderung in der Zusammensetzung der Erdatmosphäre an, da bei der Synthese Sauerstoff frei wird. Zwar verblieb er zunächst in den Gewässern und wurde dort chemisch, z.B. bei der Bildung von Ferrioxiden, gebunden. Vor rund 2 Mrd. Jahren war die Sauerstoffproduktion dann so effektiv, daß eine allmähliche Anreicherung in der Atmosphäre einsetzte. Vor etwa 0,7 bis 0,6 Mrd. Jahren erreichte die Konzentration des Sauerstoffs solche Werte, daß er, vor allem in Form des Ozons, die lebensgefährdende solare Ultraviolettstrahlung wirkungsvoll absorbieren konnte. Damit wurden auch die Wasseroberfläche und das Festland bewohnbar, was neue Möglichkeiten für die Weiterentwicklung des Lebens bis hin zu den heutigen Formen barg.
Leben auf anderen Körpern des Planetensystems. Im Sonnensystem scheiden alle Planeten als Träger von Leben mit größter Wahrscheinlichkeit aus, die sich weitab von der Sonne befinden und damit eine zu geringe Oberflächentemperatur haben, wozu z.B. der Jupiter und alle noch weiter entfernten Planeten gehören. Andererseits kommt der Merkur nicht in Frage, weil er wegen der großen Sonnennähe eine zu hohe mittlere Temperatur hat, und weil außerdem seine Atmosphäre viel zu dünn ist, um die solare Ultraviolettstrahlung abzuschirmen. Von den Planeten befinden sich außer der Erde nur die Venus und der Mars im günstigen Temperaturbereich um die Sonne. Obwohl die Venus nach Größe und Masse am stärksten der Erde gleicht, und auch die Zusammensetzung der Frühatmosphäre beider Planeten weitgehend gleich gewesen sein dürfte, bedingte der etwas geringere Sonnenabstand der Venus und die damit etwas höhere mittlere Oberflächentemperatur eine ganz andere Entwicklung ihrer Atmosphäre: Wasserdampf konnte schwerer kondensieren, so daß kaum offene Gewässer entstanden und damit die Möglichkeit des Bindens von Kohlendioxid in Form von Kalkgesteinen im wesentlichen wegfiel. Das in der Venusatmosphäre verbleibende Kohlendioxid führte zu einem außerordentlich starken Glashauseffekt, der die Oberflächentemperatur auf die gegenwärtigen etwa 500 °C brachte, wodurch die Bedingungen für die Existenz von Leben auf der Venus außerordentlich ungünstig wurden.
Auf dem Mars liegen die Temperaturen im Mittel in dem Bereich, in dem Eiweiße über lange Zeiten bestehen können. Die Atmosphäre, die im wesentlichen aus Kohlendioxid besteht und nur sehr wenig Wasserdampf enthält, ist hingegen so dünn, daß die Ultraviolettstrahlung der Sonne bis zur Planetenoberfläche dringen kann. Wasser war auf dem Mars früher, als eine starke vulkanische Tätigkeit herrschte, wahrscheinlich wesentlich häufiger als gegenwärtig. Damit ist denkbar, daß sich auf ihm Leben hat bilden können, und daß es auch jetzt in sehr niederer Form in einzelnen Marsregionen noch existiert. Die Suche danach mit Hilfe von auf dem Mars gelandeten Raumsonden brachte keine Hinweise auf die Existenz von organischen Substanzen oder Mikroorganismen, die Stoffwechselprozesse analog irdischer Organismen durchführen. Dies läßt vermuten, daß es gegenwärtig kein Leben auf dem Mars gibt; endgültige Beweise fehlen jedoch.
Der Mond trägt kein Leben, obwohl er den gleichen Sonnenabstand wie die Erde hat: Seine Masse ist zu klein, um eine genügend dicke Atmosphäre zu binden, die Temperaturen variieren auf der Mondoberfläche während eines Mondtages um etwa 250 K, außerdem fehlt das notwendige Wasser. Von den anderen Satelliten des Planetensystems kommen möglicherweise einige eisartige Satelliten des Jupiters als Lebensträger in Frage, z.B. die Europa. Bei diesen Satelliten könnten innere Prozesse für eine Aufheizung sorgen, so daß es Gebiete mit flüssigem Wasser und trotz großer Sonnenentfernung mit Oberflächentemperaturen im lebensnotwendigen Bereich gab und vielleicht noch gibt.
Außerterrestrische Intelligenzen. Die heutigen Vorstellungen über die Entstehung von Sternen und von Planeten geben Anlaß zu der Vermutung, daß ein großer Teil der Sterne von Planeten umgeben ist. Damit diese Leben tragen können, müssen sie sich innerhalb eines bestimmten Raumbereiches (der Ökosphäre) um den von ihnen umlaufenen Stern befinden. Die Ausdehnung der Sphäre wird durch die für Lebensprozesse zulässigen bzw. notwendigen Temperaturen bestimmt. Für die Entwicklung hochorganisierter Lebewesen müssen diese günstigen Bedingungen über Milliarden von Jahren unverändert bestehen. Der innere Zustand, und damit die Leuchtkraft des

Sterns, muß über diesen Zeitraum nahezu konstant bleiben; der Stern darf sich nur relativ langsam entwickeln. Diese Bedingung erfüllen Hauptreihensterne mit Massen kleiner als etwa 1,5 Sonnenmassen. Von diesen haben Sterne mit Massen kleiner als etwa 0,5 Sonnenmassen eine sehr geringe Oberflächentemperatur, die Ökosphäre liegt daher sehr nahe am Stern und ist nur wenig ausgedehnt. Die Wahrscheinlichkeit, daß sich in ihr ein genügend massereicher Planet mit einer Atmosphäre befindet, ist entsprechend niedrig. Man erwartet daher hochentwickeltes Leben nur in der Umgebung von Hauptreihensternen mit Massen zwischen etwa 1,5 bis 0,5 Sonnenmassen (Spektralklasse F, G und K). Diese Sterne stellen einen relativ großen Anteil an der Gesamtheit der Mitgliedsterne eines Sternsystems, so daß die heutigen wissenschaftlichen Vorstellungen es als nicht unwahrscheinlich erscheinen lassen, daß es im Milchstraßen- und anderen Sternsystemen eine große Anzahl von Planeten mit höherentwickelten Lebewesen – etwa dem Menschen vergleichbar – gibt. Über die tatsächliche Zahl dieser Planeten gehen die Meinungen sehr weit auseinander; demzufolge werden die Erfolgsaussichten für eine Suche nach solchen Lebewesen („außerterrestrischen Intelligenzen") sehr unterschiedlich beurteilt.

Die Suche nach „außerterrestrischen Intelligenzen" basiert auf der Überzeugung, daß Lebewesen einer hohen Zivilisationsstufe die physikalischen Gesetze kennen und anwenden. Speziell ist man überzeugt, daß zur Informationsübertragung in den jeweiligen Zivilisationsräumen elektromagnetische Wellen, z.B. Radiowellen, die Hauptrolle spielen. Man erwartet z.T. auch, daß Zivilisationen mit genügend hoch entwickelter Technik Versuche unternehmen, mittels Radiowellen mit anderen Zivilisationen zu kommunizieren. Auch für eine derartige interstellare Kommunikation ist die Benutzung von Radiowellen sinnvoll, weil sie durch die interstellare Materie kaum beeinflußt werden. Alle Versuche, Radiosignale von „außerterrestrischen Intelligenzen" zu empfangen, waren bisher erfolglos. Das kann u.a. daran liegen, daß in der Umgebung der Sterne, die man von der Erde aus abgesucht hat, keine derartigen Zivilisationen existieren, oder daß diese – wie die Menschen gegenwärtig – nur einen Funkverkehr für ihre eigenen Zwecke aufrechterhalten und nicht systematisch und bewußt Nachrichten an andere (vermutete) Intelligenzen ausstrahlen, sondern nur auf Nachrichten warten. Eine Entscheidung, ob extraterrestrische Zivilisationen tatsächlich existieren, kann man gegenwärtig nicht fällen.

Leda *f*, ein Jupitersatellit. Die L. bewegt sich auf einer elliptischen Bahn mit einer großen Bahnhalbachse von $11{,}09 \cdot 10^6$ km und einer Exzentrizität von 0,148 in 238,7 Tagen rechtläufig um den Jupiter. Die Bahn ist mit 26,1° stark gegen dessen Bahnebene geneigt. Die L. ist ein Zwergsatellit von nur etwa 16 km Durchmesser, über deren Oberflächenbeschaffenheit nichts Sicheres bekannt ist.

Hinsichtlich der Einordnung der L. in das System der Jupitersatelliten → Jupiter.

Die L. wurde 1974 von C. Kowal entdeckt.

Leier, das Sternbild → Lyra.

Leistung, die je Zeiteinheit geleistete Arbeit; Maßeinheit ist das Watt, Einheitenzeichen W, 1 W = 1 J/s.

Leitrohr, ein an photographischen Fernrohren angebrachtes Teleskop zur Kontrolle der Nachführung; → Fernrohr.

Leitstern, ***Haltestern***, ein zur Kontrolle der Nachführung des benutzten Beobachtungsinstruments dienender Stern (→ Fernrohr).

Leo [lat.], *Gen.* Leonis, abg. ***Leo***, ***Löwe***, Zeichen ♌, zum Tierkreis gehörendes Sternbild des nördlichen Himmels, das im Frühjahr am Abendhimmel sichtbar ist. Der hellste Stern (α) des Sternbildes heißt → Regulus, der Stern β Leonis → Denebola. Die Sonne durchläuft das Sternbild bei ihrer scheinbaren jährlichen Bewegung von Mitte August bis Mitte September.

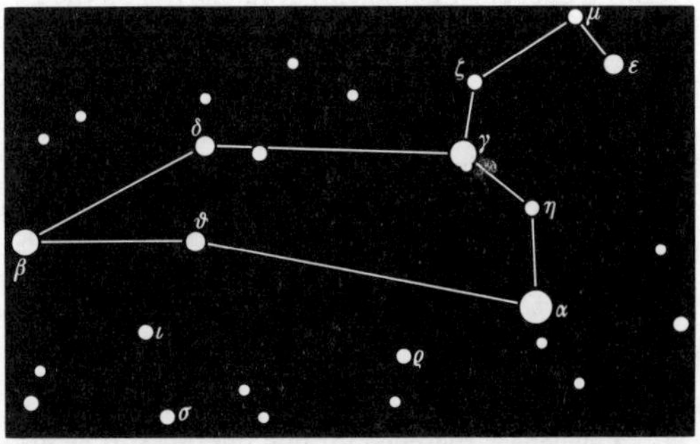

Die hellsten Sterne des Sternbildes Leo (Löwe)

Leo Minor [lat.], *Gen.* Leonis Minoris, abg. ***LMi***, ***Kleiner Löwe***, kleines Sternbild des nördlichen Himmels, das nördlich an das Sternbild Leo (Löwe) angrenzt und im Frühjahr am Abendhimmel sichtbar ist.

Leoniden, ein periodischer, zwischen dem 10. und 20. November mit dem Maximum um den 16. November auftretender Meteorstrom, dessen Radiant im Sternbild Leo (Löwe) liegt. Der den Strom hervorrufende Meteoroidenschwarm hat sich aus dem Komet 1866 I entwickelt. Die L. traten in den Jahren 1799, 1833 und 1866, also in Abständen von 33 bis 34 Jahren (der Umlaufzeit des Kometen) besonders häufig auf. Später nahm ihre Häufigkeit stark ab; offenbar war die auf der Kometenbahn umlaufende Meteoroidenwolke etwas aus ihrer Bahn gelenkt worden. 1966 traten die L. wieder verstärkt in Erscheinung.

Lep, Abk. für Lepus.

Leptonen, Elementarteilchen, die nicht der starken Wechselwirkung unterliegen; zu ihnen gehören die Elektronen, Müonen und Tauonen, die entsprechenden Neutrinos sowie die zugehörigen Antiteilchen.

Leptonen-Ära, Entwicklungsabschnitt in der Frühphase des Weltalls; → Kosmologie.

Lepus [lat.], *Gen.* Leporis, abg. ***Lep***, ***Hase***, Sternbild des südlichen Himmels, das von unseren Breiten aus im Winter am Abendhimmel sichtbar ist.

leuchtende Nachtwolken, silbrig-weiß scheinende Wolken am Abendhimmel, die noch lange nach Sonnenuntergang, wenn die gewöhnlichen Wolken bereits

im Erdschatten liegen, sichtbar sind. Die Höhe der l.n N. beträgt etwa 80 km. L. N. werden nur im Sommer in geographischen Breiten zwischen etwa 45° und 75° beobachtet; von den Polarzonen aus sind sie wegen des im Sommer dort sehr hellen Himmelshintergrundes unsichtbar. Das Leuchten wird durch die Reflexion des Sonnenlichts an kleinen Eisteilchen verursacht, die in der Mesopause entstehen, wo ein Temperaturminimum innerhalb der Erdatmosphäre herrscht. Wegen der im Sommer besonders niedrigen Temperaturen ist der Wasserdampf in diesen Schichten stark übersättigt und kondensiert sehr rasch. Die entstehenden Eisteilchen, die einen Durchmesser von einigen Mikrometern haben, beginnen schnell zu fallen, lösen sich aber schon nach einer geringen Fallhöhe durch Sublimation wieder auf. Bei einem leichten Aufwind oder einer geringen Turbulenz nimmt die Lebensdauer der Wolken zu und kann dann bis zu einem Tag erreichen.
Die frühere Vermutung, daß l. N. verstärkt nach Vulkanausbrüchen, großen Meteoritenfällen und während des Auftretens von Meteorströmen zu beobachten seien, haben sich statistisch nicht bestätigt.

Leuchtkraft, die gesamte von einem Himmelskörper je Sekunde ausgestrahlte Energie (seine Strahlungsleistung). Die L. wird in Watt oder in Einheiten der Sonnenleuchtkraft $L_\odot = 3{,}847 \cdot 10^{26}$ W gemessen. Statt der L. wird häufig auch die ihr äquivalente, in Größenklassen gemessene absolute bolometrische Helligkeit M_{bol} angegeben; zwischen ihr und der (in Watt gemessenen) L. L gilt die Beziehung $L = 3{,}03 \cdot 10^{28-0{,}4\,M_{\text{bol}}}$. Die absolute bolometrische Helligkeit eines Gestirns, damit dessen L., läßt sich aus der beobachteten scheinbaren bolometrischen Helligkeit und der Entfernung von der Sonne bestimmen (→ Helligkeit). Da im allg. nur scheinbare Helligkeiten in einem begrenzten, z.B. dem visuellen, Spektralbereich gemessen werden, müssen diese durch Hinzufügung einer bolometrischen Korrektur in scheinbare bolometrische Helligkeiten umgerechnet werden (→ Helligkeit).
Der Begriff L. wird z.T. auch dann benutzt, wenn die Strahlungsleistung nur in einem begrenzten Spektralbereich, z.B. dem Infrarot- oder Röntgenbereich, gemeint ist; man spricht dann z.B. von der Infrarot- oder der Röntgenleuchtkraft eines Gestirns.

Leuchtkraft eines Sterns, die gesamte von einem Stern je Sekunde ausgestrahlte Energie (seine Strahlungsleistung). Die Leuchtkraft L eines Sterns ist bedingt durch die Größe der Sternoberfläche (damit durch den Sternradius R) und der je Flächeneinheit und je Sekunde von der Sternoberfläche abgestrahlten Energie, die eine Funktion der effektiven Temperatur T_{eff} des Sterns ist: $L = 4\pi R^2\, \sigma T_{\text{eff}}^4$; σ bedeutet die Stefan-Boltzmann-Konstante (→ Temperatur). Kennt man den Radius und die Effektivtemperatur eines Sterns, läßt sich seine Leuchtkraft berechnen. Die Effektivtemperatur kann man bei allen Sternen bestimmen, deren Spektrum beobachtet ist, der Sternradius ist hingegen nur für relativ wenig Sterne mit der gewünschten Genauigkeit angebbar, so daß diese Möglichkeit der Leuchtkraftbestimmung auf wenige Sterne beschränkt bleibt.
Die L. e. S. läßt sich weiterhin aus der scheinbaren bolometrischen Helligkeit und der Entfernung des Sterns ermitteln (→ Helligkeit). Bei Sternen mit unbekannten Entfernungen kann die Leuchtkraft auf Grund von ***Leuchtkraftkriterien*** aus dem Sternspektrum erhalten werden: Bei gleicher Effektivtemperatur wächst mit dem Sternradius die Leuchtkraft, hingegen sinkt die Schwerebeschleunigung an der Sternoberfläche und damit der Druck in der Sternatmosphäre. Dies führt zu einem Anstieg des Ionisationsgrades der Elemente in der Sternatmosphäre, wodurch bestimmte Linien im Sternspektrum stärker, andere schwächer werden (→ Spektralklasse). Das Stärkeverhältnis ausgewählter Spektrallinien läßt daher bei vorgegebener Effektivtemperatur (Spektralklasse) Rückschlüsse auf die L. e. S. zu. Die Leuchtkraftkriterien müssen an Sternen bekannter Leuchtkraft geeicht werden.
Da auch die Breite der Spektrallinien (außer u.a. von der Sternrotation) vom Druck abhängt, läßt sich – bei sonst gleichen Bedingungen – aus der Linienbreite auf die L. e. S. schließen: Breite, verwaschen erscheinende Linien weisen auf einen relativ hohen Druck (kleinen Sternradius), schmale, scharfe Linien auf einen relativ niedrigen Atmosphärendruck (großen Radius) hin: Die Linien in den Spektren der Riesen- und Überriesensterne sind schmaler als die Linien in den Spektren der Hauptreihensterne oder gar der Weißen Zwerge gleicher Spektralklasse.
Die Möglichkeit, mit Hilfe von Spektralbeobachtungen die L. e. S. zu bestimmen, wird bei Spektralklassifikationen zur Festlegung der ***Leuchtkraftklasse***, zusätzlich zur Spektralklasse eines Sterns, ausgenutzt. Das im allg. benutzte Klassifizierungssystem wurde von W.W. Morgan und F.C. Keenan am Yerkes-Observatorium (USA) entwickelt und wird nach den Anfangsbuchstaben der Namen der Autoren als ***MK-System*** oder auch als ***Yerkes-System*** bezeichnet. In ihm unterscheidet man die Leuchtkraftklassen I = Überriesen, II = helle Riesen, III = normale Riesen, IV = Unterriesen, V = Zwerge (Hauptreihensterne) und VI = Unterzwerge. Die Leuchtkraftklasse I wird im Sinne abnehmender Leuchtkraft noch in die Unterklassen a, ab und b unterteilt. Gelegentlich werden auch noch Übergangsklassen, z.B. Ib-II, benutzt. In der Leuchtkraftklasse I charakterisiert man die hellen Überriesen („Über-Überriesen") darüber hinaus durch Ia-0. Eine Sonderbezeichnung haben die Weißen Zwerge, die ein D vor dem Spektralklassensymbol (z.B. DA oder DB) erhalten. Die Sonne trägt im MK-System die Bezeichnung G2 V, wobei G2 die Spektral- und V die Leuchtkraftklasse bedeuten; Procyon hat die Bezeichnung F5 IV, Arctur K1 III, der Polarstern F7 Ib. Bei der Ermittlung der Leuchtkraftklasse eines Sterns vergleicht man sein Spektrum mit Spektren von Standardsternen, deren Leuchtkraftklasse definitiv festgelegt wurde. Die Lage der Bildpunkte der Sterne bestimmter Leuchtkraftklassen im Hertzsprung-Russell-Diagramm zeigt die Abb.
Die Leuchtkräfte der Sterne sind sehr unterschiedlich: Die Überriesen haben wegen ihrer großen leuchtenden Oberfläche die höchsten Leuchtkräfte, die mehr als das 100000fache der Sonnenleuchtkraft

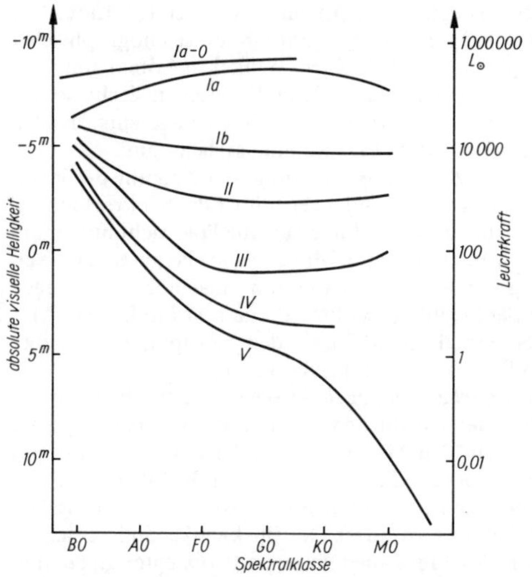

Lage der Bildpunkte von Sternen unterschiedlicher Leuchtkraftklasse im Hertzsprung-Russell-Diagramm (schematisiert); $L_\odot$: Sonnenleuchtkraft

$L_\odot = 3{,}847 \cdot 10^{26}$ W erreichen können; der Stern mit der größten bekannten Leuchtkraft ist HD 93129A mit etwa $3 \cdot 10^6\ L_\odot$. Ihm steht der Hauptreihenstern mit der Bezeichnung van Biesbroeck 8 gegenüber, dessen Leuchtkraft nur $2{,}5 \cdot 10^{-5}\ L_\odot$ beträgt. Es existieren sicher Sterne mit noch geringeren Leuchtkräften, nur ist ihre Entdeckungswahrscheinlichkeit wegen ihrer geringen scheinbaren Helligkeit sehr gering.

Leuchtkraftfunktion, empirische Beziehung, die die relative Häufigkeitsverteilung der Sterne in bezug auf ihre Leuchtkraft angibt. Als Maß für die Leuchtkraft wählt man dabei im allg. die absolute Helligkeit. Zur Bestimmung der L. ermittelt man innerhalb eines bestimmten Gebietes des Milchstraßensystems für möglichst jeden Stern die scheinbare Helligkeit sowie die Entfernung, woraus sich die absolute Helligkeit berechnen läßt, und bestimmt danach die Zahl der Sterne in jeweils gleichen Helligkeitsintervallen. Das Verfahren ist im wesentlichen auf die Sonnenumgebung beschränkt, da nur hier die Entfernungen mit der nötigen Genauigkeit bestimmt werden können. Das zu untersuchende Gebiet muß andererseits möglichst groß sein, um auch die seltenen Sterne hoher Leuchtkraft zu erfassen, doch gehen bei einem zu großen Gebiet in dessen Randzonen die absolut schwachen Sterne zum großen Teil verloren, da sie unterhalb der Nachweisgrenze der Aufnahmeapparatur liegen. Die Abb. zeigt die für die Sonnenumgebung bis zu einer Entfernung von 20 pc abgeleitete L. Bei Sternhaufen mit bekannter Entfernung läßt sich für dessen hellere Mitgliedsterne die L. recht genau bestimmen, da aus den gemessenen scheinbaren Helligkeiten sofort die absoluten berechnet werden können.

Aus der L. kann im allg. nicht auf die Verteilung der Sterne nach Riesen- und Hauptreihensternen geschlossen werden, da die Leuchtkraft außer vom Radius auch von der effektiven Temperatur eines Sterns abhängt: Hauptreihensterne hoher effektiver Temperatur können gleiche Leuchtkraft haben wie Riesensterne geringer effektiver Temperatur.

Für unterschiedliche Gebiete des Milchstraßensystems sind nicht notwendigerweise die gleichen L.en zu erwarten: In Gebieten nahe der galaktischen Ebene existieren relativ viele sehr junge, massereiche, daher absolut sehr helle Sterne, die in größeren Entfernungen von der Milchstraßenebene fehlen (→ Milchstraßensystem).

In der empirisch bestimmten L. der Sonnenumgebung werden Sterne erfaßt, die zu ganz unterschiedlichen Zeiten entstanden sind. Dies hängt mit der unterschiedlichen Entwicklungsgeschwindigkeit der Sterne zusammen, die durch deren Masse bedingt ist (→ Sternentwicklung). Sehr masse- und damit leuchtkraftarme Sterne entwickeln sich so langsam, daß sich die Leuchtkraft selbst der ältesten Sterne seit ihrer Entstehung kaum verändert hat; diese Sterne werden daher in gleicher Weise wie die jüngsten Sterne in der beobachteten L. erfaßt. Im Bereich der absolut hellsten Sterne wird die beobachtete L. dagegen allein von sehr jungen massereichen Sternen bestimmt; die älteren Sterne dieser Art haben ihre Entwicklung schon beendet und existieren jetzt hauptsächlich als leuchtkraftarme Weiße Zwerge. Zur Bestimmung der sog. *ursprünglichen L.*, die der L. gerade entstandener Sterne zu Beginn des Hauptreihenzustandes entspricht, muß die beobachtete L. hinsichtlich der durch die Sternentwicklung verursachten Effekte korrigiert werden. Die ursprüngliche L. läßt sich (in dem zugänglichen Bereich absoluter Helligkeiten) bei sehr jungen Sternhaufen aus Beobachtungen ableiten, da sich in solchen Haufen noch kaum Entwicklungseffekte be-

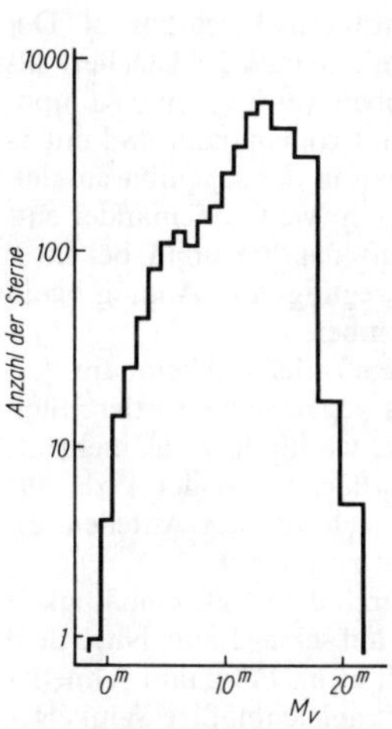

Leuchtkraftfunktion der Sterne mit einer Sonnenentfernung kleiner als 20 pc. Die Sternzahlen beziehen sich bis $M_v = 14^m$ auf ein Helligkeitsintervall von jeweils 1 mag, für absolut schwächere Sterne auf ein Intervall von jeweils 2 mag. Der Abfall bei den absolut schwachen Sternen ist durch die Unvollständigkeit der Beobachtungen bedingt. (Nach R. Wielen, H. Jahreis und R. Krüger)

merkbar gemacht haben, und die beobachtete L. daher mit der ursprünglichen nahezu identisch ist. Die ursprüngliche L. zeigt ab etwa $M_V = 4^m$ zu den absolut hellsten Sternen hin einen weniger steilen Abfall als die beobachtete L.

Leuchtkraftklasse, eine in Verbindung mit der Spektralklasse die Leuchtkraft eines Sterns charakterisierende Größe; → Leuchtkraft eines Sterns.

Leuchtkraftkriterium, ein Merkmal zur Bestimmung der Leuchtkraft eines Sterns aus dessen Spektrum; → Leuchtkraft eines Sterns.

Leuchtstreifen, selten zu beobachtende, meist streifenförmig erscheinende Erhellung des nächtlichen Himmels. Die Leuchterscheinungen treten im Mittel in einer Höhe von rund 120 km und zwar oft im Zusammenhang mit Meteorströmen auf, was vermuten läßt, daß die L. durch das Eindringen von interplanetaren Staubteilchen in die Erdatmosphäre verursacht werden. Es könnte sich um so kleine Partikeln handeln, daß diese vor ihrer Abbremsung in der Erdatmosphäre keine Meteorerscheinungen hervorrufen. Die L. stellen eine Verstärkung des Eigenleuchtens der Erdatmosphäre dar (kein Reflexionsleuchten an den Staubteilchen), doch ist das Zustandekommen des Effekts noch unklar.

Leverrier, Urbain Jean Joseph, franz. Astronom, geb. 11.3.1811 in Saint-Lô, gest. 23.9.1877 in Paris; ab 1853 Direktor der Pariser Sternwarte. L. lieferte theoretische Arbeiten über die Bewegung der Planeten und Kometen. Er berechnete 1846 aus den Störungen der Uranusbahn die Stellung des Planeten Neptun, der daraufhin von J.G. Galle (1812–1910) entdeckt wurde.

L-Galaxie, Typbezeichnung für ein extragalaktisches Sternsystem mit einer geringen Flächenhelligkeit.

Lib, Abk. für Libra.

Libra [lat.], *Gen.* Librae, abg. ***Lib***, ***Waage***, Zeichen ♎, zum Tierkreis gehörendes Sternbild der Äquatorzone, das im Frühjahr am Abendhimmel sichtbar ist. Der Stern α Librae kann auch mit kleinen Feldstechern als optischer Doppelstern gesehen werden; seine Komponenten haben fast 4′ Abstand voneinander und unterscheiden sich um etwa 2 mag in der scheinbaren Helligkeit, sind aber räumlich sehr weit voneinander entfernt. Die Sonne durchläuft das Sternbild bei ihrer scheinbaren jährlichen Bewegung vom Anfang bis in die zweite Hälfte des November.

Libration [libra, lat., ‚Waage'], kleine scheinbare Verdrehung des Mondkörpers gegen seine mittlere Stellung in bezug auf die Erde, wodurch etwas mehr als nur die Hälfte seiner Oberfläche von der Erde aus sichtbar wird. Die L. setzt sich aus vier Anteilen mit unterschiedlichen Ursachen zusammen:

Die ***L. in Länge*** entsteht durch die Ungleichmäßigkeit der Bewegung des Mondes auf seiner Bahn. Nach dem 2. Keplerschen Gesetz läuft er im Perigäum schneller als im Apogäum, was eine ungleichmäßige Winkelgeschwindigkeit der Bahnbewegung zur Folge hat, hingegen erfolgt die Rotation des Mondes mit konstanter Winkelgeschwindigkeit. Da beide Winkelgeschwindigkeiten wegen der gebundenen Rotation im Mittel gleich sind, ergeben sich periodisch Differenzen: Im Perigäum überwiegt die Winkelgeschwindigkeit der Bahnbewegung, im Apogäum die der Rotation. Der Mondkörper scheint dadurch in selenographischer Länge um einen kleinen Winkel, maximal um 7,9°, nach der einen oder anderen Richtung gedreht, so daß man etwas über den der mittleren Lage entsprechenden West- bzw. Ostrand hinaussehen kann.

Die ***L. in Breite*** entsteht infolge der Neigung der Rotationsachse des Mondes gegenüber der Senkrechten auf die Bahnebene, wodurch sich die Pole nicht immer am Rande der sichtbaren Mondscheibe befinden. Die Neigung der Rotationsachse von angenähert 6,7° gegen die Senkrechte bewirkt, daß man im Laufe eines Monats einmal um 6,7° über den Nordpol, einmal über den Südpol hinaus blicken kann.

Die ***tägliche*** oder ***parallaktische L.*** ist durch den merklich unterschiedlichen Blickwinkel verursacht, unter dem man den Mond zu einem bestimmten Zeitpunkt von unterschiedlichen Stellen der Erdoberfläche aus sehen kann (also infolge des großen parallaktischen Winkels des Mondes). Der Blickwinkel ändert sich im Laufe des Tages auch für einen Beobachter an ein und demselben Beobachtungsort, da ihn die Erdrotation in verschiedene Stellungen relativ zum Mond bringt.

Die ***physische L.*** ist dadurch bedingt, daß der Mond keine ideale Kugel ist. Sein Durchmesser in Richtung der Erde ist etwas größer als in der dazu senkrechten Richtung. Der Mond führt dadurch im Schwerefeld der Erde kleine Schwingungen aus, deren Amplitude für einen Punkt am Mondäquator etwa 1 km beträgt, was von der Erde aus gesehen etwa 0,54″ entspricht.

Alle L.en zusammen bewirken, daß insgesamt 59% der Mondoberfläche von der Erde aus zu sehen sind.

Librationsbahn, → Dreikörperproblem.

Librationspunkte, ***Gleichgewichtspunkte***, ***Lagrange-Punkte***, fünf bezüglich zweier, sich um den gemeinsamen Schwerpunkt bewegender Körper ausgezeichnete Punkte, in denen ein Gleichgewicht zwischen der durch die Massenanziehung der beiden Körper verursachten gravitativen Kräfte und der durch den Umlauf um den Schwerpunkt verursachten Zentrifugalkraft besteht; → Dreikörperproblem.

Licht, die sichtbare elektromagnetische Strahlung im Wellenlängenbereich von etwa 380 bis 760 nm. Im übertragenen Sinne wird auch die längerwellige und kürzerwellige elektromagnetische Strahlung als L. bezeichnet (z.B. infrarotes oder ultraviolettes L., Röntgenlicht). Normalerweise sendet eine Lichtquelle L. unterschiedlicher Wellenlänge aus. Wird diese Strahlung nach Wellenlängen geordnet nebeneinander gelegt, erhält man das Spektrum der Strahlung. Die Ausbreitungsgeschwindigkeit des L.s, die Lichtgeschwindigkeit, beträgt im Vakuum 299 792,458 km/s. In einem lichtdurchlässigen Medium ist die Lichtgeschwindigkeit stets geringer: Die Vakuumlichtgeschwindigkeit ist die Maximalgeschwindigkeit, mit der sich Energie oder ein Signal übertragen lassen.

Normalerweise erfolgen die Schwingungen der elektromagnetischen Wellen in allen zur Ausbreitungsrichtung senkrechten Richtungen; liegen die Schwingungen bevorzugt in einer Richtung, so nennt man das L. polarisiert (→ Polarisation).

Als Intensität des von einer Lichtquelle emittierten L.s

bezeichnet man die Energie, die von der Flächeneinheit in den Raumwinkel der Größe 1 sr, dessen Achse senkrecht auf der strahlenden Fläche steht, pro Sekunde ausgesandt wird; die Intensität wird entsprechend in $J\ m^{-2}\ s^{-1}\ sr^{-1}$ gemessen. Der Strahlungsstrom ist die Energie, von der die Einheitsfläche je Sekunde (unabhängig von der Richtung der Strahlung) durchsetzt wird; er wird in $J\ m^{-2}\ s^{-1}$ angegeben. In der Astronomie mißt man den von einem Himmelskörper kommenden Strahlungsstrom im allg. in Größenklassen und spricht dann von der scheinbaren Helligkeit des Himmelskörpers.
Auf Grund der Wechselwirkung von L. und Materie kann ein Teil des L.s von ihr reflektiert (→Reflexion), ein Teil absorbiert (→Absorption) und ein Teil gestreut werden (→Streuung). An der Grenzfläche zweier optischer Medien tritt wegen der unterschiedlichen Lichtgeschwindigkeiten in den Medien eine von der Wellenlänge des L.s abhängige →Brechung auf. Normalerweise breiten sich Lichtwellen geradlinig aus; Abweichungen treten u.a. dann auf, wenn L. auf ein Hindernis trifft (→Beugung) oder das Schwerefeld großer Massen durchsetzt (→Relativitätstheorie). Zwei Lichtwellen können sich überlagern, wobei eine teilweise oder totale Auslöschung oder Verstärkung eintreten kann; diese Erscheinung bezeichnet man als Interferenz.
L. besitzt zusätzlich zu seiner Wellenstruktur eine Teilchenstruktur: Es kann nur in endlichen Energieeinheiten, den →Lichtquanten (Photonen, „Wellenpaketen"), auftreten. Die einzelnen Photonen haben jeweils eine charakteristische Energie und einen entsprechenden Impuls. Beim Auftreffen von L. auf Materie wird außer Energie auch Impuls übertragen, wodurch ein Druck (→Strahlungsdruck) ausgeübt wird.
Die Lichtempfindung des menschlichen Auges beruht auf der Reizung der in der Netzhaut des Auges vorhandenen Sehzellen. L. unterschiedlicher Wellenlänge wird dabei als verschiedenfarbig empfunden: kurzwelliges L. als Violett, langwelliges als Rot und eine bestimmte Mischung von L. aller Wellenlängen als Weiß (→Augenempfindlichkeit).

Lichtablenkung, von der Allgemeinen Relativitätstheorie vorausgesagte Abweichung eines Lichtstrahls von einer Geraden, wenn dieser das Schwerefeld eines massereichen Körpers durchsetzt (→Relativitätstheorie). Die bei totalen Sonnenfinsternissen beobachteten scheinbaren Ortsveränderungen von Sternen nahe der Sonnenscheibe beruhen auf einer L., ebenso die Erscheinung der Gravitationslinsen.

Lichtecho, das von einer kurzzeitig aufleuchtenden Strahlungsquelle indirekt, und zwar über die Streuung an interstellaren Staubteilchen, zum Beobachter gelangende Licht. Das gestreute Licht hat praktisch die gleiche spektrale Zusammensetzung wie das direkt von der Strahlungsquelle kommende Licht, so daß das Echolicht als solches identifiziert werden kann. Alle Punkte, von denen bei einem Beobachter Echolicht zu einem bestimmten Zeitpunkt theoretisch ankommen könnte, liegen auf einem Ellipsoid mit der Quelle und dem Beobachter in jeweils einem der beiden Brennpunkte. Wird dieses Ellipsoid von einer isolierten interstellaren Staubwolke durchsetzt, so scheint für den Beobachter das Echolicht je nach der Lage und der Gestalt der Wolke sowie der Dauer des Aufleuchtens der Quelle von einem mehr oder minder langen und breiten ellipsen- oder kreisförmigen Gebiet um die Quelle zu kommen. Mit zunehmendem zeitlichen Abstand zwischen dem Aufleuchten der Quelle und der Beobachtung wächst der Winkeldurchmesser dieses Gebietes.
L.s wurden bisher eindeutig bei der Nova Persei 1901, der Nova Sagittarii 1936 und der Supernova 1987A beobachtet.

lichtelektrischer Effekt, ***Photoeffekt***, Bezeichnung für bestimmte Erscheinungen, die bei Festkörpern durch die Bestrahlung mit elektromagnetischen Wellen, insbesondere des ultravioletten, sichtbaren und infraroten Spektralbereichs, verursacht werden.
Beim ***äußeren lichtelektrischen E.*** treten Elektronen aus der Oberfläche von Metallen aus, wenn diese mit Licht genügend hoher Energie bestrahlt werden. Jedes Photon, dessen Energie größer oder mindestens gleich der Austrittsarbeit der Elektronen für die bestrahlte Substanz ist, löst ein Elektron ab; die Zahl der je Sekunde die Oberfläche verlassenden Elektronen ist daher proportional dem auftreffenden Photonenstrom. Die Grenzwellenlänge, bis zu der eine Elektronenemission stattfindet, liegt bei den Alkalimetallen im sichtbaren Spektralbereich, bei den meisten übrigen Metallen im Ultravioletten, sie kann bei geeigneter Sensibilisierung zu größeren Wellenlängen (geringerer Austrittsarbeit) hin verschoben werden.
Beim ***inneren lichtelektrischen E.*** werden in bestimmten Halbleitern beim Bestrahlen mit Licht Elektronen von den Atomen abgelöst, die dann frei beweglich sind und das Material zu einem Leiter machen. Die Zahl der abgelösten Elektronen ist proportional dem auffallenden Photonenstrom; er läßt sich daher aus der Stärke des fließenden elektrischen Stromes bestimmen. Die beim inneren lichtelektrischen E. benötigte Photonenenergie ist geringer als beim äußeren lichtelektrischen E., so daß sich mit ihm auch Strahlungsströme von längerwelligem Licht messen lassen. Beide lichtelektrischen E.e werden in der astronomischen Meßtechnik beim Bau von Photometern ausgenutzt.

Lichtgeschwindigkeit, die Phasengeschwindigkeit einer elektromagnetischen Welle (Lichtwelle) in einem Medium; speziell die Geschwindigkeit im Vakuum. Die Vakuumlichtgeschwindigkeit (in Formeln mit c bezeichnet) ist eine Naturkonstante und beträgt 299792458 m/s; sie ist die größtmögliche Geschwindigkeit für einen Energietransport und eine Signalübertragung. In einem Medium ist die L. immer kleiner als im Vakuum. Die Vakuumlichtgeschwindigkeit ist stets gleich, gleichgültig ob sich der Beobachter der Lichtquelle nähert oder sich von ihr entfernt; es ändert sich lediglich die beobachtete Frequenz des Lichtes. Bewegte Körper (massebehaftete Teilchen) können die L. nur angenähert erreichen, da sonst ihre Masse über alle Grenzen wachsen würde (→Relativitätstheorie).
Die erste Bestimmung der L. erfolgte 1676 durch den dänischen Astronomen O. Römer (1644–1710) mit

Hilfe einer astronomischen Methode: Die Verfinsterungen des Jupitersatelliten Io, die durch das Eintauchen in den Schattenkegel des Jupiters bzw. das Verschwinden hinter der Jupiterscheibe verursacht werden, folgen im Abstand von etwa 1,77 Tagen, der Umlaufzeit der Io um den Jupiter, aufeinander. Die auf der Erde beobachteten Zeitabstände sind aber etwas größer, wenn sich die Erde infolge ihrer Bahnbewegung vom Jupiter entfernt, etwas kleiner, wenn sie sich ihm nähert. Bei zunehmender Entfernung muß das folgende Lichtsignal immer einen etwas größeren Weg bis zum Beobachter zurücklegen als das vorhergehende, bei abnehmenden Entfernungen ist es umgekehrt. Im Laufe eines halben Jahres können sich die Zeitdifferenzen der Io-Verfinsterungen bis zu rund 1000 s aufsummieren. Diese Zeit benötigt das Licht zum Durchqueren des Erdbahndurchmessers, um den sich die Entfernung Jupiter–Erde in einem halben Jahr verändert. Da die Größe des Erdbahndurchmessers bekannt ist, kann die L. berechnet werden. Der englische Astronom J. Bradley (1692–1762) bestimmte 1728 die L. aus der Aberration des Sternlichts.

Lichtjahr [engl. ‚light year'], Einheitenzeichen ly, astronomische Längeneinheit bei Entfernungsangaben von Himmelskörpern außerhalb des Sonnensystems; 1 L. ist die Strecke, die das Licht im Vakuum während eines tropischen Jahres durchläuft; $1\,\text{ly} = 9{,}4606 \cdot 10^{12}\,\text{km} = 0{,}3068\,\text{pc} = 63\,240\,\text{AE}$.

Lichtkurve, graphische Darstellung der scheinbaren Helligkeit eines Himmelskörpers in Abhängigkeit von der Zeit.

Lichtquant, ***Photon***, kleinste Energieeinheit einer elektromagnetischen Strahlung, Träger von Energie und Impuls einer Lichtwelle. Nach der Quantentheorie kommt dem Licht (allgemein jeder elektromagnetischen Strahlung) sowohl Wellen- als auch Teilchencharakter zu. Eine elektromagnetische Strahlung kann daher anschaulich aus einzelnen Wellenzügen (Wellenpaketen) zusammengesetzt gedacht werden, die den Charakter von Teilchen haben, deren Energiebetrag nicht beliebig klein sein kann: Licht kann nur in Form von einem oder mehreren L.en ausgestrahlt oder absorbiert werden, deren Energie E von der Frequenz ν bzw. der Wellenlänge λ der Strahlung abhängt: $E = h\,\nu = h\,c/\lambda$; h bedeutet das Plancksche Wirkungsquantum und c die Lichtgeschwindigkeit. Kurzwelliges (z.B. violettes) Licht, ist demnach aus energiereicheren L.en zusammengesetzt als langwelliges (z.B. rotes). Nach der Speziellen Relativitätstheorie kann man jedem L. eine Masse m und einen Impuls p zuschreiben, wobei $E = m\,c^2$ und $p = m\,c = h\,\nu/c$ gilt.

Lichtradius, → Pulsar.

Lichtstärke, Größe, die mit anderen zusammen die Leistungsfähigkeit eines Fernrohrs charakterisiert; → Fernrohr.

Lichtwechsel, die zeitliche Änderung der scheinbaren Helligkeit eines Himmelskörpers.

Lichtzeit, die Zeit, die das Licht braucht, um von einem Körper des Sonnensystems zur Erde zu gelangen. Für den Mond beträgt die L. 1,282 s, für die Sonne 499,0 s.

Linea [lat., ‚Richtschnur, Lot'] *f, Plur.* Lineae, Bezeichnung für eine gerade, linienähnliche Struktur auf Körpern des Planetensystems.

Lineal, das Sternbild → Norma.

Linienflügel, → Spektrum.

Linienkontur, → Spektrum.

Linienspektrum, → Spektrum.

Linienverbreiterung, → Spektrum.

Linienverschiebung, die Veränderung der Lage einer Spektrallinie gegenüber seiner Normlage; → Doppler-Effekt.

Linsenfernrohr, svw. Refraktor.

L-Komponente, der Strahlungsanteil der Sonnenkorona (als Lichterscheinung), der ein Emissionslinienspektrum besitzt; → Sonne.

LMi, Abk. für Leo Minor.

Lokale Gruppe, ***Lokale Galaxien-Gruppe***, kleine selbständige Gruppe von möglicherweise mehr als 30 Sternsystemen in der Umgebung des Milchstraßensystems. Die Mitglieder der L.n G. verteilen sich auf einen annähernd ellipsoidischen Raum, dessen größter Durchmesser etwa 2 Mpc beträgt. Unter den Mitgliedern der L.n G. sind nur 3 Spiralsysteme (das Milchstraßensystem, der Andromedanebel und der Triangulumnebel), etwa 15 elliptische Systeme, während der Rest unregelmäßige Sternsysteme sind; mehr als die Hälfte sind Zwerggalaxien geringer absoluter Helligkeit. Die Gesamtmasse der L.n G. wird zu rund 95% vom Milchstraßensystem und dem Andromedanebel bestritten. Zusätzlich zu den Sternsystemen enthält die L. G. eine Anzahl intergalaktischer Kugelsternhaufen.

Die Zuordnung eines Sternsystems zur L.n G. erfolgt auf Grund von Entfernungs- und Radialgeschwindigkeitsmessungen. Da diese nicht in allen Fällen mit der wünschenswerten Genauigkeit möglich sind, ist die Zugehörigkeit im Einzelfall z.T. noch umstritten.

Löwe, das Sternbild → Leo.

Luchs, das Sternbild → Lynx.

Luftpumpe, das Sternbild → Antlia.

Luftunruhe, → Szintillation.

Luna [lat.], der Mond.

Lunation, ein vollständiger Ablauf aller → Mondphasen.

Lunisolarjahr, ***gebundenes Mondjahr***, ein in Kalendern benutzter Zeitabschnitt, bei dessen Festlegung sowohl der Phasenwechsel des Mondes als auch der Ablauf der Jahreszeiten berücksichtigt werden; → Kalender.

Lunisolarpräzession, → Präzession.

Lup, Abk. für Lupus.

Lupus [lat.], *Gen.* Lupi, abg. ***Lup***, ***Wolf***, kleineres Sternbild des südlichen Himmels, dessen nördlichen Teile von unseren Breiten aus im Frühjahr am Abendhimmel sichtbar sind.

ly, Einheitenzeichen für Lichtjahr.

Lyman-Linien [nach dem nordamerikan. Physiker T. Lyman, 1874–1954], Spektrallinien, die von Wasserstoffatomen bei gebunden-gebundenen Übergängen vom Grundzustand aus absorbiert oder bei Übergängen auf den Grundzustand emittiert werden; sie bilden zusammen die ***Lyman-Serie***. Die längstwellige Lyman-Linie, Lyα, hat eine Wellenlänge von 121,6 nm. Die

Mitglieder der Lokalen Gruppe

	Hubble-Typ	Visuelle Helligkeit scheinbar	Visuelle Helligkeit absolut	Entfernung (in kpc)	Masse (in Sonnenmassen)
Andromedanebel (M31)	Sb	$3^{m}{,}2$	$-21^{m}{,}1$	725	$5\cdot10^{11}$
Milchstraßensystem	Sb		$-20^{m}{,}6$		$6\cdot10^{11}$
Triangulumnebel (M33)	Sc	$5^{m}{,}6$	$-18^{m}{,}9$	795	$1\cdot10^{10}$
Große Magellansche Wolke	Ir	$0^{m}{,}4$	$-18^{m}{,}1$	49	$1\cdot10^{10}$
IC 10	Ir	$7^{m}{,}8$	$-17^{m}{,}6$	1200	
M 32	E2	$7^{m}{,}9$	$-16^{m}{,}4$	725	$3\cdot10^{9}$
NGC 6822	Ir	$7^{m}{,}3$	$-16^{m}{,}4$	540	$3\cdot10^{8}$
NGC 205	E6p	$8^{m}{,}0$	$-16^{m}{,}3$	725	$8\cdot10^{9}$
Kleine Magellansche Wolke	Ir	$2^{m}{,}6$	$-16^{m}{,}2$	58	$2\cdot10^{9}$
NGC 185	dE0	$8^{m}{,}7$	$-15^{m}{,}3$	620	$1\cdot10^{9}$
NGC 147	dE4	$9^{m}{,}0$	$-15^{m}{,}1$	660	
IC 1613	Ir	$9^{m}{,}5$	$-14^{m}{,}9$	765	$2\cdot10^{8}$
DDO 221	Ir	$9^{m}{,}9$	$-14^{m}{,}1$	630	
Fornax-System	dE3	$8^{m}{,}1$	$-13^{m}{,}7$	230	$2\cdot10^{7}$
Leo-A-System (DDO 69)	Ir	$12^{m}{,}3$	$-13^{m}{,}6$	1500	
IC 5152	Ir	$10^{m}{,}4$	$-13^{m}{,}5$	610	
Pegasus-System (DDO 216)	Ir	$12^{m}{,}3$	$-13^{m}{,}4$	1400	
Andromeda-I-System	dE0	$12^{m}{,}5$	$-11^{m}{,}8$	725	
Andromeda-II-System	dE0	$12^{m}{,}5$	$-11^{m}{,}8$	725	
Leo-I-System (DDO 74)	dE3	$10^{m}{,}1$	$-11^{m}{,}7$	230	$4\cdot10^{6}$
Aquarius-System (DDO 210)	Ir	$13^{m}{,}5$	$-11^{m}{,}5$	1000	
Sculptor-System	dE3	$9^{m}{,}5$	$-10^{m}{,}7$	110	$3\cdot10^{6}$
Andromeda-III-System	dE2	$14^{m}{,}0$	$-10^{m}{,}3$	725	
Pisces-System	Ir	$14^{m}{,}8$	$-10^{m}{,}2$	1000	
Sagittarius-System	Ir	15^{m}	-10^{m}	1000	
Leo-II-System (DDO 93)	dE0	$12^{m}{,}4$	$-9^{m}{,}4$	230	$1\cdot10^{6}$
Ursa-Minor-System (DDO 199)	dE6	$10^{m}{,}6$	$-8^{m}{,}9$	80	$1\cdot10^{5}$
Draco-System (DDO 208)	dE3	$10^{m}{,}3$	$-8^{m}{,}6$	60	$1\cdot10^{5}$
Carina-System	dE4	$17^{m}{,}4$	$-7^{m}{,}6$	1000	

DDO: Galaxienkatalog des David-Dunlap-Observatoriums; IC: Index Catalogue

L.-L. häufen sich gegen die ***Lyman-Grenze*** bei 91,2 nm, an die sich ein kontinuierliches Spektrum, das ***Lyman-Kontinuum***, anschließt, das bei frei-gebundenen Übergängen zum Grundzustand der Wasserstoffatome entsteht (→ Spektrum).

Lyn, Abk. für Lynx.

Lynx [lat.], *Gen.* Lyncis, abg. ***Lyn***, ***Luchs***, Sternbild des nördlichen Himmels, das von unseren Breiten aus gesehen zum größten Teil immer über dem Horizont bleibt.

Lyot, Bernard Ferdinand, franz. Astronom, geb. 17.2.1897 in Paris, gest. 2.4.1952 in Kairo; ab 1920 an der Sternwarte Paris-Meudon. L. beschäftigte sich mit Sonnenphysik; er erfand den Koronographen.

Lyr, Abk. für Lyra.

Lyra [griech.], *Gen.* Lyrae, abg. ***Lyr***, ***Leier***, Sternbild des nördlichen Himmels, das im Sommer am Abendhimmel sichtbar ist. Der Hauptstern, α Lyrae, die → Wega, ist der hellste Stern des nördlichen Himmels. Im Sternbild L. befinden sich viele Doppelsterne und veränderliche Sterne, z.B. die Prototypen zweier Arten von Veränderlichen: RR Lyrae und β Lyrae. Die Sterne β und γ Lyrae sind Doppelsterne, bei denen die Komponenten schon mit einem Feldstecher getrennt

Die hellsten Sterne des Sternbildes Lyra (Leier)

gesehen werden können; die lichtschwächeren Komponenten haben jeweils einen Abstand von etwa 45″ vom zugehörigen Hauptstern. Beobachter mit sehr scharfen Augen können den Stern ε Lyrae sogar mit bloßem Auge als Doppelstern erkennen; seine Komponenten haben einen Abstand von 209″ und stellen ihrerseits jeweils sehr enge Doppelsternsysteme dar. Zwischen den Sternen β und γ Lyrae liegt der → Ringnebel (M 57), ein bekannter Planetarischer Nebel.

Lyriden, ein Meteorstrom, dessen ihn erzeugender Meteoroidenschwarm vom Kometen 1861 I stammt.

Lysithea *f*, ein Jupitersatellit. Die L. bewegt sich auf einer elliptischen Bahn mit einer großen Halbachse von $11{,}72 \cdot 10^6$ km und einer Exzentrizität von 0,107 in 259,2 Tagen rechtläufig um den Jupiter. Die Bahn ist mit 29° stark gegen die Bahnebene des Jupiters geneigt. Die L. ist ein Zwergsatellit von nur etwa 40 km Durchmesser, über deren Oberflächenbeschaffenheit nichts Sicheres bekannt ist.
Hinsichtlich der Einordnung der L. in das System der Jupitersatelliten → Jupiter.
Die L. wurde 1938 von S.B. Nicholson (1891–1963) entdeckt.

M

m [von magnitudo, lat., ‚Größe'], Abk. für scheinbare Helligkeit. Ein hochgestelltes ^{m} dient als Einheitenzeichen für die Größenklasse innerhalb einer Größenklassenskala; → Helligkeit.

M, *1)* Abk. für absolute → Helligkeit.
2) Abk. für Messier-Katalog. M in Verbindung mit einer nachgestellten Zahl, z.B. M 31, bezeichnet entweder ein extragalaktisches Sternsystem (im Beispiel den Andromedanebel), einen Sternhaufen oder einen galaktischen Nebel, wobei die Zahl die Nummer angibt, unter der das Objekt in dem Katalog angegeben ist. In der Tab. sind einige Himmelsobjekte aufgeführt, die oft durch ihre Messier-Nummern bezeichnet werden.

Einige Objekte des Messier-Katalogs

M 1	Krebsnebel
M 3	Kugelsternhaufen im Sternbild Canes Venatici
M 8	Lagunennebel im Sternbild Sagittarius
M 13	Kugelsternhaufen im Sternbild Hercules
M 27	Hantelnebel im Sternbild Vulpecula
M 31	Andromedanebel
M 33	Triangulumnebel
M 42	Orionnebel
M 44	Praesepe
M 51	Sternsystem im Sternbild Canes Venatici
M 57	Ringnebel im Sternbild Lyra
M 67	Offener Sternhaufen im Sternbild Cancer
M 81	Sternsystem im Sternbild Ursa Maior
M 97	Eulennebel im Sternbild Ursa Maior

Macula [lat., ‚Fleck'] *f, Plur.* Maculae, Bezeichnung für eine kleine, dunkle Oberflächenstruktur auf Körpern des Planetensystems.

mag [von magnitudo, lat., ‚Größe'], Einheitenzeichen für die Größenklasse bei Angaben von Größenklassendifferenzen; → Helligkeit.

Magellansche Wolken [nach dem portug. Seefahrer F. de Magalhães, 1480–1521], zwei extragalaktische Sternsysteme, die mit bloßem Auge als auffallend helle Nebelflecken in den Sternbildern Dorado und Mensa (Große M. W.) und Tucana (Kleine M. W.) am Südhimmel sichtbar sind. Ihr Winkeldurchmesser beträgt 11,8° (Große M. W.) bzw. 4,2° (Kleine M. W.), was etwa 23 bzw. 9 Vollmondbreiten entspricht.
Die ***Große Magellansche Wolke*** besteht überwiegend aus Objekten der Population I. Man beobachtet u.a. O- und B-Sterne, Überriesen und Delta-Cephei-Sterne, ausgedehnte HI-Gebiete sowie Dunkelwolken, doch finden sich auch Novae und Kugelsternhaufen, also Vertreter der Scheiben- und der Halopopulation. Die interstellare Materie in der Großen M.n W. enthält nur etwa ein Viertel der Menge an schweren Elementen (schwerer als Helium) wie das Milchstraßensystem, um den gleichen Betrag ist auch das interstellare Staub-Gas-Verhältnis in der Großen M.n W. reduziert. Die Große M. W. wird im allg. als unregelmäßiges Sternsystem klassifiziert, doch lassen die Objekte der Scheiben- und der Halopopulation eine gewisse Balkenstruktur erkennen, während die Mitglieder der extremen Population I spiralförmig angeordnet zu sein scheinen. Möglicherweise handelt es sich bei der Großen M.n W. um eine kleine Balkenspirale, es fehlt jedoch ein klar erkennbarer Galaxienkern. Auf eine Scheibenstruktur mit einer differentiellen Rotation weisen Radialgeschwindigkeitsbeobachtungen hin; die Scheibenneigung gegen die Sichtlinie beträgt etwa 30°. Die Scheibe ist infolge der Gezeiteneinflüsse des Milchstraßensystems stark verwölbt, die die gesamte innere Struktur der Großen M.n W. beeinflussen dürften.
Die ***Kleine Magellansche Wolke*** gehört zu den unregelmäßigen Sternsystemen. In ihr beobachtet man Mitglieder aller Populationen. Im Verhältnis zur Großen M. W. ist der Anteil der Sterne der Population II zwar größer, doch sind insgesamt die Objekte der Population I zahlreicher. Die interstellare Materie ist in der Kleinen M.n W. wenig auffällig, die Randgebiete scheinen sogar frei von Dunkelmaterie zu sein; das Masseverhältnis von interstellarer zu stellarer Materie von rund 30% ist aber außergewöhnlich groß. Die interstellare Häufigkeit der schweren Elemente, wie auch das Staub-Gas-Verhältnis, beträgt in der Kleinen M.n W. nur etwa ein Zehntel von dem im Milchstraßensystem. Die Bewegungen in der Kleinen M. W. sind kompliziert und noch nicht voll deutbar.
Aus Beobachtungen der 21-cm-Linie geht hervor, daß jedes System in eine Hülle aus neutralem Wasserstoffgas eingebettet ist, deren Durchmesser etwa gleichgroß, aber sehr viel größer als der Durchmesser der Systeme im optischen Spektralbereich ist; zwischen den beiden Hüllen besteht anscheinend eine Verbindung. Ebenso besteht eine Wasserstoffbrücke zwi-

Einige Daten der Magellanschen Wolken

	Große M. W.	Kleine M. W.
Zentrumskoordinaten		
Rektaszension ($\alpha_{2000,0}$)	$5^h\ 20^{min}$	$0^h\ 55^{min}$
Deklination ($\delta_{2000,0}$)	$-69°$	$-73°$
Entfernung vom Milchstraßensystem	49000 pc	58000 pc
Entfernung voneinander	20000 pc	
Durchmesser	11000 pc	4500 pc
Masse (in Sonnenmassen)	10 Mrd.	2 Mrd.
davon interstellarer Wasserstoff	etwa 15%	etwa 30%
Absolute visuelle Helligkeit	$-18^{m}{,}1$	$-16^{m}{,}2$

schen den M.n W. und dem Milchstraßensystem (→ Magellan-Strom).
Beide Wolken bewegen sich mit einer Relativgeschwindigkeit von etwa 55 km/s aufeinander zu, bilden aber wahrscheinlich kein gravitativ gebundenes Paar von Sternsystemen. Sie formen zusammen mit dem Milchstraßensystem, in dessen unmittelbarer Nachbarschaft sie sich befinden, ein Dreifachgalaxiensystem, das der Lokalen Gruppe angehört.

Magellan-Strom, eine intergalaktische Wolke neutralen Wasserstoffs, die als ein schmales, unregelmäßig begrenztes Band an die Himmelskugel projiziert erscheint, das sich längs etwa eines Großkreises von den Magellanschen Wolken über den galaktischen Südpol rund 180° weit hinzieht. Wahrscheinlich ist das Wasserstoffgas durch die Gezeitenwirkung des Milchstraßensystems aus den Magellanschen Wolken herausgelöst worden. Der M.-S. kann auf Grund der von den Wasserstoffatomen ausgesandten 21-cm-Strahlung nachgewiesen werden.

magnetische Sterne, Sterne mit einem großräumigen Magnetfeld. Stellare Magnetfelder können im Prinzip mit Hilfe der durch den Zeeman-Effekt verursachten Aufspaltung von Spektrallinien beobachtet werden (→ Zeeman-Effekt). Die stellaren Magnetfelder sind jedoch so gering, daß die Linienaufspaltung gegenüber der thermischen oder der durch eine Rotation des Sterns verursachten Linienverbreiterung nicht wahrnehmbar ist; der Zeeman-Effekt führt lediglich zu einer geringfügigen zusätzlichen Linienverbreiterung. Eine Messung des Aufspaltungsbetrages ist dann möglich, wenn man die unterschiedliche Polarisation der Linienkomponenten infolge des longitudinalen Zeeman-Effekts ausnutzt und mit geeigneten optischen Analysatoranordnungen das Sternspektrum in zwei getrennte Spektren mit unterschiedlicher Polarisationsrichtung zerlegt. Wegen der Kleinheit des Effekts beschränken sich die Beobachtungsmöglichkeiten auf Sterne mit verhältnismäßig wenigen und schmalen Spektrallinien, vor allem auf Sterne der Spektralklasse A. Die kleinsten mit dieser Methode nachweisbaren stellaren Magnetfelder liegen bei etwa $2 \cdot 10^{-2}$ Tesla.
Die meisten Sterne, bei denen ein Magnetfeld beobachtet wurde, gehören zu den A-Sternen mit spektralen Besonderheiten (Ap-Sternen). Von diesen Sternen hat HD 215441 die größte bisher gemessene Feldstärke von 3,44 Tesla; sie schwankt in unregelmäßiger Weise und sinkt z.T. bis auf 1,2 Tesla ab, die Feldrichtung blieb konstant. Bei anderen Sternen wurden Umpolungen beobachtet, z.B. schwankt das Magnetfeld beim Stern 53 Camelopardalis periodisch innerhalb von 8 Tagen zwischen +0,375 und −0,539 Tesla. Die Umpolungen sowie die Feldstärkeschwankungen sind nach allgemeiner Auffassung dadurch bedingt, daß die Rotationsachse und die magnetische Achse dieser Sterne nicht zusammenfallen: Bei der Rotation eines solchen „schiefen Rotators“ mit einem ansonsten konstanten magnetischen Dipolfeld können für einen entfernten Beobachter zu verschiedenen Zeiten unterschiedliche Teile des Feldes sichtbar werden (Abb.), was zu Änderungen der in der Sichtlinie liegenden Magnetfeldkomponente führt. Vielfach reicht zur Erklärung der beobachteten zeitlichen Magnetfeldschwankungen die Annahme eines gegen die Rotationsachse geneigten Dipolfeldes nicht aus, es muß dann ein dezentrierter, längs der Magnetfeldachse verschobener Dipol oder ein zusätzlicher Quadrupol oder ein noch höherer Multipol angenommen werden. Bei den Ap-Sternen ändert sich mit der gemessenen Magnetfeldstärke auch meist die Stärke einzelner, von bestimmten Ionen herrührender Spektrallinien; die m.n S. sind daher meist gleichzeitig auch Spektrumsveränderliche. Verursacht wird diese Variation aller Wahrscheinlichkeit nach dadurch, daß die diese Li-

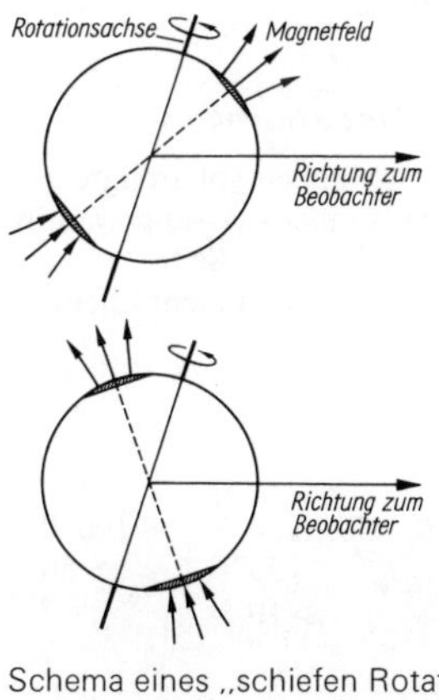

Schema eines „schiefen Rotators“. Dargestellt sind zwei um eine halbe Rotationsperiode auseinanderliegende Stellungen relativ zum Beobachter

nien hervorrufenden Ionen vorwiegend in Bereichen sehr hoher oder sehr niedriger Magnetfeldstärke (z.B. an den magnetischen Polen oder am magnetischen Äquator) konzentriert sind. Mit der Rotation variieren für einen entfernten Beobachter die Sichtbedingungen für diese Anreicherungsgebiete, wodurch sich auch die Stärke des von diesen Gebieten empfangenen Strahlungsstroms ändert. Unklar ist noch, welcher Mechanismus für eine derartige differentielle Anreicherung einzelner Ionen verantwortlich ist.

Kühle Hauptreihensterne besitzen indirekte Hinweise auf Magnetfelder mit einer Stärke von einigen 0,1 Tesla: Diese Sterne haben im visuellen und ultravioletten Spektralbereich Emissionslinien, die auf chromosphärische, von Magnetfeldänderungen verursachte Aktivitäten (wie bei der Sonne) schließen lassen.

Das globale Magnetfeld der Sonne hat eine Feldstärke von etwa $1 \cdot 10^{-4}$ bis $2 \cdot 10^{-4}$ Tesla, doch treten wesentlich stärkere lokale Felder auf. Die bei Weißen Zwergen gemessenen Magnetfeldstärken liegen im Bereich von etwa 10^2 bis $5 \cdot 10^4$ Tesla, die bei Pulsaren gemessenen betragen bis zu 10^8 Tesla.

Der Ursprung der stellaren Magnetfelder ist aller Wahrscheinlichkeit nach auf einen Dynamomechanismus – ähnlich wie bei der Sonne – zurückzuführen. Als Dynamo bezeichnet man dabei einen physikalischen Effekt, der mechanische Energie über eine elektromagnetische Induktion in magnetische Energie umzuwandeln gestattet: Bei den Sternen wird der differentiellen Rotation sowie der in den Konvektionsgebieten herrschenden Turbulenz kinetische Energie entzogen, die zum Aufbau globaler Magnetfelder und zur Kompensation von Ohmschen Verlusten dient.

Magnetogramm, eine Abbildung der Magnetfeldverteilung auf der Sonnenscheibe.

Magnetograph *m*, Instrument zur → Sonnenbeobachtung.

Magnetopause *f*, → Erdmagnetosphäre.

Magnetosphäre, der Bereich um einen Planeten, in dem dessen Magnetfeld maßgeblich die Bewegung geladener Teilchen beeinflußt. Die Gestalt und die Ausdehnung der M.n wird durch die Stärke des jeweiligen planetaren Magnetfeldes und dessen Wechselwirkung mit dem Sonnenwind bestimmt.

Daten planetarer Magnetosphären

Planet	Feldstärke am Äquator (in Tesla)	i (in °)	Magnetosphärengrenze sonnenzu- (in Planetenradien)	-abgewandte Seite (in Planetenradien)
Merkur	$(5 \cdot 10^{-7})$	~7	1,2	~20
Venus	$(3 \cdot 10^{-8})$	?	1,3	~7
Erde	$5,1 \cdot 10^{-5}$	11,7	14	~1000
Mars	$(6 \cdot 10^{-8})$	?	(1,4)	(20)
Jupiter	$1,2 \cdot 10^{-3}$	9,6	50...100	~10000
Saturn	$2,1 \cdot 10^{-5}$	0	25	>50
Uranus	$2,5 \cdot 10^{-5}$	~60	>10	?
Neptun	$(1 \cdot 10^{-5})$	47	?	?

i: Neigung der Dipolachse gegen die Rotationsachse; unsichere Werte in Klammern

Magnetschweif, → Erdmagnetosphäre.

Maja *f*, Stern in den → Plejaden mit einer scheinbaren visuellen Helligkeit von $3\overset{m}{,}9$, der Spektralklasse B8 und der Leuchtkraftklasse III; die M. ist also ein heißer Riesenstern.

Maksutow-System, → Spiegelteleskop.

Maler, ***Malerstaffelei***, das Sternbild → Pictor.

Mare [lat., ‚Meer'] *n, Plur.* Maria, Bezeichnung für eine Tiefebene als eine Struktureinheit auf dem Mond.

Markab [arab.], der Stern α im Sternbild Pegasus. Die scheinbare visuelle Helligkeit beträgt $2\overset{m}{,}5$, der Spektraltyp ist B9, die Leuchtkraftklasse V; es ist also ein heißer Hauptreihenstern. M. befindet sich in einer Entfernung von etwa 26 pc oder 86 Lichtjahren von der Sonne.

Markarian-Galaxie [nach dem armen. Astronomen B. E. Markarian, 1913–1985], ein extragalaktisches Sternsystem, dessen Spektrum durch ein starkes Ultraviolettkontinuum charakterisiert ist. Zum Teil ist die Ultraviolettstrahlung auf das Kerngebiet des Sternsystems konzentriert, z.T. sind die Quellen unregelmäßig und weiträumig im System verteilt. Viele M.-G.n der ersten Gruppe gehören zu den Seyfert-Galaxien, sind also aktive Galaxien. Die leuchtkraftschwächsten Mitglieder der zweiten Gruppe besitzen Spektren, die denen der HII-Gebiete des Milchstraßensystems sehr ähnlich sind; diese M.-G.n werden deshalb gelegentlich auch als intergalaktische HII-Gebiete bezeichnet.

Mars, der erdnächste der äußeren Planeten, Zeichen ♂.

Der M. bewegt sich mit einer mittleren Geschwindigkeit von 24,13 km/s in 1,881 Jahren (siderische Umlaufzeit) rechtläufig um die Sonne. Er durchläuft eine Ellipsenbahn, deren große Halbachse 227,9 Mill. km und deren Exzentrizität 0,0934 beträgt; die Exzentrizität ist etwa 5mal größer als die der Erdbahn. Die Marsbahnebene ist um 1,85° gegen die Erdbahnebene geneigt. Die Entfernung des M. von der Sonne schwankt zwischen 1,38 AE im Perihel und 1,67 AE im Aphel und beträgt im Mittel 1,52 AE. Seine Entfernung von der Erde ist von der jeweiligen Stellung der beiden Planeten in ihren Bahnen abhängig und variiert zwischen 55,8 und 399,9 Mill. km; entsprechend ändert sich der scheinbare Durchmesser des M. zwischen 25,1″ und 3,5″. Die Entfernung von der Erde ist am kleinsten, wenn der M. bei einer Opposition in seinem Perihel steht. Solche günstigen Beobachtungsbedingungen ereignen sich alle 15 bis 17 Jahre, die letzte trat am 29.9.1988 ein. Die Zeit zwischen zwei aufeinanderfolgenden Oppositionen beträgt im Mittel 780 Tage (synodische Umlaufzeit); wegen der großen Bahnexzentrizität und der demzufolge sehr ungleichmäßigen Bahngeschwindigkeit des M. schwankt die Oppositionswiederkehr zwischen 764 und 811 Tagen. Die Änderungen der Entfernung des M. von der Erde haben Änderungen seiner scheinbaren Helligkeit um etwa 5 Größenklassen, und zwar zwischen etwa $+2^m$ und -3^m zur Folge. Zur Zeit seiner größten scheinbaren Helligkeit ist der M. heller als der Sirius, der hellste Fixstern des Himmels. Der M. zeigt einen Phasenwechsel. Die dadurch verursachten Helligkeitsänderungen sind sehr viel geringer als bei den inneren Planeten, da der Phasenwinkel immer klein bleibt. Die mittlere Albedo ist mit 0,16 noch nicht halb so groß wie die der Erde, sie ist aber für einzelne Oberflächenregionen unterschiedlich. Die Albedounterschiede bedingen einen geringen, periodischen Helligkeitswechsel infolge der Rotation des Planeten.

Die (siderische) Rotationsperiode ist mit 24 h 37 min 22,7 s rund 41 min länger als die der Erde. Die Neigung des Marsäquators gegen die Marsbahnebene von 25° 12′ bedingt ähnliche Jahreszeiten wie auf der Erde, auf Grund der größeren Umlaufzeit des M. um die Sonne allerdings von fast der doppelten Länge. Wegen der großen Exzentrizität der Marsbahn sind gleiche Jahreszeiten auf den beiden Marshemisphären unterschiedlich lang: Gegenwärtig herrscht auf der Nordhalbkugel des M. während 199 Tagen Frühling und 183 Tagen Sommer, aber nur während 147 Tagen Herbst und 158 Tagen Winter. Der den M. treffende solare Strahlungsstrom variiert wegen der stark exzentrischen Bahn erheblich: Im Perihel ist er 1,44mal größer als im Aphel. Die Sommer auf der Nordhalbkugel des M. sind daher merklich kühler als auf der Südhalbkugel, die Winter hingegen wärmer.

Der M. ist wesentlich kleiner und etwas stärker abgeplattet als die Erde. Sein Äquatordurchmesser mißt 6794,4 km, was 53% des Erdäquatordurchmessers entspricht; sein Poldurchmesser beläuft sich auf 6754,6 km. Die Abplattung ergibt sich damit zu 0,0058. Die Masse des M. beträgt $6{,}417 \cdot 10^{23}$ kg, also 0,1074 Erdmassen; die mittlere Dichte beläuft sich auf 3,94 g/cm^3, also 72% der mittleren Dichte der Erde. Die Schwerkraft an der Marsoberfläche erreicht nur 38% der an der Erdoberfläche herrschenden.

Die Marsatmosphäre ist, verglichen mit der irdischen Atmosphäre, sehr dünn. An der Oberfläche beträgt der Druck nur etwa 5 bis 10 hPa, rund 0,6% des Atmosphärendrucks an der Erdoberfläche. Die Ausdehnung der Marsatmosphäre ist hingegen mit der Mächtigkeit der Erdatmosphäre vergleichbar, was durch die geringere Schwerkraft und die dadurch verursachte geringere Dichteabnahme mit der Höhe bedingt ist. Die in der Marsatmosphäre enthaltene Masse beläuft sich auf rund 1% der Masse der Erdatmosphäre. Es ist dies eine Folge der geringen Entweichgeschwindigkeit auf dem M., die nur etwa 45% der der Erde beträgt: Die Gaspartikeln der oberen Marsatmosphäre können dadurch leichter aus dem Anziehungsbereich des M. in den Weltraum gelangen. Kohlendioxid ist mit 95 Volumenprozent der Hauptbestandteil der unteren Marsatmosphäre, gefolgt von molekularem Stickstoff mit 2,7% und Argon mit 1,6%. Außerdem wurden geringe Mengen von molekularem Sauerstoff sowie Wasserdampf gefunden, dessen Anteil sehr variabel ist und zwischen etwa 0,01 und 0,1% schwankt. Als Spurengase treten u.a. Kohlenmonoxid, Neon, Krypton, Xenon und molekularer Wasserstoff auf. Die jetzige Atmosphärenzusammensetzung ist die Folge der Entgasung heißer magmatischer Schmelzen in den früheren Entwicklungsphasen des M. Im Gegensatz zur Erdatmosphäre wurde die Marsatmosphäre später nicht mehr wesentlich verändert.

In der Marsatmosphäre besteht eine Temperaturschichtung ähnlich wie in der Erdatmosphäre: Nahe der Marsoberfläche herrscht im Mittel eine Temperatur von etwa −40 °C. In der Troposphäre, die bis in eine Höhe von etwa 25 km reicht, sinkt die Temperatur gleichmäßig ab, während sie in der darüberliegenden Mesosphäre zunächst nahezu konstant bleibt, um danach (vor allem in der Thermosphäre) wieder anzusteigen (Abb. 1). Die für diese Aufheizung notwendige Energie stammt aus der Sonnenstrahlung. Durch sie wird die Hochatmosphäre teilweise ionisiert. Die dabei freiwerdenden Elektronen verteilen ihre (hohe) kinetische Energie durch Stöße auf alle Gaspartikeln. In der Exosphäre, die in den freien Weltraum übergeht, ist die Temperaturzunahme nur noch gering.

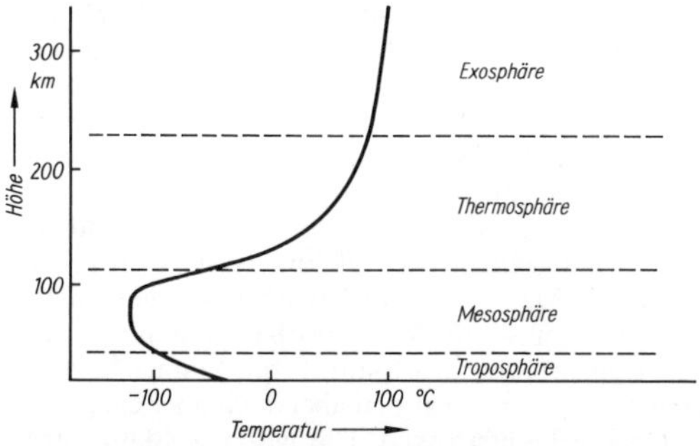

Abb. 1: Temperaturverlauf in der Marsatmosphäre

In der Marsatmosphäre beobachtet man Wolken, die sich z.T. als helle Flecken, z.T. nur auf Grund ihrer Schattenwirkung bemerkbar machen. Im wesentlichen handelt es sich um Dunstschleier oder Nebelschwaden, die aus Wassereiskristallen bestehen. Kohlendioxideis dürfte höchstens in höheren areographischen Breiten beteiligt sein, da die Atmosphärentemperaturen nur dort unter die Kondensationstemperatur des Kohlendioxids sinken. Aufnahmen der Marsoberfläche von Raumsonden aus zeigen häufig Gebiete mit morgendlichen Aufhellungen, die entweder auf eine Nebelbildung oder eine Reifbedeckung zurückgehen. Morgenwolken finden sich auch um Gipfel hoher Berge, z.B. um den Olympus Mons.

Die Temperaturen des Marsbodens sind starken tages- und jahreszeitlichen Schwankungen unterworfen, da die dünne Atmosphäre weder die Ein- noch die Ausstrahlung wesentlich beeinflussen kann; ein „Glashauseffekt“ wie in der Erd-, besonders aber in der Venusatmosphäre ist beim M. nur sehr schwach vorhanden. Die tiefsten Temperaturen mit etwa −140 °C herrschen an den Polkappen, können dort aber im Marssommer auch bis etwa −15 °C ansteigen. In Äquatornähe betragen die Mittagstemperaturen etwa +15 °C; die nächtliche Ausstrahlung hat hier ein Absinken auf −40 °C bis −70 °C zur Folge.

Die Polkappen, die zu den auffälligsten von der Erde aus sichtbaren Erscheinungen der Marsoberfläche zählen, werden von einer permanenten Wasserschnee- oder -eisdecke gebildet. Im Marswinter sinken die Temperaturen dort so weit ab, daß auch Kohlendioxid kondensieren und sich niederschlagen kann, was zu den beobachteten Vergrößerungen der Polkappen während des Winters in der jeweiligen Hemisphäre führt. Bei der Kohlendioxidkondensation wird der Atmosphäre eine große Gasmenge entzogen, so daß der Atmosphärendruck merklich abfällt. Diese Abhängigkeit ist in den kalten Südwintern am deutlichsten; die südliche Polkappe zeigt entsprechend auch die größeren jahreszeitlichen Schwankungen, sie kann im Winter bis zu etwa 50° südlicher Breite vordringen. Die nördliche Polkappe reicht im Winter nur bis etwa 60° nördlicher Breite. Während Kohlendioxid im Wechsel der Jahreszeiten kondensiert und wieder sublimiert, ist das Wasser fast vollständig in Eis festgelegt, z.T. als Polareis in den permanenten Polkappen, z.T. eingeschlossen im Oberflächenmaterial, wo es möglicherweise einen Dauerfrostboden bildet, der vielleicht eine Tiefe von 1 km erreicht. Schätzungen ergeben, daß die gesamte Eismenge auf dem M. einer Wassermenge gleichkommt, die, über die Oberfläche gleichmäßig verteilt, eine Höhe von 10 bis 100 m hätte; diese Schätzungen sind jedoch außerordentlich unsicher.

In der Marsatmosphäre treten z.T. heftige Winde mit Geschwindigkeiten über 70 km/s auf. Dabei kann Staub des Marsbodens aufgewirbelt werden, was zu den auch von der Erde aus beobachtbaren sog. „gelben Wolken“ führt. Die Staubstürme können lokal begrenzt sein, sie können sich aber auch über die gesamte Oberfläche erstrecken. Die globalen Staubstürme treten nur während des späten Frühlings und während des Sommers auf der Südhalbkugel auf, was mit der zu dieser Zeit hohen Sublimationsrate des an der südliche Polkappe vorhandenen Kohlendioxids zusammenhängt.

Die dünne Atmosphäre gewährt einen freien Einblick auf die Marsoberfläche, deren großräumige Struktur daher bereits seit langem bekannt ist. Höhenunterschiede lassen sich optisch von der Erde aus nicht feststellen. Man kann nur Abstufungen und Ineinanderschachtelungen von hellen und dunklen Gebieten erkennen. Die hellen Gebiete mit einer Albedo von 0,15 bis 0,20 sind orange bis rötlich gefärbt. Sie nehmen ungefähr 75% der Marsoberfläche ein und geben dem M. die rötliche Gesamtfärbung. Die unterschiedlich hellen Gebiete erhielten im vergangenem Jahrhundert Namen hauptsächlich nach der antiken Geographie und Mythologie, die im wesentlichen, wenn auch in etwas modifizierter Form, heute noch benutzt werden. Im Mittel handelt es sich bei den hellen Gebieten um Tiefebenen, während die dunklen Regionen Hochländer darstellen, was im Gegensatz zur Mondoberfläche steht: Die dortigen dunklen Maria entsprechen in ihrer Flächenstruktur gerade den hellen Regionen auf dem M.

Die Kenntnisse über die Struktur der Marsoberfläche wurden mit Hilfe marsumkreisender Raumsonden entscheidend verbessert, mit denen die gesamte Oberfläche photographiert und kartographiert und noch Einzelheiten mit Ausdehnungen bis zu etwa 300 m vollständig erfaßt wurden (Abb. 2). Die Marsoberfläche ist großräumig durch eine Asymmetrie gekennzeichnet: Der Süden weist ein relativ dunkles, durch Einschlagkrater gekennzeichnetes Hochland auf, das von einem zwei bis drei Kilometer tiefen Abfall vom helleren, kraterärmeren nördlichen Tiefland getrennt ist. Auf der Nordhalbkugel finden sich Ebenen, die den Mondmaria morphologisch verwandt sind, also bei großräumigen Lavaergüssen gebildet wurden; es existieren auch (im Gegensatz zum Mond) riesige Vulkanbauten. Die drei Riesenschildvulkane im Tharsis-Gebiet, die längs einer Geraden aufgereiht sind, haben sich möglicherweise über einem jetzt nicht mehr sichtbaren Grabenbruch gebildet. In der Nähe der Tharsis Montes befindet sich der größte Schildvulkan des M., ja des gesamten Planetensystems, der Olympus Mons. Sein Schilddurchmesser beträgt etwa 600 km. Sein Gipfel liegt rund 27 km über dem mittleren Marsniveau und ist durch einen Calderenkomplex von rund

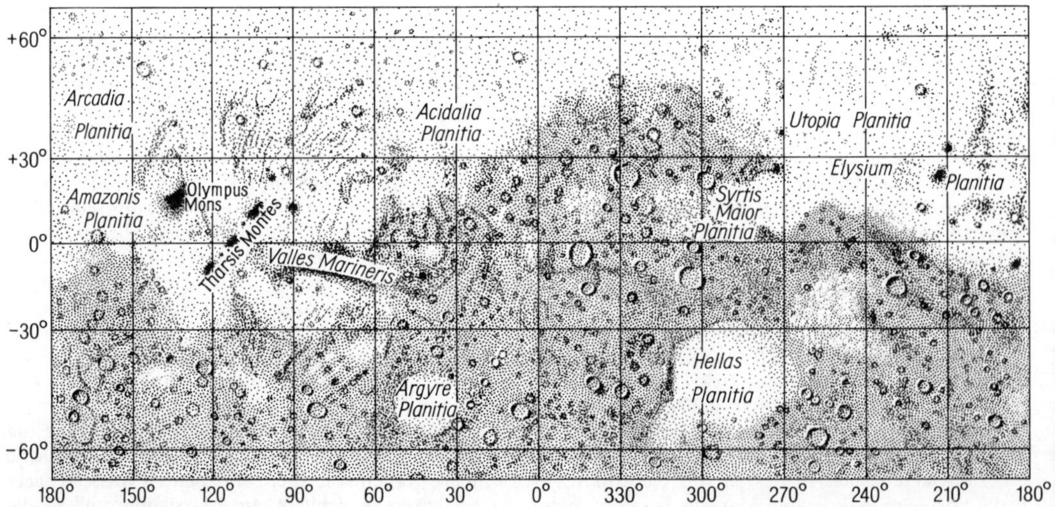

Abb. 2: Übersichtskarte des Mars

80 km Durchmesser gekennzeichnet (Abb. 3). Die großen Vulkane sind z.T. zu unterschiedlichen Zeiten entstanden, wie die unterschiedliche Dichte der Einschlagkrater auf ihnen vermuten läßt. Da die Einschlagrate von Himmelskörpern in früheren Epochen unbekannt ist, kann eine absolute Altersangabe nur schwer gemacht werden. Olympus Mons gehört mit zu den relativ jungen Gebilden. Die Vulkanaktivitäten auf dem M. begannen wahrscheinlich vor etwa 3,5 Mrd. Jahren und dauerten einige 100 Mill. bis 1,5 Mrd. Jahre. Die Oberfläche der Nordhalbkugel ist insgesamt jünger als die der Südhalbkugel. Deren Profil ist dem lunarer Hochländer ähnlich. Zu den Einschlagkratern unterschiedlicher Größe gesellen sich Riesenstrukturen, die den kreisförmigen Maria des Mondes gleichen, z.B. das Hellas-Becken (Hellas Planitia) und das Argyre-Becken (Argyre Planitia) mit Durchmessern von knapp 2000 bzw. 1000 km.

Als weitere Oberflächenstrukturen beobachtet man große Grabenbrüche, die sich z.T. über 1000 km erstrecken und fast geradlinig verlaufen; ein Beispiel sind die Memnonia Fossae. Noch gewaltiger ist ein System von Tälern, das sich südlich des Marsäquators über etwa 4000 km in ost-westlicher Richtung erstreckt. Es erhielt nach der Raumsonde Mariner 9, mit deren Hilfe es entdeckt wurde, die Bezeichnung Valles Marineris. Dieses Grabensystem ist teilweise bis zu 700 km breit und bis zu 7 km tief (Abb. 4). Die Ähnlichkeit mit irdischen Grabenbrüchen legt die Vermutung nahe, daß es möglicherweise tektonischen Ursprungs ist, doch wird sein Entstehen noch nicht recht verstanden. Die Brüche wie auch die beobachteten Verwerfungen können als Hinweise gedeutet werden, daß der M. früher eine Periode größerer Krustenaktivität durchlaufen hat, die vielleicht Ansätze einer Plat-

Abb. 3: Mars. Vulkankegel Olympus Mons. (Mosaik aus mehreren mit Hilfe der Marssonde Mariner 9 gewonnenen Aufnahmen)

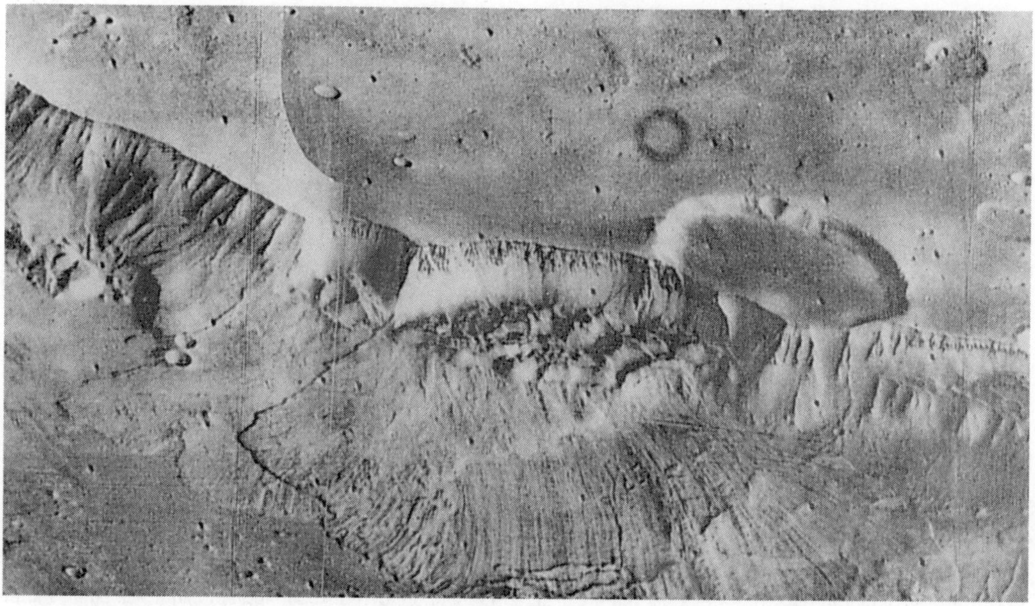

Abb. 4: Mars. Blick in das Valles Marineris, einem Grabenbruch mit Schuttkegeln im Talgrund

tentektonik barg. Eine allgemeine derartige Tektonik, wie sie gegenwärtig noch auf der Erde existiert, gab es jedoch auf dem M. nie, wie das Fehlen von Gebirgsgürtel und Gräben, entsprechend den irdischen Tiefseegräben, zeigt. Wegen seiner geringeren Masse war der nach der Entstehung des M. gespeicherte Wärmevorrat geringer als der der Erde, außerdem wurde bei radioaktiven Prozessen weniger Energie freigesetzt. Die Energie konnte darüber hinaus wegen des größeren Verhältnisses von Oberfläche zur Masse beim M. schneller abgegeben werden, so daß sich schnell eine dicke Lithosphäre auf den M. bildete, die nicht in einzelne Platten zerbrechen konnte wie die irdische Lithosphäre.

Die Oberfläche des M. weist Erosionsspuren auf, die wahrscheinlich durch Wasser, vor allem durch Wind verursacht wurden. Es existieren zahlreiche breite, irdischen Flußbetten vergleichbare Täler (Abb. 5), die aller Wahrscheinlichkeit nach von Wasser geformt wurden, das beim Aufschmelzen von im Marsboden vorhandenen Eismassen entstanden ist. Ursache des Aufschmelzens könnten lokale Erwärmungen gewesen sein, wie sie z.B. im Zusammenhang mit vulkanischen Aktivitäten zu erwarten sind. Denkbar ist auch, daß die Schmelzprozesse durch eine globale Erwärmung der Marsoberfläche infolge von Klimaschwankungen verursacht wurden. Daß das Wasser auf vorher im Marsboden gebundenes Eis zurückzuführen ist, zeigen die Ursprungsgebiete der (jetzt ausgetrockneten) Stromtäler: Es sind oftmals Depressionen, die offenbar durch den Einsturz der oberen Gesteinsschichten entstanden sind, nachdem das tieferliegende Eis durch Aufschmelzung verlorengegangen war. Die strömenden Wassermassen hinterließen ihre Spuren in ehemaligen Überschwemmungsgebieten: Man findet Strukturen, die als ehemals umströmte Inseln zu deuten sind, und Stromtäler mit einem ausgeprägten System von Nebenflüssen. Die zahlreichen Seitentäler, die tief in die kilometerhohen Wände der großen Grabenbrüche einschneiden und in denen man das abgerutschte Material in Form von Schutthalden findet, sind offenbar auch auf eine Erosion zurückzuführen. Vielleicht hat bei der Erosion Regenwasser, mindestens zeitweise, eine Rolle gespielt; große Ozeane oder Meere existierten aber offenbar nie auf dem M. Auf Gletscher weisen Oberflächenstrukturen am Rande der Polkappen hin, die große Ähnlichkeit mit irdischen Gletscherschleifspuren und moränenartigen Ablagerungen haben.

Auf dem M. gibt es auch Täler, die allem Anschein nach durch fließende Lava gebildet wurden.

Infolge der Winderosion wurde Oberflächengestein durch aufgewirbelten Sand wie mit einem Sandstrahlgebläse bearbeitet. Große Sandmassen wurden über weite Strecken transportiert, in Vertiefungen abgelagert oder zu Dünen aufgeschichtet. Die im allg. flach und wenig schroff erscheinenden Marskrater sowie das Fehlen von Sekundärkrater und Strahlensystemen (im Gegensatz zum Mond und zum Merkur) dürften auf die Wirkung der Winderosion zurückzuführen sein.

Den früher viel diskutierten „Marskanäle", ein 1877 erstmalig von G. Schiaparelli (1835–1910) auf dem M. beobachtetes System von sich überschneidenden dunklen Linien, sind keine real existierenden Oberflächenerscheinungen zuzuordnen; es sind offenbar Täuschungen des menschlichen Auges, das dazu neigt, nicht vollständig auflösbare Feinstrukturen zu geometrischen Figuren zusammenzufassen.

An den Landestellen der Viking-Raumsonden in der

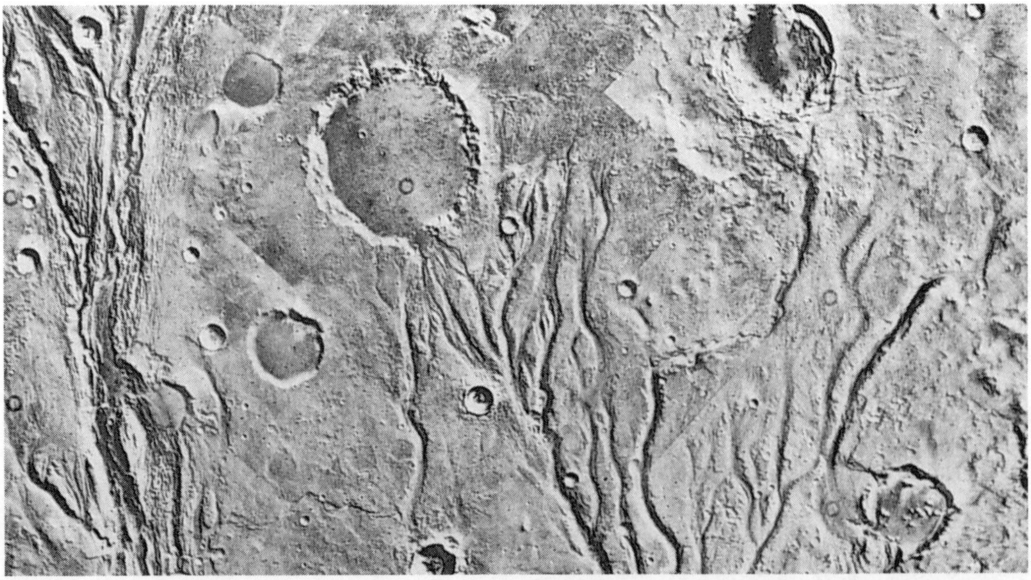

Abb. 5: Mars. Gebiet in der Chryse Planitia mit ehemaligen Flußläufen, deren Nebenflußläufe zum Teil ältere Krater queren. (Mosaik aus mehreren mit Hilfe der Marssonde Viking Orbiter 1 gewonnenen Aufnahmen)

Abb. 6: Landestelle der Marssonde Viking 2 in der Utopia Planitia. Der größte Gesteinsbrocken nahe der Bildmitte ist etwa 60 cm breit und etwa 30 cm hoch. Quer durch das Bild zieht sich von rechts unten nach links oben ein schmaler, an Bodenmusterungen in den Polarregionen der Erde erinnernder Graben. Der Horizont ist etwa 3 km entfernt. Wegen der Neigung der Sonde um rund 8° gegen die Senkrechte erscheint der Horizont schräg

Chryse Planitia bzw. der Utopia Planitia besteht der Boden aus einem feinkörnigen, schwach kohäsiven Material, das man als Regolith bezeichnet. Der Boden ist mit zahlreichen, vielfach scharfkantigen Gesteinsbrocken unterschiedlicher Größe bedeckt (Abb. 6), an einigen Stellen tritt auch das Untergrundgestein zutage. Dessen ursprüngliche Farbe scheint dunkelgrau gewesen zu sein. Die jetzige rotbraune Färbung geht offenbar auf einen dünnen Staub- und Sandbelag zurück, der reich an Eisenmineralen (Eisenoxiden) ist. Die Bodenanalysen an den Landestellen, die rund 6500 km voneinander entfernt sind, zeigen eine nahezu gleiche chemische Zusammensetzung: Silicium ist mit rund 20 Massenprozent das häufigste Element, gefolgt von Eisen mit etwa 13%. Mit geringeren Anteilen sind Magnesium, Calcium, Aluminium, Schwefel, Titanium und Kalium vertreten. Größere Abweichungen gegenüber der mittleren Zusammensetzung der Erdkruste treten bei Schwefel auf, der im Marsboden rund 100mal häufiger ist, Kalium ist hingegen etwa 5mal seltener. Silicatminerale (hauptsächlich SiO_2) dürften der Masse nach etwa 45% des Marsbodens ausmachen und Eisenminerale (z.B. Fe_2O_3) rund 20%, der Rest wird u.a. von Magnesium-, Aluminium- und Calciummineralen gebildet. Der Marsboden ist anscheinend das Verwitterungsprodukt von basaltischen Eruptivgesteinen.

Untersuchungen hinsichtlich der Existenz biologischer Substanzen oder Mikroorganismen im Marsboden, die wie irdische Organismen Stoffwechselprozessen unterliegen, brachten keinerlei Hinweise darauf. Dies läßt vermuten, daß es auf dem M. weder Leben gibt noch früher gab; endgültige Beweise fehlen aber noch.

Über das Magnetfeld des M. sind noch keine zuverlässigen Daten bekannt. Aus Messungen mittels der Marssonden Mars 2, 3 und 5 schließt man auf eine magnetische Feldstärke an der Marsoberfläche von etwa $6 \cdot 10^{-8}$ Tesla, was rund 1/500 der Feldstärke an der Erdoberfläche entsprechen würde. Auf der der Sonne zugewandten Seite wird das Magnetfeld durch den Sonnenwind stark zusammengepreßt. Die Grenze der Marsmagnetosphäre dürfte hier im Mittel nur etwa 0,4 Marsradien über der Oberfläche liegen, wobei größere zeitliche Variationen zu erwarten sind. Auf der sonnenabgewandten Seite erstreckt sich der Magnetosphärenschweif der Marsmagnetosphäre vermutlich etwa 20 Marsradien weit in den Raum.

Der innere Aufbau des M. ist noch weitgehend unbekannt, was vor allem am Fehlen seismischer Beobachtungsdaten liegt. Man rechnet mit einem ähnlichen Schalenaufbau wie bei der Erde; die Krustendicke des M. dürfte aber wesentlich größer als die irdische Krustendicke, die Größe des Marskerns hingegen kleiner als die des Erdkerns sein. Der Marskern besteht wahrscheinlich nur zu einem geringen Teil aus metallischem Eisen, die Hauptmasse dürfte Eisensulfid ausmachen.

Der M. wird von zwei Satelliten, → Phobos und → Deimos, umlaufen.

Mascon [Abk. von *mass concentration*, engl., ‚Massekonzentration'], ein Bereich erhöhter Dichte innerhalb der Mondkruste, der zu einer Schwereanomalie Anlaß gibt; → Mond.

Maser [Abk. von *m*icrowave *a*mplification by *s*timulated *e*mission of *r*adiation, engl., ‚Mikrowellenverstärkung durch induzierte Strahlungsemission'], die quantenmechanische Verstärkung einer Strahlung im Mikrowellenbereich. Der ***Maser-Effekt*** beruht auf einer nichtthermodynamischen Besetzung von Energieniveaus in einem atomaren oder molekularen System. Im thermodynamischen Gleichgewichtszustand nimmt die Besetzungsdichte der Niveaus mit steigender Energie exponentiell ab und ist durch die Boltzmannsche Verteilungsformel (→ Anregung) festgelegt. Durch einen geeigneten Prozeß (dem „Pumpen") kann es zu einem extremen Nicht-Gleichgewichtszustand kommen, bei dem eine relative Überbesetzung eines angeregten Energiezustandes existiert (Abb.). Der

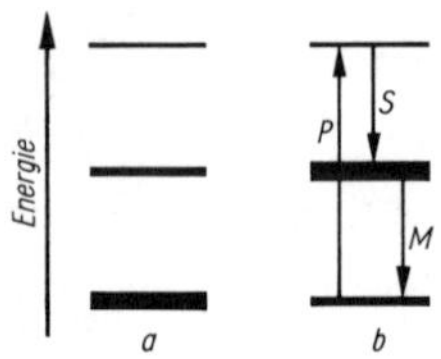

Zum Maser-Effekt. Die Balkendicke gibt die Stärke der Niveaubesetzung. Im thermodynamischen Gleichgewicht (a); beim Maser-Effekt (b). P: Energieübertragung (Pumpen); S: spontaner Übergang; M: Maser-Übergang

Übergang von diesem Niveau zu einem tieferliegenden kann durch Strahlung der Wellenlänge stimuliert werden, die der Energiedifferenz der beteiligten Niveaus entspricht, was zu einer Verstärkung der einfallenden Strahlungsintensität führt. Bestimmt man die Temperatur, die im Falle eines thermodynamischen Gleichgewichts herrschen müßte, um die gleiche Strahlungsintensität zu erhalten, so ergeben sich teilweise Werte von 10^{12} bis 10^{15} K. Der Pumpmechanismus bei den beobachteten interstellaren und zirkumstellaren Maser-Quellen ist noch nicht befriedigend geklärt. Möglicherweise führt eine Absorption von Infrarotstrahlung zur Anregung von Energieniveaus, die höher als das Maserniveau liegen, und von denen aus spontane Elektronenübergänge auf das Maserniveau erfolgen. Die Überanregung könnte auch durch eine Stoßanregung verursacht sein.

Kosmische Maser-Emissionen werden vor allem beim OH-Radikal, Wassermolekül (H_2O) und Siliciummonoxid (SiO) beobachtet, gelegentlich auch beim Blausäuremolekül (HCN), Siliciummonosulfid (SiS), Schwefelwasserstoff (H_2S), Methanol (CH_3OH), Kohlenstoffmonosulfid (CS), Ammoniak (NH_3) sowie beim CN-Radikal. Interstellare Maser-Quellen finden sich vor allem in Sternentstehungsgebieten in der Nähe sehr kompakter HII-Gebiete (→ interstellares Gas); zirkumstellare Maser-Quellen werden u.a. bei Mira-Sternen beobachtet.

Ein sog. ***Antimaser-Effekt*** liegt vor, wenn ein energetisch tiefliegendes Niveau relativ zu den höheren zu stark besetzt ist. Es kann dann von dem tiefen Niveau aus zu einer im Vergleich zur Absorption im thermodynamischen Gleichgewichtszustand verstärkten Strahlungsabsorption kommen.

Der Antimaser-Effekt wird beim Formaldehyd (H_2CO) beobachtet, bei dem das tiefstliegende Energieniveau überbesetzt ist; es werden dann u.a. Photonen der Drei-Kelvin-Strahlung verstärkt absorbiert.

Maser-Quelle, → interstellares Gas.

Masse, diejenige Eigenschaft der Materie, die deren Verhalten bei Geschwindigkeitsänderungen und in Gravitationsfeldern kennzeichnet. Jeder Körper besitzt eine Trägheit. Zur Änderung seiner Geschwindigkeit ist eine Kraft K notwendig, die der von ihr bewirkten Beschleunigung b und einer Größe proportional ist, die man als ***träge M.*** m_t bezeichnet: $K = b\, m_t$. Jeder Körper besitzt außerdem eine Schwere: In einem Gravitationsfeld wirkt auf ihn eine Kraft (im Fall des Schwerefeldes der Erde nennt man die Kraft das Gewicht G des Körpers), die proportional der Schwerebeschleunigung g ist und einer Größe, die man als ***schwere M.*** m_s bezeichnet: $G = g\, m_s$. Die Anziehungskraft bewirkt, daß ein frei beweglicher Körper beschleunigt zur Erde fällt. Die Beschleunigung ist (gemäß der ersten Gleichung) $b = g\, m_s/m_t$. Die Erfahrung zeigt, daß bei Ausschaltung von anderen Kräften alle Körper gleich schnell fallen, also alle Körper die gleiche Beschleunigung haben. Da die Schwerebeschleunigung für einen bestimmten Ort eine Konstante ist, muß das Verhältnis von schwerer zu träger M. für alle Körper gleich sein: Die träge M. eines Körpers ist seiner schweren M. proportional. Man braucht daher zwischen beiden nicht zu unterscheiden, setzt beide gleich und spricht nur von M. Eine Begründung für diese Gleichheit gibt die Allgemeine Relativitätstheorie.

Die M. eines Körpers ist nicht als eine stets gleichbleibende Konstante anzusehen: Hat der Körper in einem physikalischen Bezugssystem, gegenüber dem er sich in Ruhe befindet, die M. m_0 (Ruhmasse), so beträgt seine M. $m = m_0/\sqrt{(1 - v^2/c^2)}$, wenn er sich mit einer Geschwindigkeit v gegenüber dem System bewegt. Je mehr sich die Geschwindigkeit der Lichtgeschwindigkeit c nähert, um so größer wird die M.

Nach der Speziellen Relativitätstheorie ist der M. m die Energie $E = mc^2$ äquivalent. Bei Elementarprozessen wie Paarentstehung, Paarvernichtung oder bei Kernumwandlungen wird entsprechend dieser Gleichung M. in Energie oder umgekehrt Energie in M. verwandelt.

Die Maßeinheit der M. ist das Kilogramm, Einheitenzeichen kg.

Massedefekt, die bei der Bildung von schweren Atomkernen aus leichten auftretende Differenz zwischen der Masse der Ausgangskerne und der Masse der Endkerne; → Energiefreisetzung in Sternen.

Masse der Sterne, → Sternmasse.

Masse-Leuchtkraft-Beziehung, durch eine mathe-

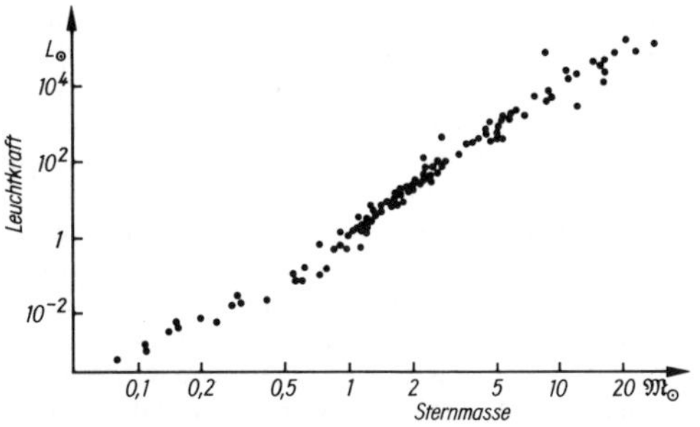

Masse-Leuchtkraft-Beziehung der Hauptreihensterne. $L_\odot$: Sonnenleuchtkraft; $\mathfrak{M}_\odot$: Sonnenmasse

matische Formel dargestellte Beziehung zwischen der Masse und der Leuchtkraft von Hauptreihensternen. Mit wachsender Masse $\mathfrak{M}$ nimmt die Leuchtkraft L zu (Abb.); im Mittel gilt die Proportionalität $L \sim \mathfrak{M}^{3,5}$. Bei Hauptreihensternen hoher Leuchtkraft ist der Exponent etwas kleiner, die Abhängigkeit der Leuchtkraft von der Masse daher etwas geringer.
Für Hauptreihensterne besteht weiterhin eine ***Masse-Radius-Beziehung***: Mit steigender Masse wächst der Radius R; für Sterne mit Massen größer als etwa eine Sonnenmasse gilt die Proportionalität $R \sim \mathfrak{M}^{0,6}$. Beide Beziehungen haben für die Theorie des inneren Aufbaus der Sterne große Bedeutung und erhalten dort ihre theoretische Begründung (→Sternaufbau).

Masse-Leuchtkraft-Verhältnis, das in Sonneneinheiten angegebene Verhältnis der Masse eines kosmischen Objekts, z.B. eines Sterns, eines Sternsystems oder eines Galaxienhaufens, zu seiner Leuchtkraft.

Massenanziehung, svw. Gravitation.

Masse-Radius-Beziehung, →Masse-Leuchtkraft-Beziehung.

Massezahl, die Summe der in einem Atomkern vorhandenen Protonen und Neutronen; →Atom.

Materiekosmos, →Kosmologie

Materiestrahl, ***Plasmastrahl***, ***Jet***, ein von einem kosmischen Objekt ausgehender, scharf gebündelter Materieauswurf, der von einem hochionisierten Gas (einem Plasma) gebildet wird. M.en treten im allg. paarweise mit genau entgegengesetzten Bewegungsrichtungen auf. Die M.en können sehr unterschiedliche Größe haben: Bei einigen extragalaktischen Objekten, z.B. aktiven Galaxien, liegen die Längsausdehnungen im Bereich bis zu Kilo- und Megaparsec, die Materiegeschwindigkeiten reichen bis nahe an die Lichtgeschwindigkeit; Ausgangsorte dieser M.en sind die aktiven Kerne von Sternsystemen. Die Längsausdehnungen der M.en, die von Sternen, vor allem jungen Sternen ausgehen, liegen im Bereich von etwa 0,01 bis 1 pc, die Materiegeschwindigkeiten bei einigen 100 km/s; diese M.en geben u.a. zur Erscheinung der bipolaren Nebel und der Herbig-Haro-Objekte Anlaß.
Der physikalische Prozeß, der zu den M.en führt, ist noch nicht voll verstanden. Im allg. wird als Ursache für die scharfe, in zwei entgegengerichtete Teilstrahlen erfolgende Bündelung eine bis dicht an das zentrale Objekt heranreichende Akkretionsscheibe angesehen, die wie eine Art Düse wirkt: Stößt ein Objekt Materie ab, wird diese in der Symmetrieebene der Scheibe an der Ausbreitung behindert, da aus der Scheibe Materie auf das Objekt zufließt; senkrecht zur Symmetrieebene kann der Abfluß dagegen nahezu unbeeinflußt erfolgen. Aller Wahrscheinlichkeit nach speist auch Materie aus der Akkretionsscheibe die M.en: Die im Akkretionsscheibenplasma eingebetteten Magnetfelder werden bei der Strömung mitgeführt, bei der Rotation der Scheibe verdrillt und so verstärkt, daß das Plasma senkrecht aus der Akkretionsscheibe entlang der Rotationsachse mit hoher Geschwindigkeit ausgetrieben wird. Möglicherweise sind für die Bündelung der M.en zusätzlich auch noch äußere Druckkräfte verantwortlich. Die extremen Unterschiede in den Geschwindigkeiten und der räumlichen Ausdehnung der M.en gehen vermutlich auf die großen Masseunterschiede der zentralen Objekte und die dadurch verursachten Unterschiede in der auf die Akkretionsscheibenmaterie wirkenden Gravitationskräfte zurück.

Mauerquadrant *m*, historisches astronomisches →Instrument.

Maunder-Minimum [nach dem engl. Astronomen E.W. Maunder, 1851–1928], ein zwischen 1645 und 1715 aufgetretenes Minimum in der Häufigkeit der →Sonnenflecken.

Maximumskorona *f*, die Sonnenkorona während des Maximums eines Sonnenfleckenzyklus; →Sonne.

Maxwell-Lücke, Lücke zwischen dem C- und dem B-Ring des →Saturns.

Maxwellsche Geschwindigkeitsverteilung [nach dem engl. Physiker J.C. Maxwell, 1831–1879], statistische Verteilung der Geschwindigkeiten von Gaspartikeln in Abhängigkeit von der Masse m der Partikeln und deren Temperatur T. Die M. G. hat ein Maximum bei der sog. wahrscheinlichen Geschwindigkeit $v_w = \sqrt{2kT/m}$; k bezeichnet die Boltzmann-Konstante. Die mittlere Geschwindigkeit der Partikeln beträgt $v = \sqrt{4v_w/\pi} = 1{,}1284\,v_w$ und die mittlere Energie der Partikeln $mv^2/2 = 3\,kT/2$.

mechanisches Gleichgewicht, →Sternaufbau.

Megaparsec, Einheitenzeichen Mpc, 1 Mpc $= 10^6$ pc; →Parsec.

Megrez [arab.], der Stern δ im Sternbild →Ursa Maior.

Mehrfachstern, mehr als zwei räumlich dicht benachbarte Sterne, die infolge ihrer gegenseitigen Massenanziehung eine physische Einheit bilden. M.e haben im allg. eine hierarchische Struktur: Die Umlaufzeiten der einzelnen Untersysteme (Einzelsterne oder Sternpaare) unterscheiden sich jeweils um etwa eine Größenordnung von der Umlaufzeit der übergeordneten Einheit; entsprechendes gilt für die Abstände. Dies deutet darauf hin, daß nur derartige Strukturen über lange Zeiten stabil sind. In M.en mit etwa gleichgroßen gegenseitigen Komponentenabständen bewirken die gegenseitigen Bahnstörungen offenbar, daß einzelne Komponenten das System verlassen, bis der Zustand eines hierarchischen Systems (oder eines Doppelsterns) erreicht ist. Dynamisch instabile M.e bezeichnet man als Trapez-Systeme nach den Trapez-Sternen im Sternbild Orion.

Die Komponenten eines M.s werden meist nicht alle gleichzeitig gefunden. Vielfach werden M.e zunächst als Doppelsterne entdeckt, in denen sich die weiteren Komponenten durch Störungen der Bahnbewegung einer oder beider sichtbaren Komponenten bemerkbar machen.
Ein Beispiel eines ***Dreifachsterns*** ist η Orionis, bei dem sich ein Einzelstern und ein spektroskopischer Doppelstern um den gemeinsamen Schwerpunkt bewegen. Die Umlaufzeit von Einzelstern und Doppelstern beträgt 3470 Tage, die Umlaufzeit der Komponenten des spektroskopischen Doppelsterns 8 Tage. Ein ***Vierfachstern*** ist ε Ursae Maioris. Er erscheint als ein visueller Doppelstern mit einer Umlaufzeit von 59,7 Jahren; die Komponente in diesem „Doppelsternsystem" werden von je einem spektroskopischen Doppelstern mit Umlaufzeiten von 4 bzw. 699 Tagen gebildet. Ein Beispiel eines ***Sechsfachsterns*** ist α Geminorum, → Castor, bei dem sich drei spektroskopische Doppelsterne, von denen einer ein Bedeckungsveränderlicher ist, um den gemeinsamen Schwerpunkt bewegen.

Mehrfarbenphotometrie, → Photometrie, → Farbsystem.

Mehrkörperproblem, ***n-Körperproblem***, die Aufgabe, die Bewegungen von n Körpern ($n>3$) zu bestimmen, die unter dem alleinigen Einfluß ihrer gegenseitigen Massenanziehung stehen. Vorausgesetzt wird dabei, daß die Körper gravitativ so aufeinander wirken, als wenn sie „Punktmassen" wären, also ihre gesamte Masse im Mittelpunkt konzentriert wäre. Diese Annahme ist dann gerechtfertigt, wenn der Abstand der Körper voneinander um viele Größenordnungen größer als ihr Durchmesser ist.
Das M. ist wie das Dreikörperproblem in geschlossener algebraischer Form nicht lösbar; es läßt sich also keine in Formeln gefaßte Darstellung für den Ort und die Geschwindigkeit aller n Körper für einen beliebigen Zeitpunkt angeben. Die Körper gehorchen aber allgemeinen Gesetzen: dem Schwerpunktsatz, dem Flächensatz und dem Energiesatz (→ Dreikörperproblem). Mit Hilfe numerischer Methoden läßt sich der Bewegungsablauf der Körper für ein bestimmtes Zeitintervall immer dann berechnen, wenn der Ausgangszustand des Systems (der Ort sowie die Geschwindigkeit aller Körper nach Größe und Richtung) zu einem Anfangszeitpunkt bekannt ist. Das Zeitintervall, für das der Bewegungsablauf berechenbar ist, ist begrenzt, weil nur endlich viele Rechenschritte durchgeführt werden können, und weil infolge der Abweichungen der Ausgangsdaten von den tatsächlichen Gegebenheiten (auch wenn sie noch so klein sind) und infolge der unvermeidlichen Rundungsfehler mit der Zahl der Rechenschritte die Zuverlässigkeit der Ergebnisse immer stärker abnimmt. Bei den Rechnungen geht man so vor, daß man für jeden der n Körper die zum Anfangszeitpunkt von den übrigen ($n-1$) Körpern infolge der Massenanziehung ausgeübte Kraft bestimmt. Sie ergibt sich als eine Überlagerung von Einzelkräften, die jede für sich mit Hilfe des Newtonschen Gravitationsgesetzes bestimmbar ist, da die Massen bekannt und die Entfernungen aus den Ortsdifferenzen der Körper berechenbar sind. Mit der resultierenden Kraft ist für jeden Körper die Beschleunigung nach Größe und Richtung bekannt, so daß sich ausrechnen läßt, welchen Ort und welche Geschwindigkeit jeder Körper zu einem Zeitpunkt kurz nach dem Ausgangszeitpunkt hat. Für diesen neuen Zeitpunkt berechnet man wieder für sämtliche Körper die resultierenden Beschleunigungen und daraus Ort und Geschwindigkeit für einen noch späteren Zeitpunkt, usw. Insgesamt erhält man so schrittweise die Bahnen für alle n Körper. Dieses Rechenverfahren wendet man u.a. zur Bestimmung der Bewegungsverhältnisse in Sternhaufen oder Sternsystemen an. Man kann dadurch Aufschlüsse über die räumliche und zeitliche Struktur des jeweiligen dynamischen Systems während eines gewissen Zeitintervalls erhalten. Bei Untersuchungen der dynamischen Stabilität des Planetensystems ist ebenfalls ein M. zu lösen.

Men, Abk. für → Mensa.

Meniskusteleskop, → Spiegelteleskop.

Mensa [lat., ‚Tisch'] *f*, ***1)*** *Gen.* Mensae, abg. ***Men***, ***Tafelberg***, in der Nähe des südlchen Himmelspols gelegenes Sternbild, in dem ein Teil der Großen Magellanschen Wolke liegt. Das Sternbild ist von unseren Breiten aus nicht sichtbar.
2) *Plur.* Mensae, Bezeichnung für einen Tafelberg als eine spezielle Struktureinheit auf Körpern des Planetensystems.

Merak [arab.], der Stern β im Sternbild → Ursa Maior.

Meridian [lat. circulus meridianus, ‚Mittagskreis'] *m*, ***1)*** ***Himmelsmeridian***, derjenige größte Kreis an der Himmelskugel, der durch das Zenit und den Nadir eines Beobachtungsortes sowie durch die Himmelspole geht. Der Himmelsmeridian schneidet den Horizont im Südpunkt und im Nordpunkt. Bei ihrer täglichen scheinbaren Bewegung kulminieren die Sterne im M., erreichen dort also ihre größte und kleinste Höhe über oder unter dem Horizont (Abb. → Bewegung der Gestirne).
2) ***geographischer M.***, jeder die geographischen Pole der Erde verbindende Halbkreis auf der Erde. Vom ***Nullmeridian*** aus (seit 1911 auf Grund internationaler Vereinbarungen der Ortsmeridian von Greenwich) wird die geographische Länge gezählt.

Meridiankreis, astronomisches → Winkelmeßinstrument.

Merkur, der sonnennächste Planet, Zeichen ☿.
Der M. bewegt sich mit einer mittleren Geschwindigkeit von 47,87 km/s in 87,97 Tagen (siderische Umlaufzeit) rechtläufig um die Sonne. Er durchläuft eine Ellipsenbahn, deren große Halbachse 57,91 Mill. km und deren Exzentrizität 0,2056 beträgt; die Exzentrizität ist die zweitgrößte aller Planetenbahnen. Die Merkurbahnebene ist gegen die Erdbahnebene um 7° geneigt. Der Abstand des M.s von der Sonne schwankt zwischen 0,3075 AE im Perihel und 0,4667 AE im Aphel und beträgt im Mittel 0,3871 AE. Die große Achse (die Apsidenlinie) der Merkurbahn führt eine langsame rechtläufige Drehung in der Bahnebene aus. Der Hauptanteil dieser Vorwärtsdrehung von 531″ je Jahrhundert wird durch den gravitativen Einfluß der benachbarten Planeten verursacht. Eine zusätzliche

Drehung von 43″ je Jahrhundert ist auf einen relativistischen Effekt zurückzuführen (→ Relativitätstheorie). Der M. durchläuft also streng genommen keine Ellipsen-, sondern eine Rosettenbahn. Seine Entfernung von der Erde ist von der jeweiligen Stellung der beiden Planeten in ihren Bahnen abhängig, sie variiert zwischen 82 und 217 Mill. km; entsprechend variiert der scheinbare Durchmesser des M.s zwischen etwa 15″ und 5″.

Der M. entfernt sich, von der Erde aus gesehen, nur bis zu einer größten Elongation von 27° 50′ östlich und westlich von der Sonne. Er scheint innerhalb dieser Grenzen um sie zu pendeln, und zwar mit einer Periode von etwa 116 Tagen (synodische Umlaufzeit). Er geht selten mehr als eine Stunde vor Sonnenaufgang auf bzw. nach Sonnenuntergang unter. Trotz seiner Helligkeit, die visuell $-0^{m}\!,2$ erreichen kann, wird er nur selten mit bloßem Auge beobachtet, weil er meist von der Sonne überstrahlt wird. Die günstigsten Beobachtungsbedingungen ergeben sich für einen Beobachter auf der Norhalbkugel der Erde im Frühjahr in den Abendstunden und im Herbst in den Morgenstunden: Der Winkel zwischen dem Horizont des Beobachtungsortes und der Ekliptik, in deren Nähe der M. immer steht, ist dann am größten. Eine seltene Beobachtungsmöglichkeit des M.s besteht, wenn er sich genau in der Sichtlinie Erde–Sonne befindet. Er bewegt sich dann innerhalb weniger Stunden als dunkler Fleck über die Sonnenscheibe. Derartige Merkurdurchgänge finden durchschnittlich alle 7 Jahre statt, die nächste erfolgt am 15. Nov. 1999. Der M. zeigt wie die Venus einen Phasenwechsel, der aber auf Grund der geringen Größe der Merkurscheibe schwierig zu sehen ist.

Der lineare Durchmesser des M.s beträgt 4876 km, also etwa 38% des Äquatordurchmessers der Erde; der M. ist nicht abgeplattet. Seine Masse von $3{,}3 \cdot 10^{23}$ kg beläuft sich auf nur 0,0553 Erdmassen. Seine mittlere Dichte ist mit 5,43 g/cm^3 fast genau so groß wie die der Erde, während die Schwerkraft an der Merkuroberfläche nur 38% der an der Erdoberfläche herrschenden ausmacht. Die Rotationsperiode des M.s beträgt 2/3 seiner siderischen Umlaufzeit, also 58,646 Tage (Abb. 1). Diese Resonanz zwischen der Rotation des M.s und seinem Umlauf um die Sonne ist aller Wahrscheinlichkeit nach das Ergebnis von Gezeitenwechselwirkungen zwischen der Sonne und dem ursprünglich schneller rotierenden M. Daß es dabei nicht (wie im Erde-Mond-System) zu einer gebundenen Rotation kam, liegt vermutlich an der großen Exzentrizität der Merkurbahn und der starken Abhängigkeit der Gezeitenkräfte von der Entfernung der wechselwirkenden Himmelskörper. Diese Kräfte kamen im wesentlichen in Perihelnähe zum Tragen, waren sonst aber relativ schwach. Falls der M. eine kleine, wenn auch sehr geringe asymmetrische Massenverteilung in seinem Innern hat, könnte die gravitative Koppelung zwischen der Sonne und dem M. beim Erreichen der 2:3-Resonanz zwischen Bahnumlauf und Rotation am effektivsten gewesen sein.

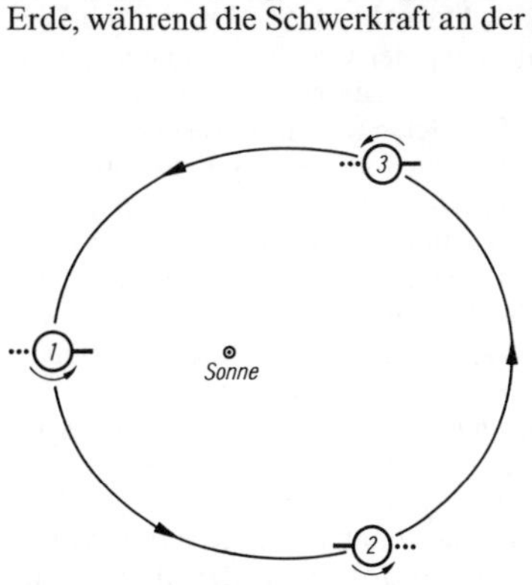

Abb. 1: Zum Rotationsverhalten des Merkurs. Eine feste Markierung auf der Merkuroberfläche weist im Perihel (1) zunächst genau auf die Sonne. Im Punkt (2) ist eine halbe Umdrehung, im Punkt (3) eine ganze, bei der Rückkehr zum Perihel sind anderthalb Umdrehungen vollendet, die Markierung (jetzt gestrichelt) weist von der Sonne weg. Nach 2 Sonnenumläufen = 3 Rotationsperioden weist die Markierung wieder zur Sonne

Wegen der langsamen Rotation des M.s und seines schnellen Umlaufs um die Sonne ist ein Punkt auf seiner Oberfläche etwa 88 Tage lang ununterbrochen der Sonnenstrahlung ausgesetzt, ehe die gleichlange Nacht folgt. Während dreier „Merkurtage" vollendet der Planet genau zwei Umläufe, also zwei „Merkurjahre". Die Tagseite des M.s wird bei diesem Rotationsverhalten sehr stark aufgeheizt: Die mittägliche Oberflächentemperatur beträgt zwischen 300 °C und maximal 430 °C, je nachdem welche planetographische Länge und Breite ein Ort hat. Die Maxima werden am Äquator bei den Längen 0° und 180° erreicht, weil dann „Mittag" und Periheldurchgang zusammenfallen (Abb. 1); wesentlich geringere Mittagstemperaturen treten für Orte mit den Längen 90° und 270° auf. Auf der Nachtseite führt die Ausstrahlung zu einer Abkühlung auf etwa −180 °C.

Den Koordinatenangaben liegt ein Koordinatensystem zugrunde, dessen Grundebene eine Ebene senkrecht zur Rotationsachse des M.s ist und durch seinen Mittelpunkt geht; sie schneidet den Merkurkörper im Merkuräquator. Die Breite gibt den senkrechten Winkelabstand vom Äquator an, sie wird in Grad, nach Norden positiv, nach Süden negativ, gezählt. Als Nullmeridian für die Längenmessung dient derjenige auf dem Äquator senkrecht stehende Halbkreis, der durch den Punkt geht, der zur Zeit des ersten Merkurperihels nach dem 1.1.1950 die Sonne im Zenit hatte. Die Länge wird in Grad von Ost nach West gemessen.

Wegen der geringen Schwerkraft und der hohen Oberflächentemperatur kann der M. nur eine sehr dünne Atmosphäre halten. Als Atmosphärenbestandteile wurden Wasserstoff, Helium und Sauerstoff sowie Natrium und Kalium gefunden. Die Anzahldichte des Wasserstoffs beträgt nahe der Merkuroberfläche etwa 8 Atome/cm^3, des Heliums etwa 4500 und des Natriums rund 150000 Atome/cm^3. Der Gasdruck beträgt an der Merkuroberfläche nur etwa das $2 \cdot 10^{-13}$fache des Atmosphärendrucks an der Erdoberfläche. Die Wasserstoff- und Heliumatome sind wahrscheinlich eingefangene Teilchen des Sonnenwindes; einige Heliumatome rühren möglicherweise auch vom Zerfall radioaktiver Atome im Oberflächengestein her. Die Natrium- und Kaliumatome werden vermutlich durch die Teilchen des Sonnenwindes aus dem Oberflächengestein herausgeschlagen. Infolge ihrer hohen Masse und daher geringen mittleren thermischen Geschwindigkeit sind sie weit stärker an den M. gebunden als die Helium-, geschweige die Wasserstoffatome.

Die dünne Atmosphäre gewährt die direkte Sicht auf die Planetenoberfläche, doch sind von der Erde aus selbst unter günstigsten Beobachtungsbedingungen nur Einzelheiten in der Größenordnung von 150 bis 250 km Ausdehnung erkennbar, falls sie sich in Helligkeit oder Färbung von der Umgebung unterscheiden. Bei Radarbeobachtungen lassen sich von der Erde aus Höhenunterschiede messen, die bis zu 1 km betragen. Rund 45% der Merkuroberfläche kennt man seit dem dreimaligen Vorbeiflug der Raumsonde Mariner 10 am M. auf Grund der dabei gemachten Nahaufnahmen sehr gut. Die Oberfläche gleicht weitgehend der Mondoberfläche und ist von Einschlagkratern übersät; die größten haben einen Durchmesser von mehr als 1000 km, die kleinsten, auf den Aufnahmen gerade noch erkennbaren Krater einen von etwa 100 m (Abb. 2). Die kleinsten Krater sind im allg. schüsselförmig, Krater mit einem Durchmesser von mehr als einigen Kilometern besitzen einen Zentralberg, sehr große Krater sind von Sekundärkratern umgeben, die durch ausgeworfene Gesteinsbrocken entstanden sind. Bei sehr jungen Kratern beobachtet man (wie beim Mond) helle Strahlensysteme (Abb. 3). Das Oberflächengestein unterlag (und unterliegt noch gegenwärtig) infolge des Einschlags zahlreicher interplanetarer Staubpartikeln und Kleinkörper, die durch die extrem dünne Atmosphäre nicht abgebremst werden, einer allmählichen Erosion. Das Oberflächenmaterial dürfte daher ein feinkörniger Regolith sein, worauf auch das beobachtete thermische Verhalten der Merkuroberfläche beim Wechsel von Tag und Nacht schließen läßt.

Abb. 2: Merkur. Teil des Caloris-Beckens. Mosaik von Aufnahmen, die mit Hilfe der Raumsonde Mariner 10 aus einer Entfernung von 75000 km gewonnen wurden

Das größte Einschlagbecken auf dem M., das Caloris-Becken, mit einem Durchmesser von rund 1300 km entspricht etwa dem Mare Imbrium auf dem Mond. Die stark gebrochenen und zerfurchten Ebenen im Innern des Beckens bestehen wahrscheinlich aus Schmelzprodukten, die beim Einschlag entstanden sind. Große Maria-Flächen, die auf riesige Lavaüberflutungen zurückgehen, fehlen auf dem M. Auf Grund des Aussehens unterscheidet man vier verschiedene Strukturtypen der Merkuroberfläche: Die *glatten Ebenen*, die nur wenig Einschlagkrater aufweisen, sind vermutlich durch Lavaergüsse entstanden und dürften zu den jüngsten Oberflächenelementen zählen. Am weitesten verbreitet sind die *Zwischenkraterebenen*, die etwa 1/3 der Oberfläche einnehmen und sich zwischen den großen Kratern erstrecken, aber selbst keine Krater größer als etwa 15 km Durchmesser besitzen. Sie scheinen älter als die glatten Ebenen zu sein und wahrscheinlich aus einer Entwicklungsphase des M.s zu stammen, in der frühere Einschlagkrater durch starken Vulkanismus ausgelöscht wurden. Die mit Kratern dicht besetzten Ebenen, die die höchste Kraterdichte aufweisen, sind den Terrae des Mondes vergleichbar; vermutlich sind sie die ältesten Oberflächenstrukturen des M.s (Abb. 4, S. 230). Ein merkurspezifischer Strukturtyp der Oberfläche findet sich in der Antipodenregion des Caloris-Beckens: Es ist ein stark zerschnittenes Gelände mit unregelmäßig geformten, etwa 1 km hohen und einige Kilometer langen, gestreckten Hügeln. Vermutlich hängt seine Entstehung mit der des Caloris-Beckens zusammen: Beim Einschlag des das Becken formenden Himmelskörpers wurden seismische Wellen ausgelöst und möglicherweise derart fokussiert, daß sie im Antipodengebiet der Einschlagstelle große Zerstörungen hervorriefen. Ein weiteres besonderes Strukturelement der Merkuroberfläche stellen großräumige Böschungen mit Längsausdehnungen bis zu mehreren 100 km und Höhen bis zu 3 km dar. Sie könnten infolge starker Kompressionsdrücke entstanden sein, als der M. als Ganzes abkühlte und dabei schrumpfte. Insgesamt hat dies zu einer Verkleinerung des Merkurradius um etwa 2 km geführt.

Der M. hat ein Magnetfeld mit anscheinend Dipolcharakter. Die Feldstärke an der Planetenoberfläche beträgt nur etwa 1% der des Erdmagnetfeldes an der Erdoberfläche. Die Magnetfeldachse ist etwa 7° gegen

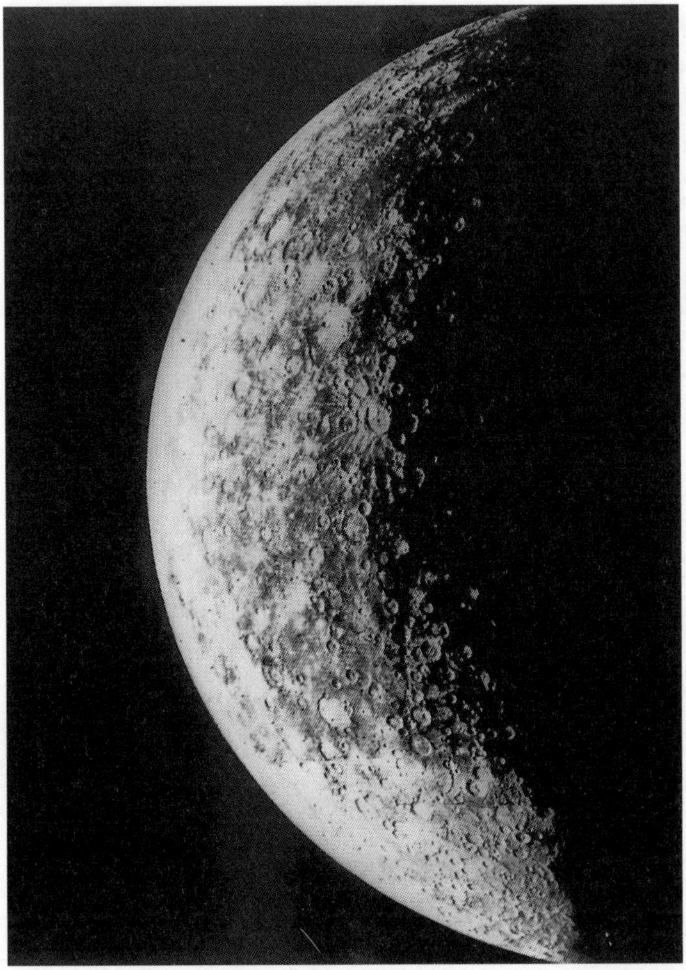

Abb. 3: Merkur. Etwas oberhalb der Bildmitte der Krater Kuiper, dessen Durchmesser etwa 40 km beträgt, mit seinem Strahlensystem. (Mosaik aus mehreren mit Hilfe der Raumsonde Mariner 10 gewonnenen Aufnahmen)

die Rotationsachse des M.s geneigt. Die Grenze der Magnetosphäre liegt wegen der Schwäche des Magnetfeldes auf der der Sonne zugewandten Seite nur wenig mehr als 1000 km über der Merkuroberfläche, wahrscheinlich dringen energiereiche Sonnenwindteilchen auch bis zur Oberfläche vor. Der Magnetosphärenschweif erstreckt sich auf der der Sonne abgewandten Seite bis etwa 20 Merkurradien weit in den Raum. Strahlungsgürtel entsprechend denen der Erde wurden beim M. nicht beobachtet. Das Magnetfeld ist vermutlich nicht wie das der Erde durch einen Dynamomechanismus verursacht, sondern ein im M. permanent vorhandenes Feld. Ein Dynamomechanismus würde einen mindestens teilweise flüssigen, elektrisch leitfähigen Kernbereich voraussetzen, der zu einem Wärmestrom von innen nach außen Anlaß geben würde; ein derartiger Wärmestrom wird aber nicht beobachtet.

Über den inneren Aufbau des M.s weiß man sehr wenig. Wegen der Ähnlichkeit der Merkuroberfläche mit der Mondoberfläche schließt man, daß die Kruste und der Mantel beim M. (wie beim Mond) aus Silicatgestein bestehen, dessen Dichte bei rund 3 g/cm³ liegt. Die mittlere Dichte des M.s ist demgegenüber wesentlich höher; er muß daher einen großen, schweren Kern besitzen. In Analogie zur Erde nimmt man an, daß er aus Eisen besteht. Der Kernradius dürfte etwa 75% des Gesamtradius ausmachen und wäre damit größer als der Mondradius. Die Mantel- und Krustendicke zusammen betragen nicht mehr als rund 600 km. An die Existenz des Eisenkerns ist wahrscheinlich auch die des Magnetfeldes geknüpft. Während der M. dem Äußeren nach mehr dem Mond gleicht, gleicht er dem Innern nach mehr der Erde.

Merope *f*, Stern in den → Plejaden mit einer scheinbaren visuellen Helligkeit von $5^{m}_{\cdot}0$, der Spektralklasse K3 und der Leuchtkraftklasse I; die M. ist also ein Roter Überriesenstern.

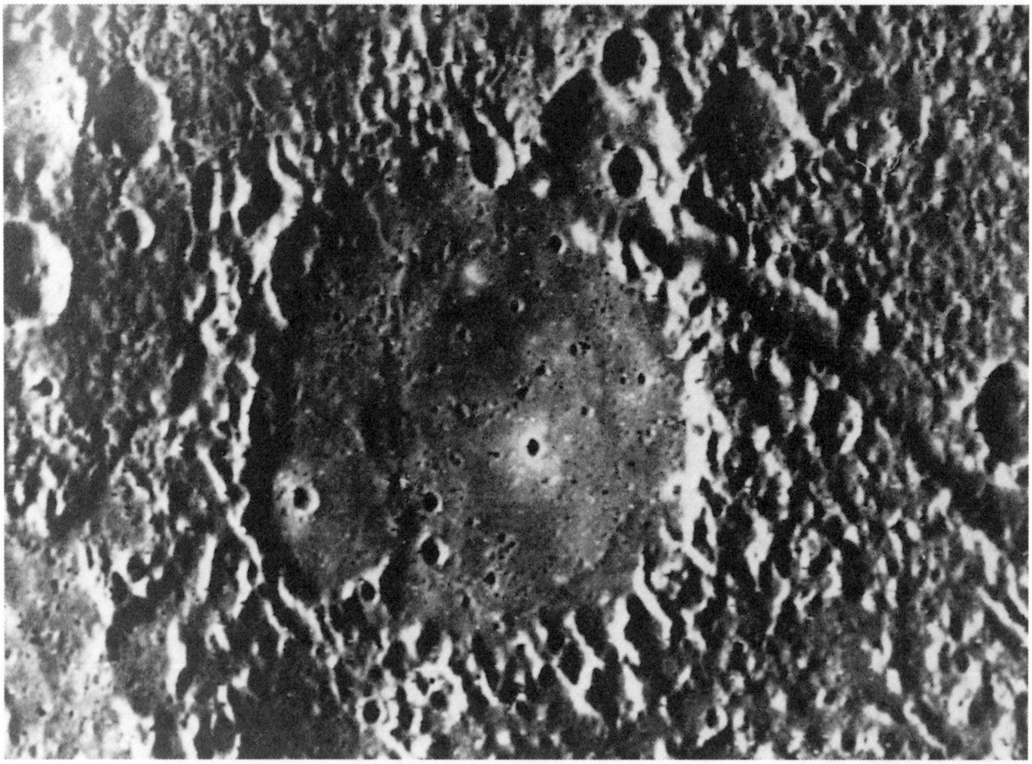

Abb. 4: Merkur. Krater mit einem Durchmesser von etwa 80 km, an dessen oberen Rand eine Rille mündet. (Aufgenommen mit Hilfe der Raumsonde Mariner 10)

Mesosphäre, Schicht der Erdatmosphäre mit der *Mesopause* als obere Begrenzung; → Erdatmosphäre.

Messier, Charles, franz. Astronom, geb. 26.6.1730 in Badonviller, gest. 11.4.1817 in Paris. M. gab einen Katalog nebelhaft erscheinender Himmelsobjekte heraus; die darin gegebene Numerierung der Objekte findet noch heute in den Messier-Nummern (M mit nachfolgender Zahl) Anwendung.

Messier-Katalog [nach dem franz. Astronomen C. Messier, 1730–1817], ein Verzeichnis nebelhaft erscheinender Himmelsobjekte; → M.

Metallhäufigkeit, in der Astronomie die Gesamthäufigkeit aller schweren Elemente ab Kohlenstoff bezogen auf die Häufigkeit des Wasserstoffs in einem Himmelskörper; → Elementenhäufigkeit.

Metallindex, besonders gewählter Farbenindex, der Rückschlüsse auf den relativen Gehalt der schweren Elementen in einer Sternatmosphäre ermöglicht.

Metallinien-Stern, Stern mit ungewöhnlich starken Metallinien im Spektrum; → Am-Stern.

metastabil, Bezeichnung eines Energiezustandes in einem Atom, von dem aus alle Strahlungsübergänge zu jedem niedrigeren Zustand durch bestimmte Auswahlregeln der Quantenphysik „verboten" sind; → Atom.

Meteor [griech. meteoros, ‚in der Luft schwebend'] *n*, selten *m*, beim Eindringen eines außerirdischen Kleinkörpers in die Erdatmosphäre verursachte Leuchterscheinung. Als ***Sternschnuppen*** werden M.e bezeichnet, deren Helligkeit -4^m (mittlere Venushelligkeit) nicht übersteigt. Eine Sternschnuppe taucht an irgendeiner Stelle des Himmels plötzlich als ein einem Fixstern ähnlicher Lichtpunkt auf, der sich auf einer mehr oder minder langen Bahn bewegt und dann ebenso plötzlich wieder verlöscht. Bei einigen helleren Sternschnuppen leuchtet die Bahn kurze Zeit nach. Die Leuchterscheinung spielt sich meist zwischen 110 und 90 km Höhe über dem Erdboden ab; hellere M.e erreichen geringere Endhöhen als schwächere. Die Sternschnuppen werden durch Körper (Meteoroide) hervorgerufen, deren Durchmesser zwischen einigen Zentimetern und etwa 1 mm (gerade noch mit bloßem Auge sichtbares M.) liegen. Noch kleinere Meteoroiden bewirken ***teleskopische M.e***, die gelegentlich bei Fernrohrbeobachtungen wahrgenommen werden. M.e, die heller als etwa -4^m sind und von entsprechend größeren Partikeln erzeugt werden, nennt man ***Feuerkugeln (Bolide)***; sie sind viel seltener als die Sternschnuppen. Die Helligkeit einer Feuerkugel, die von einem Meteoroiden von etwa 10 cm Durchmesser verursacht wird, erreicht etwa Vollmondhelligkeit. Längs der Bahn einer Feuerkugel treten vielfach Lichtausbrüche, Funkenschauer oder Teilungen der Leuchterscheinung auf. Zum Teil werden leuchtende

Schweife hinterlassen, die minutenlang, vereinzelt bis zu einer Stunde lang, sichtbar sind. Hellere Feuerkugeln sind manchmal von langanhaltendem Donner begleitet. Extrem helle Objekte sind auf dem letzten, hellsten Teil der Bahn sogar am Tage sichtbar. Diese M.e hinterlassen meist einen Rauch- oder Dampfschweif, der erst allmählich von den Luftbewegungen verwischt wird.

Den ungefähren Radius *r* (in mm) eines Meteoroiden, der ein M. der Helligkeit *m* (in Größenklassen) erzeugt, kann man ganz grob nach der Formel $\lg r = 0{,}3 - 0{,}13\,m$ abschätzen.

Die M.e haben ein Emissionslinienspektrum, das von neutralen Atomen, u.a. vom Wasserstoff, Stickstoff, Sauerstoff, Magnesium, Aluminium, Silicium, Calcium, Mangan, Eisen und Nickel, herrührt; sehr selten wird auch ein schwaches Kontinuum beobachtet. Meteoroiden mit sehr hohen Geschwindigkeiten verursachen Spektren, in denen auch Emissionslinien von ionisierten Elementen, u.a. Magnesium, Silicium, Calcium und Eisen, auftreten: Bei einer hohen Meteoroidengeschwindigkeit stehen höhere Energien zur Verfügung, so daß außer der Anregung auch die Ionisation der Atome möglich ist. Bei sehr hellen M.en verändert sich das Spektrum längs der Bahn, da entsprechend der merklichen Abbremsung des Meteoroiden die verfügbare Energie abnimmt.

P h y s i k a l i s c h e V o r g ä n g e. Beim Eindringen eines Meteoroiden in die Erdatmosphäre unterliegt er in den hohen, dünnen Luftschichten einer Folge einzelner Zusammenstöße mit Luftmolekülen, wodurch seine Geschwindigkeit reduziert wird und an jeder Aufprallstelle eines Luftmoleküls aus der Meteoroidenoberfläche einige Atome herausgeschlagen werden, die ihre kinetische Energie an die benachbarten Luftmoleküle übertragen. Der größte Teil dieser Energie wird in Wärme, nur etwa 1% in Anregungsenergie, noch viel weniger in Ionisationsenergie umgesetzt. Beim nachfolgenden Übergang der angeregten Atome in den Grundzustand und der Rekombination der Ionen mit freien Elektronen entsteht das Meteorleuchten. Eine verzögerte Rekombination bewirkt offenbar das Nachleuchten längs der Bahn.

Mikrometeoroiden mit Radien kleiner als etwa 0,1 mm und entsprechend geringer Masse unterliegen einer so starken Abbremsung, daß sie ohne großen Masseverlust sehr schnell an Geschwindigkeit verlieren. Sie schweben langsam unversehrt zu Boden und rufen als Einzelkörper keine Leuchterscheinung hervor.

Ein Meteoroid mittlerer Größe, der eine Sternschnuppe verursacht, verliert infolge der einzelnen Zusammenstöße mit Luftmolekülen dauernd an Masse, aber wenig an kinetischer Energie, wird also nur wenig abgebremst. Die Meteorerscheinung verlöscht, weil der erzeugende Meteoroid vollständig verdampft. Die Endtiefe in der Erdatmosphäre, bis zu der ein größerer Meteoroid gelangt, hängt von seiner Masse und seiner Eindringgeschwindigkeit ab: Schnelle Meteoroiden verdampfen in höheren Schichten als langsame.

Große Meteoroiden, die zu Feuerkugeln führen, gelangen bis in Höhen von 50 bis 10 km über der Erdoberfläche. Hier sind sie nicht mehr dem Hagel einzelner Luftmoleküle, sondern einem kontinuierlichen Luftwiderstand ausgesetzt. Dabei bildet sich vor dem Meteoroiden eine Stoßfront mit einer dahinterliegenden aufgeheizten Verdichtungszone, in der sich die meisten Leuchtprozesse abspielen. Die Meteoroidenoberfläche wird infolge der Luftreibung stark erhitzt und kann Temperaturen von etwa 3000 K erreichen, so daß Material abschmilzt; außerdem kann es zu Explosionen und damit zur Teilung des Meteoroiden kommen. Haben der nicht verdampfte Teil des Meteoroiden oder die bei der Zerstörung eventuell übrigbleibenden Reststücke ihre Anfangsgeschwindigkeit fast ganz eingebüßt, kommen sie im freien Fall zur Erde nieder, wo sie möglicherweise als Meteorite geborgen werden. Die genauen Details der physikalischen Einzelprozesse, die sich bei der Wechselwirkung mit der Luft abspielen, sind noch wenig bekannt, zumal die Wechselwirkung stark von der Form des Meteoroiden beeinflußt wird.

B e o b a c h t u n g s m e t h o d e n. Exakte Meteorbeobachtungen sind durch das unvoraussagbare Auftreten von M.en sehr erschwert. Bei den seltenen hellen Feuerkugeln ist man meist auf zufällige Wahrnehmungen aus weiten Kreisen der Bevölkerung angewiesen. Bei der systematischen visuellen Beobachtung von Sternschnuppen notiert der Beobachter die Zeit des Auftauchens und die ungefähre Bahn jedes beobachteten M.s in eine Sternkarte. Die statistische Auswertung möglichst vieler derartiger Beobachtungen geben Hinweise u.a. auf die zeitliche Variation der Meteorhäufigkeit sowie auf die Verteilung der scheinbaren Bahnen am Himmel. Bei photographischen Beobachtungen wird der Himmel systematisch überwacht, indem mit (mindestens) zwei, mit lichtstarken Weitwinkelobjektiven ausgerüsteten Kameras, die einige Kilometer voneinander entfernt aufgestellt sind, Langzeitaufnahmen ein und desselben Gebietes in der mittleren Aufleuchtschicht der M.e gemacht werden. Ein in diesem Gebiet erscheinendes M. wird dann von den Kameras registriert, so daß man Stereoaufnahmen der Bahn erhält, aus denen die genaue räumliche Bahnlage abgeleitet werden kann. Zur Bestimmung der Meteoroidengeschwindigkeit setzt man vor das Objektiv eine schnell rotierende durchbrochene Scheibe, die den Lichtweg in periodischer Folge freigibt und versperrt. Die abgebildete Meteorspur erscheint dadurch zerhackt; die Länge der Teilspur zwischen zwei Unterbrechungen ist ein Maß für die Meteoroidengeschwindigkeit.

Beim Radio-Echo-Verfahren werden von zwei Radargeräten, die ähnlich wie bei der photographischen Methode ein bestimmtes Himmelsgebiet gleichzeitig anvisieren, kurze Radiopulse ausgesandt und ihre Echos registriert. Diese werden durch die freien Elektronen bewirkt, die durch einen Meteoroiden bei der Ionisation in einem schlauchartigen Gebiet längs seiner Bahn erzeugt werden. Aus der Laufzeit der reflektierten Einzelpulse läßt sich die räumliche Lage der Bahn und aus der Form der Echos die Meteoroidengeschwindigkeit bestimmen. Das Radar-Echo-Verfahren kann auch zu Tagbeobachtungen benutzt werden.

B a h n e n. Die aus den Beobachtungen abgeleiteten Meteoroidenbahnen sind auf die Erde bezogene, geozentrische Bahnen. Berücksichtigt man die Rotation und die Bewegung der Erde zum Zeitpunkt der Beobachtung, lassen sich die relativ zur Sonne durchlaufenen Bahnen bestimmen. Diese geben Auskunft über die Meteoroidenherkunft: Meteoroiden aus dem Sonnensystem durchlaufen heliozentrische Ellipsenbahnen, Meteoroiden aus dem interstellaren Raum bewegen sich auf Parabel- oder Hyperbelbahnen. Ein Körper, der eine Ellipsenbahn um die Sonne durchläuft, hat in der Nähe der Erdbahn eine Geschwindigkeit kleiner als 42 km/s, auf einer Parabelbahn hat er genau diese Geschwindigkeit, größere Geschwindigkeiten kommen nur bei Hyperbelbahnen vor. Von diesen heliozentrischen Grenzgeschwindigkeiten weichen die geozentrischen ab. Sie sind für Meteoroiden, die sich entgegengesetzt zur Erde bewegen, um die Erdbahngeschwindigkeit (knapp 30 km/s) größer, für in gleicher Richtung wie die Erde laufenden Meteoroiden um denselben Betrag kleiner als die heliozentrischen Geschwindigkeiten. Meteoroiden aus dem Sonnensystem können daher keine geozentrischen Geschwindigkeiten größer als 72 km/s haben. Diese Grenzgeschwindigkeit wird von nur wenigen Prozent der Meteoroiden überschritten; der größte Teil von ihnen stammt daher sicher aus dem Sonnensystem.
Es lassen sich zwei Gruppen von M.en unterscheiden: Bei den ***sporatischen M.en*** sind die scheinbaren Bahnen völlig regellos am Himmel verteilt. Bei den ***Strommeteoren*** gehen die rückwärtigen Verlängerungen der scheinbaren Bahnen alle von einem kleinen, für den jeweiligen Meteorstrom charakteristischen Bereich am Himmel aus, dem scheinbaren Radianten (Radiationspunkt, Ausstrahlungspunkt). Die Strommeteore werden von einem Schwarm von Meteoroiden erzeugt, die auf Grund der Relativbewegung zwischen Erde und Schwarm für einen irdischen Beobachter alle von einem Punkt (oder einem kleinen Bereich) des Himmels herzukommen scheinen. Dessen Lage ist durch die Bewegungsrichtung des Meteoroidenschwarms und der augenblicklichen Bewegungsrichtung der Erde bedingt. Da sich die Bewegungsrichtung der Erde stetig ändert, verschiebt sich der Radiant eines Meteorstroms täglich um etwa 1° parallel zur Ekliptik nach Osten.
Ein ***Meteorstrom*** wird nach der Lage seines scheinbaren Radianten benannt: Der Radiant der Perseiden liegt im Sternbild Perseus, derjenige der η Aquariden beim Stern η im Sternbild Aquarius. Die Quadrantiden erhielten ihren Namen nach einem alten, heute nicht mehr auf den Sternkarten verzeichneten Sternbild Quadrant. Befindet sich der Radiant in Sonnenrichtung, fallen die Meteoroiden auf der Tagseite in die Erdatmosphäre ein. Diese ***Tageslichtströme*** können nicht visuell, wohl aber mit dem Radio-Echo-Verfahren beobachtet werden.
Die Bahn eines Meteoroidenschwarms ergibt sich als mittlere Bahn der zugehörigen Schwarmmitglieder. Alle Meteoroidenschwärme laufen auf Ellipsenbahnen um die Sonne, wobei die Bahnen der einzelnen Schwarmmitglieder so dicht beieinander liegen, daß

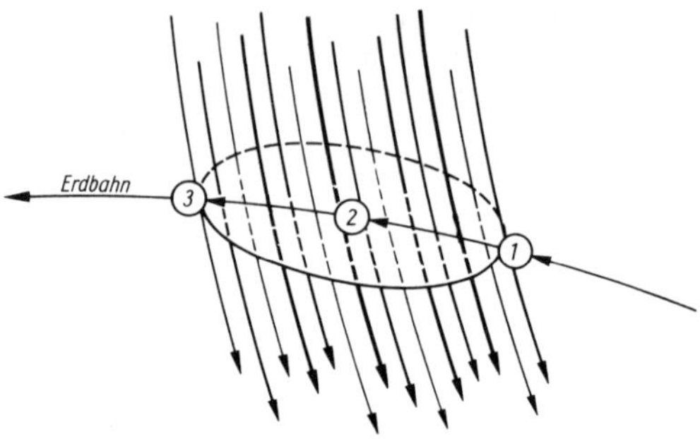

Abb. 1: Bahnen eines Meteoroidenschwarms. Stellung der Erde zu Beginn (1), im Maximum (2) und am Ende (3) der Sichtbarkeit des Meteorstroms. Die Ellipse deutet die Schnittfläche der Erdbahnebene mit dem Schwarm an

sie gewissermaßen einen „Schlauch" füllen (Abb. 1). Sind wie bei den ***Ekliptikalströmen*** Erdbahnebene und Schwarmbahnebene nur wenig gegeneinander geneigt, können zwei Schnittpunkte zwischen Erd- und Schwarmbahn existieren: Diese Schwärme können zweimal im Jahr Meteorströme verursachen. Wenn die Meteoroiden von außen kommend die Erdbahn kreuzen, liegt der Radiant auf der Nachtseite der Erde, wenn sie die Erdbahn von innen kommend schneiden, ergibt sich ein Tageslichtstrom. In dieser Weise gehören die δ Aquariden und ein Ende Juli auftretender Tageslichtstrom, die Arietiden, zusammen. Die ebenfalls zusammengehörenden Orioniden und η Aquariden können beide visuell beobachtet werden, weil auch der zum zweiten Schnittpunkt gehörende Radiant zur Beobachtungszeit einen verhältnismäßig großen Abstand von der Sonne hat.
Bei einigen Meteoroidenschwärmen stimmen die Bahnen sehr gut mit denen bekannter Kometen überein, z.B. die Bahn der Perseiden mit der Bahn des Kometen 1862 III oder die Bahn der Andromediden mit der des Bielaschen Kometen. Die Meteoroidenschwärme sind offenbar die Auflösungsprodukte von Kometen: Von den in Sonnennähe aus einem Kometenkern abströmenden Gasen werden die im Kern vorhandenen festen Teilchen mitgerissen und bilden eine Teilchenwolke, die sich auf Grund der unterschiedlichen Abströmgeschwindigkeiten der Teilchen, ihren gegenseitigen Zusammenstößen, durch die Einwirkung des Sonnenwindes und infolge der Störungen der einzelnen Teilchenbahnen durch die Planeten allmählich vergrößert. Insgesamt kommt es zu einer mehr oder minder raschen Verteilung der Teilchenwolke längs der gesamten Kometenbahn (Abb. 2). Teilchenwolken, bei denen die Auflösung noch nicht weit fortgeschritten ist, rufen immer dann einen Meteorstrom hervor, wenn sich die Wolke und die Erde gleichzeitig im Schnittpunkt von Erd- und Strombahn befinden, was nicht jedes Jahr der Fall ist, da sich die Umlaufzeiten von Erde und Meteoroidenwolke im allg. unterscheiden. Wegen ihrer in Abständen von einigen Jahren regelmäßigen Wiederkehr nennt man diese Ströme periodische Meteorströme. Bei den jedes Jahr zu beobachten-

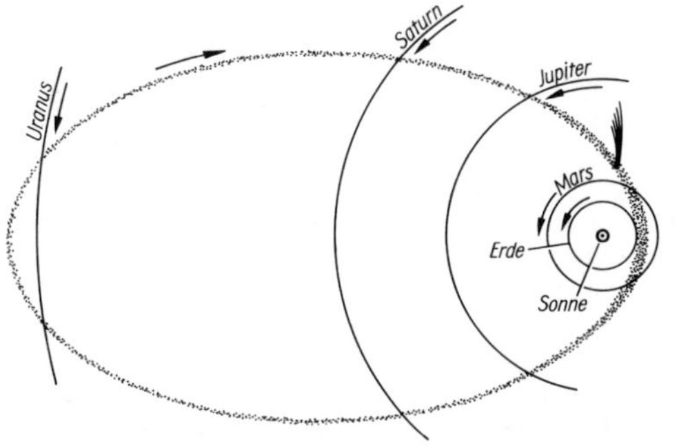

Abb. 2: Auf die Ebene der Ekliptik projizierte Bahn des Kometen 1866 I, von dem die den Meteorstrom der Leoniden verursachenden Meteoroiden stammen

den, permanenten Meteorströmen haben sich die Teilchen längs der gesamten Bahn verteilt: Bei jedem Kreuzen der Kometenbahn durch die Erde wird ein Meteorschauer mit den gleichen Radianten verursacht. Im Laufe der Zeit werden die Einzelbahnen in den Meteoroidenschwärmen immer ungeordneter, und das Ausstrahlungsgebiet an der Himmelskugel vergrößert sich, bis schließlich die M.e gar nicht mehr als zu einem Meteorstrom gehörig erkennbar sind: Man stuft sie in die sporadischen M.e ein. Zu den permanenten Meteorströmen mit in jedem Jahr etwa gleichbleibender Zahl von M.en gehören u.a. die Perseiden, zu den periodischen Meteorströmen die Leoniden, die auf den Kometen 1866 I zurückgehen, der eine Umlaufzeit von 33 Jahren hat. Instabile Meteorströme, z.B. die Andromediden, ergeben nur wenige Male reiche Meteorfälle und werden dann schnell bedeutungslos.

Häufigkeit. Von einem Beobachtungsort aus sind unter günstigen Beobachtungsbedingungen im Mittel je Stunde rund 25 M.e mit bloßem Auge sichtbar. Ein einzelner Beobachter, der nicht den gesamten Himmel gleichzeitig überblicken kann, sieht im Mittel etwa 8 M.e je Stunde. Die Zahl der je Tag auf der ganzen Erde sichtbaren M.e beträgt etwa 100 Mill. Helle M.e sind viel seltener als schwache: Mit der Zunahme der scheinbaren Helligkeit um eine Größenklasse nimmt die Meteorhäufigkeit im Mittel um rund einen Faktor 3 ab; bei den teleskopischen M.en liegt der Faktor bei etwa 2,5, bei den hellen Sternschnuppen liegt er bei etwa 4.

Die Meteorhäufigkeit ist periodischen Schwankungen unterworfen. Es existiert eine *tägliche Variation*: Die Zahl der je Zeiteinheit beobachteten M.e nimmt im Laufe der Nacht zu und erreicht vor Beginn der Morgendämmerung ihren Höchstwert. Außerdem beobachtet man eine *jährliche Variation*: Die Mittelwerte für eine Nacht sind im Herbst am größten, im Frühjahr am kleinsten. Die Variationen ergeben sich dadurch, daß die Erde mit der Hemisphäre, die in die augenblickliche Bewegungsrichtung weist, gewissermaßen den Raum von Meteoroiden „leerfegt" (Abb. 3). Auf der im Sinne der Bewegungsrichtung

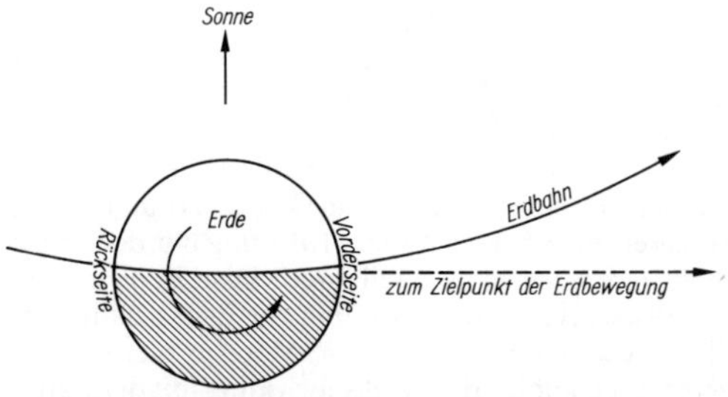

Abb. 3: Zur täglichen Variation der Meteorhäufigkeit

Vorderseite der Erde ist daher die stündliche Zahl der M.e größer als auf der gegenüberliegenden Rückseite. Den größten Wert erreicht die Häufigkeit, wenn der Zielpunkt der augenblicklichen Erdbewegung am höchsten über dem Horizont steht, also gerade kulminiert. Weil der Zielpunkt der Erdbewegung von der Sonne immer einen Winkelabstand von 90° hat, kulminiert er grundsätzlich am Morgen. Die Zielpunkthöhe ist dabei im Herbst am größten, im Frühjahr am kleinsten.

Aus dem normalen Häufigkeitsverlauf heben sich die Zeiten heraus, an denen größere Meteorströme (Sternschnuppenschwärme) auftreten. Die ergiebigsten, die auch ohne intensive Beobachtungen auffallen, können in manchen Jahren bis zu 1000 M.e je Stunde liefern.

Daten ausgewählter Meteorströme

Name	scheinbarer Radiant		Sichtbarkeit		Mittlere Meteorzahl	Erzeugender
	α	δ	Dauer	Maximum	je Stunde	Komet
Quadrantiden	$15{,}1^h$	+46°	1./4.1.	3.1.	30	
Lyriden	$18{,}2^h$	+35°	20./24.4.	22.4.	5	1861 I
η Aquariden	$22{,}5^h$	−1°	29.4./21.5.	4.5.	15	Halley
δ Aquariden	$22{,}5^h$	−10°	25.7./12.8.	3.8.	10	
Perseiden	$2{,}9^h$	+56°	10.8./14.8.	12.8.	40	1862 III
Draconiden	$17{,}7^h$	+53°	9.10.	9.10.	period.	1933 III
Orioniden	$6{,}3^h$	+16°	19./23.10.	21.10.	10	Halley
Leoniden	$10{,}0^h$	+21°	10./20.11.	16.11.	5	1866 I
Geminiden	$7{,}5^h$	+32°	12./15.12.	13.12.	25	
Ursiden	$14{,}5^h$	+76°	18./22.12.	20.12.	5	

α: Rektaszension; δ: Deklination; die angegebenen Koordinaten sind mittlere Werte.

Andere Meteorströme sind so schwach, daß sich durch sie die mittlere Meteorhäufigkeit kaum merklich erhöht.

Meteorit [von meteoros, griech., ‚in der Luft schwebend'] *m*, ein interplanetarer Kleinkörper (oder ein Teil eines derartigen Körpers), der beim Eindringen in die Erdatmosphäre nicht vollständig zerstört wurde, sondern bis zur Erdoberfläche gelangte. Ein einzelner, die Sonne umlaufender kleiner Körper (also ein M. bevor er zur Erde gelangt) wird Meteoroid genannt. Dringen sehr kleine Körper mit einem Radius geringer als etwa 0,1 mm in die Erdatmosphäre ein, werden sie in sehr großen Höhen abgebremst und sinken langsam zu Boden. Vermutlich sind viele kleine im Tiefseeschlamm gefundene Kügelchen derartige Mikrometeorite, doch bereitet es große Schwierigkeiten, sie eindeutig von Gebilden terrestrischen Ursprungs zu unterscheiden. Größere Körper, die beim Eindringen in die Erdatmosphäre die Leuchterscheinung der Meteore hervorrufen, verglühen bei der Wechselwirkung mit der Luft meist vollständig, ohne daß ein Rest zur Erde gelangt (→ Meteor). Sehr große Meteoroiden, die mit der Erscheinung einer Feuerkugel verbunden sind, verlieren zwar bei der Wechselwirkung mit der Erdatmosphäre einen großen Teil ihrer Masse, es bleibt aber ein Reststück, das im freien Fall zur Erde gelangt und als M. geborgen werden kann. Manche Meteoroiden zerbrechen infolge der Wechselwirkung mit der Luft in z.T. viele Teile und erzeugen einen ganzen Meteoritenschauer.

Die Größe der geborgenen M.e liegt im Bereich von Zentimetern bis Metern. Der größte bekannte M. ist ein bei Grootfontein in Namibia entdeckter Eisenblock von etwa 60 000 kg Gewicht. Je größer die M.e, desto seltener sind sie.

Die M.e boten lange Zeit die einzige Möglichkeit, extraterrestrische Materialien zu untersuchen. Auf Grund der durch die Raumfahrt gebotenen Möglichkeiten hat sich die Situation zwar verändert, dennoch hat die Meteoritenforschung auch heute noch große Bedeutung, da sie wesentliche Hinweise bezüglich der Kosmogonie des Sonnensystems und der kosmischen Elementenhäufigkeit geben kann.

K l a s s i f i k a t i o n. Bei den M.en unterscheidet man bezüglich ihrer Herkunft und ihrer Vorgeschichte undifferenzierte und differenzierte M.e. Undifferenzierte M.e weisen verglichen mit der Elementenhäufigkeit in der Sonnenatmosphäre keine Anzeichen für eine Anreicherung oder eine Verarmung von Elementen auf, im Gegensatz zu den differenzierten M.en. Den Hauptanteil bei den undifferenzierten M.en stellen die ***Chondrite***, die durch eine sehr feinkörnige Gesteinsstruktur mit eingestreuten Chondren gekennzeichnet sind. Dies sind kleine runde oder ellipsoidische Gesteinströpfchen von etwa 1 mm Durchmesser, die einstmals Glasstruktur besaßen, aber meist auskristallisiert sind und aus Mineralen mit hohem Schmelzpunkt, vorwiegend aus Olivin, bestehen. Die Chondren sind in einer vorherrschend silicatischen Grundmasse (Matrix) mit einem niedrigeren Schmelzpunkt eingelagert, in dem auch feinverteilte Nickeleisenpartikeln in z.T. erheblichen Mengen sowie weitere Minerale vorhanden sind. Die Chondren können bis zu 70% der gesamten Masse des M.en ausmachen. Je nach dem Mineralbestand unterteilt man die Chondrite in Untergruppen, wobei den sog. ***kohligen Chondriten*** eine besondere Bedeutung zukommt: Sie zeichnen sich durch einen hohen Anteil an Kohlenstoff aus, der bis zu 5% der Masse ausmachen kann und u.a. in Form von Graphit, aber auch in zahlreichen organischen Verbindungen auftritt, z.B. auch in Aminosäuren, die aber alle unbiologisch, also ohne die Mitwirkung irgendwelcher Organismen gebildet wurden. Es wurden auch polyzyklische aromatische Kohlenwasserstoffe sowie von der irdischen Materie her unbekannte Verbindungen gefunden. Die kohligen Chondrite, die im einzelnen recht verschieden beschaffen sind, enthalten auch viele leicht flüchtige Elemente so-

Abb. 1: Der am 16.9.1943 bei Klein-Wenden gefallene Steinmeteorit (Chondrit). Die große, graugesprenkelte Fläche ist eine polierte Schliffläche, die dünne Schmelzkruste ist schwarz. Die ursprüngliche Gesamtmasse betrug 3,25 kg

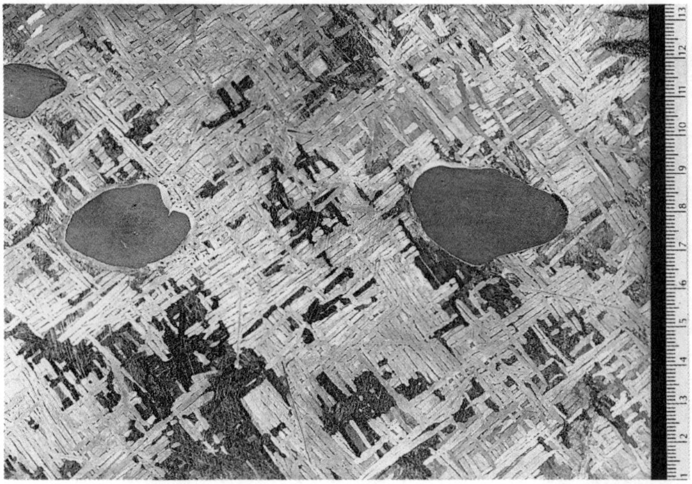

Abb. 2: Widmannstättensche Figuren beim Eisenmeteorit von Cape York (am rechten Bildrand eine Zentimeterskala). Die grau erscheinenden Flächen sind Anschliffe von Eisensulfid-Einschlüssen. (Aufnahme zur Verfügung gestellt von K. Heide, Friedrich-Schiller-Universität Jena)

wie Minerale, in denen Wasser chemisch an Silicate gebunden ist. Den Chondriten, die zu den ***Steinmeteoriten*** gehören, steht kein vergleichbares irdisches Gestein gegenüber (Abb. 1).

Bei den differenzierten M.en gibt es die aus Silicatgestein bestehenden ***Achondrite***, die keine Chondren enthalten und deren Struktur erkennen läßt, daß sie aus einer Schmelze auskristallisiert sind und einen Differenzierungsprozeß durchgemacht haben. Die Mineralpartikeln können eine Größen von Zentimetern, im Extremfall bis zu Metern erreichen. Manche Achondrite ähneln in ihrem Gefüge und Mineralbestand irdischem Basalt. Die Achondrite sind Steinmeteorite. Differenzierte M.e sind auch die ***Eisenmeteorite***, die aus einer Eisen-Nickel-Legierung bestehen, die in zwei verschiedenen Mineralformen vorkommt: dem nickelarmen Kamazit (Balkeneisen) und dem nickelreichen Taenit (Bandeisen). Der Nickelgehalt schwankt zwischen etwa 5 und 60% um einen mittleren Wert von rund 8%. In den von der Erde her bekannten Mineralen existiert ein derartiges Nickeleisen nicht. Bei der häufigsten Untergruppe der Eisenmeteorite, den Oktaedriten, sind die Kamazit- und Taenitbänder sich überkreuzend parallel zu den Flächen eines Oktaeders miteinander verwachsen. Durch Anschliff und Ätzen lassen sich die Bänder leicht sichtbar machen, die dann die charakteristischen *Widmannstättenschen Figuren* (nach A. von Widmannstätten, 1754–1849) ergeben (Abb. 2). Eine Zwischenstellung zwischen den Achondriten und den Eisenmeteoriten nehmen die ***Steineisenmeteorite*** ein, die ebenfalls Bildungen aus einer Schmelze sind, in der aber keine vollständige Stofftrennung in spezifisch leichteres Gestein und schwereres Metall erfolgte. In den Steineisenmeteoriten sind rundliche Gesteinskörner in Nickeleisen eingebettet.

Häufigkeiten. Bisher wurden mehr als 10000 M.e gefunden, von denen nur etwa 2600 von außerhalb der Antarktis stammen, während der Rest seit etwa 1975 auf dem antarktischen Inlandeis entdeckt wurde. Diese hohe Zahl an Funden in diesem Gebiet hängt damit zusammen, daß im Eis keinerlei Verwitterung erfolgt, und daß die M.e bei der Eisbewegung mitgeführt werden. Wird der Eisfluß durch Gebirge gestoppt, wird das Eis nach oben gepreßt. An seiner Oberfläche sublimiert es oder wird durch Wind abgetragen, so daß die M.e an den Staustellen gehäuft sichtbar zutage treten. Die Antarktismeteorite sind vergleichsweise recht klein, was offenbar daran liegt, daß auf dem Eis selbst die kleinsten M.e nicht übersehen werden.

Bei den Untersuchungen zur Häufigkeitsverteilung der verschiedenen Meteoritenarten unterscheidet man zwischen „Fällen" und „Funden": Bei den „Fällen" handelt es sich um M.e, die sogleich nach dem beobachteten Fall geborgen wurden und deren Falldatum man kennt, während dies bei den „Funden" unbekannt ist. Die Unterscheidung ist notwendig, da die nach dem Fall eintretende Verwitterung die Erkennbarkeit der M.e unterschiedlich beeinflußt. Steinmeteorite sind schwerer zu erkennen, da sie schnell verwittern, vor allem ihre charakteristische Schmelzrinde schnell zerstört wird; Eisenmeteorite verwittern nicht so rasch, ihr relativer Anteil bei den „Funden" ist entsprechend höher (Abb. 3). An den 905 (bis 1986) registrierten „Fällen" sind die Chondrite mit etwa 86%, die Achondrite mit etwa 8% und die Eisenmeteorite mit rund 5% vertreten, den Rest bilden die Steineisenmeteorite. Bei den 1706 nicht arktischen „Funden" entfallen auf die Chondrite etwa 52%, auf die Achondrite etwa 4% und die Eisenmeteorite rund 40%, die Steineisenmeteorite machen etwa 4% aus. Bei den Antarktismeteoriten, die alle zu den „Funden" zählen, ist die Häufigkeitsverteilung ähnlich der bei den „Fällen", was auf die fehlende Verwitterung und die gleiche Entdeckungswahrscheinlichkeit für alle M.e zurückzuführen ist. Zu den ältesten im Fall beobachteten und erhaltengebliebenen M.en zählt der Chondrit von Ensisheim im Elsaß aus dem Jahr 1492.

Die M.e werden nach dem Fall- oder Fundort benannt. Bei den antarktischen M.en wird noch eine Zahlenkombination hinzugefügt, die aus den beiden

Abb. 3: Ein Eisenmeteorit von dem Meteoritenfall vom 12.2.1947 bei Sikhote Alin. Die Oberfläche zeigt die für viele Meteoriten typischen muldenförmigen Vertiefungen. Die Masse des abgebildeten Meteoriten beträgt 119 kg

letzten Ziffern des Fundjahres und einer laufenden Nummer besteht.

Jährlich fallen etwa 1000 größere M.e auf die Erde, von denen wegen des Land-Meer-Verhältnisses, der oft ungünstigen Bodenverhältnisse sowie wegen der ungleichmäßigen Bevölkerungsverteilung auf der Erdoberfläche nur etwa 1% geborgen werden. M.e mit mehr als 10 t Masse werden in der Erdatmosphäre praktisch nicht abgebremst, so daß sie mit nahezu der Geschwindigkeit auf der Erdoberfläche aufschlagen, die sie relativ zur Erde vor dem Zusammentreffen hatten. Abhängig von der Masse des M.en können dabei große Krater gerissen werden. Ein Beispiel ist das Nördlinger Ries (Schwaben) mit einem Durchmesser von etwa 20 km und einer Tiefe von etwa 200 m, das bei einem Einschlag eines M.en mit einer Masse von etwa 10^9 t vor etwa 14,6 Mill. Jahren entstanden ist. Die dabei freigesetzte Energie war so groß, daß noch bis zu einer Tiefe von 4 bis 5 km eine Zerstörung des Untergrundgesteins erfolgte. Der in Arizona (USA) gelegene und in prähistorischer Zeit entstandene Krater Canon Diablo hat einen Durchmesser von 1260 m und ist (heute) 175 m tief. Die Masse des eingeschlagenen M.en, der aus Nickeleisen bestand, wird auf etwa 2 Mill. Tonnen geschätzt. Am 30.6.1908 ging an der Steinigen Tunguska in Sibirien ein sehr großer M. nieder. Die Bodenerschütterungen und die Luftdruckwelle wurden selbst in Mitteleuropa wahrgenommen. Noch Jahrzehnte später waren Waldverwüstungen bis zu 40 km im Umkreis sichtbar. Man fand Krater bis zu 50 m Durchmesser, aber keine größeren Meteoritenstücke. Möglicherweise bestand der in die Erdatmosphäre eingedrungene interplanetare Körper aus einem Material sehr geringer Dichte (ähnlich dem der Kometenkerne) und wurde noch vor dem Aufschlagen auf der Erdoberfläche weitgehend zerstört, so daß im wesentlichen die bei der Bewegung in der Erdatmosphäre hervorgerufene Druckwelle für die Verwüstungen und Zerstörungen verantwortlich war. Beim Einschlag eines großen M.en wird in Sekundenbruchteilen so viel Energie umgesetzt, daß ein Teil des ausgeworfenen irdischen Gesteins und ein Teil des M.en schmilzt und verdampft. Dabei entstehen die dunkelgrün bis schwarz gefärbten sog. ***Glasmeteorite*** (Tektite), die nicht außerirdischen Ursprungs sind (→ Tektit).

Die Gesamtmasse der jährlich auf die Erde fallenden M.e einschließlich der Mikrometeorite liegt in der Größenordnung von einigen 10000 Tonnen, doch ist diese Angabe sehr unsicher.

Für die vier im Fall beobachteten M.en (Příbram, Tschechische Rep., 1959; Lost City, USA, 1970; Innisfree, Kanada, 1977 und Peenskill, USA, 1992) konnten die heliozentrischen Bahnen ermittelt werden, die die Körper vor ihrem Zusammentreffen mit der Erde durchliefen: Es waren langgestreckte Ellipsenbahnen mit großen Halbachsen zwischen 1,50 und 2,42 AE und Exzentrizitäten zwischen 0,41 und 0,67. Die Bahnen gleichen denen der erdbahnkreuzenden Planetoiden der Apollo-Gruppe.

Altersbestimmung. Auf Grund der in den M.en enthaltenen radioaktiven Elemente ist die Bestimmung der Zeit möglich, die seit der Fixierung der Elemente in den Mineralen der M.e verstrichen ist, und die als Erstarrungsalter des M.en bezeichnet wird. Man vergleicht dabei die Restmenge eines radioaktiven Elements mit der Menge der vorhandenen, aus dem gleichen Element entstandenen Zerfallsprodukte (→ Altersbestimmung). Das Erstarrungsalter der M.e liegt bei $4{,}6 \cdot 10^9$ Jahren und ist damit gleich groß oder etwas größer als das der ältesten Mondgesteine. Die differenzierten und die undifferenzierten M.e haben nahezu gleiches Erstarrungsalter.

Im interplanetaren Raum ist ein Meteoroid der Bestrahlung durch die Kosmische Strahlung ausgesetzt, deren energiereiche Teilchen in den Meteoroiden eindringen und durch Spaltung schwerer Atomkerne eine große Anzahl stabiler und instabiler Isotope erzeugen, die im Material eingeschlossen bleiben. Aus der Menge der Sekundärprodukte läßt sich das Bestrahlungsalter erschließen, wenn man voraussetzt, daß die Dichte und die Energieverteilung der Kosmischen Strahlung zeitlich konstant waren. Bei Eisenmeteoriten erhält man für das Bestrahlungsalter 10^6 bis $2 \cdot 10^9$ Jahre, bei Steinmeteoriten 10^6 bis $2 \cdot 10^8$ Jahre.

In dem der Kosmischen Strahlung längere Zeit ausgesetzten Material stellt sich ein bestimmtes Verhältnis der Zahl der stabilen Kohlenstoff-12-Atomkerne und der radioaktiven Kohlenstoff-14-Kerne ein. Dieses Gleichgewicht ändert sich mit dem Zeitpunkt des Falls, da von da ab die Kosmische Strahlung durch die Erdatmosphäre z.T. abgeschirmt wird und die Kohlenstoff-14-Kerne infolge ihres radioaktiven Zerfalls immer weniger werden. Aus dem gegenwärtigen Verhältnis der beiden Kohlenstoffisotope kann daher ebenfalls auf die seit dem Fall verstrichene Zeit geschlossen werden.

Ursprung der M.e. Das im Vergleich zum Erstarrungsalter kürzere Bestrahlungsalter bedeutet, daß die M.e aus größeren Mutterkörpern hervorgegangen sind, die bei der Kollision mit anderen großen interplanetaren Körpern zerstört wurden. Auf starke Stoßeinwirkungen weisen innerkristalline Deformationen in den M.en und Neubildungen von Mineralen höherer Dichte hin: Umwandlungen dieser Art sind nur bei Stößen mit sehr hohen Energien möglich, die beim Zusammenprall kleinerer Körper nicht aufgebracht werden.

Die Größe der Mutterkörper läßt sich aus den in den Eisenmeteoriten vorhandenen Nickeleisenmineralen abschätzen, da deren Nickelgehalt stark von der Temperatur während des Kristallisationsprozesses abhängt. Aus dem Nickelgehalt kann auf die Schnelligkeit der Temperaturänderung während des Kristallisationsvorganges geschlossen werden. Es ergeben sich Abkühlgeschwindigkeiten von 0,4 bis 500 K je 1 Mill. Jahre, was Körpergrößen von 10 bis 800 km Durchmesser nahelegt. Die Mutterkörper müssen auch deshalb so groß gewesen sein, weil sonst die durch radioaktiven Zerfall gelieferte Wärme nicht zum vollständigen Aufschmelzen des Mutterkörpers ausgereicht hätte: Je kleiner ein Körper ist, um so größer ist das Verhältnis seiner Oberfläche zu seinem Volumen und um so schneller wird die im Innern freigesetzte Wärmeenergie nach außen abgegeben. In dem geschmolzenen Körper vollzog sich unter der Wirkung der Schwerkraft eine Differenzierung in spezifisch schwere Stoffe zu einem Nickel-Eisen-Kern und spezifisch leichte in einem Gesteinsmantel. Die Eisenmeteorite sind offenbar Zertrümmerungsprodukte des Mutterkörperkerns, die Steineisenmeteorite entstammen Gebieten mit unvollständiger Stofftrennung und die Achondrite dem unteren Mantel des Mutterkörpers. Die gewöhnlichen Chondrite kommen aus Schichten, in denen Temperaturen zwischen etwa 300 und 800 °C geherrscht haben; dieser Temperaturbereich ermöglichte eine teilweise Rekristallisation, die zu der für Chondrite typischen Kristallstruktur führte. Die kohligen Chondrite können höchstens aus den obersten Schichten eines großen Mutterkörpers stammen, da sich ihre Struktur seit der Bildung als Festkörper offenbar nicht geändert hat: Ihre Bestandteile lassen nahezu keine Rekristallisation erkennen. Wahrscheinlicher ist, daß die kohligen Chondrite aus relativ kleinen Mutterkörpern hervorgegangen sind, die keine Differenzierung erfuhren. Die Zahl der Mutterkörper wird auf rund 70 geschätzt, da es etwa diese Anzahl unterschiedlicher Klassen von M.en mit jeweils einheitlichen relativen Häufigkeiten bestimmter seltener Elemente gibt, die sich von den Häufigkeitsverhältnissen der übrigen Klassen deutlich unterscheiden. Jede Meteoritenklasse stammt aller Wahrscheinlichkeit nach von einem eigenen Mutterkörper. Da das Erstarrungsalter der differenzierten und undifferenzierten M.en nahezu gleich ist, muß der Differenzierungsvorgang sehr bald nach der Entstehung größerer Körper im Sonnensystem erfolgt sein. Die Mutterkörper entstanden wahrscheinlich als Planetesimale während der Entstehungsphase des Planetensystems.

Bisher wurde noch kein M. geborgen, dessen Ursprungsort nachweislich ein Kometenkern war, obwohl viele der Meteorströme durch Meteoroidenschwärme verursacht werden, die eindeutig Kometen zugeordnet werden können.

Die kohligen Chondrite werden allgemein als Zeugnisse aus der Entstehungsepoche des Sonnensystems angesehen. Die Chondren, die zweifellos ursprünglich Schmelztröpfchen waren, müssen mindestens gleichzeitig mit der Festkörpermatrix, in die sie eingebettet sind, als Kondensate des Sonnennebels entstanden sein (→ Kosmogonie). Einige der kohligen Chondrite enthalten Einschlüsse, sog. „Fremdlinge", die eine deutlich andere Häufigkeit bestimmter Isotope als die Matrix oder die Chondren des jeweiligen M.en haben, und die teilweise auch vom Mittelwert für das Sonnensystem abweicht. Man nimmt allgemein an, daß die „Fremdlinge" bereits als Teilchen in der interstellaren Wolke existierten, aus der sich der Sonnennebel bildete, und daß sie seitdem unverändert geblieben sind. Sie könnten in den Atmosphären Roter Riesensterne durch Kondensation entstanden und danach in den interstellaren Raum gelangt sein. Man hätte es bei ihnen also mit präsolarer, ehemals stellarer bzw. interstellarer Materie zu tun.

Unter den M.en, die in der Antarktis gefunden wurden, befinden sich einige, die zweifelsfrei vom Mond stammen. Ihre Struktur läßt darauf schließen, daß ihre Ursprungsgebiete lunare Hochländer sind. Offenbar wurden sie bei dem Einschlag eines großen Körpers auf dem Mond derart beschleunigt, daß sie den Mond verlassen und auf die Erde gelangen konnten. Von einigen anderen Achondriten wird vermutet, daß sie vom Mars auf die Erde kamen, da sich ihr Mineralbestand, besonders aber die Isotopenzusammensetzung der Gase, die in Glasbestandteilen dieser M.e eingeschlossen sind, nicht mit einem irdischen oder lunaren Ursprung erklären lassen, sondern der Zusammensetzung gleicht, die bei Analysen der Marsatmosphäre durch Raumsonden gefunden wurde. Sie besitzen außerdem ein Erstarrungsalter, das deutlich kleiner ist als das aller zur Erde gebrachten Proben von Mondgestein. Eine endgültige Klärung des Marsursprungs wird erst dann möglich sein, wenn Proben von Marsgestein zum Vergleich vorliegen.

Meteoroid [von meteoros, griech., ,in der Luft schwebend'] *m*, ein im interplanetaren Raum sich bewegender Kleinkörper mit einem Durchmesser kleiner als etwa einige Meter. Zu größeren Durchmessern schließen sich die Planetoiden an, doch ist der Übergang unscharf. Beim Eindringen eines M.en in die Erdatmosphäre kann die Leuchterscheinung eines Meteors hervorgerufen werden; gelangt ein M. bis zur Erdoberfläche, bezeichnet man ihn als Meteorit.

Meteorstrom, ***Meteorschauer***, ***Sternschnuppenschwarm***, eine Gruppe zeitlich gehäuft auftretender Meteore mit einem gemeinsamen Radianten, die vom gleichen Schwarm auf parallelen Bahnen laufender interplanetarer Kleinkörpern hervorgerufen werden; → Meteor.

Metis *f*, der innerste der Jupitersatelliten. Die M. bewegt sich in einer wahrscheinlich nahezu kreisförmigen Bahn mit einem Radius von 127960 km in 7 h 5 min rechtläufig um den Jupiter. Die Bahnebene liegt in dessen Äquatorebene, die Bahn selbst innerhalb des Jupiterrings. Die Umlaufzeit der M. ist wegen der gebundenen Rotation auch gleichzeitig ihre Rotationsperiode. Die M. ist ein Zwergsatellit mit einem Durchmesser von etwa 40 km; sie gehört zu den Gesteinsatelliten.

Hinsichtlich der Einordnung der M. in das System der Jupitersatelliten → Jupiter.

Die M. wurde 1979 mit Hilfe der Raumsonde Voyager 1 entdeckt.

Metonischer Zyklus [nach dem griech. Mathematiker Meton, um 432 v.u.Z.], Schaltfolge für das Lunisolarjahr; → Kalender.

MESZ, Abk. für Mitteleuropäische Sommerzeit; → Zeit.

MEZ, Abk. für Mitteleuropäische Zeit; → Zeit.

MHz, Einheitenzeichen für Megahertz.

Mic, Abk. für Microscopium.

Michelson Interferometer, → Interferometer.

Microscopium [griech.-lat.], *Gen.* Microscopii, abg. ***Mic***, ***Mikroskop***, unscheinbares Sternbild des südlichen Himmels, das von unseren Breiten aus nicht sichtbar ist.

Mikrometeorit, ein Meteorit mit einem Durchmesser kleiner als etwa 0,1 mm.

Mikrometer *n*, → Winkelmeßinstrument.

Mikroskop, das Sternbild → Microscopium.

Mikrowellenstrahlung, elektromagnetische Strahlung im Wellenlängenbereich von einigen Millimetern bis zu einigen Zentimetern.

Milchstraße *1)* schwache, unregelmäßig begrenzte bandförmige Aufhellung des Nachthimmels, die die Himmelskugel annähernd in einem Großkreis umspannt. Das Phänomen der M. wird durch eine Vielzahl von Einzelsternen, Sternhaufen und Ansammlungen leuchtender interstellarer Materie hervorgerufen, deren scheinbare Helligkeit jeweils zu gering ist, als daß die Einzelobjekte mit bloßem Auge erkennbar und unterscheidbar wären; nur ihr Gesamtlicht macht sich für das Auge bemerkbar. Die M. zieht sich am Nordhimmel vom Sternbild Aquila (Schnittpunkt mit dem Himmelsäquator) über die Sternbilder Cygnus, Cepheus, Cassiopeia, Perseus zum Sternbild Auriga und weiter am Südhimmel vom Monoceros über Puppis, Vela, Norma, Scorpius zu Sagittarius. Auffällig sind die Unregelmäßigkeiten in der Struktur der M., die vor allem auf langbelichteten Aufnahmen stark hervortreten. Große Sternanhäufungen, z.B. die Schildwolke im Sternbild Scutum, befinden sich in unmittelbarer Nachbarschaft von Sternleeren, die durch große Ansammlungen von interstellarem Staub vorgetäuscht werden, in denen das Licht der Hintergrundsterne so stark geschwächt wird, daß diese nicht wahrgenommen werden können. Die Teilung der M. in den Sternbildern Cygnus, Aquila, Ophiuchus und Sagittarius in zwei etwa parallel laufende Zweige geht ebenfalls auf interstellare Dunkelwolken zurück.

Die günstigsten Bedingungen zur Beobachtung der M. bestehen in unseren Breiten in den Monaten August und September, in denen ein besonders heller Milchstraßenteil am südlichen Nachthimmel sichtbar ist.

Alle Objekte der M. gehören dem Milchstraßensystem an, einer etwa linsenförmigen räumlichen Anhäufung von einigen 100 Mrd. Sternen. Die Sonne, mit ihr das gesamte Planetensystem einschließlich der Erde, befindet sich in unmittelbarer Nähe der Symmetrieebene des Systems. Da alle Sterne von der Erde aus an die Himmelskugel projiziert erscheinen, häufen sie sich in der Nähe der Schnittlinie der Symmetrieebene mit der Himmelskugel und rufen so die Erscheinung der M. hervor.

2) gelegentlich gebrauchte abkürzende Bezeichnung für Milchstraßensystem.

Milchstraßensystem, ***Galaxis***, ein Sternsystem, dem die Sonne mit dem Planetensystem einschließlich der Erde, etwa 6000 mit bloßem Auge sichtbare und einige 100 Mrd. weitere Sterne sowie große Mengen interstellarer Materie angehören. Die Sterne existieren als Einzelsterne, sie bilden vielfach auch Doppel- und Mehrfachsterne sowie Sternhaufen. Die große Mehrheit der Objekte ordnet sich in einer scheibenähnlichen Ansammlung mit einer zentralen Ausbauchung sowie einem Kerngebiet an; eingehüllt sind diese Strukturelemente in einem mit Sternen und Kugelsternhaufen sehr dünnbesiedelten Halo. Von außen gesehen dürfte der Anblick des M.s ähnlich dem sein, wie ihn die Abb. 1 zeigt, falls man es mit Blick auf die Scheibenkante sehen würde. Bei der Sicht auf die Scheibenebene würde ein extragalaktischer Beobachter ein Spiralsystem vom Hubble-Typ Sb erblicken, ähnlich wie uns der Andromedanebel erscheint. Die Sonne mit dem Planetensystem befindet sich in der Nähe der Symmetrieebene des Systems (galaktische Ebene, Milchstraßenebene), aber weit außerhalb des Zentrums. Von der Erde aus gesehen erscheinen alle Sterne des M.s an die Himmelskugel projiziert; die Gesamtheit der lichtschwachen, vom Auge nicht mehr als Einzelobjekte wahrnehmbaren Sterne ruft am Nachthimmel die Lichterscheinung der Milchstraße hervor, von der das M. seinen Namen hat.

S t e r n v e r t e i l u n g i n d e r S o n n e n u m g e b u n g. Die Zahl der Sterne je Volumeneinheit (Anzahldichte)

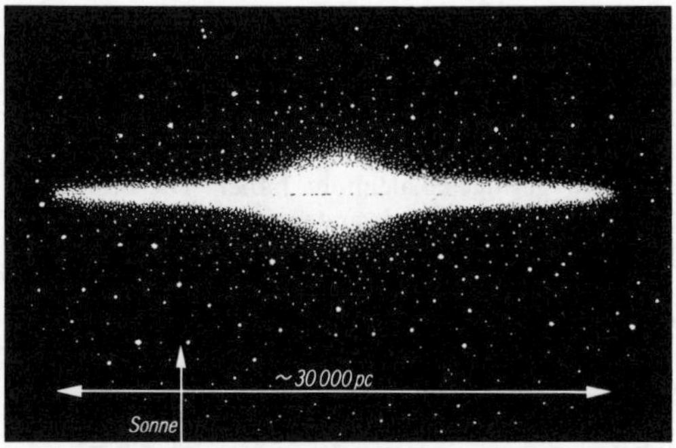

Abb. 1: Wahrscheinlicher, stark schematisierter Anblick des Milchstraßensystems für einen außergalaktischen Beobachter beim Blick in Richtung der galaktischen Ebene. Große Punkte: Kugelsternhaufen; kleine Punkte: RR-Lyrae-Sterne und weitere Mitglieder der Halopopulation

läßt sich nur für die unmittelbare Sonnenumgebung einigermaßen zuverlässig bestimmen, da die Entdekkungswahrscheinlichkeit der Sterne um so kleiner ist, je geringer ihre absolute Helligkeit und je größer ihre Sonnenentfernung ist; ihre scheinbare Helligkeit sinkt dann leicht unter die Grenzhelligkeit der Aufnahmeapparatur. Da man wahrscheinlich auch in der unmittelbaren Nachbarschaft der Sonne noch nicht alle vorhandenen leuchtkraftschwachen Sterne kennt, sind alle Angaben zur räumlichen Sterndichte untere Grenzwerte.

Innerhalb einer Kugel um die Sonne mit 5 pc Radius befinden sich 65 Sterne, von denen 33 Einzelsterne sind, 26 sind Mitglieder von Doppelsternen und 6 Mitglieder zweier Dreifachsterne; außerdem scheinen noch mindestens 6 unsichtbare Begleiter zu existieren. Die mittlere Anzahldichte ergibt sich daraus zu mindestens 130 Sternen je 1000 pc^3. Bis zu einer Entfernung von 25 pc von der Sonne kennt man bisher nahezu 3600 Sterne, woraus sich eine mittlere Anzahldichte von rund 60 Sternen je 1000 pc^3 ergibt. Diese geringere Anzahldichte ist mindestens zum Teil auf die mit zunehmender Entfernung abnehmende Entdekkungswahrscheinlichkeit leuchtkraftschwacher Sterne zurückzuführen.

Von den bekannten Sternen in der Sonnenumgebung sind mehr als 90% Hauptreihensterne; ihnen stehen weniger als 1% Riesensterne und mehr als etwa 8% Weiße Zwerge gegenüber. Bei den Hauptreihensternen entfallen rund 1% auf die Spektralklassen O, B und A, etwa 3% auf die Klasse F, 4% auf G, 12% auf K und rund 80% auf die Spektralklasse M, die Hauptreihensterne mit den geringsten absoluten Helligkeiten. Aus der Häufigkeitsverteilung der Sterne hinsichtlich der verschiedenen Spektral- und Leuchtkraftklassen sowie der Masse, die die Sterne im Mittel in den einzelnen Klassen haben, läßt sich die in der Sonnenumgebung vorhandene Masse je Volumeneinheit, die in Form sichtbarer Sterne existiert, berechnen; sie beträgt 0,05 bis 0,07 $\mathfrak{M}_\odot/pc^3$ ($\mathfrak{M}_\odot$ bezeichnet die Sonnenmasse), was $3 \cdot 10^{-24}$ bis $5 \cdot 10^{-24}$ g/cm^3, oder der Masse von etwa 2 bis 3 Wasserstoffatomen je cm^3 entspricht. Auch diese Angaben sind untere Grenzwerte, da nur die bekannten Sterne berücksichtigt sind.

Für Sonnenentfernungen von mehr als rund 50 pc läßt sich die räumliche Sternverteilung nur mit stellarstatistischen Methoden ermitteln, da einerseits die Zahl der zu erfassenden Sterne sehr stark zunimmt, und andererseits die Bestimmung gesicherter individueller Entfernungen immer schwieriger wird. Erschwerend kommt hinzu, daß mit zunehmender Entfernung die Extinktion durch den interstellaren Staub nahe der Milchstraßenebene immer mehr anwächst, so daß weite Regionen des M.s für Beobachtungen im sichtbaren Spektralbereich unzugänglich sind: Selbst die absolut hellsten Objekte sind mit optischen Mitteln nur innerhalb eines engen Gebietes um die Sonne, das kaum 15% des gesamten M.s umfaßt, beobachtbar.

Bei der Bestimmung der räumlichen Sternverteilung geht man von der scheinbaren Verteilung der Sterne an der Himmelskugel aus. Sie ist außerordentlich ungleichförmig: In Richtung der Sternbilder Scutum, Sagittarius und Scorpius (galaktische Länge von etwa 300° über 360° bis 20°, Maximum bei 0°) ist die Zahl der Sterne je Flächeneinheit (Flächendichte) wesentlich höher als in der Gegenrichtung, ebenso ist die Flächendichte in der Nähe des galaktischen Äquators wesentlich höher als an den galaktischen Polen. Bestimmt man die Zahl der Sterne in einer bestimmten Beobachtungsrichtung, die sich innerhalb von Helligkeitsintervallen mit einer Weite von jeweils 1 mag befinden, so läßt sich unter Berücksichtigung der interstellaren Extinktion der Verlauf der Anzahldichte der Sterne in dieser Richtungen bestimmen. Durch Wiederholung des Verfahrens in vielen unterschiedlichen Richtungen erhält man die Sternverteilung mehr oder minder gut in der gesamten Sonnenumgebung. Verbindet man alle Punkte gleicher Sterndichte miteinander, so ergeben sich Flächen, aus deren Verlauf man einen groben Einblick in die großräumige Sternvertei-

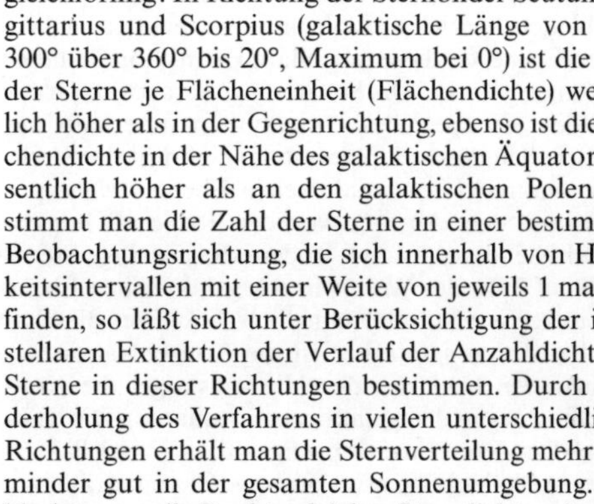

Abb. 2: Schnitt senkrecht zur galaktischen Ebene durch die Sonne (⊙) und das Zentrum des Milchstraßensystems (in Pfeilrichtung). Gezeichnet sind Schnittlinien durch Flächen gleicher Sterndichte bezogen auf die Sterndichte in der Sonnenumgebung. (Nach J. Oort)

lung gewinnt; feinere Details gehen wegen der Einordnung der Sterne in die verhältnismäßig weiten Helligkeitsintervalle (und entsprechend weiten Entfernungsintervalle) unter. In Abb. 2 ist ein Schnitt durch dieses Flächensystem dargestellt, und zwar senkrecht zur galaktischen Ebene sowie durch die Sonne und das galaktische Zentrum. Man erkennt die Symmetrie in bezug auf die Milchstraßenebene, eine Zunahme des Abstandes der Flächen gleicher Sterndichte von der galaktischen Ebene in Zentrumsrichtung, was insgesamt eine Zunahme der Zahl der Sterne in dieser Richtung bedeutet, sowie gewisse Deformationen der Flächen in geringen Abständen von der Milchstraßenebene, die auf das Bestehen weiträumiger Dichteschwankungen schließen lassen.

Außer der allgemeinen Sternverteilung interessiert die Verteilung von Sternen mit bestimmten charakteristischen Eigenschaften, z.B. bestimmter Spektralklasse oder Veränderlichkeit. Da die Sterne einer solchen Gruppe jeweils nahezu gleiche absolute Helligkeiten haben, lassen sich individuelle Entfernungen relativ gut ableiten, speziell in Richtung senkrecht zur galaktischen Ebene, da die interstellare Extinktion in dieser Richtung gering ist. Die Sterne einer derartigen Gruppe bilden ein spezielles Untersystem innerhalb des M.s. Bei allen diesen Untersystemen nimmt die Sterndichte senkrecht zur galaktischen Ebene etwa exponentiell mit dem Abstand von der Ebene ab, nur die Skalenhöhe (der Abstand, in dem die jeweilige Sterndichte auf 37% des Wertes in der galaktischen Ebene abgesunken ist) ist unterschiedlich. Je kleiner die Skalenhöhe ist, um so stärker ist die Konzentration zur Milchstraßenebene (an der Himmelskugel die Konzentration gegen den galaktischen Äquator). Die weitaus stärkste Konzentration zeigen die O- und B-Sterne, deren Skalenhöhe etwa 50 bzw. 60 pc beträgt, sowie die Delta-Cephei-Sterne mit etwa 45 pc. Die G-, K- und M-Hauptreihensterne stellen mit einer Skalenhöhe von rund 350 pc ein wesentlich ausgedehnteres Untersystem dar. Das Untersystem mit der geringsten Konzentration zur galaktischen Ebene wird von Kugelsternhaufen gebildet, deren Skalenhöhe in Sonnennähe etwa 4000 pc beträgt. Die Skalenhöhe der interstellaren Materie liegt bei etwa 110 pc oder etwas darüber. Ihre mittlere Dichte beträgt in der Milchstraßenebene in der Nähe der Sonne etwa 1 bis 2 Wasserstoffatome/cm^3, was rund 0,02 bis 0,04 $\mathfrak{M}_\odot/\text{pc}^3$ entspricht.

Als Säulendichte bezeichnet man die Masse, die in einer Säule senkrecht zur galaktischen Ebene mit einem Querschnitt von 1 pc^2 vorhanden ist. Sie läßt sich aus der Anzahldichte der verschiedenen Objektgruppen, deren Skalenhöhe sowie der mittleren Masse der einzelnen Sterne der Gruppe berechnen. In der Sonnenumgebung ergeben sich rund 45 $\mathfrak{M}_\odot/\text{pc}^2$, wozu die sichtbaren Sterne etwa 35 $\mathfrak{M}_\odot/\text{pc}^2$ beitragen, während auf die interstellare Materie rund 10 $\mathfrak{M}_\odot/\text{pc}^2$ entfallen, doch sind diese Werte noch mit einer erheblichen Unsicherheit behaftet.

P o p u l a t i o n e n. Alle diejenigen Objekte im M., die bezüglich ihrer räumlichen Anordnung, ihrer Bewegungsverhältnisse sowie ihres Alters einander ähnlich sind, bezeichnet man als eine Sternpopulation. Jede Population bildet ein Untersystem des M.s. Die O- und B-Sterne, die Delta-Cephei-Sterne, die jungen Offenen Sternhaufen sowie die Sternassoziationen gehören zur extremen Population I, deren Mitglieder alle eine sehr geringe Skalenhöhe haben. Die Sterne des Spektraltyps A, die mit anderen Sternen zur älteren Population I gehören, haben im Mittel einen größeren Abstand von der Milchstraßenebene und bilden entsprechend ein größeres Untersystem. Zu einem noch ausgedehnteren Untersystem ordnen sich die Mitglieder der Scheibenpopulation an. Zu ihnen zählen die Zentralsterne der Planetarischen Nebel, die Novae, die RR-Lyrae-Sterne mit Perioden kürzer als 0,4 Tage sowie die meisten Sterne vom Spektraltyp F bis M, also der weitaus größte Teil aller Sterne; auch die Hauptmenge der Sterne im Zentralgebiet des M.s gehört zur Scheibenpopulation. Sie stellt die sternreichste Struktureinheit des M.s dar; das von ihr gebildete Untersystem bezeichnet man deshalb gelegentlich auch als „das eigentliche M.“ Die Scheibenpopulation wird umgeben von der Zwischenpopulation II, der u.a. die Schnelläufer mit Geschwindigkeiten senkrecht zur galaktischen Ebene größer als 30 km/s sowie die langperiodischen Veränderlichen mit Perioden kleiner als 250 Tage und einer Spektralklasse früher als M5 zugeordnet werden. Das räumlich ausgedehnteste Untersystem bilden die Kugelsternhaufen und die RR-Lyrae-Sterne mit Perioden größer als 0,4 Tage. Es ist nahezu kugelförmig begrenzt und umschließt das eigentliche M. in Art eines Halos; seine Mitglieder bilden die Halopopulation (oder extreme Population II). Die einzelnen Untersysteme durchdringen sich, so daß auch in der Nähe der galaktischen Ebene Mitglieder der Halopopulation zusammen mit denen anderer Populationen vorkommen.

Die interstellare Materie gehört zur extremen Population I, wie aus der geringen Skalenhöhe hervorgeht. Ihre räumliche Verteilung läßt sich im Infrarot-, vor allem aber im Radiofrequenzbereich sehr gut untersuchen, da sie in diesen Bereichen, in denen die interstellare Extinktion sehr gering bzw. praktisch nicht vorhanden ist, z.T. stark strahlt. Dies gilt für die HII-Gebiete, in denen das Gas von benachbarten O- und frühen B-Sternen auf Grund deren hohen Effektivtemperaturen ionisiert und zum Leuchten angeregt wird, und von denen man Strahlung außer im sichtbaren Spektralbereich auch im Radiofrequenzbereich empfängt. Vom neutralen atomaren Wasserstoffgas (HI-Gas), das im optischen Spektralbereich nicht strahlt, geht Radiofrequenzstrahlung mit einer Wellenlänge von 21 cm aus. Interstellare Molekülwolken lassen sich auf Grund ihres reichen Emissionslinienspektrums im Radiofrequenzbereich nachweisen (→ interstellares Gas).

Zusätzlich zu dem interstellaren Gas, das stark gegen die Milchstraßenebene konzentriert ist, beobachtet man hochionisiertes interstellares Gas (z.B. vom fünffach ionisierten Sauerstoff und vierfach ionisierten Stickstoff) mit Temperaturen bis zu einigen 100000 K bis in Abstände von einigen 1000 pc von der galaktischen Ebene, also im Bereich der Halopopulation.

Die Skalenhöhe dieses „heißen" Gases beträgt rund 3000 pc. Seine Dichte ist sehr inhomogen und außerordentlich gering: In 5 kpc Abstand von der Milchstraßenebene beträgt sie im Mittel nur etwa 10^{-4} Wasserstoffionen je cm^3. Wahrscheinlich handelt es sich bei dem „heißen" Gas um Materie, die bei Supernovaexplosionen durch Stoßprozesse aufgeheizt wird und von nahe der galaktischen Ebene in einer Art von Fontänen in diese Gebiete gelangt. Dort kühlt es sich ab, wird dadurch dichter und fällt wieder zurück. Darauf deuten Wolken aus neutralem Wasserstoffgas mit sehr hohen Radialgeschwindigkeiten bezüglich der Sonne („Hochgeschwindigkeitswolken") hin. Möglicherweise befindet sich das „heiße" Gas aber auch nahezu im Druckgleichgewicht mit dem dichteren und kühleren übrigen interstellaren Gas und wird daher durch dieses – z.T. unter Mitwirkung interstellarer Magnetfelder sowie der Kosmischen Strahlung – getragen. Die Aufheizung könnte durch Stoßwellen erfolgen, die bei Supernovaexplosionen nahe der galaktischen Ebene entstehen und bis in große Abstände von ihr laufen, sie könnte aber auch eine Folge der Ionisation des Gases durch die allgemeine diffuse Röntgenhintergrundstrahlung sein. Die Sonne scheint in der näheren Umgebung bis etwa 100 pc Abstand von sehr dünnem, heißen interstellaren Gas umgeben zu sein, sich in einer „Blase" dieses Gases zu befinden. Möglicherweise geht dies auf eine Supernovaexplosion in Sonnennähe vor einigen 100000 Jahren zurück. Innerhalb der „Blase" befinden sich aber auch Gebiete mit kühlem HI-Gas.

A u s d e h n u n g d e s M . s. Die Mindestausdehnung des M.s ergibt sich aus Entfernungsmessungen an Kugelsternhaufen. Danach hat es in der galaktischen Ebene einen Durchmesser von etwa 50 kpc, doch werden einige wenige Kugelsternhaufen auch noch in Entfernungen bis zu 100 kpc vom galaktischen Zentrum gefunden. Die Kugelsternhaufen sind stark radial gegen den Mittelpunkt des von ihnen eingenommenen Raumes konzentriert, der als Mittelpunkt des gesamten M.s angesehen wird. Die Entfernung der Sonne von ihm beträgt nach gegenwärtigen Vorstellungen 8,5 kpc, doch ist dieser Wert noch mit einem geschätzten Fehler von ± 1 kpc behaftet. Der Durchmesser des Raumes, den die Mitglieder der Scheibenpopulation und der Population I einnehmen, beträgt in der galaktischen Ebene rund 30 kpc, senkrecht dazu mißt er im Zentrum etwa 5 kpc, in der Entfernung der Sonne vom Zentrum 1 bis 2 kpc.

Die Sonne befindet sich etwa 15 pc nördlich von der galaktischen Ebene, was man u.a. daran erkennt, daß an der Himmelskugel in südlichen galaktischen Breiten die Zahl der Sterne der extremen Population I etwas größer als in nördlichen Breiten ist.

B e w e g u n g s v e r h ä l t n i s s e. Alle Objekte im M. bewegen sich um das galaktische Zentrum, wodurch die Stabilität des Systems gesichert wird; es würde anderenfalls infolge der gegenseitigen Massenanziehung binnen einiger 10^8 Jahre in sich zusammenstürzen. Die Bewegungen erfolgen mehr oder minder auf Kreisbahnen, wobei die Abweichungen davon für die Mitglieder der verschiedenen Populationen unterschiedlich sind; im Mittel sind sie um so geringer, je stärker die Konzentration der jeweiligen Population gegen die galaktische Ebene ist.

Die Sonne besitzt, wie alle Sterne, eine Pekuliarbewegung, also eine individuelle Abweichung von der exakten Kreisbahnbewegung. Zur Bestimmung der Pekuliarbewegung der Sonne macht man die Annahme, daß die sonnennahen Sterne als Gesamtheit eine Kreisbahnbewegung um das galaktische Zentrum ausführen, während die einzelnen Sterne davon abweichen können. Die Bewegung der Sonne gegenüber dieser Gesamtheit der Umgebungssterne macht sich durch eine (statistisch betrachtet) allen Sternen gemeinsame scheinbare Bewegung bemerkbar, die der Pekuliarbewegung der Sonne entgegengerichtete ist: Die Sterne scheinen an der Sonne vorbeizuströmen. Die Geschwindigkeit, mit der sie sich relativ zur Sonne zu bewegen scheinen, hängt von der Auswahl der Sterne ab: Betrachtet man z.B. alle Sterne bis zu einer scheinbaren Helligkeit von 12^m, so strebt die Sonne mit einer Geschwindigkeit von 19,5 km/s in Richtung auf den Stern ξ Herculis; ihre Bahn ist gegen die Milchstraßenebene um etwa 22° geneigt. Bezüglich der Gesamtheit von rund 800 A-Sternen und K-Riesensternen innerhalb 100 pc Sonnenentfernung bewegt sich die Sonne hingegen mit einer Geschwindigkeit von 15,5 km/s in Richtung auf δ Herculis. Da die räumliche Bewegung der Sonne eindeutig festgelegt ist, gehen die Unterschiede auf ein unterschiedliches Bewegungsverhalten der Sterngruppen im M. zurück. Die größte mittlere Strömungsgeschwindigkeit bezüglich der Sonne haben die Mitglieder der Halopopulation: die Kugelsternhaufen mit rund 250 km/s, die Unterzwerge mit etwa 150 km/s und die langperiodischen RR-Lyrae-Sterne mit etwa 140 km/s. Die jeweilige Sterngruppe umläuft als Gesamtheit das Zentrum des M.s langsamer als die Sonne; die Sterne bleiben hinter der Sonne zurück.

Die Sterne der Sonnenumgebung haben bestimmte Vorzugsbewegungsrichtungen, die sich mit Hilfe eines graphischen Verfahrens erkennen lassen. Dabei zeichnet man von einem Punkt aus Vektoren, die die Richtung der Sternbewegung angeben, und deren Länge der Anzahl der sich in dieser Richtung bewegenden Sterne proportional ist. Bei einer isotropen Richtungsverteilung erhielte man als Umgrenzung der Vektorendpunkte eine Kugel, tatsächlich ergibt sich aber ein „Geschwindigkeitsellipsoid", dessen größte Achse in Richtung auf das galaktische Zentrum und die Gegenrichtung weist: Unter den sonnennahen Sternen bewegen sich etwa doppelt soviel Sterne auf den Mittelpunkt des M.s zu und von ihm weg als in der galaktischen Ebene senkrecht zu dieser Richtung, die wenigsten Sterne streben aus der Milchstraßenebene hinaus. Offenbar werden die Sterne durch das starke Gravitationsfeld, das die in der galaktischen Ebene konzentrierten Massen erzeugen, von Bewegungen senkrecht zur Ebene zurückgehalten. Bei den Objekten der Halopopulation, bei denen die Abweichungen von Kreisbahnen am größten sind, sind im Mittel auch die Geschwindigkeiten senkrecht zur galaktischen Ebene am größten. Viele dieser Objekte haben auch eine retro-

grade Bewegung verglichen mit der Hauptbewegungsrichtung im M. Die Bevorzugung der Richtung auf das galaktische Zentrum zu und von ihm weg ist darauf zurückzuführen, daß die Sterne im allg. auf ellipsenähnlichen Bahnen das Zentrum umlaufen, wodurch sie eine bevorzugte Bewegungskomponente in zentraler Richtung und der Gegenrichtung haben.
Die Ermittlung des Rotationsverhaltens des M.s erfordert für möglichst viele unterschiedliche Zentrumsentfernungen die Bestimmung der Kreisbahngeschwindigkeiten. Sie hängen von der galaktozentrischen Entfernung ab: Bei einer Kreisbewegung herrscht Gleichgewicht zwischen der durch die Umlaufbewegung verursachten Zentrifugalkraft und der Gravitationskraft, die von der Masse, die von der Kreisbahn eingeschlossen ist, hervorgerufen wird.
Für die Sonnenumgebung läßt sich die Kreisbahngeschwindigkeit aus den beobachteten Eigenbewegungen und Radialgeschwindigkeiten der Sterne ableiten. Trägt man die Werte in Abhängigkeit von der galaktischen Länge auf, erhält man sinusförmige Kurven mit jeweils zwei Maxima und zwei Minima, also jeweils „Doppelwellen" (Abb. 3): In Zentrumsrichtung und in der Gegenrichtung sowie in den beiden Richtungen senkrecht dazu sind die Radialgeschwindigkeiten gleich Null, dazwischen liegen maximale bzw. minimale Werte; die Amplitude der Radialgeschwindigkeitswelle nimmt mit der Sonnenentfernung der Sterne zu. Die Extremwerte der Eigenbewegungen sind gegenüber denen der Radialgeschwindigkeiten um 45° verschoben; außerdem überwiegen die negativen Werte: Die Eigenbewegungen weisen vorwiegend in Richtung kleinerwerdender galaktischer Länge. Das beobachtete Bewegungsverhalten ist durch die *differentielle Rotation* des M.s bedingt: Die der jeweiligen Kreisbahngeschwindigkeit entsprechende Winkelgeschwindig-

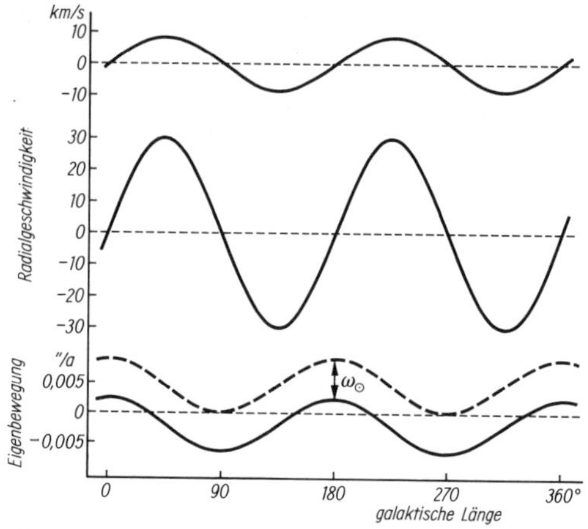

Abb. 3: „Doppelwelle" zur Darstellung der beobachteten Radialgeschwindigkeiten von F-Riesensternen mit einer mittleren heliozentrischen Entfernung von etwa 300 pc (oben) sowie von O- und B-Sternen mit einer mittleren heliozentrischen Entfernung von etwa 1500 pc (Mitte). Unten: Das gleiche für die Eigenbewegungen der Sterne (durchgezogene Linie) und die Welle, die sich ohne Berücksichtigung der Winkelge-schwindigkeit $\omega_\odot$ der Sonne um das galaktische Zentrum ergeben würde (gestrichelt)

keit nimmt mit zunehmender galaktozentrischer Entfernung ab. (Bei einer starren Rotation wie bei einem Wagenrad wäre die Winkelgeschwindigkeit im gesamten System konstant.) Den Zusammenhang zwischen den beobachteten Radialgeschwindigkeiten sowie Eigenbewegungen und der differentiellen Rotation zeigt die Abb. 4: Für acht in der Milchstraßenebene liegende und gleichweit von der Sonne entfernte Sterne sind

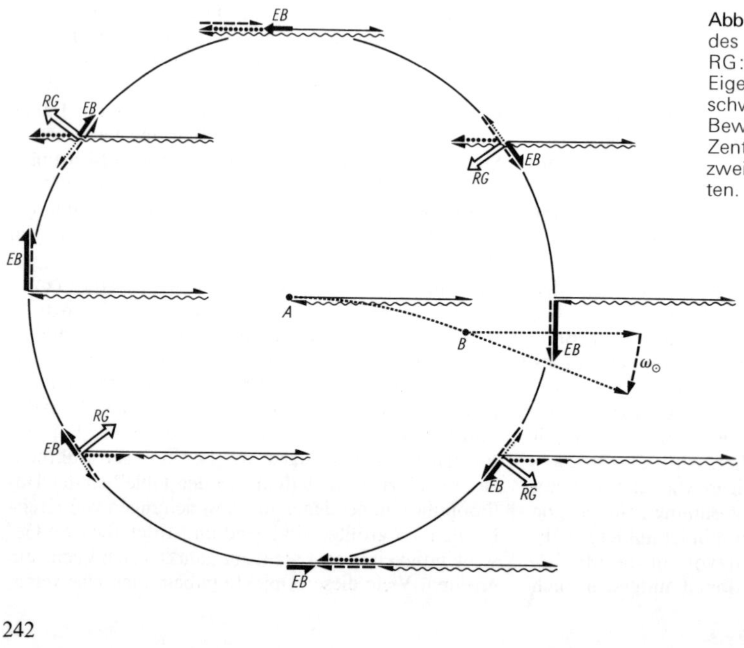

Abb. 4: Zur differentiellen Rotation des Milchstraßensystems.
RG: Radialgeschwindigkeit; EB: Eigenbewegung; $\omega_\odot$: Winkelgeschwindigkeit der Sonne bei ihrer Bewegung um das galaktische Zentrum; A, B: Ort der Sonne zu zwei unterschiedlichen Zeitpunkten. Erläuterungen im Text

die durch die differentielle Rotation verursachten Geschwindigkeiten (dünn ausgezogene Pfeile) markiert. Bei den Beobachtungen werden alle Bewegungen auf die Sonne bezogen, die dann ruhend gedacht wird: Von den Sternbewegungen muß daher die Sonnenbewegung (dünne Wellenlinie) subtrahiert werden. Die erhaltenen Relativbewegungen (dick punktierte Pfeile) werden in die zwei Komponenten Radialgeschwindigkeit (auf die Sonne zu) und Eigenbewegung (senkrecht dazu) zerlegt (dicke offene und dünn punktierte Pfeile). In den Radialgeschwindigkeiten ist die Doppelwelle mit den angegebenen Nullstellen und den dazwischenliegenden Extremwerten ersichtlich. Wegen des Umlaufs der Sonne um das galaktische Zentrum tritt eine Drehung des Koordinatensystems ein, auf das die Eigenbewegungen bezogen werden (eine Achse des Systems weist immer in Richtung auf das galaktische Zentrum), was sich durch eine zusätzliche Eigenbewegung aller Sterne in negativer Drehrichtung (gestrichelter Pfeil) und in der in Abb. 3 dargestellten Verschiebung der Doppelwelle äußert. Dieser Bewegungsanteil ist gleich der der Kreisbahnbewegung am Ort der Sonne entsprechenden Winkelgeschwindigkeit $\omega_{\odot}$. Die resultierenden Eigenbewegungen geben die dick ausgezogenen Pfeile.

Für Sterne nahe der galaktischen Ebene und mit einem Sonnenabstand in der Größenordnung bis etwa 1000 pc lassen sich die Radialgeschwindigkeiten v_r und die Tangentialgeschwindigkeiten v_t (die Produkte aus heliozentrischer Entfernung und Eigenbewegung) in Abhängigkeit von der galaktischen Länge l und dem Sonnenabstand r durch die *Oortschen Rotationsformeln*

$v_r = Ar \sin 2l$

$v_t = Ar \cos 2l + Br$

beschreiben. Die Konstanten A und B müssen aus Beobachtungen abgeleitet werden. Sie ergeben sich zu $A = 14{,}4$ km s^{-1} kpc^{-1} und $B = -12{,}0$ km s^{-1} kpc^{-1}. Ihre Differenz ist gleich der Winkelgeschwindigkeit der Kreisbahnbewegung am Ort der Sonne: $A - B = \omega_{\odot}$. Bei einer galaktozentrischen Entfernung der Sonne von 8,5 kpc erhält man damit als Kreisbahngeschwindigkeit 220 km/s und als Umlaufzeit um das galaktische Zentrum 240 Mill. Jahre. Addiert man (vektoriell) zu dieser Kreisbahngeschwindigkeit die Pekuliargeschwindigkeit der Sonne bezüglich der großen Menge der Umgebungssterne und vergleicht die sich ergebende Geschwindigkeit mit der Strömungsgeschwindigkeit der Kugelsternhaufen bezüglich der Sonne, so ergibt sich, daß die Kugelsternhaufen als Gesamtheit praktisch nicht an der allgemeinen galaktischen Rotation teilnehmen. (Wohl aber bewegt sich jeder Haufen um das galaktische Zentrum.)

Für Sonnenentfernungen größer als etwa 2000 pc läßt sich das galaktische Rotationsverhalten wegen der interstellaren Extinktion nur schwer mit Hilfe von Beobachtungen im optischen Spektralbereich ableiten. Bei Beobachtungen im Radiofrequenzbereich besteht andererseits die Schwierigkeit, daß die Entfernungen der HI-Gebiete, die für diese Untersuchungen benutzt werden, nicht unmittelbar ermittelt werden können. Man leitet daher das Rotationsverhalten für die Bereiche innerhalb der Sonnenbahn mit Hilfe der sog. Tangentialpunktmethode her: Beobachtet man in niedrigen galaktischen Breiten in Richtung einer bestimmten galaktischen Länge zwischen 0° und 90° oder zwischen 270° und 360°, so durchstößt der Sehstrahl Gebiete unterschiedlicher galaktozentrischer Entfernungen und damit unterschiedlicher Kreisbahngeschwindigkeiten (dünne Pfeile in Abb. 5). Die im Sehstrahl liegenden HI-Gebiete haben bezüglich der Sonne unterschiedliche Radialgeschwindigkeiten (dicke offene Pfeile), die sich aus der in der Sichtlinie liegenden Geschwindigkeitskomponente der jeweiligen Kreisbahnbewegung und dem radialen Anteil (gestrichelte dickere Pfeile) der Sonnenbewegung um das galaktische Zentrum ergeben. Die gemessenen Radialgeschwindigkeiten nehmen daher längs des Sehstrahls mit wachsender heliozentrischer Entfernung zu, erreichen an der Stelle, wo der Sehstrahl gleichzeitig Tangente an einem Kreis (Radius R_t) um das galaktische Zentrum ist, ein Maximum und nehmen dann wieder ab. Aus den beobachteten maximalen Radialgeschwindigkeiten längs unterschiedlicher Sehstrahlen lassen sich daher die Kreisbahngeschwindigkeiten für die zugehörigen galaktozentrischen Entfernungen R_t berechnen, vorausgesetzt, daß die HI-Gebiete einigermaßen gleichmäßig verteilt sind und keine zu großen Pekuliargeschwindigkeiten haben. Für Bereiche des M.s außerhalb der Sonnenbahn ist die Methode nicht brauchbar. Das Rotationsverhalten muß dann aus den beobachteten Bewegungen von Sternen oder Sternhaufen abgeleitet werden, deren heliozentrische Entfernungen man zuverlässig kennt.

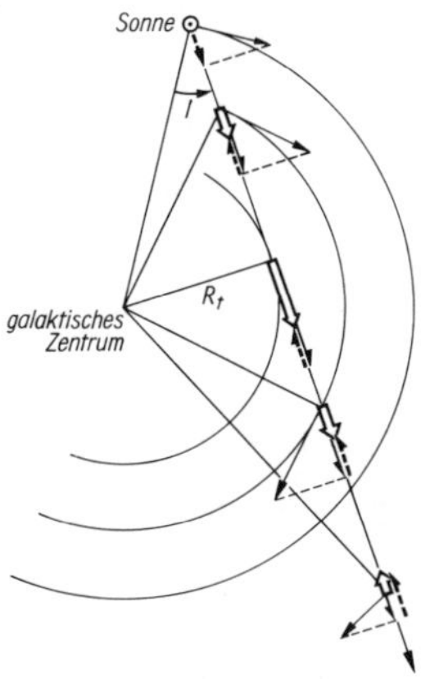

Abb. 5: Zur Ableitung der galaktischen Rotationskurve mit Hilfe der Tangentialpunktmethode. l: galaktische Länge der Sichtlinie; R_t: galaktozentrischer Abstand des Punktes mit gemessener maximaler Radialgeschwindigkeit. Erläuterungen im Text

Die gesamte galaktische Rotationskurve zeigt die Abb. 6. Sie ist geglättet: Die tatsächlich aus den Beobachtungen abgeleitete Kurve weicht gegenüber der mittleren um z.T. 10 bis 20 km/s wellenförmig ab, was durch merkliche Pekuliarbewegungen einzelner HI-Gebiete und durch systematische Abweichungen von Kreisbahnbewegungen (z.B. in Spiralarmen) sowie

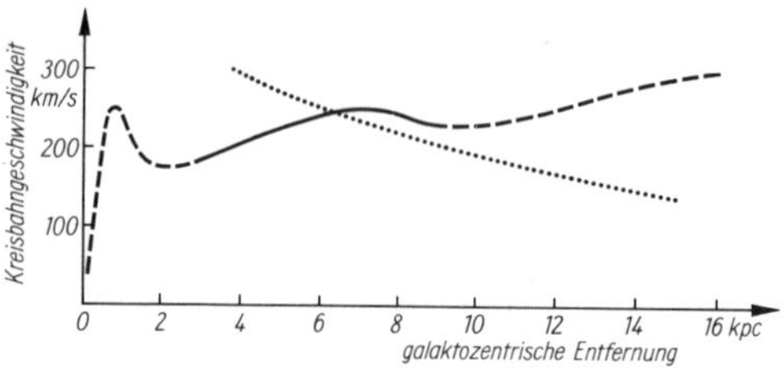

Abb. 6: Galaktische Rotationskurve (geglättet). Gestrichelt: unsicher bekannter Verlauf; punktiert: Verlauf bei einer reinen Kepler-Bewegung mit einer Konzentration der Hauptmasse im galaktischen Zentrum

großräumige Gasströmungen (z.B. in etwa 3 kpc Zentrumsentfernung) bedingt ist. Das innerste Gebiet des M.s scheint bis zu einem Zentrumsabstand von etwa 0,8 kpc wie ein starrer Körper mit konstanter Winkelgeschwindigkeit zu rotieren: Die Rotationsgeschwindigkeit nimmt linear mit wachsendem galaktozentrischen Abstand zu. Danach sinkt die Rotationsgeschwindigkeit bis zu einem Zentrumsabstand von etwa 3 kpc, um danach wieder anzusteigen und bei 7 bis 8 kpc ein nächstes Maximum mit etwa 250 km/s zu erreichen. Jenseits der Sonnenbahn ist der Verlauf weniger sicher. Möglicherweise erfolgt ab etwa 12 kpc bis zu etwa 20 kpc ein nochmaliger Anstieg der Rotationsgeschwindigkeit, wobei Werte von rund 300 km/s erreicht werden. Der Verlauf der Rotationskurve stimmt in den Außenbezirken des M.s nicht mit dem überein, den man auf Grund der durch die beobachtete Sternverteilung nahegelegten Masseverteilung erwarten würde: Die Rotationsgeschwindigkeit müßte dann wie bei einer Kepler-Bewegung etwa umgekehrt proportional der Wurzel aus der galaktozentrischen Entfernung abnehmen.

Die Oortschen Rotationsformeln bzw. die empirisch bestimmte Rotationskurve lassen sich zur Entfernungsbestimmung ausnutzen: Unter der Annahme, daß sich ein Stern oder eine interstellare Wolke auf einer Kreisbahn um das galaktische Zentrum bewegt und eine vernachlässigbar kleine Pekuliargeschwindigkeit besitzt, kann aus der beobachteten Radialgeschwindigkeit und der galaktischen Länge des Objekts dessen heliozentrische Entfernung abgeleitet werden. Das Verfahren ist nicht allzu genau und in den galaktischen Längenbereichen zwischen 0° und 90° sowie 270° und 360° nicht eindeutig, da in jeder Sichtlinie jeweils zwei Orte mit gleichen Radialgeschwindigkeiten bezüglich der Sonne liegen (s. Abb. 5).

Die Methode der Entfernungsbestimmung aus Radialgeschwindigkeitsmessungen läßt sich u.a. zur Untersuchung der großräumigen Verteilung des interstellaren Gases im M. benutzen: Außerhalb der Sonnenbahn existiert es hauptsächlich als HI-Gas, innerhalb der Sonnenbahn hingegen als molekulares Gas; in einer Entfernung zwischen 4 und 8 kpc vom Milchstraßenzentrum ist der molekulare Wasserstoff etwa viermal häufiger als der atomare. Ionisierter Wasserstoff hat seine maximale Häufigkeit bei etwa 4 bis 5 kpc Zentrumsentfernung. Der Zentralbereich des M.s ist dabei nicht berücksichtigt (s.u.).

M a s s e v e r t e i l u n g i m M. Die Kenntnis der Rotationskurve ermöglicht sowohl die Bestimmung der Gesamtmasse des M.s als auch der Masseverteilung in ihm. Bei deren Herleitung versucht man, eine Serie von ineinandergeschachtelter Masseschalen zu finden, und zwar so, daß die aus dem Modell herleitbare Rotationskurve der beobachteten möglichst gleicht. Die Modelle sind nicht eindeutig bestimmt: Die gleiche Rotationskurve läßt sich durch unterschiedliche Masseverteilungen darstellen. Eine Einschränkung der Modellvielfalt ergibt sich, wenn man die Verteilung der Populationen im M. zusätzlich berücksichtigt. Gegenwärtig geht man hinsichtlich der Masseverteilung im allg. von fünf wesentlichen Bestandteilen des M.s aus: Eine zentrale Masse als „Kern“ des M.s. Eine zentrale Verdickung (Ausbauchung), die wesentlich von Sternen der Scheibenpopulation gebildet wird, und die die Gestalt eines Rotationsellipsoids hat, dessen Radius in der Milchstraßenebene etwa 5 kpc beträgt. Eine dünne scheibenringförmige Konfiguration, die sich von 5 bis 15 kpc Zentrumsentfernung erstreckt, und die die Sterne der Population I sowie den größten Teil der interstellaren Materie enthält. Einen ausgedehnten, etwas abgeplatteten inneren Halo mit einem Radius in der galaktischen Ebene von rund 25 kpc, der hauptsächlich von Sternen der Population II gebildet wird. Schließlich einen sehr ausgedehnten und insgesamt massereichen, angenähert kugelförmigen äußeren Halo, dessen Radius mindestens 60 kpc beträgt, und der aller Wahrscheinlichkeit nach die Hauptmasse des M.s beherbergt.

Der äußere Halo scheint weder von Population-I- noch von Population-II-Sternen bevölkert zu sein. Seine Bestandteile werden vielfach als Population III bezeichnet, ohne daß man bisher weiß, welcher Art diese Objekte sind. Es muß sich um eine Form von nicht (oder höchstens ganz schwach) leuchtender Materie handeln, die sich nur gravitativ bemerkbar macht, denn weder optisch noch radioastronomisch ist der äußere Halo zu beobachten. Möglicherweise handelt es sich um Braune Zwerge oder um jupitergroße, planetenähnliche Objekte oder um exotische, z.B. nichtbaryonische, Elementarteilchen oder um ein Gemisch aus allen derartigen Objekten. Auf den äußeren Halo ist es zurückzuführen, daß die Rotationskurve in den Außenbezirken des M.s nicht wie bei einer Kepler-Bewegung abfällt.

Die Gesamtmasse des M.s ergibt sich zwischen $6 \cdot 10^{11}$ und einigen 10^{12} $\mathfrak{M}_\odot$, was ein Mehrfaches dessen ist, was man auf Grund der beobachteten Sterne und interstellaren Materie erwarten würde. Die aus der Rotationskurve abgeleitete Massendichte am Ort der Sonne beläuft sich auf etwa 0,15 $\mathfrak{M}_\odot/\mathrm{pc}^3$. Dieser Zahlenwert ist zwar noch recht unsicher, er ist aber wesentlich größer als der, der sich auf Grund der in der Sonnenumgebung beobachteten Sterne und interstellaren Materie ergibt (s.o.). Es ist unbekannt, in welcher Form diese gravitierende, aber nicht sichtbare Materie existiert.

S p i r a l s t r u k t u r. Die Beobachtungen an extragalaktischen Sternsystemen zeigen, daß Spiralarme im wesentlichen durch die Anwesenheit bestimmter auffälliger Objekte in Erscheinung treten. Derartige Spiralarmindikatoren sind im optischen Spektralbereich O- und B-Sterne, junge Offene Sternhaufen, Sternassoziationen, kurzperiodische Delta-Cephei-Sterne sowie HII-Gebiete (Abb. 7). Im Radiofrequenzbereich kommen zu den HII-Gebieten noch HI-Gebiete und Molekülwolken hinzu. Die Verteilung dieser Objekte in der weiteren Sonnenumgebung (bis etwa 3 kpc) läßt Strukturen erkennen, die als Teile von Spiralarmen gedeutet werden können (Abb. 8). Der Arm, an dessen Innenseite sich die Sonne befindet, wird als lokaler Arm oder als *Orionarm* (die in ihm befindlichen OB-Assoziationen liegen an der Himmelskugel im Sternbild Orion) oder als Arm 0 bezeichnet, der nächst äußere, rund 1500 pc entfernte Spiralarm entsprechend als *Perseusarm* oder Arm +1, der nächst innere als *Sagittariusarm* oder Arm −1.

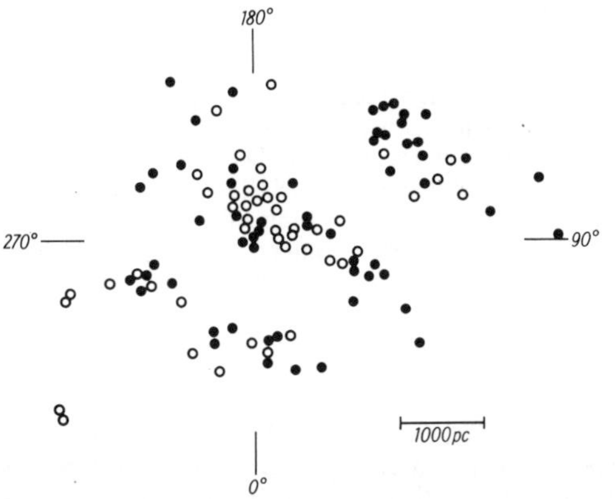

Abb. 7: Verteilung von jungen Offenen Sternhaufen(●) und HII-Gebieten (○) in der Sonnenumgebung. Die Sonne ist in der Mitte des Koordinatensystems zu denken. Die galaktische Länge 0° gibt die Richtung zum galaktischen Zentrum

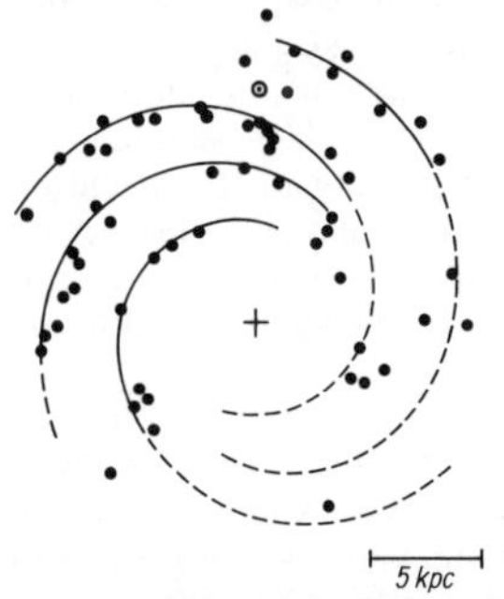

Abb. 8: Verteilung von optisch und radioastronomisch beobachteten großen HII-Gebieten im Milchstraßensystem. Der Verteilung ist versuchsweise ein vierarmiges Spiralmuster angepaßt. ⊙: Ort der Sonne; +: galaktisches Zentrum. (Nach Y.M. Georgelin, Y.P. Georgelin und J.-P. Sivan)

Der Nachweis einer großräumigen, sich über das gesamte M. erstreckenden Spiralstruktur ist allein mittels radioastronomischer Beobachtungen möglich. Diese lassen zwar eine gewisse globale Spiralstruktur erkennen, eine eindeutige Festlegung der räumlichen Lage der Spiralarme ist aber bisher noch nicht möglich. Das liegt hauptsächlich daran, daß die Entfernungsbestimmung für die interstellaren Wolken nicht genau, z.T. nicht einmal eindeutig ist, da sie allein über Radialgeschwindigkeitsmessungen erfolgt. Wegen dieser Unsicherheit ist auch noch keine endgültige Aussage möglich, ob das M. nur zwei eng gewundene oder vier durchgehende Spiralarme besitzt, die sowohl eng gewunden als auch weit geöffnet sein könnten. Die Spiralarme liegen in der galaktischen Ebene; mit ihren weit vom Zentrum entfernten Enden ragen sie aber z.T. auch beträchtlich über die Ebene hinaus.

In einem Abstand von etwa 3 kpc vom galaktischen Zentrum beobachtet man eine angenähert ringförmige Anhäufung interstellaren Wasserstoffs, den sog. *3-kpc-Arm*, dessen Rotationsgeschwindigkeit etwa 200 km/s beträgt. Der Rotation ist eine zusätzliche Expansion überlagert, deren Geschwindigkeit für den Armteil, der zwischen dem galaktischen Zentrum und der Sonne liegt, etwa 50 km/s beträgt; in dem jenseits vom Milchstraßenzentrum gelegenen Armteil, der jedoch weniger genau festgelegt werden kann, beläuft sich die Expansionsgeschwindigkeit auf rund 135 km/s.

Die theoretische Erklärung der Spiralstruktur stößt auf Schwierigkeiten, da der Erhalt der Spiralarme über längere Zeiträume (viele Umläufe um das Milchstraßenzentrum) begründet werden muß: Jede einmal, etwa durch Zufall, entstandene räumliche Anhäufung von Sternen oder interstellarer Materie wird infolge der differentiellen Rotation binnen kurzer Zeit zu einer spiralähnlichen Struktur auseinandergezogen und schließlich völlig ausgelöscht, weil sie bis zur Unkenntlichkeit gestreckt wird.

In der sog. *Dichtewellentheorie* werden die Spiralarme des M.s (und anderer Sternsysteme) mit Orten in Verbindung gebracht, an denen das Gravitationsfeld gegenüber dem großräumigen Mittelwert etwas erhöht ist. Es wird angenommen, daß diese Störungen in der galaktischen Ebene ein Spiralmuster bilden und mit einer konstanten Winkelgeschwindigkeit rotieren, die bis zu einer Zentrumsentfernung von etwa 12 bis 15 kpc kleiner als die Winkelgeschwindigkeit ist, die die Sterne und interstellaren Wolken auf Grund der Umlaufbewegung um das galaktische Zentrum haben. Diese überholen daher die Störungen und erfahren dabei eine in ihrer Stärke variierende Gravitationskraft: Nähern sie sich den Bereichen erhöhter Gravitation, werden sie beschleunigt, entfernen sie sich, werden sie abgebremst. Dies führt zu einem lokalen Stau in der Nähe der Orte erhöhter Gravitation; großräumig haben die Staugebiete entsprechend den Gravitationsfeldstörungen eine Spiralstruktur. Der Stau bedeutet für die Sterne eine Erhöhung der lokalen Anzahldichte um nur wenige Prozent, da die Sterne einen relativ großen Abstand voneinander haben und sich nur

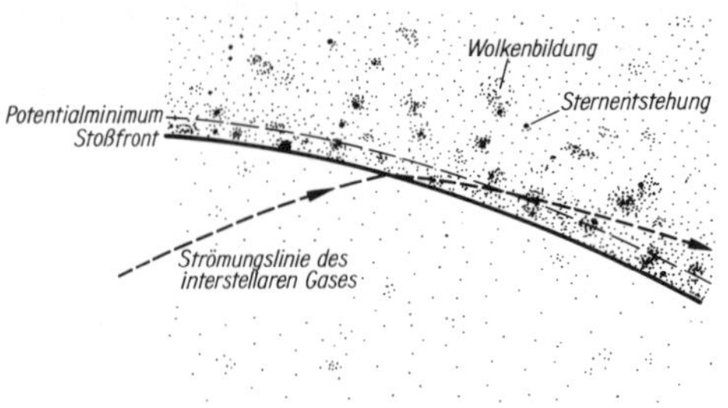

Abb. 9: Schematische Darstellung der Struktur eines Spiralarmes nach den Vorstellungen der Dichtewellentheorie

schwach gravitativ beeinflussen (ihre dynamische Reibung ist gering). Die interstellare Materie wird im Stau hingegen stark komprimiert, weil die Stoßwahrscheinlichkeit zwischen den Gaspartikeln, und damit die Reibung, sehr hoch ist. Eine erhöhte Dichte der interstellaren Materie ruft eine erhöhte Sternentstehungsrate hervor, so daß längs der spiralförmigen Staubereiche besonders viele junge Sterne zu erwarten sind (Abb. 9). Die massereichsten unter ihnen (O- und B-Sterne) können sich während ihrer kurzen Existenzzeit praktisch kaum von ihrem Entstehungsort entfernen, so daß sie, wie die aufgestaute interstellare Materie, gute Spiralarmindikatoren sind. Da durch die Reibungseffekte der umlaufenden Gravitationsfeldstörung ständig Energie entzogen wird, klingt diese allmählich ab, wenn nicht ein Prozeß existiert, der die Störung dauernd erneuert bzw. ihr Energie zuführt. Dies könnte über eine zentrale galaktische „Balkenstruktur" geschehen, die etwa den „Balken" in den Balkenspiralen (→ Sternsystem) ähnlich ist. Eine derartige großräumige ellipsoidische Sternanhäufung wurde aber im M. – falls sie überhaupt besteht – bisher nicht beobachtet. Auch die Magellanschen Wolken könnten auf Grund von Gezeitenkräften eine großräumige Störung im galaktischen Gravitationsfeld hervorrufen. (Auf solche Kräfte geht das Hinausragen der äußeren Spiralarmteile über die galaktische Ebene zurück.) Eine befriedigende Erklärung für die Aufrechterhaltung der Gravitationsfeldstörungen existiert bisher nicht.

Eine andere Theorie führt die Spiralarme auf das Zusammenwirken der differentiellen Rotation und einer, sich über längere Zeiträume selbstanregenden Sternentstehung in weit ausgedehnten und dichten interstellaren Wolkenkomplexen zurück: Die in einem derartigen Gebiet an einer Stelle entstehenden sehr massereichen Sterne entwickeln sich innerhalb weniger Mill. Jahre zu Supernovae. Diese lösen bei ihrer Explosion Stoßwellen aus, durch die das in der Nähe befindliche interstellare Gas so stark komprimiert wird, daß nun auch an diesen Stellen die Sternbildung möglich ist. Die hier entstehenden massereichen Sterne initiieren ihrerseits in benachbarten Bereichen die Sternbildung usw. Die differentielle Rotation sorgt für die spiralförmige Verformung der Gebiete erhöhter Sternbildung, so daß die dort vorhandenen O- und B-Sterne sowie die HII-Gebiete als Spiralarmstücke erscheinen. Da große Teile des M.s von interstellarer Materie durchsetzt sind, kann der Prozeß der stimulierten Sternbildung an mehreren Stellen gleichzeitig ablaufen, so daß insgesamt der Eindruck eines großräumigen Spiralarmmusters entsteht. Gegenwärtig ist unklar, welchen Anteil dieser Prozeß an der Bildung der beobachteten Spiralarme hat, und welcher Anteil möglicherweise auf globale Gravitationsfeldstörungen zurückgeht.

G a l a k t i s c h e s M a g n e t f e l d. Im M. existieren großräumige Magnetfelder, deren Feldlinien, abgesehen von lokalen Störungen, im wesentlichen parallel zu den Spiralarmen verlaufen. Die Feldstärken belaufen sich auf einige 10^{-10} Tesla (→ interstellares Magnetfeld). Das galaktische Magnetfeld bewirkt u.a. eine teilweise Ausrichtung interstellarer Staubteilchen, was zur beobachteten interstellaren Polarisation des Sternlichts führt, und es behindert Teilchen der Kosmischen Strahlung mit nicht zu hohen kinetischen Energien am Entweichen aus dem M. Noch weitgehend ungeklärt ist die Rolle, die die Magnetfelder bei der großräumigen Dynamik des interstellaren Gases spielen, speziell in den Spiralarmen und im Zentrum des M.s, in dem die Feldlinien mehr oder minder senkrecht auf der Symmetrieebene des Systems zu stehen scheinen.

Z e n t r a l g e b i e t d e s M. s. Wegen der in Richtung zum Zentralgebiet und in ihm selbst befindlichen interstellaren Dunkelwolken, die eine Extinktion von mehr als 25 mag im visuellen Spektralbereich verursachen, ist das Milchstraßenzentrum von der Sonne aus visuell nicht beobachtbar; es kann nur im Infrarot-, im Submillimeter- und im Radiofrequenzbereich untersucht werden. Die dominierende Erscheinung des Zentralgebiets ist eine starke Sternkonzentration, der sog. zentrale Sternhaufen: Nahe der galaktischen Ebene nimmt mit abnehmender Zentrumsentfernung R die Sterndichte bis zu etwa 2 kpc nur langsam zu, in den zentrumsnäheren Regionen ist der Anstieg wesentlich steiler. Abschätzungen ergeben für die Massendichte bei $R = 100$ pc etwa $1 \cdot 10^2$ $\mathfrak{M}_\odot/\text{pc}^3$, bei $R = 1$ pc etwa $4{,}2 \cdot 10^5$ $\mathfrak{M}_\odot/\text{pc}^3$ und bei $R = 0{,}1$ pc etwa $2{,}6 \cdot 10^7$ $\mathfrak{M}_\odot/\text{pc}^3$. Die Gesamtmasse des zentralen Sternhaufens dürfte bei rund 10^{10} $\mathfrak{M}_\odot$ liegen, von denen sich innerhalb $R = 150$ pc etwa 10^9 $\mathfrak{M}_\odot$ und innerhalb $R = 0{,}4$ pc noch rund $5 \cdot 10^6$ $\mathfrak{M}_\odot$ befinden. Erschlossen wird diese Sternverteilung aus Beobachtungen im nahen Infrarotbereich, indem man die empfangene Strahlung als normale Sternstrahlung hauptsächlich von Roten Riesensternen der Spektralklassen M und K deutet.

Das Zentralgebiet des M.s zeichnet sich weiterhin durch eine hohe Konzentration interstellarer Materie aus. Während zwischen dem 3-kpc-Arm und einer galaktozentrischen Entfernung von etwa 1,5 kpc nur sehr wenig interstellares Gas existiert, beobachtet man innerhalb von etwa 1,5 kpc eine rotierende und expandierende scheibenförmige Ansammlung atomaren Wasserstoffs, die – von der Sonne aus gesehen – um etwa 22° gegen die galaktische Ebene geneigt ist. Bei einer Zentrumsentfernung von 1 kpc beträgt die Expansionsgeschwindigkeit etwa 175 km/s und die Rotationsgeschwindigkeit etwa 170 km/s, die Gasdichte beläuft sich auf rund 0,3 Wasserstoffatome je cm^3, die Scheibendicke auf etwa 500 pc. Möglicherweise handelt es sich aber auch um eine nichtexpandierende, stark ellipsoidische Konfiguration, in der sich das Gas längs ellipsenähnlicher Stromlinien bewegt. Die Gesamtmasse des atomaren Wasserstoffs innerhalb von 1,5 kpc Zentrumsentfernung wird auf einige $10^7\ \mathfrak{M}_\odot$ geschätzt. Innerhalb von etwa 200 pc existiert das Gas hauptsächlich in molekularer Form. Die Gesamtmasse dieses Gases beläuft sich auf rund $10^8\ \mathfrak{M}_\odot$, von der etwa die Hälfte in Riesenmolekülwolken konzentriert ist, die jeweils einige $10^5\ \mathfrak{M}_\odot$ umfassen, und die wahrscheinlich der gleichen Kinematik wie das atomare Gas folgen. Die Dicke der Gasscheibe, die von außen nach innen abnimmt, beträgt hier nur noch etwa 30 bis 50 pc. In Bereichen näher als etwa 10 pc vom Zentrum sind die interstellaren Molekülwolken im allg. so dicht, daß sie gravitationsinstabil werden, was eine hohe Sternentstehungsrate nachsichzieht. Die massereichsten der neugebildeten Sterne ionisieren das umgebende interstellare Gas, so daß es hier in Form sehr kompakter HII-Gebiete beobachtet werden kann. Der in der Gasscheibe enthaltene interstellare Staub absorbiert das Sternlicht, wird dabei aufgeheizt und gibt die aufgenommene Energie als Wärmestrahlung im fernen Infrarotbereich wieder ab. In den Gebieten zwischen den Molekülwolken erreichen die Staubteilchen Temperaturen von einigen 100 K, im Innern der Riesenmolekülwolken können die Temperaturen beträchtlich unter 20 K liegen.

Als eigentliches Zentrum des M.s sieht man die starke, punktförmig erscheinende Radioquelle Sagittarius A* an, deren linearer Durchmesser nur etwa 20 AE beträgt, und von der man eine starke, nichtthermische Strahlung (Synchrotronstrahlung) empfängt (Abb. 10). Diese Zentralquelle ist in die etwa 2 pc messende Radioquelle Sagittarius A-West eingebettet, die hauptsächlich thermische Strahlung wie ein normales HII-Gebiet emittiert. Die benachbarte Radioquelle Sagittarius A-Ost mit einem linearen Durchmesser von etwa 6 pc scheint dagegen ein Supernovaüberrest zu sein. Von der Quelle Sagittarius A-West gehen spiralige Strukturen aus, die aus ionisiertem Wasserstoffgas bestehen. Ungewiß ist, ob es sich dabei um in die Quelle einströmende oder von ihr ausgestoßene Materie handelt. Unklar ist auch die physikalische Struktur und Beschaffenheit des Objekts, das sich im Zentrum des M.s befindet. Es könnte sich um eine extreme Konzentration heißer junger Sterne handeln, die für die Ionisation des interstellaren Gases im Bereich der Quelle Sagittarius A-West sorgen und möglicherweise vermöge starker Sternwinde für eine nach außen gerichtete Materieströmung verantwortlich sind. Vielfach wird aber angenommen, daß das Zentrumsobjekt ein Schwarzes Loch ist, so wie man es auch für die Kerne aktiver Galaxien vermutet. In das Schwarze Loch würde Materie aus einer Akkretionsscheibe einströmen, wobei so viel potentielle Energie frei wird, daß über Reibungseffekte die inneren Randbezirke der Scheibe auf einige 10000 K aufgeheizt werden; von diesen Bezirken könnte die thermische Strahlung stammen, die man im nahen Infrarotbereich vom innersten Bereich des M.s empfängt. Beim Einströmen werden die vom Akkretionsscheibenmaterial mitgeführten Magnetfelder so stark komprimiert, ihre Energie so erhöht, daß über komplizierte hydromagnetische Beschleunigungsprozesse Elektronen nahezu auf Lichtgeschwindigkeit gebracht werden, die dann bei ihren Bewegungen in den Magnetfeldern die beobachtete Synchrotronstrahlung emittieren. Die Masse des Schwarzen Loches läßt sich aus der beobachteten Kinematik der Sterne und des interstellaren Gases im Zentralbereich abschätzen; sie ergibt sich zu etwa 1 bis 2 Mill. $\mathfrak{M}_\odot$. Die Leuchtkraft, die den innersten Bereichen zugeschrieben werden kann, läßt sich aus den Infrarotbeobachtungen zu fast 1 Mill. Sonnenleuchtkräfte abschätzen. Um sie aufrechtzuerhalten, genügt es, daß etwa $10^{-6}\ \mathfrak{M}_\odot$ pro Jahr aus der Akkretionsscheibe in das Schwarze Loch einströmen. Falls diese Vorstellungen richtig sind, hätte auch das M. ein Aktivitätszentrum, wenngleich mit wesentlich geringerer Intensität als die aktiven Galaxien. Als einen Hinweis auf Aktivitätserscheinungen im galaktischen Zentrum wird vielfach der expandierende 3-kpc-Arm angesehen, dessen Existenz auf eine gewaltige Explosion zurückgeführt wird, die vor etwa 20 bis 30 Mill. Jahren im galaktischen Zentrum stattgefunden hat. Ein kleiner, von der Quelle Sagittarius A* ausgehender Materiestrahl, der bei Beobachtungen im Millimeterwellenbereich sichtbar ist und eine Ausdehnung in der Größenordnung von einigen Astronomischen Einheiten hat, zeigt vielleicht eine Miniaktivität an, die in jüngster Vergangenheit stattgefunden hat.

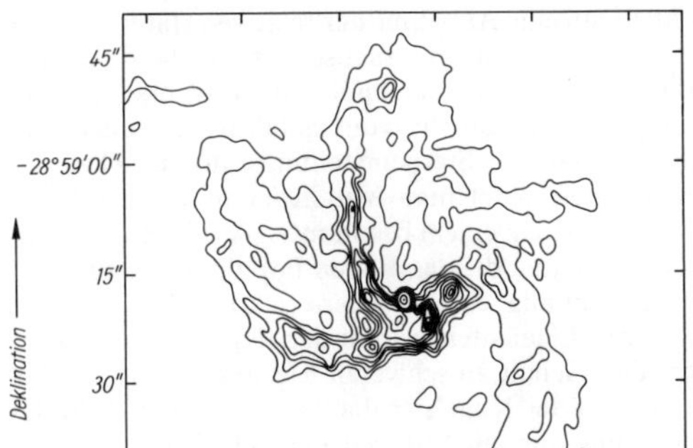

Abb. 10: Umgebungskarte der Radioquelle Sagittarius A West und Sagittarius A*. Die Linien sind Linien gleicher Intensität der Kontinuumstrahlung bei 6 cm. Sagittarius A* befindet sich im Zentrum der Abbildung. (Nach K.-Y. Lo und M.J. Claussen)

Entstehung und Entwicklung des M.s. Über die Entstehung des M.s gibt es noch keine abgeschlossene Theorie, nur gewisse, z.T. qualitative Vorstellungen, die die verschiedenen Beobachtungsergebnisse in einen einheitlichen kosmogonischen Zusammenhang zu bringen versuchen. Danach bildete sich das M. vor etwa 15 bis 20 Mrd. Jahren aus einer Materieansammlung von rund 10^{12} $\mathfrak{M}_{\odot}$, als an Stellen relativer Gravitationsmaxima einzelne Bereiche der im Weltall vorhandenen Materie unter der Wirkung ihrer Eigengravitation zu kontrahieren begannen. Die „Protogalaxis" hatte nur einen kleinen Gesamtdrehimpuls, so daß die Kontraktion anfangs weitgehend radial verlief. In der kontrahierenden Materie wurden infolge von Dichteinhomogenitäten Massen von der Größenordnung der Masse von Kugelsternhaufen gravitationsinstabil und kontrahierten losgelöst von der Restwolke für sich. Dabei zerfielen sie in kleinere Fragmente, die zu Sternen wurden (→Kosmogonie). Die Sterne hatten eine sehr geringe dynamische Wechselwirkung mit dem bei der Sternbildung nicht verbrauchten Restgas: Sterne und Restgas waren kinematisch nicht aneinander gekoppelt, sie gehorchten ihren jeweils eigenen dynamischen Gesetzen. Die ältesten Objekte des M.s, die Kugelsternhaufen, bewegen sich daher noch jetzt in dem Raum, in dem sie einstmals entstanden sind und umlaufen das Zentrum in mehr oder minder exzentrischen und z.T. stark gegen die galaktische Ebene geneigten, z.T. auch retrograden Bahnen. Die Dauer der Halokontraktion ergibt sich aus dem unterschiedlichen Alter der verschiedenen Kugelsternhaufen (→Altersbestimmung) zu einigen 10^9 Jahren; sie war vor etwa $13 \cdot 10^9$ Jahren abgeschlossen. Das bei der Sternbildung nicht verbrauchte Restgas kontrahierte als Ganzes unter Erhaltung des Drehimpulses weiter, und zwar noch weitgehend radial, bis sich jeweils lokal ein Gleichgewicht zwischen der zum Zentrum gerichteten Gravitationskraft und der von der Rotationsachse weg gerichteten Zentrifugalkraft einstellte. Danach war die Kontraktion nur noch parallel zur Rotationsachse möglich: Die anfänglich angenähert sphärische Gasmasse formte sich allmählich zu einer Gasscheibe um, deren Dicke mit der Zeit abnahm, deren Durchmesser jedoch im wesentlichen konstant blieb. Die in den späteren Phasen entstandenen Sterne entstammen daher einem Raum, dessen Ausdehnung senkrecht zur galaktischen Ebene immer kleiner war als der, den die vorher entstandenen Sterne zur Verfügung hatten. Demzufolge sind die Bahnen der jüngeren Sterne weniger gegen die Milchstraßenebene geneigt und kreisähnlicher als die Bahnen der älteren und die jüngeren Sterne haben in ihrer Gesamtheit eine höhere Umlaufgeschwindigkeit um das galaktische Zentrum als die älteren Sterne. Die Sterne der zentralen Ausbauchung dürften sich zum größten Teil in der Anfangsphase des M.s gebildet haben, da in den zentralen Regionen die Dichte des interstellaren Gases (und damit die Sternentstehungsrate) wegen der dort hauptsächlich radialen Kontraktion immer relativ hoch war. Die Zeit, zu der sich die Hauptmenge der Scheibenpopulationssterne bildete, läßt sich aus der jetzigen Helligkeit abschätzen, die die absolut schwächsten Weißen Zwerge haben, da die absolute Helligkeit Weißer Zwerge infolge deren langsamer Abkühlung mit der Zeit sinkt. Danach beträgt das Alter der Scheibenpopulation weniger als etwa $10 \cdot 10^9$ Jahre, was mit dem Alter der ältesten Sternhaufen dieser Population von fast $8 \cdot 10^9$ Jahren verträglich ist. Insgesamt gibt dieses Entwicklungsmodell zwar eine Erklärung für den Zusammenhang zwischen der räumlichen Verteilung, dem kinematischen Verhalten und dem Alter der verschiedenen Sternpopulationen, ist aber doch rein qualitativ.

Die Entwicklung des M.s ist mit einer Veränderung der chemischen Zusammensetzung des jeweiligen interstellaren Restgases verbunden. Bei der Loslösung der „Protogalaxis" von der übrigen Materie im Weltall bestand diese im wesentlichen aus Wasserstoff mit einer geringen Beimengung von Helium; schwerere Elemente fehlten gänzlich (→Kosmologie). Diese Elemente wurden erst im Innern von Sternen gebildet und gelangten hauptsächlich bei Supernovaexplosionen und über Sternwinde in den interstellaren Raum. Im Laufe der Zeit reicherte sich die jeweilige Restmaterie immer mehr mit schweren Elementen an, was sich auf die Sterne übertrug, die aus ihr entstanden: Je früher ein Stern sich bildete, um so weniger schwere Elemente besaß er beim Entstehen. Der Eintrag an schweren Elementen hing dabei maßgeblich von der lokalen Sternentstehungsrate ab. In den Zentralbereichen des M.s, in denen immer eine hohe Gasdichte und demzufolge eine hohe Sternentstehung herrschte, war die Eintragsrate entsprechend hoch: Sterne zentrumsnaher Kugelsternhaufen enthielten bei ihrer Entstehung im Mittel um etwa das Zehnfache mehr an schweren Elementen als Kugelsternhaufen mit einem galaktozentrischen Abstand größer als etwa 80 kpc. (Die chemische Zusammensetzung der Materie bei der Sternentstehung läßt sich aus der beobachteten Zusammensetzung der Sternatmosphären ableiten, weil diese während der Sternentwicklung praktisch nicht verändert wird; →Sternentwicklung.) Auch innerhalb des jetzt im M. vorhandenen interstellaren Gases beobachtet man eine Abnahme der relativen Häufigkeit der schweren Elemente mit wachsendem Abstand vom galaktischen Zentrum, was mit großer Wahrscheinlichkeit gleichfalls auf die vom galaktozentrischen Abstand abhängige Sternentstehungsrate zurückzuführen ist. Betrachtet man Mitglieder unterschiedlicher Populationen in einem bestimmten Abstand vom Zentrum, so hatten die der älteren Populationen bei ihrer Bildung im allg. eine geringere relative Häufigkeit an schweren Elementen als die der jüngeren Populationen. Der Gehalt an schweren Elementen liegt z.B. bei rund 70% der Kugelsternhaufen unter etwa 1/20 des der Sonne, die ein Mitglied der Scheibenpopulation ist, während in einzelnen interstellaren Wolken die relative Häufigkeit an schweren Elementen deutlich die der Sonne übersteigt. Sterne mit praktisch keinen schweren Elementen in den Atmosphären, die also aus der unveränderten Materie der „Protogalaxis" hervorgegangen sind, wurden bisher nicht gefunden. Möglicherweise ist dies darauf zurückzuführen, daß aus einem nahezu reinen Wasserstoff- und Heliumgas nur sehr massereiche Sterne entstehen konnten, die sich sehr schnell zu Supernovae entwickelten und explodierten. Die Mitglieder der jetzigen Halopopulation

sind aller Wahrscheinlichkeit nach bereits Sterne einer zweiten oder sogar dritten Generation.
In den möglicherweise vorhandenen stellaren Überresten der als Supernovae explodierten Sterne der allerersten Generation, die man im Gebiet des galaktischen Halos erwartet, ist zwar einige Masse gebunden, doch dürfte diese zur Gesamtmassenbilanz des äußeren Halos kaum merklich beitragen.
Großräumige Einordnung des M.s. Das M. bildet zusammen mit anderen Sternsystemen einen kleinen Galaxienhaufen, die → Lokale Gruppe. Es bewegt sich mit einer Geschwindigkeit von 400 bis 500 km/s in Richtung auf den Galaxienhaufen im Sternbild Virgo, der als Zentrum eines Supergalaxienhaufens angesehen wird (→ Sternsystem).

Milne, Edward Arthur, engl. Astrophysiker, geb. 14.2.1896 in Hull, gest. 21.9.1950 in Dublin; Prof. in Cambridge und Manchester, ab 1928 in Oxford; bearbeitete vor allem Probleme der Theorie der Sternatmosphären und der Kosmologie.

Mimas *m*, ein Saturnsatellit. Der M. bewegt sich auf einer elliptischen Bahn mit einer großen Halbachse von 185 520 km und einer Exzentrizität von 0,02 in 22 h 36 min rechtläufig um den Saturn; die Bahn ist 1,52° gegen dessen Äquatorebene geneigt. Die Rotationsperiode des M. ist wegen seiner gebundenen Rotation gleich der Umlaufzeit. Mit einem Durchmesser von 394 km und einer Masse von $3{,}76 \cdot 10^{19}$ kg gehört der M. zu den Satelliten mittlerer Größe; die mittlere Dichte beträgt 1,21 g/cm³. Die scheinbare visuelle Helligkeit beläuft sich in der Oppositionsstellung auf nur $12^{m}_{,}1$.
Genauere Kenntnisse über die Struktur der Mimasoberfläche ergaben erst Beobachtungen von der Raumsonde Voyager 1 aus. Danach ist die Oberfläche von Einschlagkratern übersät (Abb.), von denen der größte, der Krater Herschel, einen Durchmesser von 125 km hat. Der Wall des Kraters ragt etwa 5 km über die Umgebung auf, relativ zum Kraterboden sind es sogar etwa 10 km; die Höhe des Zentralbergs mißt etwa 6 km. Auf der dem Krater gegenüberliegenden Mimashemisphäre existiert eine Anzahl langer, schmaler Furchen, deren Bildung vielleicht mit der des Kraters Herschel in Verbindung steht: Die beim Einschlag ausgelösten seismischen Wellen wurden möglicherweise so fokussiert, daß sie sich auf der Rückseite verstärkten und dort große tektonische Störungen verursachten.
Der geringen mittleren Dichte nach gehört der M. zu den eisartigen planetaren Himmelskörpern. Die relativ hohe Albedo von etwa 0,7 läßt auf Wassereis als wesentliches Oberflächenmaterial schließen, dem vielleicht Gesteinsteilchen meteoroidischen Ursprungs beigemengt sind.
Hinsichtlich der Einordnung des M. in das System der Saturnsatelliten → Saturn.
Der M. wurde 1789 von W. Herschel (1738–1822) entdeckt.

min, Einheitenzeichen für Minute.

Minimumskorona *f*, die Sonnenkorona während des Minimums eines Sonnenfleckenzyklus; → Sonne.

Mira [von mirabilis, lat., ‚wunderbar'], ***Mira Ceti***, der

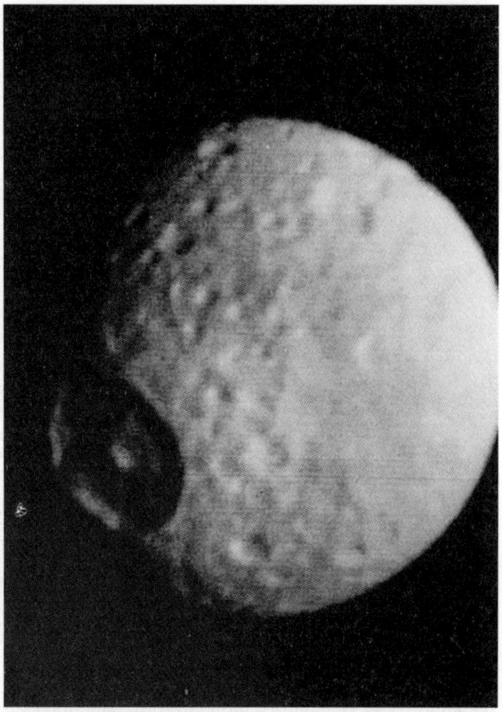

Der Saturnsatellit Mimas. Links unten befindet sich der Krater Herschel. (Aufgenommen mit Hilfe der Raumsonde Voyager 1)

Stern *o* im Sternbild Cetus (Walfisch). M. ist ein veränderlicher Stern, dessen scheinbare visuelle Helligkeit zwischen etwa 2^{m} und 10^{m} mit einer Periode von etwa 330 Tagen schwankt. M. gehört zur Spektralklasse M6e und zur Leuchtkraftklasse III, es ist also ein Roter Riesenstern; der Durchmesser beträgt im Mittel 390 Sonnendurchmesser. M. ist ein Doppelstern mit einem Weißen Zwerg als Begleiter, der den Hauptstern in etwa 400 Jahren einmal umläuft. Die Sonnenentfernung von M. beträgt etwa 75 pc oder 250 Lichtjahre. M. ist der Prototyp einer Gruppe von Veränderlichen, der Mira-Sterne. Den Namen erhielt der Stern von dem Pfarrer D. Fabricius (1564–1677), der ihn 1596 als ersten Veränderlichen überhaupt entdeckte.

Mirach [arab.], der Stern β im Sternbild Andromeda. Seine scheinbare visuelle Helligkeit beträgt $2^{m}_{,}1$. Es ist ein Stern der Spektralklasse M0 und der Leuchtkraftklasse III, also ein Roter Riesenstern. Seine Sonnenentfernung beträgt etwa 20 pc oder 67 Lichtjahre.

Miranda *f*, der innerste der größeren Uranussatelliten. Die M. bewegt sich in einer elliptischen Bahn mit einer großen Halbachse von 129 800 km und einer Exzentrizität von 0,027 in 1 d 9,9 h rechtläufig um den Uranus; die Bahn ist um 4,2° gegen dessen Äquatorebene geneigt. Wegen der gebundenen Rotation der M. ist ihre Rotationsperiode gleich der Umlaufzeit. Der Durchmesser der M. beläuft sich auf 484 km, die Masse auf $1{,}7 \cdot 10^{18}$ kg und die mittlere Dichte auf etwa

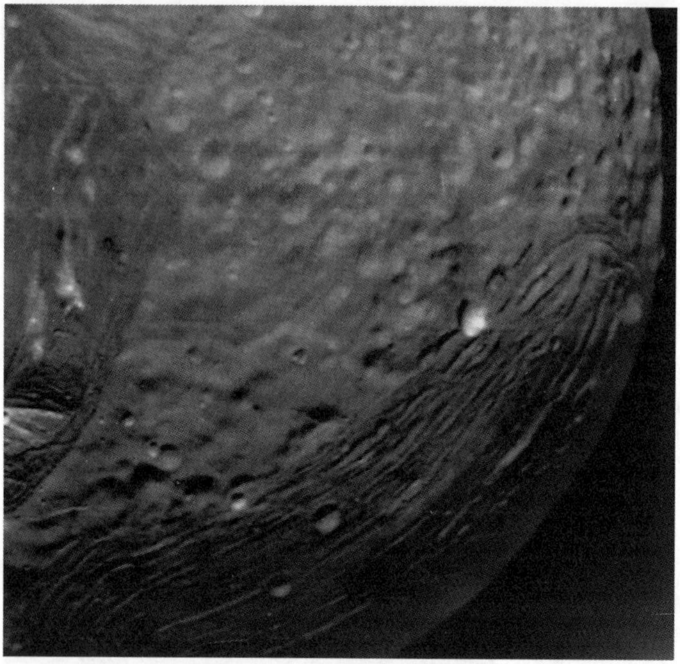

Oberflächendetails des Uranussatelliten Miranda. (Mosaik aus mehreren mit Hilfe der Raumsonde Voyager 2 gewonnenen Aufnahmen)

1,3 g/cm³. Die M. gehört danach wahrscheinlich zu den eisartigen planetaren Himmelskörpern. Die scheinbare visuelle Helligkeit der M. erreicht in Oppositionsstellung nur etwa $16^{m}_{.}5$.

Genauere Kenntnisse über die Oberflächenbeschaffenheit der M. brachten Beobachtungen mittels der Raumsonde Voyager 2, die sich aber nur auf einen Teil der Oberfläche beschränkten. Danach existieren zwei ganz unterschiedlich strukturierte Oberflächenformationen: Bei der einen handelt es sich offenbar um ein relativ altes Gelände, das dicht mit Einschlagkratern übersät ist. Die andere besteht aus drei schroff abgesetzten Arealen, die Längsausdehnungen von 100 bis 300 km haben und z.T. trapezförmig, z.T. oval begrenzt sind. In ihrem Innern sind sie von zu den Rändern parallelen Terassen, Verwerfungen, Höhenrücken und Gräben durchzogen (Abb.). Dies sind relativ junge Oberflächenerscheinungen, wie die geringe Zahl von Einschlagkratern zeigt. Das Nebeneinander der beiden unterschiedlichen Formationen wird als Folge einer Neuformierung des gesamten Satelliten gedeutet: Der Vorläufer der heutigen M. zerbrach vermutlich beim Zusammenstoß mit einem anderen Himmelskörper. Die Bruchstücke zerstreuten sich aber nicht im Raum, sondern blieben gravitativ gebunden und wuchsen zu einem neuen Körper zusammen. Beim Einstellen des Druckgleichgewichts im Innern des Körpers sanken Bruchstücke ab, über denen sich dann die Eiskruste neu bildete. Diese Deutung ist jedoch sehr hypothetisch.

Hinsichtlich der Einordnung der M. in das System der Uranussatelliten → Uranus.

Die M. wurde 1948 von G.P. Kuiper (1905–1973) entdeckt.

Mira-Sterne, langperiodisch veränderliche Riesen- und Überriesensterne mit Helligkeitsamplituden im visuellen Spektralbereich größer als 2,5 mag und mit Perioden des Lichtwechsels zwischen etwa 90 und 1300 Tagen. Bei rund 70% der M.-S. liegen die Perioden zwischen 180 und 360 Tagen. Die Formen der Lichtkurven sind sehr unterschiedlich, im wesentlichen kann man sie in drei Gruppen einteilen, zwischen denen es aber viele Übergänge gibt: Auf einen steilen Anstieg zum Helligkeitsmaximum folgt ein flacher Abfall zum Minimum. Bei der zweiten Gruppe erfolgen Anstieg und Abfall etwa gleich schnell, so daß die Lichtkurve fast symmetrisch erscheint. Bei der dritten Gruppe ist der Anstieg nicht glatt, es treten Buckel auf. Bei ein und demselben Stern sind sowohl die Helligkeitsamplitude, die bis zu etwa 8 mag betragen kann, als auch die Periode sowie die Form der Lichtkurve nicht streng konstant; die Variationen sind unperiodisch und damit nicht genau voraussagbar. Der Ausdruck „Periode" bezieht sich daher immer nur auf einen kürzeren Zeitabschnitt, in dem der Lichtwechsel regelmäßig erfolgt. Beim Stern Mira (*o* Ceti), dem Prototyp der Gruppe, variiert z.B. die scheinbare visuelle Maximumshelligkeit zwischen $1^{m}_{.}7$ und $5^{m}_{.}2$, doch stellt dieser große Variationsbereich einen Extremfall dar.

Die M.-S. gehören hauptsächlich zur Spektralklasse M, etwa 10% von ihnen zu den Klassen R, N und S. Die absoluten visuellen Helligkeiten liegen zwischen 0^{m} und -3^{m}: Mit wachsender Periode nehmen sie im Mittel ab, die Helligkeitsamplituden nehmen im visuellen Spektralbereich hingegen zu, während sich der Spektraltyp zu späteren Spektralklassen verschiebt. Im Hertzsprung-Russell-Diagramm (Abb. →Ver-

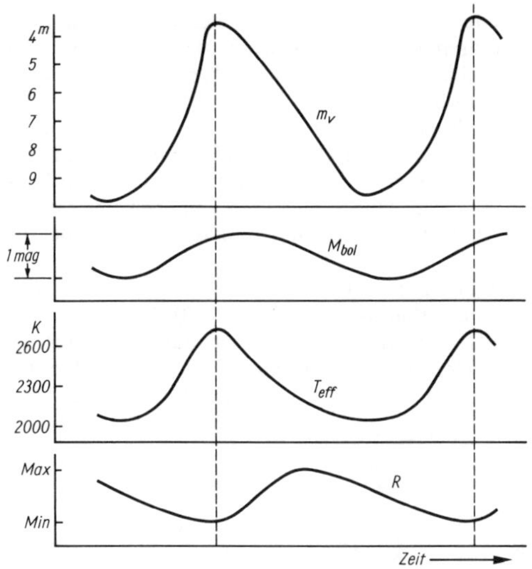

Typische Änderungen der scheinbaren visuellen Helligkeit m_v, der absoluten bolometrischen Helligkeit M_{bol}, der effektiven Temperatur T_{eff} und des Radius R bei Mira (*o* Ceti) während einer mittleren Lichtwechselperiode

änderliche) liegen die Bildpunkte der M.-S. im Bereich der kühlen Riesensterne mit Effektivtemperaturen zwischen etwa 2500 und 3500 K.

Die M.-S. sind Pulsationsveränderliche, deren Helligkeitsmaximum im visuellen Bereich mit dem Maximum der Effektivtemperatur und dem Minimum des Sternradius zusammenfällt (Abb.). Das Maximum der Leuchtkraft ist etwas dagegen verschoben und liegt auf dem absteigenden Ast der visuellen Lichtkurve. Die Leuchtkraftschwankungen, ausgedrückt in absoluten bolometrischen Helligkeiten, betragen nur 1 bis 2 mag und sind damit wesentlich geringer als die Helligkeitsschwankungen im visuellen Spektralbereich. Ursache dafür sind die bei sehr kühlen Sternen in diesem Bereich auftretenden Absorptionsbanden von Molekülen (z.B. Titaniumoxid), deren Stärke mit der Effektivtemperatur variiert, wodurch sich die visuelle Helligkeit stark ändert, was in anderen Spektralbereichen weit weniger ausgeprägt ist.

Die Spektren fast aller M.-S. weisen Emissionslinien von Atomen (z.B. Wasserstoff, Eisen und Calcium) sowie einiger Moleküle (z.B. Siliciumoxid, Wasser und des Hydroxylradikals) auf, was auf das Vorhandensein ausgedehnter, dünner Gashüllen um die Sterne zurückgeht. Die Hüllen expandieren, doch wird von den Sternen ständig Material nachgeliefert. Der dabei erlittene Masseverlust beträgt pro Stern bis zu etwa 10^{-5} Sonnenmassen je Jahr. Im abströmenden Gas können sich Staubteilchen bilden, die Sternstrahlung absorbieren und die aufgenommene Energie im Infrarotbereich reemittieren. Der bei den M.-S.n vielfach beobachtete Infrarotexzeß im Vergleich zu den nichtveränderlichen Sternen gleichen Spektraltyps ist durch die thermische Staubstrahlung bedingt. Die zirkumstellaren Staubteilchen machen sich außerdem durch Emissionsbanden im infraroten Spektralbereich bemerkbar, die auf silicatisches Material schließen lassen. In den zirkumstellaren Hüllen der M.-S. sind z.T. auch Maser-Quellen eingelagert.

Die Pulsationen der M.-S. gehen wahrscheinlich, wie bei den Delta-Cephei-Sternen, auf bestimmte Absorptionseigenschaften der Sternmaterie zurück (→ Delta-Cephei-Sterne). Der genaue Anregungsprozeß ist aber wegen der tiefreichenden äußeren Konvektionsschichten in den M.-S.n theoretisch noch nicht voll verstanden.

Die Hauptmenge der M.-S. gehört zur Scheibenpopulation und zur Zwischenpopulation II, doch gibt es auch Mitglieder der älteren Population I. Bisher sind etwa 5200 M.-S. bekannt.

In einer Tab. unter dem Stichwort → Veränderliche sind spezielle Angaben zu einigen helleren M.-S.n zu finden.

Mirfak [arab.], ***Algenib***, der Stern α im Sternbild Perseus. Seine scheinbare visuelle Helligkeit beträgt $1^{m}_{.}8$. Es ist ein Stern der Spektralklasse F5 und der Leuchtkraftklasse Ib, also ein Überriese. Die Entfernung von M. von der Sonne beträgt etwa 62 pc oder 204 Lichtjahre.

Mischungsweg, die Strecke, die ein Masseelement infolge von Konvektion im Mittel zurücklegt, bis es sich mit seiner Umgebung vermischt und damit seine Individualität verloren hat; → Sternaufbau.

Mittag, der Zeitpunkt des Meridiandurchgangs der Sonne. Je nachdem, ob es sich um die wahre Sonne, oder die mit gleichbleibender Geschwindigkeit längs des Himmelsäquators sich bewegend gedachte mittlere Sonne handelt, unterscheidet man den ***wahren*** und den ***mittleren M.*** (12^h wahrer bzw. mittlerer Ortssonnenzeit). Die ***Mittagshöhe*** ist die Höhe der Sonne im Augenblick ihres Meridiandurchgangs.

Als ***Mittagslinie*** wird die Verbindungslinie des Süd- und des Nordpunktes bezeichnet; der Südpunkt wird auch ***Mittagspunkt*** genannt.

Mittelpunktsgleichung, eine der Unregelmäßigkeiten der → Mondbewegung.

Mitte-Rand-Variation, die Änderung des von der Sonne kommenden Strahlungsstromes in Abhängigkeit von der Mitte der Sonnenscheibe; → Sonne.

mittlere Sonne, → Sonnentag.

mittlere Spektralklassen, die Spektralklassen F und G.

Mizar [arab.], der Stern ζ im Sternbild → Ursa Maior.

MK-System, Klassifikationssystem für Sternspektren nach Spektral- und Leuchtkraftklasse; → Leuchtkraft eines Sterns.

Mögel-Dellinger-Effekt, → solarterrestrische Erscheinungen.

Moldavit [nach dem Fluß Moldau] *m*, ein → Tektit.

Mon, Abk. für Monoceros.

Monat, ***1)*** die Dauer eines Umlaufs des Mondes um die Erde. Je nach der Wahl des Bezugspunktes oder der Bezugslinie, gegenüber denen ein voller Umlauf gezählt wird, ergeben sich unterschiedliche Monatslängen. Der ***drakonitische M.*** ist gleich der Zeit zwischen zwei aufeinanderfolgenden Durchgängen des

Mondes durch seinen aufsteigenden Knoten und dauert 27 d 5 h 5 min 35,8 s. Die Zeit zwischen zwei aufeinanderfolgenden Durchgängen des Mondes durch den Stundenkreis des Frühlingspunktes heißt ***tropischer M.***; er umfaßt 27 d 7 h 43 min 4,7 s. Als ***siderischen M.*** bezeichnet man die Zeit zwischen zwei aufeinanderfolgenden Durchgängen des Mondes durch den Stundenkreis eines Fixsterns; er beläuft sich auf 27 d 7 h 43 min 11,5 s. Der ***anomalistische M.*** ist gleich der Zeit zwischen zwei aufeinanderfolgenden Durchgängen des Mondes durch sein Perigäum, den erdnächsten Punkt seiner Bahn, und dauert 27 d 13 h 18 min 33,2 s. Der ***synodische M.*** umfaßt die Zeit zwischen zwei aufeinanderfolgenden gleichen Stellungen bezüglich der Sonne (gleichen Mondphasen); er dauert 29 d 12 h 44 min 2,9 s. Die unterschiedlichen Monatslängen sind durch die komplizierte und ungleichmäßige → Mondbewegung bedingt, wodurch die tatsächlichen Monatslängen von den angegebenen mittleren z.T. erheblich abweichen können, beim siderischen M. z.B. bis zu etwa 3 h, beim synodischen M. sogar bis zu etwa 13 h.

2) im Kalenderwesen ein Zeitabschnitt, der angenähert die Länge eines synodischen M.s hat; → Kalender.

Mond, ***Erdmond, Erdtrabant***, lat. ***Luna***, der permanent der Erde am nächsten befindliche und sie umlaufende Himmelskörper.

Der M. bewegt sich um die Erde in einer mittleren Entfernung von 384400 km, was rund 60 Erdradien entspricht, seine siderische Umlaufzeit beträgt 27,32166 Tage. Wegen seiner gebundenen Rotation ist dies gleichzeitig seine Rotationsperiode. Wir sehen daher auch immer nur eine Seite des M.es, infolge der → Libration ist es aber etwas mehr als nur die Hälfte seiner Oberfläche. Der scheinbare Durchmesser des M.es beträgt im Mittel 31′ 5″ und ist damit etwas kleiner als der der Sonne, er variiert zwischen 33′ 30″ zur Zeit des Perigäums und 29′ 22″ zur Zeit des Apogäums. Nähere Einzelheiten über die Bewegungen des M.es → Mondbewegung.

Helligkeit. Der M. leuchtet im reflektierten Sonnenlicht. Infolge seiner Bewegung um die Erde wechselt seine Stellung relativ zu ihr und zur Sonne, wodurch sich der von der Erde aus sichtbare beleuchtete Teil der Mondoberfläche periodisch ändert (→ Mondphasen). Wegen seiner großen Nähe hat der M. nach der Sonne die größte scheinbare Helligkeit, sie beträgt bei Vollmond (visuell) $-12^{m}\!.74$; der vom M. kommende Strahlungsstrom ist dann mehr als 30000mal so hoch wie der des Sirius, des hellsten Fixsterns. Bei Halbmond ist der Strahlungsstrom auf etwa 10% des Maximalwertes, die Helligkeit um etwa 2,5 mag gesunken. Der steile Helligkeitsabfall ist eine Folge der rauhen Oberflächenstruktur des M.es: Bei schrägem Lichteinfall kommt es in Vertiefungen zu starken Schattenbildungen; nur senkrechter Lichteinfall ergibt eine volle Ausleuchtung. Die Reflexionsfähigkeit der Mondoberfläche ist sehr klein, die Albedo variiert örtlich zwischen 0,04 und 0,14; sie gleicht in den dunkleren Gebieten etwa der irdischer Lava, in den helleren Gebieten der irdischen Vulkanstaubes. Die ungleiche Verteilung von dunklen und hellen Regionen auf der sichtbaren Mondoberfläche macht sich in Helligkeitsunterschieden von einander entsprechenden Phasen beim zu- bzw. abnehmenden M. bemerkbar: Die Helligkeit des abnehmenden M.es ist vom letzten Viertel ab deutlich geringer als die des zunehmenden M.es bis zum ersten Viertel. (Daß der M. trotz der außerordentlich geringen Albedo nachts so hell erscheint, ist wesentlich dem Kontrast zum dunklen Nachthimmel zuzuschreiben.)

Mondkörper. Der M. ist angenähert eine Kugel mit einem Radius von 1738,0 km (0,2725 Erdradien, Abb. 1). Die Masse beläuft sich auf $7{,}3483 \cdot 10^{22}$ kg (rund 1/81 Erdmassen) und die mittlere Dichte auf 3,343 g/cm^3 (60,6% der mittleren Erddichte). Die

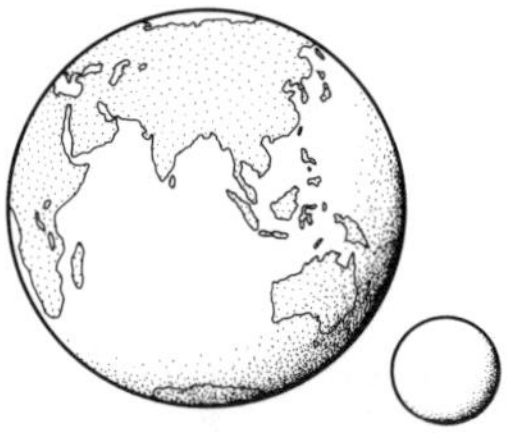

Abb. 1: Größenvergleich zwischen Erde und Mond

Schwerebeschleunigung an der Mondoberfläche beträgt 1,62 m/s^2 (etwa 1/6 der an der Erdoberfläche) und die Entweichgeschwindigkeit 2,37 km/s (21% der der Erde). Die Figur des M.es ist leicht eiförmig, wobei das „spitzere" Ende des Eis in Richtung zur Erde weist. Die Differenz zwischen dem größten und dem kleinsten Monddurchmesser beträgt etwa 3 km. Die Deformation ist keine Rotationsabplattung, sondern eine Folge der Gezeitenwirkung der Erde. Das Massezentrum des M.es ist der Erde etwa 2,5 km näher als der geometrische Mittelpunkt des Mondkörpers, was durch die unterschiedliche geologische Struktur der erdnahen und der erdabgewandten Seite bedingt ist (s.u.). Auf dem M. gibt es kein natürliches Bezugsniveau für Höhenangaben wie auf der Erde, bei der alle Höhen relativ zum Meeresniveau gemessen werden. Man geht deshalb von einer Kugel mit einem Radius von 1738,0 km aus und gibt alle Höhen relativ zu dieser Bezugsfläche an. Da deren Festlegung nicht überall gleichgenau möglich ist, sind absolute Höhenangaben z.T. unsicher; relative Höhen, die jeweils gegenüber der unmittelbaren Umgebung bestimmt werden, sind wesentlich genauer.

Atmosphäre. Der M. hat nahezu keine Atmosphäre. Bei Beobachtungen von der Erde aus zeigen sich keinerlei durch eine Mondatmosphäre bedingte Trübungen, die die Durchsicht auf seine Oberfläche beeinträchtigen würden; außerdem wird bei Sternbedekkungen durch den M. das Sternlicht nicht allmählich schwächer, wie es bei einer dichten Mondatmosphäre der Fall wäre, sondern nimmt in Bruchteilen einer Sekunde ab. Die Anzahldichte von Gaspartikeln unmittelbar über der Mondoberfläche ist im Vergleich zum ungestörten interplanetaren Raum dennoch etwas erhöht, so daß man von einer, wenn auch extrem dünnen, Mondatmosphäre sprechen kann. Eine erhöhte Elektronendichte nahe der Mondoberfläche bewirkt, daß unmittelbar vor und nach einer Mondbedeckung von Radioquellen diese eine kleine scheinbare Ortsveränderung erleiden, weil die Radiofrequenzstrahlung infolge der lokal etwas erhöhten Elektronendichte einer geringen Refraktion unterliegt. Aus der Größe dieser Refraktion läßt sich die Anzahldichte der freien Elektronen nahe der Mondoberfläche abschätzen; sie ist um rund 10000 Elektronen je cm^3 höher als im umgebenden interplanetaren Raum. Gleiches gilt für die Ionendichte, wie Messungen mit auf dem M. installierten Geräten zeigten. Die Mondatmosphäre ist damit mindestens um den Faktor 10^{-13} dünner als die Erdatmosphäre an der Erdoberfläche; für irdische Begriffe ist dies ein außerordentlich hohes, nahezu perfektes Vakuum. Wegen der geringen Schwerebeschleunigung an der Mondoberfläche nimmt die Dichte der Mondatmosphäre mit wachsender Höhe relativ langsam ab. Eine bei der Entstehung des M.es vielleicht vorhanden gewesene dichtere Uratmosphäre hat sich infolge der geringen Entweichgeschwindigkeit sehr schnell in den interplanetaren Raum verflüchtigt.

Die Mondatmosphäre besteht hauptsächlich aus Helium, Neon und Argon; diese Edelgase entstehen beim Zerfall radioaktiver Elemente im Mondgestein. Auf der Tagseite des M.es werden auch Natrium- und Kaliumatome beobachtet; sie werden von Sonnenwindteilchen aus dem Oberflächenmaterial herausgeschlagen. Durch die Einwirkung der Kosmischen Strahlung und beim Einschlag von Mikrometeoroiden kommt es ebenfalls zur Verdampfung von Oberflächengestein. Die Geschwindigkeit der freigesetzten Gaspartikeln ist geringer als die Entweichgeschwindigkeit; sie bleiben dennoch nicht in Mondnähe, da sie vom Strahlungsdruck der Sonnenstrahlung weggetrieben werden. Die Entgasung oberer Mondschichten trägt möglicherweise auch zur Mondatmosphäre bei (Gasausbrüche wurden beobachtet), doch kann dieser Beitrag nicht sehr hoch sein, da diejenigen Atmosphärenbestandteile fehlen, die für (irdische) vulkanische Gase charakteristisch sind.

Temperaturen an der Mondoberfläche. Infolge der langsamen Rotation des M.es (die Rotationsperiode ist gleich der Umlaufzeit um die Erde) wird jeder Teil seiner Oberfläche einen halben Monat lang von der Sonne bestrahlt und liegt danach die gleiche Zeit auf der Nachtseite. Auf der Tagseite betragen die Temperaturen maximal etwa 130 °C, während der Mondnacht sinken sie auf etwa −160 °C ab (Abb. 2). Die schroffen Temperaturgegensätze sind außer durch die lange Dauer von Tag und Nacht auch durch die dünne Mondatmosphäre bedingt, die weder die einfallende Sonnenstrahlung noch die vom M. emittierte Wärmestrahlung merklich schwächen kann. Die geringe Strahlungsdämpfung bewirkt u.a., daß während einer totalen Mondfinsternis die Oberflächentemperatur des M.es infolge der starken Abstrahlung beträchtlich abnimmt.

Auf der Mondoberfläche existieren Gebiete, die eine lokale Temperaturanomalie zeigen: Benachbarte Stellen der Mondoberfläche haben unterschiedliche Temperaturen. Sehr junge Krater (z.B. Krater Tycho), die wahrscheinlich durch eine nur relativ dünne Staubschicht bedeckt sind (s.u.), scheinen die während des Mondtages einfallende Sonnenenergie besonders gut zu speichern, sie sind nach Sonnenuntergang etwas wärmer als ihre Umgebung. Andere Temperaturanomalien rühren möglicherweise von einer lokal etwas erhöhten Radioaktivität her. Außer örtlichen Temperaturerhöhungen existieren auch Gebiete mit Temperaturerniedrigungen von 5 bis 10 Grad gegenüber der Umgebung.

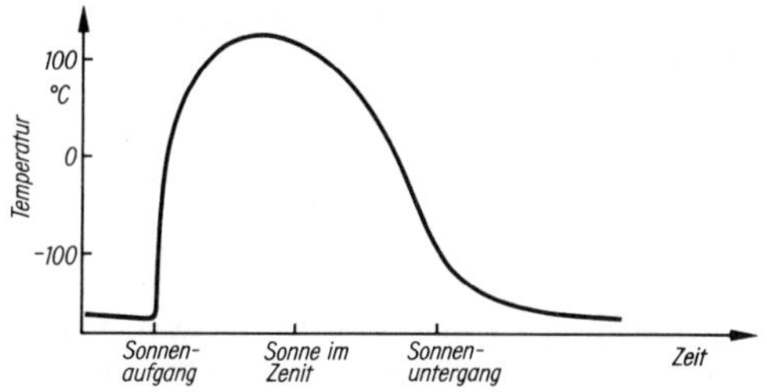

Abb. 2: Temperaturvariation in der Mitte der Mondscheibe

Die großen Temperaturunterschiede zwischen Mondtag und -nacht sind auf eine relativ dünne Oberflächenschicht beschränkt, denn die durch derartige Unterschiede verursachten Intensitätsvariationen der aus den oberen Mondbodenschichten kommenden Radiofrequenzstrahlung sind verhältnismäßig wenig ausgeprägt. Das Oberflächenmaterial ist im allg. porös und dadurch ein schlechter Wärmeleiter, so daß zu Zeiten der Sonneneinstrahlung nur ein schwacher Wärmestrom in tieferliegende Schichten fließt.

Selenographische Koordinaten. Zur Lagebestimmung einzelner Punkte auf der Mondoberfläche benutzt man ein Koordinatensystem mit einer Grundebene senkrecht zur Rotationsachse des M.es, die durch den Mondmittelpunkt geht und den Mondkörper im Mondäquator schneidet. Die Zählung der selenographischen Breite (von selene, griech., ‚Mond') erfolgt vom Mondäquator aus nach Norden und Süden jeweils von 0° bis 90°, die der selenographischen Länge von einem Nullmeridian aus nach Osten und Westen jeweils von 0° bis 180°. Der Nullmeridian geht durch die Mitte der sichtbaren Mondscheibe und schneidet den Mondäquator im Sinus Medii (lat., ‚Bucht der Mitte').

Mondkarten wurden früher allgemein so gezeichnet, wie der M. im astronomischen, also umkehrenden Fernrohr erscheint: Norden unten, Süden oben, Westen links und Osten rechts. Dabei übertrug man die irdischen Himmelsrichtungen am Himmel auch auf den M. Nach einem Beschluß der Internationalen Astronomischen Union bezeichnet man jetzt auf allen rotierenden Körpern des Sonnensystems diejenige Richtung, in die sich ein Punkt am Körperäquator infolge der Rotation bewegt, mit Osten, die Gegenrichtung mit Westen. (Auf allen Körpern des Planetensystems geht damit die Sonne im Osten auf und im Westen unter.) Nach dieser Festlegung ist auf der dem

bloßen Auge erscheinenden Mondscheibe Osten rechts und Westen links.
Von keinem anderen Himmelskörper ist die Oberfläche auch nur annähernd so gut bekannt wie die vom M. Mit großen Teleskopen und unter ausgezeichneten Beobachtungsbedingungen können von der Erde aus Einzelheiten von 100 bis 200 m Ausdehnung erkannt werden, wenn diese sich nur (etwa durch Erhöhung) von ihrer Umgebung unterscheiden. Es existieren daher Mondkarten, die mit Kartenaufnahmen der Erdoberfläche durchaus vergleichbar sind. Die *Selenographie*, die die Beschreibung und die kartographische Aufnahme der Mondoberfläche zur Aufgabe hat, steht diesbezüglich der Geographie wenig nach. Mit mondumkreisenden Raumsonden ist es auch möglich, die von der Erde aus unsichtbare Rückseite zu kartieren.
O b e r f l ä c h e n s t r u k t u r e n. In der Selenographie haben sich für die Oberflächenstrukturen seit langem Bezeichnungen eingebürgert, die der Geographie entlehnt wurden, wie z.B. Meer, Land, Gebirge, See, usw., ohne daß es sich notwendigerweise um die gleichen geologischen Erscheinungen wie auf der Erde handelt. Diese Begriffe werden auch heute noch benutzt. Nach Festlegungen der Internationalen Astronomischen Union tragen die einzelnen Oberflächenerscheinungen mit Ausnahme der Krater eine zweiteilige Bezeichnung: Dem Eigennamen geht die lateinische Typbezeichnung der Oberflächenstruktur voraus. Tiefebenen haben z.B. den Gattungsnamen Mare (*Plur.* Maria, ‚Meer'), während die Eigennamen recht phantasievoll gewählt wurden, so daß man u.a. vom Mare Imbrium (‚Regenmeer'), Mare Nubium (‚Wolkenmeer') oder Mare Serenitatis (‚Meer der Heiterkeit') spricht. Krater tragen nur einen Eigennamen, meist den von Gelehrten, vor allem von Astronomen; dabei wird grundsätzlich die englische Schreibweise der Namen benutzt.
Schon mit bloßem Auge kann man auf dem M. dunkle und helle Gebiete unterscheiden. Die hellen stellen Gebirgsregionen dar, während sich die dunkleren bei Beobachtungen mit Fernrohr als weite Ebenen ausweisen, in denen nur verhältnismäßig geringe Höhenunterschiede existieren. Neben sehr großen Ebenen (Gattungsname Mare oder Oceanus, ‚Ozean') sind auch kleinere Flächen mit Mareeigenschaften vorhanden; sie tragen die Bezeichnung Lacus (‚See') oder Palus (‚Sumpf'). Das größte Mare ist der Oceanus Procellarum (‚Ozean der Stürme') mit einer Fläche von $5 \cdot 10^6$ km², gefolgt vom Mare Nubium mit rund $1 \cdot 10^6$ km² und dem Mare Imbrium mit $0{,}9 \cdot 10^6$ km². Die Maria liegen unterhalb des Bezugsniveaus des M.es: beim Mare Imbrium bis zu etwa 6 km, beim Mare Nectaris (‚Nektarmeer') bis zu etwa 5 km. Eine nur in den Maria auftretende Besonderheit stellen die Dorsa (*Sing.* Dorsum, ‚Rücken') dar, bei denen es sich um dammartige, relativ schmale und flache, nur bis zu etwa 100 m hohe, langgestreckte Aufwölbungen handelt, die sich bis zu einigen 10 km teils geradlinig, meist aber geschlängelt hinziehen. Da sie keine Schatten werfen, sind sie von der Erde aus nicht zu erkennen und selbst auf von Raumsonden aus gewonnenen Nahaufnahmen nur schwer auszumachen. Weiterhin existieren in den Maria kreisförmige, flache, kuppelähnliche Erhebungen, die Tholi (*Sing.* Tholus, ‚Kuppel'), mit Höhen bis zu etwa 100 m und Durchmessern bis zu mehreren Kilometern, die meist gruppenweise auftreten. Auch sie sind so flach, daß sie nur unter günstigsten Lichtverhältnissen erkennbar sind.
Die hellen Großstrukturen auf dem M. bezeichnet man als Terrae (*Sing.* Terra, ‚Land'); sie treten auf der erdzugewandten Seite des M.es vorwiegend auf der südlichen Hemisphäre auf (Abb. 3), während auf der nördlichen nur Reste von Terra-Strukturen zwischen den Maria zu erkennen sind. Diese Terra-Reste manifestieren sich als große Kettengebirge um die Maria; so ist das Mare Imbrium z.B. von den Mondalpen, dem Kaukasus, den rund 650 km langen Apenninen und den Karpaten umsäumt. Diese Bergmassive steigen teilweise (z.B. in den Apenninen) mehr als 6 km über die Ebenen empor. Auf der Mondrückseite sind die Terrae die beherrschenden Strukturen. Von der gesamten Mondoberfläche bedecken sie etwa 80%.
Die Struktur der Mondgebirge läßt sich wie die aller Monderhebungen vor allem bei einem sehr flachen Lichteinfall studieren, wenn sie an der Grenze zwischen dem beleuchteten und dem unbeleuchteten Teil der Mondscheibe liegen (Abb. 4). Aus der Schattenlänge und dem Sonnenstand über der entsprechenden Mondgegend ist die Mondberghöhe bestimmbar; sie erreicht in einzelnen Fällen die Höhe der höchsten irdischen Berge.
Die auffälligsten Strukturen der Terrae sind die Krater, die Durchmesser bis herab zu Zentimetern, aber auch bis weit über 100 km haben. Die größten Krater sind von einem Ringgebirge, einem Wall umgeben, der bis zu Höhen von mehreren Kilometern relativ steil vom Kraterinnern aufsteigt, während der Abfall nach außen hin viel flacher erfolgt. Die umschlossene Innenfläche liegt tiefer als die Umgebung außerhalb des Walls und hat in ihrer Mitte oft einen oder mehrere Zentralberge. Der Kraterdurchmesser beträgt in der Regel das 10- bis 30fache der Höhe des umgebenden Gebirges (Abb. 5). Die von den größten Ringgebirgen eingeschlossenen Regionen nennt man Wallebenen; sie können Durchmesser von mehr als 200 km haben. Bei der Wallebene Ptolemaeus beträgt das Verhältnis von Wallhöhe (etwa 2400 m) zu Durchmesser (etwa 150 km) sogar rund 1:60. Im Mittel ist die Höhe des umgebenden Ringgebirges etwa gleich dem Betrag, um den die gekrümmte Mondoberfläche längs einer Strecke von der Größe des Kraterradius von einer Ebene abweicht: Ein in der Mitte eines solchen Kraters stehender Beobachter kann den Kamm des umgebenden Wallgebirges gerade noch über den Horizont hinausragen sehen.
Von einigen großen Kratern, z.B. Tycho und Copernicus, gehen helle Strahlensysteme aus, die bis in sehr große Entfernungen verfolgt werden können; vom Krater Tycho aus sind sie auf einer Länge bis zu 1800 km sichtbar. Diese Streifen, die mehrere Kilometer breit sein können und besonders bei Vollmond auffallen, überziehen Maria, Höhenrücken und Ringgebirge. Der sehr geringe Schattenwurf zeigt, daß sie sich

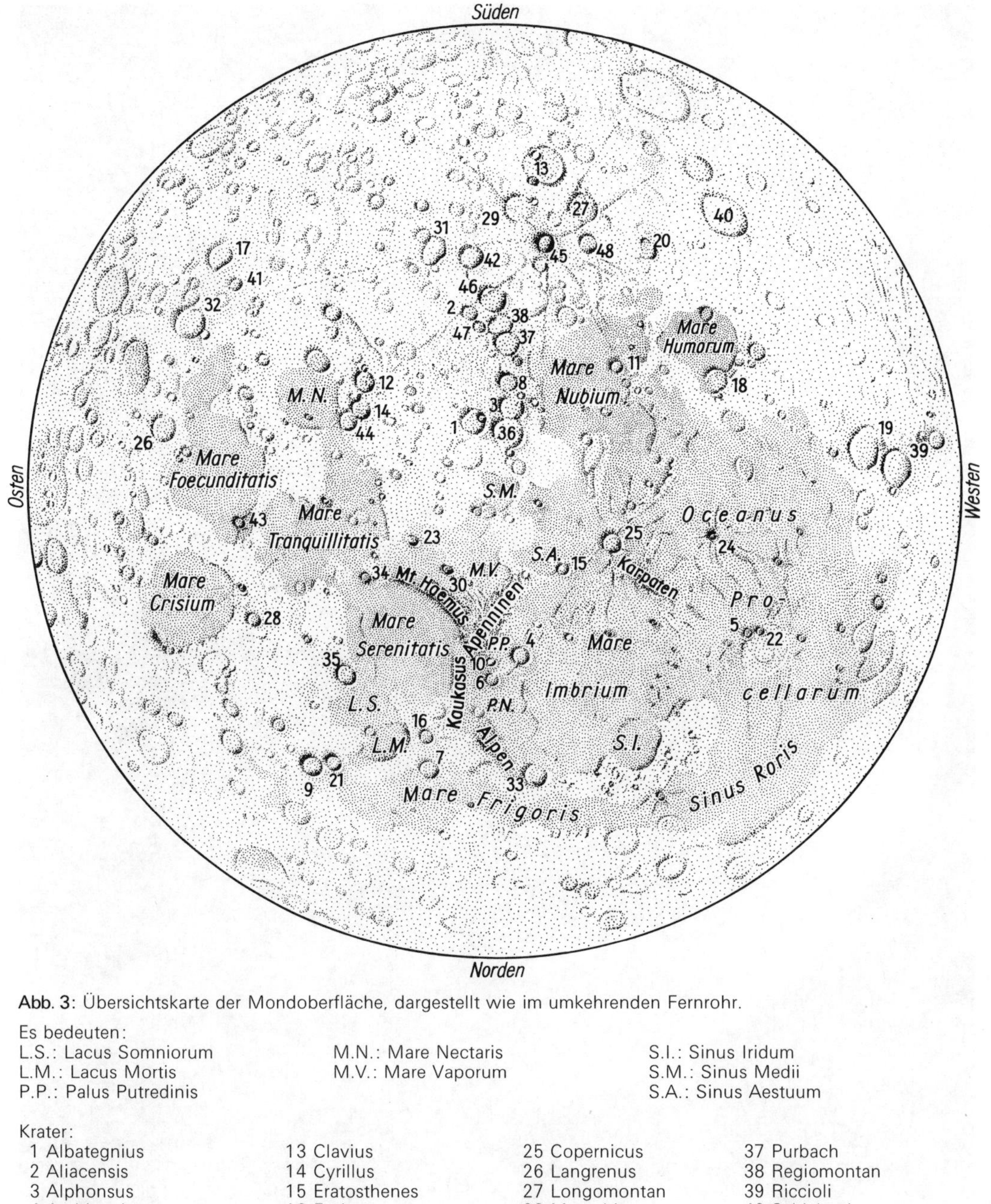

Abb. 3: Übersichtskarte der Mondoberfläche, dargestellt wie im umkehrenden Fernrohr.

Es bedeuten:

L.S.: Lacus Somniorum
L.M.: Lacus Mortis
P.P.: Palus Putredinis
M.N.: Mare Nectaris
M.V.: Mare Vaporum
S.I.: Sinus Iridum
S.M.: Sinus Medii
S.A.: Sinus Aestuum

Krater:

1 Albategnius
2 Aliacensis
3 Alphonsus
4 Archimedes
5 Aristarch
6 Aristillus
7 Aristoteles
8 Arzachel
9 Atlas
10 Autolycus
11 Bullialdus
12 Catharina
13 Clavius
14 Cyrillus
15 Eratosthenes
16 Eudoxus
17 Furnerius
18 Gassendi
19 Grimaldi
20 Hainzel
21 Hercules
22 Herodot
23 Julius Caesar
24 Kepler
25 Copernicus
26 Langrenus
27 Longomontan
28 Macrobius
29 Maginus
30 Manilius
31 Maurolycus
32 Petavius
33 Plato
34 Plinius
35 Posidonius
36 Ptolemaeus
37 Purbach
38 Regiomontan
39 Riccioli
40 Schickard
41 Stevinus
42 Stöfler
43 Taruntius
44 Theophilus
45 Tycho
46 Walter
47 Werner
48 Wilhelm

Abb. 4: Der Mond, wie er in einem umkehrenden Fernrohr etwa 2 Tage nach dem ersten Viertel erscheint (Norden unten, Osten links). Rechts oben ist der Krater Tycho mit seinem Strahlensystem zu erkennen.

kaum über ihre Umgebung erheben. Auf der Vorderseite des M.es sind auch Strahlensysteme sichtbar, die auf der Rückseite zusammenlaufen und so die Stellung von Ringgebirgen anzeigen, die von der Erde aus unsichtbar sind.

Krater findet man auf der gesamten Mondoberfläche. In den Terrae sind sie so dicht, daß man von einer „Sättigung" spricht: Es gibt keine Stelle ohne sie; wenn ein neuer Krater entsteht, werden immer alte ganz oder teilweise zerstört. In den Maria ist die Zahl der Kra-

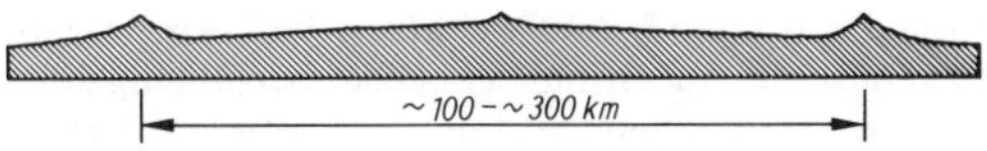

Abb. 5: Schematischer Schnitt durch eine Wallebene mit Zentralberg

ter je Flächeneinheit weitaus geringer. Dies gestattet eine relative Altersangabe: Je geringer die Kraterdichte, um so jünger ist dieser Teil der Mondoberfläche.
Die Kraterhäufigkeit ist abhängig vom Durchmesser; während es nur relativ wenig Großkrater gibt, kann man von der Erde aus rund 40000 Krater bis herab zu etwa 100 m Durchmesser erkennen. Die Auswertungen von Raumsondenaufnahmen zeigen, daß die Anzahl ins Unermeßliche steigt (Abb. 6), wenn man auch noch die kleinsten Krater mitzählt. Als solche kann man mikroskopisch kleine Grübchen mit einem Durchmesser kleiner als 0,01 mm auf der Oberfläche von Mondstaubpartikeln auffassen, die sich nur bei Laboruntersuchungen zu erkennen geben. Am anderen Ende der Größenskala, bei den Groß- und Riesenkratern, stehen die kreisförmigen Maria. Mittlere und große Krater besitzen in ihrer Umgebung z.T. radial zum Zentrum gerichtete Strukturen sowie Sekundärkrater, die im allg. elliptisch geformt und radial ausgerichtet sind. Die Krater der zweiten Art, die erst auf Raumsondenaufnahmen entdeckt wurden, konnten nur in den Maria und auf dem Boden einiger großer Krater festgestellt werden; in den Terrae fehlen sie offenbar oder sind wegen der großen Kraterdichte nicht als solche zu erkennen.
Auf dem M. gibt es einige breite, lange, gerade und steilbegrenzte Rinnen mit flachem Boden, die als Valles (*Sing.* Vallis, ‚Tal‘) bezeichnet werden. Das Vallis Alpes, das Quertal der Mondalpen, ist das bekannteste. Seine Länge beträgt etwa 130 km, seine Breite stel-

Abb. 6: Mondoberflächendetail (Norden unten, Osten links). Etwa in Bildmitte befindet sich der Krater Albategnius, rechts davon die Krater Ptolemaeus, Alphonsus und Arzachel. Weiter nach rechts schließt sich das Mare Nubium an. (Aufgenommen von Bord der Raumsonde Apollo 8 aus)

Abb. 7: Mondoberflächendetail mit einer Rille, die sich wie ein Fluß durch ein Tal schlängelt. (Aufgenommen mit Hilfe der Raumsonde Lunar Orbiter 5)

lenweise mehr als 10 km. Weiterhin existiert auf dem M. eine große Anzahl grabenförmiger flacher Rillen mit glatten Rändern und unterschiedlichen Profilen, die teilweise einen geraden, teilweise einen geknickten oder mäanderartigen Verlauf haben (Abb. 7). Ihr Gattungsname ist Rima (*Plur.* Rimae, ‚Ritze, Rille'). Die geraden Rimae sind typische Strukturen der Maria. Ihre Breite beträgt bis zu 5 km, ihre Tiefe selten mehr als 100 m, sie erstrecken sich aber z.T. über mehrere 100 km. Eine der mäanderartigen Rimae, die einem Flußbett sehr ähnlich sieht, schlängelt sich durch das Alpenquertal.

Von den Verwerfungen (Gattungsname Rupes, ‚Felshang') ist die Rupes Recta, die Gerade oder Große Wand, die bekannteste. In über 100 km Länge trennt dieser fast geradlinig verlaufende Steilhang von etwa 300 m Höhe zwei terrassenartige Höhenstufen am Westrand des Mare Nubium.

Entstehung der Oberflächenstrukturen. Während, mindestens aber unmittelbar nach der Bildung des M.es waren die äußeren Schichten des Mondkörpers geschmolzen: Beim Bildungsprozeß wurde soviel kinetische Energie in thermische umgesetzt, daß diese zum Schmelzen des Materials ausreichte. Dabei kam es zu einer Differentiation und Sedimentation: Spezifisch schwere Elemente und Verbindungen sanken auf Grund ihres Gewichts nach unten, leichtere konzentrierten sich an der Oberfläche. Durch Energieabstrahlung in den Weltraum kühlten sich die oberflächennahen Schichten so weit ab, daß sie erstarrten und festes Gestein aus der Schmelze auskristallisierte. Auf Grund der bei der Abkühlung erfolgenden Schrumpfung entstand eine gebirgige Kruste, u.a. die Mondalpen und die Apenninen. Die ältesten auf dem M. gefundenen Gesteinsproben haben ein Alter von $4{,}4 \cdot 10^9$ Jahren; sie sind der ältesten Mondkruste zuzurechnen. In der Frühphase des Planetensystems war der interplanetare Raum von einer sehr großen Zahl fester Körper erfüllt, die auf die vorhandenen größeren Körper (Planeten und deren Satelliten), damit auch auf den M., stürzten. Die kinetische Energie der aufschlagenden Körper reichte zur Verdampfung einer größeren Menge des getroffenen Oberflächengesteins und der Körper selbst aus, vor allem aber wurden große Gesteinsmassen ausgeworfen, die einen Wall bildeten und einen Krater zurückließen. Wegen der geringen Schwerkraft und wegen des Fehlens einer abbremsenden Atmosphäre konnten die Bruchstücke bis in große Entfernungen vom Krater geschleudert werden; die beobachteten Strahlensysteme gehen auf derartiges Auswurfmaterial zurück. Der Gesteinswall rutschte, falls er zu hoch war, terrassenförmig zusammen, wobei sich im Krater ein Zentralberg oder sogar ein zentraler Gebirgsring formte. Die entstandenen Kratermulden waren um so größer, je massereicher der einschlagende Körper und damit die umgesetzte kinetische Energie war. Die Kratergröße übertraf die Größe des aufschlagenden Projektils um mehr als das 10fache. Bei der Bildung eines Kraters entstanden vielfach Sekundärkrater, die von ausgeschleuderten Gesteinsbrocken gerissen wurden. Die Zeit, in der die meisten Einschlagkrater (Impaktkrater) entstanden, war verhältnismäßig kurz; sie beschränkte sich auf etwa $6 \cdot 10^8$ bis $7 \cdot 10^8$ Jahre nach der Bildung des M.es.

Die kinetische Energie der größten aufschlagenden Körper war so groß, daß auch tiefliegendes Untergrundgestein zertrümmert wurde. Durch die entstanden Bruchspalten drang Magma aus den tieferen, noch geschmolzenen Schichten und füllte die Kratermulden aus. Dabei bildete sich eine Sekundärkruste, wie sie jetzt noch in den Maria zu finden ist; sie ist jünger als die Primärkruste der Terrae, worauf u.a. die wesentlich geringere Kraterzahl je Flächeneinheit hinweist. Beim Erstarren der Lava entstanden als lokale Strukturelemente u.a. Rücken, Verwerfungen und Bruchlinien. Die Rillen lassen erkennen, daß die Lava sehr dünnflüssig gewesen ist und eine hohe Fließgeschwindigkeit hatte. Einzelne Rillen nehmen ihren Anfang in Kratern und Senken, aus denen sich offenbar der Lavastrom ergoß. Die in den Maria beobachteten Kratergruben mit runden, weichen Konturen verdanken ihr Entstehen wahrscheinlich Schwunderscheinungen in der erstarrenden Lava; die kuppelförmigen Tholi dürften als Schildvulkane entstanden sein und die langgezogenen Rücken durch das Hervordringen von Magma aus Spalten. Wegen der Dünnflüssigkeit der Lava entstanden keine hohen Vulkanbauten.

Das die Maria und mareähnlichen Gebiete formende Gestein der Sekundärkruste hat eine höhere spezifische Dichte als das Primärkrustengestein der Terrae, da es sich um aus tieferliegenden Mondschichten stammende, mit schwereren Material angereicherte Lava handelt. Die Maria bilden dadurch innerhalb der Mondkruste Massekonzentrationen (sog. Mascons). Sie verursachen Schwereanomalien, die sich beim Umlauf von mondumkreisenden Raumsonden auf Grund kleiner Bahnunregelmäßigkeiten nachweisen lassen. Die Kruste auf der von der Erde abgewandten Seite des M.es ist dicker als auf der Vorderseite. Möglicherweise ist das die Ursache für das nahezu vollständige Fehlen von Maria auf der Rückseite: Die Bruchspalten reichten nicht bis zur Krustenuntergrenze, so daß auch kein Magma nach außen dringen konnte. Die ältesten lunaren Basalte verfestigten sich vor etwa $3{,}8 \cdot 10^9$ bis $3{,}9 \cdot 10^9$ Jahren, die jüngsten vor etwa $3{,}1 \cdot 10^9$ Jahren. Zu dieser Zeit endeten die magmatischen Ergießungen und damit auch die Bildung neuen Oberflächengesteins. Seit rund $3 \cdot 10^9$ Jahren ist der M. in geologischer Hinsicht ein toter Körper.

Die Krater in den Maria stammen aus einer Zeit, zu der die Sekundärkruste dort schon erstarrt war. Die geringe Kraterzahl zeigt, daß der Einsturz großer Körper auf dem M. seitdem nur noch selten stattfand, aber durchaus noch vorkam. Einige große Krater entstanden erst in jüngerer Zeit, der Krater Copernicus z.B. erst vor etwa $0{,}9 \cdot 10^9$ Jahren, der Krater Tycho sogar erst vor rund $0{,}1 \cdot 10^9$ Jahren. Auch gegenwärtig ist der M. noch einem Bombardement aus dem interplanetaren Raum ausgesetzt, wenn auch große einschlagende Körper sehr selten sind, während kleine Körper, wie Mikrometeoroide, in großer Zahl auftreffen. Sie bewirken, ähnlich einem Sandstrahlgebläse, kleine und kleinste Kraterchen und sorgen wie die Teilchen des Sonnenwindes für eine allmähliche Erosion des Mondbodens, die durch den schnellen, krassen Temperaturwechsel an der Mondoberfläche noch gefördert wird.

B e s c h a f f e n h e i t d e s M o n d b o d e n s. Die Untersuchungen des Mondbodens mit geowissenschaftlichen Methoden wurde durch den Einsatz von auf dem M. landender und zur Erde zurückkehrender Raumsonden sowie durch die Landung von Menschen möglich (Abb. 8). Dabei bestätigte sich die früher durch andere Beobachtungen nahegelegte Vermutung, daß die Mondoberfläche durch eine z.T. mehrere Meter dicke Trümmerschuttschicht, dem sog. Regolith, be-

Abb. 8: Der Astronaut Edwin Aldrin beim Ingangsetzen eines Seismographen zur Registrierung von Mondbeben. Im Vordergrund Schuhabdrücke der Astronauten im Mondstaub, im Hintergrund die Mondlandefähre, zwischen ihr und dem Seismographen ein Reflektor für Laserstrahlen

deckt ist; keine Gesteinsprobe stammt von anstehendem Felsgestein. Der Regolith, der hauptsächlich von staubförmigen, feinen Partikeln gebildet wird, unter die Glasteilchen und Mikrobrekzien gemischt sind, ist das Ergebnis eines seit Milliarden von Jahren andauernden Erosionsprozesses. Die Brekzien bestehen aus Gesteinssplittern, die bei der mechanischen Zertrümmerung ehemals kristallinen Gesteins entstanden sind und bei späteren Einschlägen weiterer Meteoroide zu mehr oder minder großen Klumpen zusammengepreßt und -gesintert wurden. Im Regolith sind auch größere Gesteinsbrocken eingebettet, die ähnlich dem irdischen Basalt aus einer Gesteinsschmelze entstanden sind, worauf u.a. die vielen blasenförmigen Hohlräume hinweisen, die dann auftreten, wenn Lava ohne äußeren Druck erstarrt. Sedimentgesteine, wie Kalkstein oder Schiefer, fehlen auf dem M. völlig. Beim Erosionsprozeß auf der Mondoberfläche erfolgt eine langsame Einebnung aller Höhenunterschiede, was sich am deutlichsten an den im Regolith eingebetteten Felsbrocken zeigt: Während die obenliegenden Flächen vielfach abgerundet und glatt sind, sind die untenliegenden Bruchflächen meist eckig und kantig. Infolge der Erosion wird die Trümmerschuttschicht im Laufe der Zeit immer wieder „umgewühlt“, wenn dieser Vorgang für irdische Begriffe auch sehr langsam verläuft. Die von Menschen hinterlassenen Spuren, z.B. Schuhabdrücke, werden noch über viele Tausende von Jahren erhalten bleiben.

Das bisher untersuchte lunare Gestein besteht hauptsächlich aus Mineralen, die auch von der Erde her bekannt sind; es ist aber einheitlicher und petrographisch einfacher aufgebaut als das irdische. Vor allem wegen des Fehlens von Wasser und atmosphärischem Sauerstoff ist die Anzahl der auf dem M. nachgewiesenen Minerale um mindestens eine Größenordnung kleiner als die Zahl der von der Erde her bekannten; es wurden aber auch Minerale gefunden, die auf der Erde nicht vorkommen.

Die Gesteinsproben lassen sich in zwei Grundtypen unterscheiden: an Eisen und Titanium reiche Basalte (verglichen mit den meisten irdischen Basalten), die die Maria ausfüllen, sowie feldspathaltige Gesteine der Hochländer. Die Mariabasalte entstammen einer fraktionierten Schmelze, bei der Mantelmaterial gerade so weit erhitzt wurde, daß Stoffe mit niedrigem Schmelzpunkt flüssig wurden und an die Oberfläche gelangten. Das Terragestein ist dagegen ein Gemisch aus leicht und schwer schmelzbaren Gesteinen mit einem hohen Anteil an leichten Metallen, wie Aluminium und Calcium, so daß die spezifische Dichte gering ist. Letztlich stammen beide Gesteinstypen aus ein und demselben Magma, nur sind sie unter unterschiedlichen Bedingungen auskristallisiert. (Es ist dies ein weiterer Grund für die geringe Anzahl der lunaren Minerale.) Charakteristisch für den Mariaboden sind gelbe, orangefarbene und braune Glaskügelchen, bei denen es sich um kondensierte Basalttröpfchen handelt, die offensichtlich beim Aufschlag von Meteoroiden gebildet wurden: Das beim Einschlag eines Teilchen geschmolzene und hochgeschleuderte Material kühlte noch während der Flugphase so weit ab, daß es in Form von Glaskügelchen zu Boden fiel (Abb. 9).

Trotz gewisser Unterschiede in der chemischen Zusammensetzung des lunaren Oberflächenmaterials existiert eine bemerkenswerte Einheitlichkeit in der Häufigkeit der häufigsten Elemente bei allen Proben. Im Vergleich mit der mittleren Zusammensetzung der Erdkruste scheint die Mondkruste etwas reicher an schwer schmelzbarem Material wie Aluminium, Calcium und Titanium, hingegen etwas ärmer an Natrium, Magnesium und Eisen zu sein. Bei der chemischen Analyse der lunaren Gesteinsproben ergaben sich keinerlei Hinweise auf die Existenz organischer Verbindungen.

M a g n e t f e l d. Der M. besitzt gegenwärtig praktisch kein allgemeines Magnetfeld; die Feldstärke ist jedenfalls geringer als 0,01% der des Erdmagnetfeldes. Eini-

Abb. 9: Mondstaubteilchen. Neben fein- bis grobkörnigen Gesteinsbruchstücken befindet sich etwas oberhalb der Bildmitte ein Glaskügelchen

ge Gesteinsproben besitzen Hinweise darauf, daß bei der Bildung der Gesteine aus flüssigem Magma vor 3 bis 4 Mrd. Jahren der M. ein Magnetfeld besaß, dessen Stärke jedoch nur wenige Prozent der des gegenwärtigen Erdmagnetfeldes betrug.

Innerer Aufbau. Der M. ist nach der Erde derjenige Körper im Planetensystem, dessen innerer Aufbau am besten bekannt ist, was wesentlich darauf zurückzuführen ist, daß er jahrelang mit auf ihm stationierten Seismometern überwacht werden konnte. Die Modelle des inneren Aufbaus des M.es beruhen auf einigen grundsätzlichen Beobachtungsbefunden: Die mittlere Dichte des M.es liegt nur wenig über der mittleren Dichte des Oberflächengesteins, dies läßt auf einen relativ homogenen Aufbau schließen. Wegen der geringen Masse des M.es und der damit geringen Kompression der tieferen Schichten ist kein starker Dichteanstieg nach innen hin zu erwarten. Die seismischen Untersuchungen lassen andererseits einen Schalenaufbau des M.es ähnlich dem der Erde erkennen, wenn auch mit weit geringer ausgeprägten Dichtesprüngen.

Die äußerste Schale, die Mondkruste, besteht im wesentlichen aus dem feldspathaltigen Terragestein, das bis in eine Tiefe von etwa 1 km weitgehend zertrümmert ist. Darunter finden sich kompaktere Schichten mit wahrscheinlich vielen, durch mechanische Einwirkungen verursachten Sprüngen und Brüchen. Die Materialdichte wächst bis zu einer Tiefe von etwa 20 km, danach bleibt sie bis zur Untergrenze der Kruste nahezu konstant. Auf der der Erde zugewandten Seite hat die Kruste eine Dicke von etwa 65 km, auf der abgewandten Seite ist sie fast doppelt so stark (Abb. 10). Die Kruste ist von Basalt durchtränkt, der aus dem oberen Mantel stammt; die Durchtränkung der Rückseite des M.es ist weit weniger stark als die der Vorderseite. Unter der Kruste liegt der feste, aus Basalt bestehende Mantel, der sich bis in eine Tiefe von etwa 800 bis 1000 km erstreckt. Der innerste Bereich des M.es, der Kern, ist an seiner Obergrenze in einer Dicke von vielleicht 200 bis 300 km flüssig: Dort werden transversal schwingende Mondbebenwellen (Scherungswellen) ausgelöscht, nur longitudinale Wellen (Kompressionswellen) sind möglich. Die Zusammensetzung des Mondkerns ist nicht bekannt; er besteht sicherlich nicht gänzlich aus Eisen, dazu müßte die mittlere Dichte des M.es größer sein. Das ehemals vorhandene globale Magnetfeld spricht andererseits für einen großen Eisenanteil. Möglicherweise ist Schwefel ein anderer Hauptbestandteil des Mondkerns. Die Temperatur im Mondzentrum dürfte bei etwa 1200 K liegen, was sich u.a. aus dem an der Mondoberfläche gemessenen, von innen kommenden Wärmestrom abschätzen läßt. Er ist z.T. auf eine allmähliche Abkühlung des M.es zurückzuführen, ein wesentlicher Teil des Wärmestromes wird auch von der Energie gespeist, die beim Zerfall radioaktiver Elemente in den äußeren Mondschichten freigesetzt wird.

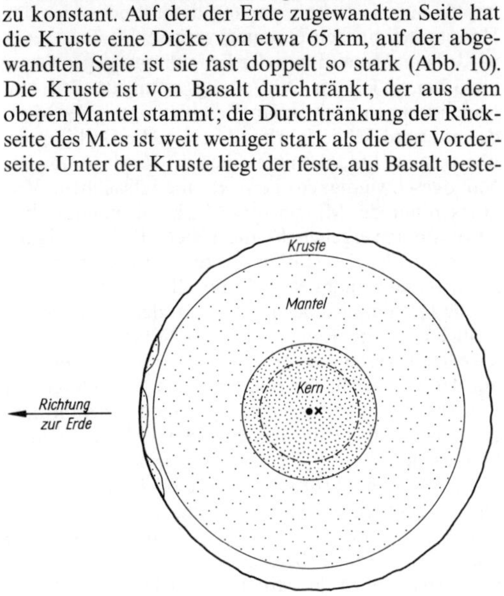

Abb. 10: Schematisierter Schnitt durch den Mond. Das Größenverhältnis von Kern zu Mantel ist annähernd richtig dargestellt, die Krustendicke stark überhöht, entsprechend auch der Abstand des Massemittelpunktes (●) vom Figurenmittelpunkt (x). Der gestrichelte Kreis markiert den Bereich, in dem das Kernmaterial zum Teil aufgeschmolzen ist. Auf der erdzugewandten Seite sind in der Kruste mit Mantelmaterial aufgefüllte Maria angedeutet

Die meisten Mondbeben entstehen an der Diskontinuität zwischen festem und zähflüssigem Material an der Manteluntergrenze in einer Tiefe von 800 bis 1100 km. Die Mondbebenhäufigkeit schwankt periodisch: Zur Zeit des Apogäums und des Perigäums ist sie jeweils am größten; offenbar werden die meisten Beben durch Gezeitenkräfte der Erde ausgelöst. Insgesamt ist der M. seismisch viel inaktiver als die Erde.

Entstehung. Über die Entstehung des M.es weiß man wenig Gesichertes; es existieren einige konkurrierende Theorien, mit unterschiedlichem Vermögen, die Beobachtungstatsachen zu erklären (→ Kosmogonie).

Mondalter, die seit dem letzten Neumond verstrichene Zeit. Das M. gibt die augenblickliche Mondphase an.

Mondbewegung, die Ortsveränderung des Mondes im Raum in bezug auf die Erde (wahre M.), bzw. die Ortsveränderung des Mondes an der Himmelskugel in bezug auf die Sterne (scheinbare M.).

Wahre M. Der Mond bewegt sich mit einer mittleren Geschwindigkeit von 1,023 km/s auf einer Ellipsenbahn mit einer großen Halbachse von 384400 km und einer Exzentrizität von im Mittel 0,0549 rechtläufig um die Erde; infolge von Störungen durch die Sonne kann die Exzentrizität zwischen 0,044 und 0,067 variieren. Die Entfernung des Mondes von der Erde schwankt zwischen 356410 km im Perigäum und 406740 km im Apogäum, wobei die Extremwerte in Abhängigkeit von der augenblicklichen Bahnexzentrizität noch um einige Kilometer kleiner bzw. größer sein können. Die mittlere Entfernung entspricht rund 60 Erdradien. Die Mondbahnebene ist im Mittel um knapp 5° 9′ gegen die Ebene der Ekliptik geneigt. Die Umlaufzeit des Mondes um die Erde wird Monat genannt. Die Zeit zwischen zwei aufeinanderfolgenden gleichen Stellungen bezüglich eines Fixsterns beträgt 27,32166 Tage; es ist dies der siderische Monat. Bei einer anderen Wahl des Bezugspunktes oder der Bezugslinie, gegenüber denen ein voller Umlauf gezählt wird, ergeben sich andere Monatslängen (→ Monat). Einem auf die Ekliptikebene schauenden entfernten

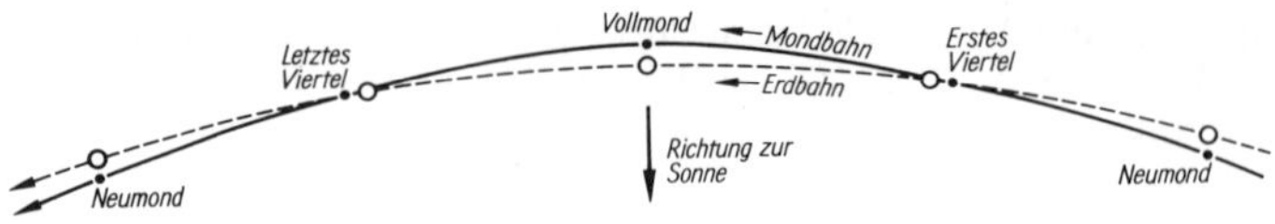

Abb. 1: Erd- und Mondbahn relativ zur Sonne. Die Abstände der Bahnen voneinander sind stark überhöht

Beobachter zeigt sich die räumliche Bewegung des Mondes wegen der gleichzeitigen Erdbewegung als ein Hin- und Herpendeln um die Erdbahn, wobei der Mond von dieser nur um 1/400 der Entfernung Erde–Sonne abweicht. Der relativ geringe Abstand des Mondes von der Erde und das Verhältnis der Umlaufzeit des Mondes um die Erde zur Umlaufzeit der Erde um die Sonne bewirken, daß die Mondbahn immer zur Sonne hin gekrümmt (konkav) bleibt: Bezogen auf die Sonne bewegt sich der Mond auf einer infolge der großen Erdnähe stark gestörten elliptischen Bahn um die Sonne (Abb. 1).

Die tatsächliche Bewegung des Mondes in bezug auf die Erde ist sehr kompliziert, was an der relativen Nähe der Sonne und an der absoluten Nähe der Erde liegt: Die Erde wirkt dadurch auf den Mond nicht wie eine in einem Punkt konzentrierte Masse (was bei einer großen Entfernung der Fall wäre), vielmehr machen sich die räumliche Ausdehnung der Erde, ihre Abweichung von der Kugelgestalt sowie die ungleichmäßige Masseverteilung in ihrem Innern bemerkbar. Insgesamt sind die von der Sonne und der Erde verursachten Störungen so zahlreich, daß hier nur ein kleiner Teil aufgezählt werden kann.

Die Knotenlinie bewegt sich entgegengesetzt der Bahnbewegung des Mondes; man beobachtet demzufolge eine ***Rückwärtsdrehung der Knotenlinie***. Die Zeit zwischen zwei aufeinanderfolgenden Durchgängen des Mondes durch den gleichen Knoten, der drakonitische Monat, ist daher um 0,10944 Tage kürzer als der siderische Monat. Einen vollen Umlauf von 360° vollführt die Knotenlinie in 18,61 Jahren. Die ***Vorwärtsdrehung der Apsidenlinie***, der Verbindungslinie von Perigäum und Apogäum, bewirkt, daß das Perigäum sich mit einer Periode von 8,85 Jahren längs der Bahn in gleicher Richtung wie der Mond selbst bewegt. Die Zeit zwischen zwei aufeinanderfolgenden Perigäumsdurchgängen (ein anomalistischer Monat) ist 0,23289 Tage länger als ein siderischer Monat. Da die Drehung der Apsidenlinie sehr ungleichmäßig erfolgt, zeitweilig sogar rückläufig sein kann, ist die Länge des anomalistischen Monats großen Schwankungen unterworfen.

Die Geschwindigkeit des Mondes in seiner Bahn ist entsprechend dem zweiten Keplerschen Gesetz in Perigäumsnähe größer, in Apogäumsnähe kleiner als die mittlere Bahngeschwindigkeit. Die dadurch verursachten periodischen Abweichungen (bis zu etwa $\pm 6°$) von einem gedachten, sich gleichförmig längs der Bahn bewegenden Punkt wird ***Mittelpunktsgleichung (Große Ungleichung, Große Ungleichheit)*** genannt. Ihr ist eine weitere Störung, die ***Evektion***, überlagert, die den Mond mit einer Periode von knapp 32 Tagen und einer Amplitude von bis zu 1,3° um den nach der Mittelpunktsgleichung berechneten Ort pendeln läßt; diese Störung fand bereits Ptolemäus (um 90 bis um 160). Kleinere Schwankungen von 40′ bzw. 11′ sind durch die beiden von T. Brahe (1546–1601) entdeckten Störungen verursacht: die ***Variation*** mit einer Periode von einem halben synodischen Monat und die ***jährliche Gleichung (jährliche Ungleichung)*** mit einer Periode von einem Jahr. Nicht periodisch ist die langsame, stetige Veränderung der M. durch die von E. Halley (1656–1742) gefundene ***säkulare Akzeleration***. Sie bewirkt, daß sich der Mond in 100 Jahren um etwa 24″ weiter fortbewegt, als nach der Theorie zu erwarten wäre. Davon gehen 12,0″ auf eine säkulare Änderung der Erdbahnexzentrizität zurück, die gegenwärtig langsam abnimmt. Die restlichen rund 12″ werden durch die Gezeitenreibung verursacht, die eine langsame Zunahme der Rotationsdauer der Erde hervorruft (→ Zeit). Diese Zunahme der Rotationsperiode bewirkt eine fortwährende Vergrößerung der auf die Erdrotation bezogenen und bei den Beobachtungen benutzten Zeiteinheit; bei der Berechnung der Mondörter wird hingegen eine mathematisch konstante Zeiteinheit verwendet. Die Gezeitenreibung bewirkt eine allmähliche Vergrößerung des Mondabstandes von der Erde, da der der Erde verlorengehende Drehimpuls auf die Bahnbewegung des Mondes (der den Hauptanteil an den Gezeiten verursacht) übertragen wird: Sein Abstand von der Erde nimmt gegenwärtig um 3,7 cm je Jahr zu. Die Verlangsamung der Erdrotation täuscht eine scheinbare Beschleunigung des Mondes um rund 34″ je Jahrhundert vor, die Drehimpulsübertragung (und damit letztlich die Verringerung der Mondgeschwindigkeit) bewirkt eine tatsächliche Verlangsamung der M. von etwa 22″ je Jahrhundert, beide zusammen ergeben die angegebene Beschleunigung von rund 12″. Die jährliche Vergrößerung des mittleren Mondabstandes ist nicht für alle Zeiten konstant, da die Drehimpulsübertragung von der Größe der jeweiligen Gezeitenreibung abhängt. Diese wird von der jeweiligen Verteilung der Wasser- und Landmassen auf der Erdoberfläche bestimmt, die sich infolge der Plattentektonik mit ihrer Verschiebung der Kontinente ständig in nicht vorhersagbarer Weise ändert (→ Gezeiten).

Trotz der vielen Störungen, die eine Theorie der M. außerordentlich erschweren, gelingt es, den Ort des Mondes auf seiner Bahn für einige Jahre im voraus auf etwa 2 km genau zu berechnen.

Scheinbare M. Im Mittel verschiebt sich der Mond an der Himmelskugel relativ zu den Fixsternen in jeweils etwa 50 Minuten um seinen Durchmesser von West nach Ost. Da diese Bewegung der scheinbaren täglichen Drehung des Himmels entgegengerichtet ist, kulminiert der Mond von Tag zu Tag etwa 50 Minuten später und geht entsprechend später auf bzw. unter. Auf Grund der zum jeweiligen Beobachtungszeitpunkt gerade erfolgenden Änderung seiner Deklina-

tion ergeben sich geringe Schwankungen des zeitlichen Abstandes zweier aufeinanderfolgender Kulminationen (bzw. Auf- und Untergänge). Bei der scheinbaren M. kommt es von Zeit zu Zeit zu Sternbedekkungen, die u.a. hervorragende Möglichkeiten zur genauen Festlegung der Mondbahn bieten.
Die Kulminationshöhe des Mondes, die in weiten Grenzen variieren kann, hängt von seiner jeweiligen Deklination ab, die wiederum von der Lage der Knotenpunkte bezüglich des Frühlingspunktes bestimmt wird: Befindet sich der aufsteigende Knoten im Frühlingspunkt, addiert sich die auf die Ekliptik bezogene Mondbahnneigung zur Schiefe der Ekliptik; der Wintervollmond steht dann bei uns um Mitternacht mit 28,6° Deklination fast 70° hoch am Himmel. Der Sommervollmond mit einer Deklination von dann −28,6° kulminiert hingegen in nur etwa 11° Höhe. Befindet sich nach 9,3 Jahren der aufsteigende Knoten im Herbstpunkt, subtrahiert sich die Mondbahnneigung von der Schiefe der Ekliptik: Die Deklinationsunterschiede sind dann viel kleiner (Abb. 2).

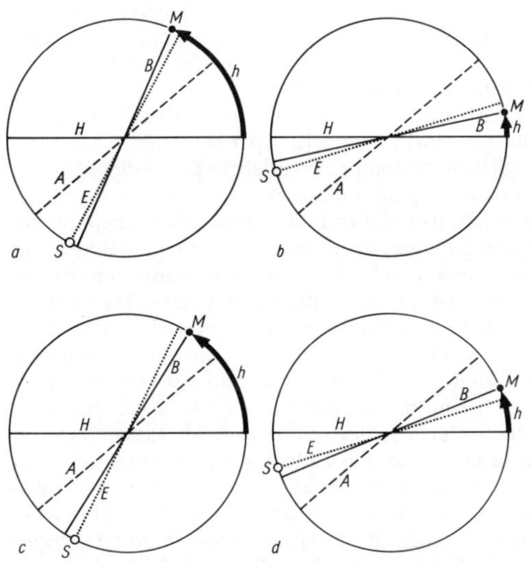

Abb. 2: Zur Kulminationshöhe *h* des Vollmondes. Schematisierter Schnitt in der Meridianebene durch die Himmelskugel. H: Schnittlinie mit der Horizontebene; A: mit der Äquatorebene; B: mit der Mondbahnebene; E: mit der Ebene der Ekliptik; M: Mondort; S: Sonnenort an der Himmelskugel. (a) Stellung im Winter mit dem aufsteigenden Knoten der Mondbahn im Frühlingspunkt, (b) desgleichen im Sommer; (c) Stellung im Winter mit dem aufsteigenden Knoten der Mondbahn im Herbstpunkt, (d) desgleichen im Sommer

R o t a t i o n. Der Mond hat eine gebundene Rotation, die Rotationsdauer ist damit gleich der Umlaufzeit um die Erde (Abb. 3); er wendet der Erde stets die gleiche Seite zu. Infolge einer Reihe unterschiedlicher Effekte (→ Libration) sind insgesamt 59% seiner Oberfläche von der Erde aus sichtbar. Die gebundene Rotation ist die Folge einer Gezeitenreibung während des Frühzustandes des Mondes: Die Erdanziehung verursachte in der noch nicht völlig erstarrten Mondkruste eine Flutwelle, deren Bewegung durch Reibungseffekte die ursprüngliche Rotation des Mondes so lange veränderte, bis keine Relativbewegung mehr zwischen Flutwelle und Mondoberfläche bestand (→ Gezeiten).

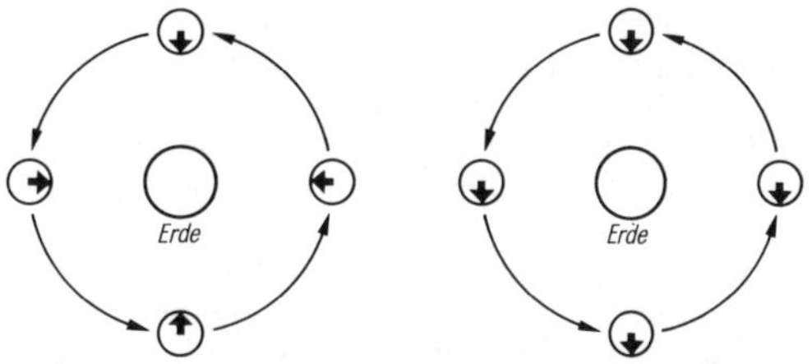

Abb. 3: Zur gebundenen Rotation des Mondes. Der Pfeil stellt eine fest mit der Mondoberfläche verbundene Markierung dar. Links: Gebundene Rotation; die Markierung weist immer zur Erde, vollführt aber während eines Umlaufs um die Erde eine Drehung um 360°. Rechts: Bei einem nicht rotierenden Mond behielte die Markierung ihre Richtung im Raum, doch wären von der Erde aus immer andere Teile der Mondoberfläche sichtbar

Mondferne, svw. Aposelen; → Apsiden.
Mondfinsternis, → Finsternis.
Mondjahr, ein in Kalendern benutzter Zeitabschnitt, bei dessen Festlegung nur der Phasenwechsel des Mondes berücksichtigt wird; beim ***gebundenen M.*** berücksichtigt man darüber hinaus auch den scheinbaren Lauf der Sonne an der Himmelskugel; → Kalender.
Mondnähe, svw. Periselen; → Apsiden.
Mondphase, die von der Erde aus sichtbare Beleuchtungsform des Mondes. Infolge der Bewegung des Mondes um die Erde wechselt seine Stellung relativ zur Sonne, damit werden in periodischer Folge unterschiedlich große Teile seiner der Erde zugewandten Hemisphäre von der Sonne beleuchtet (Abb.). Bei ***Neumond (Interlunium)*** befindet sich der Mond in Konjunktion zur Sonne, so daß die der Erde zugewandte Seite unbeleuchtet ist; er geht dann (je nach seiner Deklination) etwa gleichzeitig mit der Sonne auf und unter. Kurz vor dem Erreichen der östlichen Quadratur erscheint er als zunehmender ***Halbmond*** im ***ersten Viertel***; er steht dann am Nachmittag und in der ersten Nachthälfte über dem Horizont. Während der Opposition ist die ganze sichtbare Hemisphäre beleuchtet, der Mond kulminiert als ***Vollmond*** um Mitternacht wahrer Ortssonnenzeit. Im ***letzten Viertel*** erscheint der Mond, wenn er sich etwas weiter als bis zur

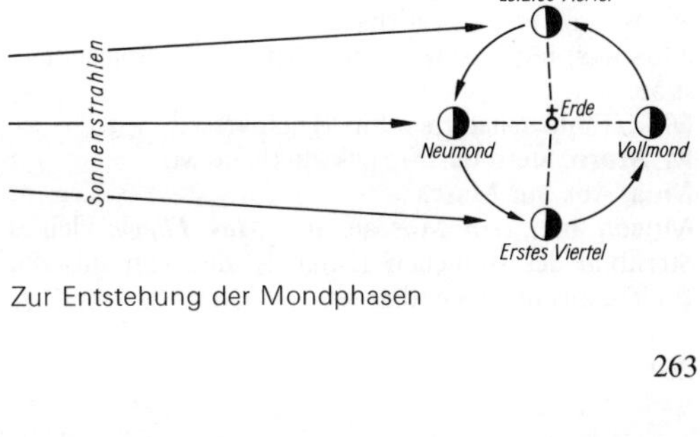

Zur Entstehung der Mondphasen

westlichen Quadratur von der Oppositionsstellung wegbewegt hat; er steht dann als abnehmender Halbmond in der zweiten Nachthälfte und am Vormittag am Himmel. Sonnen- und Mondfinsternisse können nur bei Neu- bzw. Vollmond, zu den ***Syzygien***, auftreten.

Ein vollständiger Ablauf aller M.n bis zum Wiedererreichen der Anfangsphase wird ***Lunation*** genannt; ihre Dauer ist gleich einem synodischen Monat (29 d 12 h 44 min 2,9 s). Die seit dem letzten Neumond verstrichene Zeit wird als ***Mondalter*** bezeichnet; der Vollmond ist also gerade einen halben synodischen Monat alt. Während einer Lunation bewegt sich die Grenzlinie zwischen dem beleuchteten und dem unbeleuchteten Teil der Mondscheibe (der Terminator) zweimal von West nach Ost über die Mondscheibe. Die Gesamthelligkeit des Mondes ändert sich beim Phasenwechsel stärker, als entsprechend der Größenänderung der sichtbaren beleuchteten Fläche zu erwarten wäre (→ Mond).

Kurz vor oder nach Neumond, wenn die von der Sonne bestrahlte Mondsichel nicht zu hell ist, kann man das ***aschgraue Mondlicht*** wahrnehmen. Dabei handelt es sich um eine schwache Erhellung der Nachtseite des Mondes durch das an der Erde reflektierte Sonnenlicht (ähnlich wie der Vollmond die Nachtseite der Erde beträchtlich erhellt).

Monoceros [griech.], *Gen.* Monocerotis, abg. ***Mon***, ***Einhorn***, Sternbild der Äquatorzone, das von unseren Breiten aus im Winter am Abendhimmel sichtbar ist. Durch dieses Sternbild zieht sich die Milchstraße; in ihm liegen viele galaktische Nebel und Offene Sternhaufen, von denen einige (z.B. M 50) schon mit einem Feldstecher sichtbar sind.

Monochromator, Gerät zur Aussonderung eines sehr schmalen Wellenlängenbereichs aus einem Strahlungsspektrum.

Mons [lat., ‚Berg'] *m, Plur.* Montes, Bezeichnung für einen einzelnen Berg als einer Struktureinheit auf Körpern des Planetensystems.

Montes [lat., ‚Berge'], *m*, Bezeichnung eines Gebirges als einer Struktureinheit auf Körpern des Planetensystems.

Montierung, → Fernrohr.

Morgen, die Zeit um den Sonnenaufgang.

Morgenhauptlicht, → Zodiakallicht.

Morgenstern, der Planet Venus, wenn er westlich von der Sonne steht, also vor der Sonne aufgeht und man ihn in der hellen Morgendämmerung noch sehen kann, wenn bereits alle Sterne für das bloße Auge unsichtbar geworden sind.

Morgenweite, der längs des (wahren) Horizonts vom Ostpunkt aus gemessene Winkel bis zum Aufgangspunkt eines Gestirns.

Mosaikspiegel, svw. Segmentspiegel; → Spiegelteleskop.

Mpc, Einheitenzeichen für Megaparsec.

M-Stern, Stern der → Spektralklasse M.

Mus, Abk. für Musca.

Musca [lat.], *Gen.* Muscae, abg. ***Mus***, ***Fliege***, kleines Sternbild des südlichen Himmels, das von unseren Breiten aus nicht sichtbar ist.

N

N, Einheitenzeichen für Newton, die Maßeinheit der Kraft.

Nachführung, das Bewegen eines Fernrohrs entsprechend der scheinbaren täglichen Bewegung der Gestirne; → Fernrohr.

Nacht, der Zeitraum zwischen Sonnenuntergang und Sonnenaufgang; im engeren Sinn die Zeit zwischen dem Ende der Abenddämmerung und dem Beginn der Morgendämmerung. Die Länge der N. hängt von der geographischen Breite des Beobachtungsortes und von der Jahreszeit ab. Am Äquator dauert die N. immer 12 Stunden; an allen anderen Orten ist sie je nach Jahreszeit länger oder kürzer und beträgt nur zu den Zeiten der Tagundnachtgleichen 12 Stunden. Die längste Nacht ist für nördliche geographische Breiten zur Zeit der Wintersonnenwende (um den 21. Dezember), die kürzeste zur Zeit der Sommersonnenwende (um den 21. Juni); für südliche geographische Breiten ist es umgekehrt. Über die Länge der N. innerhalb der Polarzonen → Polarnacht.

Nachtbogen, der unter dem Horizont liegende Teil des von einem Himmelskörper bei seiner scheinbaren täglichen Bewegung beschriebenen Kreisbogens (Abb. → Bewegung der Gestirne).

Nachthimmelslicht, die schwache Erhellung des Nachthimmels, die auch in mondlosen Nächten und selbst in weiten Entfernungen von Städten immer vorhanden ist. Die scheinbare Helligkeit je Quadratgrad ist für unterschiedliche Spektralbereiche unterschiedlich und entspricht etwa 2 bis 4 Sternen der scheinbaren Helligkeit 5^m. Das Spektrum des N.s besteht aus einem Kontinuum, das zu 20 bis 40% von außerirdischen Quellen, und zwar von der Gesamtheit der sichtbaren und unsichtbaren Sterne sowie von Ausläufern des Zodiakallichts stammt, ihm sind Emissionslinien und -banden überlagert. Diese rühren vom Eigenleuchten der Erdatmosphäre, dem sog. ***Airglow*** (engl., ‚Luftleuchten') her: Atome und Moleküle werden tagsüber durch die ultraviolette Sonnenstrahlung ionisiert und dissoziiert, während der Nacht rekombinieren sie und strahlen dabei die in Form von Ionisations- und Dissoziationsenergie gespeicherte Energie wieder aus; zum Teil erfolgt auch eine Stoßanregung durch energiereiche freie Elektronen. Es werden Linien u.a. vom Sauerstoff (z.B. die grüne und die roten Nordlichtlinien), vom Stickstoff und Natrium sowie (im infraroten Spektralbereich) vom Hydroxylradikal beobachtet. Die Höhe der Leuchterscheinungen ist für die einzelnen Linien unterschiedlich, sie liegt zwischen etwa 70 und 1000 km. In den unteren Atmosphärenschichten findet zusätzlich eine Streuung des aus der Hochatmosphäre und von den extraterrestrischen Quellen stammenden Lichts statt.

Spektrum und Gesamtintensität des N.s variieren örtlich und zeitlich, u.a. in Abhängigkeit von der Sonnenaktivität, durch die die Intensität der solaren Ultraviolettstrahlung beeinflußt wird. Eine beträchtliche Verstärkung des atmosphärischen Eigenleuchtens wird durch Polarlichter und durch in der Hochatmosphäre auftretende Leuchtstreifen verursacht.

Das N. gibt eine gewisse prinzipielle Grenze für die von der Erde aus mit optischen Teleskopen noch zu erfassenden lichtschwächsten Himmelsobjekte: Das Licht eines Sterns wird unter normalen Beobachtungsbedingungen infolge der Szintillation auf eine Fläche von rund 1″ Durchmesser verteilt. Die Nachthimmelshelligkeit dieser Fläche entspricht einem Stern der scheinbaren Helligkeit von rund 22^m. Diese Hintergrundstrahlung macht eine Beobachtung von wesentlich schwächeren Sternen oder Objekten mit geringeren Flächenhelligkeiten wegen des fehlenden Kontrastes normalerweise unmöglich. Wird bei den Beobachtungen eine adaptive Optik (→ Spiegelteleskop) verwendet, ist die Fläche, auf der das Sternlicht verteilt wird, stark reduziert und damit auch die Intensität des von der Fläche stammenden N.s; es heben sich dann auch noch Sterne mit wesentlich geringeren scheinbaren Helligkeiten vom Hintergrund ab. Blendet man durch geeignete Filterwahl die stärksten Spektrallinien des N.s aus, lassen sich auch ohne adaptive Optik, aber unter Verwendung lichtelektrischer Detektoren erheblich schwächere Objekte beobachten. Dazu subtrahiert man von dem am Ort eines Himmelsobjekts empfangenen Gesamtstrahlungsstrom, der sich aus dem Licht des zu beobachtenden Objekts und dem N. zusammensetzt, den im Mittel pro Flächeneinheit vom N. empfangenen Strahlungsstrom. Die scheinbare Helligkeit der auf diese Weise noch nachweisbaren Objekte liegt bei etwa 27^m.

Bei extraterrestrischen Beobachtungen tritt als störende Hintergrundstrahlung nur das durch außerterrestrische Quellen verursachte N. auf. Außerdem fällt die Szintillation weg, so daß sich das Licht eines Sterns auf das gegenüber dem Szintillationsscheibchen weitaus kleinere Beugungsscheibchen konzentriert. Der Kontrast gegen den Himmelshintergrund ist dadurch wesentlich größer als bei Beobachtungen von der Erdoberfläche aus.

Nachtwolken, → leuchtende Nachtwolken.

Nadir [arab., ‚das Entsprechende'] *m*, ***Fußpunkt***, der Schnittpunkt des im Beobachtungsort nach unten verlängerten Lotes mit der Himmelskugel; der Gegenpunkt des Zenits.

Naiad *f*, der innerste Satellit des Neptuns. Die N. umläuft in nahezu einer Kreisbahn mit einem Radius von 48 230 km in 7,10 Stunden rechtläufig den Neptun; die Bahnebene ist gegen dessen Äquatorebene um 4,7° geneigt. Die N. ist ein Zwergsatellit mit einem Durchmesser von nur etwa 50 km.

Hinsichtlich der Einordnung der N. in das System der Neptunsatelliten → Neptun.

Die N. wurde 1989 mit Hilfe der Raumsonde Voyager 2 entdeckt.

Nanometer, metrisches Längenmaß; Einheitenzeichen nm, 1 nm $= 10^{-9}$ m.

Nasmyph-System, → Spiegelteleskop.

Nativität, → Astrologie.

nautisches Dreieck, sphärisches Dreieck an der Himmelskugel mit den Eckpunkten Zenit, Himmelspol und Gestirn.

Nebel, in der Astronomie ein schwach leuchtendes, nicht scharf begrenztes Himmelsobjekt außerhalb des Planetensystems.

Galaktischer N.: eine zum Milchstraßensystem gehörende dichte Ansammlung interstellarer Materie. Die regellos geformten galaktischen N. bilden die Gruppe der *diffusen N.*, die relativ regelmäßig gebauten, die Gruppe der *Planetarischen N.* Bei den *Emissions-* oder *Gasnebeln*, zu denen auch die Planetarischen Nebel gehören, wird das interstellare Gas durch das Licht benachbarter heißer Sterne zum Leuchten angeregt, bei *Reflexionsnebeln* wird Sternlicht an interstellaren Staubteilchen gestreut. Nichtleuchtende interstellare Staubwolken, die das Licht der Hintergrundsterne stark schwächen, werden gelegentlich auch *Dunkelnebel* genannt.

Außer- oder ***extragalaktischer N.***: ein selbständiges Sternsystem außerhalb des Milchstraßensystems. Die extragalaktischen N. erscheinen diffus leuchtend, da sie optisch im allg. nicht in Einzelsterne aufgelöst werden können. Nach der äußeren Form unterscheidet man *elliptische N.*, *Spiralnebel* und *unregelmäßige N.*

nebelfreie Zone, ein Streifen unterschiedlicher Breite längs des galaktischen Äquators, in dem bis auf einige kleine, isolierte Gebiete keine extragalaktischen Sternsysteme (extragalaktischen Nebel) beobachtet werden. An die n. Z. schließt sich zu höheren galaktischen Breiten hin beiderseits die ***nebelarme Zone*** an, in der die Zahl der beobachteten Sternsysteme je Flächeneinheit merklich geringer als in der Nähe der galaktischen Pole ist.

Das Fehlen extragalaktischer Objekte in der n.n Z. wird durch den interstellaren Staub des Milchstraßensystems verursacht, der in einer dünnen Schicht um die galaktische Ebene konzentriert ist und das Licht derjenigen extragalaktischen Sternsysteme reduziert, die sich (von der Erde aus gesehen) hinter dieser Staubschicht befinden. Die verdunkelnde Wirkung ist so groß, daß bei Beobachtungen vom Sonnensystem aus, das sich inmitten der Staubschicht befindet, in Richtung der galaktischen Ebene keine extragalaktischen Objekte wahrgenommen werden können. Bei Beobachtungen in höheren galaktischen Breiten durchstößt der Sehstrahl nur auf einer mehr oder minder kurzen Strecke Gebiete großer Extinktion, so daß die scheinbare Helligkeit der Sternsysteme entspre-

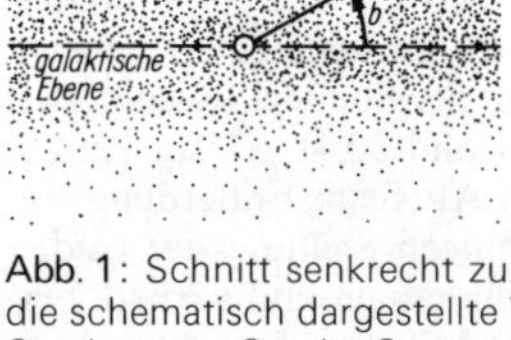

Abb. 1: Schnitt senkrecht zur galaktischen Ebene durch die schematisch dargestellte Verteilung des interstellaren Staubes. ⊙: Ort der Sonne; der Pfeil gibt die Blickrichtung zu einem Objekt der galaktischen Breite *b*

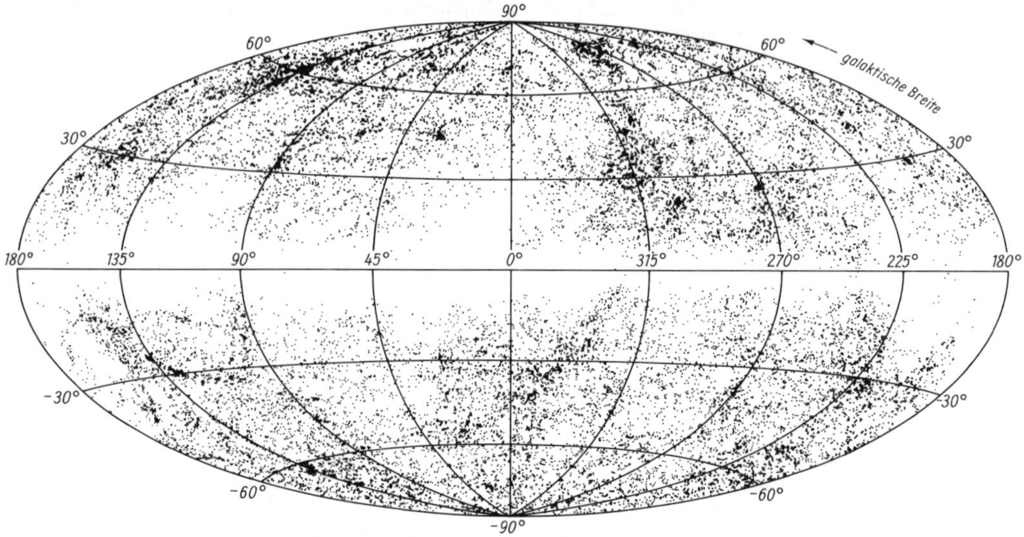

Abb. 2: Beobachtete scheinbare Verteilung der extragalaktischen Sternsysteme mit einer größeren scheinbaren Helligkeit als $15\overset{m}{.}5$. In einer Zone wechselnder Breite längs des galaktischen Äquators sind nahezu keine Sternsysteme zu finden. (Nach A.A. Sharp; Courtesy of the Publications of the Astronomical Society of the Pacific)

chend weniger geschwächt ist (Abb. 1). Da die interstellare Materie wolkige Struktur hat, ist die n. Z. nicht glatt begrenzt; sie ist z.B in den Sternbildern Taurus und Orion bei 160°, 180° und 210° galaktischer Länge auf Grund einzelner Dunkelwolken stark ausgebuchtet (Abb. 2). Auffällig ist die Verbreiterung der n.n Z. in Richtung zum galaktischen Zentrum (0° galaktischer Länge), die durch eine hohe Konzentration von Dunkelwolken in dieser Richtung verursacht wird.

Nebelkatalog, ein Verzeichnis nebelhaft erscheinender Himmelsobjekte; → Sternkatalog.

Nebellinien, intensive Emissionslinien, die von bestimmten Ionen bei sog. verbotenen Übergängen ausgesandt werden und in den Spektren von Emissionsnebeln auftreten; → interstellares Gas.

Nebelveränderliche, svw. Orion-Veränderliche.

Nebenfolge, die → Spektralklassen R und N bzw. S.

Nebulium, → interstellares Gas.

Neigung, → Bahnelement.

Neptun *m*, der sonnennächste der mit bloßem Auge nicht sichtbaren Planeten, Zeichen ♆.

Der N. bewegt sich mit einer mittleren Geschwindigkeit von 5,48 km/s in 163,7 Jahren (siderische Umlaufzeit) rechtläufig um die Sonne. Er durchläuft eine Ellipsenbahn, deren große Halbachse 4 519 Mill. km und deren Exzentrizität 0,0066 beträgt. Die Neptunbahnebene ist um 1,77° gegen die Erdbahnebene geneigt. Die Entfernung des N.s von der Sonne schwankt zwischen 30,01 AE im Perihel und 30,41 AE im Perihel und beträgt im Mittel 30,21 AE. Seine Entfernung von der Erde ist von der jeweiligen Stellung der beiden Planeten in ihren Bahnen abhängig und variiert zwischen etwa 4 300 und 4 700 Mill. km. Der scheinbare Neptundurchmesser erreicht selbst in der Oppositionsstellung nur etwa 2,4″; die scheinbare visuelle Helligkeit ergibt sich dann zu $7\overset{m}{.}84$. Die Zeit zwischen zwei aufeinanderfolgenden Oppositionen (synodische Umlaufzeit) beläuft sich im Mittel auf 367,5 Tage.

Wegen der Kleinheit der Planetenscheibe sind Durchmesserbestimmungen von der Erde aus sehr schwierig. Für den Poldurchmesser werden derzeit 48 680 km, für den Äquatordurchmesser 49 530 km als am besten gesichert angesehen. Diese Angaben beziehen sich, da eine feste Oberfläche nicht sichtbar ist, auf das Druckniveau von 10^5 Pa in der Neptunatmosphäre. Die Masse des N.s beträgt 17,20 Erdmassen; die mittlere Dichte ist mit 1,76 g/cm^3 wesentlich kleiner als die der erdartigen Planeten doch merklich größer als die des Jupiters und des Saturns.

Genauere Kenntnisse über die Struktur der Neptunatmosphäre ergaben Beobachtungen von der Raumsonde Voyager 2 aus. Die Atmosphäre besteht hauptsächlich aus Wasserstoff; Helium ist mit etwa 25% vertreten, während Methan und Ethan mindestens 1% ausmachen. Die Atmosphäre zeigt eine wenig auffällige Bänderstruktur. In etwa 50 km Höhe über einer dichten, undurchsichtigen Wolkenschicht, die möglicherweise von Ammoniak- oder Schwefelwasserstoffeisteilchen gebildet wird, befinden sich weiße, streifenförmig angeordnete Zirruswolken, die vermutlich aus Methaneis bestehen. Die Albedo des N.s beträgt etwa 0,69 und ist damit niedriger als die der anderen jupiterartigen Planeten. Die Effektivtemperatur des N.s ist mit etwa −214 °C höher als man auf Grund der Sonneneinstrahlung erwarten würde. Die vom N. abgegebene Energie beträgt etwa das 2,4fache der absorbierten Sonnenenergie; es handelt sich wahrscheinlich um im Neptuninnern gespeicherte Restwärme aus der Entstehungszeit des N.s.

Auf der Südhemisphäre des N.s wurden zwei große Wirbelsysteme beobachtet: Der Große Dunkle Fleck, an dessem Rand hochliegende weiße Wolken auftreten, befindet sich bei etwa 20° südlicher Breite. Er hat etwa die Ausdehnung der Erde, wechselt aber etwas seine Größe und Form und zeigt Ähnlichkeiten mit dem Großen Roten Fleck auf dem Jupiter. Wahrscheinlich handelt es sich um einen Hochdruckwirbel. Der andere dunkle Fleck, der ein auffälliges helles Zentrum hat, befindet sich bei etwa 55° südlicher Breite.

Der N. hat eine differentielle Rotation: Die Rotationsperiode nahe dem Großen Dunklen Fleck beträgt 18,3 Stunden, in der Nähe des südlicheren Flecks beläuft sie sich auf 16,1 Stunden. Die mittlere Rotationsperiode ergibt sich zu 17,8 Stunden. Die Neigung der Rotationsachse gegen die Bahnebene des N.s beträgt etwa 29°.

Der N. besitzt ein schwaches dipolartiges Magnetfeld, dessen Stärke etwas weniger als halb so groß wie die des Erdmagnetfeldes ist. Die Magnetfeldachse ist 47° gegen die Rotationsachse geneigt und um 0,55 Planetenradien gegen das Planetenzentrum versetzt. Die Magnetosphäre des N.s ändert wegen der starken Neigung der Magnetfeldachse gegen die Rotationsachse sowie der Neigung der Rotationsachse gegen die Bahnebene unter dem Einfluß des Sonnenwindes ständig ihre Gestalt; es können sich dadurch keine starken Strahlungsgürtel ausbilden.

Über den inneren Aufbau des N.s ist nichts Sicheres bekannt. Wegen der großen Ähnlichkeit von Neptun und Uranus hinsichtlich Masse, Radius und mittlerer Dichte sowie wegen der vermuteten Ähnlichkeit ihrer Entstehung nimmt man an, daß sich beide Planeten in ihrer Struktur weitgehend gleichen. Das für das Uranusinnere angegebene (mögliche) Modell (→ Uranus) kann daher wahrscheinlich auf den N. übertragen werden. Das Magnetfeld wird aller Wahrscheinlichkeit nach durch einen Dynamomechanismus im Neptuninnern erzeugt. Es ist dort fest verankert und wird – wie auch die Neptunmagnetosphäre – bei der Rotation des Innern mitgeschleppt. Aus periodischen Intensitätsschwankungen der in der Magnetosphäre entstehenden Radiofrequenzstrahlung kann daher auf die Rotationsperiode des Neptuninnern geschlossen werden; sie beträgt 16,11 Stunden: Die Neptunatmosphäre bleibt somit bei der Rotation gegenüber dem Innern zurück, was zu Winden mit Geschwindigkeiten bis zu 300 m/s führt, die in östlicher Richtung wehen.

N e p t u n s a t e l l i t e n. Der N. besitzt mindestens 8 Satelliten, von denen die beiden äußeren, der Triton und die Nereide, von der Erde aus, die übrigen erst 1989 mit Hilfe der Raumsonde Voyager 2 entdeckt wurden. Der Triton umläuft den N. rückläufig. Die Nereide ist zwar rechtläufig, ihre Bahn ist aber extrem exzentrisch – es ist die exzentrischste Bahn aller Satelliten des Planetensystems – und etwa 28° gegen die Bahnebene des N.s geneigt. Die große Bahnhalbachse der Nereidenbahn ist rund 15mal größer als die der Tritonbahn (Abb.). Bei beiden Satelliten handelt es sich wahrscheinlich um vom Neptun eingefangene ehemalige Planetoiden. Die übrigen Satelliten (die Naiad, Thalassa, Despina, Galatea und die Larissa sowie der Proteus) bilden ein reguläres Satellitensystem. Sie umlaufen den N. rechtläufig in nahezu kreisförmigen Bahnen, deren Neigung gegen die Äquatorebene des N.s sehr gering ist; nur beim innersten Satellit, bei der Naiad, beläuft sich die Bahnneigung auf etwa 4,7°. Der äußerste der regulären Satelliten, der Proteus, ist der größte bekannte Körper im Planetensystem, der keine Kugelform hat. Obwohl er größer als die Nereide ist, wird er wegen seiner geringen Albedo und seiner Nähe zum Neptun von diesem so überstrahlt, daß er nicht von der Erde aus zu sehen ist.

Eine Beschreibung der einzelnen Satelliten ist unter dem jeweiligen Satellitennamen zu finden, eine Zusammenfassung der Bahndaten in einer Tab. unter dem Stichwort → Satellit.

N e p t u n r i n g e. Das Ringsystem des N.s besteht nach den gegenwärtigen Kenntnissen aus vier Ringen und einer scheibenförmigen Materieansammlung. Zwei Ringe (1989 N 1R und 1989 N 2R) sind scharf begrenzt und haben eine Breite von je etwa 15 km sowie Radien von 2,54 bzw. 2,15 Neptunradien. Der äußere Ring (1989 N 1R) besitzt eine Reihe von 6 bis 8° langen Segmenten, die sich über etwa 40° des Ringum-

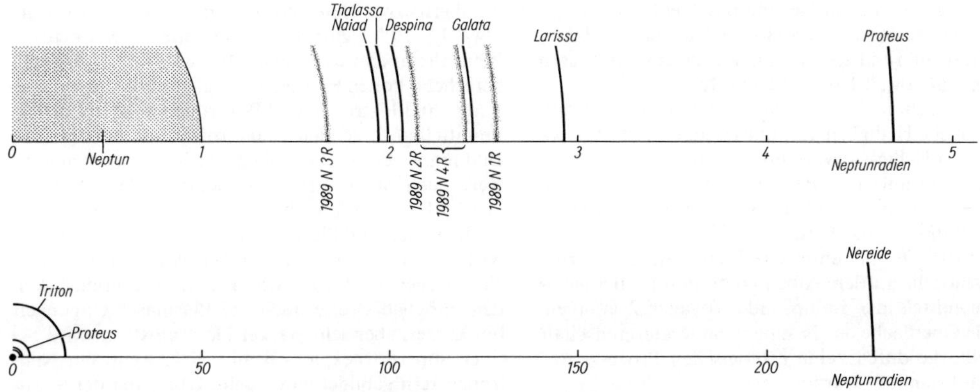

Abstände der Neptunsatelliten und der Neptunringe vom Planetenzentrum

fangs erstrecken. Sie werden durch Materieanhäufungen verursacht, deren Dichte so hoch ist, daß kurz vor oder nach einer Sternbedeckung durch den N. eine zusätzliche Verdunklung des jeweiligen Sterns hervorgerufen wird, wenn sich ein Segment gerade in der Sichtlinie Beobachter–Stern befindet; diese Verdichtungen sind dadurch auch von der Erde aus nachweisbar. Außerhalb der Segmente ist die Dichte der Ringmaterie so gering, daß Sternlicht nicht merklich geschwächt wird. Der innerste Ring 1989 N 3R, der einen Radius von 1,69 Neptunradien hat, ist breiter und diffuser als die beiden anderen. Noch wesentlich breiter ist der Ring 1989 N 4R, dessen fein verteilte Materie sich in dem Bereich zwischen etwa 2,15 und 2,4 Neptunradien erstreckt. Die Materie der Neptunringe besteht im wesentlichen aus sehr kleinen Partikeln, deren Durchmesser von der Größenordnung der Wellenlänge des Lichts ist. Sie treten dadurch im Gegenlicht (bei einem großen Phasenwinkel) in Erscheinung und konnten so bei den Voyager-Beobachtungen entdeckt werden. Das gesamte Satelliten- und Ringsystem des N.s ist in eine dünne, scheibenförmige Staubansammlung eingebettet, deren Dicke etwa 1000 km beträgt, während die Anzahldichte der Teilchen sich auf nur etwa 1 Teilchen je 1000 m^3 beläuft.

Der N. wurde durch seine außergewöhnliche Entdekkungsgeschichte bekannt: Zu Beginn des 19. Jh. fielen Unregelmäßigkeiten in der Bahnbewegung des Planeten Uranus auf. Unter der Annahme, daß diese Störungen auf die Wirkung eines noch unbekannten Planeten zurückzuführen sind, berechnete u.a. U.J. Leverrier (1811–1877) dessen Bahnelemente und teilte sie – außer anderen Astronomen – auch J.G. Galle (1812–1910) mit. Dieser fand unter Mithilfe von L. d'Arrest (1822–1875) daraufhin am 23.9.1846 den neuen Planeten in weniger als 1° Entfernung vom berechneten Ort.

Nereide *f*, der äußere der beiden von der Erde aus sichtbaren Neptunsatelliten. Die N. umläuft den Neptun in einer elliptischen Bahn mit der extrem hohen Exzentrizität von 0,75, die die größte von allen Satellitenbahnen im Planetensystem ist. Bei einer mittleren großen Bahnhalbachse von $5{,}51 \cdot 10^6$ km kommt die N. dem Neptun bis auf $1{,}38 \cdot 10^6$ km nahe, entfernt sich aber andererseits bis auf $9{,}64 \cdot 10^6$ km von ihm. Die Umlaufzeit beträgt 360,1 Tage. Die Bahnebene der N. ist 27,7° gegen die Bahnebene des Neptuns geneigt. Der Durchmesser der N. beläuft sich auf etwa 340 km, die Masse auf rund $2{,}8 \cdot 10^{18}$ kg, was zu einer mittleren Dichte von etwa 1,1 bis 1,4 g/cm^3 führt.

Die N. erreicht in der Oppositionsstellung eine scheinbare visuelle Helligkeit von nur reichlich 19^m. Aus periodischen Helligkeitsvariationen schließt man auf eine Rotation mit einer Periode von etwa einem Tag. Unbekannt ist, ob die Helligkeitsänderungen durch eine nichtkugelförmige Gestalt der N. oder durch Oberflächenbereiche mit unterschiedlicher Albedo verursacht sind; die mittlere Albedo beträgt 0,10. Beobachtungen mittels der Raumsonde Voyager 2 ergaben, daß die Oberfläche der N. eine reine Kraterlandschaft darstellt, die durch keine geologischen Prozesse wesentlich beeinflußt wurde.

Bei der N. handelt es sich wahrscheinlich um einen Himmelskörper, der nicht seit seiner Entstehung dynamisch an den Neptun gebunden war, sondern erst später von ihm eingefangen wurde.

Hinsichtlich der Einordnung der N. in das System der Neptunsatelliten → Neptun.

Die N. wurde 1949 von G.P. Kuiper (1905–1973) entdeckt.

Netz, das Sternbild → Reticulum.

Neuer Stern, svw. Nova.

Neumond, ***Interlunium***, die Beleuchtungsform des Mondes, wenn dieser in Konjunktion zur Sonne steht; → Mondphase.

Neutrino *n*, ein Elementarteilchen aus der Gruppe der Leptonen. N.s entstehen u.a. beim β-Zerfall instabiler Atomkerne, wenn ein Proton in ein Neutron übergeht; dabei wird ein Positron und ein N. ausgesandt. Beim Übergang eines Neutrons in ein Proton wird ein Elektron und ein Antineutrino emittiert. Ein Neutrino-Antineutrino-Paar sowie zwei Photonen entstehen bei der Elektron-Positron-Paarvernichtung. N.s können außerdem bei der Abbremsung eines hochenergetischen Elektrons durch einen Atomkern oder bei der Wechselwirkung eines hochenergetischen Photons mit Atomkernen gebildet werden.

Es ist gegenwärtig noch unbekannt, ob N.s masselos oder massebehaftet sind. Falls sie Masse besitzen, beträgt ihre Ruhmasse höchstens 1/20000 der eines Elektrons. N.s tragen keine elektrische Ladung und unterliegen nur einer außerordentlich geringen Wechselwirkung mit Materie. Es gibt drei Neutrinofamilien: Außer N.s, die in Verbindung mit Elektronen bzw. Positronen auftreten (Elektronenneutrinos), existieren auch solche, die zusammen mit Müonen (Müonenneutrinos) und Tauonen (Tauonenneutrinos) in Erscheinung treten.

Neutrinoastronomie, Teilgebiet der Astronomie, das sich mit der Untersuchung der aus dem Weltall kommenden Neutrinos, besonders denen von der Sonne, befaßt.

Neutrinos entstehen in Sternen u.a. bei Kernprozessen im Rahmen der Energiefreisetzung, wenn Atomkerne einen β-Zerfall erleiden. Dabei geht ein Proton in ein Neutron über und sendet ein Positron sowie ein Neutrino aus. In Hauptreihensternen (also auch in der Sonne) werden dadurch bei jeder Bildung eines Heliumkerns zwei Neutrinos frei, in der Sonne insgesamt etwa $1{,}8 \cdot 10^{38}$ Neutrinos je Sekunde. In Sternen mit Zentraltemperaturen höher als etwa $3 \cdot 10^8$ K und entsprechend hohen Photonenenergien ist die Paarentstehung von Elektronen und Positronen möglich. Bei der unmittelbar folgenden Paarvernichtung, bei der diese Bildung wieder rückgängig gemacht wird, entsteht jeweils auch ein Neutrino-Antineutrino-Paar. Ein derartiges Paar kann auch dann gebildet werden, wenn hochenergetische Photonen mit Atomkernen wechselwirken, oder wenn hochenergetische Elektronen im elektrischen Feld von Atomkernen abgebremst werden, möglicherweise auch bei Plasmaschwingungen. Ein kurzer, aber sehr starker Neutrinostrom wird bei einer Supernovaexplosion ausgelöst, wenn ein Neutronenstern gebildet wird: Beim Übergang der Sternmaterie in ein Neutronengas wird bei jeder Umwandlung eines Protons in ein Neutron auch ein Neutrino frei.

Außerhalb von Sternen entstehen Neutrinos, wenn hochenergetische Teilchen der Kosmischen Strahlung mit Atomkernen der interstellaren Materie zusammenstoßen und dabei π- oder K-Mesonen gebildet werden, da beim anschließenden Zerfall der Teilchen auch Neutrino-Antineutrino-Paare entstehen; dieser Prozeß kann sich auch in der Erdatmosphäre abspielen.

Das Weltall ist mit einer großen Menge Neutrinos geringer Energie angefüllt, die noch aus der Frühphase des Weltalls stammen (→ Kosmologie). Ihre Anzahl übertrifft die der vorhandenen Protonen um etwa das 10^9fache.

Neutrinos und Antineutrinos haben eine extrem geringe Wechselwirkungswahrscheinlichkeit mit Materie: Ein Neutrinostrahl kann Millionen Sterne durchqueren, ohne merklich geschwächt zu werden. Alle im Innern eines Sterns entstehenden Neutrinos können daher frei in den Raum entweichen. Sie bringen Kunde aus dem tiefen Innern der Sterne im Gegensatz zur elektromagnetischen Sternstrahlung, die ihren Ursprung in den Sternatmosphären hat.

Gegenwärtig können (routinemäßig) nur die von der Sonne stammenden Neutrinos untersucht werden. Ihr Fluß in Erdentfernung von rund $6 \cdot 10^{10}$ Teilchen je Quadratzentimeter und je Sekunde ist so groß, daß trotz der außerordentlich geringen Wechselwirkung mit Materie in geeigneten Detektoren eine genügend große Anzahl von Reaktionen nachweisbar ist, so daß statistisch zuverläßliche Aussagen gemacht werden können. Alle übrigen kosmischen Neutrinoquellen liefern entweder einen zu geringen permanenten Neutrinostrom oder Neutrinos mit Energien unter der Nachweisgrenze der jetzigen Detektoren.

Neutrinos werden auf Grund der von ihnen in einem geeigneten Detektormaterial verursachten Atomkernumwandlungen oder der bei der Wechselwirkung mit Elektronen entstehenden Sekundärstrahlung (Tscherenkow-Strahlung) nachgewiesen. Da die Neutrinos für die Reaktionen jeweils eine bestimmte Mindestenergie benötigen, machen sich in Abhängigkeit vom verwendeten Detektormaterial immer nur Neutrinos mit Energien größer als die Mindestenergie bemerkbar. Die Beobachtungen werden durch Prozesse gestört, die u.a. durch die Kosmische Strahlung und die Gammastrahlung aus der natürlichen Radioaktivität irdischen Gesteins verursacht werden. Zur Reduzierung dieser Störeinflüsse verlegt man die Neutrinodetektoren tief unter die Erdoberfläche und umgibt sie mit einem geeigneten Schutzmantel.

In Neutrinodetektoren, die die Umwandlung von Atomkernen durch Neutrinos zum Nachweis verwenden, dienen Chlorkerne mit der Massezahl 37 und Galliumkerne der Massezahl 71 als Detektormaterial. Die Chlor-37-Kerne gehen bei der Reaktion mit Neutrinos in radioaktive Argon-37-Kerne über, die sich mit einer Halbwertszeit von 35 Tagen wieder in Chlor-37-Kerne umwandeln. Zur Umwandlung eines Chlorkerns muß ein Neutrino mindestens eine Energie von 0,814 MeV haben; nur etwa 0,01% aller Sonnenneutrinos besitzen eine derart hohe Energie. Bei der Reaktion der Gallium-71-Kerne mit Neutrinos entstehen Germanium-71-Kerne, die sich mit einer Halbwertszeit von 11,4 Tagen in Gallium-37-Kerne rückverwandeln. Die Mindestneutrinoenergie beträgt in diesem Fall 0,236 MeV, die von etwa der Hälfte aller Sonnenneutrinos erreicht wird.

Ein Sonnenneutrinodetektor, der mit Chlor als Detektormaterial arbeitet, befindet sich in einem etwa 1500 m tiefen Bergwerk in den USA und besteht aus einem Tank mit 390 m^3 Tetrachlorethylen (C_2Cl_4). Nach einer Zeitdauer von zwei bis drei Halbwertszeiten, nachdem sich im Detektor ein Gleichgewicht zwischen der Bildung und dem Zerfall von Argon-37-Kernen eingestellt hat, wäscht man das Argon mit Helium aus dem Detektormaterial aus und bestimmt die Anzahl der radioaktiven Argon-37-Kerne. Ein Galliumneutrinodetektor arbeitet im Gran-Sasso-Untergrundlabor in den Abruzzen (Italien) unter einer 1200 m mächtigen Gesteinsschicht. Er besteht aus einem 70 m^3 großen Tank mit 30,3 t Gallium in Form von 101 t konzentrierter $GaCl_3$-HCl-Lösung. Die bei den Neutrinoreaktionen entstehende leichtflüchtige Verbindung $GeCl_4$ wird nach etwa drei Wochen mit Stickstoff aus der Lösung ausgespült, in das Gas GeH_4 umgewandelt und die Zahl der radioaktiven Germanium-71-Kerne registriert. Ein anderer Galliumneutrinodetektor, der mit 60 t Galliummetall arbeitet, befindet sich im Baksan-Neutrinolabor im Kaukasus. In Japan ist in der Kamioka-Mine ein Neutrinodetektor in Gebrauch, mit dem man in einem 2180-Tonnen-Wassertank die Tscherenkow-Strahlung registriert, die bei der Wechselwirkung von Neutrinos mit Elektronen entsteht. Mit diesem Detektor lassen sich nur Sonnenneutrinos mit einer Energie über 7,3 MeV nachweisen, doch werden im Gegensatz zu den übrigen Detektoren die Reaktionen in Echtzeit registriert; außerdem läßt sich die Einfallsrichtung der Neutrinos feststellen. Dieses Nachweisprinzip liegt auch den Neutrinobeobachtungseinrichtungen zugrunde, die gegenwärtig im Pazifik nahe Hawaii und im Antarktiseis eingerichtet werden. Die dabei zum Nachweis verwendeten Wasser- bzw. Eismengen übertreffen die des Kamioka-Detektors um das Vielfache.

Auf Grund eines theoretischen Sonnenmodells (Standardsonnenmodell) läßt sich für jeden Detektor die Anzahl der zu erwartenden Neutrinoreaktionen berechnen. Eine Reaktion pro Sekunde bei 10^{36} Zielatomen bezeichnet man als 1 SNU (von *s*olar *n*eutrino *u*nit, engl., ‚Sonnenneutrinoeinheit'). Sämtliche Neutrinodetektoren registrieren weniger als die erwartete Anzahl von Reaktionen: Bei dem Chlordetektor werden 7,9 SNU erwartet, in der 20jährigen Meßzeit wurden im Mittel aber nur 2,2 SNU registriert. Mit dem Gran-Sasso-Galliumdetektor wurden statt der erwarteten 132 SNU während der ersten etwa 10monatigen Meßzeit im Mittel 83 SNU gefunden. Auch beim Kaukasus-Galliumdetektor ergaben sich wesentlich weniger Neutrinoreaktionen als erwartet, doch sind die Ergebnisse dieser Beobachtungen noch nicht sehr zuverlässig. Die in Japan durchgeführten Beobachtungen liefern nur etwa 48% der erwarteten Ereignisse.

Bisher ist unklar, wie diese Diskrepanz zwischen theoretisch vorhergesagten und den gemessenen Reaktionen zu deuten ist. Es könnte sein, daß das Standardsonnenmodell aus einem nicht bekannten Grund den zu erwartendenden Neutrinofluß überschätzt (→ Sternaufbau), während es hingegen durch andere Beobachtungen im wesentlichen bestätigt wird. Möglicherweise liegt es auch an noch unbekannten Eigenschaften der Neutrinos. Falls die Neutrinos eine endliche Ruhmasse besitzen, könnten sich die in der Sonne entstehenden Elektronenneutrinos während der Laufzeit von der Sonne zur Erde in Müonen- oder Tauonenneutrinos umwandeln, die weder vom Chlor- noch von den Galliumdetektoren registriert werden können, auch ein Tscherenkow-Strahlung-Detektor spricht auf diese Neutrinos etwa siebenmal weniger stark an als auf Elektronenneutrinos: Die Zahl der registrierten Neutrinoereignisse muß dann notwendigerweise unter der Zahl der erwarteten liegen.
Außerhalb der routinemäßigen Beobachtungen von Sonnenneutrinos wurden bisher nur noch von der Supernova 1987A nachweislich Neutrinos registriert. Sie machten sich in nicht für astronomische Zwecke gebauten Detektoren durch die von ihnen ausgelöste Tscherenkow-Strahlung bemerkbar. Die Gesamtzahl dieser Neutrinos betrug aber nur 19 (→ Supernova).

Neutron *n*, ein elektrisch neutrales Elementarteilchen der Masse 1,6747 10^{-27} kg. Die N.en gehören zu den Nukleonen, sie sind zusammen mit den positiv geladenen Protonen die Bausteine der Atomkerne. Ein N. ist um etwa 2,5 Elektronenmassen schwerer als ein Proton. Als freies Teilchen wandelt es sich mit einer Halbwertszeit von 10,1 min unter Aussendung eines Elektrons und eines Antineutrinos in ein Proton um. Freie N.en kommen u.a. in der Kosmischen Strahlung vor, wo sie als Folge von Kernzertrümmerungen entstehen.

Neutronenstern, extrem kleiner und dichter Stern, in dessem Innern die Materie im wesentlichen aus freien Neutronen besteht. Die in N.en herrschenden Dichten betragen bis über 10^{15} g/cm³ (über 1 Mrd. Tonnen je cm³) und gehen damit selbst über die Dichte in Atomkernen hinaus. Ein N. entsteht am Ende der Entwicklung eines massereichen Sterns, wenn dieser als Supernova explodiert. Dabei kollabiert das Zentralgebiet des Sterns nahezu im freien Fall (→ Supernova). Beim Kollaps steigt mit der Dichte der Sternmaterie die Energie der Gaspartikeln. Freie Elektronen können dadurch in die Atomkerne eindringen, dort mit den Protonen reagieren und sie in Neutronen umwandeln, wobei jede Umwandlung mit dem Ausstoß eines Neutrinos aus dem Kern verbunden ist. Die entstehenden neutronenreichen Atomkerne reagieren miteinander und bilden sehr schwere Atomkerne, die die überzähligen Neutronen nicht mehr binden können und sie zunehmend ausstoßen. Bei Dichten über rund $2 \cdot 10^{14}$ g/cm³ existieren schließlich nur noch freie Neutronen, die dicht gepackt sind und eine Art riesigen Atomkern bilden. Von den freien Neutronen erleiden einige wenige einen β-Zerfall, bei dem sie unter Aussendung jeweils eines Elektrons und eines Antineutrinos in Protonen übergehen; der Übergang wird zwar durch einen inversen β-Zerfall schnell wieder rückgängig gemacht, doch sind insgesamt immer einige Protonen und Elektronen in der Neutronensternmaterie vorhanden.
Zur theoretischen Modellierung eines N.s muß die Zustandsgleichung des Neutronengases bekannt sein, die die Druckabhängigkeit von der Materiedichte beschreibt. Aus Laborexperimenten kann man darüber keine Aufschlüsse erwarten, da sich derartig hohe Dichten experimentell nicht realisieren lassen; man ist auf rein theoretische Untersuchungen angewiesen. In dem Dichtebereich, in dem die freien Neutronen wie ein normales (partiell) entartetes Gas ohne Wechselwirkung reagieren, ist der Druck im wesentlichen unabhängig von der Temperatur und allein von der Dichte abhängig. Bei sehr hohen Dichten werden Wechselwirkungen zwischen den dichtgepackten Neutronen wesentlich, da diese sich bei Unterschreitung eines bestimmten Abstandes gegenseitig abstoßen. Ebenso müssen relativistische Effekte berücksichtigt werden, da sich alle Teilchen im Innern eines N.s mit nahezu Lichtgeschwindigkeit bewegen. Insgesamt ist die theoretische Beschreibung des Materiezustandes in den N.en noch nicht mit der gewünschten Genauigkeit möglich, was sich auf die Genauigkeit überträgt, mit der Modelle von N.en gegenwärtig berechnet werden können.
Ein mögliches Modell eines N.s von 1,4 Sonnenmassen läßt sich in folgender Weise beschreiben (Abb.): Der Radius beträgt 10,6 km. Ganz außen befindet sich eine normale gasförmige Atmosphäre, die wegen der extrem hohen Schwerkraft an der Sternoberfläche auf wenige Zentimeter zusammengepreßt ist; ihre Temperatur beträgt rund $1 \cdot 10^6$ K. Nach innen wächst als Folge des herrschenden mechanischen Gleichgewichts (→ Sternaufbau) Druck und Dichte. Bis in eine Tiefe von etwa 300 m, bei der die Dichte rund $4 \cdot 10^{11}$ g/cm³ beträgt, gibt es mehr oder minder neutronenreiche Atomkerne. Von da an, bis zu einer Tiefe von etwa 900 m, bei der etwa $2 \cdot 10^{14}$ g/cm³ erreicht werden, existieren neben sehr schweren, extrem neutronenreichen Kernen freie Neutronen, die sich gitterförmig anordnen und eine feste Kruste bilden. Darunter sind keine Atomkerne mehr vorhanden,

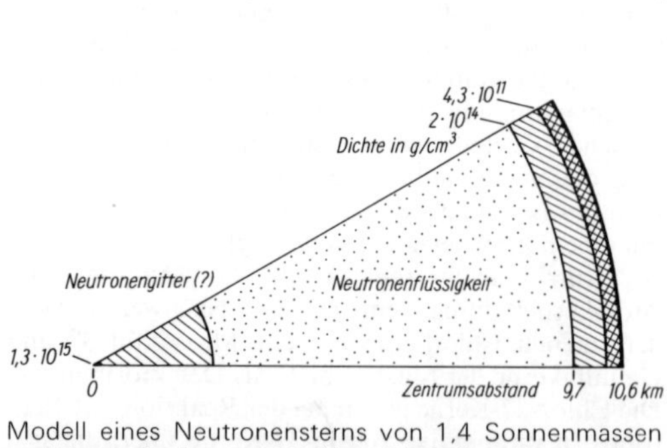

Modell eines Neutronensterns von 1,4 Sonnenmassen und einem Radius von 10,6 km. Die äußere Kruste (doppelt schraffiert) enthält neutronenreiche schwere Atomkerne, die innere Kruste (einfach schraffiert) zusätzlich freie Neutronen. Die Existenz eines festen Neutronengitters im Zentralgebiet ist ungewiß

sondern nur noch freie Neutronen, die superflüssig, also keinen Reibungskräften unterworfen sind. Die vorhandenen wenigen Protonen und freien Elektronen machen die Materie supraleitend. Im Zentrum des Sterns kann es – je nach der verwirklichten Zustandsgleichung – einen festen, aus einem Neutronengitter gebildeten Bereich geben.

Der Radius der N.e nimmt (ähnlich wie bei den Weißen Zwergen) mit wachsender Sternmasse ab. Entsprechend gibt es eine obere Grenzmasse, jenseits der kein N. existiert. Diese Grenzmasse dürfte zwischen etwa 2 und 3 Sonnenmassen liegen. Sie läßt sich gegenwärtig nicht genau angeben, da sie wesentlich durch die Zustandsgleichung der Neutronenmaterie bestimmt wird. Wahrscheinlich gibt es auch eine untere Grenzmasse für N.e, die in der Größenordnung von 0,2 Sonnenmassen liegen dürfte, da bei geringeren Massen die Gravitationskraft nicht ausreicht, um den Stern in seinem extrem dichten Zustand zu halten.

In einem N. ist die Bindungsenergie der Materie so groß, daß ein bis zu 10prozentiger Massedefekt eintritt: Ein N. wirkt nach außen mit einer kleineren Masse als der, die sich durch Summation der Massen aller Partikeln ergibt. Bei einigen N.en, die Mitglieder von Doppelsternen sind, gelang es, die Massen empirisch zu bestimmen. Sie liegen alle nahe zwischen 1,2 und 1,6 Sonnenmassen, damit deutlich unter der zu erwartenden oberen Grenzmasse von N.en.

Da beim Kollaps sowohl der Drehimpuls als auch wegen der hohen elektrischen Leitfähigkeit der Sternmaterie der magnetische Fluß (die über die Fläche aufsummierte Magnetfeldstärke) erhalten bleiben, ist zu erwarten, daß N.e nach ihrer Entstehung außerordentlich rasch rotieren und ein extrem hohes Magnetfeld besitzen. (Würde z.B. die Sonne plötzlich zu einem N. schrumpfen, läge die Rotationsgeschwindigkeit am Äquator bei 2/3 der Lichtgeschwindigkeit, die Rotationsperiode bei 0,0005 s, und die Stärke des globalen Magnetfeldes bei rund 10^7 Tesla.) Schnell rotierende N.e mit extrem hohen Magnetfeldern können unter geeigneten Beobachtungsbedingungen als Pulsare in Erscheinung treten (→ Pulsar).

Den empirischen Beweis für die Bildung von N.en bei Supernovaexplosionen liefert der Krebsnebel: Er ist der gasförmige Überrest einer im Jahre 1054 erfolgten Supernovaexplosion, der stellare Überrest ist ein im Zentrum des Krebsnebels befindlicher Pulsar.

Die Existenz von N.en wurde 1934 von W. Baade (1893–1960) und F. Zwicky (1898–1974) als möglich angesehen. L.D. Landau (1908–1968) sowie J.R. Oppenheimer (1904–1967) und G.M. Volkoff entwickelten später die ersten Modelle von N.en.

New General Catalogue of Nebulae and Clusters of Stars [engl., ‚Neuer allgemeiner Katalog von Nebeln und Sternhaufen'], Abk. NGC, ein → Sternkatalog.

Newton, Sir Isaac, engl. Naturforscher, geb. 4.1.1643 in Wollsthorpe bei Grantham, gest. 31.3.1727 in Kensington. Newton ist einer der bedeutendsten Naturforscher. Er begründete die klassische Mechanik, stellte drei nach ihm benannte Bewegungsgesetze auf und fand vor allem das Gravitationsgesetz. Damit konnte er eine physikalische Begründung für die von J. Kepler (1571–1630) gefundenen Bewegungsgesetze der Planeten geben und die Masse von Himmelskörpern berechnen sowie Präzession und Nutation wie auch Ebbe und Flut erklären. Er beschäftigte sich weiterhin mit Problemen der Optik und gab 1671 das Konstruktionsprinzip für ein Spiegelteleskop an. In der Mathematik begründete er unabhängig von G.W. Leibniz (1646–1716) die Infinitesimalrechnung und die Grundlagen der Integralrechnung.

Newton, Maßeinheit der Kraft, Einheitenzeichen N.

Newton-Spiegel, ***Newton-System***, → Spiegelteleskop.

N-Galaxie, ein extragalaktisches Sternsystem, das durch einen kleinen, sternähnlich erscheinenden Kern gekennzeichnet ist, der von einer leuchtkraftschwächeren, relativ kompakten, nebelartig erscheinenden Hülle, dem Rest des Sternsystems, umgeben ist.

NGC, Abk. für New General Catalogue of Nebulae and Clusters of Stars [engl., ‚Neuer allgemeiner Katalog von Nebeln und Sternhaufen']. NGC in Verbindung mit einer Zahlenangabe, z.B. NGC 224, bezeichnet entweder ein extragalaktisches Sternsystem (im Beispiel den Andromedanebel), einen Sternhaufen oder einen galaktischen Nebel, wobei die Zahl die Nummer angibt, unter der das Objekt in dem Katalog verzeichnet ist.

Niveau, in der Atomphysik svw. Energiezustand, Energiestufe; → Atom.

n-Körperproblem, svw. Mehrkörperproblem.

nm, Einheitenzeichen für Nanometer.

Nor, Abk. für Norma.

Nordamerikanebel, ein im Sternbild Cygnus (Schwan) liegender leuchtender galaktischer Nebel, der etwa die gleichen Umrisse wie der nordamerikanische Kontinent hat (Abb., Seite 272). Der N. befindet sich in einer Entfernung von etwa 1000 pc von der Sonne.

Norden, eine → Himmelsrichtung.

Nördliche Krone, das Sternbild → Corona Borealis.

Nordlicht, → Polarlicht.

Nordpol, derjenige Rotationspol eines Himmelskörpers des Planetensystems, der in der gleichen Hemisphäre bezüglich der Hauptebene des Planetensystems (die angenähert mit der Ebene der Ekliptik übereinstimmt) liegt wie der N. der Erde.

Nordpolarsequenz, svw. Polsequenz.

Nordpunkt, derjenige der beiden Schnittpunkte des Himmelsmeridians mit dem wahren Horizont, der die geringere Poldistanz hat (Abb. → Koordinaten).

Nordstern, der → Polarstern.

Norma [lat.], *Gen.* Normae, abg. ***Nor***, ***Lineal***, ***Winkelmaß***, in der Milchstraße liegendes Sternbild des südlichen Himmels, das von unseren Breiten aus nicht sichtbar ist.

Normalastrograph *m*, spezieller mehrlinsiger photographischer → Refraktor.

Nova [stella nova, lat., ‚neuer Stern'] *f*, *Plur.* Novae, veränderlicher Stern mit einer plötzlichen Helligkeitszunahme von etwa 7 bis 16 mag, was einer Leuchtkraftsteigerung um rund das 1000- bis 1000000fache entspricht. Die Bezeichnung Nova, ‚neuer Stern', ist

Teile des Nordamerikanebels (NGC 7000) im Sternbild Cygnus (Schwan). (Aufgenommen mit dem 2-m-Schmidt-Teleskop des Karl-Schwarzschild-Observatoriums Tautenburg)

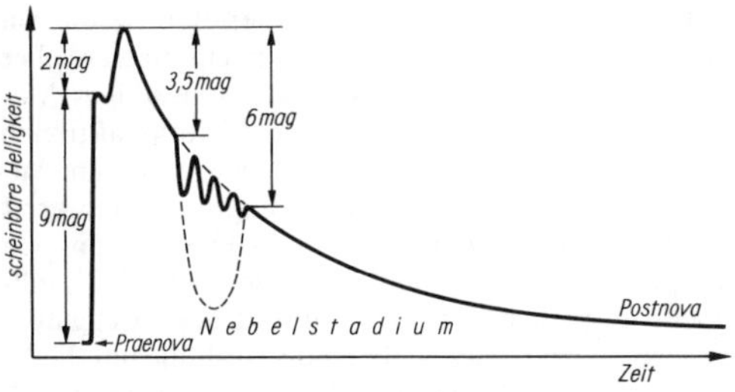

Abb. 1: Schematische Lichtkurve einer Nova, wobei die Zeitskala zunehmend gestaucht ist

unzutreffend und nur historisch bedingt, da es sich bei den Novae nicht um neuentstandene, sondern um bereits vorhandene Sterne handelt, die eine Helligkeitsausbruch erleiden.

Die visuelle Helligkeit einer N. steigt von dem ***Praenova***-Zustand in zwei bis drei Tagen bis zu einem Vormaximum an, das etwa 2 mag unter dem Hauptmaximum liegt. Im Vormaximum kann der Helligkeitsanstieg für mehrere Stunden bis zu einigen Tagen zum Stillstand kommen, bevor das endgültige Maximum erreicht wird; bei sehr schnellen Helligkeitsanstiegen tritt das Vormaximum vielfach nicht in Erscheinung. Der Helligkeitsabfall nach dem Hauptmaximum verläuft zunächst im allg. glatt. Ihm schließt sich ein Abschnitt mit mehr oder minder raschen Schwankungen an, wobei gelegentlich auch nur ein einziges tiefes relatives Helligkeitsminimum durchlaufen wird. Der letzte, endgültige Abfall zur Normalhelligkeit nimmt wieder einen ruhigen Verlauf (Abb. 1). Je nach der Schnelligkeit des ersten Helligkeitsabfalls nach dem Maximum teilt man die Novae in drei Gruppen ein: Bei den schnellen Novae (Typbezeichnung Na) folgt nach einem schnellen Helligkeitsanstieg auch ein schneller Abfall; in weniger als 100 Tagen sinkt die Helligkeit um 3 mag, bei den sehr schnellen Novae sogar in weniger als 20 Tagen. Bei den langsamen Novae (Typ Nb) dauert der Helligkeitsabfall um 3 mag nach dem Maximum länger als 100 Tage, wobei die auftretenden, mehr oder minder tiefen Zwischenminima nicht berücksichtigt werden. Die sehr langsamen Novae (Typ Nc) können viele Jahre im Maximum verharren und werden nur ganz allmählich schwächer. Eine rasche N. erreicht nach mehreren Jahren, eine sehr langsame N. erst nach einigen Jahrzehnten einen normalen Endzustand, den einer ***Postnova***, mit etwa gleicher Helligkeit wie vor dem Ausbruch. Eine Postnova hat vielfach einen lebhaften Lichtwechsel mit geringer Amplitude.

Die Novaspektren besitzen einige grundsätzliche Gemeinsamkeiten. Bei den wenigen Spektren, die bisher während des Helligkeitsanstiegs einer N. gewonnen werden konnten, handelt es sich um normale Sternspektren des Spektraltyps B oder A, deren Absorptionslinien nach dem violetten Spektralbereich verschoben sind. Die Verschiebung entspricht einer Expansionsgeschwindigkeit der äußeren Sternschichten von etwa 100 bis 1000 km/s; die Geschwindigkeiten sind bei den schnellen Novae größer als bei den langsamen. Im Helligkeitsmaximum gleicht das Absorptionslinienspektrum etwa dem eines A- oder F-Überriesensterns; die Violettverschiebung der Absorptionslinien ist zu dieser Zeit noch größer als während des Helligkeitsanstiegs. In dieser Phase tauchen Emissionslinien auf, von denen die stärksten vom Wasserstoff und von einfach ionisierten Metallen stammen: Die expandierenden äußeren Sternschichten bilden jetzt eine Gashülle um den Stern, die von ihm zunehmend zum Leuchten angeregt wird. Kurz nach dem Maximum besitzen einzelne Linien neben einer schmalen, nach dem violetten Spektralbereich verschobenen Absorptionskomponente eine unverschobene breite Emissionskomponente (Abb. 2). Diese

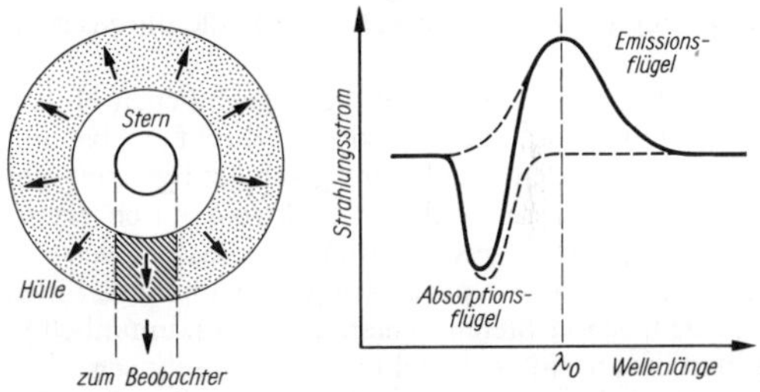

Abb. 2: Zur Deutung der beobachteten Linienprofile in den Novaspektren. Links: Expandierende leuchtende Hülle (punktiert) mit dem Teil (schraffiert), in dem die dem Sternspektrum aufgeprägten Absorptionsflügel entstehen. Rechts: Zusammengesetztes Linienprofil; λ_0: Wellenlänge des unverschobenen Linienmaximums

stammt von der nach allen Seiten expandierenden, nunmehr durchsichtig gewordenen Hülle, die Absorptionskomponente wird durch die in der Sichtlinie vor dem Stern befindlichen und sich dem Beobachter nähernden Hüllenmaterie verursacht. Zum Teil beobachtet man eine Aufspaltung der Absorptionslinien in zwei oder mehr Komponenten: Die Hülle ist offenbar nicht notwendigerweise homogen, sie kann aus mehreren, möglicherweise auch unsymmetrischen Teilen bestehen, die unterschiedliche Expansionsgeschwindigkeiten haben. Mit fortschreitender Expansion sinkt die Gasdichte in der Hülle, damit auch die Stärke der Absorptionslinien, bis diese schließlich ganz verschwinden, so daß ein reines Emissionslinienspektrum beobachtet wird, das u.a. vom Wasserstoff, Helium, Kohlenstoff und Eisen herrührt. Diese Elemente können z.T. auch mehrfach ionisiert sein. Im weiteren Verlauf tauchen „verbotene“ Linien auf, z.B. vom zweifach ionisierten Sauerstoff und vom sechsfach ionisierten Eisen und Calcium. Zu diesem Zeitpunkt ist die Gasdichte in der Hülle vergleichbar der in interstellaren Gasnebeln geworden; man bezeichnet diese Entwicklungsphase einer N. entsprechend als Nebelstadium. Die „verbotenen“ Linien verschwinden erst nach dem Erreichen des Postnovazustands: Die vom Stern abgestoßene Materie hat sich dann völlig im interstellaren Raum zerstreut. Das Spektrum einer Postnova entspricht etwa dem eines O- oder B-Sterns.

Im infraroten Spektralbereich steigt die Strahlungsintensität erst einige Wochen nach dem Helligkeitsmaximum des sichtbaren Bereichs stark an. Die Infrarotstrahlung stammt von Staubteilchen, die sich aus dem bei der Ausdehnung abkühlenden Hüllengas bilden. Sie absorbieren Sternlicht des ultravioletten und sichtbaren Spektralbereichs und reemittieren die aufgenommene Energie im infraroten Bereich als Wärmestrahlung. Das im visuellen Spektralbereich während des Helligkeitsabfalls gelegentlich beobachtete tiefe Helligkeitsminimum ist wahrscheinlich durch Staubteilchen verursacht: Bei diesen Novae ist die Hülle dann noch relativ dicht, aber schon kühl genug, um viele, das Sternlicht absorbierende Teilchen entstehen zu lassen. Mit der weiteren Hüllenexpansion werden sie mit dem Gas im Raum verteilt; die Absorption wird entsprechend geringer, so daß wieder mehr Strahlung im visuellen Bereich die Hülle durchsetzen kann.

Bei einigen Novae konnten die abgestoßenen Hüllen einige Jahre nach dem Maximum direkt beobachtet werden. Aus den Wachstumsgeschwindigkeiten der Hüllendurchmesser und den spektroskopisch ermittelten Expansionsgeschwindigkeiten lassen sich die Entfernungen der Novae bestimmen und mit ihnen aus den beobachteten scheinbaren Maximumhelligkeiten die absoluten berechnen. Bei den sehr schnellen Novae ergibt sich im visuellen Spektralbereich eine absolute Maximumhelligkeit von im Mittel etwa -8^m, bei den langsamen Novae von etwa -6^m. Die Postnovae haben visuelle Absoluthelligkeiten von etwa $+5^m$. Die Masse der abgestoßenen Hülle beträgt etwa 10^{-5} bis 10^{-4} Sonnenmassen.

Die physikalische Ursache eines Novaausbruchs sind thermonukleare Prozesse an der Oberfläche eines Weißen Zwerges, der Mitglied eines halbgetrennten Doppelsternsystems ist. Die andere Doppelsternkomponente ist ein kühler, relativ massearmer Hauptreihenstern, der seine kritische Roche-Fläche (→ Äquipotentialfläche) ausfüllt. Von seiner Oberfläche fließt vorwiegend aus Wasserstoff bestehende Materie zum Weißen Zwerg über, die eine Akkretionsscheibe um ihn bildet (→ kataklysmische Veränderliche), aus der Materie auf den Weißen Zwerg gelangt. Infolge der hohen Schwerkraft an dessen Oberfläche wird das aufgesammelte Gas stark komprimiert, so daß es entartet, außerdem wächst mit zunehmender Schichtdicke die Temperatur an der Schichtuntergrenze. Beim Erreichen der Zündtemperatur für das Wasserstoffbrennen setzt dieses wegen der Gasentartung in Form eines sog. Flashs (→ Sternentwicklung) ein, bei dem die freigesetzte Energie zunächst nur zu einer weiteren Temperaturerhöhung, nicht zu einer Expansion führt. Erst wenn die Temperaturen einige 10^7 K erreicht haben und die Gasentartung aufgehoben ist, expandieren die wasserstoffbrennenden Schichten explosionsartig. Die Heftigkeit des Ausbruchs ist dabei vom erreichten Entartungsgrad bestimmt, der u.a. von der Masse des Weißen Zwerges und der Schnelligkeit der Masseablagerung abhängt: Wenn auf einem massearmen Weißen Zwerg viel Materie in kurzer Zeit abgelagert wird, kann diese, beim Aufprall auf den Weißen Zwerg erhitzte Materie nur langsam abkühlen und demzufolge nicht stark entarten; der Ausbruch ist entsprechend schwach. Ein starker Ausbruch erfolgt, wenn ein massearmer Weißer Zwerg langsam, ein massereicher nicht zu schnell genügend viel reaktionsfähiges Material angesammelt hat. Die bei den Kernreaktionen freigesetzten Energien bewirken einen enormen Anstieg der Leuchtkraft, die die Eddington-Leuchtkraft übersteigt. Dadurch werden die äußeren, von den Kernprozessen noch nicht erfaßten Teile der Hüllschicht zusätzlich vom Strahlungsdruck „weggeblasen"; sie bilden die expandierende Gashülle um die N. Alle empfangene Strahlung stammt zunächst von dieser Hülle. Mit ihrer Expansion wird die die Strahlung emittierende Oberfläche größer, während ihre Temperatur sinkt. Das Strahlungsmaximum liegt anfänglich im ultravioletten Spektralbereich, mit abnehmender Temperatur verschiebt es sich in den sichtbaren Bereich, so daß die Strahlungsintensität in diesem Spektralbereich im Zusammenwirken mit der Vergrößerung der Hüllenoberfläche insgesamt ansteigt. Das Helligkeitsmaximum wird im Visuellen dann erreicht, wenn die Temperatur auf etwa 7000 bis 10000 K gefallen ist; der Hüllenradius hat dann etwa das 1000- bis 10000fache des ursprünglichen Sternradius erlangt. Bei großen Expansionsgeschwindigkeiten, wie bei den schnellen Novae, tritt das Helligkeitsmaximum im visuellen Bereich schneller ein als bei geringen Expansionsgeschwindigkeiten. Mit weiter fallender Temperatur im Hüllengas steigt dessen Absorptionsfähigkeit. Die von innen kommende Strahlung wird dadurch zunehmend in tieferliegenden Hüllenschichten absorbiert und von dort in den Weltraum reemittiert, da die äußeren Hüllenschichten infolge ihrer abnehmenden Dichte immer strahlungsdurchlässiger werden: Die lichtaussendenden Schichten bleiben hinter dem äußeren Hüllenrand immer weiter zurück.

Die abgestoßene Hülle enthält nur einen Teil der auf dem Weißen Zwerg insgesamt abgelagerten reaktionsfähigen Materie. Die Kernprozesse können daher in der beim Stern zurückgebliebenen Materie längere Zeit stetig weitergehen, was bei den sehr langsamen Novae am ausgeprägtesten ist. Mit der Erschöpfung des Brennstoffvorrats sinkt die Leuchtkraft, und der Stern geht in den Postnovazustand über.

Die gelegentlich beobachteten Abweichungen der abgestoßenen Hüllen von der Kugelsymmetrie werden möglicherweise dadurch verursacht, daß die auf dem Weißen Zwerg abgelagerte Materie nicht gleichmäßig auf der Oberfläche verteilt wird: Die aus der Akkretionsscheibe kommende Materie trifft in einem gürtelförmigen Bereich auf den Stern auf, außerdem wird die Ablagerung wahrscheinlich durch Magnetfelder beeinflußt. Die Kernreaktionen werden vermutlich auch nicht gleichzeitig auf einer geschlossenen Kugelfläche gezündet, sondern breiten sich von einer lokal begrenzten Stelle mehr oder minder schnell aus, so daß die Hüllenexpansion wahrscheinlich an unterschiedlichen Stellen zu etwas unterschiedlichen Zeiten mit etwas unterschiedlichen Geschwindigkeiten einsetzt.

Das Gesamtlicht einer Postnova setzt sich aus der Strahlung des Weißen Zwerges mit seiner heißen und nur langsam abkühlenden Oberfläche und der Strahlung der anderen Doppelsternkomponente zusam-

men, außerdem trägt die Akkretionsscheibe und der sog. heiße Fleck auf ihr (→ Akkretionsscheibe) zur Gesamtstrahlung bei. Die im Gesamtlicht einer Postnova vielfach beobachteten mehr oder minder regelmäßigen Helligkeitsvariationen mit Amplituden von z.T. 1 mag sind möglicherweise durch einen ungleichmäßigen Materiefluß von der materieabgebenden Doppelsternkomponente verursacht, wodurch es zu Helligkeitsschwankungen des heißen Flecks sowie der Akkretionsscheibe selbst kommt. Die Helligkeitsvariationen könnten aber auch durch Pulsationen des Weißen Zwerges verursacht sein.
Das Doppelsternsystem, dem der als N. aufleuchtende Weiße Zwerg angehört, bleibt durch den Ausbruch weitgehend unbeeinflußt, nur der Komponentenabstand wird etwas geringer, da das System mit der Hüllenmaterie auch Drehimpuls verliert. Durch das Heranrücken der masseabgebenden Komponente an den Weißen Zwerg wird der Materiezustrom in Richtung auf den Weißen Zwerg durch den Novaausbruch nicht unterbrochen: Der Ausbruch kann sich in Abhängigkeit von der Überfließgeschwindigkeit und der Masse des Weißen Zwerges nach einer gewissen Zeit wiederholen, was bei den ***wiederkehrenden Novae*** beobachtet wird. Die Zeitdifferenzen zwischen zwei Ausbrüchen reichen von wenigen Jahren bis zu etwa 80 Jahren. Bei wiederkehrenden Novae sind die Helligkeitsausbrüche mit etwa 7 bis 9 mag etwas geringer als bei den normalen Novae. Im allg. wird angenommen, daß grundsätzlich alle Novae wiederkehrend sind mit Zwischenzeiten, die in der Größenordnung von 10^4 bis 10^5 Jahren liegen.
Eine normale N. gibt im Röntgenbereich weit weniger als ein Prozent der im optischen Bereich emittierten Strahlung ab. Bei den sog. Röntgennovae, von denen bisher nur wenige entdeckt wurden, ist der Röntgenstrahlungsstrom dagegen um etwa einen Faktor 1000 größer. Aller Wahrscheinlichkeit nach ist in diesen Doppelsternsystemen die masseaufsammelnde Komponente kein Weißer Zwerg, sondern ein kompakteres Objekt, möglicherweise ein Schwarzes Loch. Darauf deuten Massebestimmungen an Doppelsternsystemen mit einem derartigen Röntgenstrahlungsausbruch hin, die auf Massen größer als die Grenzmasse von Neutronensternen führen. Der Strahlungsausbruch dürfte auf Prozesse zurückgehen, die sich in der Akkretionsscheibe um das kompakte Objekt abspielen, doch sind die Einzelheiten noch weitgehend unbekannt.
Die Novae gehören vorwiegend zur Scheibenpopulation; sie konzentrieren sich im Milchstraßensystem gegen das galaktische Zentrum. Auch in einigen Kugelsternhaufen, die zur extremen Population II gehören, wurden Novae beobachtet. Die Gesamtzahl der im Milchstraßensystem innerhalb eines Jahres aufleuchtenden Novae dürfte etwa 50 betragen, doch wird nur ein kleiner Teil beobachtet; die übrigen sind hinter dichten interstellaren Dunkelwolken verborgen. Die Gesamtzahl der bisher beobachteten galaktischen Novae beträgt mehr als 250.
Novae wurden auch in zahlreichen extragalaktischen Sternsystemen gefunden, im Andromedanebel z.B. rund 130 und in der Großen und in der Kleinen Magellanschen Wolke jeweils etwa 10.

Nova-ähnliche Veränderliche, Sterne, deren Helligkeitsvariation und deren spektrales Verhalten Ähnlichkeiten mit denen der Novae haben. Die N.n V.n gehören zu den kataklysmischen Veränderlichen, deren Lichtwechsel mit dem Überströmen von Materie in einem engen Doppelsternsystem in Verbindung steht, wobei die masseaufnehmende Komponente ein Weißer Zwerg ist. Die Gruppe der N.n V.n ist sehr uneinheitlich: Bei einem Teil der Mitglieder dürfte es sich um alte Novae handeln, deren Ausbruch jedoch nicht beobachtet wurde, andere Mitglieder gleichen eher Zwergnovae, bei wieder anderen ist das Spektrum und der Lichtwechsel durch die Akkretionsscheibe des Systems bestimmt; sie haben Ähnlichkeiten mit Be-Veränderlichen.

Novula *f*, veraltete Bezeichnung für eine wiederkehrende Nova.

N-Stern, Stern der → Spektralklasse N.

Nukleonen, Bausteine der Atomkerne, gemeinsame Bezeichnung für Protonen und Neutronen.

Nutation [nutare, lat., ‚schwanken'] *f*, in der Astronomie die kurzperiodischen Schwankungen der → Präzession.

O

OB-Assoziation, ***O-Assoziation***, → Sternassoziation.

Oberon *m*, der äußerste Uranussatellit. Der O. bewegt sich in einer nahezu kreisförmigen Bahn mit einer großen Halbachse von 582600 km und einer Exzentrizität von 0,001 in 13 d 11,1 h rechtläufig um den Uranus. Die Bahn ist gegen dessen Äquatorebene nur um 0,1° geneigt. Die Rotationsperiode des O.s ist wegen seiner gebundenen Rotation gleich der Umlaufzeit. Der Durchmesser des O.s beträgt 1550 km, die Masse $2{,}9 \cdot 10^{21}$ kg und die mittlere Dichte etwa 1,5 g/cm³. Die mittlere Albedo beläuft sich auf rund 0,20. In Oppositionsstellung erreicht die scheinbare visuelle Helligkeit des O.s etwa $14^{m}_{,}2$.
Genauere Kenntnisse über die Oberflächenstrukturen ergaben erst Beobachtungen mit Hilfe der Raumsonde Voyager 2. Danach sind große Teile des bei diesen Beobachtungen erfaßten Oberflächenareals mit Eis bedeckt. Es finden sich viele Einschlagkrater, von denen die größten infolge des hellen Eisüberzugs nur schwer erkennbar sind. Auffällig ist – und sonst bei keinem anderen Uranussatelliten beobachtet –, daß der Boden der Krater mit einem dunklen Material unbekannter Zusammensetzung ausgefüllt ist. Größere, durch tektonische Prozesse verursachte Oberflächenstrukturen sind auf dem O. kaum vorhanden. Wie die mittlere Dichte zeigt, gehört der O. zu den eisartigen planeta-

ren Himmelskörpern. Wassereis bildet wahrscheinlich den Hauptbestandteil des Krustenmaterials, doch dürften auch leichtflüchtige Substanzen wie Methan und Ammoniak sowie dunkle, meteoroidische Materie beigemengt sein.
Hinsichtlich der Einordnung des O.s in das System der Uranussatelliten → Uranus.
Der O. wurde 1787 von W. Herschel (1738–1822) entdeckt.

Objektiv *n*, → Fernrohr.

Objektivprisma, ein vor dem Objektiv eines Fernrohrs befindliches Glasprisma zur Erzeugung von Sternspektren; → Spektralapparat.

Observatorium *n*, allgemein ein Institut für astronomische, meteorologische oder geophysikalische Beobachtungen; insbesondere eine → Sternwarte.

Oceanus [lat., ‚Ozean'] *m*, Bezeichnung für ein großes Mare auf dem Mond.

Ochsentreiber, das Sternbild → Bootes.

Oct, Abk. für Octans.

Octans [lat.], *Gen.* Octantis, abg. ***Oct, Oktant***, Sternbild, in dem der südliche Himmelspol liegt und das von unseren Breiten aus nicht sichtbar ist.

Ofen, das Sternbild → Fornax.

Offener Sternhaufen, eine Ansammlung von etwa 10 bis einigen 1000 Sternen mit im allg. geringer Konzentration gegen das Haufenzentrum. Einige Offene S. sind mit bloßem Auge sichtbar, z.B. die Plejaden und die Hyaden im Sternbild Taurus (Stier) und die Praesepe im Sternbild Cancer (Krebs); Abb. 1.
Benennung. Die Offenen S. tragen z.T. eigene Namen, z.B. die Plejaden, im allg. werden sie mit der Nummer bezeichnet, unter der sie im Messier-Katalog (abg. M) oder im New General Catalogue of Nebulae and Clusters of Stars (engl., ‚Neuer Generalkatalog von Nebeln und Sternhaufen'; abg. NGC) mit den beiden Ergänzungen Index Catalogue I bzw. II (engl., ‚Indexkatalog'; abg. IC I und IC II) aufgeführt sind. Objekte, die in beiden Katalogen erscheinen, werden nach Belieben mit einer der beiden Bezeichnungsmöglichkeiten belegt. Neu entdeckte Offene S. benennt man mit dem abgekürzten Namen einer Entdeckungsliste und der Nummer, unter der sie in der Liste aufgeführt sind.
Durchmesser, Sterndichte, Masse. Die wahren Durchmesser der Offenen S. liegen zwischen etwa 1 und 20 pc, etwa 80% haben Durchmesser zwischen 2 und 6 pc; im allg. sind sternreiche und stark konzentrierte Haufen kleiner als sternarme und weniger kompakte Haufen. Die Durchmesserangaben sind unsicher, da für Sterne am Rand eines Haufens deren Haufenzugehörigkeit z.T. schwer feststellbar ist. Die Verteilung der Sterne in einem Offenen S. ist meist kugelsymmetrisch. Ihre Anzahldichte übersteigt die in

Abb. 1: Die Offenen Sternhaufen h und χ Persei. (Aufgenommen mit dem 2-m-Schmidt-Teleskop des Karl-Schwarzschild-Observatoriums Tautenburg)

der Umgebung der Sonne im Mittel um etwa das 200fache, bei einigen Sternhaufen, z.B. bei M 11, aber auch um etwa das 1000fache, bei den Hyaden hingegen nur um ungefähr das 30fache.
An besonderen Einzelsternen findet man neben einer großen Zahl von Doppelsternen auch Veränderliche, meist vom Typ der unregelmäßigen Veränderlichen. Metallinien- und Emissionsliniensterne sind relativ häufig.
Die Gesamtmasse eines Offenen S.s wird entscheidend von der Zahl seiner Mitglieder bestimmt und beträgt im Mittel etwa 2000 Sonnenmassen, wobei sternarme Haufen nur auf etwa 100, sternreiche hingegen auf mehr als 10000 Sonnenmassen kommen.
Farben-Helligkeits-Diagramm. Im Farben-Helligkeits-Diagramm liegen die Bildpunkte der Mitglieder eines Offenen S.s überwiegend auf der Hauptreihe, einige auch auf dem Riesenast, der durch die Hertzsprung-Lücke deutlich von der Hauptreihe getrennt ist. Die Hauptreihe ist mit Bildpunkten von Sternen geringer Masse und daher geringer Leuchtkraft her bis zu einem bestimmten Punkt bevölkert und biegt dann in Richtung auf das Gebiet der Roten Riesen ab (Abb. 2). Dieser Abknickpunkt liegt bei Far-

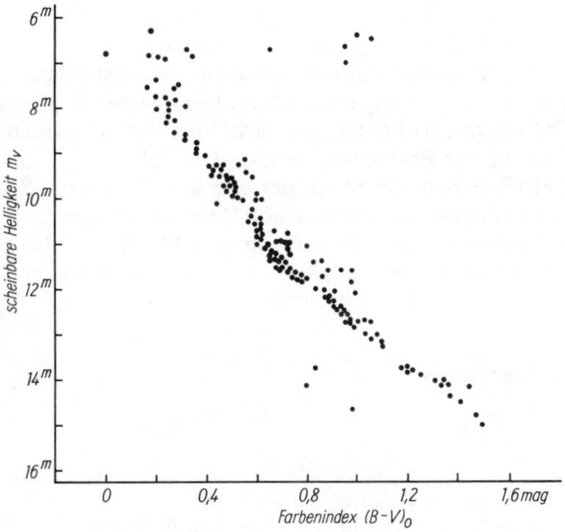

Abb. 2: Farben-Helligkeits-Diagramm des Offenen Sternhaufens Praesepe. Die Bildpunkte etwa 1 mag über der mittleren und unteren Hauptreihe stammen wahrscheinlich von optisch nicht aufgelösten Doppelsternen

benindizes $(B-V)_0 \lessapprox 0{,}4$ mag (entsprechend den F-Sternen und früher), bei einigen Haufen hat der Abknickpunkt einen Farbenindex $(B-V)_0 < 0$ mag (entsprechend den B- und O-Sternen). Die Hauptreihe ist im allg. schmal und scharf ausgeprägt. Bei einzelnen Haufen liegen parallel zur Hauptreihe, aber um etwa 1 mag zu größeren Leuchtkräften versetzt, noch einzelne Bildpunkte, wahrscheinlich von optisch nicht aufgelösten Doppelsternen.
Die Struktur der Farben-Helligkeits-Diagramme läßt sich mit Hilfe der Theorie der Sternentwicklung ver-

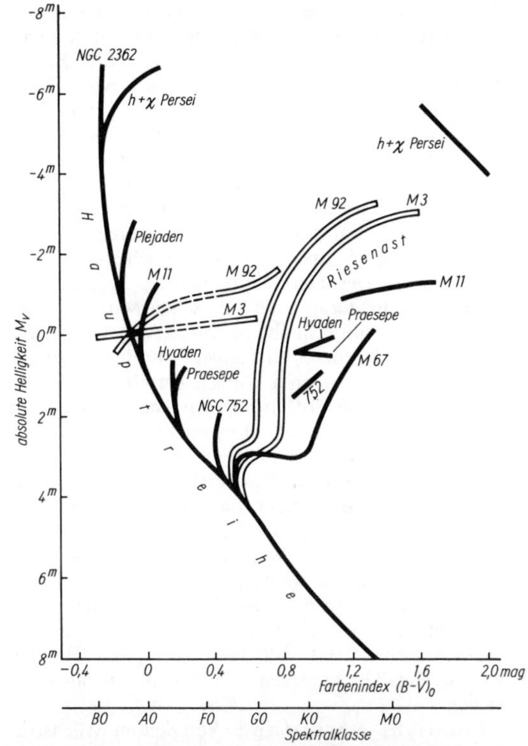

Abb. 3: Schematische Farben-Helligkeits-Diagramme einiger Offener Sternhaufen im Vergleich zu denen der Kugelsternhaufen M 3 und M 92

stehen, wenn man annimmt, daß alle Haufenmitglieder nahezu gleichzeitig, jedoch mit unterschiedlicher Masse entstanden sind: Die Hauptreihe wird von Sternen bevölkert, in deren Zentralgebiet noch das Wasserstoffbrennen stattfindet. Je massereicher ein Stern ist, um so eher ist der Wasserstoffvorrat im Zentrum verbraucht, und um so eher wandert sein Bildpunkt in das Gebiet der Roten Riesen ab (→ Sternentwicklung). Mit dem Älterwerden eines Sternhaufens verschiebt sich daher der Abknickpunkt längs der Hauptreihe von links oben (dem Gebiet der massereichen Sterne) nach rechts unten, so daß seine Lage das Alter eines Haufens angibt. Die ältesten Offenen S. sind fast $8 \cdot 10^9$ Jahre alt; ihr Farben-Helligkeits-Diagramm, bei dem sich an die Hauptreihe direkt der Riesenast anschließt, ist ähnlich dem eines Kugelsternhaufens (Abb. 3). Bei sehr jungen, nur einige 10^6 Jahre alten Haufen weitet sich die Hauptreihe im Bereich der massearmen Sterne nach rechts hin etwas auf. Offenbar handelt es sich dabei um Sterne, die sich noch im Vor-Hauptreihenzustand befinden. Zu diesen Sternen gehören auch die in einigen Offenen S. beobachteten T-Tauri-Veränderlichen. Noch keine allgemein akzeptierte Erklärung gibt es für die „Blauen Nachzüglersterne“ in einigen Offenen S.; es sind dies Hauptreihensterne, deren Bildpunkte links vom Abknickpunkt liegen (→ Sternentwicklung).

Auflösung. Offene S. können nicht beliebig lange Zeit existieren: In einem Haufen mit hoher Sterndichte kommt es zwischen den Mitgliedern zu nahen Begegnungen und einem starken Austausch von Bewegungsenergie. Dadurch können einzelne, vor allem massearme Sterne Geschwindigkeiten größer als die Entweichgeschwindigkeit des Haufens erreichen. Diese Sterne gehen dem Haufen verloren, während sich die verbleibenden, da sie kinetische Energie abgegeben haben, dichter um das Zentrum gruppieren, was den Energieaustausch und damit das beschleunigte Abwandern weiterer Sterne fördert. Der Haufen wird kleiner und dichter und die Zahl seiner Mitglieder immer geringer; übrig bleibt ein enges Mehrfachsystem aus wenigen Sternen. Bei Haufen mit einer geringen anfänglichen Sterndichte können einzelne, am Rand liegende Mitgliedsterne bei nahen Begegnungen mit Feldsternen oder massereichen interstellaren Wolken soviel zusätzliche Bewegungsenergie erhalten, daß sie den Haufen verlassen. Die restlichen Haufensterne rücken weiter auseinander, da die Massenanziehung innerhalb des Haufens sinkt; ihre gravitative Bindung wird lockerer und die Wahrscheinlichkeit des Ablösens weiterer Sterne wächst, bis sich schließlich alle Sterne im allgemeinen Sternfeld verstreut haben. Lokkere Offene S., wie die Hyaden, können schätzungsweise nur einige 100 Mill. Jahre, kompakte Haufen, wie die Plejaden, hingegen viele Milliarden Jahre bestehen.

Räumliche Verteilung. Von den im Milchstraßensystem vermutlich insgesamt existierenden 15000 bis 20000 Offenen S. kennt man bisher nur etwa 1200, da die meisten von der Sonne aus gesehen hinter dichten Dunkelwolken verborgen sind. Die Offenen S. sind stark gegen die galaktische Ebene konzentriert; vor allem die jüngeren von ihnen sind häufig mit Wolken interstellarer Materie assoziiert und kommen vorwiegend in Spiralarmen vor.

Sowohl das Farben-Helligkeits-Diagramm als auch die räumliche Verteilung im Milchstraßensystem sowie das im allg. sehr geringe Alter weisen die Offenen S. als Vertreter der extremen Population I aus.

Klassifikation. Offene S. werden vielfach hinsichtlich der Zahl ihrer Mitglieder, deren Konzentration gegen das Haufenzentrum sowie hinsichtlich der Häufigkeitsverteilung der Mitgliedsterne nach der absoluten Helligkeit klassifiziert. Diese Merkmale haben z.T. den Nachteil, daß sie sich auf scheinbare und nicht auf physikalische Eigenschaften stützen. Ein rein physikalisches Klassifikationsprinzip benutzt das Aussehen des Farben-Helligkeits-Diagramms, somit die Verteilung der Haufensterne nach Spektraltyp und Leuchtkraft: Bei Haufen des Typs 1 liegen die Bildpunkte aller Sterne auf der Hauptreihe zwischen den Spektralklassen O und M. Beim Typ 2 liegt eine geringe Zahl der Bildpunkte im Bereich der Roten Riesen, die Hauptmenge jedoch auf der Hauptreihe. Beim Typ 3 sind die meisten hellen Sterne Rote oder Gelbe Riesen, die übrigen Sterne Hauptreihensterne. Zusätzlich wird ein kleiner Buchstabe, und zwar o, b, a oder f, hinzugefügt, der der Spektralklasse der Sterne am Abknickpunkt des betreffenden Haufens entspricht. Nach dieser Klassifikation gehören z.B. die Plejaden zum Typ 1b, die Praesepe zum Typ 2a.

Offene S. beobachtet man außer im Milchstraßensystem auch in extragalaktischen Sternsystemen.

Öffnungsverhältnis, das Verhältnis von wirksamer Öffnung zur Brennweite eines → Fernrohrs.

OH/IR-Stern, ein Stern, der nur im infraroten (IR), nicht aber im sichtbaren Spektralbereich beobachtbar ist, und aus dessen Umgebung eine Maser-Strahlung vom Hydroxylradikal (OH) empfangen wird. Bei den

Einige hellere Offene Sternhaufen

Katalognummer		Koordinaten (2000)				m_{ges}	D	Bemerkungen
NGC	M	α		δ			′	
		h	min	°	′			
869		2	18,9	57	9	4^m	30	Perseus, h Persei
884		2	22,5	57	7	4^m	30	Perseus, χ Persei
1039	34	2	42,0	42	47	6^m	35	Perseus
	45	3	47,0	24	7	1^m	110	Taurus, Plejaden
1912	38	5	28,7	35	50	6^m	20	Auriga
1960	36	5	36,1	34	8	6^m	12	Auriga
2099	37	5	52,3	32	32	6^m	24	Auriga
2168	35	6	8,8	24	20	5^m	28	Gemini
2244		6	32,4	4	52	5^m	24	Monoceros
2323	50	7	2,9	−8	23	6^m	16	Monoceros
2548	48	8	13,7	−5	48	6^m	50	Hydra
2632	44	8	40,0	20	0	3^m	95	Cancer, Praesepe
2682	67	8	50,6	11	48	7^m	18	Cancer
6633		18	27,5	6	34	5^m	27	Ophiuchus
6705	11	18	51,0	−6	16	6^m	14	Scutum
7092	39	21	32,2	48	27	6^m	80	Cygnus

α: Rektaszension; δ: Deklination; m_{ges}: genäherte visuelle Gesamthelligkeit; D: genäherter scheinbarer Durchmesser. Unter Bemerkungen ist das Sternbild angegeben, in dem sich der Sternhaufen befindet, sowie der Name.

OH/IR-S.en handelt es sich aller Wahrscheinlichkeit nach um Riesensterne, in deren Zentralgebiet das Heliumbrennen erloschen ist, und die einen hohen Masseverlust erleiden, der etwa 10^{-5} bis 10^{-4} Sonnenmassen pro Jahr beträgt. In dem vom Stern abströmenden und sich dabei abkühlenden Gas bilden sich Staubteilchen, die das Sternlicht im visuellen und ultravioletten Spektralbereich vollständig absorbieren, wodurch der Stern im sichtbaren Bereich der Beobachtung entzogen wird. Die von den Teilchen aufgenommene Energie wird als Wärmestrahlung wieder emittieren, was den starken Infrarotstrahlungsstrom bedingt. Im abströmenden Gas kommt es außerdem zur Bildung von Molekülen. Die Hydroxylradikale werden auf ihrem Weg nach außen zur beobachteten Maser-Strahlung angeregt, doch ist der genaue Anregungsprozeß noch unbekannt. Bei einigen OH/IR-S.en wird auch von anderen Molekülen, z.B. Siliciumoxid (SiO) und Wasser (H_2O), Maser-Strahlung empfangen.
Zwischen den OH/IR-S.en und den Mira-Sternen bestehen gewisse Ähnlichkeiten: Die von den OH/IR-S.en ausgehende Radiofrequenzstrahlung ist langperiodisch veränderlich mit Perioden, die denen der Mira-Sternen entsprechen; einige Mira-Sterne sind mit schwachen OH-Maser-Quellen assoziiert.

Ökosphäre, eine Zone um einen Stern, in der die herrschenden physikalischen Bedingungen die Entstehung von Leben nicht von vornherein ausschließen; → Leben auf anderen Himmelskörpern.

Oktant, das Sternbild → Octans.

Okular *n*, Teil eines visuellen → Fernrohrs.

Olbers, Wilhelm, dtsch. Arzt und Astronom, geb. 11.10.1758 in Arbergen bei Bremen, gest. 2.3.1840 in Bremen. O. entdeckte außer den beiden Planetoiden Pallas und Vesta 6 Kometen und berechnete viele Kometenbahnen.

Olberssches Paradoxon [nach dem dtsch. Arzt und Astronomen W. Olbers, 1758–1840], die nicht mit den Beobachtungen übereinstimmende Aussage, daß unter der Annahme eines statischen, unendlich großen und zeitlich unbegrenzt lang existierenden Weltalls, das gleichmäßig mit Sternen erfüllt ist, der gesamte Himmel die gleiche Flächenhelligkeit haben muß wie etwa die Sonnenscheibe.
Bei einem statischen, unendlich ausgedehnten und gleichmäßig mit Sternen besetzten Weltall trifft der Sehstrahl in jeder Richtung in endlicher Entfernung auf eine Sternscheibe. Geht man von einer mittleren Anzahldichte von Sternen entsprechend der in der Sonnenumgebung aus, und nimmt man für alle Sterne Sonnengröße an, so würde die mittlere freie Sichtlinie in der Größenordnung von einigen 10^{16} pc liegen. Da die Flächenhelligkeit eines Objekts unabhängig von der Entfernung vom Beobachter ist (falls keine irgendwie geartete Extinktion das Licht schwächt; → Helligkeit), träfe der Sehstrahl auf eine Fläche, die gleich hell wie die Sonnenscheibe wäre. Da dies für jede beliebige Richtung gilt, wäre der gesamte Himmel gleißend hell. (Eine Strahlungsabsorption ändert an dem Paradoxon nichts, da die absorbierte Energie vom absorbierenden Körper wieder abgegeben werden muß; dieser würde dann entsprechend hell erscheinen.)
Die Lösung des Paradoxons folgt aus der Tatsache, daß das Weltall weder statisch ist noch unbegrenzt lange existiert: Das Alter des expandierenden Weltalls liegt in der Größenordnung von 10^{10} Jahren. Die von irgendeinem Stern kommenden Photonen können daher höchstens eine Strecke von rund 10^{10} Lichtjahren (rund $3 \cdot 10^9$ pc) durchlaufen haben, was um viele Größenordnungen kleiner als die oben angegebene Entfernung ist: Nur ein sehr kleiner Bruchteil der Himmelskugel wäre – falls die übrigen Voraussetzungen richtig wären – tatsächlich von Sternscheibchen bedeckt. Wegen der Expansion des Weltalls erleidet jedes einzelne von einer weitentfernten Lichtquelle zu uns gelangende Photon eine Rotverschiebung, die um so größer ist, je weiter die Quelle entfernt ist (→ Hubble-Effekt); die Rotverschiebung bedeutet eine Energieabnahme der Photonen. Wegen der Expansion ist außerdem die Zahl der je Zeiteinheit ankommenden Photonen gegenüber der Zahl der je Zeiteinheit von der Quelle ausgesandten Photonen verringert, wobei der Reduktionsfaktor von der Fluchtgeschwindigkeit der Quelle, also von ihrer Entfernung von der Sonne abhängt, so daß insgesamt die Flächenhelligkeit einer Lichtquelle um so stärker reduziert ist, je weiter diese entfernt ist.
Der Himmel kann auch aus einem anderen Grund nicht strahlend hell sein: Wäre es möglich, die gesamte im Weltall vorhandene Ruhmasse, deren mittlere Massendichte in der Größenordnung von einigen 10^{-31} g/cm³ liegt, in Strahlung umzuwandeln, so ergäbe sich auf Grund der Äquivalenz von Masse und Energie eine mittlere Energiedichte im Weltall in der Größenordnung von einigen 10^{-17} J/cm³. Diese Strahlungsenergiedichte entspricht der einer Hohlraumstrahlung mit einer Temperatur in der Größenordnung von 20 K. Das Strahlungsmaximum eines Körpers dieser Temperatur liegt weit im infraroten Spektralbereich, wäre also für uns absolut unsichtbar.

Oort, Jan Hendrik, niederl. Astronom, geb. 28.4.1900 in Franeker, gest. 5.11.1992 in Wassenaar; ab 1924 in Leiden, ab 1935 Prof. und von 1945 bis 1970 Direktor der Sternwarte in Leiden. O. arbeitete auf vielen Gebieten der Astronomie, u.a. dem Bau der Sternsysteme, speziell des Milchstraßensystems und dessen Rotation, beschäftigte sich mit der Kometenforschung und befruchtete die Radioastronomie entscheidend. Er war wesentlich an der Gründung der Europäischen Südsternwarte (ESO) beteiligt und von 1958–1961 Präsident der Internationalen Astronomischen Union.

Oortsche Kometenwolke [nach dem niederl. Astronomen J.H. Oort, 1900–1992], eine Ansammlung von schätzungsweise 10^{11} bis 10^{12} Kometen um die Sonne, die einen Raum mit einer Ausdehnung in der Größenordnung von 300000 AE einnimmt; → Komet.

Oortsche Rotationsformeln [nach dem niederl. Astronomen J.H. Oort, 1900–1992], mathematische Ausdrücke für die durch die differentielle Rotation des Milchstraßensystems verursachten Radialgeschwindigkeiten und Eigenbewegungen der in Sonnennähe befindlichen galaktischen Objekte; → Milchstraßensystem.

Opazität, Lichtundurchlässigkeit; die Eigenschaft durchstrahlter Materie, Strahlung zu schwächen.

Oph, Abk. für Ophiuchus.

Ophelia *f*, ein Zwergsatellit des Uranus. Die O. umläuft nahezu in einer Kreisbahn mit einer großen Bahnhalbachse von 53 770 km und einer Exzentrizität von 0,001 in 9,0 Stunden rechtläufig den Uranus. Die Bahn ist kaum gegen dessen Äquatorebene geneigt. Der Durchmesser der O. beträgt nur etwa 50 km. Hinsichtlich der Einordnung der O. in das System der Uranussatelliten → Uranus.
Die O. wurde 1986 mittels der Raumsonde Voyager 2 entdeckt.

Ophiuchus [griech.-lat.], *Gen.* Ophiuchi, abg. ***Oph***, ***Schlangenträger***, Sternbild der Äquatorzone, das das Sternbild Serpens (Schlange) in zwei Teile teilt, und das im Sommer am Abendhimmel sichtbar ist. Das Sternbild O. reicht z.T. in die Milchstraße hinein, die an dieser Stelle einen großen Reichtum an Strukturen mit hellen Sternwolken, Dunkelwolken und einer großen Zahl von Sternhaufen aufweist. Der hellste Stern, α Ophiuchi, ist → Ras Alhague. Die Sonne durchläuft den O. bei ihrer scheinbaren jährlichen Bewegung von Ende November bis Mitte Dezember. Obwohl dieses Sternbild von der Ekliptik geschnitten wird, zählt es nicht zu den Tierkreissternbildern.

Opposition, → Konstellation.

optische Dicke, Maß für die Strahlungsdurchlässigkeit einer Materieschicht. Die o. D. einer homogenen Materieschicht ist gleich dem Produkt aus der geometrischen (in Metern gemessenen) Schichtdicke und dem Extinktionskoeffizienten der Materie. Eine Materieschicht der o.n D. τ schwächt eine senkrecht hindurchgehende Strahlung um den Faktor $e^{-\tau}$ (e: Basis der natürlichen Logarithmen, $e \approx 2{,}72$); bei $\tau = 1$ wird die Strahlungsintensität auf rund 37% der ursprünglichen reduziert. Schichten mit einer o.n D. viel größer als 1 sind praktisch undurchsichtig ***(optisch dick)***; Schichten mit einer o.n D. merklich kleiner als 1 sind sehr durchsichtig ***(optisch dünn)***. Eine geometrisch dünne Schicht kann optisch dick sein, wenn die Extinktionsfähigkeit der Materie sehr groß ist, eine geringe Extinktionsfähigkeit kann zu einer hohen o.n D. führen, wenn die Schichtdicke genügend groß ist. Da die Extinktionsfähigkeit im allg. von der Wellenlänge der Strahlung abhängt, ist die o. D. einer gegebenen Materieschicht für Strahlung unterschiedlicher Wellenlänge unterschiedlich groß.

Ordnungszahl, ***Kernladungszahl***, die Anzahl der Protonen (Kernladungen) in einem Atomkern; → Atom.

Ori, Abk. für Orion.

Orientierung nach Gestirnen, die Bestimmung der Himmelsrichtung aus der Stellung der Gestirne. Da der Polarstern nahe am nördlichen Himmelspol liegt, findet man nachts (bei klarem Himmel) die Nordrichtung, indem man vom Polarstern aus das Lot auf den Horizont fällt; der Schnittpunkt des Lots mit dem Horizont liegt in unmittelbarer Nähe des Nordpunkts. Den Polarstern selbst findet man, wenn man die Verbindungslinie der hinteren Sterne des Großen Wagens um das Fünffache ihres Abstandes verlängert (Abb. → Ursa Maior). Tagsüber kann die ungefähre Südrichtung aus der Stellung der Sonne bestimmt werden. Dazu dreht man eine Uhr so, daß der Stundenzeiger auf die Sonne weist: Die Winkelhalbierende zwischen dem Stundenzeiger und der Richtung zur Zwölf (bei Sommerzeit zur Eins) des Zifferblatts zeigt dann etwa nach Süden.

Orion, *Gen.* Orionis, abg. ***Ori***, ***Himmelsjäger***, bekanntes Sternbild der Äquatorzone, das im Winter am Abendhimmel sichtbar ist. Die hellsten Sterne sind in so charakteristischer Weise angeordnet, daß das Sternbild selbst bei flüchtiger Betrachtung des Sternhimmels auffällt (Abb.). Etwa in Höhe des Himmelsäquators liegen in fast gleichen Abständen voneinander die drei Sterne δ, ε und ζ Orionis, die *Gürtelsterne* oder *Jakobsstab* genannt werden. Nördlich davon befinden sich die beiden hellen Schultersterne, von denen der östliche (α) → Beteigeuze heißt, der westliche (γ) → Bellatrix. Fast spiegelbildlich zu den Schultersternen liegen südlich von den Gürtelsternen die Fußsterne des O.s, von denen der westliche (β) → Rigel genannt wird. Die schwächeren Sterne etwa in der Mitte zwischen den Gürtel- und den Fußsternen nennt man das *Schwertgehänge*. Hiervon ist ϑ Orionis ein Mehrfachsternsystem aus 6 Sternen, von denen die vier hellsten trapezförmig angeordnet sind; sie werden entsprechend als *Trapez* bezeichnet. Sie gehören zu einem sehr jungen Sternhaufen mit rund 500 Mitglied-

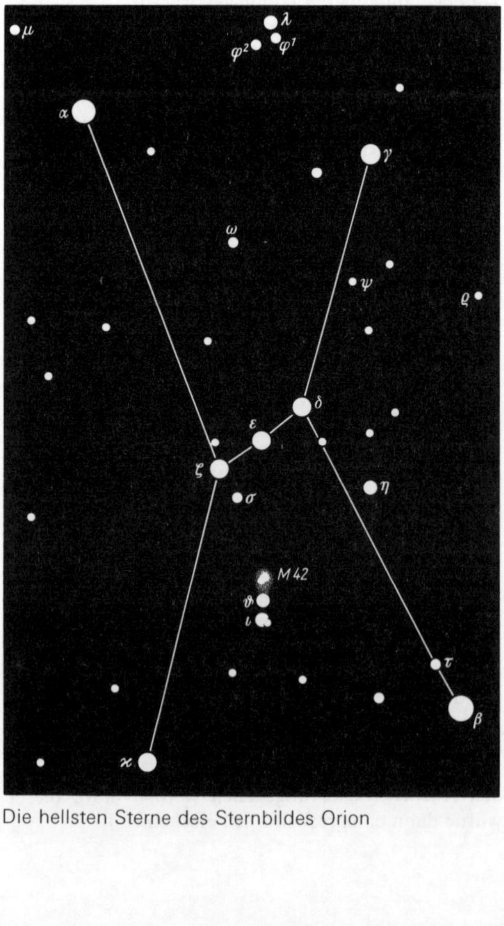

Die hellsten Sterne des Sternbildes Orion

Orionnebel (M42). Zur Hervorhebung schwacher Details ist der Helligkeitskontrast nachträglich verstärkt worden. (Aufgenommen mit dem 2-m-Schmidt-Teleskop des Karl-Schwarzschild-Observatoriums Tautenburg)

sternen, von denen die meisten nur im infraroten Spektralbereich beobachtet werden können, da sie hinter dichten interstellaren Staubwolken verborgen sind. An dieser Stelle des O.s befindet sich der große → Orionnebel (M 42), der hellste einer großen Zahl leuchtender interstellarer Gasnebel, die, von dunkler interstellarer Materie durchsetzt, sich durch weite Teile des Sternbildes ziehen.

Orionarm, Spiralarm oder Spiralarmzweig des Milchstraßensystems in der Sonnenumgebung, dessen ihn definierende OB-Assoziationen im Sternbild Orion liegen.

Orioniden, Meteorstrom, dessen Radiationspunkt im Sternbild Orion liegt; der ihn erzeugende Meteoroidenschwarm ist aus dem Halleyschen Kometen hervorgegangen.

Orionnebel, eine Ansammlung leuchtender interstellarer Materie im Sternbild Orion, die mit bloßem Auge als schwache, diffuse Erhellung um den mittleren Stern im sog. Schwertgehänge erkennbar ist (Abb., Seite 281). Das Leuchten rührt zum großen Teil von interstellarem Gas her, das durch benachbarte Sterne hoher Effektivtemperatur zum Leuchten angeregt wird; zu einem geringen Teil handelt es sich um an interstellaren Staubteilchen gestreute Sternstrahlung. Der sichtbare O. ist nur ein Teil eines größeren Komplexes interstellarer Materie, zu dem auch die Orionmolekülwolke gehört, in der sich einige sehr junge Sterne befinden, und in der die Sternbildung auch gegenwärtig noch stattfindet. Die Entfernung des O.s von der Sonne ist schwer abzuschätzen, sie mag 500 pc betragen; der Durchmesser des O.s liegt bei 2 bis 5 pc.

Orion-Veränderliche, ***Nebelveränderliche***, Sterne mit unregelmäßig veränderlicher Helligkeit, die mit Wolken interstellarer Materie in Verbindung stehen oder in deren Nähe beobachtet werden. Die O.-V.n, die die Typbezeichnung In (I von irregulär, n von Nebel) tragen, werden je nach der Art der Spektralklasse oder ihres Lichtwechsels in verschiedene Gruppen unterteilt: Die Sterne vom Typ Ina gehören zu frühen Spektralklassen (B oder A), die vom Typ Inb zu späteren Spektralklassen (F bis M), die O.-V.n mit einem schnellen Lichtwechsel werden zur Untergruppe Ins zusammengefaßt. Eine weitere Untergruppe bilden die → T-Tauri-Sterne (Bezeichnung InT). Beim Lichtwechsel der O.-V.n können sowohl langsame Schwankungen als auch kurze Minima, eruptionsähnliche Maxima oder halbperiodische Helligkeitsänderungen auftreten; die Amplituden betragen bis zu 4 mag.

Bei den O.-V.n handelt es sich um junge Hauptreihensterne und Unterriesensterne sowie um Sterne, die sich noch im Vor-Hauptreihenzustand befinden. Die Ursachen des Lichtwechsels sind noch weitgehend unbekannt.

Die RW-Aurigae-Sterne zeigen gleiches photometrisches Verhalten wie die O.-V.n, sind diesen also physikalisch ähnlich, nur treten sie offenbar nicht in Verbindung mit Wolken interstellarer Materie auf.

Die O.-V.n tragen ihren Namen, weil die ersten Vertreter dieser Veränderlichen im Orionnebel gefunden wurden.

Ort eines Gestirns (*Plur.* Örter), ***Position eines Gestirns***, die durch Koordinaten angegebene Lage eines Gestirns an der Himmelskugel.

Die Sternörter werden in einem geeigneten sphärischen Koordinatensystem vermessen (→ Koordinaten). Dabei kann die Festlegung des Ortes absolut, d.h. unabhängig von anderen Gestirnen, erfolgen (→ Fundamentalstern), sie kann auch relativ geschehen. Die Gesamtheit der Sterne mit absolut bestimmten Örtern definiert das benutzte Koordinatensystem; bei der relativen Ortsbestimmung werden diese Sternörter als gegeben betrachtet und die Örter anderer Gestirne relativ zu ihnen bestimmt. Dazu mißt man entweder am Himmel die Winkeldifferenzen zwischen dem Gestirn und mehreren Sternen mit bereits bekannten Koordinaten (Anschlußsternen), oder man mißt auf photographischen Aufnahmen in beliebigen ebenen rechtwinkligen Koordinaten sowohl den Ort des fraglichen Sterns als auch die Örter von Anschlußsternen und rechnet anschließend diese rechtwinkligen Koordinaten mit Hilfe der Himmelskoordinaten der Anschlußsterne um. Diese Umrechnung ist notwendig, weil die Photoplatten eine Projektion der Himmelskugel auf eine Tangentialebene an die Himmelskugel darstellen, somit ein verzerrtes Abbild der Sternpositionen an der Himmelskugel liefern. Außerdem können sich Verzerrungen infolge von Refraktionsdifferenzen zwischen den zenitnäheren und den weiter vom Zenit entfernten Sternen ergeben.

Die direkt gemessenen Örter sind nicht ohne weiteres mit den wahren Örtern identisch, weil u.a. die Refraktion zu einer Verkleinerung der gemessenen Zenitdistanz und die Aberration zu einer Verschiebung des Gestirnsortes in Richtung des Zielpunktes der augenblicklichen Bewegung des Beobachtungsortes führt. Für Gestirne, die Mitglieder des Sonnensystems sind, ergeben sich infolge der Parallaxe unterschiedliche scheinbare Positionen für ein und dasselbe Gestirn zu ein und derselben Beobachtungszeit, wenn die Messungen von verschiedenen Beobachtungsorten aus gemacht werden. (Bei Fixsternen ist dieser parallaktische Effekt unmeßbar klein.) Um einen Vergleich zwischen diesen verschiedenen gemessenen Örtern durchführen zu können, bezieht man alle Koordinaten auf den Erdmittelpunkt, geht also von den beobachteten topozentrischen zu geozentrischen Koordinaten über. Die gemessenen Gestirnsörter gelten nur jeweils für einen bestimmten Zeitpunkt (Epoche), da die Grundebenen der benutzten Koordinatensysteme Verlagerungen unterworfen sind, die durch Präzession und Nutation bzw. durch Polhöhenschwankungen verursacht werden. Um Einheitlichkeit zu erreichen, werden die beobachteten Koordinaten auf die Lage des Koordinatensystems zu einer Normalepoche umgerechnet. Die in die Umrechnungsformeln eingehenden Konstanten können z.T. theoretisch berechnet werden, z.T. muß man ihre numerischen Werte durch Messungen empirisch bestimmen (→ Astrometrie).

Der von den Einflüssen der Refraktion befreite beobachtete O. e. G. wird als ***scheinbarer Ort*** bezeichnet. Er ist noch mit den Einflüssen der Aberration behaftet und auf die momentane Lage des Koordinatensystems im Augenblick der Beobachtung bezogen. Befreit man

den scheinbaren Ort von den Aberrationseffekten, ergibt sich der ***wahre Ort***; auch er ist auf die momentane Lage des Koordinatensystems bezogen. Aus ihm ergibt sich durch die Befreiung von den Einflüssen der Nutation der ***mittlere Ort***. Bezieht man die Koordinaten auf ein bestimmtes Äquinoktium, z.B. auf den Beginn eines bestimmten Jahres, so erhält man den mittleren Ort für die entsprechende Epoche. In Sternkarten und -katalogen sind im allg. mittlere Sternörter für die Normalepoche 1950,0 oder 2000,0 (den astronomischen Beginn des Jahres 1950 bzw. 2000) angegeben, in astronomischen Jahrbüchern auch mittlere und wahre Örter für einzelne Tage.
Zum Auffinden von Sternen am Himmel, deren Ort in einem Katalog oder Jahrbuch verzeichnet ist, müssen an die Katalog- und Jahrbuchangaben die entsprechenden Reduktionen in entgegengesetzter Richtung angebracht werden.
Die Bestimmung des Ortes eines Gestirns ist Aufgabe der Astrometrie.

Ortsbestimmung, → geographische Ortsbestimmung (für Orte auf der Erde), → Ort eines Gestirns (für Orte am Himmel).

Ortszeit, die auf den Meridian des Beobachtungsortes bezogene Zeit.

Oskulationsepoche, → Störungsrechnung.

oskulierende Elemente, → Störungsrechnung.

Osten, → Himmelsrichtung.

Osterdatum, der Kalendertag des ersten Osterfeiertages. Nach der auf dem Konzil zu Nicäa im Jahre 325 festgesetzten Regel findet das Osterfest am ersten Sonntag nach dem ersten Vollmond im Frühling statt. Wegen der komplizierten Mondbewegung ist eine strenge Berechnung des O.s schwierig. Im Gregorianischen Kalender verwendet man dazu im allg. die von C.F. Gauß (1777–1855) aufgestellte ***Gaußsche Osterregel***. Dabei kommt es gelegentlich zu Differenzen zwischen dem nach astronomischen Gesichtspunkten und dem nach der Osterregel berechneten O., was u.a. daran liegt, daß in der Osterregel als Datum des Frühlingsbeginns grundsätzlich der 21. März genommen wird. Unberücksichtigt bleibt weiterhin die Stunde des Eintritts des wahren Vollmonds, für den der 14. Tag im synodischen Monat festgelegt ist und nicht das Datum der Opposition von Sonne und Mond.

Datum des 1. Ostertages für den Zeitraum 1990 bis 2000

15. April 1990	3. April 1994	12. April 1998
31. März 1991	16. April 1995	4. April 1999
19. April 1992	7. April 1996	23. April 2000
11. April 1993	30. März 1997	

O-Stern, Stern der → Spektralklasse O.

Ostpunkt, derjenige der beiden Schnittpunkte des Himmelsäquators mit dem (wahren) Horizont, in dem ein auf dem Himmelsäquator befindliches Gestirn bei der scheinbaren täglichen Bewegung in den sichtbaren Teil der Himmelskugel übertritt. Der Gegenpunkt, in dem dieses Gestirn untergeht, ist der Westpunkt. Zur Tagundnachtgleiche geht die Sonne im O. auf.

Ozonosphäre, Schicht der Erdatmosphäre, in der das Ozon seine höchste Konzentration hat; → Erdatmosphäre.

P

Pa, Einheitenzeichen für Pascal.

Paarentstehung, die Bildung eines Teilchen-Antiteilchen-Paares. Eine P. kann bei der Wechselwirkung von Photonen oder hochenergetischen Elementarteilchen (z.B. Elektronen) mit anderen Teilchen stattfinden. Auf Grund der Äquivalenz von Masse und Energie (→ Relativitätstheorie) müssen die wechselwirkenden Photonen oder Elementarteilchen mindestens die Energie $2\,m_0 c^2$ besitzen, wenn das entstehende Teilchen und sein Antiteilchen jeweils die Ruhmasse m_0 haben (c bedeutet die Lichtgeschwindigkeit). Bei der ***Paarvernichtung*** (Annihilation, Zerstrahlung), dem zur P. entgegengesetzten Vorgang, wird beim Zusammentreffen eines Teilchens mit seinem Antiteilchen deren beider Masse in die Energie zweier entsprechend hochenergetischer Photonen sowie zweier Neutrinos überführt, doch können auch zwei oder mehr Pionen (instabile Elementarteilchen aus der Familie der Mesonen) gebildet werden.

Pallas *f*, ein Planetoid, der auf einer elliptischen Bahn mit einer großen Halbachse von 2,771 AE und einer Exzentrizität von 0,234 in 4,614 Jahren die Sonne umläuft; die Bahnebene ist um 34,8° gegen die Ekliptikebene geneigt. Der Pallaskörper kann durch ein dreiachsiges Ellipsoid angenähert werden, dessen größter Durchmesser 574 km und dessen kleinster 501 km beträgt, der mittlere Durchmesser liegt bei 533 km. Die Masse der P. beläuft sich auf etwa $2{,}8 \cdot 10^{20}$ kg und die mittlere Dichte auf rund 3,5 g/cm³.
Die P. rotiert mit einer Periode von 7,811 Stunden.
Die P. wurde als zweiter Planetoid 1802 durch W. Olbers (1758–1840) entdeckt.

Palus [lat., ‚Sumpf'] *f*, *Plur.* Paludes, Bezeichnung für eine Oberflächenstruktur auf dem Mond ähnlich einem kleinen Mare.

Pan *m*, der innerste Saturnsatellit. Der P. bewegt sich auf einer Kreisbahn mit einem Radius von 133 570 km in 13 h 48 min rechtläufig um den Saturn, und zwar in der Enckeschen Teilung des A-Ringes vom Saturn. Wahrscheinlich ist diese Teilung eine Folge der gravitativen Wirkung des P.s auf die Ringpartikeln. Der P. ist ein Zwergsatellit, dessen Durchmesser bei nur etwa 20 km liegt.
Hinsichtlich der Einordnung des P.s in das System der Saturnsatelliten → Saturn.
Der P. wurde 1990 von M.R. Showalter auf Bildern des mit Hilfe der Raumsonden Voyager 1 und 2 gemachten Saturnringaufnahmen entdeckt.

Pandora *f*, ein Saturnsatellit. Die P. bewegt sich auf einer kreisnahen Ellipsenbahn, deren große Halbachse 141 700 km und deren Exzentrizität 0,004 beträgt, in 15 h 6 min rechtläufig um den Saturn. Die Bahnebene der P. liegt fast genau in der Äquatorebene des Saturns. Wegen der gebundenen Rotation ist die Rotationsperiode der P. gleich ihrer Umlaufzeit. Die P. ist ein unregelmäßig geformter Himmelskörper, der sich angenähert durch ein dreiachsiges Ellipsoid mit den Achslängen 110, 86 und 74 km beschreiben läßt. Über die Oberflächenbeschaffenheit ist nichts Sicheres bekannt. Die relativ hohe Albedo von über 0,4 sowie die Färbung deuten auf Wassereis als hauptsächliches Oberflächenmaterial hin, dem vielleicht Gesteinsteilchen meteoroidischen Ursprungs beigemengt sind.
Die P. sorgt zusammen mit dem Satelliten Prometheus als sog. „Schäferhundsatelliten" für die Stabilität des F-Rings des Saturns.
Hinsichtlich der Einordnung der P. in das System der Saturnsatelliten → Saturn.
Die P. wurde 1980 mit Hilfe der Raumsonde Voyager 1 entdeckt.

Parabel, → Kegelschnitt.

parabolische Geschwindigkeit, svw. Entweichgeschwindigkeit.

Paradiesvogel, das Sternbild → Apus.

parallaktisches Lineal, historisches astronomisches → Instrument.

parallaktische Verschiebung, → Parallaxe.

Parallaxe [griech., ‚Abweichung'] *f*, ***1)*** der Winkel, unter dem eine bestimmte Strecke (die Basis) bei senkrechter Draufsicht von einem entfernten Beobachtungsort aus erscheint. Die P. ist um so kleiner, je weiter der Beobachtungsort von der Basis entfernt ist. Durch die Messung der P. kann bei bekannter Basislänge die Entfernung Basis–Beobachtungsort bestimmt werden.

2) in der Astronomie die Entfernung eines Gestirns.

Absolut bestimmte Entfernungen

Als absolut bestimmte (primäre) Entfernungen bezeichnet man alle die, zu deren Ermittlung man keine Kenntnis der Entfernung eines anderen Objekts benötigt. Alle geometrischen Entfernungsbestimmungsmethoden sind absolut.

Die Himmelskörper erscheinen von der Erde aus an die Himmelskugel projiziert; verändert sich der Beobachtungsort, so verschiebt sich der projizierte Ort an der Himmelskugel. Die ***parallaktische Verschiebung*** ist um so größer, je geringer die Gestirnsentfernung und je größer die Ortsveränderung des Beobachters ist. Die Verschiebung an der Himmelskugel ist dabei gleich dem Winkel, unter dem vom Gestirn aus gesehen die Verbindungslinie der beiden Beobachtungsorte erscheint, also gleich der P. des Gestirns in bezug auf die durch die beiden Beobachtungsorte aufgespannte Basis (Abb. 1). Eine Standortänderung des Beobachters gegenüber einem bestimmten Himmelskörper ergibt sich bei der Rotation der Erde, bei der Bewegung der Erde um die Sonne und bei der Pekuliarbewegung der Sonne zusammen mit dem gesamten Planetensystem.

Tägliche P. Bei der Entfernungsbestimmung unter

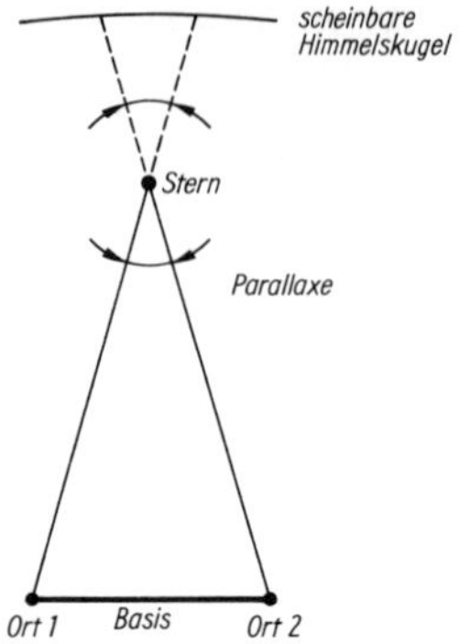

Abb. 1: Zur parallaktischen Verschiebung

Ausnutzung der täglichen P. wird die Basis durch eine Strecke definiert, die sich bei der Projektion der Verbindungslinie Erdmittelpunkt–Beobachtungsort auf die durch den Erdmittelpunkt gehende Senkrechten zur Sichtlinie ergibt. Infolge der Rotation des Beobachtungsortes um die Erdachse verändert sich bezüglich eines fest gedachten Himmelskörpers der Winkel, unter dem die Basis erscheint, periodisch zwischen einem kleinsten und einem größten Wert; der kleinste ergibt sich, wenn sich der Himmelskörper im Meridian des Beobachtungsortes, der größte, wenn sich der Himmelskörper am Horizont befindet. Für den größten Wert, die sog. ***Horizontalparallaxe*** p_H, gilt $\sin p_H = R/r$, wenn R den Erdradius und r die Entfernung des Himmelskörpers vom Erdmittelpunkt bedeuten. Für die Sonne beträgt die Horizontalparallaxe im Mittel 8,794″. Beim Mond muß wegen dessen Nähe die Abweichung der Erde von der Kugelform berücksichtigt werden. Der größte Wert der Mondparallaxe, die ***Äquatorialhorizontalparallaxe***, ergibt sich, wenn der Mond im Horizont eines Ortes am Erdäquator steht; sie beträgt dann im Mittel 3422,45″. Für alle Körper außerhalb des Sonnensystems ist die tägliche P. unmeßbar klein.

Jährliche P. Die Basis für Entfernungsbestimmungen unter Ausnutzung der jährlichen P. ist die große Halbachse der Erdbahn um die Sonne. Da ein Stern im Laufe eines Jahres von verschiedenen Punkten der Erdbahn aus an die Himmelskugel projiziert wird, beschreibt er an ihr scheinbar eine Ellipse, deren große Halbachse gleich der jährlichen P. p ist, unter dem vom Stern aus gesehen die große Halbachse der Erdbahn erscheint; die kleine Achse der parallaktischen Ellipse hängt von der ekliptikalen Breite des Sterns ab (Abb. 2). Steht er in der Ekliptik, entartet die Ellipse zu einer Linie; die jährliche parallaktische Bewegung wird zu einem Hinundherpendeln. Befindet sich der Stern im Pol der Ekliptik, geht die Ellipse in einen Kreis über. Bezeichnet man die große Halbachse der Erdbahn mit a und die Entfernung des Sterns von der Sonne mit r, so gilt für die jährliche P. $\sin p = a/r$. Wegen der Kleinheit des Winkels kann man in guter Näherung $\sin p = p$ (im Bogenmaß) setzen. Damit ergibt sich für die jährliche P. in sehr guter Näherung $p = a/r$.

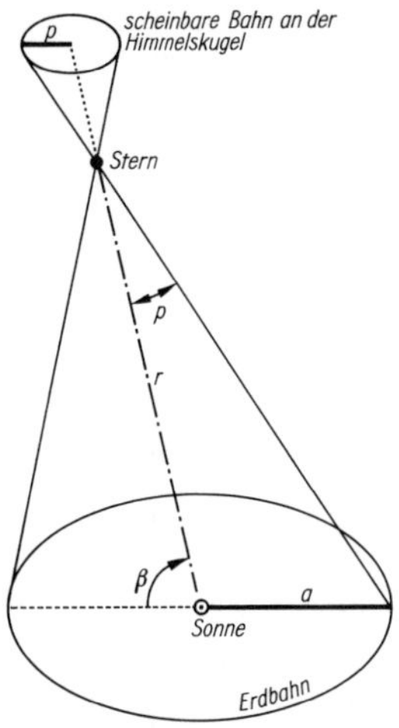

Abb. 2: Zur jährlichen Parallaxe. *a*: Große Halbachse der Erdbahn um die Sonne; *r*: Entfernung des Sterns von der Sonne; *p*: parallaktischer Winkel; *β*: ekliptikale Breite

Bei der Messung der jährlichen P. bestimmt man die parallaktische Ellipse des zu untersuchenden Sterns relativ zu benachbarten lichtschwachen Anschlußsternen. Von diesen kann man annehmen, daß sie im Mittel wesentlich weiter von der Sonne entfernt sind als der fragliche Stern. Sie haben daher nur eine vernachlässigbar kleine parallaktische Bewegung und beeinflussen die Messungen praktisch nicht. Um die Sternentfernung berechnen zu können, muß der Abstand der Erde von der Sonne mit möglichst hoher Genauigkeit bekannt sein (→ Sonnenparallaxe). Beläuft sich die Entfernung Sonne–Stern auf $3{,}0856 \cdot 10^{13}$ km, so beträgt die jährliche P. genau 1 Bogensekunde. Diese Entfernung wird als eine *Parallaxensekunde* (Kurzform Parsec) bezeichnet und als Längeneinheit (Einheitenzeichen pc) in der Astronomie verwendet.

Die große Halbachse einer parallaktischen Ellipse läßt sich unter Anwendung moderner Beobachtungs- und Auswertemethoden mit einer inneren Genauigkeit von etwa $\pm 0{,}01''$ bestimmen. Vergleicht man Parallaxenangaben für ein und denselben Stern von verschiedenen Observatorien miteinander, ergibt sich der größere mittlere Fehler von etwa $\pm 0{,}015''$ für hellere Sterne. Die Anwendungsgrenze der Bestimmungsmethode liegt demnach gegenwärtig für Beobachtungen von der Erde aus bei Entfernungen kleiner als etwa 100 pc. Bei extraterrestrischen Beobachtungen unter Verwendung spezieller astrometrischer Erdsatelliten läßt sich eine Genauigkeit von $\pm 0{,}002''$ erreichen, da die störenden Einflüsse der Erdatmosphäre, die die Positionsbestimmungen erschweren, dann wegfallen.

Bei der Entfernungsbestimmung mit der Methode der jährlichen P. werden rein trigonometrische Hilfsmittel benutzt, man bezeichnet die so abgeleiteten Sternentfernungen daher auch als ***trigonometrische P.n.*** Die trigonometrische Parallaxenbestimmungsmethode ist außerordentlich bedeutsam, da sie frei von irgendwelchen Hypothesen ist.

Bis jetzt sind von etwa 7500 Sternen aus erdgebundenen Beobachtungen trigonometrische P.n bekannt, doch liegt die Hälfte davon unterhalb des mittleren Fehlers. Die größten P.n haben die Sterne Proxima Centauri mit $0{,}772''$ (entsprechend einer Entfernung von der Sonne von 1,30 pc) und α Centauri mit $0{,}750''$, der nur etwa 0,04 pc weiter entfernt ist.

Säkulare P. Relativ zum System der Umgebungssterne bewegt sich die Sonne samt dem Planetensystem mit einer Geschwindigkeit von etwa 20 km/s. Betrachtet man die Sonne von einem ruhenden Bezugspunkt aus zu zwei verschiedenen Zeitpunkten, so schließen die Richtungen zu den zwei Orten, an denen sich die Sonne zu diesen Zeiten befindet, einen Winkel ein, der als säkulare P. bezeichnet wird. Mit wachsendem Zeitintervall wächst die von der Sonne zurückgelegte Strecke, nach einem Jahr Zeitdifferenz beträgt sie mehr als das Vierfache der Basis für die trigonometrischen P.n. Da alle Sterne von der mitbewegten Erde aus an die Himmelskugel projiziert werden, bewirkt die Sonnenbewegung eine Verschiebung der Sternörter an der Himmelskugel, also eine systematische Eigenbewegung der Sterne. Da jeder Stern auch eine Pekuliarbewegung im Raum ausführt, die zu einer individuellen Eigenbewegung Anlaß gibt, kann bei einem Einzelstern nicht von vornherein entschieden werden, welcher Teil der beobachteten Eigenbewegung der Sonnenbewegung und welcher der individuellen Pekuliarbewegung zuzuschreiben ist. Die Nutzung säkularer P.n zur Entfernungsbestimmung ist daher nicht für einzelne Sterne, sondern nur für Sterngruppen möglich, deren Mitglieder etwa gleiche Entfernung von der Sonne haben und deren Pekuliarbewegungen der Größe und Richtung nach regellos verteilt sind. Bei einer Mittelbildung heben sich die individuellen Eigenbewegungen dann gegenseitig auf, so daß allein die auf die Sonnenbewegung zurückgehenden Eigenbewegungen übrigbleiben. Aus der Pekuliargeschwindigkeit v der Sonne und den beiden Beobachtungszeiten t_1 und t_2 läßt sich die von ihr zurückgelegte Strecke berechnen. Mißt man noch den mittleren

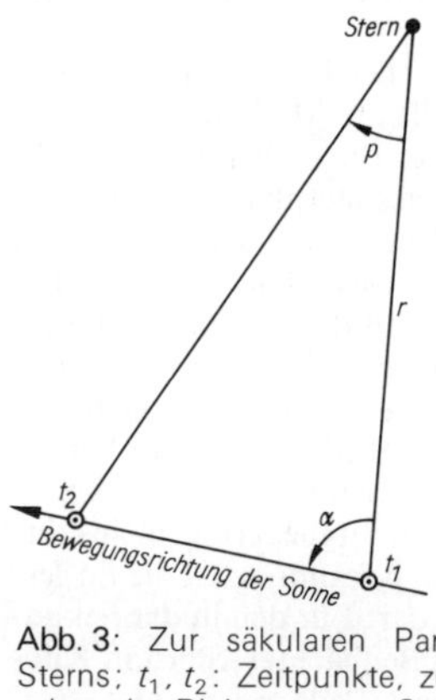

Abb. 3: Zur säkularen Parallaxe. *r*: Entfernung des Sterns; t_1, t_2: Zeitpunkte, zu denen der Winkel α zwischen der Richtung zum Stern und der Zielrichtung der Sonnenbewegung gemessen wird; *p*: parallaktischer Winkel

Winkelabstand α der Sterngruppe vom Zielpunkt der Sonnenbewegung (Abb. 3), ergibt sich aus der säkularen parallaktischen Verschiebung p der Sterngruppe am Himmel ihre mittlere Entfernung r zu $r = v\,(t_2 - t_1)\sin\alpha/\sin p$.

Dynamische P. Sowohl bei den trigonometrischen als auch bei den säkularen P.n wird die Basis durch eine Bewegung des Beobachtungsorts definiert. Das Verfahren läßt sich umkehren, wenn der zu vermessende Stern durch seine Bewegung eine Basis bekannter Länge aufspannt. Bei visuellen Doppelsternen mit bekannter (projizierter) Bahn des Begleiters um den Hauptstern kann die Umkehrung der Methode der trigonometrischen P.n zur Bestimmung von sog. dynamischen (oder hypothetischen) P.n genutzt werden, falls auf Grund spektroskopischer Beobachtungen auch die Geschwindigkeit des Begleiters in seiner Bahn um den Hauptstern bekannt ist: Aus der Umlaufzeit und der Bahngeschwindigkeit ergibt sich der mittlere Abstand der beiden Sterne im linearen Maß; er definiert die Basis für die Entfernungsbestimmung. Aus dem Winkel, unter dem dieser Abstand erscheint, läßt sich die Entfernung berechnen. Bei der Mehrzahl der visuellen Doppelsterne kann die Umlaufgeschwindigkeit nicht spektroskopisch gemessen werden. Unter Anwendung des dritten Keplerschen Gesetzes: $a^3 = (\mathfrak{M}_1 + \mathfrak{M}_2)P^2$ läßt sich der mittlere Abstand a der beiden Komponenten (gemessen in astronomischen Einheiten) angeben, wenn $\mathfrak{M}_1$ und $\mathfrak{M}_2$, die Massen der beiden Komponenten (in Einheiten der Sonnenmasse), und die Umlaufzeit P des Begleiters um den Hauptstern (in Jahren) bekannt sind. Die Umlaufperiode läßt sich recht genau ermitteln, die Massen sind hingegen im allg. nicht direkt bestimmbar. Man hilft sich in diesem Fall dadurch, daß man entweder die dem jeweiligen Spektraltyp der Komponenten entsprechende Masse in die Formel einsetzt, oder daß man hypothetisch für jede Komponente als Masse eine Sonnenmasse annimmt. Die Methode der dynamischen P.n ist um so genauer, je besser die Bahnelemente der Doppelsterne bekannt sind; in der Reichweite ist sie nur dadurch begrenzt, daß zwei Sterne als ein visuelles Doppelsternsystem erkannt werden müssen; sie beträgt etwa 200 pc.

Sternstromparallaxe. Die Umkehrung der Methode der säkularen P. stellt die Methode der Sternstromparallaxen dar, bei der die einheitliche räumliche Bewegung der Sterne eines Sternhaufens, den man als einen Sternstrom ansehen kann, ausgenutzt wird. Aus zeitlich genügend weit auseinanderliegenden Beobachtungen lassen sich die aus der räumlichen Bewegung resultierenden Eigenbewegungen der einzelnen Haufenmitglieder bestimmen. Ferner läßt sich der Winkelabstand α eines Mitgliedsterns vom Vertex, dem Zielpunkt der Haufenbewegung, messen (Abb. 4). Ist weiterhin die allen Haufenmitgliedern gemeinsame Geschwindigkeit v im Raum bekannt, so ist die Entfernung r des Sterns berechenbar: Für den in der Sekunde senkrecht zur Richtung Beobachter–Stern in Kilometern zurückgelegte Weg v_t gilt $v_t = v\sin\alpha = r\,\varepsilon$, wenn ε die in Bogenmaß je Sekunde umgerechnete Eigenbewegung bedeutet. (Die Eigenbewegung wird sonst üblicherweise in Bogensekunden pro Jahr gemessen.) Die bei dem Verfahren benötigte räumliche Geschwindigkeit des Bewegungssternhaufens muß mindestens bei einem Stern durch die Messung von Eigenbewegung und Radialgeschwindigkeit vorher bestimmt worden sein.

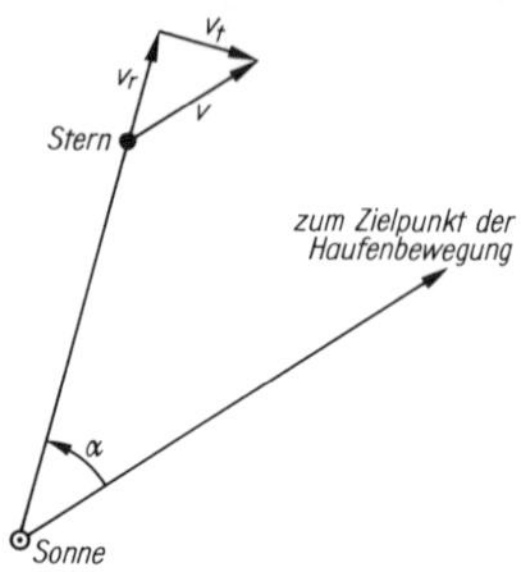

Abb. 4: Zur Sternstromparallaxe. v: Raumgeschwindigkeit; v_r: Radialgeschwindigkeit; v_t: Tangentialgeschwindigkeit; α: Winkel zwischen einem Haufenstern und der Zielrichtung der Bewegung des Sternhaufens

Sternstromparallaxen sind für nahe Bewegungssternhaufen wegen der verhältnismäßig hohen und bei genügend großen Zeitdifferenzen sehr genau bestimmbaren Eigenbewegungen der Haufenmitglieder sowie der Genauigkeit, mit der sowohl der Vertex als auch die räumliche Geschwindigkeit des Haufens ermittelt werden kann, relativ zuverlässig. Entscheidende Fehler treten nur dann ein, wenn ein gewöhnlicher Feldstern als Haufenmitglied angesehen wird. Die Zahl der Sterne, deren Entfernung mit dieser Methode bestimmt wurde, beläuft sich auf einige Hundert, ihre Entfernungen von der Sonne betragen bis zu einigen 1000 pc. Der mit Hilfe der Sternstromparallaxen ermittelten Entfernung der Hyaden kommt bei der Aufstellung einer durchgängigen kosmischen Entfernungsskala eine ausschlaggebende Bedeutung zu (s.u.).

Relativ bestimmte Entfernungen

Als relative (sekundäre) Entfernungsbestimmungsmethoden werden alle die bezeichnet, bei deren Anwendung die Entfernung mindestens eines anderen Objekts bereits bekannt sein muß. Zu den relativen Entfernungsbestimmungsmethoden gehören folgende:

Photometrische P. Kennt man die absolute Helligkeit M eines Gestirns, dessen scheinbare Helligkeit m gemessen wurde, so gilt für die Entfernung r (in Parsec) $m - M = 5\lg r - 5$ (→ Helligkeit); $m - M$ bezeichnet man als den Entfernungsmodul des Gestirns. Bei der Anwendung der Formel muß vorausgesetzt werden, daß die scheinbare Helligkeit nicht durch eine interstellare Extinktion beeinflußt ist. Ist dies der Fall, muß der Extinktionsbetrag mindestens angenähert mit Hilfe anderer Beobachtungen ermittelt und die scheinbare Helligkeit entsprechend korrigiert werden. Schwierigkeiten bei der Bestimmung photometrischer P.n bereiten die Fehler, die bei der Ermittlung der absoluten Helligkeiten der untersuchten Objekte auftreten. Weicht z.B. die wahre von der angenommenen absoluten Helligkeit um 1 mag ab, ergibt sich ein rela-

tiver Fehler bei der Entfernungsbestimmung von fast 50%.
Die absolute Helligkeit eines Objekts (z.B. eines Sterns, Sternhaufens oder Sternsystems) kann durch Beobachtungen erschlossen werden, wenn zwischen ihr und anderen beobachtbaren Eigenschaften eindeutige Beziehungen bestehen. Eine derartige Beziehung muß geeicht, also mit Hilfe von Objekten bekannter Entfernungen empirisch festgelegt werden. Je nach der Art, wie die absolute Helligkeit erschlossen wird, unterscheidet man verschiedene photometrische Entfernungsbestimmungsmethoden.
Bei den ***spektroskopischen P.n*** leitet man absolute Helligkeiten von Sternen aus dem Intensitätsverhältnis bestimmter Absorptionslinien in den Sternspektren ab. Die Unsicherheit dieser Parallaxenbestimmungsmethode beträgt etwa 20 bis 60%. Ihre Grenze ist allein durch die scheinbare Helligkeit der Sterne bestimmt, für die sich noch Spektren genügend hoher Auflösung gewinnen lassen.
Bei Sternen geringer scheinbarer Helligkeit kann der Spektraltyp zur Bestimmung der absoluten Helligkeit herangezogen werden. Die so abgeleiteten ***Spektraltypparallaxen*** haben eine relativ geringe Genauigkeit, wenn nicht auch die Leuchtkraftklasse des Sterns bestimmt wird, da Sterne gleichen Spektraltyps sehr unterschiedliche absolute Helligkeiten haben können, je nachdem, ob es sich z.B. um Riesen- oder Hauptreihensterne handelt; dieser Effekt ist bei Sternen späten Spektraltyps besonders groß. Die Zuverlässigkeit der Methode wird außerdem dadurch beeinflußt, daß die interstellare Materie verfärbend auf das Sternspektrum wirken kann, wodurch sich bei starken Verfärbungen Unsicherheiten bei der Spektralklassifikation ergeben. Die individuellen Spektraltypparallaxen sind zwar nicht sehr genau, sie haben aber für stellarstatistische Untersuchungen große Bedeutung, da mit ihrer Hilfe für große Mengen von Sternen Entfernungen hergeleitet werden können.
Kennt man den Radius eines Sterns und seine Effektivtemperatur, läßt sich seine Leuchtkraft berechnen. Bei visuellen Doppelsternen, bei denen man aus der Bahnbewegung die Massen der Komponenten herleiten kann, sind auch die Sternradien bekannt, falls es sich um Hauptreihensterne handelt, da zwischen deren Masse und Radius eine durch anderweitige Beobachtungen festgestellte Beziehung besteht. Bestimmt man noch aus den Spektren die effektiven Temperaturen der Sterne, kann deren Leuchtkraft, damit deren absolute Helligkeit berechnet und somit ihre Entfernung bestimmt werden. Die diese Weise ermittelten ***strahlungstheoretischen P.n*** sind relativ genau.
Bei den Veränderlichen vom Typ Delta Cephei und W Virginis kann man aus der Lichtwechselperiode auf die absolute Helligkeit schließen, da bei diesen Sternen eine Perioden-Helligkeits-Beziehung besteht. Ist die Beziehung an Veränderlichen mit bekannten, auf anderer Weise bestimmten Entfernungen geeicht, ergibt sich aus der beobachteten Periode eines Sterns dessen absolute Helligkeit. Da Delta-Cephei-Sterne große absolute Helligkeiten besitzen und auch bei geringen scheinbaren Helligkeiten wegen ihres charakteristischen Lichtwechsels leicht identifiziert werden können, lassen sich mit der Methode der ***Veränderlichenparallaxe*** auch die Entfernungen von extragalaktischen Sternsystemen ermitteln, in denen Delta-Cephei-Sterne beobachtet werden. Der erschließbare Entfernungsbereich erstreckt sich bis etwa $5 \cdot 10^7$ pc; die abgeleiteten Entfernungen sind bis auf etwa 15% genau. Veränderlichenparallaxen können auch mit Hilfe von RR-Lyrae-Sternen, Novae oder Supernovae abgeleitet werden, wenn die mittleren absoluten Helligkeiten dieser Sterntypen auf Grund anderer Untersuchungen bestimmt wurden.
Zur Entfernungsbestimmung extragalaktischer Sternsysteme lassen sich auch die in ihnen beobachteten Überriesen, HII-Gebiete, Planetarische Nebel und Kugelsternhaufen heranziehen, nachdem man deren mittlere absolute Helligkeiten an Objekten des Milchstraßensystems ermittelt hat. Die absolute Helligkeit des Gesamtsystems kann aus der morphologischen Struktur des Systems bestimmt werden, wie aus Untersuchungen an Sternsystemen bekannter Entfernungen hervorgeht, man kann sie auch mit Hilfe einer empirisch gefundenen Helligkeits-Rotationsgeschwindigkeits-Beziehung ermitteln, der sog. *Tully-Fisher Beziehung*. Diese ermöglicht aus der Breite der 21-cm-Linie des interstellaren Wasserstoffs, die von einem Sternsystem empfangen wird, auf den von ihm in einem bestimmten Spektralbereich, z.B. dem B-Bereich des UBV-Systems oder dem Infrarotbereich, ausgehenden Strahlungsstrom (also seine absolute Helligkeit in diesem Bereich) zu schließen. Die mit Hilfe der Tully-Fisher-Beziehung abgeleiteten Entfernungen, die bis etwa $3 \cdot 10^8$ pc reichen, sind relativ genau.
Sternhaufenparallaxen. Für die Sterne eines Sternhaufens läßt sich aus den beobachteten scheinbaren Helligkeiten und den Farbenindizes ein Farben-Helligkeits-Diagramm aufstellen. In ihm ist die Ordinate nur relativ festgelegt (nicht geeicht), da scheinbare Helligkeiten verwendet werden, im Gegensatz zu Haufen bekannter Entfernung, bei denen die Lage der Hauptreihe auf Grund der dann auch bekannten absoluten Helligkeiten absolut bestimmt werden kann. Macht man die von der Theorie des Sternaufbaus her begründete Annahme, daß Hauptreihensterne gleichen Spektraltyps bzw. gleichen Farbenindexes gleiche absolute Helligkeiten haben, ergibt sich der Entfernungsmodul eines Haufens unbekannter Entfernung aus dem Betrag der Verschiebung längs der Ordinate, die notwendig ist, um die nicht geeichte Hauptreihe mit der geeichten zur Deckung zu bringen. Sternhaufenparallaxen spielen bei der Aufstellung einer kosmischen Entfernungsskala eine entscheidende Rolle (s.u.).

Rotationsparallaxen. Infolge der differentiellen Rotation des Milchstraßensystems besitzen die galaktischen Objekte (Sterne, interstellare Wolken) Radialgeschwindigkeitskomponenten in bezug auf die Sonne, die von der galaktischen Länge und der heliozentrischen Entfernung der Objekte abhängen. Diese Abhängigkeit wird für die Sonnenumgebung durch die Oortschen Rotationsformeln beschrieben (→ Milchstraßensystem), für große Entfernungen von der Sonne kann sie aus der beobachteten Rotationskurve des Milchstraßensystems abgeleitet werden. Bestimmt man spektroskopisch die Radialgeschwindigkeit eines Objekts, läßt sich daher dessen Entfernung von der Sonne ermitteln. Die Genauigkeit der Methode ist davon abhängig, ob die untersuchten Objekte auch tatsächlich auf Kreisbahnen – was bei dem Verfahren vorausgesetzt wird – das Milchstraßenzentrum umlaufen, oder ob sie hohe individuelle Pekuliargeschwindigkeiten haben. Eine grundsätzliche Schwierigkeit besteht darin, daß sich im Bereich der galaktischen Längen von 270° über 360° bis 90° für jeweils zwei unterschiedliche Entfernungen gleiche Radialgeschwindigkeiten ergeben. In diesem Fall müssen weitere Kriterien herangezogen werden, um die Entfernungen eindeutig festlegen zu können. Die Methode der Rotationsparallaxen ist indirekt, weil man zur Bestimmung der in die Oortschen Formeln eingehenden Konstanten absolut bestimmte Sternentfernungen benötigt, und man zur Eichung der galaktischen Rotationskurve die Entfernung der Sonne vom Milchstraßenzentrum benötigt.

Calciumparallaxen. In den Spektren weit entfernter O- und B-Sterne beobachtet man interstellare Absorptionslinien, die durch das zwischen dem Stern und den Beobachter befindliche interstellare Gas verursacht werden. Nimmt man an, daß die gasförmige interstellare Materie in der Nähe der Milchstraßenebene im wesentlichen gleichförmig verteilt ist, wächst mit zunehmender Entfernung eines Sterns von der Sonne die Zahl der interstellaren Atome zwischen ihm und der Sonne und damit die Stärke der Absorptionslinien. Die Beziehung zwischen der Stärke einer speziellen Linie und der Entfernung ist an Sternen bekannter Entfernung zu eichen. Die Methode weist eine große Unsicherheit auf, weil entgegen der Annahme das interstellare Gas nicht gleichmäßig verteilt ist; die Methode wird demzufolge nur bei statistischen Untersuchungen angewendet. Da vorwiegend Absorptionslinien des interstellaren Calciums zur Entfernungsbestimmung benutzt werden, bezeichnet man die gewonnenen Entfernungen als Calciumparallaxen. Die Beschränkung auf O- und (frühe) B-Sterne liegt daran, daß die Spektren dieser Sterne selbst wenig Absorptionslinien aufweisen, so daß die interstellaren Linien deutlich hervortreten.

Verfärbungsparallaxen. Die durch den interstellaren Staub verursachte Verfärbung des Sternlichts ist von der Menge des zwischen dem Stern und dem Beobachter befindlichen interstellaren Staubes abhängig. Setzt man dessen gleichmäßige Verteilung in der Nähe der Milchstraßenebene voraus, kann aus dem gemessenen Farbexzeß, der ein Maß für die Verfärbung und damit die Staubmenge zwischen dem Stern und dem Beobachter ist, die Entfernung bestimmt werden. An Sternen bekannter Entfernung ist die Beziehung zwischen Farbexzeß und Entfernung empirisch zu ermitteln. Den mit dieser Methode abgeleiteten Verfärbungsparallaxen haften die gleichen Mängel an wie den Calciumparallaxen.

Rotverschiebungsparallaxen. Bei extragalaktischen Sternsystemen läßt sich der Hubble-Effekt zur Entfernungsbestimmung ausnutzen. Danach besteht zwischen der Entfernung r eines Sternsystems und der in seinem Spektrum beobachteten Rotverschiebung der Spektrallinien bzw. der dieser Rotverschiebung entsprechenden, auf das Milchstraßensystem bezogenen Radialgeschwindigkeit v die Beziehung $v = H_0\, r$; H_0 ist der sog. Hubble-Parameter, der empirisch mit Hilfe von Sternsystemen bekannter Entfernung zu bestimmen ist. Ermittelt man die Rotverschiebung im Spektrum eines weit entfernten Sternsystems, läßt sich dessen Entfernung berechnen. Diese Entfernungsbestimmungsmethode reicht am weitesten in den Raum hinaus.

Kosmische Entfernungsskala. Die einzelnen Entfernungsbestimmungsmethoden sind jeweils nur auf bestimmte Objekte und für bestimmte Entfernungsintervalle anwendbar. Der Schaffung einer einheitlichen, von den Sternen der Sonnenumgebung bis zu den schwächsten noch erkennbaren extragalaktischen Sternsystemen reichenden Entfernungsskala kommt daher eine große Bedeutung zu. Diese Skala beruht wesentlich auf der Entfernung der Hyaden, die mit der Methode der Sternstromparallaxen relativ genau absolut bestimmt werden kann. Dadurch läßt sich für die Hyadensterne die Hauptreihe im Farben-Helligkeits-Diagramm absolut festlegen. Unter Anwendung der Methode der Sternhaufenparallaxen leitet man danach die Entfernung anderer Offener Sternhaufen ab, vor allem solcher, die Delta-Cephei-Sterne als Mitglieder haben. (Das ist weder bei den Hyaden noch bei der Menge der Sterne der Fall, bei denen trigonometrische Parallaxen bestimmt werden können.) Kennt man die absolute Helligkeit der Delta-Cephei-Sterne und deren Perioden-Helligkeits-Beziehung, läßt sich die Entfernungsskala auf extragalaktische Sternsysteme erweitern. Sind die Entfernungen der näheren Sternsysteme bekannt, kann man u.a. deren absolute Gesamthelligkeiten ermitteln, die man zur Aufstellung der Tully-Fisher-Beziehung benötigt. Sie dient neben anderen Entfernungsbestimmungsmethoden (z.B. der mit Hilfe von Supernovae) zur Entfernungsbestimmung der Sternsysteme, die zur Festlegung des Hubble-Parameters herangezogen werden. Die Genauigkeit, mit der sich die Entfernung der Hyaden festlegen läßt, bestimmt damit auch wesentlich die der gesamten kosmischen Entfernungsskala. Eine Möglichkeit zur Überprüfung der ersten Schritte bei der Festlegung der Skala ist dadurch gegeben, daß man die Entfernung der benutzten Offenen Sternhaufen auch mit Hilfe solcher Typen von Mitgliedsternen bestimmt, deren absolute Helligkeiten auf Grund trigonometrischer Parallaxen bekannt sind.

Geschichtliches. Die erste Parallaxenbestimmung überhaupt führte um 265 v.u.Z. Aristarch von Samos (um 320 bis 250 v.u.Z.) aus. Für die Mondparallaxe fand er den Wert 1,4°, für die Sonnenparallaxe 4,5′. Hipparch (um 190 bis 125 v.u.Z) verbesserte den Wert für die Sonne auf 2,8′. Die erste Parallaxenbestimmung bei Sternen gelang 1838 F.W. Bessel (1784–1846) am Stern 61 Cygni sowie W. Struve (1793–1864) und Th. Henderson (1798–1844) an den Sternen α Centauri und Wega.

Parallaxensekunde, svw. Parsec.
Parallelkreis, svw. Breitenkreis.
Parsec, ***Parallaxensekunde***, Einheitenzeichen pc, astronomische Längeneinheit für Entfernungsangaben bei Sternen und Sternsystemen. 1 pc ist die Entfernung, aus der die halbe große Achse der Bahn der Erde um die Sonne (die astronomische Einheitslänge) unter dem Winkel (der Parallaxe) von 1 Bogensekunde erscheint; $1\,pc = 206\,264{,}8\,AE = 3{,}0856 \cdot 10^{13}\,km = 3{,}2615\,ly$.

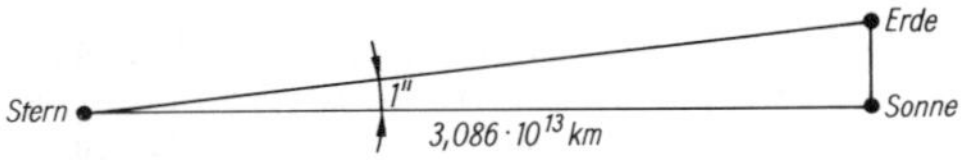

Zur Definition des Parsec

Pascal, Einheitenzeichen Pa, die Maßeinheit des → Druckes.
Pasiphae *f*, ein Jupitersatellit. Die P. bewegt sich auf einer stark elliptischen Bahn, deren große Halbachse $23{,}5 \cdot 10^6$ km und deren Exzentrizität 0,38 beträgt, in 735 Tagen rückläufig um den Jupiter; die Bahn ist mit 148° stark gegen dessen Bahnebene geneigt. Die P. ist ein Zwergsatellit, dessen Durchmesser nur etwa 70 km mißt. Über die Oberflächenbeschaffenheit der P. ist nichts Sicheres bekannt. Wahrscheinlich ist die P. kein regulärer Satellit, sondern ein ehemaliger Planetoid, der vom Jupiter eingefangen wurde.
Hinsichtlich der Einordnung der P. in das System der Jupitersatelliten → Jupiter.
Die P. wurde 1908 von P. Melotte entdeckt.
Passageinstrument, astronomisches → Winkelmeßinstrument.
Patera [lat., ‚Schale'] *f*, *Plur.* Paterae, Bezeichnung für einen unregelmäßig geformten, grubenähnlichen Krater.
Pav, Abk, für Pavo.
Pavo [lat.], *Gen.* Pavonis, abg. ***Pav***, ***Pfau***, Sternbild des südlichen Himmels, das von unseren Breiten aus nicht sichtbar ist.
pc, Einheitenzeichen für Parsec.
P-Cygni-Sterne, Überriesensterne hoher Effektivtemperatur (Spektralklasse O oder B) mit relativ breiten Emissionslinien im Spektrum, die von violettverschobenen scharfen Absorptionslinien begleitet werden. Die P-C.-S. sind von einer expandierenden Gashülle umgeben, die von der Sternstrahlung zum Leuchten angeregt wird. Die charakteristische, als ***P-Cygni-Profil*** bezeichnete Form der Spektrallinien (Abb.) wird durch diese Hülle verursacht: Die Emissionslinien stammen vom Hüllengas, das Bewegungskomponenten sowohl in Richtung auf den Beobachter hin als auch von ihm weg hat, was auf Grund des Doppler-Effekts zu unterschiedlich stark violett- bzw. rotverschobenen Linienbestandteilen führt und stark verbreiterte Gesamtlinien mit unverschobenen Linienzentren entstehen läßt. Die violettverschobenen Absorptionslinien gehen auf Hüllengas zurück, das sich genau in der Sichtlinie Beobachter-Stern in Richtung auf den Beobachter hin bewegt und das, weil es eine geringere Temperatur als der Stern hat, Sternstrahlung absorbiert. Die beobachteten Expansionsgeschwindigkeiten des Hüllengases betragen bis zu 2000 km/s. Die P-C.-S. erleiden einen jährlichen Masseverlust in der Größenordnung von 10^{-8} bis 10^{-6} Sonnenmassen.

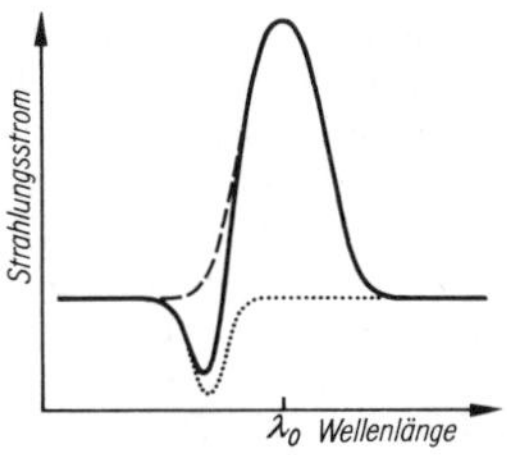

P-Cygni-Profil. ---: in der Gashülle entstehende Emissionslinie; ····: vom expandierenden Hüllengas dem Sternspektrum aufgeprägte violettverschobene Absorptionslinie; ——: Gesamtlinienprofil; λ_0: Wellenlänge des unverschobenen Linienmaximums

Die P-C.-S. zeigen im allg. keine Helligkeitsschwankungen. Der Prototyp der Sterngruppe, P Cygni, war hingegen vor dem Jahr 1600 unsichtbar, erreichte 1603 eine scheinbare visuelle Helligkeit von rund 3^m und hat gegenwärtig eine von etwa 5^m. Die veränderlichen P-C.-S. werden im allg. zur Gruppe der S-Doradus-Sterne zusammengefaßt.
Peculiar-Sterne [peculiaris, lat., ‚eigentümlich'], Sterne mit spektralen Besonderheiten, die nicht durch die allgemeine Spektralklassifikation erfaßt werden. Bei der Angabe der Spektralklasse eines derartigen Sterns wird zur Kennzeichnung, daß er besondere spektrale Eigenheiten besitzt, ein p hinzugefügt, z.B. A0p.
Peg, Abk. für Pegasus.
Pegasus, *Gen.* Pegasi, abg. ***Peg***, ausgedehntes Sternbild nördlich des Himmelsäquators, das im Herbst am Abendhimmel sichtbar ist. Der hellste Stern (α) des Sternbildes heißt → Markab, der Stern γ Pegasi wird → Algenib genannt.
Pekuliarbewegung [peculiaris, lat., ‚eigentümlich'], *1)* die Relativbewegung eines Himmelskörpers gegenüber einer Gruppe gleichartiger Objekte, z.B. die Bewegung der Sonne relativ zur Menge der sonnennahen Sterne.
2) die Relativbewegung eines Himmelskörpers gegenüber einem, der sich mit der am Ort des Himmelskörpers herrschenden Kreisbahngeschwindigkeit um das galaktische Zentrum bewegt.
3) derjenige Teil der beobachteten Eigenbewegung eines Sterns, der durch dessen individuelle räumliche Bewegung verursacht wird, im Unterschied zu dem durch die Ortsveränderung des Beobachters hervorgerufenen Anteil der Eigenbewegung.
Pendeluhr, das Sternbild → Horologium.
Penumbra *f*, das Randgebiet eines größeren Sonnenflecks.
Per, Abk. für Perseus.
Peri... [griech.], nahe bei...
Periastron *n*, ***Sternnähe***, → Apsiden.
Perigalaktikum *n*, → Apsiden.
Perigäum *n*, ***Erdnähe***, → Apsiden.
Perihel *n*, ***Sonnennähe***, derjenige Punkt der Bahn ei-

nes Himmelskörpers um die Sonne, in dem er der Sonne am nächsten ist. Der sonnenfernste Punkt einer elliptischen Bahn ist das ***Aphel*** (Sonnenferne). Beide Punkte zusammen werden als die Apsiden der Bahn bezeichnet. Die ***Periheldistanz***, der Abstand des P.s von der Sonne, ergibt sich zu $a(1-e)$, die Apheldistanz zu $a(1+e)$; dabei bezeichnet a die große Halbachse der Bahn (den halben Abstand des Aphels vom P.) und e die Bahnexzentrizität. Die ***Länge des P.s*** (Perihellänge) und die ***Perihelzeit*** sind Bahnelemente, die zur Angabe der räumlichen Orientierung der Bahn eines Himmelskörpers bzw. zur Angabe des Zeitpunktes dienen, in dem sich der Körper im P. befindet.

Periheldrehung, die rechtläufig erfolgende Verschiebung des Perihels eines Himmelskörpers des Planetensystems längs seiner Bahn. Die P.en gehen auf Störungen durch die großen Planeten zurück und können mit Mitteln der Himmelsmechanik berechnet werden, außerdem kommt ein Anteil hinzu, der auf einem relativistischen Effekt beruht und im Rahmen der Allgemeinen Relativitätstheorie bestimmt wird. Der himmelsmechanische Anteil der P. beträgt z.B. beim Merkur 532,08″ je Jahrhundert und bei der Erde 1165″ je Jahrhundert, die berechneten relativistischen Anteile belaufen sich beim Merkur auf 43,03″ und bei der Erde auf 3,8″ je Jahrhundert und stimmen gut mit den beobachteten Überschüssen von 43,11″ bzw. 5,0″ über die himmelsmechanisch bedingten Werte überein.

Perioden-Leuchtkraft-Beziehung, ***Perioden-Helligkeits-Beziehung***, → Delta-Cephei-Sterne, → W-Virginis-Sterne.

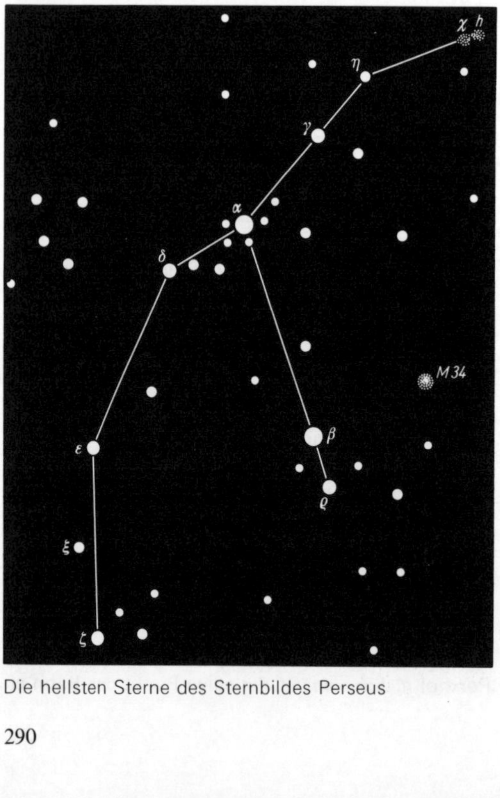

Die hellsten Sterne des Sternbildes Perseus

Perioden-Spektrum-Beziehung, → Delta-Cephei-Sterne.

Periselen *n*, ***Mondnähe***, → Apsiden.

Perlschnurphänomen, → Finsternis.

Perseiden, ein Meteorstrom, dessen Radiant im Sternbild Perseus liegt und dessen erzeugender Meteoroidenschwarm auf den Kometen P/Swift-Tuttle (1862 III = 1992 t) zurückgeht.

Perseus, *Gen.* Persei, abg. ***Per***, Sternbild des nördlichen Himmels, das zum größten Teil von unseren Breiten aus gesehen immer über dem Horizont bleibt und das im Winter hoch am Abendhimmel sichtbar ist. Der Stern β Persei, → Algol, ist Prototyp einer Gruppe von veränderlichen Sternen. Der hellste Stern (α) heißt → Mirfak. Durch das Sternbild zieht sich die Milchstraße; in ihm liegen nahe beieinander die Offenen Sternhaufen h und χ Persei, die schon mit bloßem Auge sichtbar sind; mit einem Feldstecher ist der Offene Sternhaufen M 34 zu erkennen (Abb.).

Perseusarm, der von der Sonne aus gesehen nächstäußere Spiralarm des Milchstraßensystems.

Pfau, das Sternbild → Pavo.

Pfeil, das Sternbild → Sagitta.

Pfeilstern, der Stern mit der größten bekannten Eigenbewegung, die 10,34″ pro Jahr beträgt. Der P. hat eine scheinbare visuelle Helligkeit von $9\overset{\mathrm{m}}{,}5$, sein Spektraltyp ist M 5, seine Leuchtkraftklasse V; es ist ein massearmer Hauptreihenstern. Die Entfernung des P.s von der Sonne beläuft sich auf 1,8 pc oder 5,9 Lichtjahre.

P-Fleck, der westliche, bei der Sonnenrotation vorangehende Hauptfleck in einer Gruppe von Sonnenflecken.

Phase, allgemein ein Abschnitt in einer stetigen Entwicklung; in der Astronomie u.a. die von der Erde aus sichtbare Beleuchtungsform (Lichtgestalt) der nicht selbstleuchtenden Himmelskörper. Der ***Phasenwechsel*** wird durch die sich ändernde gegenseitige Stellung von Sonne, beleuchtetes Gestirn und Erde hervorgerufen. Der Winkel zwischen den vom Gestirn aus zur Sonne und zur Erde gezogenen Verbindungslinien heißt ***Phasenwinkel***. Der durch 180° geteilte Phasenwinkel gibt den Bruchteil der von der Erde aus gesehenen Himmelskörperhemisphäre an, der unbeleuchtet ist.

Einen ausgeprägten Phasenwechsel beobachtet man außer beim Mond (→ Mondphase) auch bei den inneren Planeten Merkur und Venus.

Phaseninterferometer, → Interferometer.

Phe, Abk. für Phoenix.

Phecda [arab.], der Stern γ im Sternbild → Ursa Maior.

Phobos [griech., ‚Furcht'] *m*, der innere der beiden Marssatelliten. Der P. bewegt sich auf einer elliptischen Bahn mit einer großen Halbachse von 9378 km und einer Exzentrizität von 0,015 in 7 h 39,4 min rechtläufig um den Mars; die Bahnebene ist um 1,02° gegen dessen Äquatorebene geneigt. Die Umlaufzeit des P. beträgt nur etwa 1/3 der Rotationsperiode des Mars, wodurch vom Mars aus gesehen der P. im Westen auf und im Osten untergeht. Die Rotationsperiode des P. ist wegen der gebundenen Rotation gleich

Abb. 1: Oberflächendetail des Marssatelliten Phobos. (Aufgenommen mit Hilfe der Raumsonde Phobos 2)

seiner Umlaufzeit. Der P. hat eine unregelmäßige Gestalt (Abb. 1), die angenähert durch ein dreiachsiges Ellipsoid mit den Achslängen 27, 22 und 19 km beschrieben werden kann. Die Masse des P. beträgt $1{,}08 \cdot 10^{17}$ kg, die mittlere Dichte etwa 1,95 g/cm³. Wegen seiner außerordentlich geringen geometrischen Albedo von etwa 0,03 bis 0,04 und seiner Kleinheit beträgt die scheinbare visuelle Helligkeit in Oppositionsstellung nur etwa $11^{m}_{,}6$.

Von der Erde aus sind auf dem P. keine Oberflächeneinzelheiten zu erkennen. Erst auf Grund von Nahaufnahmen durch marsumlaufende Raumsonden kennt man die Beschaffenheit seiner Oberfläche näher. Sie ist mit Einschlagkratern übersät, deren größter (Krater Stickney) einen Durchmesser von etwa 10 km hat. Die zahlreichen linearen Strukturen auf der Phobosoberfläche, die eine Breite von 100 bis 200 m, eine Tiefe von 10 bis 20 m und eine Länge bis zu 20 km aufweisen, stehen wahrscheinlich mit der Entstehung dieses Kraters im Zusammenhang: Möglicherweise sind es Bruchspalten, die den gesamten Satelliten durchsetzen; die Gewalt des Einschlags reichte anscheinend fast zur völligen Zerstörung des P. aus. Spektralphotometrische Untersuchungen des Oberflächenmaterials lassen vermuten, daß der P. aus einem Material ähnlich dem der Chondrite (→ Meteorit) besteht und eine glasige Struktur hat, die wahrscheinlich bei den Einschlägen kleiner Meteoroiden entstand. Die mittlere Dichte des P. ist geringer als die Dichte des bekannten meteoritischen Materials; möglicherweise besteht das Phobosinnere zu einem merklichen Teil aus Wassereis.

Der P. ist wahrscheinlich kein seit der Entstehung des Planetensystems dynamisch an den Mars gebundener Satellit, sondern ein erst später vom Mars eingefangener ehemaliger Planetoid (Abb. 2). Die Phobosbahn ist instabil, die große Bahnhalbachse verringert sich gegenwärtig um etwa 9 m je Jahrhundert, so daß der P. in rund 50 Mill. Jahren auf den Mars stürzen wird.

Der P. wurde 1877 von A. Hall (1829–1907) entdeckt.

Phoebe *f*, der äußerste Saturnsatellit. Die P. bewegt sich auf einer elliptischen Bahn mit einer großen Halbachse von $12{,}952 \cdot 10^{6}$ km und einer Exzentrizität von 0,163 in 550,5 Tagen rückläufig um den Saturn; die Neigung der Bahnebene gegen die Bahnebene des Saturns beläuft sich auf 175°. Die Rotationsperiode der P. beträgt 9,4 Stunden. Die äußere Gestalt der P. läßt sich durch ein dreiachsiges Ellipsoid mit den Achslängen 230, 220 und 210 km beschreiben. Die Masse, damit auch die mittlere Dichte, konnten bisher noch nicht genau ermittelt werden. In Oppositionsstellung erreicht die P eine scheinbare visuelle Helligkeit von

Abb. 2: Der Marssatellit Phobos vor dem Rand des Mars. (Aufgenommen mit Hilfe der Raumsonde Phobos 2)

etwa $16\overset{\mathrm{m}}{,}5$. Sie hat eine Albedo von nur etwa 0,05 bis 0,06.
Über die Oberflächenbeschaffenheit der P. weiß man nichts Genaues. Beobachtungen von den Raumsonden Voyager 1 und 2 aus ließen keine Krater oder andere topographischen Strukturen eindeutig erkennen, doch braucht die Oberfläche nicht frei davon zu sein. Die sehr geringe Albedo, die Rückläufigkeit der Bahnbewegung und die starke Bahnneigung deuten darauf hin, daß die P. ein ehemaliger Planetoid ist, der vom Saturn eingefangen wurde.
Hinsichtlich der Einordnung der P. in das System der Saturnsatelliten → Saturn.
Die P. wurde 1898 durch E.C. Pickering (1846–1919) entdeckt.

Phoenix, *Gen.* Phoenicis, abg. ***Phe***, Sternbild des südlichen Himmels, das von unseren Breiten aus nicht sichtbar ist.

Photoanregung, der Übergang eines Atoms oder Moleküls von einem Zustand niedriger Energie zu einem Zustand höherer Energie durch Absorption von Strahlung (→ Atom).

Photoeffekt, svw. lichtelektrischer Effekt.

Photographie, das Abbilden eines Gegenstandes durch die Einwirkung der von ihm ausgehenden Strahlung auf eine lichtempfindliche chemische Substanz.

Photographischer Prozeß. Das eigentliche Empfangsorgan für die ein photographisches Bild verursachende Strahlung ist eine auf eine Glasplatte oder einen Film aufgebrachte Gelatineschicht (die Emulsion), in der sich lichtempfindliche Silberhalogenidkörner (aus Silberbromid, -chlorid oder -jodid) von einigen Tausendstel Millimeter Größe befinden. Trifft Licht auf ein derartiges Korn, wird von einem negativ geladenen Ion (z.B. einem Bromion) ein Elektron abgelöst, das sich mit einem positiv geladenen Silberion zu einem neutralen Silberatom vereinigt. Dadurch entsteht in der Photoschicht ein *latentes Bild*, das durch den Entwicklungsprozeß zu einem sichtbaren Bild verwandelt wird. Hierbei greift eine chemische Lösung, der Entwickler, an den bei der Belichtung entstandenen Silberatomen an und reduziert das gesamte Korn zu schwarzem metallischem Silber, was einer Verstärkung um einen Faktor 10^8 bis 10^9 gleichkommt. Die unbelichteten Körner werden anschließend durch eine Fixiersalzlösung aus der Emulsion herausgelöst. Da immer auch einige unbelichtete Körner entwickelbar sind, entsteht eine über die Platte verteilte schwache Zusatzschwärzung, der *chemische Schleier*. Silberbromidemulsionen sind vor allem für kurzwelliges Licht empfindlich; bei einer Wellenlänge von etwa 550 nm (wo die Augenempfindlichkeit am größten ist) endet die Empfindlichkeit einer normalen Photoemulsion, doch kann man sie durch Sensibilisierung auf längerwellige Spektralbereiche bis in den Infrarotbereich erweitern. Dazu werden Farbstoffe in die Schicht gebracht, die als Energieübermittler für die Körner wirken. Die Quantenausbeute (das Verhältnis der geschwärzten Silberkörner je Flächeneinheit zur Zahl der aufgefallenen Lichtquanten) der Photoemulsionen ist gering und beträgt selbst bei hochempfindlichen Emulsionen im blauen Spektralbereich maximal rund 2%: Von 100 einfallenden Lichtquanten werden höchstens zwei in Form geschwärzter Silberkörner registriert.

Schwärzung. Die reduzierten Silberkörner befinden sich an den belichteten Stellen der Photoschicht. Aus der Verteilung der Körner kann man die Helligkeitsverteilung des abgebildeten Objekts ableiten. Das geschieht mit Hilfe eines Mikrophotometers, indem man die Intensität eines schmalen Lichtbündels mißt, das die belichtete Platte durchsetzt. Bezeichnet i_0 die Intensität des Bündels vor und i die Intensität nach dem Durchgang, so dient $S = \lg(i_0/i)$ als Maß für die Schwärzung der Platte an der durchstrahlten Stelle. Die Schwärzung 1 ist z.B. dann vorhanden, wenn nur ein Zehntel des Lichts hindurchgelassen wird. Die *Schwärzungskurve* (Abb.) gibt den Zusammenhang zwischen der bei der Belichtung auf die Platte gelangten Strahlungsmenge und der erzeugten Schwärzung. Die aufgefallene Strahlungsmenge wird durch das

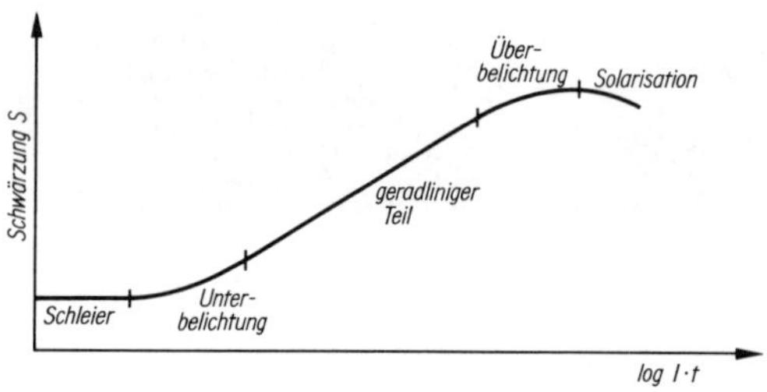

Schwärzungskurve (schematisiert). I: auf ein Flächenelement fallender Strahlungsstrom; t: Belichtungszeit

Produkt aus der Belichtungszeit t und dem Strahlungsstrom I ausgedrückt, der auf ein Bildelement fällt. Die Schwärzungskurve erhebt sich erst bei einer Mindestbelichtung, dem *Schwellenwert*, aus der Schleierschwärzung. Einem schwachen Anstieg der Kurve im Bereich der Unterbelichtung folgt ein steiler, geradlinig verlaufender Kurventeil und danach ein flacherwerdender im Bereich der Überbelichtung; im anschließenden Gebiet der Solarisation nimmt die Schwärzung mit zunehmender Strahlungsmenge wieder ab. Die Empfindlichkeit einer Photoplatte kann durch den Schwellenwert sowie die für die photometrische Genauigkeit maßgebende Kontrastwiedergabe charakterisiert werden, die durch die Neigung (die *Gradation*) des geradlinigen Kurventeils bestimmt ist. Die Form der Schwärzungskurve ist abhängig von der Emulsionssorte, der Wellenlänge des auffallenden Lichts sowie den Entwicklungsumständen und muß jeweils empirisch festgestellt werden.
Die erzeugte Schwärzung ist nicht exakt vom Produkt aus der Belichtungszeit und dem Strahlungsstrom, It, sondern von der Größe It^p abhängig. Der *Schwarzschild-Exponent p* hat für lange Belichtungszeiten, wie sie in der Astronomie üblich sind, Werte um 0,8: Von zwei Sternen, deren scheinbare Helligkeiten sich um 1 mag (ihre Strahlungsströme demnach um das 2,5fache) unterscheiden, erhält man die gleiche

Schwärzung, wenn die Belichtungszeit des schwächeren Sterns um etwa das 3,2fache länger ist als die für den helleren.

Abbildungseigenschaften. Sterne können wegen ihrer großen Entfernungen zwar als punktförmige Lichtquellen angesehen werden, auf der Photoplatte werden sie dennoch als kleine Scheibchen abgebildet: Durch die Kamera wird ein Beugungsscheibchen erzeugt (→ Fernrohr), das wegen der Luftunruhe um eine mittlere Lage schwankt (→ Szintillation), so daß während der Belichtung ein größerer Bereich, das Szintillationsscheibchen, von Licht getroffen wird. Ein Teil der Strahlung wird außerdem in der Emulsion gestreut, so daß auch noch benachbarte lichtempfindliche Körner, die nicht im direkten Lichtstrahl liegen, erreicht werden. Es entsteht so ein *Schwärzungsscheibchen*, das bei hellen Sternen wegen der größeren Menge gestreuten Lichts einen größeren Durchmesser als bei lichtschwachen Sternen hat. Dieser Effekt ist nicht nur nachteilig, sondern läßt sich für die Sternphotometrie ausnutzen (→ Photometer).

Die Dichte der Silberkörner nimmt in einem Schwärzungsscheibchen von der Mitte zum Rand hin ab. Die Körnigkeit des Hintergrundschleiers begrenzt sowohl das Auflösungsvermögen einer Photoemulsion (die Fähigkeit, Einzelheiten darzustellen) als auch die photometrische Genauigkeit, und zwar um so mehr, je größer die Einzelkörner sind. Bei schwachen Sternen hebt sich das Schwärzungsscheibchen kaum aus dem umgebenden Plattenschleier heraus. Feinkörnige Emulsionen sind im allg. weniger empfindlich als grobkörnige. Um die Empfindlichkeit zu steigern, werden astronomisch genutzte Photoplatten vor der Belichtung z.T. noch zusätzlich sensibilisiert. Das kann z.B. durch das längere vorherige Aufbewahren im Vakuum oder in einer sauerstofffreien trockenen Atmosphäre oder das längere Erwärmen („Backen") bis auf etwa 50 bis 75 °C geschehen. Die Verfahren zielen darauf, den in der Emulsion eingelagerten Sauerstoff zu entfernt, der eine Desensibilisierung verursacht.

Bei Aufnahmen mit Spiegelteleskopen zeigt sich um die Bilder hellerer Sterne gelegentlich ein Strahlenkreuz. Es entsteht infolge der Beugung des Sternlichts an der im Strahlengang des Fernrohrs befindlichen Halterung für die Plattenkassette. Weder diese Strahlen noch das Schwärzungsscheibchen haben mit der tatsächlichen Form und Größe des abgebildeten Sterns etwas zu tun.

Sehr feine, schwache Bilddetails, die bei einer bereits entwickelten Aufnahme kaum zu erkennen sind, lassen sich durch ein rein photographisches Verfahren nachträglich deutlicher sichtbar machen. Dazu wird von der Originalplatte eine leicht unscharfe Kontaktkopie (eine positive Maske) gewonnen, auf der nur die gröberen Einzelheiten des Originals abgebildet sind. Bei der gleichzeitigen Kopie der unscharfen Maske mit der scharfen (negativen) Originalaufnahme werden auf dem so entstehenden Bild die gröberen Einzelheiten mehr oder minder stark unterdrückt und die feinen Strukturen des Originals hervorgehoben.

In der Astrophotographie wird normalerweise mit Schwarz-Weiß-Aufnahmematerial gearbeitet. Mit genügend empfindlichen Farbemulsionen lassen sich aber auch Farbaufnahmen von z.B. galaktischen Nebeln oder extragalaktischen Sternsystemen gewinnen; derartige Aufnahmen geben eindrucksvolle Überblikke z.B. über die unterschiedlichen Leuchtbedingungen in den Nebeln. Man kann eine Farbaufnahme auch aus drei Schwarz-Weiß-Aufnahmen herstellen, die in unterschiedlichen Farbbereichen (z.B. durch unterschiedliche Farbfilter hindurch) gewonnen wurden. Man kopiert dazu auf farbempfindliches Photomaterial die Schwarz-Weiß-Aufnahmen unter Verwendung der jeweiligen Filter und unter Berücksichtigung der jeweiligen Schwärzung der Aufnahmen.

Allgemeines. Die P. hat für die Astronomie eine außerordentliche Bedeutung, da Photoplatten Lichteinwirkungen summieren können. Durch lange Belichtungszeiten sind dadurch wesentlich lichtschwächere Objekte als bei visuellen Beobachtungen erfaßbar, außerdem stellt jede Aufnahme ein Dokument dar, das immer zu Kontrollen und Vergleichen zur Verfügung steht. Vorteilhaft ist darüber hinaus die Möglichkeit, bei einer Aufnahme viele Objekte gleichzeitig abzubilden, außerdem die leichte Handhabung von Photoplatten, ihre Größe und damit ihre Speicherfähigkeit sowie ihre Billigkeit im Vergleich zu entsprechenden lichtelektrischen Flächendetektoren. Nachteilig ist die geringe Quantenausbeute und der nichtlineare Zusammenhang zwischen dem einfallenden Strahlungsstrom und der hervorgerufenen Schwärzung sowie der geringe Umfang (dynamischer Bereich) des linearen Teils der Schwärzungskurve, und daß während der Aufnahme keine Kontrolle des Beobachtungsvorganges möglich ist.

Zur Herstellung photographischer Aufnahmen werden die astronomischen Fernrohre als Kameras benutzt. Wegen der meist geringen Lichtintensität astronomischer Objekte sind lange Belichtungszeiten erforderlich; Sonnen- und Mondphotographien können hingegen als Momentaufnahmen durchgeführt werden, was auch erforderlich ist, da sonst Bildeinzelheiten infolge der Luftunruhe verwischt werden. Planetenaufnahmen, die eine längere Belichtungszeit benötigen, zeigen deshalb im allg. weniger Einzelheiten, als man bei visuellen Planetenbeobachtungen wahrnimmt.

Photometer *n*, ein zur Lichtmessung (Photometrie) benutztes Gerät.

Visuelle P. Bei visuellen P.n, bei denen die Netzhaut des Auges als Strahlungsempfänger dient, werden jeweils zwei im Gesichtsfeld eines Fernrohrs dicht benachbarte Lichtquellen miteinander verglichen. Visuelle Sternphotometer erzeugen dazu einen „künstlichen Stern", dessen Helligkeit z.B. durch das Vorschalten von Graufiltern in meßbarer Weise so weit abgeschwächt werden kann, daß er dem Auge genau so hell erscheint wie der Stern, dessen Helligkeit bestimmt werden soll. Ungünstig ist, daß bei einem künstlichen Stern die Szintillation fehlt, wodurch der Vergleich aus physiologischen Gründen erschwert wird.

Lichtelektrische Sternphotometer. Lichtelektrische P. basieren auf dem lichtelektrischen Effekt. Bei denjenigen P.n, die den äußeren lichtelektrischen Effekt ausnutzen, werden aus einem, in einer Vakuumzelle befindlichen Material (meist einer speziell präparierten Alkalimetallschicht) von auftreffenden Photonen Elektronen losgelöst, die von der elektronenaussendenden Schicht (der Katode) zur gegenüberliegenden Anode fließen, da an diese eine positive Spannung angelegt wird. Die Stärke des sich ergebenden Stromflusses ist dem auf die Katode fallenden Strahlungsstrom proportional und stellt – nach einer geeigneten Verstärkung – die eigentliche Meßgröße dar. Bei den im allg. verwendeten ***Sekundärelektronenvervielfachern (Photomultipliern)*** geschieht die erste Verstärkung bereits in der Zelle selbst. Dabei werden die aus der Katode austretenden Elektronen durch die an die Anode angelegte elektrische Spannung so stark beschleunigt, daß jedes Elektron aus der Anode (die dann als Dynode bezeichnet wird) eine größere Zahl weiterer Elektronen herausschlägt. Diese treffen, erneut beschleunigt, auf eine nächste Dynode usw. Am Ausgang des Vervielfachers ergibt sich dadurch für jedes primäre Elektron eine ganze Lawine von bis zu einigen Millionen Sekundärelektronen. Mit zeitlich hochauflösenden P.n lassen sich die Elektronenlawinen, letztlich also die die Katode treffenden Lichtquanten, einzeln nachweisen (Photonenzählmethode). Sekundärelektronenvervielfacher haben eine Quantenausbeute bis zu 20%.

Bei lichtelektrischen P.n, die auf dem inneren lichtelektrischen Effekt beruhen, überträgt ein auf einem geeigneten Halbleiter auftreffendes Lichtquant so viel Energie an ein Elektron im Innern des Halbleiters, daß es frei beweglich wird, ihn aber nicht verlassen kann. Dadurch wird die elektrische Leitfähigkeit des Materials entsprechend dem auffallenden Strahlungsstrom in meßbarer Weise verändert. Da keine Elektronenvervielfachung im Material möglich ist, ist die Empfindlichkeit derartiger P. gering. Dieser Nachteil wird durch eine sehr hohe Quantenausbeute z.T. kompensiert. Zum Auslösen des inneren lichtelektrischen Effekts benötigen die Photonen eine geringere Energie als zur Auslösung des äußeren Effekts: ***Halbleiterphotodetektoren*** sind daher für längerwellige Strahlung verwendbar als Sekundärelektronenvervielfacher.

Lichtelektrische Flächenphotometer. Mit einem normalen lichtelektrischen P. erhält man im allg. keine Information über die flächenhafte Verteilung des die Katode treffenden Strahlungsstromes. Diesen Nachteil umgeht man mit lichtelektrischen Flächenphotometern, zu denen u.a. Bildwandler und Bildverstärker gehören. ***Bildwandler*** sind elektronenoptische Geräte, mit denen (unsichtbare) ultraviolette oder infrarote Strahlung in sichtbares Licht umgewandelt wird. Dazu bildet man das zu untersuchende Objekt auf eine große Katode ab. Entsprechend dem auf ein Flächenelement der Katode auffallenden Strahlungsstrom werden Primärelektronen ausgelöst, die durch ein elektronenoptisches System auf einen Leuchtschirm gelenkt werden. Das (wie bei einer Fernsehröhre) dann sichtbare Bild läßt sich, etwa durch eine Kontaktkopie, auf eine Photoplatte übertragen. Statt des Leuchtschirms werden auch Speicherplatten verwendet, auf denen lokal die von den Elektronen transportierten Ladungen gesammelt und nach einer Speicherzeit zeilenweise ausgelesen werden. Bei einem ***Bildverstärker*** werden die Primärelektronen statt auf einen Leuchtschirm auf eine dünne Verstärkerfolie gelenkt, aus der sie Sekundärelektronen auslösen. Durch weitere elektronenoptische Abbildungen werden diese auf eine nächste Verstärkerfolie oder auf den abschließenden Leuchtschirm geleitet. Bildwandler und Bildverstärker haben zwar eine relativ gute Quantenausbeute, doch besteht keine strenge Linearität zwischen dem auf die Katode fallenden Strahlungsstrom und dem zur Messung (auf dem Bildschirm) zur Verfügung stehenden Signal; nachteilig ist auch die Kleinheit der verfügbaren Photokatoden sowie der benötigte hohe technische Aufwand.

Andere lichtelektrische Flächenphotometer, die den äußeren lichtelektrischen Effekt ausnutzt, arbeiten mit einer ***Mikrokanalplatte***, bei der eine große Anzahl (bis zu 100000 je cm^2) kleiner röhrenförmiger Sekundärelektronenvervielfacher, von denen jeder einzelne einen Durchmesser von etwa 25 μm und eine Länge von etwa 1 mm hat, zu einer Platte gebündelt ist. An den Röhreneingängen befindet sich eine halbdurchlässige Photokatode, am Ausgang ein Bildschirm. Die Röhren sind so geformt, daß ein aus der Katode austretendes und beschleunigtes primäres Elektron aus der Kanalwandung wiederholt Sekundärelektronen, insgesamt eine ganze Elektronenlawine, auslöst. Die Menge und die Kleinheit jedes einzelnen Vervielfachers gewährleistet eine Verstärkung des die Mikrokanalplatte treffenden Strahlungsstromes entsprechend seiner lokalen Stärke.

Ein ***CCD-Detektor*** [CCD Abk. für *c*harge-*c*oupled *d*evice, engl., svw. ‚ladungsbindende Vorrichtung'] ist ein Flächenphotometer, das auf dem inneren lichtelektrischen Effekt beruht. Ein derartiger Detektor besteht aus einer kleinen Siliciumscheibe, deren Oberfläche in eine große Anzahl (bis zu 2048 × 2048) lichtempfindliche Bildelemente mit einer Größe von etwa 15 bis 30 μm Seitenlänge aufgeteilt ist. Beim Auftreffen von Licht auf ein Bildelement werden Elektronen frei, die durch eine geeignete Spannungsverteilung im Element festgehalten werden. Einer flächenhaften Verteilung der Strahlungsintensität entspricht dadurch eine flächenhafte Ladungsverteilung. Mit Hilfe von Steuerimpulsen lassen sich nach der Belichtung die Ladungen Bildelement für Bildelement getrennt auslesen, wodurch sich eine zeitliche Folge kleiner Stromimpulse ergibt. Diese Signale werden verstärkt und in digitaler Form abgespeichert. Aus ihnen läßt sich unter Zuhilfenahme leistungsfähiger Computer das flächenhafte Bild rekonstruieren. Der Vorteil der CCD-Detektoren besteht in ihrer hohen Quantenausbeute von bis zu 80% und ihrer strengen Linearität zwischen dem auffallenden Strahlungsstrom und der gespeicherten Ladungsmenge sowie ihrer Fähigkeit, sowohl sehr starke als auch sehr schwache Strahlungsströme (bis zu einem Verhältnis von etwa 100000 : 1) gleichzeitig meßbar zu machen. Die Fähigkeit, auch wenige Elektronen lange Zeit speichern zu können, ermöglicht die Beobachtung von Objekten mit sehr geringen scheinbaren Helligkeiten durch entsprechend lange Belichtungszeiten. CCD-Empfänger sind im allg. für Wellenlängen zwischen 400 und 800 nm empfindlich; durch geeignete Farbstoffbeschichtung kann man den Empfindlichkeitsbereich bis hin zu etwa 300 nm erweitern, die maximale Quantenausbeute liegt dann aber nur bei rund 50%. Es existieren auch CCD-Empfänger für den Infrarotbereich bis etwa 5 µm; sie haben eine Quantenausbeute von etwa 40 bis 60%. Nachteilig ist ganz allgemein die relativ geringe Größe der Detektoren, und daß nicht immer alle Bildelemente die gleiche Empfindlichkeit besitzen, doch läßt sich dies relativ leicht feststellen und bei der Bildrekonstruktion berücksichtigen. Der zur Betreibung eines Empfängers notwendige Aufwand, vor allem hinsichtlich der Rechentechnik, ist erheblich.

Thermoelektrische P. Bei thermoelektrischen P.n fällt die Strahlung auf eine geschwärzte Empfängerfläche, wird dort absorbiert und führt so zu einer Erwärmung, die elektrisch nachweisbar ist. Im ***Bolometer*** ist die Empfängerfläche ein geschwärzter elektrischer Leiter, dessen Widerstand sich bei Erwärmung meßbar ändert. Diese P. werden wie die lichtelektrischen P. unmittelbar am Fernrohr angebracht. Da sie Strahlung aller Wellenlängen aufnehmen, sind sie auch im fernen infraroten Spektralbereich brauchbar. Um die in diesem Bereich auftretenden Störungen zu umgehen, die infolge der zeitlich rasch fluktuierenden thermischen Emission der Erdatmosphäre verursacht werden, wendet man ein Strahl-Umschalt-Verfahren an. Dabei schwenkt ein Umlenkspiegel periodisch, etwa im Zehntel-Sekunden-Takt, zwischen der Stelle am Himmel mit dem zu untersuchenden Objekt und einer dicht benachbarten Stelle hin und her. Man mißt dann nur die Differenz der Strahlungsintensitäten an den beiden Stellen, während die Intensität der Hintergrundstrahlung unberücksichtigt bleibt.

Die thermoelektrischen wie im allg. auch die lichtelektrischen P. werden sehr tief gekühlt, z.T. bis auf −270 °C, um die Zahl der Elektronen geringzuhalten, die auf Grund innerer thermischer Effekte im Empfänger bzw. Verstärker freigesetzt werden und ein unerwünschtes Hintergrundrauschen verursachen.

Plattenphotometer. Lichtelektrische und thermoelektrische P. bieten die Möglichkeit, schon während der Beobachtung die Meßergebnisse darzustellen. Bei der Verwendung von Photoplatten als Strahlungsempfänger ist dies nicht möglich; erst nach der Entwicklung liegt die Information über die während der Belichtung empfangene Strahlung in Form einer Schwärzungsverteilung auf der Platte vor (→ Photographie). Diese Schwärzungsverteilung wird mit Plattenphotometern gemessen. Zwischen der Schwärzung und der sie verursachenden Strahlungsmenge besteht kein linearer Zusammenhang, er muß (z.B. in Form einer Schwärzungskurve) für jede Photoplatte empirisch bestimmt werden. Das kann durch das Aufbringen von Kalibrierungsmarken auf der Platte geschehen, für die die je Flächeneinheit aufgefallene Lichtmenge genau bekannt ist. Bei automatischen Plattenphotometern wird auf der Photoplatte für jedes Flächenelement, dessen Ausdehnung kleiner als das Auflösungsvermögen der photographischen Schicht ist, die Schwärzung bestimmt und der Meßwert in digitaler Form gespeichert, wobei sich die Messungen auch auf die Kalibrierungsmarken erstrecken. Die rechnerische Auswertung der gespeicherten Daten ergibt für jedes Flächenelement den empfangenen Strahlungsstrom. Die Daten stehen – wie auch die Daten lichtelektrischer Flächenphotometer – zur weiteren numerischen Bearbeitung zur Verfügung. Dabei lassen sich z.B. geringe Helligkeitsdifferenzen verstärkt darstellen, oder es läßt sich der Plattenschleier (durch Subtraktion der entsprechenden Meßwerte) nachträglich unterdrücken. Das Auflösungsvermögen der Photoplatte kann in gewissen Grenzen dadurch gesteigert werden, daß die durch die Szintillation verursachte Bildvergrößerung rechnerisch korrigiert wird; zunächst nicht erkennbare Details können dadurch mindestens teilweise rekonstruiert werden.

Bei Plattenphotometern, die nur zur Sternphotometrie benutzt werden, kann man sich den Zusammenhang zwischen der scheinbaren Helligkeit eines Sterns und der Größe seines Schwärzungsscheibchens auf der Platte (→ Photographie) dadurch verschaffen, daß man zusätzlich zu den zu vermessenden Sternen auch solche mit aufnimmt (Eichsterne), deren scheinbare Helligkeiten bekannt sind. Man mißt dann den Durchmesser des Schwärzungsscheibchens eines unbekannten Sterns und rechnet ihn mit Hilfe der für die Eichsterne ermittelten Durchmesser in eine scheinbare Helligkeit um. Genauere Ergebnisse erhält man mit einem ***Irisblendenphotometer***, bei dem um das zu vermessende Sternscheibchen eine Irisblende so weit geschlossen wird, daß von einem die Photoplatte durchsetzenden Lichtbündel eine im voraus festgelegte Lichtmenge durch die Blende fällt. Der jeweilige Durchmesser der Irisblende dient als Maß für die Sternhelligkeit; die Eichung erfolgt an geeigneten Eichsternen.

Photometrie, ***Lichtmessung***, die Ermittlung der von einer Strahlungsquelle kommenden Strahlungsmenge. Bei der astronomischen P. führt man im allg. eine relative P. durch. Dabei vergleicht man den ankommenden Strahlungsstrom (z.B. den eines zu vermessenden Sterns) mit dem eines Standardobjekts (z.B. eines Standardsterns), dessen Strahlungsstrom bereits bekannt ist. Das Verhältnis der beiden Strahlungsströme entspricht der in Größenklassen angegebenen Differenz der scheinbaren Helligkeiten der beiden Vergleichsobjekte (→ Helligkeit). Ein derartiger Vergleich sollte mit möglichst der gleichen Meßapparatur (Teleskop, Strahlungsempfänger einschließlich eventueller Farbfilter) erfolgen, weil jede derartige Gerätekonfiguration eine eigene spektrale Empfindlichkeitsfunktion hat, also auf Strahlung unterschiedlicher Wellenlänge unterschiedlich anspricht. Außerdem sollten die Beobachtungen bei jeweils gleichen Zenitdistanzen durchgeführt werden, da die Erdatmosphäre wie ein Filter wirkt: Ihre Durchlässigkeit hängt sowohl von der Wellenlänge der Strahlung als auch von der durchsetzten Luftmasse ab, die mit der Zenitdistanz variiert. Bei Beobachtungen mit unterschiedlichen Zenitdistanzen müssen die Unterschiede in der atmosphärischen Extinktion rechnerisch korrigiert werden.

Bei einer absoluten P. wird der von einem Objekt ankommende Strahlungsstrom (die je Sekunde je Flächeneinheit und je Wellenlängenintervall eintreffende Energie) unabhängig von Messungen an anderen Objekten bestimmt. Die Schwierigkeiten liegen dabei u.a. darin, daß der von der Erdatmosphäre nicht durchgelassene Strahlungsbetrag in Abhängigkeit von der Wellenlänge bestimmt werden muß. Er läßt sich dadurch ermitteln, daß man in verschiedenen engen Spektralbereichen für ein und denselben Stern bei unterschiedlichen Zenitdistanzen die Helligkeitsdifferenz gegenüber einem Stern, dessen Zenitdistanz unveränderlich ist (etwa dem Polarstern), mißt; man erhält dann den Extinktionsbetrag im Zenit. Bei einer absoluten P. muß man weiterhin die Empfindlichkeitsfunktion der Meßapparatur kennen. Um sie zu bestimmen, registriert man bei möglichst vielen Wellenlängen das am Ausgang des Strahlungsempfängers empfangene Signal in Abhängigkeit von der Stärke des auf die Aufnahmeapparatur von einer Standardlichtquelle fallenden Strahlungsstrom. Als Standardlichtquelle wird im allg. ein Schwarzer Körper benutzt, da der von ihm ausgehende Strahlungsstrom in seiner Wellenlängenabhängigkeit durch das Plancksche Strahlungsgesetz gegeben ist. Zum Schluß beobachtet man mit der Meßapparatur abwechselnd das als Standardobjekt vorgesehene Objekt und die Standardlichtquelle. Aus den gesamten Meßdaten läßt sich der Strahlungsstrom des Standardobjekts ermitteln, wie er sich außerhalb der Erdatmosphäre ergeben würde. Das gesamte Verfahren ist für möglichst viele Wellenlängen durchzuführen. Als Standardobjekt dient bei einer absoluten P. im allg. der Stern Wega, da seine scheinbare Helligkeit relativ hoch ist, und er die gleiche Spektralklasse (A0V) hat, die zur Festlegung der Größenklassenskalen benutzt wird (→ Helligkeit).

Die spektrale Empfindlichkeitsfunktion einer Meßapparatur bewirkt, daß bei Beobachtungen im allg. nur Strahlung aus einem ganz bestimmten Wellenlängenbereich (Farbbereich) registriert wird. Durch die Wahl unterschiedlicher Filter läßt sich die Empfindlichkeitsfunktion in gewissen Grenzen variieren, die ankommende Strahlung also in unterschiedlichen Farbbereichen messen. Mehrere Farbbereiche bilden zusammen ein Farbsystem. Je nachdem, ob man die P. in drei oder mehr unterschiedlichen Farbbereichen durchführt, spricht man von einer ***Drei-*** oder einer ***Mehrfarbenphotometrie***.

Bei einer ***Spektralphotometrie*** wird das Licht mit Hilfe eines Spektralapparats in ein Spektrum zerlegt und danach die Strahlungsintensität bei möglichst vielen unterschiedlichen Wellenlängen gemessen. Alle Spektralphotometrien sind mühsam und können nur an relativ hellen Objekten durchgeführt werden, da für die einzelnen Wellenlängenintervalle nur ein kleiner Teil des gesamten Lichts zur Verfügung steht. Spektralphotometrien sind immer relativ: Es erfolgt entweder ein Helligkeitsvergleich mit einem Standardspektrum bei jeweils gleichen Wellenlängen oder ein Vergleich innerhalb des Spektrums eines Objekts, wobei dann als Vergleichshelligkeit die Helligkeit des ungestörten Kontinuums in unmittelbarer Nachbarschaft der zu vermessenden Spektrallinie dient. Eine ***Polarimetrie*** ist ebenfalls immer relativ: Es wird das Verhältnis der Strahlungsintensitäten in unterschiedlichen Schwingungsrichtungen (damit der Polarisationsgrad) des ankommenden Lichts gemessen.

Die bei einer P. erzielte Genauigkeit hängt im wesentlichen vom verwendeten Strahlungsempfänger ab. Mit Photoplatten läßt sich bei einer absoluten P. von Punktlichtquellen eine Genauigkeit von etwa $\pm 0{,}07$ mag erreichen, mit Sekundärelektronenvervielfacher oder CCD-Photodetektoren hingegen von etwa $\pm 0{,}01$ mag oder sogar darunter.

Bei einer visuellen P. ist das menschliche Auge der Strahlungsempfänger. Die einfachste Methode einer visuellen Helligkeitsbestimmung von Sternen ist die sog. → Stufenschätzung. Genauere Ergebnisse erhält man mit einem visuellen Photometer, in dem eine Vergleichslichtquelle meßbar so weit abgeschwächt wird, bis sie dem Auge genau so hell wie der zu vermessende Stern erscheint.

Photomultiplier *m*, svw. Sekundärelektronenvervielfacher.

Photon *n*, svw. Lichtquant.

Photosphäre, diejenige Schicht der Sonnenatmosphäre, aus der der größte Teil der im sichtbaren Spektralbereich in den Weltraum abgestrahlten Sonnenstrahlung stammt, damit der eigentlich sichtbare Teil der Sonne; im übertragenen Sinn bezeichnet man die entsprechenden Schichten anderer Sterne als deren P.n.

Piazzi, Giuseppe, ital. Astronom, geb. 16.7.1746 in Ponte, gest. 22.7.1826 in Neapel; anfangs Theologe, später Direktor der Sternwarten Palermo und Neapel. P. wurde auf Grund der Entdeckung des ersten Planetoiden, der Ceres, am 1.1.1801 bekannt.

Pic, Abk. für Pictor.

Pickering, Edward Charles, nordamerikan. Astronom, geb. 19.7.1846 in Boston, gest. 3.2.1919 in Cambridge (Mass., USA); 1877–1917 Direktor der Harvard-Sternwarte. P. führte die photographische Himmelsüberwachung ein, beobachtete als erster die spektroskopischen Doppelsterne und veränderliche Sterne in Kugelsternhaufen. Er gab den Henry-Draper-Katalog mit Spektralangaben von über 225000 Sternen heraus.

Pictor [lat.], *Gen.* Pictoris, abg. ***Pic***, ***Maler***, ***Malerstaffelei***, sternarmes Sternbild des südlichen Himmels, das von unseren Breiten aus nicht sichtbar ist.

Pisces [lat.], *Gen.* Piscium, abg. ***Psc***, ***Fische***, Zeichen ♓, zum Tierkreis gehörendes Sternbild der Äquatorzone, das im Herbst am Abendhimmel sichtbar ist. Die Sonne durchläuft dieses Sternbild bei ihrer scheinbaren jährlichen Bewegung etwa von Mitte März bis Mitte April. Sie überschreitet dabei um den 21. März, zu Frühlingsbeginn, den Himmelsäquator von Süd nach Nord.

Piscis Austrinus [lat.], *Gen.* Piscis Austrini, abg. ***PsA***, ***Südlicher Fisch***, Sternbild des südlichen Himmels, das sich von unseren Breiten aus gesehen nur wenig über den Horizont erhebt. Es ist im Herbst am Abendhimmel sichtbar. Der hellste Stern (α) des Sternbilds heißt → Fomalhaut.

p-Prozeß, → Elemententenentstehung.
Plancksches Gesetz, → Strahlungsgesetze.
Planck-Konstante, → Wirkungsquantum.
Planck-Zeit, → Kosmologie.
Planet [griech., ‚der Umherschweifende'] *m*, ***Wandelstern***, im engeren Sinn ein im reflektierten Sonnenlicht leuchtender großer Himmelskörper des Sonnensystems; im weiteren Sinn ein nichtselbstleuchtender größerer Himmelskörper, der einen Stern umläuft. Im folgenden ist P. immer im engeren Sinn gemeint.
Die im Sonnensystem bekannten 9 P.en sind – nach wachsender Entfernung von der Sonne geordnet – Merkur, Venus, Erde, Mars, Jupiter, Saturn, Uranus, Neptun und Pluto; ein zeitweilig jenseits der Plutobahn vermuteter zehnter P. (Transpluto) konnte nicht nachgewiesen werden. Die P.en Merkur und Venus, deren Bahnen innerhalb der Erdbahn liegen, bezeichnet man als *innere P.en*, diejenigen, die sich außerhalb der Erdbahn bewegen, als *äußere P.en*; statt dessen findet man gelegentlich auch die Bezeichnung untere und obere P.en.
Helligkeiten. Die scheinbaren Helligkeiten der P.en sind sehr unterschiedlich: Die Venus ist nächst der Sonne und dem Mond das hellste Gestirn; der Mars und der Jupiter sind zeitweilig heller als der hellste Fixstern, der Sirius; die Helligkeiten vom Merkur und vom Saturn gleichen denen der sehr hellen Fixsterne Wega und Arctur; der Uranus ist gerade noch mit bloßem Auge sichtbar, während der Neptun und der Pluto nur mit einem Fernrohr gesehen werden können. Die scheinbare Helligkeit eines P.en hängt von seinem Durchmesser, seiner heliozentrischen sowie geozentrischen Distanz, vom Phasenwinkel und von der Albedo der Planetenoberfläche bzw. der Wolkendecke in der Planetenatmosphäre ab. Der Phasenwinkel ist ein Maß für den Bruchteil der sichtbaren Planetenscheibe, der nicht beleuchtet ist (→ Phase). Bei den inneren P.en kann er zwischen 0° (obere Konjunktion, voll beleuchtete Planetenscheibe) und 180° (untere Konjunktion, sichtbare Planetenscheibe unbeleuchtet) variieren, bei den äußeren P.en zwischen 0° (Opposition) und einem bestimmten Maximalwert, der um so kleiner ist, je weiter außen der P. die Sonne umläuft. Die Albedo beträgt bei den P.en mit einer dichten, wolkenreichen Atmosphäre (Venus, Jupiter, Saturn, Uranus und Neptun) 0,70 bis 0,80; sie ist damit wesentlich höher als bei den P.en mit sehr dünnen Atmosphären (Mars und Merkur), bei denen sie durch das Material der Planetenoberfläche bestimmt wird und unter 0,16 liegt. Die Helligkeitsänderungen der P.en, die beim Mars bis zu 5 mag betragen können, beruhen weniger auf Änderungen ihrer heliozentrischen Abstände, da diese wegen der kleinen Bahnexzentrizitäten relativ gering variieren, sie sind vielmehr durch die stark schwankenden geozentrischen Abstände sowie durch den Phasenwechsel bedingt. Für die Färbung, mit der ein P. erscheint, ist dessen Oberflächenmaterial bzw. die Wolkenbeschaffenheit verantwortlich.
Im Gegensatz zu den stets punktförmig erscheinenden Fixsternen sieht man die P.en im Fernrohr je nach ihrer Größe und ihrer Entfernung von der Erde als mehr oder minder ausgedehnte Scheibchen. Mit dieser merklichen Winkelausdehnung hängt es zusammen, daß die P.en eine geringere Szintillation als die Fixsterne zeigen und dadurch leicht von diesen unterschieden werden können.
Bewegungen. Die P.en bewegen sich auf Ellipsenbahnen um die Sonne, die sich in jeweils einem der beiden Brennpunkte der Bahnellipsen befindet. Die Bahnbewegung vollzieht sich nach den Keplerschen Gesetzen; in Sonnennähe läuft ein P. mithin schneller als in Sonnenferne. Je weiter ein P. von der Sonne entfernt ist, um so geringer ist seine mittlere Geschwindigkeit. Die Geschwindigkeit v im Abstand r von der Sonne ergibt sich zu $v^2 = G\,\mathfrak{M}_{\odot}(2/r - 1/a)$, wenn G die Gravitationskonstante, $\mathfrak{M}_{\odot}$ die Sonnenmasse und a die große Halbachse der Planetenbahn bedeuten. Die Bahnbewegungen erfolgen alle rechtläufig, vom Nordpol der Ekliptik aus gesehen also entgegen dem Uhrzeigersinn. Die P.en werden durch die Massenanziehung der Sonne auf ihren Bahnen gehalten.
Die Planetenbahnen haben alle eine kleine Exzentrizität, sie weichen nur wenig von Kreisen ab. Größere Exzentrizitäten als 0,1 haben nur der Merkur und der Pluto. Die Exzentrizität bestimmt, wie stark sich der heliozentrische Abstand eines P.en beim Umlauf um die Sonne ändert. Bezeichnet e die Bahnexzentrizität, ergibt sich der Perihelabstand zu $a(1-e)$, der Aphelabstand zu $a(1+e)$. Die Halbachsen folgen mit Ausnahme der des Neptuns und der des Plutos mit erstaunlicher Genauigkeit einer exponentiellen Abstandsregel, der → Titius-Bodeschen Reihe.
Bei den Umlaufzeiten der P.en muß man zwischen den siderischen und den synodischen unterscheiden. Die siderische Umlaufzeit U_{sid} ist die Zeit, nach der ein P. von der Sonne aus gesehen wieder die gleiche Stellung relativ zu den Fixsternen einnimmt; nach einer synodischen Umlaufzeit U_{syn} hat er von der Erde aus gesehen wieder die gleiche Stellung relativ zur Sonne. Die Unterschiede zwischen diesen Umlaufzeiten ergeben sich, weil auch die Erde die Sonne umläuft. Bezeichnet man die siderische Umlaufzeit der Erde mit $U_{♁}$, so gilt allgemein $U_{\text{syn}}^{-1} = U_{\text{sid}}^{-1} - U_{♁}^{-1}$.
Die Bahnebenen der P.en fallen mit der Ebene der Erdbahn nahe zusammen. Eine Ausnahme bildet die Plutobahn, die eine Neigung von 17,1° gegen diese Ebene besitzt.
Von den wahren Bewegungen der P.en um die Sonne sind die scheinbaren an der Himmelskugel zu unterscheiden. Diese sind kompliziert, weil sie sich als Projektionen der wahren Bewegungen von der sich bewegenden Erde aus ergeben; → Bewegung der Gestirne.
Rotation. Die Rotationsperiode und die Neigung der Rotationsachse gegen die Bahnebene kann man bei denjenigen P.en leicht feststellen, bei denen markante Oberflächen- oder Atmosphärenstrukturen sichtbar sind. Bei der Venus und beim Merkur ist das bei Beobachtungen von der Erde aus nicht der Fall, man benutzt bei diesen P.en zur Bestimmung der Rotationsperiode im wesentlichen die Radio-Echo-Methode. Die Rotationsperiode des Neptuns ist nur sehr unsicher bekannt, da in der ihn umgebenden Wolkenschicht keine markanten Details erkennbar sind,

auch spektroskopische Bestimmungen der Rotationsgeschwindigkeit führten bisher nicht zu eindeutigen Resultaten. Bei allen P.en bis auf die Venus, den Uranus und den Pluto erfolgt die Rotation wie die Bahnbewegung rechtläufig; beim Uranus und beim Pluto liegt die Rotationsachse fast in der Bahnebene, die Venusrotation ist rückläufig. Die gegenwärtig beobachteten Rotationsperioden und Achsneigungen geben nicht notwendig Auskunft über diese Größen bei der Entstehung der P.en, da sich infolge von gegenseitigen Störeinflüssen sowohl die Rotationsperioden als auch die Achsneigungen innerhalb von einigen 10 Mill. Jahren in unvorhersagbarer Weise (in mathematischen Sinn chaotisch) ändern können.

Durchmesser, Masse, Dichte. Der Durchmesser eines P.en läßt sich aus dem Winkeldurchmesser, unter dem das Planetenscheibchen erscheint, und der Planetenentfernung berechnen. Einige P.en weichen infolge ihrer Rotation von der Kugelform ab. Bezeichnet man den Äquatordurchmesser mit D, den Poldurchmesser mit d, so gibt $(D-d)/D$ die Abweichung von der Kugelgestalt (die Abplattung). Der Begriff Durchmesser bezieht sich bei den P.en im allg. auf die feste Planetenoberfläche. Beim Jupiter, Saturn, Uranus und Neptun ist eine solche Oberfläche nicht feststellbar; man wählt dann die im optischen Spektralbereich undurchsichtige Wolkendecke als Bezugsfläche. Bei der Venus läßt sich mittels Radarbeobachtungen die von außen unsichtbare festen Venusoberfläche erfassen.

Die Masse eines P.en kann man mit Hilfe des 3. Keplerschen Gesetzes aus der Bewegung eines natürlichen oder künstlichen Satelliten um diesen P.en bestimmen. Dazu mißt man die Umlaufzeit des Satelliten sowie seine Entfernung vom P.en. Bei einem P.en ohne Satellit muß die Masse aus den von dem P.en verursachten Störungen der Bahnbewegungen anderer P.en oder Planetoiden abgeleitet werden. Sind Masse und Durchmesser bekannt, sind die mittlere Dichte und die Schwerebeschleunigung an der Planetenoberfläche sowie die Entweichgeschwindigkeit vom P.en berechenbar.

Bezüglich Durchmesser und mittlerer Dichte lassen sich die P.en in die Gruppe der ***erdartigen P.en*** (Merkur, Venus, Erde, Mars) und die der ***jupiterartigen*** oder ***Riesenplaneten*** (Jupiter, Saturn, Uranus, Neptun) einteilen (Abb.). Die zweite Gruppe unterteilt man gelegentlich noch in die der eigentlichen Riesenplaneten (Jupiter, Saturn) und die der Großplaneten (Uranus, Neptun). Pluto gehört zu einer dritten Gruppe, den sog. ***eisartigen planetaren Himmelskörpern***. Die Mitglieder einer Gruppe unterscheiden sich in ihrer Zusammensetzung und in ihrem Aufbau von denen der anderen Gruppen. Modellrechnungen zeigen, daß die erdartigen Himmelskörper – es lassen sich auch einige Satelliten in diese Gruppe einordnen – im allg. aus einem Eisenkern und einem Gesteinsmantel bestehen. Bei den jupiterartigen P.en ist ein Gesteinskern von einem Mantel aus einem im wesentlichen Wasserstoff-Helium-Gemisch sonnenähnlicher Zusammensetzung umgeben. Die großen eisartigen Himmelskörper haben im allg. einen Gesteinskern, der von einem

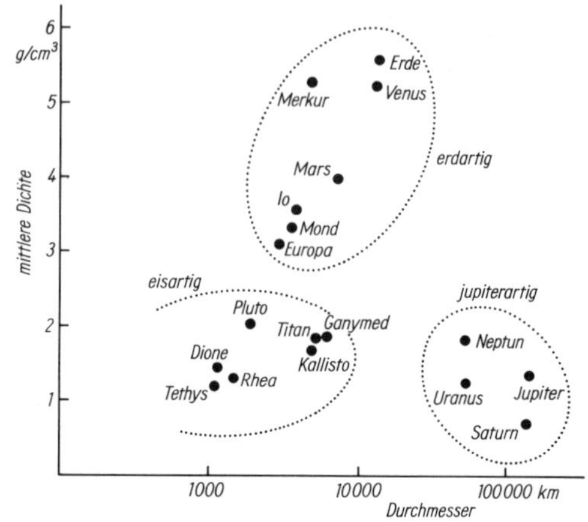

Durchmesser-Dichte-Diagramm planetarer Himmelskörper

Mantel aus gefrorenen Wasserstoffverbindungen hauptsächlich der Elemente Kohlenstoff, Stickstoff und Sauerstoff (also Methan, Ammoniak und Wasser) umhüllt ist; kleinere eisartige Körper bestehen nahezu vollständig aus Eis, vornehmlich Wassereis. Die beiden Großplaneten Uranus und Neptun tendieren in Richtung der eisartigen Himmelskörper.

Innerer Aufbau. Den physikalischen Zustand und die chemische Zusammensetzung der Materie im Innern eines P.en kann man nicht direkt untersuchen. Es lassen sich nur theoretische Modelle aufstellen, die u.a. Aussagen über den Druck-, Dichte- und Temperaturverlauf sowie über den Zustand und die Zusammensetzung des Planetenmaterials in Abhängigkeit von der Tiefe machen. Alle Modelle gehen dabei von gegebenen Beobachtungsgrößen (Masse, Durchmesser, Rotationsperiode, Magnetfeld usw.) aus. Im Planeteninnern herrscht ein mechanisches (hydrostatisches) Gleichgewicht: In jedem Punkt halten sich Druck-, Gravitations- und Zentrifugalkraft genau die Waage; andernfalls würden die nicht ausbalancierten Kräfte eine schnelle Änderung der inneren Struktur erzwingen. Mathematisch läßt sich die Bedingung des mechanischen Gleichgewichts in einer Gleichung ausdrücken, die den Druckverlauf im Planeteninnern beschreibt. Zu ihrer Lösung benötigt man die Kenntnis der Zustandsgleichung (den Zusammenhang zwischen Druck, Dichte und Temperatur) der vermuteten Planetenmaterie. Für nichtgasförmige (kondensierte) Stoffe ist die Zustandsgleichung sehr kompliziert und stark materialabhängig. Zu ihrer Ermittlung sind aufwendige Experimente der Hochdruckphysik notwendig. Die Zustandsgleichungen lassen Diskontinuitäten im Stoffverhalten erwarten, die durch Phasenübergänge verursacht sind, z.B. durch den Übergang vom festen zum flüssigen Zustand oder den Übergang zwischen verschiedenen Hochdruckmodifikationen ein und desselben Materials, z.B. den Übergang vom molekularen zum metallischen Zustand des Wasserstoffs. Man hat daher mit einem Schalenaufbau der P.en zu rechnen. Markante Diskontinuitäten existieren auch

Ausgewählte Planetendaten (1)

Name	Mittlere Entfernung von der Sonne (AE)	Mittlere Entfernung von der Sonne (Mill. km)	Bahnexzentrizität	Bahnneigung gegen Ekliptik	Mittlere Geschwindigkeit (km/s)	Umlaufzeit siderisch (Jahre)	Umlaufzeit synodisch (Tage)
Merkur	0,3871	57,91	0,2056	7° 00′	47,87	0,2408	115,9
Venus	0,7233	108,21	0,0068	3° 24′	35,02	0,6152	583,9
Erde	1,0000	149,60	0,0162	–	29,79	1,0000	–
Mars	1,5237	227,9	0,0934	1° 51′	24,13	1,881	779,9
Jupiter	5,203	778,4	0,0484	1° 18′	13,07	11,86	398,9
Saturn	9,540	1427	0,0526	2° 29′	9,67	29,42	378,0
Uranus	19,27	2883	0,0462	0° 46′	6,84	83,75	369,6
Neptun	30,21	4519	0,0066	1° 46′	5,48	163,7	367,5
Pluto	39,84	5960	0,2554	17° 7′	4,75	248,0	366,7

Die Bahndaten entsprechen den oskulierenden Bahnen für 1994,0

Ausgewählte Planetendaten (2)

Name	Äquatordurchmesser (km)	Äquatordurchmesser (Erde = 1)	Abplattung	Masse (Erde = 1)	Mittlere Dichte (g/cm^3)	Entweichgeschwindigkeit (km/s)	Schwerebeschleunigung an Planetenoberfläche (m/s^2)
Merkur	4876	0,382	0,00	0,0553	5,43	4,26	3,71
Venus	12104	0,949	0,00	0,8150	5,24	10,4	8,85
Erde	12756	1,000	0,0034	1,0000	5,515	11,2	9,78
Mars	6794	0,532	0,0058	0,1074	3,94	5,03	3,71
Jupiter	142984	11,21	0,063	317,8	1,33	59,6	24,73
Saturn	120536	9,45	0,109	95,16	0,70	35,5	10,42
Uranus	51118	4,01	0,022	14,50	1,30	21,3	8,82
Neptun	49530	3,88	0,017	17,20	1,76	23,6	11,17
Pluto	2390	0,187	–	0,0020	1,7	1,16	0,56

Masse der Erde: $5{,}974 \cdot 10^{24}$ kg

Ausgewählte Planetendaten (3)

Name	Rotationsperiode siderisch d	h	min	s	Äquatorneigung gegen Bahnebene	Albedo	maximale scheinbare Helligkeit	Zahl der Satelliten
Merkur	58	15	30		2°	0,06	$-0^{\mathrm{m}}{,}17$	0
Venus	243	00	14		177°	0,76	$-4^{\mathrm{m}}{,}08$	0
Erde		23	56	4	23,5°	0,39	–	1
Mars		24	37	23	25,2°	0,16	$-2^{\mathrm{m}}{,}94$	2
Jupiter		9	50	30	3,1°	0,70	$-2^{\mathrm{m}}{,}55$	16
Saturn		10	14		26,8°	0,74	$0^{\mathrm{m}}{,}67$	18
Uranus		16	50		98°	0,81	$5^{\mathrm{m}}{,}52$	15
Neptun		17	50		29°	0,69	$7^{\mathrm{m}}{,}84$	8
Pluto	6	9	17		94°	0,62	$14^{\mathrm{m}}{,}90$	1

in Form von chemischen Inhomogenitäten, die sich infolge einer Trennung der Stoffkomponenten entsprechend ihrer Dichte im gasförmigen, flüssigen oder schmelzflüssigen Zustand der Materie herausbildeten. Eine derartige inhomogene Struktur erschwert die Berechnung von Planetenmodellen, da für jede Schicht eine eigene Zustandsgleichung gilt. Ist ein theoretisches Modell berechnet, lassen sich globale Eigenschaften ermitteln, wie z.B. die mittlere Dichte und die Abplattung des Planetenkörpers, die mit den entsprechenden Beobachtungsgrößen verglichen werden können. Ergeben sich Abweichungen, muß das Modell (z.B. die chemische Zusammensetzung und die Dicke der einzelnen Schalen) solange geändert werden, bis eine befriedigende Übereinstimmung zwischen Theorie und Beobachtung erreicht ist.
Bei der Wahl der chemischen Zusammensetzung der Planetenmaterie hat man keine vollkommene Freiheit, da die Planeten alle aus einer einheitlichen „Urmaterie", dem Sonnennebel, hervorgegangen sind (→ Kosmogonie). Der von den Modellen beschriebene gegenwärtige Zustand muß das Ergebnis eines für die Körper des Sonnensystems, speziell die P.en, gleich langen, aber nicht notwendigerweise gleich verlaufenen Entwicklungsprozesses darstellen.
Die Modellierung des Innern eines planetaren Himmelskörpers wird dann entscheidend vereinfacht, wenn seismische Beobachtungen zur Verfügung stehen, was aber bisher nur für die Erde der Fall ist. Insgesamt hat man nicht ausreichend viele unabhängige Beobachtungsgrößen, um eindeutige Aussagen über den inneren Aufbau der P.en machen zu können. Die bisher abgeleiteten Planetenmodelle sind daher noch recht ungenau und widersprüchlich. Für einige P.en sind in den zugehörigen Artikeln mögliche Modelle des inneren Aufbaus angegeben.
P l a n e t e n a t m o s p h ä r e n. Die P.en sind von Gashüllen umgeben, die durch die Schwerkraft an den P.en gehalten werden. Die Dichten und chemischen Zusammensetzungen variieren stark zwischen den P.en, was eine Folge der Planetenentwicklung ist: Die Atmosphären verlieren einerseits Gas an den interplanetaren Raum, andererseits gewinnen sie bei der Entgasung der Planetenkörper neue Materie. Der Gasverlust ist um so größer, je geringer die Entweichgeschwindigkeit eines P.en und je höher die Temperatur in seinen obersten Atmosphärenschichten ist. Die Entweichgeschwindigkeit wird am ehesten von Gaspartikeln geringer Masse erreicht: Wasserstoff und Helium gehen daher am schnellsten den Planetenatmosphären verloren. Die Atmosphärenexistenz über lange Zeiträume ist nur gesichert, wenn die mittlere thermische Geschwindigkeit der Atmosphärengase wesentlich unter der Entweichgeschwindigkeit liegt. Diese ist von der Masse und dem Radius des P.en abhängig, die Atmosphärentemperatur von seinem Sonnenabstand. Die sonnenfernen und massereichen jupiterartigen P.en können deshalb weit besser ihre Atmosphäre halten als die sonnennahen und massearmen erdartigen P.en. Die Atmosphären der jupiterartigen P.en haben sich seit der Bildung der P.en praktisch nicht verändert; ihre Zusammensetzung entspricht daher im wesentlichen der des Sonnennebels. Den erdartigen P.en ging die Uratmosphäre schon früh verloren; die gegenwärtigen Atmosphären sind das Ergebnis der Entgasung des Planeteninnern (→ Kosmogonie). Diejenigen Himmelskörper, bei denen die innere Aktivität und damit die vulkanische Gasnachlieferung seit langem erloschen ist, haben z.T. auch ihre zweite Atmosphäre verloren, was beim Merkur (und beim Mond) der Fall ist. Sie besitzen jetzt nur extrem dünne Gashüllen, deren Bestandteile hauptsächlich vom Zerfall radioaktiver Atome des Oberflächengesteins sowie von Einwirkungen des Sonnenwindes herrühren.
An der Oberfläche atmosphäreloser P.en stellt sich die Temperatur so ein, daß ein Gleichgewicht zwischen dem von der Sonne empfangenen Strahlungsstrom und dem auf Grund der Wärmestrahlung des Bodens abgegebenen Strahlungsstrom herrscht. Durch die Anwesenheit einer Atmosphäre wird dieses Gleichgewicht mehr oder minder stark verändert, da eventuell vorhandene Wolkenschichten mit ihrer hohen Albedo einen großen Teil der Sonnenstrahlung reflektieren, während atmosphärische Staubteilchen einen Teil absorbieren, so daß der an der Planetenoberfläche ankommende Strahlungsstrom, und damit deren Temperatur, sinkt. Sind in der Atmosphäre Gaskomponenten (z.B. Kohlendioxid) mit einer geringen Absorptionsfähigkeit im sichtbaren, aber einer hohen im infraroten Spektralbereich vertreten, so absorbieren diese die Wärmestrahlung des Bodens und sorgen dadurch für einen Wärmestau in der unteren Atmosphäre, der eine Temperaturerhöhung des Bodens nachsichzieht. Dieser Treibhauseffekt bedingt, daß die Oberflächentemperatur z.B. des Mars um rund 5 K, die der Venus sogar um etwa 500 K überhöht ist.
Innerhalb einer Planetenatmosphäre ist die Temperatur nicht konstant. In einer an die feste Oberfläche grenzenden Schicht, der Troposphäre, nimmt sie etwa linear mit der Höhe ab. Die hier herrschende Konvektion sorgt für eine gleichmäßige Durchmischung der Gase. In den Höhen, in denen der Partialdruck einer Gaskomponente den Sättigungsdruck übersteigt, kommt es zur Kondensation; es bilden sich Tröpfchen oder Teilchen (Kristalle) und daraus Wolken. In der über der Troposphäre befindlichen Mesosphäre bleibt die Temperatur relativ gleich, während sie in der weiter außen gelegenen Thermosphäre ansteigt. Dies geht auf die Ionisation einzelner Gaskomponenten durch die Ultraviolettstrahlung der Sonne zurück, bei der die von den Atomen abgelösten Elektronen eine hohe kinetische Energie mitbekommen, die durch Stoß auf die übrigen Gaspartikeln verteilt wird. Die weitgehend isotherme Exosphäre ist die obersten Atmosphärenschicht; sie bildet die Übergangsregion in den freien Weltraum. In ihr ist die Dichte so gering, die freie Weglänge der Gasteilchen daher so groß, daß elektrisch neutrale Partikeln sich auf ballistischen Bahnen bewegen. (In der Erdatmosphäre ist dieser prinzipielle Temperaturverlauf durch die in relativ geringer Höhe befindliche Ozonschicht und die durch sie verursachte lokale Erwärmung etwas verändert.)
Bei den erdartigen P.en existiert eine scharfe Grenze zwischen dem festen Planetenkörper und der Atmo-

sphäre. (Bei der Erde auch zwischen dem flüssigen Atmosphärenkondensat in Form der Ozeane und der Atmosphäre.) Bei den jupiterartigen P.en ist nicht bekannt, ob es eine derartige wohldefinierte Grenze zwischen dem Gesteinskern bzw. zwischen einem Kondensat und der gasförmigen Hülle gibt. Man kann daher auch keine Angabe über die Atmosphärenausdehnung machen. Als Bezugsniveau für Höhenangaben (z.B. der Wolkenschichten) dient in diesen Fällen meist das Druckniveau von 10000 Pascal oder die Tropo-sphärenobergrenze.

Planetenoberflächen. Oberflächeneinzelheiten – abgesehen von der Erde – kennt man vom Mars und vom Merkur, im wesentlichen auf Grund von Beobachtungen, die mit Hilfe von Raumsonden aus nächster Nähe gewonnen wurden. Die Kenntnis der Venusoberfläche beruht auf Radarkartierungen von venusumkreisenden Satelliten aus. Bei den Oberflächenstrukturen der P.en (dies gilt auch für erd- und eisartige Satelliten) gibt es neben charakteristischen Besonderheiten viele gemeinsame Strukturelemente, die darauf schließen lassen, daß die Oberflächen seit der Bildung der Himmelskörper ähnlichen Prozessen, jedoch mit unterschiedlicher Intensität und Wirkungsdauer, unterworfen waren. Dabei traten sowohl endogene Prozesse (deren Ursache im Innern der Körper zu suchen sind) als auch exogene auf. Zu den endogenen Prozessen zählen in erster Linie tektonische und magmatische Vorgänge. Die tektonischen verursachen u.a. vertikale und horizontale Bewegungen einzelner Bereiche der äußersten Planetenschicht, der Kruste, was zu Bruch- und Biegeerscheinungen, wie z.B. Verwerfungen, Spalten, Faltungen oder Aufwölbungen führt. Bei den magmatischen Prozessen gelangen Gesteinsschmelzen an oder unmittelbar unter die Oberfläche, wodurch es z.T. zu einer großräumigen Krustenum- oder -neubildung, wie z.B. in den mittelozeanischen Rücken der Erde, kommt; bei lokalen Lavaergüssen können Vulkanbauten entstehen. (Den magmatischen Prozessen entspricht bei den eisartigen Körpern das Aufschmelzen und anschließende Neugefrieren von Eismassen.) Zu den exogenen Prozessen gehören alle Atmosphäreneinflüsse, die z.B. zu einer Verwitterung oder Erosion der Oberflächen führen. Ein anderer exogener Prozeß ist der Einsturz von Himmelskörpern. Der Aufprall erfolgt mit so hohen Geschwindigkeiten, daß es zur teilweisen oder vollständigen Verdampfung des einschlagenden Körpers sowie von Oberflächenmaterial, vor allem aber zu einem Auswurf großer Materialmengen kommt. Die dabei entstehenden Krater haben Durchmesser, die die Durchmesser der einschlagenden Körper um etwa das 20fache übersteigen; die Kraterform hängt wesentlich vom Oberflächenmaterial ab. Die großräumigen Veränderungen der Planetenoberflächen durch einstürzende Himmelskörper erfolgte hauptsächlich während einer relativ kurzen Periode in der Frühphase des Sonnensystems, am Ende der eigentlichen Planetenbildung.

Magnetfeld. Bei einigen P.en konnten Magnetfelder nachgewiesen werden, die in Planetennähe mehr oder minder gut einem Dipolfeld gleichen. Die Magnetfeldachse ist im allg. gegen die Rotationsachse geneigt und das Magnetfeldzentrum gegen das Planetenzentrum verschoben. Die Feldstärken an den Planetenoberflächen wie auch die erzeugenden magnetischen Momente sind sehr unterschiedlich, ebenso die Magnetfeldpolungen. Die Felder werden wahrscheinlich nicht durch einen permanenten Magnetismus im Planeteninnern verursacht, sondern durch einen Dynamomechanismus, bei dem mechanische Energie in magnetische Energie überführt und ein ursprünglich schwaches Feld zu einem merklichen Feld verstärkt wird. Damit dieser Mechanismus wirken kann, muß im Planeteninnern in einem elektrisch leitenden flüssigen Medium eine differentielle Rotation oder eine Konvektion existieren. Die Einzelheiten des Prozesses sind noch weitgehend unbekannt.

Zwischen den planetaren Magnetfeldern und dem mit hoher Geschwindigkeit relativ zu den P.en strömenden Sonnenwind, der ein elektrisch leitfähiges und Magnetfelder tragendes Plasma darstellt, kommt es zu einer starken Wechselwirkung. Die um die P.en sich dabei ausbildenden Magnetosphären hängen vom Druck des Sonnenwindes, der mit wachsendem heliozentrischen Abstand abnimmt, und der Stärke des jeweiligen planetaren Magnetfeldes ab.

Planetenentstehung. Über die Entstehung der P.en gibt es noch keine vollständige quantitative und allgemein akzeptierte Theorie; es existieren nur einige konkurrierende Hypothesen, die die beobachteten Eigenschaften der P.en mehr oder minder gut zu erklären vermögen (→ Kosmogonie).

Die bei der Planetenbildung ablaufenden physikalischen Prozesse sind nach den gegenwärtigen Vorstellungen so allgemeingültig, daß kaum ein Zweifel an der Existenz von P.en außerhalb des Sonnensystems existiert. Der eindeutige, durch Beobachtungen erbrachte Nachweis derartiger P.en war bisher noch nicht möglich. Ob und wie viele der im gesamten Weltall existierenden P.en Leben tragen, ist eine davon unabhängige, noch völlig offene Frage. Von den P.en des Sonnensystems scheint außer der Erde kein anderer P. Leben zu beherbergen (→ Leben auf anderen Himmelskörpern).

Alle P.en außer dem Merkur und der Venus werden von mindestens einem → Satelliten umlaufen; die Teilchen der eine Reihe von P.en umgebenden Ringe stellen Minisatelliten dar.

Geschichtliches. Die mit bloßem Auge sichtbaren P.en von Merkur bis Saturn waren bereits im Altertum bekannt. Die Entdeckung des Uranus gelang 1781 W. Herschel (1738–1822). Der Neptun wurde durch U.J. Leverrier (1811–1877) und J.C. Adams (1819–1892) auf Grund der Unregelmäßigkeiten der Bewegung des Uranus zunächst rechnerisch gefunden, bevor er 1846 unter Verwendung der Positionsangaben von Leverrier durch J.G. Galle (1812–1910) unter Mithilfe von L. d'Arrest (1822–1875) entdeckt wurde. Die Entdeckung des Pluto gelang 1930 C. Tombaugh.

planetarisch, zu den Planeten gehörig, planetenartig.

Planetarischer Nebel, relativ regelmäßig geformter expandierender leuchtender Gasnebel, der infolge des Abstoßens von Materie durch einen, in einer späten

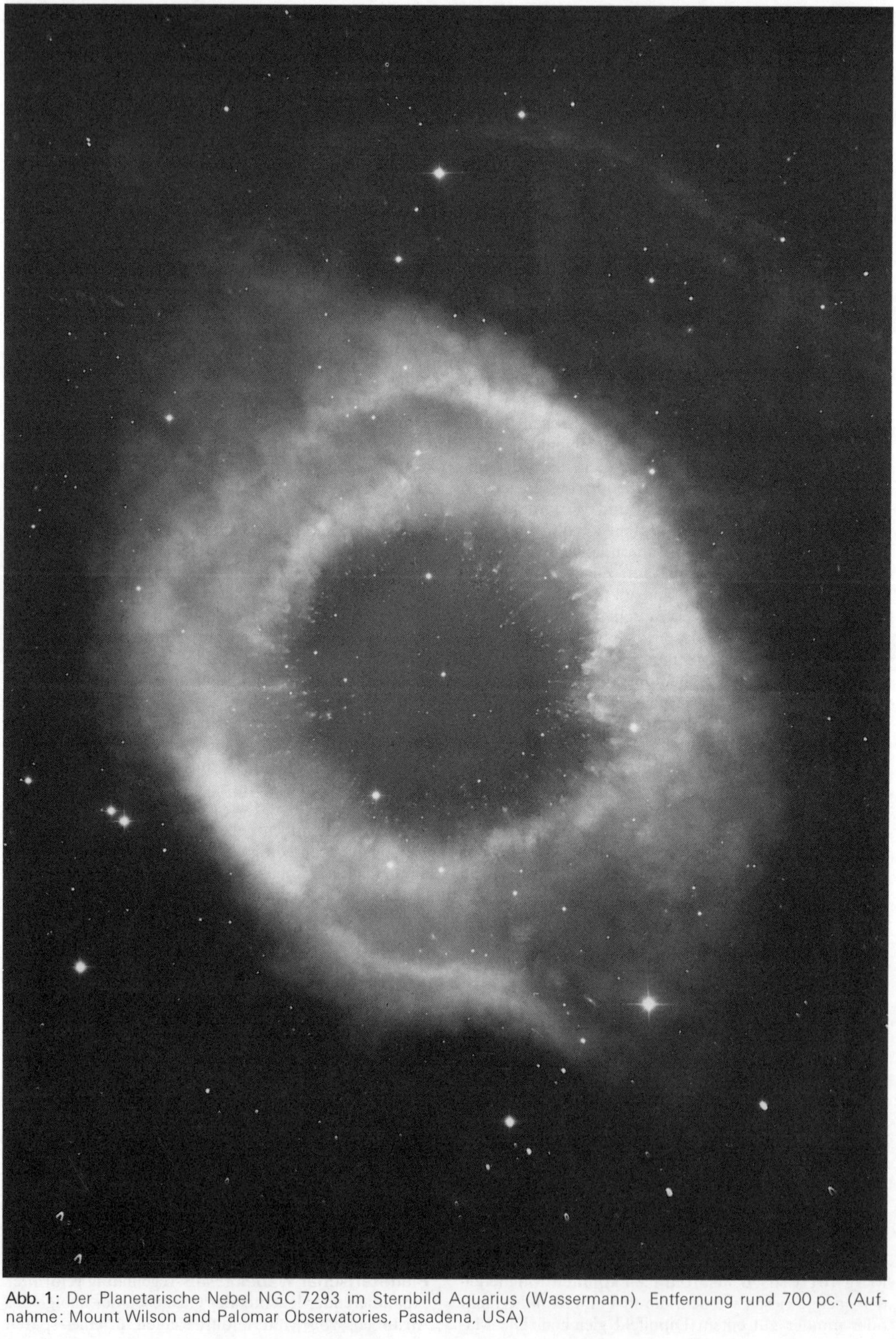

Abb. 1: Der Planetarische Nebel NGC 7293 im Sternbild Aquarius (Wassermann). Entfernung rund 700 pc. (Aufnahme: Mount Wilson and Palomar Observatories, Pasadena, USA)

Entwicklungsphase befindlichen Stern entsteht und durch diesen zum Leuchten angeregt wird.
Die Winkeldurchmesser der Planetarischen N. betragen bis zu etwa 15′. Die kleinsten Nebel erscheinen fast punktförmig, sie können erst durch Spektralaufnahmen eindeutig von Sternen unterschieden werden. Bekannte Beispiele P. N. sind der Ringnebel (M 57) im Sternbild Lyra (Leier) und der Nebel NGC 7293 im Sternbild Aquarius (Wassermann), Abb. 1. Die Bezeichnung P. N. geht auf ältere visuelle Beobachtungen zurück: Die hellsten und größten sehen im Fernrohr Planetenscheiben ähnlich.
Das im sichtbaren Spektralbereich liegende Spektrum eines Planetarischen N.s besteht aus einem schwachen Kontinuum mit überlagerten Emissionslinien und gleicht dem Spektrum eines normalen diffusen Emissionsnebels (HII-Gebiet; → interstellares Gas). Außer den Balmer-Linien des Wasserstoffs und Linien vom neutralen und ionisierten Helium werden viele „verbotene" Linien (→ Atom) beobachtet. Die stärksten dieser Linien stammen vom ionisierten Sauerstoff, Stickstoff, Neon, Schwefel und Argon. Die besonders starken, im grünen Spektralbereich liegenden Linien des zweifach ionisierten Sauerstoffs geben den Planetarischen N.n bei visuellen Beobachtungen ihr grünliches Aussehen. Die monochromatischen, im Licht einer einzelnen Spektrallinie gewonnenen Bilder ein und desselben Nebels haben im allg. unterschiedliche Durchmesser: Sie sind um so größer, je niedriger die Ionisationsstufe und die zur Ionisation benötigte Energie des die Linie hervorbringenden Atoms ist. Diese Ionisationsschichtung geht auf die Absorption des Sternlichts durch das Nebelgas zurück: Die Photonen hoher Energie werden bereits in den inneren Nebelregionen bei der Ionisation sowohl von Atomen mit einer hohen als auch von Atomen mit einer geringen Ionisationsenergie vollständig verbraucht, so daß in den Randgebieten nur noch Photonen geringer Energie zur Verfügung stehen. Im Radiofrequenzbereich ist das Spektrum durch frei-freie Kontinuumstrahlung dominiert, im Infrarotbereich durch Kontinuumstrahlung, die bei frei-gebundenen Elektronenübergängen entsteht (→ Spektrum).
Die Spektrallinien besitzen, wenn der Spektrographenspalt das Nebelbild durchschneidet, eine charakteristische Struktur, die auf die Bewegungsverhältnisse in den Nebeln schließen läßt. Die inneren Regionen, aus denen die Linien von höherionisierten Atomen stammen, expandieren mit Geschwindigkeiten von etwa 10 km/s, die äußeren Regionen haben hingegen Expansionsgeschwindigkeiten von etwa 25 km/s: Das Nebelgas wird bei der Expansion beschleunigt, da bei der Absorption von Sternlicht mit der Energie auch ein Impuls auf die absorbierenden Teilchen übertragen wird.
Die Temperatur und die Dichte des Nebelgases können aus dem Profil und der Stärke der Spektrallinien erschlossen werden (→ interstellares Gas): Die Elektronentemperaturen liegen bei etwa 8 000 bis 12 000 K, die Anzahldichten der Elektronen bei rund 10^2 bis 10^5 Elektronen je cm^3. Diese Dichten sind in sehr guter Näherung gleich der Anzahldichte der Wasserstoffionen (Protonen), da Wasserstoff als weitaus häufigstes Element praktisch vollständig ionisiert ist, und die Ionisation eines Wasserstoffatoms jeweils ein freies Elektron liefert.
Die aus dem Linienspektrum abgeleitete chemische Zusammensetzung der Nebelmaterie gleicht im allg. der mittleren kosmischen Elementenhäufigkeit, doch ist vielfach die relative Häufigkeit von Helium sowie das Verhältnis von Stickstoff zu Kohlenstoff größer als normal.
Die Temperatur des Sterns, von dem die abgestoßene Materie stammt und der sich inmitten eines Planetarischen N.s befindet, läßt sich u.a. aus der beobachteten Stärke der vom Nebelgas herrührenden Balmer-Linien und des Balmer-Kontinuums abschätzen, da (unter bestimmten Bedingungen) die Anzahl der vom Nebel ausgesandten Balmer-Quanten gleich der vom Stern emittierten, zur Ionisation des Wasserstoffs geeigneten Photonen (Lyman-Kontinuumsquanten) ist, und sich aus der Zahl dieser Quanten die Sterntemperatur berechnen läßt, wenn man annimmt, daß er wie ein Schwarzer Körper strahlt. Die derart abgeleiteten Effektivtemperaturen liegen zwischen etwa 30 000 und 250 000 K; die Zentralsterne P. N. gehören damit zu den Sternen mit den höchsten Oberflächentemperaturen. Das Strahlungsmaximum befindet sich weit im ultravioletten Spektralbereich, im sichtbaren Bereich ist die Strahlungsleistung weitaus geringer, so daß die Zentralsterne, vor allem bei Nebeln mit einer großen Flächenhelligkeit, wenig auffallen. Die Leuchtkräfte betragen etwa 1000 bis 10 000 Sonnenleuchtkräfte.
Für einige wenige Planetarische N. konnten bisher die Entfernungen zuverlässig bestimmt werden. Für diese Nebel sind die Daten, zu deren Ermittlung man die individuellen Entfernungen benötigt (z.B. lineare Ausdehnung, Nebelmasse), relativ sicher, für die anderen Nebel hingegen recht unsicher. Die linearen Nebelradien liegen im allg. in der Größenordnung von 0,1 pc. Aus ihnen und der Gasdichte ergibt sich die im leuchtenden Nebel enthaltene Masse, die innerhalb eines großen Bereichs streuen und 0,3 Sonnenmassen erreichen kann. Der große Variationsbereich ist eine Folge der Strahlungsanregung des Nebels: Die Temperatur des Zentralsterns steigt auf Grund seiner raschen Entwicklung (s.u.) stark an, wodurch immer mehr ionisationsfähige Strahlung emittiert wird, die immer mehr Nebelmaterie zum Leuchten anregt und damit der Beobachtung zugänglich macht. Die fortschreitende Nebelexpansion bewirkt andererseits, daß die Gasdichte mit der Zeit so gering wird, daß sich der Nebel der Beobachtung entzieht, was dann der Fall ist, wenn die Radien wesentlich größer als etwa 1 pc werden. Aus dem beobachteten Nebelradius und der (als zeitlich konstant angenommenen) Expansionsgeschwindigkeit ergibt sich das Alter eines Nebels. Es liegt im allg. zwischen etwa 10 000 und 30 000 Jahren; Planetarische N. sind damit relativ kurzlebige Erscheinungen.
Einige Planetarische N. sind von Nebelschleiern umgeben, deren Flächenhelligkeit nur etwa 1/10 000 der des helleuchtenden Nebels entspricht. Die Expansionsgeschwindigkeit in diesen Regionen sind geringer als die des helleuchtenden Nebelgases. Einige Nebel

sind auch in nichtleuchtende Hüllen aus neutralem Gas eingebettet, das sich durch eine Linienemission im Radiofrequenzbereich bemerkbar macht, die u.a. von Kohlenmonoxidmolekülen stammt. Die Masse des umgebenden neutralen Gases ist oftmals größer als die Masse des ionisierten Gases. Von den Hüllen neutralen Gases wird z.T auch eine schwache Infrarotstrahlung empfangen.

Die Planetarischen N. entstehen als Folge der Masseabgabe von relativ massearmen Sternen, in denen das zentrale Heliumbrennen beendet ist, und die ihren Energiebedarf durch eine heliumbrennende sowie eine wasserstoffbrennende Schalenquelle decken. Diese Sterne sind Riesensterne und erleiden wie alle Riesensterne einen Masseverlust in Form von Sternwinden mit Geschwindigkeiten in der Größenordnung von 5 bis 10 km/s. Möglicherweise ist der Masseverlust bei annähernd konstanten Strömungsgeschwindigkeiten zeitweise besonders stark, so daß sich dann eine Gasschale erhöhter Dichte (der sichtbare Nebel) in den Raum hinausbewegt. Durch den Masseverlust werden immer tieferliegende, heißere Gebiete des Sterns bloßgelegt. Dadurch sinkt die Masseverlustrate, während die Windgeschwindigkeiten steigen und Werte von 1000 bis 3000 km/s erreichen. Hinter der Gasschale erhöhter Dichte existiert dann ein Gebiet, das durch das Hochgeschwindigkeitsgas von Materie nahezu freigefegt ist und daher kaum leuchtend in Erscheinung tritt. Möglicherweise kommt ein P. N. auch dadurch zustande, daß der Hochgeschwindigkeitswind die vorauslaufende langsame Windmaterie – einem Schneepflug gleich – von „hinten" kommend zusammenschiebt. Die noch nicht komprimierte Materie kann dann schwach leuchtend in Erscheinung treten, wenn noch ionisationsfähige Sternstrahlung zur Verfügung steht; weiter außen, wo diese aufgebraucht ist, ist nur noch Neutralgas vorhanden. In diesen Bereichen können sich Moleküle und Staubteilchen bilden. Die Staubteilchen absorbieren Sternstrahlung und reemittieren die aufgenommene Energie als thermische Strahlung im infraroten Spektralbereich.

Die z.T. beobachteten stärkeren Abweichungen P. N. von der Kugelsymmetrie sind möglicherweise auf eine anisotrope Materieabgabe der Sterne, möglicherweise auf eine starke Wechselwirkung mit umgebender interstellarer Materie zurückzuführen.

Der Masseverlust der Sterne ist so groß, daß auch Materie abgegeben wird, die ehemals tief im Sterninnern war und mit Helium, dem Endprodukt des Wasserstoffbrennens, angereichert ist. In ihr ist als Folge des Kohlenstoff-Stickstoff-Sauerstoff-Prozesses das Häufigkeitsverhältnis von Kohlenstoff zu Stickstoff zugunsten von Stickstoff verändert. Von dem ehemaligen Riesenstern bleibt schließlich fast nur die Zentralregion übrig, in der die Temperatur- und die Dichteverhältnisse denen in Weißen Zwergen sehr ähnlich sind (→ Sternentwicklung). Die die Zentralregion umgebenden wasserstoff- und heliumbrennenden Schalenquellen kommen auf Grund der raschen Entwicklung des Sterns noch innerhalb der Lebenszeit des Planetarischen N.s zum Erlöschen. Modellrechnungen zeigen, daß sich während dieser Entwicklungsphase die Effektivtemperatur des Sterns erhöht, seine Leuchtkraft hingegen nahezu konstant bleibt; sein Bildpunkt bewegt sich im Hertzsprung-Russell-Diagramm aus dem Gebiet der Riesensterne (vom asymptotischen Riesenast) kommend etwa horizontal nach links. Mit dem Erlöschen der Kernprozesse geht der Stern in den Zustand eines Weißen Zwerges über: Im Hertzsprung-Russell-Diagramm biegt der Entwicklungsweg scharf nach rechts unten ab. Der Vergleich theoretisch berechneter Entwicklungswege mit der Lage der Bildpunkte beobachteter Zentralsterne im Hertzsprung-Russell-Diagramm ergibt, daß ihre Masse bei etwa 0,5 bis 0,9 Sonnenmassen liegt. Die Bildpunkte der Zentralsterne befinden sich im allg. alle nahe der Abbiegestelle nach rechts unten (Abb. 2). Dies liegt einerseits an der hohen Entwicklungsgeschwindigkeit unmittelbar nach dem Verlassen des asymptotischen Riesenastes, wodurch die Entdekkungswahrscheinlichkeit von Sternen in dieser Entwicklungsphase sehr gering ist, andererseits an dem schnellen Leuchtkraftverlust beim endgültigen Übergang der Sterne zu den Weißen Zwergen, was gleichfalls eine geringe Entdeckungswahrscheinlichkeit verursacht.

Einige hellere Planetarische Nebel

Katalognummer NGC	M	Koordinaten (2000) α h	min	δ °	′	m_{ges}	D ″	Sternbild
2392		7	29,2	20	55	8^m	10	Gemini
3242		10	24,8	−18	38	9^m	26	Hydra
6210		16	44,5	23	48	9^m	12	Hercules
6572		18	12,1	6	50	9^m	10	Serpens
6720	57	18	53,5	33	1	9^m	70	Lyra, Ringnebel
6818		19	43,9	−14	9	10^m	20	Sagittarius
6853	27	19	59,5	22	43	8^m	420	Vulpecula, Hantelnebel
7009		21	4,2	−11	22	8^m	20	Aquarius, Saturnnebel
7293		22	29,6	−20	47	7^m	360	Aquarius, Helixnebel
7662		23	25,9	42	32	9^m	20	Andromeda

α: Rektaszension; δ: Deklination; m_{ges}: genäherte visuelle Gesamthelligkeit; D: genäherter scheinbarer Durchmesser. Unter Bemerkungen ist das Sternbild angegeben, in dem sich der Nebel befindet, sowie der Name.

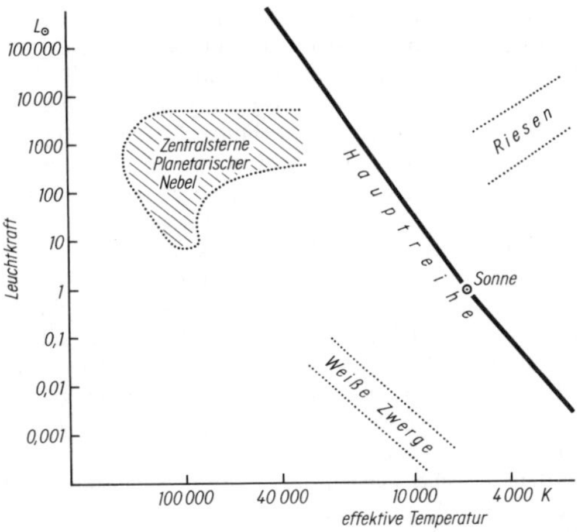

Abb. 2: Gebiet der Bildpunkte von Zentralsternen Planetarischer Nebel im Hertzsprung-Russell-Diagramm. $L_\odot$: Sonnenleuchtkraft

Beim Entstehen hatten die Sterne eine weit höhere Masse, die im Bereich von mehr als 1 bis möglicherweise 4 bis 5 Sonnenmassen lag. Wahrscheinlich bilden alle Sterne mit Entstehungsmassen in diesem Bereich vor dem Übergang in den Zustand eines Weißen Zwerges einen Planetarischen N. aus. Dies würde die trotz der sehr kurzen Lebenszeit beobachtete Zahl von mehr als 1600 P. N. im Milchstraßensystem erklären. Insgesamt dürften im Milchstraßensystem etwa 10000 bis 50000 Planetarische N. existieren.

Die Planetarischen N. gehören vorwiegend zur Scheibenpopulation, doch wurden auch einige in Kugelsternhaufen gefunden; diese sind Mitglieder der Halopopulation.

Planetarium, eine Vorrichtung zur Darstellung der Bewegungen von Gestirnen, vor allem der Bewegungen der Planeten, der Sonne und des Mondes. Ältere Planetarien stellen mechanische Modelle des Sonnensystems dar, wobei die einzelnen Körper durch Antriebsmechanismen, z.B. Uhrwerke, bewegt werden. Moderne Planetarien sind ***Projektionsplanetarien***, wie sie erstmals 1926 von der Firma C. Zeiss Jena entwikkelt wurden. Bei ihnen werden die Gestirne an eine den Vorführraum überwölbende Kuppel als mehr oder minder große und helle Lichtfleckchen projiziert. Die Projektoren können durch geeignete Getriebe so bewegt werden, daß die scheinbaren Bewegungen des Fixsternhimmels, der Sonne, des Mondes und der Planeten nachvollziehbar sind.

Planetenaberration, → Aberration.

Planetenpräzession, → Präzession.

Planetensystem, *1)* im engeren Sinn die Gesamtheit der die Sonne umlaufenden Planeten; im weiteren Sinn die Gesamtheit der sich um die Sonne bewegenden Körper (Planeten samt Satelliten, Planetoiden, Kometen, Meteoroiden).

2) die Gesamtheit der einen Stern umlaufenden nicht selbstleuchtenden größeren Himmelskörper.

Planetentafel, ein Verzeichnis vorausberechneter Örter der Planeten, vielfach auch des Mondes und gelegentlich auch der Sonne. P.n waren bereits im Altertum bei den Chinesen, den Indern, den Maya und den Arabern bekannt. Historische Bedeutung haben vor allem die ***Alfonsinischen Tafeln***, die im Auftrag von Alfons X. von Kastilien (1226–1282) in den Jahren 1248 bis 1252 durch ein Kollegium von 50 arabischen, jüdischen und christlichen Astronomen aufgestellt wurden, sowie die ***Rudolfinischen Tafeln***, die von J. Kepler (1571–1630) berechnet und von ihm nach Kaiser Rudolf II. (1552–1612) benannt wurden. In neuerer Zeit finden sich P. in den astronomischen Jahrbüchern.

Planetesimal, kleiner Körper des Urplanetensystems aus kondensierter Materie.

Planetographie, Teilbereich der Astronomie, der sich mit der kartographischen Aufnahme und Beschreibung der Planetenoberflächen, speziell der der erdartigen Planeten, sowie der Oberflächen aller festen Körper des Planetensystems befaßt. Die P. erfüllt die gleichen Aufgaben wie die Geographie für die Erde.

Die Benennung einer topographischen Erscheinung auf einem Körper des Planetensystems (mit Ausnahme der Erde) erfolgt auf Grund einer Festlegungen der Internationalen Astronomischen Union durch eine (lateinische) Bezeichnung der Strukturgattung, dem die Erscheinung zugeordnet wird (z.B. Mare, Planitia, Mons), und dem eigentlichen Namen zur näheren Bestimmung (z.B. Mare Imbrium, Hellas Planitia, Olympus Mons). Ausnahmen bilden auf allen Körpern die Krater sowie die tätigen Vulkane auf der Io und einige sehr seltene Strukturen, die nur Eigennamen tragen. Für die einzelnen Himmelskörper werden vereinbarungsgemäß die Namen der Krater, und bei Neubenennungen auch die der anderen topographischen Strukturen, nach ganz bestimmten Gesichtspunkten ausgewählt (s. Tab.). Bei den Personen- und anderen Eigennamen wird grundsätzlich die englische Schreibweise benutzt. Ältere, noch nach anderen Gesichtspunkten eingeführten Bezeichnungen für topographische Strukturen auf dem Mond und den Mars werden aus Tradition weiterhin verwendet.

Bereiche, aus denen die Namen topographischer Strukturen auf Körpern des Planetensystems gewählt werden

Himmelskörper	Herkunft der Namen
Merkur	Dichter, Maler, Bildhauer, Architekten, Komponisten, Musiker
Venus	Frauengestalten aus Mythologie, Geschichte, Wissenschaft; Radioastronomen und -ingenieure
Mars	Wissenschaftler
Mond	Gelehrte aller Zeiten, hauptsächlich Astronomen
Deimos	Dichter, die Marssatelliten beschrieben
Phobos	Wissenschaftler, die sich mit Marssatelliten beschäftigten
Amalthea	klassische Amalthea-Sage

Europa	klassische Europa-Sage
Ganymed	klassische Ganymed-Sage, ägyptische, babylonische, assyrische und kanaanäische Mythologie
Io	klassische Io-Sage, Gottheiten des Feuers
Kallisto	klassische Kallisto-Sage, nordische Mythologie
Dione	Aeneis von Vergil
Enceladus	Märchen aus 1001 Nacht
Epimetheus	Sage von Castor und Pollux
Hyperion	Sonnen- und Mondgottheiten
Iapetus	Rolandlied
Mimas	Sage von König Artus und seiner Tafelrunde
Rhea	im wesentlichen asiatische Schöpfungsmythen
Tethys	Odyssee von Homer

Planetoid [griech., ‚Planetenähnlicher'] *m*, ***Asteroid***, ***Kleiner Planet***, ein die Sonne umlaufender Himmelskörper mit einem Durchmesser zwischen einigen wenigen Metern und rund 1000 km, der – im Gegensatz zu den Kometenkernen – im wesentlichen aus Gesteinsmaterial besteht und keine Aktivitätserscheinungen zeigt. Die P.en sind so klein, daß sie punktförmig (sternähnlich) erscheinen. Sie werden im allg. auf Grund ihrer Relativbewegung bezüglich der am Himmel benachbarten Sterne entdeckt. Auf längerbelichteten Himmelsaufnahmen hinterlassen die P.en Strichspuren, deren Länge von der Belichtungszeit und der scheinbaren Geschwindigkeit der P.en abhängt.

Benennung. Ein P. mit sicher bekannten Bahnelementen erhält zur Identifikation eine Nummer in der Reihenfolge der Entdeckung und einen Namen, den in der Regel der Entdecker vorschlägt. Die Namen wurden zunächst der antiken Mythologie entnommen, doch findet man heute auch Namen wie (526) Jena, (933) Susi, (1815) Beethoven, (2100) Ra-Shalom oder (5000) IAU. Ein Ausnahmefall stellt der P. 1937 UB dar, der den Namen Hermes erhielt, obwohl man seine Bahnelemente nicht genau kennt, da er nur während eines Zeitraumes von vier Tagen beobachtet werden konnte. Bis Januar 1994 waren in dieser Weise 5800 P.en benannt, im Februar 1989 waren es erst 4000. Vor der endgültigen Namensgebung erhalten neuentdeckte P.en zunächst eine vorläufige Bezeichnung, die aus der Jahreszahl der Entdeckung besteht, gefolgt von einem Buchstabenpaar, dessen erster Buchstabe den Zeitpunkt der Entdeckung präzisiert (1.1.–15.1.: A; 16.1.–31.1.: B; ... 1.12.–15.12.: X; 16.12.–31.12.: Y; J wird nicht benutzt), während der zweite Buchstabe die Reihenfolge der Entdeckung in dem jeweiligen Zeitintervall angibt, z.B. 1992 AD. Werden in einem Zeitabschnitt mehr als 25 P.en gefunden, wird wieder mit A begonnen und jeweils der Index 1 hinzugefügt, bei mehr als 50 der Index 2 usw., z.B. 1992 QB_1; J wird wieder nicht benutzt.

Bahnen. Die meisten der bekannten P.en bewegen sich in dem Abstandsbereich von 2,2 bis 3,2 AE, dem ***Planetoidengürtel***, rechtläufig um die Sonne. Die Umlaufzeiten liegen zwischen etwa 3,2 und 5,8 Jahren. Die Bahnen dieser Gürtelplanetoiden sind selten stärker als 20° gegen die Ebene der Ekliptik geneigt.

Die Verteilung der P.en im Planetoidengürtel ist nicht gleichmäßig (Abb. 1): Es gibt im allg. relativ wenig P.en mit Umlaufzeiten, die zur Umlaufzeit des Jupiters kommensurabel sind, also P.en, die sich in Resonanz zum Jupiter bewegen. Charakteristische Lücken in der Häufigkeitsverteilung (Kommensurabilitätslücken oder Kirkwood-Lücken) befinden sich z.B. bei der 3 : 1-Resonanz (Hestia-Lücke; nach (46) Hestia) und bei der 2 : 1-Resonanz (Hecuba-Lücke; nach (108) Hecuba), wo die Umlaufzeit um die Sonne ein Drittel bzw. die Hälfte der des Jupiters beträgt. Die an diesen Stellen geringe Planetoidenhäufigkeit ist wahrscheinlich die Folge der dort periodisch in gleicher Weise wirkenden Bahnstörungen durch Jupiter, die zu einem völlig geänderten Bewegungsablauf führen: Die P.en werden in Bahnen mit z.T. hohen Exzentrizitäten umgelenkt, so daß sie bis zur Mars- oder zur Erdbahn gelangen können. Sie können dann mit diesen Planeten zusammenstoßen oder von ihnen in andere Bahnen gelenkt werden. Außerhalb des Planetoidengür-

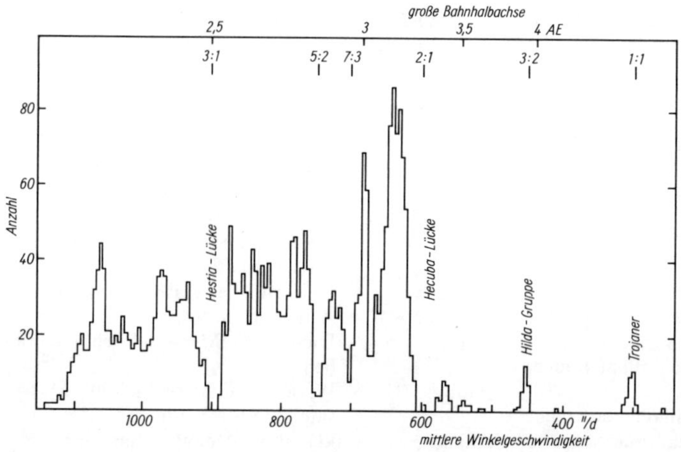

Abb. 1: Häufigkeitsverteilung der Planetoiden in Abhängigkeit von der mittleren Winkelgeschwindigkeit der Umlaufbewegung um die Sonne (untere Skala) bzw. der großen Bahnhalbachse (obere Skala). Angegeben sind die Lagen einzelner Resonanzstellen der Planetoidenumlaufzeiten zur Umlaufzeit des Jupiters

tels existieren an einigen Resonanzstellen Häufungen von P.en: Bei der 3:2-Resonanz befinden sich mindestens 56 P.en der Hilda-Gruppe (nach (153) Hilda), bei der 1:1-Resonanz mindestens 85 sog. Trojaner. Die Ursachen für die Häufung an diesen Stellen ist noch nicht voll geklärt. Mindestens ein P., 1990 MB, hat eine 1:1-Resonanz mit dem Mars. Dieser P. kann als „Mars-Trojaner" bezeichnet werden.

Einige P.en haben außergewöhnliche Bahnen: Weit außerhalb des Planetoidengürtels bewegt sich z.B. (944) Hidalgo, dessen Perihel zwar bei 2,0 AE, dessen Aphel aber mit 9,6 AE jenseits der Saturnbahn liegt. Das Perihel von (5145) Pholus befindet sich bei 8,7 AE zwischen der Jupiter- und der Saturnbahn, das Aphel mit 32,1 AE jenseits der Neptunbahn. Der P. 1992 QB_1 ist der derzeit äußerste bekannte Körper des Planetensystems: Im Perihel hat er eine Sonnenentfernung von 39,6 AE, im Aphel von 49,1 AE. Die P.en, die die Bahnen der Planeten jenseits des Planetoidengürtels kreuzen, unterliegen starken Störungen, so daß ihre Bewegungen (im mathematischen Sinn) chaotisch sind, d.h. nicht über längere Zeiträume voraussagbar. Bei einigen P.en sind die Bahnebenen stark gegen die Ebene der Ekliptik geneigt, beim P.en 1993 WD z.B. um 63,5°. Der P. mit der größten bekannten Bahnexzentrizität (0,89) ist (3200) Phaeton, der der Sonne bis auf ein Drittel der Merkurentfernung nahekommt, sich andererseits aber bis weit jenseits der Marsbahn von ihr entfernt. P.en, die die Marsbahn kreuzen und deren Perihel nicht kleiner als die Aphelentfernung der Erde von 1,017 AE ist, bilden die Amor-Gruppe (nach (1221) Amor), sie hat mindestens 37 Mitglieder. P.en mit einer großen Halbachse größer als 1 AE und einem Perihelabstand kleiner als 1,017 AE kreuzen von außen kommend die Erdbahn, sie bilden die Apollo-Gruppe (nach (1862) Apollo), die mindestens 39 Mitglieder zählt. Die mindestens 6 P.en der Aten-Gruppe (nach (2062) Aten) besitzen eine große Halbachse kleiner als 1 AE und einen Aphelabstand größer als die Perihelentfernung der Erde von 0,983 AE; sie bewegen sich hauptsächlich innerhalb der Erdbahn und kreuzen diese von innen kommend.

Die P.en der Amor-, Apollo- und Aten-Gruppe bewegen sich auf dynamisch instabilen Bahnen, wodurch sie eine sehr begrenzte Lebenszeit haben, die nur in der Größenordnung von 100 Mill. Jahren liegt. Infolge planetarischer Gravitationswechselwirkungen gelangen sie auf Bahnen, auf denen sie das Sonnensystem verlassen oder mit Planeten zusammenstoßen. Die Umverteilung der P.en innerhalb des Planetoidengürtels durch die Gezeitenwirkung vor allem des Jupiters sorgt für einen Ersatz für die verlorengehenden erdnahen P.en.

Physikalische Beschaffenheit. Der lineare Durchmesser läßt sich nur bei den größten P.en aus dem Winkeldurchmesser ermitteln, bei einigen wenigen P.en kann man zur Durchmesserbestimmung auch Sternbedeckungen ausnutzen oder die Methode der Speckle-Interferometrie anwenden. Die Größe der weitaus meisten P.en muß photometrisch aus der scheinbaren Helligkeit abgeschätzt werden, wozu die Kenntnis der Entfernung von der Sonne und von der Erde sowie die Kenntnis der Albedo des jeweiligen P.en benötigt wird. Diese ist in den meisten Fällen nur ungenau bekannt, so daß auch die so bestimmten Durchmesserwerte relativ ungenau sind.

Die bisher bestimmten Planetoidendurchmesser liegen im Bereich zwischen etwa 1000 und weniger als 1 km. Der P. (1) Ceres hat mit 980 km den größten Durchmesser, es folgen mit 544 km (4) Vesta und mit 533 km (2) Pallas. Am anderen Ende der Skala steht u.a. der P. 1991 BA mit nur etwa 9 m, der nur deshalb entdeckt wurde, weil er der Erde bis auf 170000 km, also weniger als die halbe Mondentfernung, nahekam. Mit abnehmenden Durchmesser nimmt die Häufigkeit der bekannten P.en zunächst stark zu (Abb. 2), ab

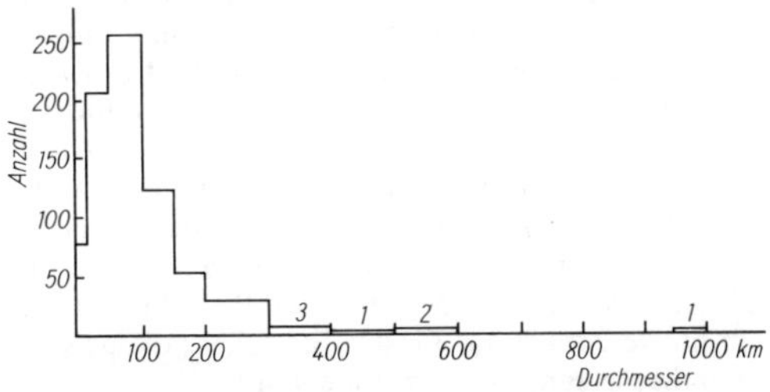

Abb. 2: Häufigkeitsverteilung der Planetoidendurchmesser. (Man beachte die unterschiedlichen Durchmesserintervalle.)

etwa 50 km sinkt sie jedoch wieder, was auf die mit kleinerwerdendem Durchmesser sinkende Entdeckungswahrscheinlichkeit zurückzuführen ist. Im allg. nimmt man an, daß sich der Häufigkeitsanstieg für die kleineren P.en bis hin zu den Meteoroiden und Mikrometeoroiden von Staubkorngröße fortsetzt. Die Zahl der bekannten P.en, die größer als 200 km sind, beläuft sich auf 29, die Zahl der P.en mit einem Durchmesser größer als etwa 10 km wird auf rund 50000 geschätzt, die der P.en mit einem Durchmesser größer als 100 m dürfte etwa 10^{10} erreichen.

Die Häufigkeitsverteilung der Planetoidendurchmesser D variiert etwa proportional $D^{-3,5}$. Wie Experimente zeigen, stellt sich bei der fortgesetzten Zertrümmerung großer Gesteinsbrocken und beim Mahlen von Gestein eine derartige Verteilung ein. Abgesehen von den größeren, kugelförmigen P.en dürften daher die kleineren das Ergebnis von Zertrümmerungen größerer Objekte infolge von gegenseitigen Zusammenstößen sein. Da der Gesamtquerschnitt aller bei einem Zusammenstoß entstandenen Trümmer weit größer als die Summe der Querschnitte der beiden Ausgangskörper ist, wächst mit jedem Zusammenstoß zweier P.en die Wahrscheinlichkeit für weitere Kollisionen: Ein einmal eingeleiteter Zertrümmerungsprozeß setzt sich demzufolge immer weiter fort. Die bei Infrarotbeobachtungen entdeckten Staubbänder im Planetoidengürtel (→ Infrarotquelle) sind wahrscheinlich Gebiete, in denen die Dichte sehr kleiner Trümmerteilchen besonders hoch ist.

Die Mitglieder einer Planetoidenfamilie (oder Hirayama-Familie) sind aller Wahrscheinlichkeit nach die Trümmer eines großen Ausgangskörpers: Bei ihnen stimmen sowohl die großen Halbachsen als auch die Exzentrizitäten sowie die Neigungen der Bahnen gegen die Ebene der Ekliptik fast überein. Das gilt besonders dann, wenn die Störungseinflüsse der Planeten auf die Bahnelemente der einzelnen Familienmitglieder berücksichtigt und nur die ungestörten, ursprünglichen Bahnelemente miteinander verglichen werden. Die Mitgliederzahl einer Planetoidenfamilie kann beträchtlich sein; von der Flora-Familie (nach (8) Flora) kennt man z.B. 259 Mitglieder und von der Proserpine-Familie (nach (26) Proserpine) 103 Mitglieder.

Die Masse einiger großer P.en kann aus den von ihnen oder auf sie ausgeübten Bahnstörungen erschlossen werden. Danach hat (1) Ceres eine Masse von $1{,}0 \cdot 10^{21}$ kg, die aller anderen P.en ist weitaus geringer. Die drei P.en (1) Ceres, (2) Pallas und (4) Vesta zusammen bestreiten wahrscheinlich mehr als die Hälfte der Gesamtmasse aller P.en, die auf etwa $3 \cdot 10^{21}$ kg (rund 0,05% der Erdmasse) geschätzt wird. Bei P.en mit zuverlässig bekannter Masse und bekanntem Durchmesser läßt sich die mittlere Dichte berechnen; sie liegt bei etwa 2,5 bis 3,5 g/cm^3. Die P.en dürften danach im wesentlich aus Gestein bestehen; die genaue Zusammensetzung ist aber unbekannt.

Die Oberflächenbeschaffenheit des P.en (951) Gaspra und die des P.en (243) Ida konnten mit Hilfe der Raumsonde Galileo aus einer Entfernung von 1620 km bzw. 10870 km untersucht werden. Beide P.en weisen zahlreiche Einschlagkrater von Kilometergröße bis herab zu einem Durchmesser von einigen 100 m auf, die Oberflächen sind anscheinend relativ alt. Bei (243) Ida, deren größter Durchmesser 56 und deren kleinster etwa 21 km mißt, wurde zum ersten Mal ein Begleiter eines P.en definitiv nachgewiesen; er befindet sich rund 100 km vom Mittelpunkt der Ida entfernt, sein Durchmesser beträt etwa 1,5 km (Abb. 3). Begleiter von P.en entstehen möglicherweise beim Zusammenstoß zweier nahezu gleich großer P.en, wenn zwei der sich in alle Richtungen bewegenden Fragmente aus der Trümmerwolke nahezu die gleiche Bewegungsrichtung und Geschwindigkeit haben, so daß der massеärmere der beiden Körper gravitativ an den massereicheren gebunden bleibt.

Bei gewissen Gruppen von P.en ergeben sich auf Grund des Vergleichs der photometrischen, polarimetrischen und Spektraleigenschaften mit den entsprechenden Eigenschaften von Meteoriten Hinweise auf die Materialbeschaffenheit. Von den untersuchten Mitgliedern des Planetoidengürtels bilden rund 75% eine Gruppe, die ihrem spektralen Reflexionsvermögen und ihrer geringen Albedo nach eine Verwandtschaft mit Meteoriten vom Typ der kohligen Chondrite zeigt; diese P.en werden als vom Typ C bezeichnet. Rund 15% der P.en bilden eine Gruppe (Typ S), deren Material deutlich heller als das der C-Planetoiden ist und wahrscheinlich Ähnlichkeit mit dem Material von Steinmeteoriten (Chondriten) hat; die E-Planetoiden weisen speziell Ähnlichkeiten mit Meteoriten vom Typ der Enstatit-Chondrite auf. Weitere etwa 5% der P.en scheinen den Eisenmeteoriten zu entsprechen (Typ M). Die P.en vom Typ D erscheinen dunkel und rötlich, eventuell enthalten ihre Oberflächenschichten keine hydratisierten Minerale, möglicherweise viel organisches Material; ihnen, wie einer größeren Gruppe anderer P.en (Typ P), entspricht keine der bekannten Meteoritenklassen. Über diese Einteilung hinaus werden noch weitere Planetoidentypen unterschieden, doch ist die Zahl der ihnen zuzuordnenden P.en gering. Die verschiedenen Planetoidentypen sind in bestimmten Bereichen des Planetoidengürtels bevorzugt anzutreffen: Die S-Planetoiden, besonders aber die E-Planetoiden befinden sich hauptsächlich im sonnennahen Bereich zwischen etwa 2,0 und 2,3 AE, der Typ C zwischen 2,3 und 2, 8 AE, der Typ M hat sein Häufigkeitsmaximum bei einem Sonnenabstand von etwa 2,8 AE. Die P.en am äußeren Rand und jenseits des Planetoidengürtels gehören vorwiegend zum Typ D oder P. Bei den P.en der Amor-, Apollo- und Aten-Gruppe läßt sich keine Einheitlichkeit bezüglich der Zusammensetzung erkennen.

Möglicherweise sind einige Himmelskörper, die man als P.en klassifiziert, entgaste und jetzt weitgehend inaktive Kometenkerne. Beim P.en (2060) Chiron deuten z.B. Helligkeitsvariationen, die größer sind, als es den Änderungen seines heliozentrischen Abstandes entspricht, auf Aktivitätserscheinungen hin: Er bildete für kurze Zeit eine Koma aus, in der auch eine thermi-

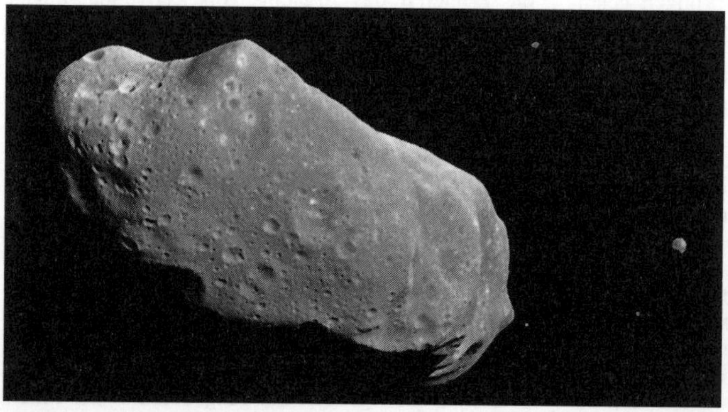

Abb. 3: Der Planetoid (243) Ida mit seinem am rechten Bildrand sichtbaren Begleiter Dactyl. (Mosaik aus mehreren mit Hilfe der Raumsonde Galileo gewonnenen Aufnahmen) © NASA/JPL/RPIF/DLR

Daten ausgewählter Planetoiden

Name	Bahnelemente a (AE)	e	i (°)	Durchmesser (km)	Masse (kg)
Große Gürtelplanetoiden					
(1) Ceres	2,768	0,076	10,6	980	$1{,}0 \cdot 10^{21}$
(2) Pallas	2,771	0,234	34,8	533	$0{,}28 \cdot 10^{21}$
(4) Vesta	2,361	0,089	7,1	544	$0{,}27 \cdot 10^{21}$
(10) Hygiea	3,135	0,129	3,8	443	
(511) Davida	3,173	0,180	15,9	335	
Erdbahnkreuzer					
(3200) Phaeton	1,271	0,890	22,1		
(2062) Aten	0,967	0,183	18,9	1,1	
(1862) Apollo	1,471	0,560	6,4		
Marsbahnkreuzer					
(1221) Amor	1,919	0,436	11,9		
Trojaner					
(588) Achilles	5,181	0,148	10,3	70	
(617) Patroclus	5,234	0,138	22,0	159	
Äußere Planetoiden					
(153) Hilda	3,981	0,143	7,8	119	
(944) Hidalgo	5,799	0,658	42,6	29	
(2060) Chiron	13,749	0,385	6,9	(350)	
(5145) Pholus	20,5	0,58	25	(140)	
1992 QB_1	44,39	0,107	2,22		

a: große Bahnhalbachse; *e*: Exzentrizität; *i*: Bahnneigung gegen Ekliptikebene

sche Infrarotstrahlung von Staubteilchen entdeckt wurde, die wahrscheinlich bei der Sublimation von eisartigen Bestandteilen des Himmelskörpers mitgerissen wurden. Der Apollo-Planetoid 1979 VA wurde 1979 als normaler P. angesehen und registriert. Nachträglich stellte sich aber heraus, daß er schon 1949 einmal, damals als Komet Wilson-Harrington (1949 III), entdeckt worden war. Beim P.en (3200) Phaethon sind die Bahnelemente fast identisch mit denen eines Meteorstroms (der Geminiden), was typisch für Kometen, nicht aber für P.en ist. Bei dem P.en 1992 QB_1 wie auch bei einem weiteren P.en, 1993 FW, die sich jenseits der Plutobahn bewegen, handelt es sich möglicherweise um (inaktive) Kometenkerne, die aus dem Kuiper-Gürtel stammen (→ Komet).

Einige P.en besitzen einen Lichtwechsel, dessen Amplitude im allg. gering ist, aber auch mehr als 1 mag erreichen kann; beim P. (1620) Geographos beträgt sie etwa 2 mag. Die Helligkeitsvariationen werden durch eine Rotation der P.en verursacht, wenn diese eine unregelmäßige Gestalt oder Oberflächenregionen mit unterschiedlichen Albedowerten (oder beides) haben. Die Rotationsperioden liegen meist im Bereich einiger Stunden, z.T. auch bei einigen Tagen. Etwa 60% der P.en mit bekanntem Rotationssinn rotieren rechtläufig. Manche P.en, z.B. (624) Hektor, haben einen Lichtwechsel, der dem von Bedeckungsveränderlichen sehr ähnlich ist. Möglicherweise handelt es sich bei diesen P.en um jeweils ein enges Paar einander umlaufender Körper, die einen Doppelplanetoiden bilden. Beim P.en (4179) Toutatis konnten mit Hilfe von Radarbeobachtungen zwei sich fast berührende Körper mit Durchmessern von 4 bzw. 2,5 km nachgewiesen werden.

Ursprung der Planetoiden. Bei den P.en handelt es sich um Körper, die aller Wahrscheinlichkeit nach viele Stoßprozesse durchgemacht haben, die z.T. zur Zertrümmerung der Stoßpartner führten. Wahrscheinlich ist die Mehrheit der jetzt vorhandenen P.en aus mehreren ursprünglichen Körpern hervorgegangen, die sich zur gleichen Zeit wie die übrigen Körper des Sonnensystems gebildet hatten, und zwar in den Bereichen um die Sonne, in denen sich die Mehrzahl der P.en auch jetzt noch befindet. In diesen Regionen des Sonnennebels hatte die Menge des für die Bildung fester Körper verfügbaren Materials wahrscheinlich ein relatives Minimum, so daß nicht ein einzelner, großer Planet entstehen konnte (→ Kosmogonie). Die Annahme eines einzigen Ursprungkörpers für die P.en, der gemäß der Titius-Bodeschen Reihe in einem Sonnenabstand von etwa 2,8 AE entstand, später aber zerstört wurde, ist u.a. wegen der geringen Gesamtmasse der P.en wenig wahrscheinlich.

Geschichtliches. Die Entdeckung des ersten P.en, der Ceres, erfolgte am 1.1.1801 durch G. Piazzi (1746–1826) und erregte großes Aufsehen, da hiermit eine Lücke in der Titius-Bodeschen Reihe geschlossen wurde. Wegen schlechter Beobachtungsbedingungen wäre die Ceres fast wieder verlorengegangen, wenn nicht C.F. Gauß (1777–1855) eine neue Bahnbestimmungsmethode entwickelt hätte; sie ermöglichte die Wiederentdeckung der Ceres am 7.12.1801. Die zweite

Planetoidenentdeckung, die der Pallas, erfolgte 1802 durch W. Olbers (1758–1840), ihr folge die der Juno 1804 durch K.L. Harding (1765–1834) und die der Vesta 1807 wiederum durch Olbers. Erst 1845 gelang eine weitere Entdeckung, die der Astraea.

Planetoidengürtel, der Bereich zwischen etwa 2,2 und 3,2 AE um die Sonne, in dem sich die Mehrzahl der Planetoiden aufhält.

Planetologie, Teilbereich des Astronomie, der sich mit der Zusammensetzung, dem Aufbau, den Vorgängen in den Krusten und auf den Oberflächen von Körpern des Planetensystems sowie mit den physikalischen Gesetzmäßigkeiten befaßt, die diesen Vorgängen zugrunde liegen. Die P. stellt die Erweiterung der Geologie auf die erd- und eisartigen Himmelskörper des Planetensystems dar.

Planitia [lat., ‚Fläche, Ebene'] *f, Plur.* Planitiae, Bezeichnung für eine Oberflächenstruktur auf Körpern des Planetensystems, die einer Tiefebene ähnlich ist.

Planum [lat., ‚Fläche, Ebene'] *n, Plur.* Plana, Bezeichnung für eine Oberflächenstruktur auf Körpern des Planetensystems, die einer Hochebene ähnlich ist.

Plasma *n*, ein Gasgemisch aus freien Elektronen, Ionen und neutralen Atomen. Die Zahl der von den Elektronen getragenen negativen Ladungen je Volumeneinheit ist im Mittel gleich der von den Ionen getragenen positiven Ladungen, so daß ein P. – von lokalen Störungen abgesehen – raumladungsfrei ist. Seine elektrische Leitfähigkeit ist wegen der freien Beweglichkeit der Ladungsträger sehr groß, doch kommt es nur beim Vorhandensein eines äußeren elektrischen Feldes zu einem Stromfluß. Bei Anwesenheit eines äußeren Magnetfeldes wirkt auf die Ladungsträger eine Kraft (Lorentz-Kraft), die eine Kopplung zwischen P. und Magnetfeld bedingt.

Durch äußere Einflüsse kann es zu einer Trennung der positiven und negativen Ladungsträger kommen. Falls infolge der elektrischen Anziehungskräfte die Trennung wieder rückgängig gemacht wird, können sich ***Plasmaschwingungen*** einstellen, bei denen die Ladungsträger periodisch beschleunigt werden und demzufolge eine elektromagnetische Strahlung mit einer charakteristischen Wellenlänge aussenden. Die Wellenlänge ist von der Zahl der freien Elektronen je cm^3 abhängig und wächst mit der Wurzel aus ihr. Strahlung mit einer Wellenlänge größer als die charakteristische Wellenlänge kann vom P. absorbiert werden.

Die meisten im Weltall existierenden Gase, z.B. das interstellare Gas oder das Gas im Innern der Sterne und in den Sternatmosphären, sind mindestens teilweise ionisiert und reagieren daher wie ein P.

Platonisches Jahr, die Umlaufperiode des Frühlingspunktes in der Ekliptik, die etwa 25 700 Jahre beträgt; → Präzession.

Plattenphotometer, → Photometer.

Plejaden, ***Siebengestirn***, auffälliger, mit bloßem Auge sichtbarer Offener Sternhaufen im Sternbild Taurus (Stier). Der Name Siebengestirn ist etwas irreführend, da mit bloßem Auge entweder nur sechs Sterne heller als 5^{m}, oder aber neun Sterne heller als 6^{m} gesehen werden können. Die Gesamtzahl der bis jetzt bekannten Mitgliedsterne der P. beträgt rund 300. Die meisten sind am Himmel auf einem Gebiet von etwa 2° Durchmesser verteilt. Der räumliche Durchmesser des Sternhaufens beträgt rund 10 pc, seine Entfernung von der Sonne etwa 126 pc und sein Alter rund 60 bis 70 Mill. Jahre.

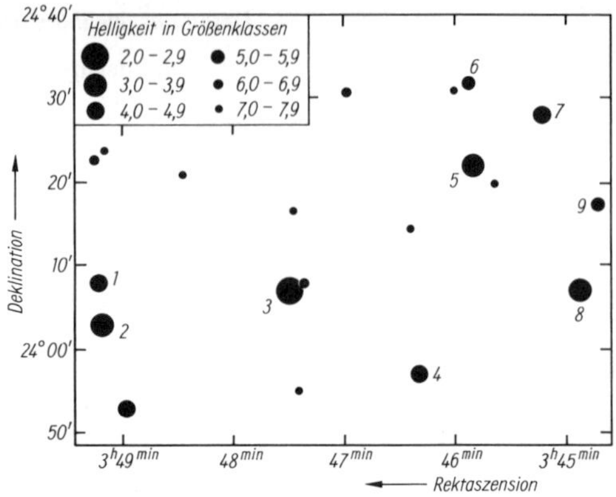

Karte des inneren Teils der Plejaden. 1: Pleone; 2: Atlas; 3: Alkyone; 4: Merope; 5: Maja; 6: Asterope; 7: Taygeta; 8: Electra; 9: Celaeno

Die gesamte Sterngruppe ist in interstellare Materie eingebettet, die sich auf langbelichteten Aufnahmen als ein zarter, heller Nebelschleier um die hellsten Plejadensterne bemerkbar macht (→ interstellarer Staub, Abb. 4). Das Nebellicht ist im wesentlichen an interstellaren Staubteilchen gestreutes Sternlicht. Die Karte gibt einen Überblick über die inneren Teile der P., wie sie etwa mit einem Feldstecher sichtbar sind.

Die P. wurden früher oft als ein selbständiges Sternbild angesehen.

Pleone *f*, Stern in den → Plejaden mit einer scheinbaren visuellen Helligkeit von $5\overset{m}{.}1$; die Spektralklasse ist B8 und die Leuchtkraftklasse V, die P. ist ein heißer Hauptreihenstern.

Pluto *m*, der im allg. sonnenfernste Planet, Zeichen ♇.

Der P. bewegt sich mit einer mittleren Geschwindigkeit von 4,75 km/s in 248,0 Jahren (siderische Umlaufzeit) rechtläufig um die Sonne. Er durchläuft eine Ellipsenbahn, deren große Halbachse 5960 Mill. km und deren Exzentrizität 0,2554 beträgt; es ist die von allen Planetenbahnen größte Exzentrizität. Die Entfernung des P.s von der Sonne, die sich im Mittel auf 39,84 AE beläuft, schwankt zwischen 29,7 und 50,0 AE; nahe seines Perihels befindet sich der P. daher innerhalb der Neptunbahn. (Das ist seit 1979 der Fall und dauert noch bis 1999; damit ist z.Z. der Neptun der sonnenfernste Planet.) Zwischen der Umlaufzeit des P.s und des Neptuns besteht eine 2:3-Resonanz: Während zweier Sonnenumrundungen des P.s vollendet der Neptun drei. Die Neigung der Plutobahn gegen die Erdbahnebene ist mit 17° 9′ ebenfalls die größte aller Planetenbahnen. Die Plutobahn ist im mathematischen Sinn chaotisch, die Bahnelemente verändern sich langfristig in einer nicht voraussagbaren Weise.

Die scheinbare Helligkeit des P.s erreicht maximal $14\overset{m}{.}9$. Selbst in großen Fernrohren erscheint er nahezu punktförmig. Direkte Durchmesserbestimmungen sind daher nicht möglich. Auf Grund der Orientierung der Bahn des Charons (des Satelliten vom P.) gegenüber der Bahn des P.s um die Sonne kam es von 1985 bis 1990 zu wechselseitigen Bedeckungen des P.s und seines Satelliten; dabei konnte der Plutodurchmesser zu 2390 km (nur etwa 69% des Monddurchmessers) bestimmt werden. Die Masse des P.s beläuft sich auf etwa $1{,}24 \cdot 10^{22}$ kg, was rund 0,20% der Erdmasse entspricht, die mittlere Dichte beträgt etwa 1,7 g/cm³. Der P. hat eine Rotationsperiode von 6,387 Tagen, die gleich der Umlaufperiode des Charons ist: Als einziger Planet besitzt der P. eine an den Umlauf eines Satelliten gebundene Rotation. Die Äquatorebene des P.s steht fast senkrecht auf seiner Bahnebene, die Neigung beträgt etwa 94°.

Der P. besitzt eine Atmosphäre, die wahrscheinlich hauptsächlich aus Stickstoff und geringeren Mengen von Methan besteht. Der Atmosphärendruck an der Oberfläche beläuft sich auf rund 1/100000 des Drucks der Erdatmosphäre an der Erdoberfläche. Die Plutooberfläche ist möglicherweise zum größten Teil mit gefrorenem Stickstoff bedeckt, gefrorenes Methan und gefrorenes Kohlenmonoxid spielen eine geringere Rolle, während Hinweise auf Wassereis oder gefrorenes Kohlendioxid nicht gefunden wurden. Die Eisbedekkung erklärt die relativ hohe Albedo von 0,62. Wie der (geringe) Rotationslichtwechsel zeigt, gibt es auf dem P. Gebiete mit unterschiedlicher Albedo, z.B. existiert eine hellere Polarkappe und ein dunklerer Fleck in mittleren nördlichen Breiten. Die Farbe des P.s ist rötlich. Die Oberflächentemperatur liegt bei etwa −230 °C.

Über den inneren Aufbau des P.s ist nichts Sicheres bekannt. Nach der Lage im Durchmesser-Dichte-Diagramm planetarer Himmelskörper (→ Planet) läßt sich vermuten, daß es sich beim P. um einen im wesentlichen eisartigen Körper handelt, der möglicherweise einen Gesteinskern mit einem Radius in der Größenordnung von 800 km besitzt; der Mantel des P.s dürfte im wesentlichen aus Wassereis bestehen.

Der P. wurde am 18.2.1930 von C. Tombaugh entdeckt.

Pogsonsche Helligkeitsskala, → Helligkeit.

Pol, in der Geometrie ein Punkt mit einer ausgezeichneten Lage, z.B. ein Punkt auf einer Kugel, der von allen Punkten eines Großkreises den Winkelabstand 90° hat. In der Astronomie: ***1)*** einer der Durchstoßpunkte der Rotationsachse eines Himmelskörpers durch seine Oberfläche ***(Rotationspol)***; ***2)*** einer der Durchstoßpunkte der verlängert gedachten Rotationsachse bzw. Bewegungsachse eines Himmelskörpers durch die Himmelskugel.

Der Rotationsnordpol eines Himmelskörpers ist derjenige P., von dem aus gesehen die Rotation entgegen dem Uhrzeigersinn erfolgt. Die ***Himmelspole*** sind die Durchstoßpunkte der verlängert gedachten Erdachse durch die Himmelskugel, sie haben jeweils 90° Abstand vom Himmelsäquator und nehmen nicht an der täglichen scheinbaren Bewegung teil. Der Nordpol des Himmels liegt dem Erdnordpol gegenüber. Die ***P.e der Ekliptik*** bzw. die ***galaktischen P.e*** sind die Punkte, in denen die Achse, um die die Bewegung der Erde um die Sonne bzw. die Bewegung der Körper des Milchstraßensystems um das galaktische Zentrum erfolgt, die Himmelskugel durchstößt; sie haben jeweils 90° Abstand von der Ekliptik bzw. vom galaktischen Äquator. Die beiden Nordpole liegen in derjenigen durch den Himmelsäquator begrenzten Himmelshalbkugel, in der sich auch der Himmelsnordpol befindet.

Polarimetrie, eine Photometrie zur Bestimmung der Polarisation einer Strahlung.

Polaris, der → Polarstern.

Polarisation, spezieller Schwingungszustand einer transversalen (z.B. einer elektromagnetischen) Welle. In der von einer gewöhnlichen Quelle ausgesandten elektromagnetischen Strahlung treten Schwingungen in allen zur Ausbreitungsrichtung senkrechten Richtungen auf, wobei keine Richtung bevorzugt ist; derartige Strahlung nennt man unpolarisiert (natürliche Strahlung). Bei einer polarisierten elektromagnetischen Strahlung ist eine Schwingungsrichtung bevorzugt. Die durch sie und die Ausbreitungsrichtung gelegte Ebene heißt Schwingungsebene (es die Richtung des elektrischen Vektors des elektromagnetischen Feldes), die dazu senkrechte, die Ausbreitungsrichtung enthaltene Ebene, ist die ***Polarisationsebene***. Schwingt die elektromagnetische Welle nur in einer einzigen Richtung, ist die Strahlung linear polarisiert; dies ist z.B. bei Synchrotronstrahlung der Fall. Durch die Überlagerung von Strahlung unterschiedlicher Polarisationsrichtungen entsteht elliptisch oder zirkular polarisierte Strahlung, bei der die Schwingungsebene mit konstanter Winkelgeschwindigkeit um die Ausbreitungsrichtung dreht. Durch eine bevorzugte Strahlungsextinktion in einer bestimmten Schwingungsrichtung kann aus einer zunächst unpolarisierten Strahlung teilweise polarisierte werden; dies tritt z.T. beim Durchgang von Sternlicht durch Ansammlungen von interstellarem oder zirkumstellarem Staub ein. Eine P. entsteht auch bei der Reflexion und bei der Streuung von Strahlung.

Der ***Polarisationsgrad*** gibt an, wie groß in einem Strahlungsgemisch der Anteil der polarisierten Strahlung ist.

Polarlicht, eine vorwiegend in je einer ringförmigen Zone um die Polargebiete der Erde auftretende Leuchterscheinung der Erdatmosphäre; auch als ***Nordlicht*** (lat. Aurora Borealis) und ***Südlicht*** (lat. Aurora Australis) bezeichnet. P.er beschränken sich auf zwei Ovale von im allg. etwa 5° Breite, die auf der Tagseite der Erde etwa 12°, auf der Nachtseite etwa 22° Abstand von den magnetischen Polen haben. Die Rotation der Erde relativ zu diesen Ovalen läßt die P.er im Laufe eines Tages in einem großen Gebiet um die geographischen Pole sichtbar werden. Gelegentlich sind Nordlichter in Europa selbst in den Mittelmeergebieten wahrnehmbar.

Die P.er treten in Form von ruhig leuchtenden oder in der Helligkeit pulsierenden Bögen und Flächen oder in ihrer Intensität und Stellung rasch wechselnden Strahlen auf, die z.T. sehr lang sind (sog. Draperien) oder konvergieren und dann eine sog. Nordlichtkrone bilden. Die Farbe der P.er ist grünlich, bläulichweiß oder rot. Im Spektrum zeigen sich z.T. „verbotene" (→ Atom) Emissionslinien von neutralen, z.T. auch ionisierten Atomen und Molekülen der Hochatmosphäre, z.B. vom Sauerstoff, Stickstoff und Natrium. Die starke grüne (mit einer Wellenlänge von 558 nm) und die roten (mit 630 und 636 nm) ***Nordlichtlinien*** sind „verbotene" Linien des Sauerstoffs. Gelegentlich treten auch Wasserstofflinien der Balmer-Serie auf. Die Höhe der P.er liegt meist zwischen 100 und 300 km über der Erdoberfläche; die Strahlenlängen betragen im Mittel etwa 140 km, doch reichen sehr lange Strahlen manchmal bis in eine Höhe von 800 bis 1000 km und aus dem Erdschatten hinaus; sie geben dann zu einem sonnenbeschienenen P. Anlaß.

Die P.er werden durch die von der Sonne ausgehende Teilchenstrahlung verursacht, die hauptsächlich aus Protonen und freien Elektronen besteht. Bei ihrer Wechselwirkung mit dem Magnetfeld in der äußeren Erdmagnetosphäre werden elektrische Ringströme induziert, die im Bereich der Polarlichtovale fließen. Träger dieser Ströme sind energiereiche Elektronen, die die Atome der Hochatmosphäre durch Stoß zum Leuchten anregen. Die P.er sind – wie die Ringströme – permanente Erscheinungen, die aber am Tag durch den hellen Himmelshintergrund überstrahlt werden. Ein sehr intensiver solarer Teilchenstrom bewirkt eine große Breite der Polarlichtovale, eine hohe Intensität und eine gute Sichtbarkeit der P.er. Das Auftreten starker Polarlichterscheinungen ist mit erdmagnetischen Störungen gekoppelt und zeigt einen deutlichen Häufigkeitsgang mit der Sonnenfleckenperiode. Bei der Wechselwirkung der Elektronen mit den Atomen und Molekülen der Hochatmosphäre entsteht auch eine elektrische Bremsstrahlung im Röntgenbereich.

Die elektromagnetischen Prozesse, die die unterschiedlichen Erscheinungen der P.er verursachen, sind in ihren Einzelheiten noch nicht voll verstanden.

Polarnacht, die Zeit, während der für einen Ort, dessen geographische Breite größer als 66,5° oder kleiner als −66,5° ist, die Sonne länger als 24 Stunden nicht über dem Horizont erscheint. Diesem Ereignis im Winter entspricht im Sommer der ***Polartag***, die Zeit, während der für diese Orte die Sonne länger als 24 Stunden sichtbar ist. P. und Polartag werden durch die Neigung der Erdachse in bezug auf die Ebene der Ekliptik bedingt (→ Erde), sie dauern um so länger, je weiter polwärts der betreffende Ort liegt. Für einen Ort genau auf den Polarkreisen (geographische Breite 66,5° bzw. −66,5°) dauern sie einen Tag, für die Pole selbst ein halbes Jahr; durch die Refraktion des Lichts in der Erdatmosphäre ist die Zeitdauer jedoch etwas verkürzt.

Polarstern, ***Nordstern***, ***(Stella) Polaris***, der hellste Stern (α) im Sternbild Ursa Minor (Kleiner Bär). Seine mittlere scheinbare visuelle Helligkeit beträgt $2\overset{m}{.}02$, er gehört zur Spektralklasse F7 und zur Leuchtkraftklasse Ib; er ist ein Überriesenstern, dessen Durchmesser etwa 100 Sonnendurchmesser und dessen Leuchtkraft rund 5000 Sonnenleuchtkräfte mißt. Die Entfernung des P.s von der Sonne beläuft sich auf rund 140 pc oder 460 Lichtjahre.

Der P. ist ein W-Virginis-Stern mit einer Periode von 3,97 Tagen und einer Amplitude (1992) von 0,01 mag im V-Bereich des UBV-Systems. Er gehört zu den Pulsationsveränderlichen, doch hören seine Pulsationen möglicherweise in der nächsten Zeit auf: Die Helligkeitsamplitude und die gemessenen maximalen Expansions- und Kontraktionsgeschwindigkeiten nehmen seit etwa 1980 systematisch ab.

Der P. gehört zu einem Dreifachstern: Er ist die Hauptkomponente in einem spektroskopischen Doppelsternsystem, das mit einem Hauptreihenstern der Spektralklasse F2 einen visuellen Doppelstern mit einem Komponentenabstand von 18″ bildet.

Der P. hat seinen Namen wegen seiner Nähe zum Himmelsnordpol; der Polabstand beträgt nur etwa 45′, so daß mit seiner Hilfe die Nordrichtung bestimmt werden kann. Den P. findet man, indem man die Verbindungslinie der beiden hinteren (bei der scheinbaren täglichen Umdrehung des Himmels vorangehenden) Sterne des Großen Wagens im Sternbild Ursa Maior (Großer Bär) um etwa das 5fache ihres Abstandes verlängert. Wegen der Präzession verschiebt sich die Lage des Himmelspols relativ zu den Fixsternen, damit ändert sich der Abstand des P.s vom Pol. Zur Zeit wird dieser Abstand kleiner und erreicht etwa zum Jahr 2100 mit rund 28′ sein Minimum; anschließend wird der Pol weit vom heutigen P. wegwandern. In etwa 5300 Jahren wird der Stern Alderamin im Sternbild Cepheus, in etwa 12000 Jahren die Wega im Sternbild Lyra (Leier) als P. erscheinen (Abb. → Präzession).

Polarstrahlen, während des Sonnenfleckenminimums sichtbare Koronastralen in den Polgebieten der Sonne.

Polartag, → Polarnacht.

Poldistanz, der Winkelabstand eines Gestirns vom Himmelsnordpol. Die P. wird in Grad von 0° bis 180° gemessen, sie ist gleich $90° - \delta$, wenn δ die Deklination des Gestirns ist.

Poleffekt, ***Breiteneffekt***, die Erscheinung, daß die Intensität der Kosmischen Strahlung mit wachsendem Abstand von den geomagnetischen Polen abnimmt.

Polhöhe, der senkrechte Winkelabstand des Himmelsnordpols vom Horizont des Beobachtungsortes; die P. ist gleich der geographischen Breite des Beobachtungsortes.

Die P. schwankt mit einer Periode von etwa 415 bis 433 Tagen, der *Chandlerschen Periode*, um einen Mittelwert, die Amplitude beträgt jedoch nicht mehr als 0,35″. Die Ursache der ***Polhöhenschwankung*** liegt in der rotierenden Erde. Diese stellt einen Kreisel dar, dessen Symmetrieachse nicht mit der Rotationsachse zusammenfällt. Dadurch verlagert sich diese im Erdkörper, was zu geringen Verschiebungen der Himmelspole (der Durchstoßpunkte der Rotationsachse durch die Himmelskugel) relativ zum Horizont des Beobachtungsortes führt. Bei einer vollkommen starren Erde würde sich für die Polhöhenschwankung eine Periode von etwa 304 Tagen ergeben; die längere Periode weist auf die unvollkommene Starrheit der Erde hin. Die Schwankungsperiode ist nicht konstant. Der Hauptperiode von rund 425 Tagen überlagert sich u.a. eine nicht sehr deutlich ausgeprägte einjährige Periode, deren Ursache wahrscheinlich jahreszeitlich be-

dingte Verlagerungen der Gebiete hohen und niedrigen Luftdrucks sowie die periodisch wechselnden Eis- und Schneebedeckungen der Polargebiete der Erde sind. Periodenschwankungen können auch durch Masseverlagerungen in der Erde hervorgerufen sein, z.B. bei großräumigen Verschiebungen von Platten der Erdkruste oder bei Masseverlagerungen infolge von Erdbeben.
Die Verlagerung der Rotationsachse im Erdkörper führt zu einer Wanderung der geographischen Pole, der Durchstoßpunkte der Rotationsachse durch die Erdoberfläche ***(Polwanderung)***. Die Abweichungen des jeweiligen geographischen Pols von der mittleren Lage beträgt nicht mehr als 20 m (Abb.), wovon etwa 6 m elastizitätsbedingte und etwa 3 m jahreszeitlich bedingte Abweichungen sind, der Rest geht auf weitere Störungen zurück.

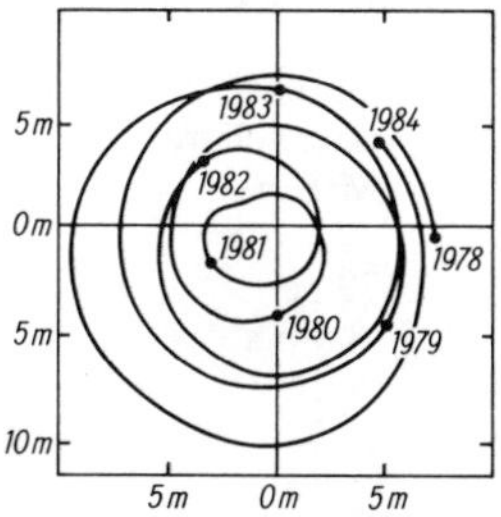

Polwanderung von 1978 bis 1984. Aufgetragen ist der Weg des Durchstoßpunktes der Erdrotationsachse durch die Erdoberfläche bezogen auf einen willkürlichen Nullpunkt

Neben den kontinuierlichen Polverlagerungen treten diskontinuierliche Polversetzungen von einigen Metern auf, die zeitlich mit schweren Erdbeben (Masseverlagerungen im Erdkörper) korreliert sind. Weiterhin scheint eine säkulare Poldrift von etwa 11 cm pro Jahr zu existieren, und zwar in Richtung des 45. westlichen Längenkreises. Möglicherweise wird diese Drift durch eine große, langfristige Masseverlagerung im Erdmantel verursacht. Die augenblickliche Lage der Rotationsachse im Erdkörper läßt sich mit Hilfe von Radiointerferometern großer Basislängen auf etwa 5 cm genau bestimmen. Dazu mißt man u.a. die Ankunftszeiten von Quasarsignalen (z.B. einzelner Intensitätsspitzen) bei den Teleskopen des Interferometers und bestimmt aus den Ankunftszeitunterschieden die relativen Entfernungsunterschiede der einzelnen Beobachtungsorte bezüglich der Strahlungsquelle. Mit Hilfe von Laser-Entfernungsmessungen an speziellen Erdsatelliten von verschiedenen Beobachtungsorten auf der Erde aus läßt sich der augenblickliche Rotationspol sogar bis auf ± 1 cm genau ermitteln.
Für die Beobachtung der Polhöhenschwankungen wurde 1899 der *Internationale Breitendienst* gegründet, dessen 5 Observatorien in 39° 8′ nördlicher Breite gleichmäßig um die Erde verteilt sind. Seit 1988 erfolgt die Überwachung der Polschwankung innerhalb des *Internationalen Erdrotationsdienstes*, in dem mehr als 50 über die gesamte Erde verteilte Stationen zusammenarbeiten.
Die Polhöhenschwankung wurde 1885 von F. Küstner (1856–1936) entdeckt.

Polkappen, die auffallend hellen Gebiete in den beiden Polregionen des Mars.

Pollux [in der griech. Mythologie der Zwillingsbruder des Castor] *m*, der hellste Stern (β) im Sternbild Gemini (Zwillinge), der eine scheinbare visuelle Helligkeit von $1\overset{m}{.}1$ hat. Seine Spektralklasse ist K0, seine Leuchtkraftklasse III; P. ist der uns nächste Riesenstern. Die Entfernung von der Sonne beträgt nur etwa 11 pc oder 35 Lichtjahre.

Polhöhenschwankung, → Polhöhe.

Polsequenz, ***Nordpolarsequenz***, eine Auswahl von Sternen in der Umgebung des nördlichen Himmelspols mit genau vermessenen Helligkeiten. Die P. enthält Sterne mit photographisch und photovisuell bestimmten Helligkeiten, die von 2^m bis 17^m reichen. Da die Polsequenzsterne immer nahezu die gleiche Zenitdistanz haben, variiert die durch die Erdatmosphäre verursachte Extinktion verhältnismäßig wenig und ist einfach zu ermitteln. Die P. diente lange Zeit als primäres Standardsystem für Sternhelligkeiten, doch spielt sie gegenwärtig keine wesentliche Rolle mehr, da inzwischen einige hundert, über den gesamten Himmel verteilte Standardsterne mit in mehreren Farbbereichen sehr genau bestimmten Helligkeiten zur Verfügung stehen.

Polwanderung, → Polhöhe.

Population, ***Sternpopulation***, eine Gruppe von Objekten mit etwa gleichem Alter und ähnlicher räumlicher Anordnung in Sternsystemen (speziell im Milchstraßensystem) sowie ähnlichen Bewegungsverhältnissen und mit ähnlicher ursprünglicher chemischer Zusammensetzung. Man unterscheidet die Halopopulation (extreme P. II), Zwischenpopulation II, Scheibenpopulation, ältere P. I und die extreme P. I (Spiralarmpopulation).
Zur ***Halopopulation*** gehören die Kugelsternhaufen, die Unterzwerge und die RR-Lyrae-Sterne mit Perioden größer als 0,4 Tagen. Sie verteilen sich auf einen nahezu sphärischen Raum und bewegen sich um das galaktische Zentrum vorwiegend in langgestreckten ellipsenähnlichen Bahnen, deren Neigungen gegenüber der galaktischen Ebene im wesentlichen regellos verteilt sind; die Mitglieder der Halopopulation haben daher im Mittel eine hohe Geschwindigkeit senkrecht zur galaktischen Ebene, einen großen Abstand von ihr sowie eine starke Konzentration in bezug auf das galaktische Zentrum. Die Hauptvertreter der ***Zwischenpopulation II*** sind die Schnelläufer mit Geschwindigkeiten größer als 30 km/s senkrecht zur Milchstraßenebene sowie die langperiodischen Veränderlichen mit Perioden kleiner als 250 Tagen, die einer früheren Spektralklasse als M5 angehören. Zur ***Scheibenpopulation*** gehören die Zentralsterne Planetarischer Nebel, die Novae, die RR-Lyrae-Sterne mit Perioden kürzer als 0,4 Tagen sowie die meisten Sterne vom Spektraltyp F bis M, also der weitaus größte Teil aller Sterne des Milchstraßensystems, vor allem auch die Hauptmenge der Sterne in dessem Zentralgebiet. Die Scheibenpopulation stellt das sternreichste galaktische Untersystem dar, das ein diskusähnliches Volumen einnimmt

Charakteristika der Populationen

	Halopopulation	Zwischenpopulation II	Scheibenpopulation	ältere Population I	extreme Population I
Hauptvertreter:	Kugelsternhaufen Unterzwerge RR-Lyrae-Sterne mit $P>0{,}4$ Tage	Schnelläufer mit $v_z>30$ km/s Langperiodische Veränderliche mit $P<250$ Tage und Spektralklasse früher als M5	Zentralsterne Planetarischer Nebel Novae RR-Lyrae-Sterne mit $P<0{,}4$ Tage Sterne des galakt. Zentralgebiets Sterne mit schwachen Metallinien	A-Sterne Sterne mit starken Metallinien	O- und B-Sterne Überriesen Delta-Cephei-Sterne T-Tauri-Sterne junge Offene Sternhaufen Sternassoziationen interstellare Materie
$\lvert z \rvert$:	2000 pc	700 pc	400 pc	150 pc	70 pc
v_z:	75 km/s	25 km/s	18 km/s	10 km/s	8 km/s
Konz.:	stark	stark	stark	gering	keine
M/H:	0,01..0,1	0,01..0,1	0,03..0,3	0,3..1	1..3
T:	13..18	10...15	2...10	0,5...5	<0,5

P: Periode; $|z|$: mittlere Entfernung von der galaktischen Ebene; v_z: mittlere Geschwindigkeit senkrecht zur galaktischen Ebene; Konz.: Konzentration zum galaktischen Zentrum; M/H: Masseverhältnis der Elemente schwerer als Helium zu Wasserstoff relativ zur mittleren kosmischen Elementenhäufigkeit; T: Alter in 10^9 Jahren

mit einem Durchmesser, der in der Symmetrieebene nahezu gleich dem des von der Halopopulation eingenommenen Raumes, senkrecht dazu jedoch wesentlich kleiner ist. Zur Scheibenpopulation werden auch die Sterne gerechnet, die relativ schwache Metallinien im Spektrum haben. Die Sterne mit relativ starken Metallinien (damit die Sonne) zählen zur ***älteren P. I***, zu der auch die Sterne der Spektralklasse A gehören. Mitglieder der ***extremen P. I*** sind vor allem die Sterne der gegenwärtigen Spiralarme, also O- und B-Sterne, ferner Überriesen, Delta-Cephei-Sterne, T-Tauri-Sterne, junge Offene Sternhaufen und Sternassoziationen, außerdem gehört die interstellare Materie zur extremen P. I. Die Mitglieder dieser P., die sich auf kreisähnlichen Bahnen nahe der Milchstraßenebene bewegen, bilden das am stärksten gegen die galaktische Ebene konzentrierte Untersystem mit einer nur schwachen Konzentration gegen das galaktische Zentrum. Die von der Halopopulation zur extremen P. I steigende Gruppierung um die Ebene des Milchstraßensystems spiegelt sich in einer Abnahme des mittleren Abstandes der Populationsmitglieder von ihr sowie in einer Abnahme der mittleren Geschwindigkeit senkrecht zu ihr wider. Die P.en durchdringen sich, so daß nahe der galaktischen Ebene Angehörige aller P.en anzutreffen sind.

Die Mitglieder der Halopopulation sind die ältesten (sichtbaren) Objekte im Milchstraßensystem, die Mitglieder der Spiralarmpopulation die jüngsten, doch ist die Altersbestimmung eines Einzelobjekts schwierig und, wenn überhaupt, nur indirekt möglich. Innerhalb einer P. gibt es eine breite Altersstreuung und zwischen den P. Überschneidungen. Parallel zum Populationsalter ändert sich im Mittel die chemische Zusammensetzung, die die Sterne bei ihrer Entstehung hatten: Bei denen der älteren P.en ist der Masseanteil der Elemente schwerer als Helium (in der Astronomie zusammenfassend als „Metalle“ bezeichnet) im Mittel geringer als bei den Objekten der jüngeren P.en. Innerhalb einer P. bestehen merkliche Differenzen im Metallgehalt und zwischen den P. fließende Übergänge. Die Unterschiede in der räumlichen Anordnung der P.en, im dynamischen Verhalten wie auch im Metallgehalt sind eine Folge der bei der Entstehung und der späteren Entwicklung abgelaufenen dynamischen und chemischen Prozesse innerhalb eines Sternsystems (→Kosmogonie). Da die Prozesse kontinuierlich verliefen, ist eine scharfe Trennung zwischen den P.en nicht zu erwarten und die Zuordnung eines Einzelsterns, der keine besonderen Merkmale besitzt, zu einer bestimmten P. kaum eindeutig möglich.

Gelegentlich wird die Existenz einer weiteren P. ***(Population III)*** angenommen, die älter als die Halopopulation sein und ein räumlich ausgedehnteres Untersystem als diese bilden soll. Bei ihrer Entstehung hätten diese Sterne nur einen vernachlässigbar kleinen Anteil an schweren Elementen gehabt. Falls diese P. tatsächlich existiert, wären nur sehr massearme und daher sehr leuchtkraftschwache Mitgliedsterne beobachtbar, da nur sie bei dem angenommenen hohen Alter

noch nicht alle Vorräte an Kernenergie verbraucht hätten. Die ehemals massereicheren Sterne wären sehr leuchtkraftschwach, weil sie sich in einem der Endzustände der Sternentwicklung befänden und als Weiße Zwerge, Neutronensterne oder Schwarze Löcher existieren würden. Bisher wurden noch keine Mitglied einer derartigen P. definitiv identifiziert.
Das unterschiedliche Alter der Mitglieder der verschiedenen P.en spiegelt sich in der Verteilung ihrer Bildpunkte im Hertzsprung-Russell-Diagramm wider: Von Vertretern der extremen P. I (junge Offene Sternhaufen) ist die Hauptreihe von den M-Sternen bis zu den B- und O-Sternen besetzt. Bei den Vertretern der Halopopulation (Kugelsternhaufen) fehlen dagegen die Hauptreihensterne mit einer Spektralklasse früher als etwa F0, die Hauptreihe biegt in Richtung auf den Riesenast ab und geht in ihn über. Die Riesenäste beider P.en sind etwas gegeneinander verschoben, bei den Kugelsternhaufen zweigt zudem bei der Spektralklasse G0 ein horizontaler Riesenast ab, auf dem die Bildpunkte der RR-Lyrae-Sterne liegen. Die Unterzwerge bilden einen zur P. II gehörenden Ast etwas unterhalb der Hauptreihe der P. I. Diese Versetzung geht vor allem auf eine unterschiedliche chemische Zusammensetzung zurück: Metallarme Sterne werden etwas früheren Spektralklassen zugeordnet als metallreichere, da im Spektrum die zur Festlegung der Spektralklassen später als A benutzten Absorptionslinien bei metallarmen Sternen im Mittel schwächer erscheinen.
Das unterschiedliche Aussehen der Hertzsprung-Russell-Diagramme, das im Rahmen der Theorie der → Sternentwicklung gedeutet wird, gab zur Einführung des Populationsbegriffes durch W. Baade (1893 bis 1960) Anlaß, der zwei P.en, I und II, unterschied: Sterne, deren Bildpunkte sich wie die der Mitglieder der Offenen Sternhaufen anordnen, bilden die P. I, Sterne mit einer Bildpunktanordnung wie die der Mitglieder der Kugelsternhaufen, bilden die P. II (Abb.).

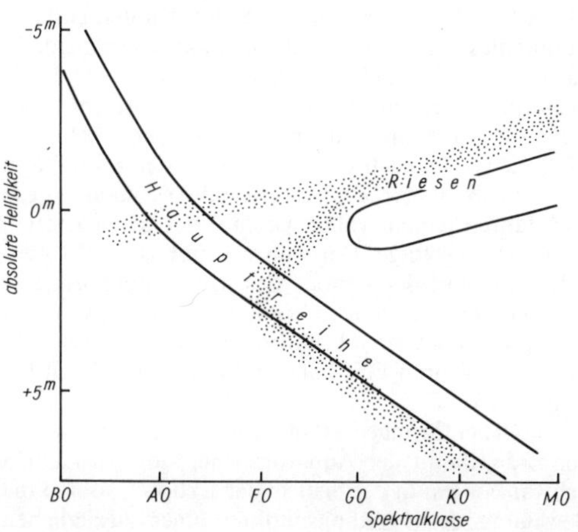

Schematisches Hertzsprung-Russell-Diagramm für Mitglieder der Population I und der Population II (punktiert)

Die Baadesche P. I unterteilt man heute in die ältere und die extreme P. I, die Baadesche P. II in die übrigen P.en.
In den extragalaktischen Sternsystemen vom Typ der Spiralgalaxien haben die P.en weitgehend die gleiche räumliche Anordnung wie im Milchstraßensystem. Die elliptischen Sternsysteme bestehen fast nur aus Vertretern der älteren P.en, während die Sternsysteme vom Typ der unregelmäßigen Galaxien vorwiegend von Vertretern der jüngeren P.en gebildet werden (→ Sternsystem).

Portia *f*, ein Zwergsatellit des Uranus. Die P. umläuft in einer Kreisbahn mit einem Radius von 66 100 km in 12,4 Stunden den Uranus, in dessen Äquatorebene die Bahn liegt. Der Durchmesser der P. beträgt nur etwa 80 km.
Hinsichtlich der Einordnung der P. in das System der Uranussatelliten → Uranus.
Die P. wurde 1986 mittels der Raumsonde Voyager 2 entdeckt.

Position eines Gestirns, svw. Ort eines Gestirns.

Positionsastronomie, → Astrometrie.

Positionsfadenmikrometer, → Winkelmeßinstrument.

Positionskatalog, ein Sternkatalog, der Sterne mit sehr genau bekannten Örtern (Positionen) enthält.

Positionswinkel, der Winkel zwischen einer bestimmten Richtung an der Himmelskugel (z.B. der Verbindungslinie zweier benachbarter Sterne) und der Richtung zum Himmelsnordpol. Der P. wird entgegengesetzt dem Uhrzeigersinn von Nord über Ost, Süd und West gezählt (Abb.).

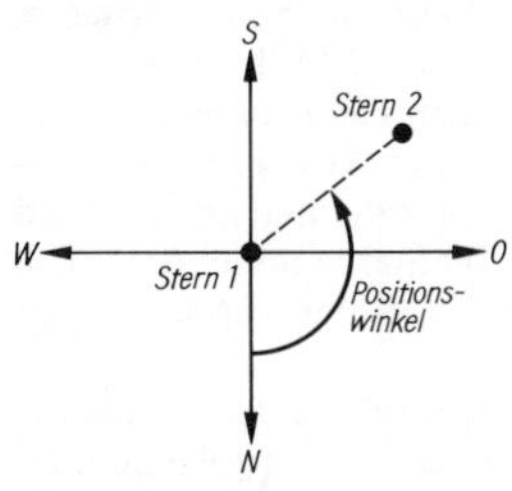

Zur Definition des Positionswinkels, gesehen im umkehrenden Fernrohr

Positron *n*, Antiteilchen des Elektrons, das sich von diesem nur durch seine entgegengesetzte (positive) Ladung unterscheidet. P.en werden beim inversen β-Zerfall von radioaktiven Atomkernen (jeweils zusammen mit einem Neutrino) ausgesandt, wobei in den Kernen ein Proton in ein Neutron übergeht. P.en und Elektronen können paarweise u.a. aus hochenergetischen Photonen entstehen. Beim Zusammenstoß eines P.s mit einem Elektron gehen diese in zwei Photonen und zwei Neutrinos über.

Postnova *f*, eine Nova nach dem Helligkeitsausbruch, wenn die ursprüngliche Leuchtkraft des Sterns wieder annähernd erreicht ist.

potentielle Energie, → Energie.

Poynting-Robertson-Effekt [nach J.H. Poynting,

1852–1914, und H.P. Robertson], die infolge der Absorption von Sonnenstrahlung bewirkte allmähliche Verringerung des Bahnradius eines die Sonne umlaufenden kleinen Teilchens. Die von der Sonne ausgehenden Lichtquanten tragen einen zu ihrer Energie proportionalen Impuls, der auf das absorbierende Teilchen übergeht. Infolge der Bahngeschwindigkeit eines die Sonne umlaufenden Partikels und der endlichen Geschwindigkeit eines Lichtquants ergibt sich bei der Absorption ein Aberrationseffekt (→ Aberration): Der auf das Partikel übertragene Impuls hat außer der von der Sonne weggerichteten radialen Komponente eine tangentiale Komponente, die der Bewegung des Partikels entgegengerichtet ist. Diese Komponente bewirkt eine Verringerung der kinetischen Energie des Teilchens, damit eine geringe Annäherung an die Sonne und demzufolge eine geringe Erhöhung der Umlaufgeschwindigkeit; die radiale Komponente verursacht einen von der Sonne weggerichteten Strahlungsdruck. Je kleiner (und daher masseärmer) ein Teilchen ist, um so größer ist das Verhältnis der tangentialen Strahlungsimpulskomponente zum Impuls des Teilchens infolge seines Bahnumlaufs, und um so schneller erfolgt die Annäherung an die Sonne. Andererseits wächst mit abnehmendem Teilchenradius das Verhältnis von Strahlungsdruck zur Anziehung durch die Sonne: Bei Teilchen größer als etwa 10^{-4} cm überwiegt die Abbremsung infolge des P.-R.-E.s, diese Teilchen spiralen in die Sonne. Bei kleineren Partikeln überwiegt der Strahlungsdruck, sie werden von der Sonne weggetrieben.

Die Zeit, bis zu der ein in Erdentfernung die Sonne ansonsten ungestört umlaufendes Teilchen von z.B. 1 cm Radius infolge des P.-R.-E.s die Sonne erreicht, liegt in der Größenordnung von 20 Mill. Jahren.

Praenova *f*, eine Nova vor dem Helligkeitsausbruch.

Praesepe [lat., ‚Krippe, Hürde'] *f*, ***Krippe***, ein mit bloßem Auge sichtbarer Offener Sternhaufen im Sternbild Cancer (Krebs), dem rund 100 Sterne angehören. Die Entfernung des Sternhaufens von der Sonne beträgt etwa 160 pc.

Präzession [lat., ‚das Vorangehen'], in der Physik die unter dem Einfluß einer äußeren Kraft erfolgende Bewegung der Achse eines Kreisels um eine im Raum feststehend gedachte Achse; in der Astronomie die durch Kreiseleffekte verursachte Verschiebung des Frühlingspunktes längs der Ekliptik.

Die rotierende Erde kann als ein Kreisel aufgefaßt werden, der aus einer Kugel mit einem den Äquator umspannenden aufgesetzten Wulst besteht (Abb. 1). Da die Äquatorebene der Erde rund 23° 26′ (Schiefe der Ekliptik) gegen die Ebene der Ekliptik geneigt ist, verursacht die Anziehung von Sonne und Mond, die sich immer in der Ekliptik oder in ihrer Nähe befinden, auf den Äquatorwulst ein Drehmoment, das die Äquatorebene in die Ebene der Ekliptik zu drehen versucht. Den Kreiselgesetzen gehorchend weicht die Rotationsachse der Erde dem Drehmoment rechtwinklig aus, wodurch die Achse sich auf dem Mantel eines Doppelkegels ***(Präzessionskegel)*** bewegt, dessen Spitze im Erdmittelpunkt ruht und dessen Symmetrieachse senkrecht auf der Ebene der Ekliptik steht, also

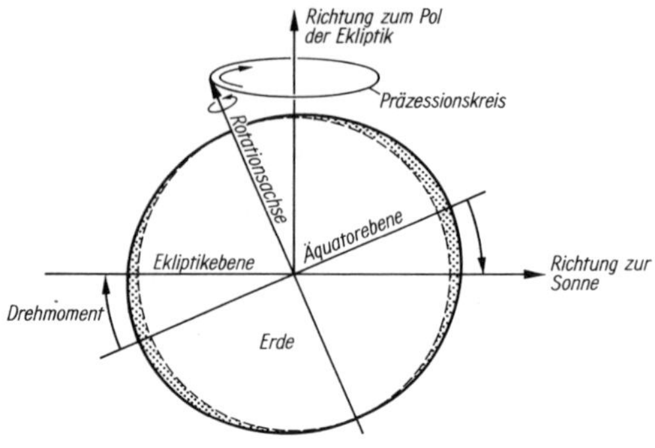

Abb. 1: Zur Präzession. Punktiert: Äquatorwulst der Erde

zum Pol der Ekliptik weist. Der halbe Öffnungswinkel des Präzessionskegels ist gleich der Schiefe der Ekliptik. Mit der Verlagerung der Rotationsachse ist eine Verlagerung der Äquatorebene der Erde, damit eine Verlagerung des Himmelsäquators an der Himmelskugel verbunden, was eine Verschiebung des Frühlings- und des Herbstpunktes (als Schnittpunkte von Himmelsäquator und Ekliptik) zur Folge hat, und zwar entgegengesetzt der scheinbaren jährlichen Bewegung der Sonne. Diese durch den Mond und die Sonne hervorgerufene Verlagerung des Frühlingspunktes längs der (zunächst festliegend gedachten) Ekliptik wird ***Lunisolarpräzession*** genannt; sie beträgt etwa 50,39″ pro Jahr, von denen rund 30″ pro Jahr vom Mond verursacht werden. Diese Verschiebung ist um die sog. ***geodätische P.*** zu reduzieren, die relativistisch bedingt ist, aber nur einen Wert von etwa 0,02″ pro Jahr hat. Ein voller Umlauf des Frühlingspunktes längs der Ekliptik dauert rund 25 700 Jahre (ein *Platonisches Jahr*).

Die Größe der Verschiebung des Frühlingspunktes variiert etwas, da sich das vom Mond erzeugte Drehmoment periodisch ändert. Es ist am größten, wenn der Mond 90° von seinem aufsteigenden Knoten entfernt ist und dieser mit dem Frühlingspunkt zusammenfällt, da dann der Winkelabstand des Mondes vom Himmelsäquator gleich der Schiefe der Ekliptik plus der Neigung der Mondbahnebene gegen die Ebene der Ekliptik ist. Da sich die Knotenlinie der Mondbahn langsam dreht, erreicht der Mond nur nach jeweils 18,6 Jahren (einem vollen Umlauf der Mondknoten) diese extreme Lage. Der wahre Frühlingspunkt pendelt daher mit der Periode des Mondknotenumlaufs um einen mit konstanter Winkelgeschwindigkeit sich bewegenden mittleren Frühlingspunkt; der größte Abstand des wahren Frühlingspunkts vom mittleren beträgt 17,24″.

Die ungleichförmige Verlagerung der Rotationsachse der Erde, damit der Äquatorebene, führt zu kleinen Schwankungen in der Schiefe der Ekliptik, so daß die Bewegung des Frühlingspunktes einer zusätzlichen kleinen Unregelmäßigkeit unterworfen ist, die eine Abweichung vom mittleren Frühlingspunkt von maximal 9,21″ bewirkt. Weitere, wesentlich geringere pe-

riodische Unregelmäßigkeiten der P. werden u.a. durch die veränderlichen Abstände der Sonne und des Mondes von der Erde hervorgerufen. Die Gesamtheit der periodischen Schwankungen der P. werden als ***Nutation*** bezeichnet; sie verursacht, daß der Präzessionskegel nicht glatt, sondern gewellt ist.
Die die Sonne umlaufende Erde kann ebenfalls als ein Kreisel aufgefaßt werden, wenn man sich die Masse der Erde längs ihrer Bahn gleichmäßig verteilt denkt. Die Planeten, die in Bahnen die Sonne umlaufen, die gegen die Erdbahnebene geneigt sind, üben auf diesen Kreisel ein Drehmoment aus, das die Erdbahnebene in die Hauptebene der Planetenbahnen zu drehen versucht. Die Kreiselachse (das im Sonnenmittelpunkt auf der Erdbahnebene errichtete Lot) wird durch dieses Drehmoment zu einer Ausweichbewegung gezwungen, die zu einer Verlagerung der Erdbahnebene und damit der Ekliptik an der Himmelskugel führt. Bei festliegend gedachtem Himmelsäquator ergibt sich so eine Verschiebung des Frühlingspunktes längs des Himmelsäquators, die ***Planetenpräzession***; sie beläuft sich auf etwa 0,11″ im Jahr. Gleichzeitig nimmt die Schiefe der Ekliptik gegenwärtig pro Jahr um rund 0,47″ ab, wozu die Venus und der Jupiter mit 0,29″ bzw. 0,16″ pro Jahr die Hauptbeiträge leisten. Die Änderung der Schiefe der Ekliptik ist langfristig periodisch; sie pendelt im Verlauf von rund 40000 Jahren zwischen den Extremwerten 21° 55′ und 24° 18′.
Lunisolarpräzession und Planetenpräzession zusammen ergeben die ***allgemeine P.***, die effektive Verschiebung des Frühlingspunktes längs der sich verlagernden Ekliptik. Da beide Verschiebungen nicht in gleicher Richtung erfolgen, hat die allgemeine P. nur den Wert von etwa 50,29″ pro Jahr. Als ***Präzessionskonstante*** wird der Quotient von Lunisolarpräzession und cos ε bezeichnet, wobei ε die Schiefe der Ekliptik bedeutet.
Die numerischen Werte der Lunisolarpräzession, der Nutation sowie der Änderung der Schiefe der Ekliptik könnten dann theoretisch bestimmt werden, wenn die Masseverteilung im Erdkörper mit der nötigen Genauigkeit bekannt wäre, da durch die Masseverteilung das wirksame Drehmoment beeinflußt wird. Da dies nicht der Fall ist, müssen die numerischen Werte der genannten Größen im Rahmen der Astrometrie empirisch ermittelt werden.
Im System der astronomischen Konstanten (→ Astrometrie) zählen die allgemeine P., die Schiefe der Ekliptik und die Nutationskonstante zu den primären Konstanten. Ihre Zahlenwerte wurden auf Grund langjähriger Beobachtungen festgelegt: Danach beträgt zur Standardepoche 2000,0 die allgemeine P. in Länge (die Änderung der ekliptikalen Länge des Frühlingspunktes) $p = 5029{,}0966''$ pro Julianisches Jahrhundert (= 36525 Tage), die Schiefe der Ekliptik $\varepsilon = 23° \ 26' \ 21{,}448''$ und die Nutationskonstante $N = 9{,}2055''$. Mit Hilfe einfacher Formeln lassen sich daraus die entsprechenden Größen für beliebige andere Epochen berechnen.
Die Äquatorebene und die Ekliptikebene sind Grundebenen astronomischer Koordinatensysteme, der Fühlingspunkt dient darüber hinaus als Nullpunkt für

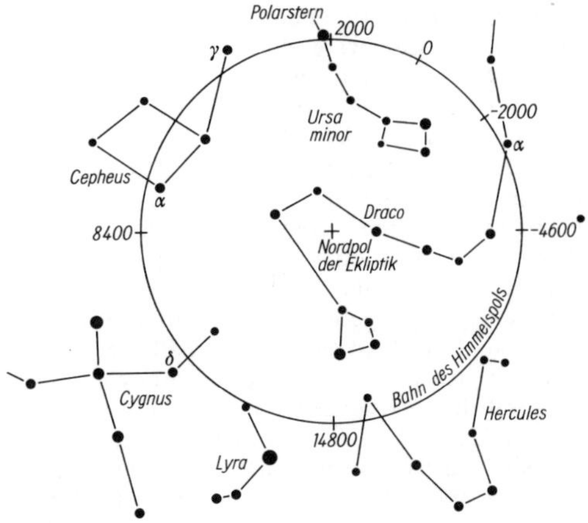

Abb. 2: Bahn des Himmelspols relativ zu den Sternen. Die Jahreszahlen beziehen sich auf den jeweiligen Ort des Pols

die Rektaszensionszählung. Durch P. und Nutation werden infolgedessen Koordinatenänderungen der Himmelskörper verursacht (→ Ort eines Gestirns). Die Verlagerung der Rotationsachse der Erde bedingt eine Verschiebung der Himmelspole (als Durchstoßpunkte der Rotationsachse durch die Himmelskugel) relativ zu den Sternen, wodurch sich die Polabstände der Sterne ändern, speziell auch der Polabstand des Polarsterns. Zur Zeit beträgt dieser etwa 45′ und wird bis zum Jahr 2100 auf etwa 28′ abnehmen (Abb. 2).
Die Verschiebung des Frühlingspunktes entgegengesetzt der scheinbaren jährlichen Bewegung der Sonne bewirkt eine Verkürzung des tropische Jahres um rund 20 min 23 s gegenüber dem siderischen Jahr (→ Jahr).
Die P. wurde etwa 150 v.u.Z. durch Hipparch (um 190 bis 125 v.u.Z.) entdeckt, als er Sternörter mit den Koordinatenangaben in einem rund 150 Jahre früher aufgestellten Sternkatalog verglich. Die Nutation fand 1747 J. Bradley (1692–1762). Zur Zeit Hipparchs stand der Frühlingspunkt im Sternbild Aries (Widder) – deshalb auch der Name Widderpunkt – am Rande zum Sternbild Pisces (Fische), seit dieser Zeit ist er in Rektaszension um rund 1 h 45 min gewandert und steht gegenwärtig im Sternbild Pisces am Rande zum Sternbild Aquarius (Wassermann).

Primärfokus *m*, der Brennpunkt des Hauptspiegels eines Spiegelteleskops.

Primärstrahlung, → Kosmische Strahlung.

Prismenastrolạbium *n*, astronomisches → Winkelmeßinstrument.

Prismenspektrograph *m*, → Spektralapparat.

Problème restreint [franz., ‚eingeschränktes Problem'], das eingeschränkte → Dreikörperproblem.

Prọcyon, ***Prokyon*** [griech., ‚Vorhund'], der hellste Stern (α) im Sternbild Canis Minor (Kleiner Hund), der vor dem Sirius, dem Hundsstern, aufgeht. Mit einer scheinbaren visuellen Helligkeit von $0{,}^{m}4$ gehört der P. zu den hellsten Sternen am Himmel. Seine Spektralklasse ist F5, seine Leuchtkraftklasse IV; der P. ist also ein Unterriese. Er bildet mit einem sehr lichtschwachen Weißen Zwerg, der einen Winkelabstand von etwa 4″ vom P. hat, einen visuellen Doppelstern. Die Entfernung des P.s von der Sonne beträgt nur 3,45 pc oder etwa 11 Lichtjahre.

Prometheus *m*, ein Saturnsatellit. Der P. bewegt sich auf einer Ellipsenbahn, deren große Halbachse 139 350 km und deren Exzentrizität 0,002 beträgt, in 14 h 43 min rechtläufig um den Saturn, in dessen Äquatorebene die Bahn liegt. Die Rotationsperiode des P. ist wegen der gebundenen Rotation gleich der Umlaufzeit. Der P. ist ein unregelmäßig geformter Körper, der sich angenähert durch ein dreiachsiges Ellipsoid mit den Achslängen 140, 100 und 74 km beschreiben läßt. Über die Oberflächenbeschaffenheit des P. ist nichts Sicheres bekannt; die relativ hohe Albedo von über 0,4 sowie die Färbung deuten auf Wassereis als hauptsächliches Oberflächenmaterial hin, dem vielleicht Gesteinsteilchen meteoroidischen Ursprungs beigemengt sind.

Der P. sorgt als sog. „Schäferhundsatellit" zusammen mit der Pandora für die Stabilität des F-Rings des Saturns.

Hinsichtlich der Einordnung des P. in das System der Saturnsatelliten → Saturn.

Der P. wurde 1980 mit Hilfe der Raumsonde Voyager 1 entdeckt.

Promontorium [lat., ‚Vorgebirge'] *n, Plur.* Promontoria, Bezeichnung für ein Vorgebirge als eine Struktureinheit auf Körpern des Planetensystems.

Proteus *m*, ein Neptunsatellit. Der P. bewegt sich in einer Kreisbahn mit einem Radius von 117 600 km in 1,125 Tagen rechtläufig um den Neptun. Die Bahnebene ist 0,04° gegen dessen Äquatorebene geneigt. Der P. ist der größte bekannte Himmelskörper im Planetensystem, der keine Kugelform hat: Sein größter bzw. kleinster Durchmesser liegt bei etwa 435 bzw. 400 km. Die Oberfläche des P. ist durch Einschlagkrater gekennzeichnet, von denen der größte einen Durchmesser von fast dem halben Satellitendurchmesser hat. Die Albedo beträgt nur 0,06, was möglicherweise auf Veränderungen im Methaneis, mit dem der P. überzogen ist, zurückgeht, und die wahrscheinlich durch hochenergetische Teilchen aus der Neptunmagnetosphäre verursacht sind. Wegen der geringen Albedo und seiner Nähe zum Neptun wird der P. von diesem so überstrahlt, daß er von der Erde aus nicht sichtbar ist.

Hinsichtlich der Einordnung des P. in das System der Neptunsatelliten → Neptun.

Der P. wurde 1989 mit Hilfe der Raumsonde Voyager 2 entdeckt.

Proton *n*, ein Elementarteilchen der Masse $1{,}6724 \cdot 10^{-27}$ kg und einer positiven elektrischen Ladung, die bis auf das Vorzeichen gleich der Elementarladung des Elektrons ist. Die P.en gehören zusammen mit den etwa gleich schweren, aber elektrisch neutralen Neutronen zu den Nukleonen, den Bausteinen der Atomkerne (→ Atom). Die Atomkerne des leichtesten Elements, des Wasserstoffs, bestehen jeweils nur aus einem einzigen P.

Proton-Proton-Reaktion, ein Folge von Kernprozessen zur → Energiefreisetzung in Sternen.

Protoplanet, eine Materieverdichtung, die im Laufe der Entwicklung zu einem Planeten wird; → Kosmogonie.

Protostern, der Teil einer kollabierenden interstellaren Wolke, in dessem Innern sich bereits ein angenähertes mechanisches Gleichgewicht eingestellt hat, und aus dem infolge eines weiteren Massezuflusses aus der Wolke ein Stern entsteht; → Sternentstehung.

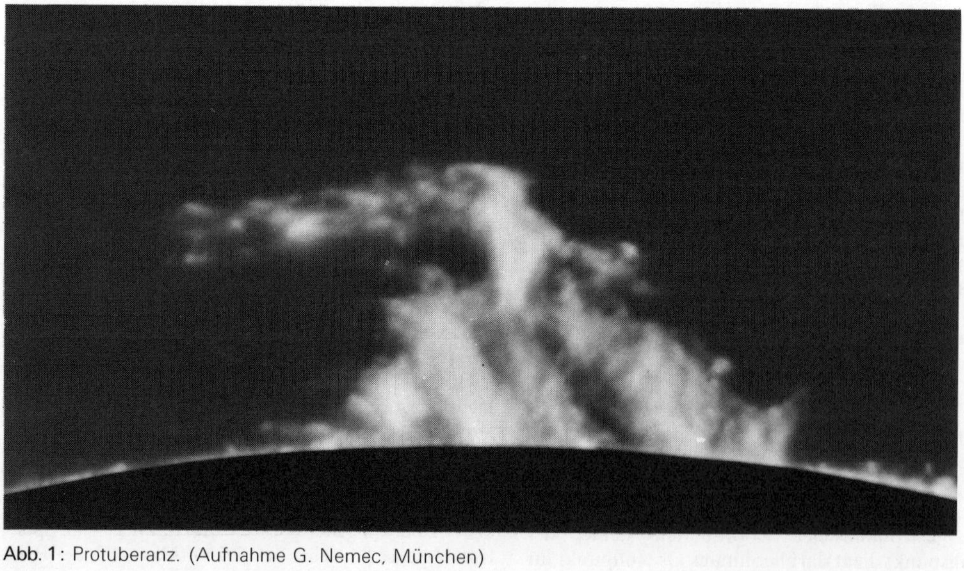

Abb. 1: Protuberanz. (Aufnahme G. Nemec, München)

Protuberanz [neulat., ‚Beule'] *f*, feinstrukturierte Materiekonzentration in der inneren Sonnenkorona.
P.en sind bei totalen Sonnenfinsternissen als helle, rot leuchtende Strukturen sichtbar, falls sie sich gerade am Rand der Sonnenscheibe befinden. Außerhalb von Finsternissen können derartige P.en mit Hilfe von Koronographen beobachtet werden, wenn man spezielle, nur für das von den P.en emittierte Licht durchlässige Farbfilter, die das restliche Koronalicht unterdrücken, verwendet (Abb. 1). P.en, die sich auf die Sonnenscheibe projizieren, sind auf Spektroheliogrammen der Chromosphäre als dunkle fadenähnliche Strukturen sichtbar; man bezeichnet sie dann als ***Filamente***. Wie alle Erscheinungen der Sonnenatmosphäre nehmen die P.en an der Sonnenrotation teil. Eine genügend langlebige P. kann daher zunächst am östlichen Sonnenrand als helle, leuchtende Erscheinung auftauchen, danach sich als dunkles Filament mit der Sonnenrotation über die Sonnenscheibe bewegen, bevor sie sich wieder hell über dem westlichen Sonnenrand erhebt, hinter dem sie schließlich verschwindet. Dieses Spiel kann sich z.T. mehrere Male wiederholen.
Man unterscheidet zwei Grundtypen: ruhende und aktive P.en. Die ***ruhenden P.en*** sind sehr langlebige Gebilde, die bis zu zehn Sonnenrotationsperioden (etwa 9 Monate) überdauern können. Ihre Formen sind außerordentlich vielgestaltig. Meist sind es langgestreckte, lamellenartige Erscheinungen, die sich oft wie Brückenbögen über die Chromosphäre erheben, mit der sie durch mehrere „Pfeiler" verbunden sind. Bei ihrer Entstehung haben sie im wesentlichen eine Nord-Süd-Ausrichtung, doch werden sie infolge der

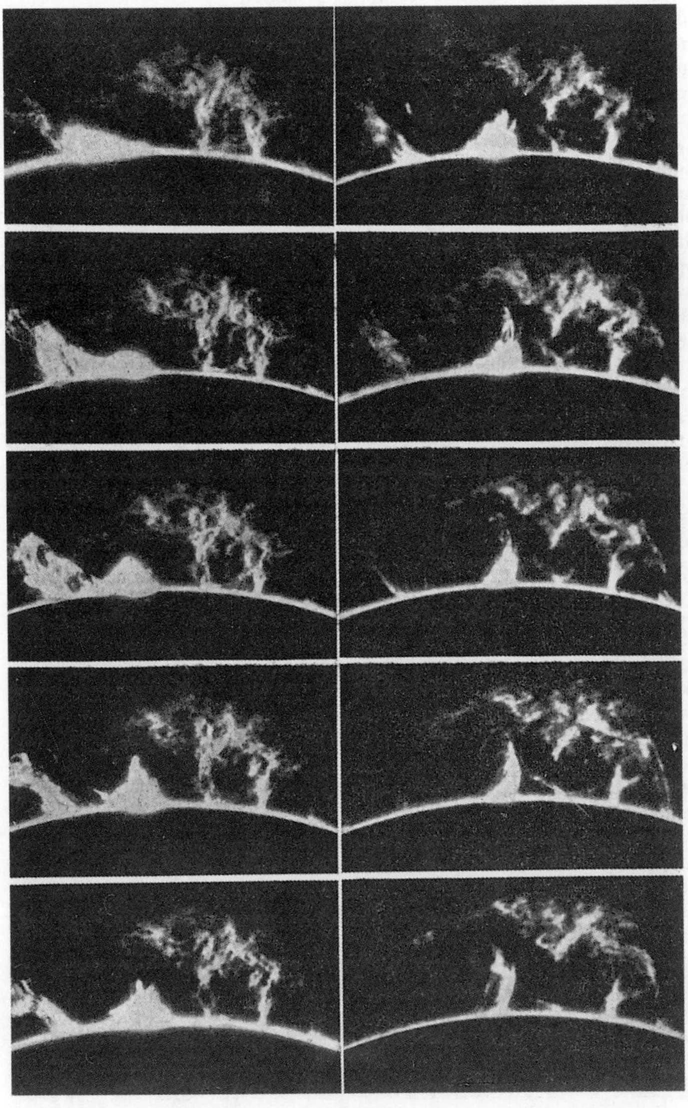

Abb. 2: Aufsteigende Protuberanz. Die Aufnahmen wurden in Abständen von jeweils 6 Minuten gemacht.
(Aufnahme: M. Waldmeier)

differentiellen Rotation der Sonne langsam in Ost-West-Richtung gedreht. Indem zum Pol der Sonne hin immer neue Bögen hinzukommen, können sie sich um rund 100000 km je Rotation verlängern, bis schließlich – meist vom äquatornahen Ende her – die Auflösung beginnt. Ruhende P.en haben im Mittel eine Höhe von etwa 50000 km und eine Länge von etwa 200000 km, doch kann diese auch 1 Mill. km erreichen. Die Dicke der ruhenden P.en liegt bei rund 6000 km. Die P.en weisen eine vielfältige, filamentartige Feinstruktur auf, die sich dauernd verändert: An bestimmten Stellen der P. verdichtet sich heißes Koronagas, kühlt sich rasch ab und fließt auf gekrümmten Bahnen, die durch magnetische Feldlinien vorgegeben sind, in die Chromosphäre ab. Oft setzt plötzlich ein Aktivitätsstadium ein, während dem die P. sich in wenigen Stunden vollkommen verändern und auch verschwinden kann. Häufig ist dies mit einem Abströmen der Protuberanzenmaterie auf bogenförmigen Bahnen in „Anziehungszentren" der Chromosphäre hinein verbunden, wodurch eine P. völlig „auslaufen" kann. Vielfach erscheint dann nach einigen Tagen an der gleichen Stelle eine neue P. mit nahezu der gleichen Form wieder. Manchmal findet im Zusammenhang mit dem Aktivitätsstadium ein plötzlicher, fast explosionsartiger Protuberanzenaufstieg statt (***aufsteigende*** oder ***eruptive P.***), bei dem z.T. Höhen von fast 2 Mill. km über der Sonnenphotosphäre erreicht werden (Abb. 2, Seite 319). Die Aufstiegsgeschwindigkeit von etwa 100 km/s kann sich, z.T. sprunghaft, bis auf etwa 1000 km/s steigern. Die Aktivierung und Zerstörung einer P. setzt häufig dann ein, wenn in der Nähe eine Sonneneruption stattfindet.

Ruhende P.en entstehen bevorzugt in wenig aktiven, ausschließlich fleckenfreien Fackelgebieten entlang der Grenzlinie von Regionen mit entgegengesetzter magnetischer Polarität; häufig sind sie an Fußpunkten eines Koronastrahls anzutreffen. Das lokale Magnetfeld bildet das Stützgerüst der P. und bestimmt weitgehend deren Struktur: Die Protuberanzenmaterie bildet ein Plasma, das an die magnetischen Feldlinien gekoppelt ist und sich nur längs der Feldlinien bewegen kann. Die Verdichtung des Koronagases findet allem Anschein nach dort statt, wo die die beiden unterschiedlich gepolten Regionen verbindenden Feldlinien horizontal verlaufen, so daß sich längs dieser eine langgezogene, senkrecht stehende, blattähnliche Materiekonfiguration aus kühlem, dichtem Gas bildet, die durch das Magnetfeld (das dort eine Art Tasche bildet) am Absinken in die Chromosphäre gehindert wird. Die Temperatur des Protuberanzengases liegt zwischen etwa 5000 und 8000 K und die Dichte zwischen rund 10^{10} und 10^{11} Teilchen/cm^3. Gegenüber dem umgebenden Koronagas sind die Temperaturen um rund einen Faktor 100 geringer, die Dichten jedoch um etwa den gleichen Faktor größer.

Zu den aktiven P.en zählen die ***Fleckenprotuberanzen***, die über aktiven Regionen, bevorzugt auch über Sonnenflecken, auftreten. Es sind dynamische Strukturen mit schnellen Bewegungen und Lebenszeiten von nur Minuten oder Stunden. Sie bilden vielfach Bögen und Schleifen mit knotenförmigen Verdichtungen. Die erreichten Höhen liegen bei 100000 km. Im Gipfel haben diese P.en eine Dicke von etwa 30000 km, an den Fußpunkten von nur etwa 10000 km. Ihre Längsrichtung weist in der Regel auf den nächstgelegenen magnetisch starken Sonnenfleck. Die Gastemperatur in einer Fleckenprotuberanz ist der in einer ruhenden P. nahezu gleich, die Gasdichte jedoch im Mittel etwas höher. In Verbindung mit Sonneneruptionen treten oft sog. ***Spritzprotuberanzen*** (Surges; engl., ‚Brandungen') auf, die mit Geschwindigkeiten von bis zu 500 km/s etwa 100000 km hoch schießen können. Die Lebensdauer dieser P.en beträgt ebenfalls nur wenige Minuten bis wenige Stunden. Häufig wird eine Wiederholung des Aufstieges einer Spritzprotuberanz am gleichen Ort beobachtet. Alle derartigen Aktivitätserscheinungen werden wesentlich durch Änderungen in der lokalen Magnetfeldstruktur (z.B. Neuverknüpfungen von Feldlinien) bedingt.

Das Spektrum der P.en ist ein Emissionslinienspektrum und dem Flash-Spektrum der Chromosphäre sehr ähnlich; vor allem treten die Balmer-Linien des Wasserstoffs sowie die Linien vom einmal ionisierten Calcium und vom neutrale Helium auf. Die rote Farbe der P.en rührt von der Hα-Linie des Wasserstoffs her, der stärksten Linie des Protuberanzenspektrums.

Die P.en sind als typische Erscheinungen der Sonnenaktivität mit der Entwicklung eines großen Aktivitätszentrums verbunden (→Sonnenaktivität). Die Protuberanzenhäufigkeit folgt der 11jährigen Sonnenfleckenperiode, nur sind die Häufigkeitsvariationen nicht so stark ausgeprägt. Die P.en treten zu Beginn eines Sonnenfleckenzyklus hauptsächlich in Zonen beiderseits des Sonnenäquators bei heliographischen Breiten von etwa +50° und −50° auf, die im Laufe des Zyklus zum Äquator hin wandern. Die Entstehungsgebiete der P.en verhalten sich damit ähnlich wie die der Sonnenflecken, nur sind sie nicht so scharf begrenzt. Von den Hauptentstehungszonen der P.en spalten sich polare Nebenzonen ab, die zum Pol hin wandern und dort kurz nach dem Maximum der Sonnenfleckenhäufigkeit verlöschen.

Protuberanzenspektroskop *n*, Instrument zur →Sonnenbeobachtung.

Proxima Centauri [proximus, lat., ‚am nächsten'], der Stern mit der geringsten Entfernung von der Sonne. Er befindet sich im Sternbild Centaurus in einer Entfernung von nur 1,3 pc oder 4,25 Lichtjahren von der Sonne. Seine scheinbare visuelle Helligkeit beläuft sich auf $11^{m}_{.}3$ und variiert mit einer Periode von 41,6 Tagen um 0,01 mag. Der Lichtwechsel wird wahrscheinlich durch einen großen Sternfleck verursacht, der infolge der Rotation zeitweise sichtbar, zeitweise unsichtbar ist, möglicherweise handelt es sich auch um eine Fleckengruppe. Der Spektraltyp von P. C. ist M5e; es ist ein Flackerstern. Ganz in seiner Nähe steht der hellste Stern (α) des Sternbildes Centaurus, der etwa 0,03 pc weiter von der Sonne entfernt ist. Beide Sterne sind von unseren Breiten aus nicht sichtbar.

PsA, Abk. für Piscis Austrinus.

Psc, Abk. für Pisces.

Ptolemäus, Claudius, Astronom, Mathematiker und Geograph, geb. um 90 in Ägypten, gest. um 160 in

Alexandria. P. ist zwar nicht der bedeutendste, wohl aber der bekannteste Astronom des Altertums, da seine Werke – im Gegensatz etwa zu denen des Hipparchs (um 190–125 v.u.Z.) – vollständig überliefert sind. Das Hauptwerk des P. trägt den Titel *Megale syntaxis tes astronomias* [griech., ‚Großes astronomisches System']. In ihm gibt P. eine Zusammenfassung der Arbeiten früherer griechischer Astronomen. Das Buch kam auf dem Umweg über die Araber nach Europa, wo es unter dem Titel *Almagest* (d.i. eine verstümmelte Form des arabischen Titels *Kitab al magisti*) im gesamten Mittelalter eines der astronomischen Hauptlehrbücher war. Es enthält u.a. eine geozentrische Planetentheorie, die als ***Ptolemäisches Weltsystem*** bezeichnet wird, und einen Sternkatalog, der teilweise auf eigenen Beobachtungen des P. beruht, weitgehend aber auf einen Katalog des Hipparchs zurückgeht; auch dieser Katalog wurde bis über das Mittelalter hinaus viel benutzt.

Puck *m*, ein Zwergsatellit des Uranus. Der P. umläuft in einer Kreisbahn mit einem Radius von 86000 km in 18,3 Stunden den Uranus, in dessen Äquatorebene die Bahn liegt. Der Durchmesser des P. beträgt etwa 170 km.

Hinsichtlich der Einordnung des P. in das System der Uranussatelliten → Uranus.

Der P. wurde 1986 mit Hilfe der Raumsonde Voyager 2 entdeckt.

Pulsar *m*, ein rotierender Neutronenstern, von dem in sehr regelmäßiger Folge kurze Strahlungspulse empfangen werden. Die Pulsperioden der bisher gefundenen P.e liegen zwischen 0,0015 und 4,5 s. Die gesamte meßbare Strahlung konzentriert sich auf ein Zeitintervall, das im Mittel nur etwa 5% der Periodenlänge ausmacht; während der übrigen Zeit ist die Strahlung so gering, daß sie im allg. unterhalb der Nachweisgrenze heutiger Teleskope liegt. Die Stärke und die Form der Strahlungspulse ist unterschiedlich und variiert auch von Puls zu Puls beim gleichen P. Mittelt man jedoch über viele Pulse, ergibt sich für jeden P. eine für ihn charakteristische Pulsform, die meist aus zwei Komponenten besteht und sich nur in einem Zeitraum von einigen Jahren merklich ändert. Die Perioden sind nicht absolut konstant; sie vergrößern sich mit der Zeit, wenn auch nur sehr langsam, und zwar um so schneller, je kürzer die Periode ist. Die typischen Zunahmen der Perioden bezogen auf die augenblickliche Periode liegen in der Größenordnung von 10^{-15}: Nach etwa 10^{15} Perioden hat sich deren Länge also etwa verdoppelt. Je länger die Pulsperiode ist, um so älter ist im Mittel der P. Bei einigen P.en wurden auch Periodensprünge beobachtet, die der allgemeinen Zunahme überlagert sind. Dabei verkürzt sich die Periodenlänge plötzlich um einen kleinen Betrag; danach erfolgt die Periodenzunahme mit der gleichen Geschwindigkeit wie zuvor.

Die von den P.en empfangene Strahlung liegt vorwiegend im Radiofrequenzbereich. Ihre Intensität nimmt mit zunehmender Frequenz (zunehmender Photonenenergie) in der Regel stark ab. Die Strahlung ist z.T. hochgradig linear polarisiert; der Polarisationsgrad kann bis zu 100% betragen. Die Polarisationsrichtung dreht sich z.T. während der Pulse, und zwar immer in gleicher Richtung. Bei einigen P.en beobachtet man gepulste Strahlung auch im optischen Spektralbereich sowie im Röntgen- und sogar im Gammabereich, z.B. beim P. im Krebsnebel, dessen Periode gegenwärtig 0,033200 s beträgt (Abb. 1 und 2). Seine scheinbare Helligkeit im sichtbaren Spektralbereich beläuft sich im zeitlichen Mittel auf etwa 16^m, sein Spektrum ist rein kontinuierlich, weist also keinerlei Spektrallinien auf. Es existiert auch ein P., von dem man nur gepulste Gammastrahlung, aber keine gepulste Radiofrequenzstrahlung beobachtet.

Die Identifikation des Krebsnebelpulsars mit dem stellaren Überrest einer Supernova, die im Jahre 1054

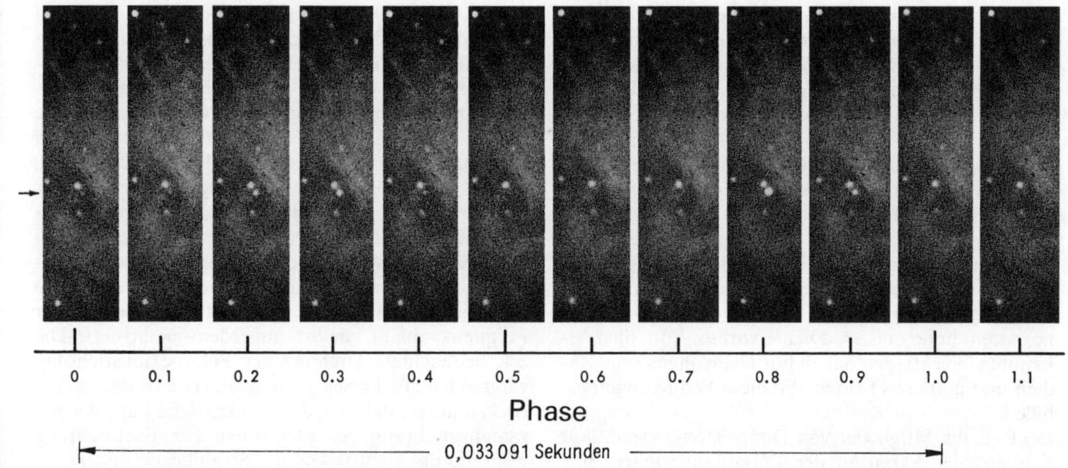

Abb. 1: Krebsnebelpulsar. Aufnahmen zu unterschiedlichen Zeitpunkten innerhalb einer Pulsperiode; Vormaximum etwa bei Phase 0,25, Hauptmaximum etwa bei Phase 0,85. (Aufnahme: National Optical Astronomy Observatories, Tucson, Arizona, USA)

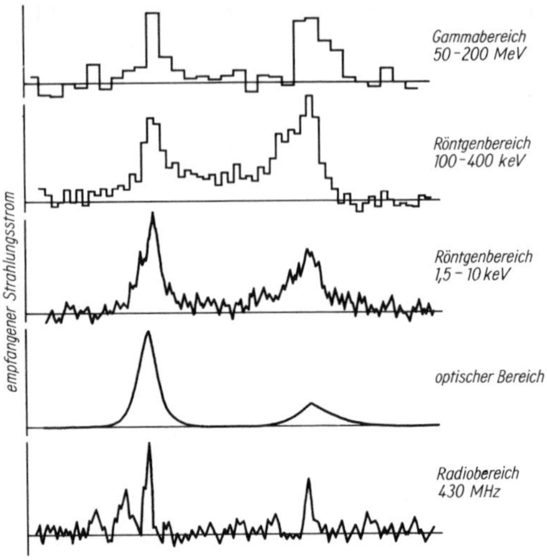

Abb. 2: Lichtkurven des Krebsnebelpulsars in verschiedenen Spektralbereichen. (Nach R. Buccheri)

aufleuchtete und deren gasförmiger Überrest der Krebsnebel ist, hat für die theoretische Interpretation der P.e eine außerordentliche Bedeutung. Der P. PSR 0833–45, dessen Periode 0,089235 s beträgt, ist wahrscheinlich mit dem stellaren Überrest einer prähistorischen Supernova im Sternbild Vela identisch, deren gasförmiger Überrest sich als eine nichtthermische Radioquelle bemerkbar macht. Auch bei diesem P. wird eine gepulste optische und Gammastrahlung beobachtet. Bisher konnte noch ein dritter P. mit einem Supernovaüberrest direkt in Verbindung gebracht werden, während z.B. bei den Überresten der Supernova von 1572 (Tychonische Supernova) und der von 1604 (Keplersche Supernova) keine P.e gefunden wurden.

Physikalische Prozesse, die eine so extrem konstante Periodizität wie die Strahlungspulse der P.e aufweisen, können ihre Ursache nur in rotierenden Objekten haben. Deren Radius muß kleiner als der sog. Lichtradius sein. Es ist dies diejenige Entfernung von der Rotationsachse des Objekts, bei der ein mit der gleichen Winkelgeschwindigkeit mitbewegter Punkt Lichtgeschwindigkeit hätte. Bei einer Periode von 0,01 s beträgt der Lichtradius weniger als 500 km. Am Äquator eines Objekts, das mit einer derartigen Periode rotiert, wirkt eine außerordentlich hohe Zentrifugalbeschleunigung, die durch eine entsprechende Schwerebeschleunigung kompensiert werden muß. Dies setzt eine extrem hohe mittlere Dichte voraus. Von allen bekannten Objekttypen haben nur Neutronensterne Radien und mittlere Dichten, die diese Bedingungen erfüllen.

Bei P.en, die Mitglieder von Doppelsternen sind, läßt sich aus der Variation der Pulsankunftszeiten eine Bahn- und eine Massenbestimmung durchführen. Die für diese Sterne abgeleiteten Massewerte liegen in der Größenordnung von 1,4 Sonnenmassen; sie sind in jedem Fall geringer als die für einen Neutronenstern zu erwartende obere Massegrenze (→ Neutronenstern).

Ein Neutronenstern entsteht bei einer Supernovaexplosion, bei der das Zentralgebiet eines massereichen Sterns kollabiert und auf etwa den 10^{-4}ten Teil seiner ursprünglichen Ausdehnung schrumpft. Dabei erfolgt wegen der Drehimpulserhaltung eine Verkleinerung der Rotationsperiode auf etwa den 10^{-8}ten Teil der ursprünglichen Rotationsperiode des Sterns. Ein im Stern vorhandenes globales Magnetfeld wird beim Kollaps um rund das 10^{8}fache verstärkt, da es in der Sternmaterie „eingefroren" ist. Ein gerade entstandener Neutronenstern besitzt daher mit hoher Wahrscheinlichkeit eine sehr rasche Rotation und ein starkes globales Magnetfeld. Da die Rotationsachse und die Magnetfeldachse im allg. nicht zusammenfallen, sondern einen bestimmten, von Stern zu Stern unterschiedlichen Winkel einnehmen, dürften neuentstandene Neutronensterne daher sog. „schiefe Rotatoren" darstellen.

Eine allgemein akzeptierte Erklärung für das Zustandekommen der Pulsarstrahlung existiert gegenwärtig noch nicht. Die Erklärungsversuche gehen im allg. in folgende Richtung: Das Magnetfeld des Neutronensterns kann im einfachsten Fall als ein Dipolfeld angesehen werden, dessen Stärke mit wachsendem Abstand von der Sternoberfläche abnimmt. In einem derartigen, inhomogenen Feld werden elektrisch geladene Teilchen nach außen getrieben und beschleunigt. Wegen ihrer geringen Masse erreichen die Elektronen dabei sehr schnell nahezu Lichtgeschwindigkeit. Da sie an die Magnetfeldlinien gebunden sind, werden sie zur Mitrotation gezwungen. Sie durchlaufen dabei gekrümmte Bahnen, was die Ausstrahlung von Synchrotronstrahlung zur Folge hat. Die Emission eines Elektrons erfolgt in einen engbegrenzten Kegel hinein, dessen Richtung seiner augenblicklichen Bewegungsrichtung entspricht: Die Strahlrichtung stimmt daher im wesentlichen mit der Richtung der Magnetfeldlinien an den beiden Polen überein, wo die Feldstärke und damit die Beschleunigung zum größten ist. Die Überlagerung vieler individueller Strahlkegel führt an jedem der beiden Magnetpole zu einem Gesamtstrahlkegel mit einem Öffnungswinkel von typischerweise 10° bis 15°. Diese Kegel rotieren mit dem Stern. Wird ein Beobachter von einem Strahlkegel überstrichen, nimmt er einen kurzen Strahlungspuls wahr. (Der Neutronenstern ist dabei einem Leuchtturm mit einem schmalen, rasch rotierenden Lichtkegel vergleichbar.) Die Synchrotronstrahlung hat – wie die beobachtete Pulsarstrahlung – eine rein kontinuierliche Energieverteilung, deren Intensität mit zunehmender Frequenz abfällt, sie ist außerdem polarisiert. Die z.T. beobachtete Drehung der Polarisationsrichtung während eines Pulses ist möglicherweise darauf zurückzuführen, daß sich die geometrische Lage der Bewegungsrichtung der Elektronen zur Blickrichtung während der Sichtbarkeit des Strahlkegels ändert.

Wegen des geringen Öffnungswinkels der Strahlkegel und wegen der isotropen Verteilung der Rotationsachsen der Sterne ist die Wahrscheinlichkeit gering, daß die Erde von dem Strahlkegel eines bestimmten Neutronensterns getroffen wird. Es ist daher nicht in jedem gasförmigen Supernovaüberrest ein von der Erde aus wahrnehmbarer P. zu erwarten, zumal nicht alle diese Überreste notwendigerweise einen Neutronenstern beherbergen (→ Supernova).

Erreichen die von der Oberfläche des Neutronensterns entweichenden Teilchen den Lichtradius, können sie den Magnetfeldlinien nicht mehr folgen. Es kommt zur Entkopplung von Magnetfeld und Teilchen, die nun auf Grund der vorherigen starken Beschleunigung als hochenergetische Partikeln in den interstellaren Raum entweichen und so zur Kosmischen Strahlung beitragen.

Bei der Rotation des magnetfeldbehafteten Neutronensterns wird magnetische Dipolstrahlung ausgesandt, wodurch die Rotationsenergie verringert wird. Ein geringer Teil von Rotationsenergie wird auch beim Mitschleppen und Beschleunigen der Teilchen verbraucht. Insgesamt nimmt die Rotationsgeschwindigkeit ab, während die Rotationsperiode zunimmt. Aus der Periodenvergrößerung läßt sich die dem Stern je Sekunde verlorengehende Energie und damit die Zeit abschätzen, die ein P. höchstens in Erscheinung treten kann; sie liegt in der Größenordnung von 10^6 bis 10^8 Jahren. Von gleicher Größenordnung ist die Zeit, in der das stellare Magnetfeld abgebaut wird. Junge P.e haben demzufolge kurze Rotationsperioden und starke Magnetfelder, die bis zu 10^8 Tesla reichen, alte P.e haben lange Perioden und schwache Felder. Es werden jedoch auch P.e beobachtet, die sich nicht in dieses Bild einfügen (s.u.).

Die beobachteten sprunghaften Verkürzungen der Rotationsperioden sind möglicherweise auf Strukturänderungen in den Neutronensternen zurückzuführen: Deren äußere Schichten bilden eine feste Kruste, deren Form durch die auftretenden Gravitations- und Zentrifugalkräfte bestimmt wird. Mit der Änderung der Rotationsperiode ergibt sich eine etwas geänderte Gleichgewichtsfigur für den Stern. Die Steifheit der Kruste verhindert eine kontinuierliche Formänderung. Nur wenn die inneren Spannungen einen kritischen Wert überschreiten, tritt eine plötzliche Formänderung ein. Dabei verringert sich das Trägheitsmoment, während sich, wegen der Drehimpulserhaltung, die Rotationsgeschwindigkeit des Sterns sprunghaft erhöht. Die Sprünge in den Periodenänderungen sind möglicherweise aber auch durch eine komplizierte Wechselwirkung des superflüssigen Innern eines Neutronensterns mit seiner Kruste bedingt. Eine befriedigende Erklärung des Sprungphänomens steht noch aus.

Einige P.e haben trotz kurzer Rotationsperioden nur geringe Magnetfeldstärken, die in der Größenordnung von etwa 10^4 bis 10^5 Tesla liegen. Wahrscheinlich handelt es sich dabei um verhältnismäßig alte Neutronensterne, deren Magnetfelder schon weitgehend zerfallen sind, die aber durch einen Drehimpulsgewinn zur schnellen Rotation gebracht wurden. Eine derartige Drehimpulsübertragung kann in Doppelsternsystemen stattfinden, in denen von einem Begleiter Masse auf den Neutronenstern überströmt. Diese besitzt infolge der Bahnbewegung des Begleiters um den Schwerpunkt des Systems einen Drehimpuls. Er bleibt beim Überströmen erhalten, so daß sich die Winkelgeschwindigkeit der Materie mit der Annäherung an den Neutronenstern erhöht und einen extrem großen Wert erreicht. Beim Auftreffen der Materie auf den Neutronenstern wird der Drehimpuls auf diesen übertragen und dadurch dessen Rotationsgeschwindigkeit erhöht. Je geringer die Magnetfeldstärke des Neutronensterns ist, um so weniger wird die überströmende, elektrisch leitfähige Materie durch das langsamer rotierende Magnetfeld des Sterns abgebremst, um so effektiver ist die Drehimpulsübertragung. Es existiert aber mindestens ein P., bei dem dieser Mechanismus nicht wirken kann, da dieser P. nicht Mitglied eines Doppelsterns ist. Auch hier existiert noch keine befriedigende Erklärung für das beobachtete Phänomen.

Die Entfernung einiger naher P.e läßt sich mit der Methode der trigonometrischen Parallaxen bestimmen, indem mit Hilfe von Radiointerferometern großer Basislänge die jährlichen parallaktischen Bewegungen verfolgt werden. Zur Entfernungsbestimmung nutzt man auch die Wellenlängenabhängigkeit der Ausbreitungsgeschwindigkeit elektromagnetischer Strahlung in einem Plasma aus. Man muß dabei aber eine Annahme über die mittlere Anzahldichte der freien Elektronen längs der Sichtlinie machen, da auch von ihr die Ausbreitungsgeschwindigkeit bestimmt wird. Mißt man die Ankunftszeiten jeweils gleicher Strahlungspulse eines P.s bei unterschiedlichen Wellenlängen, und geht man von einer überall gleichen mittleren interstellaren Elektronendichte aus, läßt sich die Entfernung des P. berechnen. Die derart abgeleiteten Entfernungen sind nur grobe Näherungswerte, da die interstellare Elektronendichte nur ungenau bekannt ist und zudem noch von Ort zu Ort variiert. Für statistische Angaben reichen sie jedoch aus.

Die meisten P.e sind nicht weiter als einige Kiloparsec von der Sonne entfernt; sie sind mäßig stark gegen die galaktische Ebene konzentriert, ihr mittlerer Abstand von ihr beträgt etwa 370 pc.

Die Gesamtzahl der P.e im Milchstraßensystem wird auf etwa 500000 geschätzt. Da ein Neutronenstern nur rund 10^7 Jahre Pulsareigenschaften hat, müßte im Mittel alle 20 bis 30 Jahre ein P. im Milchstraßensystem entstehen. Dies stimmt in der Größenordnung mit der Entstehungsrate von Supernovae mit einem Neutronenstern als stellaren Überrest überein. Diese Supernovae sind typische Vertreter der extremen Population I. Daß deren Konzentration gegen die galaktische Ebene etwas größer ist als die der P.e, hängt mit der in der Regel höheren Raumgeschwindigkeit der P.e zusammen. Die in Kugelsternhaufen befindlichen P.e sind Mitglieder der Halopopulation, von ihnen haben viele Pulsationsperioden im Millisekundenbereich. Möglicherweise handelt es sich um alte P.e, die durch den Drehimpulsübertragungseffekt wieder auf hohe Rotationsgeschwindigkeiten gebracht wurden.

Die sog. Binärpulsare, bei denen ein P. und ein anderes kompaktes Objekt (im allg. ein weiterer Neutronenstern) ein Doppelsternsystem bilden, besitzen eine große Bedeutung hinsichtlich der Überprüfung der von der Allgemeinen Relativitätstheorie für starke Gravitationsfelder gemachten Voraussagen; → Relativitätstheorie.

Der erste P. wurde am 28.11.1967 von A. Hewish in Zusammenarbeit mit Jocelyn Bell entdeckt. 1974 erhielt A. Hewish für diese Entdeckung den Nobelpreis für Physik.

Pulsation, allgemein eine rhythmische Änderung einer Größe; speziell die periodische Änderung der Größe eines Körpers. Derartige Größenänderungen treten z.B. bei den ***Pulsationsveränderlichen*** auf, zu denen u.a. die Delta-Cephei-, W-Virginis-, RR-Lyrae- und Delta-Scuti-Sterne gehören.

Sternpulsationen können radial erfolgen. Dabei ändern alle Massenelemente mit gleichem Zentrumsabstand (speziell die an der Sternoberfläche) ihren Abstand vom Sternmittelpunkt gleichzeitig um den gleichen Betrag und in der gleichen Richtung, so daß der Stern als Ganzes abwechselnd kontrahiert und expandiert. Es werden auch nichtradiale P.en beobachtet, bei denen Teile des Sterns expandieren, während andere gleichzeitig kontrahieren (→ Sternoszillationen).

Pulsationsveränderliche, veränderliche Sterne, deren Lichtwechsel durch eine mehr oder minder regelmäßige Expansion und Kontraktion, also einem Schwingen des gesamten Sterns um eine Gleichgewichtslage verursacht wird; → Veränderliche.

Pulsationszeitskala, → Sternentwicklung.

Punktquellenmodell, ein Sternmodell, das sich unter der stark vereinfachten Annahme ergibt, wonach die Energiequellen im Sternmittelpunkt konzentriert sind; → Sternaufbau.

Pup, Abk. für Puppis.

Puppis [lat.], *Gen.* Puppis, abg. ***Pup***, ***Hinterteil des Schiffes***, ***Achterschiff***, Sternbild des südlichen Himmels, von dem von unseren Breiten aus Teile im Winter am Abendhimmel sichtbar sind. Durch das Sternbild zieht sich die Milchstraße; in ihm liegt eine Reihe bereits mit einem Feldstecher sichtbarer Offener Sternhaufen, z.B. M 46 und M 93.

Pyrheliometer *n*, Gerät zum Messen der → Solarkonstante.

Pyx, Abk. für Pyxis.

Pyxis [lat.], *Gen.* Pyxidis, abg. ***Pyx***, ***Kompaß***, ***Schiffskompaß***, unauffälliges Sternbild des südlichen Himmels, das im Winter am Abendhimmel sichtbar ist.

Q

Quadrant [lat., ‚Viertel'] *m*, historisches astronomisches → Instrument.

Quadrantiden, Meteorstrom, dessen Radiant in dem ehemals auf Sternkarten verzeichneten Sternbild Quadrant liegt.

Quadratur *f*, → Konstellation.

Quantenausbeute, das Verhältnis der bei einer photometrischen Messung je Flächeneinheit zur Wirkung kommenden Photonen zur Zahl der auffallenden Photonen.

Quasar *m*, ein aktives extragalaktisches Sternsystem, dessen Kern im sichtbaren Spektralbereich das Restsystem stark überstrahlt, so daß bei einer optischen Abbildung das Objekt wie ein Stern – *quas*i stell*ar* – erscheint. Q.e sind z.T. starke (veränderliche) Radioquellen. Als solche wurden sie zuerst entdeckt und entsprechend ***quasistellare Radioquellen*** genannt. Heute bezeichnet man alle Objekte als Q.e, für die die obige Definition gilt, auch wenn sie keine starken Radioquellen sind („radioleise" Q.e).

Bei zahlreichen nahen Q.en beobachtet man das den aktiven Galaxienkern umgebende Reststernsystem als einen schwachen Lichtsaum (Abb. 1). Der radiale Helligkeitsverlauf in den Säumen von Q.en mit starker Radiofrequenzstrahlung („radiolaute" Q.e) entspricht etwa dem, den man in elliptischen Sternsystemen beobachtet, bei radioleisen Q.en gleicht der Helligkeitsverlauf mehr dem in Spiralsystemen. Bei weit entfern-

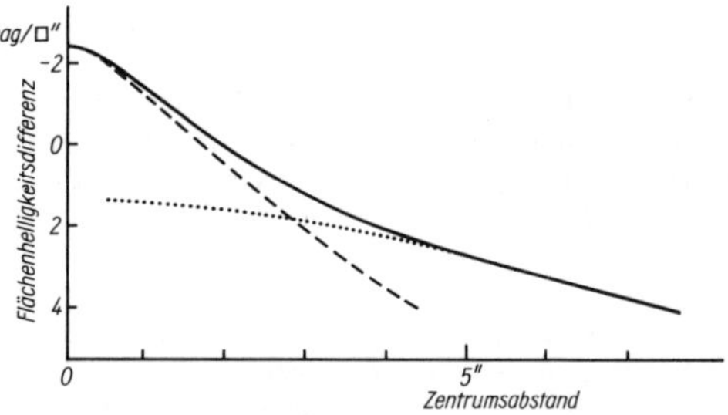

Abb. 1: Helligkeitsverteilung im Quasar PKS 0736 +017. ——: Differenz zwischen der Flächenhelligkeit des Quasars und der des Himmelshintergrundes, gemessen jeweils in mag je Quadratbogensekunde; ---: die Differenz für einen Vergleichsstern; ·····: Helligkeitsverteilung der Galaxie, in der der Quasar eingebettet ist, falls dieser wie ein Stern als punktförmige Lichtquelle angesehen werden kann

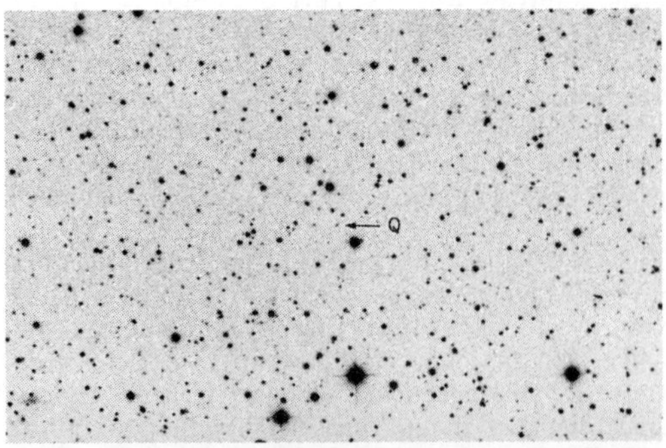

Abb. 2: Photographische Himmelsaufnahme (Negativ) mit dem Quasar 1947+079 (Q). Scheinbaren Helligkeit 21^m. (Aufgenommen mit dem 3,6-m-Teleskop der Europäischen Südsternwarte (ESO) in Chile)

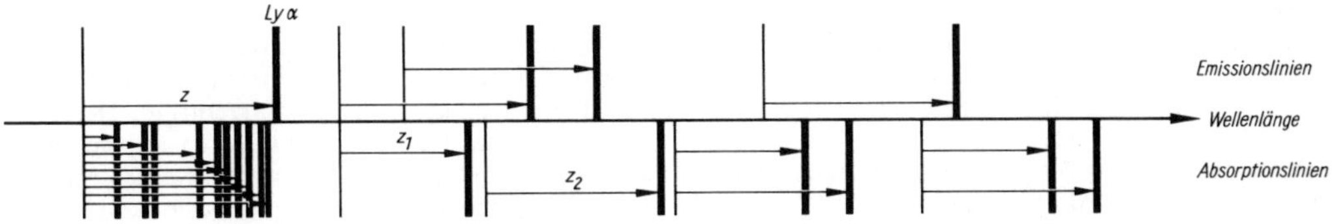

Abb. 3: Schematisches Quasarspektrum, getrennt in Emissionslinienanteil und Absorptionslinienanteil. Oben: um einen einheitlichen Betrag z gegen die Ruhwellenlänge (dünne Striche) rotverschobene Emissionslinien (dicke Striche); Lyα: Lyman-α-Emissionslinie des Wasserstoffs. Unten, rechts von der Lyman-α-Linie: zwei Gruppen von Absorptionslinien (dicke Striche) mit unterschiedlichen Verschiebungsbeträgen z_1 und z_2 gegen die jeweiligen Ruhwellenlängen (dünne Striche); links von der Lyman-α-Linie: „Wald" von Absorptionslinien mit sehr unterschiedlichen Rotverschiebungen

ten Q.en kann das Reststernsystem nicht gesehen werden, da dessen Winkeldurchmesser kleiner als der Winkeldurchmesser des Szintillationsscheibchens des hellen Kerns ist (Abb. 2).

Benennung. Q.e werden vielfach mit der Bezeichnung benannt, die sie als Radioquellen tragen, z.B. 3C 273; es handelt sich um die Quelle, die in dem 3. von der Universität Cambridge (Großbritannien) herausgegebenen Katalog diskreter Radioquellen an 273. Stelle steht. Meist wählt man eine Kombination aus der Abkürzung Q oder QSO (‚*q*uasi*s*tellares *O*bjekt') oder der eines Katalogs (z.B. PKS, ein von der Radiosternwarte in Parkes (Australien) herausgegebener Radioquellenkatalog) und Zahlen, die angenähert die Rektaszension und die Deklination des Objekts angeben, z.B. QSO 1059+730: Rektaszension 10^h 59^{min}, Deklination +73,0° oder PKS 0000−330: Rektaszension 00^h 00^{min}, Deklination −33,0°.

Entfernungen. Die Entfernung eines Q.s ergibt sich aus der Rotverschiebung $z=(\lambda-\lambda_0)/\lambda_0$ derjenigen Spektrallinien (Emissionslinien), die im Q. selbst entstehen; λ bedeutet die beobachtete und λ_0 die im Labor gemessene Wellenlänge einer Linie. Die Rotverschiebung wird dabei als kosmologisch bedingt angesehen (→Hubble-Effekt). Die beobachteten Rotverschiebungen reichen von etwa 0,04 bis zu 4,897. (Die normalerweise weit im ultravioletten Spektralbereich liegende Lyman-α-Linie des Wasserstoffs, $\lambda_0=121{,}6$ nm, erscheint bei derartig großen Rotverschiebungen im sichtbaren Spektralbereich.) Die Entfernungen der Q.e betragen bis zu einigen Mrd. pc; es sind die am weitesten von der Sonne entfernten bekannten Objekte im Weltall.

Spektrum. Das optische Spektrum eines Q.s besteht aus einem Kontinuum mit überlagerten sehr breiten und starken Emissionslinien, die außer vom Wasserstoff u.a. vom ein- und zweimal ionisierten Kohlenstoff und Sauerstoff, vom zwei- und viermal ionisierten Neon sowie vom einmal ionisierten Magnesium herrühren. Die Emissionslinien sind vielfach sog. „verbotene" Linien (→Atom), die in interstellarem Gas entstehen, das durch Ultraviolettstrahlung zum Leuchten angeregt wird. Die Kontinuumstrahlung ist im wesentlichen Synchrotronstrahlung. Sie wird von hochenergetischen Elektronen ausgesandt, die sich in Magnetfeldern bewegen. Die Ausstrahlung erfolgt in einem engen Kegel, dessen Achse in die augenblickliche Bewegungsrichtung der Elektronen weist, und dessen Öffnungswinkel umso geringer ist, je höher die Elektronengeschwindigkeiten sind. Im Vergleich mit den Kernen normaler, nicht aktiver Galaxien besitzt das Kontinuum der Quasarkerne sowohl im blauen als auch im infraroten Spektralbereich einen Strahlungsüberschuß (einen Blau- bzw. Infrarotexzeß). Das Spektrum der Lichtsäume besteht aus einem Kontinuum mit aufgeprägten Absorptionslinien, wie sie für Sterne charakteristisch sind.

Zusätzlich zu den Emissionslinien finden sich im sichtbaren Spektralbereich im allg. auch Absorptionslinien. Einzelne von ihnen, die eine größere Wellenlänge als die beobachtete rotverschobene Lyman-α-Emissionslinie haben, sind z.T. recht breit und finden sich an der kurzwelligen Seite der Emissionslinien. Vermutlich entstehen sie in Materie, die mit hoher Geschwindigkeit aus den Quasarkernen ausgeschleudert wird. Andere Absorptionslinien sind relativ scharf, ihre Rotverschiebung ist nur wenig geringer als die der Emissionslinien. Möglicherweise werden sie dem Quasarspektrum durch Materie in Galaxien aufgeprägt, die zum gleichen Galaxienhaufen gehören wie der Q., und die sich nahezu in der Sichtlinie zum Q. befinden. Der dritte Typ von Absorptionslinien läßt sich jeweils in Gruppen zusammenfassen, von denen jede einen eigenen z-Wert hat, der kleiner als der ist, der sich aus den Emissionslinienspektrum des Q.s ergibt (Abb. 3). Diese wie die anderen Absorptionslinien rühren außer vom Wasserstoff von kosmisch häufigen Elementen, z.B. Kohlenstoff, Stickstoff und Sauerstoff, her, z.T. werden auch Absorptionslinien vom Eisen beobachtet. Die Ionisationszustände dieser Elemente gleichen denen, die man im interstellaren Gas des Milchstraßensystems antrifft. Aller Wahrscheinlichkeit nach werden diese Linien dem Quasarlicht durch interstellares Gas in Vordergrundgalaxien aufgeprägt, wenn das Licht deren Randgebiete durchsetzt. Derartige Vordergrundsysteme konnten bei einigen Q.en auch direkt nachgewiesen werden. Sie befinden sich in einem sehr geringen Winkelabstand vom Q. und haben die gleiche Rotverschiebung wie jeweils eine der Absorptionsliniengruppen in dem Quasarspektrum.

Bei den z.T. sehr zahlreichen Absorptionslinien auf der kürzerwelligen Seite der Lyman-α-Emissionslinie handelt es sich um Lyman-α-Absorptionslinien, die dem Quasarspektrum von einzelnen, im wesentlichen aus Wasserstoff bestehenden intergalaktischen Gaswolken aufgeprägt werden. Diese Wolken haben sehr unterschiedliche Entfernungen vom Milchstraßensystem, die Linien daher sehr unterschiedliche Rotverschiebungen, doch häufen sie sich gegen die Lyman-α-Emissionslinie und bilden da einen ganzen „Linienwald". (Beim Q. QSO 0237−233, $z=2{,}224$, sind es z.B. mehr als 50.) Bei Q.en mit kleinen z-Werten findet man nur selten Lyman-α-Absorptionslinien.

Die Radiofrequenzstrahlung der Q.e ist rein kontinuierlich; es handelt sich um Synchrotronstrahlung.

Von einer größeren Anzahl Q.e empfängt man auch im Röntgenbereich Strahlung, von einigen Q.en sogar im Gammabereich. Die hochenergetische Strahlung dieser Objekte entsteht möglicherweise beim inversen Compton-Effekt aus niederenergetischer Strahlung, wenn deren Photonen an aus den Quasarkernen kommenden hochenergetischen Elektronen gestreut werden.

Helligkeiten. Der hellste Q. am Himmel, 3C 273, hat eine scheinbare visuelle Helligkeit von etwa 13^m. Im allg. sind die Helligkeiten veränderlich mit Amplituden im sichtbaren Spektralbereich von einigen 0,1 bis etwa 1 mag (Abb. 4). Beim Q. 3C 279 wurden jedoch auch Helligkeitsänderungen bis zu 8 mag beobachtet; im Helligkeitsmaximum übertrifft er dann 3C 273 um fast 1 mag. Die Helligkeitsvariationen vollziehen sich in einem Zeitraum von etwa einer Woche bis mehreren Jahren. Beim Q. 3C 279 wurden Helligkeitsänderungen um 2 mag innerhalb von nur 24 Stunden registriert.

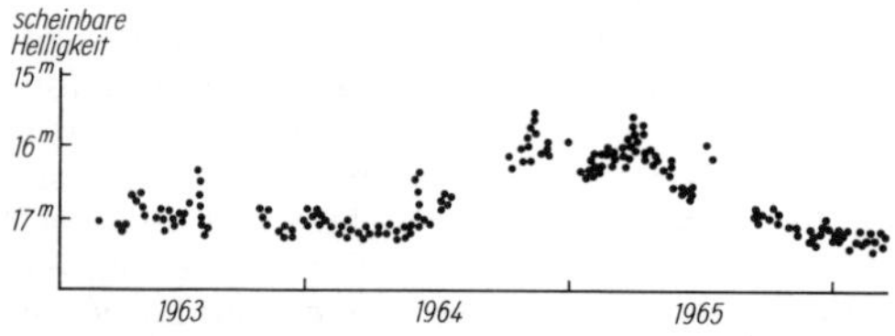

Abb. 4: Helligkeitsvariation des Quasars 3C 345 im B-Bereich des UBV-Systems zwischen 1963 und 1965. (Nach T. D. Kinman)

Viele radiolaute Q.e zeigen auch im Radiofrequenzbereich beträchtliche Intensitätsvariationen mit individuell sehr unterschiedlichen Amplituden und Zeitskalen, z.T. werden Intensitätsschwankungen um 30% innerhalb eines Tages beobachtet. Zwischen der Veränderlichkeit im Radiofrequenz- und der im visuellen Spektralbereich besteht anscheinend kein direkter, korrelierter Zusammenhang.

Morphologische Struktur. Zusätzlich zur punktförmig erscheinenden Radiozentralquelle besitzt rund die Hälfte der radiolauten Q.e eine ausgedehnte Doppelquelle, die symmetrisch zum optisch sichtbaren Q., aber weit außerhalb von ihm liegt. Es ist dies eine Konfiguration, die auch für Radiogalaxien typisch ist. Das Emissionslinienspektrum der radiolauten Q.e weist auf eine Verwandtschaft mit den Seyfert-Galaxien hin; BL-Lacertae-Objekte unterscheiden sich im Spektrum von den Q.en nur durch das Fehlen von optischen Emissionslinien.

Bei einigen Q.en lassen sich Materiestrahlen nachweisen, die radial vom Q. weggerichtet sind. Der vom Q. 3C 273 ausgehende Strahl ist z.B. sowohl optisch als auch radioastronomisch nachweisbar; er erstreckt sich von einer (projizierten) Entfernung von rund 27 bis zu rund 50 kpc vom Quasarzentrum. Derartige Materiestrahlen treten auch in anderen aktiven Sternsystemen auf. Offenbar wird von den Kernen Materie mit sehr hohen Geschwindigkeiten, die nahe an die Lichtgeschwindigkeit herankommen, ausgestoßen, und zwar aller Wahrscheinlichkeit nach in Form zweier entgegengerichteter Strahlen. Bei der Wechselwirkung der Strahlmaterie mit umgebender intergalaktischer Materie bilden sich Stoßfronten aus, in denen die Strahlmaterie abgebremst wird. Infolge des Staudrucks erfüllt sie dann größere Gebiete. Diese lassen sich auf Grund der von ihnen ausgehenden Radiofrequenzstrahlung beobachten; sie sind mit den paarweise auftretenden, außerhalb der aktiven Kerne liegenden Radioquellen identisch. Daß von den zwei Strahlen im allg. nur einer beobachtet wird, liegt daran, daß der auf den Beobachter gerichtete Strahl heller als der Gegenstrahl erscheint, da die Elektronen sich in dieser Richtung bewegen und folglich vorzugsweise in dieser Richtung emittieren, während die Intensität des Gegenstrahls unter der Nachweisgrenze der Teleskope liegt.

Mit Radiointerferometern interkontinentaler Basislängen läßt sich der Winkeldurchmesser der zentralen Radioquellen naher Q.e ermitteln. Zusammen mit der Quasarentfernung ergibt sich daraus der lineare Durchmesser der Quellen. Beim Q. 3C 273 beträgt er rund 80 pc; in dem Gesamtemissionsgebiet sind aber noch kleine Teilquellen mit Ausdehnungen in der Größenordnung von 1 pc eingebettet.

Der Durchmesser der strahlenden Bereiche eines Q.s läßt sich auch aus den Zeitskalen, mit denen die Helligkeitsänderungen ablaufen, abschätzen: Damit ein bestimmter physikalischer Prozeß (die Strahlungsemission) nahezu gleichzeitig in einem größeren Raumbereich stattfindet, muß ein Signal das Gebiet durchlaufen und den Prozeß auslösen. Die größte Signalübertragungsgeschwindigkeit ist die Lichtgeschwindigkeit. Die Durchmesser der Emissionsgebiete können daher nicht größer als die Strecke sein, die das Licht während der Helligkeitsänderung durchlaufen kann. (Würden viele getrennte Teilgebiete unabhängig voneinander zufällige Helligkeitsschwankungen erleiden, ergäbe sich für einen entfernten Beobachter des Gebiets eine zeitlich nahezu konstante Gesamthelligkeit mit nur geringen Fluktuationen.) Bei Helligkeitsvariationen mit einer Zeitskala von z.B. einer Woche kann das strahlende Gebiet daher nicht größer als etwa 0,01 pc sein.

Strahlungsleistungen. Unter der Annahme einer isotropen Ausstrahlung läßt sich die Strahlungsleistung eines Q.s aus dem gemessenen Strahlungsstrom und der Entfernung berechnen. Im Extremfall ergeben sich so 10^{15} Sonnenleuchtkräfte, was die Strahlungsleistung der leuchtkraftstärksten normalen Sternsysteme um rund den Faktor 10000 übertrifft. Da diese Energien in einem Volumen mit wenigen Parsec Ausdehnung freigesetzt würden, bedeutete dies eine extreme Energiekonzentration.

Die berechneten Strahlungsleistungen und Energiekonzentrationen sind dann stark überschätzt, wenn die Annahme einer isotropen Ausstrahlung nicht richtig ist. Dies ist dann der Fall, wenn die Strahlung hauptsächlich von den aus den Quasarkernen ausgestoßenen Materiestrahlen stammt, da die Strahlung dann vornehmlich in Bewegungsrichtung emittiert wird. Ist der Materiestrahl auf den Beobachter gerichtet, sind die beobachteten Zeitskalen der Helligkeitsvariationen auch nicht identisch mit den Zeitskalen, in denen sich Veränderungen im Materiestrahl abspielen, sondern stark verkürzt, so daß die Quellen dann insgesamt zu klein und die Energiedichten zu groß geschätzt wären. Trotz dieser möglichen Einschränkung zählen die Q.e zu den Objekten im Weltall mit der höchsten Energiekonzentration und dem höchsten Energieumsatz.

Physikalische Ursachen des Quasarphänomens. Aus direkten Beobachtungen ist bisher nur wenig über die Regionen der Q.e bekannt, in denen die Prozesse ablaufen, die zu den beobachteten Phänomenen führen. Mit großer Wahrscheinlichkeit sind gravitative Vorgänge für den enormen Energieumsatz verantwortlich: Beim Fall von Materie auf ein kompaktes Objekt wird pro Masseeinheit eine Energiemenge frei, die um so größer ist, je massereicher und kleiner das Objekt ist. Beim Einsturz in ein Schwarzes Loch kann die Energiefreisetzung pro Masseeinheit etwa 100mal größer sein als die bei allen möglichen thermonuklearen Reaktionen.

In Hinblick auf den enormen Energieumsatz gehen die Quasarmodelle gegenwärtig im allg. davon aus, daß sich im Quasarkern ein Schwarzes Loch befindet, in das Materie aus der Umgebung einstürzt. Da diese auch immer Drehimpuls mitführt, entsteht um das Schwarze Loch noch außerhalb des Schwarzschild-Radius eine Akkretionsscheibe. In ihr wird durch Reibung Drehimpuls nach außen transportiert, so daß innen Materie in das Schwarze Loch einfallen kann. Die Reibung sorgt für eine starke Aufheizung des Scheibengases, vor allem in den inneren Regionen. Von der thermischen Strahlung dieser heißen Gebiete wird wegen der hohen Extinktion im Akkretionsscheibengas der kurzwellige Strahlungsanteil fast vollkommen absorbiert. Es gelangt im wesentlichen nur Ultraviolett- und längerwellige Strahlung nach außen, die u.a. für eine Leuchtanregung des umgebenden interstellaren Gases sorgt. Aus der Bedingung, daß der Druck der von der Akkretionsscheibe ausgehenden Strahlung nicht größer sein kann als die Masseanziehung des zentralen Objekts (sonst würde kein Masseeinfall stattfinden), läßt sich aus den beobachteten Strahlungsleistungen die Masse des Schwarzen Lochs abschätzen. Für typische Q.e ergeben sich einige 100 Mill. Sonnenmassen.

Beim Materieeinsturz werden Magnetfelder mitgeführt, die in der Akkretionscheibe aufgewickelt werden, so daß sich sehr hohe Feldstärken ergeben. Wahrscheinlich werden in den innersten Scheibenbereichen Feldlinien beiderseits längs der Rotationsachse hinausgedrängt. Ein Teil der Scheibenmaterie, der an diese Feldlinien gekoppelt ist, bewegt sich dadurch vom Quasarkern fort. Durch die Feldkonfiguration wird das Gas zu zwei entgegengerichtete Materiestrahlen fokusiert und stark beschleunigt. Die erreichten Geschwindigkeiten dürften in der Größenordnung von 99% der Lichtgeschwindigkeit liegen. Diese Modellvorstellungen werden durch hochauflösende Interferometerbeobachtungen beim Q. 3C 345 unterstützt, die eine Helixstruktur des von ihm ausgehenden Materiestrahls nahelegen. Eine derartige Verdrillung wird wahrscheinlich durch die besondere Magnetfeldkonfiguration verursacht. Die Details der Prozesse, die in der Akkretionsscheibe und im Materiestrahl ablaufen, sind weitgehend unbekannt, so daß auch die Modellvorstellungen noch nicht als gesichert angesehen werden können.

Bei den Q.en, bei denen man Materiestrahlen direkt beobachtet, läßt sich die Mindestdauer des Quasarphänomens abschätzen, wenn man annimmt, daß sich die Teilchen in den Strahlen mit Lichtgeschwindigkeit bewegen. Es ergibt sich eine Lebensdauer in der Größenordnung von 10^6 bis 10^7 Jahren.

Kosmogonische Einordnung. Wegen der großen Entfernungen und der entsprechend langen Lichtlaufzeiten beobachtet man mit den Q.en relativ junger Sternsysteme. Bei den Quasargalaxien nimmt wie bei den normalen, nicht aktiven Sternsystemen mit zunehmender Rotverschiebung die scheinbare Helligkeit ab, sie sinkt aber weniger schnell als bei den normalen Galaxien. Quasargalaxien hatten zum Zeitpunkt der Lichtemission damit eine höhere Leuchtkraft als normale Sternsysteme in einem späteren Entwicklungszustand. Möglicherweise ist dies durch eine damals sehr hohe Sternentstehungsrate bedingt. Die in den Quasarspektren gefundenen Emissionslinien weisen darauf hin, daß der Anteil an schweren, erst im Verlauf der Sternentwicklung entstehenden Elemente schon relativ hoch war. In den intergalaktischen Gaswolken, die die Lyman-α-Absorptionslinien hervorrufen, ist dies offenbar nicht der Fall. Sie bestehen im wesentlichen aus Wasserstoff und haben anscheinend noch die chemische Zusammensetzung, die die Materie im Weltall nach der Kernreaktions-Ära hatte (→Kosmologie). Die intergalaktischen Gaswolken waren in den frühen Entwicklungsphasen des Weltalls zahlreicher als gegenwärtig, wie die vergleichsweise große Häufigkeit von Wolken mit hohen z-Werten zeigt.

Neben einzelstehenden Q.en beobachtet man sowohl Doppel- als auch Mehrfachquasare. Ihre Existenz geht auf den Gravitationslinseneffekt zurück: In der Sichtlinie zwischen dem Milchstraßensystem und dem Q. befindet sich ein extragalaktisches Sternsystem, in dessem Schwerefeld das Licht des weiter entfernten Q.s abgelenkt (und aufgespalten) wird. Unter anderem beim Doppelquasar QSO 0957+561 ($z=1{,}41$) konnte die entsprechende Galaxie auch optisch nachgewiesen werden. Ihre Rotverschiebung von $z=0{,}36$ weist sie als Vordergrundobjekt aus.

Häufigkeit. Bei der stichprobenhaften Suche nach Q.en werden am Himmel je Quadratgrad etwa 10 Q.e mit einer scheinbaren Grenzhelligkeit von 21^m gefunden; dies entspricht etwa 500000 am gesamten Himmel. Tatsächlich bekannt sind aber erst einige 1000, von denen viele bei der Identifikation punktförmig erscheinender Radioquellen entdeckt wurden. Optisch findet man Q.e meist auf Grund ihrer blauen Farbe, die durch den Ultraviolettexzeß bedingt ist. Es sind relativ wenig Q.e mit $z>3$ bekannt, was z.T. an der Schwierigkeit des Findens liegen dürfte: Die Radiostrahlung der Q.e ist rein kontinuierlich, so daß daraus keine Rotverschiebungen ableitbar sind, und optisch sind diese Q.e so lichtschwach, daß die zur Bestimmung der Rotverschiebung notwendige Spektrengewinnung sehr schwierig ist. Die geringe Häufigkeit von Q.en mit großen Rotverschiebungen kann auch dadurch bedingt sein, daß in den sehr frühen Entwicklungsphasen der Sternsysteme das Quasarphänomen relativ selten war.

quasistellares Objekt, → Quasar.

quasistellare Radioquelle, → Quasar.

R

Rabe, das Sternbild → Corvus.

rad, Einheitenzeichen für Radiant, die Maßeinheit für einen ebenen Winkel; → Winkel.

Radialgeschwindigkeit, die in der Sichtlinie liegende (radiale) Komponente der Geschwindigkeit eines Himmelskörpers bezüglich des Beobachters. Die R. setzt sich zusammen aus einem Anteil, der durch die Bewegung des Himmelskörpers, und einem Anteil, der durch die Bewegung des Beobachters hervorgerufen wird, z.B. infolge der Erdrotation, der Bewegung der Erde um die Sonne oder der Bewegung der Sonne mitsamt dem Planetensystem um das Zentrum des Milchstraßensystems. Die R. läßt sich unter Ausnutzung des Doppler-Effekts mit Hilfe von Spektralbeobachtungen bestimmen, indem man die Verschiebung der Linien im Spektrum des Himmelskörpers gegenüber der im Labor gemessenen Lage (Ruhlage) mißt. Bezeichnet λ die gemessene Wellenlänge und λ_0 die Ruhwellenlänge einer Linie, so ergibt sich die R. v, falls sie klein gegen die Lichtgeschwindigkeit c ist, zu $v/c = (\lambda-\lambda_0)/\lambda_0$; ist sie mit der Lichtgeschwindigkeit vergleichbar, gilt $(\sqrt{1+v/c})/(\sqrt{1-v/c})-1=(\lambda-\lambda_0)/\lambda_0$. Die R. ist positiv, wenn sich der Himmelskörper vom Beobachter entfernt, negativ, wenn er sich nähert.

Zur Bestimmung der R. eines Sterns reicht im Prinzip eine einzige Beobachtung aus, so daß geringe systematische Fehler auftreten. Mit Hilfe moderner Meßverfahren kann der mittlere Fehler einer Radialgeschwindigkeitsmessung (bei genügender Helligkeit des zu vermessenden Gestirns) bis auf etwa 10 m/s herabgedrückt werden.

Etwa 60% der Sterne haben R.en zwischen +20 und −20 km/s, nur bei 4% sind sie dem Betrag nach größer als 60 km/s. Sterne mit R.en größer als 65 km/s bzw. kleiner als −65 km/s bezeichnet man als Schnellläufer. Die Sterne mit den größten bisher gemessenen R.en sind BD −29° 2277 mit +543 km/s und VX Herculis mit −405 km/s. Die größten an extragalaktischen Sternsystemen gemessenen R.en liegen bei mehr als 280000 km/s, rund 94% der Lichtgeschwindigkeit. Aus der R. und der in ein lineares Maß (z.B. in km/s) umgerechneten Eigenbewegung läßt sich die räumliche Relativbewegung eines Himmelskörpers bezüglich des Beobachters berechnen.

Radiant *m*, ***1)*** Maßeinheit für einen ebenen → Winkel;

2) Radiationspunkt, der Ort an der Himmelskugel, von dem die Bahnen eines Meteorstroms auszugehen scheinen.

Radioastrometrie, → Astrometrie.

Radioastronomie, Teilgebiet der Astronomie, das sich mit der Erforschung der aus dem Weltall kommenden Radiofrequenzstrahlung befaßt. Diese überdeckt den Wellenlängenbereich von etwa 1 mm bis etwa 20 m. Die Untersuchung kürzerwelliger Strahlung bis hin zu etwa 300 µm fällt in den Bereich der Submillimeterastronomie, die vielfach auch zur R. gezählt wird. Der von der R. untersuchte Wellenlängenbereich der elektromagnetischen Strahlung wird von der Durchlässigkeit der Erdatmosphäre bedingt: Strahlung im fernen Infrarotbereich (Wellenlängen geringer als etwa 700 µm bis rund 30 µm) wird in der Erdatmosphäre nahezu vollständig absorbiert, Strahlung mit Wellenlängen größer als etwa 20 m wird von der Ionosphäre in den Weltraum zurück reflektiert (→ Erdatmosphäre).

Radioastronomische Beobachtungen werden nicht durch das in der Erdatmosphäre gestreute Sonnenlicht gestört, sie können daher auch am Tage durchgeführt werden. Die Radiofrequenzstrahlung unterliegt außerdem nicht der interstellaren Extinktion, so daß selbst das Innere dichter interstellarer Dunkelwolken und Gebiete, die hinter großen interstellaren Staubkomplexen verborgen sind, wie z.B. das Zentrum des Milchstraßensystems, der Beobachtung zugänglich sind. Die Beobachtungen erfordern spezielle Strahlungsdetektoren und Teleskope, deren Auflösungsvermögen trotz der gegenüber optischen Teleskopen im allg. riesigen Dimensionen sehr gering ist (→ Radioteleskop); durch die Verwendung von Interferometeranordnungen mit z.T. interkontinentalen Basislängen läßt sich dieser Nachteil kompensieren. Die von den Radioteleskopen gesammelte Energie ist auf Grund der geringen Photonenenergie in Radiofrequenzbereich außerordentlich gering.

Die R. hat es sowohl mit kontinuierlicher als auch mit Linienstrahlung zu tun. Eine thermische kontinuierliche Radiofrequenzstrahlung wird von ionisierten Gasen und von relativ kühlen festen Körpern oder Teilchen emittiert. Bei der kontinuierlichen nichtthermischen Strahlung handelt es sich im allg. um Synchrotronstrahlung. Die beiden Strahlungsarten haben eine unterschiedliche Wellenlängenabhängigkeit der Intensität (→ Radiofrequenzstrahlung), so daß man auf Grund von Spektralbeobachtungen auf den für die Emission verantwortlichen Prozeß schließen kann.

Die Linienstrahlung stammt von Atomen, vor allem auch von Molekülen. Die Untersuchungen der R. ergänzen die der anderen Teilbereiche der beobachtenden Astronomie, speziell die der klassischen Astronomie, da die R. einerseits in Räume vordringen kann, die bei Beobachtungen in anderen Spektralbereichen auf Grund z.B. der interstellaren Extinktion unzugänglich sind, und da sie andererseits Materiezustände untersucht, bei denen (z.B. wegen zu geringer Temperaturen) keine Ausstrahlung in anderen Spektralbereichen erfolgt bzw. diese für einen Nachweis zu gering ist; dies trifft vor allem auf die interstellare Materie zu. Die von der R. untersuchten Strahlungsquellen (→ Radioquelle) sind daher vielfach nicht mit denen identisch, die die klassische beobachtende Astronomie analysiert.

Mit der Radio-Echo-Methode besitzt die R. – im Gegensatz zu allen anderen Zweigen der Astronomie – eine Methode, mit der sie Himmelskörper aktiv untersuchen kann. Dazu wird Radiofrequenzstrahlung geeigneter Wellenlänge ausgesandt und die an den zu untersuchenden Körpern reflektierte Strahlung gemessen.

Radio-Echo-Methode, eine Beobachtungsmethode der Radioastronomie, bei der astronomische Objekte des Planetensystems mit Hilfe der Funkmeßtechnik (Radartechnik) untersucht werden. Vom Sender eines Radargerätes, wozu auch ein Radioteleskop verwendet werden kann, werden dazu kurze Strahlungspulse im Kurzwellenbereich ausgesandt und die nach der Reflexion an den zu untersuchenden Objekten zurückkommende Strahlung (die Echos) ausgewertet. Aus der Laufzeit der Signale erhält man u.a. Auskunft über die Entfernung des Objekts. Aus der Stärke und der zeitlichen Intensitätsverteilung innerhalb der reflektierten Pulse läßt sich auf die Größe und die Oberflächenbeschaffenheit (z.B. die Reflexionseigenschaften im Radiofrequenzbereich und die Rauhigkeit der Oberfläche) der Objekte schließen. Die (projizierte) Rotationsgeschwindigkeit eines Himmelskörpers kann aus der Wellenlängenverteilung der reflektierten Strahlung ermittelt werden, da unterschiedliche Oberflächenbereiche des Himmelskörpers eine unterschiedliche Radialgeschwindigkeit relativ zum Beobachter haben, wodurch infolge des Doppler-Effekts das ausgesandte Signal bei der Reflexion auf ein größeres Wellenlängenintervall verteilt wird.

Die R.-E.-M. wird von der Erde aus u.a. bei der Untersuchung von Meteoren und Planetoiden sowie bei der Bestimmung der Venus- und der Merkurrotation und der Ermittlung der Mondentfernung angewandt. Von venusumkreisenden Raumsonden aus erfolgt mit Hilfe der R.-E.-M. die Kartierung der ansonsten unsichtbaren Venusoberfläche.

In prinzipiell gleicher Weise arbeitet die ***Laserlicht-Echo-Methode***. Bei ihr werden kurze, möglichst monochromatische Strahlungspulse im optischen Spektralbereich ausgesandt, die an speziellen, auf dem Mond oder an Raumsonden installierten Reflektoren gespiegelt werden. Die Methode wird hauptsächlich zur genauen Entfernungsbestimmung des Mondes bzw. von Raumsonden verwendet.

Radiofrequenzstrahlung (oft nur ***Radiostrahlung***), elektromagnetische Strahlung mit einer Wellenlänge von etwa 1 mm bis etwa 20 m, die aus dem Weltall kommend die Erdatmosphäre durchdringen kann. Kürzerwellige Strahlung (ab etwa 700 μm) bis hin zum mittleren Infrarotbereich wird in der Erdatmosphäre nahezu vollständig absorbiert, längerwellige Strahlung von der Ionosphäre in den Weltraum zurück reflektiert.

Statt der Wellenlänge λ gibt man bei der R. häufig die Frequenz ν an; dabei gilt die Beziehung $\lambda\nu = c$, in der c die Lichtgeschwindigkeit bedeutet. Es entsprechen:

1 mm	300 GHz
1 cm	30 GHZ
10 cm	3 GHz
1 m	300 MHz
10 m	30 MHz

Die im Radiofrequenzbereich empfangenen Strahlungsströme sind sehr gering, sie werden im allg. in Jansky, Einheitenzeichen Jy, angegeben: $1\,\text{Jy} = 10^{-26}\,\text{W m}^{-2}\,\text{Hz}^{-1}$. Bei Flächenradioquellen, deren Winkelausdehnung größer als das Auflösungsvermögen des benutzten Radioteleskops ist, bezieht man die empfangene Strahlungsmenge noch auf die Raumwinkeleinheit (oder 1 Quadratgrad). Statt der Strahlungsintensität wird in der Radioastronomie vielfach die hierzu proportionale Helligkeits- oder Äquivalenttemperatur angegeben; es ist die Temperatur eines Schwarzen Körpers, der im gleichen Frequenzbereich mit der gleichen Intensität strahlen würde wie die untersuchte Radioquelle. Die Helligkeitstemperatur ist nur dann gleich der Temperatur im thermodynamischen Sinn, wenn der strahlende Körper bei der betreffenden Frequenz optisch dick (also undurchsichtig) ist, sonst ist sie niedriger. Von der je Sekunde auf die Empfangsfläche eines Radioteleskops fallenden Energie wird nur ein Teil von der Antenne tatsächlich aufgenommen und steht damit zu Messungen zur Verfügung. Zur Charakterisierung der verfügbaren Energie benutzt man als Maß vielfach die Antennentemperatur (→ Temperatur); ihre Angabe genügt bei Relativmessungen.

R. kann bei sehr unterschiedlichen Prozessen entstehen. Hat sie einen thermischen Ursprung, ist die Energieverteilung durch das Plancksche Gesetz bestimmt. Im Radiofrequenzbereich (für große Wellenlängen) kann dafür die sog. Rayleigh-Jeans-Näherung benutzt werden (→ Strahlungsgesetze). Nach dem Wienschen Verschiebungsgesetz liegt das Energiemaximum der von einem Körper ausgesandten Strahlung bei um so größeren Wellenlängen, je geringer seine Temperatur ist: Materie mit z.B. Zimmertemperatur, die im sichtbaren Spektralbereich nicht strahlt, kann im Radiofrequenzbereich noch merklich emittieren.

Die thermische R. fester Körper entsteht infolge der Wärmeschwingungen der in den Körpern vorhandenen geladenen Teilchen (Elektronen und Ionen), die thermische R. ionisierter Gase wird bei frei-freien Übergängen der Elektronen in den elektrischen Feldern von Ionen (→ Atom) erzeugt. Im Falle optisch dicker Gase entspricht die spektrale Energieverteilung dieser kontinuierlichen R. der Rayleigh-Jeans-Näherung des Planckschen Strahlunsgesetzes. Bei optisch dünnen Gasen ist die Intensität der ausgesandten Strahlung von der (kinetischen) Temperatur des Gases und dem Quadrat der Anzahl der freien Elektronen je Volumeneinheit (Elektronendichte), nicht aber von der Wellenlänge abhängig. Ein Gebiet vorgegebener Ausdehnung und vorgegebener Elektronendichte ist für Wellenlängen kleiner als eine bestimmte kritische Wellenlänge optisch dünn, für größere Wellenlängen optisch dick; das Spektrum der thermischen Strahlung hat demzufolge einen charakteristischen Verlauf mit einem Knick bei der kritischen Wellenlänge (Abb.).

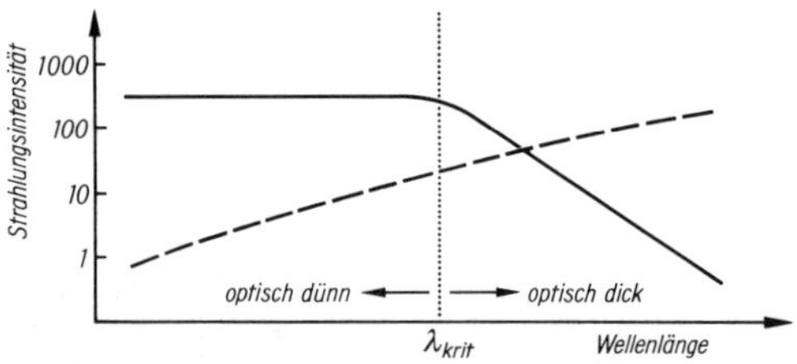

Strahlungsintensität in Abhängigkeit von der Wellenlänge (schematisiert). ——: thermische Radiofrequenzstrahlung einer interstellaren Wolke ionisierten Gases; λ_{krit}: kritische Wellenlänge. ---: typische Intensitätsverteilung kosmischer Synchrotronstrahlung. Die Strahlungsintensitäten sind in willkürlichen Einheiten angegeben

Nichtthermischen Ursprungs ist die Synchrotronstrahlung, die von hochenergetischen Elektronen ausgesandt wird, wenn sich diese in einem Magnetfeld bewegen. Kennzeichen für die Synchrotronstrahlung ist eine starke Polarisation und ein Anstieg der Strahlungsintensität mit der Wellenlänge, was die Möglichkeit gibt, sie von thermischer R. zu unterscheiden. Eine nichtthermische R. entsteht auch bei Plasmaschwingungen.

Die Kontinuumsmessungen werden im Radiofrequenzbereich (in Analogie zur Breitbandphotometrie im optischen Spektralbereich) im allg. bei den Wellenlängen 1, 3 und 9 mm, sowie bei 1,3, 2,8, 3,6, 6, 13, 20, 49 und 90 cm durchgeführt, wobei man eine möglichst große Bandbreite anstrebt; für Spezialuntersuchungen werden z.T. noch einige andere Wellenlängen gewählt.

Die im Radiofrequenzbereich empfangene Linienstrahlung entsteht u.a. beim Übergang zwischen den beiden Hyperfeinstrukturniveaus des Grundzustandes der Wasserstoffatome (→ Einundzwanzig-cm-Linie) oder im Anschluß an die Rekombinationen freier Elektronen mit Ionen beim kaskadenartigen Übergang der (dann gebundenen) Elektronen von sehr hoch liegenden Energieniveaus zu benachbarten tieferliegenden Niveaus (→ Rekombinationslinien). Die von Molekülen stammenden Linien im Radiofrequenzbereich rühren hauptsächlich von Übergängen zwischen Rotationsniveaus her (→ interstellares Gas). Von einzelnen Radioquellen empfängt man eine Linienstrahlung, die auf einem Masereffekt beruht (→ Maser).

Radiogalaxie, ein extragalaktisches Sternsystem, dessen Strahlungsleistung im Radiofrequenzbereich größer als 10^{35} W ist, und bei dem aus der räumlichen Strahlungsverteilung auf Aktivitätserscheinungen im Galaxienkern geschlossen werden kann.

Radioheliogramm *n*, ein → Spektroheliogramm für den Radiofrequenzbereich.

Radioheliograph *m*, ein Radiointerferometer zur → Sonnenbeobachtung.

Radiohintergrundstrahlung, eine aus dem Weltall kommende Radiofrequenzstrahlung, die eine mehr oder minder gleichmäßige Intensitätsverteilung hat und keinen isolierten Radioquellen zugeordnet werden kann.

Eine R. mit kontinuierlichem Spektrum wird aus dem Milchstraßensystem empfangen, deren Intensität mit abnehmendem Abstand vom galaktischen Äquator in Abhängigkeit von der Wellenlänge unterschiedlich stark anwächst. Derjenige Strahlungsanteil, der einen thermischen Ursprung hat, ist auf einen schmalen Gürtel in unmittelbarer Umgebung des galaktischen Äquators beschränkt; dieser Anteil ist die Summe der Beiträge vieler, nicht in Einzelquellen aufgelöster HII-Gebiete, zu denen noch die thermische Strahlung des dünnen, mehr oder minder gleichmäßig verteilten Zwischenwolkengases kommt (→ interstellares Gas). Beim nichtthermischen Anteil der galaktischen Hintergrundstrahlung handelt es sich um Synchrotronstrahlung, die von hochenergetischen Elektronen der Kosmischen Strahlung bei der Bewegung in interstellaren Magnetfeldern emittiert wird. Dieser Anteil ist im allg. weniger stark gegen den galaktischen Äquator konzentriert als der thermische. Im Dezimeterwellenbereich überwiegt in niedrigen galaktischen Breiten die thermische Strahlung, bei Wellenlängen größer als etwa 1 m die nichtthermische; diese kommt dann vor allem aus den Spiralarmbereichen des Milchstraßensystems.

Eine extragalaktische R., die völlig gleichmäßig von allen Teilen des Himmels empfangen wird, stellt der langwellige Anteil der → Drei-Kelvin-Strahlung dar.

Radiointerferometer *n*, → Radioteleskop.

Radioquelle, ein eng begrenztes Gebiet am Himmel, das sich durch eine relativ hohe Strahlungsintensität im Radiofrequenzbereich aus der allgemeinen Radiohintergrundstrahlung heraushebt. Die Identifikation mit optisch beobachtbaren Objekten gelingt nicht immer, u.a. dann nicht, wenn am Ort gar kein optisches Gegenstück existiert, weil der Himmelskörper zwar im Radiofrequenz-, nicht aber im sichtbaren Spektralbereich strahlt (bzw. nicht genug strahlt), oder weil das Objekt hinter einer dichten interstellaren Staubwolke verborgen ist, die zwar von Radiostrahlung, nicht aber von sichtbarer Strahlung durchdrungen werden kann. Die Identifikation ist auch dann schwierig, wenn sich in dem von einem Radioteleskop erfaßten und wegen dessen geringem Auflösungsvermögen großen Himmelsausschnitts mehr als nur ein in Frage kommender sichtbarer Himmelskörper befindet.

R.n im Sonnensystem. Die Radiofrequenzstrahlung der Sonne ist verglichen mit der Ausstrahlung im optischen Spektralbereich zwar sehr gering, wegen der Nähe der Sonne ist aber der empfangene Strahlungsstrom relativ zu dem von anderen Quellen sehr hoch. Die Strahlung der „ungestörten" („ruhigen") Sonne ist die dauernd vorhandene thermische Strahlung der Chromosphäre und der Sonnenkorona. Ihr überlagert ist die Radiostrahlung der „gestörten" Sonne, die auch Anteile nichtthermischer Strahlung enthält (→ Sonne).

Vom Mond und allen Planeten wird thermische Radiofrequenzstrahlung empfangen. Die thermische Strahlung des Jupiters ist von einer stark veränderlichen nichtthermischen Störstrahlung überlagert, die sich z.T. in einzelnen Strahlungsausbrüchen manifestiert. Einzelne Kometen konnten auch als R.n nachgewiesen werden; bei ihnen beobachtet man eine von Molekülen der Koma herrührende Linienstrahlung. Beim Kometen Halley wurde auch die thermische Ausstrahlung des Kometenkerns empfangen. Das interplanetare Gas macht sich indirekt durch die → Radioszintillation bemerkbar.

Galaktische R.n. Einzelne interstellare Gebiete ionisierten Wasserstoffs (HII-Gebiete) heben sich als individuelle R.n mit kontinuierlichem Spektrum von der galaktischen Hintergrundstrahlung (→ Radiohintergrundstrahlung) ab. Dabei handelt es sich im allg. um relativ nahe oder dichte HII-Gebiete, die im sichtbaren Spektralbereich als helle Emissionsnebel beobachtbar sind; vielfach treten sie optisch aber auch nicht in Erscheinung, weil sie hinter dichten Dunkelwolken verborgen sind. Außer einer kontinuierlichen Strahlung empfängt man von den HII-Gebieten auch eine Linienstrahlung, die beim kaskadenartigen Übergang von Elektronen auf niedrigere Energieniveaus nach der Rekombination mit Ionen entsteht (→ interstellares Gas). Die R.n, die Planetarischen Nebeln zugeordnet werden können, sind vom gleichen Erscheinungstyp wie die HII-Gebiete.

Gebiete neutralen atomaren Wasserstoffs (HI-Gebiete) treten als R.n auf Grund ihrer Linienstrahlung in Erscheinung, die beim Übergang zwischen den beiden Hyperfeinstrukturniveaus der Wasserstoffatome im Grundzustand entsteht und eine Wellenlänge von 21 cm hat. Interstellare Molekülwolken zeichnen sich im Radiofrequenzbereich durch ein reiches Linienspektrum aus; diese Linien entstehen vor allem beim Übergang der Moleküle von höheren zu niedrigeren Rotationsniveaus (→ interstellares Gas). In Molekülwolken, oft dicht bei kompakten HII-Gebieten, finden sich vielfach Maser-Quellen, bei denen die relativen Intensitäten einzelner Spektrallinien von denen abweichen, die sich bei einem thermodynamischen Gleichgewichtszustand einstellen würden (→ Maser).

Einige gasförmige Supernovaüberreste sind R.n, die Synchrotronstrahlung emittieren; das bekannteste Beispiel ist der Krebsnebel. Andere gasförmige Supernovaüberreste treten als thermische R.n in Erscheinung (→ Supernova). Bei einigen Novae sind die von ihnen abgestoßenen Gashüllen als R.n beobachtbar, das Spektrum entspricht im allg. dem eines thermisch strahlenden optisch dichten Gases.

Eine Gruppe von R.n konnte mit Gashüllen um Sterne identifiziert werden. Diese zirkumstellaren Hüllen sind z.T. das Ergebnis eines starken Masseverlustes von Sternen (z.B. Mira-Sternen und halbregelmäßigen Veränderlichen sowie OH/IR-Sternen) in einem späten Entwicklungszustand. Zirkumstellare Hüllen treten andererseits bei sehr jungen Sternen (z.B. bei T-Tauri-Veränderlichen) auf und sind dann die Reste der interstellaren Wolken, aus denen diese Sterne hervorgegangen sind. Die zirkumstellaren Hüllen sind vielfach mit Maser-Quellen verbunden.

Als R.n treten auch einzelne Sterne in Erscheinung, z.B. α Orionis (Beteigeuze), ein Roter Riese, und β Persei (Algol), ein Hauptreihenstern. Die von diesen Sternen ausgehende Radiofrequenzstrahlung stammt aus den Sternatmosphären und ist thermischen Ursprungs; sie entspricht der Strahlung der „ungestörten" Sonne. Die Strahlungsleistungen übertreffen die der Sonne bei weitem, bei der Beteigeuze z.B. um das Millionenfache. Die von den Sternen empfangene Radiostrahlung ist im wesentlichen zeitlich konstant, wird aber gelegentlich auch durch einen variablen Anteil überlagert. Dies trifft besonders auf einige Flackersterne zu, die stark variable R.n mit Strahlungsausbrüchen sind; die Radiostrahlungsausbrüche treten z.T. gleichzeitig mit Ausbrüchen im sichtbaren Spektralbereich auf. Die Strahlung entsteht wahrscheinlich bei den gleichen Prozessen, die auch bei den solaren Radiostürmen eine Rolle spielen, sind aber um Größenordnungen heftiger. Bei den als R.n identifizierten Doppelsternen beobachtet man Strahlungsausbrüche, die wahrscheinlich mit dem Überströmen von Materie von einer Doppelsternkomponente zur anderen in Verbindung stehen. Stellare R.n sind auch die Pulsare, deren Radiofrequenzstrahlung als Synchrotronstrahlung entsteht und in Form von streng periodischen Strahlungspulsen auftritt (→ Pulsar).

Eine besondere R. stellt die Quelle Sagittarius A* im galaktischen Zentrum dar, von der man eine nichtthermische Strahlung empfängt (→ Milchstraßensystem).

Extragalaktische R.n. Bei den normalen Sternsystemen, die als R.n identifiziert wurden, handelt es sich um die uns nächsten Systeme (z.B. den Andromedanebel und die beiden Magellanschen Wolken). Ihre Strahlungsleistungen sind im Radiofrequenzbereich gering verglichen mit denen im optischen Spektralbereich. Bei genügender Winkelauflösung läßt sich die von diesen Systemen kommende Strahlung (analog zum Milchstraßensystem) den Zentralgebieten, einer verhältnismäßig homogenen Scheibe in der Symmetrieebene der Systeme sowie den Spiralarmen zuordnen, wobei diese Komponenten in den verschiedenen Galaxien unterschiedliche Stärke haben. Außerdem kann man HI- und HII-Gebiete sowie gasförmige Supernovaüberreste als isolierte R.n nachweisen. Bei weiter entfernten Galaxien verschmelzen die Einzelquellen zu einer einzigen, integralen Strahlungsquelle.

Die Radiogalaxien haben im Radiofrequenzbereich eine wesentlich höhere Strahlungsleistung als im sichtbaren Bereich, dabei kommt die Radiostrahlung viel-

fach aus einer Kernquelle, die mit dem Zentrum des sichtbaren Sternsystems zusammenfällt, und einem optisch nicht nachweisbaren Radioquellenpaar, dessen beide Komponenten weit außerhalb der eigentlichen (sichtbaren) Galaxie liegen. Gelegentlich treten auch mehrere Quellenpaare auf (→ Sternsystem). Andere Typen aktiver Galaxien, wie BL-Lacertae-Objekte und Seyfert-Galaxien, sind ebenfalls als R.n beobachtbar, speziell gilt dies für die → Quasare.
Benennung. R.n, die nicht sofort bekannten Objekten zugeordnet werden konnten, wurden anfangs nach den Sternbildern benannt, in denen sie liegen, wobei ein großer lateinischer Buchstabe die Reihenfolge der Entdeckung angab, z.B. Taurus A. (Diese R. wurde später mit dem Krebsnebel identifiziert.) Jetzt werden R.n meist mit dem (abgekürzten) Namen eines Katalogs und der Nummer benannt, unter der sie in diesem verzeichnet sind, z.B. 3C 48 (es ist die 48. Quelle in dem 3. von der Universität Cambridge, Großbritannien, herausgegebenen Katalog punktförmiger R.n) bzw. mit dem Katalognamen oder einem den Typ des Objekts kennzeichnenden Symbol (z.B. Q für Quasar) und einer Zahlenkombination, die angenähert die Koordinaten der Quelle angibt, z.B. Q 1745 + 624: Rektaszension $17^h\ 45^{min}$, Deklination + 62,4°. Für die starken, schon lange bekannten R.n werden meist die alten Bezeichnungen weiter verwendet.

Radiospektrometer *n*, → Radioteleskop.

Radiostern, alte (im allg. unzutreffende) Bezeichnung für eine Radioquelle.

Radiostrahlung, svw. Radiofrequenzstrahlung.

Radioszintillation, die durch relativ rasche und unregelmäßige Änderungen der Elektronendichte längs des Sehstrahls verursachten Richtungs- und Intensitätsvariationen von punktförmig erscheinenden Radioquellen. Die Variationen entstehen, weil die von einer Radioquelle ausgehenden Wellenfronten durch örtlich schwankende Elektronendichten in unregelmäßiger Weise deformiert werden (in Analogie zur Wellenfrontdeformation sichtbarer Strahlung infolge von Inhomogenitäten des Brechungsindex in den Luftschichten der Erdatmosphäre). Die ***ionosphärische R.*** wird durch Schwankungen der Elektronendichte in der Ionosphäre der Erde, und zwar hauptsächlich in der in etwa 200 km Höhe über der Erdoberfläche liegenden F_2-Schicht verursacht. Die ***interplanetare R.*** entsteht durch Elektronendichteschwankungen im interplanetaren Gas. Damit die interplanetare R. wahrgenommen werden kann, muß der Winkeldurchmesser der Radioquellen kleiner als 1″ sein.

Radioteleskop, ein Instrument zum Empfangen und Messen der aus dem Weltall kommenden Radiofrequenzstrahlung. Die R.e unterscheiden sich in ihrem prinzipiellen Aufbau im allg. nicht von optischen Spiegelteleskopen: Von einem meist parabolischen Reflektor wird die elektromagnetische Strahlung gesammelt, gebündelt und einem Strahlungsempfänger zugeführt (Abb. 1). Unterschiede in der gerätetechnischen Ausführung ergeben sich aber dadurch, daß die Radiofrequenzstrahlung eine 1000- bis 1 000 000fach größere Wellenlänge als das sichtbare Licht hat.
Aufgabe des Reflektors ist die phasengerechte Kon-

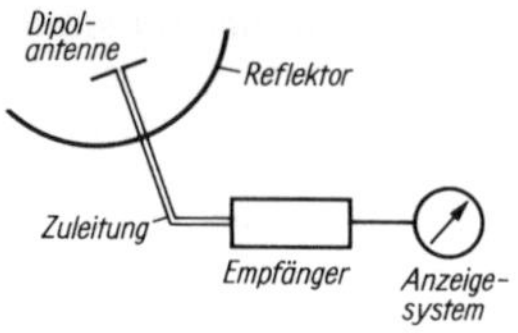

Abb. 1: Schema eines Radioteleskops

zentration der ankommenden Strahlung im Brennpunkt. Die Abweichungen der Reflektoroberfläche von einem idealen Rotationsparaboloid dürfen nicht größer als etwa 1/10 bis 1/20 der Beobachtungswellenlänge sein. Daher bestimmt die Genauigkeit, mit der ein Reflektor hergestellt werden kann, die kleinste Wellenlänge, für die ein R. noch geeignet ist. Aus der Genauigkeitsbedingung folgt andererseits, daß die metallene Oberfläche des Reflektors nicht homogen zu sein braucht. Sie kann durchbrochen sein, wenn nur die Löcher nicht größer als etwa 1/10 bis 1/20 der Beobachtungswellenlänge sind.
Voll bewegliche große R.e werden meist als Cassegrain-Instrumente (→ Spiegelteleskop) gebaut: Die vom Reflektor kommende Strahlung wird, noch bevor sie den Brennpunkt erreicht, durch einen hyperbolischen Sekundärspiegel auf den Strahlungsempfänger gelenkt, der sich in der Nähe des Scheitelpunktes des Hauptspiegels befindet. Bei einer derartigen Lage des strahlungsaufnehmenden Empfängers, der Antenne (Horn oder Dipol), ist die Abschirmung gegen die von der Erdoberfläche herrührenden Radiofrequenzstörstrahlung am günstigsten.
Auflösungsvermögen. Die Richtwirkung eines R.s wird durch das Auflösungsvermögen α charakterisiert, das angibt, welchen Winkelabstand zwei punktförmige Strahlungsquellen haben dürfen, um noch getrennt wahrgenommen werden zu können. Das Auflösungsvermögen ist in gleicher Weise berechenbar wie das der optischen Teleskope (→ Fernrohr) und hängt sowohl vom Durchmesser D des Reflektors als auch von der Beobachtungswellenlänge λ ab. Mißt man diese beiden Größen in Metern und α in Grad, so gilt $\alpha = 70\ \lambda/D$. Bei einer Wellenlänge von 1 m muß der Reflektordurchmesser mindestens 70 m betragen, damit Quellen mit einem Winkelabstand von 1° getrennt beobachtet werden können. Dieses Auflösungsvermögen ist um vieles schlechter als das der kleinsten optischen Teleskope. Das Erreichen einer einigermaßen befriedigenden Auflösung setzt riesige R.e voraus (Abb. 2), was große technische Probleme nachsichzieht, da die Genauigkeitsforderung für die Reflektoroberfläche für jede Teleskopstellung, für unterschiedliche Winddrücke und wechselnde Temperaturverhältnisse erfüllt sein muß. Zur Reduzierung des technischen Aufwandes verzichtet man vielfach darauf, die absoluten Veränderungen der Reflektorfläche klein zu halten. Man sorgt nur dafür, daß die Oberfläche immer einem Rotationsparaboloid, wenn auch mit veränderter Brennweite und Achsrichtung, nahekommt. Eine entsprechende Steuerung sorgt dann dafür, daß die strahlungsaufnehmende Antenne immer im sich

Abb. 2: Das 100-m-Radioteleskop des Max-Planck-Instituts für Radioastronomie (Bonn) in Bad-Münstereifel-Effelsberg. (Aufnahme: Max-Planck-Institut für Radioastronomie, Bonn)

verlagernden Fokus bleibt. Bei R.en für Wellenlängen im Millimeterbereich können die Reflektordurchmesser relativ klein sein. Ein Schutz gegen Wind-, Wetter- und Temperatureinflüsse läßt sich bei ihnen dadurch erreichen, daß man das gesamte Teleskop in einem Gehäuse aus für Radiostrahlung durchlässigem Material unterbringt.

Strahlungsdiagramm. Die im Fokus vereinigte Strahlungsleistung ist von der Lage der Strahlungsquelle relativ zur Achse des Reflektors abhängig (worauf die Richtwirkung beruht). Das Strahlungsdiagramm (Abb. 3, Seite 334) gibt den von einer weit entfernten Quelle im Fokus eintreffenden Strahlungsstrom in Abhängigkeit vom Winkel zwischen der Re-

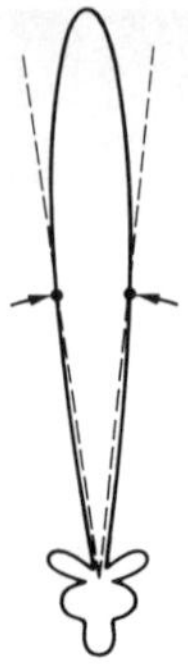

Abb. 3: Strahlungsdiagramm. Der Winkel zwischen den beiden Pfeilspitzen gibt die Halbwertsbreite der Hauptkeule

flektorachse und dem Sehstrahl zur Quelle an. Der Winkel, bei dem der Strahlungsstrom auf die Hälfte des Maximalwertes abgesunken ist (die Halbwertsbreite), ist angenähert dem Auflösungsvermögen gleich. Im Strahlungsdiagramm treten neben dem Hauptmaximum (der Hauptkeule) Sekundärmaxima (Seitenkeulen) auf, die durch das unvollständige Auslöschen der von verschiedenen Stellen des Reflektors am Fokus eintreffenden Wellenzüge verursacht sind. Die über die Seitenkeulen aufgenommene Strahlungsleistung kann 30 bis 40% der Gesamtleistung erreichen. Dies stört vor allem dann, wenn mit der Hauptkeule eine schwache Quelle beobachtet wird und zufälligerweise eine starke Quelle in Richtung einer Seitenkeule steht. Durch entsprechende Konstruktionen lassen sich die Seitenkeulen zurückdrängen. Rotationssymmetrische Reflektoren haben rotationssymmetrische Strahlungsdiagramme. Alle Abweichungen der Reflektoren von dieser Symmetrie übertragen sich auf die Diagramme. (Die ideale Rotationssymmetrie wird im geringen Maße u.a. schon durch die Beugung der ankommenden Strahlung an der Stützstruktur für den Sekundärspiegel gestört.)

Antennen. Der die Strahlung aufnehmende Teil des R.s, die Antenne, ist entweder ein Dipol, in dem das elektrische Feld der ankommenden Strahlung eine Wechselspannung erzeugt, die durch ein Koaxialkabel zum Empfänger geleitet wird, meistens aber ein Metallhorn (Hornantenne), von dem die Welle mittels eines Hohlleiters den Empfänger erreicht.

Ein Dipol der Länge l spricht nur auf Strahlung in einem engen Bereich um die Wellenlänge $\lambda = 2l$ an. Der Dipol filtert damit aus dem ankommenden Strahlungsstrom einen schmalen Wellenlängenbereich aus. Breitbandige Antennen haben mehrere, auf verschiedene Wellenlängen abgestimmte Dipole. Der Empfangsdipol ist im allg. durch einen Reflektordipol oder eine Metallplatte nach der der Radioquelle zugewandten Seite abgeschirmt. Ein Dipol wird nur dann angeregt, wenn der elektrische Feldvektor der Strahlung in Richtung der Dipolachse liegt. Ein um die Reflektorachse drehbarer Dipol kann daher zur Messung der Polarisationsrichtung und des Polarisationsgrades einer polarisierten Strahlung dienen.

Hornantennen nehmen alle Strahlung mit Wellenlängen kleiner als die Hornöffnung auf. Wegen der in einem trichterförmigen Horn auftretenden Resonanzeffekte kann ein bestimmtes Horn nur bei wenigen Frequenzen effektiv arbeiten. Die Breite des zur Weiterleitung des Signals benutzten Hohlleiters wird so gewählt, daß sich in ihm stehende Wellen mit der Arbeitsfrequenz ausbilden. Durch zwei senkrecht zueinander stehende Signalauskopplungseinrichtungen werden die entsprechenden Komponenten des Signals getrennt in die Empfangselektronik übertragen und aus ihnen die Gesamtstrahlungsintensität bestimmt. Mit einer derartigen Signalauskopplung ist die Messung polarisierter Strahlung von vornherein gegeben. Bei kleinen Arbeitswellenlängen (Zentimeter- und Millimeterbereich) bringt man z.T. auch mehr als ein Horn in die Fokalebene des Reflektors. Es besteht dann die Möglichkeit, entweder bei mehreren Wellenlängen gleichzeitig zu beobachten, oder die ankommende Strahlung in einigen leicht versetzten, benachbarten Himmelspositionen getrennt zu bestimmen und damit eine flächenhafte Intensitätsverteilung in der zu untersuchenden Quelle zu ermitteln.

Die Zuleitung zwischen Antenne und Empfänger wird möglichst kurz gewählt, um den Einfluß von Störstrahlung zu reduzieren. Dies ist beim Bau der R.e als Cassegrain-Instrumente der Fall. Bei ihnen ist gleichzeitig noch eine gute Zugänglichkeit zur Antenne und zum Empfänger gewährleistet.

Empfänger. Im Empfänger wird die von der Antenne kommende hochfrequente Wechselspannung in einer Eingangsstufe um einen Faktor 10^5 bis 10^6 vorverstärkt. Dieser Empfängerabschnitt muß sehr rauscharm sein, weil neben dem gewünschten Signal auch jede unerwünschte Störspannung, z.B. ein durch thermische Effekte im Empfänger entstehendes Rauschen, mit verstärkt wird, und das von der Radioquelle kommende Signal meist wesentlich schwächer als das Rauschen ist. Aus diesem Grund werden die Empfänger meist mit flüssigem Helium auf -270°C gekühlt. In der der Eingangsstufe folgenden Mischerstufe wird die verstärkte hochfrequente Wechselspannung mit einer von einem Oszillator stammenden Wechselspannung gemischt und dadurch in einen Zwischenbereich niedrigerer Frequenz umgesetzt. Nach einer weiteren Verstärkung, nun im Zwischenfrequenzbereich, können die Signale mittels Koaxialkabel weitertransportiert werden. Trägerfrequenz und Signal werden dann mittels einer Frequenzweiche wieder entkoppelt, das Signal in der Regel digitalisiert und schließlich auf einem Magnetband zur weiteren Verarbeitung gespeichert. Bei Beobachtungen im Millimeter- und Submillimeterbereich geht man zuerst zu einer Zwischenfrequenz über, ehe die Verstärkung erfolgt.

Zur Eichung der von der Quelle herrührenden Signalstärke vergleicht man die gemessene Strahlungsintensität mit der einer thermischen Strahlungsquelle bekannter Temperatur und damit bekannter Intensität. Um eventuelle zeitliche Veränderungen in den einzelnen Empfängerstufen zu eliminieren, erfolgt der Vergleich in rascher Folge, und zwar vor jeder Verstärkung.

Abb. 4: Das Radioteleskop in Arecibo, Puerto Rico. Der Reflektor mit einem Durchmesser von 305 m stellt ein Segment einer Kugel mit einem Radius von 265 m dar. Die Antennen befinden sich unterhalb der dreieckigen Plattform, die mit Stahlseilen von drei Türmen getragen wird

Eine typische Antennen-Empfänger-Kombination ist nur in einem schmalen Wellenlängenbereich von etwa $\pm 5\%$ um die Wellenlänge herum, für die die Kombination abgestimmt ist, effektiv.

Radiospektrometer. Ein Radiospektrometer besteht üblicherweise aus einer Reihe von Empfängern, von denen jeder einzelne aus dem ankommenden Signal jeweils nur einen schmalen Frequenzbereich ausfiltert. Die gleichzeitige Untersuchung eines größeren Spektralbereichs mit hoher spektraler Auflösung erfordert daher einen recht hohen Aufwand. Bei akusto-optischen Spektrometern verwendet man ein anderes Verfahren: Die vom Empfänger kommende niederfrequente Wechselspannung wird zur Erzeugung einer akustischen Welle (und damit von Dichteinhomogenitäten) in einem geeigneten Kristall verwendet. Durchstrahlt man den Kristall mit monochromatischem Licht, so wird dieses an den Inhomogenitäten gebeugt; die Winkelauslenkung ist dabei der Frequenz proportional und die Stärke des abgelenkten Lichts der Intensität des Radiosignals bei dieser Frequenz. Hinter dem Kristall läßt man das Licht auf eine Zeile optischer Detektoren fallen. Die Stärke des von den einzelnen Detektoren gemessenen Lichtstroms ist dann der Stärke des Radiosignals bei jeweils unterschiedlichen Frequenzen proportional. Akustooptische Spektrometer zeichnen sich durch ein sehr hohes spektrales Auflösungsvermögen aus.

Montierung. Voll bewegliche R.e sind im allg. azimutal montiert (→ Fernrohr). Mit ihnen kann man einzelne Radioquellen über längere Zeit beobachten und die einfallende Strahlung aufsummieren, so daß auch sehr schwache Quellen nachweisbar sind. Einen geringeren technischen Aufwand erfordert die Aufstellung eines R.s als Durchgangsinstrument; es ist dann nur im Meridian beweglich. Die Beobachtungen erfolgen, wenn sich die zu untersuchende Radioquelle im oder nahe dem Meridian befindet. Große feststehende sphärische Reflektoren werden zur Untersuchung von Quellen genutzt, die infolge ihrer scheinbaren täglichen Bewegung in die Nähe des Zenits des Beobachtungsortes gelangen (Abb. 4, Seite 335). Weiter sind R.e im Gebrauch, die aus einem in Ost-West-Richtung aufgestellten ebenen Reflektor, der um eine in dieser Richtung liegende Achse schwenkbar ist, und einem ihm gegenüberliegenden feststehenden gekrümmten Reflektor bestehen (ähnlich einem Coelostaten, → Sonnenbeobachtung). Der schwenkbare Reflektor lenkt die einfallende Radiostrahlung auf den feststehenden, der die Form eines Paraboloidausschnittes hat, und der die Strahlung auf die Antenne konzentriert (Abb. 5). Die Hauptkeule des Strahlungsdiagramms eines solchen R.s ist blattförmig: In Ost-West-Richtung wird ein hohes Auflösungsvermögen erreicht, in Nord-Süd-Richtung ein geringes. Schließlich gibt es R.e, die aus einem ebenen Antennensystem bestehen, bei dem viele Dipole flächenhaft verteilt vor einer ebenen oder einer parabolisch-zylindrischen Reflektorwand angeordnet sind (Abb. 6). Für absolute Strahlungsflußmessungen im Zentimeter- und Meterwellenbereich verwendet man einzelne große Hornantennen. Wegen ihrer Unförmigkeit sind sie aber schlecht ausricht- und nachführbar.

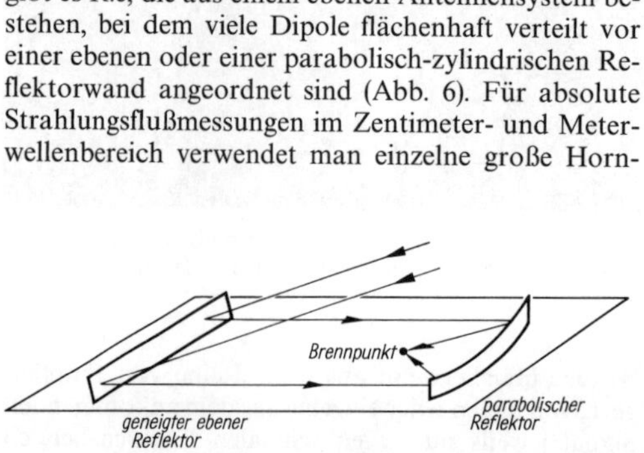

Abb. 5: Schema eines als Durchgangsinstrument gebauten Radioteleskops

Interferenzsysteme. Zur Erhöhung des Auflösungsvermögens werden mehrere R.e zu einem Interferenzsystem (Radiointerferometer) zusammengeschaltet. Im einfachsten Fall sind zwei R.e so aufgestellt, daß ihre Verbindungslinie (Basis) in Ost-West-Richtung liegt. In einem gemeinsamen Empfänger (Korrelator) werden die von den beiden Antennen stammenden Wechselspannungen (nach Modulation auf niedrigere Frequenzen) phasengerecht zusammengeführt und zur Interferenz gebracht. Infolge der scheinbaren täglichen Bewegung einer Radioquelle ändert sich der Winkel zwischen der Basislinie und der Richtung zur Quelle, was zu einer langsamen Veränderung des auf die Senkrechte zur Verbindungslinie Basismittelpunkt–Strahlungsquelle projizierten Entfernung der beiden Teleskope führt und damit zu einer relativen Verschiebung der am Korrelator miteinander interferierenden Wellen. (Die von der Strahlungsquelle zu den beiden Teleskopen unterschiedliche Signallaufzeit wird durch eine Verzögerungsstrecke so ausgeglichen, als wären die beiden zu durchlaufenden Strecken immer gleich lang.)

Das Auflösungsvermögen einer derartigen Interferometeranordnung ist durch die Basislänge und die Wellenlänge der empfangenen Strahlung bestimmt und genau gleich dem, den ein einzelnes R. mit einem Reflektordurchmesser gleich der Basislänge hätte. Die empfangene Strahlungsleistung wird hingegen durch die tatsächliche Reflektorfläche der beiden Teleskope bestimmt. Das Strahlungsdiagramm eines Zwei-Teleskop-Interferometers wird in Richtung der Basis durch den Abstand der beiden Teleskope bestimmt, so als ob sie die Randelemente eines großen Teleskops mit der Basis als Durchmesser wären, andererseits durch die Hauptkeule der (im allg. gleich großen) Interferometerteleskope. Wegen der Nicht-Rotationssymmetrie der Interferometeranordnung ist das Gesamtstrahlungsdiagrammm blattförmig, sein Auflösungsvermögen nur in Basisrichtung sehr hoch, während es senkrecht dazu nicht besser als das eines einzelnen Teleskops ist. Durch die Aufstellung vieler R.e entlang der Basislinie (Vielstrahlinterferometer; Abb. 7) läßt sich der Wirkungsgrad stark erhöhen. Ein solches Vielstrahlinterferometer bildet das Analogon zu einem optischen Gitter. Werden zwei Interferometersysteme so kombiniert, daß ihre Basislinien senkrecht aufeinanderstehen, ergibt sich ein hohes Auflösungsvermögen in beiden Richtungen.

An die die R.e eines Interferometers verbindenden signalübertragenden Leitungen werden sehr hohe Anforderungen gestellt. Bei Basislängen größer als einige Kilometer sind Kabel ungeeignet, man benutzt stattdessen drahtlose Übertragungssysteme. Bei Interferometern mit größeren Basislängen als etwa 100 km werden die an den einzelnen Beobachtungsorten empfangenen und modulierten Signale noch mit Zeitmarken höchster Genauigkeit versehen und auf geeigneten Trägern gespeichert. Die eigentliche Korrelation der Meßdaten erfolgt später mit Hilfe großer Rechenanlagen.

Abb. 6: Dipolwand (links) und zylindrische Parabolantenne des Radioastronomischen Observatoriums Bjurakan (Armenien)

Die Wirkungsweise einer großen Reflektorfläche kann im Prinzip vollwertig dadurch ersetzt werden, daß man die Fläche in Einzelelemente unterteilt und diese zu vielen Zwei-Element-Interferometern verbindet, deren Basislänge sehr unterschiedlich ist und deren Basislinien viele unterschiedliche Winkel einschließen. Die Beobachtung einer Radioquelle setzt sich dann aus vielen Einzelbeobachtungen zusammen, bei denen man für möglichst viele Elementkombinationen die Ausgangsspannung am Korrelator mißt und diese Werte rechnerisch so kombiniert, daß sich daraus die Intensitätsverteilung der Quelle ergibt. Die Methode, die als Apertursynthese bezeichnet wird, hat den Vorteil, daß die Elementkombinationen nicht alle gleichzeitig realisiert werden müssen. Man kommt im Prinzip mit zwei R.en aus, die nacheinander in alle bezüglich Abstand und Richtung erforderlichen Positionen gebracht werden. Eine Teleskopanordnung zur Apertursynthese besteht typischerweise jedoch aus mehreren, über eine große Fläche verteilten Teleskopen, von denen ein Teil auf Schienen fahrbar ist. Zwischen den Messungen wird der Standort einzelner Teleskope verändert, oder aber es wird die Erdrotation ausgenutzt, durch die die Teleskope im Laufe der Zeit auf (von der Quelle aus gesehen) verschiedene, Ellipsenbahnen durchlaufende „Aperturpunkte" gebracht werden. (Die Deklination der Quelle bestimmt die Größe der kleinen Halbachse der Ellipsenbahn; für eine Quelle mit einer Deklination von 0° reduziert sich die Ellipse auf eine Gerade, von der Quelle aus gesehen dreht sich dann die Teleskopanordnung auf der Erde nicht.)

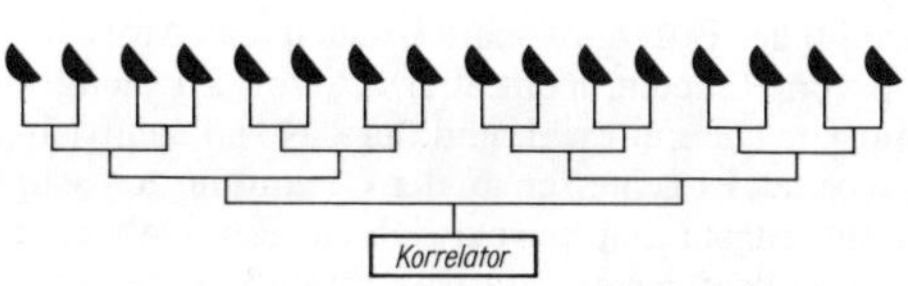

Abb. 7: Schema eines Vielstrahlinterferometers

Das Auflösungsvermögen eines in dieser Weise „synthetisierten" Instruments entspricht dem eines Einzelteleskops mit einem Durchmesser, der gleich dem größten projizierten Basisabstand der benutzten Zwei-Element-Kombinationen ist. Die unvollständige Aperturüberdeckung führt bei sehr großen Durchmessern zu Einschränkungen im Gesichtsfeld und in der Fähigkeit, schwache Strukturen in der Nähe sehr heller Objekte zu erkennen. Syntheseinstrumente haben den Vorteil, daß sie schrittweise durch Hinzufügung neuer Teleskope vergrößert werden können und daß die Einzelteleskope außerdem für sich nutzbar sind.

Durch das Zusammenwirken vieler R.e und unter Verwendung der Methode der Apertursynthese läßt sich ein interkontinentales Interferometernetzwerk aufbauen, dessen Auflösungsvermögen einem R. mit einem Durchmesser von etwa 10000 km entspricht. Das erreichbare Auflösungsvermögen ist – abhängig von der benutzten Beobachtungswellenlänge – besser als 0,001″ und übertrifft damit das der besten optischen Teleskope. Schwierigkeiten ergeben sich jedoch infolge von Fluktuationen in der Erdatmosphäre, die an den einzelnen Teleskopen zu unkorrelierten Störungen der Phasenlage der ankommenden Wellen führen. Zur Reduzierung dieser Phasenfehler und zur Ausgleichung der lückenhaften Aperturüberdeckung sind aufwendige Bildrekonstruktionsmethoden erforderlich.

Angaben zu einzelnen R.en. Das größte existierende voll bewegliche R. hat einen Durchmesser von 100 m, es ist noch für Beobachtungen bis herab zum Zentimeterwellenlängenbereich geeignet. Es befindet sich in der Nähe von Effelsberg (Eifel) und gehört zum Max-Planck-Institut für Radioastronomie (Abb. 2). Mit einem Durchmesser von 305 m hat das in Arecibo, Puerto Rico, befindliche feststehende R. die größte (sphärisch geformte) Reflektorfläche (Abb. 4). Die Empfangsantennen, die 130 m über dem Reflektor an Stahlseilen aufgehängt sind, können entlang einer kurzen Schiene so bewegt werden, daß die infolge der Erdrotation sich ergebende scheinbare Bewegung einer Radioquelle während einer Beobachtungszeit von etwa 2 Stunden kompensiert werden kann.

Das größte Syntheseteleskop, in Socorro, New Mexico (USA) stehend, besteht aus 27 parabolischen R.en mit einem Durchmesser von jeweils 25 m, die längs dreier Geraden frei verschiebbar angeordnet sind. Die drei Geraden laufen radial auseinander und haben eine Länge von je 21 km. Durch Apertursynthese kann mit dieser Anordnung ein R. von 36 km Durchmesser simuliert werden, das – abhängig von der Beobachtungswellenlänge – eine Winkelauflösung im Bereich von 0,1 bis 1″ zuläßt.

Randverdunkelung, die im sichtbaren Spektralbereich beobachtete Abnahme der Flächenhelligkeit auf der Sonnenscheibe von der Mitte zum Rand hin. Im Röntgen- und z.T. im Radiofrequenzbereich beobachtet man eine Zunahme der Flächenhelligkeit, eine ***Randaufhellung*** (→ Sonne).

Bei anderen Sterne existiert ebenfalls eine R., die sich z.B. bei Bedeckungsveränderlichen aus der Form der Lichtkurve erschließen läßt.

Ras Alhague [arab.], der Stern α im Sternbild Ophiuchus. Seine scheinbare visuelle Helligkeit beträgt $2^{m}_{,}1$; es ist ein Stern der Spektralklasse A5 und der Leuchtkraftklasse III, also ein Riesenstern. Seine Entfernung von der Sonne beläuft sich auf etwa 15 pc oder 50 Lichtjahre.

Ras Algethi [arab.], der Stern α im Sternbild Hercules. Es ist ein Dreifachstern. Die Hauptkomponente, deren scheinbare visuelle Helligkeit zwischen etwa 3^{m} und 4^{m} variiert, gehört zu den halbregelmäßigen Veränderlichen; die Spektralklasse ist M5 und die Leuchtkraftklasse I, es handelt sich also um einen Roten Überriesenstern. Die knapp 5″ vom Hauptstern entfernte lichtschwächere Komponente ist ein spektroskopischer Doppelstern. Die Entfernung von R. A. von der Sonne beträgt etwa 170 pc oder 550 Lichtjahre.

R-Assoziation, → Sternassoziation.

Raumfahrt, ***Weltraumfahrt***, ***Kosmonautik***, ***Astronautik***, die Durchquerung des Raumes außerhalb der dichten Lufthülle der Erde. Die R. erfolgt mit bemannten und unbemannten Raumflugkörpern.

Technische und astronomische Bedingungen für die R. Das größte Hindernis für das Erreichen von Flugbahnen außerhalb der dichten Erdatmosphäre besteht in der Überwindung der Erdanziehung, wozu verhältnismäßig hohe Energien notwendig sind. Dazu werden beim Start die Raumflugkörper mittels Raketen möglichst schnell auf eine große Geschwindigkeit gebracht, da die zur Verfügung stehende begrenzte Treibstoffmenge keine lange Beschleunigungsphase erlaubt. Von der bei Brennschluß erlangten Geschwindigkeit hängt es ab, ob die Erde umkreist oder für immer verlassen werden kann, oder ob das Raumfahrzeug auf die Erde zurückstürzt. Zum Erreichen einer Kreisbahn in z.B. 200 km über der Erdoberfläche ist eine Geschwindigkeit von 7,8 km/s erforderlich, sollen andere Himmelskörper angesteuert oder umflogen werden, wird mindestens eine Geschwindigkeit von 11,2 km/s (die Entweichgeschwindigkeit von der Erde) benötigt. Eine gewisse Reduzierung der einer Raumsonde zuzuführenden Energie ergibt sich bereits, wenn der Start in Richtung der Erdrotation bzw. der Erdbewegung um die Sonne erfolgt, da der Flugkörper dann von vornherein schon eine entsprechende Geschwindigkeit hat. Da die Entweichgeschwindigkeit mit wachsender Entfernung von der Erdoberfläche sinkt, ist es möglich, einen Körper zunächst auf eine Parkbahn zu bringen und ihn von dort mit einer geringeren Endgeschwindigkeit in den Raum zu befördern. Der Gesamtenergiebedarf ist bei diesem Vorgehen aber erheblich größer als bei einer einmaligen Beschleunigung. Zur Energieeinsparung werden im allg. Mehrstufen- statt Einstufenraketen benutzt: Nach Abwurf einer ausgebrannten Raketenstufe braucht nur eine um vieles kleinere Restmasse weiter beschleunigt zu werden. Die zum Erreichen eines bestimmten Planeten, Planetoiden oder Kometen benötigte Energie läßt sich weiterhin dadurch reduzieren, daß man die Anziehung des Mondes (oder auch eines Planeten) zur zusätzlichen Beschleunigung ausnutzt: Die Bahn der Raumsonde wird dabei so festgelegt, daß sie nahe an dem zur Beschleunigung vorgesehenen Himmelskörper vorbeiführt, und daß während des Vorbeiflugs infolge der Masseanziehung des Körpers auf die Sonde ein bestimmter, nach Größe und Richtung vorausberechneter Impuls übertragen wird. Die übertragene Energie wird der Bewegungsenergie des zur Beschleunigung benutzten Himmelskörpers entzogen.

Außerhalb der Erdatmosphäre ist allein das Antriebsprinzip von Raketen, nicht aber das von Flugzeugen anwendbar. Die Zeit, während der das Raketentriebwerk arbeitet, ist gemessen an der Gesamtflugzeit sehr klein; die längste Zeit bewegt sich ein Raumfahrzeug unter dem alleinigen gravitativen Einfluß der benachbarten Himmelskörper nach den Gesetzen der Himmelsmechanik. Die durchlaufene Bahn ist nach Form und Größe durch die Geschwindigkeit und die Bewegungsrichtung beim Brennschluß der Antriebsrakete sowie durch die Masse und die Entfernung der benachbarten Himmelskörper bestimmt. Solange die Anziehung eines Himmelskörpers dominiert, wird (in mehr oder minder guter Näherung) eine Kegelschnittbahn durchlaufen. Auf dem Bahnteil, auf dem der Antrieb erfolgt und den man als den aktiven Teil bezeichnet, ist dies nicht der Fall. Für eine weiche Landung auf einem anderen Himmelskörper oder bei der Rückkehr zur Erde muß die Geschwindigkeit wieder verringert werden, wozu man Bremsraketen verwendet. Am Ende eines Raumfahrtunternehmens wird nach der Freiflugphase daher im allg. wieder ein Stück aktive Bahn durchlaufen. Wegen der Abhängigkeit der Freiflugbahn von der Geschwindigkeit und der Bewegungsrichtung des Flugkörpers bei Brennschluß können sich kleine Kursabweichungen während der Beschleunigungsphase sowie kleine Fehler in der Brenndauer der Rakete in einem starken Abweichen von der gewünschten Bahn bemerkbar machen. Mit Hilfe von Steuerraketen oder durch kurzzeitiges Wiedereinschalten des Raketenmotors ist eine Korrektur der durchlaufenen passiven Bahn möglich.

Bei erdumkreisenden Raumflugkörpern (künstlichen Erdsatelliten) können zu den von der Erde ausgeübten gravitativen Kräften noch nichtgravitative hinzukommen. Dies gilt u.a. für den geringen, aber merklichen Luftwiderstand in der Hochatmosphäre. Die Reibungskräfte bewirken einen Verlust an kinetischer Energie, wodurch der Satellit eine tieferliegende Bahn einnimmt, die aber mit größerer mittlerer Geschwindigkeit durchlaufen wird: Die ursprüngliche Abbremsung verursacht damit eine Geschwindigkeitszunahme. Der Satellit durchläuft insgesamt eine spiralförmige Bahn, bis er schließlich auf die Erde stürzt oder in der Erdatmosphäre infolge der Luftreibung verglüht. Im interplanetaren Raum wirkt auf Raumsonden als nichtgravitative Kraft der Strahlungsdruck, der von der Sonnenstrahlung ausgeübt wird. Er macht sich vor allem bei Flugkörpern mit geringer Masse aber großer Oberfläche bemerkbar.

Nutzen der R. für die Astronomie. Untersuchungen außerirdischer Objekte in Spektralbereichen, in denen die Erdatmosphäre undurchlässig ist, können nur mit Hilfe der R. durchgeführt werden, indem man entsprechende Beobachtungsinstrumente über die dichte Erdatmosphäre hinausbringt. Möglich wurden auf diese Weise Beobachtungen im Ultraviolett-, im Röntgen- und im Gammastrahlungsbereich sowie im mittleren und fernen Infrarotbereich, was zur Erschließung völlig neuer Gebiete für die beobachtende Astronomie führte.

Die R. ermöglicht weiterhin die Untersuchung von Körpern des Planetensystems aus unmittelbarer Nähe, z.T. selbst mit geowissenschaftlichen Methoden. So konnte mit Hilfe von den Mond umkreisenden Sonden seine von der Erde aus unsichtbare Rückseite photographiert werden. Mit auf dem Mond installierten Seismographen ließ sich seine seismische Aktivität untersuchen, was Rückschlüsse auf seinen inneren Aufbau ermöglicht. Es konnte die Bodenbeschaffenheit sowie die chemische Zusammensetzung des Oberflächenmaterials des Mondes, der Venus und des Mars untersucht werden. Mondgestein wurde darüber hinaus zur Untersuchung in irdischen Labors zur Erde gebracht, und auf dem Mars wurden Experimente zum möglichen Nachweis von Leben durchgeführt. Weiter konnten die Zusammensetzung sowie die Temperatur- und Druckverhältnisse in den Atmosphären der Venus und des Mars bestimmt werden. Die Oberfläche des Merkurs kennt man erst genauer, nachdem sie mittels eines Raumflugkörpers aus nächster Nähe beobachtet wurde. Die Oberfläche der Venus, die wegen der völligen Undurchsichtigkeit der Venusatmosphäre im sichtbaren Spektralbereich nicht untersucht werden kann, konnte dagegen von venusumkreisenden Raumsonden aus unter Anwendung der Radio-Echo-Methode kartographiert werden. Entscheidende Kenntnisgewinne hinsichtlich des Jupiters, des Saturns und des Uranus sowie deren Satelliten- und Ringsysteme erbrachten die Vorbeiflüge von Raumsonden an diesen Planeten. Durch direkte Messungen ließen sich die Dichte, die chemische Zusammensetzung und die Bewegungsverhältnisse der interplanetaren Materie sowie die in ihr vorhandenen Magnetfelder untersuchen. Dabei konnten auch Experimente durchgeführt werden, aus denen man Rückschlüsse auf die physikalischen Verhältnisse der interplanetaren Materie ziehen kann, indem man elektrisch geladene Teilchen in den interplanetaren Raum bringt, und deren Bewegungen unter dem Einfluß der vorhandenen Magnetfelder und des Sonnenwindes beobachtet. Man ahmt dabei die Verhältnisse nach, die in den Ionenschweifen von Kometen herrschen; man erzeugt also kleine „künstliche" Kometen.

Bedingungen für die bemannte R. Der bemannten R. stellen sich besondere Hindernisse entgegen, weil die Bedingungen außerhalb der Erdatmosphäre für den Menschen außerordentlich lebensfeindlich sind. Eine der Hauptschwierigkeiten stellt das praktisch vollständige Vakuum dar, in dem die Raumflüge stattfinden. Damit fehlt der für das Atmen unerläßliche Sauerstoff. Flugkörper für die bemannte R. müssen deshalb vakuumdichte Kabinen sein, die in ihrem Innern der Besatzung die lebensnotwendige Atmosphäre bieten. Ein Verlassen der Raumfahrzeuge ist nur in vakuumdichten Spezialanzügen möglich, die für jeden einzelnen Astronauten ein spezielles, in sich geschlossenes autonomes Lebenssicherungssystem besitzen. Die Kabine des Raumflugkörpers hat weiter die Aufgabe, den Menschen gegen die Einwirkungen gefährdender außerirdischer Faktoren, z.B. die Ultraviolettstrahlung der Sonne, zu schützen, da diese Strahlung sonst den Menschen binnen kürzester Zeit schwerste Verbrennungen zufügen würde. Die Kabinen schirmen weiterhin die niederenergetische Kosmische Strahlung ab, außerdem sind sie so beschaffen, daß sie durch einen eventuellen Einschlag eines Meteoroiden nicht durchschlagen werden. Normalerweise übernimmt die Erdatmosphäre alle diese Schutzfunktionen: Sie ist für die Ultraviolettstrahlung weitgehend undurchlässig, die niederenergetischen Teilchen der Kosmischen Strahlung reagieren in der Erdatmosphäre derart, daß nur eine sehr geschwächte Sekundärstrahlung bis zur Erdoberfläche gelangt, und kleine Meteoroiden werden in der Atmosphäre so stark abgebremst, daß sie entweder verdampfen oder langsam zur Erdoberfläche sinken.

Für die Kosmonauten treten auch große körperliche und psychische Belastungen auf. Diese sind u.a. mit den hohen Krafteinwirkungen während der Beschleunigungsphasen beim Start und bei der Landung und mit der Schwerelosigkeit während der Freiflugphase verbunden. Die psychischen Belastungen rühren im wesentlichen davon her, daß die Besatzung eines Raumflugkörpers längere Zeit auf kleinstem Raum zusammenleben muß, und daß trotz aller erdenklicher Vorsichtsmaßnahmen Raumflüge doch recht risikoreich sind.

Die bemannte R. machte es möglich, daß Menschen auf dem Mond landeten und damit zum ersten Mal einen anderen Himmelskörper betraten, was einer prinzipiellen Erweiterung des menschlichen Wirkungsbereichs gleichkam. Eine Reise zum Mars stellt dagegen ein ungleich schwierigeres Unternehmen dar. Erde und Mond bewegen sich gemeinsam um die Sonne, ihr Abstand ändert sich demzufolge nur wenig, so daß eine Reise, deren Dauer nur wenige Tage beträgt, zwischen beiden Himmelskörpern nahezu zu jedem Zeitpunkt angetreten werden kann. Bei einer Reise zum Mars ist es anders, da er, die Erde und während der Freiflugphase auch das Raumfahrzeug sich unabhängig voneinander im Schwerefeld der Sonne bewegen. Die drei Körper durchlaufen daher ganz unterschiedliche elliptische Bahnen mit unterschiedlichen Umlaufzeiten. Da das Raumfahrzeug nur auf dem geringsten Teil der Bahn beschleunigt werden kann, muß der Startzeitpunkt so gewählt werden, daß es in dem Augenblick die Marsbahn erreicht, in dem sich der Planet gerade im Kreuzungspunkt der beiden Bahnen befindet, was eine sehr einengende Bedingung darstellt. Die Rückreise kann erst nach einer Wartezeit angetreten werden, weil sonst das Raumfahrzeug die Erde verfehlen würde. Unter allen möglichen Freiflugbahnen zwischen zwei Planeten ist diejenige die energetisch günstigste, die die Bahn der Erde und die Bahn des Zielplaneten nicht schneidet, sondern tangential berührt; sie benötigt aber die längste Reisezeit. Eine auf einer derartigen Bahn erfolgende Reise zum Mars und zurück würde etwa 32 Monate dauern, wobei die notwendigen Wartezeiten inbegriffen sind. Es dürfte dies die Grenze des mit bisherigen technischen Mitteln Erreichbaren sein. Reisen zu weiter entfernten Planeten sind wesentlich zeit- und energieaufwendiger. Flüge in den interstellaren Raum und zu benachbarten Sternen sind wegen der riesigen Entfernungen, den Reisezeiten von Hunderten von Jahren und den auftretenden Schwierigkeiten als Utopien zu betrachten. Die Landung auf der Venus ist wegen der hohen Oberflächentemperaturen gleichfalls utopisch. Ob die bemannte R. zum Erlangen neuer wissenschaftlicher Erkenntnisse notwendig ist, oder ob sie in Hinblick auf die wesentlich niedrigeren Kosten und die geringere Gefährdung von Menschen nicht durch unbemannte Missionen ersetzt werden sollte, ist eine noch umstrittene Frage.

Geschichtliches. Das erste Raumfahrtunternehmen erfolgte am 4.10.1957 mit dem Start des Erdsatelliten Sputnik 1 durch die damalige Sowjetunion. Mit der sowjet. Raumsonde Lunik 2, die am 14.9.1959 auf dem Mond zerschellte, gelangte zum ersten Mal ein von Menschen gebautes Objekt auf einen anderen Himmelskörper; am 1.3.1966 wurde mit der sowjet. Sonde Venus 3 zum ersten Mal ein anderer Planet, die Venus, erreicht. Der erste bemannte Raumflug erfolgte am 12.4.1961 durch den sowjet. Astronauten J. Gagarin (1934–1968). Am 21.7.1969 landeten erstmals Menschen – die Nordamerikaner N. Armstrong und E. Aldrin – auf dem Mond. Die am 2.3.1972 von den USA gestartete Raumsonde Pioneer 10 ist nach dem Vorbeiflug am Jupiter und nach dem Erreichen der Plutobahn weiter von der Sonne entfernt als alle bekannten Planeten, sie wird in etwa 80000 Jahren eine Strecke von 1 pc zurückgelegt haben und ist das erste von Menschen geschaffene Objekt, das das Sonnensystem verläßt.

Raumwinkel, Maß für den Raumanteil, der durch einen (beliebig gestalteten) Kegel aus dem Gesamtraum herausgeschnitten wird; → Winkel.

Rauschsturm, schnell veränderliche Komponente der Radiofrequenzstrahlung der Sonne; → Sonne.

R-Coronae-Borealis-Sterne, Sterne mit unregelmäßig veränderlicher Helligkeit, bei denen ein oft jahrelang andauerndes konstantes Normallicht von stets plötzlich eintretenden Helligkeitsminima unterbrochen wird, die sowohl wochen- als auch jahrelang andauern als auch nach kurzer Zeit langsam dem Normallicht weichen können (Abb.). Die Helligkeitsschwankungen betragen bis zu 9 mag. Bei einigen R-C.-B.-S.n beobachtet man während des Normallichts einen zusätzlichen Pulsationslichtwechsel geringer Amplitude. Die R-C.-B.-S. sind Überriesen der Spektralklassen F bis K, die in ihrem Spektrum kaum Linien vom Wasserstoff, dafür aber starke Kohlenstofflinien aufweisen.

Der Lichtwechsel wird wahrscheinlich dadurch verursacht, daß aus den Atmosphären der R-C.-B.-S. Materie abströmt, und daß aus noch ungeklärter Ursache mehr oder minder plötzlich Gasbestandteile kondensieren und feste Partikeln bilden. Durch sie wird dann ein beträchtlicher Teil der Sternstrahlung absorbiert. Die von den Teilchen aufgenommene Energie wird als thermische Strahlung im infraroten Spektralbereich wieder abgegeben. Dies hat bei einigen R-C.-B.-S.n eine veränderliche Infrarotstrahlung zur Folge, die dann

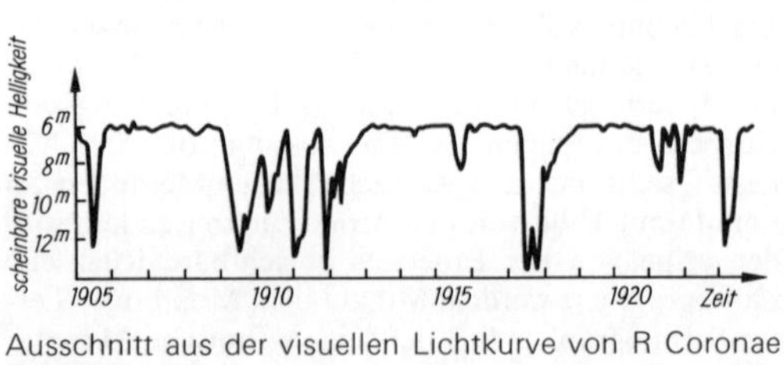

Ausschnitt aus der visuellen Lichtkurve von R Coronae Borealis

erhöht ist, wenn die scheinbare Helligkeit im sichtbaren Spektralbereich reduziert ist. Die Staubteilchen werden entweder wieder zerstört oder mit dem abströmenden Gas in den interstellaren Raum transportiert: Für einen entfernten Beobachter kehrt der Stern dann zum Normallicht zurück.
Bisher sind rund 40 R-C.-B.-S. bekannt, sie gehören wahrscheinlich zur Scheibenpopulation.

Recheninstitut, → Sternwarte.

rechtläufig, Richtungsangabe sowohl für die räumliche Bewegung von Körpern des Planetensystems als auch für deren scheinbare Bewegungen an der Himmelskugel. Eine Raumbewegung ist dann r., wenn sie in gleicher Richtung wie die Bahnbewegung der Erde um die Sonne, für einen vom Nordpol der Ekliptik blickenden Beobachter damit entgegengesetzt dem Uhrzeigersinn erfolgt; anderenfalls nennt man die Bewegung ***rückläufig***. Die scheinbare Bewegung eines Himmelskörpers an der Himmelskugel wird dann als r. bezeichnet, wenn sie relativ zu den Sternen von West nach Ost gerichtet ist; eine Ost-West-Bewegung nennt man rückläufig (Abb. → Bewegung der Gestirne).

Referenzsystem, → Fundamentalstern.

Reflektor *m*, svw. Spiegelteleskop.

Reflexion, in der Physik das Zurückwerfen elektromagnetischer Strahlung an der Grenzfläche zweier unterschiedlicher Medien. Die Stärke und die Richtung der zurückgeworfenen Strahlung hängen von den Eigenschaften und der Oberflächenbeschaffenheit der Grenzfläche sowie der Wellenlänge der Strahlung ab. Voraussetzung für eine spiegelnde R. ist eine sehr ebene Grenzfläche. Es gilt dann das ***Reflexionsgesetz***: Der einfallende und der zurückgeworfene Strahl sowie das auf der Grenzfläche im Auftreffpunkt des Strahls errichtete Lot liegen in einer Ebene; die beiden Strahlen schließen mit dem Lot gleiche Winkel ein (Einfallswinkel = Ausfallswinkel). Bei einer rauhen Oberfläche tritt eine diffuse R. auf. Eine Oberfläche ist dann rauh, wenn ihre Unebenheiten groß gegenüber der Wellenlänge der einfallenden Strahlung sind.

Reflexionsnebel, eine relativ dichte Ansammlung interstellarer Staubteilchen, an denen das Licht benachbarter Sterne gestreut wird, und die dadurch hell in Erscheinung tritt.

Refraktion, allgemein die Änderung der Ausbreitungsrichtung von Wellen an der Grenzfläche zweier Medien mit unterschiedlichen Ausbreitungsgeschwindigkeiten, speziell die Richtungsänderung elektromagnetischer Wellen an der Grenzfläche optisch unterschiedlicher Medien (→ Brechung).
In der Astronomie bezeichnet man als R. insbes. die Ablenkung des von den Gestirnen kommenden Lichts in der Erdatmosphäre. Da die Gasdichte der Atmosphäre nach außen hin abnimmt, kann sie als eine Folge von parallelen Schichten mit unterschiedlicher, nach außen hin abnehmender optischer Dichte aufgefaßt werden. Tritt ein Lichtstrahl schräg durch die Grenzfläche zweier derartiger Schichten, erleidet er eine Richtungsänderung. Nimmt die optische Dichte zu, ist der Winkel zwischen der Senkrechten auf der Grenzfläche und dem einfallenden Strahl größer als der zwischen der Senkrechten und dem austretenden Strahl (Abb. 1). Der Brechungswinkel wächst mit der Differenz der optischen Dichten und der Größe des Einfallswinkels. Beim senkrechten Auftreffen auf die Grenzfläche findet keine Brechung statt. Da die Dichte in der Erdatmosphäre sich stetig ändert, erleidet ein von einem Gestirn kommender Lichtstrahl insgesamt eine stetige Krümmung (Abb. 2). Ein Beobachter sieht das Gestirn in Richtung der Tangente an den Lichtstrahl am Beobachtungsort. Ihm erscheint das Gestirn nicht unter der wahren Zenitdistanz z_0, sondern unter einer kleineren, scheinbaren Zenitdistanz z. Die Differenz zwischen wahrer und scheinbarer Zenitdistanz bezeichnet man als Refraktionswinkel R (oder kurz als R.), für ihn gilt $z_0 - z = R$. Die R. verschwindet, wenn das Gestirn im Zenit des Beobachtungsortes steht, sie hat ihr Maximum, die *Horizontrefraktion*, wenn sich das Gestirn im Horizont befindet. Der Wert der Horizontrefraktion ist im sichtbaren Spektralbereich so groß, daß die Sonne z.B. um etwas mehr als ihren scheinbaren Durchmesser angehoben erscheint. Die Größe der R. ist wellenlängenabhängig: Sie ist für kurzwelliges (blaues) Licht größer als für langwelliges (rotes) Licht.

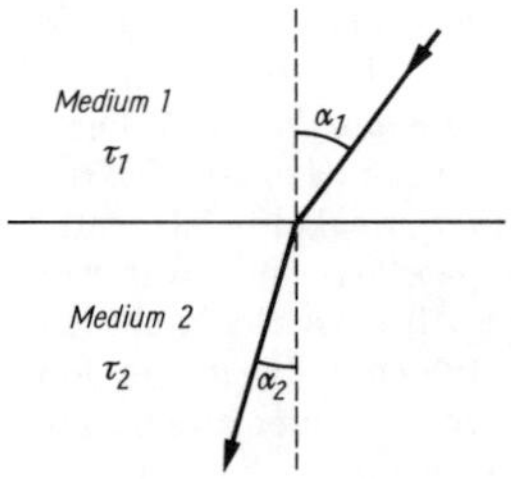

Abb. 1: Zur Refraktion. τ_1, τ_2: optische Dichten ($\tau_2 > \tau_1$); α_1: Einfallswinkel; α_2: Ausfallswinkel

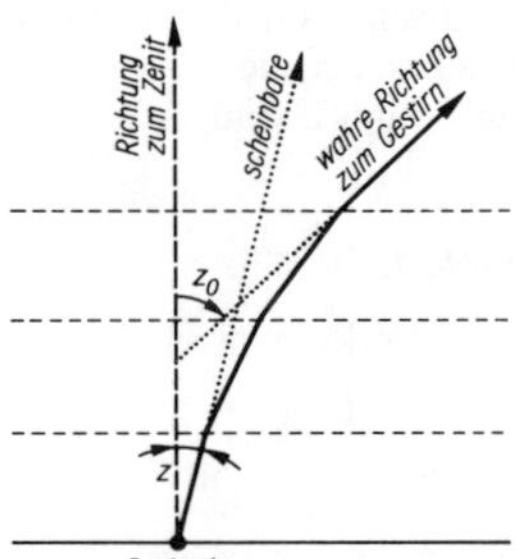

Abb. 2: Zur Refraktion in der Erdatmosphäre. z_0 wahre Zenitdistanz eines Gestirns; z: scheinbare Zenitdistanz. Die kontinuierliche Dichteabnahme in der Erdatmosphäre ist schematisch durch Dichtesprünge dargestellt

Die Aufstellung eines exakten Refraktionsgesetzes stößt auf Schwierigkeiten, da die vertikale Schichtung der Luftdichte, die von Druck und Temperatur abhängt und die optischen Eigenschaften bedingt, wegen ihrer Witterungsabhängigkeit nicht mit der notwendigen Genauigkeit bekannt ist. Für den Refraktionswinkel können aber Näherungsformeln angegeben werden, die für nicht zu große Zenitdistanzen und für den visuellen Spektralbereich gelten, z.B. $R = \alpha \tan z$ mit $\alpha \approx 60''$. Der Wert von α ist für größere Zenitdistanzen als 70° nicht mehr konstant, was daran liegt, daß wegen der Erdkrümmung die Erdatmosphäre dann nicht mehr als eine planparallele Schichtung angesehen werden kann. Bei der exakten Positionsbestimmung müssen die wechselnden Temperatur- und Druckverhältnisse und eventuell auch die Änderungen der Luftfeuchtigkeit durch eine entsprechende Korrektur des Wertes von α berücksichtigt werden. Derartige Korrekturwerte liegen berechnet in Refraktionstafeln vor. Allgemein gilt, daß mit abnehmender Temperatur und steigendem Druck (wodurch jeweils die Luftdichte vergrößert wird) die R. steigt. Bei geringen Zenitdistanzen wird die R. im wesentlichen durch die unteren Schichten der Erdatmosphäre bestimmt, bei größeren Zenitdistanzen sind auch höhere Schichten beteiligt. Für diese Schichten ist im allg. die zur Zeit der Beobachtung herrschende Temperatur- und Druckverteilung nur ungenau bekannt, was sich auf die Refraktionswerte für Zenitdistanzen größer als etwa 80° überträgt.

Liegen bei besonderen Witterungsbedingungen die Schichten gleicher Luftdichte nicht parallel zur Erdoberfläche, treten ***Refraktionsanomalien*** auf. Die R. kann dann vom Azimut abhängen (*Azimutrefraktion*), es ist auch eine *Zenitrefraktion* möglich. Gelegentlich ergibt sich eine sog. *Saalrefraktion*, und zwar wenn Gestirne durch den engen Spalt einer Beobachtungskuppel beobachtet werden: In dem teilweise geschlossenen Beobachtungsraum kann sich eine andere Luftschichtung einstellen als im Freien, so daß der Lichtstrahl beim Eintritt durch den Beobachtungsspalt eine zusätzliche Brechung erfährt. Die Szintillation des Sternlichts ist eine Folge von rasch wechselnden Refraktionsstörungen. Die im Radiofrequenzbereich auftretende R. ist von etwa der gleichen Größenordnung wie die im optischen Spektralbereich, sie ist bei einer exakten Positionsbestimmung punktförmiger Radioquellen zu berücksichtigen.

Refraktionstabelle

Zenitdistanz	Refraktionswinkel
0°	0′ 0″
10	0 11
20	0 22
30	0 35
40	0 51
50	1 11
60	1 45
70	2 45
80	5 31
90	≈36

Refraktor *m*, ***Linsenfernrohr***, ein Fernrohr mit einer oder mehreren Linsen als Objektiv. Die in der Astronomie als Beobachtungsinstrumente benutzten R.en sind nach dem Prinzip des Keplerschen → Fernrohrs konstruiert: Das Objektiv entwirft in seiner Brennebene ein Bild des zu beobachtenden fernen Gegenstandes. Bei ***visuellen R.en*** wird das Bild durch ein Okular aus geringer Entfernung betrachtet und erscheint dann vergrößert. Bei ***photographischen R.en*** befindet sich in der Brennebene eine Photoplatte, mit der der Gegenstand aufgenommen wird; der R. wird dann wie eine Kamera benutzt.

Die einer Linse innewohnenden Abbildungsfehler können z.T. dadurch korrigiert werden, daß man das Objektiv aus mehreren Linsen zusammensetzt. Einer dieser Abbildungsfehler ist die chromatische Aberration, die darin besteht, daß die Brennweite für Licht unterschiedlicher Wellenlänge unterschiedlich ist; sie ist für kurzwelliges (blaues) Licht kleiner als für langwelliges (rotes) Licht, da kürzerwellige Strahlung stärker als längerwellige gebrochen wird. Mittels zweier Objektivlinsen, von denen eine eine (schwache) Zerstreuungslinse ist, kann man für zwei unterschiedliche Wellenlängen gleiche Brennweiten erreichen. Ein solches Linsensystem bezeichnet man als Achromat. Mit drei und mehr Linsen ist eine befriedigende Farbkorrektur für drei Wellenlängen bzw. in einem breiteren Spektralbereich erzielbar (ein derartiges System wird Apochromat genannt). Für photographische Aufnahmen ist im Mittel kürzerwelliges Licht wirksam als bei visuellen Beobachtungen: Objektive photographischer R.en sind deshalb für kürzerwelliges Licht korrigiert als die Objektive visueller R.en. Ein für den visuellen Spektralbereich korrigiertes Objektiv läßt sich dennoch (mindestens behelfsmäßig) für photographische Aufnahmen nutzen, wenn man vor die Photoplatte ein Gelbfilter setzt, das das von dem Objektiv fehlerhaft vereinigte kurzwellige Licht nicht hindurchläßt.

Photographische astronomische R.en haben zwei bis fünf Linsen als Objektiv. Zweilinser haben meist nur ein kleines Gesichtsfeld und eine große Brennweite, wodurch ihr Öffnungsverhältnis (das Verhältnis von Objektivdurchmesser zur Brennweite) klein ist. Mehrlinsigen Systeme sind auch für größere Gesichtsfelder brauchbar, sie haben im allg. bei kleineren Brennweiten größere Öffnungsverhältnisse. Mehrlinsige photographische R.en mit Öffnungsverhältnissen von 1:8 oder größer bezeichnet man als *Astrographen.* Sie wurden meist für Objektivöffnungen von 20 bis 40 cm gebaut. Bei einer Photoplattengröße von 30×30 cm^2 läßt sich ein Bildfelddurchmesser von etwa 10° (etwa 20 Vollmondbreiten) erreichen. Als *Normalastrographen* bezeichnet man solche R.en, die einen Winkel von 1′ am Himmel in einer Größe von 1 mm abbilden, wozu eine Brennweite von 344 cm notwendig ist.

Visuelle R.en beherrschten früher allein das Feld der astronomischen Beobachtungsinstrumente, werden heute aber nur noch für spezielle wissenschaftliche Zwecke eingesetzt, meist für astrometrische Aufgaben. Langbrennweitige R.en eignen sich hervorragend für visuelle Oberflächenbeobachtungen beim Mond und bei den Planeten. Man verwendet sie außerdem noch vielfach bei Doppelsternbeobachtungen. Winkelmeßinstrumente, wie z.B. Meridiankreise, Passageinstrumente und Zenitteleskope, besitzen im allg. eine Linsenoptik. Mittlere und kleine visuelle R.en dienen

Visueller Refraktor der Sternwarte Babelsberg. Objektivdurchmesser 65 cm, Brennweite 10,5 m

noch vielfach als Leitrohre für photographische R.en und für Spiegelteleskope.

Große R.en werden für wissenschaftliche Zwecke nicht mehr gebaut, da die Herstellung von großen, gut lichtdurchlässigen, spannungs- und schlierenfreien Glasscheiben für optische Linsen nicht einfach ist. Zudem können Linsen nur am Rand gefaßt werden, so daß sie infolge ihres Eigengewichts bei unterschiedlichen Teleskopstellungen unterschiedlichen Verformungen unterliegen, wodurch die optische Güte sehr gemindert wird. Alle Fernrohre mit mehr als etwa 1 m Öffnung sind daher Spiegelteleskope.

Der größte visuelle R. mit einer Öffnung von 102 cm und einer Brennweite von 19,4 m befindet sich in der Yerkes-Sternwarte (Williams Bay, Wisconsin, USA). Der größte photographische R. hat eine Öffnung von 80 cm und eine Brennweite von 12 m, er gehört zum Astrophysikalischen Observatorium in Potsdam. Es ist ein Doppelrefraktor, bei dem parallel zum photographischen ein visueller R. mit 50 cm Öffnung und 12,5 m Brennweite montiert ist.

Regengestirn, svw. Hyaden.

Regio [lat., ‚Gegend'] *f, Plur.* Regiones, Bezeichnung für ein kleineres ebenes Gebiet als eine Struktureinheit auf der Oberfläche von Körpern des Planetensystems.

Regolith, Trümmergestein auf der Oberfläche atmosphäreloser erdartiger Körper des Planetensystems, das im Laufe der Zeit durch die mechanische Zerstörung des anstehenden Gesteins beim ungehinderten Aufschlag von Meteoroiden und dem folgenden Zusammenbacken der Trümmer entstanden ist.

Regulus [lat., ‚kleiner König'], der hellste Stern (α) im Sternbild Leo (Löwe), dessen scheinbare visuelle Helligkeit $1^{m}\!,3$ beträgt. Es ist ein Stern der Spektralklasse B7 und der Leuchtkraftklasse V, also ein heißer Hauptreihenstern. Der R. bildet mit zwei anderen Sternen ein visuelles Dreifachsystem mit Komponentenabstände von 176″ bzw. 3″. Die Entfernung des R. von der Sonne beläuft sich auf etwa 22 pc oder 72 Lichtjahre.

Reiterlein, der Stern Alkor im Sternbild →Ursa Maior.

Rekombination, die Vereinigung eines freien Elektrons mit einem Ion. Die R. ist der der Ionisation entgegengesetzte Vorgang. Bei einer R. wird Energie ausgestrahlt, die sich aus der Ionisationsenergie und der kinetischen Energie des Elektrons zusammensetzt. Die Menge der R.en in einem ionisierten Gas gibt zu einem ***Rekombinationsleuchten*** Anlaß.

Rekombinationslinien, Emissionslinien, die nach der Rekombination von freien Elektronen mit Ionen beim kaskadenartigen Übergang der (dann gebundenen) Elektronen von höherliegenden auf niedrigere Energieniveaus entstehen. In Abhängigkeit von der Energiedifferenz der beteiligten Niveaus liegen die R. im ultravioletten Spektralbereich, im visuellen oder auch im Radiofrequenzbereich. Radiorekombinationslinien, die bei Übergängen zwischen sehr hochliegenden Energieniveaus entstehen, können nur in extrem verdünnten Gasen auftreten, da in diesen Energiezuständen der Abstand der Elektronen von den Atomkernen wesentlich größer ist als der bei normalen Gasdichten mögliche mittlere Abstand zwischen zwei Atomen.

Rektaszension [ascensio recta, lat., ‚gerade Aufsteigung'], ***gerade Aufsteigung***, der längs des Himmelsäquators gemessene Winkel zwischen dem Schnittpunkt des Stundenkreises eines Gestirns mit dem Himmelsäquator und dem Frühlingspunkt. Die R. wird in Stunden, Minuten und Sekunden von 0^{h} bis 24^{h} vom Frühlingspunkt aus entgegengesetzt der Richtung der täglichen scheinbaren Bewegung der Gestirne gemessen (Abb. →Koordinaten). Das ***Rektaszensionssystem*** ist ein astronomisches Koordinatensystem.

Relativitätstheorie, eine von A. Einstein (1879–1955) entwickelte Theorie der Struktur von Raum und Zeit.

Die 1905 von Einstein geschaffene ***Spezielle R.*** befaßt sich vor allem mit der Lichtausbreitung in bewegten Medien. In ihr wird das in der klassischen Mechanik gültige Relativitätsprinzip auf alle physikalischen Erscheinungen, besonders auch auf die elektromagnetischen, erweitert. Nach diesem Prinzip sind alle gleichförmig gegeneinander bewegten Bezugssysteme hinsichtlich der Darstellung der physikalischen Gesetze gleichwertig; für beschleunigte Systeme, z.B. solche, die eine Drehung ausführen, gilt dies nicht. Eine gleichförmige räumliche Bewegung der Erde kann man daher nur auf Grund von Beobachtungen außerirdischer Objekte feststellen, also relativ zu anderen Himmelskörpern. Die Rotation der Erde kann dagegen absolut, d.h. durch Beobachtungen auf der Erde selbst, nachgewiesen werden, z.B. durch den Foucaultschen Pendelversuch. Einige, z.T. paradox erscheinende Folgerungen der Speziellen R. sind: Die üblichen Vorstellungen von Raum und Zeit müssen fallengelassen werden, so gibt es keine allgemein gültige absolute Zeit. Die Beurteilung, ob zwei Ereignisse gleichzeitig ablaufen, hängt vom Bewegungszustand des Beobachters ab. Die Lichtgeschwindigkeit im Vakuum ist immer konstant; das von einem Stern zu uns kommende Licht hat daher stets die gleiche Geschwindigkeit, gleichgültig ob sich der Stern nähert oder entfernt. (Es ändert sich infolge des Doppler-Effekts nur die beobachtete Wellenlänge der Strahlung.) Die Lichtgeschwindigkeit im Vakuum ist die größtmögliche Geschwindigkeit für den Transport von Energie und kann von einem mit Masse behafteten Körper nur in Annäherung erreicht werden; anderenfalls würde die Masse über alle Grenzen wachsen, denn nach der R. ist die Masse m eines Körpers abhängig von dessen Geschwindigkeit v, wobei $m = m_0/\sqrt{1-v^2/c^2}$ gilt, wenn m_0 die Masse des unbewegten Körpers und c die Lichtgeschwindigkeit bedeuten. Jeder Masse m ist eine Energie $E = mc^2$ äquivalent (*Äquivalenzrelation von Masse und Energie*).

Die ***Allgemeine R.***, die 1915 von Einstein entwickelt wurde, stellt eine Theorie der Gravitation und der Raum-Zeit-Struktur dar. Sie basiert auf der Äquivalenz von träger und schwerer Masse, die durch Labormessungen mit einer Restunsicherheit von 10^{-12} voll bestätigt werden konnte. Die Theorie fordert einen noch radikaleren Bruch mit den herkömmlichen anschaulichen Raum-Zeit-Vorstellungen, da es nach ihr weder eine absolute Zeit noch einen absoluten Raum gibt; die metrische Struktur (die Krümmung) des Raumes an einem bestimmten Ort hängt vom dort herrschenden Gravitationsfeld ab. Die Allgemeine R. hat für die Kosmologie, in der die allgemeine Struktur des Weltraums untersucht wird, eine herausragende Bedeutung.

Es gibt drei bereits von Einstein vorgeschlagene, auf astronomischen Beobachtungen beruhende Prüfmöglichkeiten für die Allgemeine R.: Die Theorie sagt eine zusätzliche zu der auf himmelsmechanische Effekte zurückgehende Periheldrehung der Planeten voraus. Diese Zusatzbewegung ergibt sich beim Merkur theoretisch zu 43,03″ je Jahrhundert, bei der Venus zu 8,6″ je Jahrhundert und bei der Erde zu 3,8″ je Jahrhundert. Die beobachteten Werte von 43,11″ bzw. 8,4″ bzw. 5,0″ je 100 Jahre sind damit in guter Übereinstimmung.

Nach der Allgemeinen R. wird ein unmittelbar am Sonnenrand vorübergehender Lichtstrahl durch das Gravitationsfeld der Sonne um 1,75″ aus seiner Richtung abgelenkt, da die Energie der Photonen einer Masse äquivalent ist, und diese dadurch der Gravitation unterliegen. Bei totalen Sonnenfinsternissen läßt sich die Lichtablenkung im solaren Gravitationsfeld überprüfen, indem man die Örter von dann unmittelbar am Sonnenrand befindlichen Sternen mit den Örtern vergleicht, die diese Sterne sonst haben. Die Messungen sind sehr schwierig, so daß sich relativ hohe Meßfehler ergeben, die aber 10% von der vorausgesagten Ortsverschiebung nicht übersteigen. Wesentlich genauere Ergebnisse, die nicht mehr als 0,3% vom theoretischen Wert abweichen, ergeben sich bei der Bestimmung von Positionsveränderungen punktförmig erscheinender Radioquellen (z.B. Quasaren) mit Hilfe von Radiointerferometern, wenn die Sonne auf Grund ihrer scheinbaren jährlichen Bewegung den Quellen nahekommt und sie z.T. verdeckt.

Die von einem Stern emittierten Photonen erleiden in dessem Gravitationsfeld einen Energieverlust, der zu einer Rotverschiebung führt (relativistische Rotverschiebung): Die Photonen müssen gewissermaßen Arbeit gegen die Anziehungskraft des Sterns leisten und büßen so einen Teil ihrer Energie ein. Hat das Photon bei der Emission die Wellenlänge λ_0 und der Stern die Masse $\mathfrak{M}$ und den Radius R, so gilt für die in weiter Entfernung vom Stern beobachtete Wellenlänge $\lambda = \lambda_0/\sqrt{1-2G\,\mathfrak{M}/(Rc^2)}$, wobei G die Gravitationskonstante bedeutet. Der zu erwartende Effekt liegt nur bei den Weißen Zwergen im Bereich des Meßbaren, da nur diese Sterne einen genügend kleinen Radius und damit ein genügend starkes Graviationsfeld an ihrer Oberfläche besitzen. Eine relativistische Rotverschiebung konnte beim Begleiter des Sirius nachgewiesen werden ebenso bei der Sonne. Bei ihr beobachtet man die Verschiebung von Spektrallinien, die in solchen Schichten der Sonnenatmosphäre entstehen, in denen (nahezu) keine radialen Strömungen auftreten, so daß der relativistische Effekt nicht durch einen störenden und im allg. viel stärkeren Doppler-Effekt überdeckt wird. Die Messungen ergeben eine recht genaue Übereinstimmung zwischen dem theoretisch erwarteten und dem beobachteten Wert. Gleiches gilt für Messungen der relativistischen Rotverschiebung im Gravitationsfeld der Erde.

Seit der Existenz von Raumsonden besteht eine weitere astronomische Prüfmöglichkeit, indem man die Laufzeit elektromagnetischer Wellen im Schwerefeld der Sonne bestimmt. Nach der Theorie erleidet ein nahe an der Sonne vorbeigehendes Signal eine Laufzeitverzögerung von etwa $2 \cdot 10^{-4}$ s gegenüber einem sich ungestört ausbreitenden Signal. Bei den Messungen werden kurze Strahlungspulse im Radiofrequenzbereich zu Raumsonden geschickt, wenn sich diese nahe der oberen Konjunktion mit der Sonne befinden, und die Laufzeit der Pulse zur Sonde und zurück gemessen. Im Rahmen der Beobachtungsgenauigkeiten konnten die von der R. vorausgesagten Verzögerungen mit einer Unsicherheit von nur 0,1% bestätigt werden.

Die auf der Erde und im Planetensystem möglichen Prüfmöglichkeiten der Allgemeinen R. beschränken sich immer nur auf sehr schwache Gravitationsfelder. Die einzige derzeitige Testmöglichkeit für starke Felder besteht bei den sog. Binärpulsaren, bei denen ein Pulsar mit einem anderen kompakten Objekt (einem anderen Neutronenstern) ein Doppelsternsystem bildet. Die Allgemeine R. sagt dann u.a. eine starke Drehung der Apsidenlinie, eine Änderung der Umlaufperiode des Pulsars um den Systemschwerpunkt infolge einer Abstrahlung von Gravitationswellen und eine Zeitdilatation der Pulsarsignale in dem (starken) Gravitationsfeld des Begleiters voraus. Die bisher an Binärpulsaren durchgeführten Beobachtungen ergaben keinerlei Widersprüche mit der Theorie und bestätigten die Existenz der vorausgesagten Gravitationswellen.

r-Element, ***r-Prozeß***, → Elemententenentstehung.

Resonanz, in der Himmelsmechanik ***1)*** das ganzzahlige Verhältnis der Umlaufzeiten zweier Himmelskörper, die einen dritten umlaufen; ***2)*** das ganzzahlige Verhältnis der Umlaufzeit eines Himmelskörpers um einen anderen zu seiner Rotationsperiode. R.en treten u.a. zwischen den Umlaufzeiten von Planetoiden um die Sonne mit der Umlaufzeit des Jupiters um die Sonne auf (→ Planetoid). Eine Umlauf-Rotations-Resonanz besteht u.a. bei der gebundenen Rotation.

Ret, Abk. für Reticulum

Reticulum [lat.], *Gen.* Reticuli, abg. ***Ret***, ***Netz***, kleines Sternbild des südlichen Himmels, das von unseren Breiten aus nicht sichtbar ist.

Revolution, alte Bezeichnung für die Bahnbewegung der Planeten.

Rhea *f*, ein Saturnsatellit. Die R. bewegt sich auf einer elliptischen Bahn mit einer großen Halbachse von 527040 km und einer Exzentrizität von 0,001 in 4 d 12,4 h rechtläufig um den Saturn; die Bahn ist um 0,35° gegen dessen Äquatorebene geneigt. Die Rotationsperiode der R. ist wegen der gebundenen Rotation gleich ihrer Umlaufzeit. Mit einem Durchmesser von 1528 km und einer Masse von $2{,}49 \cdot 10^{21}$ kg gehört die R. zu den Satelliten mittlerer Größe; die mittlere Dichte beläuft sich auf 1,34 g/cm^3. Die R. ist ein eisartiger Himmelskörper. In Oppositionsstellung hat die R. eine scheinbare visuelle Helligkeit von $10^{m}\!,0$.

Die Oberflächenstruktur der R. kennt man erst seit Beobachtungen von den Raumsonden Voyager 1 und 2 aus. Sie besitzt zwei unterschiedlich helle Hemisphären: Die in die Bewegungsrichtung weisende ist relativ gleichmäßig hell, während die Rückseite dunkler und fleckiger erscheint. Die verhältnismäßig hohe Gesamtalbedo von etwa 0,6 deutet auf Eis als hauptsächliches Oberflächenmaterial hin. Von den auf der Rückseite befindlichen breiten, ungleichmäßig hellen Streifen auf dem dunkleren Untergrund ist unbekannt, ob sie aus Material bestehen, das beim Einschlag von größeren Himmelskörpern ausgeworfen wurde, oder ob sie auf Grund innerer tektonischer Prozesse entstanden sind. Die Oberfläche der R. ist mit Einschlagkratern bedeckt, die bemerkenswert steile Kraterwände haben, was wahrscheinlich auf eine relativ große Eisfestigkeit zurückzuführen ist.

Hinsichtlich der Einordnung der R. in das System der Saturnsatelliten → Saturn.

Die R. wurde 1672 durch G.D. Cassini (1625–1712) entdeckt.

Riesenast, das Gebiet im Hertzsprung-Russell-Diagramm, in dem die Bildpunkte der Riesensterne liegen.

Riesenstern, ***Riese***, ***Gigant***, ein Stern von großem Durchmesser und großer Leuchtkraft, dessen Bildpunkt im Hertzsprung-Russell-Diagramm deutlich über der Hauptreihe liegt. Die normalen R.e (Leuchtkraftklasse III) definieren im → Hertzsprung-Russell-Diagramm den Riesenast. Die Bildpunkte der ***hellen Riesen*** (Leuchtkraftklasse II) befinden sich über denen der normalen R.e. Die ***Überriesen*** (Leuchtkraftklasse I) besitzen die größten Leuchtkräfte, entsprechend sind ihre Bildpunkte noch über denen der hellen R.e angeordnet. Die Bildpunkte der ***Unterriesen*** (Leuchtkraftklasse IV) befinden sich im Bereich zwischen dem Riesenast und der Hauptreihe.

Das Strahlungsmaximum der R.e später Spektralklassen liegt im roten Spektralbereich, sie werden daher als ***Rote Riesen*** bezeichnet. Entsprechend nennt man R.e mittlerer bzw. früher Spektralklassen ***Gelbe Riesen*** bzw. ***Weiße*** oder ***Blaue Riesen***.

Rigel [arab., ‚Fuß'], der hellste Stern (β) im Sternbild Orion, der der westliche der beiden Fußsterne ist. Mit einer scheinbaren visuellen Helligkeit von $0^{m}\!,12$ gehört R. zu den hellsten Sternen des Himmels. Es ist ein Stern der Spektralklasse B8 und der Leuchtkraftklasse Ia, also ein heißer Überriese mit einem Radius von etwa 80 Sonnenradien und einer Leuchtkraft von mehr als 100000 Sonnenleuchtkräften. R. ist ein Mehrfachstern: In einem Abstand von 9″ befindet sich ein spektroskopischer Doppelstern, der als ein Stern 7. Größe erscheint. R. hat eine Entfernung von der Sonne von etwa 275 pc oder 900 Lichtjahren.

Rille, svw. Rima.

Rima [lat., ‚Ritze, Riß'] *f*, *Plur.* Rimae, ***Rille***, Bezeichnung für eine lange, sich z.T. über Hunderte von Kilometern erstreckende Spalte als eine Struktureinheit auf der Mondoberfläche.

Ring, ***Ringsystem***, → Satellit.

Ringgalaxie, ein extragalaktisches Sternsystem, bei dem die Hauptmenge der Sterne nahezu ringförmig angeordnet scheint; → Sternsystem.

Ringgebirge, große ringförmige Anordnung von Bergen auf dem Mond.

Ringnebel, ***M 57***, Planetarischer Nebel im Sternbild Lyra (Leier), der zwischen den Sternen β und γ Lyrae sichtbar ist. Auf normalen Himmelsaufnahmen erscheint er als ein heller, etwas elliptischer Ring mit Außendurchmessern von etwa 1′ bzw. 1,4′. Auf langbelichteten Aufnahmen im Licht der Hα-Linie des Wasserstoffs zeigen sich zusätzliche feine bogenartige Strukturen weit außerhalb des Hauptrings. Die Entfernung des R.s von der Sonne beträgt etwa 1300 pc oder 4100 Lichtjahre.

Ritchey-Chretien-System, → Spiegelteleskop.

Roche-Fläche, → Äquipotentialfläche.

Roche-Grenze [benannt nach dem franz. Mathematiker E.A. Roche, 1820–1883], der kleinste Abstand, bei dem ein, einen großen massereichen Himmelskörper umlaufender kleiner Himmelskörper noch existieren kann, ohne von den Gezeitenkräften des Hauptkörpers zerstört zu werden. Die R.-G. ist proportional dem Radius des Hauptkörpers sowie der 3. Wurzel aus dem Verhältnis von dessen Dichte zur Dichte des umlaufenden Körpers. Im Falle gleicher Dichten beträgt die R.-G. etwa das 2,4fache des Radius des Hauptkörpers (gemessen von dessem Zentrum aus). Bei geringeren Abständen sind die Gezeitenkräfte größer als die Eigengravitation des umlaufenden Körpers, so daß dieser zerstört wird. Kleine, aus Gesteinen bestehende Körper (z.B. Satelliten bis etwa 1 km Durchmesser) können auch noch innerhalb der R.-G. eines Planeten existieren, da bei ihnen die inneren Bindungskräfte (Festkörperkräfte) im allg. stärker als die Gezeitenkräfte sind.

Römer, Ole (auch Olaf, Olaus), dän. Astronom, geb. 25.9.1644 in Aarhus, gest. 19.9.1710 in Kopenhagen; 1672–1681 als Erzieher des Kronprinzen und Mitglied der Akademie in Paris; anschließend Prof. der Mathematik und Direktor der Sternwarte in Kopenhagen. R. erfand den Meridiankreis und berechnete 1676 die Lichtgeschwindigkeit aus der ungleichmäßigen Folge der Verfinsterungszeiten der Jupitersatelliten.

Röntgenastronomie, Teilgebiet der Astronomie, das sich mit der Untersuchung der aus dem Weltall kommenden Röntgenstrahlung befaßt. Der Wellenlängenbereich dieser Strahlung liegt zwischen etwa 0,01 und 10 nm. An die R. schließt sich zu den kürzeren Wellenlängen hin die Gammaastronomie an, zu den längeren Wellenlängen hin der Teil der Astronomie, der sich mit der Untersuchung der ultravioletten Strahlung der Himmelskörper befaßt.

Der Nachweis der aus dem Weltall kommenden Röntgenstrahlung erfordert spezielle → Röntgenteleskope mit entsprechenden Detektoren. Sie müssen mindestens über die dichten unteren Schichten der Erdatmosphäre hinaus gebracht werden, da diese für Röntgenstrahlung undurchlässig sind. Dies geschieht z.T. mittels Höhenballons oder Forschungsraketen; große Röntgenteleskopen werden im allg. auf Erdsatelliten installiert, die längere Zeit die Erde umlaufen und daher eine längere Nutzungsdauer der Instrumente ermöglichen.

Röntgenstrahlung unterliegt einer interstellaren Absorption, die vor allem auf die Photoionisation der im interstellaren Gas vorhandenen Atome von Helium und schwereren Elementen zurückgeht, sowie auf den Compton-Effekt, bei dem Röntgenphotonen einen Teil ihrer Energie auf freie Elektronen übertragen. Die Stärke der interstellaren Absorption sinkt mit abnehmender Wellenlänge; für Strahlung mit Wellenlängen unterhalb von etwa 1 nm ist die interstellare Materie nahezu vollständig transparent.

Außer einer → Röntgenhintergrundstrahlung beobachtet man einzelne → Röntgenquellen, die physikalisch sehr unterschiedlichen Gruppen von Himmelskörpern zugeordnet werden können. Eine Identifikation der Röntgenquellen mit Objekten, die in anderen Spektralbereichen beobachtet werden, ist nicht in jedem Fall möglich.

Röntgenblitzer, ***Röntgenburster***, → Doppelstern.

Röntgen-Doppelstern, → Doppelstern.

Röntgenhintergrundstrahlung, eine aus dem Weltall kommende Röntgenstrahlung, die eine mehr oder minder gleichmäßige Intensitätsverteilung am Himmel hat und keinen isolierten Röntgenquellen zugeordnet werden kann.

Eine diffuse galaktische R. stammt vom heißen interstellaren Gas, das bei der Wechselwirkung der bei Supernovaexplosionen abgestoßenen Gasmassen mit der umgebenden interstellaren Materie aufgeheizt wird (→ interstellares Gas). Dieser Anteil der R. hat eine örtlich relativ stark schwankende, aber insgesamt geringe Flächenhelligkeit. Im Wellenlängenbereich kleiner als etwa 0,5 nm beobachtet man eine diffuse Strahlung, die wegen ihrer sehr gleichmäßigen Flächenhelligkeit als extragalaktische Hintergrundstrahlung gedeutet wird. Ihr Ursprung ist unbekannt, möglicherweise handelt es sich um eine Überlagerung vieler unaufgelöster extragalaktischer Röntgenquellen oder um die Strahlung, die von einem heißen intergalaktischen Gas (das in anderen Spektralbereichen aber nicht nachweisbar ist) herrührt.

Röntgenquelle, ein eng begrenztes Gebiet am Himmel, das sich durch eine relativ hohe Strahlungsintensität im Röntgenbereich aus der allgemeinen Röntgenhintergrundstrahlung heraushebt.

Zum Erkennen der Natur der R.n bemüht man sich, sie mit optisch beobachteten Objekten zu identifizieren. Das gelingt nicht in allen Fällen, da z.B. Quellen, die Röntgenstrahlung mit Wellenlängen kleiner als etwa 1 nm aussenden und die sich (von der Sonne aus gesehen) hinter dichten interstellaren Dunkelwolken befinden, infolge der interstellaren Extinktion im optischen Spektralbereich unsichtbar, im Röntgenbereich hingegen sichtbar sind. Bei anderen Quellen kann die Strahlungsleistung im Röntgenbereich wesentlich höher als im sichtbaren Spektralbereich sein, so daß diese Quellen im Röntgenbereich über der Nachweisgrenze der Beobachtungsgeräte, im optischen Bereich jedoch darunter liegen können.

R.n im Sonnensystem. Die Sonne ist die stärkste R. des Himmels. Von ihr geht eine permanente thermische Röntgenstrahlung (Röntgenstrahlung der „ruhigen" Sonne) aus, deren Spektrum aus einem schwachen Kontinuum mit überlagerten Emissionslinien von hochionisierten schweren Elementen besteht. Das Ursprungsgebiet der Strahlung ist die Sonnenkorona. Zusätzlich beobachtet man eine zeitlich variable Röntgenstrahlung, die an die allgemeine Sonnenaktivität gebunden ist. Die Intensitätsschwankungen im Röntgenbereich sind um vieles stärker als die im sichtbaren Spektralbereich (→ Sonne). Vom Mond empfängt man eine langwellige Röntgenstrahlung, bei der es sich um am Mond gestreute Sonnenröntgenstrahlung handelt. Außerdem empfängt man von der nicht von der Sonne beschienenen Seite der Mondoberfläche eine schwache Röntgenstrahlung, die möglicherweise von freien Elektronen des Sonnenwindes als Bremsstrahlung ausgesandt wird, wenn diese auf die Mondoberfläche treffen.

Galaktische R.n. Eine Gruppe von R.n kann mit Hauptreihensternen späten Spektraltyps identifiziert werden, deren Röntgenstrahlung sehr wahrscheinlich aus den Koronae dieser Sterne stammt. Stellare Aktivitätserscheinungen – entsprechend denen der Sonne – machen sich in einer variablen Röntgenemission bemerkbar; bei einigen UV-Ceti-Sternen wurden auch Strahlungsausbrüche im Röntgenbereich beobachtet. Rote Riesensterne treten als R.n anscheinend nicht in Erscheinung. Die bei Hauptreihensternen frühen

Spektraltyps beobachtete Röntgenstrahlung steht wahrscheinlich mit einem starken Sternwind in Verbindung, der von diesen Sternen ausgeht, und der bei der Wechselwirkung mit umgebender interstellarer Materie für deren Aufheizung sorgt. Einige R.n, wenn auch weniger als zunächst vermutet, sind Weiße Zwerge, die z.T. isoliert stehen, z.T. Mitglieder von Doppelsternen sind. Eine große Gruppe galaktischer R.n bilden die Röntgen-Doppelsterne. Dabei handelt es sich um halbgetrennte Systeme, deren eine Komponente ein kompaktes Objekt (ein Neutronenstern oder möglicherweise ein Schwarzes Loch) ist, auf die von der anderen Komponente Materie überströmt (→ Doppelstern). Die Röntgenstrahlung von Doppelsternen ist z.T. zeitlich variabel, wobei sowohl periodische als auch unregelmäßige Variationen auftreten. Zu den Röntgen-Doppelsternen mit einer veränderlichen Röntgenstrahlung gehören die Röntgenblitzer, die in Abständen von Stunden bis Tagen zusätzlich zu einer permanenten Strahlung kurze Röntgenstrahlungspulse aussenden. Andere R.n lassen sich mit Pulsaren, also rotierenden Neutronensternen, identifizieren; zu diesem Quellentyp gehört u.a. der Krebsnebelpulsar. Die von den Pulsaren emittierte Röntgenstrahlung ist Synchrotronstrahlung, damit nichtthermischen Ursprungs.

Zu den nichtstellaren galaktischen R.n zählen gasförmige Supernovaüberreste, die im sichtbaren Spektralbereich z.T. nicht in Erscheinung treten. Die Spektren der Quellen bestehen aus einem Kontinuum, das z.T. mit Emissionslinien hochionisierter Elemente, z.B. Eisen, Silicium und Schwefel, überlagert ist. Die Strahlung ist thermischen Ursprungs: Die von einer Supernova abgeschleuderten Gasmassen prallen auf die umgebende interstellare Materie und werden abgebremst, wobei die kinetische Energie in thermische Energie übergeht. Der Krebsnebel, ein gasförmiger Supernovaüberrest, sendet im Röntgenbereich auch Synchrotronstrahlung aus; die diese Strahlung emittierenden hochenergetischen Elektronen stammen vom Krebsnebelpulsar.

Einige starke punktförmige R.n sind von Röntgenhalos umgeben, die infolge der Streuung der von diesen Quellen stammenden Strahlung an interstellaren Staubteilchen entstehen. Eine Art „negative" R.n stellen Wolken interstellarer Materie dar, die die Röntgenhintergrundstrahlung absorbieren und so als dunkle Schatten in Erscheinung treten.

Extragalaktische R.n. In den nahen extragalaktischen Sternsystemen, z.B. im Andromedanebel und in den Magellanschen Wolken, können zahlreiche punktförmig erscheinende R.n mit Mitgliedern der gleichen Objektgruppen identifiziert werden, die auch im Milchstraßensystem als R.n beobachtet werden. Bei den weiter entfernten Galaxien reicht das Auflösungsvermögen der Röntgenteleskope zur Beobachtung derartiger Einzelquellen nicht aus; diese Galaxien treten höchstens als jeweils eine R. in Erscheinung. Zu ihnen gehören hauptsächlich aktive Galaxien, wie Radio- und Seyfert-Galaxien, vor allem aber Quasare, bei denen die Strahlungsleistung des aktiven Kerns die aller anderen Quellen im System bei weitem übertrifft. Bei den Quasaren übersteigt die Strahlungsleistung im Röntgenbereich oftmals die in allen übrigen Spektralbereichen zusammen.

Eine eigene Klasse starker extragalaktischer R.n bilden die Galaxienhaufen, deren Strahlung im allg. von einem heißen intracumularen Gas stammt, das durch die Wechselwirkung der Haufengalaxien mit diesem Gas aufgeheizt wird (→ Sternsystem). In einzelnen Haufen ist die Röntgenflächenhelligkeit nicht radialsymmetrisch, sondern zeigt zwei (oder sogar mehr) lokale Maxima. Möglicherweise sind diese Maxima durch den Zusammenstoß zweier (oder mehrerer) Galaxienhaufen verursacht, wobei noch keine gleichmäßige Verteilung des intracumularen Gases im Gesamthaufen erreicht ist. In anderen Haufen scheinen einzelne Mitgliedsysteme den Hauptbeitrag zur Röntgenemission zu liefern.

Bezeichnung. Die Bezeichnung der R.n ist nicht einheitlich. Sie wurden zunächst nach den Sternbildern benannt, in denen sie liegen, wobei ein X sie als R.n identifizierte und eine nachfolgende Zahl die Reihenfolge der Entdeckung angab, z.B. Hercules X-1. Heute werden sie meist durch X (bei Röntgenblitzern XB) mit einer genäherten Rektaszensions- und Deklinationsangabe bezeichnet, z.B. XB 1905+000 (Rektaszension $19^h\ 05^{min}$, Deklination +00,0°).

Röntgenstrahlung, elektromagnetische Wellenstrahlung im Wellenlängenbereich von etwa 10 nm bis etwa 0,01 nm. Vielfach gibt man bei der R. statt der Wellenlänge λ die Photonenenergie E an. Mißt man λ in Nanometern und E in Elektronenvolt, gilt $E=1234/\lambda$; einer Wellenlänge von 1,234 nm entspricht damit eine Energie von 1 keV.

R. kann sowohl einen thermischen als auch einen nichtthermischen Ursprung haben. Nach dem Wienschen Verschiebungsgesetz (→ Strahlungsgesetze) muß ein thermisch strahlender Körper eine Temperatur von rund 300000 K haben, wenn das Strahlungsmaximum bei 10 nm, und rund 300 Mill. K., wenn es bei 0,01 nm liegen soll. Nichtthermische R. wird u.a. als Synchrotronstrahlung von hochenergetischen (relativistischen) Elektronen ausgestrahlt, die sich in Magnetfeldern bewegen, oder entsteht infolge des inversen Compton-Effekts, bei dem hochenergetische Elektronen einen Teil ihrer Energie auf Photonen mit ursprünglich geringer Energie übertragen.

Röntgenteleskop *n*, ein Instrument zum Empfangen und Messen der aus dem Weltall kommenden Röntgenstrahlung. Man unterscheidet abbildende R.e, die die unmittelbare Untersuchung der flächenhaften Intensitätsverteilung einer Röntgenquelle gestatten, von Teleskopen, die kein optisches Abbildungssystem enthalten.

Bei den abbildenden R.en wird eine Fokussierung durch die Reflexion an Parabolspiegeln erreicht, wozu die Röntgenstrahlen fast streifend auf die Spiegelfläche fallen müssen. Als Reflektoren sind daher ringförmige Bereiche eines Rotationsparaboloids geeignet, die sich in großer Scheitelentfernung befinden. (Bei optischen und Radioteleskopen ist der Reflektor ein scheitelnaher kreisförmiger Bereich eines Rotationsparaboloids.) Die lichtsammelnde Fläche eines derartigen R.s ist klein, die Bildfehler für nicht achsparallele Strahlen sind sehr groß. Um die Fehler zu reduzieren, läßt man der Reflexion an dem Paraboloidausschnitt eine zweite an einem koaxialen konfokalen Hyperboloidausschnitt folgen (Abb. 1); eine derartige Spiegelanordnung bezeichnet man als Wolter-Teleskop (nach H. Wolter). Zur Vergrößerung der strahlungssammelnden Fläche schachtelt man mehrere Spiegelanordnungen achsparallel so ineinander, daß parallel einfallende Strahlen im gleichen Punkt vereinigt werden. Die Spiegel müssen eine sehr hohe Oberflächengüte haben, da durch sie die Grenzwellenlänge der Strahlung bestimmt wird, die noch fokusiert werden kann; diese Grenze liegt bei den verfügbaren R.en bei etwa 0,5 nm.

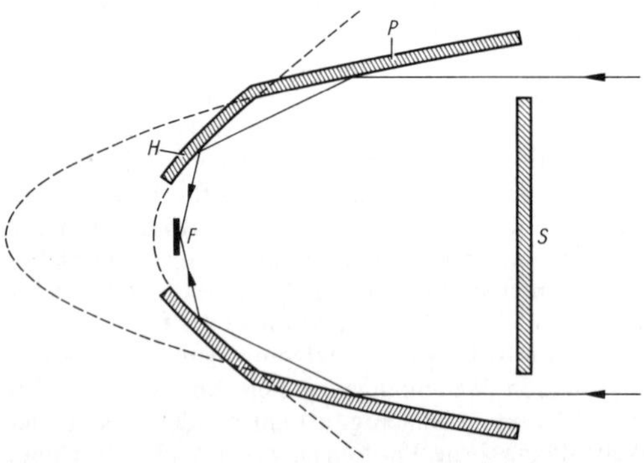

Abb. 1: Schema des Strahlengangs in einem Wolter-Teleskop. P: Ausschnitt aus einem Rotationsparaboloid; H: Ausschnitt aus einem Rotationshyperboloid; F: Brennpunkt; S: Schirm zum Schutz vor direkter Strahlung

Röntgenstrahlenspiegel für einen nicht streifenden Strahlungseinfall benötigen eine besondere Beschichtung, die aus mehreren Einzelschichten von Stoffen mit einem abwechselnd hohen und niedrigen Atomgewicht (z.B. abwechselnd Wolfram und Kohlenstoff) besteht. Das erreichbare Reflexionsvermögen beträgt in schmalen und von der jeweiligen Beschichtung abhängigen Wellenlängenbereichen bis etwa 50%. Mit derartigen Spiegeln lassen sich zwar Teleskope mit größeren strahlungssammelnden Flächen und einem größeren Gesichtsfeld als bei einem Wolter-Teleskop realisieren, doch wirken sie wegen der Beschränkung des Reflexionsvermögens auf einen schmalen Wellenlängenbereich wie eine Art Filter.

Bei einem nicht fokussierenden R. benutzt man im einfachsten Fall eine Lochblende. Dabei ist die freie Öffnung des Teleskops sehr klein, das Gesichtsfeld hingegen relativ groß. Um den zur Messung nutzbaren Strahlungsstrom zu erhöhen, verwendet man Blenden mit vielen, nach einem Zufallsmuster verteilten Öffnungen. Eine einzelne punktförmige Röntgenquelle erzeugt dann ein bestimmtes Schattenmuster, aus dessen relativer Lage auf dem Detektor die Einfallsrichtung der Strahlung festgestellt werden kann. Bei einer Flächenquelle ergibt sich eine Überlagerung sehr vieler, gegeneinander verschobener Schattenmuster. Mit Hilfe mathematischer Rechenverfahren läßt sich aus dem Gesamtmuster nachträglich das Quellenbild rekonstruieren, da die Verteilung der Öffnungen in der Blende bekannt ist. Lochblendenteleskope gestatten die Untersuchung von Röntgenquellen, die bei Wellenlängen kürzer als die Grenzwellenlänge für abbildende R.e strahlen; für derartige Lochblendenteleskope werden jedoch große Flächendetektoren benötigt.

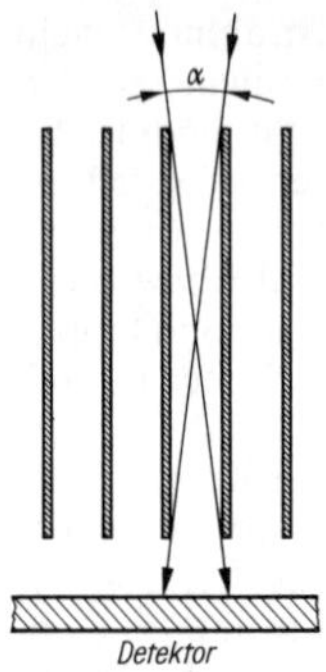

Abb. 2: Schnitt durch eine Röhrenblende. α: Gesichtswinkel

Ein nichtabbildendes R. mit einer großen freien Öffnung läßt sich durch die Verwendung einer Blende aus vielen engen Röhren erreichen (Abb. 2); man schränkt dann allerdings das Gesichtsfeld und das Winkelauflösungsvermögen ein. Ein relativ großes Winkelauflösungsvermögen ergibt sich bei der Verwendung einer sog. Modulationsblende, bei der die Strahlung durch ein System von zwei oder mehr hintereinanderliegenden Drahtgittern fällt (Abb. 3). Die regelmäßig angeordneten dünnen Drähte lassen nur Strahlung aus ganz bestimmten Richtungen auf den Detektor fallen; Strahlung aus dazwischenliegenden Richtungen wird von den Drähten absorbiert. Die Vieldeutigkeit der Richtungsbestimmung wird dadurch umgangen, daß man mit dem Teleskop langsam den Himmel abtastet, wodurch eine Strahlungsquelle vom Gitter-

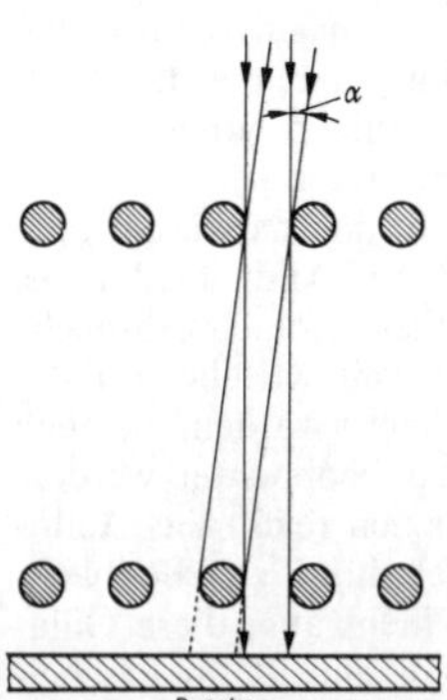

Abb. 3: Schnitt durch eine Modulationsblende aus zwei Drahtgittern. α und Vielfaches davon: Abschirmwinkel der Gitteranordnung

system periodisch abgeschattet, der empfangene Strahlungsstrom damit in gleicher Weise moduliert wird. Aus der Modulationsfrequenz und der Abtastrichtung läßt sich der Ort der Quelle an der Himmelskugel ermitteln.
Als Röntgenstrahlungsdetektoren dienen u.a gasgefüllte Proportionalzähler (Geiger-Müller-Zähler): In einem gasgefüllten Rohr wird durch ein einfallendes Röntgenquant ein Gasatom ionisiert und das freigesetzte (primäre) Elektron von einem axialen Draht, an dem eine positive Spannung anliegt, angezogen und beschleunigt. Auf seinem Weg ionisiert es durch Stoß weitere Atome. Die dabei freigesetzten sekundären Elektronen werden vom Draht gesammelt und rufen in ihm einen kleinen meßbaren Stromstoß hervor, dessen Stärke der Energie des Röntgenquants proportional ist. In einem Szintillationszähler werden die freigesetzten primären Elektronen nur soweit beschleunigt, daß sie andere Atome zum Strahlen anregen, sie aber nicht ionisieren. Die Zahl der von einem Röntgenphoton verursachten (sekundären) Photonen hängt von dessen Energie ab und kann mit Hilfe normaler Photomultiplier registriert werden. In Festkörper-Halbleiterdetektoren bringt das durch ein Röntgenquant erzeugte primäre Elektron andere Elektronen in einen solchen Energiezustand, daß diese im Halbleiter frei beweglich sind und von einer Anode gesammelt und als kleiner Stromstoß registriert werden können. Derartige Detektoren zeichnen sich durch eine hohe Energieauflösung (spektrale Empfindlichkeit) aus, sie sind aber klein und müssen zur Unterdrückung von Störeffekten auf sehr niedrige Temperaturen gekühlt werden. Bei einem Flächendetektor werden viele kleine Einzeldetektoren zu einem größeren Areal zusammengefaßt.
Da die Erdatmosphäre für Strahlung mit Wellenlängen kleiner als etwa 300 nm undurchlässig ist, müssen R.e mit Hilfe von Höhenballons, Raketen oder Erdsatelliten in große Höhen oder ganz aus der Erdatmosphäre hinaus gebracht werden.
Das größte bisher gebaute abbildende R. befindet sich auf dem speziell für Beobachtungen im Röntgenbereich bestimmten Erdsatellit ROSAT (Abk. für Röntgensatellit). Es besteht aus einem Wolter-Teleskop mit vier ineinandergeschachtelten Paraboloid-Hyperboloid-Spiegelsystemen, die ein Öffnung von 84 cm und eine Brennweite von 2,4 m haben. Die strahlungssammelnde Fläche beläuft sich auf 1141 cm^2, das Gesichtsfeld beträgt etwa 1° und das Winkelauflösungsvermögen im Abbildungszentrum 1,8″.

Rosalind *f*, ein Zwergsatellit des Uranus. Die R. umläuft in einer Kreisbahn mit einem Radius von 69920 km in 13,4 Stunden rechtläufig den Uranus, in dessen Äquatorebene die Bahnebene liegt. Der Durchmesser der R. beträgt nur etwa 60 km.
Hinsichtlich der Einordnung der R. in das System der Uranussatelliten → Uranus.
Die R. wurde 1986 mit Hilfe der Raumsonde Voyager 2 entdeckt.

Rotation, ***Drehung***, eine Bewegung, bei der sich alle Punkte eines Körpers auf konzentrischen Kreisen um die gleiche, innerhalb oder außerhalb des Körpers gelegene Achse (Rotationsachse) bewegen. Liegt die Rotationsachse im Körper, bleiben sämtliche auf der Achse liegenden Punkte in Ruhe. Die Durchstoßpunkte der Rotationsachse durch die Oberfläche werden als ***Rotationspole*** bezeichnet. Der Grad der R. wird als Winkel (mit dem Scheitelpunkt in der Rotationsachse) gemessen. Der bei einer gleichmäßigen R. je Zeiteinheit von einem Punkt überstrichene Winkel ist gleich der ***Winkelgeschwindigkeit***. Aus ihr und dem Abstand des Punktes von der Rotationsachse ergibt sich der von ihm in der Zeiteinheit zurückgelegte Weg, seine ***Rotationsgeschwindigkeit***. Die ***Rotationsperiode*** ist der Zeitraum, in dem eine volle Umdrehung um die Rotationsachse erfolgt.
Bei einer ***starren R.*** haben alle Punkte die gleiche Winkelgeschwindigkeit, bei einer ***differentiellen R.*** variiert die Winkelgeschwindigkeit mit dem Abstand von der Rotationsachse.
Eine ***gebundene R.*** liegt vor, wenn die Rotationsperiode eines Himmelskörpers gleich seiner Umlaufperiode um einen anderen Körper ist und die Umlaufachse (nahezu) parallel zur Rotationsachse ist, so daß der Himmelskörper dem umlaufenen Körper immer die gleiche Seite zuwendet.
Über die R. einzelner Himmelskörper s. deren Stichwort.

Rotation der Sterne, die Drehung der Sterne um eine durch ihren Mittelpunkt gehende Achse.
Die Rotation eines Sterns läßt sich durch Beobachtungen feststellen, da sie eine Verbreiterung der Spektrallinien zur Folge hat (Rotationsverbreiterung): Eine Hälfte der dem Beobachter zugewandten Seite des Sterns nähert sich ihm, die andere Hälfte entfernt sich. Die dadurch bedingten unterschiedlichen Radialgeschwindigkeiten spiegeln sich in jeweils unterschiedlichen Doppler-Verschiebungen der Spektrallinien wider, was im Gesamtspektrum eine symmetrische Linienverbreiterung ergibt. Das Linienprofil erhält dadurch eine charakteristische Form (Rotationsprofil), die sich von der durch andere Verbreiterungseffekte (→ Spektrum) verursachten Form unterscheidet. Die Gesamtbreite eines Rotationsprofils ist proportional der maximalen Differenz der Radialgeschwindigkeiten. Kennt man bei einem nicht rotierenden Stern gleicher Spektral- und Leuchtkraftklasse die Breite einer Spektrallinie, läßt sich aus der gemessenen Rotationsverbreiterung die auf die Rotation zurückgehende maximale Radialgeschwindigkeit v_{rad} bestimmen. Sie ist nicht notwendigerweise gleich der gesuchten Rotationsgeschwindigkeit v, sondern kleiner, da die Rotationsachse im allg. um einen unbekannten Winkel i gegen die Beobachtungsrichtung geneigt ist; es gilt $v_{rad} = v \sin i$. Blickt man genau in Richtung der Rotationsachse ($i = 0°$), läßt sich keine Rotation feststellen. Trotz dieser Unbestimmtheit lassen sich statistische Aussage über die mittlere Rotationsgeschwindigkeit einer Sterngruppe machen, wenn man voraussetzt, daß die Rotationsachsen der Gruppenmitglieder relativ zur Sichtlinie keine Vorzugsrichtung einnehmen; statt des unbekannten individuellen Wertes setzt man in die Formel dann einen statistischen Mittelwert von $\sin i$ (und zwar 0,7854) ein.

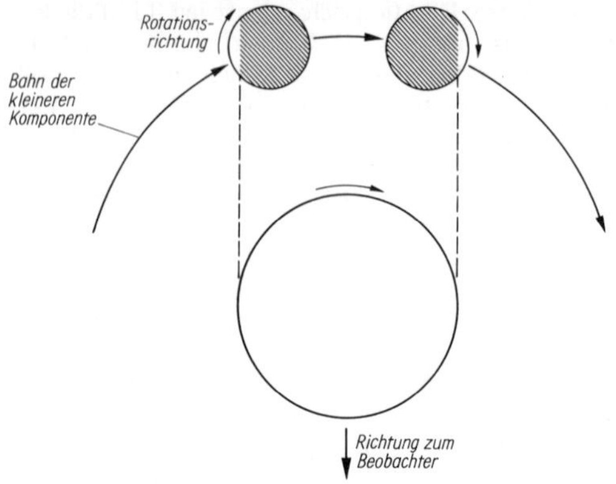

Abb. 1: Zur Bestimmung der Rotationsgeschwindigkeit bei Bedeckungsveränderlichen

Bei Bedeckungsveränderlichen, die aus einer großen dunklen und einer kleinen hellen Komponente bestehen, ergibt sich eine andere Möglichkeit, die Rotation eines Sterns zu bestimmen: Kurz vor und nach der Bedeckung der helleren Komponente durch die dunklere bleibt ein schmaler Randbereich der hellen unverdeckt (Abb. 1). Im Spektrum des Randbereichs beobachtet man vor der Bedeckung eine Rotverschiebung der Spektrallinien, nach der Bedeckung eine Violettverschiebung: Vor der Bedeckung bewegt sich der Bereich vom Beobachter weg, nach ihr auf den Beobachter zu, der Rotationssinn ist demzufolge gleich dem Umlaufsinn des Sterns um den Schwerpunkt des Doppelsternsystems. Aus der Größe der Linienverschiebung ergibt sich die Rotationsgeschwindigkeit des Sterns. Die Beobachtungen können im Einzelfall durch ungünstige Radien- und Helligkeitsverhältnisse der beiden Sterne erschwert sein, insgesamt erhält man aber mit dieser Methode die genauesten individuellen Rotationsgeschwindigkeiten von Sternen.

Bei Hauptreihensternen betragen die größten bisher gemessenen Rotationsgeschwindigkeiten etwa 550 km/s. Die maximalen Rotationsperioden liegen in der Größenordnung von etwa einem halben Tag. Hohe Rotationsgeschwindigkeiten treten vor allem bei

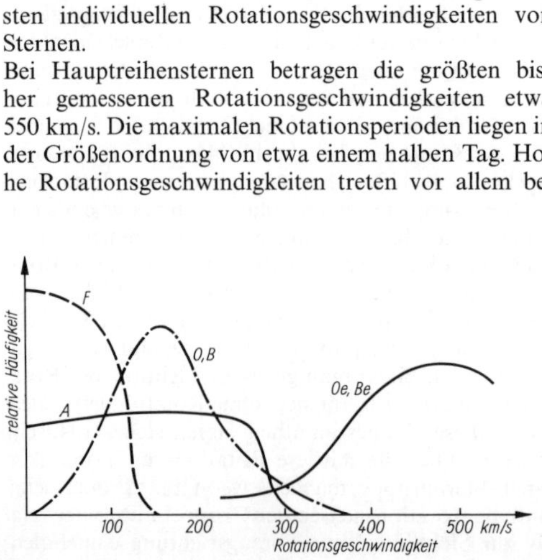

Abb. 2: Relative Häufigkeitsverteilung der Rotationsgeschwindigkeit von Sternen unterschiedlicher Spektralklasse

O- und B-Sternen auf, insbesondere bei Sternen mit Emissionslinien im Spektrum (Abb. 2). Längs der Folge der Spektralklassen zu den F- (und den noch späteren) Sternen hin nehmen die mittleren Rotationsgeschwindigkeiten ab, sie liegen bei den G-, K- und M-Sternen im allg. unterhalb von rund 20 km/s. Wahrscheinlich sind diese Unterschiede nicht schon bei der Entstehung der Sterne vorhanden, sondern erst eine Folge von Entwicklungseffekten: Auf Grund der differentiellen Rotation des Milchstraßensystems hat die interstellare Materie, aus der die Sterne hervorgehen, einen spezifischen Drehimpuls, der bei der Sternbildung erhalten bleibt, so daß alle Sterne bei ihrer Entstehung ein etwa gleiches Rotationsverhalten haben. Während der Existenz eines Sterns verliert er einen Teil des Drehimpulses, indem Masse – und damit Drehimpuls – in Form eines Sternwindes von ihm abfließt. Je massearmer ein Stern ist (je später seine Spektralklasse), um so länger existiert er als Hauptreihenstern, und um so länger kann dieser Prozeß wirken; die Sterne früher Spektralklassen dürften demzufolge noch nahezu ihren gesamten ursprünglichen Drehimpuls haben. Die geringe mittlere Rotationsgeschwindigkeit massearmer Sterne ist möglicherweise auch dadurch verursacht, daß sich bei der Bildung dieser Sterne bevorzugt gleichzeitig ein Planetensystem um sie formte und der größte Teil des Wolkendrehimpulses in die Umlaufbewegung der Planeten überging; dies entspräche den Verhältnissen im Sonnensystem.

Bei Sternen mit hohen Rotationsgeschwindigkeiten kann die Zentrifugalbeschleunigung am Sternäquator von vergleichbarer Größenordnung wie die Schwerebeschleunigung sein. Es kann sich dadurch Masse vom Stern ablösen, die ihn als Hülle umgibt und von ihm zum Leuchten angeregt wird; im Spektrum gibt dies zu Emissionslinien Anlaß. Die Sterne mit den größten Rotationsgeschwindigkeiten sind daher Emissionsliniensterne (Oe- und Be-Sterne).

Riesen- und Überriesensterne haben im Mittel wesentlich kleinere Rotationsgeschwindigkeiten als Hauptreihensterne, da sie infolge einer Expansion der äußeren Sternschichten aus diesen hervorgehen und bei der Expansion der Drehimpuls erhalten bleibt; mit steigendem Sternradius sinkt demzufolge die Rotationsgeschwindigkeit. Die Rotationsgeschwindigkeiten der Weißen Zwerge und der Neutronensterne sind hingegen hoch, die Rotationsperioden sehr niedrig, da der Übergang der Sterne in diese Zustände mit einer starken Kontraktion verbunden ist. Die Rotationsperioden der Neutronensterne betragen z.T. nur Sekunden und Bruchteile davon. Infolge des Aufsammelns von drehimpulstragender Materie, die von einem nahen Begleiter auf die Neutronensterne überströmt, kann die Rotationsperiode nachträglich sogar noch verringert werden (→ Pulsar). In engen Doppelsternsystemen bewirken Gezeitenkräfte eine Angleichung der Rotationsperioden der Komponenten an die Umlaufperiode.

Rotationsparallaxe, → Parallaxe.

Rotationsverbreiterung, durch die Rotation eines Körpers in dessem Spektrum verursachte Linienverbreiterung; → Spektrum.

Roter Fleck, *Großer Roter Fleck*, auffällige Oberflächenerscheinung auf dem Jupiter.

Rotverschiebung, die Verschiebung einer Spektrallinie zu größeren Wellenlängen, im visuellen Spektralbereich also zum roten Ende des Spektrums hin. Eine R. ist mit einer Energieabnahme der Photonen verbunden, da größeren Wellenlängen niedrigere Energien entsprechen.

Ein R. tritt auf Grund des → Doppler-Effekts dann auf, wenn sich die Strahlungsquelle vom Beobachter entfernt. Die in den Spektren extragalaktischer Sternsysteme beobachtete, mit abnehmender scheinbarer Helligkeit der Sternsysteme zunehmende systematische R. wird als → Hubble-Effekt ***(kosmologische R.)*** bezeichnet; sie ist eine Folge der allgemeinen Expansion des Weltalls. Die ***relativistische R.*** beruht darauf, daß nach der Speziellen Relativitätstheorie jeder Energie eine Masse äquivalent ist, so daß das einen Körper verlassende Licht gegen die Anziehungskraft des Körpers quasi Arbeit leisten muß und dadurch Energie verliert.

r-Prozeß, → Elementenentstehung.

RR-Lyrae-Sterne, ***Haufenveränderliche*** (früher auch *Antalgolsterne*), Pulsationsveränderliche der Spektralklasse A oder F mit Perioden zwischen 0,2 und 1,2 Tagen, deren Bildpunkte im Hertzsprung-Russell-Diagramm auf dem horizontalen Riesenast liegen (Typbezeichnung RR). Nach der Form der Lichtkurve unterscheidet man zwei Untergruppen: Die RRab-Sterne, bei denen der Anstieg zum Helligkeitsmaximum rascher erfolgt als der Abfall zum Minimum, und die RRc-Sterne, bei denen Auf- und Abstieg gleich lang sind (Abb. 254). (Die Untergruppe RRab ist die Zusammenfassung zweier früher als getrennt angesehenen Gruppen RRa und RRb.) Die RRab-Sterne haben im allg. Perioden größer als 0,35 Tage; die Helligkeitsamplituden belaufen sich bei den Sternen mit den kürzeren Perioden auf 1 bis 2 mag, bei den Sternen mit den längeren Perioden auf rund 0,5 mag. Die RRc-Sterne haben im allg. Perioden unter 0,4 Tagen und einheitliche Amplituden von etwa 0,5 mag.

Die Lichtkurven der Mehrzahl der RR-L.-S. sind von Zyklus zu Zyklus gleich; bei einzelnen Sternen kommt es aber auch zu periodischen Änderungen sowohl der Form der Lichtkurve als auch deren Periode, was als *Blazhko-Effekt* (nach S.N. Blazhko, 1870–1956) bezeichnet wird. Bei RR Lyrae selbst, dem Prototyp dieser Sterne, beträgt die Blazhko-Periode 40,8 Tage; während ihr schwankt die Helligkeitsamplitude zwischen 0,8 und 1,2 mag.

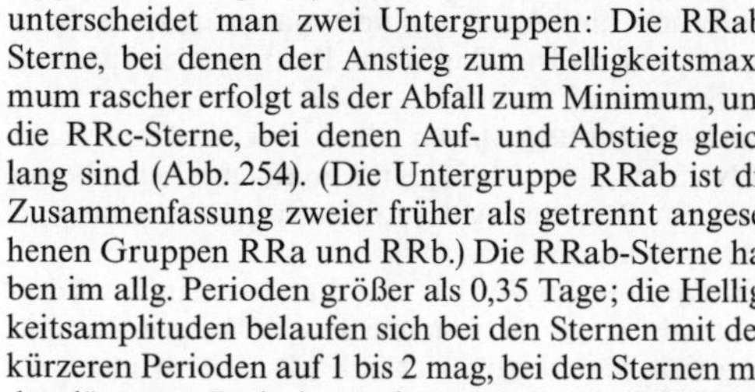

Schematische Lichtkurven von RR-Lyrae-Sternen

Die absoluten Helligkeiten der RR-L.-S. (gemittelt über eine Periode) betragen im V-Bereich des UBV-Systems etwa $0^m_{,}6$ mit einer Streubreite von etwa 0,3 mag und sind nur sehr gering von der Periode abhängig, so daß – im Gegensatz zu anderen Pulsationsveränderlichen – die RR-L.-S. keine Perioden-Helligkeits-Beziehung besitzen. Die absoluten Helligkeiten der RR-L.-S. in Kugelsternhaufen unterscheiden sich z.T. systematisch von Haufen zu Haufen.

Der Lichtwechsel der RR-L.-S. geht auf eine Sternpulsation zurück, wobei Expansions- und Kontraktionsgeschwindigkeiten von etwa 30 km/s auftreten. Die Ursachen der Pulsationen sind die gleichen wie bei den → Delta-Cephei-Sternen. Im Hertzsprung-Russell-Diagramm liegen die Bildpunkte der RR-L.-S. in der Verlängerung des Instabilitätsstreifens der Delta-Cephei-Sterne zu geringeren absoluten Helligkeiten hin (Abb. → Veränderliche).

Die Masse der RR-L.-S. beträgt etwa 0,5 bis 0,6 Sonnenmassen. Sie gehören zur Halopopulation. Von ihrem gehäuften Auftreten in Kugelsternhaufen rührt die Bezeichnung Haufenveränderliche her. Die Zahl der bekannten RR-L.-S. beträgt rund 6000, wovon etwa 3000 zum Typ RRab und etwa 320 zum Typ RRc gehören, der Rest ist noch nicht eindeutig klassifiziert.

R-Stern, Stern der → Spektralklasse R.

Rücken, → Dorsum.

rückläufig, Gegensatz zu → rechtläufig.

Rückwärtsdrehung der Knotenlinie, → Mondbewegung.

Rudolfinische Tafeln, → Planetentafeln.

ruhende Calciumlinien, interstellare Absorptionslinien in den Spektren von Doppelsternen, die vom einmal ionisierten Calcium hervorgerufen werden; → interstellares Gas.

Ruhmasse, → Masse.

Ruhmasseenergie, die der Masse eines Teilchens, das bezüglich eines Inertialsystems ruht, äquivalente Energie; → Relativitätstheorie.

Runaway-Sterne, svw. Ausreißersterne.

Rupes [lat., ‚Fels, Klippe'] *f, Plur.* Rupes, Bezeichnung für eine Verwerfung oder Böschung als eine Struktureinheit auf der Oberfläche von Körpern des Planetensystems.

Russell, Henry Norris, nordamerikan. Astronom, geb. 25.10.1877 in Oyster Bay (N. Y.), gest. 18.2.1957 in Princeton; Prof. in Princeton. R. arbeitete u.a. auf dem Gebiet der Spektralphotometrie, der Massebestimmung von Sternen sowie über Sternparallaxen und lieferte Arbeiten zu Problemen der theoretischen Astrophysik, u.a. zum inneren Aufbau der Sterne und zur chemischen Zusammensetzung der Sternatmosphären. Der von E. Hertzsprung (1873–1967) empirisch gefundenen Beziehung zwischen der Leuchtkraft und der effektiven Temperatur der Sterne (bzw. der absoluten Helligkeit und des Spektraltyps) gab R. die heute übliche Diagrammform (Hertzsprung-Russell-Diagramm).

RV-Tauri-Sterne, Überriesen- und helle Riesensterne mit halbregelmäßigen Helligkeitsänderungen, die innerhalb von etwa 30 bis 150 Tagen erfolgen (Typbezeichnung RV). Die mittlere Amplitude des Lichtwechsels beträgt bis zu 3 mag. Die Lichtkurven der RV-T.-S. zeigen als charakteristisches Merkmal eine Doppelwelle mit abwechselnd tiefen und flachen Helligkeitsminima. Gelegentlich verschwinden die Unterschiede in den Minima; in unregelmäßigen Abständen können auch plötzliche Vertauschungen vom Haupt- und Nebenminimum eintreten, so daß der Lichtwechsel um eine halbe Periode verschoben erscheint. Sterne mit einem derartigen Verhalten bilden die Untergruppe RVa. Zur Untergruppe RVb werden solche Sterne zusammengefaßt, bei denen die mittlere Helligkeit zusätzlich langsam periodisch variiert; die Amplituden dieser Schwankungen betragen bis zu 3 mag, die Periodenlängen 600 bis 1500 Tage. Durch die Überlagerung der schnellen und der langsamen Schwankungen kann die Gesamtamplitude des Lichtwechsels 5 mag erreichen. Die RV-T.-S. haben Spektraltypen zwischen F5 und K, seltener M.

Der Lichtwechsel der RV-T.-S. beruht wahrscheinlich auf einer Pulsation der Sterne. Das Auftreten von Emissionslinien im Spektrum während des Helligkeitsmaximums deutet auf die Existenz ausgedehnter Hüllen um die Sterne hin.

Von den insgesamt nur etwas mehr als 100 bekannten RV-T.-S.n gehört ein Teil zur Halopopulation, ein anderer Teil zur Zwischenpopulation II und zur Scheibenpopulation.

Von den RV-T.-S.n besteht ein fließender Übergang zu den langsam unregelmäßigen Veränderlichen.

RW-Aurigae-Sterne, veränderliche Sterne mit raschen unregelmäßigen Helligkeitsschwankungen ähnlich denen der Orion-Veränderlichen, die sich aber im Gegensatz zu diesen nicht in unmittelbarer Nachbarschaft von interstellaren Wolken oder Wolkenkomplexen befinden (Typbezeichnung Is). Eine Unterteilung der RW-A.-S. erfolgt in gleicher Weise wie bei den Orion-Veränderlichen.

Die Ursachen des Lichtwechsels sind bei den RW-A.-S.n noch weitgehend unbekannt.

Bisher wurden rund 250 Sterne als RW-A.-S. klassifiziert.

Ryle, Sir Martin, brit. Astrophysiker, geb. 27.9.1918 in Brighton, gest. 14.10.1984 in Cambridge; ab 1939 in Cambridge. R. ist einer der Begründer der Radioastronomie, in die er die Methode der Interferometrie und der Apertursynthese einführte. Er untersuchte vor allem die solare Radiofrequenzstrahlung und beschäftigte sich mit Problemen der Kosmologie. R. erhielt 1974 den Nobel-Preis für Physik.

S

s, Einheitenzeichen für Sekunde.

Saalrefraktion, → Refraktion.

Sagitta [lat.], *Gen.* Sagittae, abg. ***Sge***, ***Pfeil***, kleines Sternbild des nördlichen Himmels, das in der Milchstraße liegt und im Sommer am Abendhimmel sichtbar ist.

Sagittarius [lat.], *Gen.* Sagittarii, abg. ***Sgr***, ***Schütze***, Zeichen ♐, zum Tierkreis gehörendes Sternbild des südlichen Himmels, das im Sommer am Abendhimmel sichtbar ist. Durch das Sternbild zieht sich die Milchstraße mit vielen leuchtenden Gasnebeln und Dunkelwolken, in ihm liegt die Richtung zum Zentrum des Milchstraßensystems, außerdem enthält es einige helle Sternhaufen, z.B. den Kugelsternhaufen M 22. Die Sonne durchläuft bei ihrer scheinbaren jährlichen Bewegung das Sternbild von etwa Mitte Dezember bis in die zweite Januarhälfte.

Sagittariusarm, der von der Sonne aus gesehen nächst innere Spiralarm des Milchstraßensystems.

Saha, Megh Nad, ind. Physiker und Astrophysiker, geb. 10.10.1893 in Sevratali (Bengalen), gest. 17.2.1956 in Kodaikanal. S. arbeitete u.a. über die thermische Ionisation und Anregung von Gasen und schuf die theoretischen Grundlagen zur Deutung der Spektren der Sterne und Gasnebel.

Saha-Gleichung [nach dem ind. Astrophysiker M.N. Saha, 1893–1956], eine mathematische Beziehung zur Berechnung des Ionisationsgrades eines Gases; → Ionisation.

säkular, hunderjährlich, alle hundert Jahre wiederkehrend; in der Astronomie svw. in langen Zeiträumen sich bemerkbar machend, z.B. s.e Störungen, s.e Bewegungen.

säkulare Akzeleration, eine der Störungen der → Mondbewegung.

Salpeter-Prozeß [nach dem nordamerikan. Astrophysiker E.E. Salpeter], eine Folge von Kernreaktionen in Sternen, bei denen Helium in schwerere Elemente umgewandelt wird; → Energiefreisetzung in Sternen.

Sarosperiode, ***Saroszyklus***, der Zeitraum zwischen der Wiederkehr zweier sich entsprechenden Finsternisse innerhalb des Finsterniszyklus; → Finsternis.

Satellit *m*, ***Trabant*** (gelegentlich auch ***Mond***), ein Himmelskörper, der einen Planeten umläuft und dynamisch an ihn gebunden ist. Im Sonnensystem sind derzeit 61 (größere) S.en bekannt (Tab.). In ihrer stofflichen Zusammensetzung und ihrem inneren Aufbau unterscheiden sie sich nicht von anderen Körpern des Planetensystems gleicher Dimension und gleichen Abstandes von der Sonne. Einige S.en sind den erdartigen planetaren Himmelskörpern zuzurechnen (z.B. der Mond und die Jupitersatelliten Io und Europa), andere den eisartigen (z.B. die Saturnsatelliten Mimas und Enceladus). Die Bindung eines S.en an einen Planeten kann das Ergebnis der gemeinsamen Entstehung von

Satelliten

	Satellit	Große Bahnhalbachse (1000 km)	Umlaufzeit (Tage)	Bahn-exzentrizität	Bahnneigung gegen Äquatorebene (°)	Durchmesser (km)
Erde						
	Mond	384,4	27,322	0,055	5,1 (x)	3476
Mars						
MI	Phobos	9,378	0,319	0,015	1,02	27/22/19
MII	Deimos	23,459	1,263	0,001	1,82	15/12/10
Jupiter						
JXVI	Metis	127,96	0,295	(0)	(0)	(40)
JXV	Adrastea	128,98	0,298	(0)	(0)	24/20/16
JV	Amalthea	181,30	0,498	0,003	0,40	270/164/150
JXIV	Thebe	221,9	0,675	0,013	(0,9)	(100)
JI	Io	421,6	1,769	0,004	0,04	3642
JII	Europa	670,9	3,551	0,010	0,47	3138
JIII	Ganymed	1070	7,155	0,001	0,20	5262
JIV	Kallisto	1883	16,69	0,007	0,28	4800
JXIII	Leda	11094	238,7	0,148	26,1 (x)	(16)
JVI	Himalia	11480	250,6	0,158	27,6 (x)	(180)
JX	Lysithea	11720	259,2	0,107	29,0 (x)	(40)
JVII	Elara	11737	259,7	0,207	27,8 (x)	(80)
JXII	Ananke	21200	631	0,169	147 (x)	(30)
JXI	Carme	22600	692	0,207	163 (x)	(40)
JVIII	Pasiphae	23500	735	0,378	148 (x)	(70)
JIX	Sinope	23700	758	0,275	153 (x)	(40)
Saturn						
SXVIII	Pan	133,57	0,575	(0)	0	(20)
SXV	Atlas	137,64	0,602	(0)	0	40/?/26
SXVI	Prometheus	139,35	0,613	0,002	0	140/100/74
SXVII	Pandora	141,70	0,629	0,004	0	110/86/74
SXI	Epimetheus	151,42	0,694	0,009	0,3	140/114/100
SX	Janus	151,47	0,695	0,007	0,1	220/190/160
SI	Mimas	185,52	0,942	0,020	1,52	394
SII	Enceladus	238,02	1,371	0,004	0,02	502
SIII	Tethys	294,66	1,888	0,000	1,09	1048
SXIII	Telesto	294,66	1,888	(0)	1,0	(25)
SXIV	Calypso	294,66	1,888	(0)	1,0	30/24/16
SIV	Dione	377,40	2,737	0,002	0,02	1120
SXII	Helene	377,40	2,737	0,005	0,2	36/?/?
SV	Rhea	527,04	4,517	0,001	0,35	1528
SVI	Titan	1221,0	15,95	0,029	0,33	5150
SVII	Hyperion	1481,1	21,28	0,104	0,43	350/240/200
SVIII	Japetus	3561,3	79,33	0,028	7,5	1436
SIX	Phoebe	12952	550,5	0,163	175 (x)	230/220/210
Uranus						
UVI	Cordelia	49,75	0,338	0,000	(0)	(50)
UVII	Ophelia	53,77	0,375	0,001	(0)	(50)
UVIII	Bianca	59,16	0,433	0,000	(0)	(50)
UIX	Cressida	61,77	0,463	0,000	(0)	(60)
UX	Desdemona	62,65	0,475	0,000	(0)	(60)
UXI	Juliet	64,63	0,496	0,001	(0)	(80)
UXII	Portia	66,10	0,516	0,000	(0)	(80)
UXIII	Rosalind	69,92	0,558	0,000	(0)	(60)
UXIV	Belinda	75,25	0,625	0,000	(0)	(60)
UXV	Puck	86,00	0,763	0,000	(0)	(170)
UV	Miranda	129,8	1,413	0,027	4,2	484
UI	Ariel	191,2	2,520	0,003	0,31	1160

Satelliten

	Satellit	Große Bahnhalbachse (1000 km)	Umlaufzeit (Tage)	Bahn-exzentrizität	Bahnneigung gegen Äquatorebene (°)	Durchmesser (km)
UII	Umbriel	266,0	4,146	0,005	0,36	1190
UIII	Titania	435,8	8,704	0,002	0,14	1600
UIV	Oberon	582,6	13,463	0,001	0,10	1550
Neptun						
NVIII	Naiad	48,23	0,296	0,000	4,74	(50)
NVII	Thalassa	50,07	0,310	0,000	0,21	(80)
NV	Despina	52,53	0,336	0,000	0,06	(180)
NVI	Galatea	61,95	0,429	0,000	0,05	(160)
NIV	Larissa	73,54	0,558	0,001	0,20	210/?/180
NIII	Proteus	117,6	1,125	0,000	0,04	435/?/400
NI	Triton	354,8	5,877	0,000	157	2705
NII	Nereide	5513	360,1	0,75	27,7 (x)	(340)
Pluto						
PI	Charon	19,64	6,387	(0)	98,9	1192

Unsichere Werte sind eingeklammert; (x) bedeutet, daß die Neigung der Satellitenbahn auf die Bahnebene des Planeten bezogen ist; bei Satelliten, die von der Kugelform abweichen, sind die Achslängen eines angepaßten dreiachsigen Ellipsoids angegeben

Planet und S. sein, sie kann aber auch erst später erfolgt sein, nachdem der S. an einer anderen Stelle des Planetensystems (als Planetoid) entstanden war und durch den Planeten eingefangen wurde. Für das Erde-Mond-System wird auch die Möglichkeit diskutiert, daß sich der Mond in der Folge eines katastrophalen Zusammenstoßes der Erde mit einem großen anderen Himmelskörper gebildet hat, gleiches gilt auch für das Pluto-Charon-System (→ Kosmogonie).

Innerhalb der ausgedehnten Satellitensysteme um Jupiter, Saturn, Uranus und Neptun lassen sich drei Gruppen von S.en unterscheiden: Die regulären S.en bewegen sich rechtläufig, nahezu auf Kreisbahnen in der Äquatorebene des jeweiligen Planeten; sie haben im allg. eine gebundene Rotation. Die irregulären S.en sind meist kleine, unregelmäßig geformte Himmelskörper, deren Bahnen eine große Exzentrizität haben und z.T. stark gegen die Äquatorebene des Planeten geneigt sind; die Bewegungen dieser S.en können auch rückläufig sein. Unter ihnen dürften sich viele eingefangene ehemalige Planetoiden befinden. Die dritte Gruppe wird von Minisatelliten gebildet, deren Durchmesser in der Größenordnung von einigen Mikrometern bis zu einigen Metern liegt, und die in ihrer Gesamtheit Ringsysteme um die Großplaneten bilden. Diese Systeme sind konzentrische, scheibenförmige Anordnungen mit einer im allg. geringen Dicke senkrecht zur Scheibenebene. Die Ringsysteme befinden sich in den Äquatorebenen der Planeten und zeigen vielfach innere Strukturen, die mindestens teilweise durch dynamische Wechselwirkungen zwischen den Ringteilchen und benachbarten (größeren) S.en verursacht werden.

Die Ausdehnung der Satellitensysteme im Verhältnis zu den Radien der zugehörigen Planeten ist sehr unterschiedlich: Beim Jupiter beträgt das Verhältnis etwa 330:1, beim Neptun und beim Saturn 225:1 bzw. 215:1, beim Uranus aber nur etwa 25:1. Ein theoretischer, von keinem der gegenwärtigen Systeme erreichter Höchstabstand liegt da, wo die Bewegungen der S.en durch die Sonne so stark gestört werden, daß diese den Gravitationsbereich des Planeten verlassen. Der Mindestabstand vom Planeten ist für große S.en durch die Roche-Grenze gegeben, da bei ihrer Unterschreitung ein S. infolge der vom Planeten ausgeübten Gezeitenkräfte zerstört würde. Kleine Körper, bei denen die inneren Festkörperkräfte größer als die Gezeitenkräfte sind, können auch noch innerhalb der Roche-Grenze existieren. Alle Ringsysteme – bis auf den E-Ring des Saturns – befinden sich innerhalb der jeweiligen Roche-Grenze; die Ringmaterie rührt daher mit großer Wahrscheinlichkeit von ehemaligen S.en her, die durch Gezeitenkräfte zerstört und infolge von Zusammenstößen der Trümmer weiter zerkleinert wurden.

Die größten S.en übertreffen nach Masse und Durchmesser den Planeten Merkur, einige können sogar eine Atmosphäre an sich binden, z.B. der Saturnsatellit Titan. Die Durchmesser der bekannten Zwergsatelliten liegen in der Größenordnung von 20 bis 100 km. Ihre unregelmäßige Gestalt ist wahrscheinlich auf Zusammenstöße mit anderen Körpern zurückzuführen. Das Masseverhältnis zwischen den S.en und dem umlaufenden Planeten ist im allg. sehr klein, beim Mond beträgt es hingegen 1:81,5, beim Plutosatellit Charon sogar etwa 1:10.

Neu entdeckte S.en erhalten als vorläufigen Namen die Jahreszahl der Entdeckung, den Anfangsbuchstaben des umlaufenen Planeten und eine fortlaufende Nummer in der Reihenfolge der Entdeckung. Sind die Bahnelemente mit genügender Genauigkeit bekannt, werden die S.en mit dem Anfangsbuchstaben des umlaufenen Planeten und mit einer römischen Zahl sowie einem Namen bezeichnet.

Eine Beschreibung der einzelnen S.en ist jeweils unter dem entsprechenden Stichwort zu finden.

Saturn, der sonnenfernste Planet, der noch mit bloßem Auge gesehen werden kann; Zeichen ♄.

Der S. bewegt sich mit einer mittleren Geschwindigkeit von 9,67 km/s in 29,42 Jahren (siderische Umlaufzeit) rechtläufig um die Sonne. Dabei durchläuft er eine Ellipsenbahn, deren große Halbachse 1427 Mill. km (=9,54 AE) und deren Exzentrizität 0,0526 beträgt; die Bahnebene ist gegen die Erdbahnebene um 2,48° geneigt. Die Entfernung des S.s von der Sonne schwankt zwischen 1352 Mill. km im Perihel und 1502 Mill. km im Aphel. Je nach der Stellung des S.s und der Erde in ihren Bahnen variiert sein Abstand von der Erde zwischen 1193 und 1658 Mill. km, sein scheinbarer Durchmesser zwischen rund 20″ und 15″. Die günstigsten Beobachtungsbedingungen ergeben sich, wenn sich der S. in Opposition zur Sonne befindet; seine scheinbare visuelle Helligkeit kann dann $0\overset{m}{,}67$ erreichen. Die Zeit zwischen zwei aufeinanderfolgenden Oppositionen (synodische Umlaufzeit) beträgt im Mittel 378 Tage.

Der Äquatordurchmesser des S.s mißt mit 120536 km rund das 9,5fache des Erddurchmessers; damit ist der S. der zweitgrößte Planet des Sonnensystems und gehört zu den Riesenplaneten. Der S. hat eine differentielle Rotation: In Äquatornähe beläuft sich die Rotationsperiode auf 10 h 14 min (System I), in den mittleren planetographischen Breiten auf 10 h 40 min (System II). Aus periodischen Schwankungen der vom S. empfangenen Radiofrequenzstrahlung läßt sich eine Rotationsperiode von 10 h 39 min 25 s ableiten; sie entspricht der des Saturninneren. (In ihm ist das Magnetfeld des S.s, das für die Radiofrequenzstrahlung verantwortlich ist, fest verankert und wird bei der Rotation mitgeführt.) Die Äquatorebene des S.s ist gegen seine Bahnebene um 26° 45′ geneigt. Infolge der schnellen Rotation ist der S. von allen Planeten am stärksten abgeplattet; Pol- und Äquatordurchmesser unterscheiden sich um 12300 km. Die Abplattung, deren numerischer Wert 0,109 beträgt, ist auch mit kleineren Fernrohren leicht zu erkennen. (Die Durchmesserangaben beziehen sich auf die Lage der sichtbaren Wolkenobergrenze.) Die Saturnmasse ist mit 95,16 Erdmassen fast dreimal so groß wie die aller kleineren Planeten zusammen. Seine mittlere Dichte beträgt 0,70 g/cm³ und damit nur etwa 13% der mittleren Dichte der Erde; es ist die kleinste mittlere Dichte von allen Planeten und entspricht etwa der Dichte verflüssigter Gase in irdischen Labors.

Die mittlere Albedo des S.s ist sehr hoch, da alle auf ihm sichtbaren Einzelheiten Wolkenstrukturen sind, sie beträgt 0,74. Der S. erscheint mattgelblich bis orange gefärbt. Er hat eine parallel zum Äquator verlaufende, jedoch ziemlich verwaschen aussehende Zonen- und Gürtelgliederung, die ähnlich der beim Jupiter ist. Die auffälligsten (dunklen) Gürtel traten bisher in nördlichen planetographischen Breiten bei etwa 20° und 40° auf. Diese Strukturen scheinen sehr regelmäßig zu sein, unregelmäßige Musterungen sind von der Erde aus verhältnismäßig selten zu beobachten; Farbvariationen sind auf dem S. seltener als auf dem Jupiter. Die von Raumsonden aus großer Nähe gewonnenen Aufnahmen lassen auf dem S. einzelne Wolkenkomplexe erkennen, die vielfach als ovale bräunliche Flecken erscheinen. Ihre Zahl und Größe ist deutlich geringer als beim Jupiter. Sie scheinen vor allem in höheren Breiten nördlich und südlich des Äquators aufzutreten und sind im allg. nicht länger als etwa ein Jahr sichtbar. Wie die Rotation der Flecken zeigt, handelt es sich um Hochdruckwirbelgebiete. In Abständen von etwa 30 Jahren, der Umlaufperiode des S.s um die Sonne, taucht im nördlichen Teil der Äquatorzone eine helle Wolkenerscheinung auf, die als *Großer Weißer Fleck* bezeichnet wird. Es ist ein Wolkenkomplex, der bei einer Nord-Süd-Ausdehnung von etwa 10000 km den ganzen S. umspannen kann. Die Wolken bestehen wahrscheinlich aus festen Ammoniakteilchen, die in der Saturnatmosphäre unter günstigen Bedingungen gehäuft auskondensieren können, was offenbar dann der Fall ist, wenn in der nördlichen Äquatorzone die Sonneneinstrahlung am größten ist (wenn dort „Saturnsommer“ herrscht). Die den gesamten Planeten umfassende Strukturierung der sichtbaren Wolkenschichten geht auf ein kompliziertes Wind- und Strömungssystem zurück: In einem Band etwa 30° beiderseits des Äquators treten starke Westwinde (also ostwärts gerichtet und damit der Rotation vorauseilend) mit Geschwindigkeiten bis zu 500 km/s auf. Mit zunehmender planetographischer Breite sinken die Windgeschwindigkeiten, so daß nahe 35° bis 40° nördlicher und südlicher Breite die sichtbare Wolkendecke etwa synchron mit dem Saturninnern rotiert, während weiter zu den Polen hin abwechselnd Ost- und Westwinde (mit bedeutend geringeren Geschwindigkeiten als in Äquatornähe) herrschen. Dieses globale Windsystem ist wahrscheinlich eine Folge der schnellen Rotation des S.s sowie eines hohen, von innen nach außen fließenden Energiestroms: Der S. gibt etwa 1,8mal mehr Energie ab, als er von der Sonne empfängt.

Die Temperaturschichtung in der Saturnatmosphäre (Abb. 1) sowie deren Zusammensetzung konnten mit Hilfe von Raumsonden, die am S. vorbeiflogen, ermittelt werden. Danach ist Wasserstoff mit einem Masseanteil von etwa 94% das häufigste Element, gefolgt von Helium mit rund 5%. Ammoniak und Me-

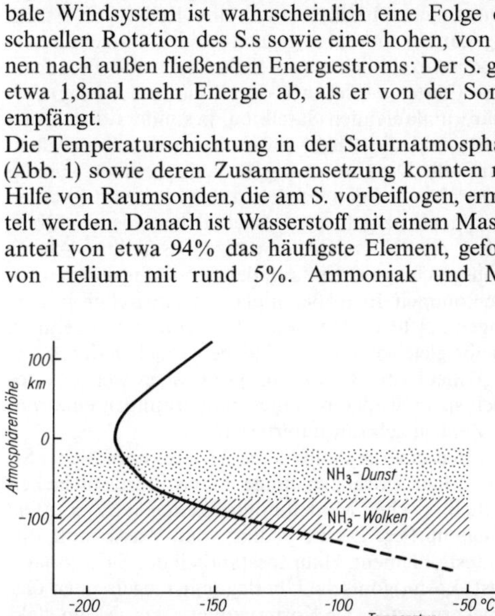

Abb. 1: Temperaturverlauf in der Saturnatmosphäre (gestrichelt: extrapoliert) und Lage der obersten Wolkenschicht. Die Höhenskala ist willkürlich auf die Tropopause (Temperaturminimum) bezogen. NH_3: Ammoniak

than sind gering vorhanden; nur in Spuren treten Phosphin, Ethan, Acetylen, Propan und andere Stoffe auf, die vermutlich bei photochemischen Prozessen aus Methan entstehen. Die aus Ammoniakeisteilchen bestehende oberste Wolkenschicht geht nach außen hin in eine dünne Dunstschicht über, die bis zum Bereich des Temperaturminimums, der Tropopause, reichen dürfte. Dieser Dunst ist wahrscheinlich für das verwaschene Aussehen der Wolkenstrukturen verantwortlich. Da Ammoniakkristalle nicht die bei den Saturnwolken im allg. beobachtete Färbung haben, müssen noch andere, die Färbung verursachende, aber bisher unbekannte Substanzen vorhanden sein.
Der S. besitzt ein Magnetfeld, dessen Stärke an der Wolkenobergrenze mit $2{,}1 \cdot 10^{-5}$ Tesla etwa der Stärke des Erdmagnetfeldes an der Erdoberfläche entspricht. Wegen des wesentlich größeren Saturnradius gegenüber dem Erdradius ist das erzeugende magnetische Moment beim S. jedoch rund 550mal größer als das der Erde. Das Saturnfeld ist angenähert ein Dipolfeld, dessen Polung der des Erdfeldes entgegengesetzt ist und dessen Achse nahezu mit der Rotationsachse des S.s übereinstimmt; der Dipolmittelpunkt liegt etwa 0,04 R_S vom Planetenzentrum entfernt (R_S bezeichnet den Saturnradius). Die Magnetosphäre reicht auf der der Sonne zugewandten Seite etwa 25 R_S in den Raum; der Abstand variiert stark in Abhängigkeit von der Stärke des Sonnenwindes, so daß sich der größte Saturnsatellit, der Titan, z.T. innerhalb, z.T. außerhalb der Magnetosphäre befindet. Auf der von der Sonne abgewandten Seite ist die Magnetosphäre zu einem Schweif auseinandergezogen, der noch in einer Entfernung von 50 R_S nachgewiesen wurde, sich aber bedeutend weiter erstrecken dürfte. Innerhalb der Saturnmagnetosphäre existiert eine Reihe von Strahlungsgürteln mit einer gegenüber der Umgebung erhöhten Anzahldichte von Elektronen und Protonen. Diese Gürtel werden u.a. durch die in der Magnetosphäre umlaufenden Satelliten, besonders durch den Mimas und die Rhea, sowie durch das Ringsystem beeinflußt. Die Saturnringpartikeln nehmen ständig Gasteilchen aus den Gürteln auf, andererseits werden durch hochenergetische Gürtelteilchen aus den Oberflächen der Ringpartikeln und der Satelliten Atome herausgeschlagen, die dann den Strahlungsgürteln zugute kommen. In größeren planetozentrischen Entfernungen dürfte die Magnetosphäre einer ausgedehnten Scheibe gleichen, da die geladenen Teilchen durch das Magnetfeld zur Mitrotation gezwungen werden, wodurch sie in größeren Planetenentfernungen einer hohen Zentrifugelkraft unterliegen.
Über den inneren Aufbau des S.s weiß man nichts Sicheres, doch schränken einige Beobachtungstatsachen die theoretischen Modellmöglichkeiten stark ein: Die geringe mittlere Dichte bedingt, daß Wasserstoff, das leichteste Element, Hauptbestandteil der Saturnmaterie ist; kosmogonische Überlegungen legen einen Gesteinskern nahe (→Kosmogonie); das Magnetfeld weist auf die Wirkung eines Dynamoeffekts im Saturninnern hin, der einen flüssigen, elektrisch gut leitfähigen Materiezustand voraussetzt. Die gegenwärtig diskutierten Saturnmodelle nehmen einen Schalenaufbau an, doch gibt es noch keine Übereinstimmung hinsichtlich der genauen Größe und Zusammensetzung der einzelnen Schalen. Nach einem möglichen Modell (Abb. 2) besteht die äußerste Schale hauptsächlich aus Wasserstoff, die Heliumhäufigkeit ist – verglichen mit der in der Sonnenatmosphäre – deutlich reduziert. Nach innen zu steigen Dichte und Temperatur an, wobei möglicherweise solche Zustände erreicht werden, bei denen nicht zwischen dem gasförmigen und dem flüssigen Zustand unterschieden werden kann, so daß auch keine scharfe Grenze zwischen einer gasförmigen Außenschale (Atmosphäre) und einer aus Kondensat bestehenden flüssigen Innenschale existiert. In einem Zentrumsabstand von etwa 0,51 R_S geht der Wasserstoff in eine metallische Phase über: Durch den hohen Druck wird er ionisiert; die dabei befreiten Elektronen sorgen infolge ihrer großen Beweglichkeit für eine hohe elektrische Leitfähigkeit (wie in Metallen). Das Helium ist bei den herrschenden Bedingungen nicht vollkommen in dem (metallischen) Wasserstoff gelöst, es bildet Tropfen, die unter der Wirkung der Schwerkraft zum Zentrum hin sinken. Dadurch tritt neben einer Abreicherung des Heliums in den oberen Atmosphärenschichten eine Freisetzung potentieller Energie und eine Erwärmung des Saturninnern ein. Diese Energie wird vom S. zusätzlich zu der von der Sonne empfangenen Energie außen abgegeben. Ab 0,44 R_S dürfte ein stabiles Mischungsverhältnis von Wasserstoff und Helium erreicht sein. Das Saturnzentralgebiet wird von einem Gesteinskern mit einer Masse von etwa 20 Erdmassen und einem Radius von vielleicht 0,25 R_S gebildet.

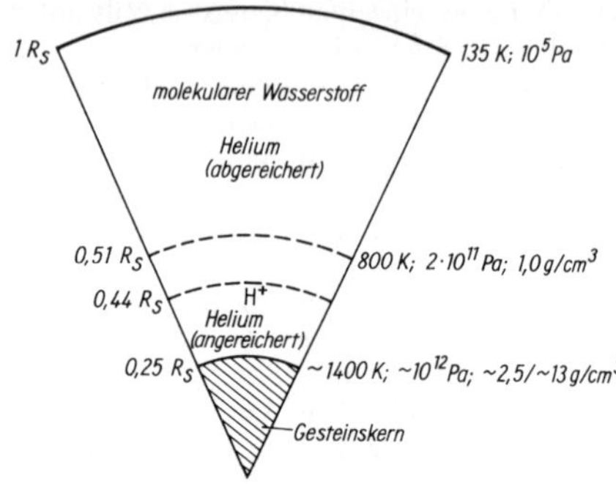

Abb. 2: Modell des Saturninnern. Die Zentrumsentfernungen sind in Einheiten des Saturnradius R_s angegeben. Rechts: Temperatur und Druck sowie die Dichten oberhalb und unterhalb der angegebenen Grenzflächen. H^+: metallischer Wasserstoff. (Nach D. Stevenson)

S a t u r n r i n g e. Die Ringe des S.s liegen in dessen Äquatorebene. Sie nehmen dadurch bei der Bewegung des Planeten um die Sonne unterschiedliche Stellungen relativ zur Erde ein, so daß man zeitweilig schräg „von unten", zeitweilig schräg „von oben" auf die Ringe sehen kann, was sie selbst bei der Verwendung kleinerer Fernrohre zu einem lohnenden Beobachtungsobjekt macht. Wenn die Sichtlinie Erde–Saturn in dessen Äquatorebene fällt, sieht man genau auf die Kante des Systems, das dann nur als schmaler Strich er-

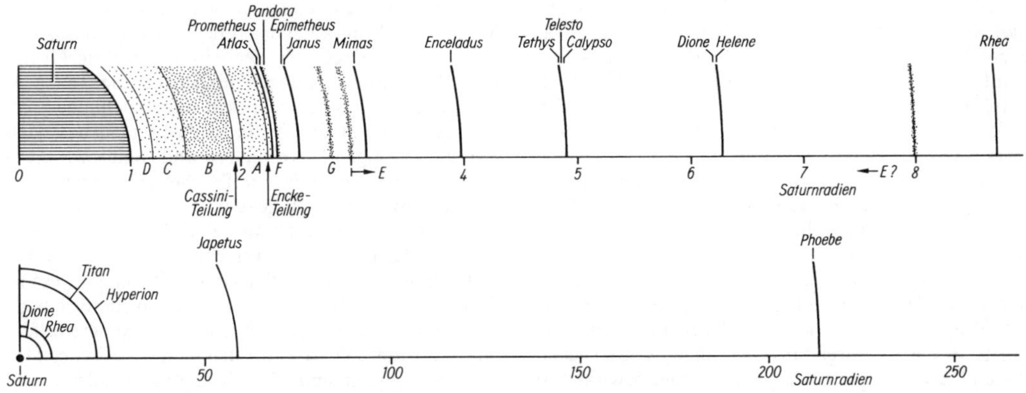

Abb. 3: Abstände der Saturnsatelliten und der Saturnringe vom Planetenmittelpunkt

scheint. Zur Kennzeichnung der von der Erde aus sichtbaren Teile des Ringsystems verwendete man im vergangenen Jahrhundert die Buchstaben A (Außenring), B (Innenring) und C (Flor- oder Kreppring), die von außen nach innen zu die Lage in bezug auf den S. angaben. Durch Raumsondenbeobachtungen wurden mehr Ringe gefunden und in der Reihenfolge der Entdeckung mit D, E, F und G bezeichnet; die alphabetische Reihenfolge stimmt dadurch nicht mehr mit der Anordnung der Ringe überein (Abb. 3 und Tab.).

Von der Erde aus sind im Ringsystem einige Helligkeitsabstufungen und Unterteilungen, wie z.B. die Cassini- und die Encke-Teilung, zu erkennen. Nahbeobachtungen von Raumsonden aus zeigten eine von der Erde aus nicht sichtbare starke Aufgliederung in z.T. mehr als 1000 Einzelringen, deren radiale Ausdehnung vielfach nur etwa 10 km beträgt (Abb. 4). Die vertikale Ausdehnung ist bei vielen dieser Strukturen noch weitaus geringer, sie beläuft sich auf z.T. weniger als 100 m, was eine Folge von gegenseitigen Stößen der Ringpartikeln ist. Bei den Stößen wird die Geschwindigkeitsstreuung verringert, und unterschiedliche Neigungen der individuellen Partikelbahnen werden ausgeglichen. Der Effekt ist um so stärker, je größer die Partikelzahl je Volumeneinheit und damit die Stoßwahrscheinlichkeit ist; die hellen, dichtesten Ringpartien haben daher die geringste vertikale Ausdehnung. Bei den Substrukturen in den Ringen handelt es sich wahrscheinlich mehr um radiale Dichteschwankungen als um schmale Einzelringe, die durch Lücken getrennt sind. Materiefreie Lücken sind selten; zu ihnen gehört die Encke-Teilung und die Keeler-Lücke im A-Ring sowie einige Lücken im Bereich der Cassini-Teilung sowie innerhalb des C-Rings. Der B-Ring scheint praktisch lückenfrei zu sein.

Die Feinstrukturen in den Ringbereichen gehen wahrscheinlich auf die störenden Einflüsse der Saturnsatelliten zurück: Infolge seiner Masseanziehung verformt ein Satellit die Bahnen von Ringteilchen zu Ellipsen, wodurch sich die auf benachbarten Bahnen laufenden Teilchen an bestimmten Stellen stärker häufen als an anderen. Stehen Satelliten- und Teilchenumlaufzeiten in einem entsprechenden Verhältnis, bilden die Häufungspunkte ein spiralförmiges, außerordentlich eng gewundenes Band erhöhter Teilchendichte, was den Eindruck dicht benachbarter Einzelringe hervorruft.

Abb. 4: Saturnringe, aufgenommen aus einer Entfernung von etwa 8 Mill. km mit Hilfe der Raumsonde Voyager 1. Oben links ganz schwach der F-Ring; im hellen A-Ring ist die dunkle Enckesche Teilung erkennbar; die Cassinische Teilung zwischen dem A- und dem B-Ring erscheint als dunkles Band, besteht aber tatsächlich aus einigen schwachen, schmalen Ringen, wie links oben zu erkennen ist; der C-Ring mit seinen vielen Einzelringen ist vor der Saturnscheibe praktisch nicht zu sehen. Die starken dunklen Streifen auf dem Saturn sind die Schatten der Ringe

Der innerste Ring (D-Ring) reicht mit seiner Innenkante nahe an die Saturnatmosphäre heran; er ist extrem lichtschwach und von der Erde aus nicht sichtbar. An ihn schließt sich nach außen nahtlos der zwar ebenfalls relativ lichtschwache, von der Erde aus aber deutlich erkennbare C-Ring an. Er ist stark untergliedert; in ihm befindet sich die Maxwell-Lücke. Auf den C-Ring folgt der hellste und dichteste aller Ringe, der stark strukturierte B-Ring, der mit einer Dicke von weniger als 100 m die geringste vertikale Ausdehnung besitzt. Seine scharfe Außenkante, die nicht völlig kreisförmig ist, geht wahrscheinlich auf die Gezeitenwechselwirkung der dortigen Ringpartikeln mit dem Satellit Mimas zurück; die Umlaufzeiten der Partikeln haben mit der Umlaufzeit des Mimas das Resonanzverhältnis 1:2: Die schneller als der Mimas laufenden Partikeln werden durch ihn etwas abgebremst, rücken dadurch etwas näher an den S. heran und bewirken so eine scharfe Ringkante. Zwischen dem B- und dem A-Ring liegt die Huygens-Lücke und die breite Cassini-Teilung. Im ebenfalls stark strukturierten A-Ring, dem zweithellsten Ring, befindet sich die Encke-Teilung und die sehr schmale Keeler-Lücke. In der Encke-Teilung befindet sich der innerste Saturnsatellit, der Pan, nahe der scharfen Außenkante des A-Rings der Atlas, der mit den Ringteilchen eine 6:7-Umlaufzeitresonanz hat. Der F-Ring mit einer radialen Ausdehnung von nur rund 50 km liegt etwa 3500 km weiter außerhalb; er wird beiderseits von je einem Zwergsatelliten (innen dem Prometheus, außen der Pandora) begleitet. Es handelt sich um sog. „Schäferhundsatelliten", die auf Grund ihres gravitativen Einflusses die Ringpartikeln zusammenhalten. Theoretisch noch unverstanden sind feine Teilstrukturen des F-Rings, wie Knicke und Verdrillungen. Weiter außen, von dem F-Ring durch die Satelliten Epimetheus und Janus getrennt, liegt der sehr lichtschwache G-Ring, von dem man bisher am wenigsten weiß. Den äußeren Abschluß des Ringsystems bildet der E-Ring, der sich etwa 300000 km weit erstreckt und dessen Außengrenze wenig genau fixiert ist. Seine vertikale Dicke beträgt an der Innenkante etwa 6000 km, an der Außenkante etwa 40000 km und hat nahe der Enceladusbahn ein lokales Minimum von rund 4000 km, während die Partikeldichte dort ein Maximum zu haben scheint. Der E-Ring ist unter extrem guten Beobachtungsbedingungen und bei einer günstigen Ringstellung auch von der Erde aus beobachtbar.

Im zentralen Drittel des B-Rings treten radial ausgerichtete Erscheinungen mit Längen bis zu 10000 km auf, die als „Speichen" bezeichnet werden und sich in der Helligkeit gering gegenüber dem Restring unterscheiden. Ihre Lebensdauer liegt zwischen etwa 20 Minuten und rund 4 Stunden. Diese Strukturen werden wahrscheinlich durch elektrisch geladene Staubteilchen mit Größen im Mikrometerbereich verursacht, die sich im Magnetfeld des S.s bewegen. Die Aufladung der Teilchen erfolgt möglicherweise durch gehäuft auftretende Stöße mit geladenen Gaspartikeln aus den Strahlungsgürteln; infolge von Stößen der aufgeladenen Teilchen mit anderen Ringteilchen tritt bald wieder eine Entladung ein, so daß nach kurzer Zeit die Erscheinung verschwindet. Eine befriedigende theoretische Erklärung des Phänomens fehlt noch.

Die Ringpartikeln umlaufen den S. wie eine riesige Menge von Minisatelliten. Ihre Größe kann aus den optischen Eigenschaften der Ringe sowie auf Grund von Radaruntersuchungen abgeleitet, die Teilchenzusammensetzung aus Spektraluntersuchungen erschlossen werden. Die Partikelradien scheinen danach zwischen wenigen Mikrometern und wenigen Metern zu liegen; mit zunehmender Teilchengröße nimmt die Teilchenanzahl etwa umgekehrt proportional der dritten Potenz des Radius ab, wobei die Häufigkeitsverteilung der Partikeln in den verschiedenen Ringgruppen nicht einheitlich ist. Die Partikeln bestehen im wesentlichen aus Wassereis, doch zeigen Farbunterschiede benachbarter Teilringe, daß auch noch andere eisförmige Substanzen und wahrscheinlich silicatisches Material vorhanden sind. Die Gesamtmasse aller Ringe zusammen dürfte in der Größenordnung von $6 \cdot 10^{-8}$ Saturnmassen liegen, wozu der B-Ring weitaus am meisten beiträgt.

In der Umgebung der Ringe befindet sich eine Gaswolke neutralen Wasserstoffs, die sich von der Innenkante des A-Rings bis zur Innenkante des E-Rings erstreckt. Ihre vertikale Dicke wird auf 100000 km geschätzt. Die Herkunft der Wasserstoffatome ist noch unklar.

Saturnringsystem

	Breite (km)	Abstand vom Saturnzentrum (km)
Wolkenobergrenze		60330
D-Ring: Innenkante		66970
C-Ring: Innenkante		74510
Maxwell-Lücke	270	(87480)
B-Ring: Innenkante		≈92000
Außenkante		117520
Huygens-Lücke	430	(117700)
Cassini-Teilung	4450	(119760)
A-Ring:Innenkante		122170
Encke-Teilung	328	(133570)
Keeler-Lücke	≈35	(136530)
A-Ring: Außenkante		136780
F-Ring	50	(140180)
G-Ring	≈1000	(170100)
E-Ring: Innenkante		181000
Außenkante		483000

Die eingeklammerten Werte sind Abstandsmittelwerte für den jeweiligen Ring bzw. die jeweilige Teilung oder Lücke

Saturnsatelliten. Der S. wird außer von den Minisatelliten der Ringteilchen von 18 größeren Satelliten umlaufen, die sich – wenn man den Pan ausnimmt – in vier Gruppen einteilen lassen: Die innerste Gruppe bilden der Atlas, der Prometheus, die Pandora, der Epimetheus und der Janus. Der Atlas ist der „Schäferhundsatellit" für den A-Ring, der Prometheus und die Pandora haben die gleiche Funktion bezüglich des F-Rings. Der Epimetheus und der Janus bewegen sich im nahezu gleichen planetozentrischen Abstand um den S. und üben eine starke gravitative Wechsel-

wirkung aufeinander aus: Beim Überholen des außen laufenden und daher langsameren Satelliten durch den innen laufenden wird der äußere abgebremst, der innere beschleunigt, so daß der äußere nach innen, der innere nach außen wandert; alle 4 Jahre findet dadurch eine Vertauschung der Bahnen der beiden Satelliten statt. Die zweite Satellitengruppe besteht aus dem Mimas, dem Enceladus, der Tethys, der Dione, der Rhea, dem Titan, dem Hyperion und dem Japetus. Es sind – bis auf den Hyperion – regelmäßig geformte große Körper. Der Hyperion mit seiner kantigen Gestalt dürfte der Überrest eines zerstörten, ehemals größeren Satelliten sein. Diese Satelliten bewegen sich – bis auf den Japetus – auf Bahnen geringer Exzentrizität um den S., die nahe dessen Äquatorebene liegen. Die Bahn des Japetus ist stark gegen diese Ebene geneigt. Diese regulären Satelliten gehören zu den eisartigen planetaren Himmelskörpern und bestehen wahrscheinlich aus einem Gesteinskern mit einem Eismantel. Die dritte Satellitengruppe wird von drei Zwergsatelliten gebildet, von denen sich die Telesto und die Calypso in den Librationspunkten L_4 bzw. L_5 (→ Dreikörperproblem) des S.s und der Tethys befinden, die Helene hingegen im Librationspunkt L_4 des S.s und der Dione. Die Phoebe ist der einzige bekannte Vertreter der mit großer Wahrscheinlichkeit vorhandenen Gruppe der irregulären Satelliten. Die Phoebe bewegt sich rückläufig auf einer stark gegen die Äquatorebene des S.s geneigten Bahn. Bei ihr dürfte es sich um einen eingefangenen ehemaligen Planetoiden handeln.
Eine Beschreibung der einzelnen Satelliten ist unter dem jeweiligen Stichwort zu finden, eine Zusammenfassung der Bahndaten in einer Tab. unter dem Stichwort → Satellit.

Sauerstoffreaktionen, Kernprozesse zur → Energiefreisetzung in Sternen, bei denen Sauerstoff in schwerere Elemente umgewandelt wird.

Säulendichte, die Masse, die sich in einer Säule mit der Einheitsfläche als Querschnitt befindet, bzw. die Anzahl der Teilchen in einer derartigen Säule.

Schäferhundsatellit, ***Hirtensatellit***, ***Wächtersatellit***, ein Satellit, der auf Grund seiner gravitativen Einwirkung auf kleine Teilchen (z.B. die Partikeln in einem Ring um einen Planeten) deren dynamisches Verhalten beeinflußt und sie auf bestimmten Bahnen hält: Ein weiter außen, daher langsamer laufender Satellit bremst benachbarte Teilchen etwas ab, wodurch sie ein wenig nach innen sinken, ein weiter innen laufender Satellit beschleunigt die Teilchen etwas, wodurch sie weiter nach außen wandern.

Schalenquellenmodell, die modellhafte Beschreibung des inneren Aufbaus eines Sterns, bei dem die Energiefreisetzungsprozesse in einer Kugelschale (oder mehreren Schalen) um das Sternzentrum stattfinden; → Sternaufbau, → Sternentwicklung.

Schaltjahr, ein Jahr, das gegenüber einem Normaljahr (Gemeinjahr) einen überzähligen Tag, einen ***Schalttag***, oder einen überzähligen Monat, einen ***Schaltmonat***, hat; → Kalender.

Schedir [aus arab. sadr ‚Brust'], der Stern α im Sternbild Cassiopeia. Seine scheinbare visuelle Helligkeit beträgt $2\overset{m}{.}2$. Es ist ein Stern der Spektralklasse K0 und der Leuchtkraftklasse III, also ein Riesenstern. Seine Entfernung von der Sonne beläuft sich auf etwa 62 pc oder 200 Lichtjahre.

Scheibenpopulation, → Population.

scheinbare Helligkeit, ein Maß für den zur Erde gelangenden Strahlungsstrom eines Himmelskörpers, Maßeinheit ist die Größenklasse; → Helligkeit.

Scheinersche Methode [nach dem Jesuitenpater Chr. Scheiner, 1573–1650], Verfahren zur genauen Aufstellung parallaktisch montierter → Fernrohre.

Scheitelpunkt, svw. Zenit.

Schiaparelli, Giovanni Virginio, ital. Astronom, geb. 14.3.1835 in Savigliano, gest. 4.7.1910 in Mailand; 1864–1900 Direktor der Sternwarte in Mailand. S. arbeitete vor allem über Meteore, wobei er den Zusammenhang zwischen dem Kometen 1862 III und dem Meteorstrom der Perseiden entdeckte.

Schiefe der Ekliptik, der Winkel, unter dem sich die Ekliptik und der Himmelsäquator schneiden; die S. d. E. beträgt gegenwärtig (1993,5) 23° 26′ 24,49″ und nimmt infolge von Präzession und Nutation um rund 0,47″ pro Jahr ab (→ Präzession).

Schiefspiegler, → Spiegelteleskop.

Schiff, ***Schiff Argo***, das frühere Sternbild → Argo.

Schiffskompaß, das Sternbild → Pyxis.

Schild, das Sternbild → Scutum.

Schildwolke, eine auffällige Sternansammlung im Sternbild Scutum (Schild).

Schklowski, Jossif Samuilowitsch, russ. Astrophysiker, geb. 1.7.1916 in Gluchow, gest. 3.3.1985 in Moskau; ab 1938 am Sternberg-Institut in Moskau und ab 1953 dort Professor, ab 1968 am Institut für Kosmosforschung der Akademie der Wissenschaften in Moskau. S. arbeitete auf dem Gebiet der theoretischen Astrophysik, speziell befaßte er sich mit der Ionisationstheorie der Sonnenkorona, der solaren und galaktischen Radiofrequenzstrahlung sowie der Erforschung aktiver Galaxien.

Schlange, das Sternbild → Serpens.

Schlangenträger, das Sternbild → Ophiuchus.

Schmidt, Bernhard, estnischer Astrooptiker, geb. 30.3.1879 auf Nargen, gest. 1.12.1935 in Hamburg; zunächst in Mittweida, ab 1926 in Hamburg-Bergedorf. S. stellte hervorragende Spiegel und Linsen für astronomische Fernrohre her, bekannt wurde er vor allem durch die Konstruktion von Spiegelteleskopen mit einem großen Gesichtsfeld.

Schmidt-Spiegel, → Spiegelteleskop.

Schmidt-Cassegrain-System, → Spiegelteleskop.

Schnelläufer, Sterne mit einer Geschwindigkeit größer als 65 km/s relativ zur Sonne. Die S. durchlaufen im Milchstraßensystem elliptische Bahnen, die stark gegen die Sonnenbahn geneigt sind. Ihre in Richtung der galaktischen Rotation weisende Geschwindigkeitskomponente ist im allg. geringer als die der Sonne, sie bleiben daher im allg. hinter ihr zurück. (In dieser Hinsicht wäre der Name „Langsamläufer" zutreffender.) Die S. gehören zur Zwischenpopulation II.

Schockwelle, svw. Stoßwelle; → Welle.

Schütze, das Sternbild → Sagittarius.

Schwan, das Sternbild → Cygnus.

Schwarzer Zwerg, (gelegentlich) svw. Brauner Zwerg.

Schwarzes Loch [engl. ‚black hole'], ein Objekt mit einer so hohen Massekonzentration, damit einem so starken umgebenden Gravitationsfeld, daß weder materielle Teilchen noch Strahlung vom Objekt in die Umgebung gelangen können.

Das im Fall schwacher Gravitationsfelder geltende Newtonsche Gravitationsgesetz (→ Gravitation) muß im Fall starker Felder nach der Allgemeinen Relativitätstheorie abgeändert werden: Die von einem (punktförmig gedachten) Körper mit der Masse m auf einen im Abstand r vom ersten Körper befindlichen zweiten Körper ausgeübte Kraft ergibt sich zu $F_E = F_N/\sqrt{1-r_S/r}$, wenn F_N die formal nach dem Newtonschen Gravitationsgesetz berechnete Kraft und r_S den sog. Schwarzschild-Radius bezeichnen, für den $r_S = 2Gm/c^2$ gilt (G bedeutet die Gravitationskonstante, c die Lichtgeschwindigkeit). Nähert sich der zweite Körper dem ersten, erreicht die Anziehungskraft in der Entfernung r_S einen unendlich großen Wert: An dieser Stelle gibt es keine irgendwie geartete Möglichkeit, der Anziehungskraft zu widerstehen; der zweite Körper fällt ohne Umkehrmöglichkeit in Richtung auf den ersten.

Sendet der zweite Körper Strahlung aus, unterliegen die Photonen auch dem Gravitationsfeld, da nach der Speziellen Relativitätstheorie jeder Energie eine Masse äquivalent ist. Ein weit entfernter Beobachter kann daher nur solange Photonen (Strahlung) empfangen, wie der zweite Körper noch nicht den Schwarzschild-Radius erreicht hat (Abb.), danach gelangt keinerlei Strahlung mehr nach außen: Der zweite Körper ist mit dem Überschreiten des Schwarzschild-Radius für den Beobachter unsichtbar geworden. Ein vom Beobachter zum Schwarzen L. (z.B. in Form von Strahlung) gesandtes Signal kann gleichfalls nicht wieder – etwa nach Reflexion – empfangen werden, da es in gleicher Weise dem Gravitationsfeld unterliegt. Die Kugelfläche mit den Radius r_S um den ersten Körper stellt damit einen Ereignishorizont dar: Alle Geschehnisse, die sich hinter dieser Grenzfläche ereignen, sind für einen äußeren Beobachter prinzipiell nicht wahrnehmbar.

Der Radius normaler Himmelskörper (Sterne, Planeten usw.) ist wesentlich größer als der ihrer Masse entsprechende Schwarzschild-Radius. Für die Sonne ergibt sich dieser zu etwa 2,9 km, für die Erde zu nur knapp 1 cm.

Nach der Allgemeinen Relativitätstheorie ist die Raumstruktur (die Metrik) durch das herrschende Gravitationsfeld bestimmt; je stärker dieses ist, um so stärker ist der Raum gekrümmt. Bei sehr schwachen Feldern ist die Krümmung so gering, daß die Raumstruktur (fast) nicht vom gewöhnlichen euklidischen Raum abweicht. In starken Feldern macht sich die Raumkrümmung deutlich bemerkbar; Licht läuft dann nicht mehr längs Geraden, sondern längs gekrümmter Linien, sog. Geodäten. In derartigen Feldern scheinen außerdem für einen weit entfernten Beobachter die Ereignisse langsamer abzulaufen, als wenn sie in einem schwachen Feld stattfinden würden: Es existiert eine sog. Zeitdilatation. Vergleicht ein weit von einem Schwarzen L. entfernter Beobachter seine Uhr mit einer identischen anderen Uhr, die sich in der Entfernung r von dessem Zentrum befindet, so liest er an dieser die Zeit t' ab, während seine Uhr t anzeigt, wobei die Beziehung $t' = t\sqrt{1-r_S/r}$ besteht. Für den entfernten Beobachter scheint mit kleiner werdendem Abstand vom Schwarzschild-Radius eine einfallende Uhr immer langsamer zu gehen und die Einsturzgeschwindigkeit immer langsamer zu werden: Erst in unendlich langer Zeit scheint der Körper (die Uhr) den Ereignishorizont zu erreichen, während sich für einen mitfallenden Beobachter der Einsturz mit wachsender Geschwindigkeit extrem schnell vollzieht.

Jede elektromagnetische Schwingung ist ein periodischer Vorgang, stellt demzufolge eine Art Uhr dar: Für einen entfernten Beobachter scheint sich daher die Frequenz – und damit die Energie – einer von einem fallenden Körper ausgesandten Strahlung infolge der Zeitdilatation ständig zu verringern, die Wellenlänge ständig zu vergrößern; die Rotverschiebung (damit der Energieverlust) wird unendlich groß, wenn die Emission am Schwarzschild-Radius erfolgt. Der Effekt kann auch so interpretiert werden: Die ausgesandten Photonen müssen Energie aufwenden, um gegen das Gravitationsfeld anzulaufen, und zwar um so mehr Energie, je näher die Emission am Schwarzschild-Radius erfolgt. Für ein dort emittiertes Photon reicht seine ursprüngliche Energie nicht mehr zur Überwindung des Gravitationsfeldes (des „Gravitationswalls" um das Schwarze L.) aus, so daß es dessen Anziehungsbereich nicht verlassen kann.

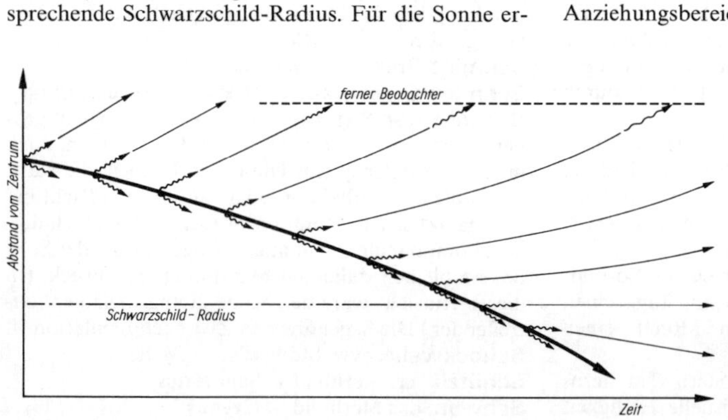

Schematische Darstellung des Einsturzes eines Körpers in ein nichtrotierendes Schwarzes Loch. ——: Weg des Körpers; ---: ferner Beobachter in konstant bleibendem Abstand; gewellte Pfeile: vom einfallenden Körper ausgesandte Lichtsignale, die sich wegen der Raumstruktur in der Umgebung des Schwarzen Lochs in gekrümmten Bahnen bewegen (dünne Linien) und beim Beobachter mit immer größeren Zeitintervallen und immer stärker rotverschoben (wachsende Wellenlänge) eintreffen

Bei einem rotierenden Schwarzen L. wird die umgebende Raumstruktur komplizierter, da die Rotationsenergie (wie jede Energie) einer Masse äquivalent ist und daher zum Gravitationsfeld beiträgt. Der Schwarzschild-Radius rotierender Schwarzer Löcher ist daher etwas größer als der nichtrotierender. Außerdem ist zwischen dem Ereignishorizont und der Grenzfläche unendlich hoher Rotverschiebung zu unterscheiden. Ein S. L. kann außer Masse und Drehimpuls auch eine elektrische Ladung haben. Alle anderen Eigenschaften sind für einen äußeren Beobachter prinzipiell nicht erfahrbar, wie auch alles, was im Schwarzen L. hinter dem Ereignishorizont, geschieht; damit sind auch keine, durch Beobachtungen überprüfbaren Aussagen über die innere Struktur eines Schwarzen L.s möglich.
In der Natur entsteht ein S. L. möglicherweise beim Kollaps eines genügend massereichen Sterns am Ende seiner Entwicklung (→ Sternentwicklung). Für einen entfernten Beobachter erscheint der Kollaps verzögert, für den Stern ist er hingegen extrem schnell. In der endlichen Zeit, bis die Sternoberfläche den Schwarzschild-Radius erreicht, kann nur eine endliche Zahl von Photonen ausgesandt werden. Diese werden für den entfernten Beobachter auf eine (im Prinzip unendlich) lange Empfangszeit verteilt, wobei zudem noch jedes später eintreffende Photon einen größeren Energiebetrag verloren hat. Die beim Beobachter je Zeiteinheit eintreffende Energie nimmt daher exponentiell ab. Dadurch entzieht sich ein kollabierender Stern auch für einen entfernten Beobachter sehr schnell der Beobachtung, da dieser nur während einer kurzen Zeit meßbare Signale empfängt. Bei einem angenommenen Kollaps eines Neutronensterns zu einem Schwarzen L. würde auch ein entfernter Beobachter den Eindruck haben, als vollzöge sich der Kollaps in Bruchteilen einer Sekunde.
Auf die Existenz eines Schwarzen L.s kann nur aus den sich für andere Körper ergebenden gravitativen Einflüssen geschlossen werden; ein völlig isoliertes S. L. ist nicht nachweisbar. Möglicherweise existieren Schwarze Löcher als Komponenten in Doppelsternsystemen, und zwar als Endzustände kollabierter, ehemals sehr massereicher Sterne. Auf ein derartiges S. L. läßt sich dann definitiv schließen, wenn eine Komponente eines Doppelsternsystems nur ein kompaktes Objekt sein kann, und wenn dessen Masse größer als die Grenzmasse eines Neutronensterns ist. Am aussichtsreichsten für einen derartigen Nachweis sind Röntgen-Doppelsterne, da sie auf alle Fälle ein kompaktes Objekt enthalten. Ein Kandidat für ein S. L. ist u.a. die kompakte Komponente im Röntgen-Doppelstern SXT 0620 – 00 im Sternbild Monoceros, die eine Masse von möglicherweise 7 bis etwa 20 Sonnenmassen hat, was deutlich über der Grenzmasse von Neutronensternen liegt.
Schwarze Löcher existieren möglicherweise auch in den Zentralregionen dichter Kugelsternhaufen oder in den Kernregionen von Sternsystemen, wo die Zahl der Sterne je Volumeneinheit so hoch ist, daß es zu Sternzusammenstößen kommt. Dabei können Objekte entstehen, deren Masse weit über der von stabilen Sternen liegt, und die daher nur Schwarze Löcher sein können. Kommt ihnen ein weiterer Stern sehr nahe, so unterliegt er Gezeitenkräften, die ihn zerstören und das Sternmaterial in das Schwarze L. fallen lassen. Bei einer genügend hohen Sternzahl in der Region kann sich im Laufe einiger Milliarden Jahre ein S. L. mit 10^6 bis 10^9 Sonnenmassen bilden. Auf seine Existenz und seine Masse läßt sich aus den Bewegungsverhältnissen der umgebenden Sterne sowie aus dem Verhalten von in das Schwarze L. einstürzender interstellarer Materie schließen. Im Milchstraßenzentrum existiert wahrscheinlich ein derart entstandenes S. L. (→ Milchstraßensystem) wie auch im Zentrum anderer Sternsysteme. Von den aktiven Sternsystemen nimmt man an, daß ihre Aktivitäten durch ein in ihren Kernen befindliches S. L. gesteuert werden (→ Sternsystem).
Möglicherweise konnten sich Schwarze Löcher in der Frühphase des Weltalls aus lokalen Dichtekonzentrationen bilden, und zwar zu einer Zeit, als die mittlere Massendichte im Kosmos vergleichbar oder größer als die Dichte in den (jetzigen) Atomkernen war (→ Kosmologie). Die Masse dieser „kosmologischen" Schwarzen Löcher hing stark von den tatsächlichen physikalischen Verhältnissen im Weltall während dieser Entwicklungsphase ab, sie könnte bis zu 10^{24} kg (vergleichbar der Erdmasse) betragen haben. Kosmologische Schwarze Löcher mit einer kleineren Masse als etwa 10^{12} kg dürften gegenwärtig nicht mehr existieren. Sie hatten einen extrem kleinen Schwarzschild-Radius und in ihrer Umgebung eine derart extreme Raumstruktur, daß bei unmittelbar am Innenrand des Ereignishorizonts ablaufenden quantenmechanischen Prozessen Energie nach außen abgestrahlt werden konnte. (Anschaulich gesprochen hatte ein unmittelbar am Innenrand des Schwarzschild-Radius emittiertes Photon eine gewisse, wenn auch kleine Wahrscheinlichkeit, den Gravitationswall dadurch zu überwinden, daß es ihn „durchtunnelte".) Mit der emittierten Energie ging dem Schwarzen L. die ihr äquivalente Masse verloren. Damit schrumpfte der Schwarzschild-Radius und der Prozeß beschleunigte sich, bis das Schwarze L. ganz verschwand.

Schwarze Strahlung, ***Hohlraumstrahlung***, eine elektromagnetische Strahlung, deren Energieverteilung genau dem Planckschen → Strahlungsgesetz für einen wohldefinierten Temperaturwert entspricht. Ein Körper, der eine S. S. aussendet, wird ***Schwarzer Körper*** genannt. Er läßt sich experimentell durch einen Hohlraum mit strahlungsundurchlässigen Wänden realisieren, die auf konstanter Temperatur gehalten werden und eine kleine Öffnung enthalten, durch die Strahlung aus dem Hohlraum austreten kann.

Schwarzschild, Karl, dtsch. Astronom, geb. 9.10.1873 in Frankfurt/Main, gest. 11.5.1916 in Potsdam; 1901 Direktor der Sternwarte in Göttingen, 1909 Direktor des Astrophysikalischen Observatoriums in Potsdam. S. war einer der hervorragendsten Astronomen seiner Zeit, der Arbeiten von großer Bedeutung auf fast allen Gebieten der Astronomie lieferte. Er untersuchte u.a. Probleme der photographischen Photometrie und der astronomischen Optik, arbeitete auf dem Gebiet der Stellarstatistik sowie der Theorie der

Sternatmosphären und beschäftigte sich mit den Eigenbewegungen der Fixsterne. Außerdem verfaßte er grundlegende Arbeiten zur theoretischen Physik, speziell zur Relativitätstheorie.
Sein Sohn Martin S. lebt als Astrophysiker in den USA; er befruchtete mit seinen Arbeiten vor allem die Theorie des Sternaufbaus und der Sternentwicklung.
Schwarzschild-Exponent [nach dem dtsch. Astronomen K. Schwarzschild, 1873–1916], →Photographie.
Schwarzschild-Radius [nach dem dtsch. Astronomen K. Schwarzschild, 1873–1916], →Schwarzes Loch.
Schwärzung, ***Schwärzungskurve***, →Photographie.
Schweif, Teil eines Kometen.
Schweifstern, alte Bezeichnung für einen Kometen.
Schwerebeschleunigung, die Beschleunigung, der ein frei beweglicher Körper infolge der Massenanziehung (Schwerkraft) eines anderen Körpers unterworfen ist; speziell die Beschleunigung, die ein frei beweglicher Körper unter der Wirkung der Erdschwerkraft erfährt. Für die S. gilt $g = G\,\mathfrak{M}/r^2$, wenn G die Gravitationskonstante, $\mathfrak{M}$ die Masse des anziehenden Körpers und r den Abstand des angezogenen Körpers vom Mittelpunkt des anziehenden Körpers bedeuten.
Schwerkraft, die auf einen Körper durch einen anderen Körper infolge der Massenanziehung ausgeübte Kraft; speziell die Kraft, die durch die Massenanziehung der Erde auf einen anderen Körper ausgeübt wird. Die S. bewirkt die Schwerebeschleunigung eines frei beweglichen Körpers.
Schwertfisch, das Sternbild →Dorado.
Scl, Abk. für Sculptor.
Sco, Abk. für Scorpius.
Scopulus [lat., ‚Felsen, Riff'] *m, Plur.* Scopuli, Bezeichnung für eine irreguläre Böschung als ein Strukturelement auf der Oberfläche von Körpern des Planetenssystems.
Scorpius [lat.], *Gen.* Scorpii, abg. ***Sco, Skorpion***, Zeichen ♏, zum Tierkreis gehörendes Sternbild des südlichen Himmels, das im Sommer am Abendhimmel sichtbar ist, sich in unseren Breiten aber nur gering über den Horizont erhebt. Der hellste Stern (α) ist der rötlich leuchtende →Antares. Durch das Sternbild zieht sich die Milchstraße als ein breites, wenn auch z.T. nur schwach leuchtendes Band mit vielen galaktischen Nebeln und Dunkelwolken. Außerdem befindet sich in ihm eine große Zahl von Sternhaufen, z.B. der unmittelbar westlich vom Antares liegende Kugelsternhaufen M 4. Die Sonne durchläuft das Sternbild bei ihrer scheinbaren jährlichen Bewegung Ende November innerhalb weniger Tage.
Scorpius-Centaurus-Haufen, ein möglicher Bewegungssternhaufen, dessen Mitglieder sich vor allem in den Sternbildern Scorpius und Centaurus befinden.
Sct, Abk. für Scutum.
Sculptor [lat.], *Gen.* Sculptoris, abg. ***Scl, Bildhauer, Bildhauerwerkstatt***, Sternbild des südlichen Himmels, das im Herbst am Abendhimmel sichtbar ist, sich in unseren Breiten aber nur sehr wenig über den Horizont erhebt. In diesem Sternbild liegt der galaktische Südpol.
Scutum [lat.], *Gen.* Scuti, abg. ***Sct***, früher auch Scutum Sobiescii, ***Schild, Sobieskischer Schild***, kleines Sternbild der Äquatorzone, das im Sommer am Abendhimmel sichtbar ist. Durch das Sternbild zieht sich die Milchstraße, die hier eine helle Sternansammlung, die *Schildwolke*, aufweist. In dem Sternbild liegen mehrere mit einem Feldstecher sichtbare Offene Sternhaufen, z.B. M 11 und M 26.
S-Doradus-Sterne, ***Hubble-Sandage-Veränderliche*** [nach E. Hubble, 1889–1953, und A. Sandage], Überriesensterne der Spektralklassen B und A mit Emissionslinien im Spektrum und einem langsamen, unregelmäßigen Lichtwechsel, dessen typische Zeitskalen Jahre oder auch Jahrzehnte betragen; es treten auch Zeiten konstanter Helligkeit auf. Die Helligkeitsschwankungen können einige Größenklassen erreichen. Die Profile der Spektrallinien lassen erkennen, daß die S-D.-S. von expandierenden Gashüllen umgeben sind und einen jährlichen Masseverlust von etwa 10^{-4} bis 10^{-5} Sonnenmassen erleiden. Die S-D.-S. zählen mit einer absoluten Helligkeit von etwa $-7{,}^{m}5$ bis $-9{,}^{m}5$ zu den leuchtkräftigsten Sternen, sie haben Massen von schätzungsweise 50 bis 100 Sonnenmassen.
Die Ursachen des Lichtwechsels sind noch unbekannt; er könnte durch einen ungleichmäßigen Masseverlust bedingt sein.
Die etwa 10 bisher bekannten S-D.-S. gehören zur extremen Population I. Der Stern S Doradus, der Prototyp der Gruppe, ist ein Mitglied der Großen Magellanschen Wolke.
Seeing [engl., ‚das Sehen'], →Szintillation.
Seeliger, Hugo von, dtsch. Astronom, geb. 23.9.1849 in Biala, gest. 2.12.1924 in München; ab 1883 Direktor der Sternwarte München. S. arbeitete auf dem Gebiet der Photometrie und der Stellarstatistik, er lieferte grundlegende Arbeiten über die räumliche Verteilung der Sterne in der Umgebung der Sonne.
Segel, ***Segel des Schiffs***, das Sternbild →Vela.
Segmentspiegel, ein aus mehreren Teilen zusammengesetzter (Primär-)Spiegel eines Spiegelteleskops.
Seitenkeule, →Radioteleskop.
Sekundärelektronenvervielfacher, ***Photomultiplier***, ein Strahlungsempfänger, in dem die beim Lichtauffall aus einer Katode austretenden primären Elektronen so beschleunigt werden, daß sie beim Auftreffen auf eine Dynode viele sekundäre Elektronen auslösen, die ebenfalls beschleunigt und auf weitere Dynoden gelenkt werden, so daß insgesamt eine ganze Elektronenlawine erzeugt wird. Ein von einem einzelnen Photon erzeugtes Elektron kann dadurch zu einen Schwall von 10^6 bis 10^7 Sekundärelektronen vervielfacht werden. S. werden in lichtelektrischen Photometern benutzt.
Sekundärstrahlung, die durch die Wechselwirkung von Teilchen der primären Kosmischen Strahlung mit der Erdatmosphäre ausgelöste Teilchen- und elektromagnetische Strahlung.
Selected Area [engl., ‚ausgewähltes Gebiet'], svw. Eichfeld.
s-Prozeß, →Elementenentstehung.
Selenographie [von selene, griech., ‚Mond'], Teilge-

biet der Astronomie, das sich mit der kartographischen Aufnahme und Beschreibung der Mondoberfläche befaßt.

selenographisch [von selene, griech., ‚Mond'], mondkundlich, die Mondbeschreibung betreffend.

Ser, Abk. für Serpens.

Serie, ***Seriengrenze***, ***Seriengrenzkontinuum***, → Spektrum.

Serpens [lat.], *Gen.* Serpentis, abg. ***Ser***, ***Schlange***, Sternbild der Äquatorzone, das im Sommer am Abendhimmel sichtbar ist und aus zwei, durch das Sternbild Ophiuchus (Schlangenträger) voneinander getrennten Teilen besteht. Der nordwestliche Teil wird auch ***Serpens Caput*** (Kopf der Schlange), der südöstliche Teil ***Serpens Cauda*** (Schwanz der Schlange) genannt. Auf Sternkarten findet man häufig die Sterne beider Teile durch das Sternbild Ophiuchus hindurch verbunden.

Sex, Abk. für Sextans.

Sextans [lat.], *Gen.* Sextantis, abg. ***Sex***, ***Sextant***, kleines Sternbild der Äquatorzone, das im Frühjahr am Abendhimmel sichtbar ist.

Sextant *m*, ***1)*** ein → Winkelmeßinstrument; ***2)*** das Sternbild → Sextans.

Sextilschein, → Konstellation.

Seyfert-Galaxien [nach dem nordamerikan. Astronomen C.K. Seyfert, 1911–1960], extragalaktische Sternsysteme mit hoher Kernaktivität und damit zusammenhängend speziellen photometrischen und spektroskopischen Eigenschaften; → Sternsystem.

S-Galaxie, ein spiralförmig erscheinendes extragalaktisches Sternsystem (Spiralsystem).

SB-Galaxie, ein spiralförmig erscheinendes extragalaktisches Sternsystem mit einem zentralen Balken (Balkenspirale).

Sge, Abk. für Sagitta.

Sgr, Abk. für Sagittarius.

Shapley, Harlow, nordamerikan. Astronom, geb. 2.11.1885 in Nashville (Missouri), gest. 20.10.1972 in Boulder (Colorado); zunächst Zeitungsreporter, von 1921 bis 1952 Direktor der Sternwarte der Harvard-Universität. S. arbeitete vor allem über veränderliche Sterne sowie Sternhaufen und führte Untersuchungen über die Struktur des Milchstraßensystems und der extragalaktischen Sternsysteme durch.

Sichtlinie, svw. Gesichtslinie.

siderisch, auf die Sterne bezüglich.

Siderostat *m*, Instrument zur → Sonnenbeobachtung.

Siebengestirn, svw. Plejaden.

Sinope *f*, der äußerste Jupitersatellit. Die S. bewegt sich auf einer elliptischen Bahn, deren große Halbachse $23{,}7 \cdot 10^6$ km und deren Exzentrizität 0,28 beträgt, in 758 Tagen rückläufig um den Jupiter; die Bahn ist um 153° gegen dessen Bahnebene geneigt. Die S. ist ein Zwergsatellit, ihr Durchmesser beträgt nur etwa 40 km. Über die Oberflächenbeschaffenheit ist nichts Sicheres bekannt. Wahrscheinlich handelt es sich bei der S. um einen ehemaligen Planetoiden, der vom Jupiter eingefangen wurde.
Hinsichtlich der Einordnung der S. in das System der Jupitersatelliten → Jupiter.
Die S. wurde 1914 von S.B. Nicholson (1891–1963) entdeckt.

Sinus [lat., ‚Krümmung, Bucht'] *m, Plur.* Sinus, Bezeichnung für eine kleine bogenförmige Einbuchtung am Rand eines Mondmare als ein Strukturelement der Mondoberfläche.

Sirius *m*, ***Hundsstern***, der Stern α im Sternbild Canis Maior (Großer Hund). Der S. ist mit einer scheinbaren visuellen Helligkeit von $-1^{\mathrm{m}}_{,}46$ der hellste Fixstern am Himmel. Er gehört zur Spektralklasse A1 und zur Leuchtkraftklasse V und ist damit ein früher Hauptreihenstern. Verglichen mit der Sonne hat er eine etwa 20fache Leuchtkraft; seine effektive Temperatur beläuft sich auf 10380 K, sein Radius auf 1,7 Sonnenradien. Die Entfernung des S. von der Sonne beträgt nur 2,7 pc oder 8,8 Lichtjahre, was seine große scheinbare Helligkeit bedingt. Der S. ist ein visueller Doppelstern; der Begleiter, ***Sirius B***, ist ein um etwa 10 mag lichtschwächerer Weißer Zwerg, der einen Winkelabstand von etwa 8″ vom Hauptstern (Sirius A) hat.

Sirrah [arab.], der Stern → Alpheratz.

Skalenhöhe, ***Skalenlänge***, derjenige Abstand von einem Bezugspunkt, bei dem eine charakteristische Größe (z.B. die Dichte oder der Druck) auf den Bruchteil 1/e (rund 37%) seines Wertes am Bezugspunkt abgesunken ist. (e = 2,718... ist die Basis der natürlichen Logarithmen.)

Skaphe *f*, historisches astronomisches → Instrument.

Skorpion, das Sternbild → Scorpius.

SNU, → Sonnenneutrinoeinheit.

Sobieskischer Schild, das Sternbild → Scutum.

solar, zur Sonne gehörig.

Solarkonstante, der außerhalb der Erdatmosphäre in der mittleren Entfernung der Erde von der Sonne eintreffende solare Strahlungsstrom. Sein langjähriges zeitliches Mittel beträgt 1,368 $\mathrm{kW/m^2}$. Die S. ist keine echte physikalische Konstante: Im Verlauf von Tagen und Wochen schwankt ihr Wert in unregelmäßiger Weise mit einer Amplitude von etwa 0,2% des Mittelwertes. Eine Ursache dafür ist die wechselnde Bedekkung der Sonnenoberfläche mit Sonnenflecken und Fackeln, also mit relativ kühlen bzw. heißen Gebieten. Es besteht anscheinend auch eine Abhängigkeit vom Sonnenfleckenzyklus: Messungen zwischen 1980 und 1987 deuten darauf hin, daß während des Sonnenflekkenmaximums auch die S. ein Maximum hat. Die Helligkeitsreduzierung durch die höhere Fleckenzahl wird anscheinend durch die ebenfalls sehr häufigen Fackeln mehr als kompensiert, so daß die Gesamtausstrahlung der Sonne größer als im langjährigen Mittel ist. Die Amplitude dieser Schwankungen betrug aber nur etwa 0,04% des Mittelwertes.
Zum Messen der S. benutzt man u.a. Bolometer und Pyrheliometer. Ein Pyrheliometer besteht im wesentlichen aus einem hohlen Metallblock, in den durch eine Öffnung Sonnenstrahlung fallen kann, die im Hohlraum absorbiert und in Wärmeenergie umgewandelt wird. Gemessen wird die in dem Hohlraum sich einstellende Temperatur. Da von der Erdatmosphäre sowohl im ultravioletten als auch im infraroten Spektralbereich ein Teil der Sonnenstrahlung absorbiert wird, werden die Messungen außerhalb der Erdatmo-

sphäre mittels Raketen, Erdsatelliten oder Raumsonden durchgeführt.
Aus der S. läßt sich die Leuchtkraft L der Sonne berechnen, da $L=4\pi r^2 S$ gilt, wenn S die S. und r die Entfernung der Erde von der Sonne bedeuten.

solar-terrestrische Erscheinungen, durch die Sonne auf der Erde bzw. in der Erdatmosphäre verursachte Phänomene. Im engeren Sinn bezeichnet man solche Vorgänge als s.-t. E., die mit der Sonnenaktivität zusammenhängen und im Rhythmus des 11jährigen Sonnenfleckenzyklus auftreten. Oftmals kann man einem einzelnen irdischen Phänomen kein bestimmtes Ereignis auf der Sonne zuordnen; es lassen sich nur auf Grund statistischer Untersuchungen Aussagen machen, ob ein bestimmter Erscheinungstyp zu den s.-t.n E. gehört.
Die auf die Sonnenaktivität zurückgehende elektromagnetische Störstrahlung sowie die Variationen der solaren Teilchenstrahlung machen sich hauptsächlich in einer Änderung der Höhe und der Dichte bestimmter Ionosphärenschichten der Erdatmosphäre, in Störungen des Erdmagnetfeldes und in Häufigkeitsvariationen der Polarlichter bemerkbar.
In der Ionosphäre, in der Atome und Moleküle durch die Sonnenstrahlung ionisiert sind, erreicht die Zahl der Elektronen je Volumeneinheit (Elektronendichte) mehrere Maxima, so daß man einzelne Teilschichten (D-, E-, F_1- und F_2-Schicht) unterscheiden kann (→ Erdatmosphäre). Da Radiowellen (in Abhängigkeit von ihrer Wellenlänge) an Schichten hoher Elektronendichte reflektiert werden, kann man die Lage der Schichten und die Elektronendichte in ihnen bestimmen, indem man die Laufzeit von Radiosignalen mißt, die von der Erdoberfläche aus ausgesandt und an den Schichten reflektiert werden. Dabei zeigen sich Ionosphärenvariationen mit einer täglichen, einer jahreszeitlichen und einer 11jährigen Periode. Den periodischen Schwankungen sind zusätzliche ***Ionosphärenstörungen*** überlagert, die z.B. bei einer erhöhten Röntgenstrahlung infolge einer starken Sonneneruption auftreten. Durch die solare Röntgenstrahlung wird die D-Schicht dann so verstärkt, daß ihre Untergrenze in nur etwa 60 km Höhe liegt, woraus sich u.a. Beeinträchtigungen im Kurzwellenfunkverkehr ergeben, gelegentlich tritt sogar ein Totalausfall des Empfangs weit entfernter Radiosender ein (was als *Mögel-Dellinger-Effekt* bezeichnet wird): Im Normalfall werden Radiowellen mit Wellenlängen von 15 bis 60 m an der über der D-Schicht liegenden F_2-Schicht so reflektiert, daß sie auch noch an weit vom Sender entfernten Orten empfangen werden können. Bei einer verstärkten D-Schicht werden die Wellen aber in dieser absorbiert und gelangen gar nicht bis zur F_2-Schicht. Für radioastronomische Beobachtungen wirkt sich eine verstärkte D-Schicht gleichfalls negativ aus, da die von kosmischen Objekten einfallende Radiofrequenzstrahlung verstärkt absorbiert wird. Im Langwellenfunkverkehr treten bei einer erhöhten Elektronendichte in der Ionosphäre z.T. Verbesserungen ein, da dann das Reflexionsvermögen für diese Wellen erhöht ist.
Störungen des Erdmagnetfeldes ergeben sich bei starken Variationen des Sonnenwindes. Eine von der Sonne abströmende Partikelwolke und die ihr vorauseilende Stoßfront gelangen nach etwa 20 bis 40 Stunden in Erdnähe. Auf Grund der Wechselwirkung der geladenen Teilchen mit dem Erdmagnetfeld üben diese auf das Feld einen erhöhten Druck aus. Das Feld wird soweit komprimiert (damit verstärkt), bis Gleichgewicht zwischen dem kinetischen Druck der Partikelwolke und dem magnetischen Druck des Erdfeldes herrscht. Außerdem dringen geladene Teilchen in das Innere der Erdmagnetosphäre ein. Dies führt zu einer Verstärkung der Ringströme um die Magnetfeldachse der Erde (→ Polarlicht), wodurch ein dem allgemeinen Erdfeld entgegengerichtetes Magnetfeld induziert wird. Beim Eintreffen einer Partikelwolke bemerkt man daher zunächst eine Verstärkung des Erdfeldes, danach eine Schwächung und schließlich ein unregelmäßiges Schwanken um einen Mittelwert mit einer Amplitude, die bei großen derartigen ***magnetischen Stürmen*** bis zu einigen Prozent der Normalfeldstärke betragen kann. Die Dauer eines Sturms beläuft sich auf einige Stunden bis einige Tage.
Die in die Erdmagnetosphäre eingedrungenen Teilchen einer Partikelwolke regen die Moleküle der Hochatmosphäre verstärkt zum Leuchten an, was sich u.a. in einem gehäuften Auftreten von ***Polarlichtern*** bemerkbar macht; es ist eng an erdmagnetische Stürme gekoppelt und ein Indiz starker Sonnenaktivität.
Bestimmte meteorologische Phänomene werden vielfach den s.-t.n E. zugerechnet, doch ist der Zusammenhang mit solaren Vorgängen noch umstritten. Es mehren sich aber die Anzeichen, daß sich die Wirkungskette: Sonne – Sonnenwind – Magnetosphäre – Ionosphäre bis zur unteren Atmosphäre erstreckt, in der sich das Wettergeschehen abspielt. Dieses wird im wesentlichen durch die sichtbare und infrarote Sonnenstrahlung gesteuert, die bis in die untere Atmosphäre vordringt und rund 97% zum gesamten solaren Energiestrom beiträgt. Bei starker Sonnenaktivität weicht der Gesamtenergiestrom etwas vom langjährigen Mittelwert ab, jedoch nie mehr als 0,1%, so daß ein unmittelbarer Einfluß auf Wetter und Klima kaum zu erwarten ist. Die solare Ultraviolett- und Röntgenstrahlung, die etwa 3% des Gesamtenergieflusses ausmacht, unterliegt wesentlich stärkeren zeitlichen Variationen, doch ist sie bereits in Höhen oberhalb von etwa 25 km über der Erdoberfläche vollständig absorbiert. Für die Energiebilanz in den oberen Atmosphärenschichten spielt die Ultraviolett- und Röntgenstrahlung jedoch nahezu die gleiche Rolle wie die sichtbare und Infrarotstrahlung für die unteren Schichten. Die beobachtete Temperatur- und Dichteabhängigkeit von der Sonnenaktivität im Höhenbereich über etwa 90 km ist daher verständlich, während der Zusammenhang für den Höhenbereich zwischen 20 und 90 km nicht so klar bewiesen ist. Das Wettergeschehen in den untersten Atmosphärenschichten könnte dennoch mit der Sonnenaktivität verknüpft sein, und zwar indirekt, da auf Grund der Luftzirkulation zwischen den verschiedenen Schichten starke Wechselbeziehungen bestehen, und da sich möglicherweise kleine Störungen in höheren Atmosphärenschichten durch noch nicht bekannte nichtlineare Prozesse in den unteren Schichten stark auswirken könnten.

Bei den Untersuchungen eines möglichen Zusammenhangs zwischen meteorologischen Erscheinungen und der Sonnenaktivität wird vor allem das Auftreten extremer Wetterlagen diskutiert, wobei ein gewisser Zusammenhang zwischen der Sonnenaktivität und der Gewittertätigkeit sowie dem Auftreten von Temperaturschwankungen in den Tropen und Schwankungen der dortigen mittleren Niederschlagsmengen erwiesen zu sein scheint. In unseren Breiten werden möglicherweise vorhandene Temperaturschwankungen mit einer 11jährigen Periode durch viel stärkere unregelmäßige und jahreszeitliche Variationen überdeckt.
Gelegentlich werden auch Einflüsse der Sonnenaktivität auf das biologische Geschehen vermutet, doch sind derartige Beziehungen außerordentlich schwer nachzuweisen. Die Breite von Jahresringen bei einigen Baumarten ist aber offenbar über das Wettergeschehen mit der Sonnenaktivität verknüpft: Man beobachtet eine deutliche 11jährige Periode in der Ringstärke. Völlig ungeklärt ist, ob die gelegentlich vermutete Abhängigkeit anderer biologischer Vorgänge, z.B. das Auftreten bestimmter Infektionskrankheiten oder die Reaktionsfähigkeit des menschlichen Blutes, von der Sonnenaktivität tatsächlich besteht.

Solstitium *n, Plur.* Solstitien, ***Sonnenwende***, der Zeitpunkt, zu dem die Sonne während ihrer scheinbaren jährlichen Bewegung an der Himmelskugel ihre größte bzw. kleinste Deklination erlangt; ihre mittägliche Höhe über dem Horizont hat dann ein Maximum bzw. ein Minimum. Die größte Deklination wird von der Sonne zur Zeit des Sommersolstitiums erreicht, das auf den 21. Juni fällt (Sommeranfang, Sommersonnenwende), die kleinste zur Zeit des Wintersolstitiums (Winteranfang, Wintersonnenwende), das auf den 21. Dezember fällt. (Verschiebungen um einen Tag können dadurch eintreten, daß das Kalenderjahr nicht gleich dem tropischen Jahr ist, und daß der Tagesbeginn nicht für alle Orte der Erde auf den gleichen Zeitpunkt fällt.) Nach den Solstitien wendet sich die scheinbare jährliche Sonnenbahn am Himmel wieder dem Himmelsäquator zu. Zur Zeit des Sommersolstitiums sind die Tage auf der Nordhalbkugel der Erde am längsten, zur Zeit des Wintersolstitiums am kürzesten; auf der Südhalbkugel ist es umgekehrt. Die beiden Punkte auf der Ekliptik, an denen sich die Sonne zur Zeit der Solstitien befindet, sind die ***Solstitialpunkte***.

Sommer, → Jahreszeit.

Sommerdreieck, das durch die drei hellen Sterne Wega im Sternbild Lyra (Leier), Atair im Sternbild Aquila (Adler) und Deneb im Sternbild Cygnus (Schwan) gebildete etwa gleichseitige Dreieck. Man sieht es am sommerlichen Abendhimmel bereits in der Dämmerung vor dem Auftauchen der anderen Sterne.

Sonne, der Zentralkörper des Sonnensystems; Zeichen ⊙.
Die S. ist eine strahlende Gaskugel, die uns als hell leuchtende, kreisrund begrenzte Scheibe erscheint. Durch die Massenanziehung der S. werden die übrigen Körper des Sonnensystems, auch die Erde, auf ihren Bahnen um die S. gehalten. Durch ihre Strahlung wirkt die S. in vielfältiger Weise auf die irdischen Vorgänge ein (→ solar-terrestrische Erscheinungen) und ermöglicht als Licht- und Wärmespender das Leben auf der Erde.
Die S. ist der einzige Stern, der von der Erde aus nicht punktförmig erscheint. Wegen des hohen zur Erde gelangenden solaren Strahlungsstroms können Beobachtungen mit großer zeitlicher, räumlicher und spektraler Auflösung durchgeführt werden, wodurch sich bei der S. Erscheinungen im Detail untersuchen lassen, die bei anderen Sternen völlig unbeobachtbar sind.
D i m e n s i o n e n. Die Entfernung der Erde von der S. beträgt im Mittel 149 597 870 km und schwankt zwischen etwa 147,1 Mill. km, wenn die Erde im Perihel ihrer Bahn steht (Anfang Januar), und etwa 152,1 Mill. km, wenn sie sich im Aphel befindet (Anfang Juli). Der gerundete mittlere Wert der Entfernung von 149,6 Mill. km wird als Astronomische Einheit definiert. Der scheinbare Durchmesser, unter dem die Sonnenscheibe von der Erde aus erscheint, beträgt im Mittel 31′ 59,3″, er variiert zwischen 32′ 36″ und 31′ 31″.
Obwohl die S. eine Gaskugel mit einer stetigen Dichteabnahme nach außen hin ist, erscheint sie scharf begrenzt, weil der größte Teil der Sonnenstrahlung aus einer Kugelschale (der Photosphäre) kommt, deren Dicke etwa 300 km beträgt, was nur rund 0,02% ihres Durchmessers ausmacht. Die Photosphäre kann deshalb bei einer Reihe von Problemen als „Oberfläche“ der Sonne betrachtet werden. Dies gilt z.B., wenn man vom „wahren Durchmesser“ der S. spricht; man meint dann im allg. den Durchmesser der Photosphäre. Er ergibt sich aus dem scheinbaren Durchmesser der Sonnenscheibe und der Entfernung der Erde von der S. zu 1,392 Mill. km, was 109,2 Erddurchmesser gleichkommt oder dem 3,6fachen mittleren Abstand des Mondes von der Erde. Eine Strecke auf der Sonnenoberfläche von rund 725 km erscheint von der Erde aus unter einem Winkel von 1″. Infolge der Szintillation sind Einzelheiten auf der S. mit einer Ausdehnung unter 500 km von der Erdoberfläche aus kaum zu erkennen. Die Masse der S. läßt sich mit Hilfe des 3. Keplerschen Gesetzes u.a. aus der Bewegung der Erde um die S. berechnen; sie ergibt sich zu $1{,}989 \cdot 10^{30}$ kg (rund 333 000 Erdmassen) und ist damit rund 750mal größer als die Masse aller anderen Körper des Sonnensystems zusammen. Die mittlere Dichte der S. beläuft sich auf 1,409 g/cm^3; sie beträgt damit nur rund 1/4 der mittleren Dichte der Erde, während die Schwerebeschleunigung an der Sonnenoberfläche mit 274 m/s^2 rund 28mal so groß wie die an der Erdoberfläche ist.
L e u c h t k r a f t. Die S. ist mit einer scheinbaren visuellen Helligkeit von $-26^{m}{,}70$ für uns das hellste Gestirn; sie übertrifft die Vollmondhelligkeit um etwa 14 mag, was rund dem 450 000fachen in der Strahlungsintensität entspricht. Die absolute visuelle Helligkeit beträgt nur $+4^{m}{,}87$. Der solare Strahlungsstrom in der mittleren Entfernung der Erde (die Solarkonstante) beläuft sich auf 1,368 kW/m^2. Aus ihm und der mittleren Erdentfernung läßt sich die gesamte von der S. je Sekunde ausgestrahlte Energie, ihre Leucht-

kraft, berechnen, sie beträgt $3{,}847 \cdot 10^{26}$ W. Von dieser Gesamtstrahlungsleistung erhält die Erde nur etwa 1/2 Milliardstel. Die Strahlungsleistung je Flächeneinheit an der Sonnenoberfläche beträgt $6{,}296 \cdot 10^{7}\ \mathrm{W/m^2}$. Aus diesem Wert und dem Stefan-Boltzmannschen Strahlungsgesetz errechnet sich die effektive Temperatur der S. zu 5770 K.

Daten der Sonne

Entfernung von der Erde:		
mittlere	149,6 Mill. km	
größte	152,1 Mill. km	
kleinste	147,1 Mill. km	
Durchmesser:		
mittlerer scheinbarer	31′ 59,3″	
wahrer	1,392 Mill. km	
Masse	$1{,}989 \cdot 10^{30}$ kg	
mittlere Dichte	1,409 $\mathrm{g/cm^3}$	
Schwerebeschleunigung an der Oberfläche	274 $\mathrm{m/s^2}$	
Entweichgeschwindigkeit von der Oberfläche	617,7 km/s	
Äquatorneigung gegen die Ekliptikebene	7° 8′	
mittlere Rotationsdauer:		
siderisch	25,38 Tage	
synodisch	27,27 Tage	
Helligkeit:	scheinbar	absolut
visuell	$-26\overset{m}{,}70$	$+4\overset{m}{,}87$
bolometrisch	$-26\overset{m}{,}83$	$+4\overset{m}{,}74$
Leuchtkraft	$3{,}847 \cdot 10^{26}$ W	
Spektralklasse	G2	
Leuchtkraftklasse	V	
effektive Temperatur	5770 K	

S c h e i n b a r e B e w e g u n g e n. Die S. nimmt an der durch die Erdrotation verursachten täglichen Umdrehung des Fixsternhimmels teil, sie geht im Osten auf und im Westen unter und erreicht jeweils um 12^h wahrer Ortssonnenzeit im Süden ihren höchsten Stand über dem Horizont. Sie führt außerdem eine scheinbare jährliche Bewegung von West nach Ost (also entgegengesetzt der scheinbaren täglichen Bewegung) relativ zu den Fixsternen aus, deren Ursache die Bahnbewegung der Erde um die S. ist: Sie erscheint von jeweils unterschiedlichen Orten der Erdbahn aus an die Himmelskugel projiziert. Die scheinbare jährliche Bewegung der S. verläuft längs der Ekliptik, auf der sie je Tag im Mittel 59,1′ zurücklegt; eine Strecke entsprechend ihres eigenen scheinbaren Durchmessers durchläuft sie in etwa 13 Stunden. Die Bewegung längs der Ekliptik ist ungleichmäßig: Im Winter, wenn sich die Erde nahe ihres Perihels befindet, ist die Bewegung schneller als im Sommer. Entsprechend sind die Zeiten zwischen zwei aufeinanderfolgenden Kulminationen der S. unterschiedlich lang. Zum Zwecke der Zeitmessung definiert man eine *mittlere S.*, die sich mit konstanter Geschwindigkeit bewegt, aber nicht längs der Ekliptik, sondern längs des Himmelsäquators (→ Zeit). Die Ekliptik ist gegen den Himmelsäquator um etwa 23° 26′ geneigt. In den Schnittpunkten von Ekliptik und Himmelsäquator steht die S. zur Zeit der Äquinoktien, und zwar um den 21. März (Frühlingsäquinoktium) bzw. den 23. September (Herbstäquinoktium). Zu diesen Zeitpunkten kulminiert sie für Orte auf dem Erdäquator im Zenit. Nach dem Frühlingsäquinoktium nimmt bei der scheinbaren jährlichen Bewegung der S. ihre Deklination zu und erreicht um den 21. Juni, zur Sommersonnenwende, das Maximum von etwa +23° 26′. Zu diesem Zeitpunkt kulminiert sie für alle diejenigen Orte im Zenit, die auf dem nördlichen Wendekreis der Erde liegen. Nach der Sommersonnenwende nähert sie sich wieder dem Himmelsäquator. Ab dem Herbstäquinoktium wird ihre Deklination negativ und erreicht um den 21. Dezember, zur Wintersonnenwende, mit etwa −23° 26′ das Minimum. Sie kulminiert dann für alle Orte auf dem südlichen Wendekreis der Erde im Zenit. Je größer die Deklination der S. ist, um so größer sind auf der Nordhalbkugel der Erde die Tageslängen und die Kulminationshöhen; innerhalb der um 23° 26′ von den Polen entfernten Polarkreisen der Erde wird die S. jedes Jahr für eine mehr oder minder lange Zeit zu einem Zirkumpolarstern; sie sinkt dann selbst zu Mitternacht nicht unter den Horizont (→ Bewegung der Gestirne; → Polarnacht). (Die angegebenen Daten für die Äquinoktien und die Sonnenwenden können um einen Tag schwanken, da das tropische Jahr und das Kalenderjahr nicht gleich lang sind, und da nicht für alle Orte der Erde der Tagesbeginn auf den gleichen Zeitpunkt fällt.)

R o t a t i o n. Aus der scheinbaren Bewegung markanter Erscheinungen auf der S., z.B. von Sonnenflecken, kann auf die Rotation der S. geschlossen werden. Ihre Äquatorebene ist um 7° 8′ gegen die Ebene der Ekliptik geneigt. Die Rotation erfolgt in gleicher Richtung wie die der Erde und wie deren Umlauf um die S.: Die Erscheinungen auf der Sonnenscheibe wandern von Ost nach West (Abb. 1). (Ost und West sind dabei entsprechend den irdischen Himmelsrichtungen definiert: Auf der Sonnenscheibe liegt bei der Kulmination Osten links und Westen rechts.) Die S. hat eine differentielle Rotation: Die aus der Bewegung von Sonnenflecken bestimmte siderische Rotationsperiode beträgt am Sonnenäquator 25,03 Tage, in 16° heliographischer Breite 25,38 Tage. Die synodischen Rotationsperioden sind um jeweils 1,89 Tage länger. Am Sonnenäquator beläuft sich die Winkelgeschwindigkeit auf 14,4° je Tag. Bei der Bestimmung der Sonnen-

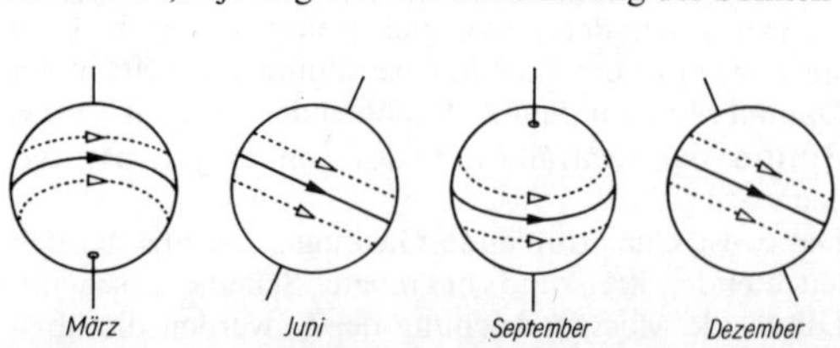

Abb. 1: Lage der Rotationsachse der Sonne relativ zur Erde und scheinbare Bahnen von Erscheinungen auf der Sonne zu unterschiedlichen Jahreszeiten

rotation mit Hilfe des Doppler-Effekts aus der Linienverschiebung im Sonnenspektrum ergeben sich etwas geringere Winkelgeschwindigkeiten und eine etwas andere Abhängigkeit von der heliographischen Breite. Da die Sonnenflecken an solare Magnetfelder gebunden sind und diese tief im Sonneninnern verankert sind (s.u.), deutet der Unterschied in den Winkelgeschwindigkeiten auf eine Tiefenabhängigkeit der Rotation hin: Mit zunehmender Tiefe nimmt auch die Winkelgeschwindigkeit etwas zu. Die Rotationsgeschwindigkeit der nicht durch Magnetfelder beeinflußten Sonnenoberfläche beträgt am Sonnenäquator etwa 1,93 km/s.

Eine befriedigende Erklärung für die differentielle Rotation gibt es noch nicht. Wahrscheinlich wird sie durch Gasströmungen in der unterhalb der Photosphäre gelegenen Konvektionszone (s.u.) verursacht, in der außer Energie auch Drehimpuls transportiert wird. Dieser wird offenbar so umverteilt, daß die äquatornahen Gebiete auf Kosten der polnahen beschleunigt werden.

S o n n e n k o o r d i n a t e n. Die Durchstoßpunkte der Rotationsachse der S. durch die Sonnenoberfläche definieren die Rotationspole der S. Der Sonnenäquator ist die Schnittlinie einer auf der Rotationsachse senkrechtstehenden Ebene, die durch den Sonnenmittelpunkt geht, mit der Sonnenoberfläche. Die heliographische Breite wird vom Sonnenäquator nach den Polen hin von 0° bis 90° gezählt, und zwar auf der Nordhalbkugel der S. positiv, auf der Südhalbkugel negativ. Wegen der differentiellen Rotation und weil keine dauernd am gleichen Ort verbleibenden Oberflächenerscheinungen existieren, denkt man sich zur Festlegung der heliographischen Länge um die Sonnenkugel ein System von Längenkreisen gelegt, die durch die Pole gehen und mit einer Winkelgeschwindigkeit von 14,1844° je Tag rotieren (entsprechend der Winkelgeschwindigkeit bei der heliographischen Breite von 16°). Als Bezugslängenkreis (Nullmeridian) wird derjenige gewählt, der am 1. Januar 1854 12^h Weltzeit durch den Mittelpunkt der Sonnenscheibe ging. Die Rotationen werden durchnumeriert; die Rotation Nr. 1 begann am 9. November 1853, die Rotation Nr. 1875 am 20. Oktober 1993.

Die praktische Bestimmung der heliographischen Koordinaten solarer Erscheinungen läßt sich bei visuellen Beobachtungen durch die Benutzung von Koordinatennetzblättern sehr erleichtern. Sie stellen die Projektion des heliographischen Koordinatennetzes auf eine Ebene senkrecht zur Gesichtslinie Erde–Sonne dar. Das Sonnenbild mit passend gewähltem Durchmesser wird dann auf das für den betreffenden Tag gültige Blatt projiziert und die Koordinaten (z.B. von Sonnenflecken) auf dem Blatt abgelesen.

S o n n e n a t m o s p h ä r e. Die äußeren Gebiete der S., aus denen elektromagnetische Strahlung unmittelbar in den Raum gelangt, und die folglich direkt beobachtet werden können, bezeichnet man als die Sonnenatmosphäre. Die nicht direkt beobachtbaren Gebiete bilden das Sonneninnere. Die Sonnenatmosphäre gliedert sich auf Grund der unterschiedlichen thermischen und Strahlungseigenschaften in vier Teilbereiche, und

Aufbau der Photosphäre ($h \lesssim 300$ km) und der unteren Chromosphäre ($h \gtrsim 300$ km) der Sonne

Höhe (km)	optische Tiefe	Temperatur (K)	Druck (Pa)	Dichte (g/cm³)
2000	10^{-8}	9000	$1{,}2\cdot10^{-2}$	$2{,}9\cdot10^{-13}$
1580	10^{-6}	7150	$2{,}5\cdot10^{-1}$	$1{,}0\cdot10^{-12}$
840	10^{-5}	5280	7,9	$2{,}5\cdot10^{-10}$
560	10^{-4}	4180	$7{,}1\cdot10^{1}$	$3{,}6\cdot10^{-9}$
420	10^{-3}	4370	$3{,}5\cdot10^{2}$	$1{,}3\cdot10^{-8}$
320	$5\cdot10^{-3}$	4560	$8{,}5\cdot10^{2}$	$3{,}1\cdot10^{-8}$
278	0,01	4640	$1{,}3\cdot10^{3}$	$4{,}5\cdot10^{-8}$
178	0,05	4950	$3{,}1\cdot10^{3}$	$1{,}0\cdot10^{-7}$
136	0,1	5140	$4{,}7\cdot10^{3}$	$1{,}5\cdot10^{-7}$
91	0,2	5410	$6{,}8\cdot10^{3}$	$2{,}1\cdot10^{-7}$
36	0,5	5920	$1{,}0\cdot10^{4}$	$2{,}9\cdot10^{-7}$
0	1,0	6430	$1{,}3\cdot10^{4}$	$3{,}5\cdot10^{-7}$
−27	2,0	7120	$1{,}5\cdot10^{4}$	$3{,}6\cdot10^{-7}$
−56	5,0	8100	$1{,}8\cdot10^{4}$	$3{,}7\cdot10^{-7}$

Die optische Tiefe gilt für Strahlung der Wellenlänge 500 nm; die Höhe ist auf das Niveau mit der optischen Tiefe 1,0 bezogen.

zwar von innen nach außen gehend in die Photosphäre, die Chromosphäre, die Übergangsschicht und die Korona. In der Sonnenatmosphäre nehmen Druck und Dichte von innen nach außen kontinuierlich ab. Für die Temperatur gilt dies nur in der Photosphäre und der unteren und mittleren Chromosphäre, in den darüberliegenden Schichten steigt die Temperatur mit wachsendem Zentrumsabstand (Tab.).

In der Sonnenatmosphäre gibt es sowohl zu jeder Zeit beobachtbare Erscheinungen, z.B. die Granulation, als auch Phänomene, die nur zeitweise beobachtet werden können, z.B. die Sonnenflecken. Man teilt die Erscheinungen daher allgemein in zwei Gruppen ein: die permanenten, die auf der „ruhigen S.“ anzutreffen sind, und die veränderlichen, die auf Aktivitätserscheinungen schließen lassen und der „aktiven S.“ zugeordnet werden.

P h o t o s p h ä r e. Die Photosphäre (die ‚Lichtkugel‘) ist diejenige Schicht der Sonnenatmosphäre, aus der der größte Teil der Sonnenstrahlung direkt in den Weltraum gelangt, und die man (normalerweise) von der S. sieht. Innerhalb von etwa 300 km, die von der Erde aus unter einem Winkel von weniger als 0,5″ erscheinen, fällt die Intensität der sichtbaren Strahlung auf nahezu Null ab, was die Sonnenscheibe scharf begrenzt erscheinen läßt. Die Sonnenscheibe ist das projizierte Bild der Photosphäre (Abb. 2).

Die Flächenhelligkeit der Sonnenscheibe variiert vom Scheibenzentrum zum Rand hin; der Verlauf dieser *Mitte-Rand-Variation* hängt von der Beobachtungswellenlänge ab. Sonnenbilder, die im visuellen Spektralbereich gewonnen werden, zeigen einen Helligkeitsabfall (eine *Randverdunklung*), der für kurzwelliges (blaues) Licht stärker als für langwelliges (rotes) Licht ist (Abb. 3). Die Randverdunklung ist eine Folge des Temperaturgefälles in der Photosphäre: Die Strahlung, die eine bestimmte Photosphärenschicht aussendet, wird von den darüberliegenden Schichten

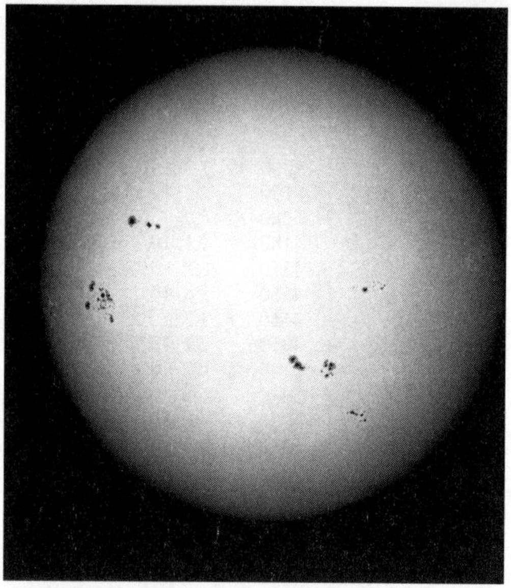

Abb. 2: Sonnenaufnahme im integralen Licht. (Aufnahme: Sonnenobservatorium Einsteinturm, Potsdam)

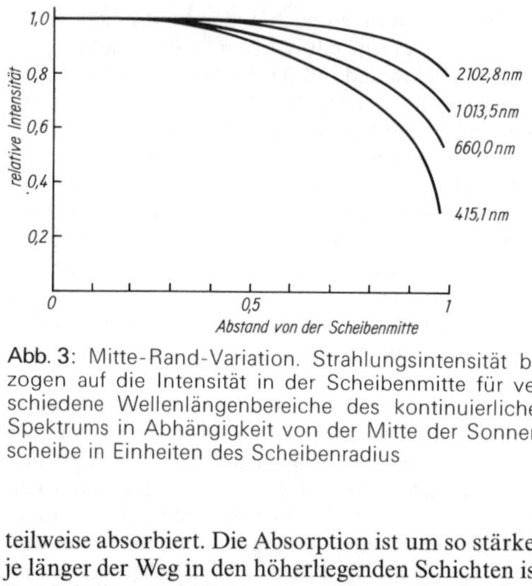

Abb. 3: Mitte-Rand-Variation. Strahlungsintensität bezogen auf die Intensität in der Scheibenmitte für verschiedene Wellenlängenbereiche des kontinuierlichen Spektrums in Abhängigkeit von der Mitte der Sonnenscheibe in Einheiten des Scheibenradius

teilweise absorbiert. Die Absorption ist um so stärker, je länger der Weg in den höherliegenden Schichten ist. Am Scheibenrand blickt man schräg, in der Scheibenmitte senkrecht in die Photosphäre hinein; der Lichtweg durch die höherliegenden Photosphärenschichten ist daher am Rand länger als in der Scheibenmitte, damit ist dort auch die Absorption größer. Die am Scheibenrand beobachtete Strahlung stammt demzufolge vorwiegend aus weniger tiefen, kühleren Schichten der Photosphäre, deren Strahlungsintensität geringer ist, und deren Intensitätsmaximum bei längeren Wellenlängen liegt. In der Scheibenmitte blickt man in tieferliegende, heißere Schichten (Abb. → Sternatmosphäre). Aus der Wellenlängenabhängigkeit der Randverdunklung kann die Temperaturschichtung in der Photosphäre empirisch abgeleitet werden. Danach be-

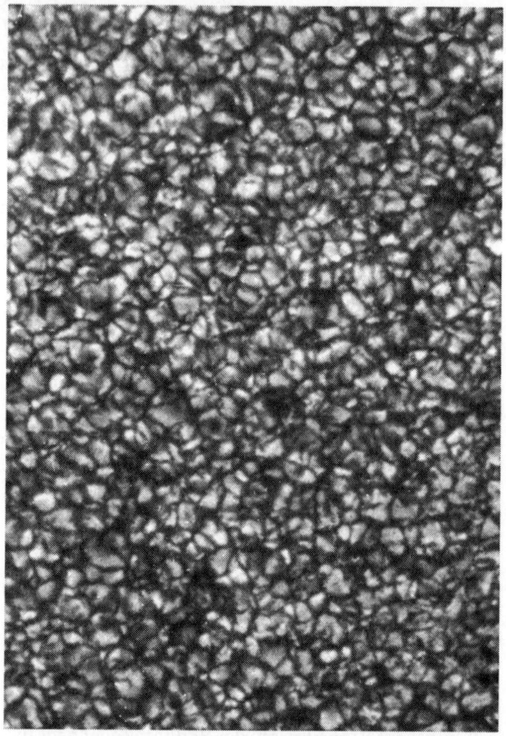

Abb. 4: Sonnengranulation. (Aufgenommen mit dem 40-cm-Vakuum-Teleskop des Kiepenheuer-Instituts für Sonnenphysik (Freiburg i. Br.) am Observatorium del Teide, Teneriffa)

trägt an der Photosphärenuntergrenze, von der man gerade noch Strahlung direkt empfängt, die Temperatur etwa 7000 K, an der Obergrenze etwa 4500 K. Die Gasdichte nimmt innerhalb der Photosphäre von etwa $3 \cdot 10^{-7}$ g/cm^3 auf etwa $3 \cdot 10^{-8}$ g/cm^3 ab.

Die Sonnenscheibe zeigt im sichtbaren Spektralbereich eine „körnige" Struktur, die *Granulation*: Kleine helle Gebiete, die Granula, heben sich vom etwas weniger hellen Hintergrund ab (Abb. 4). Der scheinbare Durchmesser der Granula, von denen sich auf der Sonnenoberfläche in jedem Augenblick etwa 4 Mill. befinden, beträgt etwa 2″, der wahre Durchmesser im Mittel rund 1400 km. Die etwas dunkleren intergranularen Bereiche sind streifenförmige Strukturen mit meist rund 0,5″ Breite. Die Granulation ist auf Strömungen in den mittleren und tieferen Photosphärenschichten zurückzuführen, die ihren Ursprung in der darunterliegenden Konvektionszone haben. Dort steigen heiße Materieballen (Konvektionselemente) auf, während kühlere absinken. In den Granula sieht man die obersten Teile der heißen Konvektionselemente, in deren Zentren Aufwärtsbewegungen von etwa 1 km/s herrschen. In dem sichtbaren Bereich eines einzelnen Granulum besteht eine vom Zentrum zum Rand gerichtete Strömung mit Horizontalgeschwindigkeiten in der Größenordnung von etwa 250 m/s. Aus dem Helligkeitskontrast zwischen den Granula und den in-

tergranularen Bereichen ergibt sich ein Temperaturunterschied von etwa 200 bis 300 K, der mit der Höhe in der Photosphäre rasch kleiner wird. Die Lebensdauer eines Granulum liegt bei 5 bis 10 Minuten. Wegen der Luftunruhe in der Erdatmosphäre ist die Detailuntersuchung der Granulation von der Erdoberfläche aus schwierig.
Zu den kleinräumigen Konvektionsströmungen der Granulation kommen großräumige Strömungen der sog. *Supergranulation* hinzu, die sich dann zu erkennen geben, wenn man die mittleren Bewegungsverhältnisse in größeren Bereichen, die viele Granula enthalten, untersucht. In Gebieten von 20000 bis 40000 km Durchmesser strömt Materie mit Geschwindigkeiten von etwa 300 bis 400 m/s vertikal nach oben, wobei die Geschwindigkeiten mit der Höhe in der Photosphäre etwas anwachsen. Die Horizontalgeschwindigkeiten in den Supergranula betragen an den Rändern etwa 200 m/s, doch sind sie nur ungenau bekannt; die Bewegungen sind dort radial nach außen und etwas nach unten gerichtet. Die mittlere Lebensdauer eines Supergranulum liegt bei 1 bis 1,5 Tagen. Wie die normalen Granula stellen die Supergranula Konvektionselemente dar, von denen man nur die obersten Teile sieht. Ihre vertikalen Dimensionen lassen sich aus der Lebensdauer und den vertikalen Geschwindigkeiten abschätzen; sie liegen in der Größenordnung von etwa 15000 km. In der Helligkeitsverteilung des sichtbaren Lichts auf der Sonnenscheibe macht sich die Supergranulation nicht bemerkbar.
Sonnenschwingungen. Die S. führt Schwingungen aus, durch die lokale radiale Bewegungen in der Photosphäre veranlaßt werden: In Bereichen mit einer Ausdehnung von jeweils etwa 5000 bis 20000 km bauen sich die Schwingungen in etwa einer halben Stunde auf und wieder ab. Die maximalen Geschwindigkeitsamplituden betragen bis zu einigen 100 m/s, die Schwingungsperioden liegen zwischen einigen Minuten und einigen Stunden, doch sind Perioden um 5 Minuten stark bevorzugt. Die Analyse dieses räumlichen und zeitlichen Schwingungsverhaltens zeigt, daß es sich um Überlagerungen einer sehr großen Anzahl (mehrere Millionen) von Resonanzschwingungen des Sonnenkörpers handelt. Die Schwingungen werden durch die turbulenten Bewegungen in der Konvektionszone angeregt, die ständig Druckwellen (akustische Wellen) auslösen. Wenn diese, den Sonnenkörper durchlaufenden Wellen in Gebiete mit anderen Temperatur- und Dichteverhältnissen (anderen lokalen Schallgeschwindigkeiten) kommen, ändern sich die Ausbreitungsbedingungen derart, daß sie sowohl im tiefen Sonneninnern als auch nahe der Photosphäre reflektiert werden, wobei die Lage der beiden Reflexionszonen von der Frequenz der Wellen abhängt. Bei bestimmten ausgezeichneten Frequenzen kommt es infolge der Überlagerung der nach innen und außen laufenden Wellen zu Resonanzerscheinungen und zur Ausbildung stehender Druckwellen wie in einem akustischen Resonator, so daß der Sonnenkörper mit ganz bestimmten Frequenzen (Oberschwingungen) oszilliert und lokal begrenzte Oberflächenbereiche im gleichen Takt schwingen. Jede einzelne stehende Welle im Innern hinterläßt an der Oberfläche ein einfaches Muster von Schwingungsknoten und -bäuchen. Die Überlagerung der verschiedenen Muster der vielen Oberschwingungen führt jedoch zu dem sehr komplizierten Bild, das bei den 5-Minuten-Oszillationen an der Sonnenoberfläche beobachtet wird. Neben den 5-Minuten-Schwingungen scheinen noch solche mit Perioden um etwa 160 Minuten bevorzugt zu sein, ihre Geschwindigkeitsamplituden liegen aber bei nur einigen Metern pro Sekunde.
Die Untersuchungen der Sonnenschwingungen gestatten Schlüsse auf den Bau des Sonneninnern, da das Resonanzverhalten von Wellen einer bestimmten Frequenz von den physikalischen Verhältnissen im Innern der S. abhängt. Da zum beobachteten Muster der Schwingungsknoten und -bäuche sehr viele Wellen unterschiedlicher Frequenzen beitragen, lassen sich diese Verhältnisse sehr detailliert studieren. (Man bezeichnet diesen Teil der Sonnenphysik als Helioseismologie in Analogie zur Erforschung des Erdinnern durch Erdbebenwellen.)
Photosphärenspektrum. Das normalerweise beobachtete Sonnenspektrum ist das der Photosphäre. Es entspricht dem eines Sterns der Spektralklasse G2 und der Leuchtkraftklasse V; die S. ist demzufolge ein normaler Hauptreihenstern.
Der weitaus am besten untersuchte, weil von der Erdoberfläche aus beobachtbare Teil des Sonnenspektrums reicht von etwa 300 nm bis 2 μm. Er ist durch ein Kontinuum mit überlagerten Absorptionslinien gekennzeichnet (Abb. 5). Die Intensitätsverteilung des kontinuierlichen Spektrums stimmt für Wellenlängen größer als etwa 600 nm gut mit der eines Schwarzen Körpers der Temperatur von 6000 K überein. Bei kürzeren Wellenlängen ist eine Anpassung an die Intensitätsverteilung eines Schwarzen Körpers weniger gut möglich, was auf die vielen, dort sehr eng zusammenliegenden Absorptionslinien zurückgeht, vor allem aber auf den starken Intensitätsabfall an der Balmer-Grenze, die bei etwa 370 nm liegt. Dieser Intensitätsabfall wird durch Wasserstoffatome verursacht, die sich im ersten Anregungszustand befinden und Strahlung mit Wellenlängen kürzer als die der Balmer-Grenze entsprechenden Wellenlänge absorbieren; die Wasserstoffatome werden dabei ionisiert.
Das kontinuierliche Spektrum entsteht infolge der Rekombinationen von Elektronen mit ionisierten Wasserstoffatomen (Protonen) oder anderen Ionen, wobei sowohl die kinetische Energie der Elektronen als auch die Ionisationsenergie der jeweiligen Ionen als Strahlungsenergie ausgestrahlt wird. Den Hauptbeitrag zum Kontinuum liefert jedoch die bei Einfängen freier Elektronen durch Wasserstoffatome (bei denen negative Wasserstoffionen gebildet werden) ausgesandte Strahlung; die Grenze des dabei entstehenden Kontinuums befindet sich im Infrarotbereich bei etwa 1,660 μm, was der Bindungsenergie des angelagerten Elektrons entspricht. Der Beitrag der bei frei-freien Übergängen von Elektronen in den elektrischen Feldern von Ionen emittierten Strahlung zum kontinuierlichen Spektrum ist im sichtbaren Spektralbereich gering; für Wellenlängen größer als etwa 1,800 μm wird

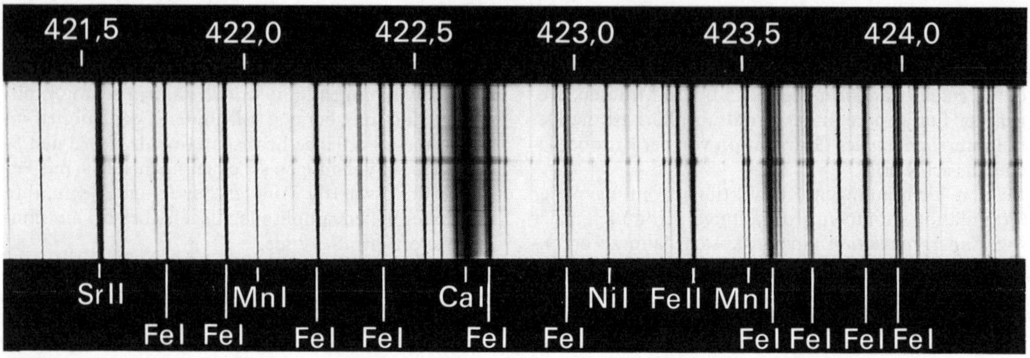

Abb. 5: Sonnenspektrum im Bereich von etwa 421,5 bis 424,5 nm. Für die stärksten Fraunhofer-Linien sind die erzeugenden Elemente angegeben; I: neutrale Atome; II: einmal ionisierte Atome. (Aufnahme: Sonnenobservatorium Einsteinturm, Potsdam)

das Kontinuum hingegen fast nur durch diesen Prozeß bestimmt.

Im Ultraviolettbereich sinkt die Helligkeit des kontinuierlichen Spektrums stark ab. Bei einer Wellenlänge von etwa 200 nm beginnt sich der Charakter des Spektrums zu ändern: Es treten immer mehr Emissionslinien auf, die jenseits von 150 nm das gesamte Spektrum beherrschen, das dann ein nahezu reines Emissionslinienspektrum ist und nicht mehr durch die Photosphäre bestimmt wird.

Von den mehr als 22000 im Wellenlängenbereich von 300 bis 880 nm im Sonnenspektrum registrierten Absorptionslinien sind rund 6500 irdischen Ursprungs; sie werden dem Sonnenlicht erst beim Durchgang durch die Erdatmosphäre aufgeprägt. Die stärksten Linien (*Fraunhofer-Linien*; nach J. v. Fraunhofer, 1787–1826) werden auch heute noch mit den von Fraunhofer eingeführten Buchstaben bezeichnet, z.B. tragen die von Sauerstoffmolekülen der Erdatmosphäre herrührenden Linien bei 758,4 bzw. 686,8 nm die Buchstaben A bzw. B, die von Natriumatomen der Sonnenatmosphäre hervorgerufenen Linien bei 589,6 und 589,0 nm den Buchstaben D und die vom einmal ionisierten Calcium stammenden Linien bei 396,9 bzw. 393,4 nm die Bezeichnung H bzw. K. Etwa 73% der solaren Absorptionslinien konnten bisher identifiziert, also einem bestimmten chemischen Element zugeordnet werden. Danach sind nachweislich 67 verschiedene Elemente in der Sonnenmaterie vorhanden. Bei den noch nicht nachgewiesenen Elementen handelt es sich entweder um sehr seltene Elemente (beurteilt nach ihrer Häufigkeit auf der Erde oder in Meteoriten), z.B. Bismut und Uranium, oder um solche, für die die Entstehung von Fraunhofer-Linien im angegebenen Spektralbereich unter den in der Photosphäre herrschenden physikalischen Bedingungen nicht möglich ist, was z.B. für Argon, Neon und Quecksilber zutrifft. Die größte Zahl von Absorptionslinien wird von einigen Metallen, vor allem Eisen, erzeugt, einige Linien stammen auch von zweiatomigen Molekülen, z.B. Cyan (CN), Methylidin (CH) und Kohlenmonoxid (CO).

Das Auftreten von Absorptionslinien läßt sich unter der Annahme einer Photosphäre mit einer endlichen Dicke, wie sie zur Erklärung der Randverdunklung angenommen wird, verstehen: Für Strahlung mit Wellenlängen im Linienbereich ist die Photosphäre viel weniger durchsichtig als im angrenzenden Kontinuum. Es gelangt daher nur Strahlung aus höherliegenden, kühleren Schichten nach außen. Die geringe Emissionsfähigkeit dieser Schichten läßt im Vergleich zum angrenzenden Kontinuum die Linien dunkel erscheinen, obwohl auch in ihnen noch Strahlung nach außen gelangt. Im Linienzentrum ist die relative Undurchsichtigkeit am größten, das Restlicht am geringsten; es stammt aus den höchsten Photosphärenschichten oder sogar aus der Chromosphäre.

Die Analyse des Sonnenspektrums ist die Grundlage für die quantitative Bestimmung der chemischen Zusammensetzung der Sonnenatmosphäre. Dabei werden die gleichen Methoden wie bei der Spektralanalyse anderer Sterne angewandt (→Sternatmosphäre). Die Ergebnisse der Analyse spielen bei den Untersuchungen hinsichtlich der →Elementenhäufigkeit im Weltall eine wesentliche Rolle.

Die Photosphäre ist der Sitz vieler Aktivitätserscheinungen (→Sonnenaktivität), von denen die →Sonnenflecken die bekanntesten und auffälligsten sind, andere Phänomene sind die photosphärischen Fackeln (→Sonnenfackel).

Magnetfelder. Der Nachweis solarer Magnetfelder erfolgt mit Hilfe des Zeeman-Effekts, der sich in einer Aufspaltung der Spektrallinien in mehrere Komponenten bemerkbar macht. Die S. besitzt ein globales Magnetfeld, das sich in den beiden Polkalotten mit heliographischen Breiten größer als etwa 60° bzw. kleiner als etwa −60° am deutlichsten zu erkennen gibt. In diesen Gebieten beobachtet man im wesentlichen eine einheitliche, aber entgegengesetzte Polarität. Das globale Feld kann man angenähert als ein Dipolfeld mit einer Feldstärke von etwa $1 \cdot 10^{-4}$ bis $2 \cdot 10^{-4}$ Tesla an der Sonnenoberfläche beschreiben. Die Feldlinien weisen an den Polen radial nach außen, was sich z.B. in den Polarstrahlen der Korona (s.u.) zu erkennen gibt. Jeweils zur Zeit des Sonnenfleckenmaximums tritt eine Umpolung des globalen Feldes ein. Zum glo-

Abb. 6: Spicula am Sonnenrand. (Aufnahme: Sacramento Peak Observatory, New Mexico, USA)

balen Feld kommen große lokale Felder hinzu, deren Ausdehnungen in der Größenordnung der Supergranula liegen. Wie aus Beobachtungen hoher räumlicher Auflösung hervorgeht, setzen sich die Felder wahrscheinlich aus vielen diskreten Elementen zusammen, wobei jedes Element als die Durchstoßstelle einer magnetischen Flußröhre mit einem Durchmesser von rund 200 km und einer Feldstärke um etwa 0,15 Tesla durch die Photosphäre angesehen werden kann. Die Flußröhren werden bei den horizontalen Bewegungen innerhalb eines Supergranulum an dessen Rand gedrängt, wo sie sich dann konzentrieren.

Neben den großräumigen lokalen Magnetfeldern existieren kleinräumige, die relativ kurzlebig sind, aber hohe Feldstärken aufweisen, und deren Erscheinen eng an die Sonnenaktivität gebunden ist. Im allg. handelt es sich um bipolare Gebiete, in denen zwei Teilgebiete unterschiedlicher Polarität eng benachbart und durch Magnetfeldlinien miteinander verbunden sind. Die magnetischen Flußröhren sind in diesen Gebieten wesentlich dichter gepackt als in den Supergranula; die mittlere Stärke der kleinräumigen Felder liegt in der Größenordnung der Feldstärke in den einzelnen Magnetflußröhren, also bei etwa 0,15 Tesla. Diese bipolaren magnetischen Gebiete sind die eigentlichen, die charakteristischen und längstlebigen Aktivitätserscheinungen der S. (→ Sonnenaktivität). Außerhalb der aktiven Regionen gibt es ausgedehnte unipolare Bereiche geringer Feldstärke, die wahrscheinlich das Ergebnis der Auflösung größerer, ehemalig bipolarer Gebiete sind.

Das relativ schnelle Auftauchen und Verschwinden von Magnetfeldern auf der S. ist theoretisch zunächst schwer zu verstehen, da die Sonnenmaterie weitgehend ionisiert und somit elektrisch leitfähig ist. Ändert sich in einem derartigen Medium (Plasma) die Stärke eines Magnetfelds, werden elektrische Ströme induziert, die ihrerseits ein Magnetfeld erzeugen, das die Änderung des ursprünglichen Feldes zu verhindern sucht. Starke Magnetfelder können daher nur langsam auf- oder abgebaut werden. Für die solaren Magnetfelder liegen die Auf- bzw. Abbauzeiten in der Größenordnung von etwa 1000 Jahren, was um vieles länger als die für das Auftauchen und Verschwinden der Magnetfelder auf der S. beobachteten Zeiten ist. Wahrscheinlich sind die an der Sonnenoberfläche sichtbarwerdenden Felder in Form der Flußröhren bereits vor ihrem Auftauchen unter der Oberfläche vorhanden und werden nur infolge interner Auftriebskräfte nach oben befördert. Wenn sie die Sonnenoberfläche durchbrechen, treten sie sichtbar in Erscheinung. Für das Verschwinden der lokalen Felder sorgen wahrscheinlich die turbulenten Bewegungen der Supergranula, durch die die Flußröhren über ein großes Gebiet verstreut werden.

Wegen der hohen elektrischen Leitfähigkeit verhält sich ein Magnetfeld so, als wäre es in der Materie „eingefroren“: Gas und Magnetfeld sind fest aneinander gekoppelt. Überwiegt die Bewegungsenergie der Materie im Vergleich zu der im Magnetfeld gespeicherten Energie, schleppt bei einer Querbewegung zur ursprünglichen Feldrichtung das Gas das Feld mit und verformt es. Ist die Magnetfeldenergie größer als die Bewegungsenergie, behindert oder verhindert das Feld eine Querströmung des Gases. Eine Bewegung längs der Feldlinien ist hingegen immer möglich.

Die solaren Magnetfelder verdanken ihre Existenz wahrscheinlich einem magneto-hydrodynamischen Dynamoeffekt, bei dem mechanische Energie über elektromagnetische Induktion in magnetische Energie umgewandelt wird. Infolge der Wechselwirkung zwischen der durch die differentielle Rotation sowie die turbulenten Bewegungen in der Konvektionszone verursachten Materieströmungen und einem anfänglich vorhandenen schwachen Feld wird dieses verstärkt. Unterhalb der Photosphäre bilden sich dabei magnetische Flußröhren, die gegebenenfalls diese durchbrechen können und sichtbar werden. Der Dynamoeffekt führt auch zu einer periodischen Umpolung des globalen Feldes (→ Sonnenfleck).

C h r o m o s p h ä r e. An die Photosphäre schließt sich nach außen die Chromosphäre (‚Farbkugel‘) an. Mit einer Dicke in der Größenordnung von 10000 km ist sie viel mächtiger als die Photosphäre, ihre Ausstrahlung ist dagegen wegen ihrer geringeren Dichte von typischerweise 10^{-12} g/cm^3 bedeutend kleiner; man kann sie daher neben der viel helleren Photosphäre normalerweise nicht sehen. Nur bei totalen Sonnenfinsternissen wird die Chromosphäre für wenige Sekunden sichtbar, wenn der Mond bereits die Photosphäre, noch nicht aber die darüberliegenden Schichten der Sonnenatmosphäre abdeckt. Die Chromosphäre erscheint dann als rosafarbiger, sichelförmiger Lichtsaum am dunklen Mondrand. In ihrem unteren Teil

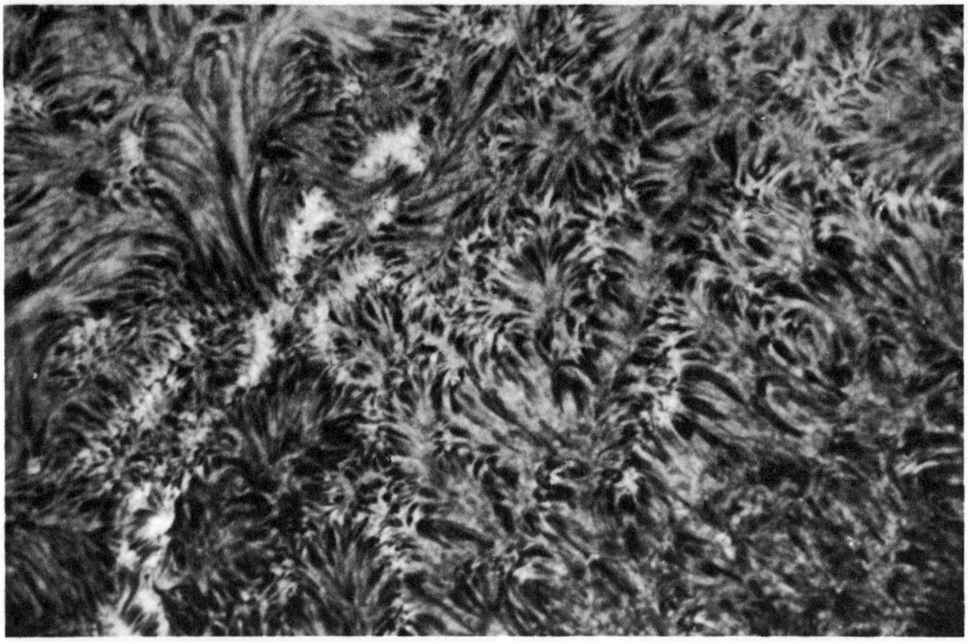

Abb. 7: Sonnenchromosphäre im Licht der Hα-Linie des Wasserstoffs mit besonders gut sichtbaren Spicula am Rande von Supergranulationszellen. (Aufgenommen mit dem Coudé-Refraktor des Kiepenheuer-Instituts für Sonnenphysik (Freiburg i. Br.) an der Außenstelle Capri)

bis zu einer Höhe von etwa 1500 km ist sie relativ homogen, während sie nach oben hin in einen Wald von einzelnen flammenähnlichen Lichtzungen, den *Spicula*, übergeht, die sich unregelmäßig hoch erheben (Abb. 6). Die Spicula haben Durchmesser von im Mittel 1000 km und Höhen von im Durchschnitt 10000 km, sie schießen mit Geschwindigkeiten von 10 bis 30 km/s empor. Ein Spiculum hat eine Lebenszeit von rund 10 Minuten, doch gibt es auch Riesenspicula mit einer Lebensdauer bis zu etwa 40 Minuten, die bis in Höhen von mehreren 10000 km reichen. Die Spicula, deren Temperatur 10000 bis 20000 K beträgt, sind möglicherweise eine Fortsetzung der in der Photosphäre sichtbaren Granulation, worauf die Übereinstimmung des mittleren Durchmessers, der mittleren Lebenszeit und der jeweils auf der Sonnenscheibe vorhandene Anzahl mit den entsprechenden Werten für die Granula hinweist. Die Einzelheiten des physikalischen Prozesses, der für ihre Existenz verantwortlich ist, und der wahrscheinlich auf magneto-hydrodynamische Effekte zurückgeht, sind im wesentlichen noch unbekannt. Die Spicula lassen sich am besten an den Polen der S. beobachten, wo sie in nahezu gleicher Weise gegen den Sonnenrand geneigt sind wie die Polarstrahlen der Korona.

Vor der hellen Sonnenscheibe kann man die Chromosphäre unter Verwendung von sehr schmalbandigen Interferenzfiltern untersuchen. Den Wellenlängenbereich legt man in das Zentrum oder in einen Flügel einer kräftigen Absorptionslinie, da dann das beobachtete Licht allein aus der Chromosphäre stammt, und zwar aus um so höheren Schichten, je näher der Wellenlängenbereich am Zentrum der Absorptionslinie liegt. Das sonst alles überstrahlende Photosphärenlicht wird dadurch unterdrückt. Meist macht man Aufnahmen im Licht der K-Linie des einmal ionisierten Calciums oder der Hα-Linie des Wasserstoffs (Abb. 7). Das Aussehen der so gewonnenen Chromosphärenbilder variiert mit der benutzten Spektrallinie sowie der Lage des Durchlaßbereichs relativ zum Linienzentrum, doch besitzen alle Bilder eine grundsätzliche Ähnlichkeit: Die Chromosphäre erscheint wie mit einem hellen Netzwerk überzogen, dessen Maschendurchmesser (Zellendurchmesser) im Mittel bei rund 30000 km liegt. Die Lebensdauer einer Netzwerkzelle beträgt etwa einen Tag. Innerhalb der Zellen zeigt sich eine Feinstruktur mit abwechselnd hellen und dunklen Flecken, wobei die dunklen Flecken Ausdehnungen zwischen 600 und 1600 km und eine Lebensdauer von etwa 10 Minuten haben. Diese feinen Flecken häufen sich zu gröberen Flecken, deren Dimensionen in der Größenordnung von 2000 bis 8000 km liegen, und die die Form von rundlichen Büscheln oder Rosetten besitzen. Die Lebensdauer der gröberen Flecken liegt bei einigen Stunden. Die Zellen des Netzwerkes scheinen mit den Konvektionszellen der Supergranulation der Photosphäre identisch zu sein; in den feineren Flecken sieht man möglicherweise die einzelnen Spicula vor der Sonnenscheibe.

In der Chromosphäre setzt sich der Dichteabfall der Photosphäre stetig fort. Dies gilt auch für die Temperatur bis zu einer Höhe von etwa 300 km über der

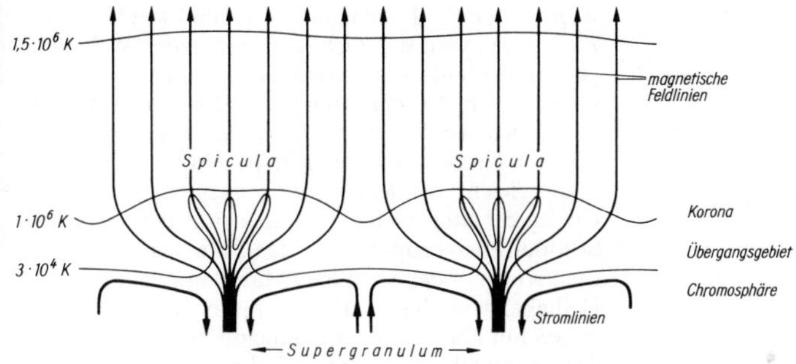

Abb. 8: Schema der Schichtung der mittleren Sonnenatmosphäre über einem Supergranulum. Außer den Strömungslinien sind Magnetfeldlinien und Linien gleicherTemperatur eingezeichnet

Photosphäre, wo ein Temperaturminimum von etwa 4200 K erreicht wird. Weiter nach außen hin steigt die Temperatur wieder an und erreicht in etwa 2000 km Höhe 9000 K. (Als Nullniveau für die Höhenangaben dient diejenige geometrische Tiefe, bei der die optische Tiefe im kontinuierlichen Spektrum bei der Wellenlänge 500 nm – von außen geblickt – den Wert 1 erreicht. Dieses Bezugsniveau liegt innerhalb der Photosphäre. Für Höhen größer als einige 1000 km kann die Photosphäre wegen ihrer geringen Dicke schlechthin als Nullniveau angesehen werden.)

Chromosphärenspektrum. Das Spektrum der Chromosphäre ist ein Emissionslinienspektrum. Es kann bei totalen Sonnenfinsternissen für Sekunden gesehen werden; man bezeichnet es daher auch als *Flash-Spektrum* [flash, engl., ‚Blitz']. Die im roten Spektralbereich bei 656 nm befindliche Hα-Linie gehört zu den stärksten Linien des Chromosphärenspektrums im sichtbaren Spektralbereich; auf sie ist die rötliche Färbung der Chromosphäre zurückzuführen. Das Spektrum der unteren Chromosphärenschichten zeigt im wesentlichen die Fraunhofer-Linien der Photosphäre, jedoch in Emission: Es stellt ein „umgekehrtes" Photosphärenspektrum dar. Im Spektrum der oberen Chromosphäre treten diejenigen Linien verstärkt auf, für deren Entstehung eine hohe Anregungsenergie erforderlich ist, z.B. die Linien vom neutralen und einmal ionisierten Helium sowie die Linien ionisierter Metalle. Bei extraterrestrischen Beobachtungen kann das Chromosphärenspektrum im Ultraviolettbereich ohne besondere Hilfsmittel jederzeit beobachtet werden, da in diesem Spektralbereich kein Durchblick bis zur Photosphäre möglich ist. Hier ist die Lyman-α-Linie bei 121,6 nm die stärkste Linie; in ihr wird etwa 90% des gesamten ultravioletten Chromosphärenlichts ausgestrahlt.

Die chromosphärischen Fackeln (→ Sonnenfackel) stellen die wesentlichen Aktivitätserscheinungen innerhalb der Chromosphäre dar.

Übergangsschicht. An die Chromosphäre schließt sich nach außen eine Schicht von wenigen 1000 km Dicke an, die im wesentlichen durch den Anstieg der Temperatur von etwa 25000 K auf rund 10^6 K und einem entsprechend steilen Dichteabfall gekennzeichnet ist. Der extrem starke Temperaturanstieg hat seine Ursache darin, daß heißes Gas niedriger Dichte im Vergleich zu kühlem Gas hoher Dichte nur schwer Energie abstrahlen kann, heißes Gas aber andererseits ein außerordentlich hohes Wärmeleitvermögen hat. Aus der heißen Korona (s.u.) fließt daher Energie in die tieferliegenden kühleren und dichteren Schichten (die also von oben her aufgeheizt werden), von wo die Energie abgestrahlt wird. Dieser Prozeß ist selbstregulierend: Strömt zuviel Energie aus der Korona ab, sinkt deren Temperatur und damit das Wärmeleitvermögen des Gases, der Energiefluß wird gedrosselt; fließt zuwenig Energie ab, erhöht sich die Temperatur und damit das Wärmeleitvermögen der Materie, der Energiefluß wird erhöht.

Die Spicula der Chromosphäre, die durch die Übergangsschicht hindurch bis in die untere Korona reichen, sind wahrscheinlich eng mit Magnetfeldern verknüpft. Weil der Gasdruck mit zunehmender Höhe abnimmt, spielt der senkrecht zu den Feldlinien wirkende magnetische Druck eine immer stärkere Rolle. Die in der Photosphäre an den Rand der Supergranula gedrängten Feldlinien werden daher in größeren Höhen über das gesamte zur Verfügung stehende Gebiet verteilt (Abb. 8). Wegen der niedrigeren Temperaturen und der höheren Dichten in den Spicula im Vergleich zur Materie in der umgebenden Übergangsschicht, strahlen die Spicula stärker als die umgebende Materie und werden dadurch sichtbar. Die Übergangsschicht ist insgesamt starken lokalen Störungen ausgesetzt, so daß sie wesentlich weniger einer Kugelschale gleicht als die Photosphäre und die Chromosphäre.

Korona. Die Sonnenkorona als äußerste Schicht der Sonnenatmosphäre ist im sichtbaren Spektralbereich ohne spezielle Beobachtungsinstrumente normalerweise nicht beobachtbar. Nur bei totalen Sonnenfinsternissen, wenn die etwa 10^6mal stärker strahlende Photosphäre vollständig vom Mond verdeckt ist, kann man sie in Form eines weißlich leuchtenden Strahlenkranzes sehen. Diese Leuchterscheinung wird ebenfalls als Sonnenkorona bezeichnet. In ihren inneren Bereichen hat sie etwa die gleiche Flächenhelligkeit wie der Vollmond, mit wachsender Entfernung vom Mondrand fällt die Helligkeit stark ab. Von der Erdoberfläche aus ist die Korona (als Leuchterscheinung) normalerweise bis zu etwa 3 Sonnenradien, mit Hilfe moderner Beobachtungsmethoden unter Umständen sogar bis etwa 10 Sonnenradien nachweisbar. In noch größeren Entfernungen ist ihre Flächenhellig-

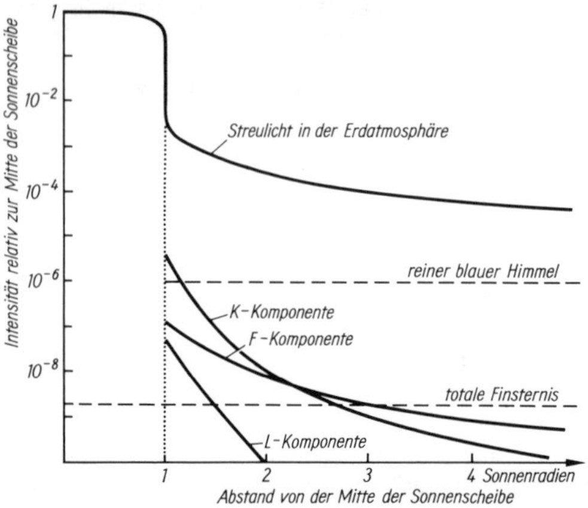

Abb. 9: Helligkeitsverlauf der verschiedenen Komponenten der Sonnenkorona in Abhängigkeit vom Abstand von der Mitte der Sonnenscheibe. Zum Vergleich die Himmelshelligkeit bei unterschiedlichen Beobachtungsbedingungen

keit geringer als die des Himmelshintergrundes, der bei einer totalen Sonnenfinsternis infolge des atmosphärischen Streulichts von außerhalb des Mondschattenkegels relativ stark aufgehellt ist. Bei Beobachtungen von Flugzeugen aus ist das atmosphärische Streulicht reduziert, so daß die Korona dann auch noch in größeren Abständen vom Mondrand beobachtet werden kann; es existiert keine scharfe äußere Grenze. Außerhalb einer totalen Sonnenfinsternis sind die inneren, hellsten Teile der Korona mit Hilfe von Koronographen beobachtbar (→ Sonnenbeobachtung).

Visuelles Spektrum. Das Koronalicht setzt sich im sichtbaren Spektralbereich aus drei Strahlungsanteilen mit unterschiedlichem Spektrum zusammen: Die *K-Komponente* besitzt ein rein kontinuierliches Spektrum, dessen Intensitätsverteilung der des Photosphärenkontinuums gleicht. Das Spektrum der *F-Komponente* ist im wesentlichen gleich dem des normalen Sonnenlichts, besteht also aus einem Kontinuum mit überlagerten Fraunhofer-Absorptionslinien. Das Spektrum der *L-Komponente* ist ein Linienspektrum, und zwar von Emissionslinien. Die Helligkeit der einzelnen Strahlungsanteile nimmt mit wachsendem Abstand von der (durch die Photosphäre bestimmten) Sonnenscheibe unterschiedlich stark ab (Abb. 9): In deren unmittelbarer Nähe überwiegt die K-Komponente, ab etwa 1 Sonnenradius Entfernung dagegen die F-Komponente. Die Intensität der L-Komponente sinkt mit größer werdendem Abstand besonders stark; ihr Beitrag zur Gesamtkoronastrahlung beträgt nur etwa 1 bis 2%.

Das Licht der K-Komponente ist Photosphärenlicht, das an den in der Koronamaterie vorhandenen freien Elektronen gestreut und zur Erde gelenkt wird. Bei jedem Streuvorgang an einem sich bewegenden Elektron tritt eine Doppler-Verschiebung des gestreuten Lichts ein. Wegen der ungeordneten thermischen Bewegung und der hohen mittleren Geschwindigkeit der Elektronen wird das Licht eines schmalen Wellenlängenbereichs auf einen wesentlich breiteren verteilt. Die im Spektrum vor der Streuung vorhandenen Absorptionslinien werden dadurch bis zur Unkenntlichkeit verzerrt, so daß das Streulichtspektrum einem Kontinuum gleicht, bei dem nur die allgemeine Energieverteilung erhalten bleibt. Die Intensität der gestreuten Strahlung ist proportional der Zahl der streuenden Elektronen in der Sichtlinie. Man kann daher aus der Helligkeitsabnahme der K-Komponente auf die nach außen hin abfallende Anzahldichte der Elektronen in der (materiellen) Korona schließen. Aus der Anzahldichte der Elektronen ergibt sich angenähert die Massendichte der Koronamaterie, da die freien Elektronen im wesentlichen vom Wasserstoff, dem häufigsten Element, stammen, und dieser bei den herrschenden Temperaturen vollständig ionisiert ist, so daß zu jedem freien Elektron im Mittel ein Proton gehört. Das Streulicht ist teilweise polarisiert; der Polarisationsgrad beträgt in einer Entfernung von z.B. 4 Sonnenradien vom Sonnenrand rund 60%.

Das Licht der F-Komponente ist ebenfalls zur Erde gestreutes Sonnenlicht, nur erfolgt die Streuung an interplanetaren Staubteilchen (Abb. 10), die zu der Materie gehören, die sich bei größeren Winkelabständen von der Sonne durch das Zodiakallicht bemerkbar macht. Die F-Komponente stellt damit die Fortsetzung des Zodiakallichts bis nahe an die Sonnenscheibe heran dar. Daß im Spektrum der F-Komponente wie im ungestreuten Sonnenlicht Absorptionslinien auftreten, liegt an den wesentlich geringeren Geschwindigkeiten der Staubteilchen im Vergleich zu den freien Elektronen; dadurch ist die Doppler-Verbreiterung im Streulicht kaum wahrnehmbar. Die Staubteilchen sind weiter als rund 20 Sonnenradien von der Sonne entfernt; in größerer Nähe zur Sonne werden sie stark erhitzt und verdampfen.

Die Emissionslinien der L-Komponente stammen von Ionen der Koronamaterie. Die besonders starken Koronalinien gehen auf hochionisierte Elemente, vorwiegend Eisen, Nickel und Calcium, zurück. Die rote Koronalinie mit einer Wellenlänge von 637,4 nm stammt

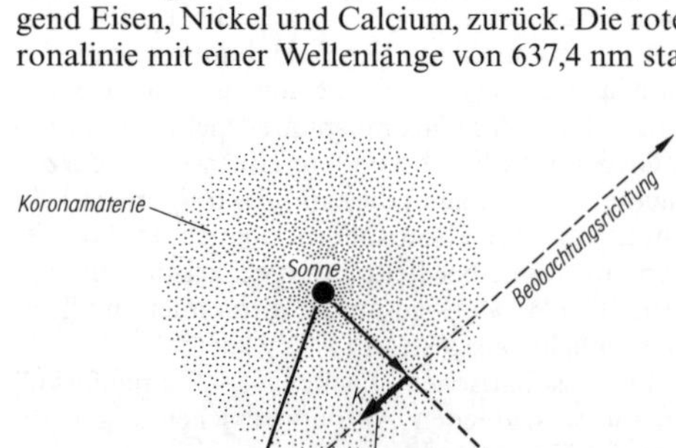

Abb. 10: Zum Entstehungsort der F-Komponente (F) und der K-Komponente (K) der Sonnenkorona

z.B. vom 9mal ionisierten Eisen, die bei 530,3 nm liegende grüne Linie vom 13mal ionisierten Eisen und die gelbe Linie bei 568,4 nm vom 14mal ionisierten Calcium. Die Koronalinien sind „verbotene" Linien (→ Atom), die nur deshalb in Erscheinung treten können, weil die Dichte der Koronamaterie außerordentlich gering ist. Der hohe Ionisationsgrad der Elemente ist auf die hohe Temperatur des Koronagases zurückzuführen. Die Ionisation ist vorrangig eine Folge des Stoßes energiereicher freier Elektronen mit den Atomen und weniger eine Folge der Strahlungsabsorption durch die Atome (im Unterschied zu den übrigen Gebieten der S.).

Röntgenstrahlung. Die von der Koronamaterie empfangene Strahlung setzt sich vom sichtbaren Spektralbereich über den extremen Ultraviolett- und den Röntgenbereich bis zum Gammabereich fort. Das Röntgenspektrum besteht aus einem schwachen Kontinuum, das bei der Rekombination freier Elektronen mit den vorhandenen Ionen entsteht. Ihm sind Emissionslinien überlagert, die von hochionisierten Atomen ausgesandt werden, z.B. eine Linie bei 2,48 nm vom 6mal ionisierten Stickstoff, eine Linie bei 1,9 nm vom 7fach ionisierten Sauerstoff und eine bei 0,18 nm vom 25fach ionisierten Eisen. Aus der Stärke der Emissionslinien und der Intensität des Kontinums läßt sich auf die Temperatur des strahlenden Gases schließen. Im Mittel ergeben sich Werte von etwa $2 \cdot 10^6$ K. In Gebieten der inneren Korona über Regionen hoher Sonnenaktivität werden mehr als $3 \cdot 10^6$ K erreicht, im Bereich von Sonneneruptionen sogar $20 \cdot 10^6$ bis $40 \cdot 10^6$ K. Im Gammabereich beobachtet man dann auch Emissionslinien, die von angeregten Atomkernen stammen (→ Sonneneruption). Andererseits gibt es in der Korona auch Regionen, sog. Koronalöcher, mit Temperaturen um $1 \cdot 10^6$ K und darunter.

Geht man von einer nahezu isothermen Korona mit einer Temperatur in der Größenordnung von einigen 10^6 K aus und nimmt ein thermisches Gleichgewicht an, läßt sich der nach außen hin erfolgende Dichteabfall berechnen. In der inneren Korona beträgt die Gasdichte etwa 10^9 Teilchen/cm^3, in einer Entfernung von 1 Sonnenradius über der Photosphäre etwa 10^6, bei 4 Sonnenradien etwa 10^5 und bei 10 Sonnenradien weniger als 10^4 Teilchen/cm^3.

Radiofrequenzstrahlung. Die Koronamaterie sendet im Wellenlängenbereich von etwa 1 cm bis 20 m eine kontinuierliche Radiofrequenzstrahlung aus, deren Intensität großen Schwankungen unterworfen ist. Zu Zeiten starker Sonnenaktivität ist es schwierig, die Grundstrahlung, die Strahlung der „ruhigen S.", zu messen. Bei dieser Strahlung, die man u.a. an Tagen ohne sichtbare Sonnenflecken untersuchen kann, handelt es sich um thermische Strahlung, die bei frei-freien Übergängen der Elektronen in den elektrischen Feldern von Ionen entsteht, und um Synchrotronstrahlung, die von freien Elektronen bei ihren Bewegungen in großräumigen koronalen Magnetfeldern ausgesandt wird. Strahlung mit unterschiedlicher Wellenlänge stammt dabei (vorwiegend) aus Koronaschichten mit unterschiedlichem Abstand vom Sonnenzentrum, da ein ionisiertes Gas (Plasma) nur für Strahlung bestimmter Wellenlängen durchlässig ist. Bei vorgegebener Elektronendichte des Plasmas ist für Strahlung mit einer kleineren als einer kritischen Wellenlänge das Gas durchlässig, für Strahlung mit einer größeren Wellenlänge aber undurchlässig. Die kritische Wellenlänge nimmt mit sinkender Elektronendichte – in der Korona daher mit wachsendem Abstand von der Photosphäre – zu (Abb. 11): Für Zentimeter- und Dezimeterwellen ist die Sonnenatmosphäre oberhalb der Photosphäre weitgehend durchlässig. Die beobachtete Strahlung dieses Wellenlängenbereichs stammt daher vorwiegend aus der Chromosphäre, da dort wegen der höheren Dichte das Ausstrahlungsvermögen höher als in den darüberliegenden Schichten ist. Die spektrale Energieverteilung dieser Strahlung entspricht demzufolge einer Temperatur von etwa 10000 K. Meterwellen haben ihren Ursprung hingegen in der inneren Korona: Strahlung mit einer Wellenlänge um 10 m stammt z.B. aus Bereichen, die mindestens etwa 0,5 Sonnenradien über der Photosphäre liegen. Der Durchmesser der beobachteten „Radiosonne" ist damit von der Wellenlänge der empfangenen Strahlung abhängig: Im Zentimeterbereich entspricht die „Radiosonne" nahezu der visuell sichtbaren Sonnenscheibe, im Meterbereich ist sie hingegen wesentlich größer (Abb. 12). Bei den Zentimeter- und Dezimeterwellen ist eine *Randaufhellung* zu beobachten: Am Rand der Sonnenscheibe durchsetzt der Sehstrahl streifend auf einem viel größeren Wegstück Teile der Chromosphäre und der Übergangsschicht als in der Mitte der Sonnenscheibe; der empfangene Strahlungsstrom ist daher am Rand der Sonnenscheibe größer als in deren Mitte.

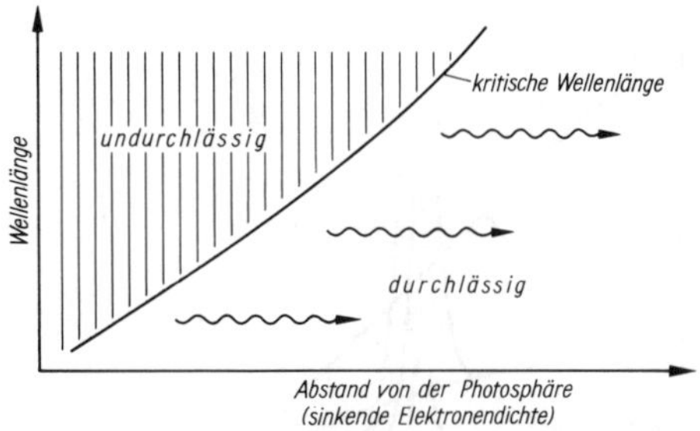

Abb. 11: Zur Variation der kritischen Wellenlänge in der Sonnenkorona mit der Höhe über der Photosphäre

Zu Zeiten hoher Sonnenaktivität beobachtet man zusätzlich zur Radiostrahlung der „ruhigen S." die der „gestörten S.", die sich im wesentlichen in drei Komponenten aufspalten läßt: Der langsam variable Anteil stammt aus den koronalen Kondensationen; die sog. Rauschstürme entstehen in Koronabereichen über Aktivitätsgebieten; die Bursts (Strahlungsausbrüche) treten in Verbindung mit → Sonneneruptionen auf.

Koronale Heizprozesse. Die hohen Koronatemperaturen können keine Folge der Absorption von Strahlung aus tieferliegenden, kühleren Schichten der Sonnenatmosphäre sein, da Wärmeenergie (auch in

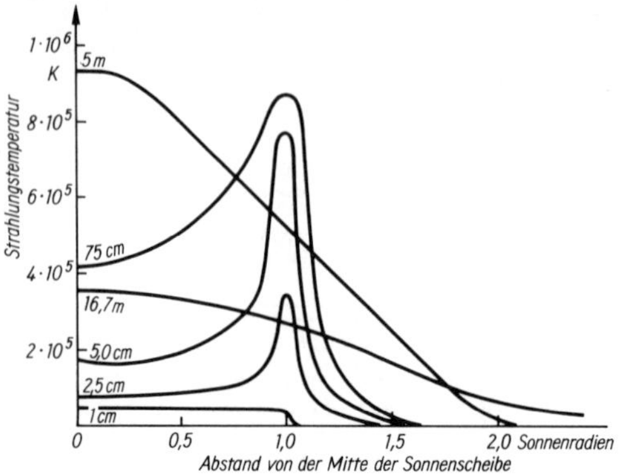

Abb. 12: Variation des beobachteten Strahlungsstromes der Radiofrequenzstrahlung bei verschiedenen Wellenlängen in Abhängigkeit vom Abstand von der Mitte der Sonnenscheibe. Als Maß für den Strahlungsstrom ist die Strahlungstemperatur angegeben

Form von Strahlung) nicht von einem Körper niedriger Temperatur zu einem Körper hoher Temperatur fließt. Als Heizprozesse kommen nur Vorgänge in Betracht, bei denen mechanische Energie den tieferliegenden Schichten der S. entnommen und in höherliegende transportiert wird; im einzelnen sind die Prozesse aber noch keineswegs befriedigend bekannt. Möglicherweise sorgen Schallwellen für den Transport eines Teils der Energie. Derartige, durch turbulente Bewegungen in der Konvektionszone erzeugte und nach oben laufende Wellen erreichen Gebiete mit immer geringerer Dichte und gehen dadurch in Stoßwellen über, deren mechanische Energie schließlich in thermische Energie der Gaspartikeln umgewandelt wird. Dieser Prozeß ist möglicherweise nur für die Aufheizung der oberen Chromosphäre und der Übergangsschicht, sicher nicht für die der gesamten Korona verantwortlich, da man sonst wegen der Kugelsymmetrie der Konvektionszone auch eine gleichmäßig aufgeheizte Korona erhalten würde. Ein erheblicher Teil des Energietransports findet wahrscheinlich im Bereich lokaler Magnetfelder statt: Elektronen können sich längs der Magnetfeldlinien bewegen und dabei kinetische Energie transportieren, außerdem können sich magneto-hydrodynamische Wellen ausbreiten, die Energie aus den unteren in die oberen Atmosphärenschichten bringen. Es kann auch die in komplizierten Magnetfeldkonfigurationen gespeicherte Energie bei deren Übergang zu einfacheren Konfigurationen in Wärmeenergie umgewandelt werden. Komplizierte Magnetfeldanordnungen ergeben sich durch turbulente Gasströmungen in der Konvektionszone, bei denen magnetische Flußröhren mitgeschleppt und dabei verdrillt werden, wobei sich Felder entgegengesetzter Polarität sehr nahe kommen können. Durch eine Neuverknüpfung der Feldlinien nimmt die Gesamtenergie der Feldkonfiguration ab, und die freiwerdende Energie steht der Koronamaterie als Wärmeenergie zur Verfügung. Auch hier handelt es sich letztlich um mechanische Energie, die bei der Verdrillung der Magnetfeldlinien aufgewandt wurde.

K o r o n a s t r u k t u r e n. Mit Hilfe von auf Satelliten installierten abbildenden Röntgenteleskopen läßt sich die Koronamaterie auch vor der Sonnenscheibe beobachten. Dabei zeigen sich sehr inhomogene Verteilungen der Flächenhelligkeit, die auf starke örtliche und zeitliche Variationen der physikalischen Bedingungen in der Korona schließen lassen. Die innere Koronastruktur ist im wesentlichen durch die jeweils herrschende klein- und großräumige Magnetfeldkonfiguration bestimmt. Die sie aufbauenden Flußröhren sind mindestens mit einem Ende tief unterhalb der Photosphäre in der Sonnenmaterie verankert und werden durch die dortigen Konvektionsströme ständig verschoben. In der Korona sind Gasströmungen nur längs der Flußröhren möglich, nicht quer zu ihnen, was im wesentlichen auch für den Energiestrom – bis auf den Energieverlust durch Abstrahlung – gilt. Dies kann zu Temperaturunterschieden senkrecht zur Feldlinienrichtung und zu Dichteunterschieden in den Flußröhren führen. Einzelne Röhren und Röhrenbündel können dadurch auf Grund einer erhöhten bzw. erniedrigten Ausstrahlung gegenüber ihrer Umgebung hervortreten.

Die Magnetfeldkonfigurationen sind außerordentlich inhomogen; sie enthalten Schlingen, Schleifen, Bögen sowie offene Felder, bei denen die Feldlinien sich einseitig im interplanetaren Raum verlieren. In diesen offenen Feldern kann Materie von der S. weg in den umgebenden Weltraum fließen, so daß die Korona, im Gegensatz zu den übrigen Atmosphärenschichten der S., eine nach außen offene Region darstellt, die ständig Materie verliert. Als Übergangsgebiet zum interstellaren Raum ist die Korona dadurch weniger in einem statischen, sondern mehr in einem dynamischen Gleichgewichtszustand. Sie erstreckt sich in diesem Sinn selbst über die Bahnen der Planeten hinaus (→ Sonnenwind). Die die Sonne verlassenden Materiewolken laufen mit Geschwindigkeiten von 1000 bis 2000 km/s in den interstellaren Raum und erreichen gegebenenfalls nach etwa 1 bis 2 Tagen die Erde, wo sie sich bei der Wechselwirkung mit der Erdmagnetosphäre u.a. durch Ionosphärenstörungen, geomagnetische Stürme und Polarlichter bemerkbar machen (→ solar-terrestrische Erscheinungen).

Die von der Erde aus bei totalen Sonnenfinsternissen beobachtbaren Koronen (als Leuchterscheinungen) lassen helle *Koronastrahlen* bis zu Entfernungen von etwa 10 Sonnenradien erkennen. Sie bestehen typischerweise aus einer bogenförmigen Basis, die von geschlossenen, beidseitig in die Photosphäre hinabreichenden Feldlinien vorgegeben wird, und einem über der Basis befindlichen Bündel offener Feldlinien. Wahrscheinlich bildet sich ein derartiger Strahl dann, wenn das Plasma in der Basisregion sehr heiß und der Auftrieb dort sehr groß ist, so daß das Gas nach oben ausbricht und die Feldlinien mitschleppt. Am oberen Teil des Strahls (Abb. 13) können sich Feldlinien entgegengesetzter Polarität so nahe kommen, daß eine dünne neutrale Schicht entsteht, in der starke elektrische Ströme fließen. Die durch die Strahlen markierte

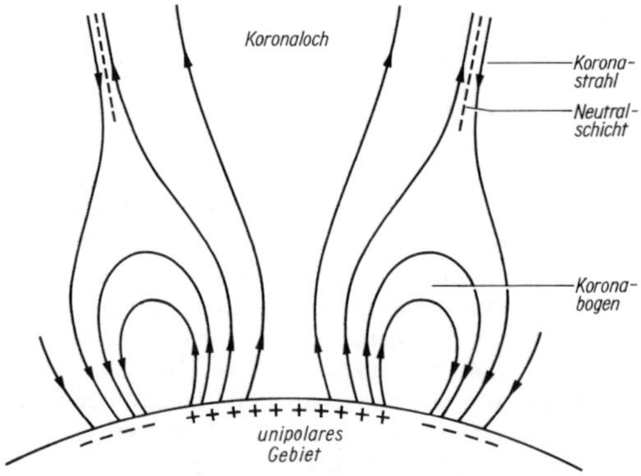

Abb. 13: Schematische Darstellung magnetisch unterschiedlich strukturierter Bereiche der Sonnenkorona

Struktur der Korona wechselt von Finsternis zu Finsternis, doch besteht eine deutliche Abhängigkeit vom Sonnenfleckenzyklus: Die während des Maximums der Sonnenaktivität auftretende *Maximumskorona* besitzt lange Strahlen nach fast allen Richtungen, während die *Minimumskorona* abgeflacht ist; bei ihr sind in der Nähe des Sonnenäquators lange Strahlen vorhanden, die vorwiegend parallel zur Äquatorebene verlaufen; die Polarstrahlen sind viel kürzer (Abb. 14).

Bei den kleinräumigen Koronastrukturen, die vor allem auf Röntgenbildern der S. sichtbar sind, zeigen sich Bögen, die benachbarte Aktivitätsregionen miteinander verbinden, die aber auch Gebiete ohne erkennbare Aktivitäten überwölben. Die mit Aktivitätsregionen in Verbindung stehenden Bögen überspannen z.T. einige 100000 km, ihre Fußpunkte ruhen in Gebieten mit starken lokalen Magnetfeldern. Gelegentlich treten in den Bögen plötzliche, örtlich begrenzte Helligkeitssteigerungen auf. Sie sind möglicherweise durch eine Verschiebung der Fußpunkte der die Bögen bestimmenden Flußröhren verursacht, was mit einem Temperatur- und Dichteanstieg in der Röhrenmaterie verbunden ist. Bei einer derartigen Fußpunktverschiebung kann es außerdem zur Auslösung magneto-hydrodynamischer Wellen kommen, die für eine zusätzliche Heizung sorgen. Die Bögen über Regionen ohne erkennbare Aktivitäten enthalten im allg. etwas kühlere Materie als die über Aktivitätsgebieten.

Eine Manifestation sehr kleiner Magnetfeldstrukturen stellen die auf Röntgenbildern der S. auftretenden sog. *hellen Punkte* dar, deren Durchmesser im Mittel bei etwa 20000 km liegt, und deren mittlere Lebensdauer etwa 8 Stunden beträgt, von denen aber auch einige mehr als einen Tag überdauern können. Täglich sind in der Größenordnung von 1000 bis 2000 helle Punkte sichtbar. Sie sind im allg. gleichmäßig über die ganze im Röntgenlicht sichtbare Sonnenscheibe verteilt, die längstlebigen konzentrieren sich etwa 30° beiderseits des Sonnenäquators. Die hellen Punkte stehen wahrscheinlich mit bipolaren Magnetfeldregionen in Verbindung, die typischerweise von mehreren Magnetfeldbögen von etwa 10000 km Länge und 2500 km Breite überspannt werden.

In den *Koronalöchern* ist die Ausstrahlung stark reduziert. Für sie ist ein nach außen hin offenes, divergierendes Magnetfeld charakteristisch, das über einer ausgedehnten unipolaren Magnetfeldregion der Photosphäre liegt. An den Polen der S. findet man bis auf die Zeiten der Aktivitätsmaxima immer ein koronales

Abb. 14: Typische Struktur der Sonnenkorona, nahe einem Sonnenfleckenminimum

Loch; in mittleren Breiten treten koronale Löcher weniger regelmäßig auf. Bei sehr großen unipolaren Regionen kann ein in mittleren Breiten liegendes Koronaloch mit dem polaren Loch gleicher Polarität zu einer einzigen großen Einheit verschmelzen, die vom Polargebiet bis über den Sonnenäquator hinaus reichen kann. Koronale Löcher zählen zu den längstlebigen temporären Erscheinungen der Sonnenkorona und können mehr als 10 Sonnenrotationen überdauern. Wegen des nach außen hin offenen Magnetfeldes fließt bevorzugt aus den Koronalöchern Materie in den interplanetaren Raum, was mit einem starken lokalen Energieverlust verbunden ist.

Die *koronalen Kondensationen* sind Gebiete, in denen die Temperatur und die Dichte gegenüber der Umgebung etwas erhöht ist, und die infolgedessen durch eine erhöhte Ausstrahlung in Erscheinung treten; sie können auch im sichtbaren Spektralbereich beobachtet werden. Koronale Kondensationen befinden sich, teilweise monatelang, in 20000 bis 200000 km Höhe über aktiven Regionen. Die von ihnen ausgehende, langsam veränderliche Radiofrequenzstrahlung gehört zur Radiostrahlung der „aktiven S.".

Auch die *Rauschstürme* sind Erscheinungen der „aktiven S." Sie bestehen aus jeweils einer dichten Folge kurzer Strahlungspulse (Burst des Typs I) im Meterwellenbereich, deren Anstiegszeit etwa 0,1 s beträgt, während der Abfall etwas länger dauert. Ihre Ursprungsgebiete liegen in einer Höhe von etwa 0,3 bis 1 Sonnenradius über großen Fleckengebieten. Ein einzelner Rauschsturm kann stunden-, z.T. tagelang anhalten. Wenn das zugehörige Fleckengebiet etwa die Mitte der Sonnenscheibe überquert, erreicht der Rauschsturm seine maximale Stärke, was möglicherweise damit zusammenhängt, daß die Abstrahlung nur innerhalb eines engen Strahlungskegels senkrecht zur Sonnenoberfläche erfolgt. Möglicherweise handelt es sich um Synchrotronstrahlung hochenergetischer Elektronen, die sich längs nach außen gerichteter Magnetfeldlinien bewegen. Vielleicht sind auch Plasmaschwingungen im Spiel. Die genauen physikalischen Ursachen für die Rauschstürme sind noch weitgehend unbekannt.

Zu den im sichtbaren Spektralbereich beobachtbaren Aktivitätserscheinungen der Sonnenkorona gehören die → Protuberanzen, die lokale Materieverdichtungen in der inneren Korona darstellen, und die Phänomene, die im Zusammenhang mit → Sonneneruptionen auftreten.

S o n n e n i n n e r e s. Im Sonneninnern ist nahezu die gesamte Masse der S. vereinigt; nur etwa ein Milliardstel von ihr befindet sich in der Sonnenatmosphäre. Da das Sonneninnere mit herkömmlichen Mitteln (d.h. auf Grund der Untersuchung elektromagnetischer Strahlung) nicht direkt beobachtbar ist, lassen sich zuverlässige Aussagen über seinen physikalischen Zustand nur auf Grund theoretischer Untersuchungen machen (→ Sternaufbau). Im Sonnenzentrum herrscht eine Temperatur von etwa $16 \cdot 10^6$ K, ein Druck von rund $2{,}5 \cdot 10^{16}$ Pascal und eine Dichte von etwa 160 g/cm^3, wobei diese Werte etwas von dem den Berechnungen zugrundegelegten Sonnenmodell abhängen. Nach außen hin nehmen Temperatur, Druck und Dichte stetig ab. Die von der S. ausgestrahlte Energie wird in den zentrumsnahen Bereichen bei Kernprozessen freigesetzt, bei denen Wasserstoff in Helium verwandelt wird. Die freigesetzte Energie wird in den inneren Gebieten in Form von Strahlung nach außen transportiert. In denjenigen Gebieten, in denen sich wegen der nur teilweisen Ionisation von Wasserstoff und Helium, den häufigsten Elementen, ein starker Temperaturabfall einstellt, erfolgt der Energietransport im wesentlichen durch Konvektion, bei der heiße Materieballen aufsteigen, ihre Überschußenergie an die Umgebung abgeben, und kühle Materieballen absinken. Die untere Grenze der Konvektionszone liegt etwa 500000 km vom Zentrum entfernt. Die genaue Lage läßt sich nur schwer berechnen, mit Hilfe der Helioseismologie im Prinzip aber empirisch bestimmen. Die obere Grenze der Konvektionszone befindet sich dort, wo die direkte Ausstrahlung von Energie in den Weltraum merklich zu werden beginnt, also unmittelbar unter der Photosphäre. Die von der Sonnenatmosphäre in den Weltraum ausgestrahlt Energie ist (wie jede Energie) einer Masse äquivalent (→ Relativitätstheorie). Auf Grund ihrer Ausstrahlung verliert die S. je Sekunde eine Masse von $4{,}3 \cdot 10^9$ kg. Trotz dieses für irdische Begriffe enormen Masseverlusts reduziert sich die Sonnenmasse in 10 Mrd. Jahren (bei angenommener konstanter Leuchtkraft) nur um etwa 0,07%. Der direkte Masseverlust infolge des Materieabflusses aus der Korona beträgt gegenwärtig etwa 25% des Masseverlusts infolge von Strahlung.

Der innere Aufbau der Sonne

r ($R_\odot$)	$\mathfrak{M}(r)$ ($\mathfrak{M}_\odot$)	T (10^6 K)	ϱ (g/cm^3)	$L(r)$ ($L_\odot$)	X
0,0000	0,0000	15,50	156,3		0,3545
0,0197	0,0008	15,36	151,7	0,0067	0,3663
0,0462	0,0099	14,81	133,9	0,0789	0,4171
0,0977	0,0731	13,01	90,20	0,4355	0,5550
0,1131	0,1038	12,41	78,86	0,5546	0,5922
0,1378	0,1620	11,45	63,24	0,7179	0,6412
0,1558	0,2100	10,78	53,57	0,8091	0,6684
0,1727	0,2580	10,19	45,68	0,8738	0,6876
0,1904	0,3100	9,600	38,48	0,921	0,7023
0,2173	0,3900	8,767	29,41	0,964	0,7164
0,2309	0,4300	8,374	25,57	0,977	0,7208
0,2593	0,5100	7,626	18,93	0,992	0,7261
0,2745	0,5500	7,266	16,06	0,996	0,7276
0,3364	0,6900	6,028	8,030	1,000	0,7312
0,4297	0,8300	4,653	2,846	1,000	0,7321
0,5545	0,9264	3,403	0,7727	1,000	0,7322
0,6409	0,9602	2,718	0,3381	1,000	0,7322
0,7184	0,9784	2,120	0,1689	1,000	0,7322
0,8492	0,9954	0,9499	0,0496	1,000	0,7322

r: Zentrumsabstand in Einheiten des Sonnenradius $R_\odot$; $\mathfrak{M}(r)$: Masse in der Kugel mit dem Radius r in Einheiten der Sonnenmasse $\mathfrak{M}_\odot$; T: Temperatur; ϱ: Dichte; $L(r)$: Nettoenergiestrom durch die Oberfläche der Kugel mit dem Radius r in Einheiten der Sonnenleuchtkraft $L_\odot$; X: relativer Masseanteil des Wasserstoffs.

In der Tab. ist der innere Aufbau der gegenwärtigen Sonne angegeben, für die ein Alter von 4,6 Mrd. Jahren (→ Altersbestimmung) angenommen wird. Seit dem Beginn der Energiefreisetzungsprozesse hat sich im Zentrum der Masseanteil des Wasserstoffs auf etwa 35,5 Masseprozent reduziert; für die gesamte Sonnenmaterie wurde bei der der Tabelle zugrunde liegenden Rechnungen ein Wasserstoffanfangsgehalt von 73,22 Masseprozent angenommen. Der relative Anteil des Heliums hat sich dabei von den anfänglichen 25% auf nahezu 63% erhöht. Der Anteil der schweren Elemente blieb unverändert.

Der innere Aufbau der S. ist noch nicht in allen Einzelheiten befriedigend geklärt. Schwierigkeiten bereitet vor allem die Erklärung des auf der Erde registrierten solaren Neutrinoflusses, der direkt Auskunft über das sonst unbeobachtbare Sonneninnere geben kann, der aber wesentlich geringer ist als der, den man auf Grund der gegenwärtigen theoretischen Sonnenmodelle erwartet (→ Sternaufbau, → Neutrinoastronomie).

Einordnung unter die übrigen Sterne. In ihrem Aufbau nimmt die S. keinerlei Sonderstellung ein und gleicht den Hauptreihensternen gleichen Spektraltyps. Sie ist einer der mehr als 100 Mrd. Sterne des Milchstraßensystems, in dem sie sich am Rande eines Spiralarms in ungefähr 8500 pc Abstand vom galaktischen Zentrum und etwa 15 pc nördlich der galaktischen Ebene befindet. In etwa 240 Mill. Jahren umrundet sie einmal das Milchstraßenzentrum; → Milchstraßensystem.

Sonnenaktivität, die Gesamtheit der nicht permanent auftretenden veränderlichen Erscheinungen auf der Sonne, die dem langzeitlichen mittleren Zustand überlagert sind. Zu den auffälligsten Phänomenen der S. gehören die → Sonnenflecken, deren Häufigkeit im Verlauf eines 11jährigen Fleckenzyklus variiert. Andere Erscheinungen sind die → Sonnenfackeln und die am Sonnenrand sichtbaren → Protuberanzen sowie die → Sonneneruptionen, die die am heftigsten verlaufenden Aktivitätsphänomene sind, mit denen auch starke Variationen der solaren Radio- und Röntgenstrahlung sowie der solaren Teilchenstrahlung einhergehen.

Die einzelnen Aktivitätserscheinungen hängen weitgehend miteinander zusammen, was sich u.a. darin zeigt, daß viele von ihnen entweder gleichzeitig oder in einer bestimmten festen Reihenfolge nacheinander auftreten, so daß ihre Häufigkeit mehr oder minder deutlich mit dem 11jährigen Sonnenfleckenzyklus variiert. Er kann damit als allgemeiner *Zyklus der S.* angesehen werden. Der Bezug auf ihn hat vor allem praktische Gründe: Er ist am längsten und besten bekannt. Die Erscheinungen der S. sind im allg. mit lokalen Magnetfeldänderungen verbunden, was auch auf die Sonnenflecken zutrifft. Die prinzipielle Anordnung der magnetischen Polaritäten innerhalb einer Fleckengruppe wechselt periodisch, wobei sich alle zwei Fleckenhäufigkeitsperioden die gleiche Anordnung wiederholt. Dies gilt auch für die periodischen Orientierungsänderungen des globalen solaren Magnetfeldes. Ein vollständiger Aktivitätszyklus unter Einschluß der magnetischen Verhältnisse umfaßt daher rund 22 Jahre.

Es gibt noch keine befriedigende, sämtliche Erscheinungsformen der S. umfassende Theorie. Von zentraler Bedeutung ist die Erklärung des globalen solaren Magnetfeldes, da an dieses die gesamte S. gekoppelt ist. Das globale Magnetfeld ist sicher das Ergebnis eines Dynamoeffekts, der über elektromagnetische Induktion mechanische Energie in magnetische Energie umzuwandeln gestattet (→ Sonnenfleck). Zur Deutung einzelner Aktivitätserscheinungen kann man sich die solaren Magnetfelder aus einer großen Anzahl von Magnetflußröhren zusammengesetzt denken, die im allg. in geringer Tiefe unter der Photosphäre lagern. Erhöht sich in einer Röhre die Feldstärke, so wächst der magnetische Druck in ihr, der Gasdruck hingegen sinkt, denn beide zusammen sind gleich dem (unveränderten) Druck des umgebenden Gases. Der sinkende Gasdruck ist (bei konstanter Temperatur) mit einer sinkenden Gasdichte verbunden, wodurch die Flußröhre einen Auftrieb erfährt. Flußröhrenbündel können so in die Sonnenatmosphäre aufsteigen. An den Durchtrittstellen durch die Photosphäre (der „Sonnenoberfläche") ändert sich das beobachtete lokale Magnetfeld, gleichzeitig werden die sichtbaren Erscheinungen der S. ausgelöst. Innerhalb dieses grob schematisierten Bildes lassen sich z.B. lokale Temperaturerniedrigungen (wie in den Sonnenflecken) erklären: Sie treten an Stellen auf, wo infolge der Unterdrückung der Konvektion durch das lokale Magnetfeld die Energiezufuhr eingeschränkt wird. Geringe lokale Temperaturerhöhungen (wie in den Sonnenfakkeln) werden aller Wahrscheinlichkeit nach ebenfalls durch das herrschende Magnetfeld gesteuert, doch ist der genaue Prozeß noch unbekannt. Die Umwandlung magnetischer Energie in Wärmeenergie (und kinetische Energie) ist in den Sonneneruptionen am augenscheinlichsten. Sie erfolgt u.a. dann, wenn komplizierte Magnetfeldkonfigurationen durch eine Neuverknüpfung der Feldlinien in einfachere und energetisch günstigere Konfigurationen übergehen, oder wenn längs der Magnetflußröhren Energie mittels magnetohydrodynamischer Wellen transportiert wird.

Ein Quellgebiet, in dem ein starker magnetischer Fluß die Sonnenoberfläche durchsetzt, bildet ein ***Aktivitätszentrum***. Es entsteht an einer bestimmten Stelle an der Sonnenoberfläche, macht eine unterschiedlich lang dauernde Entwicklung durch und vergeht dann wieder. Die typische zeitliche Entwicklung eines starken derartigen Gebietes ist in der folgenden Übersicht zusammengestellt. In Einzelfällen kann es zu größeren Abweichungen von diesem Schema kommen: Man beobachtet immer nur sekundäre Erscheinungen in der Sonnenatmosphäre, die treibenden physikalischen Prozesse in den tieferen Schichten der Sonne sind hingegen unbeobachtbar.

Die Durchbruchphase des Magnetfeldes durch die Photosphäre dauert etwa 1 bis 3 Tage. Dabei tauchen in einem sich innerhalb der Fleckenzone befindlichen Gebiet der Sonnenscheibe, das zwischen benachbarten Supergranula liegt, Magnetfelder auf. Mit ihnen erscheinen die ersten photosphärischen

Fackeln, die sich mit einer Geschwindigkeit von etwa 20000 km pro Tag längs der Grenzregion der Supergranula ausbreiten. Das Magnetfeld wird bipolar. Nach ein oder zwei Tagen erreichen die Fackeln ihre maximale Helligkeit. Etwa gleichzeitig erscheinen die ersten dunklen Poren und kleinen Sonnenflecken, von denen die mit entgegengesetzter Polarität durch ein System von Magnetfeldbögen verbunden sind, deren Gipfelpunkte mit einer Geschwindigkeit von etwa 10 km/s aufsteigen, während Materie z.T. längs der Bögen in die Fußpunkte abströmt; unter Zunahme der Ausstrahlung weiten sich die Bögen bis in die Korona hinein aus. Nach drei bis vier Tagen ist das Aktivitätsgebiet voll ausgebildet: Eine Fleckengruppe, umgeben von einem Gebiet photosphärischer Fakkeln, das eine Längsausdehnung von typischerweise etwa 50000 km hat, ist sichtbar; die Koronabereiche über dem Gebiet treten durch eine verstärkte Röntgenstrahlung in Erscheinung.

Die Phase maximaler Aktivität ist nach etwa 10 bis 12 Tagen erreicht; ihre Dauer beträgt etwa 2 bis 3 Wochen. Die Flecken bilden eine große bipolare Gruppe, das gesamte Aktivitätsgebiet wird zu einer bipolaren Region, die eine Ausdehnung in der Größenordnung von 200000 km erreicht und infolge der differentiellen Rotation immer mehr parallel zum Sonnenäquator auseinandergezogen wird. Der magnetische Fluß (die Feldstärke einer Polarität summiert über die jeweilige Fläche) bleibt dabei konstant: Offenbar durchbrechen keine neuen Magnetflußröhren mehr die Photosphäre, sie werden nur über ein größeres Gebiet verteilt. Die Häufigkeit der Sonneneruptionen mit allen ihren Begleiterscheinungen erreicht ein Maximum, außerdem entstehen innerhalb des Fackelgebietes und nahe den Flecken kurzlebige Protuberanzen; in der Korona bildet sich eine koronale Kondensation.

Die Auflösungsphase eines Aktivitätsgebiets kann 6 bis 9 Monate dauern. Die magnetische Region breitet sich immer stärker aus und erstreckt sich schließlich über ein Gebiet von etwa 500000 km Durchmesser. Sonneneruptionen treten kaum noch auf und alle Flecken verschwinden. Von den Fackelgebieten, deren Intensität nachläßt, bleiben schließlich nur noch zwei übrig, von denen jeweils ein Gebiet eine einheitliche magnetische Polarität hat. Über der Grenzlinie benachbarter Gebiete unterschiedlicher Polarität bildet sich eine große ruhende Protuberanz, die sich erst nach 6 oder mehr Monaten langsam auflöst; sie ist das längstlebige Phänomen des Aktivitätsgebiets. Über der Protuberanz erhebt sich ein langer Koronastrahl. Schließlich verliert die magnetische Region ihren bipolaren Charakter und wird unipolar.

Neben den großen, monatelang existierenden Aktivitätsgebieten gibt es viele kleine, deren Lebenszeit nur Tage oder Wochen beträgt. Der die Photosphäre durchbrechende Magnetfluß ist an diesen Stellen vergleichsweise gering, so daß sich keine Sonnenflecken, höchstens Poren bilden. Weiter existiert noch eine Vielzahl sehr kleiner, ephemerer Bereiche, die nur über Stunden oder höchstens einen Tag Aktivitätserscheinungen erkennen lassen.

Mit der S. sind auf der Erde unterschiedliche → solarterrestrische Erscheinungen verbunden.

Sonnenbeobachtung, die systematische Untersuchung der Sonne zum Zweck der Registrierung und Erklärung der in der Sonnenatmosphäre und im Sonneninnern ablaufenden Prozesse, soweit diese dem direkten Nachweis zugänglich sind.

Die Nähe der Sonne hat einen großen auf der Erde zur Verfügung stehenden Strahlungsstrom zur Folge. Er ermöglicht Beobachtungen im gesamten elektromagnetischen Spektrum mit einer zeitlichen, räumlichen und spektralen Auflösung wie sonst bei keinem anderen Stern. Bei keinem anderen Stern läßt sich auch die von ihm ausgehende Teilchenstrahlung direkt untersuchen. Die Sonne stellt damit ein besonders wichtiges Forschungsobjekt der Astronomie dar.

Der große Strahlungsstrom im sichtbaren Spektralbereich wirkt sich bei S.en z.T. auch nachteilig aus: Infolge der Streuung des Sonnenlichts in der Erdatmosphäre wird eine starke Störstrahlung hervorgerufen, außerdem tritt infolge der direkten Sonneneinstrahlung eine Erwärmung sowohl der Umgebung als auch der Beobachtungsinstrumente ein. Die Erwärmung der Umgebung (Boden, Gebäude) führt zu einer lokalen Verstärkung der Luftunruhe und damit zu einer Verschlechterung der Erkennbarkeit kleiner Strukturen. Den Einfluß der Bodenerwärmung kann man dadurch umgehen, daß man die strahlungssammelnde Optik auf hohen Türmen installiert, und diese auf Bergen erbaut, die einer ständigen, möglichst laminaren Luftströmung ausgesetzt sind. Auf hohen Bergen ist außerdem die Streustrahlung der Erdatmosphäre reduziert, da sich über ihnen eine geringere Luftmasse befindet als z.B. in Meereshöhe. Zur Verminderung der Erwärmung der Beobachtungsinstrumente werden alle nichtoptischen Teile, die von der Sonnenstrahlung getroffen werden können, mit stark reflektierenden Schutzschichten versehen. Die Teleskopspiegel stellt man aus einem Glaskeramikmaterial mit möglichst geringem Wärmeausdehnungskoeffizienten her, so daß die optische Güte auch bei stärkerer Erwärmung erhalten bleibt. Schließlich wählt man die Gerätekonstruktion so, daß der Strahlengang weitgehend im Vakuum verläuft. Zur Vermeidung des atmosphärischen Streulichts bringt man auch Beobachtungsinstrumente durch Flugzeuge oder Höhenballons in große Höhen über die Erdoberfläche. Die extrem kurzwellige Ultraviolettstrahlung und die Röntgenstrahlung lassen sich überhaupt nur mit Instrumenten untersuchen, die mit Raketen oder Erdsatelliten ganz aus der Erdatmosphäre hinaus gebracht werden.

Instrumente zur S. Die weitaus meisten S.en erfolgen im sichtbaren Spektralbereich. Dabei erzeugt man zur Untersuchung kleinräumiger Erscheinungen der Sonnenphotosphäre (auf der „Sonnenoberfläche") ein möglichst großes Sonnenbild, wozu sehr langbrennweitige Fernrohre nötig sind. Mit einem Objektiv der Brennweite f ergibt sich ein Sonnenbild des Durchmessers l nach der Formel $l = 0{,}0093\,f$ (→ Fernrohr); bei einer Brennweite von 1 m erhält man also nur ein Sonnenbild von etwa 1 cm Durchmesser. Wegen ihrer langen Brennweiten werden die größeren bei

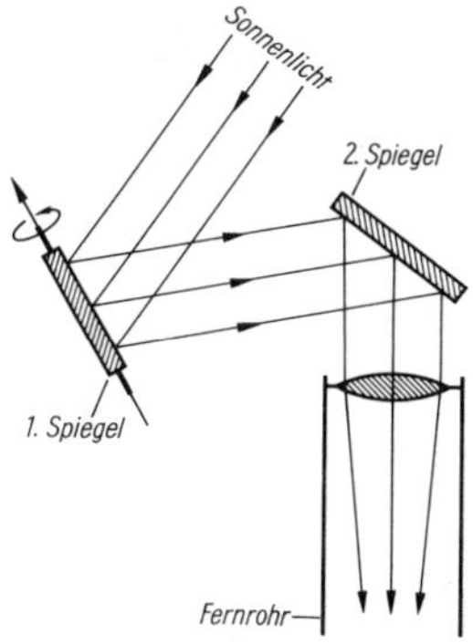

Abb. 1: Strahlengang in einem Coelostaten

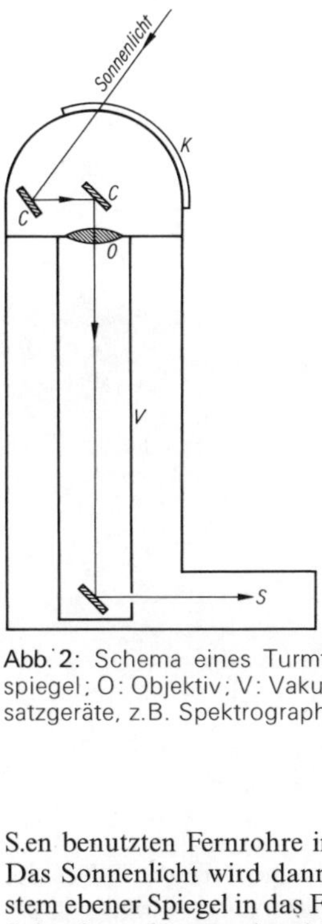

Abb. 2: Schema eines Turmteleskops. C: Coelostatenspiegel; O: Objektiv; V: Vakuumröhre; S: Räume für Zusatzgeräte, z.B. Spektrographen; K: Kuppel

S.en benutzten Fernrohre im allg. ortsfest aufgestellt. Das Sonnenlicht wird dann durch ein geeignetes System ebener Spiegel in das Fernrohr geleitet. Derartige Spiegelanordnungen bezeichnet man als Heliostaten, Siderostaten oder Coelostaten. Die ***Heliostaten*** und ***Siderostaten*** haben jeweils nur einen Spiegel, was den Nachteil hat, daß sich das projizierte Sonnenbild während der Beobachtung um seinen Mittelpunkt dreht. Bei ***Coelostaten*** vermeidet man diesen Nachteil durch die Verwendung zweier Spiegel (Abb. 1). Der erste Spiegel ist um eine zur Erdachse parallele, also zum Himmelspol weisende Achse drehbar und kann somit der scheinbaren täglichen Bewegung der Sonne nachgeführt werden. Von ihm wird das Sonnenlicht auf einen zweiten, feststehenden Spiegel geleitet, der es in das Fernrohr lenkt.
Große Fernrohre zur S. im visuellen Spektralbereich werden meist als ***Turmteleskope (Sonnentürme)*** gebaut (Abb. 2). Bei ihnen ist ein massiver oder aus einem Gitterwerk von Stahlstreben bestehender Turm im allg. als senkrecht stehender Fernrohrträger ausgebildet. Auf dem Turm befindet sich eine drehbare Kuppel, in der ein Coelostat steht. Er leitet das Sonnenlicht in ein z.B. oben im Turm waagerecht befestigtes Objektiv, das ein Sonnenbild am Turmfuß erzeugt. Gelegentlich faltet man auch den Strahlengang, um eine möglichst große Brennweite ohne zu großen Bauaufwand realisieren zu können. In der Brennebene des Objektivs befinden sich optische Anordnungen, mit denen man Teile des Sonnenbildes ausblenden und genauer, z.B. spektroskopisch, untersuchen kann. Ein derartiges Turmteleskop ist der *Einsteinturm* des Astrophysikalischen Observatoriums in Potsdam (Abb. 4 u. 5), der einen Coelostatenspiegel von 85 cm Durchmesser und ein Objektiv von 14,5 m Brennweite besitzt. Beim größten Sonnenturm, dem McMath-Sonnenteleskop auf Kitt Peak, USA, wird das Licht von einem Coelostatenspiegel von 2 m Durchmesser auf einen fast 150 m entfernten, in einem schrägen Schacht befindlichen Parabolspiegel geleitet, der ein Sonnenbild von etwa 80 cm Durchmesser entwirft.
Ein ***Koronograph*** ist ein Instrument zur Beobachtung der inneren Teile der Sonnenkorona außerhalb einer totalen Sonnenfinsternis; in ihm erzeugt man gewissermaßen eine künstliche Sonnenfinsternis. Das Fern-

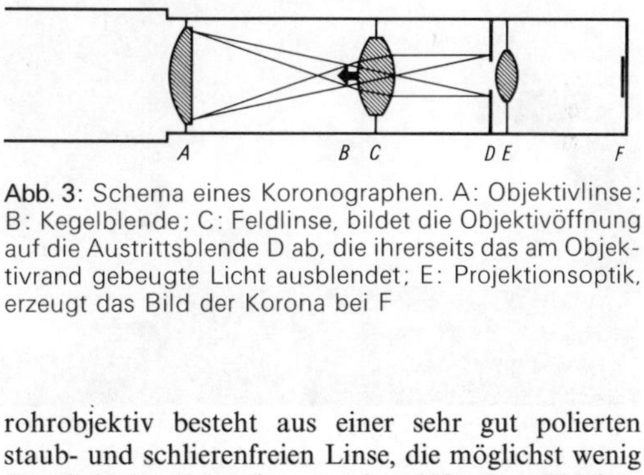

Abb. 3: Schema eines Koronographen. A: Objektivlinse; B: Kegelblende; C: Feldlinse, bildet die Objektivöffnung auf die Austrittsblende D ab, die ihrerseits das am Objektivrand gebeugte Licht ausblendet; E: Projektionsoptik, erzeugt das Bild der Korona bei F

rohrobjektiv besteht aus einer sehr gut polierten staub- und schlierenfreien Linse, die möglichst wenig Streulicht im Fernrohr entstehen läßt. Das Objektiv bildet die Sonnenscheibe (die projizierte hell leuchtende Photosphäre) samt ihrer Umgebung in einer Ebene ab, in der eine kreisförmige Blende angebracht ist, die das Bild der Sonnenscheibe gerade abdeckt (Abb. 3) und wie der Mond bei einer Sonnenfinsternis wirkt. Die Blende ist im allg. kegelförmig gestaltet, damit sie das auf sie fallende Licht nach außen reflektieren kann und sich nicht zu sehr erwärmt. Der Koronograph enthält weitere Linsen und Blenden, die so angeordnet sind, daß einerseits das am Objektivrand gebeugte Licht ausgeschaltet, andererseits die von der Kegelblende nicht abgedeckte Sonnenkorona in einer weiter hinten liegenden Ebene abgebildet wird. Dieses Bild kann durch ein Okular betrachtet oder anderweitig registriert werden. Zur Vermeidung starken atmosphärischen Streulichts werden Koronographen an

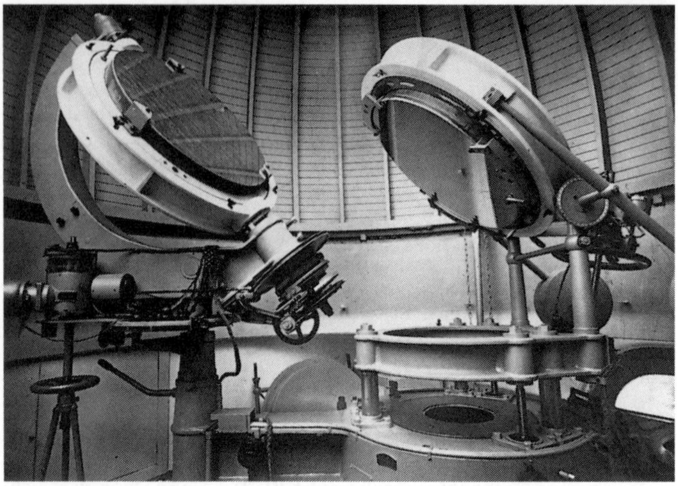

Abb. 4: Coelostatenspiegel des Sonnenobservatoriums Einsteinturm, Potsdam

Abb. 5: Sonnenobservatorium Einsteinturm, Potsdam

Orten mit möglichst dunstfreier Atmosphäre, z.B. auf hohen Bergen in Küstennähe, aufgestellt.
Spektroheliographen dienen zur Gewinnung von Sonnenbildern im Licht nur eines schmalen Wellenlängenbereichs (von *Spektroheliogrammen*). Mit einem Fernrohrobjektiv wird dazu ein Sonnenbild erzeugt, von dem der Eintrittsspalt eines Monochromators nur einen schmalen Streifen durchläßt (Abb. 6). Im Monochromator wird das Licht spektral zerlegt und vom entstehenden Spektrum mit Hilfe eines Austrittsspalts ein schmaler Wellenlängenbereich ausgeblendet. Auf einem hinter diesem Spalt befindlichen Flächenphotodetektor (z.B. einer Photoplatte) erhält man so ein monochromatisches Bild des vom Eintrittsspalt freigegebenen Teils der Sonnenscheibe. Beim Bewegen des Monochromators über die Sonnenscheibe tastet der Eintrittsspalt nacheinander alle Teile des Bildes ab, wodurch man ein monochromatisches Bild der gesamten Sonnenscheibe erhält. Das Arbeitsprinzip eines ***Spektrohelioskops*** ist ähnlich dem eines Spektroheliographen, nur ist statt des Photodetektors ein Okular vorhanden, mit dem man das monochromatische Sonnenbild visuell betrachten kann. Die Sonnenscheibe wird dabei in so schneller Folge abgetastet, daß das Auge ein zusammenhängendes Bild der ganzen Scheibe wahrnimmt. Monochromatische Sonnenbilder lassen sich auch dadurch gewinnen, daß man eine Filterkombination in den Strahlengang des Fernrohrs bringt, die nur das Licht aus einem sehr engen Wellenlängenbereich (der z.B. im Zentrum oder in einem Flügel einer Absorptionslinie liegt) durchläßt. Man erhält damit bei einer einzigen kurzen Aufnahme

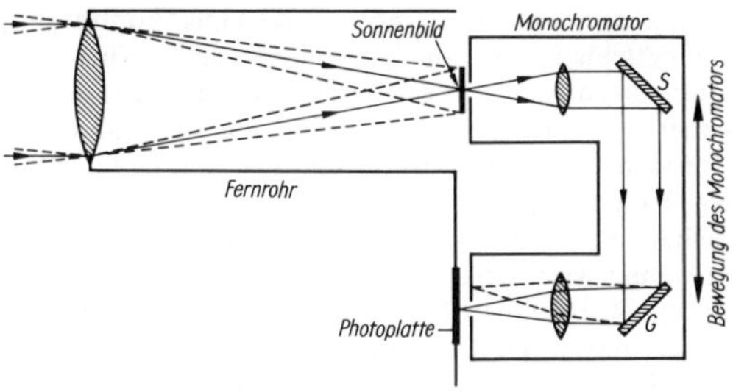

Abb. 6: Schema eines Gitterheliographen. S: Umlenkspiegel; G: Gitter

ein monochromatisches Bild der gesamte Sonnenscheibe, was zur Erfassung kleinster Details sehr günstig ist, da deren Verwischen infolge der Luftunruhe vermieden wird. Ein derart gewonnenes Bild bezeichnet man als ein *Filtergramm.*

Zum Sichtbarmachen von Protuberanzen wird im ***Protuberanzenspektroskop*** ein ähnliches Prinzip wie bei einem Spektroheliographen angewandt: Der Eintrittsspalt eines Monochromators wird so eingestellt, daß er parallel zum Rand der Sonnenscheibe liegt, während der Austrittsspalt das Licht einer Spektrallinie durchläßt, in der Protuberanzen besonders intensiv strahlen. Eine Protuberanz am Rand der Sonnenscheibe tritt dann hell in Erscheinung, weil das viel intensivere, aber über das gesamte Spektrum verteilte Sonnenlicht, das normalerweise die Beobachtung von Protuberanzen verhindert, durch den Austrittsspalt abgeblendet wird. Das Bild kann mit einem hinter dem Austrittsspalt befindlichen Okular betrachtet werden.

Die Registrierung der solaren Magnetfelder geschieht mit ***Magnetographen.*** Infolge des Zeeman-Effekts erscheinen im Spektrum einer, sich in einem Magnetfeld befindlichen Strahlungsquelle beim Blick in Feldrichtung die Spektrallinien in zwei Komponenten aufgespalten, die symmetrisch zur Normallage um einen kleinen Betrag verschoben und entgegengesetzt polarisiert sind (Abb. 7). Die Größe der Verschiebung ist ein Maß für die Magnetfeldstärke. Bei der Beobachtung filtert man durch geeignete Polarisatoren abwechselnd das Licht einer der beiden Komponenten aus und läßt das Licht aus einem schmalen Bereich im Flügel der Linienkomponente auf einen Strahlungsempfänger fallen. Im Rhythmus des Wechsels variiert dann das durch den Empfänger angezeigte Signal. Aus seiner Stärke ergibt sich die Größe der Wellenlängenverschiebung, damit die Stärke des Magnetfeldes. In einem *Magnetogramm* sind die bei der punktweisen Abtastung der Sonnenscheibe gemessenen lokalen Feldstärken sichtbar gemacht.

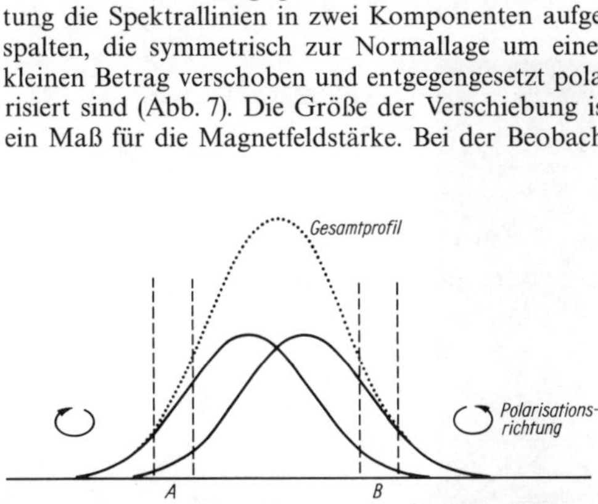

Abb. 7: Linienaufspaltung beim longitudinalen Zeeman-Effekt. Durchgezogen: die beiden gegeneinander verschobenen, entgegengesetzt polarisierten Linienkomponenten; gestrichelt: im unpolarisierten Licht beobachtetes Gesamtlinienprofil; A, B: schmale, in den Linienflügeln liegende Beobachtungsspektralbereiche

Der am Ort der Erde ankommende solare Gesamtstrahlungsstrom, die sog. Solarkonstante, wird mit Pyrheliometern oder Bolometern gemessen; → Solarkonstante.

Zur Beobachtung der von der Sonne kommenden Radiofrequenzstrahlung werden unterschiedliche radioastronomische Instrumente benutzt, von denen die ***Radioheliographen*** ein besonders großes Winkelauflösungsvermögen besitzen. Mit ihnen können auch Detailuntersuchungen einzelner Bereiche der Sonnenatmosphäre durchgeführt werden. Radioheliographen sind im allg. Vielelement-Interferometer (→ Radioteleskop). Ein aus 96 Elementen bestehendes derartiges Instrument befindet sich in Culgoora in Australien; es dient zur dauernden Überwachung der Sonne im Zentimeterwellenbereich.

Der von der Sonne abfließende Teilchenstrom, der Sonnenwind, kann nur mit Hilfe von dazu ausgerüsteten Raumsonden direkt nachgewiesen werden. Dabei wird die Zahl der je Sekunde auf einen Detektor auftreffenden Teilchen bestimmt und ihre Energie gemessen. Sie gibt Aufschlüsse über die Strömungsgeschwindigkeit des Sonnenwindes sowie über die individuelle Masse einzelner Teilchen. Zum Nachweis des solaren Neutrinostroms sind spezielle Neutrinodetektoren erforderlich, die im Gegensatz zu allen anderen Instrumenten zur S. tief unter der Erdoberfläche installiert werden; → Neutrinoastronomie.

Einfache S.en im sichtbaren Spektralbereich lassen sich schon mit geringen Hilfsmitteln ausführen, dazu sind auch kleine Fernrohre brauchbar. Warnung: Man darf mit Fernrohren ohne geeignete Sonnenschutzfilter nicht in die Sonne sehen, da das zu schweren Augenschäden führen kann. Zur Verminderung der aus einem Fernrohr austretenden Strahlung kann das Objektiv durch das Vorsetzen einer Ringblende teilweise abgedeckt werden, worunter allerdings, wenn die freibleibende Öffnung zu klein gewählt wird, die Bildqualität leidet. Eine zusätzliche Intensitätsschwächung erreicht man durch das Einbringen von dunklen Glasfiltern in den Strahlengang. Meist werden sie hinter das Okular gesetzt, doch besteht dabei die Gefahr, daß sie sich durch Strahlungsabsorption erwärmen und springen. Für direkte Sonnenbeobachtungen sind ***Helioskope*** geeignet, die aus Glasprismen und -scheiben bestehen und den größten Teil des vom Objektiv gesammelten Sonnenlichts aus den Strahlengang ausspiegeln, so daß nur noch ein geringer Teil das Okular erreicht. Eine Lichtschwächung kann auch durch Polarisationsfilter erreicht werden.

Einfache S.en lassen sich mit Hilfe einer Projektionsmethode durchführen, die den Vorteil hat, daß das projizierte Bild von mehreren Personen gleichzeitig betrachtet werden kann. Das Okular des Fernrohrs wird dazu aus der normalen Stellung um mehrere Zentimeter herausgezogen. In einer bestimmten Entfernung vom Okular kann dann auf einem mit dem Fernrohr fest verbundenen Schirm ein vergrößertes Sonnenbild aufgefangen werden. (Zur Sichtbarkeitsverbesserung kann zur Abschirmung direkter Sonnenstrahlung ein Pappschirm auf das Fernrohr gesteckt werden.) Auf den projizierten Sonnenbildern lassen sich Sonnenflecken und z.T. Sonnenfackeln erkennen. Bei dieser Projektionsmethode sollten keine verkitteten Okulare verwendet werden, da infolge einer starken Erwärmung der Kitt schmelzen kann. Feldstecher sind für eine solche Projektion ungeeignet. Die einfachste Projektion der Sonne ist ganz ohne Fernrohr möglich, und zwar nach dem Prinzip der Lochkamera: Das „Objektiv“ besteht hierbei aus einem kleinen kreisförmigen Loch. Einige Meter hinter dem Loch kann man in einem völlig abgedunkelten Raum auf einem Papierschirm ein Sonnenbild erkennen, das um so größer, jedoch auch um so lichtschwächer ist, je weiter entfernt man vom Loch beobachtet. Zum Erreichen optimaler Beobachtungsbedingungen empfiehlt es sich, bei einem Schirmabstand von 3, 4 bzw. 5 m einen Lochdurchmesser von 1,3, 1,7 bzw. 2,1 mm zu wählen. Diese Methode wurde bereits im Mittelalter angewandt, u.a. beobachtete J. Kepler (1571–1630) mit ihr Sonnenfinsternisse und Sonnenflecken.

Sonneneruption, ***Flare***, ein ausbruchartig schnelles Anwachsen der Helligkeit in einem engbegrenzten Gebiet der Sonnenchromosphäre, dem nach mehr oder minder kurzer Zeit ein langsamer verlaufendes Abklingen der Helligkeit folgt ***(chromosphärische Eruption)***; mit dem Helligkeitsausbruch im sichtbaren Spektralbereich sind direkt oder indirekt andere Strahlungs- und Stoßwellenphänomene sowie Materieströmungen verknüpft. S.en treten bevorzugt in großen Sonnenfleckengruppen mit einer komplexen Magnetfeldstruktur auf. Sie machen sich visuell am deutlichsten im Licht der Hα-Linie des Wasserstoffs bemerkbar, weniger ausgeprägt auch in anderen Emissionslinien der Chromosphäre (Abb. 1). In seltenen Fällen strahlen S.en im sichtbaren Spektralbereich ein kontinuierliches Spektrum aus; sie sind dann für wenige Minuten als sog. *weiße Eruptionen* zu beobachten. Am Sonnenrand erscheinen S.en als Aufhellungen und flache Ausweitungen der Chromosphäre. Der Helligkeitsanstieg einer S. vollzieht sich innerhalb von wenigen Sekunden bis Minuten, der Helligkeitsabfall ist wesentlich langsamer. Die Gesamtdauer eine S. ist abhängig von der geometrischen Ausdehnung der leuchtenden Region: Kleinere S.en, die ein Gebiet mit einem Durchmesser von etwa 15000 km umfassen, sind nur für Sekunden wahrnehmbar, größere mit einem Durchmesser von rund 25000 km dauern etwa 20 Minuten, während sehr große mit etwa 50000 km Durchmesser eine Stunde und länger strahlen. Die Häufigkeit der S.en hängt von der Größe der Ausbruchsregion ab: In einer großen Sonnenfleckengruppe erscheinen im Mittel pro Tag etwa eine große S. sowie 10 bis 100 mittlere und kleine, wobei am gleichen Ort mehrere S.en hintereinander auftreten können. Große Eruptionen nehmen etwa 1/1000 der sichtbaren Sonnenoberfläche ein.

Das Spektrum einer S. gleicht im sichtbaren Spektralbereich im wesentlichen dem Flash-Spektrum der oberen Chromosphäre (→ Sonne); besonders stark sind die Balmer-Linien des Wasserstoffs und die Linien H und K des einmal ionisierten Calciums. Auffallend ist die große Breite der Emissionslinien, die im wesentlichen durch den Stark-Effekt bedingt ist: Die Anzahldichte der freien Ladungsträger ist im Bereich einer S. so groß, daß sich die strahlenden Atome nahezu immer in elektrischen Feldern benachbarter Teilchen befinden, was mit einer Aufspaltung der ausgestrahlten Spektrallinien verbunden ist. Da die Entfernungen der die strahlenden Atome störenden Teilchen statistisch

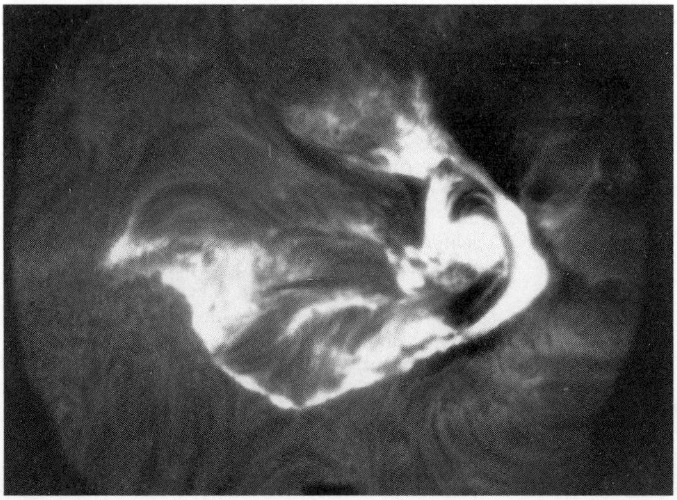

Abb. 1: Große Sonneneruption am 3.7.1974, $8^h 30^{min}$ WZ. (Aufnahme: Kiepenheuer-Institut für Sonnenphysik, Freiburg i. Br.)

verteilt sind (und damit die Aufspaltungsbeträge), kommt es infolge der Überlagerung der von den einzelnen Atomen herrührenden Linien insgesamt zu einer Linienverbreiterung. Im sehr kurzwelligen Ultraviolettbereich kommen zu den Chromosphärenlinien noch für die Sonnenkorona typische Emissionslinien hinzu. Im Röntgenbereich beobachtet man u.a. Emissionslinien sehr hoch ionisierter Metalle, z.B. vom 24fach ionisierten Eisen. Aus diesen Linien läßt sich auf die Temperatur der emittierenden Materie schließen, die in der Größenordnung von etwa 20 Mill. K und mehr liegt. Die Temperaturen sind so hoch, daß nicht nur die noch in den Atomhüllen verbliebenen Elektronen, sondern z.T. auch die Atomkerne angeregt sind, was zu entsprechenden Emissionslinien im Gammabereich führt. In den Eruptionsregionen können infolge der hohen Temperaturen auch Kernprozesse ablaufen. Man beobachtet u.a. Linien von Deuteriumkernen, die erst während der S. aus Wasserstoffkernen (Protonen) gebildet werden, sowie die bei dieser Bildung entstehende Linienstrahlung mit einer Photonenenergie von 2,2, MeV. Bei starken S.en beobachtet man auch eine von der Paarvernichtung von Elektronen und Positronen herrührende Linie; die Positronen entstehen ebenfalls erst im Verlauf der S.

Während einer S. verändert sich die empfangene Strahlungsenergie gegenüber der, die man von der ungestörten, der „ruhigen Sonne", empfängt. Die relativen Änderungen der während einer S. emittierten Energien sind um so größer, bei je kürzeren Wellenlängen man beobachtet. Im Bereich der weichen Röntgenstrahlung kann die Ausstrahlung während einer S. die der „ruhigen Sonne" um das 100- bis 1000fache übertreffen. Die für S.en typischen Störungen im Radiofrequenzbereich sind zwar ebenfalls sehr heftig, doch sind die umgesetzten Energien gegenüber der Gesamtenergie einer S. sehr gering.

S.en sind mit einem Materietransport in der Chromosphäre und der Korona verbunden, der unter Umständen in Form der sog. Spritzprotuberanzen direkt beobachtbar ist. Es sind dies Materieauswürfe, bei denen Gasmassen mit Geschwindigkeiten von etwa 500 km/s und mehr bis in Höhen von etwa 100000 km über die Photosphäre geschleudert werden. Die direkte Beobachtung von Materiebewegungen, die von S.en ausgelöst werden, ist mit satellitengetragenen Koronographen möglich; indirekt können derartige Bewegungen aus den Änderungen der empfangenen Radiofrequenzstrahlung erschlossen werden.

Die Veränderungen der nichtthermischen Radiofrequenzstrahlung während einer S. veranschaulicht man sich am besten an Hand eines sog. dynamischen Radiospektrums, in dem über einer Zeitskala die Frequenz der Strahlung aufgetragen wird (Abb. 2). Mit dem Beginn der Eruption und zeitgleich mit einem Strahlungsausbruch im Bereich der harten Röntgenstrahlen treten im Radiobereich Strahlungsausbrüche (Bursts) vom Typ III auf. In ihnen ist für Sekunden die Radiostrahlung in einem schmalen Frequenzintervall von 10 bis 100 MHz Breite erhöht; das Strahlungsmaximum liegt anfänglich bei etwa 500 MHz, verschiebt sich aber schnell zu etwa 15 MHz hin. Verursacht wer-

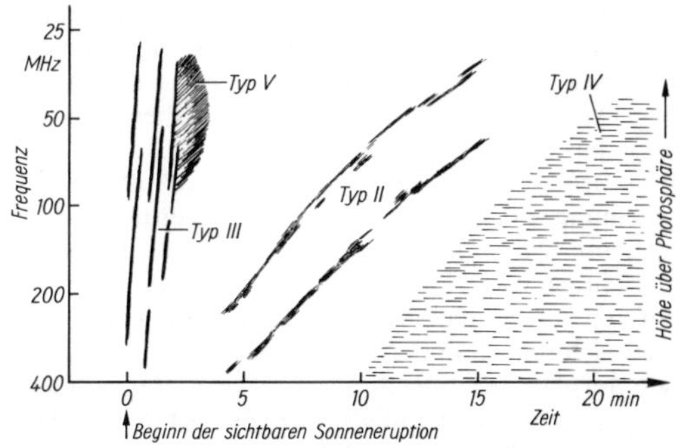

Abb. 2: Schematisches dynamisches Radiospektrum einer großen Sonneneruption. Erläuterungen im Text

den diese Bursts durch einen Strom extrem schneller Elektronen, die sich mit rund 100000 km/s längs der lokal vorgegebenen Magnetfeldlinien in die Korona hinein bewegen. Dabei wird das Koronagas lokal zu Schwingungen (Plasmaschwingungen) angeregt, deren Frequenz von der örtlichen Teilchendichte der Elektronen abhängt. Die Frequenz nimmt mit sinkender Elektronendichte, also mit größerwerdender Höhe, die vom Elektronenstrom erreicht wird, ab. Die Emissionen erfolgen vorwiegend bei zwei Frequenzen, bei der Grundfrequenz und der ersten Harmonischen. Gefolgt werden die Typ-III-Ausbrüche immer von Ausbrüchen des Typs V, die erst nach dem Höhepunkt der Eruption einsetzen und nur wenige Minuten dauern. Sie bestehen in einer kontinuierlichen Emission im Meterwellenbereich. Wahrscheinlich wird diese Strahlung bei Plasmaschwingungen in der oberen Korona emittiert, die durch Elektronen angeregt werden, die aus ihrer Bahn gestreut und in einer lokalen Tasche des Magnetfeldes eingefangen werden. Die Elektronen bewegen sich nicht weiter nach außen, so daß sich auch keine Frequenzdrift ergibt. Bei großen S.en beobachtet man zusätzlich noch Ausbrüche des Typs II, deren Dauer etwa 5 bis 30 Minuten beträgt. In dieser Zeit verschiebt sich das Maximum der Strahlung, deren Intensität starken Schwankungen unterworfen ist, von etwa 400 zu etwa 30 MHz, doch tritt meist gleichzeitig eine Emission bei der doppelten Frequenz, also der 1. Oberschwingung, auf. Verursacht werden die Typ-II-Ausbrüche durch eine magneto-hydrodynamische Stoßwelle, die mit einer Geschwindigkeit von etwa 1000 km/s durch die Korona läuft. Gefolgt werden die Typ-II-Bursts von solchen des Typs IV, die ein kontinuierliches Spektrum mit einer Bandbreite von etwa 100 MHz besitzen, dessen niedrigste Frequenz langsam abnimmt. Diese Ausbrüche können Minuten bis Stunden dauern und sich durch eine relativ konstante Verstärkung der Strahlung bei allen Wellenlängen auszeichnen. Die Quellen der Typ-IV-Bursts verlagern sich mit der gleichen Geschwindigkeit wie die Quellen der Typ-II-Ausbrüche, und zwar um mehrere Sonnendurchmesser aufwärts. Die Strahlung ist Synchrotronstrahlung von Elektronen, die infolge komplizierter Beschleunigungsprozesse in den sich nach außen bewegenden Stoßfronten auf sehr hohe Ge-

schwindigkeiten gebracht werden. (Die Strahlungsausbrüche vom Typ I sind das Hauptelement der sog. Rauschstürme, die in Bereichen der Sonnenkorona über Aktivitätsgebieten entstehen, sie stehen nicht unmittelbar mit S.en in Verbindung.)
Eine befriedigende Theorie der S.en, die alle Teilerscheinungen erklären kann, gibt es bisher noch nicht; magneto-hydrodynamische Prozesse spielen aber offensichtlich eine entscheidende Rolle. S.en treten bevorzugt in Sonnenfleckengruppen mit komplexen oder sich schnell ändernden Magnetfeldkonfigurationen auf. Die bei einer S. umgesetzte Gesamtenergie, die sich aus der Strahlungsenergie, der kinetischen Energie der bewegten Materie und der Energie der magneto-hydrodynamischen Wellen zusammensetzt, kam bei sehr großen S.en bis zu etwa 10^{25} J betragen. Sie übertrifft die Energie um Größenordnungen, die vorher in dem Gebiet der späteren S. in Form von thermischer und Konvektionsenergie vorhanden war, ist aber andererseits geringer als die in den vorhandenen Magnetfeldern gespeicherte Energie. Wahrscheinlich spielt bei den S.en die Freisetzung eines Teils der magnetischen Energie infolge einer Neuverknüpfung von Magnetfeldlinien eine wesentliche Rolle; dabei geht eine komplizierte Feldkonfiguration in eine einfachere und energetisch günstigere über. Dieser Prozeß findet vor allem nahe der Scheitelpunkte magnetischer Feldlinienbögen statt, wo sich eine besonders instabile Situation ergibt, weil dort die Feldlinien durch von ihnen festgehaltener und darüberlagernder Materie zusätzlich verformt werden (Abb. 3). Durch plötzlich

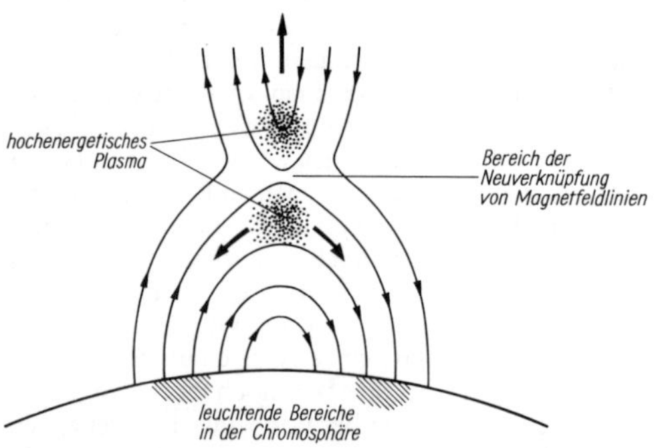

Abb. 3: Mögliche Magnetfeldstruktur bei einer Sonneneruption. Dünne Linien: Magnetfeldlinien; dicke Pfeile: Bewegungsrichtung des Plasmas

freiwerdende Energie wird lokal das Gas auf einige 10^7 K aufgeheizt, so daß es im Röntgengebiet leuchtet, noch bevor die Eruption im Licht der Hα-Strahlung sichtbar ist (Abb. 4). Der optische Strahlungsausbruch erfolgt erst dann, wenn Elektronen, die sich längs der vorgegebenen Magnetfeldlinien bewegen, einen Teil der Energie in die tieferliegende Chromosphäre transportiert haben und dort für eine Aufheizung des Gases im Bereich der Fußpunkte der Feldlinienbögen sorgen. Große Elektronenwolken laufen andererseits nach außen in die höherliegenden Koronaschichten, was dort die Radiobursts vom Typ III auslöst. Dabei entstehen auch magneto-hydrodynamische Stoßwellen, die die Typ-II-Burst verursachen. Durch Stoßwellen können auch Effekte innerhalb der Chromosphäre und der unteren Korona noch in einer Entfernung von einigen 1000 km von der S. ausgelöst werden, z.B. die Störung und Aktivierung von ruhenden Protuberanzen.

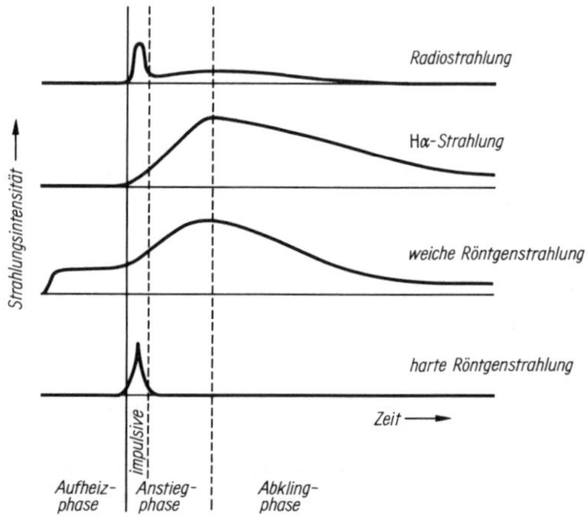

Abb. 4: Zeitlicher Verlauf der Strahlungsintensität in verschiedenen Wellenlängenbereichen während einer Sonneneruption. (Nach E.R. Priest)

Bei einer großen S. können Materiewolken längs nach außen hin offener Magnetfelder die Sonne verlassen und nach etwa 1 bis 2 Tagen gegebenenfalls die Erde erreichen, wo sie sich bei der Wechselwirkung mit der Erdmagnetosphäre u.a. durch geomagnetische Stürme und Polarlichter bemerkbar machen (→ solar-terrestrische Erscheinungen).
Die bei sehr starken S.en freigesetzten Energien reichen aus, um Atomkerne, vor allem Wasserstoff- und Heliumkerne, auf relativistische Geschwindigkeiten zu beschleunigen. Gelangen derartige Kerne in den interplanetaren Raum, liefern sie einen Beitrag zur niederenergetischen Kosmischen Strahlung.

Sonnenfackel, ***Fackel***, eine Störerscheinung in der Photosphäre bzw. der Chromosphäre der Sonne, die sich als eine fleckige, lokal begrenzte Aufhellung auf der Sonnenscheibe bemerkbar macht. Bei Aufnahmen im weißen Licht sind in den randnahen Bereichen der Sonnenscheibe die ***photosphärischen Fackeln*** zu erkennen. Gegenüber der ungestörten Umgebung haben sie eine um etwa 100 K höhere Temperatur und damit eine um etwa 10% höhere Ausstrahlung. Es handelt sich um Erscheinungen der oberen Photosphäre, die in der Mitte der Sonnenscheibe nicht sichtbar sind: Das vom Zentrum der Sonnenscheibe empfangene Licht stammt aus tieferen und daher heißeren Photosphärenschichten als das Licht vom Scheibenrand (→ Sonne), so daß die Fackeln in der Mitte der Scheibe überstrahlt werden. Die ***chromosphärischen Fackeln*** sind auf Spektroheliogrammen, die ein monochromatisches Bild der Chromosphäre geben, auf der gesamten Sonnenscheibe zu erkennen. Sie treten um so deutlicher hervor, in je größerer Höhe die durch ein Spektroheliogramm abgebildete Chromosphärenschicht liegt. Die chromosphärischen Fackeln sind die in die Chromosphäre hinein sich erstreckenden photosphärischen Fackeln, was sich in der im wesentlichen gleichen Ausdehnung der Fackelgebiete und ihrer gleichen innere Struktur zu erkennen gibt.

Die Fackelgebiete bestehen aus einem Netzwerk von Lichtadern, in denen sich eine Granulation analog der in der Photosphäre zeigt. Die Durchmesser der Fakkelgranula gleichen denen der photosphärischen Granula, im Mittel betragen sie etwa 1000 km. Benachbarte Fackeln eines Gebietes sind durch lange, dünne und dunkel erscheinende Streifen von rund 700 bis 2000 km Breite und im Mittel 10000 km Länge, die sog. *Fibrillen*, getrennt. Eine einzelne Fibrille hat eine Lebensdauer von 10 bis 20 Minuten.

S.n sind typische Erscheinungen der Sonnenaktivität. Sie sind jeweils über ein ganzes, in der Regel magnetisch bipolares Aktivitätsgebiet der Photosphäre verteilt und erscheinen dann, wenn die mittlere Magnetfeldstärke mehr als etwa $2 \cdot 10^{-4}$ Tesla beträgt. Das allgemeine Magnetfeld eines solchen Gebietes kann man sich aus einzelnen Magnetflußröhren zusammengesetzt denken, in denen jeweils Feldstärken bis zu etwa 0,1 Tesla herrschen. Möglicherweise befinden sich die einzelnen hellen Fackelgranula an den Stellen, wo Flußröhren die Photosphäre bzw. die Chromosphäre durchstoßen. Die Überhitzung in den Fackelgebieten wird aller Wahrscheinlichkeit nach durch das lokale Magnetfeld verursacht, doch ist der genaue Prozeß noch unbekannt.

Die Lebensdauer der Fackelgebiete ist unterschiedlich; sie kann mehrere Monate betragen (→ Sonnenaktivität). Fackeln treten in den Aktivitätsgebieten bereits dann auf, wenn noch keine Sonnenflecken sichtbar sind, und auch dann noch, wenn die Flecken bereits verschwunden sind; gegenüber der Lebensdauer einer Fleckengruppe ist die Lebensdauer des sie umgebenden Fackelgebiets durchschnittlich dreimal größer. Sonnenflecken sind immer von Fackeln umgeben, was aber nicht umgekehrt gilt. Entsprechend der engen Bindung zwischen S.n und Sonnenflecken folgen die Fackeln dem Sonnenfleckenzyklus und treten vorwiegend in den Fleckenzonen auf. Die Fackelzonen erstrecken sich bis etwa 45° beiderseits des Sonnenäquators; in dessen unmittelbarer Nähe sind Fackeln selten. Kurz vor und während des Sonnenfleckenminimums kann man kleine S.n in hohen heliographischen Breiten beobachten. Diese ***polaren Fackeln*** stehen wahrscheinlich mit den ebenfalls zu diesen Zeiten am besten sichtbaren Polarstrahlen der Sonnenkorona im Zusammenhang.

Sonnenferne, svw. Aphel.

Sonnenfinsternis, → Finsternis.

Sonnenfleck, eine Störerscheinung in der Sonnenphotosphäre, die sich infolge einer geringeren Ausstrahlung dunkel von der umgebenden Photosphäre abhebt. Bei großen S.en kann man einen dunklen Kern, die ***Umbra***, und eine weniger dunkle Umgebung, die ***Penumbra***, unterscheiden; diese besitzt eine ungefähr radiale fadenförmige Feinstruktur (Abb. Seite 389). Der Umbradurchmesser liegt im Bereich von etwa 5000 bis 20000 km, der Durchmesser der Penumbra kann bei den größten S.en bis zu 200000 km (mehr als 15 Erddurchmesser) betragen. Die Umbra nimmt im Durchschnitt 15 bis 20% der gesamten Fleckenfläche ein. Die kleinsten S.en, die sog. *Poren*, haben keine Penumbra, ihr Durchmesser beläuft sich auf nur etwa 1000 km. Große Flecken treten häufig in Gruppen auf, die so groß sein können, daß sie, wenn das Sonnenlicht durch einen dünnen Dunstschleier in der Erdatmosphäre genügend abgeschwächt ist, selbst mit bloßem Auge sichtbar sind.

F l e c k e n h ä u f i g k e i t. Als Maß für die Häufigkeit von S.en wird meist die ***Fleckenrelativzahl*** $R = k(10g + f)$ angegeben. Dabei bedeutet f die Zahl aller Flecken, die gerade auf der Sonnenscheibe zu sehen sind, und g die Zahl der Fleckengruppen, wobei auch ein einzelner, isoliert auftretender S. als eine Fleckengruppe gezählt wird. Der Faktor k dient zur Normierung der mit unterschiedlichen Instrumenten und von unterschiedlichen Beobachtern bestimmten Relativzahlen auf ein einheitliches System, für das bis 1980 die an der Sternwarte Zürich bestimmten Flekkenrelativzahlen ($k = 1$) die Bezugswerte lieferten. Die Fleckenrelativzahl ist u.a. ein Maß für den Teil der Sonnenscheibe, der von S.en bedeckt ist; maximal beträgt er etwa 0,4% der Gesamtfläche. Die Relativzahlen schwanken stark und unregelmäßig von Tag zu Tag, die Mittelwerte für jeweils einige Monate zeigen dagegen im Mittel eine 11jährige Periode; die Periodenlänge kann jedoch zwischen 7 und 17 Jahren schwanken (Abb. 1). Der zeitliche Ablauf von einem

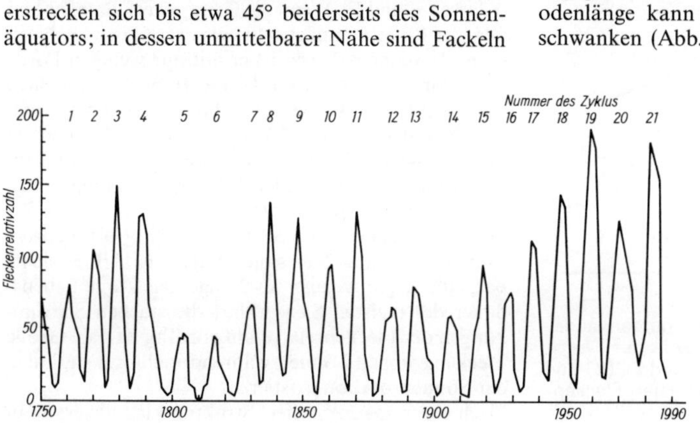

Abb. 1: Jahresmittel der Fleckenrelativzahlen von 1750 bis 1986

Häufigkeitsminimum zum nächsten wird als ***Fleckenzyklus*** bezeichnet. Die Maxima der einzelnen Zyklen haben unterschiedliche Höhen, doch scheinen sie einer etwa 80jährigen Periode zu unterliegen. Hohe Maxima treten ein bis zwei Jahre verfrüht (gegenüber der mittleren Zykluslänge) ein und kündigen sich durch schnelle, steile Anstiege der Fleckenrelativzahlen an. Die Zyklen werden durchnumeriert; der gegenwärtige Zyklus, der etwa 1986 einsetzte, trägt die Nummer 22.

Die Fleckentätigkeit kann möglicherweise während längerer Zeiträume fast vollständig zum Erliegen kommen. Ein derartiges ausgedehntes Minimum, das sog. *Maunder-Minimum*, dauerte z.B. von 1645 bis 1715. Es gibt Hinweise, daß in früheren Zeiten weitere, ähnliche Minima aufgetreten sind.

Fleckenzonen. Die S.en treten in zwei zum Sonnenäquator parallelen Zonen auf, die zwischen etwa 5° und 35° nördlicher bzw. südlicher heliographischer Breite liegen. Die ersten Flecken eines neuen Zyklus erscheinen bei ungefähr ±35° heliographischer Breite. Im Verlauf eines Zyklus verlagern sich die Fleckenentstehungsgebiete beiderseits stetig zum Äquator hin (Abb. 2). Während die letzten S.en des auslaufenden Zyklus noch in etwa ±5° Breite vorhanden sind, treten bereits die ersten des neuen Zyklus wiederum in etwa 35° Abstand vom Äquator auf. Über einen Zeitraum von rund einem Jahr können dadurch Flecken zweier Zyklen gleichzeitig sichtbar sein; man kann aber klar unterscheiden, zu welchem Zyklus ein bestimmter Fleck gehört. Während die Fleckenentstehungsgebiete äquatorwärts wandern, bewegt sich ein einzelnen Fleck nach seiner Entstehung im allg. etwas in Richtung größerer heliographischer Breite.

Entwicklung von Fleckengruppen. Die Entstehung einer großen Fleckengruppe kündigt sich durch einzeln oder in Gruppen auftretende Poren an, von denen zwar die meisten nach kurzer Zeit wieder verschwinden, einige sich aber innerhalb von Stunden zu Flecken vergrößern. Von ihnen übertreffen meist zwei, die Hauptflecken, die anderen. Den bei der Sonnenrotation vorangehenden Hauptfleck (also den westlichen) bezeichnet man als ***P-Fleck*** [von preceding, engl., ‚vorangehend'], den nachfolgenden als ***F-Fleck*** [von following, engl., ‚folgend']. Im ersten Entstehungsstadium einer Gruppe rücken die beiden Hauptflecken in heliographischer Länge voneinander weg. Nach 7 bis 8 Tagen ändert sich der dann erreichte Abstand kaum noch. In der Regel ist der P-Fleck dem Sonnenäquator etwas näher als der F-Fleck.

Die Entwicklung einer Gruppe läßt sich am besten an Hand des Züricher Klassifikationsschemas der S.en (Abb. 3) beschreiben. Danach teilt man die Flecken in

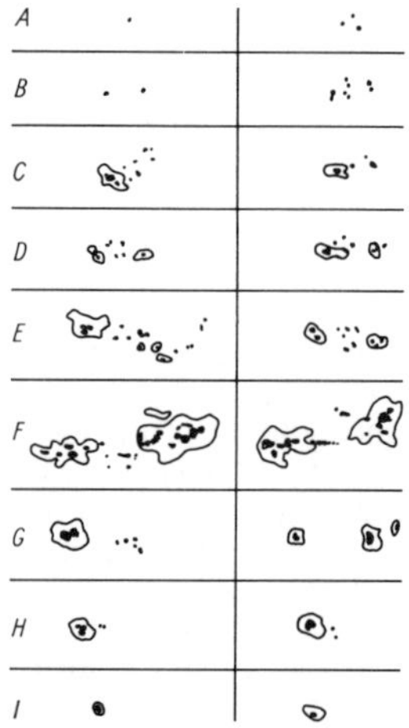

Abb. 3: Beispiele für das Aussehen von Sonnenfleckengruppen nach dem Züricher Klassifikationsschema. (Nach M. Waldmeier)

die Klassen A bis I ein, wobei diese Folge auch die mögliche Entwicklungsfolge einer (großen) Fleckengruppe darstellt: Aus einer Anhäufung von Poren (Klassen A und B) bildet sich innerhalb von 2 bis 4 Tagen durch das Verschmelzen mit neu auftauchenden Poren eine längliche Fleckengruppe mit zwei Hauptflecken (Klassen C und D). Nach weiteren 3 bis 6 Tagen ist die maximale Längsausdehnung erreicht, die 15° bis 20° heliographischer Länge umfassen kann (Klassen E und F). Wenn die Gruppe zerfällt, bleibt im allg. der P-Fleck zunächst unberührt (Klasse G). Nach 4 bis 10 weiteren Tagen ist er mit nur wenigen Poren noch vorhanden (Klassen H und I), bis er schließlich im Verlauf von Wochen allmählich kleiner wird und verschwindet. Kleinere Gruppen von S.en können bei ihrer Entwicklung die Klassen um F auslassen, indem sie diese überspringen oder die Folge, nun umgekehrt, bis zu A zurück durchlaufen.

Die Lebensdauer eines S.s beträgt 1 Tag bis mehrere Monate. 95% aller S.en sind weniger als 11 Tage sichtbar, 60% sogar weniger als 2 Tage. Die kurze Lebensdauer der meisten S.en erklärt die starken Schwankungen der Fleckenrelativzahl von Tag zu Tag. Große Fleckengruppen können während mehrerer Perioden der Sonnenrotation existieren.

Nach ihrer magnetischen Struktur klassifiziert man

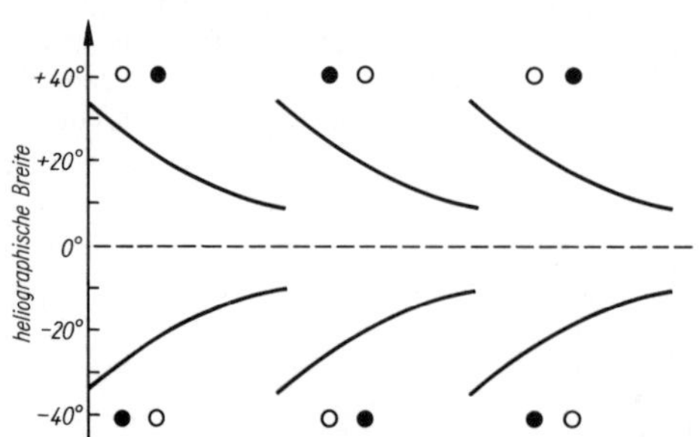

Abb. 2: Schematisierte Darstellung der Äquatorwanderung der Fleckenentstehungsgebiete sowie des Wechsels der Zuordnung von magnetischem Nordpol (o) und Südpol (•) zum P- bzw. F-Fleck in bipolaren Fleckengruppen

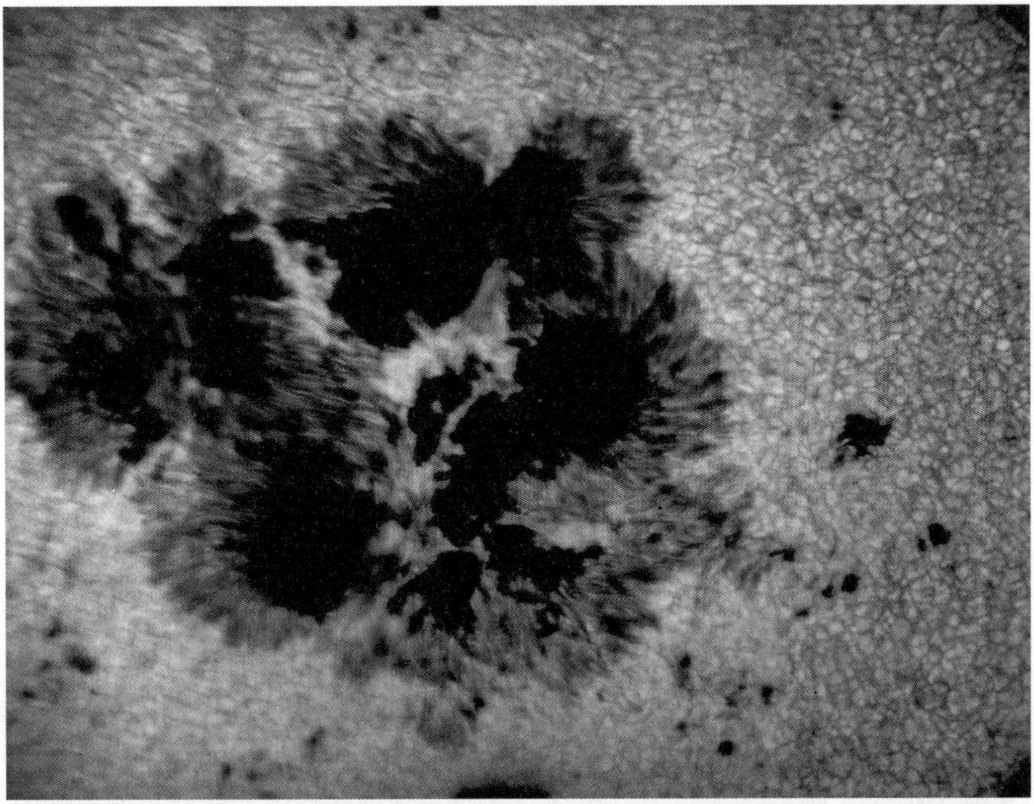

Sonnenfleck. (Aufgenommen mit dem 40-cm-Vakuum-Teleskop des Kiepenheuer-Instituts für Sonnenphysik (Freiburg i. Br.) am Observatorium del Teide, Teneriffa)

Fleckengruppen als unipolar, wenn alle Flecken gleiche Polarität besitzen, als bipolar, wenn die beiden Hauptflecken entgegengesetzte Polarität haben, oder als komplex, wenn in einer bipolaren Gruppe mindestens zwei große Flecken die gleiche Polarität haben. Die bipolaren Gruppen sind mit 90% am häufigsten, gefolgt von den unipolaren Gruppen, während die magnetisch komplexen Gruppen weniger als 1% aller Gruppen ausmachen. (Bei unipolaren Gruppen ist der andere Pol durch ein schwaches Magnetfeld in der Umgebung angedeutet; an dieser Stelle befindet sich zur Zeit kein Fleck, es bildet sich aber später manchmal einer.) Bei bipolaren Gruppen sind auf einer Halbkugel der Sonne innerhalb eines Zyklus alle P-Flecken von gleicher Polarität (z.B. magnetische Nordpole), während alle F-Flecken die andere Polarität haben; auf der anderen Halbkugel ist die Zuordnung der Polaritäten gerade umgekehrt. Mit Beginn des neuen Zyklus wechselt die Zuordnung (s. Abb. 2), so daß hinsichtlich des magnetischen Verhaltens zwei gewöhnliche 11jährige Zyklen einen vollständigen Fleckenzyklus ergeben.

Die Entwicklung einer großen Fleckengruppe steht immer im Zusammenhang mit der Entwicklung eines kräftigen Aktivitätsgebietes auf der Sonne, daher treten alle Erscheinungen der Sonnenaktivität mit der gleichen Periode wie die S.en auf.

Physikalischer Zustand eines S.s. Ein S. ist nicht vollständig dunkel; in ihm ist lediglich die Flächenhelligkeit geringer als in seiner Umgebung. In der Umbra beträgt – unabhängig von der Fleckengröße – die Strahlungsintensität im sichtbaren Spektralbereich etwa 5 bis 15% der Intensität der ungestörten Photosphäre, wobei der Kontrast im langwelligen (roten) Spektralbereich geringer ist als im kurzwelligen. Die effektive Temperatur der Umbra ergibt sich zu etwa 3500 K, sie liegt damit mehr als 2000 K unter der in der ungestörten Photosphäre. Wegen der geringeren Temperatur sind im Fleckenspektrum die Fraunhofer-Linien neutraler Atome stärker, die der Ionen schwächer als im normalen Photosphärenspektrum. Außerdem treten im Umbraspektrum auch Linien von einfachen Molekülen auf, z.B. vom Titaniumoxid oder Calciumhydrid. In der Penumbra ist die Strahlungsintensität gegenüber der ungestörten Umgebung nur auf rund 80% reduziert.

Wie die Zeeman-Aufspaltung der Linien im Fleckenspektrum zeigt, sind in allen S.en starke Magnetfelder vorhanden. Die magnetische Feldstärke beträgt in den Poren etwa 0,2 Tesla, im Zentrum der größeren Flekken 0,2 bis 0,4 Tesla; offenbar besteht kein Zusammenhang zwischen der Feldstärke und der Fleckengröße. Die Magnetfeldlinien verlaufen im Fleckenzentrum senkrecht zur Sonnenoberfläche. In der Penumbra sind sie mit wachsendem Zentrumsabstand immer stärker nach außen geneigt; am Außenrand der Penumbra verlaufen sie fast horizontal (Abb. 4). Die Feldstärke beträgt dort nur etwa ein Zehntel oder weniger von der im Zentrum.

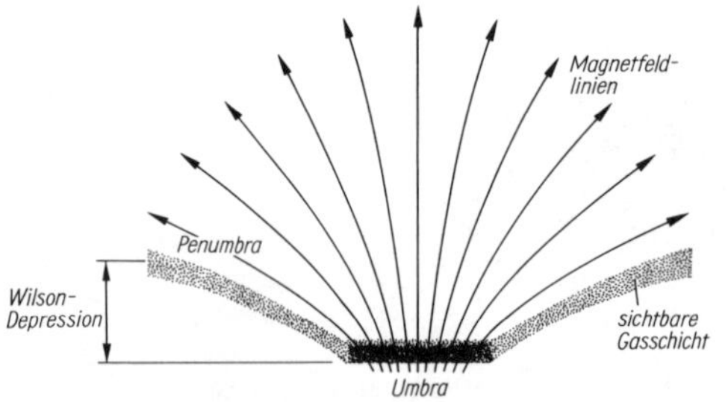

Abb. 4: Schematisierter Schnitt durch einen Sonnenfleck. Die vertikalen Abmessungen sind gegenüber den horizontalen stark überhöht

In einem S. sind zusätzlich zur Temperatur die Gasdichte und damit der Gasdruck reduziert, während der Gesamtdruck, der sich aus Gasdruck und magnetischem Druck zusammensetzt, gleich dem Gasdruck in der Fleckenumgebung ist. Infolge der herabgesetzten Temperatur und Dichte ist die Absorptionsfähigkeit der Materie im Fleckenbereich verringert: Die Strahlung der Umbra stammt daher aus geometrisch tiefergelegenen Schichten der Sonnenatmosphäre als die Strahlung in der ungestörten Umgebung. (Man kann in der Umbra tiefer in die Sonne hineinsehen, sieht aber dennoch weniger heiße Materie.) Wegen des Höhenunterschieds der die Strahlungsintensität hauptsächlich bestimmenden Schichten von rund 600 km erscheint am Rand der Sonnenscheibe ein S. wie eine suppentellerförmige Einsenkung. Dadurch scheint die Penumbra auf der der Sonnenscheibenmitte zugewandten Seite des Flecks schmaler zu sein als auf der anderen Seite, was als *Wilson-Effekt* bezeichnet wird. Das Licht der Penumbra kommt an ihrem äußeren Rand aus einer Schicht, die einige 100 km über der Schicht liegt, aus der der Hauptanteil des ungestörten Photosphärenlichts stammt, so daß sich der Höhenunterschied zwischen den lichtaussendenden Schichten von Umbra und äußerer Penumbra zu insgesamt rund 1000 km ergibt.

In den Penumbraspektren von S.en nahe am Sonnenrand tritt eine Doppler-Verschiebungen der Spektrallinien auf, die auf radiale Auswärtsströmungen der Penumbramaterie schließen läßt. Diese Strömungen stehen anscheinend mit der fadenförmigen Feinstruktur der Penumbra in Beziehung. Die Strömungsgeschwindigkeiten betragen bis zu 6 km/s.

Entstehung der S.en. Eine vollständige Theorie der S.en gibt es noch nicht. Für einige der Beobachtungserscheinungen lassen sich aber physikalische

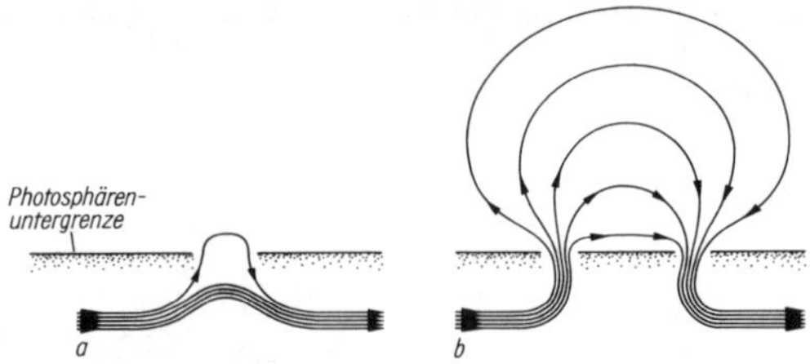

Abb. 5: Zur Entstehung einer bipolaren Fleckengruppe. Lage eines Bündels von Magnetflußröhren zu Beginn der Bildung einer bipolaren Fleckengruppe (a) und bei einer entwickelten Gruppe (b)

Prozesse angeben, die wahrscheinlich für diese Phänomene verantwortlich sind. Die niedrigen Fleckentemperaturen sind aller Wahrscheinlichkeit nach darauf zurückzuführen, daß ein starkes lokales Magnetfeld die freie Beweglichkeit der Sonnenmaterie, damit die Konvektion und mit ihr die Energiezufuhr aus tieferen Sonnenschichten behindert. Die bipolaren Fleckengruppen werden mit dem Aufsteigen eines unter der Photosphäre bereits vorgebildeten Bündels von Magnetflußröhren und deren Durchbruch durch die Photosphäre in Verbindung gebracht (Abb. 5). Sie erfahren einen Auftrieb, wenn in ihnen aus irgendeinem Grund die Gasdichte geringer als in der Umgebung ist. Das tritt z.B. dann ein, wenn in den Flußröhren der magnetische Druck etwas steigt, da wegen des Druckgleichgewichts mit der Umgebung dann der Gasdruck in der Röhre abnehmen muß. Die beiden Durchstoßstellen des Röhrenbündels durch die Photosphäre treten als (dunkle) S.en mit entgegengesetzter Polarität in Erscheinung. Wegen des in der Sonnenatmosphäre nach oben hin abnehmenden äußeren Drucks bewirkt der (innere) Magnetfelddruck eine Ausbeulung der Röhren nach oben, was den schrägen Verlauf der Feldlinien am Fleckenrand erklärt. Die Abstandsvergrößerung zwischen P- und F-Fleck im Laufe der Entwicklung einer Fleckengruppe ist auf das Hochdriften und das sich dabei ergebende Ausbeulen der stärksten Flußröhrenbündel zurückzuführen. Auf Grund der turbulenten Bewegung in der unter der Photosphäre liegenden Konvektionsschicht werden die Magnetflußröhren gegeneinander bewegt, was sich durch die Bewegung einzelner Flecken in einer Gruppe relativ zu den übrigen manifestiert. Dabei werden die Feldlinien verbogen und verdrillt, so daß es unter Umständen zu komplizierten Magnetfeldkonfigurationen im Bereich einer Fleckengruppe kommt. Gehen diese durch eine Neuverknüpfung der Feldlinien in einfachere, energetisch günstigere Konfigurationen über, wird durch die freiwerdende magnetische Energie die umgebende Materie aufgeheizt und z.T. auf hohe Geschwindigkeiten gebracht, was das Phänomen einer Sonneneruption auslösen kann.

Sowohl der Polaritätswechsel von P- und F-Fleck als auch der des globalen solaren Magnetfeldes nach jedem Fleckenzyklus sowie die Äquatorwanderung der Fleckenentstehungsgebiete während eines Zyklus werden als Folge eines magneto-hydrodynamischen Dynamoprozesses im Sonneninnern angesehen: Ist in der Sonne anfänglich ein schwaches allgemeines dipolartiges Magnetfeld vorhanden, dessen Achse mit der Rotationsachse der Sonne zusammenfällt, werden durch die differentielle Rotation der Sonne die Feldlinien, die unter der Sonnenoberfläche liegen, zunehmend verformt, da sie wegen der hohen elektrischen Leitfähigkeit der Sonnenmaterie fest mit dieser verknüpft, in sie „eingefroren" sind. Am Sonnenäquator ist die Rotationsgeschwindigkeit größer als in den höheren heliographischen Breiten, so daß mit der Zeit die Feldlinien immer stärker parallel zum Sonnenäquator ausgerichtet werden und die Feldliniendichte, damit die Feldstärke, erhöht wird. (Die dazu benötigte Energie stammt aus der Rotationsenergie der Sonne.) Parallel zum Äquator bilden sich bei diesem Prozeß Magnetflußröhren, in denen die Feldrichtung auf den beiden Halbkugeln der Sonne entgegengesetzt ist. Beim Durchbruch der Flußröhren durch die Photosphäre haben daher die im Sinne der Sonnenrotation vorangehenden Durchbruchstellen jeweils unterschiedliche Polarität. Die Polaritätsänderung zu Beginn eines neuen Sonnenfleckenzyklus sowie die Umpolung des globalen solaren Magnetfeldes läßt sich dadurch erklären, daß die in der Konvektionszone auf- und absteigenden Turbulenzelemente auf der Nord- und der Südhalbkugel der Sonne unterschiedliche Symmetrieeigenschaften haben. Unter dem Einfluß des vorhandenen globalen Magnetfeldes werden durch die bewegte Materie solche elektrische Ströme induziert, die ein dem ursprünglichen Feld gerade entgegengesetzt orientiertes Magnetfeld aufbauen. Das neue Feld wird schließlich so stark, daß wieder ein allgemeines Dipolfeld herrscht, aber nun mit entgegengesetzter Polarität, womit der Prozeß von neuem beginnen kann. In jedem neuen Zyklus ist auf den beiden Halbkugeln die Feldrichtung in den Flußröhren gegenüber dem vorherigen Zyklus vertauscht.

Ungeklärt ist noch, welcher Prozeß letztlich das Verschwinden der lokalen Magnetfelder (und damit der S.en) bewirkt. Wegen der hohen elektrischen Leitfähigkeit der Sonnenmaterie würde man erwarten, daß sie viel länger existieren, als man tatsächlich beobachtet.

Superpenumbra um S.en. Über großen S.en beult sich das sie verursachende Bündel von Magnetflußröhren so stark aus, daß es bis in die Chromosphäre hinein reicht. Es kommt dadurch zur Ausbildung einer angenähert radial ausgerichteten, dunkel und faserartig erscheinenden Materieanordnung mit Längsausdehnungen von etwa 10000 km und Breiten von rund 2000 km, die man im Licht der Hα-Linie des Wasserstoffs erkennen kann und als Superpenumbra bezeichnet. Die äußeren Enden der Fasern befinden sich einige 1000 km über der Photosphäre. Innerhalb der Superpenumbra findet eine radiale Strömung in Richtung zum Fleckenzentrum statt, die damit der Strömung in der Penumbra entgegengerichtet ist.

Geschichtliches. Die S.en wurden 1610 von G. Galilei (1564–1642) und etwa gleichzeitig, aber unabhängig von ihm von J. Fabricius (1587 bis etwa 1617) und von C. Scheiner (1575–1650) entdeckt. Die Periodizität der Fleckenhäufigkeit erkannte 1843 H. Schwabe (1789–1875), die Dauer eines Fleckenzyklus bestimmte erstmals R. Wolf (1816–1893). G.E. Hale (1868–1938) wies 1908 als erster die Existenz von Magnetfeldern in S.en nach.

Sonnenjahr, ein bei der Aufstellung von Kalendern benutzter Zeitabschnitt, bei dessen Festlegung nur der scheinbare Lauf der Sonne am Himmel berücksichtigt wird; → Kalender.

Sonnenkorona, *1)* die äußersten, sehr wenig dichten Schichten der Sonnenatmosphäre über der Photosphäre und der Chromosphäre; *2)* der bei totalen Sonnenfinsternissen sichtbare schwach leuchtende und weit ausgedehnte Strahlenkranz um die Sonnenscheibe; → Sonne.

Sonnennähe, svw. Perihel.

Sonnennebel, die Materiewolke, aus der das Sonnensystem hervorgegangen ist; → Kosmogonie.

Sonnenneutrinoeinheit, Abk. SNU [von engl. „solar *n*eutrino *u*nit"], Maßeinheit für die Zahl der durch Sonnenneutrinos in einem Detektor verursachten Reaktionen; 1 SNU = 1 Neutrinoreaktion pro Sekunde bei 10^{36} Zielatomen.

Sonnenparallaxe, der Winkel, unter dem der Äquatorradius der Erde vom Sonnenmittelpunkt aus erscheinen würde. Aus der S. und dem (bekannten) Erdradius läßt sich die Entfernung der Erde von der Sonne berechnen. Eine direkte Bestimmung der S. (bzw. der Entfernung Erde–Sonne) ist nicht möglich, da man dazu von zwei Beobachtungsorten auf der Erde aus ein und denselben Punkt auf der Sonne vermessen müßte, doch gibt es keine geeigneten derartigen Punkte. Die genaue Bestimmungen der S. ist nur indirekt möglich.

Relative Entfernungen innerhalb des Sonnensystems sind auf Grund des dritten Keplerschen Gesetzes mit großer Genauigkeit bekannt, da sich die Umlaufzeiten der Himmelskörper um die Sonne sehr genau ermitteln lassen. Zur Umrechnung der relativen Entfernungen in absolute (z.B. in Kilometern) genügt die absolute Bestimmung einer einzigen Entfernung; damit kennt man dann auch die Entfernung Erde–Sonne absolut. Zur absoluten Entfernungsbestimmung wendet man u.a. die Radio-Echo-Methode an, bei der von der Erde aus kurze Radiosignale ausgesandt und die von einem Himmelskörper, z.B. dem Merkur oder der Venus, zurückgeworfenen Echos registriert werden. Aus der Laufzeit der Signale und der Lichtgeschwindigkeit läßt sich der vom Signal zurückgelegte Weg, damit die Entfernung des Himmelskörpers berechnen. Die praktische Durchführung stößt auf Schwierigkeiten, da die Radiosignale nach der Reflexion nur verzerrt und stark geschwächt empfangen werden.

Der bisher genaueste auf diese Weise gewonnene Wert für die mittlere Entfernung Erde–Sonne beträgt 149597870 km mit einer Unsicherheit von nur etwa 5 km. Die S. ergibt sich daraus zu 8,79415″. Den runden Wert von 149600000 km bezeichnet man als Astronomische Einheit; sie ist in der Astronomie eine der Entfernungseinheiten.

Der Wert für die mittlere Entfernung Erde–Sonne weicht gering von der Astronomischen Einheitslänge

innerhalb des System der astronomischen Konstanten ab (→ Astrometrie), da diese Größe in prinzipiell anderer Weise festgelegt wird.
Die S. bzw. die Entfernung Erde–Sonne stellt die Basis bei der trigonometrischen Entfernungsbestimmung von Sternen dar, die wiederum die mittelbare oder unmittelbare Grundlage weiterer astronomischer Entfernungsbestimmungen ist (→ Parallaxe).

Sonnenphysik, der Zweig der Astronomie, der die Sonne mit allen ihren Erscheinungen als Forschungsgegenstand hat.

Sonnenspektrum, → Sonne.

Sonnensystem, die Sonne, alle größeren und kleineren Himmelskörper (Planeten und ihre Satelliten, Planetoiden, Kometen), die sich um die Sonne bewegen, sowie die Gesamtheit der die Sonne umgebenden Gas- und Staubteilchen. Als Planetensystem bezeichnet man die Gesamtheit der die Sonne umlaufenden Körper und Partikeln, also das S. unter Ausschluß der Sonne.
Der Hauptkörper des S. ist die Sonne. Mit ihrer Masse von 333000 Erdmassen vereinigt sie nahezu die gesamte Masse des Systems in sich, mit ihrer Ausstrahlung bestimmt sie weitgehend den Energiehaushalt aller anderen Körper. Das Licht, das von diesen kommt, ist entweder reflektiertes oder absorbiertes und in ein Eigenleuchten umgesetztes Sonnenlicht. Die 9 die Sonne umlaufenden Planeten haben eine Gesamtmasse von 446,7 Erdmassen, wovon auf den Jupiter allein 317,8 Erdmassen entfallen. Die Planetendurchmesser liegen zwischen etwa 143000 und 2300 km. Die 61 bis jetzt bekannten Satelliten der Planeten haben zusammen nur etwa 0,12 Erdmassen. Die Durchmesser der größten Satelliten schließen an die Durchmesser der Planeten an, die Durchmesser der kleinsten bekannten Satelliten liegen in der Größenordnung von einigen 10 km. Die Teilchen der Ringsysteme um die Groß- und Riesenplaneten stellen Minisatelliten mit Durchmessern bis herab in den Millimeterbereich dar. Die bekannten Planetoiden (Kleine Planeten) haben Durchmesser zwischen etwa 1000 km und weniger als 1 km. Man schätzt, daß im S. etwa 10^{10} Planetoiden größer als 100 m existieren, ihre Gesamtmasse beläuft sich wahrscheinlich auf nicht einmal 0,05% der Erdmasse. Die im S. möglicherweise vorhandenen bis zu 10^{12} Kometen dürften zusammen kaum viel mehr Masse als die Erde haben. Die eigentlichen Kometenkörper, die Kometenkerne, haben Größen von 1 bis 100 km, hingegen kann die Länge der Schweife mehrere 100 Mill. km erreichen. Bei den interplanetaren Kleinkörpern, den Meteoroiden, überwiegen die Teilchen mit einem Durchmesser von 1 cm bis 0,01 mm, während größere Körper recht selten sind. Die Gesamtmasse beläuft sich auf weniger als ein Milliardstel Erdmasse. Die Gesamtheit der im S. vorhandenen Meteoroiden und Staubteilchen sowie das vorhandene Gas (Atome, Ionen und freie Elektronen) bilden die interplanetare Materie, zu der gelegentlich auch die Kometen und Planetoiden gerechnet werden.
Nach ihrem Aufbau kann man die größeren Körper des S.s in drei Gruppen einteilen: Die erdartigen Himmelskörper bestehen in der Regel aus einem mehr oder minder großen Eisenkern und einem Gesteinsmantel, sie besitzen relativ kleine Massen und kleine Radien, aber hohe mittlere Dichten. Vertreter dieser Gruppe sind unter den Planeten der Merkur, die Venus, die Erde und der Mars, unter den Satelliten u.a. der Mond, die Io und die Europa. Die Planetoiden gehören zu den erdartigen Himmelskörpern mit im allg. keinem Eisenkern. Bei der zweiten Gruppe, den jupiterartigen Planeten (Jupiter, Saturn, Uranus und Neptun), ist ein Gesteinskern von einem gasförmigen und möglicherweise flüssigen Mantel umgeben, dessen chemische Zusammensetzung etwa der Sonnenzusammensetzung entspricht. Die Massen und die Radien dieser Planeten sind groß, ihre mittleren Dichten hingegen klein. Die Mitglieder der dritten Gruppe, die eisartigen Himmelskörper bestehen hauptsächlich aus gefrorenen Materialien, vor allem Wasserstoffverbindungen der Elemente Kohlenstoff, Stickstoff und

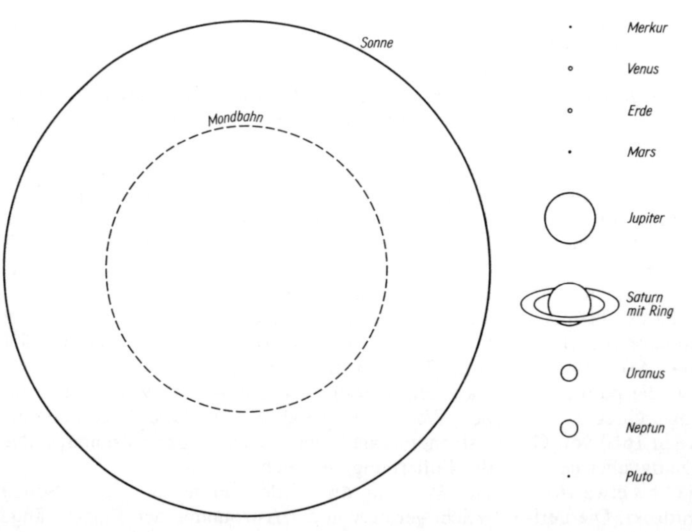

Größenverhältnisse im Sonnensystem

Sauerstoff (also Methan, Ammoniak und Wasser). Diese Himmelskörper besitzen sowohl kleine Massen und Radien als auch niedrige mittlere Dichten. Von den Planeten gehört nur der Pluto zu dieser Gruppe, von den Satelliten u.a. der Ganymed, die Kallisto, der Titan und die Rhea; sie besitzen möglicherweise auch einen mehr oder minder großen Gesteinskern. Eisartige Himmelskörper ohne einen derartigen Kern sind die Kometen.

Bewegungen im S. Das S. wird durch die Massenanziehung der Sonne zusammengehalten, die verhindert, daß sich die Himmelskörper mit ihren augenblicklichen Geschwindigkeiten beliebig weit von der Sonne entfernen. Die bei der Bahnbewegung um die Sonne auftretenden Zentrifugalkräfte sorgen andererseits dafür, daß die Körper nicht in die Sonne stürzen. Bei den Bewegungen ist die Rechtläufigkeit vorherrschend, also die Richtung, die auch die Erde bei ihrer Bewegung um die Sonne hat; Rückläufigkeit kommt bei wenigen Satelliten und bei Kometen sowie Meteoroiden vor. Die einzelnen Objektgruppen unterscheiden sich durch die mittlere Exzentrizität und die mittlere Neigung ihrer Bahnen gegen die Hauptebene im S., die angenähert mit der Erdbahnebene zusammenfällt. Die Planeten bewegen sind auf sehr kreisähnlichen Bahnen, die nur wenig gegen die Erdbahnebene geneigt sind. Bei den Planetoiden und den kurzperiodischen Kometen sind die Mittelwerte von Exzentrizität und Bahnneigung merklich größer. Die Bahnen der langperiodischen Kometen sind parabelnahe Ellipsen, die keine erkennbare Ausrichtung zur Erdbahnebene zeigen. Die meist kreisähnlichen Satellitenbahnen liegen bevorzugt in der Nähe der Äquatorebene ihrer Planeten.

Bei den Bewegungen der kleineren Teilchen um die Sonne spielen auch nichtgravitative Kräfte eine Rolle: Kleine Meteoroiden nähern sich infolge des → Poynting-Robertson-Effekts unter der Wirkung der Sonnenstrahlung immer mehr der Sonne und stürzen schließlich in sie hinein. Die kleinsten Staubteilchen werden hingegen durch den Druck der Sonnenstrahlung aus dem S. hinausgetrieben. Im interplanetaren Gas herrscht ebenfalls eine radiale Bewegung vor, da es als Teilchenstrahlung (→ Sonnenwind) die Sonne verläßt und das gesamte S. auswärtsströmend durchsetzt.

Die Bewegungsverhältnisse der Satelliten werden durch ihre geringen Abstände vom jeweiligen Planeten und deren dadurch großen Anziehungskräfte bestimmt, die für die Satelliten sehr viel größer sind, als es die Anziehungskraft der Sonne ist.

Die Sonne selbst bewegt sich relativ zu den umgebenden Sternen mit einer Geschwindigkeit von rund 20 km/s in Richtung auf das Sternbild Hercules; gemeinsam mit den benachbarten Sternen umläuft sie in etwa 240 Mill. Jahren das Zentrum des → Milchstraßensystems. Bei diesen Bewegungen führt sie alle anderen Körper des S.s mit.

Ausdehnung des S.s. Eine feste Grenze ist für das S. nicht angebbar. Der Begriff Ausdehnung bezieht sich hier lediglich auf die größte Entfernung von Körpern, von denen man weiß, daß sie eine periodische Bewegung um die Sonne ausführen. Die Planetenbahnen nehmen nur den innersten Teil des S.s ein; sie haben alle eine Bahnhalbachse kleiner als 40 AE. Dieser Zentralteil des S.s ist wahrscheinlich von einer riesigen Wolke von Kometen umgeben, deren äußere Grenze bei vielleicht 150000 AE (etwa 0,7 pc) liegt. In dieser Entfernung machen sich die gravitativen Kräfte benachbarter Sterne bemerkbar, wodurch Kometen aus ihren Bahnen abgelenkt werden, so daß sie gegebenenfalls des S. verlassen können.

Die Entstehung des S.s wird im Rahmen der → Kosmogonie untersucht, doch gibt es noch keine alle Details befriedigend erklärende Theorie.

Sonnentag, der Zeitraum zwischen zwei aufeinanderfolgenden unteren Kulminationen der Sonne; die Einheit der ***Sonnenzeit***. Ein S. wird in 24 Stunden zu je 60 Minuten zu je 60 Sekunden eingeteilt und beginnt Mitternacht (0^h Ortszeit). Die Sonnenzeit ist damit gleich dem Stundenwinkel der Sonne (der vom Meridian, der oberen Kulmination aus gerechnet wird) plus 12 Stunden. Der ***wahre S.*** bezieht sich auf die Kulmination der tatsächlich beobachteten Sonne. Er ist infolge deren ungleichförmigen scheinbaren jährlichen Bewegung längs der Ekliptik kein gleichförmiges Zeitmaß und daher für Wissenschaft und Wirtschaft ungeeignet. Man definiert deshalb eine fiktive *mittlere Sonne*, die sich mit konstanter Geschwindigkeit längs des Himmelsäquators bewegt und den ***mittleren S.*** festlegt. Die Differenz zwischen wahrer und mittlerer Sonnenzeit gibt die → Zeitgleichung.

Der mittlere S. ist 3 min 55,91 s länger als ein → Sterntag, da im Laufe eines Jahres die Erde die Sonne gerade einmal umläuft und dadurch relativ zum Fixsternhimmel eine volle Umdrehung mehr als relativ zur Sonne ausführt (Abb.). Es gilt: 1 mittlerer S. = 1,00274 Sterntage = 24 h 3 min 56,56 s Sternzeit, 1 Sterntag = 0,99727 mittlere S.e = 23 h 56 min 4,09 s mittlere Sonnenzeit.

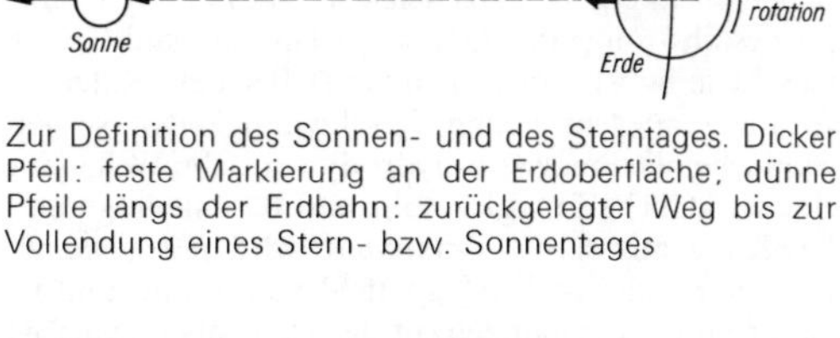

Zur Definition des Sonnen- und des Sterntages. Dicker Pfeil: feste Markierung an der Erdoberfläche; dünne Pfeile längs der Erdbahn: zurückgelegter Weg bis zur Vollendung eines Stern- bzw. Sonnentages

Die dem mittleren S. angepaßte koordinierte Weltzeit ist die Grundlage für das gegenwärtig international benutzte Zeitsystem (→ Zeit).

Sonnenturm, → Sonnenbeobachtung.

Sonnenuhr, → Uhr.

Sonnenwende, → Solstitium.

Sonnenwind, das aus der Sonnenkorona in den interplanetaren Raum abströmende Gas. Der S. besteht aus freien Elektronen und Atomkernen, von denen die Wasserstoffkerne (Protonen) mit etwa 86% den Hauptanteil stellen, ihnen folgen mit etwa 13% die Heliumkerne, während alle anderen Elemente zusammen nur rund 1% beitragen. Der S. ist zeitlich stark veränderlich. Seine Geschwindigkeit beträgt in Erdbahnnähe zwischen 200 und 900 km/s, im Mittel etwa 400 km/s. Die Teilchendichte schwankt zwischen etwa 0,4 und 100 Teilchen je cm^3 und liegt im Mittel bei rund 6 Teilchen je cm^3. Aus der ungeordneten Bewegung der Gaspartikeln, die der systematischen Strömung überlagert ist, läßt sich die (kinetische) Temperatur des S.s ableiten; im Mittel beträgt sie für die Atomkerne rund 50000 K, für die freien Elektronen rund 200000 K. Durch den S. verliert die Sonne je Sekunde eine Masse von etwa 10^9 kg. Das macht aber nur etwa ein Viertel des Masseverlusts aus, den sie infolge ihrer Strahlungsemission erleidet.

Für einen Beobachter nahe der Erde stellt sich der S. so dar, als bestünde er aus einem relativ stetigen Teilchenstrom, dem einzelne Wolken mit hohen Strömungsgeschwindigkeiten überlagert sind, die eine Wiederholungstendenz von 27 Tagen (der synodischen Sonnenrotationsperiode) haben. Tatsächlich handelt es sich aber nicht um einzelne Teilchenwolken, sondern um stetig fließende, stark gebündelte Ströme, die während mehrerer Rotationsperioden der Sonne existieren, und von denen die Erde im Rhythmus der Sonnenrotation überstrichen wird (was dann jeweils als „Wolke“ wahrgenommen wird). Die Quellgebiete dieser Hochgeschwindigkeitsströme liegen in den Koronalöchern der Sonne. Die langsam fließende, allgemeine Komponente des S.s stammt wahrscheinlich aus Koronaregionen, die sich über Aktivitätsgebieten befinden. Beiden Quellgebieten ist gemeinsam, daß die dortigen lokalen Magnetfelder nach außen hin offen sind (→Sonne), so daß heißes Koronagas längs der Magnetfeldlinien in den interplanetaren Raum abfließen kann. Der Abfluß wird durch den Gasdruck in der inneren Korona angetrieben, der größer als der Gravitationsdruck der darüberliegenden Materie ist. Bei der Expansion wird zwar Energie verbraucht und dadurch die Temperatur des abfließenden Gases reduziert, infolge der hohen Wärmeleitfähigkeit der Koronamaterie wird aber aus den tieferliegenden Koronaschichten Energie nachgeliefert, so daß die Temperatur des abströmenden Gases nur langsam sinkt, seine Geschwindigkeit sogar zunimmt. Bei den Teilchenströmen mit sehr hohen Geschwindigkeiten sorgen wahrscheinlich magneto-hydrodynamische Wellen für eine zusätzliche Energiezufuhr und Beschleunigung.

Die Kinematik der Koronamaterie wird in der inneren Korona durch lokale Magnetfelder bestimmt und ist damit an diese gebunden, in den Außenbereichen ist die kinetische Energie des Gases so groß, daß hier das Magnetfeld vom Gas mitgeführt wird. Dessen angenähert radiale Auswärtsbewegung und die Sonnenrotation sorgen dafür, daß die Magnetfeldlinien eine großräumige Spiralstruktur annehmen, da sie mit einem Ende in tiefliegenden Sonnenregionen verankert sind. Die Teilchenbahnen weichen von der exakt radialen Richtung um einen Winkel von etwa 1,5° ab.

Das vom S. mitgeführte Magnetfeld ist – global betrachtet – in Erdnähe in zwei oder vier Sektoren unterteilt, in denen die Feldlinien abwechselnd in Richtung zur Sonne und von ihr weg weisen (Abb.). Die über den beiden polaren Koronalöchern (→Sonne) befindlichen Magnetfelder haben im allg. entgegengesetzte Polarität, ihre Feldlinien werden durch die (geschlossenen) Feldlinienanordnungen in Aktivitätsgebieten der Photo- und Chromosphäre getrennt. In etwa 2 bis 3 Sonnenradien über der Photosphäre kommen die Feldlinien der Polargebiete miteinander in Kontakt und bilden an den Berührungsflächen eine Neutralschicht. Wäre die Sonnenkorona völlig homogen, würde diese Schicht in der Äquatorebene der Sonne liegen, und die Erde würde, da die Äquatorebene gegen die Ebene der Ekliptik um etwa 7° geneigt ist, während einer synodischen Rotation der Sonne die halbe Zeit von einem einwärtsgerichteten, die andere

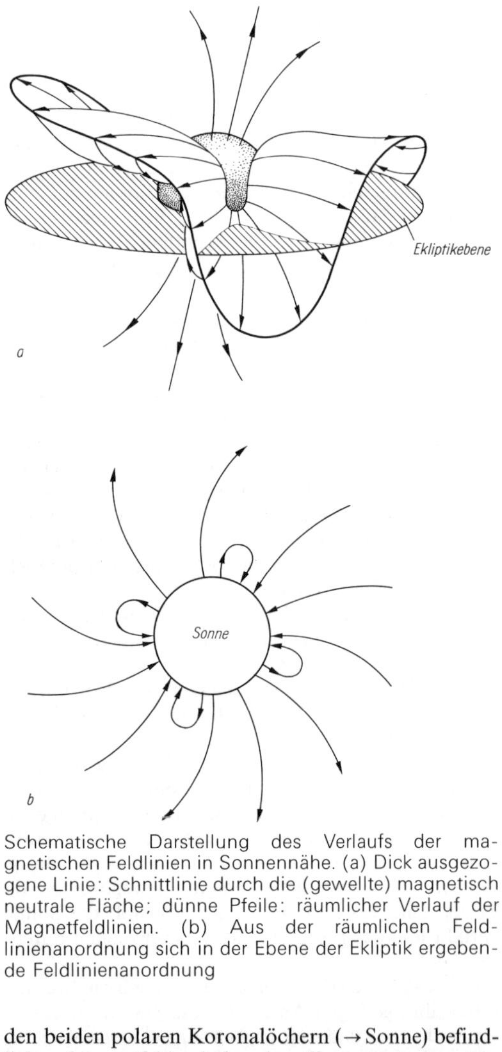

Schematische Darstellung des Verlaufs der magnetischen Feldlinien in Sonnennähe. (a) Dick ausgezogene Linie: Schnittlinie durch die (gewellte) magnetisch neutrale Fläche; dünne Pfeile: räumlicher Verlauf der Magnetfeldlinien. (b) Aus der räumlichen Feldlinienanordnung sich in der Ebene der Ekliptik ergebende Feldlinienanordnung

Zeit von einem auswärtsgerichteten Magnetfeld überstrichen. Im Realfall ist die Neutralschicht jedoch infolge der unsymmetrischen Verteilung der Koronalöcher gewellt, so daß in der Ebene der Ekliptik mehr als nur zwei Sektoren mit abwechselnden Feldrichtungen auftreten.
Beim Auftreffen des S.s mit seinen mitgeschleppten Magnetfeldern auf die Planetenmagnetosphären werden diese deformiert: Auf der der Sonne zugewandten Seite werden sie komprimiert, auf der abgewandten Seite zu langen Magnetosphärenschweifen auseinandergezerrt (→ Erdmagnetosphäre). Bei den Kometen sorgt der S. für das Entstehen der Ionenschweife. (Aus deren Existenz wurde auf eine solare Teilchenstrahlung geschlossen, bevor diese direkt nachgewiesen werden konnte.)
Der S. wurde mit Hilfe von Raumsonden noch in einer Sonnenentfernung von rund 30 AE gemessen. In Entfernungen von 50 bis 100 AE dürfte er noch so stark sein, daß er die umgebende interstellare Materie im wesentlichen verdrängt.
Mit dem S. geht der Sonne Drehimpuls verloren. Im Laufe ihrer Existenz dürfte sich dadurch ihre Rotationsgeschwindigkeit etwas verringert haben.

Sonnenzeit, die in → Sonnentagen gemessene Zeit.

Sothisperiode, ***Hundssternperiode***, ein Zyklus von 1460 Jahren im ägyptischen → Kalender.

Spaltspektrograph, → Spektralapparat.

späte Spektralklassen, die → Spektralklassen K, M, N, R und S.

Speckle-Interferometrie, ein Beobachtungsverfahren zur Ausschöpfung des theoretischen Auflösungsvermögens eines erdgebundenen astronomischen Fernrohrs.
Bei der optischen Abbildung einer Punktlichtquelle (z.B. eines Sterns) entsteht in der Brennebene des Fernrohrs ein Beugungsscheibchen, dessen Größe durch die Wellenlänge des einfallenden Lichts sowie durch die freie Öffnung des Teleskops bestimmt ist (→ Fernrohr). Das Beugungsscheibchen setzt dem Auflösungsvermögen eines Fernrohrs eine prinzipielle Grenze, die nicht überschritten werden kann. Bei Beobachtungen von der Erdoberfläche aus wird diese Grenze im allg. nicht annähernd erreicht, weil während einer längeren Beobachtung infolge der Richtungsszintillation das Sternlicht auf eine wesentlich größere Fläche, das Szintillationsscheibchen, verteilt wird. Außerhalb der Erdatmosphäre sind die von einer außerirdischen Strahlungsquelle kommenden Wellenfronten (die Flächen aller Punkte mit jeweils gleicher Wellenphase, z.B. von „Wellenbergen") in sehr guter Näherung Ebenen, die in der Erdatmosphäre wegen deren optischer Inhomogenität jedoch stark verformt werden. In der Brennebene eines Fernrohrs ergibt sich infolge der Interferenz einzelner Bereiche der Wellenfront an zufällig verteilten Stellen eine Intensitätsverstärkung, an anderen Stellen eine Intensitätsminderung, im Bereich des Szintillationsscheibchens insgesamt ein zufälliges Muster einzelner heller Flecken [engl. ‚speckles'], von denen jedes einzelne einem Beugungsscheibchen entspricht. Sehr kurz danach geht das Muster in ein vollkommen anderes über, da sich die atmosphärisch bedingten Deformationen der Wellenfronten außerordentlich rasch ändern. Bei längeren Belichtungszeiten überlagern sich alle Muster zum beobachteten Szintillationsscheibchen.
Bei der S.-I. filtert man aus dem ankommenden Licht einen schmalen Wellenlängenbereich aus und macht eine sehr kurze Momentaufnahme von nur etwa 0,01 bis 0,05 s Dauer. Man erhält dadurch in der Brennebene die augenblickliche (zufällige) Verteilung der Beugungsscheibchen der Quelle, von denen jedes einzelne nicht sehr gut definiert ist, da zu dessen Bildung infolge der kurzen Belichtungszeit und der Lichtaufteilung auf viele Flecken nur wenig Licht zur Verfügung steht. Durch das Ausmessen sehr vieler Aufnahmen mit jeweils vielen einzelnen Flecken und unter Anwendung geeigneter mathematischer Verfahren läßt sich das der Quelle zuzuordnende Beugungsscheibchen theoretisch rekonstruieren, so als hätte keine Deformation der Wellenfronten in der Erdatmosphäre stattgefunden.
Das Verfahren kann u.a. zur optischen Auflösung von Doppelsternen genutzt werden. Die beiden Komponenten eines Doppelsterns erzeugen ein Fleckenmuster, bei dem jeder Einzelfleck einen dicht benachbarten anderen Fleck hat, der dem Beugungsscheibchen der anderen Komponente entspricht. Bei der Rekonstruktion ergeben sich die beiden getrennten Beugungsscheibchen, selbst wenn ihr Abstand kleiner als das Szintillationsscheibchen ist. In gleicher Weise läßt sich in den Zentralgebieten dichter Sternhaufen die Sternverteilung ermitteln. Das Verfahren wird auch zur Durchmesserbestimmung von Sternen benutzt, deren Winkeldurchmesser größer als das theoretische Auflösungsvermögen des Fernrohrs, aber kleiner als der Winkeldurchmesser des Szintillationsscheibchens ist. Jeder Fleck stellt dann das tatsächliche Bild des Sterns und nicht nur ein Beugungsscheibchen dar. Bei nahen Überriesensternen, z.B. der Beteigeuze, läßt sich sogar die Helligkeitsverteilung auf der Sternoberfläche ermitteln.

Spektralanalyse, die Bestimmung der chemischen Zusammensetzung eines Gases mit Hilfe des von ihm ausgesandten oder von ihm einem kontinuierlichen Spektrum durch Absorption zusätzlich aufgeprägten Spektrums. Die S. ist möglich, weil die einzelnen chemischen Elemente für sie charakteristische Spektrallinien emittieren oder absorbieren (→ Atom). Die S. nimmt in der Astrophysik eine bevorzugte Stellung ein, da die chemische Zusammensetzung der Himmelskörper fast ausschließlich nur mit ihrer Hilfe bestimmt werden kann.
Eine qualitative S. erhält man bereits bei der Identifikation der in einem Spektrum auftretenden Linien. Dabei wird durch einen Vergleich mit Spektren irdischer Substanzen oder mit berechneten Spektren festgestellt, von welchen Elementen die Linien stammen. In einer quantitativen S. wird darüber hinaus versucht, die (relative) Häufigkeit der verschiedenen Elemente zu ermitteln. Man benötigt dazu Spektren hoher Dispersion, bei denen die Stärke möglichst vieler Linien von vielen Elementen gemessen werden kann (→ Spektrum).

Die Hauptschwierigkeit einer quantitativen S. liegt darin, daß das Auftreten einer Linie (Absorptions- oder Emissionslinie) und deren Stärke nicht nur von der Häufigkeit des betreffenden Elements, sondern auch vom physikalischen Zustand des absorbierenden bzw. emittierenden Gases abhängt, also von dessen Dichte und Temperatur. Durch die Temperatur wird sowohl der Anregungs- als auch der Ionisationszustand eines Elements bestimmt, während die Dichte (speziell die Anzahldichte der freien Elektronen) den Ionisationszustand beeinflußt. Da in dem von der Erde aus beobachtbaren Spektralbereich im allg. nicht von allen Anregungs- und Ionisationsszuständen eines Elements Linien zu beobachten sind, muß für eine quantitative S. die Zahl der in den unbeobachtbaren Zuständen befindlichen Atome theoretisch bestimmt werden, wozu der physikalische Zustand der Materie bekannt sein muß. Die Berechnung wird vielfach noch dadurch erschwert, daß sich das Gas nicht im idealen thermodynamischen Gleichgewicht befindet. Zur Bestimmung der tatsächlichen Verteilung der Atome auf die verschiedenen Anregungs- und Ionisationszustände sind dadurch z.T. sehr detaillierte Untersuchungen notwendig, wozu man aber im Prinzip die chemische Zusammensetzung der Materie bereits kennen müßte. Die quantitative S. kann daher nur in einem Näherungsverfahren durchgeführt werden (→ Sternatmosphäre).

Die quantitative S. bildet eine wesentliche Grundlage für die Bestimmung der → Elementenhäufigkeit im Kosmos.

Spektralapparat, ein Gerät, das eine elektromagnetische Strahlung, wie das sichtbare Licht, in ein Spektrum zerlegt. In einem ***Spektroskop*** kann dieses Spektrum durch ein kleines Fernrohr betrachtet werden. In einem ***Spektrographen*** (Spektrometer) wird die spektral zerlegte Strahlung auf einen geeigneten Empfänger (Photoplatte, CCD-Detektor) geleitet und die Strahlungsintensität in Abhängigkeit von der Wellenlänge registriert. Die spektrale Zerlegung der Strahlung erfolgt mit Hilfe von Glasprismen, bei modernen, in der Astronomie verwendeten S.en fast ausschließlich mit Hilfe von Beugungsgittern; dementsprechend unterscheidet man Prismen- und Gitterspektrographen. Je nachdem, ob die gesamte von der Strahlungsquelle kommende Strahlung dem S. zugeführt wird, oder ob durch einen Spalt nur ein Teil dieser Strahlung in den Spektrographen gelangt, spricht man von spaltlosen oder von Spaltspektrographen. Die Spektrographen werden als Zusatzinstrumente zu den Fernrohren benutzt, denen die Aufgabe zufällt, Licht zu sammeln und das zu untersuchende Objekt abzubilden.

Der Eintrittsspalt eines ***Spaltspektrographen*** befindet sich in der Brennebene des Fernrohrs und schneidet aus dem Bild des zu untersuchenden Objekts (bei einem Stern aus dessen Szintillationsscheibchen) einen schmalen Streifen aus; er läßt nur das hierin enthaltene Licht in den Spektrographen. Dieses wird von einer dahinter befindlichen Optik (Kollimatoroptik) in ein Parallellichtbündel verwandelt und auf ein Gitter oder auf Glasprismen geleitet, wodurch das Licht entsprechend der Wellenlänge in unterschiedliche Lichtbündel aufgefächert wird. Diese Bündel fallen unter unterschiedlichen Winkeln auf ein Kameraobjektiv, von dem sie auf unterschiedliche Stellen des Strahlungsempfängers abgebildet werden. Das derart entstandene Spektrum ist eine Folge von nebeneinandergereihten monochromatischen Bildern des beleuchteten Spalts (Abb.). Enthält das unzerlegte Licht nur Strahlung einer einzigen Wellenlänge, wird auch nur ein einziges Spaltbild erzeugt; das Spektrum besteht dann nur aus einer einzigen Spektrallinie. Enthält das unzerlegte Licht Strahlung aller möglichen Wellenlängen, reihen sich die Spaltbilder zu einem kontinuierlichen Band auf; es liegt ein kontinuierliches Spektrum vor. Der Spalt dient dazu, den Wellenlängenbereich der einzelnen Spaltbilder zu beschränken: Je schmaler er ist, um so besser ist die spektrale Auflösung, um so weniger Licht steht aber auch für die Untersuchung bei einer bestimmten Wellenlänge zur Verfügung.

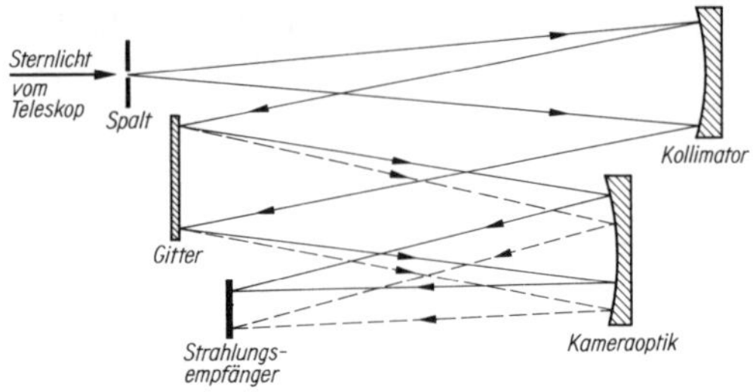

Schematischer Strahlengang in einem Gitterspektrographen

Beim ***Gitterspektrograph*** erfolgt die spektrale Zerlegung des Lichts durch ein Beugungsgitter. Es kann z.B. aus einem Spiegel bestehen, in dessen Oberfläche eng benachbart viele parallele Striche geritzt sind, zwischen denen schmale, zur Reflexion fähige Streifen verbleiben, von denen auf einem Millimeter Breite bis zu tausend und mehr kommen können. Die Streifen wirken wie die Spalten in einem → Interferometer. Das von den einzelnen Streifen kommende Licht wird durch eine Kameraoptik zur Interferenz gebracht. Dabei ergeben sich Intensitätsmaxima in der Brennebene der Optik genau dort, wo der Gangunterschied (Phasenunterschied) benachbarter Strahlen $n\lambda$ beträgt, wenn λ die Wellenlänge der Strahlung bezeichnet und n eine (beliebige) ganze Zahl ist. Bei einem festen n liegen die Intensitätsmaxima um so weiter von der Senkrechten zur Gitterebene entfernt, je größer die Wellenlänge ist. Alle Maxima zusammen ergeben das zu einem n gehörige Spektrum. (n wird als Ordnung des Spektrums bezeichnet.) Bei einem *Blaze-Gitter* [blaze, engl., ‚lodern, leuchten'] erhalten die Gitterstreifen bei der Herstellung eine besondere Form, wodurch sich für bestimmte Ein- und Ausfallswinkel eine große Helligkeit ergibt, das Spektrum einer bestimmten Ordnung damit besonders hell erscheint. Die Spektren unterschiedlicher Ordnungen überlappen sich, und zwar um so mehr, je höher diese sind. Um die Spektren zu trennen, läßt man beim *Échelle-Gitter* [échelle, franz., ‚Stufe, Leiter'] das Licht an einem zweiten Gitter reflektieren, dessen Dispersionsrichtung senkrecht zu der des ersten Gitters liegt. Von den sich überlappenden Spektren fällt auf die gleiche Stelle des Empfängers Licht unterschiedlicher Wellenlänge. Durch das zweite Gitter wird dieses unterschiedlich stark abgelenkt, so daß die Spektren der verschiedenen Ordnungen nebeneinander zu liegen kommen und so getrennt untersucht werden können.

Zur Festlegung der Wellenlängenskala in dem zu untersuchenden Spektrum wird in den Spektrographen ein Vergleichsspektrum erzeugt, das parallel zum ersten Spektrum liegt und dessen Linien genau bekannte Wellenlängen haben.

Ein ***spaltloser Spektrograph*** ist im Prinzip gleich gebaut wie ein Spaltspektrograph, nur wird das in der Brennebene des Fernrohrs erzeugte Bild als Ganzes von der Kollimatoroptik in den Spektrographen geleitet. In der Brennebene der Spektrographenkamera erhält man dann nebeneinander aufgereiht die monochromatischen Bilder des Objekts. Handelt es sich um einen Stern, so sind es die Bilder des Szintillationsscheibchens, die zusammen ein kontinuierliches Band ergeben; wegen der Größe der Scheibchen ist die spektrale Auflösung relativ gering. Bei Emissionsnebeln, deren Strahlung auf nur wenige Spektrallinien konzentriert ist, erhält man in der Kamerabrennebene wenige, von einander getrennte monochromatische Bilder des Nebels.

In der einfachsten Form spaltloser Spektrographen nutzt man aus, daß wegen der großen Entfernungen astronomischer Objekte deren Licht nahezu parallel ist. Man braucht daher keine Kollimatoroptik und setzt als dispergierendes Medium ein Glasprisma als *Objektivprisma* unmittelbar vor das Objektiv des Fernrohrs. Das gesamte Fernrohr dient dann als Spektrographenkamera, in dessen Brennebene von jedem Objekt, das im Gesichtsfeld des Fernrohrs liegt, ein Spektrum entsteht. Objektivspektrenaufnahmen macht man z.B., wenn man von vielen Sternen gleichzeitig Spektren gewinnen will, und deren spektrale Auflösung nicht sehr hoch sein muß. Bei einer großen Sterndichte im beobachteten Feld kommt es leicht zur Überlappung der einzelnen Spektren. Aus diesem Grund sind die mit Objektivprismen erzeugten Spektren meist nur wenige Millimeter lang. (Der Dispersionswinkel des Objektivprismas ist entsprechend gering.) Dies reicht aber z.B. zum Erkennen der stärksten Absorptionslinien in den Sternspektren und zu einer darauf basierenden Spektralklassifikation aus.

Fabry-Perot-Interferometer werden hauptsächlich zur Untersuchung flächenhafter Objekte mit einem Emissionslinienspektrum benutzt. Hauptbestandteil sind zwei Quarzplatten, die sich parallel gegenüberstehen und auf den einander zugekehrten Seiten halbdurchlässig verspiegelt sind. Das auf die erste Platte fallende Licht durchsetzt diese und wird zum größten Teil an der spiegelnden Schicht der zweiten reflektiert und zur ersten zurückgeworfen, während ein geringer Teil die zweite Platte durchsetzt und an deren Rückseite austritt. Der größte Teil des zur ersten Platte zurückgeworfenen Lichts wird an dieser reflektiert und trifft nun wieder die zweite Platte usw. Auf diese Weise entstehen sehr viele parallele Lichtbündel, die auf der Rückseite der zweiten Platte austreten und in Abhängigkeit von der Wellenlänge, dem Plattenabstand und dem Einfallswinkel charakteristische Gangunterschiede haben. Die Lichtbündel werden mittels einer Sammellinse in der Brennebene des Interferometers vereinigt, wo sie miteinander interferieren. Dabei entsteht ein Interferenzmuster, das bei monochromatischem Licht aus konzentrischen hellen und dunklen Ringen besteht. Die Durchmesser der Ringe hängen – bei sonst konstanten Verhältnissen – von der Wellenlänge der einfallenden Strahlung ab. Durch eine gezielte Veränderung des Plattenabstandes läßt sich der Gangunterschied der interferierenden Lichtbündel und damit die Wellenlänge, bei der ein Intensitätsmaximum eintritt, meßbar verändern. Ist die Arbeitswellenlänge festgelegt, kann man aus Durchmesserunterschieden der Ringe auf Wellenlängendifferenzen in der vom Objekt stammenden Strahlung schließen. Fällt Licht aus einem breiten Wellenlängenbereich auf ein Fabry-Perot-Interferometer, überlagern sich die Interferenzsysteme der einzelnen Wellenlängen bis zur Unkenntlichkeit. Zur Untersuchung einer Lichtquelle mit kontinuierlichem Spektrum zerlegt man daher vor dem Eintritt in das Interferometer das Licht spektral und filtert Licht aus einem schmalen Wellenlängenbereich aus, so daß nur noch (fast) monochromatisches Licht das Interferometer durchsetzt.

L e i s t u n g e n d e r S.e. Die Leistung eines S.s wird durch seine Dispersion, sein Auflösungsvermögen und seine Lichtstärke charakterisiert. Die *Dispersion* gibt an, wie stark das Spektrum in der Brennebene des Spektrographen auseinandergezogen ist. Die Angabe 1 nm/mm bedeutet, daß Licht aus einem Wellenlängenintervall von 1 nm Breite in ein Spektrum von 1 mm Länge umgewandelt wurde. (Damit ist die reziproke lineare Dispersion angegeben.) In der Sternspektroskopie werden reziproke Lineardispersionen bis herab zu etwa 0,1 nm/mm verwendet. Je höher die Dispersion, um so weniger Energie fällt auf die Flächeneinheit des Empfängers. Hohe Dispersionen können daher nur bei verhältnismäßig hellen Sternen angewandt werden. Andererseits werden hohe Dispersionen zur Untersuchung sehr feiner spektraler Einzelheiten, wie z.B. Linienkonturen, benötigt.

Das *Auflösungsvermögen* gibt den Wellenlängenunterschied $\Delta\lambda$ an, den zwei spektrale Merkmale (z.B. zwei Spektrallinien) bei der Wellenlänge λ haben müssen, um im erzeugten Spektrum gerade noch getrennt wahrnehmbar zu sein. Bei einem Auflösungsvermögen $\lambda/\Delta\lambda$ von z.B. 100000 (was bei den in der Astronomie verwendeten Gitterspektrographen erreichbar ist) können bei einer Wellenlänge von 500 nm zwei Spektrallinien noch getrennt werden, deren Wellenlängenunterschied 0,005 nm beträgt. Das Auflösungsvermögen ist um so größer, je höher die Ordnung ist, in der ein S. arbeitet.

Die *Lichtstärke* charakterisiert die auf dem Empfänger herrschende Bestrahlungsstärke. Da die in der Astronomie zu untersuchenden Objekte im allg. sehr lichtschwach sind und die ankommende Energie durch die spektrale Zerlegung auf eine große Fläche verteilt wird, sollte die Lichtstärke der Spektrogra-

phenoptik möglichst hoch sein. Die Bestrahlungsstärke auf dem Empfänger sinkt jedoch mit steigender Dispersion, da die gleiche Energie auf eine größere Fläche verteilt wird. Am lichtstärksten sind die spaltlosen Spektrographen, da sie alles vom Fernrohr gesammelte Licht zur Erzeugung der Spektren ausnutzen. Darüber hinaus arbeiten sie mit kleinen Dispersionen, da die von ihnen erzeugten Spektren von vornherein keine genügende spektrale Reinheit zum Erkennen feiner Einzelheiten besitzen.
Im Detail kann ein S. vom oben skizzierten Schema abweichen. Bei großen Spektrographen sind z.B. nicht selten mehrere Kameras gleichzeitig vorhanden, wodurch verschiedene Dispersionen wahlweise genutzt werden können. Die bei astronomischen Beobachtungen verwendeten S.e werden im allg. am Fernrohr befestigt und bei dessen Bewegung mitgeführt. Sie müssen so gebaut sein, daß bei den Bewegungen keinerlei Verbiegungen im S. auftreten und daß sie gegen größere Temperaturschwankungen während der Beobachtung geschützt sind, damit die optische Güte der Abbildung nicht beeinträchtigt wird. Großen Spektrographen werden zur Vermeidung dieser Fehlermöglichkeiten vielfach im Coudé-Fokus eines Spiegelteleskops installiert, wo sie ortsfest sind und bei konstanter Temperatur gehalten werden können. Bei azimutal montierten Teleskopen ist dafür auch der Nasmyth-Fokus geeignet.
S.e besonderer Art stellen die Radioteleskope dar, da sie nur sehr schmalbandig arbeiten und aus der ankommenden Strahlung nur die eines engen Wellenlängenbereichs aufnehmen. Die spektrale Aussonderung der aufgenommenen Strahlung geschieht durch die Abstimmung von Empfänger und Antenne (→ Radioteleskop).

Spektralbereich, ein Abschnitt in einem (elektromagnetischen) Spektrum.

Spektralkatalog, ein Sternkatalog, der vor allem Angaben über Sterne mit genau bestimmter Spektralklasse enthält.

Spektralklasse, ***Spektraltyp***, eine Angabe zur Charakterisierung eines Sternspektrums bzw. eines Sterns, der ein Spektrum mit charakteristischen Merkmalen aussendet.
Ein Sternspektrum besteht im sichtbaren Spektralbereich aus einem kontinuierlichen Spektrum, dem mehr oder weniger viele Spektrallinien (Absorptions-, in Sonderfällen auch Emissionslinien) überlagert sind. Die Energieverteilung im kontinuierlichen Spektrum ist von der effektiven Temperatur des Sterns abhängig: Mit zunehmender Temperatur verschiebt sich das Energiemaximum zu kleineren Wellenlängen. Die Stärke der Spektrallinien wird durch die Häufigkeit der sie hervorbringenden chemischen Elemente in der jeweiligen Sternatmosphäre bestimmt, hängt aber außerdem vom Anregungs- und Ionisationsgrad dieser Elemente ab. Anregungs- und Ionisationsgrad nehmen mit steigender Temperatur zu, der Ionisationsgrad fällt mit steigender Dichte. Da die Dichte in einer Sternatmosphäre wesentlich durch die in ihr herrschende Schwerebeschleunigung beeinflußt wird, sind sie und die Effektivtemperatur die beiden das Spektrum eines Sterns bestimmenden physikalischen Parameter. Die chemische Zusammensetzung der weitaus meisten Sternatmosphären ist – mindestens in erster Näherung – gleich, so daß das unterschiedliche Aussehen der Sternspektren im wesentlichen durch die Unterschiede des physikalischen Zustandes der Sternatmosphären bedingt ist.
Die Sternspektren zeigen eine große Vielfalt. Mit Hilfe einer ***Spektralklassifikation*** ordnet man sie nach physikalischen Gesichtspunkten. Innerhalb des im allg. benutzten Systems erfolgt die Klasseneinteilung in erster Linie nach der effektiven Temperatur, wozu man empirische Kriterien verwendet, z.B. die Stärke bestimmter Spektrallinien, die sich in Abhängigkeit von der Temperatur stark ändern. Die einzelnen S.n werden durch einen großen Buchstaben: O, B, A, F, G, K oder M gekennzeichnet. In dieser Reihe haben die Sterne der folgenden Klasse jeweils eine geringere effektive Temperatur als die Sterne der vorausgehenden, die M-Sterne also die geringste. Neben dieser *Hauptfolge* der S.n gibt es *Nebenfolgen*, zu denen die S.n R und N sowie S gehören (Abb. 1). Diese Spektren unter-

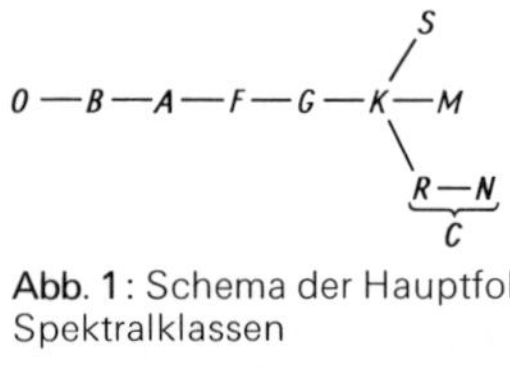

Abb. 1: Schema der Hauptfolge und der Nebenfolgen der Spektralklassen

scheiden sich von denen der Klasse M im wesentlichen im infraroten Spektralbereich. Die Wolf-Rayet-Sterne faßt man zu einer gesonderten Gruppe, der S. W, zusammen, die in der Hauptfolge noch vor die S. O gesetzt wird. (Früher ordnete man auch die Novae einer besonderen Gruppe, der S. Q, zu.) Zur feineren Unterscheidung untergliedert man die S.n der Hauptfolge dezimal und hängt die Ziffern 0 bis 9 den großen Buchstaben an (mit Ausnahme der Klasse O, bei der die Einteilung bei O3 beginnt). Es folgt demnach auf die S. B9 die S. A0. Die Abb. 2 zeigt einige beobachtete Sternspektren.
Die nicht alphabetische Reihenfolge ist historisch bedingt. Die erste auf der Harvard-Sternwarte (USA) durchgeführte Klassifikation (*Harvard-Klassifikation*) war nicht nach physikalischen, sondern nach rein äußerlichen Merkmalen der Sternspektren durchgeführt worden. Bei der späteren Wahl der Effektivtemperatur als physikalisches Ordnungskriterium wurden die alten Bezeichnungen beibehalten, nur mußte die Reihenfolge geändert werden. (Einige frühere S. wurden mit anderen vereinigt oder auch weggelassen.)
Es hat sich eingebürgert, die S.n O bis A als ***frühe S.n***, die von F bis G als ***mittlere S.n*** und die übrigen als ***späte S.n*** zu bezeichnen, ohne daß mit dieser Benennung noch eine kosmogonische Vorstellung verknüpft wird, wie es früher geschah. Allgemein nennt man einen Stern früher oder später als einen Vergleichsstern, je nachdem, ob sein Spektrum in der Spektralklassenfolge näher bei der Klasse O bzw. der Klasse M liegt.

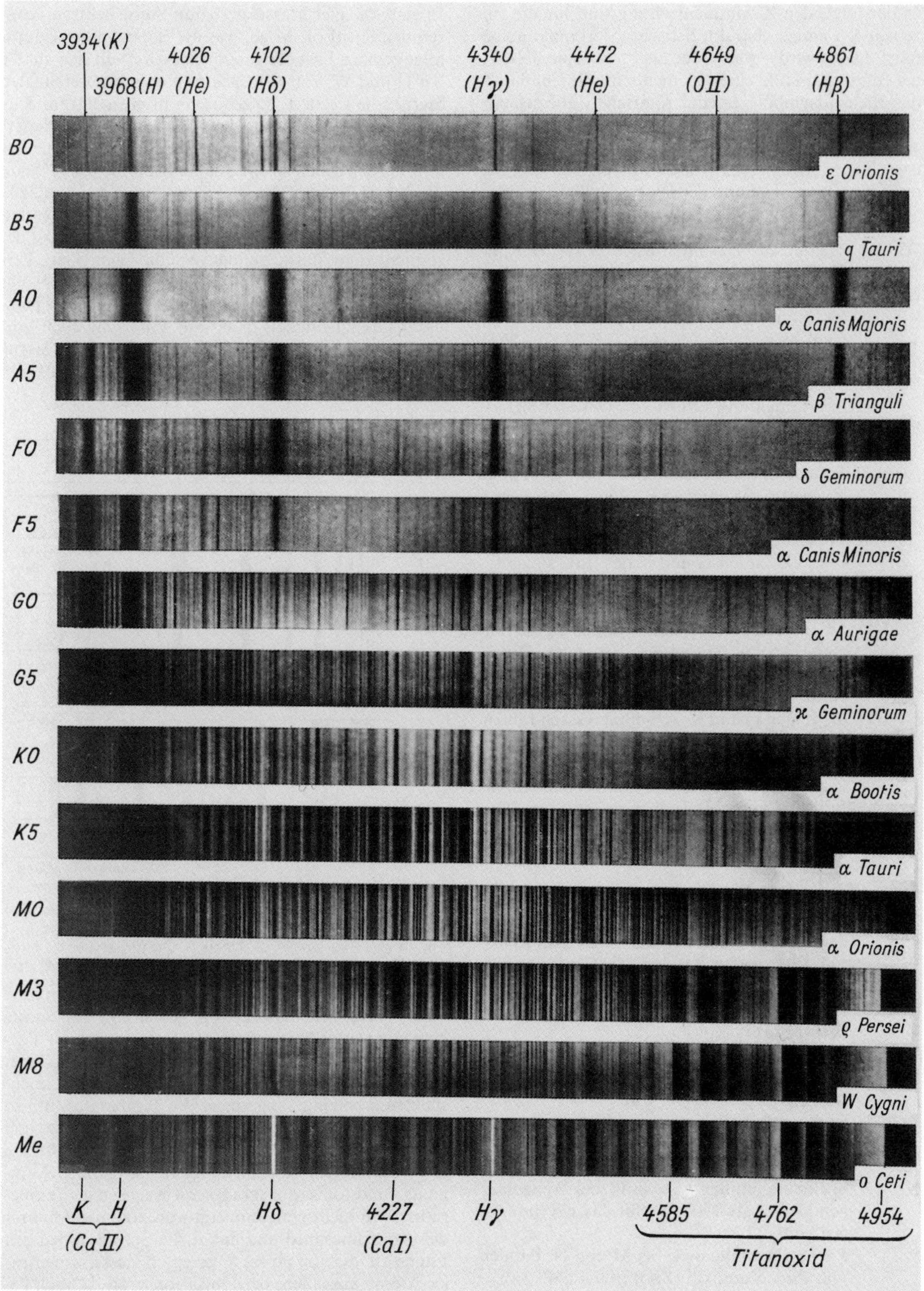

Abb. 2: Typische Sternspektren von Hauptreihensternen unterschiedlicher Spektralklasse. Für einige Linien sind die Wellenlängen in Å und die erzeugenden Elemente angegeben; I: neutrale Atome; II: einmal ionisierte Atome. (Zusammengestellt von W.C. Seitter)

In der folgenden Zusammenstellung sind für die einzelnen S.n einige charakteristische Merkmale aufgeführt. Dabei wird – wie in der Spektroskopie üblich – die Ionisationsstufe eines Elements durch eine hinter das Elementsymbol gestellte römische Zahl gekennzeichnet: I steht für den neutralen Zustand, II für den einmal ionisierten, III für den zweimal ionisierten, usw.; z.B. bedeutet HI neutralen Wasserstoff, HeII einmal ionisiertes Helium, NIII zweimal ionisierten Stickstoff.

W: breite Emissionslinien u.a. von HI, HeI und HeII auf einem intensiven Kontinuum.

O: bei frühen O-Sternen Absorptionslinien von HeII, ansonsten von HeI, Linien von mehrfach ionisierten Atomen, z.B. CIII, NIII, SiIV; Balmer-Linien (HI) relativ schwach.

B0–B4: Absorptionslinien von HeI, außerdem Balmer-Linien und Linien von OII und SiII.

B5–B9: schwächere Heliumlinien, verstärkte Balmer-Linien.

A0–A4: Balmer-Linien dominieren; einige Linien ionisierter Metalle, z.B. MgII, SiII, FeII, TiII.

A5–A9: Intensität der Balmer-Linien etwas schwächer, die Linien H und K des CaII sowie Linien neutraler Metallatome wie FeI etwas stärker.

F0–F4: die Linien H und K weiter verstärkt, die Balmer-Linien weiter geschwächt, dabei Auftreten des sog. G-Bandes, das vom CH-Radikal verursacht wird.

F5–F9: die Linien H und K sind die stärksten Linien, das G-Band verstärkt.

G0–G4: die Linien H und K dominieren, zahlreiche Linien neutraler Metalle sind vorhanden, die Balmer-Linien sind noch erkennbar. (Das Sonnenspektrum ist vom Typ G2.)

G5–G9: die Linien von FeI sind kräftiger als die Balmer-Linien.

K0–K4: das kontinuierliche Spektrum an der kurzwelligen Seite der K-Linie ist fast verschwunden, das G-Band ist am stärksten ausgeprägt, schwache Banden des Titaniumoxids (TiO) vorhanden.

K5–K9: ähnliches Aussehen wie K0 bis K4, TiO-Banden verstärkt.

M: die TiO-Banden sind das Hauptmerkmal, das G-Band ist in einzelne Linien aufgelöst, sehr starke Linien von CaI.

R: Spektrum ähnlich wie bei M, Zyan-Banden (CN) und Banden von Kohlenmonoxid (CO) sind vorhanden.

N: Spektrum ähnlich wie bei R, bei Wellenlängen kleiner als 450 nm fehlt das Kontinuum fast völlig.

S: Spektrum ähnlich wie bei M und N, Banden von Zirconiumoxid (ZrO) treten auf.

Die Sterne der S.n R und N werden wegen der hervortretenden Linien von Kohlenstoffverbindungen auch als *Kohlenstoffsterne* bezeichnet und die beiden S.n zur S. C zusammengefaßt.

Etwa 99% aller klassifizierbaren Sternspektren gehören den S.n B bis M an, was die Bezeichnung Hauptfolge erklärt. Fast der gesamte Rest verteilt sich auf die S.n O und W. Von den spektroskopisch untersuchten Sternen heller als $11\overset{m}{,}5$ gehören nur etwa 500 zur S. N und etwa 300 zur S. R. Die 225 300 Sterne des Henry-Draper-Katalogs (scheinbare Helligkeit größer als $9\overset{m}{,}5$) verteilen sich zu 3% auf die B-Sterne, zu 27% auf die A-, zu 10% auf die F-, zu 16% auf die G-, zu 37% auf die K- und zu 7% auf die M-Sterne. Diese Verteilung entspricht nicht der tatsächlichen Verteilung der sonnennahen Sterne auf die verschiedenen S.en: Sterne unterschiedlicher S. haben unterschiedliche absolute Helligkeiten und stammen bei vorgegebener scheinbarer Grenzhelligkeit daher aus unterschiedlich großen Raumbereichen. Die wahre Verteilung der Sterne auf die verschiedenen S.n gibt die → Leuchtkraftfunktion.

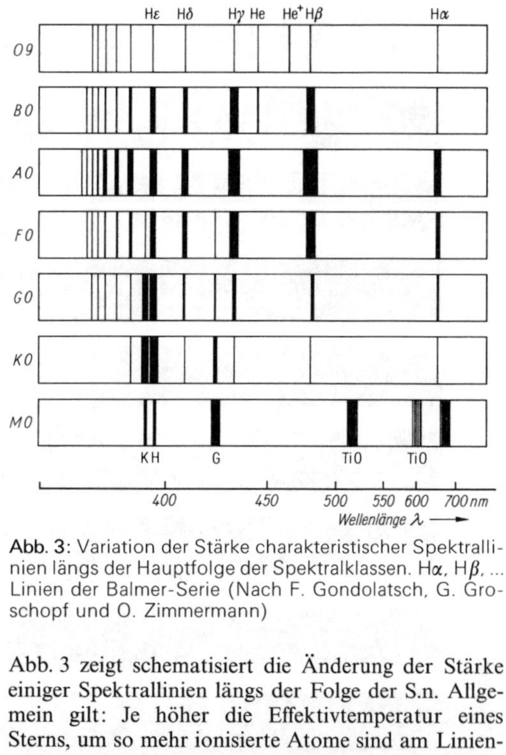

Abb. 3: Variation der Stärke charakteristischer Spektrallinien längs der Hauptfolge der Spektralklassen. Hα, Hβ, ... Linien der Balmer-Serie (Nach F. Gondolatsch, G. Groschopf und O. Zimmermann)

Abb. 3 zeigt schematisiert die Änderung der Stärke einiger Spektrallinien längs der Folge der S.n. Allgemein gilt: Je höher die Effektivtemperatur eines Sterns, um so mehr ionisierte Atome sind am Linienspektrum beteiligt, je geringer die Temperatur, um so mehr Moleküllinien treten auf. Die relativen Maxima in den Stärken einiger Linien (z.B. den Balmer-Linien des Wasserstoffs) sind eine Folge des steigenden Anregungs- und Ionisationsgrades mit wachsender Temperatur: Von niedrigen Temperaturen kommend nimmt der Anregungsgrad und damit die Stärke derjenigen Linien zu, die von einem angeregten Zustand neutraler Atome ausgehen; der Ionisationsgrad ist noch gering. Ab einer bestimmten Temperatur bewirkt der steigende Ionisationsgrad, daß die absolute Zahl der neutralen Atome in angeregten Zuständen merklich sinkt, obwohl der Anregungsgrad (die relative Zahl

der angeregten Atome) weiter steigt. Beim Wasserstoff z.B. nimmt die relative Zahl der neutralen Atome im ersten angeregten Energiezustand, von dem die Balmer-Linien ausgehen, mit wachsender Effektivtemperaturen zu, der absolute Anteil der neutralen Wasserstoffatome aber ab. Ab etwa der S. A0 ist diese Abnahme stärker als die relative Zunahme der neutralen Atome im ersten angeregten Zustand; die Stärke der Balmer-Linien sinkt demzufolge ab dieser S.
Durch die in einer Sternatmosphäre herrschende mittlere Schwerebeschleunigung wird u.a. der dort im Mittel herrschende Gasdruck bzw. die Gasdichte bestimmt. Bei Sternen vorgegebener Effektivtemperatur ist die Schwerebeschleunigung in der Sternatmosphäre um so geringer, je größer der Sternradius ist, entsprechend nimmt mit wachsendem Radius die Leuchtkraft zu (→ Leuchtkraft). Da eine abnehmende Schwerebeschleunigung bei sonst ungeänderten Bedingungen das Ansteigen des Ionisationsgrades der Elemente nachsichzieht (→ Sternatmosphäre), wächst in den Spektren von Sternen vorgegebener Effektivtemperatur mit steigender Leuchtkraft der Ionisationsgrad im Gas und damit die Stärke der Linien, die von ionisierten Atomen ausgehen. Ein geringerer Gasdruck hat außerdem eine Reduzierung der Linienbreite der Spektrallinien (Reduzierung der Druckverbreiterung, → Spektrum) zur Folge. Zur Charakterisierung dieser Effekte, die innerhalb einer S. die Sternspektren etwas unterschiedlich erscheinen lassen, gibt man bei einer genaueren (zweidimensionalen) Spektralklassifikation außer der S. noch die Leuchtkraftklasse mit einer dem Symbol der S. nachgestellten römischen Ziffer an (→ Leuchtkraft eines Sterns). Hauptreihensterne gehören zur Leuchtkraftklasse V; das Sonnenspektrum wird daher z.B. durch die Angabe G2V charakterisiert. Das gegenwärtig im allg. verwendete zweidimensionale Klassifizierungssystem nach S. und Leuchtkraftklasse beruht auf den von W.W. Morgan und F.C. Keenan entwickelten Kriterien, man bezeichnet es (nach den Anfangsbuchstaben der Autoren) als MK-System.
Vor der Einführung der Leuchtkraftklassen verwendete man zur Charakterisierung der spektralen Feinheiten, die auf unterschiedliche Schwerebeschleunigungen in den Sternatmosphären zurückzuführen sind, kleine Buchstaben, die man vor das Symbol der S. setzte. Dabei entsprach c etwa der Leuchtkraftklasse I (Überriesen), g der Leuchtkraftklasse III (Riesen) und d der Leuchtkraftklasse V (Hauptreihensterne). Die Spektren der Weißen Zwerge werden auch gegenwärtig noch durch D vor dem Spektralklassensymbol gekennzeichnet. Spektrale Eigentümlichkeiten, die durch andere Effekte verursacht sind, werden in ähnlicher Weise angemerkt: Ein nachgestelltes e bedeutet, daß im Spektrum Emissionslinien vorhanden sind. Ein m in Verbindung mit der S. A zeigt an, daß die Metallinien besonders stark sind. Auf allgemeine besondere Merkmale im Spektrum eines Sterns, die nicht im Rahmen der normalen Klassifikation erfaßt werden, wird durch ein nachgestelltes p hingewiesen.
Außer der MK-Klassifikation gibt es noch weitere Spektralklassifikationen, doch sind diese weniger verbreitet. Ein Sternspektrum läßt sich z.B. auch durch die Lage und die Größe des sog. *Balmer-Sprungs* klassifizieren. Es ist dies die Differenz zwischen der Intensität des Kontinuums auf der langwelligen Seite der Seriengrenze (bei 364,6 nm) der Balmer-Linien und der Kontinuumsintensität auf der kurzwelligen Seite. Der Helligkeitsabfall ist dadurch bedingt, daß Strahlung mit Wellenlängen kleiner als 364,6 nm von Wasserstoffatomen im ersten angeregten Zustand absorbiert werden kann, was deren Ionisation verursacht. Die Absorption längerwelliger Strahlung durch derart angeregte Wasserstoffatome ist nur bei diskreten Wellenlängen möglich, was zu den Balmer-Linien führt. In einem realen Spektrum überlappen sich wegen der Druckverbreiterung die Balmer-Linien nahe deren Grenze so stark, daß man sie nicht mehr einzeln erkennen kann; es ergibt sich dadurch ein „verschmierter" Übergang zum kurzwelligen Kontinuum (Abb. 4).
Zur Spektralklassifikation benutzt man einerseits die Größe der Helligkeitsdifferenz zwischen den jeweils bis zur willkürlich festgelegten Wellenlänge 370,0 nm extrapolierten Kontinua; diese Differenz hängt von der Effektivtemperatur des Sterns ab, ist also der S. äquivalent. Andererseits mißt man die Steilheit des Helligkeitsabfalls im Bereich des Balmer-Sprungs, der durch die Druckverbreiterung der Linien bedingt ist und damit ein Maß für die Leuchtkraftklasse ist.

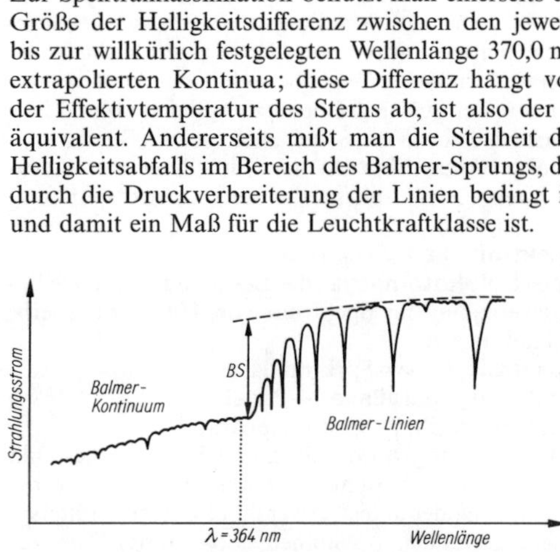

Abb. 4: Spektrale Intensitätsverteilung in einem Sternspektrum nahe der Balmer-Grenze (schematisiert); BS: Balmer-Sprung. Erläuterungen im Text

Die Kriterien einer Spektralklassifikation werden zunächst auf ein einheitliches Beobachtungsmaterial von Standardsternen angewandt, die das System der S.n festlegen. Dabei werden die Spektren mit einer einheitlichen Dispersion aufgenommen, die so gewählt wird, daß einerseits noch genügend feine spektrale Einzelheiten feststellbar sind, andererseits aber auch von weniger hellen Sternen noch brauchbare Spektren gewonnen werden können. (Bei der üblichen Spektralklassifikation benutzt man normalerweise eine reziproke lineare Dispersion von 12,5 nm/mm bei der Balmer-Linie Hγ.) Bei der Klassifizierung neuer Sternspektren registriert man mit dem zur Verfügung stehenden Spektralapparat zusätzlich Spektren von Standardsternen, wodurch die Klassifikationskriterien auf die mit dem benutzten Instrument gewonnenen Spektren übertragen werden können. Die noch unklassifizierten Spektren lassen sich dann durch einen bloßen Vergleich in die Folge der S.n einordnen.

Zur Spektralklassifikation verwendet man im allg. Objektivprismenaufnahmen, mit denen noch von Sternen bis etwa 14^m auswertbare Spektren gewonnen werden können. Für schwächere Sterne, deren Anzahl pro Himmelsareal rasch anwächst, ist diese Methode wenig geeignet, da sich bei der für eine Klassifikation benötigten Dispersion die Spektren gegenseitig zu sehr überlappen. Zur (gröberen) Klassifikation der schwächeren Sterne muß man sich mit Spektren geringer Dispersion begnügen, wodurch dann die Spektrenlänge z.T. kleiner als 1 mm ist. Für stellarstatistische Untersuchungen reichen derartige Spektren gerade noch aus.

Bei Sternen geringer scheinbarer Helligkeit kann man zur Spektralklassifikation auch eine Schmalbandphotometrie benutzen. Man filtert dazu aus dem Sternlicht schmale Spektralbereiche aus, die so gewählt werden, daß in ihnen Spektrallinien liegen, deren Stärke mit der S. variiert. Der in einem solchen Spektralbereich gemessene Strahlungsstrom relativ zu dem im benachbarten Kontinuum oder in einem nicht derart beeinflußten Wellenlängenbereich hängt dann wesentlich von der Stärke der benutzten Linien ab und läßt Rückschlüsse auf die S. des untersuchten Sterns zu.

Spektralklassifikation, die Einteilung von Sternspektren nach physikalischen Gesichtspunkten; → Spektralklasse.

Spektrallinie, → Spektrum.

Spektralphotometrie, die Bestimmung der Helligkeitsverteilung im Spektrum von Himmelskörpern; → Photometrie.

Spektraltyp, svw. Spektralklasse.

Spektraltypparallaxe, → Parallaxe.

Spektrograph, → Spektralapparat.

Spektroheliogramm, ein monochromatisches Bild der Sonnenchromosphäre. S.e werden mit Spektroheliographen oder unter Verwendung spezieller Filtersysteme gewonnen (→ Sonnenbeobachtung). Die zur Herstellung der monochromatischen Sonnenbilder ausgewählten Spektralbereiche liegen in starken Absorptionslinien des Sonnenspektrums, meist in der Balmer-Linie Hα des Wasserstoffs oder in der K-Linie des einmal ionisierten Calciums; entsprechend spricht man von *Wasserstoff-* oder *Hα-Spektroheliogrammen* bzw. von *Calcium-* oder *K-Spektroheliogrammen.* Die Lage des genutzten Spektralbereichs relativ zum Linienzentrum wird darüber hinaus durch die Hinzufügung eines Indexes charakterisiert; z.B. ist ein K_3-Spektroheliogramm ein Bild der hohen Chromosphäre, das im Zentrum der K-Linie gewonnen wurde.

Bilder der Sonne, die bei monochromatischen Registrierungen der solaren Radiofrequenzstrahlung mittels Radiointerferometern erzielt werden, bezeichnet man als *Radioheliogramme.*

Spektroheliograph, Instrument zur → Sonnenbeobachtung.

Spektrohelioskop, Instrument zur → Sonnenbeobachtung.

Spektrometer, → Spektralapparat.

Spektroskop, → Spektralapparat.

Spektrum, im weiteren Sinn die Häufigkeitsverteilung einer bestimmten Eigenschaft, die bei Objekten einer vorgegebenen Menge auftritt; im engeren Sinn die Intensitätsverteilung (Energieverteilung) einer elektromagnetischen Strahlung in Abhängigkeit von der Wellenlänge bzw. der Frequenz. (Beispiele von Spektren im weiteren Sinn: Das Massespektrum als Häufigkeitsverteilung der Masse von Partikeln, das Geschwindigkeitsspektrum als Häufigkeitsverteilung der Geschwindigkeiten einer Partikelmenge.)

Eine elektromagnetische Strahlung besteht normalerweise aus einem ununterscheidbaren Gemisch von Wellen unterschiedlicher Wellenlänge (von Photonen unterschiedlicher Energie), das mit Hilfe eines Spektralapparats in ein räumliches, nach der Wellenlänge geordnetes Nebeneinander der Strahlung verwandelt werden kann. Aus ihm ist die Intensitätsverteilung der Strahlung in Abhängigkeit von der Wellenlänge erkennbar. Ein dem Auge weiß erscheinendes Licht wird nach der Zerlegung als ein farbiges Band in der Folge der Spektralfarben wahrgenommen.

Eine Stelle im elektromagnetischen S. kann durch die Angabe der Wellenlänge λ oder der Frequenz ν charakterisiert werden, die gemäß der Beziehung $c = \lambda\nu$ miteinander verbunden sind; c bedeutet die Lichtgeschwindigkeit. Für die Photonenenergie E gilt $E = hc/\lambda = h\nu$; h bezeichnet das Plancksche Wirkungsquantum. Elektromagnetische Strahlung wird u.a. dann emittiert, wenn ein Elektron von einem Zustand höherer Energie E_2 in einen Zustand niedrigerer Energie E_1 übergeht. Für die Frequenz der ausgesandten Strahlung gilt $\nu = (E_2 - E_1)/h$. Beim Übergang von E_1 zu E_2 muß dem Elektron Energie zugeführt werden, die z.B. einer Strahlung durch Absorption entnommen werden kann.

Im Bereich des sichtbaren Lichts nimmt die Wellenlänge vom Violetten zum Roten hin zu, und zwar von etwa 400 bis 750 nm. Elektromagnetische Strahlung mit kleineren oder größeren Wellenlängen ist unsichtbar; sie wird teilweise aber auch als Licht (im weiteren Sinn) bezeichnet. An den sichtbaren Bereich des S.s schließt sich nach kürzeren Wellenlängen hin der ultraviolette Bereich an, der bis zu etwa 10 nm reicht, danach das Gebiet der Röntgenstrahlen bis zu etwa 0,01 nm sowie das der Gammastrahlen mit noch kürzeren Wellenlängen. Jenseits des roten Spektralbereichs liegt der infrarote Bereich, der sich bis zu einigen 100 µm erstreckt und in den Submillimeterbereich übergeht, dem sich das Gebiet der Rundfunkwellen, der Radiofrequenzbereich, anschließt (Abb. → Erdatmosphäre).

Nach dem Aussehen der Spektren unterscheidet man kontinuierliche Spektren, Linienspektren und Bandenspektren, die auch überlagert sein können.

K o n t i n u i e r l i c h e s S. Eine Strahlungsquelle sendet ein kontinuierliches S. (kurz: ein Kontinuum) aus, wenn die Strahlung eine lückenlose Intensitätsverteilung über alle Wellenlängen hat. Eine kontinuierliche Absorption findet statt, wenn einer kontinuierlichen Strahlung aus einem breiten Wellenlängenbereich lückenlos Strahlungsenergie entzogen wird. Dabei muß entweder der Ausgangs- oder der Endenergiezustand der verursachenden Partikeln (oder beide) eine kontinuierliche Folge von Werten annehmen können. Das ist z.B. für die kinetische Energie freier Elektronen der Fall. Kontinuierliche Spektren entstehen daher bei frei-freien, gebunden-freien und frei-gebundenen Elektronenübergängen (→ Atom). (Unter besonderen Bedingungen können auch gebunden-gebundene Übergänge infolge von → Zwei-Photonen-Emissionen zu einem Kontinuum führen.) Kontinuierliche Spektren werden weiterhin von festen Körpern ausgestrahlt, da bei ihnen die Energiezustände der in den Atomen gebundenen Elektronen infolge der starken Wechselwirkung mit Nachbaratomen zu breiten Energiebändern auseinandergezogen sind.

Die Strahlung eines sehr dichten oder sehr weit ausgedehnten Gases hat ein kontinuierliches S., da die Emissionsfähigkeit der Atome mit deren Absorptionsfähigkeit gekoppelt ist: Emittieren bei einer bestimmten Wellenlänge die vorhandenen Atome sehr stark, so ist bei der gleichen Wellenlänge auch deren Absorptionsfähigkeit sehr groß; die emittierte Strahlung wird schon nach einer kurzen Wegstrecke wieder absorbiert. Bei Wellenlängen mit geringer Emissions- und daher auch geringer Absorptionsfähigkeit des Gases legt die Strahlung größere Wegstrecken ungestört zurück; die geringere Ausstrahlung pro Volumeneinheit wird dann durch den Beitrag viel größerer Gasmassen längs der Sichtlinie kompensiert. In weniger dichten oder weniger weit ausgedehnten Gasmassen tritt die Kompensation nicht ein, man beobachtet dann ein Linienspektrum. Ob eine Gasmasse in diesem Sinn dicht oder dünn bzw. weit oder weniger weit ausgedehnt ist, hängt von der freien Weglänge der Photonen im Gas ab, die wiederum bei unterschiedlichen Wellenlängen unterschiedlich sein kann (→ optische Tiefe).

Eine im idealen thermodynamischen Gleichgewicht befindliche Materie sendet ein kontinuierliches S. aus, in dem die Energieverteilung nur von der Temperatur der Materie, nicht aber von ihrer stofflichen Zusammensetzung abhängt. Die Intensitätsverteilung wird in diesem Fall durch das Plancksche → Strahlungsgesetz beschrieben. Die Energieverteilung einer Synchrotronstrahlung, die ebenfalls kontinuierlich ist, weicht davon stark ab, da diese Strahlung nicht thermischen Ursprungs ist.

Linienspektrum. Von einem wenig ausgedehnten oder sehr dünnen Gas einheitlicher Temperatur empfängt man ein aus einer Anzahl diskreter heller Linien bestehendes *Emissionslinienspektrum* (das eventuell einem schwachen Emissionskontinuum überlagert ist). Durchsetzt eine kontinuierliche Strahlung ein derartiges Gas und hat deren Quelle eine höhere Temperatur als das Gas, wird der durchgehenden Strahlung ein *Absorptionslinienspektrum* aufgeprägt (eventuell auch ein zusätzliches schwaches Absorptionskontinuum). Von dem Gas werden genau die Linien absorbiert, die es auch emittieren würde.

Für jedes chemische Element sind ganz bestimmte Linien charakteristisch, die bei gebunden-gebundenen Übergängen der Elektronen entstehen (→ Atom). Man kann die Linien eines Atoms oder Ions zu *Serien* zusammenfassen, wobei jede Serie ein gemeinsames unteres Energieniveau besitzt. Beim Wasserstoff (Abb. 1) ergeben z.B. die Übergänge vom oder zum Grundzustand (niedrigstes Energieniveau) die im ultravioletten Spektralbereich liegende Lyman-Serie (Lyman-α, Lyman-β, Lyman-γ usw.), die vom oder zum ersten angeregten Niveau erfolgenden Übergänge führen zu der im sichtbaren Bereich liegenden Balmer-Serie (H α, H β, H γ usw.). Die Linien einer Serie häufen sich gegen eine Stelle im S., die Seriengrenze, was der Häufung der Energieniveaus gegen die Ionisationsenergie entspricht. An die Seriengrenze schließt sich ein bei gebunden-freien bzw. frei-gebundenen Übergängen entstehendes Seriengrenzkontinuum an, wobei der gebundene Zustand dem der Serie zugeordnete Energiezustand entspricht.

Die *Linienstärke* gibt an, wieviel Strahlungsenergie in einer Linien vorhanden ist bzw. bei Absorptionslinien im Kontinuum fehlt. Bei diesen dient die *Äquivalent-*

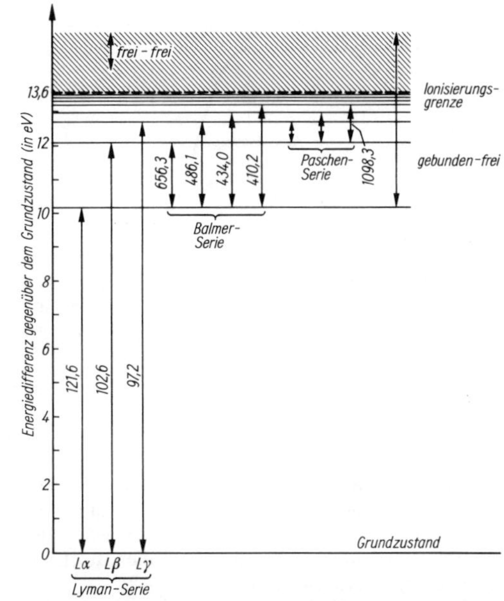

Abb. 1: Energieniveauschema des Wasserstoffatoms. Für die dargestellten gebunden-gebundenen Übergänge sind die Wellenlängen (in nm) der entstehenden Spektrallinien angegeben, außerdem ist ein gebunden-freier und ein frei-freier Übergang dargestellt. 1 eV = 1,6 10^{-19} J

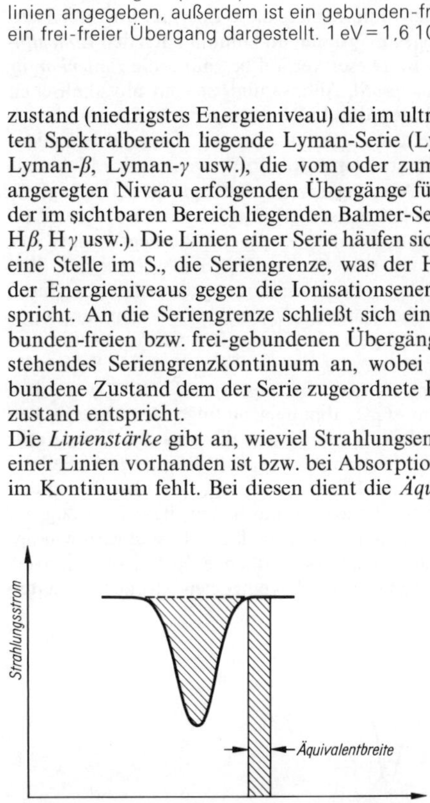

Abb. 2: Zur Definition der Äquivalentbreite. - - -: extrapoliertes Kontinuum

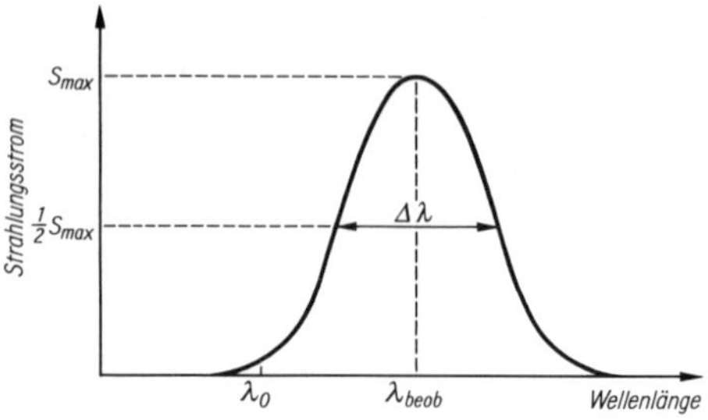

Abb. 3: Profil einer Emissionslinie. λ_0: Wellenlänge des Maximums der unverschobenen Linie (Ruhwellenlänge); λ_{beob}: beobachtete (verschobene) Wellenlänge des Linienmaximums; $\Delta\lambda$: Halbwertsbreite; S_{max}: Strahlungsstrom im Linienmaximum

breite als Maß für die Linienstärke: Es ist die Breite eines gedachten Rechteckstreifens im der Linie benachbarten Kontinuum mit einer Fläche gleich der zwischen dem Linienprofil und dem über die Linie hinweg extrapolierten Kontinuum (Abb. 2).

Die *Linienbreite* (Halbwertsbreite, Abb. 3) gibt den Wellenlängenbereich an, über den die in der Linie absorbierte bzw. emittierte Energie verteilt ist. Im Bereich einer Linie variiert diese Energie: Im Linienzentrum ist sie am größten und nimmt nach den *Linienflügeln* hin ab. Dieser Verlauf bestimmt die *Linienkontur* (das *Linienprofil*, Abb. 4) und ist vom physikalischen Zustand des die Linie erzeugenden Gases abhängig. Jede Linie besitzt eine sog. natürliche Linienbreite, die von der mittleren Verweilzeit des Elektrons auf dem Ausgangsniveau abhängt: Je geringer diese ist, um so breiter ist die Linie. Die mittlere Verweilzeit auf einem (normalen) Energieniveau liegt in der Größenordnung von 10^{-8} s. *Linienverbreiterungen* über die natürliche Breite hinaus ergeben sich u.a. durch Prozesse, bei denen die Verweilzeit auf dem Ausgangsniveau verringert wird, was z.B. bei Stößen mit anderen Gasatomen der Fall ist. Eine derartige *Stoß-* oder *Druckverbreiterung* ist von der Dichte bzw. dem Druck im Gas abhängig. Infolge des thermischen Doppler-Effekts ergibt sich die von der Temperatur des Gases bestimmte *Doppler-Verbreiterung*: Bei der ungeordneten Wärmebewegung der absorbierenden bzw. emittierenden Atome haben diese in bezug auf den Beobachter unterschiedliche Radialgeschwindigkeiten, die zu unterschiedlichen Rot- bzw. Blauverschiebungen der von den einzelnen Atomen erzeugten Linien führen, und was in der Gesamtheit eine Linienverbreiterung verursacht. Bei rotierenden Lichtquellen tritt eine *Rotationsverbreiterung* der Linien ein, die gleichfalls eine Folge des Doppler-Effekts ist, da unterschiedliche Teile der Quellenoberfläche unterschiedliche Radialgeschwindigkeiten bezüglich des Beobachters haben. Eine unvollständige Linienaufspaltung infolge des → Stark-Effekts oder des → Zeeman-Effekts führt ebenfalls zu einer Linienverbreiterung. Eine *Linienverschiebung* der gesamten Linie ergibt sich infolge des Doppler-Effekts, wenn die Lichtquelle als Ganzes eine Radialgeschwindigkeit bezüglich des Beobachters besitzt. Die relativistische Rotverschiebung beruht auf einem Energieverlust der emittierten Photonen, wenn sich die Lichtquelle in einem starken Gravitationsfeld befindet (→ Relativitätstheorie).

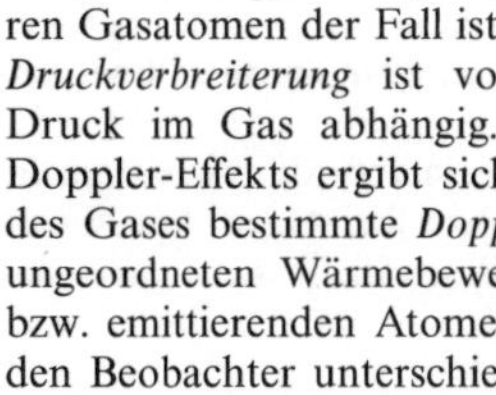

Abb. 4: Profil einer Absorptionslinie

Einige Atome und Ionen besitzen Energieniveaus mit sehr geringen Übergangswahrscheinlichkeiten zu sämtlichen tieferliegenden Niveaus, so daß die Verweilzeit im angeregten Zustand Sekunden, Minuten oder auch viele Jahre betragen kann. Man bezeichnet ein derartiges Niveau als metastabil, die Übergänge von ihm zu tieferliegenden Niveaus und die dabei entstehenden Linien als „verboten" (nach den klassischen Auswahlregeln der Quantenmechanik sind die Übergänge nicht erlaubt). *Verbotene Linien* treten normalerweise (d.h. im Labor) nicht auf, da die auf metastabilen Niveaus befindlichen Elektronen bei Zusammenstößen mit Gaspartikeln in andere Energiezustände gebracht werden, bevor sie unter Aussendung von Strahlung spontan zu tieferliegenden Energieniveaus übergehen können. In Gasen mit extrem geringen Dichten, wie sie z.B. im interstellaren Raum vorkommen, ist im Mittel die Zeit zwischen zwei Stößen vergleichbar mit der Verweilzeit in den metastabilen Zuständen oder sogar länger, so daß es zu „verbotenen" Übergänge kommen kann. Wegen der hohen Aufenthaltswahrscheinlichkeiten auf den metastabilen Niveaus sind die verbotenen Linien sehr schmal.

B a n d e n s p e k t r e n werden von Molekülen verursacht. Die Struktur dieser Spektren ist komplizierter als die der Linienspektren einatomiger Gase, da zur inneren Energie eines Moleküls außer der Bindungsenergie der Elektronen an die Atome des Moleküls noch die Schwingungsenergie der Atome im Molekül sowie die Rotationsenergie des gesamten Moleküls oder auch Teile von ihm beitragen. Bei einer Änderung des Energiezustands der Elektronen werden etwa gleiche Energien benötigt bzw. frei wie bei den gebunden-gebundenen Übergängen eines Elektrons in der Hülle eines einzelnen Atoms. Die bei diesen Übergängen entstehenden Linien liegen vorwiegend im ultravioletten oder sichtbaren Spektralbereich. Bei Übergängen zwischen verschiedenen Schwingungszuständen sind die aufzuwendenden bzw. freiwerdenden Energien wesentlich geringer; die entsprechenden Spektrallinien befinden sich daher hauptsächlich im Infrarotbereich. Bei Rotationsübergängen wird noch weniger Energie benötigt bzw. frei; diese Linien liegen vorwiegend im Submillimeter- und im Radiofrequenzbereich. Bei den Elektronenübergängen treten im allg. auch gleichzeitig Rotations- und Schwingungsüber-

gänge, bei den Schwingungsübergängen gleichzeitig auch Rotationsübergänge auf, so daß vor allem die aus Elektronenübergängen folgenden Linien zu Banden verbreitert werden. Die einzelnen Energieniveaus können zusätzlich z.B. infolge der Wechselwirkung der Molekülrotation mit der Bewegung der Elektronen im Molekül oder infolge der Rotation einzelner Molekülteile relativ zum Gesamtmolekül aufgespalten sein, was zu weiteren Übergangsmöglichkeiten führt. Es gibt auch die Möglichkeit der Wechselwirkung des magnetischen Moments der einzelnen Atomkerne des Moleküls mit dem inneren molekularen Magnetfeld. Je größer die Zahl der Atome in einem Molekül ist, um so größer ist im allg. die Zahl der möglichen Energieniveaus und damit die Zahl der Übergangsmöglichkeiten. Im Radiofrequenzbereich liegen die durch Rotationsübergänge entstehenden Linien im allg. so weit getrennt, daß sie als Einzellinien in Erscheinung treten, was u.a. die Identifizierung von vielatomigen Molekülen sehr erleichtert.
Das gesamte von extraterrestrischen Objekten ausgesandte elektromagnetische S. ist von der Erdoberfläche aus nicht zugänglich, da die Erdatmosphäre im wesentlichen nur im sichtbaren und Teilen des infraroten Spektralbereichs sowie im Radiofrequenzbereich durchlässig ist (Abb. → Erdatmosphäre).

Spektrumveränderliche, Sterne, in deren Spektrum die Intensität einer oder mehrerer Spektrallinien variiert; → Alpha-Canum-Venaticorum-Sterne.

Sphäre [griech., ‚Kugel'], in der Astronomie svw. Himmelskugel.

sphärische Astronomie, → Astrometrie.

Spica [lat., ‚Kornähre'], ***Spika***, der hellste Stern (α) im Sternbild Virgo (Jungfrau). Die S. ist ein spektroskopischer Doppelstern, dessen scheinbare visuelle Helligkeit $0^m\!.98$ beträgt. Die Hauptkomponente gehört zur Spektralklasse B1 und zur Leuchtkraftklasse III, ist also ein heißer Riesenstern. Um sie bewegt sich mit einer Periode von 4,015 Tagen ein heißer Hauptreihenstern (Spektralklasse B2, Leuchtkraftklasse V). Die S. steht in einer Entfernung von der Sonne von etwa 44 pc oder 145 Lichtjahren.

Spiculum [lat., ‚Spitze'] *n, Plur.* Spicula, eine Materieverdichtung in der Sonnenchromosphäre.

Spiegelteleskop, ***Reflektor***, ein astronomisches Fernrohr mit einem Hohlspiegel als Objektiv.
Der ***Hauptspiegel*** (Objektivspiegel) hat die Aufgabe, Licht zu sammeln und auf eine möglichst kleine Fläche zu vereinigen (→ Fernrohr). Er besteht vorzugsweise aus einer runden Glasplatte, deren eine Seite im allg. parabolisch geschliffen und poliert ist. Das optisch wirksame Element ist eine etwa 100 bis 200 nm dünne, im Vakuum auf die Scheibe aufgedampfte Aluminiumschicht, deren Reflexionsfähigkeit im sichtbaren Spektralbereich rund 80% beträgt. Für spezielle Beobachtungsaufgaben, z.B. für Infrarotbeobachtungen, benutzt man z.T. auch Gold- oder Silberbeläge. Zur Gewährleistung der gewünschten Abbildungsgüte muß die Glasscheibe hohen Anforderungen genügen, z.B. dürfen die Abweichungen der polierten Oberfläche von einem idealen Paraboloid nicht größer als etwa 1/20 der Wellenlänge der bei der Beobachtung wirksamen Strahlung sein. Für Beobachtungen im sichtbaren Spektralbereich bedeutet dies, daß die Abweichungen kleiner als etwa 0,02 μm sein müssen. Dies macht eine hohe mechanische Stabilität erforderlich, um eine durch das Eigengewicht verursachte Verformung des Spiegels und damit eine Minderung der optischen Güte bei unterschiedlichen Fernrohrstellungen zu vermeiden. Man kann dies durch eine genügende Dicke der Glasscheibe erreichen, die bei herkömmlicher Bauweise im allg. etwa 1/6 des Scheibendurchmessers beträgt. Dennoch macht sich bei großen Spiegeln die Lagerung auf einer mehr oder minder großen Zahl von Unterstützungssystemen notwendig. (Dies ist ein Vorteil gegenüber einer Linse als Objektiv, die nur am Rand gefaßt werden kann. Ein Spiegel braucht im Gegensatz zu einer Linse außerdem nur auf einer Seite die hohen Genauigkeitsforderungen zu erfüllen.) Je besser die Unterstützungssysteme arbeiten, um so geringer kann die Spiegeldicke, damit die Spiegelmasse sein. Gegenwärtig fertigt man Hauptspiegel, deren Dicke nur etwa 1/40 bis 1/50 des Durchmessers beträgt. Zur Vermeidung von Spiegeldeformationen bei Temperaturänderungen oder infolge innerer Materialspannungen muß das Spiegelmaterial außerordentlich homogen sein und einen möglichst geringen Wärmeausdehnungskoeffizienten haben. Bei den größeren gegenwärtig gebauten S.en besteht der Hauptspiegel aus einer Glaskeramik, einem teils kristallinen, teils glasförmigen Werkstoff mit praktisch vernachlässigbar kleinem thermischen Ausdehnungskoeffizient. Anstelle von Glas wird für spezielle Spiegel gelegentlich auch eine Aluminiumlegierung benutzt, wobei die Oberfläche der besseren Polierbarkeit wegen speziell gehärtet wird. In der Raumfahrt verwendet man als Spiegelmaterial auch kohlenstoffaserverstärkten Kunststoff, der eine ausgezeichnete mechanische Stabilität besitzt, so daß der Spiegel sehr dünn und damit sehr leicht sein kann.
Der Hauptspiegel befindet sich, von den Unterstützungssystemen getragen und gehalten, in einer Fassung, die am Ende des Tubus (Gitter- oder Rohrtubus) befestigt ist. Dieser trägt außer eventueller weiterer optischer Elemente (Sekundär- und Umlenkspiegel) auch den Strahlungsempfänger (z.B. Photoplatte, CCD-Detektor) und gegebenenfalls Zusatzgeräte (Photometer oder Spektrographen). Je nach der Anordnung von Hauptspiegel und Strahlungsempfänger unterscheidet man verschiedene Typen von S.en.
Das beobachtete Himmelsobjekt und sein vom Hauptspiegel erzeugtes Bild liegen, von diesem aus gesehen, auf der gleichen Seite. Damit bei einer eventuellen visuellen Betrachtung des Bildes oder durch den in der Brennebene befindlichen Strahlungsempfänger der Strahlengang möglichst wenig abgedeckt wird, werden bei kleineren S.en die vom Hauptspiegel kommenden Strahlen durch einen Hilfsspiegel aus dem Tubus herausgelenkt. Bei sehr großen S.en ist es auch möglich, Hilfsgeräte oder sogar eine Kabine für den Beobachter direkt in den Tubus, in unmittelbarer Nähe des Brennpunktes des Hauptspiegels (Primärfokus) anzubringen, ohne daß eine zu große Abschirmung des einfallenden Lichts eintritt.

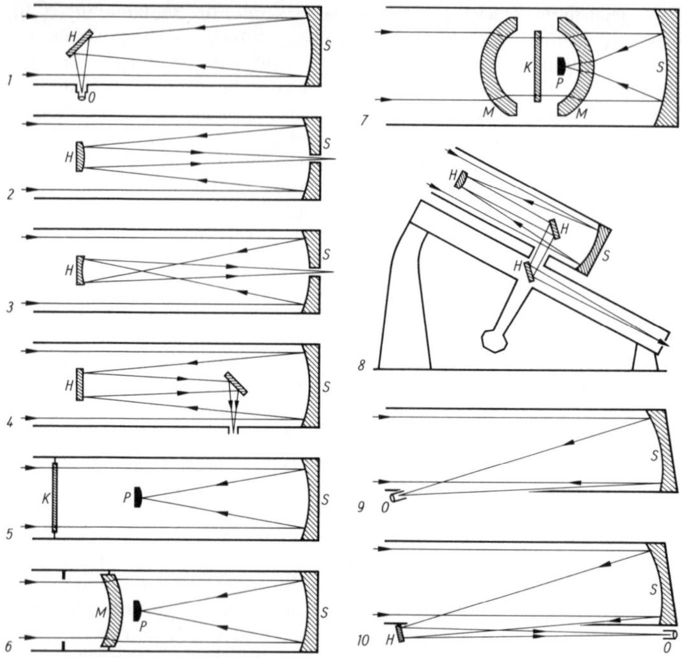

Abb. 1: Optische Systeme in Spiegelteleskopen. 1: Newton-System; 2: Cassegrain-System; 3: Gregori-System; 4: Nasmyth-System; 5: Schmidt-System; 6: Maksutow-System; 7: Super-Schmidt-System; 8: Coudé-System; 9: Herschel-System; 10: Schiefspiegler. S: Hauptspiegel; H: Hilfsspiegel; O: Okular; K: Korrektionsplatte; M: Meniskuslinse; P: Halterung für Photoplatte

Die Auslenkung des Lichts aus dem Tubus wird in unterschiedlicher Weise gelöst (Abb. 1): Beim ***Newton-System*** (nach I. Newton, 1643–1727) werden die vom Hauptspiegel kommenden Strahlen kurz vor ihrer Vereinigung im Primärfokus mit einem kleinen ebenen Hilfsspiegel seitlich aus dem Tubus gelenkt, so daß in dem dann außerhalb des Tubus liegenden Brennpunkt, dem Newton-Fokus, ein Okular zum visuellen Beobachten (oder eine Photoplatte) angebracht werden kann. Beim ***Cassegrain-System*** (nach N. Cassegrain, 1625–1725) ist der Hauptspiegel in der Mitte durchbohrt. Mit einem kleinen Sekundärspiegel, der sich vom Hauptspiegel aus gesehen kurz vor dem Primärfokus befindet und konvex-hyperbolisch geformt ist, wird das Licht durch die Bohrung gelenkt und hinter dem Hauptspiegel, im Cassegrain-Fokus, vereinigt. Bei dieser Form des Sekundärspiegels ergibt sich eine Vergrößerung der Brennweite des optischen Systems. Das ***Gregori-System*** (nach J. Gregori, 1638–1675) ist ähnlich gestaltet, nur liegt der Sekundärspiegel jenseits des Primärfokus. Das ***Nasmyth-System*** (nach J. Nasmyth, 1808–1890) stellt eine Kombination von Cassegrain- und Newton-System dar: Ein zwischen Haupt- und Sekundärspiegel angebrachter ebener Hilfsspiegel lenkt das Licht, je nach Montierungsart, durch die Deklinationsachse oder die Höhenachse seitlich aus dem Tubus hinaus. Dieses System hat den Vorteil, daß der Hauptspiegel nicht durchbohrt zu werden braucht. In der Astronomie hat weiterhin das ***Coudé-System*** große Bedeutung erlangt, bei dem das vom Hauptspiegel kommende Licht von mehreren Hilfsspiegeln durch die Deklinationsachse und weiter durch die Stundenachse der Fernrohrmontierung gelenkt wird. Da diese auf den Himmelspol weist und ihre Lage bei der Beobachtung nicht verändert, ist der Brennpunkt des Systems, der Coudé-Fokus, ortsfest, was bei Benutzung großer Spektrographen günstig ist. Bei den aufgeführten Systemen ist der Hauptspiegel parabolisch geformt. Sie eignen sich nur für die Beobachtung von Objekten nahe der optischen Achse des Systems, da bei seitlich liegenden Objekten das Lichtbündel schräg auf den Hauptspiegel trifft, von dem es dann nicht in einem Punkt, sondern auf einer Fläche mit komplizierter Umrandung (Koma) vereinigt wird. Dieser Abbildungsfehler ist um so größer, je größer der Achsabstand des Objekts ist. Der nutzbare Gesichtsfelddurchmesser parabolischer Hauptspiegel ist meist kleiner als wenige Bogenminuten.

Zur Abbildung größerer Sternfelder benötigt man S.e mit einem großen brauchbaren Gesichtsfeld. Ein derartiges Spiegelsystem ist das ***Schmidt-System*** (nach B. Schmidt, 1879–1935) mit einem Kugelspiegel als Hauptspiegel. Die bei jedem Kugelspiegel auftretende sphärische Aberration, derzufolge achsferne Strahlen eine kürzere Brennweite als achsnahe haben, wird durch eine *Korrektionsplatte* korrigiert. Sie befindet sich in der doppelten Brennweite vor dem Hauptspiegel, also in dessem Krümmungsmittelpunkt. Die Korrektionsplatte ist eine dünne, kompliziert geschliffene Glasscheibe, die dafür sorgt, daß die Brennweite der Randstrahlen verlängert, die der achsnahen Strahlen verkürzt wird. Den Durchmesser der Korrektionsplatte wählt man bedeutend kleiner als den Durchmesser des Hauptspiegels (meist im Verhältnis 2:3), damit schräg einfallende Strahlenbündel mit einem großen Querschnitt noch voll den Spiegel treffen können und nicht vom Spiegelrand teilweise abgeschnitten werden. Wegen der Kugelsymmetrie des Hauptspiegels und der Lage der Korrektionsplatte in dessem Mittelpunkt treffen achsferne Strahlenbündel unter gleichen Bedingungen auf den Hauptspiegel wie achsnahe. Die wirksame freie Öffnung eines Schmidt-Spiegels wird durch die Korrektionsplatte bestimmt. Das optische System hat eine kugelförmige Brennfläche, die in der Mitte zwischen Korrektionsplatte und Hauptspiegel liegt. Hier befindet sich die Kassette mit der Photoplatte, die durch ein fest mit dem Tubus verbundenes Haltekreuz gehalten wird. Die Photoplatte muß während der Belichtung kugelförmig durchgebogen werden, um sie der Brennfläche anzupassen. (Die Wölbung der Brennfläche kann durch das Anbringen einer Ebnungslinse vor der Photoplatte vermieden werden.) Der nutzbare Gesichtsfelddurchmesser eines Schmidt-Systems beträgt mehrere Grad. Ein ***Maksutow-System*** (nach M. Maksutow, 1896–1946) hat ebenfalls einen Kugelspiegel, aber statt der Korrektionsplatte eine dicke, zum Spiegel konzentrische Meniskuslinse in der Nähe der Brennfläche. ***Super-Schmidt-Systeme*** bestehen aus einer Kombination von Kugelspiegel, Meniskuslinse und Korrektionsplatte; sie können für extrem große Gesichtsfelder, z.T. mit mehr als 50° Durchmesser, und extreme Öffnungsverhältnisse konstruiert werden. Ein ***Ritchey-Chrétien-System*** (nach G. Ritchey, 1864–1945, und H. Chrétien, 1879–1956) stellt ein modifiziertes Cassegrain-System dar, bei dem sowohl der parabolische Hauptspiegel als auch der hyperbolische Sekundärspiegel so deformiert sind, daß die Bildfehler für achsferne Punkte weitgehend vermieden werden; es besitzt dadurch gleichfalls ein großes brauchbares Gesichtsfeld. Wegen der Deformation des Hauptspiegels ist das System im allg. nicht für Beobachtungen im Primärfokus geeignet, es sei denn, man bringt ein zusätzliches Korrektionslinsensystem an. Die ursprünglich nicht ebene Brennfläche eines Ritchey-Chrétien-Systems kann unter Verwendung von Ebnungslinsen geebnet werden, wobei sich gleichzeitig noch eine Vergrößerung des brauchbaren Gesichtsfeldes ergibt. Man erhält so Felddurchmesser von mehr als 1°. Wegen der komplizierten Form der Spiegelflächen stellt der Bau von Ritchey-Chrétien-Systemen hohe Anforderungen an die optische Fertigung.

Großteleskope besitzen vielfach mehrere Systemvarianten. Durch die Auswechselung bzw. den Einbau von Sekundär- und Hilfsspiegeln läßt sich der Brennpunkt des optischen Gesamtsystems an unterschiedliche Stellen legen, so daß außer dem Primär- auch der Cassegrain-, Nasmyth- oder Coudé-Fokus genutzt werden können.

Die optische Achse des Hauptspiegels ist im allg. mit der Beobachtungsrichtung identisch. Bei Spiegelanordnungen, bei denen die Hauptspiegelachse etwas dazu geneigt ist, kommt der Primärfokus außerhalb des Tubus zu liegen. Damit treten im Strahlengang keinerlei Abschattungen durch Sekundärspiegel auf, nachteilig ist jedoch, daß zusätzliche Bildfehler entstehen. Beim ***Herschel-System*** (nach F.W. Herschel, 1738–1822) beobachtet man im Primärfokus, beim ***Schiefspiegler*** wird durch Verwendung eines Hilfsspiegels der Brennpunkt, ähnlich wie beim Cassegrain-System, in die Nähe des Hauptspiegels gelegt. Beide Systeme werden nur für visuelle Beobachtungen genutzt.

Zur Beobachtung sehr lichtschwacher Objekte muß der Hauptspiegel als lichtsammelndes Element möglichst groß sein. Bei den herkömmlichen monolithischen Spiegeln wachsen mit steigendem Durchmesser die Herstellungsschwierigkeiten stark an. Um dies zu umgehen, verwendet man bei einigen Großteleskopen z.T. ***Segment-*** oder ***Mosaikspiegel***, bei denen der Hauptspiegel von mehreren Einzelspiegeln geformt wird, die von einer gemeinsamen Halterung getragen werden.

Bei sehr dünnen monolithischen Hauptspiegeln und bei Segmentspiegeln muß zur Kompensation der durch mechanische, thermische und andere Effekte verursachten Verschlechterung der optischen Güte des Systems eine wiederholte Nachjustierung erfolgen. Dazu sind die den Spiegel tragenden Unterstützungssysteme so konstruiert, daß mit ihrer Hilfe der Hauptspiegel etwas deformiert werden kann (bzw. die den Hauptspiegel bildenden Einzelspiegel). Der Vorteil einer derartigen ***aktiven Optik*** ist, daß sich selbst die von der Herstellung herrührenden Restfehler durch eine gewollte Spiegeldeformation korrigieren lassen. Bei der Nachjustierung, die mindestens zu Beginn der Beobachtung eines neuen Objekts, im all. aber in regelmäßigen Abständen während der Beobachtung erfolgt, wird mit Hilfe optischer Prüfmethoden die Güte der Abbildung eines im Aufnahmegebiet befindlichen Referenzsterns analysiert. Sinkt die Abbildungsgüte unter einen vorgegebenen Grenzwert, werden die zur Wiederherstellung der optimalen Abbildung notwendigen Formänderungen des Hauptspiegels (bzw. der Teilspiegel) sowie eine eventuell notwendige geringe Lageänderung des Sekundärspiegels berechnet und danach mit Hilfe entsprechender Stellglieder die Korrekturen am optischen System veranlaßt.

Eine ***adaptive Optik*** dient zur Kompensation der durch die Luftunruhe verursachten Abbildungsfehler. Infolge der Inhomogenitäten der Erdatmosphäre sind die von einer extraterrestrischen Lichtquelle am Teleskop eintreffenden Wellenfronten (die Flächen gleicher Wellenphase, z.B. „Wellenberge“) deformiert. Durch entsprechende lokale Verbiegungen eines kleinen im Strahlengang befindlichen deformierbaren Spiegels werden die Wellenfrontdeformationen so rückgängig gemacht, daß in der Brennebene ebene Wellenfronten die Abbildung bewirken. Das theoretische Auflösungsvermögen des optischen Systems (→ Fernrohr) kann damit voll ausgeschöpft werden. Wegen der raschen und rein zufälligen Änderungen der atmosphärischen Inhomogenitäten muß mit einem Wellenfrontanalysator in Intervallen von 1 bis 50 ms die jeweilige Bildqualität geprüft, die Kompensationsverbiegungen für viele Stellen des Hilfsspiegels berechnet und mit geeigneten, an seiner Rückseite angebrachten Stellgliedern veranlaßt werden. Der bei einer adaptiven Optik zu treibende Aufwand ist dadurch unvergleichlich viel größer als bei einer aktiven

Abb. 2: 6-m-Spiegelteleskop in Selentschuk (Georgien). Die aus einzelnen Facetten bestehende Abdeckung des Hauptspiegels ist hochgeklappt, ihm gegenüber befindet sich die Beobachterkabine. (Aufnahme: Astronomisches Spezialobservatorium der russischen Akademie der Wissenschaften)

Optik. Die noch zu tolerierenden Wellenfrontdeformationen sind von der Größenordnung 1/4 der Beobachtungswellenlänge. Da demzufolge mit wachsender Wellenlänge der notwendige Aufwand sinkt und die Wellenfrontdeformationen sowie ihre zeitlichen Änderungen bei größeren Wellenlängen geringer als bei kleineren sind, werden adaptive Optiken gegenwärtig nur bei Beobachtungen im Infrarotbereich angewandt; für kürzere Wellenlängen sind die technischen Schwierigkeiten noch zu groß. Eine befriedigende Wellenfrontglättung läßt sich wegen der kleinräumigen Dichteinhomogenitäten in der Erdatmosphäre für jeweils nur einen sehr kleinen Raumwinkelbereich von wenigen Bogensekunden Durchmesser erreichen. In diesem Bereich muß auch die zur Analyse der Wellenfront benutzte Punktquelle (der Referenzstern) liegen. Falls kein geeigneter Stern nahe dem zu untersuchenden Objekt gefunden werden kann, erzeugt man sich eine punktförmige Testpunktquelle gelegentlich mit einem Laserstrahl am Himmel.

Zur Vergrößerung der lichtsammelnden Fläche werden auch mehrere Einzelteleskope, von denen jedes einen möglichst großen Hauptspiegel hat, auf eine gemeinsame (azimutale) Montierung mit einer gemeinsamen Tubuskonstruktion gesetzt; man erhält dann ein ***Viel-Spiegel-Teleskop***. Die Tubuskonstruktion trägt u.a. Hilfsspiegel und optische Umlenkelemente, die das von den einzelnen Hauptspiegeln gesammelte Licht in einem gemeinsamen Brennpunkt zusammenführen. Eine andere Möglichkeit besteht darin, daß man mehrere große Einzelteleskope nebeneinander aufstellt und durch eine geeignete Strahlführung dafür sorgt, daß das Licht in einem gemeinsamen Fokus vereinigt wird. Diese Lösung hat den Vorteil, daß man mit relativ kleinen Schutzbauten für die Einzelteleskope auskommt, und daß man jedes von ihnen auch getrennt für sich nutzen kann.

Das größte derzeit in Betrieb befindliche S. mit einem monolithischen Hauptspiegel steht im Kaukasus (Selentschuk, Georgien), Abb. 2. Der Spiegeldurchmesser beträgt 6 m, die Brennweite 24 m. Außer im Primärfokus sind Beobachtungen in zwei gegenüberliegenden Nasmyth-Fokus möglich, Brennweite 180 m. Das 6-m-Spiegelteleskop ist azimutal montiert. Das

Abb. 3: 5-m-Spiegel des Hale-Teleskops während der letzten Polierarbeiten. Durch die noch nicht mit Spiegelmetall belegte Glasoberfläche sind die Aussparungen im Glasblock zu erkennen. Im Hintergrund das untere Ende des Gittertubus, oben rechts einer der Träger der Rahmenmontierung. (Aufnahme: Mount Wilson and Palomar Observatories, Pasadena, USA)

Abb. 4: Blick in die Beobachterkabine des 5-m-Hale-Teleskops. Neben der rechten Hand des Beobachters ist das Okular zur visuellen Überwachung der Teleskopnachführung während der Beobachtung zu sehen. (Aufnahme: Mount Wilson and Palomar Observatories, Pasadena, USA)

zweitgrößte S. mit monolithischem Hauptspiegel ist das *Hale-Teleskop* auf Palomar Mountain in Kalifornien (USA), Abb. 3 und 4. Sein Spiegel hat einen Durchmesser von 5,10 m (200 Zoll) und eine Brennweite von 16,8 m. Für Beobachtungen im Cassegrain-Fokus beträgt die Brennweite 83 m, für Beobachtungen im Coudé-Fokus 152 m. Es besitzt eine englische Rahmenmontierung, deren nördliches Lager hufeisenförmig ausgebildet ist, so daß das Teleskop auch auf den Himmelspol ausgerichtet werden kann. In der

Abb. 5: 2-m-Kombinationsspiegelteleskop des Karl-Schwarzschild-Observatoriums Tautenburg. In der Version als Schmidt-Teleskop ist es das größte derzeit existierende dieser Art. Am linken Gabelholm ein Spektrograph in einem der beiden Quasi-Cassegrain-Fokus. (Aufnahme: Karl-Schwarzschild-Observatorium Tautenburg)

Thüringer Landessternwarte (Karl-Schwarzschild-Observatorium, Tautenburg) befindet sich das größte Schmidt-Teleskop. Es hat einen 2-m-Kugelspiegel mit 4 m Brennweite und einer Korrektionsplatte von 1,34 m Öffnung, Abb. 5. Es kann unter Verwendung eines konvex-hyperbolähnlich geschliffenen Hilfsspiegels auch als Quasi-Cassegrain- (mit Brennpunkten nahe den beiden Lagern der Deklinationsachse) und als Coudé-Instrument benutzt werden. Auf Mount Hopkins (Arizona, USA) ist ein Viel-Spiegel-Teleskop in Betrieb, dessen 6 Hauptspiegel mit jeweils 183 cm Durchmesser in der Lichtsammelleistung einem 4,50-m-Spiegelteleskop entsprechen. Das S. mit der gegenwärtig größten lichtsammelnden Fläche befindet sich auf Mauna Kea (Hawaii, USA). Es ist ein Segmentspiegel aus 36 hexagonalen Einzelteilen, die jeweils einen Durchmesser von 1,8 m und eine Dicke von nur 7,5 cm haben. Der Durchmesser des Gesamtspiegels beträgt 10 m. In Bau befindet sich eines der künftigen vier monolithischen 8,2-m-Spiegelteleskope, die im Observatorium der Europäischen Süd-Sternwarte auf dem Cerro Paranal (Chile) aufgestellt werden. (Über andere spezielle S.e → Sternwarte.)

Sonderkonstruktionen von S.en werden z.T. dann notwendig, wenn Beobachtungen in einem anderen als dem optischen Spektralbereich gemacht werden sollen, → Radioteleskop, → Röntgenteleskop.

Spika, svw. Spica.

Spindelgalaxie, ***Spindelsystem***, ein extragalaktisches Sternsystem vom Typ S0.

Spiralarm, eine für spiralförmige extragalaktische Sternsysteme charakteristische Struktureinheit; → Sternsystem, → Milchstraßensystem.

Spiralarmpopulation, svw. extreme Population I.

Spiralsystem, *Spiralnebel*, ein extragalaktisches Sternsystem mit Spiralarmen als charakteristische Struktureinheit.

Spritzprotuberanz, → Protuberanz.

sr, Einheitenzeichen für Steradiant, die Maßeinheit des Raumwinkels; → Winkel.

SS-Cygni-Sterne, svw. U-Geminorum-Sterne.

S-Stern, Stern der Spektralklasse S.

Standardstern, ein Stern, bei dem mindestens eine Beobachtungsgröße (z.B. die scheinbare Helligkeit, das Spektrum) sehr genau vermessen ist, und der zusammen mit anderen Sternen das diese Größe definierende Bezugssystem festlegt; → Photometrie, → Spektralklasse.

Stark-Effekt [nach dem dtsch. Physiker J. Stark, 1874–1957], die Aufspaltung von Spektrallinien in mehrere Komponenten, wenn sich die das Spektrum erzeugenden Atome in einem starken elektrischen Feld befinden. Infolge der Wechselwirkung zwischen den Elektronen in den Atomhüllen und dem äußeren elektrischen Feld werden die Energieniveaus der Elektronen in mehrere Unterniveaus aufgespaltet, deren Energiedifferenzen von der Stärke des herrschenden Feldes abhängen. In Sternatmosphären können bei hohen Dichten die Teilchen so eng benachbart sein, daß die emittierenden bzw. absorbierenden Atome nahezu immer unter dem Einfluß der Felder geladener Nachbarteilchen stehen. Deren Felder sind jedoch relativ schwach, so daß es nicht zu einer meßbaren Linienaufspaltung, höchstens zu einer Linienverbreiterung kommt.

Stefan-Boltzmannsches Gesetz, → Strahlungsgesetze.

Stefan-Boltzmann-Konstante [nach den Physikern J. Stefan, 1835–1893, und L. Boltzmann, 1844–1906], Kurzz. σ, $\sigma = 5{,}680 \cdot 10^{-8}$ J m^{-2} s^{-1} K^{-4}.

Steinbock, das Sternbild → Capricornus.

Steinmeteorit, ein im wesentlichen aus silicatischem Gestein bestehender Meteorit.

Stella Polaris [stella, lat., ‚Stern'], svw. Polarstern.

Stellarastronomie, Teilgebiet der Astronomie, das sich mit den Sternen, vor allem mit ihrer räumlichen Verteilung und ihren Bewegungsverhältnissen befaßt.

Stellarstatistik, Teilgebiet der Astronomie, das sich mit der Untersuchung der räumlichen Verteilung der Sterne im Milchstraßensystem befaßt. Wegen der außerordentlich großen Zahl von Sternen spielen statistische Betrachtungsweisen eine Hauptrolle.

Die Beobachtungsgrundlage der S. bilden Himmelsdurchmusterungen. Die dabei erfaßten Sterne werden in Helligkeitsgruppen eingeteilt, bei denen sich die mittlere scheinbare Helligkeit *m* im allg. um jeweils 1 mag unterscheidet. In den unterschiedlichen Beobachtungsrichtungen wird dann die Zahl *N*(*m*) der Gruppenmitglieder je Flächeneinheit an der Himmelskugel bestimmt (Abb.). Diese Sternzahlen stellen die numerischen Ausgangsgrößen der S. dar. Als kumulative Sternzahlen S_m bezeichnet man die bis zu einer bestimmten scheinbaren Helligkeit *m* aufsummierten Sternzahlen.

Die Zahl der Sterne an der Himmelskugel nimmt mit abnehmender scheinbarer Helligkeit sehr rasch zu. Bis

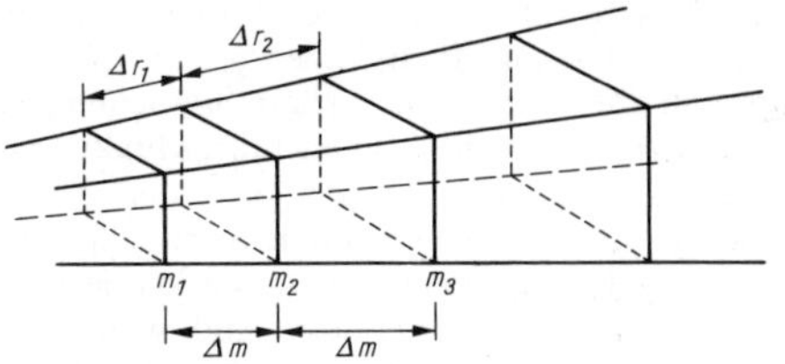

Zusammenhang zwischen der Zunahme der scheinbaren Helligkeit *m* um den konstanten Betrag Δm mit der Vergrößerung des zugehörigen Entfernungsintervalls um den Faktor *x* ($\Delta r_2 = x\Delta r_1$) und des zugehörigen Volumens um den Faktor x^3

zur scheinbaren visuellen Helligkeit von 6^m beträgt die Gesamtzahl der Sterne am Himmel etwa 6000 (→ Sternzahl, Tab.), bis zur scheinbaren Helligkeit 12^m sind es rund 1 Mill., bis zu 18^m etwa 150 Mill. Dabei ist die Zunahme nahe dem galaktischen Äquator weitaus stärker als an den galaktischen Polen, was sich besonders im Verhältnis der kumulativen Sternzahlen zeigt (Tab.). Wegen der großen Zahl der bei den Durchmusterungen einzeln zu erfassenden Sternen beschränkt man sich bei der Ermittlung der Sternzahlen im allg. auf einzelne, regelmäßig über den Himmel verteilte kleinere Areale (Eichfelder). Die aus diesem Beobachtungsmaterial folgenden Resultate können (mindestens in erster Näherung) als repräsentativ für die verschiedenen Beobachtungsrichtungen angesehen werden, obwohl der von den Eichfeldern überdeckte Teil des Himmels klein ist.

Über alle galaktischen Längen gemittelte Sternzahlen N(m) je Quadratgrad in Abhängigkeit von der galaktischen Breite und das Verhältnis der kumulativen Sternzahlen in der galaktischen Ebene (S_0) zu denen an den galaktischen Polen (S_{90})

m	*N*(*m*) 0° bis 20°	*N*(*m*) 40° bis 90°	$S_0 : S_{90}$
4	0,013	0,0053	3,4
6	0,107	0,044	3,4
8	0,832	0,337	3,6
10	6,18	2,33	4,3
12	43,0	13,8	5,6
14	275	67,8	8,4
16	1550	267	13,2
18	7310	548	21,1
20	28200	2140	34,4
22	50900	3130	44,2

Die Bestimmung der Zahl der Sterne je Volumeneinheit (Sterndichte) aus den Sternzahlen ist kompliziert, weil die Sterne unterschiedliche absolute Helligkeiten haben, so daß die scheinbare Helligkeit kein unmittelbares Maß für die Sternentfernung darstellt: Zu den Sternzahlen in einem bestimmten Helligkeitsintervall tragen sowohl nahe, aber leuchtkraftschwache als auch ferne, aber leuchtkraftstarke Sterne bei. Erst wenn die Verteilung der Sterne über die verschiedenen absoluten Helligkeiten (die Leuchtkraftfunktion) bekannt ist, kann aus den Sternzahlen auf die räumliche

Dichte geschlossen werden. Die Leuchtkraftfunktion variiert mit dem Ort im Milchstraßensystem; sie läßt sich empirisch aber nur für die nähere Sonnenumgebung zuverlässig ermitteln (→ Leuchtkraftfunktion). Eine weitere Schwierigkeit bereitet die interstellare Extinktion, da durch sie die scheinbare Sternhelligkeit reduziert wird, und zwar im allg um so stärker, je weiter die Sterne von der Sonne entfernt sind, wobei die Schwächung in den verschiedenen Beobachtungsrichtungen unterschiedlich stark ist und von der (unbekannten) Verteilung des interstellaren Staubes längs der Sichtlinie abhängt. Wegen des unbekannten Extinktionsbetrages kann man selbst bei bekannter absoluter Helligkeit eines Sterns seine Entfernung nicht ohneweiteres aus der gemessenen scheinbaren Helligkeit erschließen. Bliebe die interstellare Extinktion unberücksichtigt, würden alle Entfernungen im Milchstraßensystem zu groß, die Sterndichten entsprechend zu klein angenommen werden. Die Strukturverzerrungen wären in unterschiedlichen Beobachtungsrichtungen unterschiedlich.

Bei der numerischen Bestimmung der räumlichen Sterndichte aus den Sternzahlen geht man von einer bestimmten Leuchtkraftfunktion (die örtlich unterschiedlich sein kann) und bestimmten Modellannahmen hinsichtlich der räumlichen Verteilung der Sterne sowie der Verteilung des interstellaren Staubes aus und berechnet für eine bestimmte Beobachtungsrichtung die Zahl der Sterne je Flächeneinheit an der Himmelskugel in Abhängigkeit von der scheinbare Helligkeit, die man unter den gemachten Annahmen beobachten würde, und vergleicht diese Zahlen mit den tatsächlich beobachteten Sternzahlen. Die Modellannahmen werden schrittweise so lange verändert, bis eine befriedigende Übereinstimmung zwischen den theoretischen und den beobachteten Sternzahlen besteht. Dies ist nicht immer eindeutig möglich, so daß in bestimmten Fällen zusätzliche Untersuchungen notwendig sind. Mit dem Verfahren lassen sich nur relativ grobe Strukturen des Milchstraßensystems erfassen, wobei mit zunehmender Entfernung von der Sonne Feinheiten in der räumlichen Sternverteilung immer mehr verlorengehen; für die nähere Sonnenumgebung lassen sich aber einzelne Details recht genau ermitteln. Geht man von Sternen aus, die die gleiche (oder nahezu die gleiche) absolute Helligkeit haben, fallen die Unsicherheiten hinsichtlich der Leuchtkraftfunktion weg. Für derartige Sterne ergeben sich zwar gesichertere Aussagen über ihre räumliche Verteilung, sie bilden aber nur ein mehr oder minder repräsentatives Untersystem des Milchstraßensystems.

Steradiant *m*, Einheitenzeichen sr, Maßeinheit des Raumwinkels; → Winkel.

Stereokomparator, → Komparator.

Stern, ***Fixstern***, eine massereiche, selbstleuchtende Gaskugel; landläufig jeder am nächtlichen Himmel sichtbare Himmelskörper außer dem Mond, also auch die Planeten, die „Wandelsterne". Im Gegensatz zu diesen werden die S.e – mit Ausnahme der Sonne – als Fixsterne bezeichnet, da man bis ins Mittelalter annahm, daß sie an einer Fixsternsphäre befestigt („fixiert") seien.

Der S. mit der geringsten Entfernung von der Erde ist die Sonne, danach folgt Proxima Centauri, dessen Entfernung mit 1,30 pc etwa 270000mal größer ist als die der Sonne. Die bekannten Sterne mit einer Entfernung von der Sonne geringer als 5 pc gibt die Tabelle Seite 415. Die am weitesten entfernten, als Einzelobjekte noch erkennbaren S.e befinden sich in extragalaktischen Sternsystemen, die einen Sonnenabstand in der Größenordnung von einigen Mill. pc haben. Die großen Entfernungen bewirken, daß selbst die nächsten S.e auch im Fernrohr punktförmig erscheinen und ihre scheinbaren Bewegungen an der Himmelskugel relativ zueinander außerordentlich gering sind und sich erst – wenn überhaupt – nach jahrelangen Beobachtungen bemerkbar machen (→ Eigenbewegungen). Die S.e konzentrieren sich an der Himmelskugel gegen das unregelmäßig begrenzte Band der Milchstraße (→ Stellarstatistik). Die rund 6000 mit bloßem Auge sichtbaren S.e und weitere einige 100 Mrd. andere S.e bilden das → Milchstraßensystem, dessen Zentrum die Mitgliedsterne in mehr oder minder kreisähnlichen Bahnen umlaufen. Innerhalb des Milchstraßensystems existieren neben Einzelsternen auch Doppel- und Mehrfachsterne sowie eine große Anzahl von Sternhaufen. Die extragalaktischen → Sternsysteme sind Sternanordnungen, die z.T. dem Milchstraßensystem gleichen, sich in ihrer Struktur und Größe aber auch stark von ihm unterscheiden können.

Die S.e haben sehr unterschiedliche scheinbare Helligkeiten, was einerseits an den unterschiedlichen Entfernungen von der Sonne, andererseits an den unterschiedlichen Leuchtkräften der S.e liegt. Die Leuchtkraftunterschiede gehen darauf zurück, daß die effektiven Temperaturen und die Radien der Sterne große Variationsbereiche überdecken: Die Effektivtemperaturen liegen zwischen etwa 2500 und 50000 K, in Einzelfällen können sie auch 100000 K erreichen. Die Radien der Neutronensterne sind von der Größenordnung 10 bis 15 km, die der Weißen Zwerge sind mit den Radien der Planeten (einige 1000 km) vergleichbar, während die Radien der Riesensterne denen der Planetenbahnen (einige 100 Mill. km) gleichen. Die Massen der S.e liegen in einem Bereich zwischen etwa 0,08 und rund 80 Sonnenmassen (→ Zustandsgrößen). Die meisten S.e haben eine konstante Helligkeit, doch finden sich auch S.e, deren Helligkeit mehr oder minder regelmäßig variiert. Bei den physischen → Veränderlichen, z.B. bei den Pulsationsveränderlichen und den Eruptionsveränderlichen, zu denen u.a. die Novae und die Supernovae gehören, wird der Lichtwechsel durch physikalische Vorgänge im Sterninnern verursacht, bei den Bedeckungsveränderlichen ist der Lichtwechsel allein durch die zufällige geometrische Lage der Sichtlinie bezüglich der Bahnebene der Komponenten im zugehörigen Doppelsternsystem bedingt. Das „Flimmern" der S.e (ihre → Szintillation) wird dem Sternlicht erst in der Erdatmosphäre aufgeprägt.

Die S.e sind selbstleuchtende Gaskugeln, die durch die eigene Schwerkraft zusammengehalten werden. Von diesen Gaskugeln können nur die äußersten Schichten, die Sternatmosphären, direkt beobachtet werden;

Sterne mit einer größeren scheinbaren visuellen Helligkeit als 2^{m},5 sowie einer Deklination größer als −40°

Stern	Koordinaten (2000) α h	α min	δ °	δ ′	m_{vis}	Sp	r (pc)	Bemerkungen
α Andromedae	0	8,4	29	5	2^{m},06	B8 IV	31	Alpheratz, SpD
β Andromedae	1	9,7	35	37	2^{m},06	M0 III	20	Mirach
γ Andromedae	2	3,9	42	20	2^{m},40	K0 II	77	Alamak, 3f
α Aquilae	19	50,8	8	52	0^{m},77	A7 V	5	Atair
α Arietis	2	7,2	23	27	2^{m},00	K2 III	20	
α Aurigae	5	16,7	46	0	0^{m},08	G0 III + G5 III	13	Capella, SpD
β Aurigae	5	59,5	44	57	1^{m},9	A2 IV	24	SpD, V*
α Bootis	14	15,7	19	11	−0^{m},04	K1 III	10	Arctur
ε Bootis	14	45,0	27	5	2^{m},37	K0 II-III	62	VisD 3″
α Canis Maioris	6	45,1	−16	43	−1^{m},46	A1 V	2,7	Sirius, VisD 8″, D*
ε Canis Maioris	6	58,6	−28	58	1^{m},50	B2 II		VisD 8″
δ Canis Maioris	7	8,4	−26	24	1^{m},84	F8 I	90	
β Canis Maioris	6	22,7	−17	57	1^{m},98	B1 II-III	53	SpD, 3f
η Canis Maioris	7	24,1	−29	18	2^{m},45	B5 I		
α Canis Minoris	7	39,3	5	14	0^{m},38	F5 IV	3,5	Procyon, VisD 4″
γ Cassiopeiae	0	56,7	60	43	1^{m},6	B0 IV	62	VisD 2″, V*
α Cassiopeiae	0	40,5	56	32	2^{m},23	K0 III	62	Schedir
β Cassiopeiae	0	9,2	59	9	2^{m},27	F2 III-IV	14	
ϑ Centauri	14	6,7	−36	22	2^{m},06	K0 III	15	
α Cephei	21	18,6	62	35	2^{m},44	A7 V	15	Alderamin
o Ceti	2	19,3	−2	59	2^{m},0	M6e II	75	Mira, V*
β Ceti	0	43,6	−17	59	2^{m},04	G9 III	16	
α Coronae Borealis	15	34,7	26	43	2^{m},23	A0 V	22	Gemma, V*
α Cygni	20	41,4	45	16	1^{m},25	A2 I	≈500	Deneb
γ Cygni	20	22,2	40	15	2^{m},20	F8 I		
ε Cygni	20	46,2	33	58	2^{m},46	K0 III	18	
γ Draconis	17	56,6	51	29	2^{m},23	K5 III	40	
β Geminorum	7	45,3	28	1	1^{m},14	K0 III	11	Pollux
α Geminorum	7	34,6	31	53	1^{m},59	A1 V	13,7	Castor, 6f
γ Geminorum	6	37,7	16	24	1^{m},93	A0 IV	27	
α Hydrae	9	27,6	−8	40	1^{m},98	K3 II-III	45	Alphard
α Leonis	10	8,4	11	58	1^{m},35	B7 V	22	Regulus, 3f, VisD 176″ und 3″
β Leonis	11	49,1	14	34	2^{m},14	A3 V	12	Denebola
α Lyrae	18	36,9	38	47	0^{m},03	A0 V	8	Wega
α Ophiuchi	17	34,9	12	34	2^{m},08	A5 III	15	Ras Alhague
η Ophiuchi	17	10,3	−15	43	2^{m},43	A2 V	19	VisD 0,6″
β Orionis	5	14,5	−8	12	0^{m},12	B8 I	80	Rigel, 3f: VisD 9″, SpD
α Orionis	5	55,2	7	24	0^{m},4	M1 I	95	Beteigeuze, V*
γ Orionis	5	25,1	6	21	1^{m},64	B2 III	35	Bellatrix
ε Orionis	5	36,2	−1	12	1^{m},70	B0 I		
ζ Orionis	5	40,8	−1	57	2^{m},05	O9,5 I	42	3f: VisD 2,5″, SpD
κ Orionis	5	47,8	−9	40	2^{m},06	B0 I	67	
δ Orionis	5	32,0	−0	18	2^{m},23	B0 III	71	VisD 3f
β Pegasi	23	3,8	28	5	2^{m},1	M2 II-III	45	V*
ε Pegasi	21	44,2	9	52	2^{m},40	K2 I	170	VisD 82″
α Pegasi	23	4,8	15	12	2^{m},49	B9 V	26	Markab
α Persei	3	24,3	49	52	1^{m},79	F5 I	62	Mirfak
β Persei	3	8,2	40	57	2^{m},12	B8 V	22	Algol, 3f, V*
α Piscis Austrini	22	57,6	−29	37	1^{m},16	A3 V	7	Fomalhaut
ε Sagittarii	18	24,2	−34	23	1^{m},85	B9 III	43	
σ Sagittarii	18	55,3	−26	18	2^{m},02	B2 V		
α Scorpii	16	29,4	−26	26	0^{m},9	M1 I	42	Antares, VisD, V*
λ Scorpii	17	33,6	−37	6	1^{m},63	B2 IV		SpD
ε Scorpii	16	50,2	−34	18	2^{m},29	K2 III	45	
δ Scorpii	16	0,3	−22	37	2^{m},32	B0 IV		
κ Scorpii	17	42,5	−39	2	2^{m},41	B1 III		
α Tauri	4	35,9	16	30	0^{m},85	K5 III	19	Aldebaran, VisD 31″, V

Sterne mit einer größeren scheinbaren visuellen Helligkeit als $2\overset{\mathrm{m}}{,}5$ sowie einer Deklination größer als −40°

Stern	Koordinaten (2000) α h	α min	δ °	δ ′	m_{vis}	*Sp*	*r* (pc)	Bemerkungen
β Tauri	5	26,3	28	36	$1\overset{\mathrm{m}}{,}65$	B7 III	36	
ε Ursae Maioris	12	54,0	55	58	$1\overset{\mathrm{m}}{,}77$	A0	25	Alioth, SpD
α Ursae Maioris	11	3,7	61	45	$1\overset{\mathrm{m}}{,}79$	K0 III	26	Dubhe
η Ursae Maioris	13	47,5	49	19	$1\overset{\mathrm{m}}{,}86$	B3 V	28	Benetnasch
ζ Ursae Maioris	13	23,9	54	56	$2\overset{\mathrm{m}}{,}27$	A1 V	21	Mizar, 4f
β Ursae Maioris	11	1,8	56	23	$2\overset{\mathrm{m}}{,}37$	A1 V	19	Merak
γ Ursae Maioris	11	53,8	53	42	$2\overset{\mathrm{m}}{,}44$	A0 V	36	Phecda
α Ursae Minoris	2	31,8	89	15	$2\overset{\mathrm{m}}{,}02$	F7 I	140	Polarstern, 3f: VisD 18″, SpD, V*
β Ursae Minoris	14	50,7	74	9	$2\overset{\mathrm{m}}{,}07$	K4 III	25	Kochab
α Virginis	13	25,2	−11	9	$0\overset{\mathrm{m}}{,}98$	B1 III–IV	44	Spica, SpD

α: Rektaszension; δ: Deklination; m_{vis}: scheinbare visuelle Helligkeit; *Sp*: Spektral- und Leuchtkraftklasse; *r*: Entfernung; VisD: visueller Doppelstern mit Winkelabstand der Komponenten; SpD: spektroskopischer Doppelstern; 3f: Dreifachstern; 4f Vierfachstern usw; V: Veränderlicher; D* bzw. V*: weitere Informationen in der Tabelle der → Doppelsterne bzw. der → Veränderlichen.

nur aus diesen Schichten kann die (elektromagnetische) Strahlung frei in den Weltraum entweichen. Die Dicke der Atmosphärenschicht, aus der der Hauptteil des sichtbaren Lichts stammt, ist im Vergleich zum jeweiligen Sternradius sehr gering, in ihr ist auch nur ein außerordentlich kleiner Teil der Gesamtsternmasse enthalten (→ Sternatmosphäre). Der weitaus größte, nahezu die gesamte Masse enthaltende Teil eines S.s, das Sterninnere, ist mit herkömmlichen Mitteln prinzipiell unbeobachtbar. Auf Grund theoretischer Untersuchungen lassen sich aber wohlbegründete Aussagen über das Sterninnere machen, z.B. über den Temperatur-, den Dichte- und den Druckverlauf, den physikalischen Zustand der Sternmaterie sowie über die für die Energiefreisetzung verantwortlichen Prozesse (→ Sternaufbau). Bei diesen Prozessen handelt es sich im wesentlichen um Kernreaktionen, bei denen aus leichten Elementen schwerere aufgebaut werden, was eine allmähliche Änderung der chemischen Zusammensetzung der Sternmaterie, damit des gesamten Sternaufbaus bewirkt. Diese Änderungen äußern sich u.a. in einer allmählichen Veränderung der beobachtbaren (globalen) Zustandsgrößen der S.e (→ Sternentwicklung). S.e entstehen aus interstellarer Materie. Dieser Prozeß war weder im Milchstraßensystem noch in anderen Sternsystemen einmalig, er findet auch gegenwärtig noch statt (→ Sternentstehung). Es existieren demzufolge S.e mit sehr unterschiedlichem Alter, das von wenigen Mill. bis zu 10 bis 15 Mrd. Jahren reicht (→ Altersbestimmung).

Zwischen einigen der globalen Zustandsgrößen eines S.s, z.B. der Effektivtemperatur, dem Durchmesser und der Leuchtkraft, bestehen definitionsgemäß Beziehungen, die durch einfache mathematische Formeln angebbar sind. Zwischen anderen Zustandsgrößen sind auf Grund der den Sternaufbau bestimmenden physikalischen Bedingungen verknüpfende Beziehungen zwar vorhanden, doch nicht durch einfache Formeln ausdrückbar, sie können aber an Hand von sog. Zustandsdiagrammen veranschaulicht werden. Zu diesen gehört vor allem das → Hertzsprung-Russell-Diagramm.

Die helleren mit bloßem Auge sichtbaren S.e haben z.T. eigene Namen, z.B. der Sirius oder der Polarstern. Viele S.e werden innerhalb eines Sternbildes mit griechischen oder lateinischen Buchstaben oder auch durch Zahlen benannt. Die scheinbar schwächeren S.e bezeichnet man mit der Nummer, unter der sie in einem der größeren Sternkataloge verzeichnet sind oder auch einfach durch ihre Koordinaten.

Sternassoziation, eine im allg. gering gegen ein Zentrum konzentrierte, gravitativ nicht gebundene Ansammlung von etwa 5 bis maximal 100 sehr junger, physikalisch ähnlicher Sterne. Die S.en bilden die am wenigsten kompakte Form der Sternhaufen. Die ***OB-Assoziationen*** werden im wesentlichen von Sternen der Spektralklassen O und B0 bis B2 gebildet, ebenso die in Reflexionsnebeln eingebetteten ***R-Assoziationen,*** die auch frühe A-Sterne enthalten können. Die ***T-Assoziationen*** bestehen hauptsächlich aus Veränderlichen vom Typ T Tauri. Die verschiedenen Typen von Assoziationen befinden sich oftmals im gleichen Raumgebiet, was z.B. in der Umgebung der Trapez-Sterne im Sternbild Orion der Fall ist; die Gürtelsterne des Orions sind Mitglieder einer OB-Assoziation.

Die S.en haben sehr unterschiedliche Ausdehnungen, die etwa 40 bis 200 pc betragen und damit wesentlich größer als die der Offenen Sternhaufen sind, doch sind die Grenzen einer S. nur sehr schwer angebbar. Die Zahl der Mitgliedsterne einer S. je Volumeneinheit ist viel geringer als die Anzahldichte der übrigen Sterne in der Umgebung, so daß am Ort einer Assoziation die Gesamtanzahldichte der Sterne nur geringfügig höher als im umgebenden Sternfeld ist. Bei einigen OB-Assoziationen werden Expansionsbewegungen mit Geschwindigkeiten von rund 10 km/s beobachtet. Nimmt man an, daß die jetzige Ausdehnung derartiger S.en infolge der Expansion von einem kleinen Ursprungsgebiet aus erreicht wurde, ergibt sich ein Alter von etwa 1 bis 10 Mill. Jahren für die Assoziation. Dies ist in Übereinstimmung mit dem Alter der O- und frühen B-Sterne, das höchstens etwa 10 bis 15 Mill. Jahre beträgt. Die T-Tauri-Sterne sind ebenfalls außerordentlich jung, sie haben noch nicht einmal den Hauptreihenzustand erreicht (→ Sternentwicklung). Die S.en sind insgesamt keine stabilen Gebilde: Unter

Bekannte Sterne in weniger als 5 pc Entfernung von der Sonne

Stern	Koordinaten (2000) α h	min	δ °	′	r (pc)	m_{vis}	M_{vis}	Sp
Sonne						$-26\overset{m}{,}70$	$4\overset{m}{,}87$	G2 V
Proxima Centauri	14	30,1	−62	41	1,30	$11\overset{m}{,}3$	$15\overset{m}{,}7$	M5e
α Centauri A	14	40,0	−60	51	1,33	$-0\overset{m}{,}01$	$4\overset{m}{,}4$	G2 V
α Centauri B						$1\overset{m}{,}4$	$5\overset{m}{,}8$	K5 V
Pfeilstern	17	57,9	4	33	1,83	$9\overset{m}{,}5$	$13\overset{m}{,}2$	M5 V
Wolf 359	10	56,7	7	3	2,34	$13\overset{m}{,}7$	$16\overset{m}{,}8$	M6e
BD + 36° 2147	11	3,4	36	2	2,52	$7\overset{m}{,}5$	$10\overset{m}{,}5$	M2 V
LFT 144 A	1	38,8	−17	58	2,60	$12\overset{m}{,}4$	$15\overset{m}{,}3$	M6e
LFT 144 B						$13\overset{m}{,}0$	$15\overset{m}{,}9$	M6e
Sirius A	6	45,1	−16	42	2,67	$-1\overset{m}{,}5$	$1\overset{m}{,}4$	A1 V
Sirius B						$8\overset{m}{,}7$	$11\overset{m}{,}6$	DA5
Ross 154	18	49,7	−23	50	2,85	$10\overset{m}{,}6$	$13\overset{m}{,}3$	M4e
Ross 248	23	41,9	44	12	3,16	$12\overset{m}{,}2$	$14\overset{m}{,}7$	M6e
ε Eridani	3	33,0	−9	28	3,32	$3\overset{m}{,}7$	$6\overset{m}{,}1$	K2 V
LFT 1729	22	38,4	−15	20	3,36	$12\overset{m}{,}6$	$15\overset{m}{,}0$	M6e
Ross 128	11	47,7	0	49	3,36	$11\overset{m}{,}1$	$13\overset{m}{,}5$	M5
61 Cygni A	21	6,6	38	42	3,42	$5\overset{m}{,}2$	$7\overset{m}{,}5$	K5 V
61 Cygni B						$6\overset{m}{,}0$	$8\overset{m}{,}3$	K7 V
Procyon A	7	39,4	5	14	3,48	$0\overset{m}{,}4$	$2\overset{m}{,}7$	F5 IV
Procyon B						$10\overset{m}{,}7$	$13\overset{m}{,}0$	DF
ε Indi	22	3,0	−56	46	3,51	$4\overset{m}{,}7$	$7\overset{m}{,}0$	K5 V
BD + 59° 1915 A	18	42,9	59	36	3,57	$8\overset{m}{,}9$	$11\overset{m}{,}1$	M4
BD + 59° 1915 B						$9\overset{m}{,}7$	$11\overset{m}{,}9$	M5
BD + 43° 44 A	0	18,1	44	1	3,60	$8\overset{m}{,}0$	$10\overset{m}{,}2$	M1 V
BD + 43° 44 B						$11\overset{m}{,}0$	$13\overset{m}{,}2$	M6 V
τ Ceti	1	44,1	−15	57	3,64	$3\overset{m}{,}5$	$5\overset{m}{,}7$	G8 V
CD −36° 15693	23	5,4	−35	53	3,66	$7\overset{m}{,}4$	$9\overset{m}{,}6$	M2 V
BD + 5° 1668	7	27,4	5	17	3,76	$9\overset{m}{,}8$	$11\overset{m}{,}9$	M4
CD −39° 14192	21	17,4	−38	52	3,92	$6\overset{m}{,}7$	$8\overset{m}{,}7$	M0 V
Kapteyns Stern	5	11,2	−44	56	3,98	$8\overset{m}{,}8$	$10\overset{m}{,}8$	M0 V
BD + 56° 2783 A	22	28,1	57	42	4,01	$9\overset{m}{,}8$	$11\overset{m}{,}8$	M3
BD + 56° 2783 B						$11\overset{m}{,}4$	$13\overset{m}{,}4$	M4e
Ross 614 A	6	29,3	−2	48	4,03	$11\overset{m}{,}1$	$13\overset{m}{,}1$	M4e
Ross 614 B						$14\overset{m}{,}8$	$16\overset{m}{,}8$	
BD −12° 4523	16	30,3	−12	39	4,10	$10\overset{m}{,}1$	$12\overset{m}{,}0$	M4
Wolf 28	0	49,1	5	25	4,24	$12\overset{m}{,}4$	$14\overset{m}{,}2$	DF3
Wolf 424 A	12	33,4	9	1	4,48	$12\overset{m}{,}7$	$14\overset{m}{,}4$	M7
Wolf 424 B						$12\overset{m}{,}7$	$14\overset{m}{,}4$	M7
BD + 50° 1725	10	11,5	49	27	4,50	$6\overset{m}{,}6$	$8\overset{m}{,}3$	M0
CD −37° 15492	0	5,0	−37	19	4,57	$8\overset{m}{,}6$	$10\overset{m}{,}3$	M4 V
CD −21° 6267 A	22	38,7	−20	37	4,57	$9\overset{m}{,}0$	$10\overset{m}{,}7$	M2
CD −21° 6267 B						$11\overset{m}{,}0$	$12\overset{m}{,}7$	Me
AD Leonis	10	19,6	19	52	4,69	$9\overset{m}{,}4$	$11\overset{m}{,}0$	M4 V
CD −46° 11540	17	28,6	−46	54	4,69	$9\overset{m}{,}4$	$11\overset{m}{,}0$	M5 V
CD −49° 13515	21	33,5	−49	0	4,78	$8\overset{m}{,}9$	$10\overset{m}{,}5$	M3
CD −44° 11909	17	37,1	−44	19	4,78	$11\overset{m}{,}2$	$12\overset{m}{,}8$	M5
Ross 780	22	53,2	−14	15	4,85	$10\overset{m}{,}2$	$11\overset{m}{,}8$	M5
BD + 68° 946	17	36,5	68	21	4,93	$9\overset{m}{,}1$	$10\overset{m}{,}6$	M3 V
LFT 491	11	45,4	−64	50	4,93	$12\overset{m}{,}5$	$14\overset{m}{,}0$	DA
BD + 15° 2620	13	45,6	14	55	4,95	$8\overset{m}{,}5$	$10\overset{m}{,}0$	M4 V
σ^2 Eridani A	4	15,4	−7	36	4,98	$4\overset{m}{,}5$	$6\overset{m}{,}0$	K1 V
σ^2 Eridani B						$9\overset{m}{,}5$	$11\overset{m}{,}0$	DA
σ^2 Eridani C						$11\overset{m}{,}0$	$12\overset{m}{,}5$	M4e

α: Rektaszension; δ: Deklination; r: Entfernung; m_{vis}: scheinbare visuelle Helligkeit; M_{vis}: absolute visuelle Helligkeit; Sp: Spektral- und Leuchtkraftklasse. A, B und C bezeichnen die einzelnen Komponenten in einem Doppelstern- bzw. Dreifachsternsystem. Die Entfernungen und damit die Reihenfolge der aufgeführten Sterne ist vor allem am Ende der Tabelle wegen der verhältnismäßig großen Ungenauigkeiten bei der Entfernungsbestimmung nicht völlig gesichert.

der scherenden Wirkung der differentiellen Rotation des Milchstraßensystems und infolge der durch andere Sternhaufen und durch massereiche interstellare Wolken auf die S.en ausgeübten Gezeitenkräfte unterliegen sie einer verhältnismäßig raschen Auflösung; die Existenzzeit liegt (selbst ohne Expansion) in der Größenordnung von etwa 10 Mill. Jahren.

Die S.en sind stark gegen die galaktische Ebene konzentriert. Sie definieren zusammen mit den jungen Offenen Sternhaufen die Spiralarme im Milchstraßensystem und befinden sich wegen ihres geringen Alters noch in fast unmittelbarer Nähe ihres Entstehungsortes. Die S.en markieren damit auch die Gebiete im Milchstraßensystem, in denen eine Sternentstehung stattfindet. Die S.en sind typische Vertreter der extremen Population I.

Die Zahl der bekannten OB-Assoziationen beläuft sich auf etwa 70. Ihre Gesamtzahl im Milchstraßensystem dürfte etwa 100 bis 1000 betragen, von denen die Mehrheit aber durch (von der Sonne aus gesehen) vorgelagerte staubförmige interstellare Materie der Beobachtung entzogen ist. T-Assoziationen kennt man wesentlich weniger, was u.a. an den im Vergleich zu den O- und B-Sternen geringeren absoluten Helligkeiten der T-Tauri-Sterne liegen dürfte; damit ist deren Entdeckungswahrscheinlichkeit sehr gering. Von den R-Assoziationen sind gegenwärtig etwa 40 bekannt.

Die S.en werden mit dem abgekürzten Namen des Sternbilds benannt, in dem sie sich befinden, sowie einer Kennzeichnung der Art der Assoziation und einer fortlaufenden Nummer, z.B. Ori OB 2, Per T 2 oder Per R 1.

In den näheren extragalaktischen Sternsystemen, z.B. im Andromedanebel und in den Magellanschen Wolken, wurden ebenfalls S.en gefunden.

Sternatlas, eine Zusammenfassung einzelner → Sternkarten.

Sternatmosphäre, die äußersten Schichten eines Sterns, aus der die in den Weltraum ausgesandte (elektromagnetische) Strahlung stammt.

Bei der Sonne, dem uns nächsten Stern, unterteilt man die Atmosphäre auf Grund der Beobachtungsmöglichkeiten in Teilbereiche (→ Sonne): Die Hauptmenge der sichtbaren Strahlung kommt aus der Photosphäre, der untersten Atmosphärenschicht. Die darüberliegende Chromosphäre und die Korona sind wegen der Überstrahlung durch die Photosphäre im allg. unsichtbar. Bei den übrigen Sternen erwartet man eine ähnliche Struktur: Auch bei ihnen bezeichnet man die Schicht, aus der nahezu die gesamte sichtbare Strahlung kommt, als Photosphäre, und meint im allg. sie, wenn man von S. spricht.

Sterne sind Gaskugeln, die durch ihre eigene Schwerkraft zusammengehalten werden. Die Dicke der Schicht, aus der die Hauptmenge der Strahlung ungehindert in den Weltraum entweicht, ist verglichen mit der Ausdehnung eines Sterns sehr klein: Bei der Sonne beträgt die Photosphärendicke weniger als 1/1000 des Sonnenradius. In der gleichen Größenordnung liegen die relativen Photosphärendicken auch bei den übrigen Sternen, nur bei den Überriesen kann die Photosphäre eine deutlich größere Ausdehnung haben. (Ihrer geringen Ausdehnung wegen definiert die Photosphäre – z.B. bei Radiusangaben – die „Oberfläche" eines Sterns.) Im strengen Sinn läßt sich eine äußere Grenze einer Gaskugel wegen des allmählichen Dichteabfalls nach außen hin nicht angeben. Damit ist auch die Ausdehnung der Sternkoronen, der äußersten Atmosphärenschichten, unbestimmt. Sie stellen das (sehr große) Übergangsgebiet eines Sterns zum interstellaren Raum dar. Die theoretische Beschreibung des physikalischen Zustandes der Koronamaterie ist kompliziert und selbst bei der Sonne bei weitem noch nicht in allen Einzelheiten möglich (→ Sonne). Im Gegensatz dazu sind die Aussagen über die physikalischen Verhältnisse in den Sternphotosphären relativ gesichert, zumal sich die Aussagen auf ein großes Beobachtungsmaterial stützen können. Die folgenden Ausführungen beziehen sich im wesentlichen nur auf Sternphotosphären.

Den weitaus größten Teil eines Sterns, der nahezu die gesamte Masse enthält, aus dem aber keine (elektromagnetische) Strahlung direkt in den Weltraum gelangt, bezeichnet man als das Sterninnere. Es ist mit herkömmlichen Mitteln grundsätzlich nicht beobachtbar. Aussagen über den physikalischen Zustand der Materie im Sterninnern und über die dort ablaufenden Prozesse lassen sich daher nur auf Grund theoretischer Untersuchungen gewinnen (→ Sternaufbau). Zwischen der Atmosphäre und dem Innern eines Sterns besteht keine scharfe Grenze, beide gehen stetig ineinander über. Allein die Tatsache, ob Strahlung (gleich welcher Wellenlänge) direkt in den Weltraum gelangen kann, legt die Atmosphärenuntergrenze fest.

Eine S. wird von Gasschichten gebildet, in denen z.B. der Druck, die Temperatur und die Dichte in Abhängigkeit vom Abstand vom Sternzentrum variieren. Die Theorie der S.n versucht, diese Schichtung sowie die chemische Zusammensetzung der Atmosphärenmaterie aus den Beobachtungen heraus, speziell aus dem Spektrum der Sternstrahlung, zu bestimmen. Dies ist in voller Allgemeinheit kaum möglich. Man geht daher von vereinfachenden Annahmen aus, indem man im allg. nur wenig ausgedehnte S.n betrachtet, die weder expandieren noch kontrahieren und in denen keine großräumigen Strömungen oder Magnetfelder vorhanden sind. Nur in Spezialuntersuchungen betrachtet man auch sehr ausgedehnte und expandierende S.n. Da umgekehrt der physikalische Aufbau einer S. und die chemische Zusammensetzung der Atmosphärenmaterie die spektrale Zusammensetzung der ausgesandten Strahlung bestimmen, besteht ein wesentliches Ziel der Theorie der S., die beobachteten Sternspektren theoretisch zu erklären.

A u f b a u e i n e r S., E n e r g i e t r a n s p o r t. Die in einer S. sich einstellende Temperatur- und Druckschichtung hängt wesentlich von den Einwirkungen des Sterninnern ab: von der infolge der Massenanziehung des Sterninnern in der S. herrschenden Schwerebeschleunigung und von dem Energiestrom, der von innen kommend die S. durchsetzt. Die Größe der Schwerebeschleunigung bestimmt, wie stark das Gas in der S. zusammengedrückt wird. Wegen der geringen

Photosphärendicke kann die Schwerebeschleunigung der Einfachheit halber in der gesamten Photosphäre als konstant angesehen werden. In ihr herrscht ein hydrostatisches Gleichgewicht: An jeder Stelle halten die nach außen gerichteten Druckkräfte der nach innen gerichteten Gravitationskraft die Waage, mit der Folge, daß Druck und Dichte nach außen hin abnehmen.
Die eine S. durchsetzende Energie wird im wesentlichen durch Strahlung transportiert. Dabei senden tieferliegende, heißere Sternschichten mehr Energie nach außen als die weiter außen befindlichen, kühleren Schichten nach innen abgeben. Von der Durchsichtigkeit der Materie hängt es ab, wie weit zwei Schichten voneinander entfernt sein können, aber dennoch im direkten Strahlungsaustausch verbleiben. Die Durchsichtigkeit steigt, wenn die Absorptionsfähigkeit des Gases (ausgedrückt durch den Absorptionskoeffizienten) sinkt. Sie hängt von der chemischen Zusammensetzung der Sternmaterie, ihrem physikalischen Zustand, insbesondere vom Anregungs- und Ionisationszustand der verschiedenen Elemente, sowie von der Wellenlänge der Strahlung ab. Gibt man sich die Materiezusammensetzung vor, läßt sich der Absorptionskoeffizient für alle möglichen Dichte- und Temperaturwerte sowie für alle Wellenlängen im Rahmen der Atomphysik berechnen. Der Emissionskoeffizient beschreibt, bei welchen Wellenlängen die absorbierte Energie wieder ausgestrahlt wird. Im thermodynamischen Gleichgewicht sind Absorptions- und Emissionskoeffizient streng proportional, wobei der Proportionalitätsfaktor durch das Plancksche Strahlungsgesetz festgelegt ist.
In kühlen S.n spielt neben dem Energietransport durch Strahlung auch der Energietransport durch Konvektion eine Rolle, bei der einzelne Masseelemente als Energieträger fungieren. Dabei steigen heiße Materieballen auf, kühlere sinken ab. In einer S. im hydrostatischen Gleichgewicht existieren weder Energiequellen noch -senken, damit ist in ihr der Gesamtenergiestrom konstant, also die die S. nach außen je Sekunde durchsetzende, über alle Wellenlängen summierte Strahlungsenergie zuzüglich (falls vorhanden) der Energie, die von innen nach außen durch Konvektion transportiert wird. Ein Maß für die die Flächeneinheit je Sekunde durchsetzende gesamte Energie ist die effektive Temperatur eines Sterns, sie gibt den die Flächeneinheit der „Sternoberfläche" durchsetzenden Energiestrom an (→ Leuchtkraft eines Sterns).
In den Photosphären herrscht ein Temperaturgefälle, sie sind daher im strengen Sinn nicht im thermodynamischen Gleichgewicht: Die Intensität der Strahlung, von der ein beliebiges Volumenelement durchsetzt wird, hängt von der Richtung der Strahlung ab, die damit nicht als eine Hohlraumstrahlung (→ Strahlungsgesetze) beschrieben werden kann. Außerdem ist die spektrale Intensitätsverteilung des örtlichen Strahlungsfeldes nicht von vornherein bekannt. Dadurch ergeben sich Schwierigkeiten bei der Berechnung des an einem bestimmten Ort herrschenden Anregungs- und Ionisationszustandes der Atmosphärenmaterie, damit bei der Berechnung der lokal maßgebenden Absorptions- und Emissionskoeffizienten. Um diese Schwierigkeiten zu umgehen, nimmt man im allg. an, daß an jedem Ort in der S. die Anregungs- und Ionisationsbedingungen so sind, als würde lokal ein thermodynamisches Gleichgewicht entsprechend der lokalen Temperatur bestehen. Für viele Atmosphärenberechnungen stellt diese Annahme eine hinreichend gute Näherung dar. Bei sehr heißen S.n und solchen mit sehr geringen Gasdichten ist diese Annahme unbefriedigend, ebenso auch in den obersten Schichten einer „normalen" S. In diesen Fällen ist man gezwungen, mit einem „Nicht-lokalen-thermodynamischen-Gleichgewicht" zu rechnen, was zwar genauer, aber auch viel aufwendiger ist.
Die Absorptionsfähigkeit des Atmosphärengases bestimmt, aus welcher Tiefe Strahlung ungehindert in den Weltraum entweichen kann, wie tief damit ein Beobachter in die S. hineinsehen kann. Ist die Absorptionsfähigkeit groß, ist die geometrische Dicke der durchstrahlten Schichten klein, ist die Absorptionsfähigkeit gering, gelangt Strahlung auch noch aus großer Tiefe nach außen. In beiden Fällen hat das Produkt aus Absorptionskoeffizient und Schichtdicke (das man als optische Dicke bezeichnet) nahezu den gleichen Wert. Eine Schicht, deren optische Dicke einen Zahlenwert wesentlich größer als eins hat, ist undurchsichtig („optisch dick"), eine Schicht mit einer optischen Dicke viel kleiner als eins ist fast vollkommen durchsichtig („optisch dünn"). Die optische Dikke einer gegebenen Schicht mit einer bestimmten geometrischen Dicke hängt von der Wellenlänge der sie durchsetzenden Strahlung ab, da der Absorptionskoeffizient wellenlängenabhängig ist. (Eine Schicht kann für bestimmte Wellenlängen optisch dick für andere optisch dünn sein.) Eine S. umfaßt diejenigen äußeren Schichten eines Sterns, in denen die optische Tiefe (von außen gerechnet) nicht wesentlich größer als eins ist, wobei man im allg. diejenige Wellenlänge zugrunde legt, bei der etwa das Intensitätsmaximum der empfangenen Gesamtstrahlung liegt.
Die beobachtete Strahlung stammt aus unterschiedlichen geometrischen Tiefen: Die obersten, kühlsten Atmosphärenschichten tragen relativ wenig bei, da ihr Emissionsvermögen gering ist. (Bei thermodynamischem Gleichgewicht steigt es bei sonst ungeänderten Bedingungen proportional der 4. Potenz der Temperatur.) Die tiefsten und damit heißesten Schichten, aus denen gerade noch etwas Strahlung nach außen dringt, haben zwar ein hohes Emissionsvermögen, doch wird die von ihnen ausgesandte Strahlung auf dem Weg nach außen von den höherliegenden Schichten fast vollkommen absorbiert. Der Hauptteil der beobachteten Strahlung kommt daher aus Schichten der S., deren optische Tiefe etwa eins beträgt. Bei der Sonne macht sich die Temperaturschichtung und der Einfluß der optischen Tiefe auf die empfangene Strahlung in der sog. Randverdunklung bemerkbar: Am Rand der Sonnenscheibe tritt die Strahlung unter einem kleineren Winkel gegen die Oberfläche aus als in der Scheibenmitte (Abb. 1), die optische Tiefe eins (für eine bestimmte Wellenlänge) wird daher am Scheibenrand in höherliegenden, also kühleren und damit weniger stark emittierenden Schichten erreicht als in der Mitte

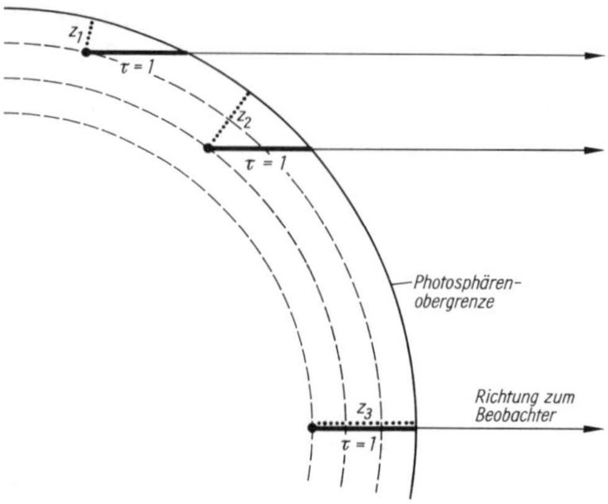

Abb. 1: Zur Randverdunklung der Sonnenscheibe. τ: optische Tiefe; z_1, z_2, z_3: geometrische Tiefen, aus denen jeweils die beobachtete Strahlung stammt

der Sonnenscheibe. Am Sonnenrand ist die Strahlungsintensität daher geringer als in der Scheibenmitte. Anders ausgedrückt: In der Scheibenmitte kann man tiefer in die Sonnenatmosphäre hineinsehen, man sieht dort heißere Atmosphärenschichten als am Scheibenrand.
Die Sterne erscheinen – im Gegensatz zur Sonne – punktförmig. Zur beobachteten Gesamtstrahlung tragen die unter unterschiedlichen Winkeln die S. verlassenden Strahlungsanteile unterschiedlich bei. Dies muß für jede Wellenlänge durch eine geeignete gewichtete Mittelbildung berücksichtigt werden.
Die (obere) Chromosphäre und die Korona eines Sterns haben eine z.T. wesentlich höhere Temperatur als die Photosphäre. Diese Schichten leisten im sichtbaren Spektralbereich dennoch keinen merklichen Beitrag zur beobachteten Strahlung, da die Gasdichte, damit das Emissionsvermögen, viel geringer als in der Photosphäre ist: Optisch dünne Schichten absorbieren nicht nur wenig Strahlung, sie emittieren auch wenig.
Atmosphärenmodelle. Als ein Atmosphärenmodell für einen bestimmten Stern bezeichnet man den berechneten Verlauf u.a. von Druck, Dichte und Temperatur; es ist von den für den Stern charakteristischen Parametern abhängig. Mit dem mechanischen und thermischen Aufbau der Atmosphäre beschreibt ein Modell auch das in jedem Punkt herrschende Strahlungsfeld, speziell die Richtungsabhängigkeit der Strahlungsintensität: Mit dem Atmosphärenmodell ergibt sich auch das Spektrum des Sterns.
Zur Berechnung eines derartigen Modells sind für jeden Ort in der Atmosphäre Gleichungen zu lösen, die den physikalischen Zustand der Materie und die Eigenschaften des Strahlungsfeldes beschreiben. Zu ihnen gehört eine Gleichung, die sich aus der Bedingung des hydrostatischen Gleichgewichts ergibt, sowie Gleichungen, die angeben, wie an jeder Stelle die Strahlung infolge von Absorption und Emission (also der Wechselwirkung zwischen Strahlung und Materie) beeinflußt wird. Die Stärke der Wechselwirkung hängt von der Wellenlänge der Strahlung und deren (richtungsabhängigen) Intensität ab. Im Prinzip ist daher für jede einzelne Wellenlänge und für jede einzelne Strahlungsrichtung eine gesonderte Gleichung zu lösen. Da das nicht im voller Allgemeinheit durchführbar ist (es würden zweimal unendlich viele Gleichungen benötigt), beschränkt man sich auf einige charakteristische Wellenlängen und Strahlungsrichtungen. Eine weitere Gleichung beschreibt die Konstanz des Gesamtstrahlungsstroms. Schließlich kommen noch Gleichungen zur Beschreibung des Anregungs- und Ionisationszustandes aller im Atmosphärengas vertretenen Elemente in Abhängigkeit von Dichte und Temperatur hinzu sowie eine Gleichung, die die Verknüpfung von Gasdichte, -druck und -temperatur angibt (die sog. Zustandsgleichung).
In diese Gleichungen gehen freie Parameter ein: die Schwerebeschleunigung an der Sternoberfläche, die effektive Temperatur des Sterns sowie die chemische Zusammensetzung der Sternmaterie. Diese Parameter sind zahlenmäßig vorzugeben. Damit ist auch das Ergebnis der Rechnungen, das Atmosphärenmodell, von diesen Parametern abhängig und ändert sich, wenn man einen von ihnen ändert. Den Temperatur- und Dichteverlauf für ein Atmosphärenmodell, für das die der Sonne entsprechenden Parameterwerte zugrunde gelegt wurden, zeigt die Abb. 2.
Die Menge und Kompliziertheit der Gleichungen be-

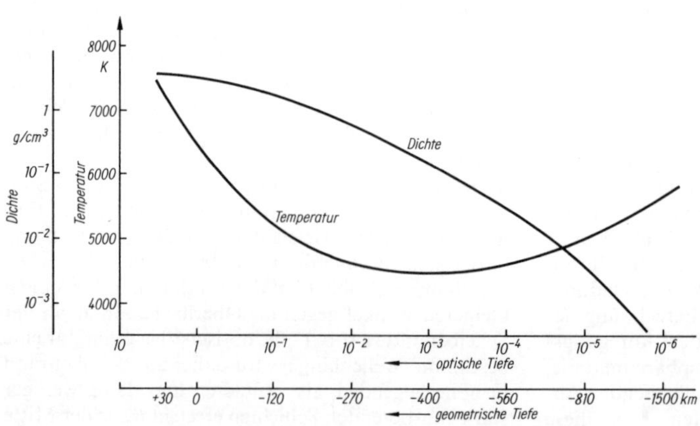

Abb. 2: Temperatur- und Dichteverlauf in der Photosphäre und der unteren Chromosphäre der Sonne. Als Bezugsniveau für die geometrische Tiefe ist (willkürlich) das gewählt, bei dem die optische Tiefe der Kontinuumstrahlung bei der Wellenlänge 500 nm den Wert Eins hat. Die Chromosphäre beginnt etwa 400 km über dem Bezugsniveau (geometrische Tiefe −400 km)

wirkt, daß ihre exakte Lösung den Einsatz großer Rechenmaschinen erfordert. Der Rechenaufwand sinkt erheblich, wenn man weitere vereinfachende Annahmen macht, doch wird dies durch gröbere Näherungsmodelle erkauft. Eine derartige Vereinfachung ergibt sich z.B., wenn eine von der Wellenlänge unabhängige Absorptionsfähigkeit der Atmosphärenmaterie angenommen wird. Der Strahlungstransport läßt sich dann durch eine einzige Gleichung (statt unendlich vieler) beschreiben. Auf diese Weise erhält man ein Modell für eine sog. „graue" S. Es stellt oft eine brauchbare Anfangsnäherung bei dem Verfahren dar, eine S. sehr genau zu modellieren (s.u.).

S. und Sternspektrum. Ein Sternspektrum besteht im allg. aus einem kontinuierlichen Spektrum, dem Absorptionslinien aufgeprägt sind. Die effektive Temperatur (die einer mittleren Temperatur der S. entspricht) bestimmt im wesentlichen die Intensitätsverteilung im Kontinuum: Das Maximum der Strahlungsintensität verschiebt sich zu um so kürzeren Wellenlängen, je heißer die S. ist (→ Strahlungsgesetze). Das Vorhandensein und die Stärke einer Absorptionslinie wird durch die Menge des diese Linie hervorrufenden Elements in der S. bestimmt sowie durch die Anzahl der Atome des Elements, die sich in dem für diese Linie charakteristischen Anregungs- und Ionisationszustand befinden. Der Anregungs- und der Ionisationsgrad eines Elements wachsen mit steigender Temperatur, der Ionisationsgrad wächst darüber hinaus mit abnehmender Dichte (einem Ion bieten sich dann je Sekunde weniger freie Elektronen zur Rekombination an). Zur Berechnung des Ionisationsgrades eines bestimmten Elements muß die Zahl der freien Elektronen je Volumeneinheit (die Elektronendichte) bekannt sein, wozu man den Ionisationsgrad sämtlicher anderen Elemente kennen muß, da auch andere als das gerade betrachtete Element zur Elektronendichte beitragen. Es ergibt sich damit die grundsätzliche Schwierigkeit, daß man den Ionisationsgrad der Elemente bereits kennen müßte, wenn man ihn berechnen will; er läßt sich daher nur in einem Näherungsverfahren ermitteln.

Die in einer S. herrschenden Gasdichte, damit auch die Elektronendichte, wird wesentlich durch die Schwerebeschleunigung beeinflußt; damit hängt das Aussehen eines Sternspektrums sowohl von der Effektivtemperatur als auch von der Schwerebeschleunigung an der Sternoberfläche ab. Dies erklärt die Unterschiede im Linienspektrum von Riesen- und Hauptreihensternen gleicher Effektivtemperatur: In der Atmosphäre eines Riesensterns ist die Schwerebeschleunigung (damit die mittlere Dichte) kleiner und der Ionisationsgrad der Elemente höher als in der Atmosphäre eines Hauptreihensterns gleicher Effektivtemperatur. Im Spektrum eines Riesensterns sind daher im Vergleich zu dem eines Hauptreihensterns die von neutralen Atomen stammenden Linien schwächer als die, die von Ionen herrühren. Die Einteilung der Sternspektren (→ Spektralklassifikation) nach Spektralklasse (Effektivtemperatur) und Leuchtkraftklasse (Schwerebeschleunigung) findet damit ihre theoretische Rechtfertigung.

Zum beobachteten Spektrum tragen unterschiedlich tiefe Atmosphärenschichten bei, in denen unterschiedliche physikalische Bedingungen herrschen. Aus welcher Tiefe im Mittel das Licht einer bestimmten Wellenlänge kommt, wird entscheidend durch den für diese Wellenlänge maßgebenden Absorptionskoeffizienten bestimmt. Man unterteilt ihn meist in einen kontinuierlichen und einen Linienabsorptionskoeffizienten. Zum kontinuierlichen, der (bis auf Sprungstellen an den Grenzen einiger Linienserien) nur gering mit der Wellenlänge variiert, tragen gebunden-freie Übergänge von Atomen und Ionen bei, und zwar hauptsächlich von Metallen, vom Helium und vom Wasserstoff sowie vom negativen Wasserstoffion. Zu Sprungstellen an Linienseriengrenzen kommt es, weil nur Strahlung mit einer Wellenlänge kleiner als der der Ionisationsenergie eines Atoms (oder Ions) entsprechenden Wellenlänge zu einem gebunden-freien Übergang führt (→ Atom). Zur Absorption von Strahlung mit größeren Wellenlängen kommt es nur an bestimmten Stellen des Spektrums, wodurch eine Serie von Linien verursacht wird, die sich in bezug auf eine bestimmte Wellenlänge, der Seriengrenze, konzentrieren, und die der Ionisationsenergie des Teilchens entspricht. Der kontinuierliche Absorptionskoeffizient steigt demzufolge in der Umgebung einer Seriengrenze mit wachsender Wellenlänge zunächst rasch bis zu einem bestimmten Grenzwert an und fällt dann plötzlich auf null ab. Da sich die Atome und Ionen in unterschiedlichen Anregungs- und Ionisationszuständen mit unterschiedlichen Ionisationsenergien (damit unterschiedlichen Seriengrenzwellenlängen) befinden, hat der kontinuierliche Absorptionskoeffizient einer Elementmischung als Summe aller Einzelbeiträge eine sägezahnähnliche Form (Abb. 3). Zum kontinuierlichen Ab-

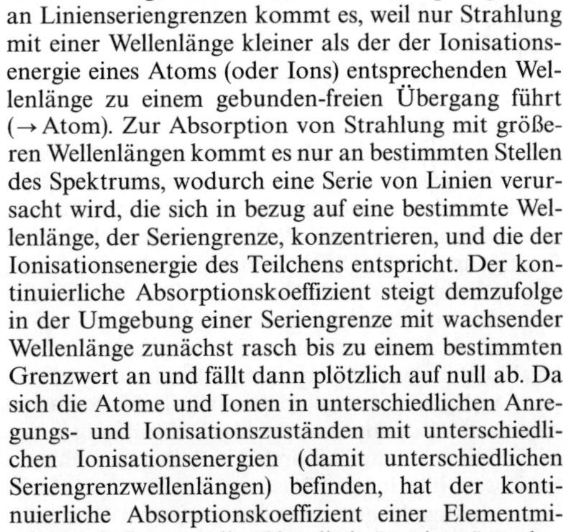

Abb. 3: Zum kontinuierlichen Absorptionskoeffizient. Links: durchgezogene Linie: Gesamtabsorptionskoeffizient; punktiert: Einzelbeiträge; λ_1, λ_2, λ_3: Seriengrenzwellenlängen. Rechts: Energieniveaus, von denen aus die Absorption der Kontinuumstrahlung erfolgt. Die Besetzung der einzelnen Niveaus bestimmt den Einzelbeitrag zur Gesamtabsorption

sorptionskoeffizienten tragen auch frei-freie Übergänge der Elektronen bei, die sich in den elektrischen Feldern von Ionen bewegen, in den Atmosphären heißer Überriesen kommt die Streuung der Photonen an freien Elektronen, in den Atmosphären kühler Sterne die Streuung der Photonen an neutralen Wasserstoffatomen hinzu.

Der Linienabsorptionskoeffizient geht auf gebunden-gebundene Übergänge der Elektronen in Atomen und

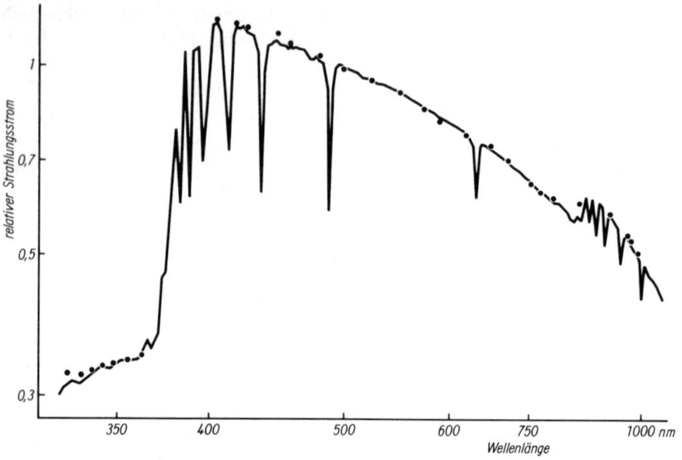

Abb. 4: Berechnetes Spektrum für eine Sternatmosphäre mit einer Effektivtemperatur von 9400 K, einer Schwerebeschleunigung von 89,1 m/s^2 und einer chemischen Zusammensetzung wie die der Sonnenatmosphäre (durchgezogene Linie). Die Strahlungsströme sind auf den Strahlungsstrom bei der Wellenlänge 500 nm bezogen. Punkte: gemessene Strahlungsströme im Kontinuum des Sterns α Lyrae (Wega). (Nach R.L. Kurucz)

Ionen zurück. Bei der Absorption sind nur Photonen aus einem jeweils sehr engen Energiebereich beteiligt, was im Spektrum zu einer Intensitätsschwächung in entsprechend schmalen Wellenlängenbereichen (zur Erzeugung einzelner Spektrallinien) führt. Der Linienabsorptionskoeffizient hat seinen größten Wert jeweils in der Linienmitte und fällt in den Linienflügeln rasch auf null ab. Blickt man in eine S. hinein, so wird für Strahlung in der Linienmitte die optische Tiefe eins in einer viel geringeren geometrischen Tiefe als im benachbarten Kontinuum erreicht. Die Strahlung in der Linienmitte kommt dadurch aus höheren, kühleren Schichten, ihre Intensität ist somit schwächer als im benachbarten Kontinuum. Das Auftreten einer Absorptionslinie ist grundsätzlich an ein Temperaturgefälle gebunden: Bei einem strengen thermodynamischen Gleichgewicht, bei dem keinerlei Temperaturgradient vorhanden ist, ergibt sich ein reines Kontinuum. (Die im Vergleich zur Photosphärentemperatur höheren Temperaturen in den (oberen) Chromosphären und Koronen führen zu Emissions- statt zu Absorptionslinien.)

Die Absorptionslinien bewirken eine Art Glashauseffekt: Die in ihnen zurückgehaltene Strahlungsenergie wird von den absorbierenden Teilchen in alle Richtungen reemittiert, also teilweise auch in tieferliegende Schichten. Deren Temperatur wird dadurch etwas erhöht und entsprechend die Intensität des Kontinuums zwischen den Linien, so daß der über alle Wellenlängen summierte Gesamtstrahlungsstrom konstant bleibt. Die Abb. 4 zeigt ein Beispiel eines berechneten Sternspektrums bei vorgegebener Effektivtemperatur, Schwerebeschleunigung und chemischer Zusammensetzung der Atmosphärenmaterie.

Der Intensitätsverlauf innerhalb einer Linie läßt Rückschlüsse auf die physikalischen Verhältnisse in der S. zu. Das Linienprofil wird durch die Abnahme des Linienabsorptionskoeffizienten mit wachsendem Abstand von der Linienmitte bestimmt, zusätzlich sorgen verschiedene Effekte für eine Verbreiterung der normalerweise sehr schmalen Spektrallinien. Zu ihnen gehört der thermische Doppler-Effekt: Die ungeordnete Wärmebewegung der Teilchen bewirkt, daß immer ein gewisser Prozentsatz der Atome eine Bewegung auf den Beobachter zu bzw. von ihm weg besitzt. Das von den bewegten Atomen absorbierte Licht hat für den Beobachter entsprechend eine etwas kleinere bzw. größere Wellenlänge als das Licht, das von ruhenden Atomen absorbiert wird. Insgesamt kommt es so zur sog. Doppler-Verbreiterung, die um so größer ist, je höher die mittlere Geschwindigkeit der Teilchen (die Temperatur des Gases) ist. Die Druckverbreiterung ist eine Folge des Stoßes (damit der Störung) eines Atoms durch ein anderes (→ Spektrum). Da die Stoßwahrscheinlichkeit mit der Dichte (dem Druck) wächst, nimmt die Druckverbreiterung mit wachsender Dichte zu. Riesensterne mit ihren geringen Atmosphärendichten (bzw. Drücken) haben demzufolge schmalere Spektrallinien als Hauptreihensterne gleicher Spektralklasse. Die durch die Doppler-Verbreiterung bewirkte Linienkontur unterscheidet sich von der durch die Druckverbreiterung verursachten, so daß man an Hand des Linienprofils die Wirkung der beiden Effekte getrennt untersuchen kann.

Eine weitere Linienverbreiterung (Turbulenzverbreiterung) ergibt sich, wenn in der S. Konvektion herrscht: Aufsteigende Masseelemente haben eine zusätzliche Doppler-Verschiebung zu kürzeren Wellenlängen, absinkende Masseelemente eine zu längeren Wellenlängen zur Folge. Eine Konvektion beeinflußt darüber hinaus den gesamten Atmosphärenaufbau, da zum Energietransport durch Strahlung der durch die Konvektion hinzukommt. Sind die Strömungsgeschwindigkeiten der Konvektionselemente mit der (lokalen) Schallgeschwindigkeit vergleichbar, so spielt neben dem Gasdruck auch der dynamische Druck der turbulent bewegten Materie eine Rolle und trägt zum Gesamtdruck in der jeweiligen Atmosphärenschicht bei. (Die Rotation eines Sterns verursacht ebenfalls eine Linienverbreiterung, doch ist der Effekt unabhängig von den physikalischen Verhältnissen in der S.)

Die Abweichungen vom (idealen) thermodynamischen Gleichgewicht nehmen mit zunehmender Höhe in der Atmosphäre zu: Für eine sehr hohe Schicht läßt sich keine einheitliche Temperatur angeben. Die aus der Gesamtstrahlung errechnete Temperatur stimmt nicht notwendigerweise mit der kinetischen Temperatur der Gaspartikeln überein, die man aus der Doppler-Verbreiterung ableitet, und wieder andere Werte ergeben sich für die Anregungs- und die Ionisationstemperaturen, die man aus den Anregungs- bzw. Ionisationszuständen der verschiedenen Elemente erhält. Die Unterschiede sind um so größer, je weniger die Anregungs- und Ionisationszustände durch Stoß- und je mehr sie durch Strahlungsprozesse bestimmt werden: Bei geringen Dichten wird der Übergang von höheren zu niedrigeren Energiezuständen vor allem durch die (von den herrschenden Zuständen unabhängigen) inneratomaren Übergangswahrscheinlichkeiten gesteuert, die Übergänge von niedrigeren zu höheren Zuständen sind hingegen im wesentlichen vom vorhandenen Strahlungsfeld bestimmt. Bei hohen Dichten sind die Stoßprozesse so effektiv, daß Strahlungsprozesse eine untergeordnete Rolle spielen. Mit zunehmender Höhe wachsen auch die Abweichungen von der Isotropie des Strahlungsfeldes: In tieferliegenden Schichten ist die Differenz zwischen der Intensität der nach außen gerichteten und der nach innen gerichteten Strahlung relativ klein, in den höherliegenden Schichten ist die Rückstrahlung im Vergleich zur durchgehenden Strahlung gering.

Spektralanalyse: Eine Spektralanalyse hat das Ziel, die chemische Zusammensetzung der Atmosphärenmaterie zu ermitteln. Dies ist nur zu erreichen, wenn gleichzeitig der physikalische Aufbau der S. mit bestimmt wird, da das Aussehen eines Spektrums sowohl durch die chemische Zusammensetzung als auch durch den physikalischen Zustand der S. geprägt wird.

Bei einer Spektralanalyse beginnt man vielfach mit einer *Grobanalyse*, bei der man eine „graue" Atmosphäre annimmt. In Abhängigkeit von den beiden – zunächst geschätzten – Parametern Effektivtemperatur und Schwerebeschleunigung ergibt sich die Temperatur- und die Druckschichtung der Atmosphäre. Mit daraus abgeleiteten Temperatur- und Druckmittelwerten läßt sich aus den gemessenen Stärken der Spektrallinien (wozu die Äquivalentbreiten als Maß dienen; → Spektrum) angenähert die chemische Zusammensetzung ermittelt. Man geht dabei von der Annahme aus, daß die Linien aus einem Strahlungskontinuum heraus absorbiert werden, das von unten in eine homogene Atmosphäre eingestrahlt wird. Die Äquivalentbreite hängt allein von der Zahl der absorbierenden Atome ab und ist nicht durch die verschiedenen Verbreiterungsmechanismen beeinflußt. Trägt man in einem Diagramm die Äquivalentbreite über der Zahl der absorptionsfähigen Atome auf, ergibt sich eine monoton ansteigende Kurve, die sog. *Wachstumskurve* (Abb. 5): Bei nur wenigen absorptionsfähigen Atomen nimmt die Äquivalentbreite proportional zur Atomzahl zu, da jedes Atom die gleiche Absorptionschance hat. Steigt die Zahl der Atome, verringert sich die Wahrscheinlichkeit, daß ein sich in oberen Atmosphärenschichten befindendes absorptionsfähiges Atom auch tatsächlich absorbieren kann, weil der Strahlungsstrom im Bereich der Linie durch tieferliegende Atome bereits reduziert ist. Die Äquivalentbreite wächst dann langsamer als die Atomzahl.

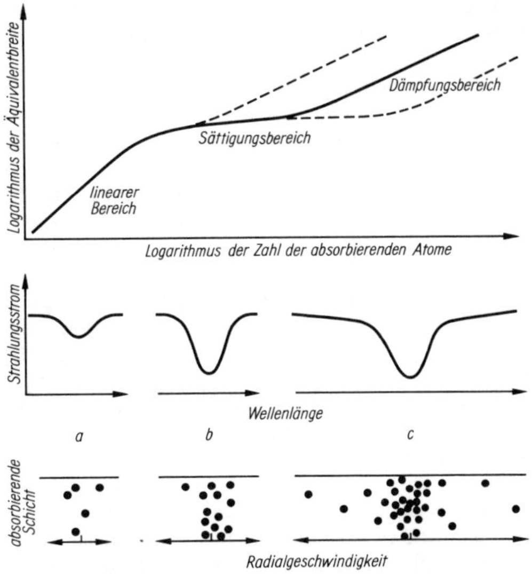

Abb. 5: Oben: Wachstumskurve; im Dämpfungsbereich für unterschiedliche Stoßverbreiterungen. Mitte: die den einzelnen Bereichen der Wachstumskurve entsprechenden charakteristischen Linienprofile. Unten: schematische Darstellung der Anzahl der absorbierenden Atome (Punkte) und die für die Doppler-Verbreiterung wirksame maximale Radialgeschwindigkeit der Atome

Bei sehr großen Atomzahlen macht sich auch die Absorption im Bereich der Linienflügel bemerkbar, so daß bei gleichbleibender Zunahme der Zahl der Atome der Anstieg der Wachstumskurve wieder etwas steiler wird. Je nach der Stärke der Druckverbreiterung (die die Linienflügel bestimmt) ergeben sich aber unterschiedliche, parallel verlaufende Äste der Wachstumskurve.

Für manche Fragen reichen die bei einer Grobanalyse erhaltenen Näherungswerte für die chemische Zusammensetzung aus, so daß man sich vielfach damit beschränken kann. Für eine *Feinanalyse* benutzt man die aus der Grobanalyse gewonnen Werte für die chemische Zusammensetzung sowie die angenommenen Werte für die Effektivtemperatur und die Schwerebeschleunigung und berechnet damit ein nächstes Atmosphärenmodell. Ein Kriterium für die Güte des neuen Modells ist, ob überall die Konstanz des die S. durchsetzenden Energiestroms gesichert ist. Ist diese Bedingung nicht erfüllt, versucht man durch Korrekturen am Temperatur- und Druckverlauf diese Konstanz zu erreichen. Mit dem neuen Modell bestimmt man die Stärke und die Kontur einzelner Spektrallinien und vergleicht sie mit den entsprechenden Größen im beobachteten Spektrum. Ergeben sich Abweichungen, werden diese durch eine schrittweise Abänderung der Werte für chemische Zusammensetzung, Effektivtemperatur und Schwerebeschleunigung beseitigt. Eine Feinanalyse erfordert einen sehr hohen Rechenaufwand, vor allem dann, wenn Abweichungen vom lokalen thermodynamischen Gleichgewicht zu berücksichtigen sind. Ergebnisse derartiger Analysen sind im Artikel → Elementenhäufigkeit zusammengefaßt.

M o d e l l d e r S o n n e n a t m o s p h ä r e. Die Berechnung des Aufbaus der Sonnenatmosphäre (Photosphäre und Chromosphäre) gestaltet sich wesentlich einfacher, da man das von einzelnen Stellen der Sonnenscheibe ausgehende Licht gesondert untersuchen kann, was bei den punktförmig erscheinenden Sternen nicht der Fall ist. Die Temperaturschichtung läßt sich z.B. allein aus der beobachteten Randverdunklung ohne Kenntnis anderer Parameter ableiten. Man ist dadurch von dem komplizierten Ineinandergreifen von physikalischem Aufbau und chemischer Zusammensetzung befreit. Je näher man bei der Bestimmung der Randverdunklung am Rand der Sonnenscheibe messen kann, um so höher läßt sich die Temperaturschichtung in der Sonnenatmosphäre verfolgen. Dies ist jedoch nicht beliebig weit möglich. Zur Temperaturbestimmung der hochliegenden Schichten in der Chromosphäre mißt man die Strahlung in den Linienzentren sehr starker Absorptionslinien, da dieses Licht aus sehr geringen geometrischen Tiefen stammt. Der Temperatur-, Druck- und Dichteverlauf in der Sonnenphotosphäre und der unteren Chromosphäre ist in einer Tab. im Artikel → Sonne angegeben.

Die Berechnung des Aufbaus der oberen Chromosphäre und der Korona erfordert ein gänzlich anderes Vorgehen. Die Temperatur nimmt in diesen Regionen mit der Höhe zu, wobei die Aufheizung nicht durch Absorption von Strahlung, sondern durch den Transport mechanischer Energie bedingt ist, die hauptsächlich unter der Mitwirkung von Magnetfeldern in den hohen Atmosphärenschichten in Wärmeenergie umgewandelt wird (→ Sonne). Die Struktur der oberen Sonnenatmosphäre wird außerdem durch starke lokale Magnetfelder sowie durch einen ständig aus der Korona in den Raum fließenden Materiestrom (Sonnenwind) beeinflußt.

Bei einigen Bedeckungsveränderlichen mit einem kühlen Überriesen- und einem heißen Hauptreihenstern als Komponenten bieten sich ähnlich günstige Bedingungen zur Untersuchung der S. wie bei der Sonne: Bei der Bedeckung des Hauptreihensterns durch den Überriesen werden nach und nach dessen äußere, dünne Atmosphärenschichten vom Licht des Hauptreihensterns durchstrahlt. Das beobachtete Spektrum des Hauptreihensterns enthält damit zusätzlich Absorptionslinien, die von der Atmosphäre des Riesensterns herrühren und demzufolge Auskunft über die physikalischen Verhältnisse dort geben. Beobachtet man das Spektrum zu unterschiedlichen Phasen der Bedeckung, läßt sich ein empirisches Atmosphärenmodell des Riesensterns herleiten.

A b w e i c h u n g e n v o n d e n S t a n d a r d m o d e l l a t m o s p h ä r e n. Bei den Modellrechnungen nimmt man im allg. an, daß weder makroskopische Strömungen noch starke lokale oder globale Magnetfelder auftreten. Die Sonnenbeobachtungen zeigen jedoch, daß diese Standardannahmen nicht immer gerechtfertigt sind. Es ist zu erwarten, daß in den realen S.n auch derartige Abweichungen existieren. Zur Berücksichtigung dieser Abweichungen ist das zur Berechnung einer S. notwendige Gleichungssystem durch Zusatzgleichungen zu erweitern, die die genannten Effekte in geeigneter Weise beschreiben. Das Gesamtgleichungssystem wird dadurch noch komplizierter als bei den Standardannahmen, so daß es gegenwärtig kaum Modelle von S.n gibt, die die genannten Effekte mit berücksichtigen, zumal auch die Beobachtungen nur sehr ungenaue Werte für die in die Zusatzgleichungen eingehenden Parameter liefern.

Sternaufbau, die physikalische Struktur eines Sterns, die u.a. durch den Temperatur-, den Druck- und den Dichteverlauf sowie die Energiefreisetzungsrate in Abhängigkeit vom Zentrumsabstand charakterisiert ist. Der Aufbau eines Sterns schlägt sich in den der Beobachtung zugänglichen Größen, z.B. seiner Leuchtkraft, seinem Radius und seiner Effektivtemperatur, nieder.

Sterne sind Gaskugeln, die durch die Eigengravitation zusammengehalten werden und große Energiemengen in den Weltraum ausstrahlen. Diejenigen äußeren Schichten eines Sterns, aus denen die beobachtete (elektromagnetische) Strahlung stammt, bezeichnet man als die Atmosphäre des Sterns; sie ist der Beobachtung direkt zugänglich (→ Sternatmosphäre). Das darunterliegende ***Sterninnere*** ist hingegen mit herkömmlichen Mitteln grundsätzlich unbeobachtbar. Verglichen mit dem gesamten Stern ist die Ausdehnung derjenigen Atmosphärenschicht (der Photosphäre), aus der der Hauptteil der sichtbaren Strahlung kommt, gering, sie liegt in der Größenordnung von etwa 1/1000 des Sternradius. Auch die in einer Sternatmosphäre enthaltene Masse macht nur einen kleinen Bruchteil der Gesamtmasse des Sterns aus (bei der Sonne nur etwa ein Zehnmilliardstel der Sonnenmasse). Die Masse des Sterninnern kann daher in sehr guter Näherung mit der Sternmasse gleichgesetzt werden.

„Sternaufbau" meint die physikalische Struktur des Sterninnern. Sie kann nur auf Grund theoretischer Untersuchungen ermittelt werden. Speziell interessiert man sich für den Temperatur-, den Dichte- und den Druckverlauf vom Zentrum bis zur Oberfläche. Als „Sternoberfläche" bezeichnet man die Grenzfläche, ab der elektromagnetische Strahlung unmittelbar in den Weltraum entweichen kann. Wegen ihrer im Vergleich zum Sternradius geringen Dicke setzt man im allg. die Sternphotosphäre mit der Sternoberfläche gleich; durch ihren Abstand vom Mittelpunkt des Sterns wird der Sternradius definiert.

Von den Sternen sind globale Größen, wie Masse, Radius, Leuchtkraft und Effektivtemperatur, die sog. → Zustandsgrößen, den Beobachtungen zugänglich oder lassen sich aus ihnen ableiten. Ziel der Theorie des S.s ist es, die physikalische Struktur und die aus dieser Struktur folgenden Werte für die Zustandsgrößen in Abhängigkeit von der Masse des Sterns zu berechnen. Das Ergebnis einer derartigen Berechnung bezeichnet man als das Modell dieses Sterns. Es beschreibt ihn dann richtig, wenn die berechneten mit den beobachteten Zustandsgrößen übereinstimmen. Um die Theorie möglichst einfach zu gestalten, nimmt man im allg. an, daß die Sterne weder rotieren, noch starke globale Magnetfelder oder nahe Begleiter haben. Es treten dann keine Zentrifugal-, magnetische oder Gezeitenkräfte auf, die eine Abweichung von der Kugelsymmetrie bewirken würden. Unter dieser Voraussetzung sind alle veränderlichen Größen im Stern allein vom Zentrumsabstand abhängig. Die Einschränkung auf nichtrotierende und magnetfeldfreie Einzelsterne ist nicht sehr einschneidend, da die weitaus meisten Sterne, auch die Sonne, diese Bedingungen in sehr guter Näherung erfüllen.

Mechanisches Gleichgewicht. Bei den meisten Sternen haben sich die beobachteten Zustandsgrößen während langer Zeiträume nicht nachweisbar geändert. Die für derartige Messungen verfügbaren Zeitintervalle sind jedoch verglichen mit der Lebensdauer eines Sterns verschwindend gering. Für die Sonnenleuchtkraft läßt sich ein viel größeres Intervall angeben, in dem sie nahezu unverändert geblieben ist: In Sedimentgesteinen mit einem Alter von rund 3 Mrd. Jahren wurden fossile Einzeller mit etwa gleichem Bau wie die heutigen Blaualgen gefunden, die zu ihrer Lebensfähigkeit etwa gleiche Lebensbedingungen (etwa gleiche mittlere Jahrestemperaturen) benötigten, wie sie heute auf der Erde herrschen. Die damalige Strahlungsleistung der Sonne muß demnach nahezu gleich der gegenwärtigen gewesen sein. In Verallgemeinerung dessen geht man insgesamt davon aus, daß sich bei den meisten Sternen der innere Aufbau (damit die globalen Beobachtungsgrößen) nur in sehr langen Zeiträumen merklich ändern. Die Sterne müssen sich demzufolge in einem Gleichgewicht befinden, bei dem sich an jeder Stelle im Stern alle Kräfte exakt kompensieren. Wegen der angenommenen Kugelsymmetrie sind dies der Gasdruck und eventuell der Strahlungsdruck, die das Sterngas auseinanderzutreiben suchen, und der von der Massenanziehung herrührende Gravitationsdruck, der das Gas in Richtung des Sternzentrums zusammenpreßt. Wäre dieses mechanische (hydrostatische) Gleichgewicht gestört, würde der Stern entweder expandieren oder kontrahieren. Der Gasdruck ist meist wesentlich stärker als der Strahlungsdruck; nur im Innern massereicher Sterne leistet dieser einen merklichen Beitrag zum Gesamtdruck.

Bei den physischen Veränderlichen ist die momentane Struktur mehr oder minder periodischen Schwankungen unterworfen, die im allg. um eine mittlere Gleichgewichtslage erfolgen. In den durch Beobachtungen überdeckten Zeiträumen ändert sich der mittlere Zustand kaum. Bei der Berechnung der inneren Struktur der Veränderlichen geht man daher zunächst davon aus, als würden sich die Sterne im mechanischen Gleichgewicht befinden und bestimmt danach das Schwingungsverhalten (s.u.). Während bestimmter Zeitabschnitte durchlaufen die Sterne Entwicklungsphasen mit relativ schnellen Strukturänderungen (→ Sternentstehung, → Sternentwicklung), doch können diese Phasen vielfach als ein Durchlaufen von Zuständen mit einer Quasi-Gleichgewichtsstruktur angesehen werden.

Zustandsgleichung. Zur Berechnung des inneren Aufbaus eines Sterns muß der Zusammenhang zwischen Druck, Dichte und Temperatur des Sterngases, die → Zustandsgleichung, bekannt sein. In den meisten Sternen kann die Materie als ideales Gas betrachtet werden, für das sich eine sehr einfache Beziehung zwischen den drei Größen und (über die mittlere Masse eines Gaspartikels) der chemischen Zusammensetzung der Sternmaterie ergibt. Die Bedingungen für ein ideales Gas sind selbst bei Dichten von 10^2 bis 10^3 g/cm^3 erfüllt, da die hohen Temperaturen im Sterninnern für eine nahezu vollständige Ionisation des Gases sorgen, so daß (fast) nur noch nackte Atomkerne und freie Elektronen existieren. Die Eigenvolumina dieser Teilchen sind rund 10^{15}mal kleiner als die Volumina der nur teilweise oder unionisierten Atome, so daß keine starken Beeinflussungen der Teilchen untereinander eintreten, die eine Abweichung von der Zustandsgleichung idealer Gase erfordern würden. Kompliziertere Verhältnisse treten bei Gasdichten größer als etwa 10^4 g/cm^3 auf. Bei den Elektronen machen sich dann quantenmechanische Effekte bemerkbar, so daß ihr Verhalten nicht mehr dem eines idealen Gases gleicht, sondern dem eines teilweise oder vollständig „entarteten" Gases (→ Zustandsgleichung). Im Grenzfall der vollständigen Entartung hängt der von den Elektronen ausgeübte Druck nur noch von der Dichte, nicht aber von der Temperatur ab; im Übergangsbereich zwischen idealem Gas und vollständiger Entartung ist der Zusammenhang zwischen Druck, Dichte und Temperatur komplizierter, aber genau angebbar. Das Verhalten der Atomkerne, die das „Kerngas" bilden, gleicht auch bei einer vollständigen Elektronengasentartung einem idealen Gas. Der Beitrag der Atomkerne zum Gesamtdruck ist gegenüber dem Beitrag der vollständig entarteten Elektronen vernachlässigbar klein; nur diese halten das mechanische Gleichgewicht aufrecht. Die Zustandsgleichung vollständiger oder teilweise entarteter Materie hängt im geringen Maße von der chemischen Zusammensetzung der Sternmaterie ab, da durch sie die mittlere Masse der Kerngaspartikeln pro freies Elektron bestimmt wird.

In den Neutronensternen besteht das Sterngas im wesentlichen aus freien Neutronen. Die Zustandsgleichung für ein derartiges Gas ist gegenwärtig nicht genau bekannt, so daß sich auch der innere Aufbau eines → Neutronensterns noch nicht mit der gewünschten Genauigkeit berechnen läßt.

Der Strahlungsdruck hängt weder von der Dichte noch der chemischen Zusammensetzung der Sternmaterie ab, sondern variiert allein mit der Temperatur, und zwar mit deren 4. Potenz.

Energiefreisetzung. Die innere Struktur eines Sterns wird wesentlich durch die im Sterninnern freigesetzte Energie bestimmt, die aus drei Reservoiren stammt: der Kernenergie, der potentiellen Energie (Gravitationsenergie) und der Wärmeenergie. Von diesen deckt die Kernenergie am längsten die Energieausstrahlung eines Sterns. Sie wird bei Kernreaktionen frei, bei denen aus leichten Atomkernen schwerere entstehen. Derartige Reaktionen benötigen im allg. Temperaturen von mindestens einigen Mill. K, da nur dann die Reaktionspartner eine genügend hohe kinetische Energie haben, um die gegenseitige elektrostatische Abstoßung zu überwinden. Je höher die Kernladungszahl der in die Reaktionen einbezogenen Atomkerne ist, um so höher muß die Temperatur sein (→ Energiefreisetzung in Sternen). Wegen der geringen Reaktionswahrscheinlichkeiten verläuft die Energiefreisetzung im allg. sehr langsam und nicht explosionsartig. (Anschaulich werden die Kernreaktionen als nukleares „Brennen" bezeichnet, obwohl es sich um keinen Verbrennungsprozeß im herkömmlichen Sinn handelt.)

Die meiste Energie pro beteiligten Kernbaustein liefert das Wasserstoffbrennen, bei dem über Zwischenschritte aus vier Wasserstoffkernen (Protonen) ein Heliumkern gebildet wird. Bei Temperaturen bis etwa 17 Mill. K wird bei der Reaktionskette des Proton-Proton-Prozesses (H-H-Reaktion) mehr Energie je Gramm Sternmaterie frei als beim Kohlenstoff-Stickstoff-Sauerstoff-Zyklus (CNO-Zyklus). Bei der H-H-Reaktion wächst die Energiefreisetzungsrate mit etwa der 5. Potenz der Temperatur, beim CNO-Zyklus mit etwa der 15. Potenz, so daß dieser bei Temperaturen über etwa 17 Mill. K effektiver ist. Wegen der hohen Temperaturabhängigkeit ist die Energiefreisetzung im allg. auf das Sternzentrum konzentriert, da dort die Temperaturen am höchsten sind. Ist im Zentrum aller Wasserstoff verbraucht, findet das Wasserstoffbrennen in einer das „ausgebrannte" Zentralgebiet umgebenden Kugelschale statt; der Stern besitzt dann eine wasserstoffbrennende Schalenquelle. Für das Heliumbrennen, bei dem hauptsächlich Kohlenstoff und Sauerstoff entsteht, sind Temperaturen über etwa 100 Mill. K notwendig, das Kohlenstoff- bzw. das Sauerstoffbrennen benötigen 500 Mill. K und mehr. Bei einem Stern, dessen Energieausstrahlung allein durch Kernreaktionen gedeckt wird, ändert sich der innere Aufbau sehr langsam; der Stern ist dann in einem „vollständigen" (sowohl mechanischen als auch thermisch-energetischen) Gleichgewicht. Infolge der Kernprozesse tritt eine Änderung der chemischen Zusammensetzung der Sternmaterie ein.

Gravitationsenergie wird bei der Kontraktion des gesamten Sterns oder eines Teils von ihm frei. Erfolgt die Kontraktion sehr langsam, weil das mechanische Gleichgewicht nur sehr gering verletzt ist (bei exaktem Gleichgewicht gäbe es keine Kontraktion), durchläuft der Stern eine Folge von Quasi-Gleichgewichtszuständen. In einem vollständig ionisierten idealen Gas wird dann von der freigesetzten potentiellen Energie genau die Hälfte ausgestrahlt, während die restliche Energie dem Stern als zusätzliche Wärmeenergie verbleibt. Eine derartige Kontraktion ist demnach immer mit einer Temperaturerhöhung im Stern verbunden. In bestimmten Entwicklungsphasen können gewisse Gebiete eines Sterns, speziell seine äußeren Regionen, expandieren (→ Sternentwicklung). Es wird dann Arbeit gegen die Gravitationskraft geleistet und die dafür benötigte Energie dem Gesamtenergievorrat des Sterns entnommen.

Energietransport. Der Aufbau eines Sterns wird auch dadurch bestimmt, wie effektiv die tief im Sterninnern freigesetzte Energie nach außen transportiert werden kann. Dies geschieht durch Strahlung, durch Konvektion oder durch Wärmeleitung. Der Energietransport durch Strahlung (kurz Strahlungstransport) kommt dadurch zustande, daß heißere Gebiete mehr Strahlung aussenden als kühlere (→ Strahlungsgesetze). Benachbarte Gebiete in einem Stern, von denen das eine etwas weiter außen liegt, demzufolge etwas kühler ist als das andere, strahlen sich gegenseitig Energie zu, wobei das kühlere mehr Energie empfängt als es selbst zurückstrahlt. Es existiert somit ein von innen nach außen fließender Nettostrahlungsstrom. Seine Größe hängt von der freien Weglänge der die Energie transportierenden Photonen, damit von der Durchsichtigkeit der Sternmaterie, sowie vom Temperaturgefälle je Zentimeter Weglänge ab: Je durchsichtiger die Materie ist, um so größer ist die Entfernung und damit der Temperaturunterschied zwischen zwei Gebieten, die noch im direkten Strahlungsaustausch stehen. Die Durchsichtigkeit wird durch die Absorptionsfähigkeit der Materie bestimmt, die einerseits von den herrschenden physikalischen Bedingungen, andererseits von der chemischen Zusammensetzung der Sternmaterie abhängt. Als Wechselwirkungsprozesse zwischen Strahlung und Materie spielen im wesentlichen gebunden-freie und frei-freie Elektronenübergänge sowie die Streuung der Photonen an freien Elektronen eine Rolle (→ Atom). Diese Prozesse sind im tiefen Sterninnern so effektiv, daß die mittlere freie Weglänge der Photonen in der Größenordnung von 1 cm und darunter liegt. Nach dieser Wegstrecke werden sie bereits wieder absorbiert oder durch Streuung aus ihrer Richtung gelenkt. Die Temperaturdifferenz auf diesem Wegstück ist so gering, daß man bei der Berechnung der Absorptionsfähigkeit der Materie davon ausgehen kann, als würde lokal thermodynamisches Gleichgewicht (mit der entsprechenden lokalen Temperatur) herrschen. Der Absorption folgt die Reemission der aufgenommenen Energie, und zwar nicht zielgerichtet nach außen, sondern in alle Richtungen mit gleicher Wahrscheinlichkeit. Die transportierte Energie durchläuft dadurch eine Art Zick-Zack-Weg (einen Zufallsweg), auf dem sie nur sehr langsam nach außen gelangt. Der Strahlungstransport kann daher als eine sehr langsame Energiediffusion beschrieben werden; die Diffusionszeit liegt in der Größenordnung von etwa 1 Mill. Jahren.

Bei der Konvektion steigen Materieballen (Konvektionselemente), die heißer und daher leichter als die Materie in ihrer Umgebung sind und mithin einen Auftrieb erleiden, in kühlere Gebiete auf, vermischen sich mit der dortigen Materie und geben dabei ihren Überschuß an Wärmeenergie an ihre Umgebung ab. Gleichzeitig sinkt kühlere Materie ab und nimmt bei der Vermischung in tieferliegenden Gebieten Wärmeenergie auf. Konvektion ist die Folge eines großen Temperaturgefälles: Bei der Aufwärtsbewegung gelangen die Konvektionselemente in Gebiete mit niedrigerem Gasdruck; zur Aufrechterhaltung des Druckgleichgewichts mit der Umgebung dehnen sie sich daher (angenähert adiabatisch) aus und kühlen demzufolge etwas ab. Ist das sich dadurch einstellende Temperaturgefälle in den aufsteigenden Konvektionselementen geringer als in der Umgebung, bleiben sie heißer als die Umgebung und setzen ihre Aufwärtsbewegung fort. Ist der Temperaturabfall in den Konvektionselementen größer als in der Umgebung, werden sie beim Aufstieg kühler als das umgebende Gas und sinken zum Ausgangsort zurück; die Konvektion wird unterdrückt. Die Größe des adiabatischen Temperaturgradienten im Vergleich zum Temperaturgradienten, der sich bei Strahlungstransport einstellen würde, gibt demnach darüber Aufschluß, ob an einer bestimmten Stelle im Stern Konvektion herrscht oder nicht. Falls sie eintritt, ist sie als Energietransportmechanismus wesentlich effektiver als der Strahlungstransport, der dann praktisch vernachlässigt werden kann.

Eine exakte mathematische Beschreibung der (turbulenten) Konvektion existiert bisher nicht. Damit läßt sich die Wegstrecke, die ein Konvektionselement im Mittel zurücklegt, bevor es sich mit seiner Umgebung vermischt und so seine Identität verliert, nicht berechnen. (Dieser Strecke entspricht beim Strahlungstransport die mittlere freie Weglänge eines Photons.) Die mittlere Länge des Mischungsweges eines Konvektionselements kann bisher nur grob geschätzt werden. Im allg. nimmt man für ihn das Ein- bis Zweifache der Strecke an, längs der der Druck auf etwa 37% seines Ausgangswertes (was als Druckskalenhöhe bezeichnet wird) gesunken ist.

Für ein Konvektionsgebiet ergibt sich auf Grund des Vergleichs des adiabatischen Temperaturgradienten mit dem, der sich bei Strahlungstransport einstellen würde, eine scharfe theoretische Grenze. Die tatsächliche Grenze ist aber unscharf, da die sich bewegenden Materieballen einen Impuls besitzen und infolge ihrer Trägheit über die theoretische Grenze hinausschießen. Die Weite des durch das Überschießen in die Konvektion einbezogenen Gebietes läßt sich nicht exakt angeben; meist setzt man einen (geringen) Bruchteil der Druckskalenhöhe dafür an. Die Unsicherheiten in der Konvektionstheorie bewirken, daß der innere Aufbau eines Sterns, in dem Konvektion eine größere Rolle spielt, nicht immer mit der angestrebten Genauigkeit berechnet werden kann.

Eine Folge der Konvektion ist die großräumige Durchmischung der Sternmaterie, so daß innerhalb eines Konvektionsgebietes die chemische Zusammensetzung der Materie gleich ist. In Gebieten, in denen Strahlungstransport herrscht, ist das nicht notwendig der Fall.

Beim Energietransport infolge von Wärmeleitung wird bei der ungeordneten thermischen Bewegung der Gaspartikeln Energie durch Stoß von schnellen, energiereichen, aus heißen Gebieten stammenden Gaspartikeln auf langsame, energieärmere, aus kühlen Gebieten kommende Partikeln übertragen. In normalen Sternen spielt die Wärmeleitung gegenüber dem Strahlungstransport und der Konvektion keine Rolle, da die Wärmeleitfähigkeit eines idealen Gases sehr gering ist. Ein entartetes Elektronengas hat hingegen eine sehr hohe Wärmeleitfähigkeit, so daß in ihm die Wärmeleitung dominiert und der Strahlungstransport vernachlässigt werden kann. Dabei genügt ein extrem kleines Temperaturgefälle, um die gesamte Energie zu transportieren.

B e r e c h n u n g v o n S t e r n m o d e l l e n. Zur Berechnung der physikalischen Struktur eines Sterns müssen mathematische Gleichungen gelöst werden. Von diesen beschreibt eine, wie sich bei mechanischem Gleichgewicht der an einer Stelle im Sterninnern herrschende Druck mit dem Zentrumsabstand ändert. Weitere zwei Gleichungen geben an, wie die in einer Kugel um das Sternzentrum eingeschlossene Masse sowie die die Oberfläche dieser Kugel durchsetzende Energie mit dem Radius der Kugel variiert. Die vierte Gleichung beschreibt den Temperaturverlauf im Stern in Abhängigkeit vom Zentrumsabstand. Hinzu kommen Gleichungen, die das Verhalten der Materie unter den im Stern herrschenden physikalischen Bedingungen bei Berücksichtigung der chemischen Zusammensetzung angeben. Es sind dies die Zustandsgleichung, eine Gleichung für die spezifische Energiefreisetzungsrate und eine Gleichung für die Wechselwirkung zwischen der Strahlung und der Sternmaterie. Eine Lösung des Gesamtgleichungssystems muß zusätzliche Bedingungen (Randbedingungen) erfüllen: Im Sterninnern dürfen die Materie- und die Energiedichte nicht physikalisch unvernünftige Werte annehmen (z.B. nicht Null oder unendlich groß sein), und an die Verläufe von Temperatur und Druck müssen sich am Rande des Sterninnern die Temperatur- und Druckverläufe für eine Sternatmosphäre glatt anschließen lassen. Es zeigt sich, daß jede Lösung des Gesamtsystems von zwei frei wählbaren Parametern abhängt. Aus kosmogonischen Gründen wählt man dafür die Sternmasse und die chemische Zusammensetzung der Sternmaterie, die man in diesem Zusammenhang als einen einzigen Parameter auffaßt, der auch innerhalb des Sterns variieren kann.

Für die Theorie des S.s ist entscheidend, ob es bei vorgegebener Masse und vorgegebener chemischer Zusammensetzung der Sternmaterie eine und nur eine Lösung des Gleichungssystems gibt. Untersuchungen zeigen, daß dies nicht notwendigerweise der Fall ist; es können durchaus Sterne mit gleicher Masse und gleicher chemischer Zusammensetzung aber unterschiedlichem inneren Aufbau, und daher mit unterschiedlichen beobachtbaren Zustandsgrößen, existieren. Derartige Mehrfachlösungen sind normalerweise ganz beträchtlich voneinander verschieden: Der Temperatur- und Dichteverlauf und die anderen Größen im Sterninnern sowie z.B. Radius und Leuchtkraft unterscheiden sich nicht beliebig wenig voneinander, sondern sehr stark. Man sagt: In der unmittelbaren Umgebung einer Gleichgewichtslösung existiert normalerweise keine andere. Es wird dies als „lokale Eindeutigkeit" bezeichnet. Ein Stern kann demzufolge auch nicht von einem dieser Zustände (einer Lösung) in einen anderen Zustand beliebig überwechseln.

Bei den Kernprozessen zur Energiefreisetzung erfolgt eine Änderung der chemischen Zusammensetzung der Sternmaterie, was eine Änderung des inneren Aufbaus zur Folge hat: Ein Stern durchläuft demzufolge eine irreversible Folge unterschiedlicher Zustände; „er entwickelt sich". Die Lösung des Gleichungssystems für eine bestimmte vorgegebene Sternmasse und chemische Zusammensetzung der Sternmaterie bedeutet daher die Berechnung des inneren Aufbaus für einen

ganz bestimmten Zeitpunkt in der Entwicklung des Sterns (→ Sternentwicklung).
Die Vorgabe von Masse und chemischer Zusammensetzung reicht zum Finden einer Lösung dann aus, wenn der Stern sich im vollständigen Gleichgewicht befindet. Falls (bei großräumiger Kontraktion oder Expansion) das thermische Gleichgewicht nicht vollkommen erfüllt ist, muß noch eine zusätzliche Angabe über den thermischen Zustand gemacht werden; sie entnimmt man der vorausgegangenen Entwicklung des Sterns. Auf Grund der lokalen Eindeutigkeit der Lösungen ist gesichert, daß sich die Entwicklung eines Sterns in eindeutiger Weise vollzieht, solange er im vollständigen Gleichgewicht bleibt. Falls ein Stern instabil wird und sich dabei weit vom vollständigen Gleichgewicht entfernt, können zwei Lösungen auch unmittelbar benachbart sein, doch selbst dann ist in den meisten Fällen die Entwicklung noch eindeutig durch die Vorgeschichte bestimmt.
P r ü f u n g d e r T h e o r i e. Eine Prüfung der Theorie ist notwendig um sicherzustellen, daß keine wichtigen physikalischen Prozesse vergessen oder falsch behandelt wurden.
Jedes Sternmodell liefert Werte für die der Beobachtung zugänglichen Größen, wie Leuchtkraft, Radius und effektive Temperatur, die mit den gemessenen Werten von wirklichen Sternen verglichen werden können. Zu einem Übersichtsvergleich trägt man die berechneten Werte von Leuchtkraft und Effektivtemperatur in ein Hertzsprung-Russell-Diagramm (HRD) ein, in dem dann jedem Modell ein Punkt entspricht. (Bei theoretischen Untersuchungen wählt man als Abszisse die nach links steigende Effektivtemperatur statt des Spektraltyps.) Für zeitlich aufeinanderfolgende Modelle ein und desselben Sterns ergibt sich eine Punktfolge, ein Entwicklungsweg. Die Modellrechnungen gestatten, wichtige Strukturen im HRD selbst ohne die Berücksichtigung von Entwicklungseffekten zu erklären.
Eben entstandene Sterne, bei denen das Wasserstoffbrennen gerade eingesetzt hat, sind noch chemisch homogen. Sie besitzen einen sehr einfachen inneren Aufbau. Bei Modellsternen homogener Zusammensetzung – für die man im allg. einen Gewichtsanteil von 60 bis 70% Wasserstoff, etwa 2 bis 3% schwere Elemente (schwerer als Helium) und den Rest Helium annimmt – variiert die Leuchtkraft und die Effektivtemperatur derart, daß die nach der Masse der Modellsterne geordneten Bildpunkte auf einer Linie liegen, längs der die Masse von rechts unten nach links oben zunimmt, und die entlang der linken Begrenzungslinie des beobachteten Hauptreihenbandes im HRD liegt. Diese Linien wird Alter-Null-Hauptreihe genannt. Modellsterne, die nicht mehr chemisch homogen sind, in deren Zentrum aber noch das Wasserstoffbrennen stattfindet, haben ihre Bildpunkte im Bereich des beobachteten Hauptreihenbandes. Die Bildpunkte von Modellsternen, deren zentrales Wasserstoffbrennen beendet ist, liegen außerhalb des Hauptreihenbandes. Das zentrale Wasserstoffbrennen ist damit das gemeinsame Charakteristikum aller Hauptreihensterne. Bei den Hauptreihenmodellsternen besteht zwischen der Masse $\mathfrak{M}$ und der Leuchtkraft L eine theoretische Masse-Leuchtkraft-Beziehung, für die in guter Näherung $L \sim \mathfrak{M}^{3,5}$ gilt, und zwischen der Masse und dem Radius R eine Masse-Radius-Beziehung mit $R \sim \mathfrak{M}^{0,6}$. Dies stimmt gut mit der beobachteten Masse-Leuchtkraft- bzw. der beobachteten Masse-Radius-Beziehung für Hauptreihensterne überein.
Nicht für jede beliebige Kombination von Leuchtkraft und Effektivtemperatur (nicht für jeden beliebigen Punkt im HRD) existiert ein Sternmodell, das der Bedingung des mechanischen Gleichgewichts genügt. Die Bildpunkte der im mechanischen Gleichgewicht befindlichen Modellsterne, in denen Strahlungstransport oder höchstens in Teilbereichen ein konvektiver Energietransport herrscht, liegen im HRD links von einer Grenzlinie, der sog. Hayashi-Linie. Die Sterne mit Bildpunkten auf der Hayashi-Linie sind vom Zentrum bis zur Oberfläche vollständig konvektiv. Rechts der Hayashi-Linie liegen die Bildpunkte von Sternen, in denen das mechanische Gleichgewicht grundlegend gestört ist, so daß sich ihr Aufbau innerhalb sehr kurzer Zeit wesentlich ändert. Es sind dies Sterne, die sich noch in der Bildungsphase befinden. Die Hayashi-Linie verläuft im HRD sehr steil und weit rechts bei Effektivtemperaturen um 3500 K von oben nach unten. Ihre genaue Lage verschiebt sich mit wachsender Sternmasse etwas nach links, sie hängt auch etwas von der chemischen Zusammensetzung der Außenschichten der Sterne ab. Bisher wurde noch kein Stern beobachtet, dessen Bildpunkt sich im HRD rechts der Hayashi-Linie befindet.
Zur Prüfung des theoretisch berechneten Aufbaus eines Sterns läßt sich die beobachtete Apsidendrehung von Doppelsternen benutzen. Die Komponenten eines Doppelsterns bewegen sich nur dann auf konstanten Ellipsenbahnen um den gemeinsame Schwerpunkt, wenn in den Sternen die Masse extrem stark zentral konzentriert ist, sonst vollführt die Apsidenlinie eine langsame Drehung, deren Geschwindigkeit von der tatsächlichen Masseverteilung im Sterninnern abhängt. Die Bestimmung der Drehgeschwindigkeit vermittelt demnach ein Bild der herrschenden Masseverteilung im Stern, die mit der theoretisch ermittelten verglichen werden kann. Alle bei Sternen durchgeführten Vergleiche zwischen Beobachtungen und Modellrechnungen haben zu keinerlei Widersprüchen geführt. Es zeigt sich jedoch, daß die meisten Beobachtungen nicht genügend genau oder aussagekräftig sind, um wirklich ernsthafte Prüfsteine für die Theorie zu sein.
Die Sonne erlaubt strengere Prüfmethoden: Die bei den Kernreaktionen freigesetzten Neutrinos (→ Energiefreisetzung in Sternen) haben auf Grund ihrer extrem geringen Wechselwirkung eine so große freie Weglänge, daß sie die gesamte Sonne ungehindert durchqueren können. Bei der Untersuchung dieser solaren Teilchenstrahlung erhält man damit einen direkten Einblick in das Sonneninnere, da die Anzahl und die Energieverteilung der freigesetzten Neutrinos von der Art und der Intensität der im Sonneninnern ablaufenden Kernprozesse, und diese wiederum von den dort herrschenden Dichte- und Temperaturverhältnis-

Charakteristische Größen chemisch homogener Hauptreihensterne

Masse ($\mathfrak{M}_\odot$)	Leuchtkraft ($L_\odot$)	Effektivtemperatur (K)	Radius ($R_\odot$)	Zentraltemperatur (10^6 K)	Zentraldichte (g/cm³)	zentrale konvektive Masse (%)
0,8	0,25	4900	0,68	11,4	85	0,00
1,0	0,76	5700	0,89	13,5	90	0,00
1,3	2,4	6500	1,3	16,4	94	0,01
1,8	11	8500	1,5	20,3	79	0,11
2,5	41	11000	1,8	22,9	53	0,16
4,0	230	15000	2,3	25,9	29	0,20
6,3	1200	20000	2,9	28,8	16	0,24
10	5500	25000	3,8	31,7	9,5	0,30

$\mathfrak{M}_\odot$: Sonnenmasse; $L_\odot$: Sonnenleuchtkraft; $R_\odot$: Sonnenradius; die zentrale konvektive Masse ist in Prozent der Sternmasse angegeben; angenommene chemische Zusammensetzung in Masseprozent; 70% Wasserstoff, 27% Helium, 3% schwere Elemente.

sen sowie der chemischen Zusammensetzung der Materie abhängen. Der auf der Erde gemessene Neutrinostrom beträgt nur etwa 25 bis 60% von dem, den man auf Grund der theoretischen Sonnenmodelle erwarten sollte. Eine befriedigende Erklärung für diese Diskrepanz gibt es bisher noch nicht. Sie könnte auf Ungenauigkeiten in den Sonnenmodellen, aber auch auf mangelnde Kenntnisse über das Verhalten der Neutrinos zurückgehen (→ Neutrinoastronomie).

Eine andere Prüfmethode macht sich das Schwingungsverhalten der Sonne zunutze. Es ergibt sich aus den Überlagerungen sehr zahlreicher Resonanzschwingungen des Sonneninnern, die ständig von turbulenten Strömungen innerhalb der Konvektionszone der Sonne angeregt werden. Dabei bilden sich stehende Wellen aus, die im Sonnenkörper wie in einem akustischen Resonator gefangen sind. Die auftretenden Perioden hängen vom Verlauf der Schallgeschwindigkeit im Sonneninnern ab und geben daher Auskunft über den Temperatur- und Dichteverlauf (→ Sonne). In groben Zügen stimmen die aus den Sonnenmodellen erschlossenen Perioden mit den beobachteten überein; im Detail verlangen die Beobachtungen aber kleinere quantitative Korrekturen an den theoretischen Sonnenmodellen, andere jedoch als die Neutrinobeobachtungen.

Einige Sternmodelle. Homogene Hauptreihensterne haben alle einen ähnlichen Aufbau, doch bestehen auch einige charakteristische Unterschiede. Bei den massereichen Sternen (mehr als etwa 1 Sonnenmasse) wird die ausgestrahlte Energie im wesentlichen durch den Kohlenstoff-Stickstoff-Sauerstoff-Zyklus gedeckt. Dessen starke Temperaturabhängigkeit bewirkt eine hohe Konzentration der Energiequellen gegen das Sternzentrum, was in den zentrumsnahen Bereichen seinerseits zu einem so hohen Temperaturgradienten führt, daß Konvektion herrscht. Die Ausdehnung der konvektiven Bereiche und die in ihnen enthaltene Masse sind um so größer, je größer die Gesamtmasse des Sterns ist. Mit dieser steigt die Zentraltemperatur, während die Zentraldichte sinkt (Tab.). Bei den masseärmeren Sternen (weniger als etwa 1 Sonnenmasse), die relativ niedrige Zentraltemperaturen haben, überwiegt die Energiefreisetzung durch die Proton-Proton-Reaktion. Bei ihr sind die Energiequellen weniger stark um das Sternzentrum konzentriert, im Zentralbereich reicht daher der Strahlungstransport zur Energieabfuhr aus. Wegen der gleichfalls relativ geringen Effektivtemperaturen dieser Sterne sind deren Außenschichten relativ kühl und in ihnen daher die beiden häufigsten Elemente, Helium und vor allem Wasserstoff, nicht mehr vollständig ionisiert. Die Absorptionsfähigkeit der Sternmaterie ist dadurch so hoch, daß es zu einem Wärmestau mit einem hohen Temperaturgradienten kommt, was Konvektion nachsichzieht. Die Ausdehnung der Konvektionszone nimmt mit abnehmender Sternmasse zu und reicht immer tiefer in die Sterne hinein; im HRD liegen die Bildpunkte der Sterne immer weiter rechts unten und kommen der Hayashi-Linie immer näher. Sterne mit einer Masse von weniger als etwa 0,22 Sonnenmassen sind vollkommen konvektiv; ihre Bildpunkte liegen sowohl auf der Hauptreihe als auch auf der Hayashi-Linie.

Die innere Struktur homogener Hauptreihensterne von 7 bzw. 0,6 Sonnenmassen zeigen die Abb. 1 und 2.

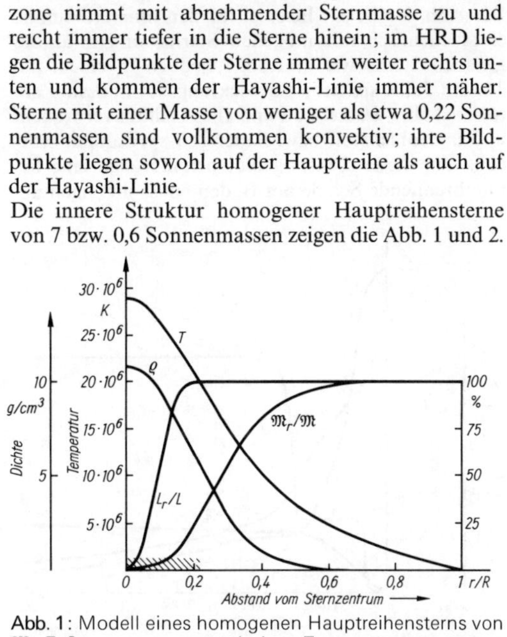

Abb. 1: Modell eines homogenen Hauptreihensterns von $\mathfrak{M}$=7 Sonnenmassen und einer Zusammensetzung aus 60,2% Wasserstoff, 35,4% Helium und 4,4% schweren Elementen. r/R: relativer Abstand vom Sternzentrum; R: Sternradius (=3,4 Sonnenradien); T: Temperatur; ϱ: Dichte; L_r/L: Leuchtkraft einer konzentrischen Kugel mit dem Radius r bezogen auf die Leuchtkraft L des Sterns (=2100 Sonnenleuchtkräfte); $\mathfrak{M}_r/\mathfrak{M}$: die in einer konzentrischen Kugel mit dem Radius r enthaltene Masse bezogen auf die Gesamtmasse des Sterns. Schraffiert: konvektiver Bereich

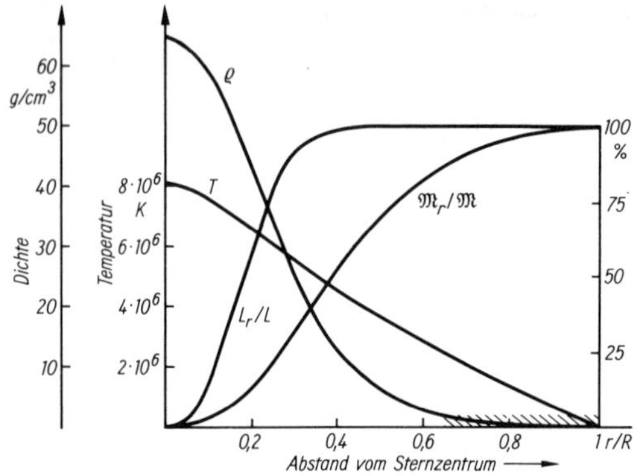

Abb. 2: Modell eines homogenen Hauptreihensterns von $\mathfrak{M}$=0,6 Sonnenmassen und einer Zusammensetzung aus 77% Wasserstoff, 21% Helium und 2% schweren Elementen. Die Symbole und Markierungen haben die gleiche Bedeutung wie in Abb. 1. Sternradius hier R=0,644 Sonnenradien, Leuchtkraft L=0,565 Sonnenleuchtkräfte

Die Stärke der Konzentration der Energiequellen gegen das Sternzentrum geht aus dem Verlauf der relativen lokalen Leuchtkraft hervor, die die Strahlungsleistung einer konzentrischen Kugel relativ zur Gesamtleuchtkraft des Sterns angibt.

Die Abb. 3 gibt ein Beispiel für den inneren Aufbau eines chemisch inhomogenen Sterns, und zwar des gleichen Sterns wie in Abb. 1, jedoch in einem um 34 Mill. Jahre späteren Entwicklungszustand. Im Zentrum ist aller Wasserstoff und alles Helium verbraucht und in Kohlenstoff bzw. Sauerstoff verwandelt worden. Um dieses Zentralgebiet befindet sich eine heliumbrennende Schale am Boden eines sich nach außen erstreckenden Heliumgebiets, auf das eine wasserstoffbrennende Zone folgt, während in den Randbezirken des Sterns noch die ursprüngliche chemische Zusammensetzung vorhanden ist. (Das Modell entspricht einem massereicheren Roten Riesenstern, → Sternentwicklung.)

Die Struktur eines Modellriesensterns von 1,3 Sonnenmassen, dessen inneren 26% der Gesamtmasse keinen Wasserstoff mehr enthalten, zeigt die Abb. 4. Die Zentraltemperatur ist zwar viel höher als bei einem homogenen Hauptreihenstern gleicher Masse, aber für das Heliumbrennen nicht hoch genug, so daß im Zentralgebiet keine nukleare Energiefreisetzung stattfindet. Der Radius dieses Zentralgebiets beträgt nur etwa 1/1000 des Sternradius, es enthält aber etwa 1/4 der gesamten Sternmasse. Die Zentraldichte beträgt fast $3{,}5 \cdot 10^5$ g/cm^3. Bei den herrschenden Temperaturen ist das Elektronengas weitgehend entartet. Wegen der hohen Wärmeleitfähigkeit des entarteten Elektronengases ist das Zentralgebiet nahezu isotherm. Nach außen schließt sich eine dünne Kugelschale an, in der das Wasserstoffbrennen stattfindet, das die vom Stern ausgestrahlte Energie liefert. Die in der Schalenquelle freigesetzte Energie wird zunächst durch Strahlung, im größeren Teil der Sternaußenschichten jedoch durch Konvektion nach außen abgeführt. (Das Modell entspricht etwa dem eines Roten Riesensterns in einem Kugelsternhaufen.)

Über andere Typen von Sternmodellen, insbesondere von Modellen entwickelter Sterne → Sternentwicklung.

S t a b i l i t ä t v o n S t e r n e n. Sternmodelle werden unter der Voraussetzung gerechnet, daß bestimmte Gleichgewichte herrschen. Dabei erhebt sich die Frage, wie sich die Modelle bei kleinen, immer im Stern vorhandenen Störungen des Gleichgewichts verhal-

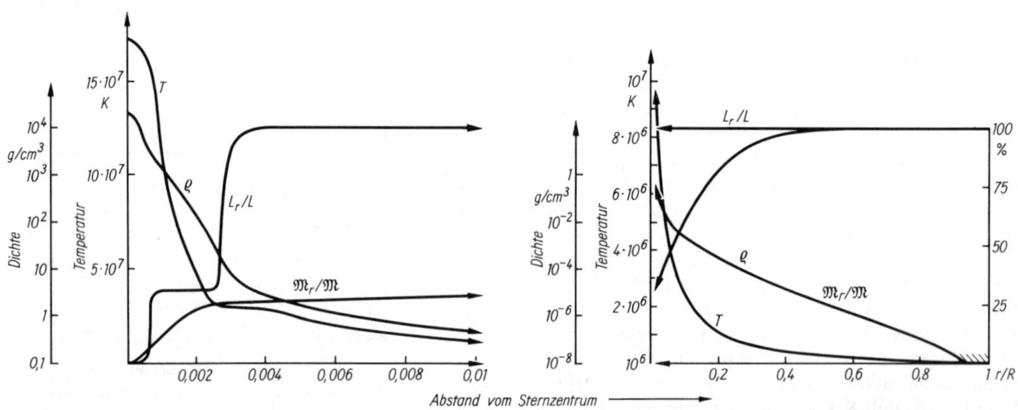

Abb. 3: Modell eines Riesensterns von $\mathfrak{M}$=7 Sonnenmassen mit zwei Schalenquellen. Die Symbole und Markierungen haben die gleiche Bedeutung wie in Abb. 1. Sternradius hier R=72 Sonnenradien, Leuchtkraft L=7100 Sonnenleuchtkräfte. Zur besseren Erkennbarkeit der Kurvenverläufe ist im linken Teil der Abb. das Zentralgebiet des Sterns 100fach vergrößert dargestellt, außerdem sind für Temperatur und Dichte andere Maßstäbe als für die übrigen Sternbereiche (rechts) gewählt. Um dem Zentralgebiet aus Kohlenstoff und Sauerstoff befindet sich eine heliumbrennende Schale (erster starker Anstieg der L_r/L-Kurve), in der rund 30% der vom Stern abgestrahlten Energie freigesetzt wird; in der weiter außen liegenden wasserstoffbrennenden Schale (zweiter starker Anstieg der L_r/L-Kurve) werden die restlichen rund 70% der Energie freigesetzt. Der hier dargestellte Stern stellt eine um 34 Mill. Jahre spätere Entwicklungsphase des in Abb. 1 gezeigten Sterns dar

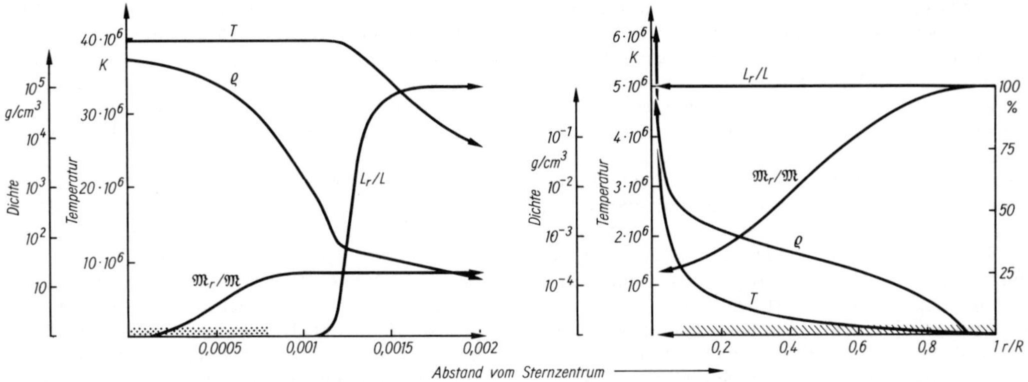

Abb. 4: Modell eines Riesensterns von $\mathfrak{M}=1{,}3$ Sonnenmassen mit einer Schalenquelle. Die Symbole und Markierungen haben die gleiche Bedeutung wie in Abb. 1. Sternradius hier $R=21$ Sonnenradien, Leuchtkraft $L=226$ Sonnenleuchtkräfte. Zur besseren Erkennbarkeit der Kurvenverläufe ist im linken Teil der Abb. das Zentralgebiet des Sterns 500fach vergrößert dargestellt, außerdem sind für Temperatur und Dichte andere Maßstäbe als für die übrigen Sternbereiche (rechts) gewählt. Die gesamte vom Stern ausgestrahlte Energie wird in einer wasserstoffbrennenden Schale (starker Anstieg der L_r/L-Kurve) freigesetzt, die das von Wasserstoff freie und 26% der Sternmasse enthaltende Zentralgebiet umgibt. Punktiert: Bereich, in dem das Elektronengas entartet ist

ten. Ein Stern heißt stabil, wenn er auf eine Störung so reagiert, daß sie unterdrückt wird, der Stern also wieder zum Gleichgewichtszustand zurückkehrt. Bei einem instabilen Stern wird eine anfangs kleine Störung immer größer, er entfernt sich immer weiter vom Gleichgewicht. Stabilitätsuntersuchungen, die im allg. komplizierte theoretische Methoden erfordern, haben u.a. folgende Erkenntnisse erbracht:
Hauptreihensterne mit Massen größer als 80 bis 100 Sonnenmassen sind instabil. In ihnen ist im Zentralgebiet die Temperatur so hoch und die Dichte so niedrig, daß der Strahlungsdruck einen wesentlichen Beitrag zum Gesamtdruck leistet. Eine kleine Störung, z.B. eine kleine Radiusänderung, schaukelt sich im Laufe der Zeit zu immer größeren Schwankungen auf, bis der Stern schließlich von der Oberfläche Materie abstößt und so seine Masse reduziert, bis sie unter die Instabilitätsgrenze sinkt. Der genaue Wert der oberen Grenzmasse stabiler Sterne hängt von der chemischen Zusammensetzung der Sternmaterie ab.
Die nuklearen Energiefreisetzungsprozesse werden durch immer vorhandene kleine Temperaturschwankungen sehr empfindlich beeinflußt. Die meisten Sterne – auch die Sonne – sind dagegen stabil, da die Kernreaktionen bei ihnen in einem idealen Gas ablaufen: Bei einer lokalen zusätzlichen Erhitzung dehnt sich ein im idealen Gaszustand befindliches Masseelement etwas aus und leistet dabei Arbeit gegen den Gravitationsdruck. Die zusätzlich zugeführte Energie wird dadurch verbraucht und das Gas soweit abgekühlt, bis die Energiefreisetzung auf den Normalwert reduziert ist. Sterne, bei denen die Kernprozesse in entarteter Materie ablaufen, sind instabil. Die energiefreisetzenden Prozesse finden zwischen den Partikeln des Kerngases statt, das zum Gesamtdruck nur einen verschwindend kleinen Beitrag leistet. Eine zusätzlich freigesetzte Energie ändert im Energiezustand der Elektronen praktisch nichts, führt daher auch nicht zur Expansion; die Energie kommt dem Kerngas zugute, wodurch dessen Temperatur erhöht und die Kernprozesse verstärkt werden, so daß noch mehr Energie freigesetzt wird. Erst wenn die Temperatur des Kerngases so stark steigt, daß die Entartung des Elektronengases aufgehoben wird, reagiert die Sternmaterie wieder wie ein ideales Gas, das expandiert und sich abkühlt. Eine derartige thermische Instabilität (die auch als „Flash" bezeichnet wird) führt kurzzeitig zu einer Freisetzung extrem hoher Energiemengen; sie tritt bei nicht zu massereichen Sternen in späten Entwicklungsphasen auf, → Sternentwicklung.
In den heliumbrennenden Schalenquellen kann es außer zu einem Flash im entarteten Elektronengas auch zu einer Instabilität im idealen Gas kommen. Sie stellt sich dann ein, wenn die Schalenquelle eine geringe räumliche Ausdehnung hat. Die Instabilität ist in ihrer Auswirkung der eines Flashs recht ähnlich, indem sie einen schnellen lokalen Temperaturanstieg und eine Überproduktion von Energie bewirkt. Die Instabilität wiederholt sich mit Perioden von einigen 1000 bis einigen 10000 Jahren, also in Zeiträumen, die für einen Stern sehr kurz sind. Man bezeichnet diese Erscheinung als „thermische Pulse".
Pulsierende Sterne wie die Delta-Cephei-Sterne sind gegen kleine, durch zufällige Störungen ausgelöste Radiusschwankungen instabil. Bei einer zufälligen Kontraktion oder Expansion schwingt ein Stern etwas um seine Gleichgewichtslage. Normalerweise klingen diese Schwingungen rasch ab, weil fast alle Sterne „strahlungsgedämpft" sind und Schwingungsenergie durch Abstrahlung verlieren. Unter bestimmten Umständen kann Strahlungsenergie auch in mechanische, speziell in Schwingungsenergie verwandelt werden, was dann der Fall ist, wenn die Sternmaterie entgegen dem Normalfall bei Kompression verstärkt Strahlung absorbiert, bei Expansion Strahlung leichter durchläßt. Bei der Kompression wird dann die Temperatur und da-

mit der Druck zusätzlich erhöht, was die folgende Expansion verstärkt. Im expandierten Zustand wird durch die erhöhte Strahlungsdurchlässigkeit die Temperatur und der Druck stärker als normal verringert, die nachfolgende Kontraktion mithin erleichtert: Die Schwingungen des Sterns werden damit durch die Strahlung immer stärker angeregt. Zwar gibt es in allen Sternen schwingungsanregende Schichten, meist überwiegen aber die schwingungsdämpfenden. Nur wenn die Ausdehnung und die Lage der anregenden Schichten bestimmte Bedingungen erfüllen, erlangt die Anregung die Oberhand, so daß der gesamte Stern zu pulsieren beginnt. Dies ist bei Sternen mit Effektivtemperaturen in einem engen Bereich um etwa 5300 K der Fall. Im HRD markieren die Bildpunkte dieser Sterne den sog. Instabilitätsstreifen (Cepheiden-Streifen).

Die Ursachen der Instabilität, die bei massereicheren Riesensternen in einem späten Entwicklungszustand zum (relativ langsamen) Abstoßen eines großen Teils ihrer Masse führt, und die dadurch zu Zentralsternen Planetarischer Nebel werden, sind noch weitgehend unbekannt. Bei sehr massereichen Sternen führen am Ende ihrer Entwicklung Instabilitäten zu einer Explosion des gesamten Sterns in Form einer → Supernova.

Nichtkugelförmige Sterne. Die Theorie des S.s wird wesentlich komplizierter, wenn man Sterne betrachtet, die zusätzlichen verformenden Kräften, wie Zentrifugalkräften bei rotierenden Sternen, Gezeitenkräften in engen Doppelsternsystemen oder magnetischen Kräften bei starken globalen Magnetfeldern, unterworfen sind. Da diese Kräfte nicht auf das Sternzentrum hin oder von ihm weg gerichtet sind, bewirken sie Abweichungen von der Kugelsymmetrie. Die Theorie derartiger Sterne ist mit so großen Schwierigkeiten verknüpft, daß man noch nicht viel greifbare Ergebnisse hat, die sich an beobachteten Sternen überprüfen lassen. In bestimmten Fällen gibt aber bereits eine vereinfachte Theorie, die die Kugelsymmetrie noch voraussetzt, brauchbare Ergebnisse. Dies gilt z.B. für langsam rotierende Sterne, bei denen die Fliehkräfte klein gegen die Gravitationskraft sind, oder für die Entwicklung enger Doppelsterne. Bei diesen ist der Effekt des Masseaustauschs viel entscheidender als der der Verformung durch Gezeitenkräfte (→ Sternentwicklung). Bei schnell rotierenden Sternen, bei denen die Zentrifugalkräfte nicht mehr klein sind, kommt es nicht allein zu einer Abplattung des Sterns, es treten auch großräumige Strömungen (meridionale Zirkulationen) auf, die in Ebenen verlaufen, welche die Drehachse, und damit einen „Meridian“, enthalten. Selbst bei der langsam rotierenden Sonne existieren derartige Zirkulationen in der Konvektionszone. Sie müssen dann berücksichtigt werden, wenn man solche Details wie die differentielle Rotation theoretisch erklären will.

Sternbedeckung, die Verdeckung eines Fixsterns durch einen Himmelskörper, indem sich dieser in die Sichtlinie Beobachter–Stern schiebt; im engeren Sinn die Verdeckung durch den Mond, im weiteren Sinn die durch einen beliebigen Körper des Planetensystems. Bei Bedeckungsveränderlichen erfolgt eine teilweise oder vollständige Verdeckung einer Komponente eines Doppelsternsystems durch die andere.

S.en durch den Mond sind infolge seiner verhältnismäßig schnellen relativen Bewegung an der Himmelskugel und seines großen scheinbaren Durchmessers häufig. Entsprechend der Neigung der Mondbahn gegen die Ekliptik sind Sterne in einem Bereich von $\pm 5°$ um die Ekliptik betroffen. Die bei einer S. erfolgende Verfinsterung des Sterns geschieht fast schlagartig, da die Sterne nahezu punktförmige Lichtquellen darstellen und der Mond keine merkliche Atmosphäre hat. Auf Grund der Beugung des Sternlichts am Mondrand treten unmittelbar vor und nach der Verdeckung während etwa 10 bis 100 Millisekunden rasche Helligkeitsschwankungen des Sternlichts auf, die unter Umständen zur Bestimmung des Winkeldurchmessers des bedeckten Sterns genutzt werden können (→ Sterndurchmesser). S.en ermöglichen außerdem die genaue Bestimmung der Mondbewegung.

S.en durch Körper des Planetensystems dienen u.a. zur Bestimmung von deren Durchmesser, indem die Dauer der Verfinsterung des verdeckten Sterns von verschiedenen Orten auf der Erdoberfläche aus gemessen wird. Bei S.en durch Planeten mit Ringsystemen läßt sich aus den unmittelbar vor oder nach der Verdeckung beobachteten Helligkeitsschwankungen des verdeckten Sterns auf die Größe und die Materiedichte in den Ringen schließen. (Die Ringe des Uranus und des Neptuns wurden auf diese Weise entdeckt.)

Die vorausberechneten Daten von S.en sind in den astronomischen Jahrbüchern verzeichnet.

Sternbild, im landläufigen Sinn eine bildhaft zusammengefaßte Gruppe von am Himmel benachbarter heller Sterne; in der Astronomie ein durch feste Grenzen definiertes Gebiet an der Himmelskugel (in dem eine derartige Sterngruppe liegt).

Je nach der Lage zum Himmelsäquator unterscheidet man nördliche, südliche und S.er der Äquatorzone. Von unseren nördlichen Breiten aus sind nur die nördlichen und die S.er der Äquatorzone sowie diejenigen südlichen S.er sichtbar, deren Winkelabstand vom Himmelssüdpol größer als die geographische Breite des Beobachtungsortes ist. Da von der Erde aus die Sonne im Laufe eines Jahres an unterschiedliche Stellen der Himmelskugel projiziert erscheint, wechseln die nach Sonnenuntergang sichtbaren S.er mit der Jahreszeit. Entsprechend unterscheidet man Sommersternbilder (z.B. Lyra und Aquila) und Wintersternbilder (z.B. Orion und Canis Maior), die im Sommer bzw. im Winter am Abendhimmel sichtbar sind. Die um die Ekliptik gruppierten S.er werden als Tierkreissternbilder bezeichnet (→ Tierkreis).

Das Einprägen einiger S.er ist die Grundvoraussetzung für eine Orientierung am Sternhimmel. Die markantesten S.er lassen sich mit Hilfe einer einfachen Sternkarte leicht auffinden. Vielfach ist es hilfreich, sich die hellsten Sterne eines S.es durch Linien zu einfachen, charakteristischen Figuren verbunden zu denken, doch lassen sich nur wenige Sterngruppierungen zwanglos zu einem wirklichen Bild vereinigen, weswegen es kaum möglich ist, die den Namen entsprechenden Figuren am Himmel zu erkennen. Das augenfällige scheinbare Zusammengehören einer Gruppe von Sternen besagt nicht, daß diese auch räumlich eine Einheit bilden; sie können vielmehr sehr weit voneinander entfernt sein und uns nur deswegen am Himmel benachbart erscheinen, weil sie von der Erde aus gesehen zufällig in etwa gleicher Richtung stehen. Eine gleiche scheinbare Helligkeit von Sternen ist auch nicht notwendigerweise mit einer gleichen Entfernung von uns gekoppelt, da unterschiedliche Entfernungen durch Leuchtkraftunterschiede kompensiert werden können.

Die Namen vieler S.er, die man von der Nordhalbkugel der Erde aus sehen kann, gehen auf die griech. Mythologie zurück. Die S.er des Südhimmels wurden vielfach von den Seefahrern früherer Jahrhunderte, die diese S.er zum ersten Mal erblickten, nach Gegenständen ihres täglichen Gebrauchs benannt. Die Zusammenfassung von Sternen zu einem S. und dessen Name war z.T. bei verschiedenen Völkern unterschiedlich und änderte sich auch im Laufe der Zeit. Auf alten Sternkarten findet man z.B. noch das S. Argo (Schiff), zu dem meist die heutigen S.er Vela (Segel), Puppis (Achterschiff), Carina (Kiel) und Pyxis (Kompaß) gerechnet wurden. Für einige S.er sind auch heute noch unterschiedliche deutsche Bezeichnungen in Gebrauch. In der Astronomie benutzt man im allg. nur die lateinischen Sternbildnamen. Sie bezeichnen wohlbegrenzte Gebiete am Himmel um die alten Sternbildfiguren, wobei man alle in einem derartigen Gebiet liegenden Sterne zu dem betreffenden S. zählt. Die Sternbildgrenzen wurden 1925 durch internationale Vereinbarung festgelegt. Danach gibt es 88 S.er, die den Himmel lückenlos überdecken (Tab.). Innerhalb eines S.es tragen die Sterne z.T. noch besondere Bezeichnungen (→ Sternnamen).

Eine Beschreibung der bekannteren S.er findet man unter den entsprechenden Stichwörtern. Ihre gegenseitige Lage ist aus den Sternkarten auf den Seiten 434 bis 440 ersichtlich.

G e s c h i c h t l i c h e s. Die Astrognosie bemüht sich, die Herkunft und die Bedeutung der S.er und ihrer Namen zu erklären, was weniger eine astronomische, mehr eine kulturgeschichtliche und philologische Aufgabe ist. Für einige Sternbildnamen seien hier Erklärungen gegeben, vielfach existieren noch mehrere andere.

Wohl in allen Kulturkreisen sind markante Sterngruppierungen zu S.ern zusammengefaßt worden, für die z.T. unabhängig voneinander ähnliche Bezeichnungen gewählt wurden. Hierzu gehören das S. U r s a M a i o r (Große Bärin, Großer Bär, Großer Wagen), das fast immer als ein Tier oder ein Wagen angesprochen wurde, und das häufig mit dem benachbarten B o o t e s (Ochsentreiber, Rinderhirt, auch Bärenhüter) in Verbindung gebracht wurde. Der Wagen wurde teilweise als von Ochsen gezogen dargestellt, die vom Bootes geführt werden. Die Römer nannten die sieben hellen Wagensterne überhaupt die sieben Pflugochsen [lat. septem triones]. Die Bezeichnung „Bär" rührt vielleicht daher, daß das S. frühzeitig zum Auffinden der Nordrichtung diente und der Bär das charakteristische Tier des Nordens war. Die griech. Sage brachte dieses S. meist mit der schönen Nymphe Kallisto in Verbindung: Diese wurde vom Göttervater Zeus geliebt und gebar ihm den Arkas. Nach der einen Überlieferung wurde die Kallisto deshalb von der eifersüchtigen Gemahlin des Zeus, der Hera, in eine Bärin verwandelt und samt ihrem Sohn – dieser als Bärenhüter Bootes – an den Himmel verbannt, wo ihr als Strafe sogar das erfrischende Bad im Ozean verwehrt wurde; dies entspricht der Tatsache, daß die Hauptsterne des S.s nicht unter den Horizont, also „ins Meer", versinken. An die Deutung des Bootes als Bärenhüter erinnert noch der Name Arctur, Arcturus [lat., aus griech. Arktoyros, ‚Bärenhüter'], des hellsten Sterns in diesem S. Das S. U r s a M i n o r (Kleine Bärin, Kleiner Bär, Kleiner Wagen) wurde nur wegen seiner Ähnlichkeit und Nähe zum Großen Bären so genannt. Eine selbständige Deutung hatte dieses S. wohl nur bei südamerikanischen Indianern, die in ihm einen Affen sahen, der sich mit dem Schwanz an den Himmelspol gehängt hat und sich um diesen schwingt. Seit jeher wurden die Sterne des O r i o n zu einem S. zusammengefaßt. Die Griechen sahen in ihm den gewaltigen, schönen Jäger Orion, der nach seinem Tod von den Göttern an den Himmel versetzt wurde. Nach einer Erzählweise wurde der Orion von einem S k o r p i o n getötet, der ebenfalls als S. an den Himmel kam, aber so, daß beide nie gleichzeitig zu sehen sind. Der Orion wurde meist mit einer Keule bewaffnet dargestellt, mit der er entweder gegen den benachbarten Stier (das S. Taurus) ankämpft oder die als Mädchen oder Taubenschar dargestellten Plejaden verfolgt. Begleitet wurde er von seinen Hunden, in den S.ern C a n i s M a i o r und C a n i s M i n o r verewigt. Wie vielfältig die S.er miteinander verknüpft wurden, zeigen die Namen einer Reihe von benachbarten S.ern des nördlichen Himmels, die alle einer griech. Sage entstammen. C e p h e u s war ein Aithiopenkönig, dessen Frau C a s s i o p e i a sich ihrer Schönheit in einer Weise rühmte, daß die Meerjungfrauen sich verletzt fühlten. Zur Strafe sandte der Meeresgott ein Ungeheuer, von dem das Land nur durch das Opfer der A n d r o m e d a, des Cepheus Tochter, befreit werden konnte. Diese wurde daher am Strand gefesselt dem Ungeheuer zum Fraß ausgesetzt. Der Held P e r s e u s aber, ein Sohn des Zeus und der Danae, tötete das Ungeheuer, befreite die Andromeda und machte sie zu seinem Weib. So wurden die Eltern, Cepheus und Cassiopeia, auf Himmelsgloben teilweise mit flehend erhobenen Händen dargestellt, Cassiopeia meist jedoch auf einem Thron sitzend, Andromeda darunter liegend und gefesselt. Das Meeresungeheuer sah man in dem S. C e t u s (Wal, Walfisch). Den Perseus dachte man sich mit einem Schwert in der erhobenen Hand (bei den Sternhaufen h und χ Persei), in der linken aber noch das schreckliche Haupt der Medusa, die er vorher getötet hatte. Eines der Augen des Medusenhauptes war der Stern, der später entsprechend von den Arabern Dämon oder Teufel genannt wurde, was uns verstümmelt als Algol überliefert ist. Mit der Medusa hängt wiederum das der Andromeda benachbarte S. P e g a s u s zusammen. Pegasus war der Sage nach ein geflügeltes himmliches Wunderpferd, das von der Medusa abstammte. In einem weitausgedehnten S. sahen die

Sternbilder

Lateinischer Name	Genitiv	Abkürzung	Deutscher Name
Andromeda	Andromedae	And	Andromeda
Antlia	Antliae	Ant	Luftpumpe
Apus	Apodis	Aps	Paradiesvogel
Aquarius	Aquarii	Aqr	Wassermann
Aquila	Aquilae	Aql	Adler
Ara	Arae	Ara	Altar
Aries	Arietis	Ari	Widder
Auriga	Aurigae	Aur	Fuhrmann
Bootes	Bootis	Boo	Ochsentreiber, Bärenhüter
Caelum	Caeli	Cae	Grabstichel
Camelopardalis	Camelopardalis	Cam	Giraffe
Cancer	Cancri	Cnc	Krebs
Canes Venatici	Canum Venaticorum	CVn	Jagdhunde
Canis Maior	Canis Maioris	CMa	Großer Hund
Canis Minor	Canis Minoris	CMi	Kleiner Hund
Capricornus	Capricorni	Cap	Steinbock
Carina	Carinae	Car	Schiffskiel
Cassiopeia	Cassiopeiae	Cas	Kassiopeia
Centaurus	Centauri	Cen	Zentaur, Kentaur
Cepheus	Cephei	Cep	Kepheus
Cetus	Ceti	Cet	Walfisch
Chamaeleon	Chamaeleontis	Cha	Chamäleon
Circinus	Circini	Cir	Zirkel
Columba	Columbae	Col	Taube
Coma Berenices	Comae Berenices	Com	Haar der Berenike
Corona Australis	Coronae Australis	CrA	Südliche Krone
Corona Borealis	Coronae Borealis	CrB	Nördliche Krone
Corvus	Corvi	Crv	Rabe
Crater	Crateris	Crt	Becher
Crux	Crucis	Cru	Kreuz (des Südens)
Cygnus	Cygni	Cyg	Schwan
Delphinus	Delphini	Del	Delphin
Dorado	Doradus	Dor	Goldfisch
Draco	Draconis	Dra	Drache
Equuleus	Equulei	Equ	Füllen
Eridanus	Eridani	Eri	(Fluß) Eridanus
Fornax	Fornacis	For	(Chemischer) Ofen
Gemini	Geminorum	Gem	Zwillinge
Grus	Gruis	Gru	Kranich
Hercules	Herculis	Her	Herkules
Horologium	Horologii	Hor	Pendeluhr
Hydra	Hydrae	Hya	Weibliche oder Nördliche Wasserschlange
Hydrus	Hydri	Hyi	Männliche oder Kleine Wasserschlange
Indus	Indi	Ind	Inder
Lacerta	Lacertae	Lac	Eidechse
Leo	Leonis	Leo	Löwe
Leo Minor	Leonis Minoris	LMi	Kleiner Löwe
Lepus	Leporis	Lep	Hase
Libra	Librae	Lib	Waage
Lupus	Lupi	Lup	Wolf
Lynx	Lyncis	Lyn	Luchs
Lyra	Lyrae	Lyr	Leier
Mensa	Mensae	Men	Tafelberg
Microscopium	Microscopii	Mic	Mikroskop
Monoceros	Monocerotis	Mon	Einhorn
Musca	Muscae	Mus	Fliege
Norma	Normae	Nor	Lineal, Winkelmaß
Octans	Octantis	Oct	Oktant
Ophiuchus	Ophiuchi	Oph	Schlangenträger

Sternbilder

Lateinischer Name	Genitiv	Abkürzung	Deutscher Name
Orion	Orionis	Ori	Orion
Pavo	Pavonis	Pav	Pfau
Pegasus	Pegasi	Peg	Pegasus
Perseus	Persei	Per	Perseus
Phoenix	Phoenicis	Phe	Phönix
Pictor	Pictoris	Pic	Maler(staffelei)
Pisces	Piscium	Psc	Fische
Piscis Austrinus	Piscis Austrini	PsA	Südlicher Fisch
Puppis	Puppis	Pup	Achterschiff
Pyxis	Pyxidis	Pyx	Schiffskompaß, Kompaß
Reticulum	Reticuli	Ret	Netz
Sagitta	Sagittae	Sge	Pfeil
Sagittarius	Sagittarii	Sgr	Schütze
Scorpius	Scorpii	Sco	Skorpion
Sculptor	Sculptoris	Scl	Bildhauer(werkstatt)
Scutum	Scuti	Sct	(Sobieskischer) Schild
Serpens	Serpentis	Ser	Schlange
Sextans	Sextantis	Sex	Sextant
Taurus	Tauri	Tau	Stier
Telescopium	Telescopii	Tel	Fernrohr, Teleskop
Triangulum	Trianguli	Tri	Dreieck
Triangulum Australe	Trianguli Australis	TrA	Südliches Dreieck
Tucana	Tucanae	Tuc	Tukan
Ursa Maior	Ursae Maioris	UMa	Großer Bär
Ursa Minor	Ursae Minoris	UMi	Kleiner Bär
Vela	Velorum	Vel	Segel (des Schiffes)
Virgo	Virginis	Vir	Jungfrau
Volans	Volantis	Vol	Fliegender Fisch
Vulpecula	Vulpeculae	Vul	Fuchs, Füchschen

Griechen den knieenden Hercules [griech. Herakles] mit einer Keule. Hercules war ein Sohn des Zeus und der Alkmene, einer Enkelin des Perseus. Wegen seiner Heldentaten und seiner großen Leiden wurde Hercules nach seinem Tod als Unsterblicher unter die Götter erhoben. Die von ihm unschädlich gemachten Untiere wurden mit einigen S.ern in Zusammenhang gebracht: der nemeische Löwe mit dem S. Leo, die lernäische Wasserschlange mit dem S. Hydra, der kretische Stier mit dem S. Taurus, der die goldenen Äpfel der Hesperiden hütende Drachen mit dem S. Draco. Teilweise sahen die Griechen im S. Auriga (Fuhrmann, Zügelhalter) den König Erichthonios, dem die Erfindung des Pferdewagens zugeschrieben wird, teilweise auch Phaethon, den Sohn des Sonnengottes Helios. Phaethon soll eines Tages versucht haben, den Sonnenwagen seines Vaters zu fahren, konnte aber die Rosse nicht halten, so daß fast der gesamte Himmel in Brand geriet. Phaethon aber stürzte in den mythischen Fluß Eridanus, von dem auch ein S. zeugt. Bei dieser Fahrt brannte der Sonnenwagen die Milchstraße in den Himmel. Eine andere Sage verbindet die Entstehung der Milchstraße mit dem Hercules, der als Säugling heimlich an der Brust der schlafenden Hera, seiner Feindin, sog. Als diese erwachte und den Knaben davonstieß, soll sich ihre göttliche Milch als breites Band über den Himmel ergossen haben. Der Fuhrmann wird rätselhafterweise stets mit einer Ziege, dem Stern Capella, und zwei Böcken im Arm, zwei schwachen Sternen bei Capella, dargestellt. Die Ziege wurde als die Wunderziege Amalthea angesehen, die den Zeus als Knaben nährte und später aus Dank von ihm an den Himmel versetzt wurde, ihr Horn diente ihm als Trinkgefäß. Im S. Triangulum (Dreieck) sahen viele ein Abbild des Nildeltas, im S. Delphinus den Delphin, der den Sänger Arion aus dem Meer rettete. Im S. Lyra (Leier) soll die Leier des Apoll oder die des berühmten Sängers Orpheus zu ewigem Andenken an den Himmel versetzt sein. Die Araber stellten dies S. später als einen mit geschlossenen Flügeln niederstoßenden Adler dar, weswegen sie den hellsten Stern den „fallenden Adler" nannten, was im verstümmelten Arabischen zu Wega wurde, und zwar im Gegensatz zum Stern „fliegender Adler" (verstümmelt zu Atair) der sich im S. Aquila (Adler) befindet, das schon bei den Babyloniern einen Raubvogel darstellte. Im S. Centaurus dachte man sich wohl den weisen Kentauren Chiron verewigt, der der Erzieher vieler Helden war und der auch den Gott der Heilkunst Asklepios lehrte. Dieser wurde immer mit einer Schlange (S. Serpens) dargestellt, weswegen man ihn im S. Ophiuchus (Schlangenträger) „versternt" sehen wollte. Die Aufreihung der Sterne des S.es Corona Borealis (Nördliche Krone) zu einer

Sternbild

Zeichenerklärung

- *heller als $1,^{m}5$ (1. Größe)*
- *$1,^{m}5$ - $2,^{m}5$ (2. Größe)*
- *$2,^{m}5$ - $3,^{m}5$ (3. Größe)*
- *$3,^{m}5$ - $4,^{m}5$ (4. Größe)*
- *unter $4,^{m}5$ (5. Größe)*

In den Sternkarten sind alle Sterne heller als $5,^{m}40$ enthalten.

- ∴ *Offener Sternhaufen*
- ⁘ *Kugelsternhaufen*
- *Nebel*

Äquinoktium 2000,0

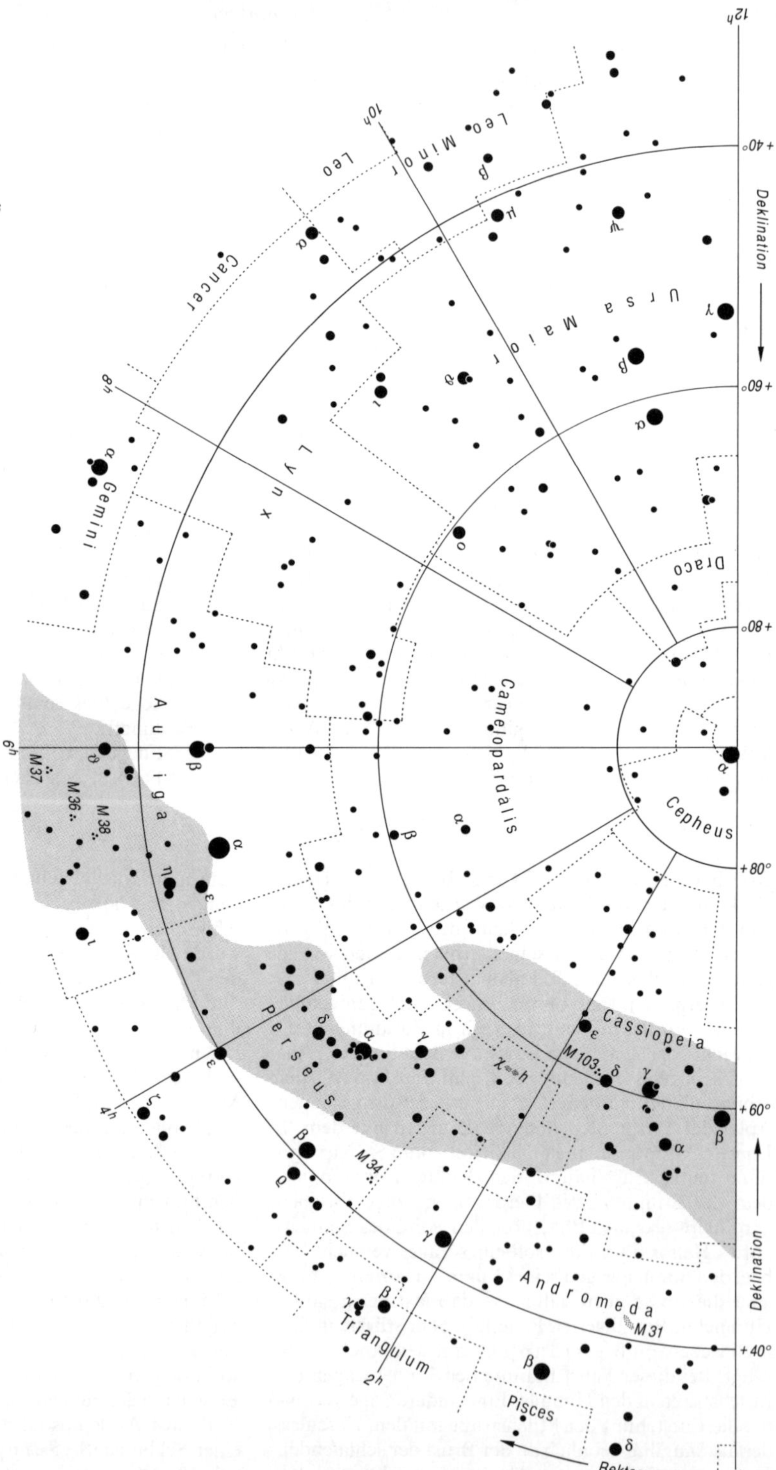

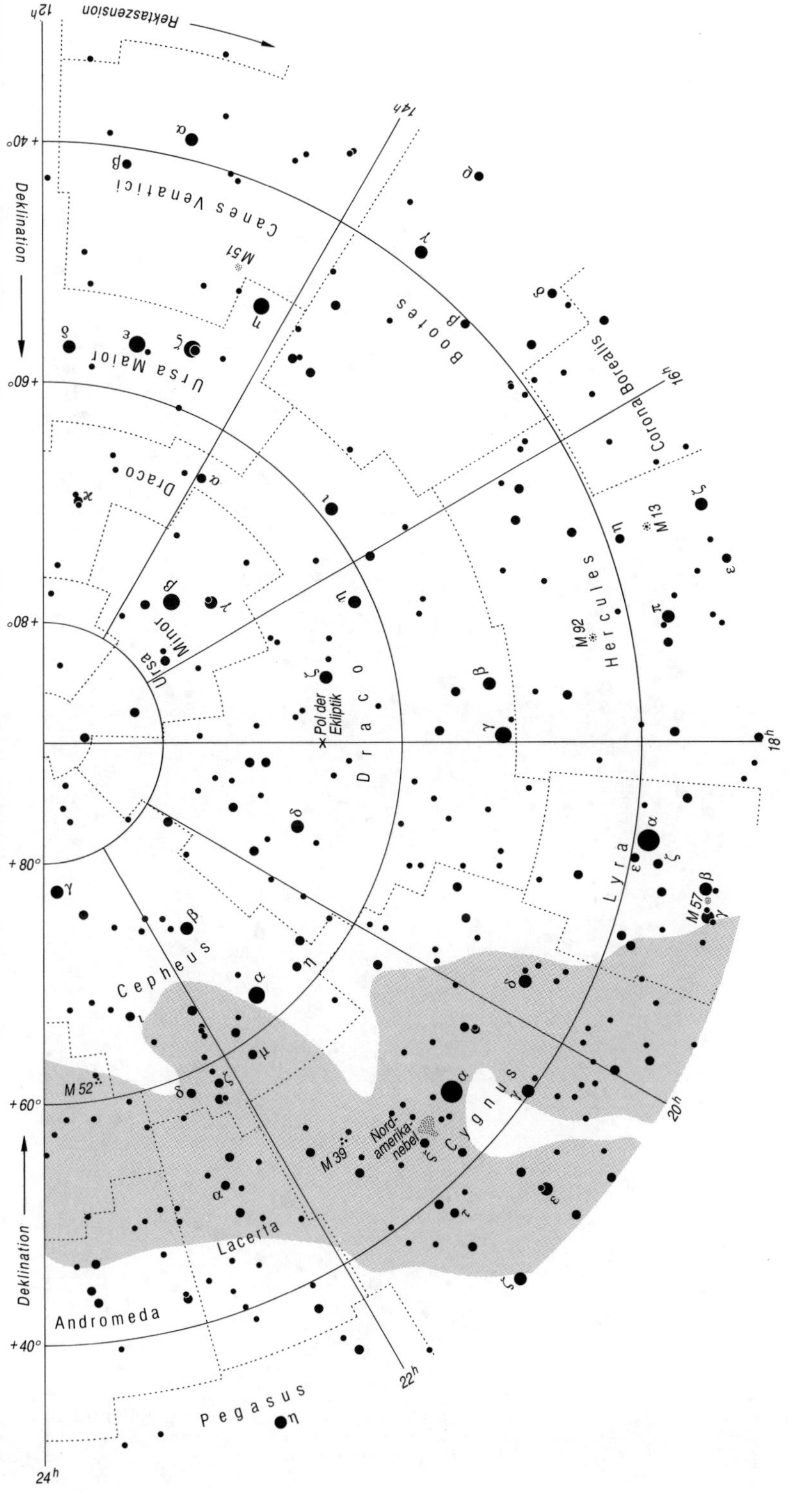
Rektaszension
12h
14h
16h
18h
20h
22h
24h
Deklination
+40°
+60°
+80°
Canes Venatici
M51
Bootes
Ursa Maior
Corona Borealis
Draco
Ursa Minor
Hercules
M13
M92
Pol der Ekliptik
Lyra
M57
Cepheus
M52
Cygnus
Nord-amerika-nebel
M39
Lacerta
Andromeda
Pegasus

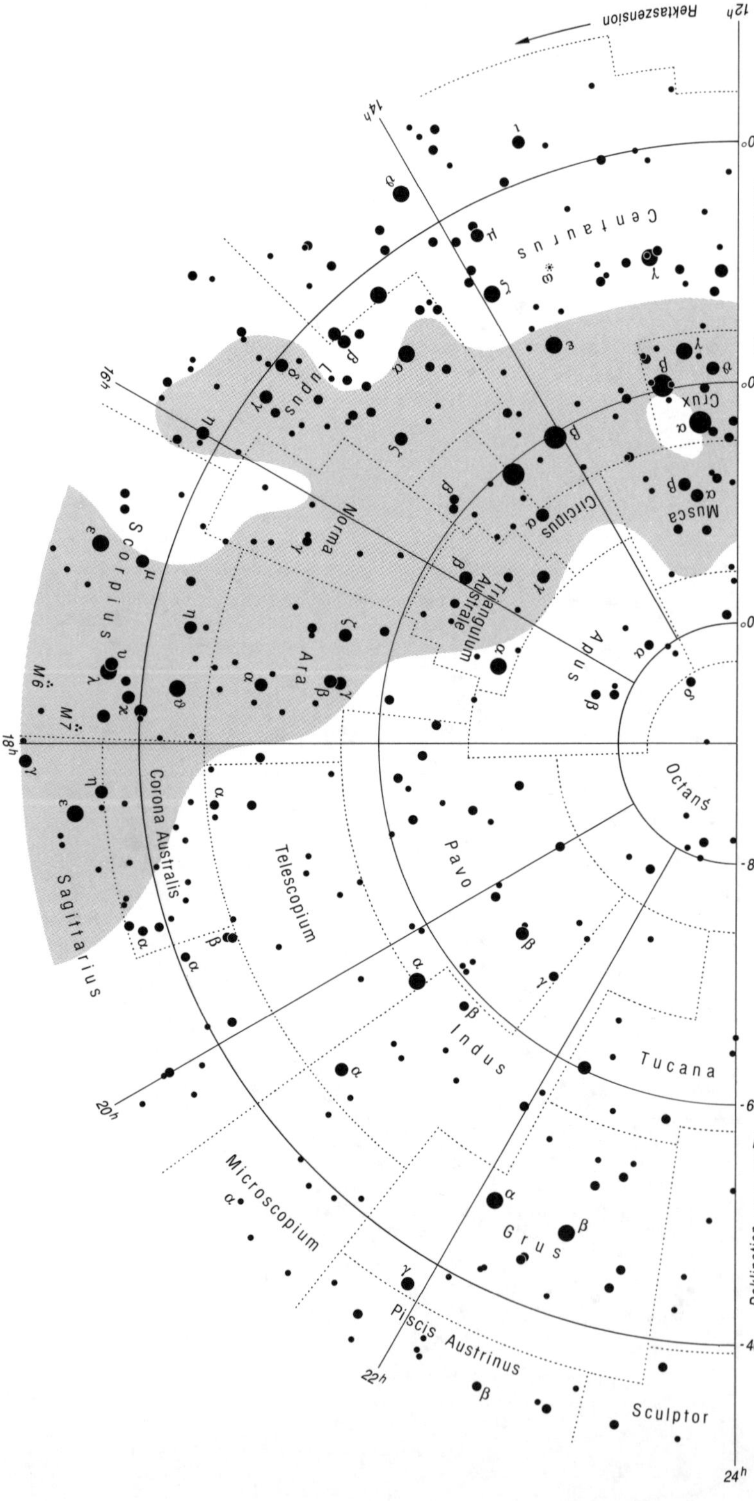
Rektaszension
Deklination
Centaurus
Crux
Musca
Circinus
Lupus
Norma
Triangulum Australe
Apus
Octans
Scorpius
Ara
M6
M7
Corona Australis
Sagittarius
Telescopium
Pavo
Indus
Tucana
Microscopium
Grus
Piscis Austrinus
Sculptor
12h
14h
16h
18h
20h
22h
24h
-40°
-60°
-80°
80°
60°
40°

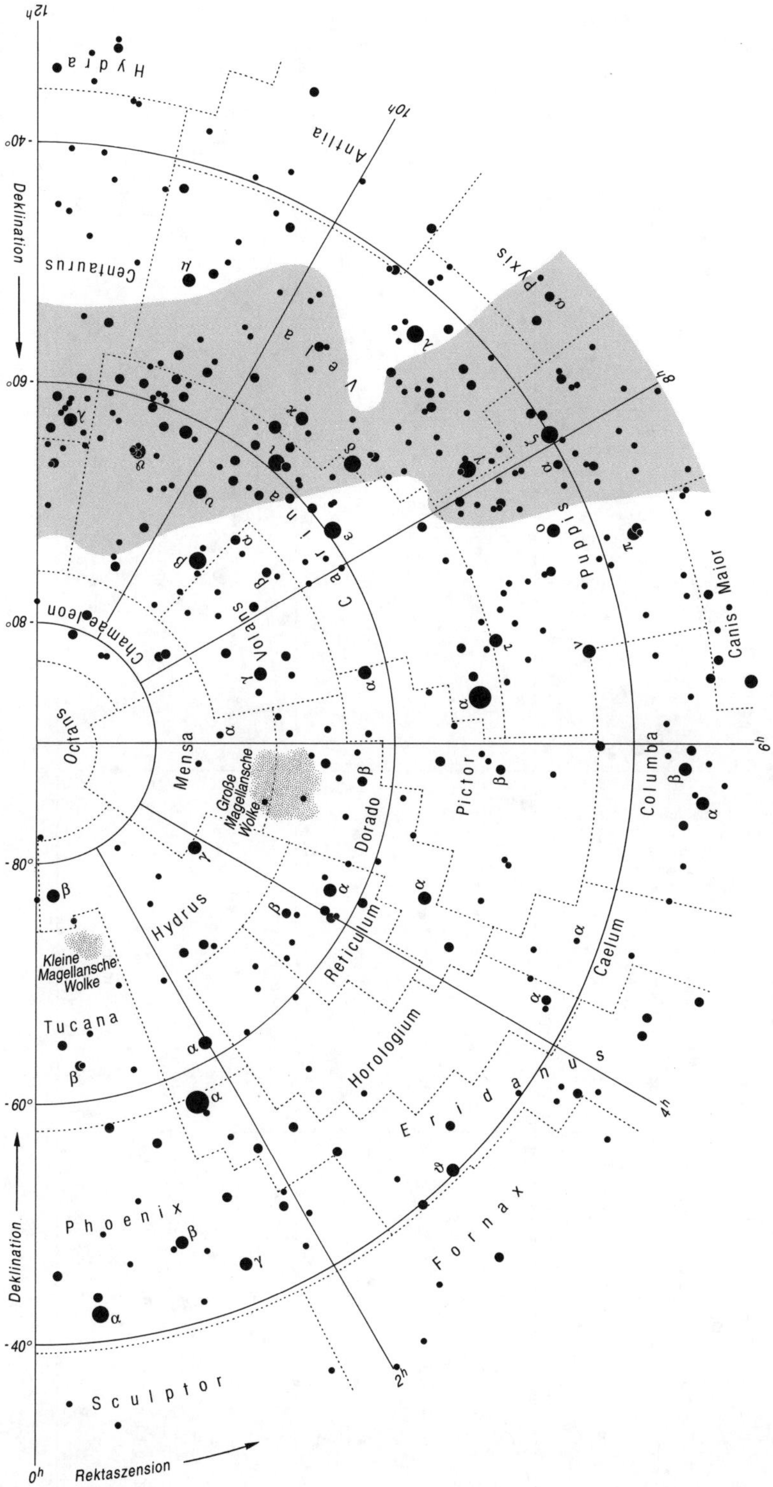
12h
Hydra
10h
Antlia
-40°
Deklination
Centaurus
Pyxis
Vela
-60°
8h
Carina
Puppis
Canis Maior
-80°
Chamaeleon
Volans
Octans
Mensa
Große Magellansche Wolke
Dorado
Pictor
Columba
6h
Hydrus
Reticulum
Caelum
Kleine Magellansche Wolke
Tucana
Horologium
Eridanus
4h
-60°
Phoenix
Fornax
Deklination
-40°
2h
Sculptor
0h
Rektaszension

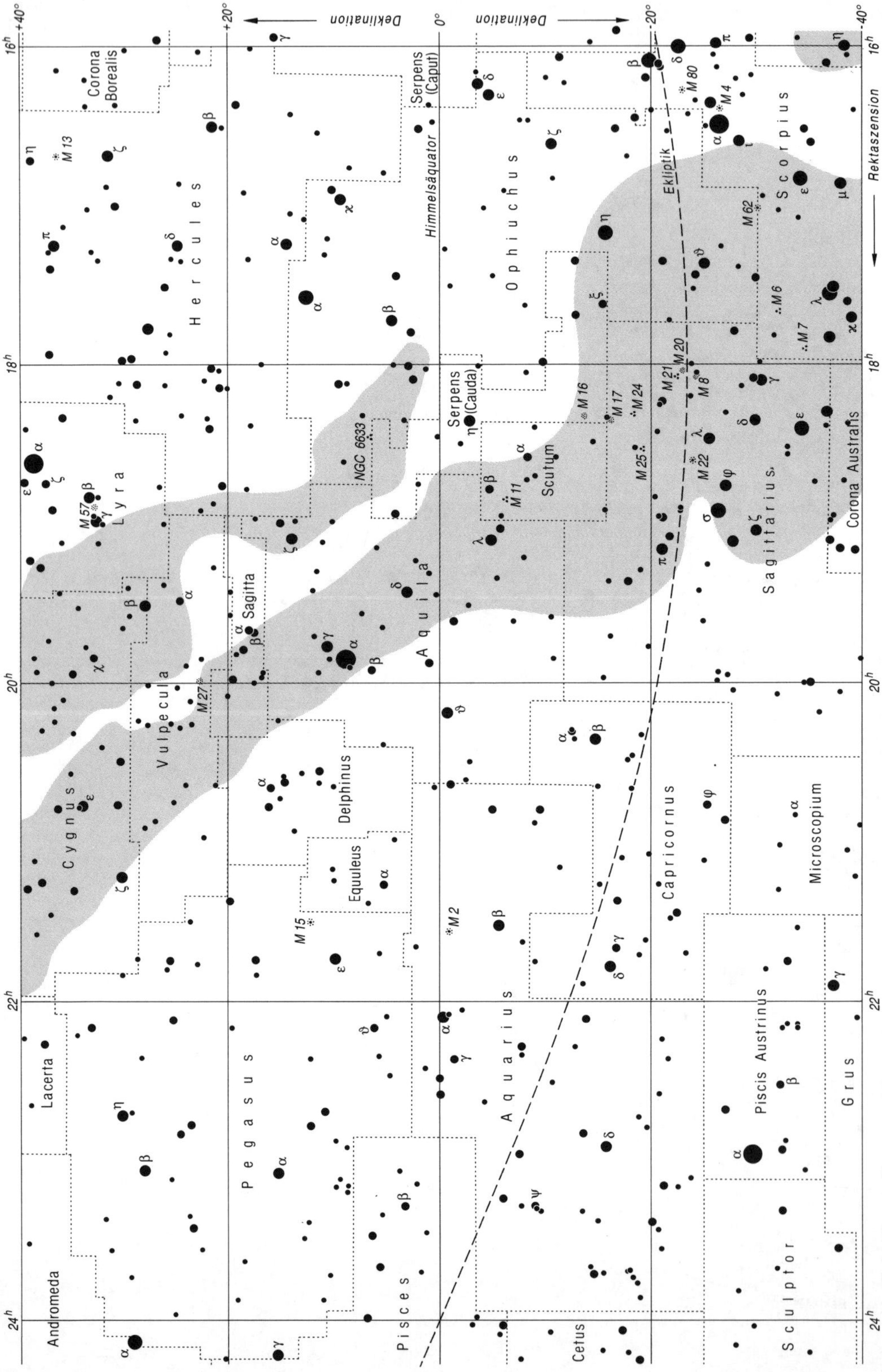
+40°
+20°
0°
−20°
−40°
Deklination
Deklination
16h
18h
20h
22h
24h
Rektaszension
Himmelsäquator
Ekliptik
Corona Borealis
Hercules
Lyra
Cygnus
Vulpecula
Sagitta
Delphinus
Equuleus
Pegasus
Lacerta
Andromeda
Pisces
Serpens (Caput)
Serpens (Cauda)
Ophiuchus
Aquila
Scutum
Aquarius
Capricornus
Cetus
Scorpius
Sagittarius
Corona Australis
Microscopium
Piscis Austrinus
Grus
Sculptor
M 13
M 57
M 27
M 15
M 2
M 11
M 16
M 17
M 24
M 25
M 21
M 20
M 8
M 22
M 80
M 4
M 62
M 6
M 7
NGC 6633

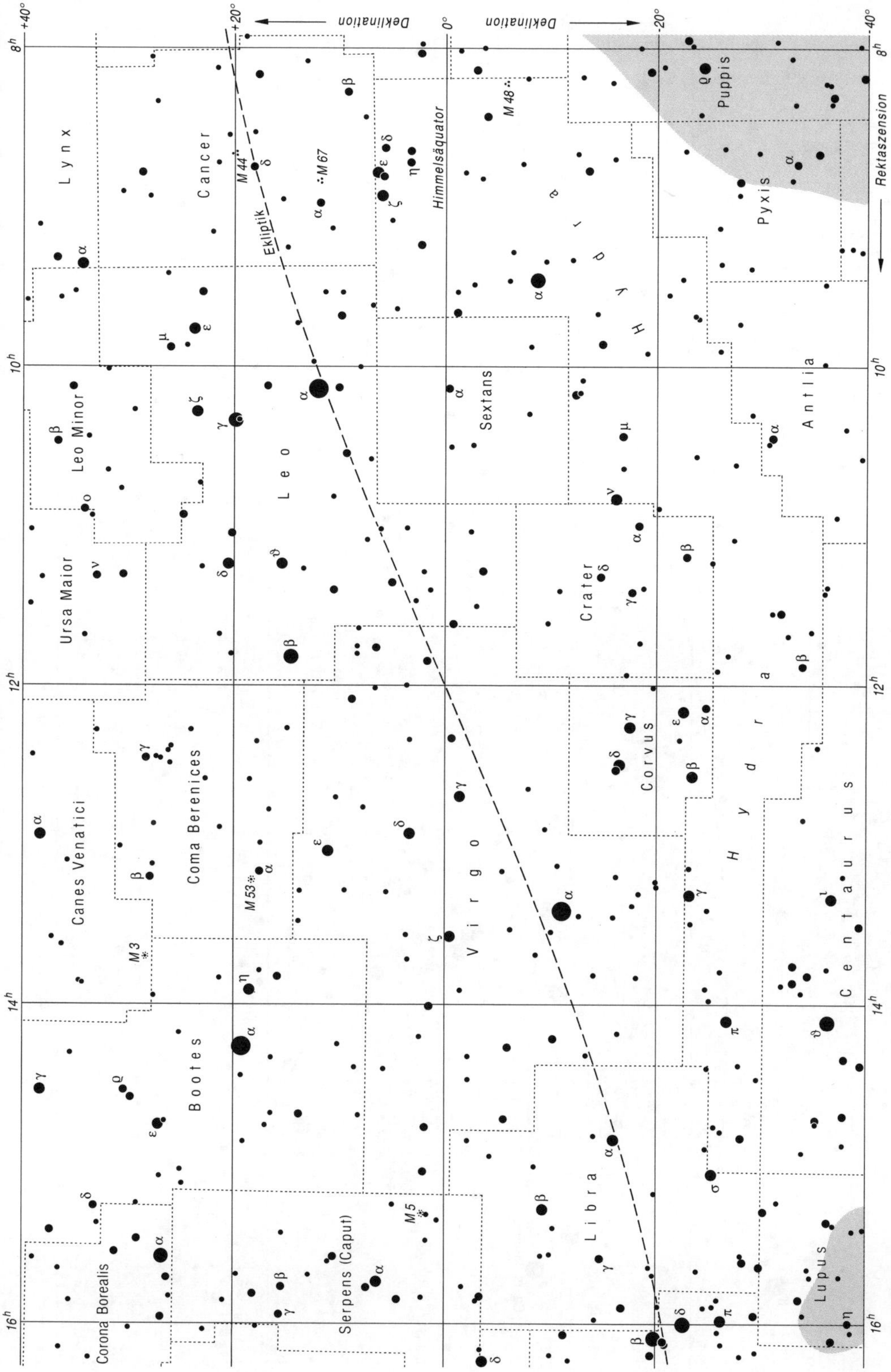

Deklination
Deklination
+40°
+20°
0°
-20°
-40°
8h
10h
12h
14h
16h
Rektaszension
Ekliptik
Himmelsäquator
Lynx
Cancer
M 44
M 67
M 48
Puppis
Pyxis
Hydra
Leo Minor
Leo
Sextans
Antlia
Ursa Maior
Crater
Canes Venatici
Coma Berenices
M 53
M 3
Virgo
Corvus
Centaurus
Bootes
Libra
Serpens (Caput)
M 5
Corona Borealis
Lupus

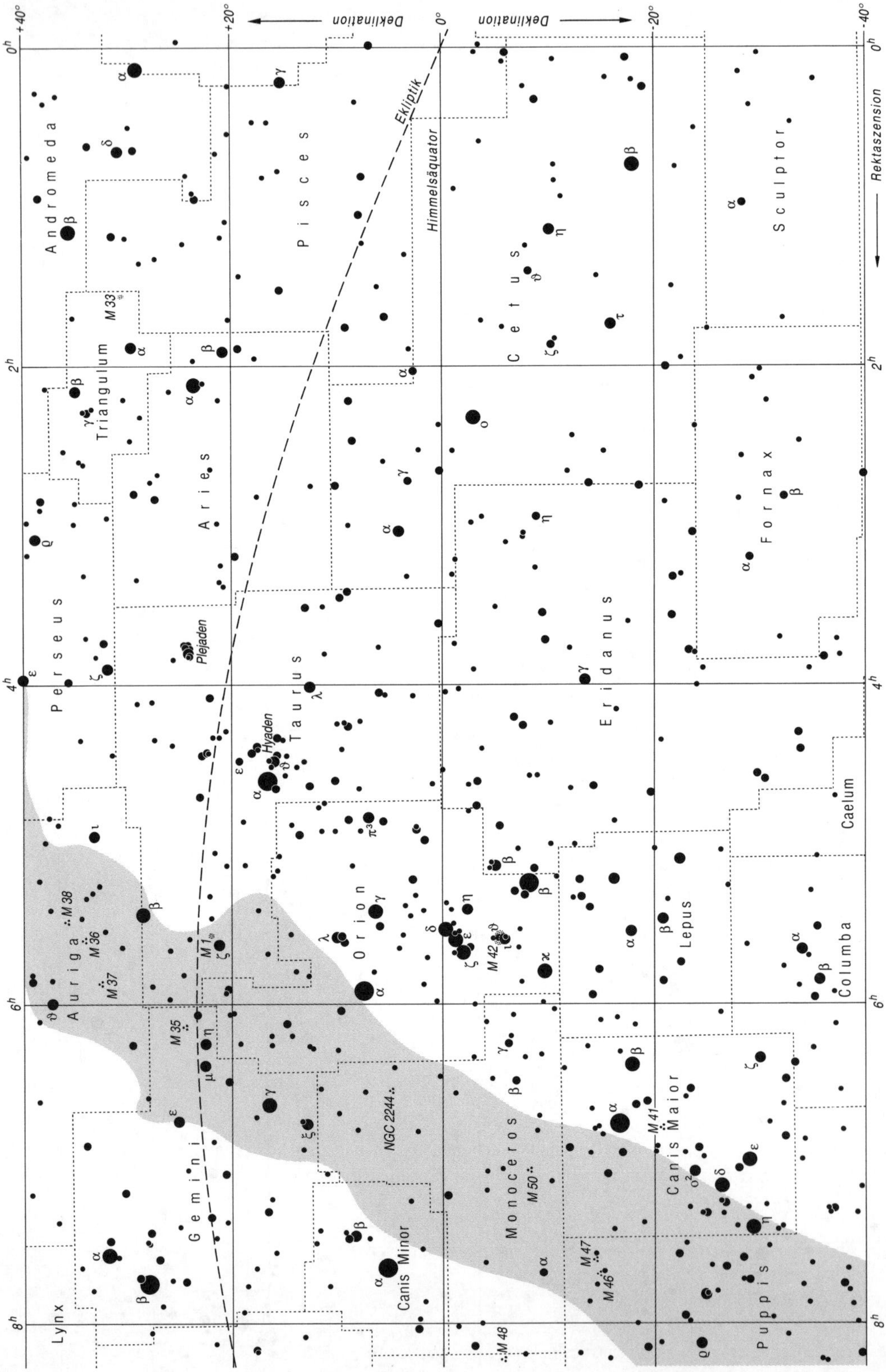
Deklination
Deklination
Rektaszension
+40°
+20°
0°
−20°
−40°
0h
2h
4h
6h
8h
Ekliptik
Himmelsäquator
Andromeda
Pisces
Triangulum
M 33
Aries
Perseus
Plejaden
Taurus
Hyaden
Cetus
Sculptor
Fornax
Eridanus
Caelum
Orion
M 42
M 1
Auriga
M 38
M 36
M 37
M 35
Gemini
NGC 2244
Lepus
Columba
Monoceros
M 50
Canis Maior
M 41
Canis Minor
M 47
M 46
M 48
Lynx
Puppis

Krone oder einem Kranz findet sich schon in den ältesten Beschreibungen. Das S. Coma Berenices (Haar der Berenike) ist verhältnismäßig jung. Die ägyptische Prinzessin Berenike opferte ihr Haar, das dann aus dem Tempel verschwand. Ihr zu Ehren „entdeckte" es der Mathematiker Koon im Jahr 247 am Himmel wieder.
Uralt sind die S.er des Tierkreises, die meist von den Babyloniern und Ägyptern herstammen. Die ursprünglichen Bedeutungen sind jedoch vielfach unklar. Die Bezeichnung des S.es Libra (Waage) mag damit zusammenhängen, daß in ihm früher die Sonne den Himmelsäquator überschritt, wobei die Länge von Tag und Nacht einander gleich waren, sich also die Waage hielten. Das der Waage benachbarte S. Virgo (Jungfrau) wurde, wohl als Fruchtbarkeitsgöttin gemeint, meist mit einer Ähre [lat. ‚spica'] in der Hand dargestellt, wonach noch heute der hellste Stern des S.es heißt. Die Griechen brachten beide S.er in Verbindung, indem sie in der Jungfrau auch die Göttin der Gerechtigkeit, zu der die Waage als Symbol gehört, sahen. Diese Göttin habe sehr viel früher, im Goldenen Zeitalter, unter den Menschen gewohnt, zeige sich aber jetzt nur noch nachts unter den Sternen. Das S. Leo (Löwe) wurde schon vor den Griechen als königliches Wüstentier angesehen; unter diesem Zeichen sollten die großen Könige geboren werden. Daher heißt auch der Stern am Herzen des Löwen der König, was sich im später von N. Copernicus (1473–1543) gewählten lat. Namen Regulus erhalten hat. Für das S. Taurus (Stier) fanden sich bei den Griechen viele Ausdeutungen: Es stellte den kretischen Stier des Hercules dar oder auch den weißen Stier, in dessen Gestalt der verliebte Zeus die phoinikische Königstochter Europa entführte. Der rötlich leuchtende Stern Aldebaran war eines der Stieraugen. Die Deutung des S.es Gemini als Zwillinge ist ebenfalls schon sehr alt. Später sah man in ihnen meist die Zwillingsbrüder Castor und Pollux, nach denen noch heute die beiden hellsten Sterne dieses S.es heißen. In der griech. Sage wurde dabei eine Verbindung zum S. Cygnus (Schwan) hergestellt: Die beiden Jünglinge galten als Söhne Zeus, der sich ihrer Mutter Leda als Schwan nahte. Vom S. Aries (Widder) wurde u.a. erzählt, es handele sich um den schönen Widder, der den Phrixos, um ihn vor den Opfertod zu bewahren, nach Kolchis entführte. Der Widder wurde zum Dank von den Göttern unter die Sterne versetzt, sein Fell aber in Kolchis als das Goldene Vlies aufgehängt. Dieses holte sich später Jason auf seinen wundersamen und schnellen Schiff Argo, von dem ebenfalls ein altes S. kündet. Viele Sagen erzählen ganz unterschiedlich vom S. Cancer (Krebs): Nach einer war es der von der eifersüchtigen Hera gesandte Krebs, der den Hercules bei der Tötung der lernäischen Hydra behinderte, nach einer anderen aber war es ein zum Dank an den Himmel versetzter Helfershelfer des verliebten Zeus: Dieser verfolgte eine schöne Nymphe, die von einem riesigen Krebs mit den Scheren festgehalten wurde, bis Zeus sich ihr nahen konnte.
Die im S. Taurus stehenden Plejaden (Siebengestirn) galten früher meist als selbständiges S. Man sah in ihnen eine Henne mit ihren Kücken, ein Schatzkästlein, einen von Orion verfolgten Taubenschwarm und vieles mehr. Die Griechen führten den Namen Plejaden später auf die Pleone (Pleione) zurück, die mit dem das Himmelsgewölbe tragenden Atlas sieben Töchter hatte. Diese flohen vor dem sie liebenden Orion viele Jahre lang und wurden schließlich von den mitleidigen Göttern an den Himmel versetzt. Daher heißen noch sieben der Plejadensterne nach diesen Schwestern, zwei andere nach ihren Eltern. Wenn man nur sechs Sterne sah, so meinte man, die siebente habe sich aus Scham verhüllt, weil sie nicht ganz so zurückhaltend wie die anderen war.
Unter den S.ern des nördlichen Himmels gibt es auch mehrere kleine, die erst im Mittelalter oder noch später erfunden wurden, um Lücken am Himmel zu schließen. Hierzu gehören u.a. die von J. Hevelius (1611–1687) stammenden S.er Lynx (Luchs), Lacerta (Eidechse), Scutum (Schild), Sextans (Sextant) und Vulpecula (Fuchs).

Sterndeutung, svw. Astrologie.

Sterndurchmesser, die Länge des Stücks einer durch den Sternmittelpunkt gehenden Geraden, das ganz im Stern liegt.
Ein Stern ist eine selbstleuchtende Gaskugel, bei der die Dichte nach außen hin kontinuierlich abnimmt, damit existiert keine feste äußere Grenze. Diejenige Schicht des Sterns, aus der der Hauptteil des ausgestrahlten sichtbaren Lichts stammt, ist die Sternphotosphäre, nur sie ist der direkten Beobachtung zugänglich (→ Sternatmosphäre). Die Dicke dieser Kugelschale ist im Vergleich zu ihrem Durchmesser im allg. sehr klein: Man definiert daher die Sternphotosphäre als „Sternoberfläche" und ihren Durchmesser als S.
Vom ***wahren*** (linearen) ***Durchmesser*** ist der ***scheinbare Durchmesser*** (Winkeldurchmesser) zu unterscheiden; es ist dies der Winkel, unter dem der wahre S. von der Erde aus erscheint. Der wahre S. kann aus dem gemessenen scheinbaren errechnet werden, wenn die Entfernung des Sterns von der Erde bekannt ist.
Nur bei einem einzigen Stern, der Sonne, läßt sich der Winkeldurchmesser mittels Mikrometer unmittelbar bestimmen. Bezogen auf die mittlere Entfernung der Erde von der Sonne beträgt er 31′ 59,3″, woraus der lineare Sonnendurchmesser zu 1,392 Mill. km folgt. Für alle anderen Sterne sind wegen ihrer großen Entfernungen von der Erde derartige Messungen unmöglich. Bei einigen nahen Riesensternen würde das theoretische Auflösungsvermögen großer Teleskope zwar ausreichen, um sie als flächenhafte Gebilde darzustellen, doch wird bei normalen (länger belichteten) Beobachtungen durch die in der Erdatmosphäre verursachte Richtungsszintillation nicht das Sternscheibchen, sondern das viel größere Szintillationsscheibchen dargestellt. Mit Hilfe der Methode der → Speckle-Interferometrie läßt sich das theoretische Auflösungsvermögen voll ausschöpfen, so daß man damit von hellen Sternen Winkeldurchmesser bestimmen kann, wenn diese größer als einige 0,01″ sind.
Eine andere Möglichkeit, S. zu bestimmen, bieten interferometrische Meßverfahren. Mit einem als Zusatz-

gerät an einem Fernrohr angebrachten Michelson-Interferometer (→ Interferometer) lassen sich scheinbare S. bis zu einigen 0,01″ messen, wobei diese Grenze wesentlich durch die Luftunruhe und die Schwierigkeiten bei der Realisierung eines großen derartigen Interferometers bedingt ist. Mit Hilfe zweier getrennt aufgestellter Teleskope können mit den gegenwärtigen Mitteln auch noch Winkeldurchmesser von einigen 0,001″ gemessen werden, wenn das von den Teleskopen gesammelte Licht phasengerecht zur Interferenz gebracht wird. Verzichtet man auf die phasengerechte Überlagerung der ankommenden Sternstrahlung und benutzt als Meßprinzip das eines Intensitätsinterferometers, so lassen sich bei hellen Sternen auch noch Winkeldurchmesser im Bereich von etwa 0,001″ bestimmen.

Eine andere Möglichkeit zur Bestimmung von S.n bieten Sternbedeckungen durch den Mond. Der Mondrand wirkt für das vom Stern kommende Licht wie eine scharfe Kante, an der es gebeugt wird. Wäre der Stern eine monochromatische und punktförmige Lichtquelle, so würde sich eine charakteristische Helligkeitsverteilung senkrecht zur Verbindungslinie Quelle–Kante mit ausgeprägten Maxima und Minima ergeben. Bei einer flächenhaften Lichtquelle ruft jeder Punkt der Quelle ein eigenes Muster hervor. Da die Verbindungslinien der Punkte zur Kante unterschiedliche Winkel haben, sind die jeweiligen Helligkeitsmuster etwas gegeneinander verschoben und die Maxima und Minima in der Gesamtstrahlung in Abhängigkeit von der Winkelausdehnung der Quelle mehr oder minder stark „verschmiert" (Abb. 1). Bei einer Sternbedeckung schiebt sich der Mondrand mit einer mittleren Winkelgeschwindigkeit von etwa 0,5″/s durch das vom Stern kommende Strahlenbündel. Damit bewegt sich das resultierende Helligkeitsmuster innerhalb von etwa 10 bis 100 Millisekunden über das Fernrohr hinweg. Vergleicht man den mit zeitlich hochauflösenden Photometern gemessenen Verlauf der Helligkeitsvariationen mit theoretisch bestimmten, sich für unterschiedliche Quellengrößen ergebenden Verläufen, kann die tatsächliche Winkelausdehnung des Sterns ermittelt werden. Die Auswertungen der Messungen werden dadurch erschwert, daß die Sternscheiben (wie die Sonnenscheibe) wegen der vorhandenen, aber unbekannten Randverdunklung keine gleichmäßige Flächenhelligkeit haben und demzufolge die einzelnen Helligkeitsmuster unterschiedliche Beiträge zum Gesamtmuster leisten. Wegen der Beschränkung der Messungen auf einen engen (monochromatischen) Spektralbereich und wegen der notwendigen hohen Zeitauflösung ist das Verfahren nur auf helle Sterne anwendbar.

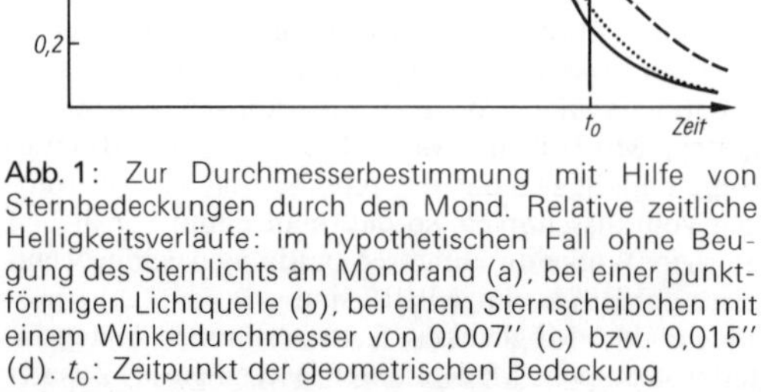

Abb. 1: Zur Durchmesserbestimmung mit Hilfe von Sternbedeckungen durch den Mond. Relative zeitliche Helligkeitsverläufe: im hypothetischen Fall ohne Beugung des Sternlichts am Mondrand (a), bei einer punktförmigen Lichtquelle (b), bei einem Sternscheibchen mit einem Winkeldurchmesser von 0,007″ (c) bzw. 0,015″ (d). t_0: Zeitpunkt der geometrischen Bedeckung

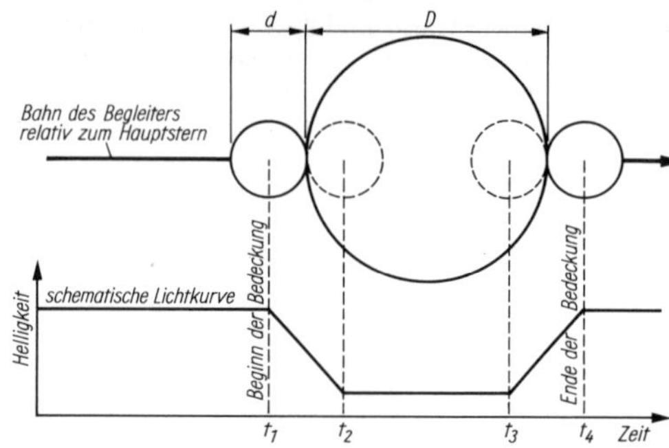

Abb. 2: Zur Durchmesserbestimmung bei Komponenten von Bedeckungsveränderlichen. *D*: Durchmesser der Hauptkomponente; *d*: Durchmesser des Begleiters. Erläuterungen im Text

Eine vollkommen andere Methode zur Ermittlung von S.n ermöglichen Bedeckungsveränderliche (Abb. 2). Außerhalb der Bedeckung setzt sich die beobachtete Helligkeit aus der des Hauptsterns und der des Begleiters zusammen. Vom Zeitpunkt t_1 an vermindert sie sich infolge der Verdeckung des Begleiters durch den Hauptstern und erreicht zum Zeitpunkt t_2 (vollständige Verdeckung) ihr Minimum, das bis zum Zeitpunkt t_3 dauert. Danach steigt die beobachtete Helligkeit bis zum Zeitpunkt t_4 wieder, zu dem mit dem Ende der Bedeckung der Ausgangswert erreicht wird. Auf Grund der geometrischen Anordnung ist die Umlaufperiode des Begleiters um den Hauptstern proportional der Bahnlänge des Begleiters, die Zeitdifferenz t_3–t_2 proportional der Differenz zwischen dem Durchmesser des Hauptsterns und dem des Begleiters und die Differenz t_4–t_1 proportional der Summe der beiden Durchmesser. Mißt man die Zeitdifferenzen in Einheiten der Umlaufperiode, lassen sich die beiden Durchmesser in Einheiten der Bahnlänge ermitteln. Können durch spektroskopische Beobachtungen die Radialgeschwindigkeiten und damit die Bahngeschwindigkeiten beider Komponenten bestimmt werden, läßt sich die Bahnlänge des Begleiters im linearen Maß (z.B. in Kilometern) angeben und damit auch jeder der beiden Durchmesser. Die Methode ist bei denjenigen Bedeckungsveränderlichen relativ genau, bei denen sich die Komponenten angenähert in Kreisbahnen bewegen, sie ist ungenau, wenn stark elliptische Bahnen durchlaufen werden, oder wenn die Komponenten sehr eng benachbart und daher abgeplattet sind, oder wenn sie eine starke Randverdunklung oder eine ungleichför-

mige Flächenhelligkeit haben, weil sie sich gegenseitig bestrahlen.
Die strahlungstheoretische Methode zur Bestimmung von S.n liefert ebenfalls direkt den linearen Durchmesser: Ist aus der scheinbaren Helligkeit und der Entfernung die Leuchtkraft L eines Sterns bekannt und mit Hilfe von Spektralbeobachtungen die Effektivtemperatur T_{eff} bestimmt, so ergibt sich der lineare Durchmesser D des Sterns auf Grund der theoretischen Beziehung $L = \pi D^2 \sigma T_{\text{eff}}^4$, in der σ die Stefan-Boltzmann-Konstante bedeutet (→ Leuchtkraft eines Sterns). Wegen der beschränkten Genauigkeit, mit der sowohl die Leuchtkraft als auch die Effektivtemperatur bestimmt werden können, sind die strahlungstheoretisch abgeleiteten S. nicht sehr genau, doch läßt sich die Methode auf alle Sterne anwenden. Die in der Tab. der → Zustandsgrößen angegebenen mittleren Radien für Sterne unterschiedlichen Spektraltyps beruhen auf ihr.
Die Werte der S. reichen von 10 bis 15 km bei den Neutronensternen über etwa Planetengröße bei den Weißen Zwergen bis hin zu einigen 1000 Sonnendurchmesser bei den Überriesen. Die Durchmesser der weitaus meisten Sterne, der Hauptreihensterne, liegen in einem engen Bereich von etwa 0,5 bis etwa 10 Sonnendurchmesser.

Sterndurchmesser

Sternname	Winkeldurchmesser (″)	linearer Durchmesser ($D_\odot$)	Methode
Mira	0,060	390	Z, S
Beteigeuze	0,050	800	Z, S
Canopus	0,0066	22	Z
Sirius	0,0059	1,7	Z
Procyon	0,0055	2,0	Z
Rigel	0,0026	80	Z
Regulus	0,00138	3,7	I
Bellatrix	0,00076	3,1	I

$D_\odot$: Sonnendurchmesser; Z: Zwei-Apertur-Phaseninterferometer; S: Speckle-Interferometrie; I: Intensitätsinterferometer

Sternentstehung, die Bildung von Sternen aus diffus verteilter interstellarer Materie. Die S. ist kein einmaliger Vorgang, wie die Existenz unterschiedlich alter Sterne zeigt: Sterne der Spektralklasse O sind z.B. maximal 10 Mill. Jahre alt, die Sonne hat ein Alter von 4,6 Mdr. Jahren und die Sterne in Kugelsternhaufen von etwa 13 bis 19 Mrd. Jahren (→ Altersbestimmung). Seit mindestens dieser Zeit dauert die S. im Milchstraßensystem und in anderen Sternsystemen an und findet auch noch gegenwärtig statt.
Bedingungen für die S. Die S. ist durch eine Materieverdichtung um einen Faktor in der Größenordnung von 10^{18} bis 10^{20} gekennzeichnet: Die mittlere Dichte einer interstellaren Molekülwolke liegt bei etwa 10^{-20} bis 10^{-21} g/cm³, die mittlere Dichte der Sonne beträgt dagegen 1,4 g/cm³. Eine derartige Verdichtung ist nur auf Grund der Eigengravitation der beteiligten Massen, nicht auf Grund äußerer Kräfte möglich. Die Kontraktion einer Gasmasse setzt dann ein, wenn die zum Zentrum hin gerichtete Gravitationskraft größer ist, als es die auseinandertreibenden Kräfte sind. Zu diesen gehört in erster Linie der Gasdruck, zu dem bei starken turbulenten Bewegungen ein Turbulenzdruck hinzukommt, bei Rotation treten Zentrifugalkräfte, bei starken Magnetfeldern magnetische Druckkräfte auf. Im einfachsten Fall einer nichtrotierenden kugelförmigen Wolke ohne Turbulenz und ohne Magnetfelder mit einer einheitlichen Temperatur und Dichte läßt sich eine obere Grenzmasse angeben, die sog. Jeans-Masse (nach J.H. Jeans, 1877–1946), bis zu der die Wolke gravitativ stabil ist; beim Überschreiten der Grenzmasse kontrahiert die Wolke. Die Grenzmasse ist um so größer, je höher die Temperatur und je niedriger die Dichte der Wolkenmaterie ist. Für eine mittlere interstellare Wolke neutralen atomaren Wasserstoffs ergibt sich eine theoretische Jeans-Masse, die viel größer ist als die in einer derartigen Wolke im Mittel vereinigte Masse; diese Wolken sind demzufolge weitgehend gravitativ stabil. Bei den für interstellare Molekülwolken typischen Temperatur- und Dichtewerten von etwa 10 K und 10^{-21} g/cm³ ergibt sich die Grenzmasse zu rund 30 Sonnenmassen, was wesentlich kleiner als die mittlere Gesamtmasse einer Molekülwolke ist. Eine derartige Wolke kann als Ganzes kontrahieren, doch sorgen die zum Gasdruck hinzukommenden Zusatzkräfte im allg. für großräumige Stabilität. In großen Molekülwolken existieren oftmals lokale Verdichtungen (vielfach als „Wolkenkerne“ bezeichnet) mit einer z.T. 1000fach höheren Dichte als der mittleren und mit Massen im Bereich von einigen wenigen bis zu etwa 1000 Sonnenmassen; diese „Kerne“ sind die bevorzugten Orte für die S. Wahrscheinlich entsteht nicht jeweils nur ein einzelner Stern, sondern eine mehr oder minder große Sternansammlung, ein Sternhaufen.
Jede interstellare Wolke besitzt auf Grund der differentiellen Rotation des Milchstraßensystems einen spezifischen Drehimpuls, der im Mittel etwa 10^6- bis 10^8mal größer ist als der mittlere spezifische Drehimpuls der Sternmaterie. Bei der Kontraktion einer Wolke nimmt der Abstand der Masseelemente von der Rotationsachse ab, während wegen der Drehimpulserhaltung die Winkelgeschwindigkeiten und damit die Fliehkräfte wachsen. Fände innerhalb der Wolke keine Umverteilung des größten Teils des Drehimpulses statt, würde die Kontraktion nach kurzer Zeit zum Erliegen kommen, und eine S. fände nicht statt. Die Einzelheiten dieses, die S. entscheidend beeinflussenden Umverteilungsprozesses sind jedoch noch weitgehend ungeklärt (s.u.).
Die in einer Molekülwolke je Masseeinheit vorhandene mittlere Magnetfeldenergie ist etwa von der gleichen Größenordnung wie die mittlere Gravitationsenergie. (In den Sternen überwiegt hingegen die Gravitationsenergie beträchtlich.) Erst nach einer allmählichen (mindestens teilweisen) Diffusion des Magnetfeldes aus den inneren Bereichen der „Wolkenkerne“ und der damit verbundenen merklichen Reduzierung des Magnetfelddruckes kann die S. einsetzen. Die Details des Diffusionsprozesses sind noch nicht vollkommen geklärt.

Thermische Prozesse bei der Wolkenkontraktion. Die in einer gravitationsinstabilen Wolke auftretenden thermischen und dynamischen Prozesse sind ganz wesentlich von der Ausgangssituation – z.B. der Größe und der geometrischen Form der Wolke, der inneren Dichteverteilung und der internen Bewegungsverhältnisse sowie der Stärke und der Struktur der Magnetfelder – abhängig, wobei diese Größen innerhalb weiter Grenzen variieren können. Die Berücksichtigung aller möglicher Anfangsbedingungen macht die Rechnungen zur Wolkenkontraktion so kompliziert, daß sie gegenwärtig nicht in voller Allgemeinheit durchgeführt werden können. Um Einblicke in die thermischen Abläufe bei der Wolkenkontraktion zu erhalten, betrachtet man daher im allg. den einfachsten Fall, den einer nichtrotierenden kugelsymmetrischen kleinen Wolke ohne innere Turbulenz und Magnetfelder. Wegen der Kugelsymmetrie braucht dann nur eine einzige Raumkoordinate, der Mittelpunktsabstand, berücksichtigt zu werden. Bei komplizierteren Anfangsbedingungen ergeben sich im allg. Abweichungen von der Kugelsymmetrie, so daß die Kontraktion nicht mehr radial verläuft und bei den Rechnungen die volle Dreidimensionalität des Problems berücksichtigt werden muß. Der sich dadurch ergebende hohe Rechenaufwand erfordert dann vielfach Vereinfachungen bei der Berücksichtigung der thermischen Prozesse.

Bei der Kontraktion wird potentielle Energie frei, die in Wärmeenergie übergeht. Wenn diese genügend schnell aus der Wolke abgeführt werden kann, so daß die Temperatur der Wolkenmaterie nicht steigt, setzt sich die Kontraktion beschleunigt fort, da mit dem Dichteanstieg die Eigengravitation stärker zunimmt als der Gasdruck; die Wolke wird immer instabiler, und eine langsam einsetzende Kontraktion geht in einen Kollaps, in einen nahezu freien Fall über. Die Zeit, die die in Richtung auf das Wolkenzentrum frei fallende Materie benötigt, um (theoretisch) das Wolkenzentrum zu erreichen, ist umgekehrt proportional der Wurzel aus der Gasdichte: Bei einer Anfangsdichte von etwa 10^{-21} g/cm^3 beträgt die Frei-Fall-Zeit rund 3 Mill. Jahre, bei einer 100mal höheren Dichte (und sonst ungeänderten Bedingungen) nur 300000 Jahre. Bestehen in der Wolke beim Beginn der Kontraktion Dichtevariationen, so kontrahieren (bei sonst gleichen Bedingungen) die dichten Teilbereiche schneller als die Gesamtwolke; anfängliche Dichtevariationen verstärken sich daher im allg. während der Kontraktion.

Eine Abführung der bei der Kontraktion der Wolkenmaterie zugeführten Wärmeenergie nach außen (eine Kühlung der Materie) tritt dann ein, wenn thermische Energie der Gaspartikeln in Strahlungsenergie überführt wird und diese die Wolke verläßt. Dies geschieht u.a. über die im Gas eingebetteten Staubteilchen, die eine sehr niedrige innere Temperatur haben, weil das interstellare Strahlungsfeld in den Molekülwolken stark reduziert ist, und die Staubteilchen alle aufgenommene Energie sehr gut abzustrahlen vermögen. Wird ein Staubteilchen von einem Gaspartikel gestoßen, geht ein Teil von dessen kinetischer Energie auf das Teilchen über, das dadurch aufgeheizt wird; danach gibt das Staubteilchen die zugeführte Energie als Wärmestrahlung in den interstellaren Raum ab. Wegen der niedrigen Staubteilchentemperaturen liegt das Maximum dieser Strahlung im fernen Infrarotbereich, in dem das interstellare Gas sehr gut strahlungsdurchlässig ist, so daß die Strahlung tatsächlich aus der Wolke entweichen kann. Eine Kühlung kann auch über die Gaspartikeln direkt erfolgen: Beim Stoß von Atomen, Ionen oder Molekülen kann kinetische Energie der Stoßpartner in Anregungsenergie überführt werden, die danach durch eine spontane Strahlungsemission wieder abgegeben wird. Wegen der geringen Gastemperatur können nur sehr niedrige Energieniveaus angeregt werden, demzufolge liegt auch die von den angeregten Gaspartikeln emittierte Strahlung im sehr langwelligen Infrarot-, im Submillimeter- oder im Radiofrequenzbereich. Die Effektivität der Kühlprozesse wächst mit steigender Gasdichte, weil mit ihr die Zahl der energieübertragenden Stöße je Zeit- und Volumeneinheit zunimmt. Andererseits wächst mit steigender Gasdichte die Absorptionswahrscheinlichkeit für die bei den Kühlprozessen ausgesandte Strahlung, so daß die infolge der Kontraktion freigesetzte potentielle Energie im Laufe der Zeit immer schlechter aus der Wolke abtransportiert werden kann. Sind die Dichten noch nicht zu hoch, ist die Kühlung so wirksam, daß die Temperatur der Wolkenmaterie eher fällt als steigt.

Diejenigen Gebiete, die von Anfang an eine etwas erhöhte Dichte hatten, z.B. das Zentralgebiet eines „Wolkenkerns", kontrahieren am schnellsten. Nach außen hin nimmt die Fallgeschwindigkeit ab, so daß der Kollaps von innen nach außen fortschreitend ein ständig wachsendes Wolkengebiet erfaßt. Die äußeren Wolkenregionen bleiben zunächst verhältnismäßig unberührt von den Ereignissen im Wolkenzentrum. Wegen der dort immer stärker wachsenden Dichte werden die Zentralregionen am ehesten strahlungsundurchlässig (Abb.). Die Temperatur und der Gasdruck beginnen dann so stark zu steigen, daß der Kollaps des Gebiets gebremst wird und in eine langsamere

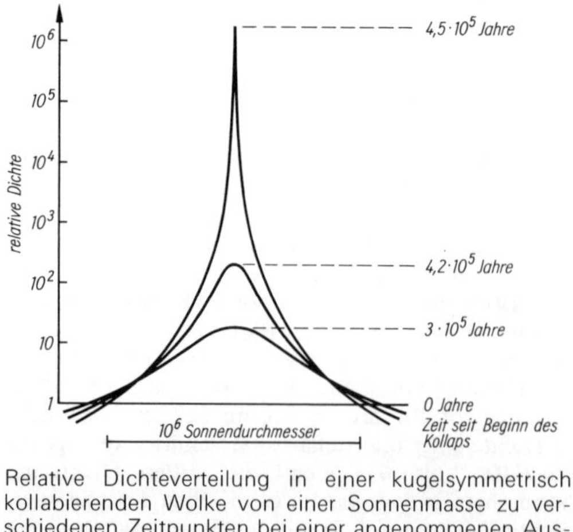

Relative Dichteverteilung in einer kugelsymmetrisch kollabierenden Wolke von einer Sonnenmasse zu verschiedenen Zeitpunkten bei einer angenommenen Ausgangsdichte von 10^{-19} g/cm^3. (Nach R.B. Larson)

Kontraktion übergeht; in dem Gebiet wird mehr potentielle Energie freigesetzt als abgestrahlt. Es entsteht so eine Region, in der nahezu ein mechanisches Gleichgewicht herrscht, im Gegensatz zur Restwolke, die sich noch immer im freien Fall befindet. Die auf das Quasi-Gleichgewichtsgebiet stürzende Materie hat Überschallgeschwindigkeit (bezüglich der lokalen Verhältnisse), wodurch im Aufprallbereich eine Stoßfront entsteht, in der die kinetische Energie der einfallenden Materie in thermische Energie umgewandelt wird; das Quasi-Gleichgewichtsgebiet wird dadurch zusätzlich aufgeheizt. Erreicht die Temperatur etwa 2000 K, kommt es zur Dissoziation der Wasserstoffmoleküle, die die Hauptmenge der Gaspartikeln in der Wolkenmaterie stellen. Dabei wird Energie verbraucht, die nicht mehr zur Aufrechterhaltung des mechanischen Gleichgewichts zur Verfügung steht: Das Gebiet wird abermals gravitativ instabil und kollabiert kurzzeitig noch einmal, bis (bei etwa 20000 bis 30000 K) der Wasserstoff vollständig ionisiert ist und ein neues mechanisches Gleichgewicht erreicht wird. Auch dieses ist nicht vollkommen; die Kontraktion dauert noch an, sie erfolgt aber viel langsamer, und zwar nach Maßgabe der Kelvin-Helmholtz-Zeitskala (→ Sternentwicklung), während der Sturz der Restwolke auf das Gleichgewichtsgebiet weiterhin nach Maßgabe der Frei-Fall-Zeitskala vorsichgeht. Die in dem Quasi-Gleichgewichtsgebiet enthaltene Materiemenge beläuft sich anfangs auf nur einen Bruchteil der späteren Sternmasse.

Da aus dem Quasi-Gleichgewichtsgebiet der endgültige Stern hervorgeht, bezeichnet man es als *Protostern.* Er unterscheidet sich von einem Stern durch die völlig anderen Bedingungen an der Oberfläche: Die einfallende Materie übt einen äußeren Druck aus und heizt den Protostern (zusätzlich zu der im Innern freigesetzten Energie) von außen her auf. Die Temperatur an seiner Oberfläche liegt in der Größenordnung von etwa 10^6 K und gleicht damit etwa der in seinem Zentrum, während dazwischen weitaus kühlere Bereiche liegen. Strahlt der langsam kontrahierende und an Masse zunehmende Protostern schließlich wesentlich mehr Energie aus, als er von außen erhält, ist der *Vor-Hauptreihenzustand* des Sterns erreicht.

Wie der Massezufluß des Protosterns beendet wird, ist nicht klar. Bei sehr kleinen Wolkenmassen könnte einfach die Wolkenmaterie so ausgedünnt werden, daß ein weiterer Massezustrom von allein zum Erliegen kommt. Massereiche Proto- bzw. Vor-Hauptreihensterne können auf Grund ihrer hohen Oberflächentemperaturen das Restwolkengas so stark aufheizen, daß ein weiterer Materieeinfall gebremst wird, und er möglicherweise sogar in eine Expansion des Restwolkengases umschlägt; dieses würde dann vom neugebildeten Stern weggeblasen. Bei Sternen mittlerer Masse beendet möglicherweise ein starker Sternwind während der Vor-Hauptreihenphase den Materieeinfall; auch er würde eine Auflösung der Restwolke bewirken.

Drehimpulsproblem. Wegen der Drehimpulserhaltung erfolgt bei einer rotierenden Wolke nur anfangs eine radiale Kontraktion. Mit dem Erfassen weiter außen liegender Wolkenbereiche, die eine höhere Rotationsgeschwindigkeit haben, steigen die Zentrifugalkräfte und die zunächst radiale Kontraktion geht immer mehr in eine Kontraktion parallel zur Rotationsachse über, wodurch eine mehr oder minder stark abgeflachte, schnell rotierende Materiekonfiguration (eine Akkretionsscheibe) entsteht. Da die inneren Teile der Gasscheibe schneller rotieren als die weiter außen gelegenen, treten Reibungseffekte auf, die einen Drehimpulstransport aus den inneren Scheibenregionen nach außen bewirken, so daß innen Materie auf den sich bildenden Stern fallen kann (→ Akkretionsscheibe). Die Einzelheiten der ablaufenden Prozesse sind noch unklar, da neben rein hydrodynamischen Effekten wahrscheinlich auch magneto-hydrodynamische eine Rolle spielen. Neugebildete Sterne sind, wie die Beobachtungen zeigen, vielfach noch von einer zirkumstellaren Scheibe umgeben. Die bei einer Reihe sehr junger Sterne beobachteten bipolaren Nebel zeigen den wahrscheinlich durch magneto-hydrodynamische Vorgänge bewirkten Abfluß von Scheiben-, damit von Wolkenmaterie in den interstellaren Raum an. Möglicherweise ist auch dies ein Prozeß, durch den die masseaufsammelnde Phase eines Protosterns beendet wird.

Bei einem großen Wolkenkomplex kann eine Umverteilung des Drehimpulses u.a. durch einen Zerfall der Wolke in Teilbereiche geschehen. Der Rotationsdrehimpuls der Wolkenmaterie geht dann in Bahndrehimpuls der Teilwolken über, die sich um den gemeinsamen Schwerpunkt bewegen. Die Teilwolken behalten aber noch so viel Drehimpuls, daß ihre spätere Kontraktion wesentlich von ihm beeinflußt wird.

Wolkenfragmentierung. Der Zerfall einer gravitativ instabilen Wolke (oder eines Wolkenteils) in mehrere eigenständig kontrahierende Teilbereiche geht wahrscheinlich mit der Drehimpulsumverteilung in Bahndrehimpuls einher. Denkbar ist auch, daß eine auf Grund der Wolkenrotation entstandene scheibenförmige Materiekonfiguration infolge von Dichteinhomogenitäten in zwei oder mehr Fragmente zerfällt, die sich um den gemeinsamen Schwerpunkt bewegen. Es würde dies möglicherweise die beobachtete große Häufigkeit von Doppel- und Mehrfachsternen erklären. Wahrscheinlich wird die Fragmentierung einer größeren Wolke auch durch die Kühlprozesse gefördert: Kleine Wolken sind besser strahlungsdurchlässig als große und können daher die freigesetzte potentielle Energie leichter nach außen abführen; der Kollaps kleiner Teilwolken ist noch möglich, wenn der großer Wolken bereits behindert wird.

Die Beobachtungen zeigen, daß junge Sterne meist in Ansammlungen von in der Größenordnung 10 bis 100 Mitgliedern auftreten. Die Wolkenfragmentation dürfte daher bei der S. eine wesentliche Rolle spielen, doch ist eine detaillierte Theorie sehr schwierig, da die ablaufenden dynamischen Prozesse ganz entscheidend von den Anfangsbedingungen in der Wolke abhängen. Man kann daher weder über die Zahl der aus einer instabilen Molekülwolke entstehenden Sterne noch über ihre Masseverteilung eine verläßliche allgemeingültige Aussage machen.

Die Effektivität des Umwandlungsprozesses von interstellarer in stellare Materie ist insgesamt gering: Von einer instabilen Molekülwolke (oder einem Wolkenteil) findet sich letztlich wohl meist nur ein kleiner Prozentsatz in neugebildeten Sternen wieder; von einem „Wolkenkern" dürften es weniger als etwa 20% sein.

Beobachtungen zur S. Die von einem Protostern ausgehende Strahlung kann nicht frei in den Weltraum übergehen, da sie von den in der umgebenden Restwolke vorhandenen Staubteilchen absorbiert wird. Ein äußerer Beobachter registriert daher nur die Wärmestrahlung des umgebenden interstellaren Staubes, empfängt aber keine sichtbare Strahlung vom Protostern. Nach genügender Verdünnung der Restwolke besteht die Möglichkeit, sehr junge Sterne auch im nahen infraroten oder sogar sichtbaren Spektralbereich zu beobachten, doch sind die Sterne vielfach noch von zirkumstellaren Scheiben umgeben, die den Blick auf den Stern verhindern, selbst aber als Infrarotquellen in Erscheinung treten.

Die Lage des Bildpunktes eines gerade entstandenen Sterns im Hertzsprung-Russell-Diagramm (HRD), der der Beobachtung im sichtbaren Spektralbereich zugänglich ist, hängt von dessen Masse ab. Massearme Vor-Hauptreihensterne mit weniger als rund 2 Sonnenmassen liegen rechts oberhalb der Hauptreihe. Sie kontrahieren noch langsam, da in ihrem Innern noch keine Kernreaktionen zur Energiefreisetzung ablaufen, die abgestrahlte Energie ist nur freigesetzte potentielle Energie. Die Bildpunkte bewegen sich im HRD nach links in Richtung auf die Hauptreihe. Mit dem Beginn des Wasserstoffbrennens ist die Hauptreihe (Alter-Null-Hauptreihe) erreicht. Die Dauer des Vor-Hauptreihenzustandes liegt bei den massearmen Sternen in der Größenordnung von etwa 10^7 Jahren und ist damit viel länger als die Kollaps- und die Masseaufsammelphase, die zusammen typischerweise rund 10^5 bis 10^6 Jahre umfassen. Zu den beobachteten massearmen Sterne im Vor-Hauptreihenzustand gehören u.a. die T-Tauri-Sterne.

Sterne mit mehr als etwa 3 Sonnenmassen sind am Ende des Masseaufsammelns wahrscheinlich gleich im Hauptreihenzustand: Während dem Protostern noch Masse zufließt, steigt seine Zentraltemperatur so stark an, daß bereits das Wasserstoffbrennen beginnt. Die damit erschlossenen inneren Energiequellen bringen den Stern in das endgültige mechanische Gleichgewicht ohne weitere Kontraktion. Wahrscheinlich löst der Hauptreihenzustand unmittelbar die Protosternphase ab, oder eine höchstens sehr kurze Vor-Hauptreihensternphase. Die beobachteten Herbig-Be-Sterne dürften Sterne mittlerer Masse in diesem Entwicklungszustand sein.

Ein Sternentstehungsgebiet befindet sich u.a. im Orion-Molekülwolkenkomplex. Man beobachtet dort etwa 500 zumeist sehr junge Sterne mit Massen zwischen etwa 0,1 und 2 Sonnenmassen. Die meisten von ihnen sind wegen der in dem Gebiet herrschenden hohen interstellaren Extinktion nur im nahen Infrarotbereich jenseits von etwa 1 μm zu beobachten. Mehrere von ihnen besitzen zirkumstellare Scheiben.

Noch nicht völlig geklärt ist, ob und wie die Globulen mit der S. in Verbindung zu bringen sind. Bei einigen konnten in den Zentralbereichen mittels Beobachtungen im Submillimeterbereich dichte und kühle Massekonzentrationen nachgewiesen werden, bei denen es sich möglicherweise um kollabierende Gebilde handelt. Ihre Entwicklung ist anscheinend noch nicht so weit fortgeschritten, daß sie als Infrarotquellen in Erscheinung treten.

Ursachen für eine Wolkeninstabilität. Eine gravitative Instabilität kann unter Umständen durch eine Abkühlung der Wolkenmaterie verursacht werden, da dadurch der Gasdruck in der Wolke sinkt. Eine Druckabnahme tritt auch bei der Molekülbildung auf, da dann die Zahl der freien Partikeln je Volumeneinheit mindestens um die Hälfte reduziert wird. Der Turbulenzdruck kann durch Reibungseffekte verringert werden, die zur Verminderung der kinetischen Energie der Wolkenteile führen. Der magnetische Druck nimmt ab, wenn das in der Wolke ursprünglich vorhandene Magnetfeld allmählich nach außen diffundiert. Die Effektivität dieser Prozesse, die mit z.T. sehr unterschiedlichen Zeitskalen ablaufen, hängt sehr stark von den Anfangsbedingungen ab, so daß ihr jeweiliger Beitrag zur gravitativen Instabilität einer bestimmten Wolke kaum abgeschätzt werden kann.

Eine Wolkeninstabilität kann auch durch äußere Kräfte ausgelöst werden: Läuft z.B. eine interstellare Wolke infolge der Milchstraßenrotation aus einem Zwischenarmgebiet kommend in einen Spiralarm ein (→ Milchstraßensystem), stößt sie dort auf sich langsamer bewegende andere Wolken. Ein derartiger Aufprall erfolgt im allg. mit Überschallgeschwindigkeit, wodurch Stoßfronten entstehen, die mit plötzlichen Dichteanstiegen gekoppelt sind. Stoßfronten können auch durch eine nahe bei einer interstellaren Wolke erfolgenden Supernovaexplosion ausgelöst werden, indem die abgestoßenen stellaren Gasmassen mit hohen Geschwindigkeiten auf die interstellare Materie prallen. Führt die Kompression zur S. und befindet sich unter den neugebildeten Sternen mindestens einer mit einer genügend hohen Masse, der seinerseits eine Supernovaexplosion erleidet, so kann sich in einem großen Molekülwolkenkomplex eine von außen induzierte S. in einer Art Kettenreaktion fortsetzen. Darauf deuten die Beobachtungen der O- und frühen B-Sterne des Milchstraßensystems hin, die vor allen in den Spiralarmen anzutreffen sind. In ihrer Existenzzeit von höchstens 10 bis 20 Mill. Jahren können sie sich maximal um etwa 100 pc von ihrem Entstehungsort entfernt haben, so daß sie im wesentlich noch die großräumigen Sternentstehungsgebiete markieren.

Sternentstehungsrate. Aussagen über die Zahl der im Mittel pro Zeiteinheit im Milchstraßensystem entstehenden Sterne sind nur schwer zu erhalten. Die Bildungsrate in einem bestimmten Raumgebiet hängt von den lokalen, in der interstellaren Materie herrschenden Bedingungen ab, vor allem von der mittleren Dichte; die Stärke dieser Abhängigkeit ist jedoch weitgehend unbekannt. Abschätzungen legen nahe, daß gegenwärtig im Milchstraßensystem jährlich etwa

1 bis 5 Sonnenmassen interstellare Materie in stellare Materie verwandelt werden.
In der Frühphase des Milchstraßensystems, als in ihm die erste Sterngeneration entstand, war die Sternentstehungsrate wesentlich höher, die S. vollzog sich in bestimmten Einzelheiten auch anders als gegenwärtig. Die relative Häufigkeit der schweren Elemente und damit die Effektivität der Kühlprozesse war damals sehr viel geringer als heute, da Wasserstoff (das häufigste Element) nur sehr wenig zur Kühlung beiträgt und interstellare Staubteilchen, die im wesentlichen aus schweren Elementen bestehen, kaum existierten. Damit konnten anfangs nur sehr massereiche Wolkenkomplexe gravitativ instabil werden, aus denen neben ganzen Sternhaufen vor allem massereiche Sterne hervorgingen. Sie entwickelten sich sehr rasch und sorgten bei ihrer Explosion als Supernovae für eine relativ schnelle Anreicherung des bei der S. nicht verbrauchten interstellaren Gases mit schweren Elementen, so daß sich mit jeder späteren Sterngeneration auch masseärmere Sterne bilden konnten. Mit der Verringerung der verfügbaren interstellaren Materie nahm die Sternentstehungsrate im Mittel ab, doch ist eine quantitative Abschätzung über ihre zeitliche Änderung, speziell in unterschiedlichen Bereichen des Milchstraßensystems, gegenwärtig nicht möglich.

Sternentwicklung, die stetig fortschreitende, nichtperiodische Änderung des inneren Aufbaus eines Sterns, sein Altern.
Sterne sind leuchtende Gaskugeln, deren innere Struktur sich im allg. erst in Zeiträumen von Millionen, z.T. Milliarden von Jahren merklich ändert. Diese Alterung ist im wesentlichen durch Änderungen in der chemischen Zusammensetzung der Sternmaterie bedingt, die zwangsläufig infolge der ablaufenden Kernprozesse zur Energiefreisetzung eintreten. Da die Kernreaktionen im tiefen Sterninnern stattfinden, der Beobachtung aber nur die äußerste Schicht eines Sterns, die Sternatmosphäre, zugänglich ist, in die die Reaktionsprodukte im allg. nicht gelangen, läßt sich eine geänderte chemische Zusammensetzung der Sternmaterie – damit das Alter eines einzelnen Sterns – nicht unmittelbar aus den Beobachtungen ableiten. Mit den inneren Strukturänderungen sind Änderungen der globalen Zustandsgrößen der Sterne (z.B. Leuchtkraft, Radius, effektive Temperatur) verbunden. Wegen der Langsamkeit des Alterungsprozesses können auch diese Änderungen im allg. nicht messend verfolgt werden; sie lassen sich nur auf Grund theoretischer Überlegungen und Rechnungen bestimmen.
Die bei den physisch veränderlichen Sternen beobachteten Leuchtkraftvariationen gehen im allg. nicht auf Alterungseffekte zurück, sondern rühren vielfach von mehr oder minder periodischen Schwingungen her, die diese Sterne um einen Gleichgewichtszustand ausführen. Die Änderungen dieses Gleichgewichtszustandes vollziehen sich sehr langsam, und zwar mit den gleichen Zeitskalen, die für die Entwicklung von nichtveränderlichen Sternen maßgebend sind. Eine Ausnahme bilden die Supernovae, die radikale Strukturänderungen innerhalb kürzester Zeiten, z.T. von Sekunden, erleiden; es sind dies Folgen der vorausgegangenen Entwicklung des jeweiligen Sterns oder der Wechselwirkung mit einem nahen Begleiter.
Zur theoretischen Berechnung der Entwicklung eines Sterns muß dessen innere Struktur für viele aufeinanderfolgende Zeitpunkte bestimmt werden, wozu die wiederholte Lösung der Gleichungen des inneren Aufbaus der Sterne (→ Sternaufbau) erforderlich ist. Man benötigt dafür die Kenntnis der Masse des Sterns und seiner chemischen Zusammensetzung an jeder Stelle des Sterninnern zu jedem der Zeitpunkte. Bei der Entstehung des Sterns ist er chemisch homogen. Die Änderung der chemischen Zusammensetzung setzt mit den ersten Kernreaktionen ein; dieser Zeitpunkt, der den Beginn der S. im engeren Sinn markiert, wird daher im allg. als Nullpunkt für die Alterszählung gewählt. Mit der Lösung der Aufbaugleichungen erhält man außer dem Temperatur-, Dichte- und Druckverlauf im Sterninnern u.a. auch die Kenntnis, wo und in welcher Stärke die Kernprozesse ablaufen, mit welcher Geschwindigkeit sich also an jeder Stelle die Zusammensetzung der Sternmaterie ändert. Damit erhält man die Möglichkeit, die Zusammensetzung für einen etwas späteren Zeitpunkt zu bestimmen und für diesen die Struktur des Sterns zu berechnen, der nun seinerseits als Ausgangspunkt für einen neuen Zeitschritt dient. Eine Lösung der Aufbaugleichungen (ein „Modell" des Sterns für den gewählten Zeitpunkt) enthält auch die Werte für die Leuchtkraft und die Effektivtemperatur. Aus einer zeitlichen Modellfolge für ein und denselben Stern läßt sich mithin ablesen, wie sich diese Größen mit der Zeit ändern. Sie kann man in ein Hertzsprung-Russell-Diagramm (HRD) in der gleichen Weise eintragen, wie es für reale Sterne geschieht. Die Bildpunkte des Modellsterns ergeben im HRD einen *Entwicklungsweg*, der von der vorgegebenen Anfangsmasse und der Anfangszusammensetzung abhängt. Wenn ein berechneter Entwicklungsweg durch die Bildpunkte zweier beobachteter Sterne geht, kann es sich möglicherweise um Sterne in unterschiedlichen Entwicklungszuständen, aber mit gleichem Anfangszustand handeln; die beiden Sterne wären dann zu unterschiedlichen Zeiten entstanden, ihr Altersunterschied läßt sich aus den Rechnungen bestimmen. Eine der Aufgaben der Theorie der S. ist es, die vielfältigen, nebeneinander existierenden Sterntypen in eine zeitliche Folge einzuordnen. Da es im HRD Stellen gibt, die von mehreren Entwicklungswegen berührt werden, ist ein derartige Einordnung nicht immer zwingend.
Die verschiedenen Kernprozesse (im allg. als „Brennen" bezeichnet) setzen für ihren Ablauf unterschiedliche Temperaturen voraus. Das Wasserstoffbrennen, bei dem Wasserstoff in Helium umgewandelt wird, erfordert die niedrigsten Temperaturen, gefolgt vom Heliumbrennen, bei dem Kohlenstoff sowie Sauerstoff entsteht, und dem Kohlenstoff- und dem Sauerstoffbrennen sowie den Umwandlungsprozessen noch schwererer Elemente (→ Energiefreisetzung in Sternen). Wegen des Temperaturanstiegs zum Sternzentrum zu und der hohen Temperaturabhängigkeit der Prozesse sind diese vorwiegend in den Zentralgebieten der Sterne konzentriert. Ist dort das Ausgangselement eines Kernprozesses verbraucht, kann dieser in einer,

das „ausgebrannte“ Zentralgebiet umgebenden Kugelschale ablaufen, falls in ihr der „Brennstoff“ vorhanden ist und die Temperaturen hoch genug sind. Die an einer Stelle im Sterninnern neu gebildeten Elemente verbleiben am jeweiligen Entstehungsort. Dies ist in denjenigen Regionen nicht der Fall, in denen die Energie durch Konvektion nach außen transportiert wird (→ Sternaufbau); in ihnen findet eine großräumige Durchmischung statt, wodurch der „Brennstoff“ größeren Bereichen entzogen wird, und die aus ihm gebildeten Elemente über diese Bereiche verteilt werden. Bei schnell rotierenden Sternen, in denen großräumige Strömungssysteme auftreten, ergibt sich auch eine Durchmischung, doch ist ihre Wirkung im allg. gering, da die Strömungen normalerweise nicht Gebiete stark unterschiedlicher Zusammensetzung erfassen.

Die Zusammensetzung der Sternmaterie beim Einsetzen der Kernprozesse, vor allem die Häufigkeit, mit der die Elemente schwerer als Helium vorhanden sind, hängt vom Zeitpunkt des Entstehens eines Sterns ab. Die ersten im Milchstraßensystem entstandenen Sterne hatten einen deutlich geringeren Anteil an schweren Elementen als die Sterne einer späteren Generation oder die, die gegenwärtig entstehen, was auf die im Laufe der Zeit immer stärkere Anreicherung der im Milchstraßensystem vorhandenen interstellaren Materie mit schweren Elementen zurückgeht (→ Milchstraßensystem). Die Zusammensetzungsunterschiede zum Zeitpunkt Null beeinflussen zwar die Entwicklung eines Sterns in bestimmten Details, der Einfluß ist aber wesentlich geringer als der des Unterschieds in der Sternmasse.

Zeitskalen der S. Die entwicklungsbedingten Strukturänderungen laufen in einem Stern mit unterschiedlicher Geschwindigkeit ab, die im wesentlichen davon abhängt, aus welcher Energiequelle der Stern seinen augenblicklichen Energiebedarf deckt. Zu Beginn seiner Entwicklung steht einem Stern ein sehr großes Reservoir an Kernenergie und an Gravitationsenergie (potentieller Energie) zur Verfügung. Den typischen Zeitraum zwischen dem Beginn eines bestimmten „Kernbrennens“ und dem Erschöpfen des Brennstoffvorrates für diesen Prozeß bezeichnet man als *nukleare Zeitskala* des Prozesses. Das zentrale Wasserstoffbrennen, das für Hauptreihensterne charakteristisch ist (→ Sternaufbau), hat die längste nukleare Zeitskala. Für einen bestimmten Stern hängt deren Länge noch von der dem Stern zur Verfügung stehenden Wasserstoffmenge (damit seiner Masse) ab, andererseits bestimmt seine Leuchtkraft die Schnelligkeit, mit der der Energievorrat verbraucht wird. Da die Leuchtkraft der Hauptreihensterne – ganz grob – mit etwa der dritten Potenz der Masse steigt (→ Masse-Leuchtkraft-Beziehung), ist die nukleare Zeitskala für das zentrale Wasserstoffbrennen etwa umgekehrt proportional dem Quadrat der Sternmasse: Für einen Stern mit 1 Sonnenmasse beträgt sie rund 10 Mrd. Jahre, für einen 10-Sonnenmassen-Stern reichlich 10 Mill. Jahre. Die nukleare Zeitskala für das zentrale Heliumbrennen ist wesentlich kürzer als die des zentralen Wasserstoffbrennens, da u.a. beim Heliumbrennen pro Gramm „Brennstoff“ nur etwa ein Zehntel der Energie frei wird, die dem Stern beim Wasserstoffbrennen zur Verfügung steht. Die spezifische Energiefreisetzung ist bei allen nachfolgenden Kernprozessen jeweils kleiner als die bei den vorausgehenden, daher sind auch die entsprechenden nuklearen Zeitskalen immer kürzer. Grundsätzlich ist die Länge einer bestimmten nuklearen Zeitskala für massereiche Sterne geringer als für massearme.

Ist ein bestimmter Kernbrennstoff im Sternzentrum erschöpft, können die nächsten Kernreaktionen erst dann beginnen, wenn die Temperatur genügend hoch ist. Zur Temperaturerhöhung muß der Stern auf seinen Vorrat an potentieller Energie zurückgreifen, was durch die Kontraktion des gesamten Sterns oder nur dessen inneren Regionen geschieht. Dabei befindet sich der Stern nicht im exakten mechanischen Gleichgewicht (dann würde keine Kontraktion erfolgen), doch sind die Abweichungen vom Gleichgewicht gering, so daß der Stern langsam eine Folge von Quasi-Gleichgewichtszuständen durchläuft. Bei der Kontraktion geht, wenn die Sternmaterie vollständig ionisiert ist und wie ein ideales Gas reagiert, von der freigesetzten potentiellen Energie die Hälfte in thermische Energie über, während die andere Hälfte ausgestrahlt wird. Die *Kontraktionszeitskala* (*thermische Zeitskala*), die man auch als *Kelvin-Helmholtz-Zeitskala* bezeichnet, gibt den Zeitraum an, in dem sich der Vorrat des Sterns an potentieller Energie bzw. Wärmeenergie wesentlich ändert. Zur Abschätzung vergleicht man den Vorrat an Gravitations- bzw. Wärmeenergie mit der je Sekunde ausgestrahlten Energie. Die Größenordnung der Kelvin-Helmholtz-Zeitskala liegt bei rund einem Hundertstel der Zeitskala für das zentrale Wasserstoffbrennen; sie ist für massereiche Sterne kürzer als für massearme. Bei einem Stern von 1 Sonnenmasse liegt die Kontraktionszeitskala in der Größenordnung von etwa 30 Mill. Jahren, bei einem 10-Sonnenmassen-Stern von rund 100000 Jahren.

Die Länge einer Zeitskala läßt ganz grob auf die Wahrscheinlichkeit schließen, mit der man Sterne im entsprechenden Entwicklungszustand beobachtet: Je länger eine Zeitskala ist, um so größer ist (unter sonst gleichen Bedingungen) die Beobachtungswahrscheinlichkeit, da die Sterne relativ lang in diesem Zustand verweilen. Die große beobachtete Häufigkeit von Hauptreihensternen je Volumeneinheit, speziell von massearmen, ist – abgesehen von der größeren Entstehungswahrscheinlichkeit massearmer Sterne – eine Folge der langen Zeitskala für das zentrale Wasserstoffbrennen, das bei den massearmen Sternen besonders lang anhält. Riesensterne, in denen das zentrale Heliumbrennen stattfindet, beobachtet man wegen der für sie maßgebenden kürzeren nuklearen Zeitskala entsprechend seltener. Sterne in Entwicklungsphasen nach dem Heliumbrennen sind kaum beobachtbar, abgesehen von den Sternen, die sich in einem der Endzustände befinden. Sterne in Entwicklungsphasen, für die die Kontraktionszeitskala maßgebend ist, sind ebenfalls praktisch nicht beobachtbar.

Für die nicht entwicklungsbedingten Leuchtkraftvariationen ist im wesentlichen die *hydrostatische Zeit-*

skala maßgebend. Sie gibt den Zeitraum an, den ein Stern benötigt, um nach einer kleinen Störung seines mechanischen (hydrostatischen) Gleichgewichts wieder in dieses zurückzukehren; sie ist etwa gleich der Periode, mit der ein pulsierender Stern um seine Gleichgewichtslage schwingt (*Pulsationszeitskala*). Die Größe der hydrostatischen Zeitskala ergibt sich aus dem Zeitraum, den eine Schallwelle zum einmaligen Durchqueren des Sterns benötigt und ist demzufolge vom Sternradius und von der lokalen Schallgeschwindigkeit im Sterninnern abhängig. Diese nimmt mit der Temperatur zu, ist also in den kühlen, weit ausgedehnten Außenschichten des Sterns geringer als in der Zentralregion; die hydrostatische Zeitskala wird daher entscheidend durch die Sternaußenschichten bestimmt. Sie ist etwa umgekehrt proportional der Wurzel aus der mittleren Dichte des Sterns: Bei Roten Riesensternen, die eine kleine mittlere Dichte haben, beläuft sie sich auf etwa 1 bis 100 Tage, bei der Sonne auf etwa 1/4 Stunde, bei den Weißen Zwergen auf Sekunden.

Vergleich von Theorie und Beobachtung. Es ist schwer, die Ergebnisse von Entwicklungsrechnungen mittels Beobachtungen zu überprüfen, da die Beobachtungsdaten allein keine direkten Schlüsse auf den Entwicklungszustand eines Sterns erlauben. Man interpretiert eher umgekehrt die Beobachtungen mit Hilfe der theoretischen Ergebnisse. Dies geschieht z.B. bei Sternhaufen, deren Mitglieder jeweils nahezu gleichzeitig aus der gleichen interstellaren Wolke hervorgegangen sind und dementsprechend bei der Entstehung die gleiche chemische Zusammensetzung besaßen. Sie haben weiterhin alle das gleiche – unbekannte – Alter, nur ihre Masse war zum Zeitpunkt Null unterschiedlich. Die aus den Entwicklungsrechnungen abgeleiteten Eigenschaften einer Gruppe von Modellsternen mit angenommener gleicher chemischer Anfangszusammensetzung, aber unterschiedlichen Anfangsmassen müssen demzufolge zu einem bestimmten Entwicklungszeitpunkt mit den beobachteten Eigenschaften eines realen Sternhaufens übereinstimmen. Zur Überprüfung trägt man die Leuchtkräfte und die Effektivtemperaturen der Modellsterne für bestimmte Zeitpunkte in ein HRD ein, und untersucht, ob man so die Hertzsprung-Russell-Diagramme von beobachteten Sternhaufen erklären kann.

Eine andere Prüfmöglichkeit bieten Doppelsterne. Die beiden Komponenten eines derartigen Sternpaares sind gleichzeitig entstanden und hatten die gleiche ursprüngliche chemische Zusammensetzung, sie unterschieden sich höchstens in ihrer Masse. Diese läßt sich bei realen Doppelsternen auf Grund der Bewegungen der Komponenten um den gemeinsamen Schwerpunkt bestimmen. Bei der Prüfung der Theorie vergleicht man die durch die Entwicklung bedingten Eigenschaften von Modelldoppelsternen mit denen beobachteter Doppelsterne, wobei man unter Umständen den Masseaustausch zwischen den beiden Komponenten zu berücksichtigen hat. Ein gesicherter quantitativer Test ist wegen der sich z.T. ergebenden Schwierigkeiten aber noch nicht möglich.

Ergebnisse von Entwicklungsrechnungen. Die sich in unterschiedlichen Entwicklungsphasen befindlichen Sterne haben eine sehr unterschiedliche Struktur, die im wesentlichen von der jeweiligen Anfangsmasse der Sterne abhängt. An einigen exemplarischen Beispielen sind im folgenden diese Strukturen beschrieben, und zwar für die Entwicklungsphase kurz vor dem Hauptreihenzustand sowie während des zentralen Wasserstoff- und Heliumbrennens. Diese Strukturen sind auf Grund zahlreicher Modellrechnungen relativ sicher bekannt.

Entwicklung vor dem Hauptreihenzustand: Sterne entstehen bei der Kontraktion einer interstellaren Molekülwolke oder Teile einer derartigen Wolke (→ Sternentstehung). Während der letzten Phase der Kontraktion, vor dem Einsetzen des zentralen Wasserstoffbrennens, ist der Stern noch recht ausgedehnt und kühl, im HRD befindet sich sein Bildpunkt rechts von der Hauptreihe und bewegt sich längs einer Linie mit nahezu konstanter Leuchtkraft auf die Hauptreihe zu; beim Beginn des Wasserstoffbrennens befindet er sich auf der Alter-Null-Hauptreihe, der linken, unteren Begrenzung des Hauptreihenbandes. Für die letzte Phase der Kontraktion ist die Kelvin-Helmholtz-Zeitskala maßgebend, deren Dauer durch die Sternmasse bestimmt wird. In den HRDs einiger sehr junger Sternhaufen liegen entsprechend die Bildpunkte der massereichen, damit schneller kontrahierenden Sterne bereits auf der Hauptreihe, während die der masseärmeren Sterne des Haufens noch rechts der Hauptreihe anzutreffen sind.

Zentrales Wasserstoff- und Heliumbrennen bei massereichen Sternen: Als Beispiel sei die berechnete Entwicklung eines Sterns von 7 Sonnenmassen und einer anfänglichen Zusammensetzung aus 60,2% Wasserstoff, 35,4% Helium und 4,4% schweren Elementen dargestellt. Mit dem Beginn des zentralen Wasserstoffbrennens liegt sein Bildpunkt im HRD auf der Alter-Null-Hauptreihe (Abb. 1, Punkt A); der Radius beträgt 3,4 Sonnenradien, die Leuchtkraft 2100 Sonnenleuchtkräfte und die effektive Temperatur 26900 K, der Spektraltyp ist B0. Für das Wasserstoffbrennen ist der Kohlenstoff-Stickstoff-Sauerstoff-Zyklus maßge-

Abb. 1: Entwicklungsweg eines Sterns von 7 Sonnenmassen im Hertzsprung-Russell-Diagramm. Stark ausgezogene Linie: Alter-Null-Hauptreihe; Streifen zwischen den punktierten Linien: Bereich der Pulsationsinstabilität; $L_\odot$: Leuchtkraft der Sonne. Zur Bedeutung der Buchstaben siehe Text. (Nach E. Hofmeister, R. Kippenhahn und A. Weigert)

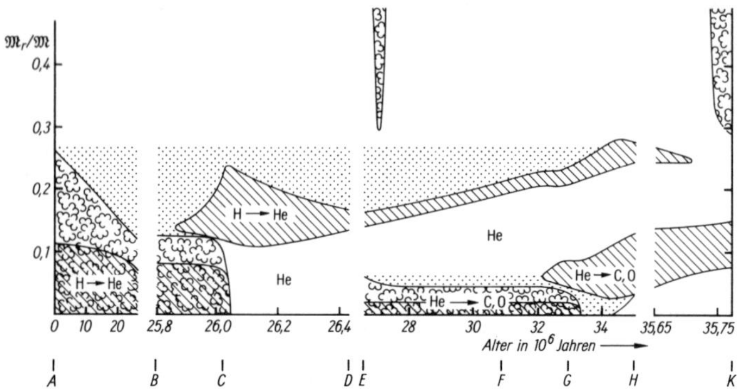

Abb. 2: Zeitliche Änderung des inneren Aufbaus eines Sterns mit einer Masse $\mathfrak{M}=7$ Sonnenmassen. $\mathfrak{M}_r/\mathfrak{M}$: die in einer konzentrischen Kugel mit dem Radius r enthaltene Masse bezogen auf die Gesamtsternmasse. Schraffiert: Gebiete mit einer nuklearen Energiefreisetzung größer als 0,1 J kg^{-1} s^{-1}; H → He: Wasserstoffbrennen; He → C, O: Heliumbrennen; „wolkig" markiert: Gebiete mit Konvektion; punktiert: Gebiete mit nach innen abnehmendem Wasserstoff- bzw. Heliumgehalt. Zur Bedeutung der Buchstaben, die denen in Abb. 1 entsprechen, siehe Text. (Nach E. Hofmeister, R. Kippenhahn und A. Weigert)

bend, der in unmittelbarer Nähe des Sternzentrums stattfindet, in dem eine Temperatur von etwa 29 Mill. K und eine Dichte von etwa 11 g/cm^3 herrscht. In einem zentralen Gebiet, das rund 25% der Gesamtmasse des Sterns enthält, wird die Energie durch Konvektion transportiert; über dieses Gebiet wird auch das neu gebildete Helium verteilt. Außerhalb der Konvektionsregion erfolgt der Energietransport durch Strahlung. Die innere Struktur des Sterns zu diesem Zeitpunkt ist im Artikel Sternaufbau, Abb. 1, detailliert dargestellt.

Infolge des Wasserstoffbrennens sinkt die relative Häufigkeit des Wasserstoffs im Sternzentrum, und der durch Konvektion erfaßte Bereich nimmt ab (Abb. 2). Der allmählichen Verknappung des Wasserstoffs für die energieliefernden Prozesse begegnet der Stern durch eine geringe Kontraktion des Zentralgebiets, wodurch dieses etwas aufgeheizt wird und die Kernprozesse schneller ablaufen; die Außenbereiche expandieren hingegen etwas. Dabei erhöht sich die Leuchtkraft gering, der Bildpunkt verschiebt sich im HRD ein wenig nach oben (Abb. 1, von A bis C), verbleibt aber im Bereich des Hauptreihenbandes. Nach etwa 26 Mill. Jahren ist der Wasserstoffvorrat im Zentrum vollkommen verbraucht (Abb. 1, Punkt C). Der Stern besteht dann aus einem zentralen Heliumgebiet, einem Bereich mit allmählich nach außen hin zunehmendem Wasserstoffgehalt und einer äußeren Hülle, in der noch die ursprüngliche Zusammensetzung herrscht; der Radius ist auf 5,3 Sonnenradien gewachsen. Das Wasserstoffbrennen erfolgt von nun an in einer Kugelschale, die den Heliumbereich umschließt. Das Heliumbrennen kann erst einsetzen, nachdem eine Kontraktion des Zentralgebiets für eine Temperaturerhöhung auf etwa 100 Mill. K sorgt. Während der zentralen Kontraktion dehnt sich die äußere Hülle stark aus, der Stern wird ein Riesenstern mit einem Radius von etwa 100 Sonnenradien. Der Radiusanstieg ist mit einem Abfall der Effektivtemperatur verbunden, so daß die Leuchtkraft nahezu unverändert bleibt; im HRD bewegt sich der Bildpunkt weit nach rechts in das Gebiet der Roten Riesen (Abb. 1, von C nach D). Diese Entwicklungsphase ist durch die zentrale Kontraktion bestimmt, für die die Kelvin-Helmholtz-Zeitskala maßgebend ist; sie umfaßt nur etwa 500000 Jahre. Während dieser kurzen Zeit wird im HRD das gesamte Gebiet vom linken oberen Teil der Hauptreihe bis zum rechts liegenden Bereich der Roten Riesen durchquert. Die Entdeckungswahrscheinlichkeit für Sterne, deren Bildpunkte in diesem Gebiet liegen, in der sog. Hertzsprung-Lücke, ist entsprechend gering. Mit dem Beginn des Heliumbrennens 26,6 Mill. Jahre nach dem Beginn des Wasserstoffbrennens endet die zentrale Kontraktion und die Hüllenexpansion (Abb. 1, Punkt *E*); der Sternradius ist jetzt auf 137 Sonnenradien und die Zentraldichte auf rund 6000 g/cm^3 angewachsen, die Effektivtemperatur auf etwa 3500 K abgesunken. Infolge der Abkühlung der Sternaußenschichten sind diese für Strahlung undurchlässiger geworden; der Energietransport durch Strahlung ist damit ineffektiver, so daß Konvektion einsetzt. Die äußere Konvektionszone reicht tief in das Sterninnere hinein und ergreift fast 70% der gesamten Sternmasse, jedoch nicht die Regionen, die mit dem beim Wasserstoffbrennen gebildeten Helium angereichert sind. Die folgenden Strukturänderungen des Sterns laufen nun mit einer Geschwindigkeit gemäß der nuklearen Zeitskala für das Heliumbrennen ab. Es deckt nicht die gesamte Leuchtkraft des Sterns; in einer Kugelschale findet noch das Wasserstoffbrennen statt, das lange Zeit mehr als die Hälfte zur ausgestrahlten Energie beisteuert. Während des zentralen Heliumbrennens durchläuft der Bildpunkt im Gebiet der Roten Riesen eine Schleife (Abb. 1, von E über F nach G). Dabei kreuzt er auch den schmalen, fast senkrechten Streifen, in dem die Bildpunkte der Veränderlichen vom Typ Delta Cephei liegen. In diesen Entwicklungsphasen ist auch der Modellstern schwingungsinstabil; die Pulsationszeitskalen liegen zwischen 8 und 20 Tagen. Der Modellstern entspricht damit genau einem Delta-Cephei-Stern.

Ist rund 7 Mill. Jahre nach dem Einsetzen des Heliumbrennens der Heliumvorrat im Zentralgebiet erschöpft, erlischt es im Zentrum, setzt sich aber in einer Schale um den dann mehrheitlich aus Sauerstoff und etwas Kohlenstoff bestehenden Zentralbereich fort; der Stern besitzt dann zwei Schalenquellen (Abb. 2). Die Zentraltemperatur liegt bei etwa 175 Mill. K und die Zentraldichte bei knapp 50000 g/cm³. Die zu diesem Zeitpunkt erreichte innere Struktur des Sterns ist im Artikel Sternaufbau, Abb. 3, detailliert dargestellt. Im ausgebrannte Zentralgebiet setzt nun wieder eine Kontraktion ein, während die äußere Hülle des Sterns stark und schnell expandiert; der Bildpunkt wandert im HRD auf dem sog. asymptotischen Riesenast steil nach oben.

Zentrales Wasserstoff- und Heliumbrennen bei massearmen Sternen: Als massearm sind hier alle Sterne mit weniger als 2,3 Sonnenmassen gemeint. Ihre entwicklungsbedingten Strukturänderungen werden im folgenden am Beispiel eines 1,3-Sonnenmassen-Sterns erläutert. Als ursprüngliche Zusammensetzung wurden 90% Wasserstoff, 9,9% Helium und 0,1% schwere Elemente angenommen. (Dies galt zum Zeitpunkt der Modellrechnungen als typisch für Sterne in Kugelsternhaufen, wird aber gegenwärtig nicht mehr als repräsentativ angesehen. Die wesentlichen Entwicklungsphasen eines 1,3-Sonnenmassen-Sterns dürften dennoch richtig beschrieben sein, da sie nicht zu sehr von der Anfangszusammensetzung abhängen.) Bei Beginn des Wasserstoffbrennens beträgt die Leuchtkraft des Modellsterns etwa 1,91 Sonnenleuchtkräfte, der Radius 1,02 Sonnenradien, die Effektivtemperatur 6760 K, die Zentraltemperatur 14,8 Mill. K und die Zentraldichte etwa 100 g/cm³. Das Wasserstoffbrennen geschieht über die Proton-Proton-Reaktion. Es ist zunächst ein kleines konvektives Zentralgebiet vorhanden, das rund 4% der Gesamtmasse enthält, doch verschwindet es lange bevor der Wasserstoffvorrat im Zentrum verbraucht ist; das neu gebildete Helium bleibt daher im wesentlichen am Ort seines Entstehens, wodurch das Zentralgebiet langsam von innen nach außen „leerbrennt". Nach ungefähr 6,5 Mrd. Jahren ist der Wasserstoffvorrat im Zentrum erschöpft; das Wasserstoffbrennen findet ab dann nur noch in einer Kugelschale statt, die das langsam zu kontrahieren beginnende zentrale Heliumgebiet umschließt; die äußeren, die Schalenquelle umgebenden Sternschichten expandieren. Im HRD wandert der Bildpunkt des Modellsterns zunächst etwas nach oben, bleibt aber im Bereich der Hauptreihe. Mit dem Beginn der zentralen Kontraktion bewegt er sich etwa längs einer Linie konstanter Leuchtkraft nach rechts, doch wird diese Bewegung durch die nahe, etwa senkrecht verlaufende Hayashi-Linie gestoppt, die von keinem im mechanischen Gleichgewicht befindlichen Stern überschritten werden kann (→ Sternaufbau). Der Entwicklungsweg biegt daher nach oben ab und läuft nahezu parallel zur Hayashi-Linie (Abb. 3). Die ausgestrahlte Energie stammt aus der Schalenquelle, deren Produktivität von der momentanen Masse des umschlossenen Heliumbereichs abhängt. Diese nimmt nach Maßgabe der nuklearen Zeitskala des Wasserstoffbrennens in der Schale zu, so daß der Entwicklungsweg sehr langsam durchlaufen wird. Der Zustand des Modellsterns gleicht jetzt dem der Roten Unterriesen und Roten Riesen in Kugelsternhaufen, deren Bildpunkte im HRD auf dem steil ansteigenden Riesenast liegen. Die Nähe der Hayashi-Linie, auf der sich die Bildpunkte vollkonvektiver Sterne befinden, macht sich dadurch

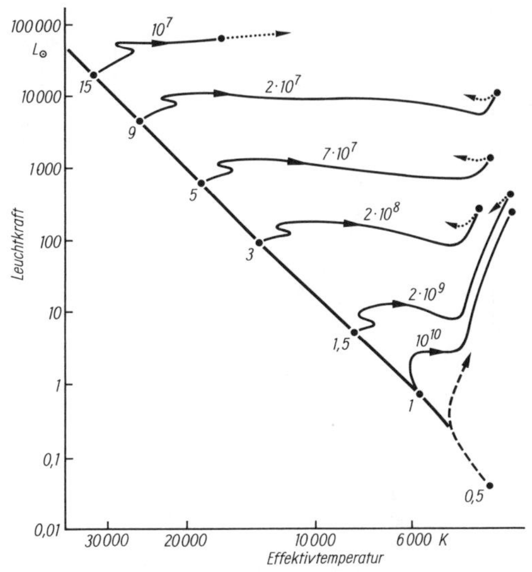

Abb. 3: Entwicklungswege im Hertzsprung-Russell-Diagramm für Sterne unterschiedlicher Masse. Dünne Linien: Entwicklung vom Einsetzen des Wasserstoffbrennens bis zum Einsetzen des Heliumbrennens; Zahlen über den Kurven: Zeitdauer der Entwicklung; punktiert: Richtung des Entwicklungsweges nach dem Beginn des zentralen Heliumbrennens; dicke Linie: Alter-Null-Hauptreihe, an ihr die Sternmassen in Einheiten der Sonnenmasse. Der Entwicklungsweg des 0,5-Sonnenmassen-Sterns ist geschätzt. $L_\odot$: Sonnenleuchtkraft. (Nach I. Iben)

bemerkbar, daß eine äußere Konvektionszone tief ins Sterninnere hineinreicht.

Die schon während des zentralen Wasserstoffbrennens relativ hohe Zentraldichte erhöht sich während der Kontraktion des Heliumbereichs um ein Vielfaches und erreicht schließlich etwa 1 Mill. g/cm³. Dies zieht eine Entartung des Elektronengases nach sich (→ Zustandsgleichung). Die Elektronen üben dann einen so hohen Druck aus, daß sie allein für das mechanische Gleichgewicht im Stern sorgen, während die nach wie vor im idealen Gaszustand verbleibenden Atomkerne (das Kerngas) praktisch nichts zum Gesamtdruck beisteuern. Das entartete Elektronengas ist ein ausgezeichneter Wärmeleiter, wodurch das Kerngas des Heliumbereichs eine nahezu konstante Temperatur hat, die etwa der in der Schalenquelle entspricht. In der Abb. 4 des Artikels Sternaufbau ist die innere Struktur des 1,3-Sonnenmassen-Modellsterns zu diesem Zeitpunkt dargestellt.

Die Schalenquelle verschiebt sich allmählich nach außen, wodurch der zentrale Heliumbereich an Masse gewinnt. Ist diese auf etwa 0,45 Sonnenmassen angewachsen, erreicht infolge einer Reihe komplizierter Prozesse die Temperatur des Kerngases etwa 100 Mill. K, so daß nun das Heliumbrennen einsetzt. Wegen der Entartung des Elektronengases führt dies zu einer thermischen Instabilität, einem sog. „Flash" (→ Sternaufbau). Der in einem idealen Gas wirkende Selbstregulierungsprozeß ist außer Kraft gesetzt: Die bei den

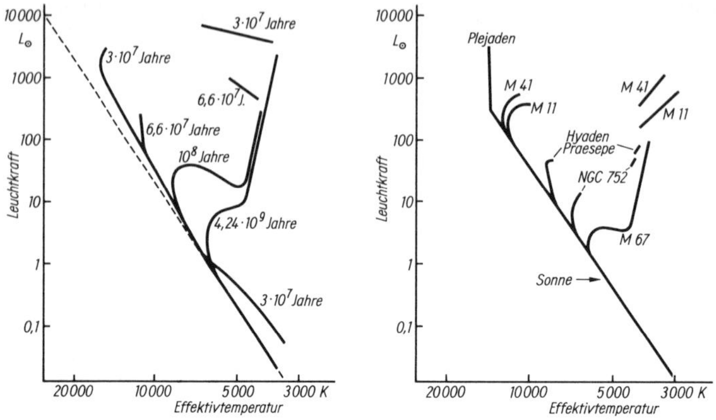

Abb. 4: Hertzsprung-Russell-Diagramm eines theoretischen Sternhaufens zu unterschiedlichen Zeitpunkten seiner Entwicklung (links) im Vergleich mit Hertzsprung-Russell-Diagrammen realer Sternhaufen (rechts). Gezeichnet sind jeweils die Gebiete, in denen vornehmlich Sterne zu finden sind. Gestrichelte Linie: Alter-Null-Hauptreihe. $L_\odot$: Sonnenleuchtkraft. (Nach R. Kippenhahn und A. Weigert)

Kernreaktionen freiwerdende Energie kommt ganz dem Kerngas zugute, wodurch dessen Temperatur und mit ihr die Effektivität der Kernprozesse erhöht wird. Sie laufen noch schneller ab und produzieren noch mehr Energie, die wieder in Wärmeenergie übergeht, usw. Insgesamt ergibt sich eine gewaltige Überproduktion an Energie, die im tiefen Sterninnern bis zu einer Strahlungsleistung von etwa 100 Mrd. Sonnenleuchtkräften führt. Der Flash ist sehr kurz; die extremen Werte der Energiefreisetzung werden nur für Sekunden erreicht. Mit der Temperaturerhöhung im Kerngas geht die Entartung des Elektronengases zurück, so daß schließlich die gesamte Sternmaterie wieder wie ein ideales Gas reagiert und der Selbstregulierungsprozeß wirksam wird: Eine Expansion sorgt für einen Verbrauch von Wärmeenergie, wodurch die Energiefreisetzung drastisch reduziert und stabilisiert wird. Die beim Flash freigesetzte Energie wird nicht sofort nach außen transportiert, sie wird im wesentlichen durch die Expansion weiter außen liegender Sternschichten verbraucht. Beim Einsetzen des Flashs befindet sich der Bildpunkt des Modellsterns am höchsten Punkt des Entwicklungsweges und wandert danach wieder rasch nach unten.

Die Berechnung der dem Flash folgenden Entwicklungsabschnitte massearmer Sterne konnte auf Grund großer auftretender Schwierigkeiten nicht viel weiter getrieben werden. Trotz der sich dadurch ergebenden Unsicherheiten in einigen Details dürfte gesichert sein, daß auf den Heliumflash ein Entwicklungsabschnitt mit einem normalen, ruhigen Heliumbrennen im Zentralgebiet des Sterns folgt. Der Entwicklungsweg im HRD verläuft dabei im Bereich des horizontalen Riesenasts, der in allen HRDs von Kugelsternhaufen zu finden ist. Es ist noch unklar, ob der Weg von links nach rechts oder eher in einer Schleife nach links und rechts durchlaufen wird. Das dürfte z.T davon abhängen, ob die Sterne bis zum Flash einen starken Masseverlust erleiden, was nicht auszuschließen ist. Der Entwicklungsweg durchquert das Gebiet, in dem die Bildpunkte der RR-Lyrae-Sterne – typische Mitglieder von Kugelsternhaufen – liegen, und das die Verlängerung des Instabilitätsstreifens der Delta-Cephei-Sterne ist.

Am Ende des zentralen Heliumbrennens sind die Verhältnisse im Prinzip ähnlich wie nach dem zentralen Wasserstoffbrennen: Der zentrale Kohlenstoff-Sauerstoff-Bereich kontrahiert bis zur Entartung des Elektronengases. Als Folge der Entartung wird er isotherm, und zwar entsprechend der Temperatur der umgebenden heliumbrennenden Schalenquelle, die sich langsam nach außen frißt. Zusätzlich existiert noch eine etwas weiter außen liegende Wasserstoffschalenquelle. Die äußeren wasserstoffreichen Sternregionen expandieren, wobei die Leuchtkraft in dem Maß ansteigt, wie sich die Masse des entarteten zentralen Bereichs erhöht. Im HRD läuft der Entwicklungsweg wieder nach rechts zur Hayashi-Linie hin, danach parallel zu ihr nach oben; er markiert jetzt den asymptotischen Riesenast.

Für Sterne mit Massen etwas geringer als 1 Sonnenmasse liegen die Zeitskalen für das zentrale Wasserstoffbrennen bei 15 bis 20 Mrd. Jahren und mehr. Damit ist selbst in den ältesten dieser Sterne das Wasserstoffbrennen noch nicht erloschen. Die Bildpunkte der Sterne haben sich daher auch noch nicht aus dem Bereich der Hauptreihe entfernt: Im untersten Teil der Hauptreihe sind mithin Bildpunkte von Sternen aller möglichen Altersstufen anzutreffen.

Hertzsprung-Russell-Diagramme von Sternhaufen. Die HRDs von Sternhaufen haben unterschiedliche Form (Abb. 4, rechts): Bei den extrem jungen Haufen ist die obere und mittlere Hauptreihe mit Bildpunkten besetzt, der unterste Teil ist jedoch unbesetzt, da sich die Sterne sehr geringer Masse noch in der Vor-Hauptreihen-Kontraktionsphase befinden. Bei den Offenen Sternhaufen mittleren Alters finden sich auf der unteren und mittleren Hauptreihe Bildpunkte bis zu einer, für jeden Haufen charakteristischen Stelle, den sog. *Abknickpunkt*, oberhalb von ihm ist die Hauptreihe unbesetzt: In den massearmen und den Sternen mittlerer Masse findet das zentrale Wasserstoffbrennen statt, während es in den massereichen Sternen bereits beendet ist. Direkt am Abknickpunkt befinden sich die Bildpunkte der Sterne, in denen der zentrale Wasserstoffvorrat gerade aufgebraucht ist. Für diese Sterne läßt sich aus der beobachteten Leuchtkraft über die Masse-Leuchtkraft-Beziehung die Masse bestimmen. Mit ihrer Kenntnis kann dann auf Grund von Entwicklungsrechnungen die seit dem Einsetzen des Wasserstoffbrennens vergangene Zeit, also das Alter, berechnet werden. Es ist gleich dem aller Haufenmitglieder, da diese sehr wahrscheinlich nahezu gleichzeitig entstanden sind. In der Hertzsprung-Lücke befinden sich keine Bildpunkte, hingegen im Bereich der Roten Riesensterne (für die eine nukleare Zeitskala maßgebend ist). Alle dem zentralen Heliumbrennen folgenden Entwicklungsphasen – bis auf die schwer zu beobachtenden Endzustände – werden von den massereichen Sternen so schnell durchlaufen, daß man keine sie repräsentierenden Haufensterne findet.

Bei den Kugelsternhaufen ist nur der unterste Teil der Hauptreihe mit Bildpunkten belegt. Diese gehören zu Sternen mit einer Masse geringer als etwa 1 Sonnenmasse, in denen das zentrale Wasserstoffbrennen länger als 10 Mrd. Jahre dauert. Außerdem existiert ein vom Abknickpunkt zunächst nach rechts abbiegendes, dann steil nach oben führendes Band, das den aufsteigenden Riesenast markiert. Es ist stark bevölkert, weil die Leuchtkraft der in diesem Entwicklungszustand befindlichen Sterne allein von der im zentralen Heliumbereich enthaltenen Masse abhängt, nicht aber von der Gesamtmasse des einzelnen Sterns; hier drängen sich die Bildpunkte von Sternen unterschiedlicher Masse mit unterschiedlichem Alter zusammen. Die HRDs der Kugelsternhaufen besitzen noch einen horizontalen Riesenast, z.T. ist auch der asymptotische Riesenast zu erkennen. Das Alter individueller Kugelsternhaufen läßt sich durch den Vergleich der aus den Beobachtungen abgeleiteten mit berechneten HRDs bestimmen, die für Modellsterne mit einer Anfangszusammensetzung ermittelt werden, die etwa der Zusammensetzung der interstellaren Materie zu einem frühen Zeitpunkt des Milchstraßensystems entspricht.

Die HRDs sehr alter Offener Sternhaufen gleichen etwa denen von Kugelsternhaufen.

In der Abb. 4, links, sind zum Vergleich mit den HRDs beobachteter Sternhaufen die Bildpunkte eines theoretischen Sternhaufens zu unterschiedlichen Zeitpunkten seiner Entwicklung eingetragen. Für die Modellsterne wurde angenommen, daß sie mit unterschiedlicher Masse zur gleichen Zeit und mit gleicher chemischer Zusammensetzung auf der Hayashi-Linie ihre anfängliche Kontraktion begonnen haben. (Das Alter Null ist in diesem Fall auf diesen Entwicklungszustand bezogen.) Die theoretischen HRDs zeigen die gleichen charakteristischen Strukturen wie die HRDs realer Sternhaufen.

Bei einigen Sternhaufen finden sich Bildpunkte auf der Hauptreihe auch links vom Abknickpunkt. Die zugehörigen Sterne werden als „Blaue Nachzügler" bezeichnet, weil ihre Farbe „blauer" als die ist, die den Sternen am Abknickpunkt entspricht, und weil sie später als die übrigen Haufenmitglieder entstanden sein müssen, falls es sich um Einzelsterne mit einer normalen Entwicklung handelt; anderenfalls wäre ihr Vorhandensein theoretisch unverständlich. Es könnte sich aber auch um Einzelsterne mit einem Alter wie das der anderen Haufenmitglieder handeln, bei denen jedoch ein besonderer – unbekannter – Prozeß für eine starke Durchmischung der Sternmaterie sorgt, wodurch zusätzlicher „Brennstoff" in das Zentralgebiet gelangt, der eine Verlängerung des zentralen Wasserstoffbrennens bewirkt. Die Bildpunkte könnten auch zu optisch nicht aufgelösten Doppelsternsystemen gehören, die fälschlicherweise als Einzelsterne angesehen werden. Möglicherweise hat in den Doppelsternen zusätzlich noch ein Massetransport von einer Komponente zur anderen stattgefunden, so daß eine von ihnen jetzt massereicher ist, als sie bei der Entstehung war. Denkbar ist auch, daß beide Komponenten anfangs so eng benachbart waren, daß sie sich allmählich immer näher kamen und schließlich zu einem einzigen Stern verschmolzen. Die genaue Deutung des Phänomens der Blauen Nachzüglersterne steht noch aus.

Entwicklung nach dem Heliumbrennen. Die Berechnung der auf das Heliumbrennen folgenden Entwicklungsphasen ist wegen vieler auftretender Komplikationen nur beschränkt möglich. Aussagen lassen sich nur unter Zuhilfenahme gewisser Vereinfachungen oder durch die Überbrückung von Zwischenphasen mit Hilfe allgemeiner Überlegungen machen. Eine wesentliche derartige Vereinfachung ist, daß man nur die Entwicklung des Zentralgebiets des Sterns betrachtet und auf die Berechnung der Entwicklung des Sterns als Ganzes verzichtet. In nahezu allen Sternen setzt nach dem zentralen Heliumbrennen in den heliumbrennenden Schalenquellen eine thermische Instabilität ein, die zu thermischen Pulsen führt (→ Sternaufbau). Dabei ändert sich der Aufbau in Zeiträumen von 1000 bis 10000 Jahren fast periodisch, was genaue Entwicklungsrechnungen über wesentlich längere Zeiträume zusätzlich außerordentlich erschwert.

Die Entwicklung des Zentralgebiets eines massereichen Sterns vom Einsetzen des Wasserstoffbrennens bis nach dem zentralen Heliumbrennen läßt sich in einem einfachen Schema beschreiben: Nukleares Brennen wechselt zyklisch mit Kontraktionsphasen ab, in denen eine zentrale Aufheizung bis zum Einsetzen des nächsten Brennens erfolgt. Ist ein Brennen im Zentrum beendet, setzt es sich im allg. in einer das Zentralgebiet umgebenden Kugelschale fort, wobei z.T. mehrere verschiedene Schalenquellen gleichzeitig existieren und sich langsam nach außen verschieben. Zwischen den Schalenquellen liegen Regionen mit jeweils unterschiedlicher chemischer Zusammensetzung, so daß der Stern insgesamt eine Zwiebelschalenstruktur annimmt. Die Aufeinanderfolge unterschiedlicher Kernprozesse kann – falls nicht wesentlich Neues auftritt – im Prinzip so weit gehen, bis das Zentralgebiet nur aus Eisen besteht. Beim Aufbau noch schwererer Elemente wird keine Energie frei, sondern verbraucht (→ Energiefreisetzung in Sternen).

Die Folge: nukleares Brennen – Kontraktion – nächstes Brennen kann nur ablaufen, wenn durch die dazwischenliegende Kontraktion die Temperatur bis zur Zündtemperatur des nächsten Brennens erhöht wird. Dies ist aber nur in Sternmaterie möglich, die wie ein ideales Gas reagiert, in der das Elektronengas nicht entartet ist. Je geringer die Masse des Zentralgebiets ist, um so geringer ist die verfügbare Gravitationsenergie, um so mehr muß der Stern daher kontrahieren, um die Temperatur zu erhöhen, um so eher erfolgt aber auch die Entartung des Elektronengases. Bei der Entstehung eines Objekts mit einer Masse von etwa 0,08 Sonnenmassen oder weniger erfolgt die Entartung bereits bevor das Wasserstoffbrennen zünden kann; ein derartiges Objekt wird daher nie ein Stern (im eigentlichen Sinn), sondern ein → Brauner Zwerg. Für das Zünden des Heliumbrennens vor dem Eintritt der Elektronengasentartung muß das kontrahierende Zentralgebiet eine Masse von mindestens etwa 0,3 Sonnenmassen haben, und mindestens etwa 0,9 Sonnenmassen für das Zünden des Kohlenstoffbrennens. Die Sternmasse muß entsprechend größer sein, und zwar größer als etwa 2,3 Sonnenmassen, wenn das Heliumbrennen in einem nichtentarteten Zentralgebiet einsetzen soll, und über etwa 8 bis 10 Sonnenmassen für das Einsetzen des Kohlenstoffbrennens in nichtentarteter Materie. (Die Grenzmasse von 2,3 Sonnenmassen bei der obigen Unterscheidung zwischen massearmen und massereichen Sternen hat damit ihre Begründung.) In sehr massereichen Sternen entartet das Elektronengas nie; diese Sterne folgen dem oben aufgezeigten Entwicklungsschema bis zum Ende. Alle übrigen Sterne scheren aus dieser Folge früher aus; sie haben den von ihnen nutzbaren Vorrat an Kernenergie dann völlig ausgeschöpft und können keinen neuen Kernprozeß mehr zünden. Sie streben nur noch einem Endzustand zu.

In dem entarteten Zentralgebiet beginnt das Heliumbzw. das Kohlenstoffbrennen, wenn die Masse infolge der langsam sich nach außen verschiebenden Schalenquelle auf etwa 0,45 bzw. 1,4 Sonnenmassen angewachsen ist. Das Zünden dieser Prozesse zieht jeweils einen Flash nach sich. Der Kohlenstoff-Flash ist so gewaltig, daß dabei wahrscheinlich der ganze Stern in einer Supernovaexplosion zerstört wird, ohne daß ein stellarer Rest übrigbleibt.

Masseänderungsbedingte S. Während bestimmter Entwicklungsphasen treten Strukturänderungen eines Sterns nicht allein infolge von Änderungen der chemischen Zusammensetzung der Sternmaterie ein, sondern auch infolge von Änderungen der Sternmasse. Bei den Entwicklungsrechnungen stößt deren Berücksichtigung im allg. auf erhebliche Schwierigkeiten, da Masseverluste durch das Zusammenspiel vieler komplizierter Einzelprozesse in den Sternatmosphären zustandekommen, die nur schwer quantitativ faßbar sind.

Einen Masseverlust erleidet jeder Stern allein auf Grund seiner Ausstrahlung, da die ausgestrahlte Energie einer Masse äquivalent ist (→ Relativitätstheorie). Im Vergleich mit der dem Stern zur Verfügung stehenden Masse ist dieser Verlust immer verschwindend klein, so daß die S. dadurch nicht beeinflußt wird. Die Sterne blasen von ihrer Oberfläche auch direkt Masse in den Weltraum ab. Der durch diesen Sternwind erlittene Verlust ist während des Hauptreihenzustandes im allg. gering, er kann aber während des Riesen- und Überriesenzustandes wegen der dann großen Sternradien und der demzufolge nur schwachen gravitativen Bindung der äußersten Atmosphärenschichten an das Sterninnere erheblich sein und Werte von 10^{-5} bis 10^{-4} Sonnenmassen pro Jahr erreichen. Große, durch Sternwinde abgeblasene Gasmassen treten u.a. als Planetarische Nebel in Erscheinung. Die erlittenen Masseverluste sind z.T. so groß, daß die gesamte wasserstoffreiche Außenschicht eines Sterns abgestreift wird und Sternregionen sichtbar werden, in denen Umwandlungsprodukte aus den in den früheren Entwicklungsphasen abgelaufenen Kernreaktionen vorhanden sind. In den neuen Sternatmosphären haben dann bestimmte Elemente eine charakteristische Häufigkeitsverteilung (→ Elementenhäufigkeit).

Sterne mit einer Anfangsmasse von über etwa 80 bis 100 Sonnenmassen sind instabil. Sie geraten durch kleinste Störungen des mechanischen Gleichgewichts in Schwingungen, deren Amplituden mit der Zeit immer größer werden. Schließlich laufen Stoßwellen zur Sternoberfläche und bewirken dort das Abstoßen von Materie, bis die Gesamtmasse so weit reduziert ist, daß ein schwingungsstabiler Stern übrigbleibt (→ Sternaufbau).

Den radikalsten Masseverlust erleiden sehr massereiche Sterne am Ende ihrer Entwicklung während einer Supernovaexplosion, bei der ein wesentlicher Teil der Masse abschleudert wird und ein Neutronenstern zurückbleibt; bei einigen Supernovae wird durch die Explosion sogar der gesamte Stern zerstört. In allen diesen Fällen verläuft die S. ganz anders als ohne Masseverlust.

Entwicklung enger Doppelsterne. Die bei engen Doppelsternsystemen gewonnenen Beobachtungsergebnisse führen z.T. zu Widersprüchen mit der Theorie der S.: Bei einigen halbgetrennten Systemen ist z.B. die massereichere Komponente ein noch unentwickelter Hauptreihenstern, während die massеärmere schon ein Roter Riese ist oder sogar (wie beim Sirius) ein Weißer Zwerg, der seine Entwicklung bereits abgeschlossen hat. Derartige scheinbare Widersprüche sind durch die unterschiedlichen Entwicklungsmöglichkeiten bedingt, die Einzelsterne und Mitglieder enger Doppelsterne haben: Ein Einzelstern kann beim Übergang zum Roten Riesen oder Überriesen beliebig groß werden. Bei einem Mitglied eines engen Doppelsternsystems nimmt dagegen bei der Expansion der gravitative Einfluß der anderen Komponente auf die nach außen geschobenen Oberflächenschichten stetig zu und kann so groß werden, daß Materie von der expandierenden Komponente zur anderen fließt: Eine Komponente erleidet einen Masseverlust, die andere einen Massegewinn; die nachfolgende Entwicklung beider Komponenten wird dadurch in ganz andere Bahnen gelenkt, als wenn sie Einzelsterne wären.

Die möglichen Auswirkungen eines derartigen Masseaustauschs sind im folgenden an der Entwicklung eines engen Doppelsternsystems dargestellt, dessen Komponenten eine anfängliche Masse von 1 bzw. 2 Sonnenmassen und einen anfänglichen Mittelpunktsabstand von 6,6 Sonnenradien haben. Als unentwickelte Hauptreihensterne bilden sie ein getrenntes

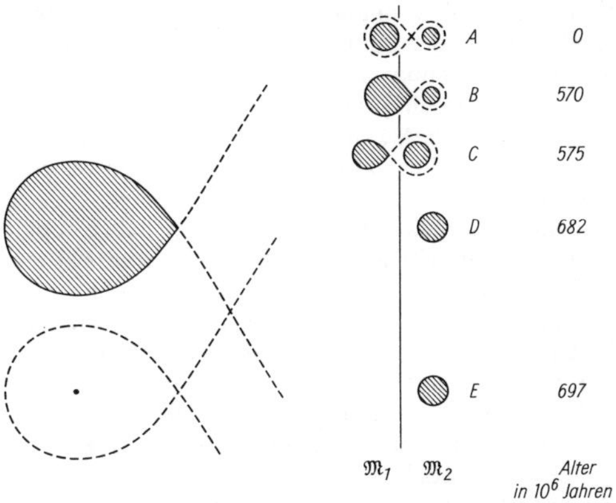

Abb. 5: Zur Entwicklung eines engen Doppelsterns. Schraffiert: mit Masse erfüllte Volumina; gestrichelte Linie: Schnitt mit der kritischen Äquipotentialfläche (Grenze der erlaubten Volumina). Das Alter ist vom Einsetzen des Wasserstoffbrennens aus bestimmt. Weitere Erläuterungen im Text. (Nach R. Kippenhahn, K. Kohl und A. Weigert)

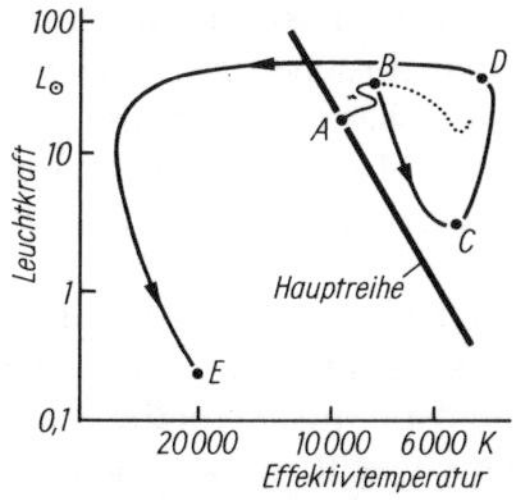

Abb. 6: Entwicklungsweg im Hertzsprung-Russell-Diagramm der anfänglichen Hauptkomponente ($\mathfrak{M}_1$) des in Abb. 5 dargestellten Doppelsterns. Die Buchstaben markieren die gleichen Entwicklungszustände wie in Abb. 5. Punktiert: Entwicklungsweg, den der Stern als Einzelstern bis zum Erreichen des Riesenzustandes durchlaufen würde. (Nach R. Kippenhahn, K. Kohl und A. Weigert)

Doppelsternsystem (Abb. 5, Zeitpunkt A). Der massereichere Stern verbraucht seinen zentralen Wasserstoffvorrat viel schneller als der masseärmere und entwickelt sich zunächst, solange seine Oberflächenschichten dem Begleiter nicht zu nahe kommen, wie ein Einzelstern. Nach dem Ende des zentralen Wasserstoffbrennens beginnt der Stern stark zu expandieren. Dabei gelangen die Außenschichten in den Anziehungsbereich des Begleiters, auf den nun Masse überfließt; der Doppelstern ist ein halbgetrenntes System geworden (Abb. 5, Zeitpunkt B). Die Masseabgabe geschieht relativ rasch, und zwar nach Maßgabe einer thermischen Zeitskala. Der anfänglich massereichere Stern (der anfängliche Hauptstern) verliert so viel Masse an den anfänglichen Begleiter, daß sich die Rollen von Hauptstern und Begleiter vertauschen. Mit dem Überströmen von Masse erfolgt auch eine Umverteilung von Drehimpuls, wodurch sich die Komponentenabstände vom Systemschwerpunkt ändern. Die masseabgebende Komponente rückt kontinuierlich vom Schwerpunkt weg und erhält so die Möglichkeit, sich immer weiter auszudehnen und schließlich zu einem Roten Riesen zu werden (Abb. 5, Zeitpunkt D). Bei der Masseabgabe geht nahezu die gesamte wasserstoffreiche Außenhülle verloren, so daß vom ursprünglichen Hauptstern fast nur noch der zentrale Heliumbereich übrigbleibt, der durch die Kontraktion so dicht wird, daß in ihm das Elektronengas entartet. Die Masse des Reststerns ist so klein, daß das Heliumbrennen nicht zünden kann. Damit ist der für den Stern nutzbare Energievorrat an Kernenergie erschöpft, er geht in einen Endzustand, und zwar den eines Weißen Zwergs über (Abb. 5, Zeitpunkt E). Es liegt nun ein getrenntes Doppelsternsystem mit einem Weißen Zwerg von 0,26 Sonnenmassen und einem Hauptstern von 2,74 Sonnenmassen vor. Der Masseaustausch erfolgt so schnell, daß der nunmehr massereiche Stern sich kaum entwickeln konnte und immer noch als ein Hauptreihenstern erscheint. Die unterschiedliche Entwicklung im Vergleich mit einem Einzelstern manifestiert sich auch in dem Entwicklungsweg, den der Bildpunkt der ursprünglich massereicheren Komponente im HRD zurücklegt (Abb. 6).

Die von einer Komponente abströmende Materie muß nicht notwendigerweise vollständig zur anderen übergehen, ein Teil kann auch das System verlassen, was sich auf den Abstand beider Komponenten vom gemeinsamen Schwerpunkt und damit auf den gegenseitigen gravitativen Einfluß auswirkt. Über den dem System als Ganzes verlorengehenden Masseanteil läßt sich kaum eine zuverlässige Aussagen machen, so daß man wenig über das tatsächliche dynamische Verhalten des Doppelsternsystems während und am Ende des Masseabflusses sagen kann.

Die Entwicklung eines Doppelsternsystems hängt entscheidend vom ursprünglichen Masseverhältnis der beiden Komponenten und ihrem Abstand voneinander ab, da dieser wesentlich die Entwicklungsphase bestimmt, in der der Masseverlust der Hauptkomponente beginnt. Geschieht dies schon während des zentralen Wasserstoffbrennens, gelangt der Stern nicht in den Rote-Riesen-Zustand, sondern bleibt ein Unterriese, bis das Wasserstoffbrennen zu Ende ist. Erleidet die anfänglich massereichere Komponente erst nach dem zentralen Wasserstoffbrennen während der Entwicklung zum Roten Riesen den Masseverlust, und ist die Materie im Zentralgebiet nicht entartet, kann die Komponente zu einem sehr leuchtkräftigen, heliumbrennenden Stern hoher Effektivtemperatur werden, der den beobachteten Wolf-Rayet-Sternen ähnlich ist. Die Bildpunkte dieser Sterne liegen im HRD z.T. links von der Hauptreihe.

Ist infolge der Drehimpulsumverteilung der Abstand der beiden Komponenten nicht zu weit geworden, kann es zu einem zweiten Masseaustausch kommen: Vom neuen Hauptstern können dann nach dem Ende des zentralen Wasserstoffbrennens bei der folgenden Expansion die Außenschichten in den Anziehungsbereich des (nun hochentwickelten) Begleiters gelangen, so daß Materie auf diesen überströmt. Das Phänomen

der kataklysmischen Veränderlichen ist auf diesen Effekt zurückzuführen. Novaausbrüche und ein bestimmter Typ von Supernovae haben gleichfalls ihre Ursache im Überströmen von Materie von einer wenig entwickelten Komponente auf einen Weißen Zwerg.
Bei den Kontaktsystemen stehen die beiden Doppelsternkomponenten so dicht beieinander, daß sich ihre Außenregionen berühren. Selbst dann, wenn die Massen der beiden Komponenten sehr unterschiedlich sind, haben diese nahezu gleiche Oberflächentemperaturen. Der Kontakt der beiden Sterne und ein schneller Materietransport von der massereicheren zur masseärmeren Komponente bewirken offenbar, daß die beiden Sterne eine gemeinsame Hülle ausbilden, in der auch ein Energieabfluß von der massereicheren Komponente zum Begleiter stattfindet. Die dem Begleiter zufließende Energie beträgt anscheinend ein Vielfaches der Energie, die er im Innern durch Kernprozesse erzeugt, doch sind die Einzelheiten der ablaufenden Prozesse noch nicht geklärt. Derartige Kontaktsysteme werden als Bedeckungsveränderliche vom Typ W Ursae Maioris beobachtet. Ihre relative Häufigkeit läßt vermuten, daß es sich um noch unentwickelte Hauptreihensterne handelt.
Endzustände. Die Endzustände in der S. sind durch die Erschöpfung des für einen Stern nutzbaren Reservoirs an Kernenergie sowie durch eine hochgradige Kompression der Sternmaterie mit einer entsprechend hohen mittleren Gasdichte charakterisiert. Nach dem Grad der eintretenden Kompression unterscheidet man drei Endzustände: den eines Weißen Zwergs, eines Neutronensterns oder eines Schwarzen Lochs.
In den Weißen Zwergen, deren mittlere Materiedichte rund 10^6 g/cm^3 beträgt, ist das Elektronengas hochgradig entartet. Ein weißer Zwerg hat eine Masse von höchstens etwa 1,4 Sonnenmassen. Alle diejenigen Sterne, die bei ihrer Entstehung eine geringere Masse als diese Grenzmasse haben, und diejenigen massereicheren Sterne, die im Laufe ihrer Entwicklung einen derartigen Masseverlust erleiden, daß sie unter diese Grenzmasse kommen, werden zu Weißen Zwergen. Das ist wahrscheinlich für alle Sterne mit Anfangsmassen bis zu etwa 8 Sonnenmassen der Fall. Weiße Zwerge decken ihre Ausstrahlung durch die im Kerngas gespeicherte Wärmeenergie (→ Weißer Zwerg).
Der Übergang von einem vorher ausgedehnten Stern zu einem Weißen Zwerg erfolgt nach dem Ende des letzten erschließbaren Kernprozesses durch eine anfangs schnelle, danach langsamer werdende Kontraktion der Außenschichten des Sterns auf die schon komprimierten Zentralregionen. Die Bildpunkte der Sterne durchlaufen im HRD in dieser Phase einen Entwicklungsweg, der links von der Hauptreihe, aber parallel zu ihr liegt und in den Bereich der Weißen Zwerge führt.
In den Neutronensternen beträgt die Dichte 10^{12} bis über 10^{15} g/cm^3, wobei die Sternmaterie im wesentlichen aus einem Neutronengas besteht. Sterne mit einer Anfangsmasse von mehr als etwa 8 Sonnenmassen erreichen wahrscheinlich diesen Endzustand. Zu ihm führen Instabilitäten am Ende der normalen S., die in einen Kollaps der Zentralregionen münden, während die Außenschichten des Sterns explosionsartig abgeschleudert werden. Auch für die Neutronensterne gibt es eine Grenzmasse, jenseits der sie nicht existieren können. Diese liegt zwischen etwa 2 und 3 Sonnenmassen (→ Neutronenstern).
Endzustände maximaler Kompression stellen möglicherweise die Schwarzen Löcher dar, deren Existenz bisher jedoch noch nicht sicher nachgewiesen ist. Sie könnten dann entstehen, wenn am Ende der Entwicklung eines sehr massereichen Sterns in der kontrahierenden Zentralregion mehr als die Grenzmasse für Neutronensterne vorhanden ist; es bliebe dann nur noch der nicht mehr aufzuhaltende Kollaps in ein → Schwarzes Loch.

Sternfarbe, der in einem normalsichtigen Auge hervorgerufene Farbeindruck eines Sterns. Aus physiologischen Gründen läßt sich mit bloßem Auge nur bei helleren Sternen eine Farbe feststellen (→ Augenempfindlichkeit). Sie ergibt sich auf Grund der jeweiligen Intensitätsverteilung im Sternspektrum: Je höher die Effektivtemperatur eines Sterns ist, um so mehr ist das Maximum der Strahlungsintensität nach dem blauen Spektralbereich verschoben. Sterne hoher Effektivtemperatur, z.B. die der Spektralklasse A, erscheinen daher bläulich-weiß, Sterne niedriger Effektivtemperatur, wie die der Spektralklasse M, dagegen rötlich. Unterschiede in den S.n lassen sich am besten bei am Himmel dicht benachbarten Sternen erkennen, z.B. bei den beiden hellsten Sternen im Sternbild Orion, von denen Rigel ein Stern hoher, Beteigeuze ein Stern geringer Effektivtemperatur ist. Bei Fernrohrbeobachtungen ist u.a. der Doppelstern Albireo im Sternbild Cygnus (Schwan) eindrucksvoll, dessen Komponenten sehr unterschiedliche Farbe haben. Bei Sternen nahe am Horizont sind Farbunterschiede schwierig zu erkennen, da dann das Farbspiel der farbigen Szintillation stört.
Zeitweilig wurde versucht, eine Kolorimetrie der Sterne durchzuführen, diese also in eine Farbskala einzuschätzen, doch blieb dies ohne wissenschaftliche Bedeutung. Gegenwärtig erfaßt man die Helligkeitsverteilung in den Sternspektren u.a. durch die Angabe von Farbenindizes; sie stellen ein Maß für die S. dar (→ Farbenindex).

Sternferne, svw. Apastron; → Apsiden.

Sternfleck, ein Störgebiet in der Photosphäre eines Sterns mit einer wesentlich geringeren Flächenhelligkeit als die übrige Photosphäre. S.en sind ähnliche Erscheinungen wie die Sonnenflecken; sie geben sich bei rotierenden Sternen durch einen charakteristischen Lichtwechsel zu erkennen. Veränderliche dieser Art bilden die BY-Draconis-Sterne. Bei sehr nahen Riesensternen können S.en z.T. mit der Methode der Speckle-Interferometrie nachgewiesen werden.

Sterngröße, ältere Bezeichnung für Größenklasse.

Sternhaufen, eine Ansammlung von nahezu gleichzeitig aus der gleichen interstellaren Wolke entstandener Sterne, die eine physische Einheit bilden. Man unterscheidet → Offene S., → Bewegungssternhaufen und

→Sternassoziationen, von denen die im Milchstraßensystem vorkommenden wegen ihrer Konzentration zur galaktischen Ebene zusammenfassend als galaktische S. bezeichnet werden, sowie die →Kugelsternhaufen.

Sternhaufenparallaxe, →Parallaxe.

Sternkarte, *Himmelskarte*, ebenes Abbild eines Ausschnittes der Himmelskugel, in dem Sterne und z.T. andere Himmelsobjekte nach Lage und Helligkeit dargestellt sind. S.n dienen u.a. zur Orientierung am Sternhimmel, zum besseren Auffinden von durch Koordinatenangaben bezeichneten Himmelsobjekten und zum Einzeichnen neuentdeckter oder schnell bewegter Himmelsobjekte (z.B. Kometen oder Planetoiden).

Zur Festlegung des Ortes eines Himmelsobjekts dient bei den gezeichneten S.n ein eingezeichnetes Koordinatensystem, wobei im allg. das Äquatorsystem für ein bestimmtes Äquinoktium gewählt wird (→Koordinaten). In diesen S.n sind unterschiedlich helle Sterne sowie die anderen erfaßten Objekte, z.B. Sternhaufen, extragalaktische Sternsysteme, Wolken interstellarer Materie oder Radioquellen, durch jeweils unterschiedliche Symbole gekennzeichnet. Die gezeichneten S.n enthalten im allg. alle Sterne bis zu einer bestimmten, verhältnismäßig geringen scheinbaren Grenzhelligkeit. Bei den photographischen S.n handelt es sich um photographische Aufnahmen eines bestimmen Himmelsausschnittes. Zum Ablesen der Koordinaten dienen vielfach mit entsprechenden Koordinatennetzen versehene durchsichtige Folien, die auf die Karten gelegt werden können.

Mehrere zusammengehörige S.n werden als ein ***Sternatlas (Himmelsatlas)*** bezeichnet. Einer der größten photographischen Sternatlanten ist der *Mount Palomar – Sky Survey* [engl., ‚Mount-Palomar-Himmelsdurchmusterung'], der mit dem 1,22-m-Schmidt-Spiegelteleskop des Mount-Palomar-Observatoriums aufgenommen wurde und aus 935 Aufnahmen besteht, die den Himmel zwischen 90° und −30° Deklination lückenlos überdecken. Jedes Himmelsareal wurde in einem kurzwelligen (blauen) und einem langwelligen (roten) Spektralbereich aufgenommen; die Grenzhelligkeit beträgt im blauen Bereich $21^{\mathrm{m}},1$, im roten $20^{\mathrm{m}},0$.

Zur Ergänzung dieses Atlasses wurde mit dem 1-m-Schmidt-Spiegel der Europäischen Süd-Sternwarte ein entsprechender Atlas hergestellt, der den Südhimmel im Deklinationsbereich von −17,5° bis −90° mit 606 Feldern überdeckt, und der ebenfalls je eine Aufnahme im blauen und im roten Spektralbereich enthält. Gegenwärtig werden die Aufnahmen zum Mount-Palomar-Atlas mit einer etwas weiterreichenden Grenzhelligkeit wiederholt. Einen photographischen Himmelsatlas für Amateurastronomen stellt u.a. der *Sonneberger photographische Himmelsatlas* von W. Wenzel und I. Häusele dar, der auf 133 Kartenblättern den Himmel vom Himmelsnordpol bis zu −31° Deklination überdeckt und bis zur Grenzhelligkeit von etwa 15^{m} reicht, sowie der *Atlas Stellarum* von H. Vehrenberg, der mit 450 Karten den gesamten Himmel abbildet; die Grenzgröße liegt bei etwa $14^{\mathrm{m}},7$.

Zu den bekanntesten großen gezeichneten Sternatlanten gehört die *Bonner Durchmusterung* von F.W. Argelander (1799–1875), die von 90° bis −1° Deklination reicht und auf 40 Kartenblättern alle Sterne bis zur scheinbaren Helligkeit von $9^{\mathrm{m}},3$ wiedergibt, und die durch E. Schönfeld (1821–1891) bis zur Deklination −23° ausgedehnt wurde, wobei er alle Sterne heller als 10^{m} erfaßte. Für Amateurastronomen ist u.a. der gezeichnete *Sternatlas 2000* von S. Marx und W. Pfau geeignet, der auf 19 Karten alle mit bloßem Auge sichtbaren Sterne und eine Vielzahl besonderer astronomischer Objekte enthält.

Für bestimmte Belange genügt es, nur Teilausschnitte des Himmels auf S.n darzustellen. Zum Auffinden und zur Identifizierung von Planetoiden benutzt man vielfach Ekliptikalkarten, die nur die Himmelszonen nahe der Ekliptik erfassen.

Drehbare S.n eignen sich zur raschen Orientierung am Nachthimmel besonders für Liebhaberastronomen. Durch Verschiebung eines ellipsenförmigen Ausschnittes, dessen Rand den Horizont des Beobachtungsortes darstellt, auf einer entsprechenden S. läßt sich für jeden Zeitpunkt der dann sichtbare Teil der Himmelskugel hervorheben. Die Einstellung des Beobachtungszeitpunktes geschieht mit Hilfe von Skalen am Rande der drehbaren S.

Von historischem Interesse sind die 1603 in Augsburg erschienene *Uranometrie* von J. Bayer (1572–1625), in der die hellsten Sterne eines Sternbildes jeweils mit griechischen Buchstaben bezeichnet sind, die dann später allgemein zur Kennzeichnung der Sterne benutzt wurden, sowie die S.n von J. Flamsteed (1646–1720).

Sternkatalog, ein geordnetes Verzeichnis von Sternen, in dem außer den für einen bestimmten Zeitpunkt (Epoche des Katalogs) gültigen Koordinaten noch weitere charakteristische Sternparameter (z.B. scheinbare Helligkeit, Spektralklasse, Entfernung oder Eigenbewegung) angegeben sind.

Kataloge, in denen die Koordinaten der aufgeführten Sterne nur so genau angegeben sind, daß diese leicht und sicher identifiziert werden können, werden vielfach als Durchmusterungen bezeichnet. Einen derartigen S. stellt der vom Observatorium der Yale-Universität (New Haven, USA) herausgegebene *Catalogue of Bright Stars* [engl., ‚Katalog heller Sterne'] dar, in dem 9110 Sterne heller als $6^{\mathrm{m}},5$ verzeichnet sind. Genaue Positionsangaben (Äquinoktium 1950) für 258997 Sterne mit einer scheinbaren Helligkeit größer als $8^{\mathrm{m}},5$ enthält der *SAO-Katalog* des Smithsonian Astrophysikalischen Observatoriums (Cambridge, USA). In dem vom Astronomischen Rechen-Institut Heidelberg herausgegebenen *PPM-Katalog* (PPM = Postions and Proper Motions, engl., ‚Positionen und Eigenbewegungen') sind genaue, auf das Fundamentalsystem der Epoche 2000,0 bezogene Koordinaten sowie die Eigenbewegungen von etwa 380000 Sternen angegeben. Diese Kataloge überdecken den Himmel von Pol zu Pol.

Als Positionskataloge werden Zusammenstellungen von Sternen bezeichnet, deren Koordinaten (Himmelspositionen) mit höchstmöglicher Genauigkeit bestimmt sind. Zu ihnen gehören speziell die Fundamentalkataloge, in denen die Örter und Eigenbewegungen von verhältnismäßig wenig Sternen zusammengetragen sind, die aber in ihrer Gesamtheit das zur Koordinatenbestimmung benutzte sphärische Koordinatensystem definieren. Gegenwärtig dient dazu der vom Astronomischen Rechen-Institut in Heidelberg herausgegebene 5. *Fundamentalkatalog* (abg. FK5) mit seinen 1535 Sternen.

In den Helligkeitskatalogen wird vor allem Wert auf möglichst genaue Helligkeitsangaben gelegt, während bei den Spektralkatalogen die Angabe zum Spektrum der Sterne im Vordergrund steht. Zu den bekanntesten Spektralkatalogen gehört der *Henry-Draper-Katalog* (abg. HD), der 225 300 Sterne heller als $9\overset{m}{.}5$ enthält. Im *Atlas of Stellar Spectra* [engl., ‚Atlas von Sternspektren'] von W.W. Morgan und P.C. Keenan sind von ausgewählten Sternen die Spektren abgebildet, die als Standardspektren für die von den beiden Autoren entworfene und gegenwärtig im allg. benutzte Spektralklassifikation dienen.

Die Eigenbewegungs-, Radialgeschwindigkeits- bzw. Parallaxenkataloge enthalten entweder von vielen Sterne weniger genaue Eigenbewegungs-, Radialgeschwindigkeits- bzw. Parallaxenangaben oder von wenigen Sternen möglichst genaue Werte. Die Doppelstern- bzw. Veränderlichenkataloge sind mehr oder weniger umfangreiche Verzeichnisse von Doppelsternen bzw. von Sternen mit veränderlicher scheinbarer Helligkeit. Der umfangreichste Veränderlichenkatalog ist der *General Catalogue of Variable Stars* [engl., ‚Generalkatalog veränderlicher Sterne'], der vom Sternberg-Institut der Moskauer Staatsuniversität herausgegeben wird. Die früher als Nebelkataloge bezeichneten Verzeichnisse stellen keine S.e im strengen Sinn dar, da sie keine Sterne, sondern Himmelsobjekte enthalten, die dem Beobachter nebelartig verschwommen erscheinen, und bei denen es sich um galaktische Nebel, Sternhaufen oder extragalaktische Sternsysteme handelt. Die bekanntesten Nebelkataloge sind der 1784 von C. Messier (1730–1813) aufgestellte *Messier-Katalog* und der 1888 von J. Dreyer (1852–1926) aufgestellte *New General Catalogue of Nebulae und Clusters of Stars* [engl., ‚Neuer allgemeiner Katalog von Nebeln und Sternhaufen'] mit den beiden Ergänzungen *Index Catalogue* I und II [engl., ‚Index-Katalog'].

Andere Spezialkataloge enthalten Angaben sowohl zu stellaren als auch zu nichtstellaren Objekten, etwa von Gammastrahlenquellen, von Röntgen- und Infrarotquellen oder von Radioquellen.

Im Centre de Données Stellaires [franz., ‚Zentrum für Sterndaten'] an der Sternwarte Straßburg (Frankreich) werden die in den verschiedenen Katalogen enthaltenen Daten unter einheitlichen Kriterien zusammengefaßt und auf modernen Datenträgern abgespeichert, die dann weltweit zur Verfügung stehen.

Sternkette, eine Anzahl von Sternen, die an der Himmelskugel dicht benachbart sind und auffällig zu einer „Kette" aufgereiht erscheinen. Es ist ungewiß, ob die Sterne einer Kette räumlich und physisch zusammengehören, z.B. aus einer (filamentartigen) interstellaren Wolke gemeinsam entstanden sind, oder ob sie lediglich zufällig in einer Reihe angeordnet erscheinen, während sie räumlich in ganz unterschiedlichen Entfernungen stehen.

Sternkunde, svw. Astronomie.

Sternleere, Gebiet innerhalb des Milchstraßenbandes, das durch eine im Vergleich zur Umgebung geringere Anzahl von Sternen je Flächeneinheit auffällt. Eine S. wird im allg. durch eine mehr oder minder scharf begrenzte Ansammlung von staubförmiger interstellarer Materie vorgetäuscht, durch die das Licht der Hintergrundsterne merklich geschwächt wird.

Sternmasse, Gesamtmenge der in einem Stern vereinigten Materie. Eine Massebestimmung ist grundsätzlich nur dann möglich, wenn die Massenanziehung (Gravitationswirkung) eines Körpers auf einen anderen gemessen werden kann.

In Doppelsternsystemen sind die beiden Komponenten gravitativ aneinander gekoppelt und bewegen sich um den gemeinsamen Schwerpunkt. Bezeichnet man die große Halbachse der Bahn des Begleiters um den Hauptstern mit a (gemessen in AE), die Umlaufzeit des Systems mit U (in Jahren) und die Massen der beiden Komponenten mit $\mathfrak{M}_1$ und $\mathfrak{M}_2$ (in Einheiten der Sonnenmasse), so gilt nach dem dritten Keplerschen Gesetz $(\mathfrak{M}_1+\mathfrak{M}_2)=a^3:U^2$. Sind die Umlaufzeit und die große Bahnhalbachse bekannt, läßt sich die Massensumme der beiden Komponenten berechnen. Bei visuellen Doppelsternen ergeben die Beobachtungen die große Bahnhalbachse im Winkelmaß; nur wenn die Entfernung des Systems von der Sonne bekannt ist, läßt sich die Bahnhalbachse in ein lineares Maß (z.B. in AE) umrechnen. Kleine Ungenauigkeiten in der Entfernungsbestimmung führen zu relativ großen Fehlern bei der Massensumme, da die große Halbachse mit der 3. Potenz in die Rechnung eingeht. Kennt man bei einem visuellen Doppelstern die Neigung der Bahnebene des Systems gegen die Sichtlinie, und mißt man die infolge der Umlaufbewegung des Begleiters auftretenden Radialgeschwindigkeiten, läßt sich die Bahngeschwindigkeit und, in Verbindung mit der Umlaufzeit, die Länge der Bahn berechnen. Man erhält damit die große Bahnhalbachse auch ohne Kenntnis der Entfernung des Doppelsterns von der Sonne.

Zur Bestimmung der Masse der einzelnen Komponenten in einem Doppelsternsystem ist die Kenntnis beider Bahnen um den Systemschwerpunkt notwendig. Bezeichnen a_1 und a_2 die großen Halbachsen der Bahnen, so gilt für das Masseverhältnis $\mathfrak{M}_1:\mathfrak{M}_2=a_2:a_1$. Aus dieser Gleichung zusammen mit der für die Massensumme können die Einzelmassen errechnet werden.

Bei den spektroskopischen Doppelsternen lassen sich aus Spektralbeobachtungen in günstigen Fällen die von den Bewegungen der beiden Komponenten um den gemeinsamen Schwerpunkt herrührenden Radialgeschwindigkeiten bestimmen. Sie stellen aber nur die in der Sichtlinie liegenden Bewegungskomponenten dar. Die Bahngeschwindigkeiten sind unbekannt, da man den Winkel zwischen der Sichtlinie und der Bahnebene nicht kennt. Bei der Bestimmung des Masseverhältnisses spielt dieser Mangel keine Rolle, da der Projektionsfaktor für beide Bahnen gleich ist und sich aus der Formel für das Masseverhältnis heraushebt; in die Massensumme geht der unbekannte Faktor jedoch ein. Unter der Voraussetzung, daß die Bahnlagen der Doppelsterne keinerlei räumliche Vorzugsrichtung aufweisen, läßt sich für die unbekannte individuelle Neigung ein statistischer Mittelwert angeben und mit ihm ein Mittelwert für die Massensumme bestimmen. Es entfällt zwar dann die Möglichkeit, individuelle S.n zu ermitteln, für Sterne mit gleichen physikalischen Eigenschaften, z.B. gleicher Spektralklasse, kann man aber statistische Massemittelwerte ableiten, die für viele theoretische Belange ausreichen. Bei spektroskopischen Doppelsternen, die gleichzeitig Bedeckungsveränderliche sind, liegt die Bahnebene (nahezu) in der Sichtlinie, so daß die Bahnneigung bekannt ist; in diesem Fall können die Massen beider Komponenten getrennt und eindeutig bestimmt werden.

Bei Einzelsternen läßt sich zur Massebestimmung im Prinzip die relativistische Rotverschiebung in den Sternspektren ausnutzen, die darauf beruht, daß die einen Stern verlassenden Lichtquanten der Massenanziehung des Sterns unterliegen und in dessen Gravitationsfeld quasi eine Arbeit verrichten müssen, wodurch sie Energie verlieren (→ Relativitätstheorie). Bezeichnet λ_0 die Wellenlänge einer unverschobenen Spektrallinie und λ die gemessene Wellenlänge der gleichen, verschobenen Linie, so gilt $(\lambda-\lambda_0)/\lambda_0 = G\mathfrak{M}/(R c^2)$, wenn $\mathfrak{M}$ die Sternmasse, R den Sternradius und c die Lichtgeschwindigkeit bedeuten. Bei bekanntem Sternradius läßt sich damit die Sternmasse ermitteln. Die Beobachtungen stoßen auf Schwierigkeiten, da die relativistische Rotverschiebung sehr klein, andere Störeffekte hingegen groß sind. Bei Sternen mit sehr kleinem Radius, z.B. bei Weißen Zwergen, ist in Einzelfällen eine Trennung der relativistischen Rotverschiebung von den Störeffekten möglich.

Neben den direkten Methoden zur Massebestimmung gibt es für Hauptreihensterne eine indirekte Methode, da für diese Sterne eine Masse-Leuchtkraft-Beziehung besteht. Hat man diese mit Hilfe von Hauptreihensternen bekannter Masse geeicht, kann die Masse anderer Hauptreihensterne aus der Leuchtkraft bestimmt werden.

Die Masse der Sonne läßt sich mit Hilfe des dritten Keplerschen Gesetzes berechnen, wenn die große Bahnhalbachse sowie die Umlaufzeit mindestens eines Planeten aus astronomischen Beobachtungen und die Gravitationskonstante aus Labormessungen bekannt sind (→ Keplersche Gesetze). Da die Gravitationskonstante gegenwärtig nur mit einer relativen Genauigkeit von $\pm 0{,}1\%$ ermittelt werden kann, gilt dies auch für die Masse der Sonne; sie beträgt $1{,}989 \cdot 10^{30}$ kg.

Wegen der beschränkten Möglichkeiten konnten bisher nur für verhältnismäßig wenig Sterne zuverlässige individuelle Massewerte ermittelt werden. Der größte Teil der abgeleiteten S.n liegt im Bereich von etwa 0,5 bis 10 Sonnenmassen, die Extremwerte liegen bei etwa 0,1 und rund 80 Sonnenmassen. Es existiert eine obere und eine untere Grenzmasse für Sterne: Sterne mit Massen größer als etwa 80 bis 100 Sonnenmassen sind instabil, sie stoßen soviel Materie ab, bis sie den Instabilitätsbereich verlassen haben. Objekte mit Massen geringer als 0,08 Sonnenmassen werden keine Sterne (im eigentlichen Sinn), da in ihnen keine Kernreaktionen zur Energiefreisetzung ablaufen können (→ Sternentwicklung).

Sternmodell, die Gesamtheit der theoretisch ermittelten Daten über die innere Struktur eines Sterns sowie über dessen beobachtbaren globalen Zustandsgrößen; → Sternaufbau.

Sternnähe, svw. Periastron; → Apsiden.

Sternname, individuelle Bezeichnung eines Sterns zur Unterscheidung von anderen Sternen. Die hellsten, auffälligsten Sterne haben z.T. besondere Namen, wie z.B. Sirius, Capella oder Wega, von denen viele aus dem Arabischen stammen, z.B. Beteigeuze und Deneb. Die helleren Sterne innerhalb eines Sternbildes werden im allg. mit griech. Buchstaben bezeichnet, wobei die alphabetische Folge nur angenähert der Folge der Helligkeiten entspricht. Hinter den griech. Buchstaben setzt man den Genitiv des lateinischen Sternbildnamens (oder Abkürzungen davon), z.B. trägt der Stern Wega im Sternbild Lyra auch die Bezeichnung α Lyrae (α Lyr), der Sirius im Sternbild Canis Maior die Bezeichnung α Canis Maioris (α CMa) und der Polarstern die Bezeichnung α Ursae Minoris (α UMi). Sterne geringerer scheinbarer Helligkeit werden in gleicher Weise mit kleinen lateinischen Buchstaben oder mit Zahlen und dem Genetiv des Sternbildnamens benannt. Diese Bezeichnungsweisen, bei denen nur mit bloßem Auge sichtbare Sterne erfaßt werden, gehen auf J. Bayer (1572–1625) und J. Flamsteed (1646–1719) zurück.

Die übrigen Sterne, besonders die scheinbar schwächeren als etwa 6^m, tragen als Namen die Nummer, unter der sie in einem Sternkatalog aufgeführt sind, gelegentlich werden sie auch durch die Angabe ihrer Himmelskoordinaten benannt. Statt des vollen Katalognamens wählt man meist eine Abkürzung, z.B. BD (für Bonner Durchmusterung) oder HD (für Henry-Draper-Katalog). Auf Grund der existierenden zahlreichen unterschiedlichen S.n gibt es z.T. viele unterschiedliche Bezeichnungen für ein und denselben Stern, z.B. Sirius = BD $-16°$ 1591 = HD 48915.

Da das Benennungsschema auch für nichtstellare Himmelsobjekte verwendet wird, kommt dem Katalognamen eine besondere Bedeutung zu: Steht vor einer Katalognummer z.B. die Abkürzung NGC (für New General Catalogue, engl., ‚Neuer Generalkatalog') oder M (für Messier-Katalog), so ist kein Stern, sondern ein Sternhaufen, ein galaktischer Nebel oder ein extragalaktisches Sternsystem gemeint.

Bei besonderen Sterntypen, z.B. veränderlichen Sternen, werden z.T. spezielle Bezeichnungen benutzt (→ Veränderliche). Bei Doppelsternen wird die hellere Komponente durch das zusätzliche Anhängen eines A, die schwäche eines B, bezeichnet, z.B. Sirius A und Sirius B.

Insgesamt bestehen keine verbindlichen Regeln für die Namensgebung von Sternen (oder von nichtstellaren Objekten).

Sternoszillation, das nichtradiale Schwingen eines Sterns um eine Gleichgewichtslage.
Sterne sind Gaskugeln, die unter bestimmten Bedingungen schwingungsinstabil sind (→ Sternaufbau). Sie führen dann (wie die Pulsationsveränderlichen) radiale Bewegungen aus, bei denen alle Punkte der Sternoberfläche im gleichen Takt schwingen. Sterne können auch zu nichtradialen Schwingungen angeregt werden, bei denen sich bestimmte Oberflächenregionen auf das Sternzentrum hin bewegen, während sich gleichzeitig andere von ihm entfernen, wobei das gegenläufige Bewegungsverhalten periodisch wechselt. Zwischen den Regionen unterschiedlicher Bewegungsrichtungen existieren Grenzlinien, die in Ruhe verharren und als Knotenlinien bezeichnet werden. Die Anzahl und die Lage der Knotenlinien auf der Sternoberfläche charakterisiert ein bestimmtes Schwingungsverhalten (eine Schwingungsmode). Das Gesamtschwingungsverhalten eines Sterns setzt sich aus vielen unterschiedlichen Moden zusammen. Die nichtradialen Sternschwingungen haben Geschwindigkeiten von z.T. nur einigen Metern pro Sekunde und sind im allg. mit sehr geringen Helligkeitsvariationen verbunden, daher schwer nachweisbar. Am besten sind die Oszillationen der Sonne untersucht. Bei Sternen werden nichtradiale Schwingungen u.a. bei den Veränderlichen des Typs ZZ Ceti beobachtet.
Die in einem Stern auftretenden Oszillationen sind von seinem inneren Aufbau abhängig und werden durch kleine Störungen in den äußeren Sternschichten angeregt. Im Prinzip kann man daher aus der Analyse der S.en auf den Sternaufbau schließen (→ Sonne).

Sternpopulation, → Population.

Sternschnuppe, ein Meteor, das nicht heller als etwa -4^m ist.

Sternschnuppenschwarm, svw. Meteorstrom.

Sternstrom, eine Gruppe von Sternen, die sich mit einer bestimmten Vorzugsgeschwindigkeit in eine Vorzugsrichtung bewegen. Bei den ***lokalen Sternströmen*** (oder → Bewegungssternhaufen) haben alle Strommitglieder eine nach Richtung und Geschwindigkeit gleiche räumliche Bewegung. Die ***statistischen Sternströme*** werden durch das Bewegungsverhalten der Sterne in der weiteren Sonnenumgebung vorgetäuscht: Bei ihrer Bewegung um das galaktische Zentrum durchlaufen die Sterne mehr oder minder stark ellipsenähnliche Bahnen mit dem galaktischen Zentrum in einem der Brennpunkte. Die Bewegungskomponenten in Richtung auf das Zentrum oder von ihm weg sind daher im Mittel bevorzugt gegenüber den Komponenten in den Richtungen senkrecht dazu, so daß statistisch zwei entgegengerichtete Sternströme zu existieren scheinen. Für Sterne unterschiedlicher Spektralklassen ist dieses Verhalten unterschiedlich stark ausgeprägt. Innerhalb der statistischen Sternströme streuen die individuellen Werte für die Geschwindigkeit und die Bewegungsrichtung erheblich, im Gegensatz zu den lokalen Sternströmen.

Sternstromparallaxe, → Parallaxe.

Sternsystem, eine physische und entwicklungsmäßige Einheit von einigen wenigen Milliarden bis zu einigen 100 Mdr. Sternen sowie großer Mengen interstellarer Materie. Das Milchstraßensystem, die Galaxis, stellt ein derartiges S. dar; daher findet man für die anderen, extragalaktischen S.e auch die Bezeichnung ***Galaxien***. Einige wenige dieser S.e können mit bloßem Auge als nebelhafte Gebilde gesehen werden; auf dieses Aussehen geht der Ausdruck ***extragalaktische Nebel*** für die außerhalb des Milchstraßensystems befindlichen S.e zurück.
Benennung. Einige auffällige S.e werden nach dem Sternbild benannt, in dem sie sich befinden, z.B. der Andromedanebel (Abb. Seite 10), der Jagdhundenebel (Abb. 2) oder das Fornaxsystem, ansonsten bezeichnet man die helleren S.e mit der Nummer, unter der sie in einem der beiden großen Nebelkataloge, dem Messier-Katalog, abg. M, und dem New General Catalogue of Nebulae and Clusters of Stars [engl., ‚Neuer allgemeiner Katalog von Nebeln und Sternhaufen'], abg. NGC, aufgeführt sind. Ein und dasselbe helle S. trägt demzufolge verschiedene Bezeichnungen, z.B. Andromedanebel = M 31 = NGC 224, Jagdhundenebel = M 51 = NGC 5194. Die nicht auf diese Weise erfaßten S.e werden mit dem Namen eines der zahlreichen anderen Galaxienkataloge und der Nummer benannt, unter der sie darin zu finden sind, oder es werden nur die Koordinaten der Systeme angegeben.
Klassifikation. Die S.e haben sehr unterschiedliche Formen, Helligkeitsverteilungen und Spektren. Bei der Klassifikation der S.e versucht man, diese Vielfalt nach bestimmten Kriterien zu ordnen. Aus praktischen Gründen benutzt man dabei vor allem die äußere Erscheinungsform, da bisher keine geschlossene, für alle S.e gültige physikalische Theorie zur Erklärung der verschiedenen Parameter existiert. In der sog. *Hubble-Sequenz* (nach E. Hubble, 1889–1953) unterscheidet man 16 morphologische Grundtypen, die sich in drei Haupttypen: elliptische, spiralförmige und irreguläre Systeme zusammenfassen lassen (Abb. 1).

Abb. 1: Hubble-Sequenz

Elliptische S.e (elliptische Nebel, Symbol E) sind durch eine Sternverteilung charakterisiert, die zu einer, von einem zentralen Gebiet nach außen hin stetig abnehmenden Flächenhelligkeit Anlaß gibt, wobei die Linien gleicher Flächenhelligkeit (Isophoten) im allg. Ellipsen oder Kreise bilden. Die einzelnen Systeme werden noch durch den Grad der Isophotenelliptizität unterschieden, die durch eine dem Symbol E beigefügte ganze Zahl zwischen 0 und 7 gekennzeichnet wird. Sie ergibt sich (gerundet) aus der Beziehung $10(a-b)/a$, in der a die Länge der großen und b die Länge der kleinen Achse der äußersten beobachteten Isophote bedeuten; E0 bezeichnet ein kreisförmig erscheinendes elliptisches S., E7 ein System mit der

Abb. 2: Das spiralförmige Sternsystem M 51 (NGC 5194) im Sternbild Canes Venatici (Jagdhunde). Über M 51 das offenbar in einem engen Vorübergang befindliche Sternsystem NGC 5195. Entfernung beider Systeme vom Milchstraßensystem etwa 2 Mill. pc. (Aufgenommen mit dem 2-m-Schmidt-Teleskop des Karl-Schwarzschild-Observatoriums Tautenburg)

stärksten beobachteten Elliptizität. Das Nichtbeobachten einer Isophotenabplattung bedeutet nicht notwendigerweise, daß das S. kugelförmig ist: Ein z.B. linsenförmiges S. kann bei geeigneter Blickrichtung völlig rund erscheinen. Gelegentlich lassen die elliptischen S.e auch innere Strukturen erkennen.

Die ***S0-Systeme*** (Spindelgalaxien) werden in der ursprünglichen Hubble-Sequenz den elliptischen S.en zugeordnet, stellen aber den Übergang von diesen zu den spiralförmigen S.en dar. S0-Systeme haben ein auffällig helles Zentralgebiet, das von einer mehr oder minder gleichförmig begrenzten scheibenförmigen Sternanordnung umgeben ist; Spiralstrukturen sind nicht vorhanden, doch sind oftmals breite, durch interstellaren Staub verursachte dunkle Absorptionsstreifen zu erkennen. Wegen dieses Erscheinungsbildes werden die S0-Systeme gelegentlich auch als „armlose Spiralsysteme" bezeichnet.

Die ***Spiralsysteme*** (Spiralnebel, Symbol S) sind S.e, bei denen sich um eine abgeplattete rotationssymmetrische zentrale Sternanhäufung, den *Zentralkörper* („zentrale Aufbauchung"), zwei oder mehr Spiralarme winden. Je nach der äußeren Erscheinung unterscheidet man drei Untergruppen: Sa-, Sb- und Sc-Spiralen. Bei den Sa-Spiralen wird ein großer, heller Zentralkörper eng von den Spiralarmen umschlungen, bei den Sc-Spiralen ist der Zentralkörper klein und wenig auffallend, die Arme sind breit und weit geöffnet; die Sb-Spiralen nehmen eine Zwischenstellung ein. Bei feineren Unterteilungen unterscheidet man weitere Zwischentypen, z.B. Sab oder Sbc. Die Spiralarme stellen durch O- und B-Sterne sowie Gebiete ionisierten interstellaren Wasserstoffs (HII-Gebiete) markierte Strukturen innerhalb einer stark abgeflachten, diskusähnlichen Sternverteilung, der sog. *Scheibe*, dar. Diese umfaßt im allg. die Hauptmenge der Sterne eines Systems, so daß ihre Ausdehnung mit der (optisch erkennbaren) Ausdehnung des Gesamtsystems gleichgesetzt werden kann. Beim Blick auf die Kante der Scheibe gibt sich die in ihr um die Symmetrieebene konzentrierte interstellare Materie, speziell der interstellare Staub, durch einen mehr oder minder breiten Absorptionsstreifen zu erkennen (Abb. 3). Durch den Staub wird das Licht der Sterne so stark geschwächt, daß sie

Abb. 3: Das von der Kante gesehene Spiralsystem M104 (NGC 4594) im Sternbild Virgo (Jungfrau), der sog. Sombreronebel (Aufnahme: Mount Wilson and Palomar Observatories, Pasadena, USA)

Abb. 4: Die Balkenspirale NGC 1300 im Sternbild Eridanus. (Aufnahme: Mount Wilson and Palomar Observatories, Pasadena, USA)

nicht in Erscheinung treten. In neueren Klassifikationen unterscheidet man zusätzlich zu den klassischen Hubble-Typen noch zwei weitere Untergruppen: Sd und Sm. Sie haben stark aufgelockerte Arme und einen sehr kleinen Zentralkörper und können als Übergangsformen zu den irregulären Systemen aufgefaßt werden. Das Milchstraßensystem gehört zu den Spiralsystemen, wahrscheinlich zum Typ Sb (oder Sbc).
Eine besondere Form der Spiralsysteme stellen die ***Balkenspiralen*** dar (Symbol SB). Sie sind durch einen Zentralkörper und einer radial von ihm nach zwei entgegengesetzten Seiten sich erstreckenden Sternanhäufung gekennzeichnet, die einen zentralen „Balken" bildet. Von ihm gehen, z.T. scharf abgewinkelt, Spiralarme aus, die sich um das Zentrum winden (Abb. 4). Bei den SBa-Systemen bilden die Arme fast einen geschlossenen Kreis, die SBc-Systeme haben mehr eine S-förmige Gestalt, während die SBb-Spiralen eine Zwischenstellung einnehmen. Bei den gelegentlich benutzten Zusatzgruppen SBd und SBm bestimmt die Größe des Zentralkörpers die Zuordnung.
In den ***irregulären S.en*** (Symbol Irr) zeigt die Verteilung der vorhandenen O- und B-Sterne und der HII-Gebiete weder eine regelmäßige Form noch eine gut definierte innere Struktur. Die Anordnung der leuchtkraftschwachen Sterne geringer Effektivtemperatur

und die des neutralen interstellaren Wasserstoffs (HI-Gebiete) läßt bei einem Teil der irregulären Systeme eine relativ regelmäßige, räumlich abgeplattete Verteilung erkennen; diese Systeme werden als Irr-I-Systeme bezeichnet. Bei den irregulären Systemen vom Typ Irr II handelt es sich in der Mehrzahl um eigentliche Spiral- oder elliptische Systeme, die einen aktiven Galaxienkern mit starken Materieauswürfen besitzen, wodurch das normalerweise regelmäßige Erscheinungsbild der Systeme stark gestört wird. Es kann sich auch um zwei zusammenstoßende Sternsysteme handeln, in diesem Fall läßt das Gesamtbild ebenfalls keine innere Symmetrie erkennen.
Der ursprüngliche Gedanke, mit dem Hubbleschen Klassifikationsschema auch die zeitliche Entwicklung der S.e – von den E0- zu den Sc- bzw. den SBc-Systemen – zu charakterisieren, wird nicht mehr vertreten, dennoch hat sich der Sprachgebrauch erhalten, die in der Hubble-Sequenz (Abb. 2) links stehenden S.e als „frühe" Typen, die weiter rechts stehenden als „späte" Typen zu bezeichnen; die Sb-Spiralen sind hiernach „früher" als die Sc-Systeme, beide aber „später" als die elliptischen Galaxien. Das Hubblesche Klassifikationsschema kann physikalisch als eine Anordnung nach zunehmendem Drehimpuls pro Masseeinheit aufgefaßt werden: Er steigt von den E-Systemen zu den späten S-Systemen hin an.
Ein von W.W. Morgan vorgeschlagenes Klassifikationssystem benutzt als Ordnungskriterium zusätzlich zur äußeren Erscheinungsform auch das Spektrum eines S.s., das sich aus den Spektren der Mitgliedsterne und der leuchtenden interstellaren Materie (HII-Gebiete) zusammensetzt. Ist das Spektrum durch Sterne der Spektralklassen B, A und F dominiert, setzt man vor das Symbol zur Charakterisierung der morphologischen Struktur ein a, wird das Spektrum hauptsächlich von Riesensternen der Spektralklasse K bestimmt, ein k. Spektrale Zwischentypen tragen die Bezeichnung af, f, fg, g oder gk, die im gleichen Sinn wie die Spektralklassen A, F, G und K der Sternspektren geordnet sind (Abb. 5). Bei der praktischen Durchführung einer derartigen Klassifikation treten bei den nahen S.en gewisse Schwierigkeiten auf, da wegen ihrer großen Winkelausdehnung immer nur von einem Teilbereich des Systems ein Spektrum gewonnen wird, während man für die Klassifikation das Spektrum des Gesamtsystems benutzt. Nach dem äußeren Erscheinungsbild unterscheidet das Morgansche Schema in gleicher Weise wie das Hubblesche Spiralsysteme (S),

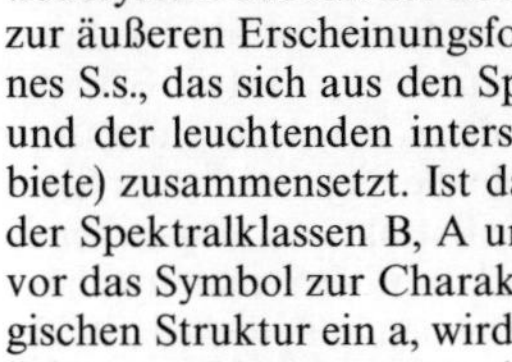

Abb. 5: Schematisierter Zusammenhang zwischen dem morphologischen Typ eines Sternsystems und der Spektralklasse der am stärksten zur Ausstrahlung im visuellen Spektralbereich beitragenden Sterne der Systeme

Relative Verteilung der Sternsysteme mit einer scheinbaren Helligkeit größer als 13^m und einer größeren Deklination als −30° nach dem Hubble-Typ

Typ	Prozent
E0–E7	14
S0	13
Sa	8
Sb	18
Sc	33
SBa	3
SBb	6
SBc	2
Irr	3

Balkenspiralen (B), elliptische Systeme (E) und irreguläre Systeme (I), doch kommen noch elliptische Systeme mit gut wahrnehmbaren Absorptionsgebieten (Ep), Systeme mit einer Rotationssymmetrie, jedoch ohne deutlicher spiraliger oder elliptischer Struktur (D), Systeme mit geringer Flächenhelligkeit (L) und Systeme mit einem kleinen, aber sehr hellen Zentralgebiet bei sonst geringer Flächenhelligkeit (N) hinzu. Eine Zahl zwischen 1 und 7 gibt zusätzlich an, wie die Symmetrieebene einer Galaxie zur Sichtlinie liegt, ob man z.B. senkrecht auf die Symmetrieebene blickt (1) oder ob die Sichtlinie in der Symmetrieebene liegt (7). Der Andromedanebel wird im Hubbleschen System z.B. mit Sb, im Morganschen System mit kS5 gekennzeichnet, der Triangulumnebel entsprechend mit Sc bzw. fS3.
In anderen Klassifikationsschemata wird als Ordnungskriterium noch die Gesamtleuchtkraft eines S.s herangezogen, was in Analogie zur Einteilung der Sterne nach Leuchtkraftklassen steht.
In das Hubblesche Klassifikationsschema lassen sich etwa 95% der beobachteten S.e einpassen. Die prozentuale Verteilung der 795 S.e mit einer scheinbaren Gesamthelligkeit im photographischen Spektralbereich größer als $12{,}^{m}9$ und einer Deklination größer als −30° auf die verschiedenen Hubble-Typen gibt die Tab. Diese Verteilung ist nicht identisch mit der tatsächliche Häufigkeitsverteilung der Galaxientypen im Weltall, da die leuchtkraftschwachen S.e im Gegensatz zu den leuchtkraftstarken nur in der näheren Umgebung des Milchstraßensystems erfaßt werden können. Verläßliche Aussagen über die tatsächliche Verteilung der Galaxientypen lassen sich nur dann gewinnen, wenn sämtliche S.e, auch die leuchtkraftschwächsten, aus einem abgeschlossenen Raumgebiet bekannt sind. Das ist nur in der Lokalen Gruppe der Fall, doch weiß man nicht, wie repräsentativ diese Verteilung für das gesamte Weltall ist.
Unabhängig von der Einteilung in hauptsächlich morphologisch bestimmte Gruppen werden die S.e auch danach unterschieden, ob sie in bestimmten Spektralbereichen eine gegenüber dem Normalen besonders hohe Strahlungsleistung aufweisen, was z.B. bei den Radio- oder den Infrarotgalaxien der Fall ist. Eine andere spezielle Galaxiengruppe bilden die aktiven S.e (s.u.).

Entfernungsbestimmung. Bei extragalaktischen Objekten sind Entfernungen nur photometrisch ableitbar, wozu die scheinbare Helligkeit des Objekts gemessen, die absolute Helligkeit als bekannt angenommen wird (→ Parallaxe). Weiter wird vorausgesetzt, daß sich keine lichtschwächende intergalaktische Materie zwischen dem Objekt und dem Beobachter befindet, und daß Sterne mit photometrisch gleichen Eigenschaften (z.B. gleichem Spektrum oder gleichen Helligkeitsvariationen) sowie physikalisch gleich strukturierte Objekte (z.B. Kugelsternhaufen, große HII-Gebiete oder auch ganze S.e) jeweils – mindestens in Näherung – gleiche absolute Helligkeit haben.

Bei S.en, in denen absolut helle Einzelobjekte (z.B. Delta-Cephei-Sterne, Kugelsternhaufen oder HII-Gebiete) beobachtet werden können, mißt man deren scheinbare Helligkeit und nimmt an, daß die absolute Helligkeit der extragalaktischen Objekte der mittleren absoluten Helligkeit der entsprechenden galaktischen Objekte gleicht. Bei den weiter entfernten, optisch nicht in Einzelobjekte auflösbaren S.en mißt man die scheinbare Gesamthelligkeit, während man die mittlere absolute Gesamthelligkeit gleich der annimmt, die die näheren Galaxien gleichen Typs, deren Entfernungen man bereits kennt, haben. Bei den am weitesten entfernten S.en nutzt man zur Entfernungsbestimmung den → Hubble-Effekt aus. Alle photometrischen Messungen an extragalaktischen Objekten sind wegen deren geringer scheinbarer Helligkeit mit großen Schwierigkeiten verbunden, daher sind auch die für die einzelnen S.e ermittelten Entfernungen noch mit erheblichen Unsicherheiten und möglicherweise auch mit systematischen Fehlern behaftet. Dies überträgt sich auf alle diejenigen Größen eines S.s, für deren Bestimmung die Entfernung benötigt wird.

Durchmesser, Leuchtkraft, Spektrum, Rotation, Masse. Bei S.en mit bekannter Entfernung läßt sich der lineare Durchmesser aus dem gemessenen Winkeldurchmesser berechnen. Seine Bestimmung bereitet jedoch Schwierigkeiten, weil die S.e ausgedehnte Lichtquellen ohne scharfen Rand sind. Der Durchmesser hängt von der Meßmethode (photographische, lichtelektrische oder radioastronomische Bestimmung) ab, weil je nach der Empfindlichkeit der Strahlungsempfänger und der Verteilung der in bestimmten Spektralbereichen emittierenden Objekte Gebiete in unterschiedlicher Zentrumsentfernung noch erfaßt oder nicht erfaßt werden. Um vergleichbare Daten zu erhalten, mißt man im optischen Spektralbereich den Winkeldurchmesser der Isophoten der scheinbaren photographischen Flächenhelligkeit von $26\overset{m}{.}6$ je Quadratbogensekunde; die Hälfte dieses Durchmessers bezeichnet man als *Holmberg-Radius*. Da die Flächenhelligkeit einer Lichtquelle unabhängig von der Entfernung ist, gilt dies auch für den Holmberg-Radius. Der Zahlenwert von $26\overset{m}{.}6$ ist deshalb gewählt worden, weil die meisten S.e bei etwa dieser Flächenhelligkeit einen starken Helligkeitsabfall zeigen. Der Holmberg-Radius gibt damit denjenigen Bereich einer Galaxie an, aus dem der überwiegende Teil des ausgestrahlten Lichts kommt.

Die linearen Durchmesser der elliptischen und der S0-Systeme liegen im Mittel zwischen etwa 1 und 50 kpc, der Spiralsysteme zwischen 10 und 30 kpc und der irregulären Systeme des Typs I zwischen 5 und 20 kpc. Bei den elliptischen S.en gibt es jedoch auch Riesengalaxien mit linearen Durchmessern bis zu einigen 100 kpc, ebenso existieren einige Riesenspiralsysteme mit Holmberg-Radien bis zu 200 kpc. Bestimmt man die Ausdehnung von Spiralgalaxien radioastronomisch, z.B. mittels der 21-cm-Linie des neutralen interstellaren Wasserstoffs, so ergeben sich z.T. Durchmesser bis zu einigen Megaparsec. Die optisch erkennbaren Teile dieser Systeme sind offenbar in eine im sichtbaren Spektralbereich nicht in Erscheinung tretende riesige Wasserstoffwolke eingehüllt.

Zur Ermittlung der absoluten Helligkeit eines S.s benötigt man dessen Entfernung und die scheinbare Helligkeit, die man als Summe der Flächenhelligkeiten innerhalb des Holmberg-Radius bestimmt. Durch diese Festlegung werden im allg. mehr als 90% der von einem System im optischen Spektralbereich ausgesandten Strahlung erfaßt. Die beobachteten Flächenhelligkeiten können vielfach nicht unkorrigiert zur Ermittlung der absoluten Helligkeit herangezogen werden, da sie z.T. infolge der galaktischen interstellaren Extinktion und eventuell der interstellaren Extinktion innerhalb des untersuchten S.s selbst beeinflußt sind. Die Auswirkung der systeminternen interstellaren Extinktion hängt vom Neigungswinkel der Symmetrieebene des Systems gegen die Sichtlinie ab. Ist dieser Winkel nahezu 90°, sieht man also voll auf die Symmetrieebene, erscheint die Galaxie heller als ein ansonsten gleiches System, bei dem die Sichtlinie in der Symmetrieebene liegt, da der die Extinktion verursachende interstellare Staub sich stark um die Symmetrieebene konzentriert. Bei Spiralsystemen mit dicken Staubschichten ist dieser Effekt am ausgeprägtesten. Durch empirische Korrekturwerte kann er in gewissen Grenzen ausgeglichen werden.

Der Variationsbereich der absoluten photographischen Helligkeit erstreckt sich bei den elliptischen und den S0-Systemen von etwa -10^m bis -22^m, bei den S- und SB-Systemen von etwa -16^m bis -21^m und bei den irregulären Systemen von etwa -14^m bis -18^m. Alle S.e, die im Blaubereich des UBV-Systems eine absolute Helligkeit geringer als -16^m haben, bezeichnet man als ***Zwerggalaxien***. Die leuchtkraftschwächsten elliptischen Zwerggalaxien unterscheiden sich hinsichtlich der absoluten Helligkeit kaum von den absolut hellsten Kugelsternhaufen, zu denen möglicherweise ein fließender Übergang besteht. Die Streuung der absoluten Helligkeit ist bei den S.en insgesamt nicht so groß wie die Streuung der absoluten Helligkeit bei den Sternen.

Zur Leuchtkraft eines S.s trägt im wesentlichen nur der optische Spektralbereich bei, doch gibt es auch Galaxien, die ihr Ausstrahlungsmaximum im mittleren oder fernen Infrarot haben, und deren Strahlungsleistung in diesen Bereichen um ein bis zwei Größenordnungen über der liegt, die man üblicherweise bei Galaxien gleichen Typs beobachtet; diese S.e werden als ***Infrarotgalaxien*** bezeichnet. Der im Radiofre-

quenzbereich ausgesandte Strahlungsstrom beträgt bei normalen S.en nur etwa ein Millionstel des Strahlungsstroms im optischen Bereich, doch gibt es auch Galaxien, die eine Strahlungsleistung im Radiobereich haben, die um viele Größenordnungen höher als bei der Mehrheit der S.e gleichen morphologischen Typs ist. Es sind das die ***Radiogalaxien***, die eine spezielle Form der aktiven Galaxien darstellen (s.u.).
Das optische Spektrum eines S.s setzt sich aus den Spektren aller das System bildenden Einzelsterne zusammen und ist damit ein Absorptionslinienspektrum. Es ist abhängig von der Spektralklasse des Hauptteils der Mitgliedsterne und variiert etwa zwischen dem, das einem A-Stern, und dem, das einem K0-Stern entspricht. Gleiches gilt für die Farbe der S.e, ausgedrückt durch die Farbenindizes des UBV-Systems. Dem allgemeinen Absorptionslinienspektrum ist gegebenenfalls noch ein Emissionslinienspektrum überlagert, das von den in den Systemen befindlichen HII-Gebieten herrührt.
Die Rotation eines S.s läßt sich mit Hilfe von Radialgeschwindigkeitsmessungen bestimmen. Sie geben zwar nur die in der Sichtlinie liegende Komponente der Rotationsgeschwindigkeit, doch läßt sich diese errechnen, wenn man die Neigung der Rotationsachse gegen die Sichtlinie kennt. Bei den elliptischen S.en liegen die typischen maximalen Rotationsgeschwindigkeiten zwischen etwa 50 und 100 km/s, bei den Spiralsystemen zwischen etwa 200 und 300 km/s. Bei nahen S- und SB-Systemen kann auch der Verlauf der Rotationsgeschwindigkeit in Abhängigkeit vom Zentrumsabstand (die Rotationskurve) bestimmt werden. Danach besitzen die Spiralsysteme eine differentielle Rotation mit einer vom Zentrumsabstand abhängigen Winkelgeschwindigkeit. Diese nimmt bei den meisten bisher untersuchten S.en in großen Zentrumsentfernungen im allg. nicht so stark ab, wie man es bei einer hohen zentralen Massekonzentration erwarten würde, die Rotationsgeschwindigkeiten bleiben relativ hoch und steigen z.T. sogar nach außen hin leicht an.
Aus der Rotationskurve läßt sich auf die Masseverteilung, aus der Rotationsgeschwindigkeit in den Außengebieten eines S.s auf dessen Gesamtmasse schließen (→ Milchstraßensystem). Das Nichtabsinken der Rotationskurve in den Außenregionen der meisten Spiralsysteme zeigt, daß dort, selbst in den mit optischen Beobachtungsmethoden nicht mehr zu erfassenden Gebieten, ein beträchtliche Masse vorhanden ist, die sich zwar gravitativ, nicht aber durch eine Ausstrahlung bemerkbar macht. Die aus Rotationsgeschwindigkeitsmessungen im optischen Spektralbereich abgeleiteten Massewerte geben daher nur eine untere Grenze für die Gesamtmasse eines S.s.
Bei den elliptischen S.en ist die Rotation als systematische Bewegung um eine ausgezeichnete Achse von untergeordneter Bedeutung gegenüber der individuellen Bewegung der Sterne um das Massezentrum des Systems; die ellipsoidische Gestalt ist daher nicht notwendigerweise auf eine Rotationsabplattung zurückzuführen. In etwa einem Dutzend Galaxien lassen sich bei den in den Symmetrieebenen liegenden Sternen entgegengesetzte Rotationsrichtungen nachweisen. Die elliptischen Systeme scheinen im allg. komplexe, aus dynamisch sich unterscheidenden Sterngruppen bestehende dreiachsige Ellipsoide zu sein, in denen die Rotationsachse nicht notwendigerweise mit einer der drei Achsen zusammenfällt. Darauf deuten die sich vielfach systematisch ändernden Orientierungen der großen Achsen der (ellipsenähnlichen) Isophoten für unterschiedliche Flächenhelligkeiten in ein und demselben System hin. Die äußere Form elliptischer S.e ist offenbar durch die Verteilung der Bahnen der Mitgliedsterne um den Systemschwerpunkt bedingt. Die Bahngeschwindigkeiten der Sterne sind sehr unterschiedlich, was zu stark verbreiterten Absorptionslinien im Spektrum des Gesamtsystems führt. Aus der Linienbreite läßt sich auf die Geschwindigkeitsverteilung der Mitgliedsterne schließen und aus ihr auf die Gesamtmasse des Systems, da durch sie die Geschwindigkeitsverteilung bedingt ist. Die komplizierte dynamische Struktur der elliptischen Systeme ist noch nicht voll verstanden.
Die für die elliptischen Systeme abgeleiteten Gesamtmassen streuen in weiten Grenzen: Zwerggalaxien enthalten z.T. nur etwa 10^6 bis 10^7, elliptische Riesengalaxien hingegen bis zu 10^{13} Sonnenmassen. Bei den Spiralsystemen beläuft sich die Gesamtmasse der massereichsten auf mindestens einige 10^{11} Sonnenmassen, der massearmen auf etwa 10^9 Sonnenmassen. Bei den Spiralsystemen scheint ein loser Zusammenhang zwischen der Gesamtmasse und dem morphologischen Galaxientyp zu existieren: Sie nimmt von den Sa- zu den Sc-Spiralen hin stetig ab, doch streuen die Einzelwerte stark um den jeweiligen Mittelwert.
Doppelgalaxien bestehen aus zwei sich um den gemeinsamen Schwerpunkt bewegenden S.en. Bei ihnen läßt sich eine Massebestimmung unter Anwendung des dritten Keplerschen Gesetzes durchführen, wenn man außer den Bahngeschwindigkeiten der beiden Systeme auch deren gegenseitigen Abstand bestimmt; er ergibt sich aus dem Winkelabstand der beiden Galaxien und ihrer Entfernung vom Milchstraßensystem. Die in einem Galaxienhaufen vereinigte Masse erhält man aus der Geschwindigkeitsverteilung der Mitgliedsysteme in gleicher Weise wie die Masse eines S.s aus der Geschwindigkeitsverteilung seiner Mitgliedsterne. Aus der Masse des gesamten Haufens ergibt sich danach die mittlere Masse eines Mitgliedsystems, wenn man eine (formale) Verteilung der Gesamtmasse – etwa entsprechend der Leuchtkraft – auf die einzelnen Mitglieder vornimmt. Die mit diesen Methoden ermittelten Galaxienmassen sind z.T. viel größer als die mit anderen Methoden abgeleiteten. Möglicherweise ist dies auf die gravitativ wirksame, aber optisch nicht in Erscheinung tretende Masse in den Außenregionen der S.e zurückzuführen. Möglicherweise ist in den Galaxienhaufen auch eine Großteil der gravitativ wirksamen Masse in Form intracumularer Materie vorhanden, oder die Haufen enthalten eine beträchtliche Anzahl von Mitgliedern geringer Flächenhelligkeit, die optisch nicht in Erscheinung treten, aber einen erheblichen Beitrag zur Gesamtmasse leisten. Eine Klärung des Problems steht noch aus. Insgesamt

sind alle Massebestimmungen für S.e noch mit beträchtlichen Unsicherheiten behaftet.
Aus der Masse und der Leuchtkraft eines S.s läßt sich das Masse-Leuchtkraft-Verhältnis ableiten. (In ihm werden beide Größen in Sonneneinheiten gemessen.) Die Hauptreihensterne stellen die Hauptmenge der Mitgliedsterne eines Systems, und deren Leuchtkraft wächst – ganz grob – mit der dritten Potenz der Masse (→ Masse-Leuchtkraft-Beziehung). Bei den massearmen Hauptreihensternen ist mithin das Masse-Leuchtkraft-Verhältnis groß, bei massereichen Sternen klein, so daß man aus dem gemessenen Wert einen Hinweis auf die Sternzusammensetzung eines Systems gewinnt. Bei den elliptischen S.en liegt das Masse-Leuchtkraft-Verhältnis zwischen 10 und 80 und erreicht bei den absolut hellsten sogar Werte bis 100, bei den Spiralsystemen liegt das Verhältnis zwischen 1 und 20, bei den Irr-I-Systemen zwischen 1 und 10. Das Masse-Leuchtkraft-Verhältnis steht im direkten Zusammenhang mit dem Spektrum bzw. der Farbe der Systeme: Je höher der Zahlenwert ist, um so mehr massearme Sterne geringer Effektivtemperatur beherbergt das System, um so „röter" ist seine Farbe.
Stellare Zusammensetzung. In den nahen S.en, in denen Einzelobjekte untersucht werden können, findet man die absolut hellsten Objekte, die auch im Milchstraßensystem vorhanden sind, z.B. O- und B-Sterne, Überriesen, Delta-Cephei-Sterne, RR-Lyrae-Sterne, Novae, Supernovae, Offene Sternhaufen, Kugelsternhaufen, Planetarische Nebel und HII-Gebiete, außerdem beobachtet man auch interstellare Staubwolken. Die Verteilung dieser Objekte in S.en vom gleichen Typ wie das Milchstraßensystem entspricht im wesentlichen der Verteilung der galaktischen Objekte. Bei denjenigen S.en, die optisch nicht in Einzelobjekte aufgelöst werden können, erhält man Hinweise auf die stellare Zusammensetzung, z.B. die relative Häufigkeit von Sternen unterschiedlicher Spektralklasse, aus dem Spektrum des Gesamtsystems oder einzelner seiner Gebiete: Je mehr Sterne früher Spektralklassen vorhanden sind, bei um so kürzeren Wellenlängen liegt das Strahlungsmaximum, um so „blauer" ist die beobachtete Strahlung.
Aus den Spektren lassen sich auch grobe Aussagen über die chemische Zusammensetzung der das jeweilige Spektrum dominierenden Sterne (genauer: deren Atmosphären) gewinnen, speziell über die relative Häufigkeit der schweren Elemente (die in der Astronomie zusammenfassend als „Metalle" bezeichnet werden). Der relative Metallgehalt, der mit Hilfe geeignet ausgewählter Farbenindizes, sog. Metallindizes, gemessen werden kann, läßt einen groben Schluß auf das mittlere Alter einer Sterngruppe zu: Je geringer der relative Metallgehalt ist, um so älter ist im Mittel die Sterngruppe, und um so weniger Sterne früher Spektralklassen sind in der Regel in ihr vorhanden (→ Population).
Die elliptischen S.e bestehen hauptsächlich aus alten Sternen, die zur Scheibenpopulation, zur Zwischenpopulation II und zur Halopopulation gehören. Zur Gesamtleuchtkraft tragen vor allem massearme Rote Riesen und Überriesen bei; die charakteristischen Vertreter der extremen Population I, massereiche O- und B-Sterne sowie interstellare Materie, fehlen fast völlig, doch beobachtet man gelegentlich dunkle, durch interstellaren Staub verursachte Strukturen. Bei etwa der Hälfte der genauer untersuchten elliptischen S.e hat man auch Anzeichen für interstellares Gas gefunden, seine Masse macht aber weniger als etwa 0,01% der Gesamtmasse eines Systems aus. Absolut helle elliptische S.e scheinen relativ mehr interstellare Materie zu beherbergen als absolut schwache. Der Metallgehalt der elliptischen S.en ist relativ gering, nur einige besonders leuchtkraftstarke Systeme haben einen Metallgehalt, der etwa dem mittleren Wert für die Sterne der Sonnenumgebung entspricht. In elliptischen Zwerggalaxien dominieren metallarme Sterne.
Die Zentralkörper der Spiralsysteme bestehen hauptsächlich aus Sternen der Scheibenpopulation und gleichen in ihrer stellaren Zusammensetzung weitgehend den elliptischen S.en. Die Spiralarme sind an die Existenz interstellarer Materie gebunden, sie werden durch Objekte der extremen Population I markiert. Bei „frühen" Spiralsystemen ist der relative Anteil der Population-I-Objekte im Mittel geringer als bei „späten"; der Masseanteil des interstellaren Wasserstoffs steigt z.B. von typischerweise etwa 2% der Gesamtmasse bei den Sa-Spiralen bis auf etwa 25% bei den Sc-Spiralen. Eine größere Menge interstellaren Wasserstoffs kann sich auch außerhalb der optisch wahrnehmbaren Regionen befinden. Die Spiralarme sind in die Scheibe eingebettet, deren Mitglieder zur Scheibenpopulation gehören. Zentralkörper und Scheibe werden von einem etwa sphärischen Halo mit Kugelsternhaufen als typische Vertreter der Halopopulation umgeben. Der Metallgehalt der Mitglieder der Halopopulation ist im Mittel geringer als der der Scheibenpopulation, besonders hoch ist er bei den Sternen in den Spiralarmen.
Für die unregelmäßigen S.e des Typs I ist eine große Häufigkeit junger Objekte und ein hoher Masseanteil der interstellaren Materie charakteristisch, der bis zu 30% betragen kann, doch finden sich auch Vertreter der Scheiben- und der Halopopulation, z.B. Novae und Kugelsternhaufen. Der relative Metallgehalt sinkt mit abnehmender absoluter Helligkeit der Systeme; im interstellaren Gas irregulärer Zwerggalaxien ist er um rund eine Größenordnung geringer als im Mittel im interstellaren Gas des Milchstraßensystems.
Sternentstehung, Spiralstruktur. Wegen des Mangels an interstellarer Materie findet in den elliptischen S.en praktisch keine Sternentstehung mehr statt, worauf auch das Fehlen von jungen, massereichen Sternen hindeutet. Wahrscheinlich war die Sternentstehung ein relativ kurzes, stürmisch verlaufendes Phänomen während und kurz nach der Bildung der Systeme. In einigen wenigen elliptischen Systemen hoher Masse scheint die Bildung von Sternen noch nicht völlig erloschen zu sein; man beobachtet im Vergleich zur großen Menge der übrigen elliptischen Systeme im ultravioletten Spektralbereich einen etwas erhöhten Strahlungsanteil, der wahrscheinlich von jungen, massereichen Sternen herrührt.

Abb. 6: Das Spiralsystem M 33 (NGC 598) im Sternbild Triangulum (Dreieck). (Aufgenommen mit dem 2-m-Schmidt-Teleskop des Karl-Schwarzschild-Observatoriums Tautenburg)

In Spiralsystemen mit ihrem noch relativ hohen Anteil an interstellarer Materie ist die gegenwärtige Sternentstehungsrate und damit die Zahl der jungen Sterne vergleichsweise hoch. Diese markieren die vorhandenen zwei oder mehr, z.T. auch verzweigten oder in einzelne Stücke aufgebrochenen Spiralarme (Abb. 6, Seite 467). Die Arme sind keine langlebigen, aus ständig den gleichen Objekten bestehende Gebilde, da sie dann infolge der scherenden Wirkung der differentiellen Rotation innerhalb einiger 100 Mill. Jahre zur völligen Unkenntlichkeit verzerrt werden würden. Spiralarme sind Strukturen, denen einzelne Objekte (Sterne und interstellare Wolken) nur kurze Zeit angehören. Es ist noch nicht geklärt, ob die Spiralarme mit einem, dem allgemeinen Gravitationsfeld der Scheibenpopulation überlagerten zusätzlichen schwachen Gravitationsfeld in Verbindung stehen, dessen Potentialsenken sich um das Galaxienzentrum winden und ein mit konstanter Winkelgeschwindigkeit langsam rotierendes Spiralmuster bilden (→ Milchstraßensystem). Beim Umlauf um das Zentrum durchqueren die Objekte in periodischer Folge die einzelnen Potentialmulden des Störfeldes, in denen es zu einer Erhöhung der mittleren Massendichte, vor allem der Dichte der interstellaren Materie kommt, was wiederum mit einer dort erhöhten Sternentstehungsrate verbunden ist. Die dem großräumigen Spiralmuster entsprechenden Sternentstehungsbereiche werden durch die neu gebildeten O- und B-Sterne markiert, die sich auf Grund ihrer geringen Existenzzeit noch kaum von ihren Entstehungsorten entfernt haben. Möglicherweise ist das Erscheinungsbild der Spiralarme aber auch die Folge einer sich selbst stimulierenden Sternentstehung: Bilden sich an irgendeiner Stelle des Systems Sterne, so explodieren die sehr massereichen unter ihnen nach wenigen Millionen Jahren als Supernovae. Dabei wird Materie mit hoher Geschwindigkeit in den interstellaren Raum geschleudert. Beim Auftreffen auf interstellare Materie wird diese so stark komprimiert, daß in ihr gegebenenfalls ein weiterer Sternentstehungsschub ausgelöst wird. Unter den neu gebildeten Sternen sind mit großer Wahrscheinlichkeit wieder sehr massereiche Sterne, die ihrerseits nach nur kurzer Zeit (verglichen mit der Umlaufperiode um das Galaxienzentrum) als Supernovae explodieren und die Sternentstehung weiter stimuliert. Sie läuft dadurch in einem größeren Gebiet als ein stochastischer, sich immer wieder selbst anregender Prozeß ab, solange genügend interstellare Materie vorhanden ist. Das durch die ebenfalls entstandenen, länger existierenden O- und B-Sterne sowie die mit ihnen verbundenen HII-Gebiete sichtbar in Erscheinung tretende Sternentstehungsgebiet wird durch die differentielle Rotation zu einem mehr oder minder regelmäßig geformten Spiralarm oder Spiralarmstück deformiert. Die Unterschiede der Spiralarmauffächerung bei den unterschiedlichen Galaxientypen könnte u.a. eine Folge unterschiedlicher Sternentstehungsraten sein: Bei einer geringen Rate wird die in einem Wolkenkomplex vorhandene Materie nur langsam verbraucht, die differentielle Rotation formt daher ein Sternentstehungsgebiet zu einem langen, eng gewundenen Spiralarm um; bei einer hohen Sternentstehungsrate ist die interstellare Materie schnell in stellare verwandelt, die Spiralarme sind weniger aufgewickelt. Möglicherweise spielen bei der Spiralarmbildung sowohl großräumige Gravitationsstörfelder als auch eine selbststimulierte Sternentstehung eine Rolle. Im allg. werden die Spiralarme „nachgeschleppt" (die Winkelgeschwindigkeit nimmt nach außen hin ab), doch beobachtet man auch einige wenige S.e mit einem entgegengesetzten Rotationsverhalten der Spiralarme. Aller Wahrscheinlichkeit nach ist dies eine Folge einer Gezeitenwechselwirkung mit einem benachbarten S.

Bei der Entstehung der Spiralsysteme wurden wahrscheinlich zunächst die über ein großes Volumen verteilten Objekte der Halopopulation gebildet. Der größere Teil der bei der Sternbildung nicht verbrauchten prästellaren Materie sank relativ rasch in Richtung zum Zentrum, wo die Sternentstehungsrate hoch war und in kurzer Zeit der Zentralkörper entstand. Durch die dort explodierenden Supernovae wurde möglicherweise die bei der Sternbildung nicht verbrauchte interstellare Materie nach außen geblasen, so daß im Zentralkörper die Sternentstehung erlosch, während sie in den äußeren Regionen der Systeme auch noch gegenwärtig möglich ist (Abb. 7).

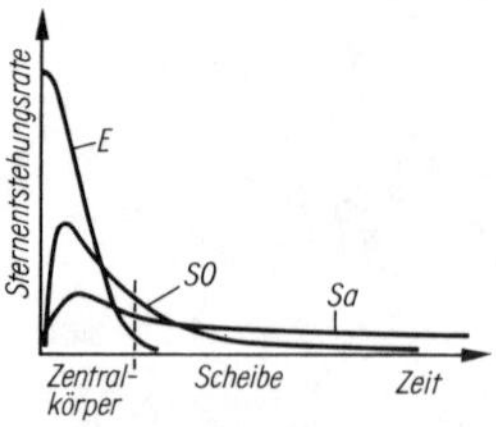

Abb. 7: Schematische Darstellung der Sternentstehungsrate in Abhängigkeit von der Zeit und vom Typ der Sternsysteme

In den irregulären Systemen des Typs I gab es anscheinend zu keiner Zeit Phasen besonders hoher Sternentstehung, sie blieb während der gesamten bisherigen Existenz der Systeme mehr oder minder konstant.

Ein geringer Metallgehalt in einem S. läßt auf eine insgesamt nur kurze Sternentstehungsphase oder eine im zeitlichen Mittel relativ niedrige Sternentstehungsrate schließen: Es sind nur wenig sehr massereiche Sterne entstanden, die als Supernovae explodierten und das interstellare Gas mit schweren Elementen anreicherten (→ Elemententstehung). Die ***blauen Zwerggalaxien*** haben einen niedrigen Metallgehalt, andererseits enthalten sie relativ viele junge Sterne hoher Effektivtemperatur (deshalb die „blaue" Farbe), was auf eine hohe gegenwärtige Sternentstehungsrate hindeutet. Möglicherweise läuft in diesen Systemen die Sternentstehung nicht kontinuierlich ab, sondern in kürzeren getrennten Schüben: Eine blaue Zwerggalaxie würde danach gerade eine Epoche erhöhter Sternentstehung durchlaufen. Die dabei gebildeten O- und B-Sterne sind in der Lage, größere Mengen interstellaren Gases zu ionisieren. Das Spektrum der dadurch verursachten HII-Gebiete bestimmt vielfach das Spektrum des Gesamtsystems; derartige blauen

Zwerggalaxien bezeichnet man deshalb gelegentlich auch als *HII-Galaxien*. Wodurch die gegenwärtige Sternentstehungsphase ausgelöst wird, ist unbekannt. Wahrscheinlich durchlaufen die ***Infrarotgalaxien*** ebenfalls eine Phase erhöhter Sternbildung, die sich in dichten interstellaren Wolken vollzieht. Der in ihnen enthaltene interstellare Staub absorbiert die kürzerwellige Strahlung der neu entstandenen O- und B-Sterne nahezu vollständig, so daß deren Strahlung nicht direkt beobachtet werden kann, und reemittiert die absorbierte Energie als thermische Strahlung im Infrarotbereich, was zu der beobachteten relativ hohen Infrarothelligkeit führt.

Die den blauen Zwerggalaxien entsprechenden S.e ohne derzeitige hohe Sternentstehungsrate stellen möglicherweise die ***Systeme geringer Flächenhelligkeit*** dar. Wegen ihrer niedrigen Flächenhelligkeit, die nur etwa 1/10 bis 1/20 der Flächenhelligkeit des Nachthimmels entspricht, entziehen sie sich weitgehend der Beobachtung und können nur bei Beobachtungen mit lichtelektrischen Flächendetektoren (z.B. CCD-Detektoren) nachgewiesen werden. Neben Zwergsystemen dieser Art gibt es auch große Spiralgalaxien, die die Größe des Milchstraßensystems übertreffen können. Sie befinden sich offenbar in einem anderen Entwicklungszustand als die normalen Galaxien, doch ist die Ursache dafür unbekannt. Die Galaxien geringer Flächenhelligkeit, mindestens die Zwerggalaxien unter ihnen, sind möglicherweise sehr häufig, wie Untersuchungen der näheren Umgebung des Milchstraßensystems ergaben.

Galaxienkerne. In den Zentralregionen der S.e beobachtet man z.T. ein sehr kleines, auffallend helles Gebiet, den *Kern* des Systems, das auf kurzbelichteten Aufnahmen als ein sternförmig erscheinendes Gebilde zu erkennen ist. Bei anderen S.en stellt sich der Kern als eine zentrale Spitze in einem sonst viel weniger steil zum Zentrum ansteigenden Helligkeitsprofil dar. Bei weiter entfernten S.en ist diese Spitze nicht mehr wahrzunehmen, da sie infolge der Luftunruhe zu einem Lichtfleck verbreitert wird, der sich nur durch eine gering erhöhte Flächenhelligkeit zu erkennen gibt. Im Röntgen- und Infrarotbereich, vor allem aber im Radiofrequenzbereich treten die Kerne durch eine große Strahlungsüberhöhung in Erscheinung. Es sind starke, nichtthermische Synchrotronstrahlungsquellen.

Der Galaxienkern ist das eigentliche Zentrum eines S.s. Der Durchmesser beläuft sich auf höchstens wenige Parsec. Die Kerne bestehen möglicherweise aus einer Anhäufung vieler Einzelsterne. Schätzt man ihre Anzahldichte aus der gemessenen Flächenhelligkeit, so ergibt sie sich um mehrere Zehnerpotenzen höher als in den Außenregionen eines S.s. Eine derartige Dichte hat eine starke Wechselwirkung zwischen den Sternen zur Folge; es kann z.B. zu direkten Sternzusammenstößen kommen, deren Auswirkungen sich zur Zeit noch nicht in allen Einzelheiten überblicken lassen. Möglicherweise existiert im Kern eines S.s auch ein massereiches Schwarzes Loch, das in der Folge derartiger Sternzusammenstöße entstanden ist. Die Galaxienkerne sind oft der Sitz von heftigen Aktivitätserscheinungen.

Aktive Galaxien. Aktive Galaxien sind durch eine intensive nichtthermische Strahlung charakterisiert, die zur Ausstrahlung der Gesamtheit der Mitgliedsterne hinzukommt und im Radio-, optischen, Röntgen- und z.T. auch im Gammabereich von Strahlungsquellen stammt, die sich im Kern der Systeme konzentrieren, oder die mit Prozessen in Verbindung stehen, die im Kern ablaufen. Die Strahlungsleistungen sind im allg. stark veränderlich mit Zeitskalen meist kleiner als 1 Jahr bis herab zu wenigen Tagen. Dies läßt einen Schluß auf die maximale Ausdehnung der Strahlungsquellen zu: Sie können nicht wesentlich größer sein als die Strecke, die das Licht während der Dauer einer typischen Helligkeitsvariation zurücklegt, da die Lichtgeschwindigkeit die höchstmögliche Signalübertragungsgeschwindigkeit ist. Nur wenn in einem ausgedehnten Gebiet durch ein geeignetes Signal nahezu gleichzeitig der gleiche physikalische Prozeß ausgelöst wird, treten stärkere Helligkeitsvariationen ein. Bei zufälligen, unkoordinierten Helligkeitsschwankungen einzelner Teilgebiete überlagern sich die empfangenen Strahlungsströme zu einem mittleren, zeitlich mehr oder minder konstanten Strahlungsstrom. Helligkeitsschwankungen mit Zeitskalen von 1 Jahr setzen demnach einen Durchmesser der Strahlungsquelle von höchstens 0,3 pc voraus, bei Zeitskalen von einem Tag hat die Quelle eine Ausdehnung in der Größenordnung von maximal 200 AE. Diese Werte liegen weit unterhalb der aus optischen Messungen oder aus Durchmesserbestimmungen mittels Radiointerferometern abgeleitet Kernausdehnungen. Bei einigen aktiven Galaxien macht sich eine Kernaktivität durch Materieauswürfe ganz augenfällig bemerkbar. Die letztlich verantwortlichen physikalischen Prozesse für die Aktivitätserscheinungen sind aber noch weitgehend unbekannt. Wegen dieses Mangels erfolgt die Einteilung der aktiven Galaxien im allg. nur nach dem äußeren Erscheinungsbild.

Radiogalaxien sind S.e mit einer Strahlungsleistung im Radiofrequenzbereich von mindestens 10^{35} W, die damit die Strahlungsleistung im optischen Spektralbereich im allg. um mehr als das Zehnfache übertrifft. Die Radiogalaxien gehören in der Regel zu den optisch absolut hellsten S.en; es sind meist elliptische Riesengalaxien oder S0-Systeme. Der Hauptanteil der Radiostrahlung, bei der es sich um Synchrotronstrahlung handelt, stammt aus mehreren getrennten Quellgebiete, meist aus einer Doppelquelle (Abb. 8). Deren beiden Flügel befinden sich im allg. weit außerhalb und auf entgegengesetzten Seiten des optisch sichtbaren S.s in Verlängerung dessen Rotationsachse, deren Richtung sich bei Beobachtungen im optischen Spektralbereich vielfach aus dunklen, von interstellaren Staubmassen verursachten Absorptionsbändern erschließen läßt. Der Staub konzentriert sich um eine durch das Zentrum des S.s gehende und auf der Rotationsachse senkrecht stehenden Ebene. Gelegentlich werden bei ein und demselben S. auch mehrere Doppelquellen beobachtet, z.B. bei dem E0-System NGC 5128, das als Radioquelle die Bezeichnung Centaurus A trägt. Es ist mit einer Entfernung von etwa 3 Mpc die uns nächste Radiogalaxie. Ihre Doppelquellen lie-

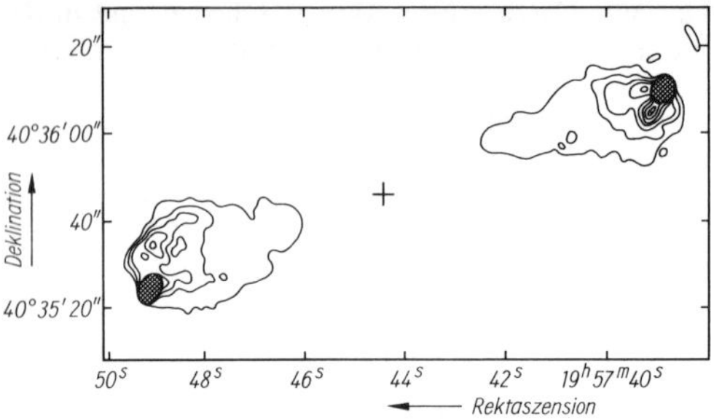

Abb. 8: Karte der Radioquelle Cygnus A. Gezeichnet sind Linien gleichen Strahlungsstroms bei der Wellenlänge 6 cm. Schraffiert: Orte des jeweiligen Strahlungsmaximums in den Flügeln der Doppelquelle. +: Ort der zentralen cD-Galaxie, von der die die Doppelquelle verursachende Materie ausgestoßen wurde. Projizierter Abstand der äußeren Begrenzung der Doppelquelle etwa 160 kpc, Abstand der Galaxie vom Milchstraßensystem rund 320 Mpc

gen in verschiedenen Zentrumsentfernungen etwa längs einer Geraden aufgereiht, wobei die Quellen des äußersten Paares einen projizierten Abstand von etwa 400 kpc haben. Bei einigen Radiogalaxien haben die beiden Flügel einer Doppelquelle unterschiedliche Intensitäten, deren Verhältnis 10:1 oder mehr betragen kann. Bei weit entfernten Systemen ist z.T. nur der hellere Flügel beobachtbar, der schwächere fällt unter die Nachweisgrenze der gegenwärtigen Radioteleskope. Die Intensitätsmaxima der Radiofrequenzstrahlung liegen meist auf derjenigen Flügelseite, die vom sichtbaren S. abgewandt ist, z.T. befinden sie sich aber auch am Innenrand, besonders bei den Quellen, deren Zentrumsabstand relativ gering ist. Bei einigen Radiogalaxien ist die Verbindungslinie der Quellen so verbogen, daß die Muttergalaxie am Kopfende einer asymmetrischen Strahlungsverteilung steht, während die Doppelquellen „nach hinten" versetzt erscheinen; eine derartige Anordnung bezeichnet man als eine Kopf-Schwanz-Radiogalaxie (Abb. 9). Bei fast allen Radiogalaxien findet sich auch eine mit dem Kern der Muttergalaxie zusammenfallende Kernquelle, deren Strahlungsleistung im Vergleich mit der der Flügel relativ gering ist, die Strahlungsleistung normaler Galaxienkerne aber weit übertrifft.

Die bei den meisten Radiogalaxien beobachtete symmetrische Quellenanordnung relativ zur Muttergalaxie geht auf einen Materieauswurf aus dem Galaxienkern zurück. Die Auswürfe können sich offenbar in Zeiträumen der Größenordnung 10^7 bis 10^9 Jahren wiederholen, wie die Systeme mit Mehrfachquellenpaaren zeigen. Die Auswurfrichtung (Aktivitätsachse) bleibt während dieser Zeit weitgehend unverändert und fällt wahrscheinlich mit der Rotationsachse der Muttergalaxie, mindestens der der Kernregion, zusammen; keine andere Richtung stellt in einem S. eine derart ausgezeichnete Achse dar. Das Auswurfmaterial hat eine Geschwindigkeit nahe der Lichtgeschwindigkeit, es ist hochgradig ionisiert und enthält Ma-

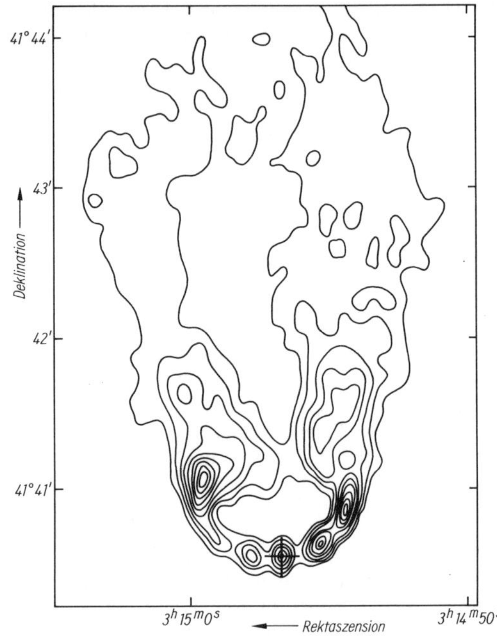

Abb. 9: Karte der Radioquelle 3C 83.1 B. Gezeichnet sind Linien gleichen Strahlungsstroms bei der Wellenlänge 6 cm. +: Ort des Sternsystems NGC 1265

gnetfelder. Durch diese Felder werden die Elektronen an der geradlinigen Ausbreitung behindert, sie spiralen um die Feldlinien und senden dabei die beobachtete Synchrotronstrahlung aus. Die Elektronen müssen im Strahl dauernd nachbeschleunigt werden, da sie durch die Ausstrahlung so viel Energie verlieren, daß sie ohne Energiezufuhr in den großen beobachteten Kernentfernungen nicht mehr strahlen könnten; wahrscheinlich erfolgt auch die Nachbeschleunigung bei einer Wechselwirkung mit den mitgeführten Magnetfeldern. Die Bündelung der ausgeschleuderten Materie zu einem Materiestrahl wird vermutlich durch die Wechselwirkung mit dem umgebenden intergalaktischen Medium, in das die Materie mit Überschallgeschwindigkeit einläuft, erreicht, möglicherweise auch durch die Struktur der mitgeführten Magnetfelder. An der Vorderseite des Materiestrahls bilden sich in der Aufprallzone der Strahlmaterie auf die intergalaktische Materie Stoßfronten aus, in denen die Synchrotronstrahlung besonders intensiv ist (Abb. 10). Bei einer hohen Relativbewegung der Muttergalaxie gegenüber dem intergalaktischen Medium entsteht eine Kopf-Schwanz-Radiogalaxie: Der Staudruck im intergalaktischen Medium ist für die Muttergalaxie vernachlässigbar gering, für die Strahlmaterie hingegen erheblich, so daß diese in Abhängigkeit von der Relativgeschwindigkeit und der Dichte des Mediums gegenüber der Muttergalaxie zurückbleibt.

Die in der Strahlmaterie enthaltene Energie läßt sich aus der im Radiofrequenzbereich empfangenen Strahlungsleistung und der Annahme abschätzen, daß

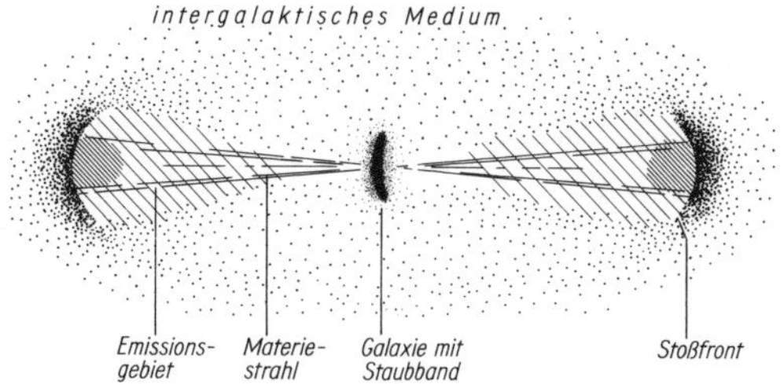

Abb. 10: Schematische Darstellung der Anordnung von aktiver Galaxie, Materiestrahl und der Hauptradioemissionsgebiete (nicht maßstabsgerecht)

Gleichheit zwischen der kinetischen Energie der emittierenden Elektronen und der Magnetfeldenergie im Strahl besteht. Macht man eine Annahme über den zeitlichen Verlauf des Auswurfs, die Geschwindigkeit der Strahlmaterie sowie den von ihr zurückgelegten Weg, erhält man Hinweise bezüglich der für den Auswurf benötigten Gesamtenergie; diese liegt in der Größenordnung von rund 10^{55} J.

In einigen Radiogalaxien beobachtet man Materiestrahlen im optischen Spektralbereich. Zum Beispiel besitzt die elliptische Riesengalaxie M 87 (als Radioquelle Virgo A bezeichnet) einen vom Kern ausgehenden, etwa 1500 pc langen Materiestrahl (Abb. 11), der sich aus einzelnen kleinen hellen Verdichtungen zusammensetzt, von denen außer sichtbarer Synchrotronstrahlung auch eine solche im Radiofrequenz- und Röntgenbereich empfangen wird. Die kinetische Energie der strahlenden Elektronen reicht bis zu $5 \cdot 10^{12}$ eV.

Eine andere Gruppe aktiver Galaxien bilden die ***Seyfert-Galaxien***, bei denen es sich vorwiegend um Spiralsysteme mit einem sehr hellen, optisch nicht aufgelösten Kern handelt, von dem eine kräftige Synchrotronstrahlung ausgeht. Bei einigen Seyfert-Galaxien beobachtet man Helligkeitsschwankungen mit Zeitskalen von Wochen oder Monaten. Die Strahlungsleistung der Kerne kann 10^9 Sonnenleuchtkräfte erreichen. Um den Kern einer Seyfert-Galaxie befindet sich ein Gebiet, von dem ein Emissionslinienspektrum mit u.a. breiten Wasserstofflinien (Balmer-Linien) und Linien vom neutralen und einmal ionisierten Helium empfangen wird. Die Linienbreite läßt auf eine große Geschwindigkeitsstreuung in der emittierenden Materie schließen; die Radialgeschwindigkeiten erreichten Werte bis zu 15000 km/s. Außerdem beobachtet man „verbotene" Linien z.B. vom zweimal ionisierten Sauerstoff sowie vom zwei- und viermal ionisierten Neon. Die Breite dieser Linien ist geringer, die Radialgeschwindigkeiten der emittierenden Atome liegen

Abb. 11: Die inneren Regionen des elliptischen Sternsystems M 87 mit einem Materiestrahl (Aufgenommen im nahen Infrarot mit dem Hubble Space-Telescop)

zwischen etwa 500 und 1000 km/s. Seyfert-Galaxien mit einem derartigen Spektrum werden als vom Typ I bezeichnet. Bei den Seyfert-Galaxien vom Typ II fehlen die erlaubten Wasserstoff- und Heliumlinien, man beobachtet nur „verbotene" Linien. Einige Seyfert-Galaxien lassen sich nicht eindeutig einer der beiden Gruppen zuordnen, sie stellen offenbar einen Übergangstyp dar.

Die meisten Seyfert-Galaxien besitzen eine Kernradioquelle mit einer etwa 10- bis 1000mal höheren Intensität verglichen mit den Kernquellen inaktiver S.e. Einige Seyfert-Galaxien haben auch eine zusätzliche Radiodoppelquelle und gleichen darin den Radiogalaxien, doch scheinen bei den Seyfert-Galaxien die Doppelquellen nicht auf der Rotationsachse des Systems zu liegen, sondern gerade senkrecht zu ihr. Seyfert-Galaxien stellen im allg. starke Infrarotquellen dar, bei einigen beobachtet man auch ein starkes Ultraviolettkontinuum.

Im Zentrum einer Seyfert-Galaxie befindet sich nach den gegenwärtigen Modellvorstellungen ein nur einige 0,01 pc großer Kern, von dem hochenergetische Elektronen ausgestoßen werden, die die beobachtete Synchrotronstrahlung emittieren. Die energiereichen Photonen dieser Strahlung, möglicherweise auch die Elektronen selbst, heizen das dem Kern benachbarte Gas auf und ionisieren es. Das Gas füllt nur einen geringen Teil des Volumens aus und bewegt sich mit Geschwindigkeiten bis zu etwa 15 000 km/s kugelsymmetrisch vom Kern weg (Abb. 12), was zu der großen beobachteten Streuung in den Radialgeschwindigkeiten führt. Bei den Seyfert-II-Galaxien fehlt dieses expandierende Gas. In beiden Typen befinden sich weit vom Kern entfernt große, weniger dichte Gaswolken, von denen die „verbotenen" Linien emittiert werden. Im Gas eingebettet ist interstellarer Staub, der durch

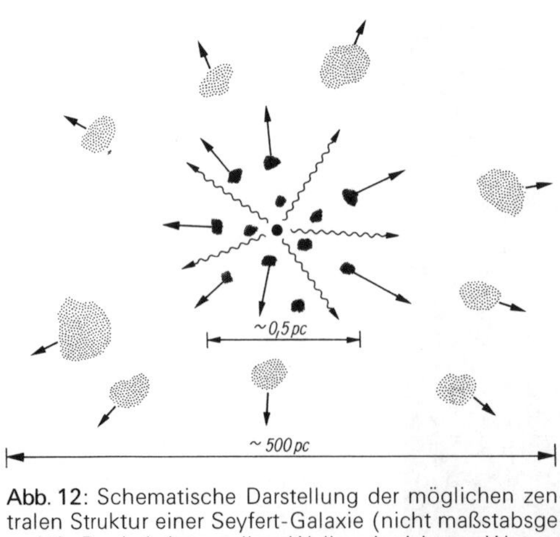

Abb. 12: Schematische Darstellung der möglichen zentralen Struktur einer Seyfert-Galaxie (nicht maßstabsgerecht). Dunkel: interstellare Wolken ionisierten Wasserstoffs (HII-Gebiete); andere Regionen: Ursprungsgebiete der „verbotenen" Linien; gewellte Pfeile: vom Kern ausgehende Synchrotronstrahlung; gerade Pfeile: Bewegungsrichtung der Wolken, die Pfeillänge gibt die Größe der Geschwindigkeit

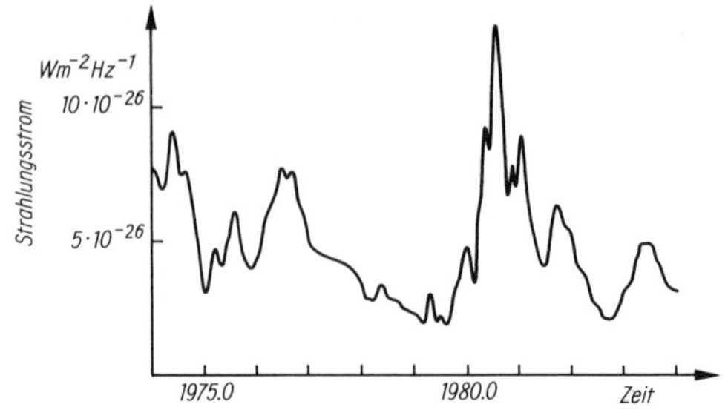

Abb. 13: BL Lacertae. Variation der Strahlungsintensität bei einer Wellenlänge von 3,7 cm

die Strahlung aufgeheizt wird und die aufgenommene Energie im Infrarotbereich als thermische Strahlung wieder abgibt. Die Zugehörigkeit eines S.s zu einem bestimmten Seyfert-Typ ist anscheinend nur temporär: Das zunächst als eine Seyfert-Typ-I-Galaxie geltende System NGC 4151 hat sich innerhalb von rund 10 Jahren in ein Typ-II-System verwandelt, was möglicherweise auf ein Nachlassen oder Verlöschen der Kernaktivität, damit des Ausschleuderns großer Gasmassen aus dem Kern zurückgeht.

Die ***N-Galaxien*** sind aktive Galaxien mit einem hellen, optisch unaufgelösten Kernbereich, aus dem der größte Teil der im visuellen Spektralbereich beobachteten Strahlung stammt; sie ist mit einer Zeitskala von einigen Jahren veränderlich. Die absolute Helligkeit der N-Galaxien kann etwa -22^m erreichen. Einige N-Galaxien strahlen auch im Radiofrequenz- und im Röntgenbereich. Das optische Spektrum ist ähnlich dem der Seyfert-Galaxien. Wahrscheinlich laufen in den N-Galaxien ähnliche Vorgänge wie in den Seyfert-Galaxien ab, nur mit einer größeren Heftigkeit.

Bei den ***BL-Lacertae-Objekten*** handelt es sich wahrscheinlich um elliptische Riesengalaxien mit aktiven Kernen. Aus großen Entfernungen erscheinen die Systeme sternförmig; sie haben starke und schnelle Helligkeitsvariationen in allen Spektralbereichen (Abb. 13), in den kürzerwelligen Bereichen ist die Variabilität im allg. stärker. Das optische Spektrum besteht aus einem stark polarisierten, von Synchrotronstrahlung stammenden Kontinuum, dem bei einigen wenigen Objekten sehr schwache Emissionslinien überlagert sind. Bei einigen Objekten lassen sich um die sternförmig erscheinende Lichtquelle schwache Lichtsäume mit einem Absorptionslinienspektrum nachweisen. Diese Lichtsäume sind wahrscheinlich auf eine den Kern des jeweilige BL-Lacertae-Objekts umgebende große Sternansammlung (wahrscheinlich die elliptische Riesengalaxie) zurückzuführen. Von einigen BL-Lacertae-Objekten empfängt man eine intensive Strahlung im Röntgen- z.T. auch im Gammabereich. Diese Strahlung geht wahrscheinlich auf den inversen Compton-Effekt zurück, bei dem niederenergetische Photonen durch hochenergetische Elektronen bei einer Wechselwirkung Energie erlangen und in die Bewegungsrichtung der Elektronen (also in Strahlrichtung) abgelenkt werden; die Ausstrahlung in diesen Spektralbereichen ist nicht isotrop, sondern stark

gebündelt. Die absoluten Helligkeiten der BL-Lacertae-Objekte liegen zwischen -21^m und -26^m.
Eine besondere Gruppe der aktiven Galaxien bilden die → Quasare, deren Ausstrahlung von den aktiven Kernen bestimmt wird. Der Energieumsatz in den Quasaren ist der höchste aller aktiver Galaxien. Gelegentlich werden die Quasare mit schnellen Helligkeitsvariationen und die BL-Lacertae-Objekte zu einer eigenen Galaxiengruppe, den „Blazars", zusammengefaßt.
Alle aktiven Galaxien sind dadurch gekennzeichnet, daß in ihren Kernen in einem Volumen mit einem Durchmesser in der Größenordnung von nur etwa 0,001 bis 0,01 pc eine große Masse (etwa 10^8 bis 10^9 Sonnenmassen) konzentriert ist und eine enorm hohe Energie freigesetzt wird. Unbekannt ist, ob diese Masse auf viele Objekte wie in einer Art überdichten Sternhaufen verteilt oder im wesentlichen in einem einzelnen Objekt enthalten ist, bei dem es sich, wie im allg. angenommen wird, um ein Schwarzes Loch handelt. In diesem Fall stammt die freigesetzte Energie nicht von in Sternen ablaufenden thermonuklearen Prozessen, sondern ist beim Einsturz von Materie in das Schwarze Loch freigesetzte potentielle Energie (Gravitationsenergie). Die einstürzende Materie bildet infolge des mitgeführten Drehimpulses eine bis nahe an das Schwarze Loch reichende Akkretionsscheibe mit einem äußeren Durchmesser von vielleicht 1000 pc. Infolge von Reibungseffekten kann Materie in der Scheibe langsam nach innen sinken; die bei der Reibung freiwerdende Energie dient zur Aufheizung der Scheibenmaterie. In der Entfernung von einigen Parsec vom Schwarzen Loch zerfällt die Scheibe möglicherweise in Fragmente, aus denen sich Sterne bilden; nur ein Bruchteil der nach innen transportierten Masse dürfte letztlich in das Schwarze Loch gelangen. In den Scheibeninnenregionen, die nur wenige Schwarzschild-Radien vom Schwarzen Loch entfernt sind, ist die Materie wahrscheinlich auf einige 10^6 K aufgeheizt, doch dringt keine Strahlung direkt von dort nach außen. Sie wird von Staubteilchen absorbiert und im Infrarotbereich als thermische Strahlung reemittiert; kürzerwellige Strahlung ist höchstens als gestreute Strahlung indirekt zu beobachten. Da die beim Einsturz in ein Schwarzes Loch pro Masseeinheit freiwerdende potentielle Energie wesentlich höher ist als die bei thermonuklearen Prozessen freiwerdende Energie, genügt der Einsturz von nur wenigen Sonnenmassen je Jahr, um die beobachteten Strahlungsleistungen zu decken.
Bei dem im Zentrum des aktiven S.s NGC 4261 beobachteten dunklen, absorbierenden Ring von etwa 100 pc Durchmesser handelt es sich vermutlich um die Außenregionen einer derartigen zentralen Akkretionsscheibe. Im gleichen S. beobachtet man im Radiofrequenzbereich zwei Materiestrahlen, die senkrecht zur Scheibenebene stehen und jeweils bis zu einer Zentrumsentfernung von etwa 10000 pc reichen. Die Materieauswürfe senkrecht zur Scheibenebene werden möglicherweise durch Instabilitäten in der Scheibe ausgelöst, wobei die Auswurfrichtung durch spezielle Magnetfeldkonfigurationen vorgegeben sein könnte (→ Quasar). Die Aktivitätsachse und die Rotationsachse der Akkretionsscheibe sind nach diesen Modellvorstellungen identisch.
Möglicherweise kommen die unterschiedlichen äußeren Erscheinungsbilder der verschiedenen Arten aktiver Galaxien allein (oder zum großen Teil) durch die zufällige Orientierung der Sichtlinie zur Symmetrieebene der Kernregion zustande. Nach einem sehr einfachen Bild würde die Blickrichtung bei den Seyfert-II-Galaxien in der Ebene der scheibenförmigen Kernregion liegen, bei Seyfert-I-Galaxien und den Quasaren würde man auf die Scheibe und bei den BL-Lacertae-Objekten fast genau entlang der Achse eines vom Kern mit einer Geschwindigkeit nahe der Lichtgeschwindigkeit ausgestoßenen, mehr oder minder homogenen Materiestrahls blicken.
Der Anteil der aktiven Galaxien an der Gesamtzahl der S.e ist gering; er macht nur etwa 1 bis 3% aus, doch ist er unter den absolut helleren Systemen höher als unter den leuchtkraftschwachen. Etwa 10% der absolut hellen S.e gehören zu den Seyfert-Galaxien, von denen man zur Zeit einige 1000 kennt; die Zahl der bekannten BL-Lacertae-Objekte liegt in der Größenordnung von rund 100.
W e c h s e l w i r k e n d e G a l a x i e n. Bei einige S.en beobachtet man strukturelle Eigentümlichkeiten, die sehr wahrscheinlich auf die Wechselwirkung mit anderen Galaxien zurückzuführen sind. Beim nahen Vorübergang zweier massereicher S.e kann auf Grund von Gezeitenwirkungen die ursprüngliche Rotationssymmetrie so stark gestört werden, daß danach bei geeigneter Blickrichtung z.B. lange, aus den S.en herausragende Schweife sichtbar sind (Abb. 14). Die stark unterschiedlichen Erscheinungsbilder wechselwirkender Galaxien hängen von der Relativgeschwindigkeit, dem gegenseitigen Abstand der beteiligten S.e und der Orientierung ihrer Rotationsachsen sowie der Blickrichtung des Beobachters ab.
Die ***Ringgalaxien***, bei denen die Sterne in einem jeweils mehr oder minder wohldefinierten Ring angeordnet sind, der im Zentrum entweder völlig leer erscheint oder nur eine einzelne kompakte Sternanhäufung enthält, verdanken ihre Existenz wahrscheinlich einem fast zentralen Zusammenstoß eines scheibenförmigen S.s mit einem anderen, sehr kompakten System. Dieses System, das die Scheibengalaxie wahrscheinlich senkrecht durchstieß, konnte offenbar einen großen Teil der Sterne des anderen Systems gravitativ an sich binden, ohne daß dessen Struktur in den Außenbereichen wesentlich gestört wurde.
Beim Zusammenstoß zweier Galaxien sehr unterschiedlicher Masse kann das massearme System durch das massereiche infolge dynamischer Wechselwirkungen ganz eingefangen werden. Hinter dem massearmen System bildet sich bei dessen Bewegung durch die Menge der Sterne des anderen Systems infolge der Massenanziehung ein Schlauch erhöhter Sterndichte, der seinerseits die Bewegung des massearmen Systems abbremst, wobei dessen kinetische Energie auf die Gesamtheit der wechselwirkenden Sterne übertragen wird. Ist die kinetische Energie gänzlich aufgebraucht, bilden beide S.e ein einziges System, in dem die beiden Zentralgebiete wegen ihrer hohen Sternkonzentration

Abb. 14: Die zusammenstoßenden Sternsysteme NGC 4038 und NGC 4039 im Sternbild Corvus (Rabe). (Aufnahme: Mount Wilson and Palomar Observatories, Pasadena, USA)

als Einheiten weitgehend erhalten bleiben: Das neue System besitzt dann zwei Kerne. Einfangprozesse von S.en finden gehäuft in Galaxienhaufen statt, da dort die Anzahldichte der S.e besonders hoch ist. Möglicherweise verdanken die ***cD-Galaxien***, die sich immer im Zentrum eines Galaxienhaufens befinden und dort das dominierende S. darstellen, ihre große Masse diesem Prozeß. Rund die Hälfte der beobachteten cD-Galaxien hat Mehrfachkerne.

Beim Zusammenstoß zweier Galaxien ist die Wahrscheinlichkeit extrem gering, daß sich zwei Sterne körperlich auch nur streifen, da in einem S. die Sternabstände im Mittel 10^7- bis 10^8mal größer sind als der mittlere Sterndurchmesser. Für die in den Systemen vorhandene interstellare Materie ist dagegen die direkte Wechselwirkung sehr stark: Es erfolgt ein Zusammenstoß mit Überschallgeschwindigkeit, der zu einer starken Verdichtung mit daraus folgender erhöhter Sternentstehungsrate führt. Die sehr massereichen unter den neu entstandenen Sterne, die noch während des Galaxienzusammenstoßes als Supernovae explodieren, können die Sternentstehung weiter verstärken, so daß diese eine kurze Zeit exponentiell ansteigt. Das uns nächste S. mit einer ausbruchartig erhöhten Sternentstehungsrate ist M 82 (Abb. 15). Im seinem Zentralgebiet existieren gegenwärtig rund 10^6 massereiche Sterne, von denen etwa alle 5 Jahre einer als Supernova explodiert. Das Sternentstehungsgebiet, das durch vorgelagerten interstellaren Staub optisch nicht direkt sichtbar ist, macht sich durch eine hohe Infrarotstrahlungsleistung indirekt bemerkbar. Bei M 82 beobachtet man außerdem eine fächerförmige Verteilung von leuchtenden Filamenten, die anscheinend im Galaxienzentrum ihren Ursprung haben und beiderseits der Symmetrieebene des Systems in den Raum hinausreichen. Wahrscheinlich handelt es sich um interstellares Gas, das aus dem Sternentstehungsgebiet mit Geschwindigkeiten von einigen 100 km/s abströmt.

Bei der gravitativen Wechselwirkung während der engen Begegnung zweier S.e kommt es wahrscheinlich auch zu Störungen der Bewegungsverhältnisse in den Zentralgebieten der Galaxien. Dadurch wird eventuell eine Kernaktivität ausgelöst oder verstärkt, indem vergleichsweise viel Materie in Richtung auf das zentrale Schwarze Loch fällt; aktive Galaxien besitzen oftmals Strukturen, die auf eine frühere oder gerade stattfindende Wechselwirkung mit einer anderen Galaxie schließen lassen.

Galaxiengruppierungen. Eine Galaxiengruppierung besteht aus einer mehr oder minder großen Anzahl gravitativ aneinander gebundener S.e, die eine physische und entwicklungsmäßige Einheit bilden. Ein großer Teil der beobachteten S.e sind Mitglieder von Doppel- oder Mehrfachgalaxien oder eines Galaxienhaufens; z.T wird vermutet, daß es keine oder höchstens sehr wenige Galaxien (Feldgalaxien) gibt, die keiner derartigen Gruppierung angehören. Eine Galaxiengruppierung gibt sich dadurch zu erkennen,

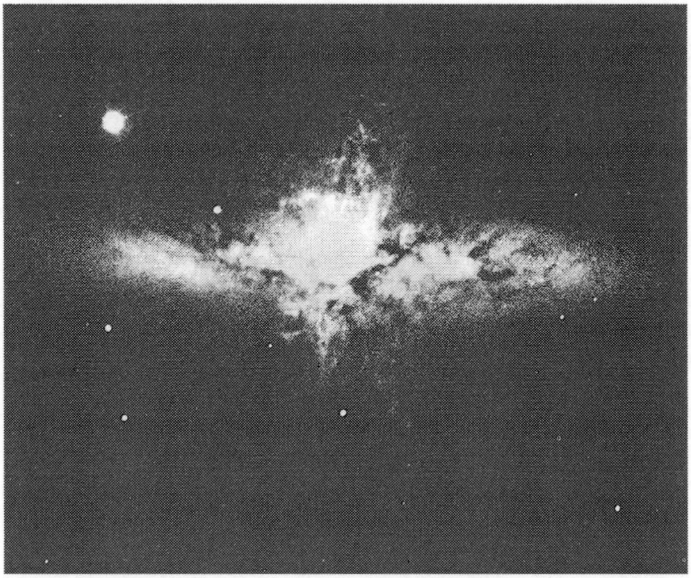

Abb. 15: Das Sternsystem M 82 (NGC 3034) im Sternbild Ursa Maior (Großer Bär) im Licht der Hα-Linie des Wasserstoffs. (Aufnahme: Mount Wilson and Palomar Observatories, Pasadena, USA)

daß ihre Mitglieder sowohl am Himmel als auch im Raum dicht benachbart sind.
Doppel- und Mehrfachgalaxien bestehen aus zwei oder mehr S.en, die sich um den gemeinsamen Schwerpunkt bewegen. Das Milchstraßensystem und die beiden Magellanschen Wolken bilden z.B. ein Dreifachsystem.
Als eine Galaxiengruppe bezeichnet man eine Anhäufung von etwa 10 bis 50 S.en zu einer physischen Einheit (Abb. 16, Seite 476). Die Lokale Gruppe, zu der das Milchstraßensystem, die Magellanschen Wolken, der Andromedanebel mit seinen drei Begleitern und wahrscheinlich weitere 22 S.e gehören, stellt eine derartige Galaxiengruppierung dar. Galaxienhaufen sind Ansammlungen mit mehr als etwa 50, bis hin zu einigen 1000 Mitgliedern, die auf einen Raum mit einem Durchmesser bis zu einigen Megaparsec verteilt sind. Es lassen sich grob zwei Arten von Haufen unterscheiden: Bei den regulären Haufen ist die Verteilung der meist mehr als 1000 Mitgliedsysteme nahezu kugelsymmetrisch mit einer Konzentration zum Haufenzentrum hin. Die hellen Galaxien sind fast alle vom Typ E oder S0, große Spiralsysteme fehlen fast vollkommen; das Zentrum wird oftmals durch eine elliptische Riesengalaxie vom Typ cD dominiert. Die irregulären Haufen besitzen keine merkliche Symmetrie und nur eine geringe Konzentration zum Zentrum hin. In ihnen sind gewöhnlich alle Galaxientypen vertreten, besonders auch späte Spiral- und irreguläre Systeme. Beispiel eines regulären Haufens ist der Coma-Haufen mit rund 1000 Mitgliedern, seine Entfernung vom Milchstraßensystem beträgt rund 100 Mpc, sein linearer Durchmesser etwa 1 Mpc. Der Virgo-Haufen ist ein Beispiel eines irregulären Haufens. Er ist mit einer Entfernung von rund 20 Mpc der dem Milchstraßensystem am nächsten stehende reiche Galaxienhaufen. Seine rund 2500 Mitglieder sind am Himmel über ein Gebiet von etwa 6° Durchmesser verteilt; der lineare Haufendurchmesser beträgt etwa 2 Mpc.
Neben dieser groben Klassifikation gibt es andere, die z.B. die Dominanz einer Galaxie berücksichtigen: Danach bezeichnet man Haufen als vom Typ I, wenn sich eine cD-Galaxie im Haufenzentrum befindet. In den Typ-II-Haufen liegt das Aussehen der hellsten Galaxie zwischen dem einer cD-Galaxie und dem eines normalen großen elliptischen Systems, während die Haufen vom Typ III keine dominierende Galaxie im Zentrum haben. Andere Klassifizierungen beziehen auch die Helligkeitsdifferenz zwischen dem absolut hellsten System und der mittleren Helligkeit aller Systeme eines Haufens sowie die großräumige Anordnung der hellsten Systeme im Haufen bei der Typisierung ein.
Die mittlere Anzahldichte der S.e in einem Haufen ist wesentlich höher als die der Feldgalaxien, entsprechend auch der mittlere Abstand der Systeme, der in den Haufenzentren nur bei etwa 5 bis 10 Galaxiendurchmessern liegt. Bei den dadurch zahlreichen Galaxienzusammenstößen können massereiche, kompakte Galaxien auf Kosten masseärmerer Systeme an Masse zugewinnen, was bei den cD-Galaxien offenbar der Fall war.
Spiralsysteme verlieren beim Zusammenstoß mit einem anderen Spiralsystem einen erheblichen Teil ihrer interstellaren Materie, da diese infolge der starken Wechselwirkung mit der interstellaren Materie des anderen Systems aus beiden S.en hinausgefegt wird und in deren gemeinsamen Schwerpunkt verbleibt, während die Sterne (bis auf eine Störung ihrer Anordnung) ihre ursprünglichen Bewegungen im wesentlichen beibehalten. Nach dem Entfernen der interstellaren Materie kommt in den Restsystemen die Sternbildung weitgehend zum Erliegen, so daß keine, die Spiralarme markierenden O- und B-Sterne mehr entstehen und

die vorhandenen infolge ihrer schnellen Entwicklung relativ rasch verlöschen: Spiralsysteme erlangen durch den Zusammenstoß wahrscheinlich das Aussehen eines S0-Systems. Das Erlöschen der Sternentstehung und das Verschwinden der Sterne hoher Effektivtemperatur macht sich im Spektrum durch eine Verschiebung des Intensitätsmaximums zu größeren Wellenlängen hin bemerkbar: Zunächst „blaue“ Systeme werden „röter“. Der morphologische Umwandlungseffekt ist um so wirksamer, je länger er wirken kann und je höher die Anzahldichte der Galaxien in einem Haufen ist: In weit entfernten und stark konzentrierten Galaxienhaufen ist der relative Anteil „blauer“ Galaxien größer als in relativ nahen Haufen. Die weiter entfernten Haufen beobachtet man wegen der größeren Lichtlaufzeit in einem früheren Entwicklungszustand als die nahen Haufen, so daß noch nicht so viele Zusammenstöße erfolgen konten wie innerhalb eines ansonsten gleichen nahen Haufen.

Die bei Zusammenstößen aus den S.en hinausgefegte interstellare Materie verbleibt als intracumulare Materie im Galaxienhaufen, an den sie gravitativ gebunden ist. Bei der Bewegung der Haufengalaxien übertragen diese einen Teil ihrer kinetischen Energie auf dieses Gas, das dadurch auf Temperaturen von etwa 10^7 bis 10^8 K aufgeheizt wird. Die aufgenommene Energie wird wegen der hohen Temperaturen hauptsächlich im Röntgenbereich abgestrahlt: Zahlreiche Galaxienhaufen treten daher als Röntgenquellen in Erscheinung, deren Strahlungsleistung bei 10^{37} bis 10^{39} W liegt. Sie ist umso größer, je höher die mittlere Geschwindigkeit der Haufenmitglieder ist, in der Regel also bei den regulären Haufen höher als bei den irregulären. Das Spektrum des intracumularen Gases enthält zahlreiche Emissionslinien hochionisierter schwerer Elemente, z.B. vom Eisen. Diese gelangten bei Supernovaexplosionen in das Gas, als es noch den Mitgliedgalaxien angehörte; es ist kein ursprüngliches, prägalaktisches, bei der Bildung der Galaxienhaufen übriggebliebenes Gas. Die Dichte des intracumularen Gases liegt in der Größenordnung von 10^{-2} bis 10^{-4} Atomen/cm^3.

Die Galaxienhaufen ordnen sich vielfach in großen, filamentartigen Strukturen an, den Supergalaxienhaufen, deren Ausdehnung typischerweise einige 10 Mpc, etwa das Zehnfache des Durchmessers eines großen Galaxienhaufens beträgt. Die Superhaufen haben im allg. eine unregelmäßige Form mit keinem herausra-

Abb. 16: Gruppierung der Sternsysteme NGC 3185, NGC 3187, NGC 3190 und NGC 3193 im Sternbild Leo (Löwe). (Aufnahme: Mount Wilson and Palomar Observatories, Pasadena, USA)

genden Zentrum; es ist daher schwierig, ihre genauen Grenzen anzugeben. Die Lokale Gruppe bildet mit dem Virgo-Haufen eine flache, langgezogene strukturelle Einheit, die oft als Lokaler Superhaufen bezeichnet wird, obwohl er nur einen einzigen großen Galaxienhaufen (den Virgo-Haufen) enthält.
Supergalaxienhaufen sind aller Wahrscheinlichkeit nach keine gravitativ gebundenen physische Einheiten, bei denen unter den Mitgliedern näherungsweise eine Gleichverteilung zwischen potentieller und kinetischer Energie besteht. Diese Gleichverteilung ergibt sich erst bei einem genügend intensiven Energieaustausch, was (grob) dann der Fall ist, wenn ein Mitglied im Mittel weniger als etwa ein Drittel der Existenzzeit der Gruppierung benötigt, um diese einmal zu durchqueren. Die Längsdimensionen der Superhaufen und die mittleren Geschwindigkeiten der Mitgliedhaufen sind so, daß innerhalb des Weltalters im allg. keine Durchquerung erfolgte.
Es gibt Hinweise, wonach die Gesamtheit der Superhaufen eine netzartige Struktur bildet, die das gesamte Weltall durchzieht, und bei der zwischen den lokalen Anhäufungen von Galaxien große galaxienfreie Leeren existieren (Abb. 17). Möglicherweise ist dies eine Folge einer zu Beginn der Galaxien-Ära im Weltall herrschenden inhomogenen Dichteverteilung, die sich im Laufe der kosmischen Entwicklung immer mehr verstärkt hat (→Kosmologie). In Bereichen mit Längsausdehnungen von mehr als etwa 30 Mpc scheinen im Weltall keine Großstrukturen zu existieren.
Mittlere kosmische Galaxienverteilung. Die Zahl der S.e je Flächeneinheit nimmt an der Himmelskugel von den galaktischen Polen in Richtung zum galaktischen Äquator hin ab. In einem Streifen wechselnder Ausdehnung längs des galaktischen Äquators, der nebelfreien Zone, fehlen die S.e vollständig oder sind nur in kleinen, isolierten Bereichen zu finden. Diese Verteilung ist durch die Lage der Sonne im Milchstraßensystem verursacht: Sie befindet sich in der Nähe der galaktischen Ebene, um die sich auch der interstellare Staub konzentriert. Beim Blick

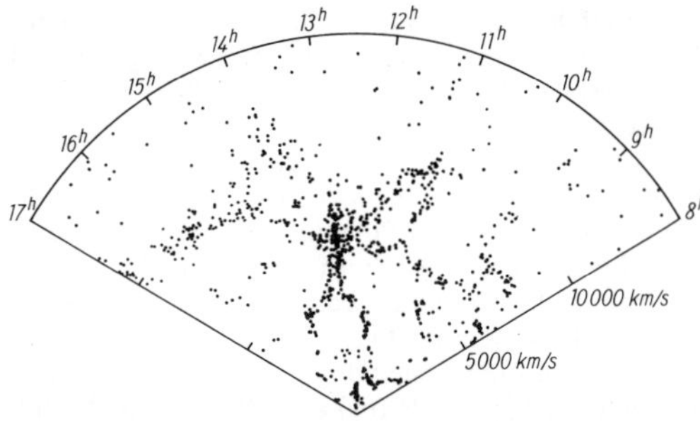

Abb. 17: Verteilung der extragalaktischen Sternsysteme mit einer scheinbaren Helligkeit größer als $15\overset{\mathrm{m}}{,}5$ im Rektaszensionsbereich von 8^{h} bis 17^{h} und im Deklinationsbereich von 16,5° bis 32,5° in Abhängigkeit von der gemessenen Radialgeschwindigkeit der Systeme. (Nach V. de Lapparent, M.J. Geller und J.P. Huchra)

in Richtung niedriger galaktischer Breiten schwächt der Staub das Licht von Hintergrundquellen derart, daß man im sichtbaren Spektralbereich keine extragalaktischen Objekte wahrnehmen kann; beim Blick in Richtung höherer Breiten verläuft der Sehstrahl nur eine kurze Strecke in der Staubschicht, die interstellare Extinktion ist entsprechend geringer.
Von den S.en scheinbar heller als 13^{m} beobachtet man eine größere Zahl an der galaktischen Nordhemisphäre als an der Südhemisphäre der Himmelskugel. Diese Nord-Süd-Asymmetrie ist darauf zurückzuführen, daß sich am galaktischen Nordhimmel der relativ nahe Virgo-Galaxienhaufen befindet, dessen leuchtkraftstärksten Mitglieder scheinbar heller als 13^{m} sind.
Korrigiert man die beobachteten Flächendichten der S.e hinsichtlich des Einflusses der interstellaren Extinktion und hinsichtlich der Nord-Süd-Asymmetrie bei den hellen S.en, ergibt sich eine ziemlich gleichmäßige Verteilung der S.e über den gesamten Himmel, wenn man über Flächen von mehr als etwa 10° Durchmesser mittelt. Aus Stichprobenzählungen kann man

Einige hellere extragalaktische Sternsysteme

Katalog-nummer NGC	M	Koordinaten (2000) α h	min	δ °	′	m_{ges}	*D* ′	Typ	Bemerkungen
205		0	40,4	41	41	8^{m}	8	E6	Andromeda
221	32	0	42,8	40	52	8^{m}	3	E2	Andromeda
224	31	0	42,8	41	16	3^{m}	240	Sb	Andromedanebel
598	33	1	33,9	30	40	6^{m}	50	Sc	Triangulumnebel
2403		7	36,8	65	37	8^{m}	13	Sc	Camelopardalis
3031	81	9	55,6	69	4	7^{m}	19	Sb	Ursa Maior
3034	82	9	55,9	69	41	8^{m}	6	Irr	Ursa Maior
4258	106	12	18,9	47	19	8^{m}	13	Sb	Canes Venatici
4472	49	12	29,8	8	1	5^{m}	8	E4	Virgo
4594	104	12	39,9	−11	37	8^{m}	5	Sb	Virgo, Sombreronebel
5194	51	13	29,9	47	11	8^{m}	9	Sc	Canes Venatici
5457	101	14	3,3	54	22	8^{m}	25	Sc	Ursa Maior

α: Rektaszension; δ: Deklination; m_{ges}: genäherte visuelle Gesamthelligkeit; *D*: genäherter scheinbarer Durchmesser. Unter Bemerkungen ist das Sternbild angegeben, in dem sich das Sternsystem befindet, sowie der Name.

daher auf die Gesamtzahl der S.e schließen, die scheinbar heller als eine vorgegebene Grenzhelligkeit sind. Wählt man dafür 20^m, beträgt die Zahl der S.e an der gesamten Himmelskugel etwa $2 \cdot 10^7$, davon entfallen im Mittel rund 100 auf eine Fläche gleich der des Vollmondes. Bei einer Grenzhelligkeit von 21^m ist in der Nähe der galaktischen Pole die Zahl der S.e pro Flächeneinheit mit der der Sterne vergleichbar.

Die räumliche Verteilung von Himmelsobjekten läßt sich aus der Zunahme ihrer Anzahl je Flächeneinheit mit abnehmender scheinbarer Helligkeit ermitteln. Haben die Objekte alle (nahezu) die gleiche absolute Helligkeit und sind sie angenähert gleichmäßig im Raum verteilt, nimmt ihre Zahl (über genügend große Flächen am Himmel gemittelt) um etwa den Faktor vier zu, wenn sich die Grenzhelligkeit um 1 mag ändert (→ Stellarstatistik). Dies beobachtet man bei den S.en, wenn man Flächen mit genügend großem Winkeldurchmesser untersucht. Die S.e sind demnach – großräumig – bis zu Entfernungen von einigen 100 Mpc im wesentlichen homogen verteilt. Sehr viel größere Räume sind optisch nicht mehr zugänglich. Man ist auf radioastronomische Untersuchungen angewiesen, doch erfaßt man dabei nur die Verteilung der Radiogalaxien. Bei ihnen deuten sich Verteilungsinhomogenitäten in Entfernungen größer als etwa 1000 Mpc an. Die Interpretation dieser Ergebnisse ist jedoch sehr schwierig, da mit wachsender Entfernung der S.e diese in einem immer früheren Entwicklungszustand beobachtet werden. (Ein in einer Entfernung von z.B. 3000 Mpc befindliches S. beobachtet man in einem Entwicklungszustand, der gegenüber dem eines nahen S.s um rund 10^{10} Jahre früher liegt.) Da man die Auswirkung von Entwicklungseffekten auf die Strahlungsleistung eines S.s, speziell im Radiofrequenzbereich, nicht genau kennt, können diese Effekte bei der Interpretation der Galaxienstatistik nicht entsprechend berücksichtigt werden. Eine weitere Schwierigkeit besteht darin, daß bei sehr großen Entfernungen die Raumstruktur zu berücksichtigen ist, da sich in Abhängigkeit von ihr unterschiedliche Anstiege der Galaxienzahlen mit abnehmender scheinbarer Helligkeit ergeben (→ Kosmologie). (Der Faktor vier gilt unter der Voraussetzung eines euklidischen Raumes.)

In dem mit optischen Galaxienbeobachtungen erschließbaren Raum ergibt sich eine großräumige Anzahldichte von etwa einem S. in einem Würfel mit einer Kantenlänge von 1 Mpc, was in grober Näherung einer mittleren Massendichte von etwa 10^{-30} bis 10^{-31} g/cm^3 entspricht. Der mittlere Abstand zweier S.e beträgt etwa das 200- bis 400fache des mittleren Durchmessers eines Systems, sie stehen danach im Weltall relativ sehr viel dichter als die Sterne in einem S. Die Gesamtzahl der Galaxien, die sich in dem gegenwärtig überblickbaren Teil des Weltalls befinden, dürfte mehrere 100 Mrd. betragen. Möglicherweise ist die mittlere Anzahldichte und damit auch die Gesamtzahl der S.e stark unterschätzt, da man in größeren Entfernungen nur die absolut hellen Systeme erfaßt, während die leuchtkraftschwachen Zwerggalaxien und die Galaxien mit geringer Flächenhelligkeit unbeobachtet bleiben.

Von den Bewegungen der S.e relativ zu ihrer jeweiligen näheren Umgebung (also von den Pekuliarbewegungen) läßt sich nur die Radialgeschwindigkeitskomponente mit Hilfe des Doppler-Effekts ermitteln, die Eigenbewegungskomponenten sind unmeßbar klein. Die mittleren Pekuliargeschwindigkeiten können aus den gemessenen Radialgeschwindigkeiten unter der Voraussetzung berechnet werden, daß keine Bewegungsrichtung im Raum ausgezeichnet ist. Die Pekuliargeschwindigkeiten sind von der lokalen Massendichte und -verteilung abhängig und betragen für Feldgalaxien im Mittel 25 bis 50 km/s, für Mitglieder von Galaxienhaufen können sie einige 100 bis 1000 km/s erreichen.

Unabhängig von den Pekuliarbewegungen unterliegen die S.e einer systematischen Bewegung, die eine Folge der allgemeinen Expansion des Weltalls ist (→ Kosmologie).

E n t s t e h u n g d e r S.e. Gegenwärtig kann man keine auf Beobachtungen basierende Entwicklungssequenz von S.en ableiten, da die Beobachtungen nicht weit genug in den Raum hinaus- und damit in die Vergangenheit zurückreichen, und da die Untersuchungen der nähergelegenen S.e keine wesentlichen Erkenntnisse hinsichtlich deren Entwicklung liefern, weil der jetzige Zustand keine eindeutigen Schlüsse auf die früheren Zustände zuläßt: Der morphologische Typ eines S.s kann sich infolge äußerer Einwirkungen (z.B. dem Zusammenstoß mit einem anderen System) ändern, ohne daß innere, also Entwicklungsprozesse an der Änderung wesentlich beteiligt sind. Die Untersuchungen zur Entstehung der S.e sind daher nur auf theoretischer Basis möglich, wobei man versucht, möglichst viele Beobachtungstatsachen als das Ergebnis eines allgemeinen Entwicklungsprozesses zu erklären (→ Kosmogonie).

Sterntag, der Zeitraum zwischen zwei aufeinanderfolgenden oberen Kulminationen des Frühlingspunktes; die Einheit der ***Sternzeit***. Der S. wird in 24 Stunden zu je 60 Minuten zu je 60 Sekunden unterteilt. Er ist um 3 min 55,91 s Sonnenzeit kürzer als der mittlere Sonnentag, der der bürgerlichen Zeitrechnung zugrunde liegt (→ Zeit). Das Sonnenjahr von 365,2422 mittleren Sonnentagen umfaßt 366,2422 S.e.

Die ***wahre Sternzeit*** ist auf die Kulmination des wahren Frühlingspunktes bezogen. Sie ist kein vollkommen gleichmäßiges Zeitmaß, da der Frühlingspunkt infolge der Nutation Schwankungen mit einer Periode von 18,6 Jahren um einen mittleren Ort unterworfen ist. Bezieht man den S. auf die Kulmination dieses mittleren Frühlingspunktes, erhält man die ***mittlere Sternzeit***. Die Differenz zwischen ihr und der wahren Sternzeit beträgt maximal 0,4 s.

Der mittlere S. ist um 0,008 s kürzer als der ***siderische Tag***, die Zeit zwischen zwei aufeinanderfolgenden oberen Kulminationen eines Fixsterns, da sich der Frühlingspunkt infolge der Präzession entgegengesetzt zur scheinbaren Bewegung der Sonne im Laufe eines Jahres um etwa 50,3″ längs der Ekliptik verschiebt.

Sterntemperatur, der aus der Strahlung eines Sterns abgeleitete Temperaturwert; im allg. die ***effektive Temperatur***.

Die von einem Stern empfangene elektromagnetische Strahlung stammt aus der Sternatmosphäre, die Hauptmenge aus der Photosphäre. Alle aus der Sternstrahlung abgeleiteten Temperaturwerte, speziell die Effektivtemperatur, charakterisieren daher im wesentlichen den thermischen Zustand der Sternphotosphäre (→ Sternatmosphäre). (Die unter der Photosphäre liegenden Sternschichten sind nicht der direkten Beobachtung mit optischen Hilfsmitteln zugänglich, ihre Temperatur kann daher nur auf Grund theoretischer Untersuchungen ermittelt werden; → Sternaufbau.)
Zur Bestimmung der effektiven Temperatur eines Sterns bedarf es im Prinzip eines Vergleichs der bei jeder einzelnen Wellenlänge ankommenden Strahlungsenergie mit der von einem Schwarzen Körper bekannter Temperatur bei der entsprechenden Wellenlänge emittierten Energie (→ Temperatur). Ein derartiger Vergleich ist mit erdgebundenen Teleskopen nicht unmittelbar möglich, da das Sternlicht dazu die Erdatmosphäre durchdringen muß, in der Strahlung unterschiedlicher Wellenlänge unterschiedlich stark geschwächt wird (→ Erdatmosphäre). Die atmosphärische Extinktion ist vom Horizontabstand des beobachteten Gestirns und den meteorologischen Bedingungen, die nur schwer berücksichtigt werden können, abhängig. Im ultravioletten Spektralbereich und in großen Teilen des infraroten Bereichs ist die Erdatmosphäre gänzlich undurchlässig, so daß in diesen Wellenlängenintervallen überhaupt keine Sternstrahlung bis zur Erdoberfläche gelangt. Nur bei extraterrestrischen Beobachtungen ist die atmosphärische Extinktion unwirksam. Innerhalb der Beobachtungsapparatur tritt ebenfalls eine selektive Extinktion ein, die aber leicht bestimmbar ist. Dazu mißt man die von einem Schwarzen Körper (oder einer geeigneten geeichten Sekundärlichtquelle) kommende Strahlung und vergleicht sie mit der theoretischen. Eine weitere Schwierigkeit ergibt sich dadurch, daß die zum Vergleich brauchbaren Schwarzen Körper bzw. Sekundärlichtquellen kaum eine höhere Temperatur als etwa 2500 K haben, die Effektivtemperaturen der Sterne aber im allg. wesentlich höher liegen. (Die Effektivtemperatur der für derartige Vergleichsmessungen meist benutzten A0-Sterne beträgt z.B. etwa 10000 K.) Dieser Temperaturunterschied führt vor allem im kurzwelligen Spektralbereich, in dem Sterne hoher Effektivtemperatur ihr Strahlungsmaximum haben, leicht zu Meßungenauigkeiten. Alle diese Faktoren führen dazu, daß bisher nur für wenige Sterne die spektrale Energieverteilung in absoluten Einheiten gemessen wurde. Sind für einige Sterne (Standardsterne) absolute Strahlungsströme bekannt, benötigt man zur Bestimmung der Strahlungsströme anderer Sterne nur noch Relativmessungen, bei denen die Standardsterne als Eichlichtquellen dienen.
Die Sternphotosphären befinden sich nicht im thermodynamischen Gleichgewicht, so daß unterschiedliche Temperaturbestimmungsmethoden zu unterschiedlichen Temperaturwerten führen. Da die Ermittlung von Farbtemperaturen (→ Temperatur) weitaus leichter als die von Effektivtemperaturen ist, Farbtemperaturen aber physikalisch weniger aussagekräftig sind, versucht man, die Effektivtemperatur eines Sterns aus geeignet bestimmten Farbtemperaturen herzuleiten. Die zur Umrechnung benötigten Beziehungen können mit Hilfe von Standardsternen ermittelt werden, doch sind diese Beziehungen und die mit ihrer Hilfe abgeleiteten Effektivtemperaturen nicht sehr sicher.
Die Effektivtemperaturen der Sterne liegen je nach deren Spektralklasse zwischen etwa 2500 und etwa 50000 K; in Einzelfällen, z.B. bei den Zentralsternen Planetarischer Nebel, können sie auch bis zu 200000 K betragen. In der Tab. → Zustandsgrößen sind die effektiven Temperaturen von Sternen unterschiedlicher Spektral- und Leuchtkraftklassen angegeben.

Sternwarte, ***Observatorium***, eine Einrichtung zur Beobachtung kosmischer Objekte und Erscheinungen. Astronomische Beobachtungen werden in sehr unterschiedlichen Bereichen des elektromagnetischen Spektrums durchgeführt, auch werden die aus dem Weltall einfallende Teilchenstrahlungen untersucht. Dies erfordert sehr unterschiedliche Beobachtungsinstrumente und -standorte.
In den klassischen S.n erfolgen die Beobachtungen hauptsächlich in den herkömmlichen astronomischen Spektralbereichen, dem sichtbaren und dem nahen, z.T. auch dem mittleren Infrarotbereich. Die dazu benutzten Teleskope befinden sich im allg. in Kuppelräumen, die entweder größeren Gebäuden aufgesetzt sind oder von diesen getrennt stehen. Die Kuppelräume bestehen vielfach aus einem (runden) Unterbau, auf dem eine meist halbkugelförmige, um eine Achse drehbare Kuppel ruht. Die Kuppeln sind im allg. gut thermisch isoliert und sehr hell gestrichen, damit am Tage möglichst wenig Sonnenstrahlung absorbiert und der Kuppelraum nur gering aufgeheizt wird. Die Kuppeln haben einen von ihrem unteren Rand bis über die Mitte der Wölbung reichenden Spalt, durch den hindurch beobachtet wird, und der mit horizontal oder vertikal abfahrbaren Spaltschiebern geschlossen werden kann. Sehr große, azimutal montierte Teleskope umgibt man vielfach mit einem eng umschließenden Gebäude, das eine dem Kuppelspalt entsprechende Öffnung hat und als Ganzes um eine Achse drehbar ist. Kleinere Fernrohre sind z.T. in Räumen mit einem aufklappbaren oder abfahrbaren Dach untergebracht. Zusätzlich zu den eigentlichen Beobachtungsinstrumenten enthält eine S. noch eine Vielzahl von Auswertegeräten, wozu u.a. große Rechenanlagen zur Bearbeitung der Beobachtungsdaten gehören.
Der Standort einer S. sollte möglichst optimale Beobachtungsbedingungen gewährleisten, vor allem eine möglichst große Anzahl klarer Nächte mit hoher atmosphärischer Durchsicht und geringer Luftunruhe. Derartig Bedingungen herrschen vorwiegend auf küstennahen hohen Bergen mit weitgehend laminaren Luftströmungen. In Europa sind mit Ausnahme weniger Stellen die meteorologischen Bedingungen für astronomische Beobachtungen so ungünstig, daß das Aufstellen sehr großer – und damit teurer – Instrumente nicht sehr zweckmäßig ist. Wesentlich günstigere Beobachtungsverhältnisse herrschen u.a. an den

Sternwarte Babelsberg

Westküsten Süd- und Nordamerikas oder auf Inseln, wie Hawaii oder den Kanarischen Inseln. Die astronomischen Beobachtungen verlangen weiterhin eine geringe Himmelshintergrundhelligkeit, weshalb man S.n möglichst weitab von großen Städten mit ihrem Streulicht baut.

Bei der Standortwahl für radioastronomische Observatorien (Radiosternwarten) kommt es weniger auf die klimatischen Verhältnisse, mehr auf einen möglichst großen Schutz gegen Störstrahlung im Radiofrequenzbereich an, der bei siedlungsfernen Standorten mit umgebenden abschirmenden Bergen am besten gewährleistet ist. Die Observatorien für Beobachtungen im Millimeter- und Submillimeterbereich gleichen den klassischen S.n; sie müssen in möglichst großen Höhen errichtet werden, um die in diesen Spektralbereichen sehr störende Absorption der dichten, unteren Atmosphärenschichten zu vermeiden.

Beobachtungen außerhalb des sichtbaren, des nahen und mittleren Infrarot- sowie außerhalb des Submillimeter-, Millimeter- und Radiofrequenzbereichs sind nicht von erdgebundenen Standorten aus möglich. Man bringt die Beobachtungsinstrumente mit Hilfe von Ballons, Flugzeugen, Raketen, Erdsatelliten oder auch Raumsonden in solche Höhen, in denen der störende Einfluß der Erdatmosphäre genügend reduziert ist.

Die Untersuchungen der aus dem Weltall kommenden Teilchenstrahlung, der Kosmischen Strahlung und der Neutrinostrahlung, erfordern völlig andere Instrumente und Methoden. Die Einrichtungen zum Nachweis kosmischer Neutrinos müssen z.B. tief unter die Erdoberfläche verlegt werden. Diese Forschungseinrichtungen haben keinerlei Ähnlichkeit mehr mit einer herkömmlichen S.

Die fortschreitende Aufgliederung der Astronomie in einzelne Teilbereiche bewirkt eine immer stärker werdende Spezialisierung der einzelnen S.n und Observatorien. Es gibt S.n, die sich vorwiegend z.B. mit der Beobachtung und Untersuchung der Sonne oder der veränderlichen Sterne oder der interstellaren Materie oder der extragalaktischen Sternsysteme befassen. Andere astronomische Forschungseinrichtungen arbeiten vorwiegend oder sogar ausschließlich auf theoretischen Gebieten. Hierzu gehören die astronomischen Recheninstitute, die u.a. für die Herausgabe astronomischer Jahrbücher zuständig sind. Viele S.n gehören zu Universitäten, ihnen obliegt die Ausbildung von Studenten, andere sind eigene staatliche oder privatrechtliche Institute oder Einrichtungen innerhalb einer Wissenschaftsorganisation.

Es gibt einige 100 wissenschaftliche S.n und astronomische Observatorien, von denen sich die weitaus meisten auf der Nordhalbkugel der Erde befinden. Um den Südhimmel in gleicher Weise wie den Nordhimmel astronomisch zu erforschen, haben einige Nordsternwarten Beobachtungsstationen auf der Südhalbkugel – vorwiegend in Südamerika – eingerichtet. Die Kosten sehr großer astronomischer Instrumente und Beobachtungsstationen übersteigen vielfach die Mittel eines Landes, aus diesem Grunde betreiben astronomische Institute, auch aus unterschiedlichen Ländern, Gemeinschaftseinrichtungen. An der Europäischen Südsternwarte in Chile sind z.B. neun europäische Länder beteiligt.

Neben Forschungssternwarten gibt es in allen Ländern eine große Anzahl von privaten, Volks- und Schulsternwarten. Sie werden hauptsächlich von Liebhaberastronomen betreut und helfen bei der Vermittlung astronomischer Kenntnisse in weiten Teilen der Bevölkerung.

Die folgende Aufstellung enthält Angaben über die deutschen wissenschaftlichen astronomischen Institute und S.n und deren (größere) Beobachtungsinstrumente sowie über die Hauptarbeitsgebiete. Die Auswahl der aufgeführten astronomischen Observatorien des Auslands erfolgte allein nach der Größe der jeweiligen Hauptbeobachtungsinstrumente. Bei hochgelegenen S.n ist die Höhe über dem Meeresspiegel (ü. M.) aufgeführt, die übrigen Abkürzungen bedeuten: S. = Sternwarte, Obs. = Observatorium, Inst. = Institut, Univ. = Universität, Akad. d. W. = Akademie der Wissenschaften; Mer. = Meridiankreis, Refr. = Refraktor, phot. = photographisch, vis. = visuell, Sp. = Spiegelteleskop, Astr. = Astrograph, Turmt. = Turmteleskop, Radiot. = Radioteleskop; eine vor den entsprechenden Abkürzungen stehende Zahl bedeutet die Öffnung des Teleskops, bei Schmidt-Teleskopen ist außer der Öffnung (= Durchmesser der Korrektionsplatte) zusätzlich der Spiegeldurchmesser angegeben.

Deutsche wissenschaftliche astronomische Institute und S.n:

Bamberg, Dr.-Remeis-S.: 26-cm-Refr., 60-cm-Sp., 35/44-cm-Schmidt-Sp.; Veränderliche, Doppelsterne, Stellarastronomie, Galaxien.

Berlin, Inst. für Astronomie und Astrophysik der Technischen Univ. Berlin: 20-cm-Refr., 40-cm-Sp.; interstellarer und zirkumstellarer Staub, Veränderliche, Röntgenquellen.

Bochum, Astronomisches Inst. der Ruhr-Univ.: 61-cm-Sp. (auf La Silla, Chile); Kometen, Be-Sterne, interstellare Materie, Milchstraßensystem, extragalaktische Sternsysteme.

Bochum, Inst. für Theoretische Physik der Ruhr-Univ., Lehrstuhl IV: kosmische Plasmen.

Bonn, Astronomisches Inst. der Univ. Bonn, S. mit Obs. Hoher List (541 m ü. M.), Radioastronomisches Inst. mit Radioobs. Stockert, Inst. für Astrophysik und Extraterrestrische Forschung: Mer., 36-cm-Refr., 36/30-cm-Doppel-Refr., 30-cm-Astr., 35/50-cm-Schmidt-Sp., 60-cm-Sp., 106-cm-Sp.; Astrometrie, Planetoiden, Veränderliche, Doppelsterne, Sternhaufen, interstellare Materie, Astrophysik des Sonnen- und des Milchstraßensystems, extragalaktische Sternsysteme, extraterrestrische Forschung.

Bonn, Max-Planck-Inst. für Radioastronomie: 100-m-Radiot., 30-m-Radiot. auf dem Pico Veleta (Spanien) (2900 m ü. M.); galaktische und extragalaktische Radioquellen, Sternentstehungsgebiete, interstellare Materie, Struktur des Milchstraßensystems, theoretische Astrophysik.

Dresden, Lohrmann-Obs. der Technischen Univ. Dresden: 30-cm-Astr., 30-cm-Refr.; geodätische Astrometrie.

Frankfurt/M., Inst. für Theoretische Physik (Astrophysik) der Johann-Wolfgang-Goethe-Univ.: 20-cm-Refr.; interstellare, zirkumstellare und intergalaktische Materie.

Freiburg i. Br., Kiepenheuer-Inst. für Sonnenphysik mit Obs. Schauinsland (1233 m ü. M.) und Außenstellen im Obs. del Teide (Teneriffa): 70-cm-Turmt., 45-cm-Turmt., 35-cm-Refr.; Sonnenüberwachung, globale Eigenschaften der Sonne, Sonnenatmosphäre, Sternatmosphären.

Garching bei München, Max-Planck-Inst. für Astrophysik: Astrophysik der Sonne und der interplanetaren Materie, Sternaufbau und -entwicklung, Akkretionsscheiben, extragalaktische Sternsysteme, Kosmologie, Astrochemie.

Garching bei Müchen, Max-Planck-Inst. für Extraterrestrische Physik: erdnaher Raum und Sonnensystem, Röntgenquellen, Gammastrahlungsquellen, Hochenergieastrophysik, Weltraumplasmaphysik.

Göttingen, Univ.-S. der Georg-August-Univ. und Außenstelle im Obs. del Teide (Teneriffa): 34-cm-Astr., 38/50-cm-Schmidt-Sp.; experimentelle und theoretische Sonnenphysik, Stellarastronomie, galaktische und extragalaktische Forschung.

Hamburg-Bergedorf, Hamburger S.: 60-cm-Refr., 34-cm-Dreifach-Astr., 100-cm-Sp., zwei 36/42-cm-Schmidt-Sp.; Positionsastronomie, Sonnensystem, interstellare Materie, Milchstraßensystem, Sternphysik, extragalaktische Objekte.

Hannover, Astronomische Station am Inst. für Erdmessung der Univ.: 100-cm-Sp; Satellitengeodäsie.

Heidelberg, Astronomisches Rechen-Inst.: Astrometrie, Himmelsmechanik, Struktur und Entwicklung von Sternsystemen, astronomische Jahrbücher und Bibliographien.

Heidelberg, Inst. für Theoretische Astrophysik: Sternatmosphären, interstellares Medium, Akkretionsscheiben, Sternentstehung, Astrochemie, Entstehung und Entwicklung von Sternsystemen.

Heidelberg-Königstuhl, Landes-S. (750 m ü. M.): Mer., vis. 33-cm-Refr., 40-cm-Doppel-Astr., 72-cm-Sp.; Sonnensystem, Sternentstehungsgebiete, junge Sterne, Novae, Röntgenquellen, Milchstraßensystem, extragalaktische Sternsysteme.

Heidelberg-Königstuhl, Max-Planck-Inst. für Astronomie mit Außenstelle Deutsch-Spanisches Astronomisches Zentrum Calar Alto (Spanien) (2170 m ü. M.): 123-cm-Sp., 220-cm-Sp., 350-cm-Sp., 80/120-cm-Schmidt-Sp.; Kometen, Sternentstehungsgebiete, zirkumstellare Scheiben, bipolare Objekte, T-Tauri-Sterne, Herbig-Haro-Objekte, Planetarische Nebel, extragalaktische Sternsysteme.

Jena, Astrophysikalisches Inst. und Univ.-S. der Friedrich-Schiller-Univ.: 60/90-cm-Schmidt-Sp.; interstellare Materie, zirkumstellare Hüllen, junge stellare Objekte, Sternhaufen, Molekülwolken.

Jena, Arbeitsgruppe „Staub in Sternentstehungsgebieten" der Max-Planck-Gesellschaft an der Univ. Jena: interstellarer Staub, Sternentstehungsgebiete, junge stellare Objekte, Laboruntersuchungen zum interstellaren Staub.

Kiel, Inst. für Theoretische Physik und S. der Univ. Kiel: Wolf-Rayet-Sterne, heiße Sterne, Sterne mittleren und späten Spektraltyps, Sternentwicklung, Galaxienentwicklung.

Kiel, Inst. für Reine und Angewandte Kernphysik, Abteilung Mathematische Physik: Teilchendynamik in starken kosmischen Magnetfeldern, Pulsarmagnetosphären.

Köln, I. Physikalisches Inst. der Univ. zu Köln mit Außenstelle Gornergrat-Süd-Obs. (3150 m ü. M.): 3-m-Radiot.; Physik und Chemie der interstellaren Materie, Molekülwolken, Sternentstehungsgebiete.

München, Inst. für Astronomie und Astrophysik der Univ. München, Univ.-S.: Mer., 28-cm-Refr., 34/39-cm-Schmidt-Sp., 70-cm-Sp.; Planetensystem, Sternatmosphären, quantitative Spektralanalyse, Doppelsterne, Veränderliche, Gasnebel, extragalaktische Astrophysik.

Münster, Astronomisches Inst. der Westfälischen Wilhelms-Univ.: Stellarastronomie, galaktische Struktur, extragalaktische Astronomie, Kosmologie.

Potsdam, Astrophysikalisches Inst. Potsdam mit S. Babelsberg, Sonnenobservatorium Einsteinturm und Obs. für solare Radioastronomie Tremsdorf: phot. 80-cm- und vis. 50-cm-Doppel-Refr., vis. 65-cm-Refr., 70-cm-Sp., 50-cm-Sp., 60-cmTurmt., zwei 10-m-Radiot., drei 7,5-m-Radiot.; kosmische Magnetfelder, Sonnen-

und Sternaktivitäten, extragalaktische Astrophysik, Kosmologie.
Potsdam, Wissenschaftler-Integrations-Programm-Projektgruppe „Astronomie" an der Univ.: Galaxienhaufen, Kosmologie, Gravitationstheorie.
Tautenburg bei Jena, Thüringer Landessternwarte (Karl-Schwarzschild-Obs.): 200-cm-Sp.-134/200-cm-Schmidt-Sp. (Kombinationsinstrument); Planetoiden, Veränderliche, Planetarische Nebel, Entwicklung des Milchstraßensystems, extragalaktische Sternsysteme.
Tübingen, Astronomisches Inst. der Univ.: 30-cm-Refr., 3-m-Radiot.; Röntgenquellen, Gammastrahlungsquellen, Planetarische Nebel, solare Radiostrahlung, interstellare Materie, kosmische Magnetfelder.
Tübingen, Lehr- und Forschungsbereich Astrophysik und „Computational Physics" der Univ. Tübingen: Sonnenphysik, kosmische Röntgenquellen, Pulsarmagnetosphären, Neutronensterne, Weiße Zwerge, relativistische Effekte.
Würzburg, Inst. für Astronomie und Astrophysik der Univ. Würzburg: Sonnenphysik, interstellare Materie, Sternentstehung und -entwicklung, extragalaktische Astrophysik.
Einige wissenschaftliche astronomische Institute und S.n des Auslandes:
Arecibo (Puerto Rico), Cornell-Univ. in Kooperation mit der National Science Foundation, Nationales Zentrum der USA für Astronomie und Ionosphäre: 305-m-Radiot.
Bjurakan (Armenien), Obs. der Armenischen Akad. d.W. (1500 m ü. M.): 100/130-cm-Schmidt-Sp., 264-cm-Sp.
Brüssel-Uccle (Belgien), Königlich Belgisches Obs. und Radio-Obs. Humain: Mer., vis. 45-cm-Refr., 40-cm-Doppel-Astr., 84/120-cm-SchmidtSp., 7,5-m-Radiot.
Cambridge (Großbritannien), Mullard Radioastronomisches Obs.: 36-m-Radiot., Radiointerferometer.
Cambridge (Massachusetts, USA), Harvard-Smithsonian Zentrum für Astrophysik, Radio-Obs. Fort Davis (Texas, USA): 38-cm-Refr., 41-cm-Astr., 154-cm-Sp., 26-m-Radiot.
Caracas (Venezuela), Cajigal Obs. (1040 m ü. M.): Mer., vis. 65-cm-Refr., 51-cm-Doppel-Astr., 100-cm-Sp., 100/152-cm-Schmidt-Sp.
Cerro Los Campanas (Chile), Süd-Obs. der Carnegie-Institution (2300 m ü. M.): 254-cm-Sp.
Cerro Tololo (Chile), Interamerikanisches Obs. (2200 m ü. M.): 61/91cm-Schmidt-Sp., 100-cm-Sp., 150-cm-Sp., 400-cm-Sp.
Culgoora (Neu Süd Wales, Australien), Sonnen-Radio-Obs.: Radiointerferometer mit 96 15-m-Radiot.
Flagstaff (Arizona, USA), Lowell-Obs., Naval-Obs. (2200 m ü. M.): vis. 61-cm-Refr., 102-cm-Sp., 155-cm-Sp., 183-cm-Sp.
Fort Davis (Texas, USA), McDonald-Obs. (2100 m ü. M.): 91-cm-Sp., 208-cm-Sp., 273-cm-Sp.
Green Bank (Virginia, USA), Nationales Radioastronomisches Obs.: zwei 26-m-Radiot., 43-m-Radiot.
Greenwich (Großbritannien), Königliches Obs., Obs. Herstmonceux: 2 Mer., vis. 71-cm-Refr., phot. 66-cm-Refr., 93-cm-Sp.
Irkutsk (Russische Föderative Republik), Obs. der Sibirischen Akad. d. W.: 100-cm-Turmt., 52-cm-Koronograph.
Jodrell Bank (Großbritannien), Radio-Obs. der Univ. Manchester: 76-m-Radiot., zwei 24 × 26-m-Radiot., Radiointerferometer.
Kavalur (Tamil Nadu, Indien), Vainu-Bappu-Obs.: 230-cm-Sp.
Kitt Peak (Arizona, USA), National-Obs. (2100 m ü. M.): zwei 90-cm-Sp., 132-cm-Sp. (Univ. Michigan), 213-cm-Sp., 234-cm-Sp. (Steward Obs.), 350-cm-Sp. (Wisconsin-, Indiana- und Yale-Univ. mit National Optical Astronomy Obs.), 381-cm-Sp., 70-cm-Turmt., 152-cm-Turmt., 12-m-Radiot., 25-m-Radiot.
Krim (Ukraine), Astrophysikalisches Obs. der Russischen Akad. d. W., Radio-Obs. in Simeis: 40-cm-Doppel-Astr., 122-cm-Sp., 264-cm-Sp., 45-cm-Turmt., 100-cm-Turmt., 50-cm-Koronograph, 22-m-Radiot.
Kvistaberg (Schweden), Uppsala Univ.-S.: 100/135-cm-Schmidt-Sp.
Las Palmas (Kanarische Inseln), Obs. del Roque de los Muchachos, Internationales Obs. (2400 m ü. M.): 100-cm-Sp. (Niederlande), 250-cm-Sp. (Großbritannien), 256-cm-Sp. (Dänemark, Finnland, Norwegen, Schweden), 420-cm-Sp. (Großbritannien, Niederlande), 18-cm-Mer. (Dänemark), 50-cm-Turmt. (Schweden).
La Silla (Chile), Europäische Süd-S. (2400 m ü. M.): 90-cm-Sp. (Niederlande), 140-cm-Sp., 100/158-cm-Schmidt-Sp., 152-Sp., 154-cm-Sp. (Dänemark), 220-cm-Sp., 350-cm-Sp., 358-cm-Sp., 15-m-Radiot.
Mauna Kea (Hawaii, USA) (4200 m ü. M.): 224-cm-Sp., 300-cm-Sp., 358-cm-Sp. (Frankreich, Hawaii, Kanada), 380-cm-Sp. (Großbritannien), 1000-cm-Segment-Sp., 15-m-Radiot. (Großbritannien, Kanada, Niederlande), 25-m-Radiot.
Mount Graham (Arizona, USA), Internationales Obs. (3200 m ü. M): 180-cm-Sp. (Vatikan), 10-m-Sp. für Submillimeterbeobachtungen (Steward Obs., Tucson, Max-Planck-Inst. für Radioastronomie, Bonn).
Mount Hamilton (Kalifornien, USA), Lick-Obs. (1280 m ü. M.): vis. 90-cm-Refr., 51-cm-Doppel-Astr., 305-cm-Sp.
Mount Hopkins (Arizona, USA), Fred-Lawrence-Whipple-Obs. (2600 m ü. M.): sechs 180-cm-Sp. auf gemeinsamer Montierung, 152-cm-Sp., 10-m-Gammastrahlenteleskop.
Mount Locke (Texas, USA), McDonald Obs. (2070 m ü. M.): 272-cm-Sp.
Mount Stromlo (Neu Süd Wales, Australien), Commonwealth Obs. (770 m ü. M.): phot. 66-cm-Refr., 102-cm-Sp., 127-cm-Sp., 188-cm-Sp.
Narrabri (Neu Süd Wales, Australien): Interferometer mit zwei 6,7-m-Segmentspiegeln, Interferometer mit sechs 22-m-Radiot.
Mount Wilson (Kalifornien, USA), Mount-Wilson-Obs. (1750 m ü. M.): 250-cm-Sp.
Ondrejov (Tschechische Republik), Obs. der Tschechischen Akad. d. W.: 200-cm-Sp.
Palomar Mountain (Kalifornien, USA), Obs. des California Institute of Technology (1700 m ü. M.): 124/183-cm-Schmidt-Sp., 150-cm-Sp., 508-cm-Sp.

Paris (Frankreich), National-Obs., Obs. Meudon bei Paris, Radio-Obs. Nancay: Mer., vis. 83-cm-Refr., phot. 62-cm-Refr., 100-cm-Sp., 3 Spektroheliographen, 60-cm-Turmt., 300 × 35-m-Radiot.
Parkes (Neu Süd Wales, Australien), Department für Radiophysik: 64-m-Radiot.
Pic du Midi (Frankreich), Obs. der Univ. Toulouse (2865 m ü. M.): 106-cm-Sp., 203-cm-Sp., 50-cm-Spektroheliograph, 26-cm-Koronograph.
Pico Veleta (Spanien), Deutsch-Französisch-Spanisches Inst. für Radioastronomie im Millimeterbereich (2850 m ü. M.): 30-m-Radiot.
Plateau de Bure (Frankreich), Französich-deutsches Institut für Radioastronomie im Millimeterbereich (2500 m ü. M.): Interferometer mit drei 15-m-Radiot.
Riga (Lettland), Obs. der Lettischen Akad. d. W.: 80/120-cm-Schmidt-Sp.
Saint Michel (Frankreich), Haute Provence Obs. (650 m ü. M.): 60/90-cm-Schmidt-Sp., 100-cm-Sp., 120-cm-Sp., 152-cm-Sp., 193-cm-Sp.
Saltsjöbaden (Schweden), Obs. der Königlichen Schwedischen Akad. d. W., Sonnen-Obs. auf Capri (Italien): phot. 60-cm-Refr., vis. 50-cm-Refr., 40-cm-Astr., 65/100-cm-Schmidt-Sp., 102-cm-Sp., Spektroheliograph.
Selentschuk (Kaukasus), Spezialobservatorium der Russischen Akad. d. W. (2100 m ü. M.): 600-cm-Sp.
Siding Spring Mountain (Australien), Australisches National-Obs. (1200 m ü. M.): 100-cm-Sp., 230-cm-Sp., 390-cm-Sp. (Australien, Großbritannien), 124/183-cm-Schmidt-Sp. (Australien, Großbritannien).
Socorro (Neu Mexiko, USA), Nationales Radio-Obs.: Interferometer mit 27 25-m-Radiot.
Teneriffa (Kanarische Inseln), Obs. del Teide (Kooperatives Sonnen-Obs.) (2400 m ü. M.): 40-cm-Vakuum-Turmt. (Kiepenheuer-Inst. Freiburg i. Br.), 45-cm-Turmt. (Univ. Göttingen), 60-cm-Vakuum-Turmt. (Kiepenheuer-Inst. Freiburg i. Br.), 155-cm-Sp. (Spanien).
Tokio (Japan), Astronomisches Obs. Tokio, verteilt auf unterschiedliche Standorte: Mer., phot. 65-cm-Refr., 91-cm-Sp., 188-cm-Sp., 105/150-cmSchmidt-Sp., 65-cm-Turmt., 45-m-Radiot., Interferometer mit fünf 10-m-Radiot.
Westerbork (Niederlande), Niederländische Stiftung für Radioastronomie: Interferometer mit 14 25-m-Radiot.
Williams Bay (Wisconsin, USA), Yerkes Obs.: vis. 102-cm-Refr., 100-cm-Sp., 104-cm-Sp.
Hubble-Weltraum-Teleskop, NASA (595 km ü. M.): 240-cm-Sp.

Sternwind, ein von einem Stern stetig abfließender Teilchenstrom; analog zum Sonnenwind. S.e machen sich in den Sternspektren durch Emissionslinien mit besonderen Linienprofilen bemerkbar. Diese haben entweder zwei symmetrisch zum Linienzentrum liegende Maxima, die von den in der Sichtlinie vom Beobachter weg bzw. auf ihn zu fließenden Komponenten des S.es herrühren, oder die Emissionslinien sind jeweils von zu kürzeren Wellenlängen verschobenen Absorptionslinien begleitet (P-Cygni-Profile), die dem Sternlicht durch das auf den Beobachter zu fließende Gas aufgeprägt werden. Die Sonnenwindgeschwindigkeiten können bis zu einigen 1000 km/s betragen. Der durch den S. verursachte Masseverlust ist vom Sterntyp abhängig: Bei Hauptreihensternen späten Spektraltyps liegt er in der Größenordnung von 10^{-14} Sonnenmassen pro Jahr, bei Roten Überriesen und bei Mira-Sternen bei etwa 10^{-5} bis 10^{-4} Sonnenmassen pro Jahr.
Ursache der S.e sind wahrscheinlich heiße Sternkoronen mit einem entsprechend hohen Gasdruck. Derartige Koronen geben sich (wie bei der Sonne) durch Spektrallinien zu erkennen, die von höher ionisierten Elementen stammen, als es der Effektivtemperatur des jeweiligen Sterns entspricht. S.e mit hohen Abströmgeschwindigkeiten und hohen Masseabflußraten werden aller Wahrscheinlichkeit nach mit durch den Strahlungsdruck der Sterne verursacht: Bei der Strahlungsabsorption wird ein nach außen gerichteter Impuls auf das absorbierende Teilchen übertragen, wodurch seine Abströmgeschwindigkeit erhöht wird. Die absorbierenden Teilchen können, wie bei den kühlen Riesensternen, in den Sternatmosphären gebildete Staubpartikeln sein, die den gewonnenen Impuls durch Stoß auf die umgebenden Gaspartikeln übertragen. Bei Sternen hoher Effektivtemperatur erfolgt die Impulsübertragung direkt auf die Gasatome: Bei jeder Absorption gewinnt ein Atome einen zusätzlichen Impuls, damit eine höhere Geschwindigkeit, so daß es auf Grund des Doppler-Effekts Strahlung mit einer zunehmend größeren Wellenlänge absorbieren kann. Durch Strahlungsdruck beeinflußte S.e werden als „strahlungsgetrieben“ bezeichnet. Möglicherweise werden starke S.e auch durch Sternpulsationen verursacht oder verstärkt.

Sternwolke, *1)* eine auffällige, unregelmäßig begrenzte Anhäufung von Sternen in der Milchstraße; *2)* ein weiträumiges Gebiet erhöhter Sterndichte innerhalb eines Sternsystems.

Sternzahl, in der Stellarstatistik die Zahl der Sterne in einer bestimmten Beobachtungsrichtung pro Flächeneinheit an der Himmelskugel und pro Helligkeitsintervall 1 mag um eine vorgegebene mittlere scheinbare Helligkeit; → Stellarstatistik.
Die Tab. gibt die jeweils über den gesamten Himmel aufsummierten S.en für den mit dem bloßen Auge zugänglichen Helligkeitsbereich.

Zahl der am gesamten Himmel sichtbaren Sterne im Helligkeitsintervall ±0,5 mag um die mittlere scheinbare visuelle Helligkeit m

m	Gesamtzahl
−1	2
0	6
1	14
2	68
3	197
4	599
5	1976
6	5830

Sternzeit, die in Sterntagen als Einheit gemessene Zeit.

Stier, das Sternbild → Taurus.

Störung, eine (kleine) Änderung der Bahn eines Himmelskörpers um einen anderen, die durch die anziehende Wirkung eines dritten Körpers hervorgerufen wird. Die ausgeübte Kraft hängt von der Masse des störenden Körpers und dessen Entfernung vom betrachteten Himmelskörper ab. Im allg. spricht man nur dann von S.en, wenn die von dem dritten Körper auf einen der beiden anderen ausgeübte Kraft sehr klein gegenüber der zwischen diesen beiden Körpern wirkende Kraft ist.

Periodische S.en werden nach regelmäßigen Zeiträumen wieder ausgeglichen, so daß die gestörte Bahn langfristig konstant bleibt. ***Säkulare S.en*** beeinflussen die Bahn langfristig so, daß die Stabilität des dynamischen Systems gefährdet sein kann. Die Ermittlung der S.en erfolgt mit Hilfe der Störungsrechnung.

Störungsrechnung, Teilgebiet der Himmelsmechanik, das die Änderungen der Bewegungen eines Himmelskörpers um einen anderen untersucht, die infolge der anziehenden Wirkung eines dritten Körpers verursacht werden. Dabei wird im allg. vorausgesetzt, daß die beiden Hauptkörper sich in erster Näherung nach den Keplerschen Gesetzen bewegen, und daß der Einfluß des störenden Körpers sehr klein ist. Das trifft im Sonnensystem auf die gegenseitigen Einflüsse der Planeten zu, ist aber bei deren Einflüssen auf die Bewegungen von Planetoiden und Kometen nicht immer der Fall.

Bei der Methode der ***speziellen Störungen*** nimmt man für einen bestimmten Zeitpunkt (die Oskulationsepoche) die Bahnelemente (die oskulierenden Elemente) des gestörten Körpers als bekannt an. Für dicht aufeinanderfolgende weitere Zeitpunkte werden die von dem dritten Körper jeweils auf den gestörten Körper wirkenden Kräfte berechnet und ihr Einfluß auf die Bahnelemente bestimmt. Man erhält dadurch eine Folge von jeweils nur während kurzer Zeitintervalle geltender oskulierender Bahnelemente. Mit ihrer Hilfe läßt sich aber die vom gestörten Himmelskörper tatsächlich durchlaufene Bahn berechnen. Die Methode hat den Vorteil, daß sie auf alle Bahnformen mit beliebiger numerischer Genauigkeit anwendbar ist, falls man die Bewegungen des störenden Körpers mit entsprechender Genauigkeit kennt, und daß die Methode für alle Zeitpunkte in der Nähe einer Oskulationsepoche schnell Ergebnisse liefert. Werden nur für wenige Zeitpunkte weit ab von der Ausgangsepoche die Bahnelemente benötigt, erfordert die Methode einen sehr hohen Rechenaufwand, da der Bahnverlauf auch für alle Zwischenzeiten berechnet werden muß.

Bei der Methode der ***allgemeinen Störungen*** sucht man mit Hilfe der Gravitationstheorie Formeln (als Reihenentwicklungen) aufzustellen, mit deren Hilfe man die Örter des gestörten Himmelskörpers für jeden beliebigen Zeitpunkt direkt berechnen kann, ohne die dazwischenliegende Bahn kennen zu müssen. Diese Methode ist nur dann anwendbar, wenn die Störungen immer sehr klein bleiben. Dabei geht man von den Bewegungen nach den Keplerschen Gesetzen aus und bestimmt die einzelnen Glieder der Reihenentwicklung so, daß die tatsächlich durchlaufene Bahn möglichst gut angenähert wird. In den Gliedern tritt die Zeit als unabhängige veränderliche Größe auf. Zur Berechnung der Position des gestörten Körpers zu einem bestimmten Zeitpunkt braucht dann nur die unbestimmt gelassene Zeit durch den bestimmten Zeitpunkt ersetzt und die gewünschten Größen numerisch berechnet zu werden. Sind die Störungen nicht klein, wie z.B. bei den Störungen der Mondbewegung durch die Sonne (→ Mondbewegung), werden die Formeln außerordentlich kompliziert und enthalten z.T. einige 100 Glieder.

Aussagen über die Stabilität eines dynamischen Systems lassen sich wegen des Näherungscharakters der Formeln nur für ein mehr oder minder begrenztes Zeitintervall machen. Auch die Methode der speziellen Störungen liefert nur für begrenzte Zeitintervalle brauchbare Resultate, da man die Oskulationselemente und die Bahndaten der übrigen Körper nur mit einer endlichen Genauigkeit kennt und sich die Ungenauigkeiten im Laufe der Rechnungen immer stärker bemerkbar machen, so daß schließlich jede exakte Aussage unmöglich wird (→ Himmelsmechanik).

Die Möglichkeiten der S. rückten ins allgemeine Bewußtsein, als aus den Störungen der Uranusbahn auf das Vorhandensein eines noch unbekannten Planeten (den Neptun) geschlossen werden konnte, bevor dieser optisch entdeckt wurde. Bei der Suche nach einem unbekannten Himmelskörper mit Hilfe der S. geht man so vor, daß man zunächst die Bahn des als gestört betrachteten Himmelskörpers unter Berücksichtigung der gravitativen Einflüsse aller bekannten Körper (im Sonnensystem aller bekannten Planeten) so bestimmt, daß eine möglichst genaue Übereinstimmung zwischen den theoretisch berechneten und den tatsächlich beobachteten Bahnörtern für zwei möglichst weit auseinanderliegende Zeitpunkte besteht. Im Intervall dazwischen ergeben sich dann Abweichungen der berechneten von den beobachteten Örtern, die als durch Störungen eines unberücksichtigt gebliebenen Himmelskörpers verursacht angesehen werden. Macht man Annahmen hinsichtlich dessen Masse, Bahnform und -lage, lassen sich die durch ihn verursachten Bahnabweichungen mit den tatsächlichen vergleichen. Durch schrittweise Änderungen der Annahmen kann (möglicherweise) eine befriedigende Übereinstimmung zwischen Beobachtung und Rechnung erreicht werden, womit die gesuchten Daten des unbekannten Himmelskörpers gefunden sind.

Stoßanregung, die Überführung eines Atoms oder Moleküls von einem niedrigen in einen höheren Energiezustand durch die Übertragung eines Teils der kinetischen Energie eines das Teilchen stoßenden anderen Teilchens.

Stoßdämpfung, eine infolge von Stößen verursachte Verringerung der Aufenthaltswahrscheinlichkeit angeregter Atome oder Moleküle in diesen Energiezuständen, was zu einer Verbreiterung der von diesen Teilchen hervorgerufenen Spektrallinien führt.

Stoßwelle, → Welle.

Strahlung, die von einer Quelle in Form von Wellen oder materiellen Teilchen ausgehende Energie.
Bei einer ***Wellenstrahlung*** wird die Energie in Form von Wellen, z.B. Schallwellen, elektromagnetischen Wellen oder Gravitationswellen, übertragen; im allg. ist mit S. elektromagnetische Wellenstrahlung gemeint.
Bei einer ***elektromagnetischen Wellenstrahlung*** breiten sich von der Quelle kommend elektrische und magnetische Felder mit periodisch wechselnder Feldstärke aus. Die Zahl der an einem gegebenen Ort je Sekunde eintreffenden gleichen Wellenphasen (z.B. Phasen maximaler Feldstärke) ist die Frequenz der S., der zu einem gegebenen Zeitpunkt gemessene (von der Quelle aus gesehen radiale) Abstand zweier benachbarter Orte gleicher Phase die Wellenlänge. Die räumliche Verteilung der Feldstärke verschiebt sich mit Lichtgeschwindigkeit in der Ausbreitungsrichtung; Wellenlänge λ und Frequenz ν hängen daher gemäß der Beziehung $\lambda\nu = c$ zusammen, wenn c die Lichtgeschwindigkeit bedeutet. Die Schwingungsrichtung des die Feldstärke charakterisierenden Amplitudenvektors ist senkrecht zur Ausbreitungsrichtung, wobei im allg. keine Schwingungsrichtung ausgezeichnet ist. Ist dies der Fall, handelt es sich um eine polarisierte S.
Elektromagnetische S. mit Wellenlängen zwischen etwa 380 und 760 nm ist sichtbar und wird als Licht bezeichnet. Zu kürzeren Wellenlängen hin schließt sich die ultraviolette, die Röntgen- und die Gammastrahlung an, zu längeren Wellenlängen die infrarote, die Submillimeter- und die Radiofrequenzstrahlung. Normalerweise sendet eine Quelle ein Strahlungsgemisch sehr vieler Wellenlängen aus. Wird derartige S. nach Wellenlängen geordnet, erhält man das Spektrum der S.
Jeder Körper sendet elektromagnetische S. aus, deren Stärke und spektrale Zusammensetzung von der Temperatur und der Beschaffenheit des Körpers abhängen, → Strahlungsgesetze. Neben thermischer S. gibt es elektromagnetische S. nichtthermischen Ursprungs, z.B. die Synchrotron- und die Tscherenkow-Strahlung.
Elektromagnetische S. breitet sich im Vakuum und in optisch homogenen Stoffen sowie in schwachen Gravitationsfeldern geradlinig aus, anderenfalls kann es zu einer Lichtablenkung kommen, u.a. zu einer Brechung. Bei der Beugung ist das Prinzip der geradlinigen Ausbreitung ebenfalls eingeschränkt.
Elektromagnetische S. kann auch als Teilchenstrahlung aufgefaßt werden; die Träger der Energie bezeichnet man dann als Lichtquanten oder Photonen.
Bei einer ***Teilchenstrahlung*** im eigentlichen Sinn (Korpuskularstrahlung, Partikelstrahlung) treten materielle Teilchen als Energieträger auf. Eine derartige Teilchenstrahlung ist z.B. die Kosmische S., der von der Sonne oder von den Sternen ausgehende Sonnen- bzw. Sternwind, und die Neutrinostrahlung der Sonne.

Strahlungsdiagramm, → Radioteleskop.

Strahlungsdruck, die von einer elektromagnetischen Strahlung, z.B. vom Licht, beim Auftreffen auf einen Körper pro Flächeneinheit ausgeübte Kraft. Jedes Lichtquant trägt außer Energie einen Impuls, der beim Auftreffen auf einen Körper an diesen abgegeben wird. Der S. ist um so größer, je mehr Quanten je Sekunde den Körper treffen, und je größer der Impuls $h\nu/c$ der Quanten (entsprechend deren Energie $h\nu$) ist, dabei bezeichnet h das Plancksche Wirkungsquantum, ν die Frequenz der Strahlung und c die Lichtgeschwindigkeit.
Bei herrschendem thermodynamischen Gleichgewicht, z.B. bei Schwarzer Strahlung (→ Strahlungsgesetze), hängt der S. allein von der Temperatur T ab; es gilt $p = aT^4/3$, wenn mit $a = 7{,}581 \cdot 10^{-16}\,\mathrm{J\,m^{-3}\,K^{-4}}$ die Strahlungsdichtekonstante bezeichnet wird.

Strahlungsempfänger, jedes Gerät zum Nachweis und zur Messung von Strahlung. Im engeren Sinn versteht man in der Astronomie unter diesem Begriff Empfänger für elektromagnetische Strahlung; im weiteren Sinn gehören zu den S.n auch Geräte zum Nachweis anderer Wellenstrahlung, speziell von Gravitationswellen, sowie zum Nachweis von Teilchenstrahlung, z.B. der Kosmischen Strahlung, der solaren Neutrinostrahlung und des Sonnenwindes.
Als S. für elektromagnetische Strahlung des ultravioletten, sichtbaren und infraroten Spektralbereichs verwendet man sowohl Photoplatten als auch lichtelektrische oder thermoelektrische Detektoren, sie sind die Hauptbestandteile eines → Photometers. Zum Strahlungsempfang im Röntgen- und Gammabereich sowie im Radiofrequenzbereich sind spezielle S. erforderlich (→ Röntgenteleskop, → Radioteleskop). Bei der visuellen Beobachtung dient das Auge als S. (→ Augenempfindlichkeit).

Strahlungsexzeß, die Intensitätsüberhöhung eines strahlenden Körpers in einem bestimmten Spektralbereich im Vergleich zu einer als normal angesehenen Vergleichslichtquelle (z.B. einem Standardstern gleicher Spektralklasse). Liegt der S. im ultravioletten bzw. im infraroten Spektralbereich, spricht man von einem Ultraviolett- bzw. einem Infrarotexzeß.

Strahlungsgesetze, durch mathematische Formeln dargestellte Eigenschaften thermischer Strahlung. Jeder Körper sendet eine elektromagnetische Strahlung aus, deren Stärke und spektrale Energieverteilung von der Temperatur und der Beschaffenheit des Körpers abhängen. Das Emissionsvermögen ist streng mit den Absorptionsvermögen eines Körpers verknüpft.
Schwarze Strahlung. Ein Körper, der jede ihn treffende (elektromagnetische) Strahlung vollständig absorbiert, wird „ideal schwarz" genannt; er sendet von allen möglichen Körpern gleicher Temperatur die meiste Strahlung aus. Ein Schwarzer Körper kann genähert durch einen Hohlraum verwirklicht werden, dessen strahlungsundurchlässigen Wände gleiche Temperatur haben, und dessen im Körperinnern vorhandene Strahlung durch ein kleines Loch in der Wand beobachtet wird. Solche Strahlung wird als Schwarze Strahlung oder *Hohlraumstrahlung* bezeichnet. Ihre spektrale Energieverteilung stellt ein ideales Kontinuum dar und wird durch das ***Plancksche Gesetz*** (Planck-Funktion) beschrieben. Die je Sekunde von der Flächeneinheit in die Raumwinkeleinheit je Frequenzeinheit ausgestrahlte Energie $B(\nu, T)$ ist um so höher, je größer die Temperatur T des Strahlers ist; es

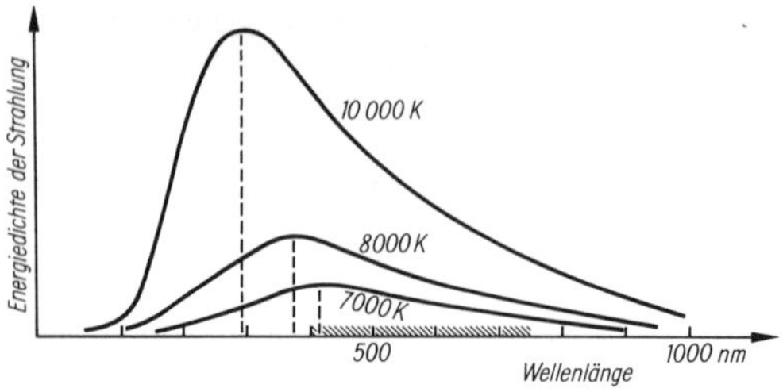

Planck-Funktion für unterschiedliche Temperaturen. Gestrichelte Linien: Lage des jeweiligen Energiemaximums; schraffiert: sichtbarer Spektralbereich

gilt $B(\nu,T)=2h\nu^3/c^2\ (e^{h\nu/kT}-1)^{-1}$, wenn ν die Frequenz, h das Plancksche Wirkungsquantum, k die Boltzmann-Konstante und c die Lichtgeschwindigkeit bezeichnen (Abb.). Im Falle sehr hoher Frequenzen (kleine Wellenlängen) geht das Plancksche Gesetz in die ***Wiensche Näherung*** $B_W(\nu,T)=2h\nu^3/c^2\ e^{-h\nu/kT}$ über, im Falle sehr niedriger Frequenzen (große Wellenlängen) in die ***Rayleigh-Jeanssche Näherung*** $B_R(\nu,T)=2\nu^2/c^2\ kT$. Die Wellenlänge λ_{max} des Energiemaximums nimmt mit wachsender Temperatur ab; es gilt $\lambda_{max}\ T=0{,}2879$ cm K ***(Wiensches Verschiebungsgesetz)***. Der von einem Hohlraumstrahler je Sekunde und je Flächeneinheit ausgestrahlte Gesamtstrahlungsstrom $\Phi(T)$ ist nach dem ***Stefan-Boltzmann-Gesetz*** allein von der Temperatur abhängig: $\Phi(T)=\sigma T^4$, wenn $\sigma=5{,}680\ 10^{-8}$ W m^{-2} K^{-4} die Stefan-Boltzmann-Konstante bezeichnet. Die Energiedichte einer Schwarzen Strahlung bestimmt sich zu aT^4, wobei $a=7{,}581\cdot10^{-16}$ J m^{-3} K^{-4} die Strahlungsdichtekonstante bedeutet. In der Tab. sind die Wellenlänge des Energiemaximums, der Spektralbereich, in dem das Maximum liegt, sowie der Gesamtstrahlungsstrom von Schwarzer Strahlung bei unterschiedlichen Temperaturen angegeben.

Nichtschwarze Strahlung. Bei einem sog. Grauen Strahler ist die Ausstrahlung eines Körpers in allen Wellenlängen auf jeweils den gleichen Bruchteil der Schwarzen Strahlung herabgesetzt, so daß zwar der Betrag der ausgestrahlten Gesamtstrahlung reduziert ist, die relative Energieverteilung aber unverändert bleibt. Bei einem selektiven Strahler ist hingegen für unterschiedliche Wellenlängen das Verhältnis der ausgestrahlten Energie im Vergleich zur ausgestrahlten Energie eines Schwarzen Strahlers unterschiedlich:

Schwarze Strahlung

Temperatur (K)	λ_{max} (nm)	Spektralbereich	Gesamtstrahlungsstrom (W)
1000	2900	infrarot	$5{,}8\cdot10^4$
4000	720	rot	$1{,}5\cdot10^7$
7000	412	violett	$1{,}4\cdot10^8$
10000	290	ultraviolett	$5{,}8\cdot10^8$
1000000	2,9	Röntgenbereich	$5{,}8\cdot10^{16}$

Das Auftreten von Absorptions- oder Emissionslinien im Spektrum ist damit ein Zeichen, daß keine Schwarze Strahlung vorliegt.

Bei einer nichtthermischen Strahlung, z.B. der → Synchrotronstrahlung oder der → Tscherenkow-Strahlung, ist die Energieverteilung nicht durch die Temperatur, sondern durch andere physikalische Parameter bestimmt.

Strahlungsgürtel, ***Van-Allen-Gürtel*** [nach dem nordamerikan. Astronomen J.A. Van Allen], die Erde gürtelförmig umschließende Zonen, in denen die Anzahldichte geladener Teilchen erhöht ist. Der innere Van-Allen-Gürtel, der in einem Abstand von etwa 1,2 bis 2,5 Erdradien über der Erdoberfläche liegt und sich auf niedrige geographische Breiten beschränkt (Abb.), wird vorwiegend durch hochenergetische Protonen mit Energien von etwa 30 bis 150 MeV gebildet. Der Hauptteil von ihnen entsteht (zusammen mit Elektronen) beim Zerfall von Neutronen, die ihrerseits beim Stoß von Teilchen der primären Kosmischen Strahlung mit Atomen der Erdatmosphäre erzeugt werden; bei einem Teil der Protonen handelt es sich um unmittelbar eingefangene Teilchen der Kosmischen Strahlung und des Sonnenwindes. Die Anzahldichte in diesem S. ist zeitlich relativ konstant. Der äußere Van-Allen-Gürtel, der in einem Abstand von etwa 3 bis 4 Erdradien liegt und bis in hohe geographische Breiten reicht, besteht im wesentlichen aus freien Elektronen, die hauptsächlich aus dem Neutronenzerfall herrühren, aber auch eingefangene Sonnenwindelektronen sind. Die Elektronenenergien liegen bei 1,5 MeV und darüber. Die Anzahldichte der Elektronen ist zeitlich stark variabel und abhängig von der Sonnenaktivität. Nahe dem Innenrand des inneren Van-Allen-Gürtels existiert in einer Höhe von rund 6000 bis 10000 km über der Erdoberfläche ein zusätzliches Gebiet erhöhter Teilchendichte. Dabei handelt es sich um sog. „anomale“ Teilchen der Kosmischen Strahlung, um Atomkerne, die bei der Wechselwirkung von Sonnenwindteilchen mit interstellarer Materie entstehen und in die Heliosphäre zurück, speziell in den erdnahen Raum gelangen. Die Teilchenzahl der „anomalen“ Kosmischen Strahlung variiert mit dem 11jährigen Zyklus der Sonnenaktivität. Bis zu einem Abstand von etwa 6 Erdradien von der Erdoberfläche sind zwischen den S.n noch Protonen und Elektronen geringerer Energien gespeichert.

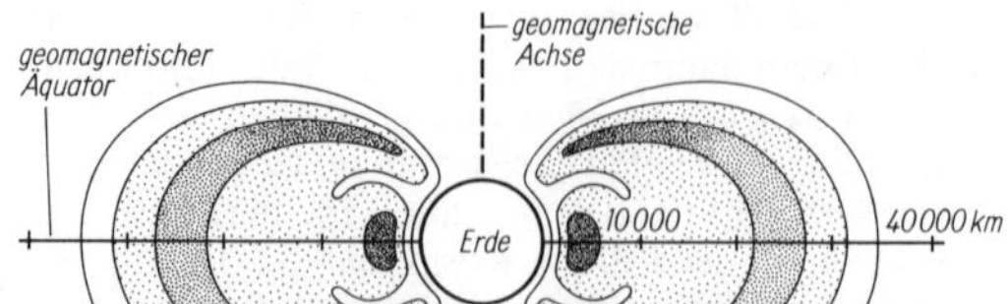

Strahlungsgürtel der Erde. Die Helligkeitsabstufung entspricht der Anzahldichte der Teilchen. Zahlen: Höhe über der Erdoberfläche

Die Protonen und die übrigen Atomkerne sowie die Elektronen sind als geladene Teilchen an das Erdmagnetfeld gekoppelt, längs dessen Feldlinien sie sich schraubenförmig bewegen. In der Nähe der magnetischen Pole, wo sich die Feldlinien verdichten und der magnetische Druck zunimmt, werden die Teilchen „gespiegelt", dort kehrt sich ihre Bewegungsrichtung um. Dadurch ergibt sich ein Hinundherpendeln mit Zeiten zwischen zwei Spiegelungen in der Größenordnung von etwa 0,1 bis 3 s und damit eine Speicherung der Teilchen in den gürtelförmigen Bereichen. Die Protonen driften darüber hinaus langsam westwärts, die Elektronen ostwärts. Die Teilchen haben nur eine begrenzte Verweilzeit in den Gürteln, da sie mit anderen Partikeln zusammenstoßen, einen Energieverlust erleiden und in die dichtere Erdatmosphäre eintauchen. Sie rufen dabei mit das Phänomen der Polarlichter hervor.

Die S. sind Bestandteile der Erdmagnetosphäre. Andere Planeten mit einem starken Magnetfeld, z.B. der Jupiter und der Saturn, sind ebenfalls von S.n umgeben.

Strahlungsintensität, die von der Einheitsfläche je Sekunde und je Wellenlängeneinheit (oder je Frequenzeinheit) in einen Kegel mit einer zur Fläche senkrechten Achse und einer Öffnung von 1 sr ausgestrahlte Energie, oder die von dieser Fläche je Sekunde aus diesem Kegel empfangene Energie.

Strahlungskosmos, → Kosmologie.

Strahlungsstrom, die die Einheitsfläche je Sekunde und je Wellenlängeneinheit (oder je Frequenzeinheit) durchsetzende Energie, oder die auf diese Fläche je Sekunde auftreffende Energie.

Strahlungstemperatur, → Temperatur.

Stratosphäre, Schicht in der Erdatmosphäre mit der ***Stratopause*** als obere Grenze; → Erdatmosphäre.

Streuung, die durch kleine Teilchen verursachte Ablenkung einer Wellen- oder Teilchenstrahlung von der geradlinigen Ausbreitung. Durch eine aus vielen Teilchen bestehende homogene Schicht der Dicke d wird die Intensität einer senkrecht hindurchgehenden Strahlung infolge der S. um den Faktor $e^{-\sigma d}$ reduziert; $e \approx 2{,}72$ ist die Basis der natürlichen Logarithmen und σ der Streukoeffizient. Falls es sich bei der gestreuten Strahlung um elektromagnetische Strahlung (Licht) handelt, bezeichnet man das Produkt σd als optische Dicke der Schicht.

Sind die streuenden Teilchen sehr klein gegenüber der Wellenlänge λ einer einfallenden elektromagnetischen Strahlung, ergibt sich die sog. ***Rayleigh-Streuung***: Der Streuanteil in Richtung des einfallenden Lichts (Vorwärtsstreuung) und der in der Gegenrichtung (Rückwärtsstreuung) sind gleich und doppelt so groß wie die Seitwärtsstreuung, die unter einem Winkel von 90° zur Richtung des einfallenden Lichts erfolgt; die Seitwärtsstreuung ist vollständig polarisiert. Der Streukoeffizient ist proportional $1/\lambda^4$; kurzwelliges (blaues) Licht wird sehr viel stärker gestreut als langwelliges (rotes) Licht. Bei Teilchen mit einem Durchmesser von der gleichen Größenordnung wie die Wellenlänge des einfallenden Lichts ist die Vorwärtsstreuung sehr viel stärker als die Rückwärts- und die Seitwärtsstreuung. Der Streukoeffizient ist etwa proportional $1/\lambda$, also weniger stark wellenlängenabhängig ***(Ångström-Streuung)***. (Bei der Streuung des Sonnenlichts an Molekülen der Erdatmosphäre handelt es sich um Rayleigh-Streuung, bei der Streuung an Dunstteilchen um Ångström-Streuung.) Teilchen mit einem im Vergleich zur Wellenlänge sehr großen Durchmesser haben einen wellenlängenunabhängigen Streukoeffizienten.

Bei der ***Elektronenstreuung*** erfolgt die Streuung an freien Elektronen. Falls die Wellenlänge der einfallenden Strahlung groß gegen den klassischen Elektronenradius ist, was bei den astronomisch interessierenden Fällen immer zutrifft, ist der Streukoeffizient unabhängig von der Wellenlänge.

Ein der S. ähnlicher Effekt tritt dann auf, wenn einfallende Strahlung durch Gasatome absorbiert und danach bei genau gleicher Wellenlänge wieder emittiert wird. Da die Emission in alle Richtungen gleichmäßig erfolgt, ergibt sich eine Intensitätsminderung in der ursprünglichen Strahlrichtung zugunsten der Intensität in anderen Richtungen.

Bei einer Teilchenstrahlung beruht die S. auf einer Änderung der Bewegungsrichtung der Teilchen infolge von Stoßprozessen. Nach Art des Stoßes unterscheidet man dabei zwischen elastischer und unelastischer S.

Strömgren, ***1)*** Elis, dän. Astronom, geb. 31.5.1870 in Hälsingborg (Schweden), gest. 5.4.1947 in Kopenhagen; langjähriger Direktor der Sternwarte in Kopenhagen, führte umfangreiche Untersuchungen über Bahnstörungen und das Dreikörperproblem durch.

2) Bengt, dän. Astrophysiker, geb. 21.1.1908 in Göteborg (Schweden), gest. 4.7.1987 in Kopenhagen; Sohn von ***1)***; 1940–1951 Direktor der Sternwarte Kopenhagen, danach bis 1957 Direktor der Yerkes-Sternwarte in Williams Bay (Wisconsin, USA), arbeitete 1957–1967 in Princeton (New Jersey, USA) anschließend wieder in Kopenhagen; 1970–1973 Präsident der Internationalen Astronomischen Union. Er lieferte Arbeiten über den inneren Aufbau der Sterne, über Sternatmosphären sowie über die Physik der interstellaren Materie.

Strömgren-Radius [nach dem dän. Astrophysiker B. Strömgren, 1908–1987], die radiale Ausdehnung eines Ionisationsgebiets, speziell eines Wasserstoffionisationsgebiets (HII-Gebiets), im interstellaren Gas um einen Stern hoher Effektivtemperatur; → interstellares Gas.

Strommeteor, zu einem Meteorstrom gehörendes Meteor.

Struve, ***1)*** Friedrich Georg Wilhelm, Astronom, geb. 15.4.1793 in Altona, gest. 23.11.1864 in Pulkowo (Rußland); ab 1813 in Dorpat (Tartu, Estland), 1839–1862 erster Direktor der Sternwarte Pulkowo. Er arbeitete hauptsächlich über Doppelsterne, gab mehrere Doppelsternkataloge heraus und bestimmte 1838 gleichzeitig mit F.W. Bessel (1784–1846) erstmalig eine Fixsternparallaxe.

2) Georg, Astronom, geb. 29.12.1886 in Pulkowo, gest. 10.6.1933 in Berlin, Sohn von ***3)***; ab 1919 an der Sternwarte Berlin-Babelsberg; arbeitete über Planeten und Satelliten.

3) Hermann, Astronom, geb. 3.10.1854 in Pulkowo, gest. 12.8.1920 in Herrenalb; Sohn von *6)*; zunächst in Pulkowo, ab 1894 Direktor der Sternwarte Königsberg (jetzt Kaliningrad), ab 1904 Direktor der Sternwarte Berlin, die unter seiner Leitung nach Babelsberg verlegt wurde; lieferte Untersuchungen über Planeten und Satelliten, insbesondere über das Saturnsystem.
4) Ludwig, Astronom, geb. 1.11.1858 in Pulkowo, gest. 4.11.1920 in Simferopol (Ukraine); Sohn von *6)*; tätig in Pulkowo und Dorpat, später Direktor der Sternwarte in Charkow (Ukraine); lieferte theoretische Arbeiten zur klassischen Astronomie.
5) Otto, Astronom, geb. 12.8.1897 in Charkow, gest. 6.4.1963 in Berkeley (Kalifornien, USA); Sohn von *4)*; seit 1921 in den USA, war Direktor der Sternwarten in Williams Bay (Wisconsin, USA) und Fort Davis (Texas, USA) sowie des Nationalen Radioastronomischen Observatoriums in Green Bank (Virginia, USA); 1952–1955 Präsident der Internationalen Astronomischen Union. Er arbeitete hauptsächlich auf dem Gebiet der interstellaren Materie, der Sternrotation, der Doppelsterne sowie der Kosmogonie.
6) Otto Wilhelm, Astronom, geb. 7.5.1819 in Dorpat, gest. 16.4.1905 in Karlsruhe; Sohn von *1)*; ab 1837 an der Sternwarte Dorpat, ab 1839 an der Sternwarte Pulkowo, deren Direktor er 1862–1889 war; führte vor allem sehr umfangreiche Doppelsternbeobachtungen durch.

Stufenschätzung, visuelle Methode zur Helligkeitsbestimmung von Gestirnen, bei der Helligkeitsdifferenzen zwischen Sternen mit bekannten Helligkeiten und dem fraglichen Gestirn innerhalb einer Gedächtnisskala geschätzt werden. Die Skala, die vorher an Sternen bekannter Helligkeiten „geeicht" werden muß, ist von Beobachter zu Beobachter verschieden. Die Größe einer noch wahrnehmbaren Helligkeitsdifferenz (einer „Stufe") beträgt meist knapp 0,1 mag. Neben der Schätzung von Sternhelligkeiten am Himmel kann die Methode der S. auch zur Bestimmung der Größe von Schwärzungsscheibchen auf photographischen Platten (und damit indirekt zur Helligkeitsbestimmung) benutzt werden, doch ist die Genauigkeit nicht sehr hoch. Die S. wurde von F.W. Argelander (1799–1875) in die Astronomie eingeführt.

Stundenachse, → Fernrohr.

Stundenkreis, jeder Großkreis an der Himmelskugel, der den Himmelsäquator senkrecht schneidet (Abb. → Koordinaten).

Stundenwinkel, der im Beobachtungsort gemessene Winkel zwischen den Schnittpunkten des Himmelsmeridians sowie des Stundenkreises eines Gestirns mit dem Himmelsäquator. Der S. wird in Stunden, Minuten und Sekunden von 0^h bis 24^h vom Schnittpunkt des Himmelsäquators mit dem Himmelsmeridian aus in Richtung der täglichen Bewegung der Gestirne gemessen (Abb. → Koordinaten); er ist gleich der seit dem letzten Meridiandurchgang des Gestirns verstrichenen Sternzeit.

Stundenwinkelsystem, astronomisches Koordinatensystem, → Koordinaten.

Submillimeterastronomie, Teilgebiet der Astronomie, das sich mit der Erforschung der aus dem Weltall im Wellenlängenbereich zwischen etwa 300 μm und 1 mm (Submillimeterbereich) kommenden elektromagnetischen Strahlung befaßt; die kurzwellige Grenze ist dabei nicht scharf definiert. Die S. wird vielfach als Teilgebiet der Radioastronomie angesehen.

Submillimeterbereich, der Wellenlängenbereich des elektromagnetischen Spektrums zwischen etwa 300 μm und 1 mm; die kurzwellige Grenze ist nicht scharf definiert.

Sucher, ein Fernrohr geringer Öffnung aber großem Gesichtsfeld, das als Zusatzgerät an einem Teleskop großer Öffnung und geringem Gesichtsfeld genutzt wird.

Süden, → Himmelsrichtung.

Südliche Krone, das Sternbild → Corona Australis.

Südlicher Fisch, das Sternbild → Piscis Austrinus.

Südliches Dreieck, das Sternbild → Triangulum Australe.

Südlicht, → Polarlicht.

Südpol, derjenige Rotationspol eines Himmelskörpers des Planetensystems, der in der gleichen Hemisphäre bezüglich der Hauptebene des Planetensystems wie der S. der Erde liegt; diese Ebene und die Ebene der Ekliptik stimmen angenähert überein.

Südpunkt, derjenige der beiden Schnittpunkte des Himmelsmeridians mit dem wahren Horizont, der die größere Poldistanz hat (Abb. → Koordinaten).

Sulcus [lat., ‚Furche'] *m, Plur.* Sulci, Bezeichnung für eine furchenähnliche Oberflächenstruktur auf Körpern des Planetensystems.

Supergalaxienhaufen, ***Superhaufen***, eine lose Anhäufung einiger Galaxienhaufen zu einer größeren strukturellen Einheit; → Sternsystem.

Supernova [von stella nova, lat., ‚neuer Stern'] *f, Plur.* Supernovae, ein Stern, der am Ende seiner Entwicklung durch einen explosionsartigen Vorgang einen großen Teil seiner Masse verliert oder ganz zerstört wird, was mit einer Helligkeitszunahme von z.T. mehr als 20 mag verbunden ist. Die Leuchtkraftsteigerung ist bei einer S. etwa 100000mal größer als bei einer Nova.
Von den im Milchstraßensystem aufgeleuchteten Supernovae wurden bis jetzt nur 12 direkt beobachtet, und zwar alle vor der Erfindung des Fernrohrs, so daß sie nicht eingehend untersucht werden konnten. Nur von drei von ihnen existieren relativ sichere Angaben hinsichtlich der Erscheinungen. Es sind dies die S. im Sternbild Taurus aus dem Jahr 1054, die von chinesischen und japanischen Astronomen beobachtet wurde und fast einen Monat lang selbst bei Tageslicht sichtbar war, der sog. Tychonische Stern, eine ebenfalls mit bloßem Auge am Tageshimmel sichtbare, 1572 von Tycho Brahe im Sternbild Cassiopeia beobachtete S., sowie die Keplersche S., die 1604 von J. Kepler im Sternbild Ophiuchus beobachtet wurde. Alle übrigen der mehr als 700 bisher entdeckten Supernovae gehören extragalaktischen Sternsystemen an. Ihre scheinbaren Helligkeiten waren daher im allg. so gering, daß man sie nur unmittelbar nach dem Helligkeitsmaximum beobachten und kaum eingehend spektroskopisch untersuchen konnte. Eine Ausnahme bildete u.a. die S. 1987A, die am 23.2.1987 in der Großen Magel-

lanschen Wolke aufleuchtete und 24 Stunden später eine scheinbare visuelle Helligkeit von etwa 5^m, im Mai 1987 sogar von $2^m\!\!,8$ erreichte.

Benennung. Die Supernovae werden, wenn sie nicht besondere Namen wie z.B. die Tychonische oder die Keplersche S. tragen, mit der Jahreszahl ihrer Entdeckung bezeichnet, an die ein großer lateinischer Buchstabe von A beginnend angehängt wird, der die Reihenfolge der Entdeckung in dem betreffenden Jahr angibt.

Klassifikation. Supernovae werden in erster Linie nach ihrem optischen Spektrum klassifiziert: Zum Typ I gehören die Supernovae, deren Spektren keine Wasserstofflinien aufweisen, zum Typ II diejenigen mit Wasserstofflinien. Der Typ I wird in drei Gruppen unterteilt: Supernovae vom Typ Ia besitzen eine tiefe Absorptionslinie bei etwa 620 nm, die vom einmal ionisierten Silicium herrührt. Beim Typ Ib tritt diese Linie – mindestens kurz nach dem Helligkeitsmaximum – nicht auf, dafür sind Absorptionslinien vom neutralen Helium vorhanden, die beim Typ Ia sehr schwach sind oder gänzlich fehlen. Der Typ Ic zeigt in den Spektren kurz nach den Maximum weder Silicium- noch Heliumlinien. Viele Monate nach dem Helligkeitsmaximum werden die Spektren der Typ-Ia-Supernovae von Emissionslinien des Eisens und Cobalts dominiert, während die Spektren der Typen Ib und Ic von Emissionslinien der Elemente mittleren Atomgewichts, hauptsächlich des Sauerstoffs und Calciums, beherrscht werden. In den Spektren der Typ-II-Supernovae sind im allg. auch noch lange nach dem Helligkeitsmaximum die Wasserstofflinien vorhanden, sie können nach Monate auch verschwinden und dafür Calcium- und Sauerstofflinien auftauchen, wie z.B. bei der S. 1987K, deren Typ sich von II zu Ib änderte. Die Spektren der Typ-II-Supernovae haben eine größere Vielfalt, doch hat dies nicht zu einer allgemein akzeptierten Unterklassifikation geführt.

Von den Supernovae des Typs Ia wird keine Radiofrequenzstrahlung empfangen, während die vom Typ Ib und Ic als Radioquellen in Erscheinung treten können. Dies gilt auch für die Typ-II-Supernovae, die vielfach wenige Monate nach dem optischen Helligkeitsmaximum im Radiofrequenzbereich beobachtbar sind, wobei das Strahlungsmaximum im Zentimeterwellenbereich liegt.

Die Supernovae unterscheiden sich durch den Helligkeitsverlauf im sichtbaren Spektralbereich: Beim Typ I dauert der Helligkeitsanstieg einige Tage. Er wird von einem raschen Abfall gefolgt, während dem die Helligkeit innerhalb von etwa 30 Tagen um etwa 3 mag abnimmt. Danach verläuft der Helligkeitsabfall weniger steil, aber glatt und linear; die Leuchtkraft nimmt in dieser Phase etwa exponentiell ab und vermindert sich auf jeweils die Hälfte innerhalb von rund 70 Tagen (Abb. 1). Der Verlauf der Lichtkurven ist bei allen Typ-I-Supernovae ziemlich einheitlich. Bei den Supernovae vom Typ II ist die Anstiegszeit zum Maximum anscheinend sehr kurz und liegt bei einigen Stunden bis wenigen Tagen, doch konnte sie bisher nur bei wenigen Sternen genauer verfolgt werden. Der Helligkeitsverlauf nach dem Maximum ist weniger

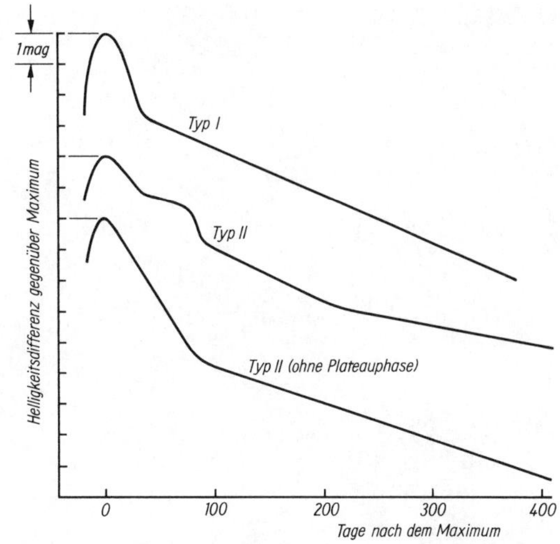

Abb. 1: Typische Lichtkurven von Supernovae. Mitte: Lichtkurve einer Supernova vom Typ II mit Plateauphase

einheitlich, man kann aber zwei Hauptgruppen unterscheiden. Bei einem Teil der Typ-II-Supernovae nimmt in den ersten etwa 50 bis 100 Tagen nach dem Maximum die Helligkeit jeweils um 1 mag innerhalb von rund 20 Tagen ab. Danach wechseln oftmals Phasen mit einem schnellen und einem weniger schnellen Helligkeitsabfall. Bei der häufigeren anderen Gruppe wird etwa zwei Monate nach dem Maximum ein sog. Helligkeitsplateau mit nur geringen Helligkeitsänderungen erreicht, das zwei bis drei Wochen dauert. Der folgende weitere Helligkeitsabfall ist steiler als vor dem Plateau, wird später aber wieder etwas flacher. Bei der S. 1993J folgte auf einen schnellen Helligkeitsabfall nach dem Maximum ein zweiter Helligkeitsanstieg, bei dem fast die Maximalhelligkeit wieder erreicht wurde; die endgültige Helligkeitsabnahme verlief dann wieder normal und linear.

Expansionsgeschwindigkeiten. Aus den Doppler-Verschiebungen der identifizierten Linien kann auf die Bewegung derjenigen Materieschichten, von denen der Hauptteil der empfangenen Strahlung stammt, geschlossen werden. Sie bewegen sich in Richtung auf den Beobachter mit Geschwindigkeiten, die bei den Typ-I-Supernovae während des Helligkeitsmaximums in der Größenordnung von 10000 km/s liegen, doch sind diese Angaben wegen der wenigen gesicherten Spektralmerkmale relativ unsicher. Bei den Typ-II-Supernovae ergeben sich Expansionsgeschwindigkeiten in der Größenordnung von rund 5000 km/s.

Absolute Helligkeiten. Absolute Maximumhelligkeiten lassen sich bei denjenigen Supernovae angeben, die in extragalaktischen Sternsystemen mit bekannten Entfernungen aufleuchten. Die Supernovae vom Typ Ia erreichen eine absolute Helligkeit von im Mittel -19^m mit einer geringen Streuung. Die absoluten Maximumhelligkeiten der Supernovae vom Typ Ib und Ic sind um etwa 1,5 mag geringer. Beim Typ II

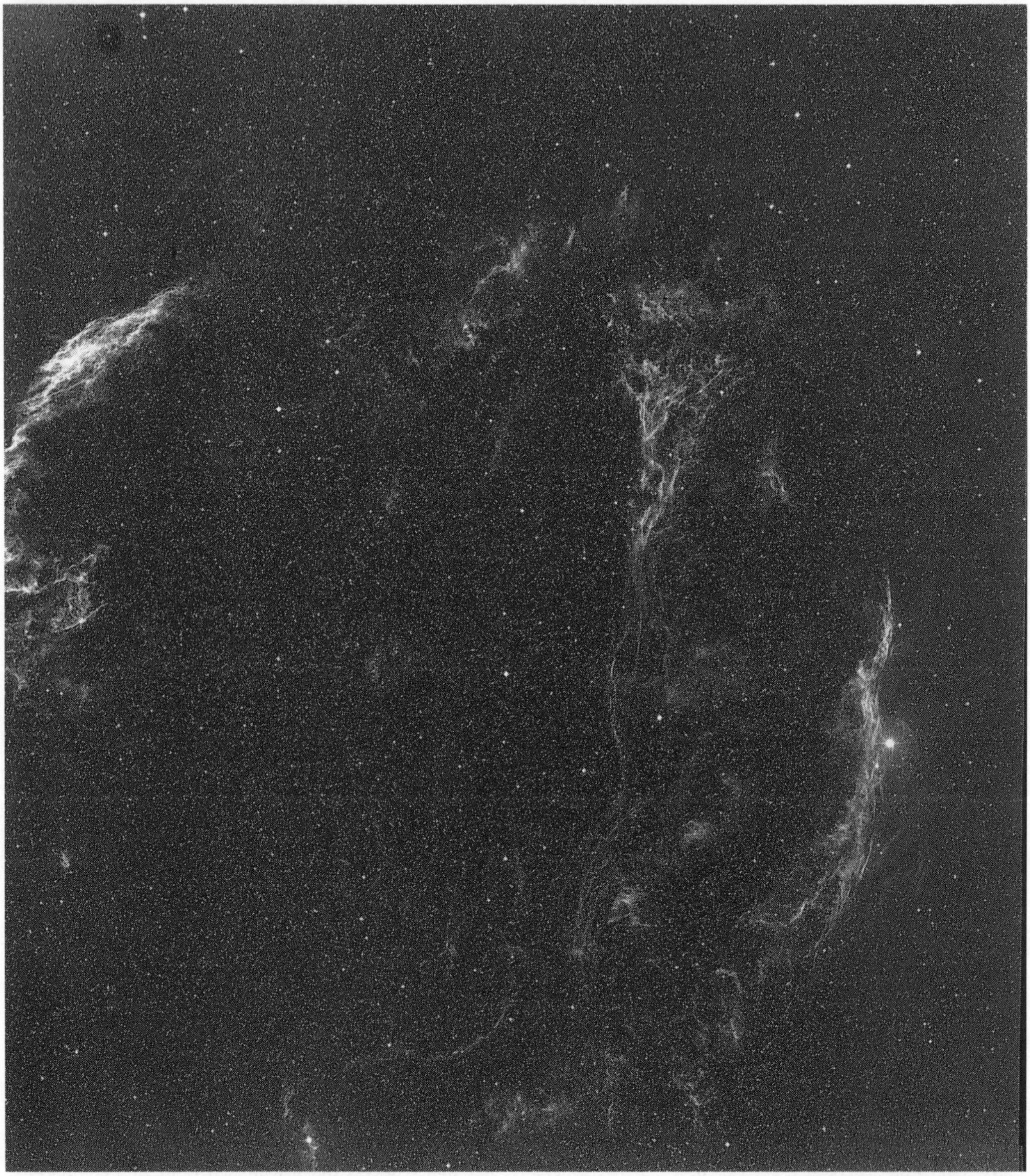

Abb. 2: Der Große Cygnusbogen im Sternbild Cygnus (Schwan). (Aufgenommen mit dem 2-m-Schmidt-Teleskop des Karl-Schwarzschild-Observatoriums Tautenburg)

liegt der Mittelwert bei etwa -17^m; der Streubereich ist relativ groß, die Abweichungen vom Mittelwert können 2 mag und mehr betragen. Die absoluten Helligkeiten der Supernovae sind im Maximum denen ganzer Sternsysteme normaler Sterne vergleichbar.

Die gesamte in Form von elektromagnetischer Strahlung abgegebene Energie beläuft sich bei den Supernovae des Typs Ia auf etwa 10^{43} bis 10^{44} J, bei denen vom Typ II auf rund 10^{42} bis 10^{43} J; nur jeweils ein geringer Teil davon fällt in den sichtbaren Spektralbereich. Die gesamte bei einem Ausbruch freigesetzte Energie ist wesentlich größer als die ausgestrahlte: Die kinetische Energie der abgeschleuderten Gasmassen ist um rund das Zehnfache, die gegebenenfalls von Neutrinos abtransportierte Energie sogar um rund das 100fache größer.

Supernovaüberreste. Die bei einer Supernovaexplosion in den interstellaren Raum geschleuderte Materie ist eine gewisse Zeit nach dem Helligkeitsausbruch als eine Schale expandierenden Gases beobachtbar. Das bekannteste Beispiel ist der Krebsnebel (Abb. Seite 202), der gasförmige Überrest der S. 1054, dessen Expansion direkt gemessen werden kann: Sein scheinbarer Durchmesser wächst pro Jahr um etwa 0,43″. Aus der (als konstant angenommenen) Expansionsgeschwindigkeit und dem jetzigen Winkeldurchmesser ergibt sich das Alter des Nebels zu rund 900 Jahren, so daß kein Zweifel an der Verbindung des Krebsnebels mit dem 1054 an dieser Stelle des Himmels registrierten „Gaststern" besteht. An den Orten aller anderen historischen Supernovae findet man ebenfalls optisch wahrnehmbare expandierende Gasnebel, die – wie der Krebsnebel – auch als Radio- und häufig auch als Röntgenquellen in Erscheinung treten. Der als Großer Cygnusbogen (Abb. 2) bekannte Gasnebel ist der Überrest einer S., die vor rund 300000 Jahren in einer Entfernung von etwa 2500 pc von der Sonne explodierte.

Bei der Explosion einer S. bleibt gegebenenfalls auch ein stellarer Rest in Form eines Neutronensterns übrig. Außer beim Krebsnebel konnten bisher nur bei 5 weiteren gasförmigen Überresten die zugehörigen stellaren Reste, und zwar als Pulsare, nachgewiesen werden, in weit über 100 anderen, als Supernovaüberresten angesehenen Objekten des Milchstraßensystems wurden bisher keine Pulsare gefunden. Das ist mindestens teilweise durch deren geringe Entdeckungswahrscheinlichkeit bedingt; am Ort der Tychonischen und der Keplerschen S. befinden sich aber auch keine normalen Neutronensterne: Die von ihnen ausgehende Röntgenstrahlung wäre mit den gegenwärtigen Instrumenten nachweisbar.

Die von der S. abgeschleuderten Gasmassen prallen mit Überschallgeschwindigkeit auf die umgebende interstellare Materie, wodurch die stoßende und die gestoßene Materie stark komprimiert und auf Temperaturen von etwa 2 bis 15 Mill. K. aufgeheizt wird. Das erhitzte, sich im wesentlichen in einer Kugelschale befindliche Gas strahlt im Röntgenbereich. Die bei den Typ-II-Supernovaüberresten beobachtete Röntgen-, z.T. auch Gammastrahlung ist hingegen Synchrotronstrahlung. Sie stammt mit großer Wahrscheinlichkeit von hochenergetischen Elektronen, die von dem jeweiligen Neutronenstern ausgestoßen werden. Die Röntgensynchrotronstrahlung ist gegenüber der vom stoßgeheizten Gas der Kompressionszone stammenden thermischen Röntgenstrahlung im allg. so stark, daß diese bei den Beobachtungen nicht in Erscheinung tritt. Bei Himmelsdurchmusterungen im Gammabereich wurden Supernovaüberreste gefunden, die vorher weder im sichtbaren noch im Radiofrequenzbereich beobachtet wurden.

Die empfangene Radiofrequenzstrahlung kommt bei den gasförmigen Überresten der Typ-I-Supernovae im wesentlichen aus der mehr oder minder dicken Schale komprimierten Gases, die in der Projektion an die Himmelskugel angenähert als Ring erscheint. Bei den Überresten der Typ-II-Supernovae kommt die Strahlung aus einem geschlossenen, angenähert kugelförmigen Volumen, das in der Projektion als eine relativ homogene strahlende Kreisquelle zu beobachten ist. Die Überreste der Tychonischen (Abb. 3) und der

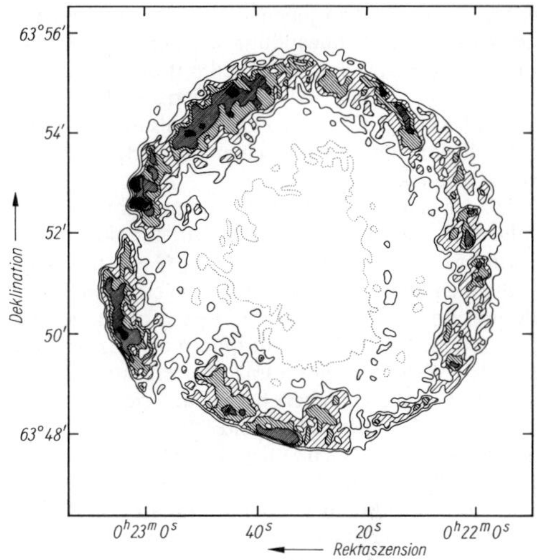

Abb. 3: Tychonische Supernova. Gezeichnet sind Linien gleichen Strahlungsstroms bei der Wellenlänge 6 cm

Keplerschen S. gehören zur ersten Art, der Krebsnebel zur zweiten Art.

Die Radiofrequenzstrahlung ist Synchrotronstrahlung, die von hochenergetischen sich in Magnetfeldern bewegenden Elektronen emittiert wird. Ihr Energieverlust ist so groß, daß nach wenigen Jahren die Elektronen ihre ursprüngliche Bewegungsenergie nahezu vollständig verloren hätten und nicht mehr strahlen könnten, wenn sie nicht ständig nachbeschleunigt würden. Dies geschieht vermutlich bei der Wechselwirkung mit inhomogenen Magnetfeldern, bei der die Elektronen kinetische Energie auf Kosten der Magnetfeldenergie gewinnen. Die Magnetfelder sind wahrscheinlich interstellare Felder, die bei der Kompression des Gases mit komprimiert und damit verstärkt werden. Die Nachbeschleunigung ist dort am effektivsten, wo die Feldstärke am größten ist, was in der gleichen Kugelschale der Fall ist, in der sich auch das durch Stoß aufgeheizte heiße Gas befindet. Bei den Typ-II-Supernovaüberresten wird die Radiofrequenzstrahlung von den gleichen Elektronen emittiert, von denen auch die Röntgensynchrotronstrahlung stammt; diese Elektronen erfüllen ein nahezu kugelförmiges Volumen um den Stern.

Bei radioastronomischen Durchmusterungen wurden im Milchstraßensystem eine Reihe gasförmiger Überreste von Supernovae gefunden, auch solche, deren Ausbruch in historischer Zeit stattgefunden haben muß, aber unbeobachtet blieb. Das trifft z.B. auf die nach der Sonne stärkste Radioquelle des Nordhimmels, Cassiopeia A, zu, die auf eine Supernovaexplosion in der zweiten Hälfte des 17. Jh. in einer Entfernung von rund 3000 pc von der Sonne zurückgeht; der Quellenstruktur zufolge handelte es sich um eine S. des Typs I.

Die in den gasförmigen Resten beobachtete Materie ist sowohl vom Stern abgeschleudertes als auch interstellares Gas, das von jenem bei seiner Ausbreitung (wie von einem Schneepflug) zusammengeschoben wurde und dessen relativer Anteil mit der Zeit immer mehr anwächst. Die jüngsten Überreste bieten die Möglichkeit, die chemische Zusammensetzung der bei der Explosion abgestoßenen ehemaligen stellaren Materie zu untersuchen.

Infolge der beim Aufprall auf die interstellare Materie erfolgenden Abbremsung nimmt die Expansionsgeschwindigkeit des ausgeschleuderten Gases und seine Möglichkeit, die gestoßene Materie zu erhitzen, kontinuierlich ab. Nach etwa 10^6 Jahren dürften sich die physikalischen Verhältnisse in Innern der gasförmigen Reste den Verhältnissen im ungestörten interstellaren Medium so weit angenähert haben, daß sie nicht mehr als Reste einer S. erkennbar sind.

Umgebung der Supernovae. Die extragalaktischen Supernovae der Typen Ib, Ic und II finden sich immer in Spiralsystemen oder irregulären Galaxien, und zwar im allg. in den Spiralarmen oder nahe von HII-Gebieten, also an Orten mit einer hohen Sternentstehungsrate. Diese Supernovae sind offenbar selbst sehr junge Sterne. Die Typ-Ia-Supernovae findet man auch in elliptischen Sternsystemen. Treten sie in Spiralgalaxien auf, so sind die Spiralarme in keiner Weise bevorzugt. Supernovae dieses Typs entstammen offenbar einer Sternpopulation, in der ältere, massearme Sterne vorherrschen.

Man kennt bisher nur von zwei Supernovae den wahrscheinlichen Vorläuferstern, doch nur bei der S. 1987A war er vor dem Ausbruch eingehender untersucht worden. Es handelte sich um einen Blauen Überriesen des Spektraltyps B3, einen massereichen jungen Stern und typischen Vertreter der extremen Population I.

Physikalische Prozesse bei einer Supernovaexplosion. Eine allgemeine Theorie der Supernovaexplosionen existiert bisher noch nicht, was u.a. daran liegt, daß man die in den explodierenden Sternen sich innerhalb von Bruchteilen von Sekunden abspielenden physikalischen Prozesse noch nicht in voller Allgemeinheit berechnen kann. Man hat aber einige begründete Modellvorstellungen entwickelt, die die Beobachtungsergebnisse, insbesondere das Abschleudern eines großen Teils der Sternmasse, den Verlauf der Lichtkurven und die beobachteten Spektren, mindestens qualitativ richtig darstellen können.

Die Vorläufersterne der Typ-Ia-Supernovae sind aller Wahrscheinlichkeit nach Weiße Zwerge mit einer Masse oberhalb von etwa 1,1 Sonnenmassen. Bei der Entstehung der Sterne lag die Masse vermutlich zwischen 4 und 8 Sonnenmassen. Von ihr wurde der größte Teil im Verlauf der Sternentwicklung abgestoßen, und zwar soviel, daß die Masse unter 1,4 Sonnenmassen sank, der kritischen Masse für Weiße Zwerge (→ Weißer Zwerg). Dabei verloren die Sterne vor allem die wasserstoffreichen Außenschichten. Vor dem Supernovaausbruch besteht ein derartiger Stern dann im wesentlichen aus Kohlenstoff und Sauerstoff, den Reaktionsprodukten des im Stern abgelaufenen Heliumbrennens. Ist der Weiße Zwerg Mitglied eines halbgetrennten Doppelsternsystems, fließt ihm von der jeweils anderen Komponente Materie zu. Bei einem hohen Materiezustrom kommt es an der Oberfläche eines massereichen Weißen Zwerges zu kontinuierlich ablaufenden Kernprozessen, bei denen das übergeströmte Material zu Helium oder auch zu Kohlenstoff umgewandelt wird. Infolge des Massegewinns kann die kritische Masse überschritten werden, wodurch der Stern instabil wird und kollabiert. Die freigesetzte potentielle Energie geht in thermische Energie über, die zum Zünden des Kohlenstoffbrennens nahe dem Sternzentrum ausreicht. Dabei wird noch mehr Energie frei und werden weitere Kernprozesse angefacht, die sehr rasch auch die weiter außen liegenden Sternregionen ergreifen; insgesamt durchläuft eine Detonationswelle den gesamten Stern. Die bei den thermonuklearen Prozessen freigesetzte Energie ist rund 20mal größer als die gravitative Bindungsenergie, die den Stern zusammenhält; er wird daher vollständig zerstört, ohne daß ein stellarer Rest zurückbleibt. Bei den Kernprozessen entstehen auch Elemente der Eisengruppe, vor allem das radioaktive Nickelisotop ^{56}Ni. Es wandelt sich mit einer Halbwertszeit von etwa 6 Tagen in Cobalt-56 um, das mit einer Halbwertszeit von 76,8 Tagen in das stabile Eisenisotop ^{56}Fe übergeht. Die in den expandierenden Gasmassen enthaltenen radioaktiven Isotope setzen bei ihrem Zerfall Gammastrahlung frei. Auf Grund des Compton-Effekts wird diese in niederenergetische Röntgen- und Ultraviolettstrahlung degradiert und die dabei gewonnene Energie dem expandierenden Gas zugeführt. Nach Maßgabe der Halbwertszeiten nimmt die verfügbare Gammastrahlung exponentiell, die in Größenklassen gemessene scheinbare Helligkeit, so wie bei den Supernovae des Typs Ia beobachtet, linear ab. Da die Weißen Zwerge vor dem Ausbruch keinen Wasserstoff besaßen, sind auch in den Spektren der Typ-Ia-Supernovae keine Wasserstofflinien zu erwarten. Hingegen würde man auf Grund der Modellvorstellung in den Spektren der Überreste viele und starke Eisenlinien vermuten, was aber z.B. bei der Tychonischen und der Keplerschen S. nicht beobachtet wird. In anderen Resten, z.B. dem der S. des Jahres 1006, sind zwar Eisenlinien vorhanden, doch sind diese recht schwach. Die Ursachen dieses Widerspruchs sind bisher nicht geklärt. Der Ausgangszustand der Vorläufersterne der Typ-Ia-Supernovae ist nach diesem Modell verhältnismäßig einheitlich. Damit sind auch die bei der Explosion ablaufenden Prozesse im wesentlichen gleich, was sich auf die erreichten absoluten Maximumhelligkeiten und die Lichtkurven überträgt, so daß – wie beobachtet – keine starken Streuungen zu erwarten sind. Da bei der Explosion der gesamte Stern zerstört wird, ist das Nichtbeobachten von stellaren Überresten in den gasförmigen Resten der Typ-Ia-Supernovae verständlich.

Der Ausbruch einer S. vom Typ II erfolgt nach den gegenwärtigen Vorstellungen am Ende der Entwicklung eines massereichen Sterns von mindestens etwa 8 Sonnenmassen. Infolge der bis dahin abgelaufenen Kernreaktionen besitzt der Stern eine Art Zwiebelschalenstruktur, bei der die einzelnen Schalen aus den Endprodukten der aufeinandergefolgten Prozesse bestehen (→ Sternentwicklung), wobei die detaillierte

Schichtung von der Sternmasse abhängt. Liegt diese zwischen etwa 8 und 12 Sonnenmassen, besteht die Zentralregion (der „Kern" des Sterns) nach den gängigen Modellrechnungen aus Sauerstoff, Neon und Magnesium, die von einer Schale aus Kohlenstoff und Sauerstoff umgeben ist. An deren Innengrenze findet das Kohlenstoffbrennen statt, bei dem vor allem Neon und Magnesium entstehen, und das für eine Massezunahme der Zentralregion sorgt. Weiter außen schließt sich eine dünne Heliumschale an, an deren Innengrenze Helium in Kohlenstoff und Sauerstoff verwandelt wird. Umgeben ist alles von einer ausgedehnten wasserstoffreichen Hülle. Bei Sternen mit Massen größer als etwa 20 Sonnenmassen führt die Entwicklung zu einer Zentralregion aus Eisen, um die sich eine Schale aus Silicium und Schwefel lagert, die wiederum von einer Sauerstoff-Neon-Magnesium-Schale, einer Kohlenstoff-Sauerstoff-Schale und einer Heliumschale umgeben ist, während alles in einer wasserstoffreichen Außenschicht eingebettet ist. Die Gasdichte in der Zentralregion ist so hoch, daß das Elektronengas dort weitgehend entartet ist; der physikalische Zustand ist dann dem im Innern eines Weißen Zwerges sehr ähnlich.
Der Supernovaexplosion geht bei massereichen Sternen eine Implosion der jeweiligen Zentralregion voraus, die auf unterschiedliche Weise ausgelöst werden kann. Möglicherweise übersteigt infolge der am Rande des Zentralgebiets ablaufenden Kernprozesse dessen Masse die Grenzmasse, bis zu der das entartete Elektronengas das mechanische Gleichgewicht aufrechterhalten kann; die Zentralregion wird dann instabil und kollabiert. Bei den sehr massereichen Sternen kann die zentrale Implosion dadurch ausgelöst werden, daß die Eisenkerne infolge abbauender Kernreaktionen in leichtere Atomkerne zerlegt werden. Dabei wird Energie benötigt, die der inneren Energie des Sterngases entnommen wird. Dies führt zu einer Störung des mechanischen Gleichgewichts, was den Kollaps auslöst.
Unabhängig von der Art seiner Auslösung tritt mit dem Kollaps eine enorme Verdichtung und Temperaturerhöhung der Sternmaterie, damit eine Erhöhung der kinetischen Energie der Gaspartikeln ein. Die Elektronen können dadurch in die Atomkerne eindringen und sich dort mit den Protonen zu Neutronen vereinigen. Bei jeder derartigen Umwandlung wird auch ein Neutrino frei, das Energie mit sich führt. Wegen der sehr geringen Wechselwirkung der Neutrinos mit Materie können diese zunächst den Stern verlassen, bis die Dichte im kollabierenden Gebiet Werte von etwa 10^{11} g/cm^3 erreicht. Die mittlere freie Weglänge der Neutrinos wird dann mit dem Sternradius vergleichbar; es kommt nun zu Wechselwirkungen mit der Sternmaterie, die für die weiteren durch den Kollaps ausgelösten Prozesse wesentlich sind.
Infolge der Umwandlung der Protonen in Neutronen werden die Atomkerne immer neutronenreicher und ihre Ladung sinkt. Die Kerne können dadurch miteinander reagieren und sehr schwere Atomkerne bilden. Erreicht die Dichte im kollabierenden Gebiet Werte von etwa $4 \cdot 10^{11}$ g/cm^3, haben die neuen Kerne so viele überzählige Neutronen, daß sie diese nicht mehr binden können: Die Neutronen beginnen – anschaulich gesprochen – aus dem Kern „herauszutröpfeln". Bei Dichten über $2 \cdot 10^{14}$ g/cm^3 existieren schließlich nur noch freie Neutronen, die dicht gepackt sind: Die innersten Gebiete, die etwa die Hälfte der Masse der kollabierenden Zentralregion enthalten, bilden nun eine Art riesigen Atomkern. Die Materie ist dann außerordentlich inkompressibel und leistet einen extremen Widerstand gegen jegliche Kompression. Die immer noch im Kollaps befindliche übrige Zentralregion prallt auf das plötzlich sehr steif gewordene innerste Gebiet, das dadurch über seinen Gleichgewichtszustand hinaus komprimiert wird. Der Rückschwung in den Gleichgewichtszustand treibt eine Stoßwelle mit einer Geschwindigkeit von etwa 30000 bis 50000 km/s in die äußeren, noch kollabierenden Sternschichten. Auf dem Weg nach außen geht der Stoßwelle infolge verschiedener Prozesse einerseits Energie verloren, andererseits wird ihr auch Energie zugeführt. Sie erhält z.B. Energie aus Kernprozessen, die auf Grund der von der Stoßwelle bewirkten Temperaturerhöhung zusätzlich ablaufen. Entscheidend dürfte aber die Energieübertragung durch die mit der Sternmaterie wechselwirkenden Neutrinos sein. Die Gesamtenergiebilanz der ablaufenden Prozesse läßt sich gegenwärtig noch nicht genau angeben. Die Stoßwelle ist aber insgesamt so energiereich, daß der Kollaps der äußeren Sternschichten gestoppt wird und in eine explosionsartig verlaufende Expansion umschlägt. Das zurückbleibende Zentralgebiet geht in seinen endgültigen Gleichgewichtszustand über, dem eines Neutronensterns; er bildet den stellaren Überrest der S. Seine Masse beträgt weniger als 2 bis 3 Sonnenmassen. Die gesamte übrige Sternmaterie bildet den gasförmigen Überrest. Ist die stellare Restmasse größer als die Grenzmasse von Neutronensternen, würde ein Schwarzes Loch entstehen. Ob diese Möglichkeit eintritt, ist bisher ungeklärt.
Die in einer S. des Typs II ablaufenden physikalischen Prozesse sind bisher in ihren Einzelheiten und ihrem Zusammenspiel noch nicht völlig verstanden. Sicher scheint, daß die zum Abschleudern eines großen Teils der ursprünglichen Sternmasse notwendigen Energiemengen im wesentlichen von der beim Kollaps freiwerdenden potentiellen Energie stammt. Wegen der sehr unterschiedlichen Ausgangssituationen in den Vorläufersternen sind die verfügbaren und die benötigten Energien sehr unterschiedlich, damit auch die von den Typ-II-Supernovae in Form von Strahlung abgegebenen Energien; dies schlägt sich in der relativ großen Variationsbreite der absoluten Helligkeiten im Maximum sowie den unterschiedlichen Lichtkurven nieder.
Die Supernovae des Typs Ib und Ic gehen wahrscheinlich gleichfalls auf Instabilitäten im Innern hochentwickelter massereicher Sterne zurück. Möglicherweise haben die Vorläufersterne dieser Supernovae in ihrer vorangegangenen Entwicklung den größten Teil der wasserstoffreichen Außenschichten (Typ Ib), vielleicht sogar die mit Helium angereicherten Schichten (Typ Ic), infolge eines starken Sternwindes verloren, so daß

in den Spektren der abgeschleuderten Gasmassen keine entsprechenden Linien zu finden sind.

Der Kollaps der Zentralregion vollzieht sich innerhalb weniger Millisekunden. Das sichtbare Supernovaereignis, das mit dem Erreichen der Sternoberfläche durch die Stoßwelle eingeleitet wird, beginnt wegen der von der Welle benötigten Laufzeit beträchtlich später. Der beobachtete anfängliche schnelle Helligkeitsanstieg ist im wesentlichen auf die explosionsartig expandierenden leuchtenden Schichten des Sterns zurückzuführen. Mit fortschreitender Expansion nimmt deren Dichte ab, so daß man in tiefere Regionen hineinsehen kann. Die Hauptmenge der sichtbaren Strahlung kommt daher mit der Zeit aus (in bezug auf die äußere Begrenzung der Gashülle) immer tieferliegenden, langsamer als die Oberfläche expandierenden sowie sich abkühlenden Materieschichten: Die beobachtete Helligkeit nimmt daher nach dem Erreichen eines Maximums wieder ab, und die aus den Spektren der leuchtenden Schichten abgeleiteten Expansionsgeschwindigkeiten sinken. Dieser, auf die sich verändernden optischen Verhältnisse in den expandierenden Gasschichten zurückgehende Helligkeitsabfall wird gefolgt von einem Helligkeitsabfall, der durch den radioaktiven Zerfall bestimmter Elemente, vor allem von Cobalt-56- und Cobalt-57-Kernen, gesteuert wird, die bei den während der Explosion ablaufenden Kernprozessen gebildet werden. Möglicherweise überlappen sich die beiden Phasen bei den verschiedenen Supernovae etwas, was die Unterschiede in den Lichtkurven erklären könnte. Die bei einem Teil der Typ-II-Supernovae beobachtete Plateauphase der Lichtkurve geht wahrscheinlich darauf zurück, daß der in der expandierenden Gashülle enthaltene und durch die Stoßwelle ionisierte Wasserstoff langsam rekombiniert. Dabei wird Energie frei, die dem Gas zugutekommt. Der bei der S. 1993J beobachtete zweite Anstieg der Helligkeit nach dem ersten Abfall war möglicherweise die Folge eines sehr geringen Wasserstoffgehalts des expandierenden Gases: Die optischen Bedingungen in der Hülle veränderten sich ungewöhnlich rasch, damit fiel die scheinbare Helligkeit stark ab, bevor die Aufheizung durch den Zerfall radioaktiver Elemente den erneuten Helligkeitsanstieg bewirkte.

Häufigkeiten. Supernovaexplosionen sind seltene Ereignisse. In einem Sprialsystem leuchten schätzungsweise alle 30 bis 80 Jahre eine S. auf, doch weichen einige Galaxien erheblich von diesem groben Mittelwert ab: In zwei Spiralsystemen wurden innerhalb der letzten 50 Jahre jeweils 4 Supernovae entdeckt, was möglicherweise auf eine dort relative hohe Sternentstehung zurückzuführen ist, bei der auch entsprechend viele massereiche Sterne gebildet werden. Für das Milchstraßensystem nimmt man an, daß im Mittel etwa alle 30 Jahre eine S. aufleuchtet, wobei wahrscheinlich die Supernovae des Typs II häufiger sind als die des Typs Ia. Daß man bisher so wenig direkt beobachtet hat, dürfte im wesentlichen daran liegen, daß die meisten Typ-II-Supernovae als Mitglieder der extremen Population I stark gegen die galaktische Ebene konzentriert sind und sich der Beobachtung entziehen, weil sie hinter dichten insterstellaren Staubwolken verborgen sind.

Globale Auswirkungen von Supernovaexplosionen. Die bei einer Supernovaexplosion in den interstellaren Raum geschleuderten Gasmassen enthalten sowohl Elemente, die in den vorangegangenen Entwicklungsphasen des Sterns gebildet wurden, als auch solche, die erst während der Explosion entstanden sind. Dies trifft vor allem für Elemente zu, die ihre Bildung dem schnellen Neutroneneinfang verdanken (→ Elemententenentstehung). Die Supernovae spielen dadurch für die chemische Entwicklung der Sternsysteme, speziell auch des Milchstraßensystems, die entscheidende Rolle (→ Milchstraßensystem). Die ausgeschleuderten Gasmassen enthalten eine große Menge kinetischer Energie, die bei der Wechselwirkung mit der umgebenden interstellaren Materie auf diese übertragen wird. Supernovae leisten daher einen beträchtlichen Beitrag zur Energiebilanz der interstellaren Materie in einem Sternsystem und beeinflussen deren physikalischen Zustand (→ interstellares Gas).

Die S. 1987A (Abb. 4). Der Ausbruch wurde am 24.2.1987 entdeckt, als die scheinbare Helligkeit der S. schon $6^m\!.4$ erreicht hatte. 24 Stunden später war sie auf etwa 5^m angewachsen, worauf eine etwa 10 Tage dauernde geringe Helligkeitsabnahme einsetzte (Abb. 5). Etwa 90 Tage nach dem Ausbruch wurde das Helligkeitsmaximum mit $2^m\!.8$ erreicht. Der nach dem Maximum zunächst rasche Helligkeitsabfall ging nach etwa 125 Tagen in eine Leuchtkraftabnahme mit einer Halbwertszeit von rund 77 Tagen über, die der von Cobalt-56 genau entsprach. Aus der Strahlungsleistung läßt sich die Gesamtmasse des bei der Explosion erzeugten Cobalt-56 zu 0,07 Sonnenmassen abschätzen. Ab 1991 nahm die Strahlungsleistung im sichtbaren Spektralbereich mit einer Halbwertszeit von etwa 270 Tagen, der vom Cobalt-57, ab. Bei Messungen von Raumstationen aus konnten Gammaquanten, die beim Zerfall von Cobalt-56 und Cobalt-57 entstehen, direkt nachgewiesen werden. Etwa 530 Tage nach dem Helligkeitsmaximum begann in der expandierenden Gasmasse die Bildung von Staubteilchen, die einen Teil der Strahlung absorbieren und als

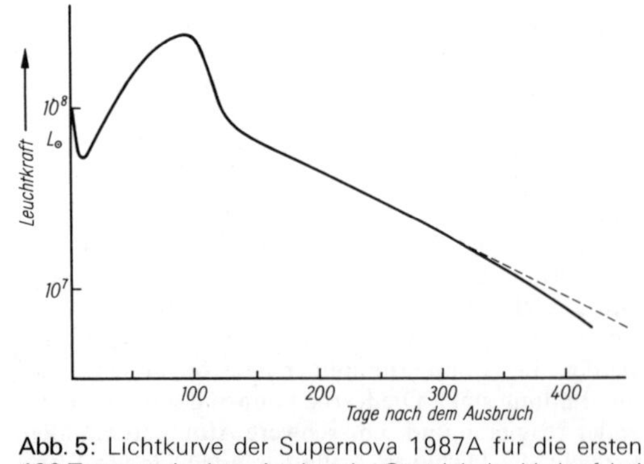

Abb. 5: Lichtkurve der Supernova 1987A für die ersten 400 Tage nach dem Ausbruch. Gestrichelt: Verlauf bei einer konstanten Helligkeitsabnahme. $L_\odot$: Sonnenleuchtkraft

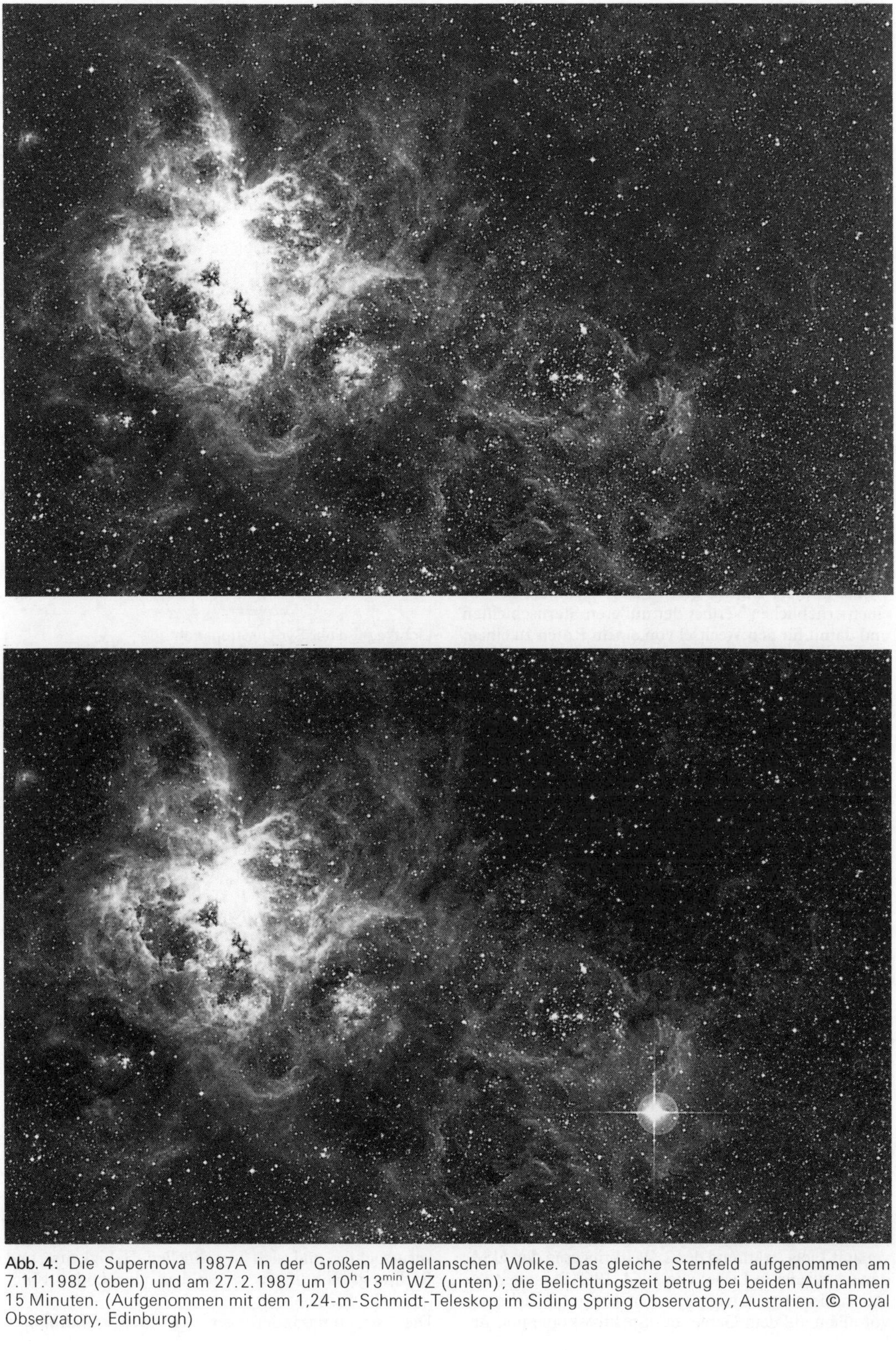

Abb. 4: Die Supernova 1987A in der Großen Magellanschen Wolke. Das gleiche Sternfeld aufgenommen am 7.11.1982 (oben) und am 27.2.1987 um $10^{h}\,13^{min}$ WZ (unten); die Belichtungszeit betrug bei beiden Aufnahmen 15 Minuten. (Aufgenommen mit dem 1,24-m-Schmidt-Teleskop im Siding Spring Observatory, Australien. © Royal Observatory, Edinburgh)

thermische Strahlung im Infrarotbereich reemittieren, was eine zunehmende Verschiebung des beobachteten Strahlungsmaximums in den Infrarotbereich zur Folge hat.
Das Spektrum entsprach dem einer Typ-II-Supernova. Aus der Linienverschiebung der Balmer-Linien des Wasserstoffs ergab sich eine Expansionsgeschwindigkeit kurz nach dem Helligkeitsmaximum von rund 20000 km/s, was den bei Typ-II-Supernovae üblichen Mittelwert erheblich übertraf; die absolute visuelle Maximumhelligkeit von $-16\overset{m}{.}2$ lag hingegen wesentlich unter dem Mittelwert.
Möglicherweise sind diese Abweichungen darauf zurückzuführen, daß der Vorläuferstern ein Blauer und kein Roter Überriese war, entgegen dem, was man bei einem Stern von etwa 20 Sonnenmassen am Ende seiner Entwicklung erwarten würde. Blaue Überriesen haben eine wesentlich höhere mittlere Dichte als rote. Dies führt zu einer stärkeren Absorption der freigesetzten Strahlung und daher zu einer Reduktion der beobachteten scheinbaren Helligkeit. Außerdem ist die Sternmasse erheblich stärker gravitativ gebunden, so daß zum Abschleudern höhere Energiemengen benötigt werden, die nicht zur Ausstrahlung zur Verfügung stehen. Für die Struktur des Vorläufersterns war möglicherweise die etwas andere mittlere chemische Zusammensetzung in der Großen Magellanschen Wolke und ein starker Sternwind wesentlich, der für einen erheblichen Verlust der äußeren Sternschichten und damit für den Wechsel von einem Roten zu einem Blauen Überriesen sorgte.
Bei der S. 1987A konnten zum ersten Mal die bei einer Typ-II-Supernova während des Kollaps der Zentralregion entstehenden Neutrinos nachgewiesen werden. Rund 3,8 Stunden vor der ersten optischen Wahrnehmung wurden innerhalb eines Zeitraumes von 12 s 19 Neutrinos registriert, die mit der Supernovaexplosion in Verbindung standen. Die gegenüber der Kollapszeit der Zentralregion lange Registrierzeit für die Neutrinos ist möglicherweise auf eine geringe Verzögerung infolge ihrer Wechselwirkung mit der Sternmaterie zurückzuführen, oder darauf, daß die einzelnen Neutrinos eine etwas unterschiedliche Geschwindigkeit hatten.
Ein Pulsar wurde bisher am Ort der S. 1987A nicht gefunden, was u.a. daran liegen könnte, daß die die S. umgebende Materie noch zu dicht ist, um Strahlung im sichtbaren Spektralbereich durchzulassen, oder daß die von dem Pulsar ausgehende stark gebündelte Strahlung nicht die Erde trifft.
Superpenumbra, → Sonnenfleck.
Super-Schmidt-Spiegel, → Spiegelteleskop.
Surge [eng., ‚Brandung'] *f*, svw. Spritzprotuberanz.
SU-Ursae-Maioris-Sterne, Untergruppe der → Zwergnovae.
Swings, Pol, belg. Astrophysiker, geb. 24.9.1906 in Ransart, gest. 28.10.1983 in Liège; ab 1932 Professor und Direktor des Instituts für Astrophysik der Universität Liège, während des 2. Weltkrieges in den USA, danach wieder in Liège; von 1964–1967 Präsident der Internationalen Astronomischen Union. S. arbeitete vor allem auf dem Gebiet der Spektroskopie und untersuchte dabei u.a. die Spektren heißer Sterne, Novae, Planetarischer Nebel sowie Kometen.
symbiotische Sterne, → Z-Andromedae-Sterne.
Synchrotronstrahlung, elektromagnetische Strahlung, die von hochenergetischen Elektronen ausgesandt wird, die durch ein Magnetfeld an der geradlinigen Ausbreitung gehindert und auf Spiralbahnen um die Magnetfeldlinien gezwungen werden. Die S. ist eine nichtthermische Strahlung; die ausgestrahlte Energie wird der kinetischen Energie der Elektronen entzogen.
Ein Elektron unterliegt bei der Bewegung in einem Magnetfeld der sog. Lorentz-Kraft, die das Elektron auf eine Kreisbahn bzw. eine Schraubenlinie um die Feldlinien zwingt. Die Energieabstrahlung erfolgt in der augenblicklichen Bewegungsrichtung in einen Kegel hinein, dessen Öffnungswinkel um so kleiner ist, je mehr Energie das Elektron hat (Abb.). Das emittierte Spektrum ist kontinuierlich und polarisiert; mit

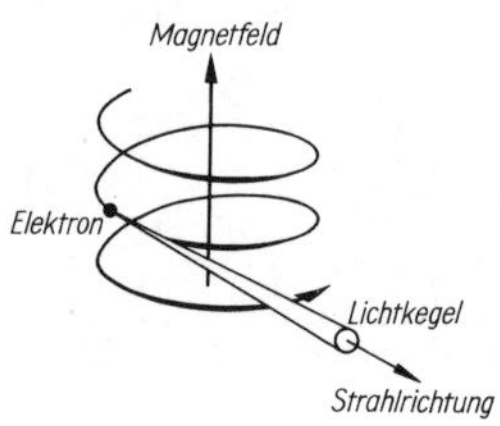

Lichtkegel einer Synchrotronstrahlung

wachsender Magnetfeldstärke und wachsender kinetischer Energie des Elektrons nimmt die Wellenlänge des Intensitätsmaximums ab. Die Polarisationsebene liegt parallel zum Magnetfeld. Wirken viele Elektronen unterschiedlicher Energie zusammen, spiegelt sich deren Energieverteilung in der Intensitätsverteilung der Gesamtstrahlung wider. Da die Zahl der Elektronen mit abnehmender kinetischer Energie im allg. zunimmt, ergibt sich für die beobachtete S. im allg. ein Intensitätsanstieg zu größeren Wellenlängen hin. Von einer thermischen Kontinuumstrahlung läßt sich die S. auf Grund dieses Intensitätsanstiegs sowie der Polarisation der Strahlung unterscheiden (Abb. → Radiofrequenzstrahlung).
Die von kosmischen Quellen empfangene S. hat ihr Intensitätsmaximum vor allem im Radiofrequenzbereich; es existieren aber auch Quellen, von denen S. im sichtbaren und im Röntgen-, sogar im Gammastrahlenbereich empfangen wird.
synodisch [synodion, griech., ‚Zusammentreffen'], auf die Stellung von Sonne und Erde zueinander bezüglich.
Syzygien [syzygia, griech., ‚Zweigespann'], *Sing*. Syzygie, die Zeiten von Neu- und Vollmond; → Mondphase.
Szintillation, ein durch turbulente Luftbewegungen verursachtes und sich in schnellen Helligkeits- und Richtungsänderungen bemerkbar machendes Flimmern der Sterne.
Die Richtungsänderungen (***Richtungsszintillation***,

Luftunruhe, engl. ,*Seeing*') äußern sich in einem Hinundhertanzen des Sternbildes um eine mittlere Lage. Bei längeren Belichtungszeiten wird dadurch das Sternlicht auf das im Vergleich zum Beugungsscheibchen (→Fernrohr) viel größere Szintillationsscheibchen verteilt. Die ***Intensitätsszintillation*** besteht in einem unregelmäßigen Schwanken des vom Stern empfangenen Strahlungsstroms. (Der Ausdruck S. wird z.T. nur noch für die Intensitätsszintillation benutzt.) Beide Szintillationsanteile werden durch Inhomogenitäten (Turbulenzelemente) in der Erdatmosphäre hervorgerufen, die sich mit der Luftströmung bewegen. Sie besitzen geringe Temperatur- und Dichteunterschiede und damit geringe Unterschiede im Brechungsindex gegenüber der Umgebung. Die Größe der Turbulenzelemente liegt bei einigen Zentimetern bis Dezimetern. Verschieben sich diese im Strahlengang, erfährt das Sternlicht Richtungs- und Helligkeitsänderungen, wobei die Richtungsänderungen vorwiegend durch bodennahe Inhomogenitäten in Höhen geringer als etwa 25 m verursacht werden, die Intensitätsänderungen hauptsächlich durch Inhomogenitäten in einigen Kilometern Höhe. Die Stärke der S. ist z.T. schnellen Änderungen unterworfen und von der Wetterlage sowie der Tageszeit abhängig; im allg. ist sie gegen Mittag am stärksten. An Orten mit im wesentlichen stabil geschichteten Luftmassen, z.B. auf Berggipfeln, die über die atmosphärische Inversionsschicht hinausragen, ist die S. im allg. gering. Die Richtungsszintillation setzt dem Auflösungsvermögen erdgebundener Fernrohre eine Grenze: Ihretwegen sind Einzelheiten mit einer wesentlich geringeren Winkelentfernung als 1″ nicht getrennt wahrzunehmen. Mit Hilfe einer adaptiven Optik gelingt es, die Richtungsszintillation mindestens z.T. zu kompensieren (→Spiegelteleskop).
Die Sonne, der Mond und die Planeten zeigen für das bloße Auge keine oder nur eine geringe S., da es sich um Lichtquellen mit einem merklichen Winkeldurchmesser handelt, so daß die Turbulenzelemente sich nicht einzeln, sondern nur in ihrem statistischen Zusammenspiel auswirken. Bei Fernrohrbeobachtungen macht sich die Richtungsszintillation dann durch eine wechselnde Schärfe der Bilder und ein Verschwimmen der Bildränder bemerkbar. Bei visuellen Beobachtungen kann man oftmals mehr Einzelheiten erkennen als z.B. auf Photographien, da das Auge auch die Momente geringer S. erfaßt, während die Photographie nur das integrierte Bild darstellt. Bei horizontnahen Sternen tritt gelegentlich eine ***farbige S.*** auf, da infolge der Dispersionswirkung der Erdatmosphäre das Sternlicht zu einem kleinen Spektrum auseinandergezogen wird, und einzelne Turbulenzelemente nur Teile des Spektrums beeinflussen.
Über die S. der Radioquellen →Radioszintillation.

T

Tafelberg, das Sternbild →Mensa.

Tag, ***1)*** die Zeit zwischen Sonnenaufgang und Sonnenuntergang. Die Tageslänge hängt von der geographischen Breite des Beobachtungsortes und der Jahreszeit ab (Abb.). Am Äquator dauert der T. immer 12 Stunden, an allen anderen Orten ist er je nach Jahreszeit länger oder kürzer und nur zur Tagundnachtgleiche 12 Stunden lang. Der längste T. ergibt sich für Orte nördlicher geographischer Breiten zur Zeit der Sommersonnenwende, um den 21. Juni, der kürzeste zur Zeit der Wintersonnenwende, um den 21. Dezember; für südliche geographische Breiten ist es umgekehrt.
2) der Zeitraum zwischen zwei aufeinanderfolgenden oberen Kulminationen des Frühlingspunktes (→Sterntag) oder zwischen zwei aufeinanderfolgenden oberen Kulminationen ein und desselben Sterns (siderischer T.) oder zwischen zwei aufeinanderfolgenden unteren Kulminationen der Sonne (→Sonnentag).

Tagbogen, der über dem Horizont liegende Teil des von einem Himmelskörper bei seiner scheinbaren täglichen Bewegung beschriebenen Kreisbogens (Abb. →Bewegung der Gestirne).

Tageslichtstrom, ein Meteorstrom, der auf der Tagseite der Erde auftritt und daher optisch nicht beobachtbar ist, wohl aber mit Hilfe der Radio-Echo-Methode.

Tagundnachtgleiche, svw. Äquinoktium.

TAI [Abk. für Temps Atomique International, franz., ,internationale Atomzeit'], →Zeit.

Tangentialpunktmethode, Verfahren zur Bestimmung der differentiellen Rotation des Milchstraßensystems; →Milchstraßensystem.

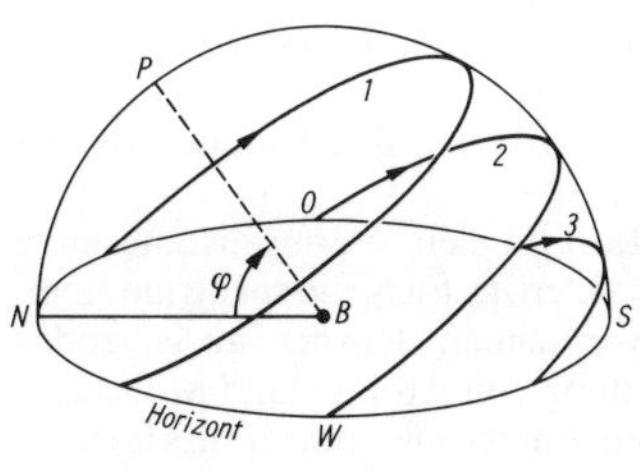

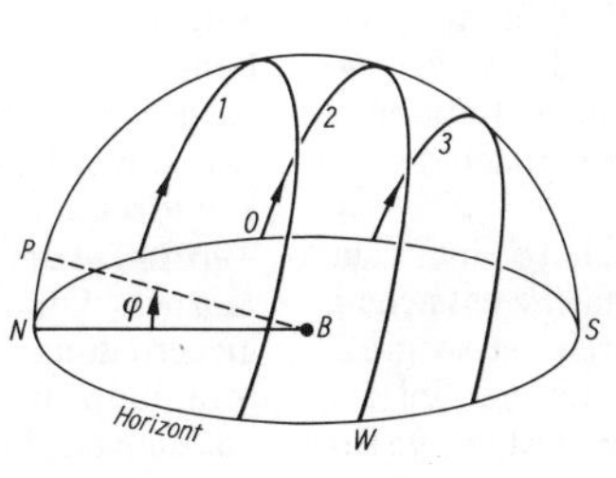

Abhängigkeit der Tageslänge von der geographischen Breite φ des Beobachtungsortes (B) sowie der Jahreszeit. Dargestellt sind die Tagbögen der Sonne zur Zeit der Sommersonnenwende (1), der Tagundnachtgleichen (2) und der Wintersonnenwende (3). P: Himmelsnordpol; N: Nordpunkt; S: Südpunkt; O: Ostpunkt; W: Westpunkt

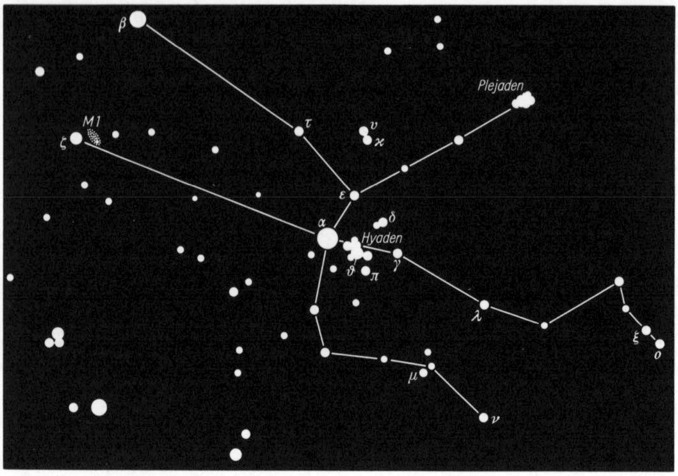

Die hellsten Sterne des Sternbildes Taurus (Stier). Die Sterne links unten gehören zum Sternbild Orion, der hellste von ihnen ist γ Orionis

T-Assoziation, → Sternassoziation.

Tau, Abk. für Taurus.

Taube, das Sternbild → Columba.

Taukappe, → Fernrohr.

Taurus [lat.], *Gen.* Tauri, abg. ***Tau, Stier***, Zeichen ♉, zum Tierkreis gehörendes Sternbild nördlich des Himmelsäquators, das in unseren Breiten im Winter am Abendhimmel sichtbar ist. Der hellste Stern, α Tauri, heißt → Aldebaran. Im T. befinden sich zwei schöne, mit bloßem Auge sichtbare Offene Sternhaufen, die → Plejaden (Siebengestirn) und die → Hyaden, die in der Nähe des Aldebarans stehen. Im östlichen Teil des Sternbildes, im Bereich der Milchstraße, liegt der → Krebsnebel (M 1), der Überrest einer Supernova, der als Radioquelle die Bezeichnung Taurus A trägt. Die Sonne durchläuft bei ihrer scheinbaren jährlichen Bewegung das Sternbild von Mitte Mai bis in die zweite Junihälfte.

Taurus-Strom, Bewegungssternhaufen, zu dem die → Hyaden gehören.

Taygeta *f*, Stern in den → Plejaden mit einer scheinbaren visuellen Helligkeit von $4\overset{m}{.}3$, der Spektralklasse B6 und der Leuchtkraftklasse IV; die T. ist ein heißer Unterriese.

TDT [Abk. für Terrestrial Dynamical Time, engl., ‚terrestrische dynamische Zeit'], → Zeit.

Tektit *m*, ***Glasmeteorit***, kleines rundliches oder längliches Gebilde aus einer glasartigen, schwer schmelzbaren Gesteinsmasse, die zu etwa 75% aus Siliciumdioxid besteht und meist grünlich gefärbt ist. T.e werden nur in bestimmten Gegenden der Erde gefunden; entsprechend dem Fundort spricht man z.B. von ***Moldaviten*** (nach dem Fluß Moldau, Tschech. Republik), ***Australiten*** (Australien) oder ***Billitoniten*** (nach der indones. Insel Billiton, jetzt Belitung).

Die T.e sind Gebilde, die beim Aufschlag eines sehr großen Meteoroiden auf die Erdoberfläche entstehen. Die beim Aufschlag freigesetzte Energie ist so groß, daß die gesamte Meteoroidenmasse und ein Teil der getroffenen Erdkruste explosionsartig verdampft. Bei der Abkühlung der Explosionsgase bilden sich die T.e als Kondensationsprodukte und fallen in der Nähe des Aufschlagortes auf die Erde zurück.

Die im Mondstaub in großer Menge gefundenen glasartigen, meist kugelförmigen tektitähnlichen Gebilde sind wahrscheinlich in gleicher Weise beim Einschlag von Meteoroiden auf der Mondoberfläche entstanden. (Da T.e rein terrestrischen Ursprungs sind, ist die historisch bedingte Bezeichnung „Glasmeteorit" irreführend.)

Tel, Abk. für Telescopium.

Teleskop-Array [array, engl., ‚Anordnung'], eine Anordnung einzelner benachbarter Teleskope zu einem Interferometer oder, bei geeigneter Strahlzusammenführung, zu einem Gesamtteleskop mit einem gemeinsamen Brennpunkt.

Telescopium [griech.-lat.], *Gen.* Telescopii, abg. ***Tel, Fernrohr, Teleskop***, Sternbild des südlichen Himmels, das von unseren Breiten aus nicht sichtbar ist.

Teleskop, ***1)*** ein → Fernrohr; ***2)*** das Sternbild → Telescopium.

Telesto *f*, ein Saturnsatellit. Die T. umläuft auf einer Kreisbahn mit einem Radius von 294660 km in 1 d 21,3 h rechtläufig den Saturn, gegen dessen Äquatorebene die Bahnebene um etwa 1° geneigt ist. Die T. ist ein Zwergsatellit mit unregelmäßiger Form, dessen größter Durchmesser etwa 25 km mißt.

Die T. und die Tethys bewegen sich auf gleichen Bahnen um den Saturn, nur läuft die T. jener voraus, und zwar im Librationspunkt L_4 von der Tethys und dem Saturn.

Hinsichtlich der Einordnung der T. in das System der Saturnsatelliten → Saturn.

Die T. wurde 1980 mit Hilfe der Raumsonde Voyager 1 entdeckt.

Temperatur, ein Maß für den Wärmezustand eines Körpers. Die T. charakterisiert u.a. die spektrale Energieverteilung der von einem Körper ausgehenden Strahlung, die Verteilung von Atomen und Molekülen auf die verschiedenen Anregungs- und Ionisationszu-

stände oder (bei Gasen) die Geschwindigkeitsverteilung der Gaspartikeln.
Zur Temperaturmessung können alle temperaturabhängigen Eigenschaften der Materie herangezogen werden. Im Fall eines idealen thermodynamischen Gleichgewichts führen alle Temperaturbestimmungsmethoden zum gleichen Temperaturwert, bei Abweichungen von diesem Gleichgewicht ist dies nicht notwendig der Fall. Die Eigenschaften der von einem Körper im thermodynamischen Gleichgewicht ausgesandten Strahlung (Schwarze Strahlung, Hohlraumstrahlung) lassen sich in eindeutiger Weise durch mathematische Formeln angeben (→ Strahlungsgesetze). Zur Temperaturbestimmung eines Körpers vergleicht man dann die gemessenen Eigenschaften seiner Strahlung mit den theoretisch zu erwartenden Eigenschaften und ordnet dem Körper den Temperaturwert zu, für den die beste Übereinstimmung zwischen Messung und Theorie besteht. Man kann die Strahlung des Körpers auch direkt mit der eines Schwarzen Strahlers vergleichen, der durch einen Hohlraum mit strahlungsundurchlässigen, auf gleicher, bekannter Temperatur befindlichen Wänden realisiert wird, von dem durch eine kleine Öffnung Strahlung nach außen gelangt.
Die Strahlung emittierenden (oder absorbierenden) astronomischen Objekte befinden sich im allg. nicht im (idealen) thermodynamischen Gleichgewicht. Die abgeleiteten Temperaturwerte sind daher von der benutzten Bestimmungsmethode abhängig (Tab.). Die T. eines Schwarzen Körpers, der je Flächen- und Zeiteinheit die gleiche, über alle Spektralbereiche aufsummierte Energie aussendet wie der untersuchte Körper, bezeichnet man als ***effektive T.*** (Effektivtemperatur) des Körpers. Bei der ***Strahlungstemperatur*** vergleicht man die von dem Körper in einem bestimmten Spektralbereich ausgesandte Strahlungsenergie mit der Energie, die ein Schwarzer Körper im gleichen Spektralbereich emittiert. Reduziert man den zur Messung benutzten Spektralbereich auf ein sehr schmales Wellenlängenintervall (nahezu auf eine einzige Wellenlänge), spricht man von ***Schwarzer T.*** Wählt man zur Temperaturbestimmung nicht die ausgestrahlte Energiemenge, sondern die relative spektrale Verteilung der Energie in einem bestimmten Spektralbereich (Farbbereich), erhält man die ***Farbtemperatur***. Es ist die T., die ein Schwarzer Körper mit der gleichen relativen Energieverteilung im gleichen Spektralbereich wie der zu untersuchende Körper hat. Dabei wird nur die Kontinuumstrahlung zum Vergleich herangezogen, eventuell vorhandene Spektrallinien bleiben unberücksichtigt. Verkleinert man den zur Messung benutzten Spektralbereich auf ein sehr schmales Wellenlängenintervall, geht die Farbtemperatur in die ***Gradationstemperatur*** über. Die ***bolometrische T.***, die die Strahlung in sämtlichen Wellenlängen erfaßt, ist mit der effektiven T. identisch.
Im thermodynamischen Gleichgewicht ist die relative Verteilung der Atome auf die verschiedenen Anregungszustände allein von der T. abhängig. Vergleicht man daher das Verhältnis der Stärke von Spektrallinien, die von den Atomen eines Elements in unterschiedlichen Anregungszuständen, aber dem gleichen Ionisationszustand, ausgehen mit den für unterschiedliche T.en theoretisch berechneten Verhältnissen, läßt sich die T. eines strahlenden oder absorbierenden Gases bestimmen; man erhält die sog. ***Anregungstemperatur***. Werden Linien von Atomen in unterschiedlichen Ionisationszuständen zur Temperaturbestimmung benutzt, benötigt man zusätzlich die Kenntnis der Gasdichte, da der Ionisationszustand sowohl von der T. als auch von der Dichte abhängt; das Ergebnis ist eine ***Ionisationstemperatur***. Die relative Verteilung der Geschwindigkeiten von Gaspartikeln ist im thermodynamischen Gleichgewicht von der T. abhängig (→ Maxwellsche Geschwindigkeitsverteilung). Diese Verteilung läßt sich aus der Doppler-Verbreiterung von Spektrallinien (→ Spektrum) bestimmen, da diese durch die thermische Bewegung der Gaspartikeln hervorgerufen wird. Die so ermittelte T. bezeichnet man als ***kinetische T.*** Kann man mit Hilfe geeigneter Beobachtungen die mittlere kinetische Energie der freien Elektronen in einem Gas bestimmen, erhält man die ***Elektronentemperatur***.
In der Radioastronomie verwendet man vielfach noch die ***Helligkeitstemperatur*** (Äquivalenttemperatur), die in gleicher Weise wie die Strahlungstemperatur definiert ist, nur daß man die Energie bestimmt, die je Flächen- und Zeiteinheit in die Raumwinkeleinheit ausgestrahlt wird. Da die Antenne eines Radioteleskops von der ankommenden Strahlungsenergie nur einen Teil aufnimmt, führt man die sog. ***Antennentemperatur*** ein; sie entspricht der T. eines Schwarzen Körpers, dessen Energieausstrahlung je Sekunde der von der Antenne aufgenommenen Energie gleicht.
Die T. wird in unterschiedlich definierten Gradskalen gemessen. Die im täglichen Leben am meisten benutzte ist die Celsius-Skala, in der die T. in °C (Grad Celsius) angegeben wird. Grundsätzlich kann ein Körper niemals eine niedrigere T. als −273,15 °C haben; man bezeichnet diesen Wert als absoluten Nullpunkt. Für viele Probleme ist es günstiger und einfacher, die Temperaturen (bei gleichen Schrittweiten wie in der Celsius-Skala) vom absoluten Nullpunkt aus zu zählen; die Maßeinheit dieser sog. absoluten T. ist das Kelvin (K); 0 °C = 273,15 K.

Aus der Sonnenstrahlung im optischen Spektralbereich abgeleitete Temperaturwerte

Effektivtemperatur	5770 K
Strahlungstemperatur	
visueller Spektralbereich	6050 K
photographischer Spektralbereich	5895 K
Farbtemperatur, 300 nm–400 nm	4850 K
410 nm–950 nm	7140 K
Ionisationstemperatur	6180 K

Terminator, die Grenze zwischen dem beleuchteten und dem unbeleuchteten Teil der sichtbaren Scheibe des Mondes, eines Planeten oder eines anderen Körpers des Planetensystems.

Terra [lat., ‚Erde, Land'], *f, Plur.* Terrae, Bezeichnung für eine große, kontinentartige Region als ein Strukturelement auf der Oberfläche von Körpern des Planetensystems.

Tessera [lat., ‚Täfelchen'] *f, Plur.* Tesserae, Bezeichnung für ein Gebiet mit sich überkreuzenden Bergketten und Tälern als ein Strukturelement auf der Oberfläche von Körpern des Planetensystems.

Tethys *f*, ein Saturnsatellit. Die T. bewegt sich auf einer Kreisbahn mit einem Radius von 294660 km rechtläufig um den Saturn, gegen dessen Äquatorebene die Bahnebene um etwa 1° geneigt ist. Die Umlaufzeit beträgt 1 d 21,3 h; wegen der gebundenen Rotation ist das zugleich die Rotationsperiode der T. Mit einem Durchmesser von 1048 km und einer Masse von etwa $7{,}6 \cdot 10^{20}$ kg gehört die T. zu den Satelliten mittlerer Größe. Ihre mittlere Dichte beträgt rund 1,2 g/cm³. Die scheinbare visuelle Helligkeit der T. erreicht in Oppositionsstellung $10^{m}_{,}5$.

Die T. dürfte auf Grund ihrer geringen mittleren Dichte zu den eisartigen planetaren Himmelskörpern gehören. Das Oberflächenmaterial besteht wahrscheinlich wesentlich aus Wassereis, worauf die hohe mittlere Albedo von etwa 0,8 hinweist, dem vermutlich Gesteinsteilchen meteoroidischen Ursprungs beigemengt sind. Die gesamte Oberfläche ist dicht mit Einschlagkratern besetzt (Abb.), von denen der größte einen Durchmesser von etwa 400 km hat, was rund 40% des Satellitendurchmessers entspricht; dieser Krater besitzt einen gut ausgebildeten Zentralberg. Charakteristisch für die Oberflächenstruktur ist außerdem ein System von kilometertiefen Tälern und Spalten, das fast 3/4 des Umfangs der T. umspannt, und das eine Breite von rund 100 km hat; es überdeckt fast 10% der gesamten Oberfläche. Das Tälersystem ist möglicherweise beim Aufbrechen einer bereits existierenden Eiskruste entstanden, als auch das Wasser im tiefen Innern des Satelliten gefror. Das Alter der Eiskruste ist recht hoch, wie die große Anzahl von Kratern erkennen läßt.

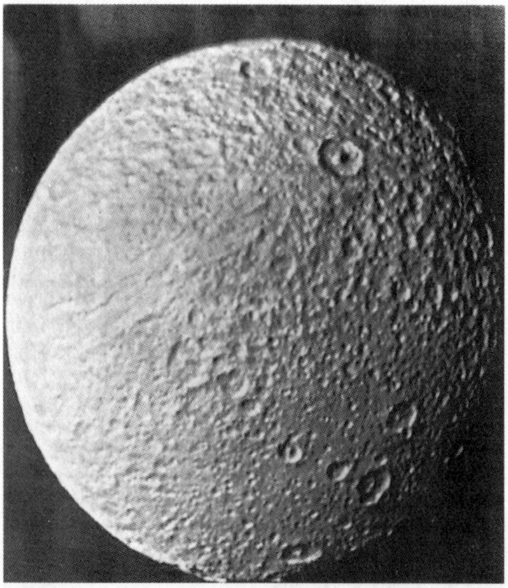

Oberflächendetails des Saturnsatelliten Tethys. (Aufgenommen mit Hilfe der Raumsonde Voyager 2)

Hinsichtlich der Einordnung der T. in das System der Saturnsatelliten → Saturn.

An die T. sind zwei weitere Saturnsatelliten, die Telesto und die Calypso, dynamisch gebunden, die sich in den Librationspunkten L_4 und L_5 von ihr und dem Saturn befinden.

Die T. wurde 1684 von G.D. Cassini (1625–1712) entdeckt.

Thalassa *f*, ein Neptunsatellit. Die T. umläuft in einer Kreisbahn mit einem Radius von 50070 km in 7 h 26 min rechtläufig den Neptun; die Bahnebene ist gegen dessen Äquatorebene um etwa 0,2° geneigt. Die T. ist ein Zwergsatellit mit einem Durchmesser von etwa 80 km.

Hinsichtlich der Einordnung der T. in das System der Neptunsatelliten → Neptun.

Die T. wurde 1989 mit Hilfe der Raumsonde Voyager 2 entdeckt.

Thebe *f*, ein Jupitersatellit. Die T. bewegt sich in einer Ellipsenbahn, deren große Bahnhalbachse 221900 km und deren Exzentrizität 0,013 beträgt, in 16 h 12 min rechtläufig um den Jupiter; die Bahnebene ist gegen dessen Äquatorebene um etwa 0,9° geneigt. Die Umlaufzeit ist wegen der gebundenen Rotation der T. auch deren Rotationsperiode. Die T. hat eine unregelmäßige Form, ihr mittlerer Durchmesser liegt bei rund 100 km. Ihre Oberfläche erscheint sehr dunkel und rötlich gefärbt. Die Färbung ist möglicherweise dadurch verursacht, daß Auswurfmaterial der Io auf der T. abgelagert wurde. Die T. gehört zu den Gesteinssatelliten.

Hinsichtlich der Einordnung der T. in das System der Jupitersatelliten → Jupiter.

Die T. wurde 1979 mit Hilfe der Raumsonde Voyager 1 entdeckt.

Thermosphäre, hochliegende Schicht der Erdatmosphäre, in der die Temperatur mit zunehmender Höhe ansteigt; → Erdatmosphäre.

Tholus [lat., ‚Kuppel'] *m, Plur.* Tholi, Bezeichnung für eine kleine kuppelähnliche Vulkanerhebung als ein Strukturelement auf Körpern des Planetensystems.

Tierkreis, ***Zodiakus***, eine die Himmelskugel umspannende Zone, in deren Mitte die Ekliptik verläuft. Der T. enthält die zwölf ***Tierkreissternbilder***: Aries (Widder), Taurus (Stier), Gemini (Zwillinge), Cancer (Krebs), Leo (Löwe), Virgo (Jungfrau), Libra (Waage), Scorpius (Skorpion), Sagittarius (Schütze), Capricornus (Steinbock), Aquarius (Wassermann) und Pisces (Fische). Das Sternbild Ophiuchus, das ebenfalls von der Ekliptik geschnitten wird, wird traditionsgemäß nicht zu den Tierkreissternbildern gezählt. Ein ***Tierkreiszeichen*** umfaßt einen Abschnitt von 30° der Ekliptikzone, dem eines der Tierkreissternbilder zugeordnet ist.

Hinsichtlich der Zeichen für die einzelnen Tierkreissternbildern → Zeichen.

Tierkreislicht, svw. Zodiakallicht.

Titan *m*, der größte Saturnsatellit. Der T. bewegt sich auf einer elliptischen Bahn mit einer großen Halbachse von 1,221 · 10^6 km und einer Exzentrizität von 0,029 in 15 d 22,9 h rechtläufig um den Saturn; die Bahnebene ist um 0,33° gegen dessen Äquatorebene geneigt. Wegen der gebundenen Rotation des T.s ist die Umlaufzeit gleichzeitig seine Rotationsperiode. Er ist der zweitgrößte Satellit im Sonnensystem; mit einem Durchmesser von 5150 km übertrifft er noch den Planeten Merkur. Die Masse beträgt 1,346 · 10^{23} kg, die mittlere Dichte 1,88 g/cm³. Mit einer scheinbaren visuellen Helligkeit in Oppositionsstellung von etwa $8^m_,3$ ist er der hellste Saturnsatellit.

Bei visuellen Beobachtungen erscheint der T. orangegelb und völlig verschleiert. Er ist von einer dichten Atmosphäre umgeben und nimmt in dieser Hinsicht eine Sonderstellung unter allen Satelliten im Planetensystem ein. Die atmosphärischen Dunstschichten, die einen Durchblick zur Oberfläche verwehren, konzentrieren sich anscheinend in zwei oder drei bevorzugten Höhenniveaus und befinden sich etwa 300 km über der Oberfläche. Die untere Atmosphäre enthält außer dem direkt nachgewiesenen Methan hauptsächlich – was indirekt erschlossen wurde – molekularen Stickstoff und Argon. Der Volumenanteil des Stickstoffs beträgt etwa 82%, der des Argons etwa 11% und der des Methans etwa 6%; molekularer Wasserstoff ist nur mit rund 0,2% vertreten. Mittels Infrarotspektren konnte eine große Anzahl einfacher, in Spuren vorhandener organischer Verbindungen, wie Kohlenmonoxid, Ethan, Propan, Ethin, Methylethin und Cyanwasserstoff, nachgewiesen werden. Die Dunstteilchen bestehen wahrscheinlich aus organischen Verbindungen und dürften das Endprodukt komplexer photochemischer Reaktionen mit Methan als Ausgangsmaterial sein.

Der T. gehört möglicherweise zu einer Mischform von gesteins- und eisartigen planetaren Himmelskörpern, wie die mittlere Dichte erkennen läßt. Wahrscheinlich besteht er aus einem rund 50% der Gesamtmasse ausmachenden Gesteinskern, der von einem etwa 800 km dicken Eismantel umgeben ist. Der hohe Stickstoffanteil in der Atmosphäre geht wahrscheinlich auf die Dissoziation von Ammoniak zurück, das in Eisform bei der Bildung des T.s eine wesentliche Rolle gespielt haben dürfte; vermutlich erfolgte die Ammoniakzersetzung bei einer späteren Teilschmelze des Titankörpers. Die Oberfläche wird bei einer Temperatur von etwa −180 °C von Wassereis und wahrscheinlich von mindestens teilweise flüssigem Methan oder Ethan gebildet. Die Existenz einer festen (oder flüssigen) Oberfläche konnte mit Hilfe der Raumsonden Voyager 1 und 2 nachgewiesen werden; auf sie bezieht sich der angegebene Durchmesser.

Hinsichtlich der Einordnung des T.s in das System der Saturnsatelliten → Saturn.

Der T. wurde 1655 von C. Huygens (1629–1695) entdeckt.

Titania *f*, der größte Uranussatellit. Die T. bewegt sich in einer elliptischen Bahn mit einer großen Halbachse von 435 800 km und einer Exzentrizität von nur 0,002 in 8 d 16,9 h rechtläufig um den Uranus; die Bahnebene ist um 0,14° gegen dessen Äquatorebene geneigt. Wegen der gebundenen Rotation ist die Umlaufzeit der T. gleichzeitig ihre Rotationsperiode. Der Durchmesser beträgt 1600 km, die mittlere Dichte etwa 1,6 g/cm³. In Oppositionsstellung erreicht die T. eine scheinbare visuelle Helligkeit von 14^m.

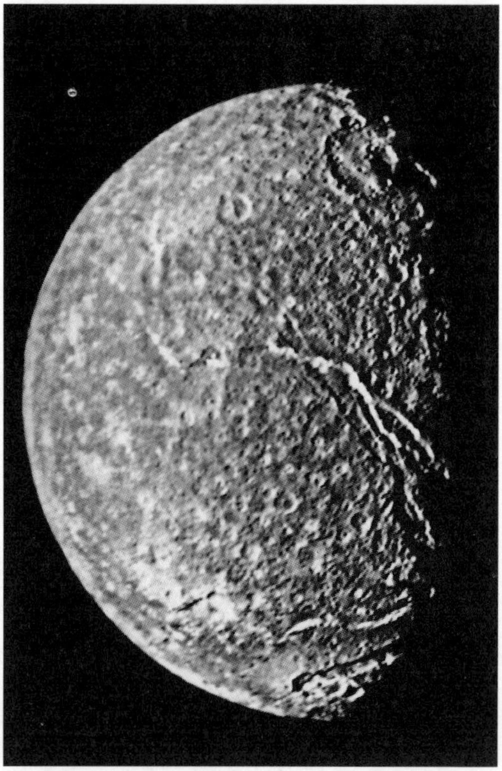

Der Uranussatellit Titania. (Mosaik aus mehreren mit Hilfe der Raumsonde Voyager 2 gewonnenen Aufnahmen)

Genauere Kenntnisse über die Oberflächenbeschaffenheit der T. ergaben erst Beobachtungen mittels der Raumsonde Voyager 2. Danach ist die Oberfläche mit zahlreichen, von hellen Eismassen als Auswurfmaterial umsäumten Einschlagkratern bedeckt, deren größter einen Durchmesser von etwa 300 km hat. Charakteristisch sind viele große, hunderte von Kilometern lange Gräben, von denen der größte sich über 1000 km erstreckt und an manchen Stellen 50 bis 70 km breit ist (Abb.). Die Gräben sind wahrscheinlich bei der Ausdehnung der bereits festen Titaniakruste entstanden, als das noch flüssige Titaniainnere gefror. Die T. gehört zu den eisartigen planetaren Himmelskörpern, wie aus der geringen mittleren Dichte hervorgeht. Infrarotspektren lassen erkennen, daß Wassereis den Hauptbestandteil des Krustenmaterials bildet, wahrscheinlich sind ihm größere Mengen leichtflüchtiger Substanzen, wie Methan und Ammoniak, sowie dunkles Material meteoroidischen Ursprungs beigemengt.

Hinsichtlich der Einordnung der T. in das System der Uranussatelliten → Uranus.

Die T. wurde 1787 von W. Herschel (1738–1822) entdeckt.

Titius-Bodesche-Reihe, ***Abstandsregel, Bodesche Regel***, eine 1766 von dem Mathematiker und Physiker J.K. Titius (1729–1796) empirisch gefundene und später von dem Direktor der Berliner Sternwarte J.E. Bode (1747–1826) allgemein bekannt gemachte mathematische Formel, die die mittleren Abstände der Planeten von der Sonne beschreibt. Danach gilt für die Planetenabstände a (in Astronomischen Einheiten) die Beziehung $a = 0{,}4 + 0{,}3 \cdot 2^n$, in der für den Merkur $n = -\infty$, für die Venus $n = 0$, für die Erde $n = 1$, für den Mars $n = 2$ usw. zu setzen ist. Eine ursprünglich für $n = 3$ vorhandene Lücke wurde durch die Entdeckung der ersten Planetoiden geschlossen. Die Übereinstimmung der nach der Formel berechneten mit den tatsächlichen Planetenabständen ist für Neptun und Pluto sehr schlecht (Tab.). Die Deutung der T.-B.-R. wird im allg. innerhalb der Kosmogonie des Sonnensystems gesucht.

Titius-Bodesche-Reihe

Planet	n	a berechnet	a beobachtet
Merkur	$-\infty$	0,4	0,39
Venus	0	0,7	0,72
Erde	1	1,0	1,00
Mars	2	1,6	1,52
Planetoiden	3	2,8	(2,9)
Jupiter	4	5,2	5,20
Saturn	5	10,0	9,52
Uranus	6	19,6	19,16
Neptun	7	38,3	30,00
Pluto	8	77,2	39,40

topozentrisch [topos, griech., ‚Ort, Stelle'], auf den Beobachtungsort als Mittelpunkt bezüglich.

Totalität, die vollständige Verfinsterung eines Gestirns.

Totalitätszone, das streifenförmige Gebiet auf der Erdoberfläche, von dem aus bei einer Sonnenfinsternis die Sonne total vom Mond verdeckt erscheint.

TrA, Abk. für Triangulum Australe.

Trabant, svw. Satellit.

Transpluto, ein jenseits der Plutobahn zeitweilig vermuteter Planet, der aber nicht gefunden wurde.

Trapez, die vier hellsten Sterne des Mehrfachsterns ϑ Orionis.

Tri, Abk. für Triangulum.

Triangulum [lat.], *Gen.* Trianguli, abg. ***Tri, Dreieck***, Sternbild des nördlichen Himmels, das in unseren Breiten im Winter hoch am Abendhimmel zu sehen ist. Das in diesem Sternbild liegende spiralförmige extragalaktische Sternsystem, der ***Triangulumnebel*** (M 33), kann schon mit einem lichtstarken Feldstecher beobachtet werden.

Triangulum Australe [lat.], *Gen.* Trianguli Australis, abg. ***TrA, Südliches Dreieck***, Sternbild des südlichen Himmels, das von unseren Breiten aus nicht sichtbar ist.

Trigonalschein, → Konstellation.

Tripel-α-Prozeß, Prozeß zur → Energiefreisetzung in Sternen.

Triquetrum [lat., ‚das Dreieckige'] *n*, historisches astronomisches Instrument; → Instrument.

Triton *m*, der innere und größere der beiden von der Erde aus sichtbaren Neptunsatelliten. Der T. bewegt sich in einer Kreisbahn mit einem Radius von 354800 km in 5 d 21,0 h rückläufig um den Neptun, gegen dessen Äquatorebene die Bahnebene um 157° geneigt ist. Wegen der gebundenen Rotation ist die Umlaufzeit des T.s gleichzeitig seine Rotationsperiode. Der Durchmesser mißt 2705 km, die Masse beträgt $2{,}14 \cdot 10^{22}$ kg, die mittlere Dichte 2,07 g/cm³. In Oppositionsstellung erreicht der T. eine scheinbare visuelle Helligkeit von $13^m{,}6$.

Genauere Kenntnisse über die Oberflächenbeschaffenheit ergaben erst Beobachtungen mit Hilfe der Raumsonde Voyager 2. Die geologisch relativ junge Tritonoberfläche besitzt eine Vielfalt unterschiedlicher Geländeformen, von denen einige an vulkanische Calderen erinnern, die durch Überflutungen, Faltungen und Einstürze erheblich verändert wurden. Die „Lava" dieses Vulkanismus dürfte geschmolzenes Krusteneis sein. Wahrscheinlich sorgten geologische Prozesse für das Auslöschen früher vorhandener Einschlagkrater, die gegenwärtig sehr selten sind. Ungeklärt ist der Ursprung von Geländeformationen mit Längsausdehnungen bis zu 400 km, die völlig flach und dunkel erscheinen und helle Ränder haben. Der T. scheint gegenwärtig noch aktiv zu sein, worauf Eruptionswolken hinwiesen, die zur Zeit der Beobachtungen von Voyager 2 aus bis in 8 km Höhe über die Oberfläche reichten und sich in Windrichtung etwa 150 km weit erstreckten. Möglicherweise wird dieser rezente Vulkanismus durch eine auf Gezeitenreibung zurückgehende geringe Erwärmung von unter der Oberfläche befindlichen gefrorenen Stickstoff verursacht, der dabei in den Gaszustand übergeht. Beim explosionsartigen Entweichen der Gase wird dunkleres Krustenmaterial mitgerissen. Die Albedo der Tritonoberfläche ist im Mittel höher als 0,5 und erreicht an der hellen Südpolkappe, die aus gefrorenem Stickstoff mit Beimengungen von Methan bestehen dürfte, etwa 0,9. Die gesamte Oberfläche scheint von einer dünnen, möglicherweise jahreszeitlich wechselnden Stickstoff- und Methaneisschicht sowie geringeren Mengen Kohlendioxideis bedeckt zu sein. Die mittleren Oberflächentemperaturen liegen bei etwa −236 °C.

Der T. besitzt eine dünne Atmosphäre, die im wesentlichen aus Stickstoff mit geringen Mengen Methan besteht. Der Atmosphärendruck an der Tritonoberfläche beträgt etwa 1/70000 des Druckes der Erdatmosphäre an der Erdoberfläche. In etwa 3 bis 6 km Höhe über der Tritonoberfläche befindet sich ein feiner Dunst- oder Wolkenschleier aus vermutlich Stickstoffeisteilchen.

Der T. gehört möglicherweise zu einer Mischform von gesteins- und eisartigen Himmelskörpern, wie seine mittlere Dichte vermuten läßt. Er besitzt wahrscheinlich einen Gesteinskern, dessen Radius rund 60% des

Gesamtradius ausmacht, und der von einem Eismantel umgeben ist.
Der T. ist wahrscheinlich ein vom Neptun eingefangener ursprünglicher Planetoid. Infolge der nach dem Einfang zunächst stark elliptischen Bahn war der Tritonkörper einem dauernd wechselnden Gezeiteneinfluß durch den Neptun ausgesetzt. Die dadurch verursachten Kompressionen und Entspannungen führten zu einer allmählichen Erhitzung und zur mindestens teilweisen Aufschmelze des T.s, was auch die Voraussetzung für den Vulkanismus ist. Gezeitenwechselwirkungen sorgten darüber hinaus für den Übergang der Bahn in die jetzige Kreisform. Möglicherweise ist die rückläufige Bahnbewegung und die große Bahnneigung aber auch die Folge eines fast frontalen Zusammenstoßes des Proto-Tritons mit einem großen anderen Himmelskörper.
Hinsichtlich der Einordnung des T.s in das System der Neptunsatelliten → Neptun.
Der T. wurde 1846 von W. Lassell (1799–1880) entdeckt.

Trojaner, eine Gruppe von Planetoiden, die sich in der Nähe der Librationspunkte L_4 und L_5 von Sonne und Jupiter bewegen. Die Umlaufzeiten und die großen Bahnhalbachsen der T. gleichen der Umlaufzeit und der großen Halbachse des Jupiters; zwischen ihrer Umlaufzeit um die Sonne und der des Jupiters besteht eine 1:1-Resonanz (Abb. → Planetoid). Die tatsächlichen Bahnen der T. relativ zum zugeordneten Librationspunkt können sehr langgestreckt sein, so daß sich ein T. um mehr als 1 AE von ihm entfernen kann (Abb.). Auch die Neigung der Bahnebene gegen die

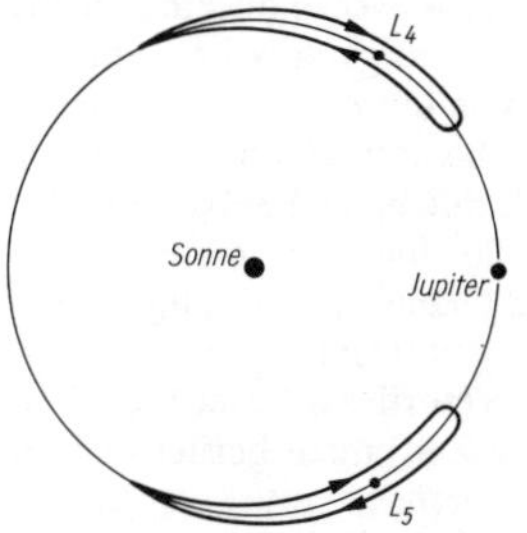

Mögliche Bahnen von Trojaner-Planetoiden bezüglich der Librationspunkte L_4 und L_5 von Sonne und Jupiter

Jupiterbahn kann groß sein; die des Troilus beträgt z.B. 33°. Die Gesamtzahl der T., die einen Durchmesser größer als 15 km haben, wird auf etwa 1000 geschätzt. Einen Durchmesser größer als 150 km haben nur (624) Hektor, (911) Agamemnon, (1437) Diomedes und (617) Patroclus. Bei (624) Hektor könnte es sich auch um ein enges Planetoidenpaar handeln, wie die Helligkeitsvariationen vermuten lassen. Bis Anfang 1994 waren insgesamt 114 T. bekannt, von denen sich 65 nahe des bei der Bewegung um die Sonne vorauseilenden Librationspunkt (L_4) und 49 beim nachfolgenden (L_5) befinden.
Der erste T. wurde 1906 von M. Wolf (1863–1932) entdeckt, der ihm den Namen Achilles gab; seitdem werden alle Planetoiden nahe der Librationspunkte L_4 und L_5 des Sonne-Jupiter-Systems nach Helden des Trojanischen Krieges benannt. Bei L_4 befinden sich u.a. (588) Achilles, (624) Hektor, (659) Nestor, (911) Agamemnon, (1143) Odysseus, (1404) Ajax, (1437) Diomedes, (1583) Antilochus, (1647) Menelaus und (1749) Telamon. Es sind dies alles – bis auf Hektor – griechische Helden. Bei L_5 finden sich u.a. (617) Patroclus, (884) Priamus, (1172) Äneas, (1173) Archises, (1208) Troilus, (1867) Deiphobus und (1870) Glaukos. Dies sind – bis auf Patroclus – Helden aus Troja.

tropisch, auf den Frühlingspunkt bezüglich.

Troposphäre, die unterste Schicht einer Planetenatmosphäre mit der ***Tropopause*** als obere Begrenzung, speziell auch der Erdatmosphäre.

Tscherenkow-Strahlung [nach dem russ. Physiker P.A. Tscherenkow], eine elektromagnetische Strahlung, die von geladenen Teilchen mit Geschwindigkeiten größer als der Lichtgeschwindigkeit im durchsetzten Medium ausgestrahlt wird. Die T.-S. ist eine nichtthermische Strahlung. Sie stellt das optische Analogon zur akustischen Kopfwelle eines sich mit Überschallgeschwindigkeit bewegenden Flugkörpers dar. Die Emission der T.-S. erfolgt in einem engen Kegel in der Bewegungsrichtung der Teilchen.
T.-S. entsteht z.B. beim Eindringen hochenergetischer Gammastrahlung in die Erdatmosphäre, da durch die Wechselwirkung der Gammaquanten mit Atomen der Erdatmosphäre geladene Teilchen erzeugt werden, deren Geschwindigkeit größer als die Lichtgeschwindigkeit in Luft ist.

TT [Abk. für Terrestrial Time, engl., ‚terrestrische Zeit'], → Zeit.

T-Tauri-Sterne, sehr junge massearme Sterne im Vor-Hauptreihenzustand mit einem unregelmäßigen Lichtwechsel. Die T-T.-S. gehören zu mittleren und späten Spektralklassen, in ihren Spektren treten Emissionslinien vor allem vom Wasserstoff und vom einmal ionisierte Calcium auf, z.T. auch „verbotene" Linien. In der spektralen Intensitätsverteilung wird oft ein Infrarotexzeß beobachtet.
Die Form der Spektrallinien läßt bei etwa der Hälfte der T-T.-S. auf einen Materieabfluß in Form eines starken Sternwindes schließen, der z.T. in zwei entgegengerichteten Materiestrahlen erfolgt. Es wird angenommen, daß diese Sterne von optisch dicken, geometrisch aber dünnen Akkretionsscheiben umgeben sind, die einerseits für einen Massezufluß zum Stern, andererseits – eventuell unter Mitwirkung von Magnetfeldern – für einen stark gebündelten Masseabfluß längs der Rotationsachse sorgen; die Abströmgeschwindigkeiten betragen bis zu einigen 100 km/s. Der Infrarotexzeß geht auf die in dem Scheibengas eingebetteten Staubteilchen zurück, die Sternstrahlung absorbieren und die aufgenommene Energie als thermische Strahlung im Infrarotbereich reemittieren. Die T-T.-S. mit relativ schwachen Emissionslinien haben wahrscheinlich keine ausgeprägte Akkretionsscheibe.
Im Hertzsprung-Russell-Diagramm befinden sich die Bildpunkte der T-T.-S. rechts von der Hauptreihe. Der

Lichtwechsel steht wahrscheinlich mit Instabilitäten in Verbindung, die bei Sternen im Vor-Hauptreihenzustand auftreten. Möglicherweise besitzen die Sterne auch Oberflächenregionen mit großen Unterschieden in der Flächenhelligkeit, die bei einer Rotation der Sterne zum Lichtwechsel mit beitragen. Das photometrische Verhalten der T-T.-S. gleicht dem der → Orion-Veränderlichen, von denen sie eine Untergruppe bilden. In der Typeinteilung der Veränderlichen tragen sie die Bezeichnung InT.
Die T-T.-S. gehören zur extremen Population I. Bei der in der Umgebung vieler T.-T.-S. beobachteten interstellaren Materie handelt es sich möglicherweise um die Reste der interstellaren Wolken, aus denen die Sterne hervorgegangen sind.
Die T-T.-S. treten vorzugsweise in Gruppen, den T-Assoziationen, auf. Bisher sind rund 115 T-T.-S. bekannt.

Tubus *m*, → Fernrohr.

Tuc, Abk. für Tucana.

Tucana, *Gen.* Tucanae, abg. ***Tuc***, ***Tukan***, Sternbild des südlichen Himmels, das von unseren Breiten aus nicht sichtbar ist. In diesem Sternbild liegt die Kleine Magellansche Wolke.

Tukan, das Sternbild → Tucana.

Tully-Fisher-Beziehung [nach den nordamerikan. Astrophysikern R.B. Tully und J.R. Fisher], empirische Beziehung zwischen der absoluten Helligkeit eines spiralförmigen extragalaktischen Sternsystems und seiner Rotationsgeschwindigkeit, für die die Halbwertsbreite der 21-cm-Linie, die von den in dem Sternsystem befindlichen neutralen interstellaren Wasserstoffatomen ausgestrahlt wird, ein Maß ist. Je leuchtkräftiger und damit je massereicher ein Sternsystem ist, um so größer ist die maximale Rotationsgeschwindigkeit in ihm und damit die Halbwertsbreite der 21-cm-Linie. Die T.-F.-R. dient zur Entfernungsbestimmung extragalaktischer Sternsysteme (→ Parallaxe).

Turbulenz, eine Strömungsform in Flüssigkeiten oder Gasen, bei der im Gegensatz zur laminaren Strömung Wirbelbewegungen auftreten, so daß die Geschwindigkeit und der Druck völlig unregelmäßig und sehr rasch um Mittelwerte schwanken.

Turmteleskop, Instrument zur → Sonnenbeobachtung.

Tychonischer Stern, die im Jahre 1572 von dem dän. Astronomen Tycho Brahe (1546–1601) beobachtete und beschriebene Supernova im Sternbild Cassiopeia.

U

Übergangsschicht, der durch einen starken Temperaturanstieg charakterisierte, zwischen der Chromosphäre und der Korona liegende Bereich einer Sternatmosphäre; speziell in der Atmosphäre der → Sonne.

Überlichtgeschwindigkeit, eine die Lichtgeschwindigkeit übertreffende Geschwindigkeit.
Für die Phasengeschwindigkeit c_p, mit der sich gleiche Schwingungszustände (Phasen) einer elektromagnetischen Welle in einem Medium mit der Brechzahl n ausbreiten, gilt $c_p = c/n$, wenn c die Lichtgeschwindigkeit im Vakuum bedeutet, die nach der Speziellen Relativitätstheorie von materiellen Teilchen nicht überschritten werden kann. In einem Medium ist die Brechzahl immer größer als Eins und die Phasengeschwindigkeit (medienbedingte Lichtgeschwindigkeit) kleiner als die Vakuumlichtgeschwindigkeit, so daß sich ein materielles Teilchen in einem Medium auch mit Ü. bewegen kann, ohne die Vakuumlichtgeschwindigkeit zu überschreiten. Mit Ü. sich bewegende elektrisch geladene Teilchen senden Tscherenkow-Strahlung aus.
Bei dicht benachbarten extragalaktischen Radioquellen werden gelegentlich relative Ortsveränderungen an der Himmelskugel beobachtet, die den Eindruck hervorrufen, als würden sich die beiden Quellen mit Ü., und zwar einem Vielfachen der Vakuumlichtgeschwindigkeit, relativ zueinander bewegen. Der Effekt kommt dadurch zustande, daß sich die Quellen nahezu längs der Sichtlinie bewegen, wobei die eine Quelle sich uns mit fast Lichtgeschwindigkeit nähert, die andere in gleicher Weise sich von uns entfernt. Wegen der endlichen Ausbreitungsgeschwindigkeit der Strahlung benötigt diese bis zur Ankunft beim Beobachter von der sich entfernenden Quelle eine ständig zunehmende, von der sich nähernden Quelle eine ständig abnehmende Zeit. Falls dies bei der Berechnung der Relativgeschwindigkeit der Quellen (zurückgelegter Weg dividiert durch die verstrichene Zeit) nicht berücksichtigt wird, ergibt sich ein zu großer Zahlenwert, der formal größer als die Vakuumlichtgeschwindigkeit sein kann.

Überriese, ein Stern mit einem sehr großen Durchmesser, dessen Bildpunkt im Hertzsprung-Russell-Diagramm über dem Riesenast liegt; die Ü.n bilden die Leuchtkraftklasse I.

Überschallgeschwindigkeit, eine die Schallgeschwindigkeit übertreffende Geschwindigkeit. Die Schallgeschwindigkeit hängt von den physikalischen Eigenschaften eines Körpers oder eines Gases ab, u.a. von der Dichte und der Temperatur, und liegt für feste Körper in der Größenordnung von etwa 2 bis 3 km/s, für interstellares Gas aus atomarem Wasserstoff mit einer Temperatur von 100 K bei rund 1 km/s. Beim Aufschlag eines Körpers mit Ü. auf einen anderen oder beim Eindringen in eine Gaswolke mit Ü. sowie beim Aufeinanderprallen zweier Gaswolken mit Ü. entsteht jeweils eine Stoßwelle, in der eine starke Materieverdichtung und Aufheizung erfolgt; Bewegungsenergie geht dabei in thermische Energie über.

UBV-System, → Farbsystem.

U-Geminorum-Sterne, Untergruppe der Zwergnovae.

U-Helligkeit, eine auf den U-Bereich des UBV-Systems bezogene Helligkeit.

Uhr, ***Chronometer***, eine Vorrichtung zur Zeitmessung. Mit einer U. wird ein periodischer Vorgang beobachtbar gemacht, indem zur Steuerung ein mechanisches Getriebe (mechanische U.) oder eine elektronische Anordnung (elektronische U.) genutzt wird. Derartige periodische Vorgänge können u.a. die Schwingungen eines Pendels (Pendeluhr), eines Quarzkristalls (Quarzuhr) oder die Eigenschwingungen von Atomen oder Molekülen (Atomuhr, Moleküluhr) sein. Je genauer die Periode des Vorganges eingehalten wird, um so größer ist die Ganggenauigkeit der U. Mit Atomuhren (Atomzeitnormalen) lassen sich relative Genauigkeiten von etwa 10^{-14} erreichen.
Die Rotation der Erde ist ein periodischer Vorgang, der im allg. der Zeiteinteilung zugrunde liegt (→ Zeit). Diese kann nur mit Hilfe astronomischer Beobachtungen festgelegt werden, doch beschäftigen sich nur noch wenige Sternwarten mit derartigen Zeitbestimmungen. Sie dienen auch weniger der Kontrolle von U.en als vielmehr der Kontrolle der Erdrotation, da die Ganggenauigkeit moderner Atomuhren höher als die der rotierenden Erde ist. Von den Atomzeitnormalen werden die über Rundfunksender ausgestrahlten Zeitzeichen gesteuert.
Die ältesten U.en sind ***Sonnenuhren***, bei denen die durch die Erdrotation bedingte Stellung der Sonne an der Himmelskugel zur Zeitanzeige genutzt wird. Eine Sonnenuhr besteht aus einem Schattenwerfer, der im allg. parallel zur Erdachse montiert ist, und einer mit einer Stundeneinteilung versehenen Fläche, auf die der Schatten fällt. Da der Schatten dem Lauf der Sonne folgt, zeigt eine Sonnenuhr wahre (Orts-)Sonnenzeit an, normale U.en hingegen Zonenzeit, also eine auf einen bestimmten geographischen Meridian bezogene mittlere Sonnenzeit. Die Reduktion von mittlerer Ortssonnenzeit auf Zonenzeit wird im allg. bereits in der Teilung des Zifferblattes berücksichtigt. Die Anzeige einer Sonnenuhr weicht daher von der normaler U.en nur noch um die Differenz zwischen wahrer und mittlerer Ortssonnenzeit ab, was je nach Jahreszeit aber bis zu mehr als 15 Minuten ausmachen kann (→ Zeitgleichung).

Ultrastrahlung, svw. Kosmische Strahlung.

Ultraviolettbereich, das Gebiet im elektromagnetischen Spektrum, das sich an den kurzwelligen (violetten) Teil des sichtbaren Spektrums nach kleineren Wellenlängen hin bis zum Röntgenbereich anschließt, und das das Wellenlängenintervall zwischen etwa 400 und 10 nm umfaßt. Der Wellenlängenbereich von 100 bis 10 nm wird gelegentlich als extremes Ultraviolett bezeichnet. Ultraviolette Strahlung ist nicht sichtbar.

Ultraviolettexzeß, der Strahlungsüberschuß eines leuchtenden Körpers im ultravioletten Spektralbereich gegenüber einer als normal angesehenen Vergleichslichtquelle.

UMa, Abk. für Ursa Maior.

Umbra [lat., ‚Schatten'] *f*, das dunkle Kerngebiet eines Sonnenflecks.

Umbriel *m*, ein Uranussatellit. Der U. bewegt sich in einer elliptischen Bahn mit einer großen Halbachse von 266000 km und einer Exzentrizität von 0,005 in 4 d 3,5 h rechtläufig um den Uranus. Die Bahnebene ist um 0,36° gegen dessen Äquatorebene geneigt. Wegen der gebundenen Rotation ist die Rotationsperiode des U.s gleich seiner Umlaufzeit. Der Durchmesser des U.s beträgt 1190 km, die mittlere Dichte etwa 1,4 g/cm³. In Oppositionsstellung erreicht er eine scheinbare visuelle Helligkeit von $15^{m}{,}3$.
Kenntnisse über die Oberflächenbeschaffenheit ergaben erst Beobachtungen von der Raumsonde Voyager 2 aus. Die Oberfläche des U.s ist dicht mit Einschlagkratern übersät, die größten haben Durchmesser von mehr als 100 km. Der U., der auf Grund seiner relativ geringen mittleren Dichte zu den eisartigen planetaren Himmelskörpern zählt, besaß anscheinend nie eine große tektonische Aktivität, da entsprechende lineare Strukturen, wie Gräben oder Verwerfungen, kaum vorhanden sind. Nur einige wenige helle Stellen auf der sonst relativ dunklen Oberfläche, deren mittlere Albedo nur 0,19 beträgt, lassen auf eine gewisse innere Aktivität schließen. Wahrscheinlich handelt es sich um Eisfreilegungen.
Hinsichtlich der Einordnung des U.s in das System der Uranussatelliten → Uranus.
Der U. wurde 1851 von W. Lassell (1799–1880) entdeckt.

UMi, Abk. für Ursa Minor.

Umlaufzeit, die von einem Himmelskörper benötigte Zeit, um einen anderen zu umlaufen. Bei ein und demselben Himmelskörper ergeben sich unterschiedliche U.en, je nachdem auf welchen Bezugspunkt man die Vollendung eines Umlaufs bezieht. Bei der Bewegung der Planeten um die Sonne ist z.B. zwischen der siderischen und der synodischen U. (→ Planet), bei der Bewegung des Mondes um die Erde noch zwischen der tropischen, der anomalistischen und der drakonitischen U. zu unterscheiden (→ Monat). Die U. der Erde um die Sonne heißt Jahr, die des Mondes um die Erde Monat.

Ungleichung, ***Ungleichheit***, eine der Ungleichmäßigkeiten in der Bewegung des Mondes um die Erde; → Mondbewegung.

Universalinstrument, → Winkelmeßinstrument.

Untergang, der Augenblick des Verschwindens eines Gestirns unter dem Horizont infolge der scheinbaren täglichen Bewegung des Gestirns am Himmel. Über Besonderheiten beim U. → Aufgang.

Unterriese, ein Stern, dessen Bildpunkt im Hertzsprung-Russell-Diagramm zwischen der Hauptreihe und dem Riesenast liegt; die U.n bilden die Leuchtkraftklasse IV.

Unterzwerg, ein Stern, dessen Bildpunkt in einem Hertzsprung-Russell-Diagramm mit der Spektralklasse als Abszisse etwa 1 bis 2 mag unterhalb der Hauptreihe liegt, aber fast genau auf ihr, wenn als Abszisse die Effektivtemperatur gewählt wird. Der Effekt ist durch die im Vergleich zum Mittel der Hauptreihensterne wesentlich geringere relative Häufigkeit der schweren Elemente in den Atmosphären der U.e verursacht: Bei gleicher Effektivtemperatur ist die Stärke der Absorptionslinien in den Spektren der U.e geringer als bei den Hauptreihensternen. Bei der Spektralklassifikation werden die U.e daher einer früheren Spektralklasse zugeordnet, als es ihrer Effektivtemperatur entspricht; ihre Bildpunkte liegen dadurch links neben der Hauptreihe.

Urania [lat., ‚die Himmlische'], in der griech. Mythologie die Muse der Astronomie.

Uranus *m*, der sonnennächste der nicht schon im Altertum bekannten Planeten, Zeichen ♅.

Der U. bewegt sich mit einer mittleren Geschwindigkeit von 6,84 km/s in 83,75 Jahren (siderische Umlaufzeit) rechtläufig um die Sonne. Er durchläuft eine Ellipsenbahn mit einer großen Halbachse von 2883 Mill. km und einer Exzentrizität von 0,0462; die Uranusbahnebene ist um 46′ 21″ gegen die Erdbahnebene geneigt. Die Entfernung des U. von der Sonne schwankt zwischen 18,36 AE im Perihel und 20,18 AE im Aphel, sie beträgt im Mittel 19,27 AE. Seine Entfernung von der Erde ist von der jeweiligen Stellung der beiden Planeten in ihren Bahnen abhängig und variiert zwischen 2590 Mill. und 3140 Mill. km; entsprechend ändert sich der scheinbare Durchmesser (Winkeldurchmesser) des U. zwischen etwa 4,6″ und 3,8″. Die synodische Umlaufzeit beträgt im Mittel 369,6 Tage. Der U. erreicht eine scheinbare visuelle Helligkeit von maximal $5^m_,5$, so daß er mit bloßem Auge gerade noch zu sehen ist.

Sichere Werte für den Durchmesser und die Rotationsperiode ergaben erst Beobachtungen von Raumsonden aus, da von der Erde aus derartige Bestimmungen wegen der Kleinheit der Planetenscheibe sehr schwierig sind. Der Äquatordurchmesser beträgt 51118 km, fast das Vierfache des Erddurchmessers. Der Poldurchmesser ist um rund 1200 km geringer, die Abplattung beläuft sich auf 0,022. Der U. hat eine differentielle Rotation: In der planetographischen Breite von etwa 27° beträgt die Rotationsperiode der sichtbaren Wolkenschichten 16,9 Stunden, in etwa 40° Breite 16,0 Stunden. Die Rotationsachse des U. liegt fast in der Ebene seiner Bahn um die Sonne, die Neigung der Äquatorebene gegen die Bahnebene beträgt 98°; die Rotation ist rückläufig. Der U. hat eine Masse von 14,50 Erdmassen. Seine mittlere Dichte ist mit 1,30 g/cm^3 viel kleiner als bei den erdartigen Planeten, aber deutlich größer als die vom Jupiter und vom Saturn.

Von der Erde aus sind keine Einzelheiten auf dem U. zu erkennen, auch Nahaufnahmen mit Hilfe der Raumsonde Voyager 2 zeigten eine fast völlig einheitliche, matt grünlich getönte Wolkendecke mit nur vereinzelten Wolkenstrukturen. Die Albedo der Uranuswolken ist mit 0,81 sehr hoch. In der Uranusatmosphäre herrschen in Höhe der sichtbaren Wolken starke in Rotationsrichtung (ostwärts) wehende Westwinde mit Geschwindigkeiten bis zu 200 m/s. Die Ursachen für die hohen Windgeschwindigkeiten sind unbekannt. Ein markantes Windmuster wie in der Saturn- oder der Jupiteratmosphäre existiert anscheinend nicht.

Die Uranusatmosphäre besteht der Masse nach zu rund 85% aus molekularem Wasserstoff und etwa 15% Helium; außerdem wurden Methan und geringe Mengen Acetylen gefunden. Die Wolken bestehen wahrscheinlich aus Methaneiskristallen, die sich in einem Höhenniveau mit Temperaturen von etwa −190 °C befinden. In der rund 40 km höher liegenden Tropopause mit einem Temperaturminimum von rund −220 °C wurden Nebelschwaden beobachtet, bei denen es sich möglicherweise um Acetylen- und Ethandunst handelt. Über der Tropopause steigt die Temperatur wieder an; in einer ausgedehnten Wasserstoffhülle um U. wurden Temperaturen bis zu 470 °C gemessen.

Das Magnetfeld des U. besitzt an der Wolkenobergrenze mit etwa $2{,}5 \cdot 10^{-5}$ Tesla nahezu der Stärke des Erdfeldes an der Erdoberfläche, das erzeugende magnetische Moment ist aber etwa 50mal größer als bei der Erde. Die Feldorientierung ist entgegengesetzt zu der des Erdfeldes. Die Neigung der Magnetfeldachse gegen die Rotationsachse ist mit etwa 60° sehr groß und übertrifft erheblich die bei anderen Planeten. Das Magnetfeld kann angenähert als ein Dipolfeld beschrieben werden, dessen Mittelpunkt um etwa 0,3 Uranusradien gegen den Mittelpunkt des Uranuskörpers verschoben ist. Das Magnetfeld ist an das Uranusinnere gekoppelt und wird bei dessen Rotation mitgeschleppt, die Rotationsperiode beträgt 17,24 Stunden. Das Uranusinnere bleibt also hinter der schneller rotierenden Atmosphäre zurück. Der U. ist von einer Magnetosphäre umgeben, dessen Grenze auf der der Sonne zugewandten Seite sich in einer Entfernung von mindestens 10 Uranusradien befindet, in der Gegenrichtung dürfte sich der Magnetosphärenschweif wesentlich weiter in den Raum erstrecken.

Der innere Aufbau des U. ist weitgehend unbekannt, doch existieren Modellvorstellungen, die im wesentlichen auf kosmogonischen Überlegungen basieren und speziell die Entstehung der weitab von der Sonne befindlichen Planeten betreffen (→Kosmogonie). Danach könnte der U. einen Schalenaufbau besitzen (Abb. 1), bei dem ein Gesteinskern von etwa 4 Erdmassen von einer flüssigen, elektrisch leitfähigen Materieschicht (einem „Ionenozean") aus Wasser, Ammoniak und Methan umgeben ist, die sich möglicherweise zwischen etwa 0,3 und 0,7 Uranusradien erstreckt. Im Sonnennebel waren diese Stoffe in der Entfernung des jetzigen U. von der Sonne gefroren, im Uranusinnern sind sie wahrscheinlich flüssig und ionisiert, teilweise auch dissoziiert. An der Obergrenze der Schicht existiert wahrscheinlich ein abrupter Übergang zu einer äußeren, hauptsächlich aus Wasserstoff und Helium bestehenden Materieschale. Wahrscheinlich sind die Temperatur- und Dichteverhältnisse in ihr so, daß keine klare Phasengrenze zwischen dem flüssigen und dem gasförmigen Zustand, demzufolge auch keine wohldefinierte Oberfläche existiert, die das Uranusinnere von seiner Atmosphäre trennt.

Uranusringe. Der U. besitzt 10 sehr schmale Ringe, von denen 9 von der Erde aus beobachtbar sind.

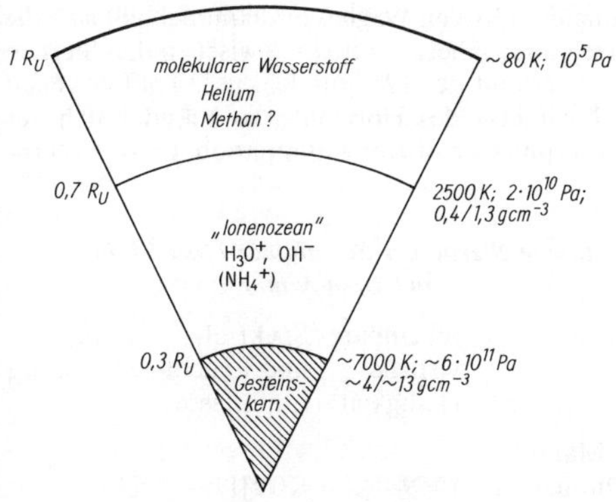

Abb. 1: Mögliches Modell für das Uranusinnere. Die Zentrumsentfernungen sind in Einheiten des Uranusradius R_U angegeben. Rechts: Temperatur und Druck sowie die jeweils oberhalb und unterhalb der angegebenen Grenzflächen herrschende Dichte

Uranusringe

Bezeichnung	Abstand vom Uranuszentrum (km)
6	41880
5	42280
4	42610
α	44760
β	45700
η	47210
γ	47670
δ	48340
1986 U1R	50040
ε	51190

Sie machen sich bei der Bedeckung von Hintergrundsternen durch eine geringe Lichtabsorption bemerkbar und können bei Infrarotbeobachtungen auch direkt abgebildet werden. Der von der Erde aus unsichtbare 10. Ring wurde erst bei Nahaufnahmen mittels der Raumsonde Voyager 2 entdeckt.

Die Bezeichnung der Ringe ist nicht einheitlich. Die als erste gefundenen wurden mit kleinen griechischen Buchstaben belegt, die später entdeckten jedoch durchnumeriert. Der durch Voyager 2 gefundene 10. Ring trägt die vorläufige Bezeichnung 1986 U1R. Die Ringe haben im allg. eine geringe Elliptizität, die beim ε-Ring mit 0,008 am größten ist. Die Ringebenen sind gering gegen die Äquatorebene des U. geneigt, aber nicht stärker als 0,07°. Die Ringbreite beträgt bei den Ringen γ, 4, 5, 6 und 1986 U1R weniger als 3 km, beim ε-Ring variiert sie zwischen etwa 20 und 100 km; dieser Ring setzt sich aus vielen Einzelringen zusammen. Ungeklärt ist, welcher physikalische Effekt für die Schmalheit der Ringe und deren z.T. scharfe Begrenzung sorgt; nur für den ε-Ring wurden sog. Schäferhundsatelliten gefunden.

Das Ringmaterial besteht vorwiegend aus verhältnismäßig großen Partikeln, deren Durchmesser im Bereich von etwa 10 cm bis zu einigen Metern liegt, doch sind offenbar auch sehr kleine Staubteilchen mit einem Durchmesser in der Größenordnung von 0,02 mm über das gesamte Ringsystem verstreut; diese Teilchen machen sich nur unter speziellen Sichtbedingungen bemerkbar. Das Ringmaterial hat eine sehr geringe Albedo, die genaue Zusammensetzung ist unbekannt. Sehr wahrscheinlich handelt es sich nicht (wie bei den Saturnringteilchen) um Wassereis, sondern möglicherweise um gefrorene Kohlenstoffverbindungen, die Methan als Ausgangsmaterial haben.

Uranussatelliten. Der U. besitzt mindestens 15 Satelliten (abgesehen von den Ringpartikeln, die ihn als Minisatelliten umlaufen). 10 von ihnen sind Zwergsatelliten, die erst mit Hilfe der Raumsonde Voyager 2 entdeckt wurden. Ihre Durchmesser liegen in der Größenordnung von 60 km, nur der äußerste Zwergsatellit, der Puck, hat einen Durchmesser von etwa 170 km. Die Zwergsatelliten befinden sich in dem relativ schmalen Abstandsbereich von etwa 2 bis 3,5 Uranusradien vom Uranusmittelpunkt (Abb. 2). Die beiden innersten Zwergsatelliten, die Cordelia und die Ophe-

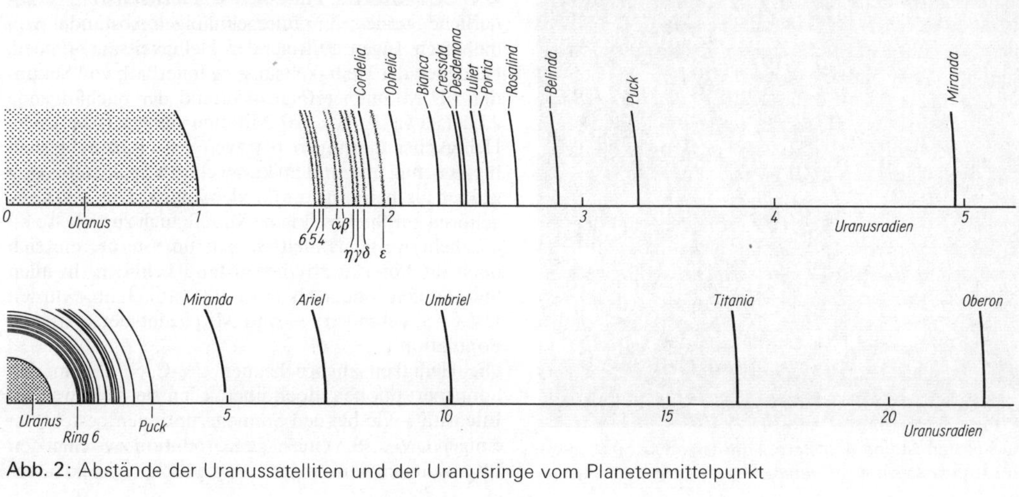

Abb. 2: Abstände der Uranussatelliten und der Uranusringe vom Planetenmittelpunkt

lia, sind wahrscheinlich die beiden Schäferhundsatelliten des ε-Ringes. Die 5 Satelliten mittlerer Größe bewegen sich weit außerhalb des Ringbereichs in schwach exzentrischen Ellipsenbahnen. Eine Beschreibung der einzelnen Satelliten ist unter dem jeweiligen Stichwort zu finden, eine Zusammenfassung der Bahndaten in einer Tab. unter dem Stichwort → Satellit.
Der U. wurde am 13.3.1781 von W. Herschel (1738–1822) entdeckt.

Urknall, → Kosmologie.

Ursa Maior [lat.], *Gen.* Ursae Maioris, abg. ***UMa, Großer Bär, Große Bärin***, das bekannteste Sternbild des nördlichen Himmels, das in unseren Breiten zum größten Teil immer über dem Horizont bleibt. Die sieben hellsten Sterne (α, β, γ, δ, ε, ζ, η) bilden den ***Großen Wagen (Großer Himmelswagen)***. (Im landläufigen Sinn sind Großer Bär und Großer Wagen das gleiche.) Die vom „Wagenkasten" abgehenden „Deichselsterne" werden auch als Schwanz des Großen Bären gedeutet. Der mittlere Deichselstern (ζ) des Großen Wagens heißt Mizar. Knapp 12′ von ihm entfernt steht der um etwa 2 mag schwächere Stern Alkor, das *Reiterlein*, der auch als *Augenprüfer* bezeichnet wird, da er mit bloßem Auge gerade noch erkennbar ist. Bei Fernrohrbeobachtungen zeigt sich Mizar als visueller Doppelstern, dessen Komponenten 14″ Abstand voneinander haben.
Im Frühjahr steht das Sternbild am Abendhimmel in der Nähe des Zenits, im Sommer westlich vom Polarstern, im Winter östlich davon und im Herbst unterhalb des Polarsterns über dem Nordhorizont. Aus der Stellung des Großen Wagens am Himmel läßt sich die Sternzeit angenähert ermitteln: Zwischen den Sternen γ und δ verläuft der 12^h-Stundenkreis. Trifft er genau den Nordpunkt des Horizonts, so befindet sich der Frühlingspunkt in oberer Kulmination; es ist 0^h Sternzeit.

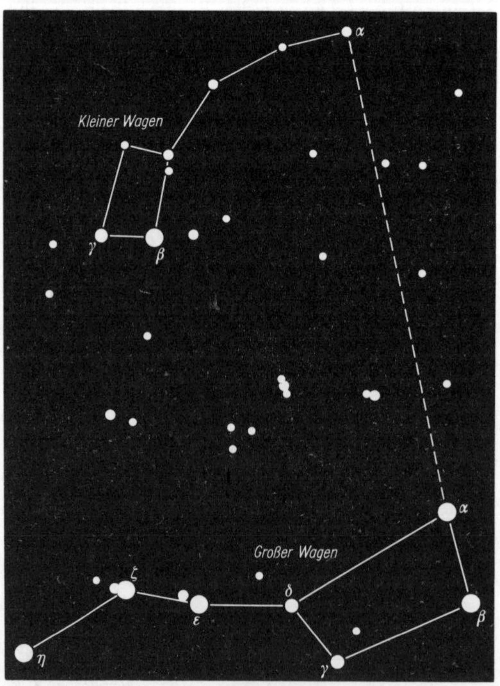

Die hellsten Sterne der Sternbilder Ursa Maior (Großer Bär) und Ursa Minor (Kleiner Bär)

Einige Sterne der Sternbilder Ursa Maior und Ursa Minor

Sternname	scheinbare visuelle Helligkeit	Spektral- und Leuchtkraftklasse	Sonnenentfernung (pc)
Ursa Maior			
α (Dubhe)	$1\overset{m}{,}79$	K0 III	26
β (Merak)	$2\overset{m}{,}37$	A1 V	19
γ (Phecda)	$2\overset{m}{,}44$	A0 V	36
δ (Megrez)	$3\overset{m}{,}31$	A3 V	16
ε (Alioth)	$1\overset{m}{,}77$	A0p	25
ζ (Mizar)	$2\overset{m}{,}27$	A1 V	21
η (Benetnasch)	$1\overset{m}{,}86$	B3 V	28
80 (Alkor)	$4\overset{m}{,}01$	A5 V	22
Ursa Minor			
α (Polarstern)	$2\overset{m}{,}02$	F7 I	140
β (Kochab)	$2\overset{m}{,}07$	K4 III	25

Ursa-Maior-Haufen, ***Bärenstrom***, ein Bewegungssternhaufen, dem u.a. die Sterne β, γ, δ, ε und ζ Ursae Maioris und weitere rund 100 Sterne, darunter der Sirius, angehören. Ihre Geschwindigkeit relativ zur Menge der Umgebungssterne beträgt rund 27 km/s, der Zielpunkt des U.-M.-H.s liegt im Sternbild Aquila.

Ursa Minor [lat.], *Gen.* Ursae Minoris, abg. ***UMi, Kleiner Bär, Kleine Bärin***, bekanntes Sternbild, in dem der nördliche Himmelspol liegt und das in unseren Breiten stets über dem Horizont bleibt. Die hellsten Sterne bilden den ***Kleinen Wagen (Kleiner Himmelswagen)***, von denen der äußerste „Deichselstern" der Polarstern ist.

UT [Abk. für Universal Time, engl., ‚Weltzeit'], ***UT 1, UT 2, UTC***, → Zeit.

UV-Ceti-Sterne, ***Flare-Sterne, Flackersterne***, veränderliche Sterne mit in unregelmäßigen Abständen von mehreren Tagen auftretenden Helligkeitsausbrüchen, bei denen der Helligkeitsanstieg innerhalb von Sekunden bis Minuten erfolgt, während der nachfolgende Abfall etwa 10 bis 120 Minuten dauert (Abb.). Die Helligkeitsänderungen betragen bei einigen Sternen bis zu 6 mag und sind im kurzwelligen Spektralbereich größer als bei längeren Wellenlängen. Die UV-C.-S. gehören zur Spektralklasse M, z.T. auch zur Klasse K; möglicherweise handelt es sich um Sterne, die sich noch im Vor-Hauptreihenzustand befinden. In allen Sternhaufen jünger als etwa 100 Mill. Jahre wurden UV-C.-S. gefunden; es sind Mitglieder der extremen Population I.
Die Helligkeitsausbrüche der UV-C.-S. ähneln den Sonneneruptionen, doch übertreffen sie diese weit an Intensität. Wie bei den Sonneneruptionen besteht bei einigen UV-C.-S.n eine enge Korrelation zwischen den Intensitätsschwankungen im optischen Spektralbe-

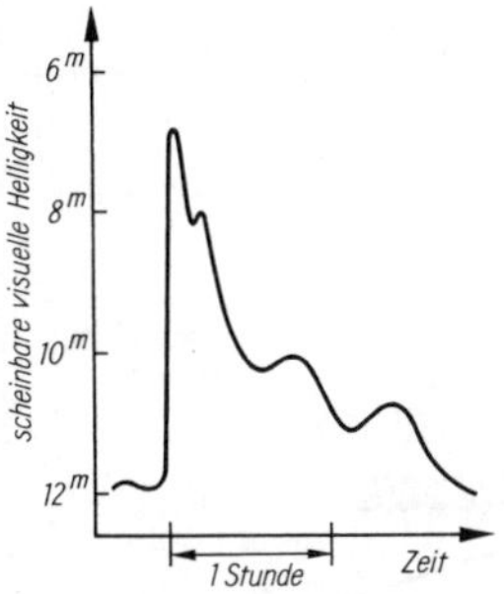

Extremer Helligkeitsausbruch des Sterns UV Ceti vom 25.9.1952

reich und im Radiofrequenzbereich. Die starken Aktivitätserscheinungen sind wahrscheinlich auf das geringe Alter der Sterne zurückzuführen.
Bisher sind einige hundert UV-C.-S. bekannt, zu denen auch der der Sonne am nächsten stehende Stern, Proxima Centauri, gehört. Die Gesamtzahl der UV-C.-S. im Milchstraßensystem dürfte relativ hoch sein, doch ist die Entdeckungswahrscheinlichkeit gering.

V

Vallis [lat., ‚Tal'] *f, Plur.* Valles, talförmige Vertiefung mit flacher Sohle als ein Strukturelement auf Körpern des Planetensystems.

Van-Allen-Gürtel, die Strahlungsgürtel der Erde; → Strahlungsgürtel.

Variation, in der Astronomie eine der Störungen der Mondbewegung.

Vastitas [lat., ‚Öde, gewaltige Größe'] *f, Plur.* Vastitates, große Tiefebene als ein Strukturelement auf Körpern des Planetensystems.

Vel, Abk. für Vela.

Vela [lat.], *Gen.* Velorum, abg. ***Vel, Segel, Segel des Schiffes***, in der Milchstraße gelegenes Sternbild des südlichen Himmels, das von unseren Breiten aus nicht sichtbar ist.

Venus *f*, der erdnächste der inneren Planeten, Zeichen ♀.
Die V. bewegt sich mit einer mittleren Geschwindigkeit von 35,02 km/s in 224,7 Tagen (siderische Umlaufzeit) rechtläufig um die Sonne. Sie durchläuft eine Ellipsenbahn, deren große Halbachse 108,2 Mill. km und deren Exzentrizität 0,0068 beträgt; es ist dies die kleinste Exzentrizität aller Planetenbahnen. Die Bahnebene ist um 3,4° gegen die Erdbahnebene geneigt.
Die Entfernung der V. von der Erde variiert je nach der Stellung der beiden Planeten in ihren Bahnen zwischen 41 Mill. und 257 Mill. km. Dadurch ergeben sich starke Unterschiede des scheinbaren Venusdurchmessers (Winkeldurchmessers), der zwischen 10″ und 60″ schwankt, außerdem zeigt die V. einen ausgeprägten Phasenwechsel (Abb. 1). In oberer Konjunktion (Erdferne) erscheint die V. als vollbeleuchtete Scheibe, die jedoch wegen der großen Entfernung sehr klein ist. Der scheinbare Scheibendurchmesser vergrößert sich, je näher die V. der unteren Konjunktion (Erdnähe) kommt, doch nimmt der sichtbare beleuchtete Teil der Scheibe ab. Die größte scheinbare Helligkeit erreicht die V. dadurch etwa 35 Tage vor bzw. nach der unteren Konjunktion. In dieser Stellung ist eine starke Verlängerung des sichelförmigen sichtbaren beleuchteten Teils zu beobachten, was als das „Übergreifen der Hörnerspitzen" bezeichnet wird und durch die Lichtstreuung in der Venusatmosphäre verursacht ist. Befindet sich die V. bei der unteren Konjunktion genau in der Sichtlinie Erde–Sonne, kommt es zu einem sog. Venusdurchgang, bei dem sie als ein dunkler Fleck während einiger Stunden auf die Sonnenscheibe projiziert erscheint. Derartige Venusdurchgänge erfolgen paarweise mit einem Abstand von 8 Jahren durchschnittlich alle 120 Jahre; die nächsten finden am 8. Juni 2004 und am 6. Juni 2012 statt.

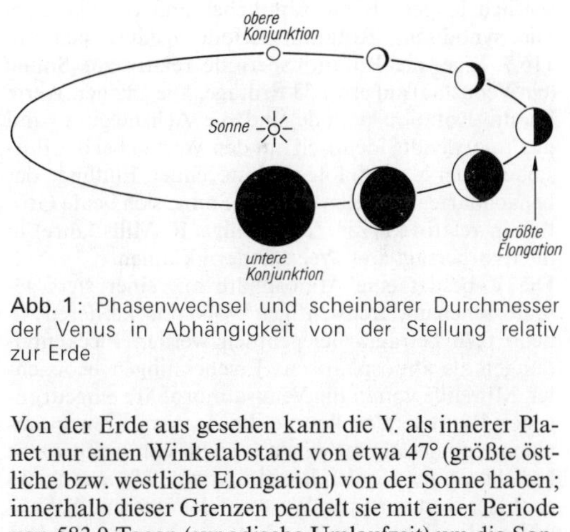

Abb. 1: Phasenwechsel und scheinbarer Durchmesser der Venus in Abhängigkeit von der Stellung relativ zur Erde

Von der Erde aus gesehen kann die V. als innerer Planet nur einen Winkelabstand von etwa 47° (größte östliche bzw. westliche Elongation) von der Sonne haben; innerhalb dieser Grenzen pendelt sie mit einer Periode von 583,9 Tagen (synodische Umlaufzeit) um die Sonne. Wegen der ungleichförmigen Relativbewegung zwischen der V. und der Erde sind die Zeiten zwischen zwei aufeinanderfolgenden größten Elongationen unterschiedlich lang: Von der größten östlichen Elongation über die untere Konjunktion bis zur größten westlichen vergehen etwa 144 Tage, von dort über die obere Konjunktion zurück zur größten östlichen Elongation etwa 440 Tage. Die synodische Umlaufzeit der V. verhält sich zu einem Jahr fast genau wie 5:8, so daß ein achtjähriger Zyklus der Venussichtbarkeit existiert (8 Jahre = 5 synodische = 13 siderische Umläufe): Eine bestimmte Konstellation, z.B. die untere Konjunktion, wiederholt sich nahezu auf den Tag genau nach 8 Jahren unter gleichen Bedingungen.
Mit einer scheinbaren visuellen Helligkeit von -3^m bis -4^m ist die V. nach der Sonne und dem Mond das

weitaus hellste Gestirn am Himmel. Sie kann bereits in der hellen Dämmerung als ***Morgen-*** bzw. als ***Abendstern*** gesehen werden. Für Bewohner der Nordhalbkugel der Erde ergibt sich die beste Sichtbarkeit, wenn die größte östliche Elongation im Frühjahr, die größte westliche im Herbst stattfindet, weil dann die Ekliptik, in deren Nähe sich die V. immer befindet, am steilsten zum Beobachtungshorizont verläuft: Zwischen den Untergangs- bzw. Aufgangszeiten von Sonne und V. liegen dann die größten Zwischenräume. Bei günstiger Stellung ist die V. sogar am Tageshimmel mit bloßem Auge sichtbar.

Die V. hat einen Durchmesser von 12104 km, was 95% des Erddurchmessers entspricht; sie ist nicht abgeplattet. Die Venusmasse beträgt mit $4{,}869 \cdot 10^{24}$ kg 81,5% der Erdmasse, während ihre mittlere Dichte mit 5,24 g/cm^3 etwa 95% der mittleren Dichte der Erde erreicht. Die Schwerkraft an der Venusoberfläche beläuft sich auf 91% der an der Erdoberfläche.

Die Rotationsperiode und den Rotationssinn der V. kennt man erst auf Grund von Radarbeobachtungen. Im Gegensatz zu den meisten anderen Planeten und zum Hauptumdrehungssinn im Sonnensystem hat die V. eine rückläufige Rotation; die Neigung ihrer Äquatorebene gegen die Bahnebene beträgt etwa 177°. Die siderische Rotationsperiode ist mit 243,01 Tagen wesentlich länger als die sämtlicher anderer Planeten. Die synodische Rotationsperiode beläuft sich auf 116,7 Tage, die Rotationsperiode relativ zur Sonne (ein Venustag) auf etwa 58 Erdtage. Die jetzigen Werte für die Rotationsperiode und die Achsneigung sind nicht notwendig identisch mit den Werten bei der Entstehung der V., da infolge der störenden Einflüsse der benachbarten Planeten und der Sonne sich beide Größen in relativ kurzer Zeit (wenige 10 Mill. Jahre) in nichtvorhersagbarer Weise ändern können.

Die V. besitzt eine Atmosphäre mit einer stets geschlossenen undurchsichtigen Wolkendecke, deren Albedo 0,76 beträgt. Gelegentlich werden Fleckenbildungen als atmosphärische Erscheinungen beobachtet. Mit Hilfe von in die Venusatmosphäre eingedrungenen Raumsonden konnte die Atmosphärenzusammensetzung bestimmt werden: Zu 96 Volumenprozent besteht sie aus Kohlendioxid und zu 3,5% aus Stickstoff, der Rest wird von Wassermolekülen und Schwefeldioxid gebildet, während Argon, Neon, Kohlenmonoxid, Chlor- und Fluorwasserstoff sowie andere Gasbestandteile nur in Spuren vorhanden sind. Die Atmosphärendichte an der Venusoberfläche ist etwa 40mal höher als die Dichte der irdischen Atmosphäre an der Erdoberfläche, der Atmosphärendruck übertrifft aber den an der Erdoberfläche um etwa das 90fache. (Das entspricht einem Druck in 900 m Wassertiefe.) Die Oberflächentemperatur beträgt im Mittel 470 °C. (Sie liegt über der Schmelztemperatur von Blei und Zinn; der Boden ist dunkelrotglühend.)

In der bis in etwa 90 bis 100 km Höhe reichenden Troposphäre nimmt die Temperatur ziemlich gleichmäßig ab. Zwischen etwa 47 und 70 km Höhe befinden sich drei unterschiedlich dichte Wolkenschichten, die durch wohldefinierte Regionen von etwa 1 km Mächtigkeit voneinander getrennt sind, und über denen

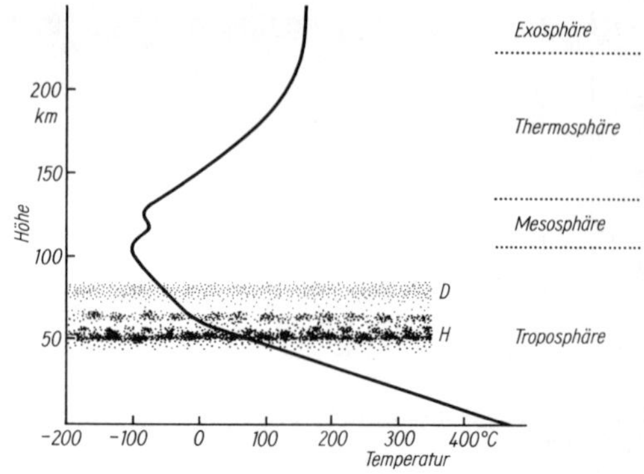

Abb. 2: Temperaturverlauf und Wolkenschichtung in der Venusatmosphäre. H: Hauptwolkenschicht; D: Dunstschicht

noch einige sehr schwache Dunstschichten bis in etwa 90 km Höhe reichen (Abb. 2). Unter der Hauptwolkenschicht liegt eine dünne Dunstschicht, die sich bis etwa 35 km Höhe erstreckt. Die wolkenformenden Teilchen in den Hauptwolkenschichten sind chemisch sehr heterogen und bestehen zu etwa 75 Masseprozent aus Schwefelsäuretröpfchen, deren Größe zwischen etwa 0,5 und 2 µm liegt, doch finden sich auch Beimengungen eines chlor- und phosphorhaltigen Aerosols. In tieferen Niveaus sind möglicherweise auch etwas größere Tropfen elementaren Schwefels beigemischt, eventuell auch Schwefelkristalle. Die Anzahl der Teilchen je Volumeneinheit ist in den Venuswolken im allg. geringer als in irdischen Wolken.

Über der Troposphäre liegt die Mesosphäre mit einer Dicke in der Größenordnung von 10 km, in der die Temperatur nahezu unabhängig von der Höhe ist, und darüber die Thermosphäre, in der auf der Tagseite der V. die Temperatur infolge von Strahlungsabsorption bis in eine Höhe von etwa 160 km zunimmt. In der äußersten Atmosphärenschicht, der Exosphäre, bleibt die Temperatur wieder nahezu konstant.

Die hohe Oberflächentemperatur ist auf einen Glashauseffekt zurückzuführen. Von der einfallenden Sonnenstrahlung werden rund 76% in den Raum zurück reflektiert, insbesondere Strahlung im roten und gelben Spektralbereich. Die nicht reflektierte Strahlung, vor allem Strahlung im ultravioletten und im nahen Infrarotbereich, wird zu etwa zwei Drittel von der Wolkenschicht absorbiert, nur etwa ein Drittel der Energie erreicht die untere Atmosphäre und die Venusoberfläche, wo sie absorbiert und als thermische Strahlung im Infrarotbereich reemittiert wird. In diesem Wellenlängenbereich ist das Absorptionsvermögen des Kohlendioxids sehr hoch, so daß die Wärmestrahlung nahezu vollständig von den unteren Atmosphärenschichten aufgenommen wird und diese aufheizt. Die Erwärmung der Venusoberfläche ist so gleichmäßig und das Wärmespeicherungsvermögen des Venusbodens so groß, daß bisher keine tageszeitlichen Temperaturschwankungen festgestellt werden konnten. Der Temperaturunterschied zwischen den

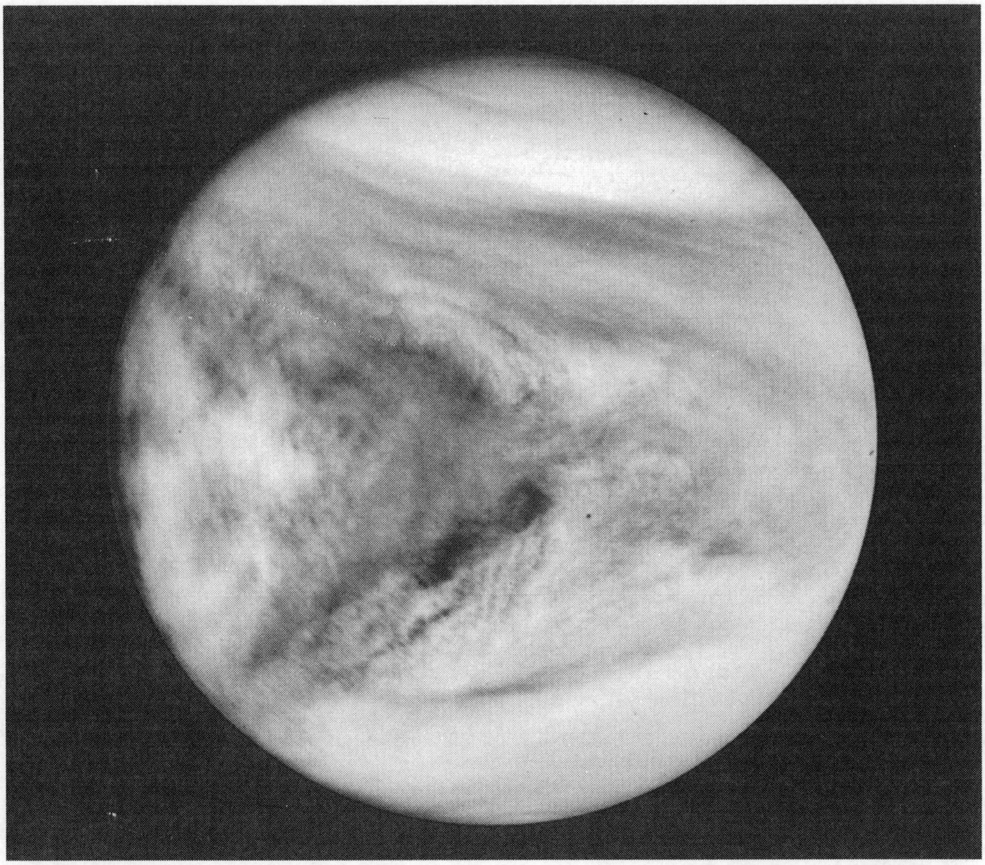

Abb. 3: Struktur der Wolkendecke der Venus. (Aufgenommen mit Hilfe der Raumsonde Venus Orbiter)

äquatornahen und den polnahen Gebieten ist mit maximal 5 K so gering, daß keine Klimazonen wie auf der Erde existieren.
Die Windgeschwindigkeiten liegen in Bodennähe unter 1 m/s und erreichen in niedrigen planetographischen Breiten in den obersten Wolkenschichten etwa 100 m/s ($\approx$360 km/h). Die Winde wehen hier immer in Rotationsrichtung, so daß die hohen Atmosphärenschichten eine viel höhere Winkelgeschwindigkeit als der Venuskörper haben; die Rotationsperiode beträgt hier nur etwa 4 Tage. Die im ultravioletten Licht erkennbaren Strukturen der Wolkendecke, die einem liegenden Y vergleichbar sind (Abb. 3), sind auf eine meridionale Zirkulation zurückzuführen: In den am intensivsten bestrahlten äquatornahen Wolkenschichten steigen Gasmassen auf, bewegen sich in den oberen Atmosphärenschichten mit Geschwindigkeiten von rund 10 m/s in Richtung der beiden Pole, sinken dort ab und fließen in tieferen Atmosphärenschichten zum Äquator zurück. Die Ursache der schnellen Atmosphärenzirkulation ist noch weitgehend ungeklärt.

Wegen der stets geschlossenen Wolkendecke ist die Venusoberfläche nicht direkt beobachtbar, sie läßt sich aber mit Hilfe der Radartechnik von venusumkreisenden Raumstationen aus untersuchen (Abb. 4). Dabei können Höhen mit einer Genauigkeit von etwa $\pm$50 m gemessen und horizontale Strukturen von einigen 100 m Ausdehnung erfaßt werden. Da die V. keine Ozeane besitzt, muß für Höhenangaben ein künstliches Bezugsniveau festgelegt werden, wozu man die Oberfläche einer Kugel mit einem Radius von 6051,8 km wählt. Nach den bisherigen Beobachtungsergebnissen sind etwa 80% der gesamten Venusoberfläche relativ flache Ebenen, deren Höhendifferenzen weniger als 1000 m betragen. Diese Gebiete markieren etwa das Bezugsniveau. Rund 5% der Oberfläche liegen merklich unter dem Nullniveau, während rund 15% wesentlich darüber hinausragen (Abb. 5). Die tektonisch verformten Hochländer erheben sich z.T. bis zu 11 km über das mittlere Niveau. Die größte Höhendifferenz auf der V. beträgt etwa 14 km. Zwei der großen Hochländer, Ishtar Terra und Aphrodite Terra, sind in ihrer Größe irdischen Kontinenten (Austra-

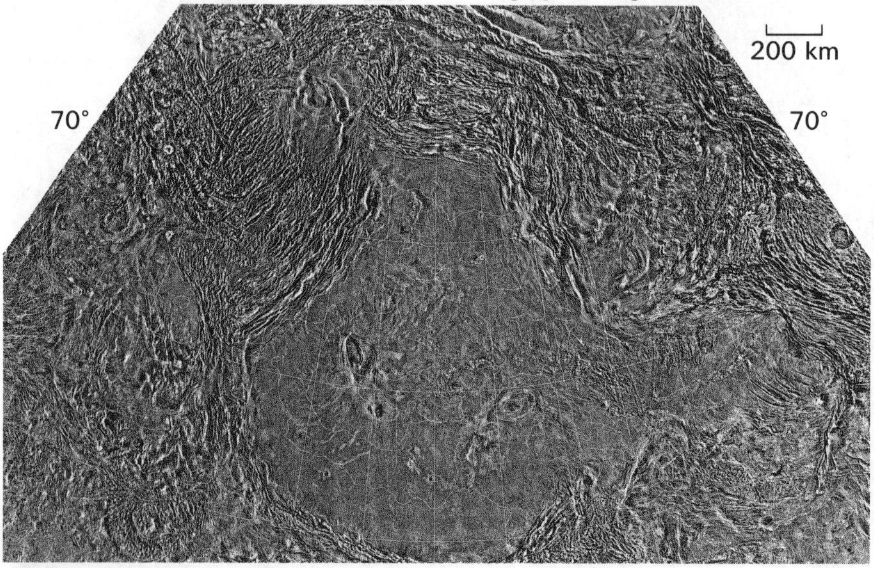

Abb. 4: Mit Hilfe der Radartechnik sichtbar gemachte Oberflächenstrukturen der Venus. Der Bildausschnitt zeigt das relativ flache Lakshmi Planum, das im Norden und Nordosten (in der Abb. oben und rechts oben) durch die Freyja Montes, im Osten durch die Maxwell Montes und im Nordwesten durch die Akna Montes begrenzt wird. Am rechten Bildrand ist gerade noch der Krater Cleopatra zu erkennen. (Aufnahme: Russische Akademie der Wissenschaften)

lien bzw. der Hälfte von Afrika) vergleichbar, doch sind sie kein Ergebnis einer großräumigen Plattentektonik mit einer einheitlichen horizontalen Bewegung großer Krustenbereiche. Eine Plattentektonik fehlt auf der V. vollständig, damit auch die von der Erde her bekannten Unterschiede von Kontinenten und Tiefseebasins sowie Subduktionszonen und Bruchspalten. Andererseits existieren Gebirgszüge wie die Maxwell Montes und die Freyja Montes, die eine Höhe bis zu 10 km erreichen und Merkmale tragen, die auf eine Entstehung durch horizontale Krustenbewegungen schließen lassen. Möglicherweise führen die höheren Oberflächentemperaturen und eine geringere Lithosphärendicke dazu, daß eher eine Streckung oder Faltung der Kruste eintritt als ein Auseinanderbrechen in einzelne Platten. Wahrscheinlich bewirkt auch die langsamere Rotation der V. eine geringere Mantelkonvektion und demzufolge eine geringere Krustendynamik, als dies bei der Erde der Fall ist.

Der Vulkanismus ist das am weitesten verbreitete geologische Phänomen der V. Der häufigste Geländetyp sind vulkanische Ebenen mit großen Lavaüberflutungen. Von den verschiedenen Vulkanbauten sind Dome und Schildvulkane am stärksten vertreten, deren Durchmesser im allg. 2 bis 20 km betragen; die Höhen erreichen bis zu etwa 200 m. Flache Hänge mit nur 1° bis 2° Neigung bestimmen weithin die Konturen des Vulkanreliefs. Die Schildvulkane bilden ganze Felder mit meist 100 bis 200 km Durchmesser. Andere Vulkanbauten haben komplexere Gipfelstrukturen, z.B. die beiden benachbarten, etwa 5 km hoch über die Umgebung hinausragenden Rhea Mons und Theia Mons, von denen Theia Mons einen Basisdurchmesser von etwa 700 km besitzt. Auf der V. findet man weiterhin ovale oder kreisförmige Strukturen, sog. Coronae, die von konzentrischen Bergketten und Frakturen gekennzeichnet sind, und deren Innengebiete ein wellenförmiges Relief besitzen; der Durchmesser dieser Regionen liegt meist zwischen 100 und 300 km. Wahrscheinlich sind sie durch Magmablasen entstanden, die von unten gegen die Lithosphäre drückten; beim Nachlassen des Magmadruckes sank das Innengebiet ein, wobei die konzentrischen Höhenketten entstanden. Außer Vulkanbauten und den von ihnen ausgehenden Lavastromfeldern (Abb. 6) beobachtet man auch gewundene Lavarinnen mit Längen von einigen 100 bis einigen 1000 km.

Eine morphologische Besonderheit der Venusoberfläche sind die Tesserae mit einem parkettähnlichen Strukturmuster, z.B. die Alpha Regio. (So benannt,

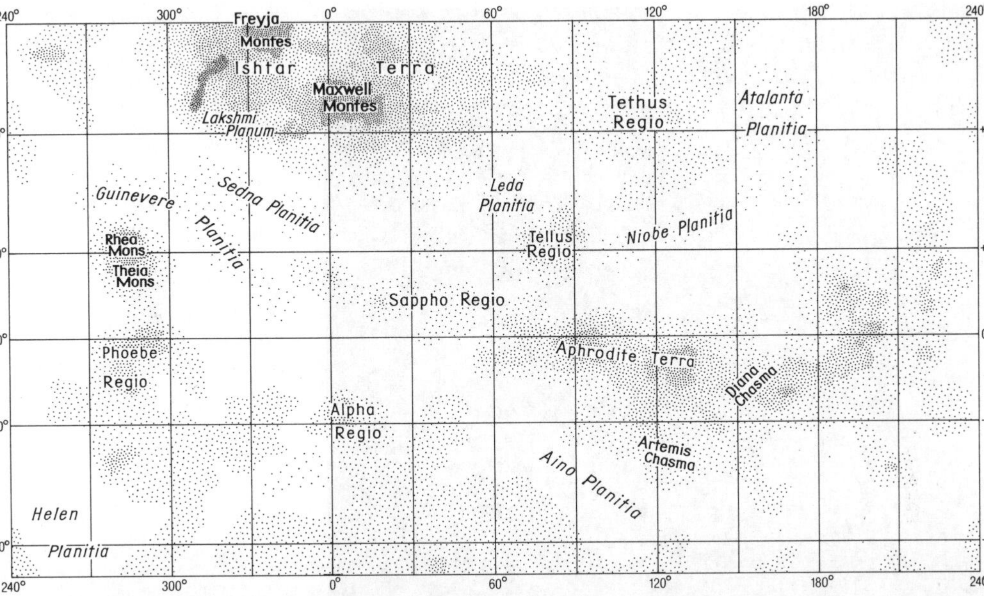

Abb. 5: Übersichtskarte der Venusoberfläche. Die Stärke der Punktierung ist ein Maß für die Höhe über dem Bezugsniveau mit Ausnahme der Planitiae (Tiefebenen), die unter dem Bezugsniveau liegen

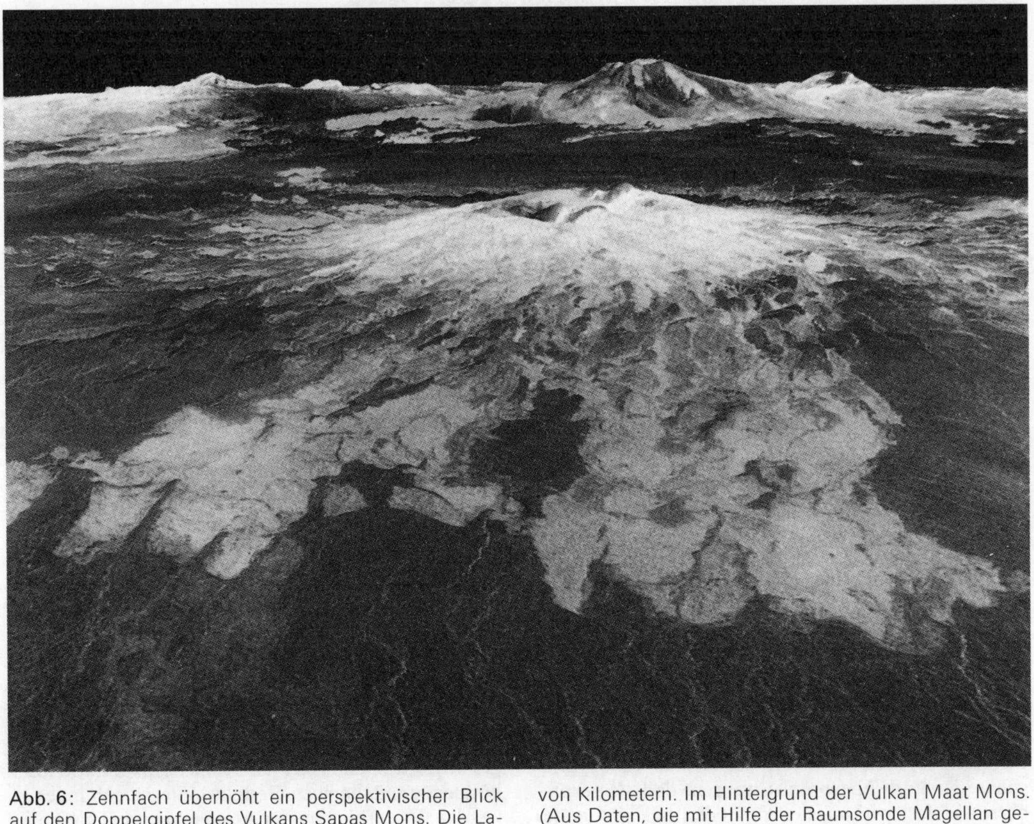

Abb. 6: Zehnfach überhöht ein perspektivischer Blick auf den Doppelgipfel des Vulkans Sapas Mons. Die Lavaströme im Vordergrund erstrecken sich über hunderte von Kilometern. Im Hintergrund der Vulkan Maat Mons. (Aus Daten, die mit Hilfe der Raumsonde Magellan gewonnen wurden) © NASA/JPL/RPIF/DLR

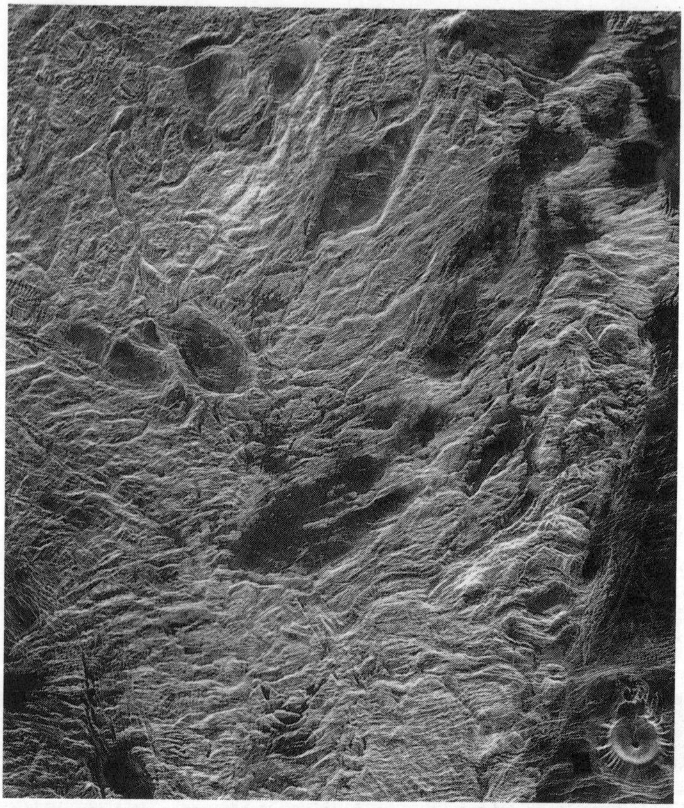

Abb. 7: Nordgrenze der Alpha Regio. Der Bildausschnitt überdeckt ein etwa 600 km breites Gebiet. (Aus Daten, die mit Hilfe der Raumsonde Magellan gewonnen wurden) © NASA/JPL/RPIF/DLR

weil sie die erste Oberflächenstruktur war, die bei Radarbeobachtungen von der Erde aus entdeckt wurde.) Die Tesserae, die sich z.T. über einige 1000 km hinziehen, sind Systeme paralleler Kämme und Furchen, deren Richtung sich z.T. schroff ändert; die Kammabstände liegen bei typischerweise 10 km (Abb. 7). Die Ursache für diese Krustenverformungen, bei denen sich die Kompressions- und Entspannungsrichtungen offenbar häufig änderten, ist noch ungeklärt. Möglicherweise gehen die Tesserae auf eine Abwärtsbewegung magmatischen Materials im Venusmantel zurück.

Auf der Venusoberfläche hat man rund 900 Einschlagkrater mit einem Durchmesser zwischen einigen wenigen und etwa 200 km gefunden. Ihre Zahl ist im Vergleich zur Zahl der Einschlagkrater auf dem Merkur oder auf dem Mond gering, was besonders für die tieferliegenden Gebiete zutrifft. Dies ist vermutlich durch vulkanische Aktivitäten verursacht, durch die sehr früh entstandene Einschlagkrater durch Lavaflüsse überzogen und verdeckt wurden. Kleine Einschlagkrater existieren offenbar nicht, weil die sie erzeugenden (kleinen) Meteoroiden in der dichten Venusatmosphäre so stark abgebremst werden, daß sie zerbrechen und fast wirkungslos zu Boden fallen. Aus der Zahl der beobachteten Einschlagkrater je Flächeneinheit im Vergleich etwa zur Zahl der Krater auf dem Mond läßt sich das mittlere Alter der jetzigen Venusoberfläche zu etwa 500 Mill. Jahre abschätzen. Möglicherweise gab es vor rund 500 Mill. Jahren eine globale Neubildung der gesamten Oberfläche, wobei die meisten alten Krater vollständig überflutet wurden; danach ließ der Vulkanismus stark nach. Nur etwa 10 bis 20% der jetzigen Oberfläche dürften später geformt worden sein. Möglicherweise war aber auch auf Grund des inneren Wärmevorrats bis vor rund 500 Mill. Jahren das Oberflächengestein so weich, daß früher eingeschlagene Meteoroiden keine Spuren hinterließen; erst nach einer ziemlich abrupten Erstarrung blieben die Krater erhalten. Anzeichen für einen in der Gegenwart andauernden Vulkanismus wurden nicht gefunden.

Das in der Venusatmosphäre vorhandene Kohlendioxid und Schwefeldioxid sowie der Stickstoff sind bei der Entgasung magmatischer Schmelzen freigesetzt worden. Der ebenfalls freiwerdende Wasserdampf konnte auf der V., im Gegensatz zur Erde, nicht in großen Mengen kondensieren. Dadurch fehlte flüssiges Wasser, in dem sich das Kohlendioxid hätte lösen können, um danach zu Gesteinsmaterial gebunden zu werden. Es verblieb in der Atmosphäre und sorgte für den starken Glashauseffekt. Die Wassermoleküle in

Abb. 8: Panoramabild der Venusoberfläche in unmittelbarer Umgebung der Landestelle der Raumsonde Venera 14 bei 13°15′ südliche Breite und 310° 9′ Länge. Die Oberfläche zu den Füßen des Landefahrzeuges – am unteren Bildrand ist ein Teil des gezackten Landeringes zu erkennen – ist glatt, von vielen Rissen überzogen und erscheint leicht gefaltet; etwas rechts der Bildmitte ist ein einzelner Stein zu sehen. (Aufnahme: Russische Akademie der Wissenschaften)

der frühen Venusatmosphäre wurden durch die solare Ultraviolettstrahlung dissoziiert. Der dabei entstehende Wasserstoff entwich in den Weltraum, während der Sauerstoff durch Oxidation an andere atmosphärische Bestandteile oder an Oberflächengesteine gebunden wurde.

Die Bilder von den auf der Venusoberfläche weich gelandeten Venera-Sonden zeigen in der Umgebung der Landeplätze anstehendes magmatisches Felsgestein, das z.T. von einem feinen Verwitterungsschutt und von plattenförmigen Gesteinsbrocken bedeckt ist (Abb. 8). Die Analysen des Venusbodens legen eine basaltische Zusammensetzung nahe. Die Verwitterung dürfte vor allem auf chemische Prozesse zurückzuführen sein. Eine starke Erosion spielte auf der V. für die Landschaftsmodellierung kaum eine Rolle. Man beobachtet aber windgeschaffene Strukturen, z.B. Dünenfelder, und in bestimmte Richtungen verwehtes Kratermaterial, wobei die Richtung zum Äquator hin bevorzugt ist, was auf die globalen atmosphärischen Strömungen in Bodennähe zurückgeht.

Die V. hat nur ein äußerst schwaches Magnetfeld, das an ihrer Oberfläche mit etwa $4 \cdot 10^{-9}$ bis $1 \cdot 10^{-8}$ Tesla nur etwa 1/10000 der Stärke des Erdmagnetfeldes an der Erdoberfläche erreicht. Das Venusmagnetfeld wird durch ein weitgehend konstantes elektrisches Stromsystem in der Venusionosphäre induziert. Die Magnetfeldstärke ist so gering, daß der Sonnenwind die Venusmagnetosphäre auf der der Sonne zugewandten Seite stark zusammenpreßt; ihre Obergrenze liegt im Mittel nur etwa 2000 km über der Venusoberfläche. Auf der der Sonne abgewandten Seite erstreckt sich der Magnetosphärenschweif weiter als etwa 7 Venusradien in den Raum.

Über den inneren Aufbau der V. weiß man noch wenig Gesichertes. Auf Grund der Masse und der Dichte sowie auf Grund kosmogonischer Überlegungen vermutet man, daß die innere Struktur der V. ähnlich der der Erde ist. Man nimmt im allg. einen eisenreichen Kern an, der etwa 20% der Gesamtmasse umfaßt. Der Mantel dürfte aus Silicatmineralen bestehen mit Eigenschaften ähnlich denen des irdischen Mantelmaterials. Die Kruste, deren Dicke unbekannt ist, besteht wahrscheinlich aus Silicaten geringer Dichte.

Veränderliche, ***veränderliche Sterne***, Sterne mit variabler scheinbarer Helligkeit. Die Grenze zwischen V.n und Sternen konstanter Helligkeit ist nicht scharf, da der mögliche Nachweis einer Helligkeitsänderung von der Empfindlichkeit der zur Beobachtung benutzten Detektoren (Auge, Photoplatte, lichtelektrische Empfänger) abhängt: Je höher die Empfindlichkeit ist, um so mehr Sterne mit geringen Helligkeitsschwankungen werden gefunden und als V. registriert. Dabei hängt die Einordnung eines Sterns als V.r vor allem von seinem Verhalten im optischen Spektralbereich ab: Die Sonne hat zwar eine stark variierende Radiofrequenzstrahlung, ihre Ausstrahlung im optischen Spektralbereich ist dagegen weitestgehend konstant, so daß sie traditionsgemäß als unveränderlich angesehen wird.

Die Entscheidung, ob ein Stern ein V.r ist oder nicht, kann z.T. erst nach Jahren gefällt werden, wenn seine scheinbare Helligkeit über einen entsprechend langen Zeitraum gemessen wurde. Aus der dann vorliegenden *Lichtkurve* ergibt sich die Amplitude und gegebenenfalls die Periode des Lichtwechsels. Im einfachsten Fall erhält man die Lichtkurve auf Grund visueller Helligkeitsbestimmungen mit der Methode der Stufenschätzung. Wesentlich genauer sind photoelektrische Meßmethoden, mit denen sich noch Helligkeitsvariationen von einigen 0,001 mag erfassen lassen, auch solche, die sich z.B. innerhalb von Sekunden ereignen.

Die Gesamtzahl der als sicher veränderlich registrierten Sterne, von denen z.B. die Amplitude, eine mögliche Periode und andere charakteristische Merkmale zuverlässig bekannt sind, beträgt gegenwärtig mehr als 30000 und wächst ständig. Trotz dieser relativ großen Zahl ist der Anteil der bekannten V.n an der Gesamtzahl der Sterne sehr gering. Eine systematische Himmelsdurchmusterung mit hochempfindlichen Meßapparaturen dürfte den Anteil der entdeckten V.n um viele Größenordnungen ansteigen lassen.

B e n e n n u n g. Gesicherte V. werden innerhalb eines Sternbildes mit einem großen lateinischen Buchstaben von R bis Z fortlaufend bezeichnet (z.B. S Vulpeculae), falls sie nicht schon einen anderen Namen tragen, wie z.B. δ Cephei. Bei mehr als 9 V.n in einem Sternbild verwendet man die Doppelbuchstaben RR ... RZ, SS

... SZ usw. bis ZZ, schließlich auch noch AA ... AZ, BB ... BZ bis QQ ... QZ. Sind auch diese weiteren 325 Bezeichnungsmöglichkeiten erschöpft, numeriert man die V.n laufend unter Voranstellung eines V von V335 beginnend durch (z.B. V787 Sagittarii). Einzelne Sternwarten oder Beobachter bezeichnen darüber hinaus die von ihnen entdeckten V.n mit besonderen Symbolen und der Nummer in ihren Entdeckungslisten, so u.a. die Sternwarte Sonneberg (z.B. S5218) oder die Harvard-Sternwarte (z.B. H.V. 7867).

Klassifikation. Die Gruppeneinteilung der V.n stützt sich in erster Linie auf das Aussehen der Lichtkurve, da Sterne mit gleichen Helligkeitsvariationen im allg. auch in ihrem physikalischen Aufbau gleich sein dürften. Oft müssen aber auch zusätzliche Kriterien, zu denen u.a. die absolute Helligkeit, die Spektralklasse, das räumliche Bewegungsverhalten und der Ort im Milchstraßensystem gehören, zur Klassifikation herangezogen werden. Eine wesentliche Schwierigkeit bei der Gruppeneinteilung der V.n ergibt sich daraus, daß man vielfach noch keine physikalische Theorie für die Veränderlichkeit hat und daher die Ursachen der verschiedenen Arten des Lichtwechsels nicht kennt. Dadurch ergeben sich mannigfaltige Übergänge und auch Überschneidungen zwischen den verschiedenen Gruppen.

Die verschiedenen Klassen von V.n werden vielfach nach einem typischen Vertreter der Klasse benannt, z.B. die Mira-Sterne nach dem Stern Mira oder die Delta-Cephei-Sterne nach dem Stern δ Cephei.

Bei den V.n unterscheidet man zwei Grundtypen: die optischen und die physischen V.n. ***Optische V.*** sind Doppelsterne, deren Lichtwechsel allein durch das zufällige nahe Zusammenfallen der Sichtlinie Beobachter–Doppelstern mit der Bahnebene der beiden Doppelsternkomponenten bedingt ist, so daß es zur periodischen Verdeckung einer Komponente durch die andere kommt (Bedeckungsveränderliche) oder zu periodischen Änderungen der sichtbaren leuchtenden Fläche der Komponenten, wenn diese infolge gegenseitiger Gezeitenkräfte ellipsoidisch verformt sind (ellipsoidische V.). Zu einer Art Bedeckungsveränderlichkeit kommt es auch, wenn ein Einzelstern durch eine Gas- und Staubhülle variabler Strahlungsdurchlässigkeit umkreist wird. Rund 20% der bekannten V.n gehören zu den optischen V.n.

Physische V. sind Sterne mit Leuchtkraftvariationen, die durch Änderungen des Radius, der effektiven Temperatur und des Spektrums verursacht werden, oder auch Sterne mit (fast) konstanter Leuchtkraft, bei denen sich Änderungen im Spektrum zeigen. Zu den physischen V.n rechnet man auch rotierende Sterne mit Photosphärenbereichen unterschiedlicher Flächenhelligkeit (Sternflecken), die zu einem mehr oder minder periodischen Lichtwechsel führen.

Die ***Pulsationsveränderlichen*** stellen etwa 90% aller bekannten physischen V.n. Ihr Lichtwechsel wird durch eine mehr oder minder gleichmäßig erfolgende Radiusänderung und eine damit verbundene Änderung der effektiven Temperatur verursacht. Der Lichtwechsel kann mit großer Regelmäßigkeit erfolgen, so daß man über lange Zeit hinweg den Eintritt der Maximal- bzw. Minimalhelligkeit vorhersagen kann; Beispiele sind die Delta-Cephei-, die W-Virginis- und die RR-Lyrae-Sterne. Bei den halbregelmäßigen V.n schwankt die Länge der Lichtwechselperiode in weiten Grenzen, außerdem variieren die Form und die Amplitude der Lichtkurve. Bei den unregelmäßigen V.n ist der Lichtwechsel auch nicht andeutungsweise regelmäßig und vorhersagbar. Die Periodenlängen der Pulsationsveränderlichen reichen von Bruchteilen eines Tages (z.B. bei den RR-Lyrae-Sternen) bis zu einigen 100 Tagen (z.B. bei den Mira-Sternen). Die Bildpunkte der Pulsationsveränderlichen liegen im Hertzsprung-Russell- bzw. im Farben-Helligkeits-Diagramm in einem schmalen Band (Cepheiden-Streifen), das sich von den Roten Riesen und Überriesen über die Hauptreihe hinweg bis zu den Weißen Zwergen erstreckt (Abb.). Die meisten bekannten Pulsationsveränderlichen gehören zu den Riesen und Überriesen mit um so späterer Spektralklasse (bei gleicher absoluter Helligkeit), je länger die Periode ist. Die Delta-Scuti-Sterne sind pulsierende Hauptreihensterne, die ZZ-Ceti-Sterne pulsierende Weiße Zwerge.

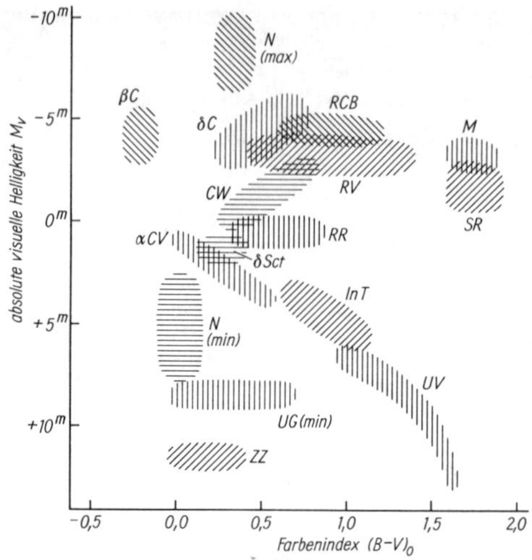

Lage der Bildpunkte einiger Gruppen von Veränderlichen im Farben-Helligkeits-Diagramm. N: Novae; βC: Beta-Cephei-Sterne; δC: Delta-Cephei-Sterne; RCB: R-Coronae-Borealis-Sterne; RV: RV-Tauri-Sterne; M: Mira-Sterne; CW: W-Virginis-Sterne; SR: halbregelmäßige Veränderliche; RR: RR-Lyrae-Sterne; δSc: Delta-Scuti-Sterne; αCV: α^2-Canum-Venaticorum-Sterne; InT: T-Tauri-Sterne; UG: U-Geminorum-Sterne; UV: UV-Ceti-Sterne; ZZ: ZZ-Zeti-Sterne

Bei den ***Eruptionsveränderlichen*** wird der Lichtwechsel durch einen einzigen, oft explosionsartigen Helligkeitsausbruch, im allg. aber durch mehrere, z.T. periodisch wiederkehrende Ausbrüche, verbunden vielfach mit Materieauswürfen, verursacht. Dabei kann, wie bei den Supernovae, der gesamte Stern oder, wie bei den Novae, nur die äußerste Schicht eines Sterns in Mitleidenschaft gezogen werden. Die Gruppeneinteilung erfolgt nach der Stärke der Ausbrüche. Im Hertz-

Klassifikationsschema der veränderlichen Sterne

Physische Veränderliche

Pulsationsveränderliche

- Cepheiden (C)
  - Delta-Cephei-Sterne (Cδ)
  - W-Virginis-Sterne (CW)
- RR-Lyrae-Sterne (RR)
- Zwerg-Cepheiden (RRs)
- Delta-Scuti-Sterne (δSc)
- RV-Tauri-Sterne (RV)
- Mira-Sterne (M)
- halbregelmäßige Veränderliche (SR)
- langsam unregelmäßige Veränderliche (L)
- Beta-Cephei-Sterne (βC)
- ZZ-Zeti-Sterne (ZZ)
- α^2-Canum-Venaticorum-Sterne (αCV)
- BY-Draconis-Sterne (BY)

Eruptionsveränderliche

- Supernovae (SN)
- Novae (N)
- Zwergnovae (DN)
  - U-Geminorum-Sterne (UG)
  - Z-Camelopardalis-Sterne (ZCam)
- Nova-ähnliche Sterne (Nl)
- Z-Andromedae-Sterne (ZAnd)
- R-Coronae-Borealis-Sterne (RCB)
- S-Doradus-Sterne (SD)
- Gamma-Cassiopeiae-Sterne (γC)
- unregelmäßige Veränderliche (I)
  - unregelmäßige Veränderliche frühen Spektraltyps (Ia)
  - Orion-Veränderliche (In)
    - T-Tauri-Sterne (InT)
  - RW-Aurigae-Sterne (Is)
- UV-Ceti-Sterne (UV)

Optische Veränderliche

- Bedeckungsveränderliche (E)
  - Algol-Sterne (EA)
  - Beta-Lyrae-Sterne (EB)
  - W-Ursae-Maioris-Sterne (EW)
- Ellipsoidische Veränderliche (Ell)

(In Klammern ist die abgekürzte Typbezeichnung angegeben.)

sprung-Russell-Diagramm liegen die Bildpunkte der Eruptionsveränderlichen (mit Ausnahme der Novae und Supernovae) meist auf oder nahe der Hauptreihe im Bereich geringer absoluter Helligkeiten. Dies gilt z.B. für die Orion-Veränderlichen, die wegen ihrer oft beobachteten Nachbarschaft zu Wolken interstellarer Materie auch als Nebelveränderliche bezeichnet werden, und die UV-Ceti-Sterne. Die T-Tauri-Sterne sind extrem junge Sterne, die sich noch im Vor-Hauptreihenzustand befinden. Die Helligkeitsausbrüche der Eruptionsveränderlichen werden im allg. durch innere Instabilitäten der Sterne ausgelöst; bei den kataklysmischen V.n (z.B. den Novae) stehen die Helligkeitsausbrüche ursächlich mit dem Überströmen von Materie von einer Komponente eines engen Doppelsternsystems zur anderen in Verbindung. Die R-Coronae-Borealis-Sterne, deren Lichtwechsel durch einen plötzlichen Helligkeitsabfall gekennzeichnet ist, gehören zu den Überriesen; in den kühlen, ausgedehnten Atmosphären dieser Sterne kommt es zu einer plötzlichen Bildung von Staubteilchen, die einen Teil des Sternlichts absorbieren.

Die Tab. gibt einen Überblick über das Klassifikationsschema. Die charakteristischen Eigenschaften der einzelnen Veränderlichengruppen sind unter den entsprechenden Stichwörtern zu finden. In der Tab. Seite 518 sind Angaben zu einigen ausgewählten V.n gemacht.

Katalog. Ein Verzeichnis der bekannten V.n, mit Ausnahme der in Kugelsternhaufen und in extragalaktischen Sternsystemen, enthält der *Generalkatalog der veränderlichen Sterne*, der auf Beschluß der Internationalen Astronomischen Union aller 10 Jahre von der Akademie der Wissenschaften Rußlands herausgegeben wird. Die Ausgabe von 1987 mit ihren Ergänzungen verzeichnet 28 277 Sterne.

Veränderlichenparallaxe, → Parallaxe.

verbotene Linien, Spektrallinien, die auf Grund bestimmter, für spontane Elektronenübergänge geltenden Regeln der Quantenphysik nicht auftreten sollten. Derartige Elektronenübergänge sind nicht grundsätzlich unmöglich, ihre Wahrscheinlichkeit ist nur außerordentlich gering; → Atom. Unter normalen Laborbedingungen werden v. L. nicht beobachtet, da die Wahrscheinlichkeit, daß ein Atom durch andere Gaspartikeln störend beeinflußt wird, um viele Größenordnungen größer ist als die Wahrscheinlichkeit eines spontanen „verbotenen" Überganges. Bei extrem niedrigen Gasdichten, wie sie z.B. im → interstellaren Gas herrschen, sind derartige Störungen so selten, daß es trotz der geringen Übergangswahrscheinlichkeit zur Emission v.r L. kommt.

Verfärbung, eine durch interstellaren Staub verursachte Veränderung der Intensitätsverteilung im beobachteten Spektrum eines Sterns. Bei der interstellaren Extinktion wird kurzwelliges (blaues) Licht stärker beeinflußt als langwelliges (rotes), wodurch das beobachtete Sternlicht röter erscheint, als es tatsächlich ist (→ interstellarer Staub).

Verfärbungsparallaxe, → Parallaxe.

Einige helle veränderliche Sterne

Stern	Koordinaten (2000) α h	α min	δ °	δ ′	Helligkeit max.	Helligkeit min.	Typ	Periode (in Tagen)
TV Piscium	0	28,1	17	53	$4\overset{m}{,}6$	$5\overset{m}{,}2$	SR	~49
γ Cassiopeiae	0	56,7	60	43	$1\overset{m}{,}6$	$3\overset{m}{,}0$	γC	
o Ceti	2	19,3	−2	59	$2\overset{m}{,}0$	$10\overset{m}{,}1$	M	332
ρ Persei	3	5,2	38	51	$3\overset{m}{,}3$	$4\overset{m}{,}0$	SR	~33
β Persei	3	8,2	40	57	$2\overset{m}{,}1$	$3\overset{m}{,}4$	EA	2,867
λ Tauri	4	0,7	12	29	$3\overset{m}{,}5$	$4\overset{m}{,}0$	EA	3,953
ν Eridani	4	36,3	−3	21	$3\overset{m}{,}4$	$3\overset{m}{,}6$	βC	0,174
α Orionis	5	55,2	7	25	$0\overset{m}{,}4$	$1\overset{m}{,}3$	SR	~2070
β Aurigae	5	59,5	44	57	$1\overset{m}{,}9$	$2\overset{m}{,}0$	EA	3,960
η Geminorum	6	14,9	22	31	$3\overset{m}{,}1$	$3\overset{m}{,}9$	SR	~233
S Monocerotis	6	41,0	9	53	$4\overset{m}{,}2$	$4\overset{m}{,}6$	I	
ζ Geminorum	7	4,1	20	34	$3\overset{m}{,}6$	$4\overset{m}{,}2$	Cδ	10,151
R Leonis	9	47,6	11	26	$4\overset{m}{,}4$	$11\overset{m}{,}3$	M	310
U Hydrae	10	37,6	−13	23	$4\overset{m}{,}8$	$5\overset{m}{,}8$	I	
δ Librae	15	1,0	−8	31	$4\overset{m}{,}9$	$5\overset{m}{,}9$	EA	2,327
α Coronae Borealis	15	34,7	26	43	$2\overset{m}{,}2$	$2\overset{m}{,}3$	EA	17,36
R Coronae Borealis	15	48,6	28	9	$5\overset{m}{,}8$	13^{m}	RCB	
χ Ophiuchi	16	27,0	−18	28	$4\overset{m}{,}4$	$5\overset{m}{,}0$	γC	
α¹ Herculis	17	14,6	14	23	$2\overset{m}{,}7$	$4\overset{m}{,}0$	SR	
u Herculis	17	17,3	33	6	$4\overset{m}{,}7$	$5\overset{m}{,}4$	EB	2,051
δ Scuti	18	42,3	−9	3	$4\overset{m}{,}9$	$5\overset{m}{,}2$	δSc	0,194
β Lyrae	18	50,1	33	22	$3\overset{m}{,}3$	$4\overset{m}{,}4$	EB	12,938
R Lyrae	18	55,3	43	57	$3\overset{m}{,}9$	$5\overset{m}{,}0$	SR	~46
χ Cygni	19	50,6	32	55	$3\overset{m}{,}3$	$14\overset{m}{,}2$	M	408
η Aquilae	19	52,5	1	0	$3\overset{m}{,}5$	$4\overset{m}{,}4$	Cδ	7,177
P Cygni	20	17,8	38	2	$3\overset{m}{,}0$	$6\overset{m}{,}0$	Nl	
μ Cephei	21	43,5	58	47	$3\overset{m}{,}4$	$5\overset{m}{,}1$	SR	
δ Cephei	22	29,2	58	25	$3\overset{m}{,}5$	$4\overset{m}{,}4$	Cδ	5,366
β Pegasi	23	3,8	28	5	$2\overset{m}{,}1$	$3\overset{m}{,}0$	I	
λ Andromedae	23	37,6	46	28	$4\overset{m}{,}9$	$5\overset{m}{,}3$	SR	~54
ρ Cassiopeiae	23	54,4	57	40	$4\overset{m}{,}1$	$6\overset{m}{,}2$	RCB	
R Cassiopeiae	23	58,4	51	23	$4\overset{m}{,}7$	$13\overset{m}{,}5$	M	430

α: Rektaszension; δ: Deklination; max., min.: maximale, minimale scheinbare Helligkeit; δSc: Delta-Scuti-Stern; Cδ: Delta-Cephei- Stern; βC: Beta-Cephei-Stern; γC: Gamma-Cassiopeiae-Stern; M: Mira-Stern; SR: halbregelmäßiger Veränderlicher; I: unregelmäßiger Veränderlicher; Nl: Nova-ähnlicher Stern; RCB: R-Coronae-Borealis-Stern; EA: Algol-Stern; EB: Beta-Lyrae-Stern

Verfärbungsweg, → Farbenindex.

Verfestigungsalter, → Altersbestimmung.

Verfinsterung, → Finsternis.

Vergrößerung, → Fernrohr.

Vertex [lat., ‚Pol, Scheitel'] *m, Plur.* Vertices, ***Fluchtpunkt***, der Zielpunkt am Himmel, dem eine Sterngruppe infolge der einheitlichen räumlichen Bewegung ihrer Mitglieder zuzustreben scheint (Abb. → Bewegungssternhaufen).

Vertikalkreis *1)* jeder senkrecht auf dem Horizont stehende Großkreis an der Himmelskugel (Abb. → Koordinaten). Der sog. ***Erste Vertikal*** geht durch den Ost- und den Westpunkt des Beobachtungsortes. *2)* astronomisches → Winkelmeßinstrument.

Vesta *f*, Planetoid. Die V. umläuft auf einer elliptischen Bahn mit einer großen Halbachse von 2,361 AE und einer Exzentrizität von 0,0906 in 3,627 Jahren rechtläufig die Sonne. Die Bahnebene ist um 7,14° gegen die Ekliptikebene geneigt. Der Durchmesser der V. beträgt 550 km, die Masse beläuft sich auf $2{,}7 \cdot 10^{20}$ kg und die mittlere Dichte auf 3,6 g/cm³. Die V. rotiert mit einer Periode von 5,342 Stunden.

Die V. wurde als vierter Planetoid 1807 von W. Olbers (1758–1840) entdeckt.

V-Helligkeit, eine auf den V-Bereich des UBV-Systems bezogene Helligkeit.

Viel-Spiegel-Teleskop, → Spiegelteleskop.

Violettverschiebung, die Verschiebung einer Spektrallinie zu kleineren Wellenlängen, im visuellen Spektralbereich also zum violetten Ende des Spektrums hin.

Vir, Abk. für Virgo.

Virgo [lat.], *Gen.* Virginis, abg. ***Vir***, ***Jungfrau***, Zeichen ♍, zum Tierkreis gehörendes Sternbild der Äquatorzone, das in unseren Breiten im Frühjahr am Abendhimmel sichtbar ist. Nur der Stern α Virginis, die → Spica, ist auffallend hell, alle anderen Sterne sind relativ schwach. In dem Sternbild befindet sich eine große Anzahl extragalaktischer Sternsysteme. Die Sonne durchläuft bei ihrer scheinbaren jährlichen Bewegung das Sternbild von Mitte September bis Ende Oktober, dabei überschreitet sie um den 23. September im Herbstpunkt den Himmelsäquator von Nord nach Süd.

Visionsradius, svw. Gesichtslinie.

visuell, das Sehen betreffend; auf dem Gesichtssinn beruhend; mit dem Auge beobachtet oder gemessen; z.B. ***visuelle Helligkeit***, die mit dem Auge bewertete Helligkeit eines Gestirns.

Vogel, Hermann Carl, dtsch. Astrophysiker, geb. 3.4.1841 in Leipzig, gest. 13.8.1907 in Potsdam; ab 1865 in Leipzig, ab 1874 in Potsdam, wo er wesentlich am Aufbau des Astrophysikalischen Observatoriums beteiligt war, und dessen erster Direktor er 1882 wurde. V. war einer der bedeutendsten Astrophysiker seiner Zeit. Seine wichtigsten Arbeiten lagen auf dem Gebiet der Spektralanalyse der Sterne; er maß als erster Radialgeschwindigkeiten von Sternen und entdeckte die spektroskopischen Doppelsterne als eine spezielle Doppelsterngruppe.

Vol, Abk. für Volans.

Volans [lat.], *Gen.* Volantis, abg. ***Vol, Fliegender Fisch***, kleines Sternbild des südlichen Himmels, das von unseren Breiten aus nicht sichtbar ist.

Vollmond, eine Beleuchtungsform des Mondes, wenn dieser in Opposition zur Sonne steht; → Mondphase.

Vorwärtsdrehung der Apsidenlinie, die langsame Drehung der großen Halbachse einer von einem Himmelskörper um einen anderen durchlaufenen Bahn. Eine V. d. A. tritt u.a. dann ein, wenn die Masseverteilung in dem umlaufenen Körper nicht punktförmig im Mittelpunkt konzentriert ist. Hinsichtlich der V. d. A. des Mondes, → Mondbewegung.

Vul, Abk. für Vulpecula.

Vulpecula [lat.], *Gen.* Vulpeculae, abg. ***Vul, Fuchs, Füchslein***, Sternbild des nördlichen Himmels, das von unseren Breiten aus im Sommer am Abendhimmel sichtbar ist. Das Sternbild liegt in der Milchstraße. In ihm befindet sich der mit lichtstarken Feldstechern gut zu beobachtende Planetarische Nebel M 27, der sog. Hantelnebel.

W

W, Einheitenzeichen für Watt, die Maßeinheit der Leistung.

Waage, das Sternbild → Libra.

Waagepunkt, svw. Herbstpunkt; → Frühlingspunkt.

Wachstumskurve, eine in Diagrammform dargestellte Beziehung zwischen der Stärke einer Spektrallinie und der Zahl der diese Linie erzeugenden Atome; → Sternatmosphäre.

Wagen, ***1) Großer Wagen***, → Ursa Maior; ***2) Kleiner Wagen***, → Ursa Minor.

wahre Sonne, → Sonnentag.

Wahrnehmungshorizont, → Kosmologie.

Walfisch, das Sternbild → Cetus.

Wallebene, charakteristische Oberflächenstruktur auf dem Mond.

Wandelstern, ältere Bezeichnung für einen sich an der Himmelskugel relativ zu den Fixsternen bewegenden Himmelskörper, speziell für einen Planeten. Im Altertum wurden auch die Sonne und der Mond zu den W.en gerechnet.

Wärmeenergie, eine spezielle Energieform; → Energie.

Wassermann, das Sternbild → Aquarius.

Wasserschlange, ***1) weibliche*** oder ***nördliche W.***, das Sternbild → Hydra; ***2) männliche*** oder ***kleine W.***, das Sternbild → Hydrus.

Wasserstoff, das leichteste chemische Element, Symbol H. Ein (normales) Wasserstoffatom besteht aus einem Proton (als Atomkern) und einem Elektron. Die Atomkerne des schweren W.s (Deuterium) enthalten ein Proton und ein Neutron, die Kerne des instabilen überschweren W.s (Tritium) ein Proton und zwei Neutronen. Bei einheitlicher Kernladungszahl 1 sind die Massezahlen der drei Wasserstoffisotope 1, 2 und 3, ihre Symbole ^{1}H, ^{2}H (oder D) und ^{3}H (oder T). Ein ionisiertes Wasserstoffatom besteht nur aus einem Proton, hat demzufolge eine positive Ladung; bei einem negativ geladenen Wasserstoffion (Symbol H^-) ist an das Wasserstoffatom ein zusätzliches Elektron gebunden. In der Astronomie wird von der Spektroskopie herrührend neutraler W. im allg. mit HI, ionisierter W. mit HII bezeichnet. Hinsichtlich des Spektrums des W.s → Spektrum. W. ist das bei weitem häufigste Element im Weltall, → Elementenhäufigkeit.

Wasserstoffbrennen, svw. Wasserstoffreaktionen.

Wasserstoff-Emissionsgebiet, eine schwach leuchtende diffuse interstellare Gaswolke, in deren Spektrum die Balmer-Linien des Wasserstoffs vorherrschen (→ interstellares Gas).

Wasserstoffreaktionen, ***Wasserstoffbrennen***, Kernprozesse in Sternen, bei denen Wasserstoff in Helium umgewandelt wird; → Energiefreisetzung in Sternen.

Watt, Einheitenzeichen W, Maßeinheit der Leistung.

Wega [arab.] *f*, der hellste Stern (α) im Sternbild Lyra (Leier). Mit einer scheinbaren visuellen Helligkeit von $0^{m}03$ gehört die W. zu den hellsten Sternen des Himmels; die Spektralklasse ist A0, die Leuchtkraftklasse V; die W. ist ein früher Hauptreihenstern. Die Leuchtkraft beträgt etwa das 50fache der Sonnenleuchtkraft, der Radius etwa das 2,9fache des Sonnenradius. Die Entfernung von der Sonne beläuft sich auf etwa 8 pc oder 25 Lichtjahre.

Die W. ist von einer zirkumstellaren Staubwolke umgeben, deren Radius etwa 85 AE beträgt. Möglicherweise handelt es sich um ein in Bildung begriffenes Planetensystem.

Die W. bildet mit den Sternen Atair und Deneb das sog. Sommerdreieck.

Weißer Zwerg, ein relativ kleiner und sehr dichter Stern, dessen innere Stabilität von einem entarteten Elektronengas aufrechterhalten wird. Die Bildpunkte der Weißen Z.e liegen im Hertzsprung-Russell-Diagramm etwa 8 bis 12 mag unterhalb der Hauptreihe. Der Name rührt von den zuerst entdeckten Sternen dieser Art her, die eine hohe Effektivtemperatur und damit eine weiße Farbe hatten.

Globale Zustandsgrößen. Die Weißen Z.e haben Effektivtemperaturen zwischen etwa 40000 und 5000 K und absolute Helligkeiten zwischen etwa 8^m und 16^m. Aus der Effektivtemperatur und der absoluten Helligkeit läßt sich der Sternradius abschätzen (→ Leuchtkraft); im Mittel liegen die Radien bei etwa 8000 km und sind damit eher mit Planetenradien als mit dem Sonnenradius vergleichbar. Die Masse läßt sich bei denjenigen Weißen Z.en bestimmen, die einem Doppelsternsystem angehören; bei einzelstehenden Sternen kann sie höchstens aus der relativistischen Rotverschiebung der Spektrallinien abgeschätzt werden (→ Masse). Im Mittel beläuft sich die Masse W. Z.e auf 0,6 Sonnenmassen mit einem Streubereich zwischen etwa 0,4 und 1 Sonnenmasse; die höchste bei einem Weißen Z. bisher gefundene Masse beträgt 1,2 Sonnenmassen. Die aus Masse und Radius berechnete mittlere Dichte liegt bei rund 10^5 g/cm^3 und beträgt damit rund das 100 000fache der mittleren Dichte der Sonne. Die Schwerebeschleunigung an der Oberfläche W. Z.e beläuft sich auf etwa das 10000fache der an der Sonnenoberfläche. Die bei Weißen Z.en gemessenen Magnetfeldstärken betragen bis zu $5 \cdot 10^4$ Tesla. Die bei einigen wenigen Weißen Z.en beobachteten Rotationsperioden liegen zwischen 1 Stunde und 3 Tagen.

Spektrum. Bei den Weißen Z.en entspricht die Energieverteilung im Kontinuum etwa der von Hauptreihensternen der Spektralklassen O bis K, sehr selten auch der Spektralklasse M. Die dem Kontinuum aufgeprägten Absorptionslinien stammen vielfach nur jeweils von einem Element; sie sind auffällig breit und verwaschen, was auf den hohen Druck in den Atmosphären der Sterne zurückgeht (→ Spektrum). Weiße Z.e, in deren Spektren nur Wasserstofflinien beobachtet werden, bilden die Spektralklasse DA. (D ist das gemeinsame Symbol für Weiße Z.e; A entspricht der Spektralklasse mit dominierenden Wasserstofflinien.) DA-Sterne überdecken nahezu den gesamten Bereich der bei Weißen Z.en beobachteten Effektivtemperaturen. In den Spektren der DO- und der DB-Sterne, die im allg. sehr hohe Effektivtemperaturen haben, findet man praktisch nur Heliumlinien, bei den DF-, den DG- und den DK-Sternen neben Helium- und Wasserstofflinien auch schwache Linien vom einmal ionisierten Calcium, bei den DG-Sternen zusätzlich auch Linien vom Eisen, Kohlenstoff und Magnesium. Die Folge DF, DG, DK kennzeichnet abnehmende Effektivtemperaturen, die etwa denen der Hauptreihensterne der Spektralklassen F, G und K entsprechen. Gelegentlich treten auch Mischtypen bei den Spektren auf, z.B. sehr starke Helium- mit schwachen Wasserstofflinien oder umgekehrt, was durch DOA oder DAO gekennzeichnet wird. Einige Weiße Z.e haben ein rein kontinuierliches Spektrum; sie faßt man zur Spektralklasse DC zusammen; die Effektivtemperaturen dieser Sterne liegen bei etwa 10000 K und darunter.

Zwischen 80 und 90% der Weißen Z.e gehören zur Spektralklasse DA, rund 10% zur Klasse DB, der Rest verteilt sich auf die übrigen Gruppen.

Innerer Aufbau. Die Sternmaterie im Innern eines Sterns kann man sich wegen der praktisch vollständigen Ionisation aus zwei Partialgasen zusammengesetzt denken: dem Elektronengas, dem die freien Elektronen angehören, und dem Kerngas, das aus den von Elektronen entblößten Atomkernen besteht. Wegen der hohen Dichten (und der nicht entsprechend hohen Temperaturen) ist das Elektronengas in einem Weißen Z. hochgradig entartet, während das Kerngas als ein normales ideales Gas angesehen werden kann (→ Zustandsgleichung). Zum Gesamtdruck und damit zur Aufrechterhaltung des mechanischen Gleichgewichts trägt das Kerngas im Vergleich zum Elektronengas vernachlässigbar wenig bei: Das entartete Elektronengas bestimmt im wesentlichen allein die innere Konfiguration eines Weißen Z.es (→ Sternaufbau). Bei einem vollständig entarteten Elektronengas sind sämtliche nach den Gesetzen der Quantenphysik möglichen Energiezustände bis zu einer oberen Grenze, der Fermi-Grenze, von den Elektronen besetzt. Die Fermi-Grenze nimmt (unabhängig von der Temperatur des Kerngases) mit wachsender Elektronengasdichte zu, mit ihr steigt auch der von den Elektronen ausgeübte Druck.

Denkt man sich die Masse eines Weißen Z.es etwas erhöht, muß zur Aufrechterhaltung des mechanischen Gleichgewichts der Druck des entarteten Elektronengases, damit die Dichte, etwas steigen, was eine Verkleinerung des Sternradius bedeutet: Je massereicher ein W. Z. ist, um so kleiner ist sein Radius. Da mit der Dichteerhöhung auch die Fermi-Energie steigt, wird diese bei genügender Masseerhöhung mit der Ruhmasseenergie der Elektronen vergleichbar, und das Elektronengas geht in den Zustand der relativistischen Entartung über. Damit sinkt seine Fähigkeit, Druck auszuüben (→ Zustandsgleichung), wodurch der Sternradius zunehmend stärker ab- als die Masse zunimmt (Abb.). Das entartete Elektronengas kann

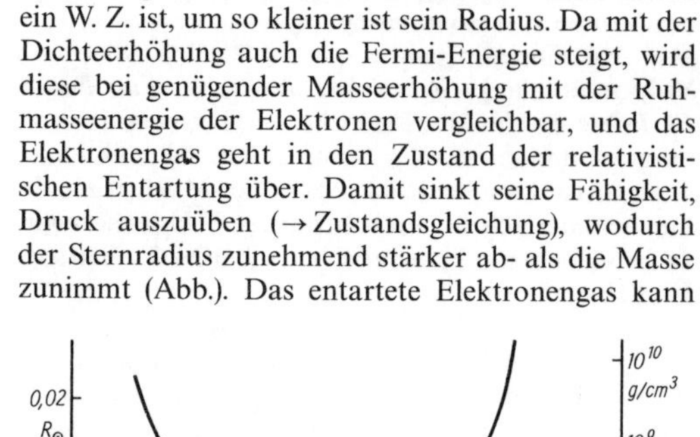

Abhängigkeit des Radius R und der Zentraldichte ρ_c von der Masse eines ganz aus Helium oder ganz aus Kohlenstoff und Sauerstoff bestehenden Weißen Zwerges mit vollständig entartetem Elektronengas. $R_\odot$: Sonnenradius; $\mathfrak{M}_\odot$: Sonnenmasse

nur bis zu einer oberen Grenzmasse, der *Chandrasekharschen Grenzmasse* (nach S. Chandrasekhar, Nobelpreisträger für Physik 1983), das mechanische Gleichgewicht gewährleisten. Für ganz aus Helium oder Kohlenstoff bestehende Weiße Z.e liegt die Grenzmasse, jenseits der es keinen Weißen Z. gibt, bei etwa 1,4 Sonnenmassen. Bei schnell rotierenden Weißen Z.en und bei solchen mit starken inneren Magnetfeldern ist sie gering höher, da zum Druck des Elektronengases noch die nach außen gerichtete Zentrifugalkraft bzw. der Magnetfelddruck hinzukommt.

Weiße Z.e stellen einen der möglichen Endzustände in der Sternentwicklung dar. Die verfügbaren Kernenergiequellen sind erschöpft; je nach der Masse, die die Sterne bei ihrer Entstehung hatten, bestehen sie im Weiße-Zwerge-Zustand bis auf höchstens eine dünne äußere Wasserstoffregion ganz aus Helium oder Kohlenstoff (→ Sternentwicklung). Die von einem Weißen Z. ausgestrahlte Energie ist umgewandelte potentielle Energie, die bei einer geringen Kontraktion freigesetzt wird, solange das Elektronengas noch nicht vollständig entartet ist. Dabei steht der Teil der Energie zur Verfügung, der nicht für die mit der Dichteerhöhung verbundenen Erhöhung der mittleren Energie des Elektronengases verbraucht wird. Wegen der enorm hohen Massekonzentration genügt zur Deckung der Ausstrahlung schon eine sehr geringe Schrumpfung des Sterns. Ein Teil der ausgestrahlten Energie stammt vom Kerngas. Mit abnehmendem Sternradius geht das Elektronengas immer mehr in den Zustand der vollständigen Entartung über, die Kontraktion wird dadurch immer geringer und der von freigesetzter potentieller Energie herrührende Anteil der ausgestrahlten Energie immer bedeutungsloser. Bei der allmählichen Abkühlung des Kerngases erreicht dieses schließlich einen Zustand, bei dem sich die Atomkerne in einem Raumgitter niedrigster Energie anordnen, und der daher als kalt und kristallin bezeichnet werden kann, während die freien Elektronen ihre extrem hohe mittlere kinetische Energie unverändert beibehalten.

Die Abnahme der zur Ausstrahlung zur Verfügung stehenden Energie hat eine sinkende Leuchtkraft zur Folge, die wegen des praktisch konstanten Sternradius mit einer sinkenden Effektivtemperatur verbunden ist: Im Hertzsprung-Russell-Diagramm verschieben sich die Bildpunkte der Weißen Z.e etwa parallel zur Hauptreihe von links oben nach rechts unten längs einer Linie, die durch einen konstanten Sternradius bestimmt ist. Dabei entziehen sich die Sterne immer mehr der Beobachtbarkeit. Die Abkühlungszeit bis zum Erreichen einer Effektivtemperatur von etwa 3000 K liegt in der Größenordnung von 10^{10} Jahren.

Im Innern der Sterne sinkt mit wachsendem Zentrumsabstand der zur Aufrechterhaltung des mechanischen Gleichgewichts notwendige Druck. Bei einem Weißen Z. nimmt daher mit steigendem Mittelpunktsabstand die Dichte des Elektronengases und dessen Entartungsgrad ab. In den oberflächennahen Sternschichten ist die Entartung ganz aufgehoben: Das Elektronengas reagiert hier (wie das Kerngas) wie ein ideales Gas. Wegen der hohen Wärmeleitfähigkeit entarteter Elektronen herrscht im tiefen Innern eines Weißen Z.es fast überall die gleiche Temperatur und nur ein sehr geringes Temperaturgefälle. In den nicht entarteten äußersten Sternschichten ist das Temperaturgefälle hingegen sehr groß: Auf einer kurzen Wegstrecke fällt die Temperatur von den hohen Werten im Innern auf den Wert der Effektivtemperatur ab.

A t m o s p h ä r e. Wegen der hohen Gasdichte auch nahe der Oberfläche hat der Bereich eines Weißen Z.es, aus dem Strahlung ungehindert in den freien Weltraum entweichen kann (die Sternatmosphäre), nur eine Dicke in der Größenordnung von 10 bis 100 m. Der hohe Druck in der Atmosphäre bewirkt eine starke Druckverbreiterung der Spektrallinien (→ Spektrum), wodurch schwächere Linien bis zur Unkenntlichkeit auseinandergezogen werden und im Kontinuum untergehen, so daß die Spektren W. Z.e durch eine relative Linienarmut gekennzeichnet sind. Das Fehlen von Wasserstofflinien bei Weißen Z.en der Spektralklassen DO und DB hängt mit der vorangegangenen Entwicklung dieser Sterne zusammen, während der sie die äußeren, noch Wasserstoff enthaltenden Sternschichten verloren haben, so daß die mit dem Endprodukt des Wasserstoffbrennens, Helium, angereicherten Sternschichten jetzt sichtbar sind (→ Sternentwicklung).

H ä u f i g k e i t. Die Zahl der bekannten Weißen Z.e liegt in der Größenordnung von 1000, was durch die infolge der geringen absoluten Helligkeit entsprechend geringe Entdeckungswahrscheinlichkeit bedingt ist: Weiße Z.e findet man nur in der näheren Sonnenumgebung. Ihre absolute Häufigkeit bezogen auf das gesamte Milchstraßensystem ist hingegen groß, da alle Sterne, die ihre Entwicklung bereits abgeschlossen haben und bei ihrer Entstehung eine Masse kleiner als etwa 8 Sonnenmassen hatten, jetzt als Weiße Z.e existieren. Möglicherweise sind bis zu 10% aller Sterne der weiteren Sonnenumgebung Weiße Z.e.

Welle, eine sich im Raum ausbreitende und Energie transportierende Erregung. Die Erregung bewirkt eine ein- oder auch mehrmalige, gegebenenfalls periodische Störung von Teilchen eines Mediums (z.B. bei einer akustischen W.) oder eines physikalischen Feldes (z.B. bei einer elektromagnetischen W.). Handelt es sich um eine starke einmalige Störung, spricht man von einer ***Stoßwelle*** (Schockwelle). Verbindet man benachbarte Raumpunkte im gleichen Erregungszustand (Auslenkungsgrad, Schwingungszustand, Phase), so erhält man zusammenhängende Flächen (Wellenflächen) oder eine einzelne Wellenfront. Die Wellenlänge λ ist der kürzeste Abstand zweier benachbarter Wellenflächen gleicher Phase, die Frequenz ν die Zahl der je Sekunde einen festen Punkt überstreichenden Wellenflächen. Für die Ausbreitungsgeschwindigkeit v_P (Phasengeschwindigkeit) einer W. gilt $v_P = \lambda\nu$.

Wellenstrahlung, → Strahlung.

Weltall, ***Kosmos***, die Gesamtheit aller Materie und allen Raumes. Die Erforschung der großräumigen Struktur und des Aufbaus des W.s sowie seiner Entwicklung ist Ziel der → Kosmologie.

Vom gesamten W. läßt sich in Abhängigkeit vom jeweiligen Entwicklungsstand der astronomischen Beobachtungstechnik nur ein kleiner Teilbereich durch Beobachtungen erfassen. Der gegenwärtig mit den lei-

stungsfähigsten optischen Instrumenten zugängliche Teil des W.s hat einen Radius in der Größenordnung von rund 10^9 pc. In diesem Teil befindet sich eine Masse von der Größenordnung 10^{21} Sonnenmassen, die leuchtend in Erscheinung tritt. Wahrscheinlich existiert zusätzlich dazu eine fünf- bis zehnmal größere, nichtleuchtende Masse, über deren Ursprung und Träger man bisher aber nichts Gesichertes weiß. Die leuchtende Masse verteilt sich auf einige 100 Mrd. Sternsysteme (Galaxien), von denen die weniger häufigen massereichen Systeme die Hauptmenge dieser Masse enthalten dürften. Die Sternsysteme stellen die größten einheitlichen Bausteine des W.s dar. Sie ordnen sich vielfach in einzelne Gruppierungen, Galaxienhaufen und Galaxiensuperhaufen an. Ein Sternsystem besteht aus einigen wenigen Milliarden bis zu einigen 100 Mrd. Sternen, die sowohl als Einzel-, Doppel- oder Mehrfachsterne oder als Sternhaufen auftreten, sowie aus größeren Mengen interstellarer Materie. Die Erforschung der Entstehung der verschiedenen Körper im W. ist die Aufgabe der Kosmogonie.
Das W. ist außer von materiellen Körpern und Teilchen auch von Strahlung erfüllt. Die das W. homogen und isotrop erfüllende Drei-Kelvin-Strahlung stammt noch aus einer frühen Entwicklungsphase des Kosmos.

Weltalter, → Kosmologie, → Altersbestimmung.

Weltbild, *1)* im allgemeinen astronomischen Sinn eine in sich geschlossene Vorstellung vom Aufbau des Weltalls; *2)* im engeren Sinn eine Planetentheorie.
In den ältesten Vorstellungen der Menschen über den Bau der Welt als Ganzem glaubte man, daß sich die Erde in der Weltmitte befände und eine große Scheibe sei, während die Fixsterne an einer Halbkugel befestigt sind, die auf den Rändern der Erdscheibe aufliegt. Später stellte man sich die Erde als eine in der Weltmitte frei im Raum schwebende Kugel vor, die von einer die Fixsterne tragenden Hohlkugel umgeben ist. Die Wandelsterne (die damals bekannten Planeten: Merkur, Venus, Mars, Jupiter und Saturn dazu die Sonne und den Mond) dachte man sich fest mit kristallenen Sphären verbunden, so daß sie sich auf Kreisbahnen um die im Mittelpunkt ruhende Erde bewegen konnten. Der Mensch fühlte sich als im Mittelpunkt des Weltalls befindlich und als Maß aller Dinge. Die Überzeugung von einer bevorzugten Stellung der Erde mußte mit fortschreitenden astronomischen Erkenntnissen immer mehr aufgegeben werden: Man erkannte, daß die Erde weder im Mittelpunkt des Sonnensystems, noch die Sonne im Mittelpunkt des Milchstraßensystems sich befinden, noch daß dieses in irgendeiner Weise eine bevorzugte Stellung im Weltall einnimmt.
Die von den Griechen des Altertums entwickelten Planetentheorien gingen im allg. davon aus, daß die Erde im Mittelpunkt des Weltalls ruht ***(geozentrisches W.)***. Das nach dem Alexandrinischen Astronomen C. Ptolemäus (um 90 u.Z.–um 160 u.Z.) benannte ***ptolemäische W.*** ist das bekannteste, in ihm werden sämtliche Wandelsterne als die Erde umlaufend angesehen. (Im strengen Sinn steht auch im ptolemäischen System die Erde nicht im geometrischen Mittelpunkt der von den Planeten durchlaufenen Bahnen; → Epizykeltheorie.) Im Gegensatz dazu lehrte Heraklid von Pontos (4. Jh. v.u.Z.), daß sich der Merkur und die Venus um die Sonne bewegen, diese, wie die übrigen (damals bekannten) Planeten sowie der Mond, die Erde umläuft. Die von Aristarch von Samos (um 320 v.u.Z.–250 v.u.Z.) entwickelten Vorstellungen gingen von einem rein ***heliozentrischen W.*** aus, in dem der Sonne, auch der Größe nach, im Mittelpunkt des Weltalls eine überragende Stellung zukommt; seine Ideen konnten sich aber nicht durchsetzen. Die Grundlagen für die gegenwärtige Planetentheorie schuf N. Copernicus (1473–1543). Dieses ***copernicanische W.*** ist ein heliozentrisches System: Die Sonne, als Mittelpunkt des gesamten Weltalls gedacht, wird von der Erde und den übrigen Planeten umlaufen, während der Mond sich um die Erde bewegt. Für die räumlichen Bewegungen der Himmelskörper nahm Copernicus (wie Ptolemäus) zunächst Kreisbahnen an, ging dann aber zu zusammengesetzten Kreisbahnen über, da sich sonst die komplizierten scheinbaren Bewegungen an der Himmelskugel nicht richtig erfassen ließen (→ Epizykeltheorie). Das copernicanische W. verdrängte nur langsam das ptolemäische, weil die Übereinstimmung zwischen den nach der Theorie vorausgesagten und den beobachteten Planetenörtern am Himmel nicht allzu groß war, jedenfalls nicht besser als im ptolemäischen System. Außerdem fand man nicht die parallaktischen Bewegungen der Fixsterne, die bei einer räumlichen Bewegung der Erde auftreten müssen. Es ist daher wenig erstaunlich, daß die copernicanische Lehre nicht nur aus philosophischen und dogmatischen Gründen lange Zeit scharf bekämpft wurde, sondern auch bei vielen Astronomen, z.B. auch bei T. Brahe (1546–1601), dem größten beobachtenden Astronomen seiner Zeit, auf Ablehnung stieß. Dessen eigene Auffassung, wonach sich alle Planeten um die Sonne bewegen, diese aber die fest im Mittelpunkt der Welt stehende Erde umläuft, trug zu stark die Merkmale eines Kompromisses, so daß sie nur wenig Anhänger fand und nur kurze Zeit beachtet wurde.

Weltmodell, eine mathematische Beschreibung der großräumigen Struktur des Weltalls sowie deren zeitliche Änderung; → Kosmologie.

Weltpostulat, → Kosmologie.

Weltraum, *1)* im umfassenden Sinn svw. Weltall; *2)* im engeren Sinn der Raum außerhalb der Erdatmosphäre.

Weltraumfahrt, svw. Raumfahrt.

Weltzeit, Abk. WZ oder UT, die auf den Nullmeridian (Meridian von Greenwich, Großbritannien) bezogene mittlere Sonnenzeit; → Zeit.

Wendekreis, *1)* ein 23° 26′ vom Himmelsäquator entfernter und ihm paralleler Kleinkreis an der Himmelskugel. Der nördliche der beiden W.e, der die Deklination + 23° 26′ hat, heißt ***W. des Krebses***; auf ihm befindet sich die Sonne zur Zeit der Sommersonnenwende, um den 21. Juni, und wendet sich bei ihrer scheinbaren jährlichen Bewegung dann wieder dem Himmelsäquator zu. (Früher stand sie dabei im Sternbild Krebs, gegenwärtig im Sternbild Zwillinge.) Auf dem ***W. des Steinbocks***, dem südlichen W. mit einer

Deklination von $-23° 26'$, erreicht die Sonne zur Zeit der Wintersonnenwende, um den 21. Dezember, ihren größten südlichen Abstand vom Himmelsäquator. (Dabei befand sie sich früher im Sternbild Steinbock, gegenwärtig im Sternbild Schütze.)
2) ein dem Erdäquator paralleler Kreis auf der Erde mit einer geographischen Breite von $+23° 26'$ bzw. $-23° 26'$. Entsprechend den W.en am Himmel bezeichnet man den nördlichen geographischen W. (geographische Breite $+23° 26'$) als W. des Krebses, den südlichen (geographische Breite $-23° 26'$) als W. des Steinbocks. Zur Zeit der Sommer- bzw. Wintersonnenwende steht die Sonne senkrecht über diesen W.en am Himmel.

Westen, → Himmelsrichtung.

Westpunkt, derjenige der beiden Schnittpunkte des Himmelsäquators mit dem (wahren) Horizont, in dem ein auf dem Himmelsäquator befindliches Gestirn bei der scheinbaren täglichen Bewegung unter den Horizont sinkt. Der Gegenpunkt, in dem ein derartiges Gestirn aufgeht, ist der Ostpunkt. Zur Tagundnachtgleiche geht die Sonne im W. unter.

Widder, das Sternbild → Aries.

Widderpunkt, svw. Frühlingspunkt.

Widmannstättensche Figuren [nach dem österr. Technologen A. von Wittmannstätten, 1754–1849], → Meteorit.

Wiensches Verschiebungsgesetz [nach dem dtsch. Physiker W.C. Wien, 1864–1928], → Strahlungsgesetze.

Wilson-Effekt [nach dem brit. Astronomen A. Wilson, 1714–1786], → Sonnenfleck.

Winkel, der Richtungsunterschied zweier Strahlen, die einen gemeinsamen Ausgangspunkt (Scheitelpunkt) haben. Die Einheit eines (ebenen) W.s im ***Bogenmaß*** ist ein Radiant, Einheitenzeichen rad. Zwei Strahlen schließen den W. 1 rad ein, wenn die Länge des durch sie auf einem Kreis mit dem Scheitelpunkt als Mittelpunkt ausgeschnittenen Bogens gleich dem Radius des Kreises ist. Der volle ebene Winkel hat das Bogenmaß 2π. Im ***Gradmaß*** hat der volle ebene Winkel 360°, der rechte Winkel 90°; $1° = 60'$, $1' = 60''$. Für die Umrechnung von Gradmaß in Bogenmaß gilt: 1 rad = 57,29578° bzw. 1° = 0,017453 rad.
Der ***Raumwinkel*** ist ein Maß für den Raumteil, der durch einen beliebig geformten Kegelmantel aus dem Gesamtraum herausgeschnitten wird. Die Einheit des Raumwinkels ist ein Steradiant, Einheitenzeichen sr. Ein Kegelmantel schließt den Raumwinkel 1 sr ein, wenn sich die durch den Kegelmantel auf einer Kugel mit der Kegelspitze als Mittelpunkt ausgeschnittene Fläche zur Gesamtkugelfläche wie $1/4\pi$ verhält. Der volle Raumwinkel mißt 4π sr.

Winkelbeschleunigung, → Beschleunigung.

Winkelgeschwindigkeit, der je Zeiteinheit überstrichene Winkel; Maßeinheit Radiant/Sekunde (rad/s); 1 rad/s = 57,296°/s.

Winkelmaß, das Sternbild → Norma.

Winkelmeßinstrument, in der Astronomie ein Beobachtungsinstrument zur Messung der Richtung eines Gestirns relativ zu einer Bezugsrichtung. Die gegenwärtig gebräuchlichen astronomischen W.e benutzen Fernrohre, die in besonderer Weise aufgestellt und mit besonderen Zusatzeinrichtungen, wie Teilkreisen oder Mikrometern, versehen sind. Man nutzt dabei sowohl die lichtsammelnde Wirkung eines Fernrohrs aus, um auch Sterne mit geringen scheinbaren Helligkeiten vermessen zu können, als auch dessen Fähigkeit, einen Winkel zu vergrößern: Die Messung eines Winkels kann um so genauer erfolgen, je größer er erscheint. Das Fernrohr dient als Visiereinrichtung, wozu in seiner Brennebene Markierungen in Form eines Fadens, mehrerer Fäden oder eines Fadenkreuzes angebracht sind. Bei den Messungen wird die Lage des Fernrohrs in bezug auf eine Normallage, z.B. die Zenitrichtung, mit Hilfe von am Fernrohr befindlichen Teilkreisen bestimmt.

Abb. 1: Meridiankreis des Geoforschungszentrums in Potsdam

Ein ***Meridiankreis*** besteht aus einem Fernrohr, das um eine waagerechte, in Ost-West-Richtung festliegende Achse drehbar ist, so daß beim Drehen die optische Achse den Himmelsmeridian markiert (Abb. 1). Wegen des Fehlens einer zweiten Drehachse kann das Instrument der scheinbaren täglichen Bewegung der Sterne nicht nachgeführt werden; man ist auf die Beobachtung von Meridiandurchgängen eingeschränkt. Durch die in Sternzeit bestimmte Meridiandurchgangszeit ergibt sich unmittelbar die Rektaszension des beobachteten Sterns, da beim Meridiandurchgang der Stundenwinkel gleich Null ist und definitionsgemäß gilt: Sternzeit = Stundenwinkel + Rektaszension (→ Koordinaten). Zur Erhöhung der Meßgenauigkeit wird der Durchgang des Sterns durch mehrere in der Brennebene angebrachte Fäden lichtelektrisch registriert, von denen man den Abstand zur optischen Achse kennt. (Bei dieser Winkelmessung dient der Stundenkreis des Frühlingspunktes als Bezugsrichtung.) Mit der Durchgangszeitbestimmung wird gleichzeitig auf hochgenauen Teilkreisen die Höhe des Sterns (also der Winkelabstand vom Horizont) abgelesen. Aus ihr und der geographischen Breite des Beobachtungsortes läßt sich die Deklination des Sterns berechnen. Meridiankreise zählen zu den genauesten astronomischen W.en; bei den besten ist die Meßunsicherheit im wesentlichen durch die Szintillation der Sterne bestimmt, der innere Meßfehler beträgt bei ihnen etwa 0,1″.

Das Arbeitsprinzip eines ***Durchgangsinstruments*** (Passageinstruments) ist gleich dem eines Meridiankreises, nur besitzen die Teilkreise zur Höhenmessung nicht die hohe Präzision; es werden im wesentlichen nur genaue Meridiandurchgangszeiten ermittelt. Durchgangsinstrumente werden vielfach mit geknicktem Fernrohr ausgerüstet, bei dem das vom Objektiv kommende Sternlicht durch einen ebenen Ablenkspiegel in die hohle Drehachse gelenkt wird, an deren Stirnseite sich das Okular oder die Meßeinrichtung befindet.

Bei Meridiankreisen und Durchgangsinstrumenten lassen sich Aufstellungs- und Instrumentenfehler nicht vollständig vermeiden. Nur wenn sie bekannt sind und die Meßwerte entsprechend korrigiert werden, lassen sich Sternörter mit der benötigten Genauigkeit ermitteln. Zu den möglichen Aufstellungsfehlern gehört die Abweichung der Fernrohrdrehachse von der Waagerechten (Neigungsfehler) und von der Ost-West-Richtung (Azimutfehler). Ein Instrumentenfehler liegt vor, wenn die optische Achse des Fernrohrs nicht genau senkrecht auf der Drehachse steht (Kollimationsfehler). Beim Exzentrizitätsfehler fällt der Mittelpunkt eines Teilkreises nicht genau mit der Drehachse zusammen; um diesen Fehler zu minimieren, rüstet man die Instrumente im allg. mit zwei Teilkreisen aus und liest diese jeweils an vier Stellen ab.

Ein ***Vertikalkreis*** hat wie ein Meridiankreis eine waagerechte Drehachse und zusätzlich dazu noch eine senkrechte Achse, so daß man Sternhöhen in jeder beliebigen Azimutrichtung messen kann. Beim ***Altazimut*** kann der Drehwinkel gegenüber der Meridianstellung an einem horizontal liegenden Teilkreis abgelesen werden; außer der Sternhöhe läßt sich damit das Azimut des zu vermessenden Sterns bestimmen. ***Universalinstrumente*** sind kleine, wie Altazimute gebaute transportable W.e.

Mit einem ***Prismenastrolabium*** wird der Durchgang eines Sterns durch einen bestimmten, instrumentell festgelegten Höhenkreis beobachtet. Dazu ist es mit einem Prisma vor dem Objektiv und einem kleinen Quecksilbertrog („Quecksilberhorizont“) ausgerüstet, der eine genau waagerechtliegende spiegelnde Fläche realisiert. Ein Teil des Sternlichts wird von der einen Seite des Prismas in das Objektiv des Fernrohrs gespiegelt, der andere Teil gelangt nach der Reflexion an dem Quecksilber und der Reflexion an der anderen Seite des Prismas ins Fernrohr (Abb. 2). Im Gesichtsfeld erscheinen damit zwei Bilder ein und desselben Sterns, die sich mit dessen Annäherung an den vorgegebenen Höhenkreis (im allg. der Höhe 60°) aufeinanderzu bewegen; der Augenblick des Zusammenfallens beider Bilder wird bestimmt. Infolge der scheinbaren täglichen Bewegung überschreitet ein Stern innerhalb eines Tages den Höhenkreis einmal aufsteigend, einmal absteigend. Bestimmt man beide Zeitpunkte, lassen sich die Meridiandurchgangszeit und die dabei erreichte Höhe berechnen. Prismenastrolabien können sehr stabil und kompakt gebaut werden, da nur eine senkrechte Achse benötigt wird, es können aber nur Sterne beobachtet werden, die bei ihrer scheinbaren täglichen Bewegung den vorgegebenen Höhenkreis auch überschreiten, die also innerhalb einer bestimmten Deklinationszone liegen. Die mit Prismenastrolabien erreichten Genauigkeiten bei der Positionsbestimmung von Gestirnen sind denen von Meridiankreisen vergleichbar, z.T. sogar höher.

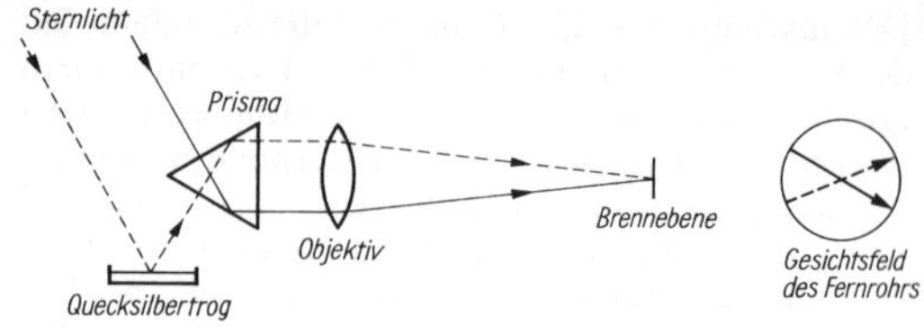

Abb. 2: Strahlengang bei einem Prismenastrolabium (links) und Bewegung der beiden Bilder eines Sterns im Gesichtsfeld (rechts)

Ein ***Zenitteleskop*** dient vor allem zur genauen Festlegung der geographischen Koordinaten eines Beobachtungsortes. Dazu wird der Ort eines Sterns bekannter Deklination, der sich infolge der scheinbaren täglichen Bewegung nahe am Zenit vorbeibewegt, zu mehreren Zeitpunkten photographisch registriert (Abb. 3). Die Zenitrichtung kann mit Hilfe eines Quecksilberhorizonts sehr genau festgelegt werden, indem man das im Fernrohr befindliche Fadenkreuz mit seinem Spiegelbild zur Deckung bringt. Aus den Sternkoordinaten und der relativen Lage der Sternörter bezüglich des Zenits läßt sich die geographische Breite des Beob-

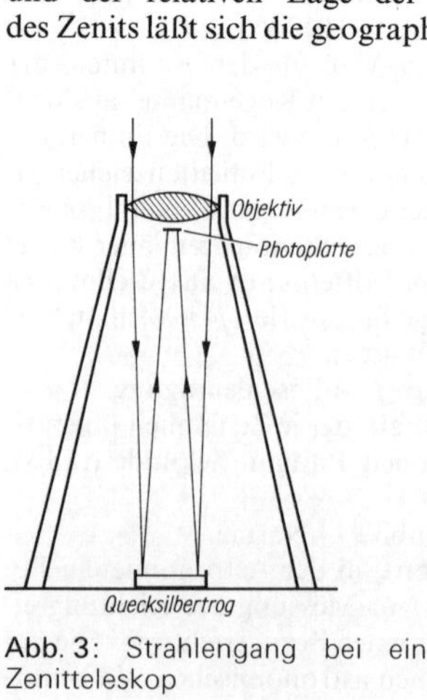

Abb. 3: Strahlengang bei einem photographischen Zenitteleskop

achtungsortes bestimmen, aus den registrierten Sternörtern und den zugehörigen Zeiten die Meridiandurchgangszeit und damit die geographische Länge des Beobachtungsortes. Zenitteleskope werden vorzugsweise bei der Bestimmung der Polhöhenschwankung benutzt.

Ein visuelles Fernrohr läßt sich zum Messen des scheinbaren Abstandes zweier im Gesichtsfeld benachbarter Sterne benutzen, wenn in seiner Brennebene ein ***Mikrometer*** angebracht wird. Ein *Fadenmikrometer* besteht aus einem feststehenden Fadenkreuz, bei dem ein Faden die Richtung zum Himmelspol markiert, und einem zusätzlichen, zu diesem Faden parallelen beweglichen Faden, dessen Lage mittels einer Meßtrommel meßbar verändert werden kann. Zur Messung des Abstandes zweier Sterne wird das Fadenkreuz auf einen Stern eingestellt und der bewegliche Faden so lange verschoben, bis er auf dem zweiten Stern zu liegen kommt. Aus dem auf der Meßtrommel abgelesenen Verschiebewert läßt sich der Winkelabstand in Ost-West-Richtung der beiden Sterne berechnen, wenn mit Hilfe von Sternen bekannter Abstände die Meßtrommel vorher geeicht wurde. Ein *Positionsfadenmikrometer* ist ein Fadenmikrometer, dessen Fadenkreuz meßbar gedreht werden kann, so daß sich der Winkel zwischen der Verbindungslinie der beiden Sterne und der Richtung zum Himmelspol (der Positionswinkel) bestimmen läßt.

Zur schnellen Bestimmung der geographischen Koordinaten des Beobachtungsortes dient ein ***Sextant***. Er hat ein kleines Fernrohr, in das Licht direkt, aber auch über zwei Spiegel gelangen kann, von denen einer fest, der andere drehbar ist. Durch Drehen des beweglichen Spiegels wird im Fernrohr das Bild eines Sterns (am Tag ein Bild der Sonne) mit dem in einem Quecksilberhorizont gespiegelten Bild (oder auf See mit dem direkt beobachteten Horizont) zur Deckung gebracht. Der auf einem geteilten Sechstelkreis abgelesene Drehwinkel ergibt die Höhe des Gestirns. Aus ihr, den Gestirnskoordinaten und der Beobachtungszeit lassen sich die geographischen Koordinaten berechnen. Bei einem ***Prismenkreis*** gleicht das Meßprinzip dem eines Sextanten, nur werden statt der Spiegel Prismen benutzt sowie ein Vollkreis zur Winkelablesung. Es ergibt sich damit eine Steigerung der Meßgenauigkeit, da die Ablesung an zwei einander gegenüberliegenden Seiten des Vollkreises erfolgt.

Von historischem Interesse ist das heute nicht mehr benutzte ***Heliometer***, mit dem man den Winkelabstand und den Positionswinkel zweier Sterne bestimmen kann. Es besteht aus einem in der Mitte geteilten Objektiv, das sich um seine Achse drehen läßt, und dessen beide Hälften meßbar so gegeneinander verschoben werden können, daß die Bilder der beiden Sterne im Gesichtsfeld zur Deckung kommen. Mit einem Heliometer wurde von F.W. Bessel (1784–1846) die erste Fixsternparallaxe bestimmt.

Zur Messung kleinster Winkel dienen Interferometer, mit denen von dicht benachbarten Himmelskörpern relative Winkelabstände auch weit unterhalb von 0,1″ gemessen werden können, → Interferometer.

Winter, → Jahreszeit.

Wirkungsquantum, ***Plancksches Wirkungsquantum, Planck-Konstante*** [nach dem dtsch. Physiker M. Planck, 1858–1947], Zeichen h, eine universelle Konstante, die die physikalische Dimension einer Wirkung hat, $h = 6{,}626 \cdot 10^{-34}$ J s.

Woche, → Kalender.

Wolf, das Sternbild → Lupus.

Wolf, ***1)*** Max, dtsch. Astronom, geb. 21.6.1863 in Heidelberg, gest. 3.10.1932 daselbst; ab 1909 Direktor der Heidelberger Sternwarte. W. war wesentlich an der Einführung der photographischen Beobachtungsmethode in die Astronomie beteiligt und benutzte sie u.a. zur Beobachtung von Planetoiden, von denen er eine große Anzahl entdeckte, sowie zur Untersuchung interstellarer Dunkelwolken.

2) Rudolf, schweiz. Astronom, geb. 7.7.1816 in Fällanden bei Zürich, gest. 6.12.1893 in Zürich; ab 1847 Direktor der Sternwarte in Bern, ab 1855 Prof. in Zürich und ab 1864 Direktor der dortigen Sternwarte. W. beschäftigte sich vor allem mit der statistischen Untersuchung von Sonnenflecken, führte die sog. Sonnenfleckenrelativzahlen ein und fand den Zusammenhang zwischen der Häufigkeit von Sonnenflecken und der erdmagnetischer Störungen.

Wolf-Diagramm [nach dem dtsch. Astronomen M. Wolf, 1863–1932], die in Diagrammform dargestellte Abhängigkeit der Zahl der Sterne pro Flächeneinheit am Himmel von deren scheinbarer Helligkeit. W.-D.e dienen vor allem zur Untersuchung der Struktur großer interstellarer Dunkelwolken; → interstellarer Staub.

Wolf-Rayet-Sterne [nach den franz. Astronomen C.J. Wolf, 1827–1918, und G.A. Rayet, 1839–1906], Sterne hoher Effektivtemperatur mit breiten und kräftigen, vor allem vom Helium sowie vom Kohlenstoff, Sauerstoff und Stickstoff herrührenden Emissionslinien im Spektrum, die einem relativ schwachen Kontinuum überlagert sind und ein Linienprofil haben, das durch einen starken Sternwind bestimmt wird.

Die W.-R.-S. werden zur Spektralklasse W zusammengefaßt. Dabei ist die Untergruppe WC durch das Vorherrschen von Emissionslinien des zwei- und dreimal ionisierten Kohlenstoffs (C) sowie des Sauerstoffs gekennzeichnet, während in den Spektren der Untergruppe WN vor allem die Emissionslinien vom zwei- bis viermal ionisierten Stickstoff (N) sehr stark sind. Häufig wird auch der Name Kohlenstoff- bzw. Stickstoffgruppe für die beiden Untergruppen benutzt.

Zu den W.-R.-S.n zählen zwei unterschiedlich entwikkelte Sterntypen: sehr junge, massereiche Sterne der extremen Population I und Zentralsterne Planetarischer Nebel, die ihrer Entwicklung nach alt sind und zur Scheibenpopulation gehören. Die W.-R.-S. der extremen Population I sind u.a. Mitglieder Offener Sternhaufen oder von O-Assoziationen oder befinden sich in räumlicher Nähe von O- oder B-Sternen. Die weiteren Angaben beziehen sich nur auf diese Art von W.-R.-S.n; hinsichtlich der Zentralsterne Planetarischer Nebel → Planetarischer Nebel.

Die absoluten Helligkeiten der W.-R.-S. der extremen Population I betragen im visuellen Spektralbereich etwa -3^{m} bis -7^{m}, die Leuchtkräfte etwa 50000 bis

3000000 Sonnenleuchtkräfte; die Effektivtemperaturen liegen zwischen etwa 30000 und 60000 K, die Massen bei 5 bis vielleicht 50 Sonnenmassen.
Aus der Breite und dem Profil der Emissionslinien lassen sich die Abströmgeschwindigkeiten des Sternwindes bestimmen, die zwischen etwa 1000 und 2500 km/s liegen. Der Masseverlust der Sterne, der 10^{-5} bis 10^{-4} Sonnenmassen pro Jahr betragen kann, ist so hoch, daß ein Stern während einer relativ kurzen Zeit einen beträchtlichen Teil seiner äußeren Schichten verliert. Dadurch werden Sternregionen sichtbar, die sich ehemals tief im Sterninnern befunden haben, und deren chemische Zusammensetzung durch die Reaktionsprodukte abgelaufener Kernprozesse charakterisiert ist. Aus der beobachteten relativen Häufigkeit von Helium, Kohlenstoff und Stickstoff und dem kaum vorhandenen Wasserstoff sowie aus theoretischen Überlegungen kann geschlossen werden, daß in den W.-R.-S.n gegenwärtig wahrscheinlich das zentrale Heliumbrennen stattfindet (→ Sternentwicklung), während das vorausgegangene Wasserstoffbrennen über den CNO-Zyklus erfolgte. Das dabei entstandene Helium wurde infolge einer starken Konvektion über ein größeres zentrales Gebiet verteilt. Der CNO-Zyklus sorgte außerdem für eine Umwandlung eines Teils des bei der Sternbildung vorhandenen Kohlenstoffs in Stickstoff. Bei den WN-Sternen war anscheinend der Masseverlust nicht allzu groß, man sieht jetzt Sternregionen, die durch das Endprodukt des Wasserstoffbrennens angereichert sind. Bei den WC-Sternen lagen die jetzt sichtbaren Sternregionen ehemals tiefer im Sterninnern, sie sind mit den Endprodukten des Heliumbrennens (Kohlenstoff) angereichert. Diese Vorstellungen konnten bisher nicht durch Rechnungen quantitativ bestätigt werden, da die Berücksichtigung eines Masseverlusts bei Entwicklungsrechnungen außerordentlich kompliziert ist.
Im Milchstraßensystem kennt man rund 160 W.-R.-S. und etwa die gleiche Anzahl in extragalaktischen Sternsystemen.

Wolter-Teleskop [nach dem dtsch. Physiker H. Wolter], → Röntgenteleskop.

W-Stern, Stern der Spektralklasse W; → Wolf-Rayet-Sterne.

W-Ursae-Maioris-Sterne, Untergruppe der → Bedeckungsveränderlichen.

W-Virginis-Sterne, Pulsationsveränderliche hoher Leuchtkraft mit einer Spektralklasse (im Helligkeitsmaximum) zwischen etwa A2 und F0, deren sehr regelmäßiger Lichtwechsel mit Perioden zwischen etwa 1 und 30 Tagen erfolgt; meist liegen die Perioden zwischen etwa 14 und 20 Tagen. Die W-V.-S. gehören zu den Überriesen oder hellen Riesen der Leuchtkraftklasse I oder II. Im Lichtwechsel gleichen die W-V.-S. den Delta-Cephei-Sternen; beide Veränderlichentypen bilden die Gruppe der Cepheiden (gemeinsame Typbezeichnung C, die der W-V.-S. CW). Der Lichtwechsel der Cepheiden ist auf ein Schwingen um eine Gleichgewichtslage zurückzuführen, also eine periodische Kontraktion und Expansion, → Delta-Cephei-Sterne.

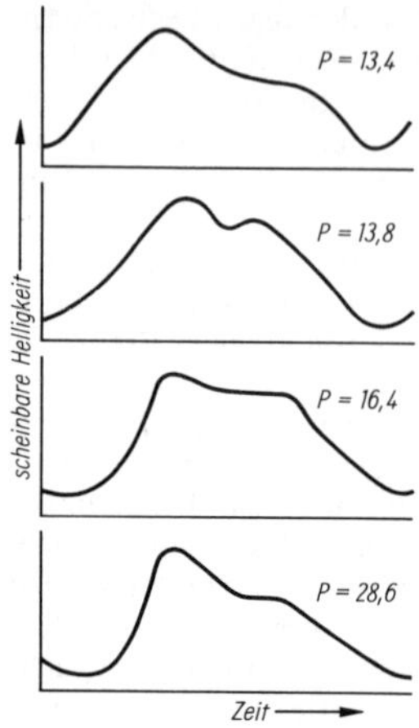

Typische Lichtkurven von W-Virginis-Sternen mit unterschiedlichen Periodenlängen P (in Tagen)

Für die W-V.-S. existiert wie für die Delta-Cephei-Sterne eine Perioden-Helligkeits-Beziehung, nur sind die absoluten Helligkeiten der W-V.-S. bei kleinen Perioden um etwa 1 mag, bei großen Perioden um etwa 1,5 mag geringer als die Delta-Cephei-Sterne (Abb. → Delta-Cephei-Sterne). Die Lichtkurven der W-V.-S. sind weniger glatt als die der Delta-Cephei-Sterne; sekundäre Wellen und Buckel sind weit verbreitet, sie treten besonders bei Sternen mit kleinen Perioden auf, bei Sternen mit Perioden zwischen 13 und 20 Tagen vornehmlich auf dem absteigenden Ast der Lichtkurve (Abb.). Ungewöhnlich und einmalig ist das Verhalten des Sterns RU Camelopardalis, dessen ursprüngliche Amplitude von knapp 1 mag ab 1963 immer kleiner wurde, bis der Lichtwechsel 1965 ganz aufhörte, um Jahre danach, wenn auch unregelmäßig, wieder zu beginnen. Vermutlich ist dieses Verhalten auf eine rasche Strukturänderung im Innern des Sterns zurückzuführen.
Die W-V.-S. sind (im Gegensatz zu den zur Population I gehörenden Delta-Cephei-Sternen) Mitglieder der Scheibenpopulation, z.T auch der Halopopulation. Insgesamt kennt man bis jetzt etwa 110 W-V.-S.

WZ, Abk. für Weltzeit.

Y

Yerkes-System [nach der Yerkes-Sternwarte in Williams Bay, USA], Spektralklassifikationssystem für Sterne nach Spektral- und Leuchtkraftklasse; → Leuchtkraft eines Sterns.

Z

Z-Andromedae-Sterne, ***symbiotische Sterne***, veränderliche Sterne mit mehr oder minder regelmäßigen Helligkeitsänderungen, deren Perioden mehrere Wochen bis zu einigen Jahren und deren Amplituden z.T. mehr als 3 mag betragen, und mit Spektren, die die Merkmale sowohl eines Sterns hoher Effektivtemperatur (etwa Spektralklasse B) als auch eines Sterns geringer Effektivtemperatur (Spektralklasse M, seltener K) in sich vereinigen. Im Spektrum sind einem Kontinuum mit dem Intensitätsmaximum im kurzwelligen Spektralbereich Emissionslinien überlagert, z.B. vom einmal ionisierten Helium und zweimal ionisierten Sauerstoff, daneben treten Absorptionslinien auf, z.B. vom Titanoxid. Bei einigen Sternen, die auf Grund ihres Kombinationsspektrums zu den symbiotischen

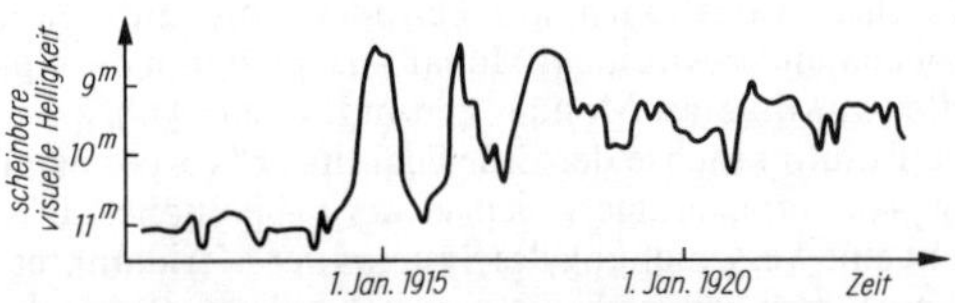

Ausschnitt aus der Lichtkurve des Sterns Z Andromedae

Sternen gehören, wurden bisher keine Helligkeitsschwankungen beobachtet.
Wahrscheinlich handelt es sich bei den Z-A.-S.n um kataklysmische Veränderliche, bei denen von einem Roten Riesen zu einem Weißen Zwerg hoher Effektivtemperatur Materie fließt; dabei ist der Weiße Zwerg von einer Akkretionsscheibe, das gesamte Doppelsternsystem möglicherweise von einer Gashülle umgeben. Zu den beobachteten Helligkeitsvariationen tragen wahrscheinlich unterschiedliche Effekte in unterschiedlicher Stärke bei: Der Riesenstern kann einen Lichtwechsel ähnlich einem Mira-Stern haben, durch einen variierenden Massefluß kann zusätzlich eine Helligkeitsvariation in der Akkretionsscheibe und der Gashülle verursacht sein, schließlich kann eine variierende Massezufuhr auf dem Weißen Zwerg zu einem Lichtwechsel führen. Eine befriedigende theoretische Deutung des beobachteten Lichtwechsels ist noch nicht möglich.
Bisher kennt man rund 20 Z-A.-S. Sie gehören vermutlich zur Population II.

Z-Camelopardalis-Sterne, Untergruppe der → Zwergnovae.

Zeeman-Effekt [nach dem niederl. Physiker P. Zeeman, 1865–1943], die Aufspaltung der Spektrallinien in mehrere Komponente, wenn sich die das Spektrum erzeugenden Atome in einem äußeren Magnetfeld befinden. Der Effekt beruht darauf, daß das Magnetfeld auf die (im klassischen Bild) den Atomkern umlaufenden Elektronen eine Kraft ausübt, wodurch die Elektronen zu einer Präzessionsbewegung gezwungen werden (ähnlich einem Kreisel, auf den eine äußere Kraft wirkt). Die Präzessionsfrequenz überlagert sich der normalen Strahlungsfrequenz, was die Linienaufspaltung verursacht. Beim ***normalen Z.-E.*** erfolgt bei einer Sicht senkrecht auf die Kraftlinien eine Linienaufspaltung in drei Komponenten ***(transversaler Z.-E.)***, bei einer Sicht längs der Feldlinien in zwei entgegengesetzt zirkular polarisierte Komponenten ***(longitudinaler Z.-E.)***; (Abb. → Sonnenbeobachtung). Beim *anomalen Z.-E.* ist die Linienaufspaltung komplizierter. Der Abstand der Linienkomponenten voneinander ist von der Stärke des Magnetfeldes abhängig, so daß aus der beobachteten Aufspaltung die verursachende Feldstärke ermittelt werden kann. Bei geringen Feldstärken ist im unpolarisierten Licht keine Linienaufspaltung, nur eine Linienverbreiterung zu beobachten, doch gelingt es, die Aufspaltung nachzuweisen, wenn man die beim longitudinalen Z.-E. auftretende entgegengesetzt zirkulare Polarisation der Komponenten ausnutzt.

Zeichen, vom Mittelalter her übliche Symbole, mit denen in der Astronomie einzelne Himmelskörper, Tierkreissternbilder, Konstellationen und besondere Punkte an der Himmelskugel bezeichnet werden. Die wichtigsten sind:
Himmelskörper:
⊙ Sonne, ☾ Mond, ✱ Stern, ☄ Komet, ☿ Merkur, ♀ Venus, ♁ Erde, ♂ Mars, ♃ Jupiter, ♄ Saturn, ♅ Uranus, ♆ Neptun, ♇ Pluto.
Tierkreissternbilder:
♈ Aries (Widder), ♉ Taurus (Stier), ♊ Gemini (Zwillinge), ♋ Cancer (Krebs), ♌ Leo (Löwe), ♍ Virgo (Jungfrau), ♎ Libra (Waage), ♏ Scorpius (Skorpion), ♐ Sagittarius (Schütze), ♑ Capricornus (Steinbock), ♒ Aquarius (Wassermann), ♓ Pisces (Fische).
Konstellationen:
☌ Konjunktion, ☍ Opposition, □ Quadratur, △ Trigonalschein, ✱ Sextilschein.
Punkte:
☊ aufsteigender Knoten, ☋ absteigender Knoten, ♈ Frühlingspunkt (Widderpunkt).

Zeit, physikalischer Grundbegriff zur Beschreibung des Nacheinander von Ereignissen.
Die Zeitmessung beruht auf Konventionen, auf Grund deren ein reproduzierbares und möglichst konstantes Zeitmaß (Zeiteinheit) definiert wird. Dafür wählt man die Dauer zwischen zwei sich entsprechenden Ereignissen eines periodischen Vorganges, z.B. der Rotation der Erde, des Bahnumlaufs eines Himmelskörpers um einen anderen oder der Schwingungen einer elektromagnetischen Welle. Eine Zeitskala erhält man aus der fortdauernden Addition der Zeiteinheit.
In der astronomischen Zeitmessung dient als periodischer Vorgang in erster Linie die Erdrotation, deren Periode zur Definition des Tages als Zeiteinheit benutzt wird. Dabei beobachtet man die infolge der Erdrotation sich ergebende scheinbare tägliche Bewegung eines Bezugspunktes relativ zu einer, durch den Beobachtungsort festgelegten Linie an der Himmelskugel, im allg. relativ zum Himmelsmeridian des Beobachtungsortes. Je nach der Auswahl des Bezugspunktes

erhält man unterschiedliche Zeitmaße, da sich die Punkte z.T. gegeneinander verschieben. Bei der Wahl des Frühlingspunktes als Bezugspunkt erhält man als Zeiteinheit den Sterntag und als Zeitskala die ***Sternzeit***. Ein Sterntag ist der Zeitraum zwischen zwei aufeinanderfolgenden oberen Kulminationen des Frühlingspunktes; die mittlere Sternzeit bezieht sich dabei auf den mittleren, die wahre Sternzeit auf den wahren Frühlingspunkt (→ Präzesssion). Benutzt man zur Festlegung des Zeitmaßes die obere Kulmination eines bestimmten Sterns, dessen Ort hinsichtlich der Eigenbewegung des Sterns korrigiert ist, erhält man eine um etwa 0,0084 s längere Zeiteinheit, den siderischen Tag (→ Sterntag). Die Bestimmung der Sternzeit erfolgt mit Hilfe ausgewählter Zeitsterne, die in der Nähe des Himmelsäquators liegen und deren Koordinaten mit höchster Genauigkeit bekannt sind. Für den Augenblick der oberen Kulmination ist die Sternzeit gleich der Rektaszension des Sterns, da dessen Stundenwinkel dann gleich Null ist und definitionsgemäß Sternzeit = Stundenwinkel + Rektaszension gilt (→ Koordinaten).

Bei der Definition des Sonnentages, der Zeit zwischen zwei aufeinanderfolgenden unteren Kulminationen der Sonne, dient diese als Bezugspunkt. Sie verschiebt sich infolge der Erdbewegung um die Sonne relativ zu den Fixsternen, wobei sich die ungleichförmige Bahnbewegung der Erde in einer ungleichförmigen Sonnenbewegung längs der Ekliptik widerspiegelt; der wahre Sonnentag ist daher kein konstantes Zeitmaß. Zur Umgehung dieser Schwierigkeit definiert man eine fiktive „mittlere Sonne", die gleichmäßig schnell längs des Himmelsäquators umlaufend gedacht wird (→ Sonnentag). Die mittlere ***Sonnenzeit*** ist dann gleich dem Stundenwinkel der mittleren Sonne plus 12 Stunden. Die mittlere Sonne kann als fiktiver Punkt nicht direkt beobachtet werden. Man kann aber die durch Beobachtungen festgelegte Sternzeit in mittlere Sonnenzeit umrechnen, so daß sich auch eine mittlere Sonnenzeit anzeigende Uhr einstellen und kontrollieren läßt.

Die Sternzeit sowie die wahre und die mittlere Sonnenzeit sind auf Grund ihrer Definition an den Ortsmeridian gebunden, es sind Ortszeiten. Die für den Nullmeridian der Erde (Meridian von Greenwich, Großbritannien) gültige mittlere Sonnenzeit bezeichnet man als Weltzeit, abg. WZ oder UT0 [von Universal Time, engl., ‚Weltzeit']. Bei der Sternzeit und der Sonnenzeit ist die Sekunde ein abgeleitetes Zeitmaß: Es ist der jeweils 86400. Teil eines Sterntages bzw. eines mittleren Sonnentages und wird als Sternzeitsekunde (s_*) bzw. Sonnenzeitsekunde (s_U) bezeichnet.

Die aus der Erdrotation abgeleiteten Zeiteinheiten sind bei genauer Prüfung nicht unveränderlich, da die Erde ungleichmäßig rotiert. Neben einer ständigen Verlangsamung treten unregelmäßige und jahreszeitlich bedingte regelmäßige Schwankungen auf, sowie Variationen mit Perioden bis herab zu etwa zwei Wochen. Die säkulare Verlangsamung ist ein auf die Gezeiten zurückgehender Effekt, der hauptsächlich durch die innere Reibung des Meerwassers sowie die Reibung zwischen Meerwasser und den Landmassen

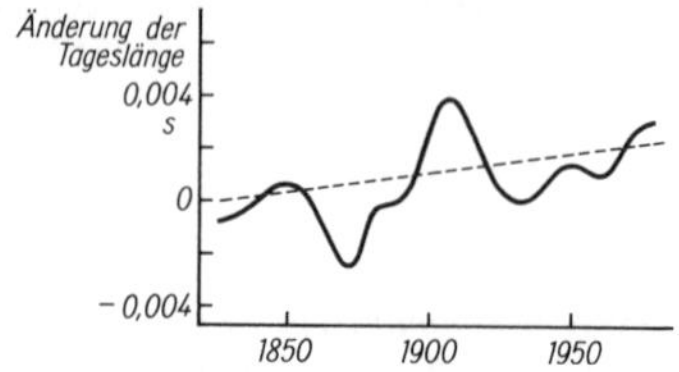

Abb. 1: Änderung der mittleren Tageslänge von 1820 bis 1975 relativ zur mittleren Tageslänge im Jahr 1930. Gestrichelt: säkulare Zunahme

bewirkt wird. Die Tageslänge nimmt dadurch um etwa 0,0021 s je Jahrhundert zu (Abb. 1). (Der der Erde verlorengehende Drehimpuls kommt dem für die Gezeiten hauptsächlich verantwortlichen Mond zugute; → Mondbewegung.) Die unregelmäßigen Schwankungen gehen wahrscheinlich auf Masseverlagerungen im Erdinnern zurück, während die jahreszeitlichen Schwankungen meteorologische Vorgänge, wie den Drehimpulsaustauch zwischen der Erdatmosphäre und dem Erdkörper, als Ursache haben. Die relativ schnellen Variationen mit Perioden von etwa zwei Wochen und etwa einem Monat werden durch die Gezeitenwirkung des Mondes hervorgerufen (Abb. 2).

Die Rotationsachse der Erde liegt im Erdkörper nicht fest, sondern verlagert sich etwas (→ Polhöhe). Das zieht eine Verschiebung des Systems der Meridiankreise nach sich, die sich für unterschiedliche Beobachtungsorte unterschiedlich auswirkt. Damit ist auch die durch Meridianbeobachtungen festgelegte Tageslänge mit geringen, vom Beobachtungsort abhängigen Unregelmäßigkeiten behaftet. Die Polbewegung wird im Rahmen des Internationalen Erdrotationsdienstes überwacht. Ihr Einfluß kann als Korrektur an die Weltzeit UT0 angebracht werden; man erhält dann die mit UT1 bezeichnete Z., die ein Maß für die wahre Drehung der Erde ist. Korrigiert man diese Z. noch hinsichtlich der quasiperiodischen und als bekannt

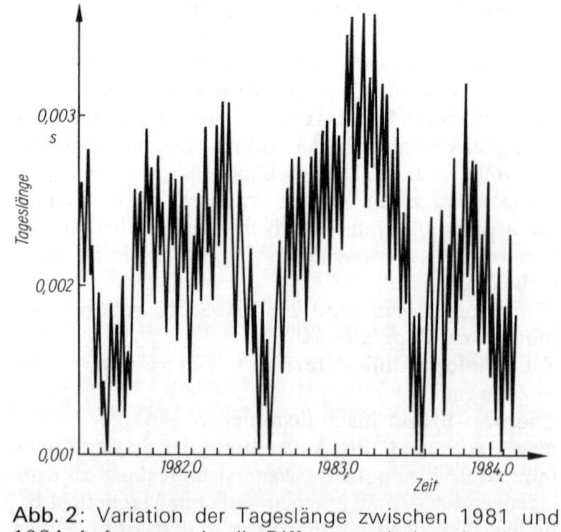

Abb. 2: Variation der Tageslänge zwischen 1981 und 1984. Aufgetragen ist die Differenz zwischen der aktuellen und der mittleren Tageslänge im Jahr 1930. (Nach M. Eubanks)

Zonenzeiten

Name	Länder, Gebiete
−11 h	Alëuten, Samoa, Westküste Alaskas
−10 h	Mittl. Alaska, Hawaii
−9 h	Östl. Alaska, westl. Kanada
−8 h Pacific Standard Time	Teile Kanadas, Weststaaten der USA
−7 h Mountain Standard Time	Teile Kanadas, Gebirgsstaaten der USA, westl. Mexiko
−6 h Central Standard Time	Teile Kanadas, Zentralstaaten der USA, östl. Mexiko, Guatemala, Honduras, Nicaragua, Costa Rica
−5 h Eastern Standard Time	Teile Kanadas, östl. Staaten der USA, Kuba, Haïti, Panama, Kolumbien, Peru, westl. Brasilien
−4 h Atlantic Standard Time	Östl. Kanada, Bermuda, Puerto Rico, Zentralbrasilien, Paraguay, Bolivien, Chile
−3 h	Grönland, Östl. Brasilien, Argentinien, Uruguay
−2 h	Kapverdische Inseln
−1 h	Island, Madeira, Azoren, Guinea
0 h Westeuropäische Zeit	Großbritannien, Irland, Portugal, Marokko, Algerien, Ghana, Senegal
+1 h Mitteleuropäische Zeit	Norwegen, Schweden, Beneluxstaaten, Deutschland, Dänemark, Frankreich, Spanien, Schweiz, Österreich, Polen, Ungarn, Italien, Tunesien, Kamerun, Kongo, Angola
+2 h Osteuropäische Zeit	Finnland, Ukraine, westl. Rußland (Moskau), Rumänien, Bulgarien, Griechenland, Türkei, Israel, Ägypten, Sudan, Namibia, Simbabwe, Südafrika
+3 h	Teile Rußlands (Nishnij Nowgorod), Georgien, Saudi-Arabien, Jemen, Äthiopien, Tansania, Madagaskar
+3 h 30 min	Iran
+4 h	Teile Rußlands (Jekaterinburg), Turkmenistan, Seychellen
+5 h	Teile Rußlands (Omsk), Kasakstan, Pakistan, westl. China
+5 h 30 min	Indien, Sri Lanka
+6 h	Teile Rußlands (Nowosibirsk), westl. China (Tibet), Bangladesch
+7 h	Teile Rußlands (Irkutsk), Mongolei, Mittelchina, westl. Indonesien
+8 h	Teile Rußlands (Jakutsk), östl. China, Vietnam, Philippinen, mittl. Indonesien, Westaustralien
+9 h	Teile Rußlands (Ochotsk), Japan, Korea, östl. Indonesien
+9 h 30 min	Nord. und Südaustralien
+10 h	Teile Rußlands (Kamtschatka), östl. Australien, Tasmanien
+11 h	Teile Rußlands (östl. Sibirien), Salomon-Inseln
+12 h	Fidschi-Inseln, Neuseeland

Die Zeichen + und − geben an, ob das angegebene Zeitintervall der Westeuropäischen Zeit hinzugefügt (+) oder abgezogen (−) werden muß, um die jeweilige Zonenzeit zu erhalten.

angenommenen jahreszeitlichen Schwankungen der Rotationsperiode der Erde, erhält man die Z. UT2.
Der ***Internationalen Atomzeit***, abg. TAI [von Temps Atomique International, franz., ‚internationale Atomzeit'], dienen zur Definition eines Zeitmaßes die periodischen Schwingungen elektromagnetischer Wellen. Diese werden von Atomen beim Übergang von einem Energieniveau zu einem tieferliegenden Niveau ausgesandt. Durch internationale Vereinbarung ist die Atomsekunde (s) die Dauer von 9 192 631 770 Schwingungen der von Caesium-133-Atomen beim Übergang zwischen zwei Hyperfeinstrukturniveaus des Grundzustandes ausgesandten Strahlung. Diese Festlegung wurde so getroffen, daß eine möglichst gute Übereinstimmung zwischen einer Atomsekunde und der Ephemeridensekunde, einer früher international benutzten Zeiteinheit, besteht. Der Ablauf der Atomzeit wird mit Atomuhren gemessen, die durch die Frequenz der genannten Caesiumlinie gesteuert werden. Auch Atomuhren gehen nicht alle absolut gleich, da die Linienfrequenz z.B. von relativistischen Effekten (dem lokal wirksamen Gravitationsfeld) und lokalen Magnetfeldern beeinflußt wird, doch ergeben sich Abweichungen um 1 s zwischen zwei Caesium-Atomuhren erst nach mehr als 100000 Jahren. Die Genauigkeit der Atomuhren ist größer als die der rotierenden Erde, deren Unregelmäßigkeiten sich erst mit Atomuhren erkennen ließen. Die Atomsekunde ist die Zeiteinheit im Internationalen Einheitensystem (SI).
Die Atomzeitsekunde ist um etwa $3 \cdot 10^{-8}$ bis $4 \cdot 10^{-8}$ s kürzer als die gegenwärtige mittlere Sonnenzeitsekunde, so daß sich eine Verschiebung der beiden Zeitskalen um etwa 1 s pro Jahr ergibt. Durch Definition war der Zeitpunkt 1958 Januar 1 0^h TAI in den Systemen UT2 und TAI exakt gleich, am 1. Januar 1990 galt TAI = UT2 + 24,6 s.

Den von den Radiosendern ausgestrahlten Zeitsignalen liegt die sog. ***koordinierte Weltzeit*** (UTC) zugrunde. Auch sie hat als Einheit die Atomzeitsekunde und wird von Atomuhren gesteuert, die Zeitskala ist aber durch die Festlegung des Nullpunktes der Sekundenzählung an die Sonnenzeit gebunden: Jeweils am 31. Dezember und gegebenenfalls am 30. Juni wird – wenn nötig – eine ganze Sekunde (Schaltsekunde) eingefügt oder weggelassen, damit der Unterschied zwischen UTC und UT1 nie größer als 0,9 s wird. Man paßt damit das Zeitsystem UTC der unregelmäßigen, aber für die praktischen Bedürfnisse des täglichen Lebens entscheidenden Erdrotation an. Die Differenz ΔUT = UT1 – UTC wird regelmäßig vom Bureau International de l'Heure [franz., ‚Internationales Zeitamt'] bekanntgegeben.

Bei der früher benutzten ***Ephemeridenzeit***, abg. ET, diente der Umlauf der Erde um die Sonne zur Definition der Zeiteinheit, und zwar des tropischen Jahres. Dabei mußte man sich auf die Länge eines bestimmten Jahres beziehen, da der Umlauf der Erde um die Sonne nicht vollkommen periodisch ist. Die Länge einer Sekunde ist dann von der Jahreslänge abgeleitet: Eine Ephemeridensekunde war definiert als der 31 556 925,9747te Teil des tropischen Jahres für den 0. Januar 1900 12 Uhr Ephemeridenzeit, da das tropische Jahr für diesen Zeitpunkt 31 556 925,9747 Sekunden mittlerer Sonnenzeit hatte. Die Feststellung der momentanen Ephemeridenzeit kann im Prinzip so geschehen, daß man die durch Beobachtungen bestimmten Sonnenkoordinaten mit den in den astronomischen Jahrbüchern für verschiedene Zeitpunkte angegebenen Sonnenephemeriden vergleicht. Bei der Berechnung der scheinbaren geozentrischen Ephemeriden benutzt man seit 1984,0 eine Zeitskala, die auf der Atomsekunde beruht und als ***terrestrische Z.*** (oder dynamische terrestrische Z.), abg. TT oder TDT [von Terrestrial Dynamical Time, engl., ‚dynamische terrestrische Z.'] bezeichnet wird; ihre Einheit ist der Tag zu 86400 Atomsekunden. Für den 1. Januar 1977 0^{h} 0^{min} 0^{s} TAI galt exakt, und gilt seither ständig, TT = ET = TAI + 32,184 s.

In der den täglichen Belangen am besten angepaßten mittleren Sonnenzeit beginnt die Zählung eines Tages zum Zeitpunkt der unteren Kulmination der mittleren Sonne. Da an Orten unterschiedlicher geographischer Länge die Kulmination zu unterschiedlichen Zeitpunkten stattfindet, beginnt die Tageszählung entsprechend unterschiedlich. Einer Differenz von 15° geographischer Länge entspricht eine Differenz von 1 h in den jeweiligen ***Ortszeiten***. In unseren geographischen Breiten (etwa 50°) ergibt sich eine Ortszeitdifferenz von 1 s schon bei einer Ost-West-Entfernung zweier Orte von nur rund 300 m. Da für Wirtschaft und Verkehr die vielen unterschiedlichen Ortszeiten außerordentlich hinderlich sind, faßt man größere Gebiete auf der Erde, die in der Nähe bestimmter Bezugsmeridiane liegen, zu Zeitzonen zusammen und bestimmt für diese eine Einheitszeit, die jeweilige ***Zonenzeit***. Diese Z.en unterscheiden sich jeweils um volle (oder halbe) Stunden von der Z. UTC, die als Zonenzeit ***Westeuropäische Z.*** heißt. Für die ***Mitteleuropäische Z.***, abg. MEZ, dient als Bezugsmeridian der Meridian 15° östlicher Länge, so daß MEZ = UTC + 1 h gilt. In Deutschland liegt Görlitz auf diesem Meridian. Berlin hat eine östliche geographische Länge von etwa 13° 25′, die Mitteleuropäische Z. ist daher der mittleren Ortszeit von Berlin um etwa 6,3 min voraus. Aus wirtschaftlichen oder politischen Gründen werden in einzelnen Ländern dauernd oder zeitweilig Zeitskalen benutzt, die z.T. erheblich von derjenigen Zonenzeit abweichen, die man auf Grund der geographischen Lage erwarten würde; z.B. benutzt man in Mitteleuropa während des Sommerhalbjahres die ***Mitteleuropäische Sommerzeit***, abg. MESZ, für die MESZ = MEZ + 1 h gilt.

Um astronomische Ereignisse in einer für die gesamte Erde einheitlichen Zeitskala festzulegen, werden sie grundsätzlich in Weltzeit UTC angegeben.

Zeitgleichung, die Differenz zwischen wahrer und mittlerer Sonnenzeit. Die Z. ist der zur Anzeige einer Uhr mit mittlerer Sonnenzeit hinzuzufügende Zeitbetrag, um wahre Sonnenzeit zu erhalten. Bei positiver Z. kulminiert die wahre Sonne früher als die mittlere; eine mittlere Sonnenzeit anzeigende Uhr geht dann gegenüber einer wahren Sonnenzeit anzeigenden Sonnenuhr nach. Die Z. hat im Jahr zwei Maxima (15. Mai: +3,7 min; 4. November: +16,4 min), zwei Minima (12. Februar: −14,3 min; 27. Juli: −6,5 min) und wird viermal Null (16. April, 14. Juni, 2. September, 26. Dezember), Abb. Der jährliche Verlauf der Z. ist geringen Verschiebungen unterworfen, so daß die angegebenen Daten auf ein um einen Tag unterschiedliches Datum fallen können.

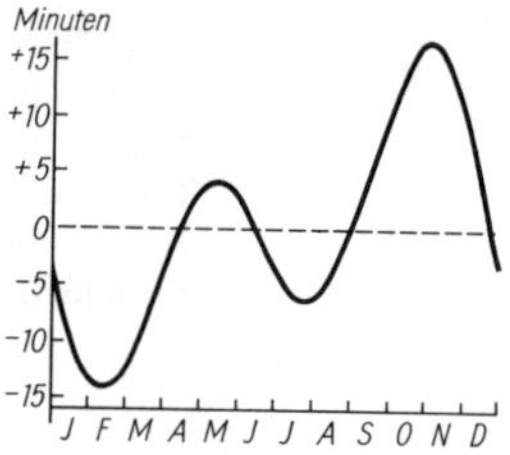

Zeitgleichung

Die Z. wird durch zwei sich überlagernde Effekte mit unterschiedlichen Perioden verursacht: Die jährliche Periode geht auf die ungleichmäßige Bewegung der Sonne längs der Ekliptik zurück, die halbjährliche auf die Neigung der Ekliptik gegen den Himmelsäquator. Selbst bei einem völlig gleichmäßigen Lauf der Sonne längs der Ekliptik ergeben sich ungleichmäßige tägliche Rektaszensionsänderungen der Sonne, was zu unterschiedlichen Tageslängen und zur Verschiebung von mittlerer und wahrer Sonnenzeit Anlaß gibt (→ Sonnentag). Daß die Z. nicht genau bei Frühlingsanfang Null ist, sondern erst etwas später, liegt an der komplizierten Definition des Startpunktes für die (fiktive) mittlere Sonne.

Zeitskala, ***1)*** ein durch fortlaufende Addition einer bestimmten Zeiteinheit gemessener Zeitablauf

(→Zeit); *2)* ein charakteristisches Zeitintervall, in dem sich eine physikalische Größe ändert.

Zeitsterne, ausgewählte Sterne in der Nähe des Himmelsäquators mit genau bestimmten Koordinaten, die vor allem zur astronomischen Zeitbestimmung verwandt werden.

Zeitzone, ein Gebiet beiderseits eines Bezugsmeridians der Erde mit festgelegter einheitlicher Zeit.

Zeldowitsch, Yakow Borisowitsch, russ. Physiker und Astronom, geb. 8.3.1914 in Minsk, gest. 2.12.1987 in Moskau; arbeitete u.a. über Kern- und Elementarteilchenphysik. Seine astrophysikalischen Arbeiten betrafen vor allem Fragen der Kosmologie und der relativistischen Astrophysik.

Zenit [arab.] *n* oder *m*, ***Scheitelpunkt***, der Schnittpunkt der Himmelskugel mit dem im Beobachtungsort gefällten und nach oben verlängerten Lots. Das Z. ist der genau senkrecht über dem Beobachter liegende Punkt am Himmel; der Gegenpunkt heißt Nadir.

Zenitdistanz, der Winkelabstand eines Gestirns vom Zenit des Beobachtungsortes. Die Z. wird in Grad von 0° bis 180° gemessen, am Horizont ist sie gleich 90°. Für die Z. z eines Gestirns, das die Höhe h über dem Horizont hat, gilt $z = 90° - h$.

Zenitrefraktion, →Refration.

Zenitteleskop, astronomisches →Winkelmeßinstrument.

Zentaur, das Sternbild →Centaurus.

Zentralberg, ein in der Mitte eines Ringgebirges oder eines großen Kraters stehender Berg.

Zentralkörper, bei Sternsystemen eine großräumige, aus Sternen gebildete zentrale Struktureinheit, speziell auch im →Milchstraßensystem.

Zentralstern, ein im Mittelpunkt eines Planetarischen Nebels stehender Stern hoher Effektivtemperatur, der zur Bildung des Nebels Anlaß gab und ihn mit seiner Strahlung zum Leuchten anregt; →Planetarischer Nebel.

Zerstrahlung, svw. Paarvernichtung; →Paarentstehung.

Zirkel, das Sternbild →Circinus.

Zirkumpolarstern, ein Stern, der bei der scheinbaren täglichen Bewegung nicht unter den Horizont sinkt. Für Z.e ist der Winkelabstand vom sichtbaren Himmelspol geringer als die Höhe des Pols über dem Horizont des jeweiligen Beobachtungsortes. Am Nordpol und am Südpol der Erde sind alle dort sichtbaren Sterne zirkumpolar, für Beobachtungsorte auf dem Äquator gibt es keine Z.e (Abb. →Bewegung der Gestirne).

zirkumstellar, in der unmittelbaren Umgebung eines Sterns befindlich.

zirkumstellare Materie, in unmittelbarer Umgebung eines Sterns befindliche gas- und staubförmige Materie, die in einem kosmogonischen Zusammenhang mit dem Stern steht. Bei der z.n M. handelt es sich um Reste der interstellaren Wolke, aus der der Stern hervorgegangen ist, oder um vom Stern abgestoßene Materie.

Bei der Entstehung eines Sterns wird jeweils nur ein geringer Teil einer interstellaren Wolke in stellare Materie umgewandelt (→Sternentstehung), der Rest umgibt den Stern noch einige Zeit als mehr oder minder dichte Hülle. Die in ihr befindlichen Staubteilchen absorbieren im allg. die ultraviolette und sichtbare Sternstrahlung so effektiv, daß der eingebettete Stern unsichtbar ist. Die aufgenommene Energie wird vom Staub als thermische Strahlung mit dem Intensitätsmaximum im infraroten Spektralbereich reemittiert; die zirkumstellaren Hüllen um massereiche Protosterne und junge Sterne treten so als Infrarotquellen in Erscheinung. Zu den zirkumstellaren Materieanordnungen gehören auch die einige junge massereiche Sterne umgebenden Akkretionsscheiben und die Materiestrahlen, die von diesen Scheiben längs deren Rotationsachse mit hoher Geschwindigkeit abströmen, und die sich gegebenenfalls als bipolare Nebel bemerkbar machen.

Bei einigen jungen masseärmeren Sternen können im sichtbaren Spektralbereich unsichtbare scheibenförmige Staubhüllen durch Infrarotbeobachtungen nachgewiesen werden. Möglicherweise entsteht aus einer derartigen zirkumstellaren Staub- und Partikelscheibe später ein Planetensystem.

Die auf Sternwinde zurückzuführende z. M. gibt sich im visuellen Spektralbereich durch zusätzlich dem Sternspektrum aufgeprägte scharfe violettverschobene Absorptionslinien oder durch Emissionslinien mit violettverschobenen Absorptionsflügeln zu erkennen. Starke Sternwinde haben vor allem Sterne im Vor-Hauptreihenzustand, z.B. die Herbig-Be-Sterne und die T-Tauri-Sterne, sowie die Wolf-Rayet-Sterne und die ihrer Entwicklung nach alten Sterne im Riesen- und Überriesenzustand. Emissionslinien beobachtet man bei Sternen hoher Effektivtemperatur, durch deren Ultraviolettstrahlung die zirkumstellaren Gashüllen zum Leuchten angeregt werden. In einem sehr weiten Sinn können die Planetarischen Nebel zu dieser Art z.r M. gerechnet werden.

In den von Riesen- und Überriesensternen geringer Effektivtemperatur abströmenden Sternwinden bilden sich vielfach Staubteilchen. Die Staubmenge kann so groß sein, daß die zirkumstellaren Hüllen für Sternstrahlung im sichtbaren Spektralbereich undurchlässig sind, was z.B. bei den OH/IR-Sternen der Fall ist, bei denen man nur den im Infrarotbereich strahlenden abströmenden Staub, nicht aber den masseabgebenden Stern beobachtet. Bei den R-Coronae-Borealis-Sternen ruft der in den Sternwinden gebildete Staub einen charakteristischen Lichtwechsel hervor. Zirkumstellare Hüllen um Sterne späten Spektraltyps sind häufig Sitz von Maser-Quellen.

Bei halbgetrennten Doppelsternsystemen, bei denen die von einer Komponente zur anderen überfließende Materie nicht vollständig von dieser eingefangen wird, ordnet sich der nicht eingefangene Teil in einem mehr oder minder großen Gasring um das gesamte Doppelsternsystem an. Bei nahen Doppelsternen lassen sich derartige Gashüllen durch die von ihnen verursachten Absorptions- und Emissionslinien nachweisen.

Zodiakallicht, ***Tierkreislicht***, eine schwache Lichterscheinung am Nachthimmel, die gegen die Ekliptik konzentriert ist. Die hellsten Teile, das *Morgen-* und das *Abendhauptlicht*, erstrecken sich bis zu jeweils etwa 90° Abstand von der Sonne und sind daher nur eine gewisse Zeit vor Sonnenaufgang bzw. nach Sonnenuntergang sichtbar. Mit wachsendem Sonnenabstand nimmt sowohl die Intensität als auch die Breite dieser Lichterscheinungen ab, so daß der Eindruck von über den Horizont ragenden diffusen hellen Dreiecken hervorgerufen wird. Die Flächenhelligkeit des Morgen- und des Abendhauptlichts erreicht die Helligkeit der hellsten Milchstraßengebiete. Das Z. ist in unseren geographischen Breiten dennoch nur selten zu beobachten, weil die Ekliptik relativ gering gegen den Horizont geneigt ist und das Z. sich kaum gegen die hellen Zonen der Morgen- bzw. Abenddämmerung abhebt. Die günstigsten Beobachtungsbedingungen ergeben sich in unseren Breiten für das Abendhauptlicht im Frühjahr kurz nach Sonnenuntergang, für das Morgenhauptlicht im Herbst kurz vor Sonnenaufgang. In den Tropen ist das Z. während des ganzen Jahres zu sehen. In Richtung auf die Sonne nimmt die Intensität des Hauptlichts zu und geht, wie bei totalen Sonnenfinsternissen zu beobachten ist, kontinuierlich in das Licht der F-Korona der Sonne über. In entgegengesetzter Richtung setzt sich das Z., wenn auch viel schwächer, längs der gesamten Ekliptik fort und verbindet so die beiden Teile des Hauptlichts. Dieses schwache *Zodiakallichtband* hat im Gegenpunkt zur Sonne ein merklich helleres Gebiet, den *Gegenschein*; seine Intensität beträgt aber nur etwa 1/20 der des Hauptlichts.

Die Flächenhelligkeit des Z.s läßt sich von der Erdoberfläche aus nur schwer bestimmen, da es von dem durch das Streulicht in der Erdatmosphäre und deren Eigenleuchten verursachten Nachthimmelslicht sowie von der Hintergrundstrahlung der optisch nicht als Einzelobjekte aufgelösten Sterne und extragalaktischen Sternsysteme überlagert wird. Bei extraterrestrischen Beobachtungen fällt zwar die atmosphärische Störstrahlung weg, doch läßt sich auch dann das Z. nur schwer von der stellaren bzw. extragalaktischen Hintergrundstrahlung trennen.

Das Z. ist an interplanetaren Staubteilchen gestreutes Sonnenlicht. Die Intensität der Streustrahlung in einer bestimmten Blickrichtung, die die Summe der Einzelbeiträge sehr vieler streuender Teilchen ist, wird durch die Verteilung der Teilchen längs des Sehstrahls, durch deren jeweilige individuelle Entfernung von der Sonne sowie durch die Streueigenschaften der Teilchen bestimmt. Der das Z. hervorbringende interplanetare Staub (die Zodiakallichtmaterie) umgibt die Sonne in Form eines abgeflachten Ellipsoids, wobei die Zahl der Teilchen je Volumeneinheit mit wachsendem Sonnenabstand abnimmt. Jenseits von etwa 3,3 AE Sonnenabstand (jenseits des Planetoidengürtels) ist die Anzahldichte so gering, daß diese Region keinen Beitrag mehr zum Z. leistet. Das Spektrum des Z.s gleicht dem der Sonne. Die Teilchenradien liegen im Bereich zwischen etwa 5 und 100 μm; Teilchen mit Radien zwischen 10 und 70 μm tragen etwa 70% zum Z. bei. Mit wachsendem Radius fällt die relative Teilchenhäufigkeit stark ab.

Das Streuverhalten der Staubteilchen hängt von deren Größe, Form und Zusammensetzung ab, dabei ist sowohl die Vorwärts- als auch die Rückwärtsstreuung bevorzugt. Bei der Vorwärtsstreuung wird das auf ein Teilchen fallende Licht nur wenig abgelenkt; auf diesen Effekt ist der starke Intensitätsanstieg des Z.s mit abnehmenden Sonnenabstand zurückzuführen. Auf der Rückwärtsstreuung beruht der Gegenschein, der allein durch diesen Effekt, nicht durch eine erhöhte Teilchendichte im Gegenpunkt der Sonne verursacht ist.

Die Zusammensetzung der Zodiakallichtmaterie kennt man, seitdem man mittels hochfliegender Flugzeuge und Raketen einzelne Teilchen aufsammeln konnte; → interplanetare Materie.

Zodiakus [griech] *m*, svw. Tierkreis.

Zölostat *m*, svw. Coelostat.

Zonenzeit, die für ein bestimmtes, beiderseits eines Bezugsmeridians der Erde liegendes Gebiet gültige einheitliche Zeit; → Zeit.

Zustandsdiagramm, ein die gegenseitige Abhängigkeit zweier globaler, einen Stern als Ganzes charakterisierender Beobachtungsgrößen darstellendes Diagramm; z.B. das Hertzsprung-Russell-Diagramm.

Zustandsgleichung, eine mathematische Beziehung zwischen Größen, die den thermodynamischen Zustand eines Stoffes beschreiben, speziell die Beziehung zwischen dem Druck, der Dichte und der Temperatur.

Ideales Gas. Bei einem idealen Gas ist der Druck p dem Produkt aus Dichte ρ und Temperatur T proportional: $p = \rho kT/m = nkT$, wenn m die (mittlere) Masse eines Gasteilchens, n die Anzahl der Teilchen je Volumeneinheit und $k = 1{,}380 \cdot 10^{-23}$ J K^{-1} die Boltzmann-Konstante bedeuten. Der Druck eines idealen Gases ist damit nicht von der speziellen chemischen Zusammensetzung des Gases, sondern allein von der Anzahldichte n der Gaspartikeln und deren Temperatur abhängig. Reale Gase haben eine kompliziertere Z., bei der die Natur der Gaspartikeln eine Rolle spielt. Reale Gase lassen sich um so eher als ideale Gase beschreiben, je weniger die Wechselwirkungen der Gaspartikeln untereinander maßgebend sind, was insbesondere dann der Fall ist, wenn die relativen Eigenvolumina der Partikeln im Vergleich zum gesamten zur Verfügung stehenden Volumen sehr klein sind.

Entartetes Elektronengas. Bei sehr hohen Dichten und (relativ) geringen Temperaturen bewirken quantenmechanische Effekte ein Abweichen des Gases vom Verhalten eines idealen Gases. Diese „Gasentartung" tritt für Elektronen (wegen deren geringer Masse) eher ein als für die viel massereicheren Atomkerne (und Ionen). Bei einem vollständig entarteten Elektronengas sind sämtliche nach den Gesetzen der Quantentheorie verfügbaren Energieniveaus unterhalb einer Grenzenergie, der sog. Fermi-Energie, vollständig besetzt; je höher die Dichte des Gases ist, um so höher ist die Fermi-Energie. Dabei ist zwischen einer nichtrelativistischen und einer relativistischen Entartung, bei der die Fermi-Energie vergleichbar oder größer als die Ruhmasseenergie der Elektronen ist, zu unterscheiden. Im Falle der vollständigen nichtrelativistischen Entartung ist der Druck proportional

$\rho^{5/3}$, im Falle der vollständigen relativistischen Entartung proportional $\rho^{4/3}$; er ist unabhängig von der Temperatur. Vollständig relativistisch entartetes Elektronengas ist damit weniger „steif" als nichtrelativistisch entartetes, es übt einen relativ geringeren Druck aus. Die Grenze zwischen nichtrelativistischer und relativistischer Entartung der Elektronen liegt bei Dichten in der Größenordnung von $2 \cdot 10^6$ g/cm³. Vollständige Entartung setzt im Prinzip den Grenzfall verschwindend kleiner Temperatur voraus. In der astrophysikalischen Anwendung (z.B. in der Theorie der Weißen Zwerge) ist dieser Grenzfall bei den herrschenden Dichten in guter Näherung bereits bei Temperaturen in der Größenordnung von einigen 10^6 K erreicht. Grundsätzlich kann die Entartung des Elektronengases (bei sonst unveränderten Bedingungen) durch eine genügend große Temperaturerhöhung aufgehoben werden.

Im Zwischenbereich zwischen einem idealen und einem vollständig entarteten Elektronengas herrscht teilweise Entartung. Die zugehörige Z. ist komplizierter als in den zwei Grenzfällen, da der Grad der Entartung in die Gleichung eingeht; der Druck ist dann auch (mehr oder minder stark) von der Temperatur abhängig. Im Übergangsbereich von nichtrelativistischer und relativistischer Entartung gilt gleichfalls eine kompliziertere Z.

N e u t r o n e n g a s. Bei Gasdichten in der Größenordnung von 10^{14} bis 10^{15} g/cm³ existieren keine normalen Atomkerne mehr, sie sind vielmehr (nach dem Einfang freier Elektronen) in einzelne Neutronen zerfallen. Das von den Neutronen gebildete Gas ist entartet, da sämtliche nach der Quantentheorie erlaubten Energiezustände bis zu einer bestimmten Grenzenergie von den Neutronen besetzt sind. Die Z. eines derartigen Neutronengases ist noch weitgehend unbekannt, was u.a. daran liegt, daß wegen der extrem hohen Dichten die Abstände zwischen den Neutronen so klein sind, daß Kernkräfte wirksam werden, außerdem müssen wegen der hohen Energiedichte auch relativistische Effekte, z.B. eine relativistische Massezunahme der Teilchen, berücksichtigt werden.

P h o t o n e n g a s. Eine sehr einfache Z. ergibt sich für den Druck, der durch die Photonen einer den Raum erfüllenden Strahlung (eines „Photonengases") ausgeübt wird. Im Falle von Schwarzer Strahlung (→ Strahlungsgesetze) der Temperatur T gilt für den Strahlungsdruck $p_s = aT^4/3$, wenn $a = 7{,}581 \cdot 10^{-16}$ J m^{-3} K^{-4} die Strahlungsdichtekonstante bezeichnet. Der Strahlungsdruck ist weder von der Dichte noch von der Zusammensetzung des umgebenden Gases abhängig. Im Vergleich zum Gasdruck spielt der Strahlungsdruck nur bei sehr hohen Temperaturen und vergleichsweise niedrigen Dichten eine Rolle.

Wegen der unterschiedlichen Abhängigkeiten von Dichte und Temperatur leisten in einem Gas in bestimmten Temperatur- und Dichtebereichen jeweils bestimmte Gaskomponenten den Hauptbeitrag zum Gesamtdruck (Abb.). Vielfach brauchen dann die Beiträge der anderen Komponenten nicht berücksichtigt zu werden.

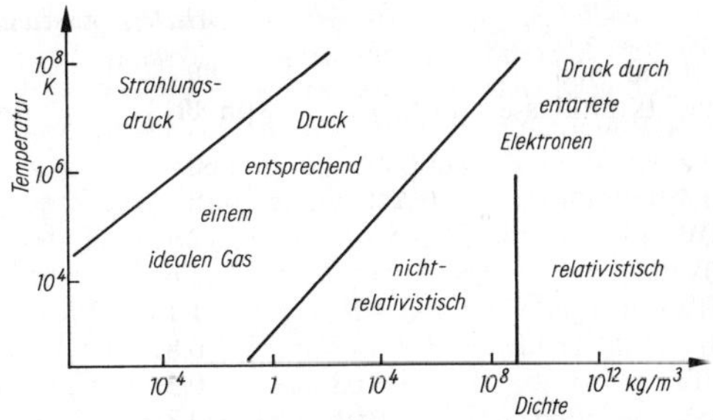

Temperatur-Dichte-Diagramm mit den Bereichen, in denen der Druck durch eine Komponente dominiert wird. Längs der Linien ist der Druck von im Diagramm benachbart liegender Komponenten gleich

F e s t e, f l ü s s i g e M a t e r i e. Die Z. von festen oder flüssigen Stoffen ist infolge des starkten Materialeinflusses außerordentlich kompliziert. Sie läßt sich für Drücke bis zu etwa 10^9 N/m² experimentell ermitteln; für höhere Drücke muß sie theoretisch bestimmt werden. Das ist gegenwärtig noch nicht umfassend möglich, da z.B. die bei einer Druckzunahme möglichen Veränderungen in der Kristallstruktur eines Festkörpers schwierig zu berechnen sind.

Zustandsgröße eines Sterns. Beobachtungsgröße, die zusammen mit anderen Größen einen Stern als Ganzes charakterisiert. Zu den Z.n e. S. zählen die Masse, die Leuchtkraft (bzw. die absolute Helligkeit), der Durchmesser sowie die effektive Temperatur, wobei Leuchtkraft, Durchmesser und Effektivtemperatur durch eine mathematische Beziehung miteinander verknüpft, also nicht unabhänig voneinander sind (→ Leuchtkraft).

Abgeleitete Zustandsgrößen sind die mittlere Dichte eines Sterns und die Schwerebeschleunigung an der Sternoberfläche, die sich aus der Masse und dem Durchmesser berechnen lassen. Zu den Z.n e. S. werden weiterhin die Spektral- und die Leuchtkraftklasse sowie die chemische Zusammensetzung seiner Atmosphäre gerechnet. (Deren Zusammensetzung ist durch die relativen Häufigkeiten der verschiedenen Elemente bestimmt; bei theoretischen Betrachtungen können diese aber vielfach vereinfachend zu einem einzigen Parameter zusammengefaßt werden.)

Zwischen den das Aussehen eines Sternspektrums bestimmenden Größen: Effektivtemperatur, Schwerebeschleunigung an der Sternoberfläche und chemische Zusammensetzung der Atmosphärenmaterie sowie der Spektral- und der Leuchtkraftklasse bestehen innere Zusammenhänge, die sich aber nicht in einfachen Formeln angeben lassen. Zu ihrer Beschreibung benutzt man graphische Darstellungen in Form von sog. Zustandsdiagrammen, von denen das Hertzsprung-Russell-Diagramm, das den Zusammenhang zwischen Leuchtkraft (bzw. absoluter Helligkeit) und Effektivtemperatur (bzw. Spektralklasse) vermittelt, das bekannteste ist.

Weitere einen Stern als Ganzes charakterisierende Beobachtungsgrößen sind die Rotationsperiode (bzw.

Mittlere Zustandsgrößen der Sterne

Spektral- und Leuchtkraftklasse	L (in $L_\odot$)	$\mathfrak{M}$ (in $\mathfrak{M}_\odot$)	R (in $R_\odot$)	T_{eff} (in K)	ρ (in $\rho_\odot$)	g (in $g_\odot$)
O5V	800000	60	14	45000	0,02	0,3
B0V	50000	18	7,6	30000	0,04	0,3
A0V	50	2,9	2,5	9500	0,2	0,5
F0V	7	1,6	1,6	7300	0,4	0,6
G0V	1,5	1,1	1,1	6100	0,9	0,9
K0V	0,4	0,8	0,9	5200	1,2	1,0
M0V	0,08	0,5	0,6	3900	2,3	1,4
M5V	0,01	0,2	0,3	3300	7,3	2,2
A0III	150	4	4	10100	$6\cdot10^{-2}$	$3\cdot10^{-1}$
F0III	30	2	4	7100	$3\cdot10^{-2}$	$1\cdot10^{-1}$
G0III	40	1,0	6	5800	$5\cdot10^{-3}$	$3\cdot10^{-2}$
K0III	70	1,1	13	4700	$5\cdot10^{-4}$	$7\cdot10^{-3}$
M0III	300	1,2	40	3800	$2\cdot10^{-5}$	$8\cdot10^{-4}$
B0I	300000	25	30	26000	$9\cdot10^{-4}$	$3\cdot10^{-2}$
A0I	40000	16	60	9800	$7\cdot10^{-5}$	$4\cdot10^{-3}$
F0I	30000	12	90	7700	$2\cdot10^{-5}$	$1\cdot10^{-3}$
G0I	30000	10	170	5600	$2\cdot10^{-6}$	$3\cdot10^{-4}$
K0I	30000	13	250	4500	$8\cdot10^{-7}$	$2\cdot10^{-4}$
M0I	40000	13	500	3600	$1\cdot10^{-9}$	$5\cdot10^{-5}$
DA0	0,0007	0,6	0,011	9500	$4,5\cdot10^{5}$	$3\cdot10^{3}$
Sonne	$3,85\cdot10^{26}$ W $=L_\odot$	$1,99\cdot10^{30}$ kg $=\mathfrak{M}_\odot$	$6,96\cdot10^{5}$ m $=R_\odot$	5770 K	$1,41\cdot10^{3}$ kg/m³ $=\rho_\odot$	274 m/s² $=g_\odot$

L: Leuchtkraft; $\mathfrak{M}$: Masse; R: Radius; T_{eff}: effektive Temperatur; ρ: mittlere Dichte; g: Schwerebeschleunigung an der Sternoberfläche

die Rotationsgeschwindigkeit an der Sternoberfläche) und das globale Magnetfeld.

In der Tab. sind einige der Zustandsgrößen für Sterne unterschiedlicher Spektral- und Leuchtkraftklasse angegeben. Näheres über die Methoden zur Bestimmung der einzelnen Größen findet man unter den entsprechenden Stichwörtern.

Zwei-Apertur-Interferometer, → Interferometer.

Zwei-Farben-Diagramm, ***Zwei-Farbenindex-Diagramm***, → Farbenindex.

Zweikörperproblem, ***Kepler-Problem***, die Aufgabe, die Bewegung zweier Körper zu bestimmen, die unter dem alleinigen Einfluß ihrer gegenseitigen Massenanziehung stehen. Die Körper sollen dabei gravitativ so aufeinander wirken, als wenn ihre gesamte Masse im Mittelpunkt konzentriert wäre, sie also „Punktmassen" darstellen würden. Diese Annahme ist gerechtfertigt, wenn der Abstand der beiden Körper voneinander um viele Größenanordnungen größer als ihr Durchmesser ist.

Im Z. betrachtet man im allg. einen Körper, den Hauptkörper, als ruhend, der andere bewegt sich dann relativ zu diesem. Die Anziehungskraft zwischen den beiden Körpern ist nach dem Newtonschen Gravitationsgesetz proportional ihrer Massen und umgekehrt proportional dem Quadrat ihrer jeweiligen Entfernung. Kennt man für einen bestimmten Zeitpunkt den Ort des zweiten Körpers und dessen Geschwindigkeit nach Richtung und Größe relativ zum Hauptkörper, läßt sich die Bahn sowie der gesamte Bewegungsablauf des Körpers für jeden kommenden und zurückliegenden Zeitraum berechnen. Allgemein gilt, daß sich der Körper in einer Kegelschnittbahn (Kreis, Ellipse, Parabel oder Hyperbel) bewegt, in deren einem Brennpunkt der Hauptkörper steht. Für die Bahngeschwindigkeit gilt der Flächensatz, wonach die Verbindungslinie zwischen den beiden Himmelskörpern in gleichen Zeitintervallen gleich große Flächen überstreicht. Die → Keplerschen Gesetze sind als Spezialfall in diesen Bewegungsregeln enthalten. Da es gleichgültig ist, welcher der beiden Körper als Hauptkörper betrachtet wird, gelten die Gesetze auch für die Bewegungen des ersten Körpers relativ zum zweiten. Bezieht man die Bewegungen der beiden Körper auf ihren gemeinsamen Schwerpunkt, so durchlaufen sie einander ähnliche Bahnen, für die prinzipiell die gleichen Bewegungsgesetze gelten.

Die Lösung des Z.s ist wesentlich komplizierter, wenn die Körper nicht als „Punktmassen" betrachtet werden können. Es werden dann z.B. keine ideal geschlossenen Ellipsen durchlaufen, da sich die große Achse der Bahnellipsen langsam dreht, und zwar in Abhängigkeit von der Masseverteilung im Innern der Körper sowie von ihrem gegenseitigen Abstand.

Im Sonnensystem ist das Z. nie streng erfüllt. Die Bestimmung des Bewegungsablaufs eines Planeten um die Sonne kann zwar in erster Näherung als Z. aufgefaßt werden, da die Abstände der Planeten von der Sonne und untereinander groß sind; soll der Bewegungsablauf jedoch für einen längeren Zeitraum bestimmt werden, müssen die Einflüsse der anderen Planeten als → Störungen der Zwei-Körper-Bewegung berücksichtigt werden. Im allgemeinen Fall sind die Bewegungen der Planeten als → Mehrkörperproblem zu behandeln. Dies gilt ganz allgemein für die Bewegungen der Planetoiden und Kometen, da diese den Planeten z.T. beträchtlich nahe kommen, so daß durch deren Massenanziehung der Bewegungsablauf zeitweilig entscheidend beeinflußt wird. Der Bewegungsablauf der Satelliten um ihren jeweiligen Planeten kann ebenfalls nur in grober Näherung als Z. angesehen werden, da die Satelliten so geringe Abstände von ihren Planeten haben, daß diese im allg. nicht mehr als „Punktmasse" wirken. Dies trifft im besonderen Maß auf den Mond bezüglich der Erde zu, dessen Bewegungsablauf außerordentlich kompliziert ist (→ Mondbewegung), sowie für alle künstlichen Erdsatelliten. Bei diesen und denjenigen Raumsonden, die einen von einer Atmosphäre umgebenden Planeten umlaufen, sowie bei Kometen können für den Bewegungsablauf auch nichtgravitative Kräfte eine Rolle spielen (→ Raumfahrt; → Komet). In diesen Fällen wird das klassische Z. verlassen.

Zwei-Photonen-Emission, der spontane Übergang eines in einem Atom gebundenen Elektrons von einem höherliegenden Energieniveau auf ein niedrigeres Niveau unter Aussendung zweier Photonen. Die Energie der beiden Photonen zusammen ist gleich der Energiedifferenz der beiden beteiligten Niveaus, die Energieverteilung auf die beiden Photonen aber beliebig, so daß bei Z.-P.-E.en ein kontinuierliches Spektrum entsteht. (Bei einer Ein-Photon-Emission entsteht eine einzige Spektrallinie.) Die Wahrscheinlichkeit für eine Z.-P.-E. ist normalerweise um viele Größenordnungen geringer als für einen Ein-Photon-Übergang; bei sog. „verbotenen" Übergängen (→ Atom) kann die Z.-P.-E. jedoch einige Bedeutung haben.
Im Labor werden Z.-P.-E.en nicht beobachtet, sie spielen aber im interstellaren Gas eine gewisse Rolle.

Zweispektrensystem, ein spektroskopisches Doppelsternsystem, in dessen Spektrum die Linien von beiden Komponenten getrennt beobachtet werden können.

Zwerg-Cepheiden, Pulsationsveränderliche mit Perioden zwischen 1 und 5 Stunden und einer visuellen Helligkeitsamplitude von etwa 0,3 bis 0,8 mag. Die Lichtkurven der Z.-C. sind ähnlich denen der RR-Lyrae-Sterne und zeigen oft einen Blashko-Effekt, die Perioden sind hingegen deutlich kürzer; Typbezeichnung der Z.-C.: RRs. Die Spektralklasse der Z.-C. liegt zwischen A2 und F2, die absolute Helligkeit zwischen etwa 3^m und 4^m mag, damit etwa 2 bis 3 mag unter der der RR-Lyrae-Sterne. Die Z.-C. besitzen gewisse Ähnlchkeiten mit den Delta-Scuti-Sternen, so daß die Abgrenzung zu ihnen nicht immer eindeutig ist.
Die Z.-C. gehören zur Scheibenpopulation und fehlen (im Gegensatz zu den RR-Lyrae-Sternen) in Kugelsternhaufen. Bisher sind rund 70 Z.-C. bekannt.

Zwerggalaxie, ein extragalaktisches Sternsystem geringer absoluter Helligkeit. Zur Abgrenzung gegenüber normalen Sternsystemen wird vielfach willkürlich die absolute V-Helligkeit von -16^m gewählt; morphologisch unterscheiden sich die Z.n kaum von normalen Galaxien; → Sternsystem.

Zwergnova *f*, *Plur* Zwergnovae, ein veränderlicher Stern mit kurzen Helligkeitsausbrüchen, die sich innerhalb von wenigen Tagen bis einigen Jahren in halb- oder unregelmäßiger Folge wiederholen, und deren Amplituden 2 bis 8 mag erreichen können; während der Minimumphasen treten nur geringe Helligkeitsvariationen auf. Die Lichtkurven sind ähnlich denen der wiederkehrenden Novae, nur sind bei den Zwergnovae die Amplituden geringer und die Intervalle zwischen zwei Ausbrüchen kürzer; Typbezeichnung der Zwergnovae: ND (N von Nova, D von dwarf, engl., ‚Zwerg').
Photometrisch unterscheidet man zwei Untergruppen: Bei den ***U-Geminorum-Sternen*** (oder ***SS-Cygni-Sternen***) wächst bei einem Ausbruch die Helligkeit innerhalb von 1 bis 2 Tagen um 2 bis 6 mag; der Abfall dauert mehrere Tage bis mehrere Wochen (Abb. 1). Je nach Stern liegen zwischen den Ausbrüchen etwa 10 Tage bis einige Jahre, wobei in der Regel die Amplitude des Helligkeitsausbruchs um so kleiner ist, je schneller die Eruptionen aufeinanderfolgen. Bei einigen Sternen tritt nach etwa 3 bis 10 Zyklen ein Supermaximum auf, das sich durch eine längere Dauer und eine größere Maximumhelligkeit auszeichnet. (Diese Sterne werden als ***SU-Ursae-Maioris-Sterne*** bezeichnet.) Bei den ***Z-Camelopardalis-Sternen*** beträgt die Helligkeitsamplitude 2 bis 5 mag. Die Folge der Ausbrüche ist zeitweilig unterbrochen; die Sterne verharren dann längere Zeit, z.T. mehrere Jahre, in einer mittleren Helligkeit (Abb. 2). In spektroskopischer Hinsicht unterscheiden sich die Untergruppen nicht voneinander.
Die Zwergnovae gehören zu den kataklysmischen Veränderlichen, deren Helligkeitsvariationen ursächlich mit dem Überfließen von Materie von einer Komponente eines engen Doppelsternsystems zur anderen

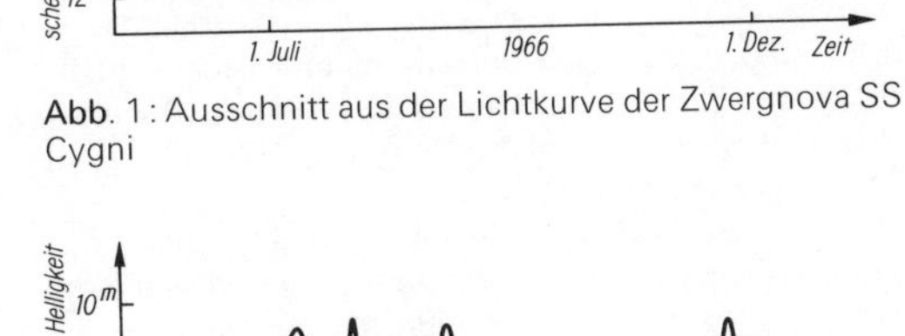

Abb. 1: Ausschnitt aus der Lichtkurve der Zwergnova SS Cygni

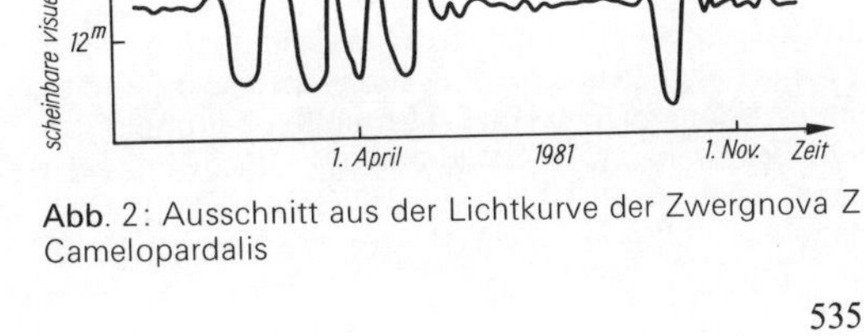

Abb. 2: Ausschnitt aus der Lichtkurve der Zwergnova Z Camelopardalis

zusammenhängen. Die aufnehmende Komponente ist ein Weißer Zwerg, der von einer Akkretionsscheibe umgeben ist, in der sich die überfließende Materie zunächst ansammelt, bevor sie auf den Weißen Zwerg gelangt. Während der Minimumphase wächst die Menge der in der Akkretionsscheibe gespeicherten Materie langsam an. Überschreitet die Dichte einen kritischen Wert, wird die Gasscheibe instabil, und ein Teil der Materie fällt plötzlich in Richtung auf den Weißen Zwerg. Die dabei freigesetzte potentielle Energie wird in Strahlung umgewandelt, die den Helligkeitsausbruch bewirkt. Je geringer der Massefluß von der materieabgebenden Komponente ist, um so länger dauert es, bis die Scheibe instabil wird, und um so größer sind die Abstände zwischen zwei Ausbrüchen. Zeitliche Schwankungen der Abstände sind wahrscheinlich auf variierende Überflußraten zurückzuführen, die möglicherweise auch die Helligkeitsvariationen während der Minimumphasen verursachen. Die Superausbrüche der SU-Ursae-Maioris-Sterne sind vermutlich durch mehr oder minder periodische Instabilitäten innerhalb des materieabgebenden Sterns verursacht, die zu drastischen Erhöhungen der Überflußrate führen.
Bisher sind rund 300 Zwergnovae bekannt.

Zwergstern, ein Stern mit einem relativ kleinen Durchmesser. Zu den Z.en zählen die Hauptreihensterne, die man im allg. meint, wenn man von Z.en spricht, sowie die Unterzwerge und die Weißen Zwerge.

Zwischenwolkengas, das zwischen den interstellaren Wolken diffus verteilte Gas neutralen Wasserstoffs; → interstellares Gas.

Zwischenpopulation, → Population.

Zwillinge, das Sternbild → Gemini.

ZZ-Ceti-Sterne, kurzperiodisch veränderliche Weiße Zwerge der Spektralklasse DA mit Helligkeitsamplituden von maximal 0,3 mag und Perioden zwischen etwa 3 und 20 Minuten (Abb.). Charakteristisch ist das Auftreten vieler Perioden, z.T. mehr als 20, die sich gegenseitig überlagern; sie werden teilweise längere Zeit sehr genau eingehalten, teilweise klingen sie aber auch schon nach wenigen Stunden wieder ab. Der Lichtwechsel der ZZ-C.-S. ist auf nichtradiale Pulsationen der Sterne zurückzuführen, die den Radius im Mittel konstant lassen, die aber zu großräumigen Temperaturvariationen an der Sternoberfläche führen. Die Temperaturdifferenzen zwischen benachbarten Bereichen liegen in der Größenordnung von etwa 1000 K.

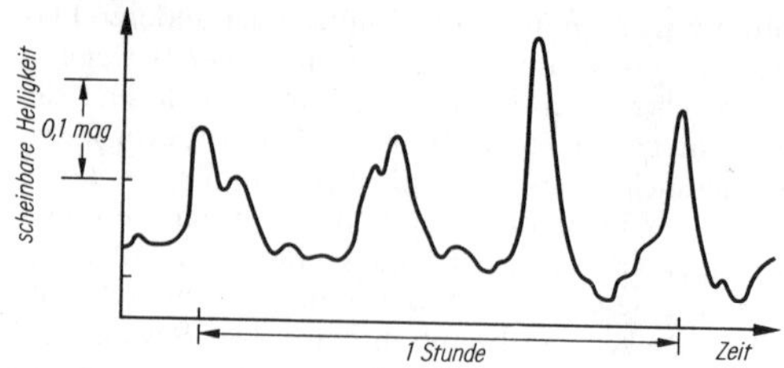

Lichtkurve des ZZ-Ceti-Sterns ZZ Piscium am 17.10.1974 um etwa 5^h WZ

Die Bildpunkte der ZZ-C.-S. liegen im Hertzsprung-Russell-Diagramm in der Verlängerung des Instabilitätsstreifens der Pulsationsveränderlichen vom Typ Delta Cephei und W Virginis (Abb. → Veränderliche). Wahrscheinlich bringt der gleiche Mechanismus wie bei den übrigen Pulsationsveränderlichen die ZZ-C.-S. zum Schwingen, weshalb aber bei ihnen nichtradiale statt radiale Schwingungen angeregt werden, ist noch weitgehend unbekannt.
Bisher kennt man rund 20 ZZ-C.-S.